U0223964

五金手册

新版

刘光启　李成栋　赵 梅　主编

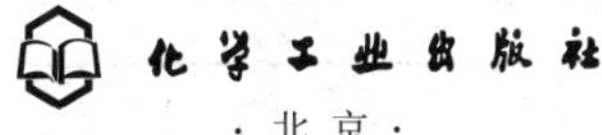

·北京·

本手册是一部介绍现代五金行业产品规格、用途和性能的大型综合性工具书，内容包括工程材料及制品、五金工具、机械五金、建筑和装潢五金及五金常用技术资料。选用最新最通用的五金产品，重点介绍产品标准、规格尺寸、性能用途和外形。图表结合，图文并茂，简明扼要，查阅方便，标准完全采用国家和行业现行的，数据准确可靠。

本手册是五金行业生产、技术、管理和购销人员的必备工具书，也可作为行业设计和相关工科院校师生的教学参考书。

图书在版编目（CIP）数据

五金手册/刘光启，李成栋，赵梅主编. —2版. —北京：化学工业出版社，2016.11（2023.5重印）
ISBN 978-7-122-28014-5

Ⅰ.①五… Ⅱ.①刘… ②李… ③赵… Ⅲ.①五金制品-技术手册 Ⅳ.①TS914-62

中国版本图书馆CIP数据核字（2016）第212514号

责任编辑：张兴辉　　文字编辑：陈　喆
责任校对：王　静　　装帧设计：王晓宇

出版发行：化学工业出版社（北京市东城区青年湖南街13号　邮政编码100011）
印　　装：三河市航远印刷有限公司
850mm×1168mm　1/32　印张 55½　字数1624千字
2023年5月北京第2版第10次印刷

购书咨询：010-64518888　　售后服务：010-64518899
网　　址：http://www.cip.com.cn
凡购买本书，如有缺损质量问题，本社销售中心负责调换。

定　　价：169.00元

FOREWORD 前言

五金制品是指用机械加工方法制造的材料（如各种板、带材和型材），五金工具、机械零部件、建筑装饰五金等。它们或为半成品、配套产品，或为生产工具，或为终端消费品，实际上是多个行业交融、相互渗透的领地。因为它的种类繁多，涉及面广，所以从业人员广泛，工作中遇到的问题也多种多样，离不开必要的便查工具书。为此已有多种版本的五金手册问世。

由于我国国民经济的发展和科技的进步，新材料、新技术、新工艺、新设备不断涌现，与五金行业相关的国标和行标在不断地修订、调整；而且随着与国际接轨步伐的加快，参考 ISO 等国外标准制订的新标准也在不断增加。所以，在以往的五金手册中，难免会存在采用过期标准的情况，给读者的使用带来一些不便甚至给工作造成一些损失。为了解决这些问题，我们对原《五金手册》中采用的标准进行了全面的筛查，补充了大量的近几年甚至2015 年的标准；在内容上也作了调整和充实，因而更为全面、系统，定名为《五金手册（新版）》，不失为一部介绍现代五金行业产品、规格、用途和性能的大型综合性工具书。

本手册内容包括工程材料及制品、五金工具、机械五金、建筑和装潢五金以及常用技术资料。第 1 篇包括钢铁及合金材料、钢铁材料制品、有色金属材料、有色金属材料制品、非金属材料及制品和复合材料共 6 章；第 2 篇包括测量工具、手工工具、钳工工具、车工工具、铣工工具、磨工工具、管工工具、电工工具、木工工具、建筑工具、电动工具、气动工具、液压工具和园艺工具共 14 章；第 3 篇包括紧固件、连接件、传动件、轴承、机床附件、起重工具、焊割器材、弹簧和润滑件、密封及除尘装置共 9 章；第 4 篇包括门窗及家具配件、钉和金属网、水暖管路及消防器材共 3 章；附录是常用技术资料。

本书由刘光启、李成栋、赵梅主编，参加编写工作的还有张国柱、赵海霞、周涛、王奎、娄利明、王晓波、岳丽杰、许基清、刘梅、王永全、褚庆明、朱建鑫、于善清、李健、王宪伦、高淑贞、苏德胜、刘丙臣、张旭、王迎夏、徐鹏、孟凡森、黄守文、范俊霞、宫汝峰、孙伟强、韩振勇、刘鹏、张玲玲、刘国强、刘勇、柴绪辉、徐正波、田圣涛、于莹等。

在本手册编写过程中，得到了姜学宁、王定祥、陈升儒高级工程师和孟庆东、孙凤翔教授的指导，以及中国科学院力学研究所朱如曾研究员的大力帮助，也参阅了大量的参考文献，在此一并表示衷心的感谢。

感谢您选择了这本手册，能解决您生产中遇到的问题，给您工作带来便利是我们的期望和慰藉。

由于水平和时间所限，书中不足之处在所难免，恳请广大读者批评指正。

编　者

五金手册 CONTENTS 篇章目录

五金手册 WUJIN SHOUCE

CONTENTS 目录

第1篇 工程材料及制品

第2篇 五金工具

第3篇 机械五金

第4篇 建筑和装潢五金

附录 常用技术资料

参考文献

第1篇

工程材料及制品

本手册中的工程材料包括钢铁、有色金属、非金属和复合材料等几大类，钢铁材料包括铁及其合金（钢、铁）等，有色金属材料包括铝、铜、镍、铅、锌及其合金等，非金属材料包括橡胶、塑料、玻璃、有机玻璃、石棉、石墨和涂料、油漆等。

第1章 钢铁及合金材料

1.1 名称和符号

钢铁及合金材料广泛应用于机械行业，一般含碳量为0.05%～0.10%的称为纯铁，0.0218%～2.11%的称为钢，大于2.11%的称为铸铁。含碳量增高，强度和硬度增高，塑性降低；含碳量降低则相反。

钢的分类方法繁多，可按综合性能、冶炼方法、金相组织、特性和用途等进行分类。

按综合性能：可分为碳素钢和合金钢。前者根据含碳量的多少可分为低碳钢（C≤0.25%）、中碳钢（C=0.25%～0.6%）、高碳钢（C>0.6%～1.3%）。根据其中杂质（S、P等）含量的高低，又可将其分为碳素结构钢、优质碳素结构钢、高级优质碳素结构钢。合金钢中所含元素不同，处理工艺不同，其强度、韧性、耐磨、耐腐、耐温、磁性等性能也就不同。按合金含量的高低可分为低合金钢（含量<5%），中合金钢（含量5%～10%）和高合金钢（含量>10%）。按综合性能可分为合金结构钢（包括低合金结构钢、合金结构钢、弹簧钢和轴承钢）、合金工具钢（包括普通工具钢和高速工具钢）和特殊用途钢（包括不锈钢、耐热钢、耐蚀钢、模具钢、焊接用钢、电工用钢、热轧硅钢等）。

按冶炼方法：可分为转炉钢和电炉钢（平炉钢已淘汰）。

按金相组织：按退火组织可分为亚共析钢、共析钢和过共析钢。按正火组织可将钢分为珠光体钢、贝氏体钢、马氏体钢、铁素体钢、奥氏体钢和莱氏体钢等。

按特性和用途：可分为合金结构钢、不锈钢、耐酸钢、耐磨钢、耐热钢、合金工具钢、滚动轴承钢、合金弹簧钢和特殊性能钢（如软磁钢、永磁钢、无磁钢）等。

国产钢铁的牌号一般采用汉语拼音字母、化学元素符号和阿拉伯数字相结合的方法表示。

钢铁及合金材料的名称、用途、特性和工艺方法命名符号见表1.1。

表1.1　钢铁材料的名称、用途、特性和工艺方法命名符号

（GB/T 221—2008，注明者除外）

类别	产品名称	采用汉字及符号		类别	产品名称	采用汉字及符号	
		采用汉字	采用字母			采用汉字	采用字母
生铁	炼钢用生铁	炼	L	铸铁（GB/T 5612—2008）	蠕墨铸铁	蠕铁	RuT
	铸造用生铁	铸	Z		可锻铸铁	可铁	KT
	球墨铸铁用生铁	球	Q		白口铸铁	白铁	BT
	冷铸车辆用生铁	冷	L	铸钢（GB/T 5613—2014）	铸造碳钢	铸钢	ZG
	耐磨生(粒)铁	耐磨	NM		焊接结构用铸钢	铸钢焊	ZGH
	脱碳低磷粒铁	脱粒	TL		耐热铸钢	铸钢热	ZGR
	含钒生铁	钒	F		耐蚀铸钢	铸钢蚀	ZGS
纯铁	电磁纯铁	电铁	DT		耐磨铸钢	铸钢磨	ZGM
	原料纯铁	原铁	YT	碳素结构钢和低合金结构钢	碳素结构钢和低合金结构钢	屈(屈服强度值)	Q
铸铁（GB/T 5612—2008）	灰铸铁	灰铁	HT				
	耐热灰铸铁	灰热铁	HTR		脱氧方式(第三位)：		
	耐蚀灰铸铁	灰蚀铁	HTS		沸腾钢	沸	F
	球墨铸铁	球铁	QT		半镇静钢	半镇	b

续表

类别	产品名称	采用汉字及符号	
		采用汉字	采用字母
碳素结构钢和低合金结构钢	镇静钢 特殊镇静钢	镇 特镇	Z TZ
	锅炉和压力容器用钢	容	R[①]
	低温压力容器用钢	低容	DR[①]
	锅炉用钢(管)	锅	G[①]
	桥梁用钢	桥	Q[①]
	耐候钢	耐候	NH[①]
	高耐候钢	高耐候	GNH[①]
	汽车大梁用钢	梁	L[①]
	高性能建筑结构用钢	高建	GJ[①]
	低焊接裂纹敏感性钢	—	CF[①]
	保证淬透性钢	—	H[①]
	矿用钢	矿	K[①]
	船用钢	采用国际符号	
易切削钢		易	Y
非调质机械结构钢		非	F
冷镦钢(铆螺钢)		铆螺	ML
焊接用钢		焊	H
工具钢	碳素工具钢	碳	T
	高碳高速工具钢	—	C
铁道及车轴用钢	钢轨钢	轨	U
	机车车轴用钢	机轴	JZ
	车辆车轴用钢	辆轴	LZ
专用钢	热轧光圆钢筋	—	HPB
	热轧带肋钢筋	—	HRB
	细晶粒热轧带肋钢筋	—	HRBF
	冷轧带肋钢筋	—	CRB
	预应力混凝土用螺纹钢筋	—	PSB
	焊接气瓶用钢	焊瓶	HP
	管线用钢	—	L

类别	产品名称	采用汉字及符号	
		采用汉字	采用字母
专用钢	船用锚链钢	船锚	CM
	煤机用钢	煤	M
粉末冶金材料(GB/T 4309—2009)	结构材料类	—	F0
	摩擦材料类和减摩材料类	—	F1
	多孔材料类	—	F2
	工具材料类	—	F3
	难熔材料类	—	F4
	耐蚀材料和耐热材料类	—	F5
	电工材料类	—	F6
	磁性材料类	—	F7
	其他材料类	—	F8
铁合金产品(GB/T 7738—2008)	金属锰(电硅热法)、金属铬	金	J
	金属锰(电留重熔法)	锰	JC
	真空法微碳铬铁	真空	ZK
	电解金属锰	电金	DJ
	钒渣	钒渣	FZ
	氧化钼块	氧	Y
高温合金和金属间化合物高温材料(GB/T 14992—2005)	变形高温合金	高合	GH
	等轴晶铸造高温合金	—	K
	定向凝固柱晶高温合金	定柱	DZ
	焊接用高温合金丝	焊高	HGH
	粉末冶金高温合金	粉高	FGH
	弥散强化高温合金	弥高	MGH
	金属间化合物高温材料	金高	JG
耐蚀合金(GB/T 15007—2008)	变形耐蚀合金	耐蚀	NS
	焊接用变形耐蚀合金丝	焊耐蚀	HNS
	铸造耐蚀合金	铸耐蚀	ZNS

① 表示牌号尾（其余为牌号头）。

1.2 碳素结构钢

这类钢主要保证力学性能，通常在热轧状态使用，无需进行热处理。但对某些零件，也可以进行正火、调质、渗碳等处理，以提高其使用性能。适用于一般以交货状态使用，通常用于焊接、铆接、栓接工程结构用热轧钢板、钢带、型钢和钢棒。

碳素结构钢分通用和专用两大类，通用碳素结构钢的牌号前缀用屈服点的拼音字母“Q”，加屈服点数值，必要时后面可标出表示质量等级、脱氧方法的符号和产品用途、特性和工艺方法（GB/T 700—2006）：

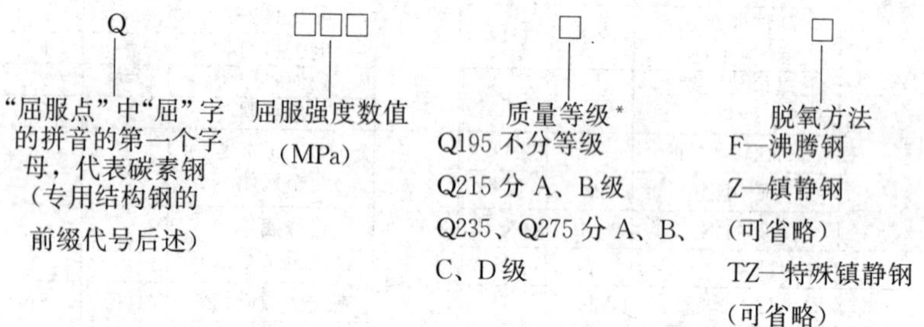

*：A 级只要求保证化学成分和力学性能，B 级还要求做常温冲击试验，C、D 级另外要求做重要焊接结构试验（D 级为优质，其余为普通级）。

通用碳素结构钢的钢种有 Q215、Q235 和 Q275 等。

专门用途的结构钢的前缀表示方法是：热轧光圆钢筋—HPB，热轧带筋钢筋—HRB，细晶粒热轧带肋钢筋—HRBF，冷轧带肋钢筋—CRB，预应力混凝土用螺纹钢筋—PSB，焊接气瓶用钢—HP，管线用钢—L，船用锚链钢—CM，煤机用钢—M。

若要在钢号最后附加表示产品用途、特性和工艺方法时用汉语（黑体）字拼音首字母表示：锅炉和压力容器用钢—R，锅炉用钢（管）—G，低温压力容器用钢—DR，桥梁用钢—Q，耐候钢—NH，高耐候钢—GNH，汽车大梁用钢—L，高性能建筑结构用钢—GJ，低焊接裂纹敏感性钢—CF，保证淬透性钢—H，矿用钢—K，船用钢—采用国际符号。

1.3 优质碳素结构钢

优质碳素结构钢（GB/T 699—1999）的有害杂质较少，其强度、塑性、韧性均比碳素结构钢好。主要用于制造较重要的机械零件。

这类钢的牌号以两位数表示钢的平均含碳量的万分之几。锰含量较高的优质碳素结构钢，应将锰元素标出，例如 50Mn；沸腾钢、半镇静钢及专门用途的优质碳素结构钢应在钢号最后特别标出，例如平均碳含量为 0.1%的半镇静钢，其钢号为 10b。

根据类别和含锰量的不同，其牌号由下面第 1 项单独或和其他项组合表示：

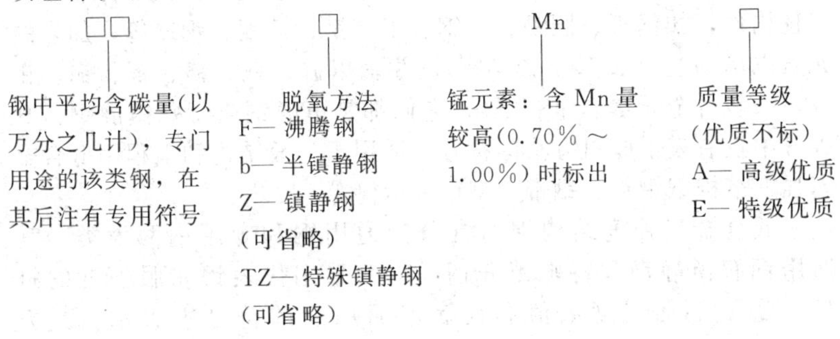

说明：

① 镇静钢，S、P 均≤0.035%，一般不在含碳量后面再加符号。例：平均含碳量为 0.45%者，表示为“45”。

② 沸腾钢和半镇静钢，在含碳量后面分别加符号“F”和“b”。例：平均含碳量为 0.08%的沸腾钢，表示为“08F”；平均含碳量为 0.10%的半镇静钢，表示为“10b”。

③ 较高含锰量者，在含碳量后面加锰元素符号。例：平均含碳量为 0.50%，含锰量为 0.70%～1.00%者，表示为“50Mn”。

④ 高级优质碳素结构钢，S、P 均≤0.030%，在含碳量后面加符号“A”。例：平均含碳量为 0.45%者，表示为“45A”。

⑤ 特级优质碳素结构钢，S≤0.020%、P≤0.025%，在含碳量后面加符号“E”。例：平均含碳量为 0.45%者，表示为“45E”。

⑥ 我国国家标准 GB/T 17616—2003 对钢铁及合金产品牌号规定了统一数字代号，与现行的 GB/T 221—2008《钢铁产品牌号表示方法》等同时并用。

注：牌号后面加“A”（统一数字代号最后一位数字改为“3”）表示高级优质钢；牌号后面加“E”（统一数字代号最后一位数字改为“6”）表示特级优质钢；牌号后面加“F”（统一数字代号最后一位数字为“0”）表示沸腾钢；

牌号后面加“b”（统一数字代号最后一位数字为“1”）表示半镇静钢。

优质碳素结构钢的钢种有08F、10F、15F、08、10、15、20、25、30、35、40、45、50、55、60、65、70、75、80、85、15Mn、20Mn、25Mn、30Mn、35Mn、40Mn、45Mn、50Mn、60Mn、65Mn、70Mn等。

1.4 低合金高强度结构钢

低合金强度结构钢（GB/T 1591—2008）中碳的含量一般≤0.18%～0.20%，可用来制造大多数要求不高的机械零件和一般工程构件，如钢板、圆钢、方钢、工字钢、角钢、钢筋等，加入的元素以锰为主（1.7%～2.0%），并辅以硅、钒、铬、镍、铜、钼等，一般合金元素总量<3%。它们都是镇静钢或特殊镇静钢，其牌号中没有表示脱氧方法的符号。适用于一般结构和工程用低合金高强度结构钢钢板、钢带、型钢、钢棒等。

低合金高强度结构钢通常分为通用钢和专用钢两大类。其通用钢有镇静钢和特殊镇静钢，一般采用代表钢屈服强度的符号“Q”、屈服强度数值和代表产品用途的符号等表示，其方法是：

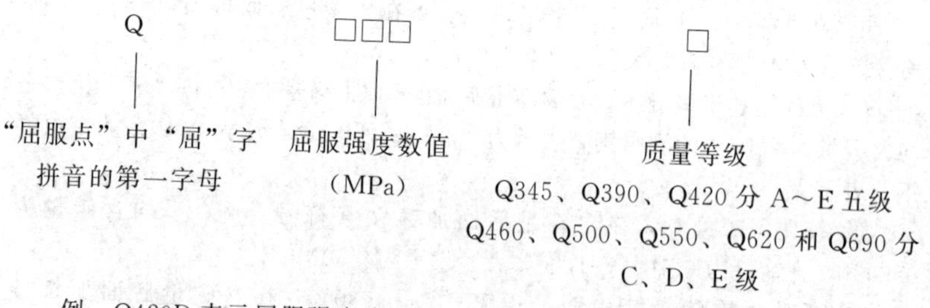

例：Q420D表示屈服强度为420MPa的D级低合金结构钢。

而专用钢的牌号表示方法同碳素结构钢，一般采用两位阿拉伯数字（表示平均含碳量的万分之几）和化学元素符号，按顺序表示，如16Mn等（后面加上表示用途的符号，如桥梁专用钢种为“16Mnq”，汽车大梁专用钢为“16MnL”，压力容器专用钢为“16MnR”）。

低合金高强度结构钢的钢种有Q345、Q390、Q420、Q460、Q500、Q550、Q620、Q690。

1.5 合金结构钢

合金结构钢（GB/T 3077）是在优质碳素钢的基础上加入合

金元素而成的，其特点是由于合金元素与铁、碳以及合金元素之间的相互作用，改变了钢的内部组织结构，从而提高和改善钢的性能。

这类钢牌号开头的两位数字表示钢的碳含量，后面加合金元素符号及含量和质量等级。其表示方法是：

□□	□	□
钢中平均含碳量（以万分之几计）	合金元素符号及含量（可以是一个或多个合金元素，合金元素的含量以百分之几表示）当平均合金含量＜1.5％时，钢号中一般只标出元素符号，而不标明含量	质量等级 A 表示 S、P 含量分别≤0.025％的高级优质钢 E 表示 S≤0.015％、P≤0.025％的特级优质合金结构钢

例：20CrNi3 表示平均含碳量为 0.2％，含铬量小于 1％，平均含镍量为 3％的合金渗碳钢。

合金结构钢的钢种比较多，其钢组有 Mn、MnV、SiMn、B、MnB、MnVB、Cr、CrMo、CrV、CrNi、CrMnTi 等。

1.6 易切削钢

易切削钢（GB/T 8731）钢号由“Y”和表示含碳量的数字及易切削元素符号组成，分普通含锰量钢和较高含锰量钢两种。除 Y40Mn 属于优质低合金钢外，其余都是属于优质碳素结构钢。

易切削结构钢是利用钢中某些元素的作用改善钢的切削加工性能，以适于在自动机床上进行高速切削的钢种。常用改善切削加工性能的元素有 S、Pb、Ca 等，其中以 S 最常用，S 在钢中形成 MnS 夹杂，质脆并有一定润滑作用，因而切屑易于碎断，工件表面光洁度高，并且可减少刀具磨损，提高切削速度。虽然钢中含 S、P 较多，但在这类钢中是作为有益元素加入或保存下来的，因此，属于优质钢，用作生产标准件（如小型螺钉、螺母）、油泵、机床光杠、丝杠等，一般不需热处理。

易切削钢的牌号表示方法是：

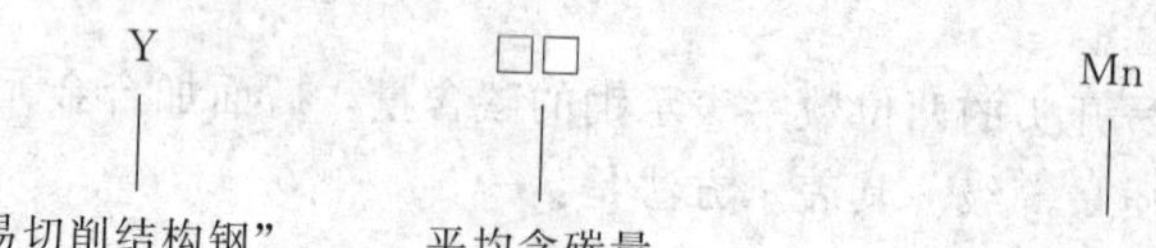

“易切削结构钢”中“易”字拼音的首字母

平均含碳量（以万分之几计）

易切削元素符号

1. S和P易切削钢不标元素符号

2. Ca、Pb、Si等易切削钢标元素符号

3. 含Mn量较高（1.20%～1.55%）的易切削钢，要标明“Mn”（否则不标）

例：Y15表示平均含碳量为0.15%的含硫磷易切削钢。

Y40Mn表示平均含碳量为0.40%，含锰量为1.20%～1.55%的易切削钢。

Y15Pb表示平均含碳量为0.15%的含铅易切削钢。

易切削钢的钢组有硫系、铅系、锡系和钙系。

1.7 工模具钢

GB/T 1299—2014中，已经将原先的碳素工具钢、合金工具钢、高速工具钢和模具钢划分成一类，包括工具钢（碳素工具钢和合金工具钢）、塑料模具钢、冷作模具钢、热作模具钢和特殊用途模具钢。

1.7.1 碳素工具钢

碳素工具钢是用于制作刃具、模具和量具的碳素钢。与合金工具钢相比，其加工性良好，价格低廉，淬透性低和热硬性低，工作温度高于250℃时钢的切削能力显著降低，所以只适于制作尺寸小、形状简单、切削速度低、进刀量小、工作温度不高的工具。碳素工具钢分普通含锰量钢和较高含锰量钢两种。

碳素工具钢的牌号由字母“T”与其后的数字组成，如“T9”。锰含量较高者，在钢号最后标出“Mn”，例如“T8Mn”。高级优质钢在牌号后加字母“A”如“T9A”。

碳素工具钢的牌号表示方法是：

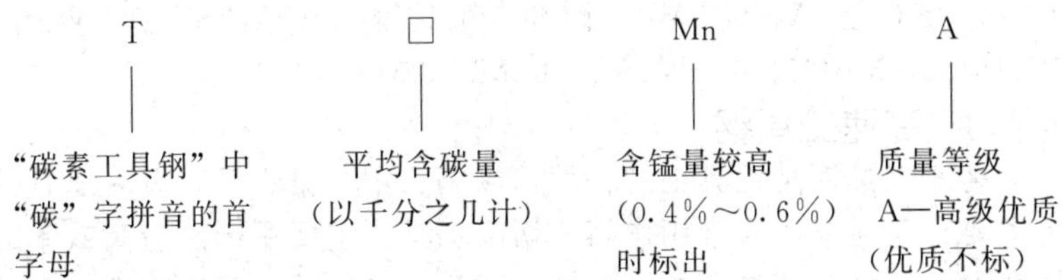

例：T8表示平均含碳量为0.8%的一般碳素工具钢。

T8Mn表示平均含碳量为0.8%的含锰量较高的碳素工具钢。

T12A表示平均含碳量为1.2%的高级优质碳素工具钢。

碳素工具钢的牌号有T8、T8Mn、T9、T10、T11、T12和T13。

1.7.2 合金工具钢

合金工具钢牌号的表示方法与合金结构钢基本相同，但一般不标明含碳量数字，如“Cr12MoV”（平均含碳量为1.60%）、“W6Mo5Cr4V2”（平均含碳量为0.85%），当合金工具钢的含碳量小于1.00%时，含碳量用一位数字标明，表示平均含碳量的千分之几，如“8MnSi”。平均含铬量小于1%的合金工具钢，在含铬量（以千分之一为单位）前加数字“0”，如“Cr06”。

合金工具钢的牌号表示方法如下：

平均含碳量（以其千分数表示，大于1%不标）

金属元素符号（可以有多个）及其最高质量百分数。低铬（<1%）者，在含量（以千分之几计）前加数字“0”。可以标多个元素，含钒量达0.1%以上时，加注“V”

例：Cr06表示平均含铬量为0.60%的合金工具钢。

8MnSi表示平均含碳量为0.80%，含锰量为0.95%，含硅量为0.45%的合金工具钢。

Cr12MoV表示平均含碳量为1.60%，含铬、钼、钒量分别为11.75%、0.50%、0.22%的合金工具钢。

W6Mo5Cr4V2表示平均含碳量为0.85%，含钨、钼、铬、钒量分别为6.00%、5.00%、4.00%、2.00%的合金工具钢。

合金工具钢的钢种和牌号包括量具刃具钢（Cr2、Cr06、

9Cr2、9SiCr、8MnSi、W)、耐冲击工具钢(4CrW2Si、5CrW2Si、5Cr3Mn1SiMo1V、6CrW2Si、6CrMnSi2Mo1V)。

1.7.3 高速工具钢

高速工具钢是工具钢的一种，以钨、钼、铬、钒，有时还有钴为主要合金元素，通常用作高速切削工具，主要用于制造高效率的切削刀具。由于其具有红硬性高、耐磨性好、强度高等特性，也用于制造性能要求高的模具、轧辊、高温轴承和高温弹簧等。

高速工具钢(GB/T 9943)的牌号不标含碳量，表示方法如下：

平均含钨量（以其百分数表示）　　金属元素符号及其最高质量百分数。可以标多个元素，含钒量达1.3%以上时，加注“V”

例：W6Mo5Cr4V2表示平均含钨量为6%，含钼量为5%，含铬量为4%，含钒量为2%。

高速工具钢的主要牌号有W18Cr4V、W6Mo5Cr4V2、W6Mo5Cr4V3和W9Mo3Cr4V等。

1.7.4 模具钢

模具钢大致可分为冷作模具钢、热作模具钢和塑料模具钢3类，用于制作锻造、冲压、切型、压铸模具等。专用塑料模具钢牌号均冠有“SM”符号，其余的牌号表示方法与优质碳素结构钢和合金工具钢牌号表示方法相同。

模具钢的品种和牌号：冷作模具钢(SM45、SM50、SM55、Cr8、Cr12、Cr12MoV、Cr12Mo1V1、Cr5Mo1V、9Mn2V等)、热作模具钢(5CrMnMo、5CrNiMo、3Cr2W8V、3Cr3Mo3W2V、5Cr4W5Mo2V、8Cr3等)、塑料模具钢(T8、T10、CrWMn、9CrWMn、5CrMnMo、3Cr2W8V和5CrNiMo等)。

1.8 弹簧钢

在优质高碳钢中加入硅、锰、铬、钒等元素炼成，成形后要进行热处理。按化学成分可分为碳素弹簧钢和合金弹簧钢两类，其钢号表示方法，前者基本上与优质碳素结构钢相同，后者基本上与合金结构钢相同。

弹簧钢（GB/T 1222）的牌号表示方法如下：

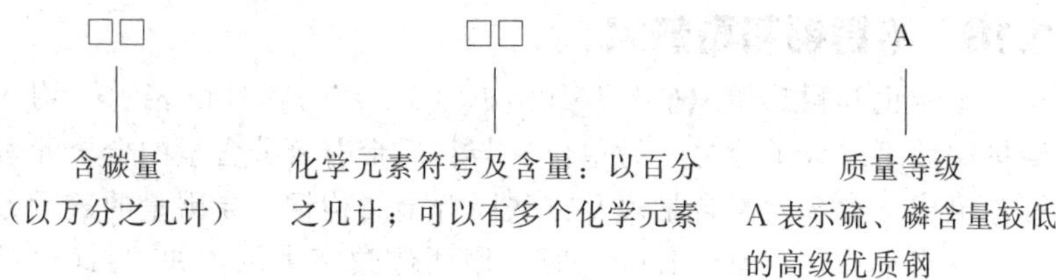

例：55Si2Mn 表示含碳量为 0.55%，含硅量为 2%，含 Mn 量为 1%的合金弹簧钢。

弹簧钢的牌号有 65、70、85、60Mn、55SiMnVB、55SiCrA、55CrMnA、60Si2Mn（A）、60Si2Cr（V）A、60CrMnA、50CrVA、60CrNnBA、30W4Cr2VA。

1.9 滚动轴承钢

滚动轴承钢分为高碳铬轴承钢、渗碳轴承钢、高碳铬不锈轴承钢和高温轴承钢四大类。通常所说的滚动轴承钢是指高碳铬钢，其碳与铬的质量分数为：0.95%～1.15%C，0.5%～1.65%Cr。高碳铬轴承钢的牌号以字母“G”打头，铬含量以千分之一为单位，如“GCr15”的平均含铬量为 1.5%。

滚动轴承钢牌号表示方法是：不标明含碳量，高级优质者在牌号尾部加“A”。

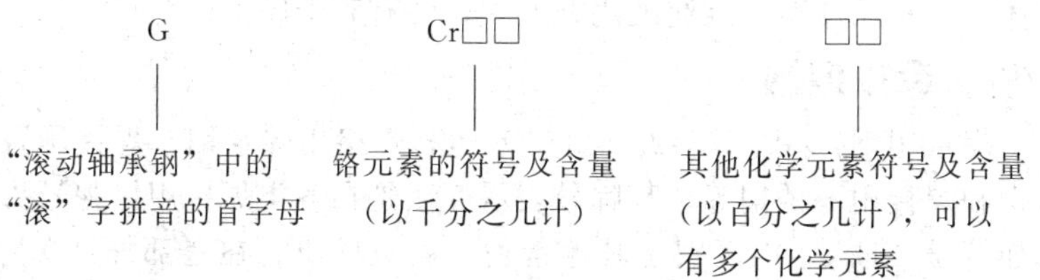

例：GCr15SiMn 表示含铬 1.5%，含硅、锰的滚动轴承钢。

常用滚动轴承钢以 GCr15 钢的应用最为广泛，而较大型轴承则采用 GCr15SiMn 钢。

滚动轴承钢的钢种和牌号：高碳铬轴承钢：GCr4 、GCr15、GCr15SiMo、GCr15SiMn、GCr18Mo；中碳铬轴承钢：G8Cr15；渗碳轴承钢：G20Cr2Ni4A 、G20CrNiMoA 、G20CrNi2MoA；不锈轴

承钢：9Cr18、9Cr18Mo；高温轴承钢：Cr4Mo4V、H10Cr4Mo4Ni4V、W9Cr4V2Mo、2W10Cr3NiV和W18Cr4V。

1.10 不锈钢和耐热钢

不锈钢和耐热钢（GB/T 20878—2007）的牌号由表示平均含碳量的数字（以千分之一为单位）与其后带有百分含量的合金元素符号组成。合金元素含量表示方法同合金结构钢。含碳量的表示方法为：当平均含碳量≥1.00%时，用两位数字表示，如“11Cr17”(平均含碳量为1.10%)；当平均含碳量在1.0%和0.1%之间时，用一位数字表示，如“2Cr13”（平均含碳量为0.20%)；当含碳量上限<0.1%时，以“0”表示，如“0Cr18Ni9”（含碳量上限为0.08%)；当0.03%≥含碳量上限>0.01%（超低碳），以“03”表示，如“03Cr19Ni10”（含碳量上限为0.03%)；当含碳量上限≤0.01%时（极低碳），以“01”表示，如“01Cr19Ni11”（含碳量上限为0.01%)。即：

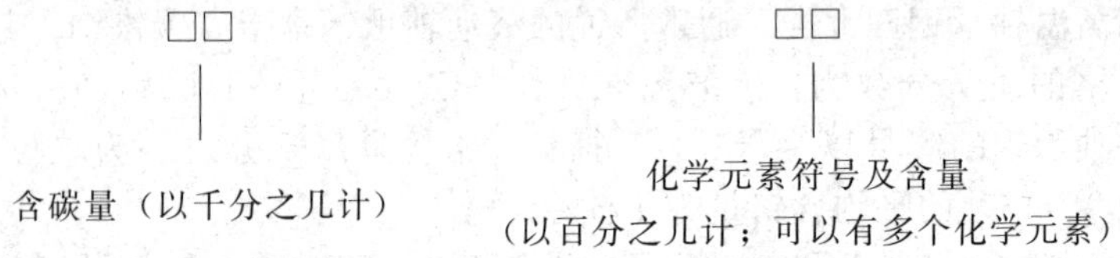

不锈钢和耐热钢的型别有：奥氏体型、奥氏体-铁素体型、铁素体型、马氏体型、沉淀硬化型五种，各有若干牌号。

1.11 焊接用钢

焊接用钢（GB/T 3429—2002）包括焊接用碳素钢、焊接用合金钢和焊接用不锈钢等，其牌号表示方法是在各类焊接用钢牌号头部加符号“H”，以区别于其他钢类，高级优质者在尾部加“A”。焊接用钢一般以盘条形式出现。

焊接用非合金钢的牌号主要有：H04E、H08A、H08C、H08E、H08MnA、H15A、H15Mn等。

焊接用低合金钢的牌号主要有：H05MnSiTiZrAlA、H08MnSi、H10MnSi、H11MnSi和H11MnSiA。

焊接用合金钢的牌号主要有：H05SiCrMoA、H05SiCr2MoA、

H08CrMoA、H08Mn2Ni2MoA、H08Mn2SiA、H08CrMoVA、H10Mn2 等。

1.12 冷轧电工用钢

冷轧电工用钢带（片）分冷轧无取向硅钢带（片）、冷轧取向硅钢带（片）和热轧硅钢板三种。其型号表示方法是：

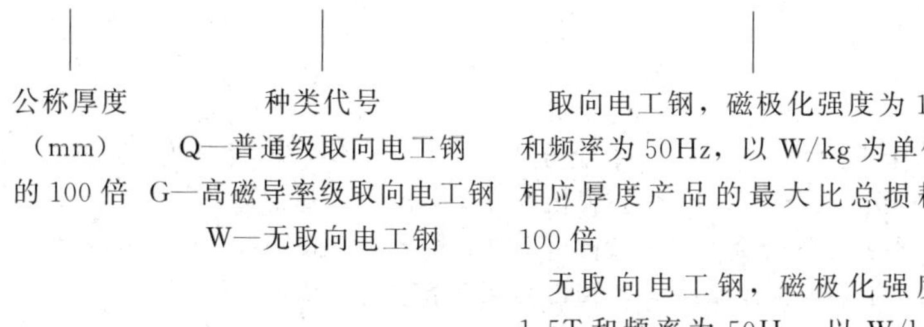

例：30QG110 表示公称厚度 0.30mm、比总损耗 1.70/50 为 1.10W/kg 的高磁导率级取向电工钢。

1.13 高温合金

按形状分，高温合金有板材（GB/T 14995—2010、GB/T 14996—2010）、棒材（GB/T 25828—2010）、管材（GB/T 28295—2012）和丝材（YB/T 5247—2012、YB/T 5249—2012）；按成形方法分，有冷拉和热轧。其牌号的表示方法是：

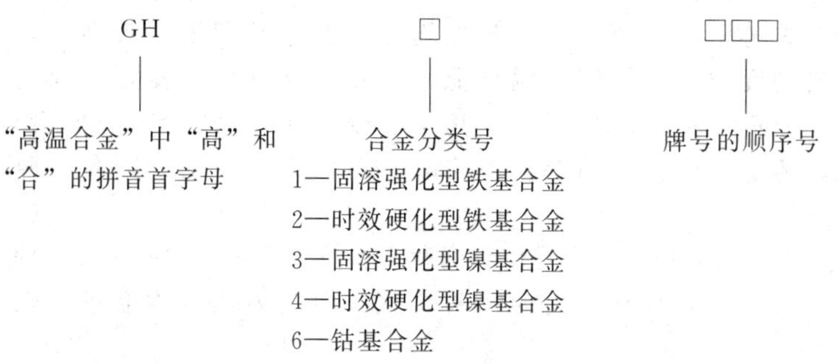

例：GH2302 表示顺序号为 302 的时效硬化型铁基高温合金。

1.14 耐蚀合金

根据合金（GB/T 15007—2008）的基本成形方式，分为变形耐蚀合金和铸造耐蚀合金；根据合金的基本组成元素，分为铁镍基合金和镍基合金；根据合金的主要强化特征，分为固溶强化型合金和时效硬化型合金。

耐蚀合金牌号的表示方法是：

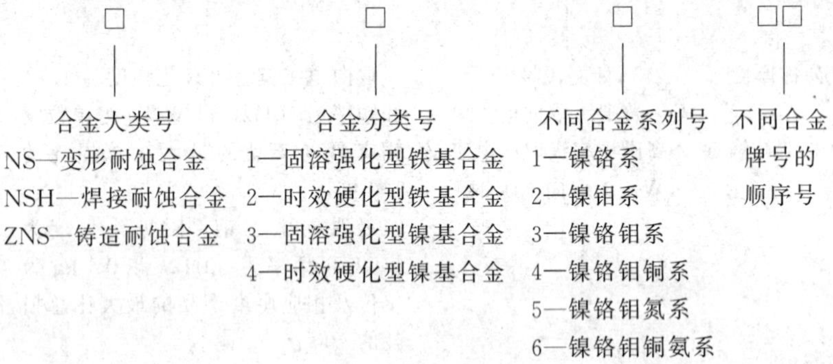

例：NS3204 表示 Ni-Mo 系顺序号为 04 的固溶强化型镍基耐蚀合金。

1.15 铸钢

1.15.1 一般工程用铸造碳钢

一般工程用铸造碳钢（GB/T 11352—2009）可用于制造形状复杂、力学性能要求高的机械零件，其组织、性能、尺寸精度已接近锻钢件，可经少无切削加工后使用。

铸钢中碳含量一般为 0.15%～0.6%。也可分为低碳、中碳和高碳铸钢。前者韧性及塑性均好，但强度和硬度较低，低温冲击韧度大，脆性转变温度低，导磁、导电性能良好，焊接性好，但铸造性差；后者强度高、硬度大，耐磨性高，塑性韧性低，铸造、焊接性均差，裂纹敏感性较大；中碳钢则介于两者之间。

普通铸钢的最大缺点是熔化温度高、流动性差、收缩率大，即铸造性能差，而且在铸态时晶粒粗大，因此铸钢件均需进行热处理。

普通铸钢的牌号是用“ZG”后面加屈服强度值和抗拉强度值

两组数字组成的：

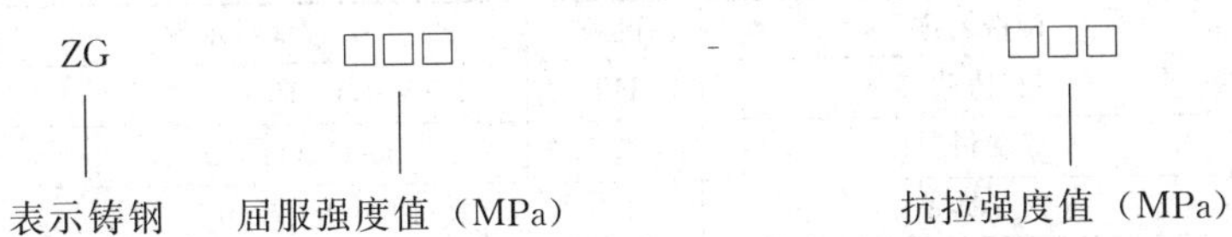

例：ZG270-500 表示屈服强度为 270MPa、抗拉强度为 500MPa 的铸钢。

标准规定的一般工程用铸造碳钢有 5 个：ZG200-400、ZG250-400、ZG270-500、ZG310-570 和 ZG340-640。

1.15.2　合金铸钢

按用途合金铸钢划分为铸造合金结构钢和特殊用途合金铸钢。前者是低、中合金铸钢，主要用来制作一般机械结构件。后者多为高合金铸钢，如耐磨铸钢、不锈耐酸铸钢、耐热铸钢、铸造合金工具钢等。合金铸钢在铸造状态可直接使用。

合金铸钢的牌号也是用“ZG”表示，后面加上表示含碳量和所含合金元素的符号、数字组成：

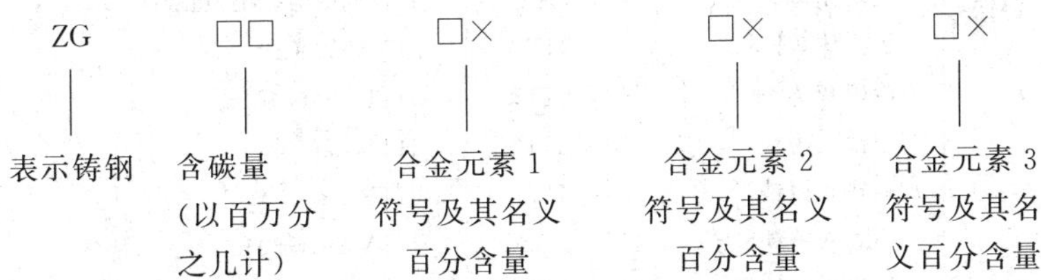

注：合金平均含量<1.5%者，在牌号中只标出元素符号，不注含量；合金平均含量为 1.5%～2.49%时，相应地标为 2……依此类推。

合金铸钢有 ZGMn13-1、ZGMn13-2、ZGMn13-3、ZGMn13-4、ZGMn13-5、ZGMn13Cr、ZGMn13Cr2、ZGMn13Ni4、ZGMn13Mo、ZGMn13Mo2。

1.16　铸铁

铸铁可分为灰铸铁、球墨铸铁、可锻铸铁和特殊性能铸铁等。蠕墨铸铁兼有球墨铸铁和灰铸铁的性能。

1.16.1　铸铁的名称、代号

铸铁的名称、代号的表示方法见表 1.2。

表 1.2 铸铁的名称、代号表示方法（GB/T 5612—2008）

铸铁名称		代号	牌号示例
灰铸铁		HT	HT100，H215
球墨铸铁		QT	QT400-17，QT500-7A
蠕墨铸铁		RuT	RuT400，RuT260
可锻铸铁	黑心可锻铸铁	KTH	KTH300-06，KTH350-10
	白心可锻铸铁	KTB	KTB350-04，KTB450-07
	珠光体可锻铸铁	KTZ	KTZ450-06，KTZ700-02
特殊性能铸铁	耐磨铸铁	MT	MTCu1PTi-150
	冷硬铸铁	LT	LTCrMoR
	耐蚀铸铁	ST	STSi15R
	耐热铸铁	RT	RTCr2
	耐蚀球墨铸铁	QTS	QTS Ni20 Cr2
	耐热球墨铸铁	QTR	QTR Si5
	冷硬球墨铸铁	QTL	QTLCrMo
	抗磨球墨铸铁	QTM	QTMMn 8-300
	奥氏体球墨铸铁	QTA	QTA Ni30 Cr3
	奥氏体铸铁	AT	L-NiMn137，Ni22(ISO)
	奥氏体灰铸铁	HTA	HTANi20Cr2
	冷硬灰铸铁	HTL	HTL Cr1Ni1Mo
	耐蚀灰铸铁	HTS	HTSNi2Cr
	耐热灰铸铁	HTR	HTR Cr
	耐磨灰铸铁	HTM	HTMCu1Cr Mo
	抗磨白口铸铁	BTM	BTMCr15Mo
	耐热白口铸铁	BTR	BTRCr16
	耐蚀白口铸铁	BTS	BTSCr28

注：1. 牌号中常规碳、锰、硫、磷等元素的代号及含量，只有在有特殊作用时才标注，其含量大于或等于1%时，用整数表示，小于1%时，一般不标注。

2. 牌号中代号后面的一组数字，表示抗拉强度值；有两组数字时，第一组表示抗拉强度值，第二组表示伸长率。

1.16.2 灰铸铁

所含碳以石墨的形式存在，断口呈黑灰色，铸造性、耐磨性、切削性很好，工艺简便、价格低廉，虽力学性能较低，但仍是目前铸铁中使用最多的一种。

灰铸铁牌号的表示方法是：

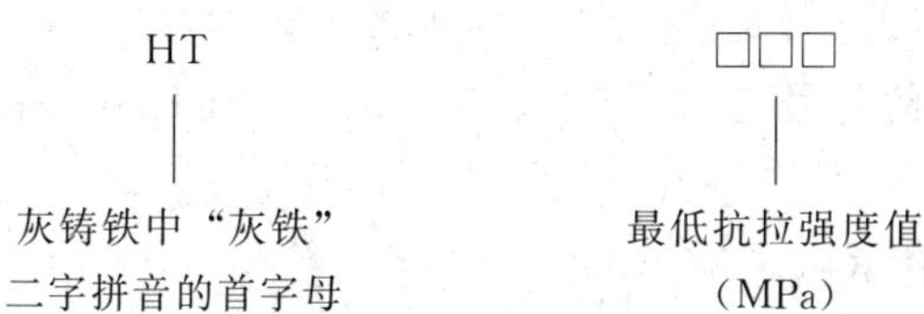

例：HT300 表示单铸试棒抗拉强度为 300MPa 的灰铸铁。

灰铸铁的牌号有 HT100、HT150、HT200、HT225、HT250、HT275、HT300、HT350。

1.16.3　球墨铸铁

球墨铸铁的强度、塑性和韧性都高于灰铸铁，有些力学性能和钢接近，并具有良好的铸造性、热处理性、切削性和减震性，成本也比钢低。所以，目前它不仅广泛代替灰铸铁，而且还成功地代替钢材用来制造一些重要零件，如曲轴、连杆、轧辊、齿轮和阀门等。

球墨铸铁牌号的表示方法是：

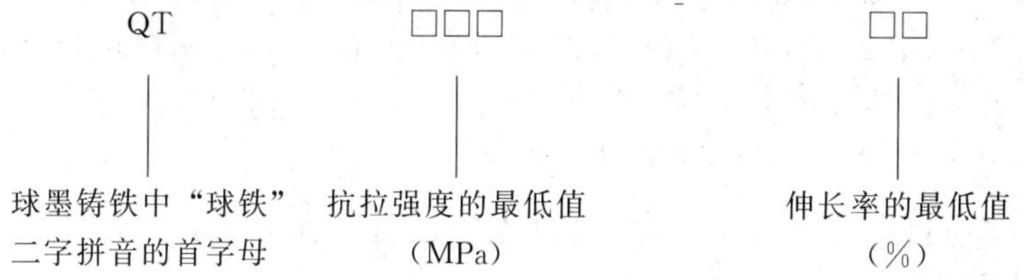

例：QT500-5 表示抗拉强度和伸长率分别为 500MPa 和 5%的球墨铸铁。

球墨铸铁的牌号有 QT350、QT400、QT450、QT500、QT600、QT700、QT800、QT900。

1.16.4　蠕墨铸铁

蠕墨铸铁中的石墨呈蠕虫状，其形态介于片状石墨和球状石墨之间，所以其力学性能也介于普通灰口铸铁和球墨铸铁之间。它的物理性能和铸造性能优于球墨铸铁，接近普通灰口铸铁。蠕墨铸铁广泛用来制作钢锭模、排气管、气缸等。

牌号表示方法是：

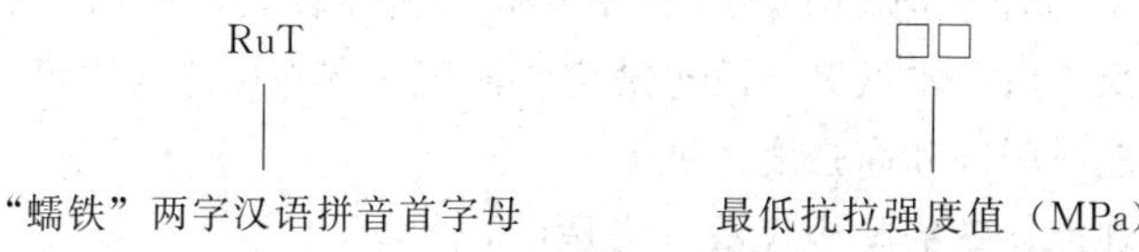

例：RuT300 表示最低抗拉强度为 300MPa 的蠕墨铸铁。

蠕墨铸铁的牌号有 RuT420、RuT380、RuT340、RuT300、RuT260。

1.16.5 可锻铸铁

可锻铸铁是一定的化学成分的铁水浇注成白口坯件，经过特殊处理而获得的铸铁，它实际上并不能锻造，只是因为石墨的形态改造为团絮状，不如灰铸铁的石墨片分割基体严重，因而强度与韧性比灰铸铁高。此处“可锻”二字只是对其性能的比喻而已。

可锻铸铁牌号的表示方法是：

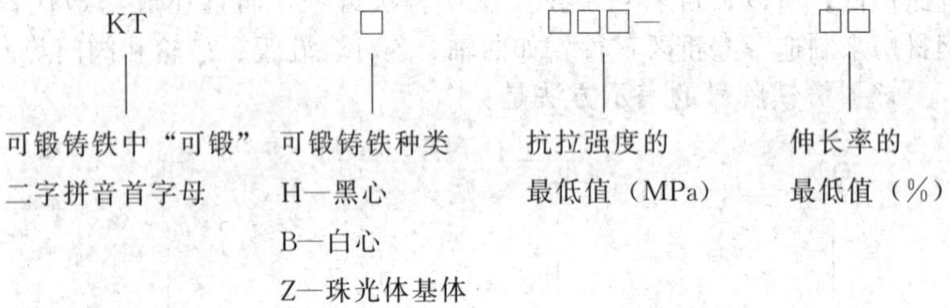

黑心可锻铸铁的牌号有 KTH275-05、KTH300-06、KTH330-08、KTH350-10、KTH370-12。

珠光体基体可锻铸铁的牌号有 KTZ450-06、KTZ500-05、KTZ550-04、KTZ600-03、KTZ650-02、KTZ700-02、KTZ 800-01。

白心可锻铸铁的牌号有 KTB350-04、KTB360-12、KTB400-05、KTB450-07、KTB550-04。

1.16.6 特殊性能铸铁

特殊性能铸铁是根据需要在灰铸铁或球墨铸铁中加进某些合金元素，使铸铁获得较高的耐磨性、耐热性和耐蚀性能等。与在同样条件下使用的合金钢相比，虽然强度低，脆性较大，但因其熔点低，工艺简单，成本低廉，故也被广泛使用。特殊性能铸铁可分为耐磨、耐热、耐蚀和高强度铸铁。

特殊性能铸铁的牌号表示方法是：

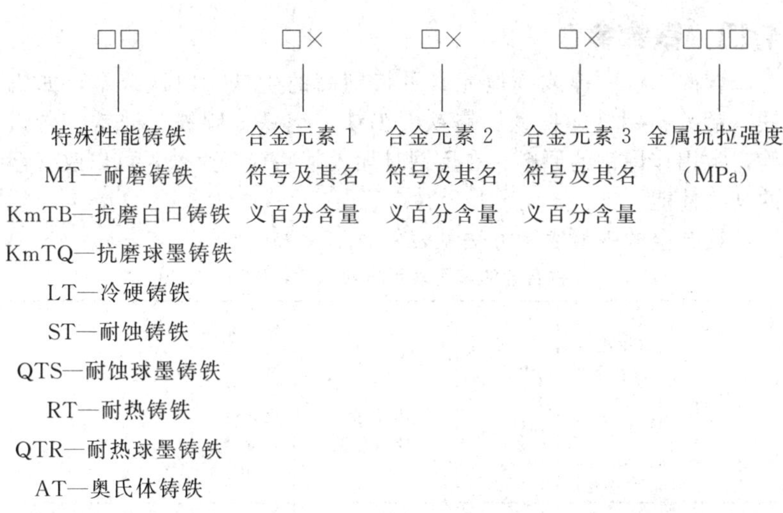

1.17　生铁

生铁有炼钢生铁、铸造生铁、球墨铸铁用生铁、耐磨生铁、脱碳低磷粒铁和含钒生铁。其牌号采用规定的符号和阿拉伯数字表示（GB/T 221—2008）：

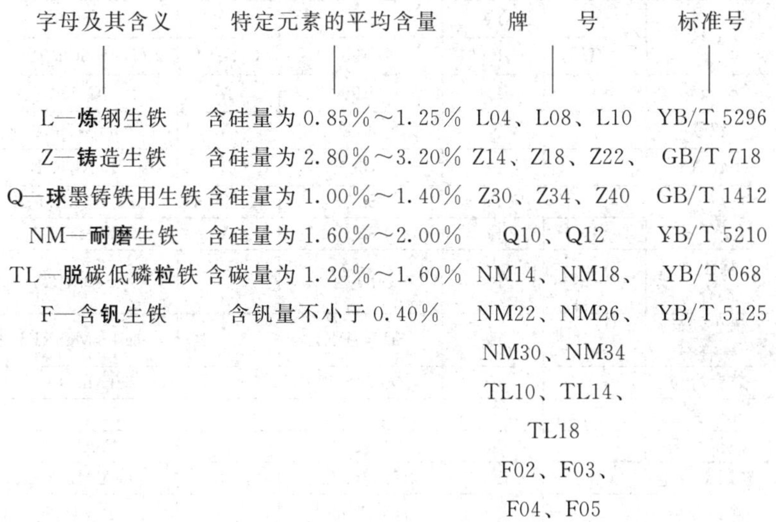

1.18 铁合金

含硅、锰、镍或其他元素量特别高的生铁，叫铁合金，如钒铁、锰铁、钼铁、钛铁、铬铁、钨铁、铌铁、硼铁、硅铁、磷铁等，常用作炼钢的原料。在炼钢时加入某些合金生铁，可以改善钢的某些性能。

铁合金的牌号表示方法见表 1.3。

表 1.3 铁合金的牌号表示方法（GB/T 7738—2008）

产品名称	第一部分（用汉语拼音字母表示产品名称、用途、工艺方法和特性）	第二部分（用“Fe”表示含铁元素的铁合金产品）	第三部分（表示主元素或化合物及其质量分数）	第四部分（表示主要杂质元素及其最高质量分数或组别）	示例
钒铁		Fe	V40	A	FeV40-A
锰铁		Fe	Mn68	C7.0	FeMn68C7.0
金属锰	J		Mn97	A	JMn97-A
	JC		Mn98		JCMn98
钼铁		Fe	Mo60		FeMo60-A
钛铁		Fe	Ti30	A	FeTi30-A
铬铁		Fe	Cr65	C1.0	FeCr65C1.0
	ZK	Fe	Cr65	C0.010	ZKFeCr65C0.010
金属铬	J		Cr99	A	JCr99-A
钨铁		Fe	W78	A	FeW78-A
铌铁		Fe	Nb60	B	FeNb60-B
硅铁		Fe	Si75	Al1.5-A	FeSi75Al1.5-A
	T	Fe	Si75	A	TFeSi75-A
稀土硅铁合金		Fe	SiRE23		FeSiRE23
稀土镁硅铁合金		Fe	SiMg8RE5		FeSiMg8RE5
硅锰合金		Fe	Mn64Si27		FeMn64Si27
硅钡合金		Fe	Ba30Si35		FeBa30Si35
硅铝合金		Fe	Al52Si5		FeAl52Si5
硅钡铝合金		Fe	Al34Ba6Si20		FeAl34Ba6Si20
硅钙合金			Ca31Si60		Ca31Si60

续表

产品名称	第一部分（用汉语拼音字母表示产品名称、用途、工艺方法和特性）	第二部分（用“Fe”表示含铁元素的铁合金产品）	第三部分（表示主元素或化合物及其质量分数）	第四部分（表示主要杂质元素及其最高质量分数或组别）	示　例
硅钙钡铝合金		Fe	Al16Ba9Ca12Si30		FeAl16Ba9Ca12Si30
硅铬合金		Fe	Cr30Si40	A	FeCr30Si40-A
硼铁		Fe	B23	C0.1	FeB23C0.1
磷铁		Fe	P24		FeP24
五氧化二钒			$V_2O_5$98		$V_2O_5$98
电解金属锰	DJ		Mn	A	DJMn-A
钒渣	FZ		FZ1	1	FZ1
钒氮合金			VN12		VN12
氮化钼铁	Y		Mo55.0	A	YMo55.0-A
氮化金属锰	J		MnN	A	JMnN-A
氮化铬铁		Fe	NCr3	A	FeNCr3-A
氮化锰铁		Fe	MnN	A	FeMnN-A

1.19　钢铁及合金材料的类型与统一数字代号

为了便于钢铁及合金产品的设计、生产、使用、标准化和现代化计算机管理，我国于 1998 年就颁布了 GB/T 17616《钢铁及合金牌号统一数字代号体系》ISC（Iron and Steel Code 的缩写），主要按钢铁及合金的基本成分、特性和用途，同时照顾到我国现有的习惯分类方法以及各类产品牌号实际数量情况。由于各类钢铁及合金材料的发展和新型材料的出现，2013 年又对原版标准做了一些必要的修改，两种表示方法同时有效。

统一数字代号由固定的 6 位符号组成，左边首位用大写的拉丁字母作前缀，后接五位阿拉伯数字，字母和数字之间不留间隙。每一个统一数字代号只对应于一个产品牌号，其结构形式如下：

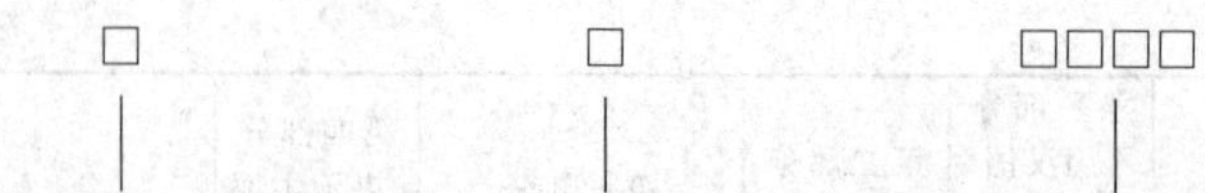

大写拉丁字母，代表不同的钢铁及合金类型（一般不用“I”和“O”）

第一位阿拉伯数字，代表各类型钢铁及合金细分类

第二～五位阿拉伯数字，代表不同分类内的编组和同一编组内的不同牌号的区别顺序号（各类型材料编组不同）

钢铁及合金材料的类型与统一数字代号见表1.4。

表1.4　钢铁及合金材料的类型与统一数字代号

类　型	前缀＋统一数字代号	主要包含种类
铁合金和生铁 (Ferro alloy and pig iron)	F×××××	铁合金包括锰铁及合金(包括金属锰)、硅铁及合金、铬铁及合金、钒铁、钛铁、铌铁及合金、稀土铁合金、钼铁、钨铁及合金、硼铁、磷铁及合金等;生铁包括炼钢生铁、铸造用生铁、球墨基体锰较高的铸造生铁、球墨铸造用生铁、铸造用磷铜钛低合金耐磨生铁、脱碳低磷粒铁、低碳铸造生铁、合金生铁等
非合金钢 (Unalloy steel)	U×××××	非合金结构钢、非合金铁道用钢、非合金易切削钢(不包括非合金工具钢、电磁纯铁、原料纯铁、焊接用非合金钢、非合金铸钢等)
低合金钢 (Low alloy steel)	L×××××	低合金一般结构钢、低合金专用结构钢、低合金钢筋钢、低合金耐候钢等
合金结构钢 (Alloy structural steel)	A×××××	合金结构钢和合金弹簧钢(但不包括焊接用合金钢,合金铸钢、粉末冶金合金结构钢)
轴承钢 (Bearing steel)	B×××××	高碳铬轴承钢、渗碳轴承钢、高温轴承钢、不锈轴承钢、碳素轴承钢、无磁轴承钢、石墨轴承钢等
工模具钢 (Tool and mould steel)	T×××××	非合金工模具钢、合金工模具钢、高速工具钢(不包括粉末冶金工具钢)
不锈钢和耐热钢 (Stainless steel and heat resisting steel)	S×××××	铁素体型钢、奥氏体-铁素体型钢、奥氏体型钢、马氏体型钢、沉淀硬化型钢五个分类(不包括焊接用不锈钢、不锈钢铸钢、耐热钢铸钢、粉末冶金不锈钢和耐热钢等)

续表

类　型	前缀+统一数字代号	主要包含种类
耐蚀合金和高温合金 (Heat resisting and corrosion resisting alloy)	H×××××	变形耐蚀合金和变形高温合金，不包括铸造高温合金和铸造耐蚀合金、粉末冶金高温合金和耐蚀合金、焊接用高温合金和耐蚀合金、弥散强化高温合金、金属间化合物高温材料
电工用钢和纯铁 (Electrical steel and iron)	E×××××	电磁纯铁、冷轧无取向硅钢、冷轧取向硅钢、无磁钢等
铸铁、铸钢及铸造合金 (Cast iron，cast steel and cast alloy)	C×××××	铸铁、非合金铸钢、低合金铸钢、合金铸钢、不锈耐热铸钢、铸造永磁钢和合金、铸造高温合金和耐蚀合金等
粉末及粉末冶金材料 (Powders and powder metallurgy materials)	P×××××	粉末冶金结构材料、摩擦材料和减摩材料、多孔材料、工具材料、难熔材料、耐蚀材料和耐热材料、电工材料、磁性材料、其他材料和铁、锰等金属粉末等
快淬金属及合金 (Quick quench metals and alloys)	Q×××××	快淬软磁合金、快淬永磁合金、快淬弹性合金、快淬膨胀合金、快淬热双金属、快淬精密电阻合金、快淬焊接合金、快淬耐蚀耐热合金等
焊接用钢及合金 (Steel and alloy for welding)	W×××××	焊接用非合金钢、焊接用低合金钢、焊接用合金钢、焊接用不锈钢、焊接用高温合金和耐蚀合金、钎焊合金等
金属功能材料 (Metallic functional materials)	J×××××	软磁合金、变形永磁合金、弹性合金、膨胀合金、热双金属、电阻合金等(不包括电工用硅钢和纯铁、铸造永磁合金、粉末烧结磁性材料)
杂类材料 (Miscellaneous materials)	M×××××	杂类非合金钢(原料纯铁、非合金钢球钢等)、杂类低合金钢、杂类合金钢(锻制轧辊用合金钢、钢轨用合金钢等)、冶金中间产品(五氧化二钒、钒渣、氧化钼等)、杂类铸铁产品用材料(灰口铸铁管、球墨铸铁管、铸铁轧辊、铸铁焊丝、铸铁丸和铸铁砂等)、杂类非合金铸钢产品用材料(一般非合金铸钢、含锰非合金铸钢、非合金铸钢丸等)、杂类合金铸钢产品用材料(合金钢、半钢、石墨钢、高铬钢、高速钢、半高速钢)等

现将钢铁及合金的类型、细分类与统一数字代号及牌号，按汉语拼音排序举例如表 1.5 所示。

表 1.5 钢铁及合金的类型、细分类与统一数字代号及牌号例

A—合金结构钢(含合金弹簧钢)

细分类	ISC 代号	牌号例	细分类	ISC 代号	牌号例
Mn(x)、MnMo(x)系钢(不含Cr、Ni、Co等元素)	A00407	D40Mn2	CrMo(x)、CrMoV(x)、CrMnMo(x)系钢(不含Ni等合金元素)	A30122	12CrMo
	A01203	20MnVA		A30422	42CrMo
	A02202	20MnMo		A30423	42CrMoA
	A03306	30Mn2MoWE		A30426	42CrMoE
	A04422	42MnMoV		A31122	12CrMoV
	A05188	18MnMoNbR		A31252	25Cr2MoV
SiMn(x)、SiMnMo(x)系钢(不含Cr、Ni、Co等元素)	A10272	27SiMn		A32213	20Cr3MoWVA
	A11603	60Si2MnA		A33382	38CrMoAl
	A12262	26SiMnMo		A34402	40CrMnMo
	A13232	23MnSiV		A35403	40CrMnSiMoVA
	A14202	20SiMn2MoV		A36403	40CrMnMoVA
Cr(x)、CrSi(x)、CrMn(x)、CrV(x)、CrMnSi(x)、CrW(x)系钢(不含Ni、Mn、Co等元素)	A20204	ML20Cr	CrNi(x)系钢(不含 Mo、W 等元素)	A40206	20CrNiE
	A20402	40C		A41123	12CrNi2A
	A21382	38CrSi		A42123	12CrNi3A
	A22402	40CrMn		A43125	12Cr2Ni4H
	A23503	50CrVA		A44203	20CrNi4VA
	A24202	20CrMnSi		A45303	30CrMnSiNi2A
	A25253	25CrMnVA		A46153	15Cr2MnNi2TiA
	A26202	20CrMoTi	CrNiMo(x)、CrNiW(x)、CrNiCoMo(x)系钢	A50202	20CrNiMo
	A26205	20CrMnTiH		A51303	30CrNi2MoVA
	A27303	30W4Cr2VA		A52182	18Cr2Ni4W
	A28603	60Si2CrVA		A53313	30Cr2Ni2WVA

续表

A—合金结构钢(含合金弹簧钢)

细分类	ISC 代号	牌号例	细分类	ISC 代号	牌号例
CrNiMo(x)、CrNiW(x)、CrNiCoMo(x)系钢	A54106	10CrNi2MoCu	B(x)、MnB(x)、SiMnB(x)系钢(不含Cr、Ni、Co等元素)	A70452	45B
	A55143	14CrMnSiNi2MoA		A71202	20Mn2B
	A56203	20Ni9Co5Mo2Cr2VA		A72202	20MnMoB
Ni(x)、NiMo(x)、NiCoMo(x)、Mo(x)、MoWV(x)系钢(不含Cr等元素)	A60068	06Ni9DR		A73152	15MnVB
	A61142	14MnNi		A73202	20MnVB
	A61590①	9Ni590A		A74206	20MnTiBE
	A62603	60Si2Ni2A		A75272	27MnMoVB
	A63208	07MnNiMoVDR		A76552	55Si2MnB
	A64250②	00Ni18Co8Mo5TiAl		A77206	20SiMnVBE
	A65158	15MoG	W系	A8××××	
	A66102	10MoWVNb	暂空	A9××××	

① 第三、四、五位阿拉伯数字采用牌号中的屈服强度值，屈服强度值相同而质量等级不同时，以第五位阿拉伯数字加以区分，其中：1—A级，2—B级。

② 当产品为强调强度特性值的钢时，第三、四、五位阿拉伯数字也可采用牌号中的屈服强度值。

B—轴承钢

细分类	ISC 代号	牌号例	细分类	ISC 代号	牌号例
高碳铬轴承钢	B00040	GCr4	无磁轴承钢	B30550	G55
	B00150	GCr15		B31700	G70Mn
	B01150	GCr15SiMn	石墨轴承钢	B4××××	
	B02180	GCr18Mo	暂空	B5××××	
	B03150	GCr15SiMo	暂空	B6××××	
渗碳轴承钢	B10200	G20CrMo	暂空	B7××××	
	B11200	G20Cr2Ni4	暂空	B8××××	
	B12100	G10CrNi3Mo	暂空	B9××××	
高温、不锈轴承钢	B21800	G95Cr18			

续表

C—铸铁、铸钢及铸造合金

细分类	ISC代号	牌号例	细分类	ISC代号	牌号例
铸铁(含灰铸铁、球墨铸铁、可锻铸铁(黑心、珠光体、白心)、抗磨白口铸铁、中锰抗磨球墨铸铁、高硅耐蚀铸铁、耐热铸铁等)	C00100	HT100	合金铸钢(不锈耐热铸钢、铸造永磁钢除外)	C44350	ZG35CrMo
	C01401	QT400-15		C45350	ZG35CrMnSi
	C02302	KTH300-06	不锈耐热铸钢	C52193	ZG03Cr19Ni11Mo2N
	C03352	KTB350-04		C53043	ZG03Cr18Ni10
	C04080	KmTBCr26		C54200	ZG20Cr13
	C06150	HTSSi15R		C55265	ZG03Cr26Ni5Mo3N
	C07001	HTRCr	铸造永磁钢和合金	C61009	LN9
铸铁	C1××××	暂空		C62124	TGGG-12/40
非合金铸钢(一般型、含锰型、一般工程和焊接结构用型、特殊专用型等)	C20150	ZG15		C63286	TGGM-28/68
	C22040	ZG200-400	铸造耐蚀合金	C71301	ZNS1301
	C23157	ZG310-570		C78800	ZNS3201
			铸造高温合金	C82111	K211
低合金铸钢	C32748	ZGD270-480		C84023	DD402
合金铸钢(不锈耐热铸钢、铸造永磁钢除外)	C40131	ZGMn13-1		C84125	DZ4125
				C84170	DZ417G
	C43400	ZG40Cr	暂空	C9××××	

E—电工用钢和纯铁

细分类	ISC代号	牌号例	细分类	ISC代号	牌号例
电磁纯铁	E04960	DT4	冷轧取向硅钢	E33523	35WG230
	E04484	DT4E	冷轧取向硅钢(高磁感)	E42712	27Q120
热轧硅钢	E1××××			E42090	20Q1000
冷轧无取向硅钢	E23523	35W230	冷轧取向硅钢(高磁感、特殊检验条件)	E53011	30QG110
	E26593	65W1300			

续表

E—电工用钢和纯铁

细分类	ISC 代号	牌号例	细分类	ISC 代号	牌号例
无磁钢（低磁钢）	E60173	45Mn17Al3	暂空	E8××××	
	E61614	0Cn6Ni14	暂空	E9××××	
暂空	E7××××				

F—铁合金和生铁

细分类	ISC 代号	牌号例	细分类	ISC 代号	牌号例
生铁（含炼钢生铁、铸造生铁、含钒生铁、球墨铸铁用生铁、铸造用磷铜钛低合金耐磨生铁、脱碳低磷粒铁等）	F01030	L03	锰铁合金及金属锰（含低碳锰铁、中碳锰铁、高碳锰铁、高炉锰铁、锰硅合金、铌锰铁合金、金属锰、电解金属锰等）	F13781	FeMn78C8.0
	F01071	L07		F13782	FeMn78
	F01103	L10		F14600	FeMn60Si34C0.02
	F02140	TL14		F14554	FeMn55Si25C0.30
	F03181	Z18		F14685	FeMn68Si16
	F03183			F14688	FeMn68Si18
	F03185			F15782	FeMn78Si7Al5C0.2
	F05101	Q10		F15780	FeMn78Si7Al5C1.0
	F05122	Q12		F17752	FeMnN-B
	F06182	NMZ18		F17901	JMnN-A
	F07041	F04		F18121	FeMnSiN-A
	P07752	FeNi7.5		F19951	JMn95-A
锰铁合金及金属锰（含低碳锰铁、中碳锰铁、高碳锰铁、高炉锰铁、锰硅合金、铌锰铁合金、金属锰、电解金属锰等）	F10840	FeMn84C0.05		F19994	DJMnD
	F10901	FeMn90C0.10	硅铁合金（含硅铁合金、硅铝铁合金、硅钙合金、硅钡合金、硅钡铝合金、硅钙钡铝合金等）	F20905	FeSi90Al1.5
	F10842	FeMn84C0.15		F20753	FeSi75Al1.0-A
	F11882	FeMn88C0.20		F20750	FeSi75-A
	F12782	FeMn78C2.0		F21651	TFeSi75-A

续表

F—铁合金和生铁

细分类	ISC 代号	牌号例	细分类	ISC 代号	牌号例
硅铁合金（含硅铁合金、硅铝铁合金、硅钙合金、硅钡合金、硅钡铝合金、硅钙钡铝合金等）	F22055	FeAl50Si5	铬铁合金及金属铬（含微碳铬铁、低碳铬铁、中碳铬铁、高碳铬铁、氮化铬铁、金属铬、硅铬合金等）	F36633	FeNCr3-A
	F23605	Ca31Si60		F36635	FeNCr3-B
	F24356	FeBa30Si35		F36980	JCr98
	F25206	FeAl35Ba6Si20	钒铁、钛铁、铌铁及合金（含钒铁、钒铝合金、钛铁、铌铁等）	F40401	FeV40-A
	F26305	FeAl16Ba9Ca12Si30		F42301	FeTi30-A
	F27401	FeCr30Si40-A		F43700	FeNb70
	F22111	NPFeSiN-A		F44120	VN12
	F22230	LGFeSiN	稀土铁合金（含稀土硅铁和稀土镁硅铁合金等）	F50230	195023
铬铁合金及金属铬（含微碳铬铁、低碳铬铁、中碳铬铁、高碳铬铁、氮化铬铁、金属铬、硅铬合金等）	F30603	FeCr65C0.03		F51051	195105A
	F30610	FeCr65C0.10		F51052	19510513
	F3163	ZKFeCr65C0.03	钼铁、钨铁及合金（含钼铁、钨铁等）	F60700	FeMo70
	F3160	ZKFeCr65C0.100		F61801	FeW80-A
	F32525	FeCr55C0.25	硼铁、磷铁及合金	F70121	FeB12C0.1
	F33510	FeCr55C1.0	暂空	F51052	19510513
	F34560	FeCr55C6.0	暂空	F8××××	
	F35531	FeCr55C1000Ti3	暂空	F9××××	
	F35602	FeCrN10			

H—耐蚀合金和高温合金

细分类	ISC 代号	牌号例	细分类		ISC 代号	牌号例
耐蚀合金（含固溶强化型和时效硬化型的铁镍基合金及镍基合金）	H08810	NS1102	高温铁镍基合金	固溶强化型	H10150	GH1015
	H03101	NS3101		时效硬化型	H20360	GH2036

续表

H—耐蚀合金和高温合金

细分类		ISC 代号	牌号例	细分类	ISC 代号	牌号例
高温镍基合金	固溶强化型	H30300	GH3030	暂空	H7××××	
	时效硬化型	H41690	GH4169	暂空	H8××××	
高温钴基合金	固溶强化型	H51880	GH5188	暂空	H9××××	
	时效硬化型	H61590	GH6159			

J—金属功能材料

细分类	ISC 代号	牌号例	细分类	ISC 代号	牌号例
暂空	J0××××		膨胀合金	J40280	4J28
软磁合金	J10120	1J12		J41290	4J29
	J11170	1J17		J42300	4J30
	J12221	1J22		J43780	4J78
	J13404	1J40	热双金属	J51017	5J1017
	J13325	1J32		J51592	5J15120
	J13761	1J76		J51445	5J1445A
变形永磁合金	J20530	2J53		J51446	5J1445B
	J21270	2J27	电阻合金（含电阻电热合金）	J60200	0Cr20Al3
	J22830	2J83		J61200	Cr20Ni30
	J23100	2J10		J62100	6J10
弹性合金	J30090	3J09	暂空	J7××××	
	J31210	3J21	暂空	J8××××	
	J32400	3J40	暂空	J9××××	

续表

L—低合金钢

细分类		ISC 代号	牌号例
低合金一般结构钢		L03451	Q345A
低合金专用结构钢	表示强度特性值的钢	L13455	Q345QE
		L13551	AH36
		L15506	FH550
	表示成分特性值的钢	L20207	20MnK
		L21300	30MnNbRE
		L22458	F45MnVS
		L23249	24MnTi
		L24715	U71MnSiCu
		L26705	U70MnSi
		L27715	U71MnSiCu
		L29145	14MnVTiRE
低合金钢筋	表示强度特性值的钢	L3400	HRB400
	表示成分特性值的钢	L4××××	
低合金耐候钢		L52350	Q235NH

细分类	ISC 代号	牌号例
低合金耐候钢	L52950	Q295NH
	L53550	Q355NH
	L54600	Q460NH
	L52951	Q295GNH
	L52952	Q295GNHL
	L53451	Q345GNH
	L53452	Q345GNHL
	L53551	Q355GNH
	L53552	Q355NH
	L53901	Q390NH
低合金铁道专用钢	L61801	CR180BH
	L62602	CR260/450DP
	L62203	CR220IF
	L67007	HR700F
暂空	L7××××	
暂空	L8××××	
其他低合金钢	L9××××	

M—杂类材料

细分类	ISC 代号	牌号例
杂类非合金钢（含原料纯铁、非合金钢球钢等）	M00058	YT3
	M01050	QA-50
杂类低合金钢	M1××××	

细分类	ISC 代号	牌号例
杂类合金钢（含锻制轧辊用和钢轨用合金钢等）	M20100	55Cr
	M22110	36CuCrP

续表

细分类	ISC代号	牌号例	细分类	ISC代号	牌号例
M—杂类材料					
冶金中间产品（含钒渣、五氧化二钒、氧化钼块、铌磷半钢等）	M30991	$V_2O_5$99	合金铸钢产品用材料[含Mn系、MnMo系、Cr系、CrMo系、CrNiMo系、Cr(M)MoSi系铸钢材料等]	M60701	AS70Ⅰ
	M30972	$V_2O_5$97		M61140	AD140
	M31090	FZ1		M61141	AD140Ⅰ
	M32600	YMo60		M62140	GS140
铸铁产品用材料（含灰口铸铁管、球墨铸铁管、铸铁轧辊、铸铁焊丝、铸铁丸、铸铁砂等用铸铁材料）	M44010	EZC		M63140	HCrS
	M44111	EZNi-1		M64180	HSS
	M44331	RZCQ-1		M65090	S-HSS
	M44410	ERZNi	暂空	M7××××	
非合金铸钢产品用材料（含一般型、含锰型、非合金铸钢丸和铸钢砂材料等）	M51700	AS70	暂空	M8××××	
			暂空	M9××××	
P—粉末冶金材料					
细分类	ISC代号	牌号例	细分类	ISC代号	牌号例
粉末冶金结构材料（含粉末烧结的铁及铁基合金、非合金结构钢和合金结构钢等）	P00010	F0001J	粉末冶金多孔材料（含铁及铁基合金多孔材料、不锈钢多孔材料）	P21005	SG005
	P01010	F0101J			
	P06020	F0202J			
粉末冶金摩擦材料和减摩材料（含铁基摩擦材料和减摩材料等）	P1××××		粉末冶金工具材料（含粉末冶金工具钢等）	P37012	F3701X
			暂空	P4××××	

续表

P—粉末冶金材料

细分类	ISC代号	牌号例	细分类	ISC代号	牌号例
粉末冶金耐蚀材料和耐热材料（含粉末冶金不锈钢、耐蚀和耐热钢、高温合金和耐蚀合金等）	P50015	F5001T	铁、锰等金属粉末（含粉末冶金用还原铁粉、电焊条用还原铁粉、穿甲弹用铁粉、穿甲弹用锰粉等）	P90080	FHY80·240
	P50116	F5011U		P90082	FHY80·255Ⅱ
	P52756	MGH2756		P90100	FHY100·240
	P54096	FGH4096		P91042	FHT40·30Ⅱ
电工材料	P6×××			P92720	FTH7·20
磁性配料（含软、硬磁铁氧体，特殊磁性铁氧体材料，软、硬磁性金属和合金、特殊磁性合金等）	P7×××			P93110	MCIP-R-1
				P93220	MCIP-H-2
				P93310	MCIP-P-1
				P94150	FSW150·30
				P95151	FYH150·30Al
				P96150	FKH150·32
暂空	P8×××			P97001	FMnG-1

Q—快淬金属及合金

细分类	ISC代号	牌号例	细分类	ISC代号	牌号例
暂空	Q0×××		快淬热双金属	Q5×××	
快淬软磁合金	Q11011	1K101J	快淬电阻合金	Q6×××	
快淬永磁合金	Q21010	2K101	快淬可焊合金	Q73010	7K301
快淬弹性合金	Q33010	3K301	快淬耐蚀耐热合金	Q81010	8K101
快淬膨胀合金	Q4×××		暂空	Q9×××	

续表

S—不锈钢、耐热钢和耐蚀钢

细分类	ISC 代号	牌号例
暂空	S0××××	
铁素体型钢	S11510	10Cr15
奥氏体-铁素体型钢	S22160	12Cr21Ni5Ti
奥氏体型钢	S35450	12Cr18Mn9Ni5N
	S30403	022Cr19Ni10

细分类	ISC 代号	牌号例
马氏体型钢	S41008	06Cr13
沉淀硬化型钢	S51550	05Cr15Ni5Cu4Nb
暂空	S6××××	
暂空	S7××××	
暂空	S8××××	
暂空	S9××××	

T—工模具钢

细分类	ISC 代号	牌号例
一般非合金工具钢	T00070	T7
	T01080	T8Mn
专用非合金工具钢	T10450	SM45
模具用合金工具钢	T21200	Cr12
	T22345	5CrMnMo
	T23535	5Cr2NiMoVSi
	T25303	3Cr2Mo
	T20102	5CrMnMo
	T20103	5CrNiMo
	T20280	3Cr2W8
	T20502	4Cr5MoSiV1
	T21201	Cr12MoV
	T21202	Cr12Mo1V1
	T22020	3Cr2Mo
量具、刃具用合金工具钢	T30100	9SiCr

细分类	ISC 代号	牌号例
量具、刃具用合金工具钢	T30200	Cr06
	T31209	9Cr2
耐冲击、钎具、耐磨等用的合金工具钢	T40295	5CrW2Si
	T41502	ZK23CrNi3Mo
	T41143	ZK35SiMnMoV
	T42239	9Cr2V
钨系高速工具钢（W＞1 0%）	T51841	W18Cr4V
钨-钼系高速工具钢（W≤10%）	T63342	W3Mo3Cr4V2
钨系含钴高速工具钢（W＞10%）	T71245	W12Cr4V5Co5
钨-钼系含钴高速工具钢（W≤10%）	T86545	W6Mo5Cr4V2Co5
暂空	T9××××	

续表

U—非合金钢(非合金工具钢、电磁纯铁、焊接用非合金钢、非合金钢铸钢除外)

细分类	ISC代号	牌号例
暂空	U0××××	
非合金一般结构及工程结构钢(表示强度特性值的钢)	U11950	Q195F
非合金机械结构钢(含非合金弹簧钢,表示成分特性值的钢)	U20103	10A
	U20150	15F
	U20152	15
	U20352	35
	U20402	40
	U20452	45
	U20453	45A
	U20456	45E
	U21152	15Mn
	U22082	08Al
非合金特殊专用结构钢 表示强度特性值的钢	U32456	L245/B
	U32457	L245R/BRA

细分类	ISC代号	牌号例
非合金特殊专用结构钢 表示成分特性值的钢	U40120	ML12
	U41250	ML25Mn
	U50207	20G
	U52103	S10A
	U53072	C7D
	U59455	45H
非合金铁道专用钢	U61742	U74
	U62607	CL60A
	U63402	LZ40
非合金易切削钢	U70200	Y20
	U71152	Y15
	U72458	Y45MnSPb
	U73450	Y45Ca
	U74456	Y45MnSn
暂空	U8××××	
暂空	U9××××	

序号	统一数字代号	牌号	化学成分/%					
			C	Si	Mn	Cr	Ni	Cu
						≤	≤	≤
1	U20080	08F	0.05～0.11	≤0.03	0.25～0.50	0.10	0.30	0.25
2	U20100	10F	0.07～0.13	≤0.07	0.25～0.50	0.15	0.30	0.25
3	U20150	15F	0.12～0.18	≤0.07	0.25～0.50	0.25	0.30	0.25

续表

序号	统一数字代号	牌号	化学成分/%					
			C	Si	Mn	Cr	Ni	Cu
						≤		
4	U20082	08	0.05～0.11	0.17～0.37	0.35～0.65	0.10	0.30	0.25
5	U20102	10	0.07～0.13			0.15		
6	U20152	15	0.12～0.18			0.25		
7	U20202	20	0.17～0.23			0.25		
8	U20252	25	0.22～0.29	0.17～0.37	0.50～0.80	0.25	0.30	0.25
9	U20302	30	0.27～0.34					
10	U20352	35	0.32～0.39					
11	U20402	40	0.37～0.44					
12	U20452	45	0.42～0.50					
13	U20502	50	0.47～0.55					
14	U20552	55	0.52～0.60					
15	U20602	60	0.57～0.65					
16	U20652	65	0.62～0.70					
17	U20702	70	0.67～0.75					
18	U20752	75	0.72～0.80					
19	U20802	80	0.77～0.85					
20	U20852	85	0.82～0.90					
21	U21152	15Mn	0.12～0.18	0.17～0.37	0.70～1.00	0.25	0.30	0.25
22	U21202	20Mn	0.17～0.23					
23	U21252	25Mn	0.22～0.29					
24	U21302	30Mn	0.27～0.34					

续表

序号	统一数字代号	牌号	化学成分/%					
			C	Si	Mn	Cr	Ni	Cu
						≤		
25	U21352	35M13	0.32～0.39	0.17～0.37	0.70～1.00	0.25	0.30	0.25
26	U21402	40M13	0.37～0.44					
27	U21452	45Mn	0.42～0.50					
28	U21502	50Mn	0.48～0.56					
29	U21602	60Mn	0.57～0.65					
30	U21652	65M13	0.62～0.70	0.17～0.37	0.90～1.20	0.25	0.30	0.25
31	U21702	70M13	0.67～0.75					

注:表中所列牌号为优质钢。如果是高级优质钢,在牌号后面加“A”(统一数字代号最后一位数字改为“3”);如果是特级优质钢,在牌号后面加“E”(统一数字代号最后一位数字改为“6”);对于沸腾钢,牌号后面为“F”(统一数字代号最后一位数字为“0”);对于半镇静钢,牌号后面为“b”(统一数字代号最后一位数字为“1”)。

冷冲压用沸腾钢含硅量不大于0.03%。氧气转炉冶炼的钢其含氮量应不大于0.008%。供方能保证合格时,可不做分析。经供需双方协议,08～25钢可供应硅含量不大于0.17%的半镇静钢,其牌号为08b～25b。

W—焊接用钢及合金

细分类	ISC代号	牌号	细分类	ISC代号	牌号
焊接用非合金钢	W00083	H08A	焊接用合金钢(不含Cr、Ni钢)	W23083	H08Mn2MoA
	W01083	H08MnA		W24083	H08Mn2MoVA
焊接用低合金钢	W16082	H08MnSi		W25083	H08Mn2SiMoA
	W17053	H05MnSiTiZrAlA		W26103	H10MnSiMoTiA
焊接用合金钢(不含Cr、Ni钢)	W20102	H10Mn2	焊接用合金钢(W2××××,W4××××类除外)	W30303	H30CrMnSiA
	W21082	H08Mn2Si		W31083	H08CrMoA
	W22083	H08MnMoA		W32083	H08CrMoVA

续表

W—焊接用钢及合金					
细分类	ISC代号	牌号	细分类	ISC代号	牌号
焊接用合金钢（W2××××，W4××××类除外）	W33183	H18Mn2CrMoBA	钎焊合金	W60701	BMn70NiCrSe
	W34083	H08CrNi2MoA		W61035	HGH1035
	W35106	H10SiMnCrNiMoV		W62036	HGH2036
焊接用不锈钢	W41170	H08Cr17		W63030	HGH3030
	W43021	H10Cr19Ni9		W64033	HGH4033
	W44100	H12Cr13	暂空	W7××××	
焊接用高温合金和耐蚀合金	W53101	HNS3101	暂空	W8××××	
	W58810	HNS1102	暂空	W9××××	

第2章 钢铁材料制品

2.1 钢板和钢带

2.1.1 热轧钢板和钢带

GB/T 709 适用于轧制宽度不小于 600mm 的单轧钢板、钢带及其剪切钢板（连轧钢板）和纵切钢带。GB/T 3274—2007 规定，对于厚度为 3～400mm 的碳素结构钢和低合金结构钢热轧厚钢板，以及厚度为 3～25.4mm 的热轧钢带的尺寸、外形和允许公差也同样适用。

(1) 规格（表 2.1）

表 2.1 热轧钢板和钢带的规格(GB/T 709—2006) mm

种类	厚度 t		宽度		长度	
	公称值	级差	公称值	级差	公称值	级差
单轧钢板	3～400	$t<30$ 0.5 $t\geqslant30$ 1.0	600～4800	10 或 50	2000～20000	50 或 100
连轧钢板和钢带	0.8～25.4	0.1	600～2200	10		
纵切钢带	—	—	120～900	—		

注：1. 优质碳素结构钢热轧薄钢板和钢带，按拉延级别可分为最深（Z）、深（S）和普通（P）拉延级三级。

2. 碳素结构钢和低合金结构钢热轧钢带的外形类别及代号：

分类方法	类别	代号	分类方法	类别	代号
钢带外形	条状钢带	TD	钢带边缘	切边钢带	Q
	卷状钢带	JD		不切边钢带	BQ

3. 本标准规定的尺寸、外形、重量和允许偏差同样适用于下列钢板和钢带品种：
碳素结构钢和低合金结构钢热轧钢带（GB/T 3524—2005）；
碳素结构钢和低合金结构钢热轧薄钢板和钢带（GB912—2008）；
优质碳素结构钢热轧薄钢板和钢带（GB/T 710—2008）；
优质碳素结构钢热轧厚钢板和钢带（GB/T 711—2008）；
合金结构钢热轧厚钢板（GB/T 11251—2009）；
合金结构钢热轧薄钢板（YB/T 5132—2007）；
碳素结构钢和低合金结构钢热轧薄钢板和钢带（GB 912—2008）；
碳素结构钢和低合金结构钢热轧厚钢板和钢带（GB/T 3274—2007）。

(2) 分类和代号（表 2.2）

表 2.2　热轧钢板和钢带的尺寸精度分类及代号

边缘状态	厚度偏差	厚度精度		不平度精度	
		普通	较高	普通	较高
不切边 EM	N 类、A 类	PT. A	PT. B	PF. A	PF. B
切边 EC	B 类、C 类				

注：N 类—正偏差和负偏差相等；A 类—按公称厚度规定负偏差；B 类—固定负偏差为 0.3mm；C 类—固定负偏差为零，按公称厚度规定正偏差。

2.1.2　冷轧钢板和钢带

(1) 规格（表 2.3）

表 2.3　冷轧钢板和钢带的标准和规格（GB/T 708—2006）

mm

厚度 t		宽　度		长　度	
公称值	推荐值	公称值	推荐值	公称值	推荐值
0.30～4.00	$t<1$　级差 0.05 $t\geqslant1$　级差 0.10	600～2050	级差 10	1000～6000	级差 50

注：本标准规定的尺寸、外形、重量和允许偏差同样适用于下列品种钢板和钢带品种：

优质碳素结构钢冷轧薄钢板和钢带（GB/T 13237—2013）；

碳素结构钢冷轧薄钢板和钢带（GB/T 11253—2007）；

碳素结构钢冷轧钢带（GB/T 716—1991）；

低碳钢冷轧钢板和钢带（GB/T 5213—2008）；

合金结构钢冷轧薄钢板（YB/T 5132—2007）；

不锈钢冷轧钢板和钢带（GB/T 3280—2007）。

(2) 分类及代号（表 2.4 和表 2.5）

表 2.4　冷轧钢板和钢带的表面质量类别及代号（GB/T 708—2006）

分类方法	类别	代号	分类方法	类别	代号
优质碳素结构钢					
表面质量	较高级表面	FB	边缘状态	切边	EC
	高级表面	FC		不切边	EM
	超高级表面	FD			
碳素结构钢冷轧薄钢板和钢带					
表面质量	较高级表面	FB	表面结构	光亮表面	B
	高级表面	FC		粗糙表面	D
碳素结构钢冷轧钢带					
表面精度	普通精度	Ⅰ	力学性能	软钢带	R
	较高精度	Ⅱ		半软钢带	BR
				硬钢带	Y
尺寸精度	普通精度	P	厚度较高精度		H
	宽度较高精度	K	宽度、厚度较高精度		KH

续表

分类方法	类别	代号	分类方法	类别	代号
低碳钢冷轧钢板和钢带					
表面质量	较高级表面	FB	表面结构	光亮表面	B
	高级表面	FC		麻　面	D
	超高级表面	FD			

表 2.5　冷轧钢板和钢带的尺寸精度分类及代号（GB/T 708—2006）

产品形态	边缘状态	厚度精度		宽度精度		长度精度		不平度精度	
		普通	较高	普通	较高	普通	较高	普通	较高
钢带	不切边 EM	PT. A	PT. B	PW. A	—	—	—	—	—
	切边 EC	PT. A	PT. B	PW. A	PW. B	—	—	—	—
钢板	不切边 EM	PT. A	PT. B	PW. A	—	PL. A	PL. B	PF. A	PF. B
	切边 EC	PT. A	PT. B	PW. A	PW. B	PL. A	PL. B	PF. A	PF. B
纵切钢带	切边 EC	PT. A	PT. B	PW. A	—	—	—	—	—

2.1.3　低碳钢冷轧钢板及钢带

适用于汽车、家电等行业使用的厚度为 0.30～3.5mm 的冷轧低碳钢板及钢带。钢板及钢带按表面质量可分为较高级（FB）、高级（FC）和超高级（FD），按表面结构可分为光亮表面（B）和麻面（D）。

（1）牌号组成

钢板及钢带的牌号由三部分组成：

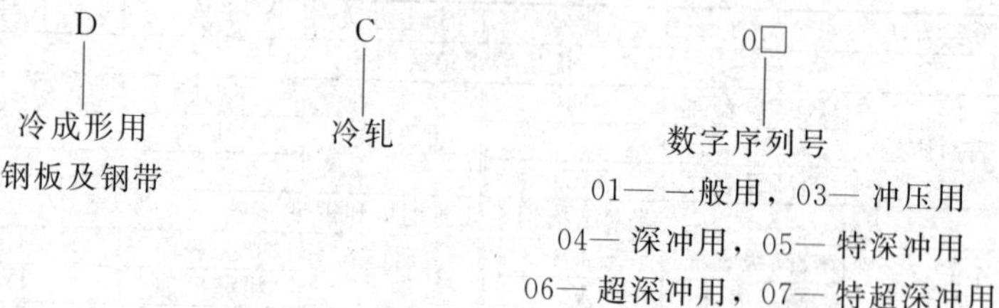

（2）尺寸、外形、重量及允许偏差

钢板及钢带的尺寸、外形、重量及允许偏差应符合 GB/T 708 的规定。

（3）力学性能（表 2.6）

表 2.6　钢板及钢带的力学性能（GB/T 5213—2008）

牌号	屈服强度[1][2] R_{eL}或$R_{p0.2}$ /MPa ≤	抗拉强度 R_m/MPa	断后伸长率[3][4] A_{80}(L_0=80mm, b=20mm)/% ≥	R_{90}值[5] ≥	n_{90}值[5] ≥
DC01	280[6]	270～410	28	—	—
DC03	240	270～370	34	1.3	—
DC04	210	270～350	38	1.6	0.18
DC05	180	270～330	40	1.9	0.20
DC06	170	270～330	41	2.1	0.22
DC07	150	250～310	44	2.5	0.23

① 无明显屈服时采用 $R_{p0.2}$，否则采用 R_{eL}。当厚度大于 0.50mm 且不大于 0.70mm 时，屈服强度上限值可以增加 20MPa；当厚度不大于 0.50mm 时，屈服强度上限值可以增加 40MPa。

② 经供需双方协商同意，DC01、DC03、DC04 屈服强度的下限值可设定为 140MPa，DC05、DC06 屈服强度的下限值可设定为 120MPa，DC07 屈服强度的下限值可设定为 100MPa。

③ 试样为 GB/T 228 中的 P6 试样，试样方向为横向。

④ 当厚度大于 0.50mm 且不大于 0.70mm 时，断后伸长率最小值可以降低 2%（绝对值）；当厚度不大于 0.50mm 时，断后伸长率最小值可以降低 4%（绝对值）。

⑤ R_{90}值和 n_{90}值的要求仅适用于厚度不小于 0.50mm 的产品，当厚度大于 2.0mm 时，n_{90}值可以降低 0.2。

⑥ DC01 的屈服强度上限值的有效期仅为从生产完成之日起 8 天内。

2.1.4　碳素结构钢冷轧薄钢板及钢带

标准 GB/T 11253—2007 适用于厚度不大于 3mm，宽度不小于 600mm 的碳素结构钢冷轧薄钢板及钢带。单张冷轧钢板亦可参照执行。

（1）牌号组成

Q＋屈服强度值。

（2）尺寸、外形、重量及允许偏差

钢板及钢带的尺寸、外形、重量及允许偏差应符合 GB/T 708 的规定。

（3）力学性能（表 2.7）

表 2.7　钢板及钢带的横向拉伸试验结果（GB/T 11253—2007）

牌号	下屈服强度[1] R_{eL}/MPa ≥	抗拉强度 R_m/MPa	断后伸长率/%	
			A_{50} ≥	A_{80} ≥
Q195	195	315～430	26	24
Q215	215	335～450	24	22
Q235	235	370～500	22	20
Q275	275	410～540	20	18

① 无明显屈服时采用 $R_{p0.2}$。

(4) 弯曲试验(表 2.8)

表 2.8 180°弯曲试验结果(GB/T 11253—2007)

牌号	弯曲试验(a 为试样厚度)①		要求
	试样方向	弯芯直径 d	
Q195	横	0.5a	试样弯曲处的外面和侧面不应有肉眼可见的裂纹
Q215	横	0.5a	
Q235	横	1a	
Q275	横	1a	

① 试样宽度 $b \geqslant 20$mm,仲裁试验时 $b=20$mm。

2.1.5 碳素结构钢和低合金结构钢热轧厚钢板和钢带

GB/T 3274—2007 规定,碳素结构钢和低合金结构钢热轧厚钢板和钢带的厚度,分别为 3～400mm 和 3～25.4mm。其尺寸、外形、重量及允许偏差应符合 GB/T 709 的规定。钢的牌号和化学成分应符合 GB/T 700、GB/T 1591 的规定。成品钢板和钢带的化学成分允许偏差应符合 GB/T 222 的规定。钢板和钢带的力学和工艺性能应符合 GB/T 700、GB/T 1591 的规定。

2.1.6 碳素结构钢和低合金结构钢热轧薄钢板和钢带

GB 912—2008 规定,碳素结构钢和低合金结构钢热轧薄钢板和钢带的厚度小于 3mm。

薄钢板和钢带的尺寸、外形、重量及允许偏差应符合 GB/T 709 的规定。钢的牌号和化学成分应符合 GB/T 700、GB/T 1591 的规定。

钢板和钢带的抗拉强度和伸长率应符合 GB/T 700、GB/T 1591 的规定。但伸长率允许比 GB/T 700 或 GB/T 1591 的规定降低 5%(绝对值)。

根据需方要求,钢板和钢带的屈服强度可按 GB/T 700、GB/T 1591 的规定。

钢板和钢带应做 180°弯曲试验,试样弯心直径应符合 GB/T 700、GB/T 1591 的规定。

2.1.7 碳素结构钢和低合金结构钢热轧钢带

标准 GB/T 3524—2005 适用于厚度不大于 12.00mm、宽度 50～600mm 的碳素结构钢和低合金结构钢热轧钢带。

(1) 钢带长度

长度不小于 50m,允许交付长度为 30～50m 的钢带,其重量不得大于该批交货总重量的 3%。

（2）力学性能（表 2.9）

表 2.9　钢带拉伸和冷弯试验（GB/T 3524—2005）

牌号	下屈服强度 R_{eL} /MPa ≥	抗拉强度 R_m /MPa	断后伸长率 A/% ≥	180°冷弯试验 a—试样厚度 d—弯芯直径
Q195	(195)①	315～430	33	$d=0$
Q215	215	335～450	31	$d=0.5a$
Q235	235	375～500	26	$d=a$
Q255	255	410～550	24	—
Q275	275	490～630	20	—
Q295	295	390～570	23	$d=2a$
Q345	345	470～630	21	$d=2a$

① 仅供参考，不作交货条件。

注：1. 进行拉伸和弯曲试验时，钢带应取纵向试样。

2. 钢带采用碳素结构钢和低合金结构钢的 A 级钢轧制时，冷弯试验合格，抗拉强度上限可不作交货条件，采用 B 级钢轧制的钢带抗拉强度可以超过表中规定的上限 $50N/mm^2$。

2.1.8　优质碳素结构钢热轧厚钢板和钢带

① 规格　厚度为 3～60mm、宽度不小于 600mm。

② 尺寸、外形、重量及允许偏差

应符合 GB/T 709 的规定。

③ 力学性能（表 2.10 和表 2.11）

表 2.10　钢板和钢带力学性能（GB/T 711—2008）

牌号	交货状态	抗拉强度 R_m /MPa ≥	断后伸长率 A/% ≥	牌号	交货状态	抗拉强度 R_m /MPa ≥	断后伸长率 A/% ≥
08F	热轧或热处理	315	34	50①	热处理	625	16
08		325	33	55①		645	13
10F		325	32	60①		675	12
10		335	32	65①		695	10
15F		355	30	70①		715	9
15		15	370	20Mn	热轧或热处理	450	24
20		410	28	25Mn		490	22
25		450	247	30Mn		540	20
30		490	22	40Mn①	热处理	590	17
35①	热处理	530	20	50Mn①		650	13
40①		270	19	60Mn①		695	11
45①		600	17	65Mn①		735	9

① 经供需双方协议，也可以热轧状态交货（以热处理样坯测定力学性能，样坯尺寸为 $a\times3a\times3a$，a 为钢材厚度）。

注：热处理指正火、退火或高温回火。

表 2.11 冷弯试验和冲击试验（GB/T 711—2008）

牌号	冷弯试验 180° 钢板公称厚度 a/mm		牌号	纵向 V 形冲击吸收能量 KV_2/J	
	≤20	>20			
	弯芯直径 d/mm			20℃	−20℃
08、10	0	a	10	≥34	≥27
15	0.5a	1.5a	15	≥34	≥27
20	a	2a	20	≥34	≥27
25、30、35	2a	3a			

2.1.9 优质碳素结构钢热轧薄钢板和钢带

GB/T 710—2008 规定，优质碳素结构钢热轧薄钢板和钢带的厚度小于 3mm、宽度不小于 600mm。材料的牌号为 08、08Al、10、15、20、25、30、35、40、45 和 50；按拉延级别分为最深拉延级 Z、深拉延级 S 和普通拉延级 P。

除不平度（表 2.12）外，其他尺寸、外形、重量及允许偏差应符合 GB/T 709 的规定。40、45 钢板和钢带的厚度允许偏差可增加 10%。各牌号的化学成分应符合 GB/T 699 的规定。在保证性能的前提下，牌号 08、08Al 的热轧钢板和钢带的碳、锰含量的下限不限，08Al 酸溶铝含量为0.015%～0.060%。成品钢的化学成分允许偏差应符合 GB/T 222 的规定。

钢板的拉伸性能见表 2.13。

表 2.12 钢板的不平度（GB/T 710—2008） mm

公称厚度	公称宽度	下列牌号钢板的不平度 ≤		
		08、08Al、10	15、20、25、30、35	40、45、50
≤2	≤1100	21	26	32
	>1200～1500	25	31	36
	>1500	30	38	45
>2	≤1200	18	22	27
	1500	23	29	34
	>1500	28	35	42

表 2.13 钢板的拉伸性能（GB/T 710—2008）

牌号	拉延级别				
	S 和 P		Z	S	p
	抗拉强度 R_m/MPa ≥		断后伸长率 A/% ≥		
08、08Al	270～410	300	36	35	34
10	280～410	335	36	34	32

续表

牌　号	拉延级别				
	S 和 P		Z	S	p
	抗拉强度 R_m/MPa ≥		断后伸长率 A/% ≥		
15	300～430	370	34	32	30
20	340～480	410	30	28	26
25	—	450	—	26	24
30	—	490	—	24	22
35	—	530	—	22	20
40	—	570	—	—	19
45	—	600	—	—	17
50	—	610	—	—	16

2.1.10　优质碳素结构钢冷轧薄钢板和钢带

① 规格　厚度不大于 4mm，宽度不小于 600mm。

② 分类　按表面质量分为：较高级表面（FB）、高级表面（FC）和超高级表面（FD）；按边缘状态分为：切边（EC）和不切边（EM）。

③ 尺寸、外形、重量及允许偏差　应符合 GB/T 708 的规定。

④ 钢的化学成分的允许偏差　应符合 GB/T 222 的规定。

⑤ 力学性能和弯曲试验（分别见表 2.14 和表 2.15）。

表 2.14　优质碳素结构钢冷轧薄钢板和钢带力学性能（GB/T 13237—2013）

牌号	抗拉强度①② R_m /MPa	以下公称厚度(mm)的断后伸长率 A_{80} (L_0=80mm,b=20mm)/% ≥					
		≤0.6	>0.6～1.0	>1.0～1.5	>1.5～2.0	>2.0～≤2.5	>2.5
08Al	275～410	21	24	26	27	28	30
08	275～410	21	24	26	27	28	30
10	295～430	21	24	26	27	28	30
15	335～470	19	21	23	24	25	26
20	355～500	18	20	22	23	24	25
25	375～490	18	20	21	22	23	24
30	390～510	16	18	19	21	21	22
35	410～530	15	16	18	19	19	20
40	430～550	14	15	17	18	18	19
45	450～570	—	14	15	16	16	17
50	470～590	—	—	13	14	14	15
55	490～610	—	—	11	12	12	13
60	510～630	—	—	10	10	10	11
65	530～650	—	—	8	8	8	9
70	550～670	—	—	6	6	6	7

① 拉伸试验取横向试样。

② 需方同意时，25、30、35、40、45，50、55、60、65 和 70 牌号钢板和钢带的抗拉强度上限值，可比规定值高 150MPa。

表 2.15 优质碳素结构钢冷轧薄钢板和钢带弯曲试验（GB/T 13237—2013）

牌号	180°弯曲试验[①②] 以下公称厚度(mm)的弯曲压头直径 d/mm		结果
	≤2	>2	
08Al、08 10、15 20、25	0	a	试样弯曲外表面不得有目视可见的裂纹、断裂或起层

① 试样的宽度 $b \geqslant 20$mm，仲裁试验时 $b=20$mm。
② 弯曲试验取横向试样，a 为试样厚度。
注：需方要求时进行。

2.1.11 合金结构钢薄钢板

① 规格 厚度不大于 4mm。

② 尺寸外形及其允许偏差 冷轧钢板的尺寸外形及其允许偏差应符合 GB/T 708 的规定；热轧钢板的尺寸外形及其允许偏差应符合 GB/T 709 的规定。

③ 材料 为优质钢或高级优质钢（YB/T 5132—2007）。

优质钢：40B，45B，50B，15Cr，20Cr，30Cr，35Cr，40Cr，50Cr，12CrMo，15CrMo，20CrMo，30CrMo，35CrMo，12Cr1MoV，12CrMoV，20CrNi，40CrNi，20CrMnTi 和 30CrMnSi。

高级优质钢：12Mn2A，16Mn2A，45Mn2A，50BA，15CrA，38CrA，20CrMnSiA，25CrMnSiA，30CrMnSiA 和 35CrMnSiA。

④ 力学性能 经退火或回火供应的钢板，交货状态力学性能见表 2.16（未列牌号的力学性能仅供参考或由供需双方协议规定）。

表 2.16 经退火或回火供应的钢板，交货状态力学性能（YB/T 5132—2007）

牌号	抗拉强度 R_m /MPa	断后伸长率 $A_{11.2}$/% ≥	牌号	抗拉强度 R_m /MPa	断后伸长率 $A_{11.2}$/% ≥
12Mn2A	390～570	22	30Cr	490～685	17
16Mn2A	490～635	18	35Cr	540～735	16
45Mn2A	590～835	12	38CrA	510～735	16
35B	490～635	19	40Cr	540～785	14
40B	510～650	18	20CrMnSiA	440～685	18
45B	540～685	16	25CrMnSiA	490～685	18
50B(A)	540～715	14	30CrMnSi(A)	490～735	16
15Cr(A)	390～590	19	35CrMnSiA	590～785	14
20Cr	300～500	18			

注：厚度不大于 0.9mm 的钢板，伸长率仅供参考。

正火和不热处理交货的钢板，在保证断后伸长率的情况下，抗拉强度上限允许较表 2.16 规定的数值提高 50MPa。

⑤ 工艺性能（表 2.17）

表 2.17　冷冲压用钢板杯突试验的冲压深度（YB/T 5132—2007）

mm

钢板公称厚度	牌　号		
	12Mn2A	16Mn2A,25CrMnSiA	30CrMnSiA
	冲压深度 ≥		
0.5	7.3	6.6	6.5
0.6	7.7	7.0	6.7
0.7	8.0	7.2	7.0
0.8	8.5	7.5	7.2
0.9	8.8	7.7	7.5
1.0	9.0	8.0	7.7

注：钢板厚度在上表所列厚度之间时，冲压深度应采用相邻较小厚度的指标。

2.1.12　合金结构钢热轧厚钢板

① 规格　厚度大于 4～30mm。

② 钢板的尺寸、外形及允许偏差　应符合 GB/T 709—2006 的规定，单轧钢板的厚度允许偏差未注明时按 A 类偏差。

③ 钢的常用牌号和化学成分　应符合 GB/T 3077 的规定。

④ 力学性能（表 2.18）。

表 2.18　合金结构钢热轧厚钢板力学性能（GB/T 11251—2009）

牌　号	力学性能		
	抗拉强度 R_m /MPa	断后伸长率 A/% ≥	布氏硬度 (HBW) ≤
45Mn2	600～850	13	—
27SiMn	550～800	18	—
40B	500～700	20	—
45B	550～750	18	—
50B	550～750	10	—
15Cr	400～600	21	—
20Cr	400～650	20	—
30Cr	500～700	19	—
35Cr	550～750	18	—
40Cr	550～800	16	—
20CrMnSiA	450～700	21	—
25CrMnSiA	500～700	20	229
30CrMnSiA	550～750	19	229
35CrMnSiA	600～800	16	—

2.1.13　锅炉和压力容器用钢板

GB 713—2014 规定，适用于锅炉和中常温压力容器的受压元件用钢板的厚度为 3～250mm。

① 牌号　锅炉和压力容器用钢板的牌号，用屈服强度的“屈”字和压力容器的“容”字汉语拼音首字母“Q”和“R”，分别作为前缀和后缀，中间加屈服强度值表示，如：Q345R。

钼钢、铬-钼钢的牌号，用平均含碳量和合金元素字母，加后缀“R”表示，如 15CrMoR。

② 尺寸、外形及允许偏差　GB 713—2014 规定，其尺寸、外形及允许偏差应符合 GB/T 709—2006 的规定。钢板的厚度允许偏差应符合 GB/T 709—2006 的 B 类偏差（根据需方要求，可供应符合该标准 C 类偏差的钢板）。

③ 力学性能和工艺性能（表 2.19）

表 2.19　锅炉和压力容器用钢板力学性能和工艺性能（GB 713—2014）

牌　号	交货状态	钢板厚度/mm	拉伸试验			冲击试验		弯曲试验 180° $b=2a$
			抗拉强度 R_m/MPa	下屈服强度 R_{eL}/MPa	伸长率 A/%	温度/℃	V形冲击功 A_{kV}/J	
				≥	≥		≥	
Q245R	热轧、控轧或正火	3～16	400～520	245	25	0	31	$D=1.5a$
		>16～36		235				
		>36～60		225				
		>60～100	390～510	205	24			$D=2a$
		>100～150	380～500	185				
Q345R		3～16	510～640	345	21	0	34	$D=2a$
		>16～36	500～630	325				$D=3a$
		>36～60	490～620	315				
		>60～100	490～620	305	20			
		>100～150	480～610	285				
		>150～200	470～600	265				
Q370R	正火	10～16	530～630	370	20	−20	34	$D=2a$
		>16～36		360				$D=3a$
		>36～60	520～620	340				

续表

牌号	交货状态	钢板厚度/mm	拉伸试验			冲击试验		弯曲试验 180° $b=2a$
			抗拉强度 R_m/MPa	下屈服强度 R_{eL}/MPa	伸长率 A/%	温度/℃	V形冲击功 A_{kV}/J	
				≥			≥	
18MnMoNbR	正火加回火	30～60	570～720	400	17	0	41	$D=3a$
		>60～100		390				
13MnNiMoR		30～100	570～720	390	18	0	41	$D=3a$
		>100～150		380				
15CrMoR		6～60	450～590	295	19	20	31	$D=3a$
		>60～100		275				
		>100～150	440～580	255				
14Cr1MoR		6～100	520～680	310	19	20	34	$D=3a$
		>100～150	510～670	300				
12Cr2Mo1R		6～150	520～680	310	19	20	34	$D=3a$
12Cr1MoVR		6～60	440～590	245	19	20	34	$D=3a$
		>60～100	430～580	235				

注：a 为试样厚度，b 为试样宽度，D 为弯曲压头直径。

④ 高温力学性能（表 2.20）

表 2.20　锅炉和压力容器用钢板高温力学性能（GB 713—2014）

牌号	厚度/mm	试验温度/℃						
		200	250	300	350	400	450	500
		屈服强度 R_m 或 $R_{p0.2}$/MPa ≥						
Q245R	>20～36	186	167	153	139	129	121	—
	>36～60	178	161	147	133	123	116	—
	>60～100	164	147	135	123	113	106	—
	>100～150	150	135	120	110	105	95	—
Q345R	>20～36	255	235	215	200	190	180	—
	>36～60	240	220	200	185	175	165	—
	>60～100	225	205	185	175	165	155	—
	>100～150	220	200	180	170	160	150	—
	>150～200	215	195	175	165	155	145	—
Q370R	>20～36	290	275	260	245	230	—	—
	>36～60	280	270	255	240	225	—	—
18MnMoNbR	30～60	360	355	350	340	310	275	—
	>60～100	355	350	345	335	305	270	—

续表

牌号	厚度/mm	试验温度/℃						
		200	250	300	350	400	450	500
		屈服强度 R_m 或 $R_{p0.2}$/MPa ≥						
13MnNiMoR	30～100	355	350	345	335	305	—	—
	>100～150	345	340	335	325	300	—	—
15CrMoR	>20～60	240	225	210	200	189	179	174
	>60～100	220	210	198	186	176	167	162
	>100～150	210	199	185	175	165	156	150
14Cr1MoR	>20～150	255	245	230	220	210	195	176
12Cr2Mo1R	>20～150	260	255	250	245	240	230	215
12Cr1MoVR	>20～100	200	190	176	167	157	150	142

2.1.14　低温压力容器用钢板

GB 3531—2014 规定，适用于制造－196～<－20℃低温压力容器用厚度为 5～120mm 的钢板。

① 牌号　低温压力容器用钢板的牌号，用平均含碳量、合金元素字母和低温压力容器的“低”和“容”字汉语拼音首字母“D”和“R”作后缀表示，如：16MnDR。

② 尺寸、外形及允许偏差　GB 3531—2014 规定，其尺寸、外形及允许偏差应符合 GB/T 709—2006 的规定。钢板的厚度允许偏差应符合 GB/T 709—2006 的 B 类偏差（根据需方要求，可供应符合该标准 C 类偏差的钢板）。

③ 力学性能和工艺性能（表 2.21）

表 2.21　低温压力容器用钢板的力学性能和工艺性能（GB 3531—2014）

牌　　号	交货状态	钢板公称厚度/mm	拉伸试验			冲击试验		弯曲试验 180° $b=2a$③
			抗拉强度 R_m/MPa	屈服强度 R_{eL}①/MPa	断后伸长率 A/%	温度/℃	冲击吸收能量 A_{kV}/J	
				≥			≥	
16MnDR	正火或正火+回火	6～16	490～620	315	21	－40	47	$D=2a$③
		>16～36	470～600	295				$D=3a$
		>36～60	460～590	285				
		>60～100	450～580	275		－30	47	
		>100～120	440～570	265				
15MnNiDR		6～16	490～620	325	20	－45	60	$D=3a$
		>16～36	480～610	315				
		>36～60	470～600	305				

续表

牌号	交货状态	钢板公称厚度/mm	拉伸试验			冲击试验		弯曲试验 180° $b=2a$③
			抗拉强度 R_m/MPa	屈服强度 R_{eL}①/MPa ≥	断后伸长率 A/% ≥	温度/℃	冲击吸收能量 A_{kV}/J ≥	
15MnNiNbDR	正火或正火+回火	10～16	530～630	370	20	−50	60	$D=3a$
		＞16～36	530～630	360				
		＞36～60	520～620	350				
09MnNiDR		6～16	440～570	300	23	−70	60	$D=2a$
		＞16～36	430～560	280				
		＞36～60	430～560	270				
		＞60～120	420～550	260				
08Ni3DR	正火或正火+回火或淬火+回火②	6～60	490～620	320	21	−100	60	$D=3a$
		＞60～100	480～610	300				
06N19DR	淬火+回火	5～30	680～820	550	18	−196	100	$D=3a$
		＞30～50		550				

① 当屈服现象不明显时，可测量 $R_{p0.2}$ 代替 R_m。

② 对于厚度不大于 12mm 的钢板可两次正火加回火状态交货。

③ a 为试样厚度，b 为试样宽度，D 为弯曲压头直径。

2.1.15　不锈钢热轧钢板和钢带

① 分类　不锈钢热轧钢带有切边钢带（EC）和不切边钢带（EM）；精度有厚度较高精度（PT）和厚度高级精度（PC）、不平度较高级（PF）。

② 公称尺寸（表 2.22）

表 2.22　钢板和钢带的公称尺寸范围（GB/T 4237—2007）

mm

形态	公称厚度	公称宽度
厚钢板	＞3.0～≤200	≥600～≤2500
宽钢带、卷切钢板、纵剪宽钢带	≥2.0～≤13.0	≥600～≤2500
窄钢带、卷切钢带	≥2.0～≤13.0	＜600

2.1.16　不锈钢冷轧钢板和钢带

① 分类　不锈钢冷轧钢析和钢带按形态分有宽度钢带、卷切钢板、纵剪宽钢带、卷切钢带Ⅰ和窄钢带、卷切钢带Ⅱ；按材料状态分有低冷作硬化状态（H1/4）、半冷作硬化状态（H1/2）、冷作

硬化状态（H）和特别冷作硬化状态（H2）；按边缘状态分有切边钢带（EC）和不切边钢带（EM）；按精度等级分有宽度较高精度（PW）、厚度较高精度（PT）、长度较高精度（PL）和不平度较高级（PF）。

② 公称尺寸（表 2.23）

表 2.23 公称尺寸范围（GB/T 3280—2007） mm

形　态	公称厚度 t	公称宽度 B
宽钢带、卷切钢板	≥0.10～≤8.00	≥600～<2100
纵剪宽钢带、卷切钢带	≥0.10～≤8.00	<600
窄钢带、卷切钢带Ⅱ	≥0.01～≤3.00	<6.0

2.1.17 不锈钢复合钢板和钢带

复合钢板的分类、级别及代号见表 2.24，复层材料和基层材料见表 2.25。

表 2.24 复合钢板（带）的分类、级别及代号（GB/T 8165—2008）

级别	代　号			用　途
	爆炸法	轧制法	爆炸轧制法	
Ⅰ级	BⅠ	RⅠ	BRⅠ	适用于不允许有未结合区存在的、加工时要求严格的结构件上
Ⅱ级	BⅡ	RⅡ	BRⅡ	适用于可允许有少量未结合区存在的结构件上
Ⅲ级	BⅢ	RⅢ	BRⅢ	适用于复层材料只作为抗腐蚀要求使用的一般结构件上

表 2.25 复层材料和基层材料（GB/T 8165—2008）

复层材料			基层材料	
标准号	GB/T 3280	GB/T 4237	标准号	典型钢号
典型钢号	06Cr19Ni10 06Cr17Ni12Mo2 022Cr17Ni12Mo2 06Cr25Ni20 06Cr23Ni13	06Cr13 06Cr13Al 022Cr17Ti 06Cr18Ni11Ti 022Cr25Ni7Mo4N 022Cr22Ni5Mo3N 022Cr19Ni5Mo3Si2N	GB/T 3274	Q235A、Q235B、Q235C Q345A、Q345B、Q345C
			GB 713	Q245R、Q345R、 15CrMoR
			GB 3531	09MnNiDR
			GB/T 710	08Al

2.1.18 耐热钢钢板和钢带

冷轧钢板和钢带的尺寸外形、质量及允许偏差应符合 GB/T 3280 的相应规定；热轧钢板和钢带的尺寸外形，重量及允许偏差应符合 GB/T 4237 的相应规定。

其力学性能分别见表 2.26～表 2.30。经固溶处理的沉淀硬化型钢的弯曲试验见表 2.31。

表 2.26　经固溶处理的奥氏体型耐热钢板和钢带的力学性能

(GB/T 4238—2007)

GB/T 20878 中的序号	新牌号	旧牌号	拉伸试验			硬度试验		
			规定非比例延伸强度 $R_{p0.2}$ /MPa	抗拉强度 R_m /MPa	断后伸长率 A/%	HBW	HRB	HV
			≥			≤		
13	12Cr18Ni9	1Cr18Ni9	205	515	40	201	92	210
14	12Cr18Ni9Si3	1Cr18Ni9Si3	205	515	40	217	95	220
17	06Cr19Ni9	0Cr18Ni9	205	515	40	201	92	210
19	07Cr19Ni10	—	205	515	40	201	92	210
29	06Cr20Ni11	—	205	515	40	183	88	—
31	16Cr23Ni13	2Cr23Ni13	205	515	40	217	95	220
32	06Cr23Ni13	0Cr23Ni13	205	515	40	217	95	220
34	20Cr25Ni20	2Cr25Ni20	205	515	40	217	95	220
35	06Cr25Ni20	0Cr20Ni20	205	515	40	217	95	220
38	06Cr17Ni12Mo2	0Cr17Ni12Mo2	205	515	40	217	95	220
49	06Cr19Ni13Mo3	0Cr19Ni13Mo3	205	515	35	217	95	220
55	06Cr18Ni11Ti	0Cr18Ni10Ti	205	515	40	217	95	220
60	12Cr16Ni35	1Cr16Ni35	205	560	—	201	95	210
62	06Cr18NiNb	0Cr18Ni11Nb	205	515	40	201	92	210
66	16Cr25Ni20Si2①	1Cr25Ni20Si2	—	540	35	—	—	

① 16Cr25Ni20Si2 钢板厚度大于 25mm 时，力学性能仅供参考。

表 2.27　经退火处理的铁素体型耐热钢板和钢带的力学性能

(GB/T 4238—2007)

GB/T 20878 中的序号	新牌号	旧牌号	拉伸试验			硬度试验			弯曲试验	
			规定非比例延伸强度 $R_{p0.2}$ /MPa	抗拉强度 R_m /MPa	断后伸长率 A/%	HBW	HRB	HV	弯曲角度 /(°)	d—弯芯直径 a—钢板厚度
			≥			≤				
78	06Cr13Al	0Cr13Al	170	415	20	179	88	200	180	$d=2a$
80	022Cr11Ti	—	275	415	20	197	92	200	180	$d=2a$
81	022Cr11NbTi	—	275	415	20	197	92	200	180	$d=2a$
85	10Cr17	1Cr17	205	450	22	183	89	200	180	$d=2a$
93	16Cr25N	2Cr25N	275	510	20	201	95	210	135	—

表 2.28 经退火处理的马氏体型耐热钢板和钢带的力学性能 (GB/T 4238—2007)

GB/T 20878 中的序号	新牌号	旧牌号	拉伸试验			硬度试验			弯曲试验	
			规定非比例延伸强度 $R_{p0.2}$ /MPa	抗拉强度 R_m /MPa	断后伸长率 A/%	HBW	HRB	HV	弯曲角度/(°)	d—弯芯直径 a—钢板厚度
			⩾			⩽				
96	12Cr12	1Cr12	205	485	25	217	88	210	180	$d=2a$
98	12Cr13	1Cr13	—	690	15	217	96	210	—	—
124	22Cr12NiMoWV	2Cr12NiMoWV	275	510	20	200	95	210	—	$d\geqslant3$mm $d=2a$

表 2.29 经固溶处理的沉淀硬化型耐热钢板及钢带的力学性能 (GB/T 4238—2007)

GB/T 20878 中的序号	新牌号	旧牌号	钢材厚度 /mm	规定非比例延伸强度 $R_{p0.2}$ /MPa	抗拉强度 R_m /MPa	断后伸长率 A /%	硬度值	
							HRC	HBW
135	022Cr12Ni9Cu2NbTi	—	⩾0.30～⩽100	⩽1105	<1205	⩾3	⩽36	⩽331
137	05Cr17Ni4Cu4Nb	0Cr17Ni4Cu4Nb	⩾0.4～<100	⩽1105	⩽1250	⩾3	⩽38	⩽363
138	07Cr17Ni7Al	0Cr17Ni7Al	>0.3～⩽100	⩽450 ⩽380	⩽1035 ⩽1030	⩾20	<92②	—
139	07Cr15Ni7Mo2Al	—	⩾0.10～⩽100	⩽450	⩽1035	⩾25	⩽100②	—
142	06Cr17Ni7AlTi	—	>0.10～<0.80 ⩾0.80～<1.50 ⩾1.50～⩽100	⩽515 <515 <515	⩽825 <825 <825	⩾3 ⩾4 ⩾5	⩽32 ⩽32 ⩽32	—
143	06Cr15Ni25Ti2-MoAlVB①	0Cr15Ni25Ti-2MoAlVB	⩾2	—	⩾725	⩾15	⩽91②	⩽192
			⩾2	⩾590	⩾900	⩾25	⩽101②	⩽218

① 为时效处理后的数值。

② 为 HRB 硬度值。

表 2.30　经沉淀硬化处理的耐热钢试样的力学性能（GB/T 4238—2007）

GB/T 20878 中的序号	牌号	钢材厚度 /mm	处理温度 /℃	规定非比例延伸强度 $R_{p0.2}$/MPa	抗拉强度 R_m/MPa	断后[①]伸长率 A/%	硬度值	
				≥			HRC	HBW
135	022Cr12Ni9Cu2NbTi	≥0.10～＜0.75	510±10 或 80±6	1410	1525	—	≥44	—
		≥0.75～＜1.50		1410	1525	3	≥44	—
		≥1.50～≤16		1410	1525	4	≥44	—
137	05Cr17Ni4Cu4Nb	≥0.10～＜5.0	482±10	1170	1310	5	40～48	—
		≥5.0～＜16		1170	1310	8	40～48	388～477
		≥16～≤100		1170	1310	10	40～48	388～477
			496±10	1070	1170	5	38～46	—
				1070	1170	8	38～47	375～477
				1070	1170	10	38～47	375～477
			552±10	1000	1070	5	35～43	—
				1000	1070	8	33～42	321～415
				1000	1070	12	33～42	321～415
			579±10	860	1000	5	31～40	—
				860	1000	9	29～38	293～375
				860	1000	13	29～38	293～375
			593±10	790	965	5	31～40	—
				790	965	10	29～38	293～375
				790	965	14	29～38	293～375
			621±10	725	930	8	28～38	—
				725	930	10	26～36	269～352
				725	930	16	26～36	269～352
			760±10 621±10	515	790	9	26～36	255～331
				515	790	11	24～34	248～321
				515	790	18	24～34	248～321

续表

GB/T 20878中的序号	牌号	钢材厚度/mm	处理温度/℃	规定非比例延伸强度 $R_{p0.2}$/MPa	抗拉强度 R_m/MPa	断后[①]伸长率 A/%	硬度值 HRC	硬度值 HBW
				≥	≥	≥		
138	07Cr17Ni7Al	≥0.05～<0.30	760±15	1035	1240	3	≥38	—
		≥0.30～<5.0	15±3	1035	1240	5	≥38	—
		≥5.0～≤16	566±6	965	1170	7	>38	≥352
			954±8	1310	1450	1	≥44	—
			−73±6	1310	1450	3	≥44	—
			510±6	1240	1380	6	≥43	401
139	07Cr15Ni7Mo2Al	≥0.05～<0.30	760±15	1170	1310	3	≥40	—
		≥0.30～<5.0	15±3	1170	1310	5	≥40	—
		≥5.0～≤16	56610	1170	1310	4	≥40	≥375
			954±8	1380	1550	2	≥46	—
			−73±6	1380	1550	4	≥46	—
			510±6	1330	1500	4	≥45	≥429
142	06Cr17Ni7AlTi	≥0.10～<0.80	510±8	1170	1310	3	≥39	—
		≥0.80～<1.50		1170	1310	4	≥39	—
		≥1.50～≤16		1170	1310	5	≥39	—
		≥0.10～<0.80	538±8	1105	1240	3	≥37	—
		≥0.75～<1.50		1105	1240	4	≥37	—
		≥1.50～≤16		1105	1240	5	≥37	—
			566±8	1035	1170	3	≥35	—
				1035	1170	4	≥35	—
				1035	1170	5	≥35	—
143	06Cr15Ni25Ti2MoAlVB	≥2.0～<8.0	700～760	590	900	15	≥101	≥248

① 适用于沿宽度方向的试验，垂直于轧制方向且平行于钢板表面。

注：表中所列为推荐性热处理温度。供方应向需方提供推荐性热处理制度。

表 2.31　经固溶处理的沉淀硬化型钢的弯曲试验（GB/T 4238—2007）

GB/T 20878 中的序号	新牌号	旧牌号	厚度/mm	冷弯 180° d—弯芯直径 a—钢板厚度
135	022Cr12Ni9Cu2NbTi	—	≥2.0～≤5.0	$d=6a$
138	07Cr17Ni7Al	0Cr17Ni7Al	≥2.0～<5.0 ≥5.0～≤7.0	$d=a$ $d=3a$
139	07Cr15Ni7Mo2Al	—	≥2.0～<5.0 ≥5.0～≤7.0	$d=a$ $d=3a$

2.1.19　冷轧取向和无取向电工钢带（片）

① 型号表示方法　冷轧取向和无取向电工钢带（片）的型号表示方法是：

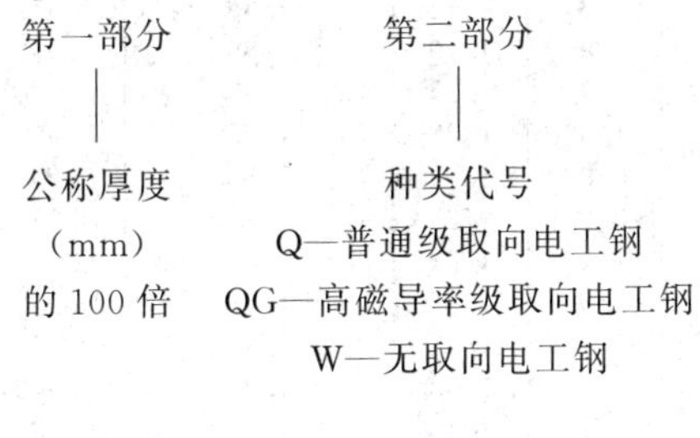

第三部分

取向电工钢，磁极化强度为 1.7T 和频率为 50Hz，以 W/kg 为单位及相应厚度产品的最大比总损耗的 100 倍

无取向电工钢，磁极化强度为 1.5T 和频率为 50Hz，以 W/kg 为单位及相应厚度产品的最大比总损耗的 100 倍

② 磁特性和工艺特性（表 2.32 和表 2.33）

表 2.32　取向电工钢带（片）的磁特性和工艺特性（GB/T 2521—2008）

牌号	公称厚度/mm	最大比总损耗 P1.5/(W/kg)		最大比总损耗 P1.7/(W/kg)		最小磁极化强度/T 磁场强度 $H=800$A/m	最小叠装系数
		50Hz	60Hz	50Hz	60Hz	50Hz	
普通级取向电工钢带(片)							
23Q110	0.23	0.73	0.96	1.10	1.45	1.78	0.950
23Q120	0.23	0.77	1.01	1.20	1.57	1.78	0.950
23Q130	0.23	0.80	1.06	1.30	1.65	1.75	0.950
27Q110	0.27	0.73	0.97	1.10	1.45	1.78	0.950
27Q120	0.27	0.80	1.07	1.20	1.58	1.78	0.950
27Q130	0.27	0.85	1.12	1.30	1.68	1.78	0.950

续表

牌号	公称厚度/mm	最大比总损耗 P1.5/(W/kg)		最大比总损耗 P1.7/(W/kg)		最小磁极化强度/T 磁场强度 H=800A/m	最小叠装系数
		50Hz	60Hz	50Hz	60Hz	50Hz	
普通级取向电工钢带(片)							
27Q140	0.27	0.89	1.17	1.40	1.85	1.75	0.950
30Q120	0.30	0.79	1.06	1.20	1.58	1.78	0.960
30Q130	0.30	0.85	1.15	1.30	1.71	1.78	0.960
30Q140	0.30	0.92	1.21	1.40	1.83	1.78	0.960
30Q150	0.30	0.97	1.28	1.50	1.98	1.75	0.960
35Q135	0.35	1.00	1.32	1.35	1.80	1.78	0.960
35Q145	0.35	1.03	1.36	1.45	1.91	1.78	0.960
35Q155	0.35	1.07	1.41	1.55	2.04	1.78	0.960
高磁导率级取向电工钢带(片)							
23QG085	0.23			0.85	1.12	1.85	0.950
23QG090	0.23			0.90	1.19	1.85	0.950
23QG095	0.23			0.95	1.25	1.85	0.950
23QG100	0.23			1.00	1.32	1.85	0.950
27QG090	0.27			0.90	1.19	1.85	0.950
27QG095	0.27			0.95	1.25	1.85	0.950
27QG100	0.27			1.00	1.32	1.88	0.950
27QG105	0.27	—	—	1.05	1.36	1.88	0.950
27QG110	0.27			1.10	1.45	1.88	0.950
3CQG105	0.30			1.05	1.38	1.88	0.960
30QG110	0.30			1.10	1.46	1.88	0.960
30QG120	0.30			1.20	1.58	1.88	0.960
35QG115	0.35			1.15	1.51	1.88	0.960
35QG125	0.35			1.25	1.64	1.88	0.960
35QG130	0.35			1.35	1.77	1.88	0.960

表 2.33　无取向电工钢带（片）的磁特性和工艺特性（GB/T 2521—2008）

牌号	公称厚度/mm	理论密度/(g/cm³)	最大比总损耗 P1.5/(W/kg)		最小磁极化强度/T 50Hz,磁场强度 H/(A/m)			最小弯曲次数	最小叠装系数
			50Hz	60Hz	2500	5000	10000		
35W230		7.60	2.30	2.90	1.49	1.60	1.70	2	
35W250		7.60	2.50	3.14	1.19	1.60	1.70	2	
35W270		7.65	2.70	3.36	1.49	1.60	1.70	2	
35W300	0.35	7.65	3.00	3.74	1.49	1.60	1.70	3	0.950
35W330		7.65	3.30	4.12	1.50	1.61	1.71	3	
35W360		7.65	3.60	4.55	1.51	1.62	1.72	5	
35W400		7.65	4.00	5.10	1.53	1.64	1.74	5	
35W440		7.70	4.40	5.60	1.53	1.64	1.74	5	

续表

牌号	公称厚度/mm	理论密度/(g/cm³)	最大比总损耗 P1.5/(W/kg)		最小磁极化强度/T 50Hz,磁场强度 H/(A/m)			最小弯曲次数	最小叠装系数
			50Hz	60Hz	2500	5000	10000		
50W230	0.50	7.60	2.30	3.00	1.49	1.60	1.70	2	0.970
50W250		7.60	2.50	3.21	1.49	1.60	1.70	2	
50W270		7.60	2.70	3.47	1.49	1.60	1.70	2	
50W290		7.60	2.90	3.71	1.49	1.60	1.70	2	
50W310		7.65	3.10	3.95	1.49	1.60	1.70	3	
50W330		7.65	3.30	4.20	1.49	1.60	1.70	3	
50W350		7.65	3.50	4.45	1.50	1.60	1.70	5	
50W400		7.70	4.00	5.10	1.53	1.63	1.73	5	
50W470		7.70	4.70	5.90	1.54	1.64	1.74	10	
50W530		7.70	5.30	6.66	1.56	1.65	1.75	10	
50W600		7.75	6.00	7.55	1.57	1.66	1.76	10	
50W700		7.80	7.00	8.80	1.60	1.69	1.77	10	
50W800		7.80	8.00	10.10	1.60	1.70	1.78	10	
50W1000		7.85	10.00	12.60	1.62	1.72	1.81	10	
50W1300		7.85	13.00	16.40	1.62	1.74	1.81	10	
65W600	0.65	7.75	6.00	7.71	1.56	1.66	1.76	10	0.970
65W700		7.75	7.00	8.98	1.57	1.67	1.76	10	
65W800		7.80	8.00	10.26	1.60	1.70	1.78	10	
65W1000		7.80	10.00	12.77	1.61	1.71	1.80	10	
65W1300		7.85	13.00	16.60	1.61	1.71	1.80	10	
65W1600		7.85	16.00	20.40	1.61	1.71	1.80	10	

③ 供货方式　钢带以卷（推荐钢卷内径为 510mm）供货，钢片以箱供货。取向电工钢卷重一般为 2～3t，无取向电工钢卷重一般不小于 3t。

2.1.20　高磁感冷轧无取向电工钢带（片）

① 型号表示方法　高磁感冷轧无取向电工钢带（片）型号表示方法是：

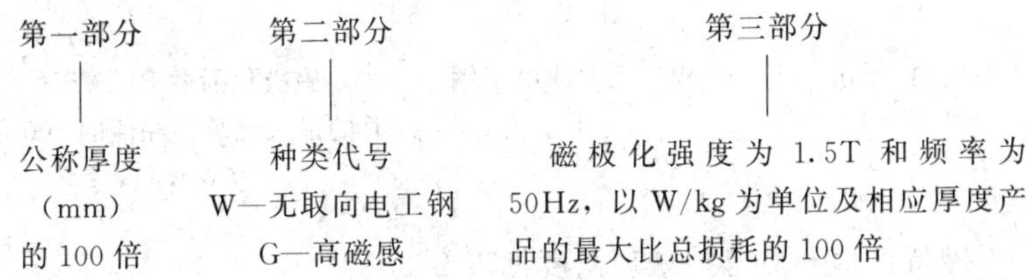

② 磁特性和工艺特性（表 2.34）。

表 2.34 高磁感冷轧无取向电工钢带（片）的磁特性和工艺特性（GB/T 25046—2010）

<table>
<tr><th>牌号</th><th>公称厚度/mm</th><th>理论密度/(kg/dm³)</th><th>最大比总损耗 P1.5/50/(W/kg)</th><th>最小磁极化强度 B_{5000}/T</th><th>最小弯曲次数</th><th>最小叠装系数</th><th>硬度 HV_5</th></tr>
<tr><td>35WG230</td><td rowspan="6">0.35</td><td rowspan="2">7.65</td><td>2.30</td><td>1.66</td><td>2</td><td rowspan="6">0.95</td><td rowspan="6">—</td></tr>
<tr><td>35WG250</td><td>2.50</td><td>1.67</td><td>2</td></tr>
<tr><td>35WG300</td><td rowspan="2">7.70</td><td>3.00</td><td>1.69</td><td>3</td></tr>
<tr><td>35WG360</td><td>3.60</td><td>1.70</td><td>5</td></tr>
<tr><td>35WG400</td><td rowspan="2">7.75</td><td>4.00</td><td>1.71</td><td>5</td></tr>
<tr><td>35WG440</td><td>4.40</td><td>1.71</td><td>5</td></tr>
<tr><td>50WG250</td><td rowspan="12">0.50</td><td rowspan="3">7.65</td><td>2.50</td><td>1.67</td><td>2</td><td rowspan="12">0.97</td><td rowspan="5">—</td></tr>
<tr><td>50WG270</td><td>2.70</td><td>1.67</td><td>2</td></tr>
<tr><td>50WG300</td><td>3.00</td><td>1.67</td><td>3</td></tr>
<tr><td>50WG350</td><td rowspan="2">7.70</td><td>3.50</td><td>1.70</td><td>5</td></tr>
<tr><td>50WG400</td><td>4.00</td><td>1.70</td><td>5</td></tr>
<tr><td>50WG470</td><td rowspan="3">7.75</td><td>4.70</td><td>1.72</td><td>10</td><td>≥120</td></tr>
<tr><td>50WG530</td><td>5.30</td><td>1.72</td><td>10</td><td rowspan="2">≥105</td></tr>
<tr><td>50WG600</td><td>6.00</td><td>1.72</td><td>10</td></tr>
<tr><td>50WG700</td><td rowspan="2">7.80</td><td>7.00</td><td>1.73</td><td>10</td><td rowspan="2">≥100</td></tr>
<tr><td>50WG800</td><td>8.00</td><td>1.74</td><td>10</td></tr>
<tr><td>50WG1000</td><td rowspan="2">7.85</td><td>10.00</td><td>1.75</td><td>10</td><td rowspan="2">≥100</td></tr>
<tr><td>50WG1300</td><td>13.00</td><td>1.76</td><td>10</td></tr>
</table>

2.1.21 半工艺冷轧无取向电工钢带

半工艺冷轧无取向电工钢带牌号表示方法是：

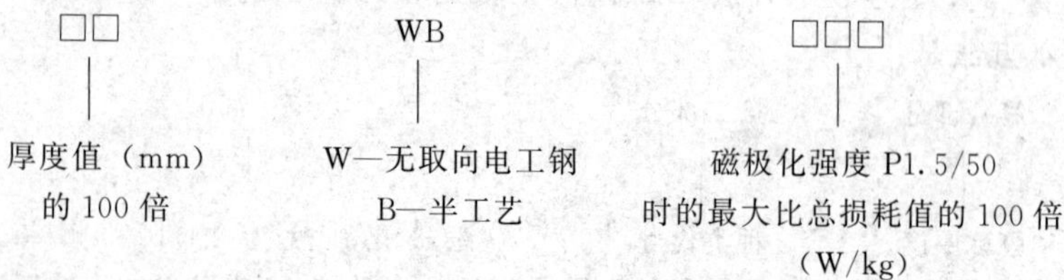

磁特性值和参考热处理温度见表 2.35。

表 2.35　磁特性值和参考热处理温度（GB/T 17951.2—2014）

牌号	公称厚度/mm	参考热处理温度(±10)/℃	最大比总损耗 P1.5/(W/kg)		下列 H 值(A/m)时的最小磁极化强度 J/T			常规密度/(kg/dm³)
			50Hz	60Hz	2500	5000	10000	
50WB340	0.50	840	3.40	4.32	1.54	1.62	1.72	7.65
50WB390			3.90	4.97	1.56	1.64	1.74	7.70
50WB450		790	4.50	5.67	1.57	1.65	1.75	7.75
50WB560			5.60	7.03	1.58	1.66	1.76	7.80
50WB660			6.60	8.38	1.58	1.68	1.77	7.85
50WB890			8.90	11.30	1.60	1.69	1.78	7.85
50WB1050			10.50	13.34	1.62	1.70	1.79	7.85
65WB390	0.65	840	3.90	5.07	1.54	1.62	1.72	7.65
65WB450			4.50	5.86	1.56	1.64	1.74	7.70
65WB520		790	5.20	6.72	1.57	1.65	1.75	7.75
65WB630			6.30	8.09	1.58	1.66	1.76	7.80
65WB800			8.00	10.16	1.62	1.70	1.79	7.85
65WB1000			10.00	12.70	1.60	1.68	1.78	7.85
65WB1200			12.00	15.24	1.57	1.65	1.77	7.85

注：1. 磁特性值为测试试样在脱碳气氛中消除应力热处理之后测得的值。

2. 在 5000A/m 交变磁场（峰值）、频率为 50Hz 时，规定的最小磁极化强度值 J_{5000}（峰值）应符合本表规定。

3. 在磁极化强度为 1.5T、频率为 50Hz 时，规定的最大比总损耗值 P1.5/50 应符合本表规定。

4. 比总损耗和磁极化强度的各向异性应由供需双方协商，并在合同中注明。

2.1.22　家电用热轧硅钢薄钢板

适用各种电扇、洗衣机、吸尘器、脱排油烟机等家用电器产品微分电机。

① 牌号表示方法。家电用热轧硅钢薄钢板的型号表示方法是：

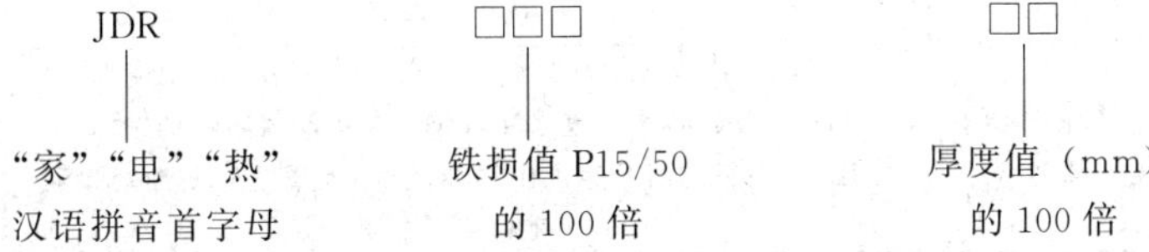

② 尺寸规格（表 2.36）。

表 2.36 家电用热轧硅钢薄钢板的尺寸规格（YB/T 5287—1999）

mm

厚度	宽度	长度	厚度	宽度	长度
0.5	600	1200	0.5	860	1720
	670	1340		900	1800
	750	1500		1000	2000
	810	1620			

③ 工艺性能（表 2.37）。

表 2.37 家电用热轧硅钢薄钢板的电磁和工艺性能（YB/T 5287—1999）

牌号	检验条件	最小磁感应强度/T			最大铁损/(W/kg)	
		B25	B50	B100	P10/50	P15/50
JDR580-50	强磁场	1.55	1.65	1.76	2.50	5.80
JDR540-50		1.53	1.63	1.74	2.30	5.40
JDR525-50		1.52	1.62	1.74	2.20	5.25
JDR510-50		1.54	1.64	1.76	2.10	5.10

注：1. 叠装系数应不小于 95%。如供方能保证，则可以不作检验。
2. 最低弯曲次数不小于 10 次。

2.1.23 家电用冷轧钢板和钢带

（1）分类（表 2.38）

表 2.38 家电用冷轧钢板和钢带的分类（GB/T 30068—2013）

按用途	按表面质量	按表面结构
JD1—结构用 JD2——般用 JD3—冲压用 JD4—深冲压用	FB—较高级精整 FB—高级精整 FD—超高级精整	B—光亮 D—麻面
按不平度精度	**按涂油种类**	
PF. B—较高精度 PF. C—高精度	GL—普通防锈油轻涂油，GM—普通防锈油中涂油 GH—普通防锈油重涂油，LM—高级润滑防锈油中涂油 LH—高级润滑防锈油中涂油，CL—易清洗防锈油轻涂油 UO—不涂油	

(2) 牌号、用途和力学性能（表 2.39 和表 2.40）

表 2.39　家电用冷轧钢板和钢带的牌号和用途（GB/T 30068—2013）

牌号	用途	用途举例
JD1	结构用	冰箱侧板、冰柜面板、空调器侧板等
JD2	一般用	冰箱面板、背板，洗衣机背板、控制器等
JD3	冲压用	微波炉等小家电、空调器面板等
JD4	深冲压用	深冲压件等

表 2.40　家电用冷轧钢板和钢带的力学性能（GB/T 30068—2013）

牌号	拉伸试验				硬度(参考)	
	R_{eL} /MPa	R_m /MPa ≥	断后伸长率/%		HR30T ≥	HV ≥
			A_{50} (b=25mm)	A_{80} (b=20mm)		
JD1	260～360	340	30	26	50	93
JD2	200～300	300	32	30	45	86
JD3	150～240	270	35	33	40	81
JD4	120～190	260	38	36	30	77

注：b 为试样宽度。

2.1.24　搪瓷用热轧钢板和钢带

(1) 牌号

① 搪瓷用超低碳钢：牌号是 TCDS（TC 代表搪瓷用钢，DS 是冲压钢的首位英文字母）。

② 其他钢种：牌号由代表屈服强度的字母、屈服强度值、搪瓷用钢的类别和质量等级按顺序组成。

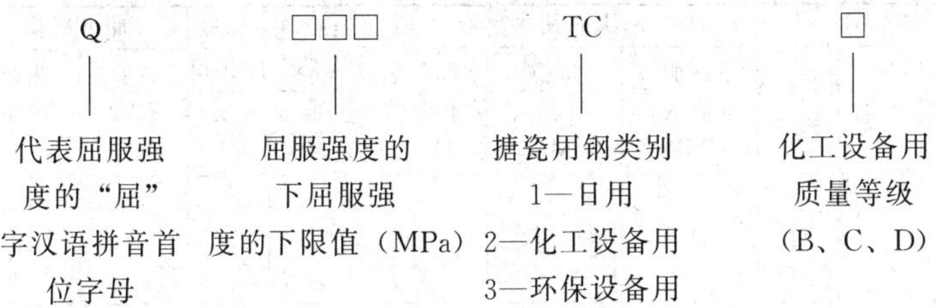

牌号的分类、代号及用途见表 2.41。

表 2.41　牌号的分类、代号及用途（GB/T 25832—2010）

类别	代号	牌　号	用　　途
日用	TC	TCDS	厨具、卫具、建筑面板、电烤箱、炉具等
	TC1	QZ10TC1、Q245TC1、Q300TC1、Q330TCI、Q360TC1	热水器内胆等

续表

类别	代号	牌 号	用 途
化工设备用	TC2	Q245TC2B、Q245TC2C、Q245TC2D、Q295TC2B、Q295TC2C、Q295TC2D、Q345TC2B、Q345TC2C、Q345TC2D	化工容器换热器及塔类设备等
环保设备用	TC3	Q245TC3、Q295TC3、Q345TC3	拼装型罐、环保行业罐体、环保水处理工程、自来水工程等

（2）力学性能和工艺性能（表2.42～表2.44）

表2.42 日用搪瓷钢的力学性能（GB/T 25832—2010）

牌号		拉伸试验(纵向试样,宽12.5mm)		
强度级别	类别	下屈服强度 R_{eL}①/MPa	抗拉强度 R_m/MPa	断后伸长率 A_{50max}/%
TCDS		130～240	270～380	≥33
Q210	TC1	≥210	300～420	≥28
Q245	TC1	≥245	340～460	≥26
Q300	TC1	≥300	370～490	≥24
Q330	TC1	≥330	400～520	≥22
Q360	TC1	≥360	440～560	≥22

① 当屈服不明显时，可测量 $R_{p0.2}$ 代替下屈服强度。

表2.43 化工设备用搪瓷钢的力学性能及工艺性能

（GB/T 25832—2010）

牌 号			拉伸试验(纵向试样宽12.5mm)			180°弯曲试验 弯芯直径/mm		冲击试验	
						厚度/mm			
强度级别	类别	质量等级	下屈服①强度 R_{eL}/MPa	抗拉强度 R_m/MPa	断后伸长率 A/%	<16	≥16	试验温度/℃	吸收能量 KV_2/J
Q245	TC2	B	≥245	400～520	≥26	1.5a	2a	20	≥31
		C						0	
		D						−20	
Q295	TC2	B	≥295	460～580	≥24	2a	3a	20	≥34
		C						0	
		D						−20	
Q345	TC2	B	≥345	510～630	≥22	2a	3a	20	≥34
		C						0	
		D						−20	

① 当屈服不明显时，可测量 $R_{p0.2}$ 代替下屈服强度。

注：a 为试棒厚度。

表 2.44　环保设备用搪瓷钢的力学性能及工艺性能
(GB/T 25832—2010)

牌号		拉伸试验[①]			180°弯曲试验[①] 弯芯直径/mm	
					厚度/mm	
强度级别	类别	下屈服[②]强度 R_{eL} /MPa	抗拉强度 R_m /MPa	断后伸长率 A/%	<16	≥16
Q245	TC3	≥245	400～520	≥26	1.5a	2a
Q295		≥295	460～580	≥24	2a	3a
Q345		≥345	510～630	≥22	2a	3a

① 取横向试样。
② 当屈服不明显时，可测量 $R_{p0.2}$代替下屈服强度。
注：a 为试样厚度。

2.1.25　包装用钢带

① 牌号。由最低抗拉强度值（MPa）加后缀“KD”（“捆带”的汉语拼音首字母）组成。

② 分类。按强度分有低强捆带 650KD、730KD 和 780KD，中强捆带 830KD 和 880KD，高强捆带 930KD 和 980KD，超高强捆带 1150KD 和 1250KD。

按表面状态分有发蓝（SBL）、涂漆（SPA）、镀锌（SZE）。

按用途分有普通用和机用。

③ 公称厚度与公称宽度（表 2.45）。

表 2.45　捆带的公称宽度和公称厚度（GB/T 25820—2010）　mm

公称厚度	公称宽度					
	16	19	25.4	31.75	32	40
0.4	√					
0.5	√	√				
0.6	√	√				
0.7		√				
0.8		√	√	√	√	
0.9		√	√	√	√	√
1.0		√	√	√	√	√
1.2				√	√	√

注：“√”表示生产供应的捆带。

④ 拉伸性能（表 2.46）。

表 2.46 捆带的拉伸性能和弯曲试验的最少次数

牌号	抗拉强度 R_m/MPa ≥	断后伸长率 A_{30}/% ≥	公称厚度 /mm	反复弯曲次数 r=3mm
650KD	650	6	0.4	12
730KD	730	8	0.5	8
780KD	780	8	0.6	6
830KD	830	10	0.7	5
880KD	880	10	0.8	5
930KD	930	10	0.9	5
980KD	980	12	1.0	4
1150KD	1150	8	1.2	3
1250KD	1250	6		

注：1. 焊缝抗拉强度不得低于规定抗拉强度最小值的 80%。
2. r 为弯曲半径。

2.1.26 冷弯波形钢板

① 分类 波形钢板按截面形状分为 A 和 B 两类，按截面边缘形状分为 K、L、N 和 R 四类。

② 材料牌号及化学成分 波形钢板采用原料钢带的牌号和化学成分，应符合 GB/T 700—2006《碳素结构钢》和 GB/T 4171—2008《耐候结构钢》及 GB 2518—2008《连续热镀锌钢板和钢带》的规定。镀锌波形钢板主要采用 JG 镀锌钢带。

③ 波形钢板截面形状及尺寸 形状有 A 和 B 两种，其边缘形状有 K、L、N 和 R 四种（图 2.1）。

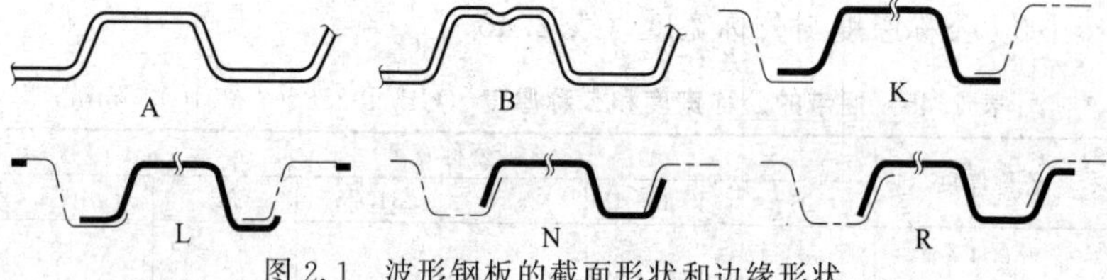

图 2.1 波形钢板的截面形状和边缘形状

波形钢板截面尺寸及重量见表 2.47。

表 2.47 波形钢板截面尺寸及重量（内弯曲半径 $r=t$）（YB/T 5327—2006）

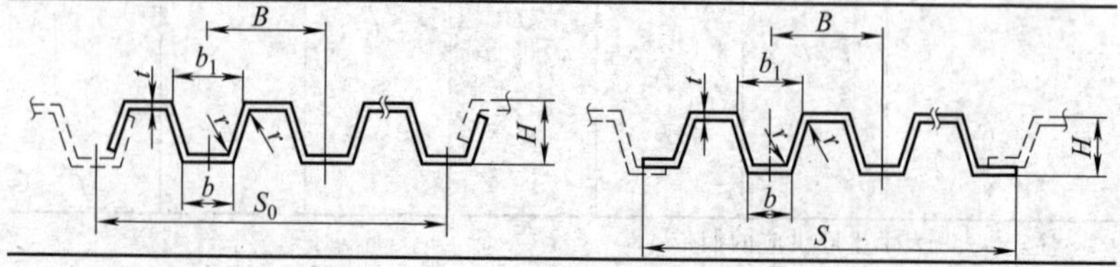

续表

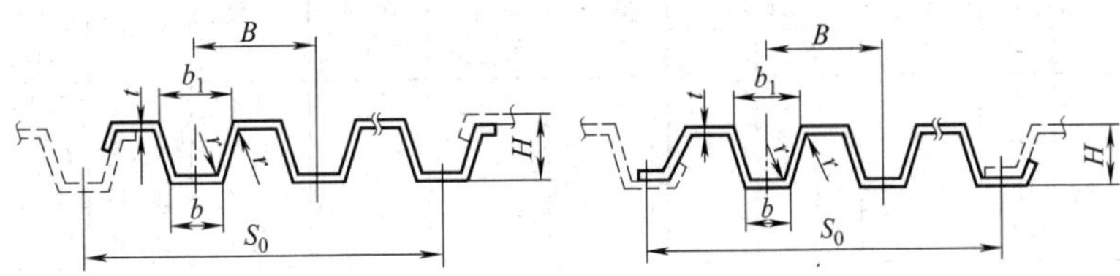

代号	尺寸/mm							断面积/cm²	重量/(kg/m)
	高度 H	宽度 S	宽度 S_0	槽距 B	槽底尺寸 b	槽口尺寸 b_1	厚度 t		
AKA15	12	370	—	110	36	50	1.5	6.00	4.71
AKB12	14	488		120	50	70	1.2	6.30	4.95
AKC12	15	378					1.2	5.02	3.94
AKD12	15	488		100	41.9	58.1	1.2	6.58	5.17
AKD15	15						1.5	8.20	6.44
AKE05	25	830	—	90	40	50	0.5	5.87	4.61
AKE08							0.8	9.32	7.32
AKE10							1.0	11.57	8.08
AKE12							1.2	13.79	10.83
AKF05	25	650	—	90	40	50	0.5	4.58	3.60
AKF08							0.8	7.29	5.72
AKF10							1.0	9.05	7.10
AKF12							1.2	10.78	8.46
AKG10	30	690	—	96	38	58	1.0	9.60	7.54
AKG16							1.6	15.04	11.81
AKG20							2.0	18.60	14.60
ALA08	50	—	800	200	60	74	0.8	9.28	7.28
ALA10							1.0	11.56	9.07
ALA12							1.2	13.82	10.85
ALA18							1.6	18.30	14.37
ALB12	50	—	614	204.7	38.6	58.6	1.2	10.46	8.21
ALB16							1.6	13.85	10.88
ALC08				205	40	60	0.8	7.04	5.53
ALC10							1.0	8.76	6.88
ALC12							1.2	10.47	8.22
ALC16							1.6	13.87	10.89

续表

代号	尺寸/mm							断面积/cm^2	重量/(kg/m)
	高度 H	宽度		槽距 B	槽底尺寸 b	槽口尺寸 b_1	厚度 t		
		S	S_0						
ALD08	50	—	614	205	50	70	0.8	7.04	5.53
ALD10							1.0	8.76	6.88
ALD12							1.2	10.47	8.22
ALD16							1.6	13.87	10.89
ALE08	50	—	614	205	92.5	112.5	0.8	7.04	5.53
ALE10							1.0	8.76	6.88
ALE12							1.2	10.47	8.22
ALE16							1.6	13.87	10.89
ALF12				204.7	90	110	1.2	10.46	8.21
ALF16							1.6	13.86	10.88
ALG08	60	—	600	200	80	100	0.8	7.49	5.88
ALG10							1.0	9.33	7.32
ALG12							1.2	11.17	8.77
ALG16							1.6	14.79	11.61
ALH08	75	—	600	200	58	65	0.8	8.42	6.61
ALH10							1.0	10.49	8.23
ALH12							1.2	12.55	9.115
ALH16							1.6	16.62	13.05
ALI08	75	—	600	200	58	73	0.8	8.38	6.58
ALI10							1.0	10.45	8.20
ALI12							1.2	12.52	9.83
ALI16							1.6	16.60	13.03
ALJ08	75	—	600	200	58	80	0.8	8.13	6.38
ALJ10							1.0	10.12	7.94
ALJ12							1.2	12.11	9.51
ALJ16							1.6	16.05	12.60
ALJ23							2.3	22.81	17.91
ALK08	75	—	600	200	58	88	0.8	8.06	6.33
ALK10							1.0	10.02	7.87
ALK12							1.2	11.95	9.38
ALK16							1.6	15.84	12.43
ALK23							2.3	22.53	17.69
ALL08	75	—	690	230	88	95	0.8	9.18	7.21
ALL10							1.0	10.44	8.20
ALL12							1.2	13.69	10.75
ALL16							1.6	18.14	14.24

续表

代号	尺寸/mm							断面积/cm^2	重量/(kg/m)
	高度 H	宽度		槽距 B	槽底尺寸 b	槽口尺寸 b_1	厚度 t		
		S	S_0						
ALM08	75	—	690	230	88	110	0.8	8.93	7.01
ALM10							1.0	11.12	8.73
ALM12							1.2	13.31	10.45
ALM16							1.6	17.65	13.86
ALM23							2.3	25.09	19.70
ALN08	75	—	690	230	88	118	0.8	8.74	6.86
ALN10							1.0	10.89	8.55
ALN12							1.2	13.03	10.23
ALN16							1.6	17.28	13.56
ALN23							2.3	24.60	19.31
ALO10	80	—	600	200	40	72	1.0	10.18	7.99
ALO12							1.2	12.19	9.57
ALO16							1.6	18.15	12.68
ANA05	25	—	360	90	40	50	0.5	2.64	2.07
ANA08							0.8	4.21	3.30
ANA10							1.0	5.23	4.11
ANA12							1.2	6.26	4.91
ANA16							1.6	8.29	6.51
ANB08	40	—	600	150	15	18	0.8	7.22	5.67
ANB10							1.0	8.99	7.06
ANB12							1.2	10.70	8.40
ANB16							1.6	14.17	11.12
ANB23							2.3	20.03	15.72
ARA08	50	—	614	205	40	60	0.8	7.04	5.53
ARA10							1.0	8.76	6.88
ARA12							1.2	10.47	8.22
ARA16							1.6	13.87	10.89
BLA05	50	—	614	204.7	50	70	0.5	4.69	3.68
BLA08							0.8	7.46	5.86
BLA10							1.0	9.29	7.29
BLA12							1.2	11.10	8.71
BLA15							1.5	13.78	10.82
BLB05	75	—	690	230	88	103	0.5	5.73	4.50
BLB08							0.8	9.13	7.17
BLB10							1.0	11.37	8.93
BLB12							1.2	13.61	10.68
BLB16							1.6	18.04	14.16

续表

代号	尺寸/mm							断面积/cm^2	重量/(kg/m)
	高度 H	宽度 S	宽度 S_0	槽距 B	槽底尺寸 b	槽口尺寸 b_1	厚度 t		
BLC05	75	—	600	200	58	88	0.5	5.05	3.96
BLC08							0.8	8.04	6.31
BLC10							1.0	10.02	7.87
BLC12							1.2	11.99	9.41
BLC16							1.6	15.88	12.47
BLC23							2.3	22.60	17.74
BLD05	75	—	690	230	88	118	0.5	5.50	4.32
BLD08							0.8	8.76	5.88
BLD10							1.0	10.92	8.57
BLD12							1.2	13.07	10.26
BLD16							1.6	17.33	13.60
BLD23							2.3	24.67	19.37

注：代号中第三个英文字母表示截面形状及截面边缘形状相同，而其他各部尺寸不同的区别。

2.1.27 热轧花纹钢板和钢带

① 分类和代号。按边缘状态分为切边（EC）和不切边（EM），按花纹形状分为菱形（LX）、扁豆形（BD）、圆豆形（YD）和组合型（ZH）（图 2.2）。

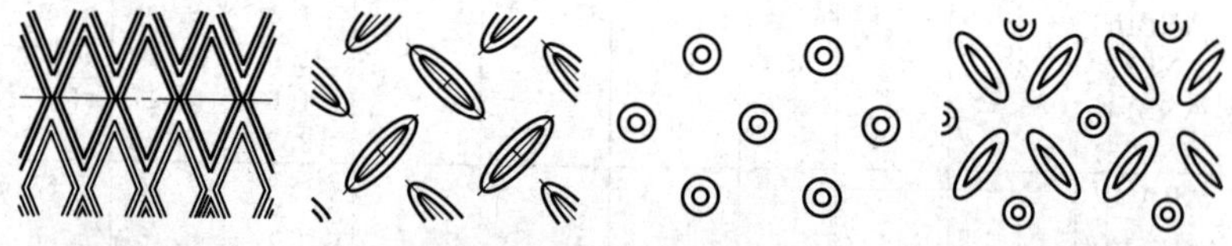

(a) 菱形花纹 (b) 扁豆形花纹 (c) 圆豆形花纹 (d) 组合型花纹

图 2.2 按花纹形状分类

② 钢的牌号和化学成分。钢板和钢带用钢的牌号和化学成分应符合 GB/T 700、GB 712、GB/T 4171 的规定。成品钢板和钢带的化学成分允许偏差应符合 GB/T 222 的规定。

③ 钢板和钢带的尺寸（表 2.48）。

表 2.48 钢板和钢带的尺寸 mm

基本厚度	宽度	长度	
2.0～10.0	600～1500	钢板	2000～12000
		钢带	—

④ 力学性能。需方要求时可进行拉伸、弯曲试验，其性能指标应符合 GB/T 700、GB 712、GB/T 4171 的规定或按双方协议。

2.1.28　彩色涂层钢板及钢带

（1）彩涂板的标记

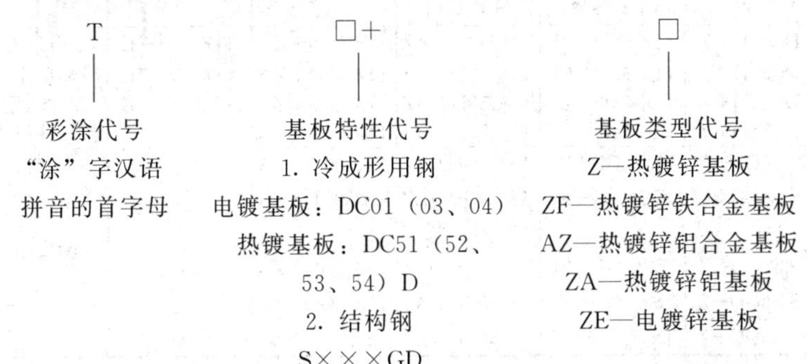

注：基板特性代号中，冷成形用钢的前缀"D"表示冷成形用钢板，"C"表示冷轧；后缀"D"表示热镀。结构钢的"S"表示结构钢，"×××"表示材料的屈服强度值，后缀"G"表示热处理，"D"表示热镀。

（2）彩涂板的分类及代号（表 2.49）

表 2.49　分类及代号（GB/T 12754—2006）

分　类	项目	代　号
用途	建筑外用	JW
	建筑内用	JN
	水电	JD
	其他	QT
基板类型	热镀锌基板	Z
	热镀锌铁合金基板	ZF
	热镀锌合金基板	AZ
	热镀锌铝合金基板	ZA
	电镀件基板	ZE
涂层表面状态	涂层板	TC
	压花瓶	YA
	印花板	YI
面漆种类	聚酯	PE
	硅改性聚酯	SMP
	高耐久性聚酯	HDP
	聚偏氟乙烯	PVDF
涂层结构	正面 2 层、反面 1 层	2/1
	正面 2 层、反面 2 层	2/2
热镀锌基板表面结构	光整小锌花	MS
	光整无锌花	FS

(3) 彩涂板的牌号和用途（表 2.50）

表 2.50 彩涂板的牌号和用途（GB/T 12754—2006）

彩涂板的类别					用途
热镀锌基板	热镀锌铁合金基板	热镀铝锌合金基板	热镀锌铝基板	电镀锌基板	
TDC51D+Z	TDC51D+ZF	TDC51D+AZ	TDC51D+ZA	TDC01+ZE	一般用
TDC52D+Z	TDC52D+ZF	TDC52D+AZ	TDC52D+ZA	TDC03+ZE	冲压用
TDC53D+Z	TDC53D+ZF	TDC53D+AZ	TDC53D+ZA	TDC04+ZE	深冲压用
TDC54D+Z	TDC54D+ZF	TDC54D+AZ	TDC54D+ZA	—	特深冲压用
TS260GD+Z	TS250GD+ZF	TS150GD+AZ	TS250GD+ZA	—	结构用
TS280GD+Z	TS280GD+ZF	TS280GD+AZ	TS280GD+ZA	—	
—	—	TS300GD+AZ	—	—	
TS320CD+Z	TS320GD+ZF	TS320GD+AZ	TS320GD+ZA	—	
TS350GD+Z	TS350GD+ZF	TS350GD+AZ	TS350GD+ZA	—	
TS550GD+Z	TS550GD+ZF	TS550GD+AZ	TS550GD+ZA	—	

(4) 彩涂板的尺寸（表 2.51）

表 2.51 彩涂板的尺寸范围（GB/T 12754—2006） mm

项　目	公称尺寸	项　目	公称尺寸
公称厚度	0.20～2.0	钢板公称长度	1000～6000
公称宽度	600～1600	钢卷内径	450、508 或 610

注：彩涂板的厚度为基板（不含涂层）的厚度。

(5) 力学性能（表 2.52 和表 2.53）

表 2.52 热镀基板彩涂板的力学性能（GB/T 12754—2006）

牌　号	屈服强度/MPa	抗拉强度/MPa	断后伸长率/% ≥	
			公称厚度/mm	
			≤0.7	>0.70
TDC51D+Z、TDC51D+ZF、TDC51D+AZ、TDC51D+ZA	—	270～500	20	22
TDC52D+Z、TDC52D+ZF、TDC52D+AZ、TDC52D+ZA	140～300	270～420	24	26
TDC53D+Z、TDC53D+ZF、TDC53D+AZ、TDC53D+ZA	140～260	270～380	28	30
TDC54D+Z、TDC54D+AZ、TDC54D+ZA	140～220	270～350	34	36
TDC54D+ZF	140～220	270～350	32	34
TS250GD+Z、TS250GD+ZF、TS250GD+AZ、TS250GD+ZA	≥250	≥330	17	19
TS280GD+Z、TS280GD+ZF、TS280GD+AZ、TS280GD+ZA	≥280	≥360	16	18

续表

牌　号	屈服强度/MPa	抗拉强度/MPa	断后伸长率/%≥	
			公称厚度/mm	
			≤0.7	>0.70
TS300GD+AZ	≥300	≥380	16	18
TS320GD+Z、TS320GD+ZF、TS320GD+AZ、TS320GD+ZA	≥320	≥390	15	17
TS350CD+Z、TS350GD+ZF、TS350GD+AZ、TS350GD+ZA	≥350	≥420	14	16
TS550GD+Z、TS550GD+ZF、TS550GD+AZ、TS550GD+ZA	≥550	≥560	—	—

注：1. 拉伸试验试样的方向为横向（垂直轧制方向，L_0=80mm，b=20mm）。
2. 当屈服现象不明显时采用 $R_{p0.2}$，否则采用 R_{eL}。

表 2.53　电镀锌基板彩涂板的力学性能（GB/T 12754—2006）

牌　号	屈服强度/MPa	抗拉强度/MPa ≥	断后伸长率/% ≥		
			公称厚度/mm		
			<0.50	0.50～≤0.7	>0.7
TDC01+ZE	140～280	270	24	26	28
TDC03+ZE	140～240	270	30	32	34
TDC04+ZE	140～220	270	33	35	37

注：1. 同上表注 1 和注 2。
2. 公称厚度为 0.50～≤0.7mm 时，屈服强度允许增加 20MPa；公称厚度<0.50mm 时，屈服强度允许增加 40MPa。

2.1.29　连续热镀铝硅合金钢板和钢带

① 公称尺寸　公称厚度为 0.4～3.0mm，公称宽度为600～1500mm。

② 标记方法

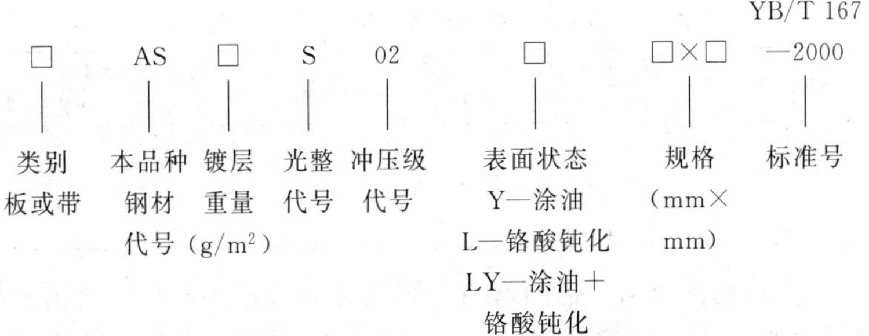

产品的分类与代号见表2.54。

表2.54 产品的分类与代号（YB/T 167—2000）

分类方法	类 别	代号	分类方法	类 别	代号
按加工性能	普通级	01	按镀层重量/(g/m²)	200	200
	冲压级	02		150	150
	深冲级	03		120	120
	超深冲	04		100	100
按表面处理	铬酸钝化	L		80	080
	涂油	Y		60	060
	铬酸钝化加涂油	LY		40	040
按表面状态	光整	S			

③ 公称尺寸（表2.55）

表2.55 钢板和钢带的公称尺寸（YB/T 167—2000） mm

名 称	公称尺寸	名 称	公称尺寸
厚度	0.4～3.0	铜板长度	1000～6000
宽度	600～1500	钢带内卷	508～610

④ 力学和工艺性能（表2.56）

表2.56 钢板和钢带的力学性能和工艺性能（YB/T 167—2000）

基体金属品级		抗拉强度 R_m /MPa	断后伸长率 A/% $L_0=50$mm	180°弯曲弯芯直径/mm a—试样厚度
代号	名 称			
01	普通级	—	—	a
02	冲压级	≤430	≥30	—
03	深冲级	≤410	≥34	
04	超深冲级	≤410	≥40	

注：02、03及04级的最小抗拉强度一般为260MPa。所有抗拉强度值均应精确至10MPa。对于厚度小于或等于0.6mm的钢材，表中规定的伸长率应减2%。

⑤ 镀层重量（表2.57）

表2.57 钢板和钢带的镀层重量（YB/T 167—2000） g/m²

镀层代号	最小镀层重量极限		镀层代号	最小镀层重量极限	
	三点试验	单点试验		三点试验	单点试验
200	200	150	080	080	60
150	150	115	060	060	45
120	120	60	040	040	30
100	100	75			

⑥ 镀层钢板和钢带的弯曲 热镀之后（进一步加工之前）采取的弯曲试件，应能经受任一方向的180°弯曲，在弯曲的外侧没

有镀层剥落。距试样侧边7mm内不出现镀层剥落。弯曲试验时的弯芯直径见表2.58。

表2.58 弯曲试验时的弯芯直径（YB/T 167—2000） mm

镀层代号	180°弯芯直径(*a*—试样厚度,试样宽度≥50mm)			
	<1.25		≥1.25	
	普通级	冲压级	普通级	冲压级
040	*a*	*a*	2*a*	2*a*
060	*a*	*a*	2*a*	2*a*
080	*a*	*a*	2*a*	2*a*
100	*a*	*a*	2*a*	2*a*
120	*a*	*a*	2*a*	2*a*
150	2*a*	2*a*	3*a*	3*a*
200	3*a*	—	3*a*	—

2.1.30 连续热浸镀层钢板和钢带

（1）分类

① 按尺寸精度可分为：普通厚度精度（PT. A），高级厚度精度（PT. B），普通宽度精度（PW. A），高级宽度精度（PW. B），普通长度精度（PL. A）和高级长度精度（PL1. B）。

② 按不平度精度可分为：普通不平度精度（PF. A）和高级不平度精度（PF. B）。

（2）尺寸、外形和允许偏差（表2.59～表2.62）

表2.59 连续热浸镀层钢板及钢带厚度的允许偏差

（GB/T 25052—2010） mm

公称厚度	下列公称宽度时的厚度允许偏差					
	普通精度 PT. A			高级精度 PT. B		
	≤1200	>1200～1500	>1500	≤1200	>1200～1500	>1500
对于规定最小屈服强度小于260MPa者(±)						
0.20～0.40	0.04	0.05	0.06	0.030	0.035	0.040
>0.40～0.60	0.04	0.05	0.06	0.035	0.040	0.045
>0.60～0.80	0.05	0.06	0.07	0.040	0.045	0.050
>0.80～1.00	0.06	0.07	0.08	0.045	0.050	0.060
>1.00～1.20	0.07	0.08	0.09	0.050	0.060	0.070
>1.20～1.60	0.10	0.11	0.12	0.060	0.070	0.080
>1.60～2.00	0.12	0.13	0.14	0.070	0.080	0.090
>2.00～2.50	0.14	0.15	0.16	0.090	0.100	0.110
>2.50～3.00	0.17	0.17	0.18	0.110	0.120	0.130
>3.00～500	0.20	0.20	0.21	0.150	0.160	0.170
>5.00～6.50	0.22	0.22	0.23	0.170	0.180	0.190

续表

公称厚度	下列公称宽度时的厚度允许偏差					
	普通精度 PT. A			高级精度 PT. B		
	≤1200	>1200～1500	>1500	≤1200	>1200～1500	>1500
对于规定最小屈服强度不小于 260MPa 且小于等于 360MPa 者(±)						
0.20～0.40	0.05	0.06	0.07	0.035	0.040	0.045
>0.40～0.60	0.05	0.06	0.07	0.040	0.045	0.050
>0.60～0.80	0.06	0.07	0.08	0.045	0.050	0.060
>0.80～1.00	0.07	0.08	0.09	0.050	0.060	0.070
>1.00～1.20	0.08	0.09	0.11	0.060	0.070	0.080
>1.20～1.60	0.11	0.13	0.14	0.070	0.080	0.090
>1.60～2.00	0.14	0.15	0.16	0.080	0.090	0.110
>2.00～2.50	0.16	0.17	0.18	0.110	0.120	0.130
>2.50～3.00	0.19	0.20	0.20	0.130	0.140	0.150
>3.00～500	0.22	0.24	0.25	0.170	0.180	0.190
>5.00～6.50	0.24	0.25	0.26	0.190	0.200	0.210
对于规定的最小屈服强度不小于 360MPa 且小于等于 420MPa 者(±)						
0.20～0.40	0.05	0.06	0.07	0.040	0.045	0.050
>0.40～0.60	0.06	0.07	0.08	0.045	0.050	0.060
>0.60～0.80	0.07	0.08	0.09	0.050	0.060	0.070
>0.80～1.00	0.08	0.09	0.011	0.060	0.070	0.080
>1.00～1.20	0.10	0.11	0.12	0.70	0.080	0.090
>1.20～1.60	0.13	0.14	0.16	0.80	0.090	0.110
>1.60～2.00	0.16	0.17	0.19	0.90	0.110	0.120
>2.00～2.50	0.18	0.20	0.21	0.120	0.130	0.140
>2.50～3.00	0.22	0.22	0.23	0.140	0.150	0.160
>3.00～500	0.22	0.24	0.25	0.170	0.180	0.190
>5.00～6.50	0.24	0.25	0.26	0.190	0.200	0.210
对于规定的最小屈服强度大于 420MPa 且小于等于 900MPa 者(±)						
0.20～0.40	0.05	0.07	0.08	0.045	0.050	0.060
>0.40～0.60	0.06	0.08	0.09	0.050	0.060	0.070
>0.60～0.80	0.07	0.09	0.11	0.060	0.070	0.080
>0.80～1.00	0.09	0.11	0.12	0.070	0.080	0.090
>1.00～1.20	0.11	0.13	0.14	0.080	0.090	0.110
>1.20～1.60	0.15	0.16	0.18	0.090	0.110	0.120
>1.60～2.00	0.18	0.19	0.21	0.110	0.120	0.140
>2.00～2.50	0.21	0.22	0.24	0.140	0.150	0.170
>2.50～3.00	0.24	0.25	0.26	0.170	0.180	0.190
>3.00～500	0.26	0.27	0.28	0.23	0.24	0.26
>5.00～6.50	0.28	0.29	0.30	0.25	0.26	0.28

表 2.60　宽度不小于 600mm 的宽钢带宽度的允许偏差（GB/T 25052—2010）

mm

公称宽度	宽度允许偏差		公称宽度	宽度允许偏差	
	普通精度 PW. A	高级精度 PW. B		普通精度 PW. A	高级精度 PW. B
600～1200	+5 0	+2 0	>1500～1800	+7 0	+3 0
>1200～1500	+6 0	+2 0	>1800	+8 0	+3 0

表 2.61　纵切钢带的宽度的允许偏差（GB/T 25052—2010）　mm

精度等级	公称厚度	宽度允许偏差(下偏差均为 0)			
		公称宽度			
		<125	125～<250	250～<400	400～<600
普通精度 PW. A	<0.6	+0.4	+0.5	+0.7	+1.0
	0.6～<1.0	+0.5	+0.6	+0.9	+1.2
	1.0～<2.0	+0.6	+0.8	+1.1	+1.4
	2.0～<3.0	+0.7	+1.0	+1.3	+1.6
	3.0～<5.0	+0.8	+1.1	+1.4	+1.7
	5.0～6.5	+0.9	+1.2	+1.5	+1.8
高级精度 PW. B	<0.6	+0.2	+0.2	+0.3	+0.5
	0.6～1.0	+0.2	+0.3	+0.4	+0.6
	1.0～<2.0	+0.3	+0.4	+0.5	+0.7
	2.0～<3.0	+0.4	+0.5	+0.6	+0.8
	3.0～<5.0	+0.5	+0.6	+0.7	+0.9
	5.0～6.5	+0.6	+0.7	+0.8	+1.0

表 2.62　连续热浸镀层钢板长度的允许偏差（GB/T 25052—2010）

mm

公称长度	长度允许偏差		公称长度	长度允许偏差	
	普通精度 PL. A	高级精度 PL. B		普通精度 PL. A	高级精度 PL. B
<2000	+6 0	+3 0	≥2000～8000	+0.3%×公称长度 0	+0.15%×公称长度 0
			>8000	双方协议	

2.1.31　焊接气瓶用钢板和钢带

① 规格。热轧钢板和钢带厚度为 2.0～14.0mm，冷轧钢板和钢带的厚度为 1.5～4.0mm。

② 钢的牌号。由“焊”和“瓶”两字的汉语拼音首位字母“H”和“P”及下屈服强度下限值两个部分组成。

③ 钢的尺寸、外形、重量及允许偏差。热轧钢板和钢带及冷轧钢板和钢带的尺寸、外形、重量及允许偏差应分别符合 GB/T 709 和 GB/T 708 的规定。

④ 力学和工艺性能（表 2.63 和表 2.64）。

表 2.63 钢板和钢带的力学性能和工艺性能（GB 6653—2008）

牌号	拉伸试验(横向试样)				180°弯曲试验弯芯直径($b\geqslant35$mm)(横向试样)
	下屈服强度 R_{eL} /MPa	抗拉强度 R_m /MPa	断后伸长率/% A_{80}($b=20$mm)		
			<3mm	≥3mm	
HP235	≥235	380～500	≥23	≥29	1.5a
HP265	≥265	410～520	≥21	≥27	1.5a
HP295	≥295	440～560	≥20	≥26	2.0a
HP325	≥325	490～600	≥18	≥22	2.0a
HP345	≥345	510～620	≥17	≥21	2.0a

注：1. a 为钢材厚度。

2. 当屈服现象不明显时，采用 $R_{p0.2}$。

3. 弯曲试样仲裁试样宽度 $b=35$mm。

表 2.64 钢板和钢带的冲击试验（GB 6653—2008）

牌号	V形冲击试验			
	试样方向	试样尺寸/mm	试验温度	冲击吸收能量 KV_2/J
HP235 HP265 HP295 HP325 HP345	横向	10×5×55	室温 (括号内为 −40℃的结果)	≥18(14)
		10×7.5×55		≥23(17)
		10×10×55		≥27(20)

注：1. 厚度 6～<12mm 的钢板和钢带，做冲击试验时应采用小尺寸试样。

2. 对于厚度>8～<12mm 的钢板和钢带，采用 10mm×7.5mm×55mm 小尺寸试样。

3. 对于厚度 6～8mm 的钢板和钢带，采用 10mm×5mm×55mm 小尺寸试样。

4. 厚度<6mm 的钢板和钢带不做冲击试验。

2.1.32 汽车大梁用热轧钢板和钢带

① 牌号。抗拉强度下限值（MPa）+L（汉语拼音“梁”的首位字母），如 510L。

② 分类。按边缘状态分切边（EC）和不切边（EM），按厚度精度分普通精度（PT.A）和较高精度（PT.B）。

③ 尺寸范围。厚度 1.6～14.0mm，宽度 210～2200mm，长度 2000～12000mm。

④ 力学和工艺性能（表 2.65）。

表 2.65　钢板和钢带的力学性能和工艺性能（GB/T 3273—2005）

牌号	厚度规格/mm	下屈服强度 R_{eL}/MPa ≥	抗拉强度 R_m/MPa	断后伸长率 A/% ≥	宽冷弯 180°(b=35mm)	
					b≤12.0mm	b>12.0mm
370L	1.6～14.0	245	370～480	28	d=0.5a	d=a
420L		280	420～520	26	d=0.5a	d=a
440L		305	440～540	26	d=0.5a	d=a
510L		355	510～630	24	d=a	d=2a
550L	1.6～8.0	400	550～670	23	d=a	—

注：1. a 为试样厚度，b 为冷弯试样的宽度，d 为弯芯直径。

2. 510L 的工艺性能，根据用户要求并在合同中注明，厚度为 1.6～6.0mm 的钢板钢带，冷弯试验弯芯直径 d 可以等于 0.5a。

2.1.33　钢板质量

表 2.66　钢板每平方米的质量

厚度/mm	理论质量/(kg/m²)	厚度/mm	理论质量/(kg/m²)	厚度/mm	理论质量/(kg/m²)	厚度/mm	理论质量/(kg/m²)
0.2	1.570	1.6	12.56	11	86.35	30	235.5
0.25	1.963	1.8	14.13	12	94.20	32	251.2
0.3	2.355	2.0	15.70	13	102.1	34	266.9
0.35	2.748	2.2	17.27	14	109.9	36	382.6
0.4	3.140	2.5	19.63	15	117.8	38	298.3
0.45	3.533	2.8	21.98	16	125.6	40	314.0
0.5	3.925	3.0	23.55	17	133.5	42	329.7
0.55	4.318	3.2	25.12	18	141.3	44	345.4
0.6	4.710	3.5	27.48	19	149.2	46	361.1
0.7	5.495	3.8	29.83	20	157.0	48	376.8
0.75	5.888	4.0	31.40	21	164.9	50	392.5
0.8	6.280	4.5	35.33	22	172.7	52	408.2
0.9	7.065	5.0	39.25	23	180.6	54	423.9
1.0	7.850	5.5	43.18	24	188.4	56	439.6
1.1	8.635	6.0	47.10	25	196.3	58	455.3
1.2	9.420	7.0	54.95	26	204.1	60	471.0
1.25	9.813	8.0	62.80	27	212.0		
1.4	10.99	9.0	70.65	28	219.8		
1.5	11.78	10	78.50	29	227.7		

2.2　钢型材

2.2.1　圆钢和方钢

表 2.67　热轧圆钢和方钢的规格和线质量（GB/T 702—2008）

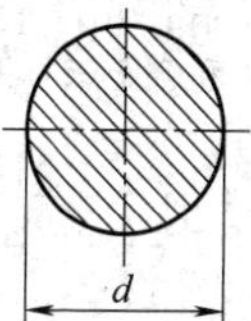

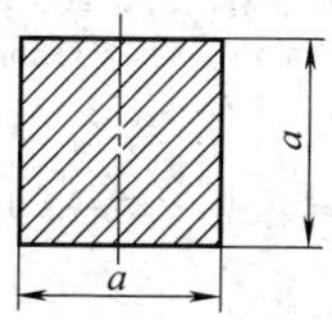

续表

d 或 a /mm	截面积/cm^2		线质量/(kg/m)		d 或 a /mm	截面积/cm^2		线质量/(kg/m)	
	圆钢	方钢	圆钢	方钢		圆钢	方钢	圆钢	方钢
5.5	0.2376	0.30	0.187	0.237	52	21.237	27.04	16.67	21.23
6.0	0.2827	0.36	0.222	0.283	(55)	23.758	30.25	18.65	23.75
6.5	0.3318	0.42	0.260	0.332	56	24.630	31.36	19.33	24.62
7	0.3848	0.49	0.302	0.385	(58)	26.421	33.64	20.74	26.41
8	0.5027	0.64	0.395	0.502	60	28.274	36.00	22.20	28.26
9	0.6362	0.81	0.499	0.636	63	31.172	39.69	24.47	31.16
10	0.7854	1.00	0.617	0.785	(65)	33.183	42.25	26.05	33.17
11	0.9503	1.21	0.746	0.950	(68)	36.317	46.24	28.51	36.30
12	1.1310	1.44	0.888	1.130	70	38.485	49.00	30.21	38.46
13	1.3273	1.69	1.042	1.327	75	44.179	56.25	34.68	44.16
14	1.5394	1.96	1.208	1.539	80	50.265	64.00	39.46	50.24
15	1.7671	2.25	1.387	1.766	85	56.745	72.25	44.54	56.72
16	2.0106	2.56	1.578	2.010	90	63.617	81.00	49.94	63.58
17	2.2698	2.89	1.782	2.269	95	70.882	90.25	55.64	70.85
18	2.5447	3.24	1.998	2.543	100	78.540	100.0	61.65	78.54
19	2.8353	3.61	2.226	2.834	105	86.590	110.3	67.97	86.59
20	3.1416	4.00	2.466	3.140	110	95.033	121.0	74.60	95.03
21	3.4636	4.41	2.719	3.462	115	103.87	132.3	81.54	103.9
22	3.8013	4.84	2.984	3.799	120	113.10	144.0	88.78	113.1
23	4.1548	5.29	3.261	4.153	125	122.72	156.3	96.33	122.7
24	4.5239	5.76	3.551	4.522	130	132.73	169.0	104.2	132.7
25	4.9087	6.25	3.853	4.906	140	153.94	196.0	120.8	153.9
26	5.3093	6.76	4.168	5.307	150	176.71	225.0	138.7	176.7
27	5.7256	7.29	4.495	5.723	160	201.06	256.0	157.8	201.1
28	6.1575	7.84	4.834	6.154	170	226.98	289.0	178.2	227.0
29	6.6052	8.41	5.185	6.602	180	254.47	324.0	199.8	254.5
30	7.0686	9.00	5.549	7.065	190	283.53	361.0	222.6	283.5
31	7.5477	9.61	5.925	7.544	200	314.16	400.0	246.6	314.2
32	8.0425	10.24	6.313	8.038	210	346.36		271.9	
33	8.5530	10.89	6.714	8.549	220	380.13		298.4	
34	9.0792	11.56	7.127	9.075	240	452.39		355.1	
35	9.6211	12.25	7.553	9.616	250	490.87		385.3	
36	10.179	12.96	7.990	10.17	260	530.93		416.7	
38	11.341	14.44	8.903	11.34	270	572.55		449.4	
40	12.566	16.00	9.865	12.56	280	615.75		483.4	
42	13.854	17.64	10.88	13.85	290	660.52		518.5	
45	15.904	20.25	12.48	15.90	300	706.86		554.9	
48	18.096	23.04	14.21	18.09	310	754.77		592.5	
50	19.635	25.00	15.41	19.62					

注：1. 表中质量按 $\rho=7.85g/cm^3$ 计算。

2. 通常长度：普通质量钢，当 d 或 a≤25mm 时，为 4～12m，否则为 3～12m；优质及特殊质量钢（工具钢除外）为 2～12m；碳素和合金工具钢 d 或 a≤75mm 时，为 2～12m，否则为 1～8m。

短尺长度：普通质量钢，不小于 2.5m；优质及特殊质量钢（工具钢除外）不小于 1.5m；碳素和合金工具钢 d 或 a≤75mm 时，不小于 1.0m；否则不小于 0.5m（包括高速工具钢全部规格）。

3. 括号内尺寸不推荐使用。

表 2.68　锻造圆钢和方钢的规格和线质量（GB/T 908—2008）

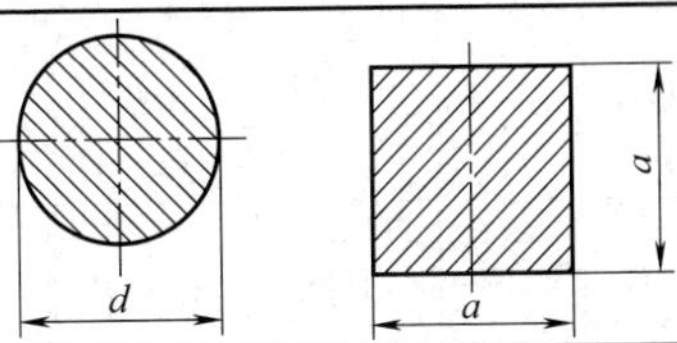

d 或 a /mm	线质量 /(kg/m)		d 或 a /mm	线质量 /(kg/m)		d 或 a /mm	线质量 /(kg/m)	
	圆钢	方钢		圆钢	方钢		圆钢	方钢
5.5	0.187	0.237	29	5.19	6.60	110	74.6	95.0
6	0.222	0.283	30	5.55	7.07	115	81.5	104
6.5	0.260	0.332	31	5.92	7.54	120	88.8	113
7	0.302	0.385	32	6.31	8.04	125	96.3	123
8	0.395	0.502	33	6.71	8.55	130	104	133
9	0.499	0.636	34	7.13	9.07	135	112	143
10	0.617	0.785	35	7.55	9.62	140	121	154
11	0.746	0.950	36	7.99	10.2	145	130	165
12	0.888	1.130	38	8.90	11.3	150	139	177
13	1.04	1.33	40	9.86	12.6	160	158	201
14	1.21	1.54	42	10.9	13.8	170	178	227
15	1.39	1.77	45	12.5	15.9	180	200	254
16	1.58	2.01	48	14.2	18.1	190	223	283
17	1.78	2.27	50	15.4	19.6	200	247	314
18	2.00	2.54	53	17.3	22.1	210	272	
19	2.23	2.83	55	18.7	23.7	220	298	
20	2.47	3.14	60	22.2	28.3	230	326	
21	2.72	3.46	65	26.0	33.2	240	355	
22	2.98	3.80	70	30.2	38.5	250	385	
23	3.26	4.15	75	34.7	44.2	260	417	
24	3.55	4.52	80	39.5	50.2	270	449	
25	3.85	4.91	85	44.5	56.7	280	483	
26	4.17	5.31	90	49.9	63.6	290	518	
27	4.49	5.72	95	55.6	70.8	300	555	
28	4.83	6.15	100	61.7	78.5	310	592	

表 2.69　银亮钢的规格、截面面积和理论质量（GB/T 3207—2008）

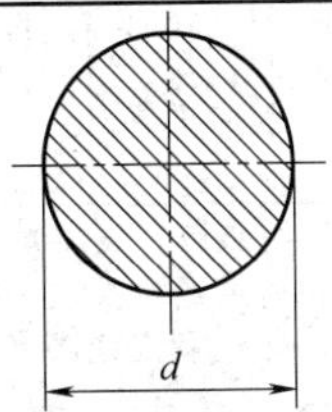

续表

直径/mm	截面面积/mm²	理论质量/(kg/m)	直径/mm	截面面积/mm²	理论质量/(kg/m)	直径/mm	截面面积/mm²	理论质量/(kg/m)
1.0	0.785	6.165	12.0	113.1	0.888	58	2642	20.74
1.1	0.950	7.460	13	132.7	1.042	60	2827	22.20
1.2	1.131	8.878	14	153.9	1.208	63	3117	24.47
1.4	1.539	12.08	15	176.7	1.387	65	3318	26.05
1.5	1.767	13.87	16	201.1	1.578	68	3632	28.51
1.6	2.011	15.78	17	227.0	1.782	70	3848	30.21
1.8	2.545	19.98	18	254.5	1.998	75	4418	34.68
2.0	3.142	24.66	19	283.5	2.226	80	5027	39.46
2.2	3.801	29.84	20	314.2	2.466	85	5675	44.54
2.5	4.909	38.53	21	346.4	2.719	90	6362	49.94
2.8	6.158	48.34	22	380.1	2.984	95	7088	55.64
3.0	7.069	55.49	24	452.4	3.551	100	7854	61.65
3.2	8.042	63.13	25	490.9	3.853	105	8659	67.97
3.5	9.621	75.53	26	530.9	4.168	110	9503	74.60
4.0	12.57	98.65	28	615.8	4.834	115	10387	81.54
4.5	15.90	124.8	30	706.9	5.549	120	11310	88.78
5.0	19.63	154.1	32	804.2	6.313	125	12272	96.33
5.5	23.76	186.5	33	855.3	6.714	130	13273	104.2
6.0	28.27	222.0	34	907.9	7.127	135	14314	112.4
6.5	33.18	260.5	35	962.1	7.553	140	15394	120.8
7.0	38.48	302.1	36	1018	7.990	145	16513	129.6
7.5	44.18	346.8	38	1134	8.903	150	17671	138.7
8.0	50.27	394.6	40	1257	9.865	155	18869	148.1
8.5	56.75	445.4	42	1385	10.88	160	20106	157.8
9.0	63.62	499.4	45	1590	12.48	165	21382	167.9
9.5	70.88	556.4	48	1810	14.21	170	22698	178.2
10.0	78.54	616.5	50	1963	15.41	175	24053	188.8
10.5	86.59	679.7	53	2206	17.32	180	25447	199.8
11.0	95.03	746.0	55	2376	18.65			
11.5	103.9	815.4	56	2463	19.33			

注：银亮钢是表面无轧制缺陷和脱碳层，表面光亮的圆钢，可分为剥皮材（SF，通过车削剥皮，去除轧制缺陷和脱碳层后再经矫直）、磨光材（SP，经拉拔或剥皮后，再磨光处理）和抛光材（SB，经拉拔、车削剥皮或磨光后，再进行抛光处理）。其牌号及化学成分应符合相应技术标准的规定。

表 2.70　银亮钢直径的允许偏差（GB/T 3207—2008）　mm

公称直径	允许偏差(上偏差为 0)							
	6(h6)	7(h7)	8(h8)	9(h9)	10(h10)	11(h11)	12(h12)	13(h13)
1.0～3.0	−0.006	−0.010	−0.014	−0.025	−0.040	−0.060	−0.10	−0.14
>3.0～6.0	−0.008	−0.012	−0.018	−0.030	−0.048	−0.075	−0.12	−0.18
>6.0～10.0	−0.009	−0.015	−0.022	−0.035	−0.058	−0.090	−0.15	−0.22
>10.0～18.0	−0.011	−0.018	−0.027	−0.043	−0.070	−0.11	−0.18	−0.27
>18.0～30.0	−0.013	−0.021	−0.033	−0.052	−0.084	−0.13	−0.21	−0.33
>30.0～50.0	−0.015	−0.025	−0.039	−0.062	−0.10	−0.16	−0.25	−0.39
>50.0～80.0	−0.019	−0.030	−0.046	−0.074	−0.12	−0.19	−0.30	−0.46
>80.0～120.0	−0.022	−0.035	−0.054	−0.087	−0.14	−0.22	−0.35	−0.54
>120.0～180.0	−0.025	−0.040	−0.083	−0.100	−0.16	−0.25	−0.40	−0.63

2.2.2　标准件碳素圆钢及盘条

表 2.71　标准件碳素圆钢及盘条的规格（YB/T 4155—2006）

公称直径/mm	公称横截面积/mm^2	理论质量/(kg/m)	公称直径/mm	公称横截面积/mm^2	理论质量/(kg/m)
5.5	23.76	0.186	22	380.10	2.980
6	28.27	0.222	23	415.50	3.260
6.5	33.18	0.260	24	452.40	3.550
7	38.48	0.302	25	490.90	3.850
8	50.27	0.395	26	530.90	4.170
9	63.62	0.499	27	572.60	4.490
10	78.54	0.617	28	615.80	4.830
11	95.03	0.746	29	660.50	5.180
12	113.10	0.888	30	706.90	5.550
13	132.70	1.040	31	754.80	5.920
14	153.90	1.210	32	804.20	6.310
15	176.70	1.390	33	855.30	6.710
16	201.10	1.580	34	907.90	7.130
17	227.00	1.780	35	962.10	7.550
18	254.50	2.000	36	1018.00	7.990
19	283.50	2.230	38	1134.00	8.900
20	314.20	2.470	40	1257.00	9.860
21	346.40	2.720			

注：1. 圆钢通常长度为 3～9m，可交付不超过该批钢材总质量 3%且长度不小于 2.5m 的短尺钢材。

2. 直条圆钢每米弯曲度不大于 4mm，总弯曲度不大于圆钢长度的 0.4%。

2.2.3 扁钢

表 2.72 热轧扁钢的规格和理论质量（GB/T 702—2008） mm

规格 宽度	规格 厚度	长度/m	理论质量/(kg/m)
10	3	3～9	0.24
	4		0.31
	5		0.39
	6		0.47
	7		0.55
	8		0.63
12	3	3～9	0.28
	4		0.38
	5		0.47
	6		0.57
	7		0.66
	8		0.75
14	3	3～9	0.33
	4		0.44
	5		0.55
	6		0.66
	7		0.77
	8		0.88
16	3	3～9	0.38
	4		0.50
	5		0.63
	6		0.75
	7		0.88
	8		1.00
	9		1.15
	10		1.26
18	3	3～9	0.42
	4		0.57
	5		0.71
	6		0.85
	7		0.99
	8		1.13
	9		1.27
	10		1.41
20	3	3～9	0.47
	4		0.63
	5		0.78
	6		0.94
	7		1.10
	8		1.26
	9		1.41
	10		1.57
	11		1.73
	12		1.88

规格 宽度	规格 厚度	长度/m	理论质量/(kg/m)
22	3	3～9	0.52
	4		0.69
	5		0.86
	6		1.04
	7		1.21
	8		1.38
	9		1.55
	10		1.73
	11		1.90
	12		2.07
25	3	3～9	0.59
	4		0.79
	5		0.98
	6		1.18
	7		1.37
	8		1.57
	9		1.77
	10		1.96
	11		2.16
	12		2.36
	14		2.75
	16		3.14
28	3	3～9	0.66
	4		0.88
	5		1.10
	6		1.32
	7		1.54
	8		1.76
	9		1.98
	10		2.20
	11		2.42
	12		2.64
	14		3.08
	16		3.53
30	3	3～9	0.71
	4		0.94
	5		1.18
	6		1.41
	7		1.65
	8		1.88
	9		2.12
	10		2.36
	11		2.59
	12		2.83
	14		3.30
	16		3.77
	18		4.24
	20		4.71

规格 宽度	规格 厚度	长度/m	理论质量/(kg/m)
32	3	3～9	0.75
	4		1.01
	5		1.25
	6		1.50
	7		1.76
	8		2.01
	9		2.26
	10		2.55
	11		2.76
	12		3.01
	14		3.51
	16		4.02
	18		4.52
	20		5.02
35	3	3～9	0.82
	4		1.10
	5		1.37
	6		1.65
	7		1.92
	8		2.20
	9		2.47
	10		2.75
	11		3.02
	12		3.30
	14		3.85
	16		4.40
	18		4.95
	20		5.50
	22		6.04
	25		6.87
	28		7.69
40	3	3～9	0.94
	4		1.26
	5		1.57
	6		1.88
	7		2.20
	8		2.51
	9		2.83
	10		3.14
	11		3.45
	12		3.77
	14		4.40
	16		5.02
	18		5.65
	20		6.28
	22		6.91
	25		7.85
	28		8.79

续表

规格		长度	理论质量
宽度	厚度	/m	/(kg/m)
45	3	3～9	1.06
	4		1.41
	5		1.77
	6		2.12
	7		2.47
	8		2.83
	9		3.18
	10		3.53
	11		3.89
	12		4.24
	14		4.95
	16		5.65
	18		6.36
	20		7.07
	22		7.77
	25		8.83
	28		9.89
	30		10.60
	32		11.30
	36		12.72
50	3	3～9	1.18
	4		1.57
	5		1.96
	6		2.36
	7		2.75
	8		3.14
	9		3.53
	10		3.93
	11		4.32
	12		4.71
	14		5.50
	16		6.28
	18		7.07
	20		7.85
	22		8.64
	25		9.81
	28		10.99
	30		11.78
	32		12.56
	36		14.13
55	4	3～9	1.73
	5		2.16
	6		2.59
	7		3.02
	8		3.45
	9		3.89
	10		4.32
	11		4.75
	12		5.18
	14		6.04
	16		6.91
	18		7.77
	20		8.64
	22		9.50
	25		10.79
	28		12.09
	30		12.95
	32		13.82
	36		15.54
60	4	3～9	1.88
	5		2.36
	6		2.83
	7		3.30
	8		3.77
	9		4.24
	10		4.71
	11		5.18
	12		5.65
	14		6.59
	16		7.54
	18		8.48
	20		9.42
	22		10.36
	25		11.78
	28		13.19
	30		14.13
	32		15.07
	36		16.96
	40		18.84
	45	3～7	21.20
65	4	3～9	2.04
	5		2.55
	6		3.06
	7		3.57
	8		4.08
	9		4.59
	10		5.10
	11		5.61
	12		6.12
	14		7.14
	16		8.16
	18		9.19
	20		10.21
	22		11.23
	25		12.76
	28		14.29
	30		15.31
	32		16.33
	36		18.37
	40	3～7	20.41
	45		22.96
70	4	3～9	2.20
	5		2.75
	6		3.30
	7		3.85
	8		4.40
	9		4.95
	10		5.50
	11		6.04
	12		6.59
	14		7.69
	16		8.79
	18		9.89
	20		10.99
	22		12.09
	25		13.74
	28		15.39
	30		16.49
	32		17.58
	36	3～7	19.78
	40		21.98
	45		24.73

续表

规格宽度	规格厚度	长度/m	理论质量/(kg/m)
75	4	3～9	2.36
	5		2.94
	6		3.53
	7		4.12
	8		4.71
	9		5.30
	10		5.89
	11		6.48
	12		7.07
	14		8.24
	16		9.42
	18		10.60
	20		11.78
	22		12.94
	25		14.72
	28		16.49
	30		17.66
	32		18.84
	36	3～7	21.19
	40		23.55
	45		26.49
80	5	3～9	3.14
	6		3.77
	7		4.40
	8		5.02
	9		5.65
	10		6.28
	11		6.91
	12		7.54
	14		8.79
	16		10.05
	18		11.30
	20		12.56
	22		13.82
	25		15.70
	28		17.58
	30		18.84
	32	3～7	20.09
	36		22.61
	40		25.12
	45		28.26
	50		31.40
	56		35.17

规格宽度	规格厚度	长度/m	理论质量/(kg/m)
85	5	3～9	3.34
	6		4.00
	7		4.67
	8		5.34
	9		6.01
	10		6.67
	11		7.34
	12		8.01
	14		9.34
	16		10.68
	18		12.01
	20		13.35
	22		14.68
	25		16.68
	28		18.68
	30	3～7	20.02
	32		21.35
	36		24.02
	40		26.69
	45		30.03
	50		33.36
	56		37.36
	60		40.04
90	5	3～9	3.53
	6		4.24
	7		4.95
	8		5.65
	9		6.36
	10		7.07
	11		7.77
	12		8.48
	14		9.89
	16		11.30
	18		12.72
	20		14.13
	22		15.54
	25		17.66
	28	3～7	19.78
	30		21.20
	32		22.61
	36		25.43
	40		28.26
	45		31.79
	50		35.33
	56		39.56
	60		42.39

规格宽度	规格厚度	长度/m	理论质量/(kg/m)
95	5	3～9	3.73
	6		4.47
	7		5.22
	8		5.97
	9		6.71
	10		7.46
	11		8.20
	12		8.95
	14		10.44
	16		11.93
	18		13.42
	20		14.92
	22		16.41
	25		18.64
	28	3～7	20.88
	30		22.37
	32		23.86
	36		26.85
	40		29.83
	45		33.56
	50		37.29
	56		41.76
	60		44.75
100	5	3～9	3.93
	6		4.71
	7		5.50
	8		6.28
	9		7.07
	10		7.85
	11		8.64
	12		9.42
	14		10.99
	16		12.55
	18		14.13
	20		15.70
	22		17.27
	25	3～7	19.63
	28		21.98
	30		23.55
	32		25.12
	36		28.26
	40		31.40
	45		35.33
	50		39.25
	56		43.96
	60		47.10

续表

规格 宽度	规格 厚度	长度/m	理论质量/(kg/m)
105	5	3～9	4.12
	6		4.95
	7		5.77
	8		6.59
	9		7.42
	10		8.24
	11		9.07
	12		9.89
	14		11.54
	16		13.19
	18		14.84
	20		16.49
	22		18.13
	25	3～7	20.61
	28		23.08
	30		24.73
	32		26.37
	36		29.67
	40		32.97
	45		37.09
	50		41.21
	56		46.16
	60		49.46
110	5	3～9	4.32
	6		5.18
	7		6.04
	8		6.91
	9		7.77
	10		8.64
	11		9.50
	12		10.36
	14		12.09
	16		13.82
	18		15.54
	20		17.27
	22	3～7	19.00
	25		21.59
	28		24.18
	30		25.91
	32		27.63
	36		31.09
	40		34.54
	45		38.86
	50		43.18
	56		48.35
	60		51.81

规格 宽度	规格 厚度	长度/m	理论质量/(kg/m)
120	5	3～9	4.71
	6		5.65
	7		6.59
	8		7.54
	9		8.48
	10		9.42
	11		10.36
	12		11.30
	14		13.19
	16		15.07
	18		16.96
	20		18.84
	22	3～7	20.72
	25		23.55
	28		26.38
	30		28.26
	32		30.14
	36		33.91
	40		37.68
	45		42.39
	50		47.10
	56		52.75
	60		56.52
125	6	3～9	5.89
	7		6.87
	8		7.85
	9		8.83
	10		9.81
	11		10.79
	12		11.78
	14		13.74
	16		15.70
	18		17.66
	20	3～7	19.63
	22		21.58
	25		24.53
	28		27.48
	30		29.44
	32		31.40
	36		35.32
	40		39.25
	45		44.16
	50		49.06
	56		54.95
	60		58.88

规格 宽度	规格 厚度	长度/m	理论质量/(kg/m)
130	6	3～9	6.12
	7		7.14
	8		8.16
	9		9.18
	10		10.21
	11		11.23
	12		12.25
	14		14.29
	16		16.38
	18		18.37
	20	3～7	20.41
	22		22.45
	25		25.51
	28		28.57
	30		30.62
	32		32.65
	36		36.73
	40		40.82
	45		45.92
	50		51.03
	56		57.14
	60		61.23
140	7	3～9	7.69
	8		8.79
	9		9.89
	10		10.99
	11		12.09
	12		13.19
	14		15.39
	16		17.58
	18	3～7	19.78
	20		21.98
	22		24.18
	25		27.48
	28		30.77
	30		32.97
	32		35.17
	36		39.56
	40		43.96
	45		49.46
	50		54.95
	56		61.54
	60		65.94

续表

规格 宽度	规格 厚度	长度/m	理论质量/(kg/m)
150	7	3～9	8.24
	8		9.42
	9		10.60
	10		11.78
	11		12.95
	12		14.13
	14		16.49
	16		18.84
	18	3～7	21.20
	20		23.55
	22		25.91
	25		29.44
	28		32.97
	30		35.33
	32		37.68
	36		42.39
	40		47.10
	45		52.99
	50		58.88
	56		65.94
	60		70.65
160	7	3～9	8.79
	8		10.05
	9		11.30
	10		12.56
	11		13.82
	12		15.07
	14		17.58

规格 宽度	规格 厚度	长度/m	理论质量/(kg/m)
160	16	3～7	20.10
	18		22.61
	20		25.12
	22		27.63
	25		31.40
	28		35.17
	30		37.68
	32		40.19
	36		45.22
	40		50.24
	45		56.52
	50		62.80
	56		70.34
	60		75.36
180	7	3～9	9.89
	8		11.30
	9		12.72
	10		14.13
	11		15.54
	12		16.96
	14	3～7	19.78
	16		22.61
	18		25.43
	20		28.26
	22		31.09
	25		35.32
	28		39.56
	30		42.39
	32		45.22
	36		50.87
	40		56.52
	45		63.58
	50		70.65
	56		79.13
	60		84.78

规格 宽度	规格 厚度	长度/m	理论质量/(kg/m)
200	7	3～9	10.99
	8		12.56
	9		14.13
	10		15.70
	11		17.27
	12		18.84
	14	3～7	21.98
	16		25.12
	18		28.26
	20		31.40
	22		34.54
	25		39.25
	28		43.96
	30		47.10
	32		50.24
	36		56.52
	40		62.80
	45		70.65
	50		78.50
	56		87.92
	60		94.20

注：表中横线上下方的长度分组（3～9m 和 3～7m）对应于普通钢。对于优质及特殊质量钢，则其长度为 2～6m，短尺长度为≥1.5m。

表 2.73 锻制扁钢的规格及理论质量（GB/T 908—2008）

公称宽度 b/mm	公称厚度 t/mm										
	20	25	30	35	40	45	50	55	60	65	70
	理论质量/(kg/m)										
40	6.28	7.85	9.42								
45	7.06	8.83	10.6								
50	7.85	9.81	11.8	13.7	15.7						
55	8.64	10.8	13.0	15.1	17.3						
60	9.42	11.8	14.1	16.5	18.8	21.1	23.6				
65	10.2	12.8	15.3	17.8	20.4	23.0	25.5				

续表

公称宽度 b/mm	公称厚度 t/mm										
	20	25	30	35	40	45	50	55	60	65	70
	理论质量/(kg/m)										
70	11.0	13.7	16.5	19.2	22.0	24.7	27.5	30.2	33.0		
75	11.8	14.7	17.7	20.6	23.6	26.5	29.4	32.4	35.3		
80	12.6	15.7	18.8	22.0	25.1	28.3	31.4	34.5	37.7	40.8	44.0
90	14.1	17.7	21.2	24.7	28.3	31.8	35.3	38.8	42.4	45.9	49.4
100	15.7	19.6	23.6	27.5	31.4	35.3	39.2	43.2	47.1	51.0	55.0
110	17.3	21.6	25.9	30.2	34.5	38.8	43.2	47.5	51.8	56.1	60.4
120	18.8	23.6	28.3	33.0	37.7	42.4	47.4	51.8	56.5	61.2	65.9
130	20.4	25.5	30.6	35.7	40.8	45.9	51.0	56.1	61.2	66.3	71.4
140	22.0	27.5	33.0	38.5	44.0	49.4	55.0	60.4	65.9	71.4	76.9
150	23.6	29.4	35.3	41.2	47.1	53.0	58.9	64.8	70.7	76.5	82.4
160	25.1	31.4	37.7	44.6	50.2	56.5	62.8	69.1	75.4	81.6	87.9
170	26.7	33.4	40.0	46.7	53.4	60.0	66.7	73.4	80.1	86.7	93.4
180	28.3	35.3	42.4	49.4	56.5	63.6	70.6	77.7	84.8	91.8	98.9
190						67.1	74.6	82.0	89.5	96.9	104
200						70.6	78.5	86.4	94.2	102	110
210						74.2	82.4	90.7	98.9	107	115
220						77.7	86.4	95.0	103.6	112	121

公称宽度 b/mm	公称厚度 t/mm										
	75	80	85	90	100	110	120	130	140	150	160
	理论质量/(kg/m)										
100	58.9	62.8	66.7								
110	64.8	69.1	73.4								
120	70.6	75.4	80.1								
130	76.5	81.6	66.7								
140	82.4	87.9	93.4	98.9	110						
150	88.3	94.2	100	106	118						
160	94.2	100	107	113	126	138	151				
170	100	107	113	120	133	147	160				
180	106	113	120	127	141	155	170	184	198		
190	112	119	127	134	149	164	179	194	209		
200	118	127	133	141	157	173	188	204	220		
210	124	132	140	148	165	181	198	214	231	247	264
220	130	138	147	155	173	190	207	224	242	259	276
230	135	144	153	162	180	199	217	235	253	271	289
240	141	151	160	170	188	207	226	245	264	283	301
250	147	157	167	177	196	216	235	255	275	294	314
260	153	163	173	184	204	224	245	265	286	306	326
280	165	176	187	198	220	242	264	286	308	330	352

2.2.4 热轧六角钢和八角钢

表 2.74　热轧六角钢和八角钢的截面积和线质量（GB/T 702—2008）

对边距离 S/mm	六角钢		八角钢		对边距离 S/mm	六角钢		八角钢	
	A /cm²	G /(kg/m)	A /cm²	G /(kg/m)		A /cm²	G /(kg/m)	A /cm²	G /(kg/m)
8	0.5543	0.435	—	—	28	6.790	5.33	5.33	5.10
9	0.7015	0.551	—	—	30	7.794	6.12	6.12	5.85
10	0.8660	0.680	—	—	32	8.868	6.96	6.96	6.66
11	1.048	0.823	—	—	34	10.01	7.86	7.86	7.51
12	1.247	0.979	—	—	36	11.22	8.81	8.81	8.42
13	1.464	1.15	—	—	38	12.50	9.82	9.82	9.39
14	1.697	1.33	—	—	40	13.86	10.88	10.88	10.40
15	1.949	1.53	—	—	42	15.28	11.99	11.99	—
16	2.217	1.74	2.120	1.66	45	17.54	13.77	13.77	—
17	2.503	1.96	—	—	48	19.95	15.66	15.66	—
18	2.806	2.20	2.683	2.16	50	21.65	17.00	17.00	—
19	3.126	2.45	—	—	53	24.33	19.10	19.10	—
20	3.464	2.72	3.312	2.60	56	27.16	21.32	21.32	—
21	3.819	3.00	—	—	58	29.13	22.87	22.87	—
22	4.192	3.29	4.008	3.15	60	31.18	24.50	24.50	—
23	4.581	3.60	—	—	63	34.37	26.98	26.98	—
24	4.988	3.92	—	—	65	36.59	28.72	28.72	—
25	5.413	4.25	5.175	4.06	68	40.04	31.43	31.43	—
26	5.854	4.60	—	—	70	42.43	33.30	33.30	—
27	6.314	4.96	—	—					

注：热轧六角钢和八角钢的通常长度为，普通钢 3～8m，优质钢 2～6m；短尺长度为，普通钢≥2.5m，优质钢≥1.5m。

2.2.5 热轧等边角钢

表 2.75　热轧等边角钢规格和质量（GB/T 706—2008）

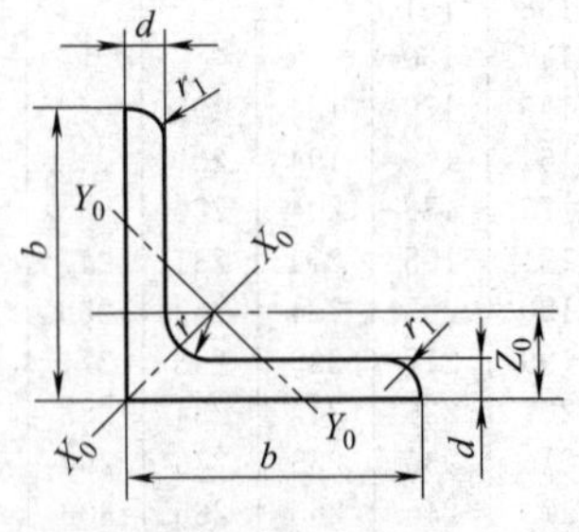

b—边宽

d—边厚

r—内圆弧半径

r_1—边端外弧半径（$=d/3$）

Z_0—重心距离

续表

型号	尺寸/mm			截面面积 /cm^2	线质量 /(kg/m)	外表面积 /(m^2/m)	Z_0 /cm
	b	d	r				
2.0	20	3	3.5	1.132	0.889	0.078	0.60
		4		1.459	1.145	0.077	0.64
2.5	25	3	3.5	1.432	1.124	0.098	0.73
		4		1.859	1.459	0.097	0.76
3.0	30	3	4.5	1.749	1.373	0.117	0.85
		4		2.276	1.786	0.117	0.89
3.6	36	3	4.5	2.109	1.656	0.141	1.00
		4		2.756	2.163	0.141	1.04
		5		3.382	2.654	0.141	1.07
4	40	3	5.0	2.359	1.852	0.157	1.09
		4		3.086	2.422	0.157	1.13
		5		3.791	2.976	0.156	1.17
4.5	45	3	5.0	2.659	2.088	0.177	1.22
		4		3.486	2.736	0.177	1.26
		5		4.292	3.369	0.176	1.30
		6		5.076	3.985	0.176	1.33
5	50	3	5.5	2.971	2.332	0.197	1.34
		4		3.897	3.059	0.197	1.38
		5		4.803	3.770	0.196	1.42
		6		5.688	4.465	0.196	1.46
5.6	56	3	6.0	3.343	2.624	0.221	1.48
		4		4.390	3.446	0.220	1.53
		5		5.415	4.251	0.220	1.57
		6		6.420	5.040	0.220	1.61
		7		7.404	5.812	0.219	1.64
		8		8.367	6.568	0.219	1.68
6.0	60	5	6.5	5.829	4.576	0.236	1.67
		6		6.914	5.427	0.235	1.70
		7		7.977	6.262	0.235	1.74
		8		9.020	7.081	0.235	1.78
6.3	63	4	7.0	4.978	3.907	0.248	1.70
		5		6.143	4.822	0.248	1.74
		6		7.288	5.721	0.247	1.78
		7		8.412	6.603	0.247	1.82
		8		9.515	7.469	0.247	1.85
		10		11.66	9.151	0.246	1.93
7	70	4	8.0	5.570	4.372	0.275	1.86
		5		6.875	5.397	0.275	1.91
		6		8.160	6.406	0.275	1.95
		7		9.424	7.398	0.275	1.99
		8		10.67	8.373	0.274	2.03

续表

型号	尺寸/mm			截面面积/cm^2	线质量/(kg/m)	外表面积/(m^2/m)	Z_0/cm
	b	d	r				
7.5	75	5	9.0	7.412	5.818	0.295	2.04
		6		8.797	6.905	0.294	2.07
		7		10.160	7.976	0.294	2.11
		8		11.503	9.030	0.294	2.15
		9		12.825	10.068	0.294	2.18
		10		14.126	11.09	0.293	2.22
8	80	5	9.0	7.912	6.211	0.315	2.15
		6		9.397	7.376	0.314	2.19
		7		10.860	8.525	0.314	2.23
		8		12.303	9.658	0.314	2.27
		9		13.725	10.774	0.314	2.31
		10		15.126	11.87	0.313	2.35
9	90	6	10	10.637	8.350	0.354	2.44
		7		12.301	9.656	0.354	2.48
		8		13.944	10.946	0.353	2.52
		9		15.566	12.219	0.353	2.56
		10		17.167	13.476	0.353	2.59
		12		20.306	15.940	0.352	2.67
10	100	6	12	11.932	9.366	0.393	2.67
		7		13.796	10.830	0.393	2.71
		8		15.638	12.276	0.393	2.76
		9		17.462	13.708	0.392	2.80
		10		19.261	15.120	0.392	2.84
		12		22.800	17.120	0.391	2.91
		14		26.256	20.611	0.391	2.99
		16		29.627	23.257	0.390	3.06
11	110	7	12	15.196	11.928	0.433	2.96
		8		17.238	13.532	0.433	3.01
		10		21.261	16.690	0.432	3.09
		12		25.200	19.782	0.431	3.16
		14		29.056	22.809	0.431	3.24
12.5	125	8	14	19.750	15.504	0.492	3.37
		10		24.373	19.133	0.491	3.45
		12		28.912	22.696	0.491	3.53
		14		33.367	26.193	0.490	3.61
		16		37.739	29.625	0.489	3.68
14	140	10	14	27.373	21.488	0.551	3.82
		12		32.512	25.522	0.551	3.90
		14		37.567	29.490	0.550	3.98
		16		42.539	33.390	0.549	4.06

续表

型号	尺寸/mm			截面面积 /cm^2	线质量 /(kg/m)	外表面积 /(m^2/m)	Z_0 /cm
	b	d	r				
15	150	8	14	23.750	18.644	0.592	3.99
		10		29.373	23.058	0.591	4.08
		12		34.912	27.406	0.591	4.15
		14		40.367	31.688	0.590	4.23
		15		43.063	33.804	0.590	4.27
		16		45.739	35.905	0.589	4.31
16	160	10	16	31.502	24.729	0.630	4.31
		12		37.441	29.391	0.630	4.39
		14		43.296	33.987	0.629	4.47
		16		49.067	38.518	0.629	4.55
18	180	12	16	42.241	33.159	0.710	4.89
		14		48.896	38.383	0.709	4.97
		16		55.467	43.542	0.709	5.05
		18		61.955	48.634	0.708	5.13
20	200	14	18	54.642	42.894	0.788	5.46
		16		62.013	48.680	0.788	5.54
		18		69.301	54.401	0.787	5.62
		20		76.505	60.056	0.787	5.69
		24		90.661	71.168	0.785	5.87
22	220	16	21	68.644	53.901	0.866	6.03
		18		76.752	60.250	0.866	6.11
		20		84.756	66.533	0.865	6.18
		22		92.676	72.751	0.865	6.28
		24		100.512	78.902	0.864	6.33
		26		108.264	84.987	0.864	6.41
25	250	18	24	87.842	68.956	0.985	6.84
		20		97.045	76.180	0.984	6.92
		24		115.20	90.433	0.983	7.07
		26		124.15	97.461	0.982	7.15
		28		133.02	104.42	0.982	7.22
		30		141.80	111.32	0.981	7.30
		32		150.51	118.15	0.981	7.37
		35		163.40	128.27	0.980	7.48

2.2.6　热轧不等边角钢

表 2.76　热轧不等边角钢的规格和线质量（GB/T 9788—2008）

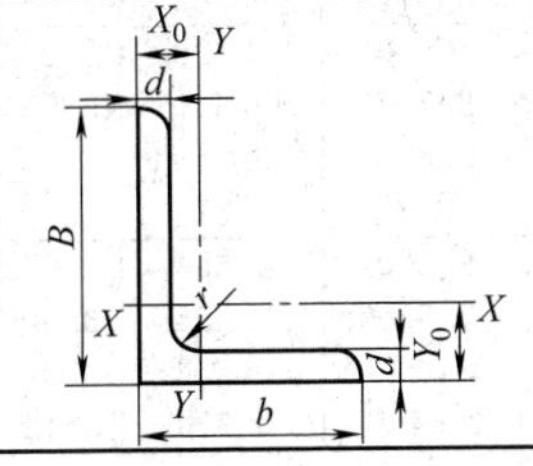

B—长边宽度

b—短边宽度

d—边厚度

r—内圆弧半径

X_0—重心距离

Y_0—重心距离

续表

型号	尺寸/mm				截面面积/cm²	线质量/(kg/m)	外表面积/(m²/m)	Y_0/cm	X_0/cm
	B	b	d	r					
2.5/1.6	25	16	3	3.5	1.162	0.912	0.080	0.86	0.42
			4		1.499	1.176	0.079	0.90	0.46
3.2/2	32	20	3		1.492	1.171	0.102	1.08	0.49
			4		1.939	1.522	0.101	1.12	0.53
4/2.5	40	25	3	4	1.890	1.484	0.127	1.32	0.59
			4		2.467	1.936	0.127	1.37	0.63
4.5/2.8	45	28	3	5	2.149	1.687	0.143	1.47	0.64
			4		2.806	2.203	0.143	1.51	0.68
5/3.2	50	32	3	5.5	2.431	1.908	0.161	1.60	0.73
			4		3.177	2.494	0.160	1.65	0.77
5.6/3.6	56	36	3	6	2.743	2.153	0.181	1.78	0.80
			4		3.590	2.818	0.180	1.82	0.85
			5		4.415	3.466	0.180	1.87	0.88
6.3/4	63	40	4	7	4.058	3.185	0.202	2.04	0.92
			5		4.993	3.920	0.202	2.08	0.95
			6		5.908	4.638	0.201	2.12	0.99
			7		6.802	5.339	0.201	2.15	1.03
7/4.5	70	45	4	7.5	4.547	3.570	0.226	2.24	1.02
			5		5.609	4.403	0.225	2.28	1.06
			6		6.647	5.218	0.225	2.32	1.09
			7		7.657	6.011	0.225	2.36	1.13
7.5/5	75	50	5	8	6.125	4.808	0.245	2.40	1.17
			6		7.260	5.699	0.245	2.44	1.21
			8		9.467	7.431	0.244	2.52	1.29
			10		11.59	9.098	0.244	2.60	1.36
8/5	80	50	5	8.5	6.375	5.005	0.255	2.60	1.14
			6		7.560	5.935	0.255	2.65	1.18
			7		8.724	6.848	0.255	2.69	1.21
			8		9.867	7.745	0.254	2.73	1.25
9/5.6	90	56	5	9	7.212	5.661	0.287	2.91	1.25
			6		8.557	6.717	0.286	2.95	1.29
			7		9.880	7.756	0.286	3.00	1.33
			8		11.183	8.779	0.286	3.04	1.36
10/6.3	100	63	6	10	9.6170	7.550	0.320	3.24	1.43
			7		11.111	8.722	0.320	3.28	1.47
			8		12.584	9.878	0.319	3.32	1.50
			10		15.467	12.14	0.319	3.40	1.58
10/8	100	80	6	10	10.637	8.350	0.354	2.95	1.97
			7		12.301	9.656	0.354	3.00	2.01
			8		13.944	10.946	0.353	3.04	2.05
			10		17.167	13.476	0.353	3.12	2.13

续表

型号	尺寸/mm				截面面积/cm^2	线质量/(kg/m)	外表面积/(m^2/m)	Y_0/cm	X_0/cm
	B	b	d	r					
11/7	110	70	6	10	10.637	8.350	0.354	3.53	1.57
			7		12.301	9.656	0.354	3.57	1.61
			8		13.944	10.946	0.353	3.62	1.65
			10		17.167	13.476	0.353	3.70	1.72
12.5/8	125	80	7	11	14.096	11.066	0.403	4.01	1.80
			8		15.989	12.551	0.403	4.06	1.84
			10		19.712	15.474	0.402	4.14	1.92
			12		23.351	18.330	0.402	4.22	2.00
14/9	140	90	8	12	18.038	14.160	0.453	4.50	2.04
			10		22.261	17.475	0.452	4.58	2.12
			12		26.400	20.724	0.451	4.66	2.19
			14		30.456	23.908	0.451	4.74	2.27
15/9	150	90	8	12	18.839	14.788	0.473	4.92	1.97
			10		23.261	18.260	0.472	5.01	2.05
			12		27.600	21.666	0.471	5.09	2.12
			14		31.856	25.007	0.471	5.17	2.20
			15		33.952	26.652	0.471	5.21	2.24
			16		36.027	28.281	0.470	5.25	2.27
16/10	160	100	10	13	25.315	19.872	0.512	5.24	2.28
			12		30.054	23.592	0.511	5.32	2.36
			14		34.709	27.247	0.510	5.40	2.43
			16		39.281	30.835	0.510	5.48	2.51
18/11	180	110	10	14	28.373	22.273	0.571	5.89	2.44
			12		33.712	26.464	0.571	5.98	2.52
			14		38.967	30.589	0.570	6.06	2.59
			16		44.139	34.649	0.569	6.14	2.67
20/12.5	200	125	12	14	37.912	29.761	0.641	6.54	2.83
			14		43.867	34.436	0.640	6.62	2.91
			16		49.739	39.045	0.639	6.70	2.99
			18		55.526	43.588	0.639	6.78	3.06

注：热轧不等边角钢的通常长度为 4～19m。

2.2.7 热轧工字钢

表 2.77 热轧工字钢的规格和线质量（GB/T 706—2008）

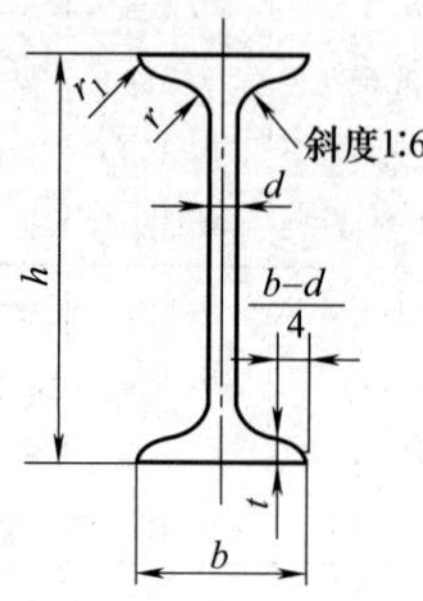

h—高度
b—腿宽
d—腰厚
t—平均腿厚
r—内圆弧半径
r_1—腿端圆弧半径

型号	尺寸/mm						截面面积/cm²	线质量/(kg/m)
	h	b	d	t	r	r_1		
10	100	68	4.5	7.6	6.5	3.4	14.345	11.261
12	120	74	5.0	8.4	7.0	3.5	17.818	13.987
12.6	126	74	5.0	8.4	7.0	3.5	18.118	14.223
14	140	80	5.5	9.1	7.5	3.8	21.516	16.890
16	160	88	6.0	9.9	8.0	4.0	26.131	20.513
18	180	94	6.5	10.7	8.5	4.3	30.756	24.143
20a	200	100	7.0	11.4	9.0	4.5	35.578	27.929
20b		102	9.0				39.578	31.069
22a	220	110	7.5	12.3	9.5	4.8	42.128	33.070
22b		112	9.5				46.528	36.524
24a	240	116	8.0	13.0	10.0	5.0	47.741	37.477
24b		118	10.0				52.541	41.245
25a	250	116	8.0	13.0	10.0	5.0	48.541	38.105
25b		118	10.0				53.541	42.030
27a	270	122	8.5	13.7	10.5	5.3	54.554	42.825
27b		124	10.5				59.954	47.064
28a	280	122	8.5	13.7	10.5	5.3	55.404	43.492
28b		124	10.5				61.004	47.888
30a	300	126	9.0	14.4	11.0	5.5	61.254	48.084
30b		128	11.0				67.254	52.794
30c		130	13.0				73.254	57.504
32a	320	130	9.5	15.0	11.5	5.8	67.156	52.717
32b		132	11.5				73.556	57.741
32c		134	13.5				79.956	62.765
36a	360	136	10.0	15.8	12.0	6.0	76.480	60.037
36b		138	12.0				83.680	65.689
36c		140	14.0				90.880	71.341

续表

型号	尺寸/mm						截面面积/cm^2	线质量/(kg/m)
	h	b	d	t	r	r_1		
40a	400	142	10.5	16.5	12.5	6.3	86.112	67.598
40b		144	12.5				94.112	73.878
40c		146	14.5				102.112	80.158
45a	450	150	11.5	18.0	13.5	6.8	102.446	80.420
45b		152	13.5				111.446	87.485
45c		154	15.5				120.446	94.550
50a	500	158	12.0	20.0	14.0	7.0	119.304	93.654
50b		160	14.0				129.304	101.504
50c		162	16.0				139.304	109.354
55a	550	168	12.5	21.0	14.5	7.3	134.185	105.335
55b		168	14.5				145.185	113.970
55c		170	16.5				156.185	122.605
56a	560	166	12.5	21.0	14.5	7.3	135.435	106.316
56b		168	14.5				146.635	115.108
56c		170	16.5				157.835	123.900
63a	630	176	13.0	22.0	15.0	7.5	154.658	121.407
63b		178	15.0				167.258	131.298
63c		180	17.0				179.858	141.189

注：热轧工字钢的通常长度为 5～19m。

2.2.8 热轧普通槽钢

表 2.78　热轧普通槽钢规格和线质量（GB/T 707—2008）

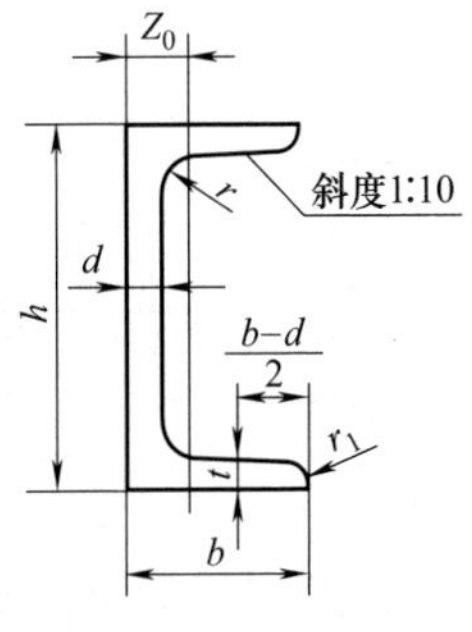

h—高度

b—腿宽

d—腰厚

t—平均腿厚

r—内圆弧半径

r_1—腿端圆弧半径（$=d/3$）

Z_0—重心距离

续表

型号	尺寸/mm						截面面积/cm^2	线质量/(kg/m)	Z_0/cm
	h	b	d	t	r	r_1			
5	50	37	4.5	7.0	7.0	3.50	6.928	5.438	1.35
6.3	63	40	4.8	7.5	7.5	3.75	8.451	6.634	1.36
6.5	65	40	4.3	7.5	7.5	3.8	8.547	6.709	1.38
8	80	43	5.0	8.0	8.0	4.0	10.248	8.045	1.43
10	100	48	5.3	8.5	8.5	4.25	12.748	10.007	1.52
12	120	53	5.5	9.0	9.0	4.5	15.362	12.059	1.62
12.6	126	53	5.5	9.0	9.0	4.5	15.692	12.318	1.59
14a	140	58	6.0	9.5	9.5	4.75	18.516	14.535	1.71
14b		60	8.0				21.316	16.733	1.67
16a	160	63	6.5	10.0	10.0	5.0	21.962	17.240	1.80
16b		65	8.5				25.162	19.752	1.75
18a	180	68	7.0	10.5	10.5	5.25	25.699	20.174	1.88
18b		70	9.0				29.299	23.000	1.84
20a	200	73	7.0	11.0	11.0	5.5	28.837	22.637	2.01
20b		75	9.0				32.831	25.777	1.95
22a	220	77	7.0	11.5	11.5	5.75	31.846	24.999	2.10
22b		79	9.0				36.246	28.453	2.03
24a	240	78	7.0	12.0	12.0	6.0	34.217	26.86	2.10
24b		80	9.0				39.017	30.628	2.03
24c		82	11.0				43.817	34.396	2.00
25a	250	78	7.0	12.0	12.0	6.0	34.917	27.410	2.07
25b		80	9.0				39.917	31.335	1.98
25c		82	11.0				44.917	35.260	1.92
27a	270	82	7.5	12.5	12.5	6.25	39.284	30.838	2.13
27b		84	9.5				44.684	35.077	2.06
27c		86	11.5				50.084	39.316	2.03
28a	280	82	7.5	12.5	12.5	6.25	40.034	31.427	2.10
28b		84	9.5				45.634	35.823	2.02
28c		86	11.5				51.234	40.219	1.95
30a	300	85	7.5	13.5	13.5	6.75	43.902	34.463	2.17
30b		87	9.5				49.902	39.173	2.13
30c		89	11.5				55.902	43.833	2.09
32a	320	88	8.0	14.0	14.0	7.0	48.513	38.083	2.24
32b		90	10.0				54.913	43.107	2.16
32c		92	12.0				61.313	48.131	2.09

续表

型号	尺寸/mm						截面面积/cm^2	线质量/(kg/m)	Z_0/cm
	h	b	d	t	r	r_1			
36a	360	96	9.0	16.0	16.0	8.0	60.910	41.814	2.44
36b		98	11.0				68.110	53.466	2.37
36c		100	13.0				75.310	59.928	2.34
40a	400	100	10.5	18.0	18.0	9.0	75.068	58.928	2.49
40b		102	12.5				83.068	65.208	2.44
40c		104	14.5				91.068	71.488	2.42

注：热轧槽钢的通常长度为 5～19m。

2.2.9 热轧 L 型钢

表 2.79　热轧 L 型钢的尺寸和质量（GB/T 9946—2008）

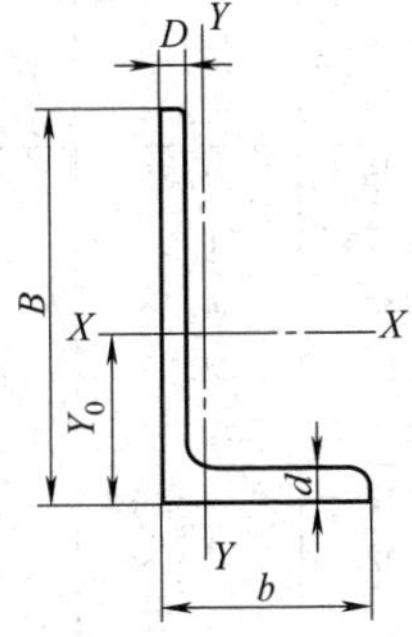

B—长边宽度
b—短边宽度
D—长边厚度
d—短边厚度
Y_0—重心距离

型号	尺寸/mm				截面面积/cm^2	重心距离/cm	理论质量/(kg/m)
	B	b	D	d			
L250×90×9×13	250	90	9	13	33.4	8.64	26.2
L250×90×10.5×15	250	90	10.5	15	38.5	8.76	30.3
L250×90×11.5×16	250	90	11.5	16	41.7	8.90	32.7
L300×100×10.5×15	300	100	10.5	15	45.3	10.6	35.6
L300×100×11.5×16	300	100	11.5	16	49.0	10.7	38.5
L350×120×10.5×16	350	120	10.5	16	54.9	12.0	43.1
L350×120×11.5×18	350	120	11.5	18	60.4	12.0	47.4
L400×120×11.5×23	400	120	11.5	23	71.6	13.3	56.2
L450×120×11.5×25	450	120	11.5	25	79.5	15.1	62.4
L500×120×12.5×33	500	120	12.5	33	98.6	16.5	77.4
L500×120×13.5×35	500	120	13.5	35	105.0	16.6	82.8

2.2.10 冷拉圆钢、方钢、六角钢

表 2.80 冷拉圆钢、方钢、六角钢的尺寸、截面积和线质量（GB/T 905—1994）

尺寸 d (a) (s) /mm	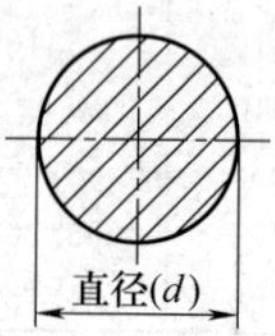 直径(d)		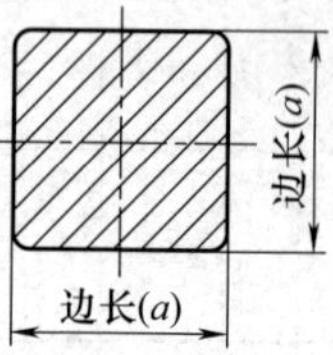 边长(a)		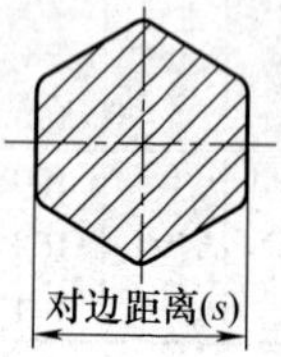 对边距离(s)	
	截面面积 /mm^2	线质量 /(kg/m)	截面面积 /mm^2	线质量 /(kg/m)	截面面积 /mm^2	线质量 /(kg/m)
3.0	7.069	0.0555	9.000	0.0706	7.794	0.0612
3.2	8.042	0.0631	10.24	0.0804	8.868	0.0696
3.5	9.621	0.0755	12.25	0.0962	10.61	0.0833
4.0	12.57	0.0986	16.00	0.126	13.86	0.109
4.5	15.90	0.125	20.25	0.159	17.54	0.138
5.0	19.63	0.154	25.00	0.196	21.65	0.170
5.5	23.76	0.187	30.25	0.237	26.20	0.206
6.0	28.27	0.222	36.00	0.283	31.18	0.245
6.3	31.17	0.245	39.69	0.312	34.37	0.270
7.0	38.48	0.302	49.00	0.385	42.44	0.333
7.5	44.18	0.347	56.25	0.442	—	—
8.0	50.27	0.395	64.00	0.502	55.43	0.435
8.5	56.75	0.445	72.25	0.567	—	—
9.0	63.62	0.499	81.00	0.636	10.15	0.551
9.5	70.88	0.556	90.25	0.708	—	—
10.0	78.54	0.617	100.0	0.785	86.60	0.680
10.5	86.59	0.680	110.2	0.865	—	—
11.0	95.03	0.746	121.0	0.950	104.8	0.823
11.5	103.9	0.815	132.2	1.04	—	—
12.0	113.1	0.888	144.0	1.13	124.7	0.979
13.0	132.7	1.04	169.0	1.33	146.4	1.15
14.0	153.9	1.21	196.0	1.54	169.7	1.33
15.0	176.7	1.39	225.0	1.77	194.9	1.53
16.0	201.1	1.58	256.0	2.01	221.7	1.74
17.0	222.0	1.78	289.0	2.27	250.3	1.96
18.0	254.0	2.00	324.0	2.54	280.6	2.20

续表

尺寸 d (a) (s) /mm	圆钢		方钢		六角钢	
	截面面积 /mm²	线质量 /(kg/m)	截面面积 /mm²	线质量 /(kg/m)	截面面积 /mm²	线质量 /(kg/m)
19.0	283.5	2.23	361.0	2.83	312.6	2.45
20.0	314.2	2.47	400.0	3.14	346.4	2.72
21.0	346.4	2.72	441.0	3.46	381.9	3.00
22.0	380.1	2.98	484.0	3.80	419.2	3.29
24.0	452.4	3.55	576.0	4.52	498.8	3.92
25.0	490.9	3.85	625.0	4.91	541.3	4.25
26.0	530.9	4.17	676.0	5.31	585.4	4.60
28.0	615.8	4.83	784.0	6.15	679.0	5.33
30.0	706.9	5.55	900.0	7.06	779.4	6.12
32.0	804.2	6.31	1024	8.04	886.8	6.96
34.0	907.9	7.13	1156	9.07	1001	7.86
35.0	962.1	7.55	1225	9.62	—	—
36.0	—	—	—	—	1122	8.81
38.0	1134	8.90	1444	11.3	1251	9.82
40.0	1275	9.86	1600	12.6	1386	10.9
42.0	1385	10.9	1764	13.8	1528	12.0
45.0	1590	12.5	2025	15.9	1754	13.8
48.0	1810	14.2	2304	18.1	1995	15.7
50.0	1968	15.4	2500	19.6	2165	17.0
52.0	2206	17.3	2809	22.0	2433	19.1
55.0	—	—	—	—	2620	20.5
56.0	2463	19.3	3136	24.6	—	—
60.0	2827	22.2	3600	28.3	3118	24.5
63.0	3117	24.5	3969	31.2	—	—
65.0	—	—	—	—	3654	28.7
67.0	3526	27.7	4489	35.2	—	—
70.0	3848	30.2	4900	38.5	4244	33.3
75.0	4418	34.7	5625	44.2	4871	38.2
80.0	5027	39.5	6400	50.2	5543	43.5

注：通常长度为 2～6m，允许交付长度≥1.5mm 的钢材。

2.2.11 冷弯等边角钢

表 2.81 冷弯等边角钢尺寸规格（GB/T 6723—2008）

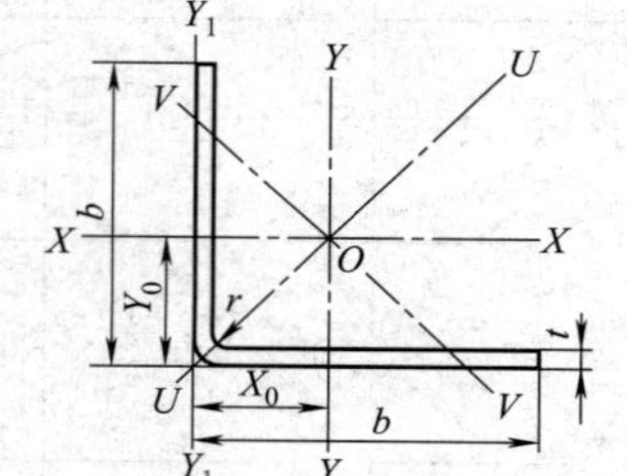

b—宽度

t—厚度

名称	尺寸/mm		理论质量	截面面积	质心	截面二次矩/cm^4			回转半径/cm			截面系数/cm^3	
$b\times b\times t$	b	t	/(kg/m)	/cm^2	Y_0/cm	$I_X=I_Y$	I_U	I_V	$r_X=r_Y$	r_U	r_V	W_{max}	W_{min}
20×20×1.2	20	1.2	0.354	0.451	0.559	0.179	0.292	0.066	0.630	0.804	0.385	0.321	0.124
20×20×2.0		2.0	0.566	0.721	0.599	0.278	0.457	0.099	0.621	0.796	0.371	0.464	0.198
30×30×1.6	30	1.6	0.714	0.909	0.829	0.817	1.328	0.307	0.948	1.208	0.581	0.986	0.376
30×30×2.0		2.0	0.880	1.121	0.849	0.998	1.626	0.369	0.943	1.204	0.573	1.175	0.464
30×30×3.0		3.0	1.274	1.623	0.898	1.409	2.316	0.503	0.931	1.194	0.556	1.568	0.671
40×40×1.6	40	1.6	0.965	1.229	1.079	1.985	3.213	0.758	1.270	1.616	0.785	1.839	0.679
40×40×2.0		2.0	1.194	1.521	1.099	2.438	3.956	0.919	1.265	1.612	0.777	2.218	0.840
40×40×3.0		3.0	1.745	2.223	1.148	3.496	5.710	1.282	1.253	1.602	0.759	3.043	1.226
50×50×2.0	50	2.0	1.508	1.921	1.439	4.848	7.845	1.850	1.588	2.020	0.981	3.593	1.327
50×50×3.0		3.0	2.216	2.823	1.398	7.015	11.414	2.616	1.576	2.010	0.962	5.015	1.948
50×50×4.0		4.0	2.894	3.686	1.448	9.022	14.755	3.290	1.564	2.000	0.944	6.229	2.540

续表

名　称	尺寸/mm		理论质量	截面面积	质心	截面二次矩/cm⁴			回转半径/cm			截面系数/cm³	
$b\times b\times t$	b	t	/(kg/m)	/cm²	Y_0/cm	$I_X=I_Y$	I_U	I_V	$r_X=r_Y$	r_U	r_V	W_{max}	W_{min}
60×60×2.0	60	2.0	1.822	2.321	1.599	8.478	13.694	3.626	1.910	2.428	1.185	5.302	1.926
60×60×3.0		3.0	2.687	3.423	1.648	12.342	20.028	4.657	1.898	2.418	1.166	7.486	2.836
60×60×4.0		4.0	3.522	4.486	1.698	15.970	26.030	5.911	1.886	2.408	1.147	9.403	3.712
70×70×3.0	70	3.0	3.158	4.023	1.898	19.853	32.152	7.553	2.221	2.826	1.370	10.456	3.891
70×70×4.0		4.0	4.150	5.286	1.948	25.799	41.944	9.654	2.209	2.816	1.351	13.242	5.107
80×80×4.0	80	4.0	4.778	6.086	2.198	39.009	63.299	14.719	2.531	3.224	1.555	17.745	6.732
80×80×5.0		5.0	5.895	7.510	2.247	47.677	77.622	17.731	2.519	3.214	1.536	21.209	8.228
100×100×4.0	100	4.0	6.034	7.686	2.698	77.571	125.53	29.613	3.176	4.041	1.962	28.749	10.623
100×100×5.0		5.0	7.465	9.510	2.747	95.237	154.54	35.335	3.164	4.031	1.943	34.659	13.132
150×150×6.0	150	6.0	13.458	17.254	4.062	391.44	635.47	447.42	4.763	6.069	2.923	96.367	35.787
150×150×8.0		8.0	17.685	22.673	4.169	508.59	830.21	186.98	4.736	6.051	2.872	121.99	46.957
150×150×10		10	21.783	27.927	4.277	619.21	1016.6	221.78	4.709	6.034	2.818	144.78	57.746
200×200×6.0	200	6.0	18.138	23.254	5.310	945.75	1529.3	362.18	6.377	8.110	3.947	178.11	64.381
200×200×8.0		8.0	23.925	30.673	5.416	1237.2	2008.4	466.90	6.351	8.091	3.897	228.42	84.829
200×200×10		10	29.583	37.927	5.522	1516.8	2472.5	561.10	6.324	8.074	8.846	274.68	104.76
250×250×8.0	250	8.0	30.164	38.672	6.664	2453.6	3970.6	936.54	7.965	10.13	4.921	368.18	133.81
250×250×10		10	37.383	47.927	6.770	3020.4	4903.3	1137.5	7.939	10.11	4.872	446.14	165.68
250×250×12		12	44.472	57.015	6.876	3568.8	6812.6	1326.1	7.912	10.10	4.821	519.03	196.91
300×300×10	300	10	45.183	57.927	8.018	5286.2	8559.1	2013.4	9.563	12.16	5.896	659.30	240.48
300×300×12		12	53.832	69.016	8.124	6263.1	10168	2358.6	9.526	12.14	5.846	770.93	286.30
300×300×14		14	62.022	79.616	8.277	7182.3	11740	2624.5	9.504	12.15	5.745	867.74	330.63
300×300×16		16	70.312	90.124	8.392	8095.5	13280	2911.3	9.477	12.14	5.683	964.67	374.65

2.2.12 冷弯不等边角钢

表 2.82 冷弯不等边角钢尺寸规格（GB/T 6723—2008）

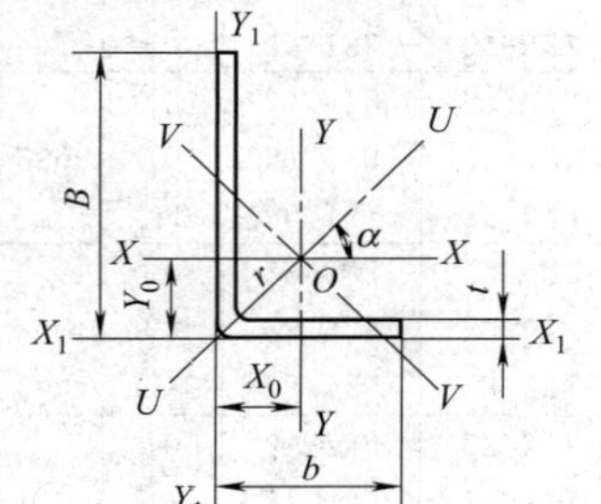

b—宽度
B—高度
t—厚度

规格	尺寸/mm			理论质量/(kg/m)	截面面积/cm²	重心/cm		惯性矩/cm⁴				回转半径/cm				截面系数/cm³			
$B\times b\times t$	B	b	t			X_0	Y_0	I_X	I_Y	I_U	I_V	r_X	r_Y	r_U	r_V	W_{Xmax}	W_{Ymin}	W_{Ymax}	W_{Ymin}
30×20×2.0	30	20	2.0	0.723	0.921	1.011	0.490	0.860	0.318	1.014	0.164	0.966	0.587	1.049	0.421	0.850	0.432	0.648	0.210
30×20×3.0			3.0	1.039	1.323	1.068	0.536	1.201	0.441	1.421	0.220	0.952	0.577	1.036	0.408	1.123	0.621	0.823	0.301
50×30×2.5	50	30	2.5	1.473	1.877	1.706	0.674	4.962	1.419	5.597	0.783	1.625	0.869	1.726	0.645	2.907	1.506	2.103	0.610
50×30×4.0			4.0	2.266	2.886	1.794	0.741	7.419	2.104	8.395	1.128	1.603	0.853	1.705	0.625	4.134	2.314	2.838	0.931
60×40×2.5	60	40	2.5	1.866	2.377	1.939	0.913	9.078	3.376	10.665	1.790	1.954	1.191	2.117	0.867	4.682	2.235	3.694	1.094
60×40×4.0			4.0	2.894	3.686	2.023	0.981	13.774	5.091	16.239	2.625	1.932	1.175	2.098	0.843	6.807	3.463	5.184	1.686
70×40×3.0	70	40	3.0	2.452	3.123	2.402	0.861	16.301	4.142	18.092	2.351	2.284	1.151	2.406	0.867	6.785	3.545	4.810	1.319
70×40×4.0			4.0	3.208	4.086	2.461	0.905	21.038	5.317	23.381	2.973	2.268	1.140	2.391	0.853	8.546	4.635	5.872	1.718

续表

规格	尺寸/mm			理论质量/(kg/m)	截面面积/cm²	重心/cm		惯性矩/cm⁴				回转半径/cm				截面系数/cm³			
$B\times b\times t$	B	b	t			X_0	Y_0	I_X	I_Y	I_U	I_V	r_X	r_Y	r_U	r_V	W_{Xmax}	W_{Ymin}	W_{Ymax}	W_{Ymin}
80×50×3.0	80	50	3.0	2.923	3.723	2.631	1.096	25.450	8.086	29.092	4.444	2.614	1.473	2.795	1.092	9.670	4.740	7.371	2.073
80×50×4.0			4.0	3.836	4.886	2.688	1.141	38.025	10.449	37.810	5.664	2.599	1.462	2.781	1.076	12.281	6.218	9.151	2.708
100×60×3.0	130	60	3.0	3.629	4.623	3.297	1.269	49.787	14.347	58.038	8.096	3.281	1.761	3.481	1.323	15.100	7.427	11.389	3.026
100×60×4.0			4.0	4.778	6.086	3.364	1.304	64.939	18.640	73.177	10.40	3.266	1.749	3.467	1.307	19.356	9.772	14.289	3.969
100×60×5.0			5.0	5.895	7.510	3.412	1.349	79.395	22.707	89.566	12.54	3.251	1.738	3.453	1.291	23.263	12.053	16.830	4.882
150×120×6.0	150	120	6.0	12.05	15.45	4.500	2.962	362.95	211.07	475.65	98.38	4.846	3.696	5.548	2.532	80.655	34.567	71.260	23.354
150×120×8.0			8.0	15.81	20.27	4.515	3.064	470.34	273.08	619.42	124.0	4.817	3.670	5.528	2.473	101.92	45.291	89.124	30.559
150×120×10			10	19.44	24.93	4.732	3.167	571.01	331.07	755.97	146.1	4.786	3.644	5.507	2.421	120.67	55.611	104.54	37.481
200×160×8.0	200	160	8.0	21.43	27.47	6.000	3.950	1147.1	667.09	1503.3	310.9	6.462	4.928	7.397	3.364	191.18	81.936	168.88	55.360
200×160×10			10	24.46	33.93	6.115	4.051	1403.7	815.27	1840.2	372.7	6.432	4.902	7.377	3.314	229.54	101.09	201.25	68.229
200×160×12			12	31.37	40.22	6.231	5.154	1648.2	956.26	2176.3	428.2	6.402	4.876	7.356	3.263	264.52	119.71	230.20	80.724
250×220×10	250	220	10	35.04	44.93	7.188	5.652	2894.3	2122.4	4103.0	913.7	8.026	6.873	9.556	4.510	402.67	162.49	375.50	129.82
250×220×12			12	41.66	53.42	7.299	5.756	8417.0	2504.2	4859.1	1062	7.998	6.847	9.538	4.459	468.52	193.04	435.06	154.15
250×220×14			14	47.83	61.32	7.466	5.904	3895.8	2856.3	5590.1	1162	7.971	6.825	9.548	4.353	521.81	222.19	483.79	177.46
300×260×12	300	260	12	50.09	64.22	8.686	5.638	5970.5	4218.6	8347.6	1841	9.642	8.105	11.40	5.355	687.37	280.12	635.52	217.88
300×260×11			14	57.65	73.92	8.861	6.782	6835.5	4831.3	9625.7	2042	9.616	8.085	11.41	5.255	772.29	323.21	712.37	251.39
300×260×16			16	65.32	83.74	8.972	6.894	7697.1	5438.3	10877	2258	9.587	8.059	11.40	5.193	857.90	366.04	788.85	284.64

2.2.13 冷弯等边槽钢

表 2.83 冷弯等边槽钢尺寸规格（GB/T 6723—2008）

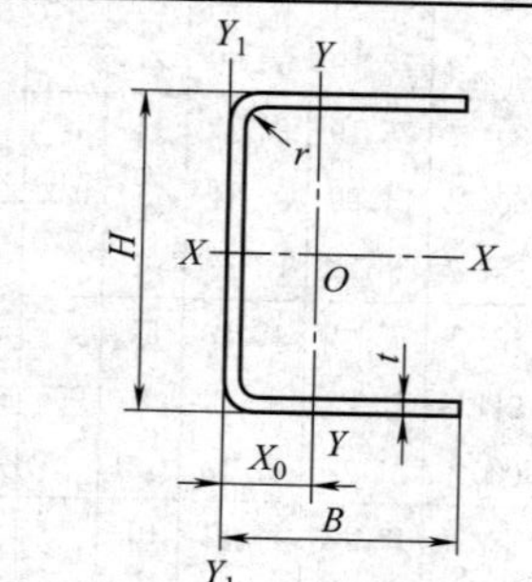

B—宽度

H—高度

t—厚度

名称	尺寸			理论质量	截面面积	质心 X_0	惯性矩/cm⁴		回转半径/cm		截面系数/cm³		
$H\times B\times t$	H	B	t	/(kg/m)	/cm²	/cm	I_X	I_Y	r_X	r_Y	W_X	W_{Ymax}	W_{Ymin}
20×10×1.5	20	10	1.5	0.401	0.511	0.324	0.281	0.047	0.741	0.305	0.281	0.146	0.070
20×10×2.0			2.0	0.505	0.643	0.349	0.330	0.058	0.716	0.300	0.330	0.165	0.089
50×30×2.0	50	30	2.0	1.604	2.043	0.922	8.093	1.872	1.990	0.957	3.237	2.029	0.901
50×30×3.0		30	3.0	2.314	2.947	0.975	11.119	2.632	1.942	0.944	4.447	2.699	1.299
50×50×3.0		50	3.0	3.256	4.147	0.850	17.755	10.834	2.069	1.616	7.102	5.855	3.440
100×50×3.0	100	50	3.0	4.433	5.647	1.398	87.275	14.030	3.931	1.576	17.455	10.031	3.896
100×50×4.0			4.0	5.788	7.373	1.448	111.05	18.045	3.880	1.564	22.210	12.458	5.081
140×60×3.0	140	60	3.0	5.846	7.447	1.527	220.98	25.929	5.447	1.865	31.568	16.970	5.798
140×60×4.0			4.0	7.672	9.773	1.575	284.43	33.601	5.394	1.854	40.632	21.324	7.594
140×60×5.0			5.0	9.436	12.021	1.623	343.07	40.823	5.342	1.842	49.009	25.145	9.327

续表

名称	尺寸			理论质量	截面面积	质心 X_0	惯性矩/cm^4		回转半径/cm		截面系数/cm^3		
$H \times B \times t$	H	B	t	/(kg/m)	/cm^2	/cm	I_X	I_Y	r_X	r_Y	W_X	W_{Ymax}	W_{Ymin}
200×80×4.0	200	80	4.0	10.812	13.773	1.966	821.12	83.686	7.721	2.464	82.112	42.564	13.869
200×80×5.0			5.0	13.361	17.021	2.013	1000.7	102.44	7.667	2.453	100.07	50.886	17.111
200×80×6.0			6.0	15.849	20.190	2.060	1170.5	120.39	7.614	2.441	117.05	58.436	20.267
250×130×6.0	250	130	6.0	22.703	29.107	3.630	2876.4	497.07	9.941	4.132	230.11	136.934	53.049
250×130×8.0			8.0	29.755	38.147	3.739	3687.7	642.76	9.832	4.105	295.02	171.907	69.405
300×150×6.0	300	150	6.0	26.915	34.507	4.062	4911.5	782.88	11.930	4.763	327.44	192.73	71.575
300×150×8.0			8.0	35.371	46.347	4.169	6337.1	1017.2	11.822	4.736	422.48	243.99	93.914
300×150×10			10	43.566	55.854	4.277	7660.5	1238.4	11.711	4.708	510.70	289.55	116.4
350×180×8.0	350	180	8.0	42.235	54.147	4.983	10489	1771.8	18.918	5.721	599.35	355.56	136.11
350×180×10			10	52.146	66.864	5.092	12719	2166.7	18.809	5.693	728.52	425.51	167.86
350×180×12			12	61.799	79.230	5.501	14870	2542.8	18.700	5.665	849.71	462.25	203.44
400×200×10	400	200	10	59.166	75.854	5.622	18933	3033.6	16.799	6.324	946.63	549.36	209.63
400×200×12			12	70.223	90.030	5.630	22170	3569.5	15.689	6.297	1107.99	634.02	248.40
400×200×14			14	80.366	103.03	5.791	24854	4051.8	15.531	6.271	1242.7	699.68	285.16
450×220×10	450	220	10	66.186	84.854	5.956	26844	4103.7	17.787	6.954	1193.1	689.01	255.78
450×220×12			12	78.647	100.83	6.063	31506	4838.7	17.676	6.927	1400.3	798.08	303.62
450×220×14			14	90.194	115.63	6.219	35495	5610.4	17.520	6.903	1577.6	886.06	349.18
500×250×12	500	250	12	88.943	114.03	6.876	44593	7137.7	19.775	7.912	1783.7	1038.1	393.82
500×250×14			14	102.206	131.03	7.032	50456	8152.9	19.623	7.888	2018.2	1159.4	453.75
550×280×12	550	280	12	99.239	127.23	7.691	60863	10068	21.872	8.896	2213.2	1309.1	496.76
550×280×14			14	114.22	146.43	7.848	69096	11528	21.722	8.873	2512.6	1469.2	571.98
600×300×14	600	300	14	124.05	159.03	8.276	89413	14365	23.711	9.504	2980.4	1735.7	661.23
600×300×16			16	140.62	180.29	8.392	100367	16191	23.595	9.477	3345.6	1929.3	749.31

2.2.14 冷弯不等边槽钢

表 2.84 冷弯不等边槽钢尺寸规格（GB/T 6723—2008）

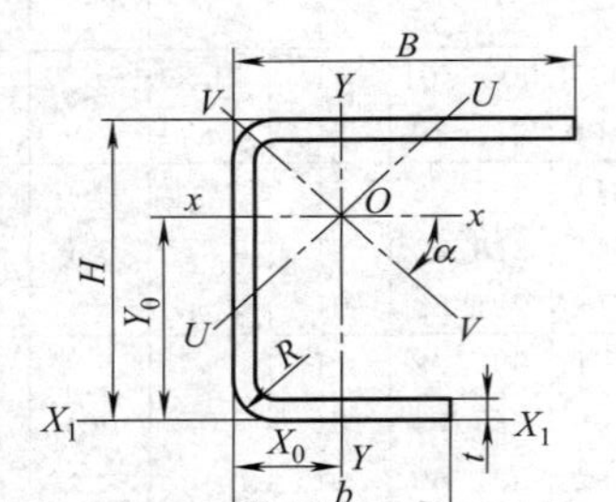

B—长边宽度
b—短边宽度
H—高度
t—厚度

规格	尺寸/mm				理论质量/(kg/m)	截面面积/cm²	重心/cm		惯性矩/cm⁴				回转半径/cm				截面系数/cm³			
$H\times B\times b\times t$	H	B	b	t			X_0	Y_0	I_X	I_Y	I_U	I_V	r_X	r_Y	r_U	r_V	W_{Xmax}	W_{Xmin}	W_{Ymax}	W_{Ymin}
50×32×20×2.5	50	32	20	2.5	1.84	2.344	0.817	2.803	8.536	1.853	8.769	1.619	1.908	0.889	1.934	0.831	3.887	3.044	2.266	0.777
50×32×20×3.0				3.0	2.169	2.764	0.842	2.806	9.804	2.155	10.083	1.876	1.883	0.883	1.909	0.823	4.468	3.494	2.559	0.914
80×40×20×2.5	80	40	20	2.5	2.586	3.294	0.828	4.588	28.922	3.775	29.607	3.090	2.962	1.070	2.997	0.968	8.476	6.303	4.555	1.190
80×40×20×3.0				3.0	3.064	3.904	0.852	4.591	33.654	4.431	34.473	3.611	2.936	1.065	2.971	0.961	9.874	7.329	5.200	1.407

续表

规格	尺寸/mm				理论质量/(kg/m)	截面面积/cm²	重心/cm		惯性矩/cm⁴				回转半径/cm				截面系数/cm³			
$H\times B\times b\times t$	H	B	b	t			X_0	Y_0	I_X	I_Y	I_U	I_V	r_X	r_Y	r_U	r_V	W_{Xmax}	W_{Xmin}	W_{Ymax}	W_{Ymin}
100×60×30×3.0	100	60	30	3.0	4.242	5.404	1.326	5.807	77.936	14.88	80.845	11.97	3.797	1.659	3.867	1.488	18.59	13.42	11.22	3.183
150×60×50×3.0	150	60	50	3.0	5.890	7.504	1.304	7.793	245.88	21.45	246.26	21.07	5.724	1.69	5.728	1.675	34.12	31.55	16.44	4.569
200×70×60×4.0	200	70	60	4.0	9.832	12.605	1.469	10.31	707.00	47.74	707.58	47.15	7.489	1.946	7.492	1.934	72.97	68.57	32.50	8.630
200×70×60×5.0				5.0	12.061	15.463	1.527	10.32	848.96	57.96	849.69	57.23	7.410	1.936	7.413	1.924	87.66	82.30	37.96	10.59
250×80×70×5.0	250	80	70	5.0	14.791	18.963	1.647	12.82	1616.2	92.10	1617.0	91.27	9.232	2.204	9.234	2.194	132.7	126.0	55.92	14.50
250×80×70×6.0				6.0	17.555	22.507	1.696	12.82	1891.5	108.12	1892.4	107.14	9.167	2.192	9.170	2.182	155.4	147.5	63.75	17.15
300×90×80×6.0	300	90	80	6.0	20.831	26.707	1.822	15.33	3222.9	161.73	3224.0	160.61	10.99	2.461	10.99	2.452	219.7	210.2	88.76	22.53
300×90×80×8.0				8.0	27.259	34.947	1.918	15.33	4115.8	207.56	4117.3	206.11	10.85	2.437	10.85	2.429	280.6	268.4	108.21	29.31
350×100×90×6.0	350	100	90	6.0	24.107	30.907	1.953	17.83	5064.5	230.46	5065.7	229.23	12.80	2.731	12.80	2.723	295.0	284.0	118.01	28.64
350×100×90×8.0				8.0	31.627	40.547	2.048	17.84	6506.4	297.08	6508.0	295.46	12.67	2.707	12.67	2.699	379.1	364.8	145.06	37.36

续表

规格	尺寸/mm				理论质量/(kg/m)	截面面积/cm^2	重心/cm		惯性矩/cm^4				回转半径/cm				截面系数/cm^3			
$H\times B\times b\times t$	H	B	b	t			X_0	Y_0	I_X	I_Y	I_U	I_V	r_X	r_Y	r_U	r_V	W_{Xmax}	W_{Xmin}	W_{Ymax}	W_{Ymin}
400×150×100×8.0	400	150	100	8.0	38.491	49.347	2.882	21.59	10788	763.61	10844	707.46	14.79	3.934	14.82	3.786	585.9	499.7	264.96	63.02
400×150×100×10				10	47.466	60.854	2.981	21.60	13071	931.17	13141	861.26	14.66	3.912	14.70	3.762	710.5	605.1	312.37	77.48
450×200×150×10	450	200	150	10	59.166	75.854	4.402	23.95	22328	2337.1	22431	2234.4	17.16	5.551	17.20	5.427	1060.7	932.3	530.93	149.84
450×200×150×12				12	70.223	90.030	4.504	23.96	26133	2750.0	26256	2627.2	17.04	5.527	17.08	5.402	1242.1	1090.7	610.58	177.47
500×250×200×12	500	250	200	12	84.263	108.03	6.008	26.34	40822	5579.2	40985	5415.8	19.44	7.186	19.48	7.080	1726.5	1548.9	928.63	293.77
500×250×200×14				14	96.746	124.03	6.159	26.37	46088	6369.1	46278	6179.3	19.28	7.166	19.31	7.058	1950.5	1747.7	1034.1	338.04
550×300×250×14	550	300	250	14	113.13	145.03	7.714	28.79	67847	113148	68086	11075	21.63	8.832	21.67	8.739	2589.0	2356.3	1466.7	507.69
550×300×250×16				16	128.14	164.29	7.831	28.80	76017	127394	76288	12468	21.51	8.806	21.55	8.711	2901.4	2639.5	1626.7	574.63

2.2.15　冷弯内卷边槽钢

表 2.85　冷弯内卷边槽钢尺寸规格（GB/T 6723—2008）

B—长边宽度
C—内卷边高度
H—高度
t—厚度

规格	尺寸/mm				理论质量/(kg/m)	截面面积/cm²	质心 X_0/cm	惯性矩/cm⁴		回转半径/cm		截面系数/cm³		
$H\times B\times C\times t$	H	B	C	t				I_X	I_Y	r_X	r_Y	W_X	W_{Ymax}	W_{Ymin}
60×30×10×2.5	60	30	10	2.5	2.363	3.010	1.043	16.01	3.353	2.306	1.055	5.336	3.214	1.713
60×30×10×3.0				3.0	2.743	3.495	1.036	18.08	3.688	2.274	1.027	6.025	3.559	1.878
100×50×20×2.5	100	50	20	2.5	4.325	5.510	1.853	84.93	19.889	3.925	1.899	16.986	10.730	6.321
100×50×20×3.0				3.0	5.098	5.495	1.848	98.56	22.802	3.895	1.873	19.712	12.333	7.235
100×60×20×2.5	140	60	20	2.5	5.503	7.010	1.974	212.14	34.786	5.500	2.227	30.305	17.615	8.642
140×60×20×3.0				3.0	6.511	8.295	1.969	248.01	40.132	5.467	2.199	35.429	20.379	9.956
180×60×20×3.0	180	60	20	3.0	7.453	9.495	1.739	449.70	43.611	6.881	2.143	49.966	25.073	10.235
180×70×20×3.0		70		3.0	7.924	10.095	2.106	496.69	63.712	7.014	2.512	55.188	30.248	13.019
200×60×20×3.0	200	60	20	3.0	7.924	10.095	1.644	578.43	45.041	7.569	2.112	57.842	27.382	10.342
200×70×20×3.0		70		3.0	8.395	10.095	1.996	636.64	65.883	7.715	2.481	63.664	32.999	13.167
250×40×15×3.0	250	40	15	3.0	7.924	10.095	0.790	773.50	14.809	8.753	1.211	61.879	18.734	4.514
300×40×15×3.0	300	40		3.0	9.102	11.595	0.707	1231.6	15.356	10.306	1.150	82.107	21.700	4.664
400×50×15×3.0	400	50		3.0	11.928	15.195	0.783	2837.8	28.888	13.666	1.378	141.89	36.879	6.851

续表

规格	尺寸/mm				理论质量	截面面积	质心	惯性矩/cm⁴		回转半径/cm		截面系数/cm³		
$H\times B\times C\times t$	H	B	C	t	/(kg/m)	/cm²	X_0/cm	I_X	I_Y	r_X	r_Y	W_X	W_{Ymax}	W_{Ymin}
450×70×30×6.0	450	70	30	6.0	28.092	36.015	1.421	8797.0	159.70	15.629	2.106	390.98	112.39	28.626
450×70×30×8.0				8.0	36.421	46.693	1.429	11031	182.73	15.370	1.978	490.25	127.88	32.801
500×100×40×6.0	500	100	40	6.0	34.176	43.815	2.297	14275	479.81	18.050	3.309	571.01	208.89	62.289
500×100×40×8.0				8.0	44.533	57.093	2.293	18151	578.03	17.830	3.182	726.03	252.08	75.000
500×100×40×10				10	54.372	69.708	2.289	21594	648.78	17.601	3.051	863.78	283.43	84.137
550×120×50×8.0	550	120	50	8.0	51.397	65.893	2.940	26259	1069.8	19.963	4.029	954.88	363.88	118.08
550×120×50×10				10	62.952	80.708	2.933	31484	1229.1	19.751	3.902	1144.9	419.06	135.56
550×120×50×12				12	73.990	94.859	2.926	36187	1349.9	19.531	3.772	1315.9	461.34	148.76
600×150×60×12	600	150	60	12	86.158	110.46	3.902	54746	2755.3	21.852	4.994	1824.9	706.14	248.27
600×150×60×14				14	97.395	124.87	3.840	57733	2867.7	21.503	4.792	1924.4	746.81	256.97
600×150×60×16				16	109.02	139.78	3.819	63178	3010.8	21.260	4.641	2105.9	788.38	269.28

2.2.16 冷弯外卷边槽钢

表 2.86 冷弯外卷边槽钢尺寸规格（GB/T 6723—2008）

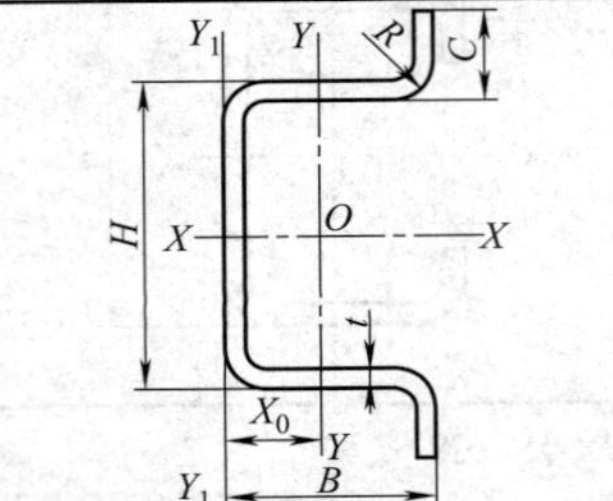

B—长边宽度

C—外卷边高度

H—高度

t—厚度

续表

规格	尺寸/mm				理论质量/(kg/m)	截面面积/cm²	质心 X_0/cm	惯性矩/cm⁴		回转半径/cm		截面系数/cm³		
$H\times B\times C\times t$	H	B	C	t				I_X	I_Y	r_X	r_Y	W_X	W_{Ymax}	W_{Ymin}
30×30×16×2.5	30	30	16	2.5	2.009	2.560	1.526	6.010	3.126	1.532	1.105	2.109	2.047	2.122
50×20×15×3.0	50	20	15	3.0	2.272	2.895	0.823	13.863	1.539	2.188	0.729	3.746	1.869	1.309
60×25×32×2.5	60	25	32	2.5	3.030	3.860	1.279	42.431	3.959	3.315	1.012	7.131	3.095	3.243
60×25×32×3.0	60	25	32	3.0	3.544	4.515	1.279	49.003	4.438	3.294	0.991	8.305	3.469	3.635
80×40×20×4.0	80	40	20	4.0	5.296	6.746	1.573	79.594	14.537	3.434	1.467	14.213	9.241	5.900
100×30×15×3.0	100	30	15	3.0	3.921	4.995	0.932	77.669	5.575	3.943	1.056	12.527	5.979	2.696
150×40×20×4.0	150	40	20	4.0	7.497	9.611	1.176	325.20	18.311	5.817	1.380	35.736	15.571	6.484
150×40×20×5.0				5.0	8.913	11.427	1.158	370.70	19.357	5.696	1.302	41.189	16.716	6.811
200×50×30×4.0	200	50	30	4.0	10.305	13.211	1.525	834.16	44.255	7.946	1.830	66.203	29.020	12.735
200×50×30×5.0				5.0	12.423	15.997	1.511	976.97	49.376	7.832	1.761	78.158	32.678	10.999
250×60×40×5.0	250	60	40	5.0	15.933	20.427	1.856	2029.8	99.403	9.968	2.206	126.86	53.558	23.987
250×60×40×6.0				6.0	18.732	24.015	1.853	2342.7	111.01	9.877	2.150	147.34	59.906	26.768
300×70×50×6.0	300	70	50	6.0	22.944	29.415	2.195	4246.6	197.48	12.015	2.591	218.90	89.96	41.098
300×70×50×8.0				8.0	29.557	31.893	2.191	5304.8	233.12	11.832	2.480	276.29	106.40	48.475
350×80×60×6.0	350	80	60	6.0	27.156	34.815	2.533	6973.9	319.33	14.153	3.029	304.54	126.07	58.41
350×80×60×8.0				8.0	35.173	45.093	2.475	8804.8	365.04	13.973	2.845	387.88	147.49	66.07
400×90×70×8.0	400	90	70	8.0	40.789	52.293	2.773	13578	548.60	16.114	3.239	518.24	197.84	88.101
400×90×70×10				10	49.692	63.708	2.868	16172	672.62	15.932	3.249	621.98	234.53	109.69
450×100×80×8.0	450	100	80	8.0	46.405	59.493	3.206	19821	855.92	18.253	3.793	667.38	266.97	125.98
450×100×80×10				10	56.712	72.708	3.205	23752	987.99	18.074	3.686	805.15	308.26	145.40
500×150×90×10	500	150	90	10	69.972	89.708	5.003	38192	2908.0	20.633	5.694	1157.3	581.25	290.89
500×150×90×12				12	82.414	105.66	4.992	44275	3291.8	20.470	5.582	1349.8	659.42	328.92
550×200×100×12	550	200	100	12	98.326	126.06	6.564	66450	6427.8	22.959	7.141	1830.6	979.25	478.40
550×200×100×14				14	111.59	143.06	6.815	74080	7829.7	22.755	7.398	2052.1	1148.9	593.83
600×250×150×14	600	250	150	14	138.89	178.06	9.717	125437	17164	26.541	9.818	2877.0	1766.4	1123.1
600×250×150×16				16	1156.5	200.58	9.700	139828	18880	26.403	9.702	3221.8	1946.4	1234.0

2.2.17 冷弯Z型钢

表 2.87 冷弯 Z 型钢尺寸规格（GB/T 6723—2008）

B—宽度
H—高度
t—厚度

规格	尺寸/mm			理论质量/(kg/m)	截面面积/cm²	惯性矩/cm⁴				回转半径	惯性积矩	截面系数/cm³		角度
$H\times B\times t$	H	B	t			I_X	I_Y	I_U	I_V	r_U/cm	I_{XY}/cm⁴	W_X	W_Y	$\tan\alpha$
80×40×2.5	80	40	2.5	2.947	3.755	37.021	9.707	43.307	3.421	0.954	14.532	9.255	2.505	0.432
80×40×3.0			3.0	3.491	4.447	43.148	11.429	50.606	3.970	0.944	17.094	10.787	2.968	0.436
100×50×2.5	100	50	2.5	3.732	4.755	74.429	19.321	86.840	6.910	1.205	28.947	14.885	3.963	0.428
100×50×3.0			3.0	4.433	5.647	87.275	22.837	102.04	8.073	1.195	34.194	17.455	4.708	0.431
140×70×3.0	140	70	3.0	6.291	8.065	249.77	64.316	290.87	23.218	1.697	96.492	35.681	9.389	0.426
140×70×4.0			4.0	8.272	10.605	322.42	83.925	376.60	29.747	1.675	125.92	46.061	12.342	0.430
200×100×3.0	200	100	3.0	9.099	11.665	749.38	191.18	870.47	70.091	2.451	286.80	74.938	19.409	0.422
200×100×4.0			4.0	12.016	15.405	977.16	251.09	1137.30	90.965	2.430	376.70	97.716	25.622	0.425
300×120×4.0	300	120	4.0	16.384	21.005	2871.4	438.30	3124.6	185.14	2.969	824.66	191.43	37.144	0.307
300×120×5.0			5.0	20.251	25.963	3506.9	541.08	3823.5	224.49	2.940	1019.4	233.80	46.049	0.311
400×150×6.0	400	150	6.0	31.595	40.507	9598.7	1271.4	10321	548.91	3.681	2557.0	479.94	86.488	0.283
400×150×8.0			8.0	41.611	53.347	12449	1661.7	13404	706.66	3.640	3348.7	622.46	113.81	0.285

2.2.18　冷弯卷边 Z 型钢

表 2.88　冷弯卷边 Z 型钢尺寸规格（GB/T 6723—2008）

B—宽度
C—外卷边高度
H—高度
t—厚度

规格	尺寸/mm				理论质量	截面面积	惯性矩/cm^4				回转半径	惯性积矩	截面系数/cm^3		角度
$H\times B\times C\times t$	H	B	C	t	/(kg/m)	/cm^2	I_X	I_Y	I_U	I_V	r_U/cm	I_{XY}/cm^4	W_X	W_Y	$\tan\alpha$
100×40×20×2.0	100	40	20	2.0	3.208	4.086	60.618	17.202	71.37	6.448	1.256	24.136	12.123	4.410	0.445
100×40×20×2.5				2.5	3.933	5.010	73.047	20.324	85.73	7.641	1.234	28.802	14.609	5.245	0.440
140×50×20×2.5	140	50	20	2.5	5.110	6.510	188.50	36.358	210.14	14.72	1.503	61.321	26.928	7.458	0.352
140×50×20×3.0				3.0	6.040	7.695	219.85	41.554	244.53	16.875	1.48	70.775	31.406	8.567	0.348
180×70×20×2.5	180	70	20	2.5	6.680	8.510	422.93	88.578	476.50	35.002	2.028	144.17	46.991	12.884	0.371
180×70×20×3.0				3.0	7.924	10.095	496.69	102.35	558.51	40.527	2.003	167.93	55.188	14.94	0.368
230×75×25×3.0	230	75	25	3.0	9.573	12.195	951.37	138.93	1030.6	59.722	2.212	265.75	82.728	18.901	0.298
230×75×25×4.0				4.0	12.518	15.946	1222.7	173.03	1321.0	74.725	2.164	335.93	106.32	23.703	0.292
250×75×25×3.0	250	75	25	3.0	10.044	12.795	1160.0	138.93	1236.7	62.211	2.205	290.21	92.800	18.902	0.264
250×75×25×4.0				4.0	13.146	16.746	1493.0	173.04	1588.1	77.869	2.156	366.98	119.44	23.704	0.259
300×100×30×4.0	300	100	30	4.0	16.545	21.211	2828.6	416.76	3066.9	178.52	2.901	794.58	188.58	42.526	0.3
300×100×30×6.0				6.0	23.880	30.615	3945.0	548.08	4258.6	234.43	2.767	1078.8	263.00	56.503	0.291
400×120×40×8.0	400	120	40	8.0	40.789	52.293	11648	1293.7	12363	578.80	3.327	2813.0	582.42	111.52	0.254
400×120×40×10				10	49.692	63.708	13836	1463.6	14645	654.19	3.204	3266.4	691.80	127.27	0.248

2.3 钢管和铸铁管

2.3.1 普通无缝钢管

普通无缝钢管尺寸分为普通钢管尺寸组、精密钢管尺寸组。普通钢管的外径分为三个系列，系列 1：标准化钢管；系列 2：非标准化钢管；系列 3：特殊用途钢管。精密钢管的外径分为系列 2、3。

表 2.89 普通无缝钢管规格及理论质量（GB/T 17395—2008） mm

外径			壁厚范围	外径			壁厚范围
系列 1	系列 2	系列 3		系列 1	系列 2	系列 3	
—	6	—	0.25～2.0	114	—	—	1.5～30
—	7、8	—	0.25～2.5	—	121	—	1.5～32
—	9	—	0.25～2.8	—	127	—	1.8～32
10	11	—	0.25～3.5	—	133	—	2.5～36
13.5	12、13	14	0.25～4.0	140	133	142	3.0～36
17	16	18	0.25～5.0	—	146	152	3.0～40
—	19、20		0.25～6.0	168	—	159	3.5～45
21	—	22	0.40～6.0	—	—	180、194	3.5～50
27	25、28、32	25.4	0.4～7.0	219	203	—	3.5～55
34	—	30	0.4～8.0	—	—	232、245 267	6.0～65
—	—	35	0.4～9.0				
—	38、40	—	0.4～10	273	—	—	6.5～85
42	—	—	1.0～10	325	299	—	7.5～100
48	51	45	1.0～12	—	340、351	—	8.0～100
—	57	54	1.0～14	356	377	—	9.0～100
60	63、65、68	—	1.0～15	406	402	—	9.0～100
—	70	—	1.0～17	457	426	—	9.0～100
—	—	73	1.0～19	—	450、480	—	9.0～100
76	—	—	1.0～20	508	500	—	9.0～110
—	77、80	—	1.4～20	610	530	560	9.0～120
—	85	83	1.4～22	711	630	660、699	9.0～120
89	95	—	1.4～24	813	720	—	12～120
—	102	—	1.4～28	914	762	788.5	20～120
—	—	108	1.4～30	1016	—	864、965	20～120

壁厚系列：0.25，0.30，0.40，0.50，0.60，0.80，1.0，1.2，1.4，1.5，1.6，1.8，2.0，2.2，2.5，2.8，3.0，3.2，3.5，4.0，4.5，5.0，5.5，6.0，6.5，7.0，7.5，8.0，8.5，9.0，9.5，10，11，12，13，14，15，16，17，18，19，20，22，24，25，26，28，30，32，34，36，38，40，42，45，48，50，55，60，65，70，75，80，85，90，95，100，110，120

2.3.2 结构用无缝钢管

结构用无缝钢管分热轧（挤压、扩）和冷拔（轧）两种。

钢管材料：有优质碳素结构钢，其牌号和化学成分应符合 GB/T 699 中 10、15、20、25、35、45、20Mn、25Mn 的规定；低合金高强度结构钢，其牌号和化学成分应符合 GB/T 1591 的规定（其中质量等级为 A、B、C 级钢的磷、硫含量均应不大于 0.030%）；合金结构钢，其牌号和化学成分应符合 GB/T 3077 的规定。

钢管尺寸：结构用无缝钢管的外径（D）和壁厚（S）应符合 GB/T 17395 的规定。

表 2.90　热轧（挤、扩）无缝钢管的规格　mm

外径	壁厚	外径	壁厚	外径	壁厚	外径	壁厚
32	2.5～8	76	3～19	152	4.5～36	377	9～75
38	2.5～8	83	3.5～19	159	4.5～36	402	9～75
42	2.5～10	89	3.5～24	168	5～45	406	9～75
45	2.5～10	95	3.5～24	180	5～45	450	9～75
50	2.5～10	102	3.5～24	194	5～45	(465)	9～75
54	3～11	108	4～28	203	6～50	480	9～75
57	3～13	114	4～28	219	6～50	500	9～75
60	3～14	121	4～28	245	6.5～50	530	9～75
63.5	3～14	127	4～30	273	6.5～50	(550)	9～75
68	3～16	133	4～32	299	7.5～75	560	9～24
70	3～16	140	4.5～36	325	7.5～75	600	9～24
73	3～19	146	4.5～36	351	8～75	630	9～24

壁厚系列:2.5,3.0,3.5,4.0,4.5,5.0,5.5,6.0,6.5,7.0,7.5,8.0,8.5,9.0,9.5,10,11,12,13,14,15,16,17,18,19,20,22,(24),25,(26)28,30,32,(34),(35),36,(38)40,(42),(45),(48),(50),56,60,63,(65),70,75

表 2.91　冷拔（轧）钢管的规格　mm

外径	壁厚	外径	壁厚	外径	壁厚	外径	壁厚
6	0.25～2.0	(24)	0.40～7.0	53	1.0～12	100	2.0～12
7	0.25～2.5	25	0.40～7.0	54	1.0～12	(102)	2.0～12
8	0.25～2.5	27	0.40～7.0	56	1.0～12	108	2.0～12
9	0.25～2.8	28	0.40～7.0	57	1.0～13	110	2.0～12
10	0.25～3.5	29	0.40～7.5	60	1.0～14	120	2.0～12
11	0.25～3.5	30	0.40～8.0	63	1.0～12	125	2.0～12
12	0.25～4.0	32	0.40～8.0	65	1.0～12	130	2.5～12
(13)	0.25～4.0	34	0.40～8.0	(68)	1.0～14	133	2.5～12
14	0.25～4.0	(35)	0.40～8.0	70	1.0～14	140	3.0～12
(15)	0.25～5.0	36	0.40～8.0	73	1.0～14	150	3.0～12
16	0.25～5.0	38	0.40～9.0	75	1.0～12	160	3.5～12
(17)	0.25～5.0	40	0.40～9.0	76	1.0～14	170	3.5～12
18	0.25～5.0	42	1.0～9.0	80	2.0～12	180	3.5～12
19	0.25～6.0	44.5	1.0～9.0	(83)	2.0～14	190	4.0～12
20	0.25～6.0	45	1.0～10	85	2.0～12	200	4.0～12
(21)	0.40～0.40	48	1.0～10	89	2.0～14		
22	0.40～0.40	50	1.0～12	90	2.0～12		
(23)	0.40～0.40	51	1.0～12	95	2.0～12		

壁厚系列:0.25,0.30,0.40,0.50,0.60,0.80,1.0,1.2,1.4,1.5,1.6,1.8,2.0,2.2,2.5,2.8,3.0,3.2,3.5,4.0,4.5,5.0,5.5,6.0,6.5,7.0,7.5,8.0,8.5,9.0,9.5,10,11,12,13,14

注：1. 有括号的不推荐使用。

2. 通常长度为 2～10.5m。

3. 钢管的弯曲度：壁厚≤15mm，≤1.5mm；壁厚>15mm，≤2.0mm。

标注示例：用 10 钢制造的外径为 73mm、壁厚为 3.5mm 的冷拔钢管，直径为较高级精度，壁厚为普通级精度，长度为 5000mm 倍尺。标注为：10-73×3.5×5000 倍尺-GB/T 8162—2008。

2.3.3 高压锅炉用无缝钢管

高压锅炉用无缝钢管的通常长度为 4000～12000mm。公称外径和壁厚应符合 GB/T 17395 的规定。

表 2.92 高压锅炉热轧（挤压）用无缝钢管的理论质量

公称外径/mm	公称壁厚/mm														
	2.0	2.5	2.8	3.0	3.2	3.5	4.0	4.5	5.0	5.5	6.0	(6.5)	7.0	(7.5)	8.0
	理论质量/(kg/m)														
22	0.99	1.20	1.33	1.41	1.48										
25	1.13	1.39	1.53	1.63	1.72	1.86									
28		1.57	1.74	1.85	1.96	2.11									
32			2.02	2.15	2.27	2.46	2.76	3.05	3.33						
38			2.43	2.59	2.75	2.98	3.35	3.72	4.07	4.41					
42			2.71	2.89	3.06	3.32	3.75	4.16	4.56	4.95	5.83				
48			3.12	3.33	3.54	3.84	4.34	4.83	5.30	5.76	6.21	6.65	7.08		
51			3.33	3.55	3.77	4.10	4.64	5.16	5.67	6.17	6.66	7.13	7.60	8.05	8.48
57						4.62	5.23	5.83	6.41	6.98	7.55	8.09	8.63	9.16	9.67
60						4.88	5.52	6.16	6.78	7.89	7.99	8.53	9.15	9.71	10.26
76						6.26	7.10	7.93	8.75	9.56	10.36	11.14	11.91	12.67	13.42
83							7.79	8.71	9.62	10.51	11.39	12.26	13.12	13.96	14.80
89							8.38	9.38	10.36	11.33	12.28	13.22	14.15	15.07	15.98
102								10.82	11.96	13.09	14.20	15.31	16.40	17.48	18.54
108								11.49	12.70	13.90	15.09	16.27	17.43	18.59	19.73
114									13.44	14.72	15.98	17.23	18.47	19.70	20.91
121									14.30	15.67	17.02	18.35	19.68	20.99	22.29
133									15.78	17.29	18.79	20.28	21.75	23.21	24.66
146											20.71	22.36	23.99	25.62	27.22
159											22.64	24.44	26.24	28.02	29.79
168												25.89	27.79	29.68	31.56
194													32.28	34.49	36.69
219														39.12	41.63

续表

公称外径/mm	公称壁厚/mm															
	9.0	10	11	12	13	14	(15)	16	(17)	18	(19)	20	22	(24)	25	26
	理论质量/(kg/m)															
51	9.32															
57	10.65	11.59	12.48	13.32												
60	11.32	12.33	13.29	14.20												
76	14.87	16.28	17.63	18.94	20.20	21.40	22.56	23.67	24.73	25.74	26.00					
83	16.42	18.00	19.53	21.01	22.44	23.82	25.15	26.44	27.67	28.85	29.99	31.07				
89	17.76	19.48	21.16	22.79	24.36	25.89	27.37	28.80	30.18	31.52	32.80	34.03				
102	20.64	22.69	24.68	26.63	28.53	30.38	32.18	33.93	35.63	37.29	38.89	40.44	43.40			
108	21.97	24.17	26.31	28.41	30.46	32.45	34.40	36.30	38.15	39.95	41.70	43.40	46.66	49.71	51.17	52.58
114	23.30	25.65	27.94	30.18	32.38	34.52	36.62	38.67	40.66	42.61	44.51	46.36	49.91	53.27	54.87	56.42
121	24.86	27.37	29.84	32.26	34.62	36.94	39.21	41.43	43.60	45.72	47.79	49.81	53.71	57.41	59.18	60.91
133	27.52	30.33	33.09	35.81	38.47	41.08	43.65	46.16	48.63	51.05	53.41	55.73	60.22	64.51	66.58	68.60
146	30.41	33.54	36.62	39.65	42.64	45.57	48.46	51.29	54.08	56.82	59.50	62.14	67.27	72.20	74.60	76.94
159	33.29	36.74	40.15	43.50	46.80	50.06	53.27	56.42	59.53	62.59	65.60	68.55	74.33	79.90	82.61	85.27
168	35.29	38.96	42.59	46.16	49.69	53.17	56.59	59.97	63.30	66.58	69.81	72.99	79.21	85.22	88.16	91.04
194	41.06	45.37	49.64	53.86	58.02	62.14	66.21	70.23	74.20	78.12	81.99	85.82	93.31	100.6	104.2	107.7
219	46.61	51.54	56.42	61.26	66.04	70.77	75.46	80.10	84.68	89.22	93.71	98.15	106.9	115.4	119.6	123.7
245	52.38	57.95	63.47	68.95	74.37	79.75	85.08	90.35	95.58	100.8	105.9	111.0	121.0	130.8	135.6	140.4
273	58.59	64.86	71.07	77.24	83.35	89.42	95.43	101.4	107.3	113.2	119.0	124.8	136.2	147.4	152.9	158.4
299	64.36	71.27	78.12	84.93	91.69	98.39	105.1	111.7	118.2	124.7	131.2	137.6	150.3	162.8	168.9	175.0
325					100.0	107.4	114.7	121.9	129.1	136.3	143.4	150.4	164.4	178.1	185.0	191.7
351					108.4	116.4	124.3	132.2	140.0	147.8	155.6	163.2	178.5	193.5	201.0	208.4
377					116.7	125.3	133.9	142.4	150.9	159.4	167.7	176.1	192.6	208.9	217.0	225.0
426						142.2	152.0	161.8	171.5	181.1	190.7	200.2	219.2	237.9	247.2	256.5
450						150.5	160.9	171.2	181.5	191.8	201.9	212.1	232.2	252.1	262.0	271.8
480						160.9	172.0	183.1	194.1	205.1	216.0	226.9	248.5	269.9	280.5	291.1
500						167.8	179.4	191.0	202.5	214.0	225.4	236.7	259.3	281.7	292.8	303.9
530						178.1	190.5	202.8	215.1	227.3	239.4	251.5	275.6	299.5	311.3	323.1

续表

公称外径/mm	公称壁厚/mm															
	28	30	32	(34)	36	38	40	(42)	45	(48)	50	56	60	63	(65)	70
	理论质量/(kg/m)															
133	72.50	76.20	79.70													
146	81.48	85.82	89.96	93.91	97.65											
159	90.45	95.43	100.2	104.8	109.2											
168	96.67	102.1	107.3	112.4	117.2	121.8	126.3									
194	114.6	121.3	127.8	134.2	140.3	146.2	151.9	157.4	165.4							
219	131.9	139.8	147.6	155.1	162.5	169.6	176.6	183.3	193.1	202.4	208.4					
245	149.8	159.1	168.1	176.9	185.5	194.0	202.2	210.3	221.9	233.2	240.4					
273	169.2	179.8	190.2	200.4	210.4	220.2	229.8	239.3	253.0	266.3	275.0					
299	187.1	199.0	210.7	222.2	233.5	244.6	255.5	266.2	281.9	297.1	307.0	335.6	353.6			
325	205.1	218.2	231.2	244.0	256.6	268.9	281.1	293.1	310.7	327.9	339.1	371.5	392.1			
351	223.0	237.5	251.7	265.8	279.6	293.3	306.8	320.0	339.6	358.7	371.1	407.4	430.6			
377	241.0	256.7	272.3	287.6	302.7	317.7	332.4	347.0	368.4	389.4	403.2	443.3	469.0	487.8	500.1	529.9
426	274.8	293.0	310.9	328.7	346.2	363.6	380.8	397.7	422.8	447.4	463.6	511.0	541.5	564.0	578.7	614.5
450	291.4	310.7	329.9	348.8	367.5	386.1	404.4	422.6	449.4	475.8	493.2	544.1	577.0	601.2	617.1	656.0
480	312.1	332.9	353.5	373.9	394.2	414.2	434.0	453.7	482.7	511.4	530.2	585.5	621.4	647.8	665.2	707.7
500	325.9	347.7	369.3	390.7	411.9	432.9	453.7	474.4	504.9	535.0	554.9	613.2	651.0	678.9	697.3	742.3
530	346.6	369.9	393.0	415.9	438.6	461.0	483.3	505.4	538.2	570.5	591.8	654.6	695.4	725.5	745.4	794.1

表 2.93　高压锅炉用冷拔（轧）无缝钢管的理论质量

公称外径/mm	公称壁厚/mm										
	2.0	2.2	2.5	2.8	3.0	3.2	3.5	4.0	4.5	5.0	5.5
	理论质量/(kg/m)										
10	0.395	0.423	0.462								
12	0.493	0.532	0.586	0.635	0.666						
16	0.690	0.749	0.830	0.911	0.962	1.01	1.08	1.18			
22	0.986	1.07	1.20	1.33	1.41	1.48	1.60	1.78	1.94	2.10	2.24
25	1.13	1.24	1.39	1.53	1.63	1.72	1.86	2.07	2.27	2.47	2.64
28	1.28	1.40	1.57	1.74	1.85	1.96	2.11	2.37	2.61	2.84	3.05
32	1.48	1.62	1.82	2.02	2.15	2.27	2.46	2.76	3.05	3.33	3.59
38	1.78	1.94	2.19	2.43	2.59	2.75	2.98	3.35	3.72	4.07	4.41
42			2.44	2.71	2.89	3.06	3.32	3.75	4.16	4.56	4.95
48			2.80	3.12	3.33	3.54	3.84	4.34	4.83	5.30	5.76
51			2.99	3.33	3.55	3.77	4.10	4.64	5.16	5.67	6.17
57			3.36	3.74	3.99	4.25	4.62	5.23	5.83	6.41	6.98
60						4.48	4.88	5.52	6.16	6.78	7.39
63						4.72	5.14	5.82	6.49	7.15	7.80
70						5.27	5.74	6.51	7.27	8.01	8.75
76								7.60	7.93	8.75	9.56
83								7.79	8.71	9.62	10.51
89								8.38	9.38	10.36	11.33
102									10.82	11.96	13.09
108									11.49	12.70	13.90
114									12.15	13.44	14.72

续表

公称外径/mm	公称壁厚/mm									
	6.0	6.5	7.0	7.5	8.0	9.0	10	11	12	13
	理论质量/(kg/m)									
25	2.81									
28	3.26	3.45	3.62							
32	3.85	4.09	4.32	4.53	4.73					
38	4.73	5.05	5.35	5.64	5.92	6.44				
42	5.33	5.69	6.04	6.38	6.71	7.32				
48	6.21	6.65	7.08	7.49	7.89	8.66	9.37			
51	6.66	7.13	7.60	8.05	8.48	9.32	10.11	10.85	11.54	
57	7.55	8.09	8.63	9.16	9.67	10.65	11.59	12.48	13.32	
60	7.99	8.58	9.15	9.71	10.26	11.32	12.33	13.29	14.20	
63	8.43	9.06	9.67	10.26	10.85	11.98	13.07	14.11	15.09	
70	9.47	10.18	10.88	11.56	12.23	13.54	14.80	16.00	17.16	18.27
76	10.36	11.14	11.91	12.67	13.42	14.87	16.28	17.63	18.94	20.20
83	11.39	12.26	13.12	13.96	14.80	16.42	18.00	19.52	21.01	22.44
89	12.28	13.22	14.15	15.07	15.98	17.76	19.48	21.16	22.79	24.36
102	14.20	15.31	16.40	17.48	18.54	20.64	22.69	24.68	26.63	
108	15.09	16.27	17.43	18.59	19.73	21.97	24.17	26.31	28.41	
114	12.15	13.44	14.72	15.98	17.23	18.49	25.65	27.94		

2.3.4 精密无缝钢管

精密无缝钢管按交货状态分为五类，类别和代号如下。

冷加工/硬状态：＋C；冷加工/软状态：＋LC；消除应力退火状态：＋SR；退火状态：＋A；正火状态：＋N。

表 2.94　冷拔或冷轧精密无缝钢管的规格（GB/T 3639—2009）　mm

外径和允许偏差（±）		壁厚																	
		0.5		0.8		1		1.2		1.5		1.8		2		2.2		2.5	
		内径和允许偏差（±）																	
4	0.08	3	0.15	2.4	0.15	2	0.15	1.6	0.15	—	—	—	—	—	—	—	—	—	—
5		4		3.4		3		2.6											
6		5		4.4		4		3.6		3	0.15	2.4	0.15	2	0.15				
7		6		5.4		5		4.6		4		3.4		3					
8		7		6.4		6		5.6		5		4.4		4		3.6	0.15	3	0.25
9		8		7.4		7		6.6		6		5.4		5		4.6		4	
10		9		8.4		8		7.6		7		6.4		6		5.6		5	0.15
12		11		10.4		10		9.6		9		8.4		8		7.6		7	
14	0.08	13	0.08	12.4	0.08	12	0.08	11.6		11		10.4		10		9.6		9	
15		14		13.4		13		12.6	0.08	12		11.4		11		10.6		10	
16		15		14.4		14		13.6		13	0.08	12.4		12		11.6		11	
18		17		16.4		16		15.6		15		14.4	0.08	14	0.08	13.6		13	
20		19		18.4		18		17.6		17		16.4		16		15.6		15	
22		21		20.4		20		19.6		19		18.4		18		17.6	0.08	17	
25		24		23.4		23		22.6		22		21.4		21		20.6		20	0.08
26		25		24.4		24		23.6		23		22.4		22		21.6		21	
28		27		26.4		26		25.6		25		24.4		24		23.6		23	
30		29		28.4		28		27.6		27		26.4		26		25.6		25	

续表

外径和允许偏差(±)		壁厚 0.5		0.8		1		1.2		1.5		1.8		2		2.2		2.5	
		内径和允许偏差(±)																	
32	0.15	31	0.15	30.4	0.15	30	0.15	29.6	0.15	29	0.15	28.4	0.15	28	0.15	27.6	0.15	27	0.15
35		34		33.4		33		32.6		32		31.4		31		30.6		30	
38		37		36.4		36		35.6		35		34.4		34		33.6		33	
40		39		38.4		38		37.6		37		36.4		36		35.6		35	
42	0.20	—	—	—	—	40	0.20	39.6	0.20	39	0.20	38.4	0.20	38	0.20	37.6	0.20	37	0.20
45						43		42.6		42		41.4		41		40.6		40	
48						46		45.6		45		44.4		44		43.6		43	
50						48		47.6		47		46.4		46		45.6		45	
55	0.25					53	0.25	52.6	0.25	52	0.25	51.4	0.25	51	0.25	50.6	0.25	50	0.25
60						58		57.6		57		56.4		56		55.6		55	
65	0.30					63	0.30	62.6	0.30	62	0.30	61.4	0.30	61	0.30	60.6	0.30	60	0.30
70						68		67.6		67		66.4		66		65.6		65	
75	0.35					73	0.35	72.6	0.35	72	0.35	71.4	0.35	71	0.35	70.6	0.35	70	0.35
80						78		77.6		77		76.4		76		75.6		75	
85	0.40					—	—	—	—	82	0.40	81.4	0.40	81	0.40	80.6	0.40	80	0.40
90										87		86.4		86		85.6		85	
95	0.45									—	—	—	—	91	0.45	90.6	0.45	90	0.45
100														96		95.6		95	
110	0.50													106	0.50	105.6	0.50	105	0.50
120														116		115.6		115	
130	0.70													—	—	—	—	125	0.70
140																		135	

续表

外径和允许偏差（±）		壁厚																	
		2.8		3		3.5		4		4.5		5		5.5		6		7	
		内径和允许偏差（±）																	
9	0.08	3.4	0.25	—	—	—	—	—	—	—	—	—	—	—	—	—	—	—	—
10		4.4		4	0.15														
12		6.4	0.15	6		5	0.25	4	0.25										
14		8.4		8		7	0.15	6		5	0.25								
15		9.4		9		8		7	0.15	6		5	0.25						
16		10.4		10		9		8		7	0.15	6		5	0.25	4	0.25		
18		12.4		12		11		10		9		8	0.15	7		6			
20		14.4		14		13		12		11		10		9	0.15	8		6	0.25
22		16.4		16		15		14		13		12		11		10	0.15	8	
25		19.4		19		18		17		16		15		14		13		11	0.15
26		20.4		20		19		18		17		16		15		14		12	
28		22.4	0.08	22		21		20		19		18		17		16		14	
30		24.4		24		23		22		21		20		19		18		16	
32	0.15	26.4	0.15	26		25		24		23		22		21		20		18	
35		29.4		29		28		27		26		25		24		23		21	
38		32.4		32		31		30		29		28		27		26		24	
40		34.4		34		33		32		31		30		29		28		26	
42	0.20	36.4	0.20	36	0.20	35	0.20	34	0.20	33	0.20	32	0.20	31	0.20	30	0.20	28	0.20
45		39.4		39		38		37		36		35		34		33		31	
48		42.4		42		41		40		39		38		37		36		34	
50		44.4		44		43		42		41		40		39		38		36	

续表

外径和允许偏差(±)		壁厚																	
		2.8		3		3.5		4		4.5		5		5.5		6		7	
		内径和允许偏差(±)																	
55	0.25	49.4	0.20	49	0.25	48	0.25	47	0.25	46	0.25	45	0.25	44	0.25	43	0.25	41	0.25
60		54.4		54		53		52		51		50		49		48		46	
65	0.30	59.4	0.30	59	0.30	58	0.30	57	0.30	56	0.30	55	0.30	54	0.30	53	0.30	51	0.30
70		64.4		64		63		62		61		60		59		58		56	
75	0.35	69.4	0.35	69	0.35	68	0.35	67	0.35	66	0.35	65	0.35	64	0.35	63	0.35	61	0.35
80		74.4		74		73		72		71		70		69		68		66	
85	0.40	79.4	0.40	79	0.40	78	0.40	77	0.40	76	0.40	75	0.40	74	0.40	73	0.40	71	0.40
90		84.4		84		83		82		81		80		79		78		76	
95	0.45	89.4	0.45	89	0.45	88	0.45	87	0.45	86	0.45	85	0.45	84	0.45	83	0.45	81	0.45
100		94.4		94		93		92		91		90		89		88		86	
110	0.50	104.4	0.50	104	0.50	103	0.50	102	0.50	101	0.50	100	0.50	99	0.50	98	0.50	96	0.50
120		114.4		114		113		112		111		110		109		108		106	
130	0.70	124.4	0.70	124	0.70	123	0.70	122	0.70	121	0.70	120	0.70	119	0.70	118	0.70	116	0.70
140		134.4		134		133		132		131		130		129		128		126	
150	0.80			144	0.80	143	0.80	142	0.80	141	0.80	140	0.80	139	0.80	138	0.80	136	0.80
160				154		153		152		151		150		149		148		146	
170	0.90	—	—	164	0.90	163	0.90	162	0.90	161	0.90	160	0.90	159	0.90	158	0.90	156	0.90
180						173		172		171		170		169		168		166	
190	1.00			—	—	183	1.00	182	1.00	181	1.00	180	1.00	179	1.00	178	1.00	176	1.00
200						193		192		191		190		189		188		186	

续表

外径和允许偏差(±)		壁厚 8		9		10		12		14		16		18		20		22	
		内径和允许偏差(±)																	
25	0.08	9	0.25	—	—	—	—	—	—	—	—	—	—	—	—	—	—	—	—
26		10																	
28		12	0.15																
30		14		12	0.15	10	0.15												
32	0.15	16		14		12													
35		19		17		15													
38		22		20		18													
40		24		22		20													
42	0.20	26	0.20	24	0.20	22	0.20												
45		29		27		25													
48		32		30		28													
50		34		32		30													
55	0.25	39	0.25	37	0.25	35	0.25	31	0.25										
60		44		42		40		36											
65	0.30	49	0.30	47	0.30	45	0.30	41	0.30	37	0.30								
70		54		52		50		46		42									
75	0.35	59	0.35	57	0.35	55	0.35	51	0.35	47	0.35	43	0.35						
80		64		62		60		56		52		48							
85	0.40	69	0.40	67	0.40	65	0.40	61	0.40	57	0.40	53	0.40						
90		74		72		70		66		62		58							
95	0.45	79	0.45	77	0.45	75	0.45	71	0.45	67	0.45	63	0.45	59	0.45				
100		84		82		80		76		72		68		64					

续表

外径和允许偏差(±)		壁厚																	
		8		9		10		12		14		16		18		20		22	
		内径和允许偏差(±)																	
110	0.50	94	0.50	92	0.50	90	0.50	86	0.50	82	0.50	78	0.50	74	0.50	—	—	—	—
120		104		102		100		96		92		88		84					
130	0.70	114	0.70	112	0.70	110	0.70	106	0.70	102	0.70	98	0.70	94	0.70				
140		124		122		120		116		112		108		104					
150	0.80	134	0.80	132	0.80	130	0.80	126	0.80	122	0.80	118	0.80	114	0.80	110	0.80		
160		144		142		140		136		132		128		124		120			
170	0.90	154	0.90	152	0.90	150	0.90	146	0.90	142	0.90	138	0.90	134	0.90	130	0.90		
180		164		162		160		156		152		148		144		140			
190	1.00	174	1.00	172	1.00	170	1.00	166	1.00	162	1.00	158	1.00	154	1.00	150	1.00	156	1.00
200		184		182		180		176		172		168		164		160		166	

注：1. 冷加工（+C、+LC）状态的钢管，其外径和内径允许偏差按本表的规定。

2. 热处理（+SR、+A、+N）状态的钢管，其外径和内径允许偏差：当 $S/D \geqslant 1/20$ 时，其外径和内径允许偏差按本表的规定；当 $1/40 < S/D < 1/20$ 时，按本表规定值的 1.5 倍；当 $S/D < 1/40$ 时，按本表规定值的 2.0 倍。

3. 钢管壁厚的允许偏差为±10%或 0.10mm（取其较大者）。

表2.95　冷拔或冷轧精密无缝钢管的力学性能（GB/T 3639—2009）

牌号	交货状态											
	冷加工/硬(+C)		冷加工/软(+LC)		冷加工后消除应力退火(+SR)			退火(+A)		正火(+N)		
	抗拉强度 R_m/MPa	断后伸长率 A/%	抗拉强度 R_m/MPa	断后伸长率 A/%	抗拉强度 R_m/MPa	上屈服强度 R_{eH}/MPa	断后伸长率 A/%	抗拉强度 R_m/MPa	断后伸长率 A/%	抗拉强度 R_m/MPa	上屈服强度 R_{eH}/MPa	断后伸长率 A/%
	≥											
10	430	8	380	10	400	300	16	335	24	320～450	215	27
20	550	5	520	8	520	375	12	390	21	440～570	255	21
35	590	5	550	7	—	—	—	510	17	460	280	21
45	645	4	630	6	—	—	—	590	14	540	340	18
Q345B	640	4	580	7	580	450	10	450	22	490～630	355	22

2.3.5　低压流体输送用焊接钢管

适用于水、空气、采暖蒸汽、燃气等低压流体输送。

按焊接方法可分为直缝高频电阻焊（ERW）钢管、直缝埋弧焊（SAWL）钢管和螺旋缝埋弧焊（SAWH）钢管。

表2.96　公称外径≤168.3mm的钢管规格（GB/T 3091—2008）

公称口径/mm	公称外径/mm	普通钢管		加厚钢管	
		公称壁厚/mm	线质量/(kg/m)	公称壁厚/mm	线质量/(kg/m)
6	10.2	2.0	0.40	2.5	0.47
8	13.5	2.5	0.68	2.8	0.74
10	17.2	2.5	0.91	2.8	0.99
15	21.3	2.8	1.28	3.5	1.54
20	26.9	2.8	1.66	3.5	2.02
25	33.7	3.2	2.41	4.0	2.93
32	42.4	3.5	3.36	4.0	3.79
40	48.3	3.5	3.87	4.5	4.86
50	60.3	3.8	5.29	4.5	6.19
65	76.1	4.0	7.11	4.5	7.95
80	88.9	4.0	8.38	5.0	10.35
100	114.3	4.0	10.88	5.0	13.48
125	139.7	4.0	13.39	5.5	18.20
150	168.3	4.5	18.18	6.0	24.02

注：表中的公称口径系内径的名义尺寸，不表示公称外径减去两个公称壁厚所得的内径。

表 2.97 公称外径＞168.3mm 的钢管规格（GB/T 3091—2008）

公称外径/mm	公称壁厚/mm														
	4.0	4.5	5.0	5.5	6.0	6.5	7.0	8.0	9.0	10.0	11.0	12.5	14.0	15.0	16.0
	理论线质量/(kg/m)														
177.8	17.14	19.23	21.31	23.37	25.42										
193.7	18.71	21.00	23.27	25.53	27.77										
219.1	21.22	23.82	26.40	28.97	31.53	34.08	36.61	41.65	46.63	51.57					
244.5	23.72	26.63	29.53	32.42	35.29	38.15	41.00	46.66	52.27	57.83					
273.0			33.05	36.28	39.51	42.72	45.92	52.28	58.60	64.86					
323.9			39.32	43.19	47.04	50.88	54.71	62.32	69.89	77.41	84.88	95.99			
355.6				47.49	51.73	55.96	60.18	68.58	76.93	85.23	93.48	105.8			
406.4				54.38	59.25	64.10	68.95	78.60	88.20	97.76	107.3	121.4			
457.2				61.27	66.76	72.25	77.72	88.62	99.48	110.29	121.0	137.1			
508				68.16	74.28	80.39	86.49	98.65	110.75	122.81	134.8	152.8			
559				75.08	81.83	88.57	95.29	108.7	122.07	135.39	148.7	168.5	188.2	201.2	214.3
610				81.99	89.37	96.74	104.1	118.8	133.4	145.0	162.5	184.2	205.8	220.1	234.4

公称外径/mm	公称壁厚/mm															
	6.0	6.5	7.0	8.0	9.0	10.0	11.0	13.0	14.0	15.0	16.0	18.0	19.0	20.0	22.0	25.0
	理论线质量/(kg/m)															
660	96.8	104.8	112.7	128.6	144.5	160.3	176.1	207.4	223.0	238.6	254.1	285.0	300.4	315.7	346.2	341.5
711	104.3	112.9	121.9	138.7	155.8	172.9	189.9	223.8	240.7	257.5	274.2	307.6	324.3	340.8	373.8	422.9
762	111.9	121.1	130.3	148.8	167.1	185.5	203.7	240.1	258.3	276.3	294.4	330.3	348.2	366.0	401.5	454.4
813	119.4	129.3	139.1	158.8	178.5	198.0	217.6	256.5	275.9	295.2	314.5	352.9	372.0	391.1	429.2	485.8
864	127.0	137.5	147.9	168.9	189.8	210.6	231.4	272.8	293.5	314.1	334.6	375.6	395.9	416.3	456.8	517.3
914	134.4	145.5	156.6	178.8	200.9	222.9	245.0	288.9	310.7	332.6	354.3	397.7	419.4	441.0	484.0	548.1
1016	149.5	161.8	174.2	198.9	223.5	248.1	272.6	321.6	346.0	370.3	394.6	443.0	467.2	491.3	539.3	611.0
1067	157.0	170.0	183.0	208.9	234.8	260.7	289.5	337.9	363.6	389.2	414.7	465.7	491.1	516.4	567.0	642.4
1118	164.5	178.2	191.8	219.0	246.2	273.3	300.3	354.3	381.2	408.0	434.8	488.3	514.6	541.6	594.6	673.9
1168	171.9	186.2	200.4	228.9	257.2	285.6	313.9	370.3	398.4	426.5	454.6	510.5	538.4	566.2	612.8	704.7
1219	179.5	194.4	209.2	238.9	268.6	298.2	327.7	386.6	416.0	445.4	474.7	533.1	562.3	591.4	649.4	736.2
1321	194.6	210.7	226.8	259.0	291.2	323.3	355.4	419.3	451.3	483.1	514.9	578.4	610.1	641.7	704.8	799.0
1422	209.5	226.9	244.3	279.0	313.6	348.2	382.8	451.7	486.1	520.5	554.8	623.3	657.4	691.5	759.6	861.3
1524	224.6	243.3	261.9	299.1	336.3	373.4	410.4	484.4	521.3	558.2	595.0	668.5	705.2	741.8	814.9	924.2
1626	239.7	259.6	279.5	319.2	358.9	398.5	438.1	517.1	556.6	596.0	635.3	713.8	753.0	792.1	870.3	987.1

表 2.98 钢管的力学性能

牌号	下屈服强度 R_{eL} /MPa ≥		抗拉强度 R_m /MPa ≥	断后伸长率 A /%≥	
	t≤16mm	t＞16mm		D≤168.3mm	D＞168.3mm
Q195	195	185	315	15	20
Q215A、Q215B	215	205	335		
Q2d5A、Q235B	235	225	370		

续表

牌号	下屈服强度 R_{eL} /MPa ≥		抗拉强度 R_m /MPa ≥	断后伸长率 A /%≥	
	t≤16mm	t>16mm		D≤168.3mm	D>168.3mm
Q295A、Q295B	295	275	390	13	18
Q345A、Q345B	345	325	470		

注：t 为公称厚度，D 为公称外径。

2.3.6 不锈钢管

(1) 常用不锈钢管（表 2.99）

表 2.99　常用不锈钢管的规格及线质量

公称管径/mm	实际外径/mm	公制系列壁厚/mm											
		1	1.5	2	2.5	3	3.5	4	5	6	8	10	12
		单位质量/(kg/m)											
	6	0.12											
	8	0.17											
6	10	0.22	0.32	0.4									
8	12	0.27	0.39	0.5									
10	14	0.32	0.47	0.6	*	*							
10	16			0.7	*	*	*	*					
15	18			0.8	*	*	*	*					
15	20			0.9	1.09	1.27	1.44	*					
20	25			1.15	1.4	1.65	1.88	*	*	*			
20	27			1.25	1.53	1.79	2.05	*	*	*			
25	32			1.5	1.84	2.17	2.49	*	*	*			
25	34			1.6	1.96	2.32	2.66	*	*	*			
32	38			1.79	2.21	2.62	3.01	*	*	*			
32	42			1.99	2.46	2.92	3.36	3.79	*	*			
40	45			2.14	2.65	3.14	3.62	4.09	*	*	*		
40	48			2.29	2.84	3.37	3.88	4.39	*	*	*		
40	51			2.44	3.02	3.59	4.14	4.69	*	*	*		
50	57			2.74	3.4	4.04	4.67	5.29	6.48	*	*	*	*
50	63			3.04	3.77	4.49	5.19	5.88	7.23	*	*	*	*
65	76					5.46	6.33	7.18	8.85	10.47	*	*	*
80	89					6.43	7.46	8.48	10.47	12.42	*	*	*
90	102					7.4	8.59	9.77	12.09	14.36	*	*	*
100	108					7.85	9.12	10.37	12.84	15.26	*	*	*
125	133							12.86	15.96	19.00	*	*	*
150	159							15.46	19.2	22.89	*	*	*

续表

公称管径/mm	实际外径/mm	公制系列壁厚/mm											
		1	1.5	2	2.5	3	3.5	4	5	6	8	10	12
		单位质量/(kg/m)											
200	219							21.44	26.68	31.86	42.08	*	*
250	273									39.94	52.85	65.57	*
300	325											78.53	*
350	377											91.49	*
400	426											103.7	*
450	480											*	*
500	530											*	*
600	630											*	*

注：1. 壁厚和单位质量项下的数字和 * 均为常用规格。

2. 理论质量计算：$\rho = 7.93$，0Cr18Ni9、00Cr19N10、Cr18Ni10Ti 等用 $W = 0.02491S(D-S)$。

$\rho = 7.98$ 时 0Cr18Ni9、00Cr17Ni10Mo20、Cr18Ni11TiNb 等用 $W = 0.02491S(D-S)$。

式中 W——钢管的理论质量，kg/m；

ρ——钢的密度，kg/m^3；

S——钢管的实际壁厚，mm；

D——钢管的实际外径，mm。

(2) 输送流体用不锈钢焊接钢管（表 2.100）

表 2.100 输送流体用不锈钢焊接钢管的规格

外径/mm	壁厚/mm																		
	0.3	0.4	0.5	0.6	0.8	1.0	1.2	1.4	1.5	1.8	2.0	2.2	2.5	2.8	3.0	3.2	3.5	3.6	4.0
8	△	△	△	△	△	△													
(9.5)	△	△	△	△	△	△													
12	△	△	△	△	△	△	△	△	△										
(12.7)	△	△	△	△	△	△	△	△	△										
13				△	△	△	△	△	△										
14				△	△	△	△	△	△	△									
15				△	△	△	△	△	△	△	⊙								
18				△	△	△	△	△	△	△	⊙								
19				△	△	△	△	△	△	△	⊙								
20				△	△	△	△	△	△	△	⊙	⊙							
(21.3)					△	△	△	△	△	△	⊙	⊙							
22					△	△	△	△	△	△	⊙	⊙							
25					△	△	△	△	△	△	⊙	⊙	⊙						
(25.4)					△	△	△	△	△	△	⊙	⊙	⊙						

续表

外径/mm	壁厚/mm																		
	0.3	0.4	0.5	0.6	0.8	1.0	1.2	1.4	1.5	1.8	2.0	2.2	2.5	2.8	3.0	3.2	3.5	3.6	4.0
(26.7)					△	△	△	△	△	△	⊙	⊙	⊙						
28						△	△	△	△	△	⊙	⊙	⊙						
30						△	△	△	△	△	⊙	⊙	⊙						
(31.8)						△	△	△	△	△	⊙	⊙	⊙	⊙	⊙				
32						△	△	△	△	△	⊙	⊙	⊙	⊙	⊙				
(33.4)						△	△	△	△	△	⊙	⊙	⊙	⊙	⊙				
36						△	△	△	△	△	⊙	⊙	⊙	⊙	⊙				
38						△	△	△	△	△	⊙	⊙	⊙	⊙	⊙				
(38.1)						△	△	△	△	△	⊙	⊙	⊙	⊙	⊙				
40						△	△	△	△	△	⊙	⊙	⊙	⊙	⊙				
(42.3)						△	△	△	△	△	⊙	⊙	⊙	⊙	⊙				
45						△	△	△	△	△	⊙	⊙	⊙	⊙	⊙				
48						△	△	△	△	△	⊙	⊙	⊙	⊙	⊙				
(48.3)						△	△	△	△	△	⊙	⊙	⊙	⊙	⊙				
(50.8)						△	△	△	△	△	⊙	⊙	⊙	⊙	⊙				
57						△	△	△	△	△	⊙	⊙	⊙	⊙	⊙	⊙			
(60.3)						△	△	△	△	△	⊙	⊙	⊙	⊙	⊙	⊙			
(63.5)							△	△	△	△	⊙	⊙	⊙	⊙	⊙	⊙			
76								△	△	△	⊙	⊙	⊙	⊙	⊙	⊙			
(88.9)									△	△	⊙	⊙	⊙	⊙	⊙	⊙	⊙	⊙	⊙
89									△	△	⊙	⊙	⊙	⊙	⊙	⊙	⊙	⊙	⊙
(101.6)									△	△	⊙	⊙	⊙	⊙	⊙	⊙	⊙	⊙	⊙
102									△	△	⊙	⊙	⊙	⊙	⊙	⊙	⊙	⊙	⊙
108									△	△	⊙	⊙	⊙	⊙	⊙	⊙	⊙	⊙	⊙
114										△	⊙	⊙	⊙	⊙	⊙	⊙	⊙	⊙	⊙
(114.3)										△	⊙	⊙	⊙	⊙	⊙	⊙	⊙	⊙	⊙
133											⊙	⊙	⊙	⊙	⊙	⊙	⊙	⊙	⊙
(139.7)											⊙	⊙	⊙	⊙	⊙	⊙	⊙	⊙	⊙

外径/mm	壁厚/mm																		
	2.2	2.5	2.8	3.0	3.2	3.5	3.6	4.0	4.2	4.6	4.8	5.0	5.5	6.0	8.0	10	12	14	16
114	⊙	⊙	⊙	⊙	⊙	⊙	⊙	⊙	○	○	○	○							
(114.3)	⊙	⊙	⊙	⊙	⊙	⊙	⊙	⊙	○	○	○	○							
133	⊙	⊙	⊙	⊙	⊙	⊙	⊙	⊙	○	○	○	○	○	○					
(139.7)	⊙	⊙	⊙	⊙	⊙	⊙	⊙	⊙	○	○	○	○	○	○					
(141.3)	⊙	⊙	⊙	⊙	⊙	⊙	⊙	⊙	○	○	○	○	○	○					
159	⊙	⊙	⊙	⊙	⊙	⊙	⊙	⊙	○	○	○	○	○	○	○				

续表

外径/mm	壁厚/mm																		
	2.2	2.5	2.8	3.0	3.2	3.5	3.6	4.0	4.2	4.6	4.8	5.0	5.5	6.0	8.0	10	12	14	16
(168.3)	⊙	⊙	⊙	⊙	⊙	⊙	⊙	⊙	○	○	○	○	○	○	○				
219		⊙	⊙	⊙	⊙	⊙	⊙	⊙	○	○	○	○	○	○	○	○	○		
(219.1)		⊙	⊙	⊙	⊙	⊙	⊙	⊙	○	○	○	○	○	○	○	○	○		
273					⊙	⊙	⊙	⊙	○	○	○	○	○	○	○	○	○		
(323.5)					⊙	⊙	⊙	⊙	○	○	○	○	○	○	○	○	○	○	
325					⊙	⊙	⊙	⊙	○	○	○	○	○	○	○	○	○	○	
(355.6)												○	○	○	○	○	○	○	
377												○	○	○	○	○	○	○	
400												○	○	○	○	○	○	○	
(406.4)												○	○	○	○	○	○	○	
426														○	○	○	○	○	
450														○	○	○	○	○	
(457.2)														○	○	○	○	○	
478														○	○	○	○	○	
500														○	○	○	○	○	
508														○	○	○	○	○	
529														○	○	○	○	○	
550														○	○	○	○	○	
(558.8)														○	○	○	○	○	
600														○	○	○	○	○	
(609.6)														○	○	○	○	○	○
630														○	○	○	○	○	○

注：1. △—采用冷轧板（带）制造；⊙—采用冷轧板（带）或热轧板（带）制造；○—采用热轧板（带）制造。

2. 括号内的数字为英制单位换算的公制单位尺寸。

（3）装饰用焊接不锈钢管（表 2.101）

表 2.101　装饰用焊接不锈钢圆管的规格（YB/T 5363—2006）

mm

外径	总壁厚																		
	0.4	0.5	0.6	0.7	0.8	0.9	1.0	1.2	1.4	1.5	1.6	1.8	2.0	2.2	2.5	2.8	3.0	3.2	3.5
6	△	△	△																
8	△	△	△																
9	△	△	△	△	△														
10	△	△	△	△	△	△	△	△											
12		△	△	△	△	△	△	△	△	△	△								
(12.7)			△	△	△	△	△	△	△	△	△								

续表

外径	总壁厚																		
	0.4	0.5	0.6	0.7	0.8	0.9	1.0	1.2	1.4	1.5	1.6	1.8	2.0	2.2	2.5	2.8	3.0	3.2	3.5
15			△	△	△	△	△	△	△	△	△								
16			△	△	△	△	△	△	△	△	△								
18			△	△	△	△	△	△	△	△	△								
19			△	△	△	△	△	△	△	△	△								
20			△	△	△	△	△	△	△	△	△	△	○						
22					△	△	△	△	△	△	△	△	○	○					
25					△	△	△	△	△	△	△	△	○	○	○				
28					△	△	△	△	△	△	△	△	○	○	○	○			
30					△	△	△	△	△	△	△	△	○	○	○	○	○		
(31.8)					△	△	△	△	△	△	△	△	○	○	○	○	○		
32					△	△	△	△	△	△	△	△	○	○	○	○	○		
38					△	△	△	△	△	△	△	△	○	○	○	○	○	○	○
40					△	△	△	△	△	△	△	△	○	○	○	○	○	○	○
45					△	△	△	△	△	△	△	△	○	○	○	○	○	○	○
48						△	△	△	△	△	△	△	○	○	○	○	○	○	○
51						△	△	△	△	△	△	△	○	○	○	○	○	○	○
56						△	△	△	△	△	△	△	○	○	○	○	○	○	○
57						△	△	△	△	△	△	△	○	○	○	○	○	○	○
(63.5)						△	△	△	△	△	△	△	○	○	○	○	○	○	○
65						△	△	△	△	△	△	△	○	○	○	○	○	○	○
70						△	△	△	△	△	△	△	○	○	○	○	○	○	○
76.2						△	△	△	△	△	△	△	○	○	○	○	○	○	○
80						△	△	△	△	△	△	△	○	○	○	○	○	○	○
83							△	△	△	△	△	△	○	○	○	○	○	○	○
89							△	△	△	△	△	△	○	○	○	○	○	○	○
95							△	△	△	△	△	△	○	○	○	○	○	○	○
(101.5)							△	△	△	△	△	△	○	○	○	○	○	○	○
102								△	△	△	△	△	○	○	○	○	○	○	○
108									△	△	△	△	○	○	○	○	○	○	○
114										△	△	△	○	○	○	○	○	○	○
127										△	△	△	○	○	○	○	○	○	○
133													○	○	○	○	○	○	○
140														○	○	○	○	○	○
159															○	○	○	○	○
168.3																○	○	○	○
180																		○	○
193.7																			○
219																			○

注：1.（　）内的数值不推荐使用。

2.△—冷轧板（带）制造；○—冷（或热）轧板（带）制造。

(4) 食品工业用无缝钢管

一般应选用奥氏体型不锈钢，钢号为 0Cr18Ni9，0Cr17Ni12Mo2 和 00Cr17Ni14Mo2。

钢管分为 A 类和 B 类两种，前者为无缝不锈钢管，后者为直缝焊接不锈钢管。

表 2.102 食品工业用无缝钢管尺寸（QB/T 2467—1999） mm

外径 D_0	壁厚 T	外径 D_0	壁厚 T	外径 D_0	壁厚 T	外径 D_0	壁厚 T
12	1	38	1.2,1.6	88.9	2	273	2.6
12.7	1	40	1.2,1.6	101.6	2	323.9	2.6
17.2	1	51	1.2,1.6	114.3	2	355.6	2.6
21.3	1	63.5	1.6	139.7	2	406.4	3.2
25	1.2,1.6	70	1.6	168.3	2.6		
33.7	1.2,1.6	76.1	1.6	219.1	2.6		

2.3.7 水、煤气管

表 2.103 水、煤气管规格及线质量

公称直径		外径/mm	普通管		加厚管		每 1m 钢管分配的管接头质量(以每 6m 一个管接头计算)/kg
mm	in		壁厚/mm	线质量/(kg/m)	壁厚/mm	线质量/(kg/m)	
6	1/3	10.0	2.00	0.39	2.50	0.46	
8	1/4	13.5	2.25	0.62	2.75	0.73	
10	3/8	17.0	2.25	0.82	2.75	0.97	
15	1/2	21.25	2.75	1.25	3.25	1.44	0.01
20	3/4	26.75	2.75	1.63	3.50	2.01	0.02
25	1	33.50	3.25	2.42	4.00	2.91	0.03
32	1¼	42.25	3.25	3.13	4.00	3.77	0.04
40	1½	48.0	3.50	3.84	4.25	4.58	0.06
50	2	60.0	3.50	4.88	4.50	6.16	0.08
70	2½	75.5	3.75	6.64	4.50	7.88	0.13
80	3	88.5	4.00	8.34	4.75	9.81	0.20
100	4	114	4.00	10.85	5.00	13.44	0.40
125	5	140	4.50	15.04	5.50	18.24	0.60
150	6	165	4.50	17.81	5.5	21.63	0.80

注：1. 镀锌钢管比不镀锌钢管重 3%～6%。钢管一般用材料为 Q215、Q235、Q255。

2. 除镀锌钢管外，户外也有用三元乙丙橡胶（乙烯、丙烯以及非共轭二烯烃的三元共聚物，EPDM）的。

2.4 钢丝

2.4.1 一般用途低碳钢丝

表 2.104　一般用途低碳钢丝的分类

分类	按交货状态			按用途		
名称	冷拉钢丝	退火钢丝	镀锌钢丝	普通用	制钉用	建筑用
代号	WCD	TA	SZ			

表 2.105　钢丝直径及允许偏差（YB/T 5294—2009）　mm

钢丝直径	允许偏差		钢丝直径	允许偏差	
	一般钢丝	镀锌钢丝		一般钢丝	镀锌钢丝
≤0.30	±0.01	±0.02	>1.60～3.00	±0.04	±0.06
>0.30～1.00	±0.02	±0.04	>3.00～6.00	±0.05	±0.07
>1.00～1.60	±0.03	±0.05	>6.00	±0.06	±0.08

表 2.106　一般用途低碳钢丝的规格（YB/T 5294—2009）

钢丝直径/mm	标准捆			非标准捆最低质量/kg
	捆重/kg	每捆根数≤	单根最低质量/kg	
≤0.30	5	6	0.5	0.5
>0.30～0.50	10	5	1	1
>0.50～1.00	25	4	2	2
>1.00～1.20	25	3	3	3
>1.20～3.00	50	3	4	4
>3.00～4.50	50	2	6	10
>4.50～6.00	50	2	6	12

2.4.2 重要用途低碳钢丝

按交货表面状况，重要用途低碳钢丝（表 2.107）可分为两类：Ⅰ类—镀锌钢丝（Zd）；Ⅱ类—光面钢丝（Zg）。

表 2.107　重要用途低碳钢丝（YB/T 5032—2006）

公称直径/mm	直径允许偏差/mm		抗拉强度 σ_b/MPa≥		扭转次数/(次/360°)	弯曲次数/(次/180°)	镀锌钢丝缠绕试验
	光面	镀锌	光面	镀锌			
0.3	±0.02	+0.04 −0.02	395	365	30	打结拉力试验抗拉强度/MPa≥ 度光面:225 镀锌:186	芯棒直径等于5倍钢丝直径，缠绕20圈
0.4					30		
0.5					30		
0.6					30		
					30		

续表

公称直径/mm	直径允许偏差/mm		抗拉强度σ_b/MPa≥		扭转次数/(次/360°)	弯曲次数/(次/180°)	镀锌钢丝缠绕试验
	光面	镀锌	光面	镀锌			
0.8	±0.04	+0.06 −0.02	395	365	25	22	芯棒直径等于5倍钢丝直径，缠绕20圈
1.0					25	18	
1.2					20	14	
1.4					20	12	
1.6					18	12	
1.8	±0.06	+0.08 −0.06			18	10	
2.0					15	10	
2.3					15	8	
2.6					12	10	
3.0					12	10	
3.5	±0.07	+0.09 −0.07			10	8	
4.0					10	8	
4.5					8	6	
5.0					6	3	
6.0							

公称直径/mm	盘重/kg ≥	公称直径/mm	盘重/kg ≥
6.0～4.0	0.3	1.0～0.8	5
3.5～1.8	0.5	0.6～0.5	10
1.6～1.2	1.0	0.4～0.3	20

注：钢丝采用GB/T 699中的低碳钢制造。

2.4.3 冷拉圆钢丝、方钢丝、六角钢丝

表2.108 冷拉圆钢丝、方钢丝、六角钢丝的尺寸规格（GB/T 342—1997）

公称尺寸/mm	圆形		公称尺寸/mm	圆形	
	截面面积/mm²	理论质量/(kg/km)		截面面积/mm²	理论质量/(kg/km)
0.050	0.0020	0.016	0.16	0.0201	0.158
0.055	0.0024	0.019	0.18	0.0254	0.199
0.063	0.0031	0.024	0.20	0.0314	0.246
0.070	0.0038	0.030	0.22	0.0380	0.298
0.080	0.0050	0.039	0.25	0.0491	0.385
0.090	0.0064	0.050	0.28	0.0616	0.484
0.10	0.0079	0.062	0.30*	0.0707	0.555
0.11	0.0095	0.075	0.32	0.0804	0.631
0.12	0.0113	0.089	0.35	0.096	0.754
0.14	0.0154	0.121	0.40	0.126	0.989

续表

公称尺寸/mm	圆形		方形		六角形	
	截面面积/mm²	理论质量/(kg/km)	截面面积/mm²	理论质量/(kg/km)	截面面积/mm²	理论质量/(kg/km)
0.45	0.159	1.248				
0.50	0.196	1.539	0.250	1.962		
0.55	0.238	1.868	0.302	2.371		
0.60*	0.283	2.22	0.360	2.826		
0.63	0.312	2.447	0.397	3.116		
0.70	0.385	3.021	0.490	3.846		
0.80	0.503	3.948	0.640	5.024		
0.90	0.636	4.993	0.810	6.358		
1.00	0.785	6.162	1.000	7.850		
1.10	0.950	7.458	1.210	9.498		
1.20	1.131	8.878	1.440	11.30		
1.40	1.539	12.08	1.960	15.39		
1.60	2.011	15.79	2.560	20.10	2.217	17.40
1.80	2.545	19.98	3.240	25.43	2.806	22.03
2.00	3.142	24.66	4.000	31.40	3.464	27.20
2.20	3.801	29.84	4.840	37.99	4.192	32.91
2.50	4.909	38.54	6.250	49.06	5.413	42.49
2.80	6.158	48.34	7.840	61.54	6.790	53.30
3.00*	7.069	55.49	9.000	70.65	7.795	61.19
3.20	8.042	63.13	10.24	80.38	8.869	69.62
3.50	9.621	75.52	12.25	96.16	10.61	83.29
4.00	12.57	98.67	16.00	125.6	13.86	108.8
4.50	15.90	124.8	20.25	159.0	17.54	137.7
5.00	19.64	154.2	25.00	196.2	21.65	170.0
5.50	23.76	186.5	30.25	237.5	26.20	205.7
6.00*	28.27	221.9	36.00	282.6	31.18	244.8
6.30	31.17	244.7	39.69	311.6	34.38	269.9
7.00	38.48	302.1	49.00	384.6	42.44	333.2
8.00	50.27	394.6	64.00	502.4	55.43	435.1
9.00	63.62	499.4	81.00	635.8	70.15	550.7
10.0	78.54	616.5	100.00	785.0	86.61	679.9
11.0	95.03	746.0				
12.0	113.1	887.8				
14.0	153.9	1208.1				
16.0	201.1	1578.6				

注：1. 表中的理论质量是按密度为 7.85g/cm³ 计算的，对特殊合金钢丝，在计算理论质量时应采用相应牌号的密度。

2. 表内尺寸一栏，对于圆钢丝表示直径；对于方钢丝表示边长；对于六角钢丝表示对边距离。

3. 表中的钢丝直径系列采用 R20 优先数系，其中“*”符号系补充的 R40 优先数系中的优先数系。

4. 直条钢丝的通常长度为 2～4m，允许供应长度不小于 1.5m 的短尺钢丝，但其质量不得超过该批质量的 15%。

2.4.4 冷拉碳素弹簧钢丝

适用于制造静载荷和动载荷应用机械弹簧的圆形冷拉碳素弹簧钢丝（表 2.109、表 2.110），不适用于制造高疲劳强度弹簧用钢丝。

表 2.109 冷拉碳素弹簧钢丝的强度等级和载荷（GB/T 4357—2009）

强度等级	静载荷	公称直径范围/mm	动载荷	公称直径范围/mm
低抗拉强度	SL 型	1.00～10.00	—	—
中等抗拉强度	SM 型	0.30～13.00	DM 型	0.08～13.00
高抗拉强度	SH 型	0.30～13.00	DH 型	0.05～13.00

表 2.110 冷拉碳素弹簧钢丝规格和抗拉强度（GB/T 4357—2009）

公称直径[①] /mm	抗拉强度[②]/MPa		
	SL 型	DM、SM 型	DH[③]、SH 型
0.05			2800～3520△
0.06			2800～3520△
0.07			2800～3520△
0.08		2780～3100*	2800～3480△
0.09		2740～3060*	2800～3430△
0.10		2710～3020*	2800～3380△
0.11		2690～3000*	2800～3350△
0.12		2660～2960*	2800～3320△
0.14		2620～2910*	2800～3250△
0.16		2570～2860*	2800～3200△
0.18		2530～2820*	2800～3160△
0.20		2500～2790*	2800～3110△
0.22		2470～2760*	2770～3080△
0.25		2420～2710*	2720～3010△
0.28		2390～2670*	2680～2970△
0.30		2370～2650	2660～2940
0.32		2350～2630	2640～2920
0.34		2330～2600	2610～2890
0.36		2310～2580	2590～2890
0.38		2290～2560	2570～2850
0.40		2270～2550	2560～2830
0.43		2250～2520	2530～2800
0.45		2240～2500	2510～2780
0.48		2220～2480	2490～2760
0.50		2200～2470	2480～2740
0.53		2180～2450	2460～2720
0.56		2170～2430	2440～2700
0.60		2140～2400	2410～2670

续表

公称直径[①] /mm	抗拉强度[②]/MPa		
	SL 型	DM、SM 型	DH[③]、SH 型
0.63		2130～2380	2390～2650
0.65		2120～2370	2380～2640
0.70		2090～2350	2360～2610
0.80		2050～2300	2310～2560
0.85		2030～2280	2290～2530
0.90		2010～2260	2270～2510
0.95		2000～2240	2250～2490
1.00	1720～1970	1980～2220	2230～2470
1.05	1710～1950	1960～2220	2210～2450
1.10	1690～1940	1950～2190	2200～2430
1.20	1670～1910	1920～2160	2170～2400
1.25	1660～1900	1910～2130	2140～2380
1.30	1640～1890	1900～2130	2140～2370
1.40	1620～1860	1870～2100	2110～2340
1.50	1600～1840	1850～2080	2090～2310
1.60	1590～1820	1830～2050	2060～2290
1.70	1570～1800	1810～2030	2040～2260
1.80	1550～1780	1790～2010	2020～2240
1.90	1540～1760	1770～1990	2000～2220
2.00	1520～1750	1760～1970	1980～2200
2.10	1510～1730	1740～1960	1970～2180
2.25	1490～1710	1720～1930	1940～2150
2.40	1740～1690	1700～1910	1920～2130
2.50	1460～1680	1690～1890	1900～2110
2.60	1450～1660	1670～1880	1890～2100
2.80	1420～1640	1650～1850	1860～2070
3.00	1410～1620	1630～1830	1840～2040
3.20	1390～1600	1610～1810	1820～2020
3.40	1370～1580	1590～1780	1790～1990
3.60	1350～1560	1570～1760	1770～1970
3.80	1340～1540	1550～1740	1750～1950
4.00	1320～1520	1530～1730	1740～1930
4.25	1310～1500	1510～1700	1710～1900
4.50	1290～1490	1500～1680	1690～1880
4.75	1270～1470	1480～1670	1680～1840
5.00	1260～1450	1460～1650	1660～1830
5.30	1240～1430	1440～1630	1640～1820
5.60	1230～1420	1430～1610	1620～1800
6.00	1210～1390	1400～1580	1590～1770
6.30	1190～1380	1390～1560	1570～1750
6.50	1180～1370	1380～1550	1560～1740

续表

公称直径[①]/mm	抗拉强度[②]/MPa		
	SL型	DM、SM型	DH[③]、SH型
7.00	1160～1340	1350～1530	1540～1710
7.50	1140～1320	1330～1500	1510～1680
8.00	1120～1300	1310～1480	1490～1660
8.50	1110～1280	1290～1460	1470～1630
9.00	1090～1260	1270～1440	1450～1610
9.50	1070～1250	1260～1420	1430～1590
10.00	1060～1230	1240～1400	1410～1570
10.50		1220～1380	1390～1550
11.00		1210～1370	1380～1530
12.00		1180～1340	1350～1500
12.50		1170～1320	1330～1480
13.00		1160～1310	1320～1470

①中间尺寸钢丝抗拉强度值按表中相邻较大钢丝的规定执行。

②对特殊用途的钢丝，可商定其他抗拉强度。

③对直径为0.08～0.18mm的DH型钢丝，经供需双方协商，其抗拉强度波动值范围可规定为300MPa。

注：1. 直条定尺钢丝的极限强度最多可能低10%；矫直和切断作业也会降低扭转值。

2. *—SM型钢丝无此规格；△—SH型钢丝无此规格。

2.4.5 重要用途碳素弹簧钢丝

重要用途碳素弹簧钢丝（表2.111～表2.113）按用途分为三组，其代号分别为E、F、G，前者主要用于制造承受中等应力的动载荷的弹簧，中者主要用于制造承受较高应力的动载荷的弹簧，后者主要用于制造承受振动载荷的阀门弹簧。

表2.111 重要用途碳素弹簧钢丝的规格（YB/T 5311—2010）

分类名称	直径范围/mm	直径允许偏差
E组	0.10～7.00	符合GB/T 342—1997表2中10级的规定
F组	0.10～7.00	
G组	1.00～7.00	符合GB/T 342—1997表2中11级的规定

表2.112 每盘钢丝的最小质量（YB/T 5311—2010）

钢丝直径/mm	最小盘重/kg	钢丝直径/mm	最小盘重/kg
0.10	0.1	>0.80～1.80	2.0
>0.10～0.20	0.2	>1.80～3.00	5.0
>0.20～0.30	0.5	>3.00～7.00	8.0
>0.30～0.80	1.0		

表 2.113　重要用途碳素弹簧钢丝力学性能（YB/T 5311—2010）

直径/mm	抗拉强度 R_m/MPa		
	E 组	F 组	G 组
0.10	2440～2890	2900～3380	—
0.12	2440～2860	2870～3320	—
0.14	2440～2840	2850～3250	—
0.16	2440～2840	2850～3200	—
0.18	2390～2770	2780～3160	—
0.20	2390～2750	2760～3110	—
0.22	2370～2720	2730～3080	—
0.25	2340～2690	2700～3050	—
0.28	2310～2660	2670～3020	—
0.30	2290～2640	2650～3000	—
0.32	2270～2620	2630～2980	—
0.35	2250～2600	2610～2960	—
0.40	2250～2580	2590～2940	—
0.45	2210～2560	2570～2920	—
0.50	2190～2540	2550～2900	—
0.55	2170～2520	2530～2880	—
0.60	2150～2500	2510～2850	—
0.63	2130～2480	2490～2830	—
0.70	2100～2460	2470～2800	—
0.80	2080～2430	2440～2770	—
0.90	2070～2400	2410～2740	—
1.00	2020～2350	2360～2660	1850～2110
1.20	1940～2270	2280～2580	1820～2080
1.40	1880～2200	2210～2510	1780～2040
1.60	1820～2140	2150～2450	1750～2010
1.80	1800～2120	2060～2360	1700～1960
2.00	1790～2090	1970～2250	1670～1910
2.20	1700～2000	1870～2150	1620～1860
2.50	1680～1960	1830～2110	1620～1860
2.80	1630～1910	1810～2070	1570～1810
3.00	1610～1890	1780～2040	1570～1810
3.20	1560～1840	1760～2020	1570～1810
3.50	1500～1760	1710～1970	1470～1710
4.00	1470～1730	1680～1930	1470～1710
4.50	1420～1680	1630～1880	1470～1710
5.00	1400～1650	1580～1830	1420～1660

续表

直径/mm	抗拉强度 R_m/MPa		
	E组	F组	G组
5.50	1370～1610	1550～1800	1400～1640
6.00	1350～1580	1520～1770	1350～1590
6.50	1320～1550	1490～1740	1350～1590
7.00	1300～1530	1460～1710	1300～1540

2.4.6 碳素工具钢丝

碳素工具钢丝按交货状态分为：冷拉（WCD）、磨光（SP）和退火（A）。

钢丝的直径范围为1.00～16.00mm。冷拉、退火钢丝的直径及其允许偏差应符合GB/T 342—1997表3中9～11级的规定；磨光钢丝的直径及其允许偏差应符合GB/T 3207—2008中9～11级的规定。

钢丝可以盘状或直条交货，其不圆度不大于钢丝公称直径公差之半。直条钢丝长度应符合表2.114的规定，定尺或倍尺交货的钢丝其长度允许偏差为：$^{+50}_{0}$ mm。平直度不得大于4mm/m。

表2.114 碳素工具钢直条钢丝长度（YB/T 5322—2010） mm

钢丝公称直径	通常长度	短尺	
		长度 ≥	数量
1.00～3.00	1000～2000	800	不超过每批质量15%
>3.00～6.00	2000～3500	1200	
>6.00～16.00	2000～4000	1500	

钢丝以盘状交货时，每盘由同一根钢丝组成，打开钢丝盘时不应散乱或呈“∞”字形；其质量应符合表2.115的规定，允许供应质量不小于表中规定盘重的50%的钢丝，其数量不得超过交货质量的10%。

表2.115 碳素工具盘状钢丝质量（YB/T 5322—2010）

钢丝公称直径/mm	每盘质量/kg ≥	钢丝公称直径/mm	每盘质量/kg ≥
1.00～1.50	1.50	>3.00～4.50	8.00
>1.50～3.00	5.00	>4.50	10.00

2.4.7 高速工具钢丝

高速工具钢丝按交货状态分为：磨光（SP）和退火（A）。

钢丝的直径范围为 1.00～16.00mm。退火钢丝的直径及其允许偏差应符合 GB/T 342—1997 表 3 中 9～11 级的规定；磨光钢丝的直径及其允许偏差应符合 GB/T 3207—2008 中 9～11 级的规定。

钢丝可以盘状或直条交货，其不圆度不大于钢丝公称直径公差之半。直条钢丝长度应符合表 2.116 规定，定尺或倍尺交货的钢丝其长度允许偏差为 $^{+50}_{0}$ mm。退火钢丝平直度不得大于 2mm/m；磨光钢丝平直度不得大于 2mm/m。

表 2.116　高速工具钢直条钢丝长度（YB/T 5302—2010）　mm

钢丝公称直径	通常长度	短尺	
		长度 ≥	数量
1.00～3.00	1000～3000	800	不超过每批质量 10%
>3.00	2000～4000	1200	

表 2.117　高速工具钢盘状钢丝质量（YB/T 5302—2010）

钢丝公称直径 /mm	每盘质量 /kg ≥	钢丝公称直径 /mm	每盘质量 /kg ≥
<3.00	15	≥3.00	30

2.4.8 合金结构钢丝

合金结构钢丝按交货状态分为：冷拉（WCD）和退火（A）。

钢丝的尺寸应符合 GB/T 342 的规定，尺寸允许偏差应符合 GB/T 342—1997 表 3 中 11 级的规定。

表 2.118　合金结构钢盘状钢丝质量（YB/T 5301—2010）

钢丝公称直径 /mm	每盘质量 /kg ≥	钢丝公称直径 /mm	每盘质量 /kg ≥
<3.00	10	≥3.00	15
马氏体及半马氏体钢丝	10		

表 2.119　合金结构钢丝的力学性能（YB/T 5301—2010）

交货状态	公称尺寸<5.00mm	公称尺寸≥5.00mm
	抗拉强度 R_m/MPa	硬度(HBW)
冷拉	≤1080	≤302
退火	≤930	≤296

2.4.9 合金弹簧钢丝

合金弹簧钢丝按交货状态分为：冷拉（WCD）、退火（A）、正火（N）和银亮（ZY）。

钢丝的直径范围为 0.50～14.00mm。冷拉或热处理钢丝的直径及其允许偏差应符合 GB/T 342—1997 的规定；银亮钢丝的直径及其允许偏差应符合 GB/T 3207—2008 的规定，未注明时应符合该标准表 2 中 10 级的规定。

钢丝一般应以盘卷状交货。按直条交货时应在合同中注明（其长度一般为 2～4m，允许有长度不小于 1.5m 的钢丝，但其数量应不超过总质量的 5%）。钢丝的不圆度不应大于钢丝公称直径公差之半。

表 2.120 合金弹簧钢丝质量（YB/T 5318—2010）

钢丝公称直径/mm	每盘质量/kg ≥	钢丝公称直径/mm	每盘质量/kg ≥
0.5～1.00	1.0	>6.00～9.00	15.0
>1.00～3.00	5.0	>9.00～14.00	30.0
>3.00～6.00	10.0		

2.4.10 不锈弹簧钢丝

不锈弹簧钢丝按表面状态可分为雾面（钢丝经干式拉拔、热处理等加工后，表面无光泽）、亮面（钢丝经湿式拉拔、热处理等加工后，表面光亮）、清洁面（钢丝经过拉拔、热处理等加工后，表面清洁）和表面带涂层（或镀层）四种。

成品钢丝主要以盘卷状供货，弹高和弹宽是衡量盘卷形状是否规整的参数（其数值越小越好）。其弹高和弹宽应符合表 2.121 的规定，不锈弹簧钢丝力学性能见表 2.122。

表 2.121 钢丝盘卷的弹高和弹宽 mm

钢丝公称直径	弹高	收线方式	弹宽/盘径
≤0.50	<60	线轴收线	0.9～2.5
>0.50～1.00	<80	盘卷收线	0.9～1.5
>1.00～2.00	<90		
>2.00	<100		

表 2.122　不锈弹簧钢丝力学性能（GB/T 24588—2009）MPa

<table>
<tr><th rowspan="3">公称直径（d）/mm</th><th>A 组</th><th>B 组</th><th colspan="2">C 组</th><th>D 组</th></tr>
<tr><th rowspan="2">12Cr18Ni9(302)
06Cr19Ni9(304)
06Cr17Ni12Mo2(316)
10Cr18Ni9Ti
12Cr18Mn9N15N</th><th rowspan="2">12Cr18Ni9
06Cr19Ni9N
12Cr18Mn9Ni5N</th><th colspan="2">07Cr17Ni7Al(631)</th><th rowspan="2">12Cr17Mn8Ni3Cu3N</th></tr>
<tr><th>冷拉 ≥</th><th>时效</th></tr>
<tr><td>0.20</td><td rowspan="3">1700～2050</td><td rowspan="3">2050～2400</td><td>1970</td><td>2270～2610</td><td rowspan="3">1750～2050</td></tr>
<tr><td>0.22</td><td rowspan="2">1950</td><td rowspan="2">2250～2580</td></tr>
<tr><td>0.25</td></tr>
<tr><td>0.28</td><td rowspan="5">1650～1950</td><td rowspan="5">1950～2300</td><td rowspan="2">1950</td><td rowspan="2">2250～2580</td><td rowspan="2">1720～2000</td></tr>
<tr><td>0.30</td></tr>
<tr><td>0.32</td><td rowspan="3">1920</td><td rowspan="3">2220～2550</td><td rowspan="3">1680～1950</td></tr>
<tr><td>0.35</td></tr>
<tr><td>0.40</td></tr>
<tr><td>0.45</td><td rowspan="4">1600～1900</td><td rowspan="4">1900～2200</td><td rowspan="2">1900</td><td rowspan="2">2200～2530</td><td>1680～1950</td></tr>
<tr><td>0.50</td><td rowspan="3">1650～1900</td></tr>
<tr><td>0.55</td><td rowspan="2">1850</td><td rowspan="2">2150～2470</td></tr>
<tr><td>0.60</td></tr>
<tr><td>0.63</td><td rowspan="5">1550～1850</td><td rowspan="5">1850～2150</td><td>1850</td><td>2150～2470</td><td rowspan="2">1650～1900</td></tr>
<tr><td>0.70</td><td rowspan="2">1820</td><td rowspan="2">2120～2440</td></tr>
<tr><td>0.80</td><td rowspan="3">1620～1870</td></tr>
<tr><td>0.90</td><td rowspan="2">1800</td><td rowspan="2">2100～2410</td></tr>
<tr><td>1.0</td></tr>
<tr><td>1.1</td><td rowspan="3">1450～1750</td><td rowspan="3">1750～2050</td><td rowspan="2">1750</td><td rowspan="2">2050～2350</td><td>1620～1870</td></tr>
<tr><td>1.2</td><td rowspan="2">1580～1830</td></tr>
<tr><td>1.4</td><td>1700</td><td>2000～2300</td></tr>
<tr><td>1.5</td><td rowspan="4">1400～1650</td><td rowspan="4">1650～1900</td><td>1700</td><td>2000～2300</td><td rowspan="4">1550～1800</td></tr>
<tr><td>1.6</td><td>1650</td><td>1950～2240</td></tr>
<tr><td>1.8</td><td rowspan="2">1600</td><td rowspan="2">1900～2180</td></tr>
<tr><td>2.0</td></tr>
<tr><td>2.2</td><td rowspan="2">1320～1570</td><td rowspan="2">1550～1800</td><td rowspan="2">1550</td><td rowspan="2">1850～2140</td><td>1550～1800</td></tr>
<tr><td>2.5</td><td>1510～1760</td></tr>
<tr><td>2.8</td><td rowspan="5">1230～1480</td><td rowspan="5">1450～1700</td><td rowspan="2">1500</td><td rowspan="2">1790～2060</td><td rowspan="2">1510～1760</td></tr>
<tr><td>3.0</td></tr>
<tr><td>3.2</td><td rowspan="2">1450</td><td rowspan="2">1740～2000</td><td rowspan="2">1480～1730</td></tr>
<tr><td>3.5</td></tr>
<tr><td>4.0</td><td>1400</td><td>1680～1930</td><td>1480～1730</td></tr>
</table>

续表

<table>
<tr><th rowspan="3">公称直径（d）/mm</th><th>A组</th><th>B组</th><th colspan="2">C组</th><th>D组</th></tr>
<tr><td rowspan="2">12Cr18Ni9(302)
06Cr19Ni9(304)
06Cr17Ni12Mo2(316)
10Cr18Ni9Ti
12Cr18Mn9N15N</td><td rowspan="2">12Cr18Ni9
06Cr19Ni9N
12Cr18Mn9Ni5N</td><td colspan="2">07Cr17Ni7Al(631)</td><td rowspan="2">12Cr17Mn8Ni3Cu3N</td></tr>
<tr><td>冷拉≥</td><td>时效</td></tr>
<tr><td>4.5</td><td rowspan="4">1100～1350</td><td rowspan="4">1350～1600</td><td rowspan="2">1350</td><td rowspan="2">1620～1870</td><td>1400～1650</td></tr>
<tr><td>5.0</td><td>1330～1580</td></tr>
<tr><td>5.5</td><td rowspan="2">1300</td><td rowspan="2">1550～1800</td><td>1330～1580</td></tr>
<tr><td>6.0</td><td>1230～1480</td></tr>
<tr><td>6.3</td><td rowspan="3">1020～1270</td><td rowspan="3">1270～1520</td><td rowspan="2">1250</td><td rowspan="2">1500～1750</td><td></td></tr>
<tr><td>7.0</td><td></td></tr>
<tr><td>8.0</td><td>1200</td><td>1450～1700</td><td></td></tr>
<tr><td>9.0</td><td>1000～1250</td><td>1150～1400</td><td rowspan="2">1150</td><td rowspan="2">1400～1650</td><td></td></tr>
<tr><td>10.0</td><td>980～1200</td><td>1000～1250</td><td></td></tr>
</table>

注：从盘卷或线轴上截取几圈钢丝，使其处于自由状态，然后从其中截取一整圈，取其中点无约束地垂直悬挂，钢丝两端之间偏移的距离即为弹高；从盘卷或线轴上截取几圈钢丝，使其处于自由状态，然后从其中截取一整圈钢丝，无约束地放在水平面上，钢丝的圈径即为弹宽。

2.4.11　垫圈用冷轧钢丝

表 2.123　垫圈用冷轧钢丝规格（YB/T 5319—2006）　　mm

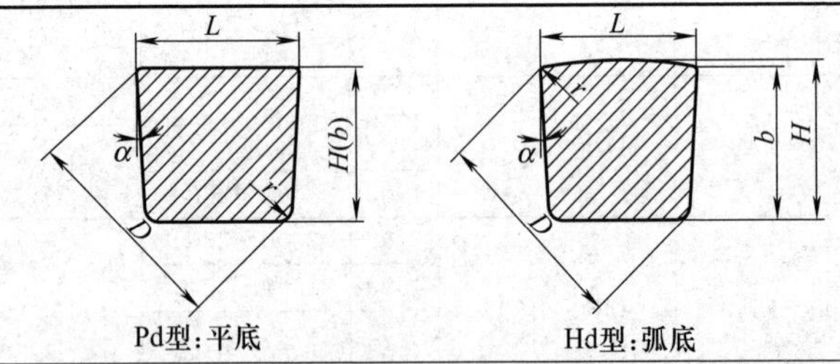

标准型垫圈用钢丝尺寸

<table>
<tr><th rowspan="2">规格型号</th><th rowspan="2">公称高度b</th><th colspan="2">梯形高度 H</th><th colspan="2">梯形底长 L</th><th colspan="2">梯形对角线 D</th><th colspan="2">梯形夹角 α</th><th rowspan="2">圆角半径 r</th></tr>
<tr><th>尺寸</th><th>允许偏差</th><th>尺寸</th><th>允许偏差</th><th>max</th><th>min</th><th>角度</th><th>允许偏差</th></tr>
<tr><td>TD0.6</td><td>0.6</td><td>0.60</td><td rowspan="4">0
−0.10</td><td>0.62</td><td rowspan="4">0
−0.10</td><td>0.83</td><td>0.76</td><td rowspan="4">5.0°</td><td rowspan="4">0
−0.5°</td><td rowspan="4">0.25b</td></tr>
<tr><td>TD0.8</td><td>0.8</td><td>0.80</td><td>0.85</td><td>1.12</td><td>1.04</td></tr>
<tr><td>TD1.0</td><td>1.0</td><td>1.01</td><td>1.05</td><td>1.39</td><td>1.31</td></tr>
<tr><td>TD1.2</td><td>1.2</td><td>1.21</td><td>1.25</td><td>1.67</td><td>1.09</td></tr>
</table>

续表

标准形垫圈用钢丝尺寸

规格型号	公称高度 b	梯形高度 H 尺寸	梯形高度 H 允许偏差	梯形底长 L 尺寸	梯形底长 L 允许偏差	梯形对角线 D max	梯形对角线 D min	梯形夹角 α 角度	梯形夹角 α 允许偏差	圆角半径 r
TD1.6	1.6	1.62	$^{0}_{-0.10}$	1.65	$^{0}_{-0.10}$	2.21	2.12	5.0°	$^{0}_{-0.5°}$	0.25b
TD2.0	2.0	2.02		2.10		2.80	2.71	4.5°		
TD2.5	2.5	2.52		2.60		3.48	3.38			
TD3.0	3.0	3.03		3.10		4.17	4.07			0.20b
TD3.5	3.5	3.53	$^{0}_{-0.12}$	3.65	$^{0}_{-0.12}$	4.88	4.77			
TD4.0	4.0	4.03		4.15		5.57	5.40			
TD4.5	4.5	4.54		4.70		6.31	6.19	4.0°		
TD5.0	5.0	5.04		5.20		7.00	6.85			
TD6.0	6.0	6.05		6.30		8.44	8.30			
TD6.5	6.5	6.55	$^{0}_{-0.15}$	6.80	$^{0}_{-0.15}$	9.12	8.98			
TD7.0	7.0	7.06		7.40		9.88	9.73			0.18b
TD8.0	8.0	8.06		8.40		11.25	11.10			
TD9.0	9.0	9.07		9.50		12.69	12.53			

轻型垫圈用钢丝尺寸

规格型号	公称高度 b	梯形高度 H 尺寸	梯形高度 H 允许偏差	梯形底长 L 尺寸	梯形底长 L 允许偏差	梯形对角线 D max	梯形对角线 D min	梯形夹角 α 角度	梯形夹角 α 允许偏差	圆角半径 r
TD0.8×0.5	0.8	0.80	$^{0}_{-0.10}$	0.52	$^{0}_{-0.10}$	0.93	0.86	4°	$^{0}_{-0.5°}$	0.25b
TD0.8×0.6	0.8	0.80		0.62		0.98	0.90			
TD1.0×0.8	1.0	1.01		0.85		1.28	1.20			
TD1.2×0.8	1.2	1.21		0.85		1.43	1.35			
TD1.2×1	1.2	1.21		1.05		1.55	1.47			
TD1.6×1.2	1.6	1.62		1.25		1.98	1.89			
TD2.0×1.6	2.0	2.02		1.65		2.54	2.45	3.5°		
TD2.5×2	2.5	2.52		2.05		3.16	3.06			
TD3.5×2.5	3.5	3.52	$^{0}_{-0.12}$	2.60	$^{0}_{-0.12}$	4.26	4.16			0.20b
TD4.0×3	4.0	4.03		3.10		4.94	4.83			
TD4.5×3.2	4.5	4.53		3.30		5.47	5.36	3°		
TD5.0×3.5	5.0	5.03		3.60		6.04	5.92			
TD5.5×4	5.5	5.53		4.10		6.72	6.60			
TD6.0×4.5	6.0	6.05	$^{0}_{-0.15}$	4.60	$^{0}_{-0.15}$	7.40	7.26			
TD6.5×4.8	6.5	6.55		4.90		7.97	7.83			
TD7.0×5.5	7.0	7.10		5.60		8.78	8.63			0.18b
TD8.0×6	8.0	8.10		6.10		9.86	9.70			

续表

钢丝尺寸 b/mm	每盘质量/kg ≥	
	正常盘重	较轻盘重
0.6～2.5	10	5
3.0～6.0	20	10
6.5～9.0	25	12

2.4.12 棉花打包用镀锌钢丝

表 2.124 棉花打包用镀锌钢丝（YB/T 5033—2001）

分类与代号	按镀锌方式	热镀锌棉包丝 HZ
		电镀锌棉包丝 EZ
	按抗拉强度	A 级（低强度）
		B 级（高强度）

捆径与捆质	公称直径/mm	标准捆		非标准捆	每捆钢丝交货质量允许偏差/%
		每捆质量/kg	每捆根数 ≤	单根质量/kg ≥	最低质量/kg	
	2.50、2.80 3.00、3.20	50	2	5	25	+1 −0.4
	3.40、3.80 4.00、4.50			10	50	

力学性能	钢丝公称直径/mm	A 级			B 级		
		抗拉强度/MPa	断后伸长率(l_0=100mm)/%	弯曲次数/(次/180°) ≥	抗拉强度/MPa ≥	断后伸长率(l_0=250mm)/% ≥	弯曲次数/(次/180°) ≥
	2.50	400～500	15	14	1400	4.0	8
	2.80				—	—	—
	3.20 3.40 3.80	—	—	—	1400	4.0	8
	4.00	400～500	15	14			
	4.50				—	—	—

第3章 有色金属材料

3.1 有色金属材料

有色金属也称非铁金属及其合金，其耐腐蚀、低温韧性好，熔点和电导率高。本手册中按化学成分可分为：铝和铝合金、铜和铜合金、铅和铅合金、镍和镍合金等。若按形状分类时可分为板、带、箔、管、棒、线等品种。

3.1.1 有色纯金属符号及物理性质

表 3.1 常用有色纯金属符号及物理性质

名称	符号	密度/(g/cm³)	熔点/℃	沸点/℃	比热容/[J/(kg·K)]	线胀系数/$10^{-6}K^{-1}$	电阻率/nΩ·m	电导率/%IACS	热导率/[W/(m·K)]
金	Au	19.302	1064.4	2857	128	14.2	23.5	73.4	317.9
银	Ag	10.49	961.9	2163	235	19.0	14.7	108.4	428
铜	Cu	8.93	1084.9	2595	386	16.7	16.73	103.06	398
锡	Sn	5.765	231.9	2770	205	23.1	110	15.6	62
铝	Al	2.6989	660.4	2494	900	23.6	26.55	64.96	247
镁	Mg	1.738	650	1107	102.5	25.2	44.5	38.6	155.5
钛	Ti	4507	1668	3260	522.3	10.2	420	—	11.4
钼	Mo	10.22	2610	5560	276	4.0	52	34	142
铅	Pb	11.34	327.4	1750	128.7	29.3	206.43	—	34
镍	Ni	8.902	1453	2730	471	13.3	68.44	25.2	82.9
铂	Pt	21.45	1769	3800	132	9.1	106	16	71.1
钨	W	19.254	3410	5700	160	127	53	—	190
锑	Sb	6.697	630.7	1587	207	8～11	370	—	25.9
锌	Zn	7.133	420	906	382	15	58.9	28.27	113
钴	Co	8.832	1495	2900	414	13.8	52.5	27.6	69.04
汞	Hg	14.193	−38.87	356.6	139.6	—	958	—	9.6
镉	Cd	8.642	321.1	767	230	31.3	72.7	25	96.8
铋	Bi	9.808	271.4	1564	122	13.2	1050	—	8.2
铍	Be	1.848	1283	2770	1886	11.6	40	38～43	190

续表

名称	符号	密度/(g/cm³)	熔点/℃	沸点/℃	比热容/[J/(kg·K)]	线胀系数/$10^{-6}K^{-1}$	电阻率/nΩ·m	电导率/%IACS	热导率/[W/(m·K)]
铈	Ce	8.160	798	3443	192	6.3	828	—	11.3
铌	Nb	8.57	2468	4927	270	7.31	25	13.2	53
钯	Pd	12.02	1552	3980	245	11.76	108	16	70
铑	Rh	12.41	1963	3700	247	8.3	45.1	—	150
钽	Ta	16.6	2996	5427	139.1	6.5	135	13	54.4
钇	Y	4.469	1522	3338	298.4	10.6	596	—	17.2
锆	Zr	6.505	1852	4377	300	5.85	450	4.1	21.1

3.1.2　有色金属及合金

表 3.2　有色金属产品状态名称、特性及其代号

名称		采用的汉字及拼音：汉字	拼音	代号	名称		采用的汉字及拼音：汉字	拼音	代号
产品状态代号	热加工	热	re	R	淬火(人工时效)		淬、时	cuishi	CS
	退火(焖火)	焖(软)	men	M	硬		硬	ying	Y
	淬火	淬	cui	C	3/4硬、1/2硬、1/3硬、1/4硬		硬	ying	Y_1、Y_2、Y_3、Y_4
	淬火后冷却(冷作硬化)	淬、硬	cuiying	CY					
	淬火(自然时效)	淬、自	cuizi	CZ	特硬		特	te	T
产品特性代号	优质表面	优	you	O	硬质合金	添加碳化钽	钽	tan	A
	涂漆蒙皮板	漆	qi	Q		添加碳化铌	铌	ni	N
	加厚包铝者	加	jia	J		细颗粒	细	xi	X
	不包铝者	不	bu	B		粗颗粒	粗	cu	C
	硬质合金表面涂层	涂	tu	U		超细颗粒	超	chao	H
产品状态特性代号组合举例 不包铝	热轧	不、热	bure	BR	优质表面淬火	自然时效	淬、自、优	cuiziyou	CZO
	退火	不、焖	bumen	BM		自然时效、冷作硬化	淬、自、硬、优	cuiziyingyou	CZYO
	淬火、冷作硬化	不、淬、硬	bucuiying	BCY		人工时效	淬、时、优	cuishiyou	CSO
	淬火、优质表面	不、淬、优	bucuiyou	BCO	优质表面(退火)		焖、优	menyou	MO
	淬火、冷作硬化、优质表面	不、淬、硬、优	bucuiyingyou	BCYO	淬火后冷轧、人工时效		淬、硬、时	cuiyingshi	CYS
					热加工、人工时效		热、时	reshi	RS

表 3.3　有色金属及其合金产品牌号

产品名称	组别	金属或合金牌号举例	
		牌　　号	代号
铝及铝合金	工业纯铝	四号工业纯铝	1035
	防锈铝	二号防锈铝	5A02
	硬铝	十二号硬铝	2A12
	锻铝	二号锻铝	6A02
	超硬铝	四号超硬铝	7A04
	特殊铝	六十六号特殊铝	LT66
	硬钎焊铝	一号硬钎焊铝	LQ1
镁合金	铸造镁合金	一号镁合金	ZM1
	变形加工用	八号镁合金	MB8
钛及其合金	工业纯钛	一号 α 型钛	TA1
	钛合金	五号 α 型钛合金	TA5
		四号 α+β 型铁合金	TC4
纯铜	纯铜	二号铜	T2
	无氧铜	一号无氧铜	TU1
		磷脱氧铜	TUP
黄铜	普通黄铜	68 黄铜	H68
	铅黄铜	59-1 铅黄铜	HPb59-1
	锡黄铜	90-1 锡黄铜	HSn90-1
	铝黄铜	77-2 铝黄铜	HAl77-2
	锰黄铜	58-2 锰黄铜	HMn58-2
	铁黄铜	59-1-1 铁黄铜	HFe59-1-1
	镍黄铜	65-5 镍黄铜	HNi65-5
	硅黄铜	80-3 硅黄铜	HSi80-3
	铸造黄铜	锰黄铜	ZHMn55-3-1
青铜	锡青铜	6.5-0.1 锡青铜	QSn6.5-0.1
	铝青铜	10-3-1.5 铝青铜	QAl10-3-1.5
	铍青铜	1.9 铍青铜	QBe1.9
	硅青铜	3-1 硅青铜	QSi3-1
	锰青铜	5 锰青铜	QMn-5
	镉青铜	1 镉青铜	QCd1
	铬青铜	0.5 铬青铜	QCr0.5
	铸造青铜	10-3 铝青铜	ZQAl10-3
白铜	普通白铜	30 白铜	B30
	锰白铜	3-12 锰白铜	BMn3-12
	铁白铜	30-1-1 铁白铜	BFe30-1-1
	锌白铜	15-20 锌白铜	BZn15-20
	铝白铜	13-3 铝白铜	BAl13-3
硬质合金	切削工具用硬质合金	长切削加工用	P01-40，5 级
		长或短切削加工用	M10-40,4 级
		短切削加工用	K01-40,5 级
	地矿工具用硬质合金	—	G05、10、20、30、40、50
	耐磨零件用硬质合金	线棒管拉制用	LS10-40，4 级
		冲压模具用	LT10-30，3 级
		高温高压构件用	LQ10-30，3 级
		线材轧制轧辊用	LV10-40，4 级
锡及其合金	纯锡	二号锡	Sn2
	锡铅合金	13.5-2.5 锡铅合金	SnPb13.5-2.5
	锡锑合金	2.5 锡锑合金	SnSb2.5
焊料	铜焊料	64 铜锌焊料	H1CuZn64
	锡焊料	39 锡铅焊料	H1SnPb39
	银焊料	28 银铜焊料	H1AgCu28
	焊料合金	50 银基焊料	HL304
金及其合金	纯金	二号金	Au2
	金银合金	40 金银合金	AuAg40
	金铜合金	20-5 金铜合金	AuCu20-5
	金镍合金	7.5-1.5 金镍合金	AuNi7.5-1.5
	金铂合金	5 金铂合金	AuPt5
	金钯合金	30-10 金钯合金	AuPd30-10
	金镓合金	1 号金镓合金	AuGa1
	金锗合金	12 号金锗合金	AuGe12
银及其合金	纯银	二号银	Ag2
	银铜合金	10 银铜合金	AgCu10
	银镁合金	3 银镁合金	AgMg3
	银铂合金	12 银铂合金	AgPt12
	银钯合金	20 银钯合金	AgPd20

续表

产品名称	组别	金属或合金牌号举例	
		牌号	代号
铂及其合金	纯铂	二号铂	Pt2
	铂铱合金	5铂铱合金	PtIr5
	铂铑合金	7铂铑合金	PtRh7
	铂银合金	20铂银合金	PtAg20
	铂钯合金	20铂钯合金	PtPd20
	铂镍合金	4.5铂镍合金	PtNi4.5
镍及其合金	纯镍	四号镍	N4
	阳极镍	一号阳极镍	NY1
	镍硅合金	0.19镍硅合金	NSi0.19
	镍镁合金	0.1镍镁合金	NMg0.1
	镍锰合金	2-2-1镍锰合金	NMn2-2-1
	镍铜合金	28-2.5-1.5镍铜合金	NCu28-2.5-1.5
	镍铬合金	10镍铬合金	NCr10
	镍钴合金	17-2-2-1镍钴合金	NCo17-2-2-1
	镍铝合金	3-1.5-1镍铝合金	NAl3-1.5-1
	镍钨合金	4-0.2镍钨合金	NW4-0.2
镉	纯镉	二号镉	Cd2
锌及其合金	纯锌	二号锌	Zn2
	锌铜合金	1.5锌铜合金	ZnCu1.5
铅及其合金	纯铅	三号铅	Pb3
	铅锑合金	二号铅锑合金	PbSb2

产品名称	组别	金属或合金牌号举例	
		牌号	代号
钯及其合金	纯钯	二号钯	Pd2
	钯铱合金	10钯铱合金	PdIr10
	钯银合金	40钯银合金	PdAg40
	钯铜合金	40钯铜合金	PdCu40
轴承合金	锡基轴承合金	2-0.2-0.15铅锑轴承合金	ChPbSb2-0.2-0.15
		8-3锡锑轴承合金	ChSnSb8-3
	铅基轴承合金	11-6锡锑轴承合金	ChSnSb11-6
		0.25铅锑轴承合金	ChPbSb0.25
粉末	镁粉	一号镁粉	FM1
	喷铝粉	二号喷铝粉	FLP2
	涂料铝粉	二号涂料铝粉	FLU2
	细铝粉	一号细铝粉	FLX1
	特细铝粉	一号特细铝粉	FLT1
	炼钢、化工用铝粉	一号炼钢、化工铝粉	FLG1
其他	电池锌板	锌合金板材	XD
	铅基印刷合金	14-4铅锑印刷合金	IPbSb14-4
	稀土	钇基重稀土合金	W12RE

3.1.3 有色金属材料的色标

涂在材料的端面或端部，用于表明其牌号、规格等（表3.4）。

表3.4 有色金属材料的涂色标志

锭种	牌号	颜色	锭种	牌号	颜色
铝锭（GB/T 1196）	Al99.90	红横三条	锌锭（GB/T 470）	特一号(Zn-0)	红色两条
	Al99.85	红横两条		一号(Zn-1)	红色一条
	Al99.70A	红横一条		二号(Zn-2)	黑色两条
	Al99.70	红竖一条		三号(Zn-3)	黑色一条
	Al99.60	红竖两条		四号(Zn-4)	绿色两条
	Al99.50	红竖三条		五号(Zn-5)	绿色一条
	Al99.70E	绿竖一条			
	Al99.65E	绿竖两条			

续表

锭种	牌　　号	颜　　色	锭种	牌　　号	颜　　色
镍板(GB/T 2057)	特号(Ni-01)	红色	铅锭(GB/T 469)	一号(Pb-1)	红色两条
	一号(Ni-1)	蓝色		二号(Pb-2)	红色一条
	二号(Ni-2)	黄色		三号(Pb-3)	黑色两条
铸造碳化钨管(GB/T 2967)	二号管	绿色		四号(Pb-4)	黑色一条
	三号管	黄色		五号(Pb-5)	绿色两条
	四号管	白色		六号(Pb-6)	绿色一条
	六号管	浅蓝色			

3.2　有色金属材料的编号、牌号

3.2.1　铝及铝合金

（1）铝及铝合金的编号

纯铝编号：L+顺序号。

依其杂质的含量表示，如 L1、L2、L3 等，数字越小纯度越高。高纯铝用 L0、L00 表示，其后所附顺序数字越大，纯度越高，如 L04 的含铝量不小于 99.996%。

（2）变形铝及铝合金编号：

变形铝及铝合金的编号方法是用四位字符表示：

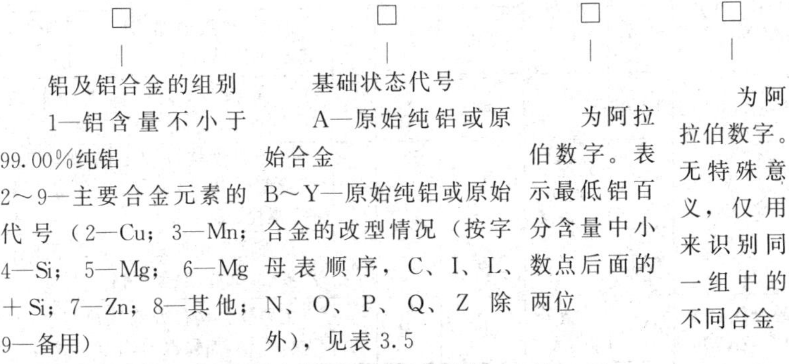

（3）变形铝及铝合金的基础状态代号（表 3.5）

表 3.5　变形铝及铝合金的基础状态代号

代号	名称	应　　用
F	自由加工状态	适用于在成形过程中，对于加工硬化和热处理条件无特殊要求的产品，其力学性能不作规定
O	退火状态	适用于经完全退火获得最低强度的加工产品

续表

代号	名称	应用
H	加工硬化状态	适用于通过加工硬化提高强度的产品，产品在加工硬化后可经过（也可不经过）使强度有所降低的附加热处理。H代号后面必须有两位或三位阿拉伯数字（如H112为热作状态）
W	固溶热处理状态	一种不稳定状态，仅适用于经固溶热处理后，室温下自然时效的合金，该状态代号仅表示产品处于自然时效阶段
T	热处理状态（不同于F、O、H状态）	适用于热处理后，经过（或不经过）加工硬化达到稳定状态的产品。T代号后面必须跟有一位或多位阿拉伯数字（如T4—固溶处理后自然时效状态；T5—高温成形过程冷却后人工时效状态；T6—固溶处理后人工时效状态）；T7—固溶处理后稳定化。T8—固溶处理冷作后人工时效。T9—固溶处理后人工时效再冷作。T10—从成形温度冷却，人工时效后冷作

（4）部分变形铝合金的牌号、用途（表3.6）

表3.6 部分变形铝合金的牌号、用途

类别	代号	热处理状态	力学性能			用途
			σ_b/MPa	δ/%	HB	
防锈铝合金（Al-Mn和Al-Mg系）	5A05	退火	270	23	70	中载零件、铆钉、焊条、油管、焊接油箱
	3A21		130	23	30	铆钉、焊接油箱、油管、焊条、轻载零件及制品等
硬铝合金（Al-Cu-Mg系）	2A01	固溶处理＋自然时效	300	24	70	中等强度、工作温度不超过100℃的铆钉
	2A11		420	18	100	中等强度构件和零件，如骨架、螺旋桨叶片、整流罩、局部镦粗零件、螺栓、铆钉等
	2A12		480	11	131	高强度的构件及150℃以下工作的零件，如骨架、梁、铆钉
超硬铝合金（Al-Zn-Mg-Cu系）	7A04	固溶处理＋人工时效	600	12	150	主要受力构件及高载荷零件，如飞机大梁，加强框、起落架
	7A09					同上
锻铝合金（Al-Cu-Mg-Si系和Al-Cu-Mg-Fe-Ni系）	2A50	固溶处理＋人工时效	420	13	105	形状复杂和中等强度的锻件及模锻件
	2A70①		440	13	120	高温下工作的复杂锻件和结构件、内燃机活塞
	2A14		480	10	135	高载荷锻件和模锻件

① Ti0.02～0.1，Ni0.9～1.5，Fe0.9～1.5，Si0.35。

注：变形铝及变形铝合金旧新牌号对照：

旧牌号	新牌号	旧牌号	新牌号	旧牌号	新牌号
L1	1070A	LD30	6061	LY8	2B11
L2	1060	LD31	6063	LY9	2B12
L3	1050A	LF2	5A02	LY10	2A10
L4	1035	LF3	5A03	LY11	2A11
L4-1	1A30	LF4	5083	LY12	2A12
L5	1200	LF5	5A05	LY13	2A13
L5-1	1100	LF5-1	5056	LY16	2A16
L6	8A06	LF6	5A06	LY16-1	2B16
L12	5A41	LF10	5B05	LY17	2A17
L66	5005	LF12	5A12	LY20	2A20
LB1	7A01	LF13	5A13	(149)	2A49
LB2	1A50	LF14	5B06	157	7A15
LB73	7A33	LF15	5A01	(183-1)	7A31
LC3	7A03	LF16	5A30	214	2A21
LC4	7A04	LF21	3A21	225	2A25
LC9	7A09	LF33	5A33	491	4A91
LC10	7A10	LF41	5A41	651	6A51
LC12	7003	LF43	5A43	705	7A05
LC15	7A15	LG1	1A85	7N01	7B05
LC19	7A19	LG2	1A90	(2101、LF15)	5A01
LC52	7A52	LG3	1A93	(2103、LF16)	5A30
LD2	6A02	LG4	1A97	(214)	2A21
LD2-1	6B02	LG5	1A99	(225)	2A25
LD5	2A50	LT1	4A01	(651)	6A51
LD6	2B50	LT13	4A13	(919、LC19)	7A19
LD7	2A70	LT17	4A17	(LB733)	7A33
LD7-1	2B70	LT41	5A41	(LC15、157)	7A15
LD8	2A80	LT66	5A66	(LC52、5210)	7A52
LD9	2A90	LY1	2A01	(LD7-1)	2B70
LD10	2A14	LY2	2A02	(LY16-1)	2B16
LD11	4A11	LY4	2A04	(LY19、147)	2219
LD22	6070	LY6	2A06	(LY20)	2A20

说明：(　) 内是曾用名。

(5) 铝合金的品种、状态和典型用途（表 3.7～表 3.13）

表 3.7　1×××系铝合金的品种、状态和典型用途

合金	主要品种	状态	典型用途
1050	板、带、箔材	O、H12、H14、H16、H18	导电体，食品、化学和酿造工业用挤压盘管，各种软管，船舶配件，小五金件
	管、棒、线材	O、H14、H18	
	挤压管材、粉材	H112	

续表

合金	主要品种	状态	典型用途
1060	板、带材	O、H12、H14、H16、H18	要求耐蚀性与成形性均较高而对强度要求不高的零部件，如化工设备、船舶设备、铁道油罐车、导电体材料、仪器仪表材料、焊条等
	箔材	O、H19	
	厚板	O、H12、H14、H112	
	拉伸管	O、H12、H14、H18、H113	
	挤压管、型、棒、线材	O、H112	
	冷加工棒材	H14	
1100	板、带材	O、H12、H14、H16、H18	用于需要有良好的成形性和高的抗蚀性，但不要求有高强度的零部件，例如化工设备、食品工业装置与储存容器、炊具、压力罐、薄板加工件、深拉或旋压凹形器皿、焊接零部件、热交换器、印刷版、铭牌、反光器具、卫生设备零件和管道、建筑装饰材料、小五金件等
	箔材	O、H19	
	厚板	O、H12、H14、H112	
	拉伸管	O、H12、H14、H16、H18、H113	
	挤压管、型、棒、线材	O、H112	
	冷加工棒材	O、H12、H14、F	
	冷加工线材	O、H12、H14、H16、H18、H112	
	锻件和锻坯	H112、F	
	散热片坯料	O、H14、H18、H19、H25、H111、H113、H211	
1145	箔材	O、H19	包装及绝热铝箔、热交换器
	散热片坯料	O、H14、H19、H25、H111、H113、H211	
1350	板、带材	O、H12、H14、H16、H18	电线、导电绞线、汇流排、变压器带材
	厚板	O、H12、H14、H112	
	挤压管、型、棒、线材	H112	
	冷加工圆棒	O、H12、H14、H16、H22、H24、H26	
	冷加工异形棒	H12、H111	
	冷加工线材	O、H12、H14、H16、H19、H22、H24、H26	
1A90	箔材	O、H19	电解电容器箔、光学反光沉积膜、化工用管道
	挤压管	H112	

表 3.8 2×××系铝合金的品种、状态和典型用途

合金	主要品种	状 态	典型用途
2011	拉伸管	T3、T4511、T8	螺钉及要求有良好切削性能的机械加工产品
	冷加工棒材	T3、T4、T451、T8	
	冷加工线材	T3、T8	

续表

合金	主要品种	状态	典型用途
2014	板材 厚板 拉伸管 挤压管、棒、型、线材 冷加工棒材 冷加工线材 锻件	T3、T4、T6 O、T451、T651 O、T4、T6 O、T4、T4510、T4511、T6、T6510、T6511 O、T4、T451、T6、T651 O、T4、T6 F、T4、T6、T652	应用于要求高强度与高硬度(包括高温)的场合。重型锻件、厚板和挤压材料，如用于飞机结构件，多级火箭第一级燃料槽与航天器零件，车轮、卡车构架与悬挂系统零件
2017	板材 挤压型材 冷加工棒材 冷加工线材 铆钉线材 锻件	O、T4 O、T4、T4510、T4511 O、H13、T4、T451 O、H13、T4、T451 T4 F、T4	主要应用范围为铆钉、通用机械零件、飞机、船舶、交通、建筑结构件、运输工具结构件，螺旋桨与配件
2024	板材 厚板 拉伸管 挤压管、型、棒、线材 冷加工棒材 冷加工线材 铆钉线材	O、T3、T361、T4、T72、T81、T861 O、T351、T361、T851、T861 O、T3 O、T3、T3510、T3511、T81、T8510、T8511 O、T13、T351、T4、T6、T851 O、H13、T36、T4、T6 T4	飞机结构件(蒙皮、骨架、肋梁、隔框等)、铆钉、导弹构件、卡车轮毂、螺旋桨元件及其他各种结构件
2036	汽车车身薄板	T4	汽车车身钣金件
2048	板材	T851	航空航天器结构件与兵器结构零件
2117	冷加工棒材和线材 铆钉线材	O、H13、H15、T4	用作工作温度不超过 100℃的结构件铆钉
2124	厚板	O、T851	航空航天器结构件
2218	锻件 箔材	F、T61、T71、T72 F、T61、T72	飞机发动机和柴油发动机活塞，飞机发动机气缸头，喷气发动机叶轮和压缩机环
2219	板材 厚板 箔材 挤压管、型、棒、线材 冷加工棒材 锻件	O、T31、T37、T62、T81、T87 O、T351、T37、T62、T851、T87 F、T6、T852 O、T31、T3510、T3511、T62、T81、T8510 T8511、T851 T6、T852	航天火箭焊接氧化剂槽与燃料槽，超音速飞机蒙片与结构零件，工作温度为 −270～300℃。焊接性好，断裂韧性高，T8 状态有很高的抗应力腐蚀开裂能力

续表

合金	主要品种	状　态	典型用途
2319	线材	O、H13	焊接2219合金的焊条和填充焊料
2618	厚板 挤压棒材 锻件与锻坯	T651 O、T6 F、T61	厚板用作飞机蒙皮，棒材、锻件用于制造航空发动机气缸、气缸盖、活塞等零件，以及要求在150～250℃工作的耐热部件
2A01	冷加工棒材和线材铆钉线材	O、H13、H15、T4	用作工作温度不超过100℃的结构件铆钉
2A02	棒材 锻件	O、H13、T6 T4、T6、T652	工作温度200～250℃的涡轮喷气发动机的轴向压气机叶片、叶轮和盘等
2A04	铆钉线材	T4	用来制作工作温度为120～250℃结构件的铆钉
2A06	板材 挤压型材 铆钉线材	O、T3、T351、T4 O、T4 T4	工作温度150～250℃的飞机结构件及工作温度125～250℃的航空器结构铆钉
2A10	铆钉线材	T4	强度比2A01合金的高，用于制造工作温度≤100℃的航空器结构铆钉
2A11	同2017	同2017	同2017
2A10	铆钉线材	T4	用作工作温度不超过100℃的结构铆钉
2A12	同2024	同2024	同2024
2A14	同2014	同2014	同2014
2A16	同2219	同2219	同2219
2A17	锻件	T6、T852	工作温度225～250℃的航空器零件，很多用途被2A15合金所取代
2A50	锻件、棒材、板材	T6	形状复杂的中等强度零件
2A70	同2618	同2618	同2618
2A80	挤压棒材 锻件与锻坯	O、T6 F、T61	航空器发动机零部件及其他工作温度高的零件，该合金锻件几乎完全被2A70取代

续表

合金	主要品种	状　　态	典型用途
2A90	挤压棒材 锻件与锻坯	O、T6 F、T61	航空器发动机零部件及其他工作温度高的零件，合金锻件逐渐被 2A70 取代
2B50	锻件	T6	航空器发动机气压机轮、导风轮、风扇、叶轮等

表 3.9　3××× 系铝合金的品种、状态和典型用途

合金	主要品种	状态	典型用途
3003	板材 厚板 拉伸管 挤压管、型、棒、线材 冷加工棒材 冷加工线材 锻件 箔材 散热片坯料	O、H12、H14、H16、H18 O、H12、H14、H112 O、H12、H14、H16、H18、H25、H113 O、H112 O、H112、F、H14 O、H14 H112、F O、H19 O、H14、H18、H19、H25、H111、H113、H211	用于加工需要有良好的成形性能、高的抗蚀性或可焊性好的零部件，或既要求有这些性能又需要有比 1××× 系合金强度高的工件，如运输液体产品的槽和罐、压力罐、储存装置、热交换器、化工设备、飞机油箱、油路导管、反光板、厨房设备、洗衣机缸体、铆钉、焊丝
3003（包铝）	板材 厚板 拉伸管 挤压管	O、H12、H14、H16、H18 O、H12、H14、H112 O、H12、H18、H25、H113 O、H112	房屋隔断、顶盖、管路等
3004	板材 厚板 拉伸管 挤压管	O、H32、H34、H36、H38 O、H32、H34、H112 O、H32、H36、H38 O	全铝易拉罐罐身，要求有比 3003 合金更高强度的零部件，化工产品生产与储存装置，薄板加工件，建筑挡板、电缆管道、下水管，各种灯具零部件等
3004（包铝）	板材	O、H131、H151、H241、H261、H341、H361、H32、H34、H36、H38	房屋隔断、挡板、下水管道、工业厂房屋顶盖
	厚板	O、H12、H14、H16、H18、H25	
3105	板材	O、H12、H14、H16、H18、H25	房屋隔断、挡板、活动房板，檐槽和落水管，薄板成形加工件，瓶盖和罩帽等
3A21	同 3003		

表 3.10 4×××系铝合金的品种、状态和典型用途

合金	主要品种	状态	典型用途
4004	板材	F	钎焊板、散热器钎焊板和箔的钎焊层
4032	锻件	F、T6	活塞及耐热零件
4043	线材和板材	O、F、H14、H16、H18	铝合金焊接填料，如焊带、焊条、焊丝
4A11	锻件	F、T6	活塞及耐热零件
4A13	板材	O、F、H14	板状和带状的应钎焊料，散热器钎焊板和箔的钎焊层
4A17	板材	O、F、H14	板状和带状的硬钎焊料，散热器钎焊板和箔的钎焊层

表 3.11 5×××系铝合金的品种、状态和典型用途

合金	主要品种	状态	典型用途
5005	板材	O、H12、H16、H18、H32、H36、H38	与3003合金相似，具有中等强度与良好的抗蚀性。用作导体、炊具、仪表板、壳与建筑装饰件。阳极氧化膜比3003合金上的氧化膜更加明亮，并与6063合金的色调协调一致
	厚板	O、H12、H14、H32、H34、H12	
	冷加工棒材	O、H12、H14、H16、H22、H24、H26、H32	
	冷加工线材	O、H19、H32	
	铆钉线材	O、H32	
5050	板材	O、H32、H34、H36、H38	薄板可作为制冷机与冰箱的内衬板，汽车气管、油管，建筑小五金、盘管及农业灌溉管
	厚板	O、H112	
	拉伸管	O、H32、H34、H36、H38	
	冷加工棒材	O、F	
	冷加工线材	O、H32、H34、H36、H38	
5052	板材	O、H32、H34、H36、H38	此合金有良好的成形加工性能，抗蚀性、可焊性、疲劳强度与中等的静态强度，用于制造飞机油箱、油管，以及交通车辆、船舶的钣金件、仪表、街灯支架与铆钉线材等
	厚板	O、H32、H34、H112	
	拉伸管	O、H32、H34、H36、H38	
	冷加工棒材	O、F、H32	
	冷加工线材	O、H32、H34、H36、H38	
	铆钉线材	O、H32	
	箔材	O、H19	
5056	冷加工棒材	O、F、H32	镁合金与电缆护套、铆接镁的铆钉、拉链、筛网等；包铝的线材广泛用于加工农业虫器罩，以及需要有高抗蚀性的其他场合
	冷加工线材	O、H111、H12、H14、H18、H32、H34、H36、H38、H192、H392	
	铆钉线材	O、H32	
	箔材	H19	

续表

合金	主要品种	状态	典型用途
5083	板材	O、H116、H321	用于需要有高抗蚀性、良好的可焊性和中等强度的场合，诸如船舶、汽车和飞机板焊接件；需要严格防火的压力容器、制冷装置、电视塔、钻探设备、交通运输设备、导弹零件、装甲等
	厚板	O、H112、H116、H321	
	挤压管、型、棒、线材	O、H111、H112	
	锻件	H111、H112、F	
5086	板材	O、H112、H116、H32、H34、H36、H38	用于需要有高抗蚀性、良好的可焊性和中等强度的场合，诸如舰艇、汽车、飞机、低温设备、电视塔、钻井设备、运输设备、导弹零部件与甲板等
	厚板	O、H112、H116、H321	
	挤压管、型、棒、线材	O、H111、H112	
5154	板材	O、H32、H34、H36、H38	焊接结构、储槽、压力容器、船舶结构与海上设施、运输槽罐
	厚板	O、H32、H34、H112	
	拉伸管	O、H34、H38	
	挤压管、型、棒、线材	O、H112	
	冷加工棒材	O、H112、F	
	冷加工线材	O、H112、H32、H34、H36、H38	
5182	板材	O、H32、H34、H19	薄板用于加工易拉罐盖，汽车车身板、操纵盘、加强件、运输槽罐
5252	板材	H24、H25、H28	用于制造有较高强度的装饰件，如汽车、仪器等的装饰性零部件，在阳极氧化后具有光亮透明的氧化膜
5254	板材	O、H32、H34、H36、H38	过氧化氢及其他化工产品容器
	厚板	O、H32、H34、H112	
5356	线材	O、H12、H14、H16、H18	焊接镁含量大于3%的铝-镁合金焊条及焊丝
5454	板材	O、H32、H34	焊接结构、压力容器、船舶及海洋实施管道
	厚板	O、H32、H34、H112	
	拉伸管	H32、H34	
	挤压管、型、棒、线材	O、H111、H112	

续表

合金	主要品种	状态	典型用途
5456	板材	O、H32、H34	装甲板、高强度焊接结构、储槽、压力容器、船舶材料
	厚板	O、H32、H34、H112	
	锻件	H112、F	
5457	板材	O	经抛光与阳极氧化处理的汽车及其他设备的装饰件
5652	板材	O、H32、H34、H36、H48	过氧化氢及其他化工产品储存容器
	厚板	O、H32、H34、H112	
5657	板材	H241、H25、H26、H28	经抛光与阳极氧化处理的汽车及其他设备的装饰件，但在任何情况下必须确保材料具有细的晶粒组织
5A02	同5052	同5052	飞机油箱与导管，焊丝、铆钉，船舶结构件
5A03	同5254	同5254	中等强度焊接结构件，冷冲压零件，焊接容器，焊丝，可用来代替5A02合金
5A05	板材	O、H32、H34、H112	焊接结构件，飞机蒙皮骨架
	挤压型材	O、H111、H112	
	锻件	H112、F	
5A06	板材	O、H32、H34	焊接结构，冷模锻零件，焊接容器受力零件，飞机蒙皮骨架部件，铆钉
	厚板	O、H32、H34、H112	
	挤压管、型、棒材	O、H111、H112	
	线材	O、H111、H12、H14、H18、H32、H34、H36、H38	
	铆钉线材	O、H32	
	锻件	H112、F	
5A12	板材	O、H32、H34	焊接结构件，防弹甲板
	厚板	O、H32、H34、H112	
	挤压型、棒材	O、H111、H112	

表 3.12 6×××系铝合金的品种、状态和典型用途

合金	主要品种	状态	典型用途
6005	挤压管、型、棒、线材	T1、T5	挤压型材与管材，用于要求强度大于6063合金的结构件，如梯子、电视天线等

续表

合金	主要品种	状态	典型用途
6009 6010	板材	T4、T6	汽车车身板
6061	板材	O、T4、T6	要求有一定强度，可焊性与抗蚀性高的各种工业结构件，如制造卡车、塔式建筑、船舶、电车、铁道车辆、家具等用的管、棒、型材
	厚板	O、T451、T651	
	拉伸管	O、T4、T6、T4510、T4511	
	挤压管、型、棒、线材	T51、T6、T6510、T6511	
	导管	T6	
	轧制或挤压结构型材	T6	
	冷加工棒材	O、H13、T4、T541、T6、T651	
	冷加工线材	O、H13、T4、T6、T89、T913、T94	
	铆钉线材	T6	
	锻件	F、T6、T652	
6063	拉伸管	O、T4、T6、T83、T831、T832	建筑型材，灌溉管材，供车辆、台架、家具、升降机、栏栅等用的挤压材料，以及飞机、船舶、轻工业部门、建筑物等用的不同颜色的装饰构件
	挤压管、型、棒、线材	O、T1、T4、T5、T52、T6	
	导管	T6	
6066	拉伸管	O、T4、T42、T6、T62	焊接结构用锻件及挤压材料
	挤压管、型、棒、线材	O、T4、T4510、T4511、T42、T6、T6510、T6511、T62	
	锻件	F、T6	
6070	挤压管、型、棒、线材	O、T4、T4511、T6、T6511、T62	重载焊接结构与汽车工业用的挤压材料与管材，桥梁、电缆塔、航海元件、机器零件导管等
	锻件	F、T6	
6101	挤压管、型、棒、线材	T6、T61、T63、T64、T65、H111	公共汽车用高强度棒材、高强度母线、导电体与散热装置等
	导管	T6、T61、T63、T64、T65、H111	
	轧制或挤压结构型材	T6、T61、T63、T64、T65、H111	
6151	锻件	F、T6、T652	用于模锻曲轴零件、机器零件，具有良好的可锻性能、高强度，有良好抗蚀性
6201	冷加工线材	T81	高强度导电棒材与线材
6205	板材	T1、T5	厚板、踏板与高冲击的挤压件
	挤压材料	T1、T5	

续表

合金	主要品种	状态	典型用途
6262	拉伸管	T2、T6、T62、T9	要求抗蚀性优于2011和2017合金的，有螺纹的高应力机械零件(切削性能好)
	挤压管、型、棒、线材	T6、T6510、T6511、T62	
	冷加工棒材	T6、T651、T62、T9	
	冷加工线材	T6、T9	
6351	挤压管、型、棒、线材	T1、T4、T5、T51、T54、T6	车辆的挤压结构件，水、石油等的输送管道，控压型材
6463	挤压棒、型、线材	T1、T5、T6、T62	建筑与各种器械型材，以及经阳极氧化处理后有明亮表面的汽车装饰件
6A02	板材	O、T4、T6	飞机发动机零件，形状复杂的锻件与模锻件，要求有高塑性和高抗蚀性的机械零件
	厚板	O、T4、T451、T6、T651	
	管、棒、型材	O、T4、T4511、T6、T6511	
	锻件	F、T6	

表3.13　7×××系铝合金的品种、状态和典型用途

合金	主要品种	状态	典型用途
7005	挤压管、棒、型、线材	T53	挤压材料用于制造要求高的强度高韧性的焊接结构与钎焊结构，如交通运输车辆的桁架、杆件、容器；大型热交换器，以及焊接后不能进行固溶处理的部件
	板材和厚板	T6、T63、T6351	
7039	板材和厚板	T6、T651	冷冻容器、低温器械与储存箱，消防压力器材，军用器材、装甲板、导弹装置
7049	锻件	F、T6、T652、T73、T7352	用于制造静态强度与7079、T6合金的相同而又要求有高强度、耐腐蚀、不开裂的零件，如飞机与导弹零件的起落架齿轮箱、液压缸和挤压件。零件的疲劳性能大致与7075、T6合金的相等，而韧性稍高
	挤压型材	T73511、T76511	
	薄板和厚板	T73	
7050	厚板	T7451、T7651	飞机结构件用中厚板、挤压件、自由锻件与模锻件。制造这类零件对合金的要求是：抗剥落腐蚀、应力腐蚀开裂能力、断裂韧性与疲劳性能都高，如飞机机身框架，机翼蒙皮，舱壁，桁条，加强筋、肋，托架，起落架支承部件，座椅导轨，铆钉
	挤压棒、型、线材	T73510、T73511、T74510、T74511、T76510、T76511	
	冷加工棒、线材	H13	
	铆钉线材	T73	
	锻件	F、T74、T7452	
	包铝薄板	T76	

续表

合金	主要品种	状态	典型用途
7055	厚板	T651、T7751	大型飞机的蒙皮，长桁，水平尾翼，龙骨架，座轨，货运滑轨。抗压和抗拉强度比 7150 的高 10%，断裂韧性、耐腐蚀性与 7150 的相似
	挤压件	T77511	
	锻件	T77	
7072	散热器片坯料	O、H14、H18、H19、H23、H24、H241、H25、H111、H113、H211	空调器铝箔与特薄带材；2219、3003、3004、5050、5052、5154、6061、7075、7475、7178 合金板材与管材的包覆层
7075	板材	O、T6、T73、T76	用于制造飞机结构及其他要求强度高、抗蚀性能强的高应力结构件，如飞机上、下翼面壁板，桁条，隔框等。固溶处理后塑性好，热处理强化效果特别好，在 150℃ 以下的有高的强度，并且有特别好的低温强度，焊接性能差，有应力腐蚀开裂倾向，双级时效可提高抗 SCC 性能
	厚材	O、T651、T7351、T7651	
	拉伸管	O、T6、T173	
	挤压管、型、棒、线材	O、T6、T6510、T6511、T73、T73510、T73511、T76、T76510、T76511	
	轧制或冷加工棒材	O、H13、T6、T651、T73、T7351	
	冷加工线材	O、H13、T6、T73	
	铆钉线材	T6、T73	
	锻件	F、T6、T652、T73、T7352	
7150	厚板	T651、T7751	大型客机的机翼、机体结构件(板梁凸缘，主翼纵梁，机身加强件，龙骨架，座椅导轨等)。强度高，抗剥落腐蚀良好，断裂韧性和抗疲劳性能好
	挤压件	T6511、T77511	
	锻件	T77	
7175	锻件	F、T74、T7452、T7454、T66	用于锻造航空器用的高强度结构件，如飞机外翼梁，主起落架梁，前起落架动作筒，垂尾接头，火箭喷管结构件。T74 材料有良好的综合性能
	挤压件	T74、T6511	
7178	板材	O、T6、T76	供制造航空航天器用的要求抗压屈服强度高的零部件
	厚材	O、T651、T7651	
	挤压管、型、棒、线材	O、T6、T6510、T6511、T76、T76510、T76511	
	冷加工棒、线材	O、H13	
	铆钉线材	T6	
7475	板材	O、T61、T761	机身用的蒙皮和其他要求高强度高韧性零部件，如飞机机身、机翼蒙皮，中央翼结构件，翼梁，桁架，舱壁，隔板，直升机舱板，起落架舱门
	厚材	O、T651、T7351、T7651	
	轧制或冷加工棒材	O	

续表

合金	主要品种	状 态	典型用途
7A04	板材	O、T6、T73、T76	飞机蒙皮、螺钉以及受力构件，如大梁桁条、隔框、翼肋等
	厚材	O、T651、T7351、T7651	
	拉伸管	O、T6、T173	
	挤压管、型、棒、线材	O、T6、T6510、T6511、T73、T73510、T73511、T76、T76510、T76511	
	轧制或冷加工棒材	O、H13、T6、T651、T73、T7351	
	冷加工线材	O、H13、T6、T73	
	铆钉线材	T6、T73	
	、锻件	F、T6、T652、T73、T7352	

3.2.2 铜及铜合金

（1）铜及铜合金的代号（表 3.14）

表 3.14 铜及铜合金的代号

分类	代号表示方法	举例	
		名称	代号
纯铜	冶炼产品：化学符号＋顺序号	一号铜	Cu-1
	铜加工产品：字母"T"＋顺序号(数字越大则纯度越低)	1 号纯铜　2 号纯铜 3 号纯铜　4 号纯铜	T1　T2 T3　T4
黄铜	普通黄铜用汉语拼音字母 H 加铜的含量，三元以上黄铜用 H 加第二个主添加元素符号及除铜以外的成分数字组表示	68 黄铜 59-1 铅黄铜 77-2 铝黄铜 58-2 锰黄铜 59-1-1 铁黄铜 90-1 锡黄铜 65-5 镍黄铜 80-3 硅黄铜	H68 HPb59-1 HAl77-2 HMn58-2 HFe59-1-1 HSn90-1 HNi65-5 HSi80-3
青铜	青铜用"Q"加第一个主添加元素符号及除基元素铜以外的成分数字组表示	4-3 锡青铜 10-3-1.5 铝青铜 1-3 硅青铜 5 锰青铜 0.5 铬青铜 1.9 铍青铜 1 镉青铜	QSn4-3 QAl10-3-1.5 QSi1-3 QMn5 QGr0.5 QBe1.9 QCd1
白铜	镍合金用"B"加镍含量表示，三元以上的白铜用"B"加第二个主添加元素符号及除基元素铜以外的成分数字组表示	16 白铜、30 白铜 3-12 锰白铜 30-1-1 铁白铜 15-20 锌白铜 13-3 铝白铜	B16、B30 BMn3-12 BFe30-1-1 BZn15-20 BAl13-3

(2) 铜产品的牌号及用途（表 3.15～表 3.18）

表 3.15　工业纯铜产品的代号及用途

类别	合金代号	特　　性	用　　途
纯铜	T1 T2	杂质较少，有良好的导热、导电性能，耐腐蚀，加工性能和焊接性能好。含有微量氧，不能在高于 370℃ 的还原性气氛中加工和利用，否则易引起“氢病”	用于制造电线、电缆、导电螺钉、爆破用雷管和化工用蒸发器及各种管道等
	T3	杂质较多，含氧量比 T1、T2 高，导电性能比 T1、T2 低，更容易引起“氢病”	主要用作一般材料，如电气开关、垫片、油管、铆钉等
	T4	杂质和含氧量比 T3 高，导电性能比 T3 低	压力加工和铸造用一般合金
无氧铜	TU1 TU2	无氧铜极少产生“氢病”，纯度高，导电、导热性能优良，塑性加工、焊接、耐蚀、耐寒性能良好	主要用于制造电真空器件
铜排	TP1 TP2	极少产生“氢病”，可在还原性气氛中加工使用。导电、导热、焊接、耐蚀性能良好。TP1 中残留磷量比 TP2 少，故其导电、导热性能比 TP2 好	多以管材供应，主要用于汽油、气体管道、排水管、冷凝器、蒸发器、热交换器等
银纯铜	TAg0.1	含少量银，显著提高了纯铜的再结晶温度和蠕变强度，但又不降低纯铜导电、导热、加工性能，同时提高了纯铜的耐磨性、电接触性和耐蚀性能	用于耐热、导电器件，如微电机整流子片、发电机转子用导体、电子管材料等

表 3.16　常用黄铜的牌号、性能及用途

类别	牌号	硬度(HBS)		用途举例
		软	硬	
普通黄铜	H96	55	120	冷凝管、散热器管、散热片、汽车水箱带及导电零件等
	H90	53	130	汽车水箱带、水管、双金属片及工艺品等
	H85	53	135	虹吸管、冷却设备制件等
	H80	53	145	薄壁管、造纸网、皱纹管和建筑装饰用品等
	H70	55	150	复杂冷冲件和深冲件，如子弹壳、散热器外壳、波纹管、机械和电器零件等
	H68	55	150	
	H65	55	160	一般机械零件、铆钉、垫圈、螺钉、螺母、小五金等
	H62	56	164	
铅黄铜	HPb63-3	—	—	用于制造切削加工要求极高的钟表零件及汽车、拖拉机零件
	HPb61-1	—	—	用于制造高切削性能的一般结构零件
	HPb59-1	90	140	用于制造热冲压及切削加工零件，如销子、螺钉等

续表

类别	牌号	硬度(HBS)		用途举例
		软	硬	
锡黄铜	HSn90-1	58	148	用于制造汽车、拖拉机弹性套管及耐蚀减摩零件
	HSn70-1	—	—	用于制造船舶、热电厂中高温耐蚀冷凝器
	HSn59-1	—	—	用于制造与海水和汽油接触的零件
铝黄铜	HAl67-2.5	—	—	用于制造船舶一般结构件
	HAl60-1-1	95	180	用于制造齿轮、涡轮、衬套及耐蚀零件
	HAl59-3-2	—	—	用于制造船舶、电动机及在常温下工作的高强度、耐蚀结构件
锰黄铜	HMn58-2	85	175	应用较广的黄铜品种，如船舶制造、精密电器制造
	HMn57-3-1	115	175	用于制造耐蚀结构件、弱电用的零件
	HMn55-3-1	120	175	
铁黄铜	HFe59-1-1	88	160	用于制造受海水腐蚀的结构件，如垫圈、被套等
	HFe58-1	硬		船舶零件及轴承等耐磨零件等
	HFe58-1-1	—		用于制造热压和高速切削件

表 3.17 常用铸造黄铜的牌号、性能及用途

类别	牌号	硬度(HBS)	用途举例
一般铸造黄铜	ZCuZn16Si4	S、J	用于制造在海水中工作的配件，如水泵、叶轮；在空气、淡水、油、燃料及工作压力在 4.5MPa 和 250℃ 以下蒸汽中工作的零件
	ZCuZn40Pb2	S、J	一般用途的耐磨、耐蚀零件，如轴套、齿轮等
	ZCuZn38	S 60 J 70	熔炼工艺简单，铸造性能良好，用于制造一般零件及异形件，如法兰、支架、阀座、手柄、螺母等
铸造铅黄铜	ZCuZn40Pb2	S 80 J 90	切削加工性能良，用于制造各种化工、造船零件，如阀门、轴承、垫圈、轴套、齿轮等耐磨、耐蚀零件
铸造锰黄铜	ZCuZn38Mn2Pb2	S 70 J 80	用于制造一般用途的结构件，船舶、仪表等外形简单的铸件，如套筒、轴承、轴瓦、衬套等减摩零件
铸造铝黄铜	ZCuZn25Al6Fe3Mn3	S 160 J 170	用于制造丝杠螺母、受重载荷的螺旋杆、锁紧螺母、在重载荷下工作的大型涡轮轮缘等
	ZCuZn31Al2	S 80 J 90	用于制造普通机器及船用零件中的耐腐蚀零件

注：铸造方法符号：S—砂型铸造，J—金属型铸造。

表 3.18　常用青铜的牌号、成分、性能及用途

类　别		牌　号	加工状态或铸造方法		用　途　举　例
锡青铜	压力加工	QSn4-0.3	软 60	硬 170	压力计弹簧用各种尺寸的管材
		QSn4-3	软 60	硬 160	弹簧、管配件和化工机械中的耐磨及抗磁零件
		QSn4-4-2.5	软 60	硬 170	承受摩擦的零件，如轴套、轴承、衬套等
		QSn6.5-0.1	软 80	硬 180	弹簧接触片，精密仪器的耐磨零件和抗磁元件
		QSn6.5-0.4	软 80	硬 180	金属网、耐磨及弹性元件
		QSn7～0.2	软 75	硬 180	承受摩擦的零件，如轴承、涡轮、弹性元件、电器零件等
	铸造	ZCuSn10Zn2	砂型或金属型		在中等级较高载荷下工作的重要管配件，阀、泵体、齿轮等
		ZCuSn5Pb5Zn5	S，J　60 Li，La　60		用于制造承受中等冲击负荷和在液体或半液体润滑及耐蚀条件下工作的零件，如轴承、轴瓦、涡轮、螺母、离合器、泵件压盖等
		ZCuSn3Zn11Pb4	S 60 J 60		用于制造在海水、淡水或工作压力在 2.5MPa 以下蒸汽中工作的管件
		ZCuSn10Pb5	S　70 J　70		用于制造耐蚀、耐酸配件，如轴承、齿轮、套圈、轴套、破碎机衬套和轴瓦等
		ZCuSn10Pb1	S，J　80 Li，La　90		硬度高、耐磨性和耐蚀性好，用于制造重要的耐磨、耐冲击零件，如齿圈、涡轮、螺母及主轴轴承等
无锡青铜	压力加工	QAl7	板、带、棒、线		重要的弹簧和弹性元件
		QBe2	板、带、棒、线		重要仪表的弹簧、齿轮等
	铸造	ZCuPb30	金属型		高速双金属轴瓦、减摩零件等
		ZCuAl10Fe3Mn2	砂　型		重要用途的耐磨、耐蚀的重要铸件，如轴套、螺母、涡轮等
			金属型		
铸造铅青铜		ZCuPb30	J　25		用于制造变载荷和有冲击载荷工作条件下的轴承、减摩零件等
		ZCuPb10Sn10	S，J　70 Li，La　70		用于制造表面压力高，又有侧压的滑动轴承、轧辊、车辆用轴承，以及受高压的轴瓦、活塞销套等
铝青铜	压力加工	QAl5	软 60	硬 200	弹簧、耐蚀的弹性元件、齿轮摩擦轮
		QAl9-2	软 100	硬 170	高强度耐蚀零件，以及在 250℃ 以下工作的管配件
		QAl9-4	软 110	硬 180	高强度抗磨、耐蚀零件，如轴承、轴套、齿轮、阀座等
		QAl10-4-4	软 140	硬 200	高强度抗磨、耐蚀零件，如坦克用蜗杆、轴套、齿轮、螺母等
	铸造	ZCuAl10Fe3	S　100 J　110		用于制造强度高、耐磨、耐蚀的重型铸件，如涡轮、螺母、轴套以及 250℃ 以下工作的管配件
		ZCuAl10Fe3Mn2	S　110 J　120		用于制造强度高、耐磨、耐蚀的零件，如齿轮、轴承、衬套、管嘴以及耐热的管配件

续表

类别	牌号	加工状态或铸造方法		用途举例
硅青铜	QS11-3	软 80	硬 180	在 300℃以下工作的摩擦零件，发动机进、排气导向套
	QS13-1	软 80	硬 180	弹簧、蜗轮、蜗杆、齿轮及耐蚀零件
	QS13.5-3-1.5	—	—	高温条件下工作的轴套材料

注：铸造方法符号：S—砂型铸造，J—金属型铸造，Li—离心铸造，La—连续铸造。

3.2.3 镍和镍合金

镍和镍合金的牌号用“N”加第一个主添加元素符号及除基镍元素外的成分数字组表示：

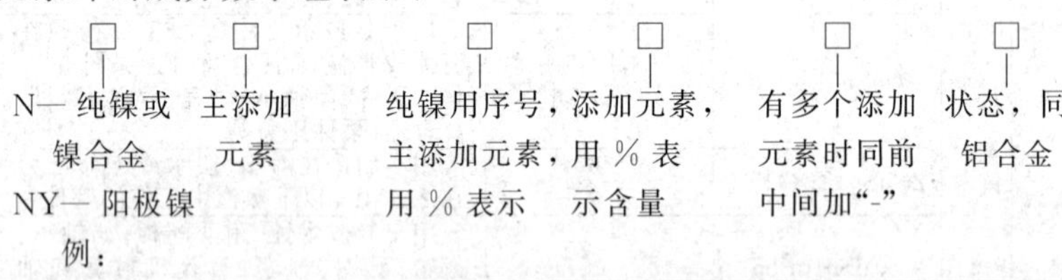

例：

名称	代号	名称	代号	名称	代号
一号阳极镍	NY1	2-2-1 镍锰合金	NMn2-2-1	17-2-2 镍钴合金	NCo17-2-2
0.19 镍硅合金	NSi0.19	28-2-1 镍铜合金	NCu28-2-1	3-1.5-1 镍铝合金	NAl3-1.5-1
0.1 镍镁合金	NMg0.1	10 镍铬合金	NCr10	4-0.2 镍钨合金	NW4-0.2

表 3.19 镍和镍合金的特性及用途

组别	代号	特性	用途
纯镍	N2 N4 N6 N8	熔点高（1455℃），无毒；力学性能和冷热加工性能好；耐蚀性能优良，在大气、淡水、海水中化学性能稳定，但不耐氧化性酸	用作机械及化工设备耐蚀结构件、电子管和无线电设备零件、医疗器械及食品工业餐器皿等
	DV	为电真空用镍，除具备纯镍的一般特性外，还有高的电真空性能	用作电子管阴极芯和其他零件
阳极镍	NY1 NY2 NY3	为电解镍，质纯，有去钝化作用	在电镀镍中作为阳极。NY1 适于 pH 值小、不易钝化的场合；NY2 适于 pH 值大、电镀形状复杂的场合；NY3 适于一般的电镀场合
镍锰合金	NMn3 NMn5	室温和高温强度较高，耐热性和耐蚀性好；加工性能优良；在温度较高的含硫气氛中的耐蚀性高于纯镍，热稳定性和电阻率也高于纯镍	用作内燃机火花塞电极、电阻灯泡灯丝和电子管的栅极等

续表

组别	代号	特　　性	用　　途
镍铜合金	NCu40-2-1	无磁性，耐蚀性高	适用于抗磁性材料
	NCu28-2.5-1.5	在一般情况下，耐蚀性比 NCu40-2-1 更好，尤其是非常耐氢氟酸；其强度和加工工艺性、耐高温性能好；在 750℃以下的大气中稳定	适用于制作高强度、高耐腐蚀零件，以及高压充油电缆、供油槽、加热设备和医疗器械等
电子用镍合金	NMg0.1 NSi0.19	电真空性能和耐蚀性好（但用作电子管氧化物阴极芯材料时，氧化层与芯金属接触面上易产生一层电阻的化合物，降低发射能力，缩短电子管寿命）	主要用于生产中短寿命无线电真空管氧化物阴极芯
	NW4-0.15 NW4-0.1 NW4-0.07	高温强度和耐振强度好；电子发射性能优良，用它制作的电子管氧化物阴极芯，接触面氧化层稳定性高	主要用于做高寿命、高性能的无线电真空管氧化物阴极芯等
热电合金	NSi3	抗蚀性能高；在 600～1250℃时有足够大的热电势和热电势率	用作热电偶负极材料
	NCr10	在 0～1200℃时有足够大的热电势和热电势率，测温灵敏、准确且范围宽；电阻温度系数小，电阻率高；互换性好，辐射效应小，电势稳定；抗氧化，耐腐蚀	用作热电偶正极和高电阻仪器材料

3.2.4　铸造有色金属及其合金

GB/T 8063—1994 规定了铸造有色金属及其合金牌号的表示方法，如下所示。

铸造有色金属合金牌号由“Z”和基体金属的化学元素符号、主要合金化学元素符号（其中混合稀土元素符号统一用 RE 表示）以及表明合金化元素名义百分含量的数字组成。当合金化元素多于两个时，合金牌号中应列出足以表明合金主要特性的元素符号及其名义百分含量的数字。

合金化元素符号的排列次序，按其名义百分含量的大小。当其值相等时，则按元素符号字母顺序排列。当需要表明决定合金类别的合金化元素首先列出时，不论其含量多少，该元素符号均应紧置于基体元素符号之后。

基体元素的名义百分含量不标注；其他合金化元素的名义百分含量均标注于该元素符号之后。合金化元素含量小于 1%时，一般不标注；优质合金在牌号后面标注大写字母“A”；对具有相同主成分，需要控制低间隙元素的合金，在牌号后的圆括弧内标注ELI。如：优质铸造铝合金：

Z	Al	Si7	Mg	A
铸造代号	基体铝的化学元素符号	硅的化学元素符号和名义百分含量	镁的化学元素符号	优质合金

铸造镁合金：

Z	Mg	Zn4	RE1	Zr
铸造代号	基体镁的化学元素符号	锌的化学元素符号和名义百分含量	混合稀土的化学元素符号和名义百分含量	锆的化学元素符号

铸造锡青铜：

Z	Cu	Sn3	Zn8	Pb6	Ni1
铸造代号	基体铜的化学元素符号	表征合金类别的锡的化学元素符号及名义百分含量	锌的化学元素符号及名义百分含量	铅的化学元素符号及名义百分含量	镍的化学元素符号及名义百分含量

铸造钛合金：

Z	Ti	Al5	Sn2.5	(ELI)
铸造代号	基体钛的化学元素符号	铝的化学元素符号和名义百分含量	锡的化学元素符号和名义百分含量	低间隙元素的英文缩写

3.2.5 其他有色合金的牌号

表 3.20 其他有色合金的牌号

类别	代号表示方法	举例	
		名 称	代号
锡合金	用锡元素符号加第一个主添加元素符号及成分数字组表示	2.5 锡锑合金	SnSb2.5
		13-2.5 锡铅合金	SnPb13-2.5
		四号 α+β 型钛合金	TC4
其他合金	用基元素的化学元素符号中第一个主添加元素符号及除基元素外的成分数字表示	1.5 锌铜合金	ZnCu1.5
		20 金镍合金	AuN20
		4 铜铍中间合金	CuB4

表 3.21　常用锡基和铅基轴承合金代号及用途

组别	代号	硬度(HBS)≥	用途举例
锡锑轴承合金	ZSnSb4Cu4	20	具有耐蚀、耐热、耐磨性能，适于制造高速度轴承及轴衬
	ZSnSb8Cu4	24	韧性与 ZSnSb4Cu4 相同，适用于制造一般大型机器轴承及轴衬，负荷压力大
铅锑轴承合金	ZPbSb16Sn16Cu2	30	用于浇注各种机器轴承的上半部
	ZPbSb15Sn5Cu3Cd2	32	用于浇注各种机器的轴承

第4章 有色金属材料制品

4.1 铝及铝合金材料制品

4.1.1 板（带、箔）材的牌号和状态

（1）牌号和状态（表 4.1）

表 4.1 铝及铝合金板（带、箔）材的牌号、规格和状态（GB/T 3880—2006）

牌号		类别	状态	板材厚度/mm	带材厚度/mm
1×××系	1A97、1A93、1A90、1A85	A	F	>4.50～150.0	—
			H112	>4.50～80.00	—
	1235	A	H12、H22	>0.20～4.50	>0.20～4.50
			H14、H24	>0.20～3.00	>0.20～3.00
			H16、H26	>0.20～4.00	>0.20～4.00
			H18	>0.20～3.00	>0.20～3.00
	1070	A	F	>4.50～150.0	>2.50～8.00
			H112	>4.50～75.00	—
			O	>0.20～50.00	>0.20～6.00
			H12、H22、H14、H24	>0.20～6.00	>0.20～6.00
			H16、H26	>0.20～4.00	>0.20～4.00
			H18	>0.20～3.00	>0.20～3.00
	1060	A	F	>4.50～150.0	>2.50～8.00
			H112	>4.50～80.00	—
			O	>0.20～80.00	>0.20～6.00
			H12、H22	>0.50～6.00	>0.50～6.00
			H14、H24	>0.20～6.00	>0.20～6.00
			H16、H26	>0.20～4.00	>0.20～4.00
			H18	>0.20～3.00	>0.20～3.00
	1050、1050A	A	F	>4.50～150.0	>2.50～8.00
			H112	>4.50～75.00	—
			O	>0.20～50.00	>0.20～6.00
			H12、H22、H14、H24	>0.20～6.00	>0.20～6.00
			H16、H26	>0.20～4.00	>0.20～4.00
			H18	>0.20～3.00	>0.20～3.00

续表

牌　号		类别	状　　态	板材厚度/mm	带材厚度/mm
1×××系	1145	A	F	>4.50～150.0	>2.50～8.00
			H112	>4.50～25.00	—
			O	>0.20～10.00	>0.20～6.00
			H12、H22、H14、H24、H16	>0.20～4.50	>0.20～4.50
	1100	A	F	>4.50～150.0	>2.50～8.00
			H112	>6.00～80.00	—
			O	>0.20～80.00	>0.20～6.00
			H12、H22	>0.20～6.00	>0.20～6.00
			H14、H24、H16、H26	>0.20～4.00	>0.20～4.00
			H18	>0.20～3.00	>0.20～3.00
	1200	A	F	>4.50～150.0	>2.50～3.00
			H112	>6.00～80.00	
			O	>0.20～50.00	>0.20～6.00
			H111	>0.20～50.00	—
			H12、H22、H14、H24	>0.20～6.00	>0.20～6.00
			H16、H26	>0.20～4.00	>0.20～4.00
			H18	>0.20～3.00	>0.20～3.00
2×××系	2017	B	F	>4.50～150.0	—
			H112	>4.50～80.00	—
			O	>0.50～25.00	>0.50～6.00
			T3、T4	>0.50～6.00	—
	2A11	B	F	>4.50～150.0	—
			H112	>4.50～80.00	—
			O	>0.50～10.00	>0.50～6.00
			T3、T4	>0.50～10.00	—
	2014	B	F	>4.50～150.0	—
			O	>0.50～25.00	—
			T6、T4	>0.50～12.50	—
			T3	>0.50～6.00	—
	2024	B	F	>4.50～150.0	—
			O	>0.50～45.00	>0.50～6.00
			T3	>0.50～12.50	—
			T3(工艺包铝)	>4.00～12.50	—
			T4	>0.50～6.00	—
3×××系	3003	A	F	>4.50～150.0	>2.50～8.00
			H112	>6.00～80.00	—
			O	>0.20～50.00	>0.20～6.00
			H12、H22、H14、H24	>0.20～6.00	>0.20～6.00
			H16、H26、H18	>0.20～4.00	>0.20～4.00
			H28	>0.20～3.00	>0.20～3.00

续表

牌号		类别	状态	板材厚度/mm	带材厚度/mm
3×××系	3004、3104	A	F	>6.30～80.00	>2.50～8.00
			H112	>6.00～80.00	—
			O	>0.20～50.00	>0.20～6.00
			H111	>0.20～50.00	—
			H12、H22、H32、H14	>0.20～6.00	>0.20～6.00
			H24、H34、H16、H26、H36、H18	>0.20～3.00	>0.20～3.00
			H28、H38	>0.20～1.50	>0.20～1.50
	3005	A	O、H111、H12、H22、H14	>0.20～6.00	>0.20～6.00
			H111	>0.20～6.00	—
			H16	>0.20～4.00	>0.20～4.00
			H24、H26、H18、H28	>0.20～3.00	>0.20～3.00
	3105	A	O、H12、H22、H14、H24、H16、H26、H18	>0.20～3.00	>0.20～3.00
			H111	>0.20～3.00	—
			H28	>0.20～1.50	>0.20～1.50
	3102	A	H18	>0.20～3.00	>0.20～3.00
5×××系	5182	B	O	>0.20～3.00	>0.20～3.00
			H111	>0.20～3.00	—
			H19	>0.20～1.50	>0.20～1.50
	5A03	B	F	>4.50～150.0	—
			H112	>4.50～50.00	—
			O、H14、H24、H34	>0.50～4.50	>0.50～4.50
	5A05、5A06	B	F	>4.50～150.0	—
			O	>0.50～4.50	>0.50～4.50
			H112	>4.50～50.00	—
	5082	B	F	>4.50～150.0	—
			H18、H38、H19、H39	>0.20～0.50	>0.20～0.50
	5005	A	F	>4.50～150.0	>2.50～8.00
			H112	>6.00～80.00	—
			O	>0.20～50.00	>0.20～6.00
			H111	>0.20～50.00	—
			H12、H22、H32、H14、H24、H34	>0.20～6.00	>0.20～6.00
			H16、H26、H36	>0.20～4.00	>0.20～4.00
			H18、H28、H38	>0.20～3.00	>0.20～3.00
	5052	B	F	>4.50～150.0	>2.50～8.00
			H112	>6.00～80.00	—
			O	>0.20～50.00	>0.20～6.00
			H111	>0.20～50.00	—
			H12、H22、H32、H14、H24、H34	>0.20～6.00	>0.20～6.00
			H16、H26、H36	>0.20～4.00	>0.20～4.00
			H18、H38	>0.20～3.00	>0.20～3.00

续表

牌号		类别	状态	板材厚度/mm	带材厚度/mm
5×××系	5086	B	F	>4.50～150.0	—
			H112	>6.00～50.00	—
			O、H111	>0.20～80.00	—
			H12、H22、H32、H14、H24、H34	>0.20～6.00	—
			H16、H26、H36	>0.20～4.00	—
			H18	>0.20～3.00	—
	5083	B	F	>4.50～150.0	—
			H112	>6.00～50.00	—
			O	>0.20～80.00	>0.50～4.00
			H111	>0.20～80.00	—
			H12、H14、H24、H34	>0.20～6.00	—
			H22、H32	>0.20～6.00	>0.50～4.00
			H16、H26、H36	>0.20～4.00	—
6×××系	6061	B	F	>4.50～150.0	>2.50～8.00
			O	>0.40～40.00	>0.40～6.00
			T4、T6	>0.40～12.50	—
	6063	B	O	>0.50～20.00	—
			T4、T6	0.50～10.00	—
	6A02	B	F	>4.50～150.0	—
			H112	>4.50～80.00	—
			0、T4、T6	>0.50～10.00	—
	6082	B	F	>4.50～150.0	—
			O	0.40～25.00	—
			T4、T6	0.40～12.50	—
7×××系	7075	B	F	>6.00～100.0	—
			O(正常包铝)	>0.50～25.00	—
			O(不包铝或工艺包铝)	>0.50～50.00	—
			T6	>0.50～6.00	—
8×××系	8A06	A	F	>4.50～150.0	>2.50～8.00
			H112	>4.50～80.00	—
			O	0.20～10.00	—
			H14、H24、H18	>0.20～4.50	—
	8011A	A	O	>0.20～3.00	>0.20～3.00
			H111	>0.20～3.00	—
			H14、H24、H18	>0.20～3.00	>0.20～3.00

附表

板、带材厚度/mm	板材的宽度和长度/mm		带材的宽度和内径/mm	
	板材的宽度	板材的长度	带材的宽度	带材的内径
>0.20~0.50	500~1660	1000~4000	1660	ϕ75、ϕ50、ϕ200、ϕ300、ϕ405、ϕ505、ϕ610、ϕ650、ϕ750
>0.50~0.80	500~2000	1000~10000	2000	
>0.80~1.20	500~2200	1000~10000	2200	
>1.20~8.00	500~2400	1000~10000	2400	
>1.20~150.0	500~2400	1000~10000	2400	

（2）板（带、箔）材的理论面质量（表 4.2）

表 4.2 铝及铝合金板（带、箔）材的理论面质量

厚度/mm	板	带	厚度/mm	板	带	厚度/mm	板	厚度/mm	板
	理论面质量/(kg/m²)			理论面质量/(kg/m²)			理论面质量/(kg/m²)		理论面质量/(kg/m²)
0.20	0.570	0.542	1.1	—	2.981	5.0	14.25	30	85.80
0.25	—	0.678	1.2	3.420	3.252	6.0	17.10	35	99.75
0.30	0.855	0.813	1.3	—	3.523	7.0	19.95	40	114.0
0.35	—	0.949	1.4	—	3.794	8.0	22.80	50	142.5
0.40	1.140	1.084	1.5	4.275	4.065	9.0	25.65	60	171.0
0.45	—	1.220	1.8	5.130	4.878	10	28.50	70	199.5
0.50	1.425	1.355	2.0	5.700	5.420	12	34.20	80	228.0
0.55	—	1.491	2.3	6.555	6.233	14	39.90	90	256.5
0.60	1.710	1.626	2.4	—	6.504	15	42.75	100	285.0
0.65	—	1.762	2.5	7.125	6.775	16	45.60	110	313.5
0.70	1.995	1.897	2.8	7.980	7.588	18	51.30	120	342.0
0.75	—	2.033	3.0	8.550	8.130	20	57.00	130	370.5
0.80	2.280	2.168	3.5	9.975	9.485	22	62.70	140	399.0
0.90	2.565	2.439	4.0	11.40	10.84	25	71.25	150	427.5
1.00	2.850	2.710	4.5	—	12.20				

注：1. 铝板的计算密度为 2.85g/cm³。其他密度的材料需乘以下表某一换算系数：

牌号	密度/(g/cm³)	换算系数	牌号	密度/(g/cm³)	换算系数
7A04(LC4)、7A09(LC9)	2.85	1.000	5A06(LF6)、5A41(LT41)	2.64	0.926
纯铝、LT62	2.71	0.951	3A21(LF21)	2.73	0.958
5A02(LF2)、5A43(LF43)、5A66(LT66)	2.68	0.940	2A16(LY16)、	2.84	0.996
			2A14(LD10)、	2.80	0.982
			2A12(LY12)	2.78	0.975
5A03(LF3)、5083(LF4)	2.67	0.937	2A11(LY11)	2.80	0.982
			2A06(LY6)	2.76	0.968
5A05(LF5)	2.65	0.930	LQ1、LQ2	2.736	0.960

2. 铝带的计算密度为 2.71g/cm³。其他密度的材料需乘以下表某一换算系数：

牌号	密度/(g/cm³)	换算系数	牌号	密度/(g/cm³)	换算系数
5A02(LF2)	2.68	0.989	3A21(LF21)	2.73	1.007

4.1.2　棒材的牌号和状态

(1) 牌号和状态（表 4.3）

表 4.3　铝及铝合金挤压棒材规格和状态（GB/T 3191—2010）

（规格：圆棒直径 5～600mm，方棒、六角棒对边距离 15～200mm；长度 1～6m）

<table>
<tr><th colspan="2">牌　　号</th><th rowspan="2">供货状态</th><th rowspan="2">试样状态</th></tr>
<tr><th>Ⅱ类[1]</th><th>Ⅰ类[2]</th></tr>
<tr><td>—</td><td>1070A</td><td colspan="2">H112</td></tr>
<tr><td rowspan="2">—</td><td rowspan="2">1035
1060</td><td colspan="2">O</td></tr>
<tr><td colspan="2">H112</td></tr>
<tr><td>—</td><td>1050A、1200、1350</td><td colspan="2">H112</td></tr>
<tr><td>2A02、2A06</td><td>—</td><td>T1、T6</td><td>T62、T6</td></tr>
<tr><td>2A11、2A12、2A13</td><td>—</td><td>T1、T4</td><td>T42、T4</td></tr>
<tr><td>2A14、2A16</td><td>—</td><td>T1、T6、T6511</td><td>T62、T6、T6511</td></tr>
<tr><td>2A50、2A70、2A80、2A90</td><td>—</td><td>T1、T6</td><td>T62、T6</td></tr>
<tr><td rowspan="2">2014、2014A</td><td rowspan="2">—</td><td colspan="2">T4、T4510、T4511</td></tr>
<tr><td colspan="2">T6、T6610、T6511</td></tr>
<tr><td>2017</td><td>—</td><td>T4</td><td>T42、T4</td></tr>
<tr><td>2017A</td><td>—</td><td colspan="2">T4、T4510、T4511</td></tr>
<tr><td rowspan="2">2024</td><td rowspan="2">—</td><td colspan="2">O</td></tr>
<tr><td colspan="2">T3、T3510、T3511</td></tr>
<tr><td rowspan="2">—</td><td rowspan="2">3A21
3003、3103</td><td colspan="2">O</td></tr>
<tr><td colspan="2">H112</td></tr>
<tr><td>—</td><td>3102</td><td colspan="2">H112</td></tr>
<tr><td>—</td><td>4A11、4032</td><td>T1</td><td>T62</td></tr>
<tr><td rowspan="2">—</td><td rowspan="2">5A02</td><td colspan="2">O</td></tr>
<tr><td colspan="2">H112</td></tr>
<tr><td>5A03、5A05、5A06、5A12</td><td>—</td><td colspan="2">H112</td></tr>
<tr><td rowspan="2">5019</td><td rowspan="2">5005、5005A</td><td colspan="2">H112</td></tr>
<tr><td colspan="2">O</td></tr>
<tr><td>5049</td><td>—</td><td colspan="2">H112</td></tr>
<tr><td rowspan="2">5083、5086、5154A、5754</td><td rowspan="2">5052、5251、5454</td><td colspan="2">H112</td></tr>
<tr><td colspan="2">O</td></tr>
<tr><td>—</td><td>6A02</td><td>T1、T6</td><td>T62、T6</td></tr>
<tr><td>—</td><td>6101A</td><td colspan="2">T6</td></tr>
<tr><td rowspan="2">—</td><td rowspan="2">6005、6005A</td><td colspan="2">T5</td></tr>
<tr><td colspan="2">T6</td></tr>
<tr><td>7A04、7A09、7A15</td><td>—</td><td>T1、T6</td><td>T62、T6</td></tr>
<tr><td rowspan="2">7003</td><td rowspan="2">—</td><td colspan="2">T5</td></tr>
<tr><td colspan="2">T6</td></tr>
<tr><td>7005、7020、7021、7022</td><td>—</td><td colspan="2">T6</td></tr>
<tr><td>7049A</td><td>—</td><td colspan="2">T6、T6510、T6511</td></tr>
</table>

续表

牌号		供货状态	试样状态
Ⅱ类①	Ⅰ类②		
7075	—	O	
		T6、T6510、T6511	
—	8A06	O	
		H112	

① 包括2×××系、7×××系合金及含镁量平均值大于或等于3%的5×××系合金的棒材。

② 除Ⅱ类外的其他棒材。

注：1. O—退火状态；H112—热加工成形产品（有规定的力学性能要求）。

2. T1—不预先淬火的人工时效；T3—固溶处理后自然时效；T4—淬火＋自然时效，T42—固溶化热处理，并进行自然时效，用于试验材料，从退火或回火进行固溶化热处理直到显示热处理特性，或用于产品，由用户从任何状态进行热处理的变形产品；T5—淬火后短时间不完全人工时效；T6—淬火后完全时效至最高硬度，T62—固溶化热处理，然后人工时效，用于试验材料，从退火或回火进行固溶化热处理直到显示热处理特性，或用于产品，由用户从任何状态进行热处理的变形产品；T6510—固溶化热处理，并通过一定控制量的拉伸（恒定状态对于挤出的棒、杆、型材和管：1%～3%，对于拉管：0.5%～3%），以消除应力，并人工时效，产品在拉伸后不再做进一步的校直；T6511—除了允许在拉伸后做小量的校直，其余方面均于T6510相同。

（2）理论线质量（表4.4）

表4.4 铝及铝合金棒材理论线质量（$\rho=2.80\text{g/cm}^3$）

d(a) /mm	圆形 d	方形 a	六角形 a	d(a) /mm	圆形 d	方形 a	六角形 a
	理论线质量/(kg/m)				理论线质量/(kg/m)		
5	0.0550	0.070	0.061	18	0.7125	0.907	0.786
5.5	0.0665	0.085	0.074	19	0.7999	1.011	0.876
6	0.0792	0.101	0.087	20	0.8796	1.120	0.970
6.5	0.0929	0.118	0.102	21	0.9698	1.235	1.070
7	0.1078	0.137	0.119	22	1.064	1.355	1.174
7.5	0.1237	0.158	0.137	24	1.267	1.613	1.397
8	0.1407	0.179	0.155	25	1.374	1.750	1.516
8.5	0.1589	0.202	0.175	26	1.487	1.893	1.639
9	0.1781	0.227	0.197	27	1.603	2.041	1.768
9.5	0.1985	0.253	0.219	28	1.724	2.195	1.901
10	0.2199	0.280	0.242	30	1.979	2.520	2.182
10.5	0.2425	0.309	0.268	32	2.252	2.867	2.483
11	0.2661	0.339	0.294	34	2.542	3.237	2.803
11.5	0.2908	0.370	0.320	35	2.694	3.430	2.971
12	0.3167	0.403	0.349	36	2.850	3.629	3.143
13	0.3716	0.473	0.410	38	3.176	4.043	3.502
14	0.4310	0.549	0.475	40	3.519	4.480	3.880
15	0.4948	0.630	0.546	41	3.697	4.707	4.077
16	0.563	0.717	0.621	42	3.879	4.939	4.278
17	0.6355	0.809	0.701	45	4.453	5.670	4.911

续表

d(a)/mm	d	a	a	d(a)/mm	d	a	a
	理论线质量/(kg/m)				理论线质量/(kg/m)		
46	4.653	5.925	5.131	95	19.85	25.27	21.89
48	5.067	6.451	5.587	100	21.99	28.00	24.25
50	5.498	7.000	6.062	105	24.25	30.87	26.74
51	5.720	7.283	6.308	110	26.61	33.88	29.34
52	5.946	7.571	6.557	115	29.08	37.03	32.07
55	6.652	8.470	7.336	120	31.67	40.32	34.92
58	7.398	9.419	8.158	125	34.36	43.75	37.89
59	7.655	—	—	130	37.16	47.32	40.98
60	7.917	10.08	8.730	135	40.08	51.03	44.20
62	8.453	—	—	140	43.10	54.88	47.53
63	8.728	—	—	145	46.24	58.87	50.99
65	9.291	11.83	10.25	150	49.48	63.00	54.56
70	10.78	13.72	11.88	160	56.30	71.68	62.08
75	12.37	15.75	13.64	170	63.55	80.92	70.08
80	14.07	17.92	15.52	180	71.25	90.72	78.57
85	15.89	20.23	17.52	190	79.39	101.1	87.56
90	17.81	22.68	19.64	200	(见后续)	112.0	97.00
d/mm	d	d/mm	d	d/mm	d	d/mm	d
(圆棒紧接上面)		260	148.7	340	254.2	450	445.3
200	87.96	270	160.3	350	269.4	480	506.7
210	96.98	280	172.4	360	285.0	500	549.8
220	106.4	290	184.9	370	301.1	520	594.6
230	116.3	300	197.9	380	317.6	550	665.2
240	126.7	320	225.2	390	334.5	600	791.7
250	137.4	330	239.5	400	351.9	630	872.8

注：理论线质量按 2B11（LY8）、2A11（LY11）、2A70（LD7）、2A14（LD10）等牌号铝合金的密度 2.8 g/cm³ 计算。非此密度的牌号理论线质量，应乘以下表相应的换算系数：

牌号	密度/(g/cm³)	换算系数	牌号	密度/(g/cm³)	换算系数
纯铝	2.71	0.968	2A06(LY6)	2.76	0.985
5A02(LF2)	2.68	0.957	2A02(LY2)	2.75	0.982
5A03(LF3)	2.67	0.954	2A50(LD5)	2.75	0.982
5083(LF4)	2.67	0.954	2A12(LY12)	2.78	0.993
5A05(LF5)	2.65	0.946	2A16(LY16)	2.84	1.014
(LF11)	2.65	0.946	6A02(LD2)	2.70	0.964
5A06(LF6)	2.64	0.943	6061(LD30)	2.70	0.964
5A12(LF12)	2.63	0.939	2A80(LD8)	2.77	0.989
3A21(LF21)	2.73	0.975	7A04(LC4)	2.85	1.018
2A01(LY1)	2.76	0.985	7A09(LC9)	2.85	1.018

4.1.3　管材的种类和规格

（1）挤压无缝圆管（表 4.5）

表 4.5 铝及铝合金挤压无缝圆管典型规格（GB/T 4436—2012） mm

外径	壁厚																						
	5.00	6.00	7.000	7.50	8.00	9.00	10.00	12.50	15.00	17.50	20.00	22.50	25.00	27.50	30.00	32.50	35.00	37.50	40.00	42.50	45.00	47.50	50.00
25.00	√																						
28.00	√	√																					
30.00	√	√	√	√	√																		
32.00	√	√	√	√	√																		
34.00	√	√	√	√	√	√	√																
36.00	√	√	√	√	√	√	√																
38.00	√	√	√	√	√	√	√																
40.00	√	√	√	√	√	√	√	√															
42.00	√	√	√	√	√	√	√	√															
45.00	√	√	√	√	√	√	√	√	√														
48.00	√	√	√	√	√	√	√	√	√														
50.00	√	√	√	√	√	√	√	√	√														
52.00	√	√	√	√	√	√	√	√	√														
55.00	√	√	√	√	√	√	√	√	√														
58.00	√	√	√	√	√	√	√	√	√														
60.00	√	√	√	√	√	√	√	√	√	√													
62.00	√	√	√	√	√	√	√	√	√	√													
65.00	√	√	√	√	√	√	√	√	√	√	√												
70.00	√	√	√	√	√	√	√	√	√	√	√												
75.00	√	√	√	√	√	√	√	√	√	√	√	√											
80.00	√	√	√	√	√	√	√	√	√	√	√	√											
85.00	√	√	√	√	√	√	√	√	√	√	√	√	√										
90.00	√	√	√	√	√	√	√	√	√	√	√	√	√										
95.00	√	√	√	√	√	√	√	√	√	√	√	√	√	√									
100.00	√	√	√	√	√	√	√	√	√	√	√	√	√	√	√								

续表

外径	壁厚																						
	5.00	6.00	7.00	7.50	8.00	9.00	10.00	12.50	15.00	17.50	20.00	22.50	25.00	27.50	30.00	32.50	35.00	37.50	40.00	42.50	45.00	47.50	50.00
105.00	√	√	√	√	√	√	√	√	√	√	√	√	√	√	√	√							
110.00	√	√	√	√	√	√	√	√	√	√	√	√	√	√	√	√							
115.00	√	√	√	√	√	√	√	√	√	√	√	√	√	√	√	√							
120.00				√	√	√	√	√	√	√	√	√	√	√	√	√							
125.00				√	√	√	√	√	√	√	√	√	√	√	√	√							
130.00				√	√	√	√	√	√	√	√	√	√	√	√	√							
135.00							√	√	√	√	√	√	√	√	√	√							
140.00							√	√	√	√	√	√	√	√	√	√							
145.00							√	√	√	√	√	√	√	√	√	√							
150.00							√	√	√	√	√	√	√	√	√	√	√						
155.00							√	√	√	√	√	√	√	√	√	√	√						
160.00							√	√	√	√	√	√	√	√	√	√	√	√	√				
165.00							√	√	√	√	√	√	√	√	√	√	√	√	√				
170.00							√	√	√	√	√	√	√	√	√	√	√	√	√				
175.00							√	√	√	√	√	√	√	√	√	√	√	√	√				
180.00							√	√	√	√	√	√	√	√	√	√	√	√	√				
185.00							√	√	√	√	√	√	√	√	√	√	√	√	√				
190.00							√	√	√	√	√	√	√	√	√	√	√	√	√				
195.00							√	√	√	√	√	√	√	√	√	√	√	√	√				
200.00							√	√	√	√	√	√	√	√	√	√	√	√	√				
205.00									√	√	√	√	√	√	√	√	√	√	√	√	√	√	√
210.00									√	√	√	√	√	√	√	√	√	√	√	√	√	√	√
215.00									√	√	√	√	√	√	√	√	√	√	√	√	√	√	√
220.00									√	√	√	√	√	√	√	√	√	√	√	√	√	√	√
225.00									√	√	√	√	√	√	√	√	√	√	√	√	√	√	√

续表

外径	壁厚																					
	5.00	6.00	7.000	7.50	8.00	9.00	10.00	12.50	15.00	17.50	20.00	22.50	25.00	27.50	30.00	32.50	35.00	37.50	40.00	42.50	45.00	47.50	50.00
230.00									√	√	√	√	√	√	√	√	√	√	√	√	√	√	√
235.00									√	√	√	√	√	√	√	√	√	√	√	√	√	√	√
240.00									√	√	√	√	√	√	√	√	√	√	√	√	√	√	√
245.00									√	√	√	√	√	√	√	√	√	√	√	√	√	√	√
250.00									√	√	√	√	√	√	√	√	√	√	√	√	√	√	√
260.00									√	√	√	√	√	√	√	√	√	√	√	√	√	√	√
270.00	—	—	—	—	—	—	—	—	√	√	√	√	√	√	√	√	√	√	√	√	√	√	√
280.00	—	—	—	—	—	—	—	—	√	√	√	√	√	√	√	√	√	√	√	√	√	√	√
290.00	—	—	—	—	—	—	—	—	√	√	√	√	√	√	√	√	√	√	√	√	√	√	√
300.00	—	—	—	—	—	—	—	—	√	√	√	√	√	√	√	√	√	√	√	√	√	√	√
310.00	—	—	—	—	—	—	—	—	√	√	√	√	√	√	√	√	√	√	√	√	√	√	√
320.00	—	—	—	—	—	—	—	—	√	√	√	√	√	√	√	√	√	√	√	√	√	√	√
330.00	—	—	—	—	—	—	—	—	√	√	√	√	√	√	√	√	√	√	√	√	√	√	√
340.00	—	—	—	—	—	—	—	—	√	√	√	√	√	√	√	√	√	√	√	√	√	√	√
350.00	—	—	—	—	—	—	—	—	√	√	√	√	√	√	√	√	√	√	√	√	√	√	√
360.00	—	—	—	—	—	—	—	—	√	√	√	√	√	√	√	√	√	√	√	√	√	√	√
370.00	—	—	—	—	—	—	—	—	√	√	√	√	√	√	√	√	√	√	√	√	√	√	√
380.00	—	—	—	—	—	—	—	—	√	√	√	√	√	√	√	√	√	√	√	√	√	√	√
390.00	—	—	—	—	—	—	—	—	√	√	√	√	√	√	√	√	√	√	√	√	√	√	√
400.00	—	—	—	—	—	—	—	—	√	√	√	√	√	√	√	√	√	√	√	√	√	√	√
450.00	—	—	—	—	—	—	—	—	√	√	√	√	√	√	√	√	√	√	√	√	√	√	√

注：1. “√”处表示可供规格。

2. 挤压有缝圆管、矩形管、正方形管、正六边形管、正八边形管的截面规格由供需双方商定。

3. “—”部分在 GB/T 4436—2012 中表示为可供规格是错误的，应予纠正（已得到本标准第一起草人李瑞山先生的确认）。——主编注。

（2）冷拉（轧）有缝和无缝圆管

① 典型规格　冷拉（轧）制有缝圆管和无缝圆管典型规格见表 4.6。

表 4.6　冷拉（轧）制有缝圆管和无缝圆管典型规格（GB/T 4436—2012）

mm

外径	壁厚										
	0.50	0.75	1.00	1.50	2.00	2.50	3.00	3.50	4.00	4.50	5.00
6.00	√	√	√								
8.00	√	√	√	√	√						
10.00	√	√	√	√	√	√					
12.00	√	√	√	√	√	√	√				
14.00	√	√	√	√	√	√	√				
15.00	√	√	√	√	√	√	√				
16.00	√	√	√	√	√	√	√	√			
18.00	√	√	√	√	√	√	√	√			
20.00	√	√	√	√	√	√	√	√	√	√	√
22.00	√	√	√	√	√	√	√	√	√	√	√
24.00	√	√	√	√	√	√	√	√	√	√	√
25.00	√	√	√	√	√	√	√	√	√	√	√
26.00		√	√	√	√	√	√	√	√	√	√
28.00		√	√	√	√	√	√	√	√	√	√
30.00		√	√	√	√	√	√	√	√	√	√
32.00		√	√	√	√	√	√	√	√	√	√
34.00		√	√	√	√	√	√	√	√	√	√
35.00		√	√	√	√	√	√	√	√	√	√
36.00		√	√	√	√	√	√	√	√	√	√
38.00		√	√	√	√	√	√	√	√	√	√
40.00		√	√	√	√	√	√	√	√	√	√
42.00		√	√	√	√	√	√	√	√	√	√
45.00		√	√	√	√	√	√	√	√	√	√
48.00		√	√	√	√	√	√	√	√	√	√
50.00		√	√	√	√	√	√	√	√	√	√
52.00		√	√	√	√	√	√	√	√	√	√
55.00		√	√	√	√	√	√	√	√	√	√
58.00		√	√	√	√	√	√	√	√	√	√
60.00		√	√	√	√	√	√	√	√	√	√
65.00				√	√	√	√	√	√	√	√

续表

外径	壁厚										
	0.50	0.75	1.00	1.50	2.00	2.50	3.00	3.50	4.00	4.50	5.00
70.00				√	√	√	√	√	√	√	√
75.00				√	√	√	√	√	√	√	√
80.00					√	√	√	√	√	√	√
85.00					√	√	√	√	√	√	√
90.00					√	√	√	√	√	√	√
95.00					√	√	√	√	√	√	√
100.00						√	√	√	√	√	√
105.00						√	√	√	√	√	√
110.00						√	√	√	√	√	√
115.00							√	√	√	√	√
120.00								√	√	√	√

注："√"处表示可供规格。

② 材料牌号和状态　拉（轧）制圆管管材的化学成分应符合 GB/T 3190 的规定；尺寸偏差应符合 GB/T 4436 中普通级的规定。铝及铝合金拉（轧）制无缝圆管的牌号和状态见表 4.7。

表 4.7　铝及铝合金拉（轧）制无缝圆管的牌号和状态（GB/T 6893—2010）

牌号	状态	牌号	状态
1035、1050、1050A、1060、1070、1070A、1100、1200、8A06	O、H14	5052、5A02	O、H14
		5A03	O、H34
		5A05、5056、5083	O、H32
2017、2024、2A11、2A12	O、T4	5A06、5754	O
		6061、6A02	O、T4、T6
2A14	T4	6063	O、T6
3003	O、H14	7A04	O
3A21	O、H14、H18、H24	7020	T6

标记示例：2024 牌号、T4 状态、边长为 45.00mm、宽度为 45.00mm、壁厚为 3.00mm、长度为不定尺的矩形管材标记为"矩形管 2024-T4 45×45×3.0　GB/T 6893—2000"。

③ 力学性能　铝及铝合金拉（轧）制无缝圆管的力学性能见表 4.8。

表 4.8 铝及铝合金拉（轧）制无缝圆管的力学性能（GB/T 6893—2010）

牌号	状态	壁厚/mm		室温拉伸力学性能 抗拉强度 R_m/MPa	规定非比例伸长应力 $R_{p0.2}$/MPa	断后伸长率/% 全截面试样 A_{50}	其他试样 A_{50}	其他试样 A
				≥				
1035 1050A 1050	O	所有		60～95	—	—	22	25
	H14	所有		100～135	70	—	5	6
1060 1070A 1070	O	所有		60～95	—	—		
	H14	所有		85	70	—		
1100 1200	O	所有		70～105	—	—	16	20
	H14	所有		110～145	80	—	4	5
2A11	O	所有		＜245		10		
	T4	外径≤22	≤1.5	375	195	13		
			＞1.5～2.0			14		
			＞2.0～5.0			—		
		外径＞22～50	≤1.5	390	225	12		
			＞1.5～5.0			13		
		外径＞50	所有	390	225	11		
2017	O	所有		≤245	≤125	17	16	16
	T4	所有		375	215	13	12	12
2A12	O	所有		≤245	—	10		
	T4	外径＜22	≤2.0	410	225	13		
			＞2.0～5.0			—		
		外径＞22～50	所有	20	275	12		
		外径＞50	所有	420	275	10		
2A11	T4	外径≤22	1.0～2.0	360	205	10		
			＞2.0～5.0			—		
		外径＞22	所有			10		
2024	O	所有		≤240	≤140	—	10	12
	T4	0.63～1.2		440	290	12	10	—
		＞12～5.0		440	290	14	10	—
3003	O	所有		95～130	35	—	20	25
	H14	所有		130～165	110	—	4	6
3A21	O	所有		≤135	—	—		
	H14	所有		135	—	—		
	H18	外径＜60，壁厚 0.5～5.0		185	—	—		
		外径≥60，壁厚 2.0～5.0		175	—	—		
	H24	外径＜60，壁厚 0.5～5.0		145	—	8		
		外径≥60，壁厚 2.0～5.0		135	—	8		

续表

牌号	状态	壁厚/mm	室温拉伸力学性能				
			抗拉强度 R_m/MPa	规定非比例伸长应力 $R_{p0.2}$/MPa	断后伸长率/%		
					全截面试样	其他试样	
					A_{50}	A_{50}	A
			≥				
5A02	O	所有	≤225	—	—		
	H14	外径≤55,壁厚≤2.5	225	—	—		
		其他所有	195	—	—		
5A03	O	所有	175	80	15		
	H34	所有	215	125	8		
5A05	O	所有	215	90	15		
	H32	所有	245	145	8		
SA06	O	所有	315	145	15		
5052	O	所有	170～230	65	—	17	20
	H14	所有	230～270	180	—	4	5
5056	O	所有	≤315	100	16		
	H32	所有	305	—	—		
5083	O	所有	270～350	110	—	14	16
	H32	所有	280	200	—	4	6
5754	O	所有	180～20	80	—	14	16
6A02	O	所有	≤155	—	14		
	T4	所有	205	—	11		
	T6	所有	305	—	8		
6061	O	所有	≤150	≤110	—	14	16
	T4	所有	205	110	—	14	16
	T6	所有	290	240	—	8	10
6063	O	所有	≤130	—	—	15	20
	T6	所有	220	190	—	8	10
7A04	O	所有	≤265	—	8		
7020	T6	所有	350	280	—	8	10
8A06	O	所有	≤120	—	20		
	H14	所有	100	—	5		

④ 尺寸规格 铝及铝合金冷拉（轧）制有缝/无缝圆管尺寸规格见表 4.9。

表 4.9　铝及铝合金冷拉（轧）制有缝/无缝圆管尺寸规格（GB/T 4436—2012）　mm

外径	壁厚										
	0.5	0.75	1.0	1.5	2.0	2.5	3.0	3.5	4.0	4.5	5.0
6	√	√	√	—	—	—	—	—	—	—	—
8	√	√	√	√	√	—	—	—	—	—	—
10	√	√	√	√	√	√	—	—	—	—	—
12	√	√	√	√	√	√	√	—	—	—	—
14,15	√	√	√	√	√	√	√	—	—	—	—
16,18	√	√	√	√	√	√	√	√	—	—	—
20	√	√	√	√	√	√	√	√	√	—	—
22,24,25	√	√	√	√	√	√	√	√	√	√	√
①	—	√	√	√	√	√	√	√	√	√	√
65,70,75	—	—	—	√	√	√	√	√	√	√	√
80,85,90,95	—	—	—	—	√	√	√	√	√	√	√
100,105,110	—	—	—	—	—	√	√	√	√	√	√
115	—	—	—	—	—	—	√	√	√	√	√
120	—	—	—	—	—	—	—	√	√	√	√

① 此栏尺寸为 26，28，30，32，34，35，36，38，40，42，45，48，50，52，55，58，60。

（3）热轧无缝圆管

管材的化学成分应符合 GB/T 3190 的规定。外形尺寸及允许偏差应符合 GB/T 4436 中普通级的规定（需要高精级时另议）。铝和铝合金热轧无缝圆管规格和室温纵向力学性能见表 4.10。

表 4.10　铝和铝合金热轧无缝圆管规格和室温纵向力学性能（GB/T 4437—2000）

合　金　牌　号	状态
1060、1070A、1100、1200、2A11、2A12、2017、2024、3003、3A21、5A02、5A03、5A05、5A06、5052、5083、5086、5454、6A02、6061、6063、7A09、7A15、7075、8A06	H112、F
1050A、1070A、1035、1060、1100、1200、2A11、2A12、2017、2024、5A06、5083、5454、5086、6A02	O
2A11、2A12、2017、6A02、6061、6063	T4
6A02、6061、6063、7A04、7A09、7A15、7075	T6

合金牌号	供应状态	壁厚/mm	抗拉强度 R_m/MPa ≥	规定非比例伸长应力 $\sigma_{p0.2}$/MPa ≥	伸长率 δ/%
1050A、1035	O	所有	60～100		23
1070A、1060	O	所有	60～95		22
	H112	所有	60		22

续表

合金牌号	供应状态	壁厚/mm	抗拉强度R_m/MPa ≥	规定非比例伸长应力$\sigma_{p0.2}$/MPa ≥	伸长率δ/%
1100、1200	O	所有	75～105		22
	H112	所有	75		22
2A11	O	所有	≤245		10
	H112	所有	350	195	10
2A12	O	所有	≤245	—	10
	H112、T4	所有	390	255	10
2017	O	所有	≤245	≤125	16
	H112、T4	所有	345	215	12
2024	O	所有	≤245	≤130	10
	H112	≤18	395	260	10
		>18	395	260	9
3A21	H112	所有	≤165		—
3003	O	所有	95～130		22
	H112	所有	95		22
5A02	H112	所有	≤225		—
5A03	H112	所有	175	70	15
5A05	H112	所有	225	110	15
5A06	O、H112	所有	315	145	15
5052	O	所有	170～240	70	—
5083	O	所有	270～350	110	12
	H112	所有	270	110	20
5086	O	所有	240～315	95	12
	H112	所有	240	95	10
5454	O	所有	215～285	85	12
	H112	所有	215	85	10
6A02	O	所有	≤145		17
	T4	所有	205		14
	H112、T6	所有	295		8
6061	T4	所有	180	110	14
	T6	≤6.3	260	240	—
		>6.3	260	240	9
6063	T4	≤12.5	130	70	12
		>12.5～25	125	60	12
	T6	所有	205	170	9

续表

合金牌号	供应状态	壁厚/mm	抗拉强度 R_m/MPa ≥	规定非比例伸长应力 $\sigma_{p0.2}$/MPa ≥	伸长率 δ/%
7A04、7A09	H112、T6	所有	530	400	5
7A15	H112、T6	所有	470	420	6
7075	H112、T6	≤6.3	540	485	—
		>6.3～12.5	560	505	6
		>12.5	560	495	6
8A06	H112	所有	120	—	20

注：表中 5A05 合金规定非比例伸长应力仅供参考，不作为验收依据；外径 185～300 mm，壁厚大于 32.5 mm 的管材，室温纵向力学性能由供需双方另行协商或附试验结果。

(4) 冷拉有缝和无缝正方形管和矩形管（表 4.11、表 4.12）

表 4.11　冷拉有缝和无缝正方形管的典型规格（GB/T 4436—2012）

mm

边长	壁厚						
	1.00	1.50	2.00	2.50	3.00	4.50	5.00
10.00	√	√					
12.00	√	√					
14.00	√	√	√				
16.00	√	√	√				
18.00	√	√	√	√			
20.00	√	√	√	√			
22.00		√	√	√	√		
25.00		√	√	√	√		
28.00		√	√	√	√	√	
32.00		√	√	√	√	√	
36.00		√	√	√	√	√	
40.00		√	√	√	√	√	
42.00		√	√	√	√	√	√
45.00		√	√	√	√	√	√
50.00		√	√	√	√	√	√
55.00			√	√	√	√	√
60.00			√	√	√	√	√
65.00			√	√	√	√	√
70.00			√	√	√	√	√

注："√"处表示可供规格。

表 4.12 冷拉有缝和无缝矩形管的典型规格（GB/T 4436—2012）

mm

边长	壁厚						
	1.00	1.50	2.00	2.50	3.00	4.00	5.00
14.00×10.00	√	√	√				
16.00×12.00	√	√	√				
18.00×10.00	√	√	√				
18.00×14.00	√	√	√	√			
20.00×12.00	√	√	√	√			
22.00×14.00	√	√	√	√			
25.00×15.00	√	√	√	√	√		
28.00×16.00	√	√	√	√	√		
28.00×22.00	√	√	√	√	√	√	
32.00×18.00	√	√	√	√	√	√	
32.00×25.00	√	√	√	√	√	√	√
36.00×20.00	√	√	√	√	√	√	√
36.00×28.00	√	√	√	√	√	√	√
40.00×25.00		√	√	√	√	√	√
40.00×30.00		√	√	√	√	√	√
45.00×30.00		√	√	√	√	√	√
50.00×30.00		√	√	√	√	√	√
55.00×40.00		√	√	√	√	√	√
60.00×40.00			√	√	√	√	√
70.00×50.00			√	√	√	√	√

注；“√”处表示可供规格。

（5）冷拉有缝和无缝椭圆形管

冷拉有缝和无缝椭圆形管的典型规格见表 4.13。

表 4.13 冷拉有缝和无缝椭圆形管的典型规格（GB/T 4436—2012）

mm

长轴	短轴	壁厚	长轴	短轴	壁厚	长轴	短轴	壁厚
27.00	11.50	1.00	60.50	25.50	1.50	87.50	37.00	2.00
33.50	14.50	1.00	60.50	25.50	2.00	87.50	40.00	2.50
40.50	17.00	1.00	67.50	28.50	1.50	94.50	40.00	2.50
40.50	17.00	1.50	67.50	28.50	2.00	101.00	43.00	2.50
47.00	20.00	1.00	74.00	31.50	1.50	108.00	45.50	2.50
47.00	20.00	1.50	74.00	31.50	2.00	114.50	48.50	2.50
54.00	23.00	1.50	81.00	34.00	2.00			
54.00	23.00	2.00	81.00	34.00	2.50			

4.1.4 挤压型材

(1) 用途分类和材料（表4.14）

表4.14 挤压型材的用途分类和材料

型材类别	可供合金
车辆型材	5052、5083、6061、6063、6005A、6082、6106、7003、7005
其他型材	1050A、1060、1100、1200、1350、2A11、2A12、2017、2017A、2014、2014A、2024、3A21、3003、3103、5A02、5A03、5A06、5005、5005A、5051A、5251、5052、5154A、5454、5754、5019、5083、5086、6A02、6101A、6101B、6005、6005A、6106、6351、6060、6061、6261、6063、6063A、6463、6463A、6081、6082、7A04、7003、7020、7022、7049A、7075、7178

注：车辆型材指用于铁道、地铁、轻轨等轨道车体结构及其他车辆体结构的型材。

(2) 拉伸力性能（表4.15）

表4.15 型材的室温纵向拉伸力性能（GB/T 6892—2006）

牌号	状态	壁厚/mm	抗拉强度 R_m/MPa	规定非比例伸长强度 $R_{p0.2}$/MPa	断后伸长率/% $A_{5.65}$[①]	断后伸长率/% A_{50}[②]
			≥	≥	≥	≥
1050A	H112	—	60	20	25	23
1060	O	—	60～95	15	22	20
	H112	—	60	15	22	20
1100	O	—	75～105	20	22	20
	H112	—	75	20	22	20
1200	H112	—	75	25	22	18
1350	H112	—	60	—	20	23
2A11	O	—	≤245	—	25	10
	T4	≤10	335	190	12	10
		>10～20	335	200	—	8
		>20	365	210	10	—
2A12	O	—	≤245	—	10	10
	T4	≤5	390	295	12	8
		>5～10	410	295	—	8
		>10～20	420	305	—	8
		>20	440	315	10	—
2017	O	≤3.2	≤220	≤140	—	11
		>3.2～12	≤225	≤145	—	11
2017A	T4	—	390	245	15	13
	T4、T4510 T4511	≤30	380	260	10	8

续表

牌号	状态	壁厚/mm	抗拉强度 R_m/MPa	规定非比例伸长强度 $R_{p0.2}$/MPa	断后伸长率/%	
					$A_{5.65}$[①]	A_{50}[②]
			≥			
2014 2014A	O	—	≤250	≤135	12	10
	T4、T4510	≤25	370	230	11	10
	T4511	＞25～75	410	270	10	—
	T6、T6510	≤25	415	370	7	5
	T6511	＞25～75	460	415	7	—
2024	O	—	≤250	≤150	12	10
	T3、T3510	≤15	395	290	8	6
	T3511	＞15～50	420	290	8	—
	T8、T8510 T8511A	≤50	455	380	5	4
3A21	O、H112	—	≤185	—	16	14
3003 3103	H112	—	95	35	25	20
5A02	O、H112	—	≤245	—	12	10
5A03	O、H112	—	1801	180	12	10
5A05	O、H112	—	255	130	15	13
5A06	O、H112	—	315	160	15	13
5005 5005A	H112	—	100	40	18	16
5051A	H112	—	150	60	16	14
5251	H112	—	160	60	16	14
5052	H112	—	170	70	15	13
5154A 5454	H112	≤25	200	85	16	14
5754	H112	≤25	180	80	14	12
5019	H112	≤30	250	110	14	12
5083	H112	—	270	125	12	10
5086	H112	—	240	95	12	10
6A02	T4	—	180	—	12	10
	T6	—	295	230	10	8
6101A	T6	≤50	200	170	10	8
6101B	T6	≤15	215	160	8	6
6005 6005A	T5	≤6.3	260	215	—	7
	T4	≤25	180	90	15	13
	T6 实心型材	≤5	270	225	—	6
		＞5～10	260	215	—	6
		＞10～25	250	200	8	6
	T6 空心型材	≤5	250	215	—	6
		＞5～15	250	200	8	6

续表

牌号	状态		壁厚/mm	抗拉强度 R_m/MPa	规定非比例伸长强度 $R_{p0.2}$/MPa	断后伸长率/%	
						$A_{5.65}$①	A_{50}②
				≥			
6106	T6		≤10	250	200	—	6
6351	O		—	≤160	≤110	14	12
	T4		≤25	205	110	14	12
	T5		≤5	270	230	—	6
	T6		≤5	290	250	—	6
			>5～25	300	255	10	8
6060	T4		≤25	120	60	16	14
	T5		≤5	160	120	—	6
			>5～25	140	100	8	6
	T6		≤3	190	150	—	6
			>3～25	170	140	8	6
6061	T4		≤25	180	110	15	13
	T5		≤16	240	205	9	7
	T6		≤5	260	240	—	7
				260	240	10	8
6261	O		—	≤170	≤120	14	12
	T4		≤25	180	100	14	12
			≤5	270	230	—	7
	T5		>5～25	260	220	9	8
			>25	250	210	9	—
	T6	实心型材	≤5	290	245	—	7
			>5～10	280	235	—	7
		空心型材	≤5	290	245	—	7
			>5～10	270	230	—	8
6063	T4		≤25	130	65	14	12
	T5		≤3	175	130	—	6
			>3～25	160	110	7	5
	T6		≤10	215	170	—	6
			>10～25	195	160	8	6
6063A	T4		≤25	150	90	12	10
	T5		≤10	200	160	—	5
			>10～25	190	150	6	4
	T6		≤10	230	190	—	5
			>10～25	220	180	5	4

续表

牌号	状态	壁厚/mm	抗拉强度 R_m/MPa	规定非比例伸长强度 $R_{p0.2}$/MPa	断后伸长率/%	
					$A_{5.65}$①	A_{50}②
			≥			
6463	T4	≤50	125	75	14	12
	T5	≤50	150	110	8	6
	T6	≤50	195	160	10	8
6463A	T4	≤12	115	60	—	10
	T5	≤12	150	110	—	6
	T6	≤3	205	170	—	6
		>3～12	205	170	—	8
6081	T6	≤25	275	240	8	6
6082	O	—	≤160	≤110	14	12
	T4	≤25	205	110	14	12
	T5	≤5	270	230	—	6
	T6	≤5	290	250	—	6
		>5～25	310	260	10	8
7A04	O	—	≤245	—	10	8
	T6	≤10	500	430	—	4
		>10～20	530	440	6	4
		>20	560	460	6	—
7003	T5	—	310	260	10	8
	T6	≤10	350	290	—	8
		>10～25	340	280	10	8
7005	T5	≤25	345	305	10	8
	T6	≤40	350	290	10	8
7020	T6	≤40	350	290	10	8
7022	T6、T6510 T6511	≤30	490	420	7	5
7049A	T6	≤30	610	530	5	4
	T6、T6510	≤25	530	460	6	4
	T6511	>25～60	540	470	6	—
7075	T73、T73510 T73511	≤25	485	420	7	5
	T76、T76510	≤6	510	440	—	5
	T76511	>6～50	515	450	6	5
7178	T6 T6510 T6511	≤1.6	565	525	—	—
		>1.6～6	580	525	—	3
		>6～35	600	540	4	3
		>35～60	595	530	4	—
	T76	>3～6	525	455	—	5
	T76510 T76511	>3～25	530	460	6	5

① $A_{5.65}$表示原始标距（L_0）为 5.65 $\sqrt{S_0}$的断后伸长率。

② 壁厚不大于 1.6mm 的型材不要求伸长率，如需方有要求，则供需方商定，并在合同中注明。

(3) 铝型材规格（表 4.16～表 4.21）

表 4.16　等边角铝型材规格

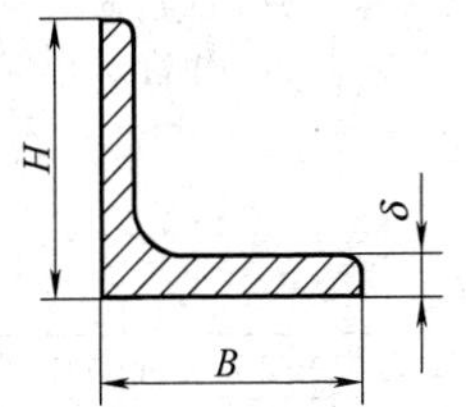

$H=B$—边宽
δ—边厚

主要尺寸/mm		理论质量
$H=B$	δ	$G/(\mathrm{kg/m})$
12	1	0.065
	2	0.122
12.5	1.6	0.105
15	1	0.082
	1.2	0.098
	1.5	0.121
	2	0.157
	3	0.228
16	1.6	0.137
	2.4	0.202
18	1.5	0.146
	2	0.19
19	1.6	0.163
	2.4	0.239
	3.2	0.313
20	1	0.11
	1.2	0.131
	1.5	0.162
	2	0.212
	3	0.317
	4	0.41
20.5	1.6	0.176
23	2	0.245
25	1.2	0.166

主要尺寸/mm		理论质量
$H=B$	δ	$G/(\mathrm{kg/m})$
25	1.5	0.204
	1.6	0.216
	2	0.268
	2.5	0.331
	3	0.392
	3.2	0.42
	3.5	0.456
	4	0.516
	5	0.673
27	2	0.289
	2	0.303
30	1.5	0.246
	2	0.324
	2.5	0.4
	3	0.478
	4	0.623
32	2.4	0.415
	3.2	0.544
	3.5	0.592
	6.5	1.036
35	3	0.557
	4	0.739
38	2.4	0.493
38.3	3.5	0.712

主要尺寸/mm		理论质量
$H=B$	δ	$G/(\mathrm{kg/m})$
38.3	5	0.998
	6.3	1.235
40	2	0.435
	2.5	0.54
	3	0.645
	3.5	0.749
	4	0.85
	5	1.043
45	4	0.961
	5	1.189
50	3	0.812
	4	1.072
	5	1.328
	6	1.572
	6.5	1.699
	12	2.947
60	5	1.606
	6	1.906
75	7	2.783
	8	3.158
	10	3.892
90	5	2.433
	8	3.825

注：计算密度为 $2.78\mathrm{g/cm^3}$，下同。

表 4.17 不等边角铝型材的规格

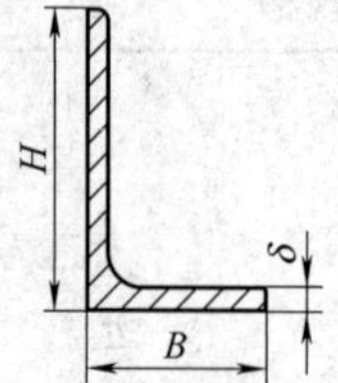

H—长边宽
B—短边宽
δ—边厚

主要尺寸/mm			理论质量	主要尺寸/mm			理论质量	主要尺寸/mm			理论质量
H	B	δ	G/(kg/m)	H	B	δ	G/(kg/m)	H	B	δ	G/(kg/m)
15	7	1.5	0.086	30	25	3	0.436	44	25	2	0.374
15	8	1.5	0.090	30	27	2.5	0.379	44	32	4.8	0.965
15	12	1.5	0.111	32	19	1.5	0.207	45	25	4	0.734
16	13	1.6	0.123	32	19	2.4	0.326	45	28	2	0.397
18	5	2.5	0.143	32	25	3.5	0.520	45	30	3	0.600
18	8	4	0.245	35	20	2	0.295	45	30	4	0.798
20	8	1.5	0.111	35	20	3	0.434	45	32	3	0.617
20	15	1.5	0.142	35	22	3.5	0.524	45	38	6.5	1.397
20	15	2	0.171	35	25	4	0.623	46	40	2.5	0.598
20	15	3	0.267	35	30	4	0.678	47	23	2.5	0.473
20	18	2	0.200	36	20	1.6	0.244	48	20	2.5	0.461
20	18	1	0.105	36	23	2	0.320	48	25	3	0.593
22	13	5	0.416	36	25	2.5	0.407	50	15	4	0.685
25	15	1.5	0.163	38	16	2	0.290	50	30	3	0.645
25	19	1.8	0.213	38	19	1.5	0.233	50	30	4	0.845
25	18	2.4	0.279	38	25	2.4	0.406	50	35	3	0.684
25	20	1.2	0.148	38	25	3.2	0.537	50	35	5	1.043
25	20	1.5	0.184	38	32	3	0.562	54	25	4	0.839
25	20	2.5	0.298	38	32	5	0.906	55	25	2.5	0.542
27	22	2.5	0.322	38	32	6.5	1.147	56	42	3.2	0.855
27	22	4	0.501	40	20	3	0.475	56	42	3.5	0.931
30	15	3	0.350	40	24	4	0.677	57	38	6.5	1.608
30	20	3	0.394	40	25	3.5	0.601	58	40	2.5	0.667
30	20	5	0.626	40	30	4	0.806	60	25	3.2	0.739
30	24	3	0.439	40	30	5	0.904	60	28	3	0.712
30	25	1.5	0.228	40	36	4	0.805	60	35	6	1.485
30	25	2	0.297	40	36	5	0.987	60	40	2.5	0.681
30	25	2.5	0.370	43	30	2.5	0.493	60	40	4	1.073

表 4.18　槽形铝型材规格

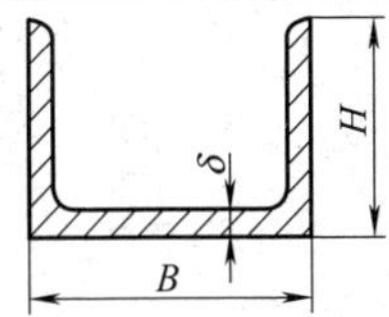

H—高度
B—底宽
δ—底厚

主要尺寸/mm			理论质量	主要尺寸/mm			理论质量	主要尺寸/mm			理论质量
H	B	δ	G/(kg/m)	H	B	δ	G/(kg/m)	H	B	δ	G/(kg/m)
13	13	1.6	0.156	40	18	2	0.404	63	38.3	4.8	1.744
13	34	3.5	0.717	40	18	2.5	0.499	64	38	4	1.473
20	15	1.3	0.172	40	18	3	0.592	70	25	3	0.959
21	28	4	0.797	40	21	4	0.823	70	25	5	1.529
25	13	2.4	0.315	40	25	2	0.481	70	26	3.2	1.029
25	15	1.5	0.221	40	25	3	0.709	70	30	4	1.371
25	18	1.5	0.242	40	30	3.5	0.904	70	40	5	1.968
25	18	2	0.317	40	32	3	0.828	75	45	5	2.177
25	20	2.5	0.423	40	50	4	1.468	80	30	4.5	1.671
25	20	4	0.634	45	20	3	0.659	80	35	4.5	1.783
25	25	5	0.904	45	40	3	1.011	80	35	6	2.302
30	15	1.5	0.242	46	25	5	1.195	80	40	4	1.704
30	18	1.5	0.267	50	20	4	0.926	80	40	6	2.474
30	20	2	0.371	50	30	2	0.589	80	60	4	2.079
30	22	6	1.045	50	30	4	1.148	90	50	6	2.969
32	25	1.8	0.399	55	25	5	1.340	100	40	6	2.802
32	25	2.5	0.535	55	30	3	0.917	100	48	6.3	3.211
35	20	2.5	0.492	60	25	4	1.148	100	50	5	2.663
35	30	2	0.510	60	35	5	1.668	128	40	9	4.754
38	50	5	1.824	60	40	4	1.245				

表 4.19　工字形铝型材规格

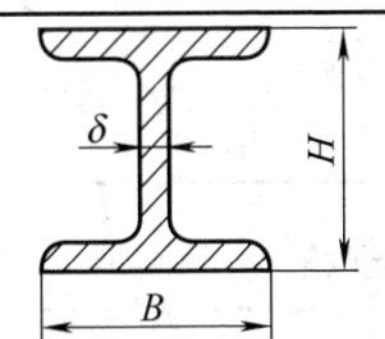

H—高度
B—底宽
δ—腰厚

主要尺寸/mm			理论质量	主要尺寸/mm			理论质量
H	B	δ	G/(kg/m)	H	B	δ	G/(kg/m)
23	38	1.2	0.327	68	38	2.5	0.796
26	34.5	3.5	0.878	86	60	6	3.225
57	48	8	3.058				

表 4.20 T字形铝型材规格

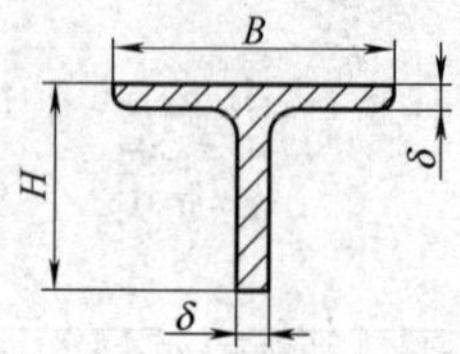

H—高度
B—底宽
δ—腰厚

主要尺寸/mm			理论质量	主要尺寸/mm			理论质量	主要尺寸/mm			理论质量
H	B	δ	G/(kg/m)	H	B	δ	G/(kg/m)	H	B	δ	G/(kg/m)
15	25	1	0.113	25	50	2.5	0.515	40	36	5	0.931
19	50	2	0.383	26	38	2.5	0.432	40	45	3	0.689
20	20	2	0.211	27	70	2	0.534	40	45	4	0.910
20	30	1.5	0.206	29	38	1.6	0.293	40	68	3	0.917
20	35	2	0.295	29	58	2.5	0.606	40	130	6	0.736
20	37	2	0.311	29	58	3.5	0.831	42	64	4	1.140
20	40	2	0.334	30	40	1.5	0.289	45	40	2.2	0.517
20	42	2	0.345	30	40	2	0.381	50	70	4	1.300
20	45	3	0.517	30	45	3	0.597	51	51	2.4	0.679
20	90	2	0.600	30	56	4	0.912	54	50	3	0.845
21	53	1.8	0.361	30	68	6.5	1.696	54	68	3	1.003
22	48	1.4	0.267	32	45	3	0.628	64	50	5	1.607
25	29	1.6	0.235	32	48	2.4	0.521	68	50	2	0.645
25	35	1.5	0.247	32	50	3	0.674	70	37	2	0.584
25	38	2.5	0.420	35	32	1.5	0.278	70	55	2	0.684
25	40	2	0.356	35	35	4	0.754	74	66	6	2.246
25	45	2.5	0.480	35	40	2	0.408	75	40	3	0.945
25	45	3	0.561	37	42	2	0.417	80	50	2	0.712
25	45	4	0.753	38	44	5	1.087	80	60	3	1.143
25	48	1.4	0.288	38	50	3.5	0.841	83	50	3	1.099
25	48	1.5	0.301	38	50	4.8	1.109	90	77	10	4.365
25	50	2	0.417	39	75	5	1.532				

表 4.21 Z字形铝型材规格

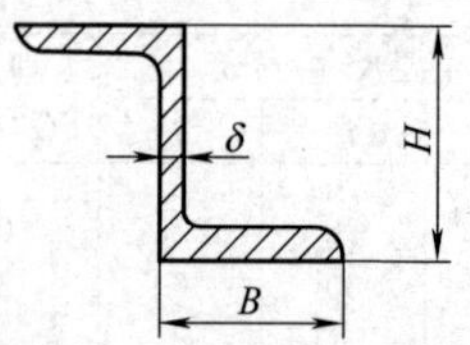

H—高度
B—腿宽
δ—腰厚

续表

主要尺寸/mm			理论质量	主要尺寸/mm			理论质量	主要尺寸/mm			理论质量
H	B	δ	G/(kg/m)	H	B	δ	G/(kg/m)	H	B	δ	G/(kg/m)
12.7	15.9	1.6	0.191	34	25	3.5	0.768	80	35	4	1.579
20	15	1.2	0.163	36	25	2.5	0.577	80	40	4	1.690
20	15	1.5	0.200	36	31.5	3.2	0.823	100	30	3	1.284
25	18	1.5	0.246	38	25	3	0.726	100	35	4	1.801
25	23	3.5	0.630	44	25	4	1.001	100	40	4	1.913
31	25	2.5	0.528	50	19	2.5	0.584				
32	14	1.9	0.303	80	30	3	1.118				

4.1.5　拉制圆线材

(1) 线材的牌号、状态、直径、典型用途（表 4.22）

表 4.22　线材的牌号、状态、直径、典型用途（GB/T 3195—2008）

牌　　号	状态	直径/mm	典型用途
1035	O	0.8～20.0	焊条用线材
	H18	0.8～1.6	
		>1.6～3.0	焊条用线材、铆钉用线材
		>3.0～20.0	焊条用线材
	H14	3.0～20.0	焊条用线材、铆钉用线材
1350	O	9.5～25.0	导体用线材
	H12、H22		
	H14、H24		
	H16、H26		
	H19	1.2～6.5	
1A50	O、H19	0.8～20.0	
1050A、1060、1070A、1200	O、H18	0.8～20.0	焊条用线材
	H14	3.0～20.0	
1100	O	0.8～1.6	焊条用线材
		>1.6～20.0	焊条用线材、铆钉用铝线
		>20.0～25.0	铆钉用铝线
	H18	0.8～20.0	焊条用线材
	H14	3.0～20.0	
2A01、2A04、2B11、2B12、2A10	H14、T4	1.6～20.0	铆钉用线材
2A14、2A16、2A20	O、H18	0.8～20.0	焊条用线材
	H14		
	H12	7.0～20.0	

续表

牌　　号	状态	直径/mm	典型用途
3003	O、H14	1.6～25.0	铆钉用线材
3A21	O、H18	0.8～20.0	焊条用线材
3A21	H14	0.8～1.6	焊条用线材
3A21	H14	>1.6～20.0	焊条用线材、铆钉用线材
3A21	H12	7.0～20.0	焊条用线材
4A01、4043、4047	O、H18	0.8～20.0	焊条用线材
4A01、4043、4047	H14	0.8～20.0	焊条用线材
4A01、4043、4047	H12	7.0～20.0	焊条用线材
5A02	O、H18	0.8～20.0	焊条用线材
5A02	H14	0.8～1.6	焊条用线材
5A02	H14	>1.6～20.0	焊条用线材、铆钉用线材
5A02	H12	7.0～20.0	焊条用线材
5A03	O、H18	0.8～20.0	焊条用线材
5A03	H14	0.8～20.0	焊条用线材
5A03	H12	7.0～20.0	焊条用线材
5A05	H18	0.8～7.0	焊条用线材、铆钉用线材
5A05	O、H14	0.8～1.6	焊条用线材
5A05	O、H14	>1.6～7.0	焊条用线材、铆钉用线材
5A05	O、H14	>7.0～20.0	铆钉用线材
5A05	H12	>7.0～20.0	焊条用线材
5B05、5A06	O	0.8～20.0	焊条用线材
5B05、5A06	H18	0.8～7.0	焊条用线材
5B05、5A06	H14	0.8～7.0	焊条用线材
5B05、5A06	H12	1.6～7.0	铆钉用线材
5B05、5A06	H12	>7.0～20.0	焊条用线材、铆钉用线材
5005、5052、5056	O	1.6～25.0	铆钉用线材
5B06、5A33、5183、5356、5554、5A56	O	0.8～20.0	焊条用线材
5B06、5A33、5183、5356、5554、5A56	H18	0.8～7.0	焊条用线材
5B06、5A33、5183、5356、5554、5A56	H14	0.8～7.0	焊条用线材
5B06、5A33、5183、5356、5554、5A56	H12	>7.0～20.0	焊条用线材
6061	O	0.8～1.6	焊条用线材
6061	O	>1.6～20.0	焊条用线材、铆钉用线材
6061	O	>20.0～25.0	铆钉用线材
6061	H18	0.8～1.6	焊条用线材
6061	H18	>1.6～20.0	焊条用线材、铆钉用线材
6061	H14	3.0～20.0	焊条用线材
6061	T6	1.6～20.0	焊条用线材、铆钉用线材
6A02	O、H18	0.8～20.0	焊条用线材
6A02	H14	3.0～20.0	焊条用线材

续表

牌　号	状态	直径/mm	典型用途
7A03	H14、T6	1.6～20.0	铆钉用线材
8A06	O、H18	0.8～20.0	焊条用线材
	H14	3.0～20.0	

(2) 力学性能（表 4.23）

表 4.23　直径不大于 5.0mm 的导体用 1A50 合金线材的力学性能

（GB/T 3195—2008）

牌号	状态	直径/mm	力学性能	
			抗拉强度 R_m/MPa	断后伸长率 A_{100}/%
1A50	O	0.8～1.0	≥75	≥10
		>1.0～1.5		≥12
		>1.5～2.0		
		>2.0～3.0		≥15
		>3.0～4.0		≥18
		>4.0～4.5		
		>4.5～5.0		
	H19	0.8～1.0	≥160	≥1.0
		>1.0～1.5	≥155	≥1.2
		>1.5～2.0		≥1.5
		>2.0～3.0		
		>3.0～4.0	≥135	
		>4.0～4.5		≥2.0
		>4.5～5.0		
1350	O	9.5～12.7	60～100	—
	H12、H22		80～120	
	H14、H24		100～140	
	H16、H26		115～155	
	H19	1.2～2.0	≥160	≥1.2
		>2.0～2.5	≥175	≥1.5
		>2.5～3.5	≥160	
		>3.5～5.3	≥160	≥1.8
		>5.3～6.5	≥155	≥2.2
1100	O	1.6～25.0	<110	—
	H14		110～145	—
3003	O		≤130	—
	H14		140～180	—
5052	O	1.6～25.0	<220	—
5056	O		<320	—
6061	O		≤155	—

注：1. 1350 线材允许焊接，但 O 状态线材接头处力学性能不小于 60MPa，其他状态线材接头处力学性能不小于 75MPa。

2. 其他线材力学性能可参考本表，或由供需双方具体协商。

（3）电气性能（表 4.24）

表 4.24　导体用线材电阻率或体积电导率（GB/T 3195—2008）

牌号	状态	普通级		高精级	
		20℃时的电阻率/Ω·μm≤	体积电导率/%IACS≥	20℃时的电阻率/Ω·μm≤	体积电导率/%IACS≥
1A50	H19	0.0295	58.4	0.0282	61.1
1350	O	—	—	0.027899	61.8
	H12、H22	—	—	0.028035	61.5
	H14、H24	—	—	0.028080	61.4
	H16、H26	—	—	0.028126	61.3
	H19	—	—	0.028265	61.0

注：未包括在表中的其他线材要求电阻率或体积电导率时，供需双方协商。

（4）铝线的线盘质量（表 4.25）

表 4.25　铝线的规格和线盘质量

导电用铝线

直径/mm	(Cu+Mg)的质量分数/%	盘重/kg ≥	单根质量/kg	
			规定值 ≥	最小值
≤4.0	—	3～40	1.5	1.0
>4.0～10.0	>4	10～40	1.5	1.0
	≤4.0	15～40	3.0	1.5
>10.0～25.0	>4	20～40	1.5	1.0
	≤4.0	25～40	3.0	1.5

电工用铝线

标称直径/mm	每根圆铝线质量(最小值)/kg	短段	
		质量	交货数量
0.30～0.50	1	≥每根圆铝线质量最小值的50%	≤交货总质量的15%
0.51～1.00	3		
1.01～2.00	8		
2.01～4.00	15		
4.01～6.00	20		
6.01～10.00	25		

铆钉用铝及铝合金线材

直径/mm	理论线质量/(kg/km)	直径/mm	理论线质量/(kg/km)	直径/mm	理论线质量/(kg/km)	直径/mm	理论线质量/(kg/km)
1.60	5.449	3.50	26.07	5.00	53.21	7.50	119.7
2.00	8.514	3.84	31.39	5.10	55.36	7.76	128.2
2.27	10.97	1.98	33.72	5.23	58.22	7.80	129.5
2.30	11.26	4.00	34.05	5.27	59.11	8.00	136.2

续表

铆钉用铝及铝合金线材							
直径/mm	理论线质量/(kg/km)	直径/mm	理论线质量/(kg/km)	直径/mm	理论线质量/(kg/km)	直径/mm	理论线质量/(kg/km)
2.58	14.17	4.10	35.78	5.50	64.39	8.50	153.8
2.60	14.39	4.35	40.28	5.75	70.37	8.94	170.1
2.90	17.90	4.40	41.21	5.84	72.59	9.00	172.4
3.00	19.16	4.48	42.72	6.00	76.62	9.50	192.1
3.41	24.75	4.50	43.10	6.50	89.93	9.76	202.7
3.45	25.33	4.75	48.02	7.00	104.3	9.94	210.3
3.48	25.78	4.84	49.86	7.10	107.3	10.00	212.8
焊条用线材							
直径/mm	理论线质量/(g/m)	直径/mm	理论线质量/(g/m)	直径/mm	理论线质量/(g/m)	直径/mm	理论线质量/(g/m)
0.8	1.362	2.5	13.30	5.0	53.21	9.0 10.0	172.4 212.8
1.0	2.128	3.0	19.16	5.5	64.39		
1.2	3.065	3.5	26.07	6.0	76.62		
1.5	4.789	4.0	34.05	7.0	104.3		
2.0	8.514	4.5	43.10	8.0	136.2		

注：1. 铆钉用线材每盘质量：直径≤4.0mm，≥1.5kg，直径>4.0mm，≥3kg。

2. 铆钉用线材牌号有：1035，5A02，5A06（直径≥3mm）、5B05、3A21、2A01、2A04、2B11、2B12 和 7A03；理论质量按纯铝（密度 2.7g/cm³）计算。其他牌号理论线质量应乘以相应的换算系数。

3. 焊条用线材每盘质量≤40kg。

4. 理论线质量按纯铝（密度 2.71g/cm³）计算。其他牌号理论线质量应乘以相应的换算系数。

4.2 铜及铜合金材料制品

4.2.1 铜和铜合金板材

表 4.26 铜及铜合金板材的牌号、状态和规格（GB/T 2040—2008）

牌号	状态	规格/mm		
		厚度	宽度	长度
T2、T3、TP1 TP2、TU1、TU2	R M、Y_4、Y_2、Y、T	4～60 0.2～12	≤3000	≤6000
H96、H80	M、Y	0.2～10	≤3000	≤6000
H90、H85	M、Y_2、Y			
H65	M、Y_1、Y_2、Y、T、TY			
H70、H68	R M、Y_4、Y_2、Y、T、TY	4～60 0.2～10		
H63、H62	R	4～60		

续表

牌　　号	状　　态	规　格/mm		
		厚度	宽度	长度
H63、H62	M、Y_2、Y、T	0.2～10	≤3000	≤6000
H59	R M、Y	4～60 0.2～10	≤3000	≤6000
HPb59-1	R M、Y_2、Y	4～60 0.2～10		
HPb60-2	Y、T	0.5～10		
HMn58-2	M、Y_2、Y	0.2～10		
HSn62-1	R M、Y_2、Y	4～60 0.2～10		
HMn55-3-1、Hn57-3-1 HA160-11、HA167-2.5 HA166-6-3-2、HNi65-5	R	4～40	≤1000	≤2000
QSn6.5-0.1	R M、Y_4、Y_2、Y、T、TY	9～50 0.2～12	≤600	≤2000
QSn6.5-0.4、QSn4-3 QSn4-0.3、QSn7-0.2	M、Y、T	0.2～12	4600	≤2000
QSn8-0.3	M、Y_4、Y_2、Y、T	0.2～5	≤600	≤2000
BAl6-1.5 BAl13-3	Y CYS	0.5～12	≤600	≤1500
BZn15-20	M、Y_2、Y、T	0.5～10	≤600	41500
BZn18-17	M、Y_2、Y	0.5～5	≤600	≤1500
B5、BFe10-1-1	R	7～60	≤2000	44000
B19、BFe30-1-1	M、Y	0.5～10	≤600	≤1500
QAl5 QAl7 QAl9-2 QAl9-4	M、Y Y_2、Y M、Y Y	0.4～12	≤1000	≤2000
QCd1	Y	0.5～10	200～300	800～1500
QCr0.5、QCr0.5-0.2-0.1	Y	0.5～15	100～600	≥300
QMn1.5 QMn5	M M、Y	0.5～5	100～600	≤1500
QSi3-1	M、Y、T	0.5～10	100～1000	≥500
QSn4-4-2.5、QSn4-4-4	M、Y_3、Y_2、Y	0.8～5	200～600	800～2000
BMn40-1.5 BMn3-12	M、Y M	0.5～10	100～600	800～1500

4.2.2 铜及铜合金带材

表 4.27　铜及铜合金带材的牌号、状态和规格（GB/T 2059—2008）

牌　号	状　　态	厚度/mm	宽度/mm
T2、T3、TU1、TU2 TP1、TP2	软(M)、1/4 硬(Y_4) 半硬(Y_2)、硬(Y)、特硬(T)	＞0.15～＜0.50 0.50～3.0	600 1200
H96、H80、H59	软(M)、硬(Y)	＞0.15～＜0.50 0.50～3.0	600 1200
H85、H90	软(M)、半硬(Y_2)、硬(Y)	＞0.15～＜0.50 0.50～3.0	600 1200
H70、H68、H65	软(M)、1/4 硬(Y)、半硬(Y_2) 硬(Y)、特硬(T)、弹硬(TY)	＞0.15～＜0.50 0.50～3.0	600 1200
H63、H62	软(M)、半硬(Y_2) 硬(Y)、特硬(T)	＞0.15～＜0.50 0.50～3.0	600 1200
HPb59-1、HMn58-2	软(M)、半硬(Y_2)、硬(Y)	＞0.15～0.20 ＞0.20～2.0	300 550
HPb59-1	特硬(T)	0.32～1.5	200
HSn62-1	硬(Y)	＞0.15～0.20 ＞0.20～2.0	300 550
QAl5 QAl7 QAl9-2 QAl9-4	软(M)、硬(Y) 半硬(Y_2)、硬(Y) 软(M)、硬(Y)、特硬(T) 硬(Y)	＞0.15～1.2	300
QSn6.5-0-1	软(M)、1/4 硬(Y)、半硬(Y_2) 硬(Y)、特硬(T)、弹硬(TY)	＞0.15～2.0	610
QSn7-0.2、QSn6-5-0.4、 QSn4-3、QSn4-0.3	软(M)、硬(Y)、特硬(T)	＞0.15～2.0	610
QSn8-0.3	软(M)、1/4 硬(Y_4)、 半硬(Y_2)硬(Y)、特硬(T)	＞0.15～2.6	610
QSn4-4-4、QSn4-4-2.5	软(M)、1/3 硬(Y_3)、 半硬(Y_2)、硬(Y)	0.80～1.2	200
QCd1	硬(Y)	＞0.15～1.2	300
QMn1.5 QMn5	软(M) 软(M)、硬(Y)	＞0.15～1.2	
QSi3-1 BZn18-17	软(M)、硬(Y)、特硬(T) 软(M)、半硬(Y_2)、硬(Y)	＞0.15～1.2 ＞0.15～1.2	300 610
BZn15-20	软(M)、半硬(Y_2)、 硬(Y)、特硬(T)	＞0.15～1.2	400
B5、BFe10-1-1、 B19、BFe30-1-1、 BMn40-1.5、BMn3-12	软(M)、硬(Y)		
BAl13-3 BAl6-1.5	淬火＋冷加工＋人工时效(CYS) 硬(Y)	＞0.15～1.2	300

4.2.3　铜及铜合金箔材

表 4.28　铜及铜合金箔材的牌号、状态和规格（GB/T 5187—2008）

牌　　号	状　　态	厚度×宽度/mm
T1、T2、T3、TU1、TU2	软(M)、1/4 硬(Y_4)、半硬(Y_2)、硬(Y)	(0.012～<0.025)×≤300 (0.025～0.15)×≤600
H62、H65、H68	软(M)、1/4 硬(Y_4)、半硬(Y_2)、硬(Y)、特硬(T)、弹硬(TY)	
QSn6.5-0.1、QSn7-0.2	硬(Y)、特硬(T)	
QS13-1	硬(Y)	
QSn8-0.3	特硬(T)、弹硬(TY)	
BMn40-1.5	软(M)、硬(Y)	
B2n15-20	软(M)、半硬(Y_2)、硬(Y)	
B2n18-18、B2n18-26	半硬(Y_2)、硬(Y)、特硬(T)	

4.2.4　铜及铜合金棒材

表 4.29　铜及铜合金拉制棒材的规格（GB/T 4423—2007）

牌　　号	状　态	直径或对边距离/mm	
		圆、方、六边形	矩　形
H96、T2、T3、TP2、TU1、TU2	Y、M	3～80	3～80
H90	Y	3～40	—
H80、H65	Y、M	3～40	—
H68	半硬(Y_2)	3～80	—
	软(M)	13～35	—
H62、HPb59-1	Y_2	3～80	3～80
H63、HPb63-0.1	Y_2	3～40	—
HPb63-3	硬(Y)、	3～30	3～80
	半硬(Y_2)	3～60	
HPb61-1	Y_2	3～20	—
HFe58-1-1、HFe59-1-1、HSn62-1、HMn58-2	Y	4～60	—
QSn6-5-0.1、QSn6.5-0.4、QSn4-3、QSn4-0.3、QSi3-1、QAl9-2、QAl9-4、QAl9-3-1.5、QZr-0.2、QZr-0.4	Y	4～40	—
QSn7-0.2	Y、T	4～40	—
QCu1	Y、M	4～60	—
QCr0.5	Y、M	4～40	—
BZn15-20	Y、M	4～40	—
BZn15-24-1.5	T、Y、M	3～18	—
BFe30-1-1	Y、M	16～50	—
BMn40-1.5	Y	7～40	—

注：优选直径为 5mm、5.5mm、6mm、6.5mm、7mm、7.5mm、8mm、8.5mm、9mm、9.5mm、10mm、11mm、12mm、13mm、14mm、15mm、16mm、17mm、18mm、19mm、20mm、21mm、22mm、23mm、24mm、25mm、26mm、27mm、28mm、29mm、30mm、32mm、34mm、35mm、36mm、38mm、40mm、42mm、44mm、45mm、46mm、48mm、50mm、52mm、54mm、55mm、56mm、58mm、60mm、65mm、70mm、75mm、80mm。

表 4.30　铜及铜合金挤制棒材的规格（YS/T 649—2007）

牌　　号	状态	直径或对边边长/mm		
		圆棒	矩形棒	方、六角棒
T2、T3	R	30～120	20～120	30～120
TU1、TU2、TP2	R	16～300	—	16～120
H80、H68、H59	R	16～120	—	16～120
H96、HFe58-1-1、HAl60-1-1	R	10～160	—	10～120
HSn62-1、HMn58-2、HFe59-1-1	R	10～220	—	10～120
H62、HPb59-1	R	10～220	5～50	10～120
HSn70-1、HAl77-2	R	10～160	—	10～120
HMn55-3-1、HMn57-3-1、HAl66-6-3-2、HAl67-2.5	R	16～160	—	16～120
QAl9-2	R	10～200	—	30～60
QAl9-4、QAl10-3-1.5、QAl10-4-4	R	10～200	—	—
QAl11-6-6、HSi80-3、HNi56-3	R	10～160	—	—
QSi1-3	R	20～100	—	—
QCd1	R	20～120	—	—
QSi3-1	R	20～160	—	—
QSi3.5-3-1.5、Bfe10-1-1、BFe30-1-1、BAl13-3、BMn40-1.5	R	40～120	—	—
QSn4-0.3	R	60～180	—	—
QSn7-0.2、QSn4-3	R	40～180	—	40～120
QSn6.5-0.1、QSn6.4-0.4	R	40～180	—	30～120
QCr0.5	R	18～160	—	—
BZn15-20	R	25～120	—	—

注：供应长度如下。

直径或对边边长	10～50	50～75	75～120	>120
供应长度	1000～5000	500～5000	500～4000	300～4000

4.2.5　铜及铜合金管材

表 4.31　铜及铜合金拉制管材的牌号、状态和规格（GB/T 1527—2006）

mm

牌　号	状　　态	规　格			
		圆形		矩形	
		外径	壁厚	对边距	壁厚
T2、T3、TU1、TU2、TP1、TP2	M、M_2、Y、T	3～360	0.5～15	3～100	1～10
	Y_2	3～100			
H96、H90	M、M_2、Y_2、Y	3～200	0.2～10		0.2～7
H85、H85A、H80					

续表

牌号	状态	规格			
		圆形		矩形	
		外径	壁厚	对边距	壁厚
H70、H70A、H68、H68A、H59、HSn70-1、HSn62-1 HPb59-1	M、M_2、Y_2、Y	3～100	0.2～10	3～100	0.2～7
H62、H63、H65、H65A、HPb66-0.5	M、M_2、Y_2、Y	3～200	0.2～10		
HPb63-0.1	Y_2	18～31	6.5～13	—	—
	Y_3	8～31	3.0～13		
BZn15-20	M、Y_2、Y	4～40	0.5～8	—	—
BFe10-1-1	M、Y_2、Y	8～160			
BFe30-1-1	M、Y_2	8～80			

注：1. 外径≤100mm 的圆形直管，供应长度为 1000～7000mm，其他规格的圆形直管供应长度为 500～6000mm。

2. 矩形直管的供应长度为 1000～5000mm。

3. 外径≤30mm、壁厚＜3mm 的圆形管材和圆周长≤100mm 或圆周长与壁厚之比≤15 的矩形管材，可供应长度≥6000mm 的盘管。

表 4.32　铜及铜合金挤制管的牌号、状态和规格（YS/T 662—2007）

mm

牌号	状态	规格		
		外径	壁厚	长度
TU1、TU2、T2、T3、TP1、TP2	挤制(R)	30～300	6～60	300～6000
H96、H62、HPb59-1、HFe59-1-1		20～300	1.5～42.5	
H80、H65、HSn62-1、HSi80-3、H68、HMn58-2、HMn57-3-1		60～220	7.5～30	
QAl9-2、QAl10-3-1.5、QAl9-4、QAl10-4-4		20～250	3～50	500～6000
QSi3.5-3-1.5		80～200	10～30	
QCr0.5		100～220	17.5～37.5	500～3000
BFe10-1-1		70～250	10～25	300～3000
HFe30-1-1		80～120	10～25	

表 4.33　铜及铜合金拉制圆形管的规格（GB/T 16866—2006）　mm

公称外径	公称壁厚																									
	0.2	0.3	0.4	0.5	0.6	0.75	1.0	1.25	1.5	2.0	2.5	3.0	3.5	4.0	4.5	5.0	6.0	7.0	8.0	9.0	10.0	11.0	12.0	13.0	14.0	15.0
3,4	√	√	√	√	√	√	√	√																		
5,6,7	√	√	√	√	√	√	√	√	√																	
8～15(间隔 1)	√	√	√	√	√	√	√	√	√	√	√	√														
16～20(间隔 1)		√	√	√	√	√	√	√	√	√	√	√	√	√	√											
21～30(间隔 1)			√	√	√	√	√	√	√	√	√	√	√	√	√	√										
31～40(间隔 1)			√	√	√	√	√	√	√	√	√	√	√	√	√	√										
42,44,45,46, 48,49,50						√	√	√	√	√	√	√	√	√	√	√	√									
52,54,55, 56,58,60						√	√	√	√	√	√	√	√	√	√	√	√	√	√							
62,64,65, 66,68.70							√	√	√	√	√	√	√	√	√	√	√	√	√	√	√	√				
72,74,75, 76,78,80										√	√	√	√	√	√	√	√	√	√	√	√	√	√	√		
82,84,85,86,88, 90,92,94,96,100										√	√	√	√	√	√	√	√	√	√	√	√	√	√	√	√	√
105～150(间隔 5)										√	√	√	√	√	√	√	√	√	√	√	√	√	√	√	√	√
155～200(间隔 5)												√	√	√	√	√	√	√	√	√	√	√	√	√	√	√
210～250(间隔 10)												√	√	√	√	√	√	√	√	√	√	√	√	√	√	√
260～360(间隔 10)														√	√	√										

注："√"表示推荐规格。

表 4.34 铜及铜合金挤制圆形管的规格（GB/T 16866—2006）

mm

公称外径	公称壁厚																										
	1.5	2.0	2.5	3.0	3.5	4.0	4.5	5.0	6.0	7.5	9.0	10.0	12.5	15.0	17.5	20.0	22.5	25.0	27.5	30.0	32.5	35.0	37.5	40.0	42.5	45.0	50.0
20,21,22	√	√	√	√		√																					
23,24,25,26	√	√	√	√	√	√																					
27,28,29			√	√	√	√	√	√	√																		
30,32			√	√	√	√	√	√	√																		
34,35,36			√	√	√	√	√	√	√																		
38,40,42,44			√	√	√	√	√	√	√	√	√	√															
45,46,48			√	√	√	√	√	√	√	√	√	√															
50,52,54,55			√	√	√	√	√	√	√	√	√	√	√	√	√												
56,58,60						√	√	√	√	√	√	√	√	√	√												
62,64,65,68,70						√	√	√	√	√	√	√	√	√	√	√											
72,74,75,78,80						√	√	√	√	√	√	√	√	√	√	√	√	√									
85,90										√		√	√	√	√	√	√	√	√	√							
95,100										√		√	√	√	√	√	√	√	√	√							
105,110												√	√	√	√	√	√	√	√	√							
115,120												√	√	√	√	√	√	√	√	√	√	√	√				
125,130												√	√	√	√	√	√	√	√	√	√	√					
135,140												√	√	√	√	√	√	√	√	√	√	√	√				
145,150												√	√	√	√	√	√	√	√	√	√	√					
155,160												√	√	√	√	√	√	√	√	√	√	√	√	√	√		
165,170												√	√	√	√	√	√	√	√	√	√	√	√	√	√		
175,180												√	√	√	√	√	√	√	√	√	√	√	√	√	√		
185,190,195,200												√	√	√	√	√	√	√	√	√	√	√	√	√	√	√	
210,220												√	√	√	√	√	√	√	√	√	√	√	√	√	√	√	
230,240,250												√	√	√		√		√	√	√	√	√	√	√	√	√	√
260,280												√	√	√		√		√	√	√							
290,300																√		√		√							

注：“√”表示推荐规格，需要其他规格产品可由供需双方协商。

4.2.6 铜及铜合金线材

表 4.35 铜及铜合金线材的牌号、状态和规格（GB/T 21652—2008）

mm

类别	牌号	状态	直径(对边距)
纯铜线	T2、T3	M、Y_2、Y	0.05~8.0
	TU1、TU2	M、Y	0.05~8.0
黄铜线	H62、H63、H65	M、Y_8、Y_4、Y_2、Y_1、Y	0.05~13.0
		T	0.05~4.0
	H68、H70	M、Y_8、Y_4、Y_2、Y_1、Y	0.05~8.5
		T	0.1~6.0
	H80、H85、H90、H96	M、Y_2、Y	0.05~12.0
	HSn50-1、HSn62-1	M、Y	0.5~6.0
	HPb63-3、HPb59-1	M、Y_2、Y	
	HPb59-3	Y_2、Y	1.0~8.5
	HPb61-1	Y_2、Y	6.5~8.5
	HPb62-0.8	Y_2、Y	0.5~6.0
	HSb60-0.9、HSb61-0.8-0.5、HBi60-1.3	Y_2、Y	0.8~12.0
	HMn62-13	M、Y_4、Y_2、Y_1、Y	0.5~6.0
青铜线	QSn6.5-0.1、QSn6.5-0.4、QSn70.2、QSn50.2、QSi3-1	M、Y_4、Y_2、Y_1、Y	0.1~8.5
	QSn4-3	M、Y_4、Y_2、Y_1	0.1~8.5
		Y	0.1~6.0
	QSn4-4-4	Y_2、Y	0.1~8.5
	QSn15-1-1	M、Y_4、Y_2、Y_1、Y	0.5~6.0
	QAl7	Y_2、Y	1.0~6.0
	QAl9-2	Y	0.6~6.0
	QCr1、QCr1-0.18	CYS、CSY	1.0~12.0
	QCr4.5-2.5-0.6	M、CYS、CSY	0.5~6.0
	QCd1	M、Y	0.1~5.0
白铜线	B19、BFe10-1-1、BFe30-1-1	M、Y	0.1~6.0
	BMn3-12、BMn40-1.5	M、Y	0.05~6.0
	BZn9-29、BZn12-26、BZn15-20、BZn18-20	M、Y_8、Y_4、Y_2、Y_1、Y	0.1~8.0
		T	0.5~1.0
	BZn22-16、BZn25-18	M、Y_8、Y_4、Y_2、Y_1、Y	0.1~8.0
		T	0.1~4.0
	BZn40-20	M、Y_4、Y_2、Y_1、Y	1.0~6.0

注：CYS—固溶+冷加工+时效，CSY—固溶+时效+冷加工。

4.2.7 专用铜材

(1) 热交换器用铜管（表 4.36 和表 4.37）

表 4.36 热交换器用铜及铜合金无缝管的牌号、状态和规格

(GB/T 8890—2007)

<table>
<tr><th rowspan="2">牌号</th><th rowspan="2">种类</th><th rowspan="2">供应状态</th><th colspan="3">规格</th></tr>
<tr><th>外径/mm</th><th>壁厚/mm</th><th>长度/m</th></tr>
<tr><td rowspan="3">BFe10-1-1</td><td>盘管</td><td>软(M)、半硬(Y_2)、硬(Y)</td><td>3～20</td><td>0.3～1.5</td><td>—</td></tr>
<tr><td rowspan="2">直管</td><td>软(M)</td><td>4～160</td><td>0.5～4.5</td><td><6</td></tr>
<tr><td>半硬(Y_2)、硬(Y)</td><td>6～76</td><td>0.5～4.5</td><td><18</td></tr>
<tr><td>BFe30-1-1</td><td>直管</td><td>软(M)、半硬(Y_2)</td><td>6～76</td><td>0.5～4.5</td><td><18</td></tr>
<tr><td>HAl77-2、HSn70-1、HSn70-1B、HSn70-1AB、H68A、H70A、H85A</td><td>直管</td><td>软(M)
半硬(Y_2)</td><td>6～76</td><td>0.5～4.5</td><td><18</td></tr>
</table>

注：用于火力发电、舰艇、船舶、海上石油、机械、化工等工业部门制造热交换器及冷凝器用的铜合金无缝圆形管材。

表 4.37 热交换器用铜及铜合金无缝翅片管的牌号、状态和规格

(GB/T 19447—2013) mm

<table>
<tr><th rowspan="2">牌 号</th><th rowspan="2">代 号</th><th rowspan="2">成翅前状态</th><th colspan="2">规 格</th></tr>
<tr><th>无翅段
(外径×壁厚)</th><th>成翅段
[翅高×翅片数(条/in)×底壁厚]</th></tr>
<tr><td>TU00
TU1
TU2
TP1
TP2</td><td>C10100
T10150
T10180
C12000
C12200</td><td>软化退火态(O60)
轻拉态(H55)
拉拔态(H80)</td><td>(7～30)×(0.6～3.0)</td><td rowspan="3">(0.3～3.8)×(11～56)×(0.4～2.5)</td></tr>
<tr><td>BFe5-1.5-0.5
BFe10-1-1
BFe30-1-1</td><td>C70400
T70590
T71510</td><td>软化退火态(O60)</td><td>(10～26)×(0.75～3.0)</td></tr>
<tr><td>HAl77-2
HSn72-1
HSn70-1
HAs85-0.05</td><td>C68700
C44300
T45000
T23030</td><td>软化退火态(O60)</td><td>(10～26)×(0.75～3.0)</td></tr>
</table>

注：用于热交换器（翅片高度不大于 4mm）整体外螺旋形翅片及内肋。

（2）铜散热管（表 4.38）

表 4.38　铜及铜合金散热管的牌号、状态和规格（GB/T 8891—2013）

mm

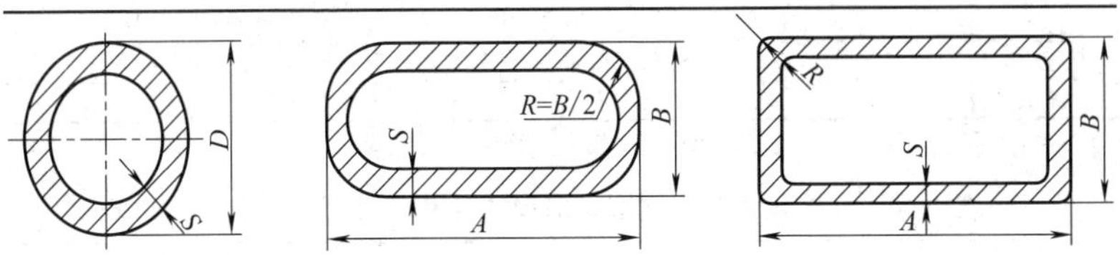

圆管　扁管　矩形管

牌号	代号	状态	规格			
			圆管直径 D×壁厚 S	扁管宽度 A×高度 B×壁厚 S	矩形管长边 A×短边 B×壁厚 S	长度
TU0	T10130	拉拔硬(H80) 轻拉(H55)	(4～25)×(0.20～2.00)	—	—	250～4000
T2 H95	T11050 T21000	拉拔硬(H80)	(10～50)×(0.20～0.80)	(15～25)×(1.9～6.0)×(0.20～0.80)	(15～25)×(5～12)×(0.20～0.80)	
H90 H85 H80	T22000 T23000 T24000	轻拉(H55)				
H68 HAs68-0.04 H65 H63	T26300 T26330 T27000 T27300	轻软退火(O50)				
HSn70-1	T45000	软化退火(O60)				

注：用于坦克、汽车、机车、拖拉机等动力机械散热器。

（3）压力表用铜管（表 4.39～表 4.41）

表 4.39　压力表用锡青铜管的规格（GB/T 8892—2005）　mm

形状	圆管	扁管	椭圆管

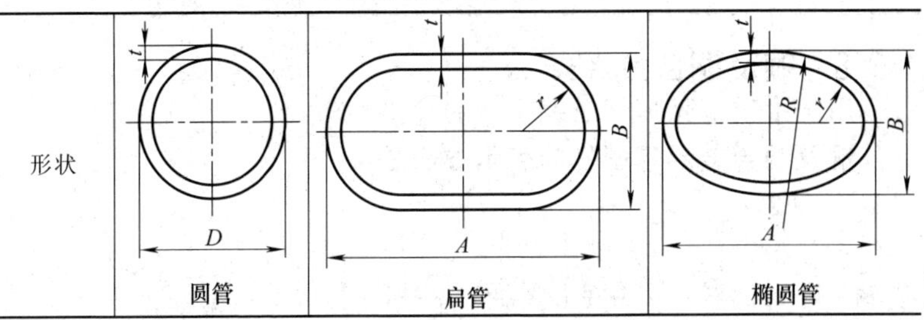

续表

<table>
<tr><td>规格</td><td>$D\times t$
(ϕ2～5)
(0.11～1.80)</td><td colspan="2">$A\times B\times t$
(5～15)×(2.5～6)×
(0.15～1.0)</td><td>$A\times B\times t$
(7.5～20)×(5～7)×
(0.15～1.0)</td></tr>
<tr><td rowspan="2">牌号和状态</td><td colspan="2">QSn4-0.3,QSn6.3-0.1</td><td colspan="2">M(软),Y_2(半硬),Y(硬)</td></tr>
<tr><td colspan="2">H68</td><td colspan="2">Y_2(半硬),Y(硬)</td></tr>
</table>

注：可根据供需双方协商选用其他牌号、形状和状态规格。

表 4.40 压力表用锡青铜圆管的尺寸规格（GB/T 8892—2005）mm

外径 D	允许偏差	壁厚 t	允许偏差	
			普通精度	较高精度
≥2～4	0 −0.020	≥0.11～0.15	±0.020	±0.010
>4～5.56	0 −0.035	>0.15～0.30	±0.025	±0.020
>5.56～9.52	0 −0.045	>0.30～0.50	±0.035	±0.030
>9.52～12.5	0 −0.055	>0.50～0.80	±0.045	±0.040
>12.5～15.0	0 −0.07	>0.80～1.00	±0.06	±0.05
>15.0～19.5	0 −0.08	>1.00～1.30	±0.07	±0.05
>19.5～20.0	0 −0.09	>1.30～1.50	±0.09	±0.05
>20.0～25.0	0 −0.10	>1.50～1.80	±0.10	±0.05

表 4.41 压力表用锡青铜扁管和椭圆管的尺寸规格（GB/T 8892—2005）

mm

形状	长轴尺寸	允许偏差	短轴尺寸	允许偏差	壁厚允许偏差		
					壁厚	普通精度	较高精度
扁管	7.5～20.0	±0.20	5.0～7.0	±0.20	0.15～0.25	±0.02	±0.015
					0.25～0.40	±0.03	±0.02
椭圆管	5.0～15.0	±0.20	2.5～6.0	±0.20	0.40～0.60	±0.04	±0.03
					0.60～0.80	±0.05	±0.04
					0.80～1.00	±0.06	±0.04

4.2.8 铜及铜合金焊条

用于手工电弧焊铜及铜合金的焊接。

铜及铜合金焊条型号的表示方法是：

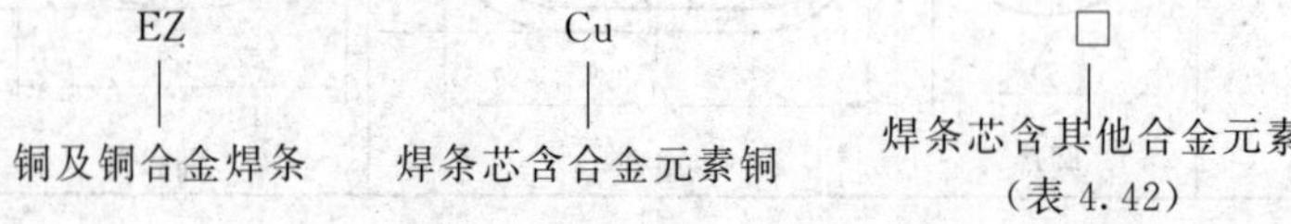

表 4.42　铜及铜合金焊条芯含其他合金元素量

含其他合金元素	焊条芯成分	含其他合金元素	焊条芯成分
—	含 Cu≥99%	SnB	含 Sn 约 8%的磷青铜
Si	含 Si 约 3%的硅青铜	Al	含 Al 约 8%的铝青铜
SnA	含 Sn 约 6%的磷青铜	MnAl	含 Al 约 6%，Mn 约 10%的铝青铜

铜及铜合金焊条牌号（表 4.43）的表示方法是：

T　□　□　□

- T：铜及铜合金焊条
- 第一个□：焊缝金属主要化学成分
- 第二个□：同一焊缝金属化学成分中的不同牌号
- 第三个□：焊条药皮类型和采用电源种类（7—低氢钠型药皮，直流反接；8—石墨型药皮，交、直流两用）

表 4.43　铜及铜合金焊条牌号和焊缝金属化学成分

牌号	焊缝金属化学成分	牌号	焊缝金属化学成分
T1××	纯铜	T3××	白铜
T2××	青铜	T4××	待发展

表 4.44　铜及铜合金焊条尺寸　mm

焊条直径		焊条长度		夹持端长度
基本尺寸	极限偏差	基本尺寸	极限偏差	
2.5	±0.05	300	±2.0	15～25
3.2	±0.05	350	±2.0	15～25
4.0				
5.0				20～30
6.0				

铜及铜合金焊丝型号、尺寸及允许偏差见表 4.45、表 4.46。

表 4.45　铜及铜合金焊丝型号

类别	名称	型号	识别色	类别	名称	型号	识别色
黄铜	1 号黄铜丝	HSCuZn-1	大红	铜	紫铜丝	HSCu	浅灰
	2 号黄铜丝	HSCuZn-2	苹果绿	青铜	硅青铜丝	HSCuSi	紫红
	3 号黄铜丝	HSCuZn-3	紫蓝		锡青铜丝	HSCuSn	粉红
	4 号黄铜丝	HSCuZn-4	黑色		铝青铜丝	HSCuAl	中蓝
白铜	锌白铜丝	HSCuZnNi	棕色		镍铝青铜丝	HSCuAlNi	中绿
	白铜丝	HSCuNi	中黄				

表 4.46 铜及铜合金焊丝尺寸及允许偏差 mm

直焊丝尺寸及允许偏差					圆状焊丝尺寸及允许偏差				
直　径	3.0	4.0	5.0	6.0	直　径	1.0	1.5	2.0	2.5
直径允许偏差	±0.05				直径允许偏差	±0.03	±0.05		
长　度	1000								
长度允许偏差	±5								

4.2.9 铜材的理论质量

(1) 铜板和黄铜板（带、箔）（表 4.47）

表 4.47 铜板和黄铜板（带、箔）的理论质量

厚度/mm	理论质量/(kg/m²)		厚度/mm	理论质量/(kg/m²)		厚度/mm	理论质量/(kg/m²)	
	铜板	黄铜板		铜板	黄铜板		铜板	黄铜板
0.05	0.445	0.43	0.75	6.68	6.38	5.00	44.50	42.50
0.06	0.534	0.51	0.80	7.12	6.80	5.50	48.95	46.75
0.07	0.623	0.60	0.85	7.57	7.23	6.00	53.40	51.00
0.08	0.712	0.68	0.90	8.01	7.65	6.50	57.85	55.25
0.09	0.801	0.77	0.93	—	7.91	7.00	62.30	59.50
0.10	0.890	0.85	1.00	8.90	8.50	7.50	66.75	63.75
0.12	1.07	1.02	1.10	9.79	9.35	8.00	71.20	68.00
0.15	1.34	1.28	1.13	—	9.61	9.00	80.10	76.50
0.18	1.60	1.53	1.20	10.68	10.20	10.0	89.00	85.00
0.20	1.78	1.70	1.22	—	10.37	11.0	97.90	93.50
0.22	1.96	1.87	1.30	11.57	11.05	12.0	106.8	102.0
0.25	2.23	2.13	1.35	12.02	11.48	13.0	115.7	110.5
0.30	2.67	2.55	1.40	12.46	11.90	14.0	124.6	119.0
0.32	—	2.72	1.45	—	12.33	15.0	133.5	127.5
0.34	—	2.89	1.50	13.35	12.75	16.0	142.4	136.0
0.35	3.12	2.98	1.60	14.24	13.60	17.0	151.3	144.5
0.40	3.56	3.40	1.65	14.69	14.03	18.0	160.2	153.0
0.45	4.01	3.83	1.80	16.02	15.30	19.0	169.1	161.5
0.50	4.45	4.25	2.00	17.80	17.00	20.0	178.0	170.0
0.52	—	4.42	2.25	20.03	19.13	21.0	186.9	178.5
0.55	4.90	4.68	2.50	22.25	21.25	22.0	195.8	187.0
0.57	—	4.85	2.75	24.48	23.38	23.0	204.7	195.5
0.60	5.34	5.10	3.00	26.70	25.50	24.0	213.6	204.0
0.65	5.79	5.53	3.50	31.15	29.75	25.0	222.0	212.5
0.70	6.23	5.95	4.00	35.60	34.00	26.0	231.4	221.0
0.72	—	6.12	4.50	40.05	38.20	28.0	249.2	238.0

注：1. 铜板和黄铜板的计算密度分别为 8.9g/cm³ 和 8.5g/cm³。

2. 本表以外的厚度规格还有 0.005mm，0.008mm，0.010mm，0.012mm，0.015mm，0.02mm，0.03mm，0.04mm 和 30mm，32mm，34mm，35mm，36mm，38mm，40mm，42mm，44mm，45mm，46mm，48mm，50mm，52mm，54mm，55mm，56mm，58mm，60mm。它们的理论质量可以根据表中的数据进行推算，例如 60mm 厚度的板可以用 0.06（或 0.6 或 6.0）mm 的板乘以 1000（或 100 或 10）推算。

(2) 铝青铜（带、箔）（表4.48）

表4.48　铝青铜板（带、箔）的理论质量

厚度/mm	理论质量/(kg/m²)				厚度/mm	理论质量/(kg/m²)			
	QAl5	QAl7	QAl9-2	QAl9-4		QAl5	QAl7	QAl9-2	QAl9-4
	8.2 g/cm³	7.8 g/cm³	7.6 g/cm³	7.5 g/cm³		8.2 g/cm³	7.8 g/cm³	7.6 g/cm³	7.5 g/cm³
0.05	0.41	0.39	0.38	0.37	0.95	7.79	7.41	7.13	7.13
0.06	0.49	0.47	0.45	0.45	1.00	8.20	7.80	7.60	7.50
0.07	0.57	0.54	0.53	0.52	1.10	9.02	9.58	8.36	8.25
0.08	0.66	0.62	0.61	0.60	1.20	9.84	9.36	9.12	9.00
0.09	0.74	0.70	0.68	0.67	1.5	12.30	11.70	11.40	11.25
0.10	0.82	0.78	0.76	0.75	1.8	15.06	14.04	13.68	13.50
0.12	0.98	0.93	0.91	0.90	2.0	16.40	15.60	15.20	15.00
0.15	1.23	1.17	1.14	1.12	2.5	20.50	19.50	19.00	18.75
0.18	1.47	1.40	1.37	1.35	3.0	24.60	23.40	22.80	22.50
0.20	1.64	1.56	1.52	1.50	3.5	28.70	27.30	26.60	26.25
0.22	1.80	1.76	1.67	1.65	4.0	32.80	31.20	30.40	30.00
0.25	2.05	1.95	1.90	1.87	4.5	36.90	35.10	34.20	33.75
0.30	2.46	2.34	2.28	2.25	5.0	41.00	39.00	38.00	37.00
0.35	2.81	2.73	2.66	2.62	5.5	45.10	42.90	41.80	41.25
0.40	3.28	3.12	3.04	3.00	6.0	49.20	46.80	45.60	45.00
0.45	3.69	3.51	3.42	3.37	6.5	53.30	50.70	49.40	48.75
0.50	4.10	3.90	3.80	3.70	7.0	57.40	54.60	53.20	52.50
0.55	4.51	4.29	4.18	4.12	7.5	61.50	58.50	57.00	56.25
0.60	4.92	4.68	4.56	4.50	8.0	65.00	62.40	60.80	60.00
0.65	5.33	5.07	4.94	4.87	8.5	69.70	66.30	64.60	63.75
0.70	5.74	5.46	5.32	5.25	9.0	73.80	70.20	68.40	67.50
0.75	6.15	5.85	5.70	5.62	10	82.00	78.00	76.00	75.00
0.80	6.56	6.24	6.08	6.00	11	90.20	85.80	83.60	82.50
0.85	6.97	6.63	6.46	6.37	12	98.40	93.60	91.20	90.00
0.90	7.38	7.02	6.84	6.75					

(3) 锡青铜材（表4.49～表4.51）

表4.49　锡青铜板的理论面质量

热轧锡青铜板（宽度300～500mm，长度1～2m）				冷轧锡青铜板（宽度150～600mm，长度≥0.5m）			
厚度/mm	理论面质量/(kg/m²)	厚度/mm	理论面质量/(kg/m²)	厚度/mm	理论面质量/(kg/m²)	厚度/mm	理论面质量/(kg/m²)
9	79.2	25	220.0	0.2	1.76	3.5	30.80
10	88.0	26	228.2	0.3	2.64	4.0	35.20
11	96.8	28	246.4	0.4	3.52	4.5	39.50

续表

热轧锡青铜板（宽度 300～500mm，长度 1～2m）				冷轧锡青铜板（宽度 150～600mm，长度≥0.5m）			
厚度/mm	理论面质量/(kg/m²)	厚度/mm	理论面质量/(kg/m²)	厚度/mm	理论面质量/(kg/m²)	厚度/mm	理论面质量/(kg/m²)
12	105.6	30	264.0	0.5	4.40	5.0	44.00
13	114.4	32	281.6	0.6	5.28	5.5	48.40
14	123.2	34	299.2	0.7	6.16	6.0	52.80
15	132.0	35	308.0	0.8	7.04	6.5	57.20
16	140.8	36	316.8	0.9	7.92	7.0	61.60
17	149.6	38	334.4	1.0	8.80	7.5	66.00
18	158.4	40	352.0	1.2	10.56	8.0	70.40
19	167.2	42	369.6	1.5	13.20	8.5	74.80
20	176.0	44	387.2	1.8	15.84	9.0	79.20
21	184.8	45	396.0	2.0	17.60	10.0	88.20
22	193.6	46	404.8	2.5	22.60	11.0	98.80
23	202.4	48	422.4	3.0	26.40	12.0	105.60
24	211.2	50	440.0				

注：计算密度为 8.8g/cm³。

表 4.50 锡青铜带的理论面质量

厚度 0.05～0.15mm，宽度≤300mm，长度 10m 厚度 0.18～2.0mm，宽度≤600mm，长度≥7m					
厚度/mm	理论面质量/(kg/m²)	厚度/mm	理论面质量/(kg/m²)	厚度/mm	理论面质量/(kg/m²)
0.05	0.44	0.33	2.90	0.95	8.36
0.06	0.53	0.35	3.08	1.00	8.80
0.07	0.61	0.40	3.52	1.10	9.68
0.08	0.70	0.45	3.96	1.20	10.56
0.09	0.79	0.50	4.40	1.30	11.44
0.10	0.88	0.55	4.84	1.40	12.32
0.12	1.06	0.60	5.28	1.50	13.20
0.15	1.32	0.65	5.72	1.60	14.08
0.18	1.58	0.70	6.16	1.70	14.96
0.20	1.76	0.75	6.60	1.80	15.84
0.22	1.91	0.80	7.04	1.90	16.72
0.25	2.20	0.85	7.48	2.00	17.60
0.30	2.64	0.90	7.92		

表 4.51　锡青铜箔的理论面质量

厚度 0.005～0.008mm，宽度 40～800mm，长度≥5m
厚度 0.010～0.020mm，宽度 40～100mm，长度≥5m
厚度 0.030～0.050mm，宽度 40～200mm，长度≥5m

厚度/mm	理论面质量/(kg/m²)	厚度/mm	理论面质量/(kg/m²)	厚度/mm	理论面质量/(kg/m²)
0.005	43.97	0.012	105.60	0.030	263.80
0.008	70.35	0.015	131.90	0.040	351.73
0.010	88.00	0.020	175.86	0.050	439.66

(4) 白铜板材（表 4.52、表 4.53）

表 4.52　普通白铜板的理论面质量

热轧普通白铜板						冷轧普通白铜板			
厚度/mm	理论面质量/(kg/m²)	厚度/mm	理论面质量/(kg/m²)	厚度/mm	理论面质量/(kg/m²)	厚度/mm	理论面质量/(kg/m²)	厚度/mm	理论面质量/(kg/m²)
7	62.30	20	178.0	38	338.2	0.5	4.30	4.0	34.40
8	71.20	21	186.9	40	356.0	0.6	4.73	4.5	38.70
9	80.10	22	195.8	42	373.8	0.7	6.02	5.0	43.00
10	89.0	23	204.7	44	391.6	0.8	6.80	5.5	47.30
11	97.9	24	213.6	46	409.4	0.9	7.74	6.0	51.60
12	106.8	25	222.5	48	427.2	1.0	8.60	6.5	55.90
13	115.7	26	231.4	50	445.0	1.2	10.32	7.0	60.20
14	124.6	28	249.2	52	462.8	1.5	12.90	7.5	64.50
15	133.5	30	267.0	54	480.6	1.8	15.48	8.0	68.80
16	142.4	32	289.8	56	498.4	2.0	17.20	8.5	73.10
17	151.3	34	302.6	58	516.2	2.5	21.50	9.0	77.40
18	160.2	35	311.5	60	534.0	3.0	25.80	10.0	86.00
19	169.1	36	320.4	65	578.5	3.5	30.10		

表 4.53　铝白铜板和锌白铜板的理论面质量

板材种类	厚度/mm	理论面质量/(kg/m²)		板材种类	厚度/mm	理论面质量/(kg/m²)
		BAl6-1.5 (8.7g/cm³)	BAl13-3 (8.5g/cm³)			BZn15-20 (8.6g/cm³)
铝白铜	0.5	4.35	4.25	锌白铜	0.5	4.30
	0.6	5.22	5.10		0.6	4.73
	0.7	6.09	5.95		0.7	6.02
	0.8	6.96	6.80		0.8	6.80
	0.9	7.83	7.65		0.9	7.74
	1.0	8.70	8.50		1.0	8.60
	1.2	10.44	10.20		1.2	10.32

续表

板材种类	厚度/mm	理论面质量/(kg/m²)		板材种类	厚度/mm	理论面质量/(kg/m²)
		BAl6-1.5 (8.7g/cm³)	BAl13-3 (8.5g/cm³)			BZn15-20 (8.6g/cm³)
铝白铜	1.5	13.05	12.75	锌白铜	1.5	12.90
	1.8	15.60	15.30		1.8	15.48
	2.0	17.40	17.00		2.0	17.20
	2.5	21.75	21.25		2.5	21.50
	3.0	26.10	25.50		3.0	25.80
	3.5	30.45	29.75		3.5	30.10
	4.0	34.80	34.00		4.0	34.40
	4.5	39.15	38.25		4.5	38.70
	5.0	43.50	42.50		5.0	43.00
	5.5	47.85	46.75		5.5	47.30
	6.0	52.20	51.00		6.0	51.60
	6.5	56.55	55.25		6.5	55.90
	7.0	60.90	59.50		7.0	60.20
	7.5	65.25	63.75		7.5	64.50
	8.0	69.60	68.00		8.0	68.80
	8.5	73.95	72.25		8.5	73.10
	9.0	78.30	76.50		9.0	77.40
	10.0	87.00	85.00		10.0	86.00
	12.0	104.40	102.0			

（5）紫铜带和黄铜带（带宽100mm）（表4.54）

表4.54 紫铜带和黄铜带的理论质量

厚度/mm	紫铜带理论质量/(kg/m)	黄铜带理论质量/(kg/m)	厚度/mm	紫铜带理论质量/(kg/m)	黄铜带理论质量/(kg/m)
0.1	0.0889	0.0853	1.0	0.8890	0.8530
0.2	0.1778	0.1706	1.1	0.9779	0.9383
0.3	0.2667	0.2559	1.2	1.067	1.024
0.4	0.3556	0.3412	1.3	1.156	1.109
0.5	0.4445	0.4265	1.4	1.245	1.194
0.6	0.5334	0.5118	1.5	1.334	1.280
0.7	0.6223	0.5971	2.0	1.778	1.706
0.8	0.7112	0.6824	2.5	2.223	2.133
0.9	0.8001	0.7677	3.0	2.667	2.559

(6) 纯铜棒（表 4.55）

表 4.55　纯铜棒的规格和理论线质量（$\rho=8.9\ g/cm^3$）

d(a)/mm	圆 d	方 a	六角 a	d(a)/mm	圆 d	方 a	六角 a
	理论线质量/(kg/m)				理论线质量/(kg/m)		
5	0.17	0.22	0.19	30	6.29	8.01	6.94
5.5	0.21	0.27	0.23	32	7.16	9.11	7.89
6	0.25	0.32	0.28	34	8.08	10.29	8.91
6.5	0.30	0.38	0.33	35	8.56	10.90	9.44
7	0.34	0.44	0.38	36	9.06	11.53	9.99
7.5	0.39	0.50	0.43	38	10.10	12.85	11.13
8	0.45	0.57	0.49	40	11.18	14.24	12.33
8.5	0.51	0.64	0.56	42	12.33	15.70	13.60
9	0.57	0.72	0.62	45	14.15	18.02	15.61
9.5	0.63	0.80	0.7	46	14.79	18.83	16.30
10	0.70	0.89	0.77	48	16.11	20.51	17.76
11	0.85	1.08	0.93	50	17.48	22.25	19.27
12	1.01	1.28	1.11	52	18.90	24.07	20.84
13	1.18	1.50	1.3	54	20.38	25.95	22.48
14	1.37	1.74	1.51	55	21.14	26.92	23.32
15	1.57	2.00	1.73	56	21.92	27.91	24.17
16	1.79	2.28	1.97	58	23.51	29.94	25.93
17	2.02	2.57	2.23	60	25.16	32.04	27.75
18	2.26	2.88	2.5	65	29.53	37.60	32.56
19	2.52	3.21	2.78	70	34.25	43.61	37.77
20	2.8	3.56	3.08	75	39.32	50.06	43.36
21	3.08	3.92	3.40	80	44.74	56.96	49.33
22	3.38	4.31	3.73	85	50.50	64.30	55.69
23	3.70	4.71	4.08	90	56.62	72.09	64.43
24	4.03	5.13	4.44	95	63.08	80.32	69.56
25	4.37	5.56	4.82	100	69.90	89.00	77.08
26	4.73	6.02	5.21	105	77.07	98.12	84.98
27	5.10	6.49	5.62	110	84.58	107.69	93.26
28	5.48	6.98	6.04	115	92.44	117.70	101.93
29	5.88	7.48	6.48	120	100.66	128.16	110.99

注：T1、T2、T3、T4、TU1、TU2 可直接查此表。材料（密度）改变时应乘以下列相应的系数。

牌号	系数	牌号	系数	牌号	系数	牌号	系数
BFe30-1-1	0.966	QAl10-4-4	0.843	QCr0.5	1.000	QSn6.5-0.1	0.989
BMn40-1.5	1.000	QAl11-6-6	0.843	QSi1-3	0.966	QSn6.5-0.4	0.989
BZn15-20	0.966	QBe1.7	0.933	QSi3-1	0.844	QSn7-0.2	0.989
QAl9-2	0.853	QBe1.9	0.933	QSi3.5-3-1.5	0.989	QZn15-24-1.5	0.966
QAl9-4	0.843	QBe2	0.933	QSn4-0.3	1.000		
QAl10-3-1.5	0.843	QCd1	0.989	QSn4-3	0.989		

(7) 黄铜棒(表 4.56)

表 4.56 黄铜棒的规格和理论线质量(ρ=8.5 g/cm^3)

d(a)/mm	圆	方	六角	d(a)/mm	圆	方	六角
	理论线质量/(kg/m)				理论线质量/(kg/m)		
5	0.17	0.21	0.18	35	8.18	10.41	9.02
5.5	0.20	0.26	0.22	36	8.65	11.02	9.54
6	0.24	0.31	0.27	38	9.64	12.27	10.63
6.5	0.28	0.36	0.31	40	10.68	13.60	11.78
7	0.33	0.42	0.36	42	11.78	14.99	12.99
7.5	0.38	0.48	0.41	44	12.92	16.46	14.25
8	0.43	0.54	0.47	45	13.52	17.21	14.91
8.5	0.48	0.61	0.53	46	14.13	17.99	15.57
9	0.54	0.69	0.60	48	15.33	19.58	16.96
9.5	0.60	0.77	0.66	50	16.69	21.25	18.40
10	0.67	0.85	0.74	52	18.05	22.98	19.90
11	0.81	1.03	0.89	54	19.47	24.79	21.47
12	0.96	1.22	1.06	55	20.19	25.71	22.27
13	1.13	1.44	1.24	56	20.94	26.66	23.08
14	1.31	1.67	1.44	58	22.46	28.59	24.79
15	1.50	1.91	1.66	60	24.03	30.60	26.50
16	1.71	2.18	1.88	65	28.21	35.91	31.10
17	1.93	2.46	2.13	70	32.71	41.65	36.07
18	2.16	2.75	2.39	75	37.55	47.81	41.40
19	2.41	3.07	2.66	80	42.73	54.40	47.11
20	2.67	3.4	2.94	85	48.23	61.41	53.18
21	2.94	3.75	3.25	90	54.07	68.85	59.63
22	3.23	4.11	3.56	95	60.25	76.71	66.43
23	3.53	4.50	3.89	100	66.76	85.00	73.61
24	3.85	4.90	4.24	105	73.60	86.71	81.16
25	4.17	5.31	4.60	110	80.78	102.85	89.07
26	4.51	5.75	4.98	115	88.29	112.41	97.35
27	4.87	6.20	5.36	120	96.13	122.40	106.00
28	5.23	6.66	6.79	130	112.82	143.65	124.40
29	5.61	7.15	6.19	140	130.85	166.60	144.28
30	6.01	7.65	6.63	150	150.21	191.25	165.63
32	6.84	8.70	7.54	160	170.90	217.60	188.45
34	7.72	9.83	8.51				

注:H62、H63、H65、H68、HAl66-6-6、HAl67-2.5、HFe58-1-1、HFe59-1-1、HNi65-5、HPb59-1、HPb63-0.1、HPb63-3、HMn55-3-1、HMn57-3-1、HMn58-2、HSi62-1 可直接用此表计算。密度改变时应乘以相应的系数,H80、HAl77-2、HSi80-3 为 1.012;H96 为 1.014;HSn70-1 为 1.005。

（8）紫铜棒（表4.57）

表4.57　紫铜棒的规格和理论线质量（$\rho=8.88\ g/cm^3$）

d(a)/mm	圆（d）	方（a）	六角（a）	d(a)/mm	圆（d）	方（a）	六角（a）
	理论线质量/(kg/m)				理论线质量/(kg/m)		
5	0.17	0.23	0.19	27	—	6.49	5.62
5.5	0.21	0.27	0.23	28	5.48	—	—
6	0.25	0.32	0.28	30	6.29	8.01	6.94
7	0.34	0.44	0.38	32	—	9.11	7.54
8	0.45	0.57	0.49	35	8.56	—	—
9	0.57	0.72	0.62	36	—	11.53	9.99
10	0.70	0.89	0.77	40	11.18	—	—
11	0.85	1.08	0.93	45	14.16	—	—
12	1.01	1.28	1.11	50	17.48	—	—
14	1.37	1.74	1.51	55	21.15	—	—
16	1.79	—	—	60	25.16	—	—
17	—	2.57	2.23	70	34.25	—	—
18	2.27	—	—	80	44.74	—	—
19	—	3.21	2.78	90	56.60	—	—
20	2.80	—	—	100	69.86	—	—
22	3.38	4.31	3.74	110	84.57	—	—
24	—	5.13	4.44	120	100.66	—	—
25	4.37	—	—				

（9）铍青铜棒（表4.58）

表4.58　铍青铜棒材的规格　　mm

牌号	制造方法	状态	直径	长度
QBe2 QBe1.9 QBe1.9-0.1 QBe1.7	拉制	软(M) 半硬(Y_2) 硬(Y)	5～10	1500～4000
			>10～15	1000～4000
			>15～20	1000～4000
			>20～30	500～3000
			>30～40	500～3000
		软时效(TF00) 硬时效(TH04)	5～40	300～2000
QBe0.6-2.5 QBe0.4-1.8 QBe4.3-1.5	挤制	挤制(R)	20～30	500～3000
			>30～50	500～3000
			>50～80	500～2500
			>80～120	500～2500
	锻造	锻造(D)	>35～100	>300

（10）挤制铝青铜管（表4.59）

表 4.59 挤制铝青铜管的理论线质量

外径/mm	管厚/mm	理论线质量/(kg/m)	外径/mm	管厚/mm	理论线质量/(kg/m)	外径/mm	管厚/mm	理论线质量/(kg/m)
20	3	1.201	50	5	5.299	90	7.5	14.572
	4	1.508		7.5	7.507		10	18.840
21	3	1.272		10	9.425		12.5	22.814
	4	1.602	55	7.5	8.390		15	26.494
22	3	1.342		10	10.598		17.5	29.879
	4	1.695		12.5	12.511		20	32.970
24	4	1.884		15	14.130		22.5	35.767
	5	2.237	60	7.5	9.273		25	38.269
26	4	2.072		10	11.775	95	10	20.018
	5	2.473		12.5	13.983		12.5	24.286
28	4	2.261		15	15.896		15	28.260
	5	2.708	65	7.5	10.156		17.5	31.940
30	4	2.449		10	12.953		20	35.325
	5	2.944		12.5	15.455		22.5	38.416
31	5	3.062		15	17.663		25.0	41.213
32	5	3.179		17.5	19.576		27.5	43.715
33	5	3.297		20	21.195		30	45.923
34	5	3.415	70	7.5	11.039	100	10	21.195
35	5	3.533		10	14.13		12.5	25.758
36	5	3.650		12.5	16.927		15	30.026
38	5	3.886		15	19.429		17.5	34.000
40	5	4.121		17.5	21.637		20	37.680
41	5	4.239		20	23.55		22.5	41.065
	7.5	5.917	75	7.5	11.922		25	44.156
	10	7.304		10	15.308		27.5	46.953
42	5	4.357		12.5	18.398		30	49.455
	7.5	6.094		15	21.195	105	10	22.373
	10	7.540		17.5	23.697		12.5	27.230
43	5	4.475		20	25.905		15.0	31.793
	7.5	6.270	80	7.5	12.805		17.5	36.061
	10	7.775		10	16.485		20	40.035
44	5	4.592		12.5	19.870		22.5	43.715
	7.5	6.447		15	22.961		25	47.100
	10	8.011		17.5	25.758		27.5	50.191
45	5	4.710		20	28.260		30	52.988
	7.5	6.623	85	7.5	13.688	110	10	23.550
	10	8.274		10	17.663		12.5	28.702
46	5	4.828		12.5	21.342		15.0	33.559
	7.5	6.800		15	24.728		17.5	38.122
	10	8.482		17.5	27.818		20	42.390
48	5	5.063		20	30.615		22.5	46.364
	7.5	7.153		22.5	33.117		25	50.044
	10	8.954		25	35.325		27.5	53.429
							30	56.520

续表

外径/mm	管厚/mm	理论线质量/(kg/m)
110	32.5	59.317
	35	61.819
	37.5	64.027
115	10	24.728
	12.5	30.173
	15.0	35.325
	17.5	40.182
	20	44.745
	22.5	49.013
	25	52.988
	27.5	56.667
	30.0	60.053
	32.5	63.143
	35	65.940
	37.5	68.442
120	10	25.905
	12.5	31.645
	15	37.091
	17.5	42.243
	20	47.100
	22.5	51.663
	25	55.931
	27.5	59.905
	30	63.585
	32.5	66.970
	35	70.061
	37.5	72.858
125	12.5	33.117
	15	38.858
	17.5	44.303
	20	49.455
	22.5	54.312
	25	58.875
	27.5	63.143
	30	67.118
	32.5	70.797
	35	74.183
130	12.5	34.589
	15	40.624
	17.5	46.364
	20	51.810
	22.5	56.962
	25	61.819
	27.5	66.382
	30	70.650
	32.5	74.624
	35	78.304
135	12.5	36.061
	15	42.390
	17.5	48.425
	20	54.165
	22.5	59.611
	25	64.763
	27.5	69.620
	30	74.183
	32.5	78.451
	35	82.425
	37.5	86.105
140	12.5	37.533
	15	44.156
	17.5	50.485
	20	56.520
	22.5	62.260
	25	67.706
	27.5	72.858
	30	77.715
	32.5	82.278
	35	86.546
	37.5	90.52
145	15	45.923
	17.2	52.546
	20	58.875
	22.5	64.910
	22	70.650
	27.5	76.096
	30	81.248
	32.5	86.105
	35	90.668
150	15	47.689
	17.5	54.607
	20	61.230
	22.5	67.559
	25	73.594
	27.5	79.334
	30	84.780
	32.5	89.932
	35	94.789
155	15.0	49.455
	17.5	56.667
	20	63.585
	22.5	70.208
	25	76.538
	27.5	82.572
	30	88.313
	32.5	93.758
	35	98.910
	37.5	103.77
	40.0	108.33
	42.5	112.60
160	15	51.221
	17.5	58.728
	20	65.940
	22.2	72.858
	25	79.481
	27.5	85.810
	30	91.845
	32.5	97.585
	35.0	103.03
	37.5	108.18
	40	117.60
	42.5	113.04
165	15	52.988
	17.5	60.788
	20	68.295
	22.5	75.507
	25	82.425
	27.5	89.048
	30.0	95.378
	32.5	101.412
	35	107.153
	37.5	112.598
	40	117.750
	42.5	122.607
170	15	54.754
	17.5	62.849
	20	70.650
	22.5	78.157

续表

外径/mm	管厚/mm	理论线质量/(kg/m)
170	25	85.369
	27.5	92.287
	30	98.910
	32.5	105.239
	35	111.274
	37.5	117.014
	40	122.460
	42.5	127.612
180	15	58.286
	17.5	66.970
	20	75.360
	22.5	83.455
	25	91.256
	27.5	98.763
	30	105.975
	32.5	112.893
	35	119.516
	37.5	125.845
	40	131.880
	42.5	137.690
	45	143.139
190	15	61.819
	17.5	71.092
	20	80.070
	22.5	88.754
	25	97.144
	27.5	105.239

外径/mm	管厚/mm	理论线质量/(kg/m)
190	30	113.040
	32.5	120.547
	35	127.759
	37.5	134.677
	40	141.300
	42.5	147.704
	45	153.742
200	15	65.351
	17.5	75.213
	20	84.780
	22.5	94.053
	25	103.031
	27.5	111.715
	30	120.105
	32.5	128.200
	35	136.001
	37.5	143.508
	40	150.720
210	30	127.170
	32.5	133.802
	35	144.244
	37.5	152.416
	40	160.140
	42.5	167.731
	45	174.859
	50	188.400

外径/mm	管厚/mm	理论线质量/(kg/m)
220	30	134.235
	32.5	143.580
	35	152.486
	37.5	161.252
	40	169.560
	42.5	177.745
	45	185.456
	50	200.175
230	30	141.300
	32.5	151.238
	35	160.729
	37.5	170.088
	40	178.980
	42.5	187.759
	45	196.054
	50	211.950
240	30	148.365
	32.5	158.896
	35	168.971
	37.5	178.923
	40	188.400
250	30	155.430
	32.5	166.553
	35	177.214
	37.5	187.759
	40	197.820

注：理论质量按 QAl9-4、QAl10-3-1.5、QAl10-4-4 的密度 7.5g/cm^3 计算。对 QA9-2 的密度为 7.6g/cm^3，其理论质量应乘以系数 1.0133。

（11）黄铜线（表 4.60）

表 4.60　黄铜线的理论线质量

直径/mm	理论线质量/(kg/km)	直径/mm	理论线质量/(kg/km)	直径/mm	理论线质量/(kg/km)	直径/mm	理论线质量/(kg/km)
圆形线							
0.05	0.017	0.25	0.417	0.80	4.273	2.40	38.45
0.06	0.024	0.26	0.451	0.85	4.823	2.50	41.72
0.07	0.033	0.28	0.523	0.90	5.407	2.60	45.13
0.08	0.043	0.32	0.684	0.95	6.025	2.80	52.34
0.09	0.054	0.34	0.772	1.00	6.676	3.00	60.08
0.10	0.067	0.36	0.865	1.05	7.360	3.20	68.36
0.11	0.081	0.38	0.964	1.10	7.078	3.40	77.17

续表

直径 /mm	理论线质量 /(kg/km)	直径 /mm	理论线质量 /(kg/km)	直径 /mm	理论线质量 /(kg/km)	直径 /mm	理论线质量 /(kg/km)
0.12	0.096	0.40	1.068	1.15	8.829	3.60	86.52
0.13	0.113	0.42	1.178	1.20	9.613	3.80	96.40
0.14	0.131	0.45	1.352	1.30	11.28	4.00	106.8
0.15	0.150	0.48	1.538	1.40	13.08	4.20	117.8
0.16	0.171	0.50	1.669	1.50	15.02	4.50	135.2
0.17	0.193	0.53	1.875	1.60	17.09	4.80	153.8
0.18	0.216	0.56	2.094	1.70	19.29	5.00	166.9
0.19	0.241	0.60	2.403	1.80	21.63	5.30	187.5
0.20	0.267	0.63	2.650	1.90	24.10	5.60	209.4
0.21	0.294	0.67	2.997	2.00	26.70	6.00	240.3
0.22	0.323	0.70	3.271	2.10	29.44		
0.24	0.385	0.75	3.755	2.20	32.31		
方形线(内切圆直径)							
3.00	76.50	4.00	136.0	5.00	212.5	6.00	306.0
3.50	104.1	4.50	172.1	5.50	257.1		
六角形线(内切圆直径)							
3.00	66.25	4.00	117.8	5.00	184.0	6.00	265.0
3.50	90.17	4.50	149.1	5.50	222.7		

注：计算密度为 8.5g/cm^3；当密度为 8.2g/cm^3、8.3g/cm^3、8.4g/cm^3、8.6g/cm^3、8.7g/cm^3、8.8g/cm^3、8.9g/cm^3 时，应分别乘以系数 0.965、0.976、0.988、1.012、1.024、1.035、1.047。

(12) 青铜线（表 4.61～表 4.63）

表 4.61　青铜线的理论线质量

直径 /mm	理论线质量 /(kg/km)		直径 /mm	理论线质量 /(kg/km)		直径 /mm	理论线质量 /(kg/km)	
	锡青铜 镉青铜	硅青铜		锡青铜 镉青铜	硅青铜		锡青铜 镉青铜	硅青铜
0.10	0.069	0.067	0.75	3.888	3.742	2.30	—	35.19
0.12	0.100	0.096	0.80	4.423	4.257	2.40	—	38.32
0.15	—	0.150	0.85	—	4.806	2.50	43.20	41.58
0.16	0.177	—	0.90	5.598	5.388	2.60	—	44.97
0.18	0.224	0.216	0.95	—	6.004	2.80	54.19	52.15
0.20	0.276	0.266	1.00	6.912	6.652	3.00	62.20	59.87
0.25	0.432	0.416	1.10	8.363	8.049	3.20	70.77	68.12
0.30	0.622	0.599	1.2-	9.953	9.579	3.50	84.67	81.49
0.35	0.847	0.815	1.30	11.680	11.242	3.80	—	96.06
0.40	1.106	1.064	1.40	13.547	13.039	4.00	110.6	106.4
0.45	1.400	1.347	1.50	15.551	14.968	4.20	—	117.3
0.50	1.728	1.663	1.60	17.693	17.030	4.50	140.0	134.7
0.55	2.091	2.012	1.70	—	19.225	4.80	—	153.3
0.60	2.488	2.395	1.80	22.393	21.554	5.00	172.8	166.3
0.65	2.920	2.811	2.00	27.646	26.609	5.50	209.1	201.2
0.70	3.387	3.260	2.20	33.452	32.197	6.00	248.8	239.5

表 4.62 铍青铜线的规格

牌号	状态		直径/mm		
QBe2	M(软),Y_2(半硬),Y(硬)		0.03～6.00		
线材直径/mm	0.03～0.05	>0.05～0.10	>0.10～0.20	>0.20～0.30	>0.30～0.40
每卷质量/g ≥	0.5	2.0	10	25	50
线材直径/mm	>0.40～0.60	>0.60～0.80	>0.80～2.00	>2.00～4.00	>4.00～6.00
每卷质量/g ≥	100	150	300	1000	2000

表 4.63 白铜线的规格

线材直径/mm	每卷(轴)质量/kg		线材直径/mm	每卷(轴)质量/kg	
	标准卷	较轻卷		标准卷	较轻卷
0.02～0.10	0.05	0.01	>1.0～3.0	4.0	2.0
>0.10～0.50	0.5	0.3	>3.0～6.0	5.0	3.0
>0.50～1.0	2.0	1.0			

4.3 镍和镍合金制品

4.3.1 镍及镍合金板

用于仪表、电子通信、各种压力容器、耐蚀装置以及其他场合。

表 4.64 镍及镍合金板的牌号、制造方法、状态及规格（GB/T 2054—2013）

mm

牌号	制造方法	状态	规格	
			矩形板材(厚×宽×长)	圆形板材(厚度×直径)
N4,N5(NW2201,UNS N02201) N6,N7(NW2200,UNS N02200) NSi0.19,NMg0.1,NW4-0.15 NW4-0.1,NW4-0.07 DN,NCu28-2.5-1.5 NCu30(NW4400,N04400) NS1101(N08800),NS1102(N08810) NS1402(N08820),NS3304(N10276) NS3102(NW6600,N06600) NS3306(N06625)	热轧	热加工态(R) 软态(M) 固溶退火态(ST)①	(4.1～100.0)×(50～3000)×(500～4500)	(4.1～100.0)×(50～3000)
	冷轧	冷加工态(Y) 半硬状态(Y_2) 软态(M) 固溶退火态(ST)①	(0.1～4.0)×(50～1500)×(500～4000)	(0.5～4.0)×(50～1500)

① 固溶退火态仅适用于 NS3304（N10276）和 NS3306（N06625）。

表 4.65 镍阳极板的规格

mm

牌号	状态	厚度	宽度	长度
NY1	热轧(R)	6～20	100～300	400～2000
NY2	软(M)	4～20		
NY3	热轧后淬火(C)	6～20		

4.3.2 镍及镍合金带

表 4.66　镍及镍合金带的牌号、状态及规格（GB/T 2072—2007）

mm

牌号	状态	规格		
		厚度	宽度	长度
N4,N5,N6,N7,NMg0.1,NSi0.19, NSi0.2,NCu28-2.5-1.5,NCu30,NCu40-2-1, NW4-0.15,DN,NW4-0.1,NW4-0.07	M、Y_2、Y	0.05～0.15	20～250	≥5000
		0.15～0.55		≥3000
		0.55～1.2		≥2000

4.3.3 镍及镍合金管

用于化工、仪表、电讯、电子、电力等工业部门制造耐蚀或其他重要零部件。

表 4.67　镍及镍合金管的牌号、状态及规格（GB/T 2882—2013）

mm

牌号	状态	规格		
		外径	壁厚	长度
N2、N4、DN	软卷(M) 硬态(Y)	0.35～18	0.05～0.90	100～15000
N6	软态(M) 半硬态(Y_2) 硬态(Y) 消除应力状态(Y_0)	0.35～110	0.05～8.00	
N5(N02201)、 N7(N02200)、N8	软态(M) 消除应力状态(Y_0)	5～110	1.00～8.00	
NCrl5-8(N06600)	软态(M)	12～80	1.00～3.00	
NCu30(N04400)	软态(M) 消除应力状态(Y_0)	10～110	1.00～8.00	
NCu28-2.5-1.5	软态(M) 硬态(Y)	0.35～110	0.05～6.00	
	半硬态(Y)	0.35～18	0.05～0.90	
NCu40-2-1	软态(M) 硬态(Y)	0.35～110	0.05～6.00	
	半硬态(Y_2)	0.35～18	0.05～0.90	
NSi0.19 NMg0.1	软态(M) 硬态(Y) 半硬态(Y_2)	0.35～18	0.05～0.90	

表 4.68 镍及镍合金管的公称尺寸（GB/T 2882—2013） mm

外径	壁厂										
	0.05～0.06	>0.06～0.09	>0.09～0.12	>0.12～0.15	>0.15～0.20	>0.20～0.25	>0.25～0.30	>0.30～0.40	>0.40～0.50	>0.50～0.60	>0.60～0.70
0.35～0.40	√										
>0.40～0.50	√	√									
>0.50～0.60	√	√	√								
>0.60～0.70	√	√	√	√							
>0.70～0.80	√	√	√	√	√						
>0.80～0.90	√	√	√	√	√	√	√				
>0.90～1.50	√	√	√	√	√	√	√	√			
>1.50～1.75	√	√	√	√	√	√	√	√	√		
>1.75～2.00		√	√	√	√	√	√	√	√		
>2.00～2.25		√	√	√	√	√	√	√	√	√	
>2.25～2.50		√	√	√	√	√	√	√	√	√	√
>2.50～3.50		√	√	√	√	√	√	√	√	√	√
>3.50～4.20			√	√	√	√	√	√	√	√	√
>4.20～6.00				√	√	√	√	√	√	√	√
>6.00～8.50				√	√	√	√	√	√	√	√
>8.50～10						√	√	√	√	√	√
>10～12						√	√	√	√	√	√
>12～14								√	√	√	√
>14～15								√	√	√	√
>15～18									√	√	√
>18～20											
>20～30											
>30～35											
>35～40											
>40～60											
>60～90											
>90～110											

续表

外　径	壁厚										长度
	>0.70～0.90	>0.90～1.00	>1.00～1.25	>1.25～1.80	>1.80～3.00	>3.00～4.00	>4.00～5.00	>5.00～6.00	>6.00～7.00	>7.00～8.00	
0.35～0.40											≤3000
>0.40～0.50											
>0.50～0.60											
>0.60～0.70											
>0.70～0.80											
>0.80～0.90											
>0.90～1.50											
>1.50～1.75											
>1.75～2.00											
>2.00～2.25											
>2.25～2.50											
>2.50～3.50	√										
>3.50～4.20	√										
>4.20～6.00	√										≤15000
>6.00～8.50	√	√	√								
>8.50～10	√	√	√	√							
>10～12	√	√	√	√	√						
>12～14	√	√	√	√	√	√					
>14～15	√	√	√	√	√	√					
>15～18	√	√	√	√	√	√					
>18～20	√	√	√	√	√	√					
>20～30			√	√	√	√					
>30～35			√	√	√	√	√				
>35～40					√	√	√				
>40～60						√	√	√	√		
>60～90						√	√	√	√	√	
>90～110						√	√	√	√	√	

注：“√”表示有此规格，其他为不推荐。

4.3.4 镍及镍合金焊条

用于电弧焊接镍和镍合金。

镍及镍合金焊条牌号（表 4.69）的表示方法是：

Ni	□	□	□
镍及镍合金焊条	焊缝金属主要化学成分	同一焊缝金属化学成分中的不同牌号	焊条药皮类型和采用电源种类（7—低氢钠型药皮，直流反接；8—石墨型药皮，交、直流两用）

表 4.69 镍及镍合金焊条牌号和焊缝金属化学成分

牌号	焊缝金属化学成分	牌号	焊缝金属化学成分
Ni1××	纯镍	Ni3××	因康镍合金
Ni2××	镍铜合金	Ni4××	待发展

表 4.70 镍及镍合金焊条型号

型号	药皮类型	电流种类	型号	药皮类型	电流种类
ENi-0	03	AC	ENiMo-7	15	DC
	15	DC		16	AC 或 DC
	16	AC 或 DC	ENiCrMo-0	15	DC
ENi-1	03	AC		16	AC 或 DC
	15	DC	ENiCrMo-1	15	DC
	16	AC 或 DC		16	AC 或 DC
ENiCu-7	15	DC	ENiCrMo-2	15	DC
	16	AC 或 DC		16	AC 或 DC
ENiCrFe-0	15	DC	ENiCrMo-3	15	DC
	16	AC 或 DC		16	AC 或 DC
ENiCrFe-1	15	DC	ENiCrMo-4	15	DC
	16	AC 或 DC		16	AC 或 DC
ENiCrFe-2	15	DC	ENiCrMo-5	15	DC
	16	AC 或 DC		16	AC 或 DC
ENiCrFe-3	15	DC	ENiCrMo-6	15	DC
	16	AC 或 DC		16	AC 或 DC
ENiCrFe-4	15	DC	ENiCrMo-7	15	DC
	16	AC 或 DC		16	AC 或 DC
ENiMo-1	15	DC	ENiCrMo-8	15	DC
	16	AC 或 DC		16	AC 或 DC
ENiMo-3	15	DC	ENiCrMo-9	15	DC
	16	AC 或 DC		16	AC 或 DC

注：03—钛钙型药皮；15—碱性药皮；16—酸性药皮。

表 4.71　镍及镍合金焊条尺寸　mm

焊条直径		焊条长度		夹持端长度	
基本尺寸	极限偏差	基本尺寸	极限偏差	基本尺寸	极限偏差
2.5	±0.05	230～300	±2	15	±5
3.2					
4.0		250～350		20	
5.0					
6.0					

表 4.72　镍及镍合金焊丝型号、直径　mm

焊丝型号	ERNi-1,ERNiCu-7,ERNiCr-3,ERNiCrFe-5,ERNiCrFe-6,ERNiMo-1,ERNiMo-2,ERNiMo-3,ERNiMo-7,ERNiFeCr-1,ERNiFeCr-2,ERNiCrMo-1,ERNiCrMo-2,ERNiCrMo-3,ERNiCrMo-4,ERNiCrMo-7,ERNiCrMo-8,ERNiCrMo-9
包装形式	焊丝直径
直焊丝及焊丝卷	1.6,2.0,2.5,3.0,3.2,4.0,5.0,6.0
焊丝盘	0.6,0.8,1.0,1.2,1.6

4.4　镁和镁合金制品

4.4.1　镁和镁合金板、带材

包括纯镁带材、镁合金热轧或冷轧板材。产品的化学成分应符合 GB/T 5153 的规定。

表 4.73　镁和镁合金板、带的牌号、状态和规格（GB/T 5154—2010）

牌号	状态	规　格　/mm		
		厚度	宽度	长度
Mg99.00	H18	0.20	3.0～6.0	≥100
AZ40M	O	0.80～10.00	400～1200	1000～3500
	H112、F	>8.00～70.00	400～1200	1000～3500
AZ41M	H18、O	0.40～2.00	≤1000	≤2000
	O	>2.00～10.00	400～1200	1000～3500
	H112、F	>8.00～70.00	400～1200	1000～2000
AZ31B	H24	>0.40～2.00	≤600	≤2000
		>2.00～4.00	≤1000	≤2000
		>8.00～32.00	400～1200	1000～3500
		>32.00～70.00	400～1200	1000～2000

续表

牌号	状态	规　格　/mm		
		厚度	宽度	长度
AZ31B	H26	6.30～50.00	400～1200	1000～2000
	O	>0.40～1.00	≤600	≤2000
		>1.00～8.00	≤1000	≤2000
		>8.00～70.00	400～1200	1000～2000
	H112、F	>8.00～70.00	400～1200	1000～2000
ME20M	H18、O	0.40～0.80	≤1000	≤2000
	H24、O	>0.80～10.00	400～1200	1000～3500
	H112、F	>8.00～32.00	400～1200	1000～3500
		>32.00～70.00	400～1200	1000～2000

表 4.74　板材室温的力学性能（GB/T 5154—2010）

牌号	状态	板材厚度 /mm	抗拉强度 R_m/MPa	规定非比例伸长强度 $R_{p0.2}$/MPa	规定非比例压缩强度 $R_{p0.2}$/MPa	断后伸长率/%	
						$A_{5.65}$	A_{80}
			≥				
M2M	O	0.80～3.00	190	110	—	—	6.0
		>3.00～5.00	180	100	—	—	5.0
		>5.00～10.00	170	90	—	—	5.0
	H112	8.00～12.50	200	90	—	—	4.0
		>12.50～20.00	190	100	—	4.0	—
		>20.00～70.00	180	110	—	4.0	—
AZ40M	O	0.80～3.00	240	130	—	—	12.0
		>3.00～10.00	230	120	—	—	12.0
	H112	8.00～12.50	230	140	—	—	10.0
		>12.50～20.00	230	140	—	8.0	—
		>20.00～70.00	230	140	70	8.0	—
AZ41M	H18	0.40～0.80	290		—	—	2.0
	O	0.40～3.00	250	150	—	—	12.0
		>3.00～5.00	240	140	—	—	12.0
		>5.00～10.00	240	140	—	—	10.0
	H112	8.00～12.50	240	140	—	—	12.0
		>12.50～20.00	250	150	—	6.0	—
		>20.00～70.00	250	140	80	10.0	—
AZ31B	O	0.40～3.00	225	150			12.0
		>3.00～12.50	225	140			12.0
		>12.50～70.00	225	140		10.0	

续表

牌号	状态	板材厚度/mm	抗拉强度 R_m/MPa	规定非比例伸长强度 $R_{p0.2}$/MPa	规定非比例压缩强度 $R_{p0.2}$/MPa	断后伸长率/% $A_{5.65}$	断后伸长率/% A_{80}
			≥				
AZ31B	H24	0.40～8.00	270	200	—	—	6.0
		>8.00～12.50	255	165	—	—	8.0
		>12.50～20.00	250	150	—	8.0	—
		>20.00～70.00	235	125	—	8.0	—
	H26	6.30～10.00	270	186		—	6.0
		>10.00～12.50	265	180		—	6.0
		>12.50～25.00	255	160		6.0	—
		>25.00～50.00	240	150		5.0	—
	H112	8.00～12.50	230	140		—	10.0
		>12.50～20.00	230	140		8.0	—
		>20.00～32.00	230	140	70	8.0	—
		>32.00～70.00	230	130	60	8.0	—
ME20M	H18	0.40～0.80	260	—	—	—	2.0
	H24	>0.80～3.00	250	160	—	—	8.0
		>3.00～5.00	240	140	—	—	7.0
		>5.00～10.00	240	140	—	—	6.0
	O	0.40～3.00	230	120	—	—	12.0
		>3.00～10.00	220	110	—	—	10.0
	H112	8.00～12.50	220	110	—	—	10.0
		>12.50～20.00	210	110	—	10.0	—
		>20.00～32.00	210	110	70	7.0	—
		>32.00～70.00	200	90	50	6.0	—

4.4.2 镁和镁合金挤压棒材

棒材的化学成分应符合 GB/T 5153 的规定。

表 4.75　镁和镁合金挤压棒材的牌号、状态和规格

(GB/T 5155—2013)

合金牌号	状　态	合金牌号	状　态
AZ31B, AZ40M, AZ41M, AZ61A, AZ61M, ME20M	H112	AZ80A	H112, T5
		ZK61M, ZK61S	T5

表 4.76　棒材的室温纵向力学性能

合金牌号	状态	棒材直径[①] /mm	抗拉强度 R_m/MPa	规定非比例伸长强度 $R_{p0.2}$/MPa	断后伸长率 A/%
			≥		
AZ31B	H112	≤130	220	140	7.0
AZ40M	H112	≤100	245	—	6.0
		>100～130	245	—	5.0
AZ41M	H112	≤130	250	—	5.0
AZ61A	H112	≤130	260	160	6.0
AZ61M	H112	≤130	265	—	8.0
AZ80A	H112	≤60	295	195	6.0
		>60～130	290	180	4.0
	T5	≤60	325	205	4.0
		>60～130	310	205	2.0
ME20M	H112	≤50	215	—	4.0
		>50～100	205	—	3.0
		>100～130	195	—	2.0
ZK61M	T5	≤100	315	245	6.0
		>100～130	305	235	6.0
ZK61S	T5	≤130	310	230	5.0

① 对方棒、六角棒为内切圆直径。

4.4.3　镁和镁合金挤压管材

管材的化学成分应符合 GB/T 5153 的规定。

表 4.77　镁和镁合金挤压管材的牌号、状态和规格（YS/T 495—2005）

牌号	状态	牌号	状态
AZ31B	H112	M2S	H112
AZ61A	H112	ZK61S	H112、T5

镁和镁合金挤压管材的室温力学性能见表 4.78。

表 4.78　室温力学性能

牌号	状态	管材壁厚 /mm	抗拉强度 R_m/MPa	规定非比例伸长强度 $R_{p0.2}$/MPa	断后伸长率 A/%
			≥		
AZ31B	H112	0.70～6.30	220	140	8
		>6.30～20.00	220	140	4
AZ61A	H112	0.70～20.00	250	110	7

续表

牌号	状态	管材壁厚 /mm	抗拉强度 R_m/MPa	规定非比例伸长强度 $R_{p0.2}$/MPa	断后伸长率 A/%
			≥		
M2S	H112	0.70～20.00	195	—	2
ZK61S	H112	0.70～20.00	275	195	5
	T5	0.70～6.30	315	260	4
		2.50～30.00	305	230	4

注：1. 壁厚小于1.60mm的管材不要求规定非比例伸长强度。

2. 其他牌号或状态的管材室温力学性能由供需双方商定。

4.5　铅和铅锑合金制品

用于放射性防护和工业部门。

4.5.1　铅和铅锑合金板

表4.79　铅和铅锑合金板的牌号、规格（GB/T 1470—2005）

牌　　号	规格/mm 厚度	宽度	长度	制造方法
Pb1,Pb2	0.5～110.0	≤2500	≥1000	轧制
PbSb0.5,PbSb1,PbSb2,PbSb4,PbSb6,PbSb8,PbSb1-0.1-0.05,PbSb2-0.1-0.05,PbSb3-0.1-0.05,PbSb4-0.1-0.05,PbSb5-0.1-0.05,PbSb6-0.1-0.05,PbSb7-0.1-0.05,PbSb8-0.1-0.05,PbSb4-0.2-0.5,PbSb6-0.2-0.5,PbSb8-0.2-0.5	10～110.0			

表4.80　铅和铅锑合金板的规格

厚度 /mm	理论质量 /(kg/m²)	厚度 /mm	理论质量 /(kg/m²)	厚度 /mm	理论质量 /(kg/m²)	厚度 /mm	理论质量 /(kg/m²)
0.5	5.67	4.5	51.03	14.0	158.76	35.0	396.9
1.0	11.34	5.0	56.70	15.0	170.10	40.0	453.6
1.5	17.01	6.0	68.04	16.0	181.44	45.0	510.3
2.0	22.68	7.0	79.38	18.0	204.12	50.0	567.0
2.5	28.35	8.0	90.72	20.0	226.80	60.0	680.4
3.0	34.02	9.0	102.06	22.0	249.48	70.0	793.8
3.5	39.69	10.0	113.40	25.0	283.50		
4.0	45.36	12.0	136.08	30.0	340.20		

注：表中理论质量对应于Pb1、Pb2、Pb3材料（$\rho=11.34\text{g/cm}^3$）。材料改变时应乘以相应的系数，PbSb0.5—0.9982；PbSb2—0.9921；PbSb4—0.9832；PbSb6—0.9753；PbSb8—0.9674。

4.5.2　铅和铅锑合金管

用于化工、制药及其他工业部门作防腐材料。

表 4.81 铅和铅锑合金管的牌号、状态、规格（GB/T 1472—2005）

mm

牌号	状态	规格		
		内径	壁厚	长度
Pb1，Pb2	挤制（R）	5～230	2～12	直管≤4000
PbSb0.5，PbSb2，PbSb4，PbSb6，PbSb8		10～200	3～14	卷状管≥2500

表 4.82 纯铅管常用尺寸规格（GB/T 1472—2005） mm

公称内径	公称壁厚									
	2	3	4	5	6	7	8	9	10	12
5，6，8，10，13，16，20	√	√	√	√	√	√	√	√	√	√
25，30，35，38，40，45，50		√	√	√	√	√	√	√	√	√
55，60，65，70，75，80，90，100			√	√	√	√	√	√	√	√
110				√	√	√	√	√	√	√
125，150					√	√	√	√	√	√
180，200，230							√	√	√	√

注："√"表示推荐规格。

表 4.83 铅锑合金管常用尺寸规格（GB/T 1472—2005） mm

公称内径	公称壁厚									
	3	4	5	6	7	8	9	10	12	14
10，15，17，20，25，30，35，40，45，50	√	√	√	√	√	√	√	√	√	√
55，60，65，70		√	√	√	√	√	√	√	√	√
75，80，90，100			√	√	√	√	√	√	√	√
110				√	√	√	√	√	√	√
125，150					√	√	√	√	√	√
180，200						√	√	√	√	√

注："√"表示推荐规格。

表 4.84 纯铅管的规格（GB/T 1472—2005） mm

管材内径	管材壁厚										外径椭圆度≤
	2	3	4	5	6	7	8	9	10	12	
	理论质量/(kg/m)										
5	0.50	0.86	1.28	1.78	2.35	2.99	3.71	4.49	5.34	7.27	1.5
6	0.57	0.96	1.43	1.96	2.57	3.24	3.99	4.81	5.70	7.70	
8	0.71	1.18	1.71	2.32	2.99	3.74	4.56	5.45	6.41	8.55	
10	0.86	1.39	2.00	2.67	3.42	4.24	5.13	6.09	7.13	9.41	
13	1.07	1.71	2.42	3.21	4.06	4.99	5.99	7.05	8.19	10.69	3.0
16	1.28	2.03	2.85	3.74	4.70	5.74	6.84	8.02	9.26	11.97	
20	1.57	2.46	3.42	4.45	5.56	6.73	7.98	9.30	10.69	13.68	
25	—	2.99	4.13	5.34	6.63	7.98	9.41	10.90	12.47	15.82	4.5
30	—	3.53	4.85	6.23	7.70	9.23	10.83	12.50	14.25	17.96	

续表

管材内径	管材壁厚										外径椭圆度≤
	2	3	4	5	6	7	8	9	10	12	
	理论质量/(kg/m)										
35	—	4.06	5.56	7.13	8.76	10.47	12.26	14.11	16.03	20.09	6.0
38	—	4.38	5.99	7.66	9.41	11.22	13.11	15.07	17.10	21.38	
40	—	4.60	6.27	8.02	9.83	11.72	13.68	15.71	17.81	22.23	
45	—	5.13	6.98	8.91	10.90	12.97	15.11	17.31	19.59	24.37	8.0
50	—	5.66	7.70	9.80	11.97	14.21	16.53	18.92	21.38	26.51	
55	—	—	8.41	10.69	13.04	15.46	17.96	20.52	23.16	28.64	
60	—	—	9.12	11.58	14.11	16.71	19.38	22.12	24.94	30.78	10.0
65	—	—	9.83	12.47	15.18	17.96	20.81	23.73	26.72	32.92	
70	—	—	10.55	13.36	16.25	19.20	22.23	25.33	28.50	35.06	
75	—	—	11.26	14.25	17.31	20.45	23.66	26.93	30.28	37.19	
80	—	—	11.97	15.14	18.38	21.70	25.08	28.54	32.06	39.33	10.0
90	—	—	13.40	16.92	20.52	24.19	27.93	31.74	35.63	43.61	
100	—	—	14.82	18.70	22.66	26.68	30.78	34.95	39.19	47.88	
110	—	—	—	20.48	24.80	29.18	33.63	38.16	42.75	52.16	
125	—	—	—	—	28.00	32.92	37.91	42.96	48.09	58.57	15.0
150	—	—	—	—	33.35	39.15	45.03	50.98	57.00	69.26	
180	—	—	—	—	—	—	53.58	60.60	67.69	82.08	20.0
200	—	—	—	—	—	—	59.28	67.01	74.81	90.63	
230	—	—	—	—	—	—	67.83	76.63	85.50	103.5	25.0

注：计算密度为 11.34g/cm^3。

表 4.85　铅锑合金管的规格（GB/T 1472—2005）

管材内径	管材壁厚										外径椭圆度≤
	3	4	5	6	7	8	9	10	12	14	
	理论质量/(kg/m)										
10	1.39	2.00	2.67	3.42	4.24	5.13	6.09	7.13	9.41	11.97	2.9
15	1.92	2.71	3.56	4.49	5.49	6.56	7.70	8.91	11.54	14.46	2.0
17	2.14	2.99	3.92	4.92	5.99	7.13	8.34	9.62	12.40	15.46	
20	2.46	3.42	4.45	5.56	6.73	7.98	9.30	10.69	13.68	16.96	
25	2.99	4.13	5.34	6.63	7.98	9.41	10.90	12.47	15.82	19.45	3.0
30	3.53	4.85	6.23	7.70	9.23	10.83	12.50	14.25	17.96	21.95	
35	4.06	5.56	7.13	8.76	10.47	12.26	14.11	16.03	20.09	24.44	4.0
40	4.60	6.27	8.02	9.83	11.72	13.68	15.71	17.81	22.23	26.93	
45	5.13	6.98	8.91	10.90	12.97	15.11	17.31	19.59	24.37	29.43	5.0
50	5.66	7.70	9.80	11.97	14.21	16.53	18.92	21.38	26.51	31.92	
55		8.41	10.69	13.04	15.46	17.96	20.52	23.16	28.64	34.41	
60		9.12	11.58	14.11	16.71	19.38	22.12	24.94	30.78	36.91	8.0
65		9.83	12.47	15.18	17.96	20.81	23.73	26.72	32.92	39.40	
70		10.55	13.36	16.25	19.20	22.23	25.33	28.50	35.06	41.90	
75			14.25	17.31	20.45	23.66	26.93	30.28	37.19	44.39	

管材内径	管材壁厚										外径椭圆度 ≤
	3	4	5	6	7	8	9	10	12	14	
	理论质量/(kg/m)										
80			15.14	18.38	21.70	25.08	28.54	32.06	39.33	46.88	8.0
90			16.92	20.52	24.19	27.93	31.74	35.63	43.61	51.87	
100			18.70	22.66	26.68	30.78	34.95	39.19	47.88	56.86	
110				24.80	29.18	33.63	38.16	42.75	52.16	61.85	12.0
125					32.92	37.91	42.96	48.09	58.57	69.33	
150					39.15	45.03	50.98	57.00	69.26	81.80	
180						53.58	60.60	67.69	82.08	96.76	18.0
200						59.28	67.01	74.81	90.63	106.7	

4.6 锌及锌合金制品

表 4.86 阳极锌板的规格（YS/T 506—2006）

厚度/mm	厚度允许偏差/mm	宽度/mm	宽度允许偏差/mm	长度/mm	长度允许偏差/mm	同张板厚相差/mm	理论质量/(kg/m²)	理论质量/(kg/张)
0.55	±0.04	640	±3	680	±3	0.04	3.96	1.72
0.55	±0.04	762	±3	915	±3	0.04	3.96	2.76
0.55	±0.04	765	±3	975	±3	0.04	3.96	2.95
0.55	±0.04	1144	±3	1219	±3	0.05	3.96	5.52

表 4.87 铜镍锡镉和锌阳极板的牌号、状态和规格（GB/T 2056—2005）

mm

牌号	状态	规格		
		厚度	宽度	长度
T2、T3	冷轧(Y)	2.0～15.0	100～1000	300～2000
	热轧(R)	6.0～20.0		
Zn1(Zn99.99) Zn2(Zn99.95)	热轧(R)			
Sn2、Sn3、Cd2、Cd3	冷轧(Y)	0.5～15.0		
NY1	热轧(R)	6～20		
NY2	热轧后淬火(C)			
NY3	软态(M)	4～20		

表 4.88 锌板每平方米质量

厚度/mm	理论质量/(kg/m²)	厚度/mm	理论质量/(kg/m²)	厚度/mm	理论质量/(kg/m²)
0.25	1.80	0.40	2.88	0.60	4.32
0.30	2.16	0.45	3.24		
0.35	2.52	0.50	3.60		

第5章 非金属材料及制品

5.1 橡胶及橡胶制品

5.1.1 橡胶软管

(1) 压缩空气用橡胶软管

适用于矿井、土建工程、工业等部门，输送压缩空气及惰性气体，工作压力在2.5MPa以下，工作温度范围为－40～＋70℃。

表5.1 压缩空气用橡胶软管（GB 1186—2007） mm

公称内径	公差	公称内径	公差
5	±0.5	25	±1.25
6.3	±0.75	31.5	
8		40(38)	±1.5
10		50	
12.5	±0.75	63	
16		80(75)	±2.0
20		100(102)	

型别		右侧最大工作压力(MPa)时的用途		
型别	1	右侧最大工作压力(MPa)时的用途	1.0	一般工业用空气软管
	2			重型建筑用空气软管
	3			具有良好耐油性能的重型建筑用空气软管
	4		1.6	重型建筑用空气软管
	5			具有良好耐油性能的重型建筑用空气软管
	6		2.5	重型建筑用空气软管
	7			具有良好耐油性能的重型建筑用空气软管

型别		1、2、3	4、5	6、7
最小厚度	内衬层	1.0	1.5	2.0
	外衬层	1.5	2.0	2.5

(2) 通用输水织物增强橡胶软管

适用温度范围为－25～＋70℃、最大工作压力为2.5MPa的通用输水织物增强橡胶软管（表5.2），可用于输送降低水的冰点的添加剂，但不适用于输送饮用水、洗衣机进水和专用农业机械，也不可用作消防软管或可折叠式水管。

<table>
<caption>表 5.2 通用输水织物增强橡胶软管（HG/T 2184—2008）</caption>
<tr><th rowspan="2">型号</th><th rowspan="2">级别</th><th>工作压力</th><th colspan="3">规 格/mm</th></tr>
<tr><th>/MPa ≤</th><th>内径 ≤</th><th>内胶层</th><th>外胶层</th></tr>
<tr><td rowspan="3">Ⅰ(低压型)</td><td>a 级</td><td>0.3</td><td>10,12.5,16</td><td>1.5</td><td>1.5</td></tr>
<tr><td>b 级</td><td>0.5</td><td>19,20,22</td><td>2.0</td><td>1.5</td></tr>
<tr><td>c 级</td><td>0.7</td><td>25,27,32,38,40</td><td>2.5</td><td>1.5</td></tr>
<tr><td>Ⅱ(中压型)</td><td>d 级</td><td>1.0</td><td rowspan="2">50,63,80,100</td><td rowspan="2">3.0</td><td rowspan="2">2.0</td></tr>
<tr><td>Ⅲ(高压型)</td><td>e 级</td><td>2.5</td></tr>
</table>

(3) 焊接及切割和类似作业用橡胶软管

适用于在－20～＋45℃条件下输送氧气或乙炔气体。

<table>
<caption>表 5.3 焊接及切割和类似作业用橡胶软管（GB/T 2550—2016） mm</caption>
<tr><th>公称内径</th><th>内径</th><th>公差</th><th>同心度 max</th><th>公称内径</th><th>内径</th><th>公差</th><th>同心度 max</th></tr>
<tr><td>4
4.8
5
6.3
7.1</td><td>4
4.8
5
6.3
7.1</td><td>±0.40</td><td rowspan="2">1</td><td>12.5
16
20
25</td><td>12.5
16
20
25</td><td>±0.60</td><td>1 (12.5, 16)
1.25 (20, 25, 32)</td></tr>
<tr><td>8
9.5
10</td><td>8
9.5
10</td><td>±0.50</td><td>32
40
50</td><td>32
40
50</td><td>±1.0 (32)
±1.25 (40, 50)</td><td>1.50 (40, 50)</td></tr>
</table>

(4) 饱和蒸汽用橡胶软管

供输送 165～220℃的饱和蒸汽或过热水，适用于蒸汽清扫器、蒸汽锤、平板硫化机及注塑机等热压设备作软性管路。不适用于食品加工（如蒸、煮等)。

饱和蒸汽用橡胶软管分两种型别：1 型，低压蒸汽软管，最大工作压力为 0.6MPa，对应温度为 164℃，用于输送热冷凝水；2 型，高压蒸汽软管，最大工作压力为 18MPa，对应温度为 210℃，用于输送饱和蒸汽。每个型别的软管分为：A 级（外覆层不耐油)、B 级（外覆层耐油)。而型别和等级都可以为：电连接的（标注为“M”），导电性的（标注为“Q”)。

(5) 液化石油气橡胶管

适用于铁路油罐车、汽车油槽车输送温度为－40～60℃、工作压力为 2.0MPa 的液化石油气，不适用于输送汽车燃油。

表 5.4　直径、内衬层和外覆层的厚度以及软管的弯曲半径

（HG/T 3036—2009）　mm

<table>
<tr><th colspan="2">内径</th><th colspan="2">外径</th><th colspan="2">厚度(min)/mm</th><th rowspan="2">最小弯曲半径</th></tr>
<tr><th>数值</th><th>偏差范围</th><th>数值</th><th>偏差范围</th><th>内衬层</th><th>外覆层</th></tr>
<tr><td>9.5</td><td rowspan="7">±0.5</td><td>21.5</td><td rowspan="6">±1.0</td><td>2.0</td><td rowspan="6">1.5</td><td>120</td></tr>
<tr><td>13</td><td>25</td><td rowspan="5">2.5</td><td>130</td></tr>
<tr><td>16</td><td>30</td><td>160</td></tr>
<tr><td>19</td><td>33</td><td>190</td></tr>
<tr><td>25</td><td>40</td><td>250</td></tr>
<tr><td>32</td><td>48</td><td>320</td></tr>
<tr><td>38</td><td>54</td><td rowspan="2">±1.2</td><td rowspan="4">2.5</td><td rowspan="4">1.5</td><td>380</td></tr>
<tr><td>45</td><td rowspan="3">±0.7</td><td>61</td><td>450</td></tr>
<tr><td>50</td><td>68</td><td rowspan="2">±1.4</td><td rowspan="2">500</td></tr>
<tr><td>51</td><td>69</td></tr>
<tr><td>63</td><td rowspan="5">±0.8</td><td>81</td><td rowspan="5">±1.6</td><td rowspan="5">2.5</td><td rowspan="5">1.5</td><td>630</td></tr>
<tr><td>75</td><td>93</td><td rowspan="2">750</td></tr>
<tr><td>76</td><td>94</td></tr>
<tr><td>100</td><td>120</td><td rowspan="2">1000</td></tr>
<tr><td>102</td><td>122</td></tr>
</table>

表 5.5　液化石油气橡胶管的规格（GB/T 10546—2003）

<table>
<tr><th>项目</th><th>公称内径
/mm</th><th>试验压力
/MPa</th><th>爆破压力
/MPa</th><th>拉伸强度
/MPa ≥</th><th>拉断伸长率
/% ≥</th></tr>
<tr><td>内衬层</td><td rowspan="2">8,10,12.5,16,20,25,31.5,
40,50,63,80,100,160,200</td><td rowspan="2">6.3</td><td rowspan="2">12.6</td><td>7.0</td><td>200</td></tr>
<tr><td>外覆层</td><td>10.0</td><td>250</td></tr>
</table>

（6）稀酸、碱液管

适用于输送工作温度为－20～45℃、浓度不高于 40%的硫酸溶液，以及浓度不高于 15%的氢氧化钠溶液（或除硝酸外的相当浓度的酸碱溶液）。稀酸、碱液管的型号和规格见表 5.6。

表 5.6　稀酸、碱液管的型号和规格（HG/T 2183—2014）

<table>
<tr><th rowspan="2">型号</th><th rowspan="2">结构</th><th rowspan="2">公称内径/mm</th><th colspan="3">A、C 型管工作压力/MPa</th></tr>
<tr><th>最大工作压力</th><th>验证压力</th><th>爆破压力</th></tr>
<tr><td>A</td><td>有增强层不含钢丝螺旋线</td><td>12.5,16,19,22,25,31.5,
38,45,51,63.5,76,
89,102,127,152</td><td rowspan="3">0.3
0.5
0.7
1.0</td><td rowspan="3">0.6
1.0
1.4
2.0</td><td rowspan="3">1.2
2.0
2.8
4.0</td></tr>
<tr><td>B</td><td rowspan="2">有增强层
钢丝螺旋线</td><td rowspan="2">31.5,38,45,51,63.5,
76,89,102,127,152</td></tr>
<tr><td>C</td></tr>
</table>

注：A 型用于输送酸碱液体，B 型用于吸引酸碱液体，C 型用于排吸酸碱液体。

(7) 钢丝增强液压橡胶管

供各种工程场合以及系统中输送高压液体和液压传动用，适用介质为液压油、燃料油、润滑油以及水、空气和水基液体（蓖麻油、脂基液体除外），其规格见表 5.7。

表 5.7 钢丝增强液压橡胶管的规格（GB 3683—2006） mm

公称内径	所有类别		1ST/R1A 型				1SN/R1AT 型			2ST/R2A 型				2SN/R2AT 型		
	内径		增强层外径		软管外径		软管外径	外覆层厚度		增强层外径		软管外径		软管外径	外覆层厚度	
	min	max	min	max	min	max	max	min	max	min	max	min	max	max	min	max
5	4.6	5.4	8.9	10.1	11.9	13.5	12.5	0.8	1.5	10.6	11.7	15.1	16.7	14.1	0.8	1.5
6.3	6.2	7.0	10.6	11.7	15.1	16.7	14.1	0.8	1.5	12.1	13.3	16.7	18.3	15.7	0.8	1.5
8	7.7	8.5	12.1	13.3	16.7	18.3	15.7	0.8	1.5	13.7	14.9	18.3	19.9	17.3	0.8	1.5
10	9.3	10.1	14.5	15.7	19.0	20.6	18.1	0.8	1.5	16.1	17.3	20.6	22.2	19.7	0.8	1.5
12.5	12.3	13.5	17.5	19.1	22.0	23.8	21.5	0.8	1.5	19.0	20.6	23.8	25.4	23.1	0.8	1.5
16	15.5	16.7	20.6	22.2	25.4	27.0	24.7	0.8	1.5	22.2	23.8	27.0	28.6	26.3	0.8	1.5
19	18.6	19.8	24.6	26.2	29.4	31.0	28.6	0.8	1.5	26.2	27.8	31.0	32.6	30.2	0.8	1.5
25	25.0	26.4	32.5	34.1	36.9	39.3	36.6	0.8	1.5	34.1	35.7	38.5	40.9	38.9	1.0	2.0
31.5	31.4	33.0	39.3	41.7	44.4	47.6	44.8	1.0	2.0	43.2	45.7	49.2	52.4	49.6	1.0	2.0
38	37.7	39.3	45.6	48.0	50.8	54.0	52.1	1.5	2.5	49.6	52.0	55.6	58.8	56.0	1.3	2.5
51	50.4	52.0	58.7	61.9	65.1	68.3	65.9	1.5	2.5	62.3	64.7	68.2	71.4	68.6	1.3	2.5

(8) 油基液体用织物增强液压橡胶管

适用于在－40～100℃条件下，输送符合 GB/T 7631.2 的液压液体 HH、HL、HM、HR 和 HV，其规格见表 5.8。

表 5.8 油基液体用织物增强液压橡胶管（GB/T 15329—2003）

mm

公称内径	内径		外径									
	所有型别		1 型（带有一层编织织物增强层）		2 型（带有一层或多层织物增强层的软管）		3 型（带有一层或多层织物增强层的软管）		R6 型（带有两层编织织物增强层）		R3 型（带有一层编织织物增强层）	
	min	max	min	max	min	max	min	max	min	max	min	max
5	4.4	5.2	10.0	11.6	11.0	12.6	12.0	13.5	10.3	11.9	11.9	13.5
6.3	5.9	6.9	11.6	13.2	12.6	14.2	13.6	15.2	11.9	13.5	13.5	15.1
8	7.4	8.4	13.1	14.7	14.1	15.7	16.1	17.7	13.5	15.1	16.7	18.3
10	9.0	10.0	14.7	16.3	15.7	17.3	17.7	19.3	15.1	16.7	18.3	19.8
12.5	12.1	13.3	17.7	19.7	18.7	20.7	20.7	22.7	19.0	20.6	23.0	24.6

续表

公称内径	内径		外径									
	所有型别		1 型(带有一层编织织物增强层)		2 型(带有一层或多层织物增强层的软管)		3 型(带有一层或多层织物增强层的软管)		R6 型(带有两层编织织物增强层)		R3 型(带有一层编织织物增强层)	
	min	max	min	max	min	max	min	max	min	max	min	max
16	15.3	16.5	21.9	23.9	22.9	24.9	24.9	26.9	22.2	23.8	26.2	27.8
19	18.2	19.8	—	—	26.0	28.0	28.0	30.0	25.4	27.8	31.0	32.5
25	24.6	26.2	—	—	32.9	35.9	34.4	37.4	—	—	36.9	39.3
31.5	30.8	32.8	—	—	—	—	40.8	43.8	—	—	42.9	46.0
38	37.1	39.1	—	—	—	—	47.6	51.6	—	—	—	—
51	49.8	51.8	—	—	—	—	60.3	64.3	—	—	—	—
60	58.8	61.2	—	—	—	—	70.0	74.0	—	—	—	—
80	78.8	81.2	—	—	—	—	91.5	96.5	—	—	—	—
100	98.6	101.4	—	—	—	—	113.5	118.5	—	—	—	—

注：1 型不进行脉冲或耐真空试验，R3 型不进行耐真空或耐磨试验，R6 型不进行脉冲、耐真空或耐磨试验。

表 5.9　最大工作压力、试验压力和最小爆破压力　　MPa

公称内径	最大工作压力					试验压力					最小爆破压力				
	1 型	2 型	3 型	R6 型	R3 型	1 型	2 型	3 型	R6 型	R3 型	1 型	2 型	3 型	R6 型	R3 型
5	2.5	8.0	16.0	3.5	10.5	5.0	16.0	32.0	7.0	21.0	10.0	32.0	64.0	14.0	42.0
6.3	2.5	7.5	14.5	3.0	8.8	5.0	15.0	29.0	6.0	17.5	10.0	30.0	58.0	12.0	35.0
8	2.0	6.8	13.0	3.0	8.2	4.0	13.6	26.0	6.0	16.5	8.0	21.2	52.0	12.0	33.0
10	2.0	6.3	11.0	3.0	7.9	4.0	12.6	22.0	6.0	15.8	8.0	25.2	44.0	12.0	31.5
12.5	1.6	5.8	9.3	3.0	7.0	3.2	11.6	18.6	6.0	14.0	6.4	23.2	37.2	12.0	28.0
16	1.6	5.0	8.0	2.6	6.1	3.2	10.0	16.0	5.2	12.2	6.4	20.0	32.0	10.5	24.5
19		4.5	7.0	2.2	5.2		9.0	14.0	4.4	10.5		18.0	28.0	8.8	21.0
25		4.0	5.5		3.9		8.0	11.0		7.9		15.0	22.0		15.8
31.5			4.5		2.6			9.0		5.2			18.0		10.5
38			4.0					8.0					16.0		
51			3.3					6.6					13.2		
60			2.5					5.0					10.0		
80			1.8					3.6					7.2		
100			1.0					2.0					4.0		

表 5.10 油基液体用织物增强液压橡胶管的弯曲半径 mm

公称内径	最小弯曲半径					公称内径	最小弯曲半径				
	1 型	2 型	3 型	R6 型	R3 型		1 型	2 型	3 型	R6 型	R3 型
5	35	25	40	50	80	25	—	150	150	—	205
6.3	45	40	45	65	80	31.5	—	—	190	—	255
8	65	50	55	80	100	38	—	—	240	—	—
10	75	60	70	80	100	51	—	—	300	—	—
12.5	90	70	85	100	125	60	—	—	400	—	—
18	115	90	105	125	140	80	—	—	500	—	—
19	—	110	130	150	150	100	—	—	600	—	—

(9) 高压钢丝缠绕

由内胶层和 4 或 6 层钢丝缠绕层和外胶层组成，其规格见表 5.11、表 5.12。主要用于矿井液压支架、油田开采，适宜于工程建筑、起重运输、冶金锻压、矿山设备、船舶、注塑机械、农业机械、各种机床以及各工业部门机械化、自动化液压系统中输送具有一定压力（较高压力）和温度的石油基（如矿物油、可溶性油、液压油、燃油、润滑油）及水基液体（如乳化液、油水乳浊液、水）等和液体传动用，最高耐工作压力可达 70～100MPa，工作温度：－40～＋120℃。

表 5.11 四层高压钢丝缠绕胶管 mm

软管规格	内径	钢丝层直径	外径	工作压力 /MPa	爆破压力 /MPa	最小弯曲半径	参考质量 /(kg/m)
4sp-6-100	6±0.5	14.4±0.8	19±1.0	100	210	130	0.65
4sp-8-80	8±0.5	16.4±0.8	20.5±1.0	80	210	145	0.85
4sp-10-70	10±0.5	19.2±0.8	24±1.0	70	210	160	1.03
4sp-13-60	13±0.5	22.2±0.8	27±1.0	60	180	410	1.21
4sp-16-55	16±0.5	26±0.8	30±1.0	55	165	260	1.72
4sp-19-46	19±0.5	30±0.8	35±1.5	46	140	280	2.08
2sp-19-28	19±0.5	27±0.8	31±1.0	28	84	280	1.32
4sp-22-40	22±0.8	33±0.8	37±1.5	40	120	320	2.39
4sp-25-35	25±0.8	36±0.8	41±1.5	35	112	360	2.51
2sp-25-21	25±0.8	33±0.8	38±1.5	21	64	360	1.64
4sp-32-32	32±0.8	44±0.8	49±1.5	32	96	460	3.12
2sp-32-20	32±0.8	41±0.8	46±1.5	20	60	460	2.14
4sp-38-25	38±1.0	50.8±1	56±1.5	25	75	560	4.31
4sp-45-23	45±1.0	57.8±1	61.8±1.5	23	69	650	4.87
4sp-51-20	51±1.0	63.8±1	69±1.5	20	60	720	5.40
2sp-51-14	51±1.0	60.8±1	65±1.5	14	52	720	3.42

表 5.12　六层高压钢丝缠绕胶管　mm

软管规格	内径	钢丝层直径	外径	工作压力/MPa	试验压力/MPa	爆破压力/MPa	最小弯曲半径	参考质量/(kg/m)
6sp-6-110	6±0.5	16.6±0.8	20.6±1.0	110	115.5	231	180	0.95
6sp-10-77	10±0.5	21.8±0.8	25.8±1.0	77	85.5	231	210	1.48
6sp-13-66	13±0.5	24.8±0.8	28.8±1.0	66	72	198	260	1.75
6sp-16-61	16±0.5	29.0±0.8	33.0±1.0	61	66	183	310	2.02
6sp-19-51	19±0.5	33.0±0.8	37.0±1.5	51	58.5	156	350	2.49
6sp-25-39	25±0.8	39.0±0.8	44.0±1.5	39	46.5	124	430	2.82
6sp-32-35	32±0.8	47.0±0.8	50.4±1.5	35	34.5	105	530	3.79
6sp-38-28	38±1.0	54.2±1.0	57.6±1.5	28	28.5	84	660	5.76
6sp-51-22	51±1.0	67.2±1.0	70.6±1.5	22	28.5	76	820	7.13

(10) 吸排油胶管

供抽吸或输送常温汽油、煤油、柴油、重油、机油以及其他矿物油类用。特点：该胶管具有承受正压或负压的双重性能，管体较为坚固，对使用条件的适应性较强。

表 5.13　吸排油胶管（Q/GHXF05）　mm

公称内径		工作压力/MPa			软接头尺寸					参考质量/(kg/m)			最大长度/m	公差
		0.6	0.8	1.0										
尺寸	公差	夹布层数			长度	公差	参考外径							
38	±1.2	2	3	4	75	±10	55	56	58	1.5	1.6	1.7	20	±200
51	±1.2	3	4	5	100	±15	70	71	72	2.3	2.5	2.6		
64	±1.5	3	4	6	100	±15	84	85	88	2.9	3.1	3.5		
76	±1.5	4	5	7	100	±15	97	98	101	3.7	4.0	4.4		
89	±1.5	4	6	8	100	±15	111	112	115	4.7	5.0	5.5		
102	±2.0	5	6	9	125	±20	125	126	130	5.6	5.9	6.4		
127	±2.0	5	8	10	125	±20	151	153	153	7.0	7.8	8.4		
152	±2.0	6	9	—	150	±20	179	182	—	9.7	10.5	—		
203	±2.5	8	12	—	200	±25	232	237	—	14.0	16.2	—		
254	±2.5	9	—	—	200	±25	285	—	—	19.4	—	—		

5.1.2 工业用橡胶板

用作橡胶垫圈、密封衬垫、缓冲零件以及铺设地板、工作台。带夹织物的橡胶板，可用于具有一定压力和不允许过度伸长的场合；耐酸碱、耐油和耐热橡胶板，分别适宜在稀酸碱溶液、油类和蒸汽、热空气等介质中使用。

表 5.14 工业用橡胶板的规格和性能（GB/T 5574—2008）

规格/mm	厚 度	0.5,1,1.5,2,2.5,3,4,5,6,10,12,14,16,18,20,22,25,30,40,50
	宽 度	50～2000
性能	耐油性能	A类:不耐油;B类:中等耐油;C类:耐油
	拉伸强度/MPa	1型≥3,2型≥4,3型≥5,4型≥7,5型≥10,6型≥14,7型≥17
	拉断伸长率/%	1级≥100,2级≥150,3级≥200,4级≥250,5级≥300,6级≥350,7级≥400,8级≥500,9级≥600
	国际橡胶硬度(IRHD)	H3:30,H4:40,H5:50,H6:60,H7:70,H8:80,H9:90A(也可以按邵尔A硬度分类)
	耐热性能/℃	Hr1:100,Hr2:125,Hr3:150
	耐低温性能/℃	Tb1:−20,Tb2:−40

5.1.3 普通用途织物芯输送带

按材料分有整芯带、单层芯带、双层芯带和多层芯带，按边缘状态分有切边带和包边带。

普通用途织物芯输送带的型号表示方法是：

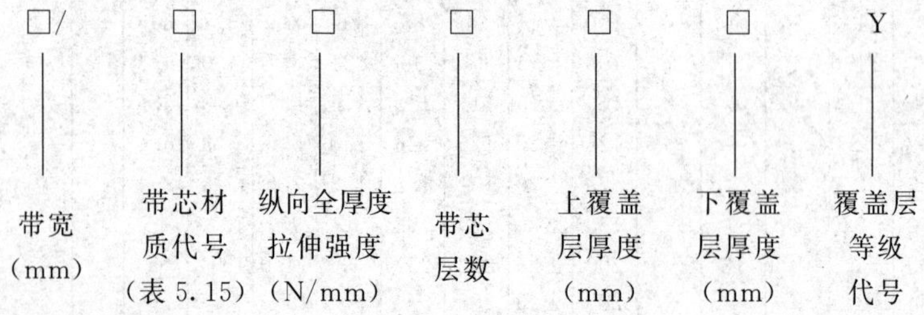

表 5.15　带芯织物材质代号

代号	织物材质	代号	织物材质
CC	棉帆布	PP	聚酯帆布
VV	维纶帆布	PN(EP)	聚酯、聚酰胺交织(或混纺)帆布
VC	维棉交织(或混纺)帆布	ST	钢丝绳芯
NN	聚酰胺帆布	SC	钢丝绳牵引

表 5.16　普通用途织物芯输送带的宽度和长度（GB/T 7984—2013）

mm

有端输送带的公称宽度及极限偏差					
公称宽度	极限偏差	公称宽度	极限偏差	公称宽度	极限偏差
300	±5	1000	±10	2200	±22
400	±5	1200	±12	2400	±24
500	±5	1400	±14	2600	±26
600	±6	1600	±16	2800	±28
650	±6.5	1800	±18	3000	±30
800	±8	2000	±20	3200	±32

<table>
<tr><th colspan="5">输送带的长度容许极限偏差(粗测)</th></tr>
<tr><th colspan="2">环形输送带</th><th colspan="3">有端输送带</th></tr>
<tr><th>长度/m</th><th>极限偏差</th><th colspan="2">交货条件</th><th>极限偏差
(交货长度和订货长度之间的最大容许差)</th></tr>
<tr><td>≤15</td><td>±50</td><td colspan="2" rowspan="2">由一段组成</td><td rowspan="2">+2.5%
0</td></tr>
<tr><td>>15 且≤20</td><td>±75</td></tr>
<tr><td>>20</td><td>±0.5%×带长
(带长精确到米)</td><td>由若干段组成</td><td>每单根长度或每段长度
各段长度之和</td><td>±5%
+2.5%
0</td></tr>
</table>

注：1. 带的覆盖层厚度偏差应符合 GB/T 4490 标准的要求。

2. 输送带的总厚度由供需双方协商确定。当总厚度 $d \leqslant 10$mm，极限偏差为±1mm；当总厚度 $d > 10$mm，极限偏差为±10%。

3. 整芯带总厚度按 GB/T 4490 标准规定的测量方法进行。整芯带总厚度测定值的平均值不大于 10mm 时，带的最大厚度和最小厚度之间的差值不大于 1.5mm；大于 10mm 时，差值应不大于平均值的 15%。

5.1.4 普通用途钢丝绳芯输送带

表 5.17 钢丝绳芯输送带带型系列（GB/T 9770—2013）

带型号		500	630	800	1000	1250	1400	1600	1800	2000	2250	2500	2800	3150	3500	4000	4500	5000	5400	6300	7000	7500
最小拉断强度 K_{Nmin}/(N/mm)		500	630	800	1000	1250	1400	1600	1800	2000	2250	2500	2800	3150	3500	4000	4500	5000	5400	6300	7000	7500
钢丝绳最大直径 d_{max}/mm		3.0	3.0	3.5	4.0	4.5	5.0	5.0	5.6	6.0	5.6	7.2	7.2	8.1	8.6	8.9	9.7	10.9	11.3	12.8	13.5	15.0
钢丝绳最小拉断力 $F_{ba\ min}$/kN		7.6	7.0	8.9	12.9	16.1	20.6	20.6	25.5	25.6	26.2	40.0	39.6	50.5	56.0	63.5	76.3	91.0	98.2	130.4	142.4	166.7
钢丝绳间距 t/mm		14.0	10.0	10.0	12.0	12.0	14.0	12.0	13.5	12.0	11.0	15.0	13.5	15.0	15.0	15.0	15.0	17.0	17.0	19.5	19.5	21.0
覆盖层最小厚度 S_{min}/mm		4.0	4.0	4.0	4.0	4.0	4.0	4.0	4.0	4.0	4.0	5.0	5.0	5.5	6.0	6.5	7.0	7.5	8.0	10.0	10.0	10.0
带宽 B/mm	极限偏差/mm	钢丝绳根数 n																				
500	+10 −5	33	45	45	39	39	34	39	N/A	N/A	N/A	N/A	N/A	N/A	N/A	N/A	N/A	N/A	N/A	N/A	N/A	N/A
650	+10 −7	44	60	60	51	51	45	51	46	52	56	41	46	41	41	41	39	36	N/A	N/A	N/A	N/A
800	+10 −8	54	75	75	63	63	55	63	57	63	69	50	57	50	50	51	48	45	45	N/A	N/A	N/A
1000	±10	68	95	95	79	79	68	79	71	79	86	64	71	64	64	64	59	55	55	N/A	N/A	N/A
1200	±10	83	113	113	94	94	82	94	85	94	104	76	85	76	77	77	71	66	66	58	59	54
1400	±12	96	133	133	111	111	97	111	100	111	122	89	99	89	90	90	84	78	78	68	69	64
1600	±12	111	151	151	126	126	111	126	114	126	140	101	114	101	104	104	96	90	90	78	80	73
1800	±14	125	171	171	143	143	125	143	129	143	159	114	128	114	117	117	109	102	102	89	90	83
2000	±14	139	191	191	159	159	139	159	144	159	177	128	143	128	130	130	121	113	113	99	100	92
2200	±15	153	211	211	176	176	154	176	159	176	195	141	158	141	144	144	134	125	125	109	110	102
2400	±15	167	231	231	193	193	168	193	174	193	213	155	173	155	157	157	146	137	137	119	119	110
2600	±15	181	251	251	209	209	182	209	189	209	231	168	188	168	170	170	159	149	149	129	129	120
2800	±15	196	271	271	226	226	197	226	203	226	249	181	202	181	183	183	171	161	161	139	139	129
3000	±15	210	291	291	243	243	211	243	218	243	268	195	217	195	195	195	183	172	172	149	149	139
3200	±15	224	311	311	260	260	225	260	233	260	286	208	232	208	208	208	196	184	184	160	160	149

注：N/A—由于成槽性的缘故而不适用。

表 5.18　带的宽度及极限偏差（GB/T 9770—2013）　mm

带宽度 B														
500	650	800	1000	1200	1400	1600	1800	2000	2200	2400	2600	2800	3000	3200
$^{+10}_{-5}$	$^{+10}_{-7}$	$^{+10}_{-8}$	±10	±10	±12	±12	±14	±14	±15	±15	±15	±15	±15	±15

表 5.19　带长度的极限偏差（GB/T 9770—2013）

交货条件	带的供货长度与订货长度之间的最大容许差值
提供的带是整根带	$^{+2.5\%}_{0}$
提供的带是几段带	每段带的长度极限偏差为±5%，各段带长度之和的总极限偏差为$^{+2.5\%}_{0}$

5.1.5　密封圈材料

(1) 普通液压系统用 O 形橡胶密封圈材料

分耐石油基液压油和润滑油（脂）用两种材料，其物理性能应符合表 5.20 和表 5.21 的规定。

表 5.20　Ⅰ类橡胶材料的物理性能（HG/T 2579—2008）

项目		材料			
		YI6455	YI7445	YI8535	YI9525
硬度(IRHD 或邵尔 A 型)		60±5	70±5	80±5	88^{+5}_{-4}
拉伸强度/MPa ≥		10	10	14	14
拉断伸长率/% ≥		250	200	150	100
压缩永久变形(B 型试样，100℃×22h)/% ≤		30	30	25	30
热空气老化 100℃×70h	硬度变化 拉伸强度变化率/% ≤ 拉断伸长率变化率/% ≤	0～+10 −15 −35		0～+10 −18 −35	
耐液体 100℃×70h	1# 标准油： 硬度变化 体积变化率/% 3# 标准油： 硬度变化 体积变化率/%	 −3～+7 −8～+5 −14～0 0～+18		 −3～+6 −6～+5 −12～0 0～+16	
脆性温度/℃ ≤		−40	−40	−37	−35

表 5.21 Ⅱ类橡胶材料的物理性能（HG/T 2579—2008）

项目		材料			
		YⅡ6454	YⅡ7445	YⅡ8535	YⅡ9524
硬度(IRHD或邵尔A型)		60±5	70±5	80±5	88^{+5}_{-4}
拉伸强度/MPa ≥		10	10	14	14
拉断伸长率/% ≥		250	200	150	100
压缩永久变形(B型试样,125℃×22h)/% ≤		35	30	30	35
热空气老化 125℃×70h	硬度变化	0～+10		0～+10	
	拉伸强度变化率/% ≤	−15		−18	
	拉断伸长率变化率/% ≤	−35		−35	
耐液体 125℃×70h	1#标准油：				
	硬度变化	−5～+10		−5～+8	
	体积变化率/%	−10～+5		−8～+5	
	3#标准油：				
	硬度变化	−15～0		−12～0	
	体积变化率/%	0～+24		0～+20	
脆性温度/℃ ≤		−25	−25	−25	−25

（2）耐高温润滑油O形橡胶密封圈材料

耐高温润滑油O形橡胶密封圈材料分为4类：

Ⅰ类主体材料是丁腈橡胶NBR，主要用于密封石油基润滑油，工作温度为−25～125℃，短期150℃。

Ⅱ类主体材料是氟橡胶FKM，主要用于密封合成酯类润滑油，工作温度为−15～200℃，短期250℃。

Ⅲ类主体材料是丙烯酸酯橡胶ACM和乙烯丙烯酸酯橡胶AEM，主要用于密封石油基润滑油，工作温度为−20～150℃，短期175℃。

Ⅳ类主体材料是氢化丁腈橡胶HNBR，主要用于密封石油基润滑油，工作温度为−25～150℃，短期160℃。

表 5.22 耐高温润滑油O形橡胶密封圈材料的技术指标（HG/T 2021—2014）

项目	指标							
	Ⅰ类材料				Ⅱ类材料			
硬度(IRHD)	60±5	70±5	80±5	88±4	60±5	70±5	80±5	88±4
拉伸强度/MPa ≥	10	11	11	11	10	10	11	11
扯断伸长率/% ≥	300	250	150	120	200	150	125	100

续表

项目	指标							
	Ⅰ类材料				Ⅱ类材料			
压缩永久变形①/% ≤	45	40	40	45	30	30	35	45
在标准油中② 硬度(IRHD)变化	−5～10				−10～5			
在标准油中② 体积变化/%	−8～6				0～20			
热空气老化③ 硬度变化(IRHD)	0～10				−5～10	−5～10		−5～10
热空气老化③ 拉伸强度变化/% ≤	−15				−25	−30		−35
热空气老化③ 扯断伸长率变化/% ≤	−35				−25	−20		−20
低温脆性/℃ ≤	−25				−15			

项目	指标						
	Ⅲ类材料			Ⅳ类材料			
硬度(IRHD)	60±5	70±5	80±5	60±5	70±5	80±5	90±5
拉伸强度/MPa ≥	8			13	15		
扯断伸长率/% ≥	150	150	100	250	200	150	100
压缩永久变形①/% ≤	50			35			
在标准油中② 硬度(IRHD)变化	−10～10			−5～10			
在标准油中② 体积变化/%	−10～10			−8～6			
热空气老化③ 硬度变化(IRHD)	−5～10			−5～10			
热空气老化③ 拉伸强度变化/% ≤	−30			−25			
热空气老化③ 扯断伸长率变化/% ≤	−50			−30			
低温脆性/℃ 不高于	−20			−25			

① 对Ⅰ类材料为 125℃×22h；对Ⅱ类材料为 200℃×22h；对Ⅲ类材料为 175℃×22h；对Ⅳ类材料为 150℃×22h。

② 对Ⅰ类材料为 1# 标准油（125℃×22h）；对Ⅱ类材料为 101# 工作液（癸二酸二异辛酯与吩噻嗪，其质量比为 99.5∶0.5）（200℃×70h）；对Ⅲ类材料为 1# 标准油（150℃×22h）；对Ⅳ类材料为 1# 标准油（150℃×70h）。

③ 对Ⅰ类材料为 125℃×70h，对Ⅱ类材料为 250℃×70h；对Ⅲ类和Ⅳ类材料均为 175℃×70h。

(3) 耐酸碱橡胶密封件材料

耐酸碱橡胶密封件材料的型号标注方法是：

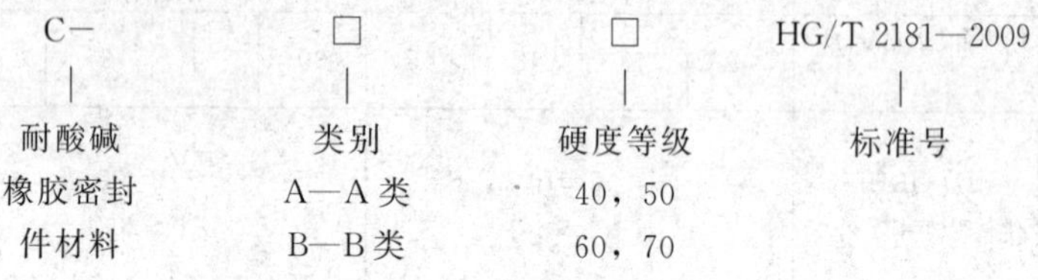

表 5.23　A 类橡胶材料物理性能技术指标（HG/T 2181—2009）

项　　目		指	标		
硬度等级		40	50	60	70
硬度(邵尔 A 型)		36～45	46～55	56～65	66～75
拉伸强度/MPa ≥		11	11	9	9
拉断伸长率/% ≥		450	400	300	250
压缩永久变形(B 型试样，70℃①×22h，压缩25%)/% ≤		50	50	45	45
耐热性(70℃①×70h) 硬度变化 ≤ 拉伸强度变化/% ≤ 拉断伸长率变化/% ≤		 +10 −20 −25	 +10 −20 −25	 +10 −20 −25	 +10 −20 −25
耐酸性能	(20%硫酸②，23℃×6d) 硬度变化 拉伸强度变化/% 拉断伸长率变化/% 体积变化/%	 −6～+4 ±15 ±15 ±5	 −6～+4 ±15 ±15 ±5	 −6～+4 ±15 +15 +5	 −6～+4 ±15 ±15 ±5
	(20%盐酸②，23℃×6d) 硬度变化 拉伸强度变化/% 拉断伸长率变化/% 体积变化/%	 −6～+4 ±15 ±20 ±5	 −6～+4 ±15 ±20 ±5	 −6～+4 +15 ±20 ±5	 −6～+4 ±15 ±20 ±5
耐碱性能② (20%氢氧化钠或氧氧化钾，23℃×6d) 硬度变化 拉伸强度变化/% 拉断伸长率变化/% 体积变化/%		 −6～+4 ±15 ±15 ±5	 −6～+4 ±15 ±15 ±5	 −6～+4 ±15 ±15 ±5	 −6～+4 ±15 ±15 ±5
低温脆性(−30℃)		不裂			

① 也可根据所选的胶种采用 100℃，一般为 70℃。

② 如果密封件接触的介质仅为单纯的酸（或碱），则只需进行本表中的耐酸（或耐碱）性能试验，并应在标记的用途中加以说明。

表 5.24　B 类橡胶材料物理性能技术指标（HG/T 2181—2009）

项　　目		指　　标	
硬度等级		60	70
硬度（邵尔 A 型）		56～65	66～75
拉伸强度/MPa ≥		7	9
拉断伸长率/% ≥		250	180
压缩永久变形（B 型试样，125℃[1]×22h，压缩 25%）/% ≤		40	40
耐热性（125℃[1]×70h）			
硬度变化 ≤		+15	+15
拉伸强度变化/% ≤		−25	−30
拉断伸长率变化/% ≤		−30	−30
耐酸性能	40%硫酸[2]（70℃×6d）		
	硬度变化	−6～+4	−6～+4
	拉伸强度变化/% ≤	−15	−10
	拉断伸长率变化/% ≤	−20	−15
	体积变化/%	±5	±5
	20%盐酸[2]（70℃×6d）		
	硬度变化	−6～+4	−6～+4
	拉伸强度变化/% ≤	−25	−20
	拉断伸长率变化/% ≤	−30	−25
	体积变化/%	±15	±15
	40%硝酸[3]（23℃×6d）		
	硬度变化	−6～+4	−6～+4
	拉伸强度变化/% ≤	−20	−15
	拉断伸长率变化/% ≤	−20	−15
	体积变化/%	±5	±5
耐碱性能（40%氢氧化钠或氢氧化钾，70℃×6d）			
硬度变化		−6～+4	−6～+4
拉伸强度变化/% ≤		−10	−10
拉断伸长率变化/% ≤		−15	−15
体积变化/%		±5	±5
低温脆性[3]（−30℃）		不裂	

① 对于氟橡胶采用 200℃。

② 如果密封件接触的介质仅为单纯的酸（或碱），则只需进行本表中的耐酸（或耐碱）性能试验，并应在标记的用途中加以说明。

③ 对于氟橡胶，低温脆性为−20℃不裂。

(4) 真空用O形橡胶密封圈材料(表5.25)

表5.25 真空用O形橡胶密封圈材料的技术指标(HG/T 2333—1992)

项目		A类指标	B类			
			B-1	B-2	B-3	B-4
硬度(邵尔A型或IRHD)		50±5	60±5	60±5	70±5	60±5
拉伸强度/MPa ≥		4	12	10	10	10
扯断伸长率/% ≥		200	300	200	130	300
压缩永久变形(B法)/% ≤	70℃×70h	40	40	—	—	—
	100℃×70h		—	40	—	—
	125℃×70h		—	—	—	40
	200℃×22h		—	—	40	—
密度变化/(mg/m³)		±0.04	±0.04	±0.04	±0.04	±0.04
低温脆性(不裂温度)/℃		−60	−50	−35	−20	−30
在凡士林中(70℃×24h)体积变化/%		—	—	−2~6	−2~6	—
热空气老化		250℃×70h	70℃×70h	100℃×70h	250℃×70h	125℃×70h
硬度(邵尔A型或IRHD)变化		±10	−5~+10	−5~+10	0~+10	−5~+10
拉伸强度变化率降低/% ≤		30	30	30	25	25
扯断伸长率变化率降低/% ≤		40	40	40	25	35
出气速率(30min)/[Pa·L/(s·cm²)] ≤		4×10^{-3}	1.5×10^{-3}	1.5×10^{-3}	7.5×10^{-4}	2×10^{-4}

(5) 燃油用O形橡胶密封圈材料

燃油用O形橡胶密封圈材料(表5.26)的型号标注:

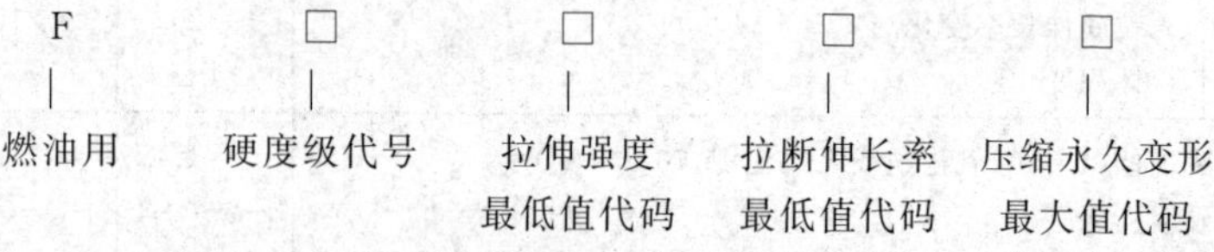

表5.26 燃油用O形橡胶密封圈材料的技术指标(HG/T 3089—2001)

项目	材料			
	F6364	F7445	F8435	F9424
硬度(IRHD或邵尔A型)	60±5	70±5	80±5	88^{+5}_{-4}
拉伸强度/MPa ≥	9	10	11	11
拉断伸长率/% ≥	300	220	150	100
压缩永久变形(B型试样)/% ≤	35	30	30	35

续表

项　目		材　料			
		F6364	F7445	F8435	F9424
热空气老化 100℃×24h	硬度（IRHD 或邵尔 A 型）变化	0～10	0～8	0～8	0～8
	拉伸强度变化率/%≤	−10	−10	−10	−10
	拉断伸长率变化率/%≤	−30	−30	−30	−30
耐燃油 B 常温 72h	硬度变化(邵尔 A 型)	−25～0	−20～0	−20～0	−15～0
	体积变化率/%	35	35	30	30
	体积变化率[①]/%	−12	−10	−8	−5
脆性温度/℃ ≤		−40	−40	−35	−30

① 经后处理：100℃×70h 干燥。

(6) 往复运动橡胶密封圈材料

往复运动橡胶密封圈材料分为 A、B 两类。A 类为丁腈橡胶材料，有三个硬度级，五种胶料，工作温度范围为−30～+100℃；B 类为浇注型聚氨酯橡胶材料，有四个硬度等级，四种胶料，工作温度范围为−40～+80℃。其技术指标见表 5.27、表 5.28。

型号标注方法是：

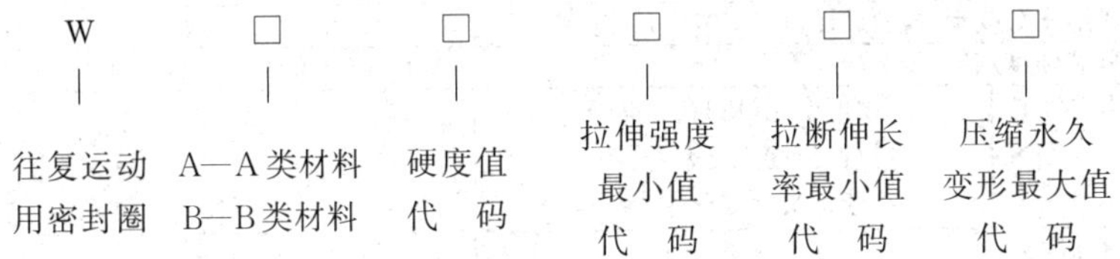

表 5.27　往复运动用橡胶密封圈材料（A 类）的技术指标

(HG/T 2810—2008)

项　目	指　标				
	WA7443	WA8533	WA9523	WA9530	WA7453
硬度(邵尔 A 型或 IRHD)	70±5	80±5	88^{+5}_{-4}	88^{+5}_{-4}	70±5
拉伸强度/MPa ≥	12	14	15	14	10
拉断伸长率/% ≥	220	150	140	150	250
压缩永久变形(B 型试样，100℃×70h)/% ≤	50	50	50	—	50
撕裂强度/(kN/m) ≥	30	30	35	35	—
黏合强度(25mm) /(kN/m) ≥	—	—	—	—	3

续表

项目			指标				
			WA7443	WA8533	WA9523	WA9530	WA7453
热空气老化 100℃×70h	硬度变化(IRHD 或度) ≤		+10				
	拉伸强度变化率/% ≤		−20				
	拉断伸长率变化率/% ≤		−50				
耐标准油 100℃×70h	1#	硬度(IRHD 或度)变化	−5～10				
		体积变化率/%	−10～5				
	3#	硬度(IRHD 或度)变化	−10～5				
		体积变化率/%	0～20				
脆性温度/℃ ≤			−35				

注：1. WA9530 为防尘密封圈橡胶材料。

2. WA7453 为涂覆织物橡胶材料。

表 5.28 往复运动用橡胶密封圈材料（B 类）的技术指标

（HG/T 2810—2008）

项目			指标			
			WB6884	WB7874	WB8974	WB9974
硬度(邵尔 A 型或 IRHD)			60±5	70±5	80±5	88^{+5}_{-4}
拉伸强度/MPa ≥			25	30	40	45
拉断伸长率/% ≥			500	450	400	400
压缩永久变形(B 型试样,100℃×70h)/% ≤			≤40		≤35	
撕裂强度/(kN/m) ≥			40	60	80	90
热空气老化 70℃×70h	硬度变化(IRHD 或度)		±5			
	拉伸强度变化率/% ≤		−20			
	拉断伸长率变化率/% ≤		−20			
耐标准油 70℃×70h	体积变化率/%	1#	−5～+10			
		3#	0～+10			
脆性温度/℃ ≤			−50			

（7）旋转轴唇形用橡胶密封圈材料

旋转轴唇形用橡胶密封圈材料的技术指标见表 5.29、表 5.30。

表 5.29 旋转轴唇形用橡胶密封圈材料（A、B 类）的技术指标

（HG/T 2811—1996）

项目	指标			
	A 类			B 类
	XA7453	XA8433	XA7441	XB7331
硬度(IRHD 或邵尔 A 型)	70±5	80±5	70±5	70^{+5}_{-4}
拉伸强度/MPa ≥	11	11	11	8

续表

项　　目	指标			
	A类			B类
	XA7453	XA8433	XA7441	XB7331
拉断伸长率/% ≥	250	150	200	150
压缩永久变形(B型试样)/% ≤	100℃×70h	100℃×70h	120℃×70h	150℃×70h
	50	50	70	70
热空气老化	100℃×70h	100℃×70h	120℃×70h	150℃×70h
硬度(IRHD或邵尔A型)变化	0～15	0～15	0～10	0～10
拉伸强度变化率/% ≤	−20	−20	−20	−40
拉断伸长率变化率/% ≤	−50	−40	−40	−50
耐液体	100℃×70h	100℃×70h	120℃×70h	150℃×70h
1# 标准油体积变化率/%	−10～5	−8～5	−8～5	−5～5
3# 标准油体积变化率/%	0～25	0～25	0～25	0～45
脆性温度/℃ ≤	−40	−35	−25	−20

表5.30　旋转轴唇形用橡胶密封圈材料（C、D类）的技术指标
（HG/T 2811—1996）

项　　目			指标		
			C类	D类	
			XC7243	XD7433	XD8423
硬度(IRHD或邵尔A型)			70^{+8}_{-5}	70±5	80±5
拉伸强度/MPa ≥			6.4	10	11
拉断伸长率/% ≥			220	150	100
压缩永久变形(B型试样)/% ≤			50	50	50
热空气老化200℃×70h	硬度(IRHD或邵尔A型)变化		−5～10	0～10	0～10
	拉伸强度变化率/% ≤		−20	−20	−20
	拉断伸长率变化率/% ≤		−30	−30	−30
耐标准油	体积变化率/%	1#	−5～12	−3～5	−3～5
		3#	—	0～15	0～15
脆性温度/℃ ≤			−60	−25	−15

5.2　塑料及塑料制品

5.2.1　塑料制品的标志和标识

表5.31　塑料制品的标志和标识（GB/T 16288—2008）

代号	标识	主要材料	应用场合	特性	注
01	1 PETE	PET(E)(聚对苯二甲酸乙二醇酯)	软饮料瓶(盖)，调味品(番茄酱，沙拉酱，花生酱)容器	耐热至70℃	不能循环使用装热水(10个月后可能释放出致癌物)

续表

代号	标识	主要材料	应用场合	特性	注
02	2 HDPE	HDPE(高密度聚乙烯)	香波、厨房清洁剂、洗涤液容器,塑料花盆	耐热至110℃	通常不好清洗,残留原有的清洁用品,最好不要循环使用
03	3 PVC	PVC(聚氯乙烯)	鲜食品袋,电线的绝缘皮,落水管道,水管,磁带盒,CD盒,信用卡	不能受热	在遇到高温和油脂时容易析出,有毒物随食物进入人体后,容易致癌
04	4 LDPE	LDPE(低密度聚乙烯)	保鲜膜、塑料膜,冷冻食品袋,软蜂蜜瓶,面包包装袋,废纸篓	耐热至110℃	不能用保鲜膜包裹含油脂的食物在微波炉加热,以免有害物质释放。
05	5 PP	PP(聚丙烯)	纸巾盒子,白色药瓶,微波炉餐盒	耐热至130℃	微波炉餐盒在小心清洁后,可重复使用(不能带06号PS材料盒盖)
06	6 PS	PS(聚苯乙烯)	尺子,证件套,泡沫塑料,蛋盒,碗装泡面盒,发泡快餐盒	透明度好,耐热,抗寒	不能用微波炉加热;不能用于盛装强酸(柳橙汁等)、强碱性物质
07	7 OTHER	PC及其他类	奶瓶、太空杯,最好不用它来作盛热水的容器	可能有残留双酚A	不高温清洗;第一次使用前用温小苏打水清洗,室温晾干;不用破损或老化器具

5.2.2 常用热塑性塑料

表5.32 常用热塑性塑料的主要性能

性能		聚氯乙烯		聚乙烯		聚丙烯	
		硬	软	高密度	低密度	纯	玻纤增强
密度/(g/cm³)		1.35～1.45	1.16～1.35	0.94～0.97	0.91～0.93	0.90～0.91	1.04～1.05
比体积/(cm³/g)		0.69～0.74	0.74～0.86	1.03～1.06	1.08～1.10	1.10～1.11	—
吸水率(24h)/%		0.07～0.4	0.15～0.75	<0.01	<0.01	0.01～0.03	0.05
收缩率/%		0.6～1.0	1.5～2.5	1.5～3.0	—	1.0～3.0	0.4～0.8
熔点/℃		160～212	110～160	105～137	105～125	170～176	170～180
热变形温度/℃	0.46MPa	67～82	—	60～82	—	102～115	127
	0.185MPa	54	—	48	—	56～67	—

续表

性能		聚氯乙烯		聚乙烯		聚丙烯	
		硬	软	高密度	低密度	纯	玻纤增强
抗拉屈服强度/MPa		35.2～50	10.5～24.6	22～39	7～19	37	78～90
拉伸弹性模量/GPa		2.4～4.2	—	0.84～0.95	—	—	—
抗弯强度/MPa		≥90	—	20.8～40	25	67.5	132
冲击强度/(kJ/m^2)	无缺口	—	—	不断	不断	78	51
	有缺口	58	—	65.5	48	3.5～4.8	14.1
硬度	布氏	16.2	—	2.07	—	8.65	9.1
	洛氏	R110～120	—	—	—	—	
体积电阻率/$10^{12}\Omega\cdot m$		0.677	0.671	10～100	>100	>100	—
击穿强度/(kV/mm)		26.5	26.5	17.7～19.7	18.1～27.5	30	—

性能		聚苯乙烯			苯乙烯共聚物		
		一般型	抗冲击型	20%～30%玻纤增强	AS（无填料）	ABS	20%～40%玻纤增强
密度/(g/cm^3)		1.04～1.06	0.98～1.10	1.20～1.33	1.08～1.10	1.02～1.16	1.23～1.36
比体积/(cm^3/g)		0.94～0.96	0.91～1.02	0.75～0.83	—	0.86～0.98	—
吸水率(24h)/%		0.03～0.05	0.1～0.3	0.05～0.07	0.2～0.3	0.2～0.4	0.18～0.4
收缩率/%		0.5～0.6	0.3～0.6	0.3～0.5	0.2～0.7	0.4～0.7	0.1～0.2
熔点/℃		131～165	—	—	—	130～160	—
热变形温度/℃	0.46MPa	—	—	—	—	90～108	104～121
	0.185MPa	65～96	64～92.5	82～112	88～104	83～103	99～116
抗拉屈服强度/MPa		35～63	14～48	77～106	63～84.4	50	59.8～133.6
拉伸弹性模量/GPa		2.8～3.5	1.4～3.1	3.23	2.81～3.94	1.8	4.1～7.2
抗弯强度/MPa		61～98	35～70	70～119	98.5～133.6	80	112.5～189.9
冲击强度/(kJ/m^2)	无缺口	—	—	—	—	261	—
	有缺口	0.54～0.86	1.1～23.6	0.75～13	—	11	—
硬度	布氏	—	—	—	—	9.7	—
	洛氏	M65～80	M20～30	M65～90	M80～90	R121	M65～100
体积电阻率/$10^{12}\Omega\cdot m$		>100	>100	1～1000	>100	690	—
击穿强度/(kV/mm)		19.7～27.5	—	—	15.7～19.7	—	—

性能	苯乙烯改性聚甲基丙烯酸甲酯(372)	聚酰胺				
		尼龙 1010	30%玻纤增强尼龙1010	尼龙 6	30%玻纤增强尼龙 6	尼龙 66
密度/(g/cm^3)	1.12～1.16	1.04	1.19～1.30	1.10～1.15	1.21～1.35	1.10
比体积/(cm^3/g)	0.86～0.89	0.96	0.77～0.84	0.87～0.91	0.74～0.83	0.91

续表

性能		苯乙烯改性聚甲基丙烯酸甲酯(372)	聚酰胺				
			尼龙 1010	30%玻纤增强尼龙1010	尼龙 6	30%玻纤增强尼龙6	尼龙 66
吸水率(24h)/%		0.2	0.2～0.4	0.4～1.0	1.6～3.0	0.9～1.3	0.9～1.6
收缩率/%		—	1.3～2.3(纵) 0.7～1.7(横)	0.3～0.6	0.6～1.4	0.3～0.7	1.5
熔点/℃		—	205	—	210～225	—	250～265
热变形温度/℃	—		148	—	140～176	216～264	149～176
	0.185MPa	85～99	55	—	80～120	204～259	82～121
抗拉屈服强度/MPa		63	62	174	70	164	89.5
拉伸弹性模量/GPa		3.5	1.8	8.7	2.6	—	1.25～2.88
抗弯强度/MPa		113～130	88	208	96.9	227	126
冲击强度/(kJ/m²)	无缺口		不断	84	不断	80	49
	有缺口	0.71～1.1	25.3	18	11.8	15.5	6.5
硬度	布氏		9.75	13.6	11.6	14.5	12.2
	洛氏	M70～85	—	—	M85～114	—	R100～118
体积电阻率/$10^{12}\Omega\cdot m$		>1	15	67	170	47.7	4.2
击穿强度/(kV/mm)		15.7～17.7	20	>20	>20	—	>15

性能		聚酰胺					聚甲醛
		30%玻纤增强尼龙66	尼龙 610	40%玻纤增强尼龙610	尼龙 9	尼龙 11	
密度/(g/cm³)		1.35	1.07～1.13	1.38	1.05	1.04	1.41
比体积/(cm³/g)		0.74	0.88～0.93	0.72	0.95	0.96	0.71
吸水率(24h)/%		0.5～1.3	0.4～0.5	0.17～0.28	0.15	0.5	0.12～0.15
收缩率/%		0.2～0.8	1.0～2.0	0.2～0.6	1.5～2.5	1.0～2.0	1.5～3.0
熔点/℃		—	215～225	—	210～215	186～190	180～200
热变形温度/℃	0.46MPa	262～265	149～185	215～226	—	68～150	158～174
	0.185MPa	245～262	57～100	200～225	—	47～55	110～157
抗拉屈服强度/MPa		146.5	75.5	210	55.6	54	69
拉伸弹性模量/GPa		6.02～12.6	2.3	11.4	—	1.4	2.5
抗弯强度/MPa		215	110	281	90.8	101	104
冲击强度/(kJ/m²)	无缺口	76	82.6	103	不断	56	202
	有缺口	17.5	15.2	38	—	15	15
硬度	布氏	15.6	9.52	14.9	8.31	7.5	11.2
	洛氏	M94	M90～113	—	—	R100	M78
体积电阻率/$10^{12}\Omega\cdot m$		50	370	1	44.4	16	1.87
击穿强度/(kV/mm)		16.4～20.2	15～25	23	>15	>15	18.6

续表

性能		聚碳酸酯		氯化聚醚	聚砜		
		纯	20%～30%短玻纤增强		纯	30%玻纤增强	聚芳砜
密度/(g/cm³)		1.20	1.34～1.35	1.4～1.41	1.24	1.34～1.40	1.37
比体积/(cm³/g)		0.83	0.74～0.75	0.71	0.80	0.71～0.75	0.73
吸水率(24h)/%		0.15(23℃、50%RH)	0.09～0.15	<0.01	0.12～0.22	<0.1	1.8
收缩率/%		0.5～0.7	0.05～0.5	0.4～0.8	0.5～0.6	0.3～0.4	0.5～0.8
熔点/℃		225～250	235～245	178～182	250～280	—	—
热变形温度/℃	0.46MPa	132～141	146～149	141	132	191	—
	0.185MPa	132～138	140～145	100	174	185	—
抗拉屈服强度/MPa		72	84	32	82.5	>103	98.3
拉伸弹性模量/GPa		2.3	6.5	1.1	2.5	3.0	—
抗弯强度/MPa		113	134	49	104	>180	154
冲击强度/(kJ/m²)	无缺口	不断	57.8	不断	202	46	102
	有缺口	55.8～90	10.7	10.7	15	10.1	17
硬度	布氏	11.4	13.5	4.2	12.7	14	14
	洛氏	M75	—	R100	M69～120	—	R110
体积电阻率/$10^{12}\Omega\cdot m$		3060	1000	156	946	>100	1100
击穿强度/(kV/mm)		17～22	22	16.4～20.2	16.1	20	29.7

性能		聚苯醚	氟塑料			醋酸纤维素	聚酰亚胺(包封级)
			聚四氟乙烯	聚三氟氯乙烯	聚偏二氟乙烯		
密度/(g/cm³)		1.06～1.07	2.1～2.2	2.11～2.3	1.76	1.23～1.34	1.55
比体积/(cm³/g)		0.93～0.94	0.45～0.48	0.43～0.47	0.57	0.75～0.81	—
吸水率(24h)/%		0.06	0.005	0.005	0.04	1.9～6.5	0.11
收缩率/%		0.4～0.7	3.1～7.7	1～2.5	2.0	0.3～0.42	0.3
熔点/℃		300	327	260～280	204～285	—	—
热变形温度/℃	0.46MPa	186～204	121～126	130	150	49～76	288
	0.185MPa	175～193	120	75	90	44～88	288
抗拉屈服强度/MPa		87	14～25	32～40	46～49.2	13～55(断)	18.3
拉伸弹性模量/GPa		2.5	0.4	1.1～1.3	0.84	0.46～2.8	—
抗弯强度/MPa		140	11～14	55～70	—	14～110	70.3
冲击强度/(kJ/m²)	无缺口	100	不断	—	160	—	—
	有缺口	13.5	16.4	13～17	20.3	0.86～11.7	—
硬度	布氏	13.3	—	9～13	—	—	—
	洛氏	R118～123	R58	—	—	R35～125	—
体积电阻率/$10^{12}\Omega\cdot m$		2000	>10000	>1000	2	10^{-4}～1.0	8
击穿强度/(kV/mm)		16～20.5	25～40	19.7	10.2	11.8～23.6	28.5

5.2.3 常用热固性塑料

表 5.33 常用热固性塑料的主要性能

性能 \ 型号[①]	R121 R126 R128 等	D131 D133 D135	D138	D141 D144 D145	D151	D141	U501 U601
颜　色	黑、棕	黑、棕	黑、棕	黑、棕	黑、棕	红、绿	黑、棕
密度/(g/cm³)≤	1.50	1.50	1.50	1.45	1.40	1.50	1.45
比体积/(cm³/g)≤	<2.0	2.0	2.0	2.0	2.0	2.0	2.0
收缩率/%	0.5～1.0	0.5～1.0	0.5～1.0	0.5～1.0	0.5～1.0	0.5～1.0	0.5～1.0
吸水性/(mg/cm²)≤	—	0.8	0.8	0.8	0.7	0.8	0.5
拉西格流动性/mm	100～190	80～180	100～180	80～180	80～180	80～180	100～200
马丁耐热性/℃≥	—	120	120	120	120	120	115
冲击强度/(kJ/m²)≥	5	6	6	6	6	6	5
抗弯强度/MPa≥	60	70	70	70	70	70	65
表面电阻率/$10^9\Omega\cdot cm$≥	—	1	1	1	1	1	5
体积电阻率/$10^9\Omega\cdot cm$≥	—	0.1	0.1	0.1	0.1	1	5
击穿强度/(kV/cm)≥	—	12	12	12	12	10	13

性能 \ 型号	U165	U2101 U8101	U2301	P2301	P3301	P7301	P2701	Y2304
颜　色	黑、棕	本	本	本、褐	本	本、黑	本、黑	本
密度/(g/cm³)≤	1.40	2.0	2.0	1.90	1.85	1.95	1.60	1.90
比体积/(cm³/g)≤	2.8	—	—	—	—	—	—	—
收缩率/%	0.5～1.0	—	0.4～0.9	0.3～0.7	0.2～0.5	0.3～0.7	0.5～0.9	0.4～0.7
吸水性/(mg/cm²)≤	0.8	—	0.25	0.25	0.25	0.25	0.25	0.25
拉西格流动性/mm	80～180	80～180	80～180	80～180	80～180	80～180	80～180	100～200
马丁耐热性/℃≥	110	130	140	140	140	150	140	125
冲击强度/(kJ/m²)≥	5	3	3	6	2	3	4	6
抗弯强度/MPa≥	65	—	—	80	40	50	55	90
表面电阻率/$10^9\Omega\cdot cm$≥	100	100	100	100	100	1	100	1
体积电阻率/$10^9\Omega\cdot cm$≥	50	100	100	100	100	1	100	1
击穿强度/(kV/cm)≥	13	12	13	12	12	12	12	16

性能 \ 型号	A1501	S5802	H161	E631 E431	E731	J1503	J8603	M441
颜　色	黑、棕	黑、棕	黑、棕 红、绿	黑、棕	黑	黑、褐	黑	黑
密度/(g/cm³)≤	1.45	1.60	1.50	1.70	1.80	1.45	1.60	1.80
比体积/(cm³/g)≤	2.0	—	2.0	2.0	—	2.0	—	—
收缩率/%	0.5～1.0	0.4～0.8	0.5～0.9	0.2～0.6	—	0.5～1.0	0.5～0.9	—

续表

性能＼型号	A1501	S5802	H161	E631 E431	E731	J1503	J8603	M441
颜　色	黑、棕	黑、棕	黑、棕 红、绿	黑、棕	黑	黑、褐	黑	黑
吸水性/(mg/cm²) ≤	0.8	0.3	0.4	0.5	0.2	0.8	0.3	0.20
拉西格流动性/mm	80～180	100～200	100～190	80～180	160	100～200	100～190	100～180
马丁耐热性/℃ ≥	120	120	125	140	140	125	125	150
冲击强度/(kJ/m²) ≥	5.5	6	6	4.5	2.5	8	8	1
抗弯强度/MPa ≥	65	65	70	60	—	60	60	70
表面电阻率/$10^9\Omega\cdot cm$ ≥	100	10	10	1	1	10	10	—
体积电阻率/$10^9\Omega\cdot cm$ ≥	50	1	1	0.1	0.1	1	1	—
击穿强度/(kV/cm) ≥	13	13	13	12	12	12	13	—

性能＼型号	M4602	M5802	H161-Z	H1601-Z	D151-Z	T171	T661	塑 33-3	塑 33-5
颜　色	本	黑	黑	黑、棕	黑	黑、绿	本	蓝、灰	蓝、灰
密度/(g/cm³) ≤	1.90	1.50	1.45	1.45	1.45	1.45	1.65	1.80	2.10
比体积/(cm³/g) ≤	—	—	2.0	2.0	2.0	—	—	2.0	—
收缩率/%	—	0.4～0.8	0.6～1.0	0.6～1.0	0.6～1.0	0.6～1.0	0.5～0.9	0.4～0.8	0.2～0.6
吸水性/(mg/cm²) ≤	0.50	0.30	0.40	0.40	0.70	0.50	0.40	1.00	0.80
拉西格流动性/mm	80～200	100～200	>200 余料 0.1～0.5g			140	120～200		120～190
马丁耐热性/℃ ≥	—	110	125	125	120	120	125	140	150
冲击强度/(kJ/m²) ≥	3.5	5	6	6	6	6	6	4.5	2.5
抗弯强度/MPa ≥	—	55	70	70	70	70	70	70	50
表面电阻率/$10^9\Omega\cdot cm$ ≥	—	—	10	10	1	—	—	10	10
体积电阻率/$10^9\Omega\cdot cm$ ≥	—	—	1	1	0.1	—	—	10	10
击穿强度/(kV/cm) ≥	—	—	13	13	12	—	—	12	12

性能＼型号	MP-1	A1（脲甲醛塑料）		A2（半透明脲甲醛塑料粉）	聚邻苯二甲酸二丙烯酯（DAP）		4520（有机硅塑料粉）	KH-612（硅酮塑料）
		粉	粒		D100（长玻纤增强）	D200（短玻纤增强）		
颜　色	蓝、灰	—	—	—	—	—	—	—
密度/(g/cm³) ≤	2.0	1.5	1.5	1.5	17	1.7	1.85	2.03
比体积/(cm³/g) ≤		3.0	2.0	3.0	—	—	—	—

续表

型号 性能	MP-1	A1（脲甲醛塑料）		A2（半透明脲甲醛塑料粉）	聚邻苯二甲酸二丙烯酯（DAP）		4520（有机硅塑料粉）	KH-612（硅酮塑料）
		粉	粒		D100（长玻纤增强）	D200（短玻纤增强）		
收缩率/%	0.1～0.4	0.4～0.8	0.4～0.8	0.4～0.8	0.1～0.3	0.4～0.8	0.5	0.76（成形后）
吸水性/(mg/cm²) ≤	0.40	0.50	0.50	—	—	—	—	—
拉西格流动性/mm	—	140～200	140～200	140～200	好	好	100～160	30
马丁耐热性/℃ ≥	180	100	100	100	90	—	130～190	—
冲击强度/(kJ/m²) ≥	15	8	7	7	35	20	—	—
抗弯强度/MPa ≥	80	90	90	90	80	70～100	—	—
表面电阻率/$10^9\Omega \cdot cm$ ≥	1	1	1	—	15	1.2×10^5	—	—
体积电阻率/$10^9\Omega \cdot cm$ ≥	0.1	1	1	—	3.87×10^4	5.5×10^4	—	—
击穿强度/(kV/cm)	≥11	≥10	≥10	—	13	15	—	—

① 另外还有 R132、R133、R136、R137、R138（黑、棕），R131、R135（黑、棕或红、绿）。

5.2.4 聚乙烯（PE）制品

（1）给水用聚乙烯管

适用于输水温度<45℃，底架空和埋地底给水用管材，有PE63、PE80和PE100三级（表5.34）。

表5.34 给水用聚乙烯管材材料分级

材料名称	材料分级	σ_{LPL}/MPa	MRS/MPa
PE63	63	6.30～7.99	6.3
PE80	80	8.00～9.99	8.0
PE100	100	10.00～11.19	10.0

注：σ_{LPL}—与20℃、50年、概率预测97.5%相应的静液压强度，MRS—最小要求强度。

① 聚乙烯PE63管 其主要技术指标、公称压力和规格见表5.35、表5.36。

表 5.35　聚乙烯 PE63 管材主要技术指标

项　　目	要求
20℃静液压强度(环向应力 8.0MPa,100h)	不破裂,不渗漏
80℃静液压强度(环向应力 3.5MPa,165h)	不破裂,不渗漏
80℃静液压强度(环向应力 3.2MPa,1000h)	不破裂,不渗漏
断裂伸长率/% ≥	350
纵向收缩率(110℃)/% ≤	3
氧化诱导时间(200℃)/min ≥	20

表 5.36　聚乙烯 PE63 级管材公称压力和规格 (GB/T 13663—2000)

公称外径/mm	公称壁厚/mm				
	标准尺寸比				
	SDR33	SDR26	SDR17.6	SDR13.6	SDR11
	公称压力/MPa				
	0.32	0.4	0.6	0.8	1.0
16	—	—	—	—	2.3
20	—	—	—	2.3	2.3
25	—	—	—	2.3	2.3
32	—	—	2.3	2.4	2.9
40	—	2.3	2.3	3.0	3.7
50	—	2.3	2.9	3.7	4.6
63	2.3	2.5	3.6	4.7	5.8
75	2.3	2.9	4.3	5.6	6.8
90	2.8	3.5	5.1	6.7	8.2
110	3.4	4.2	6.3	8.1	10.0
125	3.9	4.8	7.1	9.2	11.4
140	4.3	5.4	8.0	10.3	12.7
160	4.9	6.2	9.1	11.8	14.6
180	5.5	6.9	10.2	13.3	16.4
200	6.2	7.7	11.4	14.7	18.2
225	6.9	8.6	12.8	16.6	20.5
250	7.7	9.6	14.2	18.4	22.7
280	8.6	10.7	15.9	20.6	25.4
315	9.7	12.1	17.9	23.2	28.6
355	10.9	13.6	20.1	26.1	32.2
400	12.3	15.3	22.7	29.4	36.3
450	13.8	17.2	25.5	33.1	40.9
500	15.3	19.1	28.3	36.8	45.4
560	17.2	21.4	31.7	41.2	50.8
630	19.3	24.1	35.7	46.3	57.2
710	218	27.2	40.2	52.2	
800	24.5	30.6	45.3	58.8	
900	27.6	34.4	51.0		
1000	30.6	38.2	56.6		

② 聚乙烯 PE80 管 其主要技术指标、公称压力和规格见表 5.37、表 5.38。

表 5.37 聚乙烯 PE80 管材主要技术指标

项目		要求
20℃静液压强度(环向应力 9.0MPa,100h)		不破裂,不渗漏
80℃静液压强度(环向应力 4.6MPa,165h)		不破裂,不渗漏
80℃静液压强度(环向应力 4.0MPa,1000h)		不破裂,不渗漏
断裂伸长率/% ≥		350
纵向收缩率(110℃)/% ≤		3
氧化诱导时间(200℃)/min ≥		20
蓝色管材耐候性(管材累计接受≥3.5GJ/m^2老化能量后)	80℃静液压强度(环向应力 4.6MPa,165h)	不破裂,不渗漏
	断裂收缩率/% ≥	350
	氧化诱导时间(200℃)/min ≥	10

表 5.38 聚乙烯 PE80 级管公称压力和规格 (GB/T 13663—2000)

公称外径/mm	公称壁厚/mm				
	标准尺寸				
	SDR33	SDR26	SDR17.6	SDR13.6	SDR11
	公称压力/MPa				
	0.4	0.6	0.8	1.0	1.25
25	—	—	—	—	2.3
32	—	—	—	—	3.0
40	—	—	—	—	3.7
50	—	—	—	—	4.6
63	—	—	—	4.7	5.8
75	—	—	4.5	5.6	6.8
90	—	4.3	5.4	6.7	8.2
110	—	5.3	6.6	8.1	10.0
125	—	6.0	7.4	9.2	11.4
140	4.3	6.7	8.3	10.3	12.7
160	4.9	7.7	9.5	11.8	14.6
180	5.5	8.6	10.7	13.3	16.4
200	6.2	9.6	11.9	14.7	18.2
225	6.9	10.8	13.4	16.6	20.5
250	7.7	11.9	14.8	18.4	22.7
280	8.6	13.4	16.6	20.6	25.4
315	9.7	15.0	18.7	23.2	28.6
355	10.9	16.9	21.1	26.1	32.2
400	12.3	19.1	23.7	29.4	36.3
450	13.8	21.5	26.7	33.1	40.9
500	15.3	23.9	29.7	36.8	45.4

续表

公称外径/mm	公称壁厚/mm				
	标准尺寸				
	SDR33	SDR26	SDR17.6	SDR13.6	SDR11
	公称压力/MPa				
	0.4	0.6	0.8	1.0	1.25
560	17.2	26.7	33.2	41.2	50.8
630	19.3	30.0	37.4	46.3	57.2
710	21.8	33.9	42.1	52.2	—
800	24.5	38.1	47.4	58.8	—
900	27.6	42.9	53.3	—	—
1000	30.6	47.7	59.3	—	—

注：本系列管材一般用于城镇及乡村给水工程，公称压力是指管材在 20℃下输送水的最大允许工作压力。

③ 聚乙烯 PE100 管　其主要技术指标、公称压力和规格见表 5.39、表 5.40。

表 5.39　聚乙烯 PE100 管主要技术指标

项目		要求
20℃静液压强度(环向应力 12.4MPa,100h)		不破裂,不渗漏
80℃静液压强度(环向应力 5.5MPa,165h)		不破裂,不渗漏
80℃静液压强度(环向应力 5.0MPa,1000h)		不破裂,不渗漏
断裂伸长率/% ≥		350
纵向收缩率(110℃)/% ≤		3
氧化诱导时间(200℃)/min ≥		20
蓝色管材耐候性(管材累计接受≥3.5GJ/m^{2}老化能量后)	80℃静液压强度(环向应力 4.6MPa,165h)	不破裂,不渗漏
	断裂伸长率/% ≥	350
	氧化诱导时间(200℃)/min ≥	10

表 5.40　聚乙烯 PE100 级管公称压力和规格（GB/T 13663—2000）

公称外径/mm	公称壁厚/mm				
	标准尺寸				
	SDR33	SDR26	SDR17.6	SDR13.6	SDR11
	公称压力/MPa				
	0.6	0.8	1.0	1.25	1.6
32	—	—	—	—	3.0
40	—	—	—	—	3.7
50	—	—	—	—	4.6
63	—	—	4.7	4.7	5.8
75	—	4.5	5.6	5.6	6.8
90	—	4.3	5.4	6.7	8.2

续表

公称外径/mm	公称壁厚/mm				
	标准尺寸				
	SDR33	SDR26	SDR17.6	SDR13.6	SDR11
	公称压力/MPa				
	0.6	0.8	1.0	1.25	1.6
110	4.2	5.3	6.6	8.1	10.0
125	4.8	6.0	7.4	9.2	11.4
140	5.4	6.7	8.3	10.3	12.7
160	6.2	7.7	9.5	11.8	14.6
180	6.9	8.6	10.7	13.3	16.4
200	7.7	9.6	11.9	14.7	18.2
225	8.6	10.8	13.4	16.6	20.5
250	9.6	11.9	14.8	18.4	22.7
280	10.7	13.4	16.6	20.6	25.4
315	12.1	15.0	18.7	23.2	28.6
355	13.6	16.9	21.1	26.1	32.2
400	15.3	19.1	23.7	29.4	36.3
450	17.2	21.5	26.7	33.1	40.9
500	19.1	23.9	29.7	36.8	45.4
560	21.4	26.7	33.2	41.2	50.8
630	24.1	30.0	37.4	46.3	57.2
710	27.2	33.9	42.1	52.2	—
800	30.6	38.1	47.4	58.8	—
900	34.4	42.9	53.3	—	—
1000	38.2	47.7	59.3	—	—

(2) 低密度聚乙烯给水管

主要用途：输送水温在40℃以下的给水用管材，直管长度一般为6m、9m、12m或由供需双方商定。长度的极限偏差为长度的$^{+0.4\%}_{-0.2\%}$；盘管盘架直径应不小于管材外径的18倍，盘管展开长度由供需双方商定。其性能指标见表5.41。

表5.41　给水用低密度聚乙烯管材性能指标（QB/T 1930—2006）

公称外径 d_n /mm	公称压力/MPa			项目	指标
	*PN*0.25	*PN*0.4	*PN*0.6		
	公称壁厚/mm				
16	0.8	1.2	1.8	氧化诱导时间(190℃)/mm ≥	20
20	1.0	1.5	2.2	断裂伸长率/% ≥	350

续表

公称外径 d_n /mm	公称压力/MPa			项目			指标
	PN0.25	PN0.4	PN0.6				
	公称壁厚/mm						
25	1.2	1.9	2.7	纵向回缩率/% ≤			3
32	1.6	2.4	3.5	耐环境应力开裂			折弯处不合格数不超过10%
40	1.9	3.0	4.3	静液压强度	短期	20℃ 6.9MPa 环压力 1h	不断裂
50	2.4	3.7	5.4				
63	3.0	4.7	6.8				
75	3.6	5.6	8.1		长期	70℃ 2.5MPa 环压力 100h	不泄漏
90	4.3	6.7	9.7				
110	5.3	8.1	11.8				

(3) 冷热水用交联聚乙烯管（表 5.42）

表 5.42　冷热水用交联聚乙烯管规格（GB/T 18992—2003）mm

公称外径 d_n	平均外径		最小壁厚			
	min	max	S6.3	S5	S4	S3.2
16	16.0	16.3	1.8	1.8	1.8	2.2
20	20.0	20.3	1.9	1.9	2.3	2.8
25	25.0	25.3	1.9	2.3	2.8	3.5
32	32.0	32.3	2.4	2.9	3.6	4.4
40	40.0	40.4	3.0	3.7	4.5	5.5
50	50.0	50.5	3.7	4.6	5.6	6.9
63	63.0	63.6	4.7	5.8	7.1	8.6
75	75.0	75.7	5.6	6.8	8.4	10.3
90	90.0	90.9	6.7	7.6	10.1	12.3
110	110.0	111.0	8.1	8.1	12.3	15.1
125	125.0	126.2	9.2	9.2	14.0	17.1
140	140.0	141.3	10.3	10.3	15.7	19.2
160	160.0	161.5	11.8	11.8	17.9	21.9

注：此管分为 4 个系列，S6.3、S5、S4 和 S3.2，与公称压力 PN 的关系如下。

管系列			S6.3	S5	S4	S3.2
公称压力 PN /MPa	使用系数 C	1.25	1.0	1.25	1.6	2.0
		1.5	1.0	1.25	1.25	1.6

(4) 燃气用埋地聚乙烯管

适用于工作温度在 −20 ～ 40℃，最大工作压力不大于

0.4MPa，埋地的输送燃气（煤气石油气等）用管材。

表 5.43　平均外径（GB/T 15558.1—2003）　mm

公称外径 d_n	最小平均外径	最大平均外径	
		等级 A	等级 B
16	16.0	—	16.3
20	20.0	—	20.3
25	25.0	—	25.3
32	32.0	—	32.3
40	40.0	—	40.4
50	50.0	—	50.4
63	63.0	—	63.4
75	75.0	—	75.5
90	90.0	—	90.6
110	110.0	—	110.7
125	125.0	—	125.8
140	140.0	—	140.9
160	160.0	—	161.0
180	180.0	—	181.1
200	200.0	—	201.2
225	225.0	—	226.4
250	250.0	—	251.5
280	280.0	282.6	281.7
315	315.0	317.9	316.9
355	355.0	358.2	357.2
400	400.0	403.6	402.4
450	450.0	454.1	452.7
500	500.0	504.5	503.0
560	560.0	565.0	563.4
630	630.0	635.7	633.8

表 5.44　常用 SDR17.6 和 SDR11 管材的最小壁厚（GB/T 15558.1—2003）

mm

公称外径	最小壁厚		公称外径	最小壁厚	
	SDR17.6	SDR11		SDR17.6	SDR11
16	2.3	3.0	180	10.3	16.4
20	2.3	3.0	200	11.4	18.2
25	2.3	3.0	225	12.8	20.5
32	2.3	3.0	250	14.2	22.7
40	2.3	3.7	280	15.9	25.4
50	2.9	4.6	315	17.9	28.6

续表

<table>
<tr><th rowspan="2">公称外径</th><th colspan="2">最小壁厚</th><th rowspan="2">公称外径</th><th colspan="2">最小壁厚</th></tr>
<tr><th>SDR17.6</th><th>SDR11</th><th>SDR17.6</th><th>SDR11</th></tr>
<tr><td>63</td><td>3.6</td><td>5.8</td><td>355</td><td>20.2</td><td>32.3</td></tr>
<tr><td>75</td><td>4.3</td><td>6.8</td><td>400</td><td>22.8</td><td>36.4</td></tr>
<tr><td>90</td><td>5.2</td><td>8.2</td><td>450</td><td>25.6</td><td>40.9</td></tr>
<tr><td>110</td><td>6.3</td><td>10.0</td><td>500</td><td>28.4</td><td>45.5</td></tr>
<tr><td>125</td><td>7.1</td><td>11.4</td><td>560</td><td>31.9</td><td>50.9</td></tr>
<tr><td>140</td><td>8.0</td><td>12.7</td><td>630</td><td>35.8</td><td>57.3</td></tr>
<tr><td>160</td><td>9.1</td><td>14.6</td><td></td><td></td><td></td></tr>
</table>

注：直径＜40mm、SDR17.6 和直径＜32mm、SDR11 的管材以壁厚表征；直径≥40mm、SDR17.6 和直径≥32mm、SDR11 的管材以 SDR 表征。

表 5.45　管材的力学性能（GB/T 15558.1—2003）

<table>
<tr><th colspan="2">性　　能</th><th>要　　求</th><th>试验参数</th></tr>
<tr><td colspan="2" rowspan="3">静液压强度
(HS)
/h</td><td>破坏时间≥100</td><td>20℃(环应力)
PE80　PE100
9.0MPa　12.4MPa</td></tr>
<tr><td>破坏时间≥165</td><td>80℃(环应力)
PE80　PE100
4.5MPa　5.4MPa</td></tr>
<tr><td>破坏时间≥1000</td><td>80℃(环应力)
PE80　PE100
4.0MPa　5.0MPa</td></tr>
<tr><td colspan="2">断裂伸长率/%</td><td>≥350</td><td>—</td></tr>
<tr><td colspan="2">耐候性
(仅适用于
非黑色管材)</td><td>气候老化后,以下性能应满足要求:
标准规定的热稳定性
HS(165h/80℃)
标准规定的断裂伸长率</td><td>≥3.5GJ/m²</td></tr>
<tr><td rowspan="2">耐快速
裂纹
扩展
(RCP)
/MPa</td><td>全尺寸(FS)试验;
d_n≥250mm
或</td><td>全尺寸试验的临界压力
$p_{e,FS}$≥1.5×MOP</td><td>0℃</td></tr>
<tr><td>S4 试验:
适用于所有直径</td><td>S4 试验的临界压力
$p_{e,s4}$≥MOP/2.4−0.072</td><td>0℃</td></tr>
<tr><td colspan="2">耐慢速裂纹增长 e_n
(>5mm)/h</td><td>165</td><td>80℃,0.80MPa(试验压力)
80℃,0.92MPa(试验压力)</td></tr>
</table>

(5) 喷灌用低密度聚乙烯管

一般是本色或黑色，也可根据供需双方协商确定。供货为盘卷，每卷质量为 30～50kg，每卷允许断头数不超过 1 个。其型号表示方法是：

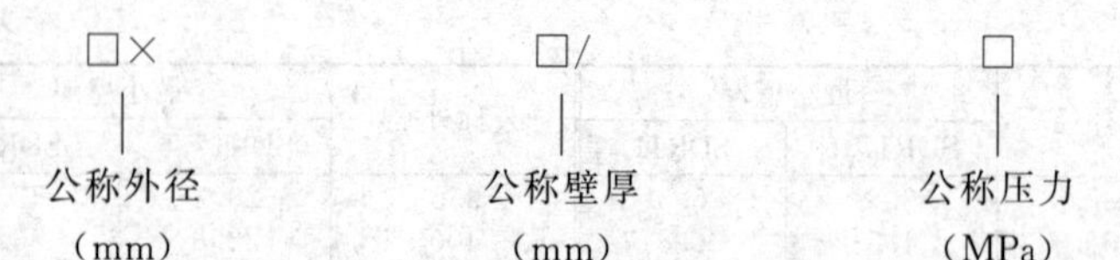

低密度聚乙烯管材公称直径、壁厚、公差及物理力学性能见表5.46、表5.47。

表5.46 低密度聚乙烯管材公称直径、壁厚及公差（SL/T 96.2—1994）

mm

公称外径	压力等级/MPa		公称外径	压力等级/MPa	
	0.25	0.40		0.25	0.40
$6^{+0.3}_{0}$	—	$0.5^{+0.3}_{0}$	$32^{+0.3}_{0}$	$1.6^{+0.4}_{0}$	$2.4^{+0.5}_{0}$
$8^{+0.3}_{0}$	—	$0.6^{+0.3}_{0}$	$40^{+0.4}_{0}$	$1.9^{+0.4}_{0}$	$3.0^{+0.5}_{0}$
$10^{+0.3}_{0}$	$0.5^{+0.3}_{0}$	$0.8^{+0.3}_{0}$	$50^{+0.5}_{0}$	$2.4^{+0.5}_{0}$	$3.7^{+0.6}_{0}$
$12^{+0.3}_{0}$	$0.6^{+0.3}_{0}$	$0.9^{+0.3}_{0}$	$63^{+0.6}_{0}$	$3.0^{+0.5}_{0}$	$4.7^{+0.7}_{0}$
$16^{+0.3}_{0}$	$0.8^{+0.3}_{0}$	$1.2^{+0.3}_{0}$	$75^{+0.7}_{0}$	$3.5^{+0.6}_{0}$	$5.5^{+0.8}_{0}$
$20^{+0.3}_{0}$	$1.0^{+0.3}_{0}$	$1.5^{+0.4}_{0}$	$90^{+0.9}_{0}$	$4.3^{+0.7}_{0}$	$6.6^{+0.9}_{0}$
$25^{+0.3}_{0}$	$1.2^{+0.4}_{0}$	$1.9^{+0.4}_{0}$			

注：壁厚是在温度为20℃、环向（诱导）应力为2.5MPa时确定的。

表5.47 物理力学性能指标（SL/T 96.2—1994）

性能	指标
拉伸强度	8MPa
断裂伸长率	≥200%
液压试验	(20+2)℃，3倍公称压力，保持5min，无破裂、渗漏现象

（6）排水用埋地钢带增强聚乙烯螺旋波纹管（表5.48）

表5.48 排水用埋地钢带增强聚乙烯螺旋波纹管（CJ/T 225—2006）

mm

公称内径	最小平均内径	最小内层壁厚	最小层压壁厚	最大螺距	最小钢带厚度	最小防腐层厚度
300	294	2.5	4.0	55	0.4	2.5
400	392	3.0	4.5	65	0.4	2.5
500	490	3.5	5.0	75	0.5	3.0
600	588	4.0	6.0	85	0.5	3.0
700	673	4.0	6.0	110	0.5	3.5
800	785	4.5	6.5	120	0.7	3.5
900	885	5.0	7.0	135	0.7	3.5
1000	985	5.0	7.0	150	0.7	3.5
1100	1085	5.0	7.0	165	0.7	3.5

续表

公称内径	最小平均内径	最小内层壁厚	最小层压壁厚	最大螺距	最小钢带厚度	最小防腐层厚度
1200	1185	5.0	7.0	180	0.7	3.5
1300	1285	5.0	7.0	190	1.0	4.0
1400	1385	5.0	7.0	200	1.0	4.0
1500	1485	5.0	7.0	210	1.0	4.0
1600	1585	5.0	7.0	210	1.0	4.0
1800	1785	5.0	7.0	210	1.0	4.0
2000	1985	6.0	8.0	210	1.0	4.0

（7）压缩空气用织物增强热塑性塑料软管

适用于工作温度为－10～55℃的压缩空气，其规格见表 5.49。

表 5.49　压缩空气用织物增强热塑性塑料软管（HG/T 2301—2008）

mm

<table>
<tr><th rowspan="2">公称直径（内径）</th><th colspan="4">最　小　壁　厚</th></tr>
<tr><th>A 型</th><th>B 型</th><th>C 型</th><th>D 型</th></tr>
<tr><td>4、5</td><td>1.5</td><td>1.5</td><td>1.5</td><td>2.0</td></tr>
<tr><td>6.3、8、9</td><td>1.5</td><td>1.5</td><td>1.5</td><td rowspan="2">2.3</td></tr>
<tr><td>10</td><td>1.5</td><td>1.5</td><td>1.8</td></tr>
<tr><td>12.5</td><td>2.0</td><td>2.0</td><td>2.3</td><td>2.8</td></tr>
<tr><td>16</td><td rowspan="2">2.4</td><td rowspan="2">2.4</td><td rowspan="2">2.8</td><td>3.0</td></tr>
<tr><td>19</td><td>3.5</td></tr>
<tr><td>25</td><td>2.7</td><td>3.0</td><td>3.3</td><td>4.0</td></tr>
<tr><td>31.5</td><td rowspan="2">3.0</td><td>3.3</td><td>3.5</td><td rowspan="2">4.5</td></tr>
<tr><td>38</td><td rowspan="2">3.5</td><td>3.8</td></tr>
<tr><td>40</td><td>3.3</td><td>4.1</td><td rowspan="2">5.0</td></tr>
<tr><td>50</td><td>3.5</td><td>3.8</td><td>4.5</td></tr>
</table>

（8）聚乙烯板材

有极好的耐磨性，良好的耐低温冲击性、自润滑性、无毒、耐水、耐化学药品性，耐热性优于一般 PE。可以代替碳钢、不锈钢、青铜等材料用于纺织、造纸、食品机械、运输、医疗、煤矿、化工等部门。

表 5.50　聚乙烯板材规格　mm

<table>
<tr><th>类别</th><th>项　目</th><th>规　格</th><th>极限偏差</th></tr>
<tr><td rowspan="4">挤出板材
（QB/T 2490—2000）</td><td>长度</td><td>≥2000</td><td>±10</td></tr>
<tr><td>宽度</td><td>≥1000</td><td>±5</td></tr>
<tr><td>厚度</td><td>2～8</td><td>±(0.08＋0.035)</td></tr>
<tr><td>对角线</td><td>—</td><td>≤5/1000</td></tr>
<tr><td rowspan="3">中空板材
（QB/T 1651—1992）</td><td>长度</td><td>≥50</td><td>±1</td></tr>
<tr><td>宽度</td><td>≤2000</td><td>±1</td></tr>
<tr><td>厚度</td><td>2.0～6.0</td><td>±10</td></tr>
</table>

(9) 农用聚乙烯吹塑地膜（表 5.51 和表 5.52）

表 5.51 聚乙烯吹塑农用地膜种类

类型	树脂种类	厚度/mm	使用期/d	类型	树脂种类	厚度/mm	使用期/d
Ⅰ	LLDPE	0.020	120	Ⅱ	LLDPE	0.012	100
	加耐候剂树脂	0.012			加耐候剂树脂	0.010	
Ⅲ	LDPE	0.014	80		共混树脂	0.014	
	LLDPE	0.010		Ⅳ	LDPE	0.012	50
	共混树脂	0.010			LLDPE	0.008	
	加耐候剂树脂	0.008			共混树脂	0.008	

表 5.52 聚乙烯吹塑农用地膜规格与极限偏差（GB 13735—1992） mm

厚度	极限偏差		宽度	极限偏差		
	优等品	一等品、合格品		优等品	一等品	合格品
0.008	0.002	±0.003	≤800	±10	±15	20
0.010	±0.002	±0.003	>800	±15	±20	±25
0.012	±0.002	±0.003				
0.014	±0.002	±0.003				
0.020	±0.003	±0.004				

(10) 农业用聚乙烯吹塑棚膜

按产品透明性分为透明型（Ⅰ）、半透明型（Ⅱ）和不透明型（Ⅲ）；按产品功能分为聚乙烯普通棚膜（A）、聚乙烯耐老化棚膜（B）和聚乙烯流滴耐老化棚膜（C）三类。

产品推荐厚度、物理力学性能及光学性能见表 5.53～表 5.55。

表 5.53 产品推荐厚度（GB 4455—2006） mm

代号	名称	推荐厚度
A	聚乙烯普通棚膜	0.030,0.040,0.050,0.060,0.070,0.080,0.090,0.100,0.110,0.120,0.130,0.140
B	聚乙烯耐老化棚膜	0.060,0.080,0.100,0.120,0.140
C	聚乙烯流滴耐老化棚膜	0.050,0.080,0.100,0.120,0.140

表 5.54 产品物理力学性能（GB 4455—2006）

项目	A类		B、C类	
	$\delta<0.060$	$\delta\geqslant0.060$	$\delta<0.080$	$\delta>0.080$
纵、横向拉伸强度/MPa ≥	14	14	16	16
纵、横向断裂伸长率/% ≥	250	300	300	320
纵、横向直角撕裂强度/(kN/m) ≥	55	55	60	60
人工加速老化后纵向撕裂伸长率/% ≥	—	—	200	220

表 5.55　Ⅰ型 B、C 类棚膜的光学性能

项目	指　标
透光率/% ≥	85
雾度/% ≤	35

(11) 包装用降解聚乙烯薄膜

有普通包装用和食品包装用之分，其物理力学性能应符合 GB/T 4456 中 4.3 的规定。薄膜的降解性能、宽度和极限偏差、厚度和极限偏差见表 5.56～表 5.58。

表 5.56　薄膜的降解性能（QB/T 2461—1999）

用途	要　求
光降解包装用	光降解后断裂伸长率保留率应不大于 10%
生物降解包装用	需氧生物降解率(30d)应不小于 20% 或生物降解后质量失重率(28d)应不小于 10%
环境降解包装用	光降解后断裂伸长率保留率应不大于 30% 需氧生物降解率(30d)应不小于 15% 或生物降解后质量失重率(28d)应不小于 6%
食品包装用	卫生指标聚乙烯薄膜应符合国家有关食品卫生法规和标准

表 5.57　薄膜的宽度和极限偏差（QB/T 2461—1999）　mm

宽度（折径）	极限偏差 合格品	宽度（折径）	极限偏差 合格品	宽度（折径）	极限偏差 合格品
<70	±3	201～300	±7	501～800	±15
71～100	±4	301～400	±10	801～1000	±20
101～200	±5	401～500	±12	>1000	±2.0%

表 5.58　薄膜的厚度和极限偏差（QB/T 2461—1999）　mm

<table>
<tr><th rowspan="3">厚度</th><th colspan="2">指　标</th><th rowspan="3">厚度</th><th colspan="2">指　标</th></tr>
<tr><th>厚度极限偏差</th><th>厚度平均偏差/%</th><th>厚度极限偏差</th><th>厚度平均偏差/%</th></tr>
<tr><th colspan="2">合格品</th><th colspan="2">合格品</th></tr>
<tr><td>0.010</td><td>±0.005</td><td>+30
−15</td><td>0.060</td><td>±0.018</td><td rowspan="6">±12</td></tr>
<tr><td>0.015</td><td>±0.006</td><td>+25
−15</td><td>0.070</td><td rowspan="3">±0.020</td></tr>
<tr><td>0.020</td><td rowspan="2">±0.010</td><td rowspan="9">±14</td><td>0.080</td></tr>
<tr><td>0.025</td><td>0.090</td></tr>
<tr><td>0.030</td><td rowspan="2">±0,012</td><td>0.100</td><td>±0.022</td></tr>
<tr><td>0.035</td><td>0.120</td><td>±0.025</td></tr>
<tr><td>0.040</td><td rowspan="2">±0.015</td><td>0.150</td><td>±0.025</td><td rowspan="5">±10</td></tr>
<tr><td>0.045</td><td>0.180</td><td>±0.030</td></tr>
<tr><td rowspan="3">0.050</td><td rowspan="3">±0.017</td><td>0.200</td><td>±0.030</td></tr>
<tr><td rowspan="2">>0.200</td><td>±0.035</td></tr>
<tr><td>±0.040</td></tr>
</table>

(12) 包装用聚乙烯吹塑薄膜

包装用聚乙烯吹塑薄膜的原料可以是低密度聚乙烯（PE-LD）、线形低密度聚乙烯（PE-LLD）、中密度聚乙烯（PE-MD）和高密度聚乙烯（PE-HD）等树脂及以上树脂共混物。故薄膜可分为PE-LD薄膜、PE-LLD薄膜、PE-MD薄膜、PE-HD薄膜和PE-LD/PE-LLD薄膜。薄膜的宽度、厚度、极限偏差及物理力学性能见表5.59、表5.60。

表5.59 薄膜的宽度、厚度与极限偏差（GB/T 4456—2008）

mm

宽度		厚度		
宽度(折径)	偏差	厚度/mm	厚度极限偏差/mm	厚度平均偏差/%
<100	±4	<0.025	±0.008	±15
100～500	±10	0.025～0.050	±0.015	±14
501～1000	±20	>0.050～0.100	±0.025	±12
>1000	±25	>0.100	±0.040	±10

表5.60 薄膜的物理力学性能

项目		PE-LD膜	PE-LLD膜	PE-MD膜	PE-HD膜	PE-LD/PE-LLD膜
拉伸强度(纵横向)/MPa≥		10	14	10	25	11
断裂标称应变(纵横向)/%≥	$t<0.050$ mm	130	230	100	180	100
	$t\geqslant0.050$ mm	200	280	150	230	150
落镖冲击	不破裂样品数≥8为合格,PE-MD薄膜不要求					

注：1. 其他共混材料的物理力学性能要求由供需双方协商。

2. 用于食品包装、医药包装的薄膜应符合GB 9687的规定，其添加剂应符合GB 9685的规定。

(13) 单向拉伸高密度聚乙烯薄膜（表5.61）

表5.61 单向拉伸高密度聚乙烯薄膜的规格与偏差（QB/T 1128—1991）

mm

规格		优等品		一等品		合格品	
厚度	范围	<1000	≥1000	<1000	≥1000	<1000	≥1000
	极限偏差	+2 0	+3 0	+3 0	+5 0	+3 0	+5 0
宽度	范围	0.015～0.019	0.020～0.030	0.015～0.019	0.020～0.030	0.015～0.019	0.020～0.030
	极限偏差	±0.002	±0.003	±0.002	±0.003	±0.003	±0.004

5.2.5 聚氯乙烯（PVC）制品

（1）给水用硬聚氯乙烯（PVC-U）管

产品按连接方式不同分为弹性密封圈式和溶剂粘接式。管材长度一般为4m、6m，也可由供需双方协商确定。适用于公称压力为0.6MPa、0.8MPa、1.0MPa、1.25MPa、1.6MPa，输水温度在45℃以下的给水管材。

管材公称压力和规格及承口尺寸见表5.62、表5.63。

表5.62　管材公称压力和规格（GB/T 10002.1—2006）　mm

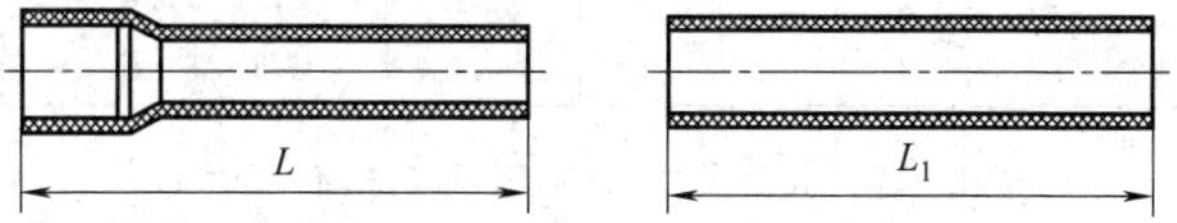

公称外径	管材S系列、SDR系列和公称压力						
	S16 SDR33 PN0.63	S12.5 SDR26 PN0.8	S10 SDR21 PN1.0	S8 SDR17 PN1.25	S6.3 SDR13.6 PN1.6	S5 SDR11 PN2.0	S4 SDR9 PN2.5
	公称壁厚						
20	—	—	—	—	—	2.0	2.3
25	—	—	—	—	2.0	2.3	2.8
32	—	—	—	2.0	2.4	2.9	3.6
40	—	—	2.0	2.4	3.0	3.7	4.5
50	—	2.0	2.4	3.0	3.7	4.6	5.6
63	2.0	2.5	3.0	3.8	4.7	5.8	7.1
75	2.3	2.9	3.6	4.5	5.6	6.9	8.4
90	2.8	3.5	4.3	5.4	6.7	8.2	10.1
公称外径	管材S系列SDR系列和公称压力						
	S20 SDR41 PN0.63	S16 SDR33 PN0.8	S12.5 SDR26 PN1.0	S10 SDR21 PN1.25	S8 SDR17 PN1.6	S6.3 SDR13.6 PN2.0	S5 SDR11 PN2.5
	公称壁厚						
110	2.7	3.4	4.2	5.3	6.6	8.1	10.0
125	3.1	3.9	4.8	6.0	7.4	9.2	11.4
140	3.5	4.3	5.4	6.7	8.3	10.3	12.7
160	4.0	4.9	6.2	7.7	9.5	11.8	14.6
180	4.4	5.5	6.9	8.6	10.7	13.3	16.4
200	4.9	6.2	7.7	9.6	11.9	14.7	18.2
225	5.5	6.9	8.6	10.8	13.4	16.6	—
250	6.2	7.7	9.6	11.9	14.8	18.4	—

续表

公称外径	管材S系列SDR系列和公称压力						
	S20 SDR41 *PN*0.63	S16 SDR33 *PN*0.8	S12.5 SDR26 *PN*1.0	S10 SDR21 *PN*1.25	S8 SDR17 *PN*1.6	S6.3 SDR13.6 *PN*2.0	S5 SDR11 *PN*2.5
	公称壁厚						
280	6.9	8.6	10.7	13.4	16.6	20.6	—
315	7.7	9.7	12.1	15.0	18.7	23.2	—
355	8.7	10.9	13.6	16.9	21.1	26.1	—
400	9.8	12.3	15.3	19.1	23.7	29.4	—
450	11.0	13.8	17.2	21.5	26.7	33.1	—
500	12.3	15.3	19.1	23.9	29.7	36.8	—
560	13.7	17.2	21.4	26.7	—	—	—
630	15.4	19.3	24.1	30.0	—	—	—

表 5.63 承口尺寸（GB/T 10002.1—2006） mm

公称外径	弹性密封圈承口最小深度	溶剂粘接承口最小深度	溶剂粘接承口中部平均内径	
			最小	最大
20	—	16.0	20.1	20.3
25	—	18.5	25.1	25.3
32	—	22.0	32.1	32.3
40	—	26.0	40.1	40.2
50	—	31.0	50.1	50.2
63	64	37.5	63.1	63.3
75	67	43.5	75.1	75.3
90	70	51.0	90.1	90.3
110	75	61.0	110.1	110.4
125	78	68.5	125.1	125.4
140	81	76.0	140.2	140.5
160	86	86.0	160.2	160.5
180	90	96.0	180.3	180.6
200	94	106.0	200.3	200.6
225	100	118.5	225.3	225.6
250	105	—	—	—
280	112	—	—	—
315	118	—	—	—
355	124	—	—	—
400	130	—	—	—
450	138	—	—	—
500	145	—	—	—
560	154	—	—	—
630	165	—	—	—
710	177	—	—	—
800	190	—	—	—
1000	220	—	—	—

注：1. 承口中部的平均内径，系指在承口深度 1/2 处所测定的相互垂直的两直径的算术平均值。承口深的最大锥角不大于 0°30′。

2. 承口深度大于 12m 时，密封圈式承口深度要另行设计。

(2) 化工用硬聚氯乙烯（PVC-U）管

适用于工业用硬聚氯乙烯管道系统，也适用于承压给排水输送以及污水处理、水处理、石油、化工、电力、电子、冶金、电镀、造纸、食品饮料、医药、中央空调、建筑等领域的粉体、液体的输送。

化工用 PVC-U 管的规格和壁厚见表 5.64。

表 5.64　化工用硬聚氯乙烯管规格和壁厚（GB/T 4219—2008）

mm

公称外径	管系列 S 和标准尺寸比 SDR						
	S20 SDR41	S16 SDR33	S12.5 SDR26	S10 SDR21	S8 SDR17	S6.3 SDR13.6	S5 SDR11
	壁厚 min						
16	—	—	—	—	—	—	2.0
20	—	—	—	—	—	—	2.0
25	—	—	—	—	—	2.0	2.3
32	—	—	—	—	2.0	2.4	2.9
40	—	—	—	2.0	2.4	3.0	3.7
50	—	—	2.0	2.4	3.0	3.7	4.6
63	—	2.0	2.5	3.0	3.8	4.7	5.8
75	—	2.3	2.9	3.6	4.5	5.6	6.8
90	—	2.8	3.5	4.3	5.4	6.7	8.2
110	—	3.4	4.2	5.3	6.6	8.1	10.0
125	—	3.9	4.8	6.0	7.4	9.2	11.4
140	—	4.3	5.4	6.7	8.3	10.3	12.7
160	4.0	4.9	6.2	7.7	9.5	11.8	14.6
180	4.4	5.5	6.9	8.6	10.7	13.3	16.4
200	4.9	6.2	7.7	9.6	11.9	14.7	18.2
225	5.5	6.9	8.6	10.8	13.4	16.6	—
250	6.2	7.7	9.6	11.9	14.8	18.4	—
280	6.9	8.6	10.7	13.4	16.6	20.6	—
315	7.7	9.7	12.1	15.0	18.7	23.2	—
355	8.7	10.9	13.6	16.9	21.1	26.1	—
400	9.8	12.3	15.3	19.1	23.7	29.4	—

(3) 建筑排水用硬聚氯乙烯（PVC-U）管

建筑排水用PVC-U管的规格见表5.65～表5.67。

表5.65 建筑排水用硬聚氯乙烯管的规格（GB/T 5836.1—2006）

mm

公称外径	平均外径		壁厚	
	最小	最大	最小	最大
32	32.0	32.2	2.0	2.4
40	40.0	40.2	2.0	2.4
50	50.0	50.2	2.0	2.4
75	75.0	75.3	2.3	2.7
90	90.0	90.3	3.0	3.5
110	110.0	110.3	3.2	3.8
125	125.0	125.3	3.2	3.8
160	160.0	160.4	4.0	4.6
200	200.0	200.5	4.9	5.6
250	250.0	250.5	6.2	7.0
315	315.0	315.6	7.8	8.6

表5.66 胶黏剂粘接型管材承口尺寸 mm

公称外径	承口中部平均内径		承口深度
	min	max	min
32	32.1	32.4	22
40	40.1	40.4	25
50	50.1	50.4	25
75	75.2	75.5	40
90	90.2	90.5	46
110	110.2	110.6	48
125	125.2	125.7	51
160	160.3	160.8	58
200	200.4	200.9	60
250	250.4	250.9	60

表5.67 弹性密封圈连接管材承口尺寸 mm

公称外径	承口中部平均内径 min	承口配合深度 min	公称外径	承口中部平均内径 min	承口配合深度 min
32	32.3	16	75	75.4	25
40	40.3	18	90	90.4	28
50	50.3	20	110	110.4	32

续表

公称外径	承口中部平均内径 min	承口配合深度 min	公称外径	承口中部平均内径 min	承口配合深度 min
125	125.4	35	250	250.8	55
160	160.5	42	315	316.0	62
200	200.8	50			

(4) 喷灌用硬聚氯乙烯管

一般是灰色，也可根据供需双方协商确定。长度定尺为4m、5m、6m，也可由供需双方协商确定。长度允许偏差为$^{+20}_{-10}$mm。其型号表示方法是：

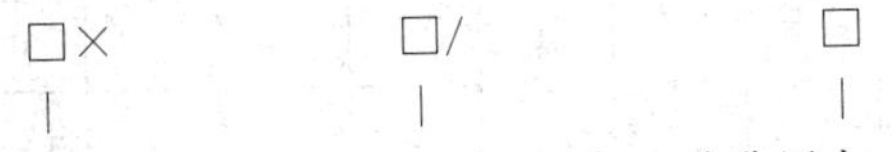

表5.68　喷灌用硬聚氯乙烯管的公称直径、壁厚及公差（SL/T 96.1—1994）

mm

<table>
<tr><th colspan="2" rowspan="2">公称外径</th><th colspan="10">压力等级/MPa</th></tr>
<tr><th colspan="2">0.25</th><th colspan="2">0.40</th><th colspan="2">0.63</th><th colspan="2">1.00</th><th colspan="2">1.25</th></tr>
<tr><th>公称值</th><th>极限偏差</th><th>公称值</th><th>极限偏差</th><th>公称值</th><th>极限偏差</th><th>公称值</th><th>极限偏差</th><th>公称值</th><th>极限偏差</th><th>公称值</th><th>极限偏差</th></tr>
<tr><td>20</td><td rowspan="8">+0.3
0</td><td>—</td><td></td><td>—</td><td></td><td>0.7</td><td rowspan="3">+0.3
0</td><td>1.0</td><td>+0.3
0</td><td>1.2</td><td rowspan="3">+0.4
0</td></tr>
<tr><td>25</td><td>—</td><td>—</td><td>0.5</td><td rowspan="4">+0.3
0</td><td>0.8</td><td>1.2</td><td rowspan="3">+0.4
0</td><td>1.5</td></tr>
<tr><td>32</td><td>—</td><td>—</td><td>0.7</td><td>1.0</td><td>1.6</td><td>1.9</td></tr>
<tr><td>40</td><td>00.5</td><td rowspan="4">+0.3
0</td><td>0.8</td><td>1.3</td><td rowspan="3">+0.4
0</td><td>1.9</td><td>2.4</td><td rowspan="2">+0.5
0</td></tr>
<tr><td>50</td><td>0.7</td><td>1.0</td><td>1.6</td><td>2.4</td><td>+0.5
0</td><td>3.0</td></tr>
<tr><td>63</td><td>0.8</td><td>1.3</td><td rowspan="3">+0.4
0</td><td>2.0</td><td>3.0</td><td rowspan="2">+0.6
0</td><td>3.8</td><td>+0.6
0</td></tr>
<tr><td>75</td><td>1.0</td><td>1.5</td><td>2.3</td><td rowspan="2">+0.5
10</td><td>3.6</td><td>4.5</td><td>+0.7
0</td></tr>
<tr><td>90</td><td>1.2</td><td rowspan="3">+0.4
0</td><td>1.8</td><td>2.8</td><td>4.3</td><td>+0.7
0</td><td>5.4</td><td>+0.8
0</td></tr>
<tr><td>110</td><td rowspan="2">+0.4
0</td><td>1.4</td><td>2.2</td><td rowspan="2">+0.5
0</td><td>3.4</td><td rowspan="2">+0.6
0</td><td>5.3</td><td rowspan="2">+0.8
0</td><td>6.8</td><td>+0.9
0</td></tr>
<tr><td>125</td><td>1.5</td><td>2.5</td><td>3.9</td><td>6.0</td><td>7.4</td><td>+1.0
0</td></tr>
</table>

续表

公称外径		压力等级/MPa									
		0.25		0.40		0.63		1.00		1.25	
公称值	极限偏差	公称值	极限偏差	公称值	极限偏差	公称值	极限偏差	公称值	极限偏差	公称值	极限偏差
140	+0.5 0	1.8	+0.4 0	2.8	+0.5 0	4.3	+0.7 0	6.7	+0.9 0	8.3	+1.1 0
160		2.0		3.2	+0.6 0	4.9		7.7	+1.0 0	9.5	+1.2 0
180	+0.6 0	2.3	+0.5 0	3.5		5.5	+0.8 0	8.6	+1.1 0	—	—
200		2.5		3.9		6.2	+0.9 0	9.6	+1.2 0	—	—
225	+0.7 0	2.8		4.4	+0.7 0	6.9		—	—	—	—
250	+0.8 0	3.1		4.9		7.7	+1.0 0	—	—	—	—
280	+0.9 0	3.5	+0.6 0	5.5	+0.8 0	8.6	+1.1 0	—	—	—	—
315	+1.0 0	3.9		6.2	+0.9 0	9.7	+1.2 0	—	—	—	—

注：壁厚是以 20℃时、环向应力为 10MPa 确定的。

（5）硬聚氯乙烯双壁波纹管

适用于无压市政埋地排水、建筑物外排水、农田排水用管材，也可用于通信电缆穿线用套管。考虑到材料的耐化学性和耐温性后亦可用于无压埋地工业排污管道。

型号表示方法是：

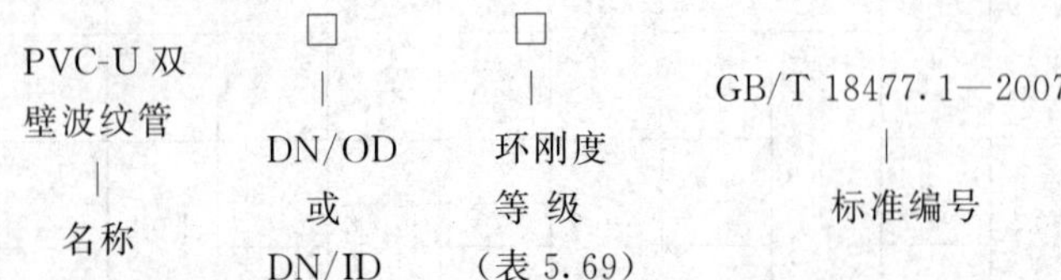

表 5.69　公称环刚度等级

级　别	SN2①	SN4	SN8	(SN12.5)②	SN16
环刚度/(kN/m²)	2	4	8	(12.5)	16

① 仅在公称外径≥500mm 的管材中允许有 SN2 级。

② 括号内为非首选环刚度等级。

表 5.70　内径系列硬聚氯乙烯双壁波纹管规格（GB/T 18477.1—2007）

mm

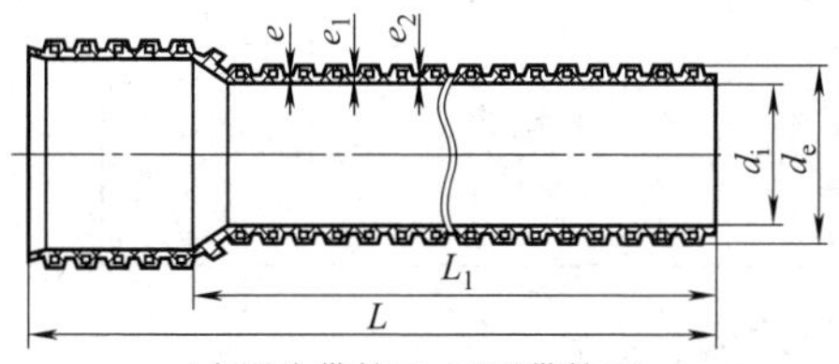

（本图为带扩口，可不带扩口）

公称内径	最小平均内径	最小层压壁厚	最小内层壁厚	最小承口接合长度
100	95	1.0	—	32
125	120	1.2	1.0	38
150	145	1.3	1.0	43
200	195	1.5	1.1	54
225	220	1.7	1.4	55
250	245	1.8	1.5	59
300	294	2.0	1.7	64
400	392	2.5	2.3	74
500	490	3.0	3.0	85
600	588	3.5	3.5	96
800	785	4.5	4.5	118
1000	985	5.0	5.0	140

表 5.71　外径系列硬聚氯乙烯双壁波纹管规格（GB/T 18477.1—2007）

mm

公称外径	最小平均外径	最大平均外径	最小平均内径	最小层压壁厚	最小内层壁厚	最小承口接合长度
63	62.6	63.3	54	0.5	—	32
75	74.5	75.3	65	0.6	—	32
90	89.4	90.3	77	0.8	—	32
(100)	99.4	100.4	93	0.8	—	32
110	109.4	110.4	97	1.0	—	32
125	124.3	125.4	107	1.1	1.0	35
160	159.1	160.5	135	1.2	1.0	42

续表

公称外径	最小平均外径	最大平均外径	最小平均内径	最小层压壁厚	最小内层壁厚	最小承口接合长度
200	198.8	200.6	172	1.4	1.1	50
250	248.5	250.8	216	1.7	1.4	55
280	278.3	280.9	243	1.8	1.5	58
315	313.2	316.0	270	1.9	1.6	62
400	397.6	401.2	340	2.3	2.0	70
450	447.3	451.4	383	2.5	2.4	75
500	497.0	501.5	432	2.8	2.8	80
630	626.3	631.9	540	3.3	3.3	93
710	705.7	712.2	614	3.8	3.8	101
800	795.2	802.4	680	4.1	4.1	110
1000	994.0	1003.0	854	5.0	5.0	130

(6) 带基材的聚氯乙烯卷材地板

按中间层的结构可分为带基材的发泡聚氯乙烯卷材地板（FB）和带基材的致密聚氯乙烯卷材地板（CB）；按耐磨性可分为通用型（G）和耐用型（H）。

卷材地板标记方法为：

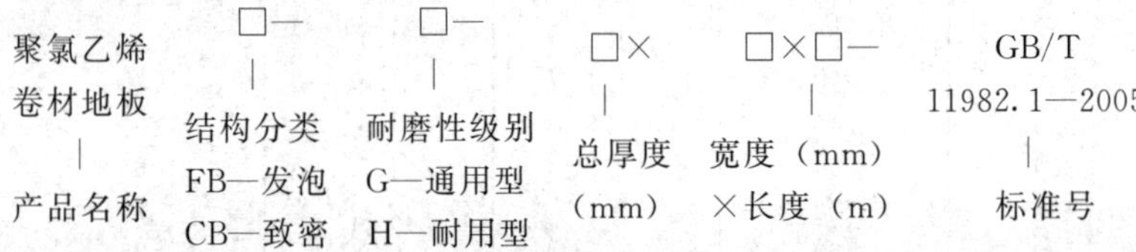

表 5.72 卷材地板的物理性能（GB/T 11982.1—2005）

项目		指标
单位面积质量/公称单位面积质量		公称值$^{+0.13}_{-0.10}$
纵、横向加热尺寸变化率/% ≤		0.40
加热翘曲/mm ≤		8
色牢度/级 ≥		3
纵、横向抗剥离力/(N/50mm)	平均值 ≥	50
	单个值 ≥	40
残余凹陷/mm	G 型 ≤	0.35
	H 型 ≤	0.20
耐磨性/转	G 型 ≥	1500
	H 型 ≥	5000

注：有害物质限量应符合 GB 18586 的规定。

（7）聚氯乙烯人造革

产品按布基纺织方法可分为平纹布和斜纹布；按涂层是否发泡分为发泡革和不发泡革。

表 5.73　产品尺寸及极限偏差（GB/T 8948—2008）　mm

宽度	厚度				长度
	类别		厚度范围	极限偏差(±)	
≤1000:±20 >1000:±25	A	发泡革	0.70～1.00	0.10	每卷长度的极限负偏差为 0.1m
			1.10～1.60	0.15	
		不发泡革	0.35～0.65	0.05	
			0.70～1.20	0.10	
	B	发泡革	0.70～1.00	0.10	
			1.10～1.60	0.15	
		不发泡革	0.70～0.90	0.10	
			1.00～1.20	0.15	

（8）氯化聚氯乙烯（PVC-C）

氯化聚氯乙烯又称（聚）过氯乙烯，其管材规格见表 5.74～表 5.76。

表 5.74　冷热水用氯化聚氯乙烯管材规格（GB/T 18993.2—2003）

mm

公称外径	平均外径		管系列		
			S6.3	S5	S4
	最小	最大	公称壁厚		
20	20.0	20.2	2.0	2.0	2.3
25	25.0	25.2	2.0	2.3	2.8
32	32.0	32.2	2.4	2.9	3.6
40	40.0	40.2	3.0	3.7	4.5
50	50.0	50.2	3.7	4.6	5.6
63	63.0	63.3	4.7	5.8	7.1
75	75.0	75.3	5.6	6.8	8.4
90	90.0	90.3	6.7	8.2	10.1
110	110.0	110.4	8.1	10.0	12.3
125	125.0	125.4	9.2	11.4	14.0
140	140.0	140.5	10.3	12.7	15.7
160	160.0	160.5	11.8	14.6	17.9

表 5.75 工业用氯化聚氯乙烯管材规格（GB/T 18998—2003）

mm

公称外径	管系列 S10 / 标准尺寸比 SDR21 公称壁厚	S6.3 / SDR13.6	S5 / SDR11	S4 / SDR9	公称外径	S10 / SDR21	S6.3 / SDR13.6	S5 / SDR11	S4 / SDR9
20	2.0	2.0	2.0	2.3	110	5.3	8.1	10.0	12.3
25	2.0	2.0	2.3	2.8	125	6.0	9.2	11.4	14.0
32	2.0	2.4	2.9	3.6	140	6.7	10.3	12.7	15.7
40	2.0	3.0	3.7	4.5	160	7.7	11.8	14.6	17.9
50	2.4	3.7	4.6	5.6	180	8.6	13.3	—	—
63	3.0	4.7	5.8	7.1	200	9.6	14.7	—	—
75	3.6	5.6	6.8	8.4	225	10.8	16.6	—	—
90	4.3	6.7	8.2	10.1					

表 5.76 高压电力电缆用氯化聚氯乙烯套管规格 mm

规格	平均外径		公称壁厚	
	基本尺寸	极限偏差	基本尺寸	极限偏差
110×5.0	110	+0.8 −0.4	5.0	+0.5 0
139×6.0	139		6.0	
167×6.0	167		6.0	
167×8.0	167	+1.0 −0.5	8.0	+0.6 0
192×8.5	192		8.5	
192×6.5	192		6.5	+0.5 0
219×7.0	219		7.0	
219×9.5	219		9.5	+0.8 0

5.2.6 聚丙烯制品

(1) 聚丙烯吹塑薄膜

聚丙烯吹塑薄膜分为透明级和通用级。

表 5.77 薄膜的厚度及偏差（QB/T 1956—1994）

厚度/mm	极限偏差/mm			平均偏差/%		
	优等品	一等品	合格品	优等品	一等品	合格品
≤0.010	+0.003 −0.002	±0.004	±0.005	+15 −10	+20 −15	+25 −20
0.011～0.020	+0.004 −0.003	±0.005	±0.007	+10 −8	+15 −10	+20 −15

续表

厚度/mm	极限偏差/mm			平均偏差/%		
	优等品	一等品	合格品	优等品	一等品	合格品
0.021～0.030	±0.005	±0.007	±0.009	±8	±10	±15
0.031～0.040	±0.006	±0.009	±0.012			
0.041～0.050	±0.00s	±0.011	±0.014			
0.051～0.060	±0.009	±0.013	±0.016	±6	±8	±12
0.061～0.080	±0.010	±0.015	±0.018			
>0.080	±0.011	±0.018	±0.022			

宽度(折径)/mm	偏　差/%		
	优等品	一等品	合格品
≤100	±1	±2	±3
101～300	±2	±3	±3
301～500	±2	±3	±4
>500	±3	±4	±5

表 5.78　薄膜的外观要求（QB/T 1956—1994）

项目		指　标		
		优等品	一等品	合格品
云雾、水纹		无	轻微	轻微
条　纹		无	轻微	较明显、平撕开成锯齿状
气泡、针孔及破裂		无	无	无
杂质/(个/1520cm²)	>0.6mm	无	无	无
	0.3～0.6mm	无	1	2
鱼眼/(个/1520cm²)	>2.0mm	无	无	无
	≥0.8mm	≤1	≤3	≤5
	≥0.4mm	≤10	≤20	<30
平整度		平整	有轻微活皱暴筋	不影响使用
粘连性		应易于揭开	应易于揭开	应易于揭开
膜卷端面		整齐	基本整齐	不影响使用
断头/(个/卷)		无	≤1	≤2
最短段长度/m		>100	≥50	≥25

表 5.79　薄膜的物理力学性能（QB/T 1956—1994）

项目			指标
拉伸强度(纵,横向)/MPa ≥			20
断裂伸长率(纵、横向)/% ≥			350
直角撕裂强度(纵,横向)/(N/mm) ≥			80
雾度/% ≤(通用级薄膜不考核)	厚度	<0.03mm	5.5
		0.03～0.05mm	6.0

(2) 喷灌用聚丙烯管

一般是本色或黑色，也可由供需双方协商确定。长度定尺为4m、5m、6m，也可由供需双方协商确定。长度允许偏差为$^{+20}_{-10}$mm。其型号表示方法是：

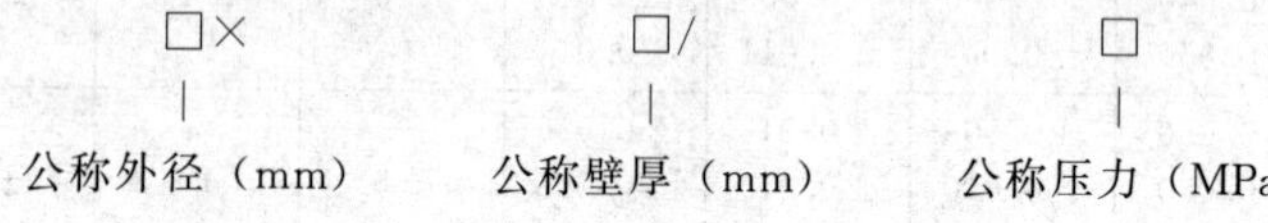

表 5.80　聚丙烯管材公称外径、壁厚及公差（SL/T 96.3—1994）

mm

<table>
<tr><th colspan="2" rowspan="2">公称外径</th><th colspan="8">压力等级/MPa</th></tr>
<tr><th colspan="2">0.25</th><th colspan="2">0.40</th><th colspan="2">0.63</th><th colspan="2">1.00</th></tr>
<tr><th>公称值</th><th>极限偏差</th><th>公称值</th><th>极限偏差</th><th>公称值</th><th>极限偏差</th><th>公称值</th><th>极限偏差</th><th>公称值</th><th>极限偏差</th></tr>
<tr><td>20</td><td rowspan="8">+0.3
0</td><td>0.5</td><td rowspan="4">+0.3
0</td><td>0.8</td><td rowspan="2">+0.3
0</td><td>1.2</td><td rowspan="3">+0.4
0</td><td>1.9</td><td>+0.4
0</td></tr>
<tr><td>25</td><td>0.7</td><td>1.0</td><td>1.5</td><td>2.3</td><td rowspan="2">+0.5
0</td></tr>
<tr><td>32</td><td>0.8</td><td>1.3</td><td rowspan="3">+0.4
0</td><td>1.9</td><td>2.9</td></tr>
<tr><td>40</td><td>1.0</td><td>1.5</td><td>2.4</td><td rowspan="2">+0.5
0</td><td>3.7</td><td>+0.6
0</td></tr>
<tr><td>50</td><td>1.3</td><td rowspan="3">+0.4
0</td><td>2.0</td><td>3.0</td><td>4.6</td><td>+0.7
0</td></tr>
<tr><td>63</td><td>1.6</td><td>2.4</td><td rowspan="2">+0.5
0</td><td>3.8</td><td>+0.6
0</td><td>5.8</td><td>+0.8
0</td></tr>
<tr><td>75</td><td>1.9</td><td>2.9</td><td>4.5</td><td>+0.7
0</td><td>6.8</td><td>+0.9
0</td></tr>
<tr><td>90</td><td>2.2</td><td rowspan="2">+0.5
0</td><td>3.5</td><td>+0.6
0</td><td>5.4</td><td>+0.8
0</td><td>8.2</td><td>+0.1.1
0</td></tr>
<tr><td>110</td><td rowspan="2">+0.4
0</td><td>2.7</td><td>4.2</td><td rowspan="2">+0.7
0</td><td>6.6</td><td>+0.9
0</td><td>—</td><td>—</td></tr>
<tr><td>125</td><td>3.1</td><td rowspan="3">+0.6
0</td><td>4.8</td><td>7.4</td><td>+1.0
0</td><td>—</td><td>—</td></tr>
<tr><td>140</td><td rowspan="2">+0.5
0</td><td>3.5</td><td>5.4</td><td>+0.8
0</td><td>8.3</td><td>+1.1
0</td><td>—</td><td>—</td></tr>
<tr><td>160</td><td>4.0</td><td>6.2</td><td rowspan="3">+0.9
0</td><td>9.5</td><td>+1.2
0</td><td>—</td><td>—</td></tr>
<tr><td>180</td><td rowspan="2">+0.6
0</td><td>4.4</td><td rowspan="2">+0.7
0</td><td>6.9</td><td>—</td><td>—</td><td>—</td><td>—</td></tr>
<tr><td>200</td><td>4.9</td><td>7.7</td><td>—</td><td>—</td><td>—</td><td>—</td></tr>
</table>

续表

<table>
<tr><td colspan="2" rowspan="2">公称外径</td><td colspan="8">压力等级/MPa</td></tr>
<tr><td colspan="2">0.25</td><td colspan="2">0.40</td><td colspan="2">0.63</td><td colspan="2">1.00</td></tr>
<tr><td>公称值</td><td>极限偏差</td><td>公称值</td><td>极限偏差</td><td>公称值</td><td>极限偏差</td><td>公称值</td><td>极限偏差</td><td>公称值</td><td>极限偏差</td></tr>
<tr><td>225</td><td>+0.7
0</td><td>5.5</td><td>+0.8
0</td><td>8.8</td><td>+1.1
0</td><td>—</td><td>—</td><td>—</td><td>—</td></tr>
<tr><td>250</td><td>+0.8
0</td><td>6.2</td><td rowspan="2">+0.9
0</td><td>9.6</td><td>+1.2
0</td><td>—</td><td>—</td><td>—</td><td>—</td></tr>
<tr><td>280</td><td>+0.9
0</td><td>6.9</td><td>—</td><td>—</td><td>—</td><td>—</td><td>—</td><td>—</td></tr>
<tr><td>315</td><td>+1.0
0</td><td>7.7</td><td>+1.0
0</td><td>—</td><td>—</td><td>—</td><td>—</td><td>—</td><td>—</td></tr>
</table>

注：壁厚是以 20℃时、环向（诱导）应力为 2.5MPa 确定的。

（3）聚丙烯塑胶（PP）管

用于 40℃以下乡镇给水及农业灌溉用埋地管材，其规格与偏差见表 5.81～表 5.83。

表 5.81　埋地给水用 PP 管的规格与偏差（QB/T 1929—2006）

<table>
<tr><td colspan="5">公称外径/mm</td><td>50</td><td>63</td><td>75</td><td>90</td><td>110</td><td>125</td><td>140</td><td>160</td><td>180</td><td>200</td><td>225</td><td>250</td></tr>
<tr><td rowspan="4">公称压力/MPa</td><td>PN0.4</td><td rowspan="4">管系列</td><td>S16</td><td rowspan="4">公称壁厚 e_n/mm</td><td>2.0</td><td>2.0</td><td>2.3</td><td>2.8</td><td>3.4</td><td>3.9</td><td>4.3</td><td>4.9</td><td>5.5</td><td>6.2</td><td>6.9</td><td>7.7</td></tr>
<tr><td>PN0.6</td><td>S10</td><td>2.4</td><td>3.0</td><td>3.6</td><td>4.3</td><td>5.3</td><td>6.0</td><td>6.7</td><td>7.7</td><td>8.6</td><td>9.6</td><td>10.8</td><td>11.9</td></tr>
<tr><td>PN0.8</td><td>S8</td><td>3.0</td><td>3.8</td><td>4.5</td><td>5.4</td><td>6.6</td><td>7.4</td><td>8.3</td><td>9.5</td><td>10.7</td><td>11.9</td><td>13.4</td><td>14.8</td></tr>
<tr><td>PN1.0</td><td>S6.3</td><td>3.7</td><td>4.7</td><td>5.6</td><td>6.7</td><td>8.1</td><td>9.2</td><td>10.3</td><td>11.8</td><td>13.3</td><td>14.7</td><td>16.6</td><td>18.4</td></tr>
</table>

<table>
<tr><td rowspan="6">力学性能</td><td rowspan="2">项目</td><td colspan="3">试验参数</td><td rowspan="2">指标</td></tr>
<tr><td>试验温度/℃</td><td>试验时间/h</td><td>环向静液压应力/MPa</td></tr>
<tr><td>纵向回缩率</td><td>PP-H:150±2
PP-B:150±2
PP-R:135±2</td><td>≤8mm:1
3mm<e_n<8mm:2
≤8mm:4</td><td></td><td>2%</td></tr>
<tr><td>静液压试验</td><td>20

80</td><td>1
22
165</td><td>16.0
4.8
4.2</td><td>无破裂
无渗漏</td></tr>
<tr><td colspan="3">熔体质量流动速率 MFR
(230℃/2.16kg)/(g/10min)</td><td colspan="2">变化率≤原料 MFR 的 30%</td></tr>
<tr><td colspan="3">落锤冲击试验</td><td colspan="2">无裂纹、龟裂</td></tr>
</table>

表 5.82 三聚丙烯（PP-R）管材规格尺寸及允许偏差（GB/T 17219—1998）

mm

平均外径	壁厚					长度
	公称压力/MPa					
	*PN*1.25	*PN*1.6	*PN*2.0	*PN*2.5	*PN*3.2	
20+0.3	1.9+0.4	2.3+0.5	2.8+0.5	3.4+0.6	4.1+0.7	4000±10
25+0.3	2.3+0.5	2.8+0.5	3.5+0.6	4.2+0.7	5.1+0.8	
32+0.3	3.0+0.5	3.6+0.6	4.4+0.7	5.4+0.8	6.5+0.9	
40+0.4	3.7+0.6	4.5+0.7	5.5+0.8	6.7+0.9	8.1+1.1	
50+0.5	4.6+0.7	5.6+0.8	6.9+0.9	8.4+1.1	10.1+1.3	
63+0.6	5.8+0.8	7.1+1.0	8.7+1.1	10.5+1.3	12.7+1.5	
75+0.7	6.9+0.9	8.4+1.1	10.3+1.3	12.5+1.5	15.1+1.7	
90+0.9	8.2+1.1	10.1+1.3	12.3+1.5	15.0+1.7	16.1+2.1	
110+1.0	10.0+1.2	12.3+1.5	15.1+1.8	18.3+2.1	22.1+2.5	

表 5.83 冷热水用 PP 管的规格（GB/T 18742.2—2002） mm

公称外径	平均外径		管系列				
	min	max	S5	S4	S3.2	S2.5	S2
			公称壁厚				
12	12.0	12.3	—	—	—	2.0	2.4
16	16.0	16.3	—	2.0	2.2	2.7	3.3
20	20.0	20.3	2.0	2.3	2.8	3.4	4.1
25	25.0	25.3	2.3	2.8	3.5	4.2	5.1
32.0	32.0	32.3	2.9	3.6	4.4	5.4	6.5
40.0	40.0	40.4	3.7	4.5	5.5	6.7	8.1
50.0	50.0	50.5	4.6	5.6	6.9	8.3	10.1
63.0	63.0	63.6	5.8	7.1	8.6	10.5	12.7
75.0	75.0	75.7	6.8	8.4	10.3	12.5	15.1
90.0	90.0	90.9	8.2	10.1	12.3	15.0	18.1
110.0	110.0	111.0	10.0	12.3	15.1	18.3	22.1
125.0	125.0	126.2	11.4	14.0	17.1	20.8	25.1
140.0	140.0	141.3	12.7	15.7	19.2	23.3	28.1
160.0	160.0	161.5	14.6	17.9	21.9	26.6	32.1

（4）无规共聚聚丙烯（PP-R）塑铝稳态复合管（表 5.84 和表 5.85）

表 5.84　管材外径及参考内径尺寸（CJ/T 210—2005）　mm

公称直径	平均外径		参考内径		
	最小值	最大值	S1	S3.2	S2.5
20	21.6	22.1	15.1	14.1	12.8
25	26.8	27.3	19.1	17.6	16.1
32	33.7	34.2	24.4	22.5	20.6
40	42.0	42.6	30.5	28.2	25.9
50	52.0	52.7	38.2	35.5	32.6
63	65.4	66.2	48.1	44.8	41.0
75	77.8	78.7	58.3	54.4	49.8
90	93.3	94.3	70.0	65.4	59.8
110	114.0	115.1	85.8	79.9	73.2

表 5.85　管材壁厚、内管壁厚及铝层最小厚度尺寸（CJ/T 210—2005）

mm

公称直径	镀层最小厚度	S4				S3.2				S2.5			
		管壁厚		内管壁厚		管壁厚		内管壁厚		管壁厚		内管壁厚	
		min	max	公称	公差	min	max	公称	公差	min	max	公称	公差
20	0.15	3.2	3.6	2.3	+0.4 0	3.7	4.1	2.8	+0.4 0	4.3	4.8	3.4	+0.5 0
25	0.15	3.9	4.3	2.8	+0.4 0	4.6	5.1	3.5	+0.5 0	5.3	5.9	4.2	+0.5 0
32	0.20	4.6	5.1	3.6	+0.5 0	5.5	6.1	4.4	+0.6 0	6.1	7.0	5.4	+0.7 0
40	0.20	5.6	6.2	4.5	+0.6 0	6.7	7.4	5.5	+0.7 0	7.8	8.6	6.7	+0.8 0
50	0.20	6.7	7.4	5.6	+0.7 0	8.0	8.8	6.9	+0.8 0	9.4	10.4	8.3	+1.0 0
63	0.25	8.4	9.3	7.1	+0.9 0	10.0	11.0	8.6	+1.0 0	11.8	13.0	10.5	+1.2 0

续表

公称直径	镀层最小厚度	S4				S3.2				S2.5			
		管壁厚		内管壁厚		管壁厚		内管壁厚		管壁厚		内管壁厚	
		min	max	公称	公差	min	max	公称	公差	min	max	公称	公差
75	0.30	9.6	11.0	8.4	+1.0 0	11.5	13.0	10.3	+1.2 0	13.8	15.4	12.5	+1.4 0
90	0.35	11.5	12.9	10.1	+1.2 0	13.7	15.2	12.3	+1.4 0	16.4	18.2	15.0	+1.6 0
110	0.35	13.7	15.2	12.3	+1.4 0	16.6	18.3	15.1	+1.7 0	19.8	21.8	18.3	+2.0 0

(5) 埋地用纤维增强聚丙烯(FRPP)加筋管材(表5.86)

表5.86 管材最小尺寸和物理力学性能(QB/T 4011—2010)

mm

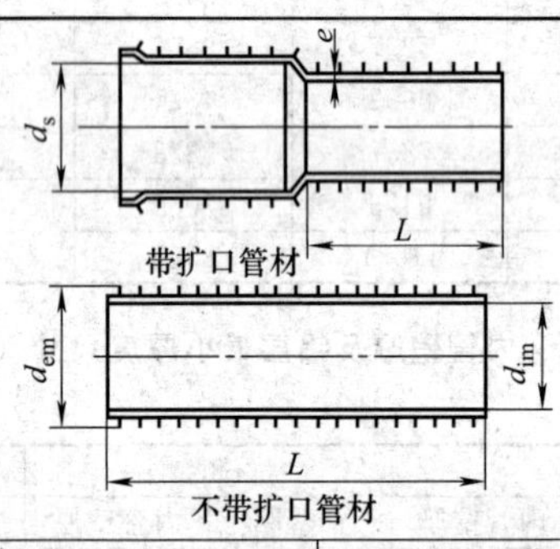

最小尺寸/mm				物理力学性能		
公称尺寸	最小平均内径	最小壁厚	最小承口深度	项目		要求
200	195	1.5	115.0	环刚度/(kN/m²) ≥	SN4	4.0
225	220	1.7	115.0		(SN6.3)	6.3
300	294	2.0	145.0		SN8	8.0
400	392	2.5	175.0		(SN12.5)	12.5
500	490	3.0	185.0		SN16	16.0
600	588	3.5	220.0	冲击性能 TIR/% ≤		10
800	785	4.5	250.0	环柔性		试样圆滑,无反向弯曲,管壁无破裂
1000	985	5.5	270.0	烘箱试验		无气泡,无分层,无开裂
				蠕变比率/%		≤4

5.2.7　其他塑料制品

（1）建筑用绝缘电工套管

是以塑料绝缘材料制成的，用于建筑物或构筑物内保护并保障电线或电缆布线。

分类：按力学性能可分为低机械应力型套管（轻型）、中机械应力型套管（中型）、高机械应力型套管（重型）和超高机械应力型套管（超重型）；按弯曲特点可分为硬质套管、半硬质套管和波纹套管；按温度可分为－25 型（长期使用温度范围，下同，－15～60℃）、－15 型（－15～60℃）、－5 型（－5～60℃）、90 型（－15～60℃，在预制混凝土中可达 90℃）和 90/－25 型（－15～60℃，在预制混凝土中可达 90℃）。

绝缘电工套管的型号标记方法是：

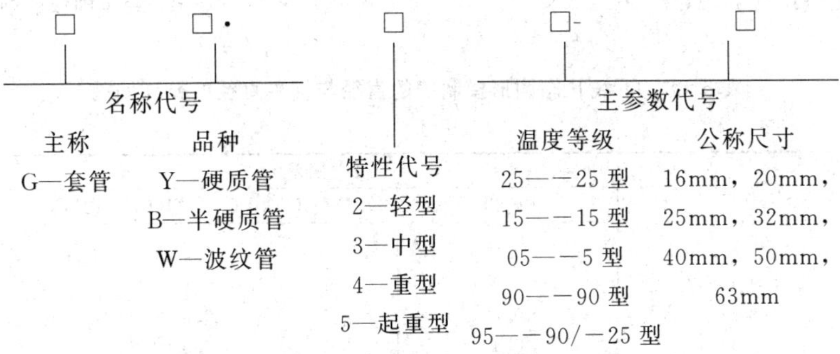

表 5.87　建筑用绝缘电工套管技术数据（JG 3050—1998）　mm

公称尺寸	外径	极限偏差	最小内径		硬质套管壁厚 min	螺纹
			硬质套管	半硬质、波纹套管		
16 20	16 20	0 －0.3	12.2 15.8	10.7 14.1	1.0 1.1	M16×1.5 M20×1.5
25 32 40	25 32 40	0 －0.4	20.6 26.6 34.4	18.3 24.3 31.2	1.3 1.5 1.9	M25×1.5 M32×1.5 M40×1.5
50	50	0 －0.5	43.2	39.6	2.2	M50×1.5
63	63	0 －0.6	57.0	52.6	2.7	M63×1.5

（2）电工用热固性树脂圆形层压模制棒

模制棒的型号表示方法（GB/T 5132.5—2009）：

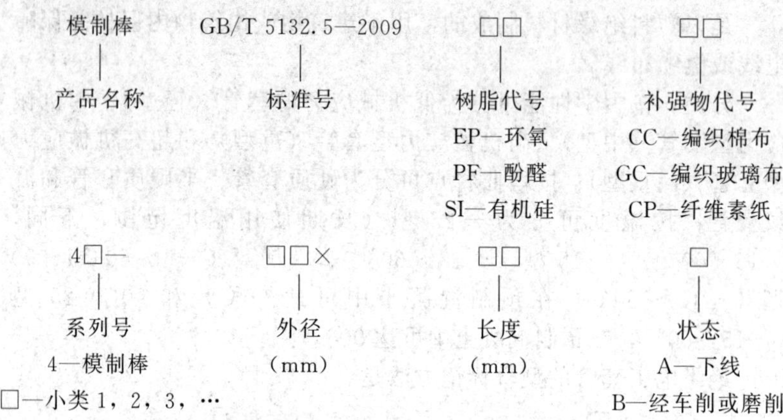

表5.88　下线状态圆形模制棒的直径与标称直径的允许偏差

mm

标称直径 D	最大偏差(±)	
	PF CP	EP GC　SI GC　EP CC　PF CC
≤10	0.3	0.4
10<D≤20	0.3	0.4
20<D≤30	0.4	0.5
30<D≤50	0.4	0.5
50<D≤75	0.4	0.7
75<D≤100	0.5	1.0
100<D≤150	0.6	1.5
150<D≤200	0.7	1.7
200<D≤300	0.75	2.0
300<D≤500	0.8	2.2
>500	1.0	2.5

表5.89　加工后状态圆形模制管的直径与标称直径的允许偏差

mm

标称直径 D	最大偏差(±)	标称直径 D	最大偏差(±)
≤25	0.15	75<D≤100	0.35
25<D≤50	0.25	100<D≤125	0.45
50<D≤75	0.30	>125	0.50

表 5.90　圆形模制棒的性能指标（GB/T 5132.5—2009）

性能	极值	性能指标										
		EP				PF						SI
		CC 41	GC 41	GC 42	GC 43	CC 41	CC 42	CC 43	CP 41	CP 42	CP 43	GC 41
垂直层向弯曲强度/MPa	min	125	220	220	220	125	90	90	120	110	100	180
轴向压缩强度/MPa	min	80	175	175	175	90	80	80	80	80	80	40
90℃油中平行层向击穿电压/kV	min	30	40	40	40	5	5	1	13	10	10	30
浸水后绝缘电阻/MΩ	min	50	1000	150	1000	5.0	1.0	0.1	75	30	0.1	150
长期耐热性 T1	min	130	130	155	130	120	120	120	120	120	120	180
吸水性/(mg/cm^2)	max	2	3	5	3	5	8	8	3	5	8	2
密度/(g/cm^3)	范围	1.2～1.4	1.7～19	1.7～1.9	1.7～1.9	1.2～1.4	1.2～1.4	1.2～1.4	1.2～1.4	1.2～1.4	1.2～1.4	1.6～1.8
燃烧性/级	—	—	—	—	V-0	—	—	—	—	—	—	V-0

（3）聚四氟乙烯板材

用于各种腐蚀介质中工作的衬垫密封件和润滑材料及在各种频率下的电绝缘零件（表 5.91、表 5.92）。长度≥100mm，直径规格（mm）为 1.0～3.0，4.0～16.0，18.0，20.0，22.0，24.0，26.0，28.0，30.0，32.0，34.0，36.0，38.0，40.0，42.0，44.0，46.0，48.0，50.0，55.0，60.0.65.0，70.0，75.0，80.0，85.0，90.0，95.0，100.0，110.0，120.0，130.0，140.0，150.0，160.0，170.0，180.0，190.0，200.0，220.0，240.0，260.0，280.0，300.0，350.0，400.0，450.0。

（4）聚四氟乙烯管材

表观密度 2.10～2.30g/cm³，拉伸强度≥18MPa，断裂伸长率≥230%，用作导线绝缘护套，腐蚀性流体介质管道。

表 5.91 聚四氟乙烯板材（QB/T 3625—1999） mm

厚度	宽度	长度
0.5,0.6, 0.7,0.8, 0.9,1.0	60,90,120,150, 200,250,300,600, 1000,1200,1500	≥500
1.0	120,160, 200,250	同宽
1.2	60,90,120,150, 200,250,300, 600.1000,1500	≥500
	120,160,200,250	同宽
1.5	60,90,120,150,200, 250,300,600,1000, 1200,1500	≥500
	120,160,200,250	同宽
2.0	60,90,120,150, 200,250,300	≥500

厚度	宽度	长度
2.0	120,160,200, 250,300,400, 450	同宽
2.5	600,1000, 1200,1500	≥500
	120,160, 200,250	同宽
3.0,4.0,5.0,6.0, 7.0,8.0,9.0,10.0, 11.0,12.0,13.0, 14.0,15.0	120,160, 200,300, 400,450	同宽
16,17,18,19,20, 22,24,26,28,30, 32,34,36,38,40, 45,50,55,60,65, 70,75	120,160, 200,300, 400,450	同宽

牌号	SFB-1	SFB-2	SFB-3
密度/(g/cm³)	2.10～2.30	2.10～2.30	2.10～2.30
抗拉强度/MPa ≥	14.7	14.7	29.4
断裂伸长率/% ≥	150	150	30
耐电压/(kV/mm)	10	—	—
用途	主要作电器绝缘用	主要作腐蚀介质中的衬垫、密封件及润滑材料用	主要作腐蚀介质中的隔膜与视镜用

表 5.92 聚四氟乙烯管材尺寸规格（QB/T 3624—1999） mm

规格	内径		壁厚	
	基本尺寸	允许公差	基本尺寸	允许公差
0.5×0.2	0.5	±0.1	0.2	±0.06
0.5×0.3			0.3	±0.08
0.6×0.2	0.6		0.2	±0.06
0.6×0.3			0.3	±0.08
0.7×0.2	0.7		0.2	±0.06
0.7×0.3			0.3	±0.08
0.8×0.2	0.8		0.2	±0.06
0.8×0.3			0.3	±0.08

续表

规格	内径		壁厚	
	基本尺寸	允许公差	基本尺寸	允许公差
0.9×0.2	0.9	±0.1	0.2	±0.06
0.9×0.3			0.3	±0.08
1.0×0.2	1.0		0.2	±0.06
1.0×0.3			0.3	±0.08
1.2×0.2	1.2	±0.2	0.2	±0.06
1.2×0.3			0.3	±0.08
1.2×0.4			0.4	±0.10
1.4×0.2	1.4		0.2	±0.06
1.4×0.3			0.3	±0.08
1.4×0.4			0.4	±0.10
1.6×0.2	1.6		0.2	±0.06
1.6×0.3			0.3	±0.08
1.6×0.4			0.4	±0.10
1.8×0.2	1.8		0.2	±0.06
1.8×0.3			0.3	±0.08
1.8×0.4			0.4	±0.10
2.0×0.2	2.0	±0.2	0.2	±0.06
2.0×0.3			0.3	±0.08
2.0×0.4			0.4	±0.10
2.0×1.0			1.0	±0.30
2.2×0.2	2.2		0.2	±0.06
2.2×0.3			0.3	±0.08
2.2×0.4			0.4	±0.10
2.4×0.2	2.4	±0.2	0.2	±0.06
2.4×0.3			0.3	±0.08
2.4×0.4			0.4	±0.10
2.6×0.2	2.6		0.2	±0.06
2.6×0.3			0.3	±0.08
2.6×0.4			0.4	±0.10
2.8×0.2	2.8		0.2	±0.06
2.8×0.3			0.3	±0.08
2.8×0.4			0.4	±0.10
3.0×0.2	3.0	±0.3	0.2	±0.06
3.0×0.3			0.3	±0.08
3.0×0.4			0.4	±0.10
3.0×0.5			0.5	±0.16
3.0×1.0			1.0	±0.30

续表

规格	内径		壁厚	
	基本尺寸	允许公差	基本尺寸	允许公差
3.2×0.2	3.2	±0.3	0.2	±0.06
3.2×0.3			0.3	±0.08
3.2×0.4			0.4	±0.10
3.2×0.5			0.5	±0.16
3.4×0.2	3.4	±0.3	0.2	±0.06
3.4×0.3			0.3	±0.08
3.4×0.4			0.4	±0.10
3.4×0.5			0.5	±0.16
3.6×0.2	3.6		0.2	±0.06
3.6×0.3			0.3	±0.08
3.6×0.4			0.4	±0.10
3.6×0.5			0.5	±0.16
3.8×0.2	3.8	±0.3	0.2	±0.06
3.8×0.3			0.3	±0.08
3.8×0.4			0.4	±0.10
3.8×0.5			0.5	±0.16
4.0×0.2	4.0		0.2	±0.06
4.0×0.3			0.3	±0.08
4.0×0.4			0.4	±0.10
4.0×0.5			0.5	±0.16
4.0×1.0			1.0	±0.30
5.0×0.5	5.0	±0.5	0.5	±0.30
5.0×1.0			1.0	
5.0×1.5			1.5	
5.0×2.0			2.0	
6.0×0.5	6.0		0.5	
6.0×1.0			1.0	
6.0×1.5			1.5	
6.0×2.0			2.0	
7.0×0.5	7.0	±0.5	0.5	±0.30
7.0×1.0			1.0	
7.0×1.5			1.5	
7.0×2.0			2.0	
8.0×0.5	8.0		0.5	
8.0×1.0			1.0	
8.0×1.5			1.5	
8.0×2.0			2.0	

续表

规格	内径		壁厚	
	基本尺寸	允许公差	基本尺寸	允许公差
9.0×1.0 9.0×1.5 9.0×2.0	9.0	±0.5	1.0 1.5 2.0	±0.30
10.0×1.0 10.0×1.5 10.0×2.0	10.0		1.0 1.5 2.0	
11.0×1.0 11.0×1.5 11.0×2.0	11.0		1.0 1.5 2.0	
12.0×1.0 12.0×1.5 12.0×2.0	12.0		1.0 1.5 2.0	
13.0×1.5 13.0×2.0	13.0	±1.0	1.5 2.0	±0.30
14.0×1.5 14.0×2.0	14.0		1.5 2.0	
15.0×1.5 15.0×2.0	15.0		1.5 2.0	
16.0×1.5 16.0×2.0	16.0		1.5 2.0	
17.0×1.5 17.0×2.0	17.0	±1.0	1.5 2.0	±0.30
18.0×1.5 18.0×2.0	18.0		1.5 2.0	
19.0×1.5 19.0×2.0	19.0		1.5 2.0	
20.0×1.5 20.0×2.0	20.0		1.5 2.0	
25.0×1.5 25.0×2.0 25.0×2.5	25.0	±1.0 ±1.0 ±1.5	1.5 2.0 2.5	±0.30
30.0×1.5 30.0×2.0 30.0×2.5	30.0	±1.0 ±1.0 ±1.5	1.5 2.0 2.5	

注：长度≥200mm。

(5) 聚偏二氟乙烯 (PVDF) 管

具有良好的化学稳定性、耐化学腐蚀性和耐热稳定性。可在－62～＋150℃温度范围内长期使用，能耐除强溶剂外的所有盐、酸、碱、芳烃、卤素等介质。PVDF 管的优点：阻燃、耐疲劳不易折断、抗磨损、自润滑性能好，良好的绝缘材料。其机械强度高：与 PTFE 相比：拉伸强度大 2 倍，压缩强度大 6 倍。耐磨性能：仅稍逊于 NYLON6，UHMWPE。当温度压力同时存在时，其性能远优于其他塑料管。适用于化工、制药、印染、污水处理、冶金薄钢板酸洗，冶金行业废酸回收再生等领域的腐蚀性介质输送。

表 5.93　聚偏二氟乙烯 (PVDF) 管技术参数

物理性能	密度/(g/cm³)	1.75～1.79
	熔点/℃	160～170
力学性能	拉伸强度(2℃)/MPa	30～50
	断裂伸长率(23℃)/%	50～250
	压缩强度(23℃—最大)/MPa	50～100
	硬度(HB)	70～80
	动摩擦系数	0.3
热性能	连续最高使用温度/℃	125
	热变形温度(1.82MPa)/℃	84
	线胀系数/10^{-5}℃$^{-1}$	7～14
电气性能	体积抵抗率(23℃,50XPH)	2×10
	绝缘破坏电压(3.2mm 厚)/kV	12
	介电常数	7
	介质损耗角正切/10^6Hz	＜0.1
加工性能	烘料温度/℃	90～95
	加工温度/℃	220～240
	流动指数	2～23

(6) 聚苯乙烯 (PS) 制品

双向拉伸 PS 片材规格（表 5.94～表 5.97)：宽度：300～3300mm；厚度：0.025～0.600mm。

表 5.94　绝热用挤出 PS 泡沫塑料规格 (GB/T 10801.2—2002)

mm

长度	宽度	厚度
1000,1250,2450,2500	600,900,1200	20,25,30,40,50,75,100

表 5.95　绝热用膜塑 PS 泡沫塑料规格（GB/T 10801.1—2002）

mm

长宽尺寸	允许偏差	厚度尺寸	允许偏差	对角线尺寸	对角线差
＜1000	±5	＜50	±2	＜1000	5
1000～2000	±8	50～75	±3	1000～2000	7
2000＞4000	±10	＞75～100	±4	2000＞4000	13
＞4000	$^{+\text{不限}}_{-10}$	＞100	另议	＞4000	15

表 5.96　高抗冲击 PS 挤出板材规格（QB 1869—1993）　mm

项目		极限偏差		
		优等品	一等品	合格品
厚度	＜3.0	±5	±6	±10
	3.0～5.0	±4	±5	±7
	5.0～10	±3.5	±4.5	±6
长度和宽度		±0.5	±1	±3

表 5.97　酚醛层压布板（JB/T 8149.2—2000）

型号	PFCC1	PFCC2	PFCC3	PFCC4
厚度/mm	0.4,0.5,0.6,0.8,1.0,1.2,1.6,2.0,2.5,3,4,5,6,8,10,12,14,16,20,25,30,35,40,45,50,60,70,80,90,100			
宽度和长度/mm	450～2600			
垂直层向抗弯强度/MPa ≥	100	90	110	100
冲击韧度(缺口试样，平行板层试验)/(kJ/m²) ≥	8.8	7.8	7.0	6.0
90℃变压器油中 1min 平行层向耐电压/kV ≤	—	15	—	20
浸水后绝缘电阻/MΩ ≥	—	10	—	10
用　途	机械用(粗布)，力学性能好	机械和电气用(粗布)	机械用(细布)，适于作小零件	机械和电气用(细布)，适于作小零部件

(7) 尼龙布基人造革（表 5.98～表 5.101）

表 5.98　尼龙布基人造革的产品分类

类别	基材	品种	主要用途
A	绸	A1(不发泡)	箱、包袋、雨衣、服装、帐篷布
		A2(发泡)	箱、包袋
B	布	B1(不发泡)	箱、包装
		B2(发泡)	箱、包装

表 5.99 尼龙布基人造革长、宽规格及极限偏差（QB/T 1230—1991）

mm

项目		极限偏差		
		优等品	一等品	合格品
宽度≤1000		±10	±15	±20
宽度>1000		±20	±25	±30
段数/卷	30m/卷	1	2	3
	50m/卷	2	3	4
	100m/卷	4	5	7

表 5.100 尼龙布基人造革厚度及极限偏差（QB/T 1230—1991）

mm

类别	品种	厚度	极限偏差(±)		
			优等品	一等品	合格品
A	A1	0.16～0.20	0.02	0.03	0.04
		0.21～0.35	0.03	0.05	0.06
		0.36～1.20	0.05	0.07	0.08
	A2	≤1.2	0.07	0.08	0.10
B	B1	≤1.2	0.05	0.07	0.08
	B2	≤1.2	0.07	0.08	0.10

表 5.101 ABS 常规性能

性能	参数	性能	参数
颜色	一般为黄色	扁平试验	无破裂或裂缝
平均密度/(g/cm³)	1.03～1.07	液压试验	无破裂、无渗漏
弹性模量/MPa	1655	热传导率/[cal/(g·℃)]	0.25
拉伸强度/MPa	35～45	比热/[cal/(g·℃)]	0.38
弯曲强度/MPa	52～69	体电阻/Ω·cm>	1016
冲击强度(缺口 23℃)/(kJ/m²)	9～30	介电强度(AC)/(kV/mm)	30～45
洛氏硬度	R98～108	可燃温度/℃	466
热变形温度/℃ ≥	86	线胀系数/℃⁻¹	0.000095
维卡软化点/℃ ≥	94		

ABS 产品工作压力与温度比值关系

工作温度/℃	10～30	31～40	41～50	51～60	61～70
下降系数	1	0.9	0.8	0.7	0.5

(8) 工程塑料（ABS）管

ABS 是丙烯腈-丁二烯-苯乙烯三者的共聚物。具有耐腐蚀、耐酸碱、卫生无毒、工作压力高、流体阻力小、使用寿命长、质轻、安装简便等特性，广泛用于化工、医药、酿造、食品、发电、印染、纺织、水处理、市政工程、建筑、电信等行业。使用温度为−40～+80℃。

表 5.102　ABS 管材规格、壁厚和壁厚公差　mm

公称外径	公称壁厚和壁厚公差															
	管系列 S 和标准尺寸比 SDR															
	S20 SDR41		S16 SDR33		S12.5 SDR26		S10 SDR21		S8 SDR17		S6.3 SDR13.6		S5 SDR11		S4 SDR9	
	最小	公差	最小	公差	最小	公差	最小	公差	最小	公差	最小	公差	最小	公差	最小	公差
12	—	—	—	—	—	—	—	—	—	—	—	—	1.8	+0.4	1.8	+0.4
16	—	—	—	—	—	—	—	—	—	—	1.8	+0.4	1.8	+0.4	1.8	+0.4
20	—	—	—	—	—	—	—	—	—	—	1.8	+0.4	1.9	+0.4	2.3	+0.5
25	—	—	—	—	—	—	—	—	1.8	+0.4	1.9	+0.4	2.3	+0.5	2.8	+0.5
32	—	—	—	—	—	—	1.8	+0.4	1.9	+0.4	2.4	+0.5	2.9	+0.5	3.6	+0.6
40	—	—	—	—	1.8	+0.4	1.9	+0.4	2.4	+0.5	3.0	+0.5	3.7	+0.6	4.5	+0.7
50	—	—	1.8	+0.4	2.0	+0.4	2.4	+0.5	3.0	+0.5	3.7	+0.6	4.6	+0.7	5.6	+0.8
63	1.8	+0.4	2.0	+0.4	2.5	+0.5	3.0	+0.5	3.8	+0.6	4.7	+0.7	5.8	+0.8	7.1	+1.0
75	1.9	+0.4	2.3	+0.5	2.9	+0.5	3.6	+0.6	4.5	+0.7	5.6	+0.8	6.8	+0.9	8.4	+1.1
90	2.2	+0.5	2.8	+0.5	3.5	+0.6	4.3	+0.7	5.4	+0.8	6.7	+0.9	8.2	+1.1	10.1	+1.3
110	2.7	+0.5	3.4	+0.6	4.2	+0.7	5.3	+0.8	6.6	+0.9	8.1	+1.1	10.0	+1.2	12.3	+1.5
125	3.1	+0.6	3.9	+0.6	4.8	+0.7	6.0	+0.8	7.4	+1.0	9.2	+1.2	11.4	+1.4	14.0	+1.6
140	3.5	+0.6	4.3	+0.7	5.4	+0.8	6.7	+0.9	8.3	+1.1	10.3	+1.3	12.7	+1.5	15.7	+1.8
160	4.0	+0.6	4.9	+0.7	6.2	+0.9	7.7	+1.0	9.5	+1.2	11.8	+1.4	14.6	+1.7	17.9	+2.0
180	4.4	+0.7	5.5	+0.8	6.9	+0.9	8.6	+1.1	10.7	+1.3	13.3	+1.6	16.4	+1.9	20.1	+2.3
200	4.9	+0.7	6.2	+0.9	7.7	+1.0	9.6	+1.2	11.9	+1.4	14.7	+1.7	18.2	+2.1	22.4	+2.5
225	5.5	+0.8	6.9	+0.9	8.6	+1.1	10.8	+1.3	13.4	+1.6	16.6	+1.9	20.5	+2.3	25.2	+2.8
250	6.2	+0.9	7.7	+1.0	9.6	+1.2	11.9	+1.4	14.8	+1.7	18.4	+2.1	22.7	+2.5	27.9	+3.0
280	6.9	+0.9	8.6	+1.1	10.7	+1.3	13.4	+1.6	16.6	+1.9	20.6	+2.3	25.4	+2.8	31.3	+3.4
315	7.7	+1.0	9.7	+1.2	12.1	+1.5	15.0	+1.7	18.7	+2.1	23.2	+2.6	28.6	+3.1	35.2	+3.8
355	8.7	+1.1	10.9	+1.3	13.6	+1.6	16.9	+1.9	21.1	+2.4	26.1	+2.9	32.2	+3.5	39.7	+4.2
400	9.8	+1.2	12.3	+1.5	15.3	+1.8	19.1	+2.2	23.7	+2.6	29.4	+3.2	36.3	+3.9	44.7	+4.7

表 5.103　ABS 板材规格及极限偏差　mm

长度、宽度	极限偏差	厚度 h	极限偏差	对角线极限偏差
≤500	±0.5%	1～10	±(0.05+0.03h)	两对角线差值不大于 5mm
>500	±0.3%			

表 5.104 ABS/PVC 板材规格及极限偏差（QB/T 2029—1994）

mm

厚度	极限偏差		宽度	极限偏差	
	优等品、一等品	合格品		优等品、一等品	合格品
0.85～1.20	+0.05 −0.03	±0.05	≤1000	+4 0	+4 −2
			>1000	+6 0	+6 −2

（9）液压用织物增强热塑性塑料软管

适用于在−40～100℃温度范围内工作的石油基、水基和合成液压流体，其规格见表 5.105。

表 5.105 液压用织物增强热塑性塑料软管（GB/T 15908—2009）

公称内径/mm	内径范围/mm				最大外径/mm		最大工作压力/MPa		试验压力/MPa		最小爆破压力/MPa		最小弯曲半径/mm
	R7 型		R8 型		R7 型	R8 型	R7 型	R8 型	R7 型	R8 型	R7 型	R8 型	R7 型 R8 型
	最小	最大	最小	最大									
5	4.6	5.4	4.6	5.4	11.4	14.6	21.0	35.0	42.0	70.0	84.0	140.0	90
6.3	6.2	7.0	6.2	7.0	13.7	16.8	19.2	35.0	38.5	70.0	77.0	140.0	100
8	7.7	8.5	7.7	8.5	15.6	18.6	17.5	—	35.0	—	70.0	—	115
10	9.3	10.3	9.3	10.3	18.4	20.3	15.8	28.0	31.5	56.0	63.0	112.0	125
15	12.3	13.5	12.3	13.9	22.5	24.6	14.0	24.5	28.0	49.0	56.0	98.0	180
16	15.6	16.7	15.5	16.7	25.8	29.8	10.5	19.2	21.0	38.0	42.0	77.0	205
19	18.6	19.8	18.6	19.8	28.6	33.0	8.8	15.8	17.5	31.5	35.0	63.0	240
25	25.0	26.4	25.0	26.4	36.7	38.6	7.0	14.0	14.0	28.0	28.0	56.0	300

注：R7 型设计工作压力较低；R8 型设计工作压力较高。

（10）吸引和低压排输石油液体用塑料软管（表 5.106）

表 5.106 吸引和低压排输石油液体用塑料软管规格

公称内径/mm	项目	性能	参数
1(轻)型： 12.5,16,20,25, 31.5,40,50,63,80, 100,125 2(重)型： 12.5,16,20,25, 31.5,40,50	耐燃油性能	拉伸强度的最大变化率/%	−30
		拉断伸长率的最大变化率/%	−50
		体积变化率/%	−5～25
	耐油性能	拉伸强度的最大变化率/%	40
		拉断伸长率的最大变化率/%	−40
		体积变化率/%	−5～25
	老化性能变化	拉伸强度的最大变化率/%	−20
		拉断伸长率的最大变化率/%	50
		最大硬度变化(邵尔 A 型)	10

5.3 玻璃

5.3.1 平板玻璃

平板玻璃，按颜色属性分为无色透明平板玻璃和本体着色平板玻璃；按外观质量分为合格品、一等品和优等品；按公称厚度分为：2mm、3mm、4mm、5mm、6mm、8mm、10mm、12mm、15mm、19mm、22mm、25mm。

用途：2～4mm 用于画框表面，5～6mm 用于外墙窗户、门扇等小面积透光造型等，8mm 用于室内屏风等较大面积但又有框架保护的造型中，10mm 用于室内大面积隔断、栏杆等装修中，12mm 用于地弹簧玻璃门和一些活动人流较大的隔断中。15mm 以上玻璃，市面上不多见，主要用于较大面积的地弹簧玻璃门和外墙整块玻璃墙面。

5.3.2 超白浮法玻璃

超白浮法玻璃，按外观质量分为合格品、一等品和优等品；按公称厚度分为：2mm、3mm、4mm、5mm、6mm、8mm、10mm、12mm、15mm、19mm、22mm、25mm。

尺寸偏差、对角线差、厚度偏差、厚薄差和弯曲度按 GB 11614 中的规定。

5.3.3 夹层玻璃

一般由两片普通平板玻璃（也可以是钢化玻璃或其他特殊玻璃）和玻璃之间的有机胶合层构成。当受到破坏时，碎片仍黏附在胶层上，避免了碎片飞溅对人体的伤害，多用于有安全要求的装修项目。夹层玻璃的厚度尚没有标准规定，可根据具体情况选用：①保护人身以防玻璃破碎所造成的伤害：≥6.4mm，建议厚度为 6.8mm；②防破坏：≥7.5mm；③防盗窃：≥7.5mm；④抵抗子弹，≥30mm。

5.3.4 中空玻璃

多采用胶接法将两块玻璃保持一定间隔（其中是干燥空气），周边再用密封材料密封而成，主要用于有隔音要求的装修工程之中。

表 5.107　常用中空玻璃的形状和最大尺寸（GB/T 11944—2002）

mm

玻璃厚度	间隔厚度	长边最大尺寸	短边最大尺寸（正方除外）	量大面积/mm²	正方形边长最大尺寸
3	6	2110	1270	2.4	1270
	9～12		1271		
4	6	2420	1300	2.86	1300
	9～12	2440		3.17	
	12～20	2440		3.17	
5	6	3000	1750	4.00	1750
	9～12		1750	4.80	2100
	12～20		1815	5.10	2100
6	6	4550	1980	5.88	2000
	9～12		2280	8.54	2440
	12～20		2440	9.00	2440
10	6	4270	2000	8.54	2440
	9～12	5000	3000	15.00	3000
	12～20	5000	3160	15.90	3250
12	12～20	5000	3180	16.90	3250

5.3.5　钢化玻璃

钢化玻璃是由普通平板玻璃再加工处理而成的一种预应力玻璃，不容易破碎（破碎后为无锐角的颗粒），与普通平板玻璃相比，抗拉度大 3 倍以上，抗冲击能力大 5 倍以上。

钢化玻璃有普通和均质两种。均质钢化玻璃是经过特定工艺条件处理过的钠钙硅钢化玻璃（HST），其尺寸要求（表 5.108、表 5.109）同普通钢化玻璃。

表 5.108　矩形窗钢化玻璃的规格　　mm

尺寸	宽度		高度		圆角	厚度				
	最小	最大	最小	最大		8	10	12	15	19
300×425	314	318	439	443	58	○	○	●	●	
355×500	369	373	514	518	58	○	○	●	●	
400×560	414	418	574	578	58	○		○		●
450×630	464	468	644	648	108	○		○		●
500×710	514	518	724	718	108		○		○	
560×800	574	578	814	818	108		○		○	
900×630	914	918	644	648	108			○		○
1000×710	1014	1018	724	728	108			○		○
1100×800	1114	1118	814	818	108				○	

注：○—适用于透明或不透明玻璃，●—仅适用于不透明玻璃。

表 5.109　舷窗钢化玻璃的规格　mm

直径	最小直径	最大直径	厚度 6	8	10	12	15	19
200	213	215	○	○	○	●	●	
250	263	265	○	○	●	○		○
300	316	319		○	○	●	○	
350	366	369		○		○	○	●
400	416	419			○	○	●	○
450	466	469			○		○	

注：同表 5.108。

5.3.6　防火玻璃

防火玻璃的标记方法是：

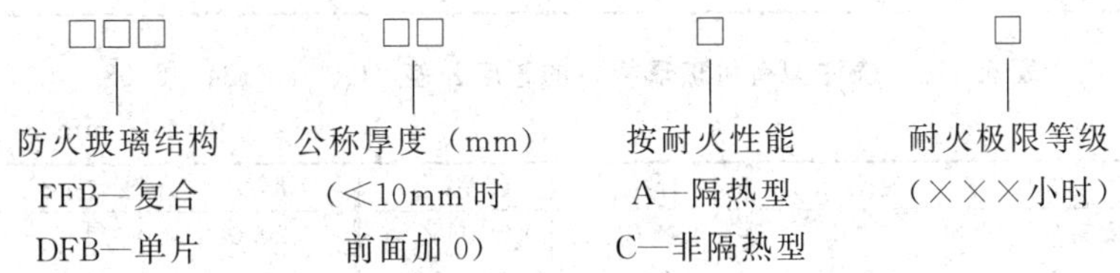

表 5.110　防火玻璃的尺寸、厚度允许偏差（GB 15763.1—2009）

mm

<table>
<tr><td rowspan="8">复合防火玻璃</td><td rowspan="2">公称厚度 d</td><td colspan="2">长度（或宽度）允许偏差</td><td rowspan="2">厚度允许偏差</td></tr>
<tr><td>≤1200</td><td>>1200～2400</td></tr>
<tr><td>5≤d<11</td><td>±2</td><td>±3</td><td>±1.0</td></tr>
<tr><td>11≤d<17</td><td>±3</td><td>±4</td><td>±1.0</td></tr>
<tr><td>17≤d<24</td><td>±4</td><td>±5</td><td>±1.3</td></tr>
<tr><td>24≤d<35</td><td>±5</td><td>±6</td><td>±1.5</td></tr>
<tr><td>d≥35</td><td>±5</td><td>±6</td><td>±2.0</td></tr>
<tr><td colspan="4">[当长度(或宽度)>2400mm 时,尺寸允许偏差由供需双方商定]</td></tr>
</table>

<table>
<tr><td rowspan="7">单片防火玻璃</td><td rowspan="2">公称厚度</td><td colspan="3">长度（或宽度）允许偏差</td><td rowspan="2">厚度允许偏差</td></tr>
<tr><td>≤1000</td><td><1000～2000</td><td>>2000</td></tr>
<tr><td>5
6</td><td>+1
−2</td><td rowspan="3">±3</td><td rowspan="4">±4</td><td>±0.2</td></tr>
<tr><td>8
10</td><td rowspan="2">+2
−3</td><td>±0.3</td></tr>
<tr><td>12</td><td>±0.3</td></tr>
<tr><td>15</td><td>±4</td><td>±4</td><td>±0.5</td></tr>
<tr><td>19</td><td>±5</td><td>±5</td><td>±6</td><td>±0.7</td></tr>
</table>

5.4 有机玻璃（PMMA）板材

浇铸型工业有机玻璃板材是以甲基丙烯酸甲酯为原料，在特定的模具内进行本体聚合而成的，无色和有色的透明、半透明或不透明板材，厚度为1.5～50mm，其公差要求见表5.111、表5.112。

表5.111 浇注型有机玻璃板材的长度和宽度公差（GB/T 7134—2008）

mm

长度和宽度	公差	长度和宽度	公差
≤1000	+3 0	2001～3000	+9 0
1001～2000	+6 0	>3001	+0.3% 0

表5.112 浇注型有机玻璃板材的厚度公差（GB/T 7134—2008）

mm

厚度	公差(±)	厚度	公差(±)	厚度	公差(±)
1.5	0.2	8.0	0.5	20.0	1.5
2.0	0.4	9.0	0.6	25.0	1.5
2.8	0.4	10.0	0.6	30.0	1.7
3.0	0.4	11.0	0.7	35.0	1.7
3.5	0.4	12.0	0.7	40.0	2.0
4.0	0.5	13.0	0.8	45.0	2.0
4.5	0.5	15.0	1.0	50.0	2.5
5.0	0.5	16.0	1.0		
6.0	0.5	18.0	1.0		

注：板材幅面在（1700×1900）～(2000×3000)mm^2 时，厚度公差允许增加20%，板材幅面大于2000×3000mm^2 时，厚度公差允许增加30%。

5.5 石棉制品

石棉是具有高抗张强度、高挠性、耐化学和热侵蚀、电绝缘和具有可纺性的硅酸盐类矿物产品，是天然的纤维状的硅酸盐类矿物质的总称，是重要的防火、绝缘和保温材料。但是由于石棉纤维能引起石棉肺等多种疾病，在我国已经逐渐淘汰这类产品。

5.5.1 石棉绳

石棉方绳主要用作密封填料，其余三种主要用作保温隔热材料。其中石棉松绳多用于具有振动或多弯曲的热管道上。

石棉绳的标记方法为：

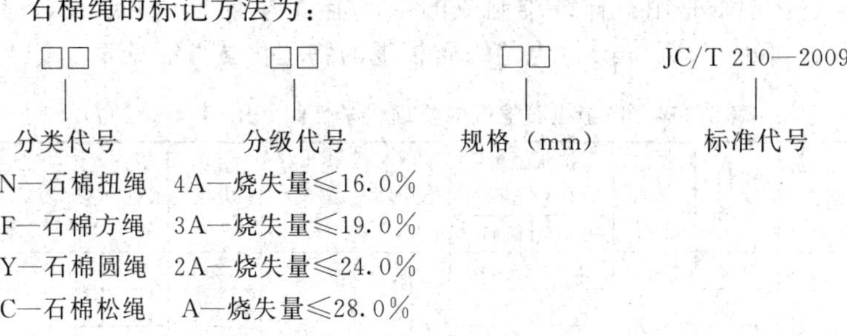

SN—石棉扭绳　4A—烧失量≤16.0%

SF—石棉方绳　3A—烧失量≤19.0%

SY—石棉圆绳　2A—烧失量≤24.0%

SC—石棉松绳　A—烧失量≤28.0%

B—烧失量≤32.0%

S—烧失量≤35.0%

表 5.113　石棉绳的主要规格、允许偏差和密度（JC/T 210—2009）

分类	规格(直径)/mm	允许偏差/mm	密度/(g/cm³)
石棉扭绳	3.0、5.0	±0.3	≤1.00
	6.0、8.0、10.0	±0.5	
	>10.0	±1.0	
石棉圆绳	6.0、8.0、10.0①	±0.3	≤1.00
	13.0、16.0①	±1.0	
	19.0②		
	22.0、25.0、28.0②	±1.5	
	32.0③		
	35.0、38.0③	±2.0	
	42.0、45.0、50.0④		
石棉方绳	4.0、5.0	±0.4	≥0.8
	6.0、8.0、10.0	±0.5	
	13.0、16.0、19.0	±1.0	
	22.0、25.0、28.0、32.0	±1.5	
	38.0、42.0、45.0、50.0	±2.0	
石棉松绳	13.0、16.0、19.0	±1.0	≤0.55
	22.0、25.0、32.0	±1.5	≤0.45
	38.0、45.0、50.0	±2.0	≤0.35

① 编结层数 1 层以上。

② 编结层数 2 层以上。

③ 编结层数 3 层以上。

④ 编结层数 4 层以上。

5.5.2　石棉纸和石棉板

（1）石棉纸

石棉纸是用石棉纤维制成的纸。定量为100～150g/m²，厚度为0.038～1.588mm。电绝缘石棉纸的物理化学性能见表5.114。

表5.114　电绝缘石棉纸的物理化学性能（JC/T 41—2009）

牌号	规格/mm	密度/(g/cm³)≤	抗张强度/(kg/cm²)		水分/%≤	烧失量/%≤	击穿电压/V	个别点最低击穿电压/V	三氧化二铁含量/%
			纵向≥	横向≥					
Ⅰ号	0.2	1.1	2.0	0.6	3.5	25	1200	900	4
	0.3		2.5	0.8			1400	1100	
	0.4		2.8	1.2			1700	1300	
	0.5		3.2	1.4			2000	1500	
Ⅱ号	0.2	1.1	1.6	0.4	3.5	23	500	—	—
	0.3		2.0	0.6			500		
	0.4		2.2	0.8			1000		
	0.5		2.5	1.0			1000		

注：Ⅰ号电绝缘石棉纸能承受较高的电压，可作为大型电机磁极线圈匝间电绝缘材料；Ⅱ号电绝缘石棉纸能承受一般的电压，可作为电器开关、仪表等隔弧绝缘材料。

（2）石棉板

主要用于锅炉、烟囱、建筑工程及车船机房内外墙壁中间作隔热、保温、隔音和防火衬垫材料，以及在动力机械、蒸气管子等的连接中作为密封垫圈，也可作电器上的常用绝缘材料。石棉纸板的尺寸及允许偏差、物理力学性能见表5.115、表5.116。

表5.115　石棉纸板的尺寸及允许偏差（JC/T 69—2009）　mm

长度×宽度	允许偏差	厚度	允许偏差	
			A-1	A-2
1000×1000	±5	0.2～0.5	±0.05	±0.05
		>0.5～1.00	±0.10	±0.07
		>1.00～1.50	±0.15	±0.08
两对角线长度之差≤30		>1.50～2.00	±0.20	±0.09
		>2.00～5.00	±0.30	±0.10
		>5.00	±0.50	—

表5.116　石棉纸板的物理力学性能（JC/T 69—2009）

项目	性能要求	
	A-1	A-2
水分/% ≤	3.0	
烧失量/% ≤	24.0	

续表

项目	性能要求	
	A-1	A-2
密度/(g/cm³) ≤	15	
横向拉伸强度/MPa ≥	0.8	2.0

注：厚度大于 3mm 者不做横向拉伸强度试验。

5.5.3 石棉橡胶板

可用作制造非油、非酸介质耐热耐压密封垫片。温度为450℃、压力为6MPa以下的水、水蒸气等介质为主的设备、管道法兰连接处用的密封衬垫材料。

表 5.117　石棉橡胶板的规格（GB/T 3985—2008）

等级牌号	颜色	最高使用条件	等级牌号	颜色	使用条件
XB510	墨绿	温度 510℃,压力 7MPa	XB300	红	温度 300℃,压力 3MPa
XB450	紫	温度 450℃,压力 6MPa	XB200	灰	温度 200℃,压力 1.5MPa
XB400	紫	温度 400℃,压力 5MPa	XB150	灰	温度 150℃,压力 0.8MPa
XB350	红	温度 350℃,压力 4MPa			

（1）耐酸石棉橡胶板

可抵抗硫酸、硝酸和盐酸等的腐蚀作用，适用制作温度为200℃、压力为 2.5MPa 以下，与酸性物质接触的管道密封衬垫材料。

表 5.118　耐酸石棉橡胶板的物理力学性能

项目	指标名称	技术指标	
物理性能	横向拉伸强度/MPa	≥10.0	
	密度/(g/cm³)	1.7～2.3	
	压缩率/%	12±5	
	回弹率/%	≥40	
	柔软性	在直径为试样公称厚度 12 倍的圆棒上弯曲 180℃,试样不得出现裂纹等破坏现象	
耐酸性能（室温,48h）	硫酸 $c(H_2SO_4)=18mol/L$	外观	不起泡、无裂纹
		增重率/%	≤50
	盐酸 $c(HCl)=12mol/L$	外观	不起泡、无裂纹
		增重率/%	≤45
	硝酸 $c(HNO_3)=1.67mol/L$	外观	不起泡、无裂纹
		增重率/%	≤40

注：1. 厚度大于 3.0mm 者不做拉伸强度试验。

2. 厚度大于等于 2.5mm 者不做柔软性试验。

（2）耐油石棉橡胶板

可用作介质为油品、溶剂及碱液的设备和管道法兰连接处的密封衬垫材料。

表 5.119 耐油石棉橡胶板的规格（GB/T 539—2008）

用途	等级牌号	颜色	最高使用条件
一般工业	NY510	草绿	温度 510℃，压力 5MPa
	NY400	灰褐	温度 400℃，压力 4MPa
	NY300	蓝	温度 300℃，压力 3MPa
	NY250	红	温度 250℃，压力 2.5MPa
	NY150	暗红	温度 150℃，压力 1.5MPa
航空工业	HNY300	蓝	温度 300℃以下的航空燃油等

5.5.4 管法兰用石棉橡胶垫片

表 5.120 凸面管法兰用石棉橡胶垫片的形式和尺寸（JB/T 87—1994）

mm

t

d_1

D_0

公称通径 DN	垫片内径 d_1	公称压力 PN/MPa						垫片厚度 t
		0.25	0.6	1.0	1.6	2.5	4.0	
		垫片外径 D_0						
10	14	38	38	46	46	46	46	2
15	18	43	43	51	51	51	51	
20	25	53	53	61	61	61	61	
25	32	63	63	71	71	71	71	
32	38	76	76	82	82	82	82	
40	45	86	86	92	92	92	92	
50	57	96	96	107	107	107	107	
65	76	116	116	127	127	127	127	
80	89	132	132	142	142	142	142	
100	108	152	152	162	162	167	167	
125	133	182	182	192	192	195	195	
150	159	207	207	217	217	225	225	
175	194	237	237	247	247	255	265	
200	219	262	262	272	272	285	290	
225	245	287	287	302	302	310	321	
250	273	317	317	327	330	340	351	
300	325	372	372	377	385	400	416	

续表

公称通径 DN	垫片内径 d_1	公称压力 PN/MPa						垫片厚度 t
		0.25	0.6	1.0	1.6	2.5	4.0	
		垫片外径 D_0						
350	377	422	422	437	445	456	476	3
400	426	472	472	490	495	516	544	
450	480	527	527	540	555	566	569	
500	530	577	577	596	616	619	622	
600	630	680	680	695	729	729	741	
700	720	785	785	810	799	827	846	
800	820	890	890	916	909	942	972	
900	920	990	990	1016	1009	1036	—	
1000	1020	1090	1090	1126	1122	1152	—	
1200	1220	1286	1306	1339	1336	1362	—	
1400	1420	1486	1526	1549	1536	1575	—	
1500	1520	1596	1626	—	—	—	—	
1600	1620	1696	1726	1766	1762	—	—	

表 5.121　凹凸面和榫槽面管法兰用石棉橡胶垫片（JB/T 87—1994）

mm

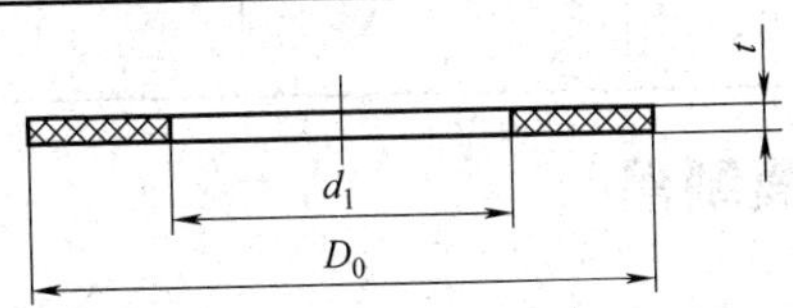

凹凸面管法兰用石棉橡胶垫片			
公称通径 DN	公称压力 PN/MPa 2.5,4.0,6.3		
	垫片内径 d_1	垫片外径 D_0	垫片厚度 t
10	14	34	2
15	18	39	
20	25	50	
25	32	57	
32	38	65	
40	45	75	
50	57	87	
65	76	109	
80	89	120	
100	108	149	

榫槽面管法兰用石棉橡胶垫片			
公称通径 DN	公称压力 PN/MPa 2.5,4.0,6.3		
	垫片内径 d_1	垫片外径 D_0	垫片厚度 t
10	24	34	2
15	29	39	
20	36	50	
25	43	57	
32	51	65	
40	61	75	
50	73	87	
65	95	109	
80	106	120	
100	129	149	

续表

凹凸面管法兰用石棉橡胶垫片				榫槽面管法兰用石棉橡胶垫片			
公称通径 *DN*	公称压力 *PN*/MPa 2.5,4.0,6.3			公称通径 *DN*	公称压力 *PN*/MPa 2.5,4.0,6.3		
	垫片内径 d_1	垫片外径 D_0	垫片厚度 t		垫片内径 d_1	垫片外径 D_0	垫片厚度 t
125	133	175	2	125	155	175	2
150	159	203		150	183	203	
175	194	233		175	213	233	
200	219	259		200	239	259	
225	245	286		225	266	286	
250	273	312		250	292	312	
300	325	363		300	343	363	
350	377	421	3	350	395	421	3
400	426	473		400	447	473	
450	480	523		450	497	523	
500	530	575		500	549	575	
600	630	675/677		600	649/651	675/677	
700	720	777/787		700	751/741	777/767	
800	820	882/875		800	856/849	882/875	
900	920	—		—	—	—	
1000	1020	—		—	—	—	

5.6 石墨及其制品

5.6.1 碳石墨

碳石墨制品的型号表示方法（JB/T 9580—2008）是：

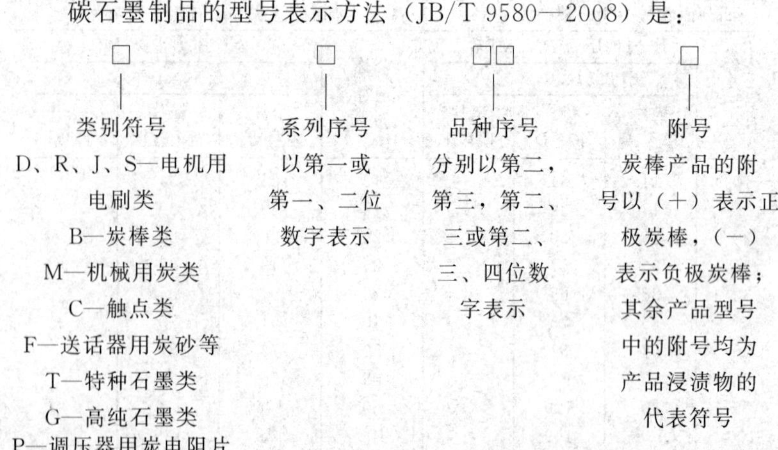

表 5.122　不透性石墨管的基本参数（HG/T 2059—2004）　mm

<table>
<tr><th>公称直径（内径）</th><th>外径</th><th>壁厚</th><th>壁厚偏差</th><th>直线度/(mm/m)</th><th>设计压力 MPa</th></tr>
<tr><td>22</td><td>32</td><td>5.0</td><td rowspan="6">±0.5</td><td rowspan="4">±2.5</td><td rowspan="4">±0.3</td></tr>
<tr><td>25</td><td>38</td><td>6.5</td></tr>
<tr><td>30</td><td>43</td><td>6.5</td></tr>
<tr><td>36</td><td>50</td><td>7.0</td></tr>
<tr><td>40</td><td>55</td><td>7.5</td><td rowspan="6">±2.0</td><td rowspan="6">±0.2</td></tr>
<tr><td>50</td><td>67</td><td>8.5</td></tr>
<tr><td>65</td><td>85</td><td>10</td><td rowspan="5">±1.0</td></tr>
<tr><td>75</td><td>100</td><td>12.5</td></tr>
<tr><td>102</td><td>133</td><td>15.5</td></tr>
<tr><td>127</td><td>159</td><td>16</td></tr>
<tr><td>152</td><td>190</td><td>19</td><td rowspan="3">±1.5</td><td rowspan="3">±0.2</td></tr>
<tr><td>203</td><td>254</td><td>25.5</td><td rowspan="2">±1.2</td></tr>
<tr><td>254</td><td>330</td><td>38</td></tr>
</table>

表 5.123　机械密封用碳石墨的技术性能指标

浸渍材料	酚醛树脂	呋喃树脂	锑	铜合金
肖氏硬度(HS)	85	9	85	85
体积密度/(g/cm)	1.75	1.75	2.2	2.4
显气孔率/%	1.5	1.5	2.2	3.0
抗压强度/MPa	240	200	190	240
使用温度/℃	200	200	400	400

表 5.124　人造金刚石石墨的规格和用途　mm

<table>
<tr><th rowspan="2">型号</th><th colspan="2">直径</th><th colspan="2">厚度</th><th rowspan="2">主要用途（合成金刚石种类）</th></tr>
<tr><th>基本尺寸</th><th>极限偏差</th><th>基本尺寸</th><th>极限偏差</th></tr>
<tr><td>T612</td><td>20、23</td><td rowspan="3">+0.10
−0.35</td><td>—</td><td rowspan="4">±0.07</td><td>RVD</td></tr>
<tr><td>T621</td><td rowspan="2">20、28.5</td><td>—</td><td rowspan="2">MBD8、MBD12
SMD 和 DMD</td></tr>
<tr><td>T622</td><td>—</td></tr>
<tr><td>T623</td><td>20、22、23、25、27</td><td>±0.15</td><td>—</td><td>SMD 和 DMD</td></tr>
<tr><td>T641</td><td>20、22、23、26、28</td><td>+0.15
−0.35</td><td>—</td><td>±0.07</td><td rowspan="3">MBD8
MBD12、
SMD 和
DMD 型</td></tr>
<tr><td>T642
T643</td><td>20、22、23、24、25、27、28、30、33、37、38</td><td>+0.05
−0.45</td><td>—</td><td>±0.05</td></tr>
<tr><td>T664</td><td>20、22、23、24、25、27、28、30、31、33、35、37、38、40</td><td>0
−0.25</td><td>—</td><td>±0.05</td></tr>
</table>

续表

型号	直径		厚度		主要用途（合成金刚石种类）
	基本尺寸	极限偏差	基本尺寸	极限偏差	
T665	30、35、37、38、40、41、45、50、55	0 −0.25	—	±0.05	MBD8 MBD12、 SMD 和 DMD 型
T666	20、22、23、24、25、27、28、30、31、33、35、37、38、40、41、45、50、55	0 −0.25	—	±0.05	
T692	23、24、25、26、27、28、30	+0.15 −0.35	—	±0.07	

表 5.125 石墨电极直径和长度 mm

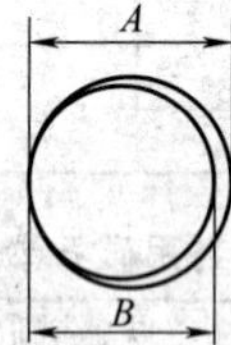

公称直径	额定直径	实际直径尺寸 A				表面黑皮尺寸 B	长度	
		公差等级 R		公差等级 S			额定长度	允许偏差
		最大	最小	最大	最小			
200	203	205	200	203.5	202.5	197	1200,1500,1800	+75 −100
250	254	256	251	254.5	253.5	248		
300	305	307	302	305.5	304.5	299	1500,1800,2100	
350	356	357	352	356.5	355.5	349		
400	406	408	403	406.5	405.5	400		
450	457	460	454	457.5	456.5	452	1500 1800,2100,2400	
500	508	511	505	508.5	507.5	503		+100 −150
550	559	562	556	559.5	558.5	554		
600	610	613	607	610.5	609.5	605	2100,2400,2700	
650	660	663	657	660.5	659.5	655		
700	711	714	708	711.5	710.5	705		

5.6.2 鳞片石墨

鳞片石墨产品标记方法是：

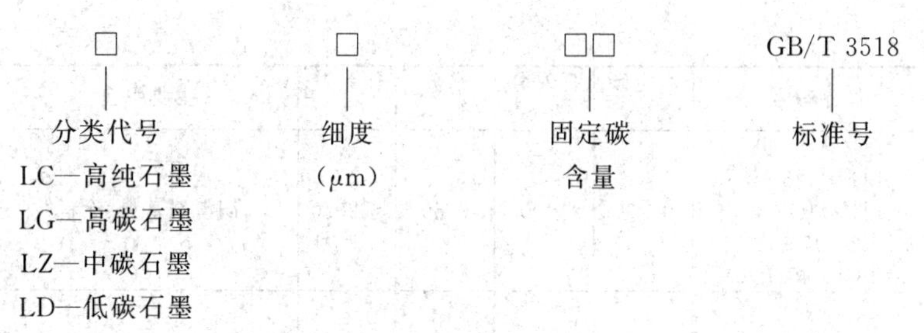

表 5.126　高纯石墨理化指标及用途（GB/T 3518—2008）

产品牌号	固定碳 /% ≥	水分 /% ≤	筛余量 /%	主要用途
LC300-99.99	99.99	0.20	≥80.0	柔性石墨密封材料
LC(-)150-99.99			≤20.0	代替白金坩埚，用于化学试剂熔融
LC(-)75-99.99				
LC(-)45-99.99				
LC500-99.9	99.90		≥80.0	柔性石墨密封材料
LC300-99.9				
LC180-99.9				
LC(-)150-99.9			≤20.0	润滑剂基料
LC(-)75-99.9				
LC(-)45-99.9				

表 5.127　高碳石墨理化指标及用途（GB/T 3518—2008）

产品牌号	固定碳 /% ≥	挥发分 /% ≤	水分 /% ≤	筛余量 /%	主要用途
LG500-99	99.00	1.00	0.50	≥75.0	填充料
LG300-99					
LG180-99					
LG150-99					
LG125-99					
LG100-99					
LG(-)150-99				≤20.0	润滑剂基料、涂料
LG(-)125-99					
LG(-)100-99					
LG(-)75-99					
LG(-)45-99					
LG500-98	98.00	1.00	0.50	≥75.0	
LG300-98					
LG180-98					
LG150-98					
LG125-98					
LG100-98					

续表

产品牌号	固定碳 /% ≥	挥发分 /% ≤	水分 /% ≤	筛余量 /%	主要用途
LG(-)150-98 LG(-)125-98 LG(-)100-98 LG(-)75-98 LG(-)45-98	98.00	1.00	0.50	≤20.0	润滑剂基料、涂料
LG500-97 LG300-97 LG180-97 LG150-97 1G125-97 LG100-97	97.00	1.20	0.50	≥75.0	润滑剂基料 电刷原料
LG(-)150-97 LG(-)125-97 LG(-)100-97 LG(-)75-97 LG(-)45-97				≤20.0	
LG500-96 LG300-96 LG180-96 LG150-96 LG125-96 LG100-96	96.00	1.20	0.50	≥75.0	耐火材料 电刷制品 电油原料 铅笔原料
LG(-)150-96 LG(-)125-96 LG(-)100-96 LG(-)75-96 LG(-)45-96				≤20.0	
LG500-95 LG300-95 LG180-95 LG150-95 LG125-95 LG100-95	95.00	1.20	0.50	≥75.0	电刷制品
LG(-)150-95 LG(-)125-95 LG(-)100-95 LG(-)75-95 LG(-)45-95				≤20.0	耐火材料 电刷制品 电池原料 铅笔原料
LG500-94 LG300-94 LG180-94 LG150-94 LG125-94 LG100-94	94.00	1.20	0.50	≥75.0	电刷制品

续表

产品牌号	固定碳 /% ≥	挥发分 /% ≤	水分 /% ≤	筛余量 /%	主要用途
LG(-)150-94 LG(-)125-94 LG(-)100-94 LG(-)75-94 LG(-)45-94	94.00	1.20	0.50	≤20.0	电刷制品

注：无挥发分指标的石墨，固定碳含量的测定可以不测挥发分。

表 5.128　中碳石墨理化指标及用途（GB/T 3518—2008）

产品牌号	固定碳 /% ≥	挥发分 /% ≤	水分 /% ≤	筛余量 /%	主要用途
LZ500-93 LZ300-93 LZ180-93 LZ150-93 LZ125-93 LZ100-93	93.00	1.50	0.50	≥75.0	坩埚 耐火材料 染料
LZ(-)150-93 LZ(-)125-93 LZ(-)100-93 LZ(-)75-93 LZ(-)45-93				≤20.0	
LZ500-92 LZ300-92 LZ180-92 LZ150-92 LZ125-92 LZ100-92	92.00	1.50	0.50	≥75.0	坩埚 耐火材料 染料
LZ(-)150-92 LZ(-)125-92 LZ(-)100-92 LZ(-)75-92 LZ(-)45-92				≤20.0	
LZ500-91 LZ300-91 LZ180-91 LZ150-91 LZ125-91 LZ100-91	91.00	1.50	0.50	≥75.0	坩埚 耐火材料 染料
LZ(-)150-91 LZ(-)125-91 LZ(-)100-91 LZ(-)75-91 LZ(-)45-91				<20.0	

续表

产品牌号	固定碳/%≥	挥发分/%≤	水分/%≤	筛余量/%	主要用途
LZ500-90	90.00	2.00	0.50	≥75.0	坩埚 耐火材料
LZ300-90	90.00	2.00	0.50	≥75.0	坩埚 耐火材料
LZ180-90	90.00	2.00	0.50	≥75.0	坩埚 耐火材料
LZ150-90	90.00	2.00	0.50	≥75.0	坩埚 耐火材料
LZ125-90	90.00	2.00	0.50	≥75.0	坩埚 耐火材料
LZ100-90	90.00	2.00	0.50	≥75.0	坩埚 耐火材料
LZ(-)150-90	90.00	2.00	0.50	≤20.0	铅笔原料 电池原料
LZ(-)125-90	90.00	2.00	0.50	≤20.0	铅笔原料 电池原料
LZ(-)100-90	90.00	2.00	0.50	≤20.0	铅笔原料 电池原料
LZ(-)75-90	90.00	2.00	0.50	≤20.0	铅笔原料 电池原料
LZ(-)45-90	90.00	2.00	0.50	≤20.0	铅笔原料 电池原料
LZ500-89	89.00	2.00	0.50	≥75.0	坩埚 耐火材料
LZ300-89	89.00	2.00	0.50	≥75.0	坩埚 耐火材料
LZ180-89	89.00	2.00	0.50	≥75.0	坩埚 耐火材料
LZ150-89	89.00	2.00	0.50	≥75.0	坩埚 耐火材料
LZ125-89	89.00	2.00	0.50	≥75.0	坩埚 耐火材料
LZ100-89	89.00	2.00	0.50	≥75.0	坩埚 耐火材料
LZ(-)150-89	89.00	2.00	0.50	≤20.0	铅笔原料 电池原料
LZ(-)125-89	89.00	2.00	0.50	≤20.0	铅笔原料 电池原料
LZ(-)100-89	89.00	2.00	0.50	≤20.0	铅笔原料 电池原料
LZ(-)75-89	89.00	2.00	0.50	≤20.0	铅笔原料 电池原料
LZ(-)45-89	89.00	2.00	0.50	≤20.0	铅笔原料 电池原料
LZ(-)38-89	89.00	2.00	0.50	≤20.0	铅笔原料 电池原料
LZ500-88	88.00	2.00	0.50	≥75.0	坩埚 耐火材料
LZ300-88	88.00	2.00	0.50	≥75.0	坩埚 耐火材料
LZ180-88	88.00	2.00	0.50	≥75.0	坩埚 耐火材料
LZ150-88	88.00	2.00	0.50	≥75.0	坩埚 耐火材料
LZ125-88	88.00	2.00	0.50	≥75.0	坩埚 耐火材料
LZ100-88	88.00	2.00	0.50	≥75.0	坩埚 耐火材料
LZ(-)150-88	88.00	2.00	0.50	≤20.0	铅笔原料 电池原料
LZ(-)125-88	88.00	2.00	0.50	≤20.0	铅笔原料 电池原料
LZ(-)100-88	88.00	2.00	0.50	≤20.0	铅笔原料 电池原料
LZ(-)75-88	88.00	2.00	0.50	≤20.0	铅笔原料 电池原料
LZ(-)45-88	88.00	2.00	0.50	≤20.0	铅笔原料 电池原料
LZ(-)38-88	88.00	2.00	0.50	≤20.0	铅笔原料 电池原料

续表

产品牌号	固定碳 /%≥	挥发分 /%≤	水分 /%≤	筛余量 /%	主要用途
LZ500-87	87.00	2.50	0.50	≥75.0	坩埚、耐火材料
LZ300-87					
LZ180-87					
LZ150-87					
LZ125-87					
LZ100-87					
LZ(-)150-87				≤20.0	铸造涂料
1-Z(-)125-87					
LZ(-)100-87					
LZ(-)75-87					
LZ(-)45-87					
LZ(-)38-87					
LZ500-86	86.00	2.50	0.50	≥75.0	耐火材料
LZ300-86					
LZ180-86					
LZ150-86					
LZ125-86					
LZ100-86					
LZ(-)150-86				≤20.0	铸造涂料
LZ(-)125-86					
LZ(-)100-86					
LZ(-)75-86					
LZ(-)45-86					
LZ500-85	85.00	2.5	0.50	≥75.0	坩埚耐火材料
LZ300-85					
LZ180-85					
LZ150-85					
LZ125-85					
LZ100-85					
LZ(-)150-85				≤20.0	铸造材料
LZ(-)125-85					
LZ(-)100-85					
LZ(-)75-85					
LZ(-)45-85					

续表

产品牌号	固定碳/%≥	挥发分/%≤	水分/%≤	筛余量/%	主要用途
LZ500-83 LZ300-83 LZ180-83 LZ150-83 LZ125-83 LZ100-83	83.00	3.00	1.00	≥75.0	耐火材料
LZ(-)150-83 LZ(-)125-83 LZ(-)100-83 LZ(-)75-83 LZ(-)45-83				≤20.0	铸造材料
LZ500-80 LZ300-80 LZ180-80 LZ150-80 LZ125-80 LZ100-80	80.00	3.00	1.00	≥75.0	耐火材料
LZ(-)150-80 LZ(-)125-80 LZ(-)100-80 LZ(-)75-80 LZ(-)45-80				≤20.0	铸造材料

注：无挥发分指标的石墨，固定碳含量的测定可以不测挥发分。

表 5.129 低碳石墨理化指标及用途（GB/T 3518—2008）

产品牌号	固定碳/%≥	水分/%≤	筛余量/%≤	主要用途
LD(-)150-75 LD(-)75-75	75.00	1.00	20.0	铸造涂料
LD(-)150-70 LD(-)75-70	70.00			
LD(-)150-65 LD(-)75-65	65.00			
LD(-)150-60 LD(-)75-60	60.00			
LD(-)150-55 LD(-)75-55	55.00			
LD(-)150-50 LD(-)75-50	50.00			

表 5.130　有铁要求的微晶石墨理化指标及用途（GB/T 3519—2008）

<table>
<tr><th>牌　号</th><th>固定碳
/% ≥</th><th>挥发分
/% ≤</th><th>水分
/% ≤</th><th>酸溶铁
/% ≤</th><th>筛余量
/% ≤</th><th>主要用途</th></tr>
<tr><td>WT99.99-45,WT99.99-75</td><td>99.99</td><td rowspan="2">—</td><td rowspan="2">0.2</td><td rowspan="2">0.005</td><td rowspan="2">15</td><td rowspan="2">电池、特种碳材料的原料</td></tr>
<tr><td>WT99.9-45,WT99.9-75</td><td>99.9</td></tr>
<tr><td>WT99-45,WT99-75</td><td>99</td><td>0.8</td><td rowspan="2">1.0</td><td rowspan="2">0.15</td><td rowspan="6">15</td><td rowspan="14">铅笔、电池、焊条、石墨乳剂、石墨轴承的配料、电池炭棒的原料</td></tr>
<tr><td>WT98-45,WT98-75</td><td>98</td><td>1.0</td></tr>
<tr><td>WT97-45,WT97-75</td><td>97</td><td rowspan="2">1.5</td><td rowspan="4">1.5</td><td rowspan="4">0.4</td></tr>
<tr><td>WT96-45,WT96-75</td><td>96</td></tr>
<tr><td>WT95-45,WT95-75</td><td>95</td><td rowspan="4">2.0</td></tr>
<tr><td>WT94-45,WT94-75</td><td>94</td></tr>
<tr><td>WT92-45,WT92-75</td><td>92</td><td rowspan="8">2.0</td><td rowspan="3">0.7</td><td rowspan="8">10</td></tr>
<tr><td>WT90-45,WT90-75</td><td>90</td></tr>
<tr><td>WT88-45,WT88-75</td><td>88</td><td rowspan="2">3.3</td></tr>
<tr><td>WT85-45,WT85-75</td><td>85</td><td rowspan="3">0.8</td></tr>
<tr><td>WT83-45,WT83-75</td><td>83</td><td rowspan="2">3.6</td></tr>
<tr><td>WT80-45,WT80-75</td><td>80</td></tr>
<tr><td>WT78-45,WT78-75</td><td>78</td><td rowspan="2">3.8</td><td rowspan="2">1.0</td></tr>
<tr><td>WT75-45,WT75-75</td><td>75</td></tr>
</table>

表 5.131　无铁要求的微晶石墨理化指标及用途（GB/T 3518—2008）

<table>
<tr><th>牌　号</th><th>固定碳
/% ≥</th><th>挥发分
/% ≤</th><th>水分
/% ≤</th><th>筛余量
/% ≤</th><th>主要用途</th></tr>
<tr><td>W90-45,W90-75</td><td>90</td><td>3.0</td><td rowspan="12">3.0</td><td rowspan="12">10</td><td rowspan="12">铸造材料、耐火材料、染料、电极糊等原料</td></tr>
<tr><td>W88-45,W88-75</td><td>88</td><td>3.2</td></tr>
<tr><td>W85-45,W85-75</td><td>85</td><td>3.4</td></tr>
<tr><td>W83-45,W83-75</td><td>83</td><td rowspan="2">3.6</td></tr>
<tr><td>W80-45,W80-75,W80-150</td><td>80</td></tr>
<tr><td>W78-40,W78-75,W78-150</td><td>78</td><td rowspan="2">4.0</td></tr>
<tr><td>W70-45,W75-75,W75-150</td><td>75</td></tr>
<tr><td>W70-45,W70-75,W70-150</td><td>70</td><td rowspan="2">4.2</td></tr>
<tr><td>W65-45,W65-75,W65-150</td><td>65</td></tr>
<tr><td>W60-45,W60-75,W60-150</td><td>60</td><td rowspan="3">4.5</td></tr>
<tr><td>W55-45,W55-75,W55-150</td><td>55</td></tr>
<tr><td>W50-45,W50-75,W50-150</td><td>50</td></tr>
</table>

5.7　云母制品

5.7.1　塑型云母板

适于塑制绝缘管、环及其他形状的绝缘零件。含胶量少的塑型云母板，适于温升较高或转速较高的电机作绝缘零件。

表 5.132　塑型云母板（GB/T 5019.11—2009）

<table>
<tr><th>项目</th><th>型号</th><th>胶黏剂</th><th>用　途</th></tr>
<tr><td rowspan="6">产品型号</td><td>5230</td><td>醇酸胶黏漆</td><td rowspan="5">≤150℃的各种电机电器用绝缘零件</td></tr>
<tr><td>5231</td><td>紫胶胶黏漆</td></tr>
<tr><td>5235</td><td>醇酸胶黏漆</td></tr>
<tr><td>5236</td><td>紫胶胶黏漆</td></tr>
<tr><td>5240</td><td>环氧桐马胶黏漆</td></tr>
<tr><td>5250</td><td>有机硅胶胶黏漆</td><td>180℃的上述零件</td></tr>
<tr><td rowspan="11">标称厚度及允许偏差</td><td rowspan="2">标称厚度</td><td colspan="2">偏　差</td></tr>
<tr><td>中值与标称厚度的偏差(±)</td><td>个别值与标称厚度的最大偏差(±)</td></tr>
<tr><td>0.15,0.20,0.25</td><td>0.05</td><td>0.10</td></tr>
<tr><td>0.30</td><td>0.06</td><td>0.12</td></tr>
<tr><td>0.40</td><td>0.06</td><td>0.12</td></tr>
<tr><td>0.50</td><td>0.07</td><td>0.16</td></tr>
<tr><td>0.60</td><td>0.08</td><td>0.18</td></tr>
<tr><td>0.70</td><td>0.09</td><td>0.20</td></tr>
<tr><td>0.80</td><td>0.11</td><td>0.22</td></tr>
<tr><td>1.00</td><td>0.14</td><td>0.28</td></tr>
<tr><td>1.20</td><td>0.18</td><td>0.32</td></tr>
<tr><td rowspan="4">宽度和长度偏差</td><td>材料</td><td>宽度</td><td>长度</td></tr>
<tr><td>整张</td><td>+5
−0</td><td>+5
−0</td></tr>
<tr><td>整卷</td><td>+5
−0</td><td>+0.3
−0</td></tr>
<tr><td>切割片材(≥50mm)</td><td>±5%</td><td>±5%</td></tr>
</table>

5.7.2　柔软云母板

适于作电机槽绝缘及匝间绝缘，出厂 90d 以上仍可保持柔软性，弯曲而不破裂。

表 5.133　柔软云母板的型号（JB/T 7100—2015）

<table>
<tr><th>产品型号</th><th>补强材料</th><th>胶黏剂</th><th>适用范围</th></tr>
<tr><td>5130</td><td>双面云母带用纸</td><td rowspan="3">醇酸胶黏漆</td><td rowspan="3">适用于工作温度 130℃的电机槽绝缘及衬垫绝缘</td></tr>
<tr><td>5131</td><td>双面电工用无碱玻璃布</td></tr>
<tr><td>5133</td><td>—</td></tr>
</table>

续表

产品型号	补强材料	胶黏剂	适用范围
5150 5151	— 单面或双面电工用无碱玻璃布	有机硅胶黏漆	适用于工作温度 180 ℃的电机槽绝缘及衬垫绝缘
5130-1 5131-1	双面云母带用纸 双面电工用无碱玻璃布	醇酸胶黏漆	适用于工作温度 130℃的电机槽绝缘及衬垫绝缘
5136-1	双面云母带用纸	环氧胶黏漆	
5151-1	双面电工用无碱玻璃布	有机硅胶黏漆	适用于工作温度 180℃的电机槽绝缘及衬垫绝缘

表 5.134　柔软云母板的规格（JB/T 7100—2015）　mm

型号	厚度			长度、宽度
	标称值	中值与标称厚度的偏差(±)	个别值与标称厚度的最大偏差(±)	
5130 5131 5133 5150 5151	0.15	0.04	0.08	推荐的长度为 600 ～ 1200，宽度为 400 ～ 1200，也可按供需双方协议尺寸供货 按标称尺寸修剪后的云母板，其长度和宽度的偏差为 5%
	0.20、0.25	0.05	0.12	
	0.30、0.40、0.50	0.07	0.15	
5130-1 5131-1 5136-1 5151-1	0.15	0.03	0.05	
	0.20、0.25	0.04	0.08	
	0.30、0.40、0.50	0.05	0.10	

表 5.135　柔软云母板的性能要求（JB/T 7100—2015）

性能		要求								
		5130	5131	5133	5150	5151	5130-1	5131-1	5136-1	5151-1
挥发物含量/%		≤5.0					≤2.0			
胶黏剂含量/%		15～30					20～40			
云母含量/%		≥50					≥38			
电气强度/(MV/m) ≥	0.15mm	15	16	25	20	16	16	16	16	15
	0.20mm	20	18	25	25	18	18	18	16	25
	0.25mm	20	18	25	25	18	18	18	16	25
	0.30mm	15	16	25	20	16	16	16	16	20
	0.40mm	15	16	25	20	16	16	16	16	20
	0.50mm	15	16	25	20	16	16	16	16	20
柔软性		无分层、剥片云母滑动、折损和脱落现象								

5.7.3　云母带

适于作电机线圈绝缘、电器绝缘件。

表 5.136 云母带的规格（JB/T 6488.2～6—1992）

品种	型号	尺寸规格/mm			胶黏剂	胶黏剂含量/%	介电强度/(MV/m)	工作温度/℃
		厚度	卷长	宽度				
有机硅玻璃云母带（JB/T 6488.2—1992）	5450	0.10,0.13,0.16	卷盘直径95,115	带盘：15,20,25,30,35 带卷：供需商定	有机硅胶黏漆	15～30	≥16	180
	5450-1	0.14 0.17				20～40		
环氧玻璃粉云母带（JB/T 6488.3—1992）	5438-1	0.10 0.14 0.17 0.20	卷盘直径95,115	带盘：15,20,25,30,35 带卷：供需商定	环氧桐油酸酐胶黏漆	据厚度定 0.10:35.5, 0.14:38.5, 0.17:38.5, 0.20:37.0	≥35	130
	5440-1				环氧桐马酸酐胶黏漆		固化前：≥35 固化后：≥40	155
真空压力浸渍用环氧玻璃粉云母带（JB/T 6488.4—1992）	5442-1	0.11,0.15	卷盘直径95,115	12 15 20 25 30 35	环氧树脂	5～11	—	155
	5453-1	0.13			环氧桐马酸酐胶黏漆	7～11	≥12	
	5444-1	0.14				17～23	≥25	
	5445-1	0.11			环氧硼胺胶黏漆	24～32	≥25	
耐火安全电缆用粉云母带（JB/T 6488.5—1999）	5460-1D 5460-1S	0.08 0.11 0.14 0.18	卷盘直径150～200	优选值：6.3,10,12,15,20,25,30,40,50（max860）	—	25	单面≥10 双面≥8	通过GB/T 12666.6规定的A类或B类耐火试验
	5461-1D 5461-1S					25		
	5461-3D 5461-3S					17		

续表

品种	型号	尺寸规格/mm			胶黏剂	胶黏剂含量/%	介电强度/(MV/m)	工作温度/℃
		厚度	卷长	宽度				
聚酰亚胺薄膜粉云母带(JB/T 6488.6—2002)	5446-1S	0.14	卷盘直径95	25	—	25～32	≥40	155
	5447-1D	0.09				≤14	≥45	
	5451-1S	0.10				12～18	≥45	150
		0.13						
	5452-1S	0.12				24～32	≥45	
	5453-1D	0.075				8～14	≥45	
		0.10						
	5461-1D	0.07				8～16	≥50	200
		0.10				6～12		
		0.13						
	5462-1S	0.10				10～16	≥50	200
		0.13						
	5463-1S	0.10				20～28	≥50	
		0.12				7～13		
		0.14						
	5464-1D	0.075					55	
	5465-1D	0.13					—	

注：JB/T 6488.1—1992醇酸玻璃云母带已作废。

5.8　建筑装饰涂料

5.8.1　涂料的组成

涂料由基料（成膜物质）、颜料和填料、各种助剂和水（或溶剂）组成。

基料在涂料中主要起成膜及黏结填料和颜料的作用，常用的基料有油料、树脂、水玻璃、硅溶胶、聚乙烯醇、聚乙烯醇缩甲醛等。成膜物质分为 17 类。

表 5.137　成膜物质的类别

类别	主要成膜物质
油脂	天然植物油、动物油(脂)、合成油等
天然树脂及加工品	松香及其衍生物、虫胶、乳酪素、动物胶、大漆及其衍生物等
酚醛树脂	酚醛树脂、改性酚醛树脂等
沥青	天然沥青、(煤)焦油沥青、石油沥青等
醇酸树脂	甘油醇酸树脂、季戊四醇醇酸树脂、其他醇类的醇酸树脂、改性醇酸树脂等
氨基树脂	三聚氰胺甲醛树脂、脲(甲)醛树脂等
硝酸纤维素(酯)	硝酸纤维素(酯)等
纤维素酯、纤维素醚	乙酸纤维素(酯)、乙酸丁酸纤维素(酯)、乙基纤维素、苄基纤维素等
过氯乙烯树脂	过氯乙烯树脂等
烯类树脂	聚二乙烯乙炔树脂、聚多烯树脂、氯乙烯共聚树脂、聚乙酸乙烯及其共聚物、聚乙烯醇缩醛树脂、聚苯乙烯树脂、含氟树脂、氯化聚丙烯树脂、石油树脂等
丙烯酸树脂	热塑性丙烯酸树脂、热固性丙烯酸树脂等
聚酯树脂	饱和聚酯树脂、不饱和聚酯树脂等
环氧树脂	环氧树脂、环氧酯、改性环氧树脂等
聚氨酯树脂	聚氨(基甲酸)酯树脂等
元素有机聚合物	有机硅树脂、有机钛树脂、有机铝树脂等
橡胶	氯化橡胶、环化橡胶、氯丁橡胶、氯化氯丁橡胶、丁苯橡胶、氯磺化聚乙烯橡胶等
其他	无机高分子材料、聚酰亚胺树脂、二甲苯树脂等

颜料在涂料中起着色、遮盖、增加涂膜的体积和厚度、提高涂膜的耐久性等作用，常用的有氧化铁红、氧化铁黄、氧化铁绿、氧化铁棕、氧化铬绿、钛白、锌钡白、群青蓝等。填料主要起改善涂膜的力学性能、增加涂膜的厚度、降低涂料的成本等作用。常用的

填料为重晶石粉、轻质碳酸钙、重质碳酸钙、高岭土及各种彩色小砂粒等。

水与溶剂主要起溶解或分散基料、改善涂料施工性能等作用。助剂是为进一步改善或增加涂料的某些性能而加入的少量物质。通常使用的有增白剂、防污剂、分散剂、乳化剂、润湿剂、稳定剂、增稠剂、消泡剂、硬化剂、催干剂等。

5.8.2 装饰涂料的分类和应用

表 5.138　装饰涂料的分类和应用

种类	型别	品种	特点	应用
内墙涂料	溶剂型	过氯乙烯、聚乙烯醇缩丁醛、氯化橡胶、丙烯酸酯、聚氨酯系等几种	透气性较差，容易结露，但其光洁度好，易于冲洗，耐久性好	较少用于住宅内墙。可用于厅堂、走廊等处
	合成树脂乳液(乳胶漆)型	氯乙烯-偏氯乙烯共聚乳液内墙涂料	防水性能较好	适用于建筑物内墙面装饰、地下建筑工程和洞库墙面
		醋酸乙烯乳液内墙涂料	透气性好、附着力强、干燥快、色彩鲜艳，耐水、耐碱和耐候性稍差	用于装饰要求较高的内墙
		乙丙乳液内墙涂料	外观细腻、耐水性好、保色性好	用于高级装饰建筑的内墙
		苯丙乳液内墙涂料等	颜料体积浓度高	用于住宅或公共建筑物的内墙装饰。均不宜用于厨房、卫生间、浴室等潮湿墙面
	水溶性内墙涂料	聚乙烯醇水玻璃内墙涂料(106)	价格低廉、工艺简单、无毒、无味、耐燃、色彩多样、装饰性较好，有一定黏结力，但耐水及耐洗刷性差，涂膜易脱粉	广泛用于住宅、普通公用建筑等的内墙面、顶棚等，但不适合用于潮湿环境
		聚乙烯醇缩甲醛内墙涂料(803)	成本与前者相仿，耐洗刷性略优于它(100次)，其他性能与前者基本相同	广泛用于住宅、一般公用建筑物的内墙与顶棚等

续表

种类	型别	品种	特点	应用
内墙涂料	水溶性内墙涂料	改性聚乙烯醇系内墙涂料	耐水和耐洗刷性较高(300～1000次),其他与聚乙烯醇水玻璃内墙涂料基本相同	用于住宅、一般公用建筑的内墙和顶棚,也适用于卫生间、厨房等的内墙、顶棚
	多彩花纹内墙涂料		装饰效果好;涂膜质地较厚,弹性、整体性、耐久性好;耐油、耐水、耐腐、耐洗刷	适用于建筑物内墙和顶棚水泥混凝土、砂浆、石膏板、木材、钢、铝等多种基面
外墙涂料	合成树脂乳液外墙涂料	有醋酸乙烯丙烯酸乳液、苯乙烯丙酸乳液、丙烯酸酯乳液、氯乙烯偏氯乙烯乳液等几种	污染小,毒性小,不易发生火灾;施工方便;涂料透气性、耐候、耐水、耐久性好;但冬季不宜应用	主要用于各种基层表面装饰,可以单独使用,也可作复层涂料的面层
	合成树脂乳液砂壁状建筑涂料		装饰质感类似于喷粘砂、干粘石、水刷石,但黏结强度、耐久性比较好	用于各种板材及水泥砂浆抹面的外墙装饰,适合于中、高档建筑物的装饰
	溶剂型外墙涂料	丙烯酸酯溶剂型涂料	装饰效果好,色泽浅淡,保光、保色性优良,耐候性良好,不易变色、粉化或剥落,其使用寿命在10年以上	常用于外墙装饰,可单独使用,也可作复层涂料的高档罩面层
		丙烯酸-聚氨酯溶剂型涂料	其耐热性、耐候性优良,耐水、耐酸、耐碱性能极好,表面光洁度好	
	外墙无机建筑涂料	碱金属硅酸盐涂料(A类)	涂料的耐水性、耐碱性、耐冻融循环性和耐久性较高	用于建筑外墙装饰
		硅溶胶涂料(B类)	有良好的硬度和快干性和一定的柔性和较好的耐洗刷性	
	复层建筑涂料		底涂层、主涂层和面涂层配合,提高涂料的耐候性、耐污染性等	一般作为内外墙、顶棚的中、高档的建筑装饰用

续表

种类	型别	品种	特点	应用
地面涂料	聚氨酯地面涂料	聚氨酯厚质弹性地面涂料	整体性、装饰性、耐油性、耐水性、耐酸碱性好，耐磨性优良，脚感舒适，色彩多样。但价格高，原材料有毒	高级住宅、会议室、手术室等的地面装饰，或地下室等防水装饰，厂房的耐磨、耐油、耐腐蚀地面
		聚氨酯薄质地面涂料	硬度较大、脚感硬，其他性能与聚氨酯厚质弹性地面涂料基本相同	主要用于水泥砂浆、水泥混凝土地面，也可用于木质地板
	环氧树脂地面涂料	环氧树脂厚质地面涂料	耐蚀、耐油、耐水和耐久性良好，与材料的黏结力强、耐磨且有韧性，装饰性好。但价高、有毒	主要用于高级住宅、手术室、实验室、公用建筑、厂房等地面装饰、防腐、防水等
		环氧树脂薄质地面涂料	涂膜较薄、韧性较差，其他性能则基本相同	主要用于水泥砂浆、水泥混凝土地面，也可用于木质地板
特种涂料	防霉涂料	以氯乙烯-仿氯乙烯共聚物为基料加低毒高效防霉剂等配制而成	防黄曲霉、黑曲霉、萨氏曲霉、土曲霉、焦曲霉、黄青霉等十几种霉菌	适用于食品厂、糖果厂、罐头食品厂、卷烟厂、酒厂及地下室易霉变的内墙装饰
	防潮涂料	以高分子共聚乳液为基料，掺入高效防潮剂等助剂	耐水、防潮、无毒、无味、安全、装饰效果好	用于洞库墙面及多雨潮湿的江南沿海各地室内墙面的装饰
	防腐涂料	以丙烯酸过氯乙烯为基料配制而成	干燥快，漆膜平整光亮，保色保光性好，耐腐性优，防湿热性和防盐雾、防霉和耐候性较好	适用于厂房内外墙的防腐及装饰
	WS-Ⅰ、Ⅱ卫生灭蚊涂料	以聚乙烯醇、丙烯酸树脂为基料，配以高效、低毒的杀虫药剂、加助剂合成	色泽鲜艳，遮盖力强，耐湿擦性能好，对蚊蝇、蟑螂等害虫有很好的速杀作用	适用于城乡住宅、医院、宾馆等居室、厨房、食品储藏室等处的涂饰

续表

种类	型别	品种	特点	应用
特种涂料	芳香内墙涂料	以聚乙烯醇,添加合成香料、颜料及其他助剂配制	色泽鲜艳,气味芳香,清香持久,无毒,有清新空气、驱虫、灭菌的功能	可涂刷于混凝土,适合大厦、剧院、办公室、医院、住宅室内的墙面
	建筑罩光乳胶漆	由苯丙乳液、交联剂和助剂等配制而成	以水为稀释剂,安全无毒,漆膜色浅,保光性能好	用于涂料表面罩光,或石碑、青铜器文物及古建筑表面保护
	防锈涂料	以有机高分子聚合物为基料,加入防锈颜料、填充料等配制而成	干燥迅速、附着力强、防锈性能好、施工简便	适用于钢铁制品的表面防锈
	防静电地面涂料	以聚乙烯醇缩甲醛为基料,掺入防静电剂,多种助剂加工制成	质轻层薄、耐磨、不燃、附着力强、有一定弹性	适用于电子计算机房、精密仪器车间等地面涂饰
	瓷釉涂料	以环氧-聚氨酯为基料,配以助剂加工而成	耐磨、耐沸水、漆膜坚韧	用于搪瓷浴缸翻新,也可用于仿瓷釉浴缸及特殊清洁清洗要求的墙面、内壁
	发光涂料	由成膜物质、填充剂和荧光颜料等组成	耐候、耐油、透明、抗老化	适用于标志牌、广告牌、交通指示器、门窗把手、电灯开关等需要发光的场所

5.8.3 油漆的名称和代号

油漆基本名称代号（表 5.139）采用 00～99 两位数字来表示。00～09 代表基本品种；10～19 代表美工漆；20～29 代表轻工用漆；30～39 代表绝缘漆；40～49 代表船舶漆；50～59 代表防腐蚀漆等。

表 5.139 油漆基本名称和代号

代号	基本名称	代号	基本名称	代号	基本名称
00	清油	03	调合漆	06	底漆
01	清漆	04	磁漆	07	腻子
02	厚漆	05	粉末涂料	09	大漆

续表

代号	基本名称	代号	基本名称	代号	基本名称
11	电泳漆	38	半导体漆	71	工程机械用漆
12	乳胶漆	39	半导体漆	72	农机用漆
13	水溶(性)漆	40	防污漆	73	发电、输配电设备用漆
14	透明漆	41	水线漆	77	内墙涂料
15	斑纹漆、裂纹漆、橘纹漆	42	甲板漆、甲板防滑漆	78	外墙涂料
		43	船壳漆	79	屋面防水涂料
16	锤纹漆	44	船底漆	80	地板漆、地坪漆
17	皱纹漆	45	饮水舱漆	82	锅炉漆
18	金属(效应)漆、闪光漆	46	油舱漆	83	烟囱漆
20	铅笔漆	47	车间(预涂)底漆	84	黑板漆
22	木器漆	50	耐酸漆、耐碱漆	86	标志漆、路标漆、马路划线漆
23	罐头漆	52	防腐漆		
24	家电用漆	53	防锈漆	87	汽车漆(车身)
26	自行车漆	54	耐油漆	88	汽车漆(底盘)
27	玩具漆	55	耐水漆	89	其他汽车漆
28	塑料用漆	60	防火漆	90	汽车修补漆
30	(浸渍)绝缘漆	61	耐热漆	93	集装箱漆
31	(覆盖)绝缘漆	62	示温漆	94	铁路车辆用漆
32	抗弧(磁)漆、互感器漆	63	涂布漆	95	桥梁、输电塔及其他(大型露天)钢结构漆
33	(黏合)绝缘漆	64	可剥漆		
34	漆包线漆	65	卷材涂料	96	航空、航天用漆
35	硅钢片漆	66	光固化涂料	98	胶液
36	电容器漆	67	隔热涂料	99	其他
37	电阻漆、电位器漆	70	工程机械用漆		

5.8.4　油漆型号

油漆型号用于区别具体涂料品种，它位于油漆名称之前。油漆型号的表示方法是：

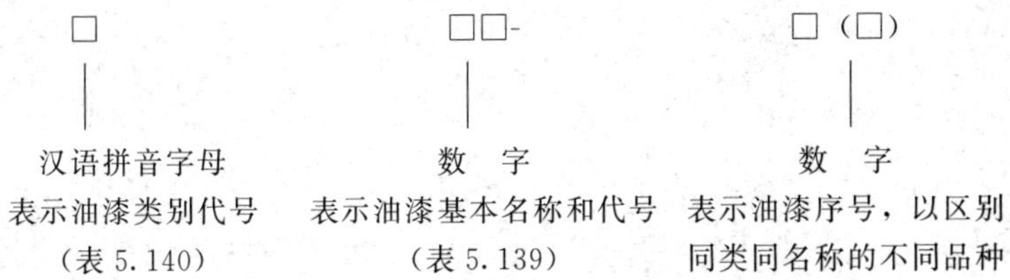

表 5.140 油漆类别代号

代号	油漆类别	代号	油漆类别	代号	油漆类别
A	氨基漆类	J	橡胶漆类	W	元素有机漆类
B	丙烯酸漆类①	L	沥青漆类	X	烯树脂漆类①
C	醇酸漆类	M	纤维素漆类	Y	油脂漆类①
F	酚醛漆类	Q	硝基漆	Z	聚酯漆类
G	过氯乙烯漆类	S	聚氨酯漆类	E	其他漆类
H	环氧漆类	T	天然树脂漆类①		

① 为油性漆，其余为合成树脂漆。

第6章 复合材料

复合材料是由两种或两种以上不同性质的材料，通过物理或化学的方法组成的新材料。各种材料在性能上互相取长补短，使其综合性能优于原组成材料。复合材料中，一种材料作为基体，另外的材料作为增强体。基体材料可为金属（钢、铝、镁、铜及其合金等），也可为非金属（合成树脂、橡胶、陶瓷、石墨、碳等）。增强材料主要有玻璃纤维、碳纤维、硼纤维、芳纶纤维、碳化硅纤维、石棉纤维、晶须、金属丝和硬质细粒等。

6.1 不锈钢-钢复合管

由不锈钢和碳素结构钢两种金属管，采用无损压力同步复合而成，兼具不锈钢抗腐蚀、耐磨，以及碳素钢良好的抗弯强度及抗冲击性。广泛用于市政设施、车船制造、道桥护栏、建筑装饰、钢结构网架、医疗器械、家具等。

6.1.1 分类

复合管按表面交货状态分为四种：表面未抛光状态 SNB，抛光状态 SB，磨光状态 SP，喷砂状态 SS。按截面形状分为三种：圆管 R，方管 S，矩形管 Q。

6.1.2 材料

复合管的覆材材料为 06Cr19Ni10、12Cr18Ni9、12Cr18Mn9Ni5N、12Cr17MnNi5N 不锈钢。复合管的基材为 Q195、Q215、Q235 的碳素结构钢。

其化学成分应分别符合相关规定。

6.1.3 规格

表 6.1 结构用不锈钢复合圆管的规格（GB/T 18704—2008）

外径	总壁厚																					
	0.8	1.0	1.2	1.4	1.5	1.6	1.8	2.0	2.2	2.5	3.0	3.5	4.0	4.5	5.0	6.0	7.0	8.0	9.0	10	11	12
12.7	√	√	√	√	√	√	√	√														
15.9	√	√	√	√	√	√	√	√														

续表

外径	总壁厚																					
	0.8	1.0	1.2	1.4	1.5	1.6	1.8	2.0	2.2	2.5	3.0	3.5	4.0	4.5	5.0	6.0	7.0	8.0	9.0	10	11	12
19.1	√	√	√	√	√	√	√	√														
22.2	√	√	√	√	√	√	√	√														
25.4	√	√	√	√	√	√	√	√	√	√												
31.8	√	√	√	√	√	√	√	√		√												
38.1			√	√	√	√	√	√	√	√												
42.4			√	√	√	√	√	√	√	√												
48.3			√	√	√	√	√	√	√	√												
50.8			√	√	√	√	√	√	√	√												
57.0		√	√	√	√	√	√	√	√	√												
63.5			√	√	√	√	√	√	√	√	√											
76.3			√	√	√	√	√	√	√	√	√											
80.0				√	√	√	√	√	√	√	√	√										
87.0									√	√	√	√										
89.0										√	√	√	√									
102											√	√	√									
108												√	√	√								
112											√	√	√									
114											√	√	√	√								
127												√	√	√								
133												√	√	√								
140												√	√	√	√							
159													√	√	√							
165													√	√	√							
180														√	√	√						
217														√	√	√	√	√	√	√		
219														√	√	√	√	√	√	√	√	
273																√	√	√	√	√	√	√
299																√	√	√	√	√	√	√
325																	√	√	√	√	√	√

注：1. 表中“√”表示有产品。

2. 复合管的总壁厚也可根据用户需要，基材为 0.4～8.0mm，覆材为 0.4～0.8mm。

3. 通常长度范围为 1～8m。

表6.2　结构用不锈钢复合方管和矩形管的规格（GB/T 18704—2008）

mm

形式	公称边长	总壁厚																		
		0.6	0.8	1.0	1.2	1.4	1.5	1.6	1.8	2.0	2.2	2.5	3.0	3.5	4.0	4.5	5.0	6.0	7.0	8.0
方管	15×15	√	√	√	√	√	√	√	√	√										
	20×20	√	√	√	√	√	√	√	√	√										
	25×25	√	√	√	√	√	√	√	√	√	√	√								
	30×30	√	√	√	√	√	√	√	√	√	√	√								
	40×40	√	√	√	√	√	√	√	√	√	√	√								
	50×50	√	√	√	√	√	√	√	√	√	√	√	√							
	60×60	√	√	√	√	√	√	√	√	√	√	√	√	√						
	70×70												√	√	√					
	80×80												√	√	√					
	85×85												√	√	√					
	90×90												√	√	√					
	100×100												√	√	√					
	110×110												√	√	√					
	125×125													√	√	√	√			
	130×130													√	√	√	√			
	140×140														√	√	√	√		
	170×170																√	√	√	√
矩形管	20×10	√	√	√	√	√	√	√	√	√										
	25×15	√	√	√	√	√	√	√	√	√										
	40×20			√	√	√	√	√	√	√	√	√								
	50×30			√	√	√	√	√	√	√	√	√								
	70×30				√	√	√	√	√	√	√	√								
	80×40				√	√	√	√	√	√	√	√	√							
	90×30				√	√	√	√	√	√	√	√	√							
	100×40												√	√	√					
	110×50												√	√	√					
	120×40												√	√	√					
	120×60													√	√	√				
	130×50													√	√	√				
	130×70													√	√	√				
	140×60													√	√	√				
	140×80													√	√	√				
	150×50													√	√	√				
	150×70													√	√	√	√			
	160×40													√	√	√				

续表

形式	公称边长	0.6	0.8	1.0	1.2	1.4	1.5	1.6	1.8	2.0	2.2	2.5	3.0	3.5	4.0	4.5	5.0	6.0	7.0	8.0
矩形管	160×60													√	√	√	√			
	160×90													√	√	√	√			
	170×50													√	√	√	√			
	170×80														√	√	√			
	180×70														√	√	√			
	180×80														√	√	√			
	180×100														√	√	√	√		
	190×60														√	√	√			
	190×70														√	√	√			
	190×90														√	√	√	√		
	200×60														√	√	√			
	200×80														√	√	√	√		
	200×140															√	√	√	√	√

注：表中“√”表示常用规格，也可根据用户需要，生产基材为 0.4～8.0mm，覆材为 0.1～0.8mm 的复合管材。

6.2 不锈钢-塑料复合管

不锈钢-塑料复合管（PE）的内层为塑料层，由粘接层使它与不锈钢相连，其长度一般为 3m、4m、5m、6m，允许偏差为 0～+10mm，弯曲度不应大于 0.3%。

表 6.3　PE 复合管的外径、壁厚和允许偏差　　mm

<table>
<tr><th colspan="2">外径</th><th colspan="2">总壁厚</th><th colspan="2">不锈钢层</th><th rowspan="2">不圆度</th></tr>
<tr><th>公称外径</th><th>允许偏差</th><th>总壁厚</th><th>允许偏差</th><th>壁厚</th><th>允许偏差</th></tr>
<tr><td>16</td><td rowspan="6">+0.20
−0.10</td><td rowspan="2">2.0</td><td rowspan="6">+0.30
0</td><td rowspan="4">0.30</td><td rowspan="10">±0.02</td><td rowspan="6">0.013</td></tr>
<tr><td>20</td></tr>
<tr><td>(22)</td><td rowspan="2">2.5</td></tr>
<tr><td>25</td></tr>
<tr><td>(28)</td><td rowspan="2">3.0</td><td rowspan="2">0.40</td></tr>
<tr><td>32</td></tr>
<tr><td>40</td><td>+0.22
−0.10</td><td>3.5</td><td rowspan="2">+0.40
0</td><td rowspan="2">0.40</td><td rowspan="3">0.015</td></tr>
<tr><td>50</td><td rowspan="2">+0.25
−0.10</td><td>4.0</td></tr>
<tr><td>63</td><td>5.0</td><td rowspan="2">+0.50
0</td><td rowspan="2">0.50</td></tr>
<tr><td>75</td><td>+0.20
−0.15</td><td>6.0</td><td>0.017</td></tr>
</table>

续表

<table>
<tr><th colspan="2">外径</th><th colspan="2">总壁厚</th><th colspan="2">不锈钢层</th><th rowspan="2">不圆度</th></tr>
<tr><th>公称外径</th><th>允许偏差</th><th>总壁厚</th><th>允许偏差</th><th>壁厚</th><th>允许偏差</th></tr>
<tr><td>90</td><td>+0.40
−0.20</td><td>7.0</td><td rowspan="2">+0.60
0</td><td rowspan="2">0.60</td><td rowspan="4">±0.02</td><td rowspan="2">0.017</td></tr>
<tr><td>110</td><td>+0.50
−0.20</td><td>8.0</td></tr>
<tr><td>125</td><td>+0.60
−0.20</td><td>9.0</td><td>+0.70
0</td><td rowspan="2">0.80</td><td rowspan="2">0.018</td></tr>
<tr><td>160</td><td>+0.70
−0.30</td><td>10.0</td><td>+0.80
0</td></tr>
</table>

6.3 钢-塑复合管

钢-塑复合管（PSP）采用优质碳素钢管为基体，用特殊加工工艺，使钢管内壁和 PE、PO、PPR、PVC、UHMWPE 等化学稳定性优良的热塑性塑料有机地结合为一体。它以钢管为基体，经酸洗、热处理等一系列工艺流程，使钢管内、外壁分别和 PE、UHMWPE、PPR、PVC 等材料紧密地合为一个整体，抗腐蚀性能优良，耐磨性佳，不结垢，机械强度高，耐冲击、压力、弯曲，适用温度范围广，卫生性能良好，使用寿命长。

涂塑复合给水钢管（CJ/T 120—2008）标记由涂塑复合钢管代号，内涂层材料代号和公称尺寸组成：

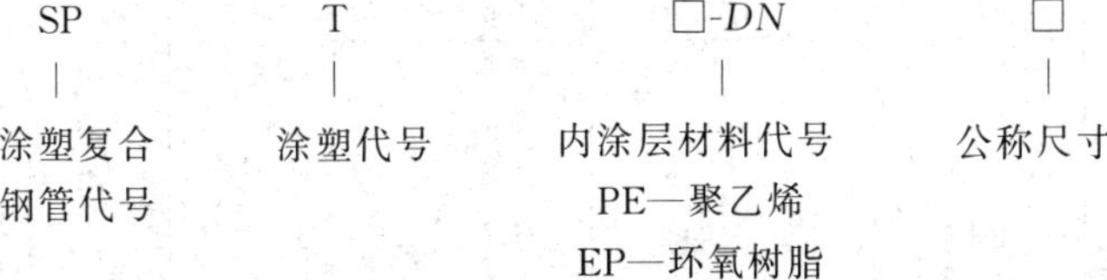

例：SP-TEP-200 表示公称尺寸为 DN200mm 的环氧树脂涂层钢管。

表 6.4　环氧树脂粉末性能

项目	性能	项目	性能
密度/(g/cm³)	1.3～1.5	胶化时间/s ≤	120(200℃)
粒度分布/% ≤	筛上 150μm，3 筛上 250μm，0.2	冲击强度/kg·cm ≥	50

续表

项目	性能	项目	性能
不挥发物含量/%	≥99.5	弯曲试验(ϕ2mm)	通过
水平流动性/mm	22～28	卫生性能	符合 GB/T 17219

表 6.5　涂塑钢管的涂层厚度　　mm

公称通径 *DN*	内面塑料涂层>		外面塑料涂层>			
	聚乙烯	环氧树脂	聚乙烯		环氧树脂	
			普通级	加强级	普通级	加强级
15、20、25、32、40、50、65	0.4	0.3	0.5	0.6	0.3	0.35
80、100、125、150	0.5	0.35	0.6	1.0	0.35	0.4
200、250、300	0.6	0.35	0.8	1.2	0.35	0.4
350、400、450、500	0.6	0.35	0.8	1.3	0.35	0.4
550、600、650、700、750	0.8	0.4	1.0	1.5	0.4	0.45
800、850、900、1100、1200	1.0	0.45	1.2	1.8	0.45	0.5

表 6.6　普通系列钢-塑复合管的规格尺寸　　mm

公称外径	公称外径上偏差	内层聚乙(丙)烯最小厚度	钢带最小厚度	外层聚乙(丙)烯最小厚度	壁厚	壁厚偏差
50	+0.5	1.4	0.3	1.0	3.5	+0.5
63	+0.6	1.6	0.4	1.1	4.0	+0.7
75	+0.7		0.5		1.0	
90	+0.8	1.7	0.6	1.2	45	+0.8
110	+0.9	1.8	0.8	1.3	5.0	+0.9
160	+1.6		1.1	1.5	5.5	+1.0
200	+2.0		1.4	1.7	6.0	+1.2
250	+2.4		1.7	1.9	6.5	+1.4
315	+2.6		2.2		7.0	+1.6
400	+3.0		2.8	2.0	7.5	+1.8

注：公称外径下偏差和壁厚下偏差均为 0。

表 6.7　普通系列钢-塑复合管的工作压力

用途代号	公称外径/mm
	50、63、75、90、110、160、200、250、315、400
L、R、T	1.25MPa
Q	0.5MPa

表 6.8　加强系列钢-塑复合管的规格尺寸　　mm

<table>
<tr><th>公称外径</th><th>公称外径上偏差</th><th>内层聚乙(丙)烯最小厚度</th><th>钢带最小厚度</th><th>外层聚乙(丙)烯最小厚度</th><th>壁厚</th><th>壁厚偏差</th></tr>
<tr><td>16、20</td><td rowspan="3">+0.3</td><td>0.8</td><td>0.3</td><td>0.4</td><td>2.0</td><td rowspan="3">+0.4</td></tr>
<tr><td>25</td><td>1.0</td><td rowspan="2">0.4</td><td>0.6</td><td>2.5</td></tr>
<tr><td>32</td><td>1.2</td><td>0.7</td><td>3.0</td></tr>
<tr><td>40</td><td>+0.4</td><td>1.3</td><td>0.5</td><td>0.8</td><td>3.5</td><td>+0.5</td></tr>
<tr><td>50</td><td>+0.5</td><td>1.4</td><td rowspan="3">0.6</td><td>1.5</td><td>4.5</td><td>+0.8</td></tr>
<tr><td>63</td><td>+0.6</td><td>1.7</td><td>1.7</td><td>5.0</td><td>+0.9</td></tr>
<tr><td>75</td><td>+0.7</td><td>1.9</td><td>1.9</td><td>5.5</td><td>+1.0</td></tr>
<tr><td>90</td><td>+0.8</td><td rowspan="7">2.0</td><td>0.8</td><td>2.0</td><td>6.0</td><td>+1.2</td></tr>
<tr><td>110</td><td>+0.9</td><td>1.0</td><td rowspan="3">2.2</td><td>6.5</td><td>+1.4</td></tr>
<tr><td>160</td><td>+1.6</td><td>1.7</td><td>7.0</td><td>+1.6</td></tr>
<tr><td>200</td><td>+2.0</td><td>2.2</td><td>7.5</td><td>+1.8</td></tr>
<tr><td>250</td><td>+2.4</td><td>2.8</td><td rowspan="3">2.3</td><td>8.5</td><td>+2.2</td></tr>
<tr><td>315</td><td>+2.6</td><td>3.5</td><td>9.0</td><td>+2.4</td></tr>
<tr><td>400</td><td>+3.0</td><td>4.5</td><td>10.0</td><td>+2.8</td></tr>
</table>

注：公称外径下偏差和壁厚下偏差均为 0。

表 6.9　加强系列钢-塑复合管的工作压力

<table>
<tr><th rowspan="2">用途代号</th><th colspan="2">公称外径/mm</th></tr>
<tr><th>16、20、25、32、40、50</th><th>63、75、90、110、160、200、250、315、400</th></tr>
<tr><td>L、R、T</td><td>2.5MPa</td><td>2.0MPa</td></tr>
<tr><td>Q</td><td>1.0MPa</td><td>0.8MPa</td></tr>
</table>

6.4　铝-塑复合管

铝-塑复合管是最早替代铸铁管的供水管，其基本构成应为 5 层，由内而外依次为塑料、热熔胶、铝合金、热熔胶、塑料。它有较好的保温性能，不易腐蚀，流体阻力很小。作为供水管道，铝塑复合管有足够的强度，但一般不宜埋入地下。

表 6.10　铝-塑管的品种和类别

输送流体	用途代号	铝塑管代号	长期工作温度/℃	允许工作压力/MPa
冷水	L	PAP3、4 XPAP1、2	40	1.40 2.00

续表

输送流体	用途代号	铝塑管代号	长期工作温度/℃	允许工作压力/MPa
冷热水	R	PAP3、4	60	1.00
		XPAP1、2	75	1.50
			95	1.25
		XPAP	75	1.00
			82	0.86
天然气 液化石油气 人工煤气	Q	PAP4	35	0.40 0.40 0.20
特种流体	T	PAP3	40	1.00

注：XPAP1—聚乙烯/铝合金/交联聚乙烯，一型铝塑管；XPAP2—聚乙烯/铝合金/交联聚乙烯，二型铝塑管；PAP3—聚乙烯/铝/聚乙烯，三型铝塑管；PAP4—聚乙烯/铝合金/聚乙烯，四型铝塑管。

表 6.11 铝塑管的结构尺寸 mm

公称外径	公称外径公差	参考内径	圆度		管壁厚		内层塑料最小壁厚	外层塑料最小壁厚	铝管层最小壁厚
			盘管 ≤	直管 ≤	最小值	公差			
12	+0.3 0	8.3	0.8	0.4	1.6	+0.5 0	0.7	0.4	0.18
16		12.1	1.0	0.5	1.7		0.9		
20		15.7	1.2	0.6	1.9		1.0		0.23
25		19.9	1.5	0.8	2.3		1.1		
32		25.7	2.0	1.0	2.9		1.2		0.28
40		31.6	2.4	1.2	3.9	+0.6 0	1.7		0.33
50		40.5	3.0	1.5	4.4	+0.7 0	1.7		0.47
63	+0.4 0	50.5	3.8	1.5	5.8	+0.9 0	2.1		0.57
75	+0.6 0	59.3	4.5	2.3	7.3	+1.1 0	2.8		0.67

6.5 铜-塑复合管

表 6.12 聚乙烯的技术指标

项目	技术指标	项目	技术指标
密度/(g/cm^3)	0.930～0.940	维卡软化温度/℃ ≥	80
溶体流动速率/(g/600s)	(0.20～0.40)	阻燃性氧指数(OI) ≥	30
脆化温度/℃ ≤	−70		

表 6.13　塑覆铜管的规格和塑覆层　mm

铜管外径	塑覆铜管外径		外径允差（±）	塑覆层壁厚		塑覆层允差（±）	齿数
	平形环	齿型环		平形环	齿形环		
6	8.2	8.6	0.20	1.1	1.3	0.15	6～8
8	10.2	10.6					8～10
10	12.2	12.6					10～12
12	14.2	14.6					12～20
15	17.6	18.6	±0.25	1.3	1.8	0.20	16～26
18	20.6	21.6					16～25
22	24.6	25.6					20～30
28	30.6	31.6					20～30
35	38.6	40	±0.30	1.8	2.5	0.25	28～35
42	45.6	47					32～42
54	58	60	±0.40	2.0	3.0	0.30	42～52

第2篇

五金工具

五金工具是指铁、钢、铝等金属经过锻造、压延、切割等物理加工制造而成的各种金属器件的总称。

五金工具包括测量工具、手工工具、钳工工具、车工工具、铣工工具、刨插滚拉镗工具、磨工工具、管工工具、电工工具、木工工具、建筑工具、园林工具，以及电动工具、气动工具、液压工具和园艺工具等。

第7章 测量工具

7.1 量尺类

7.1.1 金属直尺

用于量取一般小工件尺寸，其规格见表7.1。

表7.1 金属直尺的长度系列（GB/T 9056—2004）

图示	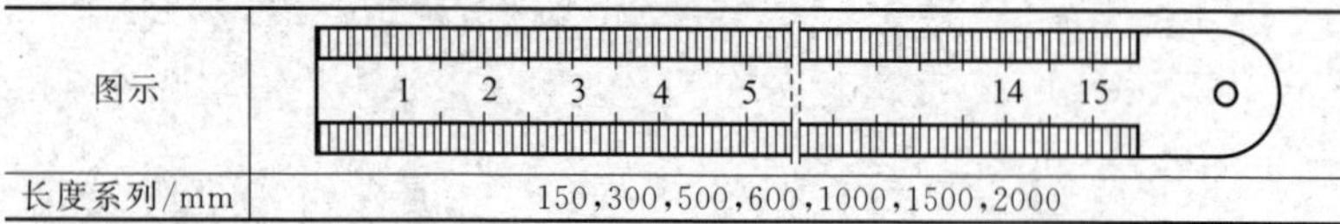
长度系列/mm	150,300,500,600,1000,1500,2000

7.1.2 钢卷尺

用于量取一般较大工件尺寸或距离，其规格见表7.2。

表 7.2　钢卷尺的规格（QB/T 2443—2011）

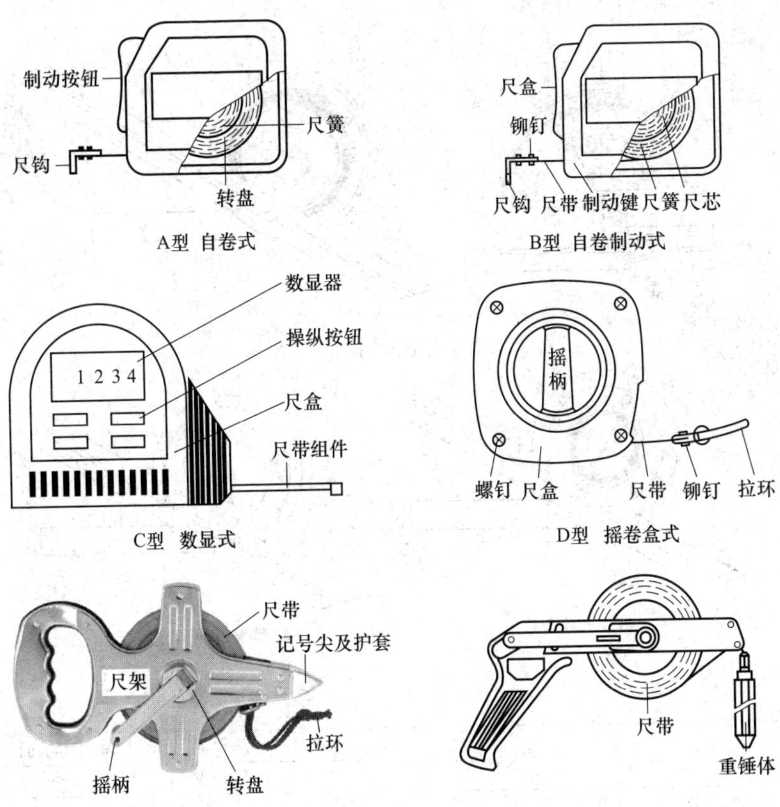

形式	尺带规格/m	尺带截面(金属材料的宽度和厚度)				形状
		宽度/mm		厚度/mm		
		基本尺寸	允许偏差	基本尺寸	允许偏差	
A、B、C 型	0.5 的整数倍	4～40	0	0.11～0.16	0	弧面或平面
D、E、F 型	5 的整数倍	10～16	−0.02	0.14～0.28	−0.02	平面

7.1.3　万能角尺

用于测量精密工件的内、外角度或进行角度划线，其规格见表 7.3。

表 7.3　万能角度尺的规格（GB/T 6315—2008）

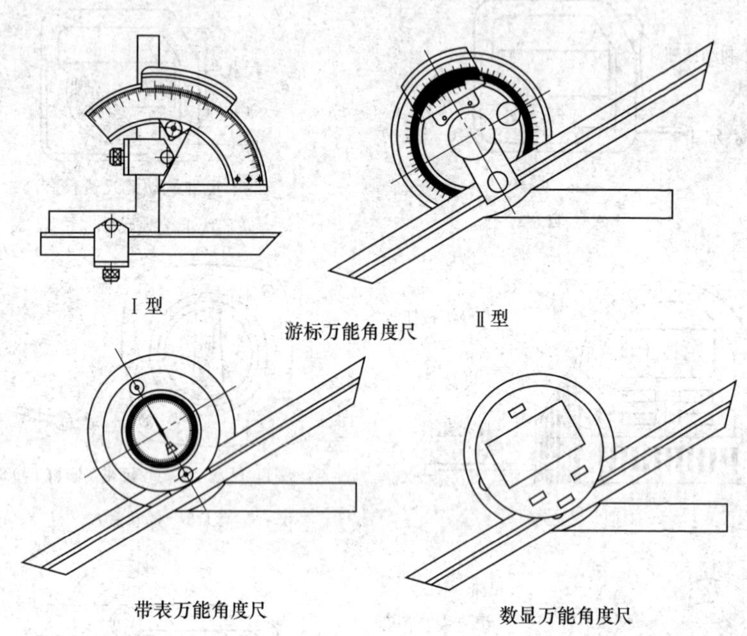

Ⅰ型　　Ⅱ型

游标万能角度尺

带表万能角度尺　　数显万能角度尺

<table>
<tr><th colspan="2" rowspan="2">形　式</th><th rowspan="2">测量范围</th><th>直尺测量面</th><th>基尺测量面</th><th>附加测量面</th></tr>
<tr><th colspan="3">公称长度/mm</th></tr>
<tr><td rowspan="2">游标万能角度尺</td><td>Ⅰ型</td><td>0°～320°</td><td>≥150</td><td rowspan="4">≥50</td><td>—</td></tr>
<tr><td>Ⅱ型</td><td rowspan="3">0°～360°</td><td rowspan="3">150 或
200 或
300</td><td rowspan="3">≥70</td></tr>
<tr><td colspan="2">带表万能角度尺</td></tr>
<tr><td colspan="2">数显万能角度尺</td></tr>
</table>

7.2　卡尺卡钳卡规类

7.2.1　卡尺

（1）长度卡尺

卡尺的种类有长度卡尺、深度卡尺、高度卡尺和齿厚卡尺等，用于测量工件外形尺寸（长度、宽度、高度、深度）和孔距等。它们都可有游标型、带表型和数显型。长度卡尺的规格见表 7.4。

表 7.4　长度卡尺的规格（GB/T 21389—2008）　mm

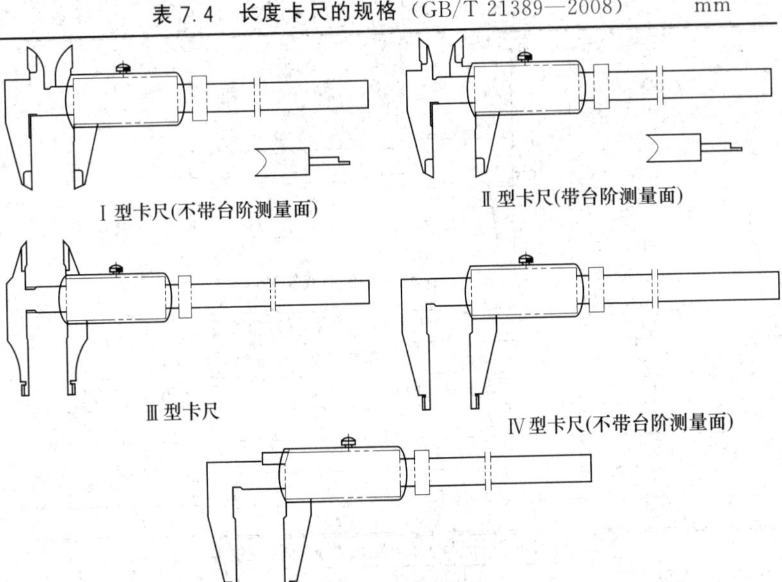

Ⅰ型卡尺(不带台阶测量面)　Ⅱ型卡尺(带台阶测量面)

Ⅲ型卡尺　Ⅳ型卡尺(不带台阶测量面)

Ⅴ型卡尺(带台阶测量面)

类别	刻度型、带表型和数显型
测量范围	0～70，0～150，0～200，0～300，0～500，0～1000，0～1500，0～2000，0～2500，0～3000，0～3500，0～4000

主标尺和游标尺的标记宽度及其标记宽度差		
分度值	标记宽度	标记宽度差≤
0.02	0.08～0.18	0.02
0.05		0.03
0.10		0.05

(2) 深度卡尺（表 7.5）

表 7.5　深度卡尺的规格（GB/T 21388—2008）　mm

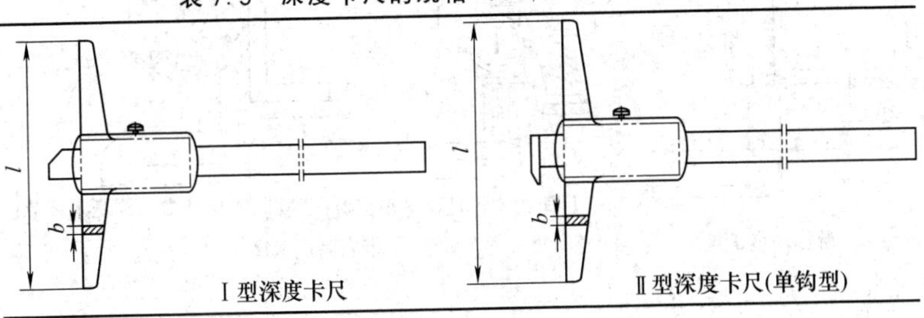

Ⅰ型深度卡尺　Ⅱ型深度卡尺(单钩型)

续表

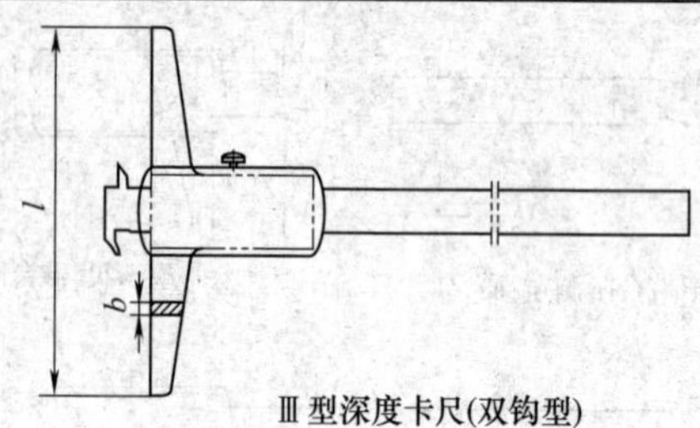

Ⅲ型深度卡尺(双钩型)

类　别	刻度型、带表型和数显型	
测量范围	基本参数(推荐值)≥	
	尺框测量面长度 l	尺框测量面宽度 b
0～100,0～150	80	5
0～200,0～300	100	6
0～500	120	6
0～1000	150	7

主标尺和游标尺的标记宽度及其标记宽度差

分度值	标记宽度	标记宽度差≤
0.02	0.08～0.18	0.02
0.05		0.03
0.10		0.05

（3）高度卡尺（表 7.6）

表 7.6　高度卡尺的规格（GB/T 21390—2008）　　mm

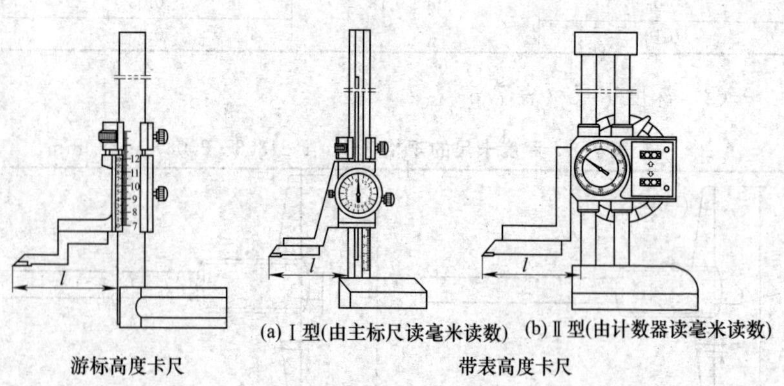

游标高度卡尺

(a) Ⅰ型(由主标尺读毫米读数)　(b) Ⅱ型(由计数器读毫米读数)

带表高度卡尺

续表

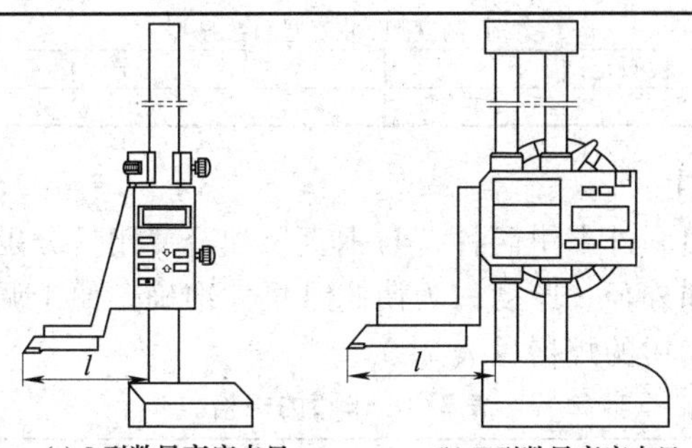

(a) Ⅰ型数显高度卡尺　　(b) Ⅱ型数显高度卡尺

数显高度卡尺

类别:刻度型、带表型和数显型

高度卡尺的测量范围及基本参数

测量范围上限	基本参数 l(推荐值)
～150	45
>150～400	65
>400～600	100
>600～1000	130

游标高度卡尺的主标尺和游标尺的标记宽度及其标记宽度差

分度值	标记宽度	标记宽度差 ≤
0.02	0.08～0.18	0.02
0.05		0.03
0.10		0.05

带表高度卡尺主标尺的标记宽度及其标记宽度差,圆标尺的标记宽度及标尺间距

标尺名称	标记宽度	标记宽度差 ≤	标尺间距 ≥
主标尺	0.10～0.25	0.05	—
圆标尺	0.10～0.20	—	0.8

注：指针末端的宽度应与圆标尺的标记宽度一致。

(4) 齿厚卡尺（表 7.7）

表 7.7　齿厚卡尺的规格（GB/T 6316—2008）　　mm

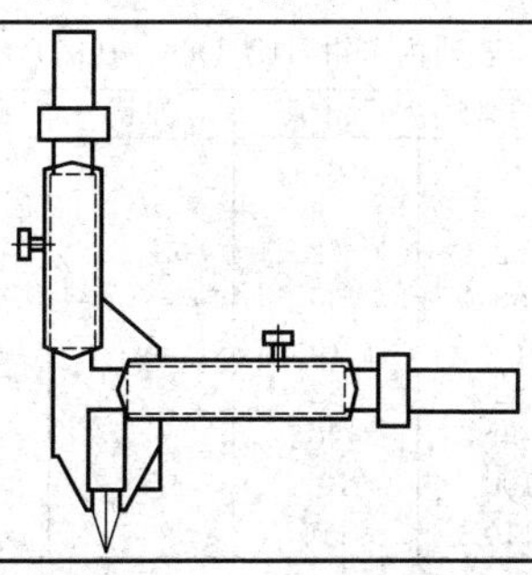

续表

类别:刻度型、带表型和数显型	
测量模数范围	分度值
1～16,1～26,5～32,15～55	0.01,0.02

7.2.2　卡钳

有内卡钳和外卡钳两种，与钢直尺配合使用，分别测量工件的内径、槽宽和外径、厚度。为使测量尺寸准确，便于调节，有的制成弹簧式。卡钳的规格见表 7.8。

表 7.8　卡钳的规格　　mm

图示	内卡钳	外卡钳	弹簧内卡钳	弹簧外卡钳
规格	100,125,150,200,250,300,350,400,450,500,600,800,1000,1500,2000			

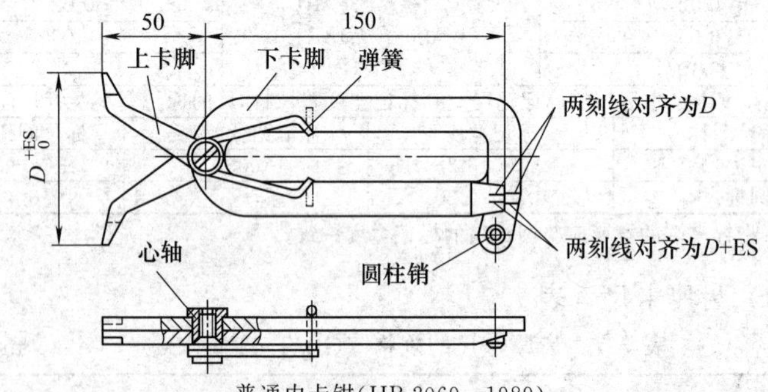

普通内卡钳(HB 2069—1989)

测量范围 D	上卡脚	下卡脚	弹簧	圆柱销	心轴
>50～55	50	50			
>55～62	55	55			
>62～68	62	62			
>68～75	68	68			
>75～82	75	75	50	A4×8	8
>82～90	82	82			
>90～100	90	90			
>100～110	100	100			
>110～120	110	110			

7.2.3 带表卡规

表 7.9　带表卡规的规格（JB/T 1007—2012）　mm

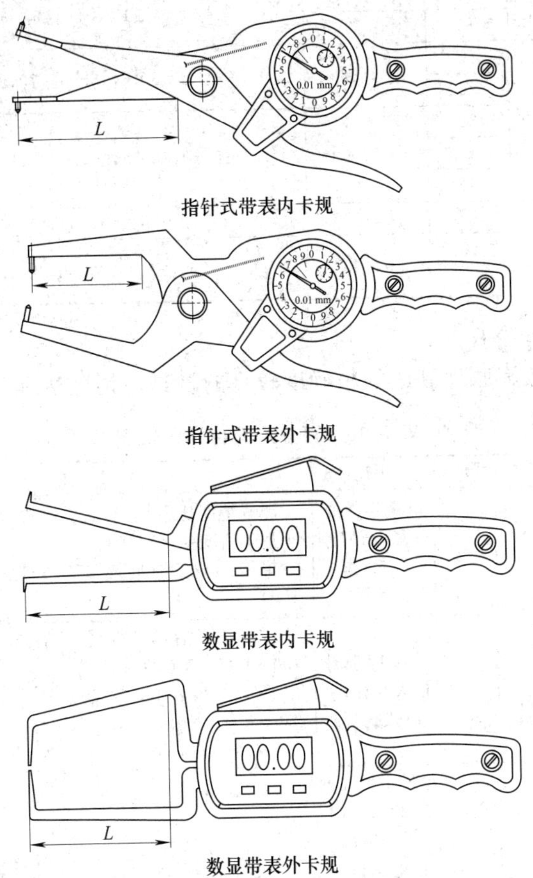

指针式带表内卡规

指针式带表外卡规

数显带表内卡规

数显带表外卡规

名称	分度值	量程	测量范围	最大测量臂长度 L
带表内卡规	0.005	5	[2.5,5]	10,20,30,40
		10		
	0.01	10	[5,160]	10,20,25,30,35,50,55,60,80,90,100
		20		120,150,160,175,200,250
	0.02	40	[10,175]	25,30,40,55,60,70,80,115,170
	0.05	50	[15,230]	125,150,175
	0.10	100	[30,320]	380,540

续表

名称	分度值	量程	测量范围	最大测量臂长度 L
带表外卡规	0.005	5	[0,10]	10,20,30,40
		10	[0,50]	
	0.01	10	[0,100]	25,30,40,55,60,70,80
		20		
	0.02	20	[0,100]	25,30,40,55,60,70,80,115,170
		40		
		50		
	0.05	50	[0,150]	125,150,175
	0.10	50	[0,400]	200,230,300,360,400,530
		100		

7.2.4 百分尺

利用螺旋原理制成的精确度较高的量具，精度达 0.01mm。

表 7.10　百分尺的种类和规格　mm

名称	测量范围	读数值	用途	备　注
外径百分尺	0～500，500～1000	0.01	测量零件的外径、凸肩厚度、板(壁)厚等	测量精度比游标卡尺高，比较灵活，多应用于加工精度要求较高时。 规格：0～500(间隔 25)；500～1000(间隔 100)
内径百分尺	5～30，25～50	0.01	主要用于测量大孔径(可以接长杆)	加接长杆后的测量范围是：50～250，600；100～1225，1500，5000； 150～1250，1400，2000，3000，4000，5000；250～2000，4000，5000； 1000～3000，4000，5000 以及 2500～5000
内测百分尺	5～30，25～50	0.01	测量小尺寸内径和内侧面槽的宽度	测量小孔径，比内径千分尺易找正，测量方便
深度百分尺	0～25，25～100，100～150	0.01	用以测量孔深、槽深和台阶高度等	测量孔深时，应把基座的测量面紧贴在被测孔的端面上。使测量杆与被测孔的中心线平行
板厚百分尺	0～15，15～30	0.05	主要适用于测量板料的厚度尺寸	可测深度：70
	0～10，0～15，0～25	0.01		可测深度：50
	25～50，50～75，75～100	0.01		可测深度：150，200

7.2.5　千分尺

千分尺有内径千分尺、三爪内径千分尺、外径千分尺、深度千分尺、壁厚千分尺、杠杆千分尺、螺纹千分尺和公法线千分尺等，精度达 0.001mm。

表 7.11　千分尺的规格　mm

类别	型式	测量范围	分度值
外径千分尺（GB/T 1216—2004）	测砧固定式	0～500，25/挡	0.01
		500～1000，100/挡	
	测砧带表式	1000～3000，500/挡	
	数字显示式	0～100	0.001
	带计数器式	0～100，25/挡	0.01
大外径千分尺（JB/T 10007—2012）	测砧可调式	1000～1100，1100～1200，1000～1200，1200～1300，1300～1400，1200～1400，1400～1500，1500～1600，1400～1600，1600～1700，1700～1800，1600～1800，1800～1900，1900～2000，1800～2000，2000～2200，2200～2400，2400～2600，26000～2800，2800～3000	0.01
	测砧带表式	1000～1500，1500～2000，2000～2500，2500～3000	0.01
内径千分尺（GB/T 8177—2004）	普通式	50～250，50～600	0.01
		100～1225，100～1500，100～5000	0.01
		150～1250，150～1400，150～2000 150～3000，150～4000，150～5000	0.01
		250～2000，250～4000，250～5000	0.01
		1000～3000，1000～4000，1000～5000	0.01
		2500～5000	0.01
	Ⅰ型三爪式	6～14，2/挡 14～20，3/挡 20～40，5/挡 40～100，10/挡	0.01 0.001 0.002 0.005
	Ⅱ型三爪式	3.5～6.5，1/挡 8～14，2/挡 14～20，3/挡 20～50，5/挡 50～100，10/挡 100～300，25/挡	

续表

<table>
<tr><th>类别</th><th>型式</th><th colspan="2">测量范围</th><th>分度值</th></tr>
<tr><td colspan="2" rowspan="5">三爪内径千分尺
(GB/T 6314—2004)</td><td>测量范围</td><td>数值间隔</td><td rowspan="5">0.010
0.005</td></tr>
<tr><td>6～8,8～10,10～12</td><td>2</td></tr>
<tr><td>11～14,14～17,17～20</td><td>3</td></tr>
<tr><td>20～25,25～30,30～35,35～40</td><td>5</td></tr>
<tr><td>40～50,50～60,60～70,70～80,
80～90,90～100</td><td>10</td></tr>
<tr><td colspan="2" rowspan="11">两点内径千分尺
(GB/T 8177—2004)</td><td colspan="2">测量范围</td><td rowspan="11">测微头量程
13、25、50</td></tr>
<tr><td>≤50</td><td>>500～800</td></tr>
<tr><td>>50～100</td><td>>800～1250</td></tr>
<tr><td>>100～150</td><td>>1250～1600</td></tr>
<tr><td>>150～200</td><td>>1600～2000</td></tr>
<tr><td>>200～250</td><td>>2000～2500</td></tr>
<tr><td>>250～300</td><td>>2500～3000</td></tr>
<tr><td>>300～350</td><td>>3000～4000</td></tr>
<tr><td>>350～400</td><td>>4000～5000</td></tr>
<tr><td>>400～450</td><td>>5000～6000</td></tr>
<tr><td>>450～500</td><td></td></tr>
<tr><td colspan="2">电子数显内径千分尺
(GB/T 22093—2008)</td><td colspan="2">A型、B型电子数显内径千分尺的量程宜为25,测量范围的下限宜为5或25的整数倍。
C型、D型、E型电子数显内径千分尺的测量范围的下限宜为整数</td><td>电子数显内径千分尺测微螺杆的螺距宜为0.5或1</td></tr>
<tr><td colspan="2" rowspan="5">电子数显外径千分尺
(GB/T 20919—2007)</td><td>测量范围</td><td>刻度数值标记间隔</td><td rowspan="5">0.01</td></tr>
<tr><td>0～25</td><td>5</td></tr>
<tr><td>25～50</td><td>5</td></tr>
<tr><td>50～75</td><td>5</td></tr>
<tr><td>75～100</td><td>5</td></tr>
<tr><td colspan="2">深度千分尺
(GB/T 1218—2004)</td><td colspan="2">0～25,0～50,0～100,0～150,
0～200,0～250,0～300</td><td>0.01,0.001
0.002,0.005</td></tr>
<tr><td colspan="2">壁厚千分尺
(GB/T 6312—2004)</td><td colspan="2">0～25,25～50</td><td>0.01,0.001,
0.002,0.005</td></tr>
<tr><td colspan="2">杠杆千分尺
(GB/T 8061—2004)</td><td colspan="2">0～25,25～50,50～75,75～100</td><td>0.001,0.002</td></tr>
<tr><td colspan="2">螺纹螺距千分尺
(GB/T 10932—2004)</td><td colspan="2">0～25(5头):P＝0.4～0.5,0.6～0.8,1～1.25,1.5～2,2.5～3.5</td><td>0.01</td></tr>
</table>

续表

<table>
<tr><th colspan="2">类别　　型式</th><th colspan="2">测量范围</th><th>分度值</th></tr>
<tr><td colspan="2" rowspan="3">螺纹螺距千分尺
(GB/T 10932—2004)</td><td colspan="2">25～50(5 头):P=0.6～0.8,1～1.25,1.5～2,2.5～3.5,4～6</td><td rowspan="3">0.01</td></tr>
<tr><td colspan="2">50～75,75～100(4 头):P=1～1.25,1.5～2,2.5～3.5,4～6</td></tr>
<tr><td colspan="2">100～125,125～150(3 头):P=1.5～2,2.5～3.5,4～6</td></tr>
<tr><td colspan="2">螺纹中径千分尺
(GB/T 10932—2004)</td><td colspan="2">0～100,25/挡</td><td>0.01,0.001,0.002,0.005</td></tr>
<tr><td rowspan="7">奇数沟千分尺
(GB/T 9058—2004)</td><td rowspan="2">三沟</td><td>1～15,5～20,20～35</td><td rowspan="7">示值误差</td><td>±0.004</td></tr>
<tr><td>35～50</td><td>±0.005</td></tr>
<tr><td rowspan="5">五沟或七沟</td><td>50～65,65～80</td><td>±0.006</td></tr>
<tr><td>5～25</td><td>±0.004</td></tr>
<tr><td>25～45</td><td>±0.005</td></tr>
<tr><td>45～65</td><td>±0.006</td></tr>
<tr><td>65～85</td><td>±0.007</td></tr>
<tr><td colspan="2" rowspan="3">齿轮公法线千分尺(Ⅰ型适用于通孔,Ⅱ型也适用于盲孔)(GB/T 1217—2004)</td><td colspan="2">0～25,25～50</td><td>0.004</td></tr>
<tr><td colspan="2">50～75,75～100</td><td>0.005</td></tr>
<tr><td colspan="2">100～125,125～150,150～175,175～200</td><td>0.006</td></tr>
</table>

7.3　量表类

7.3.1　百分表和千分表

量表的种类：按精度分为百分表和千分表。百分表的刻度盘上的分度值为 0.01mm（沿圆周印制有 100 个等分刻度）；千分表的圆表盘上的分度值为 0.001mm 或 0.002mm（圆表盘上有 200 个或 100 个等分刻度）。它们都可用于测量工件的形状和位置误差以及位移量，也可用于比较法测量工件的长度，但后者的测量精度更高些。

表 7.12　百分表的规格　　mm

名称	测量范围	分度值
百分表	0～3,0～5,0～10	0.01
	0～30,0～50,0～100	0.01
内径百分表	6～10,10～18,18～35,35～50,50～100,50～160,100～160,100～205,160～250,250～450	0.01

续表

名称			测量范围	分度值
涨簧式内径百分表	测深	16	2,2.25	测头行程 0.3
		20	2.5,2.75,3.00,3.25,3.50,3.75	
		30	4.0,5.0,5.5	测头行程 0.6
		40	6.0,6.5,7.0,7.5,8.0,8.5,9.0,9.5	
		50	10,1,112,13,14,15,16,17,18,19,20	测头行程 1.2
杠杆百分表			0～0.8	0.01
数显百分表			0～3,0～5,0～10,0～25,0～50	0.01

表 7.13　千分表的规格　　mm

名称	测量范围	分度值
千分表	0～1,0～2,0～3,0～5	0.001,0.005
内径千分表	6～10,10～18,18～35,35～50,50～100,50～160,100～160,100～205,160～250,250～450	0.001
杠杆千分表	0～0.2	0.002
数显千分表	0～5,0～9,0～10	0.001

7.3.2　表座

有磁力表座和万能表座，可利用磁性使百分表、千分表处于任何空间位置，以适应各种不同用途和性质的测量。

表 7.14　磁力表座的规格（JB/T 10010—2010）　　mm

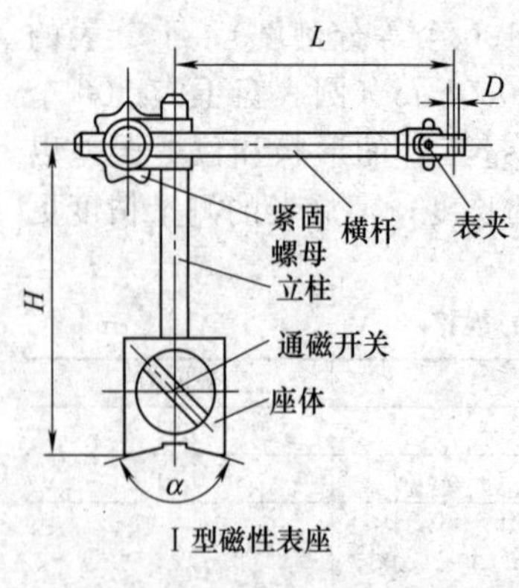

Ⅰ型磁性表座

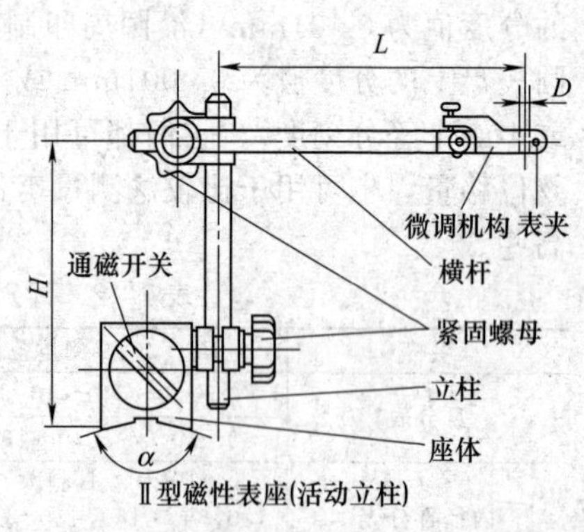

Ⅱ型磁性表座(活动立柱)

续表

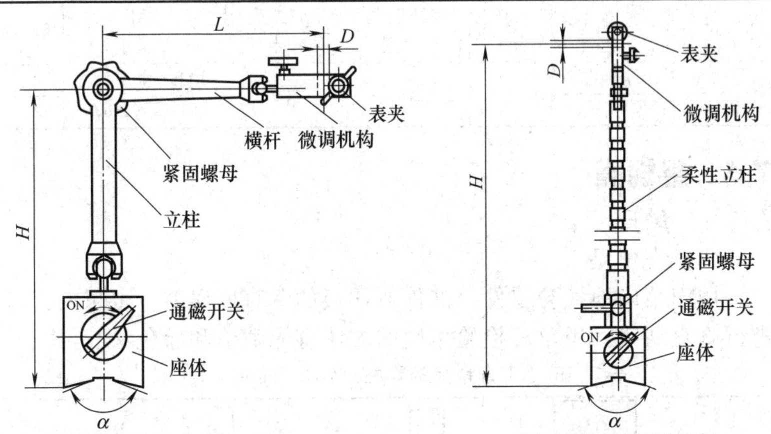

Ⅲ型磁性表座(球形万向)　　Ⅳ型磁性表座(柔性万向)

表座	规格/kg	基本尺寸推荐值			夹表孔直径 D
		H	L	V形工作面角度	
Ⅰ Ⅱ Ⅲ	40	＞160	＞140	120° 135° 150°	8H8、4H8 6H8、10H8
	60	＞190	＞170		
	80	＞224	＞200		
	100	＞280	＞250		
Ⅳ	60	270～360	—		

表座的工作磁力和剩余磁力

规格/kg	工作磁力/N	剩余磁力/N	规格/kg	工作磁力/N	剩余磁力/N
40	392	2	80	784	4
60	588	3	100	980	4

表 7.15　万能表座的规格（JB/T 10011—2010）　　mm

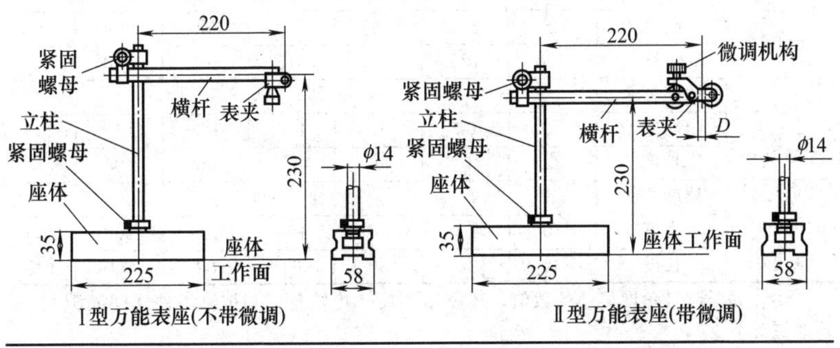

Ⅰ型万能表座(不带微调)　　Ⅱ型万能表座(带微调)

续表

形式	型号	底座长度	表杆最大升高量	表杆最大回转半径	夹孔直径	微调量
Ⅰ型	普通式	225	230	220	8H8(或4H8、6H8、10H8)	—
Ⅱ型	微调式					≥2

7.4 量规类

7.4.1 角尺

(1) 直角尺

用于精确地检验零件、部件或样板的垂直度误差，也可对工件进行垂直划线，用角尺检验角度的方法有光隙法和涂色法。

表 7.16 90°直角尺的规格（GB/T 6092—2004） mm

		圆柱角尺		刀口矩形角尺		宽座角尺		
圆柱直角尺	精度等级	00级,0级						
	高度	200	315	500	800	1250		
	直径	80	100	125	160	200		
刀口矩形直角尺	精度等级	00级,0级						
	高度	63	125	200				
	直径	40	80	125				
矩形直角尺	精度等级	00级,0级,1级						
	高度	125	200	315	500	800		
	长度	80	125	200	315	500		
三角直角尺	精度等级	00级,0级						
	高度	125	200	315	500	800	1250	
	长度	80	125	200	315	500	800	
刀口形直角尺	精度等级	00级，1级						
	高度	50	63	80	100	125	160	200
	长度	32	40	50	63	80	100	125
宽座刀口形直角尺	精度等级	00级，1级						
	高度	50	63	80	100	125	160	200
	长度	32	40	50	63	80	100	125

注：如要测量角度偏差的数值，还需用塞尺来检验角尺和被测工件之间间隙大小，再经过计算。

(2) 方形角尺

方形角尺主要用于检验机械零件、金属切削机床及其他机械的垂直度、平行度以及作为90°绝对测量基准用。材质可为金属或岩石。

表7.17　方形角尺的规格和技术指标（JB/T 10027—2010）　mm

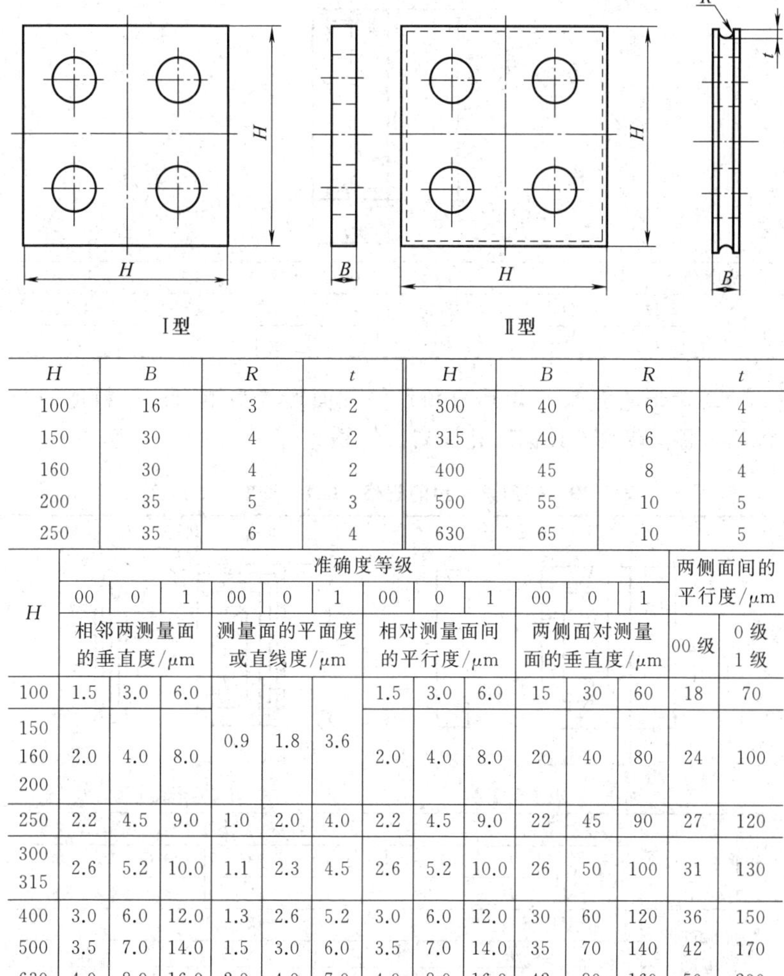

Ⅰ型　　Ⅱ型

H	B	R	t	H	B	R	t
100	16	3	2	300	40	6	4
150	30	4	2	315	40	6	4
160	30	4	2	400	45	8	4
200	35	5	3	500	55	10	5
250	35	6	4	630	65	10	5

<table>
<tr><th rowspan="3">H</th><th colspan="12">准确度等级</th><th colspan="2" rowspan="2">两侧面间的平行度/μm</th></tr>
<tr><th>00</th><th>0</th><th>1</th><th>00</th><th>0</th><th>1</th><th>00</th><th>0</th><th>1</th><th>00</th><th>0</th><th>1</th></tr>
<tr><th colspan="3">相邻两测量面的垂直度/μm</th><th colspan="3">测量面的平面度或直线度/μm</th><th colspan="3">相对测量面间的平行度/μm</th><th colspan="3">两侧面对测量面的垂直度/μm</th><th>00级</th><th>0级
1级</th></tr>
<tr><td>100</td><td>1.5</td><td>3.0</td><td>6.0</td><td rowspan="2">0.9</td><td rowspan="2">1.8</td><td rowspan="2">3.6</td><td>1.5</td><td>3.0</td><td>6.0</td><td>15</td><td>30</td><td>60</td><td>18</td><td>70</td></tr>
<tr><td>150
160
200</td><td>2.0</td><td>4.0</td><td>8.0</td><td>2.0</td><td>4.0</td><td>8.0</td><td>20</td><td>40</td><td>80</td><td>24</td><td>100</td></tr>
<tr><td>250</td><td>2.2</td><td>4.5</td><td>9.0</td><td>1.0</td><td>2.0</td><td>4.0</td><td>2.2</td><td>4.5</td><td>9.0</td><td>22</td><td>45</td><td>90</td><td>27</td><td>120</td></tr>
<tr><td>300
315</td><td>2.6</td><td>5.2</td><td>10.0</td><td>1.1</td><td>2.3</td><td>4.5</td><td>2.6</td><td>5.2</td><td>10.0</td><td>26</td><td>50</td><td>100</td><td>31</td><td>130</td></tr>
<tr><td>400</td><td>3.0</td><td>6.0</td><td>12.0</td><td>1.3</td><td>2.6</td><td>5.2</td><td>3.0</td><td>6.0</td><td>12.0</td><td>30</td><td>60</td><td>120</td><td>36</td><td>150</td></tr>
<tr><td>500</td><td>3.5</td><td>7.0</td><td>14.0</td><td>1.5</td><td>3.0</td><td>6.0</td><td>3.5</td><td>7.0</td><td>14.0</td><td>35</td><td>70</td><td>140</td><td>42</td><td>170</td></tr>
<tr><td>630</td><td>4.0</td><td>8.0</td><td>16.0</td><td>2.0</td><td>4.0</td><td>7.0</td><td>4.0</td><td>8.0</td><td>16.0</td><td>42</td><td>80</td><td>160</td><td>50</td><td>200</td></tr>
</table>

(3) 直角尺

直角尺（表7.18～表7.23）的测量面和基面相互垂直，用于检验直角、垂直度和平行度误差，又称90°角尺，有下列几种。

① 圆柱直角尺　圆柱直角尺的测量面为一圆柱面。材料可为合金工具钢、碳素工具钢、花岗岩、铸铁。

表7.18　圆柱直角尺的规格（GB/T 6092—2004）　mm

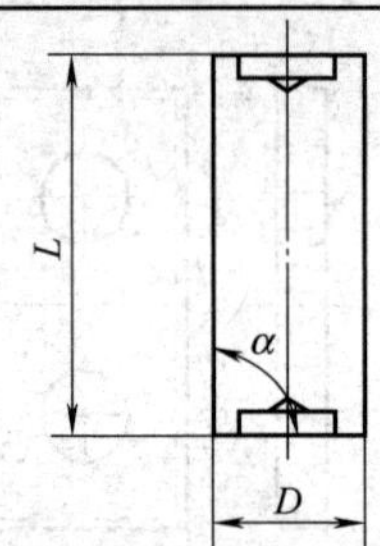

精度等级		00级、0级				
基本尺寸	D	200	315	500	800	1250
	L	80	100	125	160	200

② 矩形直角尺　矩形直角尺的截面形状为矩形。材料可为合金工具钢、碳素工具钢、花岗岩、铸铁。

表7.19　矩形直角尺的规格（GB/T 6092—2004）　mm

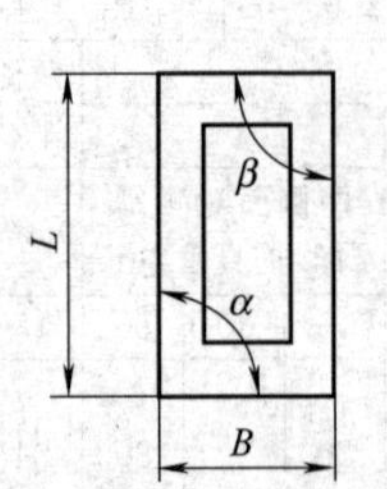

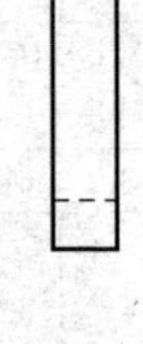

矩形直角尺

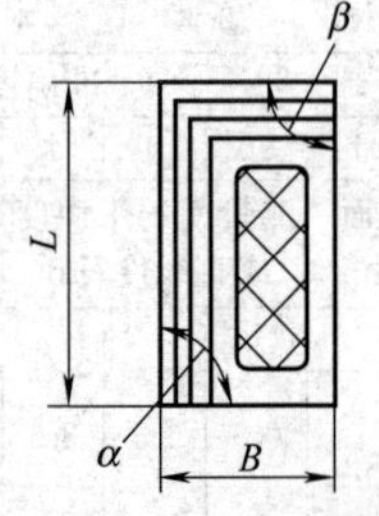

刀口矩形直角尺

矩形直角尺	精度等级		00级、0级、1级				
	基本尺寸	L	125	200	315	500	800
		B	80	125	200	315	500
刀口矩形直角尺	精度等级		00级、0级				
	基本尺寸	L	63		125		200
		B	40		80		125

③ 三角形直角尺　三角形直角尺的截面形状为三角形。材料可为合金工具钢、碳素工具钢、花岗岩、铸铁。

表7.20　三角形直角尺的规格（GB/T 6092—2004）　mm

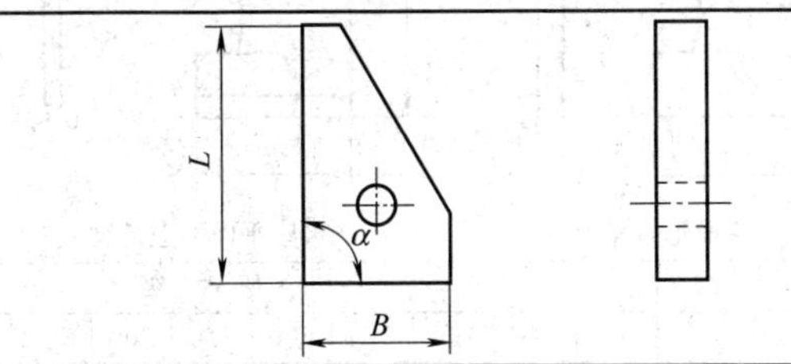

精度等级		00级、0级					
基本尺寸	L	125	200	315	500	800	1250
	B	80	125	200	315	500	800

④ 刀口形直角尺　刀口形直角尺的两测量面为刀口形。刀口直角尺、宽座刀口形直角尺的材料可为合金工具钢、碳素工具钢、不锈钢；刀口矩形直角尺材料可为合金工具钢、不锈钢。

表7.21　刀口形直角尺的规格（GB/T 6092—2004）　mm

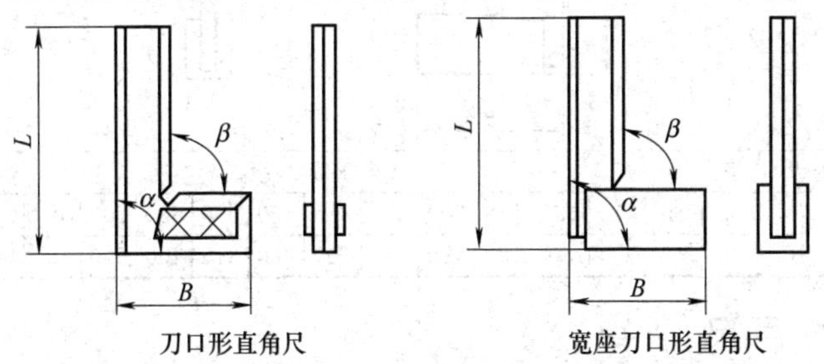

刀口形直角尺　　宽座刀口形直角尺

刀口形直角尺	精度等级		0级、1级						
	基本尺寸	L	50	63	80	100	125	160	200
		B	32	40	50	63	80	100	125

宽座刀口形直角尺	精度等级		0级、1级									
	基本尺寸	L	50	75	100	150	200	250	300	500	750	1000
		B	40	50	70	100	130	165	200	300	400	550

⑤ 平面形直角尺　平面形直角尺的测量面与基面宽度相等。平面形直角尺、带座平面形直角尺材料可为碳素工具钢、不锈钢。

表 7.22　平面形直角尺的规格（GB/T 6092—2004）　　mm

平面形直角尺　　　　带座平面形直角尺

平面形直角尺和带座平面形直角尺	精度等级		0 级、1 级和 2 级									
	基本尺寸	*L*	50	75	100	150	200	250	300	500	750	1000
		B	40	50	70	100	130	165	200	300	400	550

⑥ 宽座直角尺　宽座直角尺的基面宽度大于测量面宽度。材料可为碳素工具钢、不锈钢。

表 7.23　宽座直角尺的规格（GB/T 6092—2004）　　mm

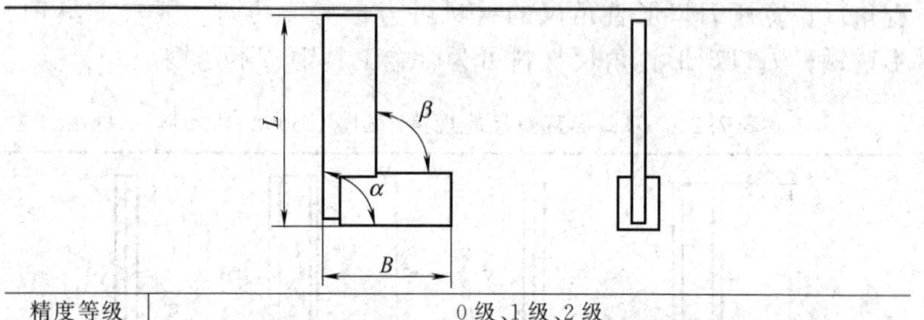

精度等级		0 级、1 级、2 级														
基本尺寸	*L*	63	80	100	125	160	200	250	315	400	500	630	800	1000	1250	1600
	B	40	50	63	80	100	125	160	200	250	315	400	500	630	800	1000

7.4.2　平尺

有刀口尺、钢平尺、岩石平尺和铸铁平尺。刀口形直尺主要用于测量工件的直线度误差，钢平尺和岩石平尺用于测量工件的直线度和平面度，铸铁平尺主要用于检验各种机床以及其他设备导轨的平直度。

7.4.3　平板

有铸铁平板（表 7.27）和岩石平板（表 7.28），是检验机械零件平面度、平行度、直线度等形位公差的测量基准，也可用于精密零件的划线和测量。

表 7.24　刀口形直尺的规格（GB/T 6091—2004）　mm

型式	精度等级	简图	尺寸		
			L	B	H
刀口尺	0级和1级		75 125 200 300 (400) (500)	6 6 8 8 (8) (10)	22 27 30 40 (45) (50)
三棱尺	0级和1级		200 300 500	26 30 40	
四棱尺	0级和1级		200 300 500	20 25 35	

表 7.25　钢平尺和岩石平尺的规格（JB/T 7978—1999）　mm

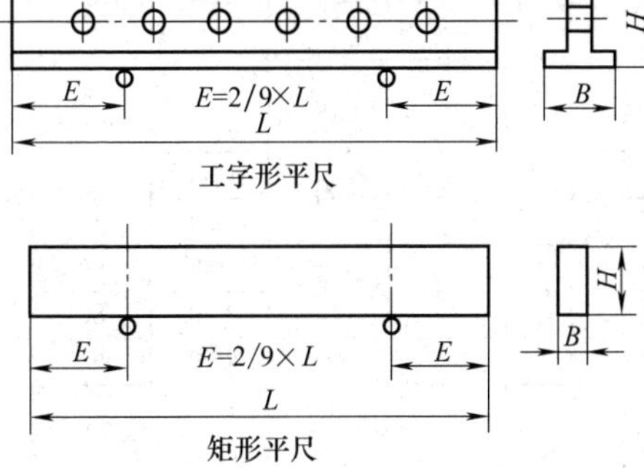

工字形平尺

矩形平尺

规格长度 L	钢平尺				岩石平尺	
	00级和0级		1级和2级		H	B
	H	B	H	B		
400	45	8	40	6	60	25
500	50	10	45	8	80	30
630	60	10	50	10	100	35
800	70	10	60	10	120	40
1000	75	10	70	10	160	50
1250	85	10	75	10	200	60
1600	100	12	80	10	250	80
2000	125	12	100	12	300	100
2500	150	14	120	12	360	120

表 7.26 铸铁平尺的规格（GB/T 24760—2009） mm

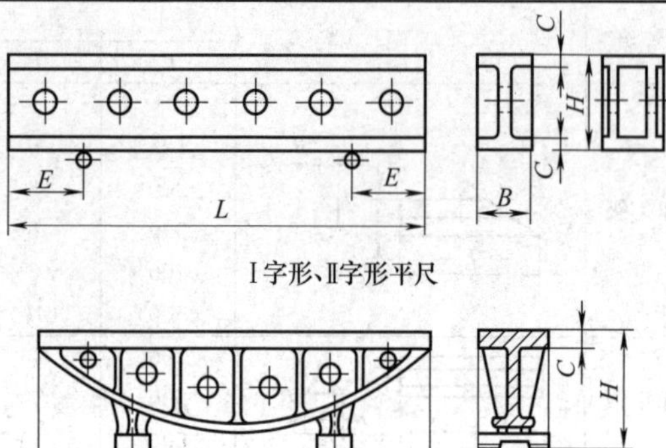

Ⅰ字形、Ⅱ字形平尺

桥形平尺

规格	Ⅰ字形、Ⅱ字形平尺				桥形平尺			
	L	B	$C\geqslant$	$H\geqslant$	L	B	$C\geqslant$	$H\geqslant$
400	400	30	8	75	—	—	—	—
500	500							
630	630	35	10	80				
800	800							
1000	1000	40	12	100	1000	50	16	100
1250	1250				1250			
1600	(1600)	45	14	150	1600	60	24	300
2000	(2000)				2000	80	26	350
2500	(2500)	50	16	200	2500	90	32	400
3000	(3000)	55	20	250	3000	100		
4000	(4000)	60		280	4000		38	500
5000	—	—	—	—	5000	110	40	550
6300					6300	120	50	600

注：括号内的长度 L 尺寸，表示其形式建议制成Ⅱ字形截面的结构。

表 7.27 铸铁平板的基本尺寸和公差（GB/T 22095—2008）

mm

续表

平板尺寸（公称尺寸）		对角线长度（近似值）	边缘区域（宽度）	准确度等级对应的整个工作面平面度公差值/μm			
				0	1	2	3
长方形	160×100	188	2	3	6	12	25
	250×160	296	3	3.5	7	14	27
	400×250	471	5	4	8	16	32
	630×400	745	8	5	10	20	39
	1000×630	1180	13	6	12	24	49
	1600×1000	1880	20	8	16	33	66
	2000×1000	2235	20	9.5	19	38	75
	2500×1600	2960	20	11.5	23	46	92
方形	250×250	354	5	3.5	7	15	30
	400×400	566	8	4.5	9	17	34
	630×630	891	13	5	10	21	42
	1000×1000	1414	20	7	14	28	56

表7.28　岩石平板的基本尺寸和平面度允差（GB/T 20428—2006）

mm

规格（长×宽）		对角线长度≈	边缘区域（宽度）	准确度等级对应的整个工作面平面度公差值/μm			
				0	1	2	3
长方形	160×100	188	2	3	6	12	25
	250×160	296	3	3.5	7	14	27
	400×250	471	5	4	8	16	32
	630×400	745	8	5	10	20	39
	1000×630	1180	13	6	12	24	49
	1600×1000	1880	20	8	16	33	66
	2000×1000	2236	20	9.5	19	38	75
	2500×1600	2960	20	11.5	23	46	92
	4000×2500	4717	20	17.5	35	70	140
正方形	160×160	226	3	3	6	12	25
	250×250	354	5	3.5	7	15	30
	400×400	566	8	4.5	9	17	34
	630×630	891	13	5	10	21	42
	1000×1000	1414	20	7	14	28	56
	1600×1600	2262	20	9.5	19	38	75
平板任意局部工作面250×250的平面度公差≤				3.5	7	15	30

7.4.4 量规

量规（光滑极限量规）是没有刻度的专用定值检验工具，一般都是成对使用的，分称通规和止规。当通规和止规制造成一体时，通规也称之为通端，止规也称之为止端。

表 7.29 常用量规

名称	简图	测量范围和特点
针式塞规		1～6mm,测量孔径和槽宽,制造容易,使用方便,适用于不太大的孔
锥柄双头塞规		3～50mm,测量孔径和槽宽,制造容易,使用方便,使用于不太大的孔
套式双头塞规	D L	52～100mm,可以测量较大的孔
单头不全型塞规	D L	70～300mm,测头工作表面为圆柱面的一部分。为减轻质量,便于测量打孔,做成单头不全型塞规
片形双头卡规		1～50mm,测量不太大的轴径和凸建的宽度
槽宽量规	通 止 (a) ≤10mm 通 止 (b) 10～100mm 通 止 (c) 100～500mm	检验槽宽
片性单头卡规		1～70mm,测量不太大的轴径和凸键的宽度
长度量规	止 通 (a)10～500mm 止 通 (b) 10～400mm	测量长度,其双头量规在“止端”一面做成倒角,以便识别

7.4.5 量块

(1) 长度量块

是高精度标准长度量具，可用来测量精密工件，或测量、调整、校验其他长度量规的准确尺寸。

表 7.30 成套量块的规格（GB/T 6093—2001）　mm

套别	总块数	级别	尺寸系列	间隔	块数
1	91	0 1	0.5	—	1
			1	—	1
			1.001,1.002,…,1.009	0.001	9
			1.01,1.02,…,1.49	0.01	49
			1.5,1.6,1.7,1.8,1.9	0.1	5
			2.0,2.5,3.0,…,9.5	0.5	16
			10,20,30,…,100	10	10
2	83	0 1 2	0.5	—	1
			1	—	1
			1.005	—	1
			1.01,1.02,…,1.49	0.01	49
			1.5,1.6,…,1.9	0.1	5
			2.0,2.5,…,9.5	0.5	16
			10,20,…,100	10	10
3	46	0 1 2	1	—	1
			1.001,1.002,…,1.009	0.001	9
			1.01,1.02,…,1.09	0.001	9
			1.1,1.2,…,1.9	0.1	9
			2,3,…,9	1	8
			10,20,…,100	10	10
4	38	0 1 2	1	—	1
			1.005	—	1
			1.01,1.02,…,1.09	0.01	9
			1.1,1.2,…,1.9	0.1	9
			2,3,…,9	1	8
			10,20,…,100	10	10

续表

套别	总块数	级别	尺寸系列	间隔	块数
5	10	0,1	0.991,0.992,…,1	0.001	10
6	10	0,1	1,1.001,…,1.009	0.001	10
7	10	0,1	1.991,1.992,…,2	0.001	10
8	10	0,1	2,2.001,2.002,…,2.009	0.001	10
9	8	0,1,2	125,150,175,200,250,300,400,500	—	8
10	5	0,1,2	600,700,800,900,1000	—	5
11	10	0,1,2	2.5,5.1,7.7,10.3,12.9,15,17.6,20.2,22.8,25	—	10
12	10	0,1,2	27.5,30.1,32.7,35.3,37.9,40,42.6,45.2,47.8,50	—	10
13	10	0,1,2	52.5,55.1,57.7,60.3,62.9,65,67.6,70.2,72.8,75	—	10
14	10	0,1,2	77.5,80.1,82.7,85.3,87.9,90,92.6,95.2,97.8,100	—	10
15	12	3	41.2,81.5,121.8,151.2,171.5,191.8,201.2,201.5,201.8,10,20(两块)	—	12
16	6	3	101.2,200,291.5,375,451.8,490	—	6
17	6	3	201.2,400,581.5,750,901.8,990	—	6

（2）角度量块

用于对万能角尺和角度样板进行检定，或检查零件的内、外角。

表 7.31 角度量块的规格（JB/T 22521—2008）

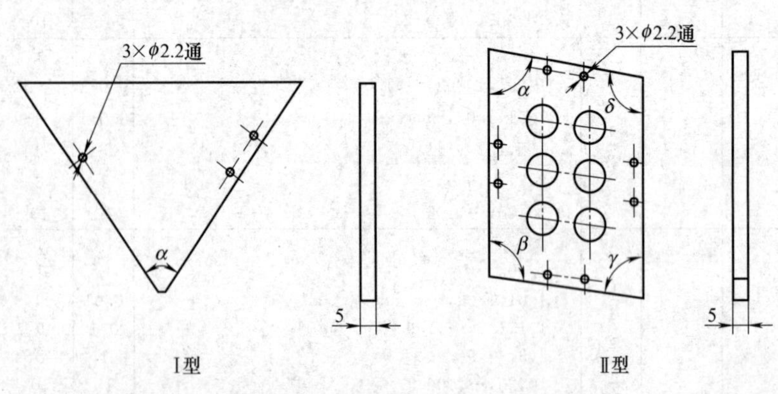

续表

组别	角度量块形式	工作角度递增值	工作角度标称值	块数	准确度级别
第 1 组（7 块）	Ⅰ型	15°10′	15°10′,30°20′,45°30′,60°40′,75°50′	5	1、2
		—	50°	1	
	Ⅱ型	—	90°～90°～90°～90°	1	
第 2 组（36 块）	Ⅰ型	1°	10°,11°,…,19°,20°	11	0、1
		1′	15°1′,15°2′,…,15°8′,15°9′	9	
		10′	15°10′,15°20′,15°,30′,15°40′,15°50′	5	
		10°	30°,40°,50°,60°,70°	5	
		—	45°	1	
		—	75°50′	1	
	Ⅱ型	—	89°～99°～81°～100° 90°～90°～90°～90° 89°10′～90°40′～89°20′～90°50″ 89°30′～90°20′～89°40′～90°30″	4	
第 3 组（94 块）	Ⅰ型	1°	10°,11°,…,78°,79°	70	0、1
		—	10°0′30″	1	
		1′	15°1′,15°2′,…,15°8′,15°9′	9	
		10′	15°10′,15°20′,15°30′,15°40′,15°50′	5	
	Ⅱ型	—	80°～99°～81°～100°;80°～97°～83°～98° 84°～95°～85°～96°;86°～93°～87°～94° 88°～91°～89°～92°;90°～90°～90°～90° 89°10′～90°40′～89°20′～90°50′ 89°30′～90°20′～89°40′～90°30′ 89°50′～90°0′30″～89°59′30″～90°10′	9	
第 4 组（7 块）	Ⅰ型	15°	15°,15°0′15″,15°09′30″,15°0′45″,15°0′1″	5	0
	Ⅱ型	—	89°59′30″～90°0′15″～89°59′45″～90°0′30″ 90°～90°～90°～90°	2	

7.4.6　V 形块

用于公称直径为 3～300mm 的轴类零件加工（或测量）时检验、校正、划线，还可用于检验工件垂直度、平行度。未特别注明时，V 形槽角均为 90°。

7.4.7　螺纹塞规和环规

螺纹塞规用于检查工件内螺纹的尺寸，两头分别是通规和止规。环规一般不独立使用，而是配合量具一起使用。

表 7.32 V形块的形式和型号（JB/T 8047—2007） mm

形式	简图	型号	外部尺寸			推荐适用直径范围		精度等级	备注
			长	宽	高	最小	最大		
Ⅰ型		Ⅰ-1	35	35	30	3	15	0,1,2	一个V形槽带紧固装置
		Ⅰ-2	60	60	50	5	40		
		Ⅰ-3	105	105	78	8	80		
Ⅱ型		Ⅱ-1	60	100	90	8	80	1,2	四个V形槽
		Ⅱ-2	80	150	125	12	135		
		Ⅱ-3	100	200	180	20	160		
		Ⅱ-4	125	300	270	30	300		
Ⅲ型		Ⅲ-1	75	100	75	20	160	1,2	三个V形槽
		Ⅲ-2	100	130	100	30	300		
Ⅳ型		Ⅳ-1	40	30	36	3	15	1	锥形V形槽
		Ⅳ-2	60	60	55	5	40		
		Ⅳ-3	100	100	90	8	80		

螺纹塞规和环规的形式名称和公称范围见表 7.33，其规格见表 7.34～表 7.36。

表 7.33 螺纹塞规和环规的形式名称和公称范围（GB/T 10920—2008）

mm

量规的型式名称			公称直径
普通螺纹	塞规	锥度锁紧式螺纹塞规	1～100
		双头三牙锁紧式螺纹塞规	40～62
		单头三牙锁紧式螺纹塞规	>62～120
		套式螺纹塞规	40～120
		双柄式螺纹塞规	>100～180
	环规	整体式螺纹环规	1～120
		双柄式螺纹环规	>120～180
梯形螺纹	塞规	锥度锁紧式螺纹塞规	8～100
		三牙锁紧式螺纹塞规	>50～100
		双柄式螺纹塞规	>100～140

续表

量规的型式名称			公称直径
梯形螺纹	环规	整体式螺纹环规	8～100
		双柄式螺纹环规	>100～140
统一螺纹	塞规	锥度锁紧式螺纹塞规	0.06～4
		双柄式螺纹塞规	>4～6
	环规	整体式螺纹环规	0.06～4.75
		双柄式螺纹环规	4.75～6
光滑极限量规	孔用极限量规	针式塞规	1～6
		锥柄圆柱塞规	1～50
		三牙锁紧式圆柱塞规	>40～120
		三牙锁紧式非全形塞规	>80～180
		非全形塞规	>180～260
		球端杆规	>120～500
	轴用极限量规	圆柱环规	1～100
		双头组合卡规	1～3
		单头双极限组合卡规	1～3
		双头卡规	>3～10
		单头双极限卡规	1～260

表 7.34　普通螺纹塞规的规格（GB/T 3934—2003）　　mm

螺纹直径	螺距						螺纹直径	螺距					
	粗牙	细牙						粗牙	细牙				
1,1.2	0.25	0.2	—	—	—	—	16	2	1.5	1.0	0.75	0.5	—
1.4	0.3	0.2	—	—	—	—	18,20,22	2.5	2	1.5	1.0	0.75	0.5
1.6,1.8	0.35	0.2	—	—	—	—	24,27	3	2	1.5	1.0	0.75	—
2	0.4	0.25	—	—	—	—	30,33	3.5	3	2	1.5	1.0	0.75
2.2	0.45	0.25	—	—	—	—	36,39	4	3	2	1.5	1.0	—
2.5	0.45	0.35	—	—	—	—	42,45	4.5	4	3	2	1.5	1.0
3	0.5	0.35	—	—	—	—	48,52	5	4	3	2	1.5	1.0
3.5	0.6	0.35	—	—	—	—	56,60	5.5	4	3	2	1.5	1.0
4	0.7	0.5	—	—	—	—	64,68,72	6	4	3	2	1.5	1.0
5	0.8	0.5	—	—	—	—	76,80,85	6	4	3	2	1.5	—
6	1.0	0.75	0.5	—	—	—	90,95,100	6	4	3	2	1.5	—
8	1.25	1.0	0.75	0.5	—	—	105,110,115	6	4	3	2	1.5	—
10	1.5	1.25	1.0	0.75	0.5		120,125,130	6	4	3	2	1.5	—
12	1.75	1.5	1.25	1.0	0.75	0.5	135,140	6	4	3	2	1.5	—
14	2.0	1.5	1.25	1.0	0.75	0.5							

注：普通螺纹塞规的常用精度有6H、7H级。

表 7.35 普通螺纹环规的常用规格（GB/T 10920—2004） mm

公称直径 d	螺 距	公称直径 d	螺 距
$1<d<2.5$	0.2，0.25，0.3，0.35，0.4，0.45	$25<d<32$	1，1.5，2，3，3.5
		$32<d<40$	1，1.5，2，3，3.5，4.0
$2.5<d<5$	0.35，0.5，0.6，0.7，0.75，0.8	$40<d<50$	1，1.5，2，3，4.4.5，5.0
		$50<d<60$	1.5，2，3，4，5，5.5
$5<d<10$	0.75，1.0，1.25，1.5	$60<d<80$	1.5，2，3，4，6
$10<d<15$	1，1.25，1.5，1.75，2.0	82，85，90	1.5，2，3，4，6
$15<d<20$	1，1.5，2，2.5	95～180（间隔 5）	2，3，4，6
$20<d<25$	1，1.5，2，2.5，3.0		

注：普通螺纹环规的常用精度有 6g、6h、6f 和 8g 级。

表 7.36 55°、60°管螺纹塞规和环规的规格（GB/T 10920—2008）

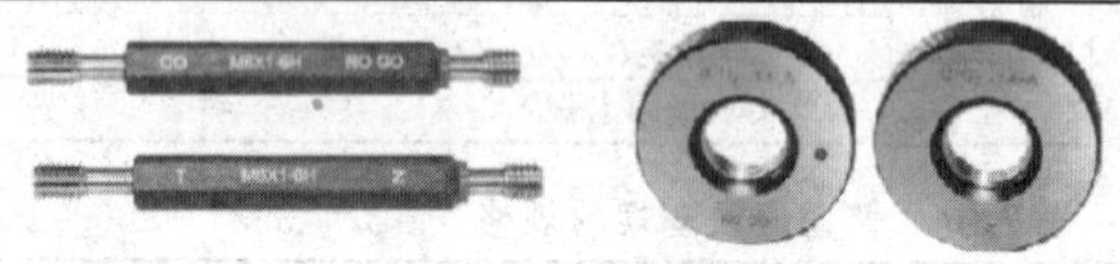

尺寸代号	1/16	1/8	1/4	3/8	1/2	3/4	1	1¼
55°，每英寸牙数	28	28	19	19	14	14	14	11
60°，每英寸牙数	27	27	18	18	14	14	11.5	11.5
尺寸代号	1½	2	2½	3	3½	4	5	6
55°，每英寸牙数	11	11	11	11	11	11	11	11
60°，每英寸牙数	11.5	11.5	—	—	—	—	—	—

注：管螺纹塞规的精度有标准级和 D 级（低于标准级），环规有 A 级和 B 级（低于 A 级）。

7.4.8 圆锥量规

用于检验内外锥体工件的锥度及距离偏差。检验内锥体的为锥度塞规，检验外锥体的为环规。一般常用的有公制和莫氏两种。

表 7.37 圆锥量规的规格（GB/T 11853—2003）

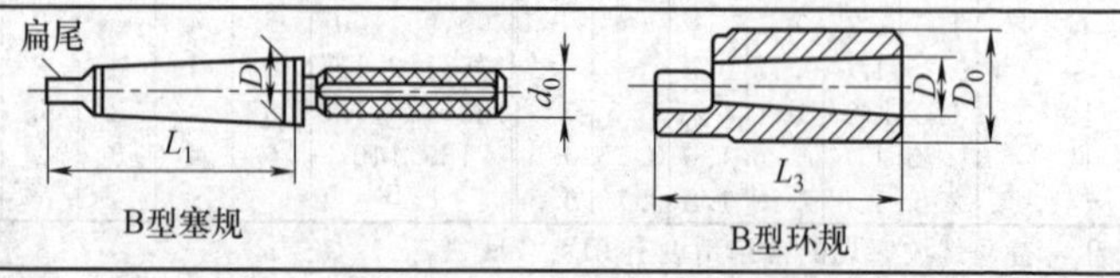

续表

圆锥规格		锥度	锥角	主要尺寸/mm		
				D	L_1	L_3
公制圆锥	4	1∶20=0.05	20°51′51.1″	4	23	—
	6			6	32	—
	80			80	196	220
	100			100	232	260
	120			120	268	300
	160			160	340	380
	200			200	412	460
莫氏圆锥	0	0.6246∶12=1∶19.212=0.05205	20°58′53.8″	9.045	50	56.5
	1	0.59858∶12=1∶20.047=0.04988	20°51′26.7″	12.065	53.5	62
	2	0.59941∶12=1∶20.020=0.04995	20°51′41.0″	17.780	64	75
	3	0.60235∶12=1∶19.922=0.05020	20°52′31.5″	23.825	81	94
	4	0.62326∶12=1∶19.254=0.05194	20°58′30.6″	31.267	102.5	117.5
	5	0.63151∶12=1∶19.002=0.05263	30°0′52.4″	44.399	129.5	149.5
	6	0.62565∶12=1∶19.180=0.05214	20°59′11.7″	63.380	182	210

7.4.9　正弦规

正弦规一般用于测量小于45°的角度，在测量小于30°的角度时，精确度可达3″～5″。

表7.38　正弦规基本尺寸（JB/T 7973—1999）　　mm

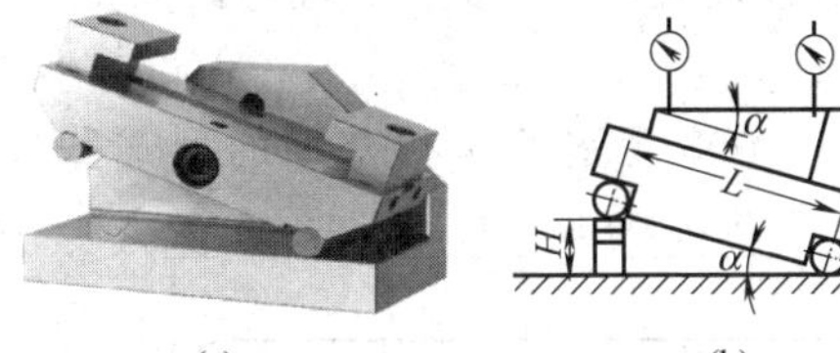

(a)　　(b)

类型	L	B	d	H	类型	L	B	d	H
宽型	100 200	80 150	20 30	40 55	窄型	100 200	25 40	20 30	30 50

注：B—宽度，d—圆柱直径。

7.4.10　样板

包括半径样板（表7.39）、螺纹样板（表7.40），用于用比较法确定被测工件的相应参数。

表 7.39 半径样板（JB/T 7980—2010） mm

半径尺寸范围	尺寸系列	样板宽度	备注
1～6.5	1～3，间隔 0.25；3.5～6.5，间隔 0.5	13.5	样板厚度 0.5；凹凸各 16 条
7.0～14.5	7～14.5，间隔 0.5	20.5	
15.0～25	15～20，间隔 0.5；21～25，间隔 1.0	20.5	

表 7.40 螺纹样板的规格（JB/T 7981—2010） mm

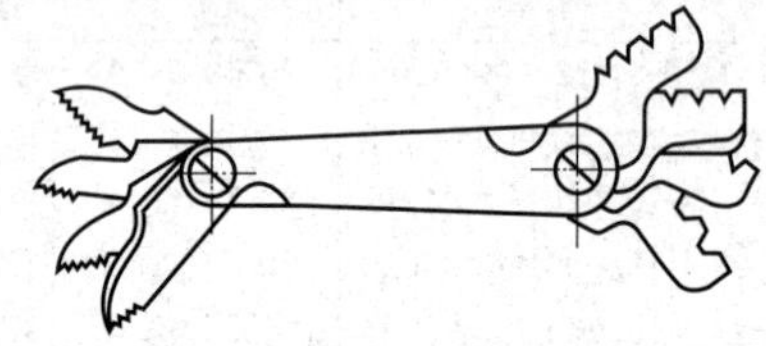

螺距系列尺寸及组装顺序	螺距尺寸系列	备注
普通螺纹/mm	0.40，0.45，0.50，0.60，0.70，0.75，0.80，1.00，1.25，1.50，1.75，2.00，2.50，3.00，3.50，4.00，4.50，5.00，5.50，6.00	厚度 0.5，20 块
统一螺纹/(牙/in)	28，24，20，18，16，14，13，12，11，10，9，8，7，6，5，4.5，4	厚度 0.5，17 块

7.4.11 塞尺

塞尺用于测量或检验两平行面间的间隙的大小。

（1）单片塞尺

GB/T 22523—2008 规定的单片塞尺的型式和尺寸如图 7.1，

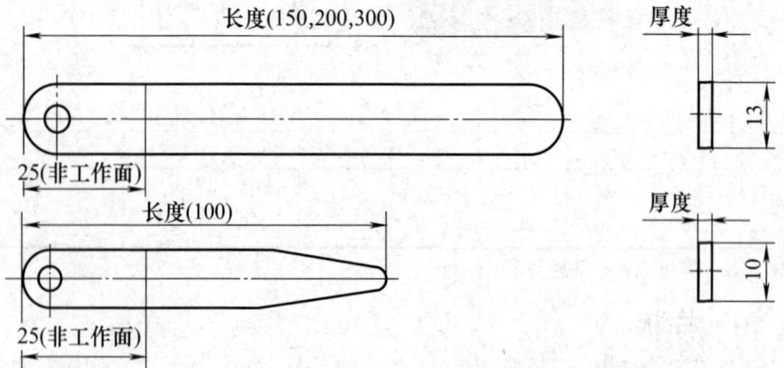

图 7.1 单片塞尺的形式和尺寸

尺寸系列见表 7.41。

表 7.41　塞尺的厚度尺寸系列（GB/T 22523—2008）

厚度尺寸系列/mm	间隔/mm	数量	厚度尺寸系列/mm	间隔/mm	数量
0,02,0.03,0.04,…,0.10	0.01	9	0.15,0.20,0.25,…,1.00	0.05	18

（2）成组塞尺

GB/T 22523—2008 规定的成组塞尺长度、厚度及组装顺序见表 7.42。

表 7.42　成组塞尺长度、厚度及组装顺序（GB/T 22523—2008）

mm

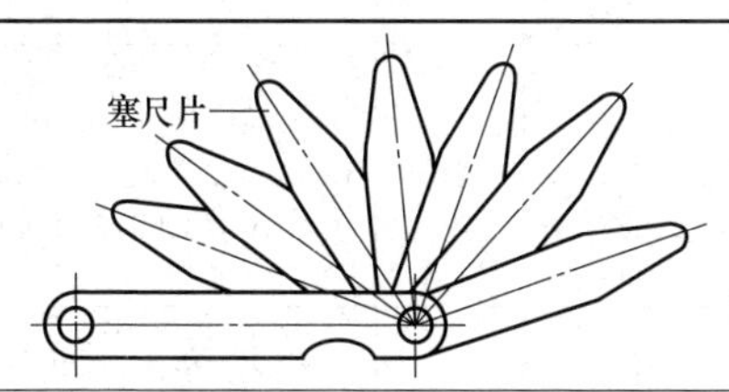

成组塞尺的片数	塞尺的长度	塞尺的厚度及组装顺序
13	100 150 200 300	0.10,0.02,0.02,0.03,0.03,0.04,0.04,0.05,0.05,0.06,0.07,0.08,0.09
14		1.00,0.05,0.06,0.07,0.08,0.09,0.10,0.15,0.20,0.25,0.30,0.40,0.50,0.75
17		0.50,0.02, 0.03,0.04,0.05,0.06,0.07,0.08,0.09,0.10,0.15,0.20,0.25,0.30,0.35,0.40,0.45
20		1.00,0.05,0.10,0.15,0.20,0.25,0.30,0.35,0.40,0.45,0.50,0.55,0.60,0.65,0.70,0.75,0.80,0.85,0.90,0.95
21		0.50,0.02,0.02,0.03,0.03,0.04,0.04,0.05,0.05,0.06,0.07,0.08,0.09,0.10,0.15,0.20,0.25,0.30,0.35,0.40,0.45

表 7.43　成组塞尺常用规格　mm

A 型	B 型	塞尺片长度	每组片数	塞尺片厚度（按组装顺序）
级别标记				
75A13	75B13	75	13	保护片,0.02,0.02,0.03,0.03,0.04,0.05,0.05,0.06,0.07,0.08,0.09,0.10,保护片
100A13	100B13	100		
150A13	150B13	150		
200A13	200B13	200		
300A13	300B13	300		

续表

A 型	B 型	塞尺片长度	每组片数	塞尺片厚度（按组装顺序）
级别标记				
75A14 100A14 150A14 200A14 300A14	75B14 100B14 150B14 200B14 300B14	75 100 150 200 300	14	1.00，0.05，0.06，0.07，0.08，0.09，0.10，0.15，0.20，0.25，0.30，0.40，0.50，0.75
75A17 100A17 150A17 200A17 300A17	75B17 100B17 150B17 200B17 300B17	75 100 150 200 300	17	0.50，0.02，0.03，0.04，0.05，0.06，0.07，0.08，0.09，0.10，0.15，0.20，0.25，0.30，0.35，0.40，0.45
75A20 100A20 150A20 200A20 300A20	75B20 100B20 150B20 200B20 300B20	75 100 150 200 300	20	1.00，0.05，0.10，0.15，0.20，0.25，0.30，0.35，0.40，0.45，0.50，0.55，0.60，0.65，0.70，0.75，0.80，0.85，0.90，0.95
75A21 100A21 150A21 200A21 300A21	75B21 100B21 150B21 200B21 300B21	75 100 150 200 300	21	0.50，0.02，0.02，0.03，0.03，0.04，0.04，0.05，0.05，0.06，0.07，0.08，0.09，0.10，0.15，0.20，0.25，0.30，0.35，0.40，0.45

注：1. A 型塞尺片端头为半圆形，B 型塞尺片前端为梯形，端头为弧形。

2. 塞尺片按厚度偏差及弯曲度分为特级和普通级。

7.4.12 表面粗糙度比较样块

（1）铸造表面比较样块（表 7.44 和表 7.45）

表 7.44 铸造表面比较样块的分类及粗糙度参数值（GB/T 6060.1—1997）

铸型类型	砂型类									金属型类					
合金种类	钢			铁		铜	铝	镁	锌	铜		铝		镁	锌
铸造方法 / 粗糙度参数公称值/μm	砂型铸造	壳型铸造	熔模铸造	砂型铸造	壳型铸造	砂型铸造	砂型铸造	砂型铸造	砂型铸造	金属型铸造	压力铸造	金属型铸造	压力铸造	压力铸造	压力铸造
0.2														×	×
0.4													×	×	×
0.8			×									×	×	√	√
1.6		×	×		×						×	×	√	√	√
3.2		×	√	×	×	×	×	×	×	×	×	√	√	√	√
6.3		√	√	×	√	×	×	×	×	×	√	√	√	√	√

续表

铸型类型	砂型类									金属型类					
合金种类	钢			铁		铜	铝	镁	锌	铜		铝		镁	锌
粗糙度参数公称值/μm \ 铸造方法	砂型铸造	壳型铸造	熔模铸造	砂型铸造	壳型铸造	砂型铸造	砂型铸造	砂型铸造	砂型铸造	金属型铸造	压力铸造	金属型铸造	压力铸造	压力铸造	压力铸造
12.5	×	√	√	√	√	√	√	√	√	√	√	√	√	√	√
25	×	√		√	√	√	√	√	√	√	√	√	√	√	√
50	√	√		√		√	√	√	√	√	√	√			
100	√			√		√	√	√	√	√					
200	√			√		√	√	√	√						
400	√														

注：1. “×”为采取特殊措施方能达到的铸造金属及合金的表面粗糙度。

2. “√”为可以达到的铸造金属及合金的表面粗糙度。

3. 样块制造方法：用电铸法复制的表面的阳模；用塑料或其他材料复制的表面的阳模；直接用表征的合金材质和铸造方法所制造的表面。

4. 复制样块用的原始母模的表面，必须是体现所要表征的特定铸造金属及合金材质和铸造方法的粗糙度特征的真实铸件表面（允许采用喷丸、喷砂、滚筒清理等适当方法清理），并且符合规定的表面粗糙度参数值。

表 7.45　样块表面每边的最小尺寸　mm

型式	0.2	0.4	0.8	1.6	3.2	6.3	12.5	25	50	100	200	400
Ⅰ型	20						30	50				
Ⅱ型	17										26	
Ⅲ型	110											

(2) 车铣刨磨插镗表面比较样块（表 7.46 和表 7.47）

表 7.46　车铣刨磨插及镗加工表面粗糙度比较样块（GB/T 6060.2—2006）

比较样块的分类	磨	车、镗	铣	插、刨
粗糙度参数（表面轮廓算术平均偏差）公称值 *Ra* /μm	0.025	—	—	—
	0.05	—	—	—
	0.1	—	—	—
	0.2	—	—	—
	0.4	0.4	0.4	—
	0.8	0.8	0.8	0.8
	1.6	1.6	1.6	1.6
	3.2	3.2	3.2	3.2
	—	6.3	6.3	6.3
	—	12.5	12.5	12.5
	—	—	—	25.0

注：样块制造方法，用电铸法复制的表面的阳模；用塑料或其他材料复制的具有机械加工表面特征的阳模；直接用样块表征的机械加工方法制造的表面。

表 7.47　样块表面每边的最小尺寸（GB/T 6060.2—2006）

粗糙度参数公称值 Ra/μm	0.025～3.2	6.3～12.5	25
最小长度/mm	20	30	50

注：粗糙度参数公称值 Ra 为 6.3～12.5μm 的样块，当取样长度为 2.5mm 时，其表面每边的最小长度为 25mm。

（3）电火花和研抛锉表面比较样块（表 7.48）

表 7.48　电火花和研磨、抛光、锉削表面粗糙度比较样块（GB/T 6060.3—2008）

比较样块的分类	研磨	抛光	锉	电火花
	金属或非金属			
粗糙度参数（表面轮廓算术平均偏差）公称值 Ra/μm	0.012	0.012	—	—
	0.025	0.025	—	—
	0.05	0.05	—	—
	0.1	0.1	—	—
	—	0.2	—	—
	—	0.4	—	0.4
	—	—	0.8	0.8
	—	—	1.6	1.6
	—	—	3.2	3.2
	—	—	6.3	6.3
	—	—	—	12.5

注：样块制造方法，用电铸法复制的表面的阳模；用塑料或其他材料复制的标准表面的阳模；直接用表征的机械加工方法制造的表面。抛（喷）丸、喷砂表面比较样块同此。

（4）抛（喷）丸、喷砂表面比较样块（表 7.49）

表 7.49　抛（喷）丸、喷砂加工表面粗糙度比较样块（GB/T 6060.3—2008）

粗糙度参数公称值 Ra/μm	抛(喷)丸比较样块的分类			喷砂比较样块的分类			覆盖率
	钢、铁	铜	铝、镁、锌	钢、铁	铜	铝、镁、锌	
0.2、0.4	×	×	×	—	—	—	98%
0.8、1.6、3.2、6.3、12.5、25、50	√	√	√	√	√	√	
100				—	—	—	

注：“×”为采取特殊措施方能达到的表面粗糙度。“√”表示通常工艺可以达到的表面粗糙度。

7.5　仪具类

7.5.1　扭簧比较仪

利用扭簧元件作为尺寸的转换和放大机构，将测量杆的直线位移转变为指针在弧形刻度盘上的角位移，并由刻度盘进行读数，主要用于测量工件形状误差和位置误差，可和其他测量装置及量仪配套使用。

（1）小扭簧比较仪

夹持套筒直径为 8mm。小扭簧比较仪的规格型号见表 7.50。

表 7.50　小扭簧比较仪的规格型号（GB/T 22524—2008）　mm

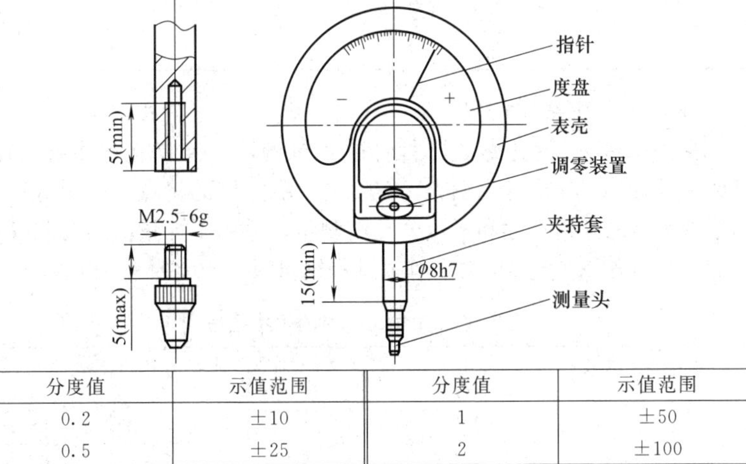

分度值	示值范围	分度值	示值范围
0.2	±10	1	±50
0.5	±25	2	±100

（2）扭簧比较仪（表 7.51）

表 7.51　扭簧比较仪的规格型号（GB/T 4755—2004）　mm

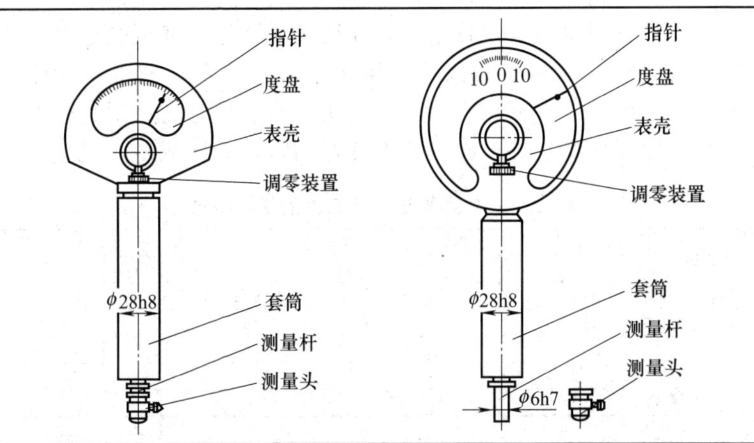

续表

分度值	示值范围		
	±30 标尺分度	±60 标尺分度	±100 标尺分度
0.1	±3	±6	±10
0.2	±6	±12	±20
0.5	±15	±30	±50
1	±30	±60	±100
2	±60	—	—
5	±150		
10	±300		

（3）光学扭簧比较仪

采用机械杠杆-扭簧-光学杠杆放大机构，量仪装有防冲击装置，读数无视差，具有测量范围大、精度高、稳定好的特点，广泛应用于高精密工件的几何尺寸和形位公差的测量，适用于计量部门检测各种标准件和三等以下量块，也可作其他精密量仪上的读数装置。

表 7.52 光学比较仪的规格型号

分度值/mm	示值范围/mm	示值误差	示值变动性	测力/N	测力变化/N ≤	套筒直径/mm
0.0001	±0.01	0～±30 分度≤±0.00005	≤1/3	1～2	0.25	ϕ28h8
		0～±60 分度≤±0.00008		1～2	0.45	ϕ28h8
		0～±100 分度≤±0.0001		1～2.5	0.45	ϕ28h8

注：上海产品。

（4）大量程光学扭簧比较仪

不但具有扭簧比较仪特性，而且还具有测量范围宽的特点。其中分度值为 0.0002mm 的比较仪属于高精度仪表，采用双杠杆式放大原理，传动连接部位为卸荷式结构，不仅具有高精度、高灵敏度、稳定性好的特点外，而且有着良好的防冲击性能。

表 7.53 大量程光学比较仪的规格型号

分度值/mm	0.0002	0.0005	0.001		0.002
示值范围(±)/mm	0.01	0.03	0.10	0.06	0.10
示值误差(±)/mm ≤	0.0002	0.0004	0.001	0.0006	0.0012
示值稳定性(分度) ≤	1/3	1/3	1/4	1/4	1/4
测力/N ≤	2	2	2.5	2	2
测力变化/N ≤	0.45	0.55	0.65	0.65	0.65
套筒直径/mm	ϕ28h8				

注：宁波产品。

7.5.2 水平仪

用于检验被测平面的直线度、平面度，也用于检验机床上各平面相互之间的平行度和垂直度，以及设备安装时的水平位置和垂直位置。

表 7.54 框式水平仪与条式水平仪的规格型号（GB/T 16455—2008）

框式水平仪

条式水平仪

品种	代号	外形尺寸/mm			V形工作面角度
		长度	高度	宽度	
框式水平仪	SK	100 150 200 250 300	100 150 200 250 300	25～35 30～40 35～40 40～50 40～50	120°～140°
条式水平仪	ST	100 150 200 250 300	30～40 35～40 40～50 40～50 40～50	30～35 35～40 40～45 40～45 40～45	120°～140°

组别	Ⅰ	Ⅱ	Ⅲ
分度值/(mm/m)	0.02	0.05	0.10
平面度/rad	0.003	0.005	0.005
位置公差/mm	0.01	0.02	0.02

7.5.3 光学合像水平仪

用于测量平面或圆柱面的直线度、平面度，检查精密机床、设备及精密仪器安装位置的正确性，还可以测量工件的微小倾角。

表 7.55 光学合像水平仪的规格

	工作面/mm	测量精度/(mm/m)	测量范围/m	目镜放大镜/倍	净质/kg
	166×47	0.01	0～10	5	1.7

7.5.4 光学平直仪

用于检查零件的直线度、平面度和平行度，还可以测量平面的倾斜变化，高精度测量垂直度以及进行角度比较等。用两台平直仪可测量多面体的角度精度。适用于机床制造、维修或仪器制造行业。

表 7.56 光学平直仪的规格

	规格	HYQ011	HYQ03	哈量型	ZY1 型
	测量距离/m	20	5	0.2～6	<5
	刻度值/mm	0.01/200			

第8章 手工工具

8.1 手钳

手钳类工具产品的标记均为产品名称＋规格＋标准编号。

8.1.1 钢丝钳

适用于夹持或弯折金属薄板、细长零件以及切断金属丝，铁柄有带和不带绝缘塑料管两种，前者供一般场合使用，后者供有电的场合使用。

表 8.1 钢丝钳的尺寸（QB/T 2442.1—2007） mm

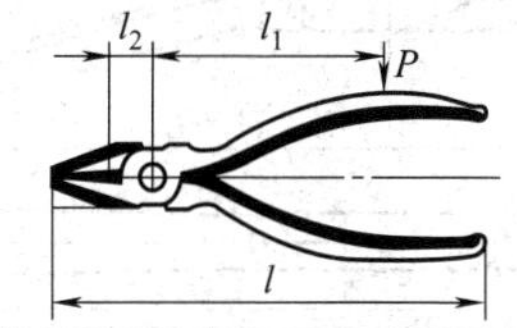

公称长度 l	l_1	l_2	可承载荷 P/N		剪切力/N	
			甲级	乙级	甲级	乙级
160	80	16	1200	950	580	630
180	90	18	1260	1170	580	630
200	100	20	1400	1340	580	630

标记例：160mm 的钢丝钳标记为“钢丝钳 160mm QB/T 2442.1—2007”。

8.1.2 尖嘴钳

尖嘴钳适用于在狭小空间处夹持细小零件，带刃尖嘴钳还可切断金属丝。

8.1.3 扁嘴钳

适用于在狭窄空间处装卸销子、弹簧等小零件，弯折金属薄板、切断细金属丝。

表 8.2　尖嘴钳的尺寸（QB/T 2440.1—2007）　　mm

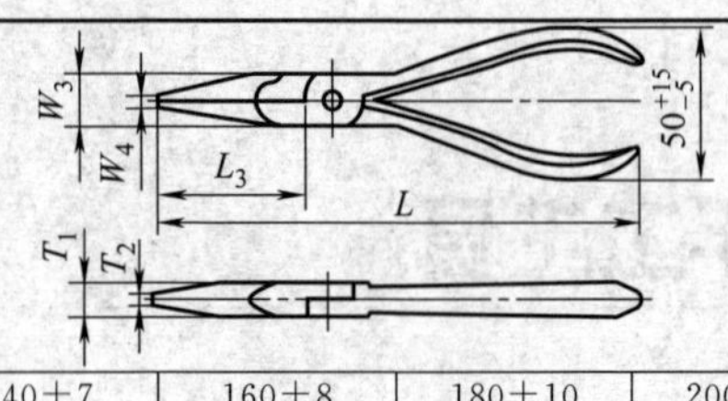

公称长度 L	140±7	160±8	180±10	200±10	280±14
L_3	40±5	53±6.3	60±8	80±10	80±14
$W_{3\max}$	16	19	20	22	22
$W_{4\max}$	2.5	3.2	5	5	5
$T_{1\max}$	9	10	11	12	12
$T_{2\max}$	2	2.5	3	4	4

标记例：160mm 的钢丝钳标记为“尖嘴钳 160mm QB/T 2442.1—2007”。

表 8.3　带刃尖嘴钳的基本尺寸（QB/T 2442.3—2007）　　mm

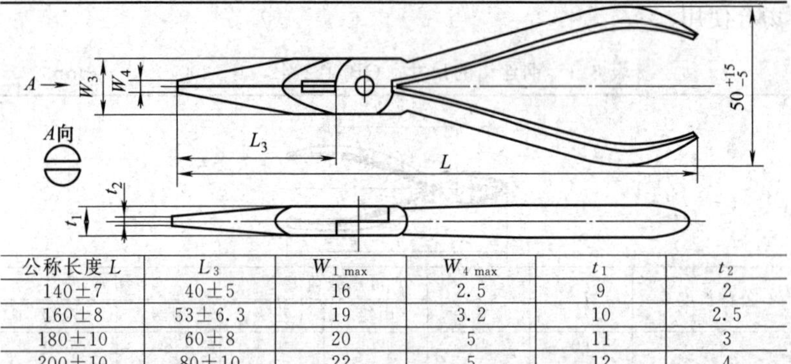

公称长度 L	L_3	$W_{1\max}$	$W_{4\max}$	t_1	t_2
140±7	40±5	16	2.5	9	2
160±8	53±6.3	19	3.2	10	2.5
180±10	60±8	20	5	11	3
200±10	80±10	22	5	12	4

标记例：公称长度为 200mm 的带刃尖嘴钳标记为“带刃尖嘴钳 200mm QB/T 24423—2007”。

表 8.4　扁嘴钳的种类（QB/T 2440.2—2007）　　mm

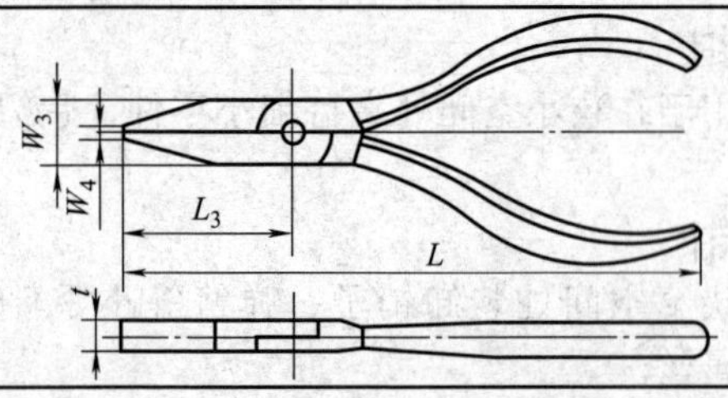

续表

钳嘴类型	短嘴(S)			长嘴(L)		
公称长度 L	125±6	140±7	160±8	140±7	160±8	180±9
L_3	25_{-5}^{0}	$32_{-6.3}^{0}$	40_{-8}^{0}	40±4	50±5	63±6.3
$W_{3\max}$	16	18	20	16	18	20
$W_{4\max}$	3.2	4	5	3.2	4	5
t	9	10	11	9	10	11

标记例：公称长度为140mm的短嘴型扁嘴钳标记为“扁嘴钳140mm（S）QB/T 2440.2—2007”。

8.1.4　圆嘴钳

适用于将金属薄板、细金属丝弯曲成圆形。

表8.5　圆嘴钳的尺寸（QB/T 2440.3—2007）　mm

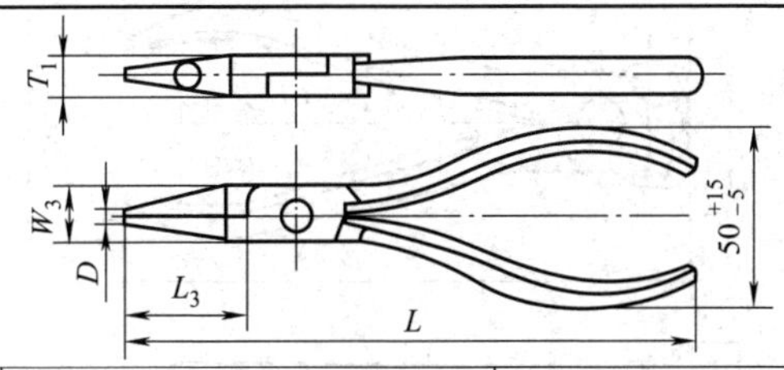

钳嘴类型	短嘴(S)			长嘴(L)		
公称长度 L	125±6.3	140±8	160±8	140±7	160±8	180±9
L_3	25_{-5}^{0}	$32_{-6.3}^{0}$	40_{-8}^{0}	40±4	50±5	63±6.3
$D_{\max}$	2	2.8	3.2	2.8	3.2	3.6
$W_{3\max}$	16	18	20	17	19	20
$T_{\max}$	9	10	11	9	10	11

标记例：公称长度为140mm的长嘴型圆嘴钳标记为“圆嘴钳140mm（L）QB/T 2440.3—2007”。

8.1.5　斜嘴钳

适用于剪断金属丝。

表8.6　斜嘴钳的尺寸（QB/T 2441.1—2007）　mm

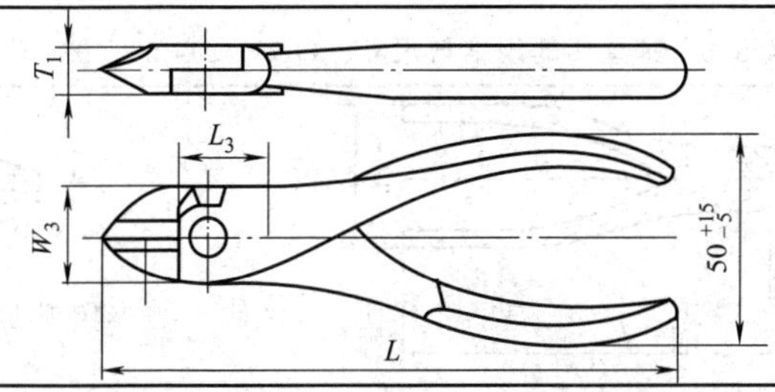

续表

公称长度 L	125±6	140±7	160±8	180±9	200±10
$L_{3\ max}$	18	20	22	25	28
$W_{3\ max}$	22	25	28	32	36
$T_{1\ max}$	10	11	12	14	16

标记例：公称长度为 160mm 的斜嘴钳的标记为“斜嘴钳 160mm QB/T 2444.1—2007”。

8.1.6 顶切钳

适用于机械和电器装配、维修中剪断金属丝。

表 8.7 顶切钳的尺寸（QB/T 2441.2—2007） mm

l_3
W_3
50^{+15}_{-5}
l
t_1

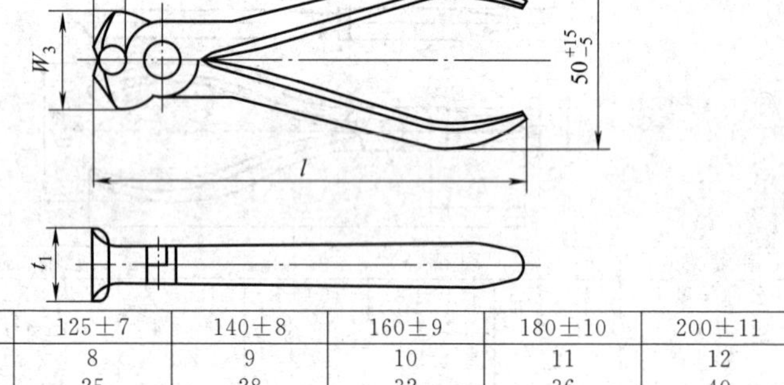

公称长度 l	125±7	140±8	160±9	180±10	200±11
$l_{3\ max}$	8	9	10	11	12
$W_{3\ max}$	25	28	32	36	40
$t_{1\ max}$	20	22	25	28	32

标记例：公称长度为 180mm 的顶切钳标记为“顶切钳 180mm QB/T 2441.2—2007”。

8.1.7 鲤鱼钳

鲤鱼钳适用于夹持扁形或圆柱形金属零件，亦可代替扳手拆装螺栓、螺母，刃口可以切断金属丝。钳口宽度可以调节。

表 8.8 鲤鱼钳的规格与尺寸（QB/T 2442.4—2007） mm

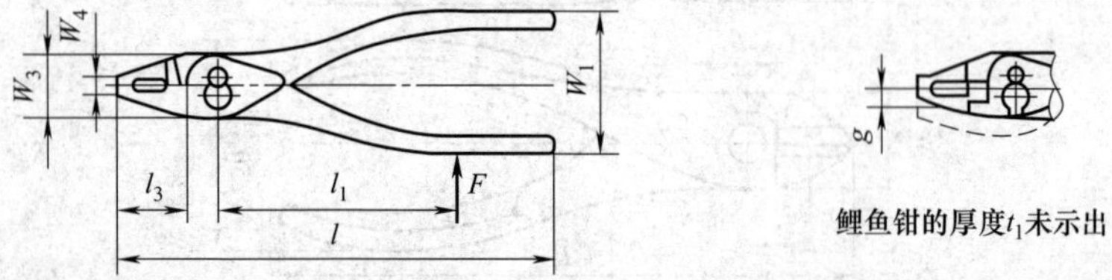

W_4
W_3
W_1
l_3
l_1
F
l
g
鲤鱼钳的厚度t_1未示出

续表

规格 l	125±8	160±8	180±9	200±10	250±10
W_1	40^{+15}_{-5}	48^{+15}_{-5}	49^{+15}_{-5}	50^{+15}_{-5}	50^{+15}_{-5}
$W_{3\max}$	23	32	35	40	45
$W_{4\max}$	8	8	10	12.5	12.5
$t_{1\max}$	9	10	11	12.5	12.5
l_1	70	80	90	100	125
l_3	25±5	30±5	35±5	35±5	40±5
$g_{\max}$	7	7	8	9	10

标记例：公称长度为180mm的鲤鱼钳标记为“鲤鱼钳180mm QB/T 2442.4—2007”。

8.1.8 胡桃钳

适用于木工、鞋工等起拔或切断钉子或金属丝。

表8.9 胡桃钳的规格与尺寸（QB/T 1737—2011）　mm

A型

B型

规格 l	l_3 min	W_3 min	A型 t_1 min	B型 t_1 max	W_1	g min
160±8	11.2	32	16	14	45±5	12.5
180±9	12.5	36	18	16	45±5	14
200±10	14	40	20	18	45±5	16
224±10	16	45	22	20	48±5	18
250±10	18	50	25	22	50±5	20
280±15	20	56	28	25	53±5	22

标记例：规格为180mm的B型胡桃钳标记为“胡桃钳 QB/T 1737—180B”。

8.1.9　断线钳

表 8.10　断线钳的规格与尺寸（QB/T 2206—2011）　　mm

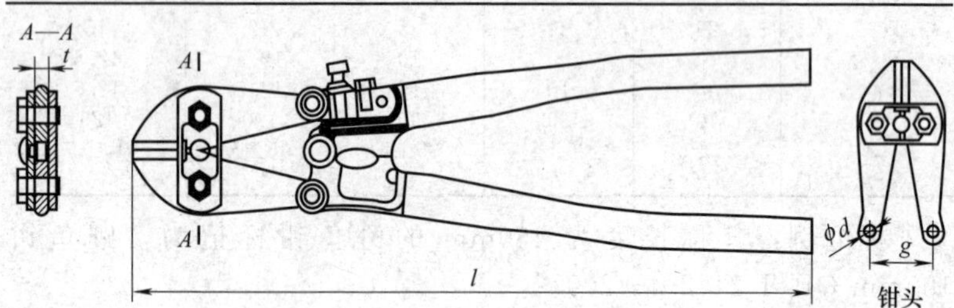

适用于切断较粗的、硬度不大于 30HRC 的金属线材、刺铁丝及电线等。钳柄有可锻铸铁柄式、管柄式和绝缘柄式等

规格	l		d		g		t	
	尺寸	偏差	尺寸	偏差	尺寸	偏差	尺寸	偏差
200	203	+15 0	5	H12	22	+1 −2	4.5	H12
300	305		6		38		6	
350	360		6(8)		40		7	
450	460		8		53		8	
600	615	+20 0	10		62		9	
750	765		10		68	+1 −3	11	
900	915		12		74		13	
1050	1070		14		82		15	
1200	1220		16		100		17	

注：括号内为可选尺寸。

断线钳的产品标记为产品名称＋标准编号＋规格。标记例：规格为 350mm 的断线钳标记为“断线钳 QB/T 2206—350”。

8.1.10　鹰嘴断线钳

用途同断线钳，特别适用于高空等露天作业。

表 8.11　鹰嘴断线钳的规格和尺寸　　mm

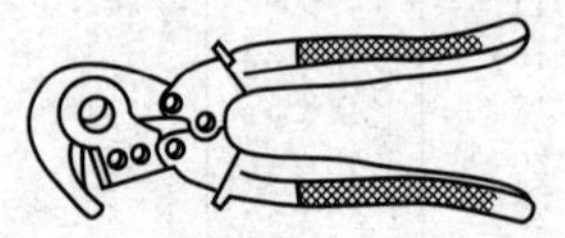

230mm

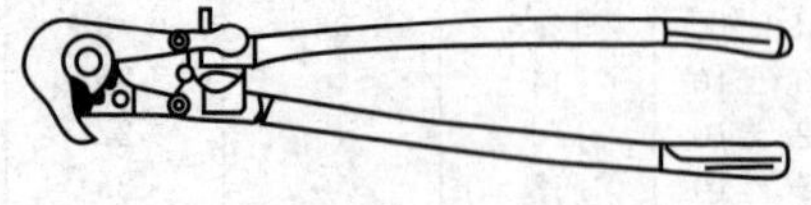

450～900mm

长度		230	450	600	750	900
剪切直径	黑色金属	≤2.5	2～5	2～6	2～8	2～10
	有色金属	≤5	2～6	2～8	2～10	2～12

8.1.11　水泵钳

表 8.12　水泵钳的规格（QB/T 2440.4—2007）　　mm

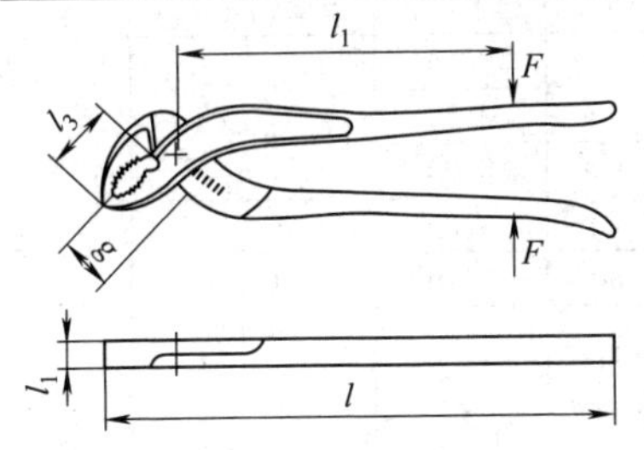

钳腮的连接方式有四种（下图），钳口的开口宽度有多挡，可夹持不同形状（扁形或圆柱形）尺寸的零件，为汽车、内燃机、农业机械及室内管道等安装、维修工作中常用的工具

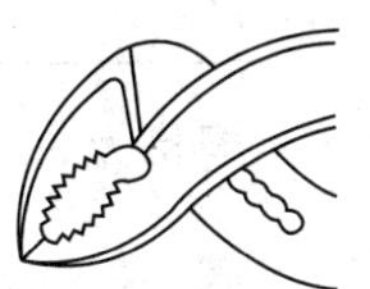
A型(滑动销轴式)

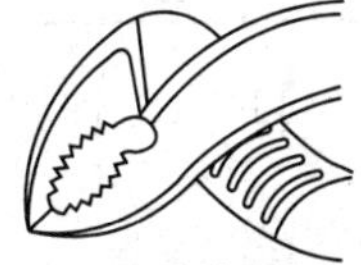
B型(榫槽叠置式)

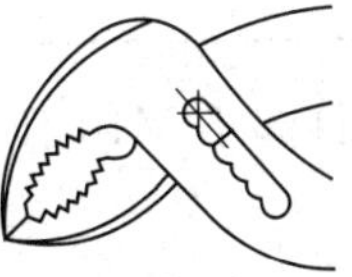
C型(钳腮套入式)

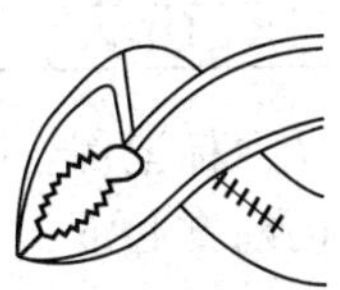
D型(其他形式)

全长 l	最大头部厚度 t	最小钳口调整尺寸 g	最小钳口长度 l_3	力臂 l_1	最小调整挡数
100±10	5	12	7.5	71	3
125±15	7	12	10	80	3
160±15	10	16	18	100	4
200±15	11	22	20	125	4
250±15	12	28	25	160	5
315±20	13	35	35	200	5
350±20	13	45	40	224	6
400±30	15	80	50	250	8
500±30	16	125	70	315	10

标记例：200mm 的滑动销轴式水泵钳标记为“水泵钳 200mm A　QB/T 2440.4—2007”。

8.1.12　断锥起爪

表 8.13　断锥起爪的规格（JB/T 3411.41—1999）

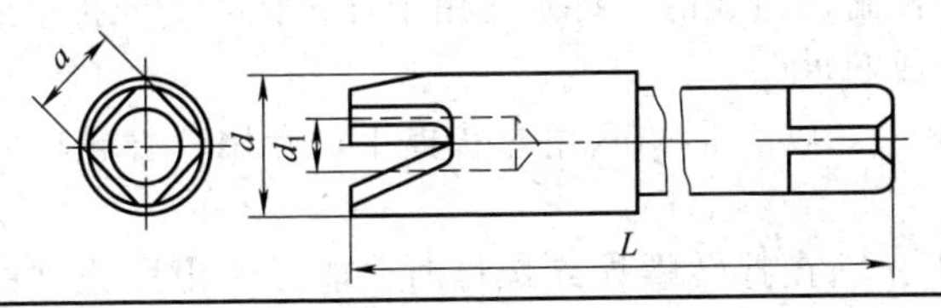

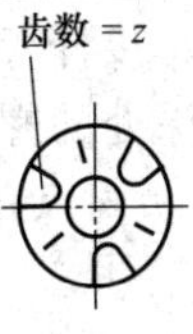

续表

丝锥规格	d	d_1		L	a		齿数 z
		基本尺寸	极限偏差 H11		基本尺寸	极限偏差 h11	
M5	4.0	2.3	+0.060 0	40	3.15	0 −0.075	3
M6	4.9	2.7		50	3.55		
M8	6.5	3.4	+0.075 0	60	5.00		
M10	8.3	4.5		70	6.30	0 −0.090	
M12	10.0	6.0		80	7.10		4
M14	11.7	7.0	+0.090 0	90	9.00		
M16	13.5	8.0			10.00		
M18	15.0	9.0			11.20	0 −0.110	
M20	17.0	10.0			12.50		

标记例：断锥起爪 M10 JB/T 3411.41—1999 表示规格为 M10 的断锥起爪。

8.2 扳手

扳手按形状分有呆扳手、梅花扳手、活扳手、钩形扳手、套筒扳手、角形扳手，按功能分有紧固扳手、扭力扳手和防爆扳手，也可将其组合。

① 呆扳手：一端或两端制有固定尺寸的开口，用以拧转一定尺寸的螺母或螺栓。

② 梅花扳手：两端具有带六角孔或十二角孔的工作端，适用于工作空间狭小，不能使用普通扳手的场合。

③ 两用扳手：一端与单头呆扳手相同，另一端与梅花扳手相同，两端拧转相同规格的螺栓或螺母。

④ 活扳手：开口宽度可在一定尺寸范围内进行调节，能拧转不同规格的螺栓或螺母。

⑤ 钩形扳手：又称月牙形扳手，用于拧转厚度受限制的扁螺母等。

⑥ 套筒扳手：它是由多个带六角孔或十二角孔的套筒并配有手柄、接杆等多种附件组成的，特别适用于拧转空间十分狭小或凹陷很深处的螺栓或螺母。

⑦ 内六角扳手：成 L 形的六角棒状扳手，专用于拧转内六角螺钉。

⑧ 扭力扳手：它在拧转螺栓或螺母时，能显示出所施加的扭

矩；或者当施加的扭矩到达规定值后，会发出光或声响信号。扭力扳手适用于对扭矩大小有明确规定的装置。

⑨ 防爆扳手：以铝青铜合金和铍青铜合金为原材料，在撞击到金属机械或发生摩擦时不发生火花，适用于易爆、易燃、强磁及腐蚀性的场合。

8.2.1 单头扳手

表 8.14　单头呆扳手的基本尺寸（QB/T 3001—2008）　mm

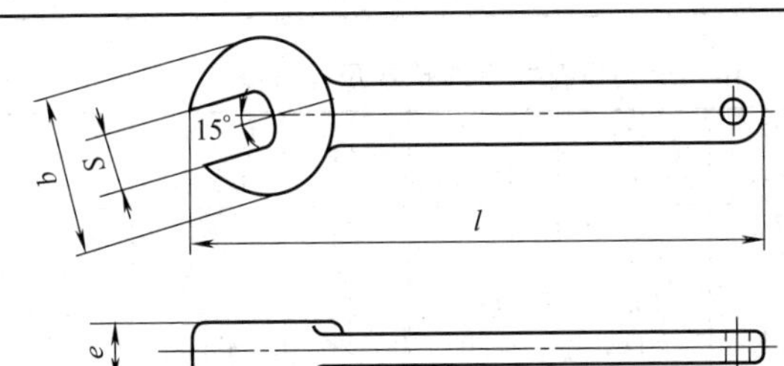

规格 S	头部外形 b max	厚度 e max	全长 l min	规格 S	头部外形 b max	厚度 e max	全长 l min
5.5	19	4.5	80	24	57	11	200
6	20	4.5	85	25	60	11.5	205
7	22	5	90	26	62	12	215
8	24	5	95	27	64	12.5	225
9	26	5.5	100	28	66	12.5	235
10	28	6	105	29	68	13	245
11	30	6.5	110	30	70	13.5	255
12	32	7	115	31	72	14	265
13	34	7	120	32	74	14.5	275
14	36	7.5	125	34	78	15	285
15	39	8	130	36	83	15.5	300
16	41	8	135	41	93	17.5	330
17	43	8.5	140	46	104	19.5	350
18	45	9	150	50	112	21	370
19	47	9	155	55	123	22	390
20	49	9.5	160	60	133	24	420
21	51	10	170	65	144	26	450
22	53	10.5	180	70	154	28	480
23	55	10.5	190				

表 8.15 呆扳手开口对边尺寸 S 的常用公差（QB/T 3001—2008）

mm

对边尺寸 S	下偏差	上偏差	对边尺寸 S	下偏差	上偏差
$2\leqslant S<3$	+0.02	+0.08	$14\leqslant S<17$	+0.05	+0.27
$3\leqslant S<4$	+0.02	+0.10	$17\leqslant S<19$	+0.05	+0.30
$4\leqslant S<6$	+0.02	+0.12	$19\leqslant S<26$	+0.06	+0.36
$6\leqslant S<10$	+0.03	+0.15	$26\leqslant S<33$	+0.08	+0.48
$10\leqslant S<12$	+0.04	+0.19	$33\leqslant S<55$	+0.10	+0.60
$12\leqslant S<14$	+0.04	+0.24	$55\leqslant S<75$	+0.12	+0.72

表 8.16 单头梅花扳手的基本尺寸（QB/T 3002—2008） mm

规格 S	头部外形 b max	厚度 e max	全长 l min	规格 S	头部外形 b min	厚度 e min	全长 l min
10	17	9	105	26	41	18.5	215
11	18.5	9.5	110	27	42.5	19	225
12	20	10.5	115	28	44	19.5	235
13	21.5	11	120	29	45.5	20	245
14	23	11.5	125	30	47	20	255
15	24.5	12	130	31	48.5	20.5	265
16	26	12.5	135	32	50	21	275
17	27.5	13	140	34	53	22.5	285
18	29	14	150	36	56	23.5	300
19	30.5	14.5	155	41	63.5	263	330
20	32	15	160	46	71	28.5	350
21	33.5	15.5	170	50	77	32.0	370
22	35	16	180	55	84.5	33.5	390
23	36.5	16.5	190	60	92	36.5	420
24	38	17.5	200	65	99.5	39.5	450
25	39.5	18	205	70	107	42.5	480

表 8.17 单头呆扳手、单头梅花扳手的规格

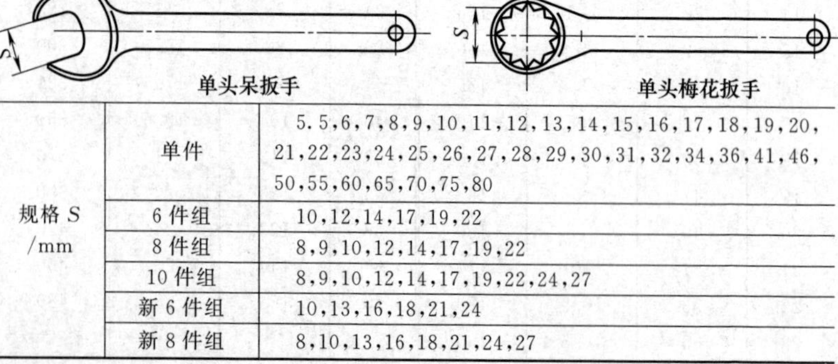

单头呆扳手　　单头梅花扳手

规格 S /mm		
规格 S /mm	单件	5.5,6,7,8,9,10,11,12,13,14,15,16,17,18,19,20,21,22,23,24,25,26,27,28,29,30,31,32,34,36,41,46,50,55,60,65,70,75,80
	6 件组	10,12,14,17,19,22
	8 件组	8,9,10,12,14,17,19,22
	10 件组	8,9,10,12,14,17,19,22,24,27
	新 6 件组	10,13,16,18,21,24
	新 8 件组	8,10,13,16,18,21,24,27

8.2.2 双头扳手

双头呆扳手适用于紧固或拆卸两种规格的六角或方形螺栓、螺母、螺钉。

双头梅花扳手的用途与双头呆扳手相似，只是不适用于螺钉。双头梅花扳手分 A 型（矮颈型）型、G（高颈型）型、Z（直颈型）和 W 型（弯颈型）四种。

表 8.18　双头呆扳手的基本尺寸（QB/T 3001—2008）　mm

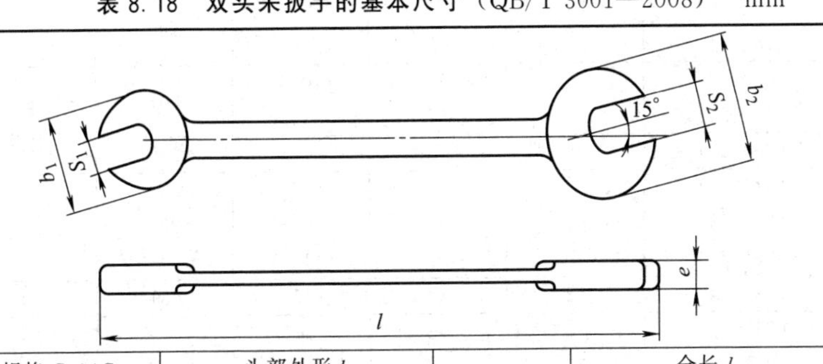

规格 $S_1 \times S_2$（对边尺寸组配）	头部外形 b		厚度 e_{max}	全长 l	
	$b_{1\ max}$	$b_{2\ max}$		长型 min	短型 min
3.2×4	14	15	3	81	72
4×5	15	18	3.5	87	78
5×5.5	18	19	3.5	95	85
5.5×7	19	22	4.5	99	89
(6×7)	20	22	4.5	103	92
7×8	22	24	4.5	111	99
(8×9)	24	26	5	119	106
8×10		28	5.5		
10×11	28	30	6	135	120
10×13		34	7		
11×13	30	34	7	143	127
(12×13)	32	34	7	151	134
(12×14)		36	7		
(13×14)	34	36	7	159	141
13×15		39	7.5		
13×16		41	8		
(13×17)		43	8.5		
(14×15)	36	39	7.5	167	148
(14×17)		43	8.5		

续表

规格 $S_1 \times S_2$（对边尺寸组配）	头部外形 b		厚度 e_{max}	全长 l	
	$b_{1\,max}$	$b_{2\,max}$		长型 min	短型 min
15×16	39	41	8	175	155
(15×18)		45	8.5		
(16×17)	41	43	8.5	183	162
16×18		45	8.5		
(17×19)	43	47	9	191	169
(18×19)	45	47	9	199	176
18×21		51	10		
(19×22)	47	53	10.5	207	183
(19×24)		57	11		
(20×22)	49	53	10	215	190
(21×22)	51	53	10	223	202
(21×23)		55	10.5		
21×24		57	11		
(22×24)	53	57	11	231	209
(24×20)	57	62	11.5	247	223
24×27		64	12		
(24×30)		70	13		
(25×28)	60	66	12	255	230
(27×29)	64	68	12.5	271	244
27×30		70	13		
(27×32)		74	13.5		
(30×32)	70	74	13.5	295	265
30×34		78	14		
(30×36)		83	14.5		
(32×34)	74	78	14	311	284
(32×36)		83	14.5		
34×36	78	83	14.5	327	298
36×41	83	93	16	343	312
41×46	93	104	17.5	383	357
46×50	104	112	19	423	392
50×55	112	123	20.5	455	420
55×60	123	133	22	495	455

注：1. 括号内的尺寸组配为非优先组配。

2. b_{1max}、$b_{2max} \approx 2.1S+7$。

3. l_{min}（长型）$\approx S_1 \times 8+55$（除 34×36 之外）。

4. $e_{max} \approx S_2{}^{+0.75}_{\ 0}$。

表 8.19　双头梅花扳手对边尺寸组配及基本尺寸（QB/T 3002—2008）

mm

<table>
<tr><th rowspan="2">规格(对边尺寸组配)$S_1 \times S_2$</th><th colspan="2">头部外形</th><th colspan="2">直颈型、弯颈型</th><th colspan="2">矮颈型、高颈型</th></tr>
<tr><th>$b_{1\,max}$</th><th>$b_{2\,max}$</th><th>厚度 e_{max}</th><th>全长 l_{min}</th><th>厚度 e_{max}</th><th>全长 l_{max}</th></tr>
<tr><td>(6×7)</td><td>11</td><td>12.5</td><td>6.5</td><td>73</td><td>7</td><td>134</td></tr>
<tr><td>7×8</td><td>12.5</td><td>14</td><td>7</td><td>81</td><td>7.5</td><td>143</td></tr>
<tr><td>(8×9)</td><td rowspan="2">14</td><td>15.5</td><td>7.5</td><td rowspan="2">89</td><td>8.5</td><td rowspan="2">152</td></tr>
<tr><td>8×10</td><td>17</td><td>8</td><td>9</td></tr>
<tr><td>10×11</td><td rowspan="2">17</td><td>18.5</td><td>8.5</td><td rowspan="2">105</td><td>9.5</td><td rowspan="2">170</td></tr>
<tr><td>10×13</td><td>21.5</td><td>9.5</td><td>11</td></tr>
<tr><td>11×13</td><td>18.5</td><td>21.5</td><td>9.5</td><td>113</td><td>11</td><td>179</td></tr>
<tr><td>(12×13)</td><td rowspan="2">20</td><td>21.5</td><td>9.5</td><td rowspan="2">121</td><td>11</td><td rowspan="2">188</td></tr>
<tr><td>(12×14)</td><td>23</td><td>9.5</td><td>11</td></tr>
<tr><td>(13×14)</td><td rowspan="3">21.5</td><td>23</td><td>9.5</td><td rowspan="3">129</td><td>11</td><td rowspan="3">197</td></tr>
<tr><td>13×15</td><td>24.5</td><td>10</td><td>12</td></tr>
<tr><td>13×16</td><td>26</td><td>10.5</td><td></td></tr>
<tr><td>(13×17)</td><td>21.5</td><td>27.5</td><td>11</td><td>129</td><td>13</td><td>197</td></tr>
<tr><td>(14×15)</td><td rowspan="2">23</td><td>24.5</td><td>10</td><td rowspan="2">137</td><td>12</td><td rowspan="2">206</td></tr>
<tr><td>(14×17)</td><td>27.5</td><td>11</td><td>13</td></tr>
<tr><td>15×16</td><td rowspan="2">24.5</td><td>26</td><td>10.5</td><td rowspan="2">145</td><td>12</td><td rowspan="2">215</td></tr>
<tr><td>(15×18)</td><td>29</td><td>11.5</td><td>13</td></tr>
<tr><td>(16×17)</td><td rowspan="2">26</td><td>27.5</td><td>11</td><td rowspan="2">153</td><td>13</td><td rowspan="2">224</td></tr>
<tr><td>16×18</td><td>29</td><td>11.5</td><td>13</td></tr>
<tr><td>(17×19)</td><td>27.5</td><td>30.5</td><td>11.5</td><td>166</td><td>14</td><td>233</td></tr>
<tr><td>(18×19)</td><td rowspan="2">29</td><td>30.5</td><td>11.5</td><td rowspan="2">174</td><td>14</td><td rowspan="2">242</td></tr>
<tr><td>18×21</td><td>33.5</td><td>12.5</td><td>14</td></tr>
<tr><td>(19×22)</td><td rowspan="2">30.5</td><td>35</td><td>13</td><td rowspan="2">182</td><td>15</td><td rowspan="2">251</td></tr>
<tr><td>(19×24)</td><td>38</td><td>13.5</td><td>16</td></tr>
<tr><td>(20×22)</td><td>32</td><td>35</td><td>13</td><td>190</td><td>15</td><td>260</td></tr>
<tr><td>(21×22)</td><td rowspan="2">33.5</td><td>35</td><td rowspan="2">13</td><td rowspan="2">198</td><td rowspan="2">15</td><td rowspan="2">269</td></tr>
<tr><td>(21×23)</td><td>36.5</td></tr>
<tr><td>21×24</td><td>33.5</td><td rowspan="2">38</td><td>13.5</td><td>198</td><td rowspan="2">16</td><td>269</td></tr>
<tr><td>(22×24)</td><td>35</td><td>13.5</td><td>206</td><td>278</td></tr>
<tr><td>(24×26)</td><td rowspan="2">38</td><td>41</td><td>15.5</td><td rowspan="2">222</td><td>16.5</td><td rowspan="2">296</td></tr>
<tr><td>24×27</td><td>42.5</td><td>14.5</td><td>17</td></tr>
<tr><td>(24×30)</td><td>38</td><td>47</td><td>15.5</td><td>222</td><td>18</td><td>296</td></tr>
<tr><td>(25×28)</td><td>39.5</td><td>44</td><td>15</td><td>230</td><td>17.5</td><td>305</td></tr>
<tr><td>(27×29)</td><td rowspan="3">42.5</td><td>45.5</td><td>15</td><td rowspan="3">246</td><td>18</td><td rowspan="3">323</td></tr>
<tr><td>27×30</td><td>47</td><td>15.5</td><td>18</td></tr>
<tr><td>(27×32)</td><td>50</td><td>16</td><td>19</td></tr>
</table>

续表

规格(对边尺寸组配)$S_1 \times S_2$	头部外形		直颈型、弯颈型		矮颈型、高颈型	
	$b_{1\ max}$	$b_{2\ max}$	厚度 e_{max}	全长 l_{min}	厚度 e_{max}	全长 l_{max}
(30×32)	47	50	16	275	19	330
30～34		53	16.5		20	
(30×36)		56	17		21	
(32×34)	50	53	16.5	291	20	348
(32×36)		56	17		21	
34×36	53	56	17	307	21	366
36×41	56	63.5	18.5	323	22	384
41×46	63.5	71	20	363	24	429
46×50	71	77	21	403	25	474
50×55	77	84.5	22	435	27	510
55×60	84.5	92	23.5	475	28.5	555

注：括号内尺寸组配为非优先组配。

表 8.20　扳手孔对边尺寸 S 的常用公差（QB/T 3002—2008）

mm

对边尺寸 S	公差系列 1		公差系列 2		对边尺寸 S	公差系列 1		公差系列 2	
	下偏差	上偏差	下偏差	上偏差		下偏差	上偏差	下偏差	上偏差
$2 \leqslant S < 3$	+0.02	+0.08	+0.02	+0.12	$14 \leqslant S < 17$	+0.05	+0.27	+0.05	+0.35
$3 \leqslant S < 4$		+0.10		+0.14	$17 \leqslant S < 19$		+0.30		+0.40
$4 \leqslant S < 6$		+0.12		+0.16	$19 \leqslant S < 26$	+0.06	+0.36	+0.06	+0.46
$6 \leqslant S < 10$	+0.03	+0.15	+0.03	+0.19	$26 \leqslant S < 33$	+0.08	+0.48	+0.08	+0.58
$10 \leqslant S < 12$	+0.04	+0.19	+0.04	+0.24	$33 \leqslant S < 55$	+0.10	+0.60	+0.10	+0.70
$12 \leqslant S < 14$		+0.24		+0.30	$55 \leqslant S < 75$	+0.12	+0.72	+0.12	+0.92

注：公差系列 2 仅适用于未经精加工处理的梅花扳手。

表 8.21　双头呆扳手和双头梅花扳手的规格

mm

系列	开口宽度规格 $S_1 \times S_2$							
单件双头呆扳手	3.2×4	4×5	5×5.5	5.5×7	(6×7)	7×8	(8×9)	8×10
	(9×11)	10×11	(10×12)	10×13	11×13	(12×13)	(12×14)	(13×14)
	13×15	13×16	(13×17)	(14×15)	(14×16)	(14×17)	15×16	(15×18)
	(16×17)	16×18	(17×19)	(18×19)	18×21	(19×22)	(20×22)	(21×22)
	(21×23)	21×24	(22×24)	(22×26)	24×27	(24×30)	(25×28)	(27×29)
	27×30	(27×32)	30×34	(30×36)	(32×34)	(32×36)	34×36	36×41
	41×46	46×50	50×55	55×60	60×65	65×70	70×75	75×80

续表

系列		开口宽度规格 $S_1 \times S_2$
单件双头梅花扳手		6×7　7×8　(8×9)　8×10　(9×11)　10×11　(10×12)　10×13　11×13　(12×13)　(12×14)　(13×14)　13×15　13×16　(13×17)　(14×15)　(14×16)　(14×17)　15×16　(15×18)　(16×17)　16×18　(17×19)　(18×19)　18×21　(19×22)　(20×22)　(21×22)　(21×23)　21×24　(22×24)　24×27　(24×30)　(25×28)　27×30　(27×32)　32×32　30×34　(32×34)　(32×36)　34×36　36×41　41×46　46×50　50×55　55×60
成套双头呆扳手	6 组件	5.5×7（或 6×7）　8×10　12×14　14×17　17×19　22×24
	8 组件	5.5×7（或 6×7）　8×10　10×12（或 9×11）　12×14　14×17　17×19　19×22　22×24
	10 组件	5.5×7（或 6×7）　8×10　10×12（或 9×11）　12×14　14×17　17×19　19×22　22×24　24×27　30×32
	新 5 组件	5.5×7　8×10　13×16　18×21　24×27
	新 6 组件	5.5×7　8×10　13×16　18×21　24×27　30×34
成套双头梅花扳手	6 组件	5.5×8　10×12　12×14　14×17　17×19（或 19×22）　22×24
	8 组件	5.5×7　8×10（或 9×11）　10×12　12×14　14×17　17×19（或 19×22）　22×24　24×27
	10 组件	5.5×7　8×10（或 9×11）　10×12　12×14　14×17　17×19　19×22　22×24（或 24×27）　27×30　30×32
	新 5 组件	5.5×7　8×10　13×16　18×21　24×27
	新 6 组件	5.5×7　8×10　13×16　18×21　24×27　30×34

注：（ ）内的对边尺寸组配为非优先组配。

8.2.3 两用扳手

两用扳手是各行业设备安装，装置及设备检修、维修工作中的必需工具。

表 8.22　两用扳手的基本尺寸（QB/T 3003—2008）　mm

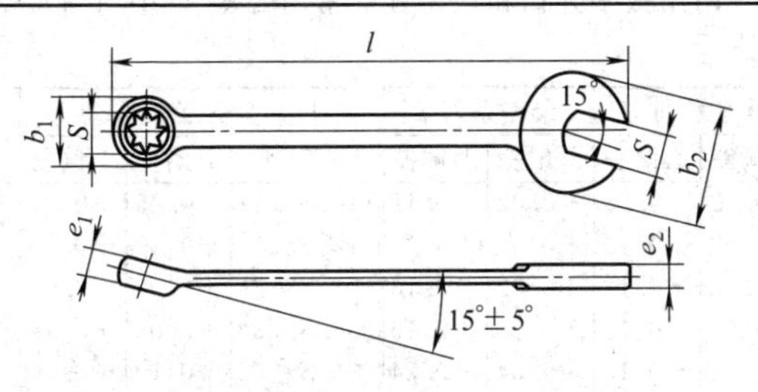

A型

续表

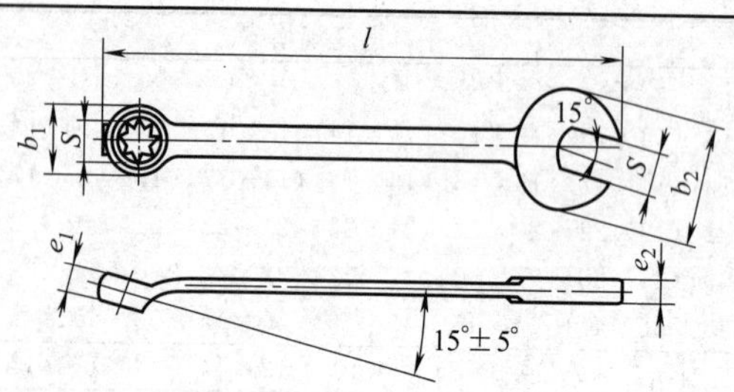

B型

规格 S	头部外形		头部厚度		全长 l_{min}	规格 S	头部外形		头部厚度		全长 l_{min}
	b_{1max}	b_{2max}	E_{1max}	e_{2max}			b_{1max}	b_{2max}	E_{1max}	e_{2max}	
3.2	7	14	5	3.3	55	20	32	49	15	9.5	200
4	8	15	5.5	3.5	55	21	33.5	51	15.5	10	205
5	10	18	6	4	65	22	35	53	16	10.5	215
5.5	10.5	19	6.3	4.2	70	23	36.5	55	16.5	10.5	220
6	11	20	6.5	4.5	75	24	38	57	17.5	11	230
7	12.5	22	7	5	80	25	39.5	60	18	11.5	240
8	14	24	8	5	90	26	41	62	18.5	12	245
9	15.5	26	8.5	5.5	100	27	42.5	64	19	12.5	255
10	17	28	9	6	110	28	44	66	19.5	12.5	270
11	18.5	30	9.5	6.5	115	29	45.5	68	20	13	280
12	20	32	10	7	125	30	47	70	20	13.5	285
13	21.5	34	11	7	135	31	48.5	72	20.5	14	290
14	23	36	11.5	7.5	145	32	50	74	21	14.5	300
15	24.5	39	12	8	150	34	53	78	22.5	15	320
16	26	41	12.5	8	160	36	56	83	23.5	15.5	335
17	27.5	43	13	8.5	170	41	63.5	93	26.5	17.5	380
18	29	45	14	9	180	46	71	104	29.5	19.5	425
19	30.5	47	14.5	9	185	50	77	112	32	21	460

表 8.23 两用扳手开口和扳手孔的常用公差（QB/T 3003—2008）

mm

对边尺寸 S	公差系列 1		公差系列 2		对边尺寸 S	公差系列 1		公差系列 2	
	下偏差	上偏差	下偏差	上偏差		下偏差	上偏差	下偏差	上偏差
$2\leqslant S<3$	+0.02	+0.08	+0.02	+0.12	$14\leqslant S<17$	+0.05	+0.27	+0.05	+0.35
$3\leqslant S<4$	+0.02	+0.10	+0.02	+0.14	$17\leqslant S<19$	+0.05	+0.30	+0.05	+0.40
$4\leqslant S<6$	+0.02	+0.12	+0.02	+0.16	$19\leqslant S<26$	+0.06	+0.36	+0.06	+0.46
$6\leqslant S<10$	+0.03	+0.15	+0.03	+0.19	$26\leqslant S<33$	+0.08	+0.48	+0.08	+0.58
$10\leqslant S<12$	+0.04	+0.19	+0.04	+0.24	$33\leqslant S<55$	+0.10	+0.60	+0.10	+0.70
$12\leqslant S<14$	+0.04	+0.24	+0.04	+0.30					

注：公差系列 2 仅适用于未经车加工处理的扳手孔。

8.2.4　防爆扳手

用于易燃、易爆场合中拆卸、紧固螺钉、螺栓。

表 8.24　防爆用活扳手规格（QB/T 2613.8—2005）　mm

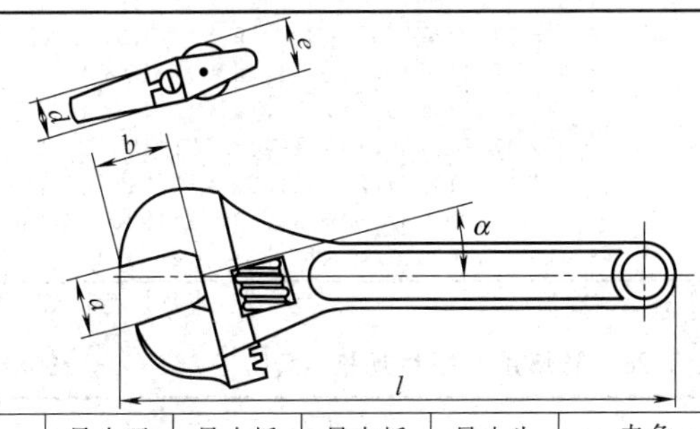

长度 l		最小开口尺寸	最小扳口深度	最大扳口厚度	最小头部厚度	夹角 α /(°)		最大小肩离缝
标准长	公差	a_{min}	b_{min}	d_{max}	e_{min}	A 型	B 型	
100	+15 0	13	12	12	8	15	22.5	0.5
150		19	17.5	14	10			0.5
200		24	22	16	12			0.56
250		28	26	18	14			0.56
300	+30 0	34	31	20	16			0.60
375		43	40	25	19			0.60
450	+45 0	52	48	30	25			0.72

注：活扳手的标记由产品名称、规格、强度（分 c、d）等级代号、形式代号和标准编号组成。

例：规格 300mm，强度等级 d，B 型的活扳手标记为“防爆用活扳手 300 dB QB/T 2613.8—2005”。

表 8.25　防爆用呆扳手规格　mm

类别	标　准　号	规格(单头 S，双头 $S_1 \times S_2$)
单头呆扳手	GB/T 2613.1—2003	5.5,6,7,8,9,10,11,12,13,14,15,16,17,18,19,20,21,22,23,24,25,26,27,28,29,30,31,32,34,36,38,41,46,50,55,60,65,70,75,80
双头呆扳手		5.5×7,6×7,7×8,8×9,8×10,9×11,10×11,10×12,10×13,11×13,12×13,12×14,13×14,13×15,13×16,13×17,14×15,14×16,14×17,15×16,15×18,16×17,16×18,17×19,18×19,18×21,19×22,20×22,21×22,21×23,21×24,22×24,24×27,24×30,25×28,27×30,27×32,30×32,30×34,32×34,32×36,34×36,36×41,41×46,46×50,50×55,60×65,65×70,70×75,75×80

续表

类别	标 准 号	规格(单头 S,双头 $S_1 \times S_2$)
单头梅花扳手		18,19,20,21,22,23,24,25,26,27,28,29,30,31,32,34,36,41,46,50,55,60,65,70,75,80
双头梅花扳手	GB/T 2613.5—2003	5.5×7,6×7,7×8,8×9,8×10,9×11,10×11,10×12,10×13,11×13,12×13,12×14,13×14,13×15,13×16,13×17,14×15,14×16,14×17,15×16,15×18,16×17,16×18,17×19,18×19,18×21,19×22,20×22,21×22,21×23,21×24,22×24,24×27,24×30,25×28,27×30,27×32,30×32,30×34,32×34,32×36,34×36,36×41,41×46,46×50,50×55,55×60

注：梅花扳手有 A（矮颈）型、G（高颈）型、Z（直颈）型和 W（弯颈）型四种。

表 8.26 防爆用 F 扳手规格（QB/T 2613.9—2005） mm

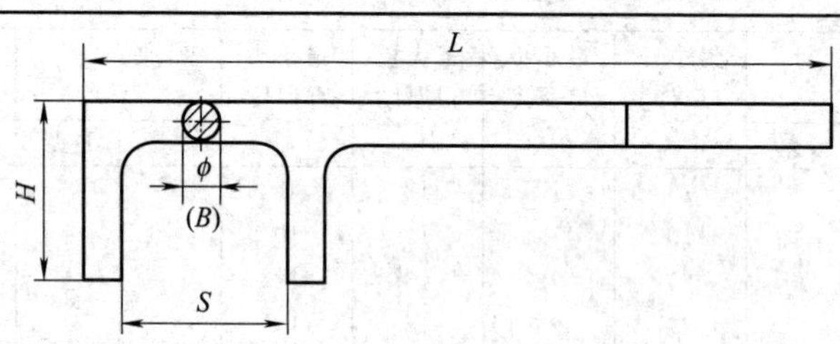

规格	(1±6%)L	S±2	H±2	ϕ(或 B)±1
30	200	30	31	14
35	250	35	34	14
40	300	40	35	16
45	350	45	43	16
48	375	48	47	16
50	400	50	51	18
55	450	55	56	18
60	500	60	62	20
65	550	65	64	20
70	600	70	67	20

注：L、S、H 可另有组配。

表 8.27 防爆用桶盖扳手规格（QB/T 2613.4—2003） mm

形式	图 形	全长
A 型（单头）	L	300

续表

形式	图　形	全长
B 型（双头）	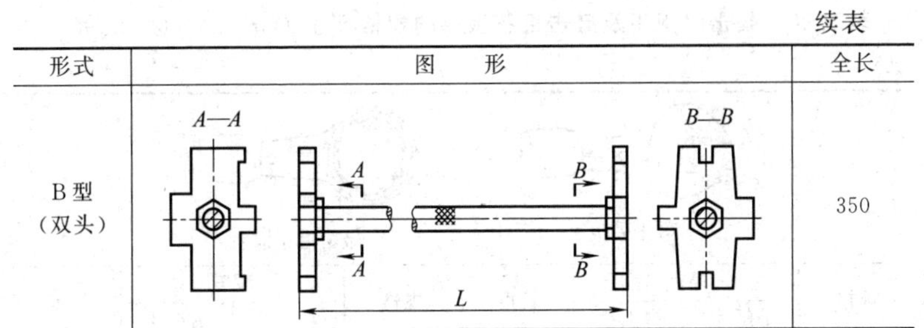	350

8.2.5　活扳手

适用于松紧一定尺寸范围内的六角或方头螺栓、螺母。

表 8.28　活扳手的规格（GB/T 4440—2008）　mm

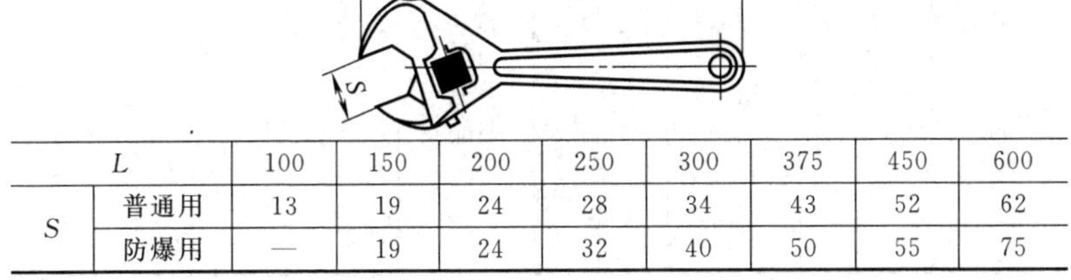

L		100	150	200	250	300	375	450	600
S	普通用	13	19	24	28	34	43	52	62
	防爆用	—	19	24	32	40	50	55	75

8.2.6　管活两用扳手

由于其活动钳口一边为平边，一边为有细齿的凹钳口，根据需要调换活动钳口的位置，即可当活动扳手或管钳使用。

表 8.29　管活两用扳手的规格尺寸　mm

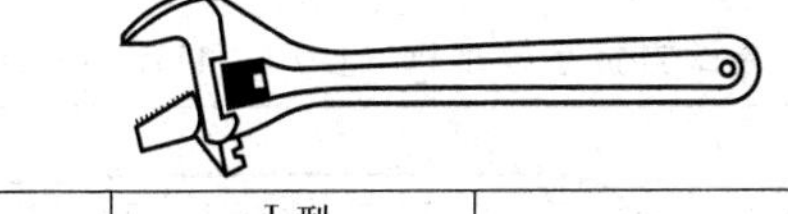

形式	Ⅰ型		Ⅱ型			
长度	250	300	200	250	300	375
夹持六角对边宽度　≤	30	36	24	30	36	46
夹持管子外径　≤	30	36	25	32	40	50

8.2.7　敲击扳手

除分别与单头呆扳手及单头梅花扳手相同外，其柄端还可用作锤子敲击工件。

表 8.30 敲击呆扳手及敲击梅花扳手的规格尺寸（GB/T 4392—1995）

mm

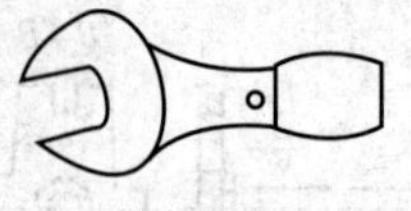

敲击呆扳手

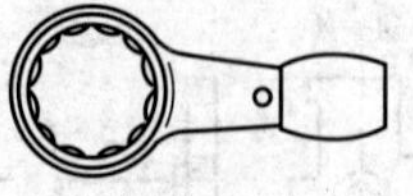

敲击梅花扳手

规格	厚度		长度	规格	厚度		长度
	呆扳手	梅扳手			呆扳手	梅扳手	
50	20	25	300	120	48	51	600
55	22	27	300	130	52	55	600
60	24	29	350	135	54	57	600
65	26	30.6	350	145	58	60.6	600
70	28	32.5	375	150	60	62.5	700
75	30	34	375	155	62	64.5	700
80	32	36.5	400	165	66	68	700
85	34	38	400	170	68	70	700
90	36	40	450	180	72	74	800
95	38	42	450	185	74	75.6	800
100	40	44	500	190	76	77.5	800
105	42	45.6	500	200	80	81	800
110	44	47.5	500	210	84	85	800
115	46	49	500				

注：扳手规格指适用螺栓的六角头或方头对边宽度。

8.2.8 角形扳手

角形扳手有内四角扳手、内六角扳手和内六角花形扳手，它们分别适用于紧固或拆卸内四方、内六角螺钉，后者适用于拧紧 8.8 级和 10.9 级的内六角螺钉。

表 8.31 内四方扳手的规格（JB/T 3411.35—1999） mm

四方头对边距离 S	2	2.5	3	4	5	6	8	10	12	14
长臂长度 L	56		63	70	80	90	100	112	115	140
短臂长度 H	8		8		12		15		18	

表 8.32 内六角扳手的规格（GB/T 5356—2008） mm

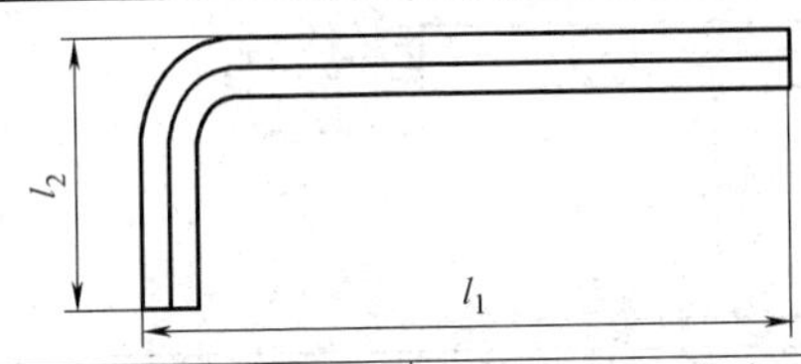

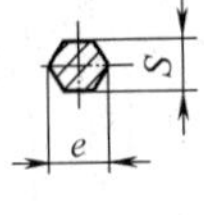

对边尺寸 S			对角宽度 e		长度 l_1				长度 l_2	
公称	最大	最小	最大	最小	标准长	长型 M	加长型 L	公差	长度	公差
0.7	0.71	0.70	0.79	0.76	33			$^{0}_{-2}$	7	$^{0}_{-2}$
0.9	0.89	0.88	0.99	0.96	33				11	
1.3	1.27	1.24	1.42	1.37	41	63.5	81		13	
1.5	1.50	1.48	1.68	1.63	46.5	63.5	91.5		15.5	
2	2.00	1.96	2.25	2.18	52	77	102		18	
2.5	2.50	2.46	2.82	2.75	58.5	87.5	114.5	$^{0}_{-4}$	20.5	$^{0}_{-2}$
3	3.00	2.96	3.39	3.31	66	93	129		23	
3.5	3.50	3.45	3.96	3.91	69.5	98.5	140		25.5	
4	4.00	3.95	4.53	4.44	74	104	144		29	
4.5	4.50	4.45	5.10	5.04	80	114.5	156		30.5	
5	5.00	4.95	5.67	5.58	85	120	165		33	
6	6.00	5.95	6.81	6.71	96	141	186		38	
7	7.00	6.94	7.94	7.85	102	147	197	$^{0}_{-6}$	41	$^{0}_{-2}$
8	8.00	7.94	9.09	8.97	108	158	208		44	
9	9.00	8.94	10.23	10.10	114	169	219		47	
10	10.00	9.94	11.37	11.23	122	180	234		50	
11	11.00	10.89	12.51	12.31	129	191	247		53	
12	12.00	11.89	13.65	13.44	137	202	262		57	
13	13.00	12.89	14.79	14.56	145	213	277	$^{0}_{-7}$	63	$^{0}_{-3}$
14	14.00	13.89	15.93	15.70	154	229	294		70	
15	15.00	14.89	17.07	16.83	161	240	307		73	
16	16.00	15.89	18.21	17.97	168	240	307		76	
17	17.00	16.89	19.35	19.09	177	262	387		80	
18	18.00	17.89	20.49	20.21	188	262	358		84	
19	19.00	18.87	21.63	21.32	199	—	—		89	
21	21.00	20.87	23.91	23.58	211	—	—	$^{0}_{-12}$	96	$^{0}_{-5}$
22	22.00	21.87	25.05	24.71	222	—	—		102	
23	23.00	22.87	26.16	25.86	233	—	—		108	
24	24.00	23.87	27.33	26.97	248	—	—		114	
27	27.00	26.87	30.75	30.36	277	—	—		127	
29	29.00	28.87	33.03	32.59	311	—	—		141	
30	30.00	29.87	34.17	33.75	315	—	—		142	
32	32.00	31.84	36.45	35.98	347	—	—		157	
36	36.00	35.84	41.01	40.50	391	—	—		176	

表 8.33 内六角花形扳手的规格（GB/T 5357—1998） mm

代号	适应的螺钉	L	H	t	A	B
T30	M6	70	24	3.30	5.575	3.990
T40	M8	76	26	4.57	6.705	4.798
T50	M10	96	32	6.05	8.890	6.398
T55	M12～M14	108	35	7.65	11.277	7.962
T60	M16	120	38	9.07	13.360	9.547
T80	M20	145	46	10.62	17.678	12.705

8.3 旋具

8.3.1 一字槽螺钉旋具

用于紧固或拆卸一字槽螺钉、木螺钉和自攻螺钉。

表 8.34 一字槽螺钉旋具的基本尺寸（QB/T 2564.4—2012）

mm

规格	旋杆长度+50			
	A 系列	B 系列	C 系列	D 系列
0.4×2	—	40	—	—
0.4×2.5	—	50	75	100
0.5×3	—	50	75	100
0.6×3	25(35)	75	100	125
0.6×3.5	25(35)	75	100	125
0.8×4	25(35)	75	100	125
1.0×4.5	25(35)	100	125	150
1.0×5.5	25(35)	100	125	150
1.2×6.5	25(35)	100	125	150
1.2×8	25(35)	125	150	175
1.6×8	—	125	150	175
1.6×10	—	150	175	200
2.0×12	—	150	200	250
2.5×14	—	200	250	300

注：（ ）内的数值不推荐使用。

8.3.2　十字槽螺钉旋具

用于紧固或拆卸十字槽螺钉和木螺钉。

表 8.35　十字槽螺钉旋具的基本尺寸（QB/T 2564.5—2012）

mm

工作端部槽号 PH 和 PZ	旋杆长度 l^{+5}_{0}		工作端部槽号 PH 和 PZ	旋杆长度 l^{+5}_{0}	
	A 系列	B 系列		A 系列	B 系列
0	—	60	3	—	150
1	25(35)	75(80)	4	—	200
2	25(35)	100			

8.3.3　多用螺钉旋具

用于紧固或拆卸一字槽螺钉、十字槽螺钉和木螺钉，可钻木螺钉孔，亦可作测电笔用。

表 8.36　多用螺钉旋具的规格

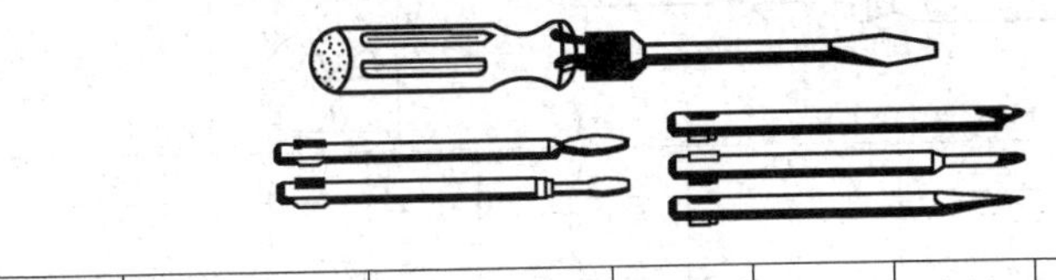

件数	一字形旋杆头宽/mm	十字形旋杆（十字槽号）	钢锥/把	刀片/片	小锤/只	木工钻/mm	套筒/mm
6	3,4,6	1,2	1	—	—	—	—
8	3,4,5,6	1,2	1	1	—	—	—
12	3,4,5,6	1,2	1	1	1	6	6,8

注：手柄加旋杆总长 230mm。

8.3.4　螺旋棘轮螺钉旋具

用于紧固或拆卸带一字槽或十字槽的各类螺钉，批量生产适用。装上木钻或三棱锥可钻孔。

表 8.37 螺旋棘轮螺钉旋具的规格（QB/T 2564.6—2002）

mm

A型

B型

类型	规格	基本长度 L	公差	夹头旋转圈数 /(圈/min)	转矩 /N·m
A	220	220	±1	1¼	3.5
	300	300	±2	1½	6.0
B	300	300	±3	1½	6.0
	450	450	±3	2½	8.0

8.3.5 内六角花形螺钉旋具

装拆内六角花形螺钉。

表 8.38 内六角花形螺钉旋具的规格（GB/T 5358—1998）

mm

C向放大

代号	l	d	A	B	t(参考)
T6	75	3	1.65	1.21	1.52
T7	75	3	1.97	1.42	1.52
T8	75	4	2.30	1.65	1.52
T9	75	4	2.48	1.79	1.52
T10	75	5	2.78	2.01	2.03
T15	75	5	3.26	2.34	2.16
T20	100	6	3.94	2.79	2.29
T25	125	6	4.48	3.20	2.54
T27	150	6	4.96	3.55	2.79
T30	150	6	5.58	3.99	3.18
T40	200	8	6.71	4.79	3.30
T45	250	8	7.77	5.54	3.81
T50	300	9	8.89	6.39	4.57

8.4 其他手工工具

8.4.1 斧

厨房斧适用于砍劈冷冻肉类和畜类骨骼。

表 8.39　厨房斧的规格（QB/T 2565.4—2002）　　mm

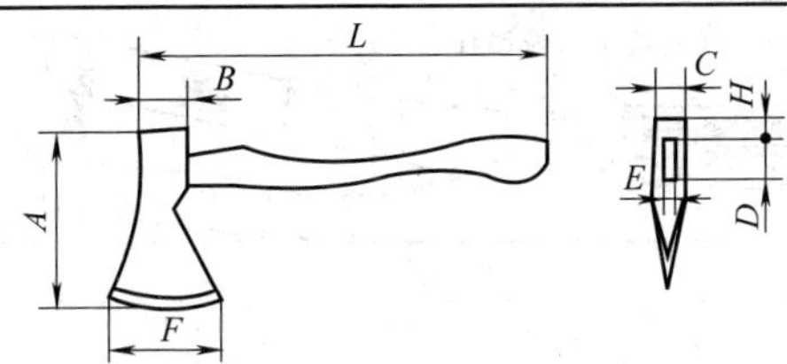

规格/kg	L	A min	B min	C min	D 基本尺寸	D 公差	E 基本尺寸	E 公差	F min	H min
0.6	360	150	44	18	46	0 −1.0	18	0 −2.0	102	15
0.8	380	160	48	20	50		20		110	16
1.0	400	170	50	22	50		20		118	18
1.2	610～810	195	54	25	54		23		122	19
1.4		200	58	26	54		23		125	20
1.6	710～910	205	60	27	58		25		130	21
1.8		210	62	28	58		25		135	21
2.0		215	64	29	58		25		140	22

表 8.40　多用斧的规格（QB/T 2565.6—2002）　　mm

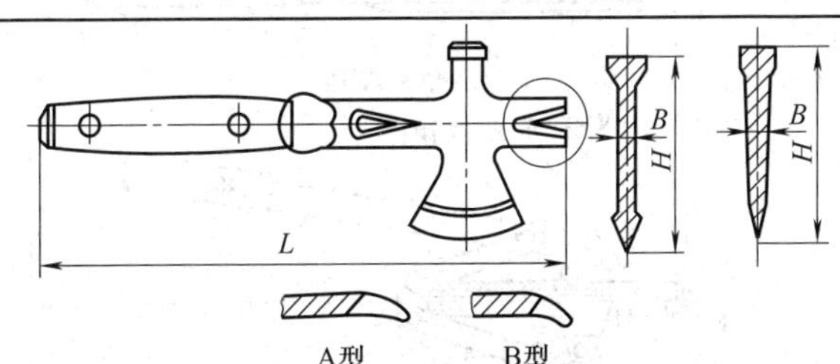

规格	L 基本尺寸	L 公差	H min	B 基本尺寸 A型	B 基本尺寸 B型	B 公差
260	260	0 −3.0	98	8	8	±1.0
280	280		106			
300	300	0 −4.0	110	9	10	
340	340		118		13	

8.4.2 拉铆枪

拉铆枪按其结构分为单手式 A 型、单手式 B 型和双手式 A 型三种形式，见图 8.1。它们适用于单面拉铆 GB/T 12619 规定的种类为铝、铝合金、碳素钢的 $\phi3.0\sim5.0$mm 抽芯铆钉。

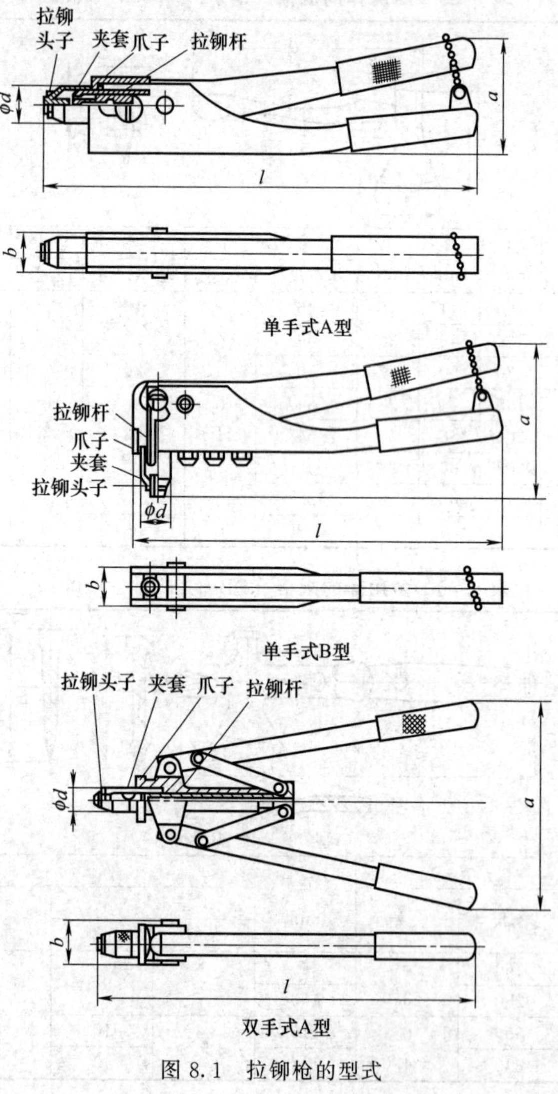

图 8.1 拉铆枪的型式

表 8.41　拉铆枪的基本尺寸（QB/T 2292—1997）　mm

形　式	基本尺寸			
	a	b	ϕd	l
单手式 A 型	58	31	26	350
单手式 B 型	90	29	19	260
双手式 A 型	110	32	22	450

表 8.42　SLM 拉铆枪和铆螺母枪的规格

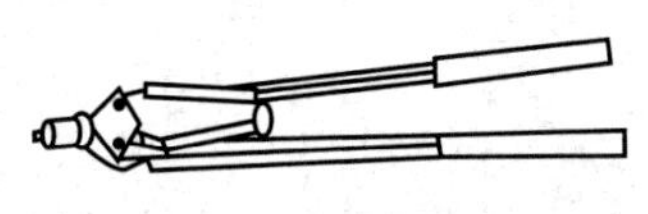

拉铆枪

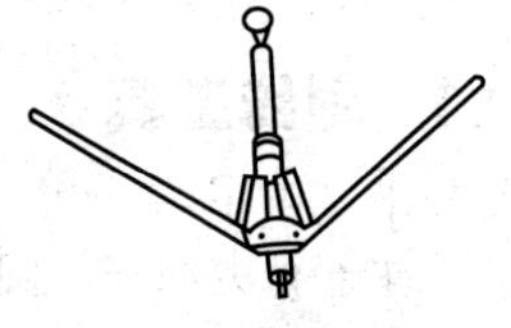

铆螺母枪

型号	拉铆头子孔径/mm	拉铆范围/mm	型号	铆螺母范围/mm
SLM-1	ϕ2，ϕ2.5	抽芯铝铆钉 ϕ3～4	SLM-N-1	ϕ3，ϕ4 ϕ5，ϕ6
SLM-2	ϕ2.5，ϕ3.5	抽芯铝铆钉 ϕ3～5		

第9章 钳工工具

9.1 划线工具

9.1.1 冲子

冲子有尖冲子、圆冲子、半圆冲子、四方冲子、六方冲子等几种，其基本尺寸见表9.1～表9.6。

(1) 尖冲子

在工件已划好的加工线上冲点；在使用划规划圆弧或钻孔前，在圆心上冲眼，作为划规定心脚的立脚点或钻孔定中心。

表9.1 尖冲子的基本尺寸（JB/T 3411.29—1999） mm

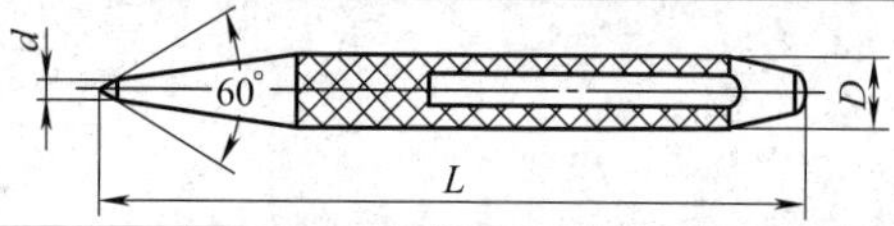

d	D	L	d	D	L
2	8	80	4	10	80
3	8	80	6	14	100

(2) 圆冲子

用于工件装配。

表9.2 圆冲子的基本尺寸（JB/T 3411.30—1999） mm

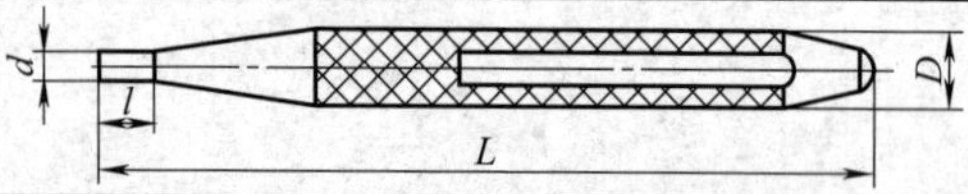

d	D	L	l	d	D	L	l
3	8	80	6	6	14	100	10
4	10	80	6	8	16	125	14
5	12	100	10	10	18	125	14

(3) 半圆冲子

用于冲击铆钉头等。

表9.3　半圆冲子的基本尺寸（JB/T 3411.31—1999）　mm

铆钉直径	凹球半径	外径	全长	铆钉直径	凹球半径	外径	全长
2.0	1.9	10	80	5.0	4.7	18	125
2.5	2.5	12	100	6.0	6.0	20	140
3.0	2.9	14	100	8.0	8.0	22	140
4.0	3.8	16	125				

(4) 四方冲子

用于冲四方孔。

表9.4　四方冲子的基本尺寸（JB/T 3411.33—1999）　mm

对边宽	外径	全长	对边宽	外径	全长
2.0,2.24,2.50,2.80	8	80	9.0,10.0,11.2,12.0	20	125
3.0,3.15,3.55	14	80	12.5,14.0,16.0	25	125
4.0,4.5,5.0	16	100	17.0,18.0,20.0	30	150
5.6,6.0,6.3	16	100	22.0,22.4	35	150
7.1,8.0	18	100	25.0	40	150

(5) 六方冲子

用于冲六方孔。

表9.5　六方冲子的基本尺寸（JB/T 3411.34—1999）　mm

对边宽	外径	全长	对边宽	外径	全长
3,4	14	80	17,19	25	125
5,6	16	100	22,24	30	150
8,10	18	100	27	35	150
12,14	20	125			

(6) 装弹子油杯用冲子

表 9.6 装弹子油杯用冲子（JB/T 3411.32—1999） mm

公称直径(油杯外径)	D	D_1	d	S_r
6	14	12	3	2.5
8			4	3.0
10			5	3.5
16	18	18	10	6.5
25		26	15	10

9.1.2 划规、划针、划线盘和划线尺架

(1) 划规

用于划等分线段、等分角度、圆、圆弧等。

表 9.7 划规的基本尺寸（JB/T 3411.54—1999） mm

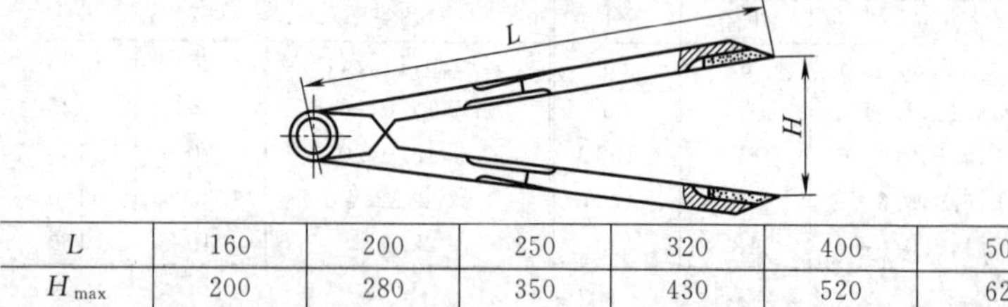

L	160	200	250	320	400	500
H_{max}	200	280	350	430	520	620
厚度	9	10	10	13	16	16

(2) 长划规

供钳工在较大工件上划圆、分度用。划针可在横梁上移动。

表 9.8 长划规的基本尺寸（JB/T 3411.55—1999） mm

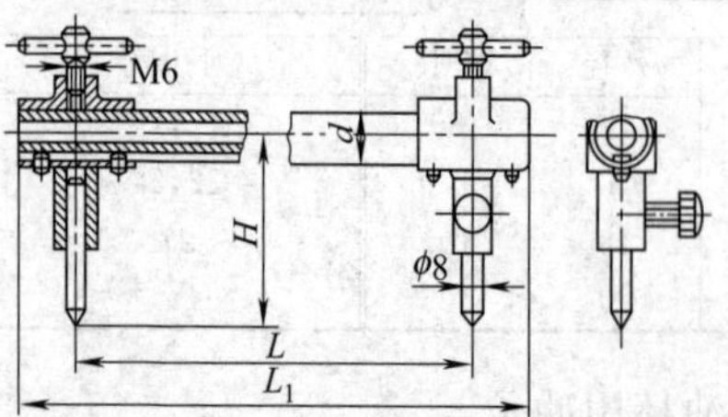

续表

L_{max}	L_1	d	$H\approx$
800	850	20	70
1250	1315	32	90
2000	2065		

（3）钩头划针

用于在工件上划圆或圆弧、找工件外圆端面的圆心，可沿加工好的平面划平行线。

表 9.9　钩头划针的基本尺寸　mm

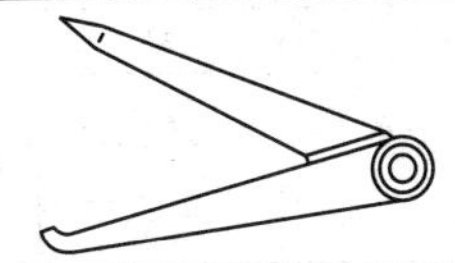

代号	总长	头部直径	销轴直径
JB/ZQ7001.P5.42.1.00	100	16	8
JB/ZQ7001.P5.42.2.00	200	20	10
JB/ZQ7001.P5.42.3.00	300	30	15
JB/ZQ7001.P5.42.4.00	400	35	15

（4）划针

表 9.10　划针的基本尺寸（JB/T 3411.64—1999）　mm

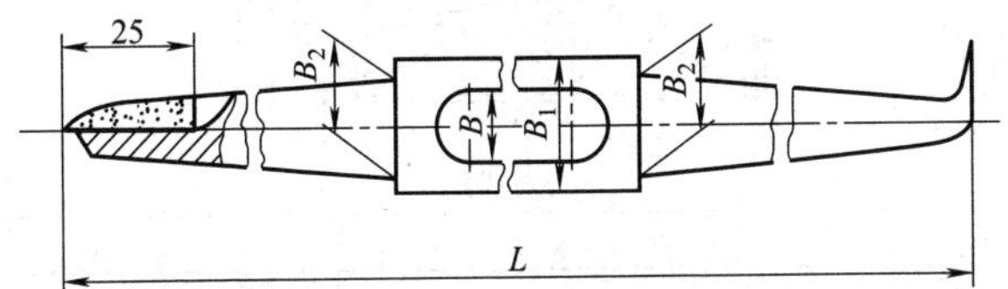

规格	320	450	500	700	800	1200	1500
B	11		13		17		
B_1	20		25	30	38	45	
B_2	15		20	25	33	37	40

（5）划线盘

用于在工件上划平行线、垂直线、水平线及在平板上定位和校准工件。

表 9.11　划线盘的基本尺寸（JB/T 3411.65～66—1999）　mm

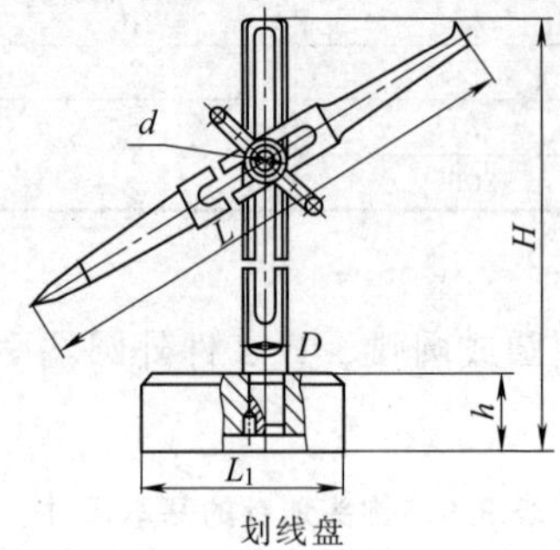

划线盘

H	L	L_1	D	d	h
355	320	100	22	M10	35
400	320	100	22	M10	35
560	450	120	25	M10	40
710	500	140	30	M12	50
900	700	160	35	M12	60

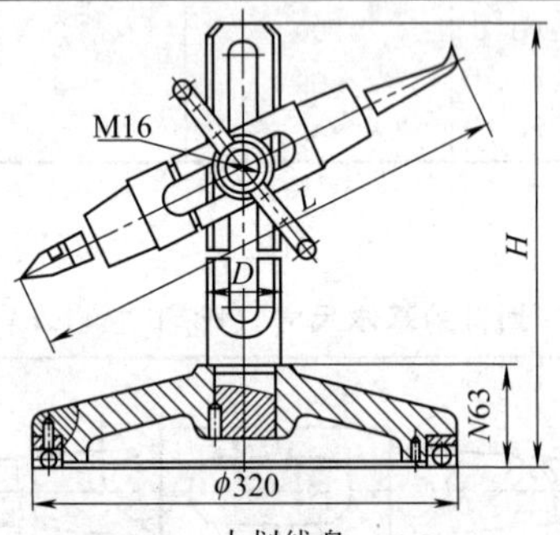

大划线盘

H	L	D
1000	850	45
1250	850	45
1600	1200	50
2000	1500	50

（6）划线尺架

9.1.3　V形铁

主要用于轴类工件校正、划线时支承工件，还可用于检验工件垂直度和平行度，分不带夹紧装置和带夹紧装置的。

表 9.12　划线尺架的基本尺寸（JB/T 3411.57—1999）　mm

H	L	B	h	b	d	d_1
500	130	80	60	50	15	M10
800	150	95	65		20	
1250	200	140	100	55	25	M16
2000	250	160	120	60		

（1）不带夹紧装置 V 形铁

表 9.13　不带夹紧装置 V 形铁的基本尺寸（JB/T 3411.60—1999）

mm

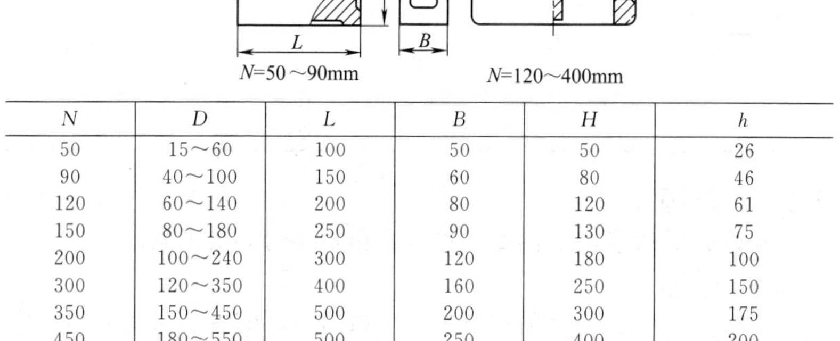

N=50～90mm　　N=120～400mm

N	D	L	B	H	h
50	15～60	100	50	50	26
90	40～100	150	60	80	46
120	60～140	200	80	120	61
150	80～180	250	90	130	75
200	100～240	300	120	180	100
300	120～350	400	160	250	150
350	150～450	500	200	300	175
450	180～550	500	250	400	200

（2）带夹紧装置两面 V 形铁

供钳工对各种小型的轴套、圆盘等工件划线时使用的支承工具。

表 9.14　带夹紧装置两面 V 形铁的基本尺寸（JB/T 3411.61—1999）

mm

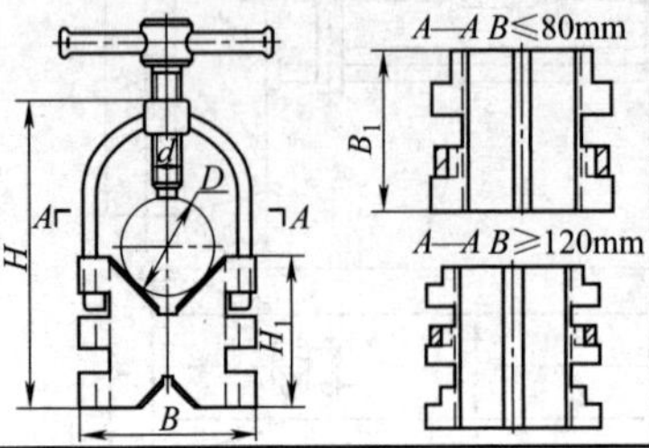

夹持工件直径 D	B	B_1	H	H_1	d
8～35	50	50	85	40	M8
10～60	80	80	130	60	M10
15～100	125	120	200	90	M12
20～135	160	150	260	120	M16
30～175	200	160	325	150	M16

（3）带夹紧装置四面 V 形铁

供钳工划线时使用的支承工具，四面有 V 形槽。

表 9.15　带夹紧四面 V 形铁的基本尺寸（JB/T 3411.62—1999）

mm

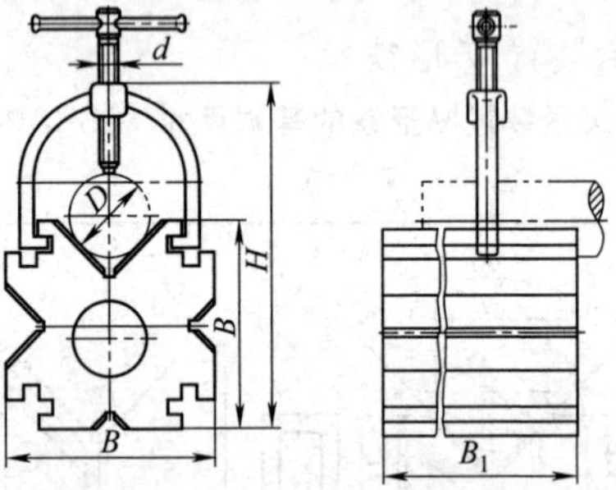

夹持工件直径 D	H	B	B_1	d
12～80	230	140	150	M12
24～120	310	180	200	M12
45～170	410	230	250	M16

9.1.4　方箱

是检验机械零件平行度、垂直度和划线的必要工具。

9.1.5　千斤顶

千斤顶有螺旋千斤顶和齿条千斤顶两种，前者有呆头和活头之分，主要用于支承中小型工件及找平面用；后者有手摇式和手扳式之分，用于支承大中型物件。

表 9.16 方箱的基本尺寸（JB/T 3411.56—1999） mm

B	H	d	d_1
160 200	320 400	20	M10 M12
250 320	500 600	25	M16
400 500	750 900	30	M20

（1）螺旋千斤顶

表 9.17 呆头螺旋千斤顶的规格（JB/T 3411.58—1999） mm

D	A型 H		B型 H		H_1
	min	max	min	max	
M6	36	50	36	48	25
M8	47	60	42	55	30
M10	56	70	50	65	35
M12	67	80	58	75	40
M16	76	95	65	85	45
M20	87	110	76	100	50
T26×5	102	130	94	120	65
T32×6	128	155	112	140	80
T40×7	158	185	138	165	100
T55×9	198	255	168	225	130

表 9.18 活头螺旋千斤顶的规格（JB/T 3411.58—1999） mm

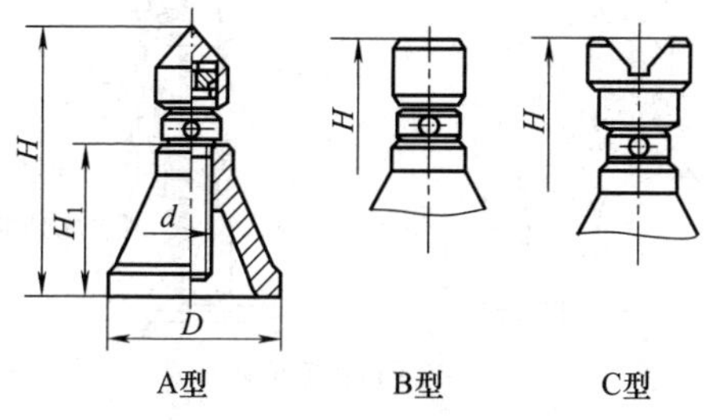

续表

d	D	A型		B型		C型		H_1
		H_{min}	H_{max}	H_{min}	H_{max}	H_{min}	H_{max}	
M6	30	45	55	42	52	50	60	25
M8	35	54	65	52	62	60	72	30
M10	40	62	75	60	72	70	85	35
M12	45	72	90	68	85	80	95	40
M16	50	85	105	80	100	92	110	45
M20	60	98	120	94	115	108	130	50
T26×5	80	125	150	118	145	134	160	65

（2）齿条千斤顶

表 9.19　齿条千斤顶的规格（JB/T 11101—2011）

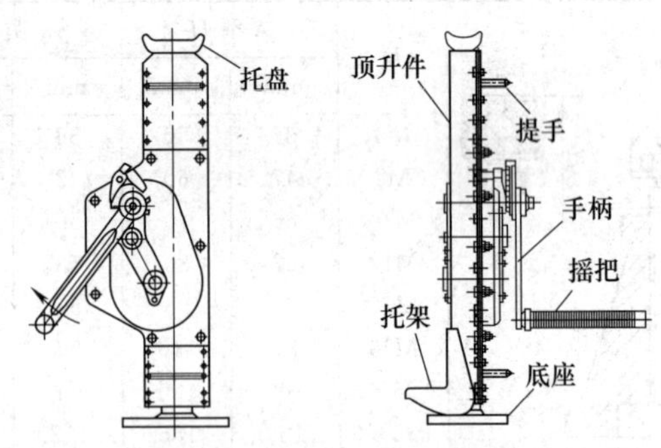

手摇式千斤顶

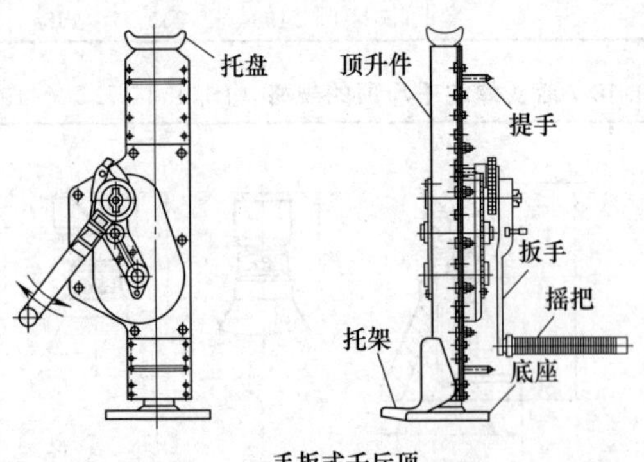

手扳式千斤顶

续表

额定起重量 G_n/t	额定辅助起重量 G_1/t	行程 H/mm	手柄(扳手)力(max)/N
1.6	1.6	350	280
3.2	3.2		
5	5	300	
10	10		560
16	11.2	320	640
20	14		

9.2 孔加工工具

9.2.1 麻花钻头

用于装在手摇钻、电钻或机床上对物体钻孔。按装夹部位形状来分，有直柄、锥柄两种，按功用来分，有钻孔和扩孔两种。另外还有阶梯麻花钻头，用于攻螺纹前钻孔。

（1）直柄麻花钻头

表 9.20 粗直柄小麻花钻头的规格（GB/T 6135.1—2008） mm

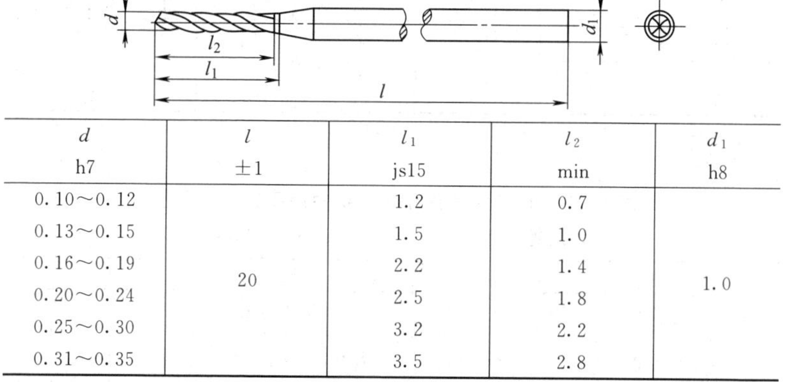

d h7	l ±1	l_1 js15	l_2 min	d_1 h8
0.10～0.12	20	1.2	0.7	1.0
0.13～0.15		1.5	1.0	
0.16～0.19		2.2	1.4	
0.20～0.24		2.5	1.8	
0.25～0.30		3.2	2.2	
0.31～0.35		3.5	2.8	

注：直径 d 的间隔为 1mm。

表 9.21 直柄短麻花钻头的规格（GB/T 6135.2—2008） mm

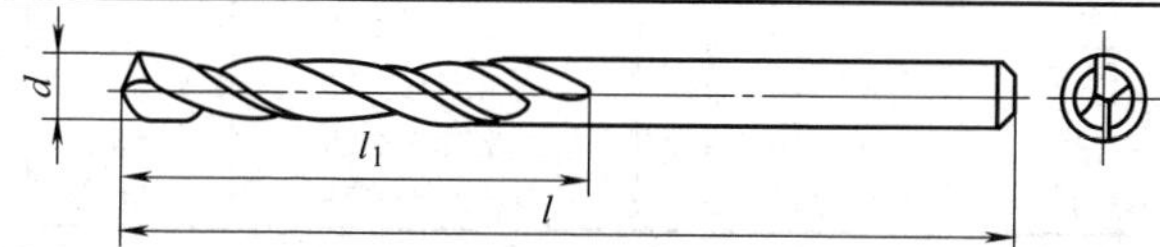

续表

d h8	l	l_1	d h8	l	l_1	d h8	l	l_1
0.50	20	3	6.80 7.00 7.20 7.50	74	34	13.00 13.20	102	51
0.80	24	5				13.50 13.80 14.00	107	54
1.00	26	6	7.80 8.00 8.20 8.50	79	37	14.25～15.00	111	56
1.20	30	8				15.25～16.00	115	58
1.50	32	9				16.25～17.00	119	60
1.80	36	11	8.80 9.00 9.20 9.50	84	40	17.25～18.00	123	62
2.00	38	12				18.25～19.00	127	64
2.20	40	13				19.25～20.00	131	66
2.50	43	14				20.25～21.00	136	68
2.80	46	16	9.80 10.00 10.20 10.50	89	43	21.25～22.25	141	70
3.00	46	16				22.50～23.50	146	72
3.20	49	18				23.75～25.00	151	75
3.50	52	20				25.25～26.50	156	78
3.80	55	22	10.80 11.00 11.20 11.50 11.80	95	47	26.75～28.00	162	81
4.00	55	22				28.25～30.00	168	84
4.20	55	22				30.25～31.50	174	87
4.50	58	24				31.75～33.50	180	90
4.80 5.00 5.20	62	26				34.00～35.50	186	93
5.50 5.80 6.00	66	28	12.00 12.20 12.50 12.80	102	51	36.00～37.50	193	96
6.20 6.50	70	31				38.00～40.00	200	100

注：d＝14.25～31.75mm 者，直径进阶为 0.25mm；d＝32.00～40.00mm 者，直径进阶为 0.50mm。

表 9.22 制造中间直径的直柄短麻花钻时的总长和沟槽长度尺寸（GB/T 6135.2—2008） mm

直径 d 范围	l	l_1	直径 d 范围	l	l_1
0.50～0.53	20	3.0	>1.50～1.70	34	10
>0.53～0.60	21	3.5	>1.70～1.90	36	11
>0.60～0.67	22	4.0	>1.90～2.12	38	12
>0.67～0.75	23	4.5	>2.12～2.36	40	13
>0.75～0.85	24	5.0	>2.36～2.65	43	14
>0.85～0.95	25	5.5	>2.65～3.00	46	16
>0.95～1.06	26	6.0	>3.00～3.35	49	18
>1.06～1.18	28	7.0	>3.35～3.75	52	20
>1.18～1.32	30	8.0	>3.75～4.25	55	22
>1.32～1.50	32	9.0	>4.25～4.75	58	24

续表

直径 d 范围	l	l_1	直径 d 范围	l	l_1
>4.75～5.30	62	26	>18.00～19.00	127	64
>5.30～6.00	66	28	>19.00～20.00	131	66
>6.00～6.70	70	31	>20.00～21.20	136	68
>6.70～7.50	74	34	>21.20～22.40	141	70
>7.50～8.50	79	37	>22.40～23.60	146	72
>8.50～9.50	84	40	>23.60～25.00	151	75
>9.50～10.60	89	43	>25.00～26.50	156	78
>10.60～11.80	95	47	>26.50～28.00	162	81
>11.80～13.20	102	51	>28.00～30.00	168	84
>13.20～14.00	107	54	>30.00～31.50	170	87
>14.00～15.00	111	56	>31.50～33.50	180	90
>15.00～16.00	115	58	>33.50～35.50	186	93
>16.00～17.00	119	60	>35.50～37.50	193	96
>17.00～18.00	123	62	>37.50～40.00	200	100

表 9.23　直柄麻花钻头的规格（GB/T 6135.2—2008）　mm

d h8	l	l_1	d h8	l	l_1	d h8	l	l_1
0.20	19	2.5	0.72	28	9	2.70～3.00	61	33
0.22			0.75			3.10～3.30	65	36
0.25		3	0.78	30	10	3.40～3.70	70	39
0.28			0.80			3.80～4.20	75	43
0.30			0.82			4.30～4.70	80	47
0.32		4	0.85			4.80～5.30	86	52
0.35			0.88	32	11	5.40～6.00	93	57
0.38			0.90			6.10～6.70	101	63
0.40	20	5	0.92			6.80～7.50	109	69
0.42			0.95			7.60～8.50	117	75
0.45			0.98	34	12	8.60～9.50	125	81
0.48			1.00			9.60～10.60	133	87
0.50	22	6	1.05			10.70～11.80	142	94
0.52			1.10～1.15	36	14	11.90～13.20	151	101
0.55	24	7	1.20～1.30	38	16	13.30～14.00	160	108
0.58			1.35～1.50	40	18	14.25～15.00	169	114
0.60			1.55～1.70	43	20	15.25～16.00	178	120
0.62	26	8	1.75～1.90	46	22	16.50、17.00	184	125
0.65			1.95～2.10	49	24	17.50、18.00	191	130
0.68	28	9	2.15～2.35	53	27	18.50、19.00	198	135
0.70			2.40～2.65	57	30	19.50、20.00	205	140

注：d=1.10～3.00mm 者，直径进阶为 0.05mm；d=3.10～14.00mm 者，直径进阶为 0.10mm；d=14.25～16.00mm 者，直径进阶为 0.25mm。

表 9.24 制造中间直径的直柄麻花钻时的总长和沟槽长度尺寸（GB/T 6135.2—2008） mm

直径 d 范围	l	l_1	直径 d 范围	l	l_1
0.20～0.24	19	2.5	>3.00～3.35	65	36
>0.24～0.30	19	3	>3.35～3.75	70	39
>0.30～0.38	19	4	>3.75～4.25	75	43
>0.38～0.48	20	5	>4.25～4.75	80	47
>0.48～0.53	22	6	>4.75～5.30	86	52
>0.53～0.60	24	7	>5.30～6.00	93	57
>0.60～0.67	26	8	>6.00～6.70	101	63
>0.67～0.75	28	9	>6.70～7.50	109	69
>0.75～0.85	30	10	>7.50～8.50	117	75
>0.85～0.95	32	11	>8.50～9.50	125	81
>0.95～1.06	34	12	>9.50～10.60	133	87
>1.06～1.18	36	14	>10.60～14.80	142	94
>1.18～1.32	38	16	>11.80～13.20	151	101
>1.32～1.50	40	18	>13.20～14.00	160	108
>1.50～1.70	43	20	>14.00～15.00	169	114
>1.70～1.90	46	22	>15.00～16.00	178	120
>1.90～2.12	49	24	>16.00～17.00	184	125
>2.12～2.36	53	27	>17.00～18.00	191	130
>2.36～2.65	57	30	>18.00～19.00	198	135
>2.65～3.00	61	33	>19.00～20.00	205	140

表 9.25 直柄长麻花钻头的规格（GB/T 6135.3—2008） mm

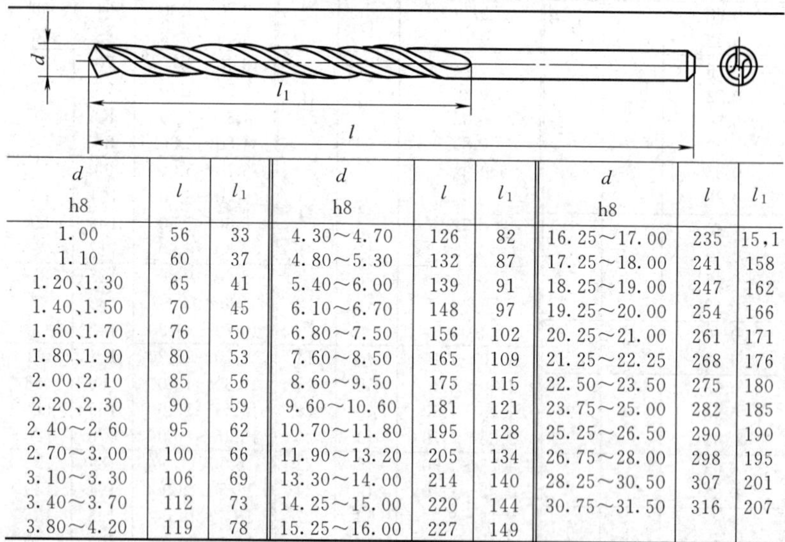

d h8	l	l_1	d h8	l	l_1	d h8	l	l_1
1.00	56	33	4.30～4.70	126	82	16.25～17.00	235	15,1
1.10	60	37	4.80～5.30	132	87	17.25～18.00	241	158
1.20、1.30	65	41	5.40～6.00	139	91	18.25～19.00	247	162
1.40、1.50	70	45	6.10～6.70	148	97	19.25～20.00	254	166
1.60、1.70	76	50	6.80～7.50	156	102	20.25～21.00	261	171
1.80、1.90	80	53	7.60～8.50	165	109	21.25～22.25	268	176
2.00、2.10	85	56	8.60～9.50	175	115	22.50～23.50	275	180
2.20、2.30	90	59	9.60～10.60	181	121	23.75～25.00	282	185
2.40～2.60	95	62	10.70～11.80	195	128	25.25～26.50	290	190
2.70～3.00	100	66	11.90～13.20	205	134	26.75～28.00	298	195
3.10～3.30	106	69	13.30～14.00	214	140	28.25～30.50	307	201
3.40～3.70	112	73	14.25～15.00	220	144	30.75～31.50	316	207
3.80～4.20	119	78	15.25～16.00	227	149			

注：d=2.40～14.00mm 者，直径进阶为 0.1mm；d=14.00～31.50mm 者，直径进阶为 0.25mm。

表 9.26　制造中间直径的直柄长麻花钻时的总长和沟槽长度尺寸（GB/T 6135.3—2008）　mm

直径 d 范围	l	l_1	直径 d 范围	l	l_1
≥1.00～1.06	56	33	>8.50～9.50	175	115
>1.06～1.18	60	37	>9.50～10.60	181	121
>1.18～1.32	65	41	>10.60～11.80	195	128
>1.32～1.50	70	45	>11.80～13.20	205	134
>1.50～1.70	76	50	>13.20～14.00	214	140
>1.70～1.90	80	53	>14.00～15.00	220	144
>1.90～2.12	85	56	>15.00～16.00	227	149
>2.12～2.36	90	59	>16.00～17.00	235	151
>2.36～2.65	95	62	>17.00～18.00	211	158
>2.65～3.00	100	66	>18.00～19.00	247	162
>3.00～3.35	106	69	>19.00～20.00	254	766
>3.35～3.75	112	73	>20.00～21.20	261	171
>3.75～4.25	119	78	>21.20～22.40	268	176
>4.25～4.75	126	82	>22.40～23.60	275	180
>4.75～5.30	132	87	>23.60～25.00	282	185
>5.30～6.00	139	91	>25.00～26.50	290	190
>6.00～6.70	148	97	>26.50～28.00	298	195
>6.70～7.50	156	102	>28.00～30.00	307	201
>7.50～8.50	165	109	>30.00～31.50	316	207

表 9.27　直柄超长麻花钻头的规格（GB/T 6135.4—2008）mm

d h8	l=125 l_1=80	l=160 l_1=100	l=200 l_1=150	l=250 l_1=200	l=315 l_1=250	l=400 l_1=300
2.0	√	√				
2.5	√	√				
3.0		√	√			
3.5		√	√	√		
4.0		√	√	√	√	
4.5		√	√	√	√	
5.0			√	√	√	√
5.5			√	√	√	√
6.0			√	√	√	√
6.5			√	√	√	√
7.0			√	√	√	√
7.5			√	√	√	√
8.0				√	√	√
8.5				√	√	√
9.0				√	√	√
9.5				√	√	√
10.0				√	√	√

续表

d h8	$l=125$ $l_1=80$	$l=160$ $l_1=100$	$l=200$ $l_1=150$	$l=250$ $l_1=200$	$l=315$ $l_1=250$	$l=400$ $l_1=300$
10.5				√	√	√
11.0				√	√	√
11.5				√	√	√
12.0				√	√	√
12.5				√	√	√
13.0				√	√	√
13.5				√	√	√
14.0				√	√	√

注："√"表示有此规格。

表 9.28　制造中间直径的直柄超长麻花钻时的总长和沟槽长度尺寸（GB/T 6135.4—2008）　mm

直径 d 范围	l	l_1	直径 d 范围	l	l_1
≥2.0～2.65	125	80	>3.35～14.0	250	200
≥2.0～4.75	160	100	>3.75～14.0	315	250
2.65～7.5	200	150	>4.75～14.0	400	300

（2）锥柄麻花钻头

表 9.29　莫氏锥柄麻花钻头的规格（GB/T 1438.1—2008）mm

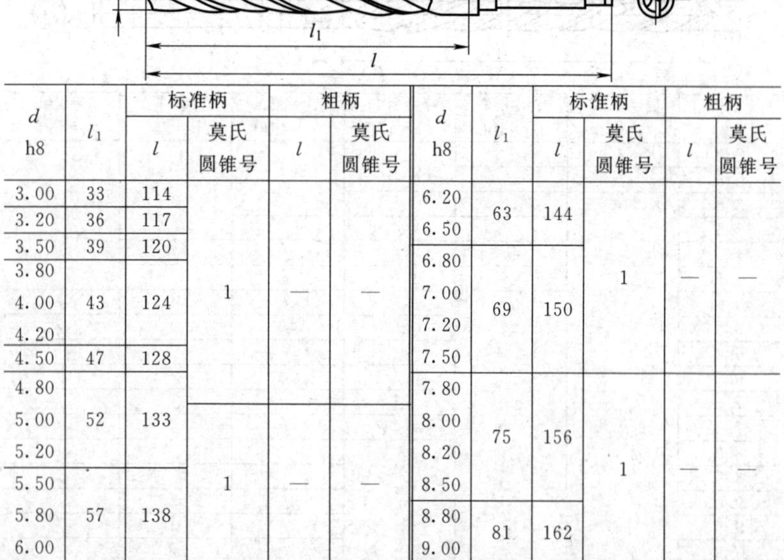

d h8	l_1	标准柄 l	标准柄 莫氏圆锥号	粗柄 l	粗柄 莫氏圆锥号
3.00	33	114	1	—	—
3.20	36	117			
3.50	39	120			
3.80	43	124			
4.00					
4.20					
4.50	47	128			
4.80	52	133	1	—	—
5.00					
5.20					
5.50	57	138			
5.80					
6.00					

d h8	l_1	标准柄 l	标准柄 莫氏圆锥号	粗柄 l	粗柄 莫氏圆锥号
6.20	63	144	1	—	—
6.50					
6.80	69	150			
7.00					
7.20					
7.50					
7.80	75	156	1	—	—
8.00					
8.20					
8.50					
8.80	81	162			
9.00					

续表

d h8	l_1	标准柄 l	标准柄 莫氏圆锥号	粗柄 l	粗柄 莫氏圆锥号
9.20 9.50	81	162	1	—	—
9.80 10.00 10.20 10.50	87	168			
10.80 11.00 11.20 11.50 11.80	94	175			
12.00 12.20 12.50 12.80 13.00 13.20	101	182	1	199	2
13.50 13.80 14.00	108	189		206	
14.25 14.50 14.75 15.00	114	212	2	—	—
15.25 15.50 15.75 16.00	120	218			
16.25 16.50 16.75 17.00	125	223	2	—	—
17.25 17.50 17.75 18.00	130	228			

d h8	l_1	标准柄 l	标准柄 莫氏圆锥号	粗柄 l	粗柄 莫氏圆锥号
18.25 18.50 18.75 19.00	135	233	2	256	3
19.25 19.50 19.75 20.00	140	238		261	
20.25 20.50 20.75 21.00	145	243	2	266	3
21.25 21.50 21.75 22.00 22.25	150	248		271	
22.50 22.75 23.00	155	253		276	
23.25 23.50		276	3	—	—
23.75 24.00 24.25 24.50 24.75 25.00	160	281			
25.25 25.50 25.75 26.00 26.25 26.50	165	286	3	—	—

续表

<table>
<tr><th rowspan="2">d
h8</th><th rowspan="2">l_1</th><th colspan="2">标准柄</th><th colspan="2">粗柄</th></tr>
<tr><th>l</th><th>莫氏
圆锥号</th><th>l</th><th>莫氏
圆锥号</th></tr>
<tr><td>26.75</td><td rowspan="6">170</td><td rowspan="6">291</td><td rowspan="6">3</td><td rowspan="6">319</td><td rowspan="6">4</td></tr>
<tr><td>27.00</td></tr>
<tr><td>27.25</td></tr>
<tr><td>27.50</td></tr>
<tr><td>27.75</td></tr>
<tr><td>28.00</td></tr>
<tr><td>28.25</td><td rowspan="8">175</td><td rowspan="8">296</td><td rowspan="8">3</td><td rowspan="8">324</td><td rowspan="8">4</td></tr>
<tr><td>28.50</td></tr>
<tr><td>28.75</td></tr>
<tr><td>29.00</td></tr>
<tr><td>29.25</td></tr>
<tr><td>29.50</td></tr>
<tr><td>29.75</td></tr>
<tr><td>30.00</td></tr>
<tr><td>30.25</td><td rowspan="6">180</td><td rowspan="6">301</td><td rowspan="7">3</td><td rowspan="6">329</td><td rowspan="7">4</td></tr>
<tr><td>30.50</td></tr>
<tr><td>30.75</td></tr>
<tr><td>31.00</td></tr>
<tr><td>31.25</td></tr>
<tr><td>31.50</td></tr>
<tr><td>31.75</td><td rowspan="5">185</td><td>306</td><td>334</td></tr>
<tr><td>32.00</td><td rowspan="4">334</td><td rowspan="8">4</td><td rowspan="8">—</td><td rowspan="8">—</td></tr>
<tr><td>32.50</td></tr>
<tr><td>33.00</td></tr>
<tr><td>33.50</td></tr>
<tr><td>34.00</td><td rowspan="4">190</td><td rowspan="4">339</td></tr>
<tr><td>34.50</td></tr>
<tr><td>35.00</td></tr>
<tr><td>35.50</td></tr>
<tr><td>36.00</td><td rowspan="4">195</td><td rowspan="4">344</td><td rowspan="4">4</td><td rowspan="4">—</td><td rowspan="4">—</td></tr>
<tr><td>36.50</td></tr>
<tr><td>37.00</td></tr>
<tr><td>37.50</td></tr>
</table>

<table>
<tr><th rowspan="2">d
h8</th><th rowspan="2">l_1</th><th colspan="2">标准柄</th><th colspan="2">粗柄</th></tr>
<tr><th>l</th><th>莫氏
圆锥号</th><th>l</th><th>莫氏
圆锥号</th></tr>
<tr><td>38.00</td><td rowspan="5">200</td><td rowspan="5">349</td><td rowspan="5">4</td><td rowspan="5">—</td><td rowspan="5">—</td></tr>
<tr><td>38.50</td></tr>
<tr><td>39.00</td></tr>
<tr><td>39.50</td></tr>
<tr><td>40.00</td></tr>
<tr><td>40.50</td><td rowspan="5">205</td><td rowspan="5">354</td><td rowspan="10">4</td><td rowspan="5">392</td><td rowspan="10">5</td></tr>
<tr><td>41.00</td></tr>
<tr><td>41.50</td></tr>
<tr><td>42.00</td></tr>
<tr><td>42.50</td></tr>
<tr><td>43.00</td><td rowspan="5">210</td><td rowspan="5">359</td><td rowspan="5">397</td></tr>
<tr><td>43.50</td></tr>
<tr><td>44.00</td></tr>
<tr><td>44.50</td></tr>
<tr><td>45.00</td></tr>
<tr><td>45.50</td><td rowspan="5">215</td><td rowspan="5">364</td><td rowspan="10">4</td><td rowspan="5">402</td><td rowspan="10">5</td></tr>
<tr><td>46.00</td></tr>
<tr><td>46.50</td></tr>
<tr><td>47.00</td></tr>
<tr><td>47.50</td></tr>
<tr><td>48.00</td><td rowspan="5">220</td><td rowspan="5">369</td><td rowspan="5">407</td></tr>
<tr><td>48.50</td></tr>
<tr><td>49.00</td></tr>
<tr><td>49.50</td></tr>
<tr><td>50.00</td></tr>
<tr><td>50.50</td><td rowspan="4">225</td><td>374</td><td rowspan="9">5</td><td>412</td><td rowspan="9">—</td></tr>
<tr><td>51.00</td><td rowspan="3">412</td><td rowspan="8">—</td></tr>
<tr><td>52.00</td></tr>
<tr><td>53.00</td></tr>
<tr><td>54.00</td><td rowspan="3">230</td><td rowspan="3">417</td></tr>
<tr><td>55.00</td></tr>
<tr><td>56.00</td></tr>
<tr><td>57.00</td><td rowspan="2">235</td><td rowspan="2">422</td></tr>
<tr><td>58.00</td></tr>
</table>

续表

<table>
<tr><th rowspan="2">d
h8</th><th rowspan="2">l_1</th><th colspan="2">标准柄</th><th colspan="2">粗柄</th></tr>
<tr><th>l</th><th>莫氏圆锥号</th><th>l</th><th>莫氏圆锥号</th></tr>
<tr><td>59.00
60.00</td><td>235</td><td>422</td><td rowspan="2">5</td><td rowspan="2">—</td><td rowspan="2">—</td></tr>
<tr><td>61.00
62.00
63.00</td><td>240</td><td>427</td></tr>
<tr><td>64.00
65.00
66.00
67.00</td><td>245</td><td>432</td><td rowspan="4">5</td><td>499</td><td rowspan="4">6</td></tr>
<tr><td>68.00
69.00
70.00
71.00</td><td>250</td><td>427</td><td>504</td></tr>
<tr><td>72.00
73.00
74.00
75.00</td><td>255</td><td>442</td><td>509</td></tr>
<tr><td>76.00</td><td rowspan="2">260</td><td>447</td><td>514</td></tr>
<tr><td>77.00
78.00
79.00
80.00</td><td>514</td><td>6</td><td>—</td><td>—</td></tr>
</table>

<table>
<tr><th rowspan="2">d
h8</th><th rowspan="2">l_1</th><th colspan="2">标准柄</th><th colspan="2">粗柄</th></tr>
<tr><th>l</th><th>莫氏圆锥号</th><th>l</th><th>莫氏圆锥号</th></tr>
<tr><td>81.00
82.00
83.00
84.00
85.00</td><td>265</td><td>519</td><td>6</td><td>—</td><td>—</td></tr>
<tr><td>86.00
87.00
88.00
89.00
90.00</td><td>270</td><td>524</td><td rowspan="3">6</td><td rowspan="3">—</td><td rowspan="3">—</td></tr>
<tr><td>91.00
92.00
93.00
94.00
95.00</td><td>275</td><td>529</td></tr>
<tr><td>96.00
97.00
98.00
99.00
100.0</td><td>280</td><td>534</td></tr>
</table>

表 9.30　制造中间直径的锥柄麻花钻时的总长和沟槽长度（GB/T 1438.1—2008）　　mm

<table>
<tr><th rowspan="2">直径 d 范围</th><th rowspan="2">l_1</th><th colspan="2">标准柄</th><th colspan="2">粗　柄</th></tr>
<tr><th>l</th><th>莫氏圆锥号</th><th>l</th><th>莫氏圆锥号</th></tr>
<tr><td>≥3.00～3.35</td><td>36</td><td>117</td><td rowspan="14">1</td><td rowspan="12">—</td><td rowspan="12">—</td></tr>
<tr><td>>3.35～3.75</td><td>39</td><td>120</td></tr>
<tr><td>>3.75～4.25</td><td>43</td><td>124</td></tr>
<tr><td>>4.25～4.75</td><td>47</td><td>128</td></tr>
<tr><td>>4.75～5.30</td><td>52</td><td>133</td></tr>
<tr><td>>5.30～6.00</td><td>57</td><td>138</td></tr>
<tr><td>>6.00～6.70</td><td>63</td><td>144</td></tr>
<tr><td>>6.70～7.50</td><td>69</td><td>150</td></tr>
<tr><td>>7.50～8.50</td><td>75</td><td>156</td></tr>
<tr><td>>8.50～9.50</td><td>81</td><td>162</td></tr>
<tr><td>>9.50～10.60</td><td>87</td><td>168</td></tr>
<tr><td>>10.60～11.80</td><td>94</td><td>175</td></tr>
<tr><td>>11.80～13.20</td><td>101</td><td>182</td><td>199</td><td rowspan="2">2</td></tr>
<tr><td>>13.20～14.00</td><td>108</td><td>189</td><td>206</td></tr>
</table>

续表

直径 d 范围	l_1	标准柄		粗柄	
		l	莫氏圆锥号	l	莫氏圆锥号
>14.00～15.00	114	212	2	—	—
>15.00～16.00	120	218			
>16.00～17.00	125	223			
>17.00～18.00	130	228			
>18.00～19.00	135	233		256	3
>19.00～20.00	140	238		261	
>20.00～21.20	145	243		266	
>21.20～22.40	150	248		271	
>22.40～23.20	155	253		276	
>23.20～23.60	155	276	3	—	—
>23.60～25.00	160	281			
>25.00～26.50	165	286			
>26.50～28.00	170	291		319	4
>28.00～30.00	175	296		324	
>30.00～31.50	180	301		329	
>31.50～31.75	185	306		334	
>31.75～33.50	185	334	4	—	—
>33.50～35.50	190	339			
>35.50～37.50	195	344			
>37.50～40.00	200	349			
>40.00～42.50	205	354		392	5
>42.50～45.00	210	359		397	
>45.00～47.50	215	364		402	
>47.50～50.00	220	369		407	
>50.00～50.80	225	374		412	
>50.80～53.00	225	412	5	—	—
>53.00～56.00	230	417			
>56.00～60.00	235	422			
>60.00～63.00	240	427			
>63.00～67.00	245	432		499	6
>67.00～71.00	250	437		504	
>71.00～75.00	255	442		509	
>75.00～76.20	260	447		514	
>76.20～80.00	260	514	6	—	—
>80.00～85.00	265	519			
>85.00～90.00	270	524			
>90.00～95.00	275	529			
>95.00～100.00	280	534			

表 9.31　锥柄长麻花钻头的规格（GB/T 1438.2—2008）　mm

d h8	l_1	l	莫氏圆锥号
5.00 5.20	74	155	1
5.50 5.80 6.00	80	161	
6.20 6.50	86	167	
6.80 7.00 7.20 7.50	93	174	
7.80 8.00 8.20 8.50	100	181	
8.80 9.00 9.20 9.50	107	188	
9.80 10.00 10.20 10.50	116	197	1
10.80 11.00 11.20 11.50 11.80	125	206	
12.00 12.20 12.50	134	215	

d h8	l_1	l	莫氏圆锥号
12.80 13.00 13.20	134	215	1
13.50 13.80 14.00	142	223	
14.25～15.00	147	245	2
15.25～16.00	153	251	
16.25～17.00	159	257	
17.25～18.00	165	263	
18.25～19.00	171	269	
19.25～20.00	177	275	
20.25～21.00	184	282	
21.25～22.25	191	289	
22.50～23.00	198	296	
23.25～23.50	198	319	3
23.75～25.00	206	327	
25.25～26.50	214	335	
26.75～28.00	222	343	
28.25～30.00	230	351	
30.25～31.50	239	360	
31.75	248	369	
32.00～33.50	248	397	4
34.00～35.50	257	406	
36.00～37.50	267	416	
38.00～40.00	277	426	
40.50～42.50	287	436	
43.00～45.00	298	447	
45.50～47.50	310	459	
48.00～50.00	321	470	

注：d=14.0～32.00mm 者，直径进阶为 0.25mm；d=32.00～50.00mm 者，直径进阶为 0.50mm。

表 9.32 制造中间直径的锥柄长麻花钻时的总长和沟槽长度（GB/T 1438.2—2008） mm

直径 d 范围	l_1	l	莫氏圆锥号	直径 d 范围	l_1	l	莫氏圆锥号
>5.00~5.30	74	155	1	>21.20~22.40	191	289	2
>5.30~6.00	80	161		>22.40~23.02	198	296	
>6.00~6.70	86	167		>23.02~23.60	198	319	3
>6.70~7.50	93	174		>23.60~25.00	206	327	
>7.50~8.50	100	181		>25.00~26.50	214	335	
>8.50~9.50	107	188		>26.50~28.00	222	343	
>9.50~10.60	116	197		>28.00~30.00	230	351	
>10.60~11.80	125	206		>30.00~31.50	239	360	
>11.80~13.20	134	215		>31.50~31.75	248	369	
>13.20~11.00	142	223		>31.75~33.50	248	397	4
>14.00~15.00	147	245	2	>33.50~35.50	257	406	
>15.00~16.00	153	251		>35.50~37.50	267	416	
>16.00~17.00	159	257		>37.50~40.00	277	426	
>17.00~18.00	165	263		>40.00~42.50	287	436	
>18.00~19.00	171	269		>42.50~45.00	298	447	
>19.00~20.00	177	275		>45.00~47.50	310	159	
>20.00~21.20	184	282		>47.50~50.00	321	470	

表 9.33 莫氏锥柄加长麻花钻头的规格（GB/T 1438.3—2008） mm

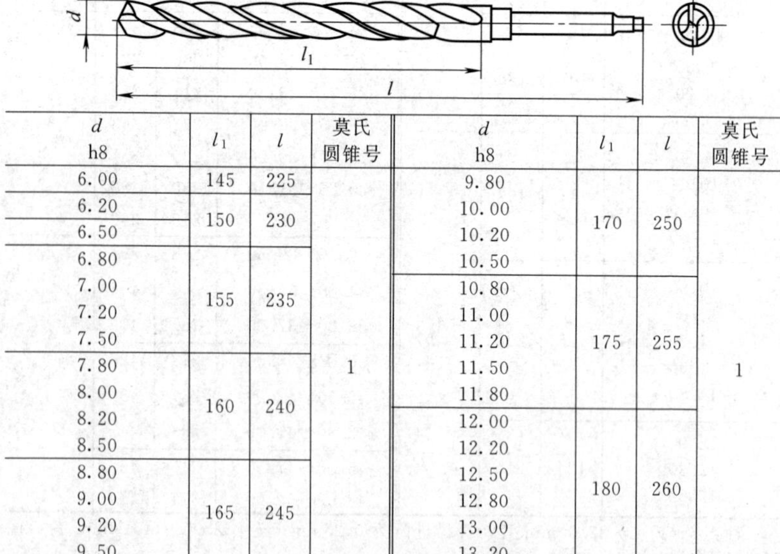

d h8	l_1	l	莫氏圆锥号	d h8	l_1	l	莫氏圆锥号
6.00	145	225	1	9.80	170	250	1
6.20	150	230		10.00			
6.50				10.20			
6.80	155	235		10.50			
7.00				10.80	175	255	
7.20				11.00			
7.50				11.20			
7.80	160	240		11.50			
8.00				11.80			
8.20				12.00	180	260	
8.50				12.20			
8.80	165	245		12.50			
9.00				12.80			
9.20				13.00			
9.50				13.20			

续表

d h8	l_1	l	莫氏 圆锥号	d h8	l_1	l	莫氏 圆锥号
13.50 13.80 14.00	185	265	1	20.25～21.00	230	330	2
				21.25～22.25	235	335	
				22.50～23.00	240	340	
14.25～15.00	190	290	2	23.25、23.50	240	360	3
15.25～16.00	195	295		23.75～25.00	245	365	
16.25～17.00	200	300		25.25～26.50	255	375	
17.25～18.00	205	305		26.75～28.00	265	385	
18.25～19.00	210	310		28.25～30.00	275	395	
19.25～20.00	220	320					

注：d=14.00～30.00mm 者，直径进阶为 0.25mm。

表 9.34　制造中间直径的加长锥柄麻花钻时的总长和沟槽长度（GB/T 1438.3—2008）

mm

直径 d 范围	l_1	l	莫氏 圆锥号	直径 d 范围	l_1	l	莫氏 圆锥号
>6.00～6.70	150	230	1	>17.00～18.00	205	305	2
>6.70～7.50	155	235		>18.00～19.00	210	310	
>7.50～8.50	160	240		>19.00～20.00	220	320	
>8.50～9.50	165	245	1	>20.00～21.20	230	330	
>9.50～10.60	170	250		>21.20～22.40	235	335	
>10.60～11.80	175	255		>22.40～23.02	240	340	
>11.80～13.20	180	260		>23.02～23.60	240	360	3
>13.20～14.00	185	265		>23.60～25.00	245	365	
>14.00～15.00	190	290	2	>25.00～26.50	255	375	
>15.00～16.00	195	295		>26.50～28.00	265	385	
>16.00～17.00	200	300		>28.00～30.00	275	395	

表 9.35　莫氏锥柄超长麻花钻头的规格（GB/T 1438.4—2008）

mm

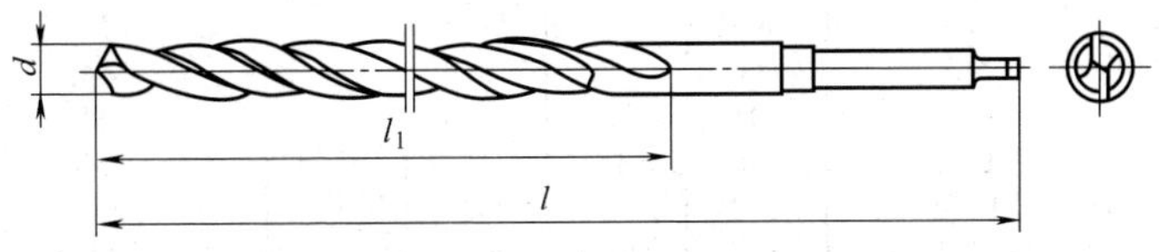

续表

d	l=200	l=250	l=315	l=400	l=500	l=630	莫氏圆锥号
h8	l_1						
6.00～9.50	110	160	225	—	—	—	1
10.00～14.00	—			310			
15.00～23.00	—	—	215	300	400	—	2
24.00	—	—	—	275	375	505	3
25.00							
28.00							
30.00							
32.00				250	350	480	4
35.00							
38.00							
40.00							
42.00				—			
45.00							
48.00							
50.00							
直径范围	6≤d≤9.5	6≤d≤14	6≤d≤23	9.5<d≤40	14<d≤50	23<d≤50	—

注：d=6.00～9.50mm 者，直径进阶为 0.50mm；d=10.00～23.00mm 者，直径进阶为 1.00mm。

(3) 阶梯麻花钻头

表 9.36　阶梯麻花钻头（GB/T 6138—2007）　mm

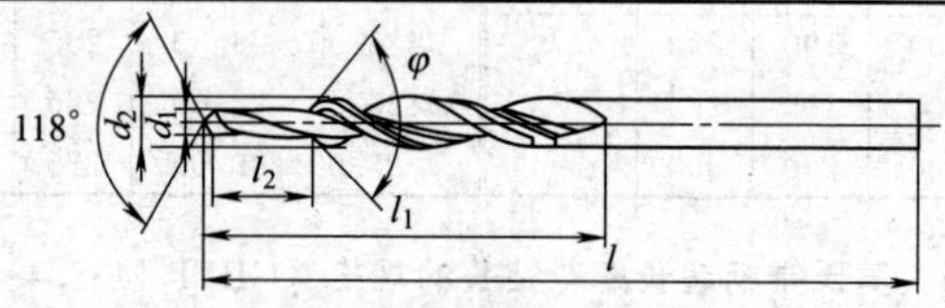

直柄阶梯麻花钻

d_1	d_2	l	l_1	l_2	φ	适用的螺纹孔
2.5	3.4	70	39	8.8	90° (120°) (180°)	M3
3.3	4.5	80	47	11.4		M4
4.2	5.5	93	57	13.6		M5
5.0	6.6	101	63	16.5		M6
6.8	9.0	125	81	21.0		M8
8.5	11.0	142	94	25.5		M10
10.2	(13.5)14.0	160	108	30.0		M12
12.0	(15.5)16.0	178	120	34.5		M14

续表

d_1	d_2	l	l_1	l_2	φ	适用的螺纹孔
2.65	3.4	70	39	8.8	90° (120°) (180°)	M3×0.35
3.50	4.5	80	47	11.4		M4×0.5
4.50	5.5	93	57	13.6		M5×0.5
5.20	6.6	101	63	16.5		M6×0.75
7.00	9.0	125	81	21.0		M8×1.00
8.80	11.0	142	94	25.5		M10×1.25
10.50	14.0	160	108	30.0		M12×1.5
12.50	16.0	178	120	34.5		M14×1.5

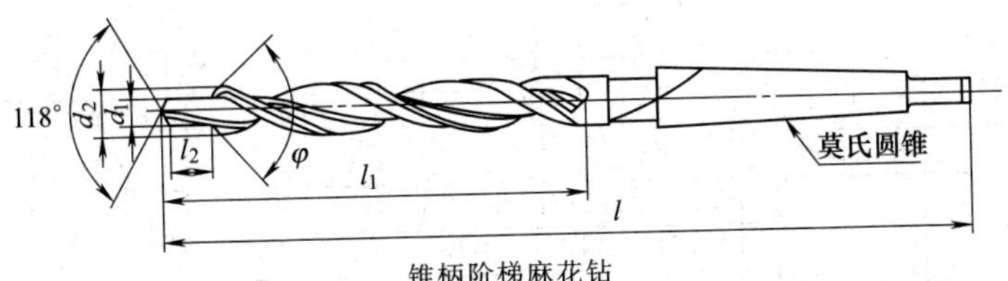

锥柄阶梯麻花钻

d_1	d_2	l	l_1	l_2	φ	莫氏圆锥号	适用的螺纹孔
6.8	9.0	162	81	21.0	90° (120°) (180°)	1	M8
8.5	11.0	175	94	25.5		1	M10
10.2	14.0	189	108	30.0		1	M12
12.0	16.0	218	120	34.5		2	M14
14.0	18.0	228	130	38.5		2	M16
15.5	20.0	238	140	43.5		2	M18
17.5	22.0	248	150	47.5		2	M20
19.5	24.0	281	160	51.5		3	M22
21.0	26.0	286	165	52.5		3	M24
24.0	30.0	296	175	62.5		3	M27
26.5	33.0	334	185	70.0		4	M30
7.0	9.0	162	81	21.0	90° (120°) (180°)	1	M8×1.0
8.8	11.0	175	94	25.5		1	M10×1.25
10.5	14.0	189	108	30.0		1	M12×1.5
12.5	16.0	218	120	34.5		2	M14×1.5
14.5	18.0	228	130	38.5		2	M16×1.5
16.0	20.0	238	140	43.5		2	M18×2
18.0	22.0	248	150	47.5		2	M20×2
20.0	24.0	281	160	51.5		3	M22×2
22.0	26.0	286	165	52.5		3	M24×2
25.0	30.0	296	175	62.5		3	M27×2
28.0	33.0	334	185	70.0		4	M30×2

注：1.（　）内的数值可根据需要选择。

2. 阶梯麻花钻钻孔部分直径 d_1 和锪孔部分直径 d_2 的公差均为：普通级 h9，精密级 h8。

（4）1∶50 锥孔锥柄麻花钻

表 9.37 1∶50 锥孔锥柄麻花钻的尺寸（JB/T 10003—2013）

mm

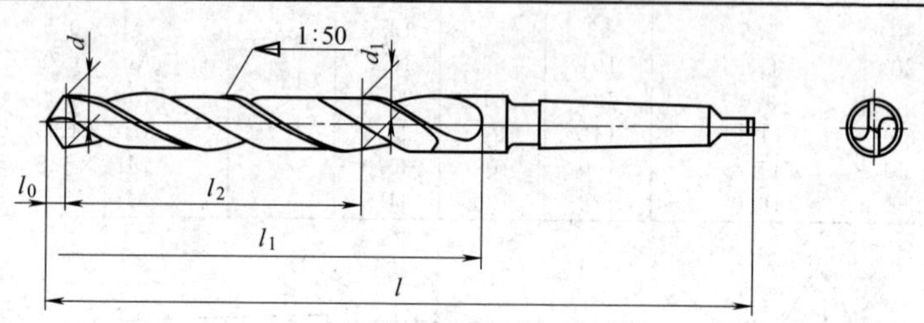

d		d_1	l	l_1	l_2	l_0	莫氏圆锥柄号
基本尺寸	极限偏差						
12	0 −0.043	15.1	290	190	155	12	2
		16.9	380	280	245		
16		20.2	355	255	210	16	
		22.2	455	355	310		
20	0 −0.052	24.3	385	265	215	20	3
		26.3	485	365	315		
25		29.4	430	280	220	25	4
		31.4	530	380	320		
30	0 −0.062	34.5	445	295	225	30	
		36.5	545	395	325		

9.2.2 扩孔钻

有直柄扩孔钻、莫氏锥柄扩孔钻和套式扩孔钻。用于扩孔。扩孔钻的规格见表 9.38～表 9.40。

表 9.38 直柄扩孔钻的直径系列（GB/T 4256—2004） mm

直径系列：3.00，3.30，3.50，3.80，4.00，4.30，4.50，4.80，5.00，5.80，6.00，6.80，7.00，7.80，8.00，8.80，9.00，9.80，10.00，10.75，11.00，11.75，12.00，12.75，13.00，13.75，14.00，14.75，15.00，15.75，16.00，16.75，17.00，17.75，18.00，18.70，19.00，19.70

表9.39　莫氏锥柄扩孔钻的规格（GB/T 4256—2004）　mm

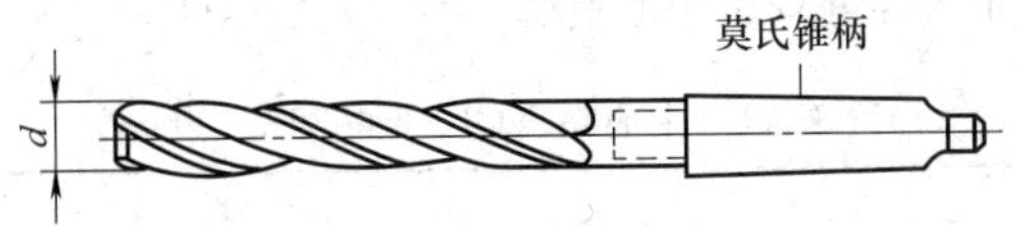

锥柄号	扩孔钻直径
1号	7.80,8.00,8.80,9.00,9.80,10.00,10.75,11.00,11.75,12.00,12.75,13.00,13.75,14.00
2号	14.75,15.00,15.75,16.00,16.75,17.00,17.75,18.00,18.70,19.00,19.70,20.00,20.70,21.00,21.70,22.00,22.70,23.00
3号	23.70，24.00，24.70，25.00，25.70，26.00，27.70，28.00，29.70，30.00,31.60
4号	32.00,33.60,34.00,34.60,35.00,35.60,36.00,37.60,38.00,39.60，40.00,41.60,42.00,43.60,44.00,44.60,45.00,45.60,46.00,47.60，48.00,49.60,50.00

表9.40　以直径范围分段的套式扩孔钻尺寸（GB/T 1142—2004）

mm

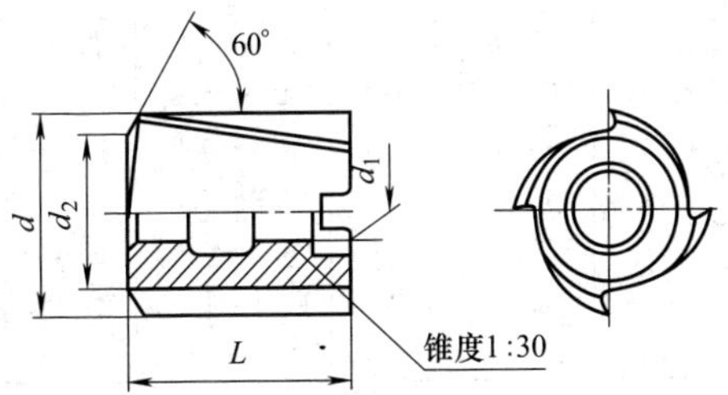

直径范围 d(h8)		d_1	d_2	L
大于	至			
23.6	35.5	13	$d-5$	45
35.5	45	16	$d-6$	50
45	53	19	$d-8$	56
53	63	22	$d-9$	63
63	75	27	$d-11$	71
75	90	32	$d-13$	80
90	101.6	40	$d-15$	90

注：下列直径的扩孔钻推荐作为常备尺寸（mm）：25，26，27，28，29，30，31，32，33，34，35，36，37，38，39，40，42，44，45，46，47，48，50，52，55，58，60，62，65，70，72，75，80，85，90，95，100。

9.2.3 中心钻

用于钻工件上的60°中心孔。

表9.41 中心钻（GB/T 6078—1998） mm

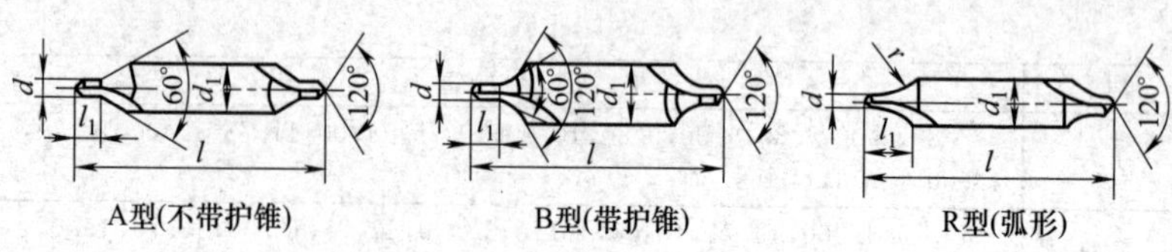

d	d_1		l		l_1		r
	A,R型	B型	A,R型	B型	A,B型	R型	R型
(0.50)	3.15		31.5		0.8～1.0		
(0.63)	3.15		31.5		0.9～1.2		
(0.80)	3.15		31.5		1.1～1.5		
1.00	3.15	4.00	31.5	35.5	1.3～1.9	3.00	2.50～3.15
(1.25)	3.15	5.00	31.5	40.0	1.6～2.2	3.35	3.15～4.00
1.60	4.00	6.30	35.5	45.0	2.0～2.8	4.25	4.00～5.00
2.00	5.00	8.00	40.0	50.0	2.5～3.3	5.30	5.00～6.30
2.50	6.30	10.00	45.0	56.0	3.1～4.1	6.70	6.30～8.00
3.15	8.00	11.20	50.0	60.0	3.9～4.9	8.50	8.00～10.00
4.00	10.00	14.00	56.0	67.0	5.0～6.2	10.60	10.00～12.50
(5.00)	12.50	18.00	63.0	75.0	6.3～7.5	13.20	12.50～16.00
6.30	16.00	20.00	71.0	80.0	8.0～9.2	17.00	16.00～20.00
(8.00)	20.00	25.00	80.0	100.0	10.1～11.5	21.20	20.00～25.00
10.00	25.00	31.50	100.0	125.0	12.8～14.2	26.50	25.00～31.50

注：括号中的尽量不采用。

9.2.4 开孔钻

用于小于3mm的薄钢板、有色金属板和非金属板等工件的大孔钻削加工。

表9.42 开孔钻的规格 mm

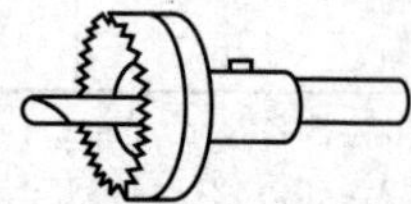

续表

直径	钻头直径	齿数	直径	钻头直径	齿数	直径	钻头直径	齿数
13	6	13	26	6	20	52	6	38
14		14	28		21	55		39
15		14	30		22	58		40
16		15	32		24	60		42
17		15	34		26	65		46
18		16	35		27	70		49
19		17	38		29	75		53
20		17	40		30	80		56
21		18	42		31	85		59
22		18	45		34	90		62
24		19	48		35	95		64
25		20	50		36	100		67

9.2.5 硬质合金锥柄钻

用于高速钻削铸铁、硬橡胶和塑料等质硬性脆材料。

表 9.43　硬质合金锥柄钻头规格（GB/T 10946—1989）　mm

d 基本尺寸 第一系列	d 基本尺寸 第二系列	d 极限偏差 (h8)	l 基本尺寸 长型	l 基本尺寸 短型	l_1 基本尺寸 长型	l_1 基本尺寸 短型	莫氏圆锥号	参考 硬质合金刀片代号	参考 型式
10.00		0 −0.022	168	140	87	60		E211	A
10.20									
10.50									
10.80			175	145	94	65	1		
11.00		5						E213	
11.20									
11.50									
11.80									
12.00		0 −0.027	199	170	101	70	2	E214	A
	12.20								
	12.30								
	12.40								
12.50									
12.80									

续表

<table>
<tr><th colspan="3">d</th><th colspan="2">l</th><th colspan="2">l_1</th><th rowspan="3">莫氏圆锥号</th><th colspan="2">参 考</th></tr>
<tr><th colspan="2">基本尺寸</th><th rowspan="2">极限偏差(h8)</th><th colspan="4">基本尺寸</th><th rowspan="2">硬质合金刀片代号</th><th rowspan="2">型式</th></tr>
<tr><th>第一系列</th><th>第二系列</th><th>长型</th><th>短型</th><th>长型</th><th>短型</th></tr>
<tr><td>13.00</td><td></td><td rowspan="14">0
−0.027</td><td rowspan="2">199</td><td rowspan="5">170</td><td rowspan="2">101</td><td rowspan="5">70</td><td rowspan="23">2</td><td rowspan="4">E215</td><td rowspan="25">A</td></tr>
<tr><td></td><td>13.20</td></tr>
<tr><td>13.50</td><td></td><td rowspan="3">206</td><td rowspan="3">108</td></tr>
<tr><td>13.80</td><td></td></tr>
<tr><td>14.00</td><td></td><td rowspan="4">E216</td></tr>
<tr><td></td><td>14.25</td><td rowspan="4">212</td><td rowspan="4">175</td><td rowspan="4">114</td><td rowspan="4">75</td></tr>
<tr><td>14.50</td><td></td></tr>
<tr><td></td><td>14.75</td></tr>
<tr><td>15.00</td><td></td><td rowspan="5">E217</td></tr>
<tr><td></td><td>15.25</td><td rowspan="5">218</td><td rowspan="5">180</td><td rowspan="5">120</td><td rowspan="5">80</td></tr>
<tr><td></td><td>15.40</td></tr>
<tr><td>15.50</td><td></td></tr>
<tr><td></td><td>15.75</td></tr>
<tr><td>16.00</td><td></td><td rowspan="4">E218</td></tr>
<tr><td></td><td>16.25</td><td rowspan="9">0
−0.027</td><td rowspan="4">223</td><td rowspan="4">185</td><td rowspan="4">125</td><td rowspan="4">185</td></tr>
<tr><td>16.50</td><td></td></tr>
<tr><td></td><td>16.75</td></tr>
<tr><td>17.00</td><td></td><td rowspan="5">E219</td></tr>
<tr><td></td><td>17.25</td><td rowspan="5">228</td><td rowspan="5">190</td><td rowspan="5">130</td><td rowspan="5">90</td></tr>
<tr><td></td><td>17.40</td></tr>
<tr><td>17.50</td><td></td></tr>
<tr><td></td><td>17.75</td></tr>
<tr><td>18.00</td><td></td><td rowspan="4">E220</td></tr>
<tr><td></td><td>18.25</td><td rowspan="9">0
−0.033</td><td rowspan="4">256</td><td rowspan="4">195</td><td rowspan="4">135</td><td rowspan="4">95</td><td rowspan="12">3</td></tr>
<tr><td>18.50</td><td></td></tr>
<tr><td></td><td>18.75</td><td rowspan="3">A 或 B</td></tr>
<tr><td>19.00</td><td></td><td rowspan="5">E221</td></tr>
<tr><td></td><td>19.25</td><td rowspan="5">261</td><td rowspan="5">220</td><td rowspan="5">140</td><td rowspan="5">100</td></tr>
<tr><td></td><td>19.40</td><td rowspan="7">A</td></tr>
<tr><td>19.50</td><td></td></tr>
<tr><td></td><td>19.75</td></tr>
<tr><td>20.00</td><td></td><td rowspan="4">E222</td></tr>
<tr><td></td><td>20.25</td><td rowspan="3">0
−0.033</td><td rowspan="3">266</td><td rowspan="3">225</td><td rowspan="3">115</td><td rowspan="3">105</td></tr>
<tr><td>20.50</td><td></td></tr>
<tr><td></td><td>20.75</td></tr>
</table>

续表

<table>
<tr><th colspan="3">d</th><th colspan="2">l</th><th colspan="2">l_1</th><th rowspan="3">莫氏圆锥号</th><th colspan="2">参　考</th></tr>
<tr><th colspan="2">基本尺寸</th><th rowspan="2">极限偏差(h8)</th><th colspan="4">基本尺寸</th><th rowspan="2">硬质合金刀片代号</th><th rowspan="2">型式</th></tr>
<tr><th>第一系列</th><th>第二系列</th><th>长型</th><th>短型</th><th>长型</th><th>短型</th></tr>
<tr><td>21.00</td><td></td><td rowspan="7">0
−0.033</td><td>266</td><td>225</td><td>115</td><td>105</td><td rowspan="25">3</td><td rowspan="4">E223</td><td rowspan="13">A</td></tr>
<tr><td></td><td>21.25</td><td rowspan="5">271</td><td rowspan="6">230</td><td rowspan="5">150</td><td rowspan="6">110</td></tr>
<tr><td>21.50</td><td></td></tr>
<tr><td></td><td>21.75</td></tr>
<tr><td>22.00</td><td></td><td rowspan="4">E224</td></tr>
<tr><td></td><td>22.25</td></tr>
<tr><td>22.50</td><td></td><td rowspan="5">276</td><td rowspan="5">155</td></tr>
<tr><td></td><td>22.75</td><td rowspan="9">0
−0.033</td><td rowspan="4">230</td><td rowspan="4">110</td></tr>
<tr><td>23.00</td><td></td><td rowspan="4">E225</td></tr>
<tr><td></td><td>23.25</td></tr>
<tr><td>23.50</td><td></td></tr>
<tr><td></td><td>23.75</td><td rowspan="6">281</td><td rowspan="12">235</td><td rowspan="6">160</td><td rowspan="12">115</td></tr>
<tr><td>24.00</td><td></td><td rowspan="4">E226</td></tr>
<tr><td></td><td>24.25</td><td rowspan="8">A 或 B</td></tr>
<tr><td>24.50</td><td></td></tr>
<tr><td></td><td>24.75</td></tr>
<tr><td>25.00</td><td></td><td rowspan="9">0
−0.033</td><td rowspan="4">E227</td></tr>
<tr><td></td><td>25.25</td><td rowspan="6">286</td><td rowspan="6">165</td></tr>
<tr><td>25.50</td><td></td></tr>
<tr><td></td><td>25.75</td></tr>
<tr><td>26.00</td><td></td><td rowspan="4">E228</td></tr>
<tr><td></td><td>26.25</td><td rowspan="4">E</td></tr>
<tr><td>26.50</td><td></td></tr>
<tr><td></td><td>25.75</td><td rowspan="2">291</td><td rowspan="2">240</td><td rowspan="6">170</td><td rowspan="6">120</td></tr>
<tr><td>27.00</td><td></td><td rowspan="4">E229</td></tr>
<tr><td></td><td>27.25</td><td rowspan="12">0
−0.033</td><td rowspan="4">319</td><td rowspan="4">270</td><td rowspan="12">4</td><td rowspan="12">A</td></tr>
<tr><td>27.50</td><td></td></tr>
<tr><td></td><td>27.75</td></tr>
<tr><td>28.00</td><td></td><td rowspan="4">E230</td></tr>
<tr><td></td><td>28.25</td><td rowspan="8">324</td><td rowspan="8">275</td><td rowspan="8">175</td><td rowspan="8">125</td></tr>
<tr><td>28.50</td><td></td></tr>
<tr><td></td><td>28.75</td></tr>
<tr><td>29.00</td><td></td><td rowspan="5">E231</td></tr>
<tr><td></td><td>29.25</td></tr>
<tr><td>29.50</td><td></td></tr>
<tr><td></td><td>29.75</td></tr>
<tr><td>30.00</td><td></td></tr>
</table>

注：1. 第一系列的麻花钻应优先使用和生产。

2. 莫氏圆锥尺寸及其极限偏差应符合 GB 1443。

3. 硬质合金刀片型号应符合 GB 5245。

表 9.44 硬质合金锥柄钻头规格（GB/T 10947—2006） mm

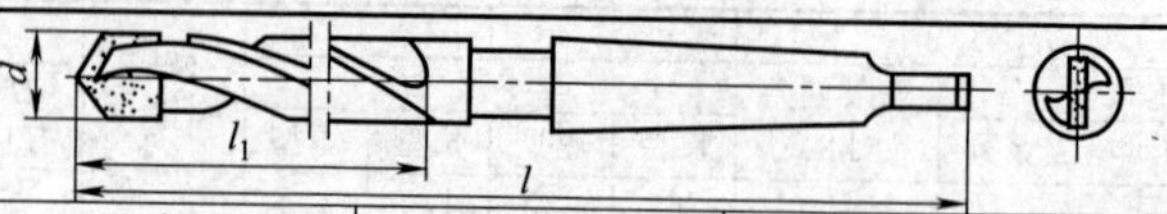

<table>
<tr><th rowspan="2">d
h8</th><th colspan="2">l_1</th><th colspan="2">l</th><th rowspan="2">莫氏
圆锥号</th><th rowspan="2">硬质合金刀片型号
（参考）</th></tr>
<tr><th>短型</th><th>标准型</th><th>短型</th><th>标准型</th></tr>
<tr><td>10.00</td><td rowspan="3">60</td><td rowspan="3">87</td><td rowspan="3">140</td><td rowspan="3">168</td><td rowspan="9">1</td><td rowspan="4">E211</td></tr>
<tr><td>10.20</td></tr>
<tr><td>10.50</td></tr>
<tr><td>10.80</td><td rowspan="6">65</td><td rowspan="6">94</td><td rowspan="6">145</td><td rowspan="6">175</td></tr>
<tr><td>11.00</td><td rowspan="4">E213</td></tr>
<tr><td>11.20</td></tr>
<tr><td>11.50</td></tr>
<tr><td>11.80</td></tr>
<tr><td>12.00</td><td rowspan="9">70</td><td rowspan="6">101</td><td rowspan="9">170</td><td rowspan="6">199</td><td rowspan="15">2</td><td rowspan="4">E214</td></tr>
<tr><td>12.20</td></tr>
<tr><td>12.50</td></tr>
<tr><td>12.80</td></tr>
<tr><td>13.00</td><td rowspan="4">E215</td></tr>
<tr><td>13.20</td></tr>
<tr><td>13.50</td><td rowspan="3">108</td><td rowspan="3">206</td></tr>
<tr><td>13.80</td></tr>
<tr><td>14.00</td><td rowspan="4">E216</td></tr>
<tr><td>14.25</td><td rowspan="4">75</td><td rowspan="4">114</td><td rowspan="4">175</td><td rowspan="4">212</td></tr>
<tr><td>14.50</td></tr>
<tr><td>14.75</td></tr>
<tr><td>15.00</td><td rowspan="4">E217</td></tr>
<tr><td>15.25</td><td rowspan="4">80</td><td rowspan="4">120</td><td rowspan="4">180</td><td rowspan="4">218</td></tr>
<tr><td>15.50</td></tr>
<tr><td>15.75</td></tr>
<tr><td>16.00</td><td rowspan="4">E218</td></tr>
<tr><td>16.25</td><td rowspan="4">85</td><td rowspan="4">125</td><td rowspan="4">185</td><td rowspan="4">223</td></tr>
<tr><td>16.50</td></tr>
<tr><td>16.75</td></tr>
<tr><td>17.00</td><td rowspan="4">E219</td></tr>
<tr><td>17.25</td><td rowspan="4">90</td><td rowspan="4">130</td><td rowspan="4">190</td><td rowspan="4">228</td></tr>
<tr><td>17.50</td></tr>
<tr><td>17.75</td></tr>
<tr><td>18.00</td><td>E220</td></tr>
</table>

续表

<table>
<tr><th rowspan="2">d
h8</th><th colspan="2">l_1</th><th colspan="2">l</th><th rowspan="2">莫氏
圆锥号</th><th rowspan="2">硬质合金刀片型号
(参考)</th></tr>
<tr><th>短型</th><th>标准型</th><th>短型</th><th>标准型</th></tr>
<tr><td>18.25</td><td rowspan="4">95</td><td rowspan="4">135</td><td rowspan="4">195</td><td rowspan="4">256</td><td rowspan="36">3</td><td rowspan="3">E220</td></tr>
<tr><td>18.50</td></tr>
<tr><td>18.75</td></tr>
<tr><td>19.00</td><td rowspan="4">E221</td></tr>
<tr><td>19.25</td><td rowspan="4">100</td><td rowspan="4">140</td><td rowspan="4">220</td><td rowspan="4">261</td></tr>
<tr><td>19.50</td></tr>
<tr><td>19.75</td></tr>
<tr><td>20.00</td><td rowspan="4">E222</td></tr>
<tr><td>20.25</td><td rowspan="4">105</td><td rowspan="4">145</td><td rowspan="4">225</td><td rowspan="4">266</td></tr>
<tr><td>20.50</td></tr>
<tr><td>20.75</td></tr>
<tr><td>21.00</td><td rowspan="4">E223</td></tr>
<tr><td>21.25</td><td rowspan="7">110</td><td rowspan="5">150</td><td rowspan="7">230</td><td rowspan="5">271</td></tr>
<tr><td>21.50</td></tr>
<tr><td>21.75</td></tr>
<tr><td>22.00</td><td rowspan="4">E224</td></tr>
<tr><td>22.25</td></tr>
<tr><td>22.50</td><td rowspan="2">155</td><td rowspan="2">276</td></tr>
<tr><td>22.75</td></tr>
<tr><td>23.00</td><td rowspan="3">110</td><td rowspan="3">155</td><td rowspan="3">230</td><td rowspan="3">276</td><td rowspan="4">E225</td></tr>
<tr><td>23.25</td></tr>
<tr><td>23.50</td></tr>
<tr><td>23.75</td><td rowspan="6">115</td><td rowspan="6">160</td><td rowspan="6">235</td><td rowspan="6">281</td></tr>
<tr><td>24.00</td><td rowspan="4">E226</td></tr>
<tr><td>24.25</td></tr>
<tr><td>24.50</td></tr>
<tr><td>24.75</td></tr>
<tr><td>25.00</td><td rowspan="4">E227</td></tr>
<tr><td>25.25</td><td rowspan="6">115</td><td rowspan="6">165</td><td rowspan="6">235</td><td rowspan="6">286</td></tr>
<tr><td>25.50</td></tr>
<tr><td>25.75</td></tr>
<tr><td>26.00</td><td rowspan="4">E228</td></tr>
<tr><td>26.25</td></tr>
<tr><td>26.50</td></tr>
<tr><td>26.75</td><td rowspan="2">120</td><td rowspan="2">170</td><td rowspan="2">240</td><td rowspan="2">291</td></tr>
<tr><td>27.00</td><td>E229</td></tr>
</table>

续表

d h8	l_1 短型	l_1 标准型	l 短型	l 标准型	莫氏圆锥号	硬质合金刀片型号（参考）
27.25	120	170	270	319	4	E229
27.50						
27.75						
28.00						E230
28.25	125	175	275	324		
28.50						
28.75						
29.00						E231
29.25						
29.50						
29.75						
30.00						

制造中间规格的短型和标准型麻花钻时的总长和沟槽长度尺寸

直径范围 d	l_1	l	莫氏圆锥号
≥10.00～10.60	60	140	1
>10.60～11.80	65	145	
>11.80～14.00	70	170	2
>14.00～15.00	75	175	
>15.00～16.00	80	180	
>16.00～17.00	85	185	
>17.00～18.00	90	190	
>18.00～19.00	95	195	3
>19.00～20.00	100	220	
>20.00～21.20	105	225	
>21.20～23.60	110	230	
>23.60～26.50	115	235	
>26.50～27.00	120	240	
>27.00～28.00	120	270	4
>28.00～30.00	125	275	

直径范围 d	l_1	l	莫氏圆锥号
≥10.00～10.60	87	168	1
>10.60～11.80	94	175	
>11.80～13.20	101	199	2
>13.20～14.00	108	206	
>14.00～15.00	114	212	

续表

直径范围 d	l_1	l	莫氏圆锥号
>15.00～16.00	120	218	2
>16.00～17.00	125	223	
>17.00～18.00	130	228	
>18.00～19.00	135	256	3
>19.00～20.00	140	261	
>20.00～21.20	145	266	
>21.20～22.40	150	271	
>22.40～23.60	155	276	
>23.60～25.00	160	281	
>25.00～26.50	165	286	
>26.50～27.00	170	291	
>27.00～28.00	170	319	4
>28.00～30.00	175	324	

9.2.6 锪钻

有直柄锥面锪钻和锥柄锥面锪钻，用于在工件表面上锪60°、90°、120°沉头孔。

表 9.45　直柄锥面锪钻（GB/T 4258—2004）　mm

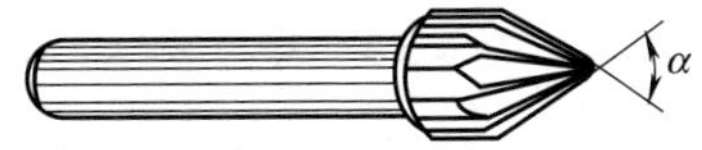

公称直径	小端直径	总长		钻体长		柄部直径 h9
		$\alpha=60°$	$\alpha=90°$ 或 120°	$\alpha=60°$	$\alpha=90°$ 或 120°	
8	1.6	48	44	16	12	8
10	2.0	50	46	18	14	
12.5	2.5	52	48	20	16	
16	3.2	60	56	24	20	10
20	4.0	64	60	28	24	
25	7.0	69	65	33	29	

表 9.46　锥柄锥面锪钻（GB/T 4258—2004）　mm

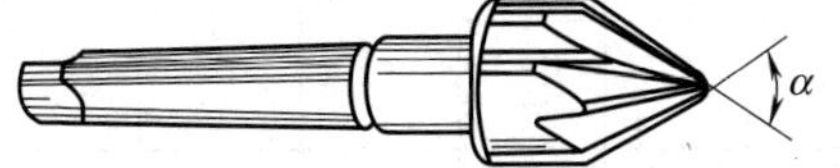

续表

公称直径	小端直径	总长		钻体长		莫氏锥柄号
		α=60°	α=90°或120°	α=60°	α=90°或120°	
16	3.2	97	93	24	20	1
20	4	120	116	28	24	2
25	7	125	121	33	29	
31.5	9	132	124	40	32	
40	12.5	160	150	45	35	3
50	16	165	153	50	38	
63	20	200	185	58	43	4
80	25	215	196	73	54	

9.2.7　铰刀(含机用)

(1) 手用铰刀

用于手工提高已加工(钻、扩)孔的精度和降低表面粗糙度，有固定型和可调节型(又分普通型和带导向套型)两种。

① 手用铰刀(表 9.47 和表 9.48)。

表 9.47　公制手用铰刀的推荐直径和各相应尺寸(GB/T 1131.1—2004)

mm

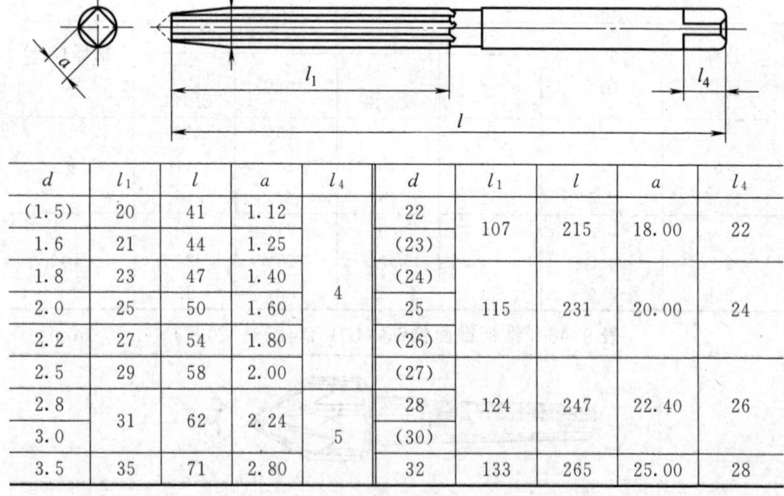

d	l_1	l	a	l_4	d	l_1	l	a	l_4
(1.5)	20	41	1.12	4	22	107	215	18.00	22
1.6	21	44	1.25		(23)				
1.8	23	47	1.40		(24)	115	231	20.00	24
2.0	25	50	1.60		25				
2.2	27	54	1.80		(26)				
2.5	29	58	2.00		(27)	124	247	22.40	26
2.8	31	62	2.24	5	28				
3.0					(30)				
3.5	35	71	2.80		32	133	265	25.00	28

续表

d	l_1	l	a	l_4
4.0	38	76	3.15	6
4.5	41	81	3.55	
5.0	44	87	4.00	7
5.5	47	93	4.50	
6.0				
7.0	54	107	5.60	8
8.0	58	115	6.30	9
9.0	62	124	7.10	10
10.0	66	133	8.00	11
11.0	71	142	9.00	12
12.0	76	152	10.00	13
(13.0)				
14.0	81	163	11.20	14
(15.0)				
16.0	87	175	12.50	16
(17.0)				
18.0	93	188	14.00	18
(19.0)				
20.0	100	201	16.00	20
(21.0)				

d	l_1	l	a	l_4
(34)	142	284	28.00	31
(35)				
36				
(38)	152	305	31.5	34
40				
(42)				
(44)	163	326	35.50	38
45				
(46)				
(48)	174	347	40.00	42
50				
(52)				
(55)	184	367	45.00	46
56				
(58)				
(60)				
(62)	194	387	50.00	51
63				
67				
71	203	406	56.00	56

注：(　) 内的尺寸尽量不用。

表 9.48　英制手用铰刀的推荐直径和各相应尺寸（GB/T 1131.1—2004）

mm

d	l_1	l	a	l_4
1/16	13/16	1¾	0.049	5/32
3/32	1⅛	2¼	0.079	
1/8	1 5/16	2⅝	0.098	3/16
5/32	1½	3	0.124	1/4
3/16	1¾	3 7/16	0.157	9/32
7/32	1⅞	3 11/16	0.177	
1/4	2	3 15/16	0.197	5/16
9/32	2⅛	4 3/16	0.220	
5/16	2¼	4½	0.248	11/32
11/32	2 7/16	4⅞	0.280	13/32
3/8	2⅝	5¼	0.315	7/16
(13/32)				
7/16	2 13/16	5⅝	0.354	15/32
(15/32)	3	6	0.394	1/2
1/2				
9/16	3 3/16	6 7/16	0.441	9/16
5/8	3 7/16	6⅞	0.492	5/8
11/16	3 11/16	7 7/16	0.551	23/32

d	l_1	l	a	l_4
3/4	3 15/16	7 15/16	0.630	25/32
(13/16)				
7/8	4 3/16	8½	0.709	7/8
1	4½	9 1/16	0.787	15/16
(1 1/16)	4⅞	9¾	0.882	1 1/32
1⅛				
1¼	5¼	10 7/16	0.984	1 3/32
(1 5/16)				
1⅜	5⅝	11 3/16	1.102	1 7/32
(1 7/16)				
1½	6	12	1.240	1 11/12
(1⅝)				
1¾	6 7/16	12 13/16	1.398	1½
(1⅞)	6⅞	13 11/16	1.575	1 21/32
2				
2¼	7¼	14 7/16	1.772	1 13/16
2½	7⅝	15¼	1.968	2
3	8⅜	16 11/16	2.480	2 7/16

注：(　) 内的尺寸尽量不用。

② 手用1∶50锥度销子铰刀（表9.49）。

表9.49　手用1∶50锥度销子铰刀（GB/T 20774—2006）　mm

d h8	Y	d_1		d_2	l		d_3 h11	L	
		短刃型	普通型		短刃型	普通型		短刃型	普通型
0.6		0.70	0.90	0.6	10	20	3.15	35	38
0.8	5	0.94	1.18	0.7	12	24	3.15	35	42
1.0		1.22	1.46	0.9	16	28	3.15	40	46
1.2		1.50	1.74	1.1	20	32	3.15	45	50
1.5		1.90	2.14	1.4	25	37	3.15	50	57
2.0	5	2.54	2.86	1.9	32	48	3.15	60	68
2.5		3.12	3.36	2.4	36	48	3.15	65	68
3.0		3.70	4.06	2.9	40	58	4.0	65	80
4.0		4.90	5.26	3.9	50	68	5.0	75	93
5.0		6.10	6.36	4.9	60	73	6.3	85	100
6.0	5	7.30	8.00	5.9	70	105	8.0	95	135
8.0		9.80	10.80	7.9	95	145	10.0	125	180
10.0		12.30	13.40	9.9	120	175	12.5	155	215
12.0		14.60	16.00	11.8	140	210	14.0	180	255
16.0	10	19.00	20.40	15.8	160	230	18.0	200	280
20.0		23.40	24.80	19.8	180	250	22.4	225	310
25.0		28.50	30.70	24.7	190	300	28.0	245	370
30.0	15	33.50	36.10	29.7	190	320	31.5	250	400
40.0		44.00	46.50	39.7	215	340	40.0	285	430
50.0		54.10	56.90	49.7	220	360	50.0	300	460

③ 可调节手用铰刀（表9.50～表9.53）。

表9.50　普通型可调节手用铰刀的基本尺寸和极限偏差（JB/T 3869—1999）　mm

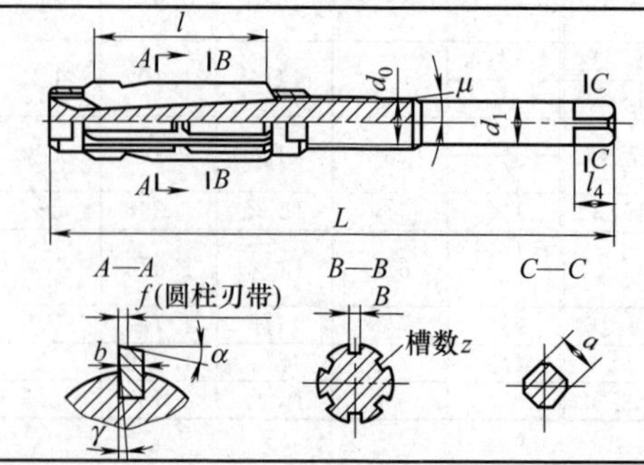

标记示例：直径调节范围为15.25～17mm的普通型可调节手用铰刀的标记为"可调节手用铰刀 15.25～17　JB/T 3869—1999"

续表

铰刀调节范围	L 基本尺寸	L 极限偏差	B(H9) 基本尺寸	B(H9) 极限偏差	B(h9) 基本尺寸	B(h9) 极限偏差
≥6.5～7.0	85	0 −2.20	1.0	+0.025 0	1.0	−0.025 0
>7.0～7.75	90					
>7.75～8.5	100	0 −2.20	1.15	+0.025 0	1.15	−0.025 0
>8.5～9.25	105					
>9.25～10	115		1.3		1.3	
>10～10.75	125	0 −2.50				
>10.75～11.75	130					
>11.75～12.75	135		1.6		1.6	
>12.75～13.75	145					
>13.75～15.25	150					
>15.25～17	165		1.8	+0.025 0	1.8	−0.025 0
>17～19	170		2.0		2.0	
>19～21	180					
>21～23	195	0 −0.29				
>23～26	215		2.5		2.5	
>26～29.5	240					
>29.5～33.5	270	0 −3.20	3.0	+0.030 0	3.0	0 −0.030
>33.5～38	310		3.5		3.5	
>38～44	350	0 −3.60	4.0		4.0	
>44～54	400		4.5		4.5	
>54～63	460	0 −4.00	4.5		4.5	
>63～84	510	0 −4.40	5.0		5.0	
>84～100	570		6.0		6.0	

表9.51　带导向套可调节手用铰刀的基本尺寸和极限偏差（JB/T 3869—1999）　mm

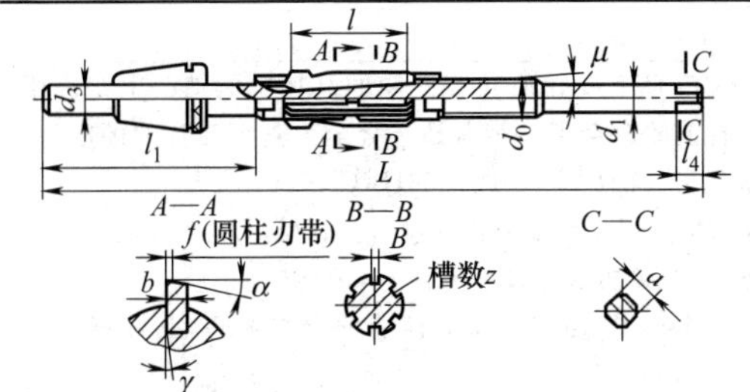

标记示例：直径调节范围为19～21mm的带导向套型可调节手用铰刀的标记为"可调节手用铰刀 19～21 DX JB/T 3869—1999"

续表

<table>
<tr><th rowspan="2">铰刀调节范围</th><th colspan="2">L</th><th colspan="2">B(H9)</th><th colspan="2">b(h9)</th><th rowspan="2">d_1</th></tr>
<tr><th>基本尺寸</th><th>极限偏差</th><th>基本尺寸</th><th>极限偏差</th><th>基本尺寸</th><th>极限偏差</th></tr>
<tr><td>>15.25～17</td><td>245</td><td>0
−2.9</td><td>1.8</td><td rowspan="4">+0.025
0</td><td>1.8</td><td rowspan="6">−0.025
0</td><td>9</td></tr>
<tr><td>>17～19</td><td>260</td><td rowspan="2">0
−3.2</td><td rowspan="2">2.0</td><td rowspan="2">2.0</td><td>10</td></tr>
<tr><td>>19～21</td><td>300</td><td>11.2</td></tr>
<tr><td>>21～23</td><td>340</td><td rowspan="3">0
−3.6</td><td rowspan="2">2.5</td><td rowspan="2">2.5</td><td rowspan="2">14</td></tr>
<tr><td>>23～26</td><td>370</td><td rowspan="7">+0.03
0</td></tr>
<tr><td>>26～29.5</td><td>400</td><td>3.0</td><td>3.0</td><td>18</td></tr>
<tr><td>>29.5～33.5</td><td>420</td><td rowspan="3">0
−4.0</td><td rowspan="2">3.5</td><td rowspan="2">3.5</td><td rowspan="5">0
−0.03</td><td rowspan="2">20</td></tr>
<tr><td>>33.5～38</td><td>440</td></tr>
<tr><td>>38～44</td><td>490</td><td>4.0</td><td>4.0</td><td rowspan="3">25</td></tr>
<tr><td>>44～54</td><td>540</td><td rowspan="2">0
−4.4</td><td rowspan="2">4.5</td><td rowspan="2">4.5</td></tr>
<tr><td>>54～68</td><td>550</td></tr>
</table>

表 9.52 可调节手用铰刀的技术要求（JB/T 3869—1999）

<table>
<tr><th>项 目</th><th colspan="4">技 术 要 求</th></tr>
<tr><td>外观</td><td colspan="4">表面不得有裂纹、刻痕、锈迹以及磨削烧伤等影响使用性能的表面缺陷</td></tr>
<tr><td rowspan="5">形状和位置公差</td><td>铰刀校准部分在调节范围内任一位置上直径之差不得大于：</td><td colspan="3">直径≤15.25mm：0.03mm
直径>15.25～26mm：0.04mm
直径>26～100mm：0.05mm</td></tr>
<tr><td rowspan="3">带导向套型铰刀在调节范围内其切削部分和导向柱对公共轴线的径向圆跳动不得大于：</td><td>铰刀直径 D /mm</td><td>切削部位 /mm</td><td>导向柱 /mm</td></tr>
<tr><td><50</td><td>0.05</td><td>0.03</td></tr>
<tr><td>≥50</td><td>0.06</td><td>0.04</td></tr>
<tr><td colspan="4">铰刀在调节范围内校准部分直径均应有倒锥度</td></tr>
<tr><td>铰刀的表面粗糙度</td><td colspan="4">铰刀前面和后面：均为 Rz3.2μm；圆柱刃带表面：Ra0.63μm；导向柱外圆表面：Ra1.25μm</td></tr>
<tr><td>铰刀上各零件材料和硬度</td><td colspan="4">①刀片用 W6Mo5Cr4V2 或其他同等性能的高速钢制造。也允许用 9SiCr 或其他同等性能的合金工具钢制造。合金工具钢刀片的硬度为：62～65HRC；高速钢刀片的硬度为：63～66HRC
②刀体用 45 钢或同等以上性能的钢材制造。直径≤15.25mm 的刀体硬度不低于 216HB。柄部方头的硬度为 30～45HRC
③螺母和导向套用 45 钢或同等以上性能的钢材制造，其硬度不低于 40HRC</td></tr>
</table>

表 9.53　套式手铰刀刀杆（JB/T 3411.45—1999）

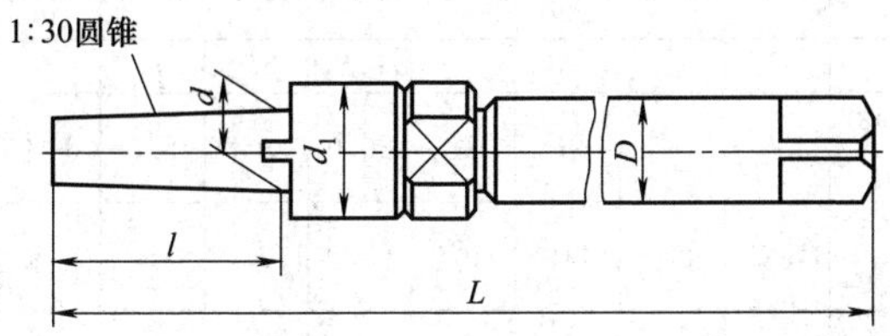

d	l	L	d_1	D	用于铰刀直径
13	45	180	21	18.0	＞23.6～30.0
16	50		27	22.4	＞30.0～35.5
19	56	200	32	25.0	＞35.5～42.5
22	63		39	28.0	＞42.5～50.8
27	71	220	46	31.5	＞50.8～60.0
32	80	240	56	35.5	＞60.0～71.0

（2）机用铰刀

机用铰刀有直柄、锥柄和套式三种，装在机床上铰制孔，以提高已加工（钻、扩）孔的精度和降低表面粗糙度。

① 米制和莫氏圆锥铰刀（表 9.54～表 9.56）。

表 9.54　米制和莫氏直柄圆锥铰刀尺寸（GB/T 1139—2004）

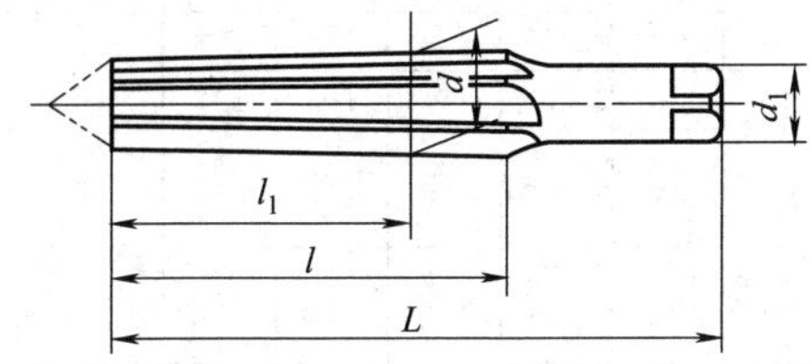

标记示例：莫氏 3 号圆锥直柄铰刀为“直柄圆锥铰刀莫氏 3　GB/T 1139—2004”

圆锥			mm					in				
代号		锥度	d	L	l	l_1	d_1(h9)	d	L	l	l_1	d_1(h9)
米制	4	1∶20 =0.05	4.000	48	30	22	4.0	0.1575	1⅞	1 3/16	1⅞	0.1575
	6		6.000	63	40	30	5.0	0.2362	2 15/32	1 9/16	1 3/16	0.1969
莫氏	0	1∶19.212 =0.05205	9.045	93	61	48	8.0	0.3561	3 21/32	2 13/32	1⅞	0.3150
	1	1∶20.047 =0.04988	12.065	102	66	50	10.0	0.4750	4 1/32	2 19/32	1 31/32	0.3937
	2	1∶20.020 =0.04995	17.780	121	79	61	14.0	0.7000	4¾	3⅛	2 13/32	0.5512

续表

圆锥			mm					in				
代号		锥度	d	L	l	l_1	d_1(h9)	d	L	l	l_1	d_1(h9)
莫氏	3	1∶19.922 ＝0.05020	23.825	146	96	76	20.0	0.9380	$5\frac{3}{4}$	$3\frac{25}{32}$	3	0.7874
	4	119.254 ＝0.05194	31.267	179	119	97	25.0	1.2310	$7\frac{1}{16}$	$4\frac{11}{16}$	$3\frac{13}{16}$	0.9843
	5	1∶19.002 ＝0.05263	44.399	222	150	124	31.5	1.7480	$8\frac{3}{4}$	$5\frac{29}{32}$	$4\frac{7}{8}$	1.2402
	6	1∶19.180 ＝0.05214	63.348	300	208	176	45.0	2.4940	$11\frac{13}{16}$	$8\frac{3}{16}$	$6\frac{15}{16}$	1.7717

表 9.55　米制和莫氏锥柄圆锥铰刀尺寸（GB/T 1139—2004）

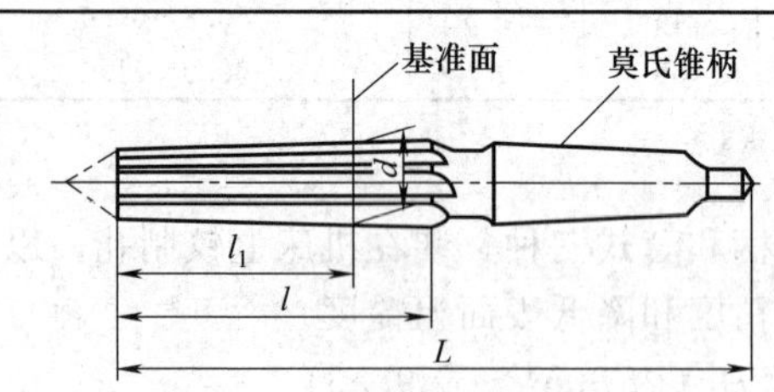

标记示例：米制 4 号圆锥锥柄铰刀为“莫氏锥柄圆锥铰刀米制 4　GB/T 1139—2004”

圆锥			mm				in				莫氏锥柄号
代号		锥度	d	L	l	l_1	d	L	l	l_1	
米制	4	1∶20 ＝0.05	4.000	106	30	22	0.1575	$4\frac{3}{16}$	$1\frac{3}{16}$	7/8	1
	6		6.000	116	40	30	0.2362	$4\frac{9}{16}$	$1\frac{9}{16}$	$1\frac{3}{16}$	
莫氏	0	1∶19.212 ＝0.05205	9.045	137	61	48	0.3561	$5\frac{13}{32}$	$2\frac{13}{32}$	$1\frac{7}{8}$	
	1	1∶20.047 ＝0.04988	12.065	142	66	50	0.4750	$5\frac{19}{32}$	$2\frac{19}{32}$	$1\frac{31}{32}$	
	2	1∶20.020 ＝0.04995	17.780	173	79	61	0.7000	$6\frac{13}{16}$	$3\frac{1}{8}$	$2\frac{13}{32}$	2
	3	1∶19.922 ＝0.05020	23.825	212	96	76	0.9380	$8\frac{11}{32}$	$3\frac{25}{32}$	3	3
	4	119.254 ＝0.05194	31.267	263	119	97	1.2310	$10\frac{11}{32}$	$4\frac{11}{16}$	$3\frac{13}{16}$	4
	5	1∶19.002 ＝0.05263	44.399	331	150	124	1.7480	$13\frac{1}{32}$	$5\frac{29}{32}$	$4\frac{7}{8}$	5
	6	1∶19.180 ＝0.05214	63.348	389	208	176	2.4940	$15\frac{5}{16}$	$8\frac{3}{16}$	$6\frac{15}{16}$	

表 9.56 铰刀工作部分的锥度及其偏差（GB/T 1139—2004）

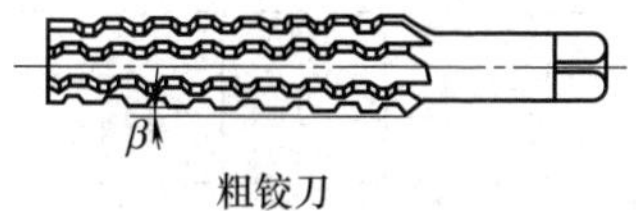

粗铰刀

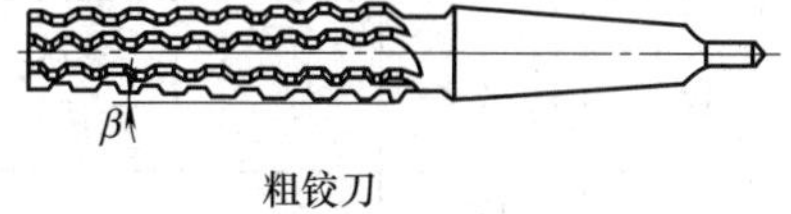

粗铰刀

β

精铰刀

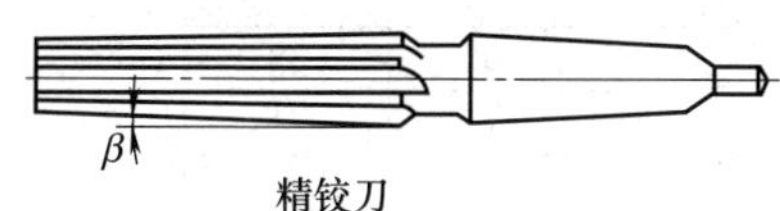

精铰刀

直柄莫氏圆锥和米制圆锥铰刀

锥柄莫氏圆锥和米制圆锥铰刀

圆锥号		β	圆锥角偏差	齿数	
				粗	精
米制	4	1°25′56″	粗±1′ 精±30″	—	—
	6				
莫氏	0	1°29′27″	粗±1′ 精±30″	4	6
	1	1°25′43″			
	2	1°25′50″			
	3	1°26′16″	粗±50″ 精±25″	6	8
	4	1°29′15″			
	5	1°30′26″	粗±40″ 精±20″	8	10
	6	1°29′36″	粗±30″ 精±15″	10	12

② 带刃倾角机用铰刀（表 9.57）。

表 9.57 带刃倾角机用铰刀（GB/T 1134—2008） mm

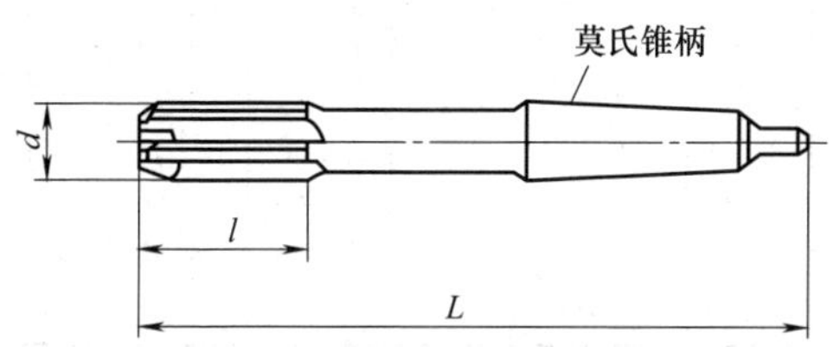

续表

优先采用的尺寸

d	l	L	莫氏锥柄号	d	l	L	莫氏锥柄号
8	156	33	1	22	237	64	2
9	162	36		(23)	241	65	
10	168	38		(24)	264	65	3
11	175	41		25	268	68	
12	182	44		(26)	273	70	
(13)				(27)	277	71	
(14)	189	47		28			
(15)	204	50	2	(30)	281	73	
16	210	52		32	317	77	4
(17)	214	54		(34)	321	78	
18	219	56		(35)			
(19)	223	58		36	325	79	
20	228	60		(38)	329	81	
21	232	62		40			

以直径分段的尺寸

直径范围 d		L	l	莫氏锥柄号	直径范围 d		L	l	莫氏锥柄号
大于	至				大于	至			
7.50	8.50	156	33	1	21.20	22.40	237	64	2
8.50	9.50	162	36		22.40	23.02	241	66	
9.50	10.00	168	38		23.02	23.60	264	66	3
10.00	10.60	168	38		23.60	25.00	268	68	
10.60	11.80	175	41		25.00	26.50	273	70	
11.80	13.20	182	44		26.50	28.00	277	71	
13.20	14.00	189	47		28.00	30.00	281	73	
14.00	15.00	204	50	2	30.00	31.50	285	75	
15.00	16.00	210	52		31.50	31.75	290	77	4
16.00	17.00	214	51		31.75	33.50	317	77	
17.00	18.00	219	56		33.50	35.50	321	78	
18.00	19.00	223	58		35.50	37.50	325	79	
19.00	20.00	228	60		37.50	40.00	329	81	
20.00	21.20	232	62						

注：（　）内的尺寸尽量不用，莫氏锥柄应符合 GB/T 1443 的规定。

③ 直柄和莫氏锥柄机用铰刀（表 9.58 和表 9.59）。

表 9.58　直柄机用铰刀的尺寸（GB/T 1132—2004）　mm

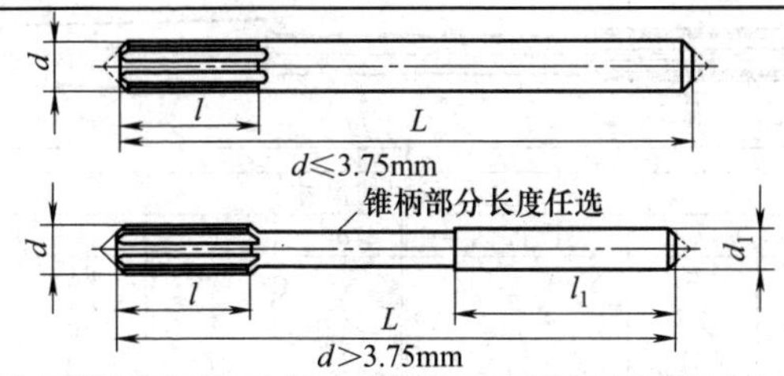

优先采用的尺寸

d	d_1	L	l	l_1	d	d_1	L	l	l_1
1.4	1.4	40	8	—	6	5.6	93	26	36
(1.5)	1.5	40	8		7	7.1	109	31	40
1.6	1.6	43	9		8	8.0	117	33	42
1.8	1.8	46	10		9	9.0	125	36	44
2.0	2.0	49	11		10	10.0	133	38	46
2.2	2.2	53	12		11	10.0	142	41	46
2.5	2.5	57	14		12	10.0	151	44	46
2.8	2.8	61	15		(13)	10.0	151	44	46
3.0	3.0	61	15		14	12.5	160	47	50
3.2	3.2	65	16		(15)	12.5	162	50	50
3.5	3.5	70	18		16	12.5	170	52	50
4.0	4.0	75	19	32	(17)	14.0	175	54	52
4.5	4.5	80	21	33	18	14.0	182	56	52
5.0	5.0	86	23	34	(19)	16.0	189	58	58
5.5	5.6	93	26	36	20	16.0	195	60	58

以直径分段的尺寸

直径范围 d		d_1	L	l	l_1
大于	至				
1.32	1.50	$d_1=d$	40	8	—
1.50	1.70		43	9	
1.70	1.90		46	10	
1.90	2.12		49	11	
2.12	2.36		53	12	
2.36	2.65		57	14	
2.65	3.00		61	15	
3.00	3.35		65	16	
3.35	3.75		70	18	
3.75	4.25	4.0	75	19	32
4.25	4.75	4.5	80	21	33
4.75	5.30	5.0	86	23	34
5.30	6.00	5.6	93	26	36
6.00	6.70	6.3	101	28	38

直径范围 d		d_1	L	l	l_1
大于	至				
6.70	7.50	7.1	109	31	40
7.50	8.50	8.0	117	33	42
8.50	9.50	9.0	125	36	44
9.50	10.60	10.0	133	38	46
10.60	11.80		142	41	
11.80	13.20		151	44	
13.20	14.00	12.5	160	47	50
14.00	15.00		162	50	
15.00	16.00		170	52	
16.00	17.00	14.0	175	54	52
17.00	18.00		182	56	
18.00	19.00	16.0	189	58	58
19.00	20.00		195	60	

注：（　）内的尺寸尽量不用。

表 9.59 莫氏锥柄机用铰刀的尺寸（GB/T 1132—2004） mm

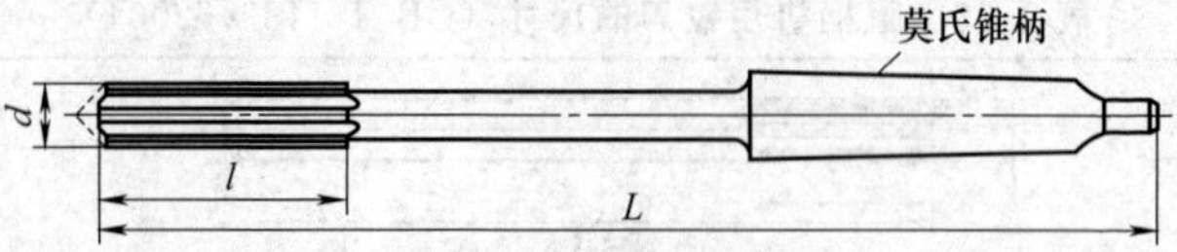

优先采用的尺寸

d	L	l	莫氏锥柄号	d	L	l	莫氏锥柄号
5.5	138	26	1	(24)	268	68	3
6	138	26		25	268	68	
7	150	31		(26)	273	70	
8	156	33		28	277	71	
9	162	36		(30)	281	73	
10	168	38		32	317	77	4
11	176	41		(34)	321	78	
12	182	44		(35)	321	78	
(13)	182	44		36	325	79	
14	189	47		(38)	329	81	
15	204	50	2	40	329	81	
16	210	52		(42)	333	82	
(17)	214	54		(44)	336	83	
18	219	56		(45)	336	83	
(19)	223	58		(46)	340	84	
20	228	60		(48)	344	86	
22	237	64		50	344	86	

以直径分段的尺寸

直径范围 d		L	l	莫氏锥柄号	直径范围 d		L	l	莫氏锥柄号
大于	至				大于	至			
5.30	6.00	138	26	1	22.40	23.02	241	66	3
6.00	6.70	144	28		23.02	23.60	264	66	
6.70	7.50	150	31		23.60	25.00	268	68	
7.50	8.50	156	33		25.00	26.50	273	70	
8.50	9.50	162	36		26.50	28.00	277	71	
9.50	10.60	168	38		28.00	30.00	281	73	
10.60	11.80	175	41		30.00	31.50	285	75	
11.80	13.20	182	44		31.50	31.75	290	77	
13.20	14.00	189	47		31.75	33.50	317	77	4
14.00	15.00	204	50	2	33.50	35.50	321	78	
15.00	16.00	210	52		35.50	37.50	325	79	
16.00	17.00	214	54		37.50	40.00	329	81	
17.00	18.00	219	56		40.00	42.50	333	82	
18.00	19.00	223	58		42.50	45.00	336	83	
19.00	20.00	228	60		45.00	47.50	340	84	
20.00	21.20	232	62		47.50	50.00	344	86	
21.20	22.40	237	64						

注：（ ）内的尺寸尽量不采用。

④ 机用1∶50锥度销子铰刀（表9.60和表9.61）。

表9.60 直柄机用1∶50锥度销子铰刀（GB/T 20331—2006）

mm

锥度1:50
d d_1 d_2 d_3 Y l_1 l_2 L

d h8	Y	d_1	d_2	l_1	d_3 h9	l_2	L
2		2.86	1.9	48	3.15	29	86
2.5	5	3.36	2.4	48	3.15	29	86
3		4.06	2.9	58	4.0	32	100
4		5.26	3.9	68	5.0	34	112
5		6.36	4.9	73	6.3	38	122
6	5	8.00	5.9	105	8.0	42	160
8		10.80	7.9	145	10.0	46	207
10		13.40	9.9	175	12.5	50	245
12	10	16.00	11.8	210	16.0	58	290

表9.61 锥柄机用1∶50锥度销子铰刀（GB/T 20331.2—2006）

mm

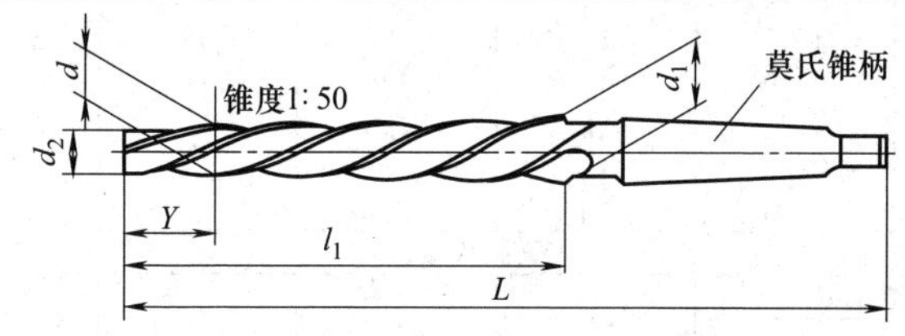

d h8	Y	d_1	d_2	l_1	L	莫氏锥柄号
5		6.36	4.9	73	155	1
6	5	8.00	5.9	105	187	1
8		10.80	7.9	145	227	1
10		13.40	9.9	175	257	1
12		16.00	11.8	210	315	2
16	10	20.40	15.8	230	335	2
20		24.80	19.8	250	377	3

续表

d h8	Y	d_1	d_2	l_1	L	莫氏锥柄号
25	15	30.70	24.7	300	427	3
30		36.10	29.7	320	475	4
40		46.50	39.7	340	495	4
50		56.90	49.7	360	550	5

注 1. 铰刀柄部外圆表面粗糙度：$Ra0.4\mu m$。

2. 铰刀零件材料：刀片—W6Mo5Cr4V2（或其他同等性能的高速钢）；焊接铰刀柄部—45 钢（或其他同等性能的钢材）。

3. 除另有说明，铰刀都是右切削。

4. 容屑槽可以制成直槽或左螺旋槽（生产商自行决定）。

⑤ 套式机用铰刀（表 9.62～表 9.64）。

表 9.62　套式机用铰刀（GB/T 1135—2004）

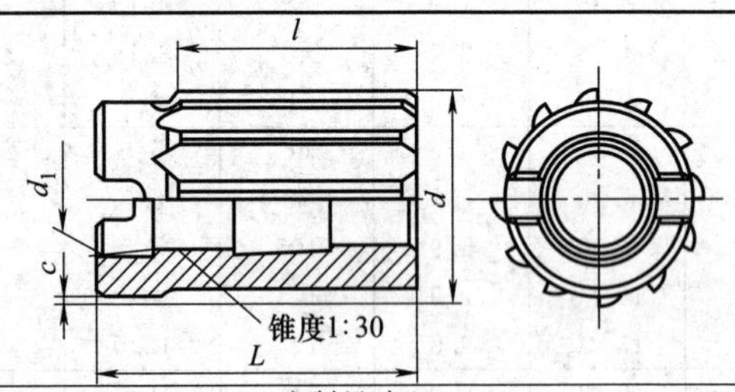

米制尺寸/mm

直径范围 d 大于	至	d_1	l	L	c max
19.9	23.6	10	28	40	1.0
23.6	30.0	13	32	45	1.0
30.0	35.5	16	36	50	1.5
35.5	42.5	19	40	56	1.5
42.5	50.8	22	45	63	1.5
50.8	60.0	27	50	71	2.0
60.0	71.0	32	56	80	2.0
71.0	85.0	40	63	90	2.5
85.0	101.6	50	71	100	2.5

英制尺寸/in

直径范围 d 大于	至	d_1	l	L	c max
0.7835	0.9291	0.3937	1 3/32	1 9/16	0.04
0.9291	1.1811	0.5118	1 1/4	1 25/32	
1.1811	1.3976	0.6299	1 13/32	1 31/32	0.06
1.3976	1.6732	0.7480	1 3/16	2 7/32	
1.6732	2.0000	0.8661	1 25/32	2 15/32	
2.0000	2.3622	1.0630	1 31/32	2 25/32	0.08
2.3622	2.7953	1.2598	2 7/32	3 5/32	
2.7953	3.3465	1.5748	2 15/32	3 17/32	0.10
3.3465	4.0000	1.9685	2 25/32	3 15/32	

表 9.63　米制套式机用铰刀芯轴（GB/T 1135—2004）　mm

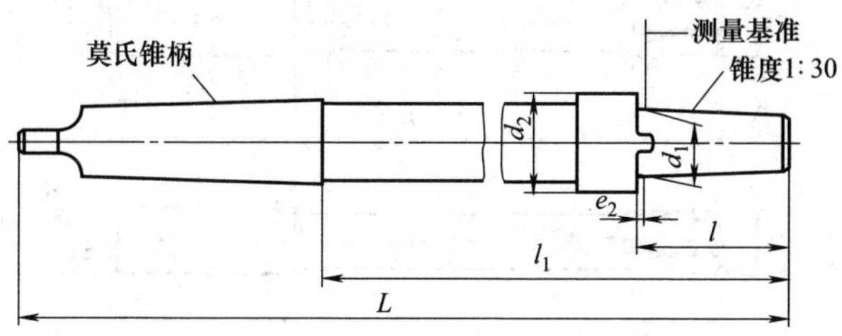

铰刀直径范围 d		d_1	d_2	l	l_1	L	莫氏锥柄号
大于	至		max	h16			
19.9	23.6	10	18	40	140	220	2
23.6	30.0	13	21	45	151	250	3
30.0	35.5	16	27	50	162	261	
35.5	42.5	19	32	56	174	298	4
42.5	50.8	22	39	63	188	312	
50.8	60.0	27	46	71	203	359	5
60.0	71.0	32	56	80	220	376	
71.0	85.0	40	65	90	240	396	
85.0	101.6	50	80	100	260	416	

表 9.64　英制套式机用铰刀芯轴（GB/T 1135—2004）　in

铰刀直径范围 d		d_1	d_2	l	l_1	L	莫氏锥柄号
大于	至		max	h16			
0.7835	0.9291	0.3937	11/16	1 9/16	5 9/16	8 11/16	2
0.9291	1.1811	0.5118	1 9/16	1 25/32	6	9 7/8	3
1.1811	1.3976	0.6299	1 1/16	1 31/32	6 3/8	10 1/4	
1.3976	1.6732	0.7480	1 1/4	2 7/32	6 7/8	11 3/4	4
1.6732	2.0000	0.8661	1 17/32	2 15/32	7 3/8	12 1/4	
2.0000	2.3622	1.0630	1 13/16	2 25/32	8	14 1/8	5
2.3622	2.7953	1.2598	2 3/16	2 5/32	8 3/4	14 7/8	
2.7953	3.3465	1.5748	2 9/16	3 17/32	9 1/2	15 5/8	
3.3465	4.0000	1.9685	3 1/8	3 15/16	10 1/4	16 3/8	

⑥ 硬质合金直柄机用铰刀（表 9.65 和表 9.66）。

表 9.65 硬质合金直柄机用铰刀（GB/T 4251—2008） mm

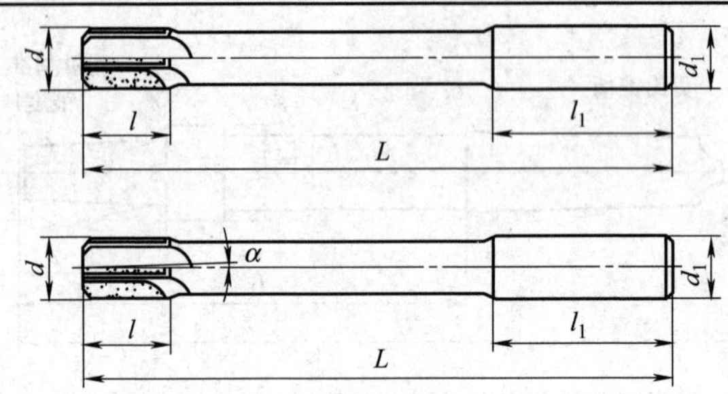

优先采用的尺寸

d	d_1	L	l	l_1
6	5.6	93	17	36
7	7.1	109		40
8	8.0	117		42
9	9.0	125		44
10	10.0	133		46
11		142		
12		151	20	
(13)				
14	12.5	160		50
(15)		162		
16		170	25	
(17)	14.0	175		52
18		182		
(19)	16.0	189		58
20		195		

以直径分段的尺寸

直径范围 d 大于	直径范围 d 至	d_1	L	l	l_1
5.3	6.0	5.6	93	17	36
6.0	6.7	6.3	101		38
6.7	7.5	7.1	109		40
7.5	8.5	8.0	117		42
8.5	9.5	9.0	125		44
9.5	10.6	10.0	133		46
10.6	11.8		142		
11.8	13.2		151	20	
13.2	14.0	12.5	160		50
14.0	15.0		162		
15.0	16.0		170	25	
16.0	17.0	14.0	175		52
17.0	18.0		182		
18.0	19.0	16.0	189		58
19.0	20.0		195		

注：（ ）内的尺寸尽量不用。

表 9.66　硬质合金莫氏锥柄机用铰刀（GB/T 4251—2008）　mm

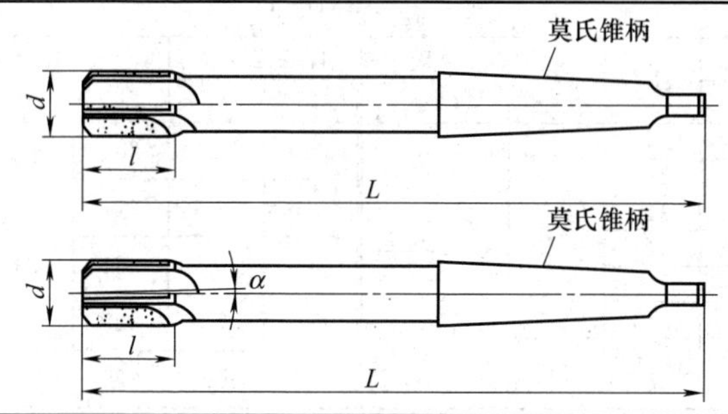

优先采用的尺寸

<table>
<tr><th>d</th><th>l</th><th>L</th><th>莫氏锥柄号</th><th>d</th><th>l</th><th>L</th><th>莫氏锥柄号</th></tr>
<tr><td>8</td><td>156</td><td rowspan="4">17</td><td rowspan="7">1</td><td>21</td><td>232</td><td rowspan="5">28</td><td rowspan="3">2</td></tr>
<tr><td>9</td><td>162</td><td>22</td><td>237</td></tr>
<tr><td>10</td><td>168</td><td>23</td><td>241</td></tr>
<tr><td>11</td><td>175</td><td>24</td><td>268</td><td rowspan="5">3</td></tr>
<tr><td rowspan="2">12
(13)</td><td rowspan="2">182</td><td rowspan="3">20</td><td>25</td><td rowspan="2">273</td></tr>
<tr><td>(26)</td><td rowspan="9">34</td></tr>
<tr><td>14</td><td>189</td><td>28</td><td>277</td></tr>
<tr><td>(15)</td><td>204</td><td rowspan="6">25</td><td rowspan="6">2</td><td>(30)</td><td>281</td></tr>
<tr><td>16</td><td>210</td><td>32</td><td>317</td><td rowspan="6">4</td></tr>
<tr><td>(17)</td><td>214</td><td>(34)</td><td>321</td></tr>
<tr><td>18</td><td>219</td><td>(35)</td><td rowspan="2">325</td></tr>
<tr><td>(19)</td><td>223</td><td>36</td></tr>
<tr><td>20</td><td>228</td><td>(38)</td><td rowspan="2">329</td></tr>
<tr><td></td><td></td><td></td><td></td><td>40</td></tr>
</table>

以直径分段的尺寸

<table>
<tr><th colspan="2">直径范围 d</th><th rowspan="2">L</th><th rowspan="2">l</th><th rowspan="2">莫氏锥柄号</th></tr>
<tr><th>大于</th><th>至</th></tr>
<tr><td>7.5</td><td>8.5</td><td>156</td><td rowspan="5">17</td><td rowspan="7">1</td></tr>
<tr><td>8.5</td><td>9.5</td><td>162</td></tr>
<tr><td>9.5</td><td>10.0</td><td>168</td></tr>
<tr><td>10.0</td><td>10.6</td><td>168</td></tr>
<tr><td>10.6</td><td>11.8</td><td>175</td></tr>
<tr><td>11.8</td><td>13.2</td><td>182</td><td rowspan="3">20</td></tr>
<tr><td>13.2</td><td>14.0</td><td>189</td></tr>
<tr><td>14.0</td><td>15.0</td><td>204</td><td>2</td></tr>
</table>

<table>
<tr><th colspan="2">直径范围 d</th><th rowspan="2">L</th><th rowspan="2">l</th><th rowspan="2">莫氏锥柄号</th></tr>
<tr><th>大于</th><th>至</th></tr>
<tr><td>15.0</td><td>16.0</td><td>210</td><td rowspan="5">25</td><td rowspan="5">2</td></tr>
<tr><td>16.0</td><td>17.0</td><td>214</td></tr>
<tr><td>17.0</td><td>18.0</td><td>219</td></tr>
<tr><td>18.0</td><td>19.0</td><td>223</td></tr>
<tr><td>19.0</td><td>20.0</td><td>228</td></tr>
</table>

续表

以直径分段的尺寸										
直径范围 d		L	l	莫氏锥柄号	直径范围 d		L	l	莫氏锥柄号
大于	至				大于	至			
20.0	21.2	232	28	2	30.0	31.5	285	34	3
21.2	22.4	237			31.5	33.5	317		4
22.4	23.02	241			33.5	35.5	321		
23.02	23.6	241			35.5	37.5	325		
23.6	25.0	268		3	37.5	40.0	329		
25.0	26.5	273							
26.5	28.0	277	34						
28.0	30.0	281							

注：括号内的尺寸尽量不用，莫氏锥柄应符合 GB/T 1443 的规定。

⑦ 莫氏锥柄长刃机用铰刀（表 9.67）。

表 9.67　莫氏锥柄长刃机用铰刀推荐直径和相应尺寸（GB/T 4243—2004）

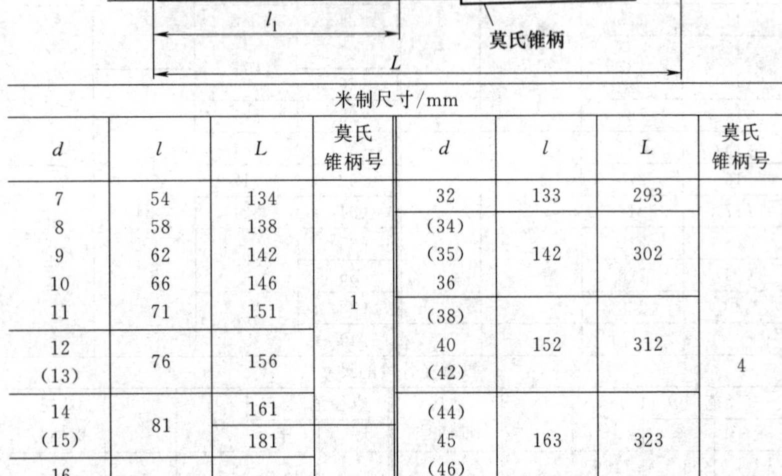

米制尺寸/mm

d	l	L	莫氏锥柄号
7	54	134	1
8	58	138	
9	62	142	
10	66	146	
11	71	151	
12 (13)	76	156	
14	81	161	
(15)		181	2
16 (17)	87	187	
18 (19)	93	193	
20 (21)	100	200	
22 (23)	107	207	

d	l	L	莫氏锥柄号
32	133	293	4
(34) (35) 36	142	302	
(38) 40 (42)	152	312	
(44) 45 (46)	163	323	
(48) 50	174	334	
(52)		371	5
(55) 56 (58) (60)	184	381	

续表

米制尺寸/mm							
d	*l*	*L*	莫氏锥柄号	*d*	*l*	*L*	莫氏锥柄号
(24) 25 (26)	115	242	3	(62) 63 67	194	391	5
(27) 28 (30)	124	251		71	203	400	

英制尺寸/in							
d	*l*	*L*	莫氏锥柄号	*d*	*l*	*L*	莫氏锥柄号
1/4	2	5 1/8	1	1	4 1/2	9 1/2	3
9/32	2 1/8	5 1/4		(1 1/16)	4 7/8	9 7/8	
5/16	2 1/4	5 3/8		1 1/8			
11/32	2 7/16	5 9/16		1 1/4	5 1/4	10 1/4	
3/8	2 5/8	5 3/4		(1 5/16)		11 9/16	4
(13/32)				1 3/8	5 5/8	11 15/16	
7/16	2 13/16	5 15/16		(1 7/16)			
(15/32)	3	6 1/8		1 1/2	6	12 5/16	
1/2				(1 5/8)			
9/16	3 3/16	7 1/8	2	1 1/4	6 7/16	12 3/4	
5/8	3 7/16	7 1/8		(1 7/8)	6 7/8	13 3/16	
11/16	3 11/16	7 5/8		2			
3/4	3 15/16	7 7/8		2 1/4	7 1/4	15	5
(13/16)				2 1/2	7 3/4	15 3/8	
7/8	4 3/16	8 1/8		3	8 3/8	16 1/8	

注：(　) 内的尺寸尽量不用，莫氏锥柄应符合 GB/T 1443 的规定。

⑧ 带刃倾角直柄机用铰刀（表 9.68）。

表 9.68　带刃倾角直柄机用铰刀优先采用的尺寸　　mm

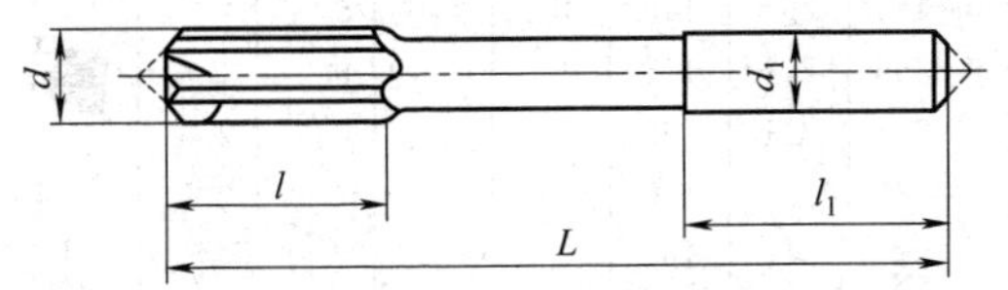

标记示例：直径 d = 10mm，加工 H8 级精度孔的带刃倾角直柄机用铰刀为"刃倾角直柄机用铰刀 10H8 GB/T 4243—2004"

续表

d	d_1	L	l	l_1	d	d_1	L	l	l_1
5.5、6	5.6	93	26	36	14	12.5	160	47	50
7	7.1	109	31	40	15		162	50	
8	8.0	117	33	42	16		170	52	
9	9.0	125	36	44	17	14.0	175	54	52
10	10.0	133	38	46	18		182	56	
11		142	41		19	16.0	189	58	58
12、13		151	44		20		195	60	

⑦ 莫氏锥柄机用桥梁铰刀（表 9.69）。

表 9.69 莫氏锥柄机用桥梁铰刀

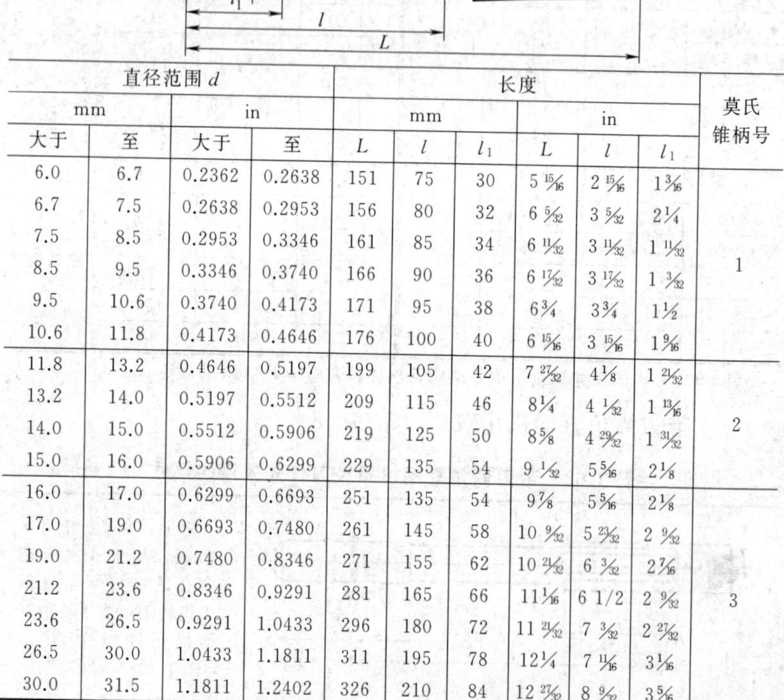

直径范围 d				长度						莫氏锥柄号
mm		in		mm			in			
大于	至	大于	至	L	l	l_1	L	l	l_1	
6.0	6.7	0.2362	0.2638	151	75	30	5 15/16	2 15/16	1 3/16	1
6.7	7.5	0.2638	0.2953	156	80	32	6 5/32	3 5/32	2 1/4	
7.5	8.5	0.2953	0.3346	161	85	34	6 11/32	3 11/32	1 11/32	
8.5	9.5	0.3346	0.3740	166	90	36	6 17/32	3 17/32	1 3/32	
9.5	10.6	0.3740	0.4173	171	95	38	6 3/4	3 3/4	1 1/2	
10.6	11.8	0.4173	0.4646	176	100	40	6 15/16	3 15/16	1 9/16	
11.8	13.2	0.4646	0.5197	199	105	42	7 27/32	4 1/8	1 21/32	2
13.2	14.0	0.5197	0.5512	209	115	46	8 1/4	4 1/32	1 13/16	
14.0	15.0	0.5512	0.5906	219	125	50	8 5/8	4 29/32	1 31/32	
15.0	16.0	0.5906	0.6299	229	135	54	9 1/32	5 5/16	2 1/8	
16.0	17.0	0.6299	0.6693	251	135	54	9 7/8	5 5/16	2 1/8	3
17.0	19.0	0.6693	0.7480	261	145	58	10 9/32	5 23/32	2 9/32	
19.0	21.2	0.7480	0.8346	271	155	62	10 21/32	6 3/32	2 7/16	
21.2	23.6	0.8346	0.9291	281	165	66	11 1/16	6 1/2	2 9/32	
23.6	26.5	0.9291	1.0433	296	180	72	11 21/32	7 3/32	2 27/32	
26.5	30.0	1.0433	1.1811	311	195	78	12 1/4	7 11/16	3 1/16	
30.0	31.5	1.1811	1.2402	326	210	84	12 27/32	8 9/32	3 5/16	

续表

直径范围 d				长度						莫氏锥柄号
mm		in		mm			in			
大于	至	大于	至	L	l	l_1	L	l	l_1	
31.5	33.5	1.2402	1.3189	354	210	84	13 15/16	8 9/32	3 5/16	4
33.5	37.5	1.3189	1.4764	364	220	88	14 5/16	8 21/32	3 15/32	
37.5	42.5	1.4764	1.6732	374	230	92	14 23/32	9 1/16	3 5/8	
42.5	47.5	1.6732	1.8701	384	240	96	15 3/32	9 7/16	3 25/32	
47.5	50.8	1.8701	2.0000	394	250	100	15 1/2	9 27/32	3 15/16	

注：1. 铰刀引入部分的锥度为 1∶10，近似相当于张开角 5°45′。

2. 每一直径分段的 L 和 l 可以变化，其上下极限值是相邻的较大和较小的直径分段给出的数值（假如两个相邻直径分段之一的莫氏锥柄大于或小于给定的直径分段的锥柄，则总长还要随这两个莫氏锥柄的长度而变化）。

示例：直径 13mm 的铰刀，l 的公称值为 105mm，可在 100mm 和 115mm 之间变化；L 的公称值为 199mm，则可在 176mm 和 209mm 之间变化。

3. 桥梁铰刀的直径 d 必须在下列原则的基础上确定：铆钉直径 10mm 以下，铰刀直径＝铆钉直径＋0.4mm；铆钉直径大于或等于 10mm，铰刀直径＝铆钉直径＋1mm。

4. 直径 d 的公差：k11。

5. 推荐的米制系列直径（mm）：6.4，(7.4)，8.4，11，13，(15)，17，(19)，2，(23)，25，(28)，3，(34)，(40)；(　) 中的尺寸尽量不采用。

表 9.70　硬质合金可调节浮动铰刀（JB/T 7426—2006）　mm

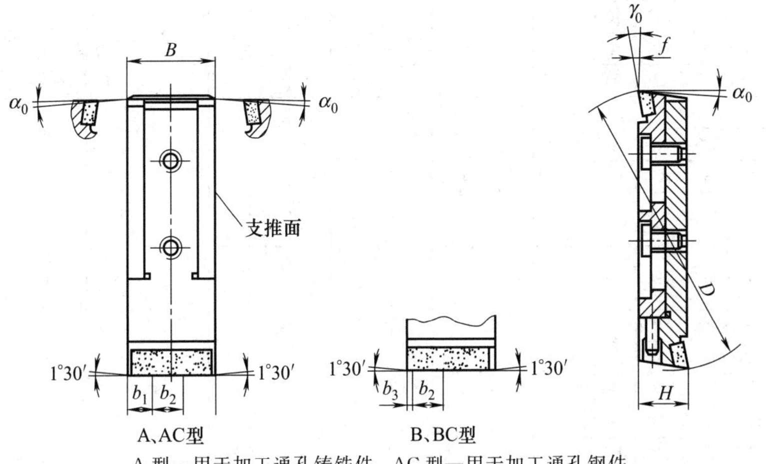

A、AC型　　B、BC型

A 型—用于加工通孔铸铁件，AC 型—用于加工通孔钢件

B 型—用于加工盲孔铸铁件，BC 型—用于加工盲孔钢件

续表

铰刀代号	D		B		H		参考尺寸				
	基本尺寸	极限偏差	基本尺寸	极限偏差	基本尺寸	极限偏差	b_1	b_2	b_3	长×宽×厚	γ_0 AC、BC型
20～22-20×8	20	0 −0.52	20	−0.007 −0.028	8	−0.005 −0.020	7	6	1.5	18×2.5×2.0	15°
22～24-20×8	22										
24～27-20×8	24										
27～30-20×8	27									18×3.0×2.0	
30～33-20×8	30										12°
33～36-20×8	33										
36～40-25×12	36	0 −0.62	25	−0.007 −0.028	12	−0.006 −0.024	9.5	6	1.5	23×5.0×3.0	15°
40～45-25×12	40										
45～50-25×12	45										12°
50～55-25×12	50										
55～60-25×12	55	0 −0.74									10°
(60～65-25×12)	60										
(65～70-25×12)	65										
(70～80-25×12)	70										
(50～55-30×16)	50	0 −0.62	30	−0.007 −0.028	16	−0.006 −0.024	11	8	1.8	28×8.0×4.0	15°
(55～60-30×16)	55	0 −0.74									12°
60～65-30×16	60										
65～70-30×16	65										
70～80-30×16	70										
80～90-30×16	80										
90～100-30×16	90	0 −0.87									
100～110-30×16	100		30	−0.007 −0.028	16	−0.006 −0.024	11	8	1.8	28×8.0×4.0	6°
110～120-30×16	110										
120～135-30×16	120										
135～150-30×16	135	0 −1.00									
(80～90-35×20)	80	0 −0.74	35	−0.009 −0.034	20	−0.007 −0.028	13	9	2	33×10×5.0	12°
(90～100-35×20)	90	0 −0.87									10°
(100～110-35×20)	100										
(110～120-35×20)	110										
(120～135-35×20)	120										6°
(135～150-35×20)	135	0 −1.00									
150～170-35×20	150										
170～190-35×20	170										

续表

铰刀代号	D 基本尺寸	D 极限偏差	B 基本尺寸	B 极限偏差	H 基本尺寸	H 极限偏差	参考尺寸 b_1	b_2	b_3	长×宽×厚	γ_0 AC、BC 型
(190～210-35×20)	190	0	35	−0.009	20	−0.007	13	9	2	33×10×5.0	6°
(210～230-35×20)	210	−1.15		−0.034		−0.028					
(150～170-40×25)	150	0	40	−0.009	25	−0.007	15	10	2	38×14×5.0	
(170～190-40×25)	170	−1.00		−0.034		−0.028					
190～210-40×25	190	0									4°
210～230-40×25	210	−1.15									

注：1. 第一列铰刀代号“-”之前的“××～××”表示调节范围。

2. 所有 $\alpha_0=0°\sim4°$；$f=0.10\sim0.15$，A、B 型的 $\gamma_0=0°$。

3. 适用直径 20～230mm、加工公差等级 IT6～IT7 级精度圆柱孔的浮动铰刀。

9.2.8 扳手三爪钻夹头

用于电钻或钻床上夹持直柄钻头，分重型（代号 H）、中型（代号 M）和轻型（代号 L）三类。前者用于机床和重负荷加工，中者用于轻负荷加工和便携式工具，后者用于轻负荷加工和家用钻具。

表 9.71　扳手三爪钻夹头的规格（GB/T 6087—2003）

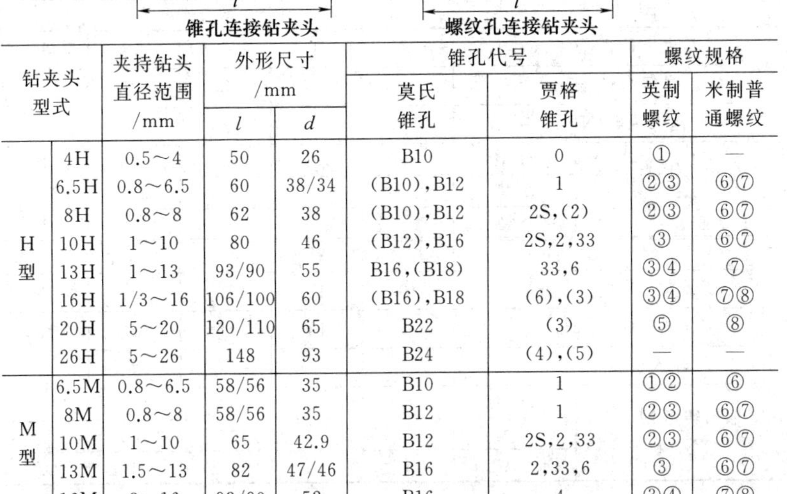

锥孔连接钻夹头　　螺纹孔连接钻夹头

钻夹头型式		夹持钻头直径范围 /mm	外形尺寸 /mm l	d	锥孔代号 莫氏锥孔	贾格锥孔	螺纹规格 英制螺纹	米制普通螺纹
H 型	4H	0.5～4	50	26	B10	0	①	—
	6.5H	0.8～6.5	60	38/34	(B10),B12	1	②③	⑥⑦
	8H	0.8～8	62	38	(B10),B12	2S,(2)	②③	⑥⑦
	10H	1～10	80	46	(B12),B16	2S,2,33	③	⑥⑦
	13H	1～13	93/90	55	B16,(B18)	33,6	③④	⑦
	16H	1/3～16	106/100	60	(B16),B18	(6),(3)	③④	⑦⑧
	20H	5～20	120/110	65	B22	(3)	⑤	⑧
	26H	5～26	148	93	B24	(4),(5)	—	—
M 型	6.5M	0.8～6.5	58/56	35	B10	1	①②	⑥
	8M	0.8～8	58/56	35	B12	1	②③	⑥⑦
	10M	1～10	65	42.9	B12	2S,2,33	②③	⑥⑦
	13M	1.5～13	82	47/46	B16	2,33,6	③	⑥⑦
	16M	3～16	93/90	52	B16	4	③④	⑦⑧

续表

钻夹头型式		夹持钻头直径范围/mm	外形尺寸/mm		锥孔代号		螺纹规格	
			l	*d*	莫氏锥孔	贾格锥孔	英制螺纹	米制普通螺纹
L型	6.5L	0.8～6.5	56	30	B10	1	②	⑥
	8L	1～8	56	30	B10	1	②③	⑥⑦
	10L	1.5～10	65	34	B12	2S,2,33	②③	⑥⑦
	13L	2.5～13	82	42.9	B12,B16	2,33,6	③④	⑥⑦
	16L	3～16	88	51	B16	33,6	④⑤	⑦⑧

注：1. 括号内的锥孔代号尽量不采用。2S中的“S”表示短贾格锥孔。

2. 外形尺寸栏中用分数表示的数据，分子适用于锥孔连接钻夹头，分母适用于螺纹孔连接钻夹头。

3. 螺纹规格栏中：螺纹代号①为5/16×24，②为3/8×24，③为1/2×20，④为5/8×16，⑤为3/4×16，⑥为M10×1，⑦为M12×1.25，⑧为M16×1.5。

9.2.9 无扳手三爪钻夹头

无扳手三爪钻夹头也分重型（H）、中型（M）和轻型（L），有自紧式和手紧式两种，与机床的连接形式有锥孔连接和螺纹孔连接。夹头的转矩要求见表9.72；其锥孔连接形式和参数见表9.73，螺纹孔连接形式及其参数见表9.74。

表9.72 钻夹头的转矩要求（JB/T 4371.2—2002）

型式		自紧式				
最大夹持直径/mm		3	4	5	6.5	8
试棒直径/mm		3	4	5	6.5	8
输入转矩/N·m		—	—	—	—	—
输出转矩 M_{min} /N·m	H型	0.8	1.2	2	3	4
	M型	—	—	—	2.5	3.5
	L型	—	—	—	—	3
型式		自紧式			手紧式	
最大夹持直径/mm		10	13	16	10	13
试棒直径/mm		10	13	16	10	13
输入转矩/N·m		—	—	—	7	7
输出转矩 M_{min} /N·m	H型	6	12	14	5	6
	M型	5	8	10	4.5	5
	L型	4	5	—	4	4.5

表 9.73　锥孔连接形式及其参数（JB/T 4371.1—2002）

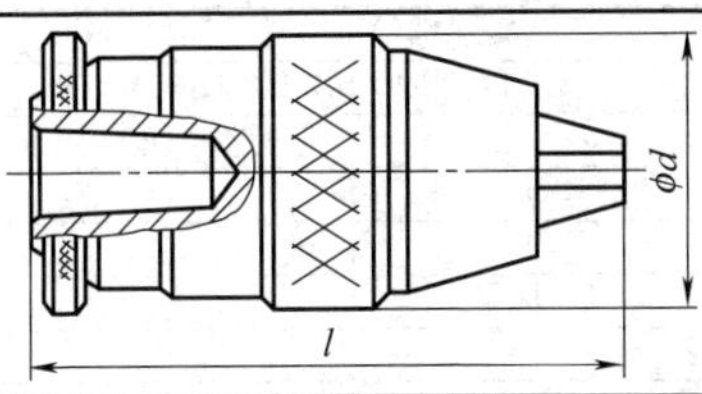

型式		夹持直径 max /mm	莫氏锥孔							贾格锥孔						
			B6	B10	B12	B16s①	B16	B18s①	B18	0	1	2s②	2	3	6	(3)
H型	3H	3	√	√						√	√					
	4H	4		√						√	√					
	5H	5		√	√						√					
	6.5H	6.5		√	√						√					
	8H	8		√	√							√				
	10H	10			√		√						√	√		
	13H	13					√						√	√	√	
	16H	16					√	√	√						√	
M型	6.5M	6.5		√	√						√					
	8M	8		√	√						√	√				
	10M	10			√	√	√					√	√	√		
	13M	13			√	√	√						√	√	√	
	16M	16					√	√							√	√

型式		3H	4H	5H	6.5H	8H	10H	13H	16H
H型	夹持范围	0.2～3	0.5～4	0.5～5	0.5～6.5	0.5～8	0.5～10	1～13	3～16
	l_{max}③	50	62	63	72	80	103	110	115
	d_{max}	25	30	32	35	38	42.9	54	56
型式		—	—	—	6.5M	8M	10M	13M	16M
M型	夹持范围	—	—	—	0.5～6.5	0.5～8	1～10	1～13	3～16
	l_{max}③	—	—	—	72	80	103	110	115
	d_{max}				35	38	42.9	42.9	54

① 短莫氏锥度。

② 短贾格锥度。

③ 钻夹头夹爪闭合后尺寸。

注：“√”表示推荐规格。

表 9.74　螺纹孔连接形式及其参数（JB/T 4371.1—2002）

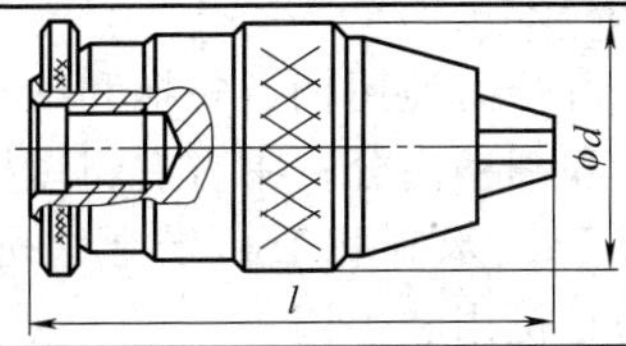

续表

型式		夹持直径 max ①mm	英制螺纹			普通螺纹		
			3/8×24	1/2×20	5/8×16	M10×1	M12×1.25	M16×1.5
			螺纹深度 l/mm					
			14.5	16	19	14	16	19
M型	6.5M	6.5	√	√		√	√	
	8M	8	√			√		
	10M	10	√	√	√	√	√	
	13M	13		√	√		√	√
	16M	16		√	√		√	√
L型	8L	8	√			√		
	10L	10	√	√		√	√	
	13L	13	√	√		√	√	

型式		6.5M	8M	10M	13M	16M
M型	夹持范围	0.5/6.5	0.5/8	1/10	1/13	3/16
	$l_{max}^{①}$	72	74	103	110	115
	d_{max}	35	35	42.9	42.9	54

型式		—	8L	10L	13L	—
L型	夹持范围	—	1/8	1.5/10	1.5/13	—
	$l_{max}^{①}$	—	72	78	97	—
	d_{max}	—	35	36	42.9	—

① 钻夹头夹爪闭合后尺寸。

注："√"表示推荐规格。

9.3 螺纹加工工具和辅具

螺纹加工工具包括丝锥、板牙和搓丝板、滚丝轮。丝锥用来加工普通内螺纹，板牙用来加工外螺纹，它们是用切削方法加工的，而搓丝板和滚丝轮则是用塑性变形方法加工。

丝锥分普通螺纹丝锥、管螺纹丝锥、螺母丝锥和螺旋槽丝锥。普通螺纹丝锥又有机用和手用以及长柄和短柄之分，它们都是加工普通螺纹用的切削刀具。前者一般用碳素工具钢或合金工具钢滚牙制成，公差带为 H4。后者一般用高速钢磨牙，公差带分 H1、H2、H3 三种。但机用和手用丝锥的规格相同。

9.3.1 机用和手用丝锥

丝锥按柄型式，可分为通用柄、短柄和细长柄三种。前者有粗柄（带颈和不带颈）和细柄之分；中者有粗短柄、粗柄带颈短柄和细短柄之分；后者有 ISO 米制和 ISO 英制之分，细长柄丝锥均为机用丝锥，其余的均有机用和手用。

通用柄机用和手用丝锥见表 9.75～表 9.77。

表 9.75　粗柄机用和手用丝锥规格（GB/T 3464.1—2007）　mm

代号	公称直径 d	螺距 P	d_1	l	L	l_1	方头	
							a	l_2
粗牙普通螺纹丝锥								
M1	1.0	0.25	2.5	5.5	38.5	10	2	4
M1.1	1.1							
M1.2	1.2							
M1.4	1.4	0.3	2.5	7	40	12	2	4
M1.6	1.6	0.35		8	41	13		
M1.8	1.8							
M2	2.0	0.4				13.5		
M2.2	2.2	0.45	2.8	9.5	44.5	15.5	2.24	5
M2.5	2.5							
细牙普通螺纹丝锥								
M1×0.2	1.0	0.2	2.5	5.5	38.5	10	2	4
M1.1×0.2	1.1							
M1.2×0.2	1.2							
M1.4×0.2	1.4	0.2	2.5	7	40	12	2	4
M1.6×0.2	1.6			8	41	13		
M1.8×0.2	1.8							
M2×0.25	2.0	0.25				13.5		
M2.2×0.25	2.2		2.8	9.5	44.5	15.5	2.24	5
M2.5×0.35	2.5	0.35						

表 9.76　粗柄带颈机用和手用丝锥规格（GB/T 3464.1—2007）　mm

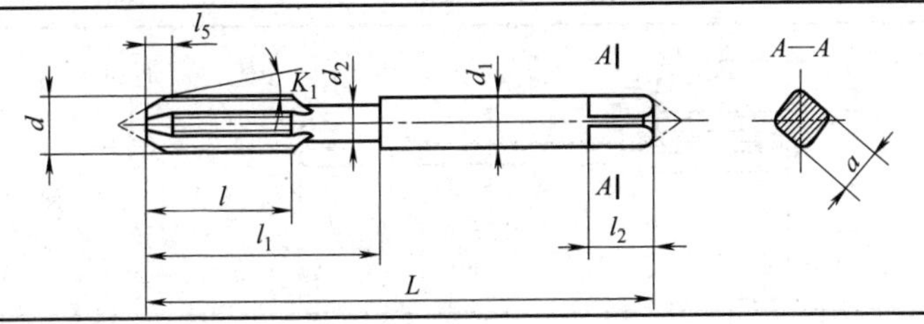

续表

代号	公称直径 d	螺距 P	d_1	l	L	d_2	l_1	方头	
								a	l_2
粗牙普通螺纹丝锥									
M3	3.0	0.5	3.15	11	48	2.12	18	2.5	5
M3.5	3.5	(0.6)	3.55	13	50	2.5	20	2.8	
M4	4.0	0.7	4.0		53	2.8	21	3.15	6
M4.5	4.5	(0.75)	4.5			3.15		3.55	
M5	5	0.8	5.0	16	58	3.55	25	4.0	7
M6	6	1.0	6.3	19	66	4.5	30	5.0	8
M7	7		7.1			5.3		5.6	
M8	8	1.25	8	22	72	6.0	35	6.3	9
M9	9		9			7.1	36	7.1	10
M10	10	1.5	10	24	80	7.5	39	8.0	11
细牙普通螺纹丝锥									
M3×0.35	3.0	0.35	3.15	11	48	2.12	18	2.5	5
M3.5×0.35	3.5		3.55	13	50	2.5	20	2.8	
M4×0.5	4.0	0.5	4.0		53	2.8	21	3.15	6
M4.5×0.5	4.5		4.5			3.15		3.55	
M5×0.5	5.0	0.5	5.0	16	58	3.55	25	4.0	7
M5.5×0.5	5.5		5.6	17	62	4.0	26	4.5	
M6×0.5	6		6.3	19	66	4.5	30	5.0	8
M6×0.75		0.75							
M7×0.75	7		7.1	19	66	5.3		5.6	
M8×0.5	8	0.5	8			6	32	6.3	9
M8×0.75		0.75							
M8×1		1.0		22	72		35		
M9×0.75	9	0.75	9	19	66	7.1	33	7.1	10
M9×1		1.0		22	72		36		
M10×0.75	10	0.75	10	20	73	7.5	35	8	11
M10×1		1.0		24	80		39		
M10×1.25		1.25							

注：1. 括号内的尺寸尽可能不用。

2. 允许无空刀槽，届时螺纹部分长度尺寸应为 $l+(l_1-l)/2$。

表 9.77　细柄机用和手用丝锥规格（GB/T 3464.1—2007）　mm

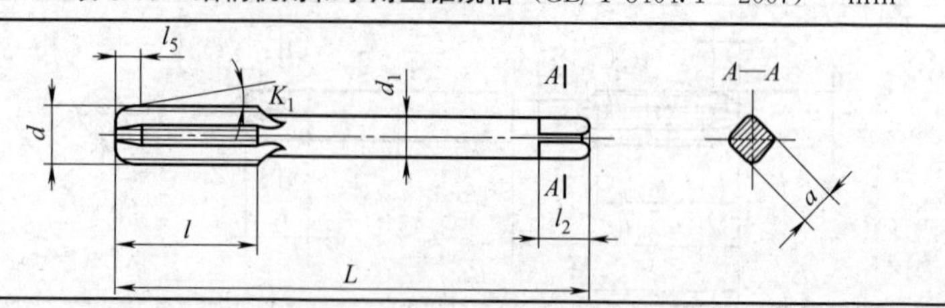

续表

代号	公称直径 d	螺距 P	d_1	l	L	方头	
						a	l_2
粗牙普通螺纹丝锥							
M3	3.0	0.5	2.24	11	48	118	4
M3.5	3.5	(0.6)	2.5	13	50	2	
M4	4.0	0.7	3.15		53	2.5	5
M4.5	4.5	(0.75)	3.55			2.8	
M5	5	0.8	4.0	16	58	3.15	6
M6	6	1.0	4.5	19	66	3.55	
M7	(7)		5.6			4.5	7
M8	8	1.25	6.3	22	72	5	8
M9	(9)		7.1			5.6	
M10	10	1.5	8.0	24	80	6.3	9
M11	(11)			25	85		
M12	12	1.75	9.0	29	89	7.1	10
M14	14	2.0	11.2	30	95	9	12
M16	16		12.5	32	102	10	13
M18	18	2.5	14	37	112	11.2	14
M20	20		16	38	118	12.5	16
M22	22						
M24	24	3.0	18	45	130	14	18
M27	27		20		135	16	20
M30	30	3.5		48	138		
M33	33		22.4	51	151	18	22
M36	36	4.0	25	57	162	20	24
M39	39		28	60	170	22.4	26
M42	42	4.5					
M45	45	4.5	31.5	67	187	25	28
M48	48	5.0					
M52	52		35.5	70	200	28	31
M56	56	5.5					
M60	60		40	76	221	31.5	34
M64	64	6.0		79	224		
M68	68		45		234	35.5	38

续表

代号	公称直径 d	螺距 P	d_1	l	L	方头	
						a	l_2
细牙普通螺纹丝锥							
M3×0.35	3.0	0.35	2.24	11	48	1.8	4
M3.5×0.35	3.5		2.5		50	2	
M4×0.5	4.0	0.5	3.15	13	53	2.5	5
M4.5×0.5	4.5		3.55			2.8	
M5×0.5	5.0		4	16	58	3.15	6
M5.5×0.5	(5.5)			17	62		
M6×0.75	6	0.75	4.5	19	66	3.55	
M7×0.75	(7)		5.6			4.5	7
M8×0.75	8		6.3			5.0	8
M8×1		1.0		22	72		
M9×0.75	(9)	0.75	7.1	19	66	5.6	
M9×1		1.0		22	72		
M10×0.75	10	0.75	8	20	73	6.3	9
M10×1		1.0		24	80		
M10×1.25		1.25					
M11×0.75	(11)	0.75	8	22	80	6.3	9
M11×1		1.0					
M12×1	12	1.0	9			7.1	10
M12×1.25		1.25		29	89		
M12×1.5		1.5					
M14×1	14	1.0	11.2	22	87	9	12
M14×1.25[①]		1.25		30	95		
M14×1.5		1.5					
M15×1.5	(15)						
M16×1	16	1.0	12.5	22	92	10	13
M16×1.5		1.5		32	102		
M17×15	(17)						
M18×1	18	1.0	14	22	97	11.2	14
M18×1.5		1.5		37	112		
M18×2		2.0					
M20×1	20	1.0	14	22	102	11.2	14
M20×1.5		1.5		37	112		
M20×2		2.0					

续表

代号	公称直径 d	螺距 P	d_1	l	L	方头	
						a	l_2
细牙普通螺纹丝锥							
M22×1	22	1.0	16	24	109	12.5	16
M22×1.5		1.5		38	118		
M22×2		2.0					
M24×1	24	1.0	18	24	114	14	18
M24×1.5		1.5		45	130		
M24×2		2.0					
M25×1.5	25	1.5	18	45	130	14	18
M25×2		2.0					
M26×1.5	26	1.5		35	120		
M27×1	27	1.0	20	25		16	20
M27×1.5		1.5		37	127		
M27×2		2.0					
M28×1	(28)	1.0		25	120	16	20
M28×1.5		1.5	20	37	127		
M28×2		2.0					
M30×1	30	1.0		25	120	16	20
M30×1.5		1.5		37	127		
M30×2		2.0					
M30×3		3.0		48	138		
M32×1.5	(32)	1.5	22.4	37	137	18	22
M32×2		2.0					
M33×1.5	33	1.5					
M33×2		2.0					
M33×3		3.0		51	151		
M35×1.5[2]	(35)	1.5	25	39	144	20	24
M36×1.5	36						
M36×2		2.0					
M36×3		3.0		57	162		
M38×1.5	38	1.5	28	39	149	22.4	26
M39×1.5	39						
M39×2		2.0					
M39×3		3.0		60	170		
M40×1.5	(40)	1.5	28	39	149	22.4	26
M40×2		2.0					
M40×3		3.0		60	170		

续表

代号	公称直径 d	螺距 P	d_1	l	L	方头	
						a	l_2
细牙普通螺纹丝锥							
M42×1.5	42	1.5	28	39	149	22.4	26
M42×2		2					
M42×3		3		60	170		
M42×4		(4)					
M45×1.5	45	1.5	31.5	45	165	25	28
M45×2		2					
M45×3		3		67	187		
M45×4		(4)					
M48×1.5	48	1.5	31.5	45	165	25	28
M48×2		2					
M48×3		3		67	187		
M48×4		(4)					
M50×1.5	(50)	1.5	31.5	45	165	25	28
M50×2		2					
M50×3		3		67	187		
M52×1.5	52	1.5	35.5	45	175	28	31
M52×2		2					
M52×3		3		70	200		
M52×4		4					
M55×1.5	(55)	1.5	35.5	45	175	28	31
M55×2		2					
M55×3		3		70	200		
M55×4		4					
M56×1.5	56	1.5	35.5	45	175	28	31
M56×2		2					
M56×3		3		70	200		
M56×4		4					
M58×1.5	58	1.5	40	76	193	31.5	34
M58×2		2					
M58×3		(3)			209		
M58×4		(4)					
M60×1.5	60	1.5	40	76	193	31.5	34
M60×2		2					
M60×3		3			209		
M60×4		4					

续表

代号	公称直径 d	螺距 P	d_1	l	L	方头	
						a	l_2
细牙普通螺纹丝锥							
M62×1.5	62	1.5	40	76	193	31.5	34
M62×2		2					
M62×3		(3)			209		
M62×4		(4)					
M64×1.5	64	1.5	40	79	193	31.5	34
M64×2		2					
M64×3		3			209		
M64×4		4					
M65×1.5	65	1.5	40	79	193	31.5	34
M65×2		2					
M65×3		(3)			209		
M65×4		(4)					
M68×1.5	68	1.5	40	79	203	35.5	38
M68×2		2					
M68×3		3			219		
M68×4		4					
M70×1.5	70	1.5	45	79	203	35.5	38
M70×2		2					
M70×3		(3)			219		
M70×4		(4)					
M70×6		(6)			234		
M72×1.5	72	1.5	45	79	203	35.5	38
M72×2		2					
M72×3		3			219		
M72×4		4					
M72×6		6			234		
M75×1.5	75	1.5	45	79	203	35.5	38
M75×2		2					
M75×3		(3)			219		
M75×4		(4)					
M75×6		(6)			234		
M76×1.5	76	1.5	50	83	226	40	42
M76×2		2					
M76×3		3			242		
M76×4		4					
M76×6		6			258		
M78×2	78	2			226		

续表

<table>
<tr><th rowspan="2">代号</th><th rowspan="2">公称直径
d</th><th rowspan="2">螺距
P</th><th rowspan="2">d_1</th><th rowspan="2">l</th><th rowspan="2">L</th><th colspan="2">方头</th></tr>
<tr><th>a</th><th>l_2</th></tr>
<tr><td colspan="8">细牙普通螺纹丝锥</td></tr>
<tr><td>M80×1.5</td><td rowspan="5">80</td><td>1.5</td><td rowspan="5">50</td><td rowspan="5">83</td><td rowspan="2">226</td><td rowspan="5">40</td><td rowspan="5">42</td></tr>
<tr><td>M80×2</td><td>2</td></tr>
<tr><td>M80×3</td><td>3</td><td rowspan="2">242</td></tr>
<tr><td>M80×4</td><td>4</td></tr>
<tr><td>M80×6</td><td>6</td><td>258</td></tr>
<tr><td>M82×2</td><td>82</td><td>2</td><td rowspan="5">50</td><td rowspan="5">86</td><td rowspan="2">226</td><td rowspan="5">40</td><td rowspan="5">42</td></tr>
<tr><td>M85×2</td><td rowspan="4">85</td><td>2</td></tr>
<tr><td>M85×3</td><td>3</td><td rowspan="2">242</td></tr>
<tr><td>M85×4</td><td>4</td></tr>
<tr><td>M85×6</td><td>6</td><td>261</td></tr>
<tr><td>M90×2</td><td rowspan="4">90</td><td>2</td><td rowspan="4">50</td><td rowspan="4">86</td><td>226</td><td rowspan="4">40</td><td rowspan="4">42</td></tr>
<tr><td>M90×3</td><td>3</td><td rowspan="2">242</td></tr>
<tr><td>M90×4</td><td>4</td></tr>
<tr><td>M90×6</td><td>6</td><td>261</td></tr>
<tr><td>M95×2</td><td rowspan="4">95</td><td>2</td><td rowspan="4">56</td><td rowspan="4">89</td><td>244</td><td rowspan="4">45</td><td rowspan="4">46</td></tr>
<tr><td>M95×3</td><td>3</td><td rowspan="2">260</td></tr>
<tr><td>M95×4</td><td>4</td></tr>
<tr><td>M95×6</td><td>6</td><td>279</td></tr>
<tr><td>M100×2</td><td rowspan="4">100</td><td>2</td><td rowspan="4">56</td><td rowspan="4">89</td><td>244</td><td rowspan="4">45</td><td rowspan="4">46</td></tr>
<tr><td>M100×3</td><td>3</td><td rowspan="2">260</td></tr>
<tr><td>M100×4</td><td>4</td></tr>
<tr><td>M100×6</td><td>6</td><td>279</td></tr>
</table>

① 仅用于火花塞。

② 仅用于滚动轴承锁紧螺母。

9.3.2　短柄机用和手用丝锥

表 9.78　粗短柄机用和手用丝锥（GB/T 3464.3—2007）　mm

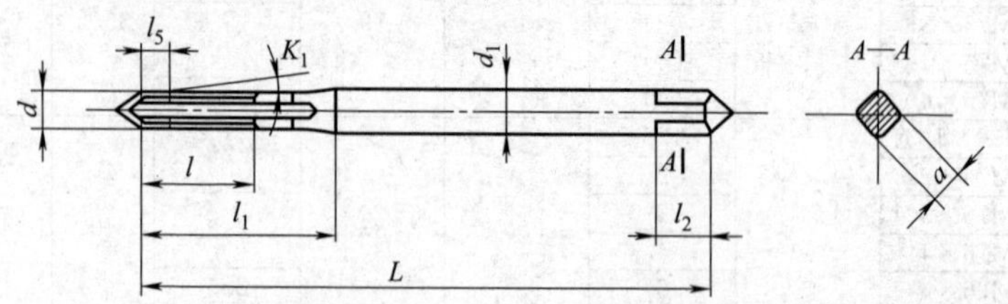

续表

代号	公称直径 d	螺距 P	d_1	l	L	l_1	方头	
							a	l_2
粗牙普通螺纹丝锥								
M1	1.0	0.25	2.5	5.5	28	10	2	4
M1.1	1.1							
M1.2	1.2							
M1.4	1.4	0.30	2.5	7.0		12	2	4
M1.6	1.6	0.35		8.0	32	13		
M1.8	1.8							
M2	2.0	0.40			36	13.5		
M2.2	2.2	0.45	2.8	9.5		15.5	2.24	5
M2.5	2.5							
细牙普通螺纹丝锥								
M1.0×0.2	1.0	0.2	2.5	5.5	28	10	2	4
M1.1×0.2	1.1							
M1.2×0.2	1.2							
M1.4×0.2	1.4	0.2	2.5	7.0		12	2	4
M1.6×0.2	1.6			8.0	32	13		
M1.8×0.2	1.8							
M2.0×0.25	2.0	0.25			36	13.5		
M2.2×0.25	2.2		2.8	9.5		15.5	2.24	5
M2.5×0.35	2.5	0.35						

表 9.79　粗柄带颈短柄机用和手用丝锥（GB/T 3464.3—2007）

mm

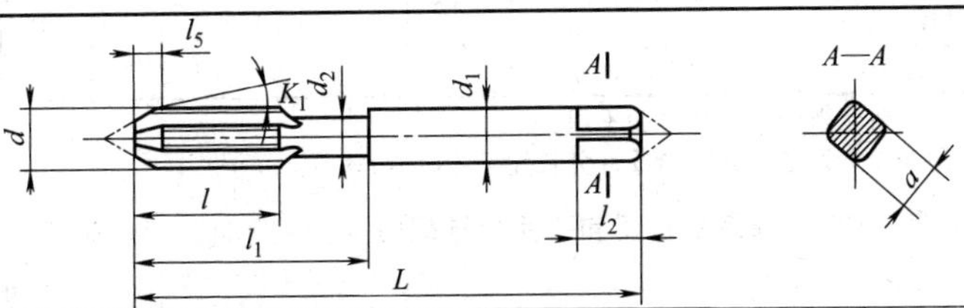

代号	公称直径 d	螺距 P	d_1	l	L	d_2 min	l_1	方头	
								a	l_2
粗牙普通螺纹丝锥									
M3	3.0	0.5	3.15	11	40	2.12	18	2.5	5
M3.5	3.5	(0.6)	3.55	13		2.50	20	2.8	
M4	4.0	0.7	4.0		45	2.80	21	3.15	6
M4.5	4.5	(0.75)	4.5			3.15		3.55	

续表

代号	公称直径 d	螺距 P	d_1	l	L	d_2 min	l_1	方头 a	方头 l_2
粗牙普通螺纹丝锥									
M5	5	0.8	5.0	16	50	3.55	25	4.0	7
M6	6	1.0	6.3	19	55	4.5	30	5.0	8
M7	7		7.1			5.3		5.6	
M8	8	1.25	8	22	65	6.0	35	6.3	9
M9	9		9			7.1	36	7.1	10
M10	10	1.5	10	24	70	7.5	39	8.0	11
细牙普通螺纹丝锥									
M3×0.35	3	0.35	3.15	11	40	2.12	18	2.5	5
M3.5×0.35	3.5		3.55			2.5	20	2.8	
M4×0.5	4	0.5	4.0	13	45	2.8	21	3.15	6
M4.5×0.5	4.5		4.5			3.15		3.55	
M5×0.5	5	0.5	5.0	16	50	3.55	25	4.0	7
M5.5×0.5	5.5		5.6	17		4.0	26	4.5	
M6×0.5	6		6.3	19	50	4.5	30	5.0	8
M6×0.75		0.75							
M7×0.75	7		7.1			5.3		5.6	
M8×0.5	8	0.5	8	19	60	6	32	6.3	9
M8×0.75		0.75							
M8×1.0		1.0		22			35		
M9×0.75	9	0.75	9	19	60	7.1	33	7.1	10
M9×1.0		1.0		22			36		
M10×0.75	10	0.75	10	20	65	7.5	35	8	11
M10×1.0		1.0		24			39		
M10×1.25		1.25							

注：1. 括号内的尺寸尽可能不用。

2. 允许无空刀槽，届时螺纹部分长度尺寸应为 $l+(l_1-l)/2$。

表 9.80　细短柄机用和手用丝锥规格（GB/T 3464.3—2007）

mm

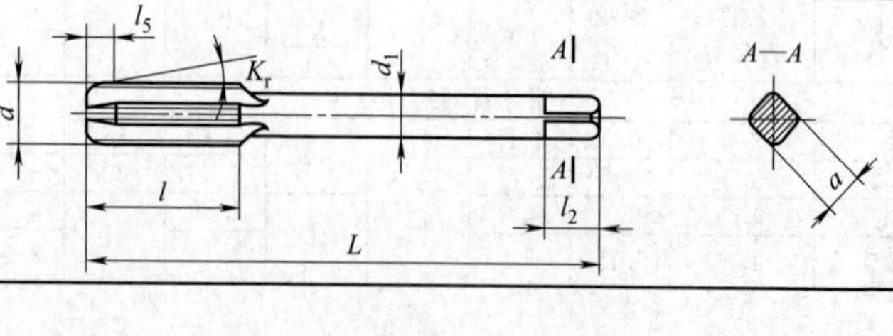

续表

代号	公称直径 d	螺距 P	d_1	l	L	方头	
						a	l_2
粗牙普通螺纹丝锥							
M3	3.0	0.5	2.24	11	40	1.8	4
M3.5	3.5	(0.6)	2.5	13		2.0	
M4	4.0	0.7	3.15		45	2.5	5
M4.5	4.5	(0.75)	3.55			2.8	
M5	5.0	0.5	4.0	16	50	3.15	6
M6	6	1.0	4.5	19	55	3.55	
M7	(7)		5.6			4.5	7
M8	8	1.25	6.3	22	65	5.0	8
M9	(9)		7.1			5.6	
M10	10	1.5	8.0	24	70	6.3	9
M11	(11)			25			
M12	12	1.75	9.0	29	80	7.1	10
M14	14	2.0	11.2	30	90	9.0	12
M16	16		12.5	32		10	13
M18	18	2.5	14	37	100	11.2	14
M20	20						
M22	22		16	38	110	12.5	16
M24	24	3.0	18	45	120	14	18
M27	27		20			16	20
M30	30	3.5		48	130		
M33	33		22.4	51		18	22
M36	36	4.0	25	57	145	20	24
M39	39		28	60		22.4	26
M42	42	4.5			160		
M45	45	4.5	31.5	67	160	25	28
M48	48	5.0			175		
M52	52		35.5	70		28	31
细牙普通螺纹丝锥							
M3×0.35	3	0.35	2.24	11	40	1.8	4
M3.5×0.35	3.5		2.5	13		2.0	
M4×0.5	4	0.5	3.10		45	2.5	5
M4.5×0.5	4.5		3.55			2.8	

续表

代号	公称直径 d	螺距 P	d_1	l	L	方头	
						a	l_2
细牙普通螺纹丝锥							
M5×0.5	5	0.5	4.0	16	50	3.15	6
M5.5×0.5	(5.5)			17			
M6×0.75	6	0.75	4.5	19		3.55	
M7×0.75	(7)		5.6			4.5	7
M8×0.75	8		6.3		60	5.0	8
M8×1		1.0		22			
M9×0.75	(9)	0.75	7.1	19		5.6	
M9×1		1.0		22			
M10×0.75	10	0.75	8	20	65	6.3	9
M10×1		1		24			
M10×1.25		1.25	8		65	6.3	9
M11×0.75	(11)	0.75		22			
M11×1		1					
M12×1	12	1	9		70	7.1	10
M12×1.20		1.25		29			
M12×1.5		1.5					
M14×1	14	1	11.2	22	70	9	12
M14×1.25①		1.25		30			
M14×1.5		1.5					
M15×1.5	(15)						
M16×1	16	1	12.5	22	80	10	13
M16×1.5		1.5		32			
M17×1.5	(17)						
M18×1	18	1	14	22	90	11.2	14
M18×1.5		1.5		37			
M18×2		2					
M20×1	20	1	14	22	90	11.2	14
M20×1.5		1.5		37			
M20×2		2					
M22×1	22	1	16	24		12.5	16
M22×1.5		1.5		38			
M22×2		2					

续表

代号	公称直径 d	螺距 P	d_1	l	L	方头	
						a	l_2
细牙普通螺纹丝锥							
M24×1	24	1	18	24	95	14	18
M24×1.5		1.5		45			
M24×2		2	18				
M25×1.5	25	1.5					
M25×2		2			95		
M26×1.5	26	1.5		35			
M27×1	27	1	18	25	95	14	18
M27×1.5		1.5		37			
M27×2		2					
M28×1	(28)	1		25	105	16	20
M28×1.5		1.5	20	37			
M28×2		2					
M30×1	30	1		25	105		
M30×1.5		1.5		37			
M30×2		2					
M30×3		3		48			
M32×1.5	(32)	1.5	22.4	37	115	18	22
M32×2		2					
M33×1.5	33	1.5					
M33×2		2					
M33×3		3		51			
M35×1.5[②]	(35)	1.5	25	19	125	20	24
M36×1.5	36						
M36×2		2					
M36×3		3		57			
M38×1.5	38	1.5	28	39	130	22.4	26
M39×1.5	39						
M39×2		2					
M39×3		3	28	60	130	22.4	26
M40×1.5	(40)	1.5		39			
M40×2		2					
M40×3		3		60			
M42×1.5	42	1.5	28	39	130	22.4	26
M42×2		2					
M42×3		3		60			
M42×4		(4)					

续表

代号	公称直径 d	螺距 P	d_1	l	L	方头	
						a	l_2
细牙普通螺纹丝锥							
M45×1.5	45	1.5	31.5	45	140	25	28
M45×2		2					
M45×3		3		67			
M45×4		(4)					
M48×1.5	48	1.5	31.5	45	150	25	28
M48×2		2					
M48×3		3		67			
M48×4		(4)					
M50×1.5	(50)	1.5	31.5	45	150	25	28
M50×2		2					
M50×3		3		67			
M52×1.5	52	1.5	35.5	45	150	28	31
M52×2		2					
M52×3		3		70			
M52×4		4					

① 仅用于火花塞。

② 仅用于滚动轴承锁紧螺母。

注：括号内的尺寸尽可能不用。

9.3.3 细长柄机用丝锥

表 9.81 ISO 米制细长柄机用螺纹丝锥（GB/T 3464.2—2003）

mm

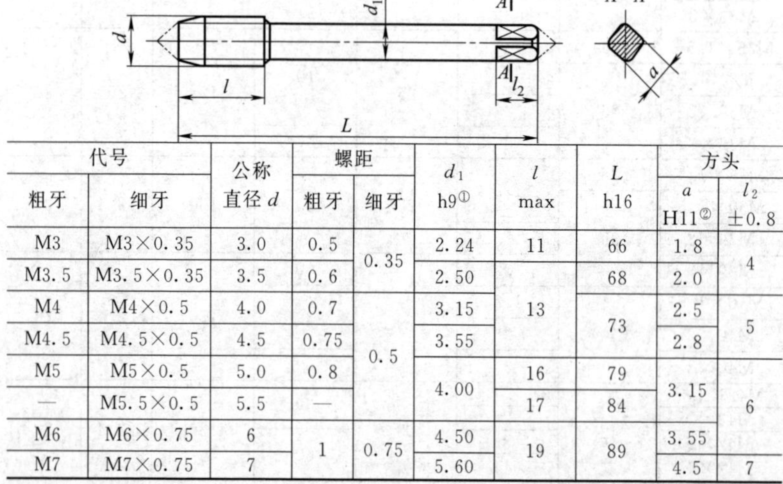

代号		公称直径 d	螺距		d_1 h9①	l max	L h16	方头	
粗牙	细牙		粗牙	细牙				a H11②	l_2 ±0.8
M3	M3×0.35	3.0	0.5	0.35	2.24	11	66	1.8	4
M3.5	M3.5×0.35	3.5	0.6		2.50	13	68	2.0	
M4	M4×0.5	4.0	0.7	0.5	3.15		73	2.5	5
M4.5	M4.5×0.5	4.5	0.75		3.55			2.8	
M5	M5×0.5	5.0	0.8		4.00	16	79	3.15	6
—	M5.5×0.5	5.5	—			17	84		
M6	M6×0.75	6	1	0.75	4.50	19	89	3.55	
M7	M7×0.75	7			5.60			4.5	7

续表

代号		公称直径 d	螺距		d_1 h9①	l max	L h16	方头	
粗牙	细牙		粗牙	细牙				a H11②	l_2 ±0.8
M8	M8×1.0	8	1.25	1	6.30	22	97	5.0	8
M9	M9×1.0	9			7.1			5.6	
M10	M10×1.0	10	1.5		8.0	24	108	6.3	9
	M10×1.25			1.25					
M11	—	11		—		25	115		
M12	M12×1.25	12	1.75	1.25	9.0	29	119	7.1	10
	M12×1.5			1.5					
M14	M14×1.25	14	2	1.25	11.2	30	127	9	12
	M14×1.5								
—	M15×1.5	15	—						
M16	M16×1.5	16	2	1.5	12.5	32	137	10	13
—	M17×1.5	17	—						
M18	M18×1.5	18	2.5	2	14.0	37	149	11.2	14
	M18×2.0								
M20	M20×1.5	20		1.5					
	M20×2.0			2					
M22	M22×1.5	22		1.5	16.0	38	158	12.5	16
	M22×2.0			2					
M24	M24×1.5	24	3	1.5	18.0	45	172	14.0	18
	M24×2.0			2					

① 公差 h9 应用于精密柄；非精密柄的公差为 h11。

② 当方头的形状误差和方头对柄部的位置误差考虑在内时为 h12。

表 9.82　ISO 英制细长柄机用螺纹丝锥（GB/T 3464.2—2003）

mm

代号		公称直径 d	螺距≈		d_1 h9①	l max	L h16	方头	
"统一制粗牙"（UNC）	"统一制细牙"（UNF）		UNC	UNF				a H11②	l_2 ±0.8
No. 5-40-UNC	No. 5-44-UNF	3.175	0.635	0.577	2.24	11	66	1.80	4
No. 6-32-UNC	No. 6-40-UNF	3.505	0.794	0.635	2.50	13	68	2.00	
No. 8-32-UNC	No. 8-36-UNF	4.166		0.706	3.15		73	2.50	5
No. 10-24-UNC	No. 10-32-UNF	4.826	1.058	0.794	3.55	16	79	2.8	
No. 12-24-UNC	No. 12-28-UNF	5.486		0.907	4.00	17	84	3.15	6
1/4-20-UNC	1/4-28-UNF	6.350	1.270		4.50	19	89	3.55	

续表

代号		公称直径 d	螺距≈		d_1 h9①	l max	L h16	方头	
“统一制粗牙”（UNC）	“统一制细牙”（UNF）		UNC	UNF				a H11②	l_2 ±0.8
5/16-18-UNC	5/16-24-UNF	7.938	1.411	1.058	6.30	22	97	5.00	8
3/8-16-UNC	3/8-24-UNF	9.525	1.588		7.10	24	108	5.60	
7/16-14-UNC	7/16-20-UNF	11.112	1.814	1.270	8.00	25	115	6.30	9
1/2-13-UNC	1/2-20-UNF	12.700	1.954		9.00	29	119	7.10	10
9/16-12-UNC	9/16-18-UNF	14.288	2.117	1.411	11.20	30	127	9.00	12
5/8-11-UNC	5/8-18-UNF	15.875	2.309		12.50	32	137	10.00	13
3/4-10-UNC	3/4-16-UNF	19.050	2.540	1.588	14.00	37	149	11.20	14
7/8-9-UNC	7/8-14-UNF	22.225	2.822	1.814	16.00	38	158	12.50	16
1-8-UNC	1-12-UNF	25.400	3.175	2.117	18.00	45	172	14.00	18

① 公差 h9 应用于精密柄；非精密柄的公差为 h11。

② 当方头的形状误差和方头对柄部的位置误差考虑在内时为 h12。

9.3.4 管螺纹丝锥

管螺纹丝锥用于攻制管子、管路附件和一般机件上的内管螺纹，有 G 系列和 Rp 系列圆柱管螺纹丝锥和 Rc、NPT 系列圆锥管螺纹丝锥等。

G 是 55°非密封圆柱管螺纹特征代号，有圆柱内、外螺纹（间隙配合，只起机械连接作用，没有密封作用）；Rp 是英制密封圆柱内螺纹（过盈配合，起机械连接和密封作用）；Rc 是英制密封圆锥内螺纹的特征代号；NPT 是牙角为 60°的圆锥密封管螺纹。

表 9.83 G 系列和 Rp 系列圆柱管螺纹丝锥的规格（GB/T 20333—2006）

mm

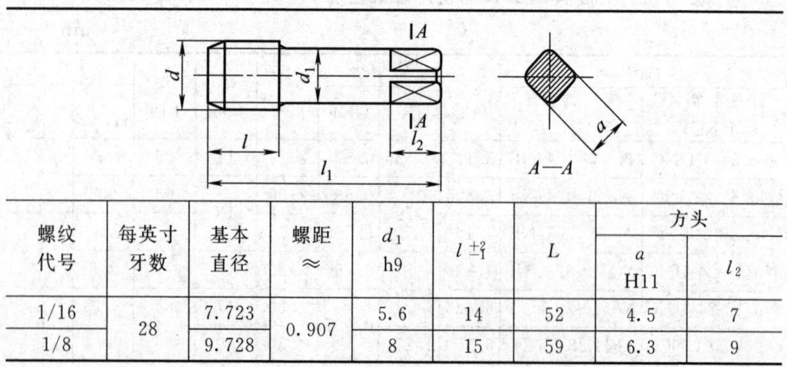

螺纹代号	每英寸牙数	基本直径	螺距≈	d_1 h9	$l\,^{+2}_{-1}$	L	方头	
							a H11	l_2
1/16	28	7.723	0.907	5.6	14	52	4.5	7
1/8		9.728		8	15	59	6.3	9

续表

螺纹代号	每英寸牙数	基本直径	螺距≈	d_1 h9	l_{-1}^{+2}	L	方头	
							a H11	l_2
1/4	19	13.157	1.337	10	19	67	8	11
3/8		16.662		12.5	21	75	10	13
1/2	14	20.955	1.814	16	26	87	12.5	16
(5/8)		22.911		18		91	14	18
3/4		26.441		20	28	96	16	20
(7/8)		30.201		22.4	29	102	18	22
1	11	33.249	2.309	25	33	109	20	24
1¼		41.910		31.5	36	119	26	28
1½		47.803		35.5	37	125	28	31
(1¾)		53.746			39	132		
2		59.614		40	41	140	31.5	34
(2¼)	11	65.710			42	142		
2½		75.184		45	45	153	35.5	38
3		87.884		50	48	164	40	42
3½		100.33		63	50	173	50	51
4		113.03		71	53	185	56	56

注：丝锥的柄部及其方头尺寸应符合GB/T 4267的规定，对于d_1，精密柄部公差为h9，其他柄部公差为h11；方头尺寸a的公差为h11［h12（包括了形状和相对于柄部的位置误差）］。

表9.84　Rc系列圆锥管螺纹丝锥的规格（GB/T 20333—2006）

mm

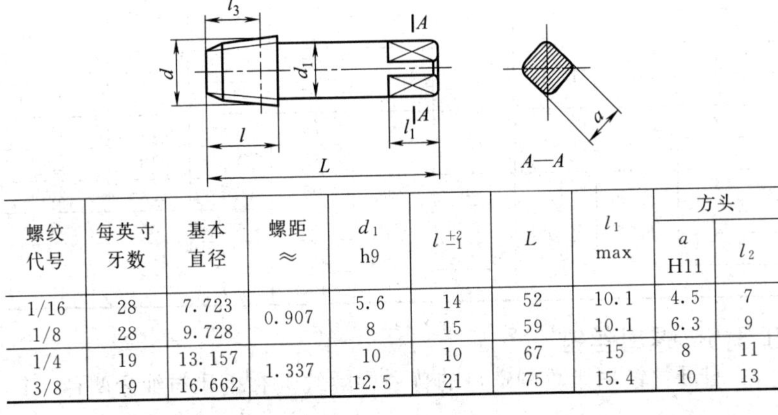

螺纹代号	每英寸牙数	基本直径	螺距≈	d_1 h9	l_{-1}^{+2}	L	l_1 max	方头	
								a H11	l_2
1/16	28	7.723	0.907	5.6	14	52	10.1	4.5	7
1/8	28	9.728		8	15	59	10.1	6.3	9
1/4	19	13.157	1.337	10	10	67	15	8	11
3/8	19	16.662		12.5	21	75	15.4	10	13

续表

螺纹代号	每英寸牙数	基本直径	螺距≈	d_1 h9	l_{-1}^{+2}	L	l_1 max	方头 a H11	方头 l_2
1/2	14	20.955	1.814	16	26	87	20.5	12.5	16
3/4	14	26.441		20	28	96	21.8	16	20
1	11	33.249	2.309	25	33	109	26.0	20	24
1¼	11	41.910		31.5	36	119	28.3	25	28
1½	11	47.803		35.5	37	125	28.3	28	31
2	11	50.614		40	41	140	32.7	31.5	34
2½	11	75.184		45	45	153	37.1	35.5	38
3	11	87.884		50	48	164	40.2	40	42
3½	11	100.33		63	50	173	41.9	50	51
4	11	113.03		71	53	185	46.2	56	56

注：同表 9.83。

表 9.85 NPT 系列圆锥管螺纹丝锥的尺寸（JB/T 8364.2—2010）

mm

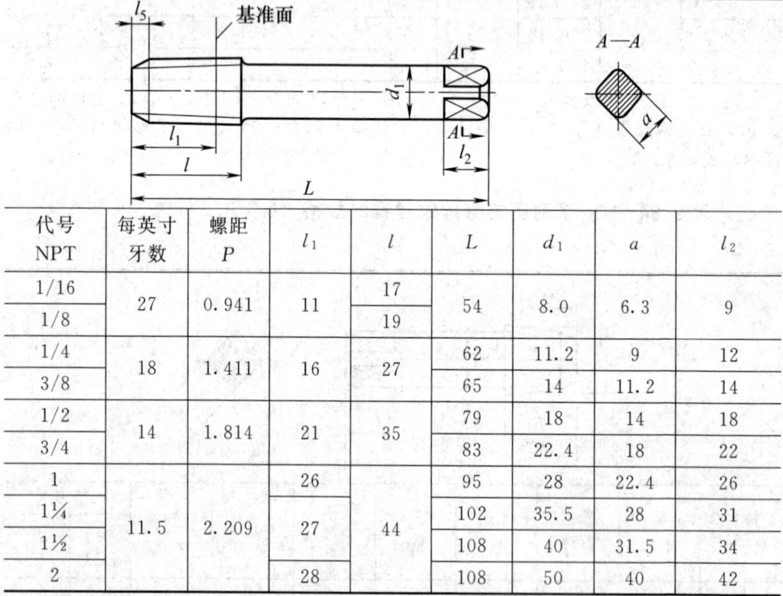

代号 NPT	每英寸牙数	螺距 P	l_1	l	L	d_1	a	l_2
1/16	27	0.941	11	17	54	8.0	6.3	9
1/8				19				
1/4	18	1.411	16	27	62	11.2	9	12
3/8					65	14	11.2	14
1/2	14	1.814	21	35	79	18	14	18
3/4					83	22.4	18	22
1	11.5	2.209	26	44	95	28	22.4	26
1¼			27		102	35.5	28	31
1½					108	40	31.5	34
2			28		108	50	40	42

9.3.5 螺母丝锥

螺母丝锥用于攻制螺母的普通内螺纹。有粗牙与细牙两种，每种又有无方头和有方头之分。

表 9.86　$d<5$mm 普通螺纹用螺母丝锥（GB/T 967—2008）　mm

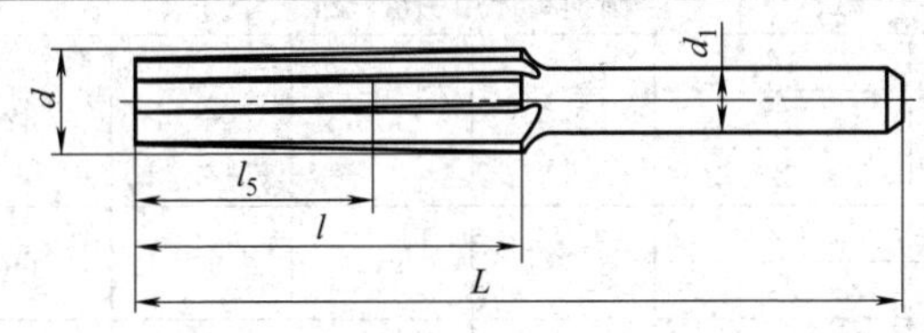

代号	公称直径 d	螺距 P	L	l	l_5	d_1
粗牙用螺母丝锥						
M2	2	0.4	36	12	8	1.4
M2.2	2.2	0.45	36	14	10	1.6
M2.5	2.5	0.45	36	14	10	1.8
M3	3	0.5	40	15	12	2.24
M3.5	3.5	0.6	45	18	14	2.5
M4	4	0.7	50	21	16	3.15
M5	5	0.8	55	24	19	4
细牙用螺母丝锥						
M3×0.35	3	0.35	40	11	8	2.24
M3.5×0.35	3.5		45			2.5
M4×0.5	4	0.5	50	15	11	3.15
M5×0.5	5		55			4

注：表中切削锥长度 l_5 为推荐尺寸。

表 9.87　5mm$<d\leqslant$30mm 圆柄普通螺纹用螺母丝锥（GB/T 967—2008）

mm

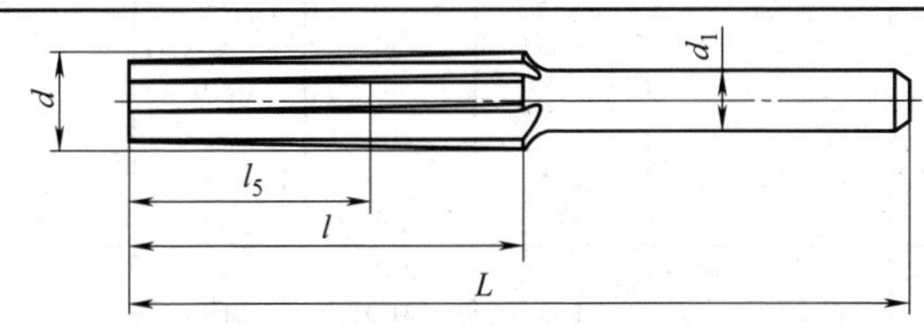

代号	公称直径 d	螺距 P	L	l	l_5	d_1
圆柄粗牙用螺母丝锥						
M6	6	1	60	30	24	4.5
M8	8	1.25	65	36	31	6.3
M10	10	1.5	70	40	34	8
M12	12	1.75	80	47	40	9
M14	14	2	90	54	46	11.2
M16	16	2	95	58	50	12.5

续表

代号	公称直径 d	螺距 P	L	l	l_5	d_1
圆柄粗牙用螺母丝锥						
M18	18	2.5	110	62	52	14
M20	20					16
M22	22					18
M24	24	3.0	130	72	60	
M27	27					22.4
M30	30	3.5	150	84	70	25
圆柄细牙用螺母丝锥						
M6×0.75	6	0.75	55	22	17	4.5
M8×1	8	1	60	30	25	6.3
M8×0.75		0.75	55	22	17	
M10×1.25	10	1.25	65	35	30	8
M10×1		1	60	30	25	
M10×0.75		0.75	55	22	17	
M12×1.5	12	1.5	80	45	37	9
M12×1.25		1.25	70	36	30	
M12×1		1	65	30	25	
M14×1.5	14	1.5	80	45	37	11.2
M14×1		1	70	30	25	
M16×1.5	16	1.5	85	45	37	12.5
M16×1		1	70	30	25	
M18×2	18	2	100	54	44	14
M18×1.5		1.5	90	45	37	
M18×1		1	80	30	25	
M20×2	20	2	100	54	44	16
M20×1.5		1.5	90	45	37	
M20×1		1	80	30	25	
M22×2	22	2	100	54	44	18
M22×1.5		1.5	90	45	37	
M22×1		1	80	30	25	
M24×2	24	2	110	54	44	18
M24×1.5		1.5	100	45	37	
M24×1		1	90	30	25	
M27×2	27	2	110	54	44	22.4
M27×1.5		1.5	100	45	37	
M27×1		1	90	30	25	
M30×2	30	2	120	54	44	25
M30×1.5		1.5	110	45	37	
M30×1		1	100	30	25	

注：表中切削锥长度 l_5 为推荐尺寸。

表 9.88　$d>5$mm 普通螺纹用螺母丝锥（GB/T 967—2008）　mm

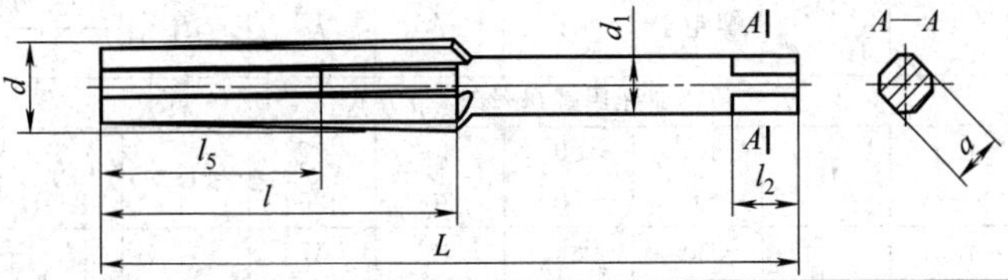

代号	公称直径 d	螺距 P	L	l	l_5	d_1	方头	
							a	l_2
粗牙用螺母丝锥(带方头)								
M6	6	1	60	30	24	4.5	3.55	6
M8	8	1.25	65	36	31	6	5	8
M10	10	1.5	70	40	34	8	6.3	9
M12	12	1.75	80	47	40	9	7.1	10
M14	14	2	90	54	46	11.2	9	12
M16	16	2	95	58	50	12.5	10	13
M18	18	2.5	110	62	52	14	11.2	14
M20	20					16	12.5	16
M22	22					18	14	18
M24	24	3	130	72	60			
M27	27					22.4	18	22
M30	30	3.5	150	84	70	25	20	24
M33	33							
M36	36	4	175	96	80	28	22.4	26
M39	39					31.5	25	28
M42	42	4.5	195	108	90			
M45	45					35.5	28	31
M48	48	5	220	129	100			
M52	52					40	31.5	34
细牙用螺母丝锥(带方头)								
M6×0.75	6	0.75	55	22	17	4.5	3.55	6
M8×1	8	1	60	30	25	6.3	5	8
M8×0.75		0.75	55	22	17			
M10×1.25	10	1.25	65	36	30	8	6.3	9
M10×1		1	60	30	25			
M10×0.75		0.75	55	22	17			
M12×1.5	12	1.5	80	45	37	9	7.1	10
M12×1.25		1.25	70	36	30			
M12×1		1	65	30	25			

续表

代号	公称直径 d	螺距 P	L	l	l_5	d_1	方头	
							a	l_2
细牙用螺母丝锥(带方头)								
M14×1.5	14	1.5	80	45	37	11.2	9	12
M14×1		1	70	30	25			
M16×1.5	16	1.5	85	45	37	12.5	10	13
M16×1		1	70	30	25			
M18×2	18	2	100	54	44	14	11.2	14
M18×1.5		1.5	90	45	37			
M18×1		1	80	30	25			
M20×2	20	2	100	54	44	16	12.5	16
M20×1.5		1.5	90	45	37			
M20×1		1	80	30	25			
M22×2	22	2	100	54	44	18	14	18
M22×1.5		1.5	90	45	37			
M22×1		1	80	30	25			
M24×2	24	2	110	54	44	18	14	18
M24×1.5		1.5	100	45	37			
M24×1		1	90	30	25			
M27×2	27	2	110	54	44	22.4	18	22
M27×1.5		1.5	100	45	37			
M27×1		1	90	30	25			
M30×2	30	2	120	54	44	25	20	24
M30×1.5		1.5	110	45	37			
M30×1		1	100	30	25			
M33×2	33	2	120	54	44			
M33×1.5		1.5	110	45	37			
M36×3	36	3	160	80	68	28	22.4	26
M36×2		2	135	55	46			
M36×1.5		1.5	125	45	37			
M39×3	39	3	160	80	68	31.5	25	28
M39×2		2	135	55	46			
M39×1.5		1.5	125	45	37			
M42×3	42	3	170	80	68	31.5	25	28
M42×2		2	145	55	46			
M42×1.5		1.5	135	45	37			
M45×3	45	3	170	80	68	35.5	28	31
M45×2		2	145	55	46			
M45×1.5		1.5	135	45	37			

续表

代号	公称直径 d	螺距 P	L	l	l_5	d_1	方头	
							a	l_2
细牙用螺母丝锥(带方头)								
M48×3 M48×2 M48×1.5	48	3 2 1.5	180 155 145	80 50 45	68 46 37	35.5	28	31
M52×3 M52×2 M52×1.5	52	3 2 1.5	180 155 145	80 55 45	68 46 37	40	31.5	34

注：表中切削锥长度 l_5 为推荐尺寸。

9.3.6 螺旋槽丝锥

螺旋槽丝锥是加工普通螺纹的机用丝锥。可分为粗牙普通螺纹螺旋槽及细牙普通螺纹螺旋槽丝锥。

表 9.89 粗牙普通螺纹螺旋槽丝锥规格（GB/T 3506—2008）

mm

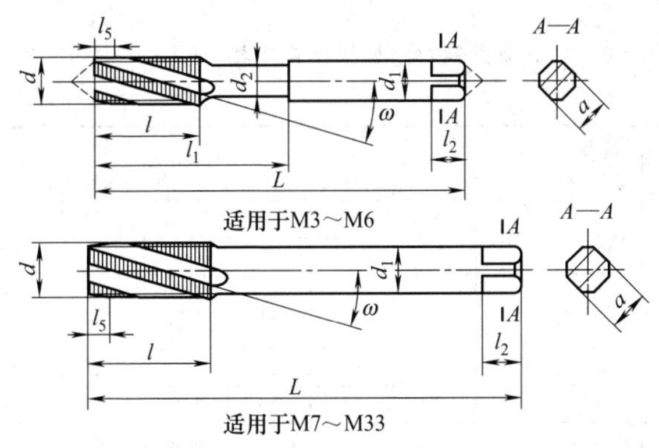

代号	公称直径 d	螺距 P	L	l	l_1	d_1	d_2 min	a	l_2
M3	3	0.5	48	11	18	3.15	2.12	2.5	5
M3.5	3.5	0.6	50	13	20	3.55	2.5	2.8	
M4	4	0.7	53		21	4.0	2.8	3.15	6
M4.5	4.5	0.75				4.5	3.15	3.55	
M5	5	0.8	58	15	25	5.0	3.55	4.0	7

续表

代号	公称直径 d	螺距 P	L	l	l_1	d_1	d_2 min	a	l_2
M6	6	1	66	19	30	6.3	4.5	5.0	8
M7	7					5.6		4.5	7
M8	8	1.25	72	22		6.3		5.0	8
M9	9				—	7.1	—	5.6	
M10	10	1.5	80	24		8		6.3	9
M11	11		85	25					
M12	12	1.75	89	29		9		7.1	10
M14	14	2	95	30		11.2		9	12
M16	16		102	32		12.5		10	13
M18	18	2.5	112	37		14		11.2	14
M20	20				—		—		
M22	22		118	38		16		12.5	16
M24	24	3	130	45		18		14	18
M27	27		135			20		16	20

注：允许无空刀槽，届时螺纹部分长度尺寸应为 $l+(l_1-l)/2$。

表 9.90　细牙普通螺纹螺旋槽丝锥规格（GB/T 3506—2008）

mm

代号	公称直径 d	螺距 P	L	l	l_1	d_1	d_2 min	a	l_2
M3×0.35	3	0.35	48	11	18	3.15	2.12	2.50	5
M3.5×0.35	3.5		50	13	20	3.55	2.50	2.80	
M4×0.5	4	0.5	53		21	4.0	2.8	3.15	6
M4.5×0.5	4.5					4.5	3.15	3.55	
M5×0.5	5		58	15	25	5.0	3.55	4.0	7
M5.5×0.5	5.5		62	17	26	5.6	4.0	4.5	
M6×0.75	6	0.75	66	19	30	6.3	4.5	5.0	8
M7×0.75	7					5.6		4.5	7
M8×1	8	1	72	22		6.3		5.0	8
M9×1	9					7.1		5.6	
M10×1	10		80	24	—	8	—	6.3	9
M10×1.25		1.25							
M12×1.25	12		89	29		9		7.1	10
M12×1.5		1.5							

续表

<table>
<tr><th>代号</th><th>公称
直径 d</th><th>螺距 P</th><th>L</th><th>l</th><th>l_1</th><th>d_1</th><th>d_2
min</th><th>a</th><th>l_2</th></tr>
<tr><td>M14×1.25</td><td rowspan="2">14</td><td>1.25</td><td rowspan="3">95</td><td rowspan="3">30</td><td rowspan="15">—</td><td rowspan="3">11.2</td><td rowspan="15">—</td><td rowspan="3">9</td><td rowspan="3">12</td></tr>
<tr><td>M14×1.5</td><td rowspan="5">1.5</td></tr>
<tr><td>M15×1.5</td><td>15</td></tr>
<tr><td>M16×1.5</td><td>16</td><td rowspan="2">102</td><td rowspan="2">32</td><td rowspan="2">12.5</td><td rowspan="2">10</td><td rowspan="2">13</td></tr>
<tr><td>M17×1.5</td><td>17</td></tr>
<tr><td>M18×1.5</td><td rowspan="2">18</td><td rowspan="4">112</td><td rowspan="4">37</td><td rowspan="4">14</td><td rowspan="4">11.2</td><td rowspan="4">14</td></tr>
<tr><td>M18×2</td><td>2</td></tr>
<tr><td>M20×1.5</td><td rowspan="2">20</td><td>1.5</td></tr>
<tr><td>M20×2</td><td>2</td></tr>
<tr><td>M22×1.5</td><td rowspan="2">22</td><td>1.5</td><td rowspan="2">118</td><td rowspan="2">38</td><td rowspan="2">16</td><td rowspan="2">12.5</td><td rowspan="2">16</td></tr>
<tr><td>M22×2</td><td>2</td></tr>
<tr><td>M24×1.5</td><td rowspan="2">24</td><td>1.5</td><td rowspan="4">130</td><td rowspan="4">45</td><td rowspan="4">18</td><td rowspan="4">14</td><td rowspan="4">18</td></tr>
<tr><td>M24×2</td><td>2</td></tr>
<tr><td>M25×1.5</td><td rowspan="2">25</td><td>1.5</td></tr>
<tr><td>M25×2</td><td>2</td></tr>
<tr><td>M27×1.5</td><td rowspan="2">27</td><td>1.5</td><td rowspan="6">127</td><td rowspan="6">37</td><td rowspan="12">—</td><td rowspan="6">20</td><td rowspan="12">—</td><td rowspan="6">16</td><td rowspan="6">20</td></tr>
<tr><td>M27×2</td><td>2</td></tr>
<tr><td>M28×1.5</td><td rowspan="2">28</td><td>1.5</td></tr>
<tr><td>M28×2</td><td>2</td></tr>
<tr><td>M30×1.5</td><td rowspan="3">30</td><td>1.5</td></tr>
<tr><td>M30×3</td><td>2</td></tr>
<tr><td>M30×3</td><td>3</td><td>138</td><td>48</td><td rowspan="6">22.4</td><td rowspan="6">18</td><td rowspan="6">22</td></tr>
<tr><td>M32×1.5</td><td rowspan="2">32</td><td>1.5</td><td rowspan="4">137</td><td rowspan="4">37</td></tr>
<tr><td>M32×2</td><td>2</td></tr>
<tr><td>M33×1.5</td><td rowspan="3">33</td><td>1.5</td></tr>
<tr><td>M33×2</td><td>2</td></tr>
<tr><td>M33×3</td><td>3</td><td>151</td><td>51</td></tr>
</table>

注：1. 允许无空刀槽，届时螺纹部分长度尺寸应为 $l+(l_1-l)/2$。

2. 螺旋槽丝锥的螺旋角有右旋和左旋之分。右旋螺旋丝锥的螺旋角可分为三种：小螺旋角（10°～20°），中螺旋角（20°～40°）和大螺旋角（>40°），前两者用于加工碳钢、合金结构钢工件，后者用于加工不锈钢、轻合金工件。左旋螺旋丝锥的螺旋角根据用户需要。

9.3.7 板牙

板牙可用于手工套螺纹或机用套螺纹，加工螺栓或其他机件上的普通外螺纹。它用合金工具钢或高速钢制作并淬火处理。板牙有封闭式和开槽式（可调式）两种结构，分普通外螺纹用板牙和管螺纹圆板牙。

（1）普通外螺纹用板牙

普通外螺纹用板牙有粗牙和细牙两种，它本身就像一个圆螺母，上面钻有 3～5 个排屑孔，并形成切削刃。

表 9.91　粗牙普通螺纹用圆板牙（GB/T 970.1—2008）　mm

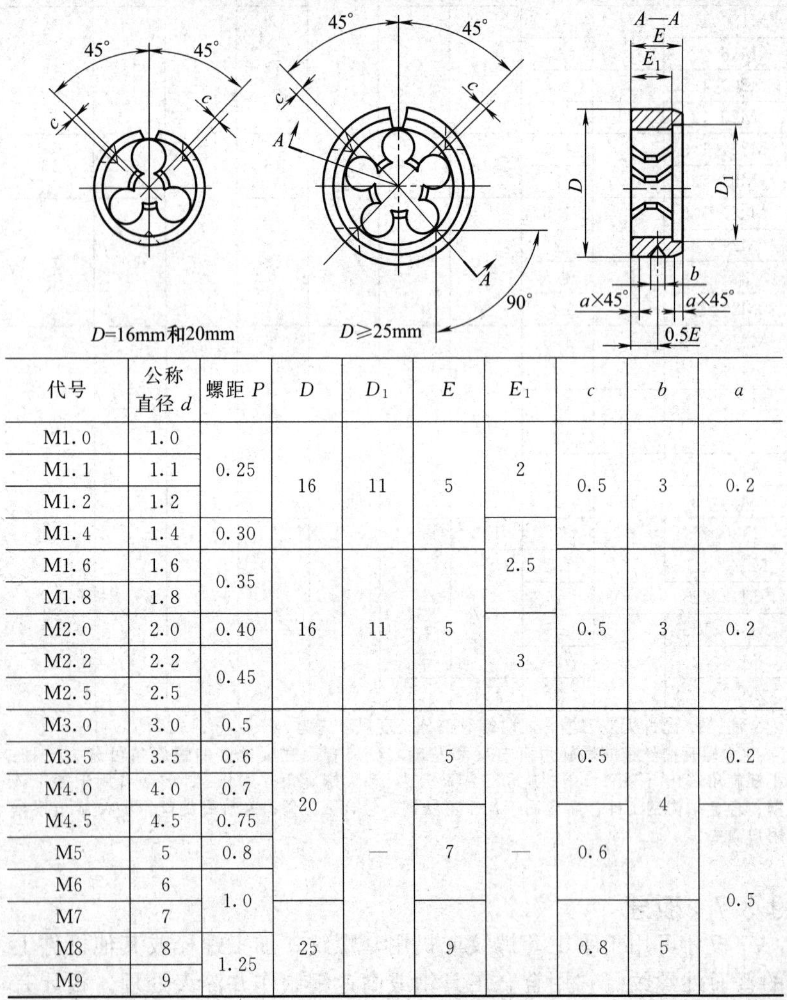

代号	公称直径 d	螺距 P	D	D_1	E	E_1	c	b	a
M1.0	1.0	0.25	16	11	5	2	0.5	3	0.2
M1.1	1.1	0.25	16	11	5	2	0.5	3	0.2
M1.2	1.2	0.25	16	11	5	2	0.5	3	0.2
M1.4	1.4	0.30	16	11	5	2.5	0.5	3	0.2
M1.6	1.6	0.35	16	11	5	2.5	0.5	3	0.2
M1.8	1.8	0.35	16	11	5	2.5	0.5	3	0.2
M2.0	2.0	0.40	16	11	5	3	0.5	3	0.2
M2.2	2.2	0.45	16	11	5	3	0.5	3	0.2
M2.5	2.5	0.45	16	11	5	3	0.5	3	0.2
M3.0	3.0	0.5	20	—	5	—	0.5	4	0.2
M3.5	3.5	0.6	20	—	5	—	0.5	4	0.2
M4.0	4.0	0.7	20	—	5	—	0.5	4	0.2
M4.5	4.5	0.75	20	—	7	—	0.6	4	0.5
M5	5	0.8	20	—	7	—	0.6	4	0.5
M6	6	1.0	20	—	7	—	0.6	4	0.5
M7	7	1.0	25	—	9	—	0.8	5	0.5
M8	8	1.25	25	—	9	—	0.8	5	0.5
M9	9	1.25	25	—	9	—	0.8	5	0.5

续表

<table>
<tr><th>代号</th><th>公称直径 d</th><th>螺距 P</th><th>D</th><th>D₁</th><th>E</th><th>E₁</th><th>c</th><th>b</th><th>a</th></tr>
<tr><td>M10</td><td>10</td><td rowspan="2">1.5</td><td rowspan="2">30</td><td rowspan="7">—</td><td rowspan="2">11</td><td rowspan="7">—</td><td rowspan="2">1.0</td><td rowspan="2">5</td><td rowspan="7">1</td></tr>
<tr><td>M11</td><td>11</td></tr>
<tr><td>M12</td><td>12</td><td>1.75</td><td rowspan="2">38</td><td rowspan="2">14</td><td rowspan="5">1.2</td><td rowspan="5">6</td></tr>
<tr><td>M14</td><td>14</td><td rowspan="2">2.0</td></tr>
<tr><td>M16</td><td>16</td><td rowspan="3">45</td><td rowspan="3">18</td></tr>
<tr><td>M18</td><td>18</td><td rowspan="2">2.5</td></tr>
<tr><td>M20</td><td>20</td></tr>
<tr><td>M22</td><td>22</td><td rowspan="3">3.0</td><td rowspan="2">55</td><td rowspan="15">—</td><td rowspan="2">22</td><td rowspan="15">—</td><td rowspan="2">1.5</td><td rowspan="5">8</td><td rowspan="7">2</td></tr>
<tr><td>M24</td><td>24</td></tr>
<tr><td>M27</td><td>27</td><td rowspan="4">65</td><td rowspan="4">25</td><td rowspan="6">1.8</td></tr>
<tr><td>M30</td><td>30</td><td rowspan="2">3.5</td></tr>
<tr><td>M33</td><td>33</td></tr>
<tr><td>M36</td><td>36</td><td rowspan="2">4.0</td><td rowspan="6">8</td></tr>
<tr><td>M39</td><td>39</td><td rowspan="2">75</td><td rowspan="2">30</td></tr>
<tr><td>M42</td><td>42</td><td rowspan="2">4.5</td><td rowspan="8">2</td></tr>
<tr><td>M45</td><td>45</td><td rowspan="3">90</td><td rowspan="3">36</td><td rowspan="3">2</td></tr>
<tr><td>M48</td><td>48</td><td rowspan="2">5.0</td></tr>
<tr><td>M52</td><td>52</td></tr>
<tr><td>M56</td><td>56</td><td rowspan="2">5.5</td><td rowspan="2">105</td><td rowspan="4">36</td><td rowspan="4">2.5</td><td rowspan="4">10</td></tr>
<tr><td>M60</td><td>60</td></tr>
<tr><td>M64</td><td>64</td><td rowspan="2">6.0</td><td rowspan="2">120</td></tr>
<tr><td>M68</td><td>68</td></tr>
</table>

表 9.92　细牙普通螺纹用圆板牙（GB/T 970.1—2008）　mm

<table>
<tr><th>代号</th><th>公称直径 d</th><th>螺距 P</th><th>D</th><th>D₁</th><th>E</th><th>E₁</th><th>c</th><th>b</th><th>a</th></tr>
<tr><td>M1×0.2</td><td>1.0</td><td rowspan="3">0.2</td><td rowspan="3">16</td><td rowspan="3">11</td><td rowspan="3">5</td><td rowspan="3">2</td><td rowspan="3">0.5</td><td rowspan="3">3</td><td rowspan="3">0.2</td></tr>
<tr><td>M1.1×0.2</td><td>1.1</td></tr>
<tr><td>M1.2×0.2</td><td>1.2</td></tr>
<tr><td>M1.4×0.2</td><td>1.4</td><td rowspan="3">0.2</td><td rowspan="3">16</td><td rowspan="3">11</td><td rowspan="3">5</td><td rowspan="3">2</td><td rowspan="3">0.5</td><td rowspan="3">3</td><td rowspan="3">0.2</td></tr>
<tr><td>M1.6×0.2</td><td>1.6</td></tr>
<tr><td>M1.8×0.2</td><td>1.8</td></tr>
</table>

续表

代号	公称直径 d	螺距 P	D	D_1	E	E_1	c	b	a
M2×0.25	2.0	0.25	1.6	11	5	2	0.5	3	0.2
M2.2×0.25	2.2								
M2.5×0.35	2.5	0.35				2.5			
M3×0.35	3.0		20	15	5	3	0.5	4	0.2
M3.5×0.35	3.5								
M4×0.5	4.0	0.5				—			
M4.5×0.5	4.5		20	—					
M5×0.5	5.0								
M5.5×0.5	5.5								
M6×0.75	6	0.75			7		0.6		0.5
M7×0.75	7		25	—	9	—	0.8	5	
M8×0.75	8	0.75							
M8×1		1							
M9×0.75	9	0.75							
M9×1		1							
M10×0.75	10	0.75	30	24	11	8	1.0	5	1
M10×1		1		—		—			
M10×1.25		1.25							
M11×0.75	11	0.75		24		8			
M11×1		1		—		—			
M12×1	12	1	38	—	10	—	1.2	6	1
M12×1.25		1.25							
M12×1.5		1.5							
M14×1	14	1	38		10		1.2	6	
M14×1.25		1.25							
M14×1.5		1.5							
M15×1.5	15								
M16×1	16	1	45	36	14	10	1.2	6	1
M16×1.5		1.5		—		—			
M17×1.5	17								
M18×1	18	1		36		10			
M18×1.5		1.5	45	—	14	—	1.2	6	1
M18×2		2							
M20×1	20	1		36		10			
M20×1.5		1.5		—		—			
M20×2		2							

续表

<table>
<tr><th>代号</th><th>公称直径 d</th><th>螺距 P</th><th>D</th><th>D_1</th><th>E</th><th>E_1</th><th>c</th><th>b</th><th>a</th></tr>
<tr><td>M22×1</td><td rowspan="3">22</td><td>1</td><td rowspan="8">55</td><td>45</td><td rowspan="8">16</td><td>12</td><td rowspan="3">1.5</td><td rowspan="8">8</td><td rowspan="8">1</td></tr>
<tr><td>M22×1.5</td><td>1.5</td><td rowspan="2">—</td><td rowspan="2">—</td></tr>
<tr><td>M22×2</td><td>2</td></tr>
<tr><td>M24×1</td><td rowspan="3">24</td><td>1</td><td>45</td><td>12</td><td rowspan="5">1.5</td></tr>
<tr><td>M24×1.5</td><td>1.5</td><td rowspan="4">—</td><td rowspan="4">—</td></tr>
<tr><td>M24×2</td><td>2</td></tr>
<tr><td>M25×1.5</td><td rowspan="2">25</td><td>1.5</td></tr>
<tr><td>M25×2</td><td>2</td></tr>
<tr><td>M27×1</td><td rowspan="3">27</td><td>1</td><td rowspan="6">65</td><td>54</td><td rowspan="6">18</td><td>12</td><td rowspan="6">1.8</td><td rowspan="6">8</td><td rowspan="6">1</td></tr>
<tr><td>M27×1.5</td><td>1.5</td><td rowspan="2">—</td><td rowspan="2">—</td></tr>
<tr><td>M27×2</td><td>2</td></tr>
<tr><td>M28×1</td><td rowspan="3">28</td><td>1</td><td>54</td><td>12</td></tr>
<tr><td>M28×1.5</td><td>1.5</td><td rowspan="2">—</td><td rowspan="2">—</td></tr>
<tr><td>M28×2</td><td>2</td></tr>
<tr><td>M30×1</td><td rowspan="4">30</td><td>1</td><td rowspan="6">65</td><td>54</td><td rowspan="3">18</td><td>12</td><td rowspan="2">1.8</td><td rowspan="6">8</td><td rowspan="3">1</td></tr>
<tr><td>M30×1.5</td><td>1.5</td><td rowspan="5">—</td><td rowspan="5">—</td></tr>
<tr><td>M30×2</td><td>2</td><td rowspan="4">1.8</td></tr>
<tr><td>M30×3</td><td>3</td><td>25</td><td rowspan="3">2</td></tr>
<tr><td>M32×1.5</td><td rowspan="2">32</td><td>1.5</td><td rowspan="2">18</td></tr>
<tr><td>M32×2</td><td>2</td></tr>
<tr><td>M33×1.5</td><td rowspan="3">33</td><td>1.5</td><td rowspan="3">65</td><td rowspan="3">—</td><td rowspan="2">18</td><td rowspan="3">—</td><td rowspan="3">1.8</td><td rowspan="3">8</td><td rowspan="3">2</td></tr>
<tr><td>M33×2</td><td>2</td></tr>
<tr><td>M33×3</td><td>3</td><td>25</td></tr>
<tr><td>M35×1.5</td><td>35</td><td rowspan="2">1.5</td><td rowspan="4">65</td><td rowspan="4">—</td><td rowspan="2">18</td><td></td><td rowspan="4">1.8</td><td rowspan="4">8</td><td rowspan="4">2</td></tr>
<tr><td>M36×1.5</td><td rowspan="3">36</td><td rowspan="3">—</td></tr>
<tr><td>M36×2</td><td>2</td><td>18</td></tr>
<tr><td>M36×3</td><td>3</td><td>25</td></tr>
<tr><td>M39×1.5</td><td rowspan="3">39</td><td>1.5</td><td rowspan="3">75</td><td>63</td><td rowspan="2">20</td><td>16</td><td rowspan="3">1.8</td><td rowspan="3">8</td><td rowspan="3">2</td></tr>
<tr><td>M39×2</td><td>2</td><td rowspan="2">—</td><td rowspan="2">—</td></tr>
<tr><td>M39×3</td><td>3</td><td>30</td></tr>
<tr><td>M40×1.5</td><td rowspan="3">40</td><td>1.5</td><td rowspan="3">75</td><td>63</td><td rowspan="2">20</td><td>16</td><td rowspan="3">1.8</td><td rowspan="3">8</td><td rowspan="3">2</td></tr>
<tr><td>M40×2</td><td>2</td><td rowspan="2">—</td><td rowspan="2">—</td></tr>
<tr><td>M40×3</td><td>3</td><td>30</td></tr>
<tr><td>M42×1.5</td><td rowspan="4">42</td><td>1.5</td><td rowspan="4">75</td><td>63</td><td rowspan="2">20</td><td>16</td><td rowspan="4">1.8</td><td rowspan="4">8</td><td rowspan="4">2</td></tr>
<tr><td>M42×2</td><td>2</td><td rowspan="3">—</td><td rowspan="3">—</td></tr>
<tr><td>M42×3</td><td>3</td><td rowspan="2">30</td></tr>
<tr><td>M42×4</td><td>4</td></tr>
</table>

续表

代号	公称直径 d	螺距 P	D	D_1	E	E_1	c	b	a
M45×1.5	45	1.5	90	75	22	18	2	8	2
M45×2		2		—		—			
M45×3		3			36				
M45×4		4							
M48×1.5	48	1.5	90	75	22	18	2	8	2
M48×2		2		—		—			
M48×3		3			36				
M48×4		4							
M50×1.5	50	1.5	90	75	22	18	2	8	2
M50×2		2		—		—			
M50×3		3			36				
M52×1.5	52	1.5	90	75	22	18	2	8	2
M52×2		2		—		—			
M52×3		3			36				
M52×4		4							
M55×1.5	55	1.5	105	90	22	18	2.5	10	2
M55×2		2		—		—			
M55×3		3			36				
M55×4		4							
M56×1.5	56	1.5	105	90	22	18	2.5	10	2
M56×2		2		—		—			
M56×3		3			36				
M56×4		4							

（2）管螺纹圆板牙

用于攻制管子及附件的外管螺纹。有 55°圆柱管螺纹与 55°和 60°圆锥管螺纹圆板牙三种。

表 9.93 圆柱管螺纹圆板牙（GB/T 20324—2006） mm

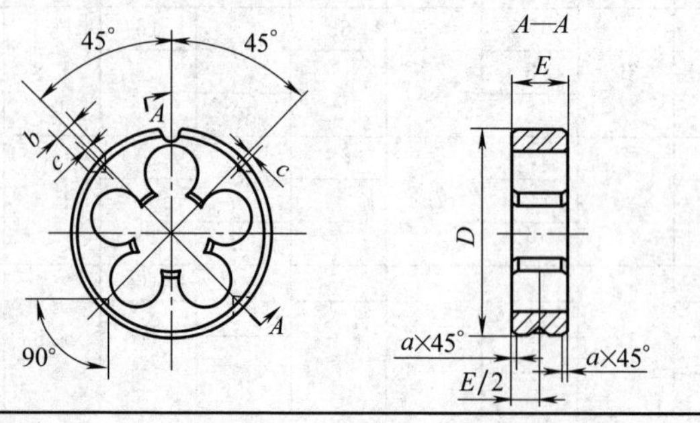

续表

代号	基本直径	螺距 ≈	*D* F10	*E* js12	*c*	*b*	*a*
G1/16	7.723	0.907	25	7	0.8	5	0.5
G1/8	9.728		30	8	1		1
G1/4	13.157	1.337	38	10	1.2	6	
G3/8	16.662		45(38)				
G1/2	20.955	1.814	45	11			
G5/8	22.911		55(45)	16(14)	1.5	8	
G3/4	26.411		55	16			
G7/8	30.201		65		1.8		
G1	33.249	2.309		18			
G1¼	41.910		75	20			2
G1½	47.803		90	22	2		
G1¾	53.746				2.5	10	
G2	59.614		105				
G2¼	65.710		120				

注：尽量不采用括号内尺寸。

表 9.94　圆锥管螺纹圆板牙的尺寸（GB/T 20328—2006）

mm

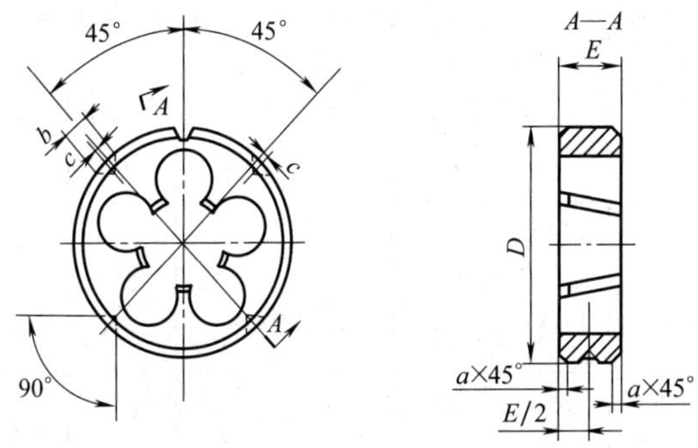

代号	基本直径	螺距 ≈	*D* f10	*E* js12	*c*	*b*	*a*
R1/16	7.723	0.907	25	11	1	5	1
R1/8	9.728		30				
R1/4	13.157	1.337	38	14	1.2	6	
R3/8	16.662		45	18			

续表

代号	基本直径	螺距≈	*D* f10	*E* js12	*c*	*b*	*a*
R1/2	20.955	1.814	55	22	1.5	8	2
R3/4	26.441						
R1	33.249	2.309	65	25	1.8		
R1¼	41.910		75	30			
R1½	47.803		90		2		
R2	59.614		105	36	2.5	10	

表 9.95 圆锥管螺纹圆板牙的尺寸（JB/T 8364.1—2010） mm

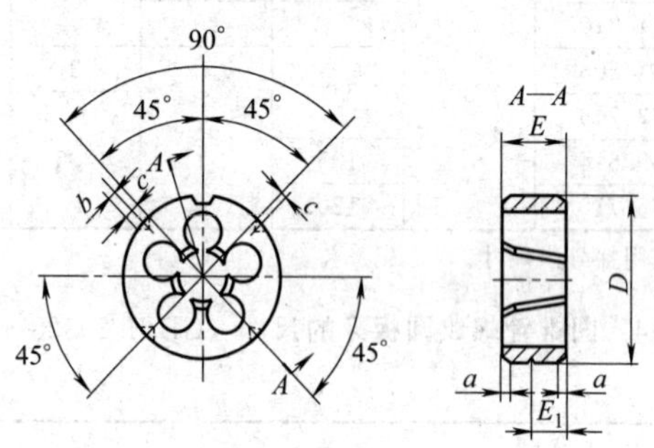

代号 NPT	每英寸牙数	螺距 *P*	*D*	*E*	E_1	*c*	*b*	*a*
1/16	27	0.941	30	11	5.5	1.0	5	1.0
1/8								
1/4	18	1.411	38	16	7.0	1.2	6	
3/8			45	18	9.0			
1/2	14	1.814	45	22	11.0	1.5	8	2.0
3/4			55					
1	11.5	2.209	65	26	12.5	1.8	8	2.0
1¼			75	28	15			
1½			90		18	2.0		
2			105	30		2.5	10	

9.3.8 滚丝轮和搓丝板

（1）滚丝轮

用于滚压外螺纹，成对安装在滚丝机上加工外螺纹。

表 9.96　粗牙普通螺纹用滚丝轮的规格（GB/T 971—2008）　mm

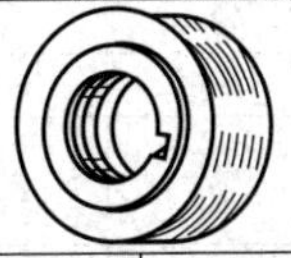

螺纹尺寸		45 型滚丝轮		54 型滚丝轮		75 型滚丝轮	
直径	螺距	中径	宽度	中径	宽度	中径	宽度
3.0	0.5	144.450		144.450			
(3.5)	0.6	143.060		143.060			
4.0	0.7	141.800	30	141.800	30	—	—
(4.5)	0.75	140.455		140.455			
5.0	0.8	143.360		143.360			
6.0	1.0	144.450	30,40	144.450	30,40	176.500	45
8.0	1.25	143.760		143.760		165.324	
10.0	1.5	144.416	40,50	144.416	40,50	171.494	
12.0	1.75	141.219		141.219		173.808	
(14.0)	2.0	139.711		152.412	50,70	177.814	60,70
16.0	2.0	147.010		147.010		176.412	
(18.0)	2.5	147.384	40,60	147.384		180.136	
20.0	2.5	147.008		147.008	60,80	183.760	
(22.0)	2.5	142.632		142.632		183.384	
24.0	3			154.357	70,90	176.408	
(27.0)	3			150.306		175.357	
30.0	3.5			138.635		194.089	
(33.0)	3.5	—	—	153.635		184.362	70,80
36.0	4.0			133.608	80,100	167.010	
(39.0)	4.0			145.608		182.010	
42.0	4.5					193.385	

滚丝轮的精度等级	1 级	2 级	3 级
适宜加工的外螺纹公差等级	4,5 级	5,6 级	6,7 级

注：45 型、54 型、75 型的内孔分别是 45mm、54mm 和 75mm。

表 9.97　细牙普通螺纹用滚丝轮的规格（GB/T 971—2008）　mm

螺纹尺寸		45 型滚丝轮		54 型滚丝轮		75 型滚丝轮	
直径	螺距	中径	宽度	中径	宽度	中径	宽度
8.0		147.000	30,40	147.000	30,40	169.050	45
10.0		149.600	40,50	149.600	40,50	168.300	
12.0	1.0	147.550		147.550		170.250	50,60
14.0		146.850	50,70	146.850	50,70	173.550	
16.0		138.150		153.500		168.850	

续表

螺纹尺寸		45 型滚丝轮		54 型滚丝轮		75 型滚丝轮	
直径	螺距	中径	宽度	中径	宽度	中径	宽度
10.0	1.25	147.008	40,50	147.008	40,50	174.572	45,50
12.0		145.444		145.444		179.008	
14.0		145.068	50,70	145.068	50,70	171.444	
12.0	1.5	143.338	40,50	143.338	40,50	176.416	45,50
14.0		143.286		143.286	50,70	182.364	
16.0		150.260		150.260		180.312	
18.0	1.5	136.208	50,70	136.208	60,80	170.260	60,70
20.0		133.182		152.208		171.234	
22.0		147.182		147.182		189.234	
24.0		138.156		138.156	70,90	184.208	
27.0		130.130		130.130		182.182	
30.0	1.5	145.130	50,70	145.130	80,100	174.156	70,80
33.0		128.104		128.104		192.156	
36.0		140.104		140.104		175.130	
39.0		114.078		152.104		190.130	
42.0		—		123.078		164.104	
45.0		—		132.078		176.104	
18.0	2.0	150.309	40,60	150.309	60,80	183.711	50,60
20.0		149.608		149.608		187.010	
22.0		144.907		144.907		186.309	
24.0		136.206		136.206	70,90	181.608	
27.0		128.505		128.505		179.907	
30.0	2.0	143.505	40,60	143.505	80,100	172.206	50,60
33.0		126.804		126.804		192.206	60,70
36.0		138.804		138.804		173.505	
39.0		113.103		150.804		188.505	
42.0	2.0	—	—	122.103	80,100	162.804	70,80
45.0				131.103		174.804	
36.0	3.0	—	—	136.204	80,100	170.255	90,100
39.0				148.204		185.255	
42.0				120.153		200.255	
45.0				129.153		172.204	

滚丝轮的精度等级	1 级	2 级	3 级
适宜加工的外螺纹公差等级	4,5 级	5,6 级	6,7 级

注：45 型、54 型、75 型的内孔分别是 45mm、54mm 和 75mm。

表 9.98　圆锥管螺纹滚丝轮的尺寸（JB/T 8364.5—2010）　　mm

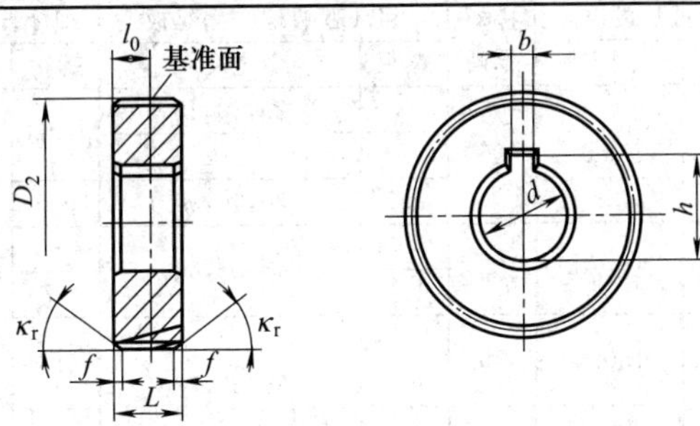

代号 NPT	每英寸牙数	螺距 P	滚丝轮头数 n	测置平面 中径 D_2	测置平面 距离 l_0	L	(f)	(κ_r)	d 基本尺寸	d 极限偏差	b 基本尺寸	b 极限偏差	h 基本尺寸	h 极限偏差
1/16	27	0.941	20	142.840	10	20	1.5	25	54	+0.03 0	12	+0.36 +0.12	57.5	+0.74 0
1/8			16	151.824										
1/4	18	1.411	12	149.844	15	30	2.0							
3/8			9	143.334										
1/2	14	1.814	7	138.304	15	35	2.5							
3/4			6	150.702										

（2）搓丝板

装在搓丝机上供搓制螺栓、螺钉等普通外螺纹用，一副由固定搓丝板和活动搓丝板组成。

表 9.99　搓丝板的规格（GB/T 972—2008）　　mm

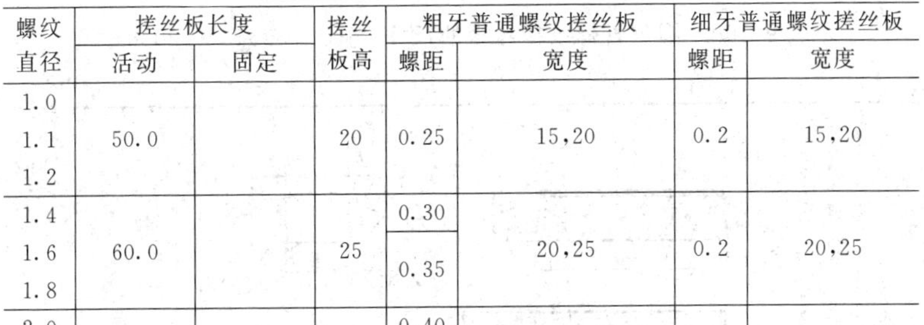

螺纹直径	搓丝板长度 活动	搓丝板长度 固定	搓丝板高	粗牙普通螺纹搓丝板 螺距	粗牙普通螺纹搓丝板 宽度	细牙普通螺纹搓丝板 螺距	细牙普通螺纹搓丝板 宽度
1.0 1.1 1.2	50.0		20	0.25	15,20	0.2	15,20
1.4	60.0		25	0.30	20,25	0.2	20,25
1.6 1.8				0.35			
2.0	70.0	65.0	25	0.40	20,25,30,40	0.25	25,30,40
2.2				0.45			
2.5						0.35	

续表

螺纹直径	搓丝板长度 活动	搓丝板长度 固定	搓丝板高	粗牙普通螺纹搓丝板 螺距	粗牙普通螺纹搓丝板 宽度	细牙普通螺纹搓丝板 螺距	细牙普通螺纹搓丝板 宽度
3.0	85.0	78.0	25	0.5	20,25,30,40,50	0.35	30,40
3.5				—	—		
4.0				0.7	30,40,50	0.5	
5.0	125.0	110.0	25	0.8	40,50,60	0.5	40,50
6.0				1.0		0.75	40,50,60
8.0	170.0	150.0	30	1.25	50,60,70	1.0	50,60,70
10.0				1.5			
12.0	220.0	200.0	40	1.75		1.25	
14.0	250.0	230.0	45	2.0	60,70,80	1.5	60,70,80
16.0	(220.0)	(200.0)					
18.0	310.0	285.0	50	2.5	70,80	1.5	70,80
20.0							
22.0	400.0	375.0			80,100	1.5	80,100
21.0				3.0		2.0	

搓丝板适宜加工的螺纹/mm

粗牙									
公称直径	1,1.1,1.2	1.4	1.6,1.8	2	2.2,2.5	3	3.5	4	4.5
螺　距	0.25	0.3	0.35	0.4	0.45	0.5	0.6	0.7	0.8
公称直径	5	6	8	10	12	14,16	18,20,22		24
螺　距	0.8	1.0	1.25	1.5	1.75	2.0	2.5		3.0

细牙					
公称直径	1,1.1,1.2,1.4,1.6,1.8		2.0,2.2	2.5,3.0,3.5	4.0,5.0
螺　距	0.2		0.25	0.35	0.5
公称直径	6.0	8.0,10	12	12,14,16,18,20,22	24
螺　距	0.75	1.0	1.25	1.5	20

表 9.100　圆锥管螺纹搓丝板的尺寸（JB/T 8364.4—2010）

mm

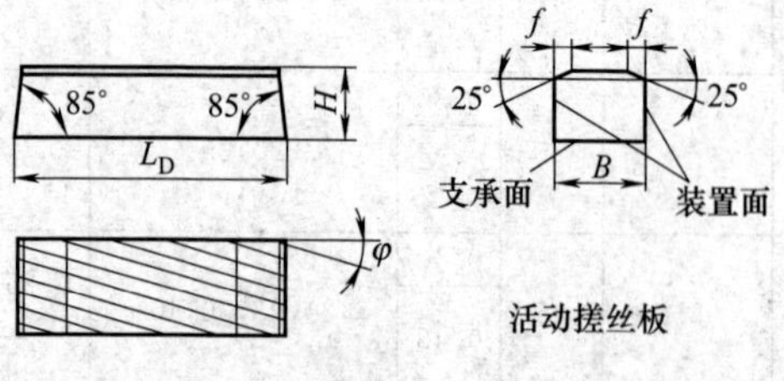

续表

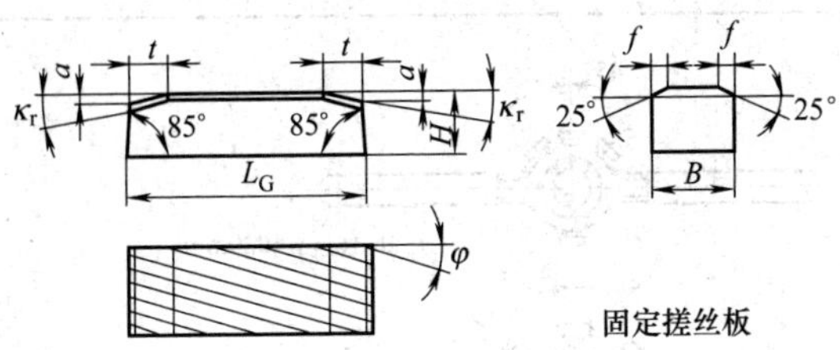

固定搓丝板

代号NPT	每英寸牙数	螺距 P	L_D 基本尺寸	L_D 极限偏差	L_G 基本尺寸	L_G 极限偏差	B 基本尺寸	B 极限偏差	H 基本尺寸	H 极限偏差	参考值 φ	参考值 f	参考值 l	参考值 a	参考值 κ_r
1/16	27	0.941	170	0 −1.00	150	0 −1.00	50	0 −0.62	30	0 −0.52	2°24′05″	1.5	25.2	0.66	1°33′
1/8			210		190		55				1°48′29″				
1/4	18	1.411	220	0 −1.15	200	0 −1.15	60	0 −0.74	40	0 −0.62	2°03′30″	2.0	37.8	0.99	
3/8			250		230						1°55′05″				
1/2	14	1.814	310		285	0 −1.30	70		45		1°40′37″	2.5	48.5	1.27	
3/4			400	0 −1.30	375		80				1°19′01″				

9.3.9　丝锥扳手

供手工铰制工件内螺纹或圆孔时，装夹丝锥或铰刀用。

表 9.101　丝锥扳手的规格　mm

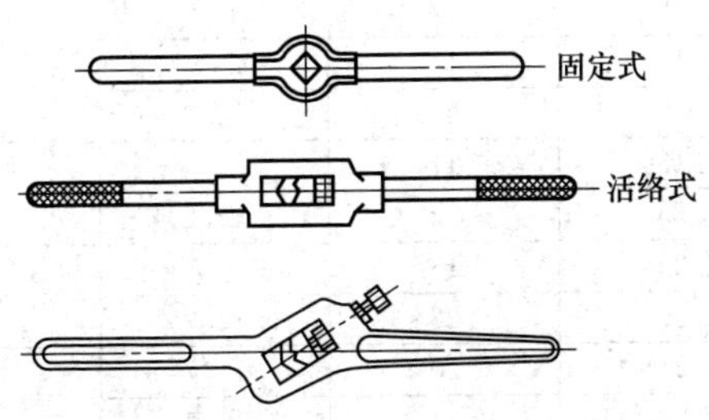

普通铰杠规格	150	230	280	380	580	600
适用丝锥范围	M5～M8	M8～M12	M12～M14	M14～M16	M16～M22	M24 以上

9.3.10 板牙架

表 9.102 圆板牙架（GB/T 970.1—2008） mm

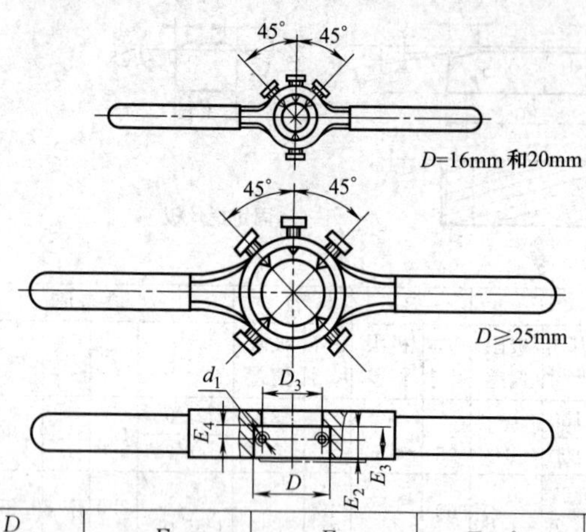

板牙架供手工铰制工件外螺纹时，装夹圆板牙架用

<table>
<tr><th>D
D10</th><th>E_2</th><th>E_3</th><th>$E_{4\,-0.2}^{\ \ 0}$</th><th>D_3</th><th>d_1</th></tr>
<tr><td>16</td><td rowspan="2">5</td><td rowspan="2">4.8</td><td rowspan="2">2.4</td><td>11</td><td>M3</td></tr>
<tr><td rowspan="2">20</td><td rowspan="2">15</td><td rowspan="2">M4</td></tr>
<tr><td>7</td><td>6.5</td><td>3.4</td></tr>
<tr><td>25</td><td>9</td><td>8.5</td><td>4.4</td><td>20</td><td rowspan="2">M5</td></tr>
<tr><td>30</td><td>11</td><td>10</td><td>5.3</td><td>25</td></tr>
<tr><td rowspan="2">38</td><td>10</td><td>9</td><td>4.8</td><td rowspan="2">32</td><td rowspan="4">M6</td></tr>
<tr><td rowspan="2">14</td><td rowspan="2">13</td><td rowspan="2">6.8</td></tr>
<tr><td rowspan="2">45</td><td rowspan="2">38</td></tr>
<tr><td>18</td><td>17</td><td>8.8</td></tr>
<tr><td rowspan="2">55</td><td>16</td><td>15</td><td>7.8</td><td rowspan="2">48</td><td rowspan="4">M8</td></tr>
<tr><td>22</td><td>20</td><td>10.7</td></tr>
<tr><td rowspan="2">65</td><td>18</td><td>17</td><td>8.8</td><td rowspan="2">58</td></tr>
<tr><td>25</td><td>23</td><td>12.2</td></tr>
<tr><td rowspan="2">75</td><td>20</td><td>18</td><td>9.7</td><td rowspan="2">68</td><td rowspan="4">M8</td></tr>
<tr><td>30</td><td>28</td><td>14.7</td></tr>
<tr><td rowspan="2">90</td><td>22</td><td>20</td><td>10.7</td><td rowspan="2">82</td></tr>
<tr><td>36</td><td>34</td><td>17.7</td></tr>
<tr><td rowspan="2">105</td><td>22</td><td>20</td><td>10.7</td><td rowspan="2">95</td><td rowspan="4">M10</td></tr>
<tr><td>36</td><td>34</td><td>17.7</td></tr>
<tr><td rowspan="2">120</td><td>22</td><td>20</td><td>10.7</td><td rowspan="2">107</td></tr>
<tr><td>36</td><td>34</td><td>17.7</td></tr>
</table>

9.3.11　螺纹加工辅具

表 9.103　板牙夹套的规格（JB/T 3411.13—1999）　　mm

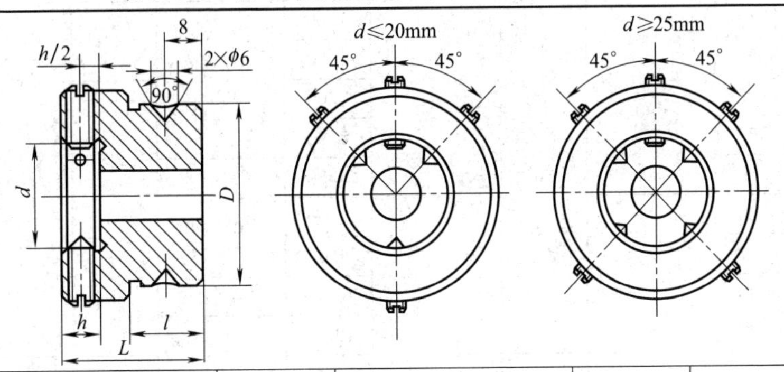

d 基本尺寸	d 极限偏差 H9	h	D 基本尺寸	D 极限偏差 f7	L	l
20	+0.052 0	5	36	−0.025 −0.050	26	15.5
		7			28	
25 30		9 11			30 35	
38	+0.062 0	10				
45		14			40	
		18	50		45	16.5
55	+0.074 0	16			42	
		22			48	

表 9.104　丝锥夹套的规格（JB/T 3411.14—1999）　　mm

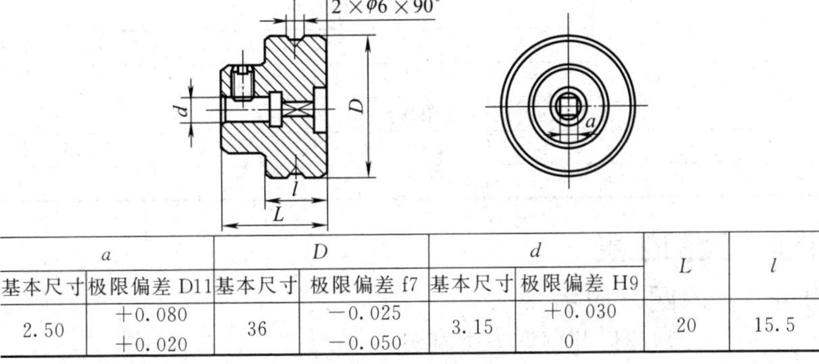

a 基本尺寸	a 极限偏差 D11	D 基本尺寸	D 极限偏差 f7	d 基本尺寸	d 极限偏差 H9	L	l
2.50	+0.080 +0.020	36	−0.025 −0.050	3.15	+0.030 0	20	15.5

续表

a		D		d		L	l
基本尺寸	极限偏差 D11	基本尺寸	极限偏差 f7	基本尺寸	极限偏差 H9		
3.15	+0.105 +0.030	36	−0.025 −0.050	4.00	+0.030 0	20	15.5
3.55				4.50			
4.00				5.00		22	
4.50				5.60			
5.00				6.30	+0.036 0		
6.30	+0.130 +0.040			8.00			
7.10				9.00		30	
8.00				10.00			
10.00				12.50	+0.043 0		
11.20	+0.160 +0.050	50	−0.025 −0.050	14.00		38	16.5
12.50				16.00			
14.00				18.00			
16.00				20.00	+0.052 0	50	
18.00				22.40			
20.00	+0.195 +0.065			25.00			

表 9.105 切制螺纹夹头的规格（JB/T 3411.15—1999） mm

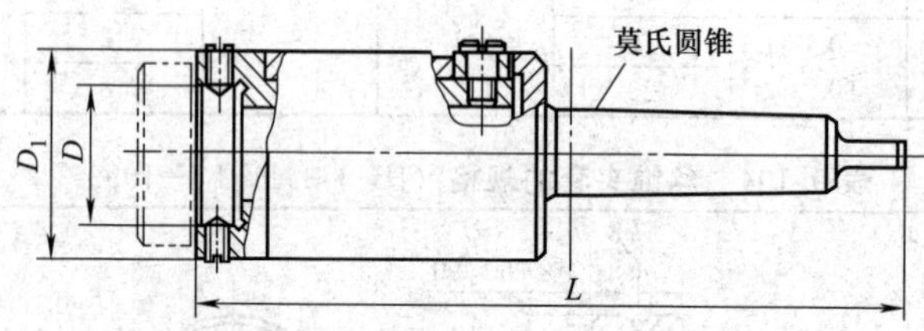

莫氏锥号	D		D_1	L
	基本尺寸	极限偏差 H7		
3	36	+0.025 0	55	215
4	50		70	255

9.4 装配工具

9.4.1 内四方扳手

用于拧紧和拆卸内四方形螺钉。

表 9.106　内四方扳手的基本尺寸（JB/T 3411.35—1999）　mm

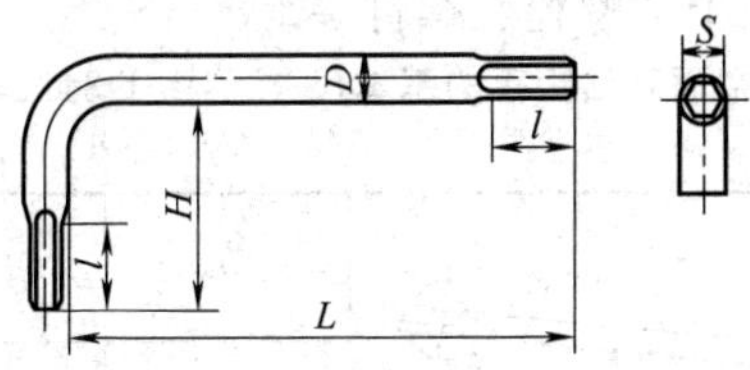

规格 S	2	2.5	3	4	5	6	8	10	12	14
D	5		6		8	10	12	14	18	20
L	56		63	70	80	90	100	112	125	140
l	8				12		15		18	
H	18		20	25	28	32	36	40	45	56

9.4.2　六角扳手

用于拧紧和拆卸内六方形螺钉。

表 9.107　六角扳手的基本尺寸　mm

六角套筒扳手(JB/T 3627.1—1999)

元件名称	材料	热处理	表面处理
六角头	45 钢	淬火 38～42HRC	发蓝
扳手体	45 钢	—	发蓝

丁字形内六角扳手(JB/T 3411.36—1999)

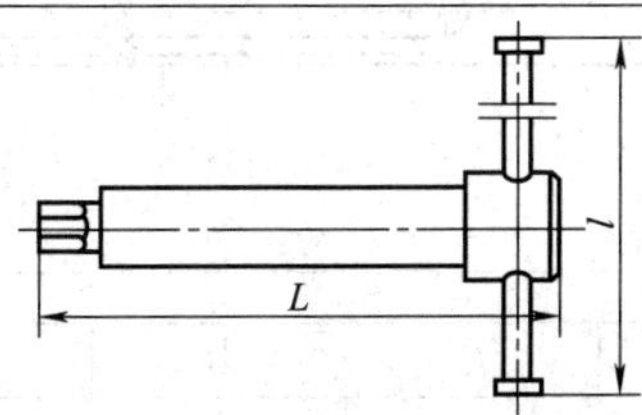

六角对边距离	3		4		5		6		8		10		12	
全长 L	100	150	100	200	200	300	200	300	250	350	250	350	300	400
手柄长 l	60		60		100		100		120		120		120	
六角对边距离	14		17		19		22		24		27			
全长 L	300	400	300	450	300	450	350	500	350	500	350	500		
手柄长 l	160		160		200		250		250		250			

9.4.3 端面孔活扳手

用于装卸端面上的螺栓、螺钉等。

表 9.108 端面孔活扳手的基本尺寸（JB/T 3411.37—1999）

mm

d	L≈	D
2.4	125	22
3.8	160	22
5.3	220	25

9.4.4 侧面孔钩扳手

用于紧固或拆卸GB/T 816“侧面孔小圆螺母”、GB/T 2151“调节螺母”和GB/T 2152“带孔滚花螺母”等多种圆螺母，其基本尺寸见表 9.109。

表 9.109 侧面孔钩形扳手的基本尺寸（JB/T 3411.38—1999）

mm

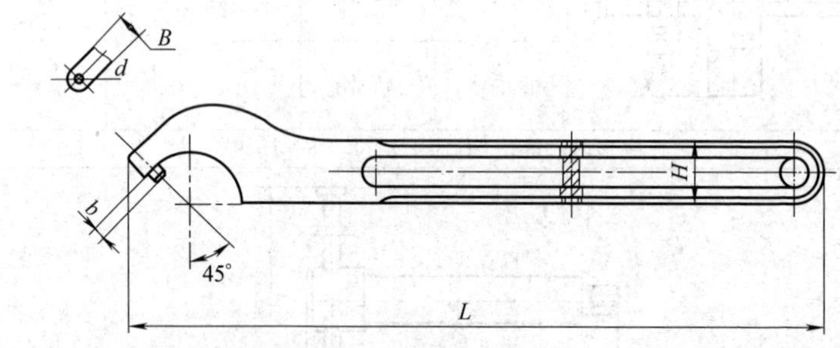

d	L	H	B	b	螺母外径
2.5	140	12	5	2	14～20
3.0	160	15	6	3	22～35
5.0	180	18	8	4	35～60

9.4.5 钩形扳手

用于紧固或拆卸机床、车辆、机械设备上的圆螺母。

表 9.110　钩形扳手的规格（JB/ZQ 4624—2006）　mm

柄棱角倒圆

A型

B型
(其他尺寸和说明同A型)

螺母外径	a	c	e	f	l	m	n min	r_1	r_2	r_3	r_4	A型 $\alpha/(°)$ ≈	A型 b	A型 h	A型 t_1	A型 x	B型 $\beta/(°)$ ≈	B型 d[①]	B型 f	B型 t_2
12～14	1.6	0	1.9	1	100	10	3	6	7	11	1.5	60	1.5	0.5	1.2	0.4	42	2	0.8	2
16～18	4	2.5	1.5					8	9			—	—	—	—	—	32	2.5	3.2	2.5
18～20	4.9								10			60	2	0.5	1.5	—	—	—	—	—
20～22	5.7	4.5	1.5	1	100	10	3	10	11	11	1.5	—	—	—	—	—	26	2.5	5.1	2.5
25～28	2.6	0	2.4		120	12	4	12.5	14	20	2.5	60	2.5	0.8	2	0.4	42	3	1.3	3
30～32	4.9	3.5	2.2					15	16							0.2	37	4	4.2	
34～36	1.7	0	3.3	1.5	150	15	5	17	18	27	3	55	3	0.8	2.5	0.3	47	4	0.8	3.5
40～42	5.3	4						20	21								42		4.6	
45～50	4	0	4.8	2	180	18	6	22.5	25	35	3.5		3.5	1	3	0.8	42	5	2	4
52～55	7	4.7	4.5					26	27.5			55				0.5	37		5.8	

续表

螺母外径	a	c	e	f	l	m	n min	r_1	r_2	r_3	r_4	A型 $\alpha/(^\circ)$ ≈	A型 b	A型 h	A型 t_1	A型 x	B型 $\beta/(^\circ)$ ≈	B型 d[①]	B型 f	B型 t_2
58～62	3.4	0	6.1	3	210	21	7	29	31	43	4	55	4	1	3.5	0.6	46.5	5	1.7	5
68～75	13.5	7	5.9					34	37.5							0.4	37	6	9.3	
80～90	8	0	8.9	4	240	24	8	40	45	57	5	50	5	1.5	4	1.9	42.5	6	4	6
95～100	13	7	7.6					47.5	50							0.6	37		10	
110～115	4.2	0	10.5	5	280	28	10	55	57.5	76	6					1.0	42	8	2.1	8
120～130	14	7	11		280	28	10	60	65	76	6	50	5	1.5	4	1.5	37		10.5	
135～145	8.5	0	14	6	320	32	12	67.5	72.5	92	7	50	6		5	2.0	44	8	4.2	8
155～165	20.5	3.5	13.5					77.5	82.5							1.5	45		1.7	
180～195	13	0	18	8	380	38	14	90	97.5	122	8	50	6	1.5	5	2.5	44	10	6.5	8
205～220	28	17.5	18.5					102.5	110							3.0	37		23	
230～245	13	0	21.5	10	460	46	16	115	122.5	152	10		8	2	7	2.5	44.5		6.5	10
260～270	28	21	20.5					130	135							1.5	39		24.5	
280～300	17	0	28	10	550	58	16	140	150	190	12	50	10	2.5	10	3	—			
300～320	17		23.5					150	160	200						3.5				
320～345	22		30	13				160	172.5	205	11					5				
350～375	37	20	30	10	585	60		175	187.5	220				3		2				
380～400	48	30	36	15	620	70		190	200	250	15	45	14	4	12					
480～500	45		38	17	800		20	240	250	300	16					3				

① d11。

9.4.6　装双头螺柱扳手

表 9.111　装双头螺柱扳手的规格（JB/T 3411.39—1999）　mm

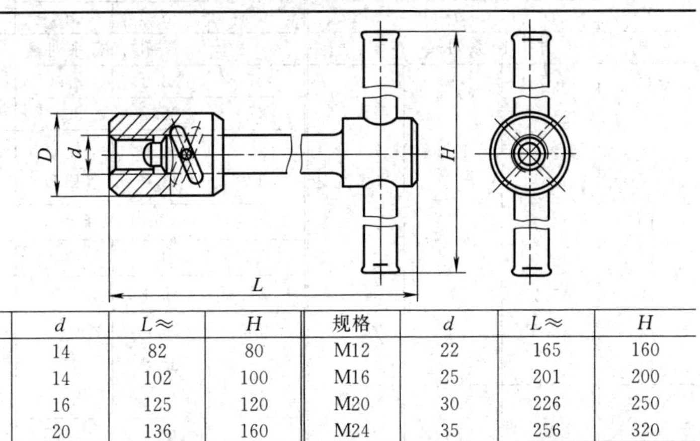

规格	d	L≈	H	规格	d	L≈	H
M5	14	82	80	M12	22	165	160
M6	14	102	100	M16	25	201	200
M8	16	125	120	M20	30	226	250
M10	20	136	160	M24	35	256	320

9.4.7　手动套筒扳手

套筒是套筒扳手的附件，有手动与机动两种。其带方孔的一端与传动附件或套筒扳手的方榫连接，带六角孔的另一端套在六角头螺栓、螺母上，用于紧固或拆卸螺栓、螺母。

表 9.112　手动套筒扳手 套筒（GB/T 3390.1—2004）　mm

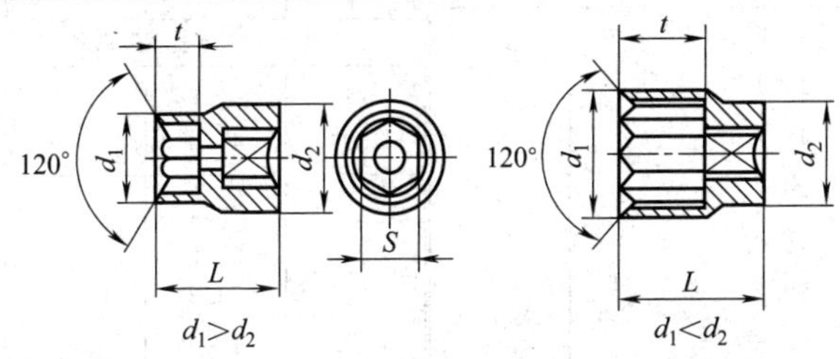

基本尺寸 S	外径≤ d_1	外径≤ d_2	长度 l≤	基本尺寸 S	外径≤ d_1	外径≤ d_2	长度 l≤
方孔 6.3 系列				方孔 6.3 系列			
3.2	5.9	12.5	25	9	13.6	13.6	25
4	6.9			10	14.7	14.7	
5	8.2			11	16.0	16.0	
5.5	8.8			12	17.2	17.2	
6	9.6			13	18.5	18.5	
7	11.0			14	19.7	19.7	
8	12.2						

续表

基本尺寸 S	外径 ≤ d_1	外径 ≤ d_2	长度 l ≤
方孔 10 系列			
6	9.5	33.3 35.8	32
7	11.0		
8	12.2		
9	13.6		
10	14.7		
11	16.0		
12	17.2		
13	18.5		
14	19.7		
15	21.0	24	35
16	22.2		
17	23.5		
18	24.7	24.7	
19	26.0	26.0	
20	27.2	27.2	38
21	28.4	28.4	
22	29.7	29.7	
方孔 12.5 系列			
8	13.0	24	40
9	14.4		
10	15.5		
11	16.7		
12	18.0		
13	19.2		
14	20.5		
15	21.7		
16	23.0	25.5	
17	24.2	25.5	40
18	25.5	25.5	42
19	26.7	26.7	
20	28.0	28.0	44
21	29.2	29.2	
22	30.5	30.5	

基本尺寸 S	外径 ≤ d_1	外径 ≤ d_2	长度 l ≤
方孔 12.5 系列			
24	33.0	33.0	46
27	36.7	36.7	48
30	40.5	40.5	50
32	43.0	43.0	
方孔 20 系列			
19	30	38	50
21	32.1	40	55
22	33.3		
24	35.8		
27	39.6		60
30	43.3	43	
32	45.8	45	
34	48.3	45	65
36	50.8	45	65
41	57.1	48	70
46	63.3	48	70
50	68.3	50	75
55	74.6	50	80
方孔 25 系列			
27	42.7	50	65
30	47.0		
32	49.4	52	
34	51.9		70
36	54.2		
41	60.3		75
46	66.4	55	80
50	71.4		85
55	77.6	57	90
60	83.9	61	95
65	90.3	65	100
70	96.9	68	105
75	104.0	72	110
80	111.4	75	115

表 9.113 手动套筒扳手 传动方榫和方孔 (GB/T 3390.2—2004)

mm

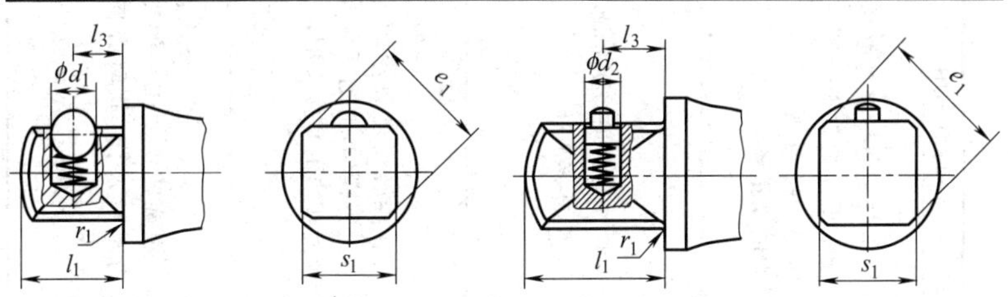

型式	系列	s_1		d_1	d_2	e_1		l_1	l_3		r_1
		max	min	≈	max	max	min	max	基本尺寸	公差	max
A(B)	6.3	6.35	6.26	3	2.0	8.4	8.0	7.5	4.0	±0.2	0.5
A(B)	10	9.53	9.44	5	2.6	12.7	12.2	11	5.5	±0.2	0.6
A(B)	12.5	12.70	12.59	6	3.0	16.9	16.3	15.5	8.0	±0.3	0.8
B(A)	20	19.05	18.92	7	4.3	25.4	24.4	23	10.2	±0.3	1.2
B(A)	25	25.40	25.27	—	5.0	34.0	32.4	28	15.0	±0.3	1.6

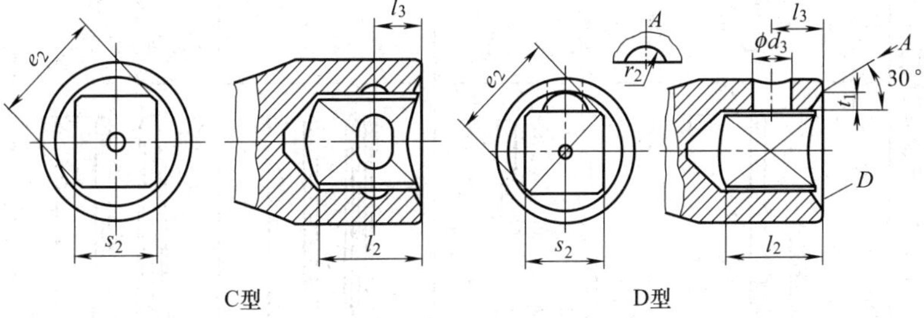

型式	系列	s_2		d_3	e_2	l_2	l_3		r_2	t_1
		max	min	min	min	min	基本尺寸	公差		
C(D)	6.3	6.63	6.41	2.5	8.5	8.0	4	±0.2	—	—
C(D)	10	9.80	9.58	5	12.9	11.5	5.5	±0.2	—	—
C(D)	12.5	13.03	12.76	6	17.1	16	8.0	±0.3	4	3
D(C)	20	19.44	19.11	6	25.6	24	10.2	±0.3	4	3.5
D(C)	25	25.79	25.46	6.5	34.4	29	15	±0.3	6	4

注：带括号的型式应避免采用。

表 9.114 手动套筒扳手 传动附件（GB/T 3390.3—2004） mm

编号	名称	图示	规格	基本尺寸				特点和用途
				d max	l_1 min	l_1 max	l_2 max	
253	滑动头手柄	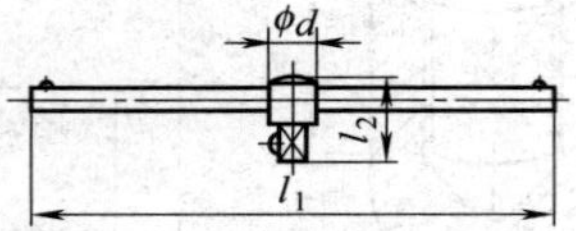	6.3,10,12.5,20,25	14 23 27 40 52	100 150 220 430 500	160 250 320 510 760	24 35 50 62 80	滑行头的位置可以移动，以便根据需要调整旋动力臂的大小。特别适用于180°范围内的操作场合
				b min	l_1 max	l_2 min	l_2 max	
255	快速摇柄	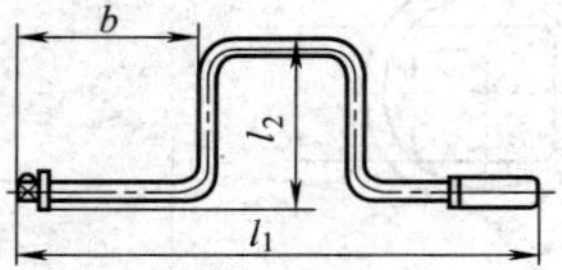	6.3,10,12.5	30 40 50	420 470 510	60 70 85	115 125 145	操作时利用弓形柄部，可以快速、连续旋转
				d max	l_1 min	l_1 max	l_2 max	
256	普通棘轮扳手	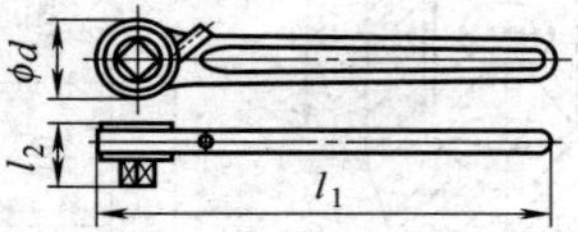	6.3,10,12.5,20	25 35 50 70	110 140 230 430	150 220 300 630	27 36 45 62	在旋转角度较小的工作场合进行操作，普通式须与方榫尺寸相应的直接头配合使用
				d max	l_1 min	l_1 max	l_2 max	
257	可逆棘轮扳手	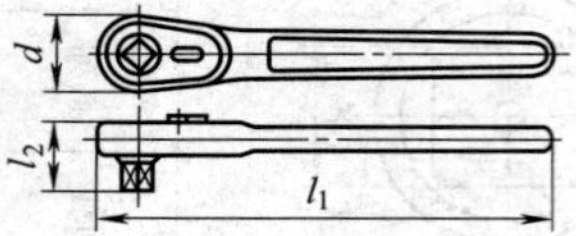	6.3,10,12.5,20,25	25 35 50 70 90	110 140 230 430 500	150 220 300 630 900	27 36 45 62 80	在旋转角度较小的工作场合进行操作，旋转方向可正可反

续表

编号	名称	图示	规格	基本尺寸		特点和用途
251	旋柄	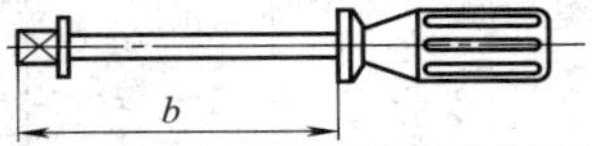	6.3,10	b min	l_1 max	适用于旋动位于深凹部位的螺栓、螺母
				30 40	165 190	
254	转向手柄	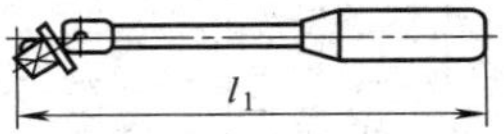	6.3,10,12.5,20,25	l_1 max		可围绕方榫轴线旋转，以便在不同角度范围内旋动螺栓、螺母
				165 270 490 600 850		
256	弯柄		6.3,10,12.5,20	l_1 max	l_2 max	与件数较少的套筒扳手配用
				110 210 250 500	35 45 60 120	

表 9.115 组合套筒扳手传动方孔公称尺寸和基本尺寸 mm

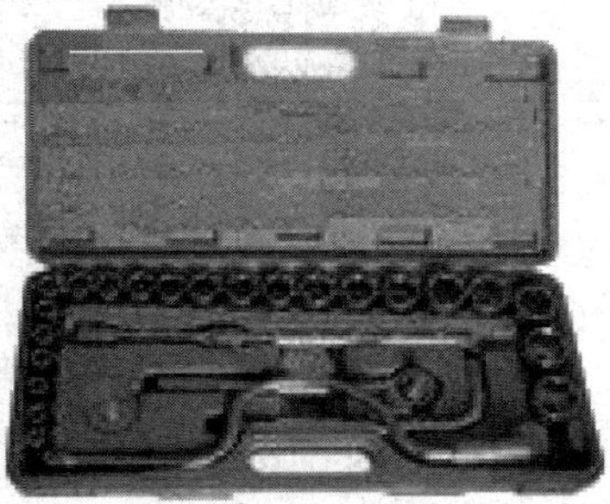

公称尺寸			6.3	10	12.5	20	25
基本尺寸	方孔	最大	6.63	9.80	13.03	19.44	25.79
		最小	6.41	9.58	12.76	19.11	25.46
	方榫	最大	6.35	9.53	12.70	19.05	25.40
		最小	6.26	9.44	12.59	18.92	25.27

表 9.116　组合套筒扳手的规格　　mm

	传动方孔(棒)尺寸	每盒件数	每盒具体规格 套筒	每盒具体规格 附件
小型套筒扳手	6.3×10	20	4,4.5,5,5.5,6,7,8(以上 6.3 方孔),10,11,12,13,14,17,19 和 13/16in 火花塞套筒(以上 10 方孔)	200 棘轮扳手,75 旋柄,75、100 接杆(以上 10 方孔、方棒),10×6.3 接头
	10	10	10,11,12,13,14,17,19 和 13/16in 火花塞套筒	200 棘轮扳手,75 接杆
普通套筒扳手	12.5	9	10,11,12,14,17,19,22,24	225 弯柄
		9[①]	8,10,13,15,16,18,21,24	225 弯柄
		13	10,11,12,14,17,19,22,24,27	250 棘轮扳手,直接头,250 转向手柄,257 通用手柄
		13[①]	8,10,13,15,16,18,21,24,27	
		17	10,11,12,14,17,19,22,24,27,30,32	250 棘轮扳手,直接头,250 滑行头手柄,420 快速摇柄,125、250 接杆
		24	10,11,12,13,14,15,16,17,18,19,20,21,22,23,24,27,30,32	250 棘轮扳手,250 滑行头手柄,420 快速摇柄,125、250 接杆,75 万向接头
		28	10,11,12,13,14,15,16,17,18,19,20,21,22,23,24,26,27,28,30,32	250 棘轮扳手,直接头,250 滑行头手柄,420 快速摇柄,125、250 接杆,75 万向接头,52 旋具接头
		32	8,9,10,11,12,13,14,15,16,17,18,19,20,21,22,23,24,26,27,28,30,32 和 13/16in 火花塞套筒	250 棘轮扳手,250 滑行头手柄,420 快速摇柄,230、300 弯柄,75 万向接头,52 旋具接头,125、250 接杆
重型套筒扳手	20	15[①]	18,21,24,27,30,34,36,41,46,50	棘轮扳手,长接杆,短接杆,滑行头手柄,套筒箱
		21	19,21,22,23,24,26,27,28,30,32,34,36,38,41,46,50	
	20×25	26	21,22,23,24,26,27,28,29,30,31,32,34,36,38,41,46,50(以上 20 方孔),55,60,65(以上 25 方孔)	125 棘轮扳头,525 滑行头手柄,525 加力杆,200 接杆(以上 20 方孔、方榫),83 大滑行头(20×25 方榫),万向接头
	25	21	30,31,32,34,36,38,41,46,50,55,60,65,70,75,80	125 棘轮扳头,525 滑行头手柄,220 接杆,135 万向接头,525 加力杆,滑行头

① 表示为贯彻螺栓、螺钉、螺母新国标，而出现的新产品。

9.4.8　套筒扳手套筒

表 9.117　机动套筒扳手套筒（GB/T 3228—2009）　mm

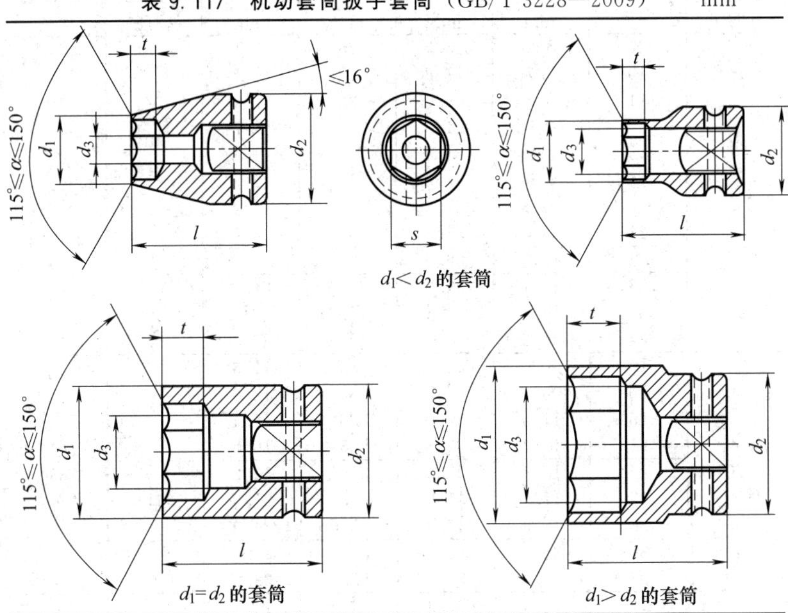

$d_1 < d_2$ 的套筒

$d_1 = d_2$ 的套筒　　$d_1 > d_2$ 的套筒

套筒方孔尺寸	s	t min	d_1 max	d_2 max	d_3 min	l_{max} A 型（普通）	l_{min} B 型（加长）
6.3	3.2	1.8	6.8	14	1.9	25	45
	4.0	2.1	7.8	14	2.4		
	5.0	2.5	9.1	14	3.0		
	5.5	2.9	9.7	14	3.6		
	7	3.7	11.6	14	4.8		
	8	5.2	12.8	14	6.0		
	10	5.7	15.3	16	7.2		
	11	6.6	16.6	16.6	8.4		
	13	7.3	19.1	19.1	9.6		
	15	8.3	21.6	22	11.3	30	
	16	8.9	22.0	22	12.3	35	
10	7	3.7	12.8	20	4.8	34	44
	8	5.2	14.1	20	6.0		
	10	5.7	16.6	20	7.2		
	11	6.6	17.8	20	8.4		
	13	7.3	20.3	28	9.6		
	15	8.3	22.8	28	11.3		45
	16	8.9	24.1	28	12.3		50
	18	11.3	26.6	28	14.4		54
	21	13.3	30.6	34	16.8		
	24	15.3	34.3	34	19.2		

续表

套筒方孔尺寸	s	t min	d_1 max	d_2 max	d_3 min	l_{max}A型（普通）	l_{min}B型（加长）
12.5	8	5.2	15.5	28	6.0	40	75
	10	5.7	17.8	28	7.2		
	11	6.6	19.0	28	8.4		
	13	7.3	21.5	28	9.6		
	15	8.3	24.0	37	11.3		
	16	8.9	25.3	37	12.3		
	18	11.3	27.8	37	14.4		
	21	13.3	31.5	37	16.8		
	24	15.3	36.0	37	19.2	45	
	27	17.1	39.0	39.0	21.6	50	
	30	18.5	44.6	44.6	24		
	34	20.2	49.5	49.5	26.1		
16	15	8.3	26.3	35	11.3	48	85
	16	8.9	27.5	35	12.3		
	18	11.3	30.0	35	14.4		
	21	13.3	33.8	35	16.8		
	24	15.3	37.5	37.5	19.2	51	
	27	17.1	41.3	41.3	21.6		
	30	18.5	45.0	45.0	24.0		
	34	20.2	50.0	50.0	26.4	55	
	36	22.0	52.5	52.5	28.8		
20	18	11.3	32.4	48	14.4	51	85
	21	13.3	36.1	48	16.8		
	24	15.3	39.9	48	19.2		
	27	17.1	43.6	48	21.6	54	
	30	18.5	47.4	48	24.0		
	34	20.2	52.1	58	26.4	58	
	36	22.0	54.9	58	28.8	58	
	41	24.7	61.1	61.1	32.4	63	
	46	26.1	67.4	67.4	36.0	63	100
	50	28.6	74.0	74	39.6	89	
	55	31.5	80	80	43.2	95	
	60	33.9	86	86	45.6	100	
25	27	17.1	46.7	58	21.6	60	—
	30	18.5	50.4	58	24.0	62	
	34	20.2	55.4	58	26.4	63	
	36	22.0	57.9	58	28.8	67	
	41	24.7	64.2	68	32.4	70	
	46	26.1	70.4	68	36.0	76	
	50	28.6	75.4	68	39.6	82	
	55	31.5	81.7	68	43.2	87	
	60	33.9	87.9	68	45.6	91	
	65	34.5	95.9	70.6	50.4	110	
	70	36.5	98.0	70.6	55.2	116	

续表

套筒方孔尺寸	s	t min	d_1 max	d_2 max	d_3 min	l_{max}A 型（普通）	l_{min}B 型（加长）
40	36	22.0	64.2	86	28.8	84	—
	41	24.7	70.4	86	32.4	84	
	46	26.1	76.7	86	36.0	87	
	50	28.6	81.7	86	39.6	90	
	55	31.5	87.9	86	43.2	90	
	60	33.9	94.2	86	45.6	95	

注：t_{min}＝GB/T 5782 规定的六角头高度＋0.5mm。

9.4.9　十字柄套筒扳手

用于拆卸汽车轮胎螺母。

表 9.118　十字柄套筒扳手的规格（GB/T 14765—2008）　mm

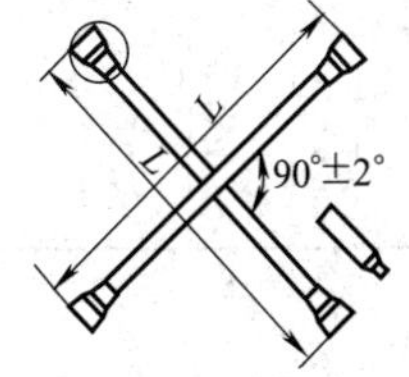

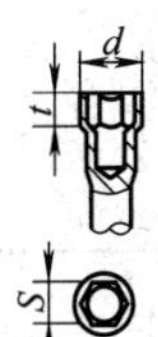

型号	最大套筒的对边尺寸 S_{max}	方榫系列	最大外径 d	最小柄长 L	套筒的最小深度
1	24	12.5	38	355	0.85
2	27	12.5	42.5	450	
3	34	20	49.5	630	
4	41	20	63	700	

9.4.10　增力扳手

配合扭力扳手、棘轮扳手、套筒扳手套筒，紧固或拆卸重型机械的螺栓、螺母。

表 9.119　增力扳手的规格

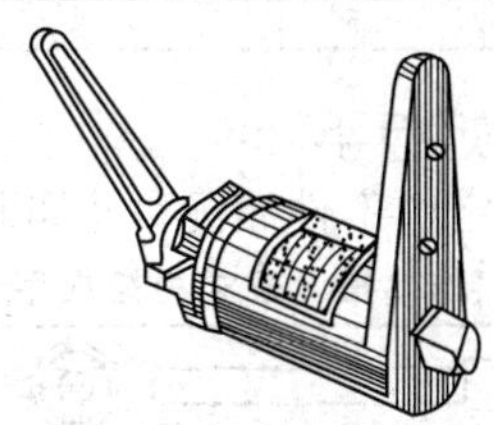

续表

型号	输出转矩 /N·m ≥	减速比	输入端方孔 /mm	输出端方榫 /mm
Z120	1200	5.1	12.5	120
Z180	1800	6.0		25
Z300	3000	12.4		25
Z4000	4000	16.0		六方 32
Z5000	5000	18.4		六方 32
Z7500	7500	68.6		六方 36
Z12000	12000	82.3		六方 46
FDB-15	1500	4.8	12.5	25
FDB20	2000	14.0		25
FDB35	3500	17.0		30
FDB55	5500	19.0		35
FDB75	7500	22.0		40
FDB100	10000	61.0		50
FDB150	15000	74.8		55
FDB－200	20000	96.8		60

9.4.11　省力扳手

用于大型建筑工程中，在无动力源的情况下拆装需要大力矩的螺栓、螺母。

表 9.120　省力扳手的规格

名称	额定输出力矩 /N·m	减速比	效率 /%	主要尺寸/mm		质量/kg
				外径	长度	
二级省力扳手	4000	15.4	95	94	165	5.9
	5000	17.3	95	108	203	7.5
三级省力扳手	7500	62.5	91	112	273	11.5

9.4.12　指示表式力矩扳手

用于转矩有明确规定的工件装配，也可用作检测力矩。

表 9.121　指示表式力矩扳手规格

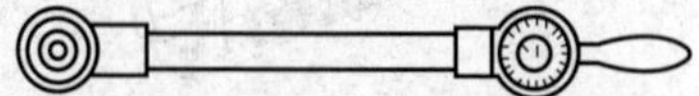

续表

型号	力矩范围 /N·m	每格读数值 /N·cm	精度 /%	长度×直径 /mm
Z6447-48	0～10	5	5	278×40
Z6447-42	10～50	50	5	301×40
Z6447-38	30～100	50	5	382×46
Z6447-46	50～200	100	5	488×54
Z6447-45	100～300	100	5	570×60

9.4.13 电子定扭矩扳手

用于转矩有明确规定的工件装配，或压力容器螺栓的紧固。

表 9.122 电子定扭矩扳手的规格

型号	额定转矩 /N·m	方榫 /mm	总长 /mm	消耗功率 /W ≤	精度 /%
DDB503	8～30	6.3/10	300	静态 0.015 动态 0.12	±2
DDB510	30～100	10/12.5	450		
DDB515	50～150	12.5	500		
DDB520	70～200	12.5	550		
DDB530	100～300	12.5	650		

9.4.14 扭力扳手

配合套筒扳手套筒紧固六角头螺栓，分指示式和预置式两大类，各又分若干型。后者可事先设定转矩值，用于转矩有明确规定的工件装配。扭力扳手的类型和规格见表 9.123～表 9.126。

表 9.123 扭力扳手的类型和规格型号（GB/T 15729—2008）

型式		简图
指示式	A 型:指针型扭力扳手	
指示式	B 型:表盘型扭力扳手	

续表

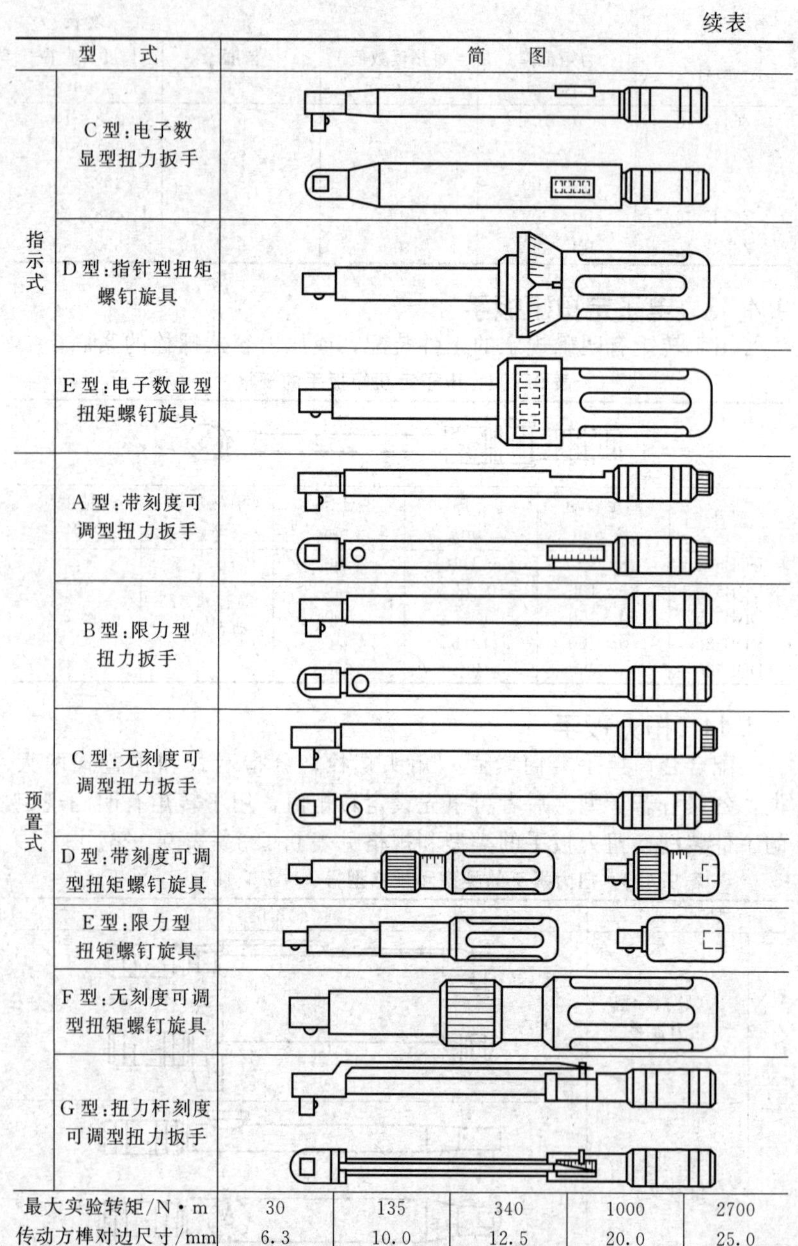

型式		简图				
指示式	C型:电子数显型扭力扳手					
	D型:指针型扭矩螺钉旋具					
	E型:电子数显型扭矩螺钉旋具					
预置式	A型:带刻度可调型扭力扳手					
	B型:限力型扭力扳手					
	C型:无刻度可调型扭力扳手					
	D型:带刻度可调型扭矩螺钉旋具					
	E型:限力型扭矩螺钉旋具					
	F型:无刻度可调型扭矩螺钉旋具					
	G型:扭力杆刻度可调型扭力扳手					
最大实验转矩/N·m		30	135	340	1000	2700
传动方榫对边尺寸/mm		6.3	10.0	12.5	20.0	25.0

表 9.124 指示式扭矩扳手的规格（GB/T 15729—2008）

型号	力矩范围 /N·m	方榫尺寸 /mm	长度 /mm	净重 /kg	带报警净重 /kg
ACD5	0～5	6.3×6.3,10×10	230	0.5	1
ACD10	2～10	6.3×6.3,10×10	253	0.5	1
ACD30	6～30	10×10	253	0.5	1
ACD100	20～100	12.5×12.5	310	1	1.5
ACD300	60～300	12.5×12.5	645	2	2
ACD750	150～750	20×20	980	5	5.5
ACD1000	200～1000	20×20	1810	11.2	14.5
ACD2000	400～2000	25×25	1810	11.5	12.7
ACD4000	800～4000	38×38	1810	1.5	16.5

注：上海苏特电气有限公司。

表 9.125 预置式扭矩扳手的规格（GB/T 15729—2008）

编号	力矩范围/N·m	方榫尺寸/mm	长度/mm
AC1101	4～20	6.3×6.3,10×10	305
AC1102	20～100	12.5×12.5	450
AC1103	80～300	12.5×12.5	614
AC1104	100～500	20×20	668
AC1105	280～760	20×20	810
AC1106	250～1000	20×20	810
AC1107	750～2000	25×25	928
AC1108	1800～3000	25×25	955
AC1109	2800～4000	38×38	943
AC1110	3800～6000	38×38	995
TG1201	5～25	6.3×6.3	290
TG1202	20～100	12.5×12.5	478
TG1203	60～300	12.5×12.5	612
TG1204	150～450	20×20	695
TG1205	280～760	20×20	798
TG1206	200～1000	20×20,25×25	855
TG1207	750～2000	25×25	1003
TG1208	3000～6000	38×38	3200

注：上海申易机械工具有限公司。

表 9.126 预置式电动扭矩螺钉旋具的规格（GB/T 15729—2008）

项　目	SG-DD-600	SG-DD-1000	SG-DD-1500	SG-DD-2000	SG-DD-3500
额定转矩/N·m	600	1000	1500	2000	3500
调解范围/N·m	250～600	300～1000	500～1500	600～2000	1500～3500

续表

项　目	SG-DD-600	SG-DD-1000	SG-DD-1500	SG-DD-2000	SG-DD-3500
控制精度	±5%	±5%	±5%	±5%	±5%
工作头转速/min	10	8	8	6	3
额定电压/V	220	220	220	220	220
额定电流/A	3.2	3.2	4	4	4
边心距/mm	50	53	58	63	66
主机外形/mm	450×ϕ100	450×ϕ100	480×ϕ116	480×ϕ126	580×ϕ132
方头尺寸/mm	19×19	25×25	25×25	32×32	38×38
套筒型号	32#、36#	32#、36#	36#、41#	41#、46#	70#
主机净重/kg	7.5	7.5	10	13	19
控制仪尺寸/mm	180×98×75	180×98×75	180×98×75	180×98×75	180×98×75
控制仪质量/kg	1	1	1	1	1

注：上海恒刚仪器仪表有限公司。

9.4.15 棘轮扳手

适用于扳拧螺栓和螺母或其他紧固件，按照外形分为单头棘轮扳手（代号为D，单头活动头棘轮扳手代号为DH）和双头棘轮扳手（代号S，双头活动头棘轮扳手代号SH）两种型式；按照使用方法分为单向棘轮扳手（代号A）和双向棘轮扳手（代号B）两种型式；按照长度分为长型（无代号）和短型（代号T）两种型式。

表 9.127 单头棘轮扳手的规格和长度（QB/T 4619—2013）

mm

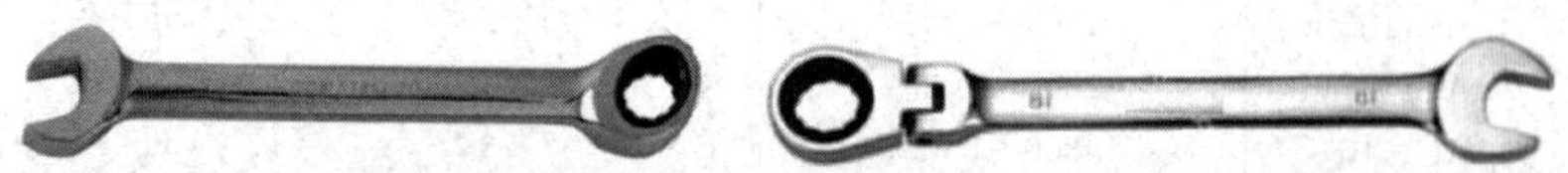

单头棘轮扳手　　　　单头活动头棘轮扳手

规格	扳手长度		规格	扳手长度	
	短型	长型		短型	长型
6	60	105	20	145	190
7	65	110	21	155	195
8	70	115	22	165	200
9	75	120	23	180	205
10	80	125	24	180	205
11	85	130	25	200	259
12	90	135	26	215	280
13	95	140	27	215	280
14	100	148	28	225	320
15	105	153	29	235	340
16	110	157	30	245	365
17	115	163	31	260	395
18	125	170	32	260	395
19	135	182			

表 9.128　双头棘轮扳手的规格和长度（QB/T 4619—2013）

mm

双头棘轮扳手　　双头活动头棘轮扳手

规格	扳手长度 max	规格	扳手长度 max	规格	扳手长度 max
6×7	73	13×16	129	19×24	182
7×8	81	13×17	129	20×22	190
8×9	89	14×15	137	21×22	198
8×10	89	14×16	137	21×23	198
9×11	97	14×17	137	21×24	198
10×11	105	15×16	145	22×24	206
10×12	105	15×18	145	24×27	222
10×13	105	16×18	153	24×30	222
11×13	113	17×18	153	25×28	230
12×13	121	17×19	166	27×30	246
12×14	121	18×19	174	30×32	275
13×14	129	18×21	174		
13×15	129	19×22	182		

9.4.16　弹性挡圈安装钳

有孔用挡圈和轴用挡圈两种，专用于拆装弹簧挡圈。

表 9.129　孔用弹性挡圈安装钳的基本尺寸（JB/T 3411.48—1999）

mm

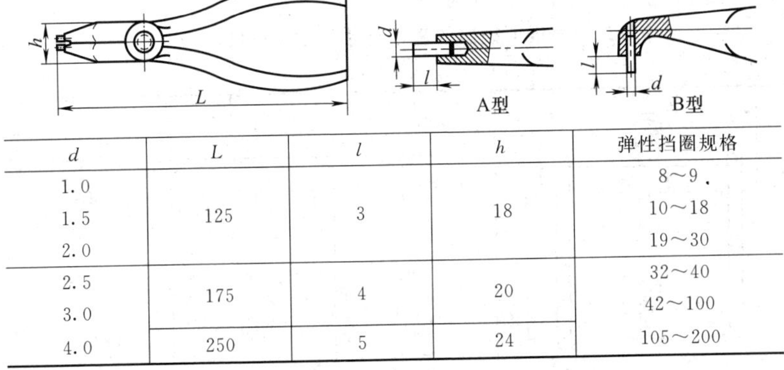

d	L	l	h	弹性挡圈规格
1.0	125	3	18	8～9
1.5				10～18
2.0				19～30
2.5	175	4	20	32～40
3.0				42～100
4.0	250	5	24	105～200

表 9.130　轴用弹性挡圈安装钳的基本尺寸（JB/T 3411.47—1999）

mm

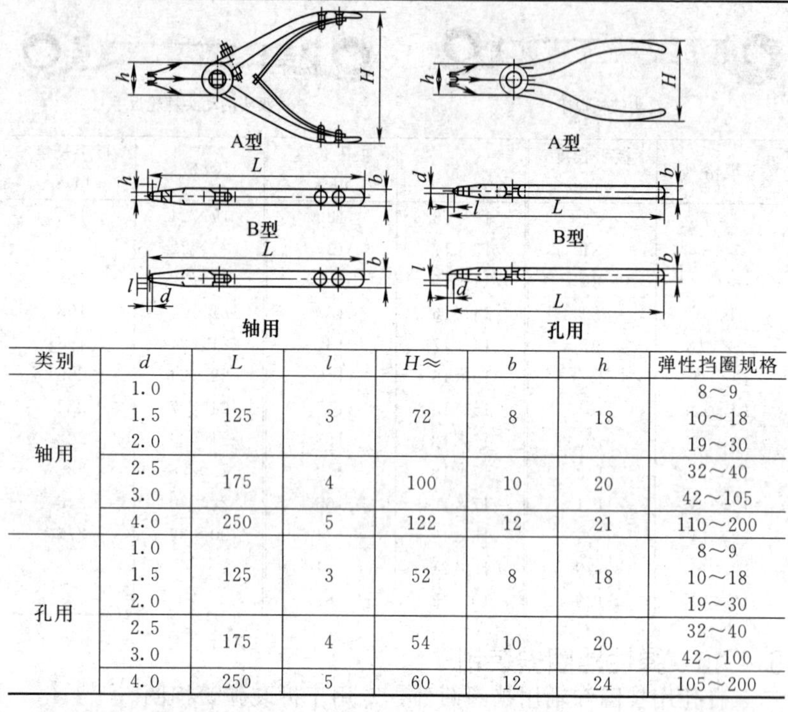

类别	d	L	l	$H\approx$	b	h	弹性挡圈规格
轴用	1.0	125	3	72	8	18	8～9
	1.5						10～18
	2.0						19～30
	2.5	175	4	100	10	20	32～40
	3.0						42～105
	4.0	250	5	122	12	21	110～200
孔用	1.0	125	3	52	8	18	8～9
	1.5						10～18
	2.0						19～30
	2.5	175	4	54	10	20	32～40
	3.0						42～100
	4.0	250	5	60	12	24	105～200

9.4.17　顶拔器

有两爪和三爪两种，分别见表 9.131 和表 9.132。拔头和拔销器的规格见表 9.133、表 134。

表 9.131　两爪顶拔器的基本尺寸（JB/T 3411.50—1999）

mm

H	L	d
160	200	M16
250	300	M20
380	400	Tr30×3

表 9.132　三爪顶拔器的基本尺寸（JB/T 3411.51—1999）　mm

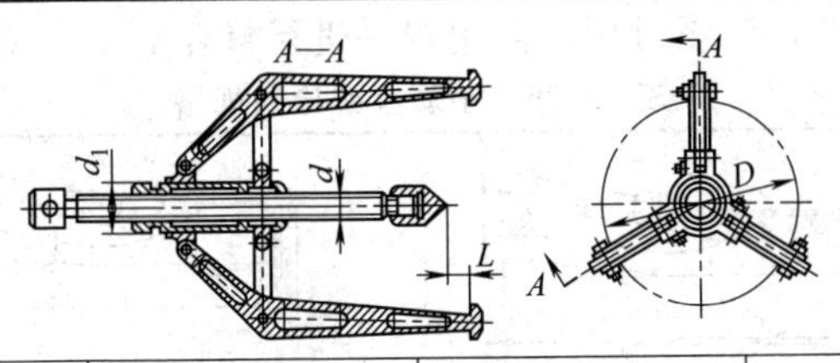

D_{max}	L_{max}	d	d_1
160	110	Tr20×2	Tr40×7
300	160	Tr32×3	Tr55×9

表 9.133　拔头的规格（JB/T 3411.43—1999）　mm

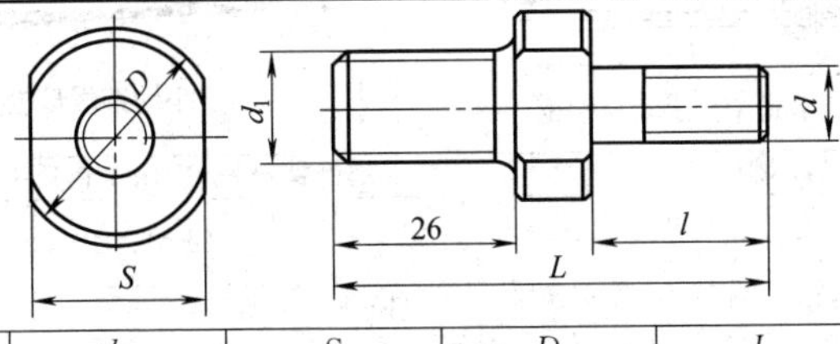

d	d_1	S	D	L	l
M4	M16	19	22	50	14
M5				52	16
M6				52	16
M8				56	20
M10				62	25
M12	M20	24	28	66	30
M16				72	35
M20				76	40

表 9.134　拔销器（JB/T 3411.44—1999）　mm

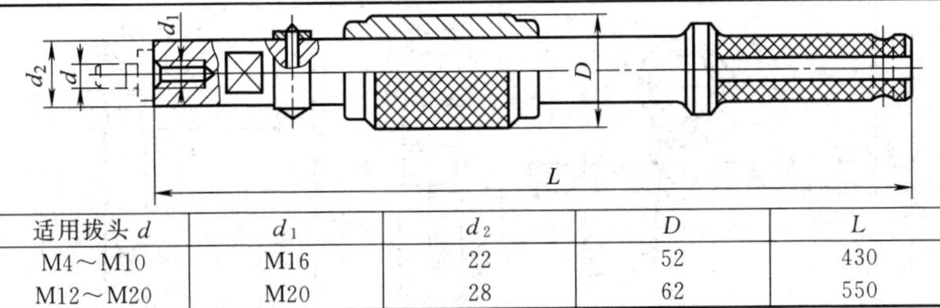

适用拔头 d	d_1	d_2	D	L
M4～M10	M16	22	52	430
M12～M20	M20	28	62	550

9.4.18　手动拉铆枪

手动拉铆枪专供单面铆接抽芯铆钉用，单手式适用于拉铆力不大的场合；双手式适用于拉铆力较大的场合；手动铆螺母枪专供单面铆接（拉铆）铆螺母用，需用双手进行操作。

表 9.135　手动拉铆枪的规格

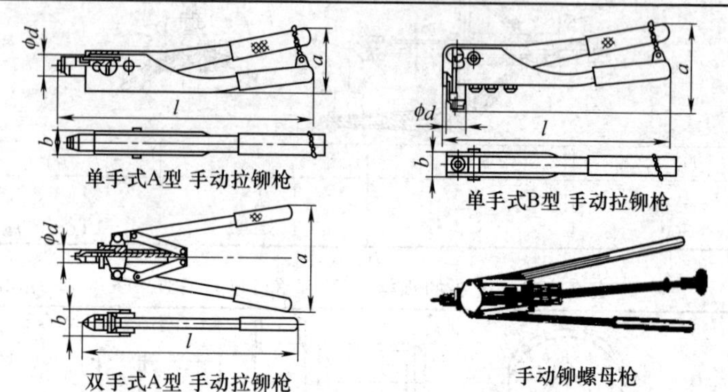

手动拉铆枪					手动铆螺母枪(适用于铝质铆螺母)		
型式	尺寸/mm				型号	SLM-M1	SLM-M
	a	b	ϕd	l			
单手式 A 型	58	31	26	350	规格	M5,M6	M3,M4
单手式 B 型	90	29	19	260	外形尺寸/mm	490×172×50	345×160×42
双手式 A 型	110	32	22	450	质量/kg	1.9	0.7

9.4.19　组合夹具组装用具

组合夹具组装用具包括六角套筒扳手、电动扳手六角头和丁字形四爪扳手（表 9.136）。适用于 12mm 槽系组合夹具元件的组装。

表 9.136　组合夹具组装用具　　mm

名称	六角套筒扳手	电动扳手六角头	丁字形四爪扳手
图示和尺寸	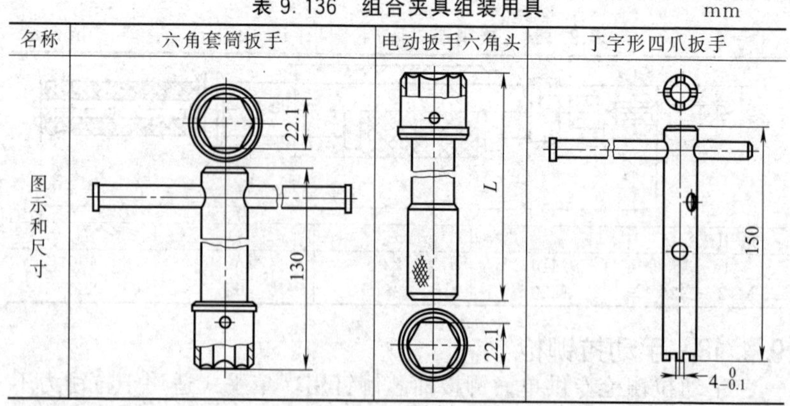		

9.5 锯切工具

9.5.1 锯条

锯条的规格按其长度（锯条两端安装孔的中心距）和粗细的不同划分，常用的是300mm；粗细按照锯条每25mm长度内所包含的锯齿数，有14、18、24和32等几种。

表9.137　锯齿的粗细规格和应用

种类	每25mm长度内齿数	应　用
粗	14～18	锯削软钢、黄铜、铝、铸铁、紫铜、人造胶质材料
中	22～24	锯削中等硬度钢、厚壁的钢管、铜管、硬度较高的轻金属、黄铜、较厚型材
中细	32～20	一般工厂中用
细	32	薄片金属、小型材、薄壁钢管、硬度较高金属

（1）手用钢锯条

装在锯架上切割金属工件，有单面齿（A型）和双面齿（B型）之分。

表9.138　手用钢锯条的规格（GB/T 14764—2008）　mm

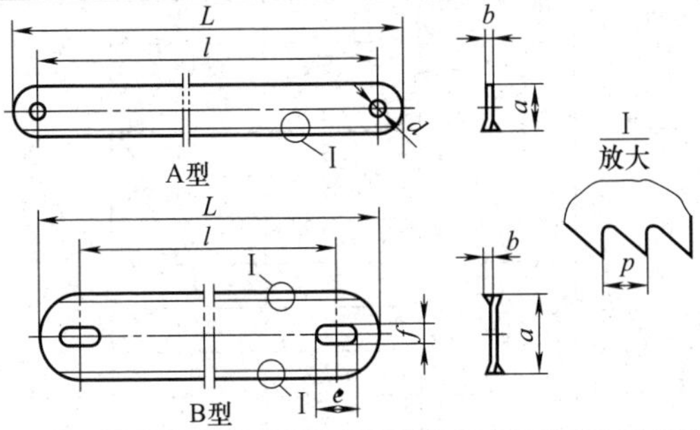

型式	长度 L	宽度 a	厚度 b	齿距 p	销孔 $d(e\times f)$	全长 $L\leqslant$
A型	300	12.7或10.7	0.65	0.8、1.0 1.2、1.4 1.5、1.8	3.8	315
	250					265
B型	296	22	0.65	0.8、1.0 1.4	8×5	315
	292	25			12×6	

（2）机用锯条

装在锯床上切割金属工件。

表 9.139 机用锯条的规格（GB/T 6080.1—2010） mm

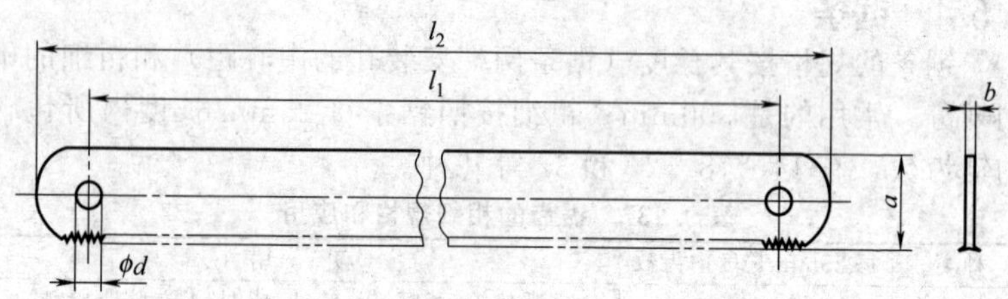

<table>
<tr><th rowspan="2">$l \pm 2$</th><th rowspan="2">a_{-1}^{0}</th><th rowspan="2">b</th><th colspan="2">齿距</th><th rowspan="2">l_2
max</th><th rowspan="2">d
H14</th></tr>
<tr><th>P</th><th>N</th></tr>
<tr><td rowspan="5">300</td><td rowspan="5">25</td><td rowspan="2">1.25</td><td>1.8</td><td>14</td><td rowspan="5">330</td><td rowspan="5">8.4</td></tr>
<tr><td>2.5</td><td>10</td></tr>
<tr><td rowspan="3">1.5</td><td>1.8</td><td>14</td></tr>
<tr><td>2.5</td><td>10</td></tr>
<tr><td>4.0</td><td>6</td></tr>
<tr><td rowspan="11">350</td><td rowspan="5">25</td><td rowspan="2">1.25</td><td>1.8</td><td>14</td><td rowspan="11">380</td><td rowspan="11">8.4</td></tr>
<tr><td>2.5</td><td>10</td></tr>
<tr><td rowspan="6">1.5</td><td>1.8</td><td>14</td></tr>
<tr><td>2.5</td><td>10</td></tr>
<tr><td>4.0</td><td>6</td></tr>
<tr><td rowspan="6">30</td><td>1.8</td><td>14</td></tr>
<tr><td>2.5</td><td>10</td></tr>
<tr><td>4.0</td><td>6</td></tr>
<tr><td rowspan="3">2</td><td>1.8</td><td>14</td></tr>
<tr><td>2.5</td><td>10</td></tr>
<tr><td>4.0</td><td>6</td></tr>
<tr><td rowspan="11">400</td><td rowspan="3">25</td><td rowspan="6">1.5</td><td>1.8</td><td>14</td><td rowspan="9">430</td><td rowspan="9">10.4</td></tr>
<tr><td>2.5</td><td>10</td></tr>
<tr><td>4.0</td><td>6</td></tr>
<tr><td rowspan="6">30</td><td>1.8</td><td>14</td></tr>
<tr><td>2.5</td><td>10</td></tr>
<tr><td>4.0</td><td>6</td></tr>
<tr><td rowspan="5">2</td><td>2.5</td><td>10</td></tr>
<tr><td>4.0</td><td>6</td></tr>
<tr><td>6.3</td><td>4</td></tr>
<tr><td rowspan="2">40</td><td>4.0</td><td>6</td><td rowspan="2">440</td><td rowspan="2">10.4</td></tr>
<tr><td>6.3</td><td>4</td></tr>
</table>

续表

$l\pm2$	a_{-1}^{0}	b	齿距		l_2 max	d H14
			P	N		
450	30	1.5	2.5	10	490	8.4
			4.0	6		
	40	2	2.5	10		8.4/10.4
			4.0	6		
			6.3	4		
500			2.5	10	540	10.4
			4.0	6		
			6.3	4		
575	50	2.5	4.0	6	615	
			6.3	4		
			8.5	3		
600			4.0	6	640	10.4/12.9
			6.3	4		
700			4.0	6	745	
			6.3	4		
			8.5	3		

9.5.2　钢锯架

安装钢锯条后，用于手工锯削金属材料。

表 9.140　钢锯架的规格（QB/T 1108—1991）　mm

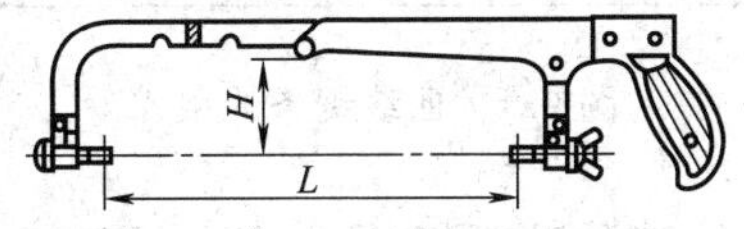

产品分类		规格 L	长度	高度	最大锯切深度 H
钢板制	调节式	200、250、300	324～328	60～80	64
	固定式	300	325～329	65～85	
钢管制	调节式	250、300	330	80	74
	固定式	300	324	85	

9.5.3　曲线锯条

用于对金属、塑料、木材等板料进行直线和曲线锯割。按其柄部型式分为 T 型、U 型、MA 型、H 型四种（图 9.1）；按使用材质分为碳素工具钢（代号 T，HRA75）、合金工具钢（代号 M，HRA75）、高速工具钢（代号 G，HRA81）以及双金属复合钢

（代号 Bi，HV690）四种类型（QB/T 4267—2011）。

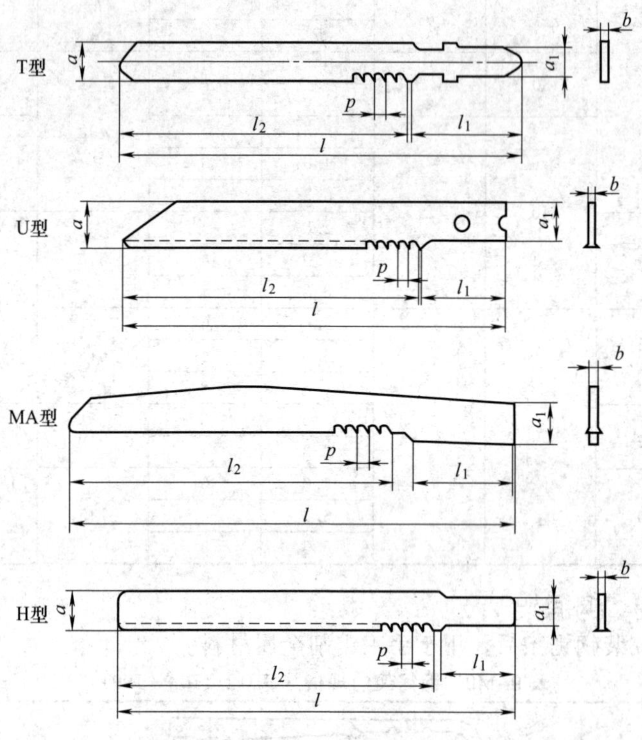

图 9.1 曲线锯条的型式

表 9.141 曲线锯的基本尺寸（QB/T 4267—2011） mm

型式	全长 l		锯齿长度 l_2		宽度 a		厚度 b		每英寸齿数	齿距 p	
	基本尺寸	偏差	基本尺寸	偏差	基本尺寸	偏差	基本尺寸	偏差		基本尺寸	偏差 Δ
T 型	70	±2	45	±2	5 8	±0.50	0.9～1.5	±0.05	32	0.8	齿数 $Z=32\sim20$，$\Delta=\pm0.08$
	75		50								
	80		55						24	1.0	
	95		70								
	100		75						20	1.2	
	105		80		8 9.5						齿数 $Z=18\sim14$，$\Delta=\pm0.10$
	125		100						18	1.4	
	150		125						16	1.5	

续表

型式	全长 l 基本尺寸	全长 l 偏差	锯齿长度 l_2 基本尺寸	锯齿长度 l_2 偏差	宽度 a 基本尺寸	宽度 a 偏差	厚度 b 基本尺寸	厚度 b 偏差	每英寸齿数	齿距 p 基本尺寸	齿距 p 偏差 Δ
U 型	70		50						14	1.8	
	80		60		5 8	±0.50			13	2.0	齿数 $Z=$ 13～9，$\Delta=\pm0.12$
	90		70								
	100		80						10	2.5	
MA 型	70		50		—	—			9	2.8	
	80		60						—	3.0	
	95	±2	75	±2			0.9～1.5	±0.05			
	120		100						8	—	
H 型	80		60						—	3.5	齿数 $Z=$ 8～6，$\Delta=\pm0.15$
	95		75						7	3.6	
	105		85		8	±0.50					
	115		95						—	4.0	
	125		105						6	4.2	

注：$p=0.8$～1.4mm，用于切割金属；齿距 $p=1.4$～2.5mm，用于切割塑料；齿距 $p=2.5$～4.2mm，用于切割木材。

9.6 錾削工具

9.6.1 錾子

扁錾常用于錾平面，切割板料，去凸缘、毛刺和倒角；窄錾常用于錾沟槽，分割曲面、板料，修理键槽等；油槽錾主要用于錾油槽；防爆铜錾用于要求防爆的场合。

表 9.142　錾子的规格　mm

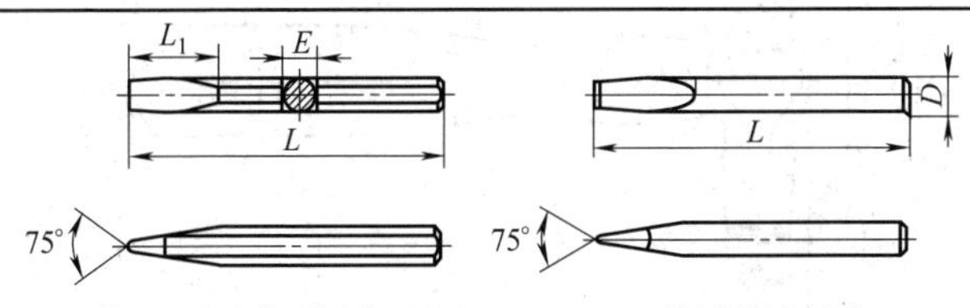

A型(八角形柄)錾子　　B型(圆形柄)錾子

	规　　格	16×180	18×180	20×200	27×200	27×250
普通用	錾口宽度	16	18	20	27	27
	全　　长	180	180	200	200	250
防爆用	八角形对边宽度 E	19	25	19	25	25
	圆形直径 D	16	18	20	27	27
	全长 $L\geqslant$	180	180	180	200	250
	工作部分长度 L_1	70	70	70	70	70

表 9.143 防爆用錾子的规格（QB/T 2613.2—2003） mm

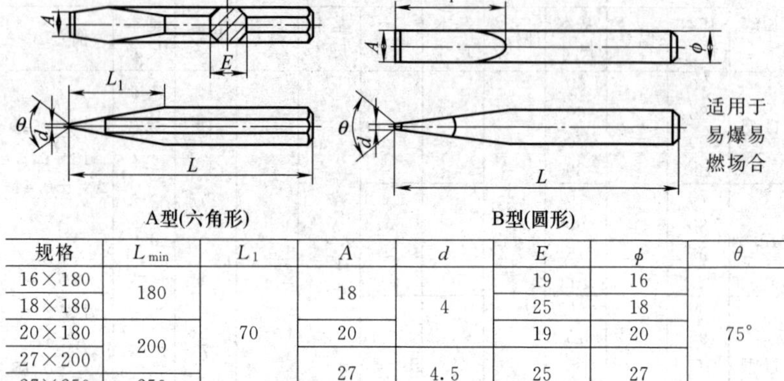

规格	L_{min}	L_1	A	d	E	ϕ	θ
16×180	180	70	18	4	19	16	75°
18×180					25	18	
20×180	200		20		19	20	
27×200			27	4.5	25	27	
27×250	250						

注：产品的标记由产品名称、规格、型式代号和标准编号组成。

例：规格为16×180的六角形錾子标记为“防爆用錾子 16×180 A QB/T 2613.2”。

9.6.2 锤子

（1）圆头锤

供钳工、锻工、安装工和钣金工等敲击工件及整形用，其规格见表9.144～表9.146。

表 9.144 圆头锤的规格（QB/T 1290.2—2010） mm

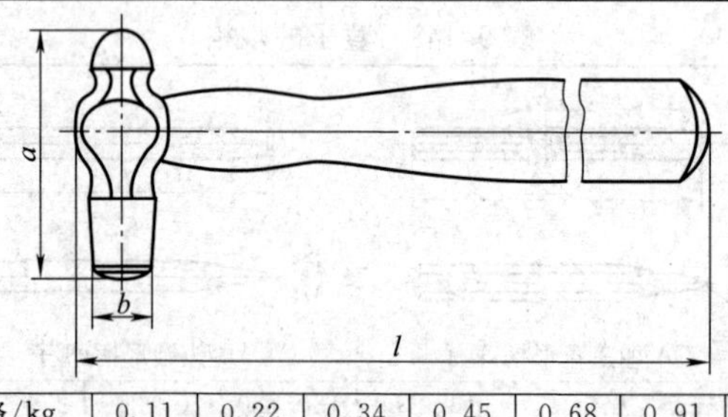

	规格/kg	0.11	0.22	0.34	0.45	0.68	0.91	1.13	1.36
普通用锤	全长 l	260	285	315	335	355	375	400	400
	公差	±4.00			±4.50				
	锤高 a	66	80	90	101	116	127	137	147
	公差	±1.00				±1.50			
	圆头直径 b	18	23	26	29	34	38	40	42
	公差	±0.70		±1.00					

注：规格数字不包括锤柄质量。

表 9.145　锤头的规格（JB/T 3411.52—1999）　mm

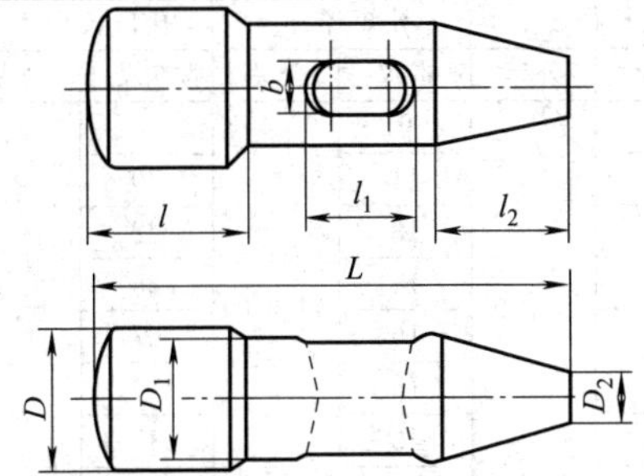

质量/kg ≈		L	D	D_1	D_2	b	l	l_1	l_2
钢	铜								
0.05	0.06	60	15	12	4	6	16	14	26
0.1	0.11	80	18	15	6	8	20	18	32
0.2	0.23	100	22	18	8	10	25	22	43

表 9.146　防爆用圆头锤的规格（QB/T 2613.7—2003）　mm

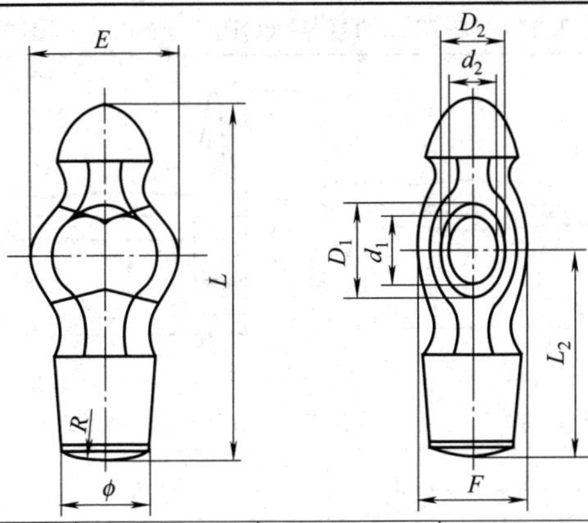

规格	锤体质量/kg		锤高 L		锤宽 E		锤厚 F		锤击面直径 ϕ	
	基本质量	公差	基本尺寸	公差	基本尺寸	公差	基本尺寸	公差	基本尺寸	公差
0.11	0.11	+8% −2%	66	±1.0	25	±1.0	20	±1.0	17.5	±1.0
0.22	0.22		80		30		25		23.0	
0.33	0.33		90		34		29		26.0	
0.44	0.44		101		30		33		29.0	
0.66	0.66		116	±1.5	43		36		34.0	±1.5
0.88	0.88		127		49		40		38.0	
1.10	1.10		137		52		43		40.0	
1.32	1.32		147		57		46		42.0	

续表

规格	孔中心高 L_2	孔长径 d_1		孔短径 d_2		孔口长径 D_1		孔口短径 D_2	
		基本尺寸	公差	基本尺寸	公差	基本尺寸	公差	基本尺寸	公差
0.11	37	13	±1.0	9	±1.0	16	±1.0	11	±1.0
0.22	44	17		11		20		14	
0.33	49	19		13		22		16	
0.44	56	22		14		25		17	
0.66	63	24		16		27		19	
0.88	70	27		19		30		22	
1.10	74	29		20		33		24	
1.32	80	30		21		34		25	

注：1. 圆头锤的材料为铍青铜、铝青铜等铜合金，并应通过 GB/T 10686 规定的防爆性能试验。

2. 产品的标记由产品名称、规格和标准编号组成。例如：防爆用圆头锤 0.11 QB/T 2613.7。

(2) 钳工锤（表 9.147）

表 9.147　钳工锤的规格（QB/T 1290.3—2010）　　mm

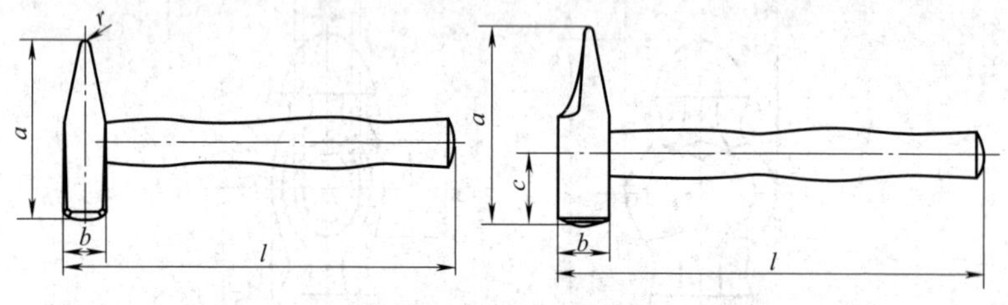

A型　　　　B型

供钳工、锻工、安装工、冷作工、维修装配工作敲击或整形用

型	规格/kg	l 基本尺寸	l 公差	a 基本尺寸	a 公差	R_{min}	$b\times b$ 基本尺寸	$b\times b$ 公差
A型	0.1	260	±4.00	82	±1.50	1.25	15×15	±0.40
	0.2	280		95		1.75	19×19	
	0.3	300		105		2.00	23×23	
	0.4	310	±4.00	112	±2.00	2.00	25×25	±0.50
	0.5	320		118		2.50	27×27	
	0.6	330		122		2.50	29×29	
	0.8	350	±5.00	130	±2.50	3.00	33×33	±0.60
	1.0	360		135		3.50	36×36	
	1.5	380		145		4.00	42×42	
	2.0	400		155		4.00	47×47	

续表

	规格/kg	l 基本尺寸	l 公差	a 基本尺寸	a 公差	b 基本尺寸	b 公差	c 基本尺寸	c 公差
B型	0.28	290	±6.0	85	±2.0	25	±0.5	34	±0.8
	0.40	310		98		30		40	
	0.67	310		105		35		42	
	1.50	350		131		45		53	

(3) 敲锈锤（表9.148）

表9.148　敲锈锤的规格（QB/T 1290.6—2010）　mm

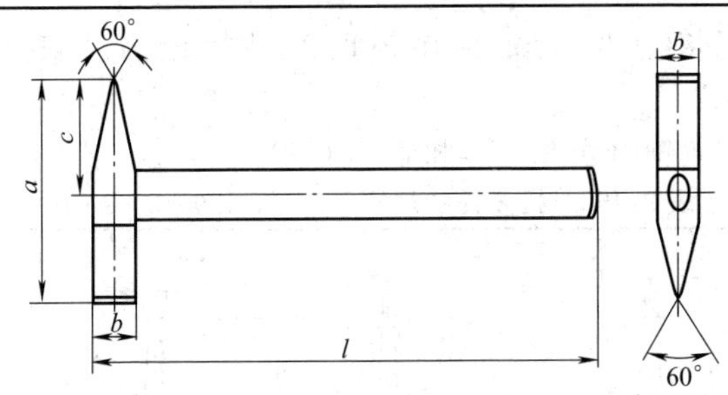

规格/kg	l 基本尺寸	l 公差	a 基本尺寸	a 公差	b 基本尺寸	b 公差	c 基本尺寸	c 公差
0.2	285.0	±4.00	115.0	±2.00	19.0	±0.40	57.5	±0.50
0.3	300.0		126.0		22.0		63.0	
0.4	310.0		134.0		25.0	±0.50	67.0	±0.75
0.5	320.0		140.0		28.0		70.0	

注：产品标记由产品名称＋标准编号＋规格＋型式代号组成。

例：规格为0.4kg敲锈锤的标记为“敲锈锤 QB/T 1290.6-0.4”。

(4) 扇尾锤（表9.149）

表9.149　扇尾锤的规格（QB/T 1290.4—2010）　mm

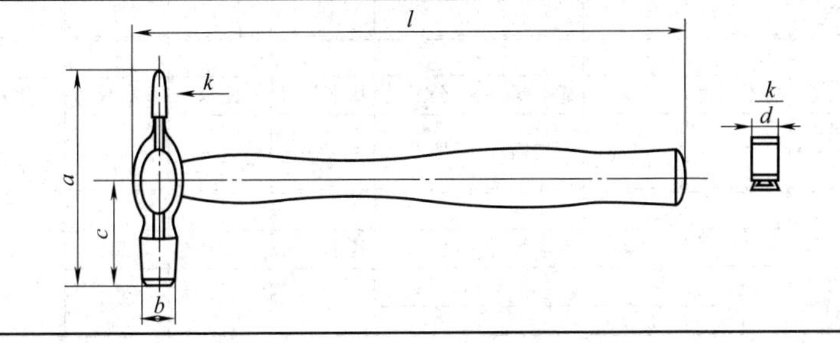

续表

规格/kg	l 基本尺寸	l 公差	a 基本尺寸	a 公差	b 基本尺寸	b 公差	c 基本尺寸	c 公差	d
0.10	240	±2.30	83	±1.75	14	±0.40	40	±0.65	14
0.14	255		87		16		44		16
0.18	270	±2.60	95		18		47		18
0.22	285		103	±2.00	20	±0.50	51	±0.75	20
0.27	300		110		22		54		22
0.35	325		122		25		59		25

注：产品标记由产品名称+标准编号和规格组成。

例：规格为 0.10kg 扁尾锤的产品标记为“扁尾锤 QB/T 1290.4-0.1”。

（5）检查锤（表 9.150 和表 9.151）

表 9.150　检查锤的规格（QB/T 1290.5—2010）　　mm

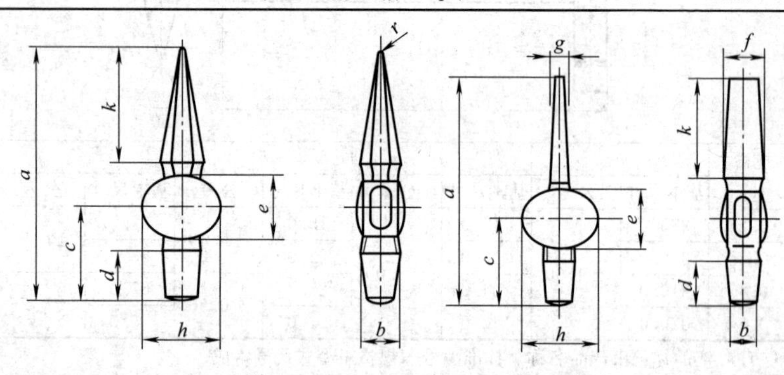

A型　　B型

型式	规格/kg 质量	规格/kg 公差	a 基本尺寸	a 公差	b 基本尺寸	b 公差	c 基本尺寸	c 公差
A型	0.25	—	120	±25	18	±1.1	47.5	±1.9
B型								

型式	d 基本尺寸	d 公差	e 基本尺寸	e 公差	f 基本尺寸	f 公差	g 基本尺寸	g 公差
A型	27	±1.3	27	—	—	—	—	—
B型					19	±1.3	3	±0.75

型式	h 基本尺寸	h 公差	r 基本尺寸	r 公差	k 基本尺寸	k 公差
A型	—	—	1.5	—	52	±1.3
B型	42	±1.6	—	—		

表 9.151　防爆用检查锤的规格（QB/T 2613.3—2003）　mm

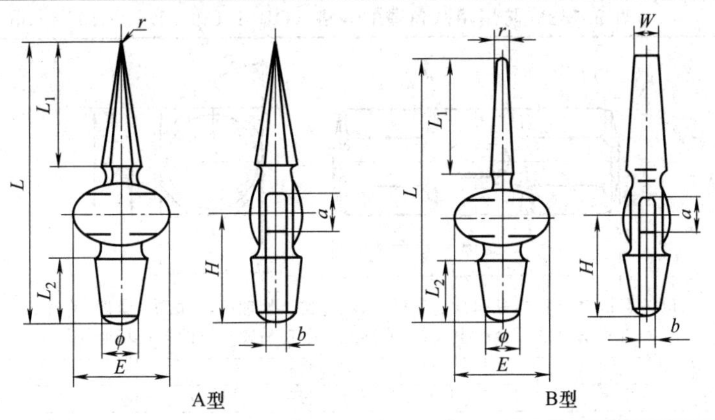

型式	规格/kg		L		L_1		L_2	
	质量	公差	基本尺寸	公差	基本尺寸	公差	基本尺寸	公差
A型	0.25	±0.0125	120	±25	52	±1.9	27	±1.3
B型								
型式	E		ϕ		H		a	
	基本尺寸	公差	基本尺寸	公差	基本尺寸	公差	基本尺寸	公差
A型	42	±1.6	18	±1.1	47.5	±1.9	21	±1.3
B型								
型式	b		r		W		T	
	基本尺寸	公差	基本尺寸	公差	基本尺寸	公差	基本尺寸	公差
A型	14	±1.3	1.5	—	—	—	—	—
B型			—	—	19	±1.3	3	±0.75

（6）铜头锤

用于加工过程中敲击材质较软的工件，其规格见表 9.152。

表 9.152　铜头锤的规格（JB/T 3411.53—1999）　mm

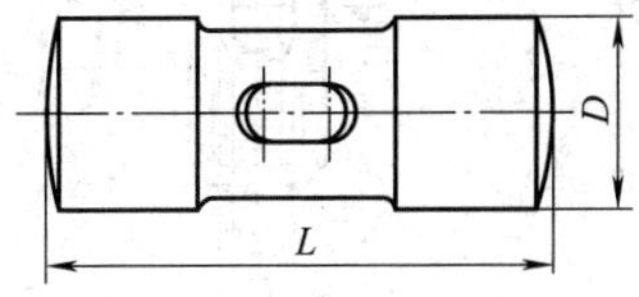

质量/kg ≈	0.5	1.0	1.5	2.5	4.0
L	80	100	120	140	160
D	32	38	45	60	70

(7) 八角锤（表 9.153 和表 9.154）

表 9.153　防爆用八角锤的规格（QB/T 1290.1—2010）　mm

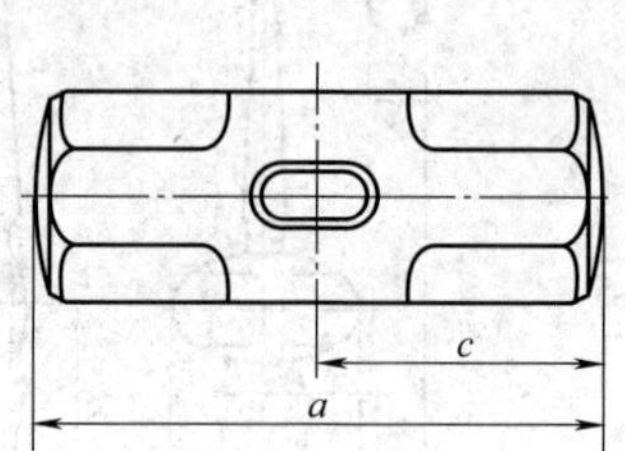

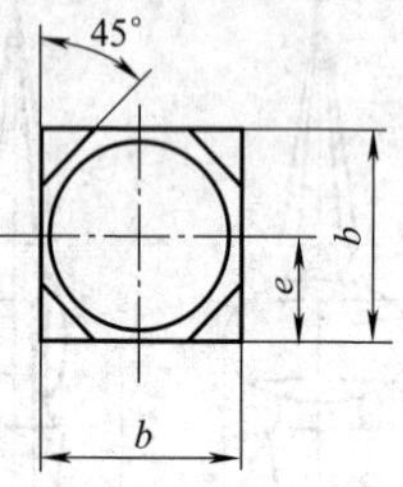

以铍青铜合金和铝青铜合金为材质，经过加工处理后，在敲击、摩擦、落锤、冲击等情况下不会产生火花，特别适合于在易燃易爆的工作场所使用

规格/kg	*a* 基本尺寸	*a* 公差	*b* 基本尺寸	*b* 公差	*c* 基本尺寸	*c* 公差	*e* 基本尺寸	*e* 公差
0.9	105	±1.5	38	+1.0 −1.5	52.5	±0.6	19.0	±0.7
1.4	115		44		57.5		22.0	
1.8	130		48		65.0		24.0	
2.7	152	±3.0	54		76.0		27.0	
3.6	165		60		82.5	±0.7	30.0	±1.0
4.5	180		64		90.0		32.0	
5.4	190		68		95.0		34.0	
6.3	198		72		99.0		36.0	
7.2	208	±3.5	75		104.0		37.5	
8.1	216		78		108.0		39.0	
9.0	224		81		112.0		40.5	
10.0	230		84		115.0		42.0	
11.0	236		87		118.0		43.5	

表 9.154　防爆用八角锤的规格（QB/T 2613.6—2003）　mm

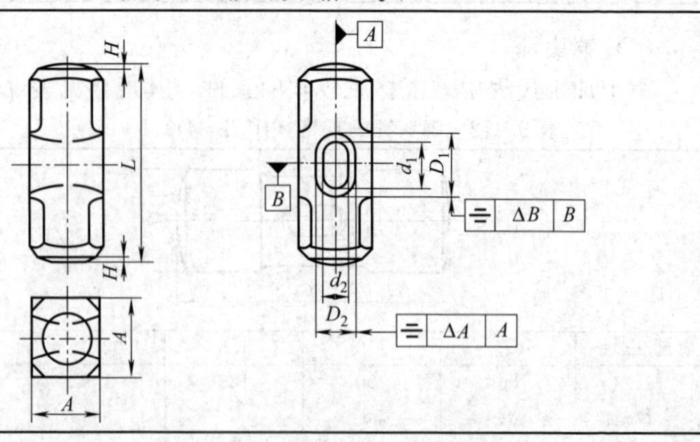

续表

规格	锤体质量/kg		锤高 L		锤宽 A		孔长径 d_1		孔短径 d_2		孔口长径 D_1		孔口短径 D_2		弓形高 H
	基本质量	公差	尺寸	公差	尺寸	公差	尺寸	公差	尺寸	公差	尺寸	公差	尺寸	公差	
0.9	0.9	+8% −2%	98	+1.0 −1.5	38	±1	27	±1	17	±1	30	±1	20	±1	1.5
1.4	1.4		108		44		29		18		32		22		
1.8	1.8		122		48		30		20		34		24		
2.7	2.7		142	±2	54	+1.0 −1.5	32	+1.0 −1.5	21	+1.0 −1.5	36	+1.0 −1.5	26	+1.0 −1.5	2.0
3.6	3.6		155		60		33		23		38		28		
4.5	4.5		170		64		35		24		40		30		2.5
5.4	5.4		178		68		37		26		42		32		
6.4	6.4		186		72						43				
7.3	7.3		195	+2.0 −3	75		38		27		44		34		3.0
8.2	8.2		203		78		40				46				
9.1	9.1		210		81		42		29		48		36		
10.2	10.2		216		84		43				50				
10.9	10.9		222		87		45		30		52		38		

注：1. 八角头锤的材料为铍青铜、铝青铜等铜合金，并应通过GB/T 10686规定的防爆性能试验。

2. 产品的标记由产品名称、规格和标准编号组成。例如：防爆用八角锤 1.8 QB/T 2613.6。

（8）焊工锤（表9.155）

表9.155　焊工锤的规格（QB/T 1290.7—2010）　mm

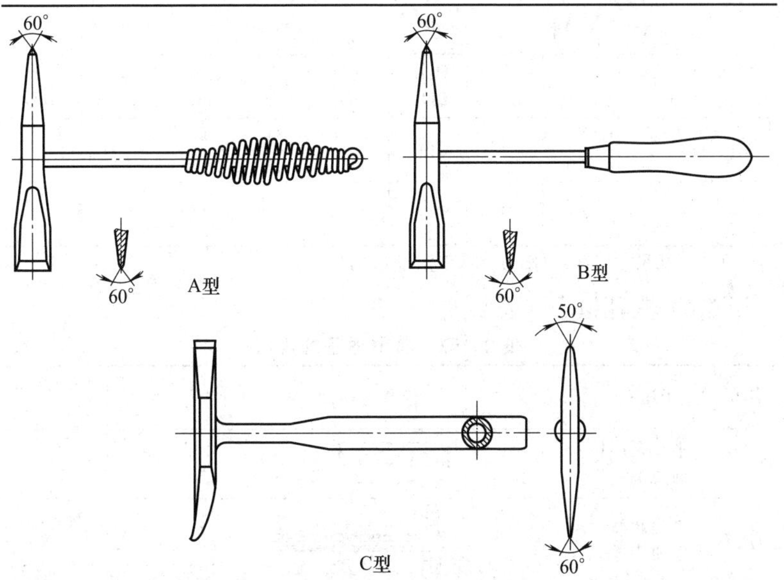

续表

规格	标准中没有规定，市售有300g、400g、500g等
全长	标准中没有规定，一般为300mm左右
要求	锤体尖端的热处理长度不少于8mm，并应与锤柄牢固地连接，在承受2000N的拉力时，不应出现松动和拉脱现象

注：标记由产品名称＋型式代号＋标准编号组成。

例：焊工锤C　QB/T 1290.7。

（9）羊角锤（表9.156）

表9.156　羊角锤的规格（QB/T 1290.8—2010）　　mm

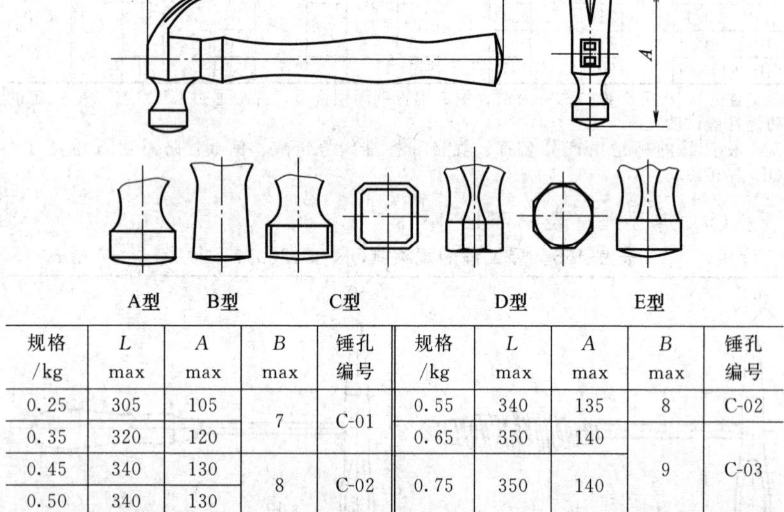

规格/kg	L max	A max	B max	锤孔编号	规格/kg	L max	A max	B max	锤孔编号
0.25	305	105	7	C-01	0.55	340	135	8	C-02
0.35	320	120			0.65	350	140	9	C-03
0.45	340	130	8	C-02	0.75	350	140		
0.50	340	130							

注：锤孔尺寸应符合GB/T 13473附录A的规定。

（10）其他锤子（表9.157）

表9.157　其他锤子的规格

名称	用途	图示	质量(不含柄)/kg
斩口锤	平整金属表面或翻边		0.0625，0.125，0.25，0.5
扁尾锤	维修和装配中使用		0.10，0.14，0.18，0.22，0.27，0.35

续表

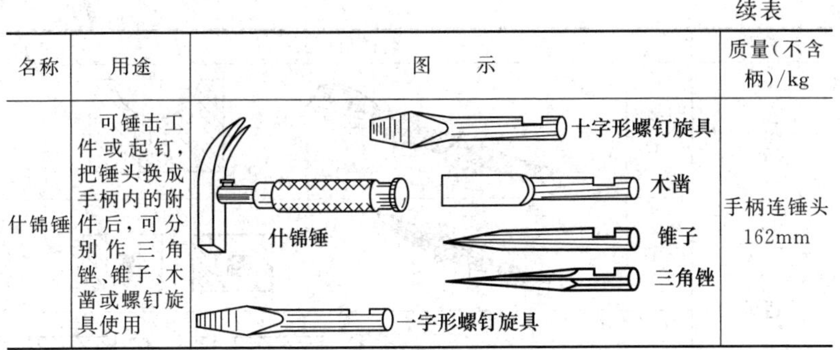

名称	用途	图　示	质量(不含柄)/kg
什锦锤	可锤击工件或起钉，把锤头换成手柄内的附件后，可分别作三角锉、锥子、木凿或螺钉旋具使用	什锦锤、十字形螺钉旋具、木凿、锥子、三角锉、一字形螺钉旋具	手柄连锤头162mm

9.6.3　带冲

用于在非金属（橡胶、皮革、石棉等）上冲孔，其规格见表9.158。

表9.158　带冲的规格

规格		冲孔直径/mm
单件		1.5,2.5,3,4,5,5.5,6,6.5,8,9.5,11,12.5,14,16,19,21,22,24,25,28,32
成套产品	8件	3,4,5,6,8,9.5,11,13
		6,6.5,8,9.5,11,12.5,14,16
	10件	3,4,5,6,8,9.5,11,13,14,16
	12件	3,4,5,6,8,9.5,11,12.5,14,16,17.5,19
	15件	3,4,5,5.5,6,6.5,8,9.5,11,12.5,14,16,19,22,25
	16件	3,4,5,6,8,9.5,11,12.5,14,16,17.5,19,20.5,22,23.5,25

9.7　锉削工具

锉刀分钳工锉、整形锉、异形锉、整形锉和锯锉等（表9.159），一般用T13或T12A制成，切削部分硬度达62～72HRC。

按加工对象来分，锉刀有钢锉、铝锉和锡锉等，前者用来修整钢铁工件表面，后两者用来修整铝、锡工件或其他软金属。

表9.159　锉刀的种类

类别	名称和图示	
普通钳工锉	平锉	

续表

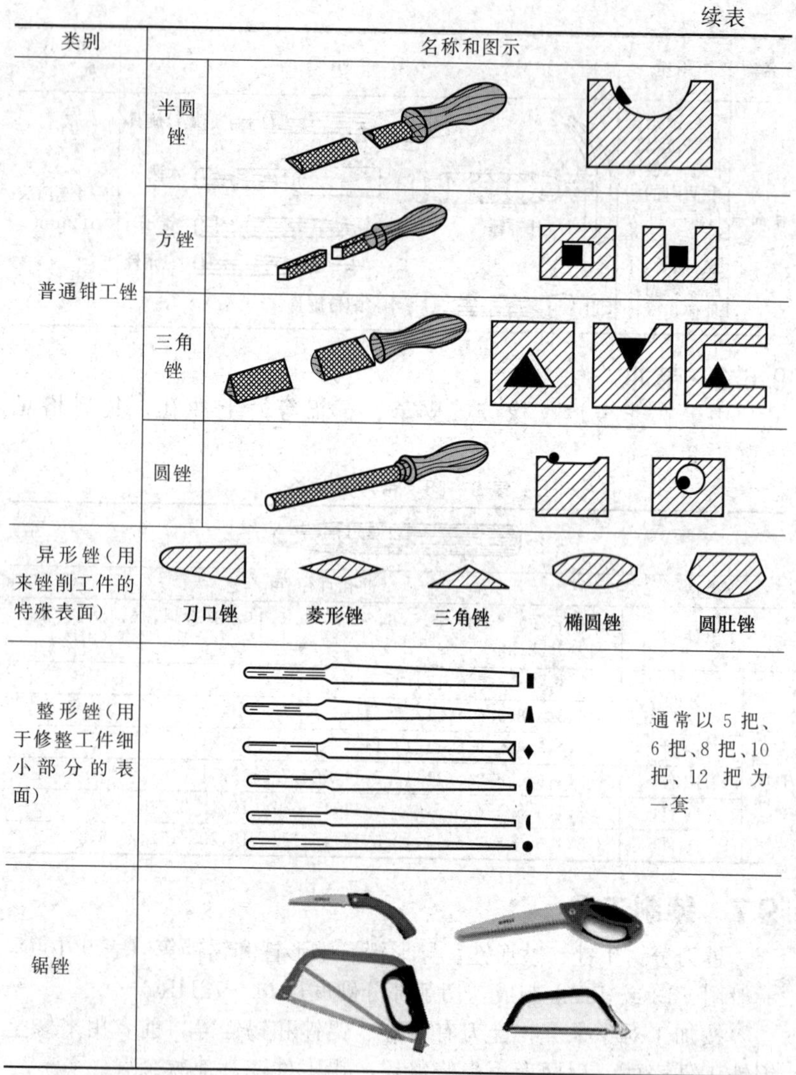

类别	名称和图示	
普通钳工锉	半圆锉	
	方锉	
	三角锉	
	圆锉	
异形锉（用来锉削工件的特殊表面）	刀口锉　菱形锉　三角锉　椭圆锉　圆肚锉	
整形锉（用于修整工件细小部分的表面）		通常以5把、6把、8把、10把、12把为一套
锯锉		

锉刀的规格包括尺寸和齿纹两个方面，齿纹规格用锉刀每10mm轴向长度内主锉纹的条数表示。

9.7.1　钳工锉

钳工锉编号方法由类别代号＋型号代号＋规格＋锉纹号组成：

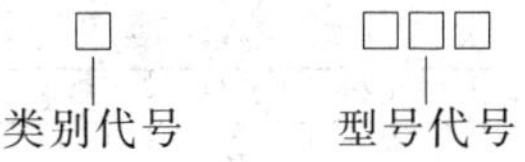

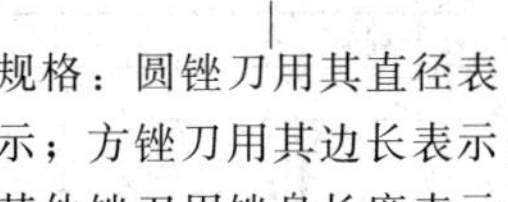

表 9.160 常用锉刀的型式代号

类别	类别代号	型式代号	型式
钳工锉	Q	01	齐头扁锉
		02	尖头扁锉
		03	半圆锉
		04	三角锉
		05	方锉
		06	圆锉
整形锉	Z	01	齐头扁锉
		02	尖头扁锉
		03	半圆锉
		04	三角锉
		05	方锉
		06	圆锉
		07	单面三角锉
		08	刀形锉
		09	双半圆锉
		10	椭圆锉
		11	圆边扁锉
		12	棱形锉
锯锉	J	01	齐头三角锯锉
		02	尖头三角锯锉
		03	齐头扁锯锉
		04	尖头扁锯锉
		05	菱形锯锉
		06	弧面菱形锯锉
		07	弧面三角锯锉
异形锉	Y	01	齐头扁锉
		02	尖头扁锉
		03	半圆锉
		04	三角锉
		05	方锉
		06	圆锉
		07	单面三角锉
		08	刀形锉
		09	双半圆锉
		10	椭圆锉

表 9.161 钳工锉的规格（QB/T 2569.1—2002） mm

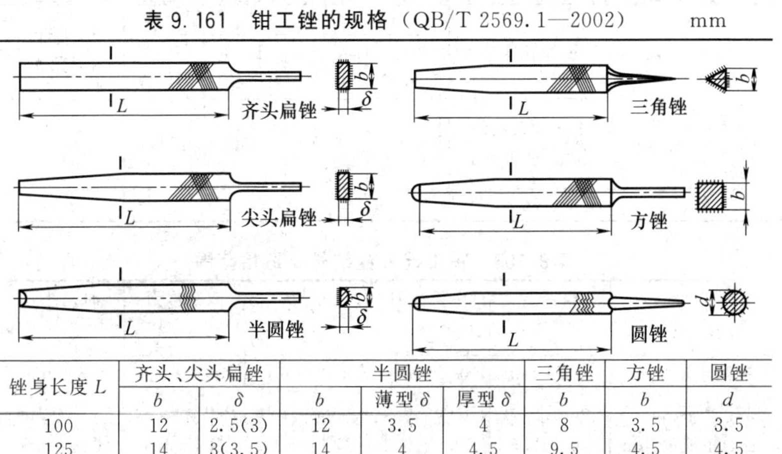

锉身长度 L	齐头、尖头扁锉		半圆锉			三角锉	方锉	圆锉
	b	δ	b	薄型 δ	厚型 δ	b	b	d
100	12	2.5(3)	12	3.5	4	8	3.5	3.5
125	14	3(3.5)	14	4	4.5	9.5	4.5	4.5

续表

锉身长度 L	齐头、尖头扁锉		半圆锉			三角锉	方锉	圆锉
	b	δ	b	薄型 δ	厚型 δ	b	b	d
150	16	3.5(4)	16	4.5	5	11	5.5	5.5
200	20	4.5(5)	20	5.5	6	13	7	7
250	24	5.5	24	7	8	16	9	9
300	28	6.5	28	8	9	19	11	11
350	32	7.5	32	9	10	22	14	14
400	36	8.5	36	10	11.5	26	18	18
450	40	9.5	—	—	—	—	22	—

注：防爆锉刀的锉身长度 L 为 150mm、200mm、250mm、300mm、350mm；平锉还有 400mm 规格。

表 9.162　钳工锉的锉纹参数

规格/mm	锉纹号					辅锉纹条数
	1(粗)	2(中粗)	3(细)	4(双细)	5(油光)	
	主锉纹条数					
100	14	20	28	40	56	为主锉纹条数的75%～95%
125	12	18	25	36	50	
150	11	16	22	32	45	
200	10	14	20	28	40	
250	9	12	18	25	36	
300	8	11	16	22	32	
350	7	10	14	20	—	
400	6	9	12	—	—	
450	5.5	8	11	—	—	
公差	±5%(其公差值不足 0.5 时可圆整为 0.5)					±8%

规格/mm	边锉纹条数	主锉纹斜角 λ		辅锉纹斜角 ω		边锉纹斜角 θ
		1～3号锉纹	4～5号锉纹	1～3号锉纹	4～5号锉纹	
100、125、150 200、250、300 350、400、450	主锉纹条数的100%～120%	65°	72°	45°	52°	90°
公差	±20%	±5°				±10°

表 9.163　钳工锉刀锉纹号及适用范围

锉刀类别	粗锉刀	中粗锉刀	细锉刀	双细锉刀	油光锉刀
锉纹号	1	2	3	4	5
锉削余量/mm	0.5～1.0	0.2～0.5	0.03～0.15	0.02～0.05	≤0.03
尺寸精度/mm	0.5～0.5	0.05～0.2	0.02～0.05	0.01～0.02	0.01
表面粗糙度/μm	50～12.5	12.5～6.3	6.3～1.6	3.2～0.8	0.8～0.4

9.7.2 整形锉

用于锉削小而精细的金属零件，为制造模具、电器、仪表等的必要工具。

表 9.164 整形锉的规格（QB/T 2569.3—2002）　mm

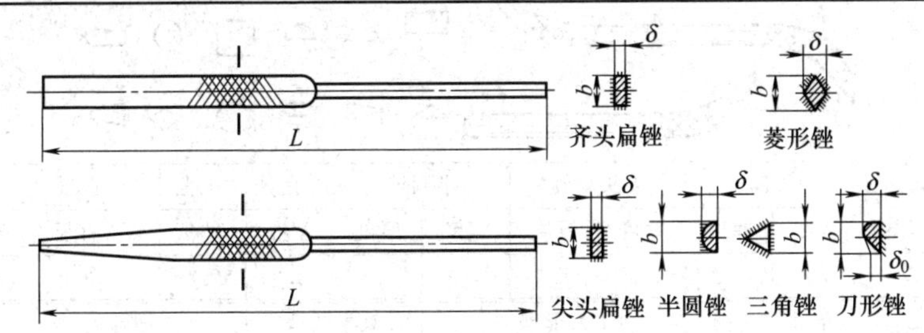

锉长	齐、尖头扁锉		菱形锉		半圆锉		三角锉	刀形锉		
L	b	δ	b	δ	b	δ	b	b	δ	δ_0
100	2.8	0.9	1.9	0.6	2.9	2.8	0.6	3.0	0.9	0.3
120	3.4	1.2	2.4	0.8	3.3	3.4	0.8	3.4	1.1	0.4
140	5.4	1.7	3.6	1.2	5.2	5.4	1.2	5.4	1.7	0.6
160	7.3	2.2	4.8	1.6	6.9	7.3	1.6	7.0	2.3	0.8
180	9.2	2.9	6.0	2.0	8.5	9.2	2.0	8.7	3.0	1.0

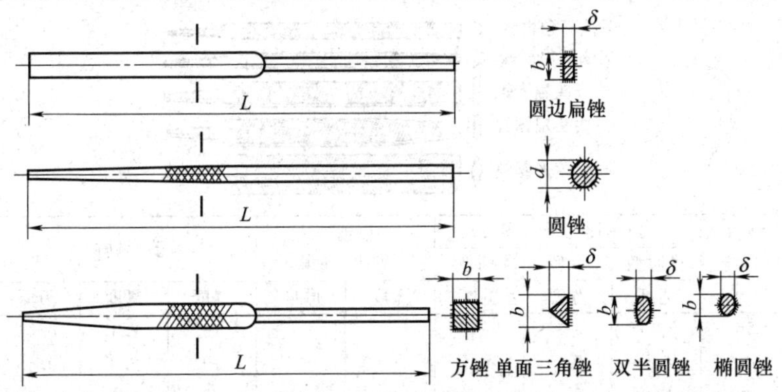

锉长	圆边扁锉		圆锉	方锉	单面三角锉		双半圆锉		椭圆锉	
L	b	δ	d	b	b	δ	b	δ	b	δ
100	2.8	1.4	0.6	1.2	3.4	1.0	2.6	1.0	1.8	1.2
120	3.4	1.9	0.8	1.6	3.8	1.4	3.2	1.2	2.2	1.3
140	5.4	2.9	1.2	2.6	5.5	1.9	5.0	1.8	3.4	2.4
160	7.3	3.9	1.6	3.4	7.1	2.7	6.3	2.5	4.4	3.4
180	9.2	4.9	2.0	4.2	8.7	3.4	7.8	3.4	6.4	4.3

9.7.3 异形锉

用于加工锉削几何形状复杂的金属工件，其规格见表9.165。

表9.165 异形锉的规格（QB/T 2569—2002） mm

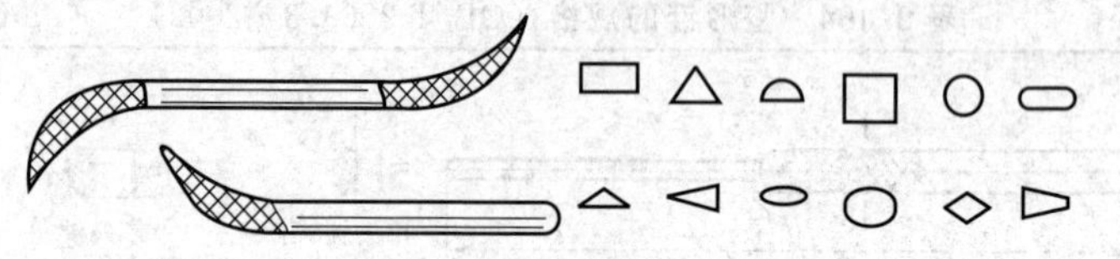

规格（全长）	齐头扁锉		尖头扁锉		半圆锉		三角锉	方锉	圆锉
	宽度	厚度	宽度	厚度	宽度	厚度	宽度	宽度	直径
170	5.4	1.2	5.2	1.1	4.9	1.6	3.3	2.4	3.0

规格（全长）	单面三角锉		刀形锉			双半圆锉		椭圆锉	
	宽度	厚度	宽度	厚度	刃厚	宽度	厚度	宽度	厚度
170	5.2	1.9	5.0	1.6	0.6	5.2	1.9	3.3	2.3

9.7.4 锯锉

用于锉修各种木工锉的锯齿，其规格见表9.166。

表9.166 锯锉的规格（QB/T 2569—2002） mm

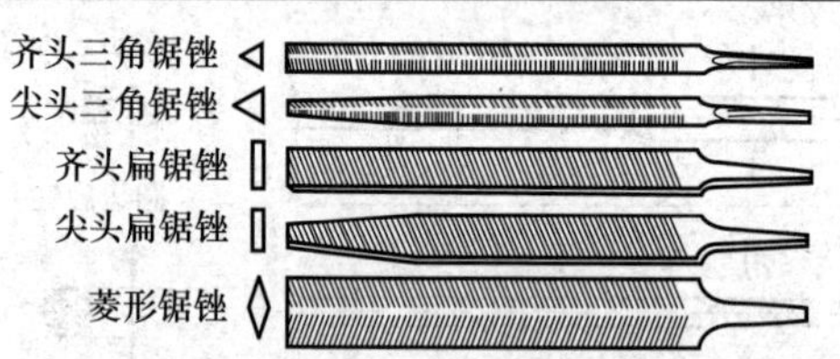

规格（锉身长度）	三角锯锉（尖头、齐头）			扁锯锉（尖头、齐头）		菱形锯锉		
	普通型	窄型	特窄型					
	宽度	宽度	宽度	宽度	厚度	宽度	厚度	刃厚
60	—	—	—	—	—	16	2.1	0.40
80	6.0	5.0	4.0	—	—	19	2.3	0.45
100	8.0	6.0	5.0	12	1.8	22	3.2	0.50
125	9.5	7.0	6.0	14	2.0	25	3.5(4.0)	0.55 (0.70)
150	11.0	8.5	7.0	16	2.5	28	4.0(5.0)	0.70 (1.00)
175	12.0	10.0	8.5	18	3.0	—	—	—
200	13.0	12.0	10.0	20	3.5	32	5.0	1.00

续表

规格（锉身长度）	三角锯锉（尖头、齐头）			扁锯锉（尖头、齐头）		菱形锯锉		
	普通型	窄型	特窄型					
	宽度	宽度	宽度	宽度	厚度	宽度	厚度	刃厚
250	16.0	14.0	—	24	4.5	—	—	—
300	—	—	—	28	5.0	—	—	—
350	—	—	—	32	6.0	—	—	—

9.7.5　电镀超硬磨料制品什锦锉

适用于锉削硬度较高的金属（经淬火的工具钢、刀具、模具和工夹具等），其规格见表9.167。

表9.167　电镀超硬磨料制品什锦锉的规格（JB/T 7991—2001）

mm

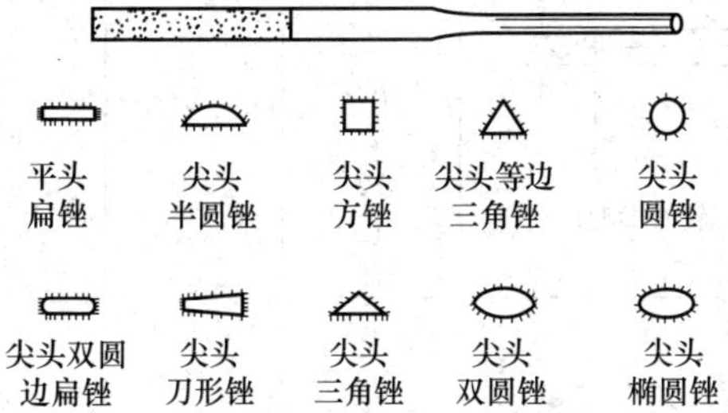

平头扁锉　尖头半圆锉　尖头方锉　尖头等边三角锉　尖头圆锉

尖头双圆边扁锉　尖头刀形锉　尖头三角锉　尖头双圆锉　尖头椭圆锉

各种什锦锉的断面形状

类型	名　　称	代号	全长×柄部直径	工作面长度
尖头型	尖头扁锉	NF1	140×3 160×4 180×5	50,70
	尖头半圆锉	NF2		
	尖头方锉	NF3		
	尖头等边三角锉	NF4		
	尖头圆锉	NF5		
	尖头双圆边扁锉	NF6		
	尖头刀形锉	NF7		
	尖头三角锉	NF8		
	尖头双半圆锉	NF9		
	尖头椭圆锉	NF10		
平头型	平头扁锉	PF1	140×3,160×4,180×5 50×2,60×3,100×4	50,70
	平头等边三角锉	PF2		15,25
	平头圆锉	PF3		15,25

9.7.6　硬质合金旋转锉

用于锉削较硬材料工件内孔，其规格见表9.168。

表 9.168　硬质合金旋转锉的规格（GB/T 9217—2005）　mm

名称和简图	d	l	d_1	L
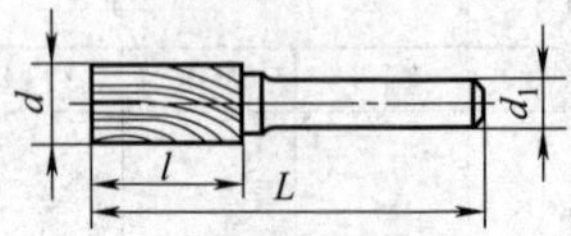 圆柱形旋转锉(A型)	2	10	3	40
	3	13	3	45
	4	13	6	53
	6	16	6	56
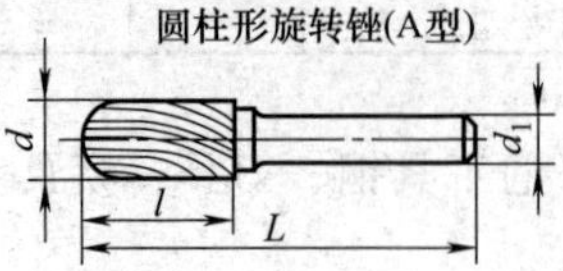 圆柱形球头旋转锉(C型)	8	20	6	60
	10	20	6	60
	12	25	6	65
	16	25	6	65
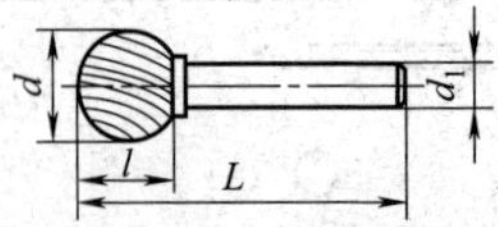 圆球形旋转锉(D型)	2	1.8	3	35
	3	2.7	3	35
	4	3.6	6	44
	6	5.4	6	45
	8	7.2	6	47
	10	9.0	6	49
	12	10.8	6	51
	16	14.4	6	54
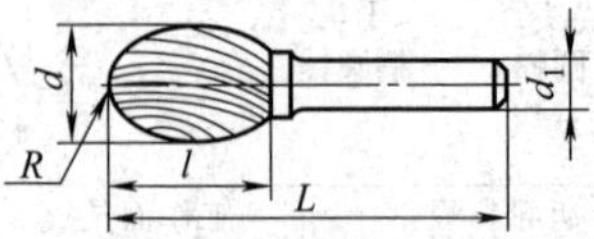 椭圆形旋转锉(E型)	3	7	3	40
	6	10	6	50
	8	13	6	53
	10	16	6	56
	12	20	6	60
	16	25	6	65
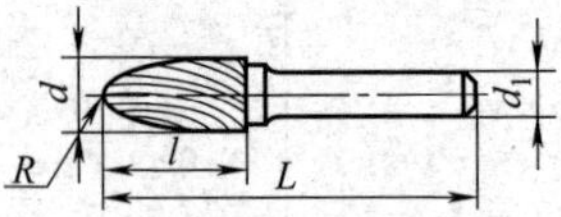 弧形圆头旋转锉(F型)	3	13	3	45
	6	18	6	48
	10	20	6	60
	12	25	6	65
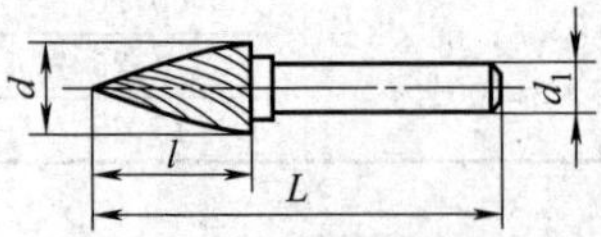 弧形尖头旋转锉(G型)	3	13	3	45
	6	18	6	48
	10	20	6	60
	12	25	6	65

续表

名称和简图	d	l	d_1	L	R≈
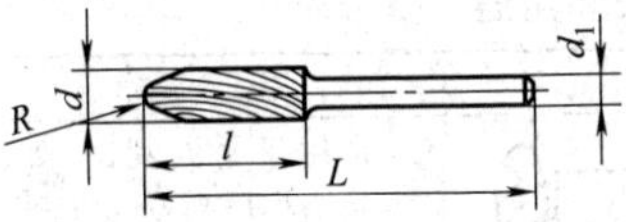 火炬形旋转锉	3	13	3	40	0.8
	6	18	6	58	1.0
	8	20	6	60	1.5
	10	25	6	65	2.0
	12	32	6	72	2.5
	16	36	6	76	2.5

名称和简图	α/(°)	d	l	d_1	L	l_1(R)
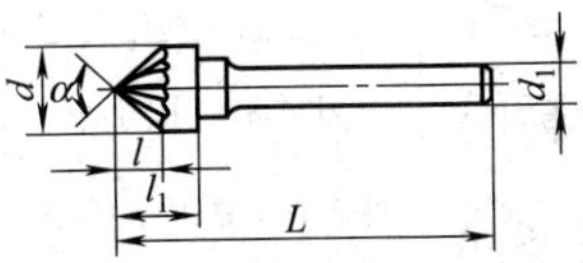 60°角度圆锥形旋转锉(J型) 90°角度圆锥形旋转锉(K型)	60	3	2.6	3	35	—
		6	5.2	6	50	9
		10	8.7	6	53	13
		12	10.4	6	55	15
		16	13.8	6	56	16
	90	3	1.5	3	35	—
		6	3	6	50	7
		10	5	6	50	10
		12	6	6	51	11
		16	8	6	55	15
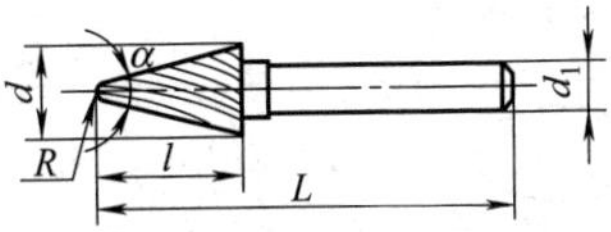 锥形圆头旋转锉(L型)	14	6	16	6	56	1.2
		8	22	6	62	1.4
		10	25	6	65	2.2
		12	28	6	68	3.0
		16	33	6	73	4.5
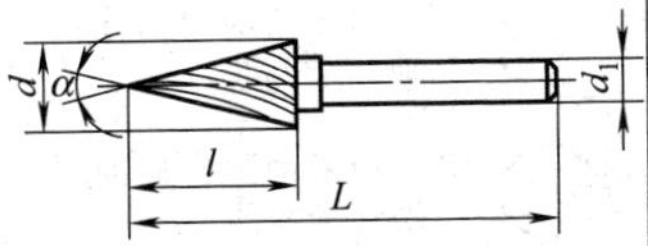 锥形尖头旋转锉(M型)	14	3	11	3	45	—
		6	18	6	58	—
	25	10	20	6	60	—
		12	25	6	65	—
	30	16	25	6	65	—
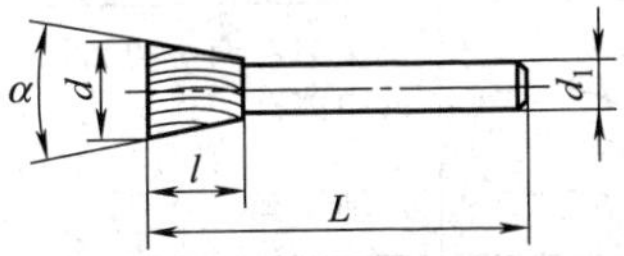 倒锥形旋转锉(N型)	10	3	7	3	40	—
		6	7	6	47	—
	20	12	13	6	53	—
		16	16	6	56	—
	30	12	13	6	53	—
		16	13	6	53	—

9.8 刮削工具

刮刀用于工件的修整与刮光，其种类和用途见表9.169。

表9.169 刮刀的种类和用途

种类	图示	用途
平面刮刀	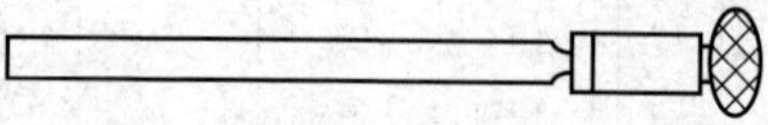	适用于平面刮削，如平板、工作台等，也可用来刮削外曲面
挺刮式平面刮刀	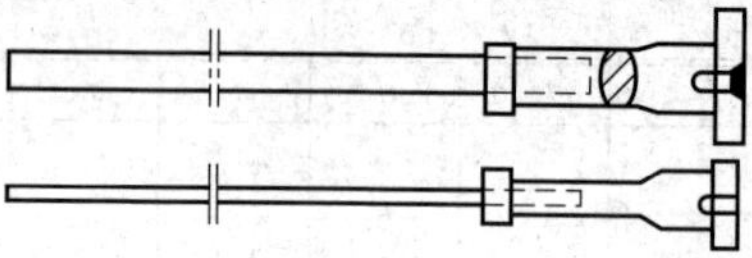	刀片采用T10A～T12A或GCr15材料与刀体焊接而成，弹性好，可用于粗刮或精刮
弯头刮刀	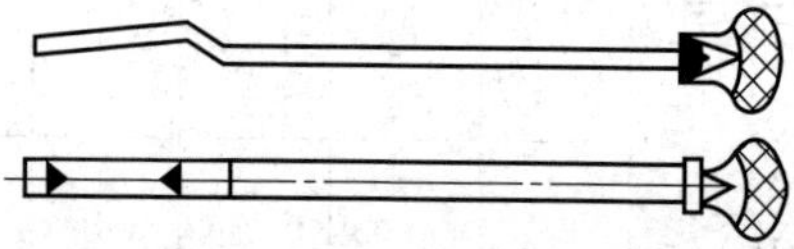	刀体呈弯曲形状，刀头较薄，一面有刃，弹性较好，常用于精刮和刮花
拉刮刀	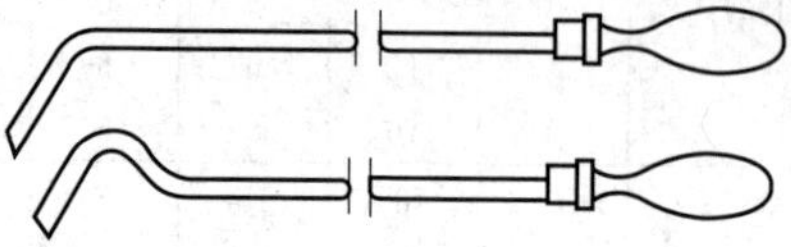	用于精刮或刮花，还可拉刮带有台阶的平面
双刃刮花刀	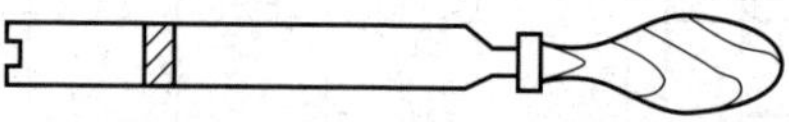	用于刮削交叉花纹
半圆头刮刀	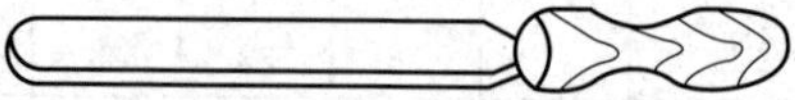	用于对开轴承以及较长且直径较大的轴承套的刮削
三角刮刀	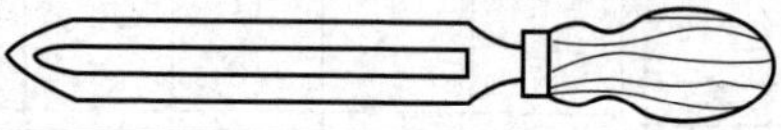	用来刮削内曲面，如轴瓦类零件
柳叶刮刀	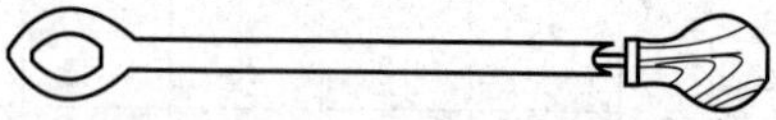	用来刮削内曲面，如轴瓦类零件
蛇头刮刀	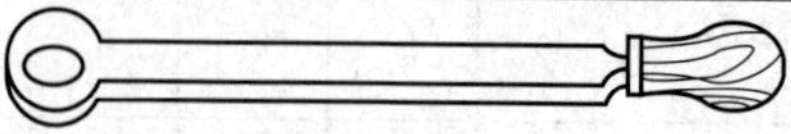	用来刮削内曲面，如轴瓦类零件
匙形刮刀	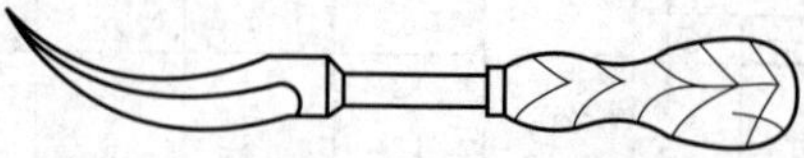	头部有两个刃口，口的中部有一弧形钩槽，适用于刮削对开轴承及轴承套

注：长度规格（mm）为50，75，100，125，150，175，200，250，300，350，400（不含柄）。

9.9　校准工具

校准工具用来研点和检验刮削表面状态，常用的校准工具有标准平板［图 9.2（a）］、标准平尺［图 9.2（b）］、角度直尺［图 9.2（c）］。曲面刮削常用检验轴或配合件校准互研。

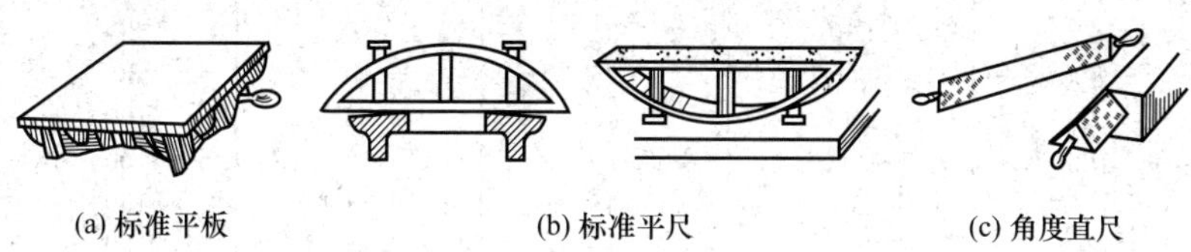

(a) 标准平板　(b) 标准平尺　(c) 角度直尺

图 9.2　校准工具

9.9.1　标准平板

表 9.170　铸铁和岩石标准平板的规格（GB/T 22095—2008，GB/T 20428—2006）

平板尺寸（公称尺寸）	对角线长度（近似值）	边缘区域（宽度）	准确度等级对应的整个工作面平面度允差值/μm			
mm			0	1	2	3
长　方　形						
160×100	188	2	3	6	12	25
250×160	296	5	3.5	7	14	27
400×250	471	5	4	8	16	32
630×400	745	8	5	10	20	39
1000×630	1180	13	6	12	24	49
1600×1000	1880	20	8	16	33	56
2000×1000	2236	20	9.5	19	38	75
2500×1600	2960	20	11.5	23	46	92
4000×2500①	4717	20	17.5	35	70	140
方　　形						
160×160	226	3	3	6	12	25
250×250	354	5	3.5	7	15	30
400×400	566	8	4.3	9	17	34
630×630	891	13	5	10	21	42
1000×1000	1414	20	7	14	28	56
1600×1600①	2262	20	9.5	19	38	75

① 仅岩石标准平板有此规格。

9.9.2 标准平尺

表 9.171 铸铁Ⅰ字形和Ⅱ字形平尺的精度等级（JB/T 7977—1999）

mm

规格	长 L	宽 B	厚 $C\geqslant$	高 $H\geqslant$
400	400	30	8	75
500	500	30	8	75
630	630	35	10	80
800	800	35	10	80
1000	1000	40	12	100
1250	1250	40	12	100
1600*	1600	45	14	150
2000*	2000	45	14	150
2500*	2500	50	16	200
3000*	3000	55	20	250
4000*	4000	60	20	280

测试项目		精度等级			
		00	0	1	2
25mm×50mm 单位面积内	接触点面积的比率/% ≥	20	20	16	10
	接触点数 ≥	25	25	25	20

注：1. 建议Ⅰ字形平尺不采用有“*”者。

2. 不计距工作面边缘 0.01L（最大为 10mm）范围内的接触点面积的比率或接触点数，且任意一点都不得高于工作面。

表 9.172 铸铁桥形平尺的精度等级（JB/T 7977—1999） mm

规 格	长 L	宽 B	厚 $C\geqslant$	高 $H\geqslant$
1000	1000	50	16	180
1250	1250	50	16	180
1600	1600	60	24	300
2000	2000	80	26	350
2500	2500	90	32	400
3000	3000	100	32	400
4000	4000	100	38	500
5000	5000	110	40	550
6300	6300	120	50	600

测试项目		精度等级			
		00	0	1	2
5mm×50mm 单位面积内	接触点面积的比率/% ≥	20	20	16	10
	接触点数 ≥	25	25	25	20

注：不计距工作面边缘 0.01L（最大为 10mm）范围内的接触点面积的比率或接触点数，且任意一点都不得高于工作面。

9.10　钻削用具

9.10.1　手摇钻

表 9.173　手摇钻的规格（QB/T 2210—1996）　mm

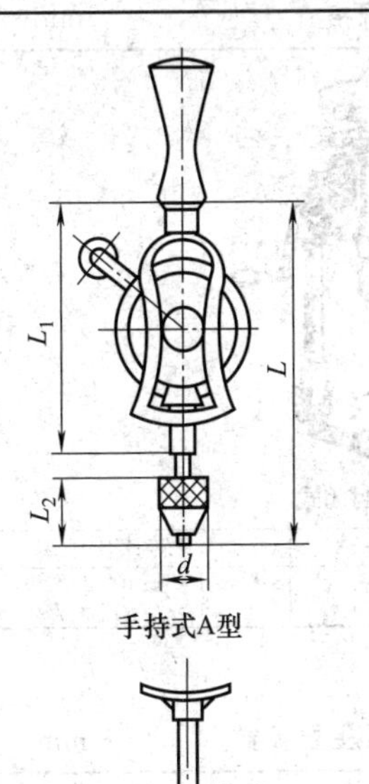

手持式A型

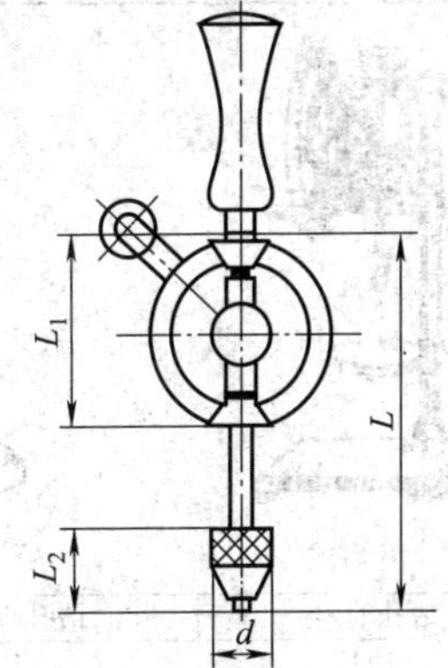

手持式B型

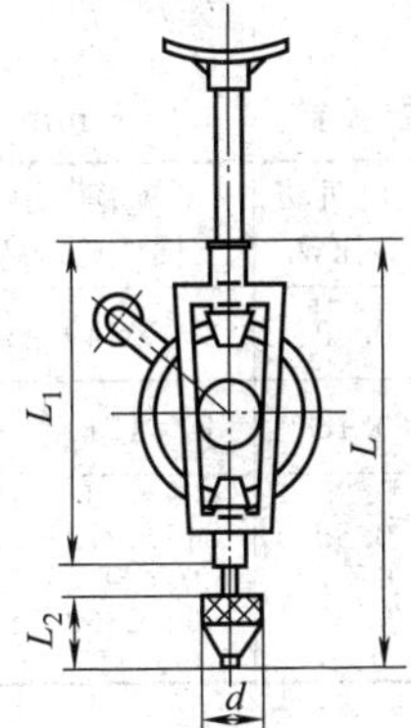

胸压式A型

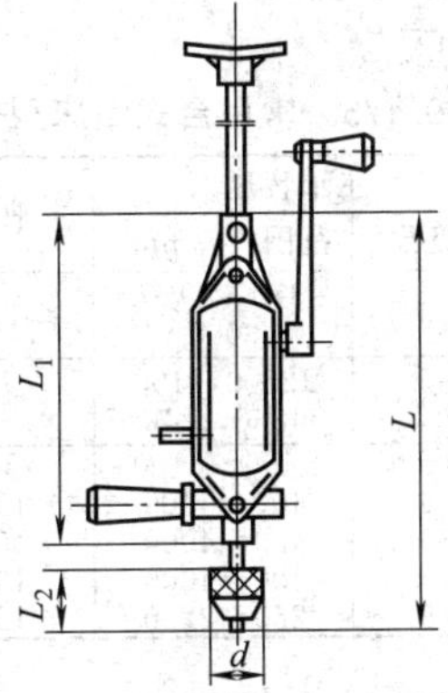

胸压式B型

装夹圆柱柄钻头后，在金属或其他材料上手摇钻孔，适合于无电源或缺乏电动设备的场合。有手持式和胸压式两种

型式		规格	L max	L_1 max	L_2 max	d max	夹持直径 max
手持式	A型	6	200	140	45	28	6
		9	250	170	55	34	9
	B型	6	150	85	45	28	6
胸压式	A型	9	250	170	55	31	9
		12	270	180	65	38	12
	B型	9	250	170	55	34	9

9.10.2　手摇台钻

用于在工件上手摇钻孔，适合于无电源或缺乏电动设备的场合。有开启式和封闭式两种。

表 9.174　手摇台钻的规格　mm

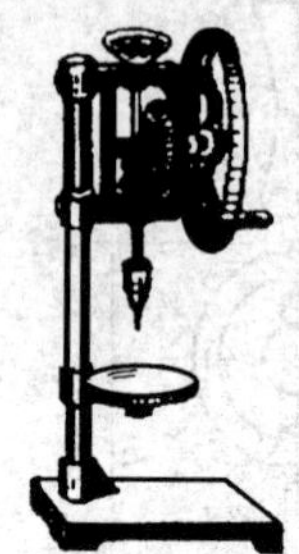

开启式

封闭式

型式	钻孔直径	钻孔深度	转速比
开启式	1～12	80	1∶1;1∶2.5
封闭式	1.5～13	50	1∶2.6;1∶7

9.10.3　台式钻床

表 9.175　常用台式钻床型号及主要参数　mm

型号	最大钻孔直径	主轴转速		主轴行程	主电机功率/kW	外形尺寸长×宽×高
		级数	范围/(r/min)			
Z4002	2	3	8700,4950 3000	20	0.09	320×140×370
Z4003	3	4	12500,7100 4000,2240	40	0.18	430×214×443
Z4106	6	5	1400～8500	50	0.25	439×234×728
Z4012	12	4	400～4000	100	0.55	545×272×730
Z4112	12	5	450～4000	100	0.37	695×385×1120
Z512	13	5	400～4000	100	0.55	695×360×855
Z4125	25	5	250～2200	125	1.1	795×415×1382

9.10.4　立式钻床

表 9.176　常用立式钻床型号及主要参数　mm

主要参数	最大钻孔直径	主轴锥度（莫氏）	主轴行程	主轴转速		主电机功率/kW	外形尺寸
				级数	范围/(r/min)		
Z5180B	80	6	250	9	40～570	5.5	965×1452×2787
Z5163B	63	5	250	9	40～570	5.5	965×1452×2787
Z5150B	50	5	250	12	31.5～1400	3.0	1040×905×2535
Z5140B	40	4	250	12	31.5～1400	3.0	1040×905×2530
Z5135	35	4	225	9	68～1100	4.0	1280×842×2590
Z5132A	32	4	200	9	50～2000	2.2	962×847×2340
Z5125A	25	3	200	9	50～2000	2.2	962×847×2300

9.10.5　摇臂钻床

表 9.177　常用摇臂钻床型号及主要参数　mm

主要参数	最大钻孔直径	主轴行程	主轴锥度（莫氏）	主轴转速范围/(r/min)	主轴转速级数	主电机功率/kW	机床外形尺寸（长×宽×高）
Z3040×12/1	40	315	4	25～2000	16	3	2150×1070×2840
Z3040×16/1	40	315	4	25～2000	16	3	2500×1070×2840
Z3060×16/1	60	315	5	25～2000	16	4	2500×1070×2840
Z3063×20/1	63	400	5	25～1600	16	5.5	3080×1250×3291
Z3080×25	80	450	6	16～1250	16	7.5	3730×1400×4025
Z30100×31	100	500	6	8～1000	22	15	4780×1630×4600
Z30125×40	125	560	Metrie80	6.3～800	22	18.5	5910×2000×5120

9.10.6　钻削辅具

（1）钻夹头接杆（表 9.178 和表 9.179）

表 9.178　钻夹头接杆的规格（JB/T 3411.73—1999）　mm

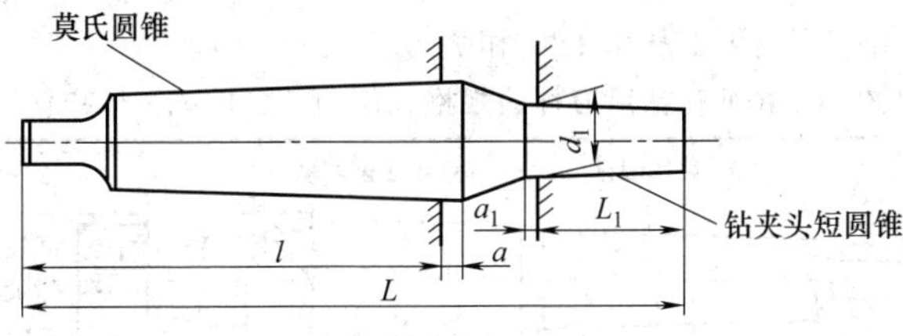

莫氏圆锥号	钻夹头短圆锥符号	钻夹头短圆锥			L	l	a
		d_1	l_1	a_1			
1	D_1	6.350	9.5	30	82	62.0	3.5
	D_2	10.094	14.5	35	88		
	D_3	12.065	18.5		92		
2	D_2	10.094	14.5		102	75.0	5.0
	D_3	12.065	18.5		106		
	D_4	15.733	24.0	50	114		
	D_5	17.780	32.0		122		
3	D_4	15.733	24.0		134	94.0	
	D_5	17.780	32.0		142		
	D_6	21.793	40.5		152		
4	D_5	17.780	32.0		170	117.5	6.5
	D_6	21.793	40.5		180		
	D_7	23.825	50.5		190		

表 9.179　直柄钻头接杆的规格（JB/T 3411.74—1999）　mm

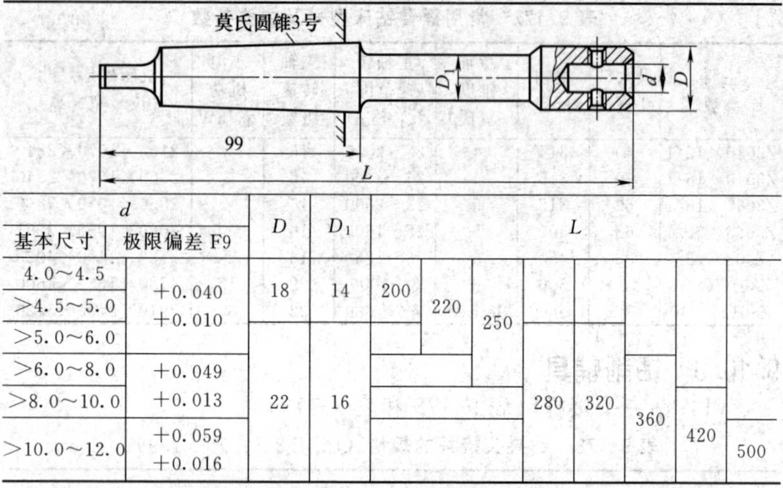

<table>
<tr><th colspan="2">d</th><th rowspan="2">D</th><th rowspan="2">D_1</th><th colspan="8" rowspan="2">L</th></tr>
<tr><th>基本尺寸</th><th>极限偏差 F9</th></tr>
<tr><td>4.0～4.5</td><td rowspan="3">+0.040
+0.010</td><td rowspan="2">18</td><td rowspan="2">14</td><td rowspan="2">200</td><td rowspan="3">220</td><td rowspan="4">250</td><td rowspan="2"></td><td rowspan="2"></td><td rowspan="3"></td><td rowspan="4"></td><td rowspan="5"></td></tr>
<tr><td>>4.5～5.0</td></tr>
<tr><td>>5.0～6.0</td><td rowspan="4">22</td><td rowspan="4">16</td><td></td><td rowspan="4">280</td><td rowspan="4">320</td></tr>
<tr><td>>6.0～8.0</td><td rowspan="2">+0.049
+0.013</td><td colspan="2"></td><td rowspan="3">360</td></tr>
<tr><td>>8.0～10.0</td><td colspan="3"></td><td rowspan="2">420</td></tr>
<tr><td>>10.0～12.0</td><td>+0.059
+0.016</td><td colspan="3"></td><td>500</td></tr>
</table>

（2）钻用刀杆（表 9.180 和表 9.181）

表 9.180　片式沉孔钻用刀杆的规格（JB/T 3411.77—1999）　mm

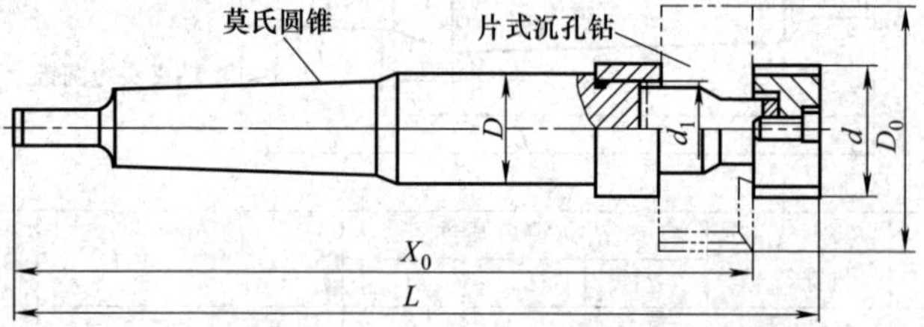

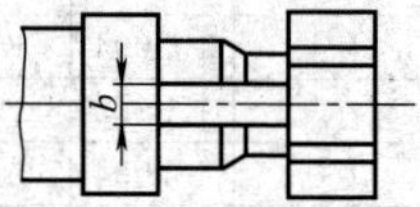

<table>
<tr><th>莫氏圆锥号</th><th>b</th><th>d</th><th>D</th><th>d_1</th><th>L</th><th>l_1</th><th>D_0</th></tr>
<tr><td rowspan="5">4</td><td rowspan="3">8</td><td>28、30、32</td><td rowspan="3">35</td><td rowspan="3">32</td><td rowspan="3">231</td><td rowspan="3">205</td><td>54、55</td></tr>
<tr><td>37、39、42</td><td>58</td></tr>
<tr><td rowspan="2">31、33、35</td><td>54</td></tr>
<tr><td rowspan="2">10</td><td rowspan="2">45</td><td rowspan="2">40</td><td rowspan="2">263</td><td rowspan="2">233</td><td>60、62</td></tr>
<tr><td rowspan="2">37、39、42</td><td>65</td></tr>
<tr><td rowspan="3">5</td><td rowspan="3">12</td><td rowspan="3">55</td><td rowspan="3">50</td><td rowspan="3">317</td><td rowspan="3">281</td><td>72</td></tr>
<tr><td>43、45、48</td><td>66、72、84</td></tr>
<tr><td>50、52、56</td><td>84、96、98</td></tr>
</table>

表 9.181　反沉孔钻刀杆的规格（JB/T 3411.78—1999）　mm

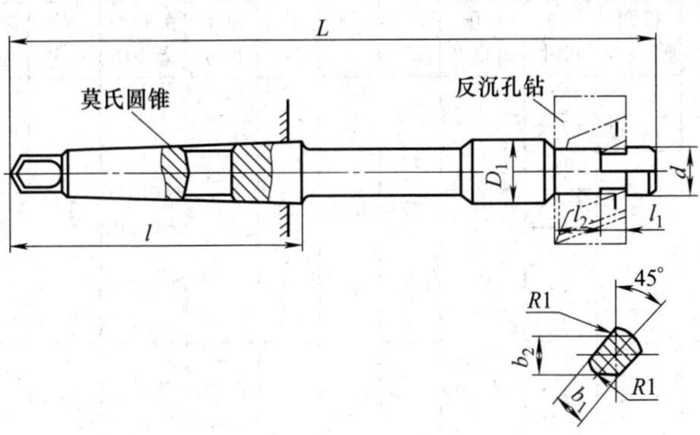

<table>
<tr><th rowspan="2">莫氏圆锥号</th><th colspan="2">d</th><th colspan="2">D_1</th><th rowspan="2">L</th><th rowspan="2">l_1</th><th rowspan="2">l_2</th><th colspan="2">b_1</th><th colspan="2">b_2</th><th rowspan="2">l</th></tr>
<tr><th>基本尺寸</th><th>极限偏差 f6</th><th>基本尺寸</th><th>极限偏差 f9</th><th>基本尺寸</th><th>极限偏差 b12</th><th>基本尺寸</th><th>极限偏差 d11</th></tr>
<tr><td rowspan="21">3</td><td rowspan="6">8</td><td rowspan="6">−0.013
−0.022</td><td>8.4</td><td rowspan="3">−0.013
−0.049</td><td rowspan="12">250</td><td rowspan="6">8.5</td><td rowspan="6">18</td><td rowspan="6">6</td><td rowspan="6">−0.140
−0.260</td><td rowspan="6">6</td><td rowspan="6">−0.030
−0.105</td><td rowspan="6">99</td></tr>
<tr><td>9</td></tr>
<tr><td>10</td></tr>
<tr><td>10.5</td><td rowspan="12">−0.016
−0.059</td></tr>
<tr><td>11</td></tr>
<tr><td>12</td></tr>
<tr><td rowspan="8">10</td><td rowspan="8">−0.013
−0.022</td><td>10.5</td><td rowspan="8">8.5</td><td rowspan="8">22</td><td rowspan="8">8</td><td rowspan="8">−0.150
−0.300</td><td rowspan="8">8</td><td rowspan="8">−0.040
−0.130</td><td rowspan="8">99</td></tr>
<tr><td>11</td></tr>
<tr><td>12</td></tr>
<tr><td>13</td></tr>
<tr><td>13.5</td></tr>
<tr><td>14</td><td rowspan="3">280</td></tr>
<tr><td>14.5</td></tr>
<tr><td>15</td></tr>
<tr><td rowspan="7">13</td><td rowspan="7">−0.016
−0.027</td><td>13</td><td rowspan="7">−0.016
−0.059</td><td rowspan="2">250</td><td rowspan="7">8.5</td><td rowspan="7">22</td><td rowspan="7">10</td><td rowspan="7">−0.150
−0.300</td><td rowspan="7">10</td><td rowspan="7">−0.040
−0.130</td><td rowspan="7">99</td></tr>
<tr><td>13.5</td></tr>
<tr><td>14.5</td><td rowspan="5">280</td></tr>
<tr><td>15</td></tr>
<tr><td>15.5</td></tr>
<tr><td>16</td></tr>
<tr><td>16.5</td></tr>
</table>

续表

莫氏圆锥号	d		D_1		L	l_1	l_2	b_1		b_2		l
	基本尺寸	极限偏差 f6	基本尺寸	极限偏差 f9				基本尺寸	极限偏差 b12	基本尺寸	极限偏差 d11	
3	13	−0.016 −0.027	17	−0.016 −0.059	320	8.5	22	10	−0.150 −0.300	10	−0.040 −0.130	99
			17.5									
		−0.016 −0.027	18									
			18.5	−0.020 −0.072								
			19									
			20									
			21									
	16		17		320	8.5	22	12	−0.150 −0.330	12	−0.050 −0.160	99
			17.5									
			18.5									
			21									
			22									
			24									
	19	−0.022 −0.033	19	−0.020 −0.072	320	10.5	25	14	−0.150 −0.330	14	−0.050 −0.160	99
			20									
			21									
			22									
			23									
			24									
			25									
			26									
			28									
4	22	−0.022 −0.033	23	−0.020 −0.072	320	10.5	25	17	−0.150 −0.330	17	−0.050 −0.160	124
			24									
			25									
			26									
			28									
			30									
			31	−0.025 −0.087	320							
			32									
			33									
			35									
	27	−0.022 −0.033	28			10.5	30	19	−0.160 −0.370	19	−0.065 −0.195	124
			30									
			31									

续表

莫氏圆锥号	d 基本尺寸	d 极限偏差 f6	D_1 基本尺寸	D_1 极限偏差 f9	L	l_1	l_2	b_1 基本尺寸	b_1 极限偏差 b12	b_2 基本尺寸	b_2 极限偏差 d11	l
4	27	−0.022 −0.033	32	−0.025 −0.087	320	10.5	30	19	−0.160 −0.370	19	−0.065 −0.195	124
			33		350							
			35	−0.025 −0.087								
			37									
			39									
			42									
			43									
			45									
			48									

（3）方头接杆（表9.182）

表9.182　方头接杆的规格（JB/T 3411.42—1999）　mm

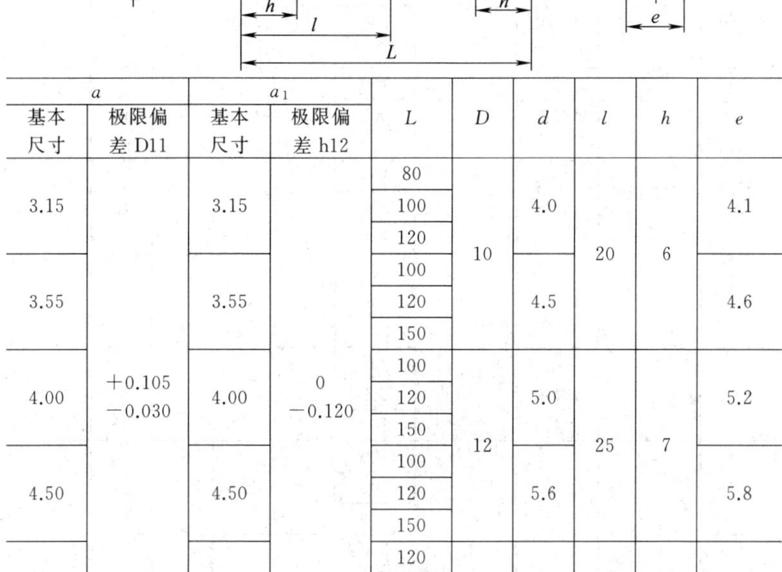

a 基本尺寸	a 极限偏差 D11	a_1 基本尺寸	a_1 极限偏差 h12	L	D	d	l	h	e
3.15	+0.105 −0.030	3.15	0 −0.120	80	10	4.0	20	6	4.1
				100					
				120					
3.55		3.55		100		4.5			4.6
				120					
				150					
4.00		4.00		100	12	5.0	25	7	5.2
				120					
				150					
4.50		4.50		100		5.6			5.8
				120					
				150					
5.00		5.00		120	14	6.3	25	8	6.5
				150					
				200					

续表

<table>
<tr><th colspan="2">a</th><th colspan="2">a_1</th><th rowspan="2">L</th><th rowspan="2">D</th><th rowspan="2">d</th><th rowspan="2">l</th><th rowspan="2">h</th><th rowspan="2">e</th></tr>
<tr><th>基本尺寸</th><th>极限偏差 D11</th><th>基本尺寸</th><th>极限偏差 h12</th></tr>
<tr><td rowspan="3">6.30</td><td rowspan="15">+0.130
+0.040</td><td rowspan="3">6.30</td><td rowspan="15">0
−0.150</td><td>120</td><td rowspan="3">14</td><td rowspan="3">8.0</td><td rowspan="3">25</td><td rowspan="3">9</td><td rowspan="3">8.5</td></tr>
<tr><td>150</td></tr>
<tr><td>200</td></tr>
<tr><td rowspan="3">7.10</td><td rowspan="3">7.10</td><td>120</td><td rowspan="6">16</td><td rowspan="3">9.0</td><td rowspan="9">30</td><td rowspan="3">10</td><td rowspan="3">9.5</td></tr>
<tr><td>150</td></tr>
<tr><td>200</td></tr>
<tr><td rowspan="3">8.00</td><td rowspan="3">8.00</td><td>120</td><td rowspan="3">10.0</td><td rowspan="3">11</td><td rowspan="3">10.5</td></tr>
<tr><td>150</td></tr>
<tr><td>200</td></tr>
<tr><td rowspan="3">9.00</td><td rowspan="3">9.00</td><td>120</td><td rowspan="3">20</td><td rowspan="3">11.2</td><td rowspan="3">12</td><td rowspan="3">11.7</td></tr>
<tr><td>150</td></tr>
<tr><td>200</td></tr>
<tr><td rowspan="3">10.00</td><td rowspan="3">10.00</td><td>120</td><td rowspan="3">22</td><td rowspan="3">13.0</td><td rowspan="6">35</td><td rowspan="3">13</td><td rowspan="3">13.5</td></tr>
<tr><td>150</td></tr>
<tr><td>200</td></tr>
<tr><td rowspan="3">11.20</td><td rowspan="15">+0.160
+0.050</td><td rowspan="3">11.20</td><td rowspan="15">0
−0.180</td><td>150</td><td rowspan="3">25</td><td rowspan="3">14.0</td><td rowspan="3">14</td><td rowspan="3">14.5</td></tr>
<tr><td>200</td></tr>
<tr><td>250</td></tr>
<tr><td rowspan="3">12.50</td><td rowspan="3">12.50</td><td>150</td><td rowspan="3">25</td><td rowspan="3">16.0</td><td rowspan="6">40</td><td rowspan="3">16</td><td rowspan="3">16.5</td></tr>
<tr><td>200</td></tr>
<tr><td>250</td></tr>
<tr><td rowspan="3">14.00</td><td rowspan="3">14.00</td><td>150</td><td rowspan="6">30</td><td rowspan="3">18.0</td><td rowspan="3">18</td><td rowspan="3">19.0</td></tr>
<tr><td>200</td></tr>
<tr><td>250</td></tr>
<tr><td rowspan="3">16.00</td><td rowspan="3">16.00</td><td>200</td><td rowspan="3">20.0</td><td rowspan="6">45</td><td rowspan="3">20</td><td rowspan="3">21.0</td></tr>
<tr><td>250</td></tr>
<tr><td>300</td></tr>
<tr><td rowspan="3">18.00</td><td rowspan="3">18.00</td><td>200</td><td rowspan="6">35</td><td rowspan="3">22.0</td><td rowspan="3">23</td><td rowspan="3">23.2</td></tr>
<tr><td>250</td></tr>
<tr><td>300</td></tr>
<tr><td rowspan="3">20.00</td><td rowspan="6">+0.195
+0.065</td><td rowspan="3">20.00</td><td rowspan="6">0
−0.210</td><td>200</td><td rowspan="3">26.0</td><td rowspan="6">50</td><td rowspan="3">24</td><td rowspan="3">27.3</td></tr>
<tr><td>300</td></tr>
<tr><td>400</td></tr>
<tr><td rowspan="3">22.40</td><td rowspan="3">22.40</td><td>200</td><td rowspan="3">40</td><td rowspan="3">28.0</td><td rowspan="3">26</td><td rowspan="3">30.0</td></tr>
<tr><td>300</td></tr>
<tr><td>400</td></tr>
</table>

(4) 钻套（表 9.183～表 9.185）

表 9.183　钻套的规格（JB/T 8045.1—1999）　mm

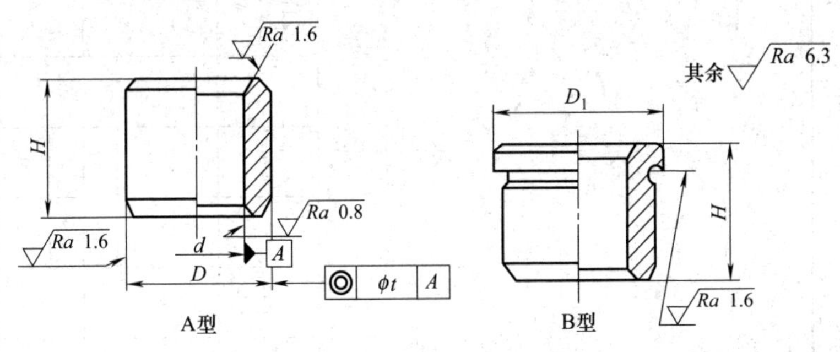

d 基本尺寸	d 极限偏差 F7	D 基本尺寸	D 极限偏差 D6	D_1	H			l
>0～1.0	+0.016 +0.006	3	+0.010 +0.004	6	6	9	—	0.008
>1.0～1.8		4	+0.016 +0.008	7				
>1.8～2.6		5		8				
>2.6～3		6		9	8	12	16	
>3～3.3	+0.022 +0.010							
>3.3～4		7	+0.019 +0.010	10				
>4～5		8		11				0.008
>5～6		10		13	10	16	20	
>6～8	+0.028 +0.013	12	+0.023 +0.012	15				
>8～10		15		18	12	20	25	
>10～12	+0.034 +0.016	18		22				
>12～15		22	+0.028 +0.015	26	16	28	36	
>15～18		26		30				0.012
>18～22	+0.041 +0.020	30		34	20	36	45	
>22～26		35	+0.033 +0.017	39				
>26～30		42		46	25	45	56	
>30～35	+0.050 +0.025	48		52				
>35～42		55	+0.039 +0.020	59	30	56	67	
>42～48		62		66				
>48～50		70		74				0.040
>50～55	+0.060 +0.030							
>55～62		78		82	35	67	78	
>62～70		85	+0.045 +0.023	90				
>70～78								
>78～80		95		100	40	78	105	
>80～85	+0.071 +0.036	105		110				

表 9.184 可换钻套的规格（JB/T 8045.2—1999）

mm

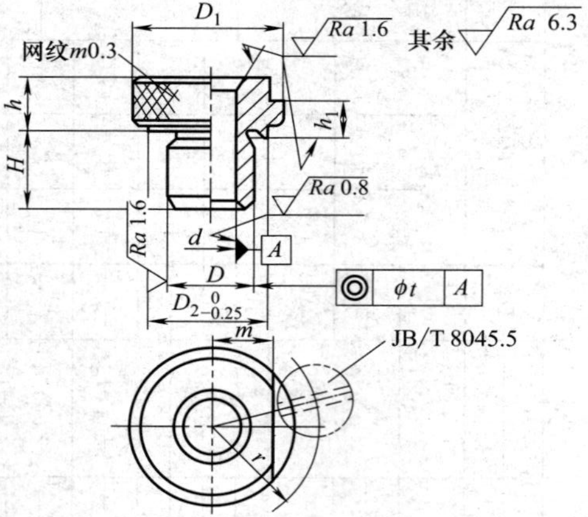

d 基本尺寸	d 极限偏差 F7	D 基本尺寸	D 极限偏差 m6	D 极限偏差 h6	D_1 滚花前	D_2	H			h	h_1	r	m	t	配用螺钉 JB/T 8045.5
>0～3	+0.016 +0.006	8	+0.015 +0.006	+0.010 +0.001	15	12	10	16	—	8	3	11.5	4.2	0.008	M5
>3～4	+0.022 +0.010														
>4～6		10			18	15	12	20	25			13	5.5		
>6～8	+0.028 +0.013	12	+0.018 +0.007	+0.012 +0001	22	18				10	4	16	7		M6
>8～10		15			26	22	16	28	36			18	9		

续表

d		D			D_1	D_2	H			h	h_1	r	m	t	配用螺钉
基本尺寸	极限偏差 F7	基本尺寸	极限偏差 m6	极限偏差 h6	滚花前										JB/T 8045.5
>10~12	+0.034 +0.016	18	+0.018 +0.007	+0.012 +0.001	30	26	16	28	36	10	4	20	11	0.008	M6
>12~15		22	+0.021 +0.018	+0.015 +0.002	34	30	20	36	45	12	5.5	23.5	12		M8
>15~18		26			39	35								0.012	
>18~22	+0.41 +0.20	30			46	42	25	45	56			29.5	18		
>22~26		35	+0.025 +0.009	+0.018 +0.002	52	46						32.5	21		
>26~30		42			59	53	30	56	67			36	245		
>30~35	+0.050 +0.025	48			66	60				16	7	41	27		M10
>35~42		55	+0.030 +0.011	+0.021 +0.002	74	68						45	31		
>42~48		62			82	76	35	67	78			49	35		
>48~50		70			90	84						53	39	0.040	
>50~55	+0.060 +0.080														
>55~62		78			100	94	40	78	105			58	44		
>62~70		85	+0.085 +0.013	+0.025 +0.003	110	104						63	49		
>70~78		95			120	114	45	89	112			68	54		
>78~80		105			130	124						73	59		
>80~85	+0.071 +0.036														

表 9.185　快换钻套的规格（JB/T 8045.3—1999）　　mm

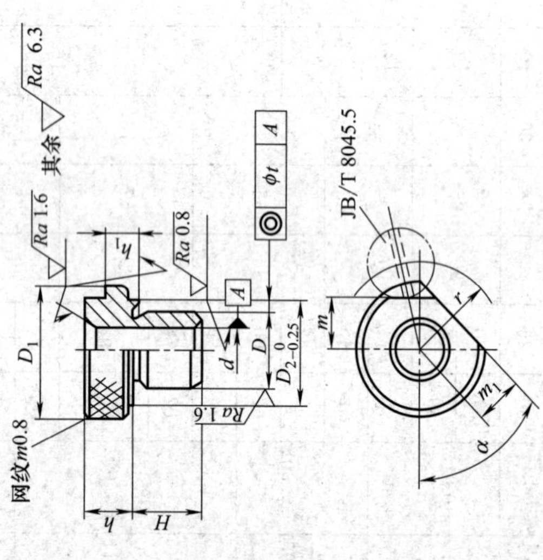

续表

d		D			D_1	D_2	H			h	h_1	r	m	m_1	α	t	配用螺钉
基本尺寸	极限偏差F7	基本尺寸	极限偏差m6	极限偏差h6	滚花前												JB/T 8045.5
>0～3	+0.016 +0.006	8	+0.015 +0.006	+0.010 +0.001	15	12	10	16	—	8	3	11.5	4.2	4.2	50°	0.008	M5
>3～4	+0.022 +0.010																
>4～6		10			18	15	12	20	25			13	6.5	5.5			
>6～8	+0.028 +0.013	12			22	18				10	4	16	7	7			M6
>8～10		15	+0.018 +0.007	+0.012 +0.001	26	22	16	28	36			18	9	9			
>10～12	+0.034 +0.016	18			30	26						20	11	11			
>12～15		22	+0.021 +0.008	+0.016 +0.002	34	30	20	36	45	12	5.5	23.5	12	12	55°		M8
>15～18		26			39	35						26	14.5	14.5		0.012	
>18～22	+0.041 +0.020	30			46	42	25	45	56			29.5	18	18			
>22～26		35	+0.025 +0.009	+0.018 +0.002	52	46						32.5	21	21			
>26～30		42			59	53	30	56	67			36	24.5	25	65°		
>30～35	+0.050 +0.025	48			66	60				16	7	41	27	28			M10
>35～42		55	+0.030 +0.011	+0.021 +0.002	74	68						45	31	32			
>42～48		62			82	76	35	67	78			49	35	36	70°		
>48～50		70			90	84						53	39	40		0.040	
>50～55	+0.060 +0.030																
>55～62		78			100	94	40	78	105	16	7	58	44	45			
>62～70		85	+0.035 +0.013	+0.025 +0.003	110	104						63	49	50			
>70～78		95			120	114	45	89	112			68	54	55	75°		
>78～80		105			130	124						73	59	60			
>80～85	+0.071 +0.036																

9.11 虎钳(含机用)

9.11.1 普通台虎钳

安装在工作台上，供夹持工件用。回转式的可回转。

表 9.186 普通台虎钳的规格（QB/T 1558.2—1992） mm

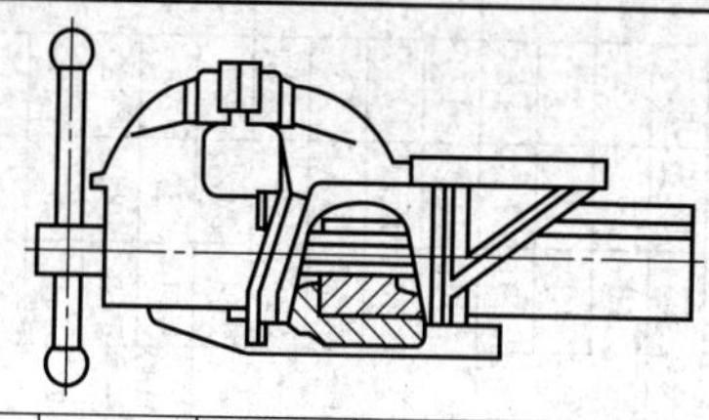

规格	固定式 回转式	75	90	100	115	125	150	200
钳口宽度		75	90	100	115	125	150	200
开口度 ≥		75	90	100	115	125	150	200
夹紧力/kN	轻级	7.5	9.0	10.0	11.0	12.0	15.0	20.0
	重级	15.0	18.0	20.0	22.0	25.0	30.0	40.0
外形尺寸	长度	300	340	370	400	430	510	610
	宽度	200	230	230	260	280	330	390
	高度	160	180	200	220	230	260	310

9.11.2 多用台虎钳

除具有普通台虎钳的功能外，因在其平钳口下方有一对管钳口(带圆弧装置）和V形钳口，可用来夹持小直径的圆柱形工件（钢管、水管等)。

表 9.187 多用台虎钳的规格（QB/T 1558.3—1995） mm

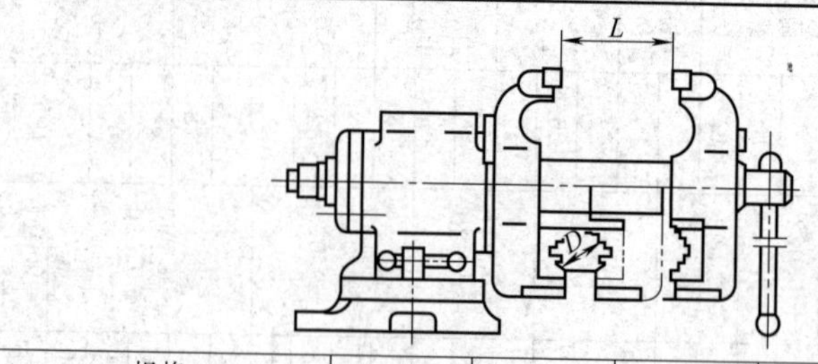

规格	75	100	120	125	150
钳口宽度	75	100	120	125	150
开口度 L	60	80	100		120

续表

管钳口夹持范围 D		6～40	10～50	15～60	15～65
夹紧力/kN	轻级	9	20	16	18
	重级	15	20	25	30

注：表中的夹紧力仅对主钳口而言。

9.11.3　异形大力钳

适用于装配和维修作业时夹持异型和管式工件。根据其钳口型式和作业用途，可分为C型（固定头式和活动头式）、板夹型、焊接型、管夹型。按照在夹持锁定状态下的打开方式，可分为内打开和外打开两种类型（图9.3），表9.188中的打开方式均只示出了内开式。

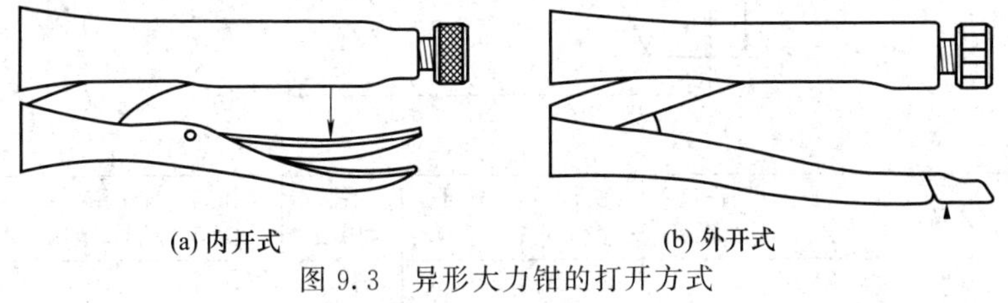

(a) 内开式　　(b) 外开式

图9.3　异形大力钳的打开方式

表9.188　C型大力钳的基本尺寸（QB/T 4265—2011）　mm

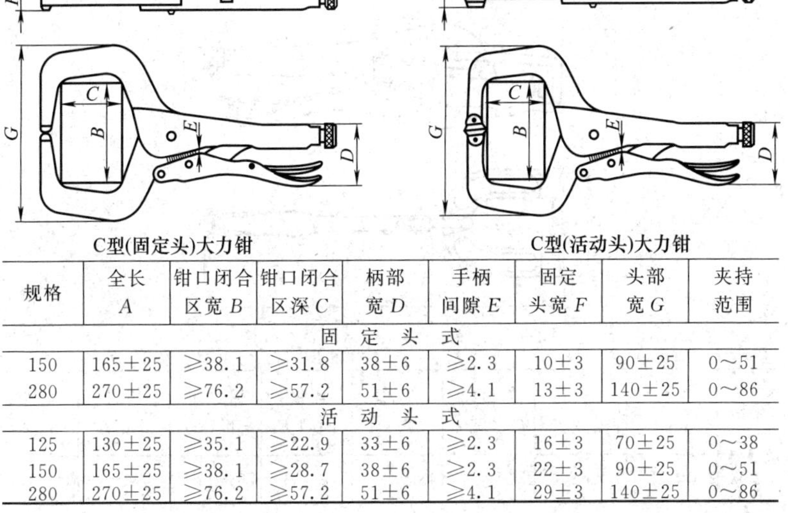

C型(固定头)大力钳　　C型(活动头)大力钳

规格	全长 A	钳口闭合区宽 B	钳口闭合区深 C	柄部宽 D	手柄间隙 E	固定头宽 F	头部宽 G	夹持范围
固定头式								
150	165±25	≥38.1	≥31.8	38±6	≥2.3	10±3	90±25	0～51
280	270±25	≥76.2	≥57.2	51±6	≥4.1	13±3	140±25	0～86
活动头式								
125	130±25	≥35.1	≥22.9	33±6	≥2.3	16±3	70±25	0～38
150	165±25	≥38.1	≥28.7	38±6	≥2.3	22±3	90±25	0～51
280	270±25	≥76.2	≥57.2	51±6	≥4.1	29±3	140±25	0～86

表 9.189　板夹型大力钳的基本尺寸（QB/T 4265—2011）　mm

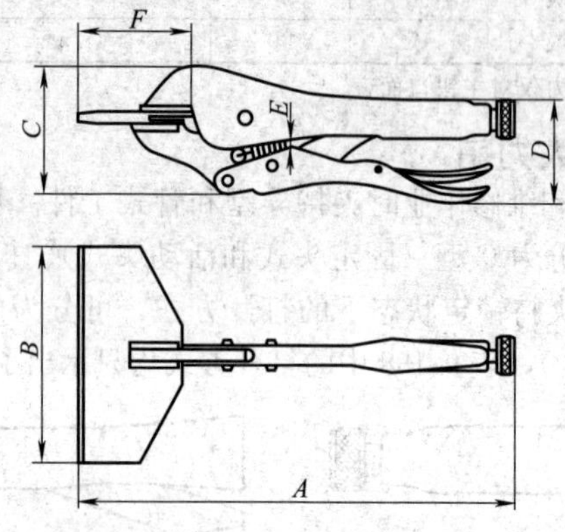

规格	全长 A	钳口宽 B	头部宽 C	柄部宽 D	手柄间隙 E	钳口深 F	夹持范围
200	200±16	80±3	57±9	45±9	≥4.1	45±12.5	0～12.5
250	250±16	94±3	66±9	54±9	≥4.1	51±12.5	0～20

表 9.190　焊接型大力钳的基本尺寸（QB/T 4265—2011）　mm

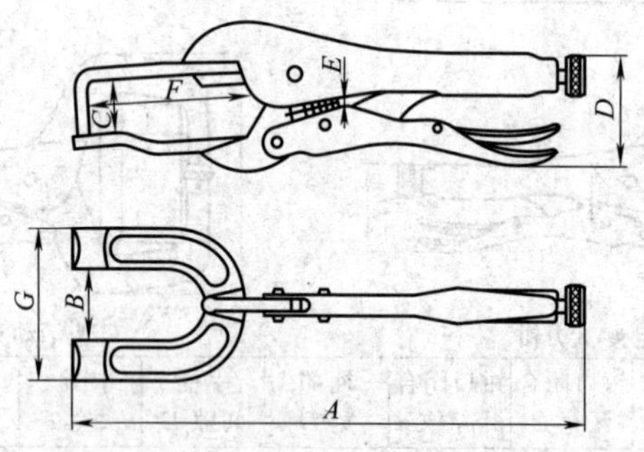

规格	全长 A	钳口内宽 B	钳口闭合区宽 C	柄部宽 D	手柄间隙 E	钳口闭合区深 F	钳口外宽 G	夹持范围
230	230±12.5	25±3	25±3	48±12.5	≥4.1	76±12.5	70±3	0～41.5

表 9.191　管夹型大力钳的基本尺寸（QB/T 4265—2011）　mm

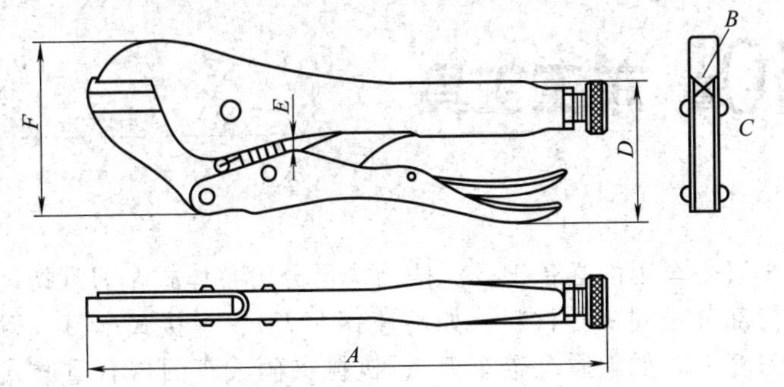

规格	全长 A	上钳口半径 B	下钳口半径 C	柄部宽 D	手柄间隙 E	头部宽 F
180	180±16	3.3±0.40	1.5±0.40	45±9	≥4.1	57±9

9.11.4　弓形夹

用于加工过程中夹紧工件，其基本尺寸见表 9.192。

表 9.192　弓形夹的基本尺寸（JB/T 3411.49—1999）　mm

d	A	h	H	L
M12	32	50	95	130
M16	50	60	120	163
M20	80	70	140	215
M24	125	85	170	285
	200	100	190	360
	320	120	215	505

第10章 车工工具

车刀是车工的必备工具。按结构可分为整体式车刀（切削部分与夹持部分是同一种材料，如高速钢车刀）、焊接式车刀（刀片焊接在刀杆上，如硬质合金车刀）、机械夹固式车刀（有重磨式和不重磨式两种）和成形车刀；按用途可分为外圆、内孔、螺纹、切槽、切断、滚花车刀等；按车刀材质可分为高碳钢、高速钢、非铸铁合金、烧结碳化、陶瓷、钻石和氮化硼等。

10.1 高速钢车刀条

截面形状有正方形、矩形、圆形和不规则四边形，安装在机床上后，用于切削金属工件。

表 10.1 高速钢车刀条（GB/T 4211—2004） mm

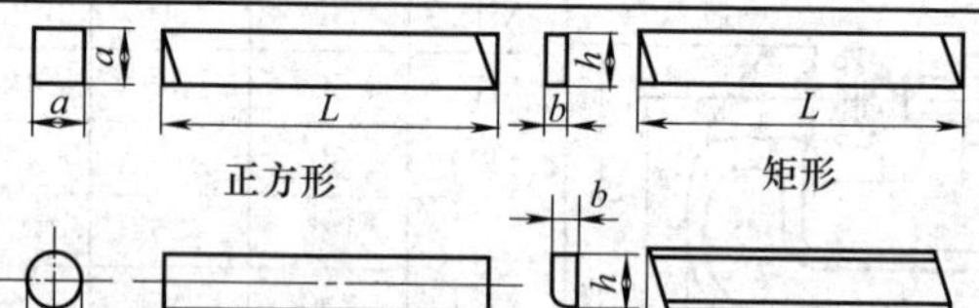

<table>
<tr><th>截面形状</th><th>刀条长(L)</th><th colspan="4">刀条截面尺寸(a×a,b×h,d)</th></tr>
<tr><td rowspan="5">正方形</td><td>63</td><td colspan="4">4×4,5×5,6×6,8×8,10×10,12×12</td></tr>
<tr><td>80</td><td colspan="4">6×6,8×8,10×10,12×12</td></tr>
<tr><td>100</td><td colspan="4">6×6,8×8,10×10,12×12,16×16</td></tr>
<tr><td>160</td><td colspan="4">6×6,8×8,10×10,12×12,16×16,20×20</td></tr>
<tr><td>200</td><td colspan="4">6×6,8×8,10×10,12×12,16×16,20×20,25×25</td></tr>
<tr><td rowspan="3">矩形</td><td>100</td><td rowspan="3">b/d=1.6</td><td>4×6,5×8</td><td rowspan="3">b/d=2.0</td><td>4×8,5×10</td></tr>
<tr><td>160</td><td>6×10,8×12
10×16,16×20</td><td>6×12,8×16,
10×20</td></tr>
<tr><td>200</td><td>6×10,8×12,10×16,
12×20,16×25</td><td>6×12,8×16,
10×20,12×25</td></tr>
</table>

续表

截面形状	刀条长(L)	刀条截面尺寸($a\times a$,$b\times h$,d)
圆形	63	4,5,6
	80	4,5,6,8,10
	100	4,5,6,8,10,12,16
	160	6,8,10,12,16
	200	10,12,16,20
不规则四边形	85	3×12,5×12
	120	3×12,5×12
	140	3×16,4×16,6×16,4×18,3×12,4×20
	200	3×16
	250	3×20,4×20,4×25,5×25

10.2　硬质合金焊接车刀片

刀片型号按用途大致分为 A、B、C、D、E 五类，字母和其后第一个数字表示刀片类型；第二、第三两个数字表示刀片长度（或宽度、直径等参数），Z 表示左刀；当几个规格的被表示参数相等时，则自第二个规格起，在末尾加注 A、B、…以示区别。例：C110，C110A。

硬质合金焊接刀片焊接在各类刀具的刀杆（或刀体）上，用于高速切削高硬度金属和非金属材料工件。

硬质合金焊接刀片型号表示方法是：

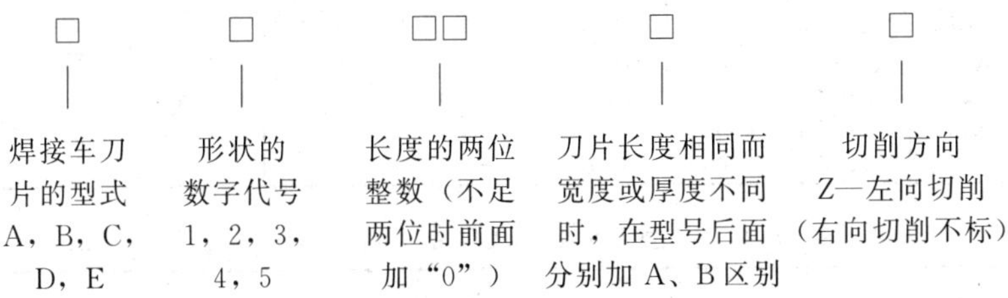

10.2.1　A 型焊接车刀

表 10.2　A1 型刀片的型号及尺寸（YS/T 79—2006）　mm

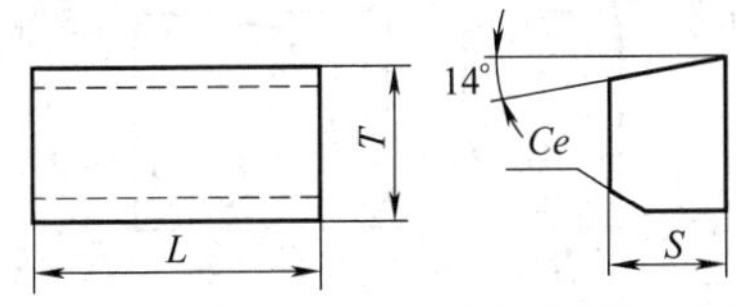

续表

型号	L	T	S	参考尺寸 e	型号	L	T	S	参考尺寸 e
A106	6.00	5.00	2.50	—	A122A	22.00	18.00	7.00	0.8
A108	8.00	7.00	3.00		A125	25.00	15.00	8.50	
A110	10.00	6.00	3.50	0.8	A125A	25.00	20.00	10.00	
A112	12.00	10.00	4.00		A130	30.00	16.00	10.00	
A114	14.00	12.00	4.50		A136	36.00	20.00	10.00	
A116	16.00	10.00	5.50		A140	40.00	18.00	10.50	1.2
A118	18.00	12.00	7.00		A150	50.00	20.00	10.50	
A118A	18.00	16.00	6.00		A160	60.00	22.00	10.50	
A120	20.00	12.00	7.00		A170	70.00	25.00	12.00	
A122	22.00	15.00	8.50						

表 10.3　A2 型刀片型号及尺寸（YS/T 79—2006）　　mm

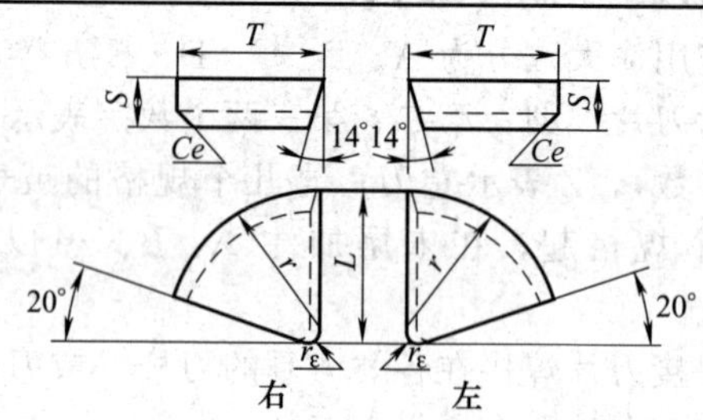

型号		基本尺寸 L	基本尺寸 T	基本尺寸 S	基本尺寸 r	参考尺寸 $r_ε$	参考尺寸 e
A208	—	8.00	7.00	2.50	7.00	0.5	—
A210	—	10.00	8.00	3.00	8.00	1.0	
A212	A212Z	12.00	10.00	4.50	10.00		0.8
A216	A216Z	16.00	14.00	6.00	14.00		
A220	A220Z	20.00	18.00	7.00	18.00		
A225	A225Z	25.00	20.00	8.00	20.00		

表 10.4　A3 型刀片型号及尺寸（YS/T 79—2006）　　mm

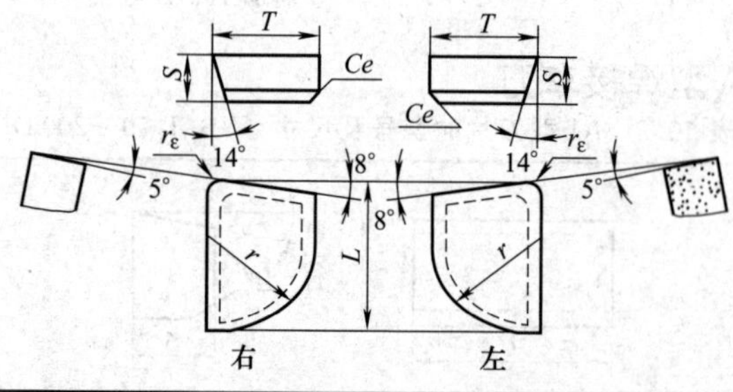

续表

型　号		基本尺寸				参考尺寸	
		L	T	S	r	r_ε	e
A310	—	10.00	6.00	3.00	6.00	1.0	—
A312	A312Z	12.00	7.00	4.00	7.00		0.8
A315	A315Z	15.00	9.00	6.00	9.00		
A320	A320Z	20.00	11.00	7.00	11.00		
A325	A325Z	25.00	14.00	8.00	14.00		
A330	A330Z	30.00	16.00	9.50	16.00		
A340	A340Z	40.00	18.00	10.50	18.00		1.2

表 10.5　A4 型刀片型号及尺寸（YS/T 79—2006）　　mm

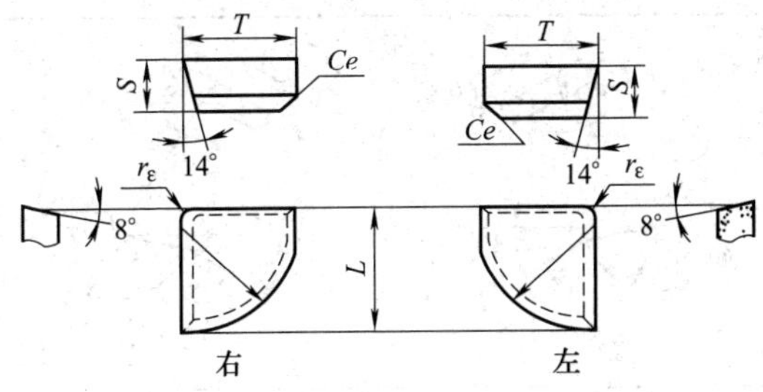

型　号		基本尺寸				参考尺寸	
		L	T	S	r	r_ε	e
A406	—	6.00	5.00	2.50	5.00	0.5	—
A408	—	8.00	6.00	3.00	6.00		
A410	A410Z	10.00	6.00	3.50	6.00	1.0	0.8
A412	A412Z	12.00	8.00	4.50	8.00		
A416	A416Z	16.00	10.00	5.50	10.00		
A420	A420Z	20.00	12.00	7.00	12.00		
A425	A425Z	25.00	15.00	8.50	16.00	1.0	0.8
A430	A430Z	30.00	16.00	6.00	16.00		
A430A	A430AZ	30.00	16.00	9.50	16.00		
A440	A440Z	40.00	18.00	8.00	18.00		
A440A	A440AZ	40.00	18.00	10.50	18.00		1.2
A450	A450Z	50.00	20.00	8.00	20.00	1.5	0.8
A450A	A450AZ	50.00	20.00	12.00	20.00		1.2

表 10.6　A5 型刀片型号及尺寸（YS/T 79—2006）　　mm

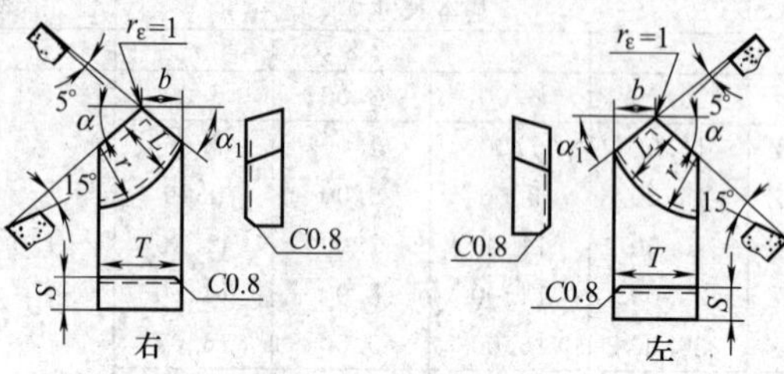

型号		基本尺寸						
		L	T	S	b	r	$α$	$α_1$
A515	A515Z	15.00	10.00	4.50	5.00	10.00	45°	40°
A518	A518Z	18.00	12.00	5.50	4.00	12.00	45°	50°

表 10.7　A6 型刀片型号及尺寸（YS/T 79—2006）　　mm

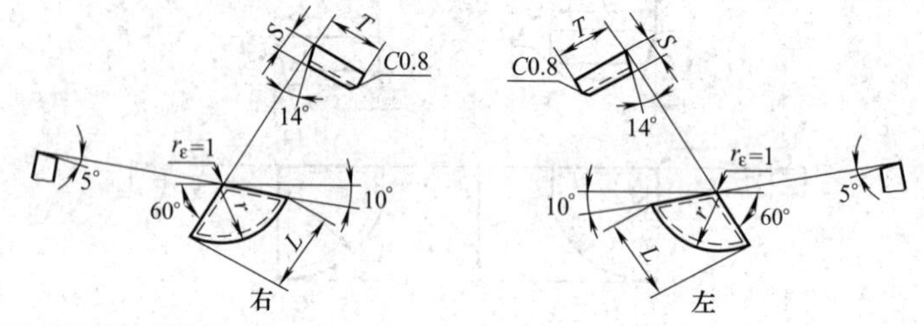

型号		基本尺寸			
		L	T	S	r
A612	A612Z	12.00	8.00	3.00	8.00
A615	A615Z	15.00	10.00	4.00	10.00
A618	A618Z	18.00	12.00	4.50	12.00

10.2.2　B 型焊接车刀

表 10.8　B1 型刀片的型号及尺寸（YS/T 79—2006）　　mm

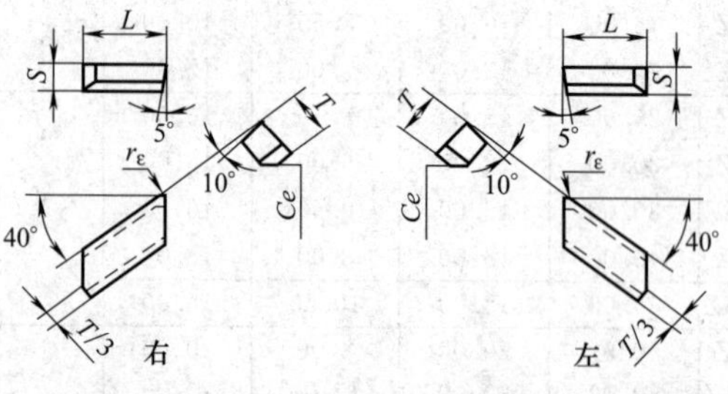

续表

型　号		基本尺寸			参考尺寸	
		L	T	S	r_ε	e
B108	—	8.00	6.00	3.00		—
B112	B112Z	12.00	8.00	4.00	1.5	1.0
B116	B116Z	16.00	10.00	5.00		
B120	B120Z	20.00	14.00	5.00		
B120A	B120AZ	20.00	16.00	7.00	1.5	15
B125	B125Z	25.00	14.00	8.00		
B125A	B125AZ	25.00	18.00	8.00		
B130	B130Z	30.00	20.00	8.00		

表 10.9　B2 型刀片型号及尺寸（YS/T 79—2006）　mm

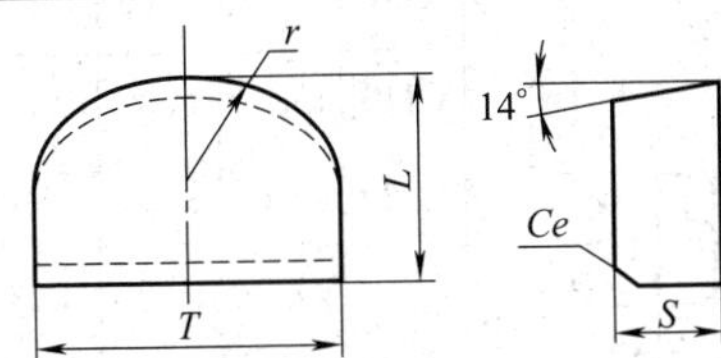

型号	基本尺寸				参考尺寸
	L	T	S	r	e
B208	8.00	8.00	3.00	4.00	—
B210	10.00	10.00	3.50	5.00	0.8
B212	12.00	12.00	4.50	6.00	
B214	14.00	16.00	5.00	8.00	
B216	16.00	20.00	6.00	10.00	0.8
B220	20.00	25.00	7.00	12.50	
B225	25.00	30.00	8.00	15.00	
B228	28.00	35.00	9.00	17.50	
B265	65.00	80.00	15.00	40.00	—
B265A	65.00	90.00	15.00	45.00	

表 10.10　B3 型刀片型号及尺寸（YS/T 79—2006）　mm

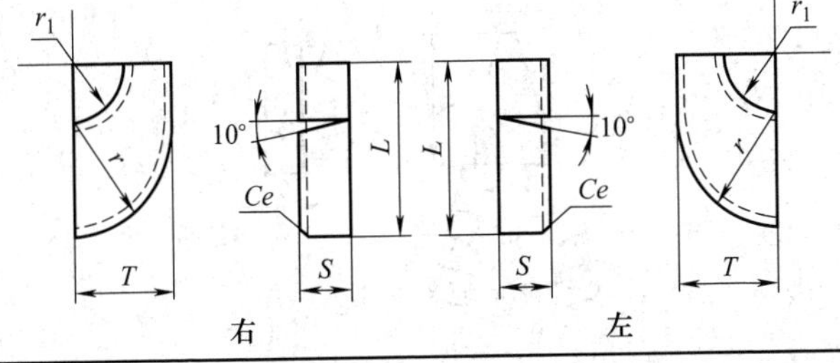

续表

型号		基本尺寸					参考尺寸 e
		L	T	S	r	r_1	
B312	B312Z	12.00	8.00	4.00	8.00	3.00	0.8
B315	B315Z	15.00	10.00	5.00	10.00	5.00	
B318	B318Z	18.00	12.00	6.00	12.00	6.00	
B322	B322Z	22.00	16.00	7.00	16.00	10.00	

10.2.3 C型焊接车刀

表 10.11 C1 型刀片型号及尺寸（YS/T 79—2006） mm

型 号		基本尺寸				参考尺寸	
		L	T	S	b	r_ε	e
60° 10° r_ε 10° T Ce L S	C110	10.00	4.00	3.00	—	0.5	—
	C116	16.00	6.00	4.00			0.8
	C120	20.00	8.00	5.00			
	C122	22.00	10.00	6.00			
	C125	25.00	12.00	7.00			
b r_ε 30° 30° T L S	C110A	10.00	6.50	2.50	1.60	0.5	—
	C116A	16.00	8.00	3.00	2.50		
	C120A	20.00	10.00	4.00	3.50		

表 10.12 C2 型刀片型号及尺寸（YS/T 79—2006） mm

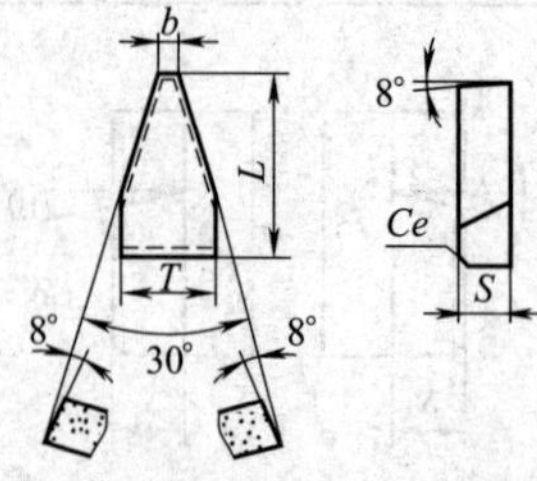

续表

型号	基本尺寸				参考尺寸
	L	T	S	b	e
C215	15.00	7.00	4.00	1.80	0.8
C218	18.00	10.00	5.00	3.10	
C223	23.00	14.00	5.00	4.90	
C228	28.00	18.00	6.00	7.70	
C236	36.00	28.00	7.00	13.10	

表 10.13　C3 型刀片型号及尺寸（YS/T 79—2006）　mm

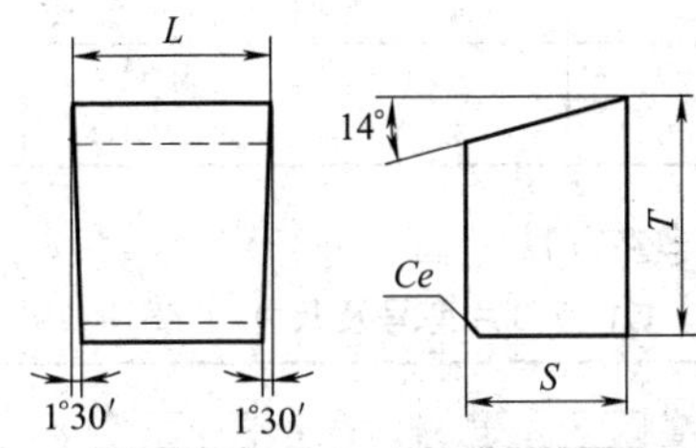

型号	基本尺寸			参考尺寸 e	型号	基本尺寸			参考尺寸 e
	L	T	S			L	T	S	
C303	3.50	12.00	3.00	—	C308	8.50	20.00	7.00	0.8
C304	4.50	14.00	4.00	0.8	C310	10.0	22.00	8.00	
C305	5.50	17.00	5.00		C312	12.50	22.00	10.00	
C306	6.50	17.00	6.00		C316	16.50	25.00	11.00	1.2

表 10.14　C4 型刀片型号及尺寸（YS/T 79—2006）　mm

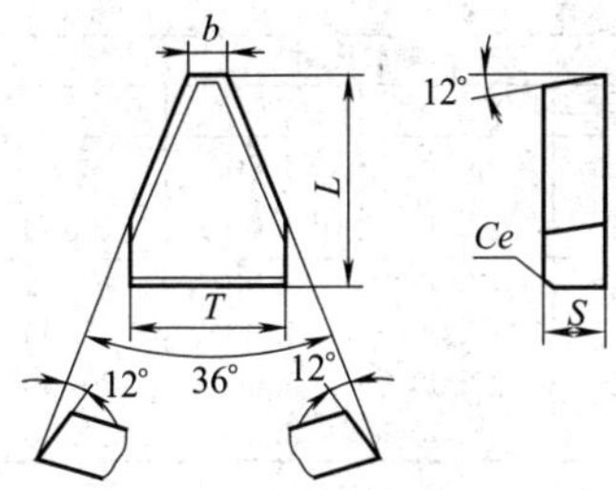

型号	基本尺寸				参考尺寸
	L	T	S	b	e
C420	20.00	12.00	5.00	3.00	0.8
C425	25.00	16.00	5.00	4.00	
C430	30.00	20.00	6.00	5.50	
C435	35.00	25.00	6.00	7.50	
C442	42.00	35.00	8.00	12.50	
C450	50.00	42.00	8.00	15.00	

表 10.15　C5 型刀片型号及尺寸（YS/T 79—2006）　　mm

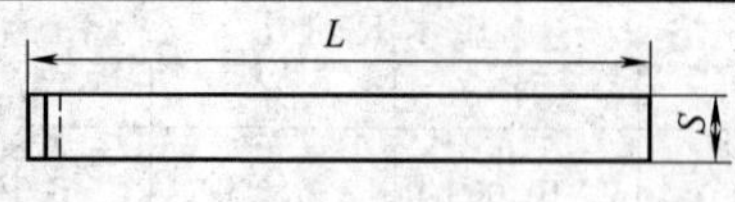

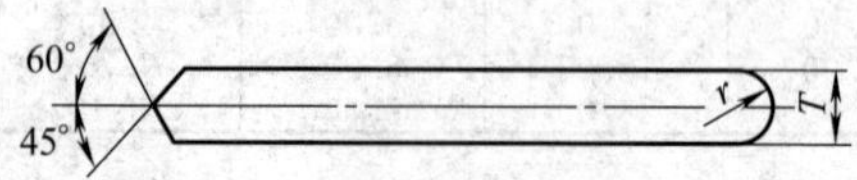

型号	基本尺寸			
	L	T	S	r
C539	39.00	4.00	4.00	2.00
C545	45.00	6.00	4.00	3.00

10.2.4　D 型焊接车刀

表 10.16　D1 型刀片型号及尺寸（YS/T 79—2006）　　mm

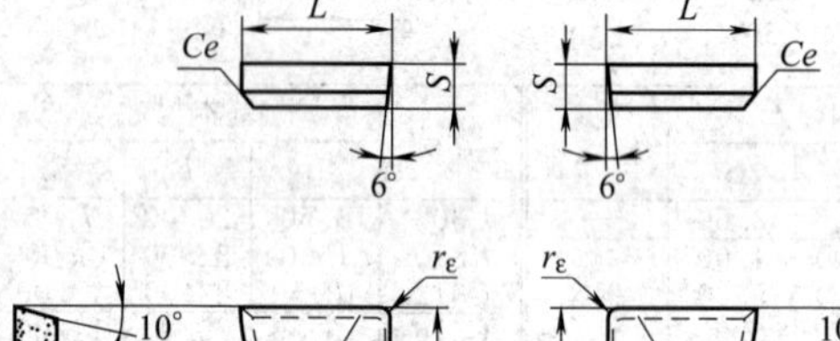

型　号		基本尺寸				参考尺寸	
		L	T	S	r	r_ε	e
D110	—	10.00	8.00	2.50	8.00	0.5	—
D112	—	12.00	10.00	3.00	10.00		
D115	D115Z	15.00	12.00	3.50	12.50	1.0	0.8
D120	D120Z	20.00	16.00	4.00	16.00		
D125	D125Z	25.00	20.00	5.00	20.00		
D130	D130Z	30.00	20.00	6.00	20.00		

表 10.17　D2 型刀片型号及尺寸（YS/T 79—2006）　　mm

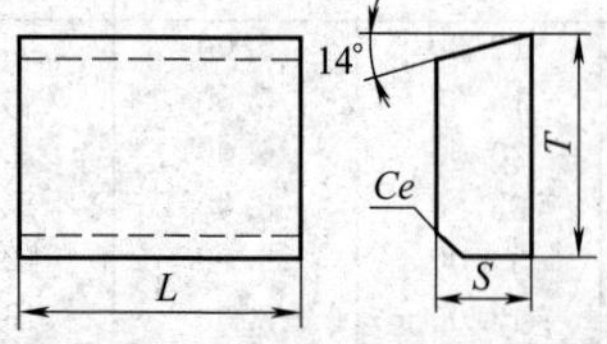

续表

型号	基本尺寸 L	基本尺寸 T	基本尺寸 S	参考尺寸 e	型号	基本尺寸 L	基本尺寸 T	基本尺寸 S	参考尺寸 e
D206	6.00	7.00	3.00	—	D222	22.00	6.00	3.00	—
D208	8.00	4.00			D222A	22.00	14.00	4.00	0.8
D210	10.00	5.00			D224	24.00	14.00		
D210A	10.00	10.00			D226	26.00	10.00	5.00	
D212	12.00	6.00			D226A	26.00	14.00		
D212A	12.00	12.00	3.50	0.8	D228	28.00	10.00	4.00	
D214	14.00	7.00			D228A	28.00	14.00		
D214A	14.00	12.00			D230	30.00	14.00	5.00	0.8
D216	16.00	7.00			D232	32.00	12.00		
D216A	16.00	12.00			D232A	32.00	14.00	4.00	
D218	18.00	5.00	3.00	—	D236	36.00	14.00		
D218A	18.00	7.00	3.50	0.8	D238	38.00	12.00	5.00	
D218B	18.00	12.00			D240	40.00	14.00		
D220	20.00	10.00	4.00		D246	46.00	14.00		

10.2.5 E 型焊接车刀

表 10.18　E1 型刀片型号及尺寸（YS/T 79—2006）　mm

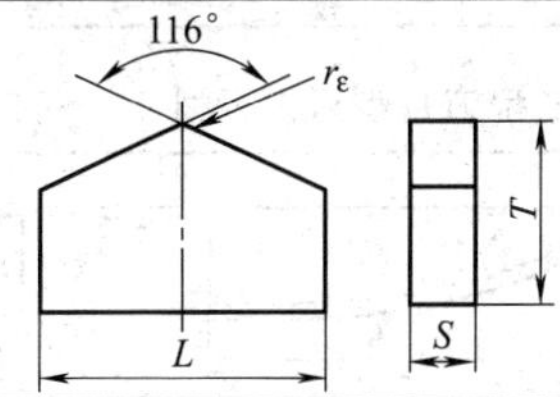

型号	基本尺寸 L	基本尺寸 T	基本尺寸 S	参考尺寸 r_ε	型号	基本尺寸 L	基本尺寸 T	基本尺寸 S	参考尺寸 r_ε
E105	5.00	5.00	1.50	1.0	E108	8.00	7.00	1.80	1.0
E106	6.00	6.00			E109	9.00	8.00	2.00	
E107	7.00	6.00			E110	10.00	9.00		

表 10.19　E2 型刀片型号及尺寸（YS/T 79—2006）　mm

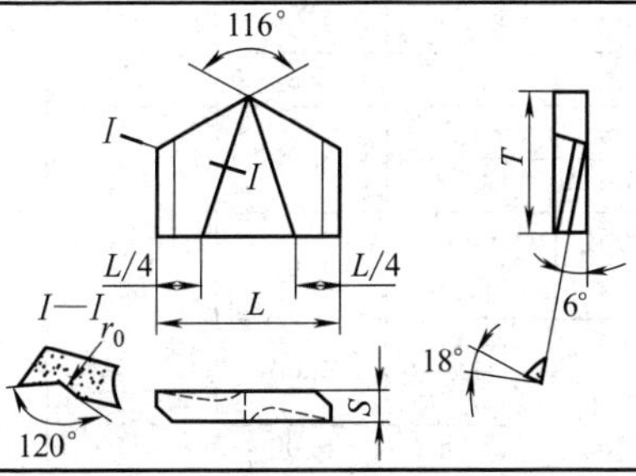

续表

型号	基本尺寸			参考尺寸 r_0	型号	基本尺寸			参考尺寸 r_0
	L	T	S			L	T	S	
E210	10.80	9.00	2.00	1.0	E225	25.00	22.00	4.50	2.0
E211	11.80	10.00			E226	26.00			
E213	13.00	11.00			E227	27.50			
E214	14.00	12.00			E228	28.50			
E215	15.00	13.00			E229	29.50	24.00	5.00	
E216	16.00	14.00	3.00		E230	30.50			
E217	17.00	15.00	3.00	1.5	E231	31.50	24.00	5.00	2.0
E218	18.00	16.00			E233	33.50	26.00		
E219	19.00	17.00			E236	36.50			
E220	20.00	18.00	3.50		E239	39.50			
E221	21.00	18.00	3.50	1.5	E242	42.00	28.00	6.00	2.0
E222	22.00				E244	44.00			
E223	23.00	18.00	4.00		E247	47.00			
E224	24.00				E250	50.00	30.00		
					E252	52.00			

表 10.20 E3 型刀片型号及尺寸（YS/T 79—2006） mm

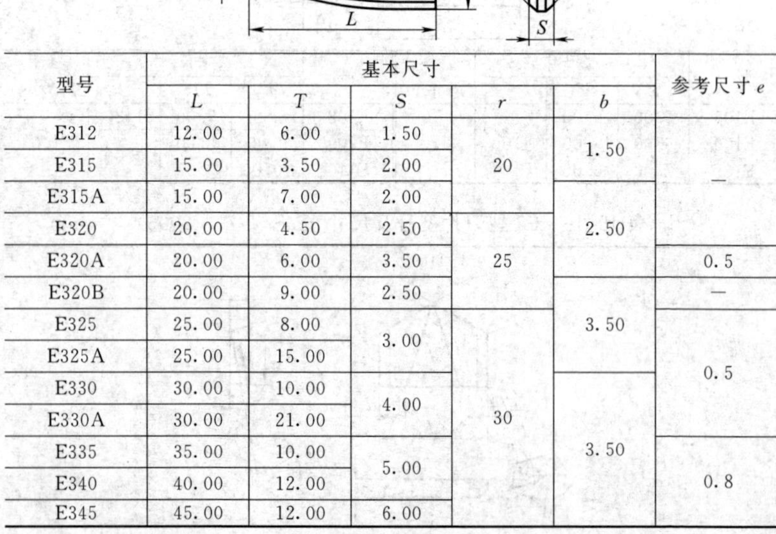

型号	基本尺寸					参考尺寸 e
	L	T	S	r	b	
E312	12.00	6.00	1.50	20	1.50	—
E315	15.00	3.50	2.00			
E315A	15.00	7.00	2.00		2.50	
E320	20.00	4.50	2.50	25		
E320A	20.00	6.00	3.50			0.5
E320B	20.00	9.00	2.50		3.50	—
E325	25.00	8.00	3.00	30		0.5
E325A	25.00	15.00				
E330	30.00	10.00	4.00		3.50	
E330A	30.00	21.00				
E335	35.00	10.00	5.00			0.8
E340	40.00	12.00				
E345	45.00	12.00	6.00			

表 10.21　E4 型刀片型号及尺寸（YS/T 79—2006）　mm

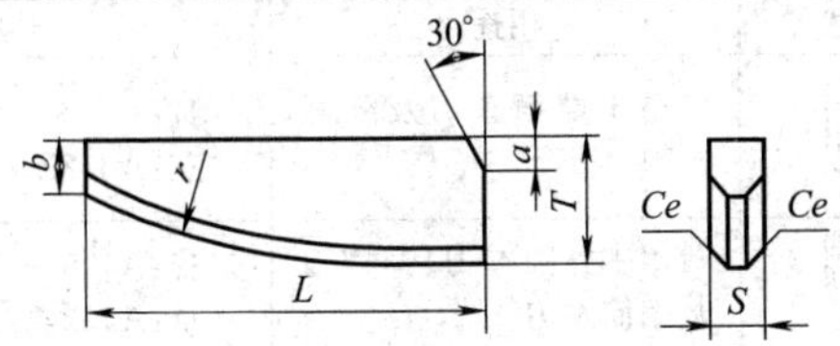

型号	基本尺寸						参考尺寸
	L	*T*	*S*	*r*	*a*	*b*	*e*
E415	15.00	4.00	2.00	15.00	2.50	1.50	—
E418	18.00	5.00	2.50	20.00	3.50		
E420	20.00	6.00	3.00	25.00	5.00		
E425	25.00	8.00	3.50	25.00	6.00	2.00	0.5
E430	30.00	10.00	4.00	30.00	8.00		

表 10.22　E5 型刀片型号及尺寸（YS/T 79—2006）　mm

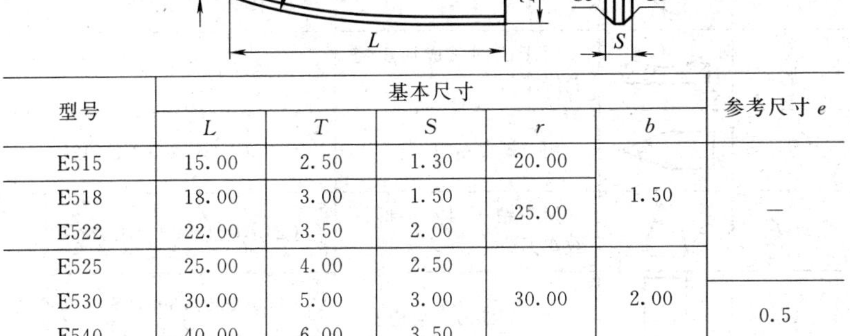

型号	基本尺寸					参考尺寸 *e*
	L	*T*	*S*	*r*	*b*	
E515	15.00	2.50	1.30	20.00	1.50	—
E518	18.00	3.00	1.50	25.00		
E522	22.00	3.50	2.00			
E525	25.00	4.00	2.50	30.00	2.00	
E530	30.00	5.00	3.00			0.5
E540	40.00	6.00	3.50			

10.2.6　硬质合金焊接刀片的用途

表 10.23　硬质合金焊接刀片的用途

刀片类型	形状	用途	刀片型号
A1		用于外圆车刀、镗刀及切槽刀	A106～A150
A2		用于镗刀及端面车刀	右：A 208～A225 左：A212Z～A225Z

续表

刀片类型	形状	用途	刀片型号
A3		用于端面车刀及外圆车刀	右:A310～A340 左:A312Z～A340Z
A4		用于外圆车刀、键槽刀及端面车刀	右:A406～ A450 左:A412Z～A450Z
A5		用于自动车床的车刀	右:A515,A518 左:A515Z,A518Z
A6		用于镗刀、外圆车刀及面铣刀	右:A612,A615,A618 左:A612Z,A615Z,A618Z
B1		用于成形车刀、加工燕尾槽的刨刀和铣刀	右:B108～B130 左:B112Z～B130Z
B2		用于凹圆弧成形车刀及轮缘车刀	B208～B228
B3		用于凸圆弧成形车刀	右:B312～B322 左:B312Z～B322Z
B4		用于凹圆弧成形车刀轮缘车刀	B428,B433,B446
C1		用于螺纹车刀	C110,C116,C120,C122,C125
C2		用于精车刀及梯形螺纹车刀	C215,C218,C223,C228,C236
C3		用于切断刀和切槽刀	C303,C304,305,C306,C308,C310,C312,C316
C4		用于加工 V 带轮的 V 形槽车刀	C420, C425, C430, C435,C442,C450
C5		用于轧辊拉丝刀	C539,C545
D1		用于面铣刀	右:D110～D130 左:D120Z～D130Z
D2		用于三面刃铣刀、T 形槽铣刀及浮动镗刀	D206～D246
E1		用于麻花钻及直槽钻	E105, E106, E107, E108,E109,E110

续表

刀片类型	形状	用途	刀片型号
E2		用于麻花钻及直槽钻	E210～E233
E3		用于立铣刀及键槽铣刀	E12～E345
E4		用于扩孔钻	E415,E418,E420,E425,E430
E5		用于铰刀	E515，E518，E522，E525，E530,E540
F1		用于车床和外圆磨床的顶尖	F108～F140
F2		用于深孔钻的导向部分	F216F～230C
F3		用于可卸镗刀及耐磨零件	F303,F304,F305,F306,F307,F308

注：刀片型号按其大致用途表示，分为 A、B、C、D、E 五类，字母和其后第一数字表示刀片类型；第二、第三两个数字表示刀片长度和宽度、直径等参数；“Z”表示左刀；当几个规格的被表示参数相等时，则自第二个规格起，在末尾加注 A、B、…以示区别。例：C110、C110A。

10.3 硬质合金车刀

硬质合金车刀分外表面车刀和内表面车刀。

硬质合金车刀代号（图 10.1）的表示方法是（GB/T 17985.1—2000）：

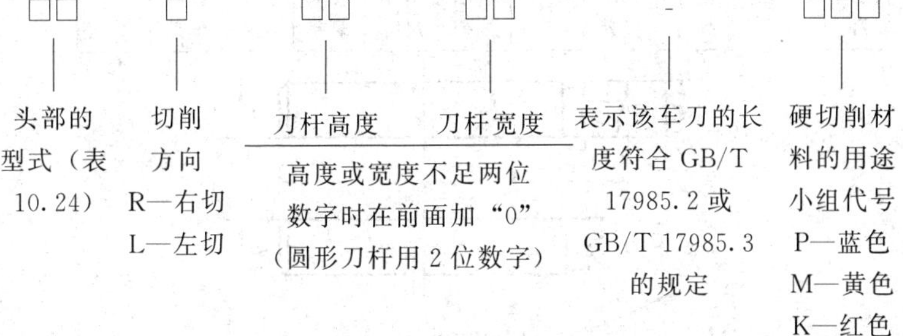

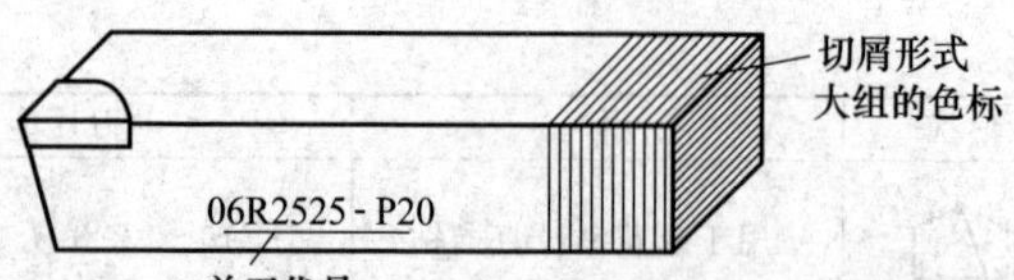

图 10.1　25mm×25mm 方刀杆、用途小组代号为 P20 的右切 90°外圆车刀的标志

表 10.24　硬质合金车刀的符号、名称、型号（GB/T 17985.1—2000）

符号	名称	型　式	符号	名称	型　式
01	70° 外圆车刀	70°	07	A 型 切断车刀	
02	45° 端面车刀	45°	14	75° 外圆车刀	75°
03	95° 外圆车刀	95°	15	B 型 切断车刀	
04	切槽车刀		16	外螺纹 车刀	60°
05	90° 端面车刀	90°	17	V 带轮 车刀	36°
06	90° 外圆车刀	90°			

10.3.1　外表面车刀

表 10.25　外表面车刀的规格（Ⅰ. GB/T 17985.2—2000）　mm

车刀代号		主要尺寸								参考尺寸	
		L		h		b		h_1			
右切车刀	左切车刀	基本尺寸	极限偏差	基本尺寸	极限偏差	基本尺寸	极限偏差	基本尺寸	极限偏差	l	n

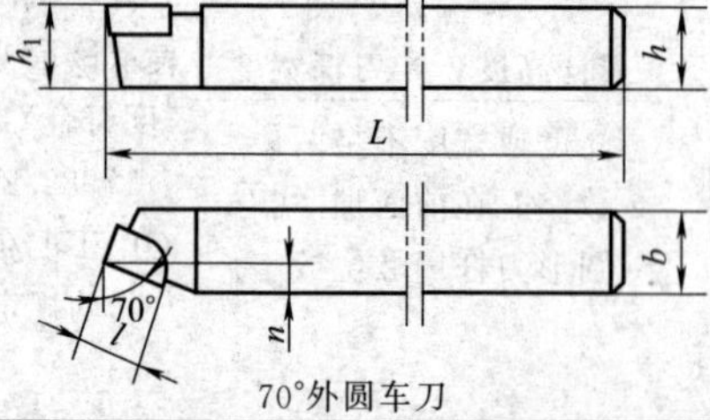

70°外圆车刀

续表

车刀代号		主要尺寸								参考尺寸	
		L		h		b		h_1			
右切车刀	左切车刀	基本尺寸	极限偏差	基本尺寸	极限偏差	基本尺寸	极限偏差	基本尺寸	极限偏差	l	n
01R1010	01L1010	90	+3.5 0	10	0 −0.70	10	0 −0.70	10	0 −0.70	8	4
01R1212	01L1212	100		12		12		12		10	5
01R1616	01L1616	110		16		16		16		12	6
01R2020	01L2020	125	+4.0 0	20	0 −0.84	20	0 −0.84	20	0 −0.84	16	8
01R2525	01L2525	140		25		25		25		20	10
01R3232	01L3232	170		32	0 −1.0	32	0 −1.0	32	0 −1.0	25	12
01R4040	01L4040	200	+4.6 0	40		40		40		32	16
01R5050	01L5050	240		50		50		50		40	20

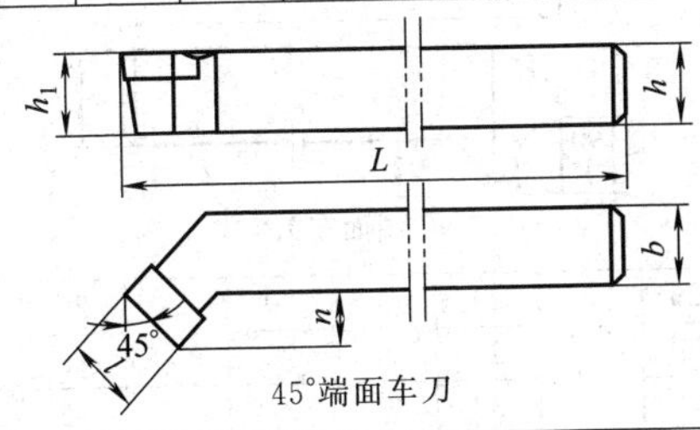

45°端面车刀

右切车刀	左切车刀	L 基本尺寸	L 极限偏差	h 基本尺寸	h 极限偏差	b 基本尺寸	b 极限偏差	h_1 基本尺寸	h_1 极限偏差	l	n
02R1010	02L1010	90	+3.5 0	10	0 −0.70	10	0 −0.70	10	0 −0.70	8	6
02R1212	02L1212	100		12		12		12		10	7
02R1616	02L1616	110		16		16		16		12	8
02R2020	02L2020	125	+4.0 0	20	0 −0.84	20	0 −0.84	20	0 −0.84	16	10
02R2525	02L2525	140		25		25		25		20	12
02R3232	02L3232	170		32	0 −1.0	32	0 −1.0	32	0 −1.0	25	14
02R4040	02L4040	200	+4.6 0	40		40		40		32	15
02R5050	02L5050	240		50		50		50		40	22

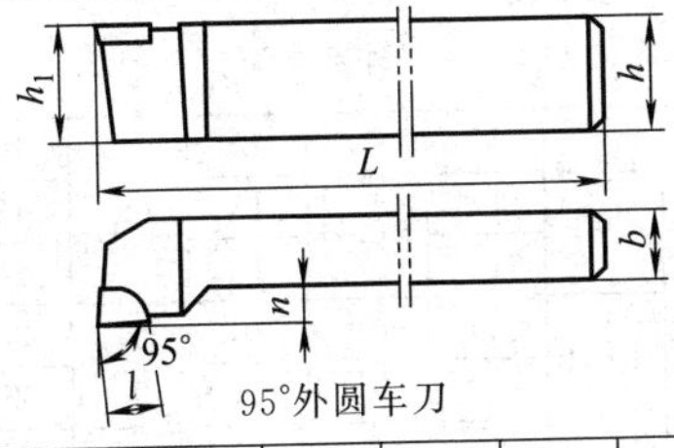

95°外圆车刀

右切车刀	左切车刀	L 基本尺寸	L 极限偏差	h 基本尺寸	h 极限偏差	b 基本尺寸	b 极限偏差	h_1 基本尺寸	h_1 极限偏差	l	n
03R1610	03L1610	110	+3.5 0	16	0 −0.70	10	0 −0.70	16	0 −0.70	8	5

续表

车刀代号		主要尺寸								参考尺寸	
		L		h		b		h_1			
右切车刀	左切车刀	基本尺寸	极限偏差	基本尺寸	极限偏差	基本尺寸	极限偏差	基本尺寸	极限偏差	l	n
03R2012	03L2012	125	$^{+4}_{0}$	20	$^{0}_{-0.84}$	12	$^{0}_{-0.84}$	20	$^{0}_{-0.84}$	10	6
03R2516	03L2516	140		25		16		25		12	8
03R3220	03L3220	170		32	$^{0}_{-1.0}$	20	$^{0}_{-1.0}$	32	$^{0}_{-1.0}$	16	10
03R4025	03L4025	200	$^{+4.6}_{0}$	40		25		40		20	12
03R5032	03L5032	240		50		32		50		25	14

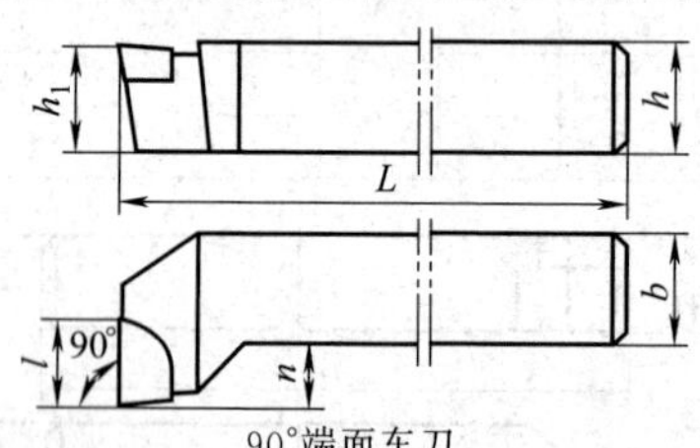

90°端面车刀

05R2020	05L2020	125	$^{+4}_{0}$	20	$^{0}_{-0.84}$	20	$^{0}_{-0.84}$	20	$^{0}_{-0.84}$	16	10
05R2525	05L2525	140		25		25		25		20	12
05R3232	05L3232	170		32	$^{0}_{-1.0}$	32	$^{0}_{-1.0}$	32	$^{0}_{-1.0}$	25	16
05R4040	05L4040	200	$^{+4.6}_{0}$	40		40		40		32	20
05R5050	05L5050	240		50		50		50		40	25

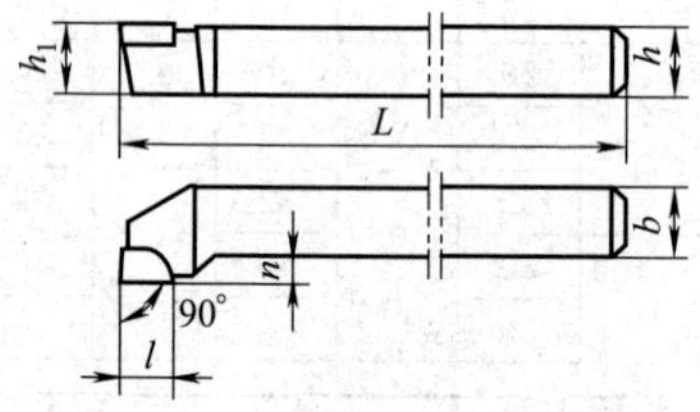

90°外圆车刀

06R1010	06L1010	90	$^{+3.5}_{0}$	10	$^{0}_{-0.70}$	10	$^{0}_{-0.70}$	10	$^{0}_{-0.70}$	8	4
06R1212	06L1212	100		12		12		12		10	5
06R1616	06L1616	110		16		16		16		12	6
06R2020	06L2020	125	$^{+4.0}_{0}$	20	$^{0}_{-0.84}$	20	$^{0}_{-0.84}$	20	$^{0}_{-0.84}$	16	8
06R2525	06L2525	140		25		25		25		20	10
06R3232	06L3232	170		32	$^{0}_{-1.0}$	32	$^{0}_{-1.0}$	32	$^{0}_{-1.0}$	25	12
06R4040	06L4040	200	$^{+4.6}_{0}$	40		40		40		32	14
06R5050	06L5050	240		50		50		50		40	18

续表

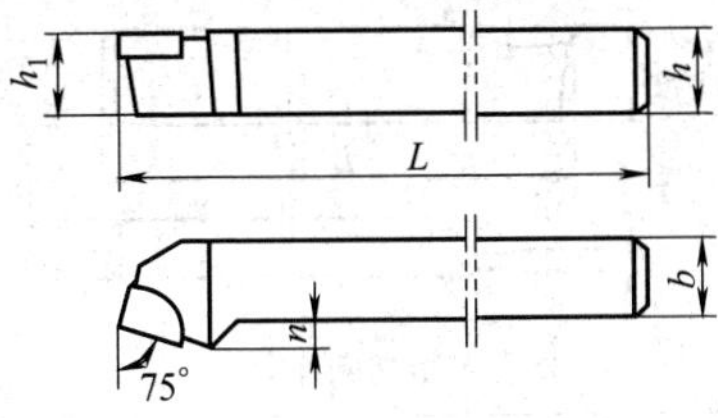

75°外圆车刀

车刀代号		主要尺寸								参考尺寸	
		L		h		b		h_1			
右切车刀	左切车刀	基本尺寸	极限偏差	基本尺寸	极限偏差	基本尺寸	极限偏差	基本尺寸	极限偏差	l	n
14R1010	14L1010	90	+3.5 0	10	0 −0.70	10	0 −0.70	10	0 −0.70	8	4
14R1212	14L1212	100		12		12		12		10	
14R1616	14L1616	110		16		16		16		12	5
14R2020	14L2020	125	+4.0 0	20	0 −0.84	20	0 −0.84	20	0 −0.84	16	
14R2525	14L2525	140		25		25		25		20	6
14R3232	14L3232	170		32	0 −1.0	32	0 −1.0	32	0 −1.0	25	7
14R4040	14L4040	200	+4.6 0	40		40		40		32	9
14R5050	14L5050	240		50		50		50		40	10

表 10.26　外表面车刀的规格（Ⅱ，GB/T 17985.2—2000）　mm

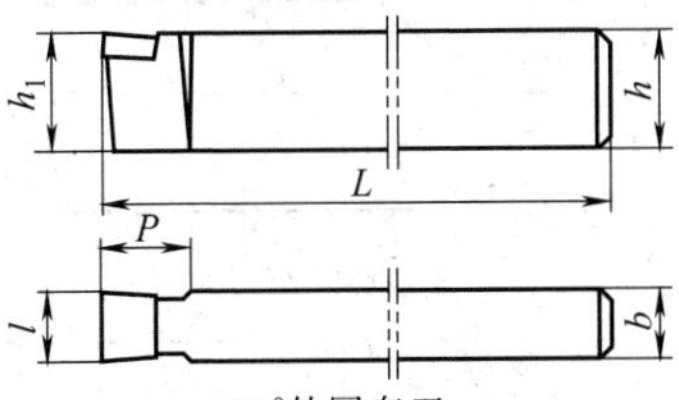

70°外圆车刀

车刀代号		主要尺寸								参考尺寸	
		L		h		b		h_1			
右切车刀	左切车刀	基本尺寸	极限偏差	基本尺寸	极限偏差	基本尺寸	极限偏差	基本尺寸	极限偏差	l	P
04R2012		125	+4.0 0	20	0 −0.84	12	0 −0.84	20	0 −0.84	12	20
04R2516		140		25		16		25		16	25
04R3220		170		32	0 −1.0	20	0 −1.0	32	0 −1.0	20	32
04R4025		200	+4.6 0	40		25		40		25	40
04R5032		240		50		32		50		32	50

续表

车刀代号		主要尺寸								参考尺寸	
		L		h		b		h_1			
右切车刀	左切车刀	基本尺寸	极限偏差	基本尺寸	极限偏差	基本尺寸	极限偏差	基本尺寸	极限偏差	l	P
07R1208	07L1208	100	+3.5 0	12	0 −0.70	8	0 −0.70	12	0 −0.70	3	12
07R1610	07L1610	110		16		10		16		4	14
07R2012	07L2012	125	+4.0 0	20	0 −0.84	12	0 −0.84	20	0 −0.84	5	16
07R2516	07L2516	140		25		16		25		6	20
07R3220	07L3220	170		32	0 −1.0	20	0 −1.0	32	0 −1.0	8	25
07R4025	07L4025	200	+4.6 0	40		25		40		10	32
07R5032	07L5032	240		50		32		50		12	40

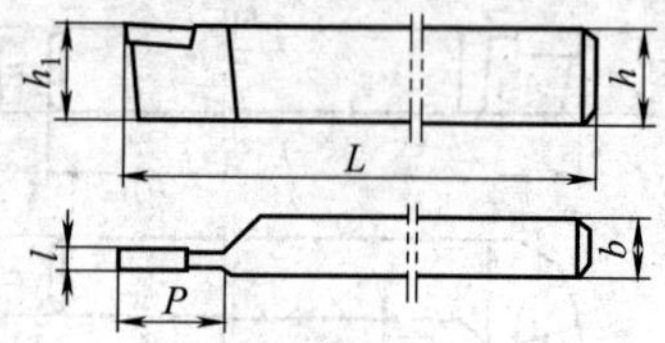

A 型切断车刀

表 10.27　外表面车刀的规格（Ⅲ，GB/T 17985.2—2000）　　mm

车刀代号		主要尺寸								参考尺寸		
		L		h		b		h_1				
右切车刀	左切车刀	基本尺寸	极限偏差	基本尺寸	极限偏差	基本尺寸	极限偏差	基本尺寸	极限偏差	l	P	H
15R1208	15L1208	100	+3.5 0	12	0 −0.70	8	0 −0.70	12	0 −0.70	3	12	20
15R1610	15L1610	110		16		10		16		4	14	26
15R2012	15L2012	126	+4.0 0	20	0 −0.84	12	0 −0.84	20	0 −0.84	5	16	30
15R2516	15L2516	140		25		16		25		6	20	40
15R3220	15L3220	170		32	0 −1.0	20	0 −1.0	32	0 −1.0	8	25	47
15R4025	15L4025	200	+4.6 0	40		25		40		10	32	d5

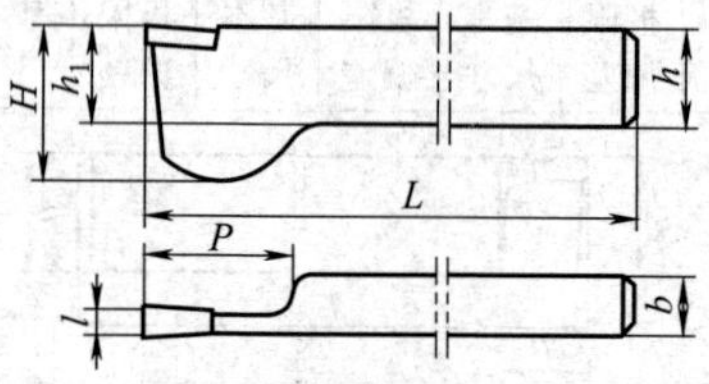

B 型切断车刀

表 10.28　外表面车刀的规格（Ⅳ，GB/T 17985.2—2000）　mm

车刀代号		主要尺寸								参考尺寸	
		L		*h*		*b*		b_1			
右切车刀	左切车刀	基本尺寸	极限偏差	基本尺寸	极限偏差	基本尺寸	极限偏差	基本尺寸	极限偏差	*l*	*B*

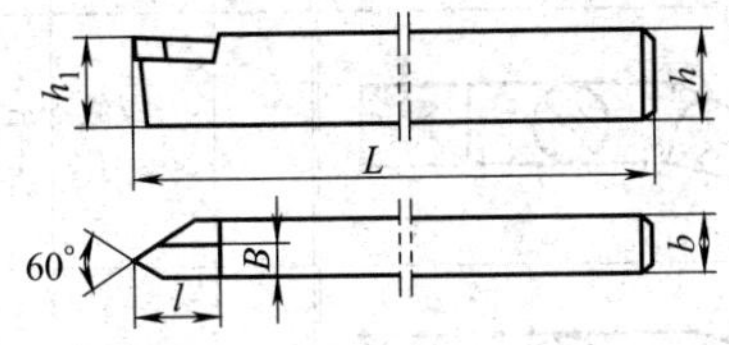

外螺纹车刀

车刀代号		L 基本尺寸	L 极限偏差	h 基本尺寸	h 极限偏差	b 基本尺寸	b 极限偏差	b_1 基本尺寸	b_1 极限偏差	*l*	*B*
16R1208		100	+3.5 0	12	0 −0.70	8	0 −0.70	12	0 −0.70	10	4
16R1610		110		16		10		16		16	6
16R2012		125	+4.0 0	20	0 −0.84	12		20	0 −0.84		8
16R2516		140		25		16	0 −0.84	25		16	
16R3220		170		32	0 −1.0	20		32	0 −1.0	20 22	10

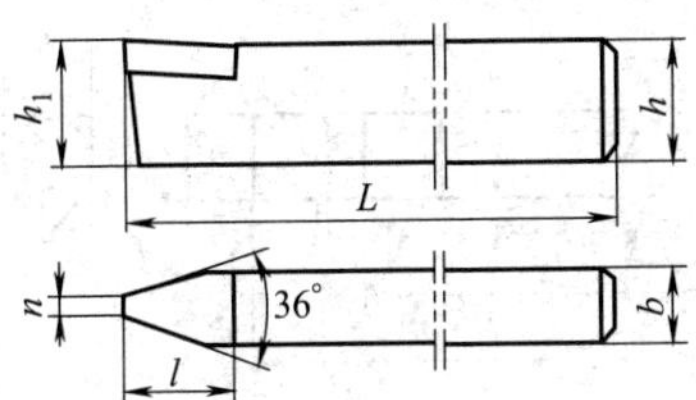

皮带轮车刀

车刀代号		L 基本尺寸	L 极限偏差	h 基本尺寸	h 极限偏差	b 基本尺寸	b 极限偏差	b_1 基本尺寸	b_1 极限偏差	*l*	*B*
17R1212		100	+3.5 0	12	0 −0.70	12	0 −0.70	12	0 −0.70	20	3
17R1610		110		16		10		16			
17R2012		125	+4.0 0	20	0 −0.84	12		20	0 −0.84		
17R2516		140		25		16	0 −0.84	25		25	4
17R3220		170		32	0 −1.0	20		32	0 −1.0	30	5.5

10.3.2　内表面车刀

内表面车刀的符号、名称、型号及规格见表 10.29、表 10.30。

表 10.29 硬质合金内表面车刀的符号、名称、型号（GB/T 17985—2000）

符号	名称	型式	符号	名称	型式
08	75°内孔车刀	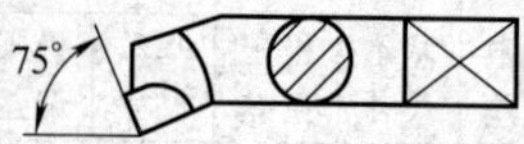	11	45°内孔车刀	
09	95°内孔车刀	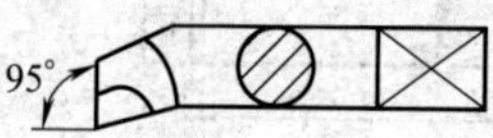	12	内螺纹车刀	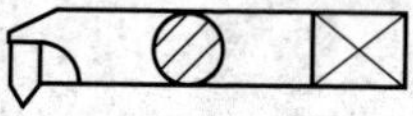
10	90°内孔车刀	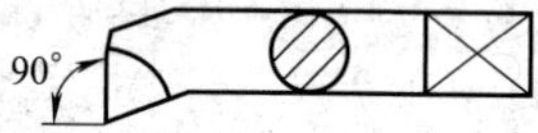	13	内切槽车刀	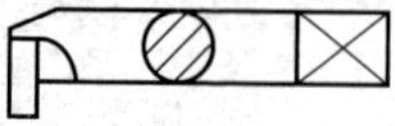

表 10.30 内表面车刀规格 mm

车刀代号	主要尺寸								参考尺寸			
	l_1		h		b		l_2		l	n	d	D min
	基本尺寸	极限偏差	基本尺寸	极限偏差	基本尺寸	极限偏差	基本尺寸	极限偏差				
08R0808	125	+4 0	8	0 −0.58	8	0 −0.58	40	+2.5 0	5	3	8	14
08R1010	150	+4.6 0	10	0 −0.70	10	0 −0.70	50	+3.0 0	6	4	10	18
08R1212	180		12		12		63		8	5	12	21
08R1616	210		16		16		80		10	6	16	27
08R2020	250	+5.2 0	20	0 −0.04	20	0 −0.84	100	+3.5 0	12	8	20	34
08R2525	300		25		25		125	+4.0 0	16	10	25	43
08R3232	355	+5.7 0	32	0 −1.0	32	0 −1.0	160		20	12	32	52

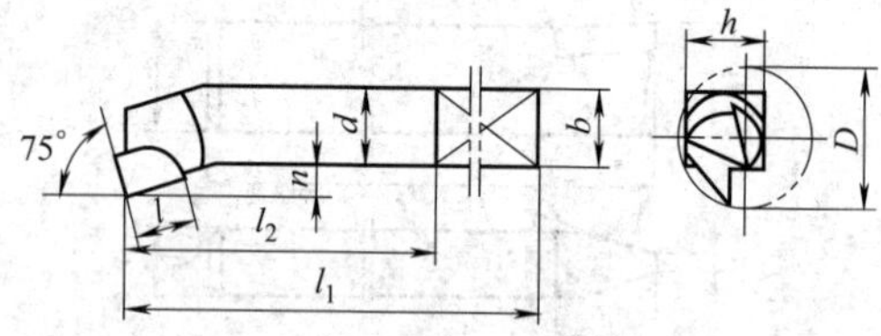

75°内孔车刀

续表

车刀代号	主要尺寸								参考尺寸			
	l_1		h		b		l_2		l	n	d	D min
	基本尺寸	极限偏差	基本尺寸	极限偏差	基本尺寸	极限偏差	基本尺寸	极限偏差				

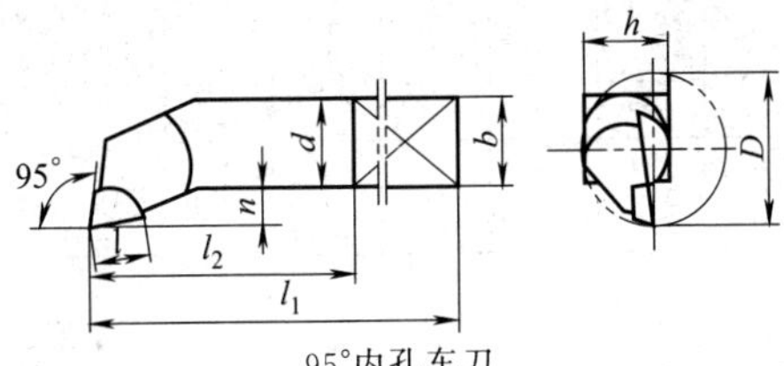

95°内孔车刀

车刀代号	l_1 基本尺寸	l_1 极限偏差	h 基本尺寸	h 极限偏差	b 基本尺寸	b 极限偏差	l_2 基本尺寸	l_2 极限偏差	l	n	d	D min
09R0808	125	+4.0 0	8	0 −0.58	8	0 −0.58	40	+2.5 0	5	3	8	14
09R1010	150		10	0 −0.70	10	0 −0.70	50	+3.0 0	6	4	10	16
09R1212	180		12		12		63		8	5	12	21
09R1616	210	+4.6 0	16		16		80		10	6	16	27
09R2020	250	+5.2 0	20	0 −0.84	20	0 −0.84	100	+3.5 0	12	8	20	34
09R2525	300		25		25		125	+4.0 0	16	10	25	43
09R3232	355	+5.7 0	32	0 −1.0	32	−1.0 0	160		20	12	32	52

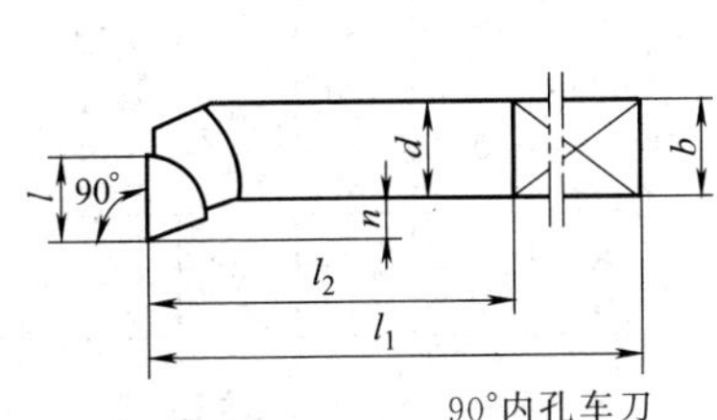

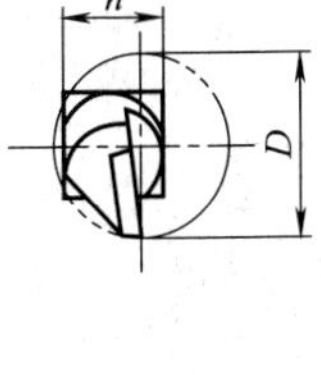

90°内孔车刀

车刀代号	l_1 基本尺寸	l_1 极限偏差	h 基本尺寸	h 极限偏差	b 基本尺寸	b 极限偏差	l_2 基本尺寸	l_2 极限偏差	l	n	d	D min
10R0808	125	+4.0 0	8	0 −0.58	8	0 −0.58	40	+2.5 0	5	3	8	14
10R1010	150		10	0 −0.70	10	0 −0.70	50	+3.0 0	6	4	10	16
10R1212	180		12		12		63		8	5	12	21
10R1616	210	+4.6 0	16		16		80		10	6	16	27

续表

车刀代号	主要尺寸								参考尺寸			
	l_1		h		b		l_2		l	n	d	D min
	基本尺寸	极限偏差	基本尺寸	极限偏差	基本尺寸	极限偏差	基本尺寸	极限偏差				
10R2020	250	+5.2 0	20	0 −0.84	20	0 −0.84	100	+3.5 0	12	8	20	34
10R2525	300		25		25		125	+4.0 0	16	10	25	43
10R3232	355	+5.7 0	32	0 −1.0	32	−1.0 0	160		20	12	32	52

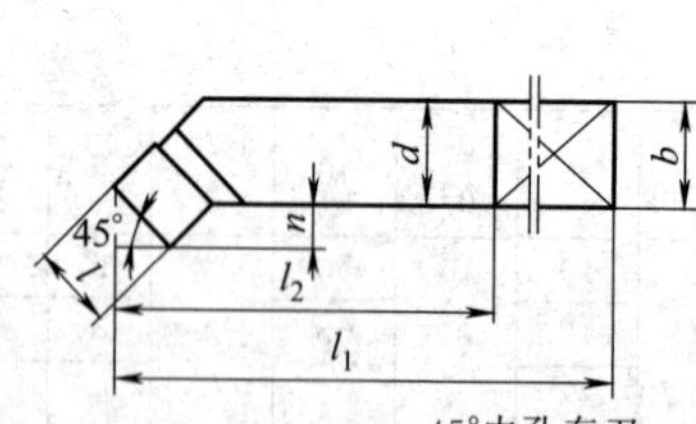

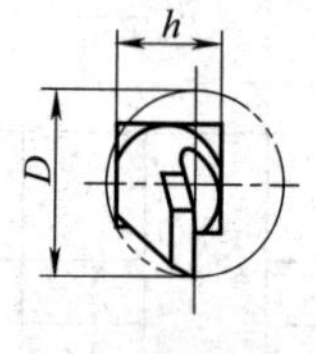

45°内孔车刀

车刀代号	l_1 基本尺寸	l_1 极限偏差	h 基本尺寸	h 极限偏差	b 基本尺寸	b 极限偏差	l_2 基本尺寸	l_2 极限偏差	l	n	d	D min
11R0808	125	+4.0 0	8	0 −0.58	8	0 −0.58	40	+2.5 0	5	3	8	14
11R1010	150		10	0 −0.70	10	0 −0.70	50	+3.0 0	6	4	10	18
11R1212	180		12		12		63		8	5	12	21
11R1616	210	+4.6 0	16		16		80		10	6	16	27
11R2020	250	+5.2 0	20	0 −0.84	20	0 −0.84	100	+3.5 0	12	8	20	34
11R2525	300		25		25		125	+4.0 0	16	10	25	43
11R3232	355	+5.7 0	32	0 −1.0	32	0 −1.0	160		20	12	32	52

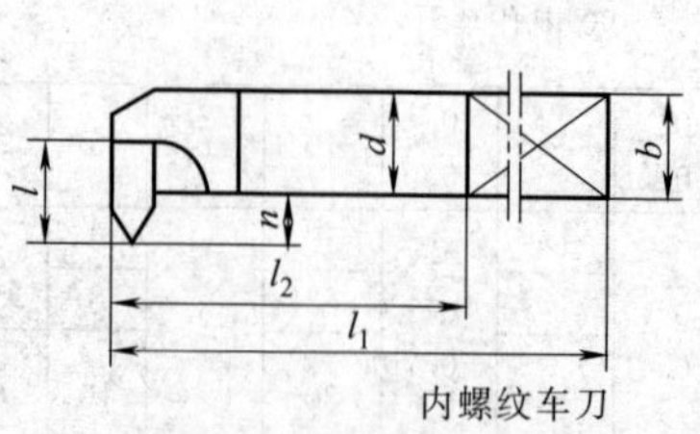

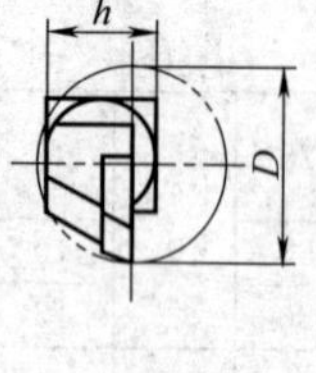

内螺纹车刀

续表

车刀代号	主要尺寸 l_1 基本尺寸	主要尺寸 l_1 极限偏差	h 基本尺寸	h 极限偏差	b 基本尺寸	b 极限偏差	l_2 基本尺寸	l_2 极限偏差	参考尺寸 l	n	d	D min
12R0808	125	+4.0 0	8	0 −0.58	8	0 −0.58	40	+2.6 0	5	4	8	15
12R1010	150		10	0 −0.70	10	0 −0.70	50	+3.0 0	6	5	10	19
12R1212	180		12		12		63		8	6	12	22
12R1616	210	+4.6 0	16		16		80		10	8	16	29
12R2020	260	+5.2 0	20	0 −0.84	20	0 −0.84	100	+3.5 0	12	10	20	36
12R2525	300		25		25		125	+4.0 0	16	12	25	45
12R3232	355	+5.7 0	32	0 −1.0	32	0 −1.0	160		20	14	32	54

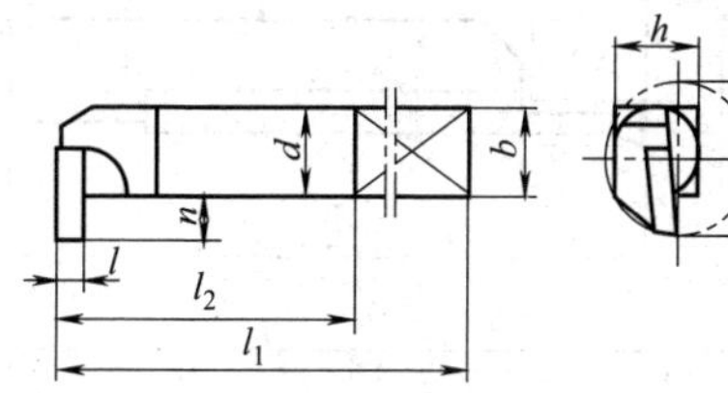

内切槽车刀

车刀代号	主要尺寸 l_1 基本尺寸	主要尺寸 l_1 极限偏差	h 基本尺寸	h 极限偏差	b 基本尺寸	b 极限偏差	l_2 基本尺寸	l_2 极限偏差	参考尺寸 l	n	d	D min
13R0808	125	+4.0 0	8	0 −0.58	8	0 −0.58	40	+2.5 0	3.5	6	8	17
13R1010	150		10	0 −0.70	10	0 −0.70	50	+3.0 0		8	10	22
13R1212	180		12		12		63		4.5	10	12	26
13R1616	210	+4.6 0	16		16		80		5.5	12	16	33
13R2020	250	+5.2 0	20	0 −0.84	20	0 −0.84	100	+3.5 0	6.5	16	20	42
13R2525	300		25		25		125	+4.0 0	8.5	20	25	53
13R3232	355	+5.7 0	32	0 −1.0	32	0 −1.0	160		10.5	25	32	65

10.4 机夹车刀

在刀杆上装夹硬质合金可重磨刀片或高速钢车刀条，用于车床上切削金属零件。机夹车刀有切断车刀和内、外螺纹车刀三种。其代号由6位符号组成，表示方法见表10.31。

表10.31　机夹车刀的代号表示方法

名称	第1位	第2位	第3位	第4位	第5位	第6位
切断车刀	Q	A/B	刀尖高度	刀杆宽度	R—右 L—左	刀片宽度
外螺纹车刀	L	W		矩形刀杆宽度/圆形刀杆直径		
内螺纹车刀	L	N				

注：刀尖高度、刀杆宽度/直径均用两位数表示，当车刀刀片宽度为一位数字时，则在该数前面加“0”，且切断车刀的刀片宽度不计小数。

10.4.1　机夹切断车刀

表10.32　机夹切断车刀（GB/T 10953—2006）　　　mm

A型

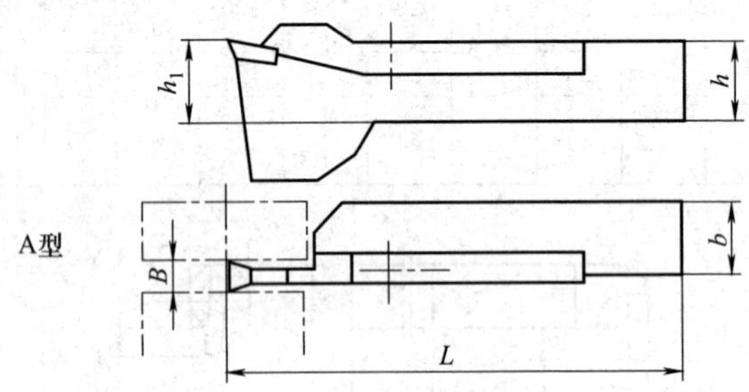

车刀代号［R(右)L(左)］	h_1	h h13	b h13	L 基本尺寸	L 极限偏差	B	最大加工直径 D_{max}
QA2022R(L)-03	20	20	22	125	0 −2.5	3.2	40
QA2022R(L)-04						4.2	
QA2525R(L)-04	25	25	25	150		4.2	60
QA2525R(L)-05						5.3	
QA3232R(L)-05	32	32	32	170	0 −2.9	5.3	80
QA3232R(L)-06						6.5	

B型

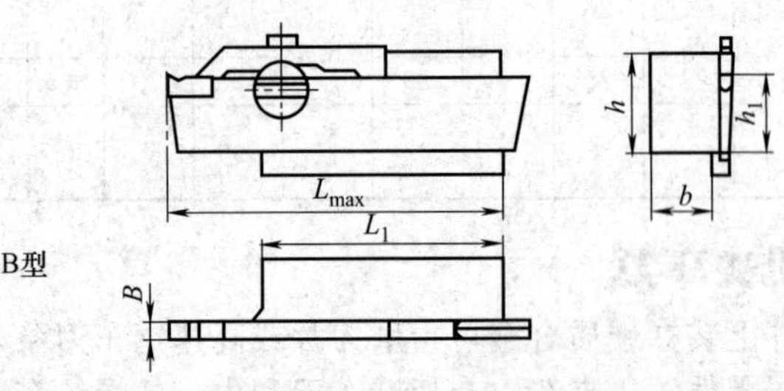

续表

车刀代号 [R(右)L(左)]	h_1	h h13	b h13	L_{max}	B	L_1	最大加工 直径 D_{max}
QB2020R(L)-04	20	25	20	125	4.2	100	100
QB2020R(L)-05					5.3		
QB2525R(L)-05	25	32	25	150		125	125
QB2525R(L)-06					6.5		
QB3232R(L)-06	32	40	32	170		140	150
QB3232R(L)-08					8.5		
QB4040R(L)-08	40	50	40	200		160	175
QB4040R(L)-10					10.5		
QB5050R(L)-10	50	63	50	250		200	200
QB5050R(L)-12					12.5		

10.4.2 机夹螺纹车刀

表 10.33　机夹外螺纹车刀（GB/T 10954—2006）　mm

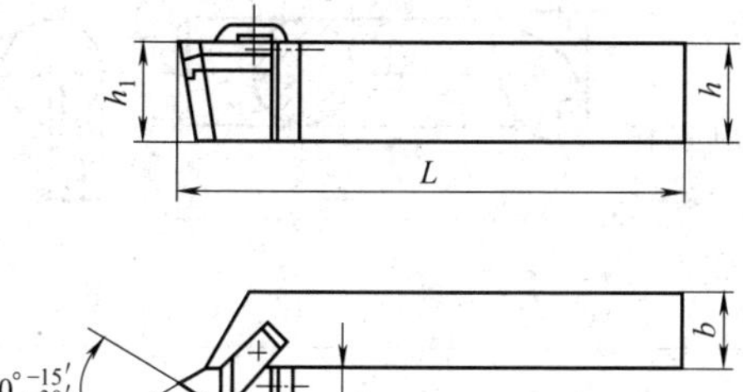

车刀代号 [R(右)L(左)]	h_1 js14	h h13	b h13	L		B
				基本尺寸	极限偏差	
LW1616R(L)-03	16	16	16	110	0 −2.5	3
LW2016R(L)-04	20	20	16	125		4
LW2520R(L)-06	25	25	20	150		6
LW3225R(L)-08	32	32	25	170	0 −2.9	8
LW4032R(L)-10	40	40	32	200		10
LW5040R(L)-12	50	50	40	250		12

表 10.34 机夹内螺纹车刀（GB/T 10954—2006） mm

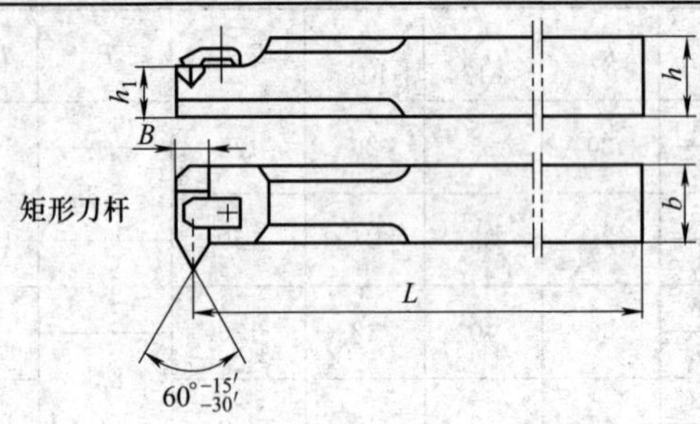

车刀代号 [R(右)L(左)]	h_1 js14	h h13	b h13	L 基本尺寸	L 极限偏差	B
LN1216R(L)-03	12	16	16	150	0 −2.5	3
LN1620R(L)-04	16	20	20	180		4
LN2025R(L)-06	20	25	25	200		6
LN2532R(L)-08	25	32	32	250	0 −2.9	8
LN3240R(L)-10	32	40	40	300		10

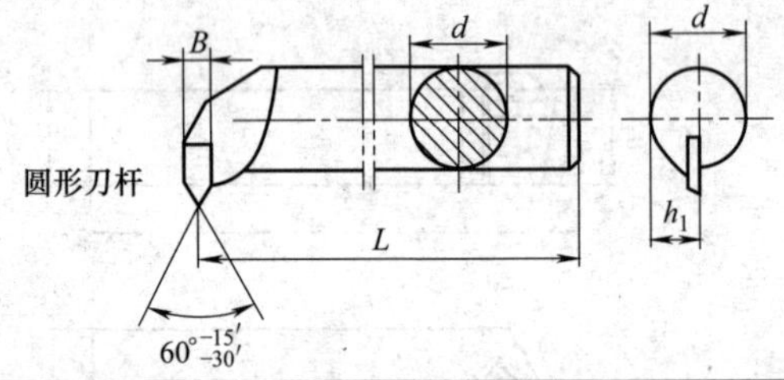

车刀代号 [R(右)L(左)]	h_1 js14	d 基本尺寸	d 极限偏差	L 基本尺寸	L 极限偏差	B
LN1020R(L)-03	10	20	0 −0.052	180	0 −2.5	3
LN1225R(L)-03	12.5	25		200		3
LN1632R(L)-04	16	32	0 −0.062	250		4
LN2040R(L)-08	20	40		300	0 −2.9	6
LN2550R(L)-08	25	50	0 −0.074	350		8
LN3060R(L)-10	30	60		400		10

10.5 可转位车刀

用于车削较硬的金属材料及其他材料。使用硬质合金刀片，加工时可调换磨损的刀片，而刀体反复使用。其车刀和刀夹的代号有10位符号，表示方法（GB/T 5343.2—2007）如下。

第1位

刀片夹紧方式
C—顶面夹紧（无孔刀片）
M—顶面和孔夹紧（有孔刀片）
P—孔夹紧（有孔刀片）
S—螺钉通孔夹紧（有孔刀片）

第2位

刀片形状
H—正六边形
O—正八边形
P—正五边形
S—正四边形
T—正三边形
C—菱形 80°
D—菱形 55°
E—菱形 75°
M—菱形 86°
V—菱形 35°
W—六边形 80°
L—矩形
A—85°刀尖角平行四边形
B—82°刀尖角平行四边形
K—55°刀尖角平行四边形
R—圆形刀片

第3位

刀具头部型式
A—90°直头侧切
B—75°直头侧切
C—90°直头端切
D—45°直头侧切
E—60°直头侧切
F—90°偏头端切
G—90°偏头侧切
H—107.5°偏头侧切
J—93°偏头侧切
K—75°偏头端切
L—95°偏头侧切和端切
M—50°直头侧切
N—63°直头侧切
P—117.5°偏头侧切
R—75°偏头侧切
S—45°偏头端切
T—60°偏头侧切
U—93°偏头端切
V—72.5°直头侧切
W—60°偏头端切
Y—85°偏头端切

第4位

刀片法后角
A—3°，B—5°
C—7°，D—15°
E—20°，F—25°
G—30°，N—0°
P—11°
（对于不等边刀片，表示较长边的法后角）

第5位

刀具切削方向
R—右切脚
L—左切脚
N—左右均可

第6位

刀具高度（mm）
对矩形柄车刀 $h_1=h$，用刀杆高度 h 表示；对 $h_1\neq h$ 的刀夹，用 h_1 表示（不足两位时，均在该数前加“0”）

第7位

刀具宽度（mm）
对矩形柄车刀，用 b 表示；对未给出宽度的刀夹，用C和类型代号表示

第8位

刀具长度（mm）

A—32，B—40，C—50
D—60，E—70，F—80
G—90，H—100，J—110
K—125，L—140，M—150
N—160，P—170，Q—180
R—200，S—250，T—300
U—350，V—400，W—450
X—待定，Y—500

第9位

刀片尺寸（mm）

对H、O、P、S、T和C、D、E、M、V、W型，用刀片的边长表示；对L和A、B、K型，用主切削刃长度或较长的切削刃表示；对R型，用直径表示（均忽略小数；不足两位时，均在该数前加“0”）

第10位

特殊公差

对于带有±0.08mm公差的不同测量基准刀具，基准面代号：

Q—基准外侧面和基准后端面

P—基准内侧面和基准后端面

B—基准内外侧面和基准后端面

表10.35　可转位车刀的规格（GB/T 5343.2—2007）　mm

车刀类型			高度×头部高度×宽度×全长					
车刀名称	刀片类型	角度/(°)	16×16×16×100	20×20×20×125	25×25×20×150	32×32×25×170	40×40×32×200	50×50×40×250
直头外圆车刀	WN	50		√	√	√	√	
	TN	60		√	√	√	√	
	SN	75		√	√	√	√	
偏头外圆车刀	SN	75		√	√	√	√	
	TN	60		√	√	√	√	
	FN	90		√	√	√	√	√
	SN	75		√	√	√	√	√
	SN	45		√	√	√	√	√
	PN	60		√	√	√	√	√
	TP	90	√	√	√	√		
	TP	60	√	√	√	√		
	SP	45	√	√	√	√		
	TN、WN、RN	90		√	√	√	√	
偏头端面车刀	TN	90		√	√	√	√	
偏头仿形车刀	CN、DN	93			√	√	√	

注：“√”表示推荐规格。

10.6　天然金刚石车刀

表 10.36　天然金刚石车刀的规格（JB/T 10725—2007）　mm

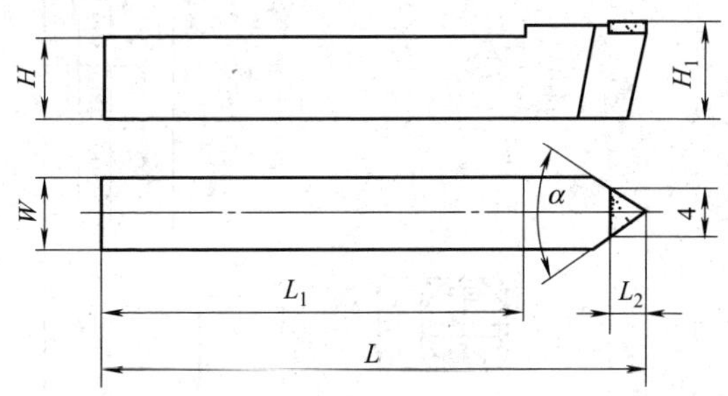

L js14	W js12	H js12	H_1 js12	L_1	L_2	α
48	6.0	10.0	10.0	42	2.5～35	30°～75°
50	6.5	6.5	10.5	44		
52	6.8	6.8	11.0	46		

注：L、W、B 可进行任意组合，可作为选用系列。

10.7　刀杆和刀排

10.7.1　刀杆

表 10.37　切断刀刀杆的规格（JB/T 3411.5—1999）　mm

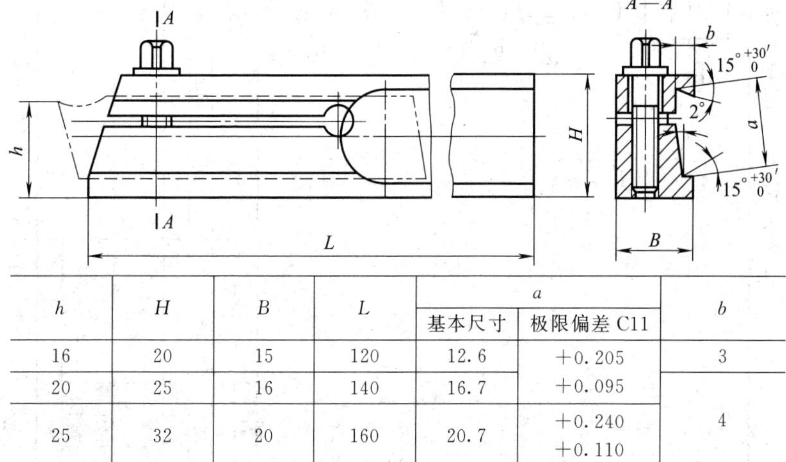

h	H	B	L	a 基本尺寸	a 极限偏差 C11	b
16	20	15	120	12.6	+0.205 +0.095	3
20	25	16	140	16.7		4
25	32	20	160	20.7	+0.240 +0.110	

表 10.38 90°和 45°车内孔方刀杆的规格（JB/T 3411.6、3411.7—1999） mm

90°
车内孔
方刀杆

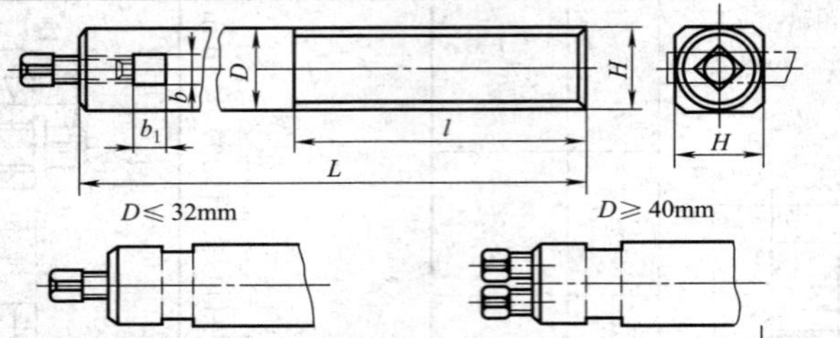
b
b_1
D
l
L
H
D≤32mm
D≥40mm

45°
车内孔
方刀杆

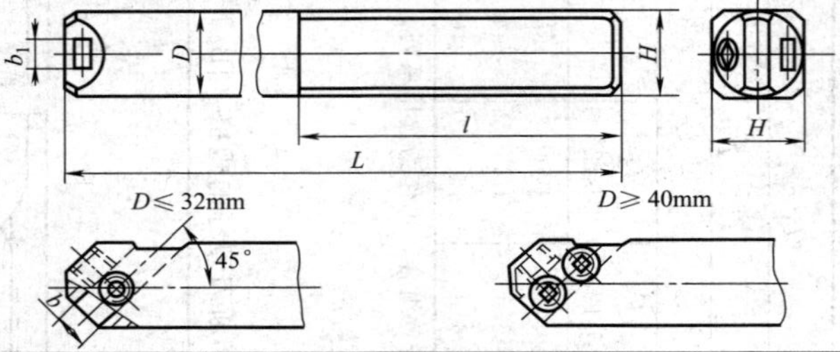
b_1
D
H
l
L
D≤32mm
D≥40mm
45°
b

H		16			20			25			32			40			50			63			80		
D																									
L		125	160	200	160	200	250	200	250	315	250	315	400	250	315	400	315	400	500	400	500	630	500	630	800
l		80			100						120						150						200		
b	基本尺寸	6			8			10			12			16			20			25			32		
	极限偏差 D11	+0.105 +0.030			+0.130 +0.040						+0.160 +0.050						+0.195 +0.065						+0.240 +0.080		
b_1		6.5			8.5			10.5			12.5			16.5			21			26			33		

注：D≤20mm 时，刀方孔根据需要可做成圆形。

表 10.39　90°和 45°车内孔圆刀杆的规格（JB/T 3411.8、3411.9—1999）　mm

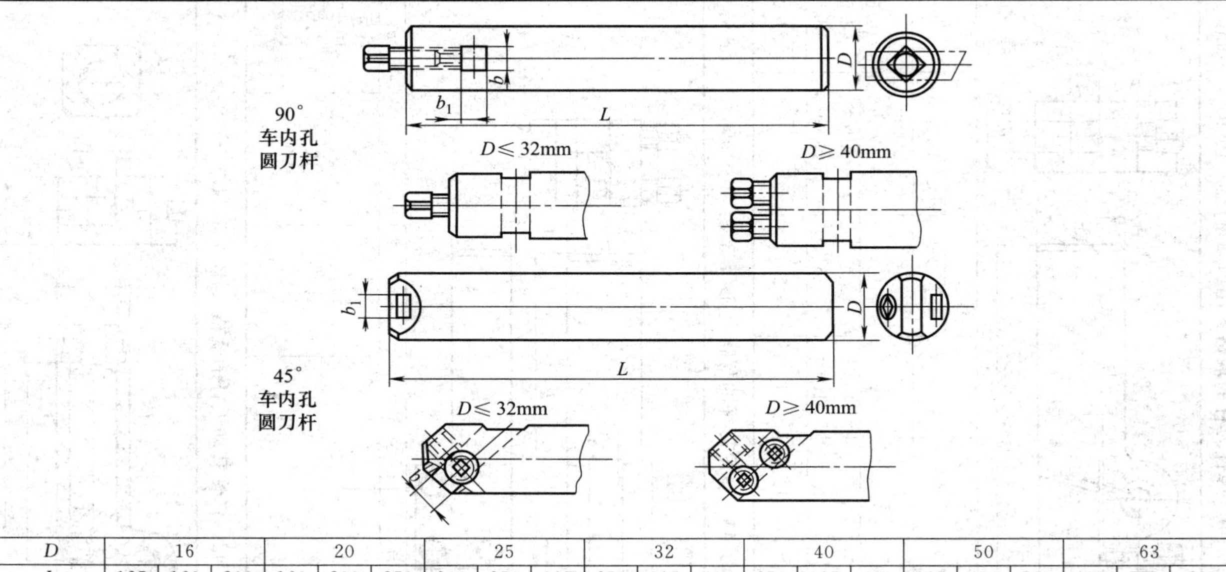

D	16			20			25			32			40			50			63		
L	125	160	200	160	200	250	200	250	315	250	315	400	250	315	400	315	400	500	400	500	630
b 基本尺寸	6			8			10			12			16			20			25		
b 极限偏差 D11	+0.105 +0.030			+0.130 +0.040						+0.160 +0.050						+0.195 +0.065					
b_1	6.5			8.5			10.5			12.5			16.5			21			26		

注：D≤20mm 时，刀方孔根据需要可做成圆形。

表 10.40 弹性刀杆的规格（JB/T 3411.1—1999） mm

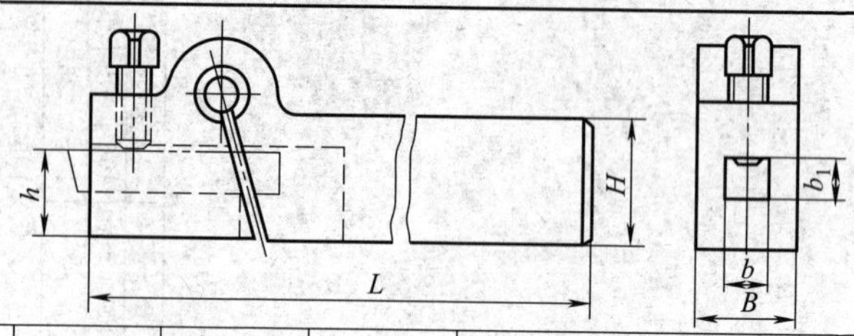

h	H	B	L	b		b_1
				基本尺寸	极限偏差 D11	
16	20	16	120	8	+0.100	8.5
20	25	20	140	10	+0.040	10.5
25	32	25	160	12	+0.160	12.5
32	40	32	180	16	+0.050	16.5
40	50	40	210	20	+0.195 +0.065	21.0

表 10.41 多用刀杆的规格（JB/T 3411.2—1999） mm

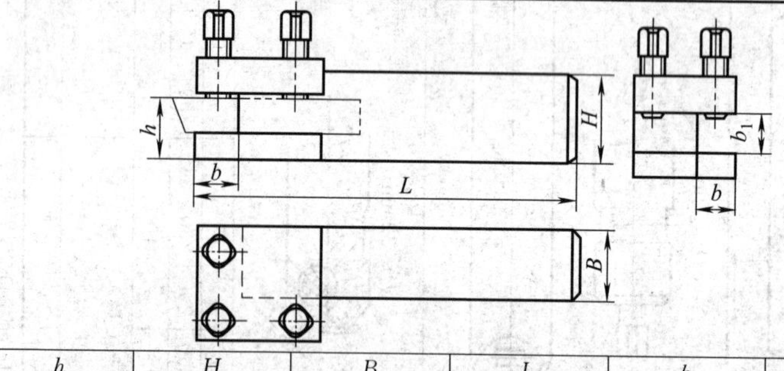

h	H	B	L	b	b_1
16	20	16	120	8	8.5
20	25	20	140	10	10.5
25	32	25	160	12	12.5
32	40	32	180	16	16.5
40	50	40	210	20	21.0

表 10.42 弹性转动刀杆的规格（JB/T 3411.3—1999） mm

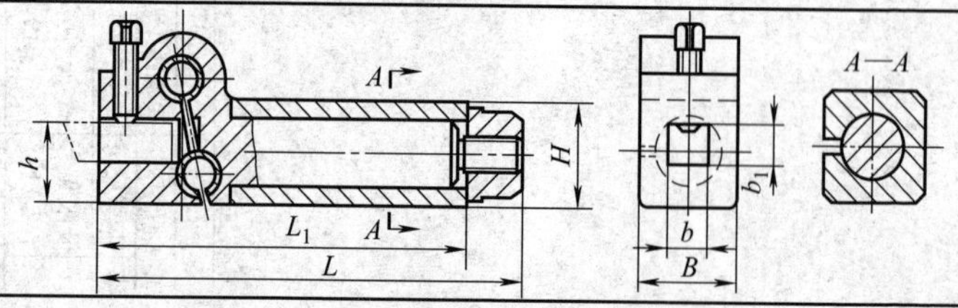

续表

h	H	B	$L\approx$	L_1	b 基本尺寸	b 极限偏差 D11	b_1
20	25	20	140	124	10	+0.130 −0.040	10.5
25	32	25	160	140	12	+0.160 +0.050	12.5
32	40	32	180	155	16		16.5
40	50	40	205	173	20	+0.195 +0.065	21.0

表 10.43　微调圆盘车刀刀杆的规格（JB/T 3411.4—1999）　mm

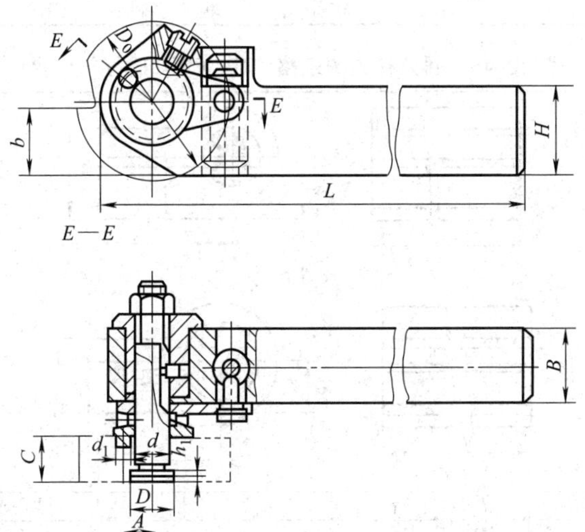

b	H	B	L	D_0	D	C	h_1	d 基本尺寸	d 极限偏差 h6	d_1 基本尺寸	d_1 极限偏差 h12	A 基本尺寸	A 极限偏差 js12
16	20	20	140	52	18	10～20	3	12	0 −0.011	6	0 −0.120	11	±0.090
20	25												
25	32	25	180	68	22	15～30	4	16		8	0 −0.150	14	
32	40	32	200										
40	50		250										

表 10.44　方刀杆夹的规格（JB/T 3411.10—1999）　mm

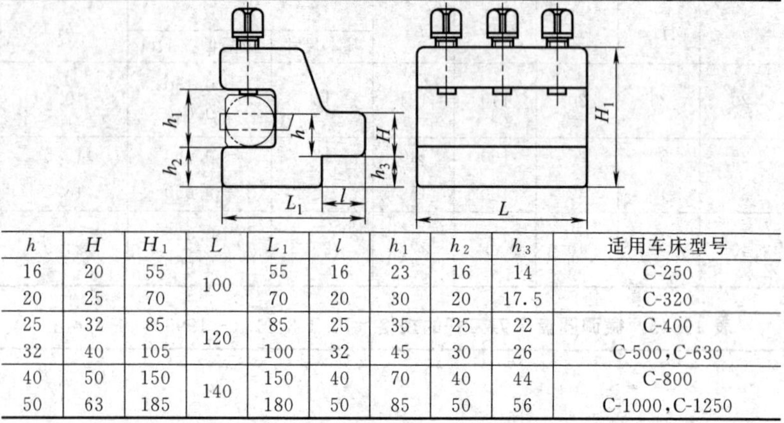

h	H	H_1	L	L_1	l	h_1	h_2	h_3	适用车床型号
16	20	55	100	55	16	23	16	14	C-250
20	25	70		70	20	30	20	17.5	C-320
25	32	85	120	85	25	35	25	22	C-400
32	40	105		100	32	45	30	26	C-500,C-630
40	50	150	140	150	40	70	40	44	C-800
50	63	185		180	50	85	50	56	C-1000,C-1250

表 10.45　圆刀杆夹的规格（JB/T 3411.11—1999）　mm

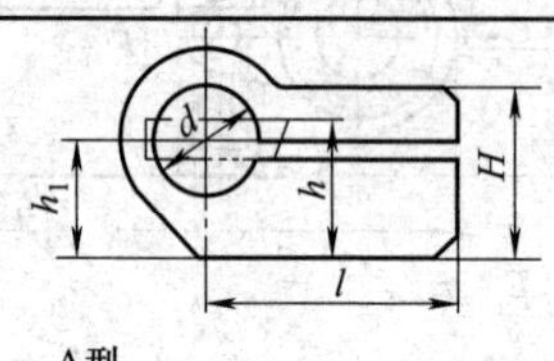

A型

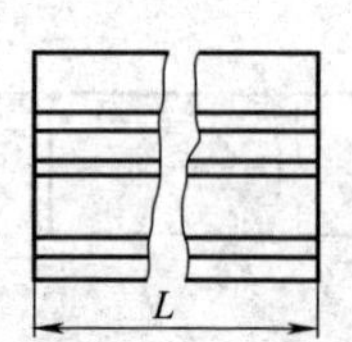

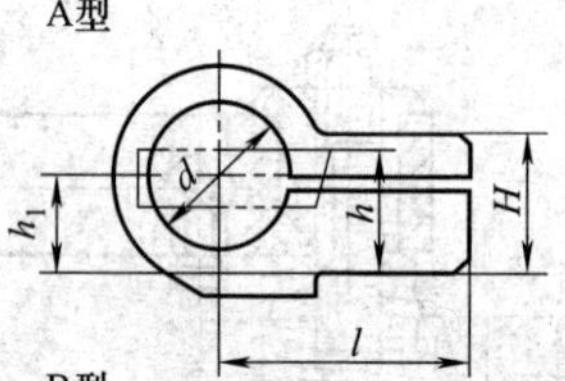

B型

型式	h	d	h_1	H	l	L	适用车床型号
A	20	16	17	25	40	80	C-320
		20	16			100	
B		25	15				
A	25		20	32	45		C-400
B		32	19		55	120	
A	32		26	40			C-500
B		40	24		65		C-630
A	40		32	50			C-800
B		50	30		70	150	
		63	28				
A	50	50	40	63	80		C-1000
B		63	38		85		C-1250

表 10.46　莫氏锥柄工具用夹持器的规格（JB/T 3411.12—1999）

mm

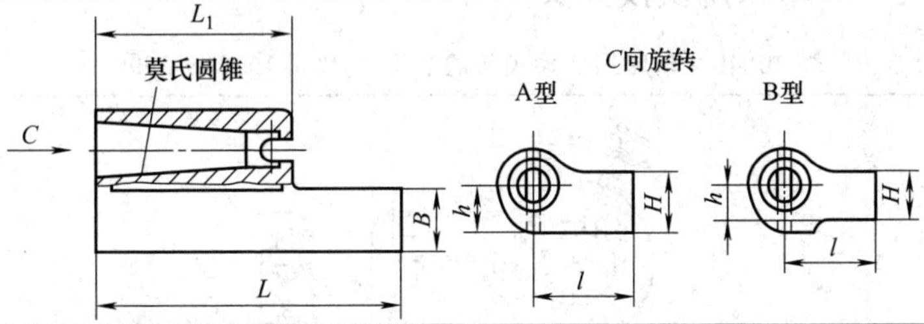

型式	莫氏圆锥号	h	H	B	L	L_1	l	适用车床型号
A	1	16	20	16	90	60	26	C-250
	2				100	72	32	
B	3					92	35	
A	2	20	25	20	110	72	35	C-320
	3					92	40	
B	4				120	115	45	
A	3	25	32	25		92	45	C-400
	4					115	50	
B	5				155	145	60	
A	3	32	40	32	130	92	50	C-500 C-630
	4					115	55	
	5				155	145	65	
		40	50	40	175		70	C-800,C-1000

10.7.2　刀排

用于固定多件车刀、刨刀，以便对工件进行切削，其规格见表 10.47。

表 10.47　刀排的规格　mm

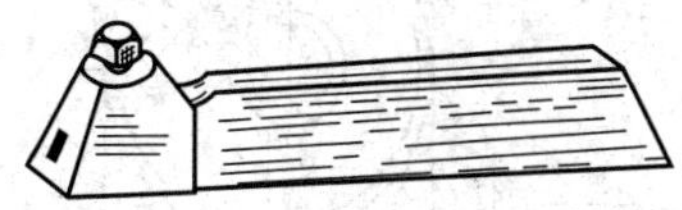

公称尺寸	6.35	7.94	9.53	12.70	15.87	19.05
柄　宽	11.8	13.7	15.7	20.0	24.7	29.8
柄　高	22	26	30	38	46	54
全　长	123.0	134.5	147.5	178.0	214.5	257.0

10.8 通用夹具

10.8.1 车床用快换夹头

表 10.48 车床用快换夹头的规格（JB/T 10121—1999） mm

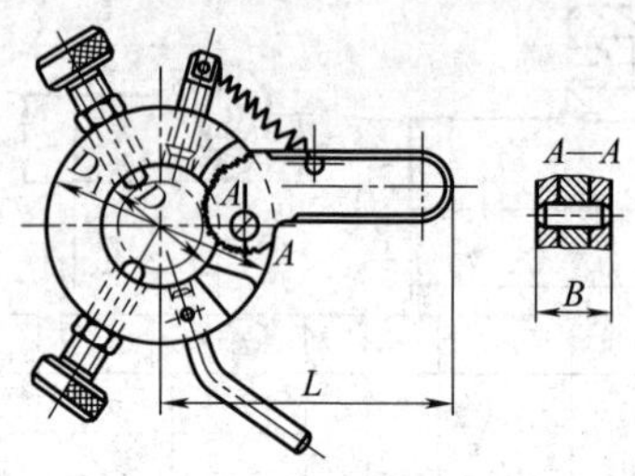

公称直径（适用工件直径）	8～14	>14～18	>18～25	>25～35	>35～50	>50～65	>65～80	>80～100
D	22	25	32	45	60	75	90	110
D_1	45	50	65	80	95	115	140	170
B	15	18	20	20	24	24	24	28
L	77	79	85	91	120	130	138	150

10.8.2 偏心轮

（1）圆偏心轮（表 10.49）

表 10.49 圆形偏心轮的规格（JB/T 8011.1—1999） mm

续表

D	e 基本尺寸	e 极限偏差	B 基本尺寸	B 极限偏差 d11	d 基本尺寸	d 极限偏差 D9	d_1 基本尺寸	d_1 极限偏差 H7	d_2 基本尺寸	d_2 极限偏差 H7	H	h	h_1
25	1.3	±0.200	12	−0.050 −0.160	6	+0.060 +0.030	6	+0.012 0	2	+0.010 0	24	9	4
32	1.7		14		8	+0.076 +0.040	8	+0.015 0	3		31	11	5
40	2		16		10		10				38.5	14	6
50	2.5		18		12	+0.093 +0.050	12	+0.018 0	4	+0.012 0	48	18	8
60	3		22	−0.065 −0.195	16				5		58	22	10
70	3.5		24				16				68	24	

（2）叉形偏心轮（表 10.50）

表 10.50　叉形偏心轮的规格（JB/T 8011.2—1999）　　mm

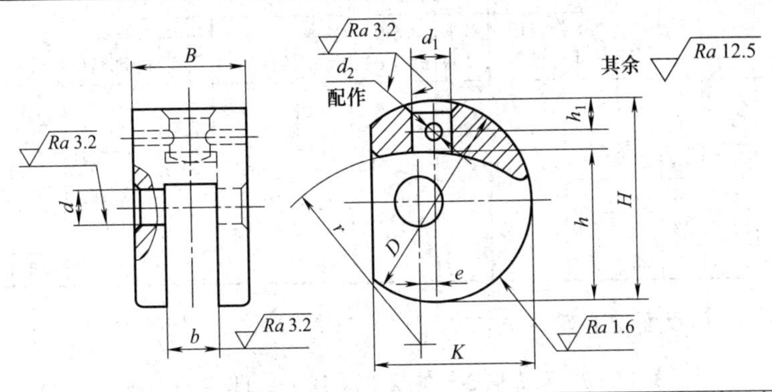

D	e 基本尺寸	e 极限偏差	B	b	d 基本尺寸	d 极限偏差 H7	d_1 基本尺寸	d_1 极限偏差 H7	d_2 基本尺寸	d_2 极限偏差 H7	H	h	h_1	K	r
25	1.3	±0.200	14	6	4	+0.012 0	5	+0.012 0	1.5	+0.010 0	24	18	3	20	32
32	1.7		18	8	5		6		2		31	24	4	27	45
40	2		25	10	6		8	+0.015 0	3		39	30	5	34	50
50	2.5		32	12	8	+0.015 0	10				49	36	6	42	62
65	3.5		38	14	10		12	+0.018 0	4	+0.012 0	64	47	8	55	70
80	5		45	18	12	+0.018 0	16		5		78	58	10	65	88
100	6		52	22	16		20	+0.021 0	6		98	72	12	80	100

（3）单面偏心轮（表 10.51）

表 10.51 单面偏心轮的规格（JB/T 8011.3—1999） mm

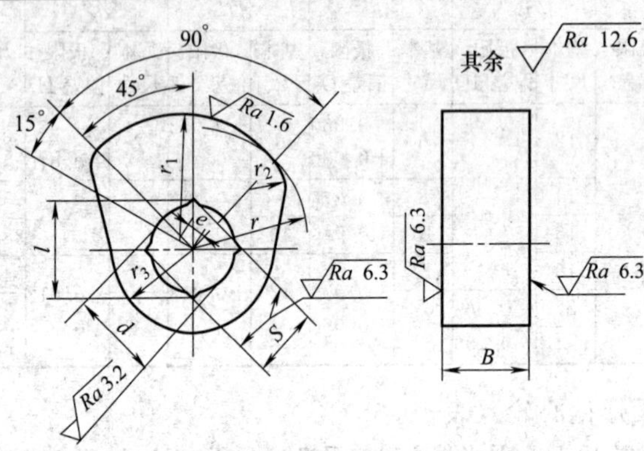

<table>
<tr><th rowspan="2">r</th><th rowspan="2">r_1</th><th rowspan="2">r_2</th><th rowspan="2">r_3</th><th colspan="2">e</th><th colspan="2">B</th><th colspan="2">d</th><th colspan="2">S</th><th rowspan="2">l</th></tr>
<tr><th>基本尺寸</th><th>极限偏差</th><th>基本尺寸</th><th>极限偏差 d11</th><th>基本尺寸</th><th>极限偏差 H9</th><th>基本尺寸</th><th>极限偏差 H11</th></tr>
<tr><td>30</td><td>30.9</td><td>10</td><td>20</td><td>3</td><td rowspan="5">±0.200</td><td rowspan="2">22</td><td rowspan="5">+0.015
−0.195</td><td>20</td><td rowspan="5">+0.052
0</td><td>17</td><td>+0.110
0</td><td>24.0</td></tr>
<tr><td>40</td><td>41.2</td><td>15</td><td>25</td><td>4</td><td>25</td><td>22</td><td rowspan="4">+0.130
0</td><td>31.1</td></tr>
<tr><td>50</td><td>51.5</td><td>18</td><td>30</td><td>5</td><td rowspan="2">24</td><td rowspan="2">27</td><td rowspan="2">24</td><td rowspan="2">33.9</td></tr>
<tr><td>60</td><td>61.6</td><td>22</td><td>35</td><td>6</td></tr>
<tr><td>70</td><td>72.1</td><td>25</td><td>38</td><td>7</td><td>29</td><td>30</td><td>27</td><td>38.1</td></tr>
</table>

（4）双面偏心轮（表 10.52）

表 10.52 双面偏心轮的规格（JB/T 8011.4—1999） mm

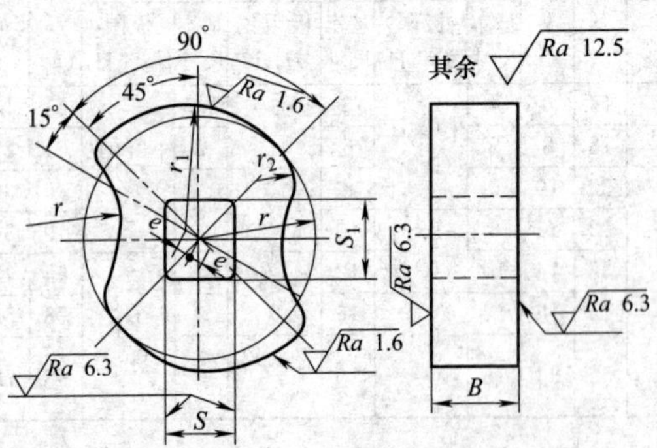

续表

r	r_1	r_2	e 基本尺寸	e 极限偏差	B 基本尺寸	B 极限偏差 d11	S 基本尺寸	S 极限偏差 H11	S_1
30	30.9	10	3	±0.200	22	−0.065 −0.195	17	+0.110 0	20
40	41.2	15	4		22		22	+0.130 0	25
50	51.5	18	5				24		28
60	61.8	22	6		29				
70	72.1	25	7				27		32

10.8.3　螺纹加工辅具

(1) 丝锥用弹性夹紧套（表10.53）

表10.53　丝锥用弹性夹紧套的规格（JB/T 3411.71—1999）　　mm

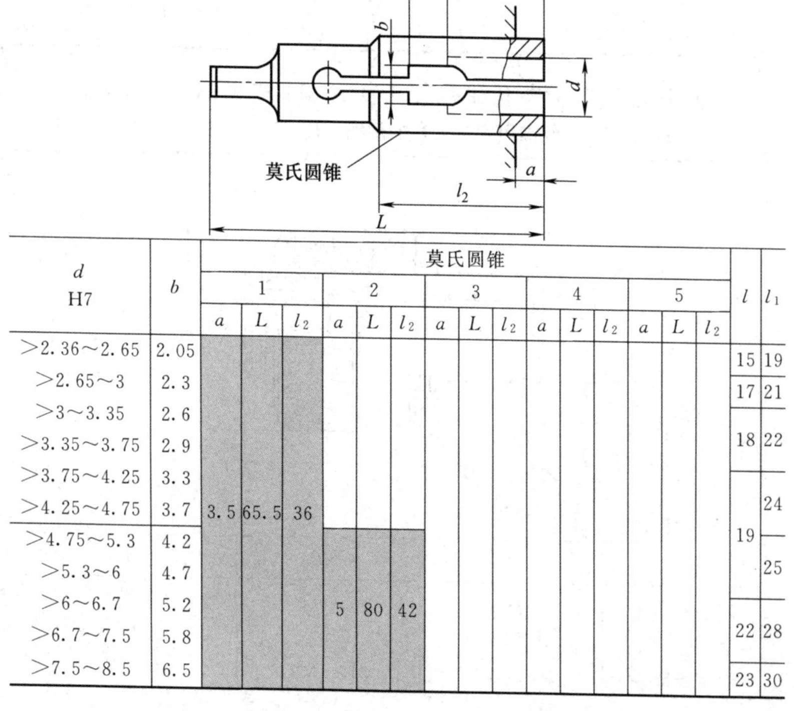

d H7	b	莫氏圆锥 1 a	1 L	1 l_2	2 a	2 L	2 l_2	3 a	3 L	3 l_2	4 a	4 L	4 l_2	5 a	5 L	5 l_2	l	l_1
>2.36～2.65	2.05	3.5	65.5	36													15	19
>2.65～3	2.3																17	21
>3～3.35	2.6																18	22
>3.35～3.75	2.9																	
>3.75～4.25	3.3																19	24
>4.25～4.75	3.7																	
>4.75～5.3	4.2				5	80	42											25
>5.3～6	4.7																	
>6～6.7	5.2																22	28
>6.7～7.5	5.8																	
>7.5～8.5	6.5																23	30

续表

<table>
<tr><th rowspan="3">d
H7</th><th rowspan="3">b</th><th colspan="15">莫氏圆锥</th><th rowspan="3">l</th><th rowspan="3">l_1</th></tr>
<tr><th colspan="3">1</th><th colspan="3">2</th><th colspan="3">3</th><th colspan="3">4</th><th colspan="3">5</th></tr>
<tr><th>a</th><th>L</th><th>l_2</th><th>a</th><th>L</th><th>l_2</th><th>a</th><th>L</th><th>l_2</th><th>a</th><th>L</th><th>l_2</th><th>a</th><th>L</th><th>l_2</th></tr>
<tr><td>>8.5～9.5</td><td>7.4</td><td></td><td></td><td></td><td rowspan="3">5</td><td rowspan="3">80</td><td rowspan="3">42</td><td rowspan="6">5</td><td rowspan="6">99</td><td rowspan="6">50</td><td></td><td></td><td></td><td></td><td></td><td></td><td>24</td><td rowspan="2">32</td></tr>
<tr><td>>9.5～10.6</td><td>8.3</td><td></td><td></td><td></td><td></td><td></td><td></td><td></td><td></td><td></td><td>23</td></tr>
<tr><td>>10.6～11.8</td><td>9.3</td><td></td><td></td><td></td><td></td><td></td><td></td><td></td><td></td><td></td><td rowspan="2">26</td><td rowspan="2">36</td></tr>
<tr><td>>11.8～13.2</td><td>10.3</td><td></td><td></td><td></td><td></td><td></td><td></td><td rowspan="5">65</td><td rowspan="5">124</td><td rowspan="5">63</td><td></td><td></td><td></td></tr>
<tr><td>>13.2～15</td><td>11.5</td><td></td><td></td><td></td><td></td><td></td><td></td><td></td><td></td><td></td><td>29</td><td>40</td></tr>
<tr><td>>15～17</td><td>12.8</td><td></td><td></td><td></td><td></td><td></td><td></td><td></td><td></td><td></td><td>32</td><td>45</td></tr>
<tr><td>>17～19</td><td>14.4</td><td></td><td></td><td></td><td></td><td></td><td></td><td></td><td></td><td></td><td rowspan="5">6.5</td><td rowspan="5">156</td><td rowspan="5">80</td><td>36</td><td rowspan="2">50</td></tr>
<tr><td>>19～21.2</td><td>16.4</td><td></td><td></td><td></td><td></td><td></td><td></td><td></td><td></td><td></td><td>34</td></tr>
<tr><td>>21.2～21.6</td><td>18.4</td><td></td><td></td><td></td><td></td><td></td><td></td><td></td><td></td><td></td><td></td><td></td><td></td><td>38</td><td>56</td></tr>
<tr><td>>23.6～26.5</td><td>20.4</td><td></td><td></td><td></td><td></td><td></td><td></td><td></td><td></td><td></td><td></td><td></td><td></td><td>41</td><td>60</td></tr>
<tr><td>>26.5～30</td><td>22.8</td><td></td><td></td><td></td><td></td><td></td><td></td><td></td><td></td><td></td><td></td><td></td><td></td><td>46</td><td>67</td></tr>
</table>

(2) 丝锥用安全夹套和夹头（表 10.54 和表 10.55）

表 10.54 丝锥用安全夹套的规格（JB/T 3411.81—1999） mm

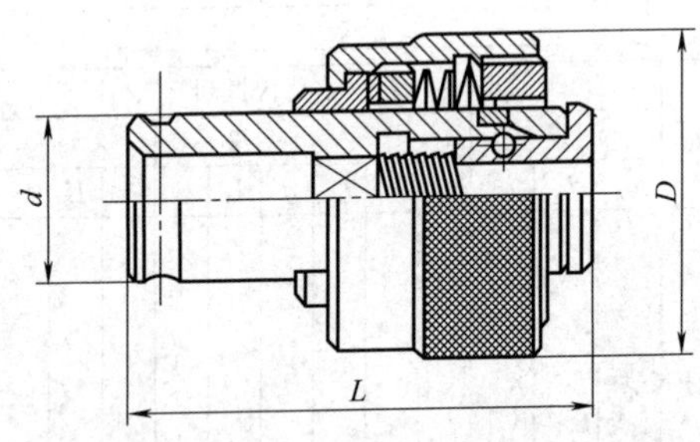

d	19	30	45
D	38	58	85
L	54	79.5	117
丝锥规格	M3～M12	M12～M24	M24～M42

表 10.55 丝锥安全夹套用夹头的规格（JB/T 3411.82—1999）

mm

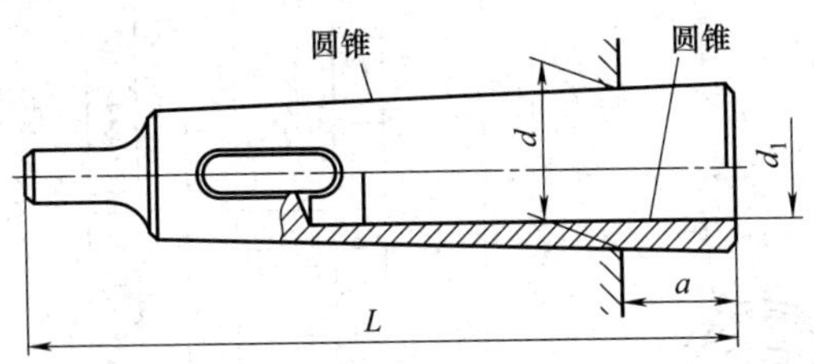

<table>
<tr><th colspan="2">外圆锥号</th><th colspan="2">内圆锥号</th><th rowspan="2">d</th><th rowspan="2">d₁</th><th rowspan="2">a</th><th rowspan="2">L</th></tr>
<tr><th>莫氏</th><th>米制</th><th>莫氏</th><th>米制</th></tr>
<tr><td>2</td><td rowspan="7">—</td><td rowspan="2">1</td><td rowspan="7">—</td><td>17.780</td><td rowspan="2">12.065</td><td>17</td><td>92</td></tr>
<tr><td rowspan="2">3</td><td rowspan="2">23.825</td><td>5</td><td>99</td></tr>
<tr><td rowspan="2">2</td><td rowspan="2">17.780</td><td>18</td><td>112</td></tr>
<tr><td rowspan="2">4</td><td rowspan="2">31.267</td><td>6.5</td><td>124</td></tr>
<tr><td rowspan="2">3</td><td rowspan="2">23.825</td><td>22.5</td><td>140</td></tr>
<tr><td rowspan="2">5</td><td rowspan="2">44.399</td><td>6.5</td><td>156</td></tr>
<tr><td>4</td><td>31.267</td><td>21.5</td><td>171</td></tr>
<tr><td rowspan="3">6</td><td rowspan="3">—</td><td>3</td><td rowspan="6">—</td><td rowspan="3">63.348</td><td>23.825</td><td rowspan="4">8</td><td rowspan="3">218</td></tr>
<tr><td>4</td><td>31.267</td></tr>
<tr><td rowspan="2">5</td><td rowspan="2">44.399</td></tr>
<tr><td rowspan="6">—</td><td rowspan="2">80</td><td rowspan="2">80</td><td>228</td></tr>
<tr><td rowspan="2">6</td><td rowspan="2">63.348</td><td>60</td><td>280</td></tr>
<tr><td rowspan="2">100</td><td rowspan="2">100</td><td>36</td><td>296</td></tr>
<tr><td rowspan="3">—</td><td rowspan="2">80</td><td rowspan="2">80</td><td>50</td><td>310</td></tr>
<tr><td rowspan="2">120</td><td rowspan="2">120</td><td>21</td><td>321</td></tr>
<tr><td>100</td><td>100</td><td>65</td><td>365</td></tr>
</table>

（3）丝锥用快换套（表 10.56）

（4）丝锥用莫氏锥柄接杆（表 10.57）

（5）丝锥用直柄接杆（表 10.58）

表 10.56 丝锥用快换套的规格（JB/T 3411.80—1999）

mm

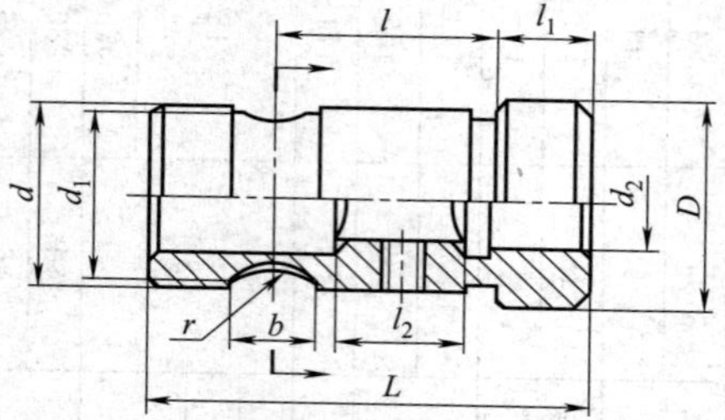

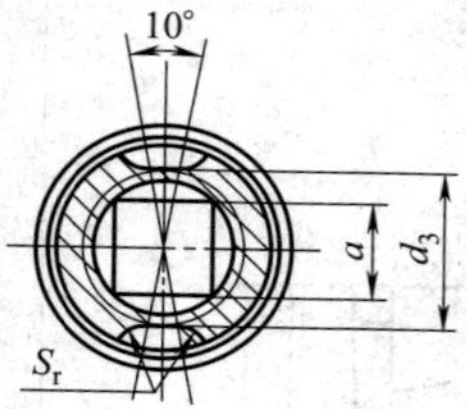

d	基本尺寸	25											35						
	极限偏差 f7	−0.020 −0.041											−0.025 −0.050						
a	基本尺寸	3.15	3.55	4.00	4.50	5.00	5.60	6.30	7.10	8.00	9.00	10.00	5.00	5.60	6.30	7.10	8.00	9.00	10.00
	极限偏差 D11	+0.105 +0.030						+0.130 +0.040					+0.105 +0.030		+0.130 +0.040				
D		30											40						
d_1		24											34						
d_2	基本尺寸	4.00	4.50	5.00	5.60	6.30	7.10	8.00	9.00	10.00	11.20	12.50	6.30	7.10	8.00	9.00	10.00	11.20	12.50
	极限偏差 H9	+0.030 0				+0.036 0					+0.043 0		+0.036 0					+0.043 0	
d_3		19.5											28.5						
L		52											64						
l		30											35						
l_1		12											16						

续表

d_2	基本尺寸	4.00	4.50	5.00	5.60	6.30	7.10	8.00	9.00	10.00	11.20	12.50	6.30	7.10	8.00	9.00	10.00	11.20	12.50
	极限偏差 H9	+0.030 0				+0.036 0					+0.043 0		+0.036 0					+0.043 0	
l_3		9				11			13				11			13			
b		10											12						
r		3.75											4.25						

d	基本尺寸	35		45						60							
	极限偏差 f7	−0.025 −0.050								−0.030 −0.060							
a	基本尺寸	11.20	12.50	10.00	11.20	12.50	14.00	16.00	18.00	16.00	18.00	20.00	22.40	25.00	28.00	31.50	35.50
	极限偏差 D11	+0.180 +0.050		+0.130 +0.040	+0.160 +0.050					+0.160 +0.050		+0.195 +0.065				+0.240 +0.080	
D		40		50						65							
d_1		34		44						59							
d_2	基本尺寸	14.00	16.00	12.50	14.00	16.00	18.00	20.00	22.40	20.00	22.40	25.00	28.00	31.50	35.50	40.00	45.00
	极限偏差 H9	+0.043 0						+0.052 0						+0.062 0			
d_3		28.5		37.5						51.5							
L		64		73						98							
l		35		40						55							
l_1		16		18						22							
l_3		14	16	13	14	16	18	20	22	20	22	24	26	28	31	34	38
b		12		14						18							
r		4.25		5.75						7.25							

表 10.57 丝锥用莫氏锥柄接杆的规格（JB/T 3411.75—1999）

mm

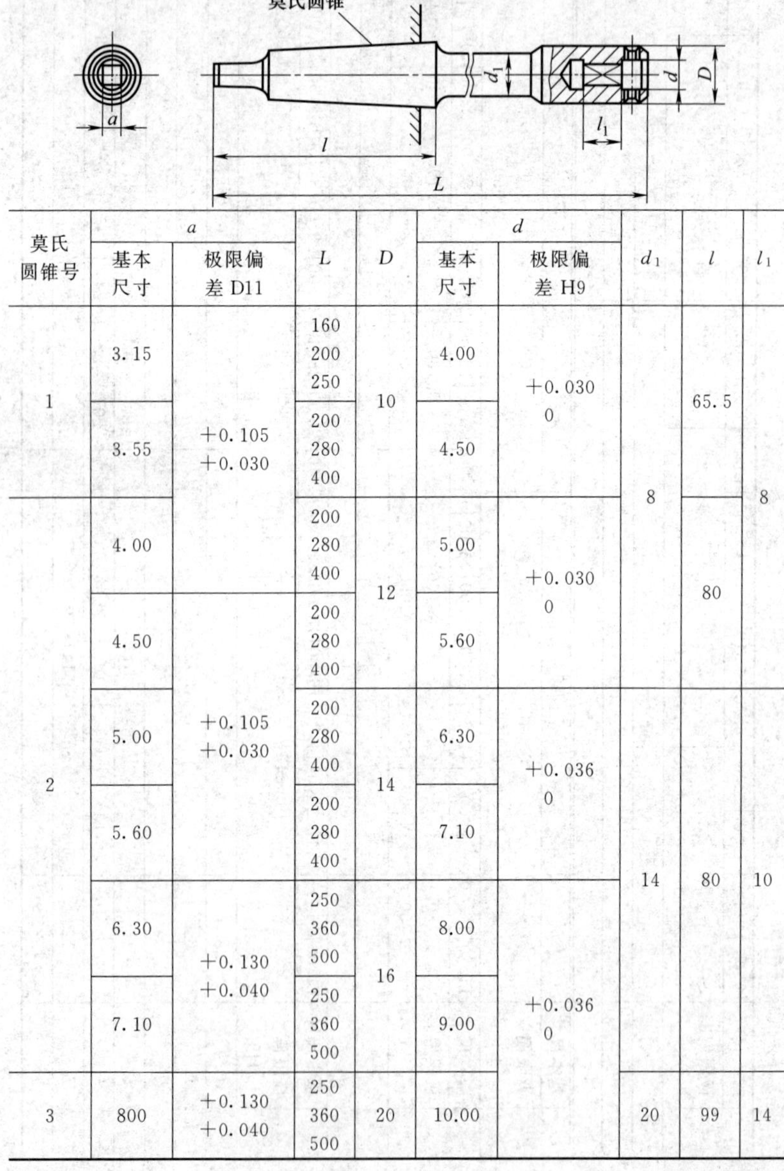

莫氏圆锥号	a 基本尺寸	a 极限偏差 D11	L	D	d 基本尺寸	d 极限偏差 H9	d_1	l	l_1
1	3.15	+0.105 +0.030	160 200 250	10	4.00	+0.030 0	8	65.5	8
	3.55		200 280 400		4.50				
2	4.00		200 280 400	12	5.00	+0.030 0		80	
	4.50	+0.105 +0.030	200 280 400		5.60				
	5.00		200 280 400	14	6.30	+0.036 0	14	80	10
	5.60		200 280 400		7.10				
	6.30	+0.130 +0.040	250 360 500	16	8.00	+0.036 0			
	7.10		250 360 500		9.00				
3	800	+0.130 +0.040	250 360 500	20	10.00		20	99	14

续表

<table>
<tr><th rowspan="2">莫氏圆锥号</th><th colspan="2">a</th><th rowspan="2">L</th><th rowspan="2">D</th><th colspan="2">d</th><th rowspan="2">d_1</th><th rowspan="2">l</th><th rowspan="2">l_1</th></tr>
<tr><th>基本尺寸</th><th>极限偏差 D11</th><th>基本尺寸</th><th>极限偏差 H9</th></tr>
<tr><td rowspan="7">3</td><td>900</td><td rowspan="2">+0.130
+0.040</td><td>250
360
500</td><td rowspan="2">20</td><td>11.20</td><td rowspan="2">+0.043
0</td><td rowspan="3">20</td><td rowspan="2">99</td><td rowspan="2">14</td></tr>
<tr><td>1000</td><td>250
360
500</td><td>12.50</td></tr>
<tr><td>1120</td><td rowspan="2">+0.160
+0.050</td><td>250
360
500</td><td>20</td><td>14.00</td><td rowspan="3">+0.043
0</td><td rowspan="2">99</td><td rowspan="2">14</td></tr>
<tr><td>1250</td><td>280
400
550</td><td>24</td><td>16.00</td><td rowspan="3">24</td></tr>
<tr><td>1400</td><td rowspan="3">+0.160
+0.050</td><td>280
400
550</td><td>28</td><td>18.00</td><td rowspan="3">99</td><td rowspan="3">22</td></tr>
<tr><td>1600</td><td>280
400
550</td><td rowspan="2">30</td><td>20.00</td><td rowspan="4">+0.052
0</td></tr>
<tr><td>1800</td><td>280
400
550</td><td>22.40</td><td rowspan="3">30</td></tr>
<tr><td rowspan="2">4</td><td>2000</td><td rowspan="2">+0.195
+0.065</td><td>300
450
600</td><td>32</td><td>25.00</td><td rowspan="2">124</td><td></td></tr>
<tr><td>2240</td><td>300
450
600</td><td>36</td><td>28.00</td><td>28</td></tr>
</table>

表 10.58　丝锥用直柄接杆的规格（JB/T 3411.76—1999）　　mm

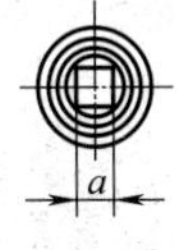

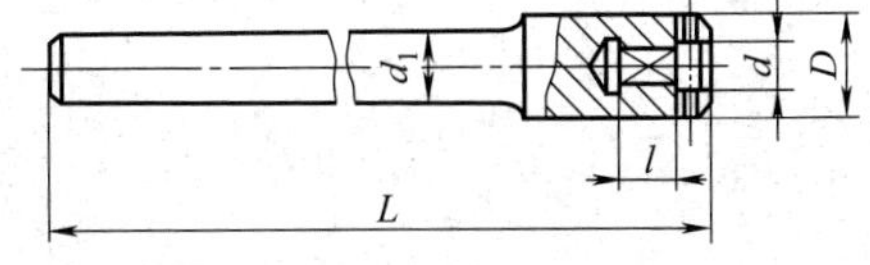

续表

a		d_1	L	D	d		l
基本尺寸	极限偏差 D11				基本尺寸	极限偏差 H9	
1.80	+0.080 +0.020	6	120	10	2.24	+0.025 0	5
			160				
2.00			120		2.50		
			160				
2.50			120		3.15		
			160				
2.80			160		3.55		
			200				
3.15	+0.105 +0.030		160		4.00	+0.030 0	8
			200				
3.55		8	160	12	4.50		
			200				
4.00			200		5.00		
			280				
4.50			200		5.60		
			280				
5.00			200		6.30	+0.036 0	
			280				
5.60		12	200	16	7.10		10
			280				
6.30	+0.130 +0.040		250		8.00		
			360				
7.10			250		9.00		
			360				
8.00			250		10.00		14
			360				
9.00		16	250	20	11.20	+0.043 0	
			360				
10.00			250		12.50		
			360				

第11章 铁工工具

11.1 铣刀

11.1.1 圆柱形铣刀

用于卧式铣床上加工平面，其规格见表 11.1。刀齿分布在铣刀的圆周上，按齿形分为直齿和螺旋齿两种，按齿数分粗齿和细齿两种。螺旋齿粗齿铣刀齿数少，刀齿强度高，容屑空间大，适用于粗加工；细齿铣刀适用于精加工。

表 11.1 圆柱形铣刀规格（GB/T 1115.1—2002） mm

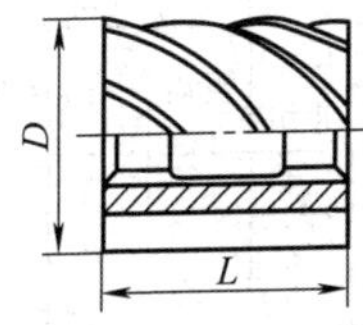

标记示例：外径 $D=50$，长度 $L=80$ 的圆柱形铣刀为“圆柱形铣刀 50×80 GB/T 1115.1—2002”

D js16	d H7	L js6						
		40	50	63	70	80	100	125
50	22	√		√		√		
63	27		√		√			
80	32			√			√	
100	40				√			√

注：“√”表示有此规格。

11.1.2 立铣刀

用于加工沟槽和台阶面等，刀齿在圆周和端面上，工作时不能沿轴向进给（有通过中心的端齿时除外）。立铣刀包括直柄立铣刀、莫氏锥柄立铣刀、7∶24 锥柄立铣刀和套式立铣刀，具体规格尺寸参见表 11.2～表 11.8。

① 直柄立铣刀　用于加工平面、台阶和槽。

表 11.2　直柄立铣刀（GB/T 6117.1—2010）

mm

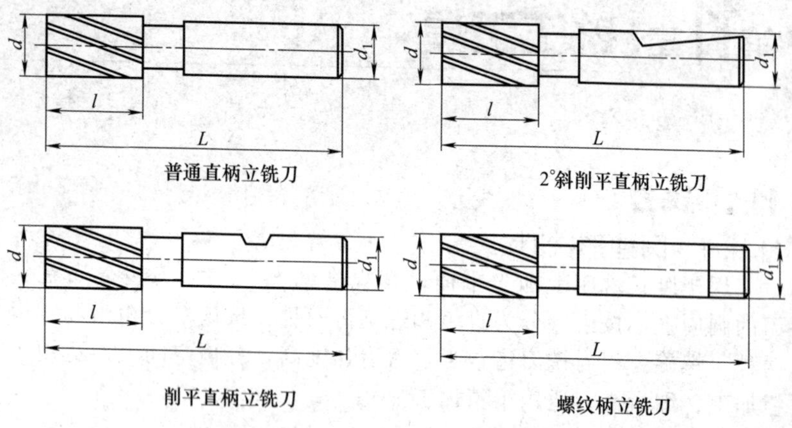

普通直柄立铣刀　　2°斜削平直柄立铣刀

削平直柄立铣刀　　螺纹柄立铣刀

直径 d		推荐直径 d		柄部直径 $d_1$①		标准系列			长系列			齿数		
						l	总长 L②		l	总长 L②				
>	≤			Ⅰ组	Ⅱ组		Ⅰ组	Ⅱ组		Ⅰ组	Ⅱ组	粗齿	中齿	细齿
1.9	2.36	2	—	4③	6	7	39	51	10	42	54	3	4	—
2.36	3	2.5				8	40	52	12	44	56			
		3												
3	3.75	—	3.5			10	42	54	15	47	59			
3.75	4	4	—			11	43	55	19	51	63			
4	4.75	—		5③			45			53				
4.75	5	5				13	47	57	24	58	68			
5	6	6		6			57			68				
6	7.5	—	7	8	10	16	60	56	30	74	80	3	4	
7.5	8	8	—			19	63	69	38	82	88			
8	9.5	—	9	10			59			88				5
9.5	10	10	—			22	72		45	95				
10	11.8	—	11	12			79			102				
11.8	15	12	14			26	83		53	110				
15	19	16	18	16		32	92		63	123				6
19	23.6	20	22	20		38	104		75	141				
23.6	30	24	28	25		45	121		90	166				
		25												

续表

直径 d		推荐直径 d		柄部直径 $d_1$①		标准系列			长系列			齿数		
						l	总长 L②		l	总长 L②		粗齿	中齿	细齿
>	≤			Ⅰ组	Ⅱ组		Ⅰ组	Ⅱ组		Ⅰ组	Ⅱ组			
30	37.5	32	36	32		53	133		108	186		4	6	8
37.5	47.5	40	45	40		63	155		125	217				
47.5	60	50	—	50		75	177		150	252				
		—	56									6	8	10
60	67	63	—	50	63	90	192	202	180	282	292			
67	75	—	71	63			202			292				

① 柄部尺寸和公差分别按 GB/T 6131.1～6131.4 的规定。

② 总长尺寸的Ⅰ组和Ⅱ组分别与柄部直径的Ⅰ组和Ⅱ组相对应。

③ 只适用于普通直柄。

注：直柄立铣刀直径 d 的公差为 js14，刃长 l 和总长 L 的公差为 js18。

② 莫氏锥柄立铣刀　用于铣削工件的垂直台阶面、沟槽和凹槽。

表 11.3　莫氏锥柄立铣刀（GB/T 6117.2—2010）　mm

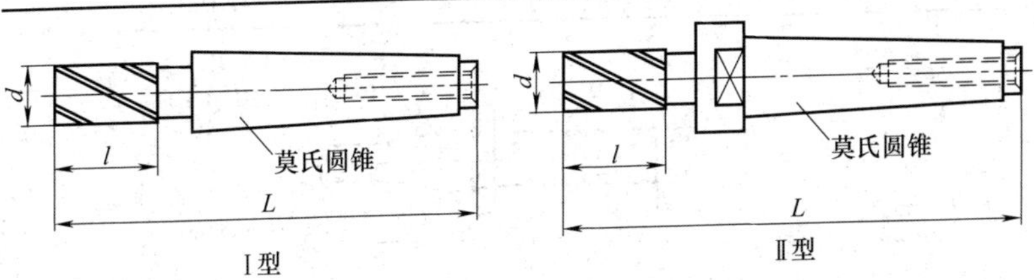

直径 d		推荐直径 d		l		L				莫氏圆锥号	齿数		
				标准系列	长系列	标准系列		长系列			粗齿	中齿	细齿
>	≤					Ⅰ型	Ⅱ型	Ⅰ型	Ⅱ型				
5	6	6	—	13	24	83	—	94	—	1	3	4	—
6	7.5	—	7	16	30	86		100					
7.5	9.5	8	—	19	38	89		108					
		—	9										5
9.5	11.8	10	11	22	45	92		115					
11.8	15	12	14	26	53	96		123			3	4	
						111		138		2			
15	19	16	18	32	63	117	—	148	—				6
19	23.6	20	22	38	75	123		160					
						140		177		3			

续表

直径 d		推荐直径 d		l		L				莫氏圆锥号	齿数		
						标准系列		长系列					
>	≤			标准系列	长系列	Ⅰ型	Ⅱ型	Ⅰ型	Ⅱ型		粗齿	中齿	细齿
23.6	30	24	28	45	90	147	—	192	—	3	3	4	6
		25											
30	37.5	32	36	53	106	155		208			4	6	8
						178	201	231	254	4			
37.5	47.5	40	45	63	125	188	211	250	273				
						221	249	283	311	5			
47.5	60	50	—	75	150	200	223	275	298	4			
						233	261	308	336	5			
		—	56			200	223	275	208	4	6	8	10
						233	261	308	336	5			
60	75	63	71	90	180	248	276	338	366				

注：莫氏锥柄立铣刀直径 d 的公差为 js14，刃长 l 和总长 L 的公差为 js18。

③ 7∶24 锥柄立铣刀　用于铣削工件的台阶面、平面和凹槽。

表 11.4　7∶24 锥柄立铣刀（GB/T 6117.3—2010）　　mm

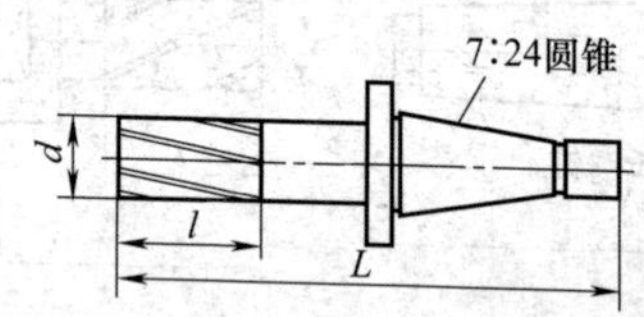

直径 d		推荐直径 d		l		L		7∶24圆锥号	齿数		
>	≤			标准系列	长系列	标准系列	长系列		粗齿	中齿	细齿
23.6	30	25	28	45	90	150	195	30	3	4	6
30	37.5	32	36	53	106	158 188 208	211 241 261	30 40 45	4	6	8
37.5	47.5	40	45	63	126	198 218 240	260 280 302	40 45 50			
47.5	60	50	—	75	150	210 230 252	285 305 327	40 45 50			

续表

直径 d		推荐直径 d		l		L		7∶24圆锥号	齿数		
>	≤			标准系列	长系列	标准系列	长系列		粗齿	中齿	细齿
47.5	60	—	56	75	150	210 230 252	285 305 327	40 45 50	6	8	10
60	75	63	71	90	180	245 267	335 357	45 50			
75	95	80	—	106	212	283	389	50			

注：莫氏锥柄立铣刀直径 d 的公差为js14，刃长 l 和总长 L 的公差为js18。

④ 套式立铣刀　用于铣削工件的平面或端面。

表 11.5　套式立铣刀（GB/T 1114.1—1998）　mm

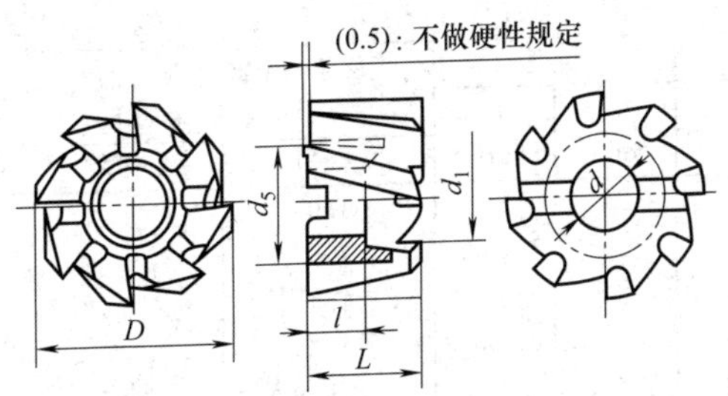

标记示例：外径为63的套式立铣刀为"套式立铣刀 63 GB/T 1114.1—1998"，"外径为63的左螺旋齿的套式立铣刀为"套式立铣刀 63-L GB/T 1114.1—1998"

D		L		l		d		d_1 min	d_5 min
基本尺寸	极限偏差js16	基本尺寸	极限偏差k16	基本尺寸	极限偏差	基本尺寸	极限偏差H7		
40	±0.80	32	+1.6 0	18	+1 0	16	+0.0180①	23	33
50		36		20		22	+0.0210 0	30	41
63	±0.95	40		22		27		38	49
80		45							
100	±1.10	50		25		32	+0.0250 0	45	59
125	±1.25	56	+1.9	28		40		56	71
160		63		31		50		67	91

① 下偏差为0。

⑤ 粗加工立铣刀　粗加工立铣刀包括标准型、削平型和锥柄型，用于粗加工。

表 11.6　标准型直柄粗加工立铣刀（GB/T 14328—2008）　mm

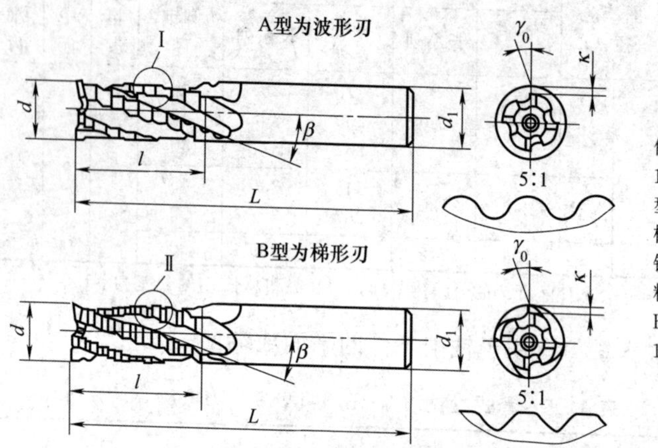

标记示例：外径 $d=10$mm 的 B 型长型的直柄粗加工立铣刀为“直柄粗加工立铣刀 B10 长 GB/T 14328—2008”

d js15	d_1 h8	标准型		长型		参考：$\beta=20°\sim35°$，$\gamma_0=6°\sim16°$，其余如下	
		l min	L js16	l min	L js16	κ/(°)	齿数
6	6	13	57	24	68	1.0	4
7	8	16	60	30	74	1.2	
8	8	19	63	38	82	1.4	
9	10	19	69	38	88	1.5	
10	10	22	72	45	95	1.5～2.0	
11	12	22	79	45	102	1.5～2.0	
12	12	26	83	53	110	2.0	
14	12	26	83	53	110	2.0～2.5	
16	16	32	92	63	123	2.5～3.0	
18	16	32	92	63	123	3.0	
20	20	38	104	75	141	3.0～3.5	
22	20	38	104	75	141	3.5～4.0	
25	25	45	121	90	166	4.0～4.5	
28	25	45	121	90	166	3.0～3.5	
32	32	53	133	106	186	3.5～4.0	6
36	32	53	133	106	186	4.0～4.5	
40	40	63	155	125	217	4.0～4.5	
45	40	63	155	125	217	4.5～5.0	
50	50	75	177	150	252	5.5～6.0	

表 11.7　削平型直柄粗加工立铣刀（GB/T 14328—2008）　mm

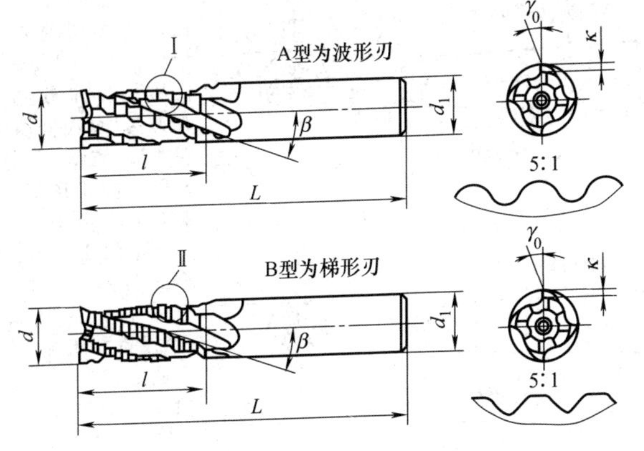

标记示例：外径 d=10mm 的 A 型标准型的削平型直柄粗加工立铣刀为"削平型直柄粗加工立铣刀 A10 GB/T 14328—2008"

d js15	d_1 h6	标准型		长型		参考：$\beta=20°\sim35°$，$\gamma_0=6°\sim16°$，其余如下	
		l min	L js16	l min	L js16	$\kappa/(°)$	齿数
8	10	19	69	38	88	1.0～1.5	4
9	10	19	69	38	88	1.5	
10	10	22	72	45	95	1.5～2.0	
11	12	22	79	45	102	1.5～2.0	
12	12	26	83	53	110	2.0	
14	12	26	83	53	110	2.0～2.5	
16	16	32	92	63	123	2.5～3.0	
18	16	32	92	63	123	3.0	
20	20	38	104	75	141	3.0～3.5	
22	20	38	104	75	141	3.5～4.0	
25	25	45	121	90	166	4.0～4.5	
28	25	45	121	90	166	3.0～3.5	
32	32	53	133	106	186	3.5～4.0	6
36	32	53	133	106	186	4.0～4.5	
40	40	63	155	125	217	4.0～4.5	
45	40	63	155	125	217	4.5～5.0	
50	50	75	177	150	252	5.5～6.0	
56	50	75	177	150	252	4.5～5.0	8
63	63	90	202	180	292	5.0～5.5	

注：同标准型直柄粗加工立铣刀。

表 11.8　莫氏锥柄粗加工立铣刀（GB/T 14328—2008）　mm

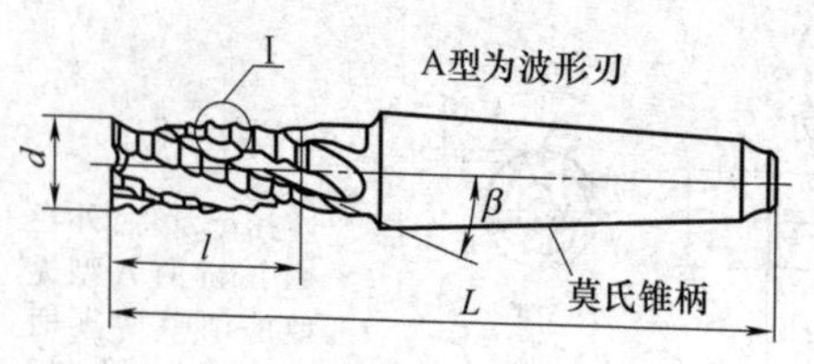

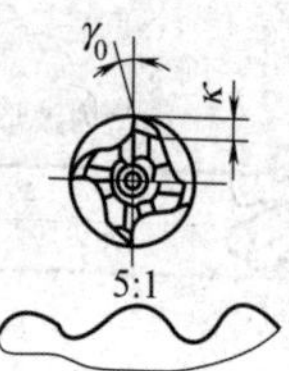

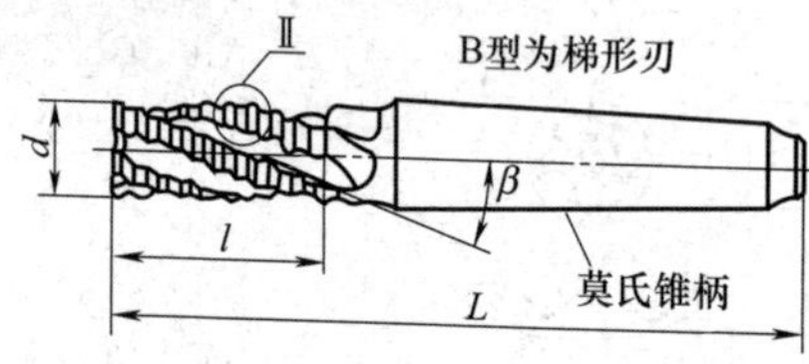

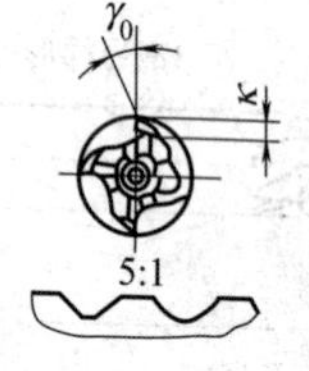

标记示例：外径 d=32mm 的 A 型标准型 4 号莫氏锥柄粗加工立铣刀为“莫氏锥柄粗加工立铣刀　A32　MT4　GB/T 14328—2008”，外径 d=32mm 的 B 型长型 3 号莫氏锥柄粗加工立铣刀为“莫氏锥柄粗加工立铣刀 B32　长　MT3　GB/T 14328—2008”

d js15	标准型		长型		莫氏锥柄号	参考：β=20°～35°，γ_0=6°～16°，其余如下	
	l min	L js16	l min	L js16		κ/(°)	齿数
10	22	92	45	115	1	1.5～2.0	4
11	22	92	45	115		1.5～2.0	
12	26	96	53	123		2.0	
14	26	111	53	138	2	2.0～2.5	
16	32	117	63	148		2.5～3.0	
18	32	117	63	148		3.0	
20	38	123	75	160		3.0～3.5	
22	38	140	75	177	3	3.5～4.0	
25	45	147	90	192		4.0～4.5	
28	45	147	90	192		3.0～3.5	
32	53	155	106	208		3.5～4.0	6
32	53	178	106	231	4	3.5～4.0	
36	53	155	106	208	3	4.0～4.5	
40	53	178	106	231	4		
	63	188	125	250	4		
	63	221	125	283	5		
45	63	198	125	250	4	4.5～5.0	
	63	221	125	283	5		
50	75	200	150	275	4	5.5～6.0	
	75	233	150	308	5		

续表

d js15	标准型		长型		莫氏锥柄号	参考：$\beta=20°\sim35°$，$\gamma_0=6°\sim16°$，其余如下	
	l min	L js16	l min	L js16		$\kappa/(°)$	齿数
56	75	200	150	275	4	4.5～5.0	8
	75	233	150	308	5		
63	90	248	180	338	5	5.0～5.5	
71	90	248	180	338	5	5.5～6.0	
80	106	320	212	426	6	6.0～6.5	

注：同标准型直柄粗加工立铣刀。

11.1.3 锯片铣刀

用于锯削金属材料或加工零件窄槽，其规格见表11.9。锯片铣刀包括粗齿、中齿和细齿铣刀，前者一般用来加工如铝及铝合金等软金属，后者一般用来加工如钢及铸铁等硬金属，中齿则介于其间。

表11.9　锯片铣刀的尺寸（GB/T 6120—2012）　mm

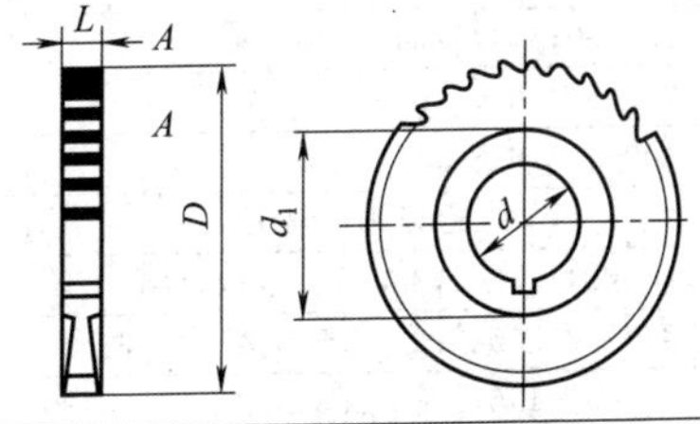

直径	孔径	厚度/齿数
细齿锯片铣刀		
20	5	0.2/80;0.25,0.3,0.4/64;0.5,0.6,0.8/48;1,1.2,1.6/40;2/32
25	8	0.2,0.25,0.3/80;0.4,0.5,0.6/64;0.8,1,1.2/48;1.6,2,2.5/40
32		0.2,0.25/100;0.3,0.4,0.5/80;0.6,0.8,1/64;1.2,1.6,2/48;2.5,3/40
40	10 (13)	0.2/128;0.25,0.3,0.4/100;0.5,0.6,0.8/80;1,1.2,1.6/64;2,2.5,3/48;4/40
50	13	0.25,0.3/128;0.4,0.5,0.6/100;0.8,1,1.2/80;1.6,2,2.5/64;3,4,5/48
63	16	0.3,0.4,0.5/128;0.6,0.8,1/100;1.2,1.6,2/80;2.5,3,4/60;5,6/48
80	22	0.5,0.6,0.8/128;1,1.2,1.6/100;2,2.5,3/80;4,5,6/64

续表

直径	孔径	厚度/齿数
细齿锯片铣刀		
100	22 (27)	0.6/160;0.8,1,1.2/128;1.6,2,2.5/100;3,4,5/80;6/64
125		0.8,1/160;1.2,1.6,2/128;2.5,3,4/100;5,6/80
160	32	1.2,1.6/160;2,2.5,3/128;4,5,6/100
200		1.6,2,2.5/60;3,4,5/138;6/100
250		2/200;2.5,3,4/160;5,6/128
315	40	2.5,3/200;4,5,6/160
中齿锯片铣刀		
32	8	0.3,0.4,0.5/40;0.6,0.8,1/32;1.2,1.6,2/21;2.5,3/20
40	10 (13)	0.3,0.4/48;0.5,0.6,0.8/40;1,1.2,1.6/32;2,2.5,3/24;4/20
50	13	0.3/64;0.4,0.5,0.6/48;0.8,1,1.2/40;1.6,2,2.5/32;3,4,5/24
63	16	0.3,0.4,0.5/64;0.6,0.8,1/48;1.2,1.6,2/40;2.5,3,4/32;5,6/24
80	22	0.6,0.8/64;1,1.2,1.6/48;2,2.5,3/40;4,5,6/32
100	22 (27)	0.8,1,1.2/64;1.6,2,2.5/48;3,4,5/40;6/32
125		1/80;1.2,1.6,2/64;2.5,3,4/48;5,6/40
160	32	1.2,1.6/80;2,2.5,3/64;4,5,6/48
200		1.6,2,2.5/80;3,4,5/64;6/48
250		2/100;2.5,3,4/80;5,6/64
315	40	2.5,3/100;4,5,6/80
粗齿锯片铣刀		
50	13	0.8,1,1.2/24;1.6,2,2.5/20;3,4,5/16
63	16	0.8,1/32;1.2,1.6,2/24;2.5,3,4/20;5,6/16
80	22	0.8/40;1,1.2,1.6/32;2,2.5,3/24;4,5,6/20
100	22 (27)	0.8,1,1.2/40;1.6,2,2.5/32;3,4,5/24;6/20
125		1/48;1.2,1.6,2/40;2.5,3,4/32;5,6/24
160	23	1.2,1.6/48;2,2.5,3/40;4,5,6/32
200	32	1.6,2,2.5/48;3,4,5/40;6/32
250		2/64;2.5,3,4//48;5,6/40
315	40	2.5,3/64;4,5,6/48

注：（ ）内的数值尽量不采用。

11.1.4 键槽铣刀

键槽铣刀按其柄部型式，可分直柄键槽铣刀和莫氏锥柄键槽铣刀两种。直柄键槽铣刀又分普通直柄键槽铣刀、削平直柄键槽铣刀、2°斜削平直柄键槽铣刀和螺纹柄键槽铣刀。按其长度不同可分为短系列、标准系列和推荐系列。莫氏锥柄键槽铣刀分Ⅰ型和Ⅱ型。表 11.10 和表 11.11 分别是直柄键槽铣刀和莫氏锥柄键槽铣刀的型式和尺寸。

表 11.10　直柄键槽铣刀的尺寸（GB/T 1112—2012）　mm

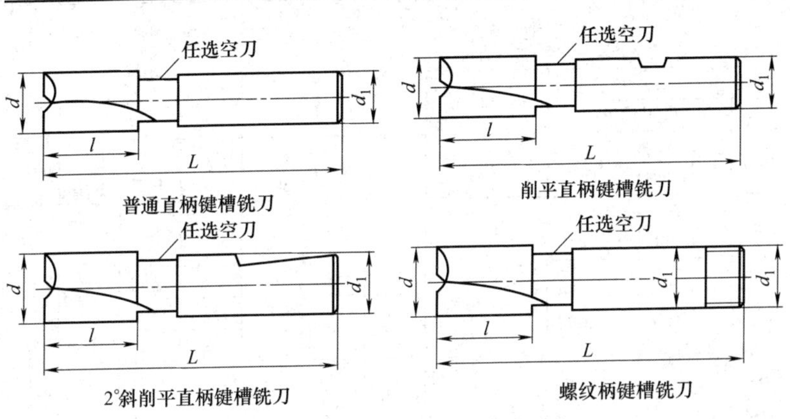

普通直柄键槽铣刀　削平直柄键槽铣刀

2°斜削平直柄键槽铣刀　螺纹柄键槽铣刀

d 基本尺寸	d 极限偏差 e8	d 极限偏差 d8	d_1		推荐系列 l	推荐系列 L	短系列 l	短系列 L	标准系列 l	标准系列 L
2	−0.014 −0.028	−0.020 −0.034	(3)	4	4	30	4	36	7	39
3					5	32	5	37	8	40
4	−0.020 −0.038	−0.030 −0.048	4		7	36	7	39	11	43
5			5		8	40	8	42	13	47
6			6		10	45		52		57
7	−0.025 −0.047	−0.040 −0.062	8		14	50	10	54	16	60
8							11	55	19	63
10			10		18	60	13	63	22	72
12	−0.032 −0.059	−0.050 −0.077	12		22	65	16	73	26	83
14			12	(14)	24	70				
16			16		28	75	19	79	32	92
18			16	(18)	32	80				
20	−0.040 −0.073	−0.065 −0.098	20		36	85	22	88	38	104

注：1. 当 $d \leqslant 14$ mm 时，根据用户要求，e8 级的普通直柄键槽铣刀柄部直径偏差允许按圆周刃部直径的偏差制造，并须在标记和标志上予以注明。

2. 铣刀的刃长 l 和总长 L 的公差为 js18。

表 11.11 莫氏锥柄键槽铣刀的尺寸（GB/T 1112—2012） mm

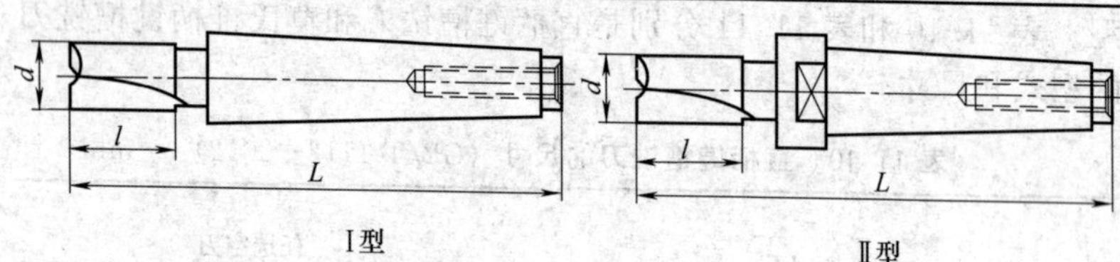

Ⅰ型 Ⅱ型

d 基本尺寸	d 极限偏差 e8	d 极限偏差 d8	推荐系列 l	推荐系列 L Ⅰ型	短系列 l	短系列 L Ⅰ型	短系列 L Ⅱ型	短系列 l	短系列 L Ⅰ型	短系列 L Ⅱ型	莫氏锥柄号
6	−0.020 −0.038	−0.030 −0.048	—		8	78	—	13	83	—	1
7	−0.025 −0.047	−0.040 −0.062			10	80		16	86		
8					11	81		19	89		
10					13	83		22	92		
12	−0.032 −0.059	−0.050 −0.077	—		16	86	—	26	96	—	1
						101			111		2
14			24	110		86			96		1
						101			111		2
16			28	115	19	104		32	117		
18			32	120							
20	−0.040 −0.073	−0.065 −0.098	36	125	22	107	—	38	123	—	2
						124			140		3
22						107			123		2
						124			140		
24			40	145	26	128	—	45	147	—	3
25											
28			45	150							
32	−0.050 −0.089	−0.080 −0.119	50	155	32	134	—	53	155	—	3
			—			157	180		178	201	4
36						134	—		155	—	3
			55	185		157	180		178	201	4
38			60	190	38	163	186	63	188	211	
40											
			—			196	224		221	249	5
45			65	195		163	186		188	211	4
			—			196	224		221	249	5
50			65	195	45	170	193	75	200	223	4
			—			203	231		233	261	5

续表

d			推荐系列		短系列			短系列			莫氏锥柄号
基本尺寸	极限偏差 e8	极限偏差 d8	l	L	l	L		l	L		
			Ⅰ型			Ⅰ型	Ⅱ型		Ⅰ型	Ⅱ型	
56	−0.060 −0.106	−0.100 −0.146	—		45	170	193	75	200	223	4
						203	231	90	233	261	5
63					53	211	239		248	276	

注：铣刀的刃长 l 和总长 L 的公差为 js18。

11.1.5 T形槽铣刀

用于铣削工件上的T形槽，常用T形槽铣刀有直柄（普通直柄、削平直柄、螺纹柄）T形槽铣刀和莫氏锥柄T形槽铣刀，其尺寸见表11.12～表11.15。

(1) T形槽铣刀

用于加工GB/T 158规定的T形槽宽度为5～54mm的T形槽。

表11.12 直柄T形槽铣刀的尺寸（GB/T 6124—2007）　mm

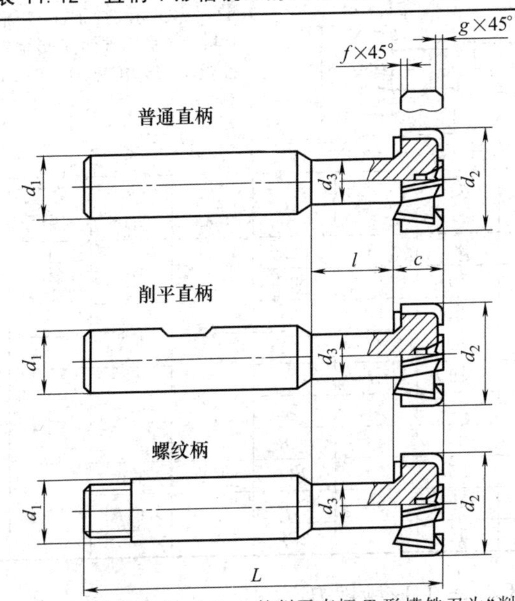

标记示例：加工T形槽宽 $A=10$mm 的削平直柄T形槽铣刀为“削平直柄 T形槽铣刀 10 GB/T 6124—2007”

续表

d_2 h12	c h12	d_3 max	l^{+1}_{0}	d①	L js18	f max	g max	T形槽宽度
11	3.5	4	6.5	10	53.5	0.6	1.0	5
12.5	6	5	7		57			6
16	8	7	10		62			8
18	8	8	13	12	70			10
21	9	10	16		74			12
25	11	12	17	16	82		1.6	14
32	14	15	22		90	1.0		18
40	18	19	27	25	108		2.5	22
50	22	25	34	32	124			28
60	28	30	43		139			36

① d_1的公差：普通直柄选用 h8；削平直柄选用 h6；螺纹柄选用 h8。

表 11.13 莫氏锥柄 T 形槽铣刀的尺寸（GB/T 6124—2007） mm

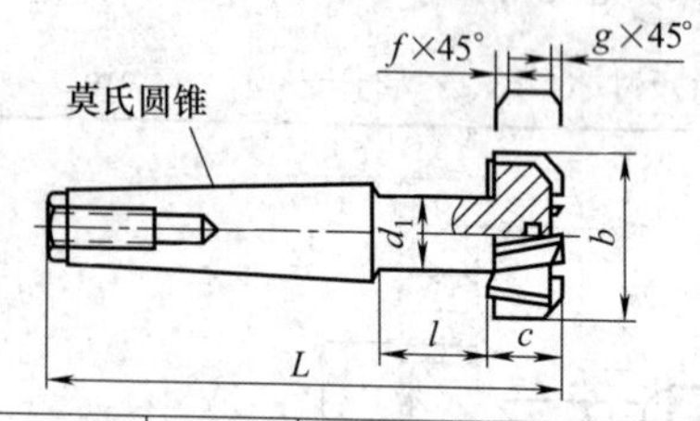

标记示例：加工 T 形槽宽 A = 12mm 的莫氏锥柄 T 形槽铣刀为“莫氏锥柄 T 形槽铣刀 12 GB/T 6124—2007”

b h12	c h12	d_1 max	l^{+1}_{0}	L	f max	g max	莫氏圆锥号	T形槽宽度
18	8	8	13	82	0.6	1.0	1	10
21	9	10	16	98			2	12
25	11	12	17	103		1.6		14
32	14	15	22	111	1.0		3	18
40	18	19	27	138		2.5	4	22
50	22	25	34	173				28
60	28	30	43	188				36
72	35	36	50	229	1.6	4.0	5	42
85	40	42	55	240	2.0	6.0		48
95	44	44	62	251				54

（2）硬质合金 T 形槽铣刀

硬质合金直柄 T 形槽铣刀用于加工 GB/T 158 规定的宽度为

12～36mm 的 T 形槽，硬质合金锥柄 T 形槽铣刀用于加工 GB/T 158 规定的宽度为 12～54mm 的 T 形槽。

表 11.14　硬质合金直柄 T 形槽铣刀的尺寸（GB/T 10948—2006）

mm

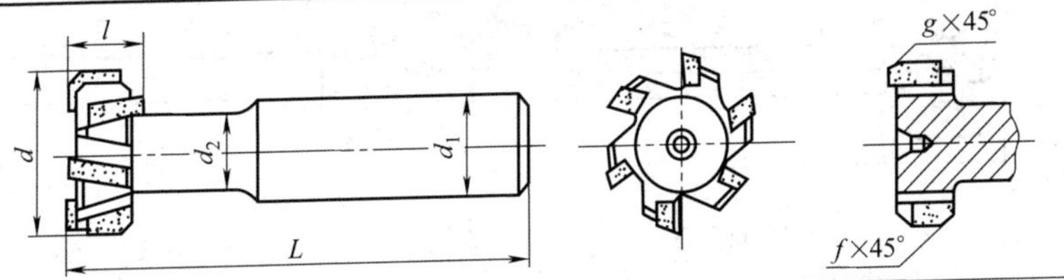

T形槽基本尺寸	d h12	l h12	L Js16	d_1 h8	d_2 max	f max	g max	硬质合金刀片型号(参考)
12	21	9	74	12	10	0.6	1.0	A106
14	25	11	82	16	12		1.5	D208
18	32	15	90	16	15	1.0		D212
22	40	18	108	25	19		2.5	D214
28	50	22	124	32	25			D218A
36	60	28	139	32	30			D220

表 11.15　硬质合金莫氏锥柄 T 形槽铣刀的尺寸（GB/T 10948—2006）

mm

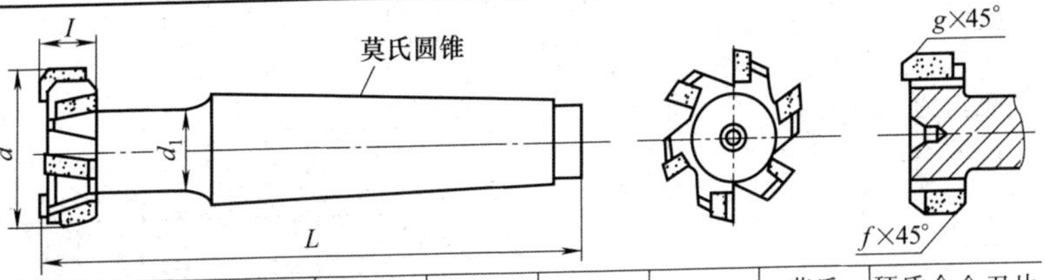

T形槽基本尺寸	d h12	l h12	L js16	d_1 h8	f max	g max	莫氏圆锥号	硬质合金刀片型号(参考)
12	21	9	100	10	0.6	1.0	1	A106
14	25	11	105	12		1.6		D208
18	32	15	110	15	1.0		2	D212
22	40	18	140	19		2.5	3	D214
28	50	22	175	25			4	D218A
36	60	28	190	30				D220
42	72	35	230	36	1.6	4.0	5	D228A
48	85	40	240	42	2.0	6.0		D236
54	95	44	250	44				D236

11.1.6 半圆键槽铣刀

用于铣削轴类零件上的半圆形键槽，其尺寸见表11.16。

表 11.16 半圆键槽铣刀的尺寸（GB/T 1127—2007） mm

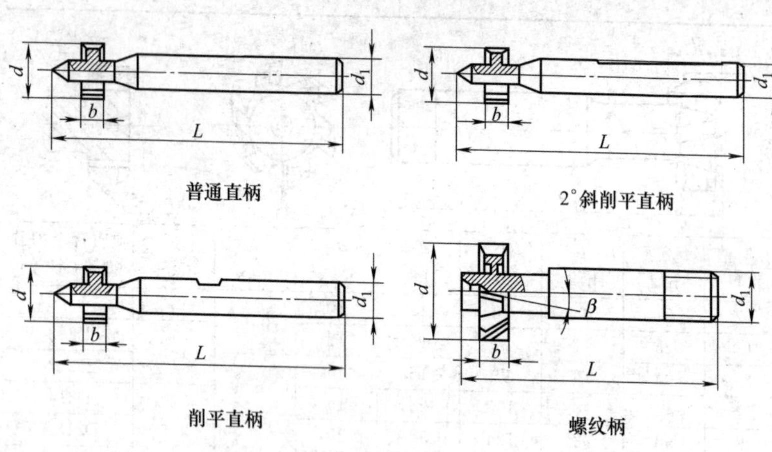

普通直柄　2°斜削平直柄　削平直柄　螺纹柄

d h11	b e8	d_1	L js18	半圆键的基本尺寸（按照 GB/T 1098）宽×直径	铣刀型式	β/(°)
4.5	1.0	6	50	1.0×4	A	—
7.5	1.5			1.5×7		
	2.0			2.0×7		
10.5				2.0×10		
	2.5			2.5×10		
13.5	3.0	10	55	3.0×13	B	—
16.5				3.0×16		
	4.0			4.0×16		
	5.0			5.0×16		
19.5	4.0			4.0×19		
	5.0			5.0×19		
22.5		12	60	5.0×22		
	6.0			6.0×22	C	12
25.5				6.0×25		
28.5	8.0		65	8.0×28		
32.5	10.0			10.0×32		

11.1.7 矩形外花键成形铣刀

表 11.17 矩形外花键成形铣刀齿形尺寸 mm

公称尺寸	刀顶宽度	外花键槽顶宽度	铣刀两侧夹角/(°)	刀顶圆弧半径
轻系列				
4-20×17×6	7.00	9.25	90	8.5
4-22×19×8	6.53	8.83	90	9.5
6-26×23×6	5.91	7.45	60	11.5
6-30×26×6	7.49	9.50	60	13
6-32×28×7	7.49	9.55	60	14
8-36×32×6	6.49	8.04	45	16
8-40×36×7	7.05	8.60	45	18
8-46×42×8	8.39	9.94	45	21
8-50×46×9	8.95	10.51	45	23
8-58×52×10	10.29	12.63	45	26
8-62×56×10	11.85	14.18	45	28
10-78×72×12	10.52	12.40	36	36
10-88×82×12	13.65	15.53	36	41
中系列				
6-20×16×4	4.28	6.33	60	8.0
6-25×21×5	5.87	7.92	60	10.5
6-28×23×6	5.91	8.48	60	11.5
6-32×26×6	7.45	10.52	60	13
8-38×32×6	6.49	8.82	45	16
8-42×36×7	7.05	9.38	45	18
8-48×42×8	8.39	10.72	45	21
8-54×46×9	8.95	12.06	45	23
8-60×52×10	10.29	13.40	45	26
8-65×56×10	11.85	15.34	45	28
10-82×72×12	10.52	13.65	36	36
重系列				
10-40×32×5	5.01	7.51	36	16
10-45×36×5	6.26	9.06	36	18
10-52×42×6	7.14	10.25	36	21

续表

公称尺寸	刀顶宽度	外花键槽顶宽度	铣刀两侧夹角/(°)	刀顶圆弧半径
补充系列				
6-35×30×10	5.48	8.11	60	15.0
6-38×33×10	7.06	9.67	60	16.5
6-40×35×10	8.11	10.70	60	17.5
6-42×36×10	8.63	11.74	60	18
6-45×40×12	8.69	11.29	60	20
6-48×42×12	9.73	12.85	60	21
6-50×45×12	11.29	13.88	60	22.5
10-40×35×6	4.95	6.51	36	22.5
10-42×36×6	5.26	7.14	36	18
10-45×40×7	5.51	7.08	36	20

11.1.8 半圆铣刀

有凸半圆铣刀和凹半圆铣刀，前者主要用于铣削定值尺寸凹圆弧的成形表面，后者主要用于铣削定值尺寸凸圆弧、圆角表面。

表 11.18 半圆铣刀的尺寸（GB/T 1124—2007） mm

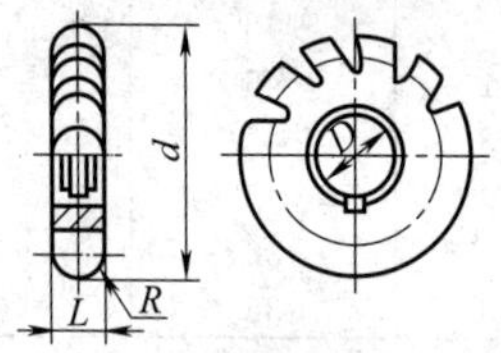

凸半圆铣刀

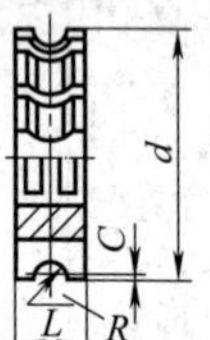

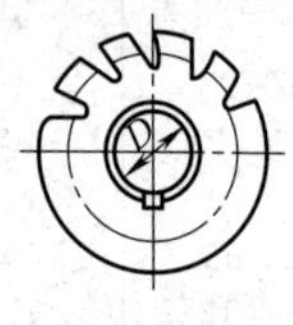

凹半圆铣刀

标注示例：$R=10$mm 的凸半圆铣刀标注为“凸半圆铣刀 R10GB/T 1124.1—2007”，$R=10$mm 的凹半圆铣刀标注为“凹半圆铣刀 R10GB/T 1124.1—2007”

凸半圆铣刀				凹半圆铣刀				
半圆半径 R k11	外径 d js16	内孔 D H7	厚度 L $^{+0.30}_{0}$	半圆半径 R N11	外径 d js16	内孔 D H7	厚度 L js16	尺寸 C
1	50	16	2	1	50	16	6	0.2
1.25			2.5	1.25				
1.6			3.2	1.6			8	0.25
2			4	2			9	
2.5	63	22	5	2.5	63	22	10	0.3
3			6	3			12	
4			8	4			16	0.4
5			10	5			20	0.5

续表

凸半圆铣刀				凹半圆铣刀				
半圆半径 R k11	外径 d js16	内孔 D H7	厚度 L $_{0}^{+0.30}$	半圆半径 R N11	外径 d js16	内孔 D H7	厚度 L js16	尺寸 C
6	80	27	12	6	80	27	24	0.6
8			16	8			32	0.8
10	100	32	20	10	100	32	36	1.0
12			24	12			40	1.2
16	125		32	16	125		50	1.6
20			40	20			60	2.0

11.1.9　螺钉槽铣刀

表 11.19　螺钉槽铣刀的尺寸（JB/T 8366—1996）　mm

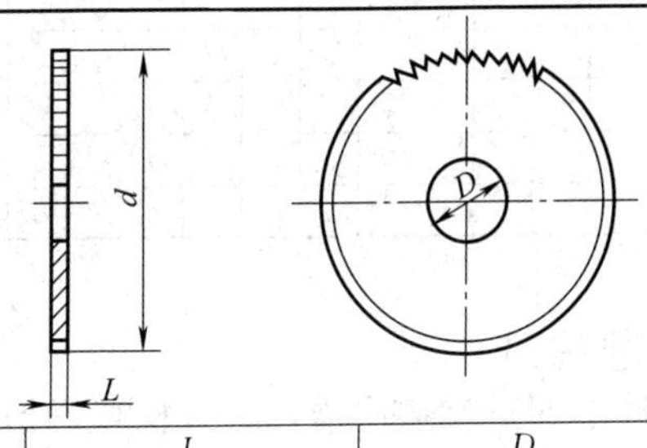

d		L		D		齿数(参考)	
基本尺寸	极限偏差 js16	基本尺寸	极限偏差	基本尺寸	极限偏差 H7	粗齿	细齿
40	±0.80	0.25 0.3、0.4 0.5、0.6 0.8、1.0	$^{+0.15}_{+0.11}$	13	$^{+0.018}_{0}$	72	90
60	±0.95	0.4、0.5 0.6、0.8 1.0	$^{+0.15}_{+0.11}$	16	$^{+0.018}_{0}$	60	72
		1.2、1.6 2.0、2.5	$^{+0.22}_{+0.15}$				
75	±0.95	0.6、0.8 1.0	$^{+0.15}_{+0.11}$	22	$^{+0.021}_{0}$	60	72
		1.2、1.6 2.0、2.5 3.0	$^{+0.22}_{+0.15}$				
		4.0、5.0	$^{+0.28}_{+0.19}$				

11.1.10 尖齿槽铣刀

表 11.20 尖齿槽铣刀的型式和尺寸（GB/T 1119.1—2002） mm

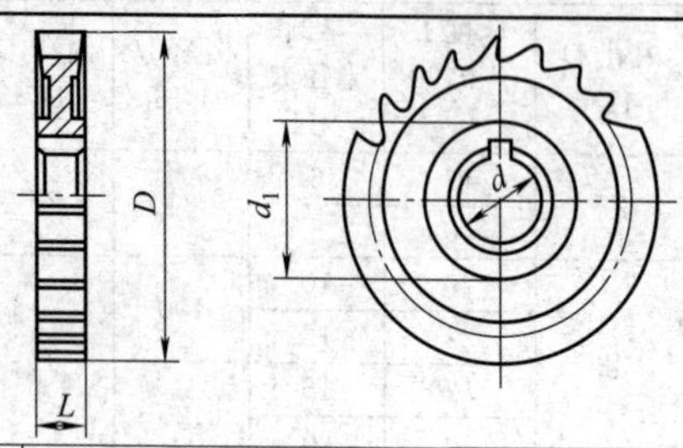

D js16	d H7	d_1 min	L K8 4	5	6	8	10	12	14	16	18	20	22	25	28	32	36	40
50	16	27	√	√	√	√	√											
63	22	34	√	√	√	√	√	√	√									
80	27	41		√	√	√	√	√	√	√	√							
100	32	47			√	√	√	√	√	√	√	√	√	√				
125						√	√	√	√	√	√	√	√	√				
160	40	55					√	√	√	√	√	√	√	√	√	√		
200								√	√	√	√	√	√	√	√	√	√	√

注：“√”表示推荐规格。

11.1.11 燕尾槽铣刀

用于铣削工件上的正反燕尾槽，有直柄燕尾槽铣刀和直柄反燕尾槽铣刀，其规格见表 11.21。

表 11.21 直柄燕尾槽铣刀和直柄反燕尾槽铣刀（GB/T 6338—2004）

mm

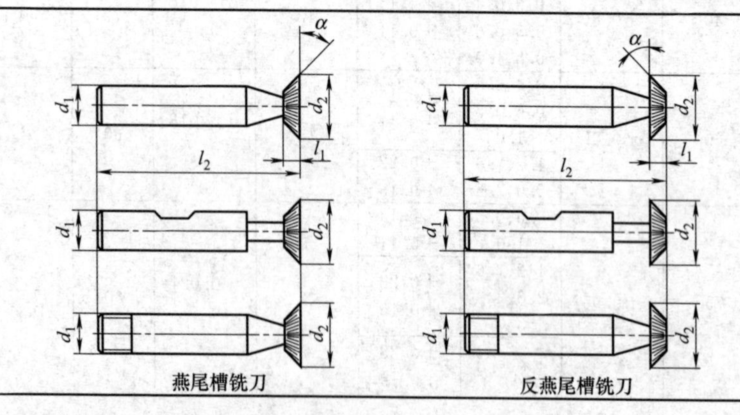

续表

d_2 js16	l_1	l_2	d_1	α	d_2 js16	l_1	l_2	d_1	α
16	4	60	12	45°±30′	16	6.3	60	12	60°±30′
20	5	63			20	8	63		
25	6.3	67			25	10	67		
31.5	8	71	16		31.5	12.5	71	16	

注：1. d_1公差：普通直柄 h8，削平直柄 h6，螺纹柄 h8。

2. α 对于反燕尾槽铣刀来说，相当于主偏角 κ_r，对于燕尾槽铣刀则相当于刀尖角 ε_r。

11.1.12　角度铣刀

用于卧式铣床上铣削工件上的各种角度槽和斜面、刀具刃沟等，主要有单角铣刀、对称双角铣刀和不对称双角铣刀，其规格见表 11.22～表 11.24。

表 11.22　单角铣刀（GB/T 6128.1—2007）　mm

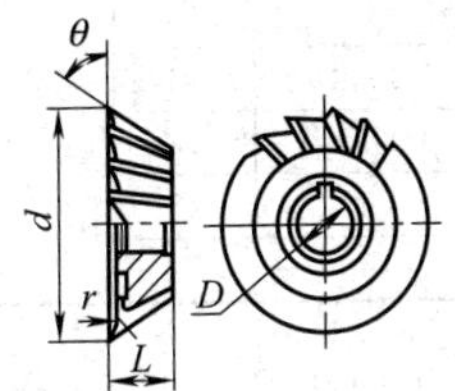

标记示例：$d=50$，$\theta=45°$的单角铣刀为"单角铣刀 50×45°GB/T 6128.1—2007"

d js16	θ/(°) ±30′	L js16	D H7	r_{max}
40	45,50,55,60	8	13	0.5
	65,70,75,80,85,90	10		1
50	45,50,55,60,65,70,75,80,85,90	13	16	
63	18	6	22	1
	22	7		
	25	8		
	30,40	9		
	45,50,55,60,65,70	16		
63	75,80,85,90	12	22	1
80	18	10		
	22	12		
	25	13		
	30,40	15		
	45,50,55,60,65,70	22	27	
	75,80,85,90	24		
100	18	12	32	
	22	14		
	25	16		
	30,40	18		

表 11.23　对称双角铣刀（GB/T 6128.3—2007）　mm

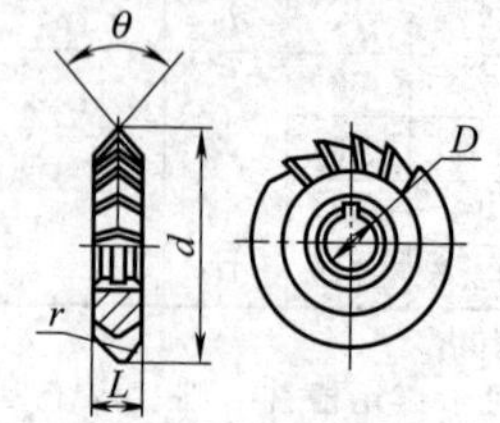

标记示例：$d=50$，$\theta=45°$的对称双角铣刀为“对称双角铣刀 50×45° GB/T 6128.3—2007”

d js16	θ/(°) ±30′	L js16	D H7	r_{max}	d js16	θ/(°) ±30′	L js16	D H7	r_{max}
50	45	8	16	1.0	80	25	11	27	1.5±0.8
	60	10				30,40	12		
	90	14				45	12		
63	18	5	22			60	18		
	22	6				90	22		
	25	7			100	18	10	32	2.0±0.8
	30,40	8				22	12		
	45,50	10				25	13		
	60	11				30,40	14		
	90	20				45	18		
80	18	8	27	1.5		60	25		
	22	10				90	32		

表 11.24　不对称双角铣刀（GB/T 6128.2—2007）　mm

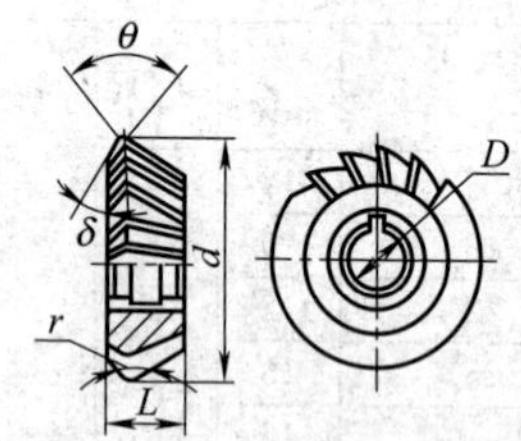

标记示例：$d=50$，$\theta=55°$的不对称双角铣刀为“不对称双角铣刀 50×55° GB/T 6128.2—2007”

d js16	θ/(°) ±20′	δ/(°) ±30′	L js16	D H7	r_{max}
40	55,60,65	15	6	13	0.25
	70,75		8		
	80,85		10		
	90	20			
	100	25	13		

续表

d js16	θ/(°) ±20′	δ/(°) ±30′	L js16	D H7	r_{max}
50	55,60,65	15	8	16	0.25
	70,75		10		
	80,85		13		
	90	20	16		
	100	25			
63	55,60,65	15	10	22	0.25
	70,75		13		
	80,85		16		
	90	20			
	100	25			
80	50,55	15	13	27	1.0
	60,65		16		
	70,75,80		20		
	85		24		
	90	20			1.5
100	50,55	15	20	32	
	60,65		24		
	70,75,80		30		

11.1.13　三面刃铣刀

用于铣削工件上的定宽端面、凹槽和台阶面，分直齿三面刃铣刀和错齿三面刃铣刀，前者用于加工较浅的沟槽，后者用于加工较深的沟槽，其规格见表 11.25。

表 11.25　三面刃铣刀（GB/T 6119—2012）　mm

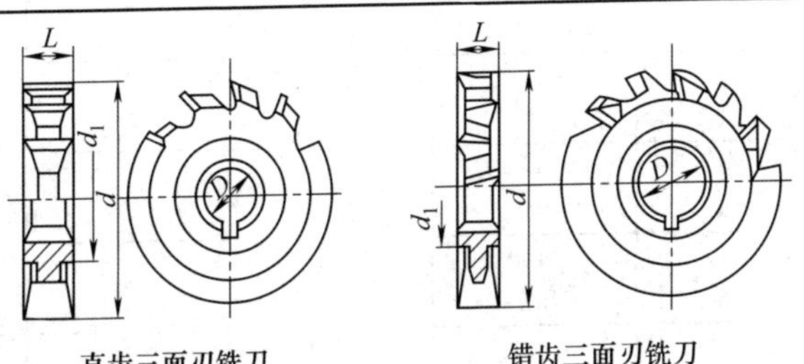

直齿三面刃铣刀　　错齿三面刃铣刀

标记示例：

d=63mm，L=12mm，直齿三面刃铣刀为"直齿三面刃铣刀 63×12 GB/T 6119.1—2012"；

d=63mm，L=12mm，错齿三面刃铣刀为"错齿三面刃铣刀 63×12 GB/T 6119.1—2012"

续表

<table>
<tr><th rowspan="2">d
js16</th><th rowspan="2">D
H7</th><th rowspan="2">d_1
min</th><th colspan="16">L k11</th></tr>
<tr><th>4</th><th>5</th><th>6</th><th>8</th><th>10</th><th>12</th><th>14</th><th>16</th><th>18</th><th>20</th><th>22</th><th>25</th><th>28</th><th>32</th><th>36</th><th>40</th></tr>
<tr><td>50</td><td>16</td><td>27</td><td>√</td><td>√</td><td>√</td><td>√</td><td>√</td><td>—</td><td>—</td><td>—</td><td rowspan="2">—</td><td rowspan="2">—</td><td rowspan="3">—</td><td rowspan="3">—</td><td rowspan="4">—</td><td rowspan="5">—</td><td rowspan="6">—</td><td rowspan="6"></td></tr>
<tr><td>63</td><td>22</td><td>34</td><td>√</td><td>√</td><td>√</td><td>√</td><td>√</td><td>√</td><td>√</td><td>√</td></tr>
<tr><td>80</td><td>27</td><td>41</td><td rowspan="5">—</td><td>√</td><td>√</td><td>√</td><td>√</td><td>√</td><td>√</td><td>√</td><td>√</td><td>√</td></tr>
<tr><td>100</td><td rowspan="2">32</td><td rowspan="2">47</td><td rowspan="4">—</td><td>√</td><td>√</td><td>√</td><td>√</td><td>√</td><td>√</td><td>√</td><td>√</td><td>√</td><td>√</td></tr>
<tr><td>125</td><td rowspan="3">—</td><td>√</td><td>√</td><td>√</td><td>√</td><td>√</td><td>√</td><td>√</td><td>√</td><td>√</td><td>√</td></tr>
<tr><td>160</td><td rowspan="2">40</td><td rowspan="2">55</td><td rowspan="2"></td><td>√</td><td>√</td><td>√</td><td>√</td><td>√</td><td>√</td><td>√</td><td>√</td><td>√</td><td>√</td></tr>
<tr><td>200</td><td>—</td><td>√</td><td>√</td><td>√</td><td>√</td><td>√</td><td>√</td><td>√</td><td>√</td><td>√</td><td>√</td><td>√</td></tr>
</table>

注："√"表示有此规格。

11.1.14　整体硬质合金直柄立铣刀

表 11.26　整体硬质合金直柄立铣刀（GB/T 16770.1—2008）

mm

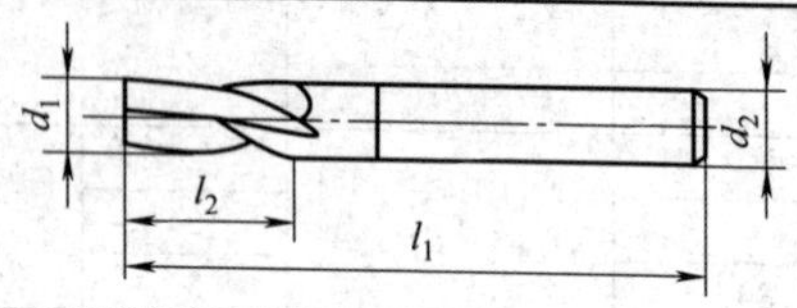

<table>
<tr><th rowspan="2">直径 d_1
h10</th><th rowspan="2">柄部直径
d_2</th><th colspan="2">总长 l_1</th><th colspan="2">刃长 l_2</th></tr>
<tr><th>基本尺寸</th><th>极限偏差</th><th>基本尺寸</th><th>极限偏差</th></tr>
<tr><td rowspan="2">1.0</td><td>3</td><td>38</td><td rowspan="8">+2
0</td><td rowspan="2">3</td><td rowspan="6">+1
0</td></tr>
<tr><td>4</td><td>43</td></tr>
<tr><td rowspan="2">1.5</td><td>3</td><td>38</td><td rowspan="2">4</td></tr>
<tr><td>4</td><td>43</td></tr>
<tr><td rowspan="2">2.0</td><td>3</td><td>38</td><td rowspan="2">7</td></tr>
<tr><td>4</td><td>43</td></tr>
<tr><td rowspan="2">2.5</td><td>3</td><td>38</td><td rowspan="2">8</td><td rowspan="6">+1
0</td></tr>
<tr><td>4</td><td>57</td></tr>
<tr><td rowspan="2">3.0</td><td>3</td><td>38</td><td rowspan="8">+2
0</td><td rowspan="2">8</td></tr>
<tr><td>6</td><td>57</td></tr>
<tr><td rowspan="2">3.5</td><td>4</td><td>43</td><td rowspan="2">10</td></tr>
<tr><td>6</td><td>57</td></tr>
<tr><td rowspan="2">4.0</td><td>4</td><td>43</td><td rowspan="2">11</td><td rowspan="4">+1.5
0</td></tr>
<tr><td>6</td><td>57</td></tr>
<tr><td rowspan="2">5.0</td><td>5</td><td>47</td><td rowspan="2">13</td></tr>
<tr><td>6</td><td>57</td></tr>
</table>

续表

直径 d_1 h10	柄部直径 d_2	总长 l_1		刃长 l_2	
		基本尺寸	极限偏差	基本尺寸	极限偏差
6.0	6	57	$^{+2}_{0}$	13	$^{+1.5}_{0}$
7.0	8	63		16	
8.0	8	63		19	
9.0	10	72		19	
10.0	10	72		22	
12.0	12	76		22	
12.0	12	83		26	$^{+2}_{0}$
14.0	14	83		26	
16.0	16	89	$^{+3}_{0}$	32	
18.0	18	92		32	
20.0	20	101		38	

11.1.15　硬质合金螺旋齿直柄立铣刀

表 11.27　硬质合金螺旋齿直柄立铣刀（GB/T 16456.1—2008）

mm

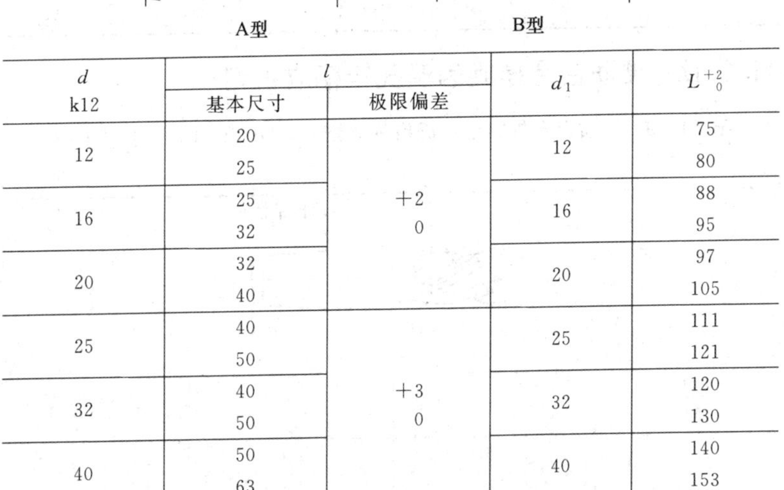

d k12	l		d_1	L^{+2}_{0}
	基本尺寸	极限偏差		
12	20	$^{+2}_{0}$	12	75
	25			80
16	25		16	88
	32			95
20	32		20	97
	40			105
25	40	$^{+3}_{0}$	25	111
	50			121
32	40		32	120
	50			130
40	50		40	140
	63			153

11.1.16 硬质合金螺旋齿7∶24锥柄立铣刀

表11.28 硬质合金螺旋齿7∶24锥柄立铣刀（GB/T 16456.2—2008）

mm

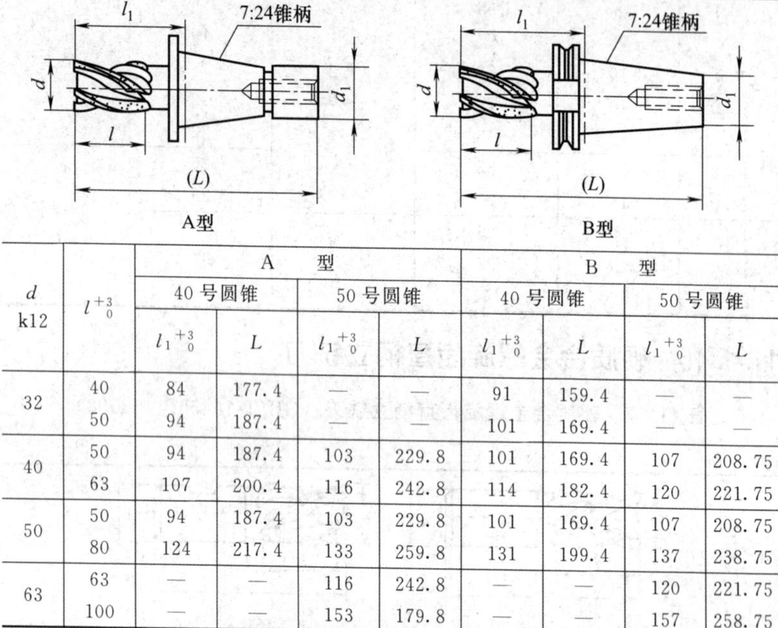

d k12	l^{+3}_{0}	A型				B型			
		40号圆锥		50号圆锥		40号圆锥		50号圆锥	
		$l_1{}^{+3}_{0}$	L	$l_1{}^{+3}_{0}$	L	$l_1{}^{+3}_{0}$	L	$l_1{}^{+3}_{0}$	L
32	40	84	177.4	—	—	91	159.4	—	—
	50	94	187.4	—	—	101	169.4	—	—
40	50	94	187.4	103	229.8	101	169.4	107	208.75
	63	107	200.4	116	242.8	114	182.4	120	221.75
50	50	94	187.4	103	229.8	101	169.4	107	208.75
	80	124	217.4	133	259.8	131	199.4	137	238.75
63	63	—	—	116	242.8	—	—	120	221.75
	100	—	—	153	179.8	—	—	157	258.75

11.1.17 硬质合金螺旋齿莫氏锥柄立铣刀

表11.29 硬质合金螺旋齿莫氏锥柄立铣刀（GB/T 16456.3—2008）

mm

d k12	l^{+2}_{0}	L^{+2}_{0}	莫氏圆锥号
16	25	110	2
	32	117	

续表

d k12	l^{+2}_{0}	L^{+2}_{0}	莫氏圆锥号
20	32	117	2
		125	
	40	142	3
25	40	142	3
	50	152	
32	40	165	4
	50	175	
40	50	181	4
	63	194	
50	63	194	4
	80	238	5
63	63	221	5
	100	258	

11.2 铣刀杆

11.2.1 7∶24 锥柄铣刀杆

表 11.30　7∶24 锥柄铣刀杆的规格（JB/T 3411.110—1999）　mm

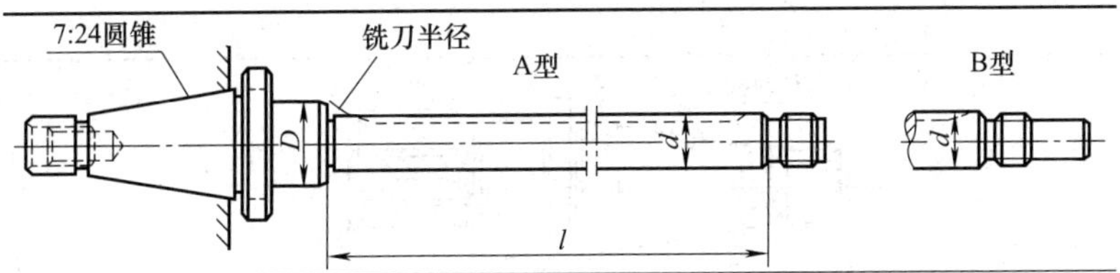

7∶24 圆锥号	基本尺寸 d	D_{min}	有效长度 l										
			A 型			A 型、B 型							
			63	100	160	200	250	315	400	500 (450)	630 (560)	800 (710)	1000 (900)
30	16	27	√	√	√	√	√	√	—	—	—	—	—
	22	34	√	√	√	√	√	√	√				
	27	41	√	√	√	√	√	√	√				
40	16	27	√	√	√	√	√	√	√				
	22	34	√	√	√	√	√	√	√	√			
	27	41	√	√	√	—	√	√	√	√	√		
	32	47	√	√	√	—	√	√	√	√	√		
	40	55	—	√	√	—	—	√	√	√	√		

续表

7:24圆锥号	基本尺寸 d	D_{min}	有效长度 l A型 63	A型 100	A型 160	A型、B型 200	250	315	400	500(450)	630(560)	800(710)	1000(900)
45	22	34	√	√	√	√	√	√	√	—	—	—	—
	27	41	√	√	√	—	√	√	√	√	—	—	—
	32	47	√	√	√	—	—	√	√	√	√	—	—
	40	55	—	√	√	—	—	—	√	√	√	—	—
50	22	34	√	√	√	√	√	√	√	√	√	—	—
	27	41	√	√	√	√	—	√	√	√	√	√	—
	32	47	√	√	√	√	—	√	√	√	√	√	√
	40	55	—	√	√	√	—	—	√	√	√	√	√
	50	69	—	—	—	—	—	—	√	√	√	√	√
	60	84	—	—	—	—	—	—	√	√	√	√	√
60	50	69	—	—	—	—	—	—	—	—	√	√	√
	60	84	—	—	—	—	—	—	—	—	√	√	√
	80	109	—	—	—	—	—	—	—	—	—	√	√
	100	134	—	—	—	—	—	—	—	—	—	√	√

注:"√"表示有此规格。

表 11.31 7:24 锥柄带纵键端铣刀杆的规格(JB/T 3411.115—1999)

mm

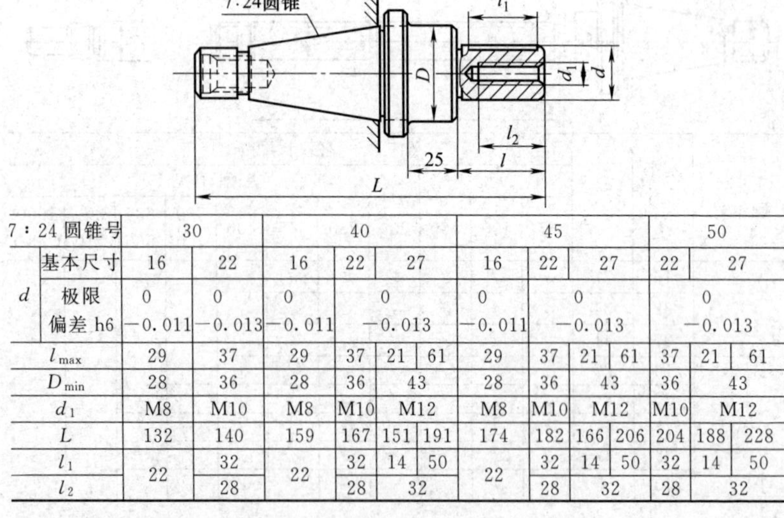

7:24圆锥号		30		40				45				50		
d	基本尺寸	16	22	16	22	27		16	22	27		22	27	
	极限偏差 h6	0 −0.011	0 −0.013	0 −0.011	0 −0.013			0 −0.011	0 −0.013			0 −0.013		
l_{max}		29	37	29	37	21	61	29	37	21	61	37	21	61
D_{min}		28	36	28	36	43		28	36	43		36	43	
d_1		M8	M10	M8	M10	M12		M8	M10	M12		M10	M12	
L		132	140	159	167	151	191	174	182	166	206	204	188	228
l_1		22	32	22	32	14	50	22	32	14	50	32	14	50
l_2			28		28	32			28	32		28	32	

表 11.32　7：24 锥柄带端键端铣刀杆的规格

(JB/T 3411.117—1999)　　mm

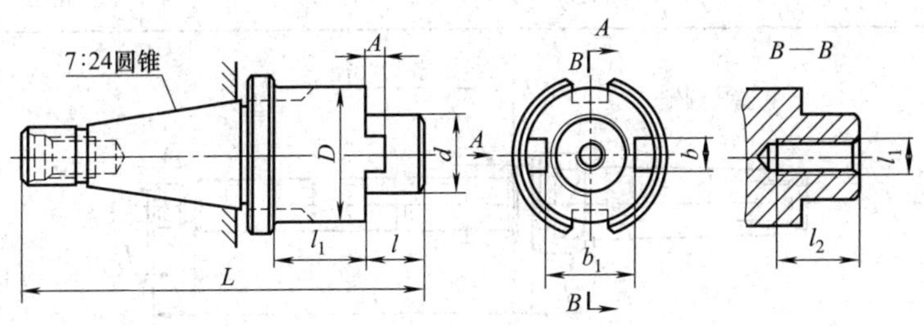

7：24圆锥号	d		$l_{\max}$	$D_{\min}$	l_1	b		h		$b_{\min}$	l_2	d_1	$l_{\max}$
	基本尺寸	极限偏差 h6				基本尺寸	极限偏差 h11	基本尺寸	极限偏差 h11				
30	16	0 −0.011	17	32	25	8	0 −0.090	5.0	0 −0.075	17.0	22	M8	120
	22	0 −0.013	19	40		10		5.6		22.5	28	M10	122
	27		21	48		12	0 −0.110	6.3	0 −0.090	28.5	32	M12	124
40	16	0 −0.016	17	32		8	0 −0.090	5.0	0 −0.075	17.0	22	M8	147
	22	0 −0.013	19	40		10		5.6		22.5	28	M10	149
	27		21	48		12	0 −0.110	6.3	0 −0.090	28.5	32	M12	151
	32	0 −0.016	24	58		14		7.0		33.5	36	M16	169
	40		27	70	40	16		8.0		44.5	45	M20	172
45	22	0 −0.013	19	40		10	0 −0.090	5.6	0 −0.075	22.5	28	M10	179
	27		21	48		12	0 −0.110	6.3	0 −0.090	28.5	32	M12	181
	32	0 −0.016	24	58		14		7.0		33.5	36	M16	184
	40		27	70	40	16		8.0		44.5	45	M20	187
50	27	0 −0.013	21	48		12		6.3		22.5	32	M12	203
	32	0 −0.016	24	58		14		7.0		33.5	36	M16	206
	40		27	70		16		8.0		44.5	45	M20	209
	50		30	90		18		9.0		55.0	50	M24	212

11.2.2 莫氏锥柄铣刀杆

表 11.33 莫氏锥柄铣刀杆的规格

(JB/T 3411.112—1999) mm

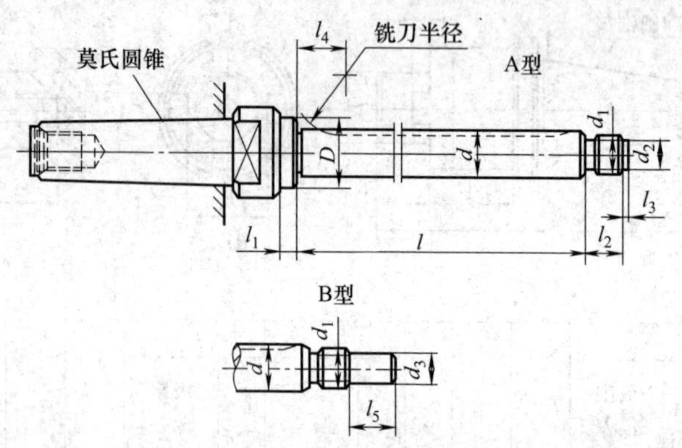

7∶24 圆锥号	基本尺寸 d	D_{min}	有效长度 l										
			A 型			A 型 B 型							
			63	100	160	200	250	315	400	500 (450)	630 (560)	800 (710)	1000 (900)
3	16	27	√	—	—	√	√	√	—	—	—	—	—
	22	34	√	√	—	√	√	√	√	—	—	—	—
	27	41	√	√	√	√	√	√	√	—	—	—	—
4	16	27	√	—	—	√	√	√	√	—	—	—	—
	22	34	√	√	—	√	√	√	√	√	—	—	—
	27	41	√	√	√	—	√	√	√	√	√	—	—
	32	47	√	√	√	—	√	√	√	√	√	—	—
	40	55	—	√	√	—	—	√	√	√	√	—	—
5	22	34	√	√	—	√	√	√	√	√	√	—	—
	27	41	√	√	√	—	—	√	√	√	√	√	—
	32	47	√	√	√	—	—	√	√	√	√	√	√
	40	55	—	√	√	—	—	—	√	√	√	√	√
	50	69	—	—	√	—	—	—	√	√	√	√	√
6	50	69	—	—	√	—	—	—	—	—	√	√	√
	60	84	—	—	√	—	—	—	—	—	√	√	√
	80	109	—	—	√	—	—	—	—	—	—	√	√
	100	134	—	—	√	—	—	—	—	—	—	√	√

注:"√"表示推荐规格。

表 11.34 莫氏锥柄带纵键端铣刀杆的规格（JB/T 3411.116—1999）

mm

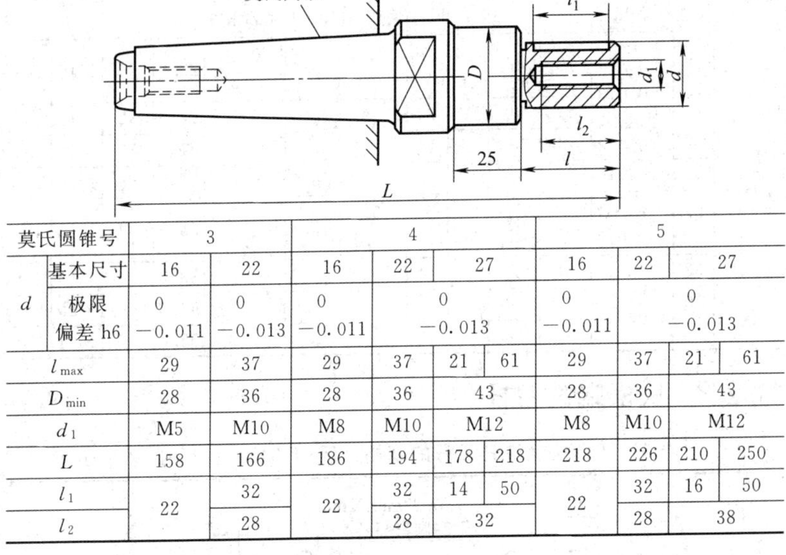

莫氏圆锥号		3		4				5			
d	基本尺寸	16	22	16	22	27		16	22	27	
	极限偏差 h6	0 −0.011	0 −0.013	0 −0.011	0 −0.013			0 −0.011	0 −0.013		
l_{max}		29	37	29	37	21	61	29	37	21	61
D_{min}		28	36	28	36	43		28	36	43	
d_1		M5	M10	M8	M10	M12		M8	M10	M12	
L		158	166	186	194	178	218	218	226	210	250
l_1		22	32	22	32	14	50	22	32	16	50
l_2			28		28	32			28	38	

表 11.35 莫氏锥柄带端键端铣刀杆的规格（JB/T 3411.118—1999）

mm

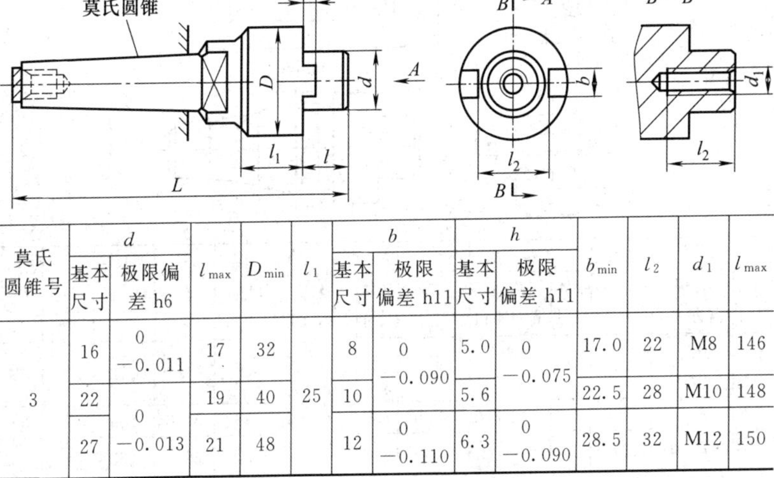

莫氏圆锥号	d 基本尺寸	d 极限偏差 h6	l_{max}	D_{min}	l_1	b 基本尺寸	b 极限偏差 h11	h 基本尺寸	h 极限偏差 h11	b_{min}	l_2	d_1	l_{max}
3	16	0 −0.011	17	32	25	8	0 −0.090	5.0	0 −0.075	17.0	22	M8	146
	22	0 −0.013	19	40		10		5.6		22.5	28	M10	148
	27		21	48		12	0 −0.110	6.3	0 −0.090	28.5	32	M12	150

续表

莫氏圆锥号	d 基本尺寸	d 极限偏差 h6	l_{max}	D_{min}	l_1	b 基本尺寸	b 极限偏差 h11	h 基本尺寸	h 极限偏差 h11	b_{min}	l_2	d_1	l_{max}
4	22	0 −0.013	19	40	25	10	0 −0.090	5.6	0 −0.075	22.5	28	M10	148
	27		21	48		12		6.3		28.5	32	M12	150
	32	0 −0.016	24	58		14		7.0		31.5	36	M16	196
	40		27	70		16		8.0		44.5	45	M20	199
5	27	0 −0.013	21	48	40	12	0 −0.110	6.3	0 −0.090	28.5	32	M12	225
	32	0 −0.016	24	58		14		7.0		33.5	36	M16	228
	40		27	70		16		8.0		44.5	45	M20	231
	50		30	90		18		9.0		55.0	50	M24	234

11.2.3　快换端铣刀杆

表 11.36　快换端铣刀杆的规格（JB/T 3411.123—1999）　mm

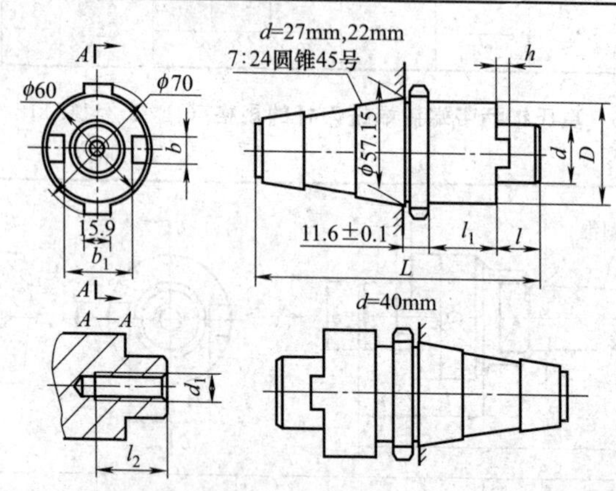

d 基本尺寸	d 极限偏差 h6	L_{max}	b 基本尺寸	b 极限偏差 h11	b_{1min}	h 基本尺寸	h 极限偏差 h11	D_{min}	d_1	l_{max}	l_1	l_2
27	0 −0.013	21	12	0 −0.110	28.5	6.3	0 −0.090	48	M12	142	25	32
32	0 −0.016	24	14		33.5	7.0		58	M16	160	40	36
40		27	16		44.5	8.0		70	M20	163		45

11.2.4　铣刀杆轴套

表 11.37　铣刀杆轴套的规格（JB/T 3411.113—1999）　mm

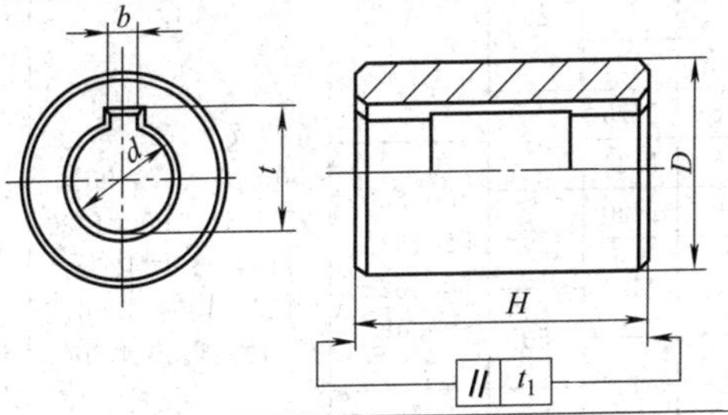

<table>
<tr><th colspan="2">d</th><th colspan="2">b</th><th colspan="2">t</th><th colspan="7">D</th></tr>
<tr><th rowspan="2">基本尺寸</th><th rowspan="2">极限偏差 H7</th><th rowspan="2">基本尺寸</th><th rowspan="2">极限偏差 C11</th><th rowspan="2">基本尺寸</th><th rowspan="2">极限偏差</th><th>42</th><th>48</th><th>56</th><th>70</th><th>85</th><th>110</th><th>140</th></tr>
<tr><th colspan="7">H</th></tr>
<tr><td>16</td><td>+0.018
0</td><td>4</td><td rowspan="2">+0.145
+0.070</td><td>17.7</td><td rowspan="2">+0.1
0</td><td rowspan="3">60</td><td rowspan="4">70</td><td rowspan="5">80</td><td rowspan="6">100</td><td rowspan="2">—</td><td rowspan="5">—</td><td rowspan="8">—</td></tr>
<tr><td>22</td><td rowspan="2">+0.021
0</td><td>6</td><td>24.1</td></tr>
<tr><td>27</td><td>7</td><td rowspan="3">+0.170
+0.080</td><td>29.8</td><td rowspan="7">+0.2
0</td><td rowspan="4">120</td></tr>
<tr><td>32</td><td rowspan="3">+0.025
0</td><td>8</td><td>34.8</td><td>—</td></tr>
<tr><td>40</td><td>10</td><td>41.5</td><td colspan="2">—</td></tr>
<tr><td>50</td><td>12</td><td rowspan="3">+0.205
+0.095</td><td>53.5</td><td colspan="3">—</td><td rowspan="3">140</td></tr>
<tr><td>60</td><td rowspan="2">+0.030
0</td><td>14</td><td>64.2</td><td colspan="5">—</td></tr>
<tr><td>80</td><td>18</td><td>85.5</td><td colspan="5">—</td></tr>
<tr><td>100</td><td>+0.035
0</td><td>25</td><td>+0.240
+0.110</td><td>107.0</td><td colspan="5">—</td><td>—</td><td>160</td></tr>
<tr><td colspan="6">t_1</td><td colspan="3">0.004</td><td colspan="2">0.005</td><td colspan="2">0.006</td></tr>
</table>

11.2.5　拉杆和接杆

表 11.38　铣床用拉杆的规格（JB/T 3411.125—1999）　mm

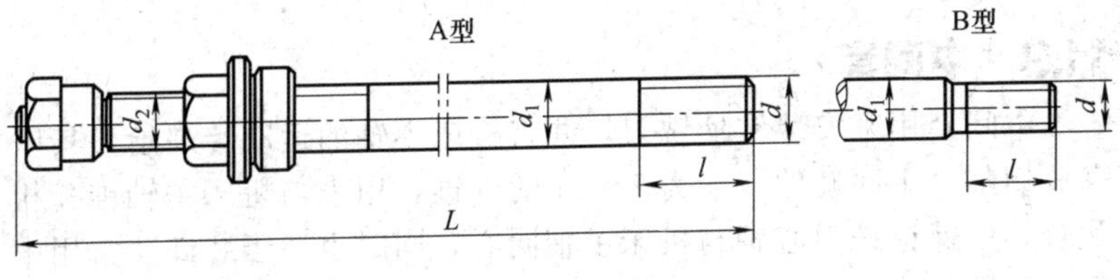

续表

类别	d	d_1	d_2	l	全长 L				
B	M10	16	M16	25	—	700、720、750、775、800、850、875、900、950、975、1000、1050、1100、1150、1200、1250、1300、1350、1400、1450、1500	—	—	—
	M12								
		25	M24						
A	M16	16	M16	32					
B		25	M24		400、500、550、575、600、625、650				
A	M20	20	M20	40			1500 1600		
		25	M24						
B	M24			50				1650 1700	
		32	M32						
	M30			63	—				1800 1900
	M36	40	M40	80	—				
	M48	52	M52	100	—				

表 11.39　铣床用钻夹头接杆的规格（JB/T 3411.120—1999）

mm

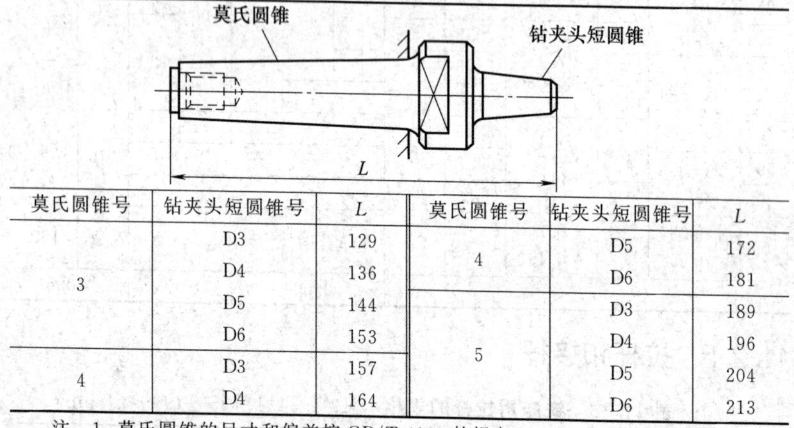

莫氏圆锥号	钻夹头短圆锥号	L	莫氏圆锥号	钻夹头短圆锥号	L
3	D3	129	4	D5	172
	D4	136		D6	181
	D5	144	5	D3	189
	D6	153		D4	196
4	D3	157		D5	204
	D4	164		D6	213

注：1. 莫氏圆锥的尺寸和偏差按 GB/T 4133 的规定。
2. 钻夹头短圆锥的尺寸和偏差按 GB/T 6090 的规定。

11.3　中间套

中间套用来安装锥柄铣刀，并将机床主轴的运动传递给刀具以完成切削。中间套的一端为 7∶24 的外锥，用来与机床主轴锥孔相配合，以保证铣刀心轴与机床主轴同心，同时也便于装卸。常用中间套参数见表 11.40～表 11.45。

表 11.40　7：24 圆锥/莫氏圆锥中间套（JB/T 3411.101—1999）

mm

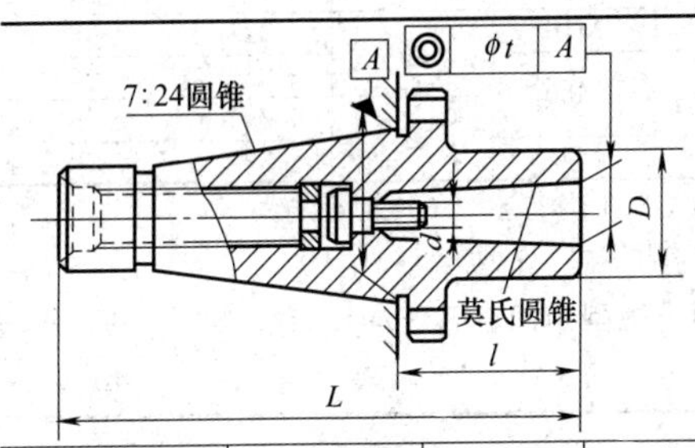

标记示例：外锥为 7：24 圆锥 40 号、内锥为莫氏圆锥 2 号的 7：24 圆锥/莫氏圆锥中间套，标记为"中间套 40-2 JB/T 3411.101—1999"

7：24 圆锥号	莫氏圆锥号	D	d	L_{max}	$l_{max}\approx$	t
30	1	25	M6	118	50	0.012
	2	32	M10	118	50	
40	1	25	M6	143	50	0.016
	2	32	M10	143	50	
	3	40	M12	158	65	
	4	48	M16	188	95	
45	2	32	M10	157	50	
	3	40	M12	157	50	
	4	48	M16	182	75	
50	2	32	M10	187	60	0.020
	3	40	M12	192	65	
	4	48	M16	212	85	
	5	63	M20	247	120	
55	3	40	M12	225	60	0.020
	4	48	M16	225	60	
	5	63	M20	260	95	
60	5	63	M20	292	85	
	6	80	M24	327	120	

注：1. 7：24 圆锥的尺寸和偏差按 GB/T 3837.3—2001 的规定。

2. 莫氏圆锥的尺寸和偏差按 GB/T 1443—1996 的规定。

表 11.41　7：24 圆锥/莫氏圆锥长型中间套（JB/T 3411.102—1999）

mm

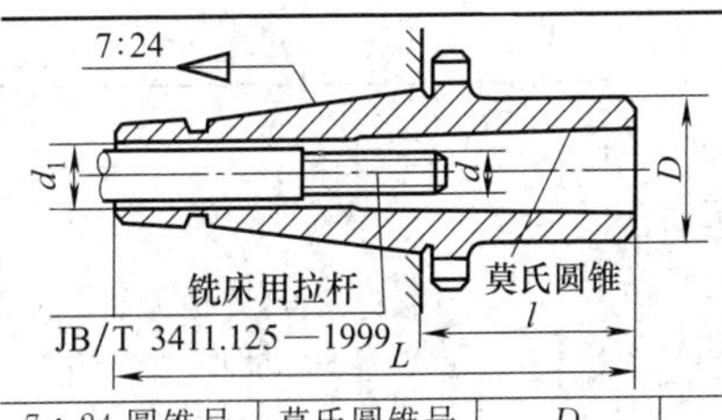

标记示例：外锥为 7：24 圆锥 40 号、内锥为莫氏圆锥 4 号的 7：24 圆锥/莫氏圆锥长型中间套，标记为"中间套 40-4 JB/T 3411.102—1999"

7：24 圆锥号	莫氏圆锥号	D	d	d_1	L_{max}	$l_{max}\approx$
40	3	40	M12	17	158	65
	4	48	M16		188	95
45				21	182	75
50				26	212	85
	5	63	M20		247	120

续表

7∶24 圆锥号	莫氏圆锥号	D	d	d_1	L_{max}	l_{max}≈
55	4	48	M16	26	225	60
	5	63	M20		260	95
60				32	292	85
	6	80	M24		327	120

注：1. 7∶24 圆锥的尺寸和偏差按 GB/T 3837.3—2001 的规定。
2. 莫氏圆锥的尺寸和偏差按 GB/T 1443—1996 的规定。

表 11.42　7∶24 圆锥/莫氏圆锥短型中间套（JB/T 3411.103—1999）

mm

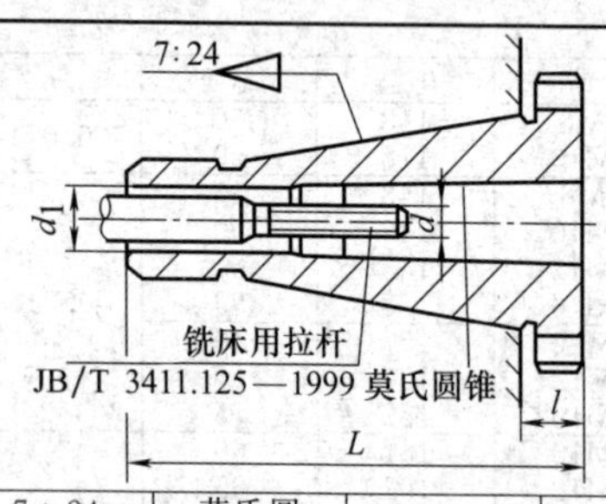

标记示例：外锥为 7∶24 圆锥 40 号、内锥为莫氏圆锥 4 号的 7∶24 圆锥/莫氏圆锥短型中间套，标记为“中间套40-4 JB/T 3411.103—1999”

7∶24 圆锥号	莫氏圆锥号	d	d_1	L_{max}	l 基本尺寸	l 极限偏差
40	2	M12	17	105	11.6	±0.1
45			21	120	13.2	
	3	M12				
50			26	142	15.2	
	4	M16				
55				182	17.2	
	5	M20				
60			32	226	19.2	

注：1. 7∶24 圆锥的尺寸和偏差按 GB/T 3837.3—2001 的规定。
2. 莫氏圆锥的尺寸和偏差按 GB/T 1443—1996 的规定。

表 11.43　7∶24 圆锥中间套（JB/T 3411.108—1999）　mm

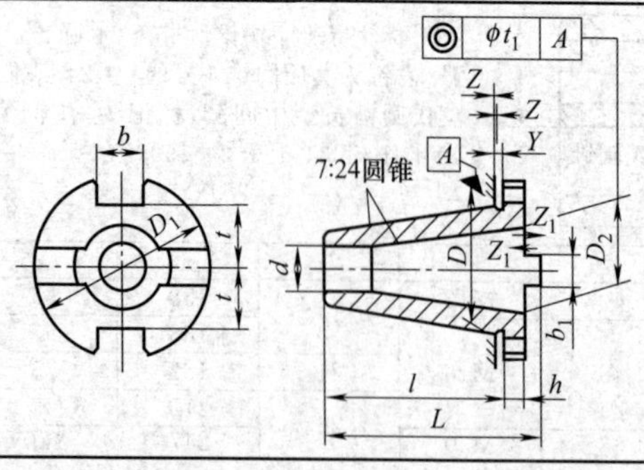

标记示例：外锥为 50 号，内锥为 40 号的 7∶24 圆锥中间套标记为“中间套 50-40 JB/T 3411.108—1999”

续表

7：24圆锥号		内锥								
外锥	内锥	D	D_1	L_{max}	l_{max}	Y	Z	b 基本尺寸	b 偏差H12	t_{max}
40	30	44.45	63	85.0	67	1.6	±0.4	16.1	+0.180 0	22.5
45	30	57.15	80	104.0	86	3.2		19.3	+0.210 0	29.0
	40									
50	30	69.85	100	125.0	105			25.7		35.3
	40									
	45			126.5						
55	40	88.90	130	152.0	130					45
	45			153.5						
	50			156.5						
60	40	107.95	160	189.0	165					60
	45			190.5						
	50			193.5						

外锥							
D_2	d 基本尺寸	d 极限偏差H12	b_1 基本尺寸	b_1 极限偏差h9	h_{max}	Z_1	t_1
31.75	17.4	+0.180 0	15.9	0 −0.043	8.0	±0.4	0.016
44.45	25.3	+0.210 0					0.020
31.75	17.4	+0.180 0					
44.45	25.3	+0.210 0					
57.15	32.4	+0.250 0	19.0	0 −0.052	9.5		
69.85	39.6		25.4	0 −0.043	12.5	±0.4	0.020
44.45	25.3	+0.210 0	15.9	0 −0.052	8.0		
57.15	32.4	+0.250 0	19.0		9.5		
69.85	39.6		25.4		12.5		

注：1. Z 等于圆锥的大端和通过基本直径 D 的平面之间的最大允许偏差，适用于该平面的两侧面。

2. Z_1 等于在前端面的任何一边，基准平面 D_2 对前端面公称重合位置的最大允许偏差。

表 11.44 莫氏圆锥中间套（JB/T 3411.109—1999） mm

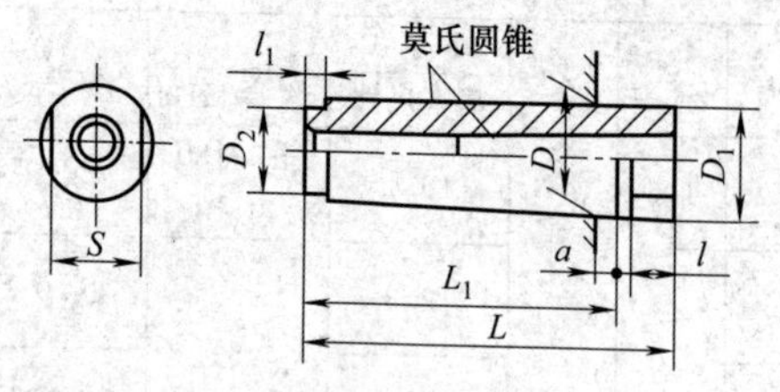

标记示例：外锥为 3 号、内锥为 1 号的莫氏圆锥中间套标记为“中间套 3-1 JB/T 3411.109—1999”

莫氏圆锥号		D	$D_1\approx$	$D_{2\max}$	$L_{\max}$	L_1	a	l	$l_{1\max}$	S
外锥	内锥									
3	1	23.825	24.1	19.0	80	65	3	12	7	21
	2								9	27
4	2	31.267	31.6	25.0	90	70	6.5		10	36
	3									
5	2	44.399	44.7	35.7	110	85				
	3									
	4									
6	4	63.348	63.8	51.0	130	105	8	15	16	55
	5									

注：莫氏圆锥的尺寸和偏差按 GB/T 1443—1996 的规定。

表 11.45 快换中间套（JB/T 3411.121—1999） mm

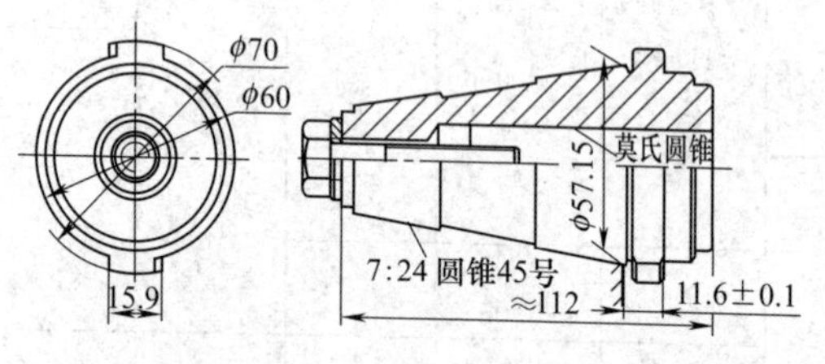

标记示例：外锥为 7∶24 圆锥 45 号、内锥为莫氏圆锥 3 号的快换中间套标记为“中间套 45-3 JB/T 3411.121—1999”

外锥 7∶24 圆锥号	内锥莫氏圆锥号
45	2、3、4

11.4 装夹工具

铣夹头用来安装铣刀，并将机床主轴的运动传递给刀具以完成切削。夹头的一端为 7∶24 的外锥，用来与机床主轴锥孔相配合，以保证铣刀心轴与机床主轴同心。铣夹头圆锥柄参数见表 11.46。

表11.46　铣夹头圆锥柄参数　　mm

圆锥柄				简图	尺寸	
锥度	型号		标准号		l_1	l_2
7∶24	XT(机床用7∶24锥柄)	30	GB/T 3837—2001		68.4	9.6
		40			93.4	11.6
		45			106.8	13.2
		50			126.8	15.2
	JT(自动换刀机床用7∶24锥柄)	40	GB/T 10944.1—2006		68.4	35
		45			82.7	
		50			101.75	
	KT(快换夹头用7∶24锥柄,只限于与快换铣夹头主体配套使用)	30	JB/T 3489—2007		48.4	—
		40			65.4	
		45			82.8	
莫氏	MS(工具柄自锁圆锥莫氏锥柄)	3	GB/T 1443—1996		81	5
		4			102.5	6.5
		5			129.5	
		4			102.5	29.5
		5			129.5	34.5

11.4.1 弹性铣夹头

表11.47　弹性铣夹头参数（JB/T 6350—2008）　　mm

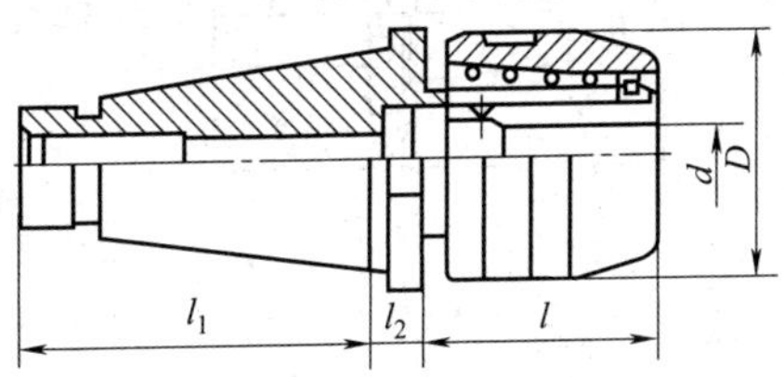

最大夹持孔直径 d	夹持范围	D	l	l_1	l_2	圆锥柄型号					
						7∶24				莫氏	
16	4～16	42	50	见表11.46铣夹头圆锥柄参数		XT	30	KT	30	MS QMS(强制传动莫氏锥柄)	3
32	6～32	70	65			XT JT	40 45		40 45		4
40	6～40	94	80				50				5

11.4.2 锥柄铣刀铣夹头

表 11.48 锥柄铣刀铣夹头参数（JB/T 6350—2008） mm

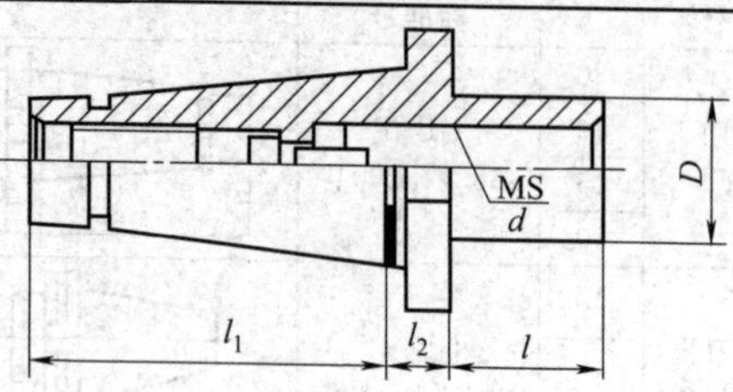

夹持孔圆锥号 d		D	l	l_1	l_2	圆锥柄型号(7∶24)			
MS	1	25	35	见表 11.46 铣夹头圆锥柄参数		XT JT	40 45 50	XT KT	30 40 45
	2	32	50						
	3	40	70				40 45 50		40 45
	4	50							
	5	63	85				45 50		45

11.4.3 削平柄铣刀铣夹头

表 11.49 削平柄铣刀铣夹头参数（JB/T 6350—2008） mm

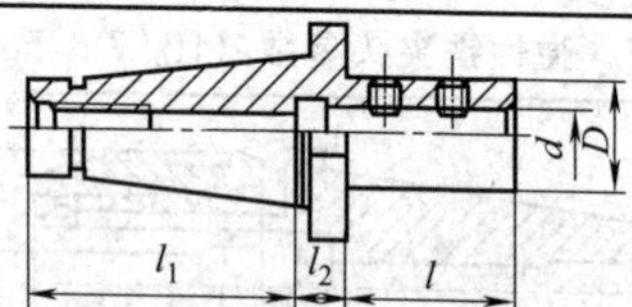

夹持孔直径 d	D	l	l_1	l_2	圆锥柄型号					
					7∶24				莫氏	
6	25	30	见表 11.46 铣夹头圆锥柄参数		XT JT	40 45 50	XT KT	30 40 50	QMS	3 4 5
8	28									
10	35									
12	42									
16	48	40								
20	52	50								
25	65	60				40 45 50		40 45		4 5
32	72									
40	90	70				45	—	—	—	—
50	100	80				50				
63	130	90				50				

11.4.4　滚针铣夹头

表11.50　滚针铣夹头参数（JB/T 6350—2008）　mm

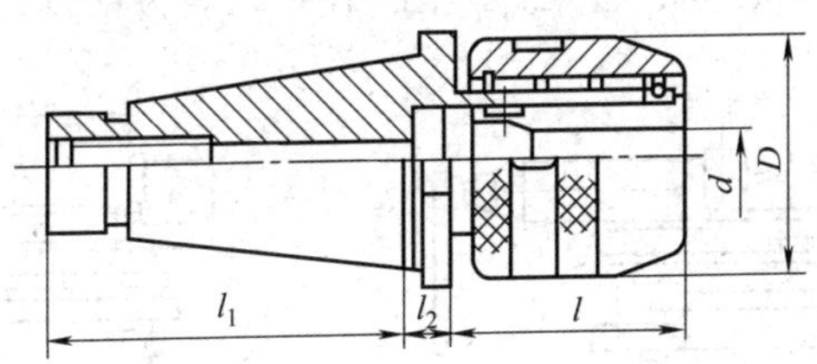

最大夹持孔直径 d	夹持范围	D	l	l_1	l_2	圆锥柄型号					
						7∶24				莫氏	
16	4～16	54	56	见表11.46铣夹头圆锥柄参数		XT	30	KT	30	MS QMS	3
25	6～25	70	70			XT JT	40 45 50		40 45		4 5
32	10～32	90	100				50				5

11.4.5　快换铣刀铣夹头

表11.51　快换铣刀铣夹头参数（JB/T 6350—2008）　mm

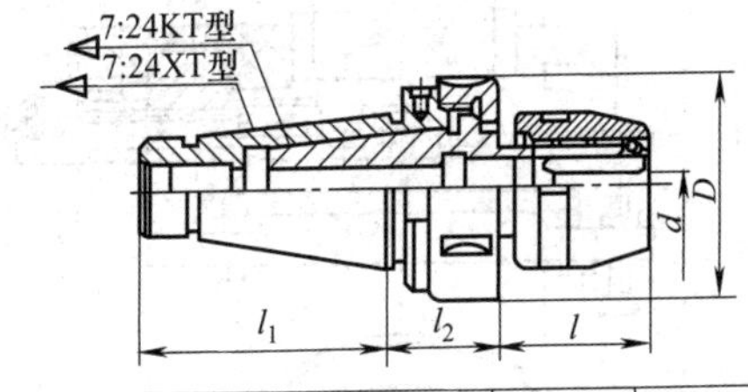

主轴夹持孔圆锥号		d	l	D	l_1	l_2	圆锥型号(7∶24)	
KT	30	见表11.47～表11.50		80	见表11.46	35	XT	40
	40			108		45		50
	45							

注：快换铣夹头由主体与各种形式的带KT型锥柄的铣夹头配套组成，例如滚针铣快换夹头、弹性铣快换夹头、削平柄铣刀铣快换夹头、短锥柄铣刀快换铣夹头、锥柄铣刀铣快换夹头、短锥柄铣刀铣快换夹头等。

11.4.6　机用虎钳

机用虎钳分普通机用虎钳、高精度机用虎钳和可倾机用虎钳，用于在铣床、刨床上装夹零件，其他机床也可参照使用。

（1）普通机用虎钳

用于配合机床加工，夹紧加工工件。其精度分为 0 级、1 级和 2 级，型式有Ⅰ、Ⅱ、Ⅲ三种（图 11.1），规格见表 11.52。

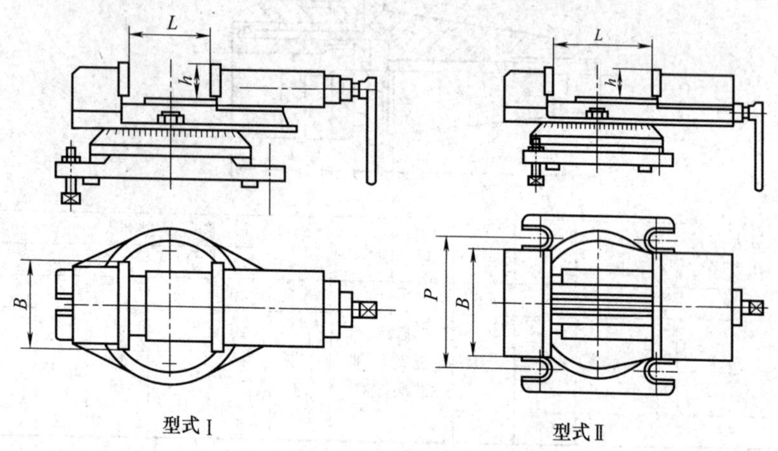

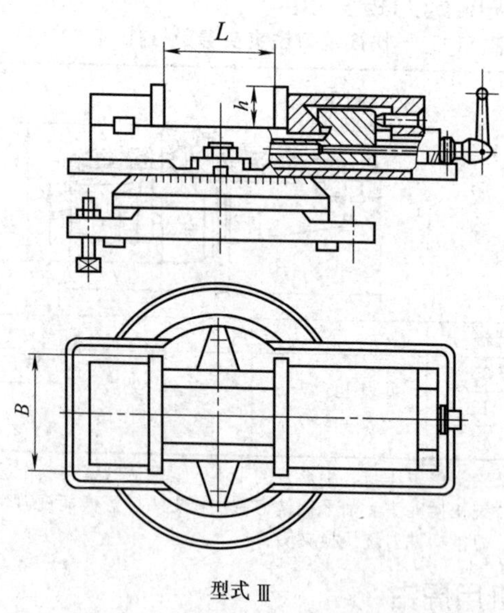

图 11.1　普通机用虎钳

表 11.52 普通机用虎钳的规格（JB/T 2329—2011） mm

规格		63	80	100	125	160	200	250	315	400
钳口宽度 *B*	型式Ⅰ	63	80	100	125	160	200	250	—	—
	型式Ⅱ	—	—	—	125	160	200	250	315	400
	型式Ⅲ	—	80	100	125	160	200	250	—	—
钳口高度 *h* min	型式Ⅰ	20	25	32	40	50	63	63	—	—
	型式Ⅱ	—	—	—	40	50	63	63	80	80
	型式Ⅲ	—	25	32	38	45	56	75	—	—
钳口最大开度 *L* min	型式Ⅰ	50	63	80	100	125	160	200	—	—
	型式Ⅱ	—	—	—	140	180	220	280	360	450
	型式Ⅲ	—	75	100	110	140	190	245	—	—
螺栓间距 *P*	型式Ⅱ	—	—	—	—	160	200	250	320	320

（2）高精度机用虎钳

用于各类平面磨床、工具磨床及其他精密机床。其精度分为1级和2级，规格见表11.53。

表 11.53 高精度机用虎钳的规格（JB/T 9937—2011） mm

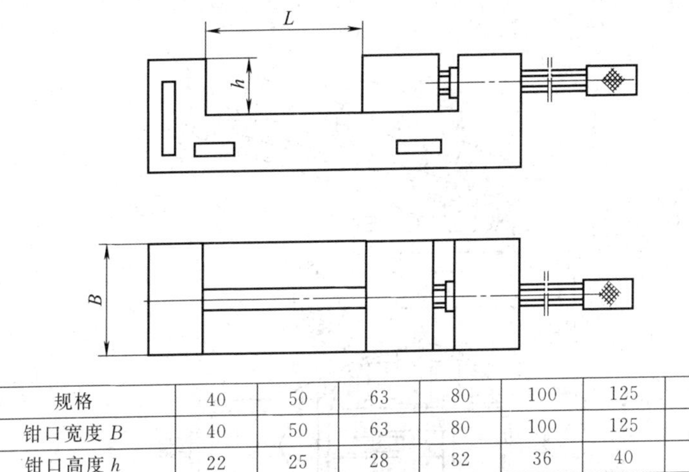

<table>
<tr><td>规格</td><td colspan="5">40</td><td colspan="5">50</td><td colspan="5">63</td><td colspan="5">80</td><td colspan="4">100</td><td colspan="4">125</td><td colspan="4">160</td></tr>
<tr><td>钳口宽度 B</td><td colspan="5">40</td><td colspan="5">50</td><td colspan="5">63</td><td colspan="5">80</td><td colspan="4">100</td><td colspan="4">125</td><td colspan="4">100</td></tr>
<tr><td>钳口高度 h</td><td colspan="5">22</td><td colspan="5">25</td><td colspan="5">28</td><td colspan="5">32</td><td colspan="4">36</td><td colspan="4">40</td><td colspan="4">45</td></tr>
<tr><td>钳口最大开度 L</td><td colspan="4">32</td><td colspan="4">40</td><td colspan="4">50</td><td colspan="4">63</td><td colspan="4">80</td><td colspan="3">100</td><td colspan="3">125</td><td colspan="3">160</td><td colspan="3">200</td></tr>
</table>

（3）可倾机用虎钳

用于机床作普通精度加工。有Ⅰ、Ⅱ两种型式（图11.2），其规格见表11.54。

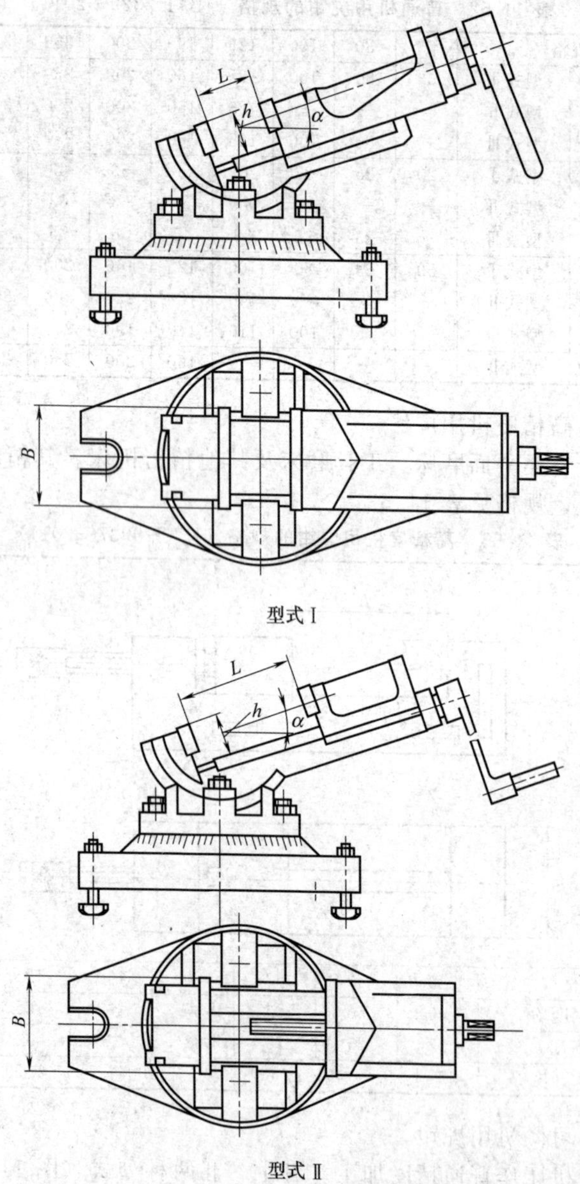

图 11.2　可倾机用虎钳

表 11.54　可倾机用虎钳的规格（JB/T 9936—2011）　mm

规格		100	125	160	100
钳口宽度 B		100	125	160	200
钳口高度 h		32	40	50	63
钳口最大开度 L	型式Ⅰ	80	100	125	160
	型式Ⅱ	—	140	180	220
倾斜角度 α 范围		0°～90°			

11.4.7　电磁吸盘和永磁吸盘

（1）电磁吸盘

电磁吸盘可分为普通吸力吸盘和强力吸盘。前者吸力为1.0～1.2MPa，后者不低于1.5MPa。按照形状可分为矩形、圆形电磁吸盘；按照磁性可分为电磁和永磁电磁吸盘。用于铣床、磨床、刨床吸持工件和磨刀机等。电磁吸盘的型式、尺寸系列及其技术参数见表11.55～表11.58。

表 11.55　矩形电磁吸盘的型式和尺寸系列（JB/T 10150—2011）

mm

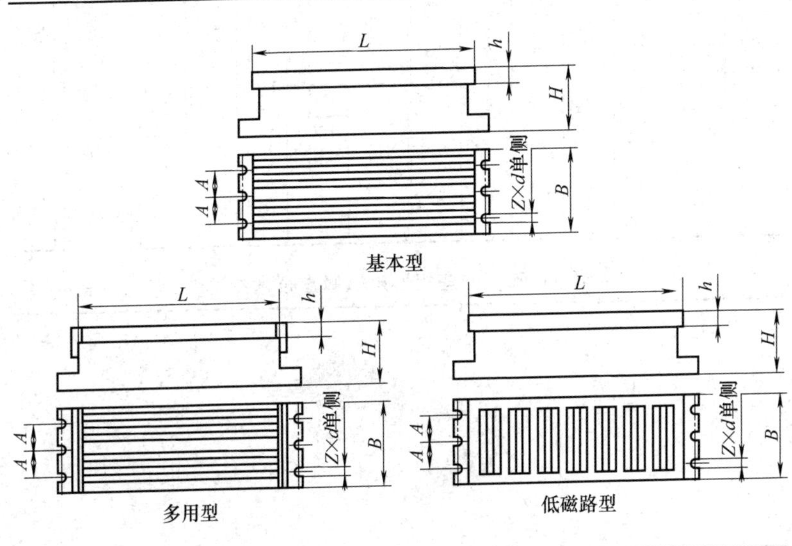

续表

工作台面宽度 B	工作台面长度 L	吸盘高度 H max	面板厚度 h min	推荐值 螺钉槽间距 A	推荐值 螺钉槽数 Z	推荐值 螺钉槽宽度 d
160	400	130	25	—	1	14
	500					
	630					
200	400					
	500					
	630					
	800					
250	400	150	25	160	2	14
	500					
	630					
	800					
	1000					
	1250 (1400)					
	1600					
315 (300) (320)	500	150	25	160	2	18
	630					
	800					
	1000					
	1400					
	1600					
400	630	160	25	100	3	18
	800					
	1000					

工作台面宽度 B	工作台面长度 L	吸盘高度 H max	面板厚度 h min	推荐值 螺钉槽间距 A	推荐值 螺钉槽数 Z	推荐值 螺钉槽宽度 d
400	1250	160	25	100	3	18
	1600					
	2000					
500	630	160	28	160	3	22
	1000					
	1250					
	1600					
	2000					
630 (600)	800	200	28	160	3	22
	1000					
	1250					
	1600					
	2000					
	2500					
800	1000	200	28	250	3	26
	1600					
	2000					
	2500					
1000	1250		30		4	
	1600					
	2000					
	2500					

表 11.56 一些矩形电磁吸盘技术参数 mm

续表

型号	台面宽度	台面长度	电流/A	功率/W	极距	吸力/MPa	紧固螺栓个数×直径	配套机床	外形尺寸长×宽×高	净重/kg
矩形电磁吸盘										
X11-100×200①	100	200	1	24	29	≥1	2×M10	—	200×130×56	7
X11-120×250	120	250	0.32	35	22	≥1	2×M10	—	328×150×80	15
X11-125×400	125	400	0.5	55	16	≥1	2×M10	—	400×160×85	28
X11-125×900	125	900	1	110	18	≥0.8	6×M10	—	900×178×85	50
X11-140×700	140	700	0.7	76	22	≥1	—		1135×140×110	90
X11-140×1390	140	1390	1.3	110	145	≥1	2×M18	MR2513	1600×140×146	200
X11-150×300	150	300	0.3	34	20	≥1	2×M12	—	344×185×100	29
X11-150×400	150	400	0.44	48	16	≥1	2×M10	—	400×180×94	39
X11-155×1000	155	1000	1	110	22	≥1	6×M12	—	1000×230×125	100
X11-160×450	160	450	0.45	50	18	≥1	2×M12	M7116	500×195×94	45
X11-200×300	200	300	0.75	82	24	≥1	2×M12	—	360×200×120	44
X11-200×400	220	400	1	110	22	1.0	2×M12	M7120	400×220×112	50
X11-200×560	200	560	1	110	22	1.0	2×M12	M7120	560×200×112	82.4
X11-200×560	200	566	0.93	103	22	≥1	2×M12	M712	610×235×110	83
X11-200×630	200	630	1.1	120	22.5	1.0	2×M12	M7120	630×200×110	90
X11-250×600	252	600	1.2	130	23	1.0	2×M12	M7150	600×252×123	90
X11-250×606	250	606	1.3	141	23	1	2×M16	M7150A	606×285×116	108
X11-300×1000	300	1000	2.15	240	22	1	2×M12	M7130	1000×300×104	196
X11-300×500	300	500	1.3	143	22	1	4×M8	—	540×335×110	110
X11-300×650C	300	650	3.8	418	50	1.5	2×M16	—	680×335×142	192
X11-300×680	300	680	1.45	160	22	1	2×M15	M7130	680×335×116	142

续表

型号	台面宽度	台面长度	电流/A	功率/W	极距	吸力/MPa	紧固螺栓个数×直径	配套机床	外形尺寸长×宽×高	净重/kg
矩形电磁吸盘										
X11-300×680N	300	680	1.45	160	22	1	2×M16	M7130	680×335×110	136
X11-300×800	300	800	1.68	185	22	1	2×M16	M7130K	800×335×116	156
X11-320×630	320	630	1.37	150	19	1	2×M12	M7132	630×320×116	143
X11-320×800	320	800	—	180	4	≥1.0	2×M16	M7232	800×320×116	200
X11-320×1000	320	1000	2.26	165	22	≥1	2×M16	M7132	1000×355×116	220
X11-320×1250	320	1250	2	216	22	≥1	2×M16	M7232B	1250×355×116	295
X11-320×1600M	320	1600	2.2	233	22	≥1	2×M16	MM7132A	1600×355×116	370
X11-350×1200	350	1200	1	110	24	≥1	—	MM7135	1200×385×110	330
X11-400×630	400	630	1.2	130	22	1	2×M14	M7140	630×400×116	160
X11-400×800	400	800	1.4	154	72	1	2×M14	M7140	800×400×116	213
X11-400×1000	400	1000	1.5	168	18.4	1	2×M14	M7140	1000×400×116	275
X11-400×1600	400	1600	3.4	370	22	≥1	2×M16	—	1600×435×116	432
X11-400×1800	400	1800	6	660	22	≥1	—		1800×435×120	480
X11-400×2000	400	2000	3	330	60	≥1	4×M16	—	2000×435×120	620
X11-500×1000	500	1000	3.4	373	22	≥1	4×M16	MA7150	1000×535×116	360
X11-500×1600	500	1600	4.5	498	22	≥1	4×M16	MM7150A	1600×535×116	570
X11-500×2000	500	2000	5.4	594	40	≥1	4×M16	—	2060×500×116	700
X11-600×1000	600	1000	1.3	140	22.5	1	2×M14	M7160	1000×600×120	465
X11-600×1200	600	1200	4.5	495	22	≥1	压极	—	1250×635×116	432
X1800×1000	800	1000	1.5	165	19	1	2×M14	M7180	1000×800×120	630
X92-300×680M②	300	680	14	160	—	≥0.7	3×M16	M7130	866×335×114	160
M11-320×800	320	800	1.9	208	22	≥1	2×M16	M7132	800×355×116	176
XM11-300×800③	300	800	1.89	208	22	1.0	2×M12	M7130	800×300×145	196
XM11-320×1000③	320	1000	2.2	240	8	1	2×M14	M7132	1000×320×125	231
X11-2000×460	200	460	0.5	55	22	≥1	2×M12	—	470×235×72	72
X11-2400×1000	240	1000	1.3	143	22.8	1.0	2×M12	专用吸盘	1000×240×118	170

续表

型号	台面宽度	台面长度	电流/A	功率/W	极距	吸力/MPa	紧固螺栓个数×直径	配套机床	外形尺寸 长×宽×高	净重/kg
纵向密极矩形电磁吸盘										
X11-125×300B	125	300	0.38	42	4	≥1	2×M12	M7112	360×155×85	22
X11-125×400D	125	400	0.3	35	29	≥1	2×M10	M7112	400×160×85	30
X11-160×360B	160	360	0.25	28	4	≥1	2×M12	M7116	360×155×85	39
X11-300×1000B	300	1000	1.86	205	5	≥1	2×M12	M7130	1000×355×116	200
X11-300×2000B	300	2000	2.34	257	5	≥1	压极	—	2000×350×120	390
X11-400×1800B	400	1800	8	880	5	≥1	压极	—	1800×435×126	490
纵向宽极矩形电磁吸盘										
X11-600×2000D	160	2000	2.2	241	28	≥1	8×M12	—	2000×160×110	225
X11-250×1000D	250	1000	4.2	462	62	≥1	4×M16	—	1080×285×110	185
横向密极矩形电磁吸盘										
X11-200×560A	200	560	1	110	5	≥1	2×M12	M7120A	610×235×110	74
X11-200×600A	200	600	1	110	5	≥1	—	MH650	630×235×116	95
X11-220×650A	220	650	1	110	4.5	≥1	—	—	650×255×114	110
X11-300×680A	300	680	1.5	160	5	≥1	2×M16	M7130	680×335×116	150
高精度矩形电磁吸盘										
XG11-250×600	250	600	1.2	132	23	≥1	—	MG7125	600×285×100	980
XG11-300×1600C	300	1600	4.2	460	22	1.5	2×M16	MGS7130	1600×335×120	320
XG11-320×1000	320	1000	1.78	195	22	≥1	2×M16	MGK7132	1000×335×116	220
高精度纵向密极矩形电磁吸盘										
XG11-300×1600B	300	1600	4.2	462	5	1	2×M16	MGS7130	1600×335×120	340
XG11-320×100	320	100	1.8	195	5	≥1	2×M16	MGK7	1000×335×120	210

① 电压为24V，其余为110V。

② 磨用多功能矩形电磁吸盘。

③ 密极。

表 11.57 圆形强力电磁吸盘的型式和尺寸系列（JB/T 10150—2011）

mm

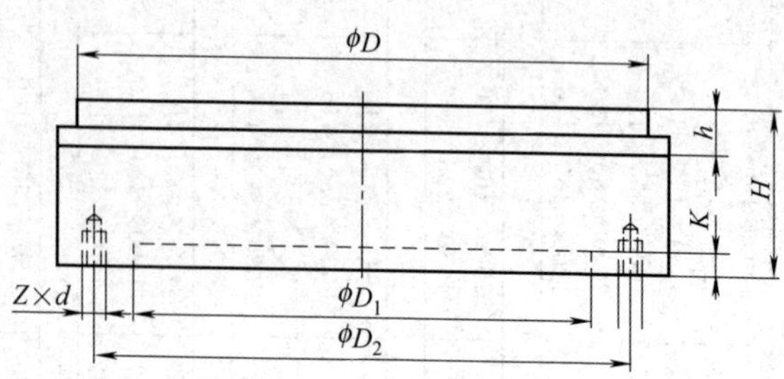

台面直径 D	吸盘高度 H max	面板厚度 h min	推荐值				
			D_1(H7)	D_2	K	Z	d
250	100	18	200	224	5	4	M10
315 (300,320)	110		250	280			M12
400		20	315	355		8	
500	130		400	450	6		
630(600)			500	560			
800 (780,750)	140	22	630	710	8		M16
1000	180		800	900	10	16	
1250			1000	1140			
1600	240	24	1400	1480			
1800			1600	1700	12	32	M20
2000	260	30	1800	1890			
2250			2000	2120	14		
2500	280		2250	2370	16		

表 11.58 一些圆形电磁吸盘技术参数 mm

续表

型号	台面直径	电压/V	电流/A	功率/W	极距	吸力/MPa	止口直径	配套机床	外形尺寸长×宽×高	净重/kg
X21-400	400	110	0.84	92	12.5	0.8	405	M7340	405×105	90
X21-165F	165	36	0.9	32	—	≥0.8	130	—	165×100	—
X21-315F	315	110	0.7	81	—	≥0.8	70	M7331	315×105	50
X21-320F	320	110	0.8	88	—	≥0.8	75	M7322A	325×105	58
X21-320	320	110	0.8	85	15	≥0.8	75	M7332A	325×105	58
X21-400F	400	110	0.85	92	—	≥0.8	75	M7340A	405×105	96
X21-400	400	110	0.85	93	—	0.8	405	M7340	405×105	92
X21-500F	500	110	1.1	123	—	≥0.8	250	M7450	560×128	163
X21-500	500	110	2	220	—	0.8	560	M7350	560×120	136
X21-500	500	110	1.8	200	12.4	0.8	510	M7350	510×107	137
X21-500	500	110	—	160	4	≥80	320	M7450	560×120	220
X21-500	500	110	1.1	123	15	≥0.8	250	M7350	510×107	170
X21-510C	510	110	1.1	123	5	≥0.8	250	M7350A	510×107	165
X21-600	600	100	3.1	310	16	≥0.8	240	—	600×118	360
X21-630F	630	110	3	330	—	≥0.8	250	MB7463	677×138	380
X21-630	630	110	1.66	130	14	0.8	650	M7363	650×133	200
X21-630Z	630	110	3	330	5	≥0.8	250	M7463	640×135	440
X21-780	770	110	4	440	18.5	0.8	780	M7475	780×200	500
X21-780B	770	110	—	460	4	≥80	330	M7475B	780×191	530
X21-780A	777	110	—	460	4	≥80	330	M7475A	780×191	530
X21-780	780	110	4.2	462	16	≥0.8	350	M7475	780×228	543
X21-780	780	110	4.2	462	16	≥0.8	330	M7475A	780×228	543
X21-780B	780	110	4.2	462	16	≥0.8	330	M7475B	780×228	543
X21-780B	780	110	4	440	15	0.8	780	M7475B	780×180	500
X21-780C	780	110	4.2	462	5	≥0.8	330	M7475B	780×200	543
X21-800	800	110	4.3	476	15	≥0.8	290	M7480	850×165	528
X21-800	800	110	3.5	385	16	≥0.8	550	MA7480	820×180	540
X21-800	824	110	3	550	13.7	0.8	834	M7480	834×190	600
X21-1000	1000	110	4.6	510	19.5	0.8	1036	M74100	1036×156	1250
X21-1000	1000	110	4.3	496	16	≥0.8	454	M74100	1040×190	540
X21-1000	1020	110	—	500	4	≥80	454	M74100	1040×190	600
X21-1250	1250	110	12	1320	19	0.8	1290	M74125	1290×190	2000
X21-1250	1270	110	—	1260	4	≥80	454	M74125	1296×195	1500
X21-1600	1604	110	18	2000	16	0.8	1680	M74160	1680×245	3700
X21-1600	1664	110	—	2040	5	≥80	700	M74160	1680×228	3500
X21-1800	1800	110	18	1900	22.8	0.8	1805	M74180	1805×245	5000

续表

型号	台面直径	电压/V	电流/A	功率/W	极距	吸力/MPa	止口直径	配套机床	外形尺寸长×宽×高	净重/kg
X21-1800	1800	110	—	2040	5	≥80	700	M74160A	1800×228	3800
X21-2000	2000	110	25	2750	21	0.8	2056	M74200	2056×240	5600
X21-200	2080	110	—	3520	5	≥80	700	M74200	2100×235	4500
X21-2250	2250	110	34.2	3762	21	0.8	2300	M74250	2300×1245	6600
X21-2500	2560	150	—	5250	5	≥80	1000	M74250	2580×270	7000

(2) 永磁吸盘（表 11.59、表 11.60）

表 11.59 永磁吸盘的型式和尺寸系列（JB/T 3149—2005） mm

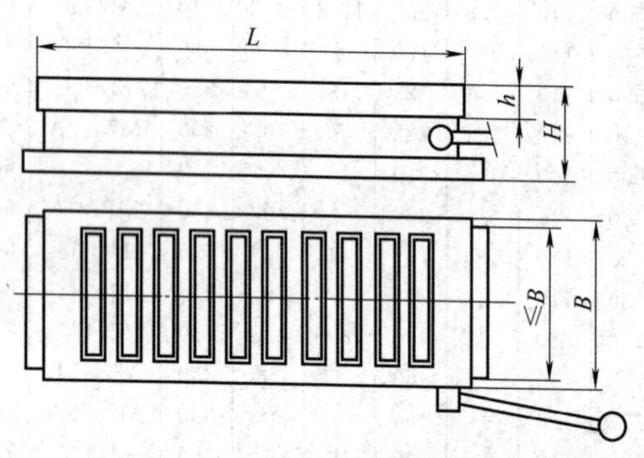

<table>
<tr><th>工作台面宽度 B</th><th>工作台面长度 L</th><th>吸盘高度 H max</th><th>面板厚度 h min</th><th>工作台面宽度 B</th><th>工作台面长度 L</th><th>吸盘高度 H max</th><th>面板厚度 h min</th></tr>
<tr><td rowspan="3">100</td><td>200</td><td rowspan="3">65</td><td rowspan="3">12</td><td rowspan="4">200</td><td>315</td><td rowspan="4">80</td><td rowspan="4">20</td></tr>
<tr><td>250</td><td>400</td></tr>
<tr><td>315</td><td>500</td></tr>
<tr><td rowspan="3">125</td><td>250</td><td rowspan="3">70</td><td rowspan="5">16</td><td>630</td></tr>
<tr><td>315</td><td rowspan="3">250</td><td>400</td><td rowspan="3">85</td><td rowspan="6">20</td></tr>
<tr><td>400</td><td>500</td></tr>
<tr><td rowspan="4">160</td><td>250</td><td rowspan="4">75</td><td>630</td></tr>
<tr><td>315</td><td rowspan="3">315</td><td>500</td><td rowspan="3">90</td></tr>
<tr><td>400</td><td rowspan="2">18</td><td>630</td></tr>
<tr><td>500</td><td>800</td></tr>
</table>

表 11.60　一些永磁吸盘的技术参数　mm

圆形永磁吸盘

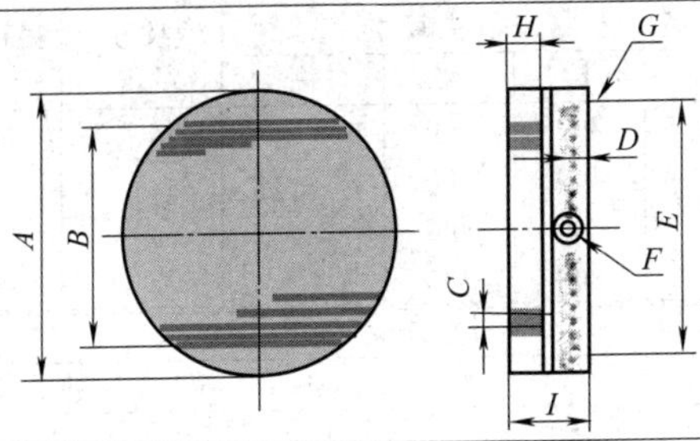

型号	主要尺寸								
	A	B	C	D	E	F	G	H	I
Xm51-125	125	80	2.5(1+1.5)	2	112	10	M6	20	58
Xm51-160	160	115	2.5(1+1.5)	2	140	10	M8	20	58
Xm51-200	200	155	2.5(1+1.5)	2	180	10	M10	20	58
Xm51-250	250	205	2.5(1+1.5)	2	224	10	M10	20	58
Xm51-300	300	255	2.5(1+1.5)	2	260	10	M10	20	58
Xm51-400	400	355	2.5(1+1.5)	2	350	10	M10	20	58
Xm51-500	500	455	2.5(1+1.5)	2	440	10	M12	20	58
Xm51-600	600	555	2.5(1+1.5)	2	550	10	M12	20	58

超精度电永磁吸盘

产品型号	主要尺寸			吸力/MPa	磁距	净重/kg
	长	宽	高			
X91A-200×400	400	200	80/100	≥2	12+4	35/41
X91A-200×500	500	200			12+4	43/50
X91A-200×560	560	200			12+4	48/55
X91A-250×500	500	250			12+4	55/61
X91A-300×300	300	300			12+4	48/57
X91A-400×400	400	400			12+4	52/75
X91A-400×600	600	400			12+4	85/98
X91A-500×800	800	500			12+4	110/125

电永磁吸盘

产品型号	主要尺寸			吸力/MPa	磁极数量/个	净重/kg
	长	宽	高			
X91B-200×400	400	200	80/100	≥2.4	98	35/41
X91B-200×500	500	200			116	43/50
X91B-200×560	560	200			120	48/55
X91B-250×500	500	250			128	55/61

续表

电永磁吸盘						
产品型号	主要尺寸			吸力/MPa	磁极数量/个	净重/kg
	长	宽	高			
X91B-300×300	300	300	80/100	≥2.4	132	48/57
X91B-400×400	400	400			240	62/75
X91B-400×600	600	400			286	95/108
X91B-500×800	800	500			480	120/135

标准电永磁吸盘					
产品型号	长	宽	高	机芯尺寸	机芯数
X61-300×600	600	300	75	240×22	9
X61-300×800	800	300	75	240×22	12
X61-400×800	800	400	75	340×22	12
X61-400×1000	1000	400	75	340×22	15
X61-500×800	800	500	80	440×22	12
X61-500×1000	1000	500	80	440×22	15

可倾永磁吸盘

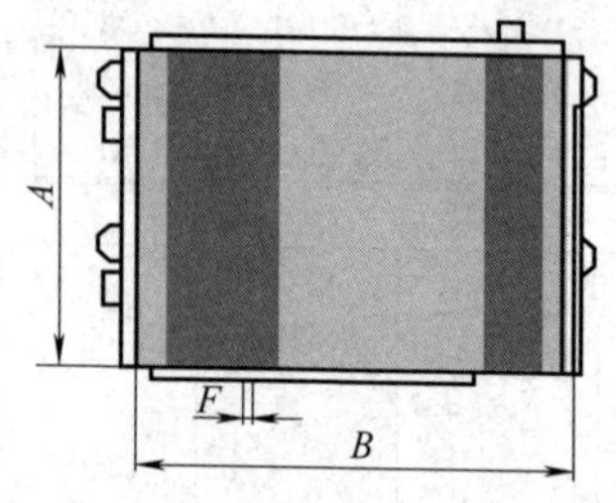

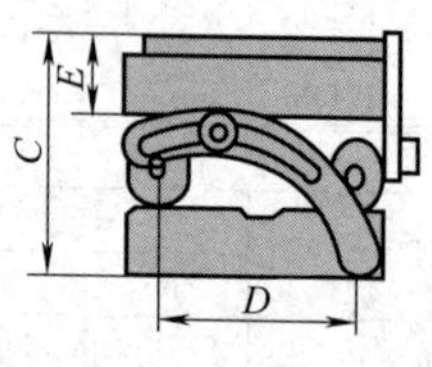

	产品型号	主要尺寸						磨削角度/(°)	净重/kg
		A	B	C	D	E	F		
单倾永磁吸盘	Xm42-100×175	100	175	84	75	53	0.5+1.5	0～45	10
	Xm42-125×250	125	250	84	75	53	0.5+1.5	0～45	17.5
	Xm42-150×150	150	150	84	100	53	0.5+1.5	0～45	12.5
	Xm42-150×300	150	300	84	100	53	0.5+1.5	0～45	25
	Xm42-200×560	200	560	84	160	53	0.5+1.5	0～45	75
双倾永磁吸盘	Xm43-100×175	100	175	115	75	100	0.5+1.5	0～45	12
	Xm43-125×250	125	250	115	75	150	0.5+1.5	0～45	20
	Xm43-150×150	150	150	115	100	100	0.5+1.5	0～45	15
	Xm43-150×300	150	300	115	100	150	0.5+1.5	0～45	32

续表

强力密极永磁吸盘

产品型号	主要尺寸			极距	磁力/MPa	净重/kg
	长	宽	高			
Xm91-125×250	250	125	50	1.5+0.5	≥1	14.5
Xm91-150×150	150	150	50	1.5+0.5	≥1	10.5
Xm91-150×300	300	150	50	1.5+0.5	≥1	20
Xm91-150×350	350	150	50	1.5+0.5	≥1	24
Xm91-150×400	400	150	50	1.5+0.5	≥1	28
Xm91-150×450	450	150	50	1.5+0.5	≥1	32
Xm91-200×400	400	200	55	1.5+0.5	≥1	38
Xm91-200×450	450	200	55	1.5+0.5	≥1	43
Xm91-200×500	500	200	55	1.5+0.5	≥1	47

新式回转永磁吸盘

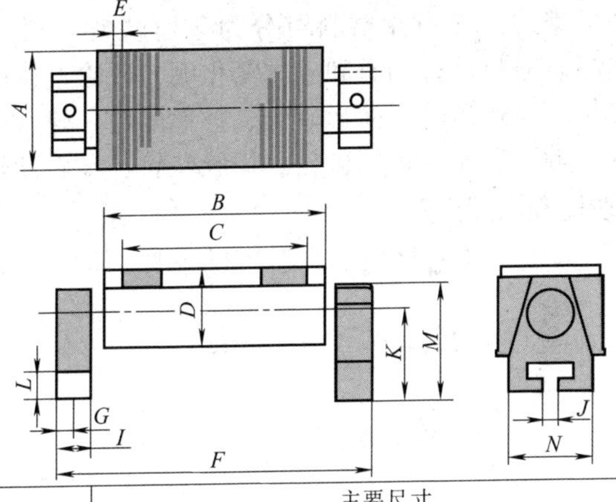

产品型号	主要尺寸										净重/kg
	A	B	C	D	E	F	G	I	J	其他	
Xm42-100×175A	100	175	135	100	1.5(1+0.5)	292	25	50	14	K=103	18.5
Xm42-125×250A	125	250	250	100	1.5(1+0.5)	370	25	50	14	L=50	25
Xm42-150×150A	150	150	150	100	1.5(1+0.5)	270	25	50	14	M=163	21
Xm42-150×300A	150	300	300	100	1.5(1+0.5)	420	25	50	14	N=100	31

第12章 磨工工具

磨工工具包括固结磨具（如砂轮、磨头、磨石、砂瓦等）和涂附磨具（如砂布、砂纸、砂盘等），磨削用夹具和辅具，还有小型磨削机械（在气动工具一章中叙述）。

12.1 普通砂轮

砂轮装在砂轮机或磨床上，用来磨削刀具、零件、金属或非金属材料。种类繁多，按所用磨料可分为普通磨料（刚玉和碳化硅等）砂轮和超硬磨料（金刚石和立方氮化硼）砂轮；按砂轮形状可分为平形砂轮、斜边砂轮、筒形砂轮、杯形砂轮、碟形砂轮等；按结合剂可分为陶瓷砂轮、树脂砂轮、橡胶砂轮、金属砂轮等。

12.1.1 砂轮标记方法

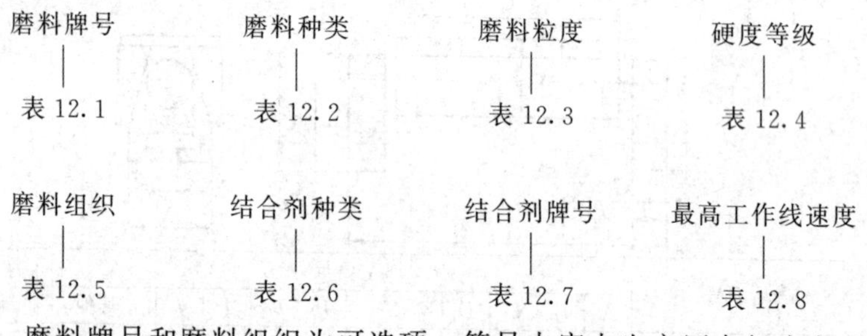

磨料牌号和磨料组织为可选项，符号内容由生产厂自行决定。

表 12.1 磨料牌号

磨料牌号	细分牌号或粒度范围
棕刚玉 A	A—陶瓷结合剂磨具用 A-P—高速砂带(含机加工砂页)用 A-P2—页状砂布用 A-B—有机结合剂磨具用 A-S—喷砂抛光用

续表

磨料牌号	细分牌号或粒度范围
白刚玉 WA	WA—陶瓷结合剂磨具用 WA-B—有机结合剂磨具用 WA-P—涂附磨具用
单晶刚玉 SA	粒度范围为 F24～F220。有较高的硬度和韧性，切削能力较强，用于制造磨具和研磨材料等
微晶刚玉 MA	粒度范围分 F4～F90 和 F100～F220 两级。强度高，韧性较大，适用于重负荷磨削，也用于精密磨削甚至镜面磨削
黑刚玉 BA	粒度分 F220 以粗和 F220 以细两级。切削力强，韧性大，刚柔相济，耐磨性好，工效高。主要用于不锈钢、金属制品、光学玻璃等制品的喷砂，也用于制造树脂砂轮、切割片、砂布
锆刚玉 ZA	ZA40—含约 40%Zr_2 ZA25—含约 25%Zr_2 ZA10—含约 10%Zr_2 固结磨具、涂附磨具用代号直接以其粒度标记表示；耐火材料用代号为 R
铬刚玉 PA	20PA—0.20%～0.45% Cr_2O_3 45 PA—0.45%～1.00% Cr_2O_3 100PA—1.00%～2.00% Cr_2O_3
半脆刚玉 FA	综合了棕、白刚玉的部分优点，可用于陶瓷磨具、树脂磨具及涂附磨具的生产制造
陶瓷刚玉 SG	是利用溶胶-凝胶工艺或烧结陶瓷工艺制备的氧化铝微晶陶瓷
黑碳化硅 C	C—陶瓷结合剂磨具、砂带用 C-B1—有机结合剂磨具用 C-P—手工打磨砂页用
绿碳化硅 GC	GC—陶瓷结合剂磨具、砂带用 GC-B—有机结合剂磨具用 GC-P—手工打磨砂页用
混合磨料 AC	由相关磨料混合而成，具有它们各自的优缺点
立方碳化硅 SC	β-SiC 微粉用于制造高级油石、精细研磨/抛光液、替代金刚石、B4C、AlN 等
碳化硼 BC	粒度范围分为 F4～F90、F100～F220、F230～F600 和 F800～F1200 四级
金刚石 D	PDC-C—≤40μm 金刚石/硬质合金复合片 PDC-D—≤5～100μm 金刚石/硬质合金复合片 PCBN-C—≤40μm 立方氮化硼/硬质合金复合片
立方氮化硼 CBN	CBN100、CBN300—黑色立方氮化硼 CBN200、CBN400—琥珀色立方氮化硼

表 12.2　磨料种类

棕刚玉	白刚玉	单晶刚玉	微晶刚玉	黑刚玉	锆刚玉	铬刚玉	半脆刚玉
A	WA	SA	MA	BA	ZA	PA	FA
陶瓷刚玉	黑碳化硅	绿碳化硅	混合磨料	立方碳化硅	碳化硼	金刚石	立方氮化硼
SG	C	GC	AC	SC	BC	D	CBN

表 12.3　磨料粒度

μm

粗											
4	5	6	7	8	10	12	14	16	20	22	24
中粗											
30	36	40	46	54	60						
细											
70	80	90	100	120	150	180	220				
极　细											
230	240	280	320	360	400	500	600	800	1000	1200	

表 12.4　砂轮硬度等级

硬度等级	极软	很软	软	中级	硬	很硬	极硬
代号	A、B、C、D	E、F、G	H、J、K	L、M、N	P、Q、R、S	T	Y

表 12.5　砂轮组织号及适用范围

组织号	0	1	2	3	4	5	6	7	8	9	10	11	12	13	14
磨料率/%	62	60	58	56	54	52	50	48	46	44	42	40	38	36	34
疏密程度	紧密				中等				疏松					大气孔	
使用范围	重负荷、成形、精密磨削、间断及自由磨削，或加工硬脆材料				外圆、内圆、无心磨及工具磨，淬火钢工件及刀具刃磨等				粗磨及磨削韧性大、硬度低的工件，适合磨削薄壁、细长工件，或砂轮与工件接触面大以及平面磨削等					有色金属及塑料橡胶等非金属以及热敏性大的合金	

表 12.6　结合剂种类

V	R	RF	B
陶瓷结合剂	橡胶结合剂	增强橡胶结合剂	树脂或其他热固性有机结合剂

BF	Mg	PL
纤维增强树脂结合剂	菱苦土结合剂	塑料结合剂

表 12.7　结合剂牌号

<table>
<tr><th colspan="4">普通砂轮</th><th>专用砂轮</th></tr>
<tr><td colspan="2">无机结合剂</td><td colspan="2">有机结合剂</td><td rowspan="2">金属结合剂</td></tr>
<tr><td>陶瓷结合剂</td><td>菱苦土结合剂</td><td>树脂结合剂</td><td>橡胶结合剂</td></tr>
</table>

表 12.8　最高工作线速度范围　m/s

应按下列范围的最高工作速度进行制造
<16～16～20～25～30～32～35～40～50～60～63～70～80～100～125～140～160

12.1.2　砂轮的形状、代号及用途

表 12.9　砂轮的形状、代号及用途（GB/T 2484—2006）

系别	砂轮名称	形状代号	断面形状	特征值标记
平形系	平形砂轮	1	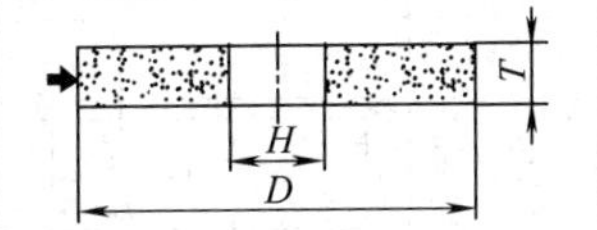	1 型-$D\times T\times H$
	双斜边砂轮	4	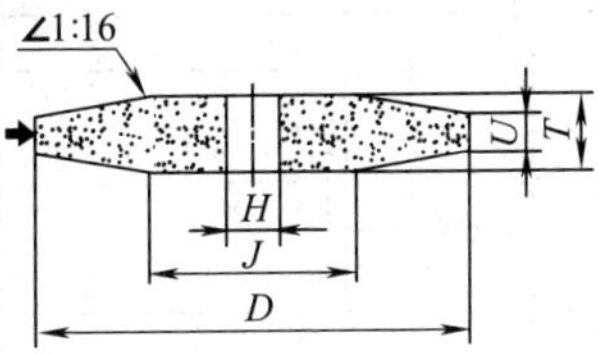	4 型-$D\times T\times H$
	单斜边砂轮	3	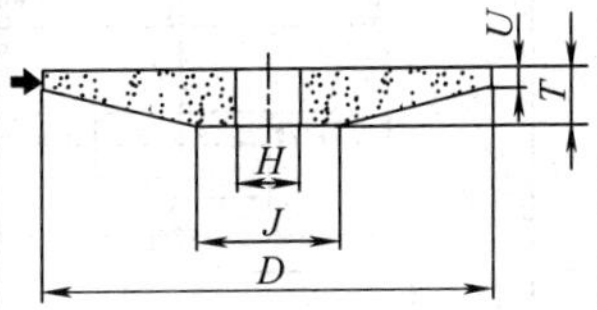	3 型-$D/J\times T\times H$
	单面凸砂轮	38	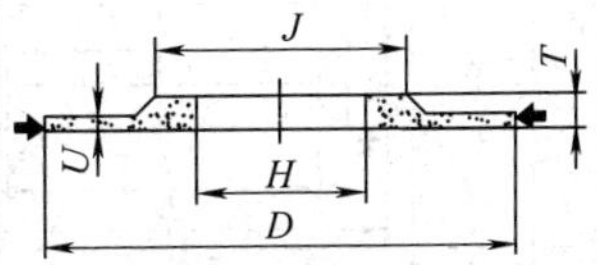	38 型-圆周型面-$D/J\times T/U\times H$
	单面凹砂轮	5	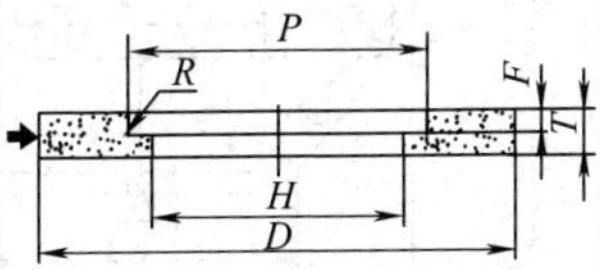	5 型-$D\times T\times H$-$P\times F$

续表

系别	砂轮名称	形状代号	断面形状	特征值标记
平形系	双面凹一号砂轮	7	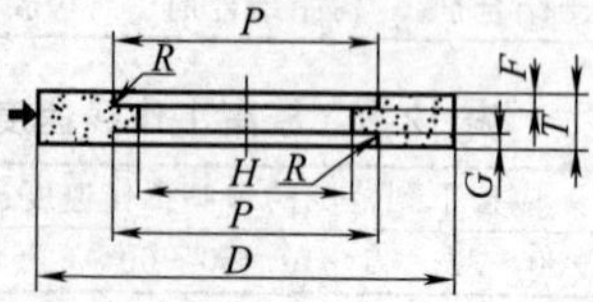	7 型-$D \times T \times H$-$P \times F/G$
	螺栓紧固平行砂轮	36	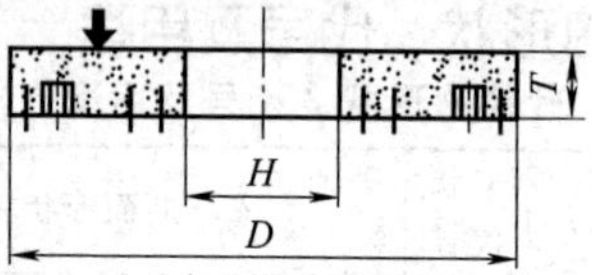	36 型-$D \times T \times H$-嵌装螺母
	薄片砂轮	41	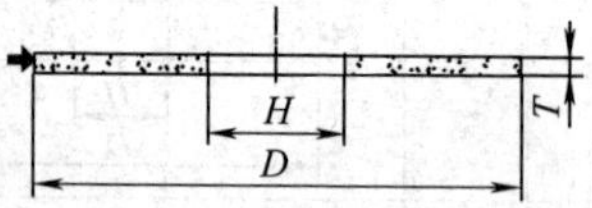	41 型-$D \times T \times H$
筒形杯形系	粘接或夹紧用筒形砂轮	2	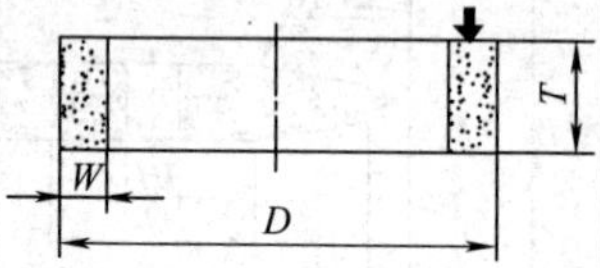	2 型-$D \times T \times W$
	杯形砂轮	6	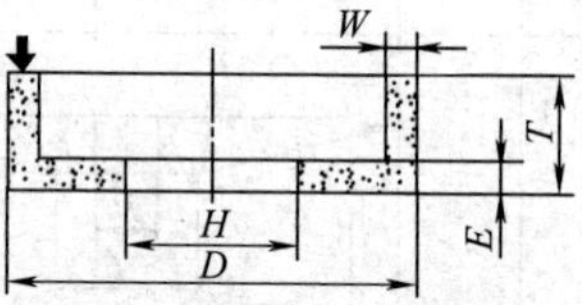	6 型-$D \times T \times H$-$W \times F$
	双杯形砂轮	9	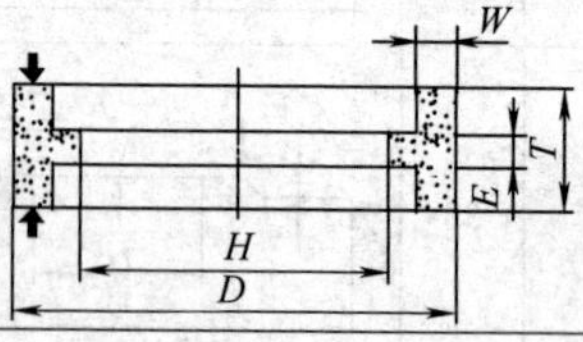	9 型-$D \times T \times H$-$W \times F$
	碗形砂轮	11	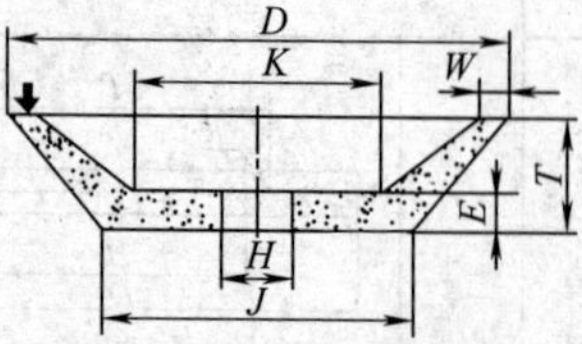	11 型-$D/J \times T \times H$-$W \times E$

续表

系别	砂轮名称	形状代号	断面形状	特征值标记
碟形茶托形系	碟形一号砂轮	12a	D K R≤3 W U T E H J	12 a 型-$D/J\times T\times H$
	碟形二号砂轮	12b	D K R U T E H J	12b 型-$D/J\times T\times H$-U
	钹形砂轮	27	K R U H E F D E=U	27 型-$D\times U\times H$
	锥面钹形砂轮	28	K U 15° H F E D E=U	28 型-$D\times U\times H$
	茶托形砂轮	13	D R=0.5U K T U E H J	13 型-$D/J\times T/U\times H$-K
锥形砂轮	单面锥砂轮	20	K α R N T H D	20 型-$D/K\times T/N\times H$

续表

系别	砂轮名称	形状代号	断面形状	特征值标记
锥形砂轮	双面锥砂轮	21	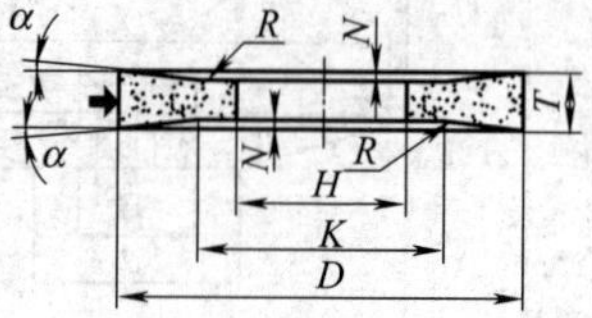 α R N T N R H K D	21 型-$D/K\times T/N\times H$
	单面凹单面锥砂轮	22	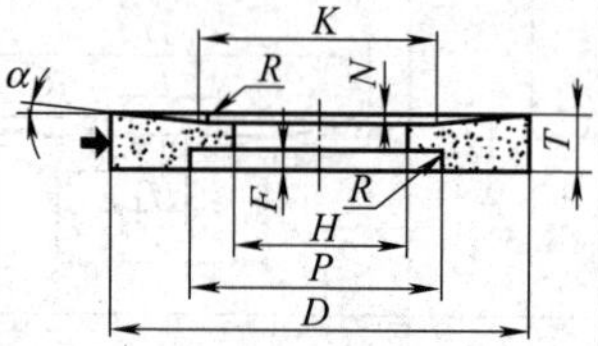 K α R N T F R H P D	22 型-$D/K\times T/N\times H\text{-}P\times F$
	单面凹锥砂轮	23	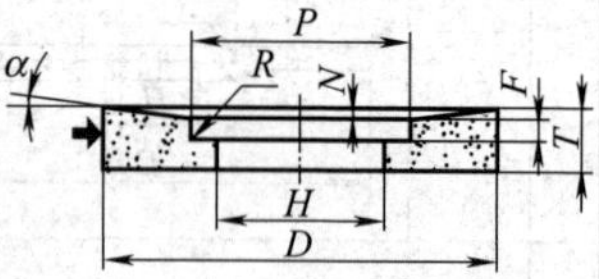 P α R N F T H D	23 型-$D\times T/N\times H\text{-}P\times F$
	双面凹单面锥砂轮	24	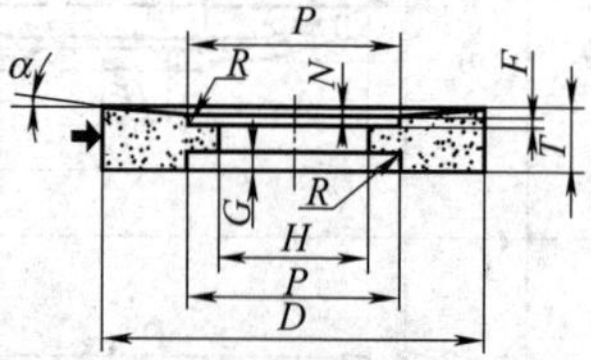 P α R N F T G R H P D	24 型-$D\times T/N\times H\text{-}P\times F/G$
	单面凹双面锥砂轮	25	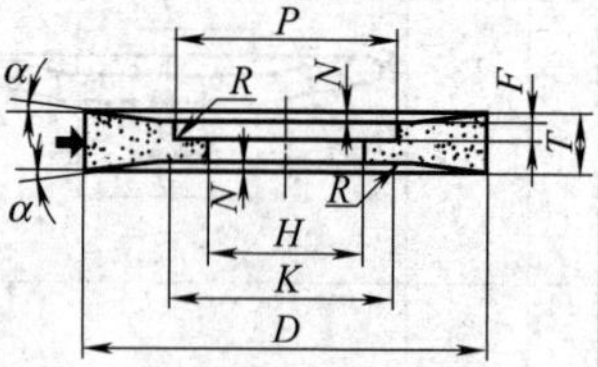 P α R N F T α N R H K D	25 型-$D/K\times T/N\times H\text{-}P\times F$
	双面凹锥砂轮	26	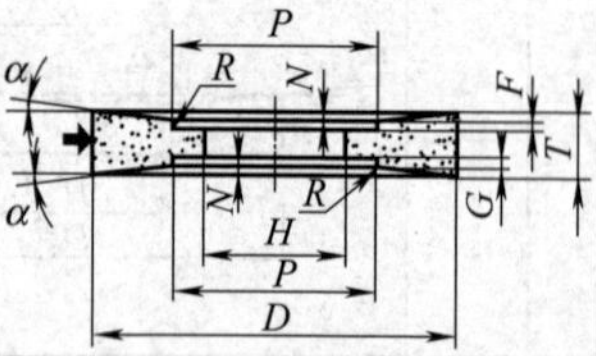 P α R N F T α N R G H P D	26 型-$D\times T/N\times H\text{-}P\times F/G$

续表

系别	砂轮名称	形状代号	断面形状	特征值标记
其他	双面凹二号砂轮	8	D W F T G W H J	8 型-$D\times T\times H$-$W\times J\times F/G$

12.1.3 砂轮的尺寸

表 12.10　砂轮的尺寸系列　mm

参数	尺寸系列
外径	6,8,10,13,16,20,25,32,40,50,63,80,100,115,125,150,180,200,230,250,300,350/356,400/406,450/457,500/508,600/610,750/762,800/813,900/914,1000/1015,1060/1067,1220,1250,1500,1800
厚度	0.5,0.6,0.8,1,1.25,1.6,2.5,3.2,4,6,8,10,13,16,20,25,32,40,50,63,80,100,125,150,160,200,250,315,400,500,600
孔径	1.6,2.5,4,6,10,13,16,20,22,23,25,25.4①,32,40,50.8,60,76.2,80,100,127,152.4,160,203.2,250,304.8,400,406.4①,508

① 非优先尺寸。

(1) 外圆磨砂轮（表 12.11～表 12.19）

表 12.11　1 型：平形砂轮的尺寸（GB/T 4127.1—2007）　mm

H D T

A 系列(20、25、32、40、50、63、80、100、125、150)			A 系列(20、25、32、40、50、63、80、100、125、150)		
D	T	H	D	T	H
250	20～40	76.2、127	600/610	20～100	203.2、304.8
300	20～50	76.2、127	750/762	20～125	304.8
350/356	25～63	127	800/813	20～125	304.8
400/406	32～80	127	900/914	20～150(无 50)	304.8、406.4
450/457	32～80	127、203.2	1060/1067	20～150	304.8、406.4
500/508	32～80	203.2、304.8	1250	63～150	508

续表

B系列(19、25、32、35、40、47、50、63、75、80、100、120、125、150、200)			B系列(19、25、32、35、40、47、50、63、75、80、100、120、125、150、200)		
D	*T*	*H*	*D*	*T*	*H*
300	32、40、50	75、127	900	32、40、50～100、125～200	305、406.4
305	同上	75、127、203			
400	同上、63	50、127、203	915	80、100	508
450	同上、75	127、203	1060	35	304.8
500	同上、100	203、254、305	1100	47、100、120	304.8、508
600	同上、125	203、254、305	100	32、40～80	305
700	19、25	203	1200	120、150	305
750	19	203	1250	75、80	305
750	19、32、40、50～75、100、125～200	305	1400	40、50～100、125～200	305
760	40	203.2	1600	40、50～100、125～200	305、900
900	19、47	304.8			

表 12.12　5型：单面凹砂轮的尺寸（GB/T 4127.1—2007）

mm

A系列(40、50、63、80、100、125、150)			B系列(40、50、63、75、82、100、110、120、150)		
D	*T*	*H*	*D*	*T*	*H*
300	40、50	76.2	300	40、50	127
300	40、50	127	350	40、63	127
350/356	40、50	127	400	50	203
400/406	40、50	127	500	63	203
450/457	63、80	127		75、100、150	305
450/457	40～80	203.2	600	75、100	305
500/508	40～80	203.2、304.8		150	250
600/610	63～100	203.2、304.8	1050	100	
750/762	63～100	304.8	1200	82、110、120、150、152	305
800/813	63～100	304.8			
900/914	63～100	304.8			
1060/1067	63～150	304.8			
1060/1067	63～150	508			

表 12.13　7型：双面凹砂轮的尺寸（GB/T 4127.1—2007）

mm

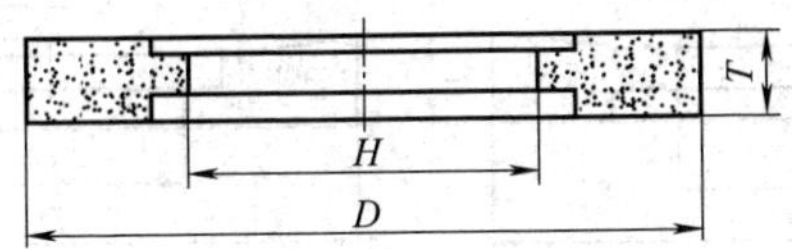

A系列(40、50、63、80、100、125、150)

D	T	H
300	40、50	76.2
		127
350/356	40、50	
400/406		
450/457	63、80	
	50～80	203.2
500/508	40～80	203.2
		304.8
600/610	50～100	203.2
		304.8
750/762	80,100	
800/813	63～100	
900/914	80,100	
1060/1067	63～150	

B系列(50、63、75、100、120、150)

D	T	H
1060/1067	63～150	508
300	50	127
350	63	
400	50	203
500	50	305
	50～100	203
600	50～150	305
750	63,75	305
900	63～100	305
1200	122,150,152	305
1250	150	
1320	75,76	457
1400	75	450
1600	105	900

表 12.14　单面锥和双面锥砂轮的尺寸（GB/T 4127.1—2007）

mm

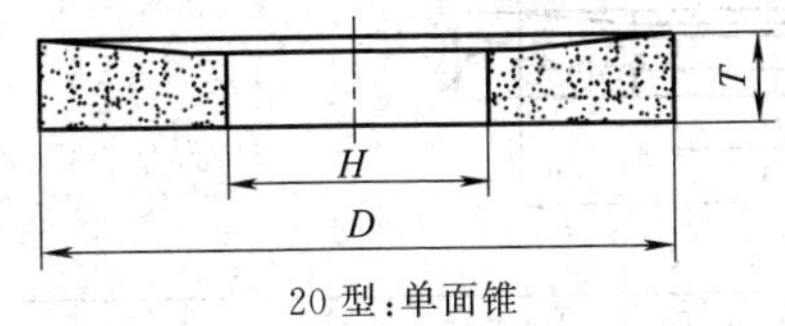

20型:单面锥

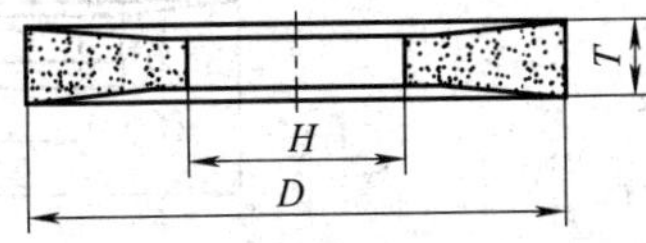

21型:双面锥

尺寸系列(13、16、20、25、32、40、50、63、80、100、125)

D	T	H	D	T	H
250	13～40	76.2、127	450/457	20～80	127、203.2
300	13～50		500/508	20～80	203.2、304.8
300/356	20～63	76.2	600/610	32～100	
400/406	13～80	127	750/762	32～125	304.8

表 12.15 单面凹单面锥和带锥砂轮的尺寸（GB/T 4127.1—2007）

mm

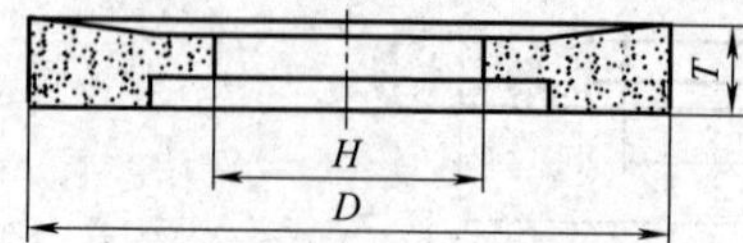

22 型:单面凹单面锥外圆磨砂轮

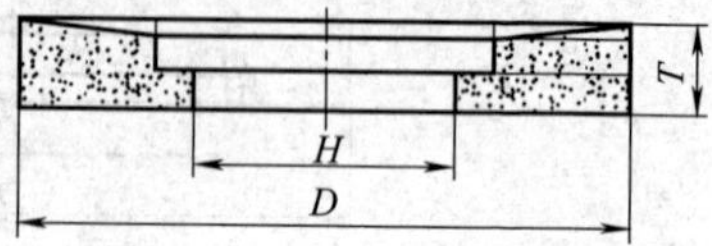

23 型:单面凹单面带锥外圆磨砂轮

<table>
<tr><th colspan="3">22、23A 型尺寸系列(40、50、63、80、100、125)</th></tr>
<tr><th>D</th><th>T</th><th>H</th></tr>
<tr><td>300</td><td rowspan="4">40、50</td><td>76.2</td></tr>
<tr><td>300</td><td rowspan="4">127</td></tr>
<tr><td>350/356</td></tr>
<tr><td>400/406</td></tr>
<tr><td>450/457</td><td>63、80</td></tr>
<tr><td>450/457</td><td rowspan="3">40～80</td><td rowspan="2">203.2</td></tr>
<tr><td>500/508</td></tr>
<tr><td>500/508</td><td>304.8</td></tr>
<tr><td>600/610</td><td rowspan="3">63～100</td><td>203.2</td></tr>
<tr><td>600/610</td><td rowspan="2">304.8</td></tr>
<tr><td>750/762</td></tr>
</table>

<table>
<tr><th colspan="3">23B 型尺寸系列(40、50、75、120)</th></tr>
<tr><th>D</th><th>T</th><th>H</th></tr>
<tr><td>300</td><td>40、50</td><td>127</td></tr>
<tr><td>350</td><td rowspan="3">50</td><td>127</td></tr>
<tr><td>400</td><td>203</td></tr>
<tr><td>500</td><td>203</td></tr>
<tr><td rowspan="2">600</td><td rowspan="2">75、120</td><td>305</td></tr>
<tr><td>304.8</td></tr>
<tr><td>750</td><td>75</td><td>305</td></tr>
</table>

表 12.16 24 型：双面凹单面锥砂轮的尺寸（GB/T 4127.1—2007）

mm

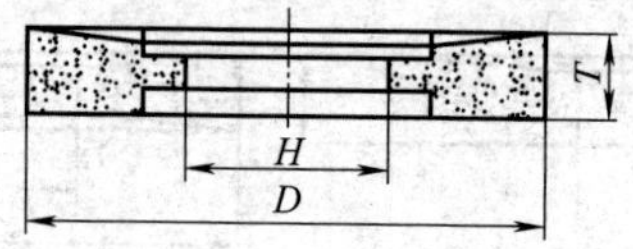

<table>
<tr><th colspan="3">尺寸系列(40、50、63、80、100)</th></tr>
<tr><th>D</th><th>T</th><th>H</th></tr>
<tr><td>300</td><td rowspan="4">40、50</td><td>76.2</td></tr>
<tr><td>300</td><td rowspan="5">127</td></tr>
<tr><td>350/356</td></tr>
<tr><td>400/406</td></tr>
<tr><td rowspan="2">450/457</td><td>63、80</td></tr>
<tr><td>50～80</td><td>203.2</td></tr>
</table>

<table>
<tr><th>D</th><th>T</th><th>H</th></tr>
<tr><td rowspan="2">500/508</td><td rowspan="2">40～80</td><td>203.2</td></tr>
<tr><td>304.8</td></tr>
<tr><td rowspan="2">600/610</td><td rowspan="2">50～100</td><td>203.2</td></tr>
<tr><td rowspan="2">304.8</td></tr>
<tr><td>750/762</td><td>80、100</td></tr>
</table>

表 12.17　25 型：单面凹双面锥砂轮的尺寸（GB/T 4127.1—2007）

mm

尺寸系列(40、50、63、80、100)

D	T	H	D	T	H
300	40、50	76.2	500/508	40～80	203.2
300		127			304.8
350/356			600/610	63～100	203.2
400/406				63～100	304.8
450/457	63、80		750/762		
	40～80	203.2			

表 12.18　26 型：双面凹带锥磨砂轮的尺寸（GB/T 4127.1—2007）

mm

尺寸系列(40、50、63、80、100)

D	T	H	D	T	H
A 系列			600/610	50～100	203.2
300	40,50	76.2			304.8
		127	750/762	80,100	
350/356			B 系列		
400/406			500	63,75	305
450/457	63,80	127	600		
	50～80	203.2	750	75	
500/508	40～80	203.2	900	63,75,100	
		304.8			

表 12.19　单面凸和双面凸砂轮的尺寸（GB/T 4127.1—2007）

mm

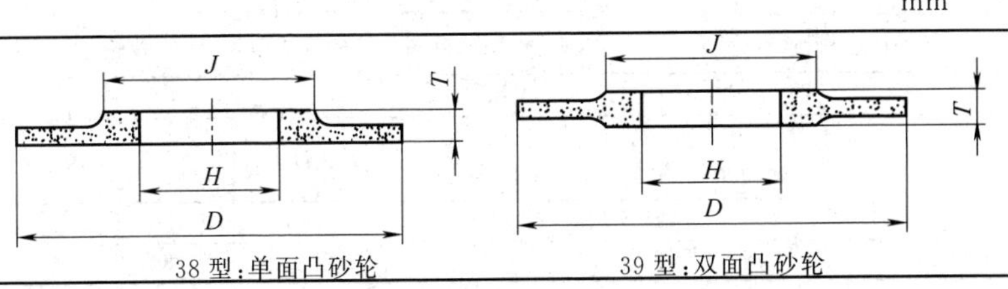

38 型:单面凸砂轮　　39 型:双面凸砂轮

续表

D	J	T	H
38 型 A 系列和 39 型砂轮			
250	180	13	76.2
	190		127
250	190	20	76.2
	220		127
300	180	13	76.2
	220		127
300	180	20	76.2
	220		127
350/356	245	20	127
		25	
400/406	245	20	127
		25	
		32	
450/457	245	20	127
		25	
		32	
500/508	420	25	203.2
			304.8
500/508		32	203.2
			304.8

D	J	T	H
38 型 A 系列和 39 型砂轮			
600/610	420	25	203.2
			304.8
600/610		32	203.2
			304.8
600/610	420	40	203.2
			304.8
750/762	420	32	304.8
		40	
		50	
900/914	550	32	304.8
		40	
		50	
1060/1067	550	32	304.8
		40	
		50	
38 型砂轮 B 系列			
500	270	20	203
	350	16	305
		20	
600	350	20	
		25	

(2) 无心外圆磨砂轮（表 12.20）

表 12.20 无心外圆磨砂轮尺寸（GB/T 4127.2—2007） mm

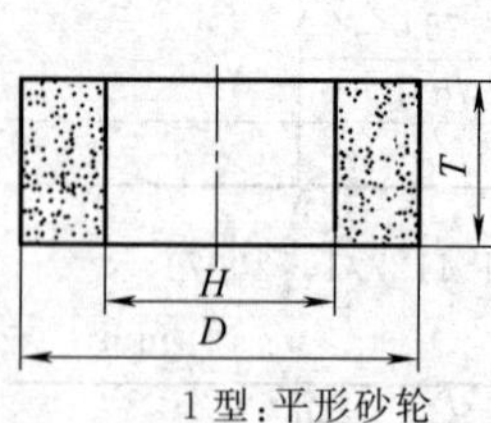

1 型：平形砂轮

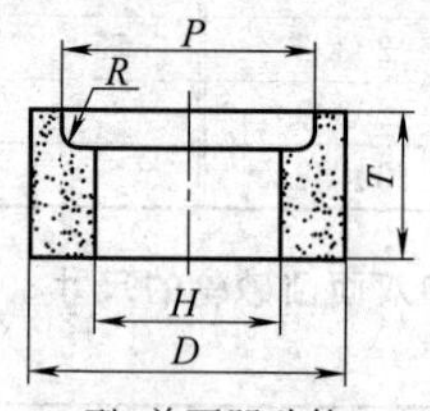

5 型：单面凹砂轮

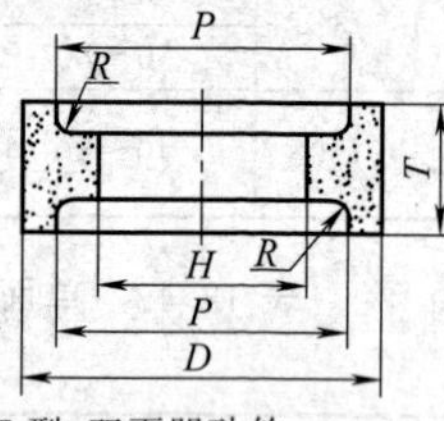

7 型：双面凹砂轮

A 系列

D	T(尺寸系列：25、40、63、100、125、160、200、250、315、400、500、800)	H	P	R_{max}
300	25～125	127	190	5
400/406	25～250	203.2	280	

续表

A系列				
D	T(尺寸系列:25、40、63、100、125、160、200、250、315、400、500、800)	H	P	R_{max}
500/508	25～800	304.8	400	8
600/610	25～800			
750/762	100～800			
B系列(不含单面凹砂轮)				
D	T(尺寸系列:100、125、150、200、225、250、300、340、380、400、500、600)	H	P	R_{max}
300	100、125	127	200	5
350	125、150			
400	100～200、250	203、225	285	
450	150、200			
500	100～200、250、300、400～600	305	375	—
	340		—	—
600	150～340、400、500		375	5
	340、380		—	—
750	200、250、300、400、500	350	435	5

(3) 内圆磨砂轮(表12.21和表12.22)

表12.21　1型:平形砂轮尺寸(GB/T 4127.3—2007)　mm

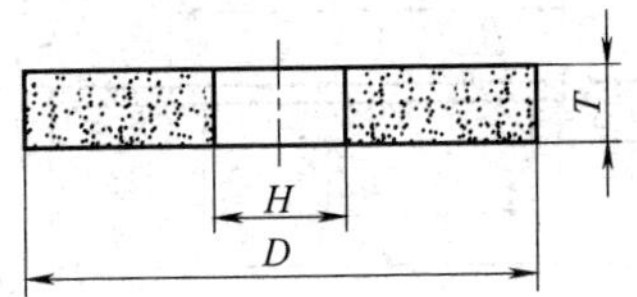

A系列(T尺寸系列:6、10、13、16、20、25、32、40、50、63)					
D	T	H	D	T	H
6	6	2.5	50	10～63	20
10	6～20	4	63	13～63	
13	6～20		80	20～63	
16	6～20	6	100	20～63	32
20	6～32		125	25～63	
25	6～32	10	150	32～63	
32	6～50		200	32～63	
40	6～50	13			

续表

B系列（*T* 尺寸系列：6、8、10、13、16、20、25、30、32、35、40、50、63、75、100、120）					
D	*T*	*H*	*D*	*T*	*H*
3	6～16	1	40	6～50	10
4	6～20	1.5		8、30、35	13
5	6～20	2		6～63	16
6	6～20		45	6～50	
8	6～32	3	50	6～50	13
10	6～32			6～63	16
13	8、25～32	4	60	6～50	
16	6～20			6～100	20
	8、25～32	6	70	6～100	
20	8、30、35～75		80	6～30、35、75、100	20
25	6～50		90	6～100	
	25～50	10	100	63～120	
30	6～100		125	63～120	32
35	6～63		150	63～120	
38	40				

注：砂轮厚度 *T* 也可在 2mm、3mm、4mm、5mm、7mm、9mm、11mm、12mm、14mm、15mm、18mm、23mm、28mm 中选择。

表 12.22　5 型：单面凹砂轮尺寸（GB/T 4127.3—2007）　mm

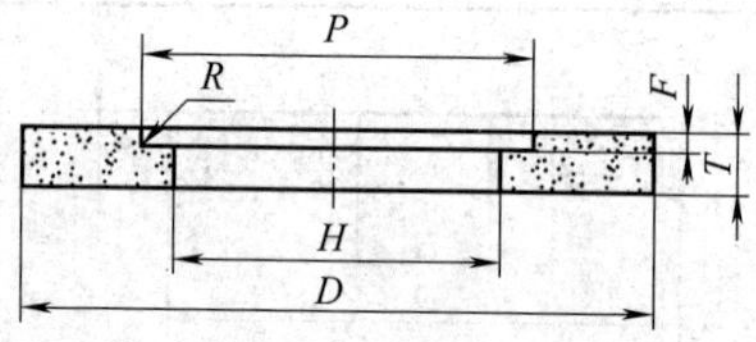

A系列					
D	*T*	*H*	*P*	*F*	*R*
13	13	4	8	6	0.3
16	10	6	10	4	
	16			6	
20	13	6	13	6	
	20			8	
25	10	6,10	16	4	
	16			6	
	25			10	

续表

A 系列					
D	*T*	*H*	*P*	*F*	*R*
32	13	10	16	6	0.3
	20			8	
	32			12	
40	16	13	20	6	
	25			10	
	40			15	
50	16	20	32	6	
	25			10	
	40			15	
63	25	20	40	10	0.3
	40			15	
	50			20	
80	40	20	45	15	
	50			20	
	63			25	
100	40	32	50	15	
	50			20	
	63			25	
125	40	32	63	15	1
	50			20	
	63			25	
150	40	32	80	15	
	50			20	
	63			25	
200	50	32	100	20	3.2
	60			25	

B 系列											
D	*T*									*H*	*P*
	10	13	16	20	25	32	40	50			
	F										
	5	6	8	10	13	16	20	25	30		
10		√								3	6
13	√		√							4	
16		√		√						6	10
20			√		√						
25		√	√	√	√	√					13

续表

<table>
<tr><td colspan="12">B系列</td></tr>
<tr><td rowspan="4">D</td><td colspan="9">T</td><td rowspan="4">H</td><td rowspan="4">P</td></tr>
<tr><td>10</td><td>13</td><td>16</td><td>20</td><td>25</td><td>32</td><td>40</td><td colspan="2">50</td></tr>
<tr><td colspan="9">F</td></tr>
<tr><td>5</td><td>6</td><td>8</td><td>10</td><td>13</td><td>16</td><td>20</td><td>25</td><td>30</td></tr>
<tr><td>30</td><td></td><td></td><td></td><td></td><td>√</td><td>√</td><td>√</td><td></td><td></td><td rowspan="3">10</td><td rowspan="2">16</td></tr>
<tr><td>35</td><td></td><td></td><td></td><td></td><td>√</td><td>√</td><td></td><td></td><td></td></tr>
<tr><td rowspan="3">40</td><td></td><td></td><td></td><td></td><td>√</td><td></td><td>√</td><td></td><td></td><td>20</td></tr>
<tr><td></td><td></td><td></td><td></td><td>√</td><td></td><td>√</td><td></td><td>√</td><td>13</td><td>20</td></tr>
<tr><td></td><td></td><td></td><td></td><td></td><td>√</td><td>√</td><td></td><td></td><td rowspan="3">16</td><td rowspan="2">20,25</td></tr>
<tr><td>50</td><td></td><td></td><td></td><td></td><td>√</td><td></td><td>√</td><td>√</td><td></td></tr>
<tr><td rowspan="2">60</td><td></td><td></td><td>√</td><td></td><td></td><td>√</td><td></td><td></td><td></td><td rowspan="2">32</td></tr>
<tr><td></td><td></td><td></td><td></td><td>√</td><td>√</td><td>√</td><td></td><td>√</td><td>20</td></tr>
<tr><td>70</td><td></td><td></td><td></td><td></td><td>√</td><td>√</td><td>√</td><td>√</td><td>√</td><td rowspan="4">20</td><td rowspan="2">32,40</td></tr>
<tr><td>80</td><td></td><td></td><td></td><td>√</td><td></td><td>√</td><td>√</td><td>√</td><td>√</td></tr>
<tr><td>100</td><td></td><td></td><td></td><td></td><td></td><td>√</td><td>√</td><td>√</td><td></td><td>50</td></tr>
<tr><td rowspan="2">125</td><td></td><td></td><td></td><td></td><td></td><td>√</td><td></td><td>√</td><td></td><td rowspan="2">65</td></tr>
<tr><td></td><td></td><td></td><td></td><td></td><td></td><td></td><td>√</td><td></td><td rowspan="2">32</td></tr>
<tr><td>150</td><td></td><td></td><td></td><td></td><td></td><td>√</td><td></td><td>√</td><td></td><td>85</td></tr>
</table>

注：1. $R \leqslant 5$mm。

2. "√"表示推荐规格。

(4) 平面磨削用周边磨砂轮（表 12.23～表 12.25）

表 12.23 1型：平面砂轮尺寸（GB/T 4127.4—2008） mm

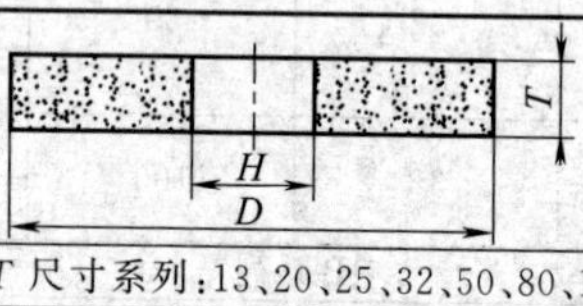

<table>
<tr><td colspan="6">A 系列（T 尺寸系列：13、20、25、32、50、80、100、160）</td></tr>
<tr><td>D</td><td>T</td><td>H</td><td>D</td><td>T</td><td>H</td></tr>
<tr><td>150</td><td rowspan="2">13</td><td rowspan="3">32</td><td rowspan="2">350/356</td><td rowspan="2">32～80</td><td>76.2</td></tr>
<tr><td>180</td><td rowspan="2">127</td></tr>
<tr><td rowspan="2">200</td><td rowspan="2">13、20</td><td>400/406</td><td>32～100</td></tr>
<tr><td rowspan="2">50.8</td><td rowspan="2">500/508</td><td rowspan="2">50～160</td><td>203.2</td></tr>
<tr><td rowspan="2">250</td><td rowspan="2">20～32</td><td rowspan="3">304.8</td></tr>
<tr><td rowspan="2">76.2</td><td>600/610</td><td rowspan="2">50～160</td></tr>
<tr><td rowspan="2">300</td><td rowspan="2">20～80</td><td>750/762</td></tr>
<tr><td>127</td><td></td><td></td><td></td></tr>
</table>

续表

<table>
<tr><th colspan="6">B 系列（T 尺寸系列：13、16、20、25、32、40、50、63、75、80、100、125、150、200、250、300）</th></tr>
<tr><th>D</th><th>T</th><th>H</th><th>D</th><th>T</th><th>H</th></tr>
<tr><td>200</td><td>13、20、25</td><td rowspan="3">75</td><td rowspan="2">400</td><td rowspan="2">32～63</td><td>127</td></tr>
<tr><td>250</td><td>16～32</td><td>203</td></tr>
<tr><td rowspan="2">300</td><td>20～80
（除 63 外）</td><td rowspan="2">450</td><td rowspan="2">32～80</td><td>127</td></tr>
<tr><td>40、75</td><td>127</td><td>203</td></tr>
<tr><td rowspan="2">350</td><td>32～50</td><td>75</td><td>500</td><td rowspan="2">32～100</td><td>203、305</td></tr>
<tr><td>40</td><td>127</td><td>600</td><td>305</td></tr>
</table>

表 12.24　5 型：单面凹砂轮尺寸（GB/T 4127.4—2008）　mm

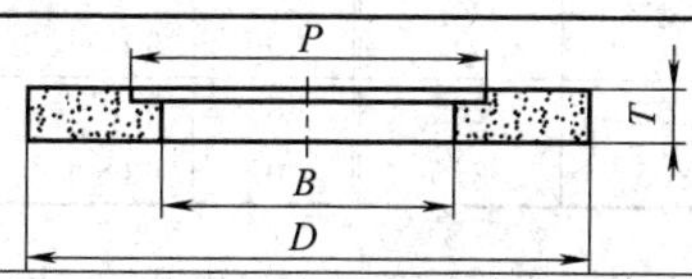

<table>
<tr><th colspan="8">A 系列（T 尺寸系列：25、32、40、50、63、80、100）</th></tr>
<tr><th>D</th><th>T</th><th>H</th><th>P</th><th>D</th><th>T</th><th>H</th><th>P</th></tr>
<tr><td>150</td><td rowspan="2">25、32</td><td rowspan="3">32</td><td>80</td><td>400/406</td><td>40、50</td><td rowspan="2">127</td><td rowspan="2">215</td></tr>
<tr><td>180</td><td>100</td><td rowspan="2">450/457</td><td>63、80</td></tr>
<tr><td rowspan="2">200</td><td rowspan="2">25、32</td><td rowspan="2">110</td><td rowspan="3">40～80</td><td rowspan="2">203.2</td><td rowspan="2">280</td></tr>
<tr><td rowspan="2">50.8</td><td rowspan="2">500/508</td></tr>
<tr><td rowspan="2">250</td><td rowspan="2">32、40</td><td rowspan="3">150</td><td>304.8</td><td rowspan="4">400</td></tr>
<tr><td>78.2</td><td rowspan="2">600/610</td><td rowspan="2">63～100</td><td>203.2</td></tr>
<tr><td rowspan="2">300</td><td rowspan="3">40、50</td><td>76.2</td><td>304.8</td></tr>
<tr><td rowspan="2">127</td><td rowspan="2">190</td><td>750/762</td><td rowspan="2">63～100</td><td rowspan="2"></td></tr>
<tr><td>350/356</td><td>900/914</td><td>450</td></tr>
<tr><th colspan="8">B 系列（T 尺寸系列：40、50、63、75、100、150）</th></tr>
<tr><th>D</th><th>T</th><th>H</th><th>P</th><th>D</th><th>T</th><th>H</th><th>P</th></tr>
<tr><td>300</td><td>40、50</td><td rowspan="2">127</td><td rowspan="2">200</td><td>500</td><td>75～150</td><td rowspan="2">305</td><td rowspan="3">375</td></tr>
<tr><td>350</td><td>40、63</td><td rowspan="2">600</td><td>75、100</td></tr>
<tr><td>400</td><td>50</td><td rowspan="2">203</td><td rowspan="2">265</td><td>150</td><td>250</td></tr>
<tr><td>500</td><td>63</td><td></td><td></td><td></td><td></td></tr>
</table>

表 12.25　7 型：双面凹砂轮尺寸（GB/T 4127.4—2008）　mm

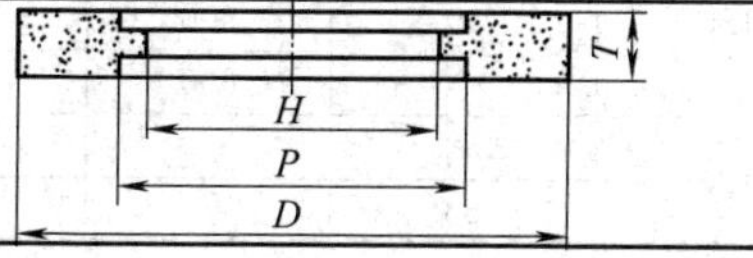

续表

A系列（T尺寸系列：40、50、63、80、100）							
D	*T*	*H*	*P*	*D*	*T*	*H*	*P*
300	40、50	76.2	150	500/508	40～80	203.2	400
		127	190			304.8	400
350/356		127	215	600/610	50～100	203.2	400
400/406						304.8	400
450/457	63、80			750/762	80～100	304.8	400
	50～80	203.2	280	900/910		304.8	450

B系列（T尺寸系列：50、63、75、100、150）							
D	*T*	*H*	*P*	*D*	*T*	*H*	*P*
300	50	127	200	500	63～100	203	265
350	63			600	50～100		
400	50	203	265	750	63～75	305	375
500	50	305	375	900	63～100		

（5）平面磨削用端面磨砂轮（表12.26～表12.30）

表12.26　2型：粘接或夹紧用筒形砂轮尺寸（GB/T 4127.5—2008）

mm

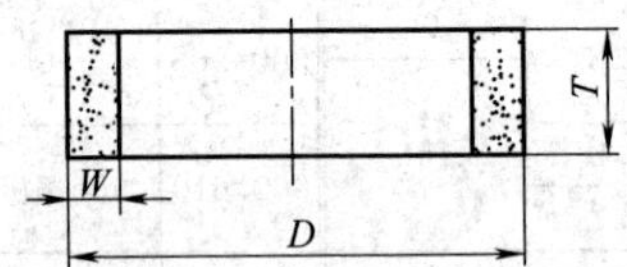

A系列			B系列		
D	*T*	*W*	*D*	*T*	*W*
150	80	16	90	80	7.5,10
180		20	250	125	25
200	100	20	300	75	50
250		25		100	25
300		32	350	125	35,50
350/356	125	40	450	125,150	35,100
400/406			500	150	60
450/457			600	100	60
500/508	125	50			
600/610		63			

表 12.27　6 型：杯形砂轮尺寸（GB/T 4127.5—2008）　　mm

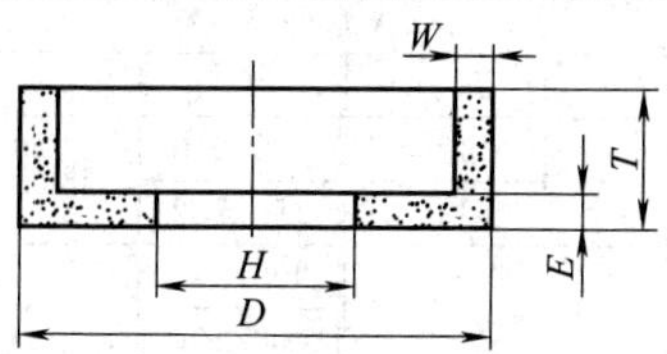

<table>
<tr><th>D</th><th>T</th><th>H</th><th>W</th><th>E_{min}</th></tr>
<tr><td>125</td><td>63</td><td rowspan="2">32</td><td>13</td><td>16</td></tr>
<tr><td>150</td><td>80</td><td>16</td><td rowspan="2">20</td></tr>
<tr><td>180</td><td>80</td><td rowspan="3">76.2</td><td rowspan="3">20</td></tr>
<tr><td rowspan="2">200</td><td>100</td><td rowspan="2">20、25</td></tr>
<tr><td>125</td></tr>
<tr><td rowspan="2">250</td><td>100</td><td rowspan="2">76.2、127</td><td rowspan="4">25</td><td rowspan="4">25</td></tr>
<tr><td>125</td></tr>
<tr><td>300</td><td>100</td><td rowspan="2">127</td></tr>
<tr><td>300</td><td>125</td></tr>
</table>

表 12.28　35 型：粘接或夹紧的圆盘砂轮尺寸（GB/T 4127.5—2008）

mm

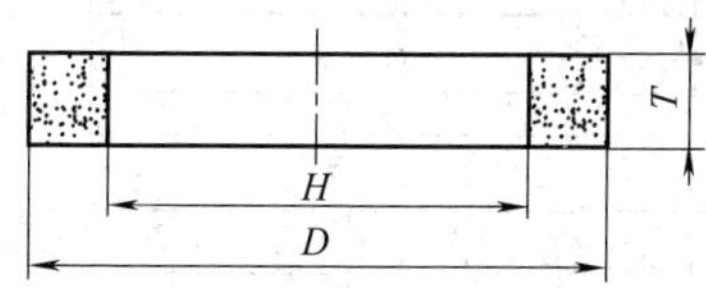

<table>
<tr><th>D</th><th colspan="2">T</th><th>H_{max}</th><th>D</th><th colspan="2">T</th><th>H_{max}</th></tr>
<tr><td>350/356</td><td rowspan="4">63</td><td rowspan="4">80</td><td>203.2</td><td>600/610</td><td rowspan="2">63</td><td rowspan="2">80</td><td>400</td></tr>
<tr><td>400/406</td><td>254</td><td>750/762</td><td rowspan="2">508</td></tr>
<tr><td>450/457</td><td rowspan="2">304.8</td><td>900/914</td><td>—</td><td>80</td></tr>
<tr><td>500/508</td><td>—</td><td>—</td><td>—</td><td>—</td></tr>
</table>

表 12.29　36 型：螺栓坚固平形砂轮尺寸（GB/T 4127.5—2008）

mm

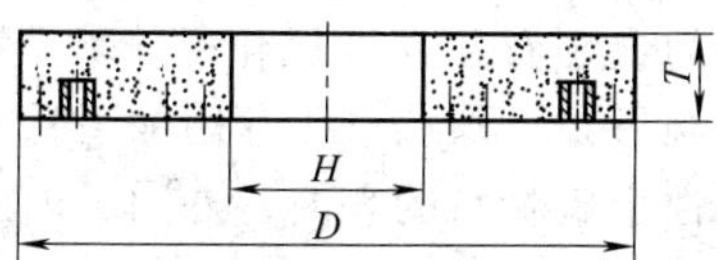

续表

<table>
<tr><th colspan="10">A 系列</th></tr>
<tr><th>D</th><th colspan="3">T</th><th>H_{max}</th><th>D</th><th colspan="3">T</th><th>H_{max}</th></tr>
<tr><td>350/356</td><td rowspan="4">63</td><td rowspan="4">80</td><td rowspan="2">—</td><td>120</td><td>600/610</td><td rowspan="2">63</td><td rowspan="4">80</td><td rowspan="4">100</td><td>150</td></tr>
<tr><td>400/406</td><td>140</td><td>750/762</td><td>50</td></tr>
<tr><td>450/457</td><td rowspan="2">100</td><td rowspan="2">50</td><td>900/914</td><td rowspan="2">—</td><td rowspan="2">280</td></tr>
<tr><td>500/508</td><td>1060/1067</td></tr>
</table>

<table>
<tr><th colspan="6">B 系列</th></tr>
<tr><th>D</th><th>T</th><th>H_{max}</th><th>D</th><th>T</th><th>H_{max}</th></tr>
<tr><td>300</td><td rowspan="5">40,50,60,63,
75,80,90,100</td><td rowspan="5">16,20,25.4,30,
50,254,280,350</td><td>600</td><td rowspan="3">40,50,60,63,
75,80,90,100</td><td rowspan="4">16,20,25.4,30,
50,254,280,350</td></tr>
<tr><td>350</td><td>750</td></tr>
<tr><td>400</td><td>900</td></tr>
<tr><td>450</td><td>1060</td><td>50,70,80,100</td></tr>
<tr><td>500</td><td></td><td></td><td></td></tr>
</table>

表 12.30 36 型：螺栓坚固筒形砂轮尺寸（GB/T 4127.5—2008）

mm

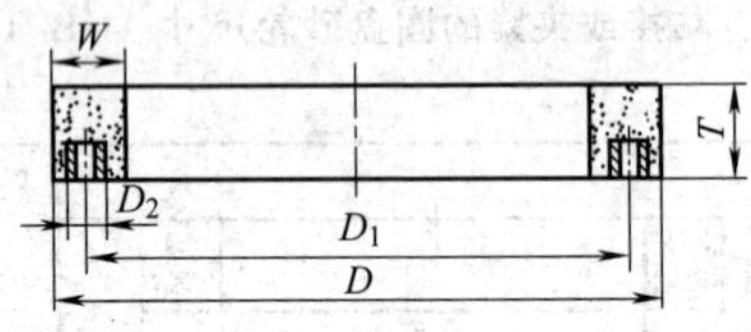

<table>
<tr><th rowspan="2">D</th><th rowspan="2">T</th><th rowspan="2">W</th><th colspan="3">螺孔配置</th></tr>
<tr><th>D_1</th><th>孔数(均布)</th><th>D_2</th></tr>
<tr><td>300</td><td rowspan="4">100</td><td rowspan="5">50</td><td>250</td><td>6</td><td rowspan="6">M10</td></tr>
<tr><td>350/356</td><td>300</td><td rowspan="2">8</td></tr>
<tr><td>400/406</td><td>350</td></tr>
<tr><td>450/457</td><td>400</td><td rowspan="2">10</td></tr>
<tr><td>500/508</td><td rowspan="2">125</td><td>450</td></tr>
<tr><td>600/610</td><td>63</td><td>540</td><td>12</td></tr>
</table>

12.2 超硬砂轮

该砂轮的材料为金刚石或立方氮化硼，磨具的类型分平行系、筒形系、杯形系、碗形条、碟形系、专用加工系共六类，适用于磨削硬质合金及硬脆性金属材料的平面、外圆、内圆以及无心磨、成形磨、切割加工等。

表 12.31　超硬砂轮的名称、代号、断面形状及尺寸

(GB/T 6409.2—2009)　mm

系列	名称	形状	代号	主要尺寸		
				外径	厚度	孔径
平形系	平形砂轮	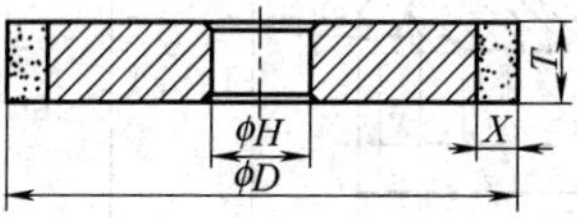 T, X, φH, φD	1A1	12～900	8～60	6～305
				100～700	50～600	31.75～305
		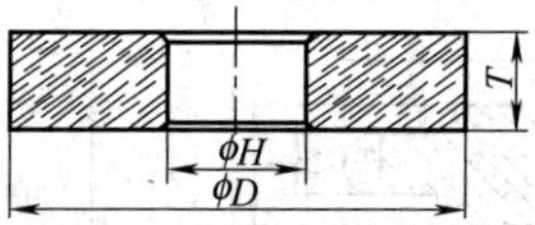 T, φH, φD	1A8	2.5～23	4～20	1～10
	平形倒角砂轮	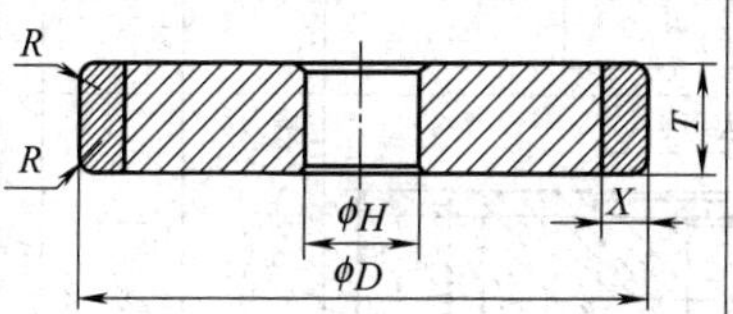 R, R, T, X, φH, φD	1L1	50～400	2～30	10～203
	单面凸砂轮	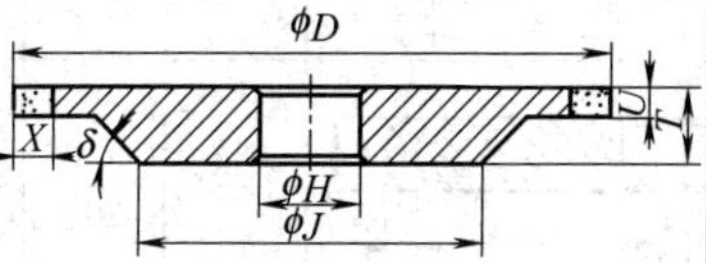 φD, U, T, X, δ, φH, φJ	3A1	75～700	5～60	19.05～305
	双面凸砂轮	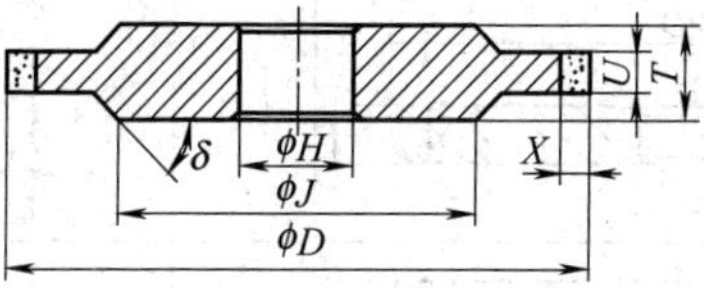 U, T, δ, φH, X, φJ, φD	14A1	75～700	5～60	19.05～305
		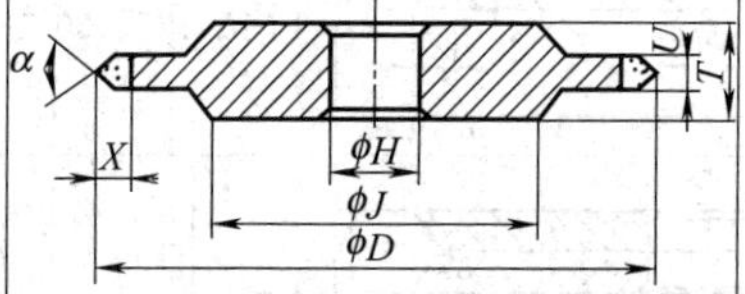 α, U, T, X, φH, φJ, φD	14E1	50～400	4～20	10～203
		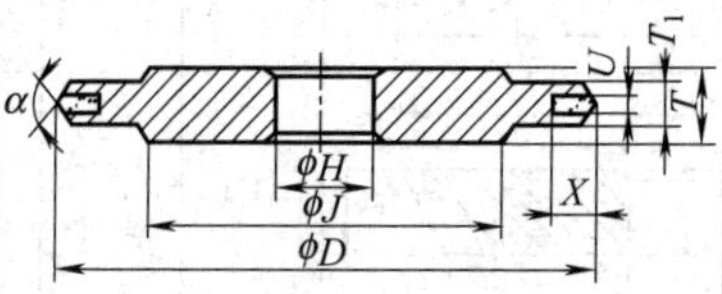 T_1, U, T, α, φH, φJ, X, φD	14E6Q	40～220	5～12	10～75

续表

系列	名称	形状	代号	主要尺寸		
				外径	厚度	孔径
平形系	双面凸砂轮	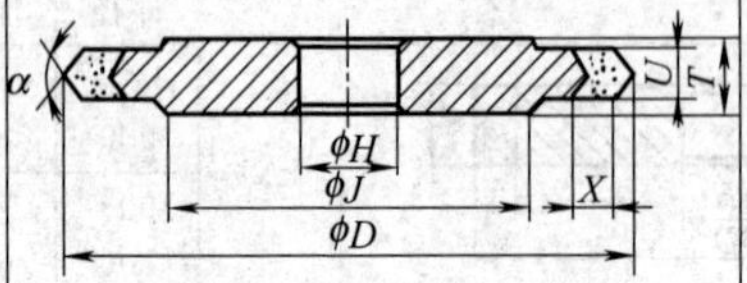	14EE1	75～400	6～18	19.05～203
		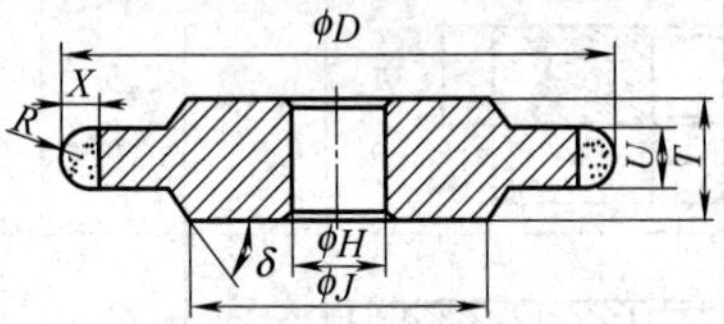	14F1	75～400	5～50	19.05～203
	双面凹砂轮	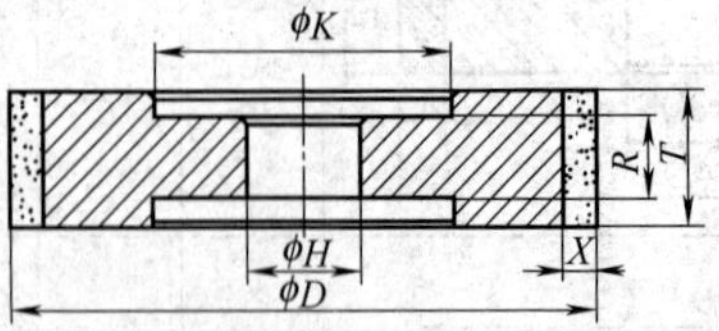	9A3	75～350	15～50	16～127
	平形弧形砂轮	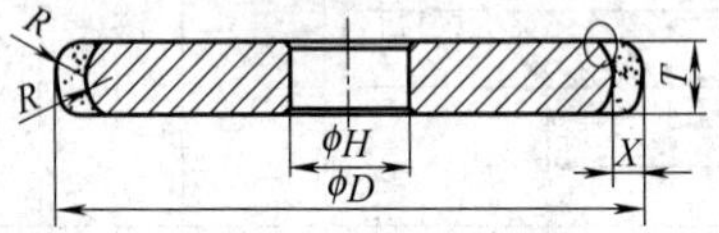	1FF1	50～200	4～30	10～75
		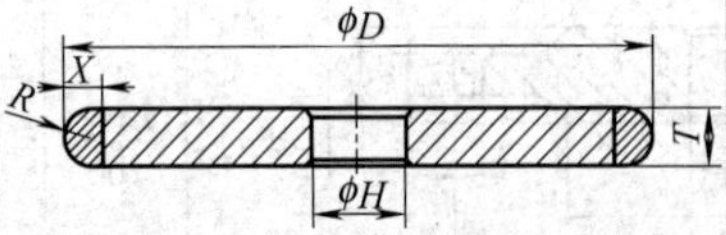	1F1	12～400	1～30	3～203
		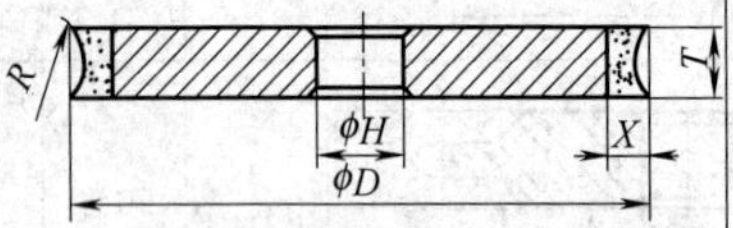	1FF1V	125、150	13、18	20、32
	平形燕尾砂轮	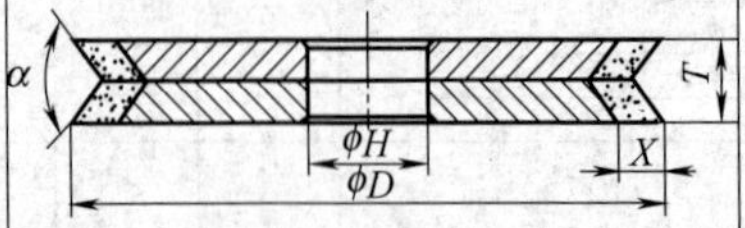	1EE1V	100～175	7～15	20～32
	斜边砂轮	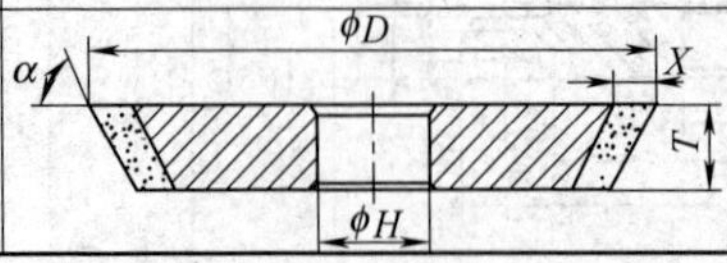	1V1	45～400	2～35	10～203

续表

系列	名称	形状	代号	主要尺寸		
				外径	厚度	孔径
平形系	双内斜边砂轮	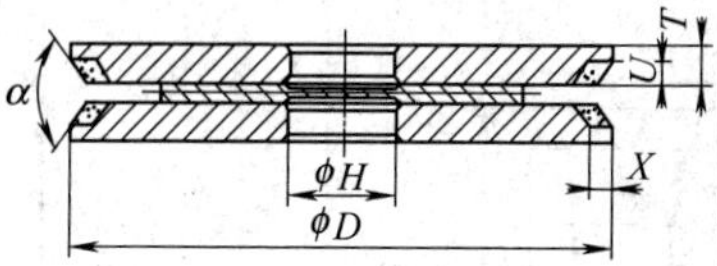	1V9	150～250	10	32、75
	切割砂轮	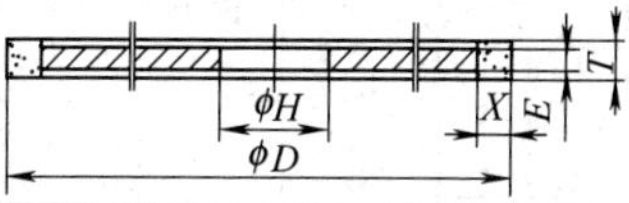	1A6Q	250～400	1.2～2.1	32～75
	薄片砂轮	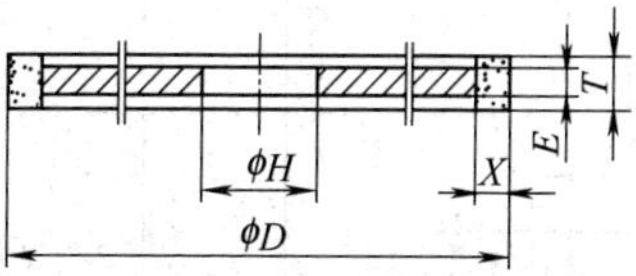	1A1R	60～300	0.8～1.4	10～75
	斜边砂轮	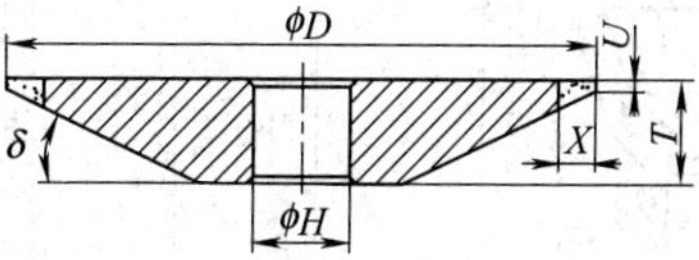	4BT1	75～400	6～25	10～203
	双斜边砂轮	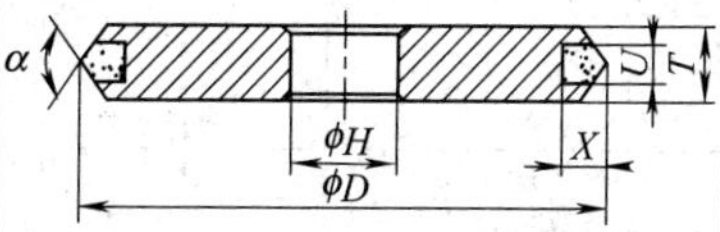	1E6Q	40～230	9、8、12	10～75
		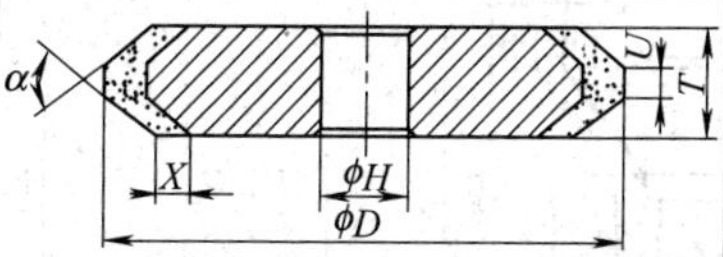	1DD1	75～150	6～20	19.05～32
	磨量规砂轮	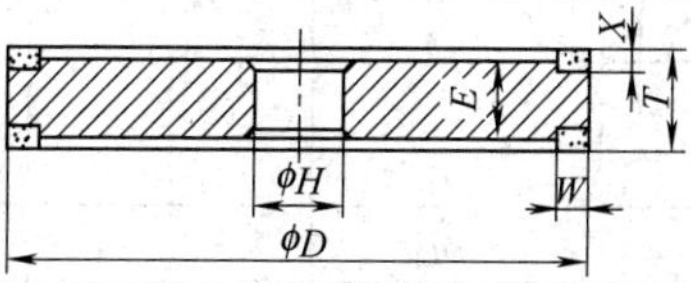	14A3	125～230	12、16、20	31.75、32、75
		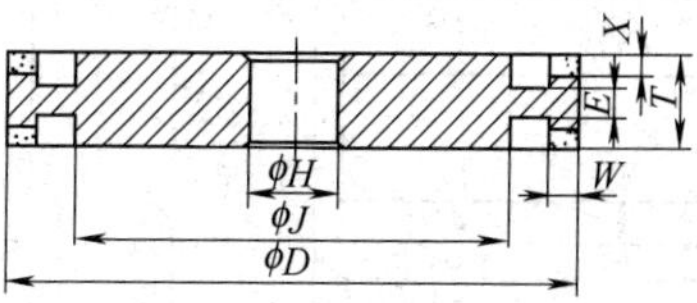	16A3			

续表

系列	名称	形状	代号	主要尺寸		
				外径	厚度	孔径
筒形系	筒形1号砂轮	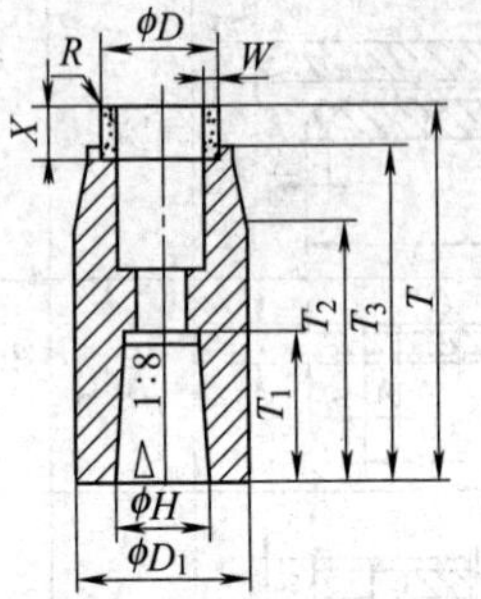	2F2/1	8～22.5	长度55	15.5
	筒形2号砂轮	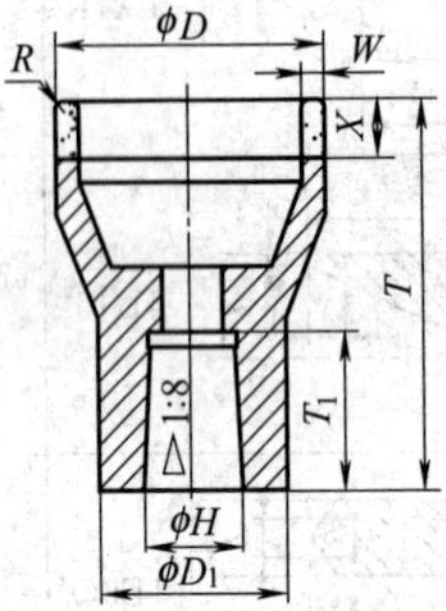	2F2/2	28～63	长度55	18
	筒形3号砂轮	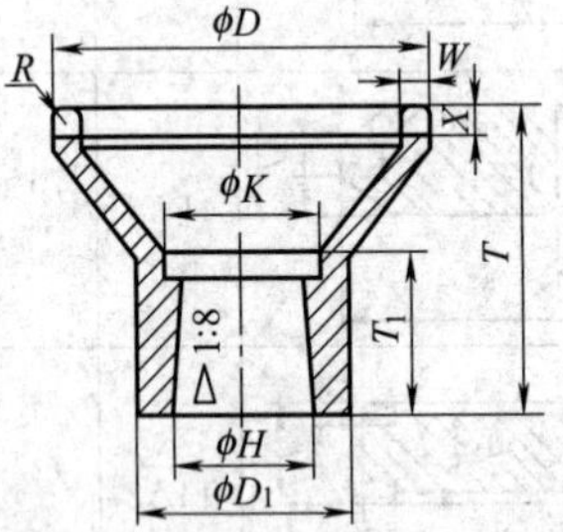	2F2/3	74～307	长度95	23、32
	筒形砂轮	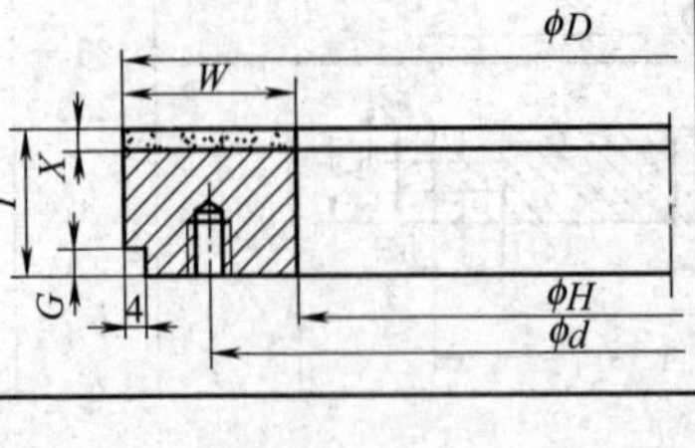	2A2T	300 450	50 60 80	250～360

续表

系列	名称	形状	代号	主要尺寸		
				外径	厚度	孔径
筒形系	筒形砂轮	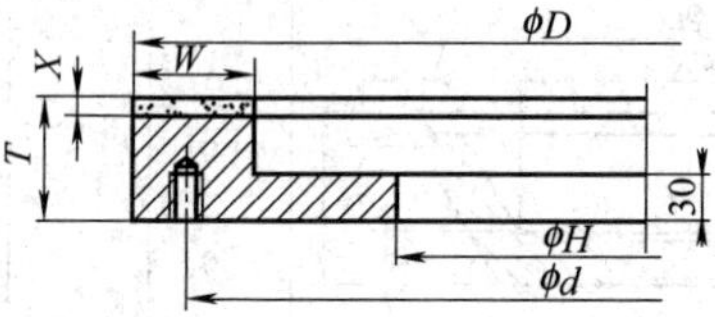	2A2T	300 450	50 60 80	250～ 360
杯形系	杯形砂轮	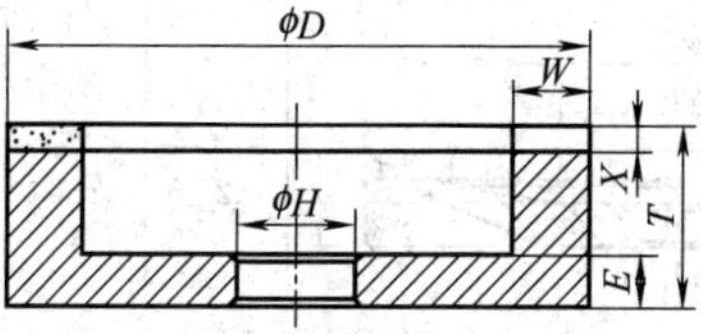	6A2	40～ 450	50～ 80	10～ 203
		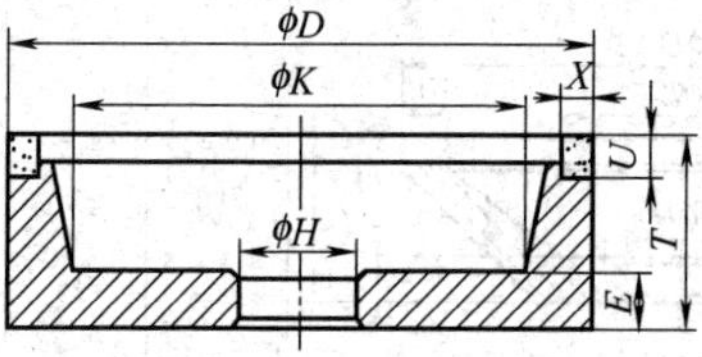	6A9	75～ 250	25～ 50	19.05～ 75
碗形系	碗形砂轮	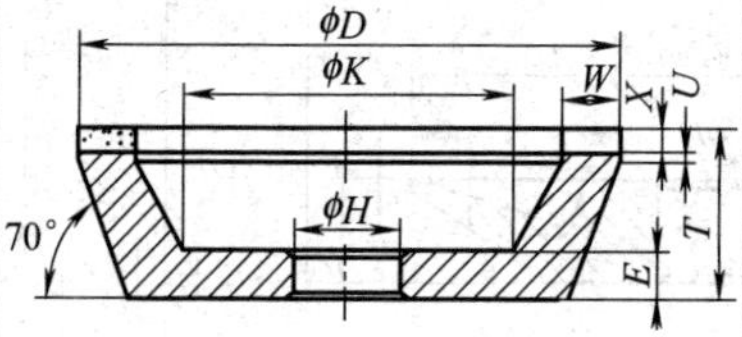	11A2	75～ 200	25～ 50	19.05～ 40
		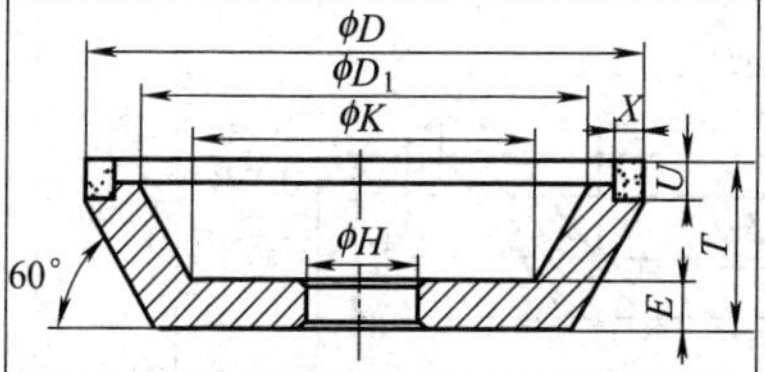	11A9	90～ 150	75～ 135	25～ 40
		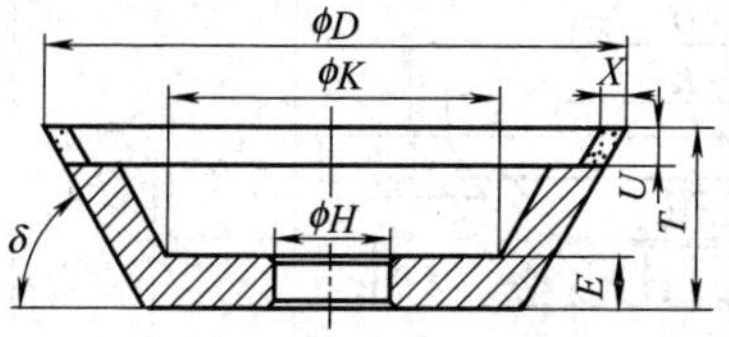	11V2	30～ 150	15～ 50	8～ 32

续表

系列	名称	形状	代号	主要尺寸		
				外径	厚度	孔径
碗形系	碗形砂轮	φD φK X U T φH δ E	11V9	30～150	15～50	8～32
碟形系	碟形砂轮	φD φK W t X T K 20° φH	12A2/20°	75～250	12～26	10～75
		φD φK W X t T φH 45° K	12A2/45°	50～250	20～40	10～75
		φD X U φH δ T	12D1	50～125	6～15	10～32
		φD φK X U T φH δ K	12V2	50～250	10～30	10～127
		φD φK X U φH T 45° K	12V9	75～150	20、25	19.05～32

续表

系列	名称	形状	代号	主要尺寸		
				外径	厚度	孔径
专用加工系	磨边砂轮	X T_1 U T ϕH ϕD_2 α ϕD_1 ϕD	1DD6Y	101～168	100、160	6、8
		ϕD_1 T X ϕH α ϕD	2D9	101～168	100、160	65、105
		U T X ϕH ϕJ ϕD	14A1	100、160	14～42	30、32
		T X ϕH ϕD	16A1	160～190	25	16
		ϕD ϕH_1 T_1 α α T_2 T T_3 X ϕH ϕD_1 ϕD_2 ϕD_3	2EEA1V	120	46	22.5

12.3　其他磨工工具

12.3.1　磨头

用于磨削一般砂轮不能磨削的工件形状，其规格见表 12.32。

表 12.32　磨头的规格（GB/T 2484—2006，GB6409.2—2009）

磨头名称	磨头形状	形状代号	主要尺寸范围/mm	基本用途
平形磨头	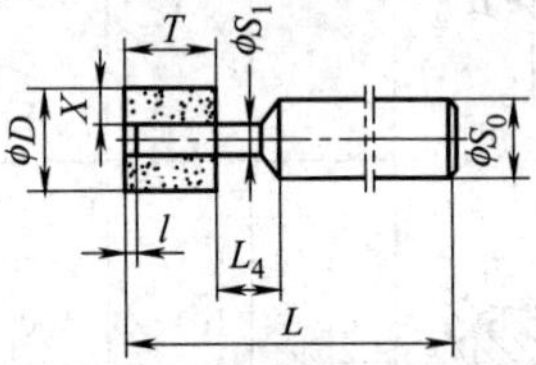	1A1W	$D\times T\times S_1$ 3×4.5×3～20×12×10	磨面积较小的平面和沟槽等
圆柱形磨头	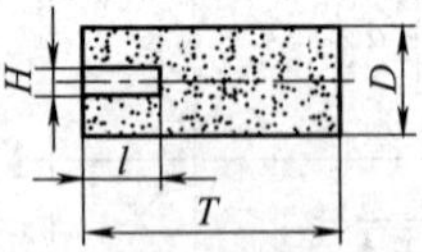	18a	$D\times T\times H$ 4×10×1.5～40×75×10	磨内圆特殊表面和模具壁及清理毛刺等
半球形磨头	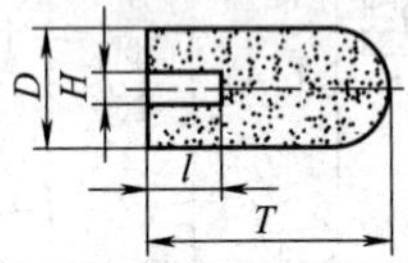	18b	$D\times T\times H$ 25×25×6	磨内圆特殊表面
球形磨头	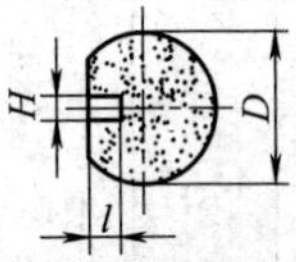	19	$D\times H$ 10×3～30×6	磨有小圆角的零件
截锥磨头	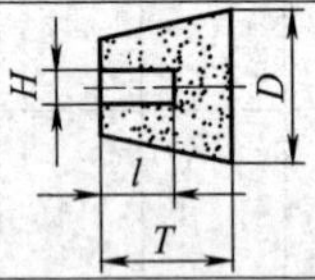	17c	$D\times T\times H$ 16×8×3；30×10×6	磨各种形状的沟槽和修角等
椭圆锥磨头	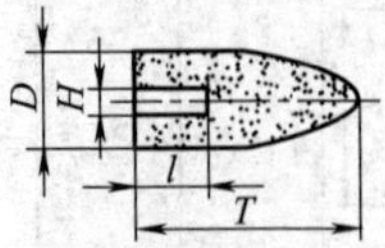	16	$D\times T\times H$ 10×20×3；20×40×6	磨内圆特殊表面和模具壁等
60°锥磨头	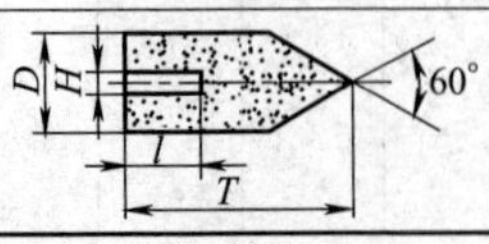	17a	$D\times T\times H$ 10×25×3～30×50×6	磨锥形表面及顶尖孔等

续表

磨头名称	磨头形状	形状代号	主要尺寸范围/mm	基本用途
圆头锥磨头	D H l T	17b	D×T×H 16×16×3～35×75×10	磨内圆特殊表面和模具壁等

12.3.2 油石

用于研磨精车刀、铣刀以及工件的超精加工，其规格见表12.33。

表12.33 油石的规格（GB/T 4127—2007）

油石名称	油石形状	形状代号	主要尺寸范围/mm
长方珩磨油石	C B L	5410	B×C×L 4×3×40～16×13×160
正方珩磨油石	B L	5411	B×L 3×40～16×160
长方油石	C B L	9010	B×C×L 20×6×125～75×50×200
正方油石	B L	9011	B×L 3×100～40×250
三角油石	B L	9020	B×L 6×100～25×300
刀形油石	C B L	9021	B×C×L 10×25×150、20×50×150、10×30×150

续表

油石名称	油石形状	形状代号	主要尺寸范围/mm
圆柱油石	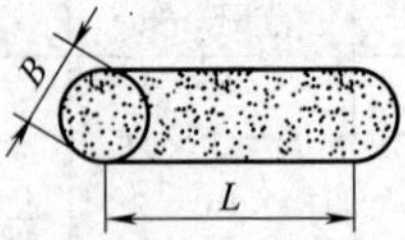	9030	$B\times L$ $6\times100\sim20\times150$
半圆油石	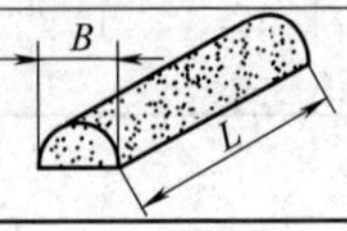	9040	$B\times L$ $6\times100\sim25\times200$

12.3.3 砂瓦

表 12.34 砂瓦的规格（GB/T 2484—2006）

砂瓦名称	砂瓦形状	形状代号	主要尺寸范围/mm			
平形砂瓦	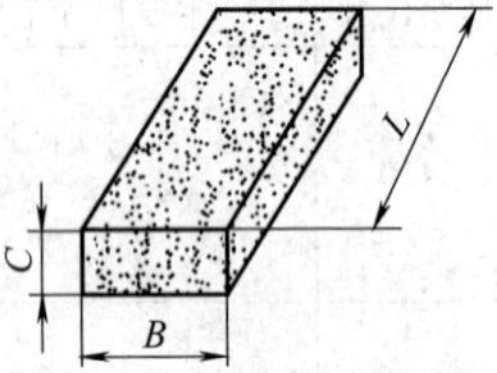	3101	B	C	L	
			50	25	150	
			80	25	150	
			90	35	150	
			80	50	200	
平凸形砂瓦	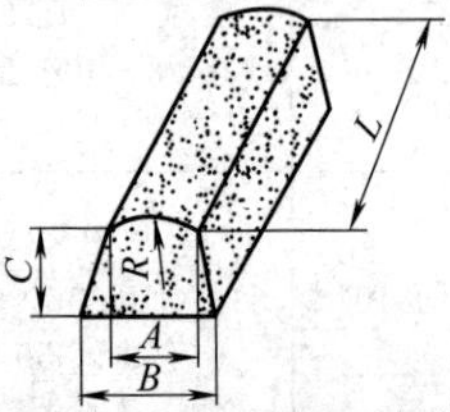	3102	B	A	C	L
			100	85	38	230
凸平形砂瓦	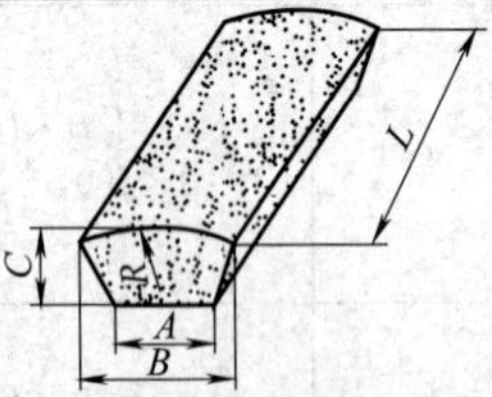	3103	B	A	C	R
			115	80	45	250
梯形砂瓦	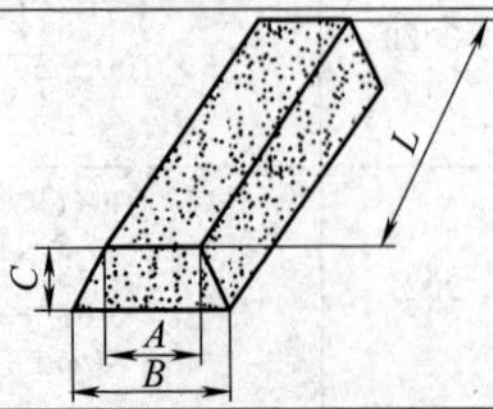	3105	B	A	C	L
			60	50	15	15
			100	85	35	35

续表

砂瓦名称	砂瓦形状	形状代号	主要尺寸范围/mm				
			B	A	R	C	L
扇形砂瓦		3104	60	40	85	25	75
			125	85	225	35	125

12.3.4 砂页盘

用于表面清理和焊缝清理，其基本尺寸、极限偏差和规格见表 12.35、表 12.36。其型号表示方法是：

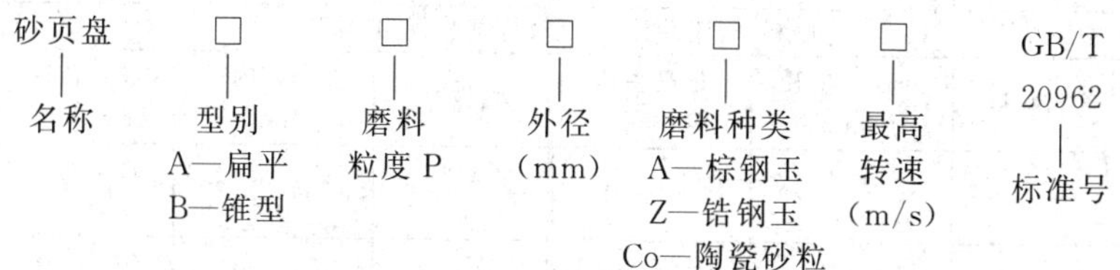

表 12.35　砂页盘的基本尺寸与极限偏差（GB/T 20962—2007）

mm

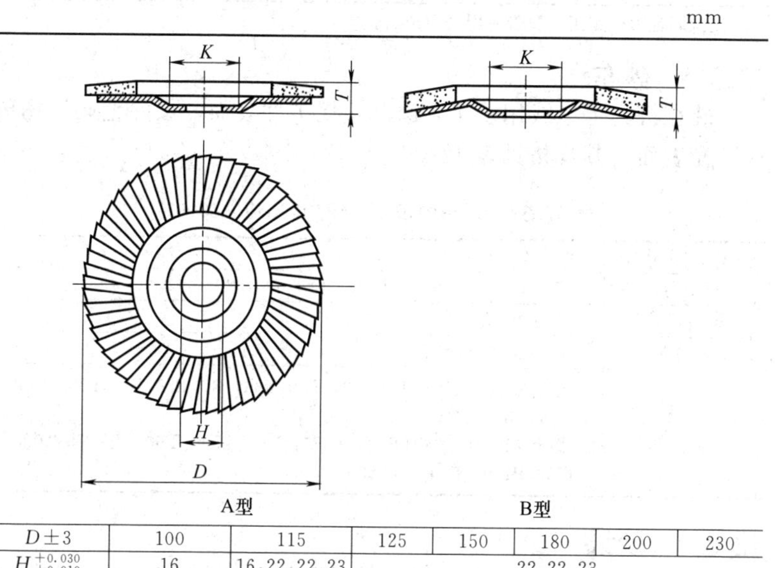

$D\pm3$	100	115	125	150	180	200	230
$H^{+0.030}_{+0.010}$	16	16,22,22,23	22,22,23				
$K\geqslant$	35.5	45					
$T\leqslant$	22						

表 12.36 扁平型砂页盘的规格

磨料：棕钢玉 A、锆钢玉 Z；型别：扁平 A、锥型 B					
磨料粒度	外径×内径/mm	最高转速/(r/min)	磨料粒度	外径×内径/mm	最高转速/(r/min)
40 60 80 120	100×16	15300	40 60 80 120	125×22.23	12200
40 60 80 120	115×22.23	13300	40 60 80 120	180×22.23	8500
磨料：陶瓷砂粒 Co；型别：扁平 A、锥型 B					
磨料粒度	外径×内径/mm	最高转速/(r/min)	磨料粒度	外径×内径/mm	最高转速/(r/min)
40	115×22.23	13300	40	180×22.23	8500
60			60		
40	125×22.23	12200			
60					

注：邢台市全工工具股份有限公司产品。

12.3.5 砂布

装在机具上（或用手工）磨削金属工件表面，去除毛刺、锈斑或磨光表面，其规格见表 12.37。

表 12.37 砂布的规格（JB/T 3889—2006）

宽×长/mm	页状(S)	230×280
	卷状(R)	(50,100,150,200,230,300,600,690,920)×(25000,50000)
磨料代号		棕刚玉，代号为 A
黏结剂		动物胶，合成树脂
磨料粒度号		粗磨粒：P12，P16，P20，P24，P30，P36，P40，P50，P60，P80，P100，P150，P180，P220 微粉：P240，P280，P320，P360，P400，P500，P600，P800，P1000，P1200，P1500，P2000，P2500

12.3.6 砂纸

按用途分有干磨砂纸和耐水砂纸等，前者用于磨光竹木器表面，后者用于在水或油中磨光金属或非金属工件表面。按尺寸分有页状砂纸和卷状砂纸。砂纸的规格见表12.38。

表12.38　砂纸的规格（GB/T 15305—2005）

品种	尺寸规格/mm	
页状(S)砂纸	长度×宽度：230×280，115×280，115×140，140×230，93×230，70×230，70×115(±3)	
卷状(R)砂纸	宽度：12.5，25，35(±1)，40，50，80，93，100，115，150，200，230，300，600(±2)，690，920，1370(±3)(宽度100之后无B型)	
	长度：25000，50000(±1%)	
干砂纸	磨粒	玻璃砂：GL；石榴石：G
	黏结剂	动物胶：G/G；半树脂：R/G；全树脂：R/R
水砂纸	磨料	碳化硅，刚玉
	黏结剂	树脂
金相砂纸	尺寸	230×280，260×260
	磨料	白刚玉(WA)
	黏结剂	聚醋酸乙烯树脂

12.3.7　金刚石砂轮整形刀

表12.39　金刚石砂轮整形刀

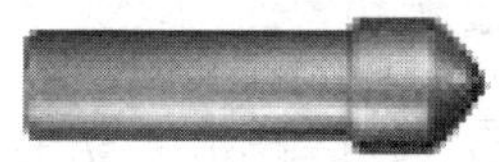

金刚石型号	金刚石重量/(mg/每粒)	适用修整砂轮尺寸范围(直径×厚度)/mm	金刚石型号	金刚石重量/(mg/每粒)	适用修整砂轮尺寸范围(直径×厚度)/mm
100～300	20～60	≤100×12	800～1000	160～200	300×15～400×20
300～500	60～100	100×12～200×12	1000～2500	200～500	400×20～500×30
500～800	100～160	200×12～300×15	≥3000	≥600	≥500×40

注：金刚石角度：60°、90°、100°、120°等。柄部尺寸：ϕ12mm×120mm。

12.3.8　硬质合金旋转锉

硬质合金旋转锉分12种：A—圆柱形旋转锉，C—圆柱形球头旋转锉，D—圆球形旋转锉，E—椭圆形旋转锉，F—弧形圆头旋转锉，G—弧形尖头旋转锉，H—火炬形旋转锉，J—60°圆锥形旋转锉，K—90°圆锥形旋转锉，L—锥形圆头旋转锉，M—锥形尖头旋转锉，N—倒锥形旋转锉。

表 12.40 硬质合金旋转锉的规格（GB/T 9237—2005） mm

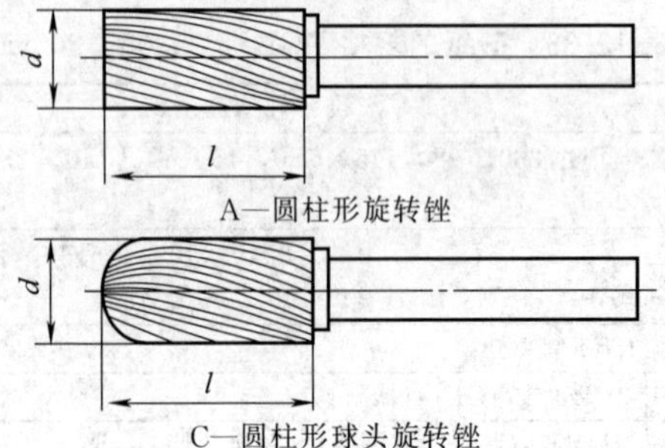

A—圆柱形旋转锉

C—圆柱形球头旋转锉

d	l	d	l
2	10	8	20
3	13	10	20
4	13	12	25
6	16	16	25

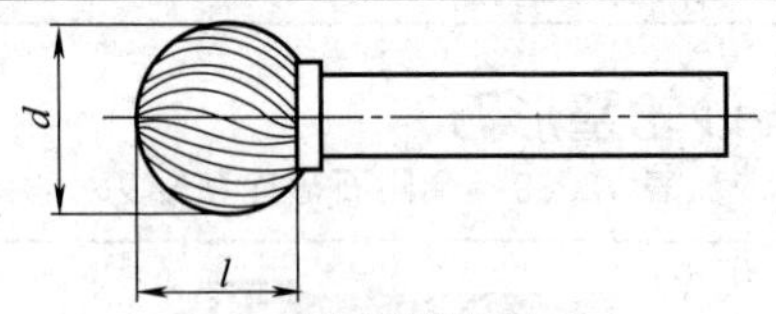

D—圆球形旋转锉

d	l	d	l
2	1.8	8	7.2
3	2.7	10	9.0
4	3.6	12	10.8
6	5.4	16	14.4

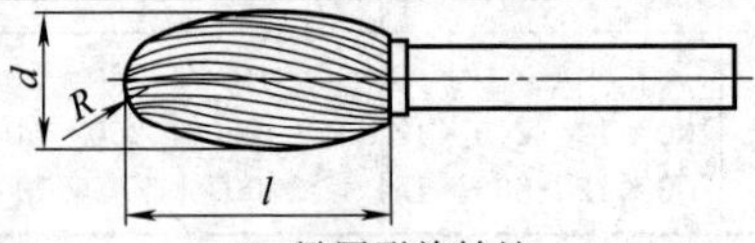

E—椭圆形旋转锉

d	l	R≈	d	l	R≈
3	7	1.2	10	16	4
6	10	2.5	12	20	5
8	13	3.7	16	25	5.5

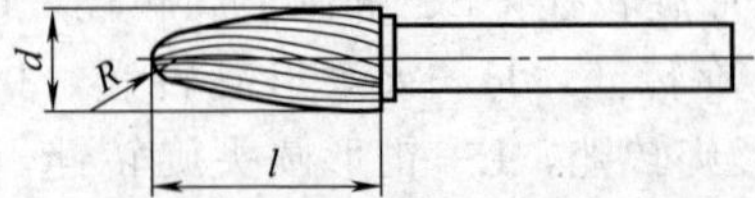

F—弧形圆头旋转锉（带*者切削长度可包括圆柱形部分）

续表

d	l	$R\approx$	d	l	$R\approx$
3	13*	0.8	10	20	2.5
6	18*	1.5	12	25	3.0

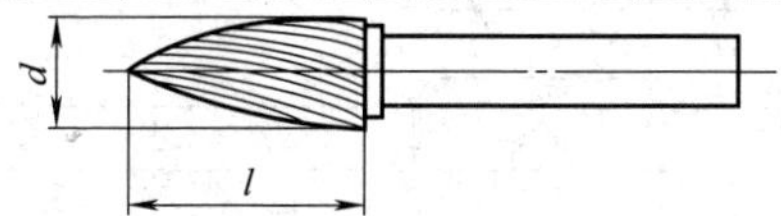

G—弧形尖头旋转锉(带*者切削长度可包括圆柱形部分)

d	l	d	l
3	13*	10	20
6	15*	12	25

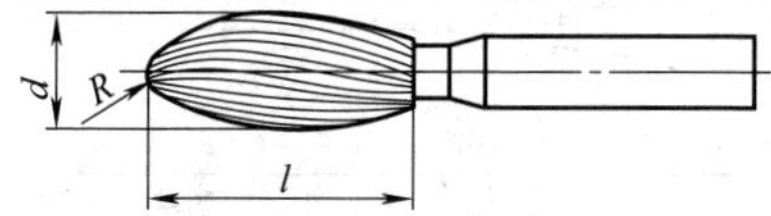

H—火炬形旋转锉(带*者可制成平头或尖头)

d	l	$R\approx$	d	l	$R\approx$
3	13	0.8*	10	25	2.0
6	18	1.0*	12	32	2.5
8	20	1.5	16	36	2.5

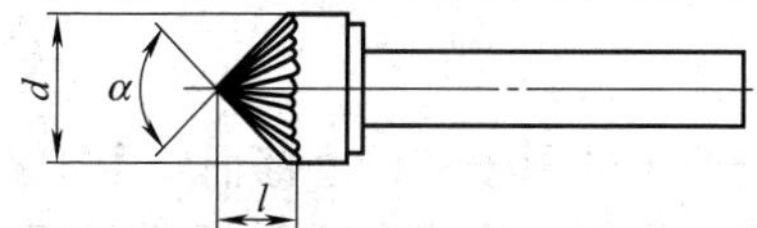

J—60°圆锥形旋转锉,K—90°圆锥形旋转锉

d	l		d	l	
	$\alpha=60°$	$\alpha=90°$		$\alpha=60°$	$\alpha=90°$
3	2.6	1.5	12	10.4	6
6	5.2	3	16	13.8	8
10	8.7	5	—	—	—

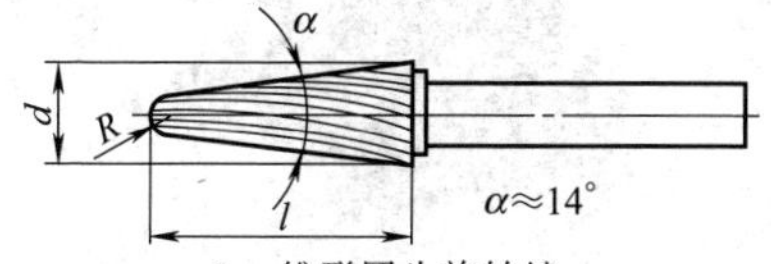

L—锥形圆头旋转锉

d	l	$R\approx$	d	l	$R\approx$
6	16	1.2	12	28	3.0
8	22	1.4	16	33	4.5

续表

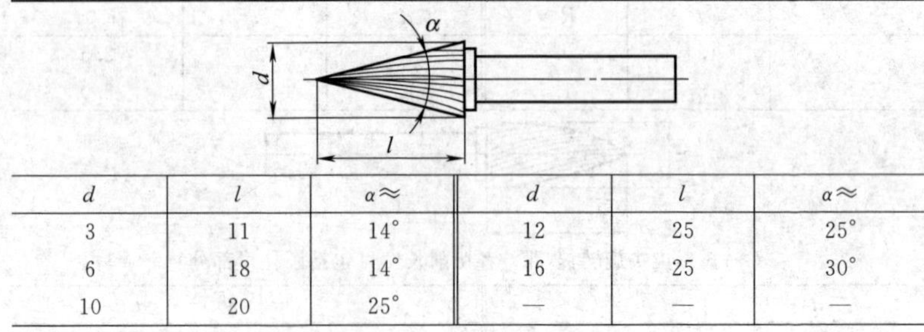

d	l	$\alpha\approx$	d	l	$\alpha\approx$
3	11	14°	12	25	25°
6	18	14°	16	25	30°
10	20	25°	—	—	—

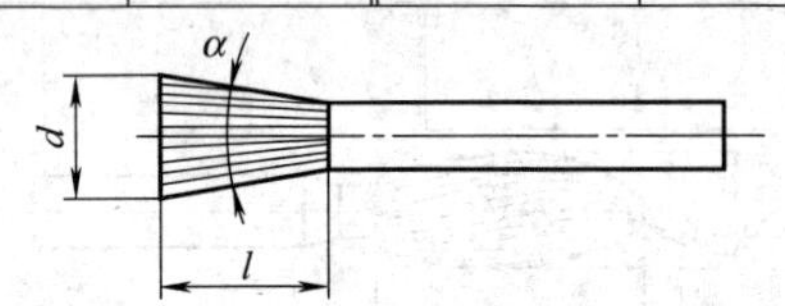

d	l		
	$\alpha=10°$	$\alpha=20°$	$\alpha=30°$
3	7	—	—
6	7	—	—
12	—	13	13
16	—	16	13

12.4 砂磨机

用于金属外壳钣金件原子灰研磨修面，木工家具的研磨和五金件的研磨等。一般常见的有圆盘气动砂磨机和四方气动砂磨机等，其技术数据分别见表 12.41 和表 12.42。

表 12.41 圆盘气动砂磨机的技术数据

型号 不/吸/中央	底盘尺寸 /mm	偏心幅度 /mm	转速 /(r/min)	净重(不/吸/中央) /kg
AT-2025/2025V/2025	75	2.5	1200	0.66/0.71/0.73
AT-2050/2050V/2050	125	5		0.68/0.73/0.73

续表

型号 不/吸/中央	底盘尺寸 /mm	偏心幅度 /mm	转速 /(r/min)	净重(不/吸/中央) /kg
AT-2060/2060V/2060	150	5	1200	0.73/0.80/0.82
AT-2050F/2050FV/2050F	125	2.5		0.68/0.73/0.73
AT-2060F/2060FV/2060F	150	2.5		0.73/0.80/0.82
BX-20/201D/201V	75	2.5	1100	0.72/0.74/0.74
BX-202/202D/202V	125	5		0.81/0.83/0.83
BX-203/203D/203V	150	5		0.82/0.84/0.84
BX-202F/202FD/202FV	125	2.5		0.76/0.78/0.78
BX-203F/203FD/203FV	150	2.5		0.80/0.82/0.82
AT-7026/7026D	125	5	1200	0.98/1.04/—
AT-7027/7027D	125		1000	1.10/—/—
BX-268/268D/268V			1200	0.88/0.91/0.91
BX-N5			1000	0.88/—/—
BX-204	200		900	1.60/—/—
BX-204D/204V				1.62/—/—

注：1. 中国台湾波世特产品。

2. 表中“不”—不吸尘，“吸”—吸尘，“中央”—中央吸尘。

表 12.42　四方气动砂磨机的技术数据

型号 (不/吸/中央)	底盘尺寸 /mm	偏心幅度 /mm	转速 /(kr/min)	净重 (不/吸/中央) /kg
BX-75100/75100D/75100V	75×100	3	12	0.70/0.72/0.72
BX-93178/93178D/93178V	93×178	5	9	1.04/1.06/1.06
AT-7017/7017A/—	75×100/100×110	5	10	0.7/0.82/—
AT-7018/7018D/7018L	73×98/—/30×60	3	9	0.85/—/0.93
AT-7019/—/—	100×150	5	10	1.1/—/—
AT-7022/7022D/—	95×175	5	8	2.0/2.0/—

续表

型号 （不/吸/中央）	底盘尺寸 /mm	偏心幅度 /mm	转速 /(kr/min)	净重 （不/吸/中央） /kg
AT-7023/7023D/—	115×215	5	6	2.2/2.21/—
AT-7029/7029D	74×145	5	8	1.2/—/—
BX-400/—/—	95×175	5	8	2.0/—/—
BX-805/—/—	395×68	5	2.1	2.8/—/—
BX-806/—/—	95×175	2.5	10	1.25/—/—
BX-342/343/—	70×82/100×100	1.2/1.5/—	15/20/—	0.5/—/—

注：1. 中国台湾波世特产品。

2. 表中“不”—不吸尘，“吸”—吸尘，“中央”—中央吸尘。

12.5 磨床夹具和辅具

12.5.1 快换卡头

表 12.43 磨床用快换卡头的规格（JB/T 10122—1999） mm

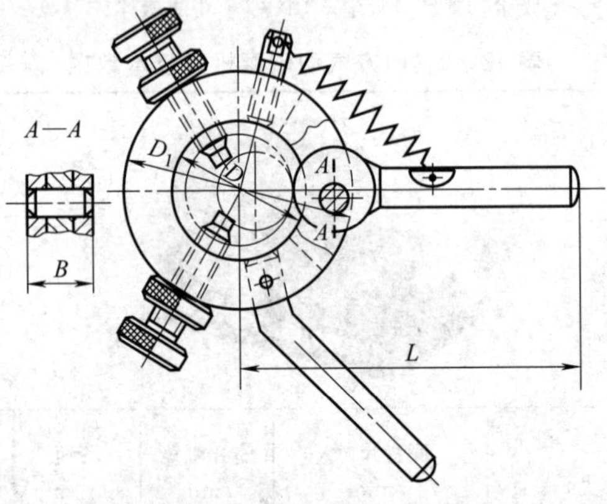

公称直径 （适用工件直径）	6～12	>12 ～18	>18 ～25	>25 ～35	>35 ～50	>50 ～65	>65～ 80	>80 ～100	>100 ～130
D	20	25	32	45	60	75	90	110	140
D_1	35	45	55	70	85	100	120	140	170
B	12		15			18		20	
L	76	82	86	93	101	108	120	130	145

12.5.2　顶尖

表 12.44　外圆磨床顶尖的规格（JB/T 9161.1—1999）　mm

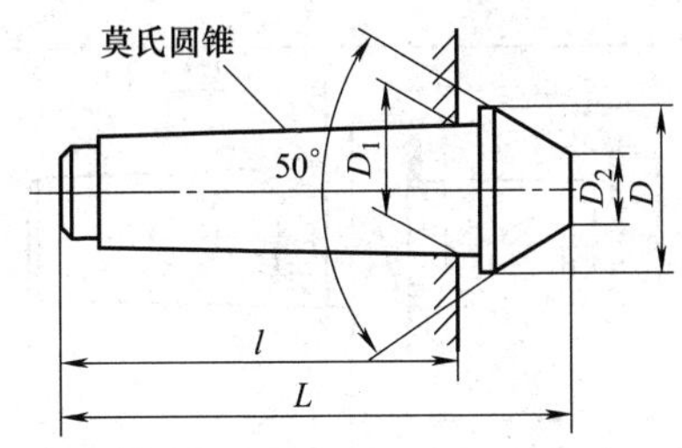

D	D_1	D_2	l	L	莫氏圆锥号
34	23.825	15.5	80.5	105	3
36		15.2		107	
40		16.9		109	
42	31.267	18.9	102.7	132	4

表 12.45　外圆磨床平顶尖的规格（JB/T 9161.2—1999）　mm

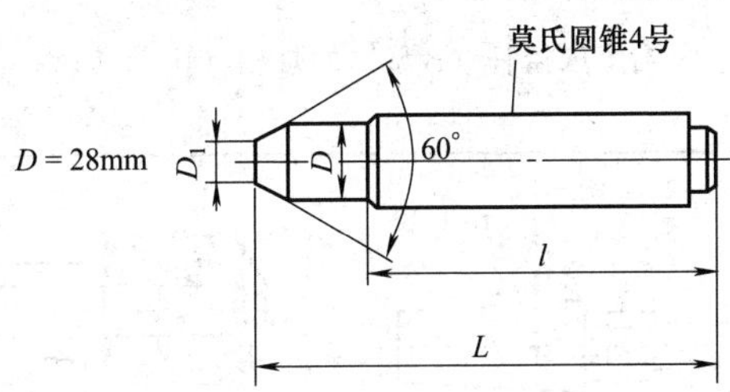

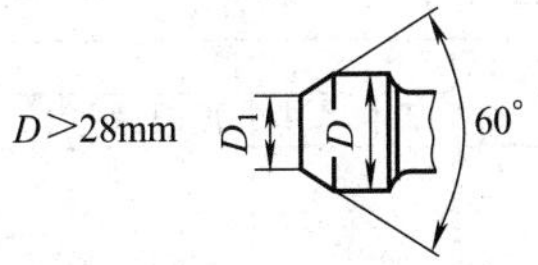

D	D_1	l	L
28	13	114	155
38	20	120	160
50	35		
65	45		

12.5.3 接杆

表 12.46 内圆磨床接杆（A 型）的规格（JB/T 9161.3—1999）

mm

D 基本尺寸	D 极限偏差 f7	D_1	l	L
16	−0.016 −0.014	25	30 38 45	92 100 108
20	−0.020 −0.041	35	30 38 45	92 100 108
		40	30 38 45	92 100 108

注：适用机床为 M2110 和 M2120。

表 12.47 内圆磨床接杆（B 型）的规格（JB/T 9161.4—1999）

mm

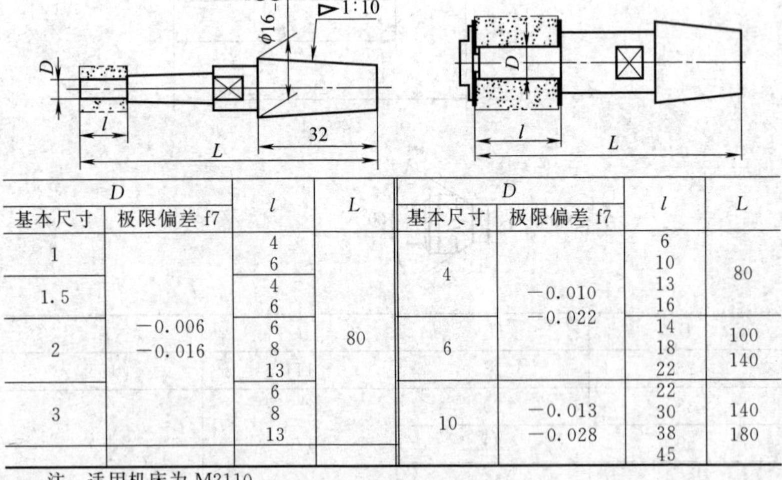

D 基本尺寸	D 极限偏差 f7	l	L	D 基本尺寸	D 极限偏差 f7	l	L
1	−0.006 −0.016	4 6	80	4	−0.010 −0.022	6 10 13 16	80
1.5		4 6		6		14 18 22	100 140
2		6 8 13		10	−0.013 −0.028	22 30 38 45	140 180
3		6 8 13					

注：适用机床为 M2110。

表 12.48　内圆磨床接杆（C 型）的规格（JB/T 9161.5—1999）

mm

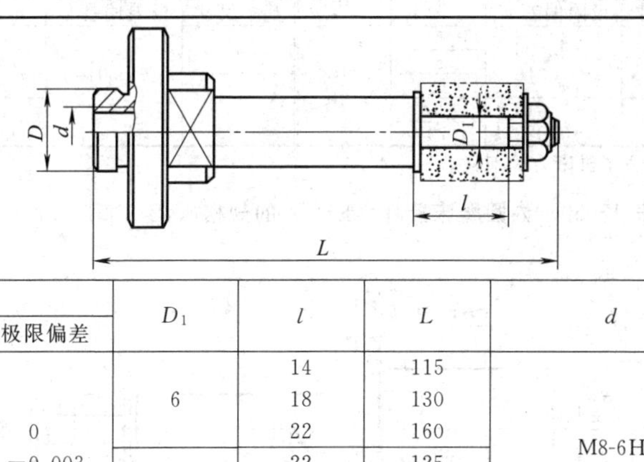

D 基本尺寸	D 极限偏差	D_1	l	L	d
18	0 −0.003	6	14	115	M8-6H
			18	130	
			22	160	
		10	22	125	
			30	125	
			38	150	
24	0 −0.005	6	14	115	M10×1.5-6H
			18	130	
			22	160	
		10	22	125	
			30	125	
			38	150	
30		6	14	115	M12-6H
			18	130	
			22	160	
		10	22	125	
			30	125	
			38	155	

注：适用机床为 MD2110。

表 12.49　内圆磨床接杆（D 型）的规格（JB/T 9161.6—1999）

mm

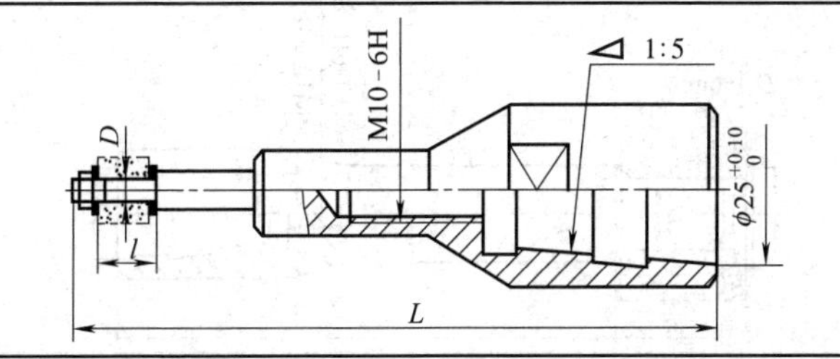

续表

D 基本尺寸	D 极限偏差 f7	l	L	D 基本尺寸	D 极限偏差 f7	l	L
3	−0.006 −0.016	6	115 130	4	−0.010 −0.022	13	115
		8				16	130
		13		6		14	120 140
4	−0.010 −0.022	6				18	
		10				22	

注：适用机床为 M2110。

表 12.50　内圆磨床接杆（E 型）的规格（JB/T 9161.7—1999）

mm

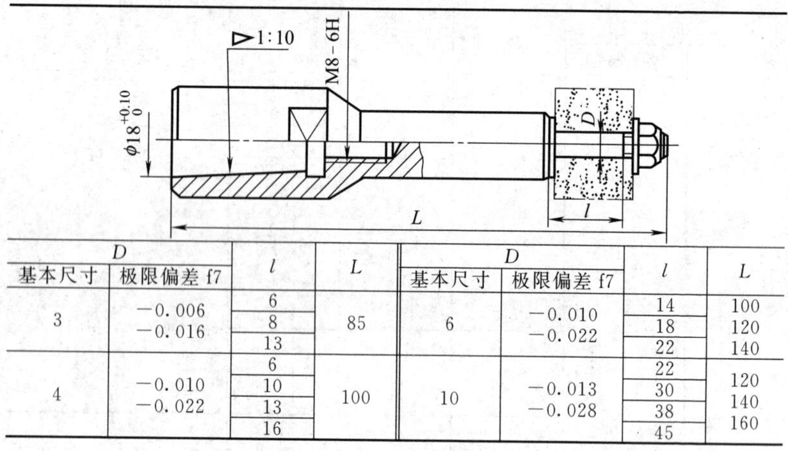

D 基本尺寸	D 极限偏差 f7	l	L	D 基本尺寸	D 极限偏差 f7	l	L
3	−0.006 −0.016	6	85	6	−0.010 −0.022	14	100
		8				18	120
		13				22	140
4	−0.010 −0.022	6	100	10	−0.013 −0.028	22	120 140 160
		10				30	
		13				38	
		16				45	

表 12.51　内圆磨床接杆（F 型）的规格（JB/T 9161.8—1999）

mm

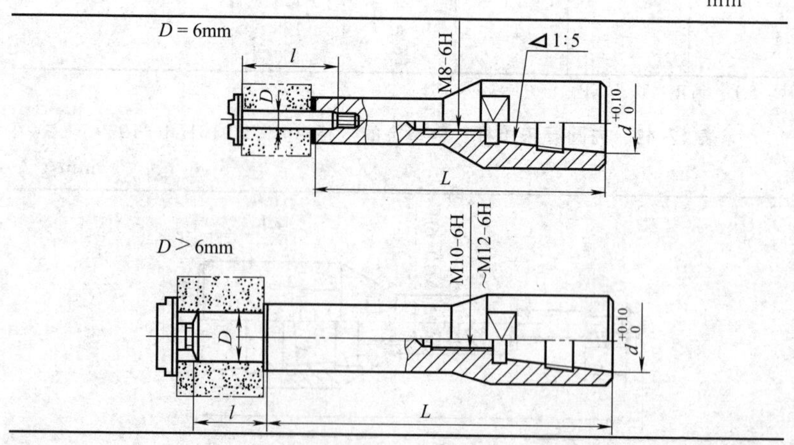

续表

<table>
<tr><th colspan="2">D</th><th rowspan="2">d</th><th rowspan="2">l</th><th rowspan="2">L</th><th rowspan="2">适用机床</th></tr>
<tr><th>基本尺寸</th><th>极限偏差 f7</th></tr>
<tr><td>6</td><td>−0.010
−0.022</td><td rowspan="4">20</td><td>24、28、32</td><td rowspan="2">100
120
140</td><td rowspan="4">3A228</td></tr>
<tr><td>10</td><td>−0.013
−0.028</td><td>22、30、38</td></tr>
<tr><td>16</td><td>−0.016
−0.034</td><td rowspan="2">30、38、45</td><td rowspan="2">100
120
140</td></tr>
<tr><td>20</td><td>−0.020
−0.041</td></tr>
<tr><td>6</td><td>−0.010
−0.022</td><td rowspan="4">25</td><td>24、28、32</td><td rowspan="2">100
120
140</td><td rowspan="2">M2110</td></tr>
<tr><td>10</td><td>−0.013
−0.028</td><td>22、30、38</td></tr>
<tr><td>16</td><td>−0.016
−0.034</td><td rowspan="2">30、38、45</td><td rowspan="2">120
140
160</td><td rowspan="2">3A228</td></tr>
<tr><td>20</td><td>−0.020
−0.041</td></tr>
<tr><td>6</td><td>−0.010
−0.022</td><td rowspan="4">28</td><td>24、28、32</td><td rowspan="2">100
120
140</td><td rowspan="4">M2120</td></tr>
<tr><td>10</td><td>−0.013
−0.028</td><td>22、30、38</td></tr>
<tr><td>16</td><td>−0.016
−0.034</td><td rowspan="2">30、38、45</td><td rowspan="2">120
140
160</td></tr>
<tr><td>20</td><td>−0.020
−0.041</td></tr>
<tr><td>6</td><td>−0.010
−0.022</td><td rowspan="4">32</td><td>24、28、32</td><td rowspan="2">100
120
140</td><td rowspan="4">3A228</td></tr>
<tr><td>10</td><td>−0.013
−0.028</td><td>22、30、38</td></tr>
<tr><td>16</td><td>−0.016
−0.034</td><td rowspan="2">30、38、45</td><td rowspan="2">120
140
160</td></tr>
<tr><td>20</td><td>−0.020
−0.041</td></tr>
</table>

表 12.52 内圆磨床接杆（G 型）的规格（JB/T 9161.9—1999）

mm

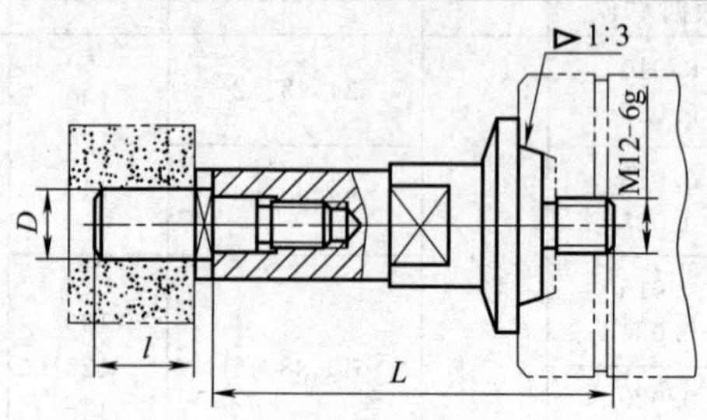

<table>
<tr><th colspan="2">D</th><th rowspan="2">l</th><th rowspan="2">L</th><th colspan="2">D</th><th rowspan="2">l</th><th rowspan="2">L</th></tr>
<tr><th>基本尺寸</th><th>极限偏差 f7</th><th>基本尺寸</th><th>极限偏差 f7</th></tr>
<tr><td rowspan="3">4</td><td rowspan="6">−0.010
−0.022</td><td>10</td><td rowspan="6">75</td><td rowspan="3">10</td><td rowspan="3">−0.013
−0.028</td><td>16</td><td rowspan="3">92</td></tr>
<tr><td>12</td><td>22</td></tr>
<tr><td>16</td><td>28</td></tr>
<tr><td rowspan="3">6</td><td>10</td><td rowspan="3">16</td><td rowspan="3">−0.016
−0.034</td><td>22</td><td>98</td></tr>
<tr><td>12</td><td>28</td><td>128</td></tr>
<tr><td>16</td><td>38</td><td>168</td></tr>
</table>

注：适用机床为 M1432。

第13章 管工工具

13.1 管螺纹加工用具

13.1.1 管螺纹板牙和铰板

把板牙装在铰板上，铰制管子或其他工件上的外螺纹。

(1) G 系列圆柱管螺纹圆板牙

用于加工 55°非密封管螺纹，其型式和基本尺寸见表 13.1。

表 13.1 G 系列圆柱管螺纹板牙的型式和基本尺寸 (GB/T 20324—2006)

mm

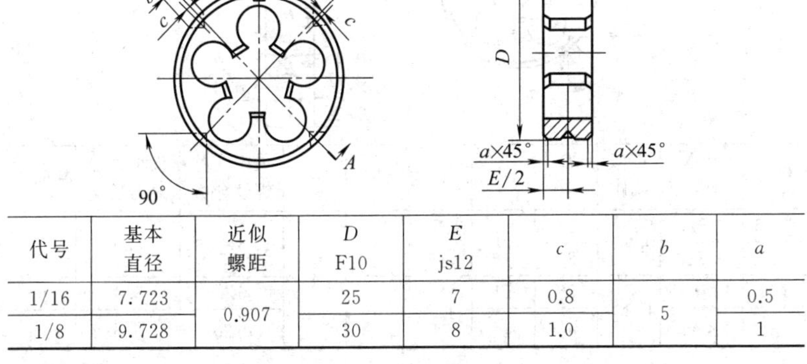

代号	基本直径	近似螺距	D F10	E js12	c	b	a
1/16	7.723	0.907	25	7	0.8	5	0.5
1/8	9.728		30	8	1.0		1

续表

代号	基本直径	近似螺距	D F10	E js12	c	b	a
1/4	13.157	1.337	38	10	1.2	6	1
3/8	16.662		45(38)				
1/2	20.955	1.814	45	14			
5/8	22.911		55(45)	16(14)	1.5	8	1
3/4	26.441		55	16			
7/8	30.201		65		1.8		
1	33.249	2.309		18			
1¼	41.910		75	20			2
1½	47.803		90	22	2.0		
1¾	53.746				2.5	10	
2	59.614		105				
2½	65.710		120				

注：( ) 内尺寸尽量不采用，如采用应做标识。

(2) R 系列圆锥管螺纹圆板牙

用于加工 55°密封管螺纹，其型式和基本尺寸见表 13.2。

表 13.2 R 系列圆锥管螺纹圆板牙的型式和基本尺寸 (GB/T 20328—2006)

mm

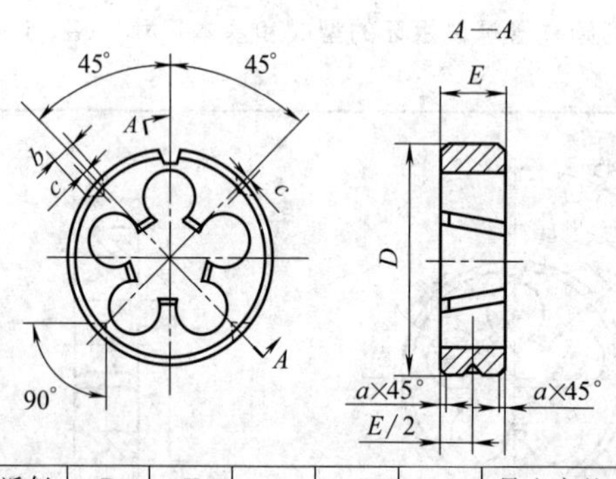

代号	基本直径	近似螺距	D f10	E js12	c	b	a	最少完整螺纹牙数	最小完整牙的长度	基面距
1/16	7.723	0.907	25	11	1.0	5	1	6⅛	5.6	4
1/8	9.728		30							
1/4	13.157	1.337	38	14	1.2	6		6¼	8.4	6
3/8	16.662		45	18				6½	8.8	6.4

续表

代号	基本直径	近似螺距	D f10	E js12	c	b	a	最少完整螺纹牙数	最小完整牙的长度	基面距
1/2	20.955	1.814	45	22	1.5	8	2	6¼	11.4	8.2
3/4	26.441		55					7	12.7	9.5
1	33.249	2.309	65	25	1.8			6¼	14.5	10.4
1¼	41.910		75	30				7¼	16.8	12.7
1½	47.803		90		2.0					
2	59.614		105	36	2.5	10		9⅛	21.1	15.9

注：最少完整螺纹牙数、最小完整牙的长度和基面距均为螺纹尺寸，仅供板牙设计时参考。

(3) 低压液体输送管螺纹板牙和铰板（表13.3～表13.5）

表13.3　管螺纹板牙的规格（QB/T 2509—2001）　mm

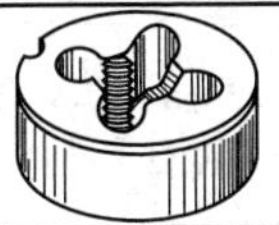

安装在机床或圆铰板上铰制管螺纹

螺纹直径	每英寸牙数		板牙外径		板牙厚度		
					55°		60°
	55°	60°	圆柱	圆锥	圆柱	圆锥	
1.59	28	27	25	30	—	—	11
3.18	28	27	30	30	8	13	11
6.35	19	18	38	38	10	18	16
9.53	19	18	45	45	10	18	18
12.7	14	14	55	55	14	24	22
15.88	14	—	55	—	16	—	—
19.05	14	14	55	55	16	26	22
22.25	14	—	65	—	18	—	—
25.4	11	11.5	65	65	18	30	26
31.75	11	11.5	75	75	20	32	28
38.10	11	11.5	90	90	20	34	28
44.45	11	—	105	—	22	—	—
50.80	11	11.5	105	105	22	36	30
57.15	11	—	120	—	22	—	—

注：适用于手工铰制管子外径为21.3～114mm的低压流体输送用钢管管螺纹。

表13.4　管螺纹铰板的规格（QB/2509—2001）　mm

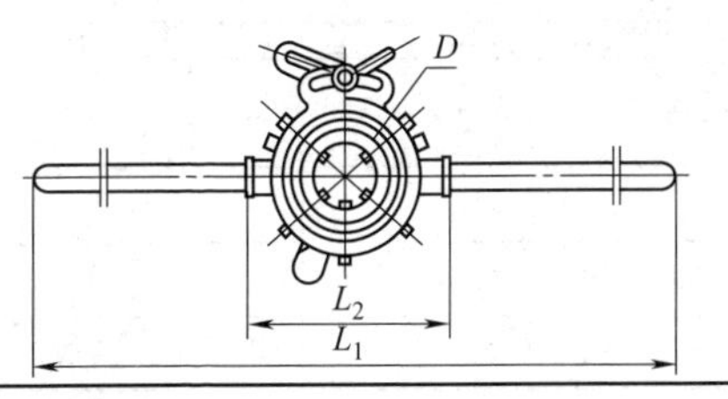

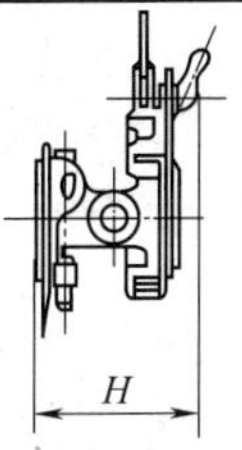

续表

规格	外形尺寸				扳杆根数/根	铰螺纹范围		机构特性
	L_1	L_2	D	H		管子外径	管子内径	
	min	min	±2	±2				
60	1290	190	190	110	2	21.3～26.8 33.5～42.3	12.70～19.05 25.40～31.75	无间歇机构
60W	1350	250	170	140	2	48.0～60.0	38.10～50.80	有间歇机构，其使用具有万能性
114W	1650	335	250	170	2	66.5～88.5 101.0～114.0	57.15～76.20 88.90～101.60	

表 13.5 一些管子铰板的规格

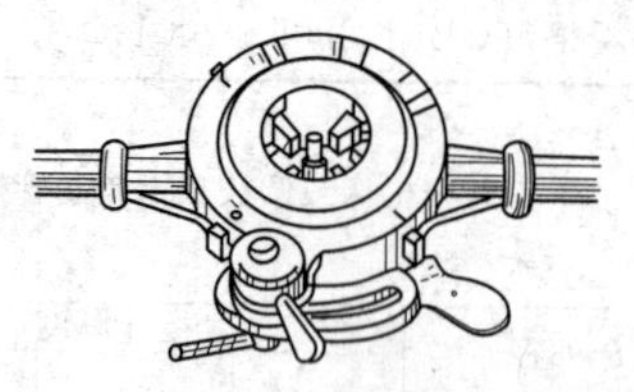

用于手工铰制金属管外螺纹，有轻便式和普通式两种

形式	型号	铰制圆锥管螺纹尺寸代号范围	每套板牙规格（管螺纹尺寸代号）
轻便式	Q74-1	1/4～1	1/4,3/8,1/2,3/4,1
	SH-76 SH-48	1/2～1½	1/2,3/4,1,1¼,1½
普通式	114 117	1/2～2 2¼～4	1/2,3/4,1,1½,2 2¼,2½,3,3½,4

(4) 电线管螺纹铰板和板牙（表 13.6）

表 13.6 电线管螺纹铰板和板牙的规格 mm

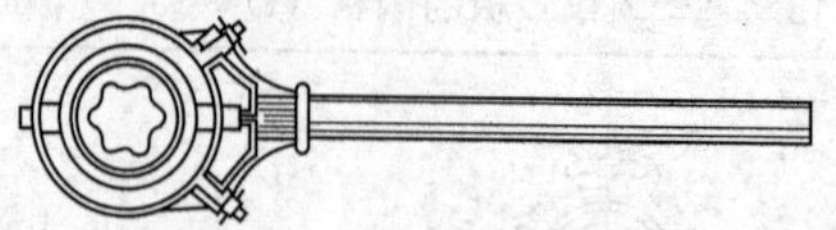

型号	铰制钢管外径	圆板牙外径尺寸
SHD-25	12.70,15.88,19.05,25.40	41.2
SHD-50	31.75,38.10,50.80	76.2

13.1.2　搓丝板

表 13.7　R 系列 55°圆锥管螺纹搓丝板的型式和尺寸（JB/T 9999—2013）

mm

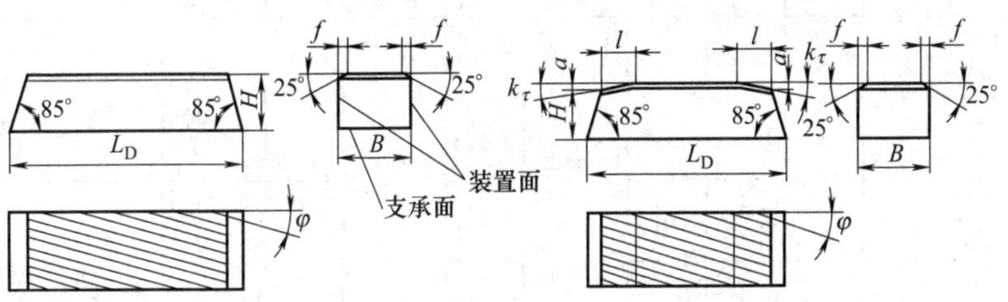

代号	25.4mm牙数	P	L_D 基本尺寸	L_D 极限偏差	L_G 基本尺寸	L_G 极限偏差	B 基本尺寸	B 极限偏差	H（参考）	φ	参考值 f	参考值 l	参考值 a	参考值 k_τ
R1/16	28	0.907	170	0 −1.00	150	0 −1.00	50	0 −0.62	30	2°18′	1.5	24.4	0.64	1°～1°30′
R1/8							55			1°48′		31.6		
R1/4	19	1.337	210	0 −1.15	190	0 −1.15	60	0 −0.74	40	1°58′	2.0	42.5	0.94	
R3/8			220		200		70			1°32′		53.8		
R1/2	14	1.814	250		230		60		45	1°40′	2.5	68.0	1.45	
R3/4			310	0 −1.30	285	0 −1.30	70 80			1°18′		83.0		
R1	11	2.309	400	0 −1.40	375	0 −140	80 100	0 −0.87	50	1°19′	3	110.0	2.24	
R1¼			420	0 −1.55	400					1°02′		128.0		

表 13.8　适用于加工符合 GB/T 7306 管螺纹的搓丝板尺寸（JB/T 9999—2013）

mm

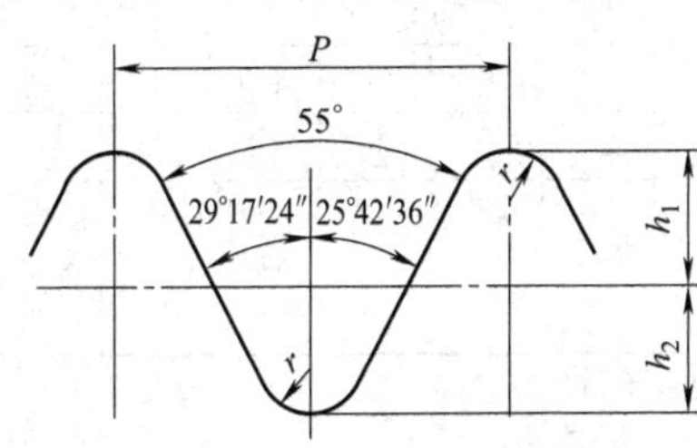

续表

代号	25.4mm牙数	P	r	h_1 基本尺寸	h_1 极限偏差	h_2 基本尺寸	h_2 极限偏差	螺距极限偏差 测量牙数	螺距极限偏差 极限偏差	牙型半角极限偏差
R1/16	28	0.907	0.125	0.291	+0.025 −0.015	0.291	+0.015 −0.025	9	+0.008 −0.008	+25′ −25′
R1/8										
R1/4	19	1.337	0.184	0.428		0.428				
R3/8										
R1/2	14	1.814	0.249	0.581		0.581		7	+0.009 −0.009	+20′ −20′
R3/4										
R1	11	2.309	0.317	0.740		0.740			+0.010 −0.010	
R1¼										

13.1.3 圆锥形管螺纹铰刀

表 13.9 圆锥形管螺纹铰刀规格 mm

用于铰削 1∶16 的英制圆锥形管螺纹加工前的孔

直径/in	锥 1/16	锥 1/8	锥 1/4	锥 3/8	锥 1/2	锥 3/4	锥 1	锥 1¼	锥 1½	锥 2
总长	105	110	115	130	135	160	170	200	200	230
切削刃长度	20	22	28	30	35	38	45	48	50	52
莫氏锥柄号数	1			2		3		4		5

13.2 管工工具

13.2.1 管子钳

表 13.10 管子钳的规格（GB/T 2508—2001） mm

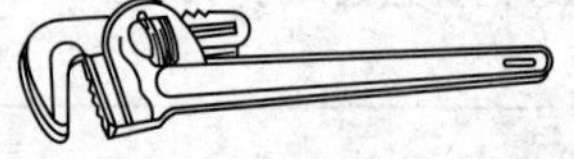

用于紧固或拆卸金属管和其他圆柱形零件

规格(全长)		150	200	250	300	350	450	600	900	1200
最大夹持管径		20	25	30	40	50	60	75	85	110
试验转矩/N·m	轻级	98	196	324	490	588①	833①	1176①	1960①	2646①
	普通级	105	203	340	540	650	920	1300	2360	3200
	重级	165	330	550	830	990	1440	1980	3300	4400

① 柄部为铝合金的管子钳数据。

注：防爆管子钳的规格同此。

表 13.11　防爆用管子钳的规格（GB/T 2613.10—2005）　mm

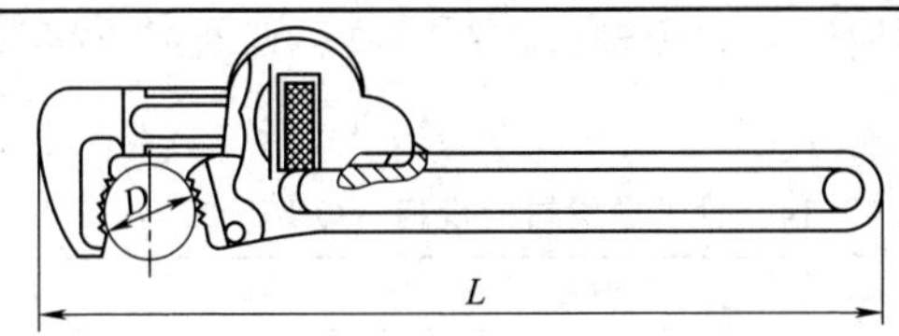

规格	全长 L		最大夹持管径 D
	基本尺寸	相对偏差/%	
200	200	±3	25
250	250		30
300	300	±4	40
350	350		50
450	450		60
600	600	±5	75
900	900		85

注：1. 管子钳分 c、d 两个强度等级。

2. 管子钳的标记由产品名称＋规格＋强度等级代号和标准编号组成。例：规格 200mm，强度等级 c 的管子钳标记为“防爆用管子钳 200 c QB/T 2613.10—2005”。

表 13.12　铝合金管子钳的规格　mm

规格	150	200	250	300	350	450	600	900	1200
最大夹持管径	20	25	30	40	50	60	75	85	110
试验转矩/N·m	98	196	324	490	588	833	1176	1960	2646

13.2.2 链条管子钳

用于较大金属管和其他圆柱形零件的紧固或拆卸，其规格见表 13.13。

表 13.13　链条管子钳的规格（QB/T 1200—1991）　mm

A型　B型

型号		A 型	B 型				
公称尺寸 L		300	600	900	1000	1200	1300
夹持管子外径 D	普通用	50		100	150	200	250
	防爆用		100,150	200,300			
试验转矩/N·m		300		830	1230	1480	1670

13.2.3 管子台虎钳

用于夹紧管子，以便进行铰制螺纹、切断或连接管子，其规格见表 13.14。

表 13.14 管子台虎钳的规格（QB/T 2211—1996）

规格	1	2	3
管件直径/mm	10～60	10～90	15～115
试验棒力矩/N·m	90	120	130
规格	4	5	6
管件直径/mm	15～165	30～220	30～300
试验棒力矩/N·m	140	170	200

13.2.4 胀管器

（1）直通式胀管器（表 13.15）

表 13.15 直通式胀管器的规格 mm

用于配管时扩张金属管的内外壁

型别	公称规格	全长	适用管子范围			型别	公称规格	全长	适用管子范围		
			内径		胀管长度				内径		胀管长度
			最小	最大					最小	最大	
01	10	114	9	10	20	02	64	309	57	64	32
	13	195	11.5	13	20		70	326	63	70	32
	14	122	12.5	14	20		76	345	68.5	76	36
	16	150	14	16	20		82	379	74.5	82.5	38
	18	133	16.2	18	20		88	413	80	88.5	40
02	19	128	17	19	20		102	477	91	102	44
	22	145	19.5	22	20	03	25	170	20	23	38
	25	161	22.5	25	25		28	180	22	25	50
	28	177	25	28	20		32	194	27	31	48
	32	194	28	32	20		38	201	33	36	52
	35	210	30.5	35	25	04	38	240	33.5	38	40
	38	226	33.5	38	25		51	290	42.5	48	54
	40	240	35	40	25		57	380	48.5	55	50
	44	257	39	44	25		64	300	54	61	55
	48	265	43	48	27		70	380	61	69	50
	51	274	45	51	28		76	340	65	72	61
	57	292	51	57	30						

（2）调节式胀管器（表13.16和表13.17）

表13.16　调节式胀管器　　mm

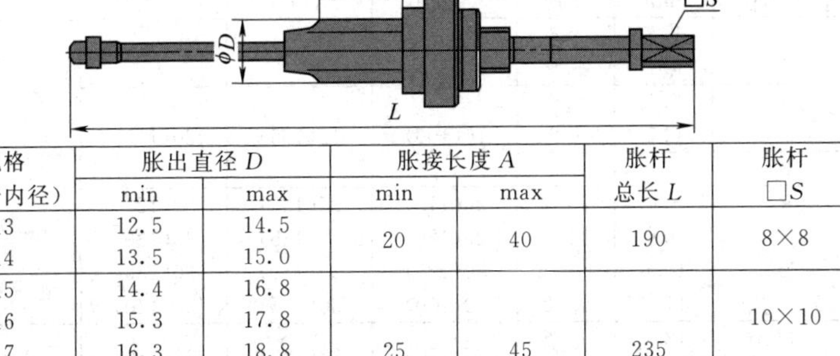

<table>
<tr><th rowspan="2">规格
（管子内径）</th><th colspan="2">胀出直径 D</th><th colspan="2">胀接长度 A</th><th rowspan="2">胀杆
总长 L</th><th rowspan="2">胀杆
□S</th></tr>
<tr><th>min</th><th>max</th><th>min</th><th>max</th></tr>
<tr><td>13
14</td><td>12.5
13.5</td><td>14.5
15.0</td><td>20</td><td>40</td><td>190</td><td>8×8</td></tr>
<tr><td>15
16
17</td><td>14.4
15.3
16.3</td><td>16.8
17.8
18.8</td><td rowspan="2">25</td><td rowspan="2">45</td><td rowspan="2">235</td><td>10×10</td></tr>
<tr><td>18
19</td><td>17.2
18.2</td><td>19.8
20.9</td><td rowspan="2">12×12</td></tr>
<tr><td>20
21
22
23</td><td>19.2
20
21
22</td><td>21.9
23
24
25.2</td><td>25</td><td>50</td><td>240</td></tr>
</table>

注：1. 可根据厚度，调节胀接长度，调节范围为22mm，具有用途广、功能多、使用方便等优点。

2. 吴江市长江特种工具厂产品，下同。

表13.17　深孔调节式胀管器

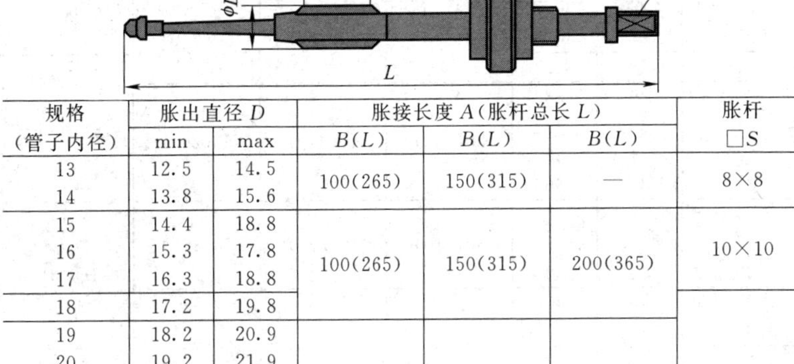

<table>
<tr><th rowspan="2">规格
（管子内径）</th><th colspan="2">胀出直径 D</th><th colspan="3">胀接长度 A（胀杆总长 L）</th><th rowspan="2">胀杆
□S</th></tr>
<tr><th>min</th><th>max</th><th>B(L)</th><th>B(L)</th><th>B(L)</th></tr>
<tr><td>13
14</td><td>12.5
13.8</td><td>14.5
15.6</td><td>100(265)</td><td>150(315)</td><td>—</td><td>8×8</td></tr>
<tr><td>15
16
17</td><td>14.4
15.3
16.3</td><td>18.8
17.8
18.8</td><td rowspan="2">100(265)</td><td rowspan="2">150(315)</td><td rowspan="2">200(365)</td><td>10×10</td></tr>
<tr><td>18</td><td>17.2</td><td>19.8</td><td rowspan="2">12×12</td></tr>
<tr><td>19
20
21
22
23</td><td>18.2
19.2
20.0
21.0
22.0</td><td>20.9
21.9
23.0
24.0
25.2</td><td>100(275)</td><td>150(325)</td><td>200(375)</td></tr>
</table>

(3) 槽式胀管器（表13.18）

表 13.18 三（五）槽直筒式胀管器 mm

规格（管子内径）	胀出直径 D min	胀出直径 D max	胀接长度 A(胀杆总长 L) A(L)	A(L)	A(L)	胀杆 □S
4	3.8	4.6	10(80)	15(80)	—	7×7
5	4.7	5.6				
6	5.7	6.6	10(100)	15(105)	20(110)	
7	6.7	7.9				
8	7.6	9.0				7×7
9	8.6	10.1	20(115)	25(120)	30(125)	
10	9.6	11.1	20(120)	25(125)	30(130)	
11	10.6	12.15	20(125)	25(130)	30(135)	
12	11.5	13.2	20(130)	30(135)	35(140)	
13	12.5	14.5	25(150)	30(155)	35(160)	8×8
14	13.5	15.6				
15	14.4	16.8	25(175)	30(180)	35(185)	10×10
16	15.3	17.8				12×12
17	16.3	18.8				
18	17.2	19.08				
19	18.2	20.9	25(175)	35(185)	45(195)	
20	19.2	21.9				12×12
21	20	23	30(180)	40(190)	50(200)	
22	21	24				
23	22	25.2	30(190)	40(190)	50(210)	
24	23	26.2	30(195)	40(205)	50(215)	14×14
25	24	27.5	30(205)	40(215)	50(225)	
26	25	28.7	30(215)	40(225)	50(235)	
27	26	29.7	30(220)	40(230)	50(240)	
28	27	30.8				
29	28	31.8				
30	29	33	30(230)	40(240)	50(250)	14×14
31	30	34				
32	31	35				
33	32	36				
34	33	37	30(210)	40(220)	50(230)	16×16
35	34	38				
36	35	39				
37	36	40	30(230)	40(240)	50(250)	
38	37	41				
39	38	42				16×16
40	39	43				
41	39	44	30(240)	40(250)	50(260)	
42	40	45				

续表

规格（管子内径）	胀出直径 D		胀接长度 A(胀杆总长 L)			胀杆 □S
	min	max	A(L)	A(L)	A(L)	
43 44 45 46	41 42 43 44	46 47 48 49	35(270)	40(275)	50(285)	18×18
47 48 49	45 46 47	50 51 52	35(275)	40(280)	50(290)	20×20
50 51 52 53	48 49 50 51	53.5 54.5 55.5 56.5	40(290)	45(295)	50(300)	
54 55 56 57 58 59 60	52 53 54 55 56 57 57	57.5 58.5 59.5 60.5 61.5 62.5 63.5	40(290)	45(295)	50(300)	20×20

注：1. 使管子受胀后管板紧密结合、胀后管内壁表面光洁圆滑。

2. 控制直筒式胀管器尺寸同此，具备控制胀管率的功能，可控制范围保证在1%～2.2%内，主要用于有特殊要求的厚壁钢管胀管。

13.2.5　胀管机

表 13.19　YZJ-5 型液压胀管机主要技术参数

项　　目	指标	项　　目	指标
最高实验胀接压力/MPa	350	电源/V	三相 380
常用胀接压力/MPa	180～280	输入功率/kW	5.5
胀接速度/(次/min)	5～7	胀接介质	水
操作手柄重量/kg	1.5	总重/kg	350
外形尺寸(长×宽×高)/mm	1300×700×1200		

注：吴江市长江特种工具厂产品，下同。

表 13.20 DZJ 电动胀管机主要技术参数

项目	指 标	项目	指 标
额定工作电压	AC220V±5%,50Hz	可胀管材壁厚	0.5～2.0mm
可挂胀机功率	300W,400W,600W	最大胀管深度	80mm/次
可胀接的管材	铜、碳钢、不锈钢、铝、钛	胀扩管率范围	1%～15%
可胀管径范围	ϕ8～32mm	胀管速度	3～8s/根

表 13.21 P3Z1 系列电动胀管机主要技术参数

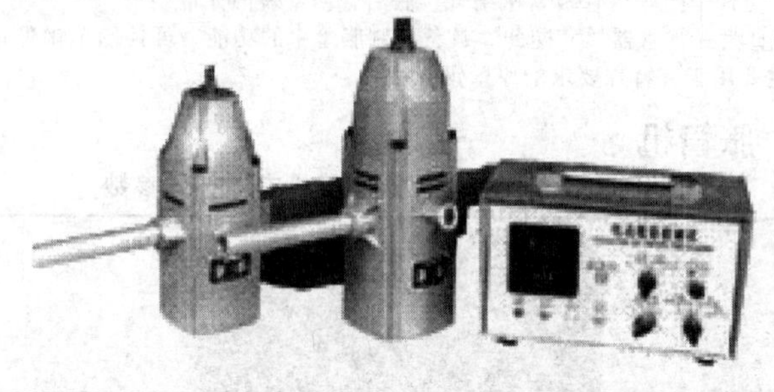

型号	P3Z1-13	P3Z1-16	P3Z1-19	P3Z1-25	P3Z1-38	P3Z1-51	P3Z1-76	P3Z1-102	P3Z1-125
额定功率/W	270	270	270	270	600	1000	1000	1000	1600
额定电压/V	380	380	380	380	380	380	380	380	380
额定电流/A	0.86	0.86	0.86	0.86	1.9	2.6	2.6	2.6	2.6
额定转矩/N·m	4	6	9	18	36	140	200	300	400
转速/(r/min)	600	330	250	145	130	72	42	26	26
重量/kg	8	9	9	9.5	14	15	15	16	22.5
胀管直径/mm	13	16	19	25	38	51	76	102	125
主轴方榫/mm	16	16	16	16	16	20	20	25	25

13.2.6　电动磨管机

表 13.22　电动磨管机主要技术参数

型号	S3M-76	S3M-57	S3M-38	型号	S3M-76	S3M-57	S3M-38
输出功率/W	270	270	270	最大磨削管径/mm	ϕ57～76	ϕ38～57	ϕ15～38
电压/V	380	380	380	磨削长度/mm	100	100	100
转速/(r/min)	970	970	970	重量/kg	24	24	24

注：吴江市长江特种工具厂产品。

13.2.7　管子割刀

表 13.23　管子割刀和刀片的规格（QB/T 2350—1997）　mm

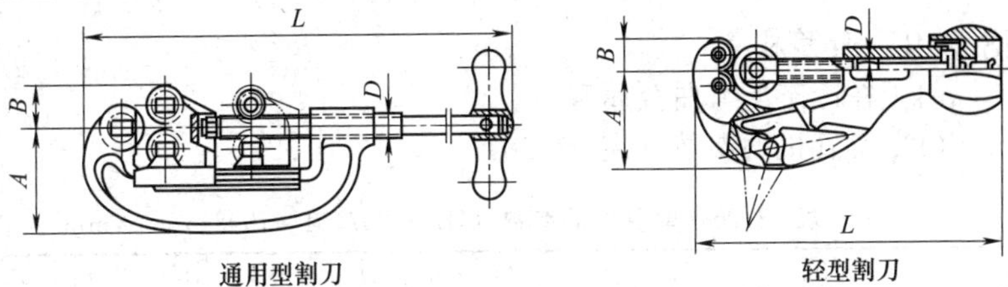

通用型割刀　　轻型割刀

用于切割各种硬塑料管和金属管

规格	全长	割管范围	最大割管壁厚	质量/kg
1	130	5～25	1.5～2(钢管)	0.3
	310		5	0.75,1
2	380～420	12～50	5	2.5
3	520～570	25～75	6	5
4	630	50～100		4
	1000			8.5,10

刀片号	刀片直径	刀体直径	孔径	刀体厚	刀片厚
1	18	10	5	6	2
2	32～35	16,17	9	18	3
3	40～43	20	10	28	3.5,4
4	45	24	10	30	4

13.2.8　管子扳手

普通管子扳手用于紧固或拆卸小型金属和其他圆柱形零件，也可作扳手使用；多用管子扳手用来夹持及旋转圆形管件、扳拧各种六角头螺栓、螺母。管子扳手的规格见表 13.24、表 13.25。

表 13.24　快速管子扳手　　mm

规格(长度)	200	250	300
夹持管子外径	12～25	14～30	16～40
适用螺栓规格	M6～M14	M8～M18	M10～M24
试验转矩/N·m	196	323	490

表 13.25　多用管子扳手　　mm

公称尺寸	夹持管外径	适用螺母
300	2233.5	M14～M22
360	3248	M22～M30

13.2.9　弯管机

用于在冷态下弯曲金属管材。

（1）弯管机的参数（表 13.26）

表 13.26　弯管机的参数（JB/T 2671.1—1998）　　mm

弯管最大外径	10	16	25	40	60	89	114	159	219	273
最大弯曲壁厚	2	2.5	3	4	5	6	8	12	16	20
最小弯曲半径	5	12	20	30	50	70	110	160	320	400
最大弯曲半径	60	100	150	250	300	450	600	800	1000	1250
最大弯曲角度/(°)	195									
最大弯曲速度/(r/min) ≥	12	10	6	4	3	2	1	0.5	0.4	0.3

注：1. 管件材料的屈服强度 $\sigma_s \leqslant 245$MPa。

2. 弯管机的弯管外径范围：当弯管最大外径＜114mm 时为 0.4～1 倍的弯管最大外径，否则为 0.5～1 倍的弯管最大外径。

（2）手动弯管机（表 13.27、表 13.28）

表 13.27　SWG 手动弯管机的规格（Ⅰ）　　mm

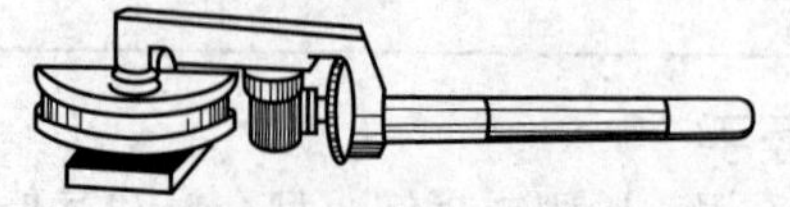

续表

型式	SWG-I型			SWG-Ⅱ型		SWG-Ⅲ型	
管子外径	15			20		25	
弯曲半径	50			63		85	
外形尺寸	500×152×292			640×162×292		722×230×271	
质量/kg	11			14		17	
钢管外径	8	10	12	14	16	19	22
钢管壁厚	2.25				2.75		
弯曲半径	40	50	60	70	80	90	110

表 13.28　SWG 手动弯管机的规格（Ⅱ）　mm

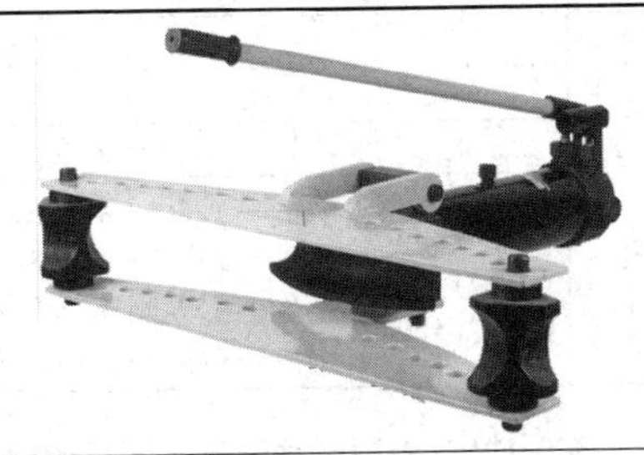

型号	最大压力/t	最大行程	压接范围	配置模具/in	管材壁厚	整机质量/kg
SWG-2A	9	250	ϕ21.3～60	1/2,3/4,1,1¼,1½,2	2.75～4.5	53
SWG-3B	19	320	ϕ21.3～88.5	1/2,3/4,1,1¼,1½,2,2½，3	2.75～5	117
SWG-4C	21	370	ϕ21.3～108	1/2,3/4,1,1¼,1½,2,2½,3，4	2.75～6	200

注：青岛瑞恩德机械设备有限公司。

（3）液压弯管机（表 13.29、表 13.30）

表 13.29　SWG 系列手动液压弯管机的规格

续表

项目		SWG-2A	SWG-3B	SWG-4D	SWG-5A
最大工作压力/MPa		44	59	62	63
最高压卸荷压力/MPa		48	73	73	73
最大工作载荷/kN		88	196	206	300
最大工作行程/mm		250	320	420	550
弯管能力/mm	外径	ϕ21.3～60	ϕ21.3～88.5	ϕ21.3～108	ϕ75.5～133
	壁厚	2.75～5	2.75～6	3.5～7	3.75～8
油箱容量/L		1.0	1.8	2.5	3.0
质量/kg		58	120	193	278
弯管角度/(°)		90～180	90～180	90～180	90～180
液压油牌号		N15	N15	N15	N15
最大操作力/N ≤		490	490	490	490
曲率半径		4倍管外径			
外径系列/mm	低压流体输送焊接管	ϕ21.3,ϕ26.8 ϕ33.5,ϕ42.3 ϕ48.0,ϕ60.0	ϕ21.3,ϕ26.8 ϕ33.5,ϕ42.3 ϕ48.0,ϕ60.0 ϕ75.5,ϕ88.5	ϕ48.0,ϕ60.0 ϕ75.5,ϕ88.5 ϕ21.3,ϕ26.8 ϕ33.5,ϕ42.3	ϕ75.5 ϕ88.5

表 13.30 DWG 系列电动液压弯管机的规格 mm

型号	最大压力/t	最大行程	压接范围	配置模具/in	管材壁厚	整机质量/kg	总体尺寸
DWG-2D	9	250	ϕ21.5～60	1/2,3/4,1,1¼,1½,2	2.75～4.5	70	96×35×27
DWG-3D	19	320	ϕ21.5～88.5	1/2,3/4,1,1¼,1½,2,2½,3	2.75～5	124	116×45×27
DWG-4D	21	370	ϕ21.5～108	1/2,3/4,1,1¼,1½,2,2½,3,4	2.75～6	170	116×45×32

注：青岛瑞恩德机械设备有限公司。

（4）数控弯管机（表 13.31）

表 13.31　数控弯管机的基本参数（JB/T 5761—1991）

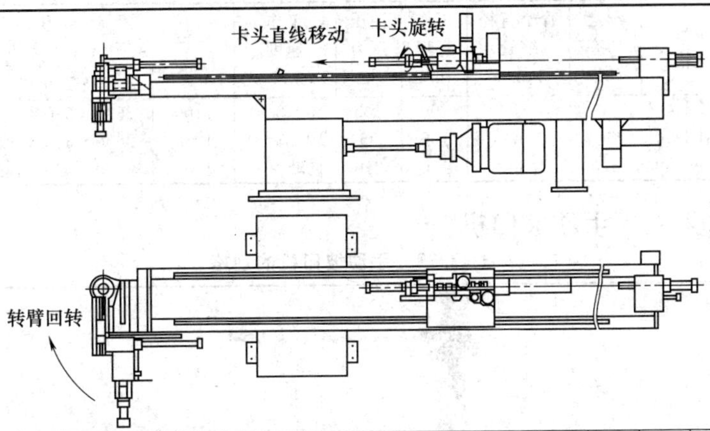

卡头直线移动　卡头旋转

转臂回转

最大弯管外径/mm	管材屈服极限 R_m=245MPa	10	16	25	42(40)	60(63)	76	89	114	159(168)	219	273
最大弯管壁厚/mm		1.2	1.2	3	(3)	(2)	(3)	(7.5)	8(8.5)	12(13)	16(13)	20(16)
转臂最大回转速度/(r/min)	第1系列	15	12	8	5	4	3	2.5	1.3	0.6	0.4	0.4
	第2系列	30	30	30	15	15	13	3	2	0.8	0.4	0.4
卡头最大转速/(r/min)	第1系列	12	12	8	6	4	4	4	2	2	1.6	1.0
	第2系列	50	50	50	50	35	35	10	6	3	2	1.6
卡头滑架最大直线移动速度/(m/min)	第1系列	20	15	15	12	12	12	10	6	4	3	3
	第2系列	43	43	43	43	43	43	20	10	6	4	4
最大弯管规格时最小弯曲半径/mm	第1系列	20	30	50	80	120	150	180	250	320	450	550
	第2系列	30	50	75	120	180	250	270	350	480	650	820
最大弯曲角度/(°)		190										
最大弯曲半径/mm		40	65	100	200	200	250	350	450	750	1000	1200

注：1. 数控弯管机的弯管外径范围：当弯管最大外径小于114mm时为0.3～1倍的弯臂最大外径；否则为0.4～1倍的弯管最大外径。

2. 数控弯管机用芯棒的标准长度为1000mm、2000mm、2500mm、3000mm、4000mm、5000mm、6000mm和8000mm。

13.2.10　管端成形机

表 13.32　TM管端成形机

续表

型号规格	额定功率/kW	管子直径（缩管）/mm ≤	工作行程/mm	油压压力/kN	工作速度/(mm/s)	质量/kg	外形尺寸/mm
TM-1-40	4	38	100	52	100/3～4	1100	2600×550×1300
TM-1-50	4	50	100	95	100/3～4	1250	2600×600×1400
TM-1-80	5.5	80	150	210	165/7～8	1500	2600×650×1450

13.2.11　手动坡口机

表 13.33　手动坡口机的规格

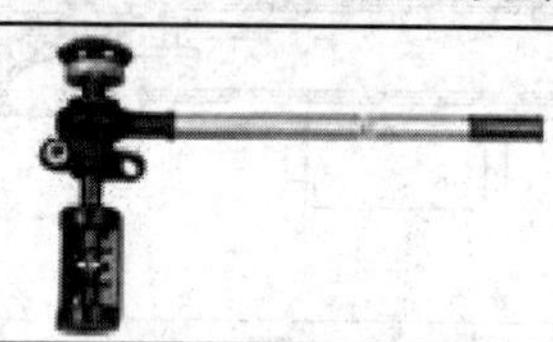

型号	转速/(r/min)	质量/kg	型号	转速/(r/min)	质量/kg
PK-ϕ25	22	1.5	PK-ϕ76	20	3.6
PK-ϕ32	22	1.5	PK-ϕ83	20	3.7
PK-ϕ38	22	1.5	PK-ϕ89	20	4.0
PK-ϕ42	22	1.5	PK-ϕ102	18	5.5
PK-ϕ48	22	1.5	PK-ϕ108	18	5.5
PK-ϕ51	22	2.2	PK-ϕ133	18	10.5
PK-ϕ57	22	2.2	PK-ϕ159	18	11.5
PK-ϕ60	20	2.4			

注：ϕ 为管子外径，mm

13.2.12　薄管扩口用钳口

表 13.34　薄管扩口用钳口的型式和尺寸（JB/T 3411.26—1999）

mm

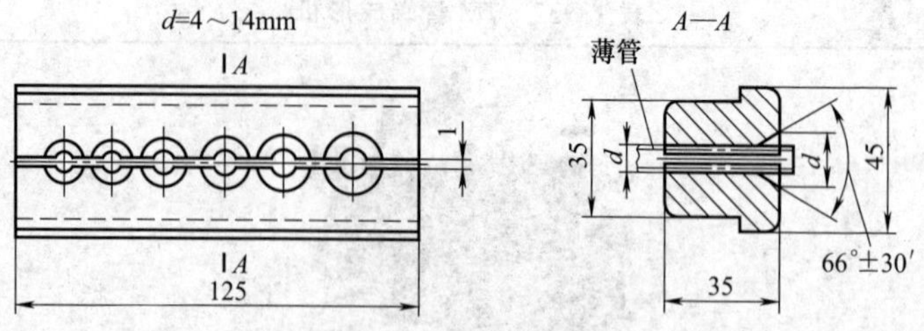

续表

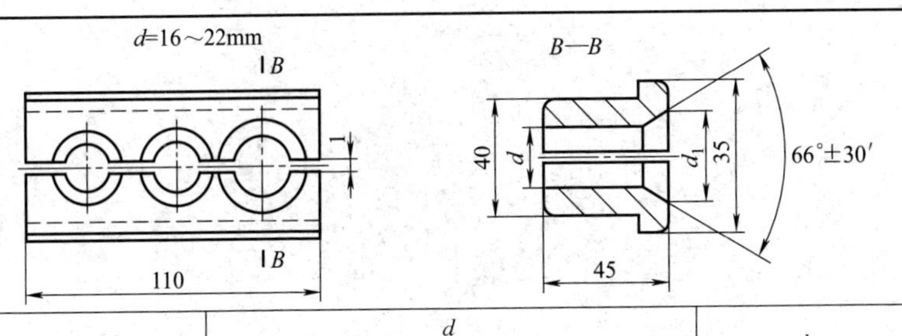

薄管外径范围	d		d_1
	基本尺寸	极限偏差 H11	
4～14	4 6	+0.075 0	7.5 9
	8 10	+0.090 0	11 13.5
	12 14	+0.110 0	16.5 18.5
16～22	16 18		20.5 23.5
	22	+0.130 0	29

第14章 电工工具

电工工具种类繁多，其中与钳工等其他工种通用的（如旋具、扳手和电动工具等）不再在本章叙述。

14.1 电烙铁

电烙铁的型号表示方法是：

LT　　　　□　　　　□

电烙铁　　规格代号（W）　　可省略或自定义

表 14.1　烙铁头通用部件的功率和结构参数（GB/T 7157—2008）

内热式电烙铁　　　外热式电烙铁

用于电气元件和线路接头的锡焊

内热式	功率/W		20	35	50	70	100	150	200	300
	烙铁头内径/mm		5.2	6.2	6.8	9.0	10.5	13.0	16.0	—
	烙铁头孔深/mm		37	48	52	60	65	70	75	—
	烙铁头质量(min)/g		8	13	15	30	120	230	300	—
外热式	功率/W		30	50	75	100	150	200	300	500
	烙铁头外径/mm		4.5	6.0	9.0	11	13	15	18	24
	烙铁头长度/mm		80	95	102	115	120	135	150	155
	烙铁头质量(min)/g		10	20	50	80	120	170	280	500
圆柱形锡柱（工业纯锡）		直径/mm	3	4.2	6.5	7.5	9	12	12	12
		长度/mm	130		125		130	120		140
2min 熔化锡柱质量/g ≥			5	10	20	25	40	60	80	100

14.2 测电器（验电器）

测电器有低压和高压之分。

14.2.1 低压测电器

低压测电笔（器）的型号表示方法是：

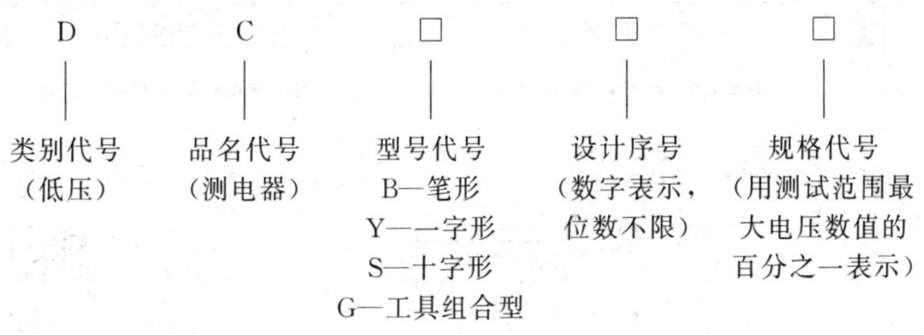

表 14.2　测电笔（器）的规格（GB/T 8218—1987）　　mm

裸露金属头　旋杆　电阻　氖灯　螺钉(电极)　D　l　L

用于检查线路中是否带电

总长度 L	绝缘内腔	
	长度 l	直径 D
≤200	≤60	≤10
测定电压/V	测电笔	测电器
	100～500	100～1000

14.2.2 高压验电器

（1）电容型验电器

用途：用于 10～750kV 电力系统。

分类：按指示方式可分为声类、光类、声光组合类等；按连接方式可分为整体式（指示器与绝缘杆固定连接）、分体组装式（指示器与绝缘构件可拆卸组装）；按使用气候条件可分为户内型、户外型；按使用的环境温度分为低温型、常温型和高温型；按有无接触电极处长段可分为有接触电极处长段（S）类和无接触电极处长段（L）类。

表 14.3　电容型验电器的技术要求（DL/T 740—2014）

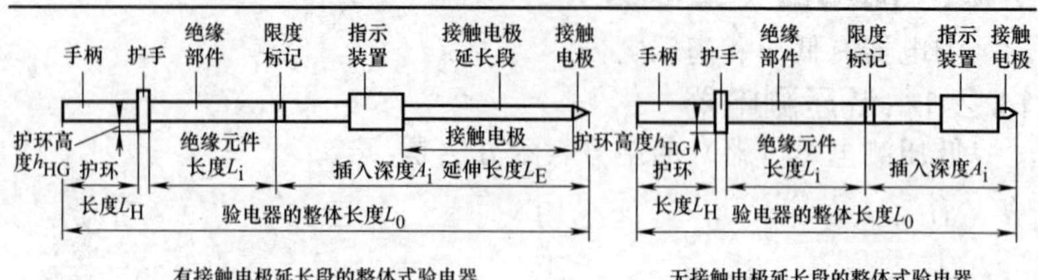

有接触电极延长段的整体式验电器　　无接触电极延长段的整体式验电器

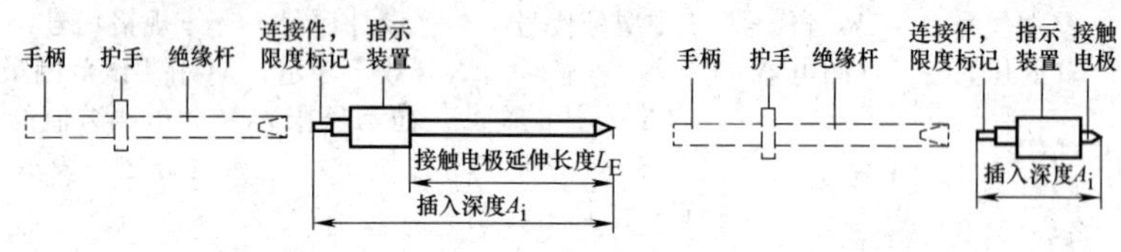

有接触电极延长段的分体式验电器　　无接触电极延长段的分体式验电器

项目		技术要求
一般要求	安全性	正确操作时应能保证人身和设备的安全
	指示	通过声、光（或其他明显可辨的方式）能明确指示工作状态
功能要求	指示清晰	启动电压满足条件：$0.1U_{n,max} \leqslant U_t \leqslant U_{n,min}$
		额定电压（或范围）下，能用声、光（或其他的明显可辨方式）形式明确指示“有电压”或“无电压”
		用户不能随便调整
		直接连接带电设备时，应可连续显示
		正确操作时，邻近带电或接地部件的存在，不应影响验电指示的正确性
		抗干扰性：被测设备仅带有干扰电压时，不应发出“有电压”信号；干扰电场的存在不应影响显示的正确性
	清晰可辨性	正常光照和背景噪声下，在达到启动电压时应给出下列之一清晰易辨的显示： ①至少给出“有电压”“无电压”信号（不含“待机”） ②至少给出“无电压”信号。它通过手动操作激活，当接触电极与带电体接触时关闭 ③至少给出“有电压”信号，并有“待机”状态
		视觉指示者：正常光照条件下，光显信号清晰可见。当需要使用两个光信号时，清晰可辨性不应只用不同颜色的光来指示（如用闪烁光等）
		听觉指示者：正常背景噪声下，验电器的声音信号清晰可闻。当需要使用两种声音信号时，清晰可辨性不应只用不同声压水平来指示（如用不同音调等）

续表

<table>
<tr><th colspan="2">项目</th><th>技术要求</th></tr>
<tr><td rowspan="7">功能要求</td><td>类型与环境匹配</td><td>低温型验电器在温度−40～+55℃、湿度20%～96%，常温型验电器在温度−25～+55℃、湿度20%～96%，高温型验电器在温度−5～+70℃、湿度12%～96%条件下能正常工作</td></tr>
<tr><td>频率特性</td><td>额定频率在±3%范围内变化时，应能给出正确指示</td></tr>
<tr><td>响应时间</td><td>应小于1s</td></tr>
<tr><td>电源可靠性</td><td>电源耗尽前应能清晰显示；电源耗尽时应给出电源耗尽的显示或自动关机，或者通过自检元件给出限制使用信号</td></tr>
<tr><td>自检功能</td><td>自检元件应能检测指示器所有电路(包括电源和指示功能)，否则应在说明书中清楚地申明，并保证这些未被自检的电路有高度可靠性。内置自检元件者，验电器应能显示“准备”或“未准备”状态</td></tr>
<tr><td>直流电压</td><td>在直流电压下，验电器应无响应</td></tr>
<tr><td>工作时间</td><td>额定电压下，能连续无故障指示5min以上</td></tr>
<tr><td rowspan="4">电气性能要求</td><td>绝缘材料</td><td>绝缘材料及尺寸应能符合验电器标准电压要求；绝缘杆材料性能应符合GB13398的要求；整体式验电器的绝缘部件和分体式验电器的绝缘杆，应具有优良的绝缘性能，为用户提供足够的安全距离</td></tr>
<tr><td>防短接</td><td>正常操作时，如同时触及被测装置的不同部位，或者触及带电和接地部件，不应导致闪络和击穿</td></tr>
<tr><td>耐电火花</td><td>正常验电时，不应由于电火花的作用致使显示器毁坏或停止工作</td></tr>
<tr><td>整体式验电器的绝缘部件</td><td>在使用中，绝缘部件不发生闪络和击穿。
户内式验电器绝缘部件的泄漏电流，在干燥条件下应不超过50μA；户外式验电器绝缘部件的泄漏电流，在干燥和淋雨条件下应分别不超过50μA和0.5mA</td></tr>
<tr><td rowspan="4">机械性能要求</td><td>基本要求</td><td>①整体式验电器绝缘部件的最小长度应满足附表的要求
②限度标记宽度为20mm，且始终清晰可辨(若分体式验电器没有时，其连接件可作为限度标记)
③整体式验电器的手柄长度应不小于115mm，且可适当加长为双手操作；其护手应永久固定，高度不小于20mm</td></tr>
<tr><td>握着力和挠度</td><td>为减小握着力和挠度，验电器的设计应足够合理，方便可靠操作且质量最小，以在保证现测试装置的安全距离，尽量减小验电器自重造成的弯曲</td></tr>
<tr><td>抗振性</td><td>指示器和接触电极延长段的抗振性和抗抗冲击性良好</td></tr>
<tr><td>抗跌落性</td><td>验电器在工作条件下的抗跌落性良好</td></tr>
</table>

附表：整体式验电器绝缘部件的最小长度

额定电压 U_n/kV	最小绝缘长度 L_1/mm	额定电压 U_n/kV	最小绝缘长度 L_1/mm	额定电压 U_n/kV	最小绝缘长度 L_1/mm
10	700	66	1000	330	3100
20	800	110	1300	500	4000
35	900	220	2100	750	5000

注：L_1为限度标记到手柄之间的长度（不包括导电部分）。

（2）1000kV 非接触式验电器

用途：线路型验电器用于额定电压 1000kV 特高压交流电力线路，变电型用于 1000kV 特高压交流变电站或开关站。

表 14.4 1000kV 非接触式验电器的技术要求（DL/T 1183—2012）

<table>
<tr><th colspan="2">项目</th><th>技术要求</th></tr>
<tr><td colspan="2" rowspan="2">一般要求</td><td>信号状态改变时，验电器应用声或光的形式，明确表示“有电压”或“无电压”</td></tr>
<tr><td>验电器应能在温度－20～＋70℃、相对湿度不大于 85%的条件下正常工作</td></tr>
<tr><td rowspan="9">功能要求</td><td>启动阈值</td><td>在阈值±5%的范围内，当试验值低于验电器启动阈值时，验电器无带电指示，当试验值等于或大于验电器启动阈值时，验电器发出带电指示</td></tr>
<tr><td>抗干扰性</td><td>邻近带电或接地部件的存在，不应影响验电结果的正确性</td></tr>
<tr><td>电磁兼容性</td><td>验电器在静电放电、射频电磁场、脉冲磁场、工频磁场、阻尼振荡磁场作用下，不应受到影响</td></tr>
<tr><td rowspan="2">清晰可辨性</td><td>在照度为 25000lx(±10%)的光照条件下，距验电器 0.5m 处三个不同方向光显示信号清晰可辨</td></tr>
<tr><td>在背景噪声不超过 45dB 条件下，验电器连续发声信号不小于 70dB、断续发声信号不小于 65dB</td></tr>
<tr><td>响应时间</td><td>应小于 1s</td></tr>
<tr><td>电源检测</td><td>可通过自检来判定电源电压是否满足使用要求，并通过声和光指示电源电压状态；电源电压不足时验电器自动关机</td></tr>
<tr><td>自检功能</td><td>验电器应具有自检功能，能检测验电器所有电路。若自检结果显示存在故障，应能发出明确指示并自动锁闭；不在自检范围内的部件，应在说明书中清楚地申明，并保证这些未被自检的电路有高度可靠性</td></tr>
<tr><td>额定工作时间</td><td>验电器在开机正常运行状态下，应能连续工作 1h 以上</td></tr>
<tr><td rowspan="2">力学性能要求</td><td>抗冲击性</td><td>在波形为半正弦波、冲击最大加速度为 150m/s² 的冲击试验机上，能经受三个互相垂直方向的每个方向上的连续 3 次冲击</td></tr>
<tr><td>抗振动性</td><td>在正弦扫频、频率范围 10～150Hz、振动加速度为 10m/s² 的振动试验台上，能经受 10 次循环的扫频振动</td></tr>
</table>

14.3 电工刀

表 14.5 电工刀的规格（QB/T 2208—1996）

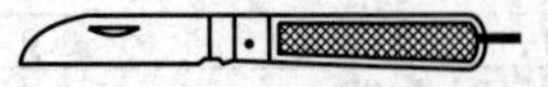	

续表

类型代号	规格代号	刀柄长度/mm	类型代号	规格代号	刀柄长度/mm
A (直刃)	1 2 3	115 105 95	B (弧刃)	1 2 3	115 105 95

14.4 电工钳

14.4.1 夹扭剪切两用钳

用于夹持或折弯细圆柱形或薄片形金属零件、切断金属丝，其规格见表 14.6。

表 14.6 夹扭剪切两用钳的尺寸（QB/T 2442.2—2007）　mm

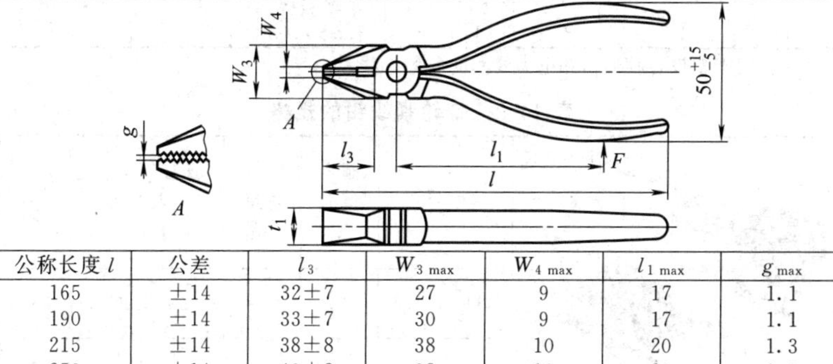

公称长度 l	公差	l_3	$W_{3\ max}$	$W_{4\ max}$	$l_{1\ max}$	g_{max}
165	±14	32±7	27	9	17	1.1
190	±14	33±7	30	9	17	1.1
215	±14	38±8	38	10	20	1.3
250	±14	40±8	38	10	20	1.3

14.4.2 剥线钳

用于剥离线芯直径 0.5～2.5mm 的各种导线的外部绝缘层，其规格见表 14.7。

表 14.7 剥线钳的规格（QB/T 2207—1996）　mm

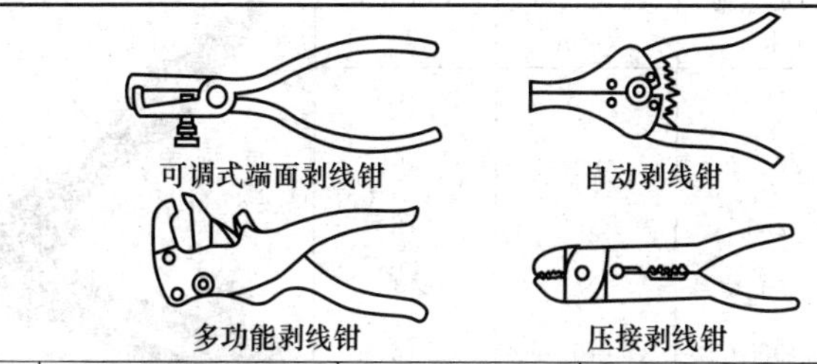

类别	可调式端面剥线钳	自动剥线钳	多功能剥线钳	压接剥线钳
全长	160	170	170	200
头部长	36	70	60	34

14.4.3 紧线钳

表 14.8 平口紧线钳的规格

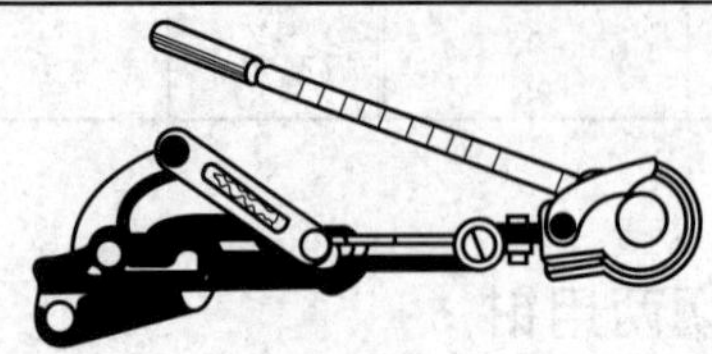

规格（号数）	钳口弹开尺寸/mm ≥	额定拉力/kN	夹线直径范围/mm			
			单股钢或铜线	钢绞线	无芯铝绞线	钢芯铝绞线
1	21.5	15	10～20	—	12.4～17.5	13.7～19
2	10.5	8	5～10	5.1～9.6	5.1～9	5.4～9.9
3	5.5	3	1.5～5	1.5～4.8	—	—

注：用于架设各种通信和电力线路时收紧导线。

表 14.9 棘轮紧线钳的规格

型号	额定负荷/kN	收线长度/mm	连接钢丝直径及长度/mm	质量/kg
XH095-1.5	15	1000	$\phi5\times1200$	3.5
XH095-2.0	20	1000	$\phi6.5\times1200$	4
XH095-3.0	30	1000	$\phi6.5\times1200$	5

注：用于收紧钢绞线、铝绞线等线路紧线用，伸缩长度大。

表 14.10 虎头紧线钳的规格（Ⅰ）

规格/in	额定负荷/kN	最大开口/mm	质量/kg
6	180	2.5	8
8	203.2	3.5	10
10	254	6	12
12	304.8	8	14
14	406.4	10	16
16	475.2	12	18

注：用于输电线路、通信线路收紧钢绞线。

表 14.11　虎头紧线钳的规格（Ⅱ）

长度/mm	150	200	250	300
额定拉力/kN	2	2.5	3.5	6
夹线直径范围/mm	1～3	1.5～3.5	2～5.5	2～7
长度/mm	350	400	450	500
额定拉力/kN	8	10	12	15
夹线直径范围/mm	3～8.5	3～10.5	3～12	4～13.5

表 14.12　多功能紧线钳的规格

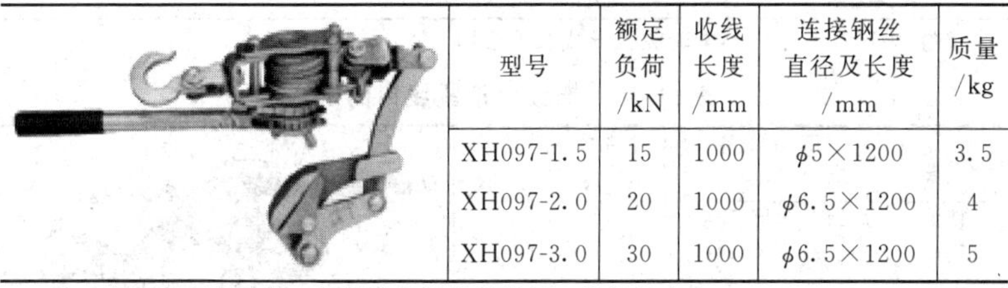

型号	额定负荷/kN	收线长度/mm	连接钢丝直径及长度/mm	质量/kg
XH097-1.5	15	1000	ϕ5×1200	3.5
XH097-2.0	20	1000	ϕ6.5×1200	4
XH097-3.0	30	1000	ϕ6.5×1200	5

注：用于收紧钢绞线、铝绞线等线路紧线用，伸缩长度大。

表 14.13　双钩紧线钳的规格

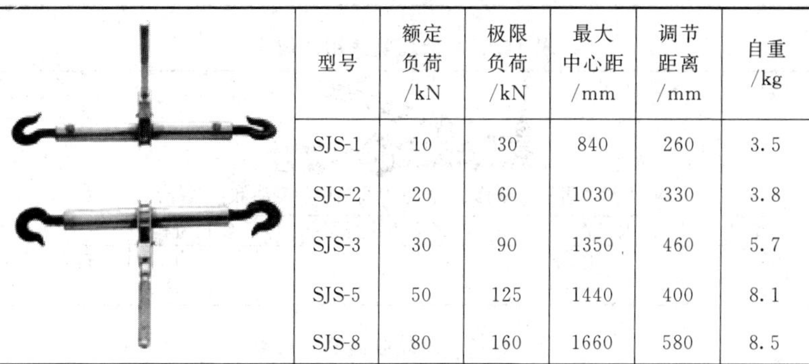

型号	额定负荷/kN	极限负荷/kN	最大中心距/mm	调节距离/mm	自重/kg
SJS-1	10	30	840	260	3.5
SJS-2	20	60	1030	330	3.8
SJS-3	30	90	1350	460	5.7
SJS-5	50	125	1440	400	8.1
SJS-8	80	160	1660	580	8.5

注：适用于收紧导线、安装拉线及更换绝缘子等。

表 14.14　套式双钩紧线钳的规格

型号	额定负荷/kN	极限负荷/mm	最大中调心距/mm	调节距离/mm	自重/kg
SJST-1	10	20	700	290	2.8
SJST-2	20	40	780	330	3.0
SJST-3	30	60	950	430	4.2
SJST-5	50	100	1050	450	7.1

注：该产品长度短，调节距离长。

表 14.15　合页紧线钳的规格

型号	适应范围/mm	允许拉力/kN
XH0107-4	ϕ3.5×7 股钢绞线	4000
XH0107-5	ϕ2.6×7 股钢绞线	2000

注：该产品与卡线器配套收紧导线和地线用。

表 14.16　钢线鬼爪紧线钳的规格

型号	适用范围/mm	允许拉力/N	自重/kg
特大	ϕ3.5×7 股钢绞线	4000	16
特号	ϕ4.0 铁线	3000	14
大号	ϕ3.2×4.0 铁线	2400	12
中号	ϕ2.5×3.0 铁线	1800	8
小号	ϕ1.6×2.5 铁线	1000	6

表 14.17　液压紧线钳的规格

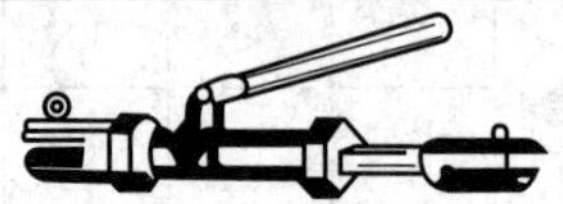

液压紧线钳用于维修、更换电力线路中的瓷瓶和拉紧导线

型号	最大工作压力/kN	最大工作行程/mm	复位机构	手柄
JX-2/8	19.6	80	人力	折叠式
JX-5/5	49	50	弹簧	旋入式

表 14.18　棘轮收线器的规格

型号	规格	额定负荷/kN	自重/kg
XH099-1	棘轮齿数 18 牙	10	1.8
XHSS099-2	棘轮齿数 20 牙	15	2.2

注：与卡线器配套紧线用。

14.5　紧线用葫芦

表 14.19　钢丝绳牵引葫芦的规格

型号	额定负荷/kN	钢丝绳长度/m	钢丝绳规格/mm	往复行程/mm	自重/kg
HSS-1.5	15	20	φ9 (7×7)	50	9
HSS-3	30	10	φ13.5 (7×9)	30	14

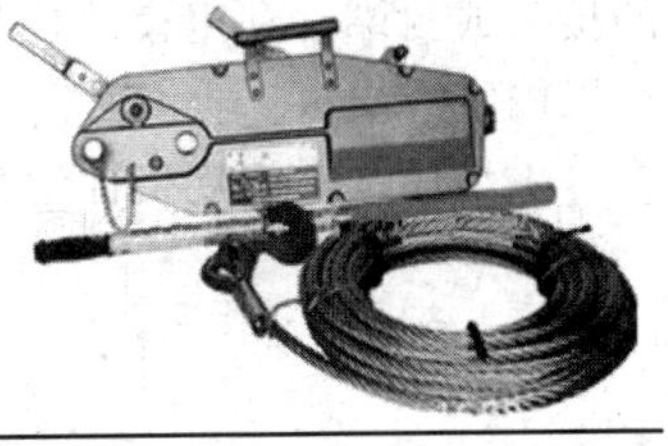

注：用于收紧导线、钢绞线，收线长度大。

表 14.20　棘轮手扳葫芦的规格

型号	牵引力/kN	链条长度/m	自重/kg
LSJ-1	10	1.2	2.1
LSJ-2	15	1.3	2.5
LSJ-3	20	1.5	3.2

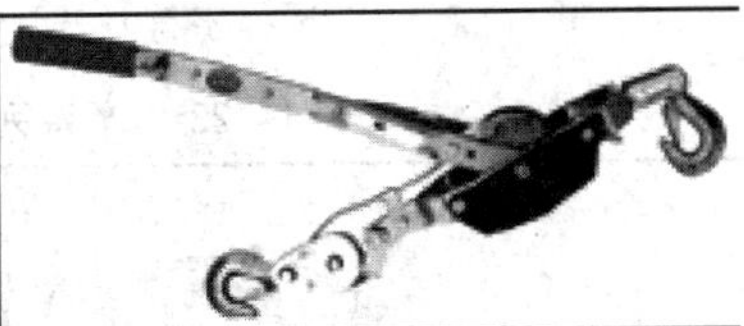

注：适用于高空紧线作业及临时锚固用。

表 14.21　链条手扳葫芦的规格

型号	额定负荷/kN	自重/kg			
		1.5m	3m	4m	5m
LS-0.75	7.5	7	8	9	10.5
LS-1.5	15	11	12.8	13.6	15
LS-3	30	20	22	23.2	24.0
LS-6	60	30	33	35	37

注：用于物品起吊及机件牵引，收紧钢绞线、铝绞线等线路紧线用，伸缩长度大。

表 14.22　链条手拉葫芦的规格

型号	额定负荷/kN	起重高度/m	自重/kg
XH0102-0.5	5		7
XH0102-1	10		10
XH0102-1.5	15	3、5	14
XH0102-2	20	6、8	16
XH0102-3	30	10	24
XH0102-5	50		36
XH0102-10	100		68

注：用于物品起吊及机件牵引，收紧钢绞线、铝绞线等线路紧线用，伸缩长度大。

14.6　压线钳

有机械式和液压式两种，用于电力电气工程中压接铝或铜导线的接头或封端（利用模块使导线接头或封端紧密连接），压接模具可以固定或更换。

手动压线钳的规格标记为（QB/T 2733—2005）：

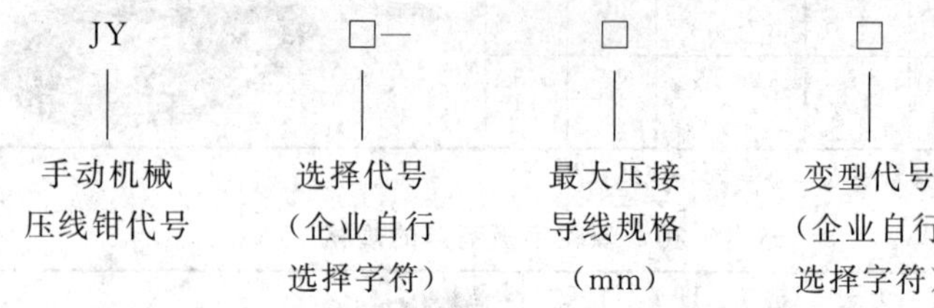

表 14.23　JY 系列机械式压线钳的规格

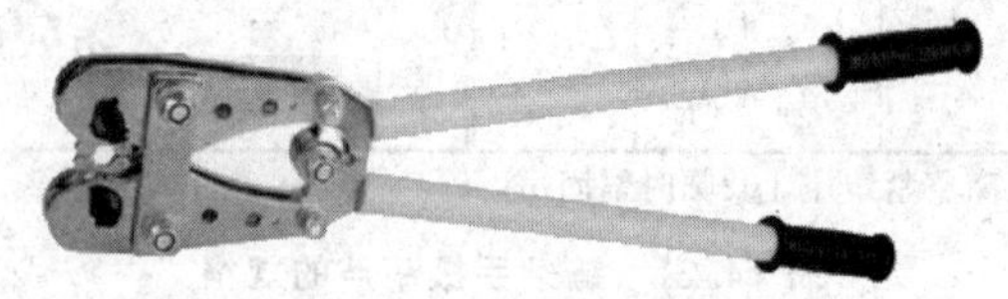

产品名称	系统出力/t	压接范围/mm²	配套模具/mm		压接形式
JY-50	8	6～50	6、10、16、25、35、50		六角围压
JY-120	12	16～120	16、25、35、50、70、95、120		
YJY-240	14	10～240	10、16、25、35、50、70、95、120、150、185、240(QX-18A 无 10)		
QX-18A	18	16～240			
产品名称	压接范围/mm²		长度/mm	质量/kg	压接形式
JY-0650A	6～50		380	1.5	六角围压
JY-16120	6～120		650	3.8	
JY-25150	25～150		650	3.9	
JY-70240	70～240		670	4.1	

表 14.24　JYJ 系列机械式压线钳的规格

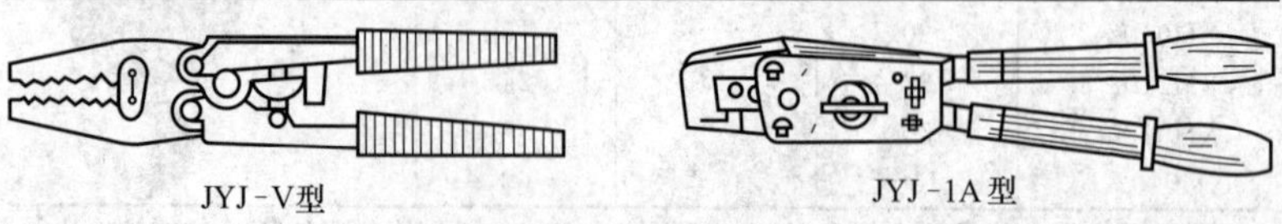

JYJ-V型　　JYJ-1A型

续表

型号	手柄伸缩长度/mm	质量/kg	适 用 范 围
JYJ-V1	245	0.35	压接(围压)0.5～6mm²裸导线
JYJ-V2	245	0.35	压接(围压)0.5～6mm²绝缘导线
JYJ-1	450/600	2.5	压接(围压)6～240mm²导线
JYJ-1A	450/600	2.5	压接(围压)6～240mm²导线,能自动脱模
JYJ-2	450/600	3	压接(围压、点压、叠压)6～300mm²导线
JYJ-3	450/600	4.5	压接(围压、点压、叠压)16～400mm²导线

表 14.25　JT 系列机械式压线钳的规格

型号	JT150	JT300
压接范围/mm²	铜:10～150,铝:6～120	铜:16～300,铝:10～240
质量/kg	2.5	6.2
模具/mm	10,16,25,35,50,70,95,120,150	16,25,35,50,70,95,120,150,185,240,300

注：扬州虹光电力机具有限公司产品。

表 14.26　HT 系列手动液压钳的规格

型号	HTS-150	HT-150	HT-300	HT-400	HT-400U
压接范围/mm²	10～150	4～150	16～300	铜:16～400	铜:16～400 铝:10～300
出力/kN	60	35	60	13	130
压接形式	六角	六角	六角	六角	六角
行程/mm	15	—	17	42	20
尺寸/mm	370	215×60×175	460	—	540
质量/kg	3.2	1.36	4.6	6	5.2
模具/mm	10,16,25,35,50,70,95,120,150	4,6,10,16,25,35,50,70,95,120,150	6,25,35,50,70,95,120,150,185,240,300	6,25,35,50,70,95,120,150,185,240	—
备注	—	—	翻开式	C型钳头	H型钳头
			可360°旋转,在完全压接后自动卸压,必要时可手动卸压		

注：扬州虹光电力机具有限公司产品。

表 14.27　YQ 系列手动液压导线钳的规格

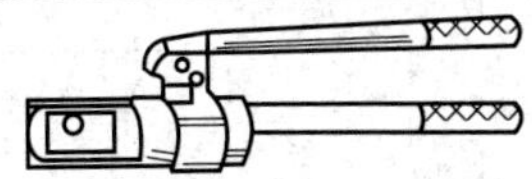

续表

型号	最大工作压力/kN	最大工作行程/mm	封端,中间连接六角形压接截面积/mm²		中间连接弧形压接面积/mm²
			铝线	铜线	
YYQ-A1	78.4	8	10～15	10～25	—
YYQ-A2	78.4	8	10～50	—	—
SYQ1、2 YYQ-A3	156.8 147	17 22	16～240	16～150	铝线,钢芯铝线 25～95
YYQ-A4	147	22	35～120	35～120	35～120
YYQ-A5	196	30	150～240	15～240	150～240

14.7 断线剪

用于高空或无能源场合剪切钢芯铝绞线其规格及性能指标见表14.28～表14.31。

表 14.28 JD-JQ 系列气动断线剪

JD-JQ01 齿轮式断线钳	断线范围/mm²	LGJ	120	240	400
		GJ	50	70	120
	质量/kg		2.5	3.5	4.5
JD-JQ02 大剪刀	规格/in	剪切直径/mm		外形长度/mm	
	24	$\phi 8$		600	
	36	$\phi 12$		900	
JD-JQ03 链条式断线剪刀	剪切范围/mm²			质量/kg	
	LGJ400/GJ95			5	
JD-JQ04 电缆剪刀	工作性能			外形尺寸/mm	质量/kg
	ϕ60mm 以下铜、铝线和电缆			150×400×40	2.0
	ϕ90mm 以下铜、铝线和电缆			180×400×40	2.8
	400mm² 以下导线电缆钢芯铝绞线			150×400×40	2.5

表 14.29 YJ 液压剪的规格

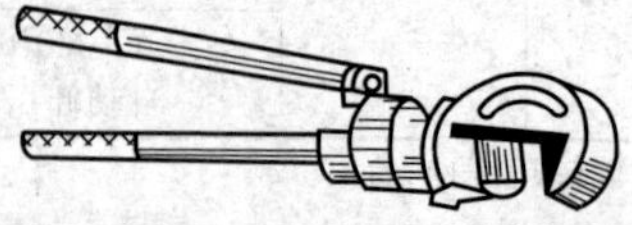

型号	最大剪切力/kN	最大工作行程/mm	最大剪切截面积(钢芯铝绞线)/mm²
YJ-2	88.2	31	400
YJ-3	78.4	23	240

表 14.30　一些线缆剪的规格

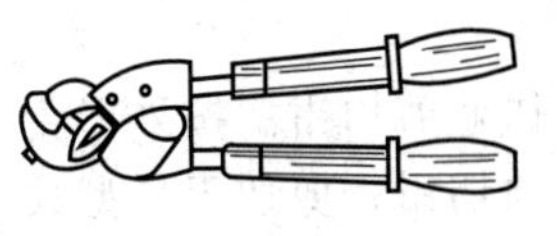 XLJ-S型 S 型用于 剪断钢丝绳 刀片刃口硬度≥58HRC	 XLJ-T型 T 型用于剪断铜、 铝电缆和铠装电缆 刀片刃口硬度≥48HRC	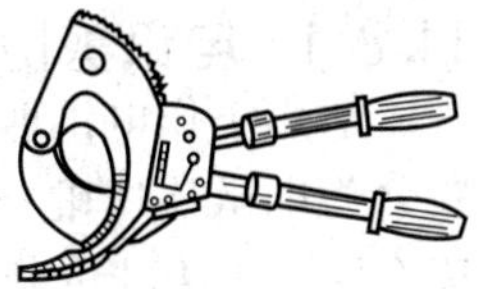 XLJ-G型 G 型用于剪断钢绞 线、钢芯铝绞线 刀片刃口硬度≥48HRC

型号	总长度 伸/缩/mm	最大适用范围	质量 /kg
XLJ-S-150	310/395	150mm² 截面积铜、铝导线或直径 5mm 低碳圆钢	1.4
XLJ-S-240	400/550	240mm² 截面积铜、铝导线或直径 8mm 低碳圆钢	2.5
XLJ-T-240	250	直径 30mm 或 240mm² 铜铝电缆	1.0
XLJ-T-300	230	直径 40mm 或 300mm² 铜铝电缆	1.0
XLJ-T-500	240/290	直径 40mm 或 500mm² 铜铝电缆	1.1
XLJ-1	420/570	直径 65mm 电缆	3.0
XLJ-2	450/600	直径 95mm 电缆	3.5
XLJ-G	410/560	截面积 400mm² 钢芯电缆，直径 22mm 钢丝绳及直径 16mm 低碳圆钢	3.0
XLJ-G-40	440/630	截面积 120mm² 钢绞线，或 800mm² 钢芯铝绞线，直径 36mm 铜芯电缆，或 14mm 低碳圆钢	3.6
XLJ-G-40A	440/630	直径 20mm 钢丝绳，或 36mm 铜铝电缆	3.6
XLJ-G-60	525/715	截面积 150mm² 钢绞线，或 1200mm² 钢芯铝绞线，直径 52mm 钢芯电缆，或 16mm 低碳圆钢	7.0
XLJ-G-60A	525/715	直径 26mm 钢丝绳，或 52mm 铜铝电缆	7.0

表 14.31　线缆剪手柄的抗弯强度和剪切载荷（QB/T 4620—2013）

剪切对象	剪切线材规格		手柄的抗弯强度/N	剪切载荷/N
电缆	直径 /mm	≤40	≥390	≤390
		40～80	490	490
		≥80	590	590
钢丝绳		≤30	490	490
		≥30	590	590
钢绞线	截面积 /mm²	≤150	490	490
		≥150	590	590
钢芯铝绞线		≤1200	490	490
		≥1200	590	590

14.8 电讯钳

14.8.1 电讯剪切钳

适用于作电讯剪切钳，不适用于作带电作业剪切钳。按外形主要分为电讯顶切钳、电讯斜嘴钳和电讯斜刃顶切钳；剪切刃口型式按 GB/T 16452 可分为标准双斜刃（SB）、小倒角双斜刃（SF）和单斜刃（F）。

电讯顶切钳、电讯斜嘴钳和电讯斜刃顶切钳的基本尺寸分别见表 14.32～表 14.34。

表 14.32　电讯顶切钳的基本尺寸（QB/T 3004—2008）　mm

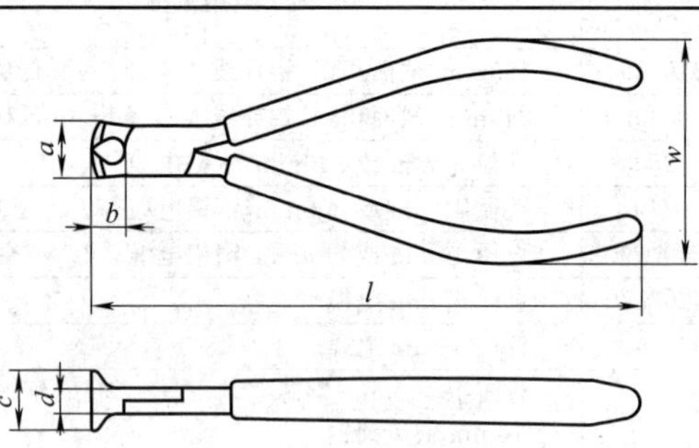

钳嘴型式	规格 l	a_{max}	b	c_{max}	d_{max}	w
短嘴(S)	112±7	13	9(max)	22	9	48±5
长嘴(L)	125±8	7	14(min)	8	9	50±5
	160±10	7	36(min)	10	10	50±5

表 14.33　电讯斜嘴钳的基本尺寸（QB/T 3004—2008）　mm

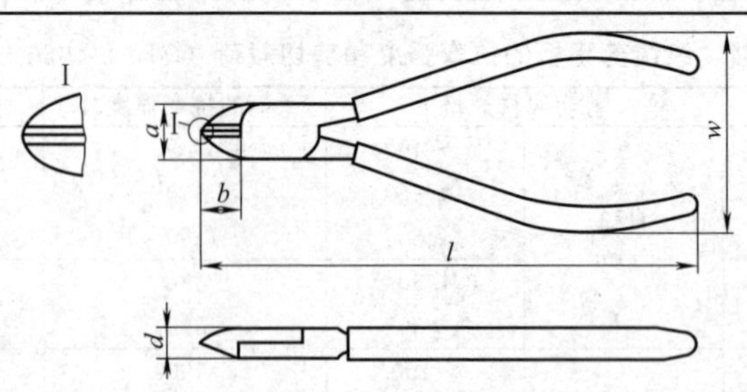

规格 l	a_{max}	b_{max}	d_{max}	w
112±7	13	16	8	48±5
125±8	16	20	10	50±5

表 14.34　电讯斜刃顶切钳的基本尺寸（QB/T 3004—2008）

mm

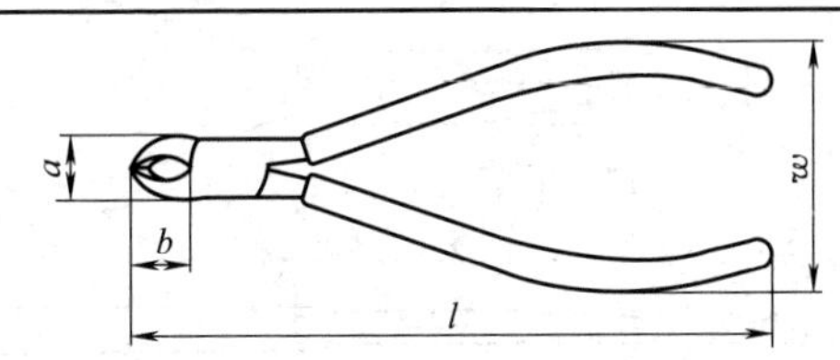

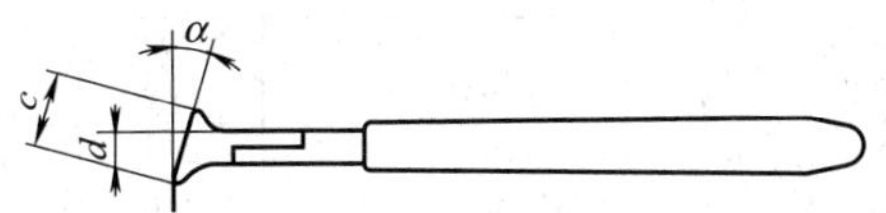

钳嘴型式	规格 l	a_{max}	b_{max}	c_{max}	d_{max}	w	α
短嘴(S)	112±7	14	14	20	8	48±5	15°±5°
长嘴(L)	125±8	8	25	10	8	50±5	45°±5°

14.8.2　电讯夹扭钳

适用于作电讯夹扭钳，不适用于作带电作业夹扭钳。

电讯夹扭钳按外形主要分为电讯圆嘴钳、电讯扁嘴钳和电讯尖嘴钳，其基本尺寸分别见表 14.35～表 14.37。

表 14.35　电讯圆嘴钳的基本尺寸（QB/T 3005—2008）

mm

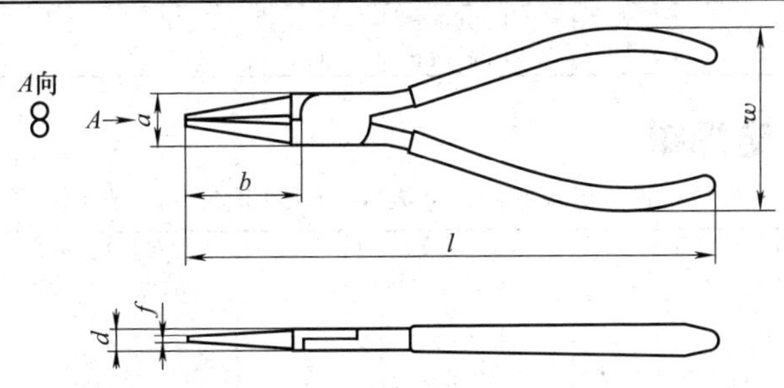

钳嘴型式	规格 l	a_{max}	b	d_{max}	f_{max}	w
短嘴(S)	112±7	10	25(max)	6.5	0.8	48±5
	125±8	13	30(max)	8	1.5	50±5
长嘴(L)	125±8	13	30(min)	80	1.5	50±5
	140±9	14	34(min)	10	2.0	50±5

表 14.36　电讯扁嘴钳的基本尺寸（QB/T 3005—2008）　mm

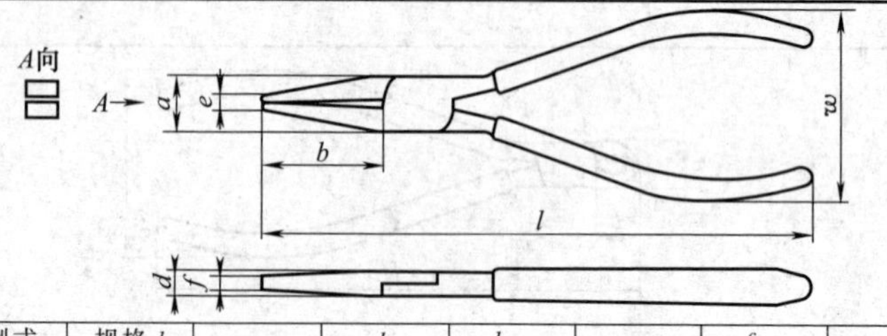

钳嘴型式	规格 l	a_{max}	b	d_{max}	e_{max}	f_{min}	w
短嘴(S)	112±5	10	25(max)	6.5	1.80	1.8	48±5
	125±7	13	30(max)	8	2.2	2.2	50±5
长嘴(L)	125±7	13	30(min)	8	2.2	2.2	50±5
	140±8	14	34(min)	10	2.8	2.8	50±5

表 14.37　电讯尖嘴钳的基本尺寸（QB/T 3005—2008）　mm

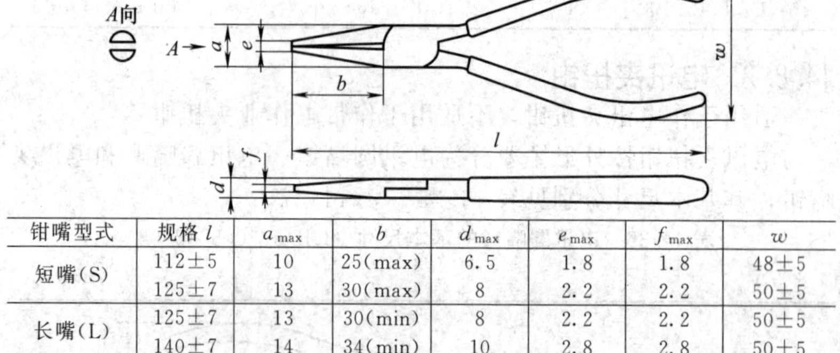

钳嘴型式	规格 l	a_{max}	b	d_{max}	e_{max}	f_{max}	w
短嘴(S)	112±5	10	25(max)	6.5	1.8	1.8	48±5
	125±7	13	30(max)	8	2.2	2.2	50±5
长嘴(L)	125±7	13	30(min)	8	2.2	2.2	50±5
	140±7	14	34(min)	10	2.8	2.8	50±5

14.9　电焊钳

表 14.38　电焊钳的尺寸要求（GB 15579.11—2012）

60%负载持续率时的额定电流/A	焊条直径的最小范围/mm	可装配焊接电缆的最小截面积范围/mm²
125	1.6～2.5	10～16
160(150)	2.0～3.2	10～16
200	2.5～4.0	16～25
250	3.2～5.0	25～35
315(300)	4.0～6.3	35～50
400	5.0～8.0	50～70
500	6.3～10.0	70～95

注：如果电焊钳在35%负载持续率下使用，电流可取表中下一行较高额定值，因此在35%负载持续率时的最大电流值为630A。

14.10 焊炬（枪）

按 GB 15579.7—2013 的规定，焊炬（枪）分为 4 大类，14 种：

- 焊炬（枪）
  - 工艺方法
    - MIG/MAG 焊（包括 CO_2 焊）
    - 自保护药芯焊丝电弧焊
    - TIG（非熔化极惰性气体钨极保护焊）焊
    - 等离子弧焊接
    - 埋弧焊
    - 等离子弧切割/气刨
  - 导向方式
    - 手工
    - 机械
  - 冷却方式
    - 通过空气或保护气体冷却
    - 通过冷却液冷却
  - 引弧方式
    - 通过施加引弧电压
    - 通过引导弧
    - 接触引弧

一些焊炬（枪）的结构见图 14.1。焊炬（枪）电压的额定限值见表 14.39。

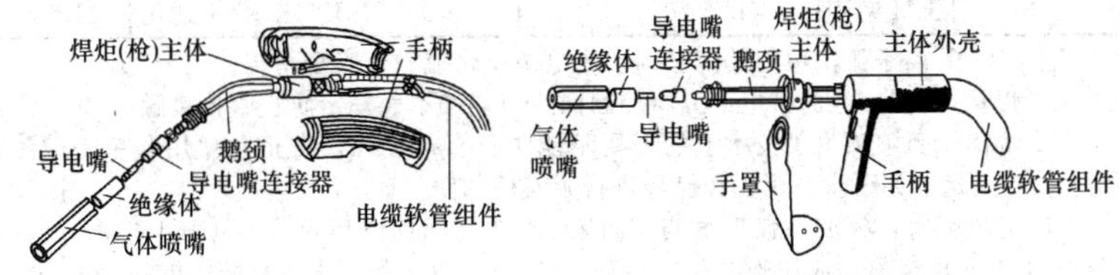

(a) MIG/MAG焊和自保护药芯焊丝电弧焊用焊炬(枪)　(b) MIG/MAG焊和自保护药芯焊丝电弧焊用焊枪

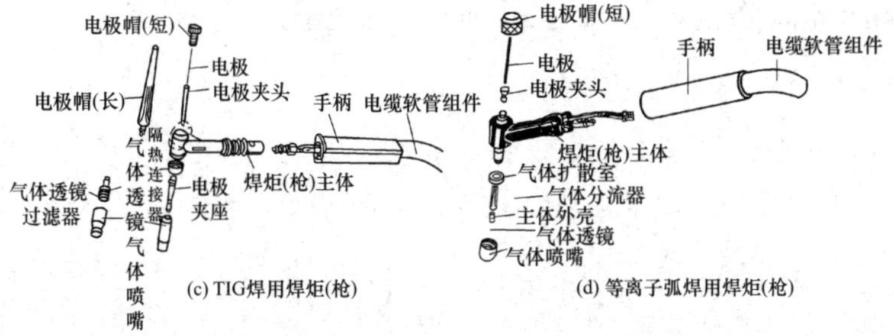

(c) TIG焊用焊炬(枪)　(d) 等离子弧焊用焊炬(枪)

图 14.1

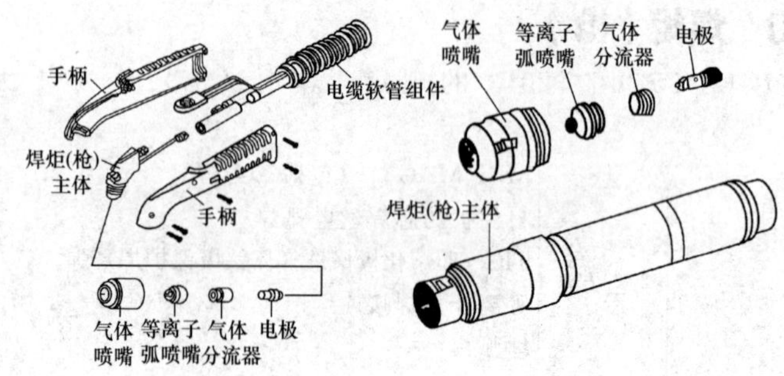

(e) 等离子弧切割用割炬　　(f) 机械导向的等离子弧焊炬(枪)

图 14.1　一些焊炬（枪）的结构

表 14.39　焊炬（枪）电压的额定限值（GB 15579.7—2013）

分类		电压额定限值峰值/V	绝缘电阻/MΩ	介电强度有效值/V	防护等级(按 IEC 60529)		
					喷嘴出口	手柄	其他部分
非等离子弧切割焊炬（枪）	手工操作	113	1	1000	IPOX	IP3X	IP3X
	机械夹持	141	1	1000	IPOX	不适用	IP2X
等离子弧割炬	手工操作	500	2.5	2100	等离子喷嘴，另见注	IP4X	IP3X
	机械夹持	500	2.5	2100	IPOX	不适用	IP2X

注：1. 等离子弧割炬与其配套的切割电源应构成一个安全系统。

2. 焊接/切割回路的带电部分与控制回路应能按本表规定防止直接接触。

3. 等离子弧喷嘴由于技术上的需要不能防止直接接触，在正常使用和单一故障条件下，若满足下列要求，可视作已经进行了有效的防护。

a. 无电弧时：等离子弧喷嘴与工件和/或地之间的电压不高于 GB 15579.1—2013 中 11.1.1 的规定值；或切割电源按 GB 15579.1—2013 的要求装有防触电装置。

b. 对于手工操作系统，有电弧时：将焊炬（枪）垂直于平面放置，按 IEC 60529 的要求，四指不能触及到等离子弧喷嘴；或等离子弧喷嘴与工件和/或地之间的直流电压值在任何情况下不超过 GB 15579.1—2013 中 11.1.1 的规定值。

第15章 木工工具

15.1 木工锤

有普通木工锤和羊角锤。前者用于钉钉子或敲打木榫，后者除用于钉钉子、起钉子或敲打工件外，还可以拔起钉子。普通木工锤和羊角锤的规格见表 15.1、表 15.2。

表 15.1 木工锤的规格（QB/T 1290.8、9—2010） mm

规格/kg	l		a		b		c		r
	基本尺寸	公差	基本尺寸	公差	基本尺寸	公差	基本尺寸	公差	max
0.20	280	±2.00	90	±1.00	20	±0.65	36	±0.80	6.0
0.25	285		97		22		40		6.5
0.33	295	±2.50	104		25		45		8.0
0.42	308		111		28		48		8.0
0.50	320		118		30		50		9.0

表 15.2 羊角锤的规格（QB/T 1290.8—2010） mm

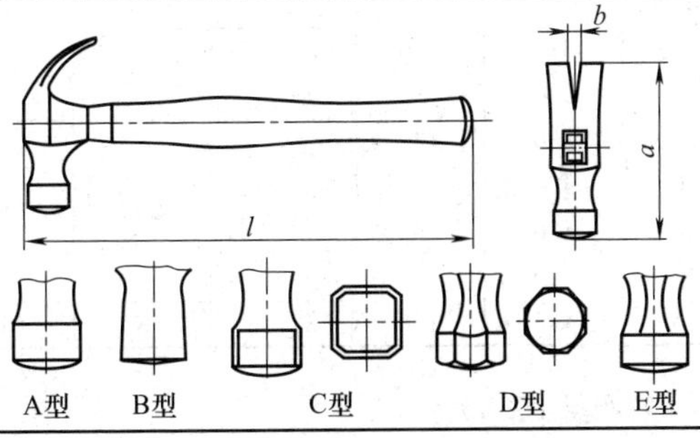

续表

规格/kg	0.25	0.35	0.45	0.50	0.55	0.65	0.75
全长 l	305	320	340	340	340	350	350
a	105	120	130	130	135	140	140
b	7	7	8	8	8	9	9

注：产品标记由产品名称＋标准编号＋规格＋型式代号组成。

例：0.25kg的木工锤标记为“木工锤 QB/T 1290.9-0.25”。

例：0.45kg的A型羊角锤的产品标记为“羊角锤 QB/T 1290.8-0.45A”。

15.2 木工钻

用于木工钻孔。

（1）木钻（表15.3）

表15.3　木工钻的规格（QB/T 1736—1993）　mm

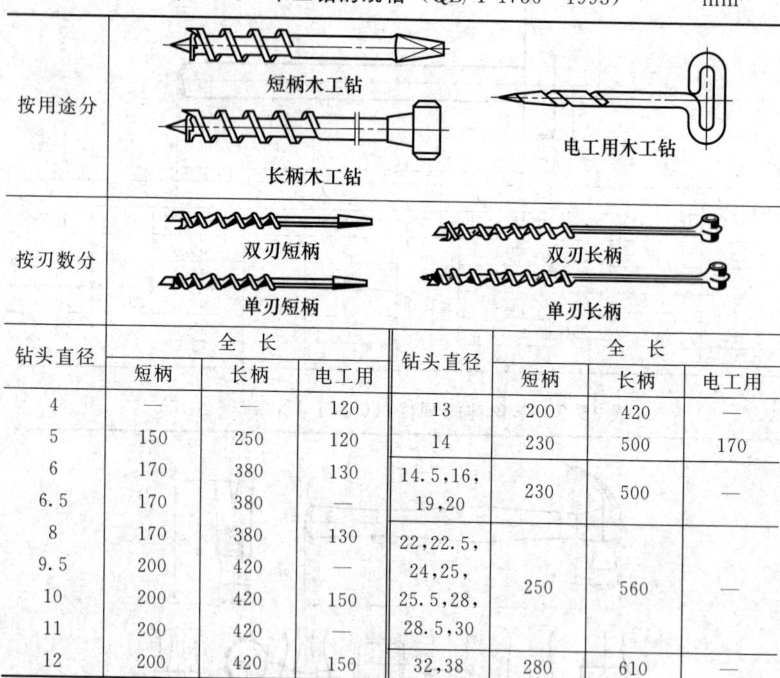

钻头直径	全长			钻头直径	全长		
	短柄	长柄	电工用		短柄	长柄	电工用
4	—	—	120	13	200	420	—
5	150	250	120	14	230	500	170
6	170	380	130	14.5,16,19,20	230	500	—
6.5	170	380	—				
8	170	380	130	22,22.5,24,25,25.5,28,28.5,30	250	560	—
9.5	200	420	—				
10	200	420	150				
11	200	420	—				
12	200	420	150	32,38	280	610	—

（2）销孔钻（表15.4）

表 15.4　木工销孔钻（JB/T 9947—1999）　mm

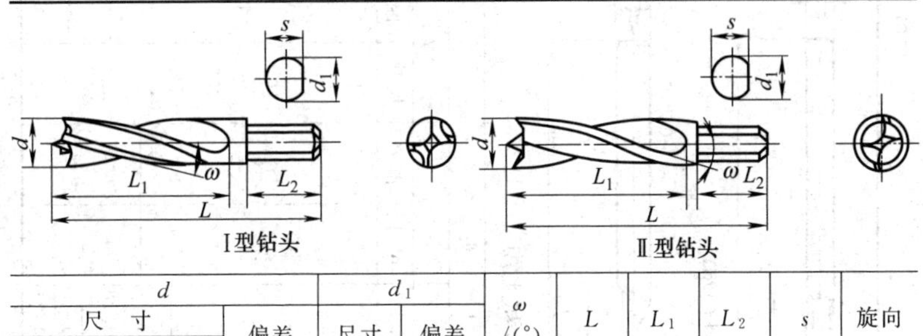

d 尺寸 第 1 系列	d 尺寸 第 2 系列	d 偏差	d_1 尺寸	d_1 偏差	ω /(°)	L	L_1	L_2	s	旋向
5	4.8	0 −0.048	10	−0.015	15～20	70	45	22	9	右或左
6	5.8									
7	6.8	0 −0.058								
8	7.3									
9	8.8									
10	9.8									
12	11.8	0 −0.070				85	60			
14	13.8									
16	15.8									

（3）弓摇钻

木工钻孔时，夹持短柄木工钻头，其规格见表 15.5。

表 15.5　弓摇钻的规格（QB/T 2510—2001）　mm

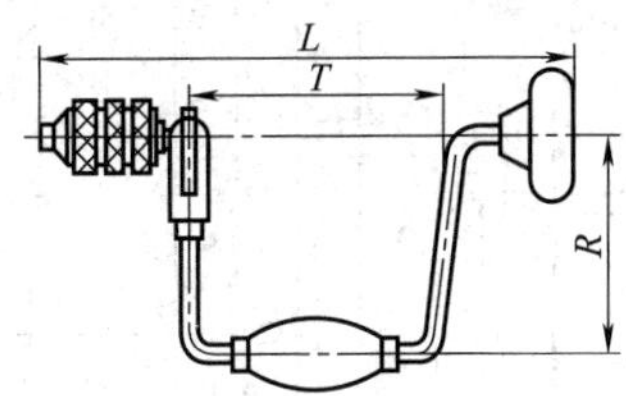

规格	最大夹持尺寸	L	T	R
250	22	320～360	150±3	125
300	28.5	340～380		150
350	38	360～400	160±3	175

注：弓摇钻的规格为其回转直径。

（4）方凿钻

方凿钻是由钻头和空心凿刀组合而成的一种复合刀具，钻头切削部分采用蜗旋式（Ⅰ型）或螺旋式（Ⅱ型，用于在木工机床上加工木榫槽），其规格见表 15.6。

表 15.6 木工方凿钻的规格（JB/T 3872—2010） mm

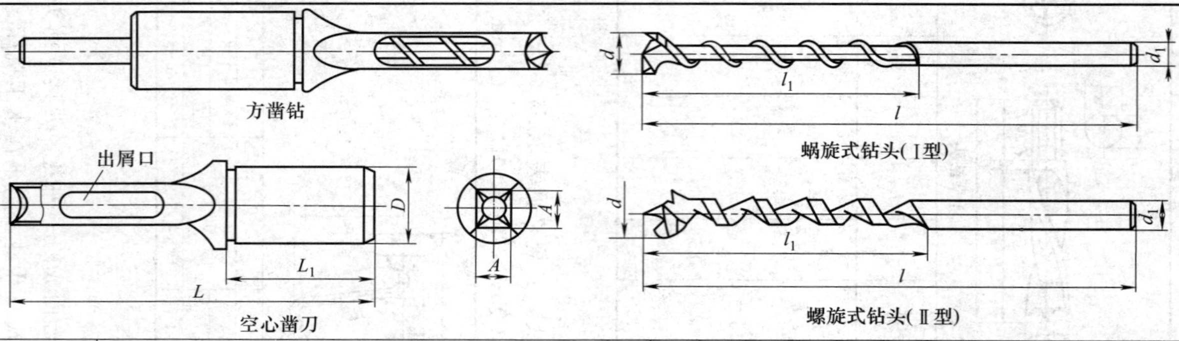
方凿钻
出屑口
D
L₁
L
A
空心凿刀
d
l₁
l
d₁
蜗旋式钻头(Ⅰ型)
螺旋式钻头(Ⅱ型)

方凿钻规格	空心凿刀								钻头							
	A		D		L_1		L		d		d_1		l_1		l	
	尺寸	偏差	尺寸	偏差	尺寸	偏差	尺寸	偏差	尺寸	偏差	尺寸	偏差	尺寸	偏差	尺寸	偏差
6.3	6.3	+0.1 0	19	0 −0.052	40	±1.25	100~150	±1.25	6	0 −0.09	7~10	0 −0.15	50~80	±1.2	160~250	±1.85
8	8								7.8							
9.5	9.5								9.2							
10	10								9.8							
11	11								10.8	0 −0.11						
12	12								11.8							
12.5	12.5								12.3							
14	14								13.8		11~16	0 −0.18				
16	16								15.8				90~180	±1.6		
20	20		28.5		50		200~220	±1.45	19.8	0 −0.13					225~315	±2.10
22	22								21.8		18~22	0 −0.21				
25	25								24.8							

15.3 木工锯

表 15.7　木工锯条的规格（QB/T 2094.1—1995）　mm

<table>
<tr><th rowspan="2">规格</th><th colspan="2">长度 L</th><th colspan="2">宽度 b</th><th colspan="2">厚度 S</th></tr>
<tr><th>基本尺寸</th><th>极限偏差</th><th>基本尺寸</th><th>极限偏差</th><th>基本尺寸</th><th>极限偏差</th></tr>
<tr><td>400</td><td>400</td><td rowspan="8">±2.00</td><td rowspan="2">22
25</td><td rowspan="8">±1.00</td><td rowspan="4">0.50</td><td rowspan="8">+0.02
−0.08</td></tr>
<tr><td>450</td><td>450</td></tr>
<tr><td>500</td><td>500</td><td rowspan="2">25
32</td></tr>
<tr><td>550</td><td>550</td></tr>
<tr><td>600</td><td>600</td><td rowspan="2">32
38</td><td rowspan="2">0.60</td></tr>
<tr><td>650</td><td>650</td></tr>
<tr><td>700</td><td>700</td><td rowspan="2">38
44</td><td rowspan="2">0.70</td></tr>
<tr><td>750</td><td>750</td></tr>
<tr><td>800</td><td>800</td><td rowspan="8">±2.00</td><td rowspan="3">38
44</td><td rowspan="8">±1.00</td><td rowspan="3">0.70</td><td rowspan="8">+0.02
−0.08</td></tr>
<tr><td>850</td><td>850</td></tr>
<tr><td>900</td><td>900</td></tr>
<tr><td>950</td><td>950</td><td rowspan="5">44
50</td><td rowspan="5">0.80
0.90</td></tr>
<tr><td>1000</td><td>1000</td></tr>
<tr><td>1050</td><td>1050</td></tr>
<tr><td>1100</td><td>1100</td></tr>
<tr><td>1150</td><td>1150</td></tr>
</table>

表 15.8　伐木锯条的规格（QB/T 2094.2—1995）　mm

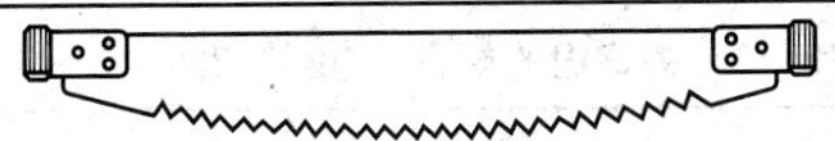

用于手工锯圆木、原木等木材大料

长　度	1000	1200	1400	1600	1800
中间宽度	110	120	130	140	150
厚　度	1.0	1.2	1.2	1.4	1.4,1.6

表 15.9　手板锯的规格（QB/T 2094.3—1995）　mm

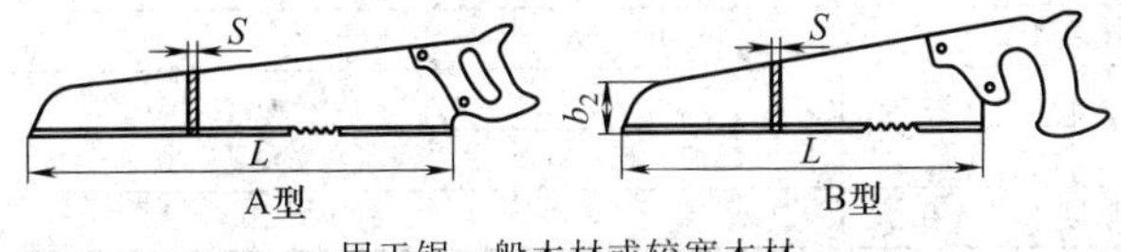

用于锯一般木材或较宽木材

续表

规格		300	350	400	450	500	550	600
长度 L		300	350	400	450	500	550	600
厚度 S		0.80	0.85	0.90	0.85	0.90	0.95	1.00
宽度	大端	25	25	25	30	30	35	35
	小端	0.80,0.85,0.90			0.85,0.90,0.95,1.00			

表 15.10　木工绕锯条的规格（QB/T 2094.4—1995）　mm

用于锯圆弧、曲线和凹凸面

长　度	400、450、500	500、600、650	700、750、800
厚　度	0.50	0.60、0.70	0.60、0.70

注：宽度均为 10mm。

表 15.11　鸡尾锯的规格（QB/T 2094.5—1995）　mm

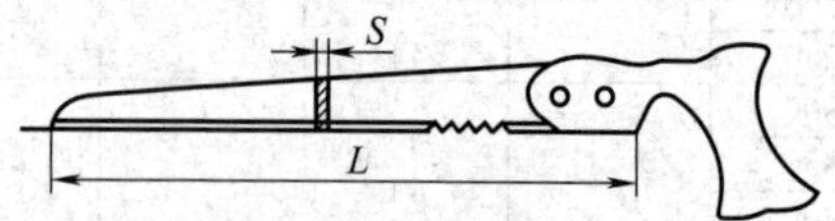

用于锯狭孔、槽，亦可修锯林木树枝

规格		250	300	350	400
长度 L		250	300	350	400
宽度	大端	25	30	40	40
	小端	6,9			
厚度 S		0.85			

表 15.12　夹背锯的规格（QB/T 2094.6—1995）　mm

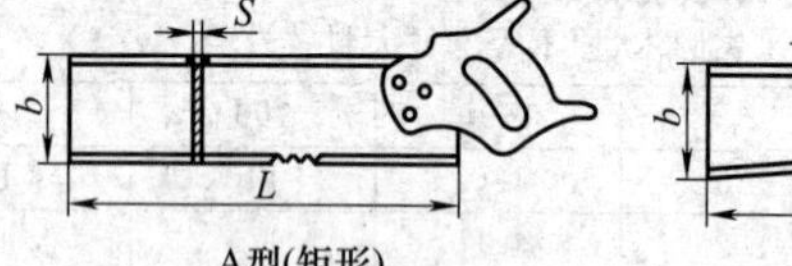

A型(矩形)

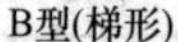

B型(梯形)

用于锯精细工件或贵重木材上的凹槽

规　　格		250	300	350
长度 L		250	300	350
宽度 b	A 型	100		
	B 型	70	80	
厚度 S		0.80		

表 15.13 双面木锯的规格 mm

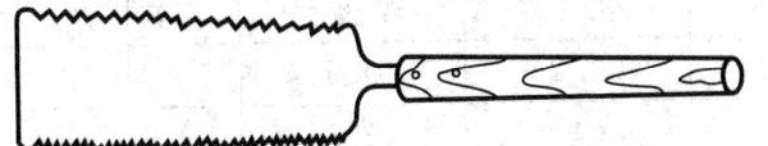

两面锯齿粗细不同,用于锯大面积薄板

长度	宽度	厚度	长度	宽度	厚度
225	100	0.85	400	140	1.10
250	110	0.85	450	150	1.25
300	120	0.90	500	160	1.40
350	130	1.05			

表 15.14 木工带锯的规格(JB/T 8087—1999) mm

安装在带锯机上锯圆木、原木等木材大料

宽度	偏差	厚度	最小长度
6.3	±1.0	0.40,0.50	7500
10,12.5,16		0.40,0.50,0.60	
20,25,32		0.40,0.50,0.60,0.70	
40		0.60,0.70,0.80	
50,63		0.60,0.70,0.80,0.90	
75	+1.0 −2.0	0.70,0.80,0.90	7500
90		0.80,0.90,(0.95)	
100		0.80,0.90,(0.95),1.00	8500
125		0.90,(0.95),1.00,(1.05),1.10	
150		(0.95),1.00,(1.05),1.10,1.25,1.30	
180		1.25,1.30,1.40	12500
200		1.30,1.40	

注:厚度 $t=0.40$mm、0.50mm、0.60mm 和 0.70mm 时,偏差为 $^{-0.01\text{mm}}_{-0.07\text{mm}}$;$t=0.80$mm、0.90mm 和 0.95mm 时,偏差为 $^{-0.01\text{mm}}_{-0.09\text{mm}}$;$t=1.00$mm、1.05mm、1.10mm、1.25mm 和 1.30mm 时,偏差为 $^{-0.01\text{mm}}_{-0.11\text{mm}}$;$t=1.40$mm 时,偏差为 $^{-0.01\text{mm}}_{-0.13\text{mm}}$。

表 15.15 细木工带锯条的规格(JB/T 8087—1999) mm

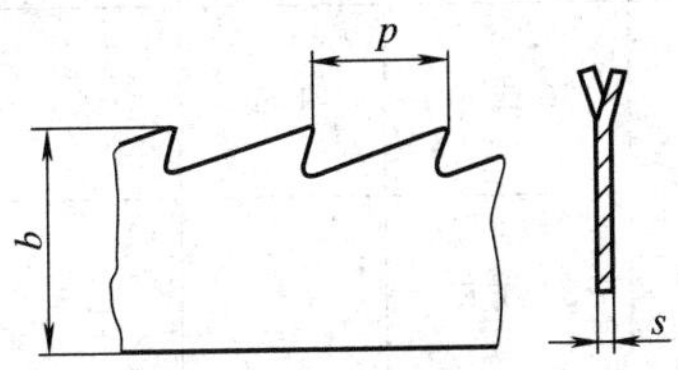

续表

宽度 b	厚度 s	齿距 p	厚度 s	齿距 p	厚度 s	齿距 p
6.3	(0.4)	(3.2)	0.5	4	(0.6)	(5)
10	(0.4)	(4)	0.5	6.3	(0.6)	(6.3)
12.5、16	—	—	(0.5)	(6.3)	0.6	6.3
20、25			0.5	6.3	0.7	8
(30)、32、(35)			—	—	0.7	10
40、(45)					0.8	10
50、63					0.9	12.5

注：括号内尺寸尽可能不选用。

表 15.16　木工圆锯片的规格（GB/T 21680—2008）　　mm

安装在木工圆锯机上锯木材、人造板等木料

外径 D		孔径 d	厚度 s			
尺寸	公差(±)	H9(H11)	1	2	3	4
40	1.5	12.5	—	—	—	0.8
50			—	—	—	
60			—	—	0.8	—
80			—	0.8	1	—
100	2	20				
125			0.8	1	1.2	—
(140)						
160			1	1.2	1.6	—
(180)		30 或 60				
200			1.2			2
250				1.6	2	2.5
(255)						
(280)						
315	3	30 或 60	1.6	2	2.5	3.2
(355)						
400						
(450)		30 或 85	2	2.5	3.2	4
500	4					
(560)						

续表

外径 D		孔径 d	厚度 s			
尺寸	公差(±)	H9(H11)	1	2	3	4
630	4	40	2.5	3.2	4	—
(710)						
800	6					
(900)			3.2	4	5	—
1000						
1250	10	60	3.6、4、5			
1600			4.5、5、6			
2000			5、7			

注：通常采用内孔精度 H9 的锯片，例如使用在高转速多锯片圆锯机上。

表 15.17　木工硬质合金圆锯片的规格（GB/T 14388—2010）

mm

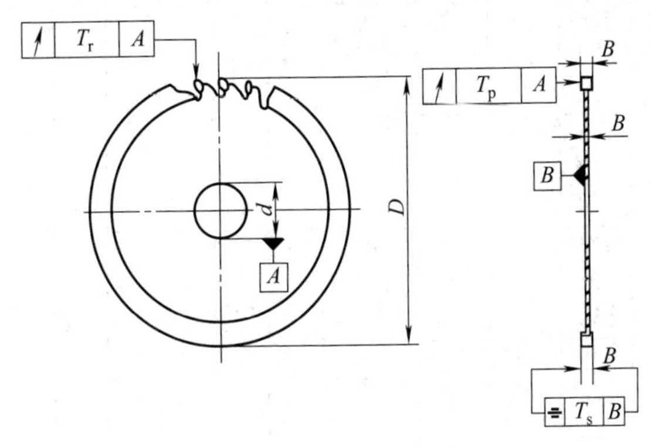

用于圆锯机上锯木材、人造棉、塑料及有色金属等。齿形有平、梯形、左斜、右斜几种

D		B		b		d		近似齿距					
基本尺寸	极限偏差	基本尺寸	极限偏差	基本尺寸	极限偏差	基本尺寸	极限偏差(H8)	10	13	16	20	30	40
								齿数					
100	±2	2.5	±0.1	1.6	±0.05	20	+0.033 0	32	24	20	16	10	8
125								40	32	24	20	12	10
(140)		2.5		1.6					36	28	24	16	12
160								48	40	32			
(180)						30		56	40	36	28	20	16
		3.2		2.2									
		2.5		1.6		60	+0.046 0						
		3.2		2.2									

续表

D		B		b		d		近似齿距					
基本尺寸	极限偏差	基本尺寸	极限偏差	基本尺寸	极限偏差	基本尺寸	极限偏差(H8)	10	13	16	20	30	40
								齿数					
200	±2	2.5 3.2	±0.1	1.6 2.2	±0.05	30	+0.033 0	64	48	40	32	20	16
		2.5 3.2		1.6 2.2		60	+0.046 0						
(225)		2.5 3.2		1.6 2.2		30	+0.033 0	72	56	48	36	24	16
		2.5 3.2		1.6 2.2		60	+0.046 0						
250	±2	2.5 3.2 3.6	±0.1	1.6 2.2 2.6	±0.05	30	+0.033 0	80	64	48	40	28	20
		2.5 3.2 3.6		1.6 2.2 2.6		60	+0.046 0						
		2.5 3.2 3.6		1.6 2.2 2.6		(85)	+0.054 0						
(280)	±2	2.5 3.2 3.6	±0.1	1.6 2.2 2.6	±0.05	30	+0.033 0	96	64	56	40	28	20
		2.5 3.2 3.6		1.6 2.2 2.6		60	+0.046 0						
		2.5 3.2 3.6		1.6 2.2 2.6		(85)	+0.054 0						
315	±2	2.5 3.2 3.6	±0.1	1.6 2.2 2.6	±0.07	30	+0.033 0	96	72	64	48	32	24
		2.5 3.2 3.6		1.6 2.2 2.6		60	+0.046 0						
		2.5 3.2 3.6		1.6 2.2 2.6		(85)	+0.054 0						

续表

D 基本尺寸	D 极限偏差	B 基本尺寸	B 极限偏差	b 基本尺寸	b 极限偏差	d 基本尺寸	d 极限偏差(H8)	近似齿距 10	13	16	20	30	40
								齿数					
(355)	±2	2.5 3.2 4.0 4.5	±0.1	2.2 2.6 2.8 3.2	±0.07	30	+0.033 0	112	96	72	56	36	28
		3.2 3.6 4.0 2.5		2.2 2.6 2.8 3.2		60	+0.046 0						
		3.2 3.6 4.0 4.5		2.2 2.6 2.8 3.2		(85)	+0.054 0						
400	±2	3.2 3.6 4.0 4.5	±0.1	2.2 2.6 2.8 3.2	±0.07	30	+0.033 0	128	96	80	64	40	32
		3.2 3.6 4.0 4.5		2.2 2.6 2.8 3.2		60	+0.046 0						
		3.2 3.6 4.0 4.5		2.2 2.6 2.8 3.2		(85)	+0.054 0						
(450)	±2	3.6 4.0 4.5 5.0	±0.1	2.6 2.8 3.2 3.6	±0.07	30	+0.033 0	—	112	96	72	48	36
		3.6 4.0 4.5 5.0		2.6 2.8 3.2 3.6		85	+0.054 0						
500	±2	3.6 4.0 4.5 5.0	±0.1	2.6 2.8 3.2 3.6	±0.1	30	+0.033 0	—	128	96	80	48	40
		3.6 4.0 4.5 5.0		2.6 2.8 3.2 3.6		85	+0.054 0						

续表

D		B		b		d		近似齿距					
基本尺寸	极限偏差	基本尺寸	极限偏差	基本尺寸	极限偏差	基本尺寸	极限偏差(H8)	10	13	16	20	30	40
								齿数					
(560)	±2	4.5	±0.1	3.2	±0.1	30	+0.033 0	—	—	112	96	56	48
		5.0		3.6									
		4.5		3.2		85	+0.054 0						
		5.0		3.6									
630		4.5		3.2		40	+0.033 0	—	—	128	96	64	48
		5.0		3.6									

注：括号内的尺寸尽量不采用。

15.4 木工刨

表 15.18　木工手用拉刨刀的规格（QB/T 2082—1995）　mm

名称	外形和用途	宽度 B（规格）	长度 L	镶钢长度	镶钢厚度	备注
木工手用推刨刀	B　L 用于手工刨削木材平面	25	184	64	0.7	镶钢厚度 0.7
		32	184	64	0.7	
		38	184	64	0.7	
		44	184	64	0.7	
		51	184	64	0.7	
		57	184	64	0.7	
		64	184	64	0.7	
木工手用拉刨刀	L±2　B±0.5 用于拉、刨木材的平面和斜面	38	80	50	1.3	
		44	100	60	1.4	
		51	105	65	1.4	
		57	110	70	1.5	
		62	115	70	1.5	
		64	120	70	1.5	
		68	125	70	1.5	
		70	130	70	1.5	
斜刃刨刀	L±2　B±0.5 用于拉、刨木材的平面和斜面	38	96	50	50	
		44	108	55	55	
		51	115	60	60	
		57	120	60	60	
		62	125	65	65	
		64	125	65	65	
		68	130	65	65	
		70	130	65	65	

续表

名称	外形和用途	宽度 B（规格）	长度 L	镶钢长度	镶钢厚度	备注	
板刨刀	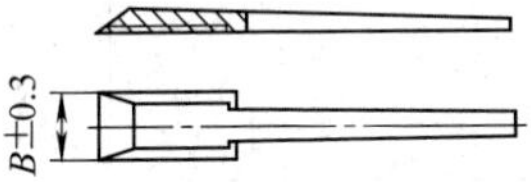 用于拉、刨木材的平面和斜面	13					
		16					
		19					
		22					
		25					
		32					
槽刨刀	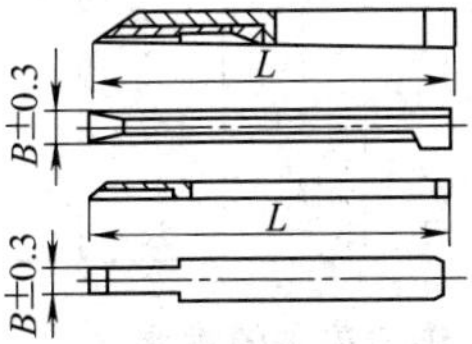 用于刨削木材的沟槽	3.2	A型长为124 B型长为150	60			
		5		60			
		6.3		60			
		8		60			
		9.5		60			
		13		60			
		16		60			
		19		60			
圆线刨刀	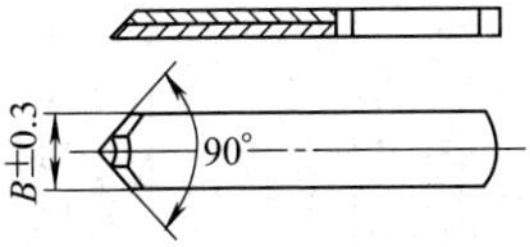 用于刨削木材的弧形面	5		55	0.8		
		6		55	0.8		
		8		55	0.8		
		10		55	0.8		
		13		55	0.8		
		16		55	0.8		
		19		55	0.8		
套刨刀	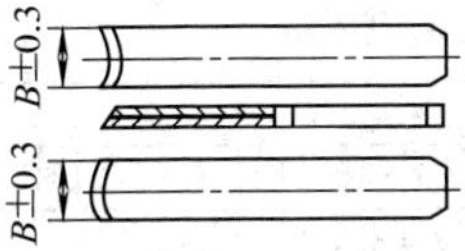 用于刨削木材的弧形面	8	29	20	0.5	刃口弧 R	6.5
		9	33	22	0.5		9.5
		10	37	24	0.5		12.5
		12	41	26	0.5		19
		13	45	28	0.5		25
		15	49	30	0.5		32
		16	53	32	0.5		38
		19	57	34	0.5		50
		23	61	36	0.5		76
		26	65	39	0.5		100
		29	68	41	0.5		127
		30	72	43	0.5		152

续表

名称	外形和用途	宽度 B（规格）	长度 L	镶钢长度	镶钢厚度	备注
线刨刀	用于刨削木材的弧形面	6.5		60	0.8	
		9.5		60	0.8	
		13		60	0.8	
		16		60	0.8	
		19		60	0.8	
		25		60	0.8	
		32		60	0.8	
		38		60	0.8	
铁柄刨刀	用于刨削木材的曲面、圆形、棱角和修光竹制品	40	40	11		前头厚 $H=2$，槽眼宽 $b=7$
		42	42	15.5		
		44	43	16		
		45	45	15.5		
		50	50	14.5		
		52	52	14.5		
		54	58	18		

表 15.19　木工手用推刨刀盖铁的规格　　mm

外形和用途	宽度 B	长度 L	前头厚 H	头部角度 α	螺孔
用于固定压紧刨刀	25	98	1	16°	M8
	32	98	1	16°	M10
	38	98	1	16°	M10
	44	98	1	16°	M10
	51	98	1	16°	M10
	57	98	1	16°	M10
	64	98	1	16°	M10

表 15.20　刨床用刨刀的规格（JB/T 3377—1992）　　mm

用于在木工刨床上刨削木料

型式		基本尺寸													
Ⅰ Ⅱ	长	110	135	170	210	260	310	325	410	510	610	640	810	1010	1260
	宽	30(35,40)													
	厚	3,4													
Ⅲ	长	40	60	80	110	135	170	210	260	325					
	宽	90,100													
	厚	8,10													

表 15.21　木工机用异形刨刀（QB/T 1529—1992）　mm

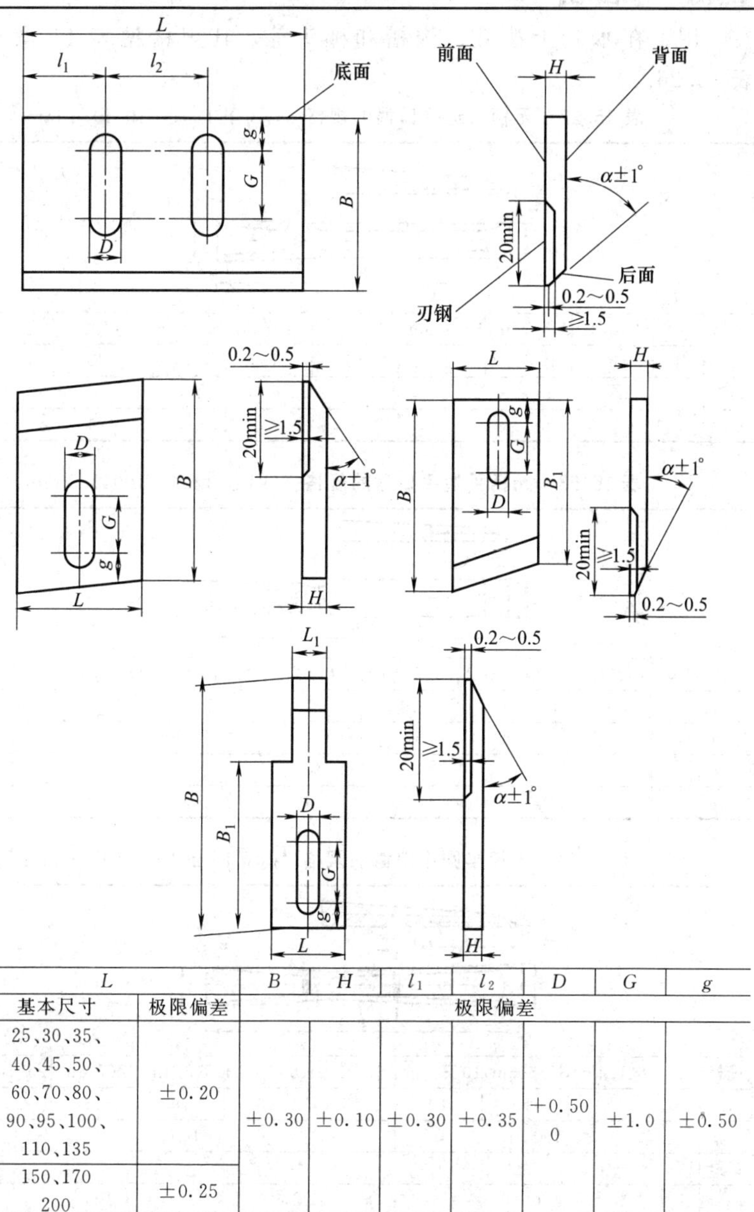

<table>
<tr><td colspan="2">L</td><td>B</td><td>H</td><td>l_1</td><td>l_2</td><td>D</td><td>G</td><td>g</td></tr>
<tr><td>基本尺寸</td><td>极限偏差</td><td colspan="7">极限偏差</td></tr>
<tr><td>25、30、35、40、45、50、60、70、80、90、95、100、110、135</td><td>±0.20</td><td rowspan="2">±0.30</td><td rowspan="2">±0.10</td><td rowspan="2">±0.30</td><td rowspan="2">±0.35</td><td rowspan="2">$^{+0.50}_{0}$</td><td rowspan="2">±1.0</td><td rowspan="2">±0.50</td></tr>
<tr><td>150、170
200</td><td>±0.25</td></tr>
</table>

15.5　木工凿

用于在木料上凿孔、沟槽和榫头等，其规格见表 15.22～表 15.26。

表 15.22　无柄斜边平口凿的规格（QB/T 1201—1991）　mm

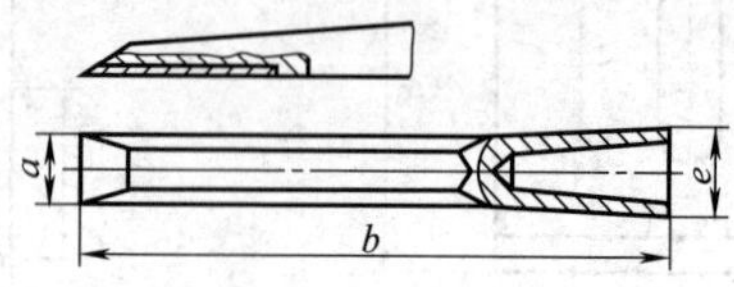

规格	4	6(1/4in)	8(5/16in)	10(3/8in)	13(1/2in)	16(5/8in)	19(3/4in)	22(7/8in)	25(1in)
a	4	6	8	10	13	16	19	22	25
$b \geqslant$	150				160				
$e \geqslant$	$\phi 20$				$\phi 22$		$\phi 24$		

表 15.23　无柄平边平口凿的规格（QB/T 1201—1991）　mm

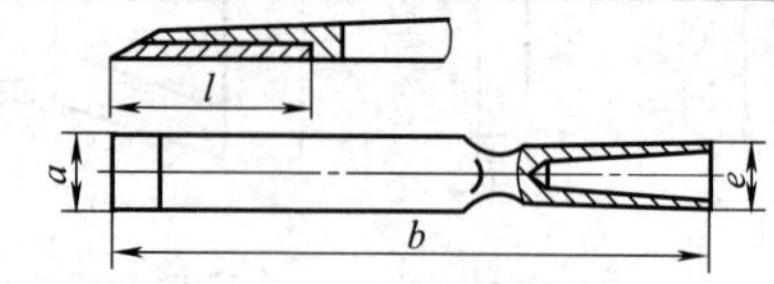

规格	13(1/2in)	16(5/8in)	19(3/4in)	22(7/8in)	25(1in)	32(5/4in)	38(3/2in)
a	13	16	19	22	25	32	38
$b \geqslant$	180			200			
$l \geqslant$	40						
$e \geqslant$	$\phi 22$		$\phi 24$				

表 15.24　无柄半圆平口凿的规格（QB/T 1201—1991）　mm

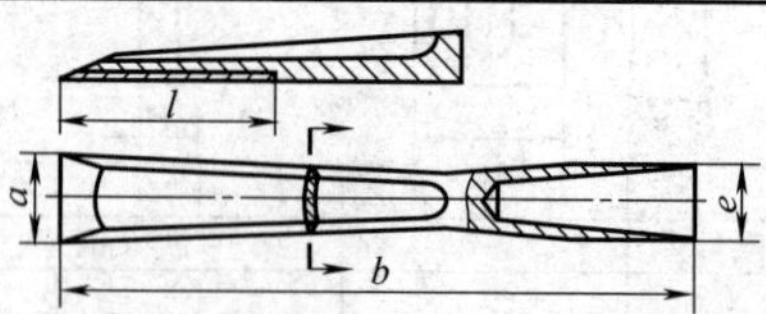

规格	4	6(1/4in)	8(5/16in)	10(3/8in)	13(1/2in)	16(5/8in)	19(3/4in)	22(7/8in)	25(1in)
a	4	6	8	10	13	16	19	22	25
$b \geqslant$	150				160				
$l \geqslant$	40								
$e \geqslant$	$\phi 20$				$\phi 22$		$\phi 24$		

表 15.25　有柄斜边（或平边）平口凿的规格（QB/T 1201—1991）

mm

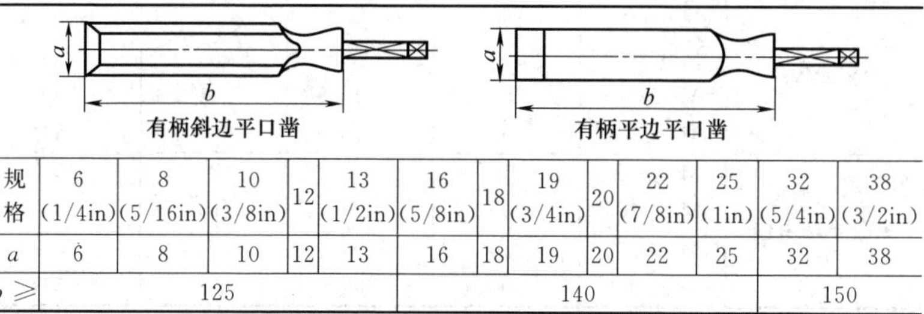

规格	6(1/4in)	8(5/16in)	10(3/8in)	12	13(1/2in)	16(5/8in)	18	19(3/4in)	20	22(7/8in)	25(1in)	32(5/4in)	38(3/2in)
a	6	8	10	12	13	16	18	19	20	22	25	32	38
$b \geqslant$	125					140						150	

表 15.26　有柄半圆平口凿的规格（QB/T 1201—1991）　mm

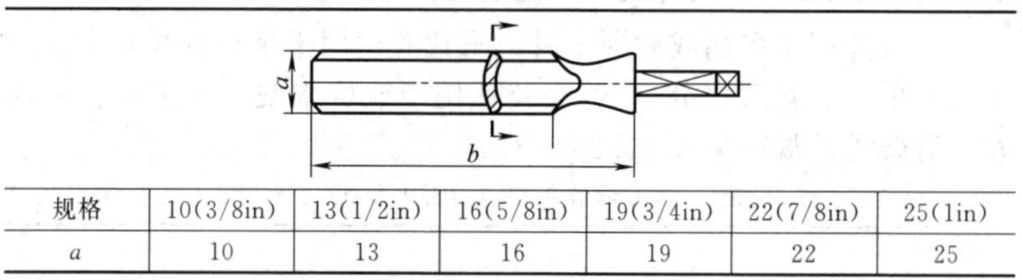

规格	10(3/8in)	13(1/2in)	16(5/8in)	19(3/4in)	22(7/8in)	25(1in)
a	10	13	16	19	22	25

15.6　木工锉

用于锉削木制品表面、圆孔等，其规格见表 15.27。

表 15.27　木锉的规格（QB/T 2569.6—2002）　mm

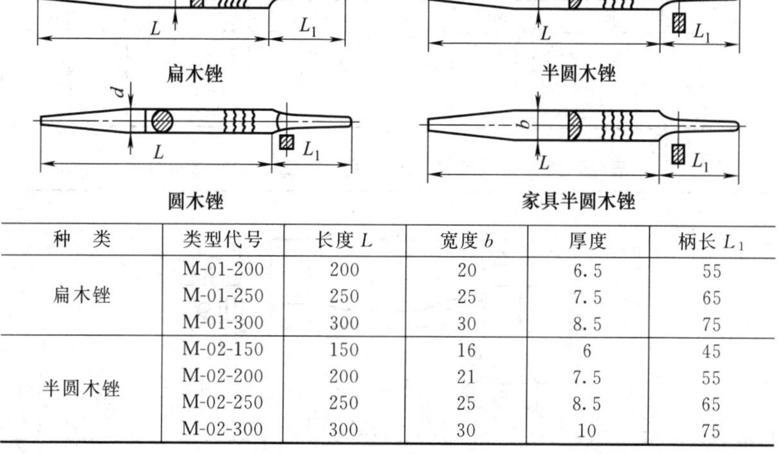

种　类	类型代号	长度 L	宽度 b	厚度	柄长 L_1
扁木锉	M-01-200	200	20	6.5	55
	M-01-250	250	25	7.5	65
	M-01-300	300	30	8.5	75
半圆木锉	M-02-150	150	16	6	45
	M-02-200	200	21	7.5	55
	M-02-250	250	25	8.5	65
	M-02-300	300	30	10	75

续表

种　类	类型代号	长度 L	宽度 b	厚度	柄长 L_1
圆木锉	M-03-150	150	$d=7.5$	—	45
	M-03-200	200	$d=9.5$	—	55
	M-03-250	250	$d=11.5$	—	65
	M-03-300	300	$d=13.5$	—	75
家具半圆木锉	M-04-150	150	18	4	45
	M-04-200	200	25	6	55
	M-04-250	250	29	7	65
	M-04-300	300	34	8	75

15.7 木工斧、采伐斧、劈柴斧

木工斧用于劈削或砍断木材，采伐斧适用于采伐树林和木材加工（有单刃和双刃之分），劈柴斧适用于砍劈木柴。木工斧、采伐斧、劈柴斧的规格见表 15.28～表 15.30。

表 15.28　木工斧的规格（QB/T 2565.5—2002）　mm

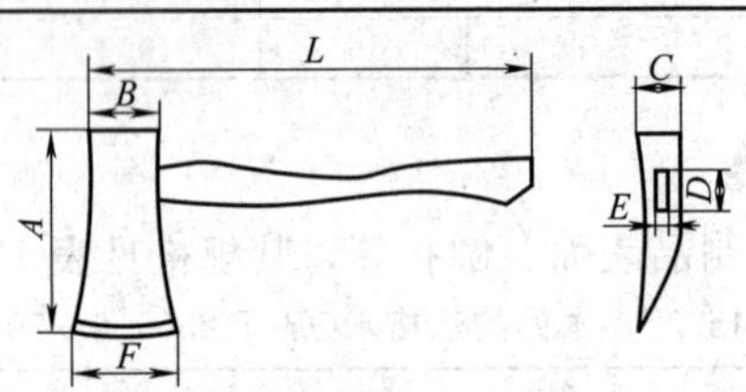

规格/kg	长 A	宽 B	厚 C	孔长 D	孔宽 E	刃宽 F
	min					min
1.0	120	34	26	32	14	78
1.25	135	36	28	32	14	78
1.5	160	48	35	32	14	78

表 15.29　采伐斧的规格（QB/T 2565.2—2002）　mm

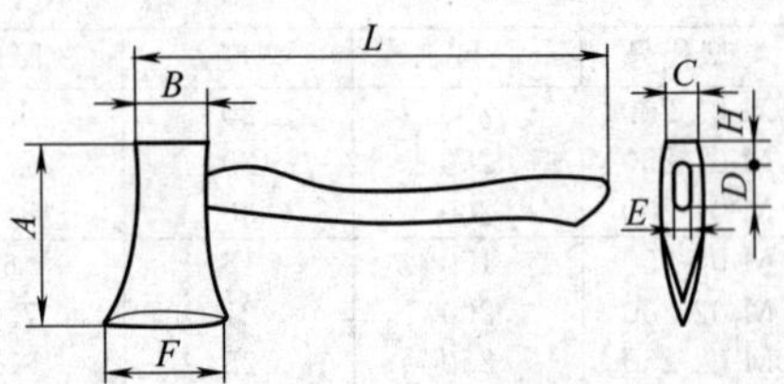

续表

规格/kg	L	A min	B min	C min	F min	H min	D		E	
							基本尺寸	公差	基本尺寸	公差
0.7	380	130	50	20	82	15	46	0 −2.0	16	0 −1.5
0.9	430	155	58	22	92	16	50		18	
1.1	510	165	62	22	98	18	60		20	
1.3	710	174	68	23	105	19	63		23	
1.6	710～910	180	74	24	110	20	63		23	
1.8		185	76	25	110	21	73		25	
2.0		185	76	26	122	21	73		25	
2.2		190	78	27	124	22	73		25	
2.4		220	84	28	134	29	75		25	

表 15.30　劈柴斧的规格（QB/T 2565.3—2002）　mm

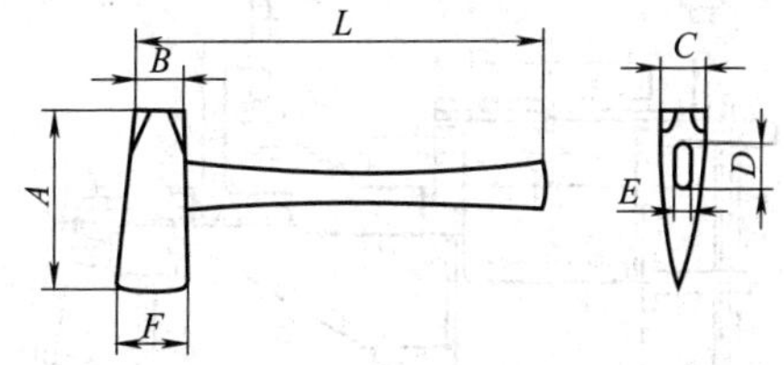

规格 /kg	L	A min	B min	C min	D		E		F min
					基本尺寸	公差	基本尺寸	公差	
2.5	810～910	200	51	49	60	0 −2.0	22	0 −2.0	90
3.2		215	56	54	60		22		106

15.8　木工夹

用于夹持板料加工或粘接，其规格见表 15.31。

表 15.31　木工夹的规格

型式	型号	夹持范围/mm	负荷界限/kg
F 型	FS150	150	180
	FS200	200	160
	FS250	250	140
	FS300	300	100

续表

型式	型号	夹持范围/mm	负荷界限/kg
G 型	GQ8150	50	300
	GQ8175	75	350
	GQ81100	100	350
	GQ81125	125	450
	GQ81150	150	500
	GQ81200	200	1000

15.9　木工多用机床

（1）台式木工多用机床

主要用于小件木料的刨削、锯割、打圆眼、开槽、开榫、倒棱等作业，其参数见表 15.32。

表 15.32　台式木工多用机床的参数（JB/T 6555—2010）　mm

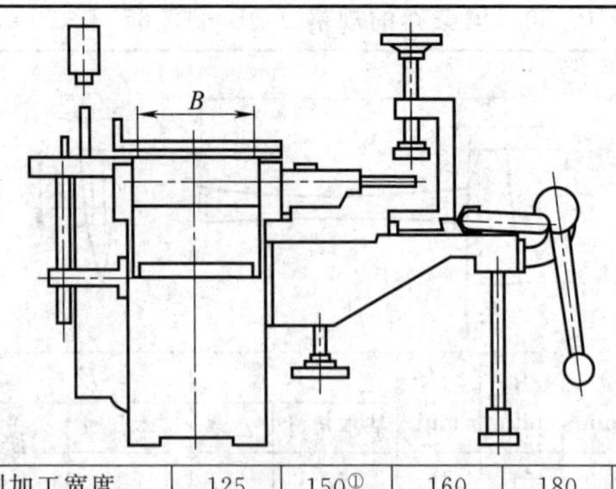

最大平刨压刨加工宽度	125	150①	160	180	200	250
刨刀体长度(JB 4172)	135	160①	170	190	210	260
平刨最大加工深度	3					
压刨工件的厚度	最大尺寸(加工前)≥120，最小尺寸(加工后)≤6					
圆锯片直径	250，315					
最大锯削高度 ≥	60					
锯轴装锯片处直径	25，30					
最大棒槽宽度	16					
最大棒槽深度 ≥	60					
最大钻孔直径	13					
最大钻孔深度 ≥	60					
刨床切削速度/(m/s) ≥	12					
锯机切削速度/(m/s) ≥	36					
电机功率②/kW	1.15(圆锯片直径 D=250mm 时)，2.2(D=315mm 时)					

① 新设计时不采用。

② 无锯削的机床不受此限制。

（2）木工多用机床（表15.33、表15.34）

表15.33 木工多用机床的参数（JB/T 6546.1—1999） mm

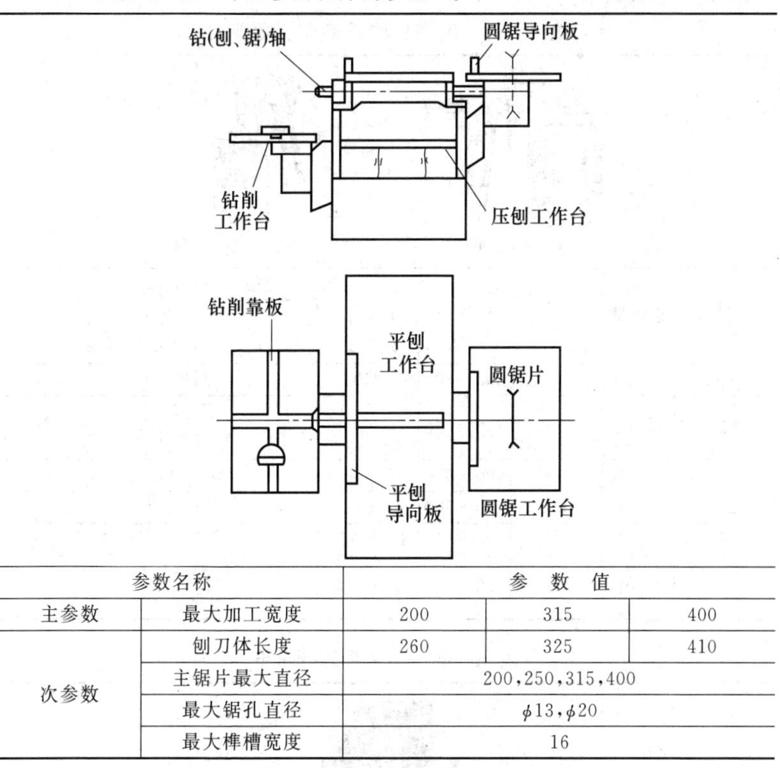

参数名称		参数值		
主参数	最大加工宽度	200	315	400
次参数	刨刀体长度	260	325	410
	主锯片最大直径	200,250,315,400		
	最大锯孔直径	ϕ13,ϕ20		
	最大榫槽宽度	16		

表15.34 一些木工多用机床的技术性能 mm

型号	刀轴转速/(r/min)	刨削宽度	锯割厚度	锯片直径	工作台升降范围		电动机功率/W
					刨削	锯割	
MQ421	3000	160	50	200	5	65	1100
MQ422	3000	200	90	300	5	95	1500
MQ422A	3160	250	100	300	5	100	2200
MQ433A-1	3960	320	—	350	5～120	140	3000
MQ472	3960	200	—	350	5～100	90	2200
MJB180	5500	180	60	200	—	—	1100
MDJB180-2	5500	180	60	200	—	—	1100

15.10 喷漆枪

可将油漆或其他涂料喷在木材或钢制工件上，按规格的大小，可用人工、机械、电力或空压机充气，其规格和技术参数见表15.35、表15.36。

表 15.35 喷漆枪的规格和技术参数

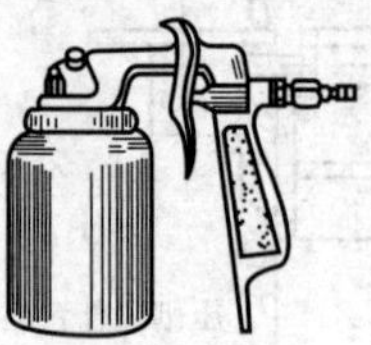

PQ-1型(小型)

PQ-2型(大型)

型号	储漆量	出漆嘴孔径/mm	工作时空气压力/kPa	喷涂范围/mm	
				喷涂有效距离	喷涂面积（直径或宽度）
PQ-1	0.6kg	1.8	300～380	250	圆形直径 42
PQ-2	1.0kg	1.8	450～500	260	圆形直径 50 扇形宽 130～140
1	0.15L	0.8	400～500	75～200	圆形直径 6～75
2A	0.12L	0.4	400～500	75～200	圆形直径 3～30
2B	0.15L	1.1	500～600	150～250	扇形宽 10～110
3	0.90L	2	500～600	50～200	圆形直径 10～80 扇形宽 10～150

表 15.36 Q1P 系列电喷枪

型　号	额定流量/(mL/min)	额定电压/V	额定频率/Hz	输入功率/W	密封泵压/MPa ＞	喷射速度/(mL/min)
Q1P-SD01-260	—	120/220	50/60	60	7	260
Q1P-50	50	220	50	25	10	—
Q1P-100	100	220	50	40	10	—
Q1P-150	150	220	50	60	10	—
Q1P-260	260	220	50	80	10	—
Q1P-320	320	220	50	100	10	—

第16章 建筑工具

16.1 测量工具

表 16.1 线锤的规格（GB/T 2212—1996）

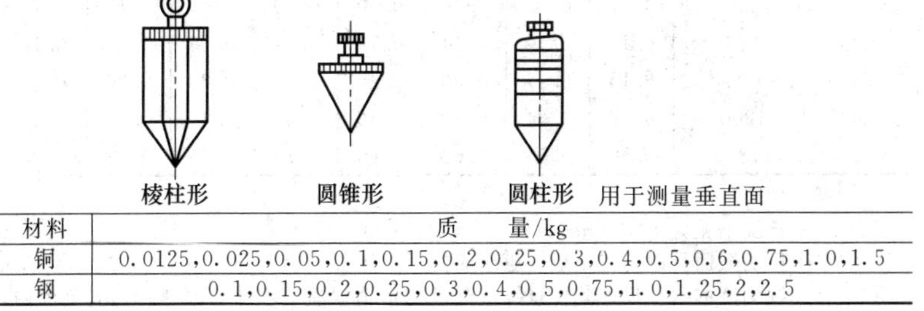

材料	质量/kg
铜	0.0125,0.025,0.05,0.1,0.15,0.2,0.25,0.3,0.4,0.5,0.6,0.75,1.0,1.5
钢	0.1,0.15,0.2,0.25,0.3,0.4,0.5,0.75,1.0,1.25,2,2.5

表 16.2 水平尺的规格（JB/T 11272—2012） mm

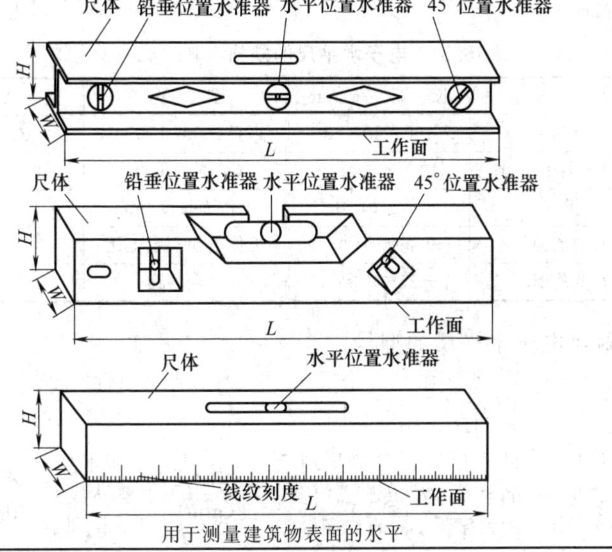

用于测量建筑物表面的水平

续表

长 L	$100<L\leqslant150$	$150<L\leqslant250$	$250<L\leqslant350$	$350<L\leqslant600$	$600<L\leqslant1200$	$1200<L\leqslant1800$
高 H①	40			60		100
工作面宽 W①	30		40			

准确度等级	0 级	1 级	2 级	3 级
角值/(mm/m)	0.25	0.5	1	2
最大零位误差	±0.11	±0.22	±0.44	±1.10

尺体长度 L	平面度公差				平行度公差			
	0 级	1 级	2 级	3 级	0 级	1 级	2 级	3 级
$0<L\leqslant150$	0.05	0.06	0.07	0.07	0.06	0.07	0.09	0.09
$150<L\leqslant250$	0.07	0.08	0.10	0.10	0.09	0.10	0.13	0.13
$250<L\leqslant350$	0.10	0.12	0.14	0.14	0.13	0.15	0.18	0.18
$350<L\leqslant600$	0.15	0.17	0.20	0.20	0.20	0.23	0.26	0.26
$600<L\leqslant1200$	0.32	0.34	0.40	0.40	0.40	0.44	0.48	0.48
$1200<L\leqslant1800$	0.50	0.55	0.60	0.60	0.72	0.76	0.82	0.82

① 参考值。

注：1. 长度偏差为±2.5mm。

2. 水平尺的截面可以是工字形、矩形或桥形。

3. 有线纹刻度的水平尺，其任意线纹刻度的示值误差应在±(0.7+l)mm 范围内，l 是以 m 为单位的尺体标称长度。

4. 角值是使水平尺水准泡的气泡沿其轴向移动 0.23mm 时，水平尺一端抬高（或降低）的量。

表 16.3　电子水平尺的规格（JG 142—2002）

型　　号	长×宽×高/mm	型　　号	长×宽×高/mm
JYC-400/Ⅰ-0.01	400×26×62	JYC-2000/Ⅰ-0.01	2000×40×80
JYC-1000/Ⅰ-0.01	1000×30×80	JYC-3000/Ⅰ-0.01	3000×50×80
分辨率	0.01	工作面长度/mm	400、1000、2000、3000
测量范围	−9.99°～+9.99°	工作电源额定电压	DC12V
温度范围	−25～+80℃	使用寿命	6 年/8 万次

附：电子水平尺的型号

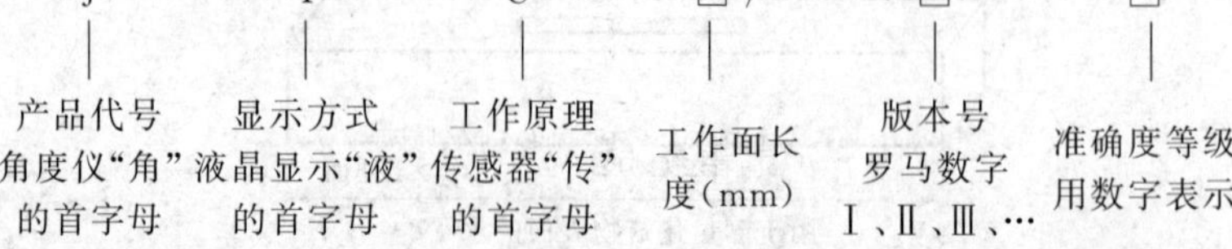

16.2 瓦工工具

表 16.4 平抹子的规格（GB/T 2212—1996） mm

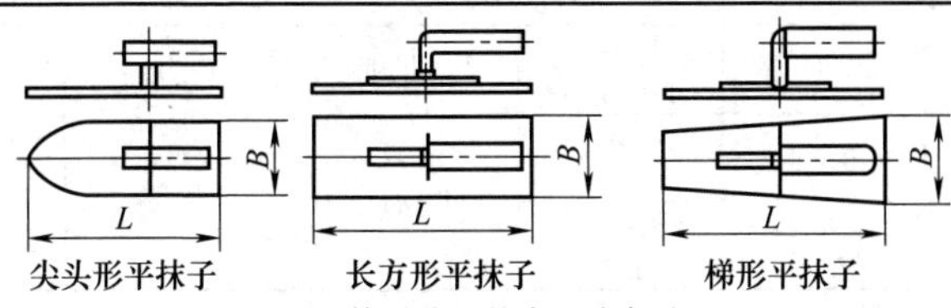

尖头形平抹子　　长方形平抹子　　梯形平抹子

用于抹平墙面的水泥或灰沙

平抹板长 L	平抹板宽 B			平抹板厚 ≤	
	尖头形	长方形	梯　形	尖头形	长方形、梯形
220,225	80,85,90	85,90,95	90,95	2.5	2.0
230,235,240	80,85,90,95	90,95,100	95,100		
260,265	95,100,105	100,105,110	105,110	2.5	2.0
280	100,105,110	105,110,115	110,115	2.5	2.0
300	105,110,115	110, 115,120	118,120	2.5	2.0

表 16.5 角抹子的规格（QB/T 2212.6、7—1996） mm

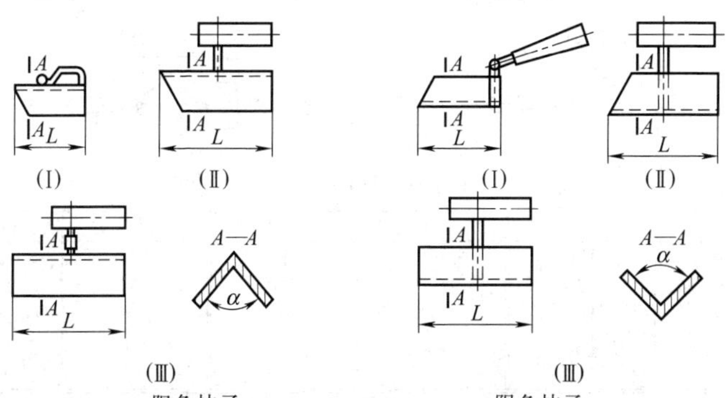

阳角抹子　　阴角抹子

用于在垂直内角、外角和圆角处抹水泥或灰沙

角抹板长 L				角抹板角度 α	
阳角抹子		阴角抹子		阳角抹子	阴角抹子
60,70,80	Ⅰ	80	Ⅰ	93°	87°

续表

<table>
<tr><th colspan="4">角抹板长 L</th><th colspan="2">角抹板角度 α</th></tr>
<tr><th colspan="2">阳角抹子</th><th colspan="2">阴角抹子</th><th>阳角抹子</th><th>阴角抹子</th></tr>
<tr><td>90,100,110,115</td><td>Ⅰ,Ⅱ,Ⅲ</td><td>90,100,105,110,120</td><td>Ⅰ,Ⅱ,Ⅲ</td><td rowspan="3">93°</td><td rowspan="3">87°</td></tr>
<tr><td>120,130,140</td><td rowspan="2">Ⅱ,Ⅲ</td><td>130,140,150</td><td rowspan="2">Ⅱ,Ⅲ</td></tr>
<tr><td>150,160,170,180</td><td>160,170,180</td></tr>
</table>

注：角抹板厚度≤2.0mm。

表 16.6 压子的规格（QB/T 2212.8～10—1996） mm

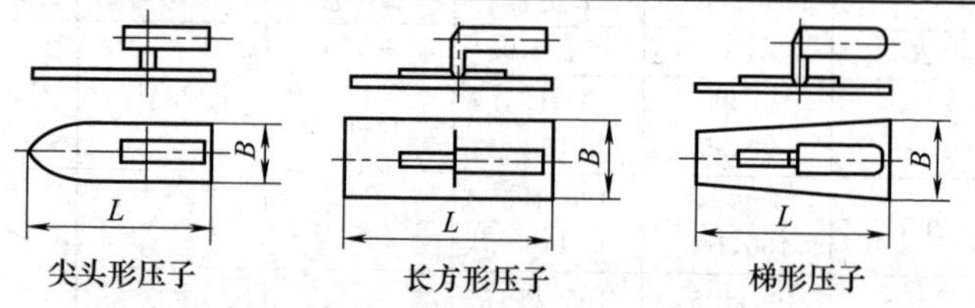

尖头形压子　　长方形压子　　梯形压子

用于对灰砂、水泥作业面的压光和平整

压板长 L	压板宽 B	压板厚 δ
190,195,200,205,210	50,55,60	≤2.0

表 16.7 砌铲的规格（QB/T 2212.11～16—1996） mm

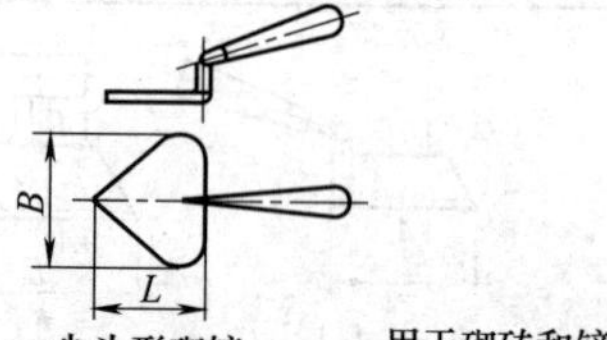

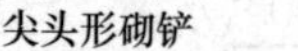

尖头形砌铲

用于砌砖和铲灰

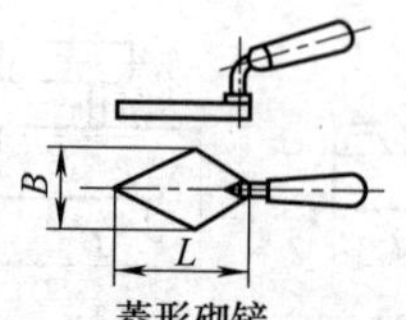

菱形砌铲

铲板长 L	铲板宽 B	铲板长 L	铲板宽 B	铲板长 L	铲板宽 B
140	170	165	195	180	125
145	175	170	200	200	140
150	180	175	205	230	160
155	185	180	210	250	175
160	190				

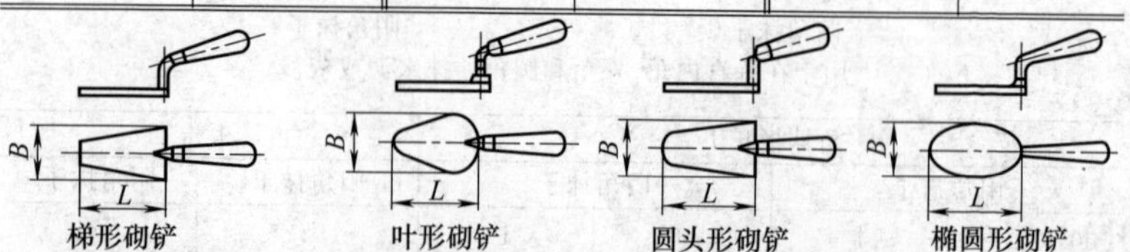

梯形砌铲　　叶形砌铲　　圆头形砌铲　　椭圆形砌铲

续表

铲板长 L	铲板宽 B	铲板长 L	铲板宽 B	铲板长 L	铲板宽 B
125、130	60、65	175、180	90	225、230	115
140	70	190	95	240	120
150、155	75	200、205	100、105	250、255	125、130
165	80、85	215	105、110		

表 16.8　砌刀的规格（QB/T 2212.17、18—1996）　mm

Ⅰ型　**单刃砌刀**　Ⅱ型　　**双刃砌刀**

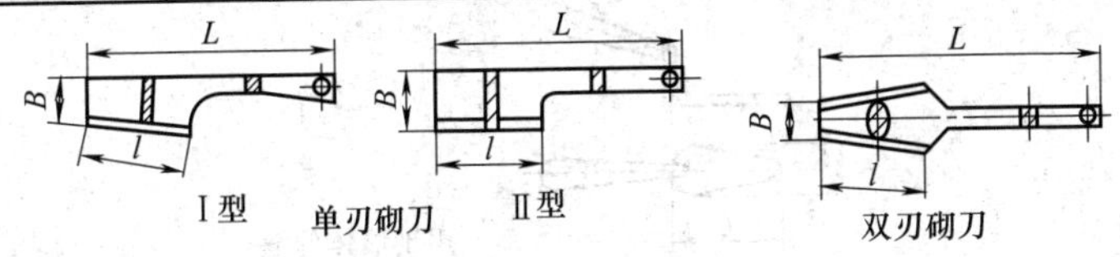

用于修削或斩断砖块、填敷泥灰等

刀体刃长 l	135	140	145	150	155	160	165	170	175	180
刀体前宽 B	50			55				60		
刀长 L	335	340	345	350	355	360	365	370	375	380
刀厚	≤8.0									

表 16.9　打砖刀和打砖斧的规格（QB/T 2212.19、20—1996）

mm

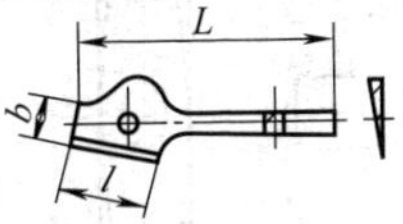

打砖刀

用于修削或斩断砖块等

刀体刃长 l	刀体头宽 b	刀长 L
110	75	300

打砖斧

斧头边长 a	斧体高 h	斧体刃宽 L	斧体边长 b
20	110 120	50	25 30
22		55	
25		50	
27		55	

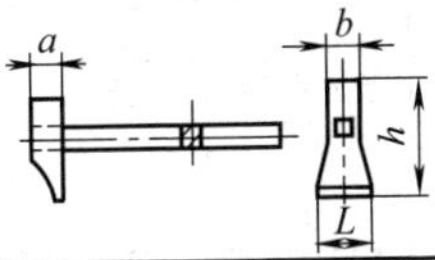

表 16.10　分格器和缝溜子的规格（QB/T 2212.21、22—1996）

mm

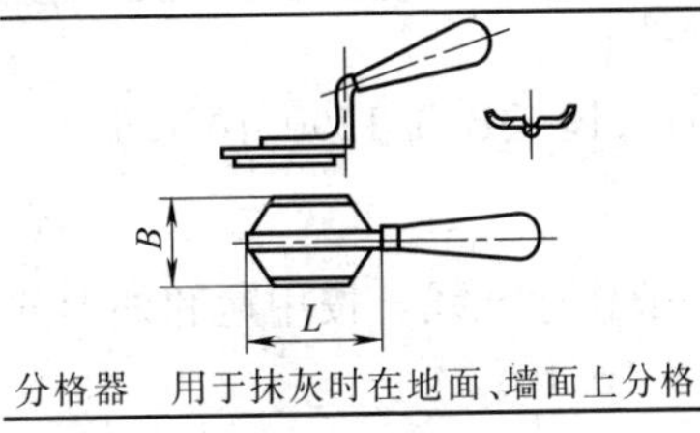

分格器　用于抹灰时在地面、墙面上分格

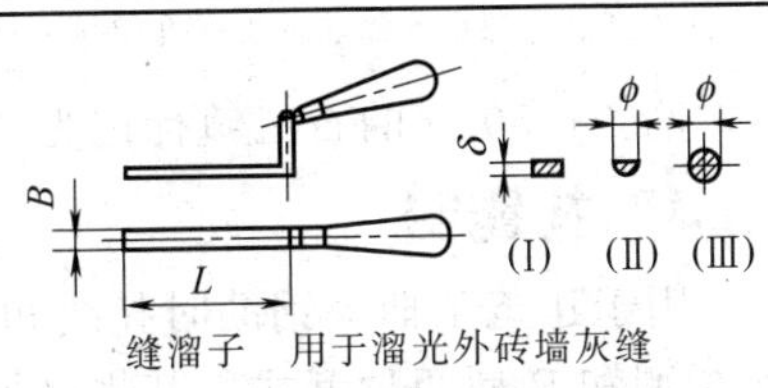

缝溜子　用于溜光外砖墙灰缝

续表

底板宽 B	底板长 L	底板厚 δ	溜板长 L	溜板宽 B	溜板厚
45	80	2.0	100,110,120,130	10	$\delta\leqslant3.0$
60	100		140,150,160		$\phi\geqslant12$
65	110				

表 16.11 缝扎子的规格（QB/T 2212.23—1996） mm

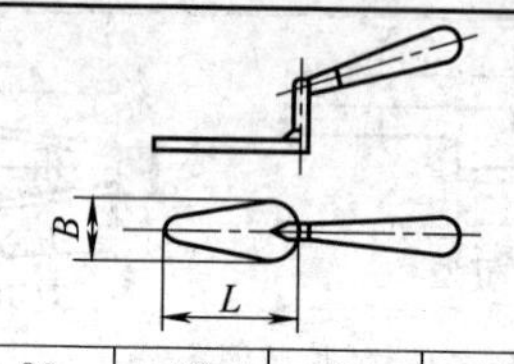

用于墙体勾缝

扎板长 L	50	80	90	100	110	120	130	140	150
扎板宽 B	20	25	30	35	40	45	50	55	60
扎板厚	≤2.0								

16.3 石工工具

表 16.12 石工锤的规格（QB/T 1290.10—2010） mm

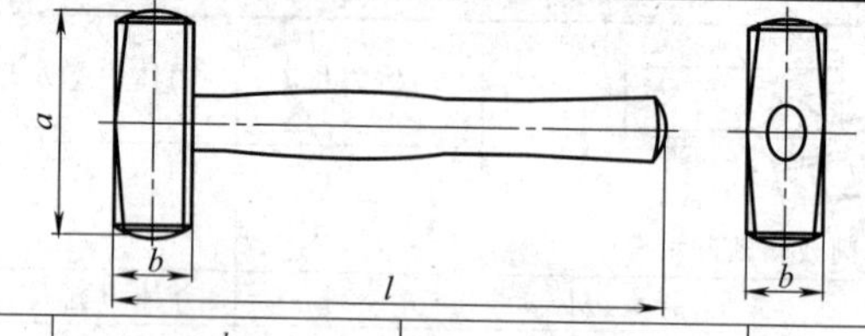

规格/kg	l		a		b	
	基本尺寸	公差	基本尺寸	公差	基本尺寸	公差
0.80	240	±4.5	90	±1.1	36	±0.5
1.00	260		95		40	
1.25	260		100	±2.0	43	±0.6
1.50	280		110		45	
2.00	300		120		50	

注：产品标记由产品名称＋标准编号＋规格组成。

例：1.50kg 的石工锤标记为“石工锤 QB/T 1290.10-1.50”。

16.4 扎线钳

用于建筑工捆绑钢筋时扎线和一般作业扎线，按用途和外形分为 A 型和 B 型两种型式，其规格见表 16.13。

表 16.13　扎线钳的规格（QB/T 4266—2011）　mm

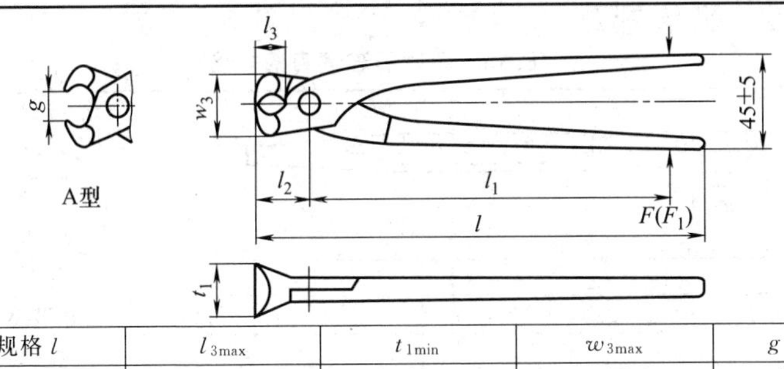

规格 l	l_{3max}	t_{1min}	w_{3max}	g_{min}
200±10	18	16	32	14
224±10	20	18	36	16
250±10	22	20	40	18
280±10	25	22	45	20

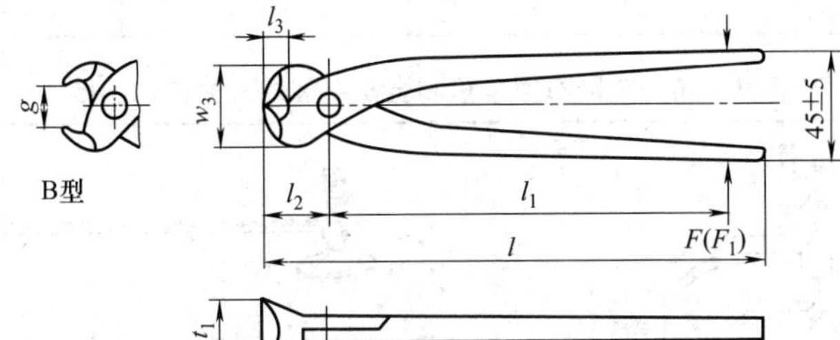

规格 l	l_{3max}	t_{1min}	w_{3max}	g_{min}
200±13	18	16	36	14
250±13	22	20	45	16
315±13	28	25	56	18
355±13	32	28	63	20

16.5 装修工具

16.5.1 油灰刀

表 16.14　平口式油灰刀的规格　mm

宽度 B	25	30	38	40	45	50	60
长度 L	185	185	190	190	190	195	205
厚度 t	0.4						
宽度 B	65	70	75	80	90	100	
长度 L	205	210	215	215	225	230	
厚度 t	0.4						

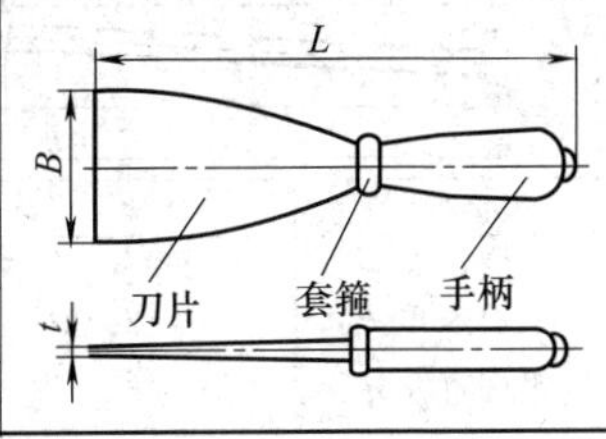

16.5.2 玻璃割刀

表 16.15 金刚石玻璃刀的规格 mm

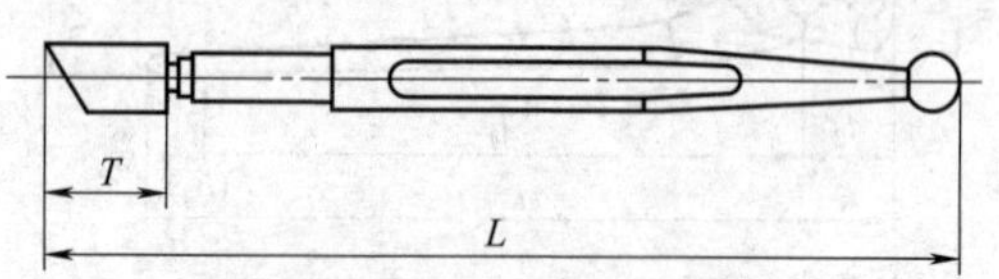

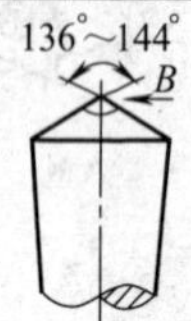

规格代号	全长 L	刀板长 T	刀板宽	刀板厚	适用玻璃厚度
1 2 3	182	25	13	5	1~2 2~3 2~4
4 5 6	184	27	16	6	3~6 3~8 4~8

表 16.16 金刚石圆镜机和金刚石圆规刀的技术参数 mm

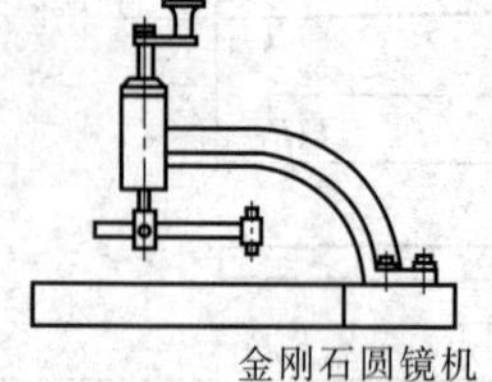
金刚石圆镜机

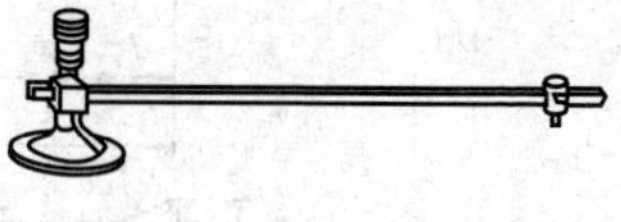
金刚石圆规刀

两者均可供裁割圆形平板玻璃、镜面玻璃用

裁划玻璃范围		裁划玻璃范围	
厚度	直径	厚度	直径
1~3	ϕ35~200	2~6	ϕ200~1200

表 16.17 金刚石玻璃管割刀的规格

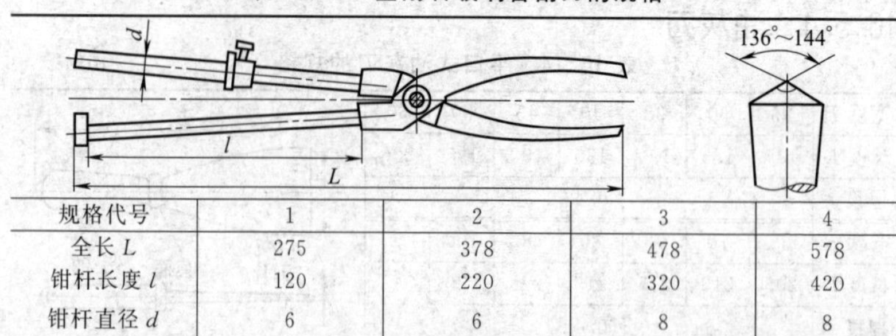

规格代号	1	2	3	4
全长 L	275	378	478	578
钳杆长度 l	120	220	320	420
钳杆直径 d	6	6	8	8

16.5.3　射钉器

表 16.18　射钉器的基本尺寸　mm

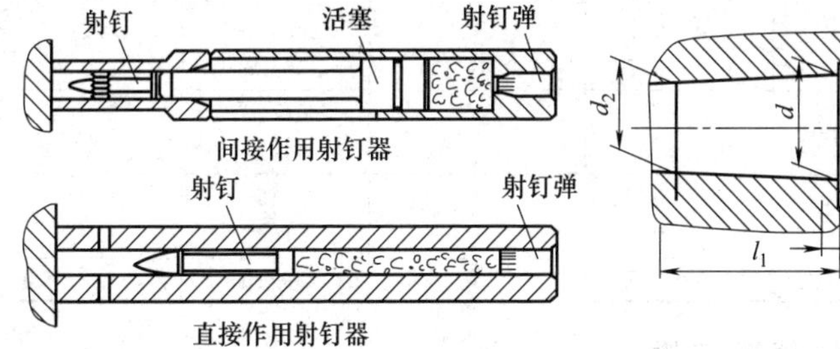

用于将钉子射入诸如墙壁等脆性材料中，半自动连发式射钉器可连续供钉

配用射钉弹		d	d_1	d_2	l	l_1
直径	长度					
5.6①	16	5.8	7.1	5.75	1.1	9.1
6.3	10 12 16	6.35	7.7	6.35	1.25	11 13 17
6.8	11 18	6.9	8.55	6.9	1.45	12 19
10	18	10.05	10.95	10.05	1.15	19

① 缩颈弹 l_1=16.33mm。

表 16.19　一些射钉器的规格　mm

型号	适用射钉弹	适用钉头	适用射钉	全长	质量/kg
NS603 NS603N NS608	6.8×11， 6.8×18	直径：8、10、12； 长度≤77	DD、HDD、M6、HM6、M8、HM8、M10、HM10、YD、HYD、KD	385	3.5
NS307	5.6×16	直径：6、8 长度≤77	PD、PJ、YD、HYD、M8、HM8	335	1.85
NS301	H6.8×11	直径：6、8 长度≤62	YD、HYD、PD、HPD、M8、HM8	340	2.4

表 16.20　一些气动射钉机的规格

圆盘射钉枪

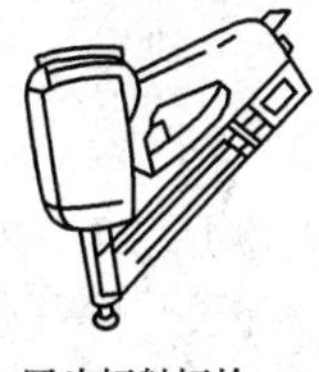
圆头钉射钉枪

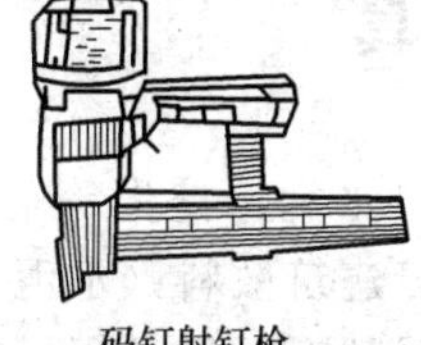
码钉射钉枪

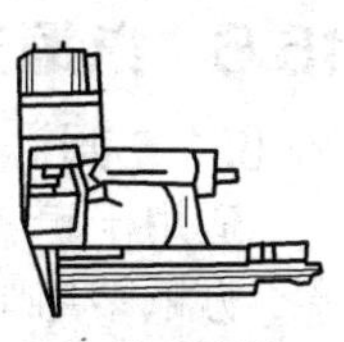
T形钉射钉枪

续表

种类	空气压力/MPa	射钉频率/(枚/s)	装钉容量/枚	质量/kg
气动圆盘射钉枪	0.4～0.7	4	385	2.5
	0.45～0.75	4	300	3.7
	0.4～0.7	4	285/300	3.2
	0.4～0.7	3	300/250	3.5
气动圆头钉射钉枪	0.45～0.7	3	64/70	5.5
	0.4～0.7	3	64/70	3.6
气动码钉射钉枪	0.4～0.7	6	110	1.2
	0.45～0.85	5	165	2.8
气动T形钉射钉枪	0.4～0.7	4	120/104	3.2

16.5.4 手持式液压钳

以液压为动力，用一个活塞驱动一对彼此相对的钳口，使钳口间的开口完全靠近，以夹断或夹碎方式切断物料，其基本参数见表16.21。

表16.21 手持式液压钳产品的基本参数（JB/T 11241—2011）

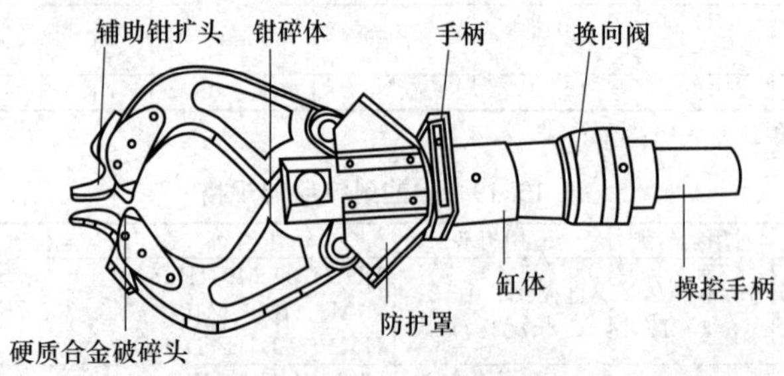

型号	额定工作压力/MPa	钳碎力/kN	扩张力/kN	钳碎深度/mm	钳碎厚度/mm	质量/kg
NY35	63	≥35	≥22	105	320	≤14
NY70	63	≥70	—	100	170	≤16

16.6 挖掘工具

16.6.1 钢锹

适用于铲土、水利、挖沟等。尖锹用于挖砂质土、搅拌灰土等。方锹多用于铲建筑散料（水泥、石子）等。煤锹用于铲煤块、砂土、垃圾等。深翻锹用于深翻、掘泥、开沟等。

表 16.22　钢锹的规格（QB/T 2095—1995）　mm

分类	图示	规格代号	基本尺寸					
			全长	身长	前幅宽	后幅宽	锹裤外径	厚度
农用锹			345	290	230		42	17
尖锹		1 号	460	320		260	37	16
		2 号	425	295		235		
		3 号	380	265		220		
方锹		1 号	420	295	250		37	16
		2 号	380	280	230			
		3 号	340	235	190			
煤锹		1 号	550	400	285		38	16
		2 号	510	380	275			
		3 号	490	360	250			
深翻锹		1 号	450	300	190		37	17
		2 号	400	265	170			
		3 号	350	225	150			

注：钢锹有 A 级（≥40HRC）和 B 级（≥30HRC）。

16.6.2　钢镐

用于修路、修铁道、开矿、掘土、垦荒、造林等。双尖型多用于开凿岩山、混凝土等硬性土质；尖扁型多用于挖掘黏、韧性土质。钢镐的规格见表 16.23。

表 16.23　钢镐的规格（QB/T 2290—1997）

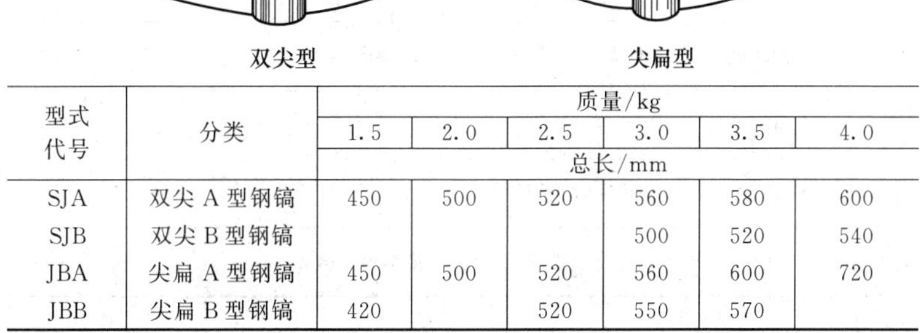

型式代号	分类	质量/kg					
		1.5	2.0	2.5	3.0	3.5	4.0
		总长/mm					
SJA	双尖 A 型钢镐	450	500	520	560	580	600
SJB	双尖 B 型钢镐				500	520	540
JBA	尖扁 A 型钢镐	450	500	520	560	600	720
JBB	尖扁 B 型钢镐	420		520	550	570	

16.6.3　道镐和耙镐

表 16.24　道镐的技术参数（TB 1512—1984）　　mm

项目	技　术　参　数
尺寸图	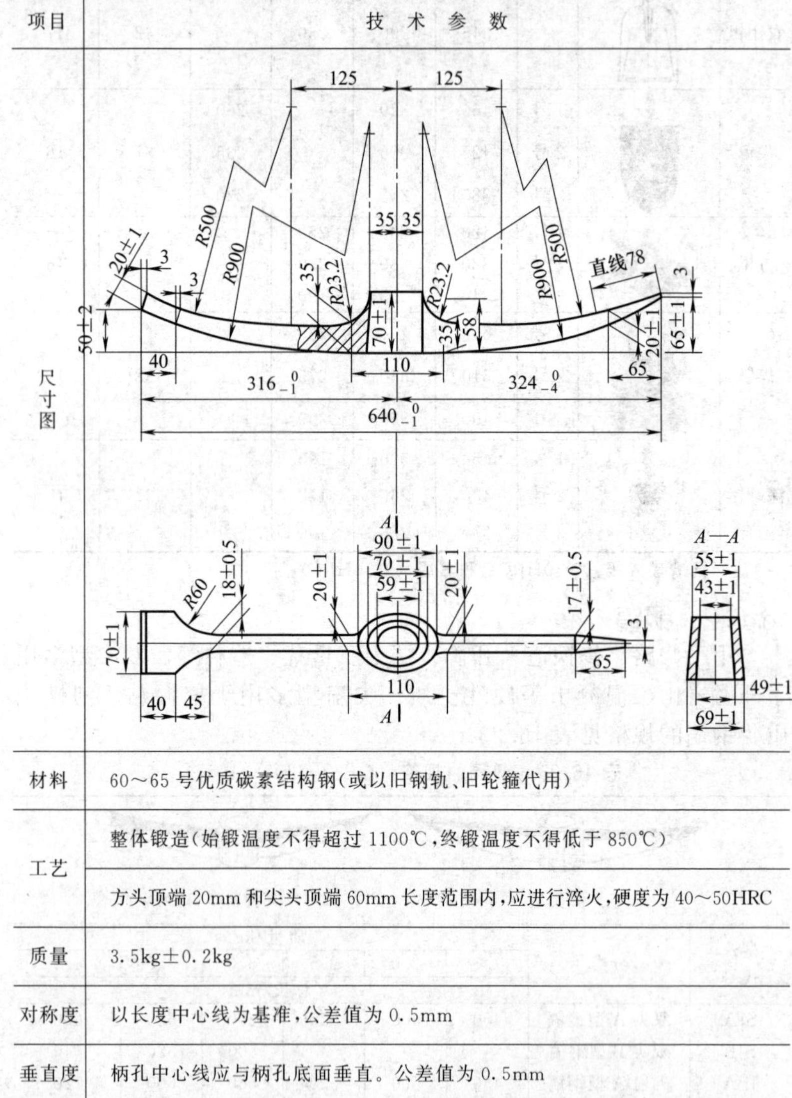
材料	60～65 号优质碳素结构钢(或以旧钢轨、旧轮箍代用)
工艺	整体锻造(始锻温度不得超过 1100℃，终锻温度不得低于 850℃)
	方头顶端 20mm 和尖头顶端 60mm 长度范围内，应进行淬火，硬度为 40～50HRC
质量	3.5kg±0.2kg
对称度	以长度中心线为基准，公差值为 0.5mm
垂直度	柄孔中心线应与柄孔底面垂直。公差值为 0.5mm

表 16.25　耙镐的技术参数（TB 1516—1984）　mm

项　目	技　术　参　数
尺寸图	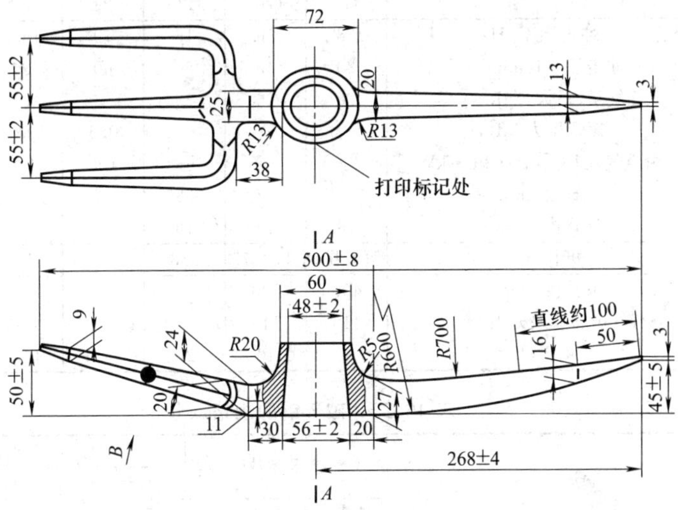
材料	60～65 号优质碳素结构钢(或以旧钢轨、旧轮箍代用)
工艺	整体锻造(始锻温度不得超过 1100℃,终锻温度不得低于 850℃)
	耙镐两端在 30mm 范围内热处理,硬度为 40～45HRC
质量	1.7kg±0.1kg
对称度	柄孔长轴方向的中心面以耙中心平面为基准的对称度公差值为 0.5mm
垂直度	柄孔中心线应与柄孔底面垂直。公差值为 0.5mm

16.6.4　破碎镐

按手柄型式分为直柄式、弯柄式和环柄式三种，适用于市政建设中打碎旧路面，工矿企业设备安装中破碎原混凝土基础；土木工程及地下建筑，人防施工等工作中摧毁坚固冻结的地层；也适用于采石、采矿等其他领域。破碎镐及破碎机的规格见表 16.26～表 16.28。

表 16.26　破碎镐的规格（Ⅰ）

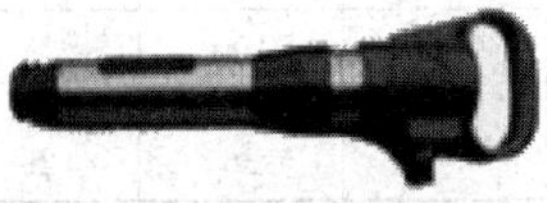

续表

技术参数	型	号				
	G8	G10	G20	B1	B2	B3
冲击频率/Hz	18	16	16	19	15.5	16
冲击能/(J/min) ≥	30	43	60	60	80	100
耗气量(最大)/(L/s) ≤	20	26	23	—	—	—
额定压力/MPa	—	—	—	0.5	0.5	0.5
自由空气比耗/[m³/(dm·kW)]	—	—	—	1.5	1.5	1.3
缸径/mm		38	38	—	—	—
气管内径/mm	16	16	16	—	—	—
机长/mm	镐钎尾柄:25×75		858	638	716	770
清洁度/mg ≤	400	530	—	—	—	—
噪声(声功率级)/dB(A) ≤	116	118	—	—	—	—
机重/kg	8	10	20	13.1	14.4	15

表 16.27 破碎镐的规格（Ⅱ）

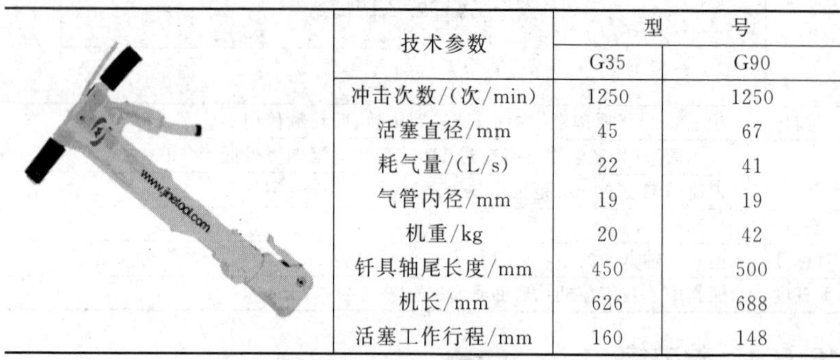

技术参数	型	号
	G35	G90
冲击次数/(次/min)	1250	1250
活塞直径/mm	45	67
耗气量/(L/s)	22	41
气管内径/mm	19	19
机重/kg	20	42
钎具轴尾长度/mm	450	500
机长/mm	626	688
活塞工作行程/mm	160	148

表 16.28 气动破碎机的规格

主要用于筑路及安装工程中破碎混凝土和其他坚硬物体

型号	工作气压/MPa	冲击能/J	冲击频率/Hz	耗气量/(L/min)	气管内径/mm	全长/mm	质量/kg
B87C	0.63	100	18	3300	19	686	39
B67C	0.63	40	25	2100	19	615	30
B37C	0.63	26	29	960	16	550	17

16.6.5　气镐

表 16.29　气镐的基本参数（JB/T 9848—2011）

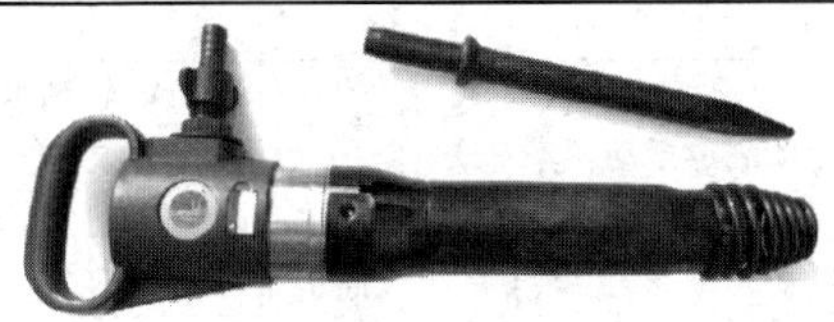

产品规格	机重/kg	验收气压为 0.63MPa				气管内径/mm	尾柄规格/mm
		冲击能量/J	耗气量/(L/s)	冲击频率/Hz	噪声/dB(A)		
8	8	≥30	≤20	≥18	≤116	16	325×75
10	10	≥43	≤26	≥16	≤118	16	325×75
20	20	≥55	≤28	≥16	≤120	16	430×87

注：机重的误差不应超过表中参数的±10%。

表 16.30　一些气镐的规格

项目	G7	G10	G11	G15	G20	G35	G90
机身全长/ mm	465	575	570	580	485	626	688
机重/ kg	7.2	10.5	10.6	12	20	20	42
使用气压/ MPa	0.5	0.63	0.63	0.63	—	—	—
耗气量/(L/s)	≤20	≤26	20	26.5	23	22	41
冲击能/J	—	≥43	43	55	60	—	—
冲击频率/ Hz	≥21.6	≈16	18.4	16	16	20.8	20.8
锤体质量/kg	—	0.9	0.9	1.12	—	—	—
锤体直径/mm	—	38	38	42	40	45	67
锤体行程/mm	—	155	155	—	165	160	148
气管内径/mm	19	1	16	16	16	19	19
钎尾规格/mm	26×80	—	—	—	—	450	450

项目	B47	B47	B67C	B87C	SK-10	OP3	
						0.4MPa	0.63MPa
机身全长/mm	550	615	615	686	498	610	
机重/kg	21.5	30	30	39	10	8.6	
使用气压/MPa	0.63	0.63	0.63	0.4	—	0.4～0.63	
耗气量/(L/s)	23	42+15%	42±15%	30	17	16	26
冲击能/J	—	37+10%	37±10%	60	≥45	≥35	≥49
冲击频率/Hz	21.6	24+5%	24±5%	16	21	≥15	≥19
锤体质量/kg	—	—	—	—	—	0.46	
锤体直径/mm		50.8	50.8			32	
锤体行程/mm	—	—	—	—	—	192	
气管内径/mm	19	19	19	19	19	19	
钎尾规格/mm	25×108	—	—	28.5×152	24×70	24×70	
外形尺寸/mm	—	—	—	—	—	610×150×100	

16.6.6　捣固镐

表 16.31　捣固镐的基本参数（JB/T 1347—2012）

类别	项　目	基本参数	
振动镐	铭牌标示额定振动频率/ Hz	偏心式(转轴水平)	45～50
		偏心式(转轴竖直)	110～140
		行星式	140～200
	额定振动频率下镐尖沿振动方向的稳定加速度/(m/s²)	转轴竖直式	600～1500
		转轴水平式	200～500
	额定振动频率下镐尖沿振动方向的单边有效振幅/mm	≥0.9	
	转轴竖直式振动镐镐头质量/kg	1.0～1.5	
	便携式整机质量(不含燃油) /kg	内燃	≤20
		电动	≤25
	分体式整机质量(动力源与手持工作部分相对分离的捣镐) /kg	内燃/电动	≤175
冲击镐	铭牌标示的额定冲击频率/Hz	20～30	
	冲击功(200N 轴向推力时额定频率下的单次最大值)/J	25～40	
	整机质量(不含镐钎、液压油管或燃油)/kg	≤25	

表 16.32　一些气动捣固镐的技术参数

型号	机重/kg	使用气压/MPa	耗气量/(L/s)	冲击次数/(次/min)	活塞直径/mm	结构行程/mm	锤头直径/mm	气管内径/mm	全长/mm
D3	2.5	0.63	0.25	900	17	92	32	13	410
D4	3.6	0.63	0.35	800	20	128	36	13	480
D6	6	0.45	0.45	700	25	155	42	13	975
D9	9	0.63	0.65	600	32	207	54	13	1180

注：D3—特小型，适合作业空间狭窄的场合使用。D4—小型，适合作业空间狭窄的场合使用。D6—适用于中等铸件的造型工作。D9—适用于大型铸件砂型的捣固。

表 16.33　一些内燃捣固镐技术参数

参　数	ND-3	ND-4	NDG-4	ND-5
动　力	小松 G4L 空冷二冲程下排式汽油机	小松 G4L-D 二冲程全方位	—	—
额定功率/kW	1.6	1.42	1.47	2
额定转速/(r/min)	8300±300	—	—	4250
偏心块旋转速度/(r/min)	—	>7000	7000～8000	—

续表

参　数	ND-3	ND-4	NDG-4	ND-5
振动频率/Hz	110～140	110～140	120～150	23
最大激振力/kN	≥4.2	4.2	≥4.2	
空载振幅/mm	—	>5	≥50	冲击能:28.7J
振捣棒直径/mm		52	52	—
油箱容积/L	≥0.95	—	—	—
排量/mL	≥41.5	—	—	—
下插深度/mm	轨枕下 120～200	—	—	—
整机质量/kg	14	13.6	16	29
外形尺寸/mm	1100×315×315	1050×380×280	1020×350×260	—

16.6.7　气铲

按手柄型式分为：直柄式气铲、弯柄式气铲和环柄式气铲。适用于锅炉造船冶金工业及其分行业各种金属构件的铲切；中大型铸件的清砂，铲除浇冒口；基本建设和交通工程的桥梁铲切焊缝；各种砖墙混凝土墙的开口工作。气铲的技术参数见表16.34。

表16.34　气铲的技术参数（JB/T 8412—2006）

产品规格	机重/kg (±10%)	验收气压 0.63MPa				气管内径/mm	气铲尾柄/mm
		冲击能量/J ≥	耗气量/(L/s) ≤	冲击频率/Hz ≥	噪声/dB(A) ≤		
2	2	2	7	50	103	10	φ10×41
		0.7		65			□12.7
3	3	5	9	50			φ17×48
5	5	8	19	35	116	13	φ17×60
6	6	14	15	20			
		15	21	32	120		
7	7	17	16	13	116		

16.6.8　凿岩机

凿岩机用于在岩石、混凝土等坚硬材料上打孔，也可用于破碎混凝土之类的坚硬层。按动力源分，凿岩机可以分为风动凿岩机、电动凿岩机、内燃凿岩机和液压凿岩机四大类型；按支撑方式可以分为手持式、支腿式、导轨式和向上式（伸缩式）。凿岩机的技术参数见表16.35～表16.43。

表16.35 手持式凿岩机的基本参数（JB/T 7301—2006）

产品系列	验收气压0.4MPa							气管内径/mm	水管内径/mm	钎尾规格/mm
	空转转速/(r/min)	冲击能量/J	冲击频率/Hz	凿岩耗气量/(L/s) ≤	掘进耗气量/(m^3/m) ≤	噪声(声功率级)/dB(A) ≤	凿孔深度/m			
轻型（≤10kg）	≥200	2.5～15	45～60	20	18.8	114	1	8或13	—	生产厂自定
中型（>10kg～22kg）		15～35	25～45	40		120	3	16或20(19)	8或13	H22×108或H19×108
重型（>22kg）		30～50	22～40	124		124	5	20(19)	13	H22×108或H25×108

表16.36 手持式内燃凿岩机的基本参数（JB/T 7171—2011）

基本参数	各产品系列指标				
	25	26	27	28	30
发动机缸径/mm	60	62	58	58	58
发动机负载转速/(r/min)	2600～2900	2500～2800	2450～2750	2700～3000	2700～3000
冲击能量/J ≥	22	25	24	20	20
钎杆空转转速/(r/min) ≥	180	350	250	180	180
凿孔速度/(mm/min) ≥	250	300	250	220	200(250)
燃油消耗率/(L/m) ≤	0.12	0.12	0.12	0.13	0.13(0.195)
凿孔深度/m	6	8	6	6	6
噪声/dB(A) ≤	106				
机重/kg	25±1	26±1	27±1	28±1	30±1
排粉压力/MPa ≥	0.08(0.15)				
钎尾规格/mm	六角钎尾 22×108				

注：（ ）内的数值为带副缸时的指标。

表 16.37　支腿式电动凿岩机的基本参数（JB/T 7738—2006）

基本参数		数值	基本参数		数值
机体	机重/kg	28～30	电动机	额定功率/kW	≤3
	凿孔速度/(mm/min)	≥180		额定电压/V	380
	冲击能量/J	≥40		频率/Hz	50
	冲击频率/Hz	≥34		绝缘电阻(实际冷态)/MΩ	≥50
	凿孔深度/m	4		空载电流/A	≤4.4
	钎杆转速/(r/min)	≥150		工作电流/A	5.8～8
	噪声(声功率级)/dB(A)	≤117			

表 16.38　支腿式液压凿岩机的基本参数（JB/T 11106—2011）

基本参数	指标	基本参数	指标
冲击工作油压/MPa	12～16	凿孔直径/mm	32～45
冲击工作流量/(L/min)	30～60	凿孔深度/m	≤15
冲击频率/Hz	≥43	最大转矩/N·m	40～60
冲击能量/J	50～80	噪声(声压级)/dB(A)	≤105
回转工作油压/MPa	9～16	清洁度/mg	≤500
回转工作流量/(L/min)	20～40	钎尾规格/mm	25×108 或 22×108
空转转速/(r/min)	≥180	机重/kg	≤30

表 16.39　导轨式凿岩机的基本参数（JB/T 8718—2010）

基本参数	各产品系列指标								
	内回转型				独立回转型				
	28	35	40	80	50	70	90	100	170
机重/kg	28	35	40	80	50	70	90	100	170
验收气压/MPa	0.63								
空转转速/(r/min)	≥300								
冲击频率/Hz ≥	44	46	33	32	45	43	34	33	32
冲击能量/J ≥	90	100	118	215	112	112	225	230	230
凿岩耗气量/(L/s) ≤	110	142	117	175	195	159	217	233	260
转矩/N·m ≥	35	55	35	96	107	85	120	265	335
噪声(声压级)/dB(A) ≤	132								
凿孔直径/mm	38～46	38～46	40～55	50～75	38～55	38～55	50～75	50～80	65～100
凿孔深度/m	4	5	15	20	8		25	25	30
气管内径/mm	25	25	25	38	冲击 32 回转 19		冲击 38 回转 25		冲击 38 回转 19
水管内径/mm	13		13	19	13		19		
钎尾规格/mm	(六角) 22×108	(六角) 25×159	φ32×97		(六角) 25×108	(六角) 25×159	φ38× 97	φ32×97 φ38×97	φ38×162 φ45×162

注：凿岩耗气量是指在凿岩条件下，凿岩机冲击和回转部分的耗气量之和。

表 16.40　导轨式液压凿岩机的基本参数（JB/T 7169—2004）

产品系列	产品质量/kg	冲击压力/MPa	冲击流量/(L/min) ≤	冲击能/J ≥	冲击频率/Hz ≥	回转压力/MPa ≥	回转流量/(L/min) ≥	回转转速/(r/min)	回转转矩/N·m ≥	噪声限值/dB(A) ≤
轻型	≤100	10～16	90	100	34	8	30		50	120
中型	＞100～200	10～24	120	150	32	10	40	0～450	70	130
重型	＞200	12～25	180	200	30	12	50		100	140

注：噪声值为声功率级。

表 16.41　向上式凿岩机的基本参数（JB/T 9853—2010）

基本参数	产品系列		基本参数	产品系列	
	35	45		35	45
机重/kg ≤	35.5	45.0	气腿接力/N	2099	2469
冲击能量/J ≥	73	74	验收气压/MPa	0.63	
凿岩冲击频率/Hz ≥	37	43	凿孔直径/mm	38～50	
凿岩耗气量/(L/s) ≤	85	113	凿孔深度/m	5	
凿孔每米耗气量/(m^3/m) ≤	12.8	15.1	气管内径/mm	25	
空转转速/(r/min) ≥	300	350	水管内径/mm	13	
噪声(声功率级)/dB(A) ≤	128	132	钎尾规格/mm	H22×108 或 H25×108	

表 16.42　气腿式凿岩机的技术参数（JB/T 1674—2004）

产品系列	验收气压 0.4MPa							气管内径/mm	水管内径/mm	钎尾规格/mm
	空转转速/(r/min)	冲击能量/J ≥	冲击频率/Hz	凿岩耗气量/(L/s) ≤	掘进耗气量/(m^3/s) ≤	噪声(声功率级)/dB(A) ≤	凿孔深度/m			
轻型(≤22kg)		55		70		125	3			H22×108 或 H19×108
中型(＞22～25kg)	250～500	65	30～50	80	11	126	5	20 或 25	13	
重型(＞25kg)		70		85		127	5			H22×108 或 H25×108

表 16.43　一些凿岩机的技术参数

基本参数	气腿式 YT23	气腿式 YT24	气腿式 YT27
机重/kg	24	24	27
工作气压/MPa	0.63	0.4～0.63	0.63

续表

基本参数	气腿式 YT23	气腿式 YT24	气腿式 YT27
气缸直径/mm	76	70	80
活塞行程/mm	60	70	60
冲击频率/Hz ≥	36	31	36.7
冲击能量/J ≥	65	—	75.5
凿岩耗气量/(L/s) ≤	80	66.7	80
空转转速/(r/min)	≥300	—	—
凿孔直径/mm	34～42	34～42	34～45
凿孔深度/m	5	—	5
气管内径/mm	25	19	19
工作水压/MPa	0.2～0.3	—	0.3
水管内径/mm	13	13	13
钎尾规格/mm	22×108	22×108±1	22×108
全长(或尺寸)/mm	628	678	668×248×202

基本参数	气腿式 YT28	气腿式 YT29A	导轨式 PL-YYG65
机重/kg	26	26.5	65
工作气压/MPa	0.5～0.6	0.4～0.63	—
气缸直径/mm	80	82	—
活塞行程/mm	60	60	—
冲击频率/Hz ≥	34/37	37	54～68
冲击能量/J ≥	—	70	125～180
凿岩耗气量/(L/s) ≤	55/81	65	—
空转转速/(r/min)	—	—	(钎杆转速)0～350r/min
凿孔直径/mm	34～42	34～45	(转钎转矩)0～200N・m
凿孔深度/m	—	5	(旋转油压)6.5～14MPa
气管内径/mm	25	25	(冲击流量)62～84L/min
工作水压/MPa	—	0.3	(旋转流量)30～45L/min
水管内径/mm	13	13	(推进油压)3.5～4 MPa
钎尾规格/mm	22×108±1	22×108	(油压)15～20MPa
全长(或尺寸)/mm	661	659×248×205	800×340×220

16.7 登高梯具

16.7.1 登高梯

表 16.44 登高梯的规格（宝富梯具）

种类	型号	关节数	伸长/m	折长/m	净重/kg	特点
折梯	L2105	2	3.2	1.6	10.5	为多功能折合式铝梯，具有64种形式高强度铝合金管材，自动上锁关节，平稳强固的防滑梯脚，适用多种使用坡度
	L2125	2	3.8	1.9	12.5	
	L2145	2	4.5	2.2	14.5	
	L6145	6	3.8	0.95	12.5	
	L6165	6	5.0	1.25	16.5	
	L6205	6	6.3	1.58	20.5	
铝合金伸缩梯	AP-50		5.04	3.15		踩杆为强化铝合金挤压成形，表面具有防滑条纹；由上下两节梯组合，借滑轮组及拉绳使上节梯升梯，自由调整所需高度，锁扣装置固定
	AP-60		6.03	3.81		
	AP-70		7.02	4.14		
	AP-80		8.04	4.83		
	AP-90		9.03	5.16		
	AP-100		10.02	5.82		

16.7.2 高空作业平台

高空作业平台分剪叉式、臂架式、套筒油缸式、桅柱式和桁架式5种。

(1) 剪叉式

剪叉式高空作业平台的型号表示方法是：

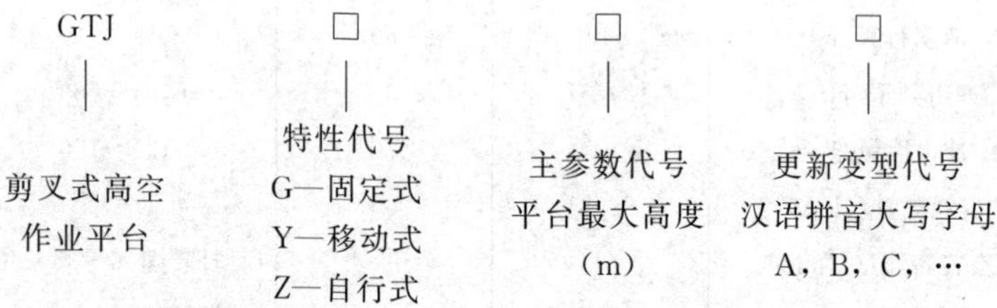

表 16.45 剪叉式高空作业平台的主参数系列（JG/T 5100—1998）

mm

名称	数值
平台最大高度	1,2,2.5,3,4,(5),6,(7),8,9,10,11,12,14,16,18,20

注：括号内数值是现有产品规格值，不属优先数系。

(2) 臂架式

臂架式高空作业平台的型号表示方法是：

GTB　□　□　□

臂架式高空作业平台；特性代号：G—固定式，Y—移动式，Z—自行式；主参数代号：平台最大高度（m）；更新变型代号：汉语拼音大写字母 A，B，C，…

表 16.46　臂架式高空作业平台的主参数系列（JG/T 5101—1998）

mm

名　称	数　值
平台最大高度	3,4,5,6,8,10,12,14,16 ,18 ,20,25,30

（3）套筒油缸式

套筒油缸式高空作业平台的型号表示方法是：

GTT　□　□　□

套筒油缸式高空作业平台；特性代号：G—固定式，Y—移动式，Z—自行式；主参数代号：平台最大高度（m）；更新变型代号：汉语拼音大写字母 A，B，C，…

表 16.47　套筒油缸式高空作业平台的主参数系列（JG/T 5102—1998）

mm

名　称	数　值
平台最大高度	3,4,(5),6,(7),8,9,10,11,12,14,16 ,18 ,20

（4）桅柱式

桅柱式高空作业平台的型号表示方法是：

GTW　□　□　□

桅柱式高空作业平台；特性代号：G—固定式，Y—移动式，Z—自行式；主参数代号：平台最大高度（m）；更新变型代号：汉语拼音大写字母 A，B，C，…

表 16.48 桅柱式高空作业平台的主参数系列（JG/T 5103—1998）

mm

名 称	数 值
平台最大高度	1,2,2. 5,3,4,5,6,8,10,12,14,16 ,18

（5）桁架式

桁架式高空作业平台的型号表示方法是：

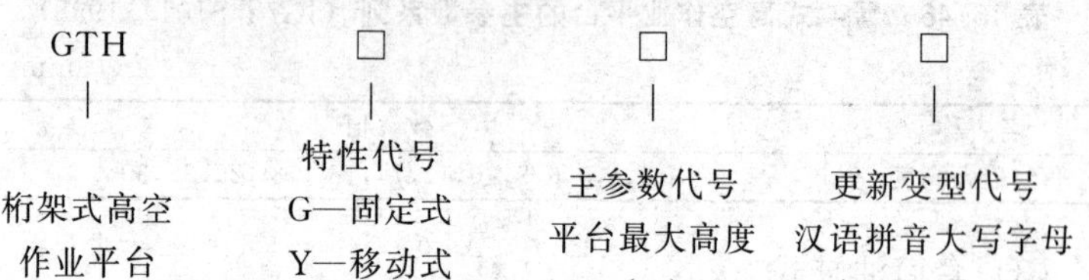

表 16.49 桁架式高空作业平台的主参数系列（JG 5104—1998）

mm

名 称	数 值
平台最大高度	5,6,8,10,12,14,16 ,18,20,22,24,26

表 16.50 一些高空作业平台的规格

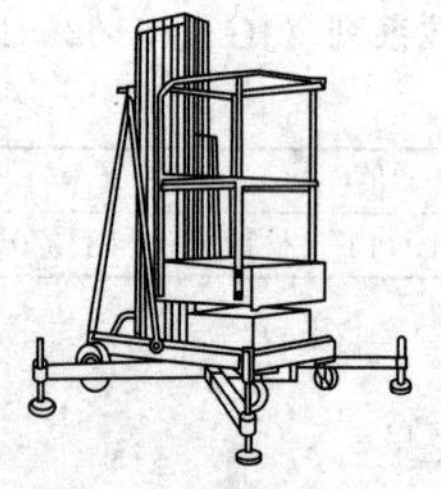

适用于车站、厂房、宾馆、大厦、商场、机场、体育场、码头、酒店、机场以及各种需要登高作业的场合

型号	工作台最大升起高度 /m	额定载重 /kg	工作台尺寸 /m	总重 /kg	外形尺寸 /m	额定电压 /V	液压系统最大压力 /MPa	电机功率 /W
GTC2 GTC2A	2	150	0.62×0.62	190	1.25×0.7×1.85	220	16	750
GTC3 GTC3A	3			200				

续表

型号	工作台最大升起高度/m	额定载重/kg	工作台尺寸/m	总重/kg	外形尺寸/m	额定电压/V	液压系统最大压力/MPa	电机功率/W
GTC4 GTC4A	4	150	0.62×0.62	210	1.25×0.7×1.64	220	16	750
GTC5 GTC5A	5	100		220				
GTC6 GTC6A	6			230				
GTC7 GTC7A	7	100	0.62×0.62	242	1.25×0.7×1.80	220	16	750
GTC8 GTC8A	8			254				

（6）变电站登高用具

变电站登高用具包括梯子（抱杆梯、直梯、折叠梯、组合梯、鱼竿梯）、梯台和过桥（一般式过桥、梯台式过桥、脚手架式过桥），见图 16.1。

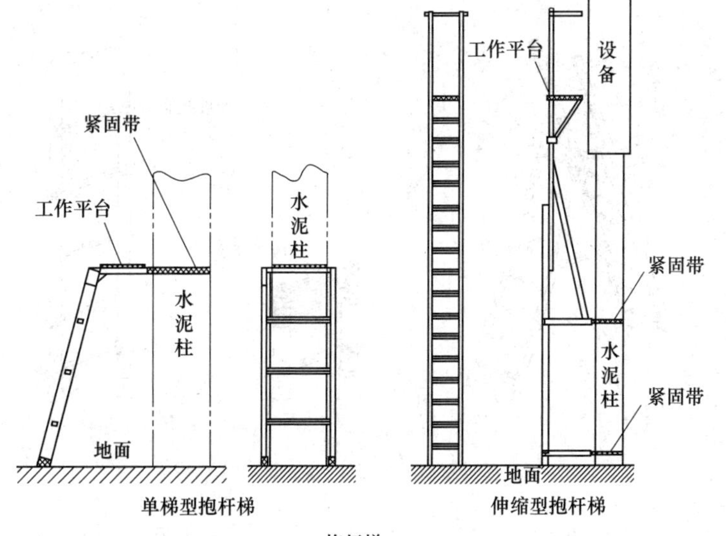

图 16.1

直梯　　折叠梯

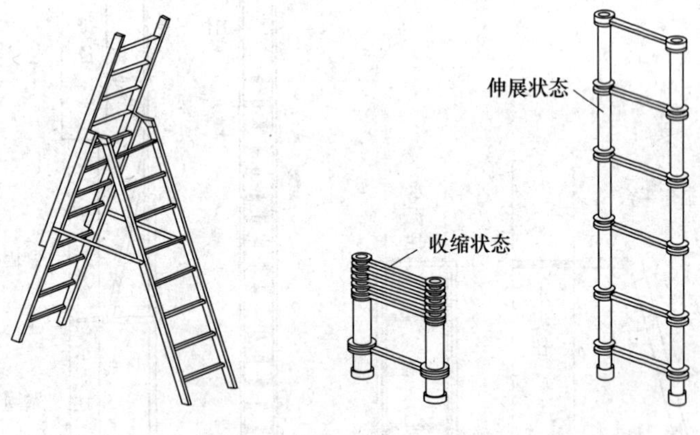

组合梯　　鱼竿梯

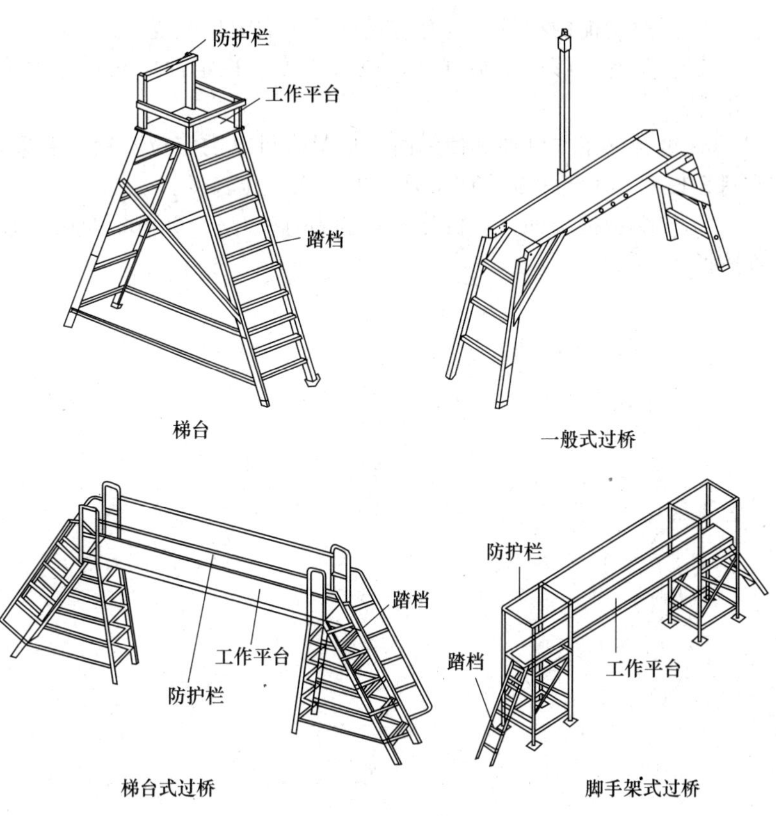

图 16.1　变电站登高用具（DL/T 1209.1—2013）

变电站登高用具基本的技术要求：

① 额定工作载荷不应小于 100kg。

② 上下相邻踏档（或踏板）的中心间距应不大于 360mm。

③ 升降梯应装有机械式强制限位器，保证足够的安全搭接量（表 16.51）。

表 16.51　升降梯的最小搭接量推荐值

标称长度/m	最小搭接量/m		标称长度/m	最小搭接量/m	
	两节梯	两节以上		两节梯	两节以上
≤8	0.80	0.70	>10～14	1.40	1.20
>8～10	1.00	0.80	>14～18	1.70	1.50

④ 折叠功能的梯具应具有防过度开张的限位装置。

⑤ 应具有足够的机械强度、电气强度、稳定性能和良好的抗老化性。

⑥ 组合梯用作延伸梯使用时，应具有可靠的定位及锁定装置，控制其长度不大于产品说明书标示的最大工作长度。

⑦ 伸缩型抱杆梯、过桥作业面上部 1050～1200mm 处应设置防护栏。

第17章 电动工具

电动工具分为 9 大类（表 17.1），其型号标注方法是：

□	□	□-	□	□-	□
大类代号（表 17.1）	使用电源类别代号（表 17.2）	品名代号（表 17.1）	设计单位代号	设计代号	规格代号

表 17.1 电动工具大类代号与品名代号（GB/T 9088—2008）

类别	名称	代号	类别	名称	代号	类别	名称	代号
(1)金属切削类(J)	电铰刀	A	(4)林木类(M)	带锯	A	(6)建筑道路类(Z)	钢筋切割机	Q
	磁座钻	C		电刨	B		砖墙铣沟机	R
	多用工具	D		电插	C		地板砂光机	S
	刀锯	F		木工多用工具	D		套丝机	T
	型材切割机	G		修枝机	E		弯管机	W
	电冲剪	H		截枝机	H		铲刮机	Y
	电剪刀	J		开槽机	K		混凝土钻机	Z
	电刮刀	K		电链锯	L	(7)矿山类(K)	岩石电钻	Y
	斜切割机	L		曲线锯	Q		凿岩机	Z
	焊缝坡口机	P		木铣	R	(8)铁道类(T)	铁道扳手	B
	攻丝机	S		木工刃磨机	S		枕木电镐	G
	锯管机	U		圆锯	Y		枕木钻	Z
	电钻	Z		木钻	Z	(9)其他(Q)	塑料电焊炬	A
(2)砂磨类(S)	盘式砂光机	A	(5)农牧类(N)	采茶剪	A		裁布机	C
	平板摆动式砂光机	B		剪毛机	J		电动气泵	E
	车床电磨	C		粮食扦样机	L		管道清洗机	G
	模具电磨	J		喷洒机	P		卷花机	H
	角向磨光机	M		修蹄机	T		石膏剪	J
	抛光机	P	(6)建筑道路类(Z)	锤钻	A		雕刻机	K
	气门座电器	Q		地板抛光机	B		电喷枪	P
	砂轮机	S		电锤	C		除锈机	Q
	带式砂光机	T		混凝土振动器	D		石膏电锯	S
(3)装配作业类(P)	电扳手	B		大理石切割机	E		地毯剪	T
	定转矩电扳手	D		电镐	G		牙钻	Y
	旋具	L		夯实机	H		骨钻	Z
	拉铆枪	M		冲击钻	J			
	墙板旋具	U		铆胀螺栓扳手	L			
	胀管机	Z		湿式磨光机	M			

表 17.2 使用电源类别代号

电源类别	低压直流	单相交流	三相交流				
频率/Hz	—	50	200	50	400	150	300
代号	0	1	2	3	4	5	6

型号举例：J1Z-LS2-6A 表示最大钻孔直径为 6mm 的 A 型电钻，使用电源为单相交流工频（50Hz，220V），由行业第二次联合设计。

S2A-××2-150 表示砂盘直径为 150mm 的盘式砂光机，使用电源为三相交流中频（200Hz，380V），由××单位第二次自行设计。

M01B-××-90-×2 表示刨刀宽度为 90mm，最大刨削深度为 2mm 的电刨，可在直流和单相交流电流下使用，由××单位第三次自行设计。

17.1 金属切削类

17.1.1 电钻类

电钻按电源种类可分为单相交流电钻、直流电钻和交直流两用电钻；按基本参数和用途可分为 A 型（普通型）电钻、B 型（重型）电钻和 C 型（轻型）电钻。

（1）电钻

电钻的型号标注方法是：

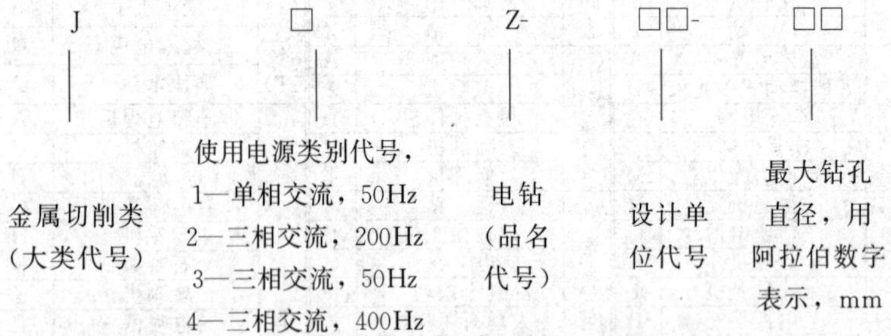

电钻规格是指它钻削抗拉强度为 390MPa 钢材时，所允许使用的最大钻头直径。同一钻头直径的电钻，根据其用途和参数不同，可分为 A 型、B 型和 C 型。

表 17.3　电钻的基本参数（GB/T 5580—2007）

规格/mm		额定输出功率/W ≥	额定转矩/N·m ≥	规格/mm		额定输出功率/W ≥	额定转矩/N·m ≥
4	A型	80	0.35	10	B型	230	3.00
6	C型	90	0.50	13	C型	200	2.50
	A型	120	0.85		A型	230	4.00
	B型	160	1.20		B型	320	6.00
8	C型	120	1.00	16	A型	320	7.00
	A型	160	1.60		B型	400	9.00
	B型	200	2.20	19	A型	400	12.00
10	C型	140	1.50	23	A型	400	16.00
	A型	180	2.20	32	A型	500	32.00

A型电钻主要用于普通钢材的钻孔，也可用于塑料和其他材料的钻孔，具有较高的钻削生产率，通用性强，适用于一般体力劳动者。

B型电钻，额定输出功率和转矩比A型大，主要用于优质钢材及各种钢材的钻孔，具有很高的钻削生产率，结构可靠，可施加较大的轴向力。

C型电钻，额定输出功率和转矩比A型小，主要用于有色金属、铸铁和塑料的钻孔，尚能用于普通钢材的钻削，结构简单，轻便，不可施以强力。

表 17.4　电钻的规格及噪声值

电钻规格/mm	4	6	8	10	13	16	19	23	32
噪声值/dB(A)	84			86		90			95

表 17.5　电钻零件在额定负荷下的最高温升　℃

零　件	最高温升	零　件	最高温升
E级绝缘绕组	90	连续握持的手柄、	
B级绝缘绕组	95	按钮及类似零件：	
F级绝缘绕组	115	金属类	30
非握持外壳	60	塑料类	50

表 17.6　电钻的技术数据（GB/T 5580—2007）

A型—普通型

B型—重型

C型—轻型

续表

规格/mm	4	6			8			10		
类型	A	A	B	C	A	B	C	A	B	C
额定电压/V	220	220			220			220		
额定输出功率/W ≥	80	120	160	90	160	200	120	180	230	140
额定转矩/N·m ≥	0.35	0.85	1.20	0.50	1.6	2.2	1.0	2.2	3.0	1.5
额定转速/(r/min)	2200	1400	1300	1720	960	870	1150	790	740	900
最大噪声/dB(A)	84	84			84			86		
钻头夹持方式	钻夹式				钻夹式			钻夹式		

规格/mm	13			16		19	23	32
类型	A	B	C	A	B	A	A	A
额定电压/V	220			220		220	220	380
额定输出功率/W ≥	230	320	200	320	400	400	400	500
额定转矩/N·m ≥	4.0	6.0	2.5	7.0	9.0	12.0	16.0	32.0
额定转速/(r/min)	550	510	770	440	430	320	240	190
最大噪声/dB(A)	86			90		90	90	92
钻头夹持方式	钻夹式			2#莫氏				3#莫氏

(2) 单相串励电钻

用于在硬木、塑料及其他非特别硬脆材料上钻孔，其技术数据见表17.7～表17.9。

表17.7 J1Z系列单相串励电钻（Ⅱ—双重绝缘）的技术数据

型号规格	额定转矩/N·m	输入功率/W	额定转速/(r/min)	额定输出功率/W	外形尺寸(长×宽×高)/mm	质量/kg
J1Z-CD3-13A	4.0	500	520	240	295×70×190	2.0
J1Z-CD3-6A	0.85	250	1200	120	236×62×166	1.2
J1Z-CD-6C	0.50	320	2100	105	202×63×148	1.13
J1Z-CD-8C	1.0	360	2400	170	230×63×175	1.52
J1Z-FQ-13	7.8	800	800	460	300×90×220	2.7
J1Z-FR-13	7.8	800	8000	460	300×90×220	2.7
J1Z-HDA1-10C	0.83	300	2700	138	271×63×185	1.4
J1Z-HU05-10A	2.2	450	820	180	225×55×125	1.6
J1Z-HU-6A	0.85	300	2300	120	248×65×160	1.35
J1Z-KL-6A	0.86	230	2400	120	210×65×175	1.4
J1Z-KW02-10A	2.3	450	820	200	210×80×218	1.8
J1Z-KW02-13A	4.0	520	520	230	295×113×258	3.0
J1Z-KW-6.5A	0.46	240	4000	120	220×64×215	1.0
J1Z-LD01-19A	12.0	810	320	400	410×104×345	5.7
J1Z-LD01-23A	16.0	810	240	400	410×104×345	5.7
J1Z-LS2-19A	12.0	880	320	400	475×118×337	5.7
J1Z-LS2-23A	16.0	880	240	400	475×118×337	5.7

续表

型号规格	额定转矩/N·m	输入功率/W	额定转速/(r/min)	额定输出功率/W	外形尺寸(长×宽×高)/mm	质量/kg
J1Z-MH-10A	2.2	430	1200	195	288×72×171	2.0
J1Z-MH-13A	4.0	480	1300	260	359×72×140	2.0
J1Z-MH-6C	0.55	220	2700	116	234×65×158	1.0
J1Z-SD04-10A	2.2	320	700	180	204×68×160	1.53
J1Z-SF1-10A	1.0	280	1800	140	235×70×195	1.5
J1Z-SF1-19A	13.5	880	350	500	340×121×315	5.9
J1Z-SF1-6C	0.5	210	2000	85	179×63×145	0.9
J1Z-SF2-13A	4.0	440	580	230	290×100×220	4.5
J1Z-SF-23A	17.0	880	280	500	340×121×315	5.9
J1Z-YD2-6C	0.5	230	2010	105	205×61×153	0.8

注：额定电压为220V；最大钻孔直径可从型号规格最后一段中的数字看出。

表17.8　J1Z系列单相串励电钻（Ⅱ—单绝缘）的技术数据

型号规格	额定转矩/N·m	输入功率/W	额定转速/(r/min)	额定输出功率/W	外形尺寸(长×宽×高)/mm	质量/kg
JZ-SD05-13A	4.0	420	550	230	290×100×232	4.0
JZ-KW-19A	12.0	740	600	400	353×160×360	7.3
JZ-SD04-19A①	—	740	330	—	356×126×435	6.5
JZ-SD04-23A①	—	1000	300	—	356×126×435	6.5
JZ-QB-13A	—	550	850	—	360×100×380	4.0
J1Z-13	4.0	450	550	230	345×84×302	2.8
J1Z-YD-10A	2.2	370	820	185	253×66×158	1.45
J1Z-SD05-13A①	—	420	550	—	360×100×380	4.0
J1Z-KW-23A	12.0	740	600	400	353×160×360	7.3

① 额定电压为110V/220V/240V；其他为220V。

注：最大钻孔直径可从型号规格最后一段中的数字看出。

表17.9　J1Z系列单相串励电钻（Ⅲ—电子高速、双重绝缘）的技术数据

型号规格	额定转矩/N·m	输入功率/W	空载转速/(r/min)	额定输出功率/W	外形尺寸(长×宽×高)/mm	质量/kg
JZ-HDA-10C	1.42	450	0～2800	264	266×64×190	1.4
JZ-HDA-10C	1.21	450	0～2800	212	266×64×190	1.4
JZ-WD02-10A	—	280	0～3000	—	—	1.6
J1Z-FF-10A	0.70	300	0～2500	125	—	1.1
J1Z-HDA4-10C	1.02	350	0～2200	150	240×65×275	1.5
J1Z-HU04-10A	2.2	350	0～2600	180	235×55×225	1.4

注：最大钻孔直径可从型号规格最后一段中的数字看出。

(3) 三相工频电钻

用于无法在钻床上加工的大型铸件、锅炉、桥梁等大型金属构件，或在硬木、塑料及其他非特别硬脆材料上钻孔。其型号标注方法基本同电钻，但不分A、B、C等级。三相工频电钻的规格见表17.10、表17.11。

表17.10　三相工频电钻的规格

型号	钻孔直径/mm	额定电压/V	额定转矩/N·m	输入功率/W	额定转速/(r/min)	外形尺寸(长×宽×高)/mm	质量/kg
J3Z-LD01-23	23	三相380	21	700	225	347×128×300	10
J3Z-LD01-32	32		45	1200	190	697×148×168	19
J3Z-LD01-49	49		110	1700	120	728×148×168	24

表17.11　J1Z-SD充电式电钻

型号	规格/mm	额定电压/V	额定频率/Hz	输入功率/W	空载转速/(r/min)	净重/kg
01-20/12	钢:16 混凝土:20	110/220/240	50/60	640	额定480 空载850	—
03-6A	6	110/220	50/60	230	2600	1.2
03-13A	13	110/220	50/60	420	1150	2.4
04-6C	6	110/220	50/60	220	3500	1.3
04-10A	10	110/220	50/60	320	1600	1.55
04-23A/19A	19,23	110/220/240	50/60	740	额定330	—
05-13A	13	110/220	50/60	420	970	3.12
05-23A	23	110/220	50/60	1100	600	6.35
08-6CRE	6	110/220	50/60	300	0～4000	1.1
08-13AR/13B	13	110/220	50/60	701	780	2.8

(4) 电池式电钻螺丝刀（螺钉旋具）

电池式电钻螺丝刀的型号标注方法是：

J	0	Z-	□	□-	□
金属切削类（大类代号）	使用电源类别代号，直流	电钻螺丝刀	设计单位代号	设计序号	最大钻孔直径，用阿拉伯数字表示（规格代号）

表 17.12　J0Z-SD 系列电池式电钻螺丝刀的技术数据

J0Z-SD63-13 电池式电钻螺丝刀

型号	最大钻孔直径/mm	最大螺钉直径/mm	额定电压/V	空载转速/(r/min)	外形尺寸(长×宽×高)/mm	质量/kg
J0Z-SD33-10 J0Z-SD34-10	10	M6	9.6/12/14.4	0～500	245×78×250	1.25
J0Z-SD61-10	10	M6	9.6/12/14.4	0～340/0～1200	200×68×266	1.7
J0Z-SD62-10	10	M6	9.6/12/14.4	0～370/0～1300	200×68×266	1.6
J0Z-SD63-13	13	M6	18	0～360/0～1300	215×83×260	2.2
J0Z-SD23-10	10	M6	9.6/12/14.4	500	265×62×146	1.2

表 17.13　CDD 系列电池式电钻螺丝刀的技术数据

型号	电压/V	空转转速/(r/min)	冲击频率/(次/min)	转矩挡	自锁钻夹头/mm	充电时间
CDDT85CD	9.6/12/14.4/16.8/18	0～1150	0～18400	16+1	0.8～10	15min、30min；1h、3～5h
CDD10T2-1	9.6/12/14.4	0～550	0～8800	16+1	0.8～10	
	16.8/18	0～900	0～14400			

(5) 磁座钻

用于手电钻和钻床上不宜进行钻削（钻孔、扩孔、铰孔）加工的场合，其基本参数见表 17.14。

磁座钻的型号标注方法是：

J	□	C-	□□	□	□□
金属切削类（大类代号）	电源类别代号 1—单相交流，50Hz 2—三相交流，200Hz 3—三相交流，50Hz 4—三相交流，400Hz	磁座钻（品名代号）	设计单位代号	设计序号	最大钻孔直径，用阿拉伯数字表示，mm

表 17.14 磁座钻的基本参数（JB/T 9609—2013）

规格代号	钻孔直径/mm	电钻		钻架		导板架		电磁铁吸力/kN ≥
		额定输出功率/W ≥	额定转矩/N·m ≥	回转角度/(°) ≥	水平位移/mm ≥	最大行程/mm ≥	移动偏差/mm	
13	13(32)	320	6	—	—	140	1.0	8.5
19	19(50)	400	12	—	—	160	1.2	10.0
23	23(60)	450	16	60	15	180	1.2	11.0
32	32(80)	500	32	60	20	260	1.5	13.5
38	38(100)	700	45	60	20	260	1.5	14.5
49	49(130)	900	75	60	20	260	1.5	15.5

注：1. 规格指电钻钻削抗拉强度为390MPa钢材时所允许使用的麻花钻头最大直径。

2. 括号中的钻孔直径系指用空心钻切削的最大直径。

3. 电子调速电钻是以电子装置调节到给定转速范围的最高值时的基本参数，机械调速电钻是低速挡时的基本参数。

4. 电磁铁吸力值系指在材料为Q235A、厚度为25mm、面积为200mm×300mm、表面粗糙度为 $Ra6.3\mu m$ 的标准试验样板上测得的数值。

磁座钻的规格及噪声限值见表17.15，在额定负荷下磁座钻零件的最高温升见表17.16。

表 17.15 电钻零件的噪声限值

电钻规格/mm	13	19	23	32	38	49
噪声限值/dB(A)	86(99)	90(103)		92(105)		

表 17.16 额定负荷下磁座钻零件的最高温升 ℃

零　件	最高温升	零　件	最高温升
E级绝缘绕组	90	非握持部分电磁铁	70
B级绝缘绕组	95	非握持部分转盘	50
F级绝缘绕组	115	印刷电路板	120

表 17.17 一些磁座钻的技术数据

续表

型号	规格/mm	额定电压/V	钻孔直径/mm	电钻主轴		磁座钻架		导板架		断电保护器		电磁铁吸力/kN
				额定输出功率/W ≥	额定转矩/N·m	回转角度/(°)	水平位移/mm	最大行程/mm	允许偏差/mm	保护吸力/kN	保护时间/min	
J1C-13	13	220	12	320	6.00	300	20	140	1.0	7	10	8.5
J1C-19	19	220	19	400	12.0	300	20	180	1.2	8	8	10
J3C-19		380		400								
J1C-23	23	220	23	400	16.0	60	20	180	1.2	8	8	11
J3C-23		380		500								
J1C-32	32	220	32	1000	25.0	60	20	200	1.5	9	6	13.5
J3C-32		380		1250								

表 17.18　单相和三相磁座钻的规格

型　号	输入功率/W	输入电压/V	额定转速/(r/min)	钻孔直径/mm ≤	电磁吸力/N	莫氏锥度	外形尺寸/mm
J1C-JCA1-16	600	220	420	16	9500	16 钻夹头	300×120×350
J1C-JCA2-13	450	220	550	13	8500	—	—
J1C-JCA2-19	740	220	330	19	10000	2	—
J1C-JCA2-23	1000	220	300	23	11000	2	—
J1C-JCA2-28	1100	220	270	28	13000	3	350×160×460
J1C-JCA8-23	1000	220	300	23	11000	2	410×180×450
J1C-JCA10-23	1000	220	300	23	11000	2	570×210×440
J3C-JCA2-23	1000	380	300	23	11000	2	350×160×460
J3C-JCA2-49	1500	380	110	49	18000	2	—
J3C-JCA5-32G	1200	380	190	32	15500	4	470×220×520
J3C-JCA5-38G	1200	380	160	38	16500	4	470×220×520

17.1.2　电剪类

（1）电剪刀

电剪刀有手持式电剪刀和双刃电剪刀，前者用于切边平整和修剪边角，后者用于剪切各种薄壁钢板、钢带或异形材。它们的型号规定方法是：

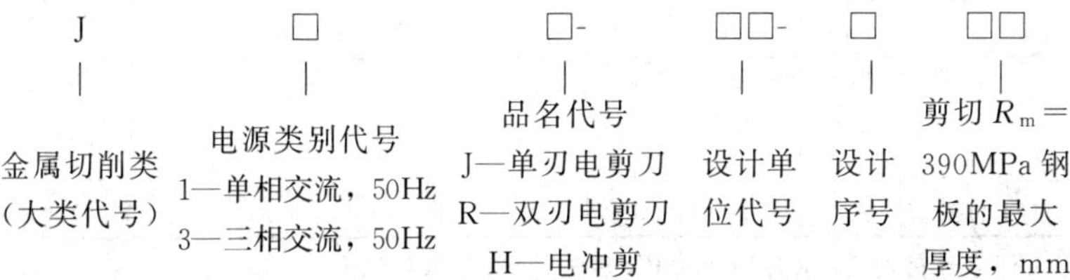

电剪刀的基本参数见表17.19。

表17.19 电剪刀的基本参数（GB/T 22681—2008）

规格 /mm	电机输出功率 /W ≥	刀杆额定往复次数/(次/min) ≥	噪声限值 /dB(A)	规格 /mm	电机输出功率 /W ≥	刀杆额定往复次数/(次/min) ≥	噪声限值 /dB(A)
1.6	120	2000	84(95)	3.2	250	650	87(98)
2.0	140	1100	85(96)	4.5	540	400	92(103)
2.5	180	800	86(97)				

注：不适用双刃电剪刀。

表17.20 手持式电剪刀的技术数据（JB/T 8641—1999）

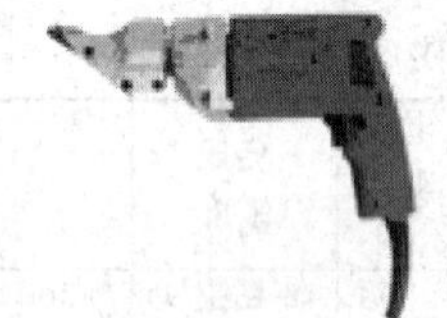

手持式电剪刀

双刃电剪刀

型 号	规格 /mm	额定输出功率 /W ≥	刀杆额定每分钟往复次数 ≥	剪切进给速度 /(m/min)	剪切余料宽度 /mm	每次剪切长度 /mm
J1J-1.6	1.6	120	2000	2～2.5	45	560
J1J-2.0	2.0	140	1100	2～2.5	45	560
J1J-2.5	2.5	180	800	1.5～2	40	470
J1J-3.2	3.2	250	650	1～1.5	35	500
J1J-4.5	4.5	540	400	0.5～1	30	400

注：1. 规格是指电剪刀剪切抗拉强度390MPa热轧钢板的最大厚度。

2. 单相串励电机驱动，电源电压为220V，频率为50Hz。

表17.21 J1J型电剪刀的规格

型号规格	最大剪切厚度 /mm	额定电压 /V	输入功率 /W	最小剪切半径 /mm	剪切速度 /(r/min)	冲头往复次数 /(次/min)	外形尺寸(长×宽×高) /mm	质量 /kg
J1J-SD01-2.5	2.5	110/220/240	400	—	—	1000	287×70×160	2.7
J1J-SF2-2.5	2.5	220	320	40	2	1800	227×70×145	3.2
J1J-CD2-2.0	2.0	220	430	—	—	1300	302×79×149	2.5
J1J-CD-2.5	2.5	220	430	—	—	1100	280×85×142	2.3

注：系剪切抗拉强度为390MPa热轧铜板的最大厚度。

表 17.22　双刃电剪刀的基本参数（JB/T 6208—2013）

型号	最大剪切厚度/mm	额定输出功率/W ≥	电压/V	额定每分钟往复次数 ≥
J1R-1.5	1.5	130	220	1850
J1R-2.0	2.0	180	220	1500

注：1. 最大剪切厚度是指双刃剪剪切抗拉强度 390MPa 的金属（相当于 GB/T 700 中 Q235 热轧）板材最大厚度。

2. 额定输出功率是指电机的额定输出功率。

表 17.23　J1R 型双刃电剪刀的规格

型号	最大剪切厚度/mm	额定电压/V	输入功率/W	刀轴额定往复次数/(次/min)	输出功率/(r/min)	外形尺寸（长×宽×高）/mm	质量/kg
J1R-BD-1.5	1.5	220	260	1650	130	—	1.9
J1R-SD01-1.5	1.5	120/220	500	1800	—	290×72×175	2.3
J1R-SF1-1.6	1.6	220	260	2700	130	306×73×81	1.5

表 17.24　其他双刃电剪刀的规格

项目				JS1600	JS3200	CSC1.6	CSC2.8	CSC3.5
材料强度/MPa	钢	400	最大剪切厚度/mm	1.6	1.6	1.6	2.8	3.5
		600		1.2	1.2	1.2	2.2	2.9
		800		0.8	0.7	0.7	1.9	2.5
	铝	200		2.5	2.2	2.2	3.5	4.0
最小剪切半径　/mm				30	50	—	20	—
输入功率　/W				300	660	500	500	900
输出功率　/W				—	—	270	270	475
空载剪切次数　/min				—	—	5000	2400	1770
负载剪切次数　/min				4000	1600	3500	1500	1320
工具长度　/mm				230	204	—	—	—
质量　/kg				1.7	3.5	1.8	2.7	4.7

（2）电冲剪

用于剪切金属板材、有波纹和不规则金属板，也可切割塑料板、建材板，且不会产生变形，其技术数据见表 17.25、表 17.26。

表 17.25　J1H 系列电冲剪的技术数据

型号	最大冲剪厚度/mm	额定电压/V	输入功率/W	冲头往复次数/(次/min)	外形尺寸（长×宽×高）/mm	质量/kg
JIH-1.3	1.3	220	230	1260	—	2.2
JIH-1.5	1.5	220	370	1500	—	2.5

续表

型号	最大冲剪厚度/mm	额定电压/V	输入功率/W	冲头往复次数/(次/min)	外形尺寸（长×宽×高）/mm	质量/kg
J1H-2.0	2.0	220	480	900	—	—
J1H-2.5	2.5	220	430	700	—	4.0
J1H-3.2	3.2	220	650	900	—	5.5
J1H-SD01-1.6	2.5	220	550	1100	268×680×170	1.9

表 17.26 其他电冲剪的技术数据

项目			GNA1.6	JN1601	GNA2.0	JN3200	GNA3.5
材料和强度	钢 400MPa	最大剪切厚度/mm	1.6	1.6	2.0	3.2	3.5
	钢 600MPa		1.0	1.2	1.4	2.5	2.4
	钢 800MPa		0.7	0.8	1.0	1.0	1.6
	铝 200MPa		2.0	2.5	2.5	2.5	2.5
冲剪宽度/mm			5	—	6	—	6
最小剪切半径/mm			40	外 50 内 45	—	外 128 内 120	60
输入功率/W			350	550	500	660	620
输出功率/W			160	—	270	—	340
空载剪切次数/(次/min)			2200	—	2400	—	1000
负载剪切次数/(次/min)			1600	220	1500	1300	670
工具长度/mm			—	261	—	215	—
质量/kg			1.7	1.6	2.0	2.5	3.5

17.1.3 型材切割机

用于一般环境条件下，用纤维增强树脂薄片砂轮对圆形钢管、异形钢管、铸铁管、圆钢、角钢、槽钢、扁钢等型材进行切割，可以三相工频、单相电容电动机或单相串励电动机为动力。目前在我国，型材切割机的标准有如下两个。

(1) JB/T 9608—2013 规定的切割机

有 B（推荐）和 A 两个型号，其型号标记方法是：

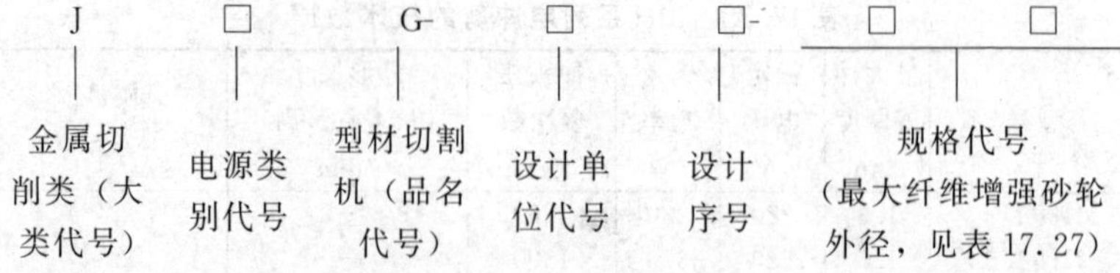

表 17.27　型材切割机的基本参数

规格代号	额定输出功率 /W ≥	额定输出转矩 /N·m ≥	最大切割直径 /mm	备　注
	B(推荐)/A	B(推荐)/A	B(推荐)/A	—
300	800/1100	3.5/4.2	30	—
350	900/1250	4.2/5.6	35	—
400	1100	5.5	50	单相电容切割机
	2000	6.7		三相切割机

表 17.28　型材切割机的空载转速（JB/T 9608—2013）

规格代号	所装砂轮工作线速度/(m/s)	切割机最高空载转速/(r/min) ≤	规格代号	所装砂轮工作线速度/(m/s)	切割机最高空载转速/(r/min) ≤
300	72	4580	400	72	3430
	80	5090		80	3820
350	72	3920			
	80	4360			

表 17.29　型材切割机的主要技术要求（JB/T 9608—2013）

项　目	技术要求
运行环境	①海拔不超过 1000m ②最高环境空气温度不超过 40℃ ③空气相对湿度不超过 90%(25℃)
电源条件	①单相电容式和单相串励式切割机应能在电源电压为实际正弦波形、频率为 50Hz 的单相交流电源下额定运行 ②三相工频切割机应能在电源电压为实际正弦波形，并为实际对称系统、频率为额定值的三相交流电源下额定运行
额定电压	交流额定电压：三相 380V，单相 220V
额定频率	～50Hz
准确度	①切割机输出轴的砂轮定位圆柱面的径向圆跳动公差及定位端面的端面圆跳动公差应不大于 0.04mm；砂轮压板定位端面的端面圆跳动公差(以内孔为基准)应不大于 0.02mm ②切割机的输出轴的轴向窜动量应不大于 0.25mm ③底盘工作面与夹紧钳的固定钳口平面应垂直，底盘工作面与砂轮平面应垂直，角度偏差均应不大于 2° ④被切割材料的断面应光洁平整，无明显错位痕迹，当夹紧钳的固定钳口在 0°时，被切割材料的断面应与其轴线垂直，角度偏差应不大于 3°，且切口的宽度应不大于砂轮厚度的 1.5 倍 ⑤切割机的固定钳口应设计成可调式的，其调节角度范围应不小于 45°

续表

项　目	技术要求			
噪　声	在与一个以包围切割机的规定的立方体为基准箱的距离立方体中心为1m的测量表面处,测得的切割机空载噪声声压级(A计权)的平均值应不大于下述规定的限值,其声功率级(A计权)应不大于括号内规定的限值			
	电动机类型	规格代号		
		300	350	400
	单相串励机	93(106)	95(108)	97(110)
	单相异步电机	85(98)		
	三相异步电机			

（2）JG/T 5070—1995 规定的切割机

其型号标记方法是：

（材料切割）　砂轮片直径（mm）以汉语拼音字母 A、B、C、…顺序表示

表 17.30　型材切割机的空载转速（JG/T 5070—1995）

砂轮片直径/mm	所装砂轮片工作线速度/(m/s)	切割机最高空载转速/(r/min) ≤
350	60 (砂轮安全线速度不得小于 80m/s)	3274
400		2865
450		2547
500		2292

表 17.31　型材切割机的主要技术要求（JG/T 5070—1995）

主参数/mm		350	400	450	500
最大切割直径/mm		35	50	55	60
噪声/dB(A)	空　载	≤80			
	负　载	≤90			
可靠性	首次故障前工作时间/h	≥150			
	平均无故障工作时间/h	≥200			
	可靠度/%	≥92			

表 17.32　型材切割机的技术参数（Ⅰ）

型号	规格/mm	最大切割直径/mm	额定输出功率/W	额定转矩/N·m ≥	所装砂轮工作线速度/(r/s)
J1G-200	200	20	600	2.3	60、70、80
J1G-250	250	25	700	3.0	60、70、80

续表

型号	规格/mm	最大切割直径/mm	额定输出功率/W	额定转矩/N·m ≥	所装砂轮工作线速度/(r/s)
J1G-300	300	30	800	3.5	60、70、80
J1G-350	350	35	900	4.2	60、70、80
J1G-400	400	50	1100	5.5	60、70、80
J3G-400	400	50	2000	6.7	60、70、80

注：1. 切割机的最大切割直径是指抗拉强度为390MPa圆钢的直径。

2. 交流额定电压：三相为380V；单相为220V、42V。交流额定频率为50Hz。

表 17.33　型材切割机的技术参数（Ⅱ）

型号规格	砂轮规格(外径×厚×孔径)/mm	最大切割能力/mm	额定电压/V	输入功率/W	空载转速/(r/min)	外形尺寸(长×宽×高)/mm	质量/kg
J1G-CD-350	ϕ350×3×ϕ32 ϕ355×3×ϕ25.4	100	220	1720	3800	—	16
J1G-DY01-350①	ϕ350×3×ϕ32	—	110/220/240	2000	3800	500×290×430	16.2
J1G-SF1-355	ϕ355×3×ϕ25.4	100	220	2000	3800	500×280×600	16.5
J1G-SF2-355	ϕ355×3×ϕ25.4	100	220	1600	3800	495×275×600	13.7
J1G-ZT6-355	ϕ355×3×ϕ25.4	100	230	2000	3800	530×300×425	16.2
SCM-305TH	ϕ305	—	230	1600	3600	572×320×450	15.4
SCM-355TH	ϕ355×3×ϕ25.4	100	230	1700	3600	572×320×450	17.0
SCM-355TH	ϕ355×3×ϕ25.4	100	230	1700	3600	590×320×460	19.0
SCM-355TH-C	ϕ355×3×ϕ25.4	100	230	2000	2800	590×360×458	18.6

① 夹钳调节角度左0°～45°，右0°～45°。

表 17.34　型材切割机的技术参数（Ⅲ）

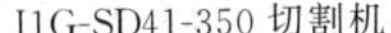

J1G-SD41-350 切割机

Z1ET-SD01-110 台式切割机

型号规格	砂轮尺寸/mm	额定电压/V	输入功率/W	空载转速/(r/min)	夹钳调节角度/(°)	外形尺寸(长×宽×高)/mm	质量/kg
J1G-CF-350①	ϕ355×3×ϕ25.4	220	2300	3900	0～45	488×271×369	16.5

续表

型号规格	砂轮尺寸/mm	额定电压/V	输入功率/W	空载转速/(r/min)	夹钳调节角度/(°)	外形尺寸(长×宽×高)/mm	质量/kg
J1G-SD01-350	ϕ350	110/220/240	1700	3800	75(左0～45、右0～30)	695×315×630	18.5
J1G-SD41-350	ϕ350	110/220/240	1600	3400		540×300×615	18
J1G-FF-355①	ϕ355×3×ϕ25.4	220	2200	3800	45	—	16
J1G-HU02-355	ϕ355	220	1650	3800		530×270×320	15.5
J1G-HU04-355	ϕ355×3×ϕ25.4	120	1800	3800		530×270×320	15.5
J1G-HU06-355	ϕ355	120	1800	3800		500×300×425	16.5

① 最大切割能力：管材—ϕ120mm，型钢—120mm×130mm。

表 17.35 其他系列斜切割机的技术参数

型号规格	锯片规格/mm	最大切割能力/mm		额定电压/V	输入功率/W	空载转速/(r/min)	外形尺寸(长×宽×高)/mm	质量/kg
		长方形	圆形					
210	ϕ210	90° 55×130 45° 55×95			800	5000	390×270×385	5.6
255	ϕ255	90° 70×120 45° 70×90			1380	4100	496×470×475	18.5
355	ϕ355	90° 122×152 45° 122×115			1380	3200	530×596×435	34
380	ϕ380	90° 122×185 45° 122×137			1380	3200	678×590×720	23
J1G-200TH	ϕ200	0° 60×120 45° 45×100		230	800	3800	420×390×280	7.1
J1G-200TH-Ⅱ	ϕ200	0° 60×120 45° 45×100		230	800	3800	420×390×280	7.1
J1G-200TH-Ⅲ	ϕ200	0° 60×120 45° 45×100		230	800	3800	420×390×280	7.1
J1G-250TH	ϕ250	0° 90×155 45° 60×145		230	1200	3500	475×440×325	22
J1X-DU01-205	ϕ205×25.4×ϕ30	45° 35×120 90° 55×120		230	900	4500	400×350×270	7.3
J1X-HAD-210	ϕ210			230	1050	4500		6.8
J1X-HAD1-210	ϕ210			230	1300	4800		6.9
J1X-SD02-250	ϕ250×25.4	70×120	ϕ90	220	1450	4900	475×450×555	14.4

续表

型号规格	锯片规格/mm	最大切割能力/mm		额定电压/V	输入功率/W	空载转速/(r/min)	外形尺寸(长×宽×高)/mm	质量/kg
		长方形	圆形					
J1X-DY01-255	ϕ255	45°　45×146 90°　70×146		110～230	1700	3500	530×610×420	15
J1X-HU03-255	ϕ255			220	1200	3800	470×515×385	12.5
J1L-SF4-255	ϕ255	70×122	ϕ90	220	1650	4600	500×430×380	23
M1X-2T-305	ϕ305	100×260		230	1800	4200	1050×725×575	27.5

注：左右最大调节角度为 45°。

17.1.4 电动刀锯

适用于一般环境条件下，对木材、金属、塑料、橡胶及类似材料的板材和管材，进行直线锯割。

电动刀锯型号的表示方法：

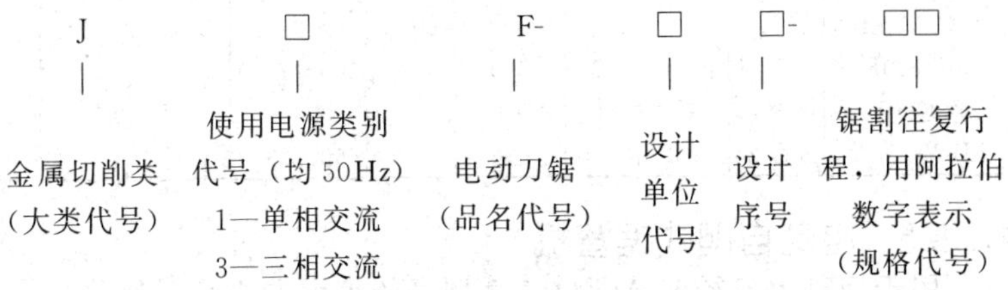

表 17.36　电动刀锯的基本参数（GB/T 22678—2008）

规　格/mm	额定输出功率/W ≥	额定转矩/N·m ≥	空载往复次数/(次/min) ≥
24、26	430	2.3	2400
28、30	570	2.6	2700

注：1. 额定输出功率指刀锯拆除往复机构后的额定输出功率。

2. 电子调速刀锯的基本参数为电子装置调节到最大值时的参数。

电动刀锯的规格及噪声值和零件的最高温升见表 17.37。

表 17.37　电动刀锯额定负荷下噪声值及其零件的最高温升

电动刀锯规格/mm	24、26	电动刀锯规格/mm	28、30
噪声值/dB(A)	86(97)	噪声值/dB(A)	88(99)
零　　件	最高温升/℃	零　　件	最高温升/℃
E 级绝缘绕组 B 级绝缘绕组 F 级绝缘绕组 非握持外壳	90 95 115 60	连续握持的手柄、按钮及类似零件： 金属类 塑料类	 30 50

表 17.38 一些电动刀锯的技术数据

型号	往复行程/mm	锯割范围/mm		额定电压/V	额定功率/W ≥	额定往复次数/(次/min) ≥	质量/kg
		管材半径	钢板厚度				
JIF-26	26	115	12	220	260(输出)	550	3.2
JIF-30	30	115	12	220	360(输出)	600	3.6
J1F-AD03-26	26	100	10	220	500(输入)	1000	3.6
J1FH2-100	100	100	10	220	430(输入)	850	3.6
J3F-26	26	—	—	380	500(输入)	930	7.5
型号	锯条长度/mm	锯割深度/mm	输入功率/W	输出功率/W	空载转速/(r/min)	尺寸/mm	质量/kg
J1F-HAD-30	30	—	700	335	0～2300	440×75×180	3.1
J1F-HDA2-165	165	—	600	302	0～2850	480×99×222	3.5
GFZ600E	—	钢 20 木 165	600	—	500～2600	—	3.1
JR3000V	行程 30	铁、木 90	590	—	—	长 400	2.9
M1W-150A	行程 26	钢 10 木 150	600	—	500～2300	—	—

17.1.5 电动自爬式锯管机

用于切割大口径金属管材。其型号的表示方法：

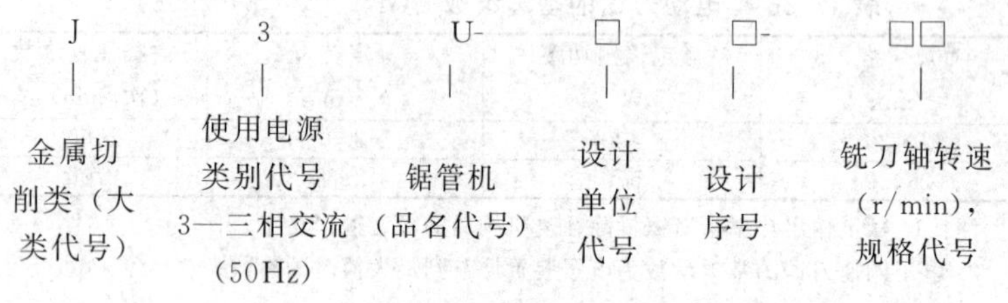

表 17.39 电动自爬式锯管机的技术数据

续表

型号	刀轴转速/(r/min)	切割管径/mm	切割壁厚/mm ≤	额定电压/V	输出功率/W	进给速度/(mm/min)	质量/kg
J3UP-35	35	133～1000	35	380	1500	40	80
J3UP-70	70	200～1000	20	380	1000	85	60

17.1.6　电动攻丝机

用于在金属材料上切削内螺纹。

（1）手持式电动攻丝机

电动攻丝机型号的表示方法：

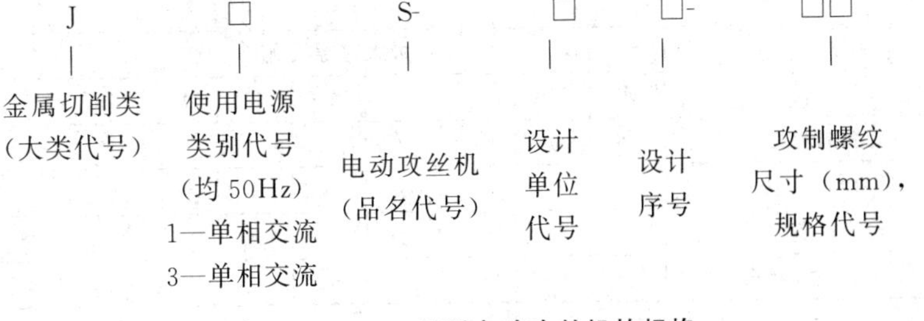

表 17.40　J1S 系列电动攻丝机的规格

型号	规格/mm	攻螺纹范围/mm	额定电流/A	额定转速/(r/min)	输入功率/W	质量/kg
J1S-8	M8	M4～M8	1.39	310/650	288	1.8
J1SS-8（固定式）	M8	M4～M8	1.1	270	230	1.6
J1SH-8（活动式）	M8	M4～M8	1.1	270	230	1.6
J1S-12	M12	M6～M12	—	250/560	567	3.7
J1S-SD02-8	M8	尺寸 300mm×68mm×160mm		170	210	2.1

（2）固定式攻丝机

适用于新设计的机床，其品种和参数见表 17.41～表 17.43。

表 17.41　攻丝机机床的品种（JB/T 7423.1—2008）

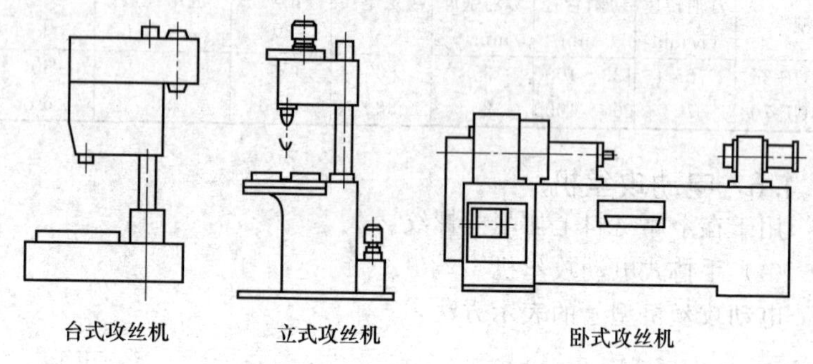

<table>
<tr><th rowspan="2">品种</th><th colspan="9">最大攻螺纹直径</th></tr>
<tr><th>M3</th><th>M6</th><th>M8</th><th>M12</th><th>M16</th><th>M24</th><th>M30</th><th>M32</th><th>M72</th></tr>
<tr><td>台式攻丝机</td><td>√</td><td>√</td><td>√</td><td>√</td><td>√</td><td>√</td><td>—</td><td>—</td><td>—</td></tr>
<tr><td>半自动台式攻丝机</td><td>√</td><td>—</td><td>√</td><td>√</td><td>√</td><td>—</td><td>—</td><td>—</td><td>—</td></tr>
<tr><td>立式攻丝机</td><td>—</td><td>—</td><td>—</td><td>—</td><td>√</td><td>√</td><td>√</td><td>—</td><td>√</td></tr>
<tr><td>卧式攻丝机</td><td>—</td><td>—</td><td>—</td><td>—</td><td>—</td><td>—</td><td>—</td><td>√</td><td>—</td></tr>
</table>

注：“√”表示推荐规格。

表 17.42　攻丝机机床的参数（JB/T 7423.1—2008）　　mm

<table>
<tr><th>最大攻螺纹直径</th><th>最大螺距</th><th colspan="4">跨距</th><th>主轴端面至工作台面的最大距离</th><th>主轴最大行程</th><th>主轴短圆锥号 GB/T 6090—2003 或 JB/T 3489—1991</th><th>主轴转速范围 /(r/min)</th><th>主电动机功率 /kW</th></tr>
<tr><td>M3</td><td>0.50</td><td>140</td><td>160</td><td>180</td><td>—</td><td>100</td><td>28</td><td>B10</td><td>80～1800</td><td>0.25</td></tr>
<tr><td>M6</td><td>1.00</td><td>160</td><td>180</td><td>200</td><td>220</td><td>250</td><td>40</td><td>B12</td><td>400～900</td><td>0.37</td></tr>
<tr><td>M8</td><td>1.25</td><td>180</td><td>200</td><td>220</td><td>240</td><td rowspan="2">355</td><td>45</td><td rowspan="2">B16</td><td>300～800</td><td>0.40</td></tr>
<tr><td>M12</td><td>1.75</td><td>200</td><td>220</td><td>240</td><td>260</td><td>56</td><td>200～560</td><td>0.75</td></tr>
<tr><td>M16</td><td>2.00</td><td rowspan="3">240</td><td rowspan="3">260</td><td rowspan="3">280</td><td rowspan="3">300</td><td>375</td><td>80</td><td>B18</td><td>120～600</td><td>1.10</td></tr>
<tr><td>M24</td><td>3.00</td><td rowspan="2">400</td><td rowspan="2">120</td><td>B22</td><td>85～170</td><td rowspan="2">2.20</td></tr>
<tr><td>M30</td><td>3.50</td><td>B24</td><td>60～120</td></tr>
<tr><td>M52</td><td>3.00</td><td>220①</td><td>240①</td><td>260①</td><td>—</td><td>—</td><td rowspan="2"></td><td>—</td><td>60～85</td><td>5.00</td></tr>
<tr><td>M72</td><td>2.00</td><td>240</td><td>260</td><td>280</td><td>300</td><td>400</td><td>B24</td><td>60～120</td><td>3.00</td></tr>
</table>

① 卧式攻丝机主轴轴线至工作台面的中心高。

表 17.43　SWJ系列电动攻丝机的技术参数　mm

型号		SWJ6	SWJ6B	SWJ10K
电压		80V/50Hz	80V/50Hz	80V/50Hz
功率/W		370	370	550
最大攻螺纹直径	铸件	M6	M8	M12
	钢件	M5	M6	M10
立柱直径		60	50	50
主轴行程		40	50	50
主轴转速/(r/min)	正转	480、850	350～1300	250～800
	反转	580、1050	500～1880	340～1100
主轴端至工作台最大距离		260	300/265	300/265
工作台尺寸		196×196	200×200	200×200
总高		815	767	767
毛/净重/kg		60/48	74/60	74/60
型号		SWJ12	SWJ16	SWJ24
电压		80V/50Hz	80V/50Hz	80V/50Hz
功率/W		370	750	1100
最大攻螺纹直径	铸件	M16	M12	M24
	钢件	M12	M10	M22
立柱直径		60	73	70
主轴行程		45	50	50
主轴转速/(r/min)	正转	240、380、570	250～800	180、320、480
	反转	275、440、650	340～1100	
主轴端至工作台最大距离		250	520	545
工作台尺寸		230×230	270×280	280×280
总高		825	1230	1057
毛/净重/kg		70/58	120/102	160/140

17.1.7　电动套丝机

电动套丝机的型号标注方法是：

Z	□	T	□	□	□□
建筑道路类（大类代号）	电源类别代号	套丝机（品名代号）	设计单位代号	设计序号	规格代号管的最大公称直径

表 17.44 电动套丝机的基本参数（JB/T 5334—2013）

规格代号	套制圆锥外螺纹范围 /in	电动机额定功率 /W ≥	主轴额定转速 /(r/min) ≥
50	1/2～2	600	16
80	1/2～3	750	10
100	1/2～4	750	8
150	2½～6	750	5

表 17.45 一些电动套丝机的规格（Ⅰ）

用于切割各种硬塑料管和金属管

型号	Z1T-40 Z3T-40	Z1T-50 Z3T-50	Z1T-80 Z3T-80	Z1T-100 Z3T-100	Z1T-150 Z3T-150
套制管最大公称直径/mm	40	50	80	100	150
套制圆锥管螺纹范围/in	1/2～1	1/2～2	1/2～3	1/2～4	2½～6
电机额定功率/W ≥	500	600	750	750	750
主轴额定转速/(r/min) ≥	23	16	10	8	5
冷却油路流量/(L/min) ≥	0.8	0.8	0.8	0.8	1.5
质量/kg	—	71	105	153	260

型号	Z1T-R2B Z3T-R2B	Z1T-R3Ⅱ Z3T-R3Ⅱ	Z1T-R4 Z3T-R4	Z1T-R4Ⅱ Z3T-R4Ⅱ	Z1T-R6 Z3T-R6
加工范围/in	1/2～2	1/2～3	1/2～4	1/2～4	2.5～6
电源/V	220/380	220/380	220/380	220/380	220/380
电机功率/W	750	750	750	750	1100
转速/(r/min)	28	19/27	8.5/24	8.5/24	5/17.5
毛/净重/kg	90/68	150/110	220/170	200/150	250/200
外包装尺寸/mm	750×550×580	950×650×590	1100×770×690	1050×700×690	1100×770×690

表 17.46 一些电动套丝机的规格（Ⅱ）

型号	ZJ-50	ZJ-80	Q-34	SG-1	TQ3A	TQ4C
铰切螺纹规格范围/mm	12.5～50	12.5～75	12.5～100	9.5～50	12.5～75	100
切断管子最大直径/mm	50	75	100	50	75	100
主轴转速/(r/min)	18	16	17～26	8	18	9～25
额定功率/W	750	550	1500	390	1000	750
额定电压/V	380					

17.1.8 坡口机

坡口机按安装方式可划分为外部安装式和内胀式两种；按驱动方式可划分为气动式、电动式、液压式。

(1) 坡口机的型号

坡口机的型号编制方法是：

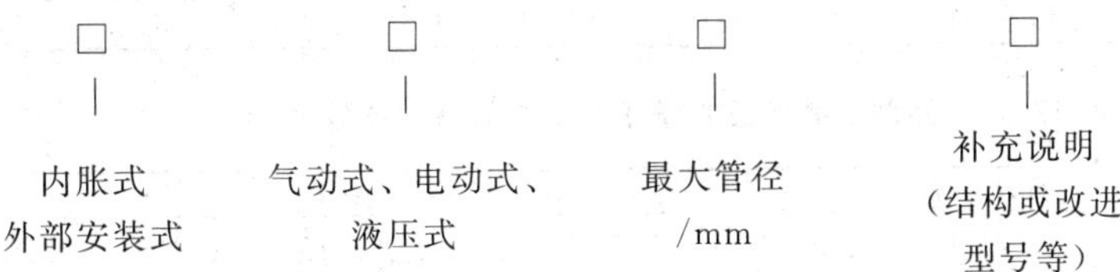

安装方式、驱动方式、补充说明可用汉语文字或汉语拼音字母表示，并由企业自行编制。标称尺寸采用阿拉伯数字表示，单位为mm（编制型号时，不标尺寸单位）。

(2) 坡口机的基本参数（表17.47～表17.51）

表17.47 外部安装气动式管子坡口机的基本参数（JB/T 7783—2012）

参数名称	基本参数					
规格	80	150	300	450	600	750
管子最大壁厚/mm	25	38	48	48	48	48
适用管径范围/mm	10～80	50～150	150～300	300～450	450～600	600～750
旋转刀盘转速/(r/min)	0～29	0～26	0～16	0～12	0～9	0～11
径向进给最大行程/mm	28	40	50	50	50	50
参数名称	基本参数					
规格	900	1050	1160	1240	1300	1500
管子最大壁厚/mm	48	48	58	58	58	58
适用管径范围/mm	750～900	900～1050	980～1160	1120～1240	1150～1300	1300～1500
旋转刀盘转速/(r/min)	0～9	0～8	0～7	0～7	0～7	0～6
径向进给最大行程/mm	50	50	60	60	60	60

表17.48 外部安装电动式管子坡口机的基本参数（JB/T 7783—2012）

参数名称	基本参数					
规格	80	150	300	450	600	750
管子最大壁厚/mm	25	38	48	48	48	48
适用管径范围/mm	10～80	50～150	150～300	300～450	450～600	600～750
旋转刀盘转速/(r/min) ≥	42	15	12	9	5	6
径向进给最大行程/mm	28	40	50	50	50	50

续表

参数名称	基本参数					
规格	900	1050	1160	1240	1300	1500
管子最大壁厚/mm	48	48	58	58	58	58
适用管径范围/mm	750～900	900～1050	980～1160	1120～1240	1150～1300	1300～1500
旋转刀盘转速/(r/min)≥	5	4	4	4	4	3
径向进给最大行程/mm	50	50	60	60	60	60

表 17.49　外部安装液压式管子坡口机的基本参数（JB/T 7783—2012）

参数名称	基本参数					
规格	80	150	300	450	600	750
管子最大壁厚/mm	25	38	48	48	48	48
适用管径范围/mm	10～80	50～150	150～300	300～450	450～600	600～750
旋转刀盘转速/(r/min)	0～40	0～34	0～17	0～11	0～8	0～7
径向进给最大行程/mm	28	40	50	50	50	50
参数名称	基本参数					
规格	900	1050	1160	1240	1300	1500
管子最大壁厚/mm	48	48	58	58	58	58
适用管径范围/mm	750～900	900～1050	980～1160	1120～1240	1150～1300	1300～1500
旋转刀盘转速/(r/min)	0～6	0～5	0～4	0～4	0～4	0～3
径向进给最大行程/mm	50	50	60	60	60	60

表 17.50　内胀式电动式管子坡口机的基本参数（JB/T 7783—2012）

参数名称		基本参数						
规格		28	80	120	150		250	
管子最大壁厚/mm		15	15	15	15	15	15	75
适用管径范围/mm	内径	16～28	28～76	45～93	65～158	65～158	80～240	140～280
	外径	21～54	32～96	50～120	73～190	73～205	90～290	150～300
旋转刀盘转速/(r/min)≥		52	52	44	44	29	16	16
轴向进给最大行程/mm		25	25	25	25	45	45	45
参数名称		基本参数						
规格		350			630		850	
管子最大壁厚/mm		15	15	75	15	75	15	75
适用管径范围/mm	内径	110～310	150～330	300～600	300～600	460～820	460～820	460～820
	外径	120～350	160～360	310～630	320～630	480～840	480～840	600～840
旋转刀盘转速/(r/min)≥		13	10	10	7	7	7	7
轴向进给最大行程/mm		25	54	54	54	54	54	54

续表

参数名称		基本参数					
规格		1050		1300		1500	
管子最大壁厚/mm		15	75	15	75	15	75
适用管径范围/mm	内径	750～1002	750～1002	1002～1254	1002～1254	1170～1464	1170～1464
	外径	770～1050	820～1050	1022～1300	1022～1300	1200～1480	1200～1480
旋转刀盘转速/(r/min)≥		7	7	7	7	7	7
轴向进给最大行程/mm		65	65	65	65	65	65

表 17.51 内胀式气动式管子坡口机的基本参数（JB/T 7783—2012）

参数名称		基本参数						
规格		28	80	120	150		250	
管子最大壁厚/mm		10	15	15	15	15	15	75
适用管径范围/mm	内径	16～28	28～76	45～93	65～160	65～160	80～240	140～280
	外径	21～54	32～96	50～120	73～190	73～205	90～290	150～300
旋转刀盘转速/(r/min)		0～52	0～52	0～38	0～38	0～38	0～16	0～16
轴向进给最大行程/mm		25	25	25	25	45	45	45
参数名称		基本参数						
规格		350			630		850	
管子最大壁厚/mm		15	15	75	15	75	15	75
适用管径范围/mm	内径	110～310	150～330	150～330	300～620	300～620	460～820	460～820
	外径	120～350	160～360	200～370	300～630	320～630	480～840	600～840
旋转刀盘转速/(r/min)		0～20	0～15	0～10	0～13	0～7	0～13	0～7
轴向进给最大行程/mm		25	54	54	54	54	54	54

参数名称		基本参数					
规格		1050		1300		1500	
管子最大壁厚/mm		15	75	15	75	15	75
适用管径范围/mm	内径	750～1002	750～1002	1002～1254	1002～1254	1170～1464	1170～1464
	外径	770～1050	820～1050	1022～1300	1022～1300	1200～1480	1200～1480
旋转刀盘转速 r/min		0～12	0～7	0～12	0～5	0～12	0～4
轴向进给最大行程/mm		65	65	65	65	65	65

（3）一些坡口机的规格（表 17.52～表 17.56）

表 17.52 J1P1-10 电动坡口机的规格

续表

切口斜边最大宽度/mm	输入功率/W	冲击频率/Hz	加工速度/(m/min)	加工材料厚度/mm	质量/kg
10	2000	80	≤2.4	4～25	14

注：单相串励电机驱动，电源电压220V，频率50Hz，工作定额40%。

表 17.53 半自动内涨式坡口机的规格

适用于90～273mm的各种厚度的管道合金钢管		
电机功率/kW	切削管外径/mm	被涨管内径/mm
0.79	80～273	80～270
刀架转速/(r/min)	轴向切削长度/mm	径向进给量/(mm/周)
50	50	0.17

表 17.54 GPN系列电动管子坡口机

型号规格	电源电压/V	额定功率/kW	坡口范围/mm		切削壁厚/mm	轴向进刀行程/mm	质量/kg
			管子内径	管子外径			
GPN-80	220	0.7	28～76	32～80	16	28	7
GPN-150	220	1.22	65～145	73～159	20	50	14
GPN-350	220	1.6	145～320	159～351	20	55	42
GPN-630	220	2.5	280～600	300～630	20	55	53

表 17.55 GPN系列电动管子坡口机

型号规格	电源电压/V	额定功率/W	坡口范围/mm	质量/kg
GPN-64	220	700	16.5～70	4.8
GPN-76	220	700	28～76	6.5
GPN-89	220	1000	32～80	7
GPN-168	220	1250	57～168	14
GPN-219	220	2000	81～219	16

表 17.56 GPX系列电动管子坡口机

型号规格	电源电压/V	切削壁厚/mm ≤	坡口管径范围/mm	刀盘空载转速/(r/min)	质量/kg
GPX-300	220	15	150～300	13	30
GPX-450	220	15	300～450	10	40
GPX-600	220	15	450～600	8	48
GPX-740	220	15	600～740	7	55

17.2 砂磨类

17.2.1 角向磨光机

用于钢铁等金属零件的修磨（清理飞边、毛刺、锈蚀），焊接件坡口、焊缝的打磨，也可用于薄壁管件的切割，其技术数据和规格见表17.57～表17.59。

角向磨光机的型号表示方法是：

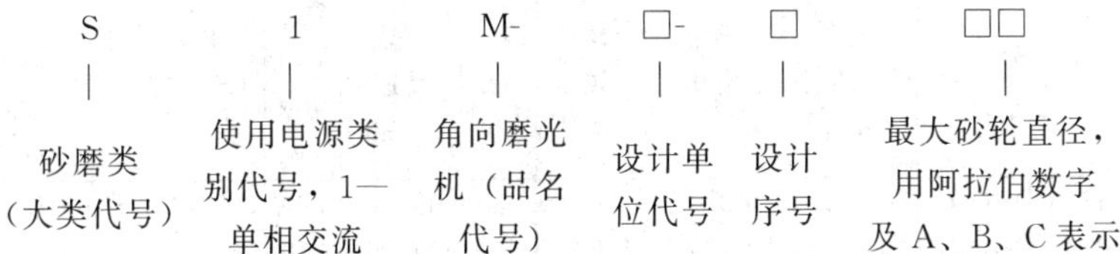

表17.57　角向磨光机的技术数据（GB/T 7442—2007）

规格		额定输出功率/W ≥	额定转矩/N·m ≥	最高转速/(r/min)		噪声值/dB
砂轮外径×孔径/mm	类型			72m/s	80m/s	
100×16	A	200	0.30	13500	15000	88(98)
	B	250	0.38			
115×16	A	250	0.38	11900	13200	90(100)
	B	320	0.50			
125×22	A	320	0.50	11000	12200	91(101)
	B	400	0.63			
150×22	A	500	0.80	9160	1000	
180×22	C	710	1.25	7600	8480	94(104)
	A	100	2.00			
	B	1250	2.50			
230×22	A	1000	2.80	5950	6600	94(104)
	B	1250	3.55			

表 17.58 电动角向磨光机的规格

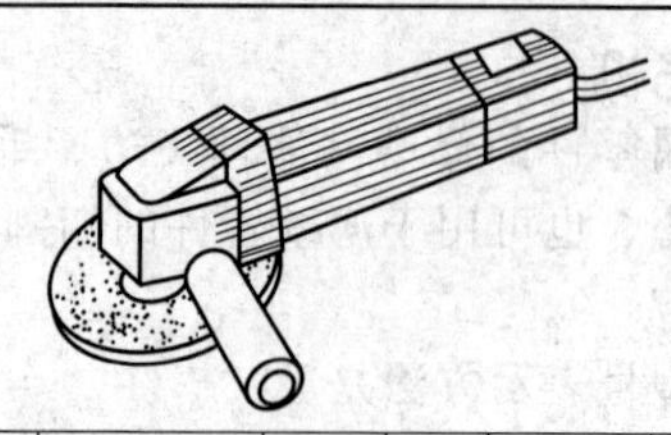

型号规格	砂轮外径×内径/mm	额定电压/V	额定转矩/N·m	输入功率/W	空载转速/(r/min)	额定输出功率/W	外形尺寸(长×宽×高)/mm	质量/kg
S1M-CD-100A	100×16	220	0.30	430	11000	200	295×120×105	1.82
S1M-CD-100B	100×16	220	0.38	550	11000	250	260×125×115	1.92
S1M-CD-125B	125	220	0.63	750	8100	400	375×147×122	3.1
S1M-CD2-125A	125×22	220	0.50	700	10000	320	345×128×148	2.2
S1M-FL3-100	100×16	220	0.35	540	12000	260	253×122×98	1.65
S1M-HDA-125	125×22	230	0.51	900	10000	449	267×74×107	2.0
S1M-HDA1-180C	180×22	230	2.99	1800	6000	860	550×112×180	6.0
S1M-HDA6-180B	180×22	230	3.34	2000	6500	1230	580×120×198	6.0
S1M-HU-125	125×22	220	0.50	550	8800	320	380×135×120	2.85
S1M-KW-180	180×22	230	2.0	1800	8000	1000	510×120×180	6.5
S1M-MH-150A	150	220	0.82	860	9500	500	447×169×124	3.0
S1M-MH-125A	125×22	220	0.54	570	10000	320	320×140×118	2.3
S1M-NT-125	125×22	220	0.50	720	10000	320	395×155×160	2.8
S1M-HDA-115	115	230	0.44	500	11000	251	322×94×128	2.1
S1M-HDA-230C	230×22	230	2.99	1800	6000	860	550×112×180	6.0
S1M-HDA-115	115	230	0.51	900	10000	449	267×74×107	2.0
S1M-HU07-100	100×16	220	0.30	450	8500	200	280×85×113	1.85
S1M-HU-100	100×16	220	0.30	410	10000	200	285×120×110	1.6
S1M-HU-100A	100×16	220	0.30	500	9000	200	260×120×90	2.1
S1M-KW06-115	115	230	0.40	800	11000	400	320×130×115	2.5
S1M-KW-230	230×22	230	2.0	1800	6000	1000	510×120×225	7.0
S1M-MH-115A	115	220	0.38	460	11000	250	309×141×115	2.2
S1M-KL2-100A	100×16	220	0.34	370	10000	204	275×73×100	2.0
S1M-KW08-100A	100×16	220	0.32	410	11000	250	310×125×110	1.8
S1M-MH-100A	100×16	220	0.30	430	11000	220	301×126×115	2.0
S1M-MH2-100B	100×16	220	0.38	530	12000	255	272×119×95	1.9
S1M-MH3-100E	100×16	220	0.38	540	12000	255	254×119×95	1.4

续表

型号规格	砂轮外径×内径/mm	额定电压/V	额定转矩/N·m	输入功率/W	空载转速/(r/min)	额定输出功率/W	外形尺寸(长×宽×高)/mm	质量/kg
S1M-NT-100	100×16	220	0.30	540	11000	200	333×145×110	1.6
S1M-SF1-125A	125×22	220	0.50	800	9200	400	365×135×124	2.9
S1M-SF3-100B	100×16	220	0.38	705	12000	340	255×122×98	1.7
S1M-SF4-1008	100×16	220	0.40	540	11000	260	260×112×45	1.75
S1M-ZK4-180A	180×22	230	1.1	1650	8000	850	412×194×140	4.2
S1M-ZK4-230A	230×22	230	1.1	1650	6000	850	412×243×140	4.5
S1M-ZK5-230	230×22	230	2.0	2200	6000	1050	460×110×150	6.5
S1M-ZN01-115B	115	115/220/230	0.50	700	55000	320	330×125×100	2.3
S1M-ZN01-125A	125×22	115/220/240	0.50	700	5500	320	330×125×100	2.3
S1M-ZN01-125B	125×22	115/220/230	0.63	800	5000	400	427×142×137	3.8
S1M-ZN01-150A	150	115/220/230	0.80	850	4500	500	439×162×137	3.9

表 17.59　三相角向磨光机的技术数据

型　号	9523B	9523NB	9526B	9526NB
钹形砂轮片/mm	ϕ100	ϕ100	ϕ100	ϕ100
杯形钢丝刷/mm	ϕ75	ϕ75	ϕ75	ϕ75
砂轮片/mm	ϕ100	ϕ100	ϕ100	ϕ100
金刚石锯片/mm	ϕ110	ϕ110	ϕ110	ϕ110
额定输入功率/W	540	540	710	750
额定转速/(r/min)	11000	11000	11000	11000
长度/mm	256	259	256	256
主轴螺纹	M10×1.5	M10×1.5	M10×1.5	M10×1.5
质量/kg	1.3	1.3	1.4	1.4
特点	机尾开关	适于单手操作	机尾开关	适于单手操作
型　号	9525B	9525NB	9528B	9067
钹形砂轮片/mm	ϕ125	ϕ125	ϕ125	ϕ180
砂轮片/mm	ϕ125	ϕ125	ϕ125	ϕ110
金刚石锯片/mm	ϕ125	ϕ125	ϕ125	ϕ180
额定输入功率/W	540	540	710	2000
额定转速/(r/min)	—	10000	9000	8500
长度/mm	—	256	256	256
主轴螺纹	M14×2	M14×2	M14×2	M14×2
质量/kg	1.3	1.4	1.4	2.5
特点	机尾开关	适于单手操作	机尾开关	适于磨光及切割

续表

型　号	AGR100	DA-100N	DA-100P	W7-100
砂轮直径/mm	ϕ100	ϕ100	ϕ100	ϕ100
空转转速/(r/min)	11000	11000	11000	10000
砂轮安全速度/(m/min)	＞4320	＞4300	—	—
额定转矩/N·m	0.65	0.455	0.466	6500
输入功率/W	700	550	550	750
输出功率/W	400	280	300	460
主轴螺纹	M10	M10	M10	M10
工具尺寸/mm	269×80×100	270×116×117	270×116×117	—
质量/kg	1.45	1.7	1.7	1.8
型　号	DW803-A	G10SF3	G10SR	G103P
砂轮直径/mm	ϕ100	ϕ100	ϕ100	ϕ100
空转转速/(r/min)	10000	12000	11000	12000
输入功率/W	800	560	550	670
主轴螺纹	M10	M10×1.5	M10×1.5	M10
工具总长/mm	—	254	261	260
质量/kg	1.7	1.4	1.6	1.5
型　号	GWS5-100	GWS6-100	GWS8-100C	GWS580
砂轮直径/mm	ϕ100	ϕ100	ϕ100	ϕ100
空转转速/(r/min)	11000	11000	11000	11000
输入功率/W	580	670	850	580
输出功率/W	300	340	490	300
主轴螺纹	M10	M10	M10	M10
质量/kg	1.4	1.4	1.5	1.4
型　号	DGJ100K	MT954	SGL1000	TG8306
砂轮直径/mm	ϕ100	ϕ100	ϕ100	ϕ100
空转转速/(r/min)	12000	12000	11000	12000
输入功率/W	620	570	750	710
主轴螺纹	M10	M10	M10×1.5	M10
工具总长/mm	—	226	332	—
质　　量/kg	1.4	1.5	1.5	1.9

17.2.2 模具电磨

配用磨头或铣刀后，可磨削金属表面或铣削代替粗刮。模具电磨的基本参数及规格见表17.60～表17.64。

模具电磨的型号表示方法是：

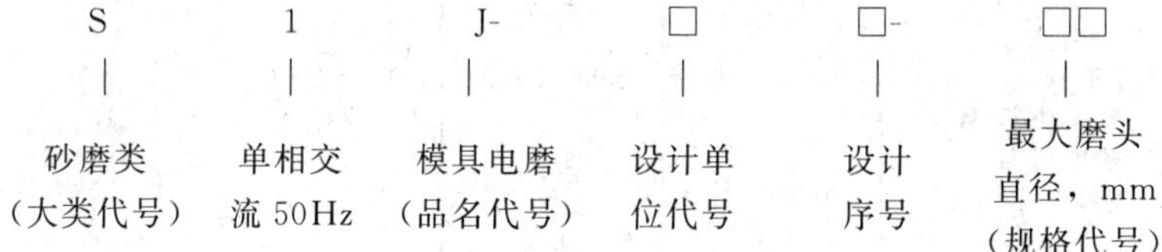

表17.60　模具电磨的基本参数（JB/T 8643—2013）

磨头最大尺寸/mm	额定输出功率/W ≥	额定转矩/N·m ≥	最高额定转速/(kr/min) ≤
ϕ10×16	40	0.02	55
ϕ25×32	110	0.08	27
ϕ30×32	150	0.12	22

注：模具电磨零件的最高温升值（℃）如下。

零　　件	最高温升	零　　件	最高温升
E级绝缘绕组	90	连续握持的手柄、	
B级绝缘绕组	95	按钮及类似零件：	
F级绝缘绕组	115	金属类	30
非握持外壳	60	塑料类	50

表17.61　S1J系列磨具电磨的规格（Ⅰ）

S1J-SD03-10

S1J-SD01-30

型号	规格/mm	额定电压/V	额定频率/Hz	输入功率/W	空载转速/(r/min)	质量/kg
S1J-SD03-10	15	110/220	50/60	150	28000	0.57
S1J-SD01-30	30	110/220/240	50/60	300	20000	—

表17.62　S1J系列磨具电磨的规格（Ⅱ）

型号	磨头尺寸/mm	额定输出功率/W ≥	额定转矩/N·m ≥	最高空载转速/(r/min)	质量/kg
SlJ-10	ϕ10×16	40	0.022	4700	0.6
SlJ-25	ϕ25×32	110	0.08	26700	1.3
SIJ-30	ϕ30×32	150	0.12	22200	1.9

表 17.63 电子调整磨具电磨的规格

型号	WK180GS	8920	GD0800	GE700
夹头夹持直径/mm	ϕ2.3	ϕ3	ϕ6	ϕ6
电压/V	(DC)18	220	—	220
电流/A	1.0	—	—	—
空载转速/(r/min)	0～20000	500～3500	7000～28000	7000～27000
输入功率/W	—	—	750	710
输出功率/W	—	145	—	430
工具尺寸/mm	195×ϕ37	—	长度 371	—
质量/kg	2.0	0.7	1.6	1.8

表 17.64 其他磨具电磨的规格

型号	G-600	TG8351	GGS27	GGS27L
夹头夹持直径/mm	ϕ6	ϕ6	（套爪）ϕ8	（套爪）ϕ8
磨头直径/mm	ϕ32	ϕ25	ϕ25	ϕ25
空载转速/(r/min)	25000	31000	27000	27000
输入功率/W	420	550	500	500
输出功率/W	—	—	300	300
工具长度/mm	359	—	主轴环 ϕ43	主轴环 ϕ35
质量/kg	1.7	1.6	1.3	1.6

17.2.3 抛光机

抛光机用于抛光各种材料工件的表面，如图 17.1 所示。

抛光机的型号表示方法是：

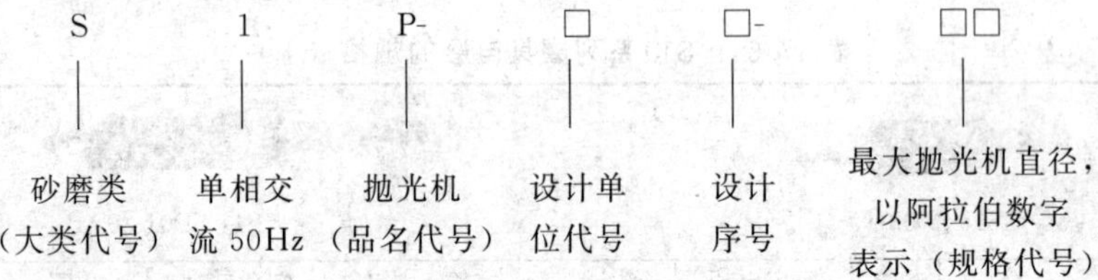

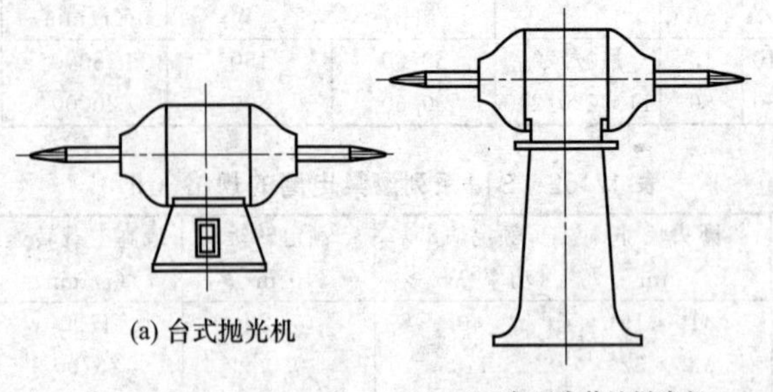

(a) 台式抛光机

(b) 自驱式落地抛光机

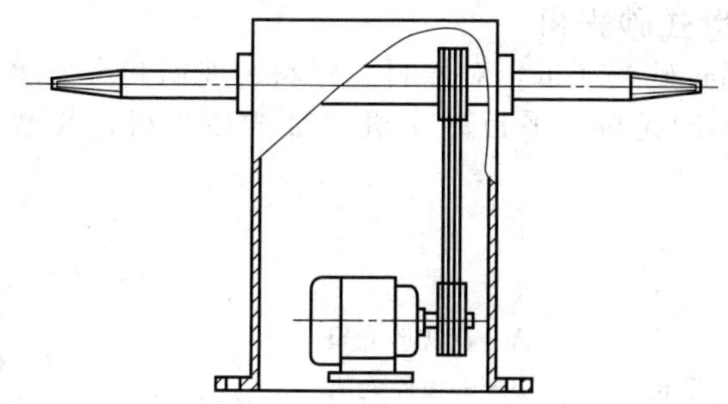

(c) 他驱式落地抛光机

图 17.1　抛光机的类别

表 17.65　抛光机的规格和技术数据（JB/T 6090—2007）

最大抛轮直径/mm	200	300	400
额定功率/kW	0.75	1.5	3
电动机同步转速/(r/min)	3000	3000	1500
额定电压/V	380	380	380
额定频率/Hz	50	50	50

表 17.66　S1P 系列电动抛光机的规格和技术数据

型号规格	抛光轮直径/mm	额定电压/V	输入功率/W	空载转速/(r/min)	外形尺寸(长×宽×高)/mm	质量/kg
S1P-HB-125	125	220	420	4500	180×80×200	1.4
S1P-ZL-125	125	230	800	11000	—	2.6
S1P-SD02-180	180	110/220/240	800	1900/3400	410×105×115	3.6
S1P-SF1-180①	180	220	860	1400	230×100×238	2.9
S1P-ZL-180	180	230	1350	1900	—	4.8
S1P-HU-180	180	220	900	1400	430×95×115	3.6
S1P-J2-250TH-Ⅱ/B	250	230	150	2500	321×243×241	2.5

① 额定转矩 5.5N·m；输出功率 500W。

表 17.67　其他电动抛光机的规格和技术数据

型号	9218PB	9227CB	GPO9-180	WP180	PE2100①
抛球直径/mm	ϕ180	羊毛 ϕ180	ϕ160	羊毛 ϕ180	砂轮 ϕ180
额定转速/(r/min)	2000	0～600/3000	650～2000	2200	650～2000
输入/输出功率/W	570/—	1200/—	950/—	720/400	950/—
工具尺寸/mm	235	470	235×100×235	410×95×125	235×100×235
主轴螺纹	M16×2	M16×2	—	M16	—
质量/kg	2.9	3.0	2.4	2.8	2.4

注：砂光抛光机。

17.2.4 盘式砂光机

用于通过砂纸（布）对木材、塑料、玻璃和金属表面进行砂光。有盘式砂光机、平板砂光机和带式砂光机，其型号表示方法是：

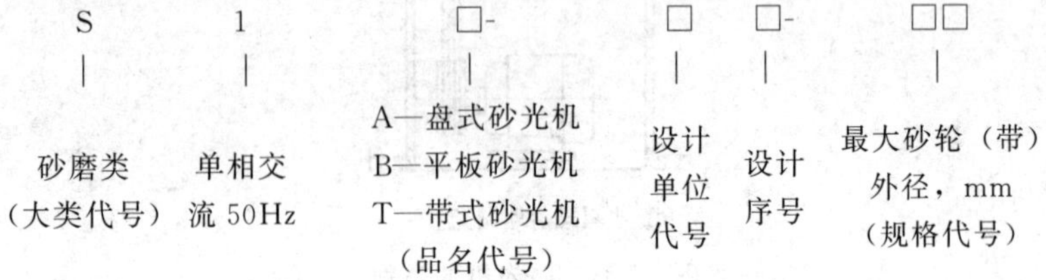

表 17.68 盘式砂光机的规格和技术参数

型号规格	砂轮片尺寸(外径×内径)ϕ/mm	额定电压/V	额定转矩/N·m	输入功率/W	空载转速/(r/min)	额定输出功率/W	外形尺寸(长×宽×高)/mm	质量/kg
S1A-ZTZ3-115	125×22	230	—	180	10000	—	250×115×155	2.3
S1A-ZTZ3-125	125×22	230	—	380	10000	—	260×135×195	2.3
S1A-125	125	110/220	—	240	2000	—	—	—
S1A-MH-180	180×22	220	1.62/2.1	750	3400/1900	355	447×170×134	2.9

表 17.69 其他盘式砂光机的规格和技术参数

型号	GV5000、6000	9218SB	RSE-1250
适用砂轮片/mm	ϕ125(ϕ150)	ϕ180	ϕ125
适用圆垫/mm	ϕ120	ϕ110	—
额定输入功率/W	405	570	330
额定转速/(r/min)	4500	4500	空载 6000～12000
工具尺寸/mm	全长 180	全长 225	226×123×151
质量/kg	1.2	2.7	1.5

17.2.5 平板砂光机

是由直流、交直流两用或单相串励电动机驱动偏心机构，使旋转运动变为摆动，并在平板上装有刚玉或其他磨料的砂纸（或砂布）的设备，用来对木材、金属材料等表面进行砂磨，其基本数据见表 17.70、表 17.71。

表 17.70　平板砂光机的基本数据（GB/T 22675—2008）

规格/mm	最小额定输入功率/W	空载摆动/(次/min)	噪声限值/dB(A)	规格/mm	最小额定输入功率/W	空载摆动/(次/min)	噪声限值/dB(A)
90	100	≥10000	82(93)	180	180	≥10000	84(95)
100	100			200	200		
125	120			250	250		
140	140			300	300		85(97)
150	160			350	350		

表 17.71　S1B 系列摆动式平板砂光机的规格和技术数据

型号规格	底板尺寸/mm	额定电压/V	输入功率/W	空载摆动次数/(次/min)	外形尺寸(长×宽×高)/mm	质量/kg
S1B-SD01-90×187	90×187	110/220/240	160	10000	260×95×170	1.5
S1B-SD01-110×100	110×100	110/220/240	180	10000	130×115×160	1.3
S1B-SD01-114×228	114×228	110/220/240	320	10000	300×114×183	2.8
S1B-SD02-114×228	114×228	110/220/240	300	10000	280×120×200	2.6
S1B-SD01-125	ϕ125	110/220/240	300	10000	260×145×180	2.0
S1B-FF-93×185	93×185	220	160	10000	—	1.4
S1B-FF-110×100	110×100	220	150	12000	—	1.1
S1B-HU-93	93×185	220	160	10000	238×93×145	1.51
S1B-MH-184×92	92×184	220	180	10000	244×163×96	1.4
S1B-NG-250	93×185	220	220	10000	250×100×160	1.6
S1B-NT-93×185	93×185	220	160	10000	300×105×165	1.4

注：1. 砂光机的规格大都指底板的尺寸。

2. 空载摆动次数是指砂光机空载时平板摆动的次数（摆动 1 周为 1 次），其值等于偏心轴的空载转速。

17.2.6　带式砂光机

用于砂磨家具和装潢工艺中木材、石材、钢材、有色金属、塑料、填料等大平表面。其型号表示方法是：

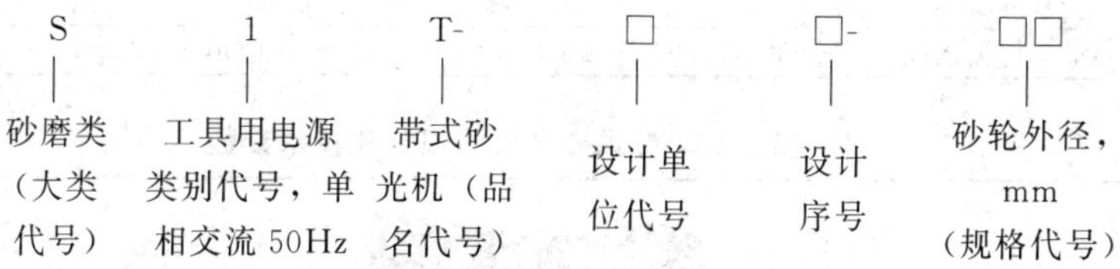

带式砂光机有单面和双面两种，其结构见图 17.2，主参数见表 17.72，规格和技术参数见表 17.73。

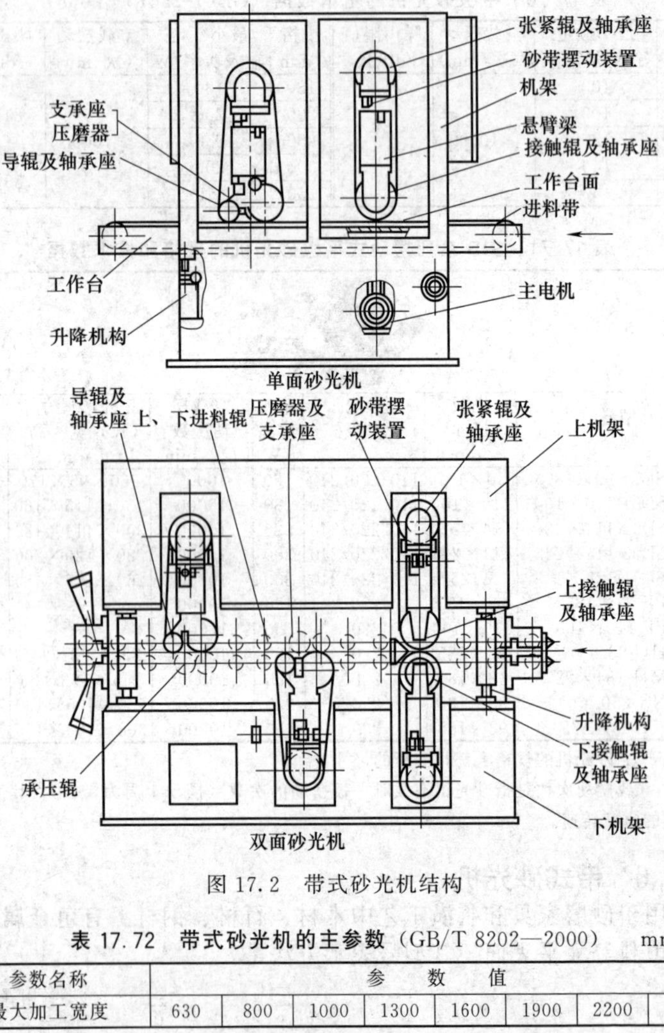

单面砂光机

双面砂光机

图 17.2　带式砂光机结构

表 17.72　带式砂光机的主参数（GB/T 8202—2000）　　mm

参数名称	参　数　值							
最大加工宽度	630	800	1000	1300	1600	1900	2200	2600

表 17.73　电动带式砂光机的规格和技术参数

续表

型号规格	砂带尺寸(外径×内径)/mm	额定电压/V	额定频率/Hz	输入功率/W	砂带速度/(m/min)	输出功率/W	外形尺寸(长×宽×高)/mm	质量/kg
S1T-ZTZ-76	76×533	220/230	50/60	700	380	—	385×145×155	3.5
S1T-ZT2Z-76	76×533	220/230	50/60	700	380	—	385×145×155	3.5
S1T-SF1-100×610	100×610	220	50	940	350	365	367×170×182	7.2
S1T-HU02-100	100×610	220	50	900	230～350	—	350×165×165	5.15

17.2.7　砂轮机

用于清理大型钢铁结构件的飞边、毛刺，打磨焊缝，去除焊接件上的焊渣、焊瘤，磨平金属表面，去除金属氧化皮和锈蚀等。有手持式直向砂轮机和台式砂轮机、落地式砂轮机等。

（1）手持式直向砂轮机

手持式直向砂轮机的型号表示方法是：

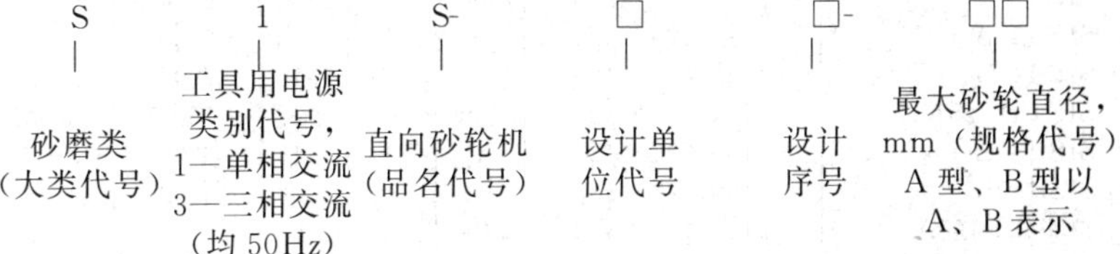

表 17.74　直向砂轮机的基本参数（GB/T 22682—2008）

规格/mm		额定输出功率/W ≥	额定转矩/N·m ≥	空载转速/(r/min)	许用砂轮安全线速度/(m/s) ≥
单相串励和三相中频砂轮机					
ϕ80×20×20(13)	A	200	0.36	≤11900	50
	B	280	0.40		
ϕ100×20×20(16)	A	300	0.50	≤9500	
	B	350	0.60		
ϕ125×20×20(16)	A	380	0.80	≤7600	
	B	500	1.10		
ϕ150×20×32(16)	A	520	1.35	≤6300	
	B	750	2.00		
ϕ175×20×32(20)	A	800	2.40	≤5400	
	B	1000	3.15		
三相工频砂轮					
ϕ125×20×20(16)	A	250	0.85	<3000	35
	B	350	1.20		
ϕ150×20×32(16)	A				
	B	500	1.70		
ϕ175×20×32(20)	A				
	B	750	>2.40		

注：(　) 内数值为 ISO 603 的内孔值。

表 17.75 S1S 系列手持式直向砂轮机的规格和技术数据

（交直流两用、单相串励及三相中频）

型号规格	砂轮规格（外径×厚度×孔径）/mm	输入功率/W	输出功率/W	额定转矩/N·m	最高空载转速/(r/min)	质量/kg
S1S-80A	ϕ80×20×ϕ20	—	200	0.36	11900	—
S1S-80B	ϕ80×20×ϕ20	—	250	0.40	11900	—
S1S-100	ϕ100×20×ϕ20	600	—	0.95	7500	—
SIS-100A	ϕ100×20×ϕ20	—	250	0.50	9500	—
S1S-100B	ϕ100×20×ϕ20	—	350	0.60	9500	—
S1S-SF1-125①	ϕ125×20×ϕ20	800	—	0.80	7500	4.1
S1S-ZT-125A②	ϕ125×20×ϕ20	700	—	—	6600	4.2
S1S-125	ϕ125×20×ϕ20	600	—	1.25	6500	—
S1S-125A	ϕ125×20×ϕ20	—	350	0.80	7600	—
S1S-125B	ϕ125×20×ϕ20	—	500	1.10	7600	—
S1S-CD-125A	ϕ125×20×ϕ20	650	—	—	7600	3.4
S1S-150A	ϕ150×20×ϕ32	—	500	1.15	6300	—
S1S-150B	ϕ150×20×ϕ32	—	750	2.00	6300	—
S1S-SL1-150A	ϕ150×20×ϕ32	1800	—	—	5600	6.2
S1S-175A	ϕ175×20×ϕ32	—	750	2.40	5400	—
S1S-175B	ϕ175×20×ϕ32	—	1000	3.15	5400	—

① 外形尺寸（长×宽×高）：515mm×145mm×145mm。

② 外形尺寸（长×宽×高）：590mm×145mm×105mm。

注：额定电压 220V；许用砂轮安全线速度≥50m/s。

（2）台式砂轮机

台式砂轮机固定在工作台上，用于去除工件的毛刺，或对其进行磨削，以及修磨刀具。其组成结构见图 17.3，技术参数、规格和技术数据见表 17.76、表 17.77。

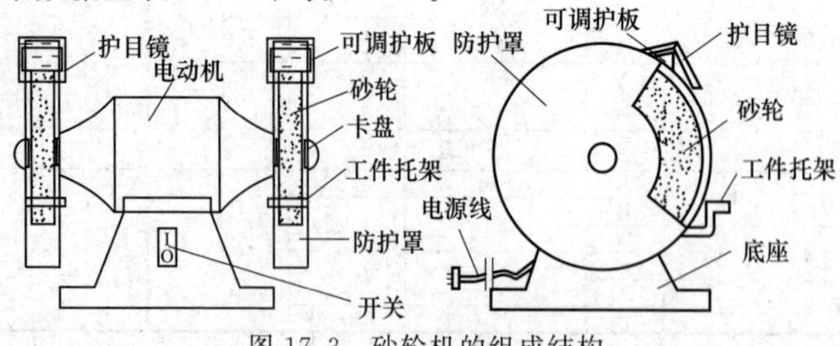

图 17.3 砂轮机的组成结构

表 17.76　砂轮机的技术参数（JB/T 6092—2007）

最大砂轮直径/mm	100	125	150	175	200	250
砂轮厚度/mm	16	16	16	20	20	25
额定输出功率/W	90	120	150	180	250	400
电动机同步转速/(r/min)	3000					

最大砂轮直径/mm	100,125,150,175,200,250	150,175,200,250
使用电动机种类	单相感应电动机	三相感应电动机
额定电压/V	220	380
额定频率/Hz	50	50

表 17.77　M（三相）和 MD（单相）台式砂轮机的规格和技术数据

型号规格	砂轮规格（外径×厚×孔径）/mm	额定电压/V	输入功率/W	额定转速/(r/min)	外形尺寸（长×宽×高）/mm	质量/kg
MD125A	ϕ125×16×ϕ12.7	230	170	2950	—	—
MD125B686	ϕ125×16×ϕ12.7	230	240	2950	传动带 50×686	—
MD125C	ϕ125×16×ϕ12.7	230	120	2950	—	—
MD150CG	ϕ150×40×ϕ20	230	170	2950	—	—
MD200FG	ϕ200×40×ϕ20	230	250	2950	—	—
MD200WG	ϕ200×40×ϕ20	230	200	2950	—	—
MD3213VC	ϕ125×19×ϕ12.5	120	118	3332	335×185×238	8.7
MD3215	ϕ150×20×ϕ32	220	250	2800	—	18
MD3215VC	ϕ150×19×ϕ12.5	120	305	3450	420×222×278	11.8
MD3220	ϕ200×25×ϕ32	220	500	2800	—	35
MD3220VCa	ϕ200×19×ϕ12.5	120	515	3523	408×280×292	17.8
M3215	ϕ150×20×ϕ32	380	250	2800	—	18
M3220	ϕ200×25×ϕ32	380	500	2850	—	35
M3225	ϕ250×25×ϕ32	380	750	2850	—	40
M3415	ϕ150×20×ϕ32	—	1000	2820	—	45
M3420	ϕ150×16×ϕ13	—	150	2850	—	50
MDQ3212S	ϕ125×16×ϕ13	220	150	2850	（轻型）	10.5
MDQ3215S	ϕ150×16×ϕ13	220	150	2850	（轻型）	11

注：安全线速度：砂轮外径≤200mm 时为 35m/s，否则为 40m/s。

(3) 落地式砂轮机

落地式砂轮机有自驱式和他驱式两种（图 17.4），各自有除尘和多能两个系列，其参数、规格和技术数据见表 17.78～表 17.81。

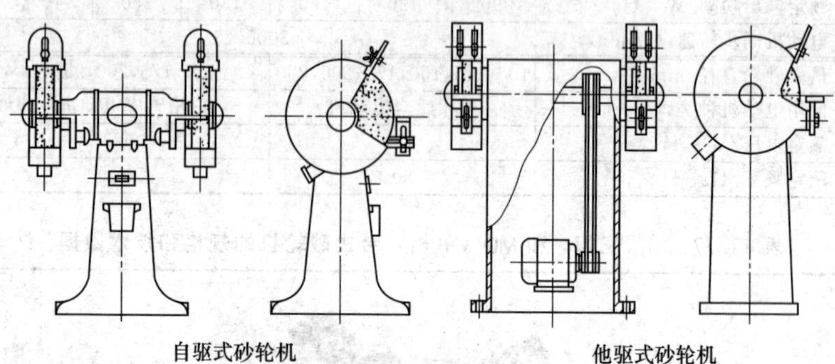

图 17.4 落地式砂轮机的类别

表 17.78 砂轮机的参数（JB/T 3770—2000）

最大砂轮直径/mm	200	250	300	350	400	500	600
砂轮厚度/mm	25		40			50	65
砂轮孔径/mm	32		75		127	203	305
额定输出功率/kW	0.5	0.75	1.5	1.75	3.0[①]	4.0	5.5
同步转速/(r/min)	3000		3000 1500	1500		1000	
额定电压/V	380						
额定频率/Hz	50						

① 自驱式为 2.2kW。

表 17.79 111 落地式砂轮机的规格和技术数据

续表

最大砂轮直径/mm	200	250	300	350	400	500	600
砂轮厚度/mm	25		40	40	40	50	65
砂轮孔径/mm	32		75	75	127	203	305
额定输出功率/kW	0.5	0.75	1.5	1.75	3.0[①]	4.0	5.5
同步转速/(r/min)	3000	1500、3000		1500		1000	
额定电压/V	380						
额定频率/Hz	50						

① 对自驱式砂轮机，其额定功率为2.2kW。

表17.80　M30型落地式砂轮机的规格和技术数据

型号	输入功率/W	电压/V	转速/(r/min)	砂轮(外径×厚度×孔径)/mm	安全线速度/(m/s)	质量/kg
M3020	500	380	2850	200×25×32	35	75
M3025	750	380	2850	250×25×32	40	80
M3030	1500	380	1420	300×40×75	35	125
M3030A	1500	380	2900	300×40×75	50	125
M3035	1750	380	1440	350×40×75	35	135
M3040	2200	380	1430	400×40×127	35	140

注：工作定额60%。

表17.81　除尘式落地砂轮机的规格和技术数据

型号	功率/W	转速/(r/min)	功率/W	砂轮(外径×厚度×孔径)/mm	安全线速度/(m/s)	质量/kg
M3320	500	2850	500	200×25×32	35	80
M3325	750	2850	700	250×25×32	40	85
M3330	1500	1420	1500	300×40×75	35	230
M3335	1750	1440	1750	350×40×75	35	240
M3340	2200	1430	2200	400×40×127	35	255

注：电压380V；工作定额60%。

17.3 装配作业类

17.3.1 电动螺丝刀

用于螺纹连接工作中各种螺钉的紧固与拆卸，其基本参数及规格见表 17.82～表 17.86。

电动螺丝刀的型号标注形式是：

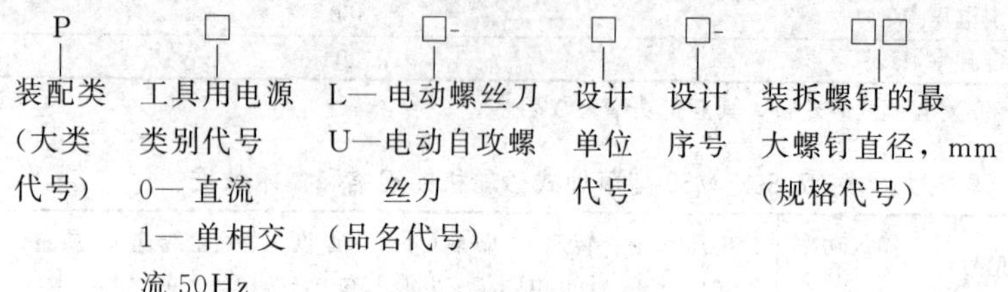

表 17.82 电动螺丝刀的基本参数（GB/T 22679—2008）

规格 /mm	适用范围 /mm	额定输出功率 /W	拧紧力矩 /N·m
M6	机螺钉 M4～M6 木螺钉≤4 自攻螺钉 ST3.9～ST4.8	≥85	2.45～5.0

注：木螺钉 4 是指拧入一般木材中的木螺钉规格。

表 17.83 P1L-6 电动螺丝刀的规格（JB/T 10108—1999）

规格 /mm	适用范围/mm		输入功率 /W	额定输出功率 /W	额定转速 /(r/min)	拧紧力矩 /N·m	质量 /kg
	机器螺钉	木螺钉					
M6	M4～M6	≤4	190	≥85	600	2.45～8.5	2

表 17.84 P0L-CG 型电动螺丝刀的规格

型号规格	拧紧螺钉范围 /mm	工作电压(DC) /V	电流 /A	力矩调节范围 /N·m	转速 /(r/min)	输出功率 /W	外形尺寸（直径×长） /mm	质量 /kg
P0L-CG800-2.5	M1～M2.5	24	0.32	0.1～0.6	750	6.6	ϕ35×179	0.37
P0L-CG801C-4	M2.5～M4	24	0.6	0.6～1.7	650	20	ϕ40×207	0.65
P0L-CG802-6	M4～M6	30	0.9	1.7～4.0	650	40	ϕ42×222	0.82

表 17.85　电子调速电动螺丝刀的规格

型号规格	适用螺钉种类	工具夹头/mm	输入功率/W	最高空载转速/(r/min)	最高负载转速/(r/min)	工具长度/mm	质量/kg
GSR6-40TE	六角	6.35	500	4000	2800	—	—
6825		4	570	6000	—	—	1.4
6951	六角 方头	6～12 30～120	300	—	2200	239	1.3
TS8125	六角	6	360	—	1050	—	1.7
E3900A		6	600	4000	—	260	1.7
E4000A		6	600	2500	—	250	1.7

表 17.86　6800DBV 电子调速电动自攻螺丝刀的规格

适用范围/mm		钻柄尺寸/mm	输入功率/W	转速/(r/min)	工具长度/mm	质量/kg
墙板螺钉	自攻螺钉					
5	4	6.35	350	0～2500	280	1.3

17.3.2　自攻螺丝刀

用于建筑、装饰中新材料的自攻螺钉的紧固与拆卸，其规格见表 17.87。

电动自攻螺丝刀的型号标记方法是：

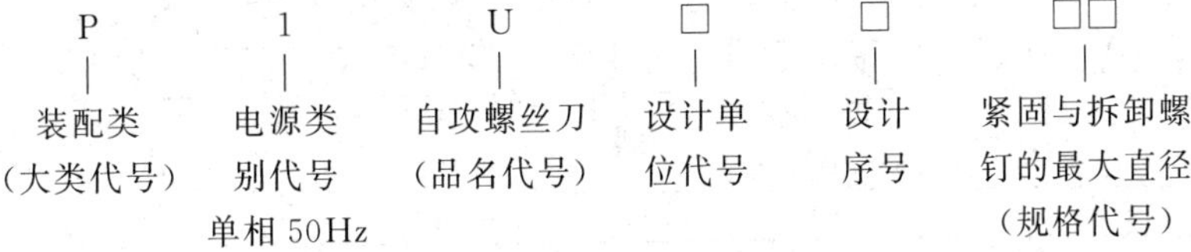

表 17.87　自攻螺丝刀的规格（JB/T 5343—2013）

型号	最大螺钉直径/mm	适用自攻螺钉范围	额定输出功率/W ≥	负载转速/(r/min) ≤
P1U-5	5	ST2.9～ST4.8	140	1600
P1U-6	6	ST3.9～ST6.3	200	1500

17.3.3　电动扳手

电动扳手的型号表示方法是：

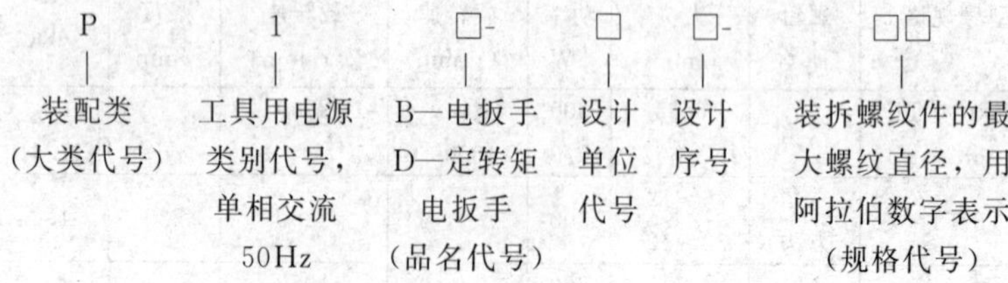

表 17.88　电动扳手的尺寸和技术要求（JB/T 3627.2、4—1999）

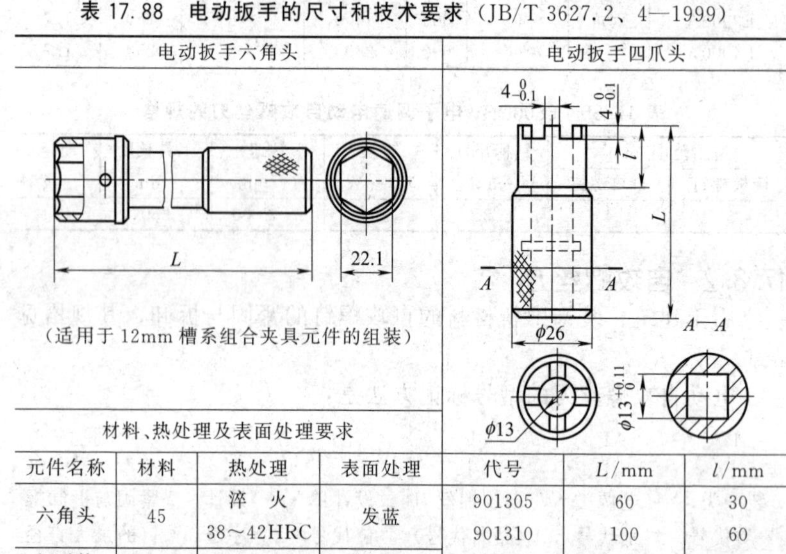

材料、热处理及表面处理要求

元件名称	材料	热处理	表面处理	代号	L/mm	l/mm
六角头	45	淬　火 38～42HRC	发蓝	901305	60	30
				901310	100	60
扳手体	45	—	发蓝	901315	150	100

（1）电动扳手

安装六角套筒后，用于拆装六角头螺栓、螺母，其规格和技术数据见表 17.89。

表 17.89　P1B 系列电动扳手的规格和技术数据

续表

型号	规格 /mm	适用范围 /mm	力矩范围 /N·m	方头公称 尺寸/mm	边心距 /mm ≤	电源
P1B-8	8	M6～M8	4～15	10×10	26	
P1B-12	12	M10～M12	15～60	12.5×12.5	36	
P1B-16	16	M14～M16	50～150	12.5×12.5	45	AC
P1B-20	20	M18～M20	120～220	20×20	50	220V
P1B-24	24	M22～M24	220～400	20×20	50	50Hz
P1B-30	30	M27～M30	380～800	25×25	56	
P1B-42	42	M36～M42	750～2000	25×25	66	

型号 规格	适用 范围 /mm	电压 /V	转矩范围 /N·m	输入 功率 /W	冲击次 数/(次 /min)	方头公 称尺寸 /mm	边心 距 /mm ≤	外形尺寸 (长×宽× 高)/mm	质量 /kg
P1B-TJ-8C	M6～M8	220	4～15	165	1600～ 1800	12.5×12.5	36	239×170×74	1.86
P1B-TJ-12C	M10～M12	220	15～60						
P1B-TJ-20C	M18～M20	220	120～220	240	1600～	12.5×12.5	45	279×217×84	3.65
P1B-TJ-24C	M22～M24	220	220～400	600	1800	20×20	50	355×251×111	6.95
P1B-TJ-30C	M28～M30	220	380～800	600	1600～	20×20	50	355×251×111	6.95
P1B-SSZ-16C	M14～M16	220	50～150	240	1800	12.5×12.5	45	279×217×84	3.65
P1B-42	M36～M42	220	750～2000	—	—	25×25	≤66	—	—
P1B-SF1-12C	M10～M12	220	15～60	140	≥1500	12.5×12.5	—	220×178×70	1.70
P1B-SF1-16C	M14～M16	220	50～150	240	≥1200	12.5×12.5	—	279×217×84	3.3
P1B-SD21-20C	M18～M20	110/ 220	120～220	640	2700	20×20	—	300×220×105	3.4
P1B-ZX-12B-2	M10～M12	220	15～60	—	1500	12.5×12.5	36	—	1.75
P1B-ZX-16B	M14～M16	220	50～150	—	1450	12.5×12.5	43	—	3.5

(2) 冲击扳手（表 17.90）

表 17.90　冲击扳手的规格和技术数据（GB/T 22677—2008）

mm

用于螺栓、螺母的拆装

续表

规格	适用范围	力矩范围 /N·m	方头公称尺寸 /mm	边心距 /mm ≤
8	M6～M8	4～15	10×10	26
12	M10～M12	15～60	12.5×12.5	36
15	M14～M16	50～150	12.5×12.5	45
20	M18～M20	120～220	20×20	50
24	M22～M24	220～400	20×20	50
30	M27～M30	380～800	20×20	56
42	M36～M42	750～2000	25×25	66

（3）定转矩电动扳手

用于对螺纹紧固件转矩或转角精度有较高要求的场合（塔架、钢结构桥梁或其他重要工程建设）其规格和技术数据见表 17.91。

表 17.91 定转矩电动扳手的规格和技术数据

型号	额定转矩 /N·m	转矩可调范围 /N·m	转矩控制精度 /%	主轴方头尺寸 /mm	边心距 /mm	工作头空载转速 /(r/min)	质量/kg	
							主机	控制仪
P1D-60	600	250～600	±5	25	47	10	6.5	3
P1D-150	1500	400～1500	±5	25	58	8	10	3

17.3.4 电动旋具

（1）电动旋具

用于一字或十字头螺钉的装拆，其规格和技术数据见表 17.92。

表 17.92 电动旋具的规格和技术数据

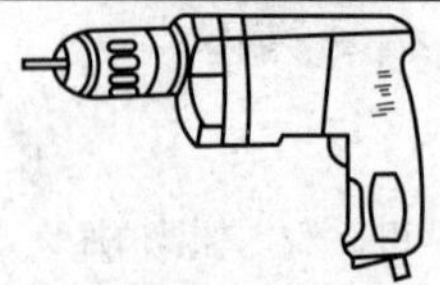

续表

型　号	规格/mm	适用范围		输出功率/W	拧紧力矩/N·m	质量/kg
		机器螺钉	木螺钉、自攻螺钉/mm			
PlL-6	M6	M4～M6	≤4	＞85	2.45～8.5	2

(2) 电动自攻旋具

用于装拆十字槽自攻螺钉，其规格和技术数据见表17.93。

表17.93　电动自攻旋具的规格和技术数据

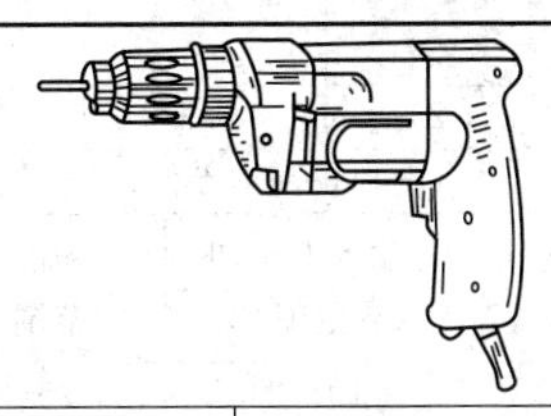

型号	规格/mm	适用自攻螺钉范围	输出功率/W ≥	负载转/(r/min) ≥	质量/kg
P1U-5	5	ST3～ST5	140	1600	1.8
P1U-6	6	ST4～ST6	200	1500	

(3) 制动式电动旋具

用于仪器仪表及家电行业装配线上装拆螺钉，其规格和技术数据见表17.94。

表17.94　制动式电动旋具的规格和技术数据

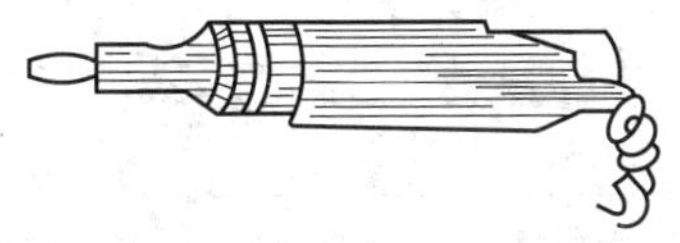

型号	适用电源	额定电压/V	额定电流/A	额定转速/(r/min)	额定转矩/N·m	适用螺钉	质量/kg
DDLZ-4	单相交流50Hz	24	1	500	0.98	M4	0.55

(4) 电控式电动旋具

用于仪器仪表、家电行业的装配线上，拆装紧固转矩要求严格的螺钉，其规格和技术数据见表17.95。

表 17.95 电控式电动旋具的规格和技术数据

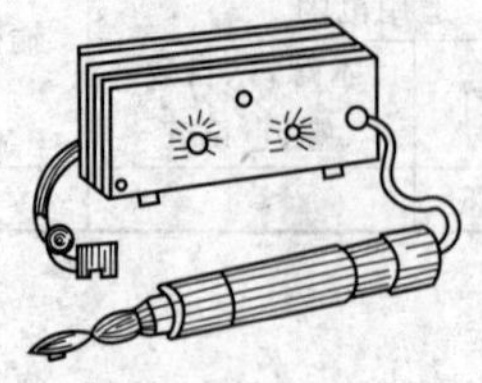

<table>
<tr><td rowspan="7">PDL-4</td><td colspan="6">旋具基本参数</td></tr>
<tr><td colspan="2">适电电源</td><td>额定电压/V</td><td>额定转矩/N·m</td><td>额定转速/(r/min)</td><td>负载持续率/%</td></tr>
<tr><td colspan="2">直流</td><td>24</td><td>0.8</td><td>≤200</td><td>15</td></tr>
<tr><td colspan="5">电控仪基本参数</td><td rowspan="2">适用螺钉</td></tr>
<tr><td>适用电源</td><td>额定电压/V</td><td>输入电压调节范围/V</td><td>控制电流范围/A</td><td>延时时间/s</td></tr>
<tr><td>单相</td><td>220</td><td>10～24</td><td>0.25～2.5</td><td>0.5～3</td><td>M4</td></tr>
</table>

(5) 微型电动旋具

用于装拆 M2 及以下机器螺钉和自攻螺钉。主要用于手表、无线电、仪器仪表、电器、电子、照相机、电视机等行业，其规格和技术数据见表 17.96。

表 17.96 微型电动旋具的规格和技术数据

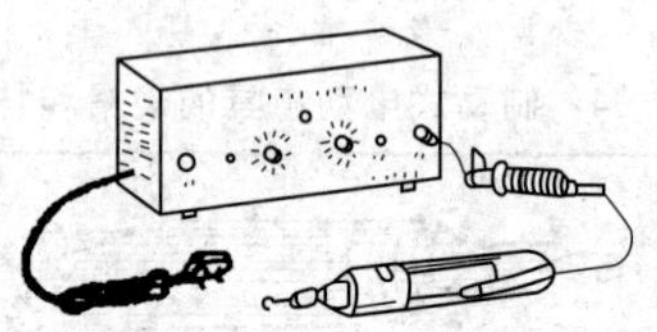

型号	规格/mm	最大拧紧螺钉规格/mm	额定转矩/N·m ≥	额定转速/(r/min) ≥	调速范围/(r/min)	质量/kg
POL-1	1	M1	0.011	800	300～800	2
POL-2	2	M2	0.022	320	150～320	2

17.3.5 电动拉铆枪

用于冲铆无法工作的铆接部位（封闭容器等）进行铆接，其规格见表 17.97。

电动拉铆枪的型号规定是：

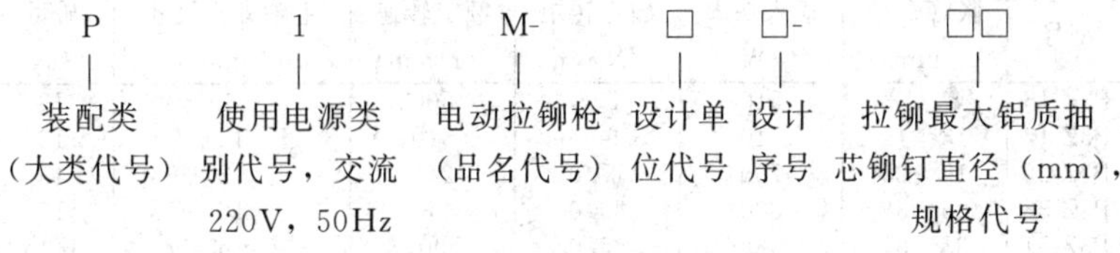

表 17.97　P1M 拉铆枪的规格

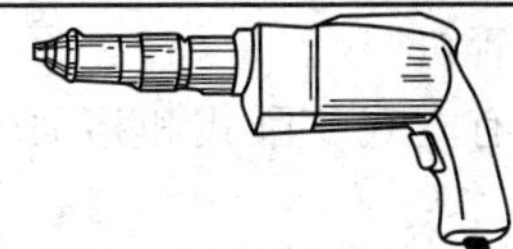

型　号	最大拉铆钉 /mm	输入功率 /W	输出功率 /W	最大拉力 /kN	质量 /kg
P1M-5	$\phi5$	280～350	220	7.5～8	2.5
P1M-SA-5	铝合金 $\phi3.2$～5 不锈钢 $\phi3.2$～4	400	行程 20mm	外形尺寸 315mm×164mm×66mm	2.4

17.3.6　电动胀管机

（1）电动胀管机

用于锅炉、热交换器等压力容器管子和管板的紧固，其技术数据见表 17.98。

电动胀管机的型号规定是：

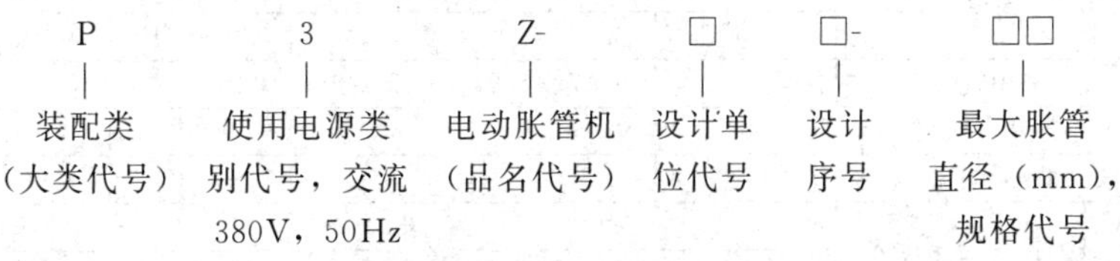

表 17.98　电动胀管机的技术数据

续表

型号	胀管直径 /mm	输入功率 /W	额定转矩 /N·m	额定转速 /(r/min)	主轴方头尺寸 /mm	质量 /kg
P3Z-13	8～13	510	5.6	500	8	13
P3Z-19	13～19	510	9.0	310	12	13
P3Z-25	19～25	700	17.0	240	12	13
P3Z-38	25～38	800	39.0	—	16	13
P3Z-51	38～51	1000	45.0	90	16	14.5
P3Z-76	51～76	1000	200.0	—	20	14.5

(2) 换热器专用胀管机

换热器专用胀管机有立式、卧式和移动式三种（图 17.5），其基本参数见表 17.99。

表 17.99 胀管机的基本参数（JB/T 11631—2013） mm

参数	立式胀管机型号							
	600 型	800 型	1000 型	1200 型	1600 型	2000 型	2500 型	3000 型
常用管径	φ5、φ6.35、φ7、φ7.94、φ9.52、φ12.7				φ7、φ7.94、φ9.52、φ12.7、φ16			
最小换热器长度 l_{min}	170	170	220	220	220	500	500	500
最大换热器长度 l_{max}	600	800	1000	1200	1600	2000	2500	3000
最大换热器厚度 δ	88 110	88 110	88 110	88 110	88 176	88 176	88 176	88 176
最大换热器宽度	880 1030 1230	880 1030 1230	880 1030 1230 1280	880 1030 1230 1280	1030 1230 1280 1530 1580	1030 1230 1280 1530 1580	1030 1230 1280 1530 1580	1030 1230 1280 1530 1580

参数	卧式胀管机型号				
	2000 型	2500 型	2750 型	3000 型	3500 型
常用管径	φ7、φ7.94、φ9.52、φ12.7、φ16				
最小换热器长度 l_{min}	500	500	500	500	500
最大换热器长度 l_{max}	2000	2500	2750	3000	3500
最大换热器厚度 δ	88 176				
最大换热器宽度	900、1000、1100、1200、1300、1400、1500				

参数	移动式胀管机型号				
	单杆型	双杆型	四杆型	六杆型	多杆型
常用管径	φ7、φ7.94、φ9.52、φ12.7、φ16				
同时胀管孔数	1	2	4	6	≥8
最大换热器长度	7000				
最大胀管速度	5～11m/min				

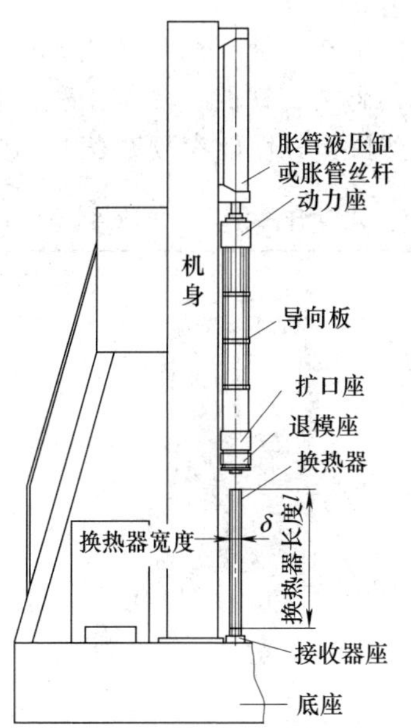

(a) 立式胀管机

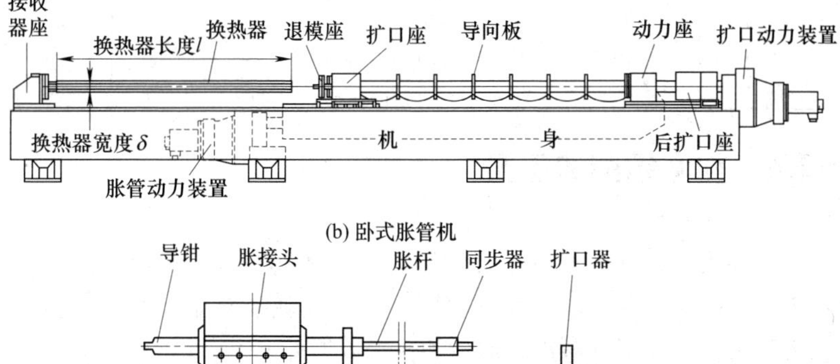

(b) 卧式胀管机

导钳
胀接头
胀杆
同步器
扩口器

(c) 移动式胀管机

图 17.5　胀管机的型式

17.3.7 电动升降拉马

电动升降拉马（拔轮器）是一种新型拉顶多用工具，广泛适用于工厂、油田、船舶、码头、铁路、建筑工程、坑道作业等方面，尤其适用于无电源野外操作其性能参数见表 17.100。

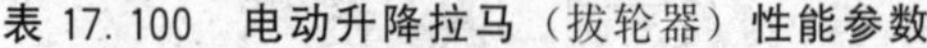
表 17.100 电动升降拉马（拔轮器）性能参数

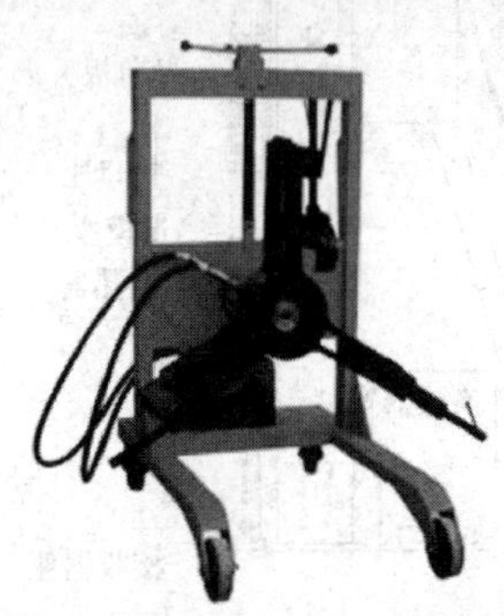

技术参数	FBL-20	FBL-30	FBL-50	FBL-100	FBL-200	FBL-300	FBL-500
起顶力/t	20	30	50	100	200	300	500
工作压力/MPa	63	63	63	63	63	63	63
最大行程/mm	100	100	120	160	200	200	200
拉卸范围/mm	300	400	500	600	600	800	900

17.4 林木切削加工类

17.4.1 电刨

主要用于各种木材的平面刨削、倒棱和裁口等，广泛应用于房屋建筑、住房装潢、木工车间、野外木工作业及车辆、船舶、桥梁施工等场合，其基本参数、规格和技术数据见表 17.101～表 17.103。

电刨的型号表示方法是：

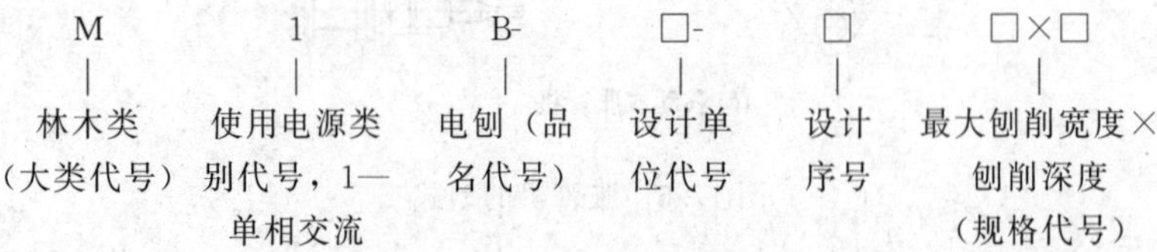

表 17.101　电刨的基本参数（JB/T 7843—2013）

刨削宽度×刨削深度/mm	额定输出功率/W ≥	额定转矩/N·m ≥
60×1	250	0.23
82(80)×1	300	0.28
82(80)×2	350	0.33
82(80)×3	400	0.38
90×2	450	0.44
90×3	500	0.50

注：电刨的最高温升和噪声限值如下。

零件		最高温升/℃	电刨规格/mm	噪声限值/dB(A)
E级绝缘绕组		90	60×1	90(101)
B级绝缘绕组		95	82(80)×1	90(101)
F级绝缘绕组		115	82(80)×2	90(101)
非握持外壳		60	82(80)×3	90(101)
连续握持的手柄、按钮及类似零件：	金属类	30	90×2	92(103)
	塑料类	50	90×3	92(103)

表 17.102　电刨的基本规格和数据（JB/T 7843—2013）

刨削宽度/mm	刨削深度/mm	额定输出功率/W	额定转矩/N·m	噪声值/dB(A)	质量/kg
60	1	180	0.16	90(100)	2.2
80(82)	1	250	0.22		2.5
80	2	320	0.30		4.2
80	3	370	0.35	92(102)	5
90	2	370	0.35		5.3
90	3	420	0.42		5.3
100	2	420	0.42		4.2

注：刀轴额定工作线速度为50～60m/s。

表 17.103　M1B系列电刨的规格和技术数据

续表

型号规格	刨削宽度/mm	刨削深度/mm	电压/V	输入功率/W	输出功率/W	刀轴空载转速/(r/min)	外形尺寸（长×宽×高）/mm	质量/kg
M1B-1E-60×1	60	0～1	220	400	280	15000	290×160×160	2.5
M1B-SD01-80×1	80	0～1	110/220/240	450	—	16000	290×160×170	3.0
M1B-SD01-80×2	80	0～2	110/220/240	600	—	15000	310×180×180	4.0
M1B-SS02-80×2	80	0～2	220	660	450	15000	310×178×185	3.5
M1B-KW-80×1	80	0～1	220	420	220	15000	320×170×180	3.4
M1B-SF1-82×1	82	0～1	220	450	220	16000	293×160×165	2.8
M1B-J2-82×ZTH650	82	0～2	230	650	325	16000	284×155×158	2.7
M1B-FF-82×1	82	0～1	220	500	≥210	16000	—	2.5
M1B-FG-82×1	82	0～1	220	530	—	15000	295×165×270	2.6
M1B-NT-82×1	82	0～1	220	500	≥370	16000	335×162×173	2.5
M1B-FA-82×3	82	0～3	220	600	290	15000	251×165×167	3.0
M1B-ZT23-82×1	82	0～1	230	600	—	15000	305×165×165	3.1
M1B-DY01-82×1	82	0～1	110～230	570	265.6	—	300×160×160	2.9
M1H-HU-82×1	82	0～1	220	450	250	16000	286×150×150	2.6
M1B-WH-82	82	0～1	220	450	—	15000	370×280×160	2.7
M1B-SF2-90×2	90	0～2	220	720	370	13000	360×185×180	5.5
M1B-1E-90×2	90	0～2	220	720	500	14000	368×180×142	4.0

17.4.2　电锯

（1）电圆锯

用于锯割木材、胶木、塑料、玻璃钢和大型电缆等，安装锯铝专锯片，可锯割铝板，其基本数据、规格见表 17.104、表 17.105。

电圆锯的型号表示方法是：

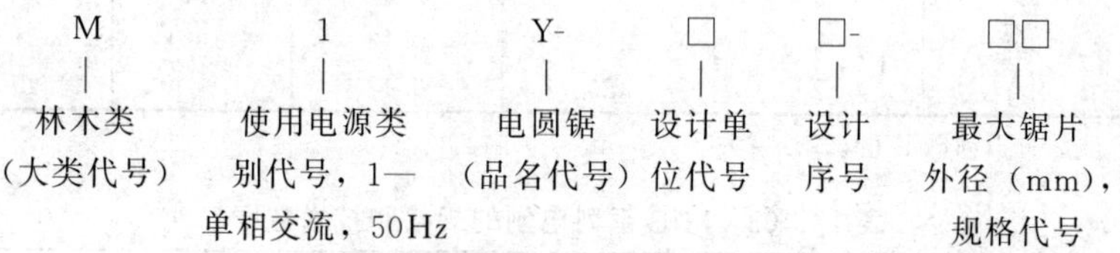

表 17.104　电圆锯的基本数据（GB/T 22761—2008）

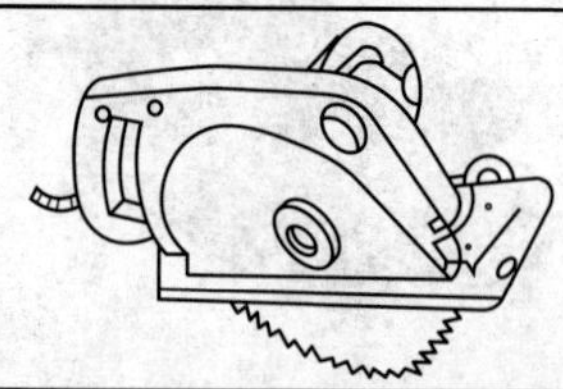

续表

型号规格	锯片尺寸(外径×孔径)/mm	额定输出功率/W ≥	额定转矩/N·m ≥	最大锯割深度/mm ≥	空载噪声/dB(A)	质量/kg
M1Y-160	160×30	550	1.70	55	92(103)	3.3
M1Y-180	180×30	600	1.90	60	92(103)	3.9
M1Y-200	200×30	700	2.30	65	92(103)	5.3
M1Y-250	235×30	850	3.00	84	94(105)	8.0
M1Y-315	270×30	1000	4.20	98	94(105)	9.5

注：最大调节角度≥45°。

表 17.105　一些电圆锯的规格

型号规格	锯片尺寸(外径×内孔×厚)/mm	电压/V	输入功率/W	空载转速/(r/min)	最大锯割深度/mm		最大锯割角度/(°)	外形尺寸(长×宽×高)/mm	质量/kg
M1Y-140TH	ϕ140	230	550	4000	0° 45°	42 28	45	204×270×211	4.8
M1Y-140TH-B	ϕ140	230	800	4000	0° 45°	42 28	45	204×270×211	4.8
M1Y-160TH-Q	ϕ160	230	1050	4000	0° 45°	52 33	45	275×227×212	4.8
M1Y-DU01-185	ϕ185×ϕ30×2.5	230	1200	4500	90° 45°	55 38	—	320×232×236	4.7
M1Y-J2-160TH(A) M1Y-J2-160TH(C)	ϕ160 ϕ160	230	1050	3800 4000	—		45	330×240×230	4.0
M1Y-ZT-160 M1Y-ZT2-160	ϕ160×20 ϕ160×20	120 230	1050	5000	55		—	315×220×235	4.4
M1Y-KR-160	ϕ160×30	230	1200	5400	—		—	300×236×236	4.0
M1Y-J2-180TH	ϕ180	230	1050	4000	—		45	350×329×241	4.2
M1Y-J2-180TH(A)	ϕ180	230	1200	4000	—		45	350×329×241	4.2
M1Y-J2-180TH(Q)	ϕ180	230	1200	4200	—		45	360×236×237	4.6
M1Y-MH2-180	ϕ180	220	1150	5500	—		45	218×294×250	4.0
M1Y-SD01-180	ϕ180×30	①	1000	4300	55		45	280×240×235	4.3
M1Y-SF1-180	ϕ180	220	900	4500	—		—	340×240×255	4.6
M1Y-ZL-180	ϕ180	220	1000	3500	—		45	—	5.4
M1Y-ZT2-180	ϕ180×ϕ20	220	800	4200	55		45	310×245×240	4.9
M1Y-ZT2-180	ϕ180×ϕ20	230	1200	4200	55		45	310×245×240	4.9

续表

型号规格	锯片尺寸（外径×内孔×厚）/mm	电压/V	输入功率/W	空载转速/(r/min)	最大锯割深度/mm	最大锯割角度/(°)	外形尺寸（长×宽×高）/mm	质量/kg
M1Y-F-185	ϕ185×ϕ30×2.5	220	1100	4900	—	45	—	4.6
M1Y-FG-185	ϕ185	220	1010	5500	—	45	330×245×250	5.0
M1Y-GW-185	ϕ185	230	1200	4700	55	45	360×230×240	4.1
M1Y-HU-185	ϕ185	220	850	4500	55	—	280×230×175	3.5
M1Y-KR-185	ϕ185	230	1200	5400	55	—	300×236×236	4.0
M1Y-NG-185	ϕ185	220	1300	4800	58	45	280×230×200	6.4
M1Y-NT-185	ϕ185×ϕ30×2.5	220	1100	4700	—	45	305×225×280	4.6
M1Y-MY-190	ϕ190×ϕ30×1.7	220	900	4900	—	45	—	5.7
M1Y-SS02-200	ϕ200	220	1010	3400	65	45	285×250×248	4.7
M1Y-HU-235	ϕ235	220	1300	4500	—	—	265×370×215	7.6
M1Y-SF2-235	ϕ235	220	1800	4500	—	—	425×263×285	7.5

① 110V/220V/240V。

（2）金属电圆锯

用于锯割空心和实心圆钢、管材等，其技术参数见表 17.106。型号标注方法是：

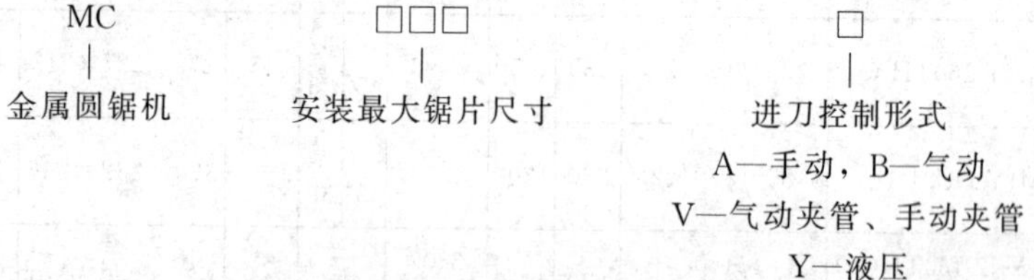

表 17.106 MC 系列金属电圆锯的技术参数 mm

型号		MC275B	MC315B	MC350Y
锯切能力	空心圆	ϕ80	ϕ95	ϕ115
	空心方棒	75×75	85×85	110×110
	空心矩形	85×65	110×75	120×90
	实心角材	75×75	85×85	110×110
	实心圆棒	ϕ38	ϕ55	ϕ60
	实心方棒	38×38	50×50	60×60
夹钳最大开档		85	110	150
主电机	变极	4/2 变极	4/2 变极	4/2 变极
	功率/kW	2.2/2.4	2.2/2.4，2.4/3.0	2.4/3.0
锯片适用尺寸		250，275，300	250，275，300，315	300，315，350

（3）多锯片圆锯机（表 17.107）

表 17.107　多锯片圆锯机的主参数和机床精度（QB/T 1593—1992）

mm

主参数名称		主参数值	公差	主参数名称		主参数值	公差
圆锯机直径		250,315,400		圆锯机直径		250,315,400	
项　目		简　图		项　目		简　图	
机床精度	锯轴颈最近点的径向圆跳动	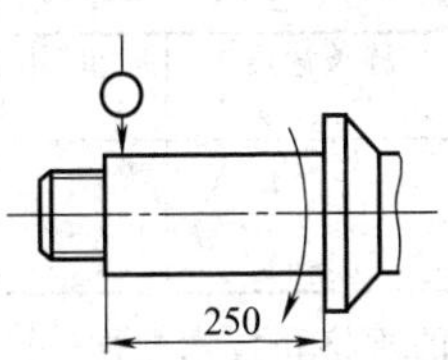 250	0.10	机床精度	导向尺对主轴轴心线的垂直度	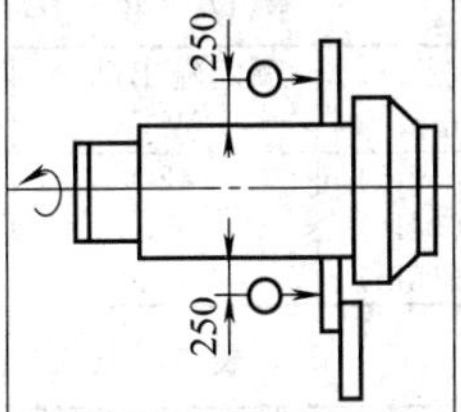 250 250	0.20
	锯轴的轴向窜动	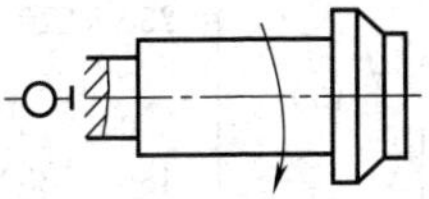	0.04		导板工作面对工作台面的垂直度	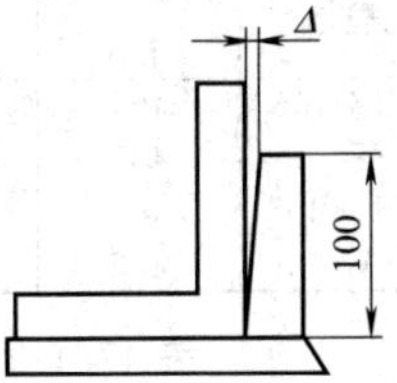 Δ 100	0.15/100
	锯轴法兰盘的端面圆跳动	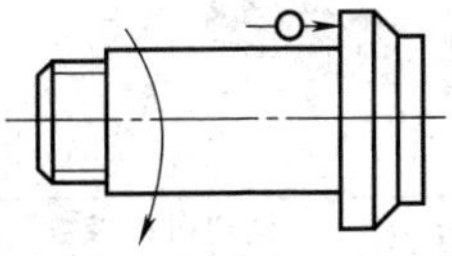	0.04	工作精度	纵向锯削面的直线度	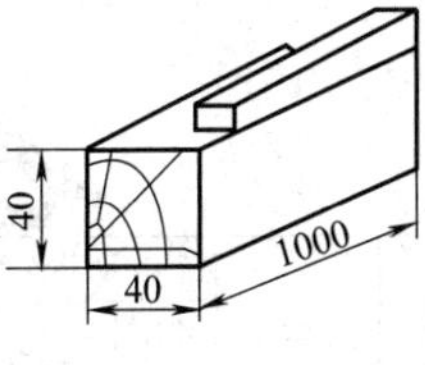 40 40 1000	0.20
	主轴轴心线对链表面的平行度	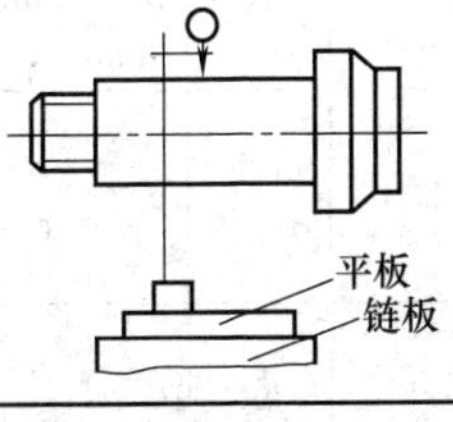 平板 链板	0.06/100		相邻两锯切剖面的垂直度	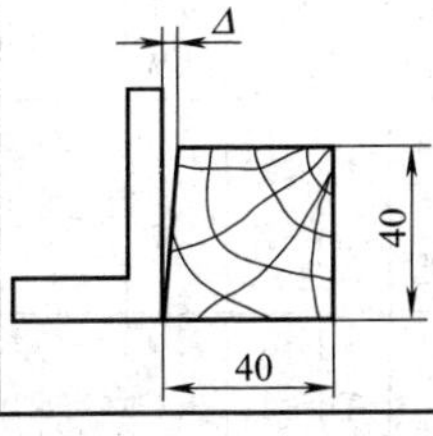 Δ 40 40	0.15

（4）电链锯

用回转的链状锯条进行锯截木料、伐木造材，其基本参数、规格和技术数据见表 17.108～表 17.110。

电链锯的型号标注方法是：

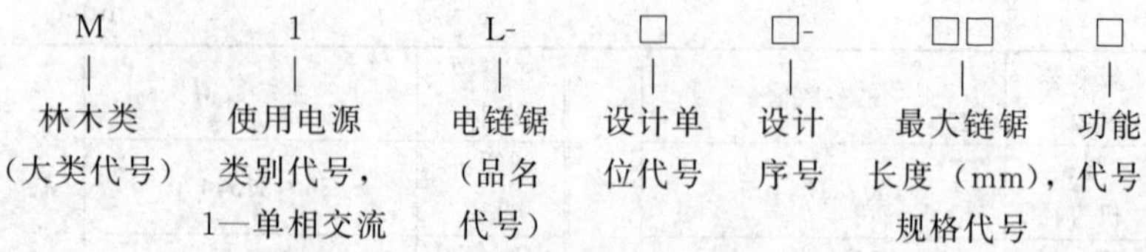

表 17.108　电链锯的基本参数（LY/T 1121—2010）

规格/mm	额定输出功率/W ≥	额定转矩/N·m ≥	链条速度/(m/s)	净重(不含导板链条)/kg ≤
305(12in)	420	1.5	6～10	3.5
355(14in)	650	1.8	8～14	4.5
405(16in)	850	2.5	10～15	5.0

表 17.109　M1L 系列电链锯的规格和技术数据

型号规格	链锯长度/mm	额定电压/V	输入功率/W	链锯速度/(m/min)	外形尺寸(长×宽×高)/mm	质量/kg
M1L-FG-405	405	220	1300	400	250×210×190	5.0
M1L-FF-405	405		1300		—	6.0
M1L-HU-405	405		950		350×210×195	5.7
M1L-KW-405	405		1800		485×285×210	6.5

表 17.110　DJ 系列电链锯的规格和技术数据

类型代号	手把类型	型号	电动机(效率＞70%,cosφ＞0.8)					锯切机构参数			不含导板、锯链时质量/kg
			额定功率/kW	转速/(r/min)	电压/V	频率/Hz	最大转矩与额定转矩之比	导板有效长度/mm	锯链节距/mm	链速/(m/s)	
A	高矮把	DJ-40	4.0	2000	220	400	＞2.6	400～700	10.26	10～15	＜9.75
		DJ-37	3.7								
B	中矮把	DJ-30	3.0	2000	220	400或200	＞2.6	300～500	10.26	10～15	＜9.25
		DJ-32	3.2								
		DJ-18	1.8								
		D1-15	1.5						(15)	(5.5)	
C	矮把	DJ-11	1.1	3000	380或200	50	1.8～2.6	300～400	9.52 8.25 6.35	15～22	＜10.25
		DJ-10	(1.0)								

（5）电动曲线锯

粗齿锯条适用于锯割木板或塑料板；中齿锯条适用于锯割层压板或有色金属板材；细齿锯条适用于锯割低碳钢板。如换装锋利刀片，还可剪裁纸板、橡皮等。

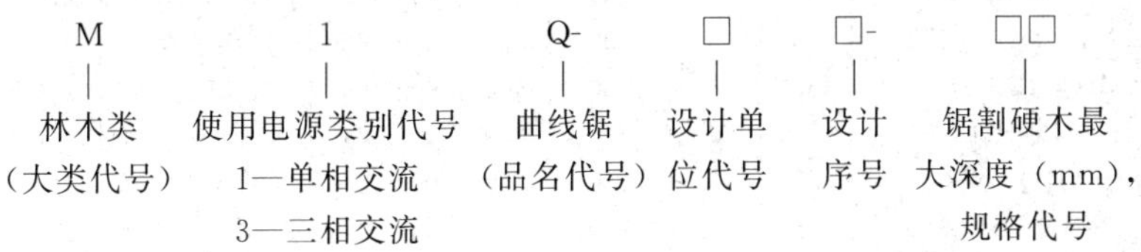

表 17.111　曲线锯的基本参数（GB/22680—2008）

规格 /mm	额定输出功率 /W ≥	工作轴额定往复次数 /(次/min) ≥	噪声限值 /dB(A)	规格 /mm	额定输出功率 /W ≥	工作轴额定往复次数 /(次/min) ≥	噪声限值 /dB(A)
40(3)	140	1600	86(97)	65(8)	270	1400	90(101)
55(6)	200	1500	88(99)	80(10)	420	1200	92(103)

注：1. 额定输出功率是指电动机的输出功率（指拆除往复机构后的输出功率）。

2. 曲线锯规格指垂直锯割一般硬木的最大厚度，括号内数值为锯割抗拉强度为390MPa钢板的最大厚度。

表 17.112　M1Q系列电动曲线锯的规格和技术数据

型号规格	最大锯割深度/mm		输出功率 /W ≥	空载往复次数 /(次/min) ≥	往复行程 /mm	质量 /kg
	木材	软钢				
M1Q-40	40	3	140	1600	18	—
M1Q-55	55	6	200	1500	18	2.5
M1Q-65	65	8	270	1400	18	2.5

型号规格	最大锯割深度 /mm		额定电压 /V	输入功率 /W	空载往复次数 /(次/min)	外形尺寸（长×宽×高） /mm	质量 /kg
	木材	软钢					
M1Q-HDA-55	55	6	230	320	3000	233×70×186	2.0
M1Q-J2-55TH-D	55	6	230	380	3000	205×76×195	1.8
M1Q-WH-55	55	6	220	390	3100	190×90×200	2.72
M1Q-FG-65	65		220	520	30000	240×75×205	3.0

表 17.113 电子调速电动曲线锯的规格和技术数据

型号规格[1]	最大锯割深度/mm		额定电压/V	输入功率/W	空载往复次数/(次/min)	外形尺寸(长×宽×高)/mm	质量/kg
	木材	软钢					
M1Q-CD-55[2]	55	—	220	400	0～1500	235×81×193	2.4
M1Q-HDA-55(T)	55	6	220	350	0～3000	233×70×186	1.6
M1Q-HDA1-55(T)	55	6	230	400	0～3000	233×70×186	2.0
M1Q-HDA-55	55	6	220	350	0～3000	233×70×186	1.6
M1Q-GW-55	55	6	230	350	500～3000	200×65×190	1.6
M1Q-HDA2-55	55	6	230	420	500～3000	223×65×190	2.2
M1Q-HDA2-55T	55	6	230	420	500～3000	223×65×190	2.2
M1Q-HDA3-55	55	6	230	350	500～3000	233×70×186	2.0
M1Q-HDA3-55T	55	6	230	350	500～3000	233×70×186	2.0
M1Q-HDA4-55	55	6	230	350	500～3000	233×70×186	2.0
M1Q-HDA4-55T	55	6	230	400	500～3000	233×70×186	2.0
M1Q-HDA5-55	55	6	230	400	500～3000	233×70×186	2.0
M1Q-J2-55TH	55	—	230	380	0～3000	205×76×195	1.8
M1Q-KW02-55	55	6	120/230	550	500～3000	270×80×225	2.6
M1Q-KW04-55	55	6	230	550	500～3000	330×80×250	3.0
M1Q-KW05-55	55	6	220	350	500～3000	270×80×230	1.8
M1Q-MH-55	55	3	220	400	0～3000	185×67×186	1.4
M1Q-NG-55	55	6	220	520	0～3100	250×90×220	2.7
M1Q-SD11-55	55	6	110/220	500	0～3200	235×70×205	2.1
M1QE-ZN01-55	55	6	115/220	400	0～1500	180×69×200	1.8
M1Q-HU-60	60	—	220	520	0～3000	195×90×195	2.7
M1Q-KP05-60	60	—	220	500	500～3000	195×90×195	2.1
M1Q-CD2-65	65	—	220	550	0～1400	260×85×215	2.5
M1Q-DU01-65T	65	8	230	500	500～3000	250×80×210	1.8
M1Q-HDA1-65T	65	8	230	520	500～3000	215×70×203	2.2
M1Q-MH-65	65	—	220	520	700～3000	280×77×187	2.5
M1Q-HDA-80T	80	8	120	500	500～3000	237×65×202	2.0
M1Q-HDA-80T	80	8	230	520	500～3000	230×70×208	2.0
M1Q-HDA1-80T	80	8	230	580	500～3000	237×65×202	2.2

① 曲线锯的规格，指垂直锯割一般硬木的最大厚度。

② 锯条行程 26mm，最小锯割曲率半径 30mm。

按曲线锯条的柄部型式（图 17.6）分为 T 型、U 型、MA 型和 H 型四种，其基本尺寸见表 17.114。

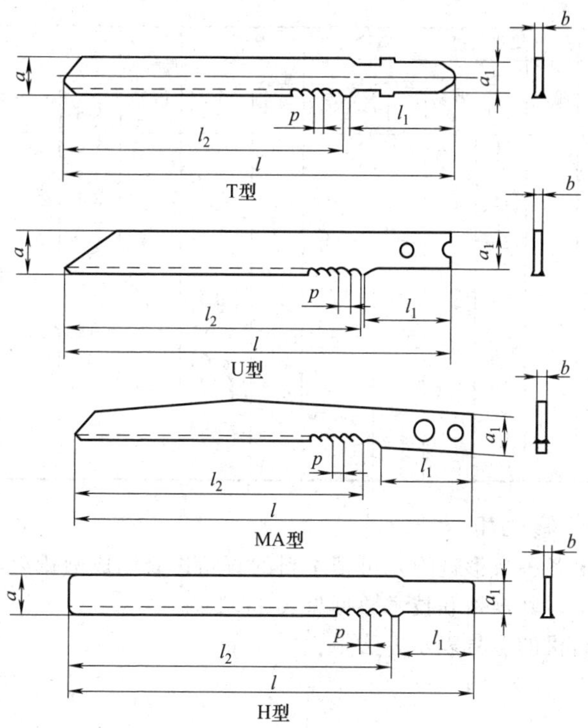

图 17.6　曲线锯条的柄部型式

表 17.114　曲线锯条的基本尺寸（QB/T 42368—2011）　mm

型式	全长 l		锯齿长度 l_2		宽度 a		厚度 b		每英寸齿数	齿距 p	
	基本尺寸	偏差	基本尺寸	偏差	基本尺寸	偏差	基本尺寸	偏差		基本尺寸	偏差 Δ
T 型	70	±2	45	±2	5 8	±0.50	0.9 ～ 1.5	±0.05	32	0.8	齿数:32～20，Δ=±0.08；
	75		50						24	1.0	
	80		55						20	1.2	
	95		70						18	1.4	齿数:18～14，Δ=±0.10；
	100		75						16	1.5	
	105		80		8				14	1.8	
	125		100						13	2.0	齿数:13～9，Δ=±0.12；
	150		125		8				10	2.5	
					9.5				9	2.8	

续表

型式	全长 l		锯齿长度 l_2		宽度 a		厚度 b		每英寸齿数	齿距 p	
	基本尺寸	偏差	基本尺寸	偏差	基本尺寸	偏差	基本尺寸	偏差		基本尺寸	偏差 Δ
U 型	70		50						—	3.0	
	80		60		5	±0.50			8	—	
	90		70		8				—	3.5	
	100		80						7	3.6	
MA 型	70		50						—	4.0	齿数:8～6,Δ＝±0.15
	80		60				0.9～1.5		6	4.2	
	95	±2	75	±2	—	—		±0.05			
	120		100								
H 型	80		60								
	95		75								
	105		85		8	±0.50					
	115		95								
	125		100								

17.4.3 修边机

装上各种成形铣刀，可把木料的直角边修刨成圆弧边，或进行斜面加工，其规格和技术数据见表 17.115。

修边机的型号表示方法是：

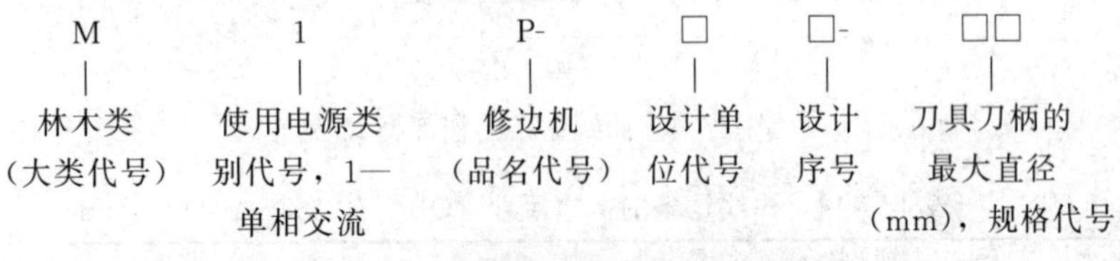

M	1	P-	□	□-	□□
林木类（大类代号）	使用电源类别代号，1—单相交流	修边机（品名代号）	设计单位代号	设计序号	刀具刀柄的最大直径(mm)，规格代号

表 17.115 M1P 系列修边机的规格和技术数据

型号规格	刀柄直径 ϕ/mm	电压/V	频率/Hz	输入功率/W	空载转速/(r/min)	输出功率/W	外形尺寸(长×宽×高)/mm	质量/kg
M1P-FF-6	6.35	220	50	440	31000	≥200	—	1.7
M1P-FF02-6				350		≥250	—	1.5
M1P-FG-6				350		—	200×80×75	1.6

续表

型号规格	刀柄直径 φ/mm	电压 /V	频率 /Hz	输入功率/W	空载转速 /(r/min)	输出功率 /W	外形尺寸（长×宽×高）/mm	质量 /kg
M1P-HU-6	6.35	120 220	50	350	30000	—	230×85×90	1.5
M1P-MK-6	6.35	220	50	350	30000	—	—	1.5
M1P-MY01				400		—	—	1.7
M1P-NG-6				350		—	260×120×120	1.6
M1P-NT-6				350		≥250	290×155×110	1.5
M1P-QB-6	6.35	220	50	350	30000	—	245	1.7
M1P-SF1-6				405		—	225×90×115	1.7
M1P-WD-6				400		—	—	17
M1P-WH-6				350		—	—	1.7

17.4.4 木铣

用于平整光洁木制品的表面，其规格和技术数据见表 17.116、表 17.117。

木铣的型号标注方法是：

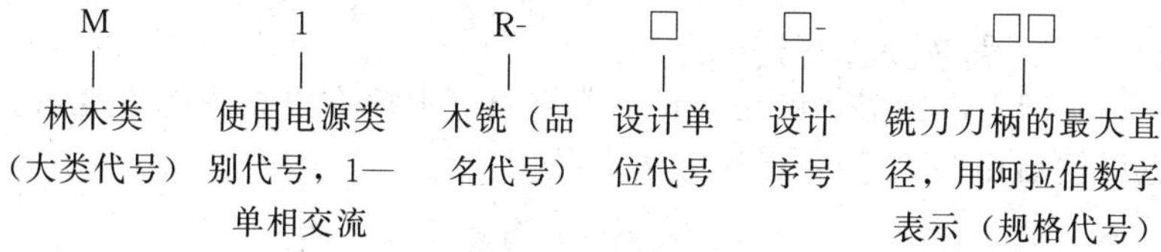

表 17.116 M1R 系列电动木铣的规格和技术数据

型号规格	铣刀最大直径 φ/mm	电压 /V	输入功率 /W	空载转速 /(r/min)	柱塞行程 /mm	输出功率 /W	外形尺寸（长×宽×高）/mm	质量 /kg
M1R-HU-8	8	230	900	27000	—	—	245×215×135	3.0
M1R-ZK3-8A	8	230	1050	30000	—	600	290×170×238	3.5
M1R-FG-12	12	220	1600	23000	—	—	270×160×240	6.0
M1R-HU-12	12	220	1050	18000	—	650	295×170×255	5.1
M1R-HU-12	12	120	1200	18000	—	—	280×180×215	5.1
M1R-HU02-12	12	120/220/230	1600	23000	—	—	290×100×295	6.5
M1R-HU05-12	12	120	1600	23000	—	—	260×160×255	5.8
M1R-KW-12	12	220	1050	18000	0～60	540	290×175×282	6.2
M1R-KW02-12	12	120	1300	22000	0～60	700	288×170×280	7.5

续表

型号规格	铣刀最大直径 φ/mm	电压/V	输入功率/W	空载转速/(r/min)	柱塞行程/mm	输出功率/W	外形尺寸(长×宽×高)/mm	质量/kg
M1R-KW02-12	12	230	1500	20000	0～60	750	288×170×280	7.5
M1R-ZN01-12	12	120/220/230	16000	—	—	1000	275×160×300	6.0
M1R-NG-12	12	220	1600	23000	—	—	280×250×70	5.6
M1R-SF1-12	12	220	1350	23000	—	900	270×160×240	5.7
M1R-SF2-12	12	220	1500	23000	—	900	290×160×285	6.0
M1R-FF-12	12.7	220	1600	23000	—	≥1000	—	5.7
M1R-FF02-12	12.7	220	1650	22000	—	≥1000	—	6.0
Q1K-WD-12	12	220	1300	23000	—	—	—	6.0

表 17.117 电子调速电动木铣的规格和技术数据

型号规格	铣刀最大直径 φ/mm	电压/V	输入功率/W	空载转速/(r/min)	输出功率/W	柱塞行程/mm	外形尺寸(长×宽×高)/mm	质量/kg
M1R-8TH-Ⅱ	8	230	700	16000～28000	350	—	293×281×122	3.75
M1R-8TH-D	8		800		400	—	291×275×123	
M1R-KW03-12	12	120	1300	9000～22000	700	0～60	288×170×280	7.5
M1R-SD01-12	12	110/220	1850	负载转速 28000	—	—	—	6.25

17.4.5 开槽机和开榫机

装配方眼钻头，可在木料上凿方眼（去掉方眼钻头的方壳后，也可钻圆孔）。其型号标注方法是：

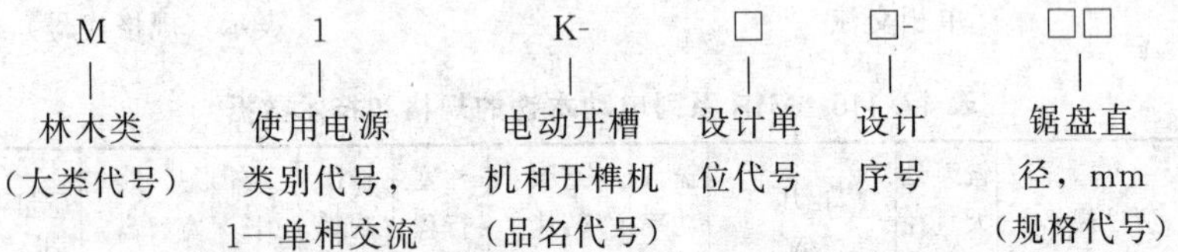

表 17.118 电动开槽机和开榫机的规格和技术数据

M1K-ZN01-100 开槽机		M1K-ZL-100 开榫机	
刀片/mm	φ100×φ22×4	锯盘直径/mm	φ100
额定电压/V	110/220/230	额定电压/V	230
额定频率/Hz	50/60	额定频率/Hz	50/60
输入功率/W	700	输入功率/W	600
输出功率/W	320	空载转速/(r/min)	10000
空载转速/(r/min)	10000	角度调整/(°)	0～90
外形尺寸/mm	330×154×150	高度调整/mm	5～35
质量/kg	3.2	质量/kg	3.3

17.4.6　木材切割机

用于木材的下料和切割。其型号标注方法是：

M	1	X-	□	□-	□□
|	|	|	|	|	|
林木类（大类代号）	使用电源类别代号，1—单相交流	木材切割机（品名代号）	设计单位代号	设计序号	锯片直径，mm（规格代号）

表 17.119　木材切割机的规格和技术数据

型　　号	锯片直径 ϕ/mm	最大切割尺寸(深×宽)/mm	输入功率/W	空载转速/(r/min)	外形尺寸(长×宽×厚)/mm	质量/kg
M1X-ZT2-210	210	55×120	900	4500	410×360×270	6.7
M1X-ZT201Z3-210	210	55×120	1050	4500	410×360×270	6.7
M1X-ZTZ3-250	250	75×140	1400	4000	425×380×315	9.0

17.4.7　木材斜断机

用于木材的直口或斜口的锯割，其规格和技术数据见表 17.120。

表 17.120　木材斜断机的规格和技术数据

锯片直径/mm	额定电压/mm	输入功率/W	空载转速/(r/min)	质量/kg
ϕ255	220	1380	4100	22
ϕ255		1640	4500	20
ϕ380		1640	3400	25

注：进口产品。

17.4.8　木工凿眼机和地板抛光机

表 17.121　木工凿眼机和地板抛光机的主要技术参数

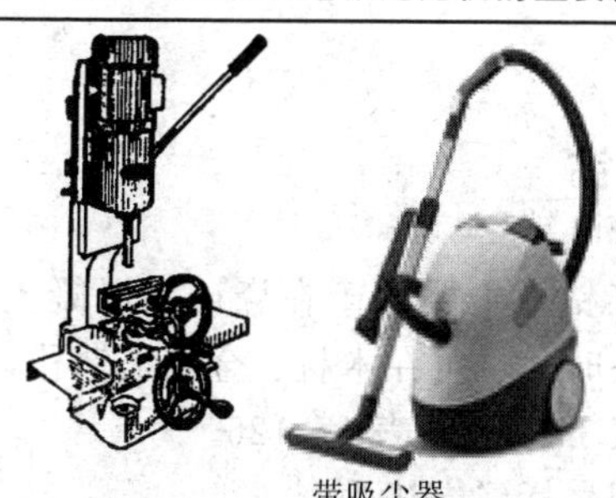

带吸尘器

续表

ZMK-16 木工凿眼机		型　号	Sd300-A	Sd300-B	Sd300-C
凿眼宽度/mm	8～16	电压/V	220	380	110
凿眼深度/mm	≤100	频率/Hz	50	50	50
夹持尺寸/mm	100×100	功率/W	2.2	3.0	2.2
电机功率/W	550	滚筒宽度/mm	300	300	300
质量/kg	74				

17.4.9 旋刨机

旋刨机的型号表示方法：

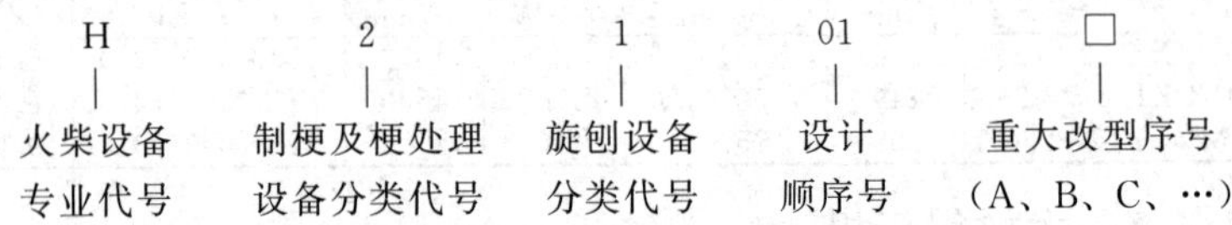

表 17.122 旋刨机的基本参数（QB/T 1162—2003）

项　目		型号与参数		
		H2101	H2101A	H2101B
生产能力	梗枝/(万枝/h)	600		
	盒片/(万套/h)	7.5		
旋刨木段直径/mm		50～750		
旋刨木段长度/mm		410～545		
旋片厚度/mm	梗片	1.54～2.03		
	盒片	0.42～0.77		
主轴转速/(r/min)		50,75,100	77,103	
总功率/kW		5.75	5.85	7.35

17.5 建筑类

17.5.1 冲击电钻

（1）普通冲击电钻

配合使用建工钻，主要用于在瓷砖、混凝土等脆性材料上钻孔，使用普通钻头时，也可在木材、金属上钻孔，其基本参数、规格和技术参数见表 17.123～表 17.126。

冲击电钻的型号标注方法是：

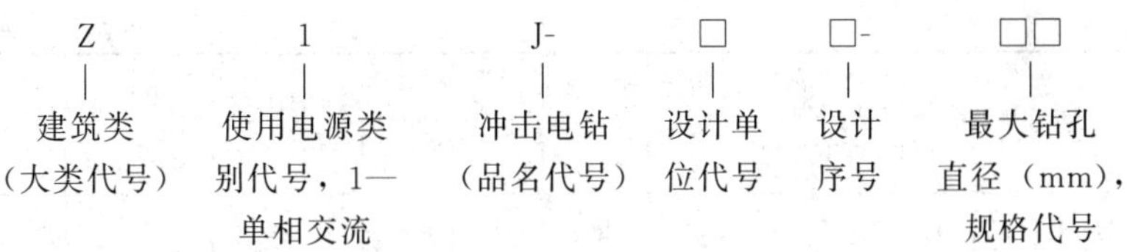

表 17.123 冲击电钻的基本参数（GB/T 22676—2008）

规格 /mm	额定输出功率 /W ≥	额定转矩 /N·m ≥	额定冲击次数 /(万次/min) ≥
10	220	1.2	4.64
13	280	1.7	4.32
16	350	2.1	4.16
20	430	2.8	3.84

注：1. 冲击电钻规格指加工砖石、轻质混凝土等材料时的最大钻孔直径。

2. 对双速冲击电钻，表中的基本参数系指高速挡时的参数，对电子调速冲击电钻是以电子装置调节到给定转速最高值时的参数。

表 17.124 冲击电钻的规格和技术参数 mm

规格		10	12	16	20
最大钻孔直径	砖	10	12	16	20
	钢	6	10	10	16
额定输出功率/W		160	200	240	280
额定转矩/N·m		1.4	2.2	3.2	4.5
额定转速/(r/min)		880	700	800	480
额定冲击次数/(次/min)		17600	13600	11200	9600
质量/kg		1.6	1.7	2.6	3.0

注：1. 冲击电钻规格是指加工砖石、轻质混凝土等材料的最大钻孔直径。

2. 对双速冲击电钻，表中的参数系指低速挡时的参数。

表 17.125 Z1J 系列冲击电钻的规格

续表

型号规格	最大钻孔直径/mm		额定电压/V	额定输入功率/W	额定转矩/N·m	额定转速/(r/min)	冲击次数/(次/min)	外形尺寸(长×宽×高)/mm	质量/kg
	混凝土	钢							
Z1J-J2-10TH-Q	10	—	230	380	—	3600②	—	250×172×62	1.4
Z1J-J2-10TH-QC	10	—	230	380	—	3600②	—	260×177×62	1.6
Z1J-JD-10	10	—	220	350	1.0	1200/1600	17200/21500	—	1.3
Z1J-JD2-10	10	—	220	350	0.95	0～1800	0～2500	—	1.3
Z1J-JD-13	13	—	230	500	1.4	0～1700	0～2450	—	1.3
Z1J-SD01-20/10	20	10	220	640	3.15/4.5	480/850	9600/17000	—	3.2
Z1J-SD02-12	12	10	①	390	2.2	700	14000	330×172×72	2.1
Z1J-SD11-13	13	10	220	500	—	1100	20000	—	—
Z1J-SD62-13	13	10	220	600	—	140	25000	—	—
Z1J-SD02-16/10	16	10	①	470	1.6/3.2	800/1500	16000/30000	353×172×75	2.2
Z1J-FR-13	13	—	230	800	2.9	2500②	—	300×220×80	2.65
Z1J-GN01-16	16	—	220	480	3.22	700	12000	—	2.9
Z1J-GN 01-20	20	—	220	580	4.52	550	9600	—	3.0
Z1J-GW5-13	13	—	230	500	—	250	—	280×170×65	1.8
Z1J-CD-12	12	8	220	410	8.70	870	14000	—	1.65
Z1J-CD-16	16	10	229	500	3.2	720	11200	330×225×70	2.2
Z1J-CD-20	20	13	220	600	4.5	650	11000	430×130×80	3.6
Z1J-CD2-20	20	13	220	650	4.5	680	11560	335×185×70	2.2
Z1J-CD3-20	20	13	220	720	4.5	680	11560	408×140×70	2.3
Z1J-HU-20	20		220	580	4.5	650	—	365×186×90	3.2
Z1J-MH-20/10	20/10	13/8	220	520	4.5/2.2	1050/1800②	—	402×140×72	2.4
Z1J-ND-12	12		220	420	2.2	870	17400	—	2.4
Z1J-ND-16	16		220	450	3.2	820	11000	—	2.9
Z1J-ND-20	20		220	660	4.5	680	13600	—	4.0
Z1J-SM1-20/12	20	16	①	640	—	480/850	9600/17000	426×144×90	3.8

① 110V/220V/240V。

② 空载转速。

表 17.126　Z1J 系列电子调速冲击电钻的规格和技术参数

型号规格	最大钻孔直径 ϕ/mm		额定电压/V	输入功率/W	额定转矩/N·m	空载转速/(r/min)	冲击次数/(次/min)	外形尺寸(长×宽×高)/mm	质量/kg
	轻质混凝土	钢材							
Z1J-ESD11-13	13	10	110/220/240	500	—	0～1100	—	280×190×75	2.1
Z1J-ESD62-13	13	10	—	600	—	0～2800	0～50000	320×215×75	2.1
Z1J-HDA1-10T Z1J-HDA5-13T	10 13	8 10	230	400 500	1.35	0～2500	0～3750	232×263×71	2.0
Z1J-HDA-13 Z1J-HDA-13A	13	10	230	550 600	2.03	0～2400	—	232×263×71	2.1
Z1J-HDA10A-13T	13	10	230	800	2.37	0～2500	0～3750	298×285×73	2.3
Z1J-HDA9-13	13	10	230	550	1.24	0～2500	0～3750	245×240×67	1.75
Z1J-HDA10-13T	13	10	230	1050	2.57	0～3000	0～4000	298×285×73	2.2
Z1J-HDA11-13	13	10	230	600	1.53	0～2500	0～3750	275×265×71	2.0
Z1J-HDA14-13T	13	10	230	500	1.15	0～2500	0～3750	232×263×71	1.8
Z1J-DU01-13T	13	10	230	500	—	0～2800	—	235×262×70	2.2
Z1J-KW02-13 Z1J-KW02-13B	13 13	— —	230 230	560 710	1.5 1.8	0～2800 0～3000	0～40000	272×242×83	2.4
Z1J-K15-13 Z1J-K16-13	13 13	10 10	230 230	710 710	2.5 2.5	0～3200	0～37500	240×215×66 245×220×75	2.0 2.0
Z1J-EMH-16/10	16/10	—	220	480	3.2/1.4	0～1300 0～2000	—	330×171×72	2.2
Z1J-HDA2-20	20	13	230	1050	—	0～3000	—	375×259×81	—
Z1J-HDA3-20 Z1J-HDA4-20	20	13	230	1050	2.15	0～3000	—	380×292×83 351×292×74	2.6 2.1

(2) 旋转和旋转冲击式硬质合金建工钻

与冲击电钻配套，在墙体上钻孔，其规格见表 17.127。

表 17.127　旋转和旋转冲击式硬质合金建工钻（GB/T 6335.1—2010）

mm

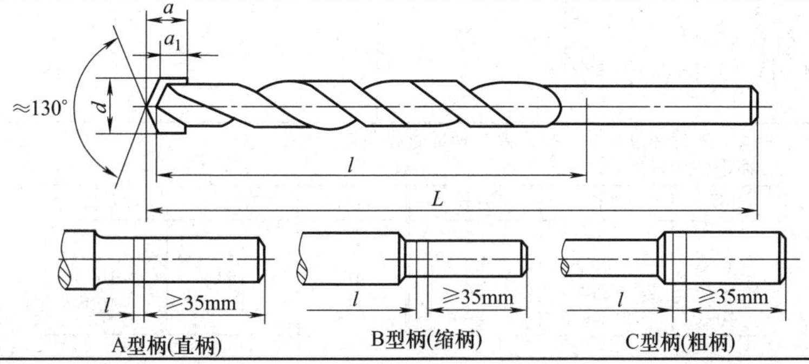

≈130°　a　a_1　d　l　L

l　≥35mm　A型柄(直柄)

l　≥35mm　B型柄(缩柄)

l　≥35mm　C型柄(粗柄)

续表

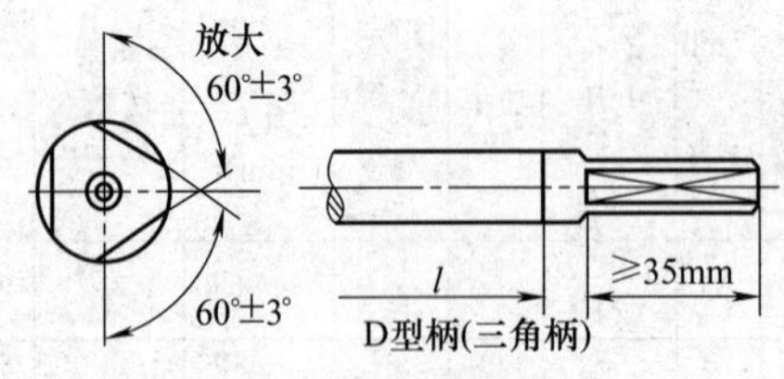

D型柄(三角柄)

<table>
<tr><th colspan="2">d</th><th rowspan="2">a
min
(参考)</th><th rowspan="2">a_1
min
(参考)</th><th colspan="2">短系列</th><th colspan="2">长系列</th><th colspan="4">加长系列(穿墙钻)</th><th rowspan="2">夹持部分尺寸</th></tr>
<tr><th>基本尺寸</th><th>极限偏差</th><th>总长 L</th><th>工作长度 $l\approx$</th><th>总长 L</th><th>工作长度 $l\approx$</th><th>总长 L</th><th>工作长度 $l\approx$</th><th>总长 L</th><th>工作长度 $l\approx$</th></tr>
<tr><td>4.0</td><td rowspan="5">+0.40
+0.15</td><td rowspan="7">0.8d</td><td rowspan="7">0.57d</td><td>75</td><td>39</td><td rowspan="7">150</td><td rowspan="7">85</td><td rowspan="7">—</td><td rowspan="7">—</td><td rowspan="7">—</td><td rowspan="7">—</td><td>10</td></tr>
<tr><td>4.5</td><td rowspan="3">85</td><td rowspan="3">39</td><td rowspan="6">10
或
13</td></tr>
<tr><td>5.0</td></tr>
<tr><td>5.5</td></tr>
<tr><td>6.0</td><td rowspan="3">100</td><td rowspan="3">54</td></tr>
<tr><td>6.5</td><td rowspan="5">+0.45
+0.20</td></tr>
<tr><td>7.0</td></tr>
<tr><td>8.0</td><td rowspan="7">0.7d</td><td rowspan="7">0.47d</td><td rowspan="3">120</td><td rowspan="3">80</td><td rowspan="4">200</td><td rowspan="4">135</td><td rowspan="4">—</td><td rowspan="4">—</td><td rowspan="4">—</td><td rowspan="4">—</td><td rowspan="10">10
13
或
16</td></tr>
<tr><td>9.0</td></tr>
<tr><td>10.0</td></tr>
<tr><td>11.0</td><td rowspan="7">+0.5
+0.2</td><td rowspan="6">150</td><td rowspan="6">90</td></tr>
<tr><td>12.0</td><td>220</td><td>150</td><td>400</td><td>350</td><td>600</td><td>550</td></tr>
<tr><td>13.0</td><td rowspan="9"></td><td rowspan="9"></td><td>—</td><td>—</td><td>—</td><td>—</td></tr>
<tr><td>14.0</td><td rowspan="6">400</td><td rowspan="6">350</td><td rowspan="6">600</td><td rowspan="6">550</td></tr>
<tr><td>15.0</td><td rowspan="4">0.6d</td><td rowspan="4">0.37d</td></tr>
<tr><td>16.0</td></tr>
<tr><td>18.0</td><td rowspan="5">160</td><td rowspan="5">100</td></tr>
<tr><td>20.0</td><td rowspan="4">+0.55
+0.20</td><td rowspan="4">13
或
16</td></tr>
<tr><td>22.0</td><td rowspan="3">0.55d</td><td rowspan="3">0.32d</td></tr>
<tr><td>24.0</td><td>—</td><td>—</td><td>—</td><td>—</td></tr>
<tr><td>25.0</td><td>—</td><td>—</td><td>600</td><td>550</td></tr>
</table>

注：1. 夹持部分尺寸可按需要的柄部直径制造。

2. 冲击钻头规格：

直径	总长	刃长	直径	总长	刃长
5	85	50	13	150	90
6	100	60	16	160	100
8	120	80	20	160	100
10	120	80			

17.5.2　套式锤钻

在冲击有旋转时，配用电锤钻头，可以钻硬而脆的非金属材料（混凝土、岩石等）；在旋转而无冲击时，配用麻花钻头，可以钻金属和软质非金属材料。套式锤钻的基本参数和技术数据见表17.128、表17.129。

表 17.128　套式锤钻的基本参数（GB/T 25672—2010）　mm

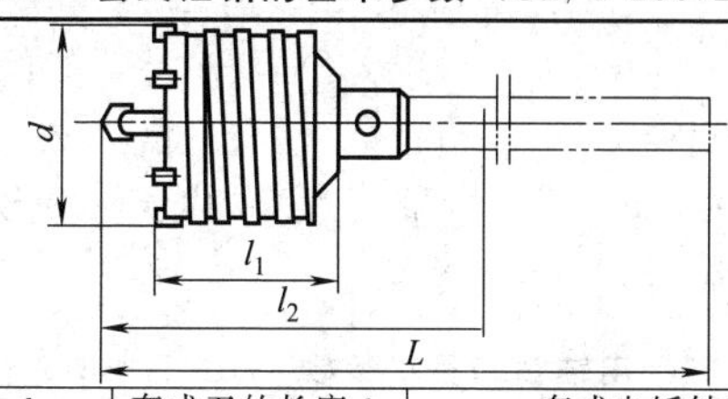

套式电锤钻直径 d		套式刀的长度 l_1	套式电锤钻的悬伸长度 l_2			
基本尺寸	极限偏差	基本尺寸	短系列	长系列	加长系列	超长系列
25、30	+0.52 +0.21	70 80 100 120 150	200	300	400	550
35、40、45、50	+0.62 +0.25					
55、65、70、80	+0.74 +0.30					
85、90、100、105	+0.87 +0.35					
125、130、150	+1.00 +0.40					

表 17.129　套式锤钻的技术数据（GB/T 25672—2010）

型号	钻孔范围/mm		工作转速/(r/min)	每分钟冲击次数	额定输入功率/W	质量/kg
	混凝土	钢板				
Z1A-14	8～14	3～8	770	3500	380	3.2

注：电锤钻头规格如下

结构	直径	总长	结构	直径	总长
实心直花键柄	ϕ13～38	250～550	十字形直花键柄	ϕ30～80	220～450
实心斜花键柄	ϕ16～26	260～550	十字形斜花键柄	ϕ30～80	220～450
实心六方柄	ϕ12～26	200～500	十字形六方柄	ϕ30～80	220～450
实心双键尾柄	ϕ5～15	110～400	筒形直花键柄	ϕ40～125	300～660
实心圆锥柄	ϕ6～13	110～260	筒形斜花键柄	ϕ40～125	290～640
实心圆柱柄	ϕ6～20	110～400	筒形六方柄	ϕ40～125	300～660

17.5.3　电锤钻

配用硬质合金电锤钻头，用于破碎墙面、道路、混凝土、石材等脆性材料，或在其上面打孔，其基本参数、最高温升、规格和技术数据见表 17.130～表 17.134。

电锤钻的型号标注方法是：

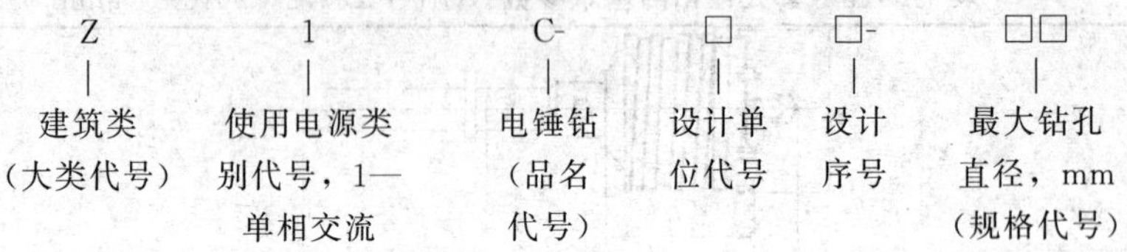

表 17.130　电锤钻的基本参数（GB/T 25672—2010）　mm

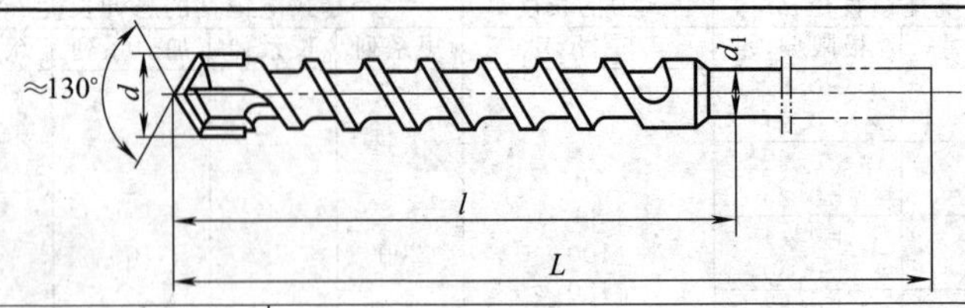

<table>
<tr><th colspan="2">基本尺寸</th><th colspan="4">l</th></tr>
<tr><th>基本尺寸</th><th>极限偏差</th><th>短系列</th><th>长系列</th><th>加长系列</th><th>超长系列</th></tr>
<tr><td>5</td><td rowspan="2">+0.30
+0.12</td><td rowspan="5">60</td><td rowspan="7">110</td><td rowspan="9">150</td><td rowspan="4">—</td></tr>
<tr><td>6</td></tr>
<tr><td>7</td><td rowspan="3">+0.36
+0.15</td></tr>
<tr><td>8</td></tr>
<tr><td>10</td><td rowspan="6">250</td></tr>
<tr><td>12</td><td rowspan="4">+0.43
+0.18</td><td rowspan="5">110</td></tr>
<tr><td>14</td></tr>
<tr><td>16</td><td rowspan="4">150</td></tr>
<tr><td>18</td></tr>
<tr><td>20</td><td rowspan="5">+0.52
+0.21</td><td rowspan="4">300</td></tr>
<tr><td>22</td><td rowspan="3">150</td><td rowspan="3">400</td></tr>
<tr><td>24</td><td rowspan="5">250</td></tr>
<tr><td>26</td></tr>
<tr><td>28</td><td rowspan="8">200</td><td rowspan="8">400</td><td rowspan="8">550</td></tr>
<tr><td>32</td><td rowspan="7">+0.62
+0.25</td></tr>
<tr><td>35</td></tr>
<tr><td>38</td></tr>
<tr><td>40</td><td rowspan="4">300</td></tr>
<tr><td>42</td></tr>
<tr><td>45</td></tr>
<tr><td>50</td></tr>
</table>

表 17.131　电锤钻的基本参数和脱扣力矩（GB/T 7443—2007）

规格 Z1C/mm	16	18	20	22	26	32	38	50
钻削率/(cm^3/min) ≥	15	18	21	24	30	40	50	70
脱扣力矩/N·m ≤	35			45		50		60

注：电锤规格指在 300 号混凝土（抗拉强度 30～35MPa）上作业时的最大钻孔直径（mm）。

表 17.132　电锤零部件的最高温升

零部件	绕组			机壳	塑料手柄
	E 级绝缘	B 级绝缘	F 级绝缘		
温升/K	90	95	115	60	50

表 17.133　Z1C 系列电锤的规格和技术数据

型号规格	最大钻孔直径 φ/mm		额定电压/V	额定输入功率/W	额定转速/(r/min)	额定冲击次数/(次/min)	输出功率/W	外形尺寸(长×宽×高)/mm	质量/kg
	混凝土	钢材							
Z1C-CD-26	26	13	220	705	450	3100	—	378×235×86	4.4
Z1C-CD2-22	22	—		650	720	3350	—	330×218×84	3.2
Z1C-CD3-20	20	13		550	620	—	—	336×225×95	2.6
Z1C-DW-22	22	—	110/220/230	520	800①	—	240	354×230×95	4.7
Z1C-DW-26	26	13		620	800①	—	300	369×244×98.5	5.1
Z1C-DW-26D	26	13		620	800①	—	300	369×244×98.5	5.1
Z1C-DW-26E	26	13		620	800①	—	300	369×244×98.5	5.2
Z1C-DW-38	38	—		900	500①	—	560	372×215×82	6.2
Z1C-DY03-22	22	13	110～230	520	550	2750	252	380×230×90	4.7
Z1C-DY04-16	16	—		420	613	3500	—	340×200×95	3.8
Z1C-FA-22	22	13	220	600	734	—	230	345×205×68	2.8
Z1C-FA-26	26	13		720	455	—	380	370×230×92	5.2
Z1C-FA-26C	26	13	230	750	800	—	340	370×225×65	3.0
Z1C-FA-32	32	—		1200	568	—	627	295×270×90	6.0
Z1C-FQ-24	24	—		720	1000①	—	340	370×220×100	3.2
Z1C-FQ-26	26	13		750	880①	—	350	370×220×100	3.5

续表

型号规格	最大钻孔直径 φ /mm		额定电压 /V	额定输入功率 /W	额定转速 /(r/min)	额定冲击次数 /(次/min)	输出功率 /W	外形尺寸（长×宽×高） /mm	质量 /kg
	混凝土	钢材							
Z1C-FF02-20	20	13	220	500	850①	3900	≥200	—	2.3
Z1C-FF-26	26	13		620	500①	3200	≥330	—	4.6
Z1C-FF-38	38	—		800	400①	—	≥260	—	7.5
Z1C-FG-20	20	—		550	700	—	—	340×210×90	2.4
Z1C-FG-26	26	13	220	650	460	—	—	380×230×90	5.0
Z1C-FG-38	38	—		850	400	—	—	400×250×105	7.6
Z1C-FT-26	26	13		620	420	—	—	352×281×100	5.4
Z1C-FU-26	26	13		620	420	2920	—	352×231×100	5.4
Z1C-HB-26	26	13		750	880①	—	—	380×210×75	3.3
Z1C-HDA-26A	26	13	120	700	900①	3150	390	328×232×92.5	4.8
Z1C-HDA-26	26	13	230	800	900①	—	414	328×232×92.5	5.0
Z1C-HDA1-26 Z1C-HDA1-26A	26	13		750	900①	—	417	328×232×92.5	4.8
Z1C-HU-20	20	—	220	500	580	—	—	335×205×90	2.85
Z1C-HU-26	26	13		620	620	—	—	370×250×96	5.4
Z1C-J2-26TH	26	13		720	1000	—	360	360×228×75	3.8
Z1C-KP01-20	20			550	530	4900		290×213×100	—
Z1C-KW-26	26	13	220	500	420	2920	270	480×360×130	7.0
Z1C-KW-40	40	—		900	600①	—	350	480×380×180	13.0
Z1C-MH-22	22	—		520	800①	—	280	380×221×100	4.3
Z1C-MH-26	26	13		620	650①	—	340	380×231×100	4.8
Z1C-NY01-26	26	13		620	420	2920	—	—	—
Z1C-SD41-26	26	13	110/220/240	620	420	2900	—	355×235×100	5.4
Z1C-SD42-16	16	—		420	520	2900	—	330×94×200	3.2
Z1C-SD42-22	22	13		500	380	2850	—	400×245×94	5.2
Z1C-SD43-22	22	13		520	500	2750	—	352×221×100	5.0
Z1C-SF1-26	26	13	220	620	420	—	—	365×230×95	5.0
Z1C-UL-26	26	13		620	420	2920	—	—	—
Z1C-WD-26	26	13		620	400	—	—	—	4.8
Z1C-WH02-38	38	—		840	400	—	—	380×290×100	6.8

① 空载转速。

表 17.134　Z1C 系列电子调速双重绝缘电锤的规格和技术数据

型号规格	最大钻孔直径 ϕ/mm		额定电压/V	输入功率/W	额定转矩/(r/min)	空载转速/(次/min)	输出功率/W	外形尺寸(长×宽×高)/mm	质量/kg
	混凝土	钢材							
Z1C-CD-20	20	13		550	0～620	0～3000	—	336×225×95	2.6
Z1C-CD2-20	20	13		550	0～600	0～3100	—	330×218×84	3.2
Z1C-CD-22	22	13	220	550	0～600	0～3150	—	388×228×104	4.4
Z1C-CD-24	24	13		650	0～850	0～4700	—	370×210×87	2.8
Z1C-CD02-24	24	13		650	0～780	0～3100	—	356×208×92	2.8
Z1C-HDA1-32A	32	—		1050	0～800②	0～3150	472	399×276×99.5	5.1
Z1C-J2-16TH-D	16	—	230	550	0～1200②	—	270	320×190×75	2.17
Z1C-HDA4-26	26	—		800	0～900②	—	433	390×280×80	6.1
Z1C-KW-40	40	—	120/230	1100	230～450	—	350	480×380×180	13
Z1C-J2-20TH-A	20	—		530	0～1400②	—	260	390×210×85	2.8
Z1C-J2-20TH-B	20	—	230	550	0～1400②	—	270	390×210×85	2.8
Z1C-J2-20TH-C	20	—		530	0～1400②	—	260	390×210×85	2.8
Z1C-SD01-26	26	13		620	0～420	0～2900	—	352×235×100	5.4
Z1C-HU-22	22	—		520	0～500	—		365×235×90	4.8
Z1C-KW-20	20	—	220	500	0～850	—	200	410×180×110	4.0
Z1C-KP03-22	22	—		520	0～650	0～4000	—	352×222×100	—
Z1C-SD03-22	22	13	①	520	0～500	0～2750	—	352×221×100	5
Z1C-KP05-26	26	—	220	600	0～800	0～4000	—	—	—

① 110V/220V/240V。

② 空载调速。

17.5.4　电镐

有很大的冲击功能，可直接对物体进行冲击破坏，其规格和技术数据见表 17.135。

表 17.135　电镐的规格和技术数据

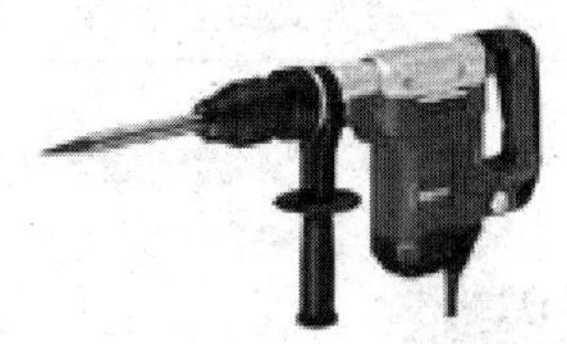

续表

型号	额定电压/V	额定频率/Hz	输入功率/W	冲击次数/(次/min)	冲击能量/J	外形尺寸/mm	质量/kg
Z1G-SD01-6	220/240	50/60	900	2900	—	440×105×240	6
Z1G-DW-50	220/230	50/60	1800	1030	50	1010×596×142	29
HM0810	220	—	900	2900	—	410	5.3
HM1303	—	—	1300	1450	—	747	14
GSH5E	220	—	950	2600	2～9	—	5.2
GSH388	220	—	1050	2800	10/8	—	4.9

17.5.5 湿式磨光机

用于混凝土、石板、石料表面的带水磨光。其型号标注方法是：

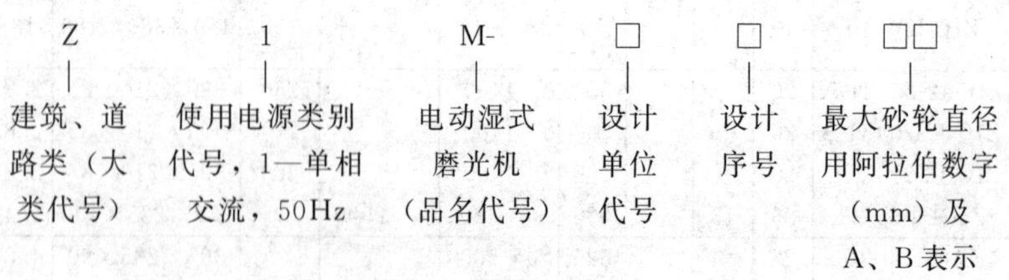

表 17.136　电动湿式磨光机的基本参数（JB/T 5333—2013）

规格/mm		额定输出功率/W ≥	额定转矩/N·m ≥	最高空载转速/(r/min) ≤	
				陶瓷结合剂	树脂结合剂
80	A	200	0.4	7160	8350
	B	250	1.1	7150	8350
100	A	340	1.0	5700	6600
	B	500	2.4	5700	6600
125	A	450	1.5	4500	5300
	B	500	2.5	4500	5300
150	A	850	5.2	3800	4400
	B	1000	6.1	3800	4400

表 17.137　一些湿式磨光机的技术数据

续表

型　号	砂轮规格/mm			额定输出功率/W	额定转矩/N·m	砂轮结合剂		质量/kg
						陶瓷	树脂	
	外径	厚度	螺孔			最高空载转速/(r/min)		
Z1M-80A Z1M-80B	80	40	M10	200 250	0.1 1.1	7150	8350	3.1
Z1M-100A Z1M-100B	100	40	M14	340 500	1.0 2.1	5700	6600	3.9
Z1M-125A Z1M-125B	125	50	M14	450 500	1.5 2.5	4500	5300	5.2
Z1M-150A Z1M-150B	150	50	M14	850 1000	5.2 6.1	3800	4400	—

17.5.6　建材切割机

配用金刚石切割片，可切割硬而脆的非金属材料（大理石、云石、瓷砖等）。

（1）手持式电动石材切割机

手持式电动石材切割机的型号表示方法是：

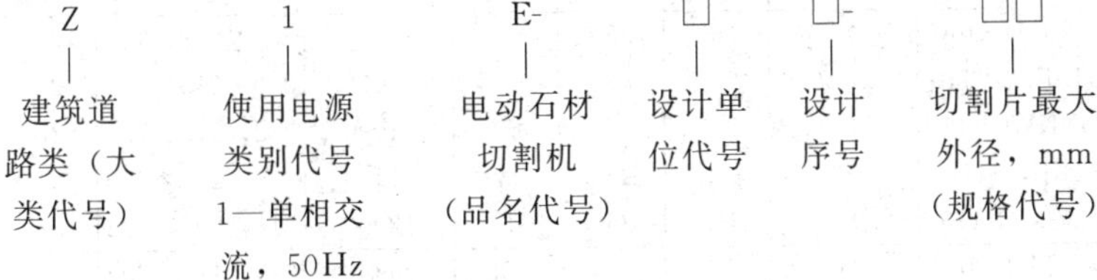

表 17.138　手持式电动石材切割机的基本数据（GB/T 22664—2008）

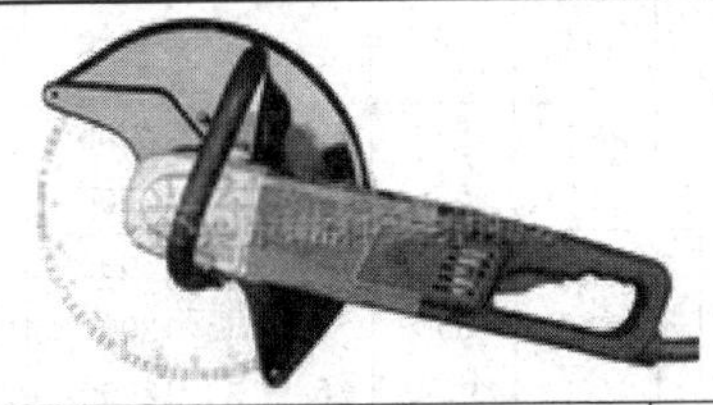

规格	切割尺寸(外径×内径)/mm	额定输出功率/W ≥	额定转矩/N·m ≥	最大切割深度/mm	噪声值/dB(A) ≤
110C	110×20	200	0.3	20	90(101)
110	110×20	450	0.5	30	90(101)
125	125×20	450	0.7	40	90(101)
150	150×20	550	1.0	50	91(102)
180	180×25	550	1.6	60	91(102)
200	200×25	650	2.0	70	92(103)

表 17.139 Z1E 系列电动石材切割机的规格和技术数据

型号规格	最大切割深度/mm	额定电压/V	输入功率/W	输出功率/W	空载转速/(r/min)	外形尺寸(长×宽×高)/mm	质量/kg
Z1E-CD-110	30	220	900	550	11000	240×210×162	3.5
Z1E-FF-110	30		1200	≥750	13000	—	2.9
Z1E-FF02-110	30		1200	≥700	12000	—	2.8
Z1E-FG-110	30		1100	—	11000	210×230×170	3.0
Z1E-HB-110	30		1000	—	11800	260×190×180	3.1
Z1E-HU-110	≥30		950	450	12000	215×180×155	3.1
Z1E-HU-110C	≥30	220	850	450	12000	205×210×160	2.8
Z1E-KP02-110	30		880	—	11000	230×215×170	2.9
Z1E-KW05-110	30		850	450	11000	233×213×190	3.2
Z1E-NG-110	30		1200	—	11000	220×220×220	3.05
Z1E-MH-110	30		850	450	12000	218×207×198	3.0
Z1E-MH-110C	30	220	430	205	9600	325×115×205	2.0
Z1E-NT-110	30		1200	≥450	13000	240×240×220	2.8
Z1E-QB110	30	220	950	—	13000	210×225×155	2.7
Z1E-SD01-110	30	110/220/240	850	—	12000	210×230×172	3.5
Z1E-SD42-110	30		850	—	12000	220×230×170	2.9
Z1E-SF2-110	30	220	900	500	13000	210×236×170	3.2
Z1E-WH-110	30		850	—	12000	220×210×160	2.9
Z1E-YD-110	30		1000	580	12000	208×235×165	2.6
Z1E-ZT-110	34	220	800	—	10000	195×205×185	3.2
Z1E-NG-180①	60		1400	—	5000	280×230×200	6.8
Z1E-FG-180①	60		1400	—	5000	275×370×160	7.0
Z1E-WH-180①	60		1200	—	5000	370×280×160	7.0
Z1ET-180TH①	60		500	250	2800	460×410×290	15.1

① 切割片外径尺寸为 180mm，其余为 110mm；孔径为 20mm。

(2) 台式石材切割机（表17.140～表17.143）

表17.140　石材切割机的技术参数（Ⅰ）

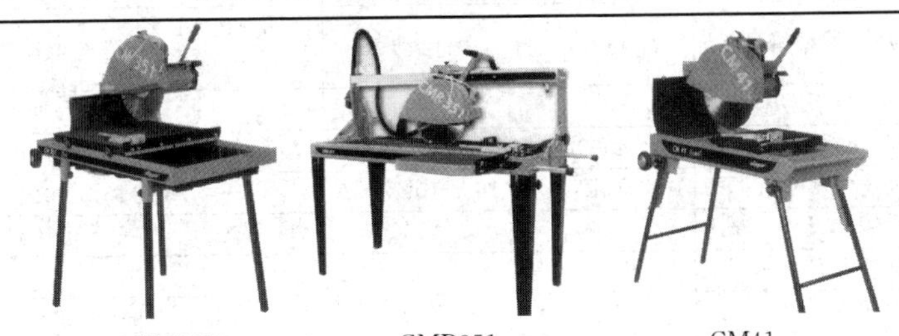

CM351　CMR351　CM41

参　数	CM351	CMR351	CM41
最大锯片尺寸/mm	ϕ350	ϕ350	ϕ400
锯片孔径/mm	25.4		
电源电压/V	220		
功率/W	2200		
转速/(r/min)	2800		
最大切割深度/mm	110	100	135(90°)/94(45°)
最大切割长度/mm	700	1150	600
台面尺寸/mm	600×600	1150×515	440×340
台面倾斜度/(°)	0～45		
平均手臂振动量/(m/s^2)	<2.2	<2.5	<2.5
熔丝/发电机	16A/6kV·A		
声功率级/声压级/dB(A)	87/73	92/80	92/80
总体尺寸(长×宽×高)/mm	1146×815×1270	1650×700×1550	1170×600×1400
质量/kg	69	125	85

注：美国诺顿产品，下同。

表17.141　石材切割机的技术参数（Ⅱ）

续表

参数	CM5013. 55. 3	CM5013. 55. 3DV	CM501 3. 60. P	CM5015. 55. 3
动力源/发动机型号	电动	电动	汽油/HONDA GX200	电动
电源电压/V	400	220～400	—	400
功率/W	4000	4000	4800	4000
熔丝/发电机	16A/10kV·A	16A/10kV·A	—	16A/10kV·A
最大锯片尺寸/mm	ϕ500	ϕ500	ϕ500	ϕ600
锯片孔径/mm	25. 4			
最大切割深度/mm	195	195	195	245
最大切割长度/mm	500			
台面尺寸/mm	500×420			
转速/(r/min)	1900	1900	2200	1900
平均手臂振动量/(m/s^2)	＜2. 5			
声功率级/声压级/dB(A)	79/81	97/81	106/93	97/81
总体尺寸(长×宽×高)/mm	1480×610×1550	1480×610×1550	1480×610×1700	1480×610×1550
质量/kg	165	163	165	188

表 17. 142　石材切割机的技术参数（Ⅲ）

参数	JUMBO 651. 6. 75. 3	JUMBO 651. 6. 55 P
动力源/发动机型号	电动	汽油/HONDA GX200
电源电压/V	400	—
功率/W	5500	4800
熔丝/发电机	32A/14kV·A	—
最大锯片尺寸/mm	ϕ650	
锯片孔径/mm	25. 4	
最大切割深度/mm	265	

续表

参数	JUMBO 651.6.75.3	JUMBO 651.6.55 P
最大切割长度/mm	500	
台面尺寸/mm	600×500	
转速/(r/min)	1350	
平均手臂振动量/(m/s²)	<2.5	
声功率级/声压级/dB(A)	100/86	100/93
总体尺寸(长×宽×高)/mm	1700×800×1480	
质量/kg	212	

表 17.143　石材切割机的技术参数（Ⅳ）

参　数	JUMBO 900-3	JUMBO 1000-3	JUMBO 1000 13P
动力源/发动机型号	电动	电动	汽油/HONDA GX200
电源电压/V	400	400	—
功率/W	7500	7500	9600
熔丝/发电机	32A/19kV·A	32A/19kV·A	—
最大锯片尺寸/mm	ϕ900	ϕ1000	ϕ1000
锯片孔径/mm	60		
最大切割深度/mm	370	420	420
最大切割长度/mm	720		
台面尺寸/mm	720×800		
转速/(r/min)	928		
平均手臂振动量/(m/s²)	<2.5		
声功率级/声压级/dB(A)	100/88	100/86	105/88
总体尺寸(长×宽×高)/mm	2000×1080×1700		
质量/kg	360	370	370

(3) 瓷砖切割机（表 17.144、表 17.145）

表 17.144 瓷砖台锯的技术参数

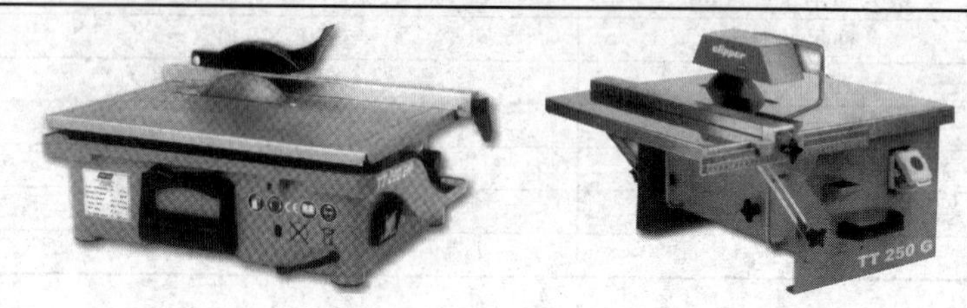

TT200E TT280E

参 数	数 值	
	TT200E	TT280E
最大锯片尺寸/mm	ϕ200	ϕ250
锯片孔径/mm	25.4	25.4
电源电压/V	220	220
功率/W	800	1000
转速/(r/min)	2950	2950
最大切割深度/mm	40(90°)/20(45°)	55(45°)/35(90°)
最大切割长度/mm	不限	不限
台面尺寸/mm	460×360	560×500
台面倾斜度/(°)	0～45	0～45
平均手臂振动量/(m/s^2)	<2.5	<2.5
熔丝/发电机	16A/2kV·A	16A/3kV·A
声功率级/声压级/dB(A)	80/72	79/71
总体尺寸(长×宽×高)/mm	510×400×230	620×600×355
质量/kg	16	26

注：美国诺顿产品，下同。

表 17.145 瓷砖切割机的技术参数

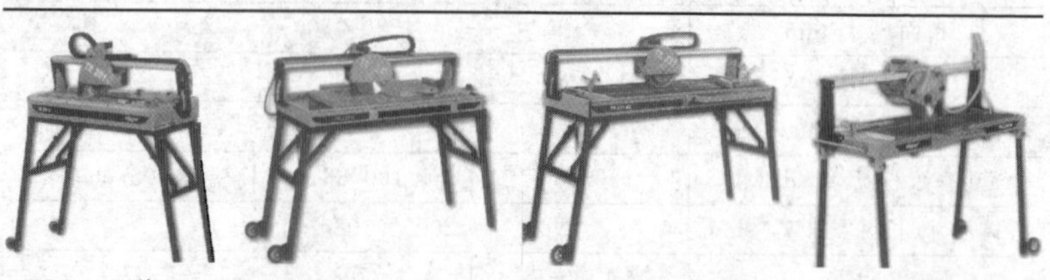

TR201E 型 TR230GS 型 TR231GL 型 TR250H 型

续表

参　数	TR201E 型	TR230GS 型	TR231GL 型	TR250H 型
最大锯片尺寸/mm	ϕ250	ϕ230	ϕ230	ϕ250
锯片孔径/mm	25.4			
电源电压/V	220			
功率/W	1000	1100	1100	1300
转速/(r/min)	2950	2950	2950	2800
最大切割深度(90°/45°)/mm	55/35	45/35	45/35	60/30
最大切割长度/mm	不限	860	1200	1000
台面尺寸/mm	560×500	860×565	1200×565	1100×490
台面倾斜度/(°)	0～45			
平均手臂振动量/(m/s²)	＜2.5			
熔丝/发电机	16A/3kV·A			
声功率级/声压级/dB(A)	79/71	71/79	71/79	87/73
总体尺寸(长×宽×高)/mm	620×600×355	1560×600×1175	1800×600×1175	1400×670×1460
质量/kg	26	61	72	66

（4）马路切割机（表 17.146～表 17.148）

表 17.146　马路切割机的技术参数（Ⅰ）

CS1

CS451

参　数	CS1 P13	CS1 P21	CS451 P13	CS451 D7
动力源/发动机型号	汽油	汽油	汽油	汽油
发动机型号	HONDA GX390	HONDA GX630	HONDA GX390	HATZ 1B30
功率/kW	9.6	14.7	9.6	5

续表

参　数	CS1 P13	CS1 P21	CS451 P13	CS451 D7
水箱容量/L	70		25	
转速/(r/min)	2600	2272	2573	2573
启动装置	拉线	电动	拉线	曲柄
锯片深度控制	手轮			
推进方式	手推			
最大锯片尺寸/mm	ϕ500×25.4		ϕ450×25.4	
最大切割深度/mm	190		170	
平均手臂振动量/(m/s²)	4.22	3.9	1.9	4.7
声功率级/声压级/dB(A)	105/89	106/92	105/88	110/91
总体尺寸(长×宽×高)/mm	1180×580×925	1088×580×925	1180×538×1040	1180×538×1040
质量/kg	140	180	112	120

注：美国诺顿产品，下同。

表 17.147　马路切割机的技术参数（Ⅱ）

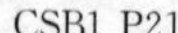

CSB1 P21

CSB1 D13

参　数	CSB1 P21 K1A	CSB1 D13 H1A	CSB1 D13 H1W
动力源	汽油	柴油	柴油
发动机型号	HONDA GX630	HATZ 1D81 Z	HATZ 1D81
功率/kW	15	9.5	11
转速/(r/min)	1775	1950	

续表

参　数	CSB1 P21 K1A	CSB1 D13 H1A	CSB1 D13 H1W
水箱容量/L	25	25	
最大锯片尺寸/mm	ϕ600×25.4	ϕ500×25.4	
最大切割深度/mm	225	190	
启动装置	电动	曲柄	拉线
锯片深度控制	手动或液压	手动	手动或液压
推进方式	自动	自动	
平均手臂振动量/(m/s^2)	3.35	5.08	
声功率级/声压级/dB(A)	107/89	114/101	
总体尺寸(长×宽×高)/mm	1200×600×1100	1200×600×1040	
质量/kg	240	255	250

表 17.148　马路切割机的技术参数（Ⅲ）

CK31

CK61

参　数	CK31 KSA	CK61 KSA	CK61 KSA-1220
动力源	柴油	柴油	柴油
发动机型号	DEUTZ 2	DEUTZ BF3L 2011	
功率/kW	23	45	
转速/(r/min)	1550	1180	850
水箱容量/L	30	30	
最大锯片尺寸/mm	ϕ700×25.4	ϕ900×25.4	ϕ1220×25.4
最大切割深度/mm	280	360	510
启动装置	电动	电动	电动
锯片深度控制	手动或液压	手动或液压	
推进方式	自动	自动	

续表

参　数	CK31 KSA	CK61 KSA	CK61 KSA-1220
平均手臂振动量/(m/s²)	9.42	9.9	
声功率级/声压级/dB(A)	114/100	114/100	
总体尺寸(长×宽×高)/mm	1430×820×1280	1430×980×1280	
质量/kg	660	760	800

（5）地坪研磨机（表 17.149）

表 17.149　地坪研磨机的技术参数

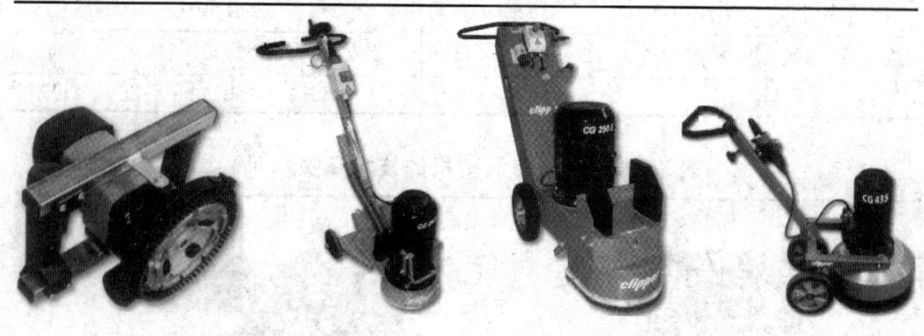

CG125　CG25 S　CG250　CG435

型　号	CG125	CG25 S	CG250	CG435A	CG435B
电源电压/V	220	230	400	400	230
功率/W	1800	2200	4000	4000	2200
熔丝/发电机	—	16A/6kV·A	16A/10kV·A	16A/10kV·A	16A/6kV·A
磨轮直径/mm	125	250	250	435	435
转速/(r/min)	1000	1415	2000	1500	1500
连接口	M14	—	—	—	—
真空软管接头/mm	36	50	50	50	50
平均手臂振动量/(m/s²)	<2.5	<2.5	<2.5	<2.5	<2.5
总体尺寸(长×宽×高)/mm	—	1180×520×1150	1250×620×1000	1250×800×1350	1200×800×1350
质量/kg	43	70	104	115	115

注：美国诺顿产品。

17.5.7　混凝土振动器

用于建筑和道路施工中捣实混凝土钢筋结构。

混凝土振动器有 4 种：电机内装插入式、电动软轴行星插入式、电动软轴偏心插入式和电动外部式。

（1）电机内装插入式混凝土振动器

电机内装插入式混凝土振动器（表 17.150）的型号编制方法是：

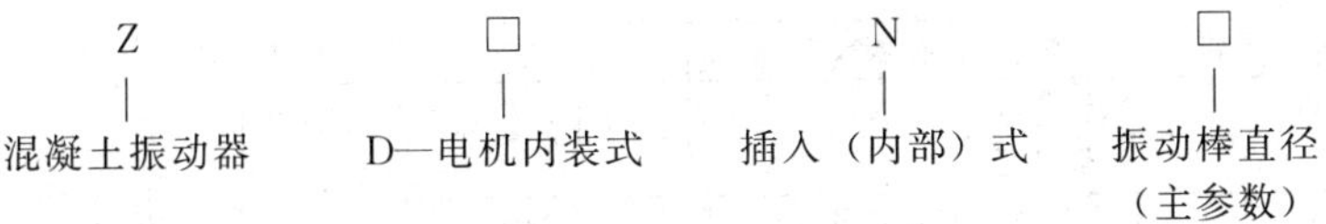

表 17.150　电机内装插入式混凝土振动器基本参数（JG/T 46—1999）

<table>
<tr><th colspan="2" rowspan="2">基本参数</th><th colspan="8">型　号</th></tr>
<tr><th>ZDN42</th><th>ZDN50</th><th>ZDN60</th><th>ZDN70</th><th>ZDN85</th><th>ZDN100</th><th>ZDN125</th><th>ZDN150</th></tr>
<tr><td colspan="2">振动棒直径/mm</td><td>42</td><td>50</td><td>60</td><td>70</td><td>85</td><td>100</td><td>125</td><td>150</td></tr>
<tr><td colspan="2">空载振动频率/Hz ≥</td><td colspan="5">200</td><td colspan="2">150</td><td>125</td></tr>
<tr><td colspan="2">空载最大振幅/mm ≥</td><td>0.9</td><td>1.0</td><td>1.1</td><td colspan="3">1.2</td><td colspan="2">1.6</td></tr>
<tr><td colspan="2">混凝土坍落度为 3～4cm 时生产率/(m^3/h) ≥</td><td>7.0</td><td>10</td><td>15</td><td>20</td><td>35</td><td>50</td><td>70</td><td>120</td></tr>
<tr><td colspan="2">振动棒质量/kg ≤</td><td>5</td><td>7</td><td>8</td><td>10</td><td>17</td><td>22</td><td>35</td><td>90</td></tr>
<tr><td rowspan="2">电机</td><td>额定电压/V</td><td colspan="8">42</td></tr>
<tr><td>额定输出功率/kW</td><td>0.37</td><td>0.55</td><td>0.75</td><td colspan="2">1.1</td><td>1.5</td><td>2.2</td><td>4</td></tr>
<tr><td rowspan="2">电缆线</td><td>截面积/mm^2</td><td colspan="2">2.5</td><td colspan="2">4</td><td colspan="2">6</td><td colspan="2">10</td></tr>
<tr><td>长度/m</td><td colspan="3">30</td><td colspan="2">50</td><td colspan="3">机械操作自定</td></tr>
</table>

注：手持部分为软管式的振动棒质量为软管接头以下振动棒质量（不包括软管接头和电缆线）；手把式振动棒质量为棒头部分、手把、减震器及 0.5m 长电缆线质量的总和。

（2）电动软轴行星插入式混凝土振动器

电动软轴行星插入式混凝土振动器（表 17.151）的型号编制方法是：

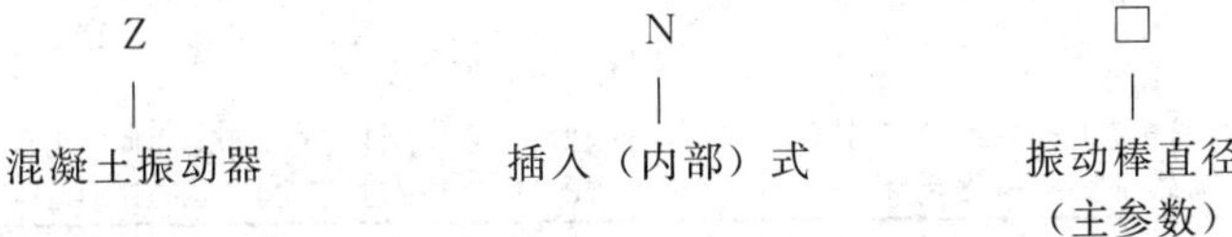

表 17.151　电动软轴行星插入式混凝土振动器基本参数（JG/T 45—1999）

基本参数		型号						
		ZN25	ZN30	ZN35	ZN42	ZN50	ZN60	ZN70
振动棒直径/mm		25	30	35	42	50	60	70
空载振动频率/Hz ≥		230	215	200	183			
空载最大振幅/mm ≥		0.5	0.6	0.8	0.9	1.0	1.1	1.2
电动机功率/kW		0.37		1.1/0.75			1.5	
混凝土坍落度为 3～4cm 时生产率/(m^3/h) ≥		2.5	2.5	5.0	7.5	10	15	20
振动棒质量(不含软轴、软管接头)/kg ≤		1.5	2.5	3.0	4.2	5.0	6.5	8.0
软轴直径/mm		8		10		13		
软管外径/mm		24		30		36		
接口尺寸/mm	电机与软管连接头	40			18			
	防逆套(转子轴)内孔与软轴插头	8			12			
	机头端面与防逆套端面距离	4						

(3) 电动软轴偏心插入式混凝土振动器

电动软轴偏心插入式混凝土振动器（表 17.152）的型号编制方法是：

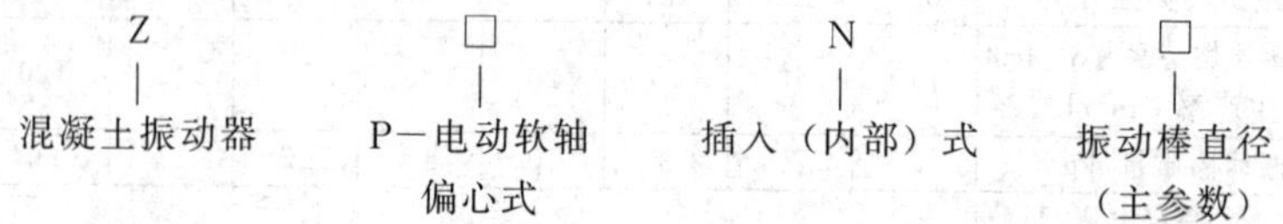

表 17.152　电动软轴偏心插入式混凝土振动器基本参数
（JG/T 44—1999）

基本参数	型号				
	ZPN25	ZPN30	ZPN35	ZPN42	ZPN50
振动棒直径/mm	25	30	35	42	50
空载振动频率/Hz	270	250	230	200	200
空载最大振幅/mm ≥	0.5	0.75	0.8	0.9	1.0
电机输出功率/W	370	370	370	370	370
混凝土坍落度为 3～4cm 时生产率/(m^3/h) ≥	1.0	1.7	2.5	3.5	5.0
振动棒质量(不含软轴、软管接头)/kg ≤	1.0	1.4	1.8	2.4	3.0
软轴直径/mm	8.0	8.0	10	10	10
软管外径/mm	24	24	30	30	30
电机与软臂接头连接螺纹尺寸	M42×1.5	M42×1.5	M42×1.5	M42×1.5	M42×1.5
电机轴与软轴接头连接尺寸	M10×1.5	M10×1.5	M10×1.5	M10×1.5	M10×1.5

（4）电动外部式混凝土振动器

电动外部式混凝土振动器（表17.153）的型号编制方法是：

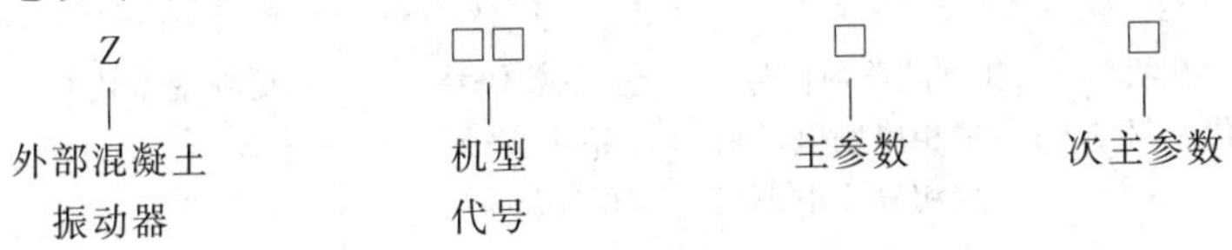

表17.153　电动外部式混凝土振动器主参数及振动电机系列

（JG/T 106—1999）

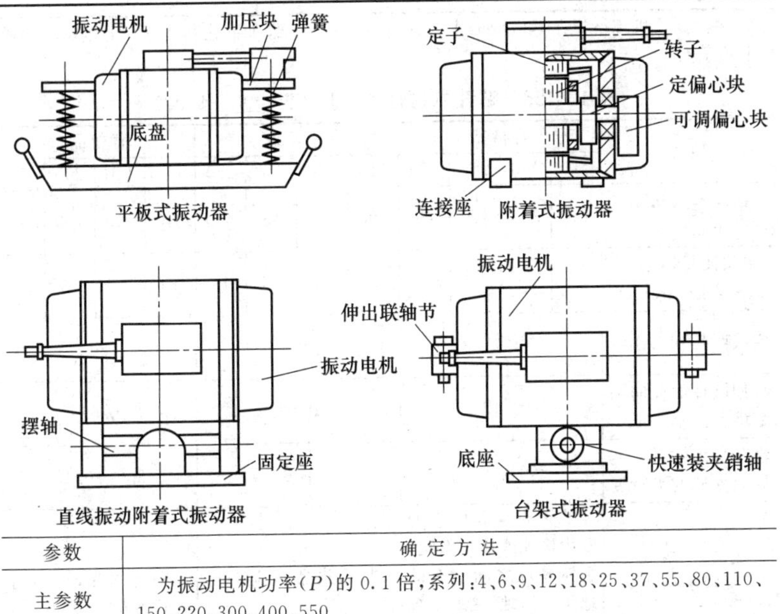

参数	确定方法
主参数	为振动电机功率(P)的0.1倍，系列：4、6、9、12、18、25、37、55、80、110、150、220、300、400、550
次主参数	振动电机为异步电机且不带增速机构时，振动器的次主参数取同步转速
	带增速机构时，取为振动器空载振动频率(Hz)。振动频率根据密实混凝土各种工况，及料仓落料、松料、送料、装料以及振动测量等需要确定

17.5.8　混凝土钻孔机

用于对硬质的非金属材料（如墙壁、混凝土、瓷砖、岩石等）钻孔，如安装煤气管道、水暖管道、敷设电缆等钻孔，安装机器设备钻地锚孔，各种水泥管道侧面钻孔等。

（1）混凝土钻孔机

混凝土钻孔机（表 17.154、表 17.155）的型号标注方法是：

ZZH	□	□	□
钻孔机代号	电动机类别代号 1—单相串励电动机 3—三相异步电动机	主参数代号 钻头直径 (mm)	更新变型代号 A、B、C、…

表 17.154 钻孔机基本参数（JG/T 5005—1992）

钻头直径/mm	110	160	200	250
钻孔率/(cm^3/min)	>150	>300	>470	>680

注：钻孔机规格指在 C30 混凝土（骨料为中等可钻性如硅化灰盐等）上作业时的最大钻孔直径。

表 17.155 钻孔机的性能（JG/T 5005—1992）

项目	合格品				一等品				优等品			
	110	160	200	250	110	160	200	250	110	160	200	250
钻削率/(cm^3/min)≥	150	300	470	680	190	400	600	880	240	500	750	1000
单位质量钻削率/[cm^3/(kg·min)]≥	—	—	—	—	8	11	15	18	10	14	18	22
空载噪声/dB(A)≤	93				91				89			
轴伸圆柱面径向圆跳动公差/mm	0.12				0.06				0.03			
输出轴回转中心线与导向立柱的平行度	300:ϕ0.25				300:ϕ0.15				300:ϕ0.10			
耐久性	外壳有牢固可靠的专用接地或接零系统。金属零件之间应有效地防止腐蚀，接地系统电阻(不含电源导线)应≤0.1Ω				同合格品，但运行时间为 72h				同合格品，但运行时间为 96h			
关建零件抽检合格率	100%				100%				100%			
主件主项抽检合格率	85%				95%				100%			
外观质量	符合本标准 5.7 条规定				漆层、镀层光亮。塑料件表面无明显影丝和凹痕(深度 0.3mm 以下)，外壳零件之间无明显错位(在 1mm 以下)。其余同合格件				外壳零件之间无明显错位(在 0.5mm 以下)，其余同一等品			

(2) 双重绝缘混凝土钻孔机

双重绝缘混凝土钻孔机（表 17.156～表 17.159）的型号标注方法是：

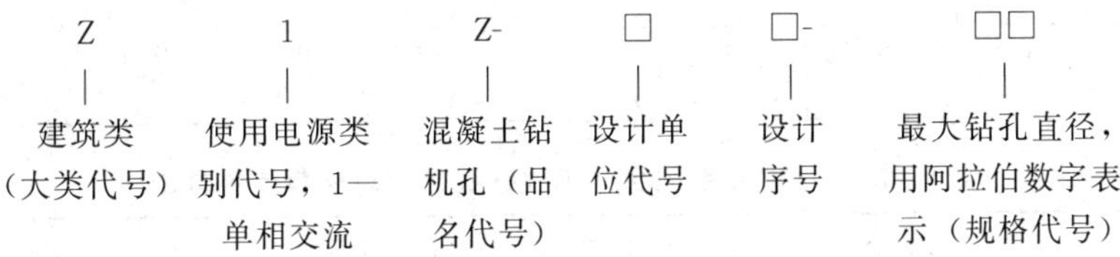

表 17.156　Z1Z 系列双重绝缘混凝土钻孔机的规格和技术数据

额定电压 220V

型号规格	最大钻孔直径 /mm	输入功率 /W	空载转速 /(r/min)	外形尺寸（长×宽×高） /mm	质量 /kg
Z1Z-CF-90	90	1100	1800	452×107×280	7.2
Z1Z-CF02-80	78	1500	—	540×105×286	—
Z1Z-CF02-90	90	1400	2000	452×107×280	7.2
Z1Z-CF03-90	100	1500	1350	460×300×100	7.2
Z1Z-CF04-90	100	1500	1350	330×160×700	14.2
Z1Z-CF-102	102	1360	1900	332×150×747	12
Z1Z-CF-110	110	1700	1200	451×117×441	13
Z1Z-CF-160	160	2000	750	930×290×150	22
Z1Z-CF-180	180	2200	750	410×210×850	22.4
Z1Z-CF-205	205	2300	750	410×210×850	23.4
Z1Z-CF-230	230	2500	720	400×250×900	23.7
Z1Z-CF-255	255	2600	460/900	400×250×920	24.9
Z1Z-FF-90	90	1350	1150	—	4.0
Z1Z-FF-200	200	3300	500	—	24
Z1Z-FT-110	110	1500	1700	—	6.8
Z1Z-SF1-65	65	1000	900①	375×315×121	6.0
Z1Z-TJ-200	200	2500	740	530×225×1010	32.9

① 额定转速。

注：规格中的最大钻头直径是指在 C30 混凝土上作业时的数值。

表 17.157 Z1Z 系列电子调速混凝土钻孔机的规格和技术数据

型号规格	最大钻孔直径/mm	额定电压/V	输入功率/W	空载转速/(r/min)	外形尺寸(长×宽×高)/mm	质量/kg
Z1Z-CF-80	80	220	1150	0～1800	530×128×439	5.5
Z1Z-NY-90	90	220	1200	0～1750		

表 17.158 Z1-LE 系列台式工程钻孔机的规格和技术数据

型号规格	最大钻孔直径/mm	额定电压/V	输入功率/W	输出功率/W	额定转矩/N·m	空载转速/(r/min)	外形尺寸(长×宽×高)/mm	质量/kg
Z1-LE-76	100	220	1400	780	6.5	1500	850×350×280	10.5
Z1-LE-160	200	220	2400	1500	20	1100		

表 17.159 Z1-LE-100 型水气两用工程钻孔机的规格和技术数据

最大钻孔直径	100mm	输出功率	780W
额定电压	220V	外形尺寸	395mm×356mm×108mm
输入功率	1400W	质量	6.5kg
空载转速	2000r/min		

17.5.9 砖墙铣沟机

配合硬质合金专用铣刀，对砖墙、石膏等表面铣切沟槽，由集尘袋集尘。其型号标注方法是：

Z	1	R-	□	□-	□□
建筑类（大类代号）	使用电源类别代号，1—单相交流	混凝土钻机孔（品名代号）	设计单位代号	设计序号	铣削沟槽深度，mm（规格代号）

表 17.160 砖墙铣沟机的规格和技术数据

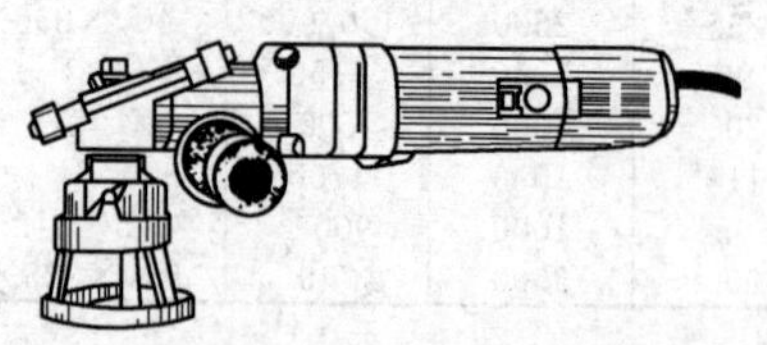

续表

型　号	输入功率/W	负载转速/(r/min)	额定转矩/N·m	铣沟能力/mm ≥	质量/kg
Z1R-16	400	800	2.0	20×16	3.1

注：单相串励电机驱动，电源电压为220V，频率为50Hz，软电缆长度为2.5m。

17.5.10　电动捣碎机

用于捣碎混凝土块、石块、砖块，其规格和技术数据见表17.161。

表17.161　电动捣碎机的规格和技术数据

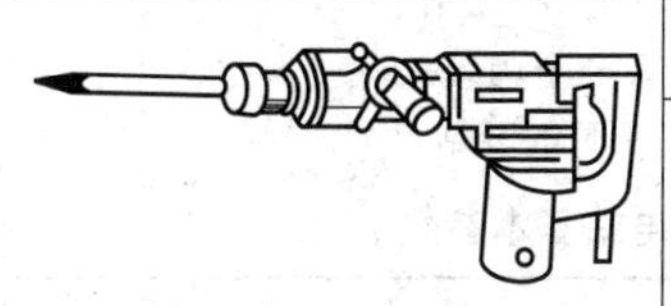	输入功率/W	冲击频率/Hz	质量/kg
	870	50	5.6
	1050	50	5.5～5.9
	1140	24.7/35	8.0～9.5
	1240	23.3	15.0

17.5.11　电动雕刻机

用于玉石、象牙、红木、翡翠、玛瑙及贝壳等工艺品的雕刻和复杂零件加工。其型号标注方法如下：

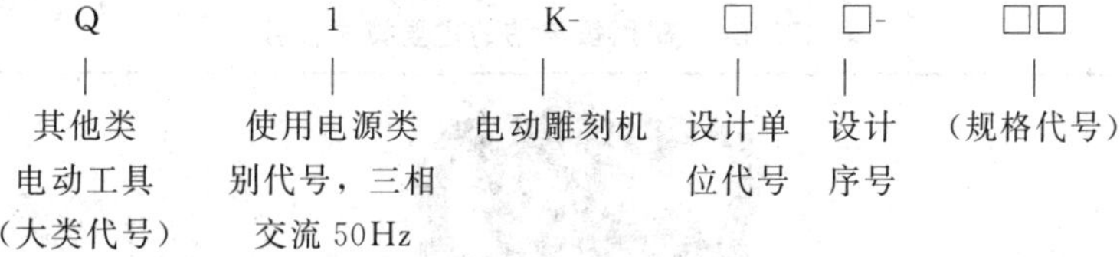

表17.162　电动雕刻机的规格

型号	额定电压/V	额定转矩/N·m	输入功率/W	额定转速/(r/min)	软轴最大回转半径/mm	刀柄装置范围/mm	外形尺寸（长×宽×高）/mm	质量/kg
Q1K-4	220	—	180	16000	—	—	—	3.8
Q1KR-4B	220	>0.008	240	13000	1000	0～6;4～6	1200×220×150	5.0
Q1KR-4	220	0.031	230	13000	—	—	226×177×155	3.0

17.5.12 矿用煤电钻

型号编制方法是：

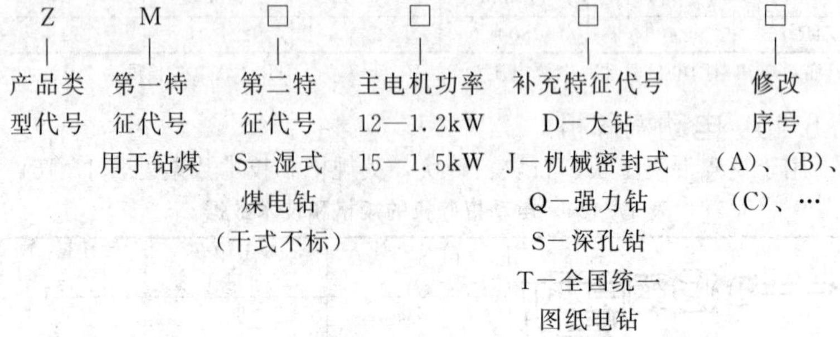

表 17.163 隔爆型手持煤电钻基本参数

项目	基本参数		项目		基本参数	
电动机额定电压/V	127		主轴转速/(r/min)		420～650	470～650
电动机额定频率/Hz	50		质量(不含电缆和水管)/kg＜	干式	15.5	16.0
电动机额定功率/kW	1.2	1.5		湿式	16.5	
钻孔直径/mm	ϕ38～45					

表 17.164 矿用煤电钻的主要技术参数

型号	主轴转速/(r/min)	主轴转矩/N·m	钻孔直径/mm	额定功率/kW	额定电压/V	额定电流/A	电机效率/%	风扇外径/mm
ZM-12T ZM-12TD ZM-12TS	520	22	ϕ38～45	1.2	127	9	76	15.5
ZM-15T	600	23		1.5		11		16
ZM-15TD	540	26.5						
ZM-15TS	600	23						

注：泰安鼎鑫矿用设备有限公司产品。

17.5.13 捣固机

用于铸件砂型的捣固和钢筋混凝土建筑、水泥、冻土层、冰层、软矿石、软岩石、道路施工的破碎作业其参数和规格见表17.165～表17.167。

（1）气动捣固机

表 17.165 气动捣固机的基本参数（JB/T 9849—2011）

产品规格	机重/kg ≤	耗气量/(L/s) ≤	冲击频率/Hz ≥	噪声(声功率级)/dB(A) ≤	清洁度/mg	管内径/mm
2	3	7.0	18	105	250	10
		9.5	16			
4	5	10.0	15	109	300	13
6	7	13.0	14		450	
9	10	15.0	10	110	530	13
18	19	19.0	8		800	

注：验收气压为0.63MPa。

表 17.166 D型气动捣固机的规格

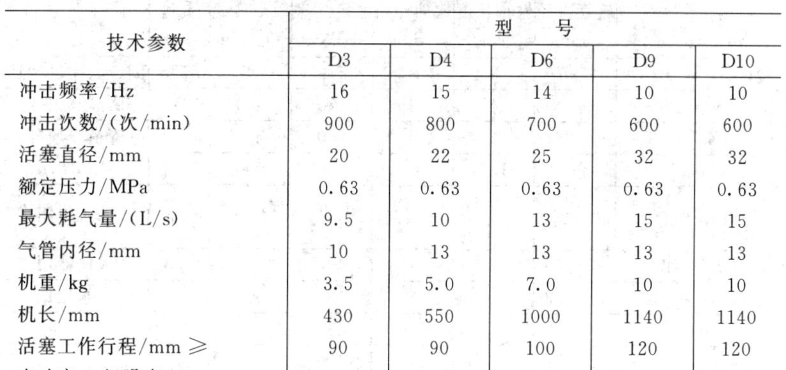

技术参数	型号				
	D3	D4	D6	D9	D10
冲击频率/Hz	16	15	14	10	10
冲击次数/(次/min)	900	800	700	600	600
活塞直径/mm	20	22	25	32	32
额定压力/MPa	0.63	0.63	0.63	0.63	0.63
最大耗气量/(L/s)	9.5	10	13	15	15
气管内径/mm	10	13	13	13	13
机重/kg	3.5	5.0	7.0	10	10
机长/mm	430	550	1000	1140	1140
活塞工作行程/mm ≥	90	90	100	120	120
声功率A级噪声/dB max	105	109	109	110	110

（2）轨枕捣固机

用于捣实铁道轨枕下的石子和缝隙中的填充物，其型号标注方法如下。

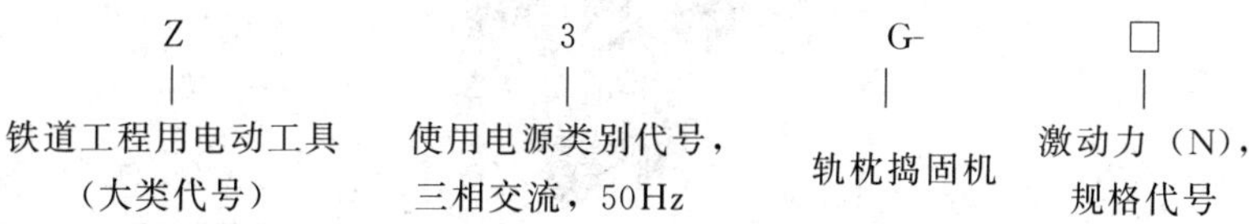

表 17.167 轨枕捣固机主要技术参数

型号	额定转速 /(r/min)	激动力 /N	尺寸(长×宽×高) /mm	质量 /kg	电动机类型
Z3G-300	2700	3000	1085×163×520	15.5	外转式
Z3G-350	2850	3500	1000×160×570	18.0	一般式

注：额定电压 380V；输出功率 350W。

17.5.14 管道清理机

配合适当工具，清理管道污泥、淤塞物等。有手持式和移动式两种其主要技术参数见表 17.168、表 17.169。

表 17.168 手持式电动管道清洗机主要技术参数

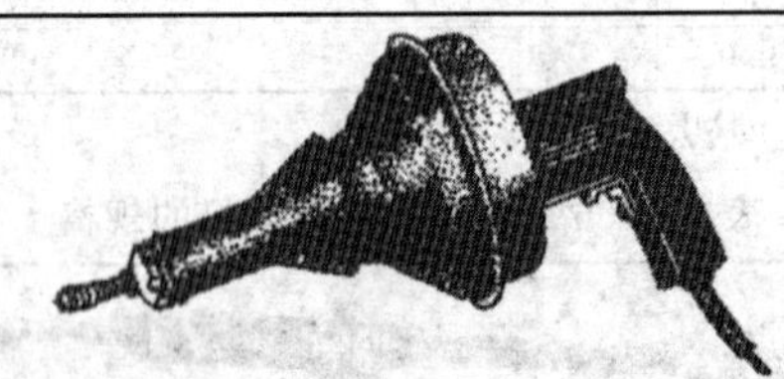

型 号	疏管直径 /mm	软轴长度 /m	软轴外径 /mm	额定功率 /W	额定转速 /(r/min)	质量 /kg	特 征
Q1GRES-19～76	19～76	8	10	300	0～500	6.75	倒、顺、无级调速
Q1G-SC－10～50	12.7～50	4	6	130	300	3	倒、顺、恒速
GT-2	50～200	2	8	350	700		管道疏通和钻孔两用
GT-15	50～200	1.5	13	430	500		
T15-841	50～200	2,4,6,8,15	8,13	431	500	14	下水道用
T15-842	25～75	2	—	—	—	3.3	大便器用
Q1G-8	50～200	4	8	430	500	—	下水道用
Q1SH-100	<100	—	—	430	500	2.5	
Q1G-RE-19～76	19～76	—	—	400	700	6.8	

表 17.169 移动式电动管道清洗机主要技术参数

续表

型号	清理管道直径/mm	清理管道长度/m	额定电压/V	电机功率/W	清理最高转速/(r/min)
Z-50	12.7～50	12		185	400
Z-500	50～250	16		750	400
GQ-75	20～100	30	220	180	400
GQ-100	20～100	30		180	380
GQ-200	38～200	50		180	700

第18章 气动工具

18.1 金属切削类

18.1.1 气钻

以压缩空气为动力，可高效钻削各种金属。产品按旋向分为：单向和双向；按手柄型式分为：直柄式、枪柄式和侧柄式；按结构形式分为：直式和角式。

表 18.1 气钻的规格和技术数据（JB/T 9847—2010）

项目	产品系列								
	6	8	10	13	16	22	32	50	80
功率/kW ≥	0.200		0.290		0.660	1.07	1.24	2.87	
空转转速/(r/min) ≥	900	700	600	400	360	260	180	110	70
单位功率耗气量/[L/(s·kW)] ≤	44.0		36.0		35.0	33.0	27.0	26.0	
噪声(声功率级)/dB(A) ≤	100		105			120			
机重/kg ≤	0.9	1.3	1.7	2.6	6.0	9.0	13.0	23.0	35.0
气管内径/mm	10		12.5		16			20	
清洁度/mg ≤	170	190	300	400	800	1510	2000	2400	3000
寿命指标/h	800			600					

注：1. 验收气压为 0.63MPa。

2. 噪声在空运转下测量。

3. 机重不包括钻卡；角式气钻重量允许增加 25%。

18.1.2 手持式气动钻机

广泛适用岩石硬度 $f \leqslant 100$MPa（10kgf/mm^2）的半煤岩巷、岩巷的钻孔作业。主要用于打井下煤层的探放水孔、瓦斯孔、构造孔、探煤厚，同时可用于锚喷测厚钻孔，非常适合于狭窄巷道的深孔作业。

手持式气动钻机的型号编制方法是：

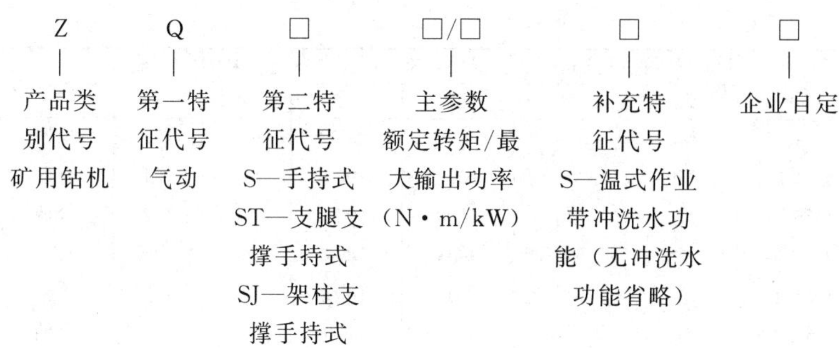

表 18.2　手持式气动钻机技术数据

技术参数		参数值		
工作气压/MPa		0.4	0.5	0.63
额定转矩/N・m		17	22	25
额定转速/(r/min)		780	880	950
耗气量/(m^3/min)		2.9	3.3	4.5
最大输出功率/kW		1.4	2.0	2.4
空载转速/(r/min)		1560	1760	1900
1/2 空载转速/(r/min)		780	880	950
1/2 空载转速转矩/N・m		17	22	25
失速转矩/N・m		32	41	45
最大负荷转矩/N・m		30	38	43
启动转矩/N・m		31	40	44
噪声/dB	功率级	112	112	112
	声压级	95	95	95
质量/kg		8.5	8.5	8.5

18.1.3　气动攻丝机

用于在工件上攻内螺纹，其规格和技术数据见表 18.3。

表 18.3　气动攻丝机规格和技术数据

续表

型号	攻螺纹直径/mm		空载转速/(r/min)		功率/W	质量/kg	结构形式
	铝	钢	正转	反转			
2G8-2	M8	—	300	300	—	1.5	枪柄
GS6Z10	M6	M5	1000	1000	170	1.1	直柄
GS6Q10	M6	M5	1000	1000	170	1.2	枪柄
GS8Z09	M8	M6	900	1800	190	1.55	直柄
GS8Q09	M8	M6	900	1800	190	1.7	枪柄
GS10Z06	M10	M8	550	1100	190	1.55	直柄
GS10Q06	M10	M8	550	1100	190	1.7	枪柄

18.1.4 气动倒角机

气动倒角机的型号编制方法是：

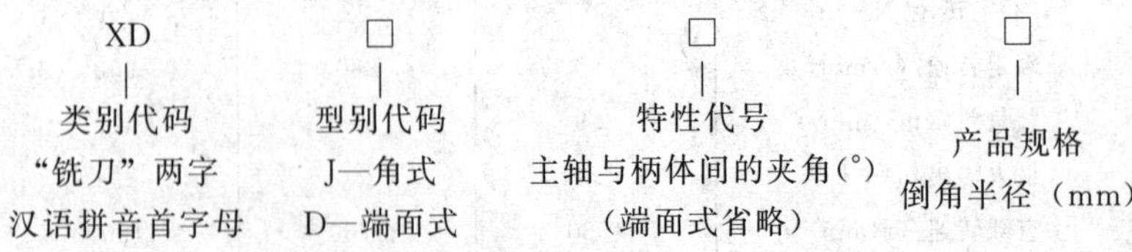

表 18.4 气动倒角机的基本参数（JB/T 11752—2013）

产品系列	最大倒角半径/mm	空转转速/(kr/min) ≤	空转耗气量/(L/s) ≤	主轴功率/kW ≥	单位耗气量/[L/(s·kW)] ≤	空转噪声/dB(A) ≤	气管内径/mm	机重/kg ≤
XDJ110R3		9.0	34	0.50	36			
XDJ90R3	3	8.5	35	0.55	35	110	13	4.0
XDDR3		8.0	36	0.60	34			

表 18.5 气压全自动双头倒角机的规格

续表

型号	DX50300	DX50550	DX501000	DX50A300	DX50A550	DX50A1000
加工管/棒长/mm	100～300	100～550	100～1000	25～250	25～500	25～1000
加工管径/mm	ϕ5～15，ϕ16～50					
加工棒径/mm	ϕ5～30					
使用刀头/mm	管材：ϕ5～15　ϕ16～50，棒材：ϕ5～12　ϕ13～30					
功率/kW	4×1.5					
转速/(r/min)	1200(根据不同材料确定)r/min					
适合材质	钢，铁，铝，铜，不锈钢等各种管件及棒材					
使用压缩机	6～8(大气压)					
工作电压	380V(三相四线)50Hz					
尺寸(长×宽×高)/mm	1460×980×950	1780×980×950	2320×980×950	1460×980×950	1780×980×950	2320×980×950

注：东莞市得兴机械制造有限公司产品。

表 18.6　一些气动倒角机的规格和技术数据

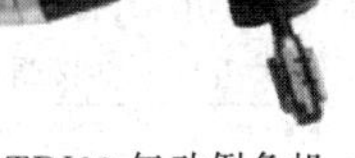

TDJ90 气动倒角机　　TDJ45TDJ60 气动倒角机

规格	加工管子外径/mm	加工管子壁厚/mm	主轴进给量/mm max	主轴转速/(r/min) max	气管内径/mm
TDJ45	32～45	10	25	90	13
TDJ60	46～60	10	30	70	13
TDJ90	45～90	10	35	160	13

18.1.5　气剪刀

用于剪切金属或非金属板材，其规格见表 18.7、表 18.8。

表 18.7　JD 系列气剪刀的规格

续表

型号	工作气压/MPa	剪切厚度/mm	剪切频率/Hz	气管内径/mm	质量/kg
JD2	0.63	2.0	30	10	1.6
JD3	0.63	2.5	30	10	1.5

表 18.8 CP 系列气剪刀的规格

CP20

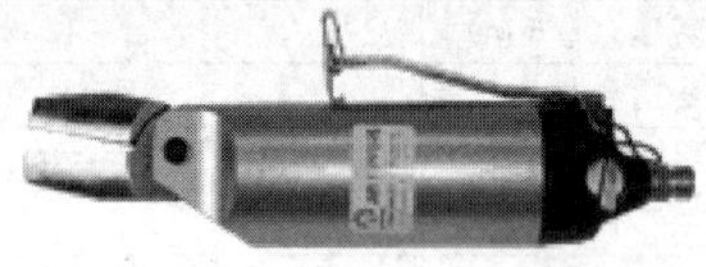

CP30

型号	全长/mm	质量/g	直径/mm	空气压力/N	剪断能力（直径）/mm				
					铜	铁	钢琴线	软树脂	硬树脂
CP10	132	220	36	580					
CP20	170	400	45	1370	1.6	1.0	0.5	4.0	2.0
CP20X	257	600	45	1960	2.6	2.0	1.0	6.5	5.0
CP30	201	630	56	2740	2.6	2.0	1.0	6.5	5.0
CP30X	293	940	56	4410	3.3	2.8	1.2	9.0	6.5

型号	S型刀刃（铜用）	P型刀刃（铁用）	Z型刀刃（钢琴用）	EP型刀刃（铁线用）	F型刀刃（树脂用）	FD型刀刃（树脂用）
CP10	S400	—	Z400	EP400	F300	FD300
CP20	S500	P600	Z600	EP600	F500	FD500
CP20X	S500	P600	Z600	EP600	F500	FD500
CP30	S700	P800	Z800	EP100	F900	FD900
CP30X	S700	P800	Z800	EP100	F900	FD900

18.1.6 气冲剪

用于冲剪切金属或塑料、纤维板等非金属板材，其规格见表 18.9。

表 18.9 气冲剪的规格

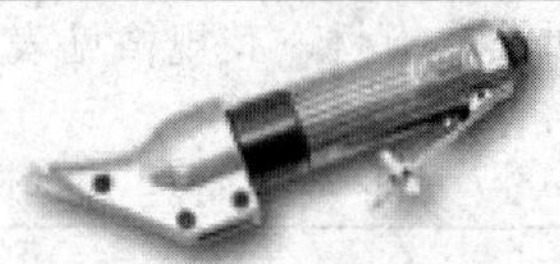

规格	冲剪厚度/mm		每分钟冲击次数	工作气压/MPa	耗气量/(L/min)
	钢	铝			
16	16	14	3500	0.63	170

18.1.7 气铣

用于模具的抛光、整形，毛刺的清理、焊缝的修磨等，其规格见表 18.10。

表 18.10　气铣的规格

型号	工作头直径/mm		空载转速/(r/min)	耗气量/(L/s)	气管内径/mm	长度/mm	质量/kg
	砂　轮	旋转锉					
S8	8	8	80000～100000	2.5	6	140	0.28
S12	12	8	40000～42000	7.7	6	185	0.6
S25	25	8	20000～24000	6.7	6.35	140	0.6
S25A	25	10	20000～24000	8.3	6.35	212	0.65
S40	25	12	16000～17500	7.5	8	227	0.7
S50	50	22	16000～18000	8.3	8	237	1.2

18.1.8 气动磨光机

旋入磨轮、抛轮，用于磨光、抛光工件，其规格见表 18.11。

表 18.11　JP2 型磨光机的规格

型号	功率/W	电流/A	转速/(r/min)	质量/kg
JP2-31-2	3000	6.2/10.7	2900	48
JP2-32-2	4000	8.2/14.2	2900	55
JP2-41-2	5500	10.2/17.6	2900	75

注：电压 380/220V；Y/△接法。工作定额 60%。

18.1.9 气动角向磨光机

适用于金属表面及焊接工程坡口、焊缝表面的修磨，小型钢的剖割，换上钢丝轮或磨盘上粘贴不同的砂纸抛光布，可用于金属表面的除锈和磨光，喷漆腻子底层的磨平，表面的砂磨和抛光（木材等非金属的表面）。

S	□	M	□	□	□□
砂磨类（大类代号）	电源类别代号	角向磨光机（品名代号）	设计单位代号	设计序号	砂轮外径（mm），后跟类型号

表 18.12　角向磨光机的基本参数（GB/T 7442—2007）

规格		额定输出功率/W ≥	额定转矩/N·m ≥	规格		额定输出功率/W ≥	额定转矩/N·m ≥
砂轮直径(外径×内径)/mm	类型			砂轮直径(外径×内径)/mm	类型		
100×16	A	0.30	200	150×22	A	0.80	500
	B	0.38	250	180×22	C	1.25	710
115×22	A	0.38	250		A	2.00	1000
	B	0.50	320		B	2.50	1250
125×22	A	0.50	320	230×22	A	2.80	1000
	B	0.63	400		B	3.55	1250

表 18.13　S1M 系列气动角向磨光机

型号	砂轮外径×孔径/mm	类型	额定输出功率/W≥	额定转矩/N·m≥	最高空载转速/(r/min)	质量/kg
S1M-100A	100×16	A	200	0.30	15000	1.6
S1M-100B		B	250	0.38		
S1M-115A	115×16 或 115×22	A	250	0.38	13200	1.9
S1M-115B		B	320	0.50		
S1M-125A	125×22	A	320	0.50	12200	3
S1M-125B		B	400	0.63		
S1M-150A	150×22	A	500	0.80	10000	4
S1M-1800	180×22	C	710	1.25	8480	5.7
S1M-180A		A	1000	2.00		
S1M-180B		B	1250	2.50		
S1M-230A	230×22	A	1000	2.80	6600	6
S1M-230B		B	1250	3.55		

表 18.14　SJ 系列气动角向磨光机

续表

型号	机长/mm	进气接口/mm	工作气压/MPa	单位功率耗气量/[L/(s·kW)]	空转转速/(r/min)	砂轮/mm	机重/kg
SJ100×110	209	13	0.63	16.7L/s	≤12000	ϕ100×6×ϕ22	1.9
SJ125	217	≥6	0.63	16.7	11000～12000	ϕ125×5×ϕ16	1.9
SJ150×110	235	G3/8	0.63	19.0	≤8000	ϕ150×6×ϕ22	2.1
SJ180	255	G3/8	0.63	20.8	≤7000	ϕ180×6×ϕ22	2.6

18.1.10　气动砂轮机

适用于清理铸件表面、光整焊缝、打磨钢铁圆角、抛光除锈以及模具修型等工作。

(1) 直柄式气动砂轮机

表 18.15　直柄式气动砂轮机的基本参数（JB/T 7172—2006）

产品系列	40	50	60	80	100	150
空转转速/(r/min)	≥17500		≤16000	≤12000	≤9500	≤6600
主轴功率/kW	—		≥0.36	≥0.44	≥0.73	≥1.14
单位功率耗气/[L/(s·kW)]	—		≤36.27	≤36.95		≤32.87
噪声(声功率级)/dB(A) ≤	108		110	112		114
机重(不含砂轮)/kg ≤	1.0	1.2	2.1	3.0	4.2	6.0
气管内径/mm	6	10	13		16	
清洁度/mg max	128	147	240	420	623	832

表 18.16　直柄式气动砂轮机的规格

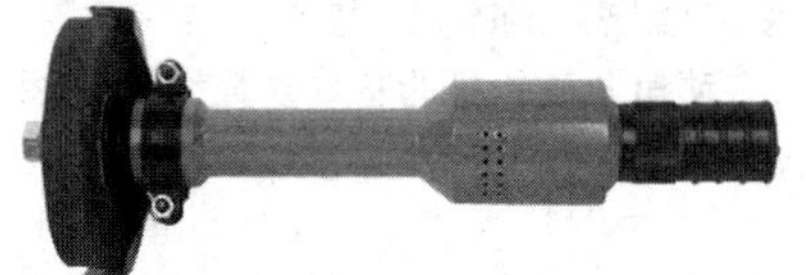

S150 直柄式气动砂轮机外形图

规格	S40A	S40B	S50①	S60	S100	S150
夹持直径/mm	6	6	—	60	100	150
工作气压/MPa	0.5～0.6	0.5～0.6	0.5～0.6	0.5～0.6	0.5～0.6	0.5
空载转速/(r/min)	19000	19000	19000	12000～15000	10000～12000	7000
耗气量/(m^3/min)	0.59	0.59	0.59	0.85	0.95	1.5
气管内径/mm	9	9	9	13	13	16
接头螺纹	ZG1/4in	M12×125	②	—	—	—
机长/mm	170	180	180	310	360	497
机重/kg	0.5	0.79	0.79	17	19.5	42
噪声/dB(A)	85	85	85	85	85	85

① 清理锅炉烟道专用。

② 前轴外螺纹 14mm，后内螺纹 20mm。

注：天津凤泰宝田科技有限公司产品。

表 18.17　气动直磨砂轮机

技术参数	S40A	S60	S80	S100	S150
最大砂轮直径/mm	40	60	80	100	150
空载转速/(r/min)	22000	17500	12000	9000	6000
使用气压/MPa	0.63	0.63	—	0.63	0.63
耗气量/[L/(s·kW)]≤	—	36.27	36.95	39.95	32.88
气管内径/mm	8	13	13	16	16
主轴功率/kW ≥	—	0.4	0.6	0.73	1.5
无砂轮全长/mm	180	390	475	510	475
质量/kg	0.75	2.1	3.0	4.2	6.0
功用	替代锉削，用于各种凹形圆弧面修磨、抛光	适用于修磨中、小件浇口、冒口，中型机件、模具及焊缝等。其余同右②、③	①适用于修磨大、中型铸件浇口、冒口，修磨大型机件、模具及焊缝等 ②以布轮替代砂轮可进行抛光 ③以钢丝轮替代砂轮可进行金属表面铁锈、旧漆层的清除		

(2) 气动角向砂轮机

适用于焊接前坡口及焊接后焊缝表面的修磨；金属薄板、小型钢的剖割；铭牌表面修磨、除锈、抛光。

表 18.18　气动角向砂轮机的基本参数（JB/10309—2011）

产品系列	砂轮最大直径/mm	空转转速/(r/min)≤	空转耗气量/(L/s)≤	主轴功率/kW≥	单位功率耗气量/[L/(s·kW)]≤	空转噪声/dB(A)≤	气管内径/mm	机重(无砂轮)/kg≤	产品清洁度/mg≤
100	100	14000	30	0.45	27	108	13	2.0	200
125	125	12000	34	0.50	36	109	13	2.0	250
150	150	10000	35	0.60	35	110	13	2.0	250
180	180	8400	36	0.70	34	110	13	2.5	300

注：产品的验收气压为 0.63MPa。

表 18.19　一些气动角向砂轮机的规格

续表

技术参数	型号				
	SJ100	SJ125X	SJ150	SJ180	SJ230
最大砂轮直径/mm	100	125	150	180	125
空载转速/(r/min)	11000	11000	9500	80000	11000
耗气量/(L/s)	27	36	35	34	36
气管内径/mm	13	13	13	13	13
主轴功率/kW	0.45	0.5	0.6	0.7	0.5
质量/kg	1.3	1.52	2.9	3.0	1.52

(3) 气动立式端面砂轮机

用于修磨焊接坡口和焊缝中较浅的夹渣、气孔、焊缝缺陷等。

表 18.20 立式端面气动砂轮机的规格

SD100 型

型号	砂轮尺寸/mm	空气压力/MPa	空载转速/(r/min)	额定功率/kW	负荷耗气量/(L/min)	噪声/dB ≤	气管内径/mm	外廓尺度/mm	质量/kg
SD100	100×6×16	0.49	11500～14000	≥0.47	≤600	90	13	170×52×125	1.5
		0.63	12500～15000	≥0.51	≥740	95	13	170×52×125	1.5
SD150	150×6×22	0.49	9000～9500	0.7	≤1000	85	16	180×66×150	2.5
		0.63	10000～10500	0.8	≥1200	90	16	180×66×150	2.5

注：砂轮尺寸为外径×厚度×内径；外廓尺度为长度×直径×高度。

(4) 直向砂轮机

直向砂轮机分单相串励、三相中频和三相工频砂轮机，其基本参数和噪声限值分别见表 18.21～表 18.23。

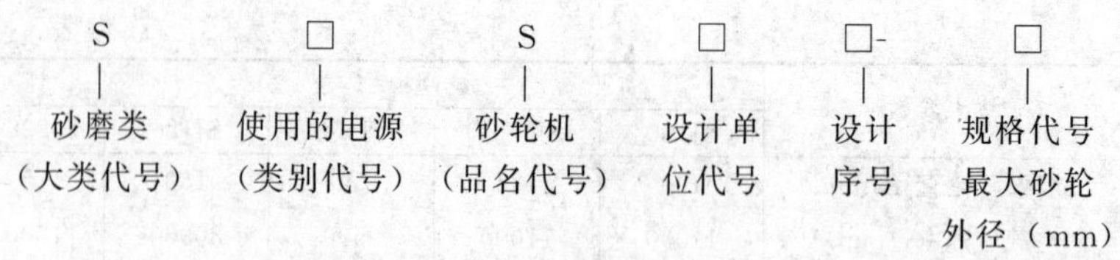

表 18.21 单相串励和三相中频砂轮机基本参数（GB/T 22686—2008）

规格/mm		额定输出功率/W ≥	额定转矩/N·m ≥	空载转速/(r/min) ≤	许用砂轮安全线速度/(m/s)
ϕ80×20×20(13)	A	200	0.36	11900	—
	B	280	0.40		
ϕ100×20×20(16)	A	300	0.50	9500	
	B	350	0.60		
ϕ125×20×20(16)	A	380	0.80	7600	≥50
	B	500	1.10		
ϕ150×20×32(16)	A	520	1.35	6300	
	B	750	2.00		
ϕ175×20×32(20)	A	800	2.40	5400	
	B	1000	3.15		

注：（ ）内数值为 ISO 603 的内孔值。

表 18.22 三相工频砂轮机基本参数

规格/mm		额定输出功率/W ≥	额定转矩/N·m ≥	空载转速/(r/min)	许用砂轮安全线速度/(m/s) ≥
ϕ125×20×20(16)	A	250	0.85	<3000	35
	B	350	1.20		
ϕ150×20×32(16)	A				
	B	500	1.70		
ϕ175×20×32(20)	A				
	B	750	2.40		

注：括号内数值为 ISO 603 的内孔值。

表 18.23 直向砂轮机的噪声限值 dB（A）

规格/mm	ϕ80	ϕ100	ϕ125	ϕ150	ϕ175
空载转速≥3000r/min	88(99)	90(101)		92(103)	
空载转速<3000r/min	65(76)				

注：括号内噪声值是砂轮机空载噪声功率级（A 计权）的限值。

18.2 装配作业类

18.2.1 气动铆钉机

表 18.24　气动铆钉机的基本参数（JB/T 9850—2010）

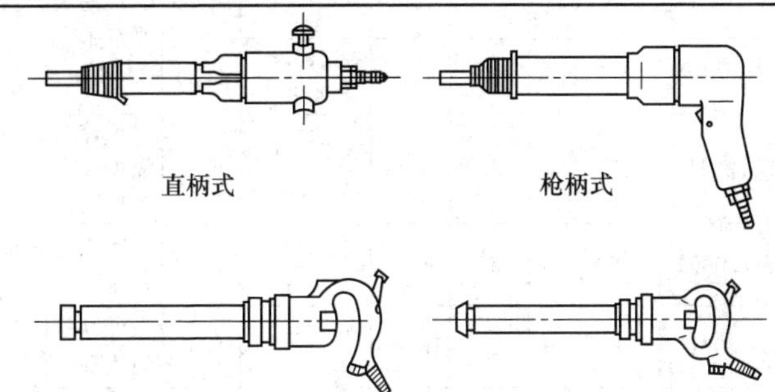

弯柄式　　环柄式

产品规格	铆钉直径/mm		窝头尾柄规格/mm	冲击频率/Hz ≥	冲击能/J ≥	冲击频率/Hz ≥	耗气量/(L/s) ≤	气管内径/mm	噪声(声功率级)/dB(A) ≤	质量/kg
	冷铆硬铝LY10	热铆钢2C								
4	4	—	10×32	35	2.9	35	6.0	10	114	1.2
5	5	—		24	4.3	24	7.0	10		1.5
			12×45	28	4.3	28		12.5		1.8
6	6	—		13	9.0	13	9.0	12.5	116	2.3
				20	9.0	20	10			2.5
12	8	—	17×60	15	16	15	12			4.5
16	—	16	31×70	20	22	20	18	16	118	7.5
19	—	19		18	26	18	18			8.5
22	—	22		15	32	15	19			9.5
28	—	28		14	40	14	19			10.5
36	—	36		10	60	10	22			13.0

注：验收气压 0.63MPa。

18.2.2 气动拉钉枪

表 18.25　气动拉钉枪技术参数

类别	型号	长×高/mm	行程/mm	拉伸力/N	铆接范围	质量/kg	特点
自吸式拉钉枪	DG-6201LV	298×267	28	5600	2.4、3.2、4.0	1.28	可一次拉断长铆钉
	DG-7201LV	306×280	20	11000	3.2、4.0、4.8、6.4	1.61	能够一次拉断3.2到4.8的不锈钢等高强度铆钉，并可铆接铁、铝等材质的铆钉

续表

类别	型号	长×高/mm	行程/mm	拉伸力/N	铆接范围	质量/kg	特点
自吸式拉钉枪	DG-6200SV	280×230	18	4850	2.4、3.2、4.0	1.03	自动吸钉，拆卸不需要任何工具，节能开关，使用舒适
	DG-7200MV	306×258	20	9400	3.2、4.0、4.8	1.30	
不吸式拉钉枪	DG-7201L	209×280	20	11000	3.2、4.0、4.8、6.4	1.50	拉伸力大，可用于高强度铆钉，铆接铁、铝等材质铆钉
	DG-7200M	209×258	25	9400	3.2、4.0、4.8	1.20	脚踏开关控制，提高工作效率
	DG-8201H	160×280	25	13500	3.2、4.0、4.8、6.4	1.65	可以铆接3.2到6.4的铝铆钉
	DG-7200M	209×258	20	9400	3.2、4.0、4.8	1.20	拉伸力大，可铆接不同规格的铆钉；采用节能开关，上下滑动空气接头，即可打开和关闭气源
	DG-8200H	222×326	26	18500	4.8、6.4	1.90	

注：上海固乐紧固系统有限公司产品，下同。

表18.26　气动全自动铆螺母枪技术参数

型号	铆接范围	质量/kg	高度/mm	长度/mm	行程/mm	转速/(r/min)	所需气压/bar①	拉伸力/kN	耗气量/(L/min)
BY-0611	M3～M12	2.2	280	295	7	2500	5.0～6.9	19.0	70
DG-0611K	M3～M12	2.1	280	295		2600		19.8	
DG-0636K	M3～M6	1.5	255	280		2200		19.8	

① 1bar=10^5Pa。

18.2.3　气动打钉枪

用于硬度中等以下的非金属材料（皮革、木材和塑料等）的打钉，其基本参数、尺寸、规格见表18.27～表18.30。

表18.27　气动打钉枪基本参数与尺寸（JB/T 7739—2010）

产品类别	产品型号	机重/kg	冲击能/J ≥	缸径/mm	钉子长度 L/mm	清洁度/mg ≤	钉子图示
盘形钉	DDP45	2.5	10.0	44	22～45	400	$\phi10$ $\phi3$ L

续表

产品类别	产品型号	机重/kg	冲击能/J ≥	缸径/mm	钉子长度 L/mm	清洁度/mg ≤	钉子图示
盘形钉	DDP80	4.0	40.0	52	20～80	450	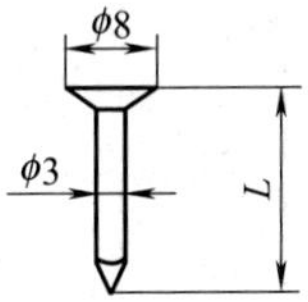 φ8 φ3 L
条形钉	DDT30	1.3	2.0	27	10～30	280	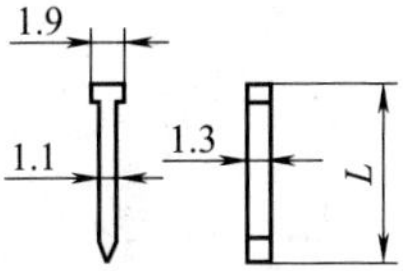 1.9 1.1 1.3 L
	DDT32	1.2	2.0	27	6～22	280	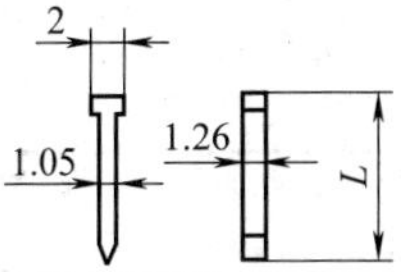 2 1.05 1.26 L
U形钉	DDU14	1.2	1.4	27	14	200	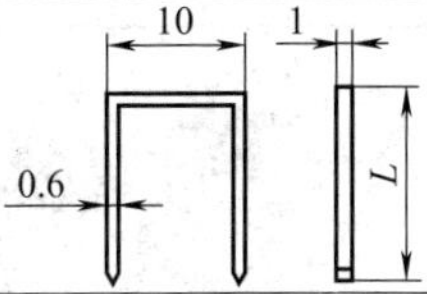 10 1 0.6 L
	DDU16	1.2	1.4	27	16	200	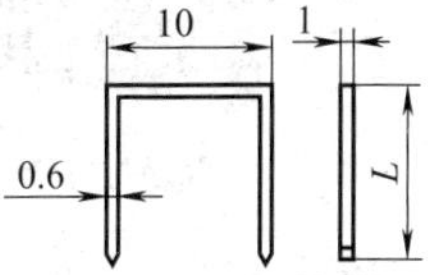 10 1 0.6 L
	DDU22	1.2	1.4	27	10～22	200	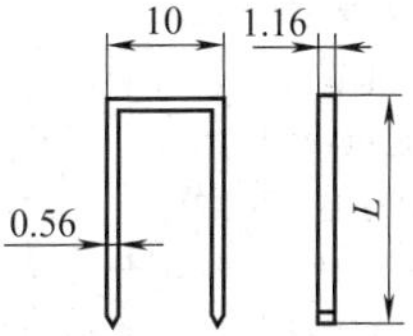 10 1.16 0.56 L
	DDU22A	1.2	1.4	27	6～22	200	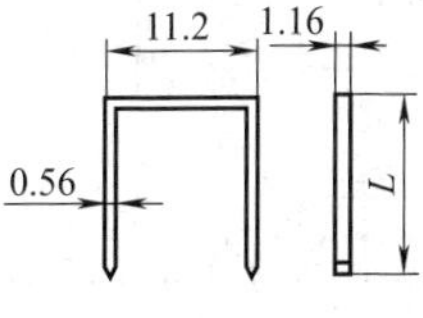 11.2 1.16 0.56 L

续表

产品类别	产品型号	机重/kg	冲击能/J ≥	缸径/mm	钉子长度 L/mm	清洁度/mg ≤	钉子图示
U形钉	DDU25	1.1	≥2.0	27	10～25	200	
	DDU40	4	≥10.0	45	40	400	

注：验收气压 0.63MPa，气管内径 8mm。

表 18.28 一些气动打钉枪的规格

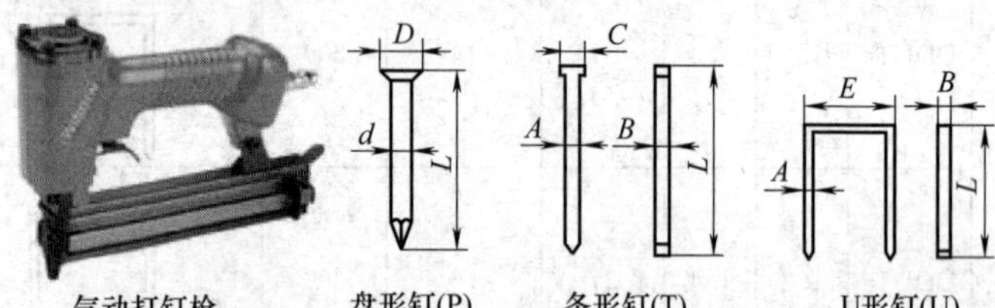

气动打钉枪 盘形钉(P) 条形钉(T) U形钉(U)

打钉枪型号	缸径/mm	冲击能/J ≥	清洁度/mg ≤	钉子规格/mm					质量/kg
				d、A	B	D、C	E	L	
DDP45	44	10	440	3.0	—	8	—	27～45	2.5
DDP80	52	40	450	3.0	—	10	—	20～80	4.0
DDT30	27	2.0	280	1.1	1.3	1.9	—	10～30	1.3
DDT32	27	2.0	280	1.05	1.26	2.0	—	6～32	1.2
DDU14	27	1.4	200	0.6	1.0	—	10.0	14	1.2
DDU16	27	1.4	200	0.6	1.0	—	12.7	16	1.2
DDU22	27	1.4	200	0.56	1.16	—	5.1	10～22	1.2
DDU22A	27	1.4	200	0.56	1.16	—	11.2	6～22	1.2
DDU25	27	2.0	260	0.56	1.0	—	12.0	10～25	1.1
DDU40	45	10	400	1.0	1.26	—	8.5	40	4.0

表 18.29　一些气动打钉枪（直钉）规格

型号	钉子型式	钉子规格/mm		钉槽容量/枚	工作气压/MPa	质量/kg
		截面尺寸	长度			
AT-3095	直钉	2.87～3.3	50～59	—	0.5～0.7	3.85
AT-309031/45	螺旋钉	ϕ3.1	22,25,32,38,45	120	0.5～0.8	3.2
AT-308028/64T	直钉	ϕ2.55	16,25,32,38,45,50	—	0.5～0.8	2.7
		ϕ2.55	25,32,38,45,50,57,64			
AT-307016/64A	直钉	6×1.4	32,38,45,50,57,64	—	0.5～0.8	2.75
AT-3020T50	直钉	6×1.4	20,25,32,38,45,50	100	0.4～0.7	2.3
AT-3010F30	直钉	1.25×1.0	10,15,20,25,30	100	0.35～0.7	1.15

表 18.30　一些气动打钉枪（U形钉）规格

规格	钉子规格/mm			钉槽容量/枚	工作气压/MPa	质量/kg
	截面尺寸	跨度	长度			
16/951	16×1.4	12.25	32,35,38,45,50.8	150	0.5～0.8	2.55
2438B(s)	16×1.4	25.4	19,22,25,32,38	140	0.5～0.8	2.76
90/40	1.25×1.0	5.8	16,19,22,25,28,32,38,40	100	0.4～0.7	2.30
4227	1.2×0.58	5.1	10,13,16,19,22	100	0.35～0.7	1.15
4137	1.2×0.58	5.1	6,8,10,13	100	0.35～0.7	0.96
10221	1.2×0.58	11.2	10,13,16,19,22	100	0.35～0.7	1.15
10131	1.2×0.58	11.2	6,8,10,13	100	0.35～0.7	0.92

18.2.4　气扳机

产品按结构形式分为：具有减速机构的普通型和不具有减速机构的高速型，按手柄型式分为：直柄式（包括角式）、枪柄式、环柄式和侧柄式。气扳机的基本参数和规格见表 18.31～表 18.33。

表 18.31　冲击式气扳机的基本参数（JB/T 8411—2006）

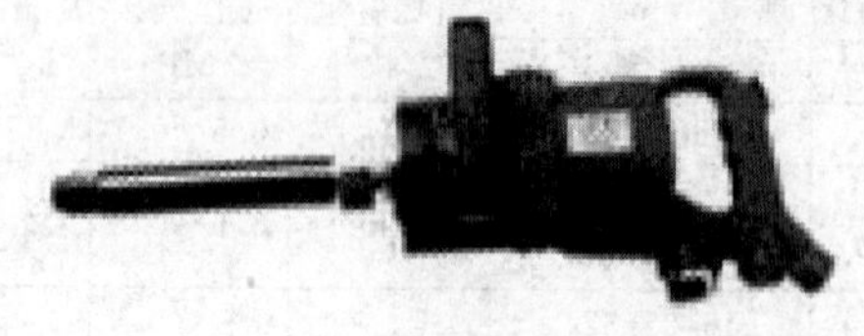

用于拆装六角螺栓和螺母

产品系列/mm	适用螺纹规格/mm	拧紧力矩/N·m	拧紧时间/s ≤	负载耗气量/(L/s)	空载转速/(r/min) 无	空载转速/(r/min) 有	A级噪声/dB ≤	气管内径/mm	传动四方尺寸/mm	减速机构 无 质量/kg	减速机构 有 质量/kg
6	M5～M6	20	2	10	8000	3000	113	8	6.3	1.0	1.5
10	M8～M10	70	2	16	6500	2500	113	13	10	2.0	2.2
14	M12～M14	150	2	16	6000	1500	113	13	12.5	2.5	3.0
16	M14～M16	196	2	18	5000	1400	113	13	16	3.0	3.5
20	M18～M20	490	2	30	5000	1000	118	16	20	5.0	8.0
24	M22～M24	735	3	30	4800	4800	118	16	20	6.0	9.5
30	M24～M30	882	3	40	4800	800	118	16	25	9.5	13
36	M32～M36	1350	5	25	—		118	13	25	12	12.7
42	M38～M42	1960	5	50	2800		123	19	40	16	20
56	M45～M56	6370	10	60	—		123	19	40(63)	30	40
76	M58～M76	14700	20	75	—		123	25	63	36	56
100	M78～M100	34300	30	90	—		123	25	63	76	96

产品系列		6	10	14	16	20	24	30	36	42	56	76	100
清洁度/mg max	无	200	320	350	450	1050		1450		2000	2500	3200	4200
	有			460	550	1500		2050		2600	3500	4500	6000
使用寿命（拧紧螺栓）/千个	扳轴、冲击头、摆锤	40		30		20		15	15	10		5	
	冲击弹簧、冲击销、销轴	8		6		4		3	2	2		1.5	1.0

注：1. 验收气压为 0.63MPa。

2. 表中“无”和“有”分别表示无减速器和有减速器型产品。

3. 机重不包括机动套筒扳手、进气接头、辅助手柄、吊环等。

4. 括号内数字尽可能不用。

表 18.32　一些气扳机的规格

型号	适用范围 /mm	空载转速 /(r/min)	压缩空气消耗量 /(m^3/min)	转矩 /N·m
B10A	M8～M12	2600	0.7	70
B16A	M12～M16	2000	0.5	200
B20A	M18～M20	1200	1.4	800
B24	M20～M24	2000	0.9	800
B30	M30	900	1.8	1000
B42A	M42	1000	2.1	1800
B76	M56～M76	650	4.1	—
ZB5-2	M5	320	0.37	21.6
ZB8-2	M8	2200	0.37	—
BQ6	M6～M8	3000	0.35	40
BQN14	M14	1450	0.35	27～125
BQN18	M18	1250	0.45	70～210

表 18.33　定转矩气扳机和高速气扳机规格

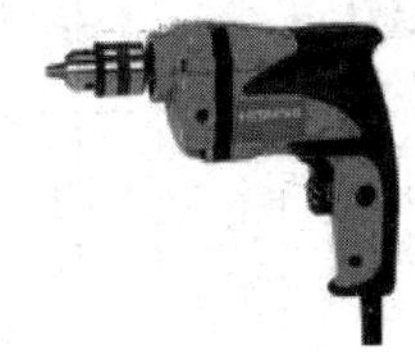

定转矩气扳机

高速气扳机

参数	适用螺纹 ≤	拧紧力矩 /N·m	工作气压 /MPa	空载转速 /(r/min)	空载耗气量/(L/s)	长度 /mm	质量 /kg
定转矩气扳机	M10	70～150	0.63	7000	15	197	2.6
高速气扳机	M100	36400①	0.49～0.63	4500	116	688	60

① 积累转矩；边心距：105mm。

18.2.5　气动螺丝刀

气动螺丝刀的种类，按手柄型式分有直柄和枪柄，按旋向分有单向和双向，其基本参数、规格见表 18.34、表 18.35。

表 18.34　纯扭式气动螺丝刀的基本参数（JB/T 5129—2014）

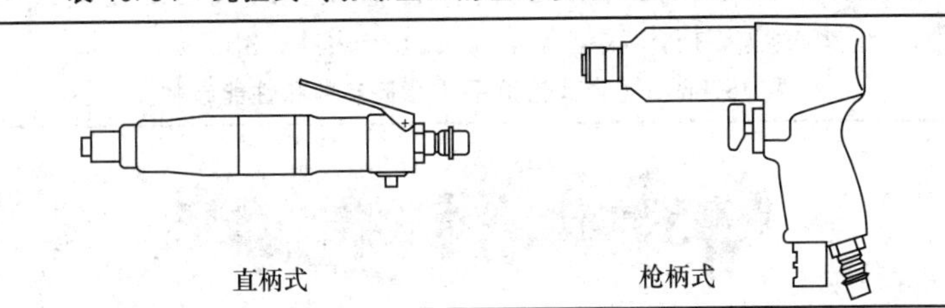

直柄式　　枪柄式

续表

产品系列/mm	拧紧螺纹规格/mm	转矩范围/N·m	空载耗气量/(L/s)≤	空载转速/(r/min)≥	空载噪声/dB(A)≤	气管内径/mm	质量/kg≤	
							直柄	枪柄
2	M1.6～M2	0.128～0.264	4.0	1000	93	6.3	0.50	0.55
3	M2～M3	0.264～0.935	5.0	1000	93	6.3	0.70	0.77
4	M3～M4	0.935～2.300	7.0	1000	98	6.3	0.80	0.88
5	M4～M5	2.300～4.200	8.5	800	103	6.3	1.00	1.10
6	M5～M6	4.200～7.220	10.5	600	105	6.3	1.00	1.10

注：验收气压为0.63MPa。

表 18.35 一些气动螺丝刀的规格

型号	螺栓能力/夹头尺寸/mm	最大扭力/N·m	无负荷转速/(r/min)	空气消耗量/(m³/min)	进气接头/mm	质量/kg
YG-418L	2.5～4	0.2～2.0	1200	0.11	6.4	0.67
YG-418B	2.5～4	0.4～2.8	1200	0.11	6.4	0.67
YG-418	2.5～4	0.4～2.0	1200	0.11	6.4	0.80
YG-334	10	—	1800	0.26	6.4	1.20
YG-306	8	60	7000	0.28	6.4	1.07
YG-8H	8	65	8000	0.31	6.4	0.90
YG-325	36	—	25000	0.11	6.4	0.37
YG-326	36	—	22000	0.14	6.4	0.60
YG-342	36	—	23000	0.11	6.4	0.70
YG-141	12.7	—	700	0.28	6.4	1.95
YG-131	10	—	1800	0.26	6.4	1.20
YG－366	10	—	1700	0.26	6.4	0.90

18.2.6 气动棘轮扳手

气动棘轮扳手是以压缩空气为动力，用以拧紧或旋松螺栓、螺母，以棘轮和棘爪机构转动机动扳手套筒的直式气动工具，其几何参数、性能参数及技术数据见表18.36～表18.38。

表 18.36 气动棘轮扳手的几何参数和性能参数

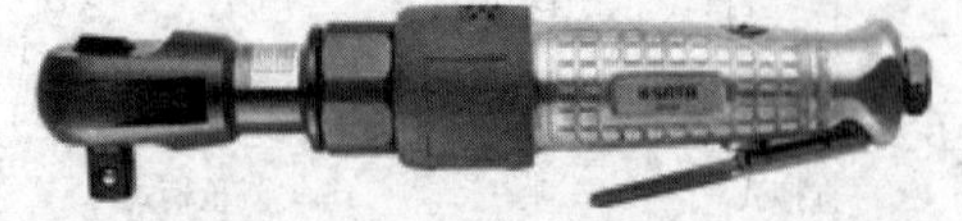

续表

套筒尺寸/mm	总长/mm	进气口螺纹/in	棘爪数	最大质量/kg
6.35(1/4) 9.53(3/8) 12.7(1/2)	135、165、185、205、230、235、260	1/4	12	0.5 1.0 1.2

最小空载转速/(r/min)	最大转矩/N·m	最大耗气量/(m^3/min)	工作气压/MPa
160 240	24、41、68、82	0.089、0.12、0.127	63

表 18.37 一些气动棘轮扳手的技术数据

品牌	威尔美特			贝斯威尔
方头尺寸/in	1/2	1/2	1/2	3/8
最大转矩/N·m	70	75	75	34
最大拧紧螺栓	M6	M10	M10	M6
转速/(r/min)	160	160	350	265
工作气压/MPa	0.63	0.63	0.63	0.63
平均耗气量/(L/min)	180	240	198	—
进气口径/in	1/4	1/4	1/4	1/4
进气管径/in	1/2	—	—	3/8
长度/mm	225	268	285	—
质量/kg	1.2	1.25	6.35	0.6
特　　点	前排气	耐用且舒适，可调节排气系统；适用汽车钣金、引擎维修、冷气机拆装及其他一般螺钉固定作业	无反作用力，不会伤到螺钉，适用于狭小空间工位作业；汽车钣金、冷气机拆装、引擎维修和其他一般螺钉固定	迷你外形，重量轻，适用于汽车钣金、引擎拆装维修、冷气机拆装，其他一般螺钉固定，是狭小空间工位作业的理想工具

表 18.38 BL10 气动棘轮扳手的技术数据

配用 12.5mm 六角套筒，在不易作业的狭窄场所，用于装拆六角头螺栓或螺母

参数	适用螺纹规格/mm	工作气压/MPa	空载转速/(r/min)	空载耗气量/(L/s)	质量/kg
参数值	M10	0.63	120	6.5	1.7

18.3 其他类

18.3.1 气动搅拌机

以压缩空气为动力搅拌液态介质，其基本参数和规格见表18.39、表18.40。

表 18.39 手持式气动搅拌机的基本参数（JB/T 11239—2011）

产品型号	搅拌直径/mm	额定气压/MPa	负荷耗气量/(L/s)	主轴功率/kW	空转转速/(r/min)	空转噪声/dB(A)	气管内径/mm	机重/kg
JB100	100	0.63	≤22	≥0.5	≤1800	≤110	8	3

表 18.40 TJ3 搅拌机的规格

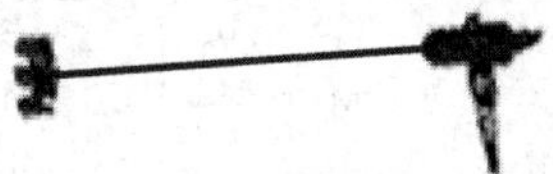

搅拌机直径/mm	功率/kW	空转转速/(r/min)	气管内径/mm	工作气压/MPa	单位功率耗气量/[L/(s·kW)]	机重/kg
100	≥0.5	≤1800	13	0.63	≤22	3

18.3.2 气动管子坡口机

用于管道或平板在焊接前端面进行倒角坡口，其规格见表18.41～表18.43。

表 18.41 GPJ 系列气动管子坡口机

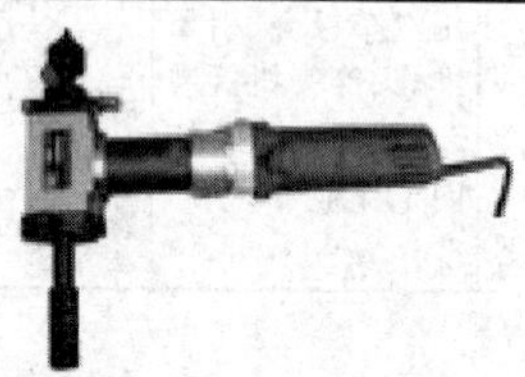

型号规格	刀盘空载转速/(r/min)	轴向进刀最大行程/mm	坡口范围/mm		切削最大壁厚/mm	噪声/dB ≤	气动马达功率/W	质量/kg
			管内径	管外径				
GPJ-30	220	10	10～29	11～30	—	94	350	2.7
GPJ-80	150	35	28～75	32～80	10	103	440	7
GPJ-80-1	150	35	18～75	22～80	10	103	—	8
GPJ-150	34	50	68～145	73～158	16	92	580	12.5
GPJ-350	12	55	145～300	158～380	20	100	740	42
GPJ-630	8	40	280～600	300～630	14	100	740	55

表 18.42　GPK 系列气动管子坡口机

型号规格	气体耗量/(L/min)	坡口直径范围/mm	一次切削最大壁厚/mm	刀盘转速/(r/min)	加工法兰最大行程/mm	质量/kg
GPK630-Ⅰ	900～1200	351～630	15	10		40
GPK630-Ⅱ	900～1200	351～630	75	10	145	48
GPK351-Ⅰ	900～1100	159～351	15	14		30
GPK351-Ⅱ	900～1100	159～351	75	14	145	35
GPK-150	900	65～159	15	34		12
GPK-80	900	28～80	15	100		5.5

表 18.43　ISY 系列气动管子坡口机

型号规格	坡口管子内径/mm	切削最大壁厚/mm	轴向进刀最大行程/mm
ISY-80	28～80	15	35
ISY-150	65～159	20	50
ISY-250	80～240	20	55
ISY-315-1	159～351	20	55
ISY-315-2	159～351	70	55
ISY-630-1	351～360	20	55
ISY-630-2	351～360	70	55

第19章 液压工具

19.1 液压压接钳

用于屋内外输配电工程，各种连续金属加工，架空及地下电缆线连接和 10～500kV 高压电缆套管、线夹、裸端子、六角压接。液压压接钳的规格见表 19.1、表 19.2。

表 19.1 液压压接钳的规格（Ⅰ）

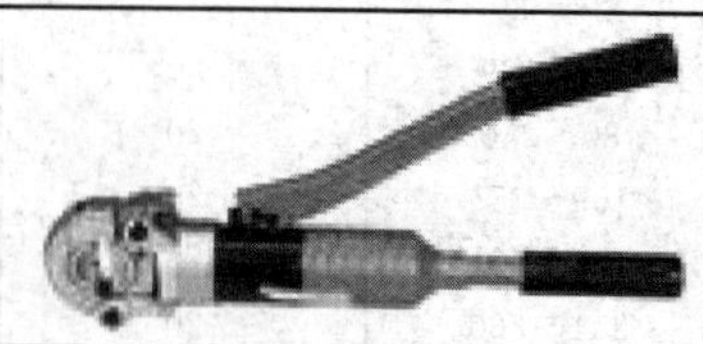

型号	压接范围/mm²		压力/t	行程/mm	模具配置/mm²
	铜端子	铝端子			
CO-1000	300～800	400～1000	55	24	400、500、630、800、1000
CO-630B	120～150	150～630	30	24	150、185、240、300、400、500、630
CO-630A	120～150	150～630	35	26	150、185、240、300、400、500、630
EP-410H	10～240	16～300	12	30	50、70、95、120、150、185、240、300
EP-510H	10～300	16～400	13	38	50、70、95、120、150、185、240、300、400
CYO-400B	10～300	50～400	12	30	50、70、95、120、150、185、240、300、400
CPO-150B①	8～150	14～150	10	17	公模：8～38、60～150 母模：14～22、38～60、70～80、100～150
KYQ-300C	16～300	16～300	10	17	16、25、35、50、70、95、120、150、185、240、300
CO-400B	10～300	50～400	17	30	50、70、95、120、150、185、240、300、400
CO-500B	10～300	35～240	17	30	50、70、95、120、150、185、240

① 点式压接，其余为六角压接。

表 19.2　液压压接钳的规格（Ⅱ）

型号	型式	出力/t	压接范围/mm^2	行程/mm	型号	型式	出力/t	压接范围/mm^2	行程/mm
CO-400B	分体	20	50～400	22	HP-70C	整体	6	4～70	12
CO-500B	分体	25	50～500	25	HP-120C	整体	8	10～120	16
CO-630B	分体	30	150～630	25	HP-240C	整体	12	16～300	22
CO-630A	分体	35	150～630	25	CYO-300C	整体	13	35～300	25
CO-1000	分体	55	150～630	28	CYO-400B	分体	20	50～400	30
CO-100S	分体	100	ϕ76①/ϕ36②	24	CYO-400H	分体	20	50～400	25
CO-200S	分体	200	ϕ90①/ϕ50②	35	KDG-150	整体	12	16～150	20
CPO-400	整体	13	50～400	22	KYQ-300B	整体	12	16～300	22
CYO-240	整体	12	16～240	22	KYQ-300C	整体	12	16～300	22
FYQ-300	分体	17	16～300	22	KYQ-400	整体	13	50～400	25
FYQ-400	分体	20	16～400	22					

① 铜铝端子套管。

② 钢套管。

19.2　液压弯管机

用于工厂、仓库、码头、建筑、铁路、汽车等管道的安装和修理。其型号表示方法是：

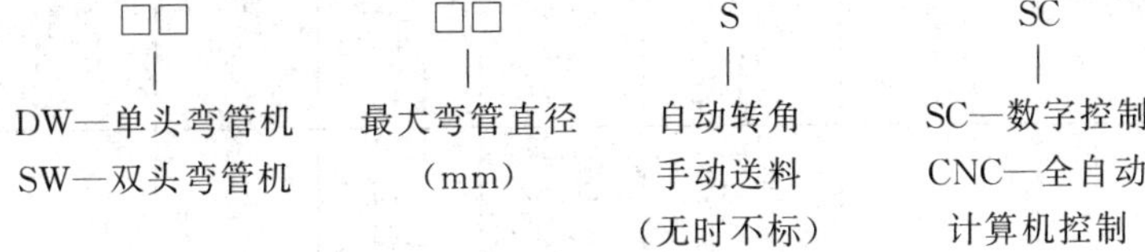

（1）单头系列液压弯管机（表 19.3）

表 19.3　单头液压弯管机技术参数　　mm

续表

参　数	DW38NC	DW50NC	DW80NC	DW120NC
最大弯管能力(Q235 管)	38	50	80	120
最大管壁厚度	2.0	2.0	2.5	6.0
弯曲半径范围	30～170	35～250	50～300	90～750
最大弯曲角度/(°)	190	190	190	190
液压系统功率/kW	4	5.5	7.5	22
最大压力/MPa	12000	12000	14000	14000
弯管机长度	2250	3200	3600	5500
弯管机宽度	700	800	950	1800
弯管机高度	1000	1000	1150	1200

（2）双头系列液压弯管机（表 19.4）

表 19.4　双头系列手动液压弯管机规格　　mm

适用于弯曲一般水管、导线管、瓦斯管、碳钢管、仪表管、无缝钢管、不锈钢管

型号	公称直径		外径	壁厚	压力/t	行程
	mm	in				
SWG-2A	15	1/2	21.25	2.75	12	250
	20	3/4	26.75	2.75		
	25	1	33.50	3.25		
	32	1¼	42.25	3.25		
	40	1½	48	3.50		
	50	2	60	3.50		
SWG-3B	15	1/2	21.25	2.75	20	420
	20	3/4	26.75	2.75		
	25	1	33.50	3.25		
	32	1¼	42.25	3.25		
	40	1½	48	3.50		
	50	2	60	3.50		
	70	2½	75.5	3.75		
	80	3	88.50	4.00		
	100	4	108	4.00		
SWG-4D	20	3/4	26.75	2.75	18	320
	25	1	33.50	3.25		
	32	1¼	42.25	3.25		
	40	1½	48	3.50		
	50	2	60	3.50		
	70	2½	75.5	3.75		
	80	3	88.50	4.00		

注：90°≤弯曲角度<180°。

19.3 液压扭矩扳手

用于连接件转矩较大且对其数值有明确规定的场合，其规格见表19.5、表19.6。

表19.5 液压扭矩扳手的规格（Ⅰ）

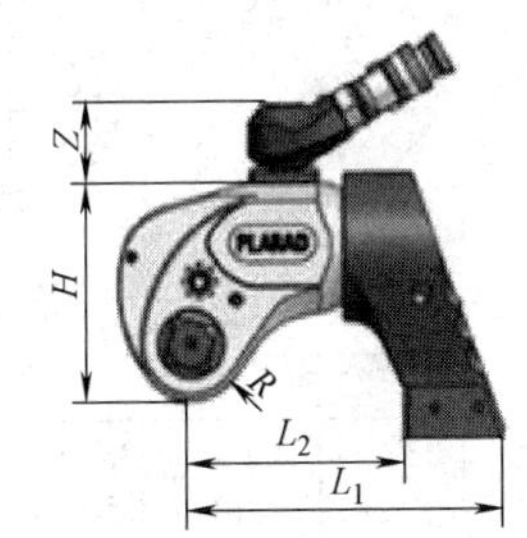

型式	型号	最大转矩/N·m	适用螺母对边宽度/mm	扳手质量/kg
驱动轴式	YQ34	3400	36～60	6
	YQ68	6800	55～75	10
	YQ135	13500	70～95	16
	YQ270	27000	90～115	27
	YQ450	45000	115～145	35
棘轮型	YJ34	3400	30～75	7
	YJ68	6800	41～95	10
	YJ135	13500	46～115	16
	YJ270	27000	60～145	22
	YJ460	46000	80～180	32
中空式	YK60	6000	41～65	8
	YK100	10000	60～85	15
	YK200	20000	85～110	22
	YK350	35000	105～130	32
扁平型	YB6	6000	55～60	—
	YB10	10000	65～80	
	YB20	20000	80～105	
	YB30	30000	95～115	
	YB50	50000	110～130	
	YB70	70000	130～210	

注：吴江市屯村华东胀管器有限公司。

表 19.6 液压扭矩扳手的规格（Ⅱ） mm

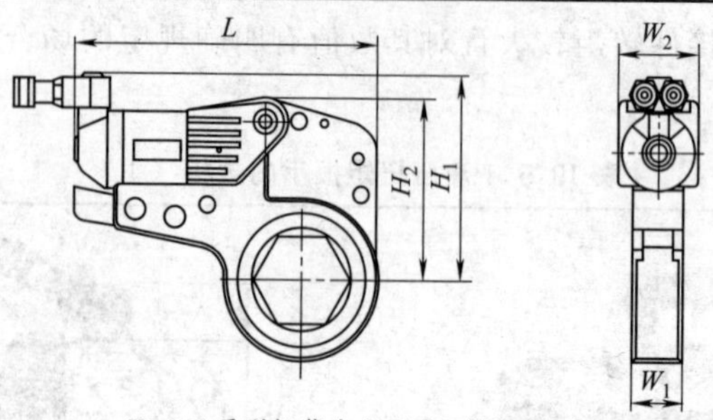

XLCT 系列超薄中空型液压扭矩扳手

型号	2 型		4 型		8 型		14 型	30 型	
转矩范围 /N·m	232～2328	241～2414	585～5858	647～6474	1094～10941	1177～11774	1852～18521	4188～41882	4459～44593
螺母对边	19～55	60	34～65	70～80	41～95	100～105	50～117	110～155	160～175
动力头质量/kg	1.0	1.0	1.7	1.7	3.0	3.0	4.6	10.4	10.4
工作头质量/kg	1.5	1.5	3.4	3.4	6.3	6.3	11.6	20.5	20.5
L	196.4	196.4	245	246	300	301	361	430	441
H_1	125.9	128.5	177	187	207	216	239	303	315
H_2	102.3	105	135.7	145.7	169	178	204	272	285
W_1	32	32	42	42	53	53	64	85	85
W_2	51	51	66	66	83	83	99	131	131

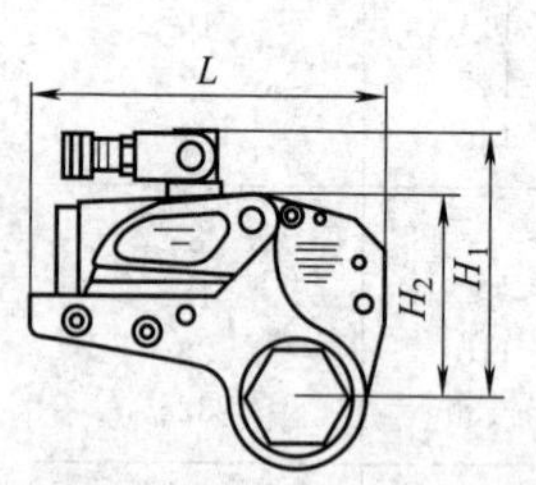

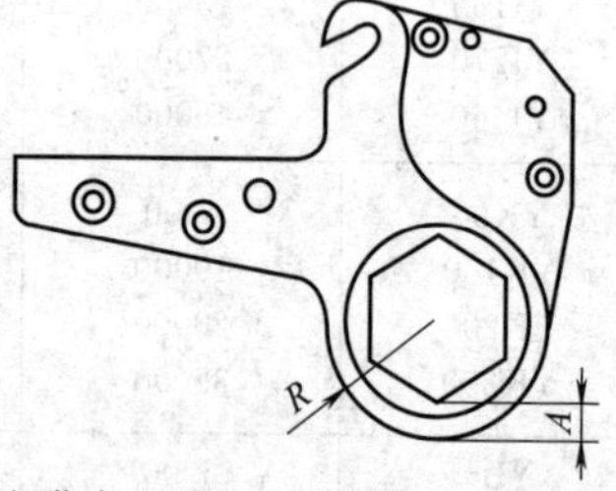

LOW 系列超薄中空型液压扭矩扳手

型号	2 型		4 型		8 型		14 型	30 型	
转矩范围 /N·m	232～2328	241～2414	585～5858	647～6474	1094～10941	1177～11774	1852～18521	4188～41882	4459～44593
螺母对边	19～55	60	34～65	70～80	41～95	100～105	50～117	110～155	160～175

续表

型号	2型		4型		8型		14型	30型	
动力头质量/kg	1	1	2	2	3.3	3.3	5.5	11.4	11.4
工作头质量/kg	1.6	1.7	4.4	4.6	8	8.4	11.6	29	30
L	196.4	196.4	245	246	300	301	361	430	441
H_1	125.9	128.5	177	187	207	216	239	303	315
H_2	102.3	105	135.7	145.7	169	178	204	272	285
W_1	32	32	42	42	53	53	64	85	85
W_2	51	51	66	66	83	83	99	131	131

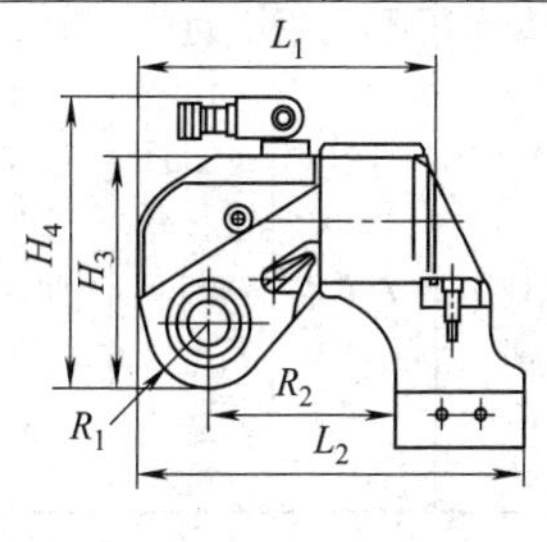

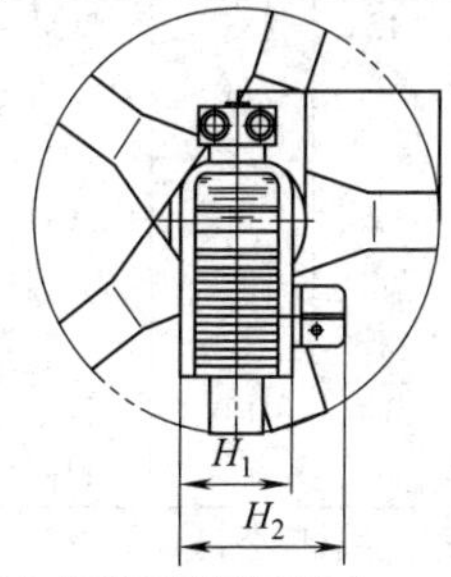

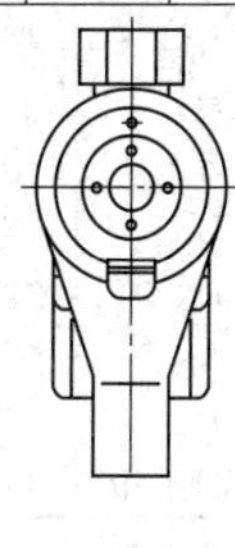

IBT系列驱动型液压扭矩扳手

型号	07型	1型	3型	5型	8型	10型	20型	25型	35型	50型
转矩范围/N·m	112～1120	183～1837	451～4512	752～7528	1078～10780	1551～15516	2666～26664	3472～34725	4866～48666	7200～72000
螺母范围M	14～30	16～36	22～48	27～56	30～64	36～72	42～90	48～100	64～120	72～125
质量/kg	1.8	2.5	5	8	11	15	26.5	35	50	87
L_1	110.8	144.5	178	210.5	222	245.3	307.5	323	372.5	400
L_2	139.3	173.5	229	270.5	293	317.5	383.5	401	465.5	516
H_1	42	50	68	80	90	100	120	137	153	160
H_2	65.8	72	95	123	134	142	183	200	216	223
H_3	76.2	96	127	149	167	182	220	247	282	291
H_4	108.1	131	176	199	217	232	270	297	332	341
R_1	20.5	26	34	39	47	51	59	66	77	81
R_2	68.3	85	114	137	153	154	186	199	241	259
驱动轴/in	3/4	3/4	1	1½	1½	1½	2½	2½	2½	2½

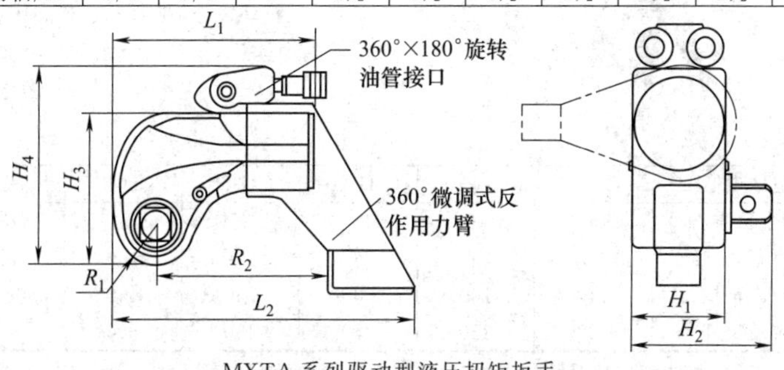

MXTA系列驱动型液压扭矩扳手

续表

型号	1 型	3 型	5 型	8 型	10 型	20 型	25 型	35 型
转矩范围 /N·m	183～1837	451～4512	752～7528	1078～10780	1551～15516	2666～26664	3472～34725	4866～48666
螺母范围 M	16～36	22～48	27～56	30～64	36～72	42～90	48～100	64～120
质量/kg	2	4	7	9.1	13.1	25	31	45
L_1	133.5	169	202.5	216	237.5	299.5	313	361.5
L_2	185.5	242	283.5	309	340.5	466.5	461	496.5
H_1	50	68	80	90	100	120	137	153
H_2	72	95	123	134	142	183	200	216
H_3	95.5	127	149	167	182	220	247	282
H_4	131	176.5	198.5	216.5	231.5	269.5	296.5	331.5
R_1	26	34	39	47	51	59	66	77
R_2	99	134	152	171	174	250.5	250.5	271
驱动轴/in	3/4	1	1½	1½	1½	2½	2½	2½

注：青岛瑞恩德机械设备有限公司。

19.4 分体液压拉马

液压拉马（拔轮器）适用于铁道车辆检修、机械安装、矿山维护，可拆卸各种机械设备中的皮带轮、齿轮、轴承等圆状工件，其性能参数见表 19.7、表 19.8。

表 19.7 CH 分体液压拉马性能参数 mm

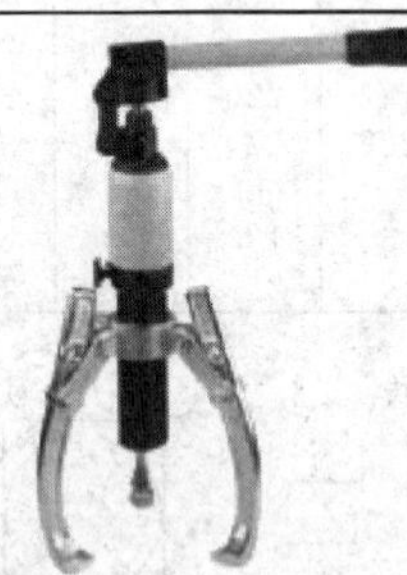

适用于工厂、修理场所。在结构上有分体式液压拉马和整体式液压拉马之分，在动力上有液压和电动之分

型号规格	CH-5	CH-10	CH-20	CH-30	CH-50	CH-100
安全负重/t	5	10	20	30	50	100
轴心有效伸距	50	50	50	60	100	160
纵向最长拉距	140	160	200	250	400	250～600
横向最长外径	200	250	350	450	500	630

注：CK 整体液压拉马牌号为 CK-××，性能参数同上。

表 19.8　ZH 分体液压拉马性能参数　mm

型号(数字表示拉顶力/t)	工作行程	最低高度	拉爪有效直径	手柄操作力/N
ZH1.5	70	130	20～180	320
ZH3	100	170	20～240	320
ZH5	110	170	25～300	320
ZH8	140	240	35～350	320
ZH10	140	240	40～380	320
ZH16	160	250	50～400	320
ZH20	170	260	50～450	320
ZH32	180	270	100～500	320
ZH50	190	280	150～500	320
ZH100	200	290	150～600	320

19.5　液压千斤顶

19.5.1　手动油压千斤顶

广泛适用于起重高度不大的各种起重作业，如电力维护、桥梁维修、重物顶升、静力压桩、基础沉降、桥梁及船舶修造、机械校调、设备拆卸等。

油压千斤顶的型式代号表示方法是：

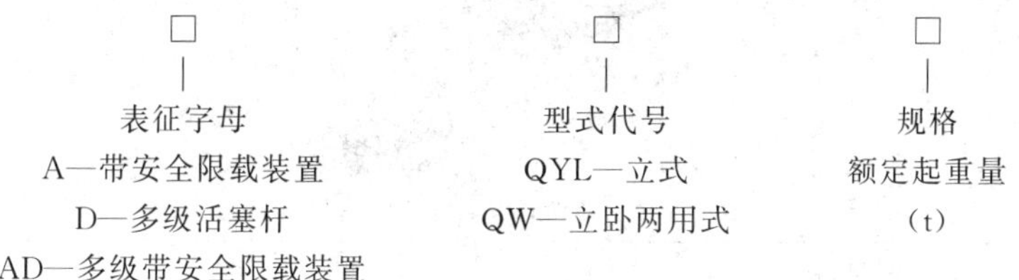

表 19.9　常用油压千斤顶的参数（JB/T 2104—2002）

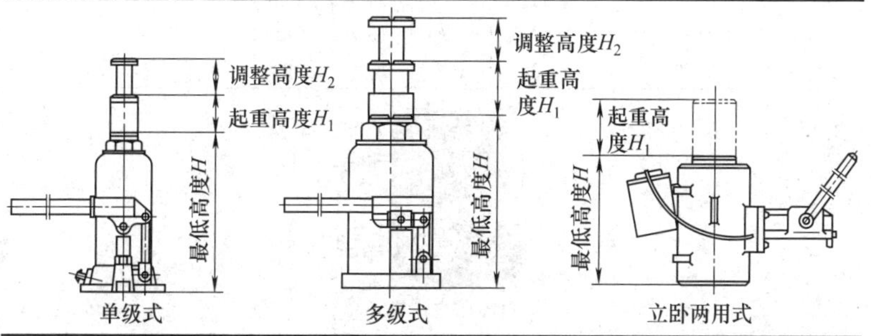

续表

型号	额定起重量/t	最低高度/mm ≤	起重高度/mm ≥	调整高度/mm ≥
QYL2	2	158	90	60
QYL3	3	195	125	
QYL5	5	232	160	
		200	125	
QYL8	8	236	160	60
QYL10	10	240		
QYL12	12	245		
QYL16	16	250		
QYL20	20	280	180	60
QYL32	32	285		
QYL50	50	300		
QYL70	70	320		
QW100	100	360	200	60
QW200	200	400		
QW320	320	450		

表 19.10 一些液压千斤顶的技术参数 mm

卧式液压千斤顶

型号	负载/t	行程	自重/kg	总高	宽度	活塞外径	活塞外露	外径	接头离地高度
LJ50-15	50	15	6.8	66.5	120	ϕ70	1.5	139	19
LJ75-15	75		11.5	80.5	140	ϕ82.5	2.5	165	19
LJ100-15	100		14.8	88	155	ϕ92	3	178	20
LJ150-15	150		26	102	195	ϕ104	3	216	20

中高压液压千斤顶

续表

型号	负载/t	行程	自重/kg	总高	活塞外径	活塞外露	外径	接头离地高度
LJ50-50	50	50	9.8	120	ϕ70	2	ϕ126	20
LJ75-50	75		10.5	129	ϕ82.5	2	ϕ151	21
LJ100-50	100		22.2	142	ϕ114	2	ϕ165	31

立式液压千斤顶

型号	负载/t	行程	自重/kg	总高	活塞外径	外径	螺纹	接头离地高度
LJ10-130	10	130	4.25	247	ϕ38	ϕ57	M57×2	20
LJ25-140	25	140	11.4	275	ϕ57	ϕ86	M84×2	25
LJ100-150	100	150	57	359	ϕ105	ϕ178	M174×2.5	40
LJ100-250	100	250	85	450	ϕ105	ϕ178	M174×2.5	40

中空液压千斤顶

型号	负载/t	行程	自重/kg	总高	活塞外径	外径	空心直径	螺纹	接头离地高度
LJK30-60	30	60	11	188	ϕ63.5	ϕ144.4	ϕ33	M114×2	26
LJK60-70	60	70	26.8	248	ϕ92	ϕ159	ϕ54	M157×2	30
LJK60-150	60	150	39	367	ϕ92	ϕ162	ϕ51	M162×2.5	37
LJK100-60	100	60	52.5	255	ϕ127	ϕ213	ϕ79	M213×2	40
LJK100-150	100	150	81	364	ϕ127	ϕ213	ϕ79	M213×2	40

注：青岛东林工具有限公司。

19.5.2　气动液压千斤顶

以压缩气动为动力的液压千斤顶，其型式代号表示方法是：

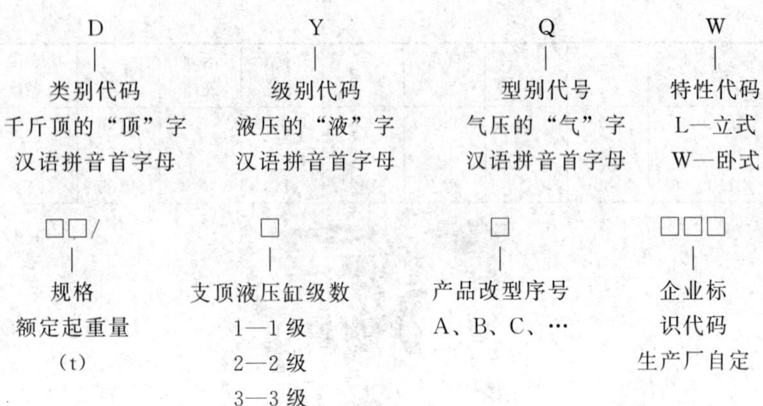

表 19.11 气动液压千斤顶的基本参数（JB/T 11753—2013）

mm

产品型号	额定起重量/t ≥	加长顶高度	起升高度 ≥	最低高度	额定压力 /MPa ≥	质量 /kg ≤
DYQL5/1	5		430	210		6
DYQL12/1	12	80	500	260		10
DYQL20/1	20		505	260		17
DYQL20/1A	20	60	380	210		15
DYQL25/1	25	—	250	360		62
DYQL25/2	25/10	40/75	92/195	180		57
DYQL30	30	—	405	250	32	21
DYQL40/2	40	40	100	200		68
	20	75	210	200		68
DYQL50	50	—	430	270		34
DYQL50/2	50/25	40/75	117/225	230		79
DYQL50/3	50/25/10	40/75/100	60/113/182	160		65
DYQL80/2	80/50	40/75	110/210	240		105

注：1. 产品的额定验收气压为 0.63MPa。

2.“加长顶高度”是为增加举升高度而采用的多节举升的附加高度。

3. 表中“/”前后的参数一一对应。

19.6 机械式法兰分离器

用于管路维护、法兰更换、压力容器、缸盖开启、发电厂轴承拆卸、油电钻井电机转子拆卸、海上平台顶升工作、造船、工业设备、工件的水平移动等，其规格见表 19.12。

表 19.12　机械式法兰分离器的规格　mm

型号	螺栓直径	开口尺寸	质量/kg	型号	螺栓直径	开口尺寸	质量/kg
FS-106	16	70	2.3	FS-205	25	155	6.4
FS-109	19	95	2.7	FS-208	28	181	8.2
FS-202	22	124	4.1				

型号	最大法兰厚度	螺栓尺寸	标准刀楔	工作能力/t (kN)	行程	油量/cm^3	质量/kg
FS-56H	2×57	19～29	3～29	5(49)	38	24.6	12
FS-109H	2×92	32～41	3～29	10(98)	54	78.7	18

19.7　分体式液压冲孔机

表 19.13　分体式液压冲孔机技术参数　mm

型号	板厚	吨位/t	喉深	质量/kg	模具配置
CH-60	10	31	95	13.5	3/8in,1/2in,5/8in,3/4in (ϕ10.5),(ϕ13.8),(ϕ17),(ϕ20.5)
CH-70	12	35	110	28	3/8in,1/2in,5/8in,3/4in (ϕ10.5),(ϕ13.8),(ϕ17),(ϕ20.5)

注：用于角铁、扁铁、铜、铝排等金属板材的打孔，特别适用于电力、建筑等行业在野外工地作业。

19.8　油压切排机

表 19.14　铜排、铝排切排机技术参数

续表

型　　号	出力/t	宽度/mm	最大厚度/mm	质量/kg
CWC-150	15	150	10	26
CWC-200	20	200	10	35
CWC-150V	15	150	10	23
CWC-200V	20	200	10	36

注：适合于切断铜排、制造电控箱及输配电建设工程。

19.9 液压弯排机

表 19.15　液压弯排机的技术参数

型号	出力/t	宽度/mm	最大厚度/mm	质量/kg
CB-150D	16	150	10	23
CB-200A	20	200	12	18

注：用于铜排、铝排平弯、立弯。

19.10 液压开孔器

表 19.16　SKY 系列液压开孔器技术参数

<table>
<tr><td rowspan="8"></td><td>最大液压剪切力/kN</td><td colspan="2">105</td></tr>
<tr><td>油泵额定工作压力/MPa</td><td colspan="2">60</td></tr>
<tr><td>最大手动压力/kN</td><td colspan="2">0.4</td></tr>
<tr><td>活塞行程/mm</td><td colspan="2">20</td></tr>
<tr><td>液压用油</td><td colspan="2">20 号机械油</td></tr>
<tr><td>开孔范围/mm</td><td>厚度 4 以下
尺寸 15～60</td><td>厚度 3 以下
尺寸 63～114</td></tr>
<tr><td>质量/kg</td><td colspan="2">整机 12.5</td></tr>
<tr><td>外形尺寸/mm</td><td colspan="2">420×245×120</td></tr>
</table>

注：可在 4mm 以下的金属板上井孔，供冶金、石油、化工、电子、电器、船舶、机械等行业安装维修电线管道，指示灯、仪表开关等开孔，更适用于已成形的仪表面板底板、开关箱分线电器盒的壁面开孔。

19.11　液压钢筋钳

可剪断直径22mm以下的普通圆钢，适合于在无电源、野外、高空等特殊工作环境以及无普通剪切工具时使用，其技术参数见表19.17。

表19.17　液压钢筋钳的技术参数

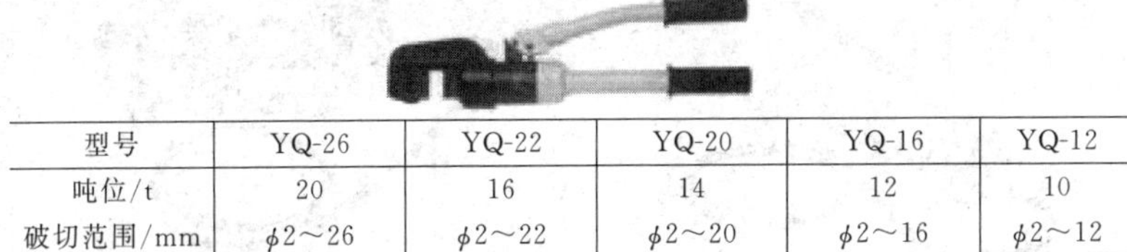

型号	YQ-26	YQ-22	YQ-20	YQ-16	YQ-12
吨位/t	20	16	14	12	10
破切范围/mm	ϕ2～26	ϕ2～22	ϕ2～20	ϕ2～16	ϕ2～12

19.12　液压钢筋切断机

用于切断角钢、钢筋及其制品，其技术参数见表19.18。

表19.18　电动式液压钢筋切断机的技术参数

型号	电压/V	工作出力/t	功率/W	剪切时间/s	剪切材料及能力/mm	外形尺寸/mm	质量/kg
DC-13LV	210～230	13	—	1.5	SD345(ϕ13)	380×220×105	6
DC-20W		15	—	3	SD345(ϕ20)	500×150×135	10.5
DC-20HL		15	—	3	SD345(ϕ20)	395×112×220	11.5
HPD-13B	220	6.5	430	电流4.5A	RL400(ϕ13)	347×230×89	5.9
DC-16W		13	—	2.5	SD345(ϕ16)	460×150×115	8
HPD-16		11.5	850	电流8.8A	RL540(ϕ16)	485×170×80	7.0
HPD-19		14.7	850	电流8.8A	RL540(ϕ19)	500×170×90	7.9
DC-20WH	220	15	—	3	SD345(ϕ20)	410×110×210	11.5
DC-25X		30	—	5	SD345(ϕ25)	515×150×250	22.5
DC-25W		30	—	4	SD345(ϕ25)	525×145×250	22
DC-32WH		—	—	12	SD345(ϕ32)	591×180×272	35.8
DBC-16H	220	—	—	2.5(切) 5.5(弯)	SD345(ϕ16) 弯曲角度0°～180°	645×165×230	17
DBC-25X	220	—	—	3(切) 6(弯)	SD345(ϕ25) 弯曲半径20～48	700×680×440	129

19.13 手动液压泵

可作为千斤顶、穿孔器、电缆剪、螺母剖切器、铜排弯曲、切断等工具的主机。

表 19.19 手动液压泵的技术参数

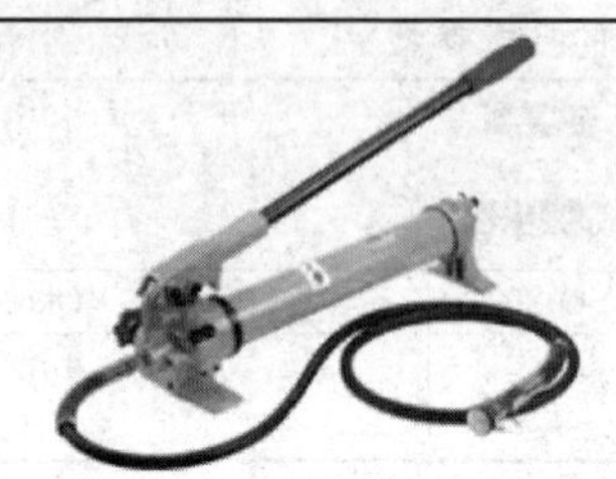

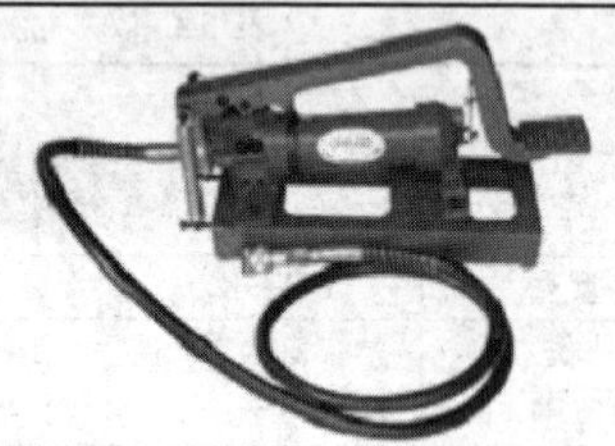

型号	最大输出压力/MPa	输出压力/MPa		油量/(mL/min)		储油量/mL	质量/kg	备注
		低压	高压	低压	高压			
CP-180	68.6	2.4	68.6	13	2.3	350	5.5	手动式
CP-700	68.6	2.4	68.6	13	2.3	900	10	手动式
CFP-800-1	68.6	2.4	68.6	13	2.3	400	14	脚踏式

第20章 园艺工具

20.1 修剪类

表 20.1 稀果剪、桑剪和高枝剪的规格（QB/T 2289.1～3—2012）

mm

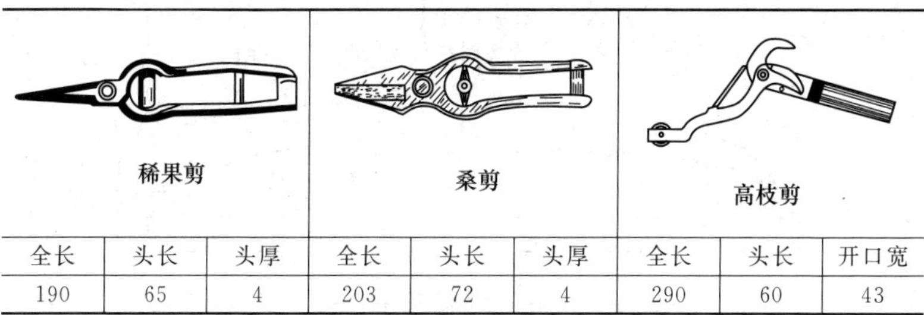

稀果剪			桑剪			高枝剪		
全长	头长	头厚	全长	头长	头厚	全长	头长	开口宽
190	65	4	203	72	4	290	60	43

表 20.2 剪枝剪的规格（QB/T 2289.4—2012） mm

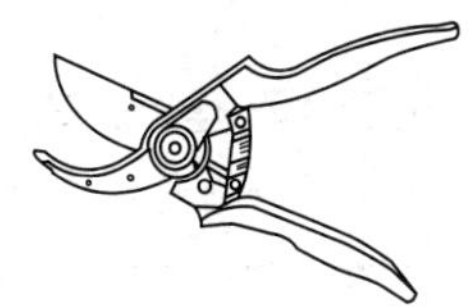

用于修剪各种树木、藤蔓及花卉等

规格	150	180	200	230	250
全长	150	180	200	230	250
头长	45	60	68	72	75
头厚	8	8	12	12	13

表 20.3　整篱剪的规格（QB/T 2289.5—2012）　　　mm

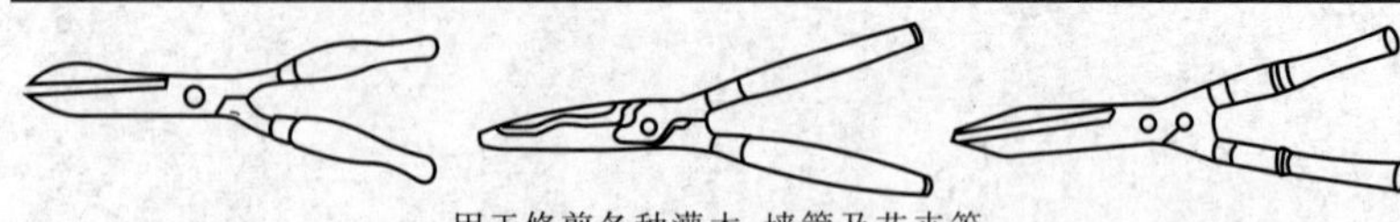

用于修剪各种灌木、墙篱及花卉等

规格	全长	头部长	头厚
230	443	235	8
250	470	253	8
300	560	310	10

表 20.4　手锯的规格（QB/T 2289.6—2012）　　　mm

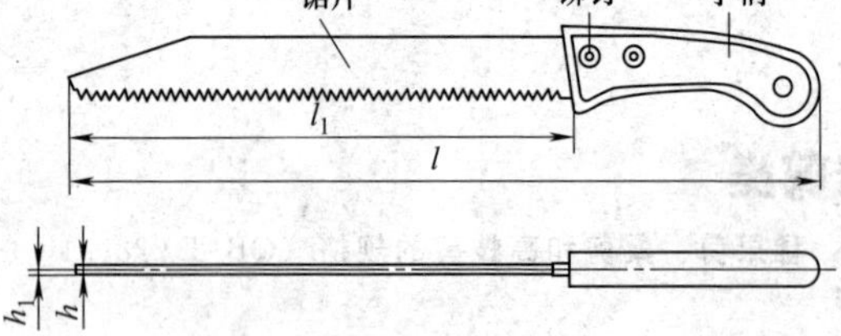

普通式(P 型)

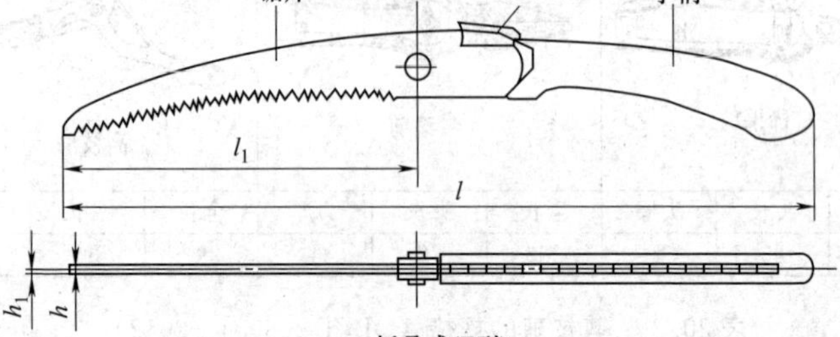

折叠式(Z型)

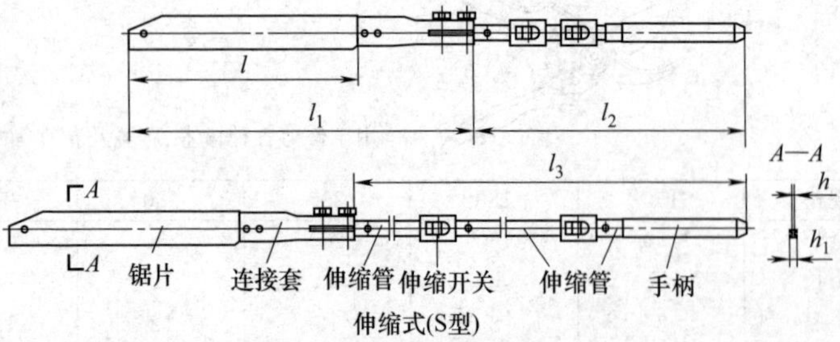

伸缩式(S型)

续表

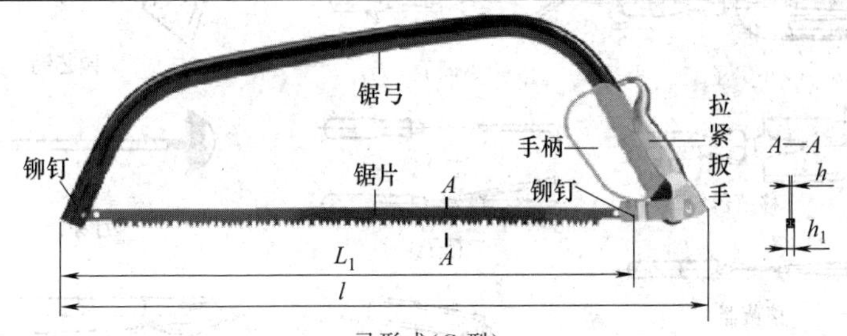

弓形式(G 型)

规格		l_{max}	l_{1max}	l_{2max}	l_{3max}	h_{min}	h_{1min}
普通式 (P 型)	210	345	—	—	218	0.8	1.5h
	260	405	—	—	265	0.9	
折叠式 (Z 型)	120	195	—	—	125	0.8	
	230	395	—	—	235	1.1	2.0h
伸缩式 (S 型)	1500	380	570	600	1100	1.5	2.8
	2500	380	570	1000	2100		
	4500	380	570	1750	4100		
弓形式 (G 型)	300	425	305	—	—	0.7	1.4
	450	555	458	—	—		
	530	630	534	—	—		
	610	705	610	—	—		
	760	855	762	—	—		
	810	905	813	—	—		
	910	1005	915	—	—		

注：1. 锯齿齿形有 3 种：Q 型—前倾，M 型—中性，H 型—后倾。

2. 手锯产品标记由产品名称、标准编号、规格、产品型式代号和锯齿型式代号组成。

例：手锯 QB/T 2289.6-120ZH 表示规格为 120mm 的折叠式后倾锯齿手锯。

20.2　种植类

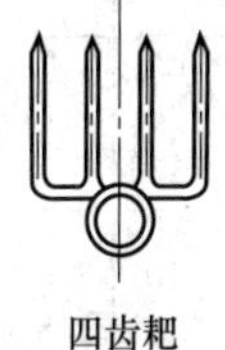

四齿耙

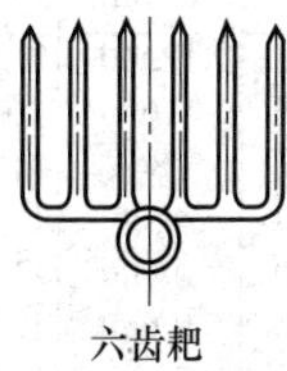

六齿耙

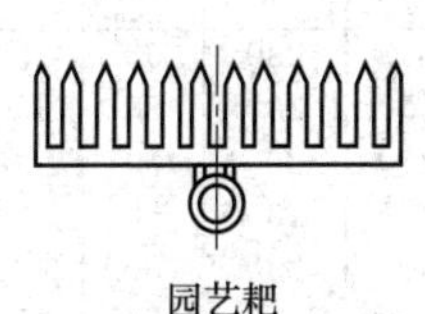

园艺耙

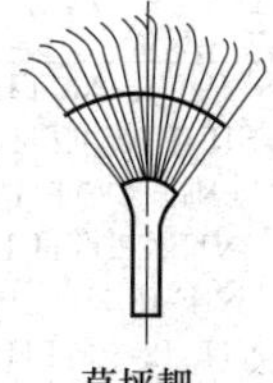

草坪耙

图 20.1

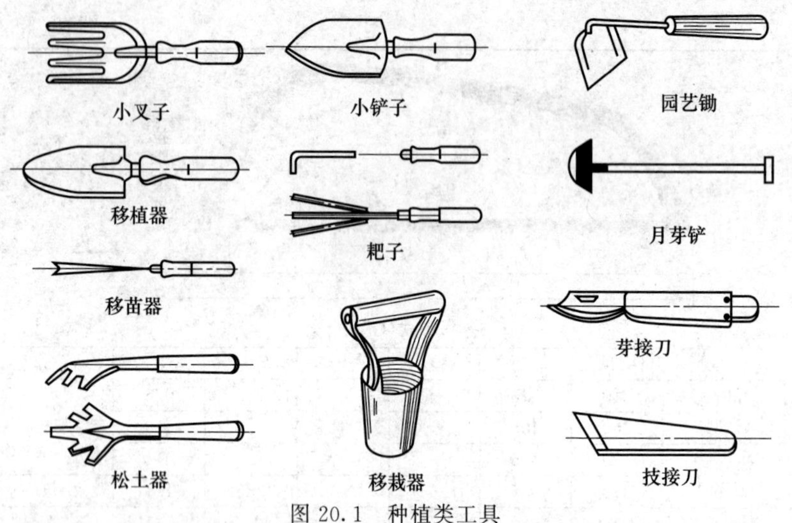

图 20.1 种植类工具

20.3 园林类

表 20.5 电动割草机的规格

型号规格	最大割草宽度/mm	额定电压/V	额定频率/Hz	输入功率/W	输出功率/W	空载转速/(r/min)	外形尺寸(长×宽×高)/mm	质量/t
N1F-J2-250TH	250	230	50	250	200	12000	794×238×420	1.43
NIF-J2-250TH-B	250	230	50	400	350	11000	1156×193×100	2.0
N1F-280TH	280	230	50	1000	900	7800	1434×396×234	7.5
N1F-280TH-B	280	230	50	1200	1100	9000	1841×405×205	7.5
NIF-J2-300TH	300	230	50	400	350	10000	1156×193×101	2.0
N1F-J2-300TH-S	300	230	50	450	400	10000	1110×281×193	2.8
N1F-J2-300TH/Z2	300	230	50	450	400	9000	1326×331×282	2.5
300GC1-D	300	220/230	50/60	1200	—	2850/3450	650×455×350	14

表 20.6　Y1C-SF1-360 型电动草坪机的规格和技术数据

最大割草宽度/mm	割草高度/mm	额定电压/V	额定频率/Hz	输入功率/W	输出功率/W	额定转速/(r/min)	外形尺寸(长×宽×高)/mm	质量/kg
360	30～55	110/220	50/60	1800	1000	3000	820×430×380	23

表 20.7　上海产草坪机的规格和技术数据

最大功率/hp①	启动方式	最大割草宽度/mm	割草高度/mm	刀片形式	前后轮尺寸/mm	集草方式	行走方式	调高方式	外形尺寸(长×宽×高)/mm	质量/kg
6.0	反冲	558	20～75(9级)	直线或旋转刀片	178×45	有	自走	4级	920×615×440	40
4.0		458							885×555×440	29

① 1hp=745.700W，下同。

表 20.8　日本本田草坪机的规格和技术数据

机型	HUR216	HUR1905	HUR216	HUR1905
型号	GXV160			
最大功率/hp	5.5			
转速/(r/min)	3600			
类型	本田 OHV(顶置式气门)四冲程发动机			
排气量/cm^3	135			
机油	四冲程专用			
燃油容量/mL	1.0			
燃油型号	93# 以上(无铅汽油)			
割草宽度/mm	635	485	535	482
剪草高度/mm	16～76(11级)			
集草方式	草屑收集袋			
行走方式	自走		手推	
草箱容量/L	54			

表 20.9 美国百利通草坪机的规格和技术数

功率/hp	3.75/4.0	6.0	6.0	6.5	6.5/6.0/5.5
启动方式	反冲				
速度/(km/h)	—	—	—	—	3.8
刀片形式	直线或旋转刀片				
前后轮尺寸/mm	178×45	178×45	203×45	203×45	203×50
割草宽度/mm	458	458	558	558	558
割草高度/mm	20～75(9级)	15～80(13级)	15～100(13级)		19～76(6级)
调高方式	4级				
扶手调节	—	3位	3位	3位	3位
集草	—	—	—	3合一	—
外形尺寸(长×宽×高)/mm	885×555×440		920×615×450		
质量/kg	29		40		52

表 20.10 N1C-HB-200 型电动割草机的规格和技术数据

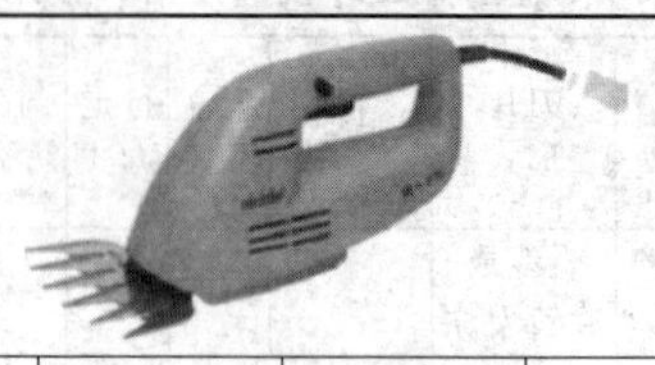

最大割草直径/mm	额定电压/V	输入功率/W	空载转速/(r/min)	外形尺寸(长×宽×高)/mm	质量/kg
200	220	200	10000	1160×220×240	1.85

表 20.11 M1E-ZN01-500×14 型电动修枝剪的规格和技术数据

刀伸最大长度/mm	最大修枝直径/mm	额定电压/V	输入功率/W	输出功率/W	额定转速/(r/min)	外形尺寸(长×宽×高)/mm	质量/kg
500	14	110/220/230	360/420	200/210	1100	770×188×213	3.2

第 3 篇

机械五金

机械五金包括紧固件与连接件、传动件与支承件、机床附件、起重件、润滑、密封及除尘装置、弹簧和焊割器材等。

第21章 紧固件

21.1 螺纹

紧固件连接件包括螺栓、螺母、键和销等。螺纹是螺栓、螺母上的关键元素，按用途可分为连接螺纹、传动螺纹和密封螺纹三大类。连接螺纹牙型为三角形，用于连接或紧固零件，有粗牙和细牙螺纹两种。传动螺纹牙型有梯形、矩形、锯齿形及三角形等。密封螺纹用于密封连接，主要是管用螺纹、锥螺纹与锥管螺纹。

21.1.1 螺纹的种类和标注

表 21.1 为常用螺纹的种类和标注。

21.1.2 螺栓的性能等级

钢结构连接用螺栓性能等级分为 10 个等级（表 21.2），其中前 5 级为普通螺栓，后 5 个螺栓材质为低碳合金钢或中碳钢并经热处理（淬火、回火），为高强度螺栓。等级标号由两部分数字组成：

小数点前的数字表示螺栓材料的抗拉强度（以其值的1/100表示），小数点后的数字表示材料的屈强比值。例如，性能等级4.6级的螺栓，其含义是：螺栓材质公称抗拉强度为400MPa级，螺栓材质的屈强比值为0.6，则螺栓材质的公称屈服强度为400×0.6=240MPa。

表21.1 常用螺纹的种类和标注

<table>
<tr><th colspan="2">类型</th><th>特征代号</th><th>用途及说明</th></tr>
<tr><td rowspan="2">普通螺纹</td><td>粗牙</td><td rowspan="2">M</td><td rowspan="2">是最常用的一种连接螺纹，牙型对称，牙型角为60°，其螺距分为粗牙和细牙，直径相同时，细牙螺纹的螺距比粗牙螺纹的螺距小
普通螺纹主要用于紧固连接，粗牙螺纹的直径和螺距的比例适中、强度好；细牙螺纹用于薄壁零件和轴向尺寸受限制的场合或用于轴向微调机构</td></tr>
<tr><td>细牙</td></tr>
<tr><td rowspan="3">管螺纹</td><td>米制锥螺纹</td><td>ZM</td><td>基本牙型及尺寸系列均符合普通螺纹规定的管螺纹，其性能与其他密封管螺纹类同。其优点是能与普通螺纹组成配合，加工和测量都比较方便，锥度为1∶16</td></tr>
<tr><td>非螺纹密封管螺纹</td><td>G</td><td rowspan="2">管道连接中的常用螺纹，螺距及牙型均较小，其尺寸代号以in为单位，近似地等于管子的孔径。螺纹的大径应从有关标准中查出，代号R表示圆锥外螺纹，R_c表示圆锥内螺纹，R_p表示圆柱内螺纹。密封管螺纹为圆锥管螺纹，牙型角为55°，适用于高温、高压或密封性要求较高的管连接。非密封管螺纹主要用于连接</td></tr>
<tr><td>螺纹密封管螺纹</td><td>R
R_c
R_p</td></tr>
<tr><td rowspan="3">传动螺纹</td><td>梯形螺纹</td><td>Tr</td><td>被广泛应用于各种传动和大尺寸机件的紧固，牙型角为30°，强度、对中性和工艺性能好，间隙可调，但传动效率稍低</td></tr>
<tr><td>锯齿形螺纹</td><td>B</td><td>用于单向受力的传动和定位，是非对称牙型的螺纹，可根据传动效率来选择承载面的牙侧角，根据牙底强度的需要选取非承载面的牙侧角，同时还可根据需要，选择大径和中径两种不同定心方式</td></tr>
<tr><td>矩形螺纹</td><td>—</td><td>螺纹牙型为正方形，牙厚等于螺距的1/2。传动效率高，但对中精度低，牙根强度弱。矩形螺纹精确制造较为困难，螺旋副磨损后的间隙难以补偿或修复。主要用于传力机构中，目前还没有标准</td></tr>
</table>

表 21.2　螺栓的力学性能级别（GB 3098.1—2000）

强度级别(标记)	3.6	4.6	4.8	5.6	5.8	6.8	8.8	9.8	10.9	12.9
抗拉强度极限 σ_{bmin}/MPa	330	400	420	500	520	600	800	900	1040	1220
屈服强度极限 σ_{smin}/MPa	190	240	340	300	420	480	640	720	940	1100
硬度(HBS) ≥	90	109	113	134	140	181	232	269	312	365
推荐材料	低碳钢	低碳钢或中碳钢					中碳钢①	中碳钢、低中碳合金钢①		合金钢

① 淬火并回火。

表 21.3　紧定螺钉的强度级别（GB 3098.3—2000）

强度级别(标记)	14H	22H	33H	45H
硬度(HV) ≥	140	220	330	450
推荐材料	碳钢		合金钢	

不锈钢螺栓强度等级形式为 A2-70，标志代号中“-”前符号表示材料，如：A2，A4 等，标志“-”后表示抗拉强度（以其值的 1/10 表示，见表 21.4），如：A2-70 表示材质是奥氏体，公称抗拉强度为 700MPa。

奥氏体不锈钢螺栓有 A1、A2、A3、A4 和 A5 五组，强度各分为 60、70、80 三级；马氏体螺栓有 C1、C3、C4 三组，前者有 50、70、110 三级，C3 只有 80 一级，后者有 50、70 两级；铁素体螺栓只有 F1 一组，分为 45、60 两级。

表 21.4　不锈钢螺栓连接件的强度级别（GB 3098.6—2000）

强度级别(标记)	50	70	80	50	70	80	45	60
螺纹直径 d/mm ≤	M39	M20	M20	—	—	—	M24	M24
抗拉强度 σ_b /MPa ≥	500	700	800	500	700	800	450	600
屈服强度 σ_s /MPa ≥	210	450	600	250	410	640	250	410
推荐材料	奥氏体 A1、A2、A4			马氏体 C1、C4		C3	铁素体 F1	
奥氏体钢螺钉的断裂转矩 T_m/N·m ≥	M1.6 M2 M2.5 M3 M4 M5	0.15 0.3 0.6 1.1 2.7 5.5	0.2 0.4 0.9 1.6 3.8 7.8	0.27 0.56 1.2 2.1 4.9 10	—	—	—	—

有色金属螺栓的强度级别见表21.5。

表21.5 有色金属螺栓的强度级别（GB 3098.10—2000）

强度级别（标记）		螺纹直径 d /mm	抗拉强度 σ_b/MPa	屈服强度 σ_s /MPa	推荐材料
铜和铜合金	Cu1	≤39	240	160	T2
	Cu2	≤6 >6～39	440 370	340 250	H63
	Cu3	≤6 >6～39	440 370	340 250	H9658-2
	Cu4	≤12 >12～39	470 400	340 200	QSn6.5-0.4
	Cu5 Cu6 Cu7	≤39 >6～39 >12～39	590 440 640	540 180 270	QSi1-3 CuZn40Mn1Pb QAl10-4-4
铝和铝合金	Al1	≤10 >10～20	270 250	230 180	LF2
	Al2	≤14 >14～36	310 280	205 200	LF11，LF5
	Al3	≤6 >6～39	320 310	250 260	LF43
	Al4	≤10 >10～39	420 380	290 260	LY8，LD9
	Al5 Al6	≤39	460 510	380 440	AlZnMgCu0.5 LC9

六角头螺栓和螺钉（螺纹直径≥5mm）的标志，在头部顶面（用凸字或凹字）或侧面（用凹字）。

21.1.3 螺母的性能等级

螺母的性能（表21.6、表21.7）分为4～12共7个等级，数字粗略表示螺母保证能承受的最小应力的1/100。

表21.6 螺母的强度级别（GB 3098.2—2000）

<table>
<tr><td colspan="2">强度级别(标记)</td><td>4</td><td>5</td><td>6</td><td>8</td><td>9</td><td>10</td><td>12</td></tr>
<tr><td colspan="2">抗拉强度极限 σ_{bmin}/MPa</td><td>410
(d>M16)</td><td>520
(d≤M16)</td><td>600</td><td>800</td><td>900</td><td>1040</td><td>1150</td></tr>
<tr><td>推荐材料</td><td colspan="2">易切削钢或低碳钢</td><td>低碳钢或中碳钢</td><td colspan="3">中碳钢</td><td colspan="2">合金钢</td></tr>
<tr><td>相配螺栓的性能等级</td><td>3.6
4.6
4.8
(d>M16)</td><td>3.6
4.6
4.8
(d<M16)
5.6
5.8</td><td>6.8</td><td>8.8</td><td colspan="2">8.8
(d≥M16～M39)
9.8
(d<M16)</td><td>10.9</td><td>12.9</td></tr>
</table>

注：硬度≤30HRC。

表 21.7 细牙螺母的强度级别（GB 3098.4—2000）

强度级别(标记)	6	8	10	12
抗拉强度极限 σ_{bmin}/MPa	600	800	1040	1150
推荐材料	低碳钢或中碳钢	中碳钢	合金钢	合金钢
相配螺栓的性能等级	≤6.8 (d≤M39)	8.8(d≤M39) 9.8(d≤M16)	10.9 (d≤M39)	12.9 (d≤M16)

21.1.4 螺纹配合等级

螺纹配合是旋合螺纹之间松或紧的大小，配合的等级是作用在内外螺纹上偏差和公差的规定组合。

公制螺纹，外螺纹有三种螺纹等级：4h、6h 和 6g，内螺纹有三种螺纹等级：5H、6H、7H。H 和 h 的基本偏差为零。G 的基本偏差为正值，e、f 和 g 的基本偏差为负值。

① H 是内螺纹常用的公差带位置，一般不用作表面镀层，或极薄的磷化层。G 位置基本偏差用于特殊场合，如较厚的镀层，一般很少用。

② g 常用来镀 6～9μm 的薄镀层，如产品图纸要求是 6h 的螺栓，其镀前螺纹采用 6g 的公差带。

③ 螺纹配合最好组合成 H/g、H/h 或 G/h，对于螺栓、螺母等精制紧固件螺纹，标准推荐采用 6H/6g 的配合。

碳钢和合金钢螺母的标记制度见表 21.8。

表 21.8 螺母的标记制度 mm

螺母类型	螺母性能等级	粗牙螺母				细牙螺母			
		相配的螺栓、螺钉、螺柱		螺母		相配的螺栓、螺钉、螺柱		螺母	
		性能等级	螺纹规格范围	1型	2型	性能等级	螺纹规格范围	1型	2型
				螺纹规格范围				螺纹规格范围	
H≥0.8D	4	3.6,4.6,4.8	>M16	>M16	—	—	—	—	—
	5	3.6,4.6,4.8	≤M16	≤M39	—	3.6,4.6,4.8	≤39	≤39	—
		5.6,5.8	≤M39		—	5.6,5.8			
	6	6.8	≤M39	≤M39	—	6.8	≤39	≤39	—
	8	8.8	≤M39	≤M39	>M16～39	8.8	≤39	≤39	≤16
	9	9.8	≤M16	—	≤M16	—	—	—	—

续表

<table>
<tr><td rowspan="3">螺母类型</td><td rowspan="3">螺母性能等级</td><td colspan="4">粗牙螺母</td><td colspan="4">细牙螺母</td></tr>
<tr><td colspan="2">相配的螺栓、螺钉、螺柱</td><td colspan="2">螺母</td><td colspan="2">相配的螺栓、螺钉、螺柱</td><td colspan="2">螺母</td></tr>
<tr><td>性能等级</td><td>螺纹规格范围</td><td>1 型</td><td>2 型</td><td>性能等级</td><td>螺纹规格范围</td><td>1 型</td><td>2 型</td></tr>
<tr><td rowspan="2">$H \geqslant 8D$</td><td>10</td><td>10.9</td><td>≤M39</td><td>≤M39</td><td>—</td><td>10.9</td><td>≤39</td><td>≤16</td><td>≤39</td></tr>
<tr><td>12</td><td>12.9</td><td>≤M39</td><td>≤M16</td><td>≤M39</td><td>12.9</td><td>≤16</td><td>—</td><td>≤16</td></tr>
<tr><td rowspan="3">$0.5D \leqslant H < 0.8D$</td><td colspan="3">螺母性能等级</td><td colspan="3">公称保证应力/MPa ≤</td><td colspan="3">实际保证应力/MPa ≤</td></tr>
<tr><td colspan="3">04</td><td colspan="3">400</td><td colspan="3">380</td></tr>
<tr><td colspan="3">05</td><td colspan="3">500</td><td colspan="3">500</td></tr>
</table>

注：H—公称高度；D—螺母公称直径。

21.1.5 普通螺纹的牙型和基本尺寸

（1）普通螺纹的基本牙型（见图 22.1）

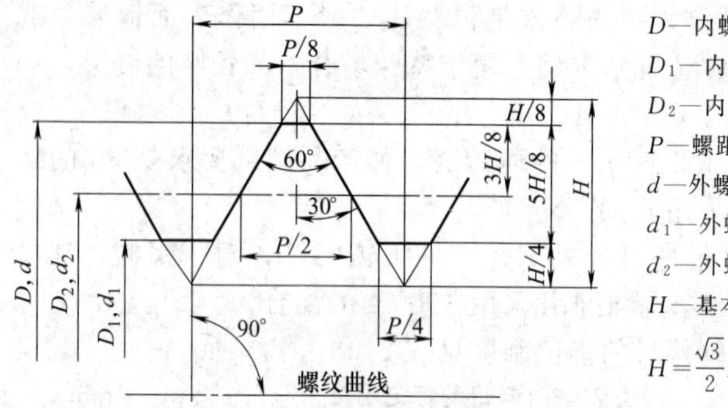

D—内螺纹大径

D_1—内螺纹小径

D_2—内螺纹中径

P—螺距

d—外螺纹大径

d_1—外螺纹小径

d_2—外螺纹中径

H—基本三角形高度

$$H=\frac{\sqrt{3}}{2}P=0.866P$$

图 21.1 普通螺纹的基本牙型

（2）普通螺纹基本尺寸（表 21.9）

表 21.9 普通螺纹基本尺寸计算 mm

螺距	中径 d_2	小径 d_1	螺距	中径 d_2	小径 d_1
0.2	$d-0.130$	$d-0.216$	1.25	$d-0.812$	$d-1.353$
0.25	$d-0.162$	$d-0.271$	1.5	$d-0.974$	$d-1.624$
0.35	$d-0.227$	$d-0.379$	2	$d-1.299$	$d-2.165$
0.5	$d-0.325$	$d-0.541$	3	$d-1.948$	$d-3.248$
0.75	$d-0.487$	$d-0.812$	4	$d-2.598$	$d-4.330$
1.0	$d-0.650$	$d-1.082$	6	$d-3.897$	$d-6.495$

(3) 普通螺纹的直径和螺距系列（表 21.10）

表 21.10　公称直径与螺距组合系列（GB/T 193—2003）　mm

公称直径 D、d			螺距 P						
第1系列	第2系列	第3系列	粗牙	细牙					
				1	0.75	0.5	0.35	0.25	0.2
1			0.25						√
	1.1		0.25						√
1.2			0.25						√
	1.4		0.3						√
1.6			0.35						√
	1.8		0.35						√
2			0.4					√	
	2.2		0.45					√	
2.5			0.45				√		
3			0.5				√		
	3.5		0.6				√		
4			0.7			√			
	4.5		0.75			√			
5			0.8			√			
		5.5				√			
6			1		√				

公称直径 D、d			螺距 P						
第1系列	第2系列	第3系列	粗牙	细牙					
				3	2	1.5	1.25	1	0.75
	7		1						√
8			1.25					√	√
		9	1.25					√	√
10			1.5				√	√	√
		11	1.5			√		√	√
12			1.75				√	√	
	14		2			√	√[①]	√	
		15				√		√	
16			2			√		√	
		17				√		√	
	18		2.5		√	√		√	
20			2.5		√	√		√	
	22		2.5		√	√		√	
24			3		√	√		√	
		25			√	√		√	

续表

公称直径 D、d			螺 距 P						
第1系列	第2系列	第3系列	粗牙	细 牙					
				3	2	1.5	1.25	1	0.75
		26				√			
	27		3		√	√		√	
		28			√	√		√	
30			3.5	(√)	√	√		√	
		32			√	√			
	33		3.5	(√)	√	√			
		35				√②			
36			4	√	√	√			
		38				√			
	39		4	√	√	√			

公称直径 D、d			螺 距 P						
第1系列	第2系列	第3系列	粗牙	细 牙					
				8	6	4	3	2	1.5
		40					√	√	√
42						√	√	√	√
	45					√	√	√	√
48			5			√	√	√	√
		50					√	√	√
	52		5			√	√	√	√
		55				√	√	√	√
56			5.5			√	√	√	√
		58				√	√	√	√
	60		5.5			√	√	√	√
		62				√	√	√	√
64			6			√	√	√	√
		65				√	√	√	√
	68		6			√	√	√	√
		70			√	√	√	√	√
72					√	√	√	√	
		75				√	√	√	√
	76				√	√	√	√	
		78						√	
80					√	√	√	√	
		82						√	

续表

公称直径 D、d			螺距 P						
			粗牙	细牙					
第1系列	第2系列	第3系列		8	6	4	3	2	1.5
	85				√	√	√	√	
90					√	√	√	√	
	90				√	√	√	√	
100					√	√	√	√	
	105				√	√	√	√	
110					√	√	√	√	
	115				√	√	√	√	
	120				√	√	√	√	
125				√	√	√	√	√	
	130			√	√	√	√	√	
		135			√	√	√	√	
140				√	√	√	√	√	
		145			√	√	√	√	
	150			√	√	√	√	√	
		155			√	√	√		
160				√	√	√	√		
		165			√	√	√		
	170			√	√	√	√		
		175			√	√	√		
180				√	√	√	√		
		185			√	√	√		
	190			√	√	√	√		
		195			√	√	√		
200				√	√	√	√		
		205			√	√	√		
	210			√	√	√	√		
		215			√	√	√		
220				√	√	√	√		
		225			√	√	√		
		230		√	√	√	√		
		235			√	√	√		
	240			√	√	√	√		
		245			√	√	√		
250				√	√	√	√		
		255			√	√			
	260			√	√	√			

续表

公称直径 D、d			螺距 P						
第1系列	第2系列	第3系列	粗牙	细牙					
				8	6	4	3	2	1.5
		265			√	√			
		270		√	√	√			
		275			√	√			
280				√	√	√			
		285			√	√			
		290		√	√	√			
		295			√	√			
	300			√	√	√			

① 仅用于发动机的火花塞。

② 仅用于轴承的锁紧螺母。

注："√" 表示推荐规格。

(4) 普通螺纹的基本尺寸（表 21.11）

表 21.11 普通螺纹的基本尺寸（GB/T 196—2003） mm

公称直径 D、d			螺距 P	中径 D_2 或 d_2	小径 D_1 或 d_1
第一系列	第二系列	第三系列			
1			0.25	0.838	0.729
			0.2	0.870	0.783
	1.1		0.25	0.938	0.829
			0.2	0.970	0.883
1.2			0.25	1.038	0.929
			0.2	1.070	0.983
	1.4		0.3	1.205	1.075
			0.2	1.270	1.183
1.6			0.35	1.373	1.221
			0.2	1.470	1.383
	1.8		0.35	1.573	1.421
			0.2	1.670	1.583
2			0.4	1.740	1.567
			0.25	1.838	1.729
	2.2		0.45	1.908	1.713
			0.25	2.038	1.929
2.5			0.45	2.208	2.013
			0.35	2.273	2.121
3			0.5	2.675	2.459
			0.35	2.773	2.621
	3.5		0.6	3.110	2.850
			0.35	3.273	3.121
4			0.7	3.545	3.242
			0.5	3.675	3.459
	4.5		0.75	4.013	3.688
			0.5	4.175	3.959
5			0.8	4.480	4.134
			0.5	4.675	4.459
		5.5	0.5	5.175	4.959
6			1	5.350	4.917
			0.75	5.513	5.188
	7		1	6.350	5.917
			0.75	6.513	6.188
8			1.25	7.188	6.647
			1	7.350	6.917
			0.75	7.513	7.188

续表

公称直径 D、d			螺距 P	中径 D_2 或 d_2	小径 D_1 或 d_1
第一系列	第二系列	第三系列			
		9	1.25	8.188	7.647
			1	8.350	7.917
			0.75	8.513	8.188
10			1.5	9.026	8.376
			1.25	9.188	8.647
			1	9.350	8.917
			0.75	9.513	9.188
		11	1.5	10.026	9.376
			1	10.350	9.917
			0.75	10.513	10.188
12			1.75	10.863	10.106
			1.5	11.026	10.376
			1.25	11.188	10.647
			1	11.350	10.917
	14		2	12.701	11.835
			1.5	13.026	12.376
			1.25[1]	13.188	12.647
			1	13.350	12.917
		15	1.5	14.026	13.376
			1	14.350	13.917
16			2	14.701	13.835
			1.5	15.026	14.376
			1	15.350	14.917
		17	1.5	16.026	15.376
			1	16.350	15.917
	18		2.5	16.376	15.294
			2	16.701	15.835
			1.5	17.026	16.376
			1	17.350	16.917
20			2.5	18.376	17.294
			2	18.701	17.835
			1.5	19.026	18.376
			1	19.350	18.917
	22		2.5	20.376	19.294
			2	20.701	19.835

公称直径 D、d			螺距 P	中径 D_2 或 d_2	小径 D_1 或 d_1
第一系列	第二系列	第三系列			
	22		1.5	21.026	20.376
			1	21.350	20.917
24			3	22.051	20.752
			2	22.701	21.835
			1.5	23.026	22.376
			1	23.350	22.917
		25	2	23.701	22.835
			1.5	24.026	23.376
			1	24.350	23.917
		26	1.5	25.026	24.376
	27		3	25.051	23.752
			2	25.701	24.835
			1.5	26.026	25.376
			1	26.350	25.917
		28	2	26.701	25.835
			1.5	27.026	26.376
			1	27.350	26.917
30			3.5	27.727	26.211
			3	28.051	26.752
			2	28.701	27.835
			1.5	29.026	28.376
			1	29.350	28.917
		32	2	30.701	29.835
			1.5	31.026	30.376
	33		3.5	30.727	29.211
			3	31.051	29.752
			2	31.701	30.835
			1.5	32.026	31.376
		35[2]	1.5	34.026	33.376
36			4	33.402	31.670
			3	34.051	32.752
			2	34.701	33.835
			1.5	35.026	34.376
		38	1.5	37.026	36.376
	39		4	36.402	34.670

续表

公称直径 D、d			螺距 P	中径 D_2 或 d_2	小径 D_1 或 d_1
第一系列	第二系列	第三系列			
	39		3	37.051	35.752
			2	37.701	36.835
			1.5	38.026	37.376
		40	3	38.051	36.752
			2	38.701	37.835
			1.5	39.026	38.376
42			4.5	39.077	37.129
			4	39.402	37.670
			3	40.051	38.752
			2	40.701	39.835
			1.5	41.026	40.376
	45		5	42.077	40.129
			4	42.402	40.752
			3	43.051	41.752
			2	43.701	42.835
			1.5	44.026	43.376
48			5	44.752	42.587
			4	45.402	43.670
			3	46.051	44.752
			2	46.701	45.835
			1.5	47.026	46.376
		50	3	48.051	46.752
			2	48.701	47.835
			1.5	49.026	48.376
	52		5	48.752	46.587
			4	49.402	47.670
			3	50.051	48.752
			2	50.701	49.835
			1.5	51.026	50.376
		55	4	52.402	50.670
			3	53.051	51.752
			2	53.701	52.835
			1.5	54.026	53.376
56			5.5	52.428	50.046
			4	53.402	51.670
			3	54.051	52.752
			2	54.701	53.835
			1.5	55.026	54.376
		58	4	55.402	53.670
			3	56.051	54.752
			2	56.701	55.835
			1.5	57.026	56.376
	60		5.5	56.428	54.046
			4	57.402	55.670
			3	58.051	56.752
			2	58.701	57.835
			1.5	59.026	58.376
		62	4	59.402	57.670
			3	60.051	58.752
			2	60.701	59.835
			1.5	61.026	60.376
64			6	60.103	57.505
			4	61.402	59.670
			3	62.051	60.752
			2	62.701	61.835
			1.5	63.026	62.376
		65	4	62.402	60.670

① M14×1.25 仅用于火花塞。

② M35×1.5 仅用于滚动轴承锁紧螺母。

注：1. 螺纹公称直径应优先选用第一系列，其次是第二系列，第三系列尽可能不用。

2. 括号内的螺距尽可能不用。

3. 公称尺寸为 70～600mm 的普通螺纹，详见 GB/T 196—2003。

（5）普通螺纹的标注

普通螺纹的标注格式（表 21.12）为：特征代号 M＋公称直径＋旋向（右旋不注，左旋用 LH）。

表 21.12 普通螺纹的标注 mm

螺纹种类	特征代号	公称直径	螺距	旋向	标记代号	标注示例
粗牙	M	24	3	右	M24-6g 螺距、旋向省略不注	M24－6g
细牙	M	24	2	右	M24×2-6h 旋向省略不注	M24×2－6h

当螺纹精度要求较高时，除标注螺纹代号外，还应标注螺纹公差带代号和螺纹旋合长度。

公差带代号由数字加字母表示（内螺纹用大写字母，外螺纹用小写字母），如 7H、6g 等。旋合长度规定为短（S）、中（N）、长（L）三种。一般情况下，不标注螺纹旋合长度，其螺纹公差带按中等旋合长度（N）确定。必要时，可加注旋合长度代号 S 或 L，如“M20-5g6g-L”。特殊需要时，可注明旋合长度的数值，如“M20-5g6g-30”。

21.1.6 标准粗牙螺纹的基本尺寸

表 21.13 标准粗牙螺纹的基本尺寸 mm

公称直径 d	螺距 P	中径 d_2	小径 d_1	公称直径 d	螺距 P	中径 d_2	小径 d_1
6	1.0	5.35	4.92	20	2.5	18.38	17.29
8	1.25	7.19	6.65	(22)	2.5	20.38	19.29
10	1.5	9.03	8.38	24	3.0	22.05	20.75
12	1.75	10.86	10.11	(27)	3.0	25.05	23.75
(14)	2.0	12.70	11.84	30	3.5	27.73	26.21
16	2.0	14.70	13.84	(33)	3.5	30.73	29.21
(18)	2.5	16.38	15.29	36	4.0	33.40	31.67

注：带括号者为第二系列。应优先选用第一系列。

21.1.7 米制管螺纹

（1）密封管螺纹（表 21.14）

表 21.14 米制锥螺纹的基本牙型与尺寸（GB/T 1415—2008）

mm

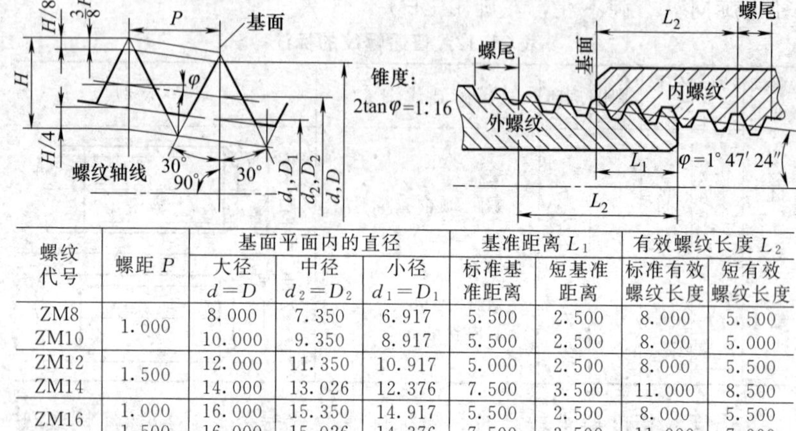

螺纹代号	螺距 P	基面平面内的直径			基准距离 L_1		有效螺纹长度 L_2	
		大径 $d=D$	中径 $d_2=D_2$	小径 $d_1=D_1$	标准基准距离	短基准距离	标准有效螺纹长度	短有效螺纹长度
ZM8	1.000	8.000	7.350	6.917	5.500	2.500	8.000	5.500
ZM10		10.000	9.350	8.917	5.500	2.500	8.000	5.000
ZM12	1.500	12.000	11.350	10.917	5.000	2.500	8.000	5.500
ZM14		14.000	13.026	12.376	7.500	3.500	11.000	8.500
ZM16	1.000	16.000	15.350	14.917	5.500	2.500	8.000	5.500
	1.500	16.000	15.026	14.376	7.500	3.500	11.000	7.000
ZM20	1.500	20.000	19.026	18.376	7.500	3.500	11.000	8.500
ZM27	2.000	27.000	25.701	24.835	11.000	5.000	16.000	12.000
ZM33		33.000	31.701	30.835	11.000	5.000	16.000	12.000
ZM42		42.000	40.701	39.835	11.000	5.000	16.000	12.000
ZM45		45.000	43.701	42.835	11.000	5.000	16.000	10.000
ZM48		48.000	46.701	45.835	11.000	5.000	16.000	12.000
ZM60		60.000	58.701	57.835	11.000	5.000	16.000	12.000
ZM72	3.000	72.00	70.051	68.752	16.500	7.500	24.000	18.000
ZM76	2.000	76.00	74.701	73.835	11.000	5.000	16.000	12.000
ZM90	2.000	90.00	88.701	87.835	11.000	5.000	16.000	12.000
ZM90	3.000	90.00	88.051	86.752	16.500	7.500	24.000	18.000
ZM115	2.000	115.00	113.701	112.835	11.000	5.000	16.000	12.000
ZM115	3.000	115.00	113.051	111.752	16.500	7.500	24.000	18.000
ZM140	2.000	140.00	138.701	137.835	11.000	5.000	16.000	12.000
ZM140	3.000	140.00	138.051	136.752	16.500	7.500	24.000	18.000
ZM170	3.000	170.00	168.051	166.752	16.500	7.500	24.000	18.000

注：1. 与圆锥外螺纹配合的圆柱内螺纹采用普通螺纹，其牙型、尺寸应符合 GB 192、GB 193、GB 196 的规定，有效螺纹长度不得小于相应规格 L_2 的 80%。

2. 与米制锥螺纹配合的圆柱内螺纹的公差按 GB 197 的规定，其中径公差为 6H，小径公差为 4H，大径极限偏差如下

螺纹公称直径 D	螺距 P	螺纹大径极限偏差
6～10	1	±0.045
>10～24	1.5	±0.065
>24～60	2	±0.085

3. 标记示例：

公称直径为 10mm 标准基准距离的米制锥螺纹：ZM10；

公称直径为 10mm 短基准距离的米制锥螺纹：ZM10-S；

与米制锥螺纹配合的公称直径为 10mm、螺距为 1mm 的圆柱内螺纹：M10×1・GB 1415；

圆锥内螺纹与圆锥外螺纹配合：ZM10/ZM10；

圆柱内螺纹与短基准距离的圆锥外螺纹的配合：M10×1・GB 1415/ZM10-8。

(2) 管路旋入端用普通螺纹（表 21.15）

表 21.15　管路旋入端用普通螺纹尺寸系列（GB/T 1414—2013）

mm

公称直径 D、d		螺距 P				公称直径 D、d		螺距 P			
第 1 系列	第 2 系列	3	2	1.5	1	第 1 系列	第 2 系列	3	2	1.5	1
8					√		60		√		
10					√	64			√		
	14			√			68		√		
16				√		72		√			
	18			√			76		√		
20				√		80			√		
	22		√	√			85		√		
24			√			90		√	√		
	27		√			100		√	√		
30			√				115	√	√		
	33		√			125			√		
	39		√			140		√	√		
42			√				150		√		
48			√			160			√		
	56		√				170	√			

21.1.8　55°密封管螺纹

(1) 圆柱内螺纹与圆锥外螺纹

适用于高温、高压或密封性要求较高的管连接。基本牙型见图 21.2，基本尺寸见表 21.16。

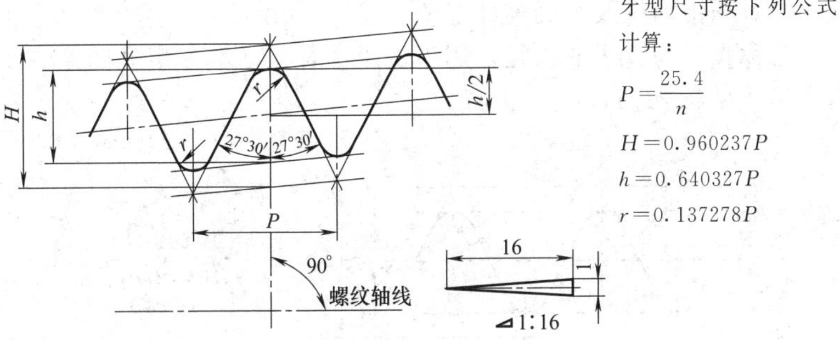

牙型尺寸按下列公式计算：

$P=\frac{25.4}{n}$

$H=0.960237P$

$h=0.640327P$

$r=0.137278P$

图 21.2　圆柱内螺纹与圆锥外螺纹的基本牙型

表 21.16 圆柱内螺纹与圆锥外螺纹的基本尺寸（GB/T 7306.1—2000）

mm

尺寸代号	每英寸牙数	螺距 P	牙高 h	圆弧半径 r	基面上的基本直径 大径 $d=D$	中径 $d_2=D_2$	小径 $d_1=D_1$	基准距离	有效螺纹长度 L
1/16	28	0.907	0.581	0.125	7.723	7.142	6.561	4.0	6.5
1/8	28	0.907	0.581	0.125	9.728	9.147	8.566	4.0	6.5
1/4	19	1.337	0.856	0.184	13.157	12.301	11.445	6.0	9.7
3/8	19	1.337	0.856	0.184	16.662	15.806	14.950	6.4	10.1
1/2	14	1.814	1.162	0.249	20.955	19.793	18.631	8.2	13.2
3/4	14	1.814	1.162	0.249	26.441	25.279	24.117	9.5	14.5
1	11	2.309	1.479	0.317	33.249	31.770	30.291	10.4	16.8
1¼	11	2.309	1.479	0.317	41.910	40.431	38.952	12.7	19.1
1½	11	2.309	1.479	0.317	47.803	46.324	44.845	12.7	19.1
2	11	2.309	1.479	0.317	59.614	58.135	56.656	15.9	23.4
2½	11	2.309	1.479	0.317	75.184	73.705	72.226	17.5	26.7
3	11	2.309	1.479	0.317	87.884	86.405	84.926	20.6	29.8
3½①	11	2.309	1.479	0.317	100.330	98.851	97.372	22.2	31.4
4	11	2.309	1.479	0.317	113.030	111.551	110.072	25.4	35.8
5	11	2.309	1.479	0.317	138.430	136.951	135.472	28.6	40.1
6	11	2.309	1.479	0.317	163.830	162.351	160.872	28.6	40.1

① 限用于蒸汽机车。

圆柱内螺纹与圆锥外螺纹的标注格式为：特征代号＋公称直径＋旋向（右旋不注，左旋用 LH)。特征代号：圆锥外螺纹用 R 表示，圆锥内螺纹用 Rc 表示，圆柱内螺纹用 Rp 表示。

标记示例：Rc1½表示公称直径为 1½in 的圆锥内螺纹，右旋。

Rp1½/R1½表示公称直径为 1½in 的圆柱内螺纹与圆锥外螺纹组成的螺纹副。

Rc1½/R1½表示公称直径为 1½in 的圆锥内螺纹与圆锥外螺纹组成的螺纹副。

左螺纹在标记后面加“-LH”。

(2) 圆锥内螺纹与圆锥外螺纹

公称直径为管子的内径，用于低压场合。基本牙型见图 21.3，基本尺寸见表 21.17。

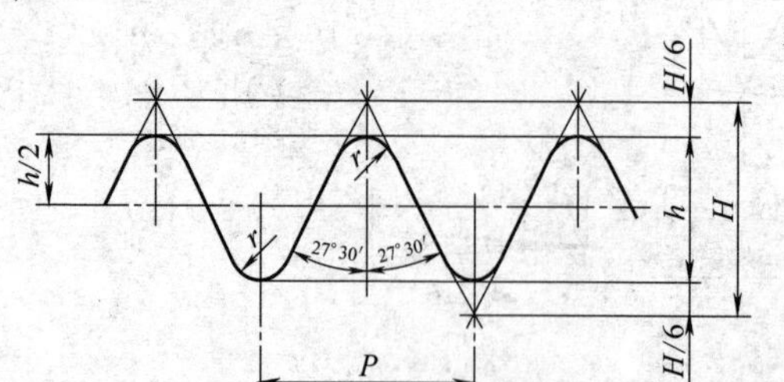

牙型的尺寸按下列公式计算：

$$P=\frac{25.4}{n}$$

$$H=0.960491P$$

$$h=0.640327P$$

$$r=0.137329P$$

图 21.3 圆锥内螺纹与圆锥外螺纹的基本牙型

表 21.17　圆锥内螺纹与圆锥外螺纹的基本尺寸（GB/T 7306.2—2000）

mm

尺寸代号	每英寸牙数	螺距 P	牙高 h	圆弧半径 r	基面上的直径		
					大径 $d=D$	中径 $d_2=D_2$	小径 $d_1=D_1$
1/16	28	0.907	0.581	0.125	7.723	7.142	6.561
1/8	28	0.907	0.581	0.125	9.728	9.147	8.566
1/4	19	1.337	0.856	0.184	13.157	12.301	11.445
3/8	19	1.337	0.856	0.184	16.662	15.806	14.95
1/2	14	1.814	1.162	0.249	20.955	19.793	18.631
5/8	14	1.814	1.162	0.249	22.911	21.749	20.587
3/4	14	1.814	1.162	0.249	26.441	25.279	24.117
7/8	14	1.814	1.162	0.249	30.201	29.039	27.877
1	11	2.309	1.479	0.317	33.249	31.77	30.291
1⅛	11	2.309	1.479	0.317	37.897	36.418	34.939
1¼	11	2.309	1.479	0.317	41.910	40.431	38.952
1⅜	11	2.309	1.479	0.317	44.323	42.844	41.365
1½	11	2.309	1.479	0.317	47.803	46.324	44.845
1¾	11	2.309	1.479	0.317	53.746	52.267	50.788
2	11	2.309	1.479	0.317	59.614	58.135	56.656
2¼	11	2.309	1.479	0.317	65.710	64.231	62.752
2½	11	2.309	1.479	0.317	75.184	73.705	72.226
2¾	11	2.309	1.479	0.317	81.534	80.055	78.576
3	11	2.309	1.479	0.317	87.884	86.405	84.926
3¼	11	2.309	1.479	0.317	93.980	92.501	91.022
3½	11	2.309	1.479	0.317	100.33	98.351	97.372
3¾	11	2.309	1.479	0.317	106.68	105.201	103.722
4	11	2.309	1.479	0.317	113.03	111.550	110.072
4¼	11	2.309	1.479	0.317	125.73	124.251	122.772
5	11	2.309	1.479	0.317	138.43	136.951	135.472
5½	11	2.309	1.479	0.317	151.13	149.651	148.172
6	11	2.309	1.479	0.317	163.83	162.351	160.872

圆锥内螺纹与圆锥外螺纹的标注格式为：特征代号 G+公称直径+旋向（右旋不注，左旋用 LH）。

标记示例：G1½-LH　表示公称直径为 1½in 的左旋内螺纹（右旋不标）。

G1½A　表示公称直径为 1½in 的 A 级外螺纹。

G1½B　表示公称直径为 1½in 的 B 级外螺纹。

G1½/G1½　表示公称直径为 1½in 的 A 级螺纹副。

21.1.9　55°非密封管螺纹

属惠氏螺纹家族。标记为 G 代表圆柱螺纹，不带锥度，要加组合垫才能密封。基本牙型见图 21.4，基本尺寸见表 21.18。

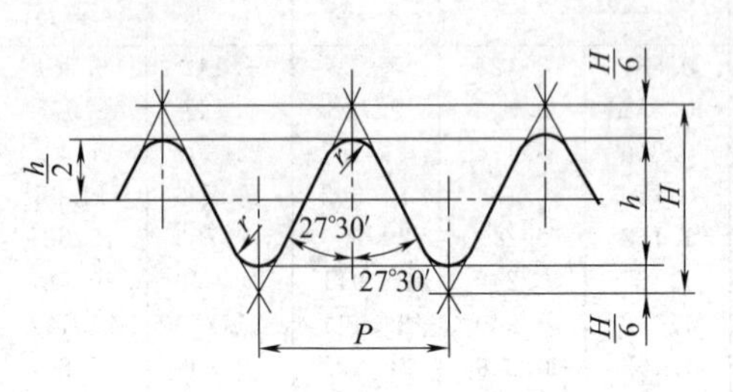

牙型的尺寸按下列公式计算：

$H=0.960491P$

$h=0.640327P$

$r=0.137329P$

$D=d$

$D_2=d_2=d-h$

$=d-0.640327P$

$D_1=d_1=d-2h$

$=d-1.280654P$

图 21.4　55°非密封管螺纹的基本牙型

表 21.18　55°非密封管螺纹的基本尺寸（GB/T 7307—2001）

mm

尺寸代号	每英寸牙数	螺距 P	牙高 h	基本直径		
				大径 $d=D$	中径 $d_2=D_2$	小径 $d_1=D_1$
1⅛	11	2.309	1.479	37.897	36.418	34.939
1¼	11	2.309	1.479	41.910	40.431	38.952
1½	11	2.309	1.479	47.803	46.324	44.845
1¾	11	2.309	1.479	53.746	52.267	50.788
2	11	2.309	1.479	59.614	58.135	56.656
2¼	11	2.309	1.479	65.710	64.231	62.752
2½	11	2.309	1.479	75.184	73.705	72.226
2¾	11	2.309	1.479	81.534	80.055	78.576
3	11	2.309	1.479	87.884	86.405	84.926
3½	11	2.309	1.479	100.330	98.851	97.372
4	11	2.309	1.479	113.030	111.551	110.072
4½	11	2.309	1.479	125.730	124.251	122.772
5	11	2.309	1.479	138.430	136.951	135.472
5½	11	2.309	1.479	151.130	149.651	148.172
6	11	2.309	1.479	163.830	162.351	160.872

21.1.10　60°密封管螺纹

60°密封管螺纹适用于管子、阀门、管接头等密封螺纹的连接。圆柱内螺纹和圆锥内、外螺纹的牙型分别见图 21.5 和图 21.6，牙的左、右牙侧角相等，角平分线垂直于螺纹轴线，圆锥螺纹的锥度为1∶16。基本尺寸见表21.19、表21.20。

牙型各尺寸计算式：

$$P=25.4/n,\ H=0.866025P$$

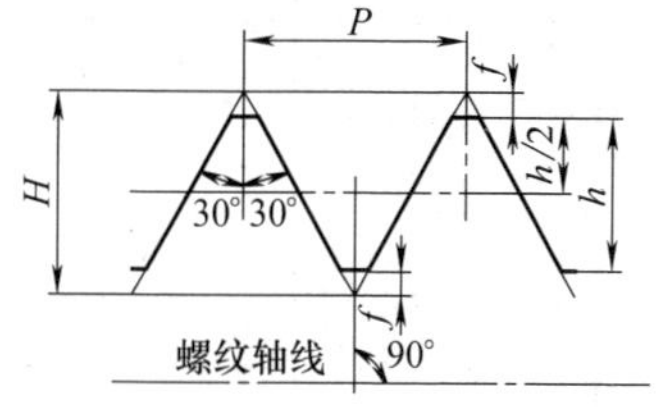

图21.5 圆柱内螺纹的基本牙型

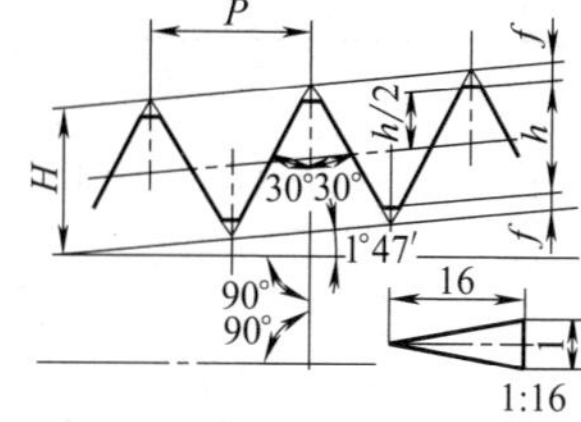

图21.6 圆锥内、外螺纹的基本牙型

表21.19 圆锥管螺纹的基本尺寸（GB/T 12716—2011） mm

螺纹尺寸代号	每英寸牙数	螺距 P	牙型高度 h	基准平面内的基本直径 大径 $d=D$	中径 $d_2=D_2$	小径 $d_1=D_1$	基准距离 mm	基准距离 圈数	装配余量 mm	装配余量 圈数	外螺纹小端面内的基本小径
1/16	27	0.941	0.752	7.895	7.142	6.389	4.064	4.32	2.822	3	6.137
1/8	27			10.242	9.489	8.736	4.102	4.36			8.481
1/4	18	1.411	1.129	13.616	12.487	11.358	5.785	4.10	4.234	3	10.996
3/8				17.05	15.926	14.797	6.096	4.32			14.417
1/2	14	1.814	1.451	21.223	19.772	18.321	8.128	4.48	5.443	3	17.813
3/4				26.568	25.117	23.666	8.618	4.75	5.443		23.127
1	11.5	2.209	1.767	33.228	31.461	29.694	10.160	4.60	6.627	3	29.060
1¼				41.985	40.218	38.451	10.668	4.83			37.785
1½				48.054	46.287	44.520	10.668	4.83			43.853
2				60.092	58.325	56.558	11.065	5.01			55.867
2½	8	3.175	2.540	72.699	70.159	67.619	17.335	5.46	6.350	2	66.535
3				88.608	86.068	83.528	19.463	6.13			82.311
3½	8	3.175	2.540	101.316	98.776	96.236	20.860	6.57	6.350	2	94.933
4				113.973	111.433	108.893	21.431	6.75			107.554
5				140.952	138.412	135.872	23.812	7.50			134.384
6	8	3.175	2.540	167.792	165.252	162.712	24.320	7.66	6.350	2	161.191
8				218.441	215.901	213.361	26.988	8.50			211.673
10				272.312	269.772	267.232	30.734	9.68			265.311
12	8	3.175	2.540	323.032	320.492	317.952	34.544	10.88	6.350	2	315.793
14				354.905	352.364	349.825	39.675	12.50			347.345
16				405.784	403.244	400.704	46.025	14.50			397.828
18	8	3.175	2.540	456.565	454.025	451.485	50.800	16.00	6.350	2	448.310
20				507.246	504.706	502.166	53.975	17.00			498.792
24				608.608	606.068	603.528	60.325	19.00			599.758

表 21.20　圆柱内螺纹的极限尺寸　　　mm

螺纹的尺寸代号	每英寸牙数	中径		小径
		max	min	min
1/8	27	9.578	9.401	8.636
1/4	18	12.618	12.355	11.227
3/8	18	16.058	15.794	14.656
1/2	14	19.941	19.601	18.161
3/4	14	25.288	24.948	23.495
1	11.5	31.669	31.255	29.489
1¼	11.5	40.424	40.010	38.252
1½	11.5	46.494	46.081	44.323
2	11.5	58.532	58.118	56.363
2½	8	70.457	69.860	67.310
3	8	86.365	85.771	83.236
3½	8	99.073	98.479	95.936
4	8	111.730	111.135	108.585

21.1.11　60°干密封管螺纹

用于对螺纹密封性能有较高要求的管子、阀门、管接头及其他管路附件的螺纹连接，可不用垫片或生料带。干密封管螺纹的种类、代号和用途见表 21.21，其规格见表 21.22～表 21.25。

表 21.21　干密封管螺纹的种类、代号和用途

种　类	代　号	用　途
标准圆锥管螺纹	NPTF	强度和密封性优于其他干密封螺纹，且可以减少硬脆性材料薄壁管件在装配时发生破坏。适用于各种场合
短型圆锥管螺纹	PTF-SAE SHORT	用于因管件空间或壁厚条件限制，而无法采用标准圆锥管螺纹的场合，也可用于节省材料场合
燃料圆柱内螺纹	NPSF	加工较为经济，但密封性能不如圆锥管螺纹。一般用于软性或延展性好的材质管件上，也可用于厚壁的硬脆性材料管件上
大直径圆柱内螺纹	NPSI	加工性和密封性与燃料圆柱内螺纹相同，其直径比燃料圆柱内螺纹的大。在四种干密封管螺纹中，其旋合长度最长。用于厚壁的硬脆性材料管件，或者其他膨胀性小的管件上

表 21.22　干密封管螺纹的牙型尺寸（GB/T 27944—2011）

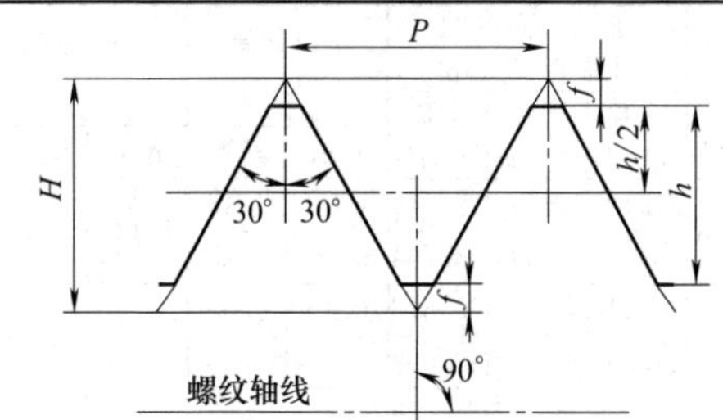

圆柱内螺纹牙型

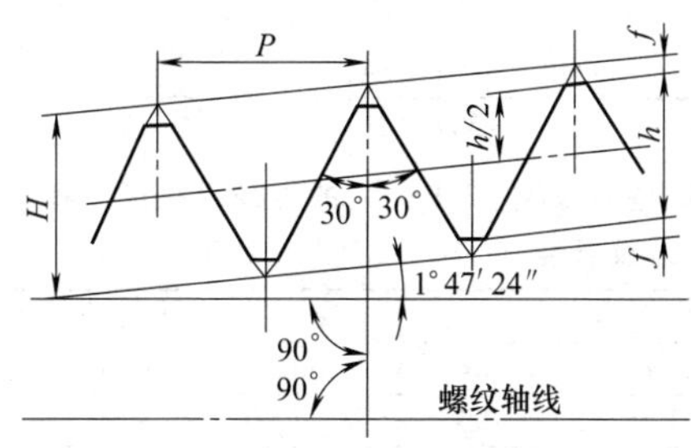

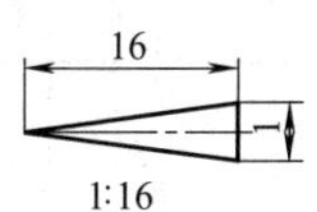

圆锥螺纹牙型

每英寸牙数	螺距 P /mm	原始三角形高度 H① /mm	削平高度 f		牙高 h	
			公式	mm	公式	mm
27	0.941	0.815	0.094P	0.089	0.678P	0.637
18	1.411	1.222	0.078P	0.109	0.710P	1.004
14	1.814	1.571	0.060P	0.109	0.746P	1.353
11.5	2.209	1.913	0.060P	0.132	0.746P	1.649
8	3.175	2.750	0.055P	0.175	0.756P	2.400

① $H=0.866025P$。

注：圆锥管螺纹的 H 精确公式为 $0.865743P$，与圆柱管螺纹 $0.866025P$ 间的差异可以忽略。

表 21.23　圆锥管螺纹基本尺寸（GB/T 27944—2011）

螺纹尺寸代号	每英寸牙数	螺距 P /mm	牙型高度 h /mm	基准平面内的基本直径/mm			基准距离 L_1		装配余盈 L_3		外螺纹有效螺纹长度 $L_2$①	
				大径 D、d	中径 D_2、d_2	小径 D_1、d_1	mm	圈数	mm	圈数	mm	圈数
1/16	27	0.941	0.637	7.779	7.142	6.505	4.064	4.32	2.822	3	6.632	7.05
1/8				10.126	9.489	8.852	4.102	4.36			6.703	7.12
1/4	18	1.411	1.004	13.491	12.487	11.483	5.786	4.10	4.234		10.206	7.23
3/8				16.930	15.926	14.922	6.096	4.32			10.358	7.34

续表

螺纹尺寸代号	每英寸牙数	螺距 P /mm	牙型高度 h /mm	基准平面内的基本直径/mm 大径 D、d	中径 D_2、d_2	小径 D_1、d_1	基准距离 L_1 mm	圈数	装配余盈 L_3 mm	圈数	外螺纹有效螺纹长度 L_2[①] mm	圈数
1/2	14	1.814	1.353	21.125	19.772	18.419	8.128	4.48	5.443	3	13.556	7.47
3/4				26.470	25.117	23.764	8.611	4.75			13.861	7.64
1	11.5	2.209	1.649	33.110	31.461	29.812	10.160	4.60	6.627		17.343	7.85
1¼				41.867	40.218	38.569	10.668	4.83			17.953	8.13
1½				47.936	46.287	44.638	10.668	4.83			18.377	8.32
2				59.974	58.325	56.676	11.074	5.01			19.215	8.70
2½	8	3.175	2.400	72.559	70.159	67.759	17.323	5.46	9.525		28.893	9.10
3				88.468	86.068	83.668	19.456	6.13			30.480	9.60

① 螺纹收尾长度 V 为 $3.47P$，肩距长度约为 $2P$。

表 21.24　燃料圆柱内螺纹（NPSF）的直径极限尺寸和最短有效螺纹长度（GB/T 27944—2011）

螺纹尺寸代号	每英寸牙数	中径/mm max	中径/mm min	小径/mm min	最短有效螺纹长度 mm	圈数
1/16	27	7.120	7.031	6.304	7.9	8.44
1/8		9.467	9.378	8.651	7.9	
1/4	18	12.456	12.324	11.232	11.9	
3/8		15.893	15.761	14.671	12.7	9.00
1/2	14	19.728	19.558	18.118	16.8	9.19
3/4		25.075	24.905	23.465	16.8	
1	11.5	31.407	31.201	29.464	19.8	8.98

注：燃料圆柱内螺纹的最大中径＝标准圆锥螺纹在基准平面内的基本中径－$3P$÷(8×16)。

表 21.25　大直径圆柱内螺纹（NPSI）的直径极限尺寸和最短有效螺纹长度（GB/T 27944—2011）

辗纹尺寸代号	每英寸牙数	中径/mm max	中径/mm min	小径/mm min	最短有效螺纹长度 mm	圈数
1/16	27	7.178	7.089	6.363	7.9	8.44
1/8		9.525	9.436	8.710		
1/4	18	12.543	12.410	11.321	11.9	8.44
3/8		15.982	15.850	14.760	12.7	9.00
1/2	14	19.842	19.672	18.237	16.8	9.19
3/4		25.189	25.019	23.579		
1	11.5	31.547	31.339	29.600	19.8	8.98

注：大直径圆柱内螺纹最大中径＝标准圆锥螺纹在基准平面内的基本中径＋$5P$÷(8×16)。

21.1.12　80°管螺纹

用于烟草行业管道连接，其规格见表 21.26、表 21.27。

表 21.26　80°管螺纹的公称尺寸（YC/T 230—2007）　mm

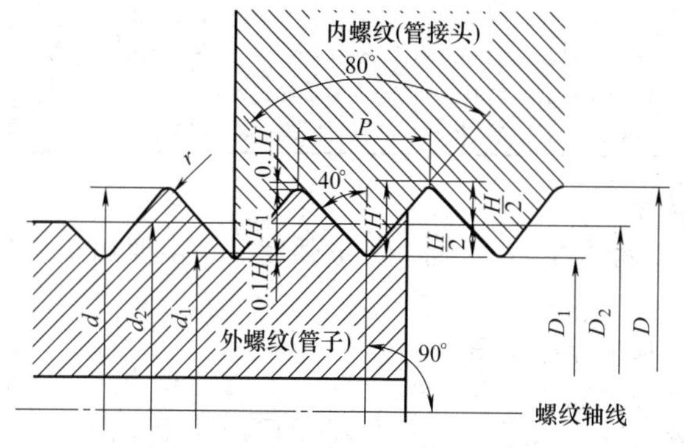

规格	大径 $D(d)$	中径 $D_2(d_2)$	小径 $D_1(d_1)$	螺距 P	每英寸螺纹数	螺纹高度 H	倒圆 r
Pg7	12.5	11.89	11.28	1.27	20	0.61	0.14
Pg9	15.2	14.53	13.86	1.41	18	0.67	0.15
Pg11	18.6	17.93	17.26				
Pg13.5	20.4	19.73	19.06				
Pg16	22.5	21.83	21.16				
Pg21	28.3	27.54	26.78	1.588	16	0.76	0.17
Pg29	37.0	36.24	35.48				
Pg36	47.0	46.24	45.48				
Pg42	54.0	53.24	52.48				
Pg48	59.3	58.54	57.78				

表 21.27　80°管螺纹的极限尺寸（YC/T 230—2007）　mm

规格	外螺纹(管子)						内螺纹(管接头)					
	大径 d		中径 d_2		小径 d_1		大径 D		中径 D_2		小径 D_1	
	max	min	max	min	max	min	min	max	min	max	min	max
Pg7	12.5	12.3	11.89	11.69	11.28	11.08	12.5	12.65	11.89	12.04	11.28	11.43
Pg9	15.2	15.0	14.53	14.33	13.86	13.66	15.2	15.35	14.53	14.68	13.86	14.01
Pg11	18.6	18.4	17.93	17.73	17.26	17.06	18.6	18.75	17.93	18.08	17.26	17.41
Pg13.5	20.4	20.2	19.73	19.53	19.06	18.86	20.4	20.55	19.73	19.88	19.06	19.21
Pg16	22.5	22.3	21.83	21.63	21.16	20.96	22.5	22.65	21.83	21.98	21.16	21.31
Pg21	28.3	28.0	27.54	27.24	26.78	26.48	28.3	28.55	27.54	27.79	26.78	27.03

续表

规格	外螺纹(管子)						内螺纹(管接头)					
	大径 d		中径 d_2		小径 d_1		大径 D		中径 D_2		小径 D_1	
	max	min	max	min	max	min	min	max	min	max	min	max
Pg29	37.0	36.7	36.24	35.94	35.48	35.18	37.0	37.25	36.24	36.49	35.48	35.73
Pg36	47.0	46.7	46.24	45.94	45.48	45.18	47.0	47.25	46.24	46.49	45.48	45.73
Pg42	54.0	53.7	53.24	52.94	52.48	52.18	54.0	54.25	53.24	53.49	52.48	52.73
Pg48	59.3	59.0	58.54	58.24	57.78	57.48	59.3	59.55	58.54	58.79	57.78	58.03

21.1.13 梯形螺纹

梯形螺纹的牙型角为30°且对称，齿形强度好，主要用于各种传动。

① 梯形螺纹的基本牙型见图21.7。

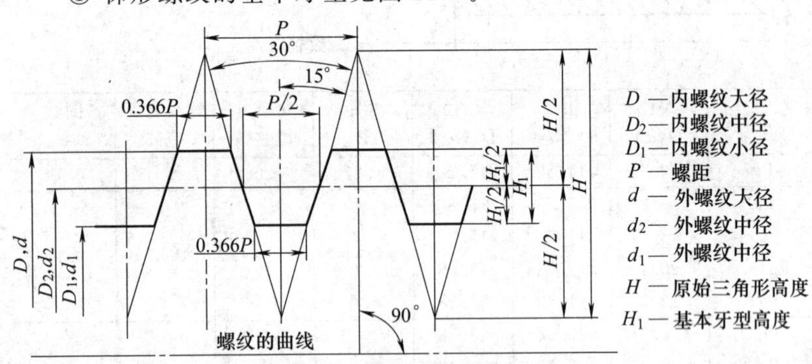

图21.7 梯形螺纹基本牙型

② 梯形螺纹的公称直径与螺距系列见表21.28。

表21.28 梯形螺纹的公称直径与螺距系列（GB/T 5796—2005）

mm

公称直径			螺距																					
第一系列	第二系列	第三系列	44	40	35	32	28	24	22	20	18	16	14	12	10	9	8	7	6	5	4	3	2	1.5
8																								1.5
	9																						2	1.5
10																							2	1.5
	11																					3	2	
12																						3	2	
	14																					3	2	

续表

公称直径			螺距																					
第一系列	第二系列	第三系列	44	40	35	32	28	24	22	20	18	16	14	12	10	9	8	7	6	5	4	3	2	1.5
16																					4		2	
	18																				4		2	
20																					4		2	
	22																8			5		3		
24																	8			5		3		
	26																8			5		3		
28																				5		3		
	30														10		8		6			3		
32															10				6			3		
	34														10				6			3		
36															10				6			3		
	38														10			7				3		
40															10			7				3		
	42														10			7				3		
44														12				7				3		
	46													12			8					3		
48														12			8					3		
	50													12			8					3		
52														12			8					3		
	55												14			9						3		
60													14			9						3		
	65											16			10						4			
70												16			10						4			
	75											16			10						4			
80												16			10						4			
	85										18			12							4			
90											18			12							4			
	95										18			12							4			
100										20				12							4			
		105								20				12							4			
	110									20				12							4			
		115							22				14						6					
120									22				14						6					

续表

公称直径			螺距																					
第一系列	第二系列	第三系列	44	40	35	32	28	24	22	20	18	16	14	12	10	9	8	7	6	5	4	3	2	1.5
		125							22				14						6					
	130								22				14						6					
		135						24					14						6					
140								24					14						6					
		145						24					14						6					
	150							24				16							6					
		155						24				16							6					
160							28					16							6					
		165					28					16							6					
	170						28					16							6					
		175					28					16					8							
180							28				18						8							
		185				32					18						8							
	190					32					18						8							
		195				32					18						8							
200						32					18						8							
	210				36					20							8							
220					36					20							8							
	230				36					20							8							
240					36				22								8							
	250			40					22					12										
260				40					22					12										
	270			40				24						12										
280				40				24						12										
	290		44					24						12										
300			44					24						12										

注：1. 优先选用第一系列直径，其次选用第二系列直径；在新产品设计中，不宜选用第三系列直径。

2. 优先选用粗黑框内的螺距。

③ 梯形螺纹的标注格式：梯形螺纹的标记是由特征代号、公称直径（螺距）、公差带代号及旋合长度代号组成的。

梯形螺纹代号，用字母“Tr”表示，单线螺纹在其后加注公称直径×螺距，多线螺纹在其后加注公称直径×导程（螺距 P）。

梯形螺纹的公差带代号，只标注中径公差带（由表示公差等级的数字及公差位置的字母组成，大写字母为内螺纹，小写字母为外螺纹）。

当旋合长度为N（正常）组时，不标注旋合长度代号。当旋合长度为L（超常）组时，应将组别代号L写在公差带代号的后面，并用“-”隔开。特殊需要时可用具体数值代替组别代号L。

梯形螺纹副的公差带要分别注出内、外螺纹的公差带代号。前面的是内螺纹公差带代号，后面的是外螺纹公差带代号，中间用斜线分开。

标记示例如下。

Tr40×7-7H 表示直径为40mm，螺距为7mm，公差带代号为7H的单线内螺纹。

Tr40×7-7e 表示直径为40mm，螺距为7mm，公差带代号为7e的单线外螺纹。

Tr40×7LH-7h 表示直径为40mm，螺距为7mm，公差带代号为7h的单线左旋外螺纹。

Tr40×7-7H/7h 表示直径为40mm，螺距为7mm，内螺纹公差带中径、大径均为7H，外螺纹公差带中径、大径分别为7h的单线螺旋副。

Tr40×14(P7)-8e-L 表示公称直径为40mm，导程为14mm，螺距为7mm，右旋，旋合长度为L组的双线螺纹。

旋合长度为特殊需要时的螺纹要标出长度数值：如 Tr40×7-7e-140。

21.1.14　锯齿形螺纹

牙型角33°，牙型不对称，一侧30°，另一侧3°。可承受较大的单向压力，多用于起重机械或压力机械。

锯齿形螺纹有33°和45°两种。这里只介绍常用的33°（3°，30°）锯齿形螺纹（45°锯齿形螺纹只用在水压机等少数领域）。

基本牙型和尺寸见图21.8和表21.29。

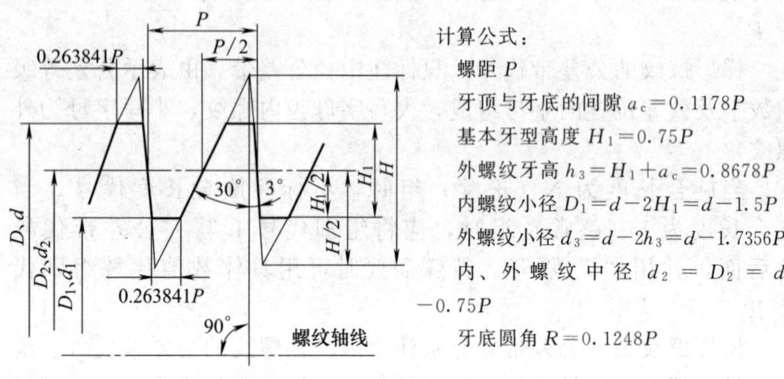

计算公式：

螺距 P

牙顶与牙底的间隙 $a_c=0.1178P$

基本牙型高度 $H_1=0.75P$

外螺纹牙高 $h_3=H_1+a_c=0.8678P$

内螺纹小径 $D_1=d-2H_1=d-1.5P$

外螺纹小径 $d_3=d-2h_3=d-1.7356P$

内、外螺纹中径 $d_2=D_2=d-0.75P$

牙底圆角 $R=0.1248P$

图 21.8 锯齿形螺纹的基本牙型

表 21.29 米制锯齿形螺纹的基本牙型和尺寸（GB/T 13576—2008）

mm

公称直径 d			螺距 P	中径 $d_2=D_2$	小径	
第一系列	第二系列	第三系列			d_1	D_1
10			2	8.500	6.529	7.000
12			2	10.500	8.529	9.000
			3	9.750	8.793	7.500
	14		2	12.500	10.529	11.000
			3	11.750	8.793	9.500
16			2	14.500	12.529	13.000
			4	13.500	9.058	10.000
	18		2	16.500	14.529	15.000
			4	15.000	11.058	12.000
20			2	18.500	13.529	17.000
			4	17.000	13.058	14.000
	22		3	19.750	16.793	17.500
			5	18.250	13.332	14.500
			8	16.000	8.116	10.000
24			3	21.750	18.793	19.500
			5	20.250	15.332	16.500
			8	18.000	10.116	12.000
	26		3	23.750	20.793	21.500
			5	22.250	17.332	18.500
			8	20.000	12.116	14.000

续表

公称直径 d			螺距 P	中径 $d_2=D_2$	小径	
第一系列	第二系列	第三系列			d_1	D_1
28			3	25.750	22.793	23.500
			5	24.250	19.332	20.500
			8	22.000	14.006	16.000
	30		3	27.750	24.795	25.500
			6	25.500	19.587	21.000
			10	22.500	12.645	15.000
32			3	29.750	26.793	27.500
			6	27.500	21.587	23.000
			10	24.500	14.645	17.000
	34		3	31.750	28.793	29.500
			6	29.500	23.587	25.000
			10	26.500	16.645	19.000
36			3	33.750	30.793	31.500
			6	31.500	25.587	27.000
			10	28.500	18.645	21.000
	38		3	35.750	32.793	33.500
			7	32.750	25.851	27.500
			10	30.500	20.645	23.000
40			3	37.750	34.793	35.500
			7	34.750	27.851	29.500
			10	32.500	22.645	25.000
	42		3	39.750	36.793	37.500
			7	36.750	29.851	31.500
			10	34.500	24.645	27.000
44			3	41.750	38.793	39.500
			7	38.750	31.851	33.500
			12	35.000	23.174	26.000
	46		3	43.750	40.793	41.500
			8	40.000	32.116	34.000
			12	37.000	25.174	28.000
48			3	45.750	42.793	43.500
			8	42.000	34.116	36.000
			12	39.000	27.174	30.000
	50		3	47.750	44.793	45.500
			8	44.000	36.116	38.000
			12	41.000	29.174	32.000

续表

公称直径 d			螺距 P	中径 $d_2=D_2$	小径	
第一系列	第二系列	第三系列			d_1	D_1
52			3	49.750	46.793	47.500
			8	46.000	38.116	40.000
			12	43.000	31.174	34.000
	55		3	52.750	49.793	50.500
			9	48.250	39.380	41.500
			14	44.500	30.702	34.000
60			3	57.750	54.793	55.500
			9	53.250	44.380	46.500
			14	49.500	35.702	39.000
	65		4	62.000	58.058	59.000
			10	57.500	46.645	50.000
			16	53.000	37.231	41.000
70			4	67.000	63.058	64.000
			10	62.500	52.645	55.000
			16	58.000	42.231	46.000
	75		4	72.000	68.058	69.000
			10	67.500	57.645	60.000
			16	63.000	47.310	51.000
80			4	77.000	73.058	74.000
			10	72.500	62.645	65.000
			16	68.000	52.231	56.000
	85		4	82.000	78.058	79.000
			12	76.000	64.174	67.000
			18	71.500	53.760	58.000
90			4	87.000	83.058	84.000
			12	81.000	69.174	72.000
			18	76.500	58.760	63.000
	95		4	92.000	88.058	89.000
			12	86.000	74.174	77.000
			18	81.500	63.760	68.000
100			4	97.000	93.058	94.000
			12	91.000	79.171	82.000
			20	85.000	65.289	70.000
		105	4	102.000	98.058	99.000
			12	85.000	84.174	87.000
			20	90.000	70.289	75.000

续表

公称直径 d			螺距 P	中径 $d_2=D_2$	小径	
第一系列	第二系列	第三系列			d_1	D_1
	110		4 12 20	107.000 101.000 95.000	103.058 89.174 75.289	104.000 92.000 80.000
		115	6 14 22	110.500 104.500 98.500	104.587 90.703 76.818	106.000 94.000 82.000
120			6 14 22	115.500 109.500 103.500	109.587 95.703 81.818	111.000 99.000 87.000
		125	6 14 22	120.500 114.500 108.500	114.581 100.703 86.818	116.000 104.000 92.000
	130		5 14 22	125.500 119.500 113.500	119.587 105.703 91.818	121.000 109.000 97.000
·		135	6 14 24	130.500 124.500 117.000	124.587 110.703 93.347	126.000 114.000 99.000
140			6 14 24	135.500 129.500 122.000	129.587 115.703 98.347	131.000 119.000 104.000
		145	6 14 24	140.500 134.500 127.000	134.587 120.703 103.341	136.000 124.000 109.000
	150		6 16 24	145.500 138.000 132.000	139.587 122.231 108.347	141.000 126.000 114.000
		155	6 16 24	150.1500 143.000 137.000	144.587 127.231 113.347	146.000 131.000 119.000
160			6 16 28	155.500 148.000 139.000	149.587 132.231 111.405	151.000 136.000 118.000
		165	6 16 28	160.500 153.000 144.000	154.587 137.231 116.405	156.000 141.000 123.000

续表

公称直径 d			螺距 P	中径	小径	
第一系列	第二系列	第三系列		$d_2=D_2$	d_1	D_1
			6	165.500	159.587	161.000
	170		16	158.000	142.231	146.000
			28	149.000	121.405	128.000
			8	169.000	161.116	163.000
		175	16	163.000	147.231	151.000
			28	154.000	126.405	133.000
			8	174.000	166.116	168.000
180			18	166.500	148.760	153.000
			28	159.000	131.405	138.000
			8	179.000	177.116	173.000
		185	18	171.500	153.760	158.000
			32	161.000	129.463	137.000
			8	184.000	176.116	178.000
	190		18	176.500	158.760	163.000
			32	166.000	134.463	142.000
			8	189.000	181.116	183.000
		195	18	181.500	163.760	168.000
			32	171.000	139.463	147.000
			8	194.000	186.116	188.000
200			18	186.500	168.760	173.000
			32	176.000	144.463	152.000
			8	204.000	196.116	198.000
	210		20	195.000	175.289	180.000
			36	183.000	147.521	156.000
			8	214.000	206.116	208.000
220			20	205.000	185.289	190.000
			86	193.000	157.621	166.000
			8	224.000	216.116	218.000
	230		20	215.000	195.289	200.000
			35	203.000	167.521	176.000
			8	234.000	226.116	228.000
240			22	223.500	201.818	207.000
			36	213.000	177.521	186.000
			12	241.000	229.174	232.000
	250		22	233.500	211.818	217.000
			40	220.000	180.679	190.000

续表

公称直径 d			螺距 P	中径 $d_2=D_2$	小　径	
第一系列	第二系列	第三系列			d_1	D_1
260			12	251.000	239.174	242.000
			22	243.500	221.818	227.000
			40	230.000	190.579	200.000
	270		12	261.000	249.174	252.000
			22	252.000	228.347	234.000
			40	240.000	200.579	210.000
280			12	271.000	259.174	262.000
			22	262.000	238.347	244.000
			40	250.000	210.579	220.000
	290		12	281.000	269.174	272.000
			24	272.000	248.347	254.000
			44	257.000	213.637	224.000
300			12	291.000	279.174	282.000
			24	282.000	258.347	264.000
			44	267.000	223.637	234.000
	320		12	311.000	299.174	302.000
			44	287.000	243.637	254.000
340			12	331.000	319.174	322.000
			44	307.000	263.637	274.000
	360		12	351.000	339.174	342.000
380			12	371.000	359.174	362.000
	400		12	391.000	379.174	382.000
420			18	405.500	388.760	393.000
	440		18	426.500	108.760	413.000
460			18	446.500	428.760	433.000
	480		18	466.500	448.760	453.000
500			18	486.500	468.760	473.000
	520		24	502.000	478.347	401.000
540			24	522.000	498.347	504.000
	560		24	542.000	518.347	524.000
580			24	562.000	538.347	544.000
	600		24	582.000	558.347	564.000
620			24	602.000	578.347	584.000
	640		24	622.000	598.347	604.000

锯齿形螺纹的标注格式为：特征代号 B＋公称直径×螺距＋旋向（右旋不注，左旋用 LH）。

例：B20×2LH 表示锯齿形螺纹，公称直径 20mm，单线，螺距 2mm，左旋。

21.1.15 自攻螺钉用螺纹

表 21.30 自攻螺钉用螺纹（GB/T 5280—2002） mm

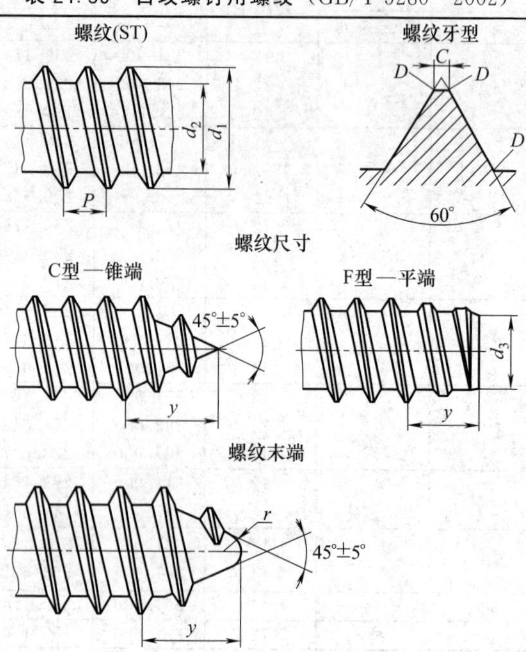

R型—倒圆端

螺纹规格	P ≈	d_1		d_2		d_3		c	r①	y(参考)②			号码 No.③
		max	min	max	min	max	min	max	≈	C 型	F 型	R 型	
ST1.5	0.5	1.52	1.38	0.91	0.84	0.79	0.69	0.1	—	1.4	1.1	—	0
ST1.9	0.6	1.90	1.76	1.24	1.17	1.12	1.02	0.1	—	1.6	1.2	—	1
ST2.2	0.8	2.24	2.1	1.63	1.52	1.47	1.37	0.1	—	2	1.6	—	2
ST2.6	0.9	2.57	2.43	1.90	1.80	1.73	1.60	0.1	—	2.3	1.8	—	3
5T2.9	1.1	2.90	2.76	2.18	2.08	2.01	1.88	0.1	—	2.6	2.1	—	4
ST3.3	1.3	3.30	3.12	2.39	2.29	2.21	2.08	0.1	—	3	2.5	—	5
ST3.5	1.3	3.53	3.35	2.64	2.51	2.41	2.26	0.1	0.5	3.2	2.5	2.7	6
ST3.9	1.3	3.91	3.73	2.92	2.77	2.67	2.51	0.1	0.6	3.5	2.7	3.0	7
ST4.2	1.4	4.22	4.04	3.10	2.95	2.84	2.69	0.1	0.6	3.7	2.8	3.2	8
ST4.8	1.6	4.80	4.62	3.58	3.43	3.30	3.12	0.15	0.7	4.3	3.2	3.6	10
ST5.5	1.8	5.46	5.28	4.17	3.99	3.86	3.68	0.15	0.8	5	3.6	4.3	12
ST6.3	1.8	6.25	6.03	4.88	4.70	4.55	4.34	0.15	0.9	6	3.6	5.0	14
ST8	2.1	8.00	7.78	6.20	5.99	5.84	5.64	0.15	1.1	7.5	4.2	6.3	16
ST9.5	2.1	9.65	9.43	7.85	7.59	7.44	7.24	0.15	1.4	8	4.2	—	20

① r 是参考尺寸，只要触摸时不是尖的。

② 不完整的螺纹长度。

③ 以前的螺纹长度，仅供参考。

21.2 螺栓

21.2.1 六角头螺栓

表 21.31 六角头螺栓的规格范围和主要用途

名称		国家标准号	规格范围/mm		主要用途
			直径	螺栓长度	
六角头螺栓	C级	GB/T 5780—2000	M5～M64	10～500	应用普遍，分为A、B、C三级。A级精度高，用于重要的、装配精确度高的以及承受较大冲击、振动或变载荷的场合；通常 $d=1.6\sim24$mm，$l\leqslant10d$ 或 $\leqslant150$mm。B级精度一般，用于 $d>24$mm 或 $l\geqslant10d$ 或 $\geqslant150$mm 的场合。C级精度低，为M5～M64，细杆B级为M3～M20。六角法兰面螺栓的防松性能好
	全螺纹C级	GB/T 5781—2000	M5～M64	10～500	
	六角头螺栓	GB/T 5782—2000	M1.6～M64	2～500	
	全螺纹	GB/T 5783—2000	M1.6～M64	2～500	
	细杆B级	GB/T 5784—1986	M3～M20	20～150	
	加强杆	GB/T 27—2013	M6～M48	25～300	
	加强杆带孔	GB/T 28—2013	M6～M48	25～300	
	带槽	GB/T 29.1—2013	M3～M12	6～100	
	带十字槽	GB/T 29.2—2013	M4～M8	8～60	
	螺栓细牙	GB/T 5785—2000	M8×1～M64×4	35～500	
	细牙全螺纹	GB/T 5786—2000	M8×1～M64×4	16～500	
六角头法兰面螺栓	B级	GB/T 5787—1986	M5～M16	10～200	
	螺栓细杆B级	GB/T 5788—1986	M5～M16	30～200	
	加大系列B级	GB/T 5789—1986	M5～M20	10～200	
	加大系列细杆B级	GB/T 5790—1986	M5～M20	30～200	
	小系列	GB/T 16674.1—2004	M5～M16	25～160	
	细牙 小系列	GB/T 16674.2—2004	M8～M16	35～160	
	带孔螺栓A、B级	GB/T 31.1—1988	M1.6～M64	2～500	
	带孔螺栓细杆B级	GB/T 31.2—1988	M6～M20	25～150	钢结构用高强度六角头螺栓用于高强度连接；主要用于公路与桥梁、工业民建筑、塔架、起重机 需要锁定时用栓接结构大六角螺栓与螺母。栓接结构与平垫圈配套使用，可使连接副具有高水平的防止因超拧而引起的螺纹脱扣
	带孔螺栓细牙A、B级	GB/T 31.3—1988	M8×1～M48×3	35～300	
	螺杆带孔	GB/T 31.1—2013	M6～M48	30～300	
	带孔螺栓细杆	GB/T 31.2—1988	M6～M20	25～150	
	螺杆带孔螺栓 细牙	GB/T 31.3—1988	M8～M48	35～300	
六角头头部带孔螺栓	A级、B级	GB/T 32.1—1988	M1.6～M64	2～500	
	细杆B级	GB/T 32.2—1988	M6～M20	25～150	
	细牙A级、B级	GB/T 32.3—1988	M8×1～M48×3	35～400	
钢结构用螺栓	高强度大六角头螺栓	GB/T 1228—1991	M12～M30	35～260	
	扭剪型高强度螺栓	GB/T 3632—1995	M16～M24	40～180	
栓接结构用大六角螺栓		GB/T 18230—2000	M12～M36	30～200	

(1) 六角头螺栓 C 级

GB/T 5780—2000《六角头螺栓 C 级》，所对应的材料为：含碳量为 0.2%～0.55%的低、中碳钢，无需热处理。其螺栓的机械等级为 3.6、4.6 和 4.8 级。但直径大于 20mm，需按 10.9 级的规定用钢，即要使用低碳合金（如硼、锰或铬）钢，淬火并回火。含碳量为 0.15%～0.35%，最低回火温度为 340℃。

六角头螺栓精度有 A（精制）、B（半精制）、C（普通）之分。C 级则主要用于表面较粗糙、对精度要求不高的设备上。C 级的规格见表 21.32。

表 21.32 六角头螺栓（C 级）螺纹规格（GB/T 5780—2000）

mm

螺纹规格 d		M5	M6	M8	M10	M12	(M14)
螺距 P		0.8	1	1.25	1.5	1.75	2
$b_{参考}$	$l_{公称}\leqslant 125$	16	18	22	26	30	34
	$125< l_{公称}\leqslant 200$	22	24	28	32	36	40
	$l_{公称}>200$	35	37	41	45	49	53
e_{min}		8.63	10.89	14.2	17.59	19.85	22.78
k	公称	3.5	4.0	5.3	6.4	7.5	8.8
	max	3.875	4.375	5.675	6.85	7.95	9.25
	min	3.125	3.625	4.925	5.95	7.05	8.35
s	公称(=max)	8.00	10.00	13.00	16.00	18.00	21.00
	min	7.64	9.64	12.57	15.57	17.57	20.16
l		25～50	30～60	40～80	45～100	55～120	60～140
螺纹规格 d		M16	(M18)	M20	(M22)	M24	(M27)
螺距 P		2	2.5	2.5	2.5	3	3
$b_{参考}$	$l_{公称}\leqslant 125$	38	42	46	50	54	60
	$125< l_{公称}\leqslant 200$	44	48	52	56	60	66
	$l_{公称}>200$	57	61	65	69	73	79
e_{min}		26.17	29.56	32.95	37.29	39.55	45.2
k	公称	10.0	11.5	12.5	14	15	17
	max	10.75	12.4	13.4	14.9	15.9	17.9
	min	9.25	10.6	11.6	13.1	14.1	16.1
s	公称(=max)	24.00	27.00	30.00	34.00	36.00	41.00
	min	23.16	26.16	29.16	33.00	35.00	40.00
l		65～160	80～180	80～200	90～220	100～240	100～260

续表

螺纹规格 d		M30	(M33)	M36	(M39)	M42	(M45)
螺距 P		3.5	3.5	4	4	4.5	4.5
$b_{参考}$	$l_{公称}\leqslant 125$	66	72	—	—	—	—
	$125<l_{公称}\leqslant 200$	72	78	84	90	96	102
	$l_{公称}>200$	85	91	97	103	109	115
e_{min}		50.85	55.37	60.79	66.44	71.3	76.95
k	公称	18.7	21	22.5	25	26	28
	max	19.75	22.05	23.55	26.05	27.05	29.05
	min	17.65	19.95	21.45	23.95	24.95	26.95
s	公称(=max)	46	50	55.0	60.0	65.0	70.0
	min	45	49	53.8	58.8	63.1	68.1
l		120～300	90～300	140～320	150～400	180～420	180～440
螺纹规格 d		M48	(M52)	M56	(M60)	M64	—
螺距 P		5	5	5.5	5.5	6	—
$b_{参考}$	l 公称$\leqslant 125$	—	—	—	—	—	—
	$125<l$ 公称$\leqslant 200$	108	116	—	—	—	—
	l 公称>200	121	129	137	145	153	—
e_{min}		82.6	88.25	93.56	99.21	104.86	—
k	公称	30	33	35	38	40	—
	max	31.05	34.25	36.25	39.25	41.25	—
	min	28.95	31.75	33.75	36.75	38.75	—
s	公称(=max)	75.0	80.0	85.0	90.0	95.0	—
	min	73.1	78.1	82.8	87.8	92.8	—
l		200～480	200～500	240～500	240～500	260～500	—

注：1. 长度系列尺寸（单位均为 mm）为 10、12、16、20～50（5 进位）、(55)、60、(65)、70～150（10 进位）、180～500（20 进位）。

2. ( ) 内数字尽量不采用。

(2) 六角头螺栓全螺纹（C 级）（表 21.33）

表 21.33 六角头螺栓全螺纹（C 级）的规格（GB/T 5781—2000）

mm

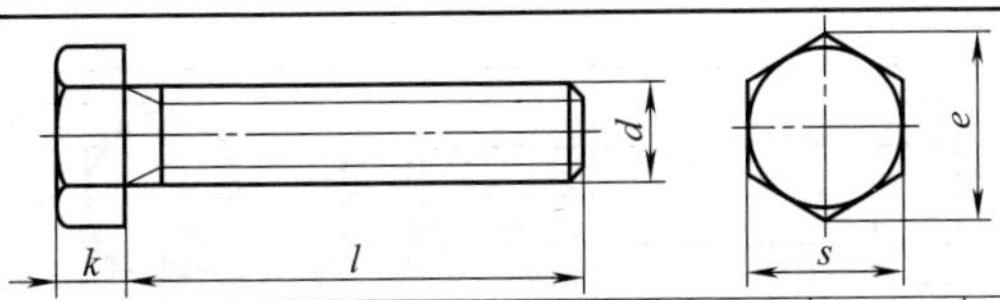

螺纹规格 d		M5	M6	M8	M10	M12	(M14)	M16	(M18)
螺距 P		0.8	1.0	1.25	1.5	1.75	2.0	2.0	2.5
e_{min}		8.63	10.89	14.2	17.59	19.85	22.78	26.17	29.56
k	公称	3.5	4.0	5.3	6.4	7.5	8.8	10	11.5
	max	3.875	4.375	5.675	6.85	7.95	9.25	10.75	12.4
	min	3.125	3.625	4.925	5.95	7.05	8.35	9.25	10.6
s	公称(=max)	8.0	10.0	13.0	16.0	18.0	21.00	24.0	27.00
	min	7.64	9.64	12.57	15.57	17.57	20.16	23.16	26.16
l		10～50	12～60	16～80	20～100	25～120	30～140	30～160	35～180

续表

螺纹规格 d		M20	(M22)	M24	(M27)	M30	(M33)	M36	(M39)
螺距 P		2.5	2.5	3.0	3.0	3.5	3.5	4.0	4.0
e_{min}		32.95	37.29	39.55	45.2	50.85	55.37	60.79	66.44
k	公称	12.5	14.0	15	17	18.7	21	22.5	25
	max	13.4	14.9	15.9	17.9	19.75	22.05	23.55	26.05
	min	11.6	13.1	14.1	16.1	17.65	19.95	21.45	23.95
s	公称(=max)	30.0	34	36.0	41	46	50	55.0	60
	min	29.16	33	35.0	40	45	49	53.8	58.8
l		40～200	45～220	50～240	55～280	60～300	65～360	70～360	80～400

螺纹规格 d		M42	(M45)	M48	(M52)	M56	(M60)	M64
螺距 P		4.5	4.5	5.0	5.0	5.5	5.5	6.0
e_{min}		71.3	76.95	82.6	88.25	93.56	99.22	104.86
k	公称	26	28	30	33	35	38	40
	max	27.05	29.05	31.05	34.25	36.25	39.25	41.25
	min	24.95	26.95	28.95	31.75	33.75	36.75	38.75
s	公称(=max)	65	70	75	80	85	90.0	95.0
	min	63.1	68.1	73.1	78.1	82.8	87.8	92.8
l		80～420	90～440	100～480	100～500	110～500	120～500	120～500

注：1. 长度系列尺寸（单位均为 mm）为 10、12、16、20～50（5 进位）、(55)、60、(65)、70～150（10 进位）、180～500（20 进位）。

2. （ ）内数字尽量不采用。

（3）六角头螺栓全螺纹（A 级和 B 级）

六角头螺栓 A、B 级主要用于表面光滑、对精度有较高要求的设备上，其规格见表 21.34。

表 21.34 六角头螺栓（A、B 级）的规格（GB/T 5782—2000）

mm

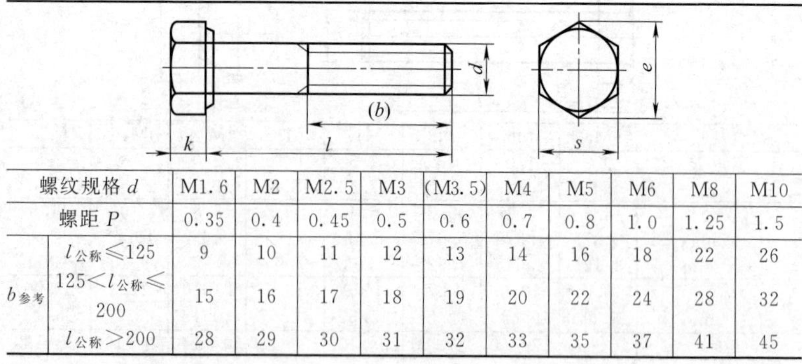

螺纹规格 d		M1.6	M2	M2.5	M3	(M3.5)	M4	M5	M6	M8	M10
螺距 P		0.35	0.4	0.45	0.5	0.6	0.7	0.8	1.0	1.25	1.5
$b_{参考}$	$l_{公称} \leqslant 125$	9	10	11	12	13	14	16	18	22	26
	$125 < l_{公称} \leqslant 200$	15	16	17	18	19	20	22	24	28	32
	$l_{公称} > 200$	28	29	30	31	32	33	35	37	41	45

续表

螺纹规格 d			M1.6	M2	M2.5	M3	(M3.5)	M4	M5	M6	M8	M10
e_{min}	A		3.41	4.32	5.45	6.01	6.58	7.66	8.79	11.05	14.38	17.77
	B		3.28	4.18	5.31	5.88	6.44	7.50	8.63	10.89	14.20	17.59
k	公称		1.1	1.4	1.7	2.0	2.4	2.8	3.5	4.0	5.3	6.4
	A	max	1.225	1.525	1.825	2.125	2.525	2.925	3.65	4.15	5.45	6.58
		min	0.975	1.275	1.575	1.875	2.275	2.675	3.35	3.85	5.15	6.22
	B	max	1.3	1.6	1.9	2.2	2.6	3.0	3.26	4.24	5.54	6.69
		min	0.9	1.2	1.5	1.8	2.2	2.6	2.35	3.76	5.06	6.11
s	公称(=max)		3.20	4.00	5.00	5.5	6.00	7.00	8.00	10.00	13.00	16.00
	min	A	3.02	3.82	4.82	5.32	5.82	6.78	7.78	9.78	12.73	15.73
		B	2.90	3.70	4.70	5.20	5.70	6.64	7.64	9.64	12.57	15.57
l		A	12～16	16～20	16～25	5.70	20～30	25～40	25～40	30～60	35～80	40～100
		B	—	—	—	20～35	—	—	—	—	—	160

螺纹规格 d			M12	(M14)	M16	(M18)	M20	(M22)	M24	(M27)	M30	(M33)
螺距 P			1.75	2.0	2.0	2.5	2.5	2.5	3.0	3.0	3.5	3.5
$b_{参考}$	$l_{公称}≤125$		30	34	38	42	46	50	54	60	66	—
	$125<l_{公称}≤200$		36	40	44	48	52	56	60	66	72	78
	$l_{公称}>200$		49	53	57	61	65	69	73	79	85	91
e_{min}	A		20.03	23.36	26.75	30.14	33.53	37.72	39.98	—	—	—
	B		19.85	22.78	26.17	29.56	32.95	37.29	39.55	45.2	50.85	55.37
k	公称		7.5	8.8	10	11.5	12.5	14	15	17	18.7	21
	A	max	7.68	8.98	10.18	11.715	12.715	14.215	15.125	17.35	—	—
		min	7.32	8.62	9.82	11.285	12.285	13.785	14.785	16.65	—	—
	B	max	7.79	9.09	10.29	11.85	12.85	14.35	15.35	—	19.12	21.42
		min	7.21	8.51	9.71	11.15	12.15	13.65	14.65	—	18.28	20.58
s	公称(=max)		18.00	21.00	24.00	27.00	30.00	34.00	36.00	40.00	46.00	50.00
	min	A	17.73	20.67	23.67	26.67	29.67	33.38	35.38	—	—	—
		B	17.57	20.16	23.16	26.16	29.16	33.00	35.00	41.0	45.0	49.0
l		A	50～120	50～140	65～160	60～150	65～150	70～150	80～150	90～150	—	100～150
		B	—	—	—	160～180	—	160～220	—	160～260	—	160～320

螺纹规格 d		M36	(M39)	M42	(M45)	M48	(M52)	M56	(M60)	M64
螺距 P		4.0	4	4.5	4.5	5.0	5	5.5	5.5	6.0
$b_{参考}$	$l_{公称}≤125$	—	—	—	—	—	—	—	—	—
	$125<l_{公称}≤200$	84	90	96	102	108	116	—	—	—
	$l_{公称}>200$	97	103	109	115	121	129	137	145	153

续表

螺纹规格 d			M36	(M39)	M42	(M45)	M48	(M52)	M56	(M60)	M64
e_{min}	A		—	—	—	—	—	—	—	—	—
	B		60.79	66.44	71.3	76.95	82.6	88.25	93.56	99.21	104.86
k	公称		22.5	25	26	28	30	33	35	38	40
	A	max	—	—	—	—	—	—	—	—	—
		min	—	—	—	—	—	—	—	—	—
	B	max	22.92	25.42	26.42	28.42	30.42	33.5	35.5	38.5	40.5
		min	22.08	24.58	25.58	27.58	29.58	32.5	34.5	37.5	39.5
s	公称(=max)		55.0	60.0	65.0	70.0	75.0	80.0	85.0	90.0	95.0
	min	A	—	—	—	—	—	—	—	—	—
		B	53.8	58.8	63.1	68.1	73.1	78.1	82.8	87.8	92.8
l		A	—	—	—	—	—	—	—	—	—
		B	—	130～380	—	130～400	—	150～400	—	180～400	—

注：1. 长度系列（单位均为 mm）为 20～50（5 进位）、(55)、60、(65)、70～160（10 进位）、180～400（20 进位）。

2.（ ）内规格尽量不采用。

（4）六角头 A 级螺栓与细杆 B 级（表 21.35）

表 21.35 六角头 A 级螺栓与细杆 B 级的规格 mm

螺纹规格 d	螺杆长度 l		
	部分螺纹(GB/T 5782—2000)	全螺纹(GB/T 5783—2000)	细杆(GB/T 5784—2000)
M1.6	12～16	2～16	—
M2	16～20	4～20	—
M2.5	16～25	5～25	—
M3	20～30	6～30	20～30
M4	25～40	8～40	20～40
M5	25～50	10～50	25～50
M6	30～60	12～60	25～60
M8	(35)40～80	16～80	30～80
M10	(40)45～100	20～100	40～100
M12	(45)50～120	25～120	45～120
(M14)	(50)60～140	30～140	50～140
M16	(55)65～160	30～150	55～150
(M18)	(60)70～180	35～180	—
M20	(65)80～200	40～150	65～150

续表

螺纹规格 d	螺杆长度 l		
	部分螺纹(GB/T 5782—2000)	全螺纹(GB/T 5783—2000)	细杆(GB/T 5784—2000)
(M22)	(70)90～220	45～200	—
M24	80(90)～240	50～150	—
(M27)	100～260(90～300)	55～200	—
M30	(90)110～300	60～200	—
(M33)	150～380	65～200	—
M36	140～360(110～300)	70～200	—
(M39)	180～440	80～200	—
M42	160～440(130～300)	80～200	—
(M45)	200～480	90～200	—
M48	180～480(140～300)	100～200	—
(M52)	240～500	100～200	—
M56	220～500	110～200	—
(M60)	260～500	120～200	—
M64	260～500	120～200	—

注：l（单位均为 mm）公称系列为 2，3，4，5，6，8，10，12，16，20，25，30，35，40，45，50，55，60，65，70，80，90，100，110，120，130，140，150，160，180，200，220，240，260，280，300，320，340，360，380，400，420，440，460，480，500。

(5) 六角头细牙螺栓

细牙螺栓主要用于薄壁零件或承受振动、冲击载荷场合，其规格见表 21.36。

表 21.36 六角头细牙螺栓的规格 mm

螺纹规格 $d \times P$	螺杆长度 l		螺纹规格 $d \times P$	螺杆长度 l	
	部分螺纹(GB/T 5785—2000)	全螺纹(GB/T 5786—2000)		部分螺纹(GB/T 5785—2000)	全螺纹(GB/T 5786—2000)
M8×1	40～80	16～80	M20×1.5	80～200	40～200
M10×1	45～100	20～100	(M22×1.5)	90～220	45～220
(M10×1.25)	45～100	20～100	M24×2	100～240	40～200
(M12×125)	50～120	25～120	(M27×2)	110～260	55～260
M12×1.5	50～120	25～120	M30×2	120～300	40～200
(M14×1.5)	60～140	30～140	(M33×2)	130～300	65～330
M16×1.5	65～160	35～160	M36×3	140～300	40～200
(M18×1.5)	70～180	40～180	(M39×3)	150～380	80～380

续表

螺纹规格 $d \times P$	螺杆长度 l		螺纹规格 $d \times P$	螺杆长度 l	
	部分螺纹（GB/T 5785—2000）	全螺纹（GB/T 5786—2000）		部分螺纹（GB/T 5785—2000）	全螺纹（GB/T 5786—2000）
M42×3	160～440	90～420	M56×4	220～500	120～500
(M45×3)	180～440	90～440	(M60×4)	200～500	120～500
M48×3	200～480	100～480	M64×4	240～500	130～500
(M52×4)	200～480	100～500			

注：l（单位均为 mm）公称系列为 16，20，25，30，35，40，45，50，55，60，65，70，80，90，100，110，120，130，140，150，160，180，200，220，240，260，280，300，320，340，360，380，400，420，440，460，480，500。

（6）法兰面螺栓

用于重型机械和各种发动机，能比规格相同的六角头螺栓承受更大的预紧力。

表 21.37 六角法兰面螺栓—小系列-A 级（GB 16674.1—2004）

mm

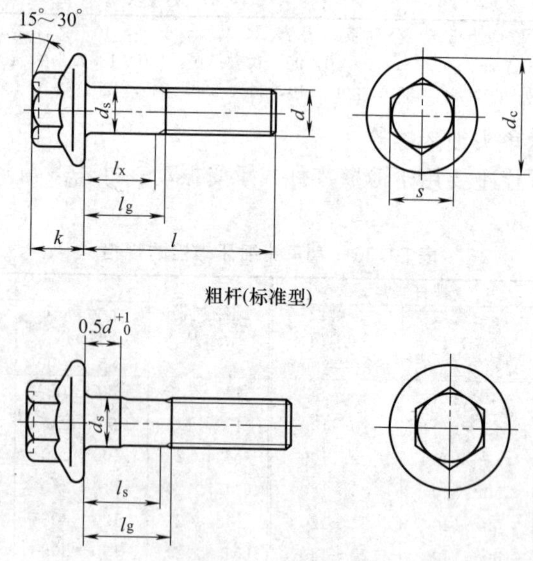

粗杆(标准型)

细杆(R型，使用有要求时)

续表

螺纹规格 d			M5		M6		M8		M10		M12		(M14)		M16	
P			0.8		1.0		1.25		1.5		1.75		2.0		2.0	
d_c	max		11.4		13.6		17.0		20.8		24.7		28.6		32.8	
d_s	max		5.00		6.00		8.00		10.00		12.00		14.00		16.00	
	min		4.82		5.82		7.78		9.78		11.73		13.73		15.73	
k	max		5.6		6.9		8.5		9.7		12.1		12.9		15.2	
s	max		7.00		8.00		10.00		13.00		15.00		18.00		21.00	
	min		6.78		7.78		9.78		12.73		14.73		17.73		20.67	
l			无螺杆部分长度 l_s 和夹紧长度 l_g													
公称	min	max	l_s min	l_g max	l_s min	l_g max	l_s min	l_g max	l_s min	l_g max	l_s min	l_g max	l_s min	l_g max	l_s min	l_g max
10	9.71	10.29	—	—	—	—	—	—	—	—	—	—	—	—	—	—
12	11.65	12.35	—	—	—	—	—	—	—	—	—	—	—	—	—	—
16	15.65	16.35	—	—	—	—	—	—	—	—	—	—	—	—	—	—
20	19.58	20.42	—	—	—	—	—	—	—	—	—	—	—	—	—	—
25	24.58	25.42	5	9	—	—	—	—	—	—	—	—	—	—	—	—
30	29.58	30.42	10	14	7	12	—	—	—	—	—	—	—	—	—	—
35	34.5	35.5	15	19	12	17	6.75	13	—	—	—	—	—	—	—	—
40	39.5	40.5	20	24	17	22	11.75	18	6.5	14	—	—	—	—	—	—
45	44.5	45.5	25	29	22	27	16.75	23	11.5	19	6.25	15	—	—	—	—
50	49.5	50.5	30	34	27	32	21.75	28	15.5	24	11.25	20	6	16	—	—
55	54.4	55.6	—	—	32	37	26.75	33	21.5	29	16.25	25	11	21	7	17
60	59.4	60.6	—	—	37	12	31.75	38	26.5	34	21.25	30	16	26	12	22
65	64.4	65.6	—	—	—	—	36.75	43	31.5	39	26.25	35	21	31	17	27
70	69.4	70.6	—	—	—	—	41.75	48	36.5	44	31.25	40	26	36	22	32
80	79.4	80.6	—	—	—	—	51.75	58	46.5	54	41.25	50	36	46	32	42
90	89.3	90.7	—	—	—	—	—	—	56.5	64	51.25	60	46	56	42	52
100	99.3	100.7	—	—	—	—	—	—	66.5	74	61.25	70	56	66	52	62
110	109.3	110.7	—	—	—	—	—	—	—	—	71.25	80	66	76	62	72
120	119.3	120.7	—	—	—	—	—	—	—	—	81.25	90	76	86	72	82
130	129.2	130.8	—	—	—	—	—	—	—	—	—	—	80	90	76	86
140	139.2	140.8	—	—	—	—	—	—	—	—	—	—	90	100	86	96
150	149.2	150.8	—	—	—	—	—	—	—	—	—	—	—	—	96	106
160	159.2	160.8	—	—	—	—	—	—	—	—	—	—	—	—	106	116

注：1. 公称长度在粗线以上的螺栓，应制出全螺纹。

2. 细杆型（R型）仅适用于公称长度在粗线以下的螺栓。

表 21.38 六角法兰面螺栓—细牙 小系列（GB/T 16674.2—2004）

mm

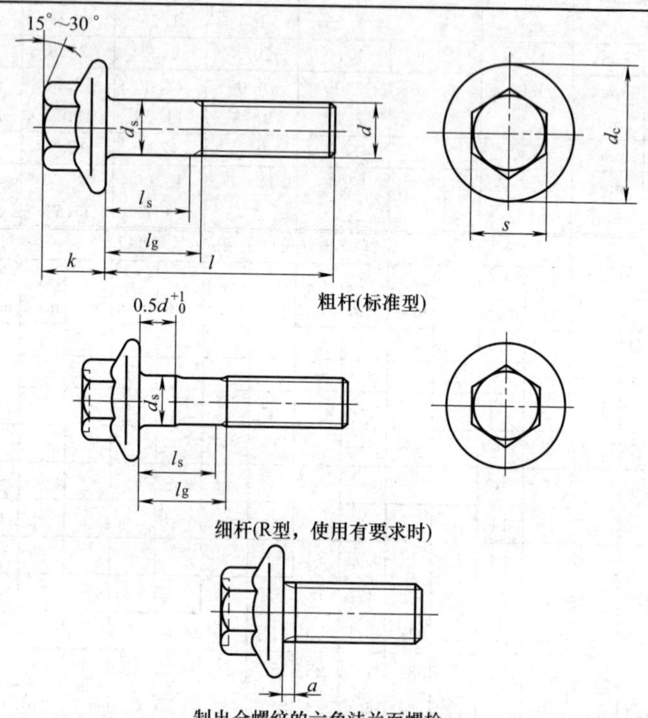

粗杆(标准型)

细杆(R型，使用有要求时)

制出全螺纹的六角法兰面螺栓

螺纹规格(d×P)			M8×1		M10×1 M10×1.25		M12×1.25 M12×1.5		(M14×1.5)		M16×1.5	
a	max		3		3		4.5		4.5		4.5	
	min		1		1		1.5		1.5		1.5	
d_c	max		17		20.8		24.7		28.6		32.8	
d_s	max		8.00		10.00		12.00		14.00		16.00	
	min		7.78		9.78		11.73		13.73		15.73	
k	max		8.5		9.7		12.1		12.9		15.2	
s	max		10.00		13.00		15.00		18.00		21.00	
	min		9.78		12.73		14.73		17.73		20.67	
l			无螺杆部分长度 l_s 和夹紧长度 l_g									
公称	min	max	l_s min	l_g max	l_s min	l_g max	l_s min	l_g max	l_s min	l_g max	l_s min	l_g max
16	15.65	16.35	—	—	—	—	—	—	—	—	—	—
20	19.58	20.42	—	—	—	—	—	—	—	—	—	—

续表

公称	min	max	l_s min	l_g max	l_s min	l_g max	l_s min	l_g max	l_s min	l_g max	l_s min	l_g max
25	24.58	25.42	—	—	—	—	—	—	—	—	—	—
30	29.58	30.42	—	—	—	—	—	—	—	—	—	—
35	34.5	35.5	6.75	13	—	—	—	—	—	—	—	—
40	39.5	40.5	11.75	18	6.5	14	—	—	—	—	—	—
45	44.5	45.5	16.75	23	11.5	19	6.25	15	—	—	—	—
50	49.5	50.5	21.75	28	16.5	24	11.25	20	6	16	—	—
55	54.4	55.6	26.75	33	21.5	29	16.25	25	11	21	7	17
60	59.4	60.6	31.75	38	26.5	34	21.25	30	16	26	12	22
65	64.4	65.6	36.75	43	31.5	39	26.25	35	21	31	17	27
70	69.4	70.6	41.75	48	36.5	44	31.25	40	26	36	22	32
80	79.4	80.6	51.75	58	46.5	54	41.25	50	36	46	32	42
90	89.3	90.7	—	—	56.5	64	51.25	60	46	56	42	52
100	99.3	100.7	—	—	66.5	74	61.25	70	56	66	52	62
110	109.3	110.7	—	—	—	—	71.25	80	66	76	62	72
120	119.3	120.7	—	—	—	—	81.25	90	76	86	72	82
130	129.2	130.8	—	—	—	—	—	—	80	90	76	86
140	139.2	140.8	—	—	—	—	—	—	90	100	86	96
150	149.2	150.8	—	—	—	—	—	—	—	—	96	106
160	159.2	160.8	—	—	—	—	—	—	—	—	106	116

注：1. 尽可能不采用括号内的规格。

2. 公称长度在粗线以上的螺栓，应制出全螺纹。

3. 细杆型（R 型）仅适用于公称长度在粗线以下的螺栓。

表 21.39　六角法兰面自排屑螺栓（QC/T 853—2011）　mm

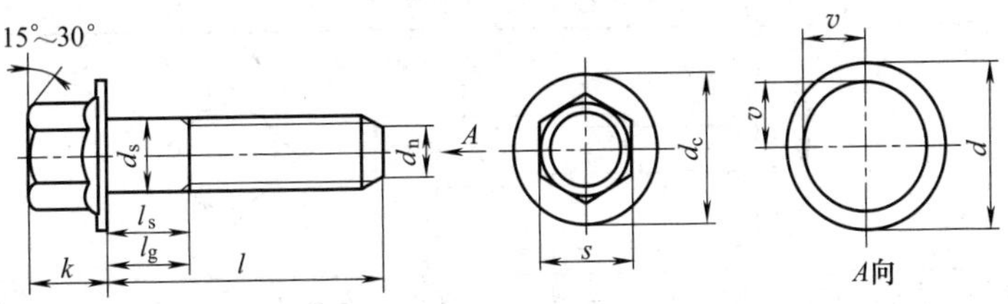

螺纹规格 d		M6	M8	M10	M12
s	max	8.00	10.00	13.00	15.00
	min	7.78	9.78	12.73	14.73
d_c	max	13.60	17.00	20.80	24.70
d_s	max	6.00	8.00	10.00	12.00
	min	5.82	7.78	9.78	11.73
k	max	6.90	8.50	9.70	12.10
v	max	3.50	4.50	5.50	6.50
	min	2.50	3.50	4.50	5.50

续表

螺纹规格 d			M6		M8		M10		M12	
l			l_s 和 l_g							
公称	min	max	l_s min	l_g max	l_s min	l_g max	l_s min	l_g max	l_s min	l_g max
12	11.65	12.35	全	全						
16	15.65	16.35	全	全	全	全				
20	19.58	20.42	全	全	全	全	全	全		
25	24.58	25.42	全	全	全	全	全	全	全	全
30	29.58	30.42	7	12	全	全	全	全	全	全
35	34.50	35.50	12	17	6.75	13	全	全	全	全
40	39.50	40.50	17	22	11.75	18	6.5	14	全	全
45	44.50	45.50	22	27	16.75	23	11.5	19	6.25	15
50	49.50	50.50	27	32	21.75	28	16.5	24	11.25	20
55	54.40	55.60	32	37	26.75	33	21.5	29	16.25	25
60	59.40	60.60	37	42	31.75	38	26.5	34	21.25	30
65	64.40	65.60			36.75	43	31.5	39	26.25	35
70	69.40	70.60			41.75	48	36.5	44	31.25	40
80	79.40	80.60			51.75	58	46.5	54	41.25	50
90	89.30	90.70					56.5	64	51.25	60
100	99.30	100.70					66.5	74	61.25	70
110	109.30	110.70							71.25	80
120	119.30	120.70							81.25	90

注："全"表示全螺纹。

21.2.2 方头螺栓

(1) 方头螺栓 C 级

方头尺寸较大，便于使用扳手或借助其他零件防止转动，多用于粗糙结构表面和带 T 形槽零件中其规格见表 21.40。

表 21.40 方头螺栓 C 级的规格 (GB/T 8—1988) mm

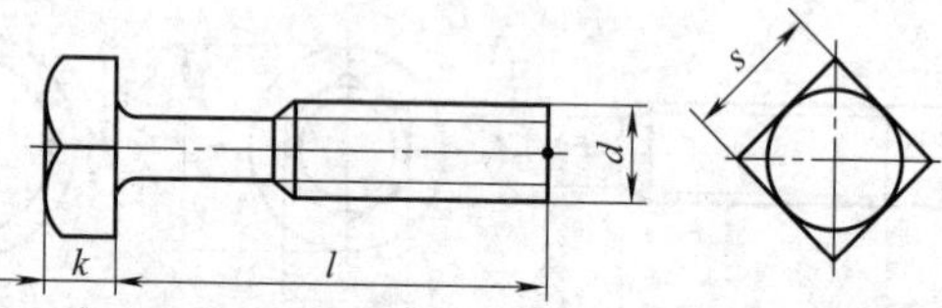

螺纹规格 d	方头边宽 s max	公称方头高度 k	公称长度 l	螺纹规格 d	方头边宽 s max	公称方头高度 k	公称长度 l
M10	16	7	20～100	M24	36	15	55～240
M12	18	8	25～120	(M27)	41	17	60～260
(M14)	21	9	25～140	M30	46	19	60～300
M16	24	10	30～160	M36	55	23	80～300
(M18)	27	12	35～180	M42	65	26	80～300
M20	30	13	35～200	M48	75	30	110～300
(M22)	34	14	50～220				

注：1. l（单位均为 mm）公称系列为 20，25，30，35，40，45，50，(55)，60，(65)，70，80，90，100，110，120，130，140，150，160，180，200，220，240，260，280，300。

2. 尽可能不采用括号内的规格。

（2）小方头螺栓（表21.41）

表21.41 小方头螺栓的规格（GB/T 35—2013）

mm

螺纹规格 d		M5	M6	M8	M10	M12	M14	M16	M18	M20	M22	M24	M27	M30	M36	M42	M48
牙距 P		0.8	1.0	1.25	1.50	1.75	2.0	2.0	2.5	2.5	2.5	3	3	4	4	5	5
b	$L<125$	16	18	22	26	30	34	38	42	46	50	54	60	66	78	—	—
	$125<L<200$	—	—	28	32	36	40	44	48	52	56	60	66	72	84	96	108
	$200<L$	—	—	—	—	—	—	57	61	65	69	73	79	85	97	109	121
k	max	3.74	4.24	5.24	6.24	7.29	8.29	9.29	10.29	11.35	12.35	13.35	15.35	17.35	20.42	23.42	26.42
	min	3.26	3.76	4.76	5.76	6.71	7.71	8.71	9.71	10.65	11.65	12.65	14.65	16.65	19.58	22.58	25.58
s	max	8	10	13	16	18	21	24	27	30	34	36	41	46	55	65	75
	min	7.64	9.64	12.57	15.57	17.57	20.16	23.16	26.16	29.16	33	35	40	45	53.5	63.1	73.1
公称直径 d		M5	M6	M8	M10	M12	M14	M16	M18	M20	M22	M24	M27	M30	M36	M42	M48
公称长度 L		每1000件钢制品的质量/kg															
20		3.75	—	—	—	—	—	—	—	—	—	—	—	—	—	—	—
25		4.35	—	—	—	—	—	—	—	—	—	—	—	—	—	—	—
30		4.95	7.59	—	—	—	—	—	—	—	—	—	—	—	—	—	—
35		5.55	8.45	16.09	—	—	—	—	—	—	—	—	—	—	—	—	—
40		6.15	9.31	17.65	29.23	—	—	—	—	—	—	—	—	—	—	—	—
45		6.75	10.16	19.20	31.69	46.3	—	—	—	—	—	—	—	—	—	—	—
50		7.35	11.02	20.76	34.14	49.86	—	—	—	—	—	—	—	—	—	—	—

续表

公称直径 d	M5	M6	M8	M10	M12	M14	M16	M18	M20	M22	M24	M27	M30	M36	M42	M48
公称长度 L	每 1000 件钢制品的质量/kg															
55	—	11.88	21.00	36.6	53.43	75.05	103.8	—	—	—	—	—	—	—	—	—
60	—	12.74	23.87	39.06	56.99	79.93	110.3	142.6	—	—	—	—	—	—	—	—
65	—	—	25.42	41.51	60.55	84.8	116.9	150.7	194.8	—	—	—	—	—	—	—
70	—	—	26.98	4397	64.11	89.68	123.4	158.8	205.0	262.6	—	—	—	—	—	—
80	—	—	30.09	48.55	71.24	99.43	136.5	175.1	225.5	287.8	340.9	—	—	—	—	—
90	—	—	—	53.79	78.36	109.2	149.6	191.3	246.0	313.0	370.4	501.2	647.2	—	—	—
100	—	—	—	58.7	85.48	110.9	162.7	207.5	266.4	338.2	399.0	539.3	693.9	—	—	—
110	—	—	—	—	92.61	128.7	175.8	223.8	286.9	363.4	429.4	577.4	740.6	1128	—	—
120	—	—	—	—	99.73	138.4	188.8	240	307.4	388.6	458.4	615.6	787.3	1196	—	—
130	—	—	—	—	—	148.2	201.9	256.3	327.9	413.8	488.4	653.7	834	1263	1890	
140	—	—	—	—	—	157.9	215	272.5	348.3	439.0	517.9	691.8	880.7	1331	1983	2763
150	—	—	—	—	—	—	228.1	288.8	368.8	464.2	547.4	729.9	927.4	1299	2076	2885
160	—	—	—	—	—	—	241.2	305	389.3	489.4	576.9	768.0	974.1	1467	2169	3007
180	—	—	—	—	—	—	—	337.5	430.3	539.8	635.9	844.2	1068	1603	2355	3251
200	—	—	—	—	—	—	—	—	471.2	590.2	694.9	920.5	1161	1738	2540	3494
220	—	—	—	—	—	—	—	—	—	640.6	753.9	996.7	1254	1874	2726	3738
240	—	—	—	—	—	—	—	—	—	—	812.9	1073	1348	2010	2912	3982
260	—	—	—	—	—	—	—	—	—	—	—	1149	1441	2145	3098	4226
280	—	—	—	—	—	—	—	—	—	—	—	—	1535	2281	3284	4470
300	—	—	—	—	—	—	—	—	—	—	—	—	1628	2416	3470	4713

21.2.3 圆头螺栓

（1）圆头方颈螺栓

半圆头方颈螺栓与大半圆头方颈C级螺栓用于铁木结构（如纺织机械、汽车车身等）的连接，其规格见表21.42。

表21.42　半圆头方颈螺栓的规格（GB/T 12—2013）　mm

螺纹规格 d			M6	M8	M10	M12	(M14)	M16	M20
P			1	1.25	1.5	1.75	2	2	2.5
b		$l\leqslant125$	18	22	26	30	34	38	46
		$125<l\leqslant200$	—	28	32	36	40	44	52
d_k		max	13.1	17.1	21.3	25.3	29.3	33.6	41.6
		min	11.3	15.3	19.16	23.16	27.16	31	39
f_n		max	4.4	5.4	6.4	8.45	9.45	10.45	12.55
		min	3.6	4.6	5.6	7.55	8.55	9.55	11.45
k		max	4.08	5.28	6.48	8.9	9.9	10.9	13.1
		min	3.2	4.4	5.6	7.55	8.55	9.55	11.45
v_n		max	6.3	8.36	10.36	12.43	14.43	16.43	20.82
		min	5.84	7.8	9.8	11.76	13.76	15.76	19.22
l			通用长度规格范围						
公称	min	max							
16	15.1	16.9							
20	18.95	21.05							
25	23.95	26.05							
30	28.95	31.05							
35	33.75	36.25							
40	38.75	41.25							
45	43.75	46.25	通						
50	48.75	51.25		用					
(55)	53.5	56.5			长				
60	58.5	61.5				度			
(65)	63.5	66.5					规		
70	68.5	71.5					格		
80	78.5	81.5							
90	88.25	91.75						范	
100	98.25	101.75							围
110	108.25	111.75							
120	118.25	121.75							
130	128	132							
140	138	142							
150	148	152							
160	156	164							
180	176	184							
200	195.4	204.6							

（2）圆头带榫螺栓（表 21.43）

表 21.43 圆头带榫螺栓的规格（GB/T 13—2013） mm

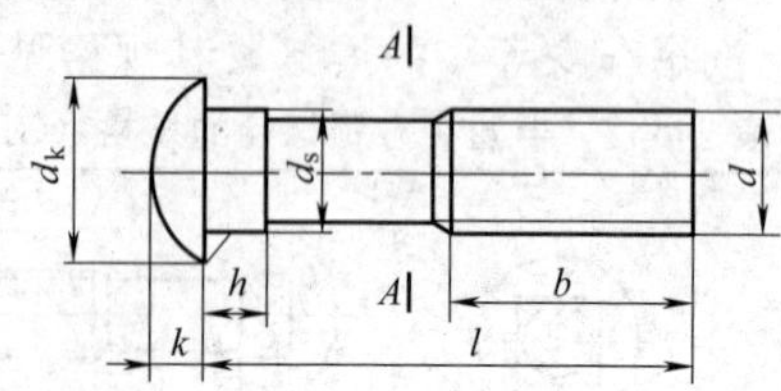

螺纹规格 d			M6	M8	M10	M12	(M14)	M16	M20	M24
P			1	1.25	1.5	1.75	2	2	2.5	3
b	$l \leqslant 125$		18	22	26	30	34	38	46	54
	$125 < l \leqslant 200$		—	28	32	36	40	44	52	60
d_k	max		12.1	15.1	18.1	22.3	25.3	29.3	35.6	43.6
	min		10.3	13.3	16.3	20.16	23.16	27.16	33.0	41.0
k	max		4.08	5.28	6.48	8.9	9.3	10.9	13.1	17.1
	min		3.2	4.4	5.6	7.55	8.55	9.55	11.45	15.45
d_s	max		6.48	8.58	10.58	12.7	14.7	16.7	20.84	21.84
	min		5.52	7.42	9.42	11.3	13.3	15.3	19.15	23.16
h min			4	5	6	7	8	9	11	13
l			通用长度规格范围							
公称	min	max								
20	18.95	21.05								
25	23.95	26.05								
30	28.95	31.05								
35	33.75	36.25	通							
40	38.75	41.25								
45	43.75	46.25		用						
50	48.75	51.25								
(55)	53.5	56.5			长					
60	58.5	61.5								
(65)	63.5	66.5				度				
70	68.5	71.5								
80	78.5	81.5					规			
90	88.25	91.75								
100	98.25	101.75						格		
110	108.25	111.75								
120	118.25	121.75							范	
130	128	132								
140	138	142								围
150	148	152								
160	156	164								
180	176	184								
200	195.4	204.6								

(3) 扁圆头带榫螺栓（表 21.44 和表 21.45）

表 21.44　扁圆头带榫螺栓的规格（GB/T 15—2013）　　mm

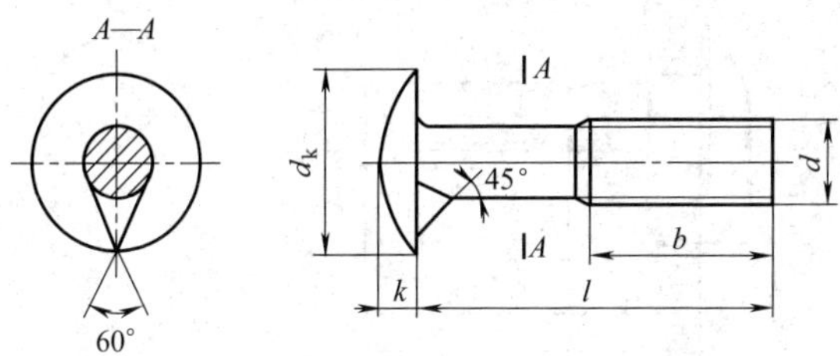

螺纹规格 d			M6	M5	M10	M12	(M14)	M16	M20	M24
P			1	1.25	1.5	1.75	2	2	2.5	3
b	$l \leqslant 125$		18	22	26	30	34	38	46	54
	$125 < l \leqslant 200$		—	28	32	36	40	44	52	60
d_k	max		15.1	19.1	24.3	29.3	33.6	36.6	45.6	53.9
	min		13.3	17.3	22.16	27.16	31.0	34.0	43.0	50.8
k	max		3.48	4.48	5.48	6.48	7.9	8.9	10.9	13.1
	min		2.7	3.6	4.6	5.6	6.55	7.55	9.45	11.45
l			通用长度规格范围							
公称	min	max								
20	18.95	21.05								
25	23.95	26.05								
30	28.95	31.05								
35	33.75	36.25								
40	38.75	41.25	通							
45	43.75	46.25								
50	48.75	51.25		用						
(55)	53.5	56.5								
60	58.5	61.5			长					
(65)	63.5	66.5								
70	68.5	71.5				度				
80	78.5	81.5								
90	55.25	91.75					规			
100	98.25	101.70								
110	105.25	111.75						格		
120	118.25	121.75								
130	128	132							范	
140	138	142								
150	148	152								围
160	156	164								
180	176	184								
200	195.4	204.6								

表 21.45　扁圆头方颈螺栓 C 级的规格（GB/T 14—2013） mm

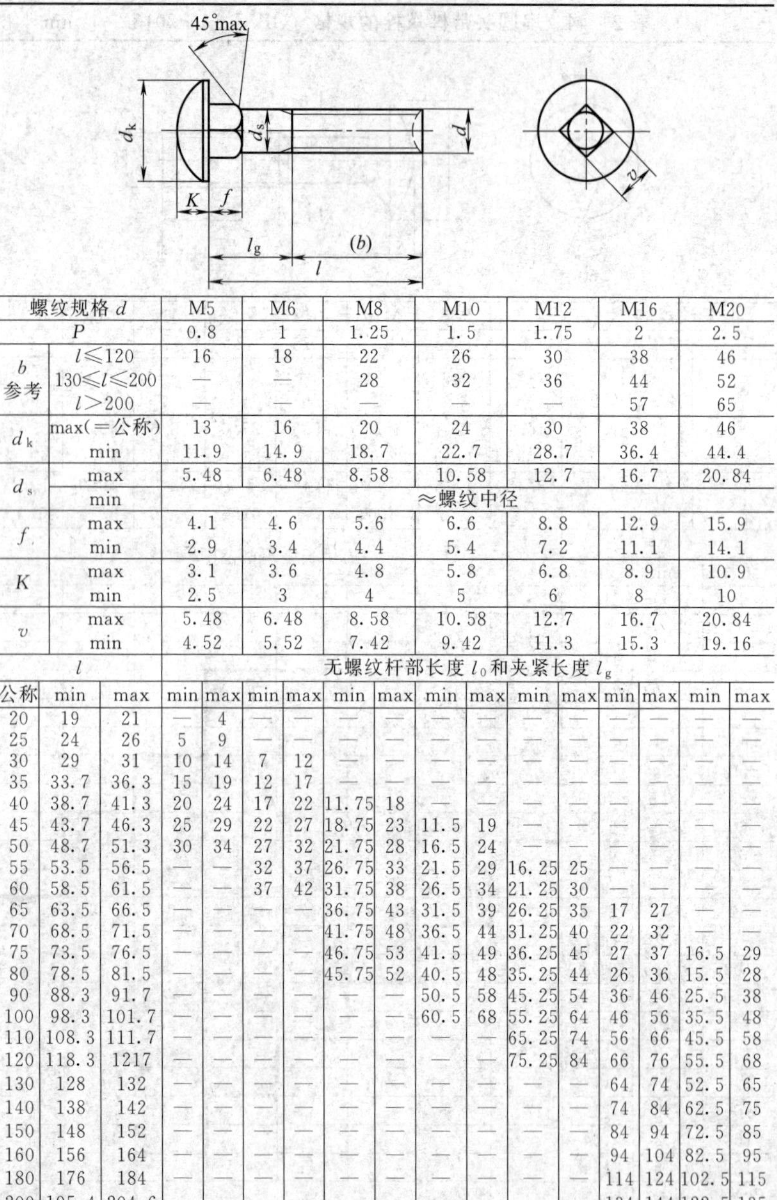

螺纹规格 d		M5	M6	M8	M10	M12	M16	M20
P		0.8	1	1.25	1.5	1.75	2	2.5
b 参考	l≤120	16	18	22	26	30	38	46
	130≤l≤200	—	—	28	32	36	44	52
	l>200	—	—	—	—	—	57	65
d_k	max(=公称)	13	16	20	24	30	38	46
	min	11.9	14.9	18.7	22.7	28.7	36.4	44.4
d_s	max	5.48	6.48	8.58	10.58	12.7	16.7	20.84
	min	≈螺纹中径						
f	max	4.1	4.6	5.6	6.6	8.8	12.9	15.9
	min	2.9	3.4	4.4	5.4	7.2	11.1	14.1
K	max	3.1	3.6	4.8	5.8	6.8	8.9	10.9
	min	2.5	3	4	5	6	8	10
v	max	5.48	6.48	8.58	10.58	12.7	16.7	20.84
	min	4.52	5.52	7.42	9.42	11.3	15.3	19.16

l			无螺纹杆部长度 l_0 和夹紧长度 l_g													
公称	min	max	min	max	min	max	min	max	min	max	min	max	min	max	min	max
20	19	21	—	4	—	—	—	—	—	—	—	—	—	—	—	—
25	24	26	5	9	—	—	—	—	—	—	—	—	—	—	—	—
30	29	31	10	14	7	12	—	—	—	—	—	—	—	—	—	—
35	33.7	36.3	15	19	12	17	—	—	—	—	—	—	—	—	—	—
40	38.7	41.3	20	24	17	22	11.75	18	—	—	—	—	—	—	—	—
45	43.7	46.3	25	29	22	27	18.75	23	11.5	19	—	—	—	—	—	—
50	48.7	51.3	30	34	27	32	21.75	28	16.5	24	—	—	—	—	—	—
55	53.5	56.5	—	—	32	37	26.75	33	21.5	29	16.25	25	—	—	—	—
60	58.5	61.5	—	—	37	42	31.75	38	26.5	34	21.25	30	—	—	—	—
65	63.5	66.5	—	—	—	—	36.75	43	31.5	39	26.25	35	17	27	—	—
70	68.5	71.5	—	—	—	—	41.75	48	36.5	44	31.25	40	22	32	—	—
75	73.5	76.5	—	—	—	—	46.75	53	41.5	49	36.25	45	27	37	16.5	29
80	78.5	81.5	—	—	—	—	45.75	52	40.5	48	35.25	44	26	36	15.5	28
90	88.3	91.7	—	—	—	—	—	—	50.5	58	45.25	54	36	46	25.5	38
100	98.3	101.7	—	—	—	—	—	—	60.5	68	55.25	64	46	56	35.5	48
110	108.3	111.7	—	—	—	—	—	—	—	—	65.25	74	56	66	45.5	58
120	118.3	1217	—	—	—	—	—	—	—	—	75.25	84	66	76	55.5	68
130	128	132	—	—	—	—	—	—	—	—	—	—	64	74	52.5	65
140	138	142	—	—	—	—	—	—	—	—	—	—	74	84	62.5	75
150	148	152	—	—	—	—	—	—	—	—	—	—	84	94	72.5	85
160	156	164	—	—	—	—	—	—	—	—	—	—	94	104	82.5	95
180	176	184	—	—	—	—	—	—	—	—	—	—	114	124	102.5	115
200	195.4	204.6	—	—	—	—	—	—	—	—	—	—	134	144	122.5	135

21.2.4 沉头螺栓

（1）沉头方颈螺栓

用于仪器和精密机件等零件表面要求光滑、平整处，有防止转动作用，其规格见表 21.46。

表 21.46　沉头方颈螺栓的规格（GB/T 10—2013）　mm

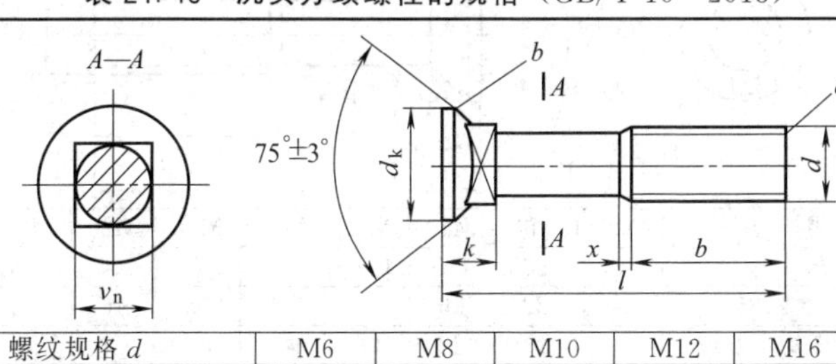

螺纹规格 d		M6	M8	M10	M12	M16	M20
P		1	1.25	1.5	1.75	2	2.5
l	$l \leqslant 125$	18	22	26	30	38	46
	$125 < l \leqslant 200$	—	28	32	36	44	52
d_k	max	11.05	14.55	17.55	21.65	28.65	36.80
	min	9.95	13.45	16.45	20.35	27.35	35.2
k	max	6.1	7.25	8.45	11.05	13.05	15.05
	min	5.3	6.35	7.55	9.05	11.90	13.95
v_n	max	6.36	8.36	10.36	12.43	16.43	20.52
	min	5.84	7.8	9.8	11.76	15.76	19.72

l			通用长度规格范围					
公称	min	max						
25	23.95	26.05						
30	28.95	31.05						
35	33.75	36.25						
40	38.75	41.25		通用				
45	43.75	46.25						
50	48.75	51.25			长度			
(55)	53.5	56.5						
60	58.5	61.5						
(65)	63.5	66.5				规格		
70	68.5	71.5						
80	78.5	81.5						
90	88.25	91.75					范围	
100	98.25	101.75						
110	108.25	111.75						
120	118.25	121.75						
130	128	132						
140	138	142						
150	148	152						
160	156	164						
180	176	184						
200	195.4	201.8						

（2）沉头带榫螺栓（表 21.47）

表 21.47　沉头带榫螺栓的规格（GB/T 11—2013）　　mm

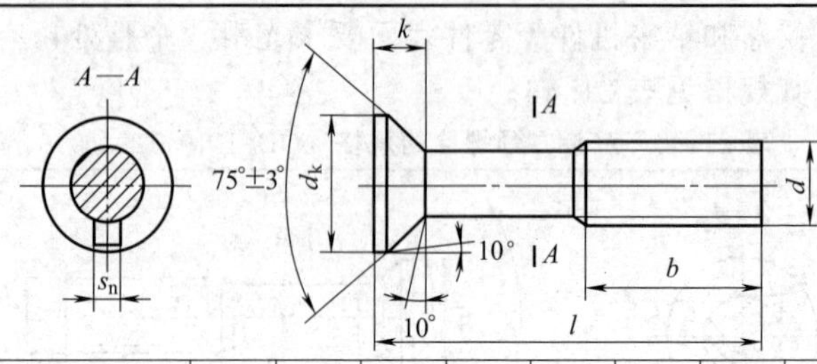

螺纹规格 d		M6	M8	M10	M12	(M14)	M16	M20	(M22)	M24
P		1	1.25	1.5	1.75	2	2	2.5	2.5	3
b	$l\leqslant125$	10	22	26	30	34	38	46	50	54
	$125<l\leqslant200$	—	28	32	36	40	44	52	56	60
d_k	max	11.05	11.55	17.55	21.65	24.65	28.65	36.8	40.8	45.8
	min	9.95	13.45	16.45	20.35	23.35	27.35	35.2	39.2	44.2
s_n	max	2.7	2.7	3.8	3.8	4.3	4.8	4.8	6.3	6.3
	min	2.3	2.3	3.2	3.2	3.7	4.2	4.2	5.7	5.7
k	max	4.1	5.3	6.2	8.5	8.9	10.2	13	14.3	16.5

l 公称	l min	l max	通用长度规格范围								
25	23.95	26.05									
30	28.95	31.05									
35	33.75	36.25	通								
40	38.75	41.25									
45	43.75	46.25		用							
50	48.75	51.25									
(55)	53.5	56.5			长						
60	58.5	61.5									
(65)	63.5	66.5				度					
70	68.5	71.5									
80	78.5	81.5					规				
90	88.25	91.75									
100	98.25	101.75						格			
110	108.25	111.75									
120	118.25	121.75							范		
130	128	132									
140	138	142								围	
150	148	152									
160	156	164									
180	176	184									
200	195.4	204.6									

(3) 沉头双榫螺栓（表 21.48）

表 21.48　沉头双榫螺栓的规格（GB/T 800—1988）　　mm

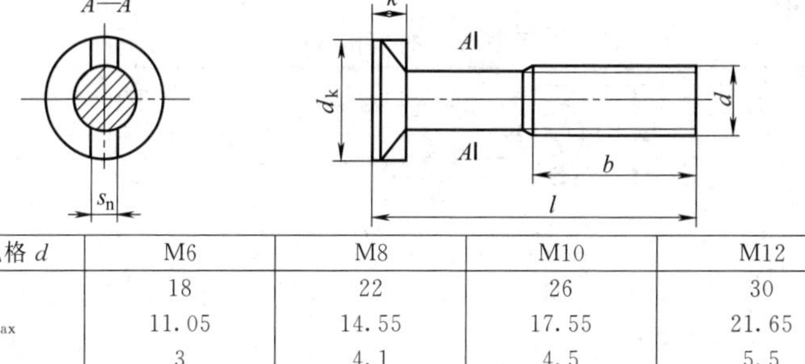

螺纹规格 d	M6	M8	M10	M12
b	18	22	26	30
d_{kmax}	11.05	14.55	17.55	21.65
k	3	4.1	4.5	5.5
s_{nmax}	3.2	4.2	5.24	5.24
l	30～60	65～80	40～80	45～80

注：l（单位均为 mm）公称系列为 5，30，35，40，45，50，（55），60，（65），70，80，90，100，110，120，130，140，150，160，180，200。

21.2.5　T 形槽用螺栓

主要用于机床、机床附件上，其规格见表 21.49。

表 21.49　T 形槽用螺栓的规格（GB/T 37—1988）　　mm

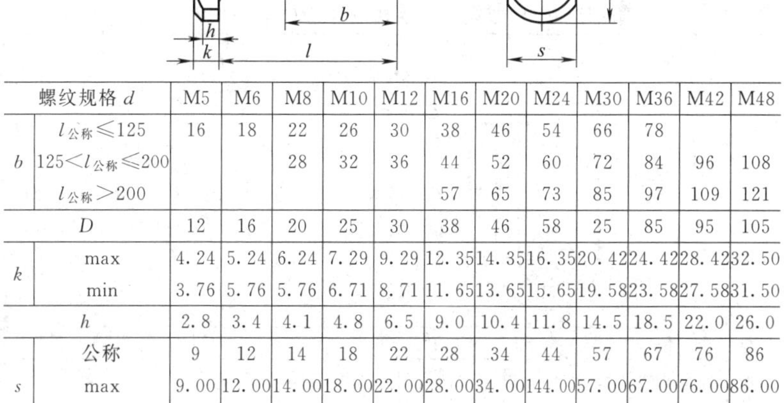

螺纹规格 d		M5	M6	M8	M10	M12	M16	M20	M24	M30	M36	M42	M48
b	$l_{公称}≤125$	16	18	22	26	30	38	46	54	66	78		
	$125<l_{公称}≤200$			28	32	36	44	52	60	72	84	96	108
	$l_{公称}>200$						57	65	73	85	97	109	121
D		12	16	20	25	30	38	46	58	25	85	95	105
k	max	4.24	5.24	6.24	7.29	9.29	12.35	14.35	16.35	20.42	24.42	28.42	32.50
	min	3.76	5.76	5.76	6.71	8.71	11.65	13.65	15.65	19.58	23.58	27.58	31.50
h		2.8	3.4	4.1	4.8	6.5	9.0	10.4	11.8	14.5	18.5	22.0	26.0
s	公称	9	12	14	18	22	28	34	44	57	67	76	86
	max	9.00	12.00	14.00	18.00	22.00	28.00	34.00	144.00	57.00	67.00	76.00	86.00
	min	8.64	11.57	13.57	17.57	21.16	27.16	33.00	3.00	55.80	65.10	74.10	83.80

注 1. 长度 $l_{公称}$（单位均为 mm）系列：20～50（5 进位），（55），60，（65），70～160（10 进位），180～300（20 进位）。

2. 尽可能不采用括号内的规格。

21.2.6　活节螺栓

用于需经常要拆卸的连接部位，或需要调节紧固的部位，其规格见表21.50。

表21.50　活节螺栓的规格（GB/T 798—1988）　mm

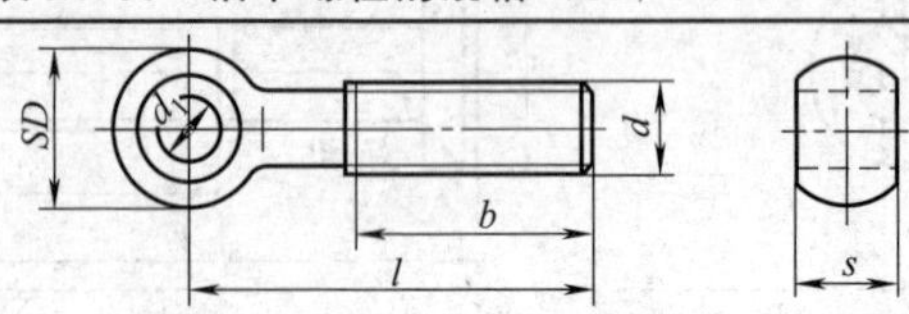

螺纹规格 d	M4	M5	M6	M8	M10	M12	M16	M20	M24	M30	M36
d_1	3	4	5	6	8	10	12	16	20	25	30
s	5	6	8	10	12	14	18	22	26	34	40
b	14	16	18	22	26	30	38	52	60	72	84
SD	8	10	12	14	18	20	28	34	42	52	64
l	20～35	25～45	30～55	35～70	40～110	50～130	60～160	70～180	90～260	110～300	130～300

注：l（单位均为mm）公称系列为20，25，30，35，40，45，50，（55），60，（65），70，80，90，100，110，120，130，140，150，160，180，200，220，240，260，280，300。

21.2.7　U形螺栓

用于固定管件等，其规格见表21.51。

表21.51　U形螺栓的规格（JB/ZQ 4321—2006）　mm

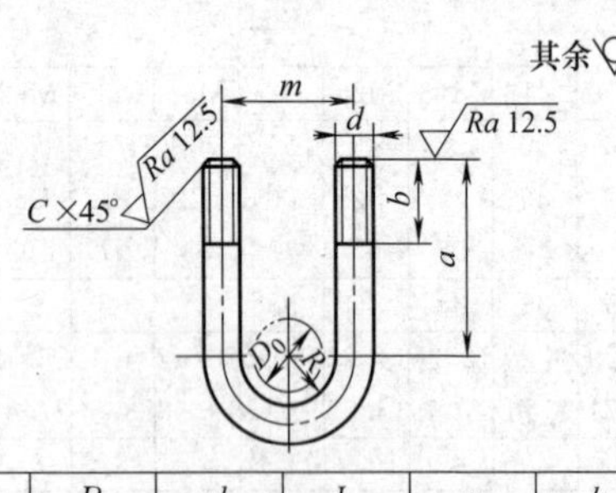

D_0	R	d	L	a	b	m	C	质量/(kg/千件)
14	8	M6	98	33	22	22	1	22
18	10		108	35		26		24
22	12	M10	135	42	28	34	1.5	83
25	14		143	44		38		88
33	18		160	48		46		99

续表

D_0	R	d	L	a	b	m	C	质量/(kg/千件)
38	20	M12	192	55	32	52	2	171
42	22		202	57		56		180
45	24		210	59		60		188
48	25		220	60		62		196
51	27		225	62		66		200
57	31		240	66		74		214
60	32		250	67		76		223
76	40		289	75		92		256
83	43		310	78		98		276
89	46		325	81		104		290
102	53	M16	365	93	32	122	2	575
108	56		390	96		128		616
114	59		405	99		134		640
133	69		450	108		154		712
140	72		470	112		160		752
159	82		520	122		180		822
165	85		538	125		186		850
219	112		680	152		240		1075

21.2.8 地脚螺栓

用于混凝土地基中，固定各种机器或设备底座，其规格见表21.52。

表21.52 地脚螺栓的规格尺寸（GB/T 799—1988） mm

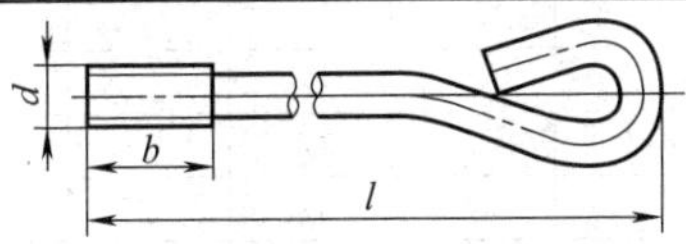

螺纹规格 d		M6	M8	M10	M12	M16	M20	M24	M30	M36	M42	M48
螺纹长度 b	min	24	28	32	36	44	52	60	72	84	96	108
	max	27	31	36	40	50	58	68	80	94	106	118
公称长度 l		80～160	120～220	160～300	160～400	220～500	300～630	300～800	400～1000	500～1000	630～1250	630～1560
长度系列		80,120,160,220,300,400,500,630,800,1000,1250,1560										

注：产品C级，螺纹公差8g。

21.2.9 金属膨胀螺栓

表21.53 金属膨胀螺栓的规格 mm

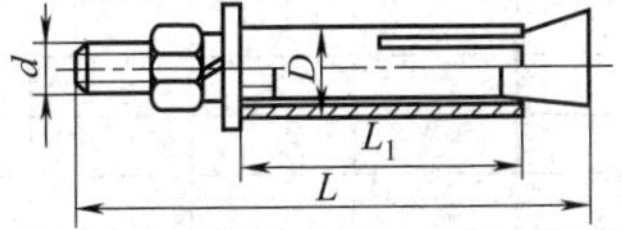

续表

直径 d	螺栓长度 L	胀管		被连接件	钻孔	
		外径 D	长度 L_1	厚度	直径	深度
M6	65,75,85	10	35	L-55	10.5	35
M8	80,90,100	12	45	L-65	12.5	45
M10	95,110,125,130	14	55	L-75	14.5	55
M12	110,130,150,200	18	65	L-95	19	65
M15	150,175,200,220,250,300	22	90	L-120	23	90

表 21.54 金属膨胀锚栓的规格（GB/T 22795—2008） mm

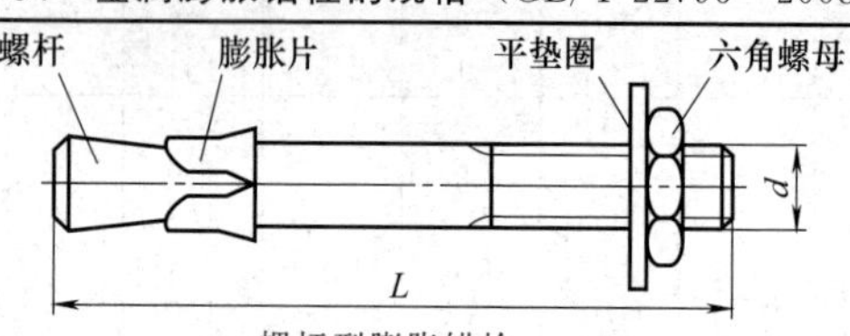

螺杆型膨胀锚栓

螺纹规格		M6	M8	M10	M12	M14	M16	M20	M24
公称直径 d		6	8	10	12	14	16	20	24
公称长度 L	40	√							
	45	√							
	50		√						
	55	√	√						
	60		√	√					
	65	√	√	√					
	70	√	√	√	√				
	75		√	√	√				
	80		√	√	√	√			
	85	√	√	√	√		√		
	90		√	√	√		√		
	95		√	√	√	√			
	100	√	√	√	√		√		
	105		√				√		
	110		√		√	√			
	115		√	√	√				
	120		√	√	√		√	√	
	125						√	√	
	130		√	√	√	√			
	135		√		√				
	140			√	√		√		
	145						√		

续表

螺纹规格		M6	M8	M10	M12	M14	M16	M20	M24
公称长度 L	150			√	√		√		
	160			√	√	√		√	
	170				√			√	
	175						√		
	180				√	√	√	√	
	190						√		√
	200				√		√	√	
	215						√	√	√
	220						√	√	
	240				√		√		
	250						√		√
	260							√	
	300				√				√

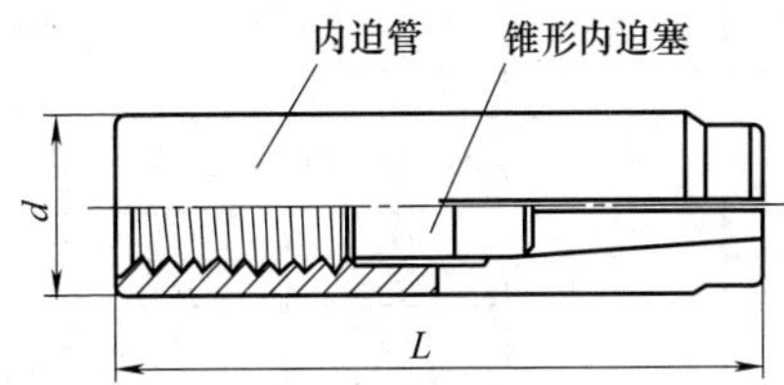

内迫型膨胀锚栓

螺纹规格		M6	M8	M10	M12	M14	M16	M20
公称直径 d		3	10	12	15	16	20	25
公称长度 L	25	√	√					
	30	√	√	√				
	40			√				
	50				√	√		
	65						√	
	80							√

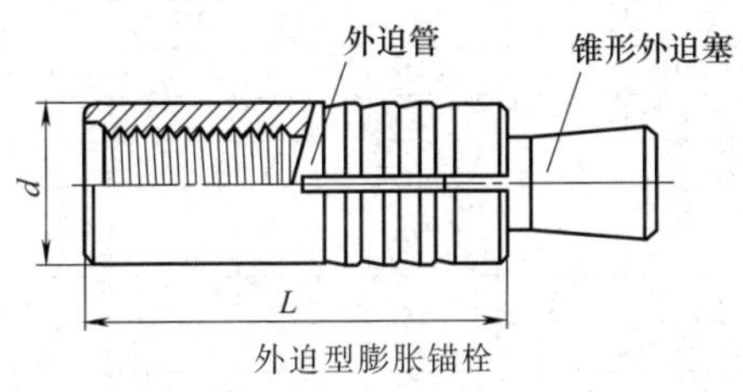

外迫型膨胀锚栓

续表

螺纹规格		M6	M8	M10	M12	M16
公称直径 d		10	12	14	18	22
公称长度 L	30	√				
	35		√			
	40			√		
	52				√	
	60					√

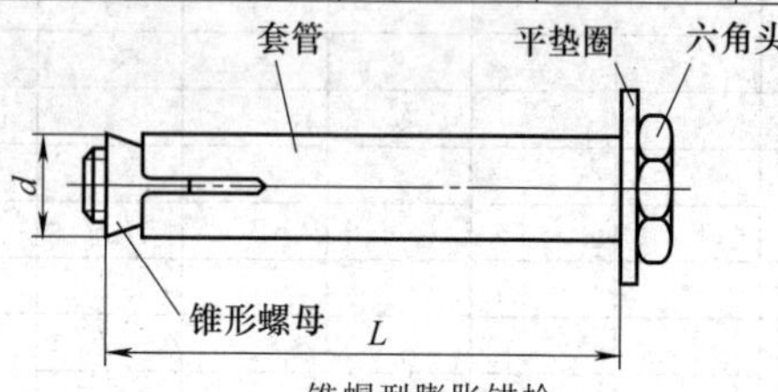

锥帽型膨胀锚栓

螺纹规格		M6	M8	M10	M12	M16
公称直径 d		8	10	12	16	20
公称长度 L	45	√				
	50	√	√			
	60		√	√		
	70		√	√	√	
	80		√	√	√	
	90				√	
	100			√	√	
	105				√	
	110				√	√
	130				√	

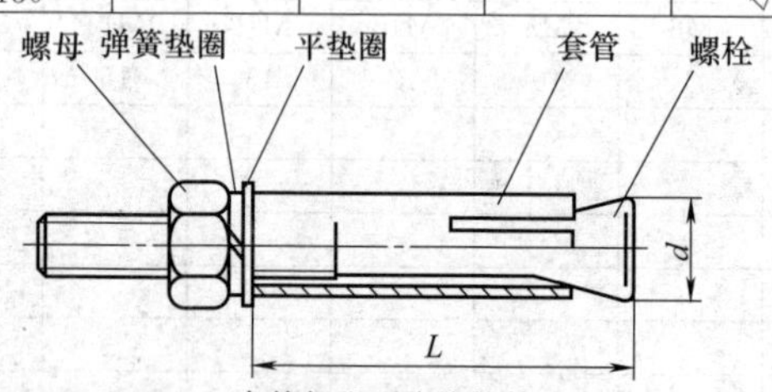

套管加强型膨胀锚栓

螺纹规格		M6	M8	M10	M12	M14	M16	M18	M20
公称直径 d		10	12	14	16	18	22	25	25
公称长度 L	40	√							
	50		√						
	60			√					
	75				√				
	85					√			
	100						√		
	115							√	√

续表

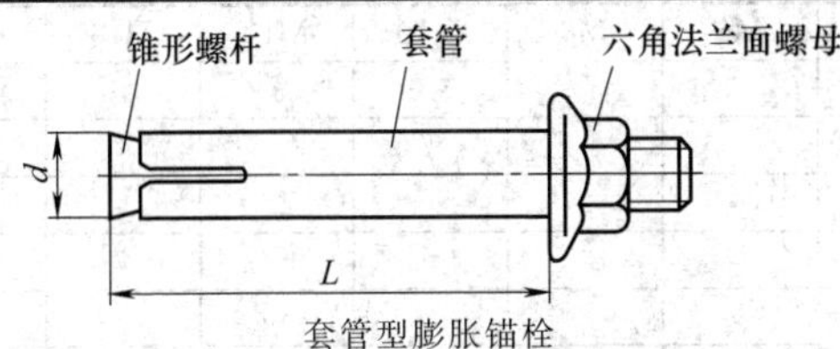

套管型膨胀锚栓

螺纹规格		M5	M6	M8	M10	M12	M16
公称直径 d		6.5	8	10	12	16	20
公称长度 L	18	√					
	25	√	√				
	40		√	√			
	50			√			
	60		√	√	√		
	65		√			√	
	75	√			√		√
	85		√			√	
	120			√			
	125			√			

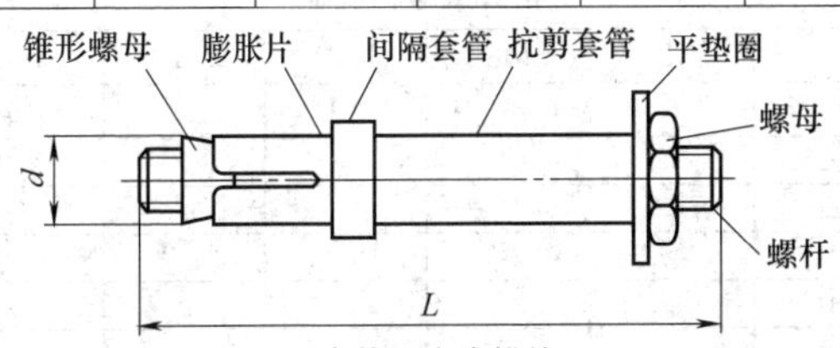

双套管型膨胀锚栓

螺纹规格		M6	M8	M10	M12	M16	M20	M24
公称直径 d		10	12	15	18	24	28	32
公称长度 L	85	√						
	90		√					
	100	√		√				
	105		√					
	110			√				
	115			√				
	120		√		√			
	125	√		√				
	130		√					
	135			√	√			

续表

螺纹规格		M6	M8	M10	M12	M16	M20	M24
公称长度 L	140				√			
	150			√		√		
	160				√			
	165					√		
	170					√	√	
	190					√	√	
	200						√	
	220						√	
	230						√	
	250							√
	280							√

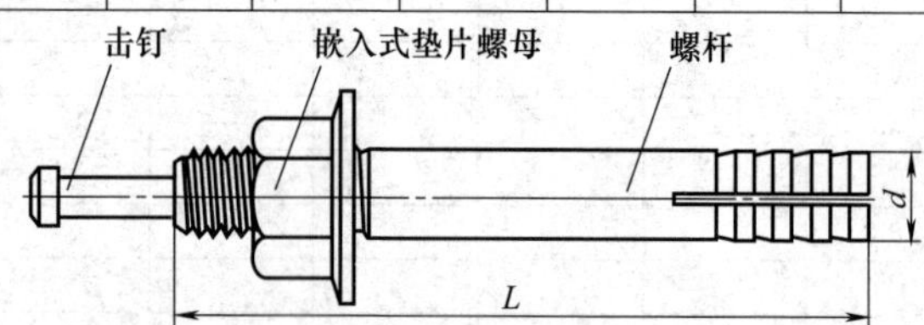

击钉型膨胀锚栓

螺纹规格		M6	M8	M10	M12	M16	M20
公称直径 d		6	8	10	12	16	20
公称长度 L	40		√				
	45	√					
	50	√	√	√			
	60	√		√	√		
	65	√	√		√		
	70		√				
	75		√	√	√		
	80		√	√		√	
	90			√	√		
	100			√	√	√	√
	120			√	√	√	
	130						√
	150			√		√	√
	154				√		
	190					√	√
	230						√

注 1：标记方法按 GB/T 1237 的规定。

2. 锚栓的公称长度公差按 GB/T 3103.1 的规定。

3. “√”为商品规格。

21.3　螺钉

21.3.1　开槽螺钉

表 21.55　开槽圆柱头螺钉的规格尺寸（GB/T 65—2000）　mm

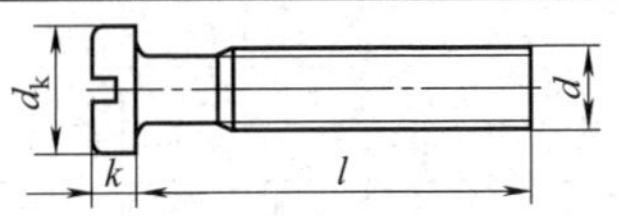

螺纹规格 d	M1.6	M2	M2.5	M3	(M3.5)	M4	M5	M6	M8	M10
公称头部直径 d_k max	3.00	3.80	4.50	5.50	6.00	7.00	8.50	10.00	13.00	16.00
公称头部高度 k max	1.10	1.40	1.80	2.00	2.40	2.60	3.30	3.9	5.0	6.0
公称长度 l	2～16	3～20	3～25	4～30	5～35	5～40	6～50	8～60	10～80	12～80

注：公称长度 l（单位均为 mm）系列为 2，2.5，3，4，5，6，8，10，12，(14)，16，20，25，30，35，40，45，50，(55)，60，(65)，70，75，80。

表 21.56　开槽盘头螺钉的规格尺寸（GB/T 67—2000）　mm

螺纹规格 d			M1.6	M2.0	M2.5	M3.0	(M3.5)	M4	M5	M6	M8	M10
螺距 P			0.35	0.4	0.45	0.5	0.6	0.7	0.8	1.0	1.25	1.5
b min			25	25	25	25	38	38	38	38	38	38
k	公称(=max)		1.00	1.30	1.50	1.80	2.10	2.40	3.00	3.6	4.8	6.0
	min		1.86	1.16	1.36	1.66	1.96	2.26	2.86	3.3	4.5	5.7
l			每 1000 件钢螺钉的质量 (ρ=7.85kg/dm^3)/kg									
公称	max	min										
2	2.2	1.8	0.075									
2.5	2.7	2.3	0.081	0.052								
3	3.2	2.8	0.087	0.161	0.281							
4	4.24	3.76	0.099	0.180	0.311	0.463						
5	5.24	4.76	0.110	0.198	0.341	0.507	0.825	1.16				
6	6.24	5.76	0.122	0.217	0.371	0.551	0.885	1.24	2.12			
8	8.29	7.71	0.145	0.254	0.431	0.639	1.00	1.39	2.37	4.02		
10	10.29	9.71	0.168	0.292	0.491	0.727	1.12	1.55	2.61	4.37	9.38	
12	12.35	11.65	0.192	0.329	0.551	0.816	1.24	1.70	2.86	4.72	10.0	18.2
(14)	14.35	13.65	0.215	0.366	0.611	0.904	1.36	1.86	3.11	5.10	10.6	19.2

续表

螺纹规格 d			M1.6	M2.0	M2.5	M3.0	(M3.5)	M4	M5	M6	M8	M10
l			每1000件钢螺钉的质量(ρ=7.85kg/dm³)/kg									
公称	max	min										
16	16.35	15.65	0.238	0.404	0.671	0.992	1.48	2.01	3.36	5.45	11.2	20.2
20	20.42	19.58		0.478	0.792	1.17	1.72	2.32	3.85	6.14	12.6	22.2
25	25.42	24.58			0.942	1.39	2.02	2.71	4.47	7.01	14.1	24.7
30	30.42	29.58				1.61	2.32	3.10	5.09	7.90	15.7	27.2
35	35.5	34.5					2.62	3.48	5.71	8.78	17.3	29.7
40	40.5	39.5						3.87	6.32	9.66	18.9	32.2
45	45.5	44.5							6.94	10.5	20.5	34.7
50	50.5	49.5							7.56	11.4	22.1	37.2
(55)	55.95	54.05								12.3	23.7	39.7
60	60.95	59.05								13.2	25.3	42.2
(65)	65.95	64.05									26.9	44.7
70	70.95	69.05									28.5	47.2
(75)	75.95	74.05									30.1	49.7
80	80.95	79.05									31.7	52.2

注：1. 尽可能不采用括号内的规格。

2. 公称直径 $d \leqslant 45$mm 时，制出全螺纹（$b=l-a$）。

表 21.57 开槽沉头螺钉的规格（GB/T 68—2000） mm

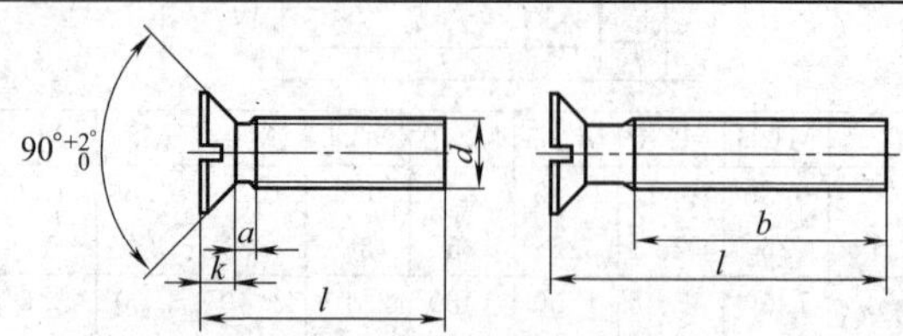

螺纹规格 d			M1.6	M2	M2.5	M3	(M3.5)	M4	M5	M6	M8	M10
螺距 P			0.35	0.4	0.45	0.5	0.6	0.7	0.8	1.0	1.25	1.5
b min			25	25	25	25	38	38	38	38	38	38
k	公称(=max)		1	1.2	1.5	1.65	2.35	2.7	2.7	3.3	4.65	5
l			每1000件钢螺钉的质量(ρ=7.85kg/dm³)/kg									
公称	max	min										
2.5	2.7	2.3	0.053									
3	3.2	2.8	0.058	0.101								
4	4.24	3.76	0.069	0.119	0.206							
5	5.24	4.76	0.081	0.137	0.236	0.335						
6	6.24	5.76	0.093	0.152	0.266	0.379	0.633	0.903				
8	8.29	7.71	0.116	0.193	0.326	0.467	0.753	1.06	1.48	2.38		
10	10.29	9.71	0.139	0.231	0.386	0.555	0.873	1.22	1.72	2.73	5.68	

续表

螺纹规格 d			M1.6	M2	M2.5	M3	(M3.5)	M4	M5	M6	M8	M10
l			每1000件钢螺钉的质量($\rho=7.85\text{kg/dm}^3$)/kg									
公称	max	min										
12	12.35	11.65	0.162	0.268	0.446	0.643	0.993	1.37	1.96	3.08	6.32	9.54
(14)	14.35	13.65	0.185	0.306	0.507	0.731	1.11	1.53	2.20	3.43	6.96	10.6
16	16.35	15.65	0.028	0.343	0.567	0.82	1.23	1.68	2.44	3.78	7.60	11.6
20	20.42	19.58		0.417	0.687	0.996	1.47	2.00	2.92	4.48	8.88	13.6
25	25.42	24.58			0.838	1.22	1.77	2.39	3.52	5.36	10.5	16.1
30	30.42	29.58				1.44	2.07	2.78	4.12	6.23	12.1	18.7
35	35.5	34.5					2.37	3.17	4.72	7.11	13.7	21.2
40	40.5	39.5						3.56	5.32	7.98	15.3	23.7
45	45.5	44.5							5.92	8.86	16.9	26.2
50	50.5	49.5							6.52	9.73	18.5	28.8
(55)	55.95	54.05								10.6	20.1	31.3
60	60.95	59.05								11.5	21.7	33.8
(65)	65.95	64.05									23.3	36.3
70	70.95	69.05									24.9	38.9
(75)	75.95	74.05									26.5	41.4
80	80.95	79.05									28.1	43.9

注：1. 尽可能不采用括号内的规格。

2. 公称直径 $d\leqslant 45$mm 时，制出全螺纹（$b=l-a$）。

表 21.58 开槽半沉头螺钉的规格（GB/T 69—2000） mm

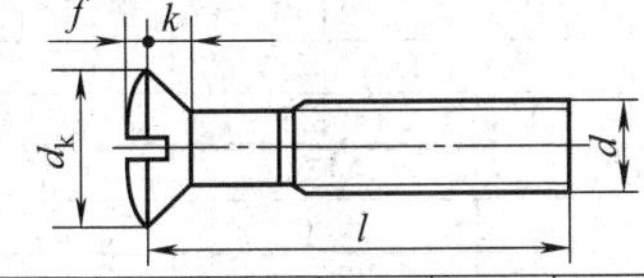

螺纹规格 d	M1.6	M2	M2.5	M3	(M3.5)	M4	M5	M6	M8	M10
公称头部直径 d_k max	3.0	3.8	4.7	5.5	7.30	8.40	9.30	11.30	15.80	18.30
公称头部高度 k max	1	1.2	1.5	1.65	2.35	2.7	2.7	3.3	4.65	5
半沉头球面高度 f≈	0.4	0.5	0.6	0.7	1.0	1.2	1.4	2	2	2.3
公称长度 l	2.5～16	3～20	4～25	5～30	6～35	6～40	8～50	8～60	10～80	12～80

注：公称长度 l（单位均为 mm）系列为 2，2.5，3，4，5，6，8，10，12，(14)，16，20，25，30，35，40，45，50，(55)，60，(65)，70，75，80。

21.3.2 内六角圆柱头螺钉

表 21.59 内六角圆柱头螺钉的规格（GB/T 70.1—2008） mm

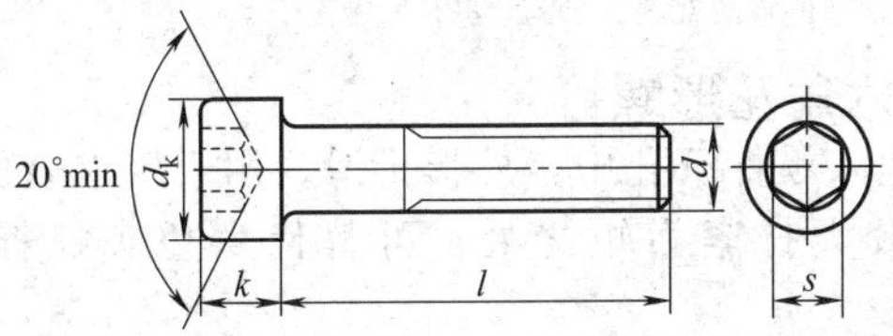

续表

螺纹规格 d			M1.6	M2	M2.5	M3	M4	M5	M6	M8
螺距 P			0.35	0.40	0.45	0.5	0.7	0.8	1.0	1.25
d_k	max	光滑头部	3.00	3.80	4.50	5.50	7.00	8.50	10.00	1300
		滚滑头部	3.14	3.98	4.68	5.68	7.22	8.72	10.22	13.27
	min		2.86	3.62	4.32	5.32	6.78	8.28	9.78	12.73
k	max		1.60	2.00	2.50	3.00	400	5.00	6.00	8.00
	min		1.46	1.86	2.36	2.86	3.82	4.82	5.70	7.64
s	公称		1.5	1.5	2.0	2.5	3	4	5	6
	max	12.9 级	1.545	1.545	2.045	2.56	3.071	4.084	5.084	6.095
		其他级	1.560	1.560	2.060	2.580	3.080	4.095	5.140	6.140
	min		1.520	1.520	2.020	2.520	3.020	4.020	5.020	6.020
公称长度 l			2.5～16	3～20	4～25	5～30	6～40	8～50	10～60	12～80

螺纹规格 d			M10	M12	(M14)	M16	M20	M24	M30	M36
螺距 P			1.5	1.75	2.0	2.0	2.5	3.0	3.5	4.0
d_k	max	光滑头部	16.00	18.00	21.00	24.00	30.00	36.00	45.00	54.00
		滚花头部	16.27	18.27	21.33	24.33	30.33	36.39	45.39	54.46
	min		15.73	17.73	20.67	23.67	29.67	35.61	44.61	53.54
k	max		10.00	12.00	14.00	16.00	20.00	24.00	30.00	36.00
	min		9.64	11.57	13.57	15.57	19.48	23.48	29.48	35.38
s	公称		8	10	12	14	17	19	22	27
	max	12.9 级	8.115	10.115	12.142	14.142	17.230	19.275	22.275	27.275
		其他级	8.175	10.175	12.212	14.212				
	min		8.025	10.025	12.032	14.032	17.050	19.065	22.065	27.065
公称长度 l			16～100	20～120	25～140	25～160	30～200	40～200	45～200	55～200

螺纹规格 d			M42	M48	M56	M64
螺距 P			4.5	5.0	5.5	6.0
d_k	max	光滑头部	63.00	72.00	84.00	96.00
		滚花头部	63.46	72.46	84.54	96.54
	min		62.54	71.54	83.46	95.46
k	max		42.00	48.00	56.00	64.00
	min		41.38	47.38	55.26	63.26
s	公称		32	36	41	46
	max(其他级)		32.33	36.33	41.33	46.33
	min		32.08	36.08	41.08	46.08
公称长度 l			60～300	70～300	80～300	90～300

注：1. 括号内尺寸尽量不采用。

2. 长度（单位均为 mm）系列为 2.5、3、4、5、6、8、10、12、16、20～70（5 进位）、80～160（10 进位）、180～300（20 进位）。

21.3.3 内六角花形螺钉

头部可埋入零件沉孔中，外形平滑。用于要求表面光滑、连接强度高、有较大拧紧力矩之处，可替代六角头螺栓，其规格见表 21.60。

表 21.60 内六角花形螺钉规格尺寸

mm

螺钉简图和螺纹规格（d）：

螺纹规格（d）	低圆柱头螺钉			圆柱头螺钉			盘头螺钉			沉头螺钉			半沉头螺钉		
	d_k	K	L	d_k	K	L	d_k	K	L	d_k	K	L	d_k	K	L
M2	3.8	1.55	3～20	3.8	2	3～20	4	1.6	3～20	—	—	—	3.8	1.2	3～20
M2.5	4.5	1.85	3～25	4.5	2.5	4～25	5	2.1	3～25	—	—	—	4.7	1.5	3～25
M3	5.5	2.40	4～30	5.5	3	5～30	5.6	2.4	4～30	—	—	—	5.5	1.65	4～30
(M3.5)	6	2.60	5～35	—	—	—	7.0	2.6	5～35	—	—	—	7.3	2.35	5～35
M4	7	3.10	5～40	7	4	6～40	8.0	3.1	5～40	—	—	—	8.4	2.7	5～40
M6	10	4.4	8～60	10	6	10～60	12	4.6	8～60	11.3	3.3	8～60	11.3	3.3	8～60
M8	13	5.8	10～80	13	8	12～80	16	6	10～80	15.8	4.65	10～80	15.8	4.65	10～60
M10	16	6.9	12～80	16	10	45～100	20	7.5	12～80	18.3	5	12～80	18.3	5	12～60
M12	—	—	—	18	12	55～120	—	—	—	22	6	20～80	—	—	—
(M14)	—	—	—	21	14	60～140	—	—	—	25.5	7	25～80	—	—	—
M16	—	—	—	24	16	65～160	—	—	—	29	8	25～80	—	—	—
(M18)	—	—	—	27	18	70～180	—	—	—	—	—	—	—	—	—
M20	—	—	—	30	20	80～200	—	—	—	36	10	35～80	—	—	—

注：1. 公称长度（单位均为 mm）系列为 10、12、(14)、16、20、25、30、35、40、45、50、(55)、60、(65)、70、80。

2. 尽可能不采用括号内的规格。

3. 螺纹公差除 GB/T 2671.2 的 12.9 级为 5g、6g 外，其余均为 6g；产品等级为 A 级。

4. 机械性能等级：钢，GB/T 2671.1 为 4.8、5.8，GB/T 2671.2 当 $d<3$mm 按协议，$3\text{mm}\leqslant d\leqslant 20$mm 为 8.8、9.8、10.9、12.9；GB/T 2672、GB/T 2673、GB/T 2674 为 4.8；不锈钢，GB/T 2671.1 为 A2-50、A2-70、A3-50、A3-70，GB/T 2671.2 为 A2-70、A3-70、A4-70、A5-70，GB/T 2672、GB/T 2673、GB/T 2674 为 A2-70、A3-70；有色金属，均为 CU2、CU3。

21.3.4 内四方紧定螺钉

表 21.61 内四方紧定螺钉的规格（JB/T 3411.16—1999）

mm

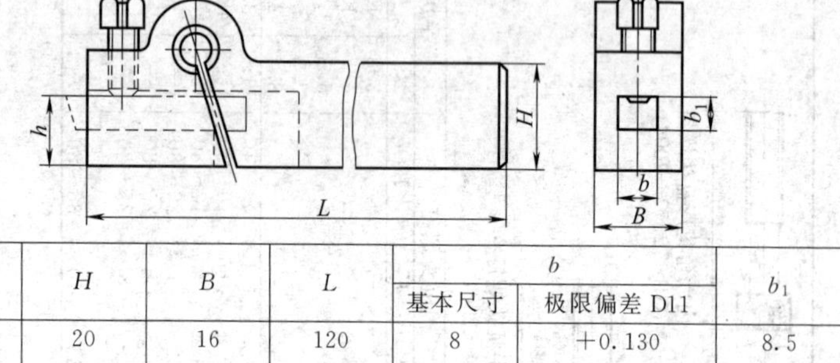

h	H	B	L	b		b_1
				基本尺寸	极限偏差 D11	
16	20	16	120	8	+0.130 +0.040	8.5
20	25	20	140	10		10.5
25	32	25	160	12	+0.160 +0.050	12.5
32	40	32	180	16		16.5
40	50	40	210	20	+0.195 +0.065	21.0

21.3.5 定位螺钉

表 21.62 定位螺钉的规格

mm

螺纹规格 d	形槽锥端定位螺钉 (GB/T 72—1988)		开槽盘头定位螺钉 (GB/T 828—1988)			形槽圆柱端定位螺钉 (GB/T 829—1988)	
	锥端长度 z	公称钉杆全长 l	头部直径 d_{kmax}	公称定位长度 z_{min}	公称螺纹长度 l_{min}	公称定位长度 z_{min}	公称螺纹长度 l
M1.6	—	—	3.2	1～1.5	1.5～3	1～1.5	1.5～3
M2.0	—	—	4.0	1～2.0	1.5～4	1～2.0	1.5～4
M2.5	—	—	5.0	1.2～2.5	2～5.0	1.2～2.5	2～5.0
M3	1.5	4～16	5.6	1.5～3	2.5～6	1.5～3	2.5～6
M4	2.0	4～20	8.0	2～4.0	3～8.0	2～4.0	3～8.0
M5	2.5	5～20	9.5	2.5～5	4～10	2.5～5	4～10
M6	3	6～25	12.0	3～6	5～12	3～6	5～12
M8	4	8～35	16.0	4～8	6～16	4～8	6～16
M10	5	10～45	20.0	5～10	8～20	5～10	8～20
M12	6	12～50	—	—	—	—	—
公称钉杆全长 l 系列			4,5,6,8,10,12,14,16,20,25,30,35,40,45,50				
公称定位长度 z 系列(min)			1,1.2,1.5,2,2.5,3,4,5,6,8,10				
公称螺纹长度 l 系列			1.5,2,2.5,3,4,5,6,8,10,12,16,20				

21.3.6　十字槽盘头螺钉

表 21.63　十字槽盘头螺钉的规格尺寸（GB/T 818—2000）

mm

螺纹规格 d			M1.6	M2	M2.5	M3	M3.5	M4	M5	M6	M8	M10
螺距 P			0.35	0.4	0.45	0.5	0.6	0.7	0.8	1	1.25	1.5
b min			25	25	25	25	38	38	38	38	38	38
k	公称（=max）		1.30	1.60	2.10	2.40	2.60	3.10	3.70	4.6	6.0	7.50
	min		1.16	1.46	1.96	2.26	2.46	2.92	3.52	4.3	5.7	7.14
长度 l			每 1000 件钢螺钉的质量（ρ=7.85kg/dm³）/kg									
公称	max	min										
3	3.20	2.80	0.099	0.178	0.336							
4	4.24	3.76	0.111	0.196	0.366	0.544						
5	5.24	4.76	0.123	0.215	0.396	0.588	0.891	1.30				
6	6.24	5.76	0.134	0.233	0.426	0.632	0.951	1.38	2.32			
8	8.29	7.71	0.157	0.270	0.486	0.720	1.07	1.53	2.57	4.37		
10	10.29	9.71	0.180	0.307	0.546	0.808	1.19	1.69	2.81	4.72	9.96	
12	12.35	11.65	0.203	0.344	0.606	0.896	1.31	1.84	3.06	5.07	10.6	19.8
(14)	14.35	13.65	0.226	0.381	0.666	0.984	1.43	2.00	3.31	5.42	11.2	20.8
16	16.35	15.65	0.245	0.418	0.726	1.07	1.55	2.15	3.56	5.78	11.9	21.8
20	20.42	19.58		0.492	0.846	1.25	1.79	2.46	4.05	6.48	13.2	23.8
25	25.42	24.58			0.996	1.47	2.09	2.85	4.67	7.36	14.8	26.3
30	30.42	29.58				1.69	2.39	3.23	5.29	8.24	16.4	28.8
35	35.5	34.5					2.68	3.62	5.91	9.12	18.0	31.3
40	40.5	39.5						4.01	6.52	10.0	19.6	33.9
45	45.5	44.5							7.14	10.9	21.2	36.4
50	50.5	49.5								11.8	22.8	38.9
(55)	65.95	54.05								12.6	24.4	41.4
60	60.95	59.05								13.5	26.0	43.9

注：1. 尽可能不采用括号内的规格。

2. 公称直径 $d \leqslant 40$mm 时，制出全螺纹（$b=l-a$）。

21.3.7　十字槽机器螺钉

表 21.64　十字槽机器螺钉的规格　　mm

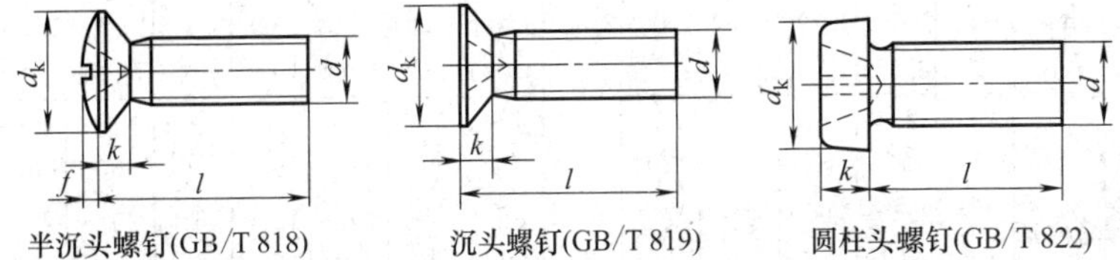

续表

螺纹规格 d		M1.6	M2	M2.5	M3	(M3.5)	M4	M5	M6	M8	M10
头部直径 d_{kmax}	沉头	3.6	4.4	5.5	6.3	8.2	9.4	10.4	12.6	17.3	20
	半沉头	3.6	4.4	5.5	6.3	8.2	9.4	10.4	12.6	17.3	20
	圆柱头	—	—	4.5	5.5	6.0	7.0	8.5	10	13	—
头部高度 k_{max}	沉头(公称)	1.0	1.2	1.5	1.65	2.35	2.7	2.7	3.3	4.65	5
	半沉头(公称)	1.0	1.2	1.5	1.65	2.35	2.7	2.7	3.3	4.65	5
	圆柱头	—	—	1.80	2.00	2.40	2.60	3.30	3.9	5.0	—
半沉头球面高度 f		0.4	0.5	0.6	0.7	0.8	1	1.2	1.4	2	2.3
公称长度 l	沉头	3～16	3～20	3～25	4～30	5～35	5～40	6～50	8～60	10～60	12～60
	半沉头	3～16	3～20	3～25	4～30	5～35	5～40	6～50	8～60	10～60	12～60
	圆柱头	—	—	3～25	4～30	5～35	5～40	6～45	8～60	10～80	—

注：公称长度 l（单位均为 mm）系列为 2，3，4，5，6，8，10，12，(14)，16，20，25，30，35，40，45，50，(55)，60，70，80。

21.3.8 紧定螺钉

（1）无槽紧定螺钉

用于固定机件的相对位置。内六角紧定螺钉适用于钉头不允许外露的的机件上其规格尺寸见表 21.65。

表 21.65 内六角凹端紧定螺钉的规格尺寸（GB/T 80—2007）

mm

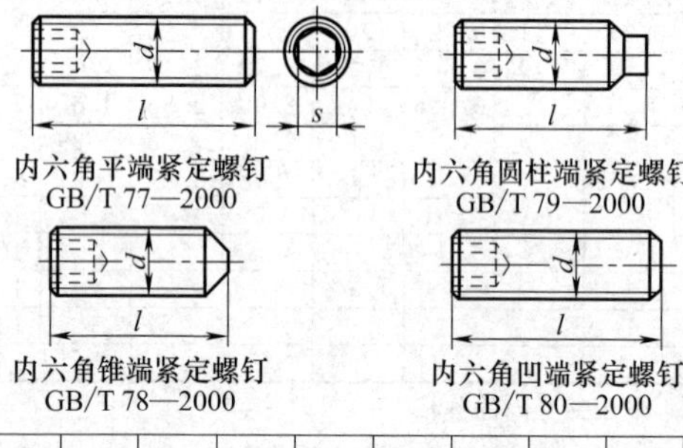

螺纹规格 d		M1.6	M2	M2.5	M3	M4	M5	M6	M8	M10	M12	M16	M20	M24
螺距 P		0.35	0.4	0.45	0.5	0.7	0.8	1.0	1.25	1.5	1.75	2.0	2.5	3.0
s	公称	0.7	0.9	1.3	1.5	2.0	2.5	3	4	5	6	8	10	12
	max	0.724	0.902	1.295	1.545	2.045	2.560	3.071	4.084	5.084	6.095	8.115	10.115	12.142
	min	0.711	0.889	1.270	1.520	2.020	2.520	3.020	4.020	5.020	6.020	8.025	10.025	12.032
l	平端	2～8	2～10	2～12	2～16	2.5～20	3～25	4～30	5～40	6～50	8～60	10～60	12～60	16～60
	圆柱端	2～8	2.5～10	3～12	4～16	5～20	6～25	8～30	8～40	10～50	12～60	16～60	20～60	25～60

续表

螺纹规格 *d*		M1.6	M2	M2.5	M3	M4	M5	M6	M8	M10	M12	M16	M20	M24
l	锥端	2～8	2～10	2.5～12	2.5～16	3～20	4～25	5～30	6～40	8～50	10～60	12～60	16～60	20～60
	凹端	2～8	2～10	2～12	2.5～16	3～20	4～25	5～30	6～40	8～50	10～60	12～60	14～60	20～60

注：长度（单位均为 mm）系列为 2，2.5，3，4，5，6，8，10，12，16，20，25，30，35，40，45，50，(55)，60。

（2）开槽紧定螺钉

适用于钉头不允许外露的的机件上，其规格尺寸见表 21.66。

表 21.66　开槽紧定螺钉的规格尺寸（GB/T 71、73～75—1985）

mm

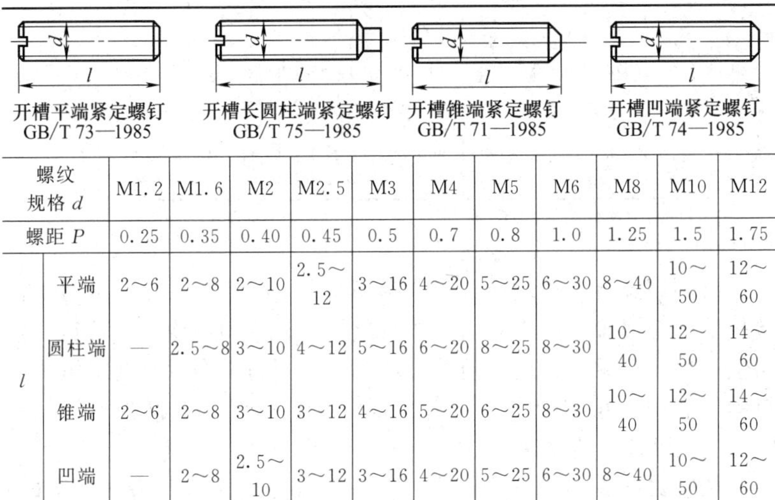

螺纹规格 *d*		M1.2	M1.6	M2	M2.5	M3	M4	M5	M6	M8	M10	M12
螺距 *P*		0.25	0.35	0.40	0.45	0.5	0.7	0.8	1.0	1.25	1.5	1.75
l	平端	2～6	2～8	2～10	2.5～12	3～16	4～20	5～25	6～30	8～40	10～50	12～60
	圆柱端	—	2.5～8	3～10	4～12	5～16	6～20	8～25	8～30	10～40	12～50	14～60
	锥端	2～6	2～8	3～10	3～12	4～16	5～20	6～25	8～30	10～40	12～50	14～60
	凹端	—	2～8	2.5～10	3～12	3～16	4～20	5～25	6～30	8～40	10～50	12～60

注：长度 *l*（单位均为 mm）系列为 2，2.5，3，4，5，6，8，10，12，(14)，16，20，25，30，35，40，45，50，(55)，60。

（3）方头紧定螺钉

适用于钉头允许外露的机件上其规格见表 21.67。

21.3.9　自攻螺钉

有普通自攻螺钉、塑料用自攻螺钉、自攻锁紧螺钉和自钻自攻螺钉等。

（1）普通自攻螺钉

表 21.67 方头紧定螺钉的规格 mm

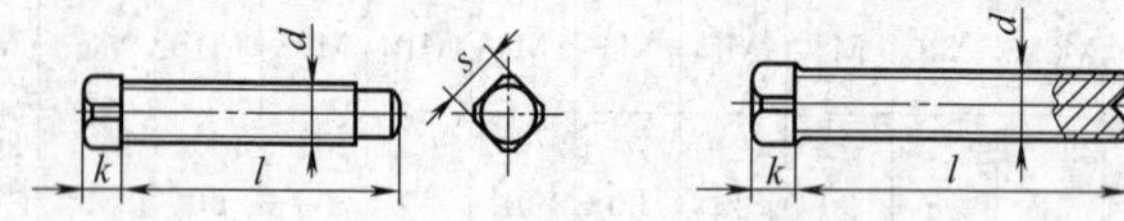

GB/T 83方头长圆柱球面端紧定螺钉　GB/T 84方头凹端紧定螺钉

GB/T 85方头长圆柱紧定螺钉

GB/T 86方头短圆柱锥端紧定螺钉

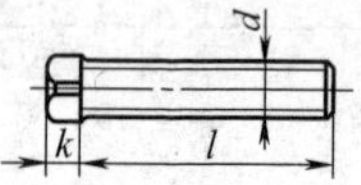

GB/T 821方头倒角端紧定螺钉

螺纹规格 d	方头边宽 s	公称长度 l					公称头部高度	
		GB/T 83	GB/T 84	GB/T 85	GB/T 86	GB/T 821	GB/T 83	其他品种
M5	5	—	10～30	12～30	12～30	8～30	—	5
M6	6	—	12～30	12～30	12～30	8～30	—	6
M8	8	16～40	14～40	14～40	14～40	10～40	9	7
M10	10	20～50	20～50	20～50	20～50	12～50	11	8
M12	12	25～60	25～60	25～60	25～60	14～60	13	10
M16	17	30～80	30～80	25～80	25～80	20～80	18	14
M20	22	35～100	40～100	40～100	40～100	40～100	23	18

注：长度 l（单位均为 mm）系列为 8，10，12，(14)，16，20，25，30，35，40，45，50，(55)，60，70，80，90，100。

可利用螺钉直接攻出螺纹（装拆时须用专用工具），多用于连接较薄的金属板。有十字槽盘头自攻螺钉、六角凸缘自攻螺钉、六角法兰面自攻螺钉、内六角花形盘头自攻螺钉、内六角花形沉头自攻螺钉和内六角花形半沉头自攻螺钉几种。螺纹规格为 ST2.2～ST9.5；螺钉末端分锥端（C 型）与平端（F 型）两种。

按螺钉的头部开槽的形式，普通自攻螺钉又有开槽（一字槽）头、十字槽头和六角头三种。

① 开槽自攻螺钉　规格见表 21.68～表 21.70。

表 21.68 开槽盘头自攻螺钉（GB/T 5282—1985） mm

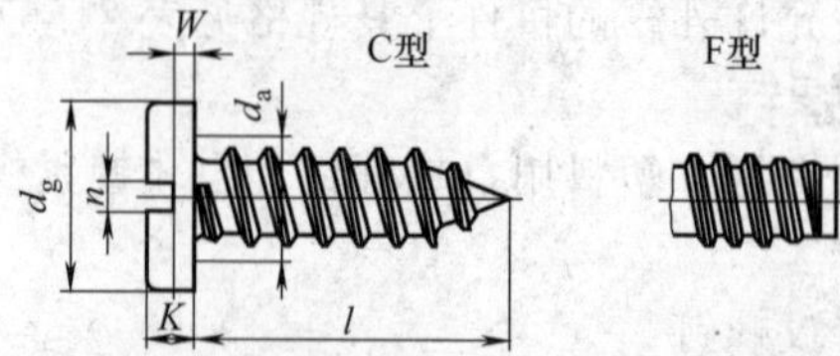

续表

螺纹规格		ST2.2	ST2.9	ST3.5	ST4.2	ST4.8	ST5.5	ST6.3	ST8	ST9.5
螺距 P		0.8	1.1	1.3	1.4	1.6	1.8	1.8	2.1	2.1
d_a	max	2.8	3.5	4.1	4.9	5.5	6.3	1.1	9.2	10.7
d_g	max	4	5.8	7	8	9.5	11	12	16	20
	min	3.7	5.3	8.6	8.6	9.1	10.6	11.6	15.6	19.5
K	max	1.3	1.8	2.1	2.4	3	3.2	5.6	4.8	6
	min	1.1	1.6	1.9	2.2	2.7	2.9	3.3	4.5	5.7
n	公称	0.5	0.8	1	1.2	1.2	1.6	1.6	2	2.5
	max	0.7	1	1.2	1.51	1.51	1.91	1.91	2.31	2.81
	min	0.56	0.86	1.06	1.28	1.28	1.66	1.66	2.06	2.56
W	min	0.5	0.7	0.8	0.9	1.2	1.3	1.4	1.0	2.4

长度 l					规格范围								
公称	C型		F型										
	min	max	min	max									
4.5	3.7	5.3	3.7	4.5									
6.5	5.7	7.3	5.7	6.5									
9.5	8.7	10.3	8.7	9.5		商							
13	12.2	13.8	12.2	13			品						
16	15.2	16.8	15.2	16				规					
19	18.2	19.8	18.2	19					格				
22	21.2	22.8	20.7	22						范			
25	24.2	25.8	23.7	25							围		
32	30.7	33.3	30.7	32									
38	38.7	39.3	36.7	38									
45	43.7	46.3	43.5	45									
50	48.7	51.3	48.5	50									

表 21.69 开槽沉头自攻螺钉（GB/T 5283—1985） mm

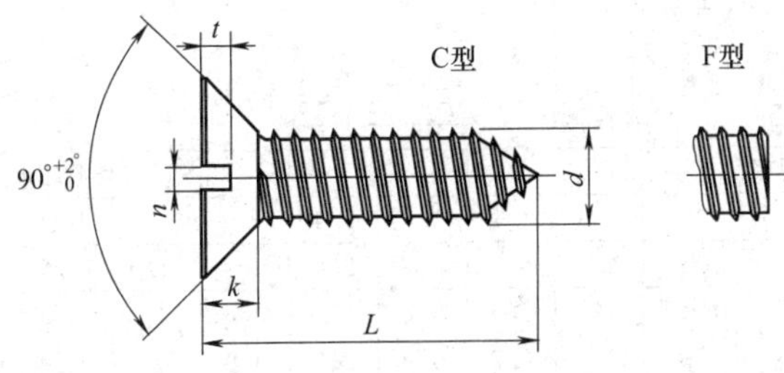

续表

螺纹规格		ST2.2	ST2.9	ST3.5	ST4.2	ET4.8	ST5.5	ST6.3	ST8	ST9.5
螺距 P		0.8	1.1	1.3	1.4	1.6	1.8	1.8	2.1	2.1
d_k	max	3.8	5.5	7.3	8.4	9.3	10.3	11.3	15.8	18.3
	min	3.5	5.2	6.9	8.0	8.9	9.9	10.9	15.4	17.8
k	max	1.1	1.7	2.35	2.6	2.8	3.0	3.15	4.65	5.25
n	min	0.56	0.86	1.06	1.26	1.26	1.66	1.66	2.06	2.56
	max	0.7	1.0	1.2	1.51	1.51	1.91	1.91	2.31	2.81
t	min	0.4	0.6	0.9	1.0	1.1	1.1	1.2	1.8	2.0
	max	0.6	0.85	1.2	1.3	1.4	1.5	1.6	2.3	2.6

螺纹规格	ST2.2	ST2.9	ST3.5	ST4.2	ST4.8	ST5.5	ST6.3	ST8	ST9.5
公称长度 L	每1000件钢制品的质量/kg								
4.5	0.08								
6.5	0.12	0.23							
9.5	0.17	0.32	0.54	0.77	1.00				
13	0.23	0.43	0.70	1.00	1.31				
16	0.29	0.53	0.83	1.19	1.58	2.03	2.61		
19		0.62	0.97	1.39	1.84	2.38	3.09	5.85	
22			1.11	1.59	2.11	2.73	3.57	6.64	9.79
25			1.24	1.79	2.37	3.08	4.04	7.43	11.02
32				2.24	2.99	3.89	5.16	9.27	13.90
38						4.59	6.11	10.85	16.36
45								12.70	19.23
50								14.01	21.29

表 21.70 开槽半沉头自攻螺钉（GB/T 5284—1985） mm

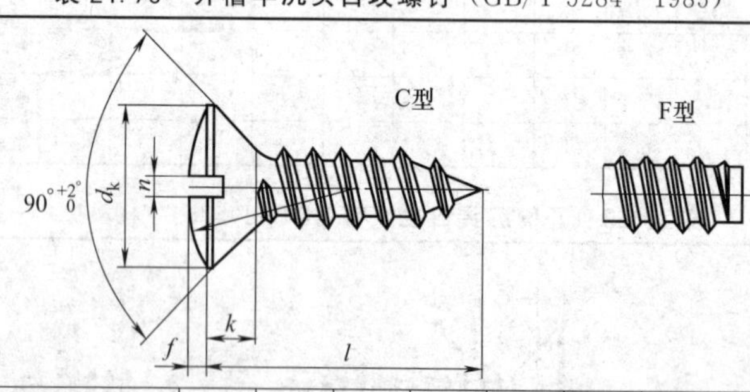

螺纹规格			ST2.2	ST2.9	ST3.5	ST4.2	ST4.8	ST5.5	ST6.3	ST8	ST9.5
P			0.8	1.1	1.3	1.4	1.6	1.8	1.8	2.1	2.1
d_k	理论值	max	4.4	6.3	8.2	9.4	10.4	11.5	12.6	17.3	2.1
	实际值	max	3.8	5.5	7.3	8.4	9.3	10.3	11.3	15.8	18.5
		min	3.5	5.2	6.9	8.0	8.9	9.9	10.9	15.4	17.8

续表

螺纹规格					ST2.2	ST2.9	ST3.5	ST4.2	ST4.8	ST5.5	ST6.3	ST8	ST9.5
f					0.5	0.7	0.8	1.0	1.2	1.3	1.4	2.0	2.3
k		max			1.1	1.7	2.35	2.8	2.8	3.0	3.15	4.65	5.25
n		公称			0.5	0.8	1.0	1.2	1.2	1.6	1.5	2.0	2.5
		min			0.56	0.86	1.06	1.26	1.26	1.66	1.66	2.06	2.56
		max			0.7	1.0	1.2	1.51	1.51	1.91	1.91	2.31	2.81
长度 *l*					规格范围								
公称	C型		F型										
	min	max	min	max									
4.5	3.7	5.3	3.7	4.5									
6.5	5.7	7.3	5.7	6.5									
9.5	8.7	10.3	8.7	9.5		商							
13	12.2	13.8	12.2	13			品						
16	15.2	16.8	15.2	16				规					
19	18.2	19.8	18.2	19					格				
22	21.2	22.8	20.7	22						范			
25	24.2	25.8	23.7	25							围		
32	30.7	33.3	30.7	32									
38	36.7	39.3	36.7	38									
45	43.7	46.3	43.5	45									
50	48.7	51.3	48.5	50									

② 十字槽自攻螺钉　规格见表21.71～表21.73。

表21.71　十字槽沉头自攻螺钉（GB/T 846—1985）　mm

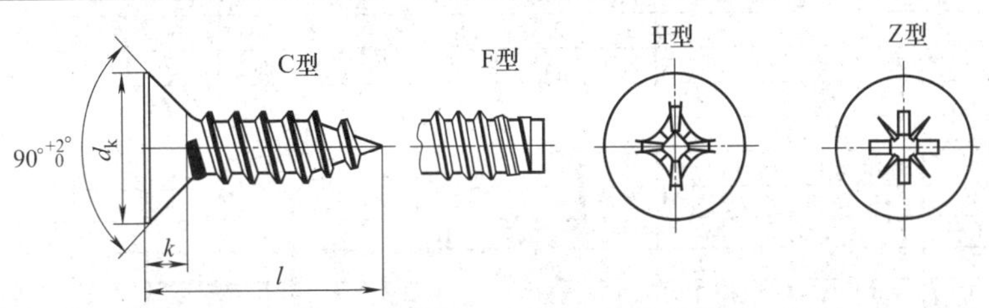

螺纹规格			ST2.2	ST2.9	ST3.5	ST4.2	ST4.8	ST5.5	ST6.3	ST8	ST9.5
螺距 *P*			0.8	1.1	1.3	1.4	1.6	1.8	1.8	2.1	2.1
d_k	理论值	max	4.4	6.3	8.2	9.4	10.4	11.5	12.6	17.3	20
	实际值	max	3.8	5.5	7.3	8.4	9.3	10.3	11.3	15.8	18.3
		min	3.5	5.2	6.9	8.0	8.9	9.9	10.9	15.4	17.8
k		max	1.1	1.7	2.35	2.6	2.8	3.0	3.15	4.65	5.25

续表

螺纹规格					ST2.2	ST2.9	ST3.5	ST4.2	ST4.8	ST5.5	ST6.3	ST8	ST9.5
长度 l					规格范围								
公称	C型		F型										
	min	max	min	max									
4.5	3.7	5.3	3.7	4.5									
6.5	5.7	7.3	5.7	6.5									
9.5	8.7	10.3	8.7	9.5									
13	12.2	13.8	12.2	13									
16	15.2	16.8	15.2	16									
19	18.2	19.8	18.2	19									
22	21.2	22.8	20.7	22									
25	24.2	25.8	23.7	25									
32	30.7	33.3	30.7	32									
38	38.7	39.3	36.7	38									
45	43.7	46.3	43.5	45									
50	48.7	51.3	48.5	50									

商品规格范围

表 21.72 十字槽半沉头自攻螺钉（GB/T 847—1985） mm

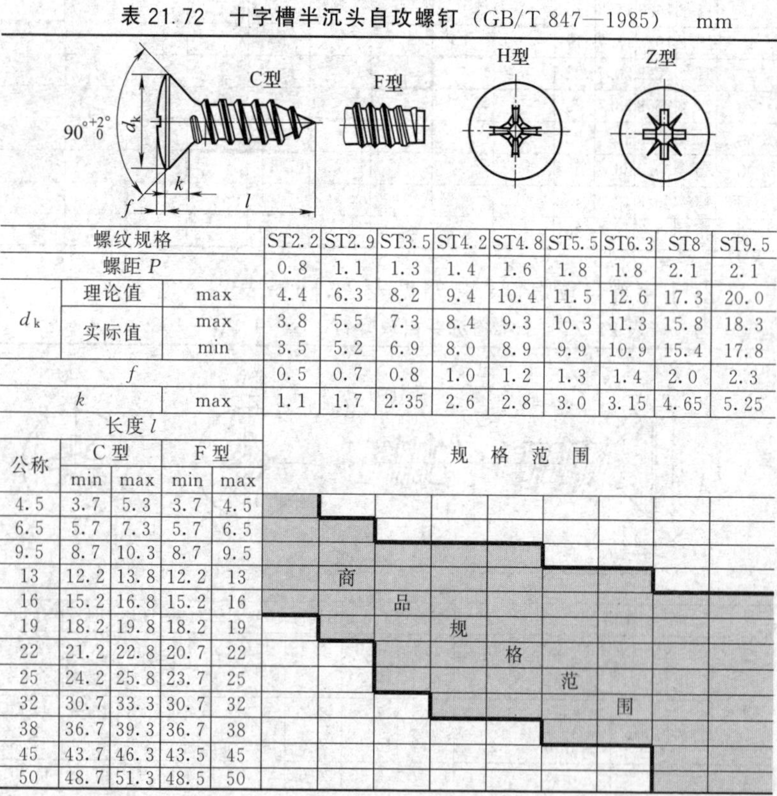

螺纹规格			ST2.2	ST2.9	ST3.5	ST4.2	ST4.8	ST5.5	ST6.3	ST8	ST9.5
螺距 P			0.8	1.1	1.3	1.4	1.6	1.8	1.8	2.1	2.1
d_k	理论值	max	4.4	6.3	8.2	9.4	10.4	11.5	12.6	17.3	20.0
	实际值	max	3.8	5.5	7.3	8.4	9.3	10.3	11.3	15.8	18.3
		min	3.5	5.2	6.9	8.0	8.9	9.9	10.9	15.4	17.8
f			0.5	0.7	0.8	1.0	1.2	1.3	1.4	2.0	2.3
k		max	1.1	1.7	2.35	2.6	2.8	3.0	3.15	4.65	5.25

长度 l					ST2.2	ST2.9	ST3.5	ST4.2	ST4.8	ST5.5	ST6.3	ST8	ST9.5
公称	C型		F型		规格范围								
	min	max	min	max									
4.5	3.7	5.3	3.7	4.5									
6.5	5.7	7.3	5.7	6.5									
9.5	8.7	10.3	8.7	9.5									
13	12.2	13.8	12.2	13									
16	15.2	16.8	15.2	16									
19	18.2	19.8	18.2	19									
22	21.2	22.8	20.7	22									
25	24.2	25.8	23.7	25									
32	30.7	33.3	30.7	32									
38	36.7	39.3	36.7	38									
45	43.7	46.3	43.5	45									
50	48.7	51.3	48.5	50									

商品规格范围

表 21.73　十字槽盘头自攻螺钉（GB/T 845—1985）　　mm

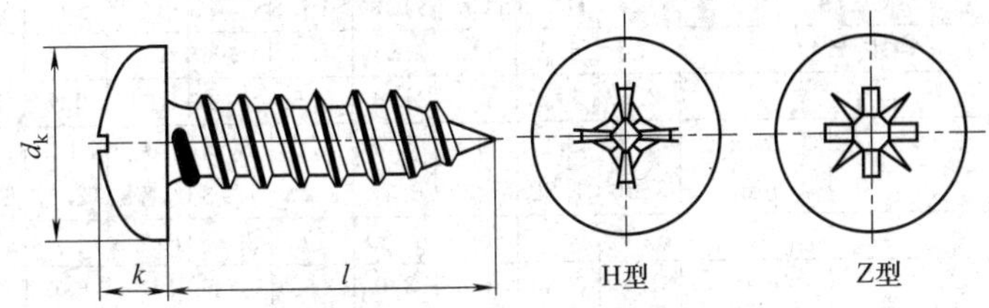

螺纹规格		ST2.2	ST2.9	ST3.5	ST4.2	ST4.8	ST5.5	ST6.3	ST8	ST9.5
螺距 P		0.8	1.1	1.3	1.4	1.6	1.8	1.8	2.1	2.1
d_k	max	4.0	5.6	7.0	8.0	9.5	11	12	16	20
	min	3.7	5.3	6.64	7.64	9.14	10.57	11.57	15.57	19.48
k	max	1.6	2.4	2.6	3.1	3.7	4.0	4.6	6.0	7.5
	min	1.4	2.15	2.35	2.8	3.4	3.7	4.3	5.6	7.1
槽号		0	1	2			3		4	
公称长度 l		每 1000 件钢制品的质量/kg								
4.5		0.18								
6.5		0.21	0.52							
9.5		0.27	0.61	0.95	1.44	2.3				
13		0.33	0.72	1.11	1.67	2.6	3.51	4.79		
16		0.38	0.81	1.24	1.86	2.87	3.86	5.27	10.79	20.32
19			0.91	1.38	2.06	3.13	4.21	5.74	11.58	21.55
22				1.52	2.26	3.40	4.56	6.22	12.37	22.78
25				1.66	2.45	3.66	4.91	6.70	13.16	24.01
32					2.91	4.28	5.73	7.81	15.01	26.89
38						4.81	6.43	8.76	16.59	29.35
45									18.43	32.23
50									19.75	34.28

③ 六角头自攻螺钉　规格见表 21.74～表 21.79。

表 21.74　六角头自攻螺钉（GB/T 5285—1985）　　mm

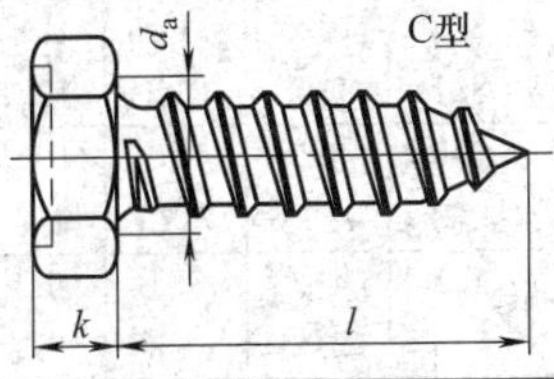

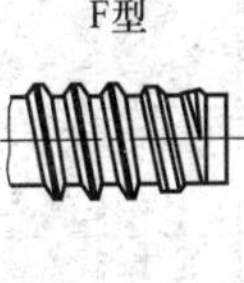

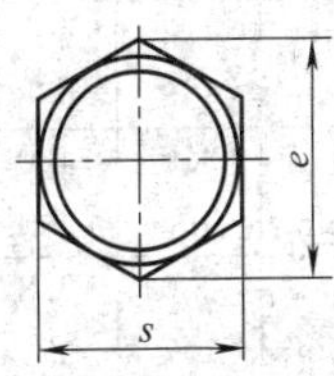

续表

螺纹规格					ST2.2	ST2.9	ST3.5	ST4.2	ST4.8	ST5.5	ST6.8	ST8	ST9.5
螺距 P					0.8	1.1	1.3	1.4	1.6	1.8	1.8	2.1	2.1
d_a					2.8	3.5	4.1	4.9	5.5	6.3	7.1	9.2	10.7
s			max		3.2	5.0	5.5	6.3	7.0	8.0	10	13	16
			min		3.02	4.82	5.32	6.78	7.78	7.78	9.78	12.73	15.73
e					3.38	5.40	5.96	7.59	8.71	8.71	10.95	14.26	17.62
k			max		1.6	2.3	2.6	3.0	3.8	4.1	14.7	6.0	7.5
			min		1.3	2.0	2.3	2.6	3.3	3.6	4.1	5.2	6.5
长度 l					规格范围								
公称	C 型		F 型										
	min	max	min	max									
4.5	3.7	5.3	3.7	4.5									
6.5	5.7	7.3	5.7	6.5									
9.5	8.7	10.3	8.7	9.5		通							
13	12.2	13.8	12.2	13			用						
16	15.2	16.8	15.2	16				规					
19	18.2	19.8	18.2	19					格				
22	21.2	22.8	20.7	22	特					范			
25	24.2	25.8	23.7	25		殊					围		
32	30.7	33.3	30.7	32			规						
38	36.7	39.3	36.7	38				格					
45	43.7	46.3	43.3	45					范				
50	48.7	51.3	48.5	50						围			

表 21.75 六角凸缘自攻螺钉（GB/T 16824.1—1997） mm

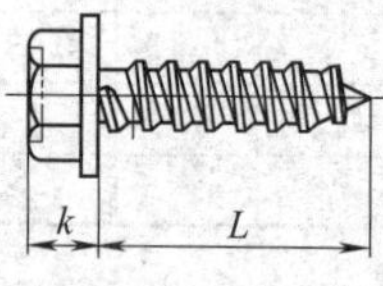

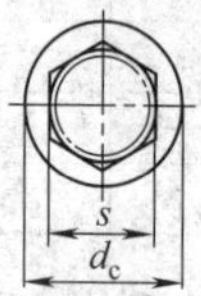

螺纹规格		ST2.2	ST2.9	ST3.5	ST3.9	ST4.2	ST4.8	ST5.5	ST6.3	ST8
P		0.8	1.1	1.3	1.3	1.4	1.6	1.8	1.8	2.1
d_c	max	4.2	6.3	8.3	8.3	8.8	10.5	11.0	13.5	18.0
	min	3.8	5.8	7.6	7.6	8.1	9.8	10.0	12.2	16.7
s	max	3.0	4.0	5.5	5.5	7.0	8.0	8.0	10.0	13.0
	min	2.86	3.82	5.32	5.32	6.78	7.78	7.78	9.78	12.73
k	max	2.0	2.8	3.4	3.4	4.1	4.3	5.4	5.9	7.0
	min	1.7	2.5	3	3.0	3.6	3.8	4.8	5.3	6.4

续表

螺纹规格	ST2.2	ST2.9	ST3.5	ST3.9	ST4.2	ST4.8	ST5.5	ST6.3	ST8
公称长度 *L*	每1000件钢制品的质量/kg ≈								
4.5	0.17								
6.5	0.21	0.43	0.93						
9.5	0.27	0.54	1.10	1.14	1.84	2.48			
13	0.35	0.66	1.28	1.35	2.09	2.80	3.64	5.44	
16	0.41	0.77	144	1.54	2.31	3.10	4.01	5.96	10.9
19	0.47	0.87	1.59	1.73	2.52	3.39	4.40	6.49	11.8
22			1.74	1.93	2.74	3.68	4.78	7.01	12.7
25				2.12	2.95	3.97	5.17	7.54	13.6
32						4.66	6.06	8.76	15.7
38							6.82	9.82	17.5
45								11.1	19.6
50								12.0	21.1

表21.76 六角法兰面自攻螺钉（GB/T 16824.2—1997） mm

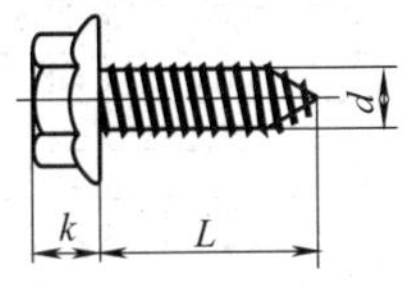

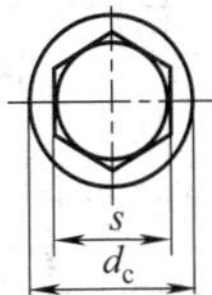

螺纹规格		ST2.2	ST2.9	ST3.5	ST4.2	ST4.8	ST5.5	ST6.3	ST8	ST9.5
螺距 *P*		0.8	1.1	1.3	1.4	1.6	1.8	1.8	2.1	2.1
d_c	max	4.5	6.4	7.5	8.5	10.0	11.2	12.8	16.8	21.0
	min	4.1	5.9	6.9	7.8	9.3	10.3	11.8	15.5	19.3
s	max	3.00	4.00	5.00	5.50	7.00	7.00	8.00	10.00	13.00
	min	2.86	3.82	4.82	5.32	6.78	6.78	7.78	9.78	12.73
k		2.2	3.2	3.8	4.3	5.2	6.0	6.7	8.6	10.7
公称长度 *L*		每1000件钢制品的质量/kg ≈								
4.5		0.156								
6.5		0.192	0.418							
9.5		0.247	0.513	0.827	1.15	1.89				
13		0.310	0.623	0.988	1.38	2.21	2.71	3.75		
16		0.364	0.718	1.13	1.58	2.47	3.06	4.23	7.73	
19			0.813	1.26	1.78	2.74	3.41	4.71	8.52	15.38
22				1.40	1.98	3.01	3.76	5.19	9.32	16.62
25					2.18	3.27	4.12	5.67	10.11	17.86
32						3.89	4.94	6.79	11.97	20.75
38							5.64	7.75	13.56	23.23
45									15.42	26.13
50									16.74	28.19

表 21.77 内六角花形盘头自攻螺钉（GB/T 2670.1—2004）

mm

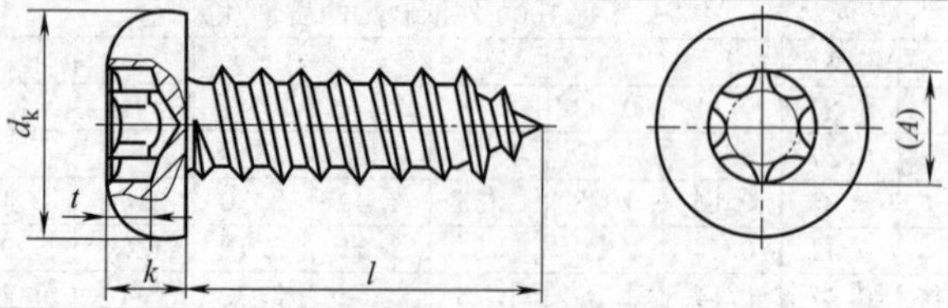

公称直径			ST2.9	ST3.5	ST4.2	ST4.8	ST5.5	ST6.3
螺距 P			1.1	1.2	1.4	1.6	1.8	1.8
d_k	max		5.6	7.0	8.0	9.5	11	12
	min		5.3	6.64	7.64	9.14	10.57	11.57
k	max		2.40	2.60	3.1	3.7	4.0	4.6
	min		2.15	2.35	2.8	3.4	3.7	4.3
内六角花形	槽号 No.		10	15	20	25	25	30
	A(参考)		2.8	3.35	3.95	4.5	4.5	5.6
	t	max	1.27	1.40	1.80	2.03	2.03	2.42
		min	1.01	1.14	1.42	1.65	1.65	2.02
公称长度 l			每1000件钢制品的质量/kg					
6.5			0.49					
9.5			0.59	0.93	1.39	2.22		
13			0.70	1.09	1.62	2.53	3.59	4.76
16			0.79	1.23	1.82	2.79	3.94	5.24
19			0.89	1.37	2.02	3.06	4.29	5.72
22				1.50	2.22	3.33	4.65	6.20
25				1.64	2.41	3.59	5.00	6.68
32					2.88	4.22	5.82	7.81
38							6.52	8.77

表 21.78 内六角花形沉头自攻螺钉（GB/T 2670.2—2004）

mm

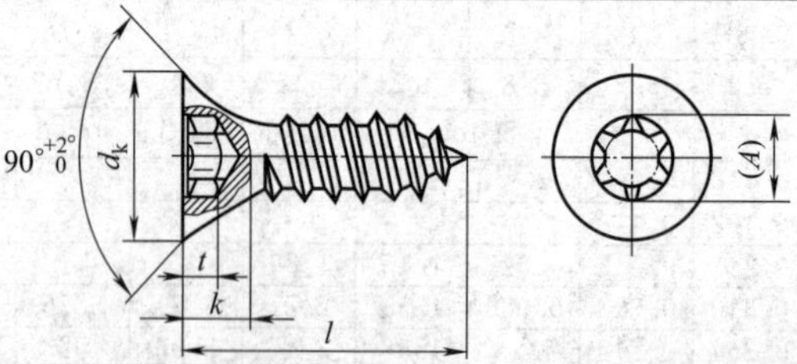

螺纹规格		ST2.9	ST3.5	ST4.2	ST4.8	ST5.5	ST6.3
螺距 P		1.1	1.2	1.4	1.6	1.8	1.8
d_k	max	5.5	7.3	8.4	9.3	10.3	11.3
	min	5.2	6.9	8.0	8.9	9.9	10.9
k	max	1.7	2.35	2.6	2.8	3.0	3.15
t	max	0.91	1.3	1.58	1.78	2.03	2.42
	min	0.65	1.00	1.14	1.39	1.65	2.02
槽号 No.		10	15	20	25	25	30

续表

螺纹规格	ST2.9	ST3.5	ST4.2	ST4.8	ST5.5	ST6.3
公称长度 l	每1000件钢制品的质量/kg					
6.5	0.20					
9.5	0.29	0.48	0.67	0.84		
13	0.40	0.64	0.91	1.15	1.50	1.77
16	0.50	0.78	1.10	1.42	1.85	2.25
19	0.59	0.92	1.30	1.68	2.21	2.73
22		1.06	1.50	1.95	2.56	3.21
25		1.20	1.70	2.22	2.91	3.69
32			2.16	2.84	3.73	4.81
38					4.44	5.77

表 21.79 内六角花形半沉头自攻螺钉（GB/T 2670.3—2004）

mm

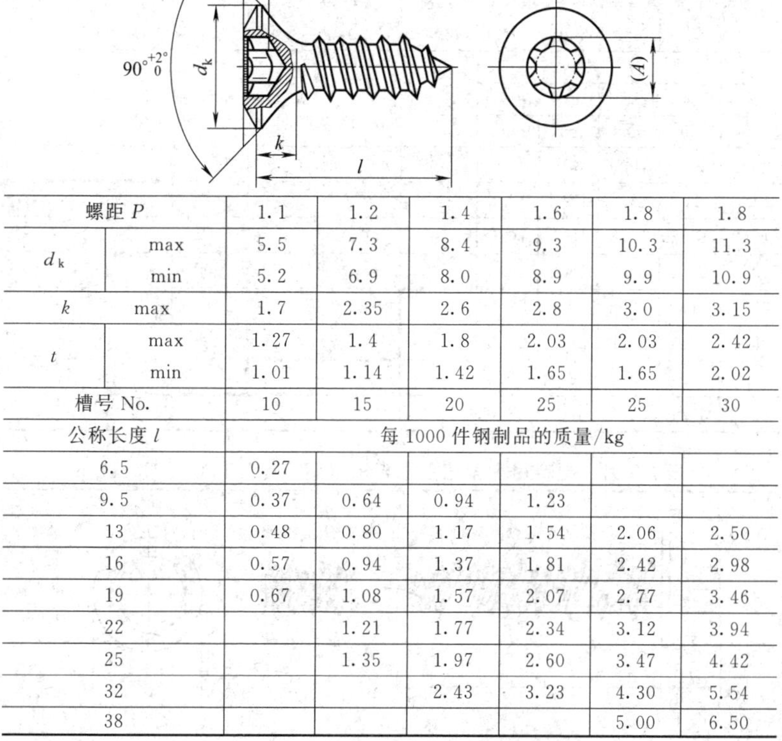

螺纹规格	ST2.9	ST3.5	ST4.2	ST4.8	ST5.5	ST6.3
螺距 P	1.1	1.2	1.4	1.6	1.8	1.8
d_k max	5.5	7.3	8.4	9.3	10.3	11.3
d_k min	5.2	6.9	8.0	8.9	9.9	10.9
k max	1.7	2.35	2.6	2.8	3.0	3.15
t max	1.27	1.4	1.8	2.03	2.03	2.42
t min	1.01	1.14	1.42	1.65	1.65	2.02
槽号 No.	10	15	20	25	25	30
公称长度 l	每1000件钢制品的质量/kg					
6.5	0.27					
9.5	0.37	0.64	0.94	1.23		
13	0.48	0.80	1.17	1.54	2.06	2.50
16	0.57	0.94	1.37	1.81	2.42	2.98
19	0.67	1.08	1.57	2.07	2.77	3.46
22		1.21	1.77	2.34	3.12	3.94
25		1.35	1.97	2.60	3.47	4.42
32			2.43	3.23	4.30	5.54
38					5.00	6.50

（2）汽车行业塑料用自攻螺钉（表 21.80～表 21.83）

表 21.80　塑料用六角凸缘自攻螺钉（QC/T 876—2011）　mm

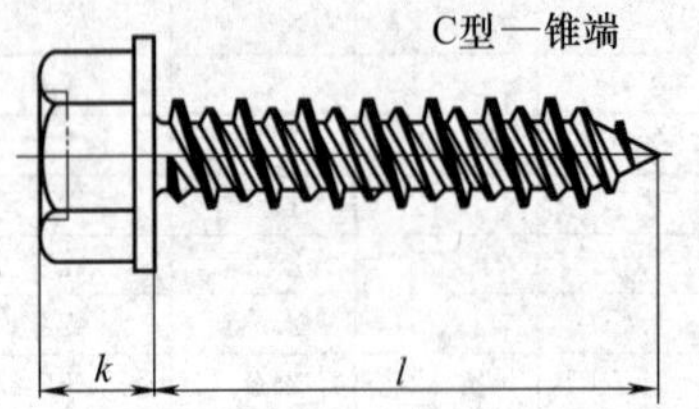

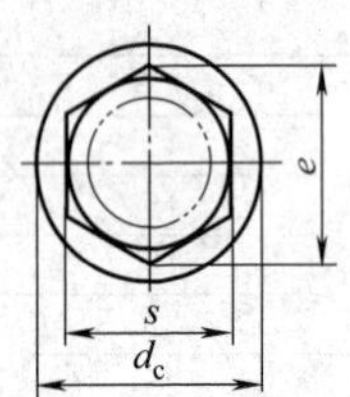

螺纹规格		NST3	NST3.5	NST4	NST5	NST5.5	NST6
d_c	max	6.3	8.3	8.3	10.5	11.0	13.5
	min	5.8	7.6	7.6	9.8	10.0	12.2
s	公称(＝max)	4.00	5.50	5.50	8.00	8.00	10.00
	min	3.86	5.32	5.32	7.78	7.78	9.78
e	min	4.28	5.96	5.96	8.71	8.71	10.95
k	公称(＝max)	2.8	3.4	3.4	4.3	5.4	5.9
	min	2.5	3.0	3.0	3.8	4.8	5.3

l					规格范围					
公称	C型		F型							
	min	max	min	max						
9.5	8.7	10.3	8.7	9.5						
13.0	12.2	13.8	12.2	13.5		规				
16.0	15.2	16.8	15.2	16.0			格			
19.0	18.2	19.8	18.2	19.0				范		
22.0	21.2	22.8	20.2	22.0					围	
25.0	24.2	25.8	23.7	25.0						
32.0	30.7	33.3	30.7	32.0						
38.0	36.7	39.3	36.7	38.0						

表 21.81　塑料用六角法兰面自攻螺钉（QC/T 877—2011）mm

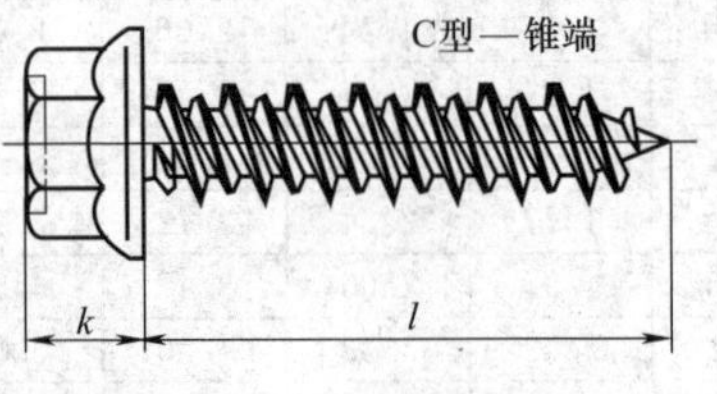

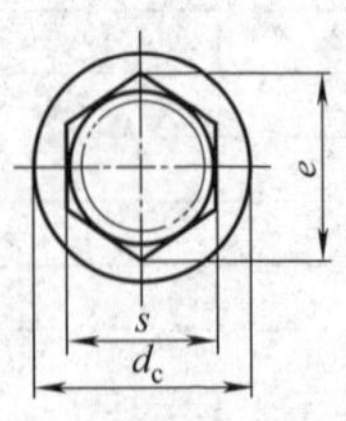

续表

螺纹规格					NST3	NST3.5	NST4	NST5	NST5.5	NST6
d_c	max				6.4	7.5	8.5	10.0	11.2	12.8
	min				4.1	6.9	7.8	9.3	10.3	11.8
s	公称(=max)				4.00	5.00	5.50	7.00	7.00	8.00
	min				3.82	4.82	5.32	6.78	6.78	7.78
e	min				4.27	5.36	5.92	7.55	7.55	8.66
k	max				3.2	3.8	4.3	5.2	6.0	6.7
l					规格范围					
公称	C型		F型							
	min	max	min	max						
9.5	8.7	10.3	8.7	9.5						
13.0	12.2	13.8	12.2	13.5		规				
16.0	15.2	16.8	15.2	16.0			格			
19.0	18.2	19.8	18.2	19.0				范		
22.0	21.2	22.8	20.2	22.0					围	
25.0	24.2	25.8	23.7	25.0						
32.0	30.7	33.3	30.7	32.0						
38.0	36.7	39.3	36.7	38.0						

表 21.82　塑料用内六角花形盘头自攻螺钉（QC/T 878—2011）

mm

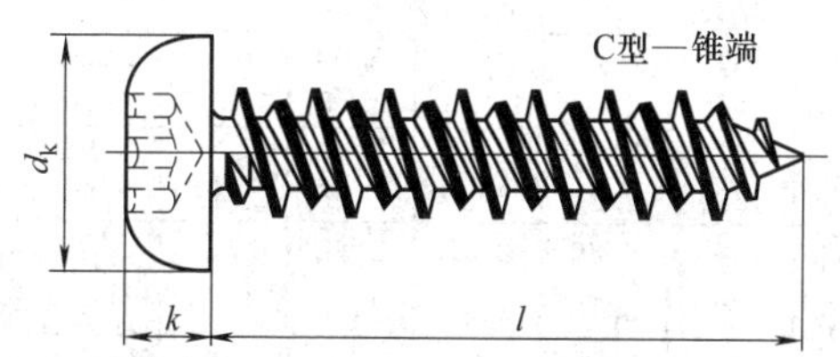

螺纹规格		NST3	NST3.5	NST4	NST5	NST5.5	NST6
d_k	max	5.60	7.00	8.00	9.50	11.00	12.00
	min	5.30	6.64	7.64	9.14	10.57	11.57
k	公称(=max)	2.40	2.60	3.10	3.70	4.00	4.60
	min	2.15	2.35	2.80	3.40	3.70	4.30

续表

螺纹规格					NST3	NST3.5	NST4	NST5	NST5.5	NST6
l					规格范围					
公称	C型		F型							
	min	max	min	max						
9.5	8.7	10.3	8.7	9.5						
13.0	12.2	13.0	12.2	13.0						
16.0	15.2	16.8	15.2	16.0		规				
19.0	18.2	19.8	18.2	19.0			格			
22.0	21.2	22.8	20.7	22.0				范		
25.0	24.2	25.8	23.7	25.0					围	
32.0	30.7	33.3	30.7	32.0						
38.0	36.7	39.3	36.7	38.0						
45.0	43.7	46.3	43.5	45.0						
50.0	48.7	51.3	48.5	50.0						

表 21.83 塑料（尼龙）用自攻螺钉螺纹规格（QC/T 713—2004）

mm

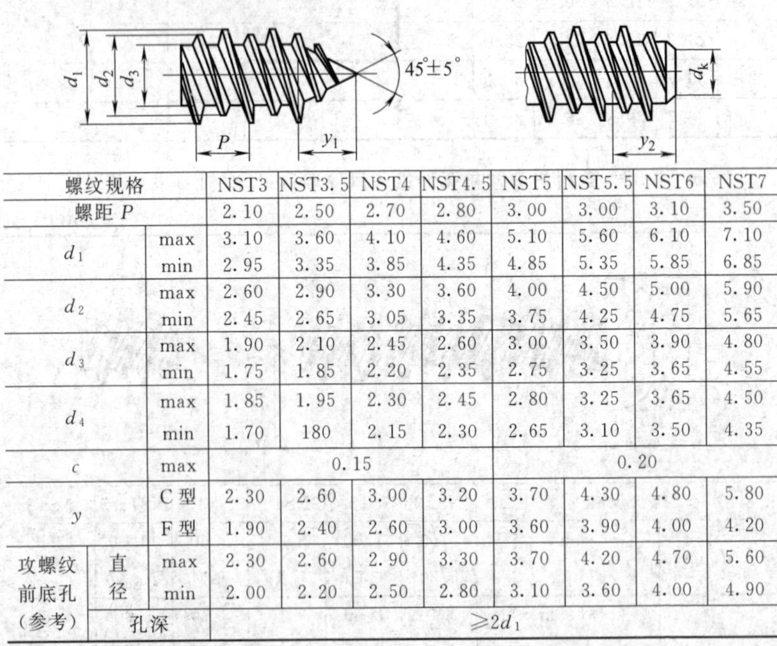

螺纹规格			NST3	NST3.5	NST4	NST4.5	NST5	NST5.5	NST6	NST7
螺距 P			2.10	2.50	2.70	2.80	3.00	3.00	3.10	3.50
d_1		max	3.10	3.60	4.10	4.60	5.10	5.60	6.10	7.10
		min	2.95	3.35	3.85	4.35	4.85	5.35	5.85	6.85
d_2		max	2.60	2.90	3.30	3.60	4.00	4.50	5.00	5.90
		min	2.45	2.65	3.05	3.35	3.75	4.25	4.75	5.65
d_3		max	1.90	2.10	2.45	2.60	3.00	3.50	3.90	4.80
		min	1.75	1.85	2.20	2.35	2.75	3.25	3.65	4.55
d_4		max	1.85	1.95	2.30	2.45	2.80	3.25	3.65	4.50
		min	1.70	180	2.15	2.30	2.65	3.10	3.50	4.35
c		max	0.15				0.20			
y		C型	2.30	2.60	3.00	3.20	3.70	4.30	4.80	5.80
		F型	1.90	2.40	2.60	3.00	3.60	3.90	4.00	4.20
攻螺纹前底孔（参考）	直径	max	2.30	2.60	2.90	3.30	3.70	4.20	4.70	5.60
		min	2.00	2.20	2.50	2.80	3.10	3.60	4.00	4.90
	孔深		$\geqslant 2d_1$							

注：不完整螺纹的长度。

（3）自钻自攻螺钉

这种螺钉由钻头和螺杆两部分组成，装配时钻出螺纹底孔，然后攻出内螺纹。有十字槽盘头、十字槽沉头、十字槽半沉头、六角法兰面四种。自钻自攻螺纹的规格见表 21.84。

表 21.84　自钻自攻螺钉的规格　mm

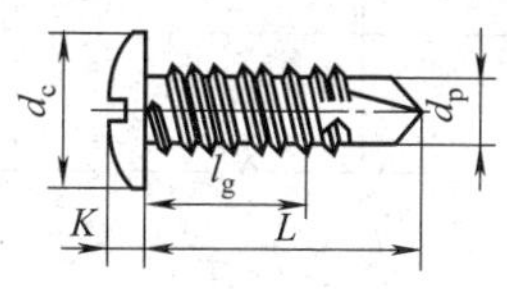

十字槽盘头自钻自攻螺钉
(GB/T 15856.1—2002)

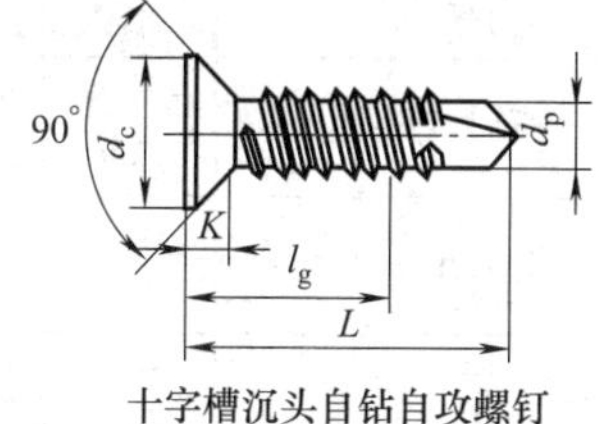

十字槽沉头自钻自攻螺钉
(GB/T 15856.2—2002)

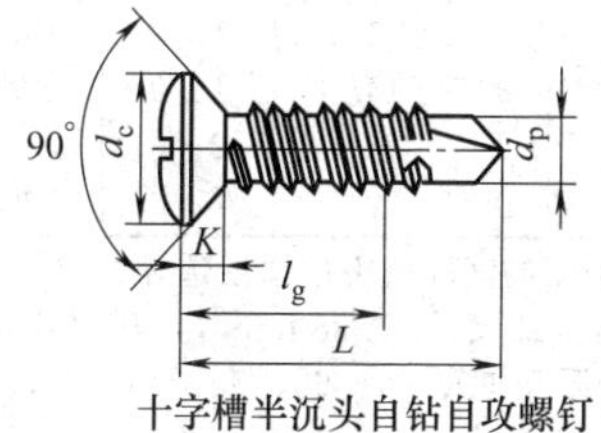

十字槽半沉头自钻自攻螺钉
(GB/T 15856.3—2002)

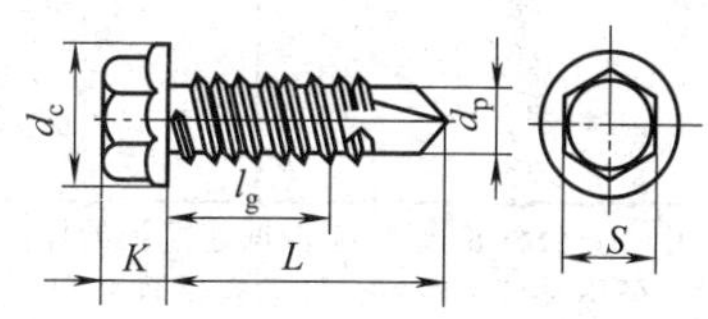

六角法兰面自钻自攻螺钉
(GB/T 15856.4—2002)

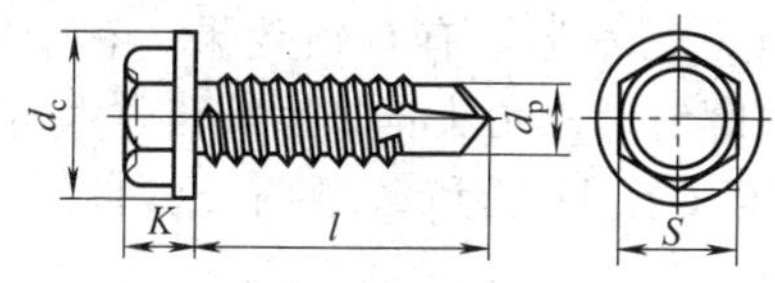

六角凸缘自钻自攻螺钉
(GB/T 15856.5—2002)

螺纹规格		ST2.9	ST3.5	ST4.2	ST4.8	ST5.5	ST6.3
螺距 P		1.1	1.3	1.4	1.6	1.8	1.8
十字槽盘头自钻自攻螺钉（GB/T 15856.1—2002）	d_c	5.6	7.0	8.0	9.5	11.0	12.0
	K	2.4	2.6	3.1	3.7	4.0	4.6
	d_p	2.3	2.8	3.6	4.1	4.8	5.8
十字槽沉头自钻自攻螺钉（GB/T 15856.2—2002） 十字槽半沉头自钻自攻螺钉（GB/T 15856.3—2002）	d_c	5.5	7.3	8.4	9.3	10.3	11.3
	K	1.7	2.35	2.6	2.8	3.0	3.15
	d_p	2.3	2.8	3.6	4.1	4.8	5.8

续表

螺纹规格		ST2.9	ST3.5	ST4.2	ST4.8	ST5.5	ST6.3
六角法兰面自钻自攻螺钉	d_c	6.3	8.3	8.8	10.5	11.0	13.5
(GB/T 15856.4—2002)	K	2.8	3.4	4.1	4.3	5.4	5.9
六角凸缘自钻自攻螺钉	d_p	2.3	2.8	3.6	4.1	4.8	5.8
(GB/T 15856.5—2002)	S	4.0	5.5	7.0	8.0	8.0	10.0
十字槽号 No.		1	2	2	2	3	3
钻削板厚		0.7~1.9	0.7~2.5	1.75~3.0	1.75~4.4	1.75~5.25	2.0~6.0
公称长度 L		l_g					
13		6.6	6.2	4.3	3.7	—	—
16		6.9	9.2	7.3	5.8	5.0	7.0
19		12.5	12.1	10.3	8.7	8.0	10.0
22		—	15.1	13.3	11.7	11.0	13.0
25		—	18.1	16.3	14.7	14.0	20.0
32		—	—	23.0	21.5	21.0	26.0
38		—	—	29.0	27.5	27.0	33.0

注：1. 公称长度 L 应根据连接板的厚度、两板间的间隙或夹层厚度选择。

2. 公称长度 $L \leqslant 38$mm 的自钻自攻螺钉，制出全螺纹；$L > 38$mm 时，其螺纹长度由供需双方协商［且 $L > 50$mm 时，长度（mm）限于 55、60、65、70、75、80、85、90、95、100］。

3. 产品等级为 A 级。

21.3.10 自挤螺钉

自挤螺钉断面为三角形，有自锁效果。有十字槽（盘头、沉头、半沉头）自挤螺钉、六角头自挤螺钉和内六角花形圆柱头自挤螺钉几种。十字槽又有 H 型和 Z 型两类。自挤螺钉的规格见表 21.85～表 21.89。

表 21.85 十字槽盘头自挤螺钉（GB/T 6560—2014） mm

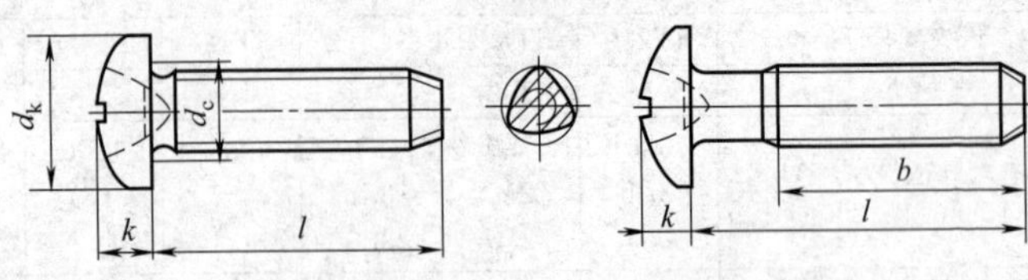

螺距 P	0.4	0.45	0.5	0.7	0.8	1.0	1.25	1.5
b	25	21	25	38	38	38	38	38
d_c max	2.6	3.1	3.6	4.7	5.7	6.8	9.2	11.2

续表

螺距 P				0.4	0.45	0.5	0.7	0.8	1.0	1.25	1.5
d_k	公称(=max)			4	5	5.6	8.0	9.5	12	16	20
	min			3.7	4.7	5.3	7.64	9.14	11.57	15.57	19.48
k	公称(=max)			1.6	2.1	2.4	3.1	3.7	4.6	6.0	7.5
	min			1.46	1.96	2.26	2.92	3.52	4.3	5.7	7.14
十字槽	槽　号			0	1		2		3	4	
	H型	m(参考)		1.9	2.7	3.0	4.4	4.9	6.9	9.0	10.1
		插入深度	max	1.2	1.55	1.8	2.4	2.9	3.6	4.6	5.8
			min	0.9	1.15	1.4	1.9	2.4	3.1	4.0	5.2
	Z型	m(参考)		2.1	2.6	2.8	4.3	4.7	6.7	8.8	9.9
		插入深度	max	1.42	1.5	1.75	2.34	2.74	3.46	4.5	5.69
			min	1.17	1.25	1.5	1.89	2.29	3.03	4.05	5.24

l 公称	l min	l max	规格范围							
3	2.80	3.2								
4	3.76	4.24								
5	4.76	5.24								
6	5.76	6.24								
8	7.71	8.29								
10	9.71	10.29		优						
12	11.65	12.35			选					
(14)	13.65	14.35				长				
16	15.65	16.35					度			
20	19.58	20.42						范		
25	24.58	25.42							围	
30	29.58	30.42								
35	34.5	35.5								
40	39.5	40.5								
45	44.5	45.5								
50	49.5	50.5								
(55)	54.4	55.6								
60	59.05	60.95								
70	69.05	70.95								
80	79.05	80.95								

注：公称长度在阶梯虚线以上的螺钉，制出全螺纹。

表 21.86　十字槽沉头自挤螺钉（GB/T 6561—2014）　　mm

螺纹规格				M2	M2.5	M3	M4	M5	M6	M8	M10
螺距 P				0.4	0.45	0.5	0.7	0.8	1.0	1.25	1.5
b				25	25	25	38	38	38	38	38
d_k	理论值 max			4.4	0.3	6.3	9.4	10.4	12.6	17.3	20
	实际值	公称(＝max)		3.8	4.7	5.5	8.4	9.3	11.3	15.8	18.3
		min		3.5	4.4	5.2	8.04	8.94	10.87	15.37	17.78
k	公称(＝max)			1.2	1.5	1.6	2.7	2.7	3.3	4.65	5.0
十字槽	槽号			0	1		2		3	4	
	插入深度	H型	max	1.2	1.55	1.8	2.6	2.8	3.3	4.4	5.3
			min	0.9	1.25	1.4	2.1	2.3	2.8	3.9	4.8
		Z型	max	1.2	1.47	1.73	2.51	2.72	3.18	4.32	5.23
			min	0.95	1.22	1.48	2.06	2.27	2.73	3.87	4.78

l			规格范围							
公称	min	max	M2	M2.5	M3	M4	M5	M6	M8	M10
4	3.76	4.24	■							
5	4.76	5.24	■	■						
6	5.76	6.24	■	■	■					
8	7.71	8.29	■	■	■	■				
10	9.71	10.29	■	优	■	■	■	■		
12	11.65	12.35	■	■	选	■	■	■		
(14)	13.65	14.30	■	■	■	长	■	■	■	
16	15.65	16.35	■	■	■	■	度	■	■	
20	19.58	20.42		■	■	■	■	范	■	■
25	24.58	25.42			■	■	■	■	围	■
30	29.58	30.42				■	■	■	■	■
35	34.5	35.5					■	■	■	■
40	39.5	40.5					■	■	■	■
45	44.5	45.5						■	■	■
50	49.5	50.5						■	■	■
(55)	54.4	55.6							■	■
60	59.05	60.95							■	■
70	69.05	70.95								■
80	79.05	80.95								■

注：公称长度在阶梯虚线以上的螺钉，制出全螺纹。

表 21.87　十字槽半沉头自挤螺钉（GB/T 6562—2014）　mm

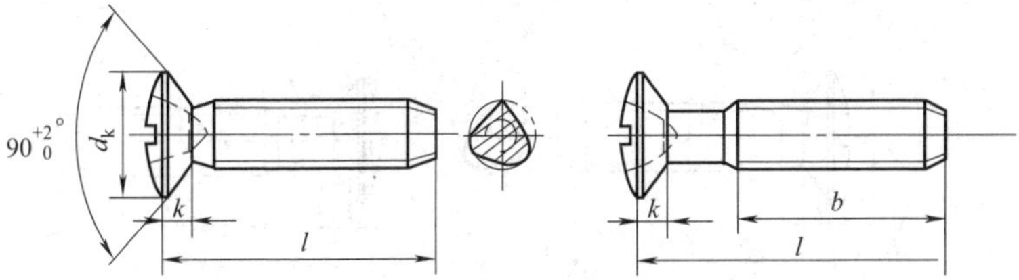

螺纹规格				M2	M2.5	M3	M4	M5	M6	M8	M10
螺距 P				0.4	0.45	0.5	0.7	0.8	1.0	1.25	1.5
b min				25	25	25	38	38	38	38	38
d_k	理论值 max			4.4	5.5	6.3	9.4	10.4	12.6	17.3	20
	实际值	公称(＝max)		3.8	4.7	5.5	8.4	9.3	11.3	10.8	18.3
		min		3.5	4.4	5.2	8.0	8.94	10.87	15.37	17.78
k 公称(＝max)				1.2	1.0	1.65	2.7	2.7	3.3	4.60	5.0
十字槽	槽号			0	1		2		3	4	
	插入深度	H型	max	1.5	1.85	2.2	3.2	3.4	4.0	5.25	6.0
			min	1.2	1.5	1.8	2.7	2.9	3.5	4.75	5.5
		Z型	max	1.4	1.75	2.08	3.1	3.35	3.85	5.2	6.05
			min	1.15	1.5	1.83	2.65	2.9	3.4	4.75	5.6

l 公称	l min	l max	规格范围							
			M2	M2.5	M3	M4	M5	M6	M8	M10
4	3.76	4.24								
5	4.76	5.24								
6	5.76	6.24								
8	7.71	8.29								
10	9.71	10.29		优						
12	11.65	12.35			选					
(14)	13.60	14.35				长				
16	15.60	16.35					度			
20	19.58	20.42						范		
25	24.58	25.42							围	
30	29.58	30.42								
35	34.5	35.5								
40	39.5	40.5								
45	44.5	45.5								
50	49.5	50.5								
(55)	54.4	55.6								
60	59.05	60.95								
70	69.05	70.95								
80	79.05	80.95								

注：公称长度在阶梯虚线以上的螺钉，制出全螺纹。

表 21.88 六角头自挤螺钉（GB/T 6563—2014） mm

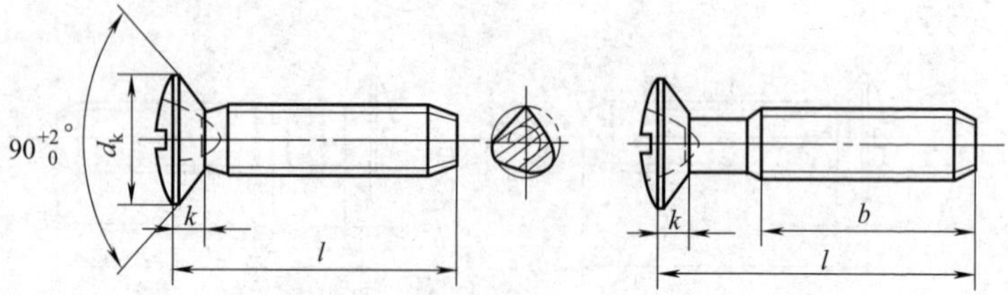

螺纹规格				M2	M2.5	M3	M4	M5	M6	M8	M10
螺距 P				0.4	0.45	0.5	0.7	0.8	1.0	1.25	1.0
b min				25	25	25	38	38	38	38	38
d_k	理论值 max			4.4	5.5	6.3	9.4	10.4	12.6	17.3	20.0
	实际值	公称(＝max)		3.8	4.7	5.5	8.4	9.3	11.3	15.8	18.3
		min		3.5	4.4	5.2	8.04	8.94	10.87	15.37	17.78
k 公称(＝max)				1.2	1.5	1.65	2.7	2.7	3.3	4.65	5.0
十字槽	槽号			0	1		2		3	4	
	插入深度	H 型	max	1.5	1.85	2.2	3.2	3.4	4.0	5.25	6.0
			min	1.2	1.5	1.8	2.7	2.9	3.5	4.75	5.5
		Z 型	max	1.4	1.75	2.08	3.1	3.35	3.85	5.2	6.05
			min	1.15	1.5	1.83	2.65	2.9	3.4	4.70	5.6

l			规格范围							
公称	min	max								
4	3.76	4.24								
5	4.76	5.24								
6	5.76	6.24								
8	7.71	8.29								
10	9.71	10.29								
12	11.65	12.35		优						
(14)	13.65	14.35			选					
16	15.65	16.35				长				
20	19.58	20.42					度			
25	24.58	25.42						范		
30	29.58	30.42							围	
35	34.5	35.5								
40	39.5	40.5								
45	44.5	45.5								
50	49.5	50.5								
(55)	54.4	55.6								
60	59.05	60.95								
70	69.05	70.95								
80	79.05	80.95								

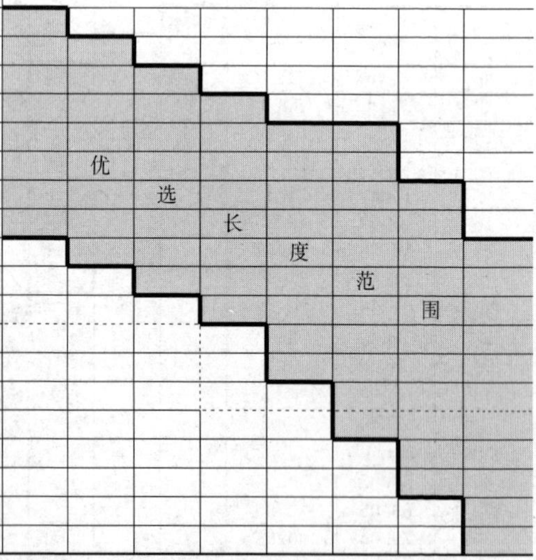

注：公称长度在阶梯虚线以上的螺钉，制出全螺纹。

表 21.89　内六角花形圆柱头自挤螺钉（GB/T 6564.1—2014）

mm

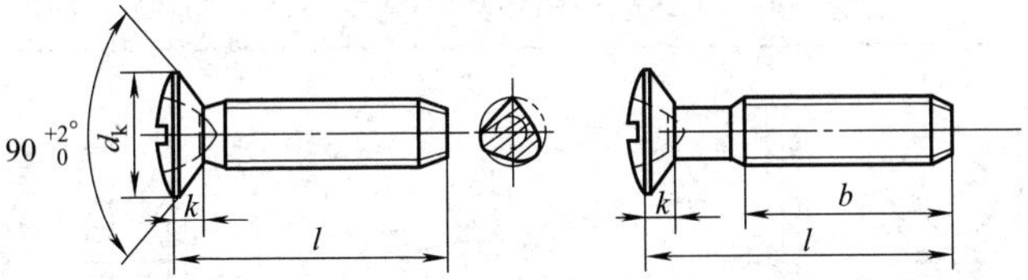

螺纹规格				M2	M2.5	M3	M4	M5	M6	M8	M10
螺距 P				0.4	0.45	0.5	0.7	0.8	1.0	1.25	1.5
b				25	25	25	38	38	38	38	38
d_k	理论值 max			4.4	5.5	6.3	9.4	10.4	12.6	17.3	20.0
	实际值	公称(=max)		3.8	4.7	5.5	8.4	9.3	11.3	15.8	18.3
		min		3.5	4.4	5.2	8.04	8.94	10.87	15.37	17.78
k 公称(=max)				1.2	1.5	1.65	2.7	2.7	3.3	4.65	5.0
十字槽	槽号			0	1		2		3	4	
	插入深度	H型	max	1.5	1.85	2.2	3.2	3.4	4.0	5.25	6.0
			min	1.2	1.5	1.8	2.7	2.9	3.5	4.75	5.0
		Z型	max	1.4	1.75	2.08	3.1	3.35	3.85	5.2	6.05
			min	1.15	1.5	1.83	2.65	2.9	3.4	4.75	5.6

l			规格范围							
公称	min	max								
4	3.76	4.24								
5	4.76	5.24								
6	5.76	6.24								
8	7.71	8.29								
10	9.71	10.29								
12	11.65	12.35		优						
(14)	13.65	14.35			选					
16	15.65	16.35				长				
20	19.58	20.42					度			
25	24.58	25.42						范		
30	29.58	30.42							围	
35	34.5	35.5								
40	39.5	40.5								
45	44.5	45.5								
50	49.5	50.5								
(55)	54.4	55.6								
60	59.05	60.95								
70	69.05	70.95								
80	79.05	80.95								

注：公称长度在阶梯虚线以上的螺钉，制出全螺纹。

21.3.11 吊环螺钉

用于配合起重，其规格见表 21.90。

表 21.90 吊环螺钉的规格（GB/T 825—1988） mm

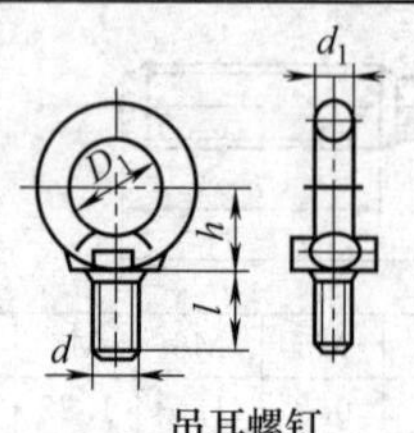

吊耳螺钉

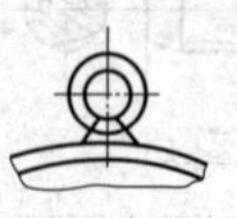
单螺钉起吊

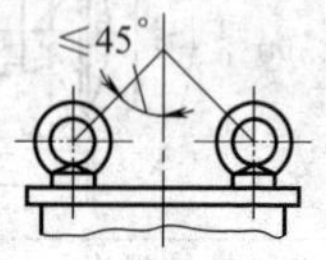

双螺钉起吊

螺纹规格 d		M8	M10	M12	M16	M20	M24	M30	M36
公称长度 l		16	20	22	28	35	40	45	55
环顶直径 d_1 max		9.1	11.1	13.1	15.2	17.4	21.4	25.7	30.1
环孔内径 D_1(公称)		20	24	28	34	40	48	56	67
环孔中心距 h		18	22	26	31	36	44	53	63
起吊重量 /t max	单螺钉起吊	0.16	0.25	0.4	0.63	1.0	1.6	2.5	4.0
	双螺钉起吊	0.08	0.125	0.2	0.32	0.5	0.8	1.25	2.0

螺纹规格 d		M42	M48	M56	M64	M72×6	M80×6	M100×6
公称长度 l		65	70	80	90	100	115	140
环顶直径 d_1 max		34.4	40.7	44.7	51.4	63.8	71.8	79.2
环孔内径 D_1(公称)		80	95	112	125	140	160	200
环孔中心距 h		74	87	100	115	130	150	175
起吊重量 /t max	单螺钉起吊	6.3	8	10	16	20	25	40
	双螺钉起吊	3.2	4	5	8	10	12.5	20

21.3.12 定心圆锥螺钉

表 21.91 定心圆锥螺钉的规格（JB/T 3411.90—1999） mm

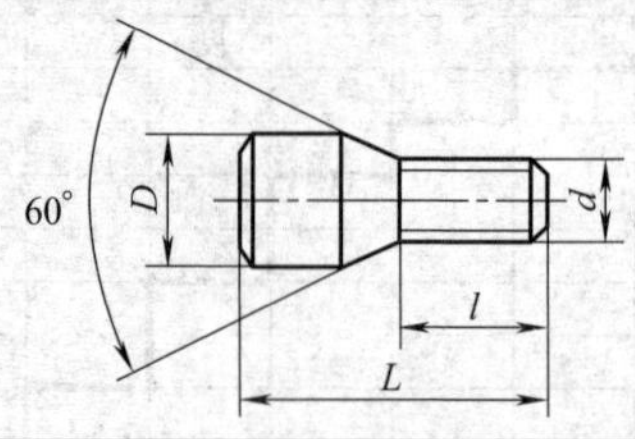

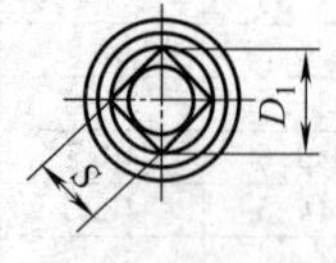

d	D		D_1	L	l	S	适用于镗杆直径
	基本尺寸	极限偏差 h6					
M5	10	0 −0.009	5.6	20	10	4	25

续表

d	D 基本尺寸	D 极限偏差 h6	D_1	L	l	S	适用于镗杆直径
M6	12	0 −0.011	7.0	24	12	5	32
M8	16		8.4	32	16	6	40
				40	20		50
M12	20	0 −0.013	11.3	48	25	8	60
M16	28		14.1	60	32	10	80
				70			100
				85	40		120
M20	40	0 −0.016	16.9	110	50	12	160
				130			200

21.4　螺柱和螺杆

螺柱是两端均外带螺纹的一类紧固件。常用于两个太厚工件，不能或不便（如发动机气缸与气缸盖）用螺栓连接的零件，或需要频繁拆卸之工件。螺柱的品种见表 21.92。

表 21.92　螺柱的品种一览

品种名称与标准号		型式	规格范围	产品等级	螺纹公差	机械性能等级	表面处理
双头螺柱	$b_m=d$	A B	M5～M48	B	6g	钢:4.8、5.8、6.8、8.8、10.9、12.9 不锈钢:A2-50 A2-70(不经处理)	不经处理 氧化 镀锌钝化
	$b_m=1.25d$[①]	A B	M5～M48	B	6g		
	$b_m=1.5d$	A B	M5～M48	B	6g		
	$b_m=2d$	A B	M2～M48	B	6g		
等长双头螺柱 B 级[②]		A B	M2～M56	B	6g		不经处理 镀锌钝化
等长双头螺柱 C 级		A B	M8～M48	C	8g	钢:4.8、6.8、8.8	
手工焊用焊接螺柱[①]		A B	M3～M20	—	6g	钢:4.8	

续表

品种名称与标准号	型式	规格范围	产品等级	螺纹公差	机械性能等级	表面处理
机动弧焊用焊接螺柱[①]	A B	M3～M20	—	6g	钢:4.8	不经处理 镀铜 镀锌钝化
储能焊用焊接螺柱[①]	A B	M3～M12	—	6g	钢:4.8	

① 为商品紧固件品种，应优先选用。

② 双头螺纹（GB 897～900—88）上采用的螺纹，一般都是粗牙普通螺纹，也可以根据需要采用细牙普通螺纹或过渡配合螺纹。

21.4.1　双头螺柱

（1）不等长双头螺柱

用于两个不能或不便带螺栓（如发动机气缸与气缸盖）的零件连接，其规格见表21.93。

表21.93　双头螺柱的规格（GB/T 897—1988）　　mm

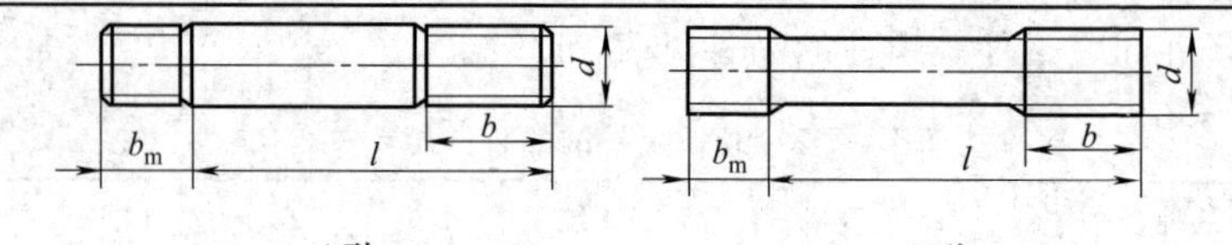

A型　　B型

螺纹规格 d	螺纹长度 b_m				GB/T 899(③)公称长度 l/标准螺纹长度 b（其他标准数据与它有不同时，另外标注：①—GB/T 897，②—GB/T 898，④—GB/T 900）
	① 1.0d	② 1.25d	③ 1.5d	④ 2.0d	
M2			3	1	12～16/6,18～25/10
M2.5			3.5	5	14～18/8,20～30/11
M3			4.5	6	16～20/6,22～40(④38)/12
M4			6	8	16～22/8,25～40/(④38)/14
M5	5	6	8	10	16～22/10,25～40(④38)/16
M6	6	8	10	12	20(④18)～22/10,25～30(④25)/14,32(④28)～75/18
M8	8	10	12	16	20(④18)～22/12,25～30(④25)/16,32～90(④28～75)/22
M10	10	12	15	20	25～28(④22～25)/14,30～38(④28～30)/16,40(④32)～120/26,130/32
M12	12	15	18	22	25～30(④22～25)/16,32～40(④28～35)/20,45(④38)～120/30,130～180/(②、④170)/36

续表

螺纹规格 d	螺纹长度 b_m				GB/T 899(③)公称长度 l/标准螺纹长度 b（其他标准数据与它有不同时，另外标注：①—GB/T 897，②—GB/T 898，④—GB/T 900）
	① 1.0d	② 1.25d	③ 1.5d	④ 2.0d	
(M14)	14	18	21	24	30～35(④28)/18,38～45(④30～38)/25,50(④40)～120/34,130～180(④170)/40
M16	16	20	24	32	30～38(④28～30)/20,40～55(②50,④32～40)/30,60(②55,④45)～120/38,130～200/44
(M18)	18	22	27	36	35～40/22,45～60/35,65～120/42,130～200/48
M20	20	25	30	40	35～40/25,45～65(②60)/35,70(②65)～120/46,130～200/52
(M22)	22	28	33	44	40～45/30,50～70/40,75～120/50,130～200/56
M24	24	30	36	48	45～50/30,55～75～/45,80～120/54,130～200/60
(M27)	27	35	40	54	50～60(④55)/35,65～85(④60～80)/50,90(④85)～120/60,130～200/66
M30	30	38	45	60	60～65(④55～66)/40,70～90(④65～85)/50,95(④90)～120/66,130～200/72,210～250/85
(M33)	33	41	49	66	65～70(④60～65)/45,75～95(④70～90)/60,100(④95)～120/72,130～200/78,210～300/91
M36	36	45	54	72	65～75(④60～70)/45,80(④75)～110/60,120/78,130～200/84,210～300/97
(M39)	39	49	58	78	70～80(④65～75)/50,85(④80)～110/65,120/84,130～200/90,210～300/103
M42	42	52	63	84	70～80(④65～75)/50,85(④80)～110/70,120/90,130～200/96,210～300/109
M48	48	60	72	96	80(④75)～90/60,95～110/80,120/102,130～200/108,210～300/121

注：公称长度 l（包括螺纹的长度 b，不包括螺纹长度 b_m，单位均为 mm）系列为12，(14)，(18)，20，(22)，25，(28)，30，(32)，35，(38)，40，45，50，(55)，60，(65)，70，75，80，(85)，90，95，100，110，120，130，140，150，160，170，180，190，200，210，220，230，240，250，260，280，300。

(2) 等长双头螺柱

主要用于带螺纹孔的被连接件不能或不便安装带头螺栓的场合，或用于被连接的一端不能用带头螺栓、螺钉，并要经常拆卸的铁木结构的连接。等长双头螺柱两端均有螺母，其规格见表 21.94。

表 21.94 等长双头螺柱的规格（GB/T 901、953—1988） mm

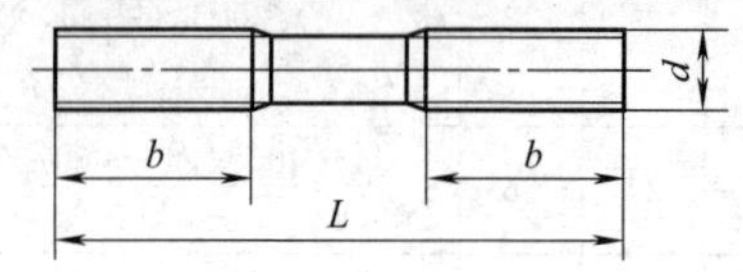

螺纹规格	等长双头螺柱-B级		等长双头螺柱-C级		螺纹规格	等长双头螺柱-B级		等长双头螺柱-C级	
	b	*L*	*b*	*L*		*b*	*L*	*b*	*L*
M2	10	10～60	—	—	M20	52	70～300	46	200～1400
M2.5	11	10～80	—	—	(M22)	56	80～300	50	200～1800
M3	12	12～250	—	—	M24	60	90～300	54	300～1800
M4	14	20～300	—	—	(M27)	66	100～300	60	300～2000
M5	16	20～300	—	—	M30	72	120～400	66	350～2500
M6	18	25～300	—	—	(M33)	78	140～400	72	350～2500
M8	28	35～300	22	100～600	M36	84	140～500	78	350～2500
M10	32	40～300	26	100～800	(M39)	89	140～500	84	350～2500
M12	36	50～300	30	130～950	M42	96	140～500	90	550～2500
(M14)	40	60～300	30	130～950	M48	108	150～500	102	550～2500
M16	44	60～300	38	170～1400	M56	124	140～500	—	—
(M18)	48	60～300	42	170～1400					

注：1. 公称长度系列为 10、12、(14)、16、(18)、20、(22)、25、(28)、30、(32)、35、(38)、40、45、50、(55)、60、(65)、70、(75)、80、(85)、90、(95)、100、110、120、130、140、150、160、170、180、190、200、(210)、220、(230)、(240)、250、(260)、280、300、320、350、380、400、420、450、480、500、…、2500。

2. 尽可能不采用括号内的规格。

3. GB/T 901 螺纹公差为 6g。力学性能等级：钢为 4.8、5.8、6.8、8.8、10.9、12.9；不锈钢为 A2-50、A2-70。

4. GB/T 953 螺纹公差为 8g。力学性能等级：钢为 4.8、6.8、8.8。

(3) 大直径双头螺柱

大直径双头螺柱的规格见表 21.95、表 21.96。

表 21.95　大直径双头螺柱（BT 系列）（HG/T 21573.2—1995）

mm

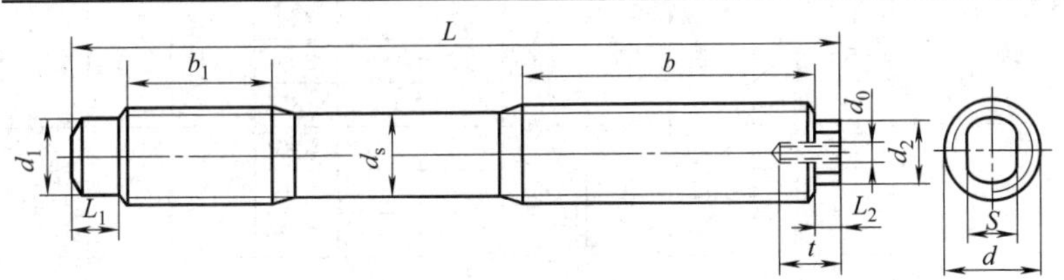

$S=0.86d_2$

L 按标准 6.2 节所列计算公式计算后确定

公称直径 d	型式	d_s	d_2	d_1	d_0	t	b	b_1	L_2	L_1
M48×4	BT-Ⅰ	40	32	38	10	30	240	80	12	25
	BT-Ⅱ				10	30	150			
	BT-Ⅲ				—	—	100			
M52×4	BT-Ⅰ	44	36	42	10	30	240	85	12	25
	BT-Ⅱ				10	30	155			
	BT-Ⅲ				—	—	110			
M56×4	BT-Ⅰ	48	40	45	10	30	240	90	12	25
	BT-Ⅱ				10	30	160			
	BT-Ⅲ				—	—	115			
M64×4	BT-Ⅰ	56	42	52	10	30	240	105	12	25
	BT-Ⅱ				10	30	170			
	BT-Ⅲ				—	—	125			
M72×4	BT-Ⅰ	64	50	60	12	35	295	115	14	25
	BT-Ⅱ				12	35	205			
	BT-Ⅲ				—	—	140			
M80×4	BT-Ⅰ	72	50	68	12	35	295	125	14	25
	BT-Ⅱ				12	35	215			
	BT-Ⅲ				—	—	150			
M85×4	BT-Ⅰ	77	50	73	12	35	295	135	14	25
	BT-Ⅱ				12	35	225			
	BT-Ⅲ				—	—	155			
M90×4	BT-Ⅰ	82	50	78	12	35	295	140	14	25
	BT-Ⅱ				12	35	235			
	BT-Ⅲ				—	—	160			
M100×4	BT-Ⅰ	92	50	88	12	35	320	155	14	25
	BT-Ⅱ				12	35	260			
	BT-Ⅲ				—	—	175			

续表

公称直径 d	型式	d_s	d_2	d_1	d_0	t	b	b_1	L_2	L_1
M105×4	BT-Ⅰ	97	50	93	12	35	320	165	14	25
	BT-Ⅱ				12	35	265			
	BT-Ⅲ				—	—	185			
M110×4	BT-Ⅰ	102	50	98	12	35	320	170	14	25
	BT-Ⅱ				12	35	270			
	BT-Ⅲ				—	—	190			
M115×4	BT-Ⅰ	102	50	103	12	35	355	180	14	25
	BT-Ⅱ				12	35	290			
	BT-Ⅲ				—	—	200			
M120×4	BT-Ⅰ	112	50	108	12	35	355	185	14	25
	BT-Ⅱ				12	35	295			
	BT-Ⅲ				—	—	205			
M125×4	BT-Ⅰ	117	50	113	12	35	355	195	14	25
	BT-Ⅱ				12	35	300			
	BT-Ⅲ				—	—	210			
M130×4	BT-Ⅰ	122	50	118	12	35	390	200	14	25
	BT-Ⅱ				12	35	320			
	BT-Ⅲ				—	—	220			
M140×4	BT-Ⅰ	132	50	128	12	35	390	215	14	25
	BT-Ⅱ				12	35	330			
	BT-Ⅲ				—	—	235			

表 21.96 大直径双头螺柱（BS 系列）（HG/T 21573.2—1995）

mm

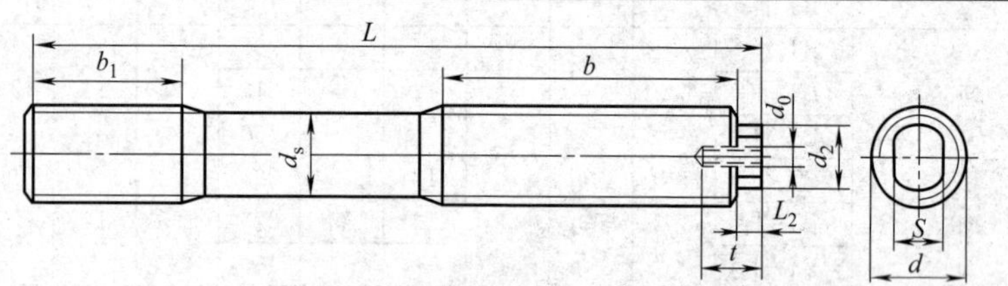

$S=0.86d_2$

L 按标准 6.2 节所列计算公式计算后确定

公称直径 d	型式	d_s	d_2	d_0	t	b	b_1	L_2
M48×4	BT-Ⅰ	40	32	10	30	240	100	12
	BT-Ⅱ			10	30	150		
	BT-Ⅲ			—	—	100		

续表

公称直径 d	型式	d_s	d_2	d_0	t	b	b_1	L_2
M52×4	BT-Ⅰ	44	36	10	30	240	110	12
	BT-Ⅱ			10	30	155		
	BT-Ⅲ			—	—	110		
M56×4	BT-Ⅰ	48	40	10	30	240	115	12
	BT-Ⅱ			10	30	160		
	BT-Ⅲ			—	—	115		
M64×4	BT-Ⅰ	56	42	12	35	240	125	12
	BT-Ⅱ			12	35	170		
	BT-Ⅲ			—	—	125		
M72×4	BT-Ⅰ	64	50	12	35	295	140	14
	BT-Ⅱ			12	35	205		
	BT-Ⅲ			—	—	140		
M80×4	BT-Ⅰ	72	50	12	35	295	150	14
	BT-Ⅱ			12	35	215		
	BT-Ⅲ			—	—	150		
M85×4	BT-Ⅰ	77	50	12	35	295	135	14
	BT-Ⅱ			12	35	225		
	BT-Ⅲ			—	—	155		
M90×4	BT-Ⅰ	82	50	12	35	295	140	14
	BT-Ⅱ			12	35	235		
	BT-Ⅲ			—	—	160		
M100×4	BT-Ⅰ	92	50	12	35	320	155	14
	BT-Ⅱ			12	35	260		
	BT-Ⅲ			—	—	175		
M105×4	BT-Ⅰ	97	50	12	35	320	165	14
	BT-Ⅱ			12	35	265		
	BT-Ⅲ			—	—	185		
M110×4	BT-Ⅰ	102	50	12	35	320	170	14
	BT-Ⅱ			12	35	270		
	BT-Ⅲ			—	—	190		
M115×4	BT-Ⅰ	102	50	12	35	355	180	14
	BT-Ⅱ			12	35	290		
	BT-Ⅲ			—	—	200		
M120×4	BT-Ⅰ	112	50	12	35	355	185	14
	BT-Ⅱ			12	35	295		
	BT-Ⅲ			—	—	205		

续表

公称直径 d	型式	d_s	d_2	d_0	t	b	b_1	L_2
M125×4	BT-Ⅰ	117	50	12	35	355	195	14
	BT-Ⅱ			12	35	300		
	BT-Ⅲ			—	—	210		
M130×4	BT-Ⅰ	122	50	12	35	390	200	14
	BT-Ⅱ			12	35	320		
	BT-Ⅲ			—	—	220		
M140×4	BT-Ⅰ	132	50	12	35	390	215	14
	BT-Ⅱ			12	35	330		
	BT-Ⅲ			—	—	235		

21.4.2　焊接螺柱

用于较薄的机件与钢板连接，无螺纹的一端焊在机件上。有手工焊用焊接螺柱和机动弧焊用焊接螺柱两种。

（1）手工焊用焊接螺柱（表 21.97）

表 21.97　手工焊用焊接螺柱规格（GB/T 902.1—2008）　mm

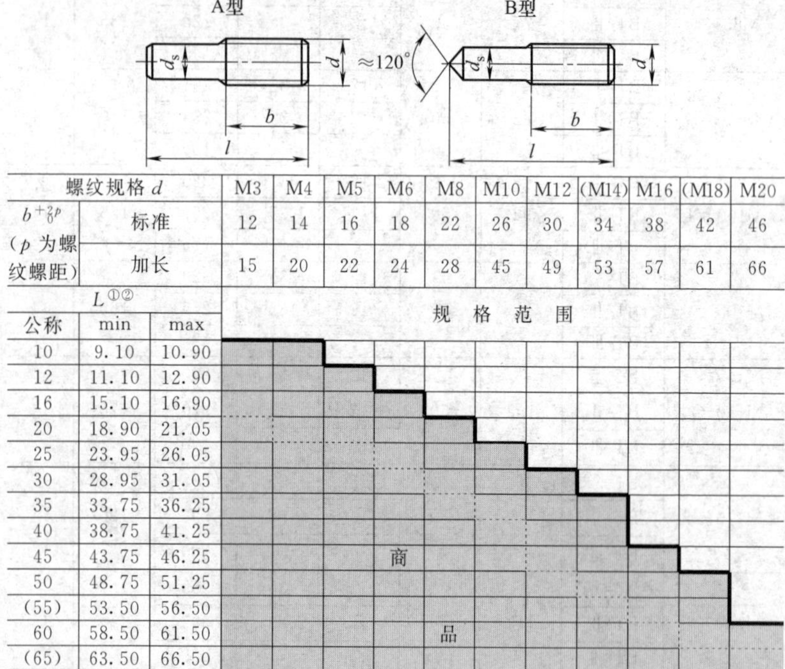

螺纹规格 d			M3	M4	M5	M6	M8	M10	M12	(M14)	M16	(M18)	M20
b^{+2p}_{0}（p 为螺纹螺距）	标准		12	14	16	18	22	26	30	34	38	42	46
	加长		15	20	22	24	28	45	49	53	57	61	66
L[①②]			规格范围										
公称	min	max											
10	9.10	10.90											
12	11.10	12.90											
16	15.10	16.90											
20	18.90	21.05											
25	23.95	26.05											
30	28.95	31.05											
35	33.75	36.25											
40	38.75	41.25											
45	43.75	46.25				商							
50	48.75	51.25											
(55)	53.50	56.50											
60	58.50	61.50					品						
(65)	63.50	66.50											

续表

螺纹规格 d			M3	M4	M5	M6	M8	M10	M12	(M14)	M16	(M18)	M20
L①②			规格范围										
公称	min	max											
70	68.50	71.50											
80	78.50	81.50						规					
90	88.25	91.75											
100	98.25	101.75											
(110)	108.25	111.75							格				
120	118.25	121.75											
(130)	128.00	132.00											
140	138.00	142.00								范			
150	148.00	152.00											
160	158.00	162.00											
180	178.00	182.00									围		
200	197.70	202.30											
220	217.70	222.30											
240	237.70	242.30											
260	257.40	262.60											
280	277.40	282.60											
300	297.40	302.60											

① 尽可能不采用括号内的规格。

② 虚线以上的规格，制成全螺纹。

(2) 机动弧焊用焊接螺柱（表 21.98）

表 21.98　机动弧焊用焊接螺柱规格（GB/T 902.2—2010）

mm

PD 螺纹螺柱及与其相配的 PF 型磁环尺寸

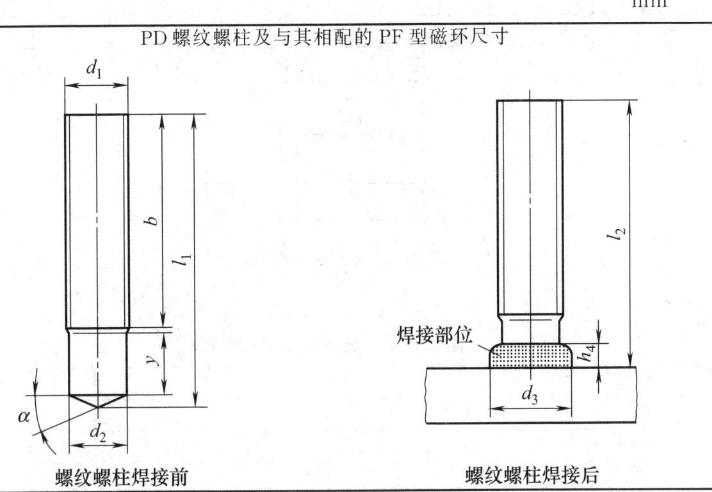

螺纹螺柱焊接前　　螺纹螺柱焊接后

续表

d_1	M6		M8		M10		M12		M16		M20		M24	
d_2	5.35		7.19		9.03		10.86		14.6		18.38		22.05	
d_3	8.5		10		12.5		15.5		19.5		24.5		30	
h_4	3.5		3.5		4		4.5		6		7		10	
$\alpha \pm 2.5°$	22.5°													
$l_1 \pm 1$	$l_2+2.2$		$l_2+2.4$		$l_2+2.6$		$l_2+3.1$		$l_2+3.9$		$l_2+4.3$		$l_2+5.1$	
l_2	y_{min}	b	y_{min}	b	y_{min}	b	y_{min}	b	y_{min}	b	y_{min}	b	y_{min}	b
15	9	—	—	—	—	—	—	—	—	—	—	—	—	—
20	9	—	9	—	9.5	—	—	—	—	—	—	—	—	—
25	9	—	9	—	9.5	—	11.5	—	—	—	—	—	—	—
30	9	—	9	—	9.5	—	11.5	—	13.5	—	—	—	—	—
35	—	20	9	—	9.5	—	11.5	—	13.5	—	15.5	—	—	—
40	—	20	9	—	9.5	—	11.5	—	13.5	—	15.5	—	—	—
45	—	—	9	—	9.5	—	11.5	—	13.5	—	15.5	—	—	—
50	—	—	—	40	—	40	—	40	13.5	—	—	35	20	—
55	—	—	—	—	—	—	—	—	—	40	—	40	—	—
60	—	—	—	—	—	—	—	—	—	40	—	40	—	—
65	—	—	—	—	—	—	—	—	—	40	—	40	—	—
70	—	—	—	—	—	—	—	—	—	—	—	40	—	50
80	—	—	—	—	—	—	—	—	—	—	—	50	—	50
100	—	—	—	—	—	40	—	40	—	80	—	70	—	70
140	—	—	—	—	—	80	—	80	—	80	—	—	—	—
150	—	—	—	—	—	80	—	80	—	80	—	—	—	—
160	—	—	—	—	—	80	—	B0	—	80	—	—	—	—

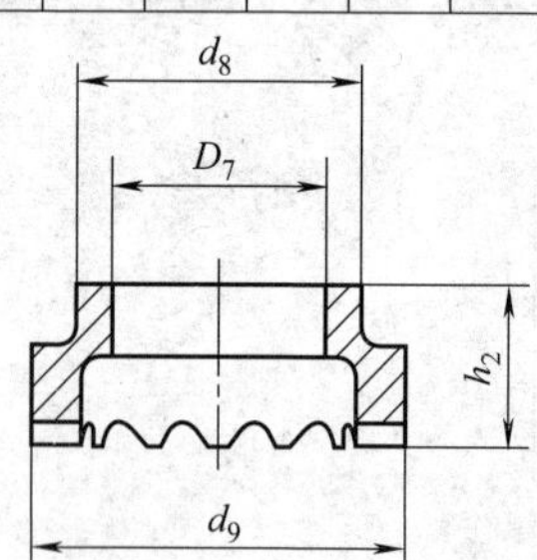

适用于PD型螺纹螺柱的PF型磁环

型式	$D_7{}^{+0.5}_{0}$	$d_8 \pm 1$	$d_9 \pm 1$	$h_2 \approx$
PF6	5.6	9.5	11.5	6.5
PF8	7.4	11.5	15	6.5
PF10	9.2	15	17.8	6.5

续表

型式	$D_7{}^{+0.5}_{0}$	$d_8\pm1$	$d_9\pm1$	$h_2\approx$
PF12	11.1	16.5	20	9
PF16	15.0	20	26	11
PF20	18.6	30.7	33.8	10
PF24	22.4	30.7	38.5	18.5
带缩杆的RD螺纹螺柱、$15\text{mm}\leqslant l_2\leqslant100\text{mm}$及与其相配的RF型磁环尺寸				

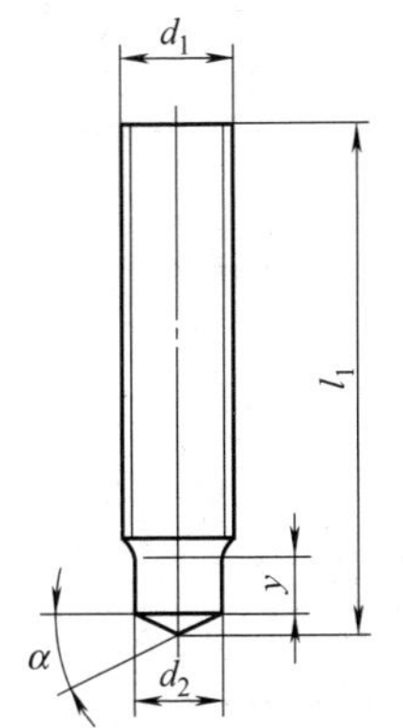

带缩杆的螺纹螺柱焊接前

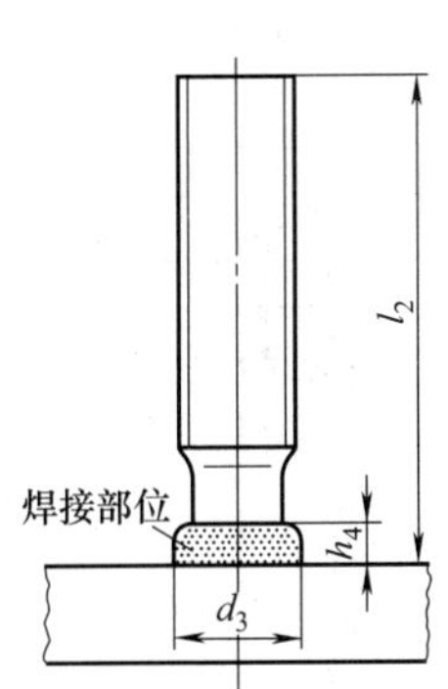

带缩杆的螺纹螺柱焊接后

d_1	M6	M8	M10	M12	M16	M20	M24
d_2	4.7	6.2	7.9	9.5	13.2	16.5	20
d_3	7	9	11.5	13.5	18	23	28
h_4	2.5	2.5	3	4	5	6	7
$y_{\min}$	4	4	5	6	7.5/11①	9/13①	12/15①
$\alpha\pm2.5°$	22.5°						
$l_1\pm1$	$l_2+2.0$	$l_2+2.2$	$l_2+2.4$	$l_2+2.8$	$l_2+3.6$	$l_2+3.9$	$l_2+4.7$

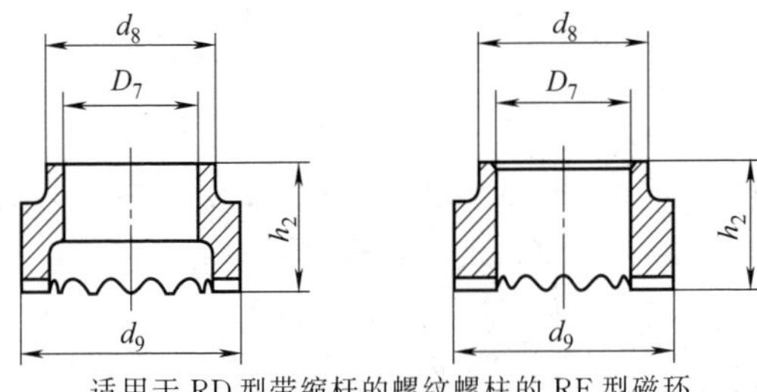

适用于RD型带缩杆的螺纹螺柱的RF型磁环

续表

型式	$D_7{}^{+0.4}_{0}$	$d_8\pm1$	$d_9\pm1$	$h_2\approx$
RF6	6.2	9.5	12.2	10
RF8	8.2	12	15.3	9
RFI0	10.2	15	18.5	11.5
RF12	12.2	17	20	13
RF16	16.3/14①	20.5/26.2①	26.5/32.5①	15.3/8.8①
RF20	20.3/17.5①	26.2/28.5①	32	22/9①
RF24	24.3/21①	26.2/30.4②	33/36②	25/13①

ID 内螺纹螺柱及与其相配的 UF 型瓷环尺寸

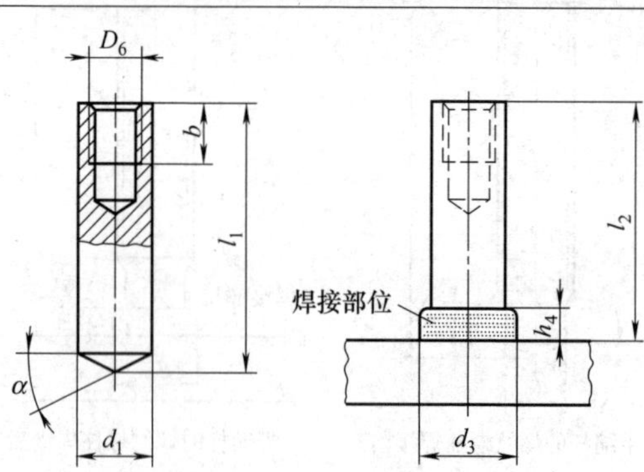

内螺纹螺柱焊接前　　　内螺纹螺柱焊接后

d_1	10	10	12	14.6	14.6	16	18
D_6	M5	M6	M8	M8	M10	M10	M12
d_3	13	13	16	18.5	18.5	21	23
b	7	9	9.5	15	15	15	18
h_4	4	4	5	6	6	7	7
l_2	15	15	20	25	25	25	30
$\alpha\pm2.5°$	22.5°						
$l_1\pm1$	$l_2+2.8$	$l_2+2.8$	$l_2+3.4$	$l_2+3.9$	$l_2+3.9$	$l_2+3.9$	$l_2+4.2$

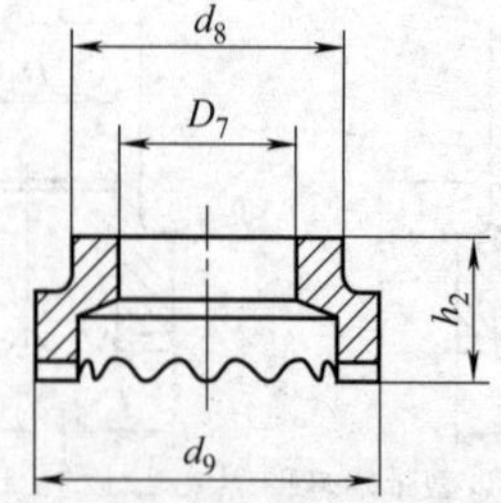

适用于 ID 型内螺纹螺柱的 UF 型瓷环

续表

型式	$D_7{}^{+0.5}_{0}$	$d_8 \pm 1$	$d_9 \pm 1$	$h_2 \approx$
UF10	10.2	15	17.8	10
UF12	12.2	16.5	20	10.7
UF16	16.3	26	30	13
UF19	19.4	26	30.8	18.7

① 螺柱和磁环“/”前后的尺寸分别对应适用。

② 由制造者确定。

21.4.3 螺杆

为整杆全螺纹。通常用于建筑业、设备安装及电站建设等作连接件，可由碳钢、不锈钢和有色金属制造。螺杆的品种规格见表21.99。

表21.99 螺杆的品种规格（GB/T 15389—1994） mm

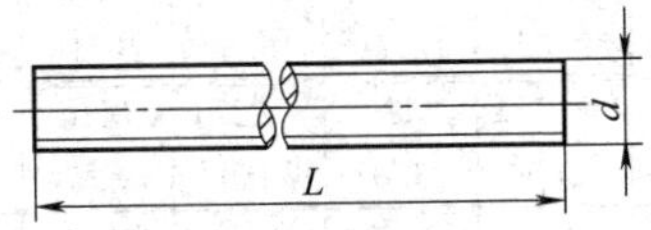

螺纹规格 $d \times P$	M8	M10	M12	(M14)	M16	(M18)	M20	(M22)
	M8×1	M10×1	M12×1.5	(M14×1.5)	M16×1.5	(M18×1.5)	M20×1.5	(M22×1.5)
	—	(M10×1.25)	(M12×1.25)	—	—	—	—	—
螺纹规格 $d \times P$	M24	(M27)	M30	(M33)	M36	(M39)	M42	
	M24×2	(M27×2)	M30×2	(M33×2)	M36×3	(M39×3)	M42×3	

L					
	公称	1000	2000	3000	4000
	min	990	1985	2980	3975
	max	1010	2015	3020	4025

注：尽可能不采用括号内的规格。

21.5 螺母

有六角螺母、圆螺母、方形螺母、翼型螺母、盖形螺母等。

21.5.1 六角螺母

（1）普通六角螺母

与螺栓、螺钉一起，作连接、紧固零件用。有六角螺母、六角薄螺母、六角槽螺母之分。六角螺母C级用于表面比较粗糙、精度要求不高的地方；A、B级则用于表面平滑、精度要求较高的地方。2型的厚度较厚，多用于经常要拆卸的地方。六角螺母（C级）的规格见表21.100。

表21.100 六角螺母（C级）的规格（GB/T 41—2000） mm

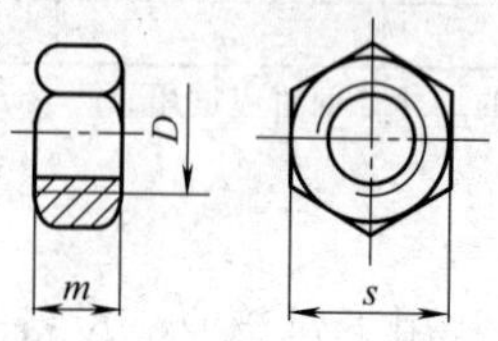

螺纹规格 D		M5	M6	M8	M10	M12	(M14)	M16	(M18)
螺距 P		0.8	1.0	1.25	1.5	1.75	2.0	2.0	2.5
m	max	5.6	6.4	7.9	9.5	13.9	15.9	16.9	12.2
	min	4.4	4.9	6.4	8.0	12.1	14.1	15.1	10.4
s	公称(=max)	8	10	13	16	21	24	27	18
	min	7.64	9.64	12.57	15.57	20.16	23.16	26.16	17.57
螺纹规格 D		M20	(M22)	M24	(M27)	M30	(M33)	M36	(M39)
螺距 P		2.5	2.5	3.0	3.0	3.5	3.5	4.0	4.0
m	max	20.2	22.3	24.7	26.4	29.5	31.9	34.3	19.0
	min	18.1	20.2	22.6	24.3	27.4	29.4	31.8	16.9
s	公称(=max)	34	36	41	46	50	55	60	30
	min	33	35.0	40	45.0	49	53.8	58.8	29.16

螺纹规格 D		M42	(M45)	M48	(M52)	M56	(M60)	M64
螺距 P		4.5	4.5	5.0	5.0	5.5	5.5	6.0
m	max	36.9	38.9	42.9	45.9	34.9	52.4	48.9
	mm	34.4	36.4	40.4	43.4	32.4	49.4	46.4
s	公称(=max)	70	75	80	85	65	95	90
	min	68.1	73.1	78.1	82.8	63.1	92.8	87.8

（2）1型六角螺母（表21.101和表21.102）

表21.101 1型六角螺母的规格尺寸（GB/T 6170—2000） mm

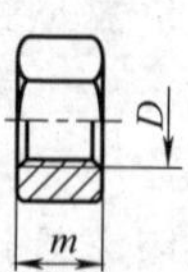

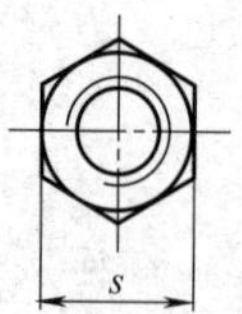

续表

螺纹规格 *D*		M1.6	M2	M2.5	M3	(M3.5)	M4	M5	M6	M8	M10
螺距 *P*		0.35	0.4	0.45	0.5	0.6	0.7	0.8	1.0	1.25	1.5
m	max	1.30	1.60	2.00	2.40	2.80	3.2	4.7	5.2	6.80	8.40
	min	1.05	1.35	1.75	2.15	2.55	2.9	4.4	4.9	6.44	8.04
s	公称(=max)	3.20	4.00	5.00	5.50	6.00	7.00	8.00	10.00	13.00	16.00
	min	3.02	3.82	4.82	5.32	5.82	6.78	7.78	9.78	12.73	15.73
螺纹规格 *D*		M12	(M14)	M16	(M18)	M20	(M22)	M24	(M27)	M30	(M33)
螺距 *P*		1.75	2.0	2.0	2.5	2.5	2.5	3.0	3.0	3.5	3.5
m	max	10.80	12.8	14.8	15.8	18.0	19.4	21.5	23.8	25.6	28.7
	min	10.37	12.1	14.1	15.1	16.9	18.1	20.2	22.5	24.3	27.4
s	公称(=max)	18.00	21.00	24.00	27.00	30.00	34.0	36.0	41.0	46.0	50.0
	min	17.73	20.67	23.67	26.16	29.16	33.0	35.0	40.0	45.0	49.0
螺纹规格 *D*		M36	(M39)	M42	(M45)	M48	(M52)	M56	(M60)	M64	
螺距 *P*		4.0	4.0	4.5	4.5	5.0	5.0	5.5	5.5	6	
m	max	31.0	33.4	34.0	36.0	38.0	42.0	45.0	48.0	51.0	
	min	29.4	31.8	32.4	34.4	36.4	40.4	43.4	46.4	49.1	
s	公称(=max)	55.0	60.0	65.0	70.0	75.0	80.0	85.0	90.0	95.0	
	min	53.8	58.8	63.1	68.1	73.1	78.1	82.8	87.8	92.8	

表 21.102　1型六角螺母（细牙）的规格尺寸（GB/T 6171—2000）

mm

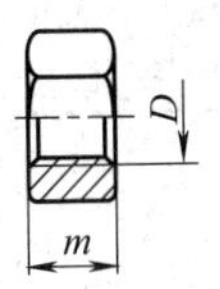

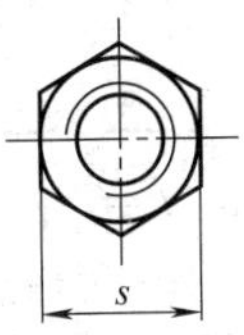

螺纹规格 *D*×*P*		M8×1	M10×1	(M10×1.25)	(M12×1.25)	M12×1.5	(M14×1.5)
m	max	6.80	8.40	8.40	10.80	10.80	12.8
	min	6.44	8.04	8.04	10.37	10.37	12.1
s	公称(=max)	13.00	16.00	16.00	18.00	18.00	21.00
	min	12.73	15.73	15.73	17.73	17.73	20.67
螺纹规格 *D*×*P*		M16×1.5	(M18×1.5)	M20×1.5	(M20×2)	(M22×1.5)	M24×2
m	max	14.8	15.8	18.0	18.0	19.4	21.5
	min	14.1	15.1	16.9	16.9	18.1	20.2
s	公称(=max)	24.00	27.00	30.00	30.00	34.0	36.00
	min	23.67	26.16	29.16	29.16	33	35.00

续表

螺纹规格 $D \times P$		(M27×2)	M30×2	(M33×2)	M36×3	(M39×3)	M42×3
m	max	23.8	25.6	28.7	31.0	33.4	34.0
	min	22.5	24.3	27.4	29.4	31.8	32.4
s	公称(=max)	41.0	46.0	50.0	55.0	60.0	65.0
	min	40.0	45.0	49.0	53.8	58.8	63.1
螺纹规格 $D \times P$		(M45×3)	M48×3	(M52×4)	M56×4	(M60×4)	M64×4
m	max	36.0	38.0	42.0	45.0	48.0	51.0
	min	34.4	36.4	40.4	43.4	46.4	49.1
s	公称(=max)	70.0	75.0	80.0	85.0	90.0	95.0
	min	68.1	73.1	78.1	82.8	87.8	92.8

(3) 2型六角螺母(表 21.103)

表 21.103 2型六角螺母的规格尺寸(GB/T 6175—2000) mm

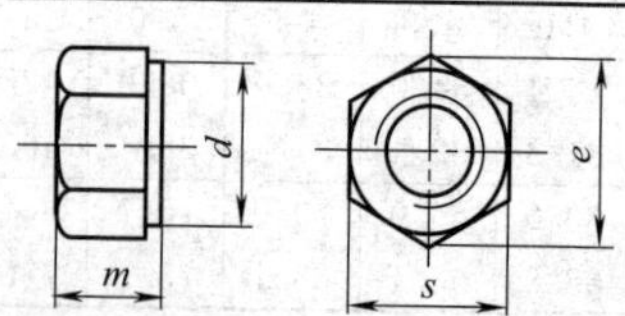

螺纹规格	M5	M6	M8	M10	M12	(M14)	M16	M20	M24	M30	M36
e_{min}	8.8	11.1	14.4	17.8	20.1	23.4	26.8	33	39.6	50.9	60.8
s_{max}	8	10	13	16	18	21	24	30	36	46	55
m_{max}	5.1	5.7	7.5	9.3	12	14.1	16.4	20.3	23.9	28.6	34.7
d_{min}	6.9	8.9	11.6	14.6	16.6	19.6	22.5	27.7	33.2	30.0	36.0

(4) 六角开槽螺母(表 21.104)

表 21.104 六角开槽螺母(JB/ZQ 4331—2006) mm

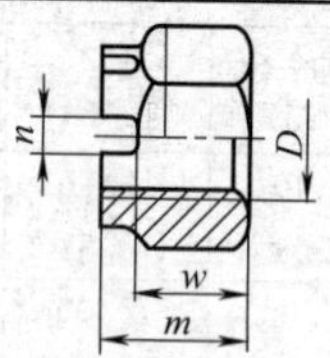

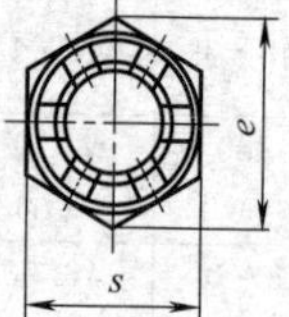

螺纹规格	s		w		m		n	
	max	min	max	min	max	min	max	min
M48×3	75	73.1	38	37.38	50	49.0	9.36	9
M52×3	80	78.1	42	41.38	54	52.8	9.36	9
M56×4	85	82.8	45	44.38	57	55.8	9.36	9

续表

螺纹规格	s		w		m		n	
	max	min	max	min	max	min	max	min
M60×4	90	87.8	48	47.38	63	61.8	11.43	11
M64×4	95	92.8	51	50.26	66	64.8	11.43	11
M68×4	100	97.8	54	53.06	69	67.8	11.43	11
M72×6/4	105	102.8	57.26	58	73	71.8	11.43	11
M76×6/4	110	107.8	60.26	61	76	74.8	11.43	11
M80×6/4	115	112.8	63.26	64	79	77.8	11.43	11
M85×6/4	120	117.8	67.26	68	88	86.6	14.43	14
M90×6/4	130	127.5	71.26	72	92	90.6	14.43	14
M100×6/4	145	142.5	79.26	80	100	98.6	14.43	14

(5) 六角法兰螺母

与螺栓、螺柱、螺钉配合使用，连接紧固构件，防松性能较好，可省去弹簧垫圈。六角法兰螺母与六角薄螺母的规格见表21.105、表21.106。

表21.105　六角法兰螺母的规格（GB/T 6177—2000）　mm

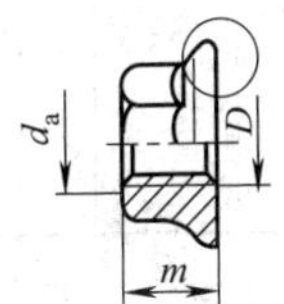

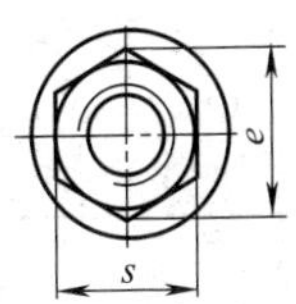

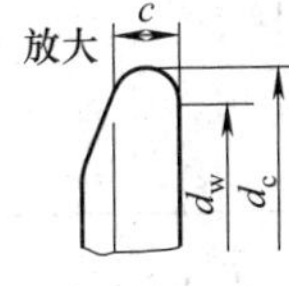

螺纹规格 D(6H)		M5	M6	M8	M10	M12	(M14)	M16	M20
c_{min}		1	1.1	1.2	1.5	1.8	2.1	2.4	3
d_{cmax}		11.8	14.2	17.9	21.8	26	29.9	34.5	42.8
d_{wmin}		9.8	12.2	15.8	19.6	23.8	27.6	31.9	39.9
e_{min}		8.79	11.05	14.38	16.64	20.03	23.35	26.75	33.53
s	max	8	10	13	15	18	21	24	30
	min	7.78	9.78	12.73	14.73	17.73	20.67	23.67	29.67
m	max	5	6	8	10	12	14	16	20
	min	4.7	5.7	7.6	9.6	11.6	13.3	15.3	18.9

注：括号内的规格尽量不采用。

表 21.106 六角薄螺母的规格（GB/T 6172.1—2000） mm

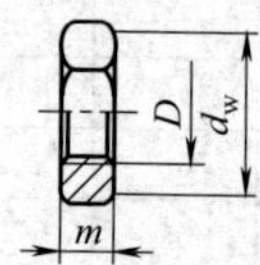

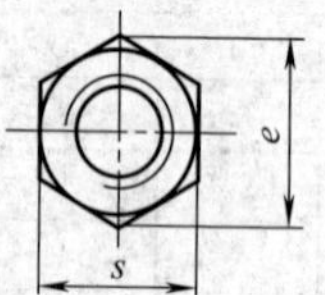

螺纹规格 D	M1.6	M2	M2.5	M3	(M3.5)	M4	M5	M6	M8	M10
e_{min}	3.4	4.3	5.5	6	6.6	7.7	8.8	11	14.4	17.8
s(公称)	3.2	4	5	5.5	6	7	8	10	13	16
d_{wmin}	2.4	3.1	4.1	4.6	5.1	5.9	6.9	8.9	11.6	14.6
m_{max}	1.0	1.2	1.6	1.8	2.0	2.2	2.7	3.2	4.0	5.0
螺纹规格 D	M12	(M14)	M16	(M18)	M20	(M22)	M24	(M27)	M30	(M33)
e_{min}	20	23.4	26.8	29.6	33.0	37.3	39.6	45.2	50.9	55.37
s(公称)	18	21	24	27	30	34	36	41	46	50
d_{wmin}	16.6	19.6	22.5	24.9	27.7	31.4	33.3	38	42.8	46.6
m_{max}	6	7	8	9	10	11	12	13.5	15	16.5

螺纹规格 D	M36	(M39)	M42	(M45)	M48	(M52)	M56	(M60)	M64
e_{min}	60.8	66.44	71.3	76.95	82.6	88.25	93.6	99.21	104.9
s(公称)	55	60	65	70	75	80	85	90	95
d_{wmin}	51.1	55.9	60	64.7	69.5	74.2	78.7	83.4	88.2
m_{max}	18	19.5	21	22.5	24	26	28	30	32

21.5.2 圆螺母

用于防止轴类零件在轴向上偏移，也可配合止退垫圈，用于锁紧轴承内圈，其规格见表 21.107。

表 21.107 圆螺母（GB/T 812—1988）与小圆螺母（GB/T 810—1988）的规格 mm

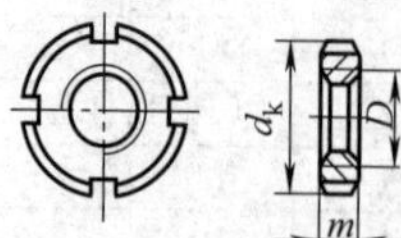

$D \leqslant 100 \times 2$ $n=4$

$D \geqslant 105 \times 2$ $n=6$

n 为槽数

续表

螺纹规格 $D\times P$	圆螺母		小圆螺母	
	外径 d_k	高度 m	外径 d_k	高度 m
M10×1.0	22	8	20	6
M12×1.25	25		22	
M14×1.5	28		25	
M16×1.5	30		28	
M18×1.5	32		30	
M20×1.5	35		32	
M22×1.5	38	10	35	8
M24×1.5	42		38	
M25×1.5①	42		—	
M27×1.5	45		42	
M30×1.5	48		45	
M33×1.5	52		48	
M35×1.5①	52		—	
M36×1.5	55		52	
M39×1.5	58		55	
M40×1.5①	58		—	
M42×1.5	62		58	
M45×1.5	68		62	
M48×1.5	72	12	68	10
M50×1.5	72		—	
M52×1.5	78		72	
M55×2	78		—	
M56×2	85		78	
M60×2	90		80	

螺纹规格 $D\times P$	圆螺母		小圆螺母	
	外径 d_k	高度 m	外径 d_k	高度 m
M64×2	95	12	85	10
M65×2①	95		—	
M68×2	100	15	90	12
M72×2	105		95	
M75×2①	105		—	
M76×2	110		100	
M80×2	115		105	
M85×2	120		110	
M90×2	125	18	115	
M95×2	130		120	
M100×2	135		125	
M105×2	140		130	15
M110×2	150		135	
M115×2	155	22	140	
M120×2	160		145	
M125×2	165		150	
M130×2	170		160	
M140×2	180	26	170	
M150×2	200		180	18
M160×2	210		195	
M170×3	220		205	
M180×3	230	30	220	
M190×3	240		230	22
M200×3	250		240	

① 仅用于滚动轴承的锁紧装置。

21.5.3 翼型螺母

用于需要用手工拆卸而且连接强度要求不高的地方，其规格见表 21.108。

表 21.108　翼型螺母的规格尺寸（GB/T 62.1—2004）　mm

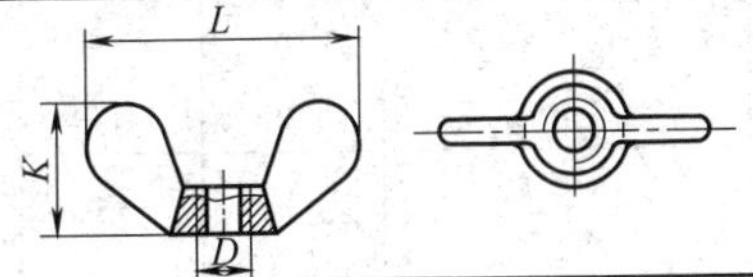

续表

螺纹规格 $D\times P$	M3×0.5	M4×0.7	M5×0.8	M6×1	M8×1	M8×1.25	M10×1.25
L	20	24	28	32	40	40	48
K	8	10	12	14	18	18	22
螺纹规格 $D\times P$	M10×1.5	M12×1.5	M12×1.75	(M14×1.5)	(M14×2)	M16×1.5	M16×2
L	48	58	58	64	64	72	72
K	22	27	27	30	30	32	32

注：括号内的数字尽量不采用。

21.5.4 盖形螺母

用于螺纹端部需要遮盖的连接螺栓，其规格见表 21.109。

表 21.109 盖形螺母的规格（GB/T 923—2009） mm

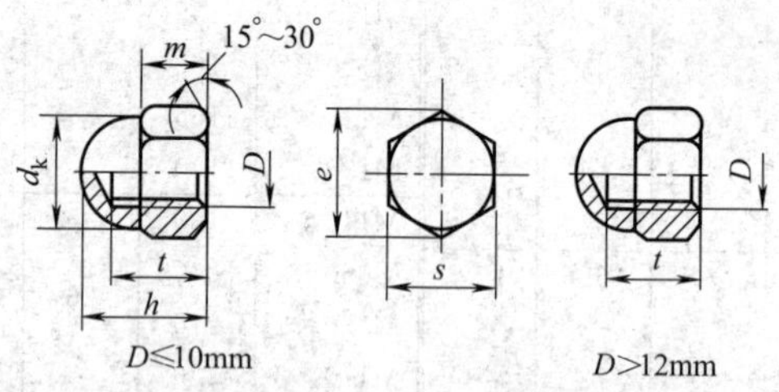

螺纹规格 D		M4	M5	M6	M8	M10	M12
	第 1 系列	M4	M5	M6	M8	M10	M12
	第 2 系列	—	—	—	M8×1	M10×1	M12×1.5
	第 3 系列	—	—	—	—	M10×1.25	M12×1.25
P[①]		0.7	0.8	1	1.25	1.5	1.75
d_k	max	6.5	7.5	9.5	12.5	15	17
e	min	7.66	8.79	11.05	14.38	17.77	20.03
h	max(=公称)	8	10	12	15	18	22
m	max	3.2	4	5	6.5	8	10
s	公称	7	8	10	13	16	18
t	max	5.74	7.79	8.29	11.35	13.35	16.35
每 1000 件钢螺母质量		—	—	4.66	11	20.1	28.3

续表

螺纹规格 D							
	第1系列	(M14)	(M16)	(M18)	M20	(M22)	M24
	第2系列	(M14×1.5)	(M16×1.5)	(M18×1.5)	M20×2	(M22×1.5)	M24×2
	第3系列	—	—	(M18×2)	M20×1.5	(M22×2)	—
P①		2	2	2.5	2.5	2.5	3
d_k	max	20	23	26	28	33	34
e	min	23.35	26.75	29.56	32.95	37.29	39.55
h	max(=公称)	25	28	32	34	39	42
m	max	11	13	15	16	18	19
s	公称	21	24	27	30	34	36
t	max	18.35	21.42	25.42	26.42	29.42	31.5
每1000件钢螺母质量		—	54.3	95	104	—	216

① P—粗牙螺纹螺距，按GB/T 197。

注：1. 尽可能不采用括号内的规格；按螺纹规格第1～3系列，依次优先选用。

2. 螺纹公差均为6H。产品等级 $D \leqslant 16$mm：A级；$D > 16$mm：B级。

21.5.5 羊角螺母

表21.110 羊角螺母（JB/T 3411.63—1999） mm

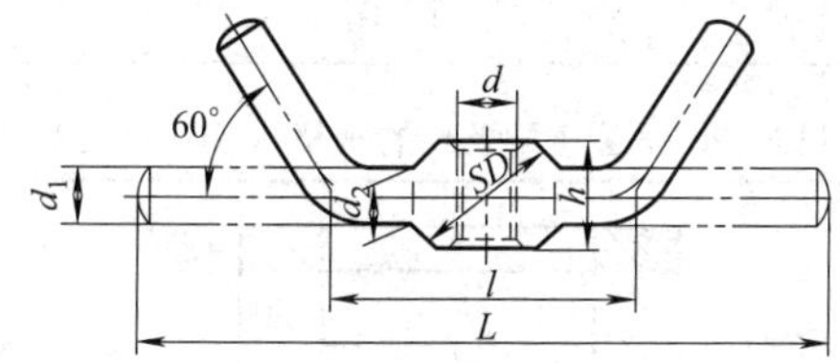

d	d_1	d_2	SD	l	h	展开长 $L\approx$
M5	5	4.5	12	25	7	55
M6	6	5	15	32	9	72
M8	8	7	18	38	11	90
M10	10	8	22	46	13	105
M12	12	10	26	54	16	132
M16	15	12	30	64	19	160
M20	18	14	36	76	22	190

21.6 垫圈

垫圈是螺母与连接件间的缓冲部分，有保护连接件表面不受螺母划伤及分散螺母对连接件压力的作用。

21.6.1 标准系列平垫圈

表 21.111 标准系列平垫圈的规格（GB/T 95、97—2002）

mm

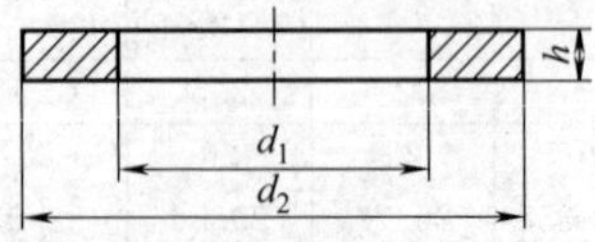

公称规格（螺纹大径 d）	公称 d_{1min}		公称外径 d_{2max}	公称 h	公称规格（螺纹大径 d）	公称 d_{1min}		公称外径 d_{2max}	公称 h
	A 级	C 级				A 级	C 级		
1.6	1.7	—	3.5	0.3	(14)	15	15.5	24	2.5
2	2.2	—	4.5	0.3	16	17	17.5	28	2.5
2.5	2.7	—	5	0.5	(18)	19	—	30	3.0
3	3.2	—	6	0.5	20	21	22	34	3
(3.5)	3.7	—	7	0.5	(22)	23	—	37	3
4	4.3	—	8	0.5	24	25	26	39	4
5	5.3	5.5	9	1.0	(27)	28	—	44	4
6	6.4	6.5	11	1.6	30	31	33	50	4
8	8.4	9.0	15	1.6	(33)	34	—	56	5
10	10.5	11.0	18	1.6	36	37	39	60	5
12	13	13.5	20	2.0					

表 21.112 小垫圈（A 级）的规格（GB/T 848—2002） mm

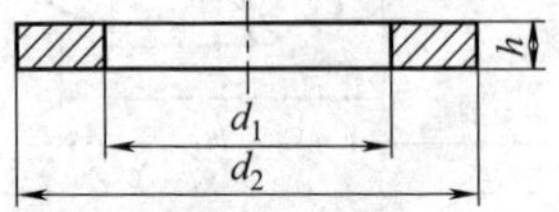

公称规格（螺纹大径 d）	公称 d_1（min）	公称外径 d_{2max}	公称 h	公称规格（螺纹大径 d）	公称 d_1（min）	公称外径 d_{2max}	公称 h
1.6	1.7	3.5	0.3	(14)	15	24	2.5
2	2.2	4.5	0.3	16	17	28	2.5
2.5	2.7	5	0.5	(18)	19	30	3.0
3	3.2	6	0.5	20	21	34	3
(3.5)	3.7	7	0.5	(22)	23	37	3
4	4.3	8	0.5	24	25	39	4
5	5.3	9	1.0	(27)	28	44	4
6	6.4	11	1.6	30	31	50	4
8	8.4	15	1.6	(33)	34	56	5
10	10.5	18	1.6	36	37	60	5
12	13	20	2.0				

注：（ ）内的为非优选尺寸。

表 21.113　大垫圈（A 级）的规格（GB/T 96.1—2002）　mm

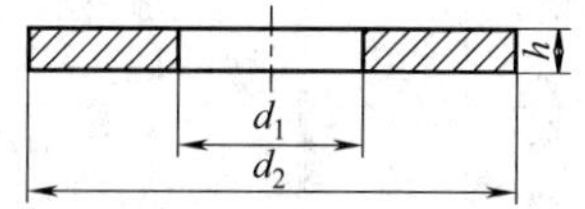

公称规格（螺纹大径 d）	公称 d_{1min}	公称外径 d_{2max}	公称 h	公称规格（螺纹大径 d）	公称 d_{1min}	公称外径 d_{2max}	公称 h
3	3.2	9	0.8	16	17	50	3
(3.5)	3.7	11	0.8	(18)	19	56	4
4	4.3	12	1	20	21	60	4
5	5.3	15	1	(22)	23	66	5
6	6.4	18	1.6	24	25	72	5
8	8.4	24	2	(27)	30	85	6
10	10.5	30	2.5	30	33	92	6
12	13	37	3	(33)	36	105	6
(14)	15	44	3	36	39	110	8

注：（　）内的为非优选尺寸。

表 21.114　大垫圈（C 级）的规格（GB/T 96.2—2002）　mm

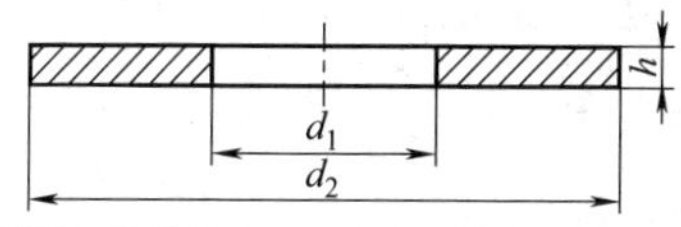

公称规格（螺纹大径 d）	公称 d_1 (min)	公称 d_2 (max)	公称 h	公称规格（螺纹大径 d）	公称 d_1 (min)	公称 d_2 (max)	公称 h
3	3.4	9	0.8	16	17.5	50	3
(3.5)	3.9	11	0.8	(18)	20	56	4
4	4.5	12	1	20	22	60	4
5	5.5	15	1	(22)	24	66	5
6	6.6	18	1.6	24	26	72	5
8	9	24	2	(27)	30	85	6
10	11	30	2.5	30	33	92	6
12	13.5	37	3	(33)	36	105	6
(14)	15.5	44	3	36	39	110	8

注：（　）内的为非优选尺寸。

表 21.115　特大垫圈（C 级）的规格（GB/T 5287—2002）mm

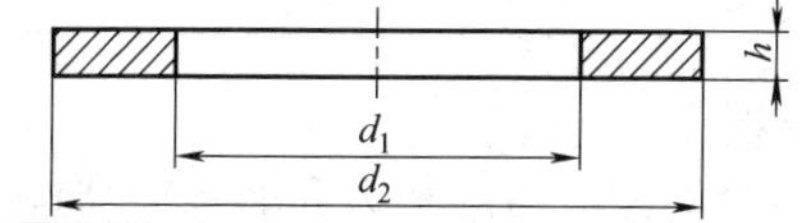

续表

公称规格 （螺纹大径 d）	公称 d_1 （min）	公称 d_2 （max）	公称 h	公称规格 （螺纹大径 d）	公称 d_1 （min）	公称 d_2 （max）	公称 h
5	5.5	18	2	16	17.5	56	5
6	6.5	22	2	20	22	72	6
8	9	28	3	24	26	85	6
10	11	34	3	30	33	105	6
12	13.5	44	4	36	39	125	8
14	15.5	50	4				

21.6.2 开口垫圈

用于不需要除去螺母换垫的地方，其规格见表 21.116。

表 21.116 开口垫圈的规格（GB/T 851—1988） mm

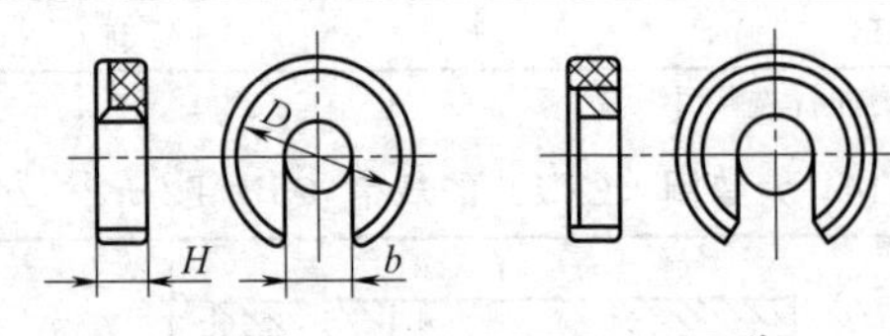

公称直径 （螺纹直径）	开口 宽度 b	厚度 H	外径 D	公称直径 （螺纹直径）	开口 宽度 b	厚度 H	外径 D
5	6	4	16～30	20	22	10 12 14	50～70 80～100 110～120
6	8	56	20～25 30～35	24	26	12 14 16	60～90 100～110 120～130
8	10	67	25～30 35～50	30	32	14 16 18	70～100 110～120 130～140
10	12	78	30～35 40～60	36	40	16 16 18 20	90～100 120 140 160
12	16	8 10	35～50 60～80				
16	18	10 12	40～70 80～100				

21.6.3 弹簧垫圈

弹簧垫圈在一般机械产品的承力和非承力结构中应用广泛，成本低廉、安装方便，适用于装拆频繁且防松能力不高的部位其规格见表 21.117～表 21.119。

表 21.117　弹簧垫圈的规格（Ⅰ）　　mm

标准弹簧垫圈(GB/T 93—1987)
轻型弹簧垫圈(GB/T 859—1987)
重型弹簧垫圈(GB/T 7244—1987)

规格（螺纹大径）	垫圈主要尺寸										
	内径 d		自由高度 H			公称厚度 S			公称宽度 b		
	min	max	标准	轻型	重型	标准	轻型	重型	标准	轻型	重型
2	2.1	2.35	1.0	—	—	0.5	—	—	0.5	—	—
2.5	2.6	2.85	1.3	—	—	0.65	—	—	0.65	—	—
3	3.1	3.40	1.6	1.2	—	0.8	0.6	—	0.8	1.0	—
4	4.1	4.40	2.2	1.6	—	1.1	0.8	—	1.1	1.2	—
5	5.1	5.40	2.6	2.2	3.6	1.3	1.1	—	1.3	1.5	—
6	6.1	6.68	3.2	2.6	3.6	1.6	1.3	1.8	1.6	2.0	2.6
8	8.1	8.68	4.2	3.2	4.8	2.1	1.6	2.4	2.1	2.5	3.2
10	10.2	10.9	5.2	4.0	6.0	2.6	2.0	3.0	2.6	3.0	3.8
12	12.2	12.9	6.2	5.0	7.0	3.1	2.5	3.5	3.1	3.5	4.3
(14)	14.2	14.9	7.2	6.0	8.2	3.6	3.0	4.1	3.6	4.0	4.8
16	16.2	16.9	8.2	6.4	9.6	4.1	3.2	4.8	4.1	4.5	5.3
(18)	18.2	19.09	9.0	7.2	10.6	4.5	3.6	5.3	4.5	5.0	5.8
20	20.2	21.04	10	8.0	12.0	5.0	4.0	6.0	5.0	5.5	6.4
(22)	22.5	23.34	11	9.0	14.2	5.5	4.5	6.6	5.5	6	7.2
24	24.5	25.5	12	10	14.2	6.0	5.0	7.1	6.0	7	7.5
(27)	27.5	29.5	13.6	11	16.0	6.8	5.5	8.0	6.8	8	8.5
30	30.5	31.5	15	12	18.0	7.5	6.0	9.0	7.5	9	9.3
(33)	33.5	34.7	17	—	19.8	8.5	—	9.9	8.5	—	10.2
36	36.5	37.7	18	—	21.6	9.0	—	10.8	9.0	—	11.0
(39)	39.5	40.7	20	—	—	10.0	—	—	10.0	—	—
42	42.5	43.7	21	—	—	10.5	—	—	10.5	—	—
(45)	45.5	46.7	22	—	—	11	—	—	11	—	—
48	48.5	49.7	24	—	—	12	—	—	12	—	—

表 21.118 弹簧垫圈的规格（Ⅱ） mm

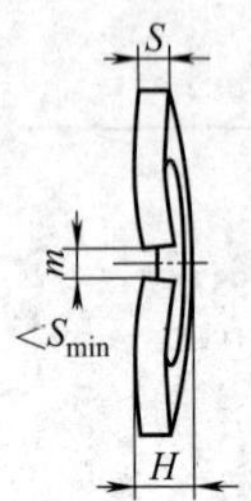

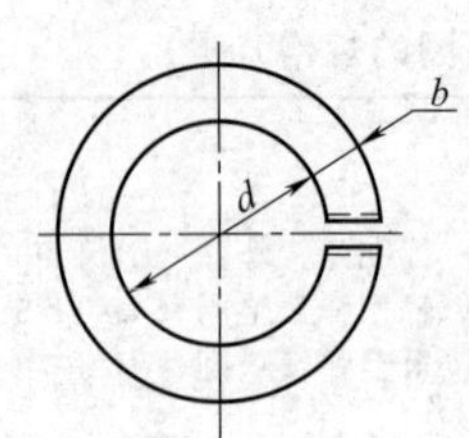

鞍形弹簧垫圈(GB/T 7245—1987)

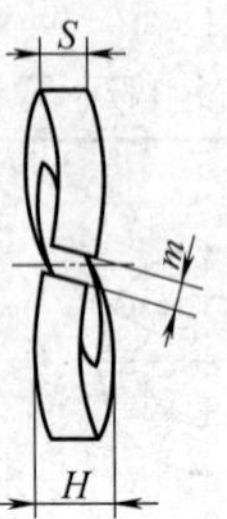

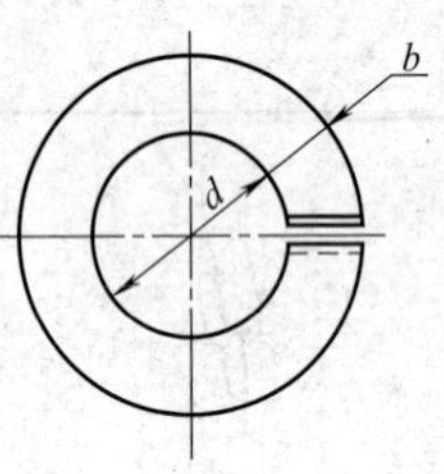

波形弹簧垫圈(GB/T 7246—1987)

规格（螺纹大径）	垫圈主要尺寸									
	内径 d		自由高度 H		公称厚度 S			公称宽度 b		
	min	max	min	max	公称	min	max	公称	min	max
3	3.1	3.4	1.1	1.3	0.6	0.52	0.68	1.0	0.9	1.1
4	4.1	4.4	1.2	1.4	0.8	0.70	0.90	1.2	1.1	1.3
5	5.1	5.4	1.5	1.7	1.1	1.0	1.2	1.5	1.4	1.6
6	6.1	6.68	2.0	2.2	1.3	1.2	1.4	2.0	1.9	2.1
8	8.1	8.68	2.45	2.75	1.6	1.5	1.7	2.5	2.35	2.65
10	10.2	10.9	2.85	3.15	2.0	1.9	2.1	3.0	2.85	3.15
12	12.2	12.9	3.35	3.65	2.5	3.35	2.65	3.5	3.3	3.7
(14)	14.2	14.9	3.9	4.3	3.0	2.85	3.15	4.0	3.8	4.2
16	16.2	16.9	4.5	5.1	3.2	3.0	3.4	4.5	4.3	4.7
(18)	18.2	19.04	4.5	5.1	3.6	3.4	3.8	5.0	4.8	5.2
20	20.2	21.04	5.1	5.9	4.0	3.8	4.2	5.5	5.3	5.7
(22)	22.5	23.34	6.1	5.9	4.5	14.3	4.7	6.0	5.8	6.2
24	24.5	25.5	6.5	7.5	5.0	4.8	5.2	7.0	6.7	7.3
(27)	27.5	28.5	6.5	7.5	5.5	5.3	5.7	8.0	7.7	8.3
30	30.5	31.5	9.5	10.5	6.0	5.8	6.2	9.0	8.7	9.3

表 21.119 组合件用弹簧垫圈（GB/T 9074.26—1988） mm

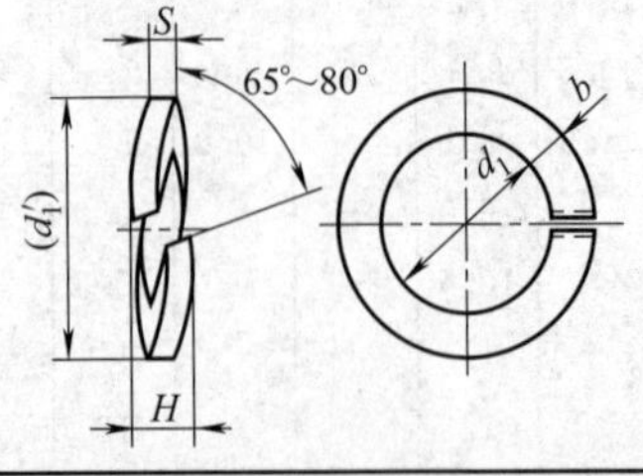

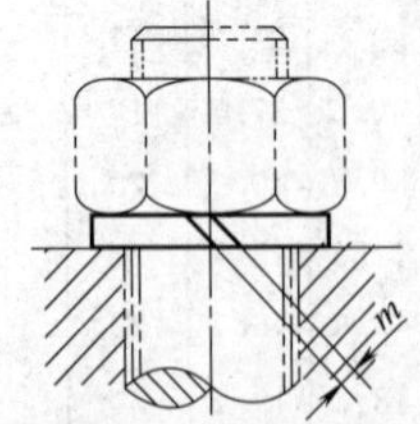

续表

规格(螺纹大径)	d_1		S			b			H		m	d_1'
	max	min	公称	min	max	公称	min	max	max	min①	≤	(参考)
2.5	2.34	2.2	0.6	0.52	0.68	1.0	0.9	1.1	1.5	1.2	0.3	4.34
3	2.83	2.69	0.8	0.7	0.9	1.2	1.1	1.3	2.0	1.6	0.4	5.23
4	3.78	3.6	1.1	1.0	1.2	1.5	1.4	1.6	2.75	2.2	0.55	6.78
5	4.75	4.45	1.3	1.2	1.4	2.0	1.9	2.1	3.25	2.6	0.65	8.75
6	5.71	5.41	1.6	1.5	1.7	2.5	2.35	2.65	4.0	3.2	0.8	10.71
8	7.54	7.28	2.0	1.9	2.1	3.0	2.85	3.15	5.0	4.0	1.0	13.64
10	9.59	9.23	2.5	2.35	2.65	3.5	3.3	3.7	6.25	5.0	1.25	16.59
12	11.53	11.1	3.0	2.85	3.15	4.0	3.8	4.2	7.5	6.0	1.5	19.53

① 公称尺寸。

21.6.4　锁紧和弹性垫圈

弹性垫圈广泛用于经常拆开的连接处，靠弹性及斜切口摩擦防止紧固件的松动，其规格见表 21.120。

表 21.120　锁紧和弹性垫圈的规格　mm

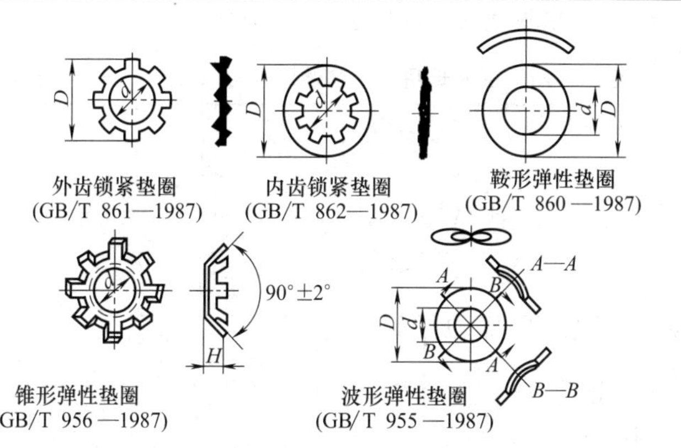

外齿锁紧垫圈 (GB/T 861—1987)　内齿锁紧垫圈 (GB/T 862—1987)　鞍形弹性垫圈 (GB/T 860—1987)

锥形弹性垫圈 (GB/T 956—1987)　波形弹性垫圈 (GB/T 955—1987)

公称直径	内径 d					外径 D				锥形厚度 H
	外齿	内齿	鞍形	锥形	波形	外齿	内齿	鞍形	波形	
2	2.2		2.2	—	—	5		4.5	—	—
2.5	2.7		2.7	—	—	6		5.5	—	—
3	3.2		3.2	3.2	—	7		6	—	1.5
4	1.2		4.2	4.2	4.2	9		8	9	1.7
5	5.2		5.3	5.2	5.3	10		9	10	2.2
6	6.2		6.4	6.2	6.4	12		11.5	12.5	2.7

续表

公称直径	内径 d					外径 D				锥形厚度 H
	外齿	内齿	鞍形	锥形	波形	外齿	内齿	鞍形	波形	
8	8.2		8.4	8.2	8.4	15		15.5	17	3.6
10	10.2		10.5	10.2	10.5	18		18	21	4.4
12	12.3		—	12.3	13	22		—	24	5.4
(14)	14.3		—	—	15	24		—	28	—
16	16.3		—	—	17	27		—	30	—
(18)	18.3		—	—	19	30		—	34	—
20	20.5		—	—	21	33		—	37	—
(22)	—		—	—	23	—		—	39	—
24	—		—	—	25	—		—	44	—
(27)	—		—	—	28	—		—	50	—
30	—		—	—	31	—		—	56	—

注：尽量不用括号内的数值。

21.6.5 止动垫圈

主要用于有外螺纹的轴或紧定套上，固定轴上零件或紧定套上的轴承，其规格见表 21.121。

表 21.121 圆螺母用止动垫圈的尺寸（GB/T 858—1988） mm

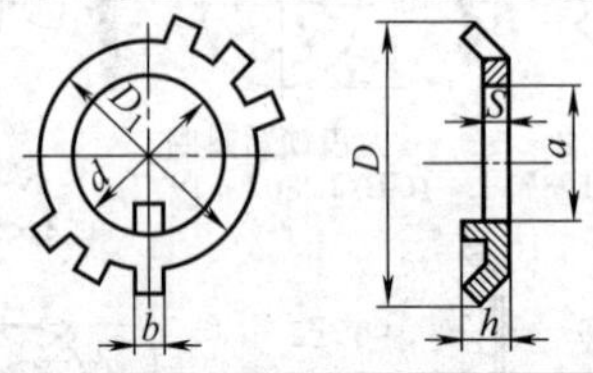

螺纹大径	内径 d	外径 D_1	齿外径 D（参考）	齿宽 b	厚度 S	高度 h	齿距 a
10	10.5	16	25	3.8	1.0	3	8
12	12.5	19	28				9
14	14.5	20	32				11
16	16.5	22	34	4.8			13
18	18.5	24	35			4	15
20	20.5	27	38				17
22	22.5	30	42				19
24	24.5	34	45				21
25[①]	25.5	34	45				22
27	27.5	37	48			5	24
30	30.5	40	52				27

续表

螺纹大径	内径 d	外径 D_1	齿外径 D（参考）	齿宽 b	厚度 S	高度 h	齿距 a
33	33.5	43	56	5.7	1.5	5	30
35[①]	35.5	43	56				32
36	36.5	46	60				33
39	39.5	49	62				36
40[①]	40.5	49	62				37
42	42.5	53	66				39
45	45.5	59	72				42
48	48.5	61	76	7.7	1.5		45
50[①]	50.5	61	76				47
52	52.5	67	82			6	49
55[①]	56	67	82				52
56	57	74	90				53
60	61	79	94				57
64	65	84	100				61
65[①]	66	84	100				62
68	69	88	105	9.6	1.5		65
72	73	93	110			7	69
75[①]	76	93	110				71
76	77	98	115				72
80	81	103	120				76
85	86	108	125				81
90	91	112	130	11.6	2.0		86
95	96	117	135				91
100	101	122	140				96
105	106	127	145				101
110	111	135	156	13.5	2.0		106
115	116	140	160				111
120	121	145	166				116
125	126	150	170				121
130	131	155	176				126
140	141	165	186				136
150	151	180	206	15.5	2.5		146
160	161	190	216				156
170	171	200	226				166
180	181	210	236			8	176
190	191	220	246				186
200	201	230	256				196

① 仅用于滚动轴承锁紧装置。

表 21.122　带耳止动垫圈的尺寸

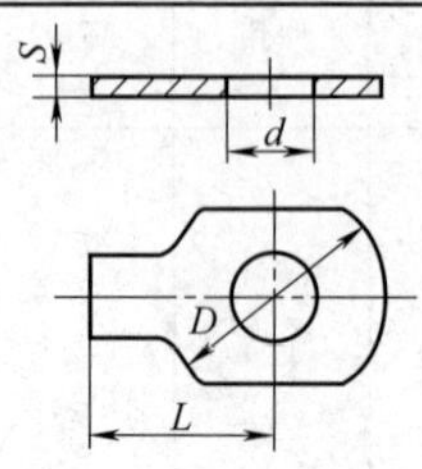

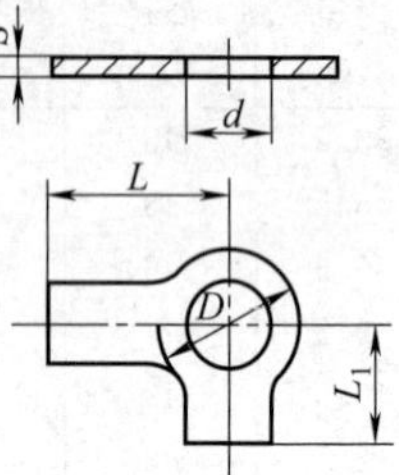

单耳(GB/T 854—1988)　　双耳(GB/T 855—1988)

螺纹大径		2.5	3	4	5	6	8	10	12	(14)	16
内径 d_{min}		2.7	3.2	4.2	5.3	6.4	8.4	10.5	13	15	17
厚度 S		0.4	0.4	0.4	0.5	0.5	0.5	0.5	1.0	1.0	1.0
公称长度	L	10	12	14	16	18	20	22	28	28	32
	L_1	4	5	7	8	9	11	13	16	16	20
外径 D_{max}	单	8	10	14	17	19	22	26	32	32	40
	双	5	5	8	9	11	14	17	22	22	27

螺纹大径		(18)	20	(22)	24	(27)	30	36	42	48
内径 d_{min}		19	21	23	25	28	31	37	43	50
厚度 S		1.0	1.0	1.0	1.0	1.5	1.5	1.5	1.5	1.5
公称长度	L	36	36	42	42	48	52	62	70	80
	L_1	22	22	25	25	30	32	38	44	50
外径 D_{max}	单	45	45	50	50	58	63	75	88	100
	双	32	32	30	36	41	46	55	65	75

表 21.123　外舌止动垫圈的尺寸（GB/T 856—1988）　　mm

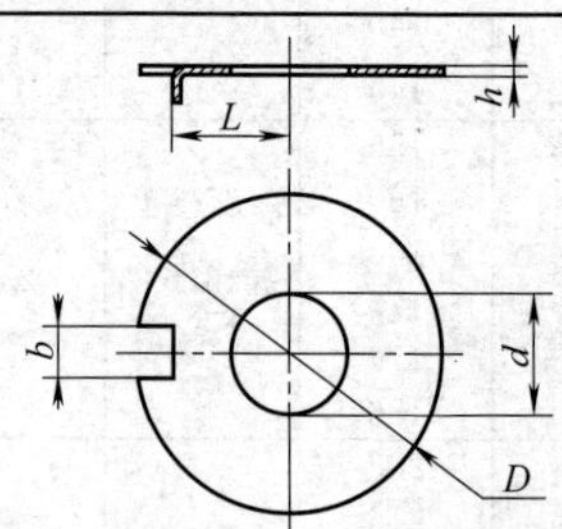

规格	d		D		b		L			h
	max	min	max	min	max	min	公称	min	max	
2.5	2.95	2.7	10	9.64	2	1.75	3.5	3.2	3.8	0.4
3	3.5	3.2	12	11.57	2.5	2.25	4.5	4.2	4.8	
4	4.5	4.2	14	13.57	2.5	2.25	5.5	5.2	5.8	

续表

规格	d		D		b		L			h
	max	min	max	min	max	min	公称	min	max	
5	5.6	5.3	17	16.57	3.5	3.2	7.0	6.64	7.36	0.5
6	6.76	6.4	19	18.48	3.5	3.2	7.5	7.14	7.86	
8	8.76	8.4	22	21.48	3.5	3.2	8.5	8.14	8.86	
10	10.93	10.5	26	25.48	4.5	4.2	10	9.64	10.36	
12	13.43	13	32	31.38	4.5	4.2	12	11.57	12.43	1.0
14	15.43	15	32	31.38	4.5	4.2	12	11.57	12.43	
16	17.43	17	40	39.38	5.5	5.2	15	14.57	15.43	
18	19.52	19	45	44.38	6	5.7	18	17.57	18.43	
20	21.52	21	45	44.38	6	5.7	18	17.57	18.43	
22	23.52	23	50	49.38	7	6.64	20	19.48	20.52	
24	25.52	25	50	49.38	7	6.64	20	19.48	20.52	1.5
27	28.52	28	58	57.26	8	7.64	23	22.48	23.52	
30	31.62	31	63	62.26	8	7.64	25	24.48	25.52	
36	37.62	37	75	74.26	11	10.57	31	30.38	31.62	
42	43.62	43	88	87.13	11	10.57	36	35.38	36.62	
48	50.62	50	100	99.13	13	12.57	40	39.38	40.62	

21.6.6 调整垫圈

表 21.124 调整垫圈的规格（JB/T 3411.112—1999）　　mm

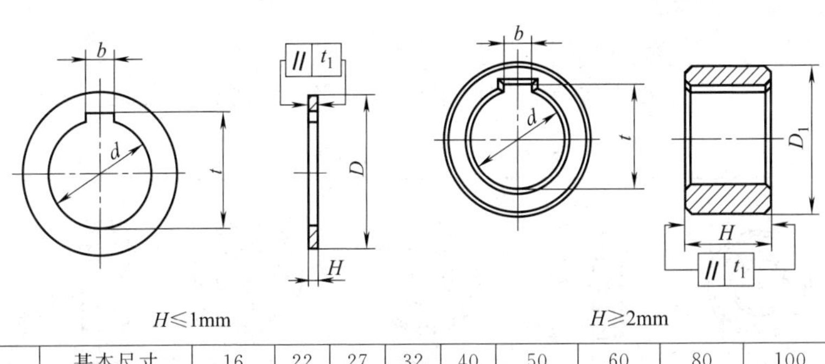

d	基本尺寸	16	22	27	32	40	50	60	80	100
	极限偏差 C11	+0.205 +0.095	+0.240 +0.110		+0.280 +0.120		+0.290 +0.130	+0.330 +0.140	+0.340 +0.150	+0.390 +0.170
D	基本尺寸	26	33	40	46	54	68	83	—	—
	极限偏差 h11	0 −0.130	0 −0.160			0 −0.190		0 −0.220	—	—

续表

D_1	基本尺寸	27	34	41	47	55	69	84	100	134
	极限偏差 h11	0 −0.130	0 −0.160			0 −0.190		0 −0.220		0 −0.250
b	基本尺寸	4	6	7	8	10	12	14	18	25
	极限偏差 C11	+0.145 +0.070		+0.170 +0.080			+0.205 +0.095			+0.240 +0.110
t	基本尺寸	17.7	24.1	29.8	34.8	43.5	53.5	64.2	85.5	107.0
	极限偏差	+0.1 0		+0.2 0						
H		(0.03),(0.04),0.05,0.1,0.2,0.3,0.6,1.0							—	
		2,3,6								
		10								
		—							(12),(13),(16)	
		20								
		30								
		—	60							
		—		100						
t_1		0.004					0.005			0.006

注：1. 括号内的尺寸尽量不采用。

2. 厚度 $H \geqslant 2$mm 时，其极限偏差为±0.1mm。

3. 厚度 $H \leqslant 1$mm 时，可采用钢带 65Mn，按 GB/T 3530 冲压制造。

21.7 挡圈

21.7.1 锁紧挡圈

用于防止轴上零件在轴向窜动或滑移，其规格见表 21.125。

表 21.125 锁紧挡圈的尺寸 mm

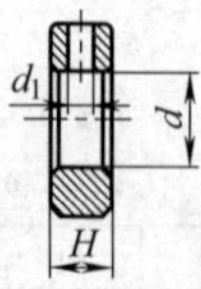

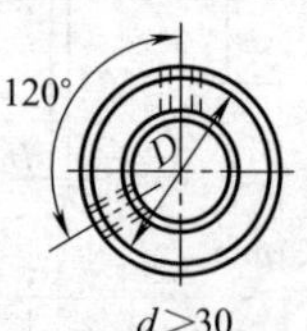

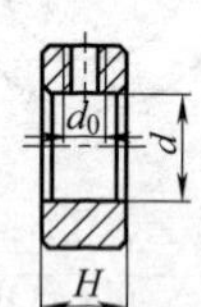

锥销锁紧挡圈 (GB/T 883—1986) 螺钉锁紧挡圈 (GB/T 884—1986)

锥销锁紧挡圈(GB/T 883—1986) 螺钉锁紧挡圈(GB/T 884—1986)

标记示例:公称直径 d=20mm、材料为 Q235、不经表面处理的螺钉锁紧挡圈的标记为“挡圈 GB/T 884—1986-20”

续表

公称直径 d		H		D	d_0	c (倒角)	螺钉 GB 71 (推荐)
基本尺寸	极限偏差	基本尺寸	极限偏差				
8	+0.036 0	10	0 −0.36	20	5	0.5	M5×8
(9)		10		22			
10		10					
12	+0.043 0	10	0 −0.36	25		0.5	M6×10
(13)		10					
14		12	0 −0.43	28	6	1	M6×10
(15)		12		30			
16		12					
(17)		12		32			
18		12					
(19)	+0.052 0	12	0 −0.43	35	6	1	M6×10
20		12					
22		12		38			
25		14		42	8		M8×12
28		14		45			
30		14		48			
32	+0.062 0	14	0 −0.43	52	8	1	
35		16		56	10		M10×16
40		16		62			
45		18		70			
50		18		80			M10×20
55	+0.074 0	18		85			
60		20	0 −0.52	90	10	1	M10×20
65		20		95			
70		20		100			
75		22		110	12		M12×25
80		22		115			
85	+0.087 0	22	0 −0.52	120	12	1	
90		22		125			
95		25		130		1.5	M12×25
100		25		135			
105		25		140			
110		30		150			
115		30		155			
120		30		160			

续表

公称直径 d		H		D	d_0	c（倒角）	螺钉 GB 71（推荐）
基本尺寸	极限偏差	基本尺寸	极限偏差				
(125)	+0.1 0	30	0 −0.52	165	12	1.5	M12×25
130		30		170			
(135)①		30		175			
140①		30		180			
(145)①		30		190			M12×30
150①		30		200	12	1.5	
160①		30		210			
170①		30		220			
180①		30		230			
190①	+0.115 0	30		240			
200①		30		250			

① 仅用于螺钉锁紧挡圈。

注：尽量不采用括号内的规格；此外，对锥销锁紧挡圈（d=15mm、17mm），螺钉锁紧挡圈（d=15mm、135mm）和带锁圈的螺钉锁紧挡圈（d=135mm、145mm）也尽量不采用。

表 21.126 带锁圈的螺钉锁紧挡圈（GB/T 885—1986） mm

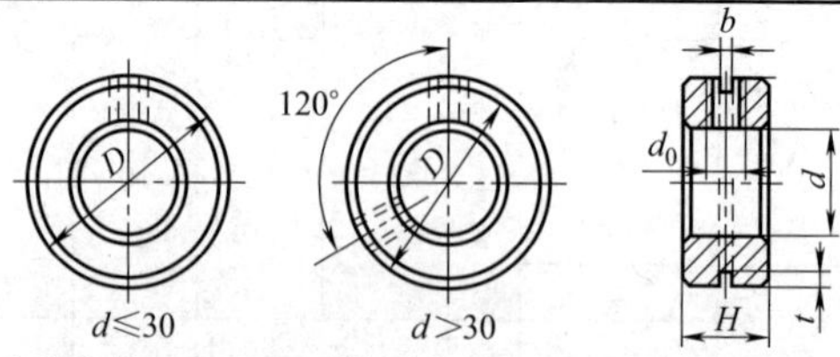

标记示例:公称直径 d=20mm、材料为 Q235、不经表面处理的带锁圈的螺钉锁紧挡圈的标记为“挡圈 GB/T 885—1986-20”

公称直径 d		H		b		t		D	d_0	c（倒角）	螺钉 GB 71（推荐）	锁圈 GB 921
基本尺寸	极限偏差	基本尺寸	极限偏差	基本尺寸	极限偏差	基本尺寸	极限偏差					
8	+0.036 0	10	0 −0.36	1.0	+0.20 +0.06	1.8	±0.18	20	M5	0.5	M5×8	15
(9)								22				17
10												
12	+0.043 0	10		1.0	+0.20 +0.06			25				20
(13)												
14		12	0 −0.43			2.0	±0.20	28	M6	1.0	M6×10	23
(15)								30				25
16												
(17)								32				27
18												

续表

公称直径 d		H		b		t		D	d_0	c（倒角）	螺钉 GB 71（推荐）	锁圈 GB 921
基本尺寸	极限偏差	基本尺寸	极限偏差	基本尺寸	极限偏差	基本尺寸	极限偏差					
(19)	+0.052 0	12	0 −0.43	1.0	+0.20 +0.06	2.0	±0.20	35	M6	1.0	M6×10	30
20												
22								38				32
25		14		1.2	+0.31 +0.06	2.5	±0.25	42	M8	1.0	M8×12	35
28								45				38
30								48				41
32	+0.062 0	14						52				44
35		16		1.6	+0.31 +0.06	3.0	±0.30	56	M10	1.0	M10×16	47
40		18						62				54
45								70				62
50								80				71
55	+0.074 0	18		1.6	+0.31 +0.06	3.0	±0.36	85		1.0	M10×20	76
60		20	0 −0.52					90				81
65								95				86
70								100				91
75		22		2		3.6	±0.36	110	M12	1.0	M12×25	100
80								115				105
85	+0.087 0	22	0 −0.52	2	+0.31 +0.06		±0.36	120	M12			110
90								125				115
95		25						130		1.5	M12×25	120
100								135				124
105								140				129
110		30		2	+0.31 +0.06	4.5	+0.45	150				136
115								155				142
120								160				147
(125)	+0.10 0	30	0 −0.52	2	+0.31 +0.06	4.5	±0.45	165	M12	1.5	M12×25	152
130								170				156
(135)								175				162
140								180				166
(145)								190			M12×30	176
150								200				186
160								210				196
170								220				206
180								230				216
190	+0.115 0	30						240				226
200								250				236

21.7.2 孔用弹性挡圈

用于固定安装在孔内的零件（如轴承的外圈），其基本尺寸见表21.127。

表21.127 孔用弹性挡圈的基本尺寸（GB/T 893.1—1986）

mm

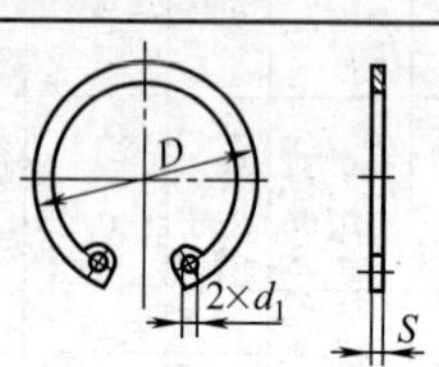

孔径	D	S	d_1
8	8.7	0.6	1.0
9	9.8		
10	10.8	0.8	1.5
11	11.8		
12	13.0		1.7
13	14.1		
14	15.1	1.0	
15	16.2		
16	17.3		2
17	18.3		
18	19.5		
19	20.5		
20	21.5		
21	22.5		
22	23.5		
24	25.9	1.2	
25	26.9		
26	27.9		2.5
28	30.1		
30	32.1		
31	33.4		
32	34.4		
34	36.5	1.5	
35	37.8		
36	38.8		
37	39.8		

孔径	D	S	d_1
38	40.8	1.5	2.5
40	43.5		
42	45.5		3.0
45	48.5		
47	50.5		
48	51.5		
50	54.2	2.0	
52	56.2		
55	59.2		
56	60.2		
58	62.2		
60	64.2		
62	66.2		
63	67.2		
65	69.2	2.5	
65	72.5		
70	74.5		
72	76.5		
75	79.5		
75	82.5		
80	85.5		
82	87.5		
85	90.5		
88	93.5		
90	95.5		
92	97.5		

孔径	D	S	d_1
95	100.5	2.5	3
98	103.5		
100	105.5		
102	108	3	4
105	112		
108	115		
110	117		
112	119		
115	122		
120	127		
125	132		
130	137		
135	142		
140	147		
145	152	3	4
150	158		
155	164		
160	169		
165	174.5		
170	179.5		
175	184.5		
180	189.5		
185	194.5		
190	199.5		
195	204.5		
200	209.5		

21.7.3　轴用弹性挡圈

用于固定安装在轴上的零件（如轴承的内圈），其基本尺寸见表 21.128。

表 21.128　轴用弹性挡圈的基本尺寸（GB/T 894.1—1986）　mm

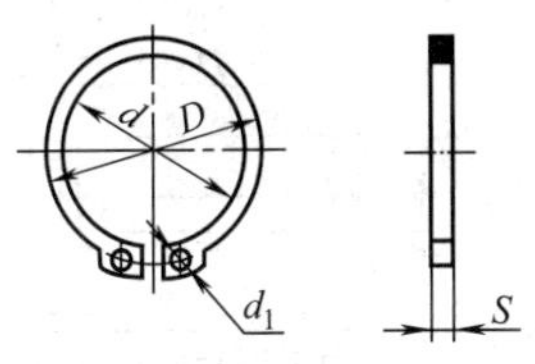

轴径	d	D	d_1	S
3	2.7	3.9	1.0	0.4
4	3.7	5		
5	4.7	6.4		0.6
6	5.6	7.6	1.2	
7	6.5	8.48		0.8
8	7.4	9.38		
9	8.4	10.56		
10	9.3	11.5	1.5	1.0
11	10.2	12.5		
12	11.0	13.6		
13	11.9	14.7	1.7	1.0
14	12.9	15.7		
15	13.8	16.8		
16	14.7	18.2		
17	15.7	19.4		
18	16.5	20.2		
19	17.5	21.2	2.0	1.0
20	18.5	22.5		
21	19.5	23.5		1.2
22	20.5	24.5		
24	22.2	27.2		
25	23.2	28.2		
26	24.2	29.2		
28	25.9	31.3		
29	26.9	32.5		
30	27.9	33.5		

轴径	d	D	d_1	S
32	29.5	35.5	2.5	1.2
34	31.5	38		1.5
35	32.2	39		
36	33.2	40		
37	34.2	41		
38	35.2	42.7		
40	36.5	44		
42	38.5	46	3.0	1.5
45	41.5	49		
48	44.5	52		
50	45.8	54		2.0
52	47.8	56		
55	50.8	59		
56	51.8	61		
58	53.8	63		
60	55.8	65		
62	57.8	67	3.0	
63	58.8	68		2.5
65	60.8	70		
68	63.5	73		
70	65.5	75		
72	67.5	77		
75	70.5	80		
78	73.5	83		
80	74.5	85		
82	76.5	87		

轴径	d	D	d_1	S
85	79.5	90	3.0	2.5
88	82.5	93		
90	84.5	96		
95	89.5	103.3		
100	94.5	108.5		3.0
105	98	114		
110	103	120	4.0	
115	108	126		
120	113	131		
125	118	137		
130	123	142		
135	128	148	4.0	3.0
140	133	153		
145	138	158		
150	142	162		
155	146	167		
160	151	172		
165	155.5	177		
170	160.5	182		
175	165.5	187.5		
180	170.5	193		
185	175.5	198.3		
190	185.5	203.3		
195	185.5	209		
200	190.5	214		

21.7.4 轴肩挡圈

用于工作中承受较大双向轴向力的零件与台阶接合处，其基本尺寸见表 21.129。

表 21.129 轴肩挡圈的基本尺寸（GB/T 886—1986） mm

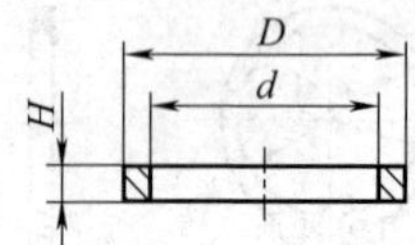

公称直径 *d*	轻系列径向轴承用		中系列径向轴承和轻系列径向推力轴承用		重系列径向轴承和中系列径向推力轴承用	
	D	*H*	*D*	*H*	*D*	*H*
20	—	—	27	4	30	5
25	—	—	32	4	35	5
30	36	4	38	4	40	5
35	42	4	45	4	47	5
40	47	4	50	4	52	5
45	52	4	55	4	58	5
50	58	4	60	4	65	5
55	65	5	68	5	70	6
60	70	5	72	5	75	6
65	75	5	78	5	80	6
70	80	5	82	5	85	6
75	85	5	88	5	90	6
80	90	6	95	6	100	8
85	95	6	100	6	105	8
90	100	6	105	6	110	8
95	110	6	110	6	115	8
100	115	8	115	8	120	10
105	120	8	120	8	130	10
110	125	8	130	8	135	10
120	135	8	140	8	145	10

21.7.5 轴端挡圈

用于轴端固定轴上的零件，其规格见表 21.130、表 21.131。

表 21.130　轴端挡圈的规格　mm

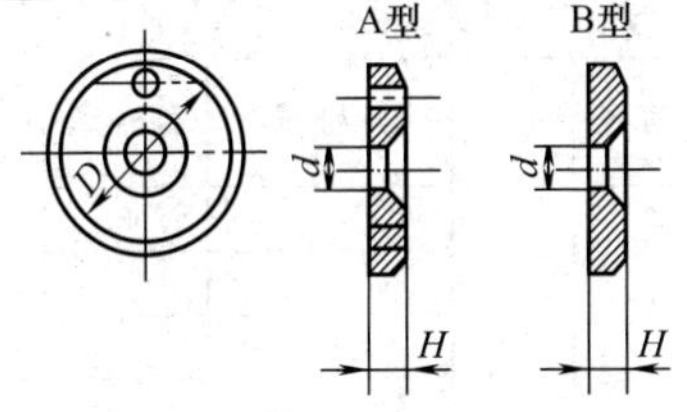

螺钉坚固轴端挡圈
(GB/T 891—1986)

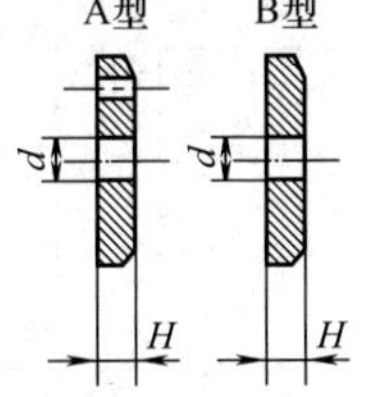

螺栓坚固轴端挡圈
(GB/T 892—1986)

轴径 ≤	外径 D	内径 d	厚度 H	互配件的规格(推荐)			
				螺钉紧固	螺栓紧固		圆柱销 (GB/T 119—2000)
				螺钉(GB/T 818—2000)	螺栓	垫圈	
14 16 18 20 22	20 22 25 28 30	5.5	4	M5×12	M5×14	5	2×10
25 28 30 32 35 40	32 35 38 40 45 50	6.5	5	M6×16	M6×18	6	3×12
45 50 55 60 65 70	55 60 65 70 75 80	9.0	6	M8×20	M8×22	8	4×19
75 85	90 100	13.0	8	M12×25	M12×30	12	5×18

表 21.131　双孔轴端挡圈（JB/ZQ 4349—2006）　mm

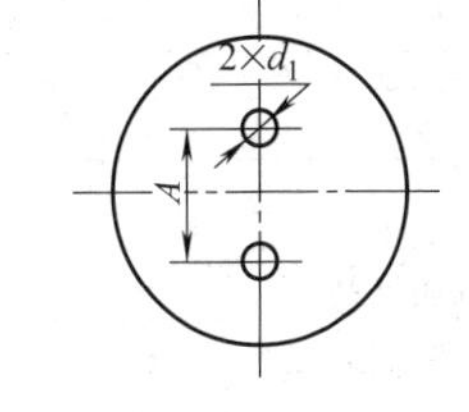

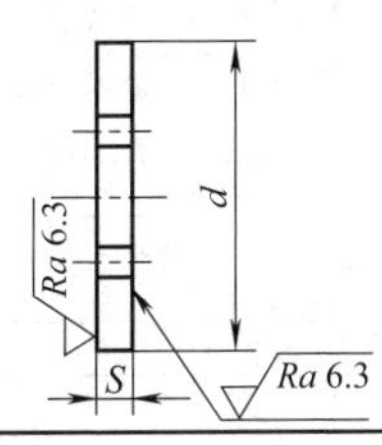

其余 $\sqrt{Ra\ 12.5}$

续表

d	A	S		d_1	每个挡圈的质量/g ≈	螺栓尺寸		轴径		
		基本尺寸	极限偏差			直径	长度	球轴承	柱轴承	联轴器
40	20	5	+0.5 −1.0	7	50	M6	16	—	—	35
45	20	5			60			—	—	40
50	20	5			70			35	35	45
60	25	6			125			40,45,50	40	>45~50
70	25	6		12	170	M10	20	55,60	45,50	>50~60
80	30	6	+0.5 −1.0	14	220	M12	25	65,70	55,60	>60~70
90	40	6			280			75,80	65,70	>70~80
100	40	8			470			85,90	75.80	>80~90
125	50	8			740			100,110	90	>90~110
150	60	8			1080			120,130	100,110	>110~130
180	80	12	+0.5 −1.5	18	2330	M16	35	140,150,160	120,140	>130~160
220	110	12			3370			180,200	160	>160~200
260	140	12			4930			—	180,200	>200~240

21.8 铆钉

21.8.1 半圆头铆钉

(1) 半圆头铆钉

用于承受较大切向载荷（如压力容器、桥梁等）的场合，其规格及其钉杆长度的选择见表 21.132 和表 21.133。

表 21.132 半圆头铆钉的规格（GB/T 867—1986） mm

d	公称	0.6	0.8	1.0	(1.2)	1.4	(1.6)	2.0	2.5	3.0
	max	0.64	0.84	1.06	1.26	1.46	1.66	2.06	2.56	3.06
	min	0.56	0.76	0.94	1.14	1.34	1.54	1.94	2.44	2.94
K	max	0.5	0.6	0.7	0.8	0.9	1.2	1.4	1.8	2.0
	min	0.3	0.4	0.5	0.6	0.7	0.8	1.0	1.4	1.6
l		1~6	1.5~8	2~8	2.5~8	3~12	3~12	3~16	5~20	5~24
公称直径 d		0.6	0.8	1	(1.2)	1.4	(1.6)	2	2.5	3
公称长度		每 1000 件钢制品的质量/kg								
2		0.01	0.01	0.02						
2.5		0.01	0.01	0.02	0.03					

续表

d	公称	0.6	0.8	1.0	(1.2)	1.4	(1.6)	2.0	2.5	3.0
	max	0.64	0.84	1.06	1.26	1.46	1.66	2.06	2.56	3.06
	min	0.56	0.76	0.94	1.14	1.34	1.54	1.94	2.44	2.94
公称长度		每1000件钢制品的质量/kg								
3		0.01	0.01	0.02	0.04	0.05	0.07	0.11		
3.5		0.01	0.02	0.03	0.04	0.06	0.08	0.12		
4		0.01	0.02	0.03	0.04	0.06	0.08	0.14		
5		0.01	0.02	0.04	0.05	0.07	0.10	0.16	0.29	0.42
6		0.01	0.03	0.04	0.06	0.09	0.12	0.19	0.33	0.48
7			0.03	0.05	0.07	0.10	0.13	0.21	0.37	0.53
8			0.03	0.05	0.08	0.11	0.15	0.23	0.40	0.64
9						0.12	0.16	0.26	0.44	0.70
10						0.13	0.18	0.28	0.48	0.75
11						0.15	0.19	0.31	0.52	0.81
12						0.16	0.21	0.33	0.56	0.87
13								0.36	0.60	0.92
14								0.38	0.63	0.98
15								0.41	0.67	1.03
16								0.43	0.71	1.09
17									0.75	1.14
18									0.79	1.20
19									0.83	1.25
20									0.86	1.36
22										1.47
24										1.58

d	公称	(3.5)	4	5	6	8	10	12	(14)	16
	max	3.58	4.04	5.08	6.08	8.10	10.1	12.12	14.12	16.12
	min	3.42	3.92	4.92	5.92	7.90	9.90	11.88	13.88	15.88
公称长度		每1000件钢制品的质量/kg								
7		0.77	1.05	1.80						
8		0.85	1.15	1.95	3.11					
9		0.92	1.25	2.10	3.33					

续表

d	公称	(3.5)	4	5	6	8	10	12	(14)	16
	max	3.58	4.04	5.08	6.08	8.10	10.1	12.12	14.12	16.12
	min	3.42	3.92	4.92	5.92	7.90	9.90	11.88	13.88	15.88
公称长度		每1000件钢制品的质量/kg								
10		1.00	1.34	2.26	3.56					
11		1.07	1.44	2.41	3.78					
12		1.15	1.54	2.56	4.00					
13		1.22	1.64	2.71	4.22					
14		1.30	1.74	2.87	4.44					
15		1.37	1.83	3.02	4.66					
16		1.45	1.93	3.17	4.88	9.57	15.56			
17		1.52	2.03	3.33	5.10	9.97	16.17			
18		1.60	2.13	3.48	5.32	10.36	16.78			
19		1.67	2.23	3.63	5.54	10.75	17.40			
20		1.75	2.32	3.79	5.76	11.14	15.01	29.92		
22		1.90	2.52	4.09	6.20	11.93	19.23	31.69	44.26	
24		2.05	2.72	4.40	6.64	12.71	20.46	33.45	46.66	
26		2.20	2.91	4.71	7.08	13.50	21.68	35.22	49.06	69.11
28			3.11	5.01	7.53	14.28	22.91	36.98	51.46	72.24
30			3.30	5.32	7.97	15.06	24.13	38.74	53.86	75.38
32			3.50	5.62	8.41	15.85	25.36	40.51	56.26	78.52
34			3.70	5.93	8.85	16.63	26.58	42.27	58.66	81.65
36			3.89	6.24	9.29	17.42	27.81	44.04	61.07	84.79
38			4.09	6.54	9.73	18.20	29.04	45.80	63.47	87.93
40			4.28	6.85	10.17	18.98	30.26	47.57	65.87	91.06
42			4.48	7.16	10.61	19.77	31.49	49.33	68.27	94.20
44			4.68	7.46	11.05	20.55	32.71	51.09	70.67	97.34
46			4.87	7.77	11.49	21.34	33.94	52.86	73.07	100.5
48			5.07	8.07	11.94	22.12	35.16	54.62	75.47	103.6
50			5.26	8.38	12.38	22.91	36.39	56.39	77.88	106.8
52				8.69	12.82	23.69	37.61	58.15	80.28	109.9
56				9.15	13.48	24.87	39.45	60.80	83.88	114.6
58					14.14	26.04	41.29	63.44	87.48	119.3
60					14.58	26.83	42.51	65.21	89.88	122.4

续表

d 公称	(3.5)	4	5	6	8	10	12	(14)	16
d max	3.58	4.04	5.08	6.08	8.10	10.1	12.12	14.12	16.12
d min	3.42	3.92	4.92	5.92	7.90	9.90	11.88	13.88	15.88
公称长度	每1000件钢制品的质量/kg								
62					27.61	43.74	66.97	92.28	125.6
65					28.79	45.58	69.62	95.89	130.3
68						47.41	72.27	99.49	135.0
70						48.64	74.03	101.9	138.1
75						51.70	78.44	107.9	146.0
80						54.76	82.85	113.9	153.8
85						57.83	87.26	119.9	161.6
90							91.67	125.9	169.3
95								131.9	177.3
100								137.9	185.2
110									200.8

注：1. 括号内的数字尽量不采用。

2. d=0.6～10mm，铆钉只有精制件；d=18～36mm，只有粗制件；d=12～16mm，有精制件和粗制件。

表21.133　半圆头铆钉钉杆长度的选择　　mm

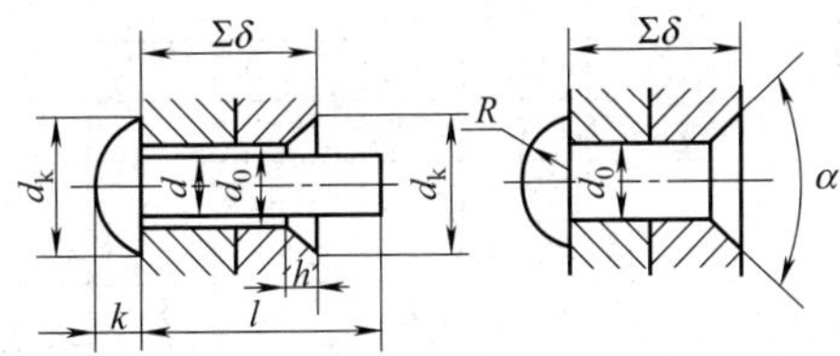

杆长 l	铆钉直径 d 3	4	5	6	8	10	12	杆长 l	铆钉直径 d 3	4	5	6	8	10	12
	铆接厚度Σδ								铆接厚度Σδ						
6	4	3	—	—	—	—	—	22	—	17	17	15.5	15.5	14.5	14
8	5.5	5	5	—	—	—	—	24	—	—	18.5	17.5	17	16	16
10	7.5	7	7	6.5	—	—	—	26	—	—	20	19	18.5	17.5	17.5
12	9	8.5	8.5	8	—	—	—	28	—	—	22	21	20	19	19
14	11	10	10	9.5	—	—	—	30	—	—	24	22.5	22	20.5	20.5
16	13	11.5	12	11	11	9	—	32	—	—	26	24	23.5	22	22
18	14.5	13.5	13.5	12.5	12.5	11	—	34	—	—	27.5	25.5	25	23.5	23.5
20	16	15	15	14	14	13	—								

（2）粗制半圆头铆钉（表 21.134）

表 21.134 粗制半圆头铆钉（GB/T 863.1—1986） mm

d	公称	12	14	16	18	20	22	24	27	30	36
	max	12.3	14.3	16.3	18.3	20.35	22.35	24.35	27.35	30.35	36.4
	min	11.7	13.7	15.7	17.7	19.65	21.65	23.65	26.65	29.65	35.6
d_k	max	22.0	25.0	30.0	33.4	36.4	40.4	44.4	49.4	54.8	63.8
	min	20.0	23.0	28.0	30.6	33.6	37.6	41.6	46.6	51.2	60.2
k	max	8.5	9.5	10.5	13.3	14.8	16.3	17.8	20.2	22.2	26.2
	min	7.5	8.5	9.5	11.7	13.2	14.7	16.2	17.8	19.8	23.8
公称直径 d		12	14	16	18	20	22	24	27	30	36
公称长度 L		每 1000 件钢制品的质量/kg									
20		29.36									
22		31.32	43.53								
24		32.89	45.93								
26		34.65	42.33	68.05							
28		36.42	50.73	71.19							
30		38.18	53.14	74.32							
32		39.95	55.54	77.46	105.8	136.5					
35		42.59	59.14	82.17	111.7	143.8					
38		45.24	62.74	86.87	117.7	151.2	192.6				
40		47.00	65.14	90.01	121.7	156.1	198.6				
42		48.77	67.54	93.14	125.6	161.0	204.5				
45		51.41	71.15	97.85	131.6	168.3	213.4				
48		54.06	74.75	102.6	137.5	175.7	222.3				
50		55.82	77.15	105.7	141.5	180.6	228.2				
52		57.59	79.55	108.8	145.5	185.5	234.1	290.2			
55		60.23	83.15	113.5	151.4	192.8	243.0	300.8	401.4	499.2	
58		62.88	86.76	118.2	157.4	200.2	251.9	311.4	414.8	515.8	794.5
60		64.65	89.16	121.4	161.4	205.1	257.9	318.5	423.8	526.8	810.4
65		69.06	95.16	129.2	171.3	217.4	272.7	336.1	446.1	554.4	850.1
70		73.47	101.2	137.1	181.2	229.6	287.5	353.8	468.4	551.9	889.8
75		77.88	107.2	144.9	181.1	241.9	302.3	371.4	490.7	609.5	929.5
80		82.29	113.2	152.7	201.1	254.1	317.2	389.0	513.1	637.1	969.2
85		86.70	119.2	160.6	211.0	266.4	332.0	406.7	535.4	664.6	1009

续表

d	公称	12	14	16	18	20	22	24	27	30	36
	max	12.3	14.3	16.3	18.3	20.35	22.35	24.35	27.35	30.35	36.4
	min	11.7	13.7	15.7	17.7	19.65	21.65	23.65	26.65	29.65	35.6
公称长度 L		每1000件钢制品的质量/kg									
90		91.11	125.2	168.4	220.9	278.6	346.8	424.3	557.7	692.2	1049
95			131.2	176.3	230.6	290.9	361.6	442.0	580.1	719.8	1088
100			137.2	184.1	240.8	303.1	376.5	459.6	602.4	747.3	1128
110				199.8	260.6	327.6	406.1	794.9	647.1	802.5	1207
120					280.5	352.1	435.8	530.2	691.7	857.6	1287
130					300.3	376.6	465.4	565.5	736.4	912.7	1366
140					320.2	401.1	495.1	600.8	781.0	976.9	1446
150					340.0	425.6	524.7	636.1	825.7	1023	1525
160							554.4	671.3	870.4	1078	1604
170							584.0	706.6	915.0	1133	1684
180							613.7	741.9	959.7	1188	1763
190											1843
200											1922

（3）粗制小半圆头铆钉（表21.135）

表21.135　粗制小半圆头铆钉（GB/T 863.2—1986）

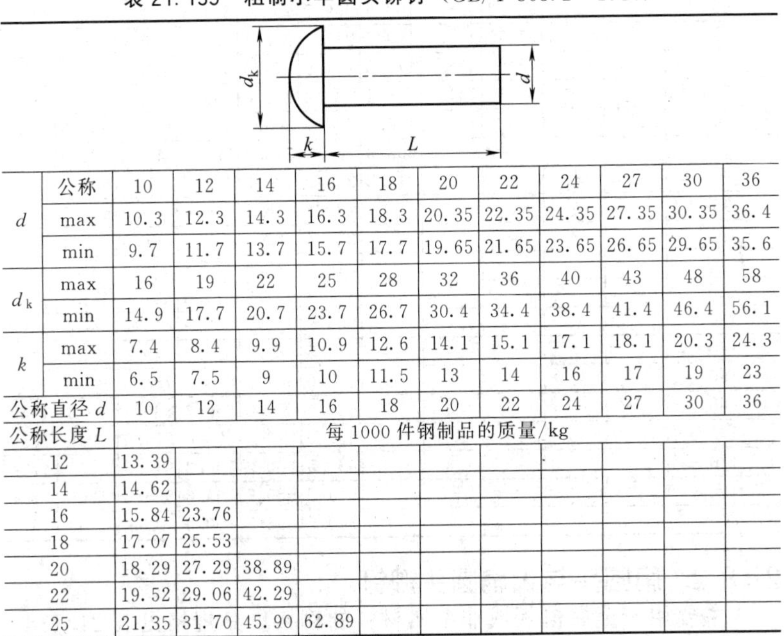

d	公称	10	12	14	16	18	20	22	24	27	30	36
	max	10.3	12.3	14.3	16.3	18.3	20.35	22.35	24.35	27.35	30.35	36.4
	min	9.7	11.7	13.7	15.7	17.7	19.65	21.65	23.65	26.65	29.65	35.6
d_k	max	16	19	22	25	28	32	36	40	43	48	58
	min	14.9	17.7	20.7	23.7	26.7	30.4	34.4	38.4	41.4	46.4	56.1
k	max	7.4	8.4	9.9	10.9	12.6	14.1	15.1	17.1	18.1	20.3	24.3
	min	6.5	7.5	9	10	11.5	13	14	16	17	19	23
公称直径 d		10	12	14	16	18	20	22	24	27	30	36
公称长度 L		每1000件钢制品的质量/kg										
12		13.39										
14		14.62										
16		15.84	23.76									
18		17.07	25.53									
20		18.29	27.29	38.89								
22		19.52	29.06	42.29								
25		21.35	31.70	45.90	62.89							

续表

d 公称	10	12	14	16	18	20	22	24	27	30	36
d max	10.3	12.3	14.3	16.3	18.3	20.35	22.35	24.35	27.35	30.35	36.4
d min	9.7	11.7	13.7	15.7	17.7	19.65	21.65	23.65	26.65	29.65	35.6
公称长度 L	每 1000 件钢制品的质量/kg										
28	23.19	34.35	49.50	67.60	90.14						
30	24.42	36.11	51.90	70.74	94.11	123.9					
32	25.64	37.88	54.30	73.87	98.06	128.8					
35	27.48	40.52	57.90	78.58	104.0	136.2	170.2				
38	29.32	43.17	61.51	83.28	110.0	143.5	179.1	229.2			
40	30.54	44.93	63.91	86.42	114.0	148.4	185.0	236.3	294.3		
42	31.77	46.70	66.31	89.56	117.9	153.3	191.0	243.4	303.2	392.3	
45	33.61	49.35	39.91	94.26	123.9	160.7	199.0	253.9	316.6	400.8	
48	35.44	51.99	73.51	98.97	129.8	168.0	208.8	264.5	330.0	425.4	670.6
50	36.67	53.76	75.91	102.1	133.8	172.9	214.7	271.6	339.0	436.4	686.5
52		55.52	78.32	105.2	137.8	177.8	220.6	278.6	347.9	447.4	702.4
55		58.17	81.92	109.9	143.7	185.2	229.5	289.2	361.3	464.0	726.2
58		60.81	85.52	114.7	149.7	192.5	238.4	299.8	374.7	480.5	750.0
60		62.58	87.92	117.8	153.7	197.4	244.3	306.9	383.6	491.5	765.9
62			90.32	120.9	157.6	202.3	250.3	313.9	392.6	502.5	781.8
65			93.93	125.6	163.6	209.7	259.2	324.5	406.0	519.1	805.6
68			97.53	130.3	169.5	217.0	268.1	335.1	419.4	535.6	829.4
70			99.93	133.5	173.5	221.9	274.0	342.2	428.3	546.7	845.3
75				141.3	183.4	234.2	288.8	359.8	450.6	574.2	885.0
80				149.2	193.4	244.0	303.6	377.4	472.9	601.8	924.7
85					203.3	258.7	318.5	395.1	495.3	629.4	964.4
90					213.2	270.9	333.3	412.7	517.6	659.9	1004
95						283.2	348.1	430.4	539.9	684.5	1044
100						295.4	362.9	448.0	562.3	712.1	1084
110						319.9	392.6	483.3	606.9	767.2	1163
120						344.4	422.2	510.6	651.6	822.3	1242
130						368.9	451.9	553.9	696.2	877.5	1322
140						393.5	481.5	589.2	740.9	932.6	1401
150						418.0	511.2	624.4	785.6	987.7	1408
160						442.5	540.8	659.7	830.2	1043	1560
170						467.0	570.5	695.0	874.9	1098	1639
180						491.5	600.2	730.3	919.5	1153	1719
190						516.0	629.8	765.6	964.2	1208	1798
200						540.5	695.5	800.9	1009	1263	1877

21.8.2 扁圆头与大扁圆头铆钉

主要用于金属薄板或非金属材料的铆接，其规格见表 21.136。

表 21.136　扁圆头与大扁圆头铆钉的规格　　mm

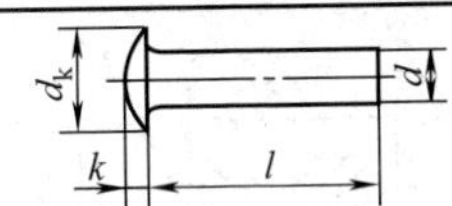

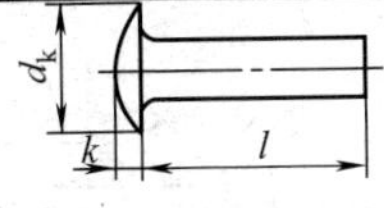

扁圆头铆钉(GB/T 871—1986)　大扁圆头铆钉(GB/T 1011—1986)

公称直径 d	头部直径 d_{kmax}		头部厚度 k_{max}		公称钉杆长度 l	
	扁圆头	大扁圆头	扁圆头	大扁圆头	扁圆头	大扁圆头
(1.2)	2.60	—	0.6	—	1.5～6	—
1.4	3.00	—	0.7	—	2～8	—
(1.6)	3.44	—	0.8	—	2～8	—
2.0	4.24	5.04	0.9	1.0	2～13	3.5～16
2.5	5.24	6.49	0.9	1.4	3～16	3.5～20
3.0	6.24	7.49	1.2	1.6	3.5～30	3.5～24
(3.5)	7.29	8.79	1.4	1.9	5～36	6～28
4	8.29	9.89	1.5	2.1	7～50	6～32
5	10.29	12.45	1.9	2.6	7～50	8～40
6	12.35	14.85	2.4	3.0	7～50	10～40
8	16.35	19.92	3.2	4.14	9～50	14～50
10	20.42	—	4.24	—	10～50	—

21.8.3　沉头铆钉

用于表面需要平滑（可略外露）的工件，其规格及其钉杆长度的选择见表 21.137、表 21.138。

表 21.137　沉头铆钉的规格尺寸（GB/T 869—1986）　　mm

d																	
d	公称	1	(1.2)	1.4	(1.6)	2	2.5	3	(3.5)	4	5	6	8	10	12	(14)	16
	max	1.06	1.26	1.46	1.66	2.06	2.56	3.06	3.58	4.08	5.08	6.08	8.10	10.10	12.12	14.12	16.12
	min	0.94	1.14	1.34	1.54	1.94	2.44	2.94	3.42	3.92	4.92	5.92	7.90	9.90	11.88	13.88	15.88
α		90°												60°			
K		0.5	0.5	0.7	0.7	1	1.1	1.2	1.4	1.6	2	2.4	3.2	4	6	7	8
规格 l		2～8	2.5～8	3～12	3～12	3.5～16	5～16	5～22	6～24	6～30	6～50	6～50	12～60	16～75	18～75	20～100	24～100

注：1.（　）内的数字尽量不采用。

2. 公称长度 l（单位均为 mm）系列：2，2.5，3，3.5，4，5，6，7，8，9，10，11，12，13，14，15，16，17，18，19，20，22，24，26，28，30，32，34，36，38，40，42，44，46，48，50，52，55，58，60，62，65，68，70，75，80，85，90，95，100。

表 21.138 沉头铆钉钉杆长度的选择 mm

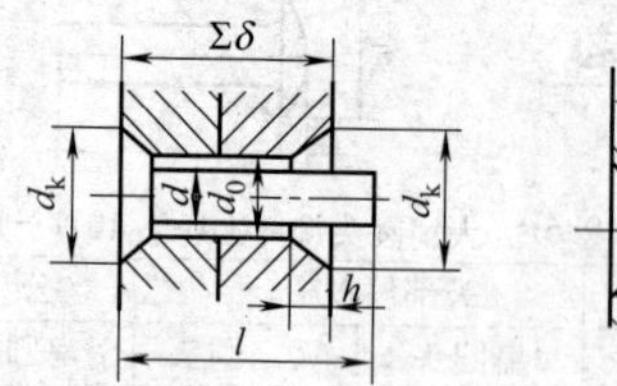

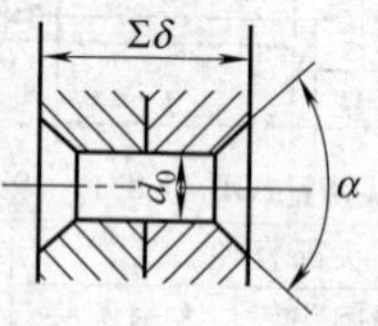

杆长 l	铆钉直径 d							杆长 l	铆钉直径 d						
	3	4	5	6	8	10	12		3	4	5	6	8	10	12
	铆接厚度 Σδ								铆接厚度 Σδ						
6	6	4	4	—	—	—	—	22	18	16.5	16	16	16	15.5	—
8	8	5.5	5.5	5.5	—	—	—	24	20	18	17.5	17.5	17.5	17	16
10	10	7.5	7	7	—	—	—	26	21.5	19.5	19	19	19.5	18.5	17.5
12	12	9.5	8.5	8.5	—	—	—	28	—	21	21	21	21	20	19
14	14	11	10	10	10	—	—	30	—	—	22.5	22.5	23	22	21
16	16	13	11.5	11.5	11.5	11	—	32	—	—	24	24	24.5	23.5	22.5
18	18	14.5	13	13	13	12.5	12	34	—	—	25.5	25.5	26	25	24.5
20	20	16.5	14.5	14.5	14.5	14.5	14	—							

21.8.4 平头和扁平头铆钉

用于扁薄件的铆接，其规格尺寸见表 21.139、表 21.140。

表 21.139 平头铆钉的规格尺寸（GB/T 109—1986） mm

	公称	2	2.5	3	(3.5)	4	5	6	8	10
d	max	2.06	2.56	3.06	3.58	4.08	5.08	6.08	8.10	10.1
	min	1.94	2.44	2.94	3.42	3.92	4.92	5.92	7.90	9.90
d_k	max	4.24	5.24	6.24	7.29	8.29	10.29	12.35	16.35	20.42
	min	3.76	4.76	5.76	6.71	7.71	9.71	11.65	15.65	19.58
k	max	1.2	1.4	1.6	1.8	2.0	2.2	2.6	3.0	3.44
	min	0.8	1.0	1.2	1.4	1.6	1.8	2.2	2.6	2.96
l		4～8	5～10	6～14	6～18	8～22	10～26	12～30	16～30	20～30

注：1. 括号内的数字尽量不采用。

2. 公称长度 l（单位均为 mm）系列：4，5，6，7，8，9，10，11，12，13，14，15，16，17，18，19，20，22，24，26，28，30。

表 21.140　扁平头铆钉的规格尺寸（GB/T 872—1986）　mm

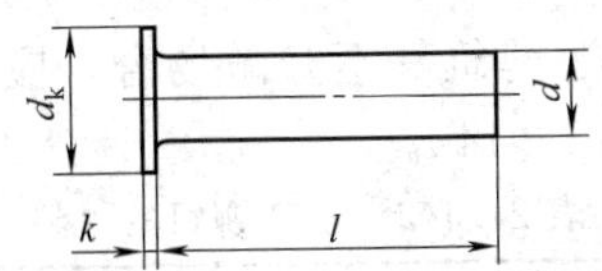

	公称	2	2.5	3	(3.5)	4	5	6	8	10
d	max	2.06	2.56	3.06	3.58	4.08	5.08	6.08	8.1	10.1
	min	1.94	2.44	2.94	3.42	3.92	4.92	5.92	7.9	9.9
d_k	max	4.24	5.24	6.24	7.29	8.29	10.29	12.35	16.35	20.42
	min	3.76	4.76	5.76	6.71	7.71	9.71	11.65	15.65	19.58
k	max	1.2	1.4	1.6	1.8	2.0	2.2	2.6	3.0	3.44
	min	0.8	1.0	1.2	1.4	1.6	1.8	2.2	2.6	2.96
l		4～8	5～10	6～14	6～18	8～22	10～26	12～30	16～30	20～30

注：1. 公称长度 l（单位均为 mm）系列：4，5，6，7，8，9，10，11，12，13，14，15，16，17，18，19，20，22，24，26，28，30。

2. （　）内的数字尽量不采用。

21.8.5　锥头铆钉

用于钢结构件的铆接，其规格见表 21.141。

表 21.141　锥头铆钉的规格

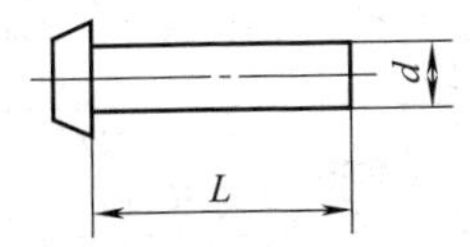

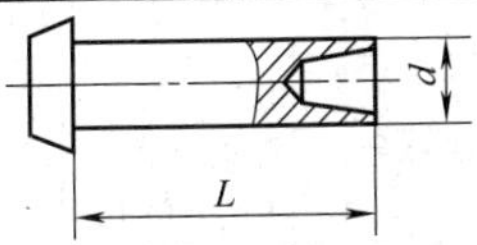

锥头半空心铆钉
(GB/T 1013—1986)

公称直径 d	长度 L			公称直径 d	长度 L		
	普通粗制	普通精制	半空心		普通粗制	普通精制	半空心
2.0	—	3～16	2.0～13.0	(14.0)	20～100	18～110	—
2.5	—	4～20	3.0～16.0	16.0	24～110	24～110	—
3.0	—	6～24	3.5～30.0	(18.0)	30～150	—	—
(3.5)	—	6～28	4.0～36.0	20.0	30～150	—	—
4.0	—	8～32	5.0～40.0	(22.0)	38～180	—	—
5.0	—	10～40	6.0～50.0	24.0	50～180	—	—
6.0	—	12～40	7.0～45.0	(27.0)	58～180	—	—
8.0	—	16～60	8.0～50.0	30.0	65～180	—	—
10.0	—	16～90	—	36.0	70～200	—	—
12.0	20～100	18～110	—				

21.8.6 抽芯铆钉

可在汽车、船舶、建筑等不开敞场合，应用拉铆枪铆接零件。抽芯铆钉的材料见表 21.142。

表 21.142 抽芯铆钉的材料

<table>
<tr><th rowspan="2">性能等级</th><th colspan="3">钉体材料</th><th colspan="3">钉芯材料</th></tr>
<tr><th>种类</th><th>材料牌号</th><th>标准编号</th><th>种类</th><th>材料牌号</th><th>标准编号</th></tr>
<tr><td>06</td><td>铝</td><td>1035</td><td rowspan="6">GB/T 3190</td><td>铝合金</td><td>7A03、5183</td><td>GB/T 3190</td></tr>
<tr><td>08</td><td rowspan="5">铝合金</td><td>5005、5A05</td><td rowspan="3">钢</td><td rowspan="3">10、15
35、45</td><td rowspan="3">GB/T 699
GB/T 3206</td></tr>
<tr><td>10</td><td>5052、5A02</td></tr>
<tr><td>11</td><td>5056、5A05</td></tr>
<tr><td>12</td><td>5052、5A02</td><td>铝合金</td><td>7A03
5183</td><td>GB/T 3190</td></tr>
<tr><td>15</td><td>5056、5A05</td><td>不锈钢</td><td>0Cr18Ni9
1Cr18Ni9</td><td>GB/T 4232</td></tr>
<tr><td>20</td><td rowspan="3">铜</td><td rowspan="3">T1
T2
T3</td><td rowspan="3">GB/T 14956</td><td>钢</td><td>10、15、
35、45</td><td>GB/T 699
GB/T 3206</td></tr>
<tr><td>21</td><td>青铜</td><td colspan="2">供需双方协议</td></tr>
<tr><td>22</td><td>不锈钢</td><td>0Cr18Ni9
1Cr18Ni9</td><td>GB/T 4232</td></tr>
<tr><td>30</td><td>钢</td><td>08F、10</td><td>GB/T 699
GB/T 3206</td><td rowspan="2">钢</td><td rowspan="2">10、15、
35、45</td><td rowspan="2">GB/T 699
GB/T 3206</td></tr>
<tr><td>40</td><td rowspan="2">镍铜合金</td><td rowspan="2">28-2.5-1.5
镍铜合金
(NiCu28-25-15)</td><td rowspan="2">GB/T 5235</td></tr>
<tr><td>41</td><td>不锈钢</td><td>0Cr18Ni9
2Cr13</td><td>GB/T 4232</td></tr>
<tr><td>50</td><td rowspan="2">不锈钢</td><td rowspan="2">0Cr18Ni9
1Cr18Ni9</td><td rowspan="2">GB/T 1220</td><td>钢</td><td>10、15、
35、45</td><td>GB/T 699
GB/T 3206</td></tr>
<tr><td>51</td><td>不锈钢</td><td>0Cr18Ni9
2Cr13</td><td>GB/T 4232</td></tr>
</table>

(1) 封闭型抽芯铆钉（表 21.143～表 21.146）

表 21.143 封闭型平圆头抽芯铆钉的规格（GB/T 12615.1～4—2004）

mm

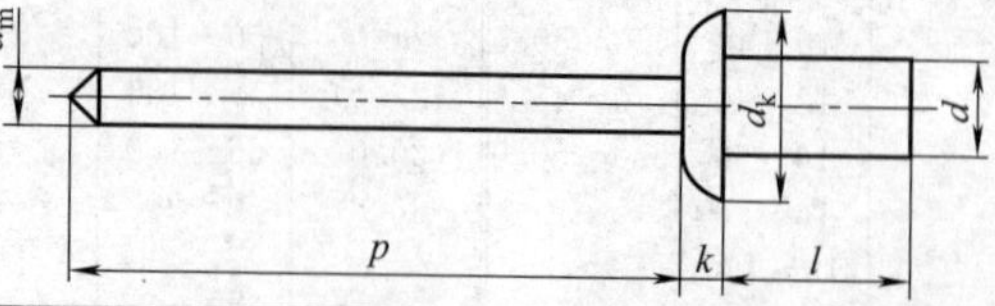

续表

钉体	d	公称	3.2	4	4.8/5	6.4
		max	3.28	4.08	4.88/5.08	6.48
		min	3.05	3.85	4.65/4.85	6.25
	d_k	max	6.7	8.4	10.1/10.5	13.4
		min	5.8	6.9	8.3/8.7	11.6
	k	max	1.3	1.7	2/2.1	2.7

性能等级 11 级[钉体材料为铝合金(AlA)、钉芯材料为钢(St)]

钉芯	d_m max	1.85	2.35	2.77/2.8	3.71
	p min	25		27	
$l_{公称}$ min	l max	推荐的铆接范围			
6.5	7.5	0.5～2.0			
8	9	2.0～3.5	0.5～3.5		
8.5	9.5			0.5～3.5	
9.5	10.5	3.5～5.0	3.5～5.0	3.5～5.0	
11	12	5.0～6.5	5.0～6.5	5.0～6.5	
12.5	13.5	6.5～8.0	6.5～8.0		1.5～6.5
13	14			6.5～8.0	
14.5	15.5		8～10	8.0～9.5	
15.5	16.5				6.5～9.5
16	17			9.5～11.0	
18	19			11～13	
21	22			13～16	

性能等级 30 级[钉体材料和钉芯材料均为钢(St)]

钉芯	d_m max	2	2.35	2.95	3.9
	p min	25		27	
$l_{公称}$ min	l max	推荐的铆接范围			
6	7	0.5～1.5	0.5～1.5		
8	9	1.5～3.0	1.5～3.0	0.5～3.0	
10	11	3.0～5.0	3.0～5.0	3.0～5.0	
12	13	5.0～6.5	5.0～6.5	5.0～6.5	
15	16		6.5～10.5	5.5～10.5	3.0～6.5
16	17				6.5～8.0
21	22				8.0～12.5

性能等级 06 级[钉体材料为铝合金(AlA)、钉芯材料为铝合金(AlA)]

钉芯	d_m max	1.85	2.35	2.77	3.75
	p min	25		27	
$l_{公称}$ min	l max	推荐的铆接范围			
8.0	9.0	0.5～3.5		1.0～3.5	

续表

钉芯	d_m max	1.85	2.35	2.77	3.75
	p min	25		27	
$l_{公称}$ min	l max	推荐的铆接范围			
9.5	10.5	3.5～5.0	1.0～5.0		
11.0	12.0	5.0～6.5		3.5～6.5	
11.5	12.5		5.0～6.5		
12.5	13.5		6.5～8.0		1.5～7.0
14.5	15.5			6.5～9.5	7.0～8.5
18.0	19.0			9.5～13.5	8.5～10.0

性能等级 51 级[钉体材料为奥氏体不锈钢(A2)、钉芯材料为不锈钢(SSt)]

钉芯	d_m max	2.15	2.75	3.2	3.9
	p min	25		27	
$l_{公称}$ min	l max	推荐的铆接范围			
6	7	0.5～1.5	0.5～1.5		
8	9	1.5～3.0	1.5～3.0	0.5～3.0	
10	11	3.0～5.0	3.0～5.0	3.0～5.0	
12	13	5.0～6.5	5.0～6.5	5.0～6.5	1.5～6.5
14	15	6.5～8.0	6.5～8.0		
16	17		8.0～11.0	6.5～9.0	6.5～8.0
20	21			9.0～12.0	8.0～12.0

表 21.144 封闭型平圆头抽芯铆钉的力学性能 N

性能等级	公称直径 d/mm	最小剪切载荷	最小拉力载荷	最大钉芯断裂载荷
11	3.2	1100	1450	3500
	4.0	1600	2200	5000
	4.8	2200	3100	7000
	5.0	2420	3500	8000
	6.4	3600	4900	10230
30	3.2	1150	1300	4000
	4.0	1700	1550	5700
	4.8	2400	2800	7500
	6.4	3600	4000	10500
06	3.2	460	540	1780
	4.0	720	760	2670
	4.8	1000	1400	3560
	6.4	1220	1580	8000
51	3.2	2000	2200	4500
	4.0	3000	3500	6500
	4.8	4000	4400	8500
	6.4	6000	8000	16000

表 21.145 封闭型沉头抽芯铆钉的规格（11级）

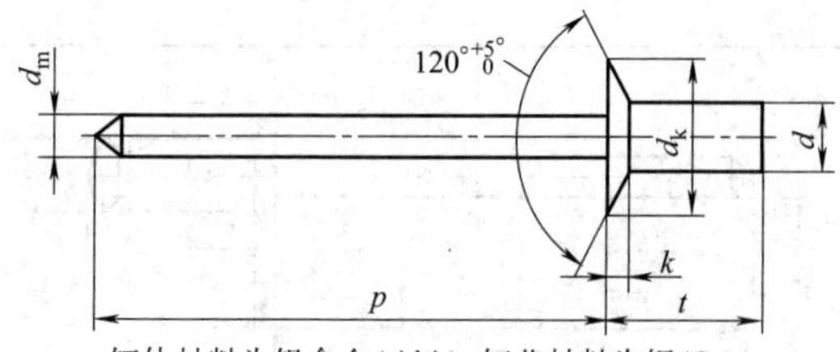

钉体材料为铝合金(AlA)、钉芯材料为钢(St)

<table>
<tr><td rowspan="6">钉体</td><td rowspan="3">d</td><td>公称</td><td>3.2</td><td>4</td><td>4.8</td><td>5</td><td>6.4</td></tr>
<tr><td>max</td><td>3.28</td><td>4.08</td><td>4.88</td><td>5.08</td><td>6.48</td></tr>
<tr><td>min</td><td>3.05</td><td>3.85</td><td>4.65</td><td>4.85</td><td>6.25</td></tr>
<tr><td rowspan="2">d_k</td><td>max</td><td>6.7</td><td>8.4</td><td>10.1</td><td>10.5</td><td>13.4</td></tr>
<tr><td>min</td><td>5.8</td><td>6.9</td><td>8.3</td><td>8.7</td><td>11.6</td></tr>
<tr><td colspan="2">k max</td><td>1.3</td><td>1.7</td><td>2</td><td>2.1</td><td>2.7</td></tr>
<tr><td rowspan="2">钉芯</td><td colspan="2">d_m max</td><td>1.85</td><td>2.35</td><td>2.77</td><td>2.8</td><td>3.75</td></tr>
<tr><td colspan="2">p min</td><td colspan="2">25</td><td colspan="3">27</td></tr>
<tr><td>$l_{公称}$ min</td><td colspan="2">l max</td><td colspan="5">推荐的铆接范围</td></tr>
<tr><td>8</td><td colspan="2">9</td><td>2.0～3.5</td><td>0.5～3.5</td><td colspan="2"></td><td></td></tr>
<tr><td>8.5</td><td colspan="2">9.5</td><td></td><td></td><td colspan="2">0.5～3.5</td><td></td></tr>
<tr><td>9.5</td><td colspan="2">10.5</td><td>3.5～5.0</td><td>3.5～5.0</td><td colspan="2">3.5～5.0</td><td></td></tr>
<tr><td>11</td><td colspan="2">12</td><td>5.0～6.5</td><td>5.0～6.5</td><td colspan="2">5.0～6.5</td><td></td></tr>
<tr><td>12.5</td><td colspan="2">13.5</td><td>6.5～8.0</td><td>6.5～8.0</td><td colspan="2"></td><td>1.5～6.5</td></tr>
<tr><td>13</td><td colspan="2">14</td><td></td><td></td><td colspan="2">6.5～8.0</td><td></td></tr>
<tr><td>14.5</td><td colspan="2">15.5</td><td></td><td>8～10</td><td colspan="2">8.0～9.5</td><td></td></tr>
<tr><td>15.5</td><td colspan="2">16.5</td><td></td><td></td><td colspan="2"></td><td>6.5～9.5</td></tr>
<tr><td>16</td><td colspan="2">17</td><td></td><td></td><td colspan="2">9.5～11.0</td><td></td></tr>
<tr><td>18</td><td colspan="2">19</td><td></td><td></td><td colspan="2">11～13</td><td></td></tr>
<tr><td>21</td><td colspan="2">22</td><td></td><td></td><td colspan="2">13～16</td><td></td></tr>
</table>

表 21.146 封闭型沉头抽芯铆钉的力学性能（11级） N

公称直径 d/mm	最小剪切载荷	最小拉力载荷	最大钉芯断裂载荷
3.2	1100	1450	3500
4	1600	2200	5000
4.8	2200	3100	7000
5	2420	3500	8000
6.4	3600	4900	10230

（2）开口型沉头抽芯铆钉（表 21.147、表 21.148）

表 21.147 开口型沉头抽芯铆钉的规格（GB/T 12617.1～5—2006）

mm

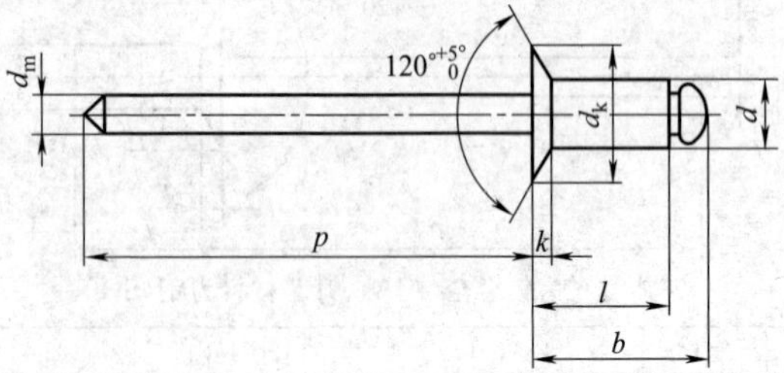

钉体	d	公称	2.4	3	3.2	4	4.8	5	6	6.4
		max	2.48	3.08	3.28	4.08	4.88	5.08	6.08	6.48
		min	2.25	2.85	3.05	3.85	4.65	4.85	5.85	6.25
	d_k	max	5.0	6.3	6.7	8.4	10.1	10.5	12.6	13.4
		min	4.2	5.4	5.8	6.9	8.3	8.7	10.8	11.6
	k max		1	1.3	1.3	1.7	2	2.1	2.5	2.7
10、11[钉体材料为铝合金(AlA)、钉芯材料为钢(St)]										
钉芯	d_m max		1.5	2.15	2.15	2.8	3.5	3.5	—	—
	p min		25			27				
盲区长度	b max		l_{max}+3.5	l_{max}+3.5	l_{max}+4	l_{max}+4	l_{max}+4.5	l_{max}+4.5	—	—

铆钉长度 l 公称(=min)	铆钉长度 l max	推荐的铆接范围							
4	5	1.5～2.0	—	—	—	—	—	—	—
5	7	2.0～4.0	2.0～3.5	2.0～3.5	—	—	—	—	—
8	9	4.0～6.0	3.5～5.0	3.5～5.0	2.0～5.0	2.5～4.0	2.5～4.0	—	—
10	11	6.0～8.0	5.0～7.0	5.0～7.0	5.0～6.5	4.0～6.0	4.0～6.0	—	—
12	13	8.0～9.5	7.0～9.0	7.0～9.0	6.5～8.5	6.0～8.0	6.0～8.0	—	—
16	17	—	9.0～13.0	9.0～13.0	8.5～12.5	8.0～12.0	8.0～12.0	—	—
20	21	—	13.0～17.0	13.0～17.0	12.5～16.5	12.0～15.0	12.0～15.0	—	—
25	26	—	17.0～22.0	17.0～22.0	16.5～21.5	15.0～20.0	15.0～20.0	—	—
30	31	—	—	—	—	20.0～25.0	20.0～25.0	—	—

续表

30[钉体材料和钉芯材料均为钢(St)]									
钉芯	d_m max	1.5	2.15	2.15	2.8	3.5	3.5	3.4	4
	p min	25			27				
盲区长度	b max	l_{max}+3.5	l_{max}+3.5	l_{max}+4	l_{max}+4	l_{max}+4.5	l_{max}+4.5	l_{max}+5	l_{max}+5.5
铆钉长度 l		推荐的铆接范围							
公称(=min)	max								
6	7	1.5～3.5	1.5～3.0	1.5～3.0	2.0～3.0	—	—	—	—
8	9	3.5～5.5	3.0～5.0	3.0～5.0	3.0～5.0	2.5～4.0	2.5～4.0	—	—
10	11	—	5.0～6.5	5.0～6.5	5.0～6.5	4.0～6.0	4.0～6.0	3.0～4.0	3.0～4.0
12	13	5.5～9.5	6.5～8.0	6.5～8.0	6.5～8.0	6.0～8.0	6.0～8.0	4.0～6.0	4.0～6.0
16	17	—	8.0～12.0	8.0～12.0	8.0～12.0	8.0～11.0	8.0～11.0	6.0～10.0	6.0～9.0
20	21	—	12.0～16.0	12.0～16.0	12.0～16.0	11.0～15.0	11.0～15.0	10.0～14.0	9.0～13.0
25	26	—	—	—	—	15.0～19.5	15.0～19.5	14.0～19.0	13.0～19.0
12[钉体材料和钉芯材料均为钢(St)]									
钉芯	d_m max	1.6	—	2.1	2.55	3.05	—	—	4
	p min	25				27			
盲区长度	b max	l_{max}+3	—	l_{max}+3	l_{max}+3.5	l_{max}+4	—	—	l_{max}+5.5
铆钉长度 l		推荐的铆接范围							
公称(=min)	max								
6	7	1.5～4.0	—	2.5～3.5	—	—	—	—	—
8	9	—	—	3.5～5.0	2.0～5.0	2.5～4.0	—	—	—
10	11	—	—	5.0～7.0	5.0～6.5	4.0～6.0	—	—	—
12	13	—	—	7.0～9.0	6.5～8.5	6.0～8.0	—	—	3.0～6.0
16	17	—	—	9.0～13.0	8.5～12.5	8.0～12.0	—	—	6.0～10.0
20	21	—	—	13.0～17.0	12.5～16.5	12.0～15.0	—	—	10.0～14.0

续表

51[钉体材料和钉芯材料均为钢(Q215A)]									
钉芯	d_m max	1.5	2.15	2.15	2.8	3.5	3.5	3.4	4
	p min	25			27				
盲区长度	b max	—	l_{max}+4	l_{max}+4	l_{max}+4.5	l_{max}+5	l_{max}+5	—	—
铆钉长度 l		推荐的铆接范围							
公称(=min)	max								
6	7	—	1.5～3.0	1.5～3.0	1.0～2.5	—	—	—	—
8	9	—	3.0～5.0	3.0～5.0	2.5～4.5	2.5～4.0	2.5～4.0	—	—
10	11	—	5.0～6.5	5.0～6.5	4.5～6.5	4.0～6.0	4.0～6.0	—	—
12	13	—	6.5～8.5	6.5～8.5	6.5～8.5	6.0～8.0	6.0～8.0	—	—
14	15	—	8.5～10.5	8.5～10.5	8.5～10.0	—	—	—	—
16	17	—	10.5～12.5	10.5～12.5	10.0～12.0	8.0～11.0	8.0～11.0	—	—
18	19	—	—	—	—	11.0～13.0	11.0～13.0	—	—
20、21、22[钉体材料为铜(Cu)、钉芯材料为钢(St)或青铜(Br)或不锈钢(SSt)]									
钉芯	d_m max	—	2	2	2.45	2.95	—	—	—
	p min	25				27			
盲区长度	b max	—	l_{max}+3.5	l_{max}+4	l_{max}+4	l_{max}+4.5	—	—	—
铆钉长度 l		推荐的铆接范围							
公称(=min)	max								
5	6	—	1.5～2.0	1.5～2.0	2.0～2.5	—	—	—	—
6	7	—	2.0～3.0	2.0～3.0	2.5～3.5	—	—	—	—
8	9	—	2.0～3.0	2.0～3.0	3.5～5.0	2.5～4.0	—	—	—
10	11	—	5.0～7.0	5.0～7.0	5.0～7.0	4.0～5.0	—	—	—

续表

钉芯	d_m max	—	2	2	2.45	2.95	—	—	—
	p min	25				27			
盲区长度	b max	—	l_{max} +3.5	l_{max} + 4	l_{max} + 4	l_{max} + 4.5	—	—	—
铆钉长度 l		推荐的铆接范围							
公称 (=min)	max								
12	13	—	7.0～9.0	7.0～9.0	7.0～8.5	6.0～8.0	—	—	—
14	15	—	9.0～11.0	9.0～11.0	8.5～10.0	8.0～10.0	—	—	—
15	16	—	—	—	10.0～12.5	10.0～12.0	—	—	—
18	19	—	—	—	—	12.0～14.0	—	—	—
20	21	—	—	—	—	14.0～16.0	—	—	—

表 21.148 开口型沉头抽芯铆钉的力学性能 N

性能等级	公称直径 d/mm	最小剪切载荷	最小拉力载荷	最大钉芯断裂载荷
10	2.4	250	350	2000
	3	400	550	3000
	3.2	500	700	3500
	4	850	1200	5000
	4.8	1200	1700	6500
	5	1400	2000	6500
11	2.4	350	550	2000
	3	550	850	3000
	3.2	750	1100	3500
	4	1250	1800	5000
	4.8	1850	2600	6500
	5	2150	3100	6500
30	2.4	650	700	2000
	3	950	1100	3200
	3.2	1100	1200	4000
	4	1700	2200	5800
	4.8	2900	3100	7500
	5	3100	4000	8000
	6	4300	4800	12500
	6.4	4900	5700	13000

续表

性能等级	公称直径 d/mm	最小剪切载荷	最小拉力载荷	最大钉芯断裂载荷
12	2.4 3.2 4.0 4.8 6.4	250 500 850 1200 2200	350 700 1200 1700 3150	1100 1800 2700 3700 6300
51	3 3.2 4.0 4.8 5	1800 1900 2700 4000 4700	2200 2500 3500 5000 5800	4100 4500 6500 8500 9000
20 21 22	3 3.2 4 4.8	760 800 1500 2000	950 1000 1800 2500	3000 3000 4500 5000

（3）开口型平圆头抽芯铆钉（表 21.149 和表 21.150）

表 21.149 开口型平圆头抽芯铆钉的规格（GB/T 12618.1～6—2006）

mm

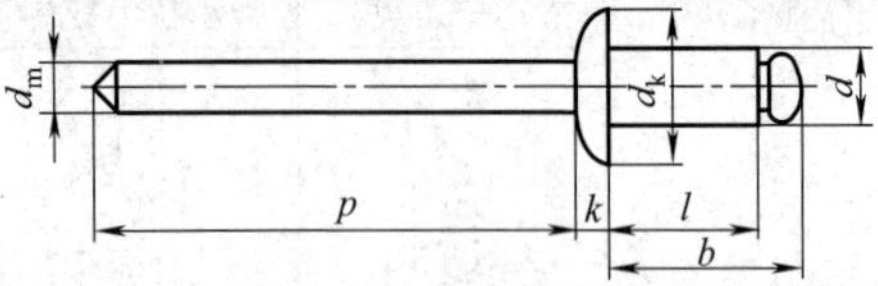

钉体	d	公称	2.4	3	3.2	4	4.8	5	6	6.4
		max	2.48	3.08	3.28	4.08	4.88	5.08	6.08	6.48
		min	2.25	2.85	3.05	3.85	4.65	4.85	5.85	6.25
	d_k	max	5.0	6.3	6.7	8.4	10.1	10.5	12.6	13.4
		min	4.2	5.4	5.8	6.9	8.3	8.7	10.8	11.6
	k max		1	1.3	1.3	1.7	2	2.1	2.5	2.7
10、11[钉体材料为铝合金(AlA)、钉芯材料为钢(St)]										
钉芯	d_m max		1.55	2	2	2.45	2.95	2.95	3.4	3.9
	p min		25			27				
盲区长度	b max		$l_{max}+3.5$	$l_{max}+3.5$	$l_{max}+4$	$l_{max}+4$	$l_{max}+4.5$	$l_{max}+4.5$	$l_{max}+5$	$l_{max}+5.5$
铆钉长度 l			推荐的铆接范围							
公称(=min)	max									
4	5		0.5～2.0	0.5～1.5		—	—		—	—

续表

钉芯	d_m max	1.55	2	2	2.45	2.95	2.95	3.4	3.9
	p min	25			27				
盲区长度	b max	l_{max}+3.5	l_{max}+3.5	l_{max}+4	l_{max}+4	l_{max}+4.5	l_{max}+4.5	l_{max}+5	l_{max}+5.5
铆钉长度 l		推荐的铆接范围							
公称(=min)	max								
6	7	2.0～4.0	1.5～3.5		1.0～3.0	1.5～2.5		—	—
8	9	4.0～6.0	3.5～5.0		3.0～5.0	2.5～4.0		2.0～3.0	—
10	11	6.0～8.0	5.0～7.0		5.0～6.5	4.0～6.0		3.0～5.0	—
12	13	8.0～9.5	7.0～9.0		6.5～8.5	6.0～8.0		5.0～7.0	3.0～6.0
16	17	—	9.0～13.0		8.5～12.5	8.0～12.0		7.0～11.0	6.0～10.0
20	21	—	13.0～17.0		12.5～16.5	12.0～15.0		11.0～15.0	10.0～14.0
25	26	—	17.0～22.0		16.5～21.0	15.0～20.0		15.0～20.0	14.0～18.0
30	31	—	—		—	20.0～25.0		20.0～25.0	18.0～23.0
30[钉体材料和钉芯材料均为钢(St)]									
钉芯	d_m max	1.5	2.15	2.15	2.8	3.5	3.5	3.4	4
	p min	25			27				
盲区长度	b max	l_{max}+3.5	l_{max}+3.5	l_{max}+4	l_{max}+4	l_{max}+4.5	l_{max}+4.5	l_{max}+5	l_{max}+5.5
铆钉长度 l		推荐的铆接范围							
公称(=min)	max								
6	7	0.5～3.5	0.5～3.0	0.5～3.0	1.0～3.0	—	—	—	—
8	9	3.5～5.5	3.0～5.0	3.0～5.0	3.0～5.0	2.5～4.0	2.5～4.0	—	—
10	11	—	5.0～6.5	5.0～6.5	5.0～6.5	4.0～6.0	4.0～6.0	3.0～4.0	3.0～4.0
12	13	5.5～9.5	6.5～8.0	6.5～8.0	6.5～9.0	6.0～8.0	6.0～8.0	4.0～6.0	4.0～6.0

续表

钉芯	d_m max	1.5	2.15	2.15	2.8	3.5	3.5	3.4	4
	p min		25				27		
盲区长度	b max	l_{max}+3.5	l_{max}+3.5	l_{max}+4	l_{max}+4	l_{max}+4.5	l_{max}+4.5	l_{max}+5	l_{max}+5.5
铆钉长度 l		推荐的铆接范围							
公称(=min)	max								
16	17	—	8.0~12.0	8.0~12.0	9.0~12.0	8.0~11.0	8.0~11.0	6.0~10.0	6.0~9.0
20	21	—	12.0~16.0	12.0~16.0	12.0~16.0	11.0~15.0	11.0~15.0	10.0~14.0	9.0~13.0
25	26	—	—	—	—	15.0~19.5	15.0~19.5	14.0~19.0	13.0~19.0
30	31	—	—	—	16.0~25.0	19.5~25.0	19.5~25.0	19.0~24.0	19.0~24.0
12[钉体材料和钉芯材料均为钢(St)]									
钉芯	d_m max	1.6	—	2.1	2.55	3.05	—	—	4
	p min	l_{max}+3	—	l_{max}+3	l_{max}+3.5	l_{max}+4	—	—	l_{max}+5.5
盲区长度	b max		25				27		
铆钉长度 l		推荐的铆接范围							
公称(=min)	max								
5	6	—	—	0.5~1.5	—	—	—	—	—
6	7	0.5~3.0	—	1.5~3.5	1.0~3.0	1.5~2.5	—	—	—
8	9	—	—	3.5~5.0	3.0~5.0	2.5~4.0	—	—	—
9	10	3.0~6.0	—	—	—	—	—	—	—
10	11	—	—	5.0~7.0	5.0~6.5	4.0~6.0	—	—	—
12	13	6.0~9.0	—	7.0~9.0	6.5~8.5	6.0~8.0	—	—	3.0~6.0
16	17	—	—	9.0~13.0	8.5~12.5	8.0~12.0	—	—	6.0~10.0
20	21	—	—	13.0~17.0	12.5~16.5	12.0~15.0	—	—	10.0~14.0
25	26	—	—	17.0~22.0	16.5~21.5	15.0~20.0	—	—	14.0~18.0
30	31	—	—			20.0~25.0	—	—	18.0~23.0

续表

51[钉体材料和钉芯材料均为钢(Q215A)]										
钉体	d	公称	2.4	3	3.2	4	4.8	5	6	6.4
		max	2.48	3.08	3.28	4.08	4.88	5.08	6.08	6.48
		min	2.25	2.85	3.05	3.85	4.65	4.85	5.85	6.25
	d_k	max	5.0	6.3	6.7	8.4	10.1	10.5	12.6	13.4
		min	4.2	5.4	5.8	6.9	8.3	8.7	10.8	11.6
	k max		1	1.3	1.3	1.7	2	2.1	2.5	2.7
钉芯	d_m max		—	2.05	2.15	2.75	3.2	3.25	—	—
	p min		—	$l_{max}+4$	$l_{max}+4$	$l_{max}+4.5$	$l_{max}+5$	$l_{max}+5$	—	—
盲区长度	b max		25				27			
铆钉长度 l			推荐的铆接范围							
公称(=min)	max									
6	7		—	0.5～3.0	0.5～3.0	1.0～2.5	1.5～2.0	1.5～2.0	—	—
8	9		—	3.0～5.0	3.0～5.0	2.5～4.5	2.0～4.0	2.0～4.0	—	—
10	11		—	5.0～6.5	5.0～6.5	4.5～6.5	4.0～6.0	4.0～6.0	—	—
12	13		—	6.5～8.5	6.5～8.5	6.5～8.5	6.0～8.0	6.0～8.0	—	—
14	15		—	8.5～10.5	8.5～10.5	8.5～10.0	—	—	—	—
16	17		—	10.5～12.5	10.5～12.5	10.0～12.0	8.0～11.0	8.0～11.0	—	—
18	19		—	—	—	12.0～14.0	11.0～13.0	11.0～13.0	—	—
20	21		—	—	—	14.0～16.0	13.0～16.0	13.0～16.0	—	—
25	26		—	—	—	16.0～21.0	16.0～19.0	16.0～19.0	—	—

续表

20、21、22[钉体材料为铜(Cu)、钉芯材料为钢(St)或青铜(Br)或不锈钢(SSt)]										
钉体	d	公称	2.4	3	3.2	4	4.8	5	6	6.4
		max	2.48	3.08	3.28	4.08	4.88	5.08	6.08	6.48
		min	2.25	2.85	3.05	3.85	4.65	4.85	5.85	6.25
	d_k	max	5.0	6.3	6.7	8.4	10.1	10.5	12.6	13.4
		min	4.2	5.4	5.8	6.9	8.3	8.7	10.8	11.6
	k max		1	1.3	1.3	1.7	2	2.1	2.5	2.7
钉芯	d_m max		—	2	2	2.45	2.95	—	—	—
	p min		—	$l_{max}+3.5$	$l_{max}+4$	$l_{max}+4$	$l_{max}+4.5$	—	—	—
盲区长度	b max		25				27			
铆钉长度 l			推荐的铆接范围							
公称(=min)	max									
5	6		—	0.5～2.0	0.5～2.0	1.0～2.5	—	—	—	—
6	7		—	2.0～3.0	2.0～3.0	2.5～3.5	—	—	—	—
8	9		—	3.0～5.0	3.0～5.0	3.5～5.0	2.5～4.0	—	—	—
10	11		—	5.0～7.0	5.0～7.0	5.0～7.0	4.0～6.0	—	—	—
12	13		—	7.0～9.0	7.0～9.0	7.0～8.5	6.0～8.0	—	—	—
14	15		—	9.0～11.0	9.0～11.0	8.5～10.0	8.0～10.0	—	—	—
16	17		—	—	—	10.0～12.5	10.0～12.0	—	—	—
18	19		—	—	—	—	12.0～14.0	—	—	—
20	21		—	—	—	—	14.0～16.0	—	—	—

续表

40、41[钉体材料为镍铜合金(NiCu)、钉芯材料为钢(St)或不锈钢(SSt)]									
钉芯	d_m max	—	—	2.15	2.75	3.2	—	—	3.9
	p min	—	—	$l_{max}+4$	$l_{max}+4$	$l_{max}+$ 4.5	—	—	$l_{max}+$ 5.5
盲区长度	b max	25			27				
铆钉长度 l		推荐的铆接范围							
公称(=min)	max								
5	6	—	—	1.0～3.0	1.0～3.0	—	—	—	—
6	7	—	—	—	—	2.0～4.0	—	—	—
8	9	—	—	3.0～5.0	3.0～5.0	—	—	—	—
10	11	—	—	5.0～7.0	5.0～7.0	4.0～6.0	—	—	—
12	13	—	—	7.0～9.0	7.0～9.0	6.0～8.0	—	—	3.0～6.0
14	15	—	—	—	9.0～10.5	8.0～10.0	—	—	—
16	17	—	—	—	10.5～12.5	10.0～12.0	—	—	—
18	19	—	—	—	12.5～14.5	12.0～14.0	—	—	6.0～12.0
20	21	—	—	—	14.5～16.5	14.0～16.0	—	—	—

表 21.150　开口型平圆头抽芯铆钉的力学性能　N

性能等级	公称直径 d/mm	最小剪切载荷	最小拉力载荷	最大钉芯断裂载荷
10	2.4	250	350	2000
	3.0	400	550	3000
	3.2	500	700	3500
	4.0	850	1200	5000
	4.8	1200	1700	6500
	5.0	1400	2000	6500
	6.0	2100	3000	9000
	6.4	2200	3150	11000

续表

性能等级	公称直径 d/mm	最小剪切载荷	最小拉力载荷	最大钉芯断裂载荷
11	2.4	350	550	2000
	3.0	550	850	3000
	3.2	750	1100	3500
	4.0	1250	1800	5000
	4.8	1850	2600	6500
	5.0	2150	3100	6500
	6.0	3200	4600	9000
	6.4	3400	4850	11000
30	2.4	650	700	2000
	3.0	950	1100	3200
	3.2	1100	1200	4000
	4.0	1700	2200	5800
	4.8	2900	3100	7500
	5.0	3100	4000	8000
	6.0	4300	4800	12500
	6.4	4900	5700	13000
12	2.4	250	350	1100
	3.2	500	700	1800
	4.0	850	1200	2700
	4.8	1200	1700	3700
	6.4	2200	3150	6300
51	3.0	1800	2200	4100
	3.2	1900	2500	4500
	4.0	2700	3500	6500
	4.8	4000	5000	8500
	5.0	4700	5800	9000
20 21 22	3.0	760	950	3000
	3.2	800	1000	3000
	4.0	1500	1800	4500
	4.8	2000	2500	5000
40 41	3.2	1400	1900	4500
	4.0	2200	3000	6500
	4.8	3300	3700	8500
	6.4	5500	6800	14700

第22章 连接件

连接件主要是键和销，键包括普通平键、导向平键、半圆键、普通楔键、钩头楔键和花键；销包括圆柱销、圆锥销、螺纹销、开口销和销轴。

22.1 键

22.1.1 普通平键

表 22.1 平键的尺寸（GB/T 1096—2003） mm

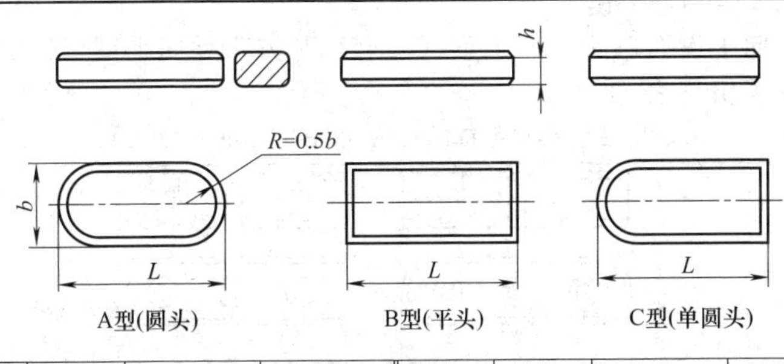

宽度 b	高度 h	长度 l	适用轴径	宽度 b	高度 h	长度 l	适用轴径
2	2	6～20	＞5～7	32	18	80～315	＞105～120
3	3	6～28	＞7～10	36	20	90～335	＞120～140
4	4	8～35	＞10～14	40	22	100～400	＞140～170
5	5	10～45	＞14～18	45	25	110～450	＞170～200
6	6	14～55	＞18～24	50	28	125～500	＞200～230
8	7	18～70	＞24～30	55	30	140～500	＞230～260
10	8	22～90	＞30～36	60	32	160～500	＞260～290
12	8	28～110	＞36～42	70	36	180～500	＞290～330
14	9	35～140	＞42～48	80	40	200～500	＞330～380
16	10	45～180	＞48～55	90	45	220～500	＞380～440
18	11	50～200	＞55～65	100	50	250～500	＞440～500
20	12	55～220	＞65～75	110	55	280～500	＞500～560

续表

宽度 b	高度 h	长度 l	适用轴径	宽度 b	高度 h	长度 l	适用轴径
24	14	60～250	>75～90	120	60	315～500	>560～630
28	16	70～280	>90～105				

注：键的长度（单位均为 mm）系列：6，8，10，12，14，16，18，20，22，25，28，32，36，40，45，50，56，63，70，80，90，100，110，125，140，160，180，200，220，250，280，320，360，400，450，500。

平键的标记：键　型别（A，B，C；A 型的 A 可省去不写）键宽×键长　国标号。

例：键　16×100　GB/T 1096—2003 表示键宽为 16mm、键高为 10mm、键长为 100mm 的圆头普通平键。

键　B18×100　B/T.1096—2003 表示键宽为 18mm、键高为 10mm、键长为 100mm 的平头普通平键。

键　C18×100　GB/T 1096—2003 表示键宽为 18mm、键高为 10mm、键长为 100mm 的单圆头普通平键。

22.1.2　导向平键

导向平键有圆头导向平键（A 型）和方头导向平键（B 型）两种，其规格见表 22.2。

表 22.2　导向平键的规格（GB/T 1097—2003）　　mm

A型　　B型

宽度 S	高度 h	长度 L	相配螺钉尺寸	宽度 S	高度 h	长度 L	相配螺钉尺寸
8	7	25～90	M3×8	22	14	63～250	M6×16
10	8	25～110	M3×10	25	14	70～280	M8×16
12	8	28～140	M4×10	28	16	80～320	M8×16
14	9	36～160	M5×10	32	18	90～360	M10×23
16	10	45～180	M5×10	36	20	100～400	M12×25
18	11	50～200	M6×12	40	22	100～400	M12×25
20	12	56～220	M6×12	45	25	110～450	M12×25

导向平键的标记：键 型别（A，B；A 型的 A 可省去不写）键宽×键长　国标号。

例：键　16×100　GB/T 1097—2003 表示键宽 16mm、键高 10mm、键长 100mm 的圆头导向平键。

键　B18×100　GB/T 1097—2003 表示键宽 18mm、键高

10mm、键长 100mm 的方头导向平键。

22.1.3　半圆键

表 22.3　普通半圆键的尺寸与公差（GB/T 1099.1—2003）　mm

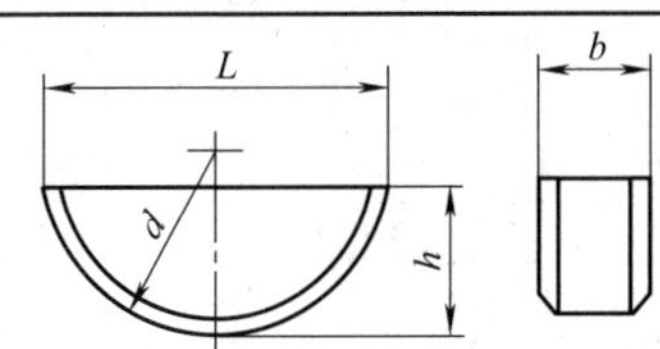

键尺寸 ($b \times h \times d$)	宽度 b 基本尺寸	宽度 b 极限偏差	高度 h 基本尺寸	高度 h 极限偏差	直径 d 基本尺寸	直径 d 极限偏差	倒角或圆角/(°) min	倒角或圆角/(°) max
1×1.4×4	1	0 −0.025	1.4	0 −0.10	4	0 −0.120	0.16	0.25
1.5×2.6×7	1.5	0 −0.025	2.6	0 −0.10	7	0 −0.150	0.16	0.25
2.0×2.6×7	2	0 −0.025	2.6	0 −0.10	7	0 −0.150	0.16	0.25
2.0×3.7×10	2	0 −0.025	3.7	0 −0.12	10	0 −0.150	0.16	0.25
2.5×3.7×10	2.5	0 −0.025	3.7	0 −0.12	10	0 −0.150	0.16	0.25
3×5.0×13	3	0 −0.025	5.0	0 −0.12	13	0 −0.180	0.16	0.25
3×6.5×16	3	0 −0.025	6.5	0 −0.15	16	0 −0.180	0.16	0.25
4×6.5×16	4	0 −0.025	6.5	0 −0.15	16	0 −0.180	0.25	0.40
4×7.5×19	4	0 −0.025	7.5	0 −0.15	19	0 −0.210	0.25	0.40
5×6.5×16	5	0 −0.025	6.5	0 −0.15	16	0 −0.180	0.25	0.40
5×7.5×19	5	0 −0.025	7.5	0 −0.15	19	0 −0.210	0.25	0.40
5×9×22	5	0 −0.025	9	0 −0.15	22	0 −0.210	0.25	0.40
6×9×22	6	0 −0.025	9	0 −0.15	22	0 −0.210	0.25	0.40
6×10×25	6	0 −0.025	10	0 −0.15	25	0 −0.210	0.25	0.40
8×11×28	8	0 −0.025	11	0 −0.18	28	0 −0.210	0.40	0.60
10×13×32	10	0 −0.025	13	0 −0.18	32	0 −0.250	0.40	0.60

半圆键的标记：键　键宽×键高×键直径　国标号。

例：键　6×10×25　GB/T 1099—2003 表示键宽 6mm、键高 10mm、键直径 25mm 的半圆键。

22.1.4　普通楔键

表 22.4　普通楔键的尺寸（GB/T 1564—2003）　mm

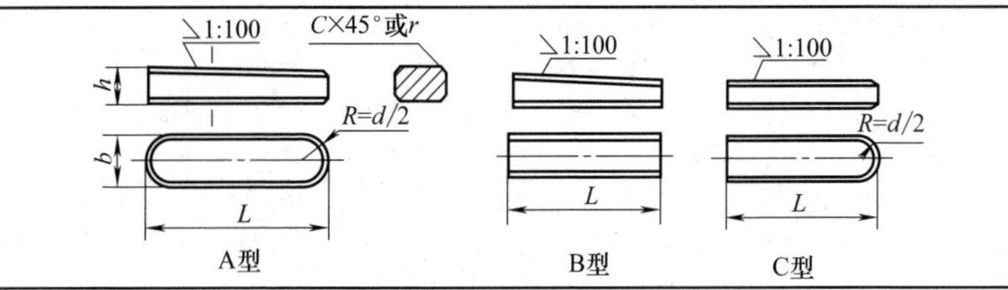

续表

宽度 b	大头高度 h	长度 L	宽度 b	大头高度 h	长度 L
2	2	6～20	25	14	70～280
3	3	6～36	28	16	80～320
4	4	8～45	32	18	90～360
5	5	10～56	36	20	100～400
6	6	14～70	40	22	100～400
8	7	18～90	45	25	110～450
10	8	22～110	50	28	125～500
12	8	28～140	56	32	140～500
14	9	36～160	63	32	160～500
16	10	45～180	70	36	180～500
18	11	50～200	80	40	200～500
20	12	56～220	90	45	220～500
22	14	63～250	100	50	250～500

注：公称长度 L（单位均为 mm）的系列尺寸为 6，8，10，12，14，16，18，22，25，28，32，36，40，45，50，56，63，70，80，90，100，110，125，140，160，180，200，220，250，280，320，360，400，450，500。

22.1.5 钩头楔键

表 22.5 钩头楔键的尺寸（GB/T 1565—2003） mm

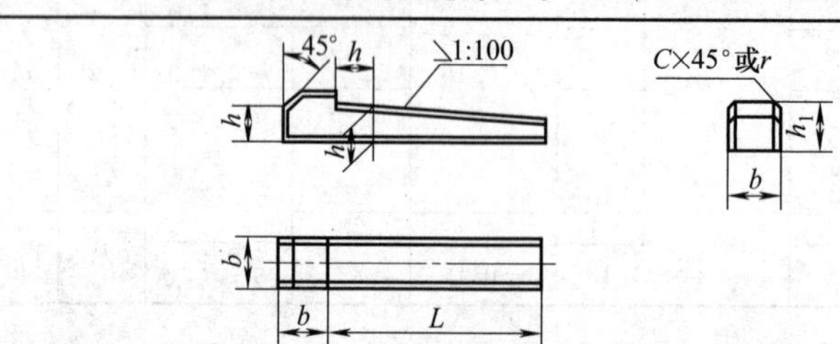

宽度 b	厚度 h	长度 L	宽度 b	厚度 h	长度 L
4	4	14～45	28	16	80～320
5	5	14～56	32	18	90～360
6	6	14～70	36	20	100～400
8	7	18～90	40	22	100～400
10	8	22～110	45	25	110～400
12	8	28～140	50	28	125～500
14	9	36～160	56	32	140～500
16	10	45～180	63	32	160～500
18	11	50～200	70	36	180～500
20	12	56～220	80	40	200～500
22	14	63～250	90	45	220～500
25	14	70～280	100	50	250～500

注：公称长度 L（单位均为 mm）的系列尺寸为 6，8，10，12，14，16，18，22，25，28，32，36，40，45，50，56，63，70，80，90，100，110，125，140，160，180，200，220，250，280，320，360，400，450，500。

22.1.6　花键

按齿形的不同，花键可分为矩形花键、渐开线花键和三角形花键。矩形花键的基本尺寸系列和键槽截面尺寸见表22.6。

表22.6　矩形花键的基本尺寸系列和键槽截面尺寸（GB/T 1144—2001）

mm

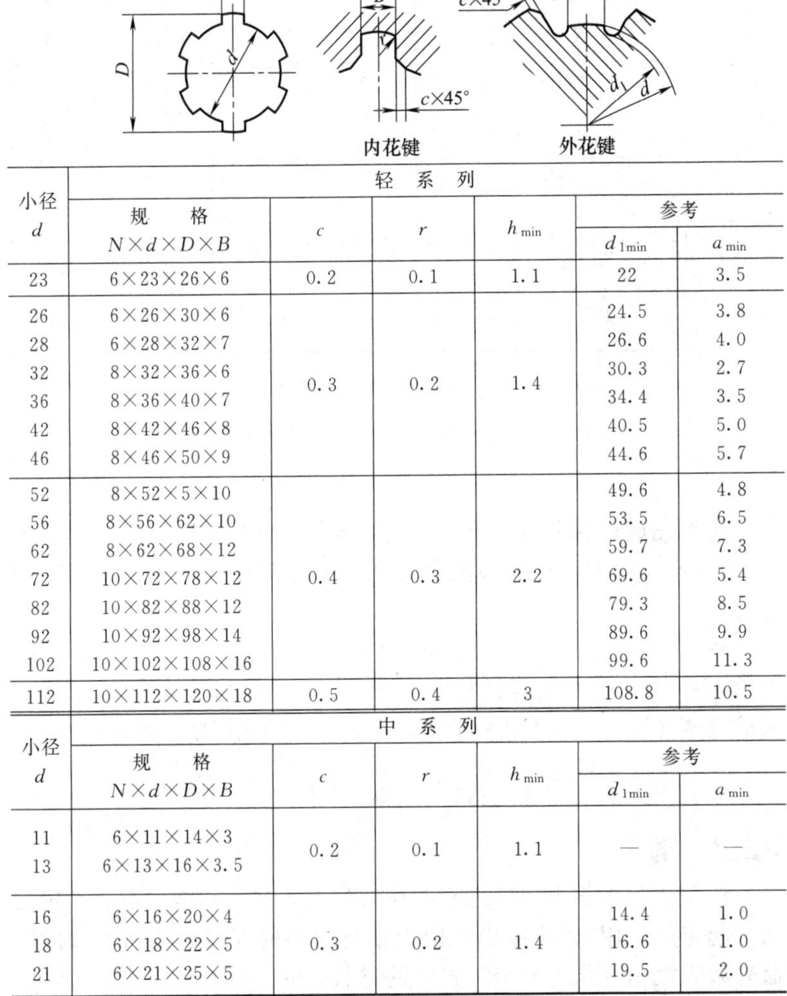

小径 d	轻系列					
	规格 $N\times d\times D\times B$	c	r	$h_{\min}$	参考 $d_{1\min}$	参考 $a_{\min}$
23	6×23×26×6	0.2	0.1	1.1	22	3.5
26	6×26×30×6	0.3	0.2	1.4	24.5	3.8
28	6×28×32×7				26.6	4.0
32	8×32×36×6				30.3	2.7
36	8×36×40×7				34.4	3.5
42	8×42×46×8				40.5	5.0
46	8×46×50×9				44.6	5.7
52	8×52×5×10	0.4	0.3	2.2	49.6	4.8
56	8×56×62×10				53.5	6.5
62	8×62×68×12				59.7	7.3
72	10×72×78×12				69.6	5.4
82	10×82×88×12				79.3	8.5
92	10×92×98×14				89.6	9.9
102	10×102×108×16				99.6	11.3
112	10×112×120×18	0.5	0.4	3	108.8	10.5

小径 d	中系列					
	规格 $N\times d\times D\times B$	c	r	$h_{\min}$	参考 $d_{1\min}$	参考 $a_{\min}$
11	6×11×14×3	0.2	0.1	1.1	—	—
13	6×13×16×3.5					
16	6×16×20×4	0.3	0.2	1.4	14.4	1.0
18	6×18×22×5				16.6	1.0
21	6×21×25×5				19.5	2.0

续表

小径 d	中系列					
	规格 $N\times d\times D\times B$	c	r	$h_{\min}$	参考	
					$d_{1\min}$	$a_{\min}$
3	6×23×26×6	0.3	0.2	1.9	21.2	1.2
26	6×26×30×6	0.4	0.3	2.2	23.6	1.2
28	6×28×32×7				25.8	1.4
32	8×32×36×6				29.4	1.0
36	8×36×40×7				33.4	1.0
42	8×42×46×8				39.4	2.5
46	8×46×50×9	0.5	0.4	3	42.6	1.4
52	8×52×58×10				48.6	2.5
56	8×56×62×10				52.0	2.5
62	8×62×68×12	0.6	0.5	3.8	57.7	2.4
72	10×72×78×12				67.4	1.0
82	10×82×88×12				77.0	2.9
92	10×92×98×14				87.3	4.5
102	10×102×108×16				97.7	6.2
112	10×112×120×18	0.6	0.5	5.3	106.2	4.1

注：1. d_1和 a 值适用于展成法加工，矩形花键以小径定心。

2. $h_{\min}$为内、外花键最小接触高度。

3. 内花键长度 l（单位均为 mm）或 l_1+l_2（单位均为 mm）系列：10，12，15，18，22，25，28，30，32，36，38，42，45，48，50，56，60，63，71，75，80，85，90，95，100，110，120，130，140，160，180，200。

矩形花键的标记为：N（键数）×d（小径）×D（大径）×B（键槽宽），d、D、B 后面配合类别和公差等级；标记后面要加国标号。

例：6 键，键槽宽 B=6mm，小径 d=23mm，公差等级为 7 级；大径 D=26mm，内花键槽精度为 H10，外花键齿精度为 a11；内花键槽宽精度为 H11，外花键槽宽精度为 d10 的花键副。则标记为：

$$6\times 23\frac{H7}{f7}\times 26\frac{H10}{a11}\times 6\frac{H11}{d10}\quad \text{GB/T 1144—2001}$$

22.2 销

销主要用来固定零件之间的相对位置，按其功能分类有：定位销（起定位作用）、连接销（用于轴与轮毂的连接，传递不大的载荷）和安全销（作为安全装置中的过载剪断元件）。

22.2.1　圆柱销

表 22.7　圆柱销的规格（GB/T 119—2000）　mm

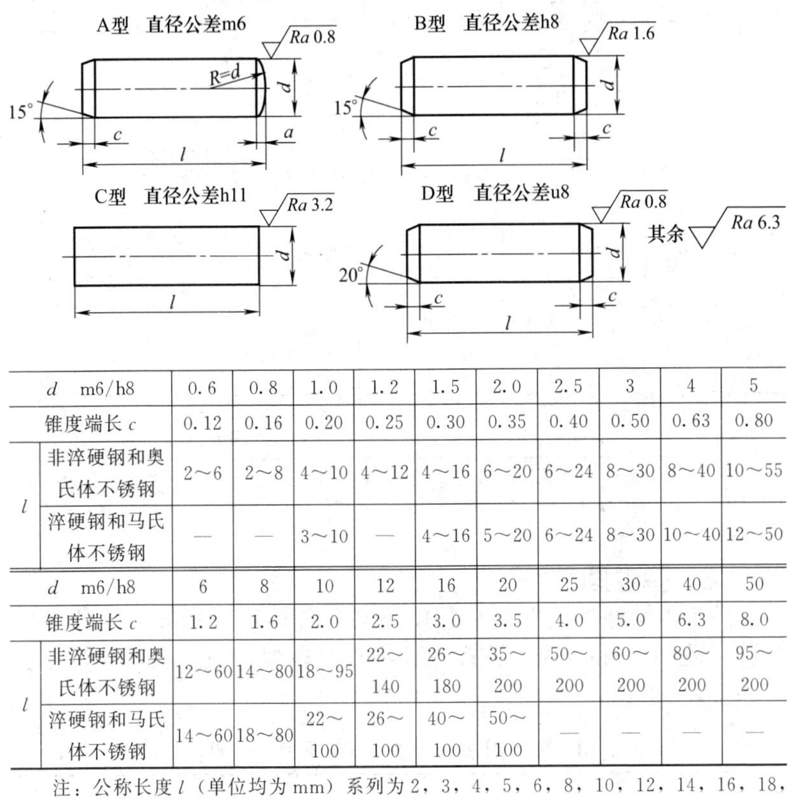

d　m6/h8		0.6	0.8	1.0	1.2	1.5	2.0	2.5	3	4	5
锥度端长 c		0.12	0.16	0.20	0.25	0.30	0.35	0.40	0.50	0.63	0.80
l	非淬硬钢和奥氏体不锈钢	2～6	2～8	4～10	4～12	4～16	6～20	6～24	8～30	8～40	10～55
	淬硬钢和马氏体不锈钢	—	—	3～10	—	4～16	5～20	6～24	8～30	10～40	12～50
d　m6/h8		6	8	10	12	16	20	25	30	40	50
锥度端长 c		1.2	1.6	2.0	2.5	3.0	3.5	4.0	5.0	6.3	8.0
l	非淬硬钢和奥氏体不锈钢	12～60	14～80	18～95	22～140	26～180	35～200	50～200	60～200	80～200	95～200
	淬硬钢和马氏体不锈钢	14～60	18～80	22～100	26～100	40～100	50～100	—	—	—	—

注：公称长度 l（单位均为 mm）系列为 2，3，4，5，6，8，10，12，14，16，18，20，22，24，26，28，30，32，35，40，45，50，55，60，65，70，75，80，85，90，95，100，120，140，160，180，200。

销的标记一般格式为公称直径 d×长度 L。

例：公称直径 d=8mm，公差为 m6，公称长度 L=30mm，材料为钢，不经淬火，不经表面处理的圆柱销，其标记为“销 GB/T 119.1—2000　8m6×30”。

22.2.2　内螺纹圆柱销

用于机器或工具、模具零件的定位、固定，也可用于传递机械动力，其规格见表 22.8。

表 22.8 内螺纹圆柱销的规格 mm

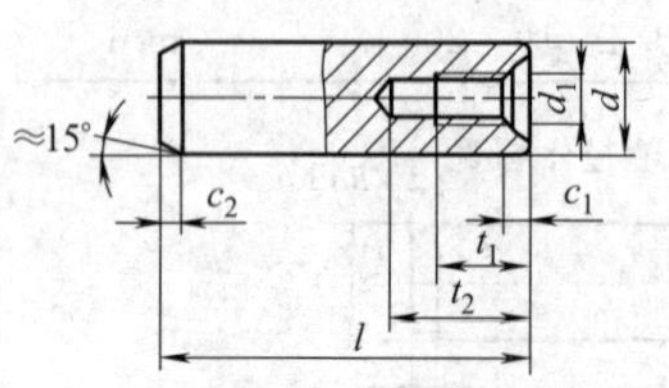

非淬硬钢和奥氏体不锈钢
内螺纹圆柱销(GB/T 120.1—2000)

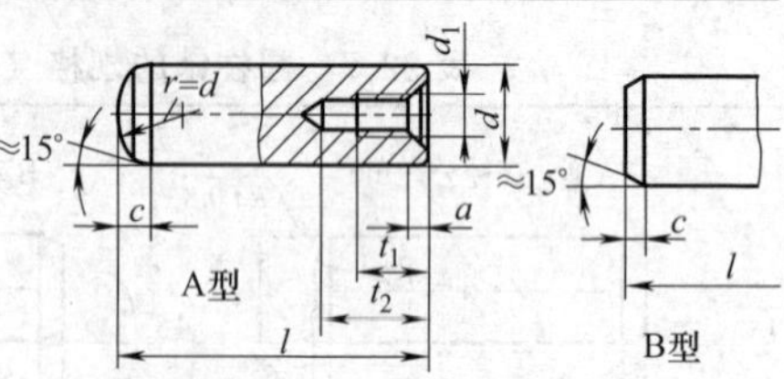

普通淬硬钢和马氏体不锈钢
内螺纹圆柱销(GB/T 120.2—2000)

d h11	6	8	10	12	16	20	25	30	40	50
d_1	M4	M5	M6	M6	M8	M10	M16	M20	M20	M24
c_1	0.8	1.0	1.2	1.6	2.0	2.5	3.0	4.0	5.0	6.3
c_2	1.2	1.6	2.0	2.5	3.0	3.5	4.0	5.0	6.3	8.0
螺距 P	0.7	0.8	1.0	1.0	1.25	1.5	2.0	2.5	2.5	3
t_1	6	8	10	12	16	18	24	30	30	36
t_2	10	12	16	20	25	28	35	40	40	50
长度 l	16～60	18～80	22～100	26～120	32～160	40～200	50～200	60～200	80～200	100～200

注：公称长度 l（单位均为 mm）系列为 16，18，20，22，24，26，28，30，32，35，40，45，50，55，60，65，70，75，80，85，90，95，100，120，140，160，180，200。

22.2.3 弹性圆柱销

用于承受冲击、振动且精度不高零件的定位和固定。分直槽（重型与轻型）和卷型（重型、标准型与轻型）两大类其规格见表 22.9～表 22.11。

表 22.9 弹性圆柱销尺寸（直槽重型与直槽轻型） mm

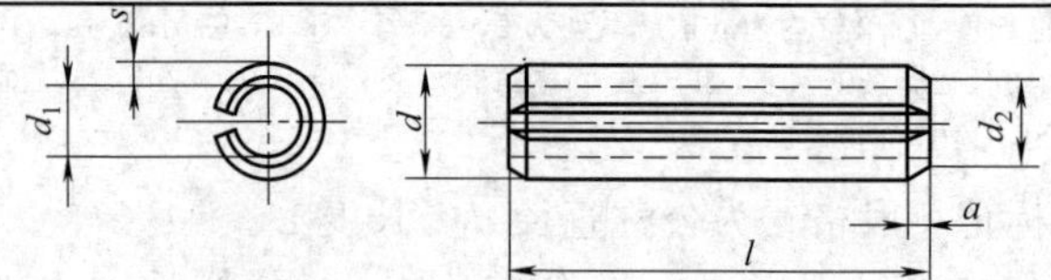

弹性圆柱销 直槽 重型(GB/T 879.1—2000)
弹性圆柱销 直槽 轻型(GB/T 879.2—2000)

d H12			GB/T 879.1				GB/T 879.2				公称长度 l
公称直径	装配前 max	装配前 min	d_1	a max	s	G_{min} /kN	d_1	a max	s	G_{min} /kN	
1.0	1.3	1.2	0.8	0.35	0.2	0.70	—	—	—	—	4～20
1.5	1.8	1.7	1.1	0.45	0.3	1.50	—	—	—	—	

续表

d　H12			GB/T 879.1				GB/T 879.2				公称长度 *l*
公称直径	装配前 max	装配前 min	d_1	*a* max	*s*	G_{min} /kN	d_1	*a* max	*s*	G_{min} /kN	
2.0	2.4	2.3	1.5	0.55	0.4	2.82	1.9	0.40	0.20	1.5	4～30
2.5	2.9	2.8	1.8	0.60	0.5	4.38	2.3	0.45	0.25	2.4	
3.0	3.4	3.3	2.1	0.70	0.6	6.32	2.7	0.45	0.30	3.5	4～40
3.5	4.0	3.8	2.3	0.80	0.75	9.06	3.1	0.5	0.35	4.6	
4.0	4.6	4.4	2.8	0.85	0.8	11.24	3.4	0.7	0.5	8.0	4～50
4.5	5.1	4.9	2.9	1.0	1.0	15.36	3.9	0.7	0.5	8.8	5～50
5	5.6	5.4	3.4	1.1	1.0	17.54	4.4	0.7	0.5	10.4	5～80
6	6.7	6.4	4.0	1.4	1.2	26.04	4.9	0.9	0.75	18	10～100
8	8.5	8.5	5.5	2.0	1.5	42.76	7.0	1.8	0.75	24	10～120
10	10.8	10.5	6.5	2.4	2.0	70.16	8.5	2.4	1.0	40	10～160
12	12.8	12.5	7.5	2.4	2.5	104.1	10.5	2.4	1.0	48	10～180
13	13.8	13.5	8.5	2.4	2.5	115.1	11	2.4	1.2	66	
14	14.8	14.5	8.5	2.4	3.0	144.7	11.5	2.4	1.5	84	10～200
16	16.8	16.5	10.5	2.4	3.0	171.0	13.5	2.4	1.5	98	
18	18.9	18.5	11.5	2.4	3.5	222.5	15.0	2.4	1.7	126	
20	20.9	20.5	12.5	3.4	4.0	280.6	16.5	2.4	2.0	158	
21	21.9	21.5	13.5	3.4	4.0	298.2	17.5	2.4	2.0	168	14～200
25	25.9	25.1	15.5	3.4	5.0	438.5	21.5	3.4	2.0	202	
28	28.9	28.5	17.5	3.4	5.5	452.6	23.5	3.4	2.5	280	
30	30.9	30.5	18.5	3.4	6.0	631.4	25.5	3.4	2.5	302	
32	32.9	32.5	20.5	3.6	6.0	684	—	—	—	—	20～200
35	35.9	35.5	21.5	3.6	7.0	859	28.5	3.4	3.5	490	
38	38.9	38.5	23.5	4.6	7.5	1003	—	—	—	—	
40	40.9	40.5	25.5	4.6	7.5	1068	32.5	4.6	4	634	
45	45.9	45.5	28.5	4.6	8.5	1360	37.5	4.6	4	720	
50	50.9	50.5	31.5	4.6	9.5	1685	40.5	4.6	5	1000	

注：1. 公称长度 *l*（单位均为 mm）系列：4，5，6，8，10，12，14，16，18，20，22，24，26，28，30，32，35，40，45，50，55，60，65，70，75，80，85，90，95，100，120，140，160，180，200。

2. G_{min}为最小剪切载荷，仅适用于钢和马氏体不锈钢弹性圆柱销，对奥氏体不锈钢弹性圆柱销不作规定。

表 22.10　弹性圆柱销尺寸（卷型重型、卷型标准型与卷型轻型）　mm

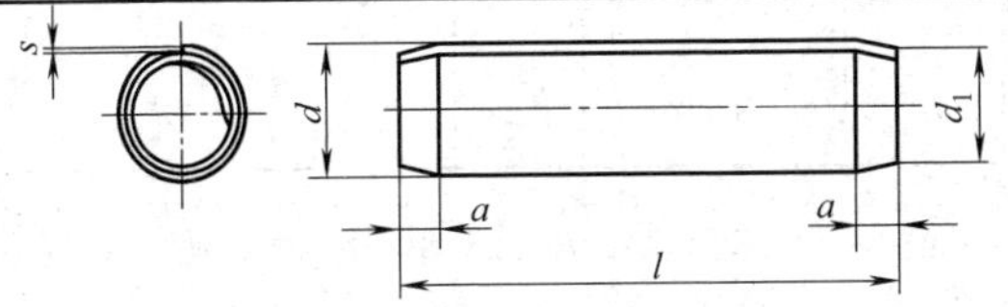

弹性圆柱销　卷型　重型(GB/T 879.3—2000)
弹性圆柱销　卷型　标准型(GB/T 879.4—2000)
弹性圆柱销　卷型　轻型(GB/T 879.5—2000)

续表

公称 d H12	GB/T 879.3					GB/T 879.4					GB/T 879.5					d_1 装配前	a	公称长度 l
	d 装配前		s	G_{min} /kN		d 装配前		s	G_{min} /kN		d 装配前		s	G_{min} /kN				
	max	min		Ⅰ	Ⅱ	max	min		Ⅰ	Ⅱ	max	min		Ⅰ	Ⅱ			
0.8	—	—	—	—	—	0.91	0.85	0.07	0.4	0.30	—	—	—	—	—	0.75	0.3	4～16
1.0	—	—	—	—	—	1.15	1.05	0.08	0.6	0.45	—	—	—	—	—	0.95	0.3	4～16
1.2	—	—	—	—	—	1.35	1.25	0.10	0.9	0.65	—	—	—	—	—	1.15	0.4	4～16
1.6	1.71	1.61	0.17	1.9	1.45	1.73	1.62	0.13	1.45	1.05	1.75	1.62	0.08	0.8	0.65	1.4	0.5	4～24
2.0	2.21	2.11	0.22	3.5	2.5	2.25	2.13	0.17	2.5	1.9	2.28	2.13	0.11	1.5	1.1	1.9	0.7	4～40
2.5	2.73	2.62	0.28	5.5	3.8	2.78	2.65	0.21	3.9	2.9	2.82	2.65	0.14	2.3	1.8	2.4	0.7	5～45
3.0	3.25	3.12	0.33	7.6	5.7	3.30	3.15	0.25	5.5	4.2	3.35	3.15	0.17	3.3	2.5	2.9	0.9	6～50
3.5	3.79	3.46	0.39	10.0	7.6	3.85	3.67	0.29	7.5	5.7	3.87	3.67	0.19	4.5	3.4	3.4	1.0	6～50
4.0	4.30	4.15	0.45	13.5	10	4.4	4.20	0.33	9.6	7.6	4.45	4.2	0.22	5.7	4.4	3.9	1.1	8～60
5	5.35	3.46	0.56	20	15.5	5.5	5.25	0.42	15	11.5	5.50	5.2	0.28	9.0	7.0	4.85	1.3	10～60
6	6.40	4.15	0.67	30	23	6.5	6.25	0.50	22	16.9	6.55	6.25	0.33	13	10	5.85	1.5	12～75
8	8.55	8.25	0.90	53	41	8.83	8.30	0.67	39	30	8.65	8.3	0.45	23	18	7.80	2.0	16～120
10	10.65	10.3	1.1	84	64	10.8	10.3	0.84	62	48	—	—	—	—	—	9.75	2.5	20～120
12	12.75	11.7	1.3	120	91	12.8	12.4	1.0	89	67	—	—	—	—	—	11.7	3.0	24～160
14	14.85	13.6	1.6	165	—	14.9	14.4	1.2	120	—	—	—	—	—	—	13.6	3.5	28～200
16	16.90	16.4	1.8	210	—	17.0	16.4	1.3	155	—	—	—	—	—	—	15.6	4.0	32～200
20	21.00	20.4	2.2	340	—	21.1	20.4	1.7	250	—	—	—	—	—	—	19.6	4.5	45～200

注：1. 公称长度 l（单位为 mm）系列：4，5，6，8，10，12，14，16，18，20，22，24，26，28，30，32，35，40，45，50，55，60，65，70，75，80，85，90，95，100，120，140，160，180，200。

2. G_{min}为最小剪切载荷，仅适用于钢和马氏体不锈钢弹性圆柱销，对奥氏体不锈钢弹性圆柱销不作规定。

3. 表中Ⅰ适用于钢和马氏体不锈钢弹性圆柱销，Ⅱ适用于奥氏体不锈钢弹性圆柱销。

表 22.11　弹性圆柱销尺寸和质量（JB/ZQ 4356—2006）　mm

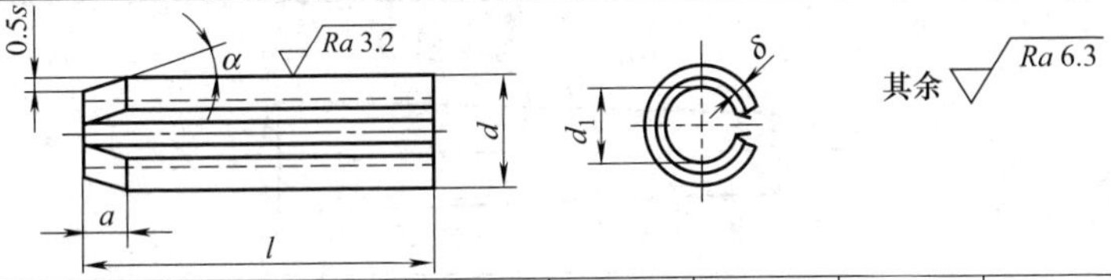

l		6	7	7.5	7.5	8.5	9.5
d_1(H12) ≈		20.5	21.5	23.5	25.5	28.5	31.5
α		15°					
l		外径 d					
		32	35	38	40	45	50
基本尺寸	极限偏差	每 1000 个钢锁的质量/g ≈					
20	+1.0 0	75.1	94.0	110	117	150	186
22		82.6	103	121	129	165	205
24		90.1	113	132	141	180	223
26		97.6	122	143	153	195	242
28		105	132	154	164	210	261
30		113	141	165	176	225	279
32		120	150	176	188	240	298
36		135	169	198	211	270	335
40		150	188	220	235	300	372
45		169	211	248	264	337	419
50		188	235	276	293	375	465
55	+1.5 0	206	258	303	323	412	512
60		225	282	331	352	450	558
65		244	305	358	382	487	605
70		263	329	386	411	525	651
75		282	352	413	440	562	698
80		300	376	441	470	599	745
85		319	399	468	499	637	791
90		338	422	496	528	674	838
95		357	446	524	558	712	884
100		375	470	551	587	749	931
120		450	564	661	704	899	1120
140		526	658	771	821	1050	1300
160		601	762	882	939	1200	1490
180		676	846	992	1060	1350	1680
200		751	940	1100	1170	1500	1860

22.2.4　圆锥销

用于要经常拆卸的零件的定位、固定，也可用于传递动力，其规格见表 22.12。

表 22.12 圆锥销的规格尺寸（GB/T 117—2000） mm

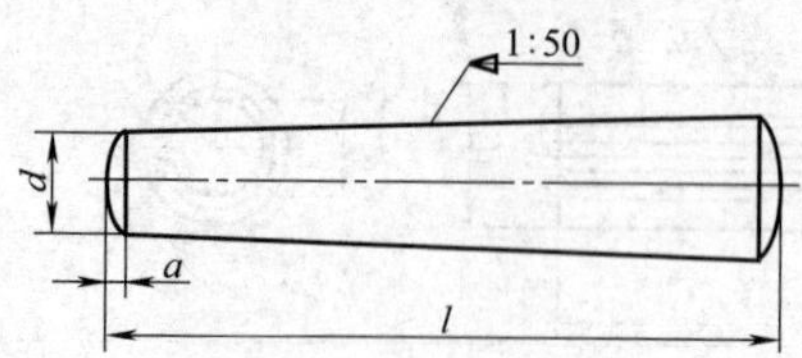

公称 d	0.6	0.8	1.0	1.2	1.5	2.0	2.5	3	4	5
l	4～8	5～12	6～16	6～20	8～24	10～35	10～35	12～45	14～55	18～60
$a\approx$	0.08	0.10	0.12	0.16	0.20	0.25	0.3	0.4	0.5	0.63
公称 d	6	8	10	12	16	20	25	30	40	50
l	22～90	22～120	26～160	32～180	40～200	45～200	50～200	55～200	60～200	65～200
$a\approx$	0.8	1.0	1.2	1.6	2.0	2.5	3.0	4.0	5.0	6.3

注：1. 公称长度 l（单位均为 mm）系列：2，3，4，5，6，8，10，12，14，16，18，20，22，24，26，28，30，32，35，40，45，50，55，60，65，70，75，80，85，90，95，100，120，140，160，180，200。

2. 圆锥销的公称直径 d 为小端直径。

22.2.5 内螺纹圆锥销

表 22.13 内螺纹圆锥销的规格尺寸（GB/T 118—2000） mm

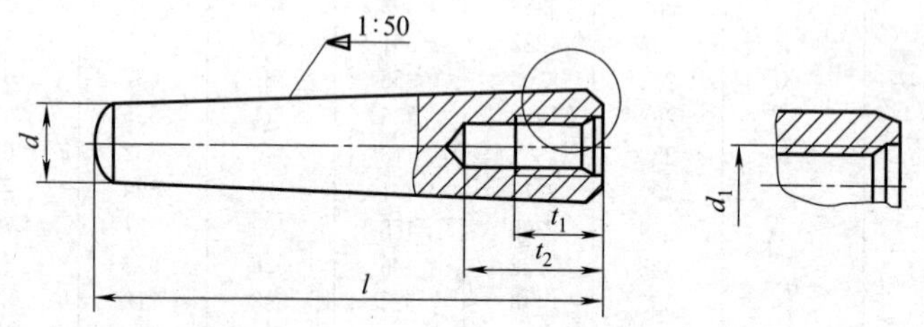

d h11	6	8	10	12	16	20	25	30	40	50
d_1	M4	M5	M6	M6	M8	M10	M16	M20	M20	M24
螺距 P	0.7	0.8	1.0	1.0	1.25	1.5	2.0	2.5	2.5	3
t_1	6	8	10	12	16	18	24	30	30	36
t_2	10	12	16	20	25	28	35	40	40	50
l	16～60	18～80	22～100	26～120	32～160	40～200	50～200	60～200	80～200	100～200

注：公称长度 l（单位均为 mm）系列为 16，18，20，22，24，26，28，30，32，35，40，45，50，55，60，65，70，75，80，85，90，95，100，120，140，160，180，200。

22.2.6　螺纹销

表 22.14　螺纹销的规格尺寸

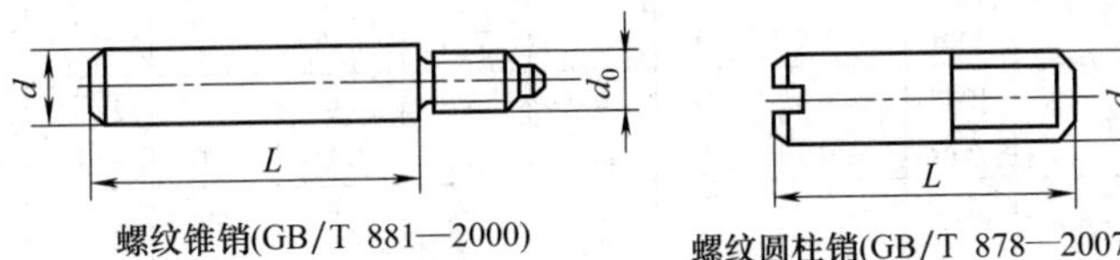

螺纹锥销(GB/T 881—2000)　　螺纹圆柱销(GB/T 878—2007)

直径 d	长度 L	锥销螺纹直径 d_0	直径 d	长度 L	锥销螺纹直径 d_0
5	40～50	M5	20	120～220	M16
6	45～60	M6	25	140～250	M20
8	55～75	M8	30	160～280	M24
10	65～100	M10	40	190～360	M30
12	85～140	M12	50	220～400	M36
16	100～160	M16			

注：L（单位均为 mm）系列尺寸为 40，45，50，55，60，75，85，100，120，140，160，190，220，250，280，320，360，400。

22.2.7　开口销

插在要经常拆卸的轴和螺栓孔内，防止零件和螺母不致脱落，其规格见表 22.15。

表 22.15　开口销的规格（GB/T 91—2000）　　mm

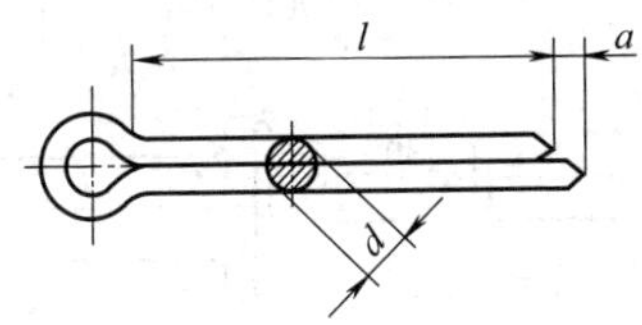

公称规格			0.6	0.8	1.0	1.2	1.6	2.0	2.5	3.2
直径 d		max	0.5	0.7	0.9	1.0	1.4	1.8	2.3	2.9
		min	0.4	0.6	0.8	0.9	1.3	1.7	2.1	2.7
伸长 a		max	1.6	1.6	1.6	2.5	2.5	2.5	2.5	3.2
		min	0.8	0.8	0.8	1.25	1.25	1.25	1.25	1.6
适用直径	螺栓	>	—	2.5	3.5	4.5	5.5	7	9	11
		≤	2.5	3.5	4.5	5.5	7	9	11	14
	U 形销	>	—	2	3	4	5	6	8	9
		≤	2	3	4	5	6	8	9	12
销身长度 l			4～12	5～16	6～20	8～25	8～32	10～40	12～50	14～63

续表

公称规格			4	5	6.3	8	10	13	16	20
直径 d		max	3.7	4.6	5.9	7.5	9.5	12.4	15.4	19.3
		min	3.5	4.4	5.7	7.3	9.3	12.1	15.1	19.0
伸长 a		max	4.0	4.0	4.0	4.0	6.30	6.30	6.30	6.30
		min	2.0	2.0	2.0	2.0	3.15	3.15	3.15	3.15
适用直径	螺栓	>	14	20	27	39	56	80	120	170
		≤	20	27	39	56	80	120	170	—
	U形销	>	12	17	23	29	44	69	110	160
		≤	17	23	29	44	69	110	160	—
销身长度 l			18～20	22～100	32～125	40～160	45～200	71～250	112～280	160～280

注：销身长度 l（单位均为 mm）系列为 4，5，6，8，10，12，14，16，18，20，22，25，28，32，36，40，45，50，56，63，71，80，90，100，112，125，140，160，180，200，224，250，280。

22.2.8 销轴

用于铁路和开口销承受交变横向力的场合，推荐采用表 22.16 中规定的下一挡较大的开口销及相应的孔径。分 A、B 型，后者上有销孔，配合开口销使用。

表 22.16 销轴的尺寸（GB/T 882—2008） mm

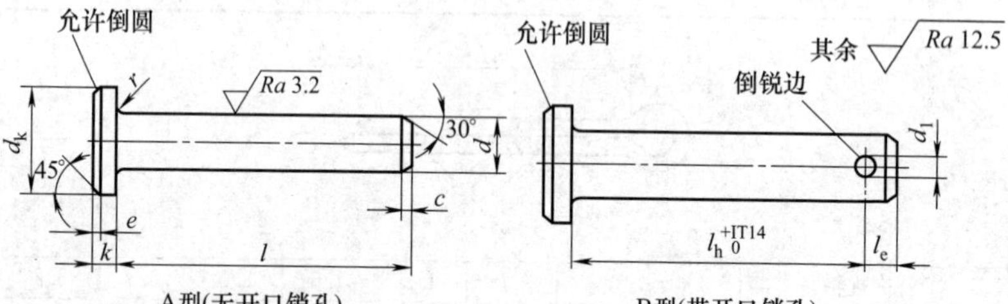

A型(无开口销孔)　　B型(带开口销孔)

d h11[①]	3	4	5	6	8	10	12	14
d_k h14	5	6	8	10	14	18	20	22
d_1 H13[②]	0.8	1	1.2	1.6	2	3.2	3.2	4
c max	1	1	2	2	2	2	3	3
e ≈	0.5	0.5	1	1	1	1	1.6	1.6
k js14	1	1	1.6	2	3	4	4	4
l_e min	1.6	2.2	2.9	3.2	3.5	4.5	5.5	6
r	0.6	0.6	0.6	0.6	0.6	0.6	0.6	0.6

续表

d　h11①			3	4	5	6	8	10	12	14
l③			规格范围							
公称	min	max								
6	5.75	6.25								
8	7.75	8.25								
10	9.75	10.25								
12	11.5	12.5								
14	13.5	14.5								
16	15.5	16.5		商						
18	17.5	18.5								
20	19.5	20.5								
22	21.5	22.5								
24	23.5	24.5			品					
26	25.5	26.5								
28	27.5	28.5								
30	29.5	30.5								
32	31.5	32.5				长				
35	34.5	35.5								
40	39.5	40.5								
45	44.5	45.5								
50	49.5	50.5						度		
55	54.25	55.75								
60	59.25	60.75								
65	64.25	65.75								
70	69.25	70.75							范	
75	74.25	75.75								
80	79.25	80.75								
85	84.25	85.75								
90	89.25	90.75								
95	94.25	95.75								围
100	99.25	100.75								
120	119.25	120.75								
140	139.25	140.75								
160	159.25	160.75								
180	179.25	180.75								
200	199.25	200.75								

续表

d h11①			20	22	24	27	30	33	36	40
d_k h14			30	33	36	40	44	47	50	55
d_1 H13②			5	5	6.3	6.3	8	8	8	8
c max			4	4	4	4	4	4	4	4
e ≈			2	2	2	2	2	2	2	2
k js14			5	5.5	6	6	8	8	8	8
l_e min			8	8	9	9	10	10	10	10
r			1	1	1	1	1	1	1	1
l③			规格范围							
公称	min	max								
40	39.5	40.5	■							
45	44.5	45.5	■	■						
50	49.5	50.5	■	■	■					
55	54.25	55.75	■	商	■	■				
60	59.25	60.75	■	■	■	■	■			
65	64.25	65.75	■	■	品	■	■	■		
70	69.25	70.75	■	■	■	■	■	■	■	
75	74.25	75.75	■	■	■	长	■	■	■	
80	79.25	80.75	■	■	■	■	■	■	■	■
85	84.25	85.75	■	■	■	■	度	■	■	■
90	89.25	90.75	■	■	■	■	■	■	■	■
95	94.25	95.75	■	■	■	■	■	■	■	■
100	99.25	100.75	■	■	■	■	■	范	■	■
120	119.25	120.75	■	■	■	■	■	■	■	■
140	139.25	140.75	■	■	■	■	■	■	■	■
160	159.25	160.75	■	■	■	■	■	■	围	■
180	179.25	180.75	■	■	■	■	■	■	■	■
200	199.25	200.75	■	■	■	■	■	■	■	■

d h11①	45	50	55	60	70	80	90	100
d_k h14	60	66	72	78	90	100	110	120
d_1 H13②	10	10	10	10	13	13	13	13
c max	4	4	6	6	6	6	6	6
e ≈	2	2	3	3	3	3	3	3
k js14	9	9	11	12	13	13	13	13
l_e min	12	12	14	14	16	16	16	16
r	1	1	1	1	1	1	1	1

续表

d　h11①			45	50	55	60	70	80	90	100
l③			规 格 范 围							
公称	min	max								
90	89.25	90.75								
95	94.25	95.75	商							
100	99.25	100.75								
120	119.25	120.75		品						
140	139.25	140.75			长					
160	159.25	160.75				度				
180	179.25	180.75					范			
200	199.25	200.75						围		

① 其他公差，如 a11、c11、f8 应由供需双方协议。

② 孔径 d_1 等于开口销的公称规格（见 GB/T 91）。

③ 公称长度大于 200mm，按 20mm 递增。

注：1. B 型销轴的其余尺寸、角度和表面粗糙度值见 A 型。

2. 某些情况下，不能按 $l-l_e$ 计算 B 型销轴的 l_h 尺寸，所需要的尺寸应在标记（按 GB/T 1237 规定）中注明，但不允许 l_h 尺寸小于上表中规定的数值。

第23章 传动件

传动件包括传动带、输送带、传动链等。

23.1 传动带

传动带有平带（普通平带和运输带）、V 带、多楔带、圆形带和同步带等类型，如表 23.1 所示。

表 23.1 传动带的种类和结构

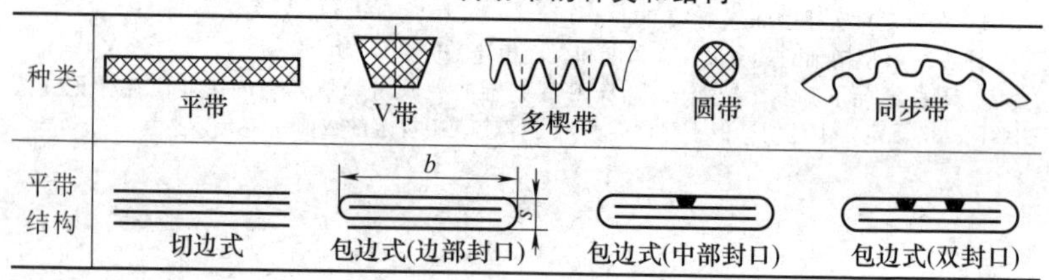

23.1.1 平带

平带（表 23.2～表 23.5）由纤维织物及织物黏合材料（如橡胶、塑料）制成。其型号标记方法是：

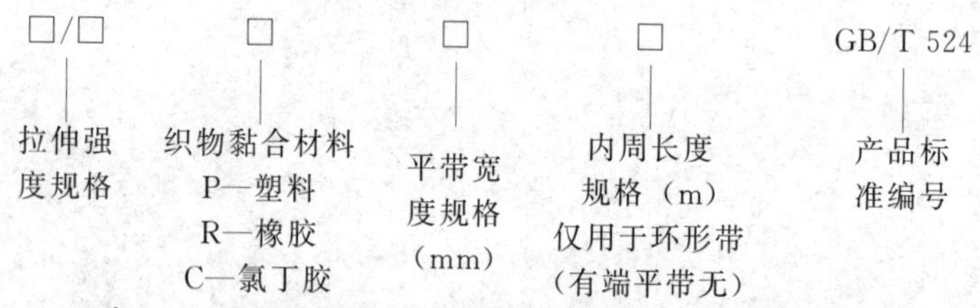

表 23.2 普通平带的种类、结构和规格型号（GB/T 524—2007） mm

公称带宽	轮宽荐用值	公称带宽	轮宽荐用值	公称带宽	轮宽荐用值	公称带宽	轮宽荐用值	公称带宽	轮宽荐用值
16	20	50	63	100	112	180	200	315	355
20	25	60	71	112	125	200	224	355	400
25	32	71	80	125	140	224	250	400	450
32	40	80	90	140	160	250	280	450	500
40	50	90	100	160	180	280	315	500	560

表 23.3　特别推荐的环形平带长度（GB/T 524—2007）　mm

优选系列（R20 数系）	第二系列（R40 数系）	优选系列（R20 数系）	第二系列（R40 数系）
500	530	1800	1900
560	600	2000	
630	670	2240	
710	750	2500	
800	850	2800	
900	950	3150	
1000	1060	3550	
1120	1180	4000	
1250	1320	4500	
1400	1500	5000	
1600	1700		

表 23.4　有端平带最小长度（GB/T 524—2007）

平带宽度 b/mm	有端平带最小长度/m
$b \leqslant 90$	8
$90 < b \leqslant 250$	15
$b > 250$	20

注：有端平带供货长度由供需双方协商确定，供货的有端平带可由若干段组成，其偏差范围为 0～+2%。

表 23.5　平带宽度及极限偏差（GB/T 524—2007）　mm

公称值	极限偏差	公称值	极限偏差
16、20、25、32、40、50、63	±2	140、160、180、200、224、250	±4
71、80、90、100、112、125	±3	280、315、355、400、450、500	±5

23.1.2　V 带

V 带的型式根据其结构分为包边 V 带和切边 V 带（分普通、有齿和夹布）等两种。

（1）一般传动用普通 V 带

一般传动用普通 V 带，适用于一般机械传动装置，不适用于帘布结构普通 V 带和汽车、农机、摩托车等机械传动装置，其规格和尺寸见表 23.6。

普通 V 带应具有对称的梯形横截面，高与节宽之比约为 0.7，楔角为 40°，其型号分为 Y、Z、A、B、C、D、E 等七种（有齿切边带型号后面加 X），以 Y 型截面的尺寸最小，E 型截面的尺寸最大，中间依次递增。A、B、C三种最常用（图 23.1）。

图 23.1 V带的截面

V带的型号标记方法是：

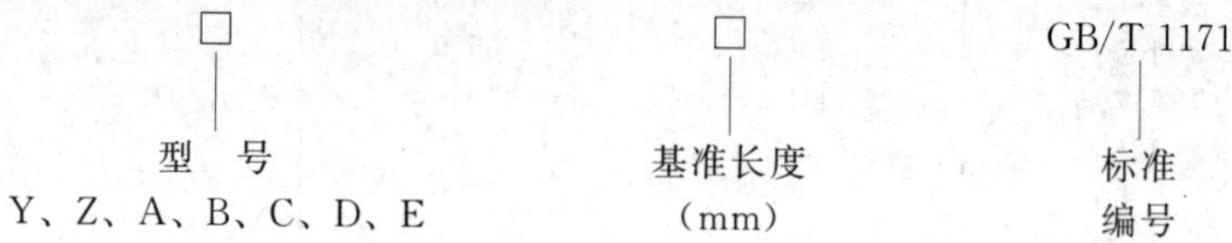

表 23.6 一般传动用普通V带规格和尺寸（GB/T 11544—2012）

mm

型号	截面尺寸			露出高度	基准长度
	节宽 b_p	顶宽 b	高度 h		
Y	5.3	6	4	+0.8～−0.8	200,224,250,280,315,355,400,450,500
Z	8.5	10	6	+1.6～−1.6	405,475,530,625,700,780,820,1080,1330,1420,1540
A	11	13	8	+1.6～−1.6	630,700,790,890,990,1100,1250,1430,1550,1640,1750,1940,2050,2200,2300,2480,2700
B	14	17	11	+1.6～−1.6	930,1000,1100,1210,1370,1560,1760,1950,2180,2300,2500,2700,2870,3200,3600,4060,4430,4820,5370,6070
C	18	22	14	+1.5～−2.0	1565,1760,1950,2195,2420,2715,2880,3080,3520,4060,4600,5380,3100,3815,7600,9100,10700
D	27	32	19	+1.6～−3.2	2740,3100,3330,3730,4080,4620,5400,6100,6840,7620,9140,10700,12200,13700,15200

续表

型号	截面尺寸			露出高度	基准长度
	节宽 b_p	顶宽 b	高度 h		
E	32	38	23	+1.6～−3.2	4660,5040,5420,6100,6850,7650,9150,12230,13750,15280,16800

注：各型号的楔角 $\alpha=40°$，当V带的节面与带轮的基准宽度重合时，基准宽度才等于节宽。

(2) 一般传动用窄V带

一般传动用窄V带（表23.7、表23.8），适用于高速及大动力的机械传动，也适用于一般动力传递。有包边窄V带、普通切边窄V带、有齿切边窄V带和底胶夹布切边窄V带，其型号有SPZ、SPA、SPB、SPC和9N、15N、25N七种。

表23.7　SP型窄V带的规格（GB/T 11544—2012）　mm

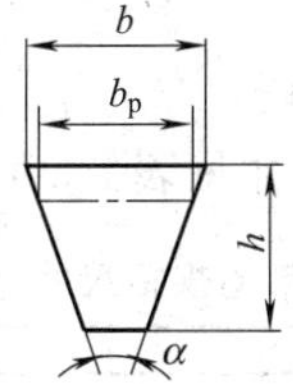

型号	截面尺寸			露出高度	基准长度 L_d(参考)
	节宽 b_p	顶宽 b	高度 h		
SPZ	8	10	8	+1.1～−0.4	630,710,800,900,1000,1120,1250,1400,1600,1800,2000,2240,2500,2800,3150,3550
SPA	11	13	10	+1.3～−0.6	800,900,1000,1120,1250,1400,1600,1800,2000,2240,2500,2800,3150,3550,4000,4500
SPB	14	17	14	+1.4～−0.7	1250,1400,1600,1800,2000,2240,2500,2800,3150,3550,4000,4500,5000,5600,6300,7100,8000
SPC	19	22	18	+1.5～−1.0	2000,2240,2500,2800,3150,3550,4000,4500,5000,5600,6300,7100,8000,9000,10000,11200,12500

注：各型号的楔角 $\alpha=40°$，当V带的节面与带轮的基准宽度重合时，基准宽度才等于节宽。

表 23.8　N型窄 V 带的规格（GB/T 12730—2008）　mm

型号	截面尺寸		公称有效长度
	顶宽 b	高度 h	
9N	9.5	8	630，670，710，760，800，850，900，950，1015，1080，1140，1205，1270，1345，1420，1525，1600，1700，1800，1900，2030，2160，2290，2410，2540，2690，2840，3000，3180，3350，3550
15N	16	13.5	1270，1345，1420，1525，1600，1700，1800，1900，2030，2160，2290，2410，2540，2690，2840，3000，3180，3350，3550，3810，4060，4320，4570，4830，5080，6000，6350，6730，7100，7620，8000，8500，9000
25N	25.5	23	2540，2690，2840，3000，3180，3350，3550，3810，4060，4320，4570，4830，5080，6000，6350，6730，7100，7620，8000，8500，9000，9500，10160，10800，11430，12060，12700

注：各型号的楔角 $\alpha=38°$，当 V 带的节面与带轮的基准宽度重合时，基准宽度才等于节宽。

23.1.3　梯形齿同步带

梯形齿同步带的规格尺寸见表 23.9。

表 23.9　梯形齿同步带的规格尺寸（GB/T 11361—2008）　mm

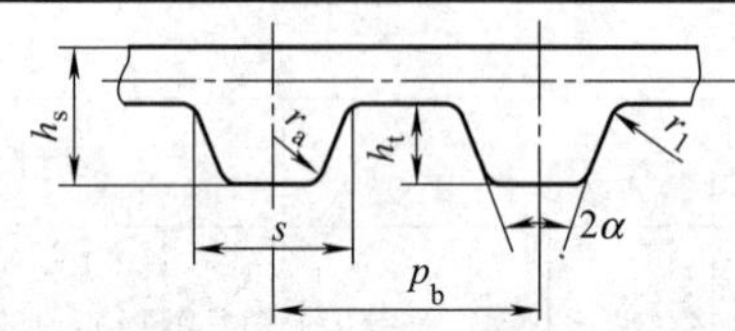

型号	截面基本尺寸					公称高度	标准宽度	
	p_b	s	h_t	r_1	r_a	h_s	b	代号
超轻型 XXL	3.175	1.73	0.76	0.20	0.30	1.52	3.2 4.8 6.4	012 019 025
超重型 XXH	31.750	19.05	9.53	2.29	1.52	15.7	50.8 76.2 101.6 127	200 300 400 500

注：标准宽度代号用宽度（in）的 100 倍表示，如代号 100 的宽度为 25.4mm。

23.1.4　橡胶多楔带

橡胶多楔带的主要特点有：传动功率大，空间相同时比普通 V

带的传动功率高 30%；传动系统结构紧凑，在相同的传动功率情况下，传递装置所占空间比普通 V 带小 25%；带体薄，富有柔软性，适应带轮直径小的传动，也适应高速传动，带速可达 40m/s；振动小，发热少，运转平稳；耐热、耐油、耐磨，使用伸长小，寿命长。多楔带的规格见表 23.10。

表 23.10　多楔带规格（GB/T 16588—2009）　mm

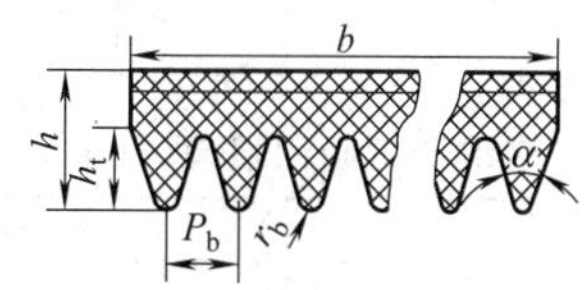

型号	楔距 P_b	楔顶圆角半径最小值	带高 h	带长范围
PH	1.60	0.3	3	200～3000
PJ	2.34	0.4	4	370～3000
PK	3.56	0.5	6	200～3000
PL	4.70	0.4	10	750～8000
PM	9.40	0.75	17	2000～17000

23.2 输送带

23.2.1 普通输送带

普通输送带（表 23.11～表 23.14）的型号标记方法：

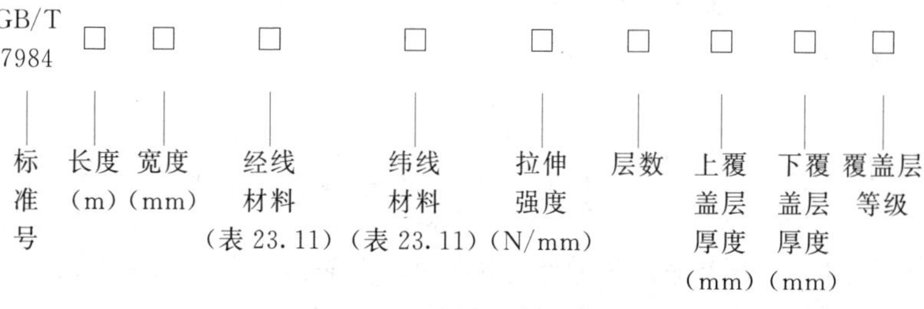

表 23.11　织物材料代号

织物材料	棉线	人造棉	人造丝	锦纶（聚酰胺纤维）	涤纶（聚对苯二甲酸乙二酯）	芳纶（芳香族聚酰胺纤维）	玻璃纤维
代号	B	Z	R	P	E	D	G

表 23.12 有端输送带的公称宽度及极限偏差（GB /T 4490—2009）

mm

公称宽度	极限偏差	公称宽度	极限偏差	公称宽度	极限偏差
300	±5	1000	±10	2200	±22
400	±5	1200	±12	2400	±24
500	±5	1400	±14	2600	±26
600	±5	1600	±16	2800	±28
650	±6.5	1800	±18	3000	±30
800	±8	2000	±20	3200	±32

表 23.13 输送带的长度极限偏差（GB/T 7984—2013）

<table>
<tr><th colspan="2">环形输送带</th><th colspan="3">有端输送带</th></tr>
<tr><th>长度 L/m</th><th>极限偏差/mm</th><th colspan="2">交货条件</th><th>极限偏差</th></tr>
<tr><td>≤15</td><td>±50</td><td colspan="2">由一段组成</td><td>$^{+2.5}_{0}\%L$</td></tr>
<tr><td>>15～20</td><td>±75</td><td rowspan="2">由若干段组成</td><td>每单根长度或每段长度</td><td>±5%L</td></tr>
<tr><td>>20</td><td>±0.5%L(以米计)</td><td>各段长度之和</td><td>$^{+2.5}_{0}$5%L</td></tr>
</table>

表 23.14 最小全厚度拉伸强度值（GB/T 7984—2013）

N/mm

<table>
<tr><td rowspan="2">指定带型号</td><td>150</td><td>200</td><td>250</td><td>315</td><td>400</td><td>500</td><td>630</td></tr>
<tr><td>800</td><td>1000</td><td>1250</td><td>1600</td><td>2000</td><td>2500</td><td>3150</td></tr>
</table>

注：最小全厚度拉伸强度（N/mm）等于指定带型号。

23.2.2 金属丝编织输送带

钢丝绳芯输送带型号表示方法是：

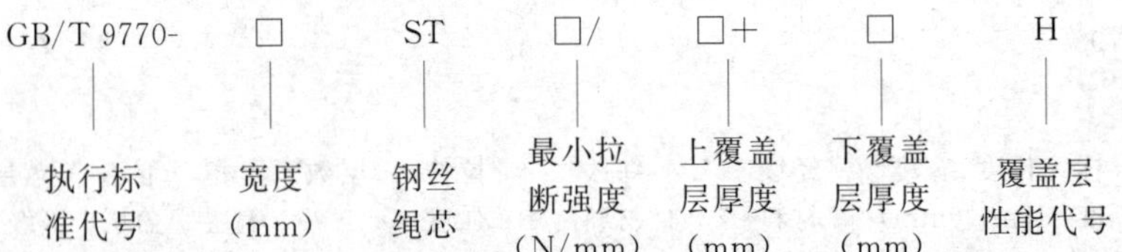

用于工业上输送各种物料或工件，其宽度（单位均为 mm）有 500、650、800、1000、1200、1400、1600、1800、2000、2200、2400、2600、2800、3000、3200 等规格。根据使用环境和要求的不同可分为很多型号。金属丝的材质有碳素结构钢、不锈钢，可根据耐磨、耐温、耐蚀的要求选用。其编织形式见图 23.2。钢丝绳芯输送带带型系列见表 23.15。

表 23.15　钢丝绳芯输送带带型系列（GB/T 9770—2013）

带型号		500	630	800	1000	1250	1400	1600	1800	2000	2250	2500	2800	3150	3500	4000	4500	5000	5400	6300	7000	7500
最小拉断强度 $K_{N\min}$/(N/mm)		500	630	800	1000	1250	1400	1600	1800	2000	2250	2500	2800	3150	3500	4000	4500	5000	5400	6300	7000	7500
钢丝绳最大直径 $d_{\max}$/mm		3.0	3.0	3.5	4.0	4.5	5.0	5.0	5.6	6.0	5.6	7.2	7.2	8.1	8.6	8.9	9.7	10.9	11.3	12.8	13.5	15.0
钢丝绳最小拉断力 $F_{b\,s\min}$/kN		7.6	7.0	8.9	12.9	16.1	20.6	20.6	25.5	25.6	26.2	40.0	39.6	50.5	56.0	63.5	76.3	91.0	98.2	130.4	142.4	166.7
钢丝绳间距 t/mm		14.0	10.0	10.0	12.0	12.0	14.0	12.0	13.5	12.0	11.0	15.0	13.5	15.0	15.0	15.0	15.0	17.0	17.0	19.5	19.5	21.0
覆盖层最小厚度 $s_{\min}$/mm		4.0										5.0		5.5	6.0	6.5	7.0	7.5	8.0	10.0		
带宽 B/mm	极限偏差	钢丝绳根数																				
500	+10 −5	33	45	45	39	39	34	39	N/A	N/A	N/A	N/A	N/A	N/A	N/A	N/A	N/A	N/A	N/A	N/A	N/A	N/A
650	+10 −7	44	60	60	51	51	45	51	46	52	56	41	46	41	41	41	39	36	N/A	N/A	N/A	N/A
800	+10 −8	54	75	75	63	63	55	63	57	63	69	50	57	50	50	50	48	45	45	N/A	N/A	N/A
1000	±10	68	95	95	79	79	68	79	71	79	86	64	71	64	64	64	59	55	55	N/A	N/A	N/A
1200	±10	83	113	113	94	94	82	94	85	94	104	76	85	76	77	77	71	66	66	58	59	54
1400	±12	96	133	133	111	111	97	111	100	111	122	89	100	89	90	90	84	78	78	68	69	64
1600	±12	111	151	151	126	126	111	126	114	126	140	101	114	101	104	104	96	90	90	78	80	73
1800	±14	125	171	171	143	143	125	143	129	143	159	114	128	114	117	117	109	102	102	89	90	83
2000	±14	139	191	191	159	159	139	159	144	159	177	128	143	128	130	130	121	113	113	99	100	92
2200	±15	153	211	211	176	176	154	176	159	176	195	141	158	141	144	144	134	125	125	109	110	102
2400	±15	167	231	231	193	193	168	193	174	193	213	155	173	155	157	157	146	137	137	119	119	110
2600	±15	181	251	251	209	209	182	209	189	209	231	168	188	168	170	170	159	149	149	129	129	120
2800	±15	196	271	271	226	226	197	226	203	226	249	181	202	181	183	183	171	161	161	139	139	129
3000	±15	210	291	291	243	243	211	243	218	243	268	195	217	195	195	195	183	172	172	149	149	139
3200	±15	224	311	311	260	260	225	260	233	260	286	208	232	208	208	208	196	184	184	160	160	149

注：N/A 由于成槽性的缘故而不适用。

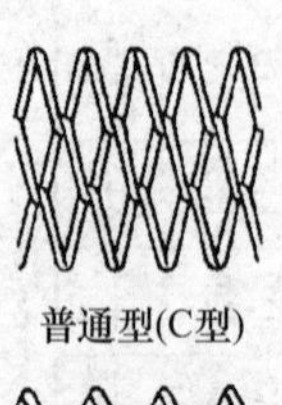

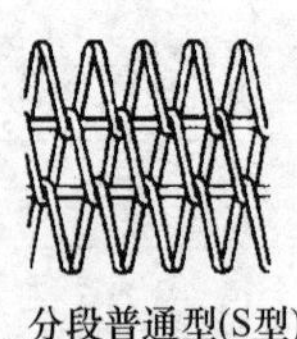

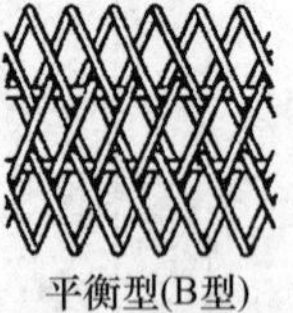

双股加固型(DR型)　组合平衡型(CBns型)

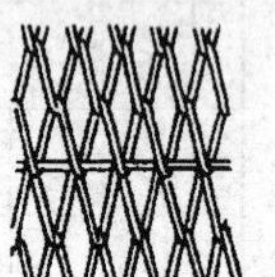

图 23.2　金属丝的编织形式

23.2.3　轻型输送带

轻型输送带（表 23.16）型号表示方法是：

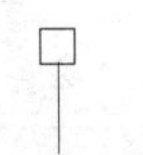

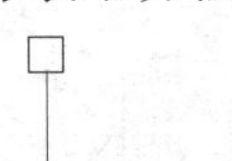

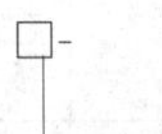

纵向全厚度拉伸强度(N/mm)　轻型带　制造年月各用两位数字表示　R—橡胶覆盖层 P—塑料覆盖层　标称宽度(mm)　骨架层材质及层数　环形带内周长度(m)

表 23.16　轻型输送带的主要技术数据（23677—2009）　mm

切割宽度极限偏差					
带宽 b	含低吸湿材料的带（如聚酯）	含高吸湿性材料的带（如棉、尼龙）	带宽 b	含低吸湿性材料的带（如聚酯）	含高吸湿性材料的带（如棉、尼龙）
$b \leqslant 200$	±1	±2	$1000 < b \leqslant 2000$	±6	±6
$200 < b \leqslant 600$	±2	±3	$2000 < b \leqslant 4000$	±7	±0.3%b
$600 < b \leqslant 1000$	±4	±5	$b > 4000$	±8	±0.3%b

环形带和端部已作接头准备的有端带长度极限偏差			
长度 L/m	极限偏差	长度 L/m	极限偏差
$L \leqslant 2$	±10	$2 < L \leqslant 7$	±20
$L > 7$	±0.3%L		

全厚度拉伸强度/(N/mm)			
纵向全厚度拉伸强度（规格值）	横向全厚度拉伸强度 ≥	纵向全厚度拉伸强度（规格值）	横向全厚度拉伸强度 ≥
80	30	200	80
100	40	250	100
125	50	315	125
160	63	400	160

注：1. 橡胶型轻型带宽度小于 600mm，极限偏差为±3.0mm。

2. 横向拉伸强度的规定不适用于棉帆布芯轻型带。

3. 全厚度纵向拉断伸长率应不小于 10%，纵向参考力伸长率应不大于 4%。

23.2.4　帆布芯耐热输送带

帆布芯耐热输送带型号表示方法是：

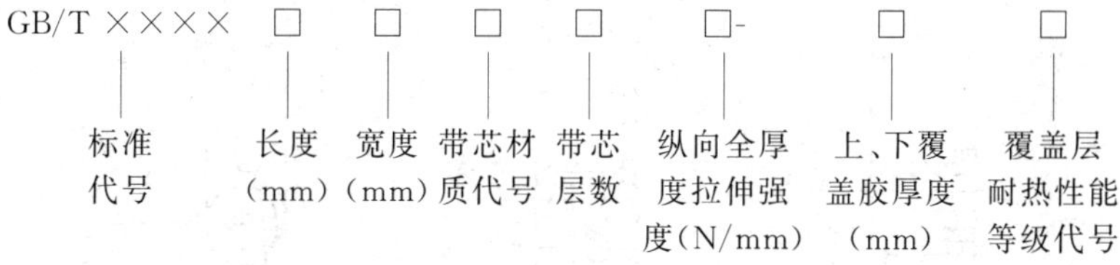

帆布芯耐热带覆盖层输送带的物理性能见表23.17。

表23.17　帆布芯耐热带覆盖层输送带的物理性能（GB/T 20021—2005）

项目		类型			
		T1	T2	T3	T4
		允许变化范围			
硬度	老化后与老化前之差(IRHD)	+20		±20	
	老化后的最大值(IRHD)	85			
拉伸强度	性能变化率/%	−25	−30	−40	−40
	老化后最低值/MPa	12	10	5	0
拉断伸长率	老化后变化率/%	−50		−55	
	老化后最低值/%	200		180	
带型号	纵向全厚度拉伸强度值/MPa ≥	带型号	纵向全厚度拉伸强度值/MPa ≥		
160	160	800	800		
200	200	1000	1000		
250	250	1250	1250		
315	315	1600	1600		
400	400	2000	2000		
500	500	2500	2500		
630	630	3150	3150		

注：T1—可耐热≤100℃；T2—可耐热≤125℃；T3—可耐热≤150℃；T4—可耐热≤175℃。

23.3　链条

链条有滚子链和齿形链两种。滚子链又有套筒滚子链、水平翼板滚子链、直立翼板滚子链、标准长节距输送链几种。

23.3.1　套筒滚子链

套筒滚子链有（普通系列）短节距精密滚子链和加重系列短节距精密滚子链，其规格见表23.18、表23.19。

表 23.18　（普通系列）传动用短节距精密滚子链（GB/T 1243—2006）

mm

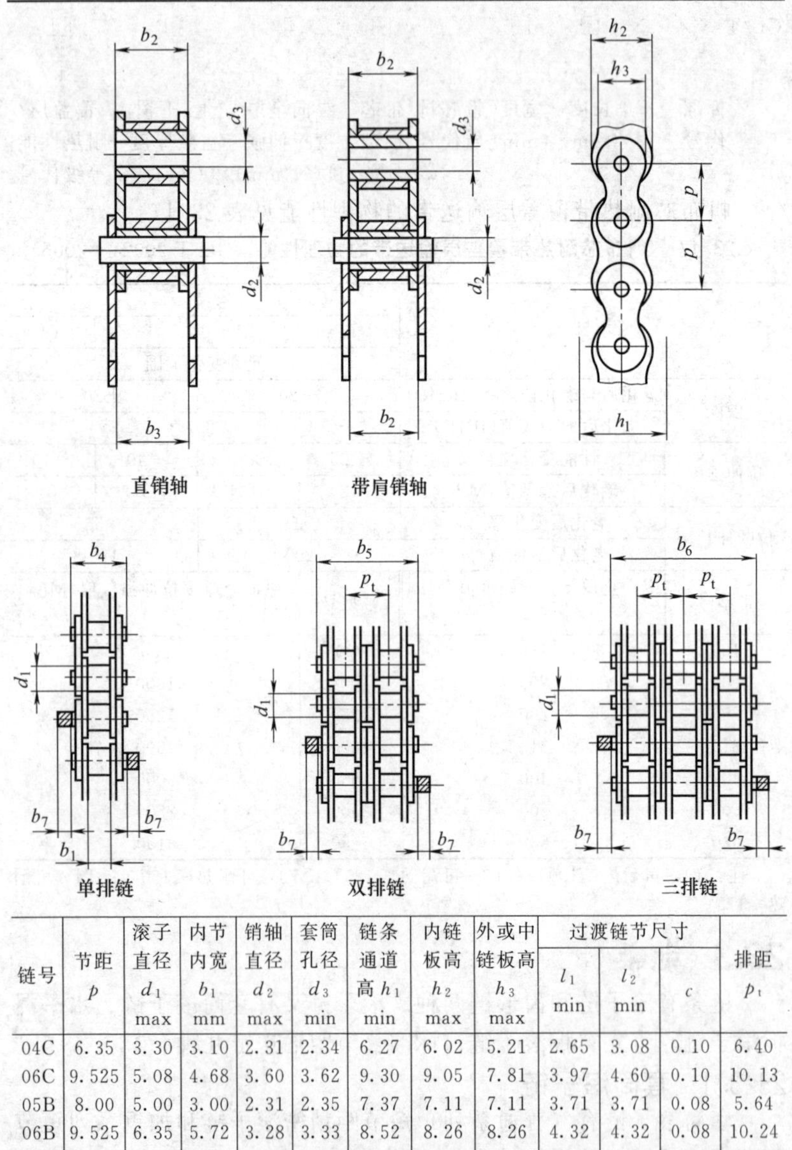

直销轴　带肩销轴

单排链　双排链　三排链

链号	节距 p	滚子直径 d_1 max	内节内宽 b_1 mm	销轴直径 d_2 max	套筒孔径 d_3 min	链条通道高 h_1 min	内链板高 h_2 max	外或中链板高 h_3 max	过渡链节尺寸 l_1 min	l_2 min	c	排距 p_t
04C	6.35	3.30	3.10	2.31	2.34	6.27	6.02	5.21	2.65	3.08	0.10	6.40
06C	9.525	5.08	4.68	3.60	3.62	9.30	9.05	7.81	3.97	4.60	0.10	10.13
05B	8.00	5.00	3.00	2.31	2.35	7.37	7.11	7.11	3.71	3.71	0.08	5.64
06B	9.525	6.35	5.72	3.28	3.33	8.52	8.26	8.26	4.32	4.32	0.08	10.24
08A	12.70	7.92	7.85	3.98	4.00	12.33	12.07	10.42	5.29	6.10	0.08	14.38

续表

链号	节距 p	滚子直径 d_1 max	内节内宽 b_1 mm	销轴直径 d_2 max	套筒孔径 d_3 min	链条通道高 h_1 min	内链板高 h_2 max	外或中链板高 h_3 max	过渡链节尺寸 l_1 min	l_2 min	c	排距 p_t
08B	12.70	8.51	7.75	4.45	4.50	12.07	11.81	10.92	5.66	6.12	0.08	13.92
081	12.70	7.75	3.30	3.66	3.71	10.17	9.91	9.91	5.36	5.36	0.08	—
083	12.70	7.75	4.88	4.09	4.14	10.56	10.30	10.30	5.36	5.36	0.08	—
084	12.70	7.75	4.88	4.09	4.14	11.41	11.15	11.15	5.77	5.77	0.08	—
085	12.70	7.77	6.25	3.60	3.62	10.17	9.91	8.51	4.35	5.03	0.08	—
10A	15.875	10.16	9.40	5.09	5.12	15.35	15.09	13.02	6.61	7.62	0.10	18.11
10B	15.875	10.16	9.65	5.08	5.13	14.99	14.73	13.72	7.11	7.62	0.10	16.59
12A	19.05	11.91	12.57	5.96	5.98	18.34	18.10	15.62	7.90	9.15	0.10	22.78
12B	19.05	12.07	11.68	5.72	5.77	16.39	16.13	16.13	8.33	8.33	0.10	19.46
16A	25.40	15.88	15.75	7.94	7.96	24.39	24.13	20.83	10.55	12.20	0.13	29.29
16B	25.40	15.88	17.02	8.28	8.33	21.34	21.08	21.08	11.15	11.15	0.13	31.88
20A	31.75	19.05	18.90	9.54	9.56	30.48	30.17	26.04	13.16	15.24	0.15	35.76
20B	31.75	19.05	19.56	10.19	10.24	26.68	26.42	26.42	13.89	13.89	0.15	36.45
24A	38.10	22.23	25.22	11.11	11.14	36.55	36.2	31.24	15.80	18.27	0.18	45.44
24B	38.10	25.40	25.40	14.63	14.68	33.73	33.4	33.40	17.55	17.55	0.18	48.36
28A	44.45	25.40	25.22	12.71	12.74	42.67	42.23	36.45	18.42	21.32	0.20	48.87
28B	44.45	27.94	30.99	15.90	15.95	37.46	37.08	37.08	19.51	19.51	0.20	59.56
32A	50.80	28.58	31.55	14.29	14.31	48.74	48.26	41.68	21.04	24.33	0.20	58.55
32B	50.80	29.21	30.99	17.81	17.86	42.72	42.29	42.29	22.20	22.20	0.20	58.55
36A	57.15	35.71	35.48	17.46	17.49	54.86	54.30	46.86	23.65	27.36	0.20	65.84
40A	63.50	39.68	37.85	19.85	19.87	60.93	60.33	52.07	26.24	30.36	0.20	71.55
40B	63.50	39.37	38.10	22.89	22.94	53.49	52.96	52.96	27.76	27.76	0.20	72.29
48A	76.20	47.63	47.35	23.51	23.84	73.13	72.39	62.49	31.45	36.40	0.20	87.83
48B	76.20	48.26	45.72	29.24	29.29	64.52	63.88	63.88	33.45	33.45	0.20	91.21
56B	88.90	53.98	53.34	34.32	34.37	78.64	77.85	77.85	40.61	40.61	0.20	106.60
64B	101.60	63.50	60.96	39.40	39.45	91.08	90.17	90.17	47.07	47.07	0.20	119.85
72B	114.30	72.39	68.58	44.48	44.53	104.67	103.62	103.62	53.37	53.37	0.20	136.27

续表

链号	内节外宽 b_2 max	外节内宽 b_3 min	销轴长度			止锁件附加宽 b_7 max	测量力/N			抗拉强度 F_u/kN			动载强度（单排）F_d/N min
			单排 b_4 max	双排 b_5 max	三排 b_6 max		单排	双排	三排	单排 min	双排 min	三排 min	
04C	4.80	4.85	9.1	15.5	21.8	2.5	50	100	150	3.5	7.0	10.5	630
06C	7.46	7.52	13.2	23.4	33.5	3.3	70	140	210	7.9	15.8	23.7	1410
05B	4.77	4.90	8.5	14.3	19.9	3.1	50	100	150	4.4	7.8	11.1	820
06B	8.53	8.66	13.5	23.8	34.0	3.3	70	140	210	8.9	16.9	24.9	1290
08A	11.17	11.23	17.8	32.3	46.7	3.9	120	250	370	13.9	27.8	41.7	2480
08B	11.30	11.43	17.0	31.0	44.9	3.9	120	250	370	17.8	31.1	44.5	2480
081	5.80	5.93	10.2	—	—	1.5	125	—	—	8.0	—	—	—
083	7.90	8.03	12.9	—	—	1.5	125	—	—	11.6	—	—	—
084	8.80	8.93	14.8	—	—	1.5	125	—	—	15.6	—	—	—
085	9.06	9.12	14.0	—	—	2.0	80	—	—	6.7	—	—	1340
10A	13.84	13.89	21.8	39.9	57.9	4.1	200	390	590	21.8	43.6	65.4	3850
10B	13.28	13.41	19.6	36.2	52.8	4.1	200	390	590	22.2	44.5	66.7	3330
12A	17.75	17.81	26.9	49.8	72.6	4.6	280	560	840	31.3	62.6	93.9	5490
12B	15.62	15.75	22.7	42.2	61.7	4.6	280	560	840	28.9	57.8	86.7	3720
16A	22.60	22.66	33.5	62.7	91.9	5.4	500	1000	1490	55.6	111.2	166.8	9550
16B	25.45	25.58	36.1	68.0	99.9	5.4	500	1000	1490	60.0	106.0	160.0	9530
20A	27.45	27.51	41.1	77.0	113.0	6.1	780	1560	2340	87.0	174.0	261.0	14600
20B	29.01	29.14	43.2	79.7	116.1	6.1	780	1560	2340	95.0	170.0	250.0	13500
24A	35.45	35.51	50.8	96.3	141.7	6.6	1110	2220	3340	125.0	250.0	375.0	20500
24B	37.92	38.05	53.4	101.8	150.2	6.6	1110	2220	3340	160.0	280.0	425.0	19700
28A	37.18	37.24	54.9	103.6	152.4	7.4	1510	3020	4540	170.0	340.0	510.0	27300
28B	46.58	46.71	65.1	124.7	184.3	7.4	1510	3020	4540	200.0	360.0	530.0	27100
32A	45.21	45.26	65.5	124.2	182.9	7.9	2000	4000	6010	223.0	446.0	669.0	34800
32B	45.57	45.70	67.4	126.0	184.5	7.9	2000	4000	6010	250.0	450.0	670.0	29900
36A	50.85	50.90	73.9	140.0	206.0	9.1	2670	5340	8010	281.0	562.0	843.0	44500①
40A	54.88	54.94	80.3	151.9	223.5	10.2	3110	6230	9340	347.0	694.0	1041.0	53600①
40B	55.75	55.88	82.6	154.9	227.2	10.2	3110	6230	9340	355.0	630.0	950.0	41800①
48A	67.81	67.87	95.5	183.4	271.3	10.5	4450	5900	13340	500.0	1000.0	1500.0	73100①
48B	70.56	70.69	99.1	190.4	281.6	10.5	4450	8900	13340	560.0	1600.0	1500.0	63600①
56B	81.33	81.46	114.6	221.2	327.8	11.7	6090	12190	20000	850.0	1600.0	2240.0	83900①
64B	92.02	92.15	130.9	250.8	370.7	13.0	7960	15920	27000	1120.0	2000.0	3000.0	106900①
72B	103.81	103.94	147.4	283.7	420.0	14.3	10100	20190	33500	1400.0	2500.0	3750.0	132700①

① 动载强度值是基于 5 个链节的试样，不适用于这些 3 个链节的试样。

注：滚子链的标记为“链号-排数-标准编号”。

例：08A-2-GB/T 1243—2006 表示链号为 08A、双排滚子链。但因为 081、083、084 和 085 链条通常仅以单排形式使用，故不遵循这一规则。

下面介绍的 ANSI 重载系列链条标记方法同此。

表 23.19 ANSI 重载系列链条尺寸及性能（GB/T 1243—2006）

mm

链号	节距 p	滚子直径 d_1 max	内节内宽 b_1 min	销轴直径 d_2 max	套筒孔径 d_3 min	链条通道高 h_1 min	内链板高 h_2 max	外或中链板高 h_3 max	过渡链节尺寸 l_1 min	过渡链节尺寸 l_2 min	过渡链节尺寸 c	排距 p_t
60H	19.05	11.91	12.57	5.96	5.58	18.34	18.10	15.62	7.90	9.15	0.10	26.11
80H	25.40	15.88	15.75	7.94	7.96	24.39	24.13	20.83	10.55	12.20	0.13	32.59
100H	31.75	19.05	18.90	9.54	9.56	30.48	30.17	26.04	13.16	15.24	0.15	39.09
120H	38.10	22.23	25.22	11.11	11.14	36.55	36.2	31.24	15.80	18.27	0.18	48.87
140H	44.45	25.40	25.22	12.71	12.74	42.67	42.23	36.45	18.42	21.32	0.20	52.20
160H	50.80	28.58	31.55	14.29	14.31	48.74	48.26	41.66	21.04	24.33	0.20	61.90
180H	57.15	35.71	35.48	17.46	17.49	54.86	54.30	46.86	23.65	27.36	0.20	69.16
200H	63.50	39.68	37.85	19.85	19.87	60.93	60.33	52.07	26.24	30.36	0.20	78.31
240H	76.20	47.63	47.35	23.31	23.84	73.13	72.39	62.49	31.45	36.40	0.20	101.22

链号	内节外宽 b_2 max	外节内宽 b_3 min	销轴长度 单排 b_4 max	销轴长度 双排 b_5 max	销轴长度 三排 b_6 max	止锁件附加宽度 b_7 max	测量力/N 单排	测量力/N 双排	测量力/N 三排	抗拉强度 F_u/kN 单排 min	抗拉强度 F_u/kN 双排 min	抗拉强度 F_u/kN 三排 min	动载强度（单排）F_d/N min
60H	19.43	19.48	30.2	56.3	82.4	4.6	280	560	840	31.3	62.6	93.9	6330
80H	24.28	24.33	37.4	70.0	102.6	5.4	500	1000	1490	55.6	112.2	166.8	10700
100H	29.10	29.16	44.5	83.6	122.7	5.1	780	1560	2340	87.0	174.0	261.0	16000
120H	37.18	37.24	55.0	103.9	152.8	6.6	1110	2220	3340	125.0	250.0	375.0	22200
140H	38.86	38.91	59.0	111.2	163.4	7.4	1510	3020	4540	170.0	340.0	510.0	29200
160H	46.88	46.94	69.4	131.3	193.2	7.9	2000	4000	6010	223.0	446.0	669.0	36900
180H	52.50	52.55	77.3	146.5	215.7	9.1	2670	5340	8010	281.0	562.0	843.0	46900①
200H	58.29	58.34	87.1	165.4	243.7	10.2	3110	6230	9340	347.0	694.0	1041.0	58700①
240H	74.54	74.60	111.4	212.6	313.8	10.5	4450	8900	13340	500.0	1000.0	1500.0	84400①

① 动载强度值是基于 5 个链节的试样，不适用于这些 3 个链节的试样。

链轮的标记方法为：

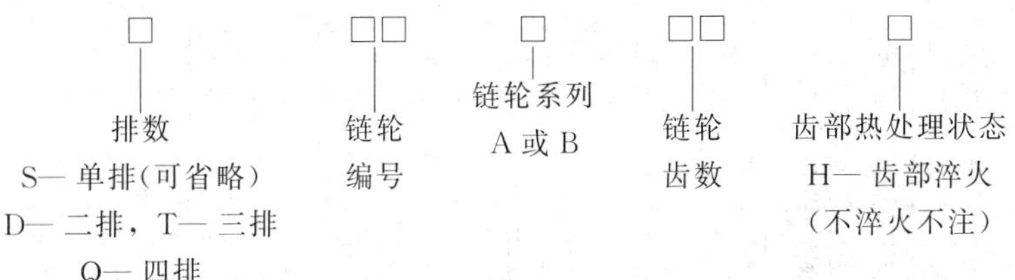

表 23.20　滚子链链轮主要尺寸（GB/T 1243—2006）　mm

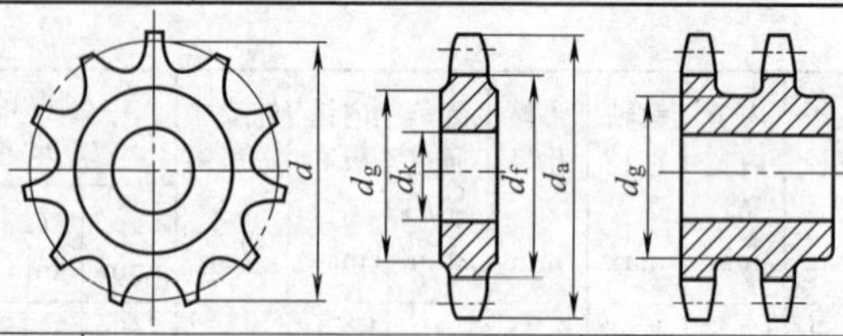

名称	代号	计算公式	注
分度圆直径	d	$d=p/\sin(180°/z)$	
齿顶圆直径	d_a	$d_{amax}=d+1.25p-d_1$ $d_{amin}=d+(1-1.6/z)p-d_1$	可在 d_{amax} 或 d_{amin} 范围内任意选取，但选用 d_{amax} 时，应考虑采用展成法加工，但有发生顶切的可能性
分度圆弦齿高	h_a	$h_{amax}=(0.625+0.8/z)-0.5d_1$ $h_{amin}=0.5(p-d_1)$	h_a为简化放大齿形图的绘制而引入的辅助尺寸。h_{amax}对应于 d_{amax}，h_{amin}对应于 d_{amin}
齿根圆直径	d_f	$d_f=d-d_1$	d_1—滚子直径
齿侧凸缘直径	d_g	$d_g\leqslant p\cot(180/z)-1.04h-0.76$ h—内链板高度	

注：d_a、d_f取整数，其他尺寸精确到 0.01mm。

表 23.21　链轮的几何尺寸参数　mm

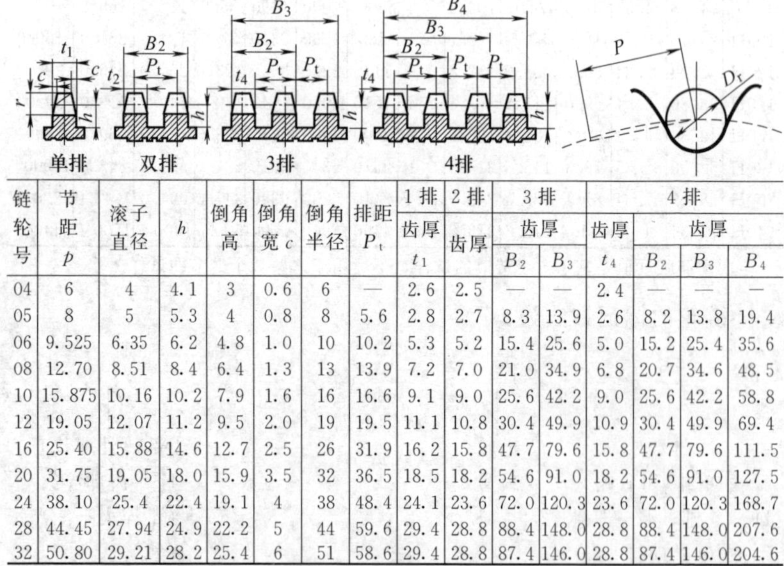

链轮号	节距 p	滚子直径	h	倒角高	倒角宽 c	倒角半径	排距 P_t	1排 齿厚 t_1	2排 齿厚	3排 齿厚 B_2	3排 齿厚 B_3	4排 齿厚 t_4	4排 齿厚 B_2	4排 齿厚 B_3	4排 齿厚 B_4
04	6	4	4.1	3	0.6	6	—	2.6	2.5	—	—	2.4	—	—	—
05	8	5	5.3	4	0.8	8	5.6	2.8	2.7	8.3	13.9	2.6	8.2	13.8	19.4
06	9.525	6.35	6.2	4.8	1.0	10	10.2	5.3	5.2	15.4	25.6	5.0	15.2	25.4	35.6
08	12.70	8.51	8.4	6.4	1.3	13	13.9	7.2	7.0	21.0	34.9	6.8	20.7	34.6	48.5
10	15.875	10.16	10.2	7.9	1.6	16	16.6	9.1	9.0	25.6	42.2	9.0	25.6	42.2	58.8
12	19.05	12.07	11.2	9.5	2.0	19	19.5	11.1	10.8	30.4	49.9	10.9	30.4	49.9	69.4
16	25.40	15.88	14.6	12.7	2.5	26	31.9	16.2	15.8	47.7	79.6	15.8	47.7	79.6	111.5
20	31.75	19.05	18.0	15.9	3.5	32	36.5	18.5	18.2	54.6	91.0	18.2	54.6	91.0	127.5
24	38.10	25.4	22.4	19.1	4	38	48.4	24.1	23.6	72.0	120.3	23.6	72.0	120.3	168.7
28	44.45	27.94	24.9	22.2	5	44	59.6	29.4	28.8	88.4	148.0	28.8	88.4	148.0	207.6
32	50.80	29.21	28.2	25.4	6	51	58.6	29.4	28.8	87.4	146.0	28.8	87.4	146.0	204.6

续表

链轮号	节距 p	滚子直径	h	倒角高	倒角宽 c	倒角半径	排距 P_t	1排	2排	3排		4排			
								齿厚 t_1	齿厚	齿厚		齿厚 t_4	齿厚		
										B_2	B_3		B_2	B_3	B_4
25	6.35	3.30	4.0	3.2	0.8	6.8	6.4	2.8	2.7	9.10	15.3	2.4	8.8	15.2	21.6
35	9.525	5.80	5.0	4.8	1.2	10.2	10.1	4.3	4.1	14.23	24.36	3.8	13.90	24.0	34.1
410	12.70	7.77	7.0	7.0	1.1	19.2	—	2.8	—	—	—	—	—	—	—
415	12.70	7.77	7.0	7.0	1.6	13.5	—	4.3	—	—	—	—	—	—	—
41	12.70	7.77	7.0	6.4	1.6	13.5	—	5.8	—	—	—	—	—	—	—
40	12.70	7.92	7.0	6.4	1.6	13.5	14.4	7.2	7.0	21.4	35.8	6.5	20.9	35.3	49.7
50	15.875	10.16	10.3	7.9	2.0	16.9	18.1	8.7	8.4	26.5	44.6	7.9	26.0	44.1	62.2
60	19.05	11.91	11.8	9.5	2.4	20.3	22.8	11.7	11.3	34.1	56.9	10.6	33.4	56.2	79.0
80	25.4	15.88	15.5	12.7	3.2	27.0	29.3	14.5	14.1	43.4	72.7	13.3	42.6	71.9	101.2
100	31.75	19.05	19.2	15.9	4.0	33.8	35.8	17.5	17.0	52.8	88.6	16.0	51.8	87.6	123.4
120	38.10	22.22	23.0	19.1	4.8	40.5	45.4	23.5	22.7	68.1	113.5	21.5	66.9	112.3	157.7
140	44.45	25.40	27.0	22.2	5.6	47.5	48.9	23.5	22.7	71.6	120.5	21.5	70.4	119.3	168.3
160	50.80	28.58	31.6	25.4	6.4	54.0	58.5	29.3	28.4	86.9	145.4	27.0	85.5	144.0	202.5
180	57.15	35.71	36.8	28.5	7.2	61.0	65.8	33.1	32.0	97.8	163.6	30.4	96.2	162.0	227.8
200	63.50	39.67	39.6	31.8	7.9	67.5	71.6	35.3	34.1	105.7	177.3	32.5	104.1	175.7	247.3

23.3.2 钢制滚子链

（1）国家标准（表 23.22 和表 23.23）

表 23.22 S型、C型钢制滚子链（GB/T 10857—2005） mm

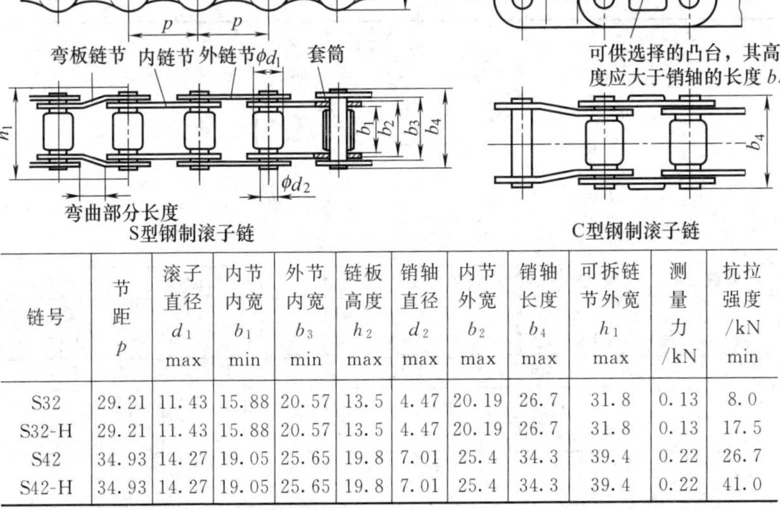

S型钢制滚子链　　C型钢制滚子链

链号	节距 p	滚子直径 d_1 max	内节内宽 b_1 min	外节内宽 b_3 min	链板高度 h_2 max	销轴直径 d_2 max	内节外宽 b_2 max	销轴长度 b_4 max	可拆链节外宽 h_1 max	测量力 /kN	抗拉强度 /kN min
S32	29.21	11.43	15.88	20.57	13.5	4.47	20.19	26.7	31.8	0.13	8.0
S32-H	29.21	11.43	15.88	20.57	13.5	4.47	20.19	26.7	31.8	0.13	17.5
S42	34.93	14.27	19.05	25.65	19.8	7.01	25.4	34.3	39.4	0.22	26.7
S42-H	34.93	14.27	19.05	25.65	19.8	7.01	25.4	34.3	39.4	0.22	41.0

续表

链号	节距 p	滚子直径 d_1 max	内节内宽 b_1 min	外节内宽 b_3 min	链板高度 h_2 max	销轴直径 d_2 max	内节外宽 b_2 max	销轴长度 b_4 max	可拆链节外宽 h_1 max	测量力 /kN	抗拉强度 /kN min
S45	41.4	15.24	22.23	28.96	17.3	5.74	28.58	38.1	43.2	0.22	17.8
S45-H	41.4	15.24	22.23	28.96	17.3	5.71	28.58	38.1	43.2	0.22	32.0
S52	38.1	15.24	22.23	28.96	17.3	5.74	28.58	38.1	43.2	0.22	17.8
S52-H	38.1	15.24	22.23	28.96	17.3	5.74	28.58	38.1	43.2	0.22	32.0
S55	41.4	17.78	22.23	28.96	17.3	5.74	28.58	38.1	43.2	0.22	17.8
S55-H	41.4	17.78	22.23	28.96	17.3	5.74	28.58	38.1	43.2	0.22	32.0
S62	41.91	19.05	25.4	32.0	17.3	5.74	31.8	40.6	45.7	0.44	26.7
S62-H	41.91	19.05	25.4	32.0	17.3	5.74	31.8	40.6	45.7	0.44	32.0
S77	58.34	18.26	22.23	31.5	26.2	8.92	31.17	43.2	52.1	0.56	44.5
S77-H	58.34	18.26	22.23	31.5	26.2	8.92	31.17	43.2	52.1	0.56	80.0
S88	66.27	22.86	28.58	37.85	26.2	8.92	37.52	50.8	58.4	0.56	44.5
S88-H	66.27	22.86	28.58	37.85	26.2	8.92	37.52	50.8	58.4	0.56	80.0
C550	41.4	16.87	19.81	26.16	20.2	7.19	26.04	35.6	39.7	0.44	39.1
C550-H	41.4	16.87	19.81	26.16	20.2	7.19	26.04	35.6	39.7	0.44	57.8
C620	42.01	17.91	24.51	31.72	20.2	7.19	31.6	42.2	46.8	0.44	39.1
C620-H	42.01	17.91	24.51	31.72	20.2	7.19	31.6	42.2	46.8	0.44	57.8

注 1. 最小套筒内径应比最大销轴直径 d_2 大 0.1mm。

2. 对于恶劣工况，建议不使用弯板链节。

表 23.23 一般用途链轮的齿沟角和齿形尺寸（GB/T 10857—2005）

mm

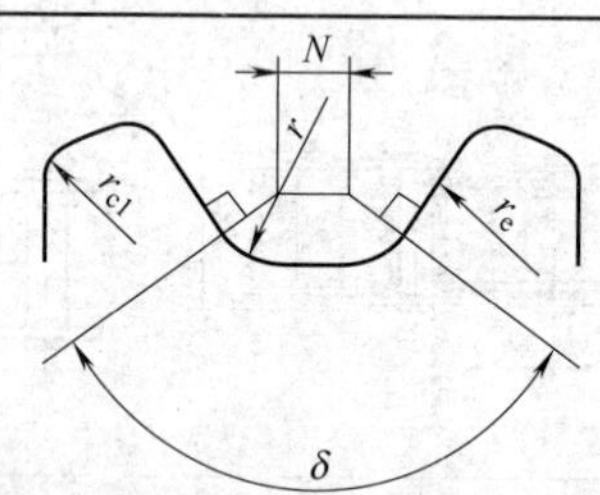

齿数 z	齿沟角 δ/(°)	齿数 z	齿沟角 δ/(°)	齿数 z	齿沟角 δ/(°)
6	100	8	110	10	120
7	105	9	115	≥11	125

链号	齿形,6～8 齿				齿形,9 齿及以上			
	r_e	r① min	s① max	r_{cl}①	r_e	r① min	s① max	r_{cl}①
S32	18.5	5.1	6.4	2.5	21.6	5.1	6.4	2.5
S42	21.6	6.4	6.4	5.1	26.7	6.4	6.4	5.1

续表

链号	齿形,6～8齿				齿形,9齿及以上			
	r_e	r① min	s① max	r_{c1}①	r_e	r① min	s① max	r_{c1}①
S45	26.7	6.4	10.2	5.1	29.2	6.4	10.2	5.1
S52	26.7	6.4	8.9	5.1	29.2	6.4	8.9	5.1
S50	29.2	7.6	8.9	5.1	33.0	7.6	8.9	5.1
S62	33.0	7.6	7.6	5.1	35.6	7.6	7.6	5.1
S77	35.6	7.6	14.0	5.1	34.3	7.6	14	5.1
S88	34.3	10.2	15.2	7.6	43.2	10.2	15.2	7.6
C550	28.9	7.2	9.3	5.1	33.0	5.56	10.4	5.1
C620	30.0	7.6	7.6	5.1	35.6	5.89	10.4	5.1

① 应满足 $s+2r>d_1+0.05p$，p 为节距。

（2）机械行业标准

输送用钢制滚子链的链条由内链节和外链节交替连接组成，内链节由内链板、套筒和滚子组成，外链节由外链板和销轴组成，销轴通过与套筒配合组成铰链。

表 23.24 链条规格、基本参数和尺寸（JB/T 10703—2007） mm

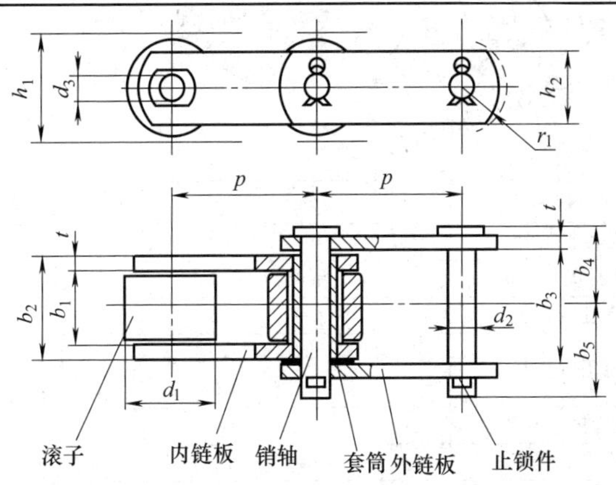

链号	节距 p	滚子外径 d_1	内链节内宽 b_1/b_{1min}	销轴直径 d_2	链板高度 h_2/h_{2max}	链板厚度 t	抗拉强度 Q_{min}/kN
2915-10	76.20	38.1	25.4/24.4	11.13	28.7/30.0	4.8	48.95
2915-20	101.60	38.1	25.4/24.4	11.13	28.7/30.0	4.8	48.95
2915-30	101.60	50.8	28.7/27.7	11.13	31.8/33.3	4.8	62.30
2915-40	101.60	38.1	22.4/21.1	12.70	31.8/33.3	6.4	71.20

续表

链号	节距 p	滚子外径 d_1	内链节内宽 $b_1/b_{1\min}$	销轴直径 d_2	链板高度 $h_2/h_{2\max}$	链板厚度 t	抗拉强度 $Q_{\min}$/kN
2915-50	101.60	57.2	33.3/32.0	15.88	38.1/39.6	9.7	106.80
2915-60	152.40	50.8	28.7/27.4	11.13	31.8/39.6	6.4	66.75
2915-70	152.40	63.5	31.8/30.5	14.30	38.1/39.6	6.4	89.00
2915-80	152.40	50.8	33.3/32.0	15.88	38.1/39.6	7.9	102.35
2915-90	152.40	76.2	35.1/33.8	19.05	50.8/52.3	9.7	146.85

表 23.25 链轮参数（JB/T 10703—2007） mm

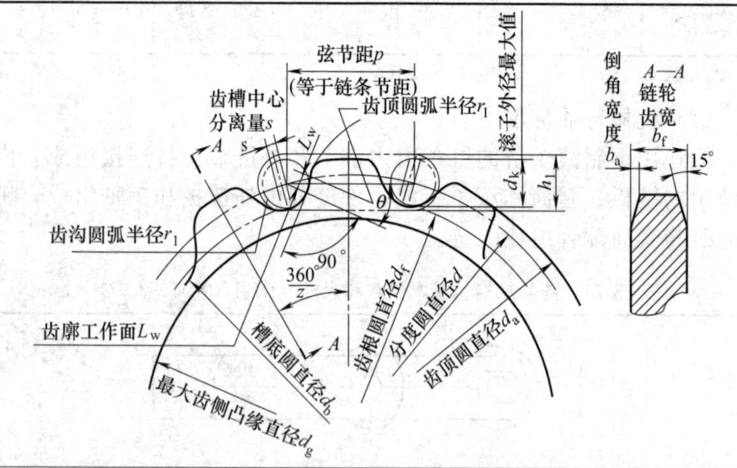

<table>
<tr><th colspan="2">参　数</th><th>公　式</th><th>备　注</th></tr>
<tr><td rowspan="5">直径尺寸</td><td>分度圆直径</td><td>$d=p/[\sin(180°/z)]=p_k$</td><td>k—见表 23.26</td></tr>
<tr><td>齿根圆直径(max)</td><td>$d_f=p_k-d_{1\max}$</td><td></td></tr>
<tr><td>槽底圆直径</td><td>$d_b=d_f-1.5$</td><td>1.5 为减差补偿</td></tr>
<tr><td>齿顶圆直径</td><td>$d_{a\max}=p[\cot(180°/z)]+h_{2\max}$
$=p_{k_1}+h_{2\max}$</td><td rowspan="6">k_1—见表 23.26；
$h_{2\max}$：
2915-10、20-30.0
2915-30、40-33.3
2915-50、60-39.6
2915-70、80-39.6
2915-90-52.3</td></tr>
<tr><td>最大齿侧凸缘直径</td><td>$d_{g\max}=p(k_1-0.05)-h_{2\max}$</td></tr>
<tr><td rowspan="5">齿槽形状</td><td>齿槽中心分离量</td><td>$s=(0.1\sim0.15)p$</td></tr>
<tr><td>齿沟圆弧半径(max)</td><td>$r_1<d_1/2$</td></tr>
<tr><td>齿顶圆弧半径</td><td>$r_1=0.5p$</td></tr>
<tr><td>齿廓工作面</td><td>$L_w=0.01pz$</td></tr>
<tr><td>作用角 θ</td><td>—</td><td>见表 23.26</td></tr>
<tr><td rowspan="2">轴向齿廓</td><td>齿宽</td><td>$b_f=0.95b_{1\min}$</td><td>$b_{1\min}$—见表 23.24</td></tr>
<tr><td>倒角宽度</td><td>$b_a\approx0.12b_f,\leqslant9.6$mm</td><td></td></tr>
</table>

表 23.26　分度圆直径系数、齿顶圆直径系数及作用角

齿数	分度圆直径系数 k	齿顶圆直径系数 k_1	作用角 $\theta/(°)$	齿数	分度圆直径系数 k	齿顶圆直径系数 k_1	作用角 $\theta/(°)$
6	2.000	1.73	9	22	7.026	6.95	22
7	2.304	2.07	10	23	7.343	7.27	22
8	2.613	2.41	11	24	7.661	7.59	23
9	2.923	2.74	12	25	7.978	7.91	23
10	3.236	3.07	13	26	8.296	8.23	23
11	3.549	3.40	14	27	8.613	8.55	23
12	3.863	3.73	15	28	8.931	8.87	24
13	4.178	4.05	16	29	9.249	9.19	24
14	4.494	4.38	17	30	9.566	9.51	24
15	4.809	4.70	18	31	9.884	9.83	24
16	5.125	5.03	19	32	10.202	10.15	24
17	5.442	5.35	20	33	10.520	10.47	25
18	5.758	5.67	20	34	10.837	10.79	25
19	6.075	5.99	21	35	11.155	11.11	25
20	6.392	6.31	21	36	11.473	11.43	25
21	6.709	6.63	22				

23.3.3　传动与输送用双节距精密滚子链

表 23.27　传动与输送用双节距精密滚子链（GB/T 5269—2008）

mm

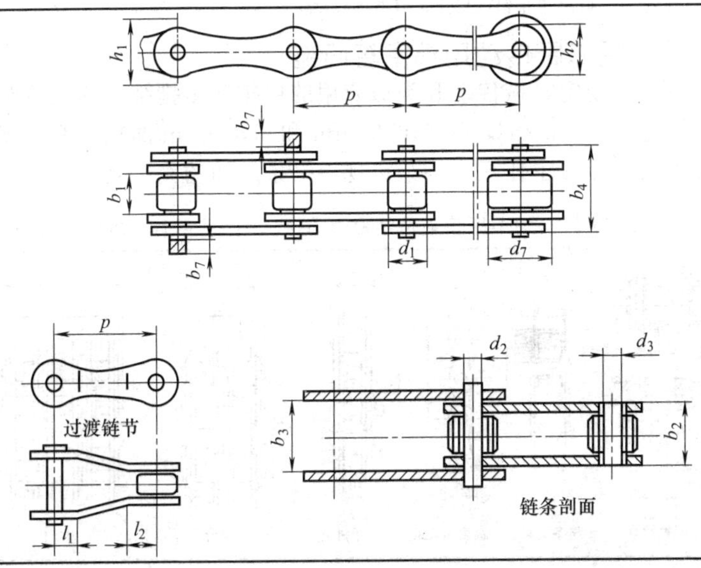

过渡链节

链条剖面

续表

链号	节距 p	滚子直径		销轴直径 d_{2max}	套筒内径 d_{3min}	过渡链板 $l_{1\ min}$	销轴全长 b_4	止锁件附加宽度 b_7	抗拉载荷 /kN
		d_{1max}	d_{7max}						
208A	25.4	7.95	15.88	3.98	4.00	6.9	17.8	3.9	13.9
208B	25.4	8.51	15.88	4.45	4.50	6.9	17.0	3.9	17.8
210A	31.75	10.16	19.05	5.09	5.12	8.4	21.8	4.1	21.8
210B	31.75	10.16	19.05	5.08	5.13	8.4	19.6	4.1	22.2
212A	38.1	11.91	22.23	5.96	5.98	9.9	26.9	4.6	31.3
212B	38.1	12.07	22.23	5.72	5.77	9.9	22.7	4.6	28.9
216A	50.8	15.88	28.58	7.94	7.96	13	33.5	5.4	55.6
216B	50.8	15.88	28.58	8.28	8.33	13	36.1	5.4	60.0
220A	63.5	19.05	39.67	9.54	9.56	16	41.1	6.1	87.0
220B	63.5	19.05	39.67	10.19	10.24	16	43.2	6.1	95.0
224A	76.2	22.23	44.45	11.11	11.14	19.1	50.8	6.6	125
224B	76.2	25.40	44.45	14.63	14.68	19.1	53.4	6.6	160
228B	88.9	27.94	—	15.90	15.95	21.3	65.1	7.4	200
232B	101.6	29.21	—	17.81	17.86	24.4	67.4	7.9	250

注：1. 链号字首的 2 表示双节距，后两位数字是节距的代号，它约等于节距除以 3.175mm，尾部的 A、B 分别表示链条所属系列。

2. 大滚子主要用在输送链上，但有时传动链上也用。大滚子链在链号后加“L”来表示。

3. 对于繁重工况，推荐不在链条上使用过渡链节。

4. 实际尺寸取决于止锁件形式，但不得超过该尺寸。

23.3.4 短节距传动用精密套筒链

适用于规定机械传动和类似应用的单排和多排结构的短节距精密套筒链（表 23.28），仅有 6.35mm 和 9.525mm 两挡节距，规定的链条尺寸保证了任意一种给定规格链条之间的完全互换。

表 23.28 短节距传动用精密套筒链（GB/T 6076—2003） mm

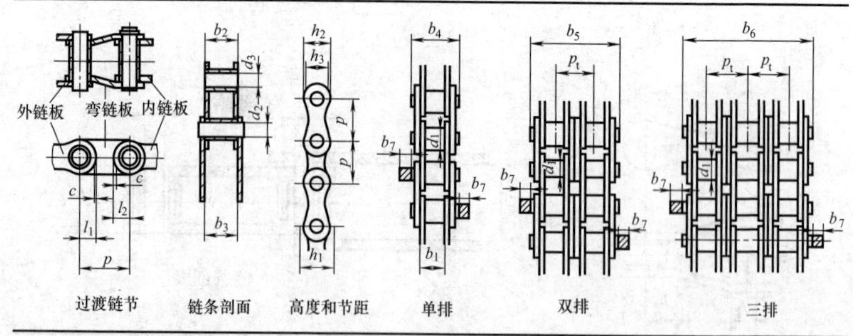

续表

链号	节距 p	套筒外径 d_1 max	内链节内宽 b_1 min	销轴直径 d_2 max	套筒内径 d_3 min	链条通道高度 h_1 min	内链板高度 h_2 max	外、中链板高度 h_3 max	过渡链节尺寸① l_1 min	过渡链节尺寸① l_2 min	过渡链节尺寸① c	排距 p_t
04C	6.35	3.30	3.10	2.31	2.34	6.27	6.02	5.21	2.64	3.06	0.08	6.40
06C	9.525	5.08	4.68	3.58	3.63	9.30	9.05	7.80	3.96	4.60	0.08	10.13

链号	内链节外宽 b_2 max	外链节内宽 b_3 min	销轴长度 单排 b_4 max	销轴长度 双排 b_5 max	销轴长度 三排 b_6 max	接头紧固件增宽 b_7 max	测量力/N 单排	测量力/N 双排	测量力/N 三排	最小抗拉强度/kN 单排	最小抗拉强度/kN 双排	最小抗拉强度/kN 三排
04C	4.80	4.85	9.10	15.50	21.80	2.5	50	100	150	3.5	7.0	10.5
06C	7.47	7.52	13.20	23.40	33.50	3.3	70	140	210	7.9	15.8	23.7

① 用于繁重工作条件下的链条，应尽量避免采用弯板链节。

注：套筒链链号，字母 C 表示套筒链，数字表示链条节距代号，等于节距除以 1.5875mm。

23.3.5　摩托车链条

有滚子链和套筒链两种结构形式，其差别在于套筒链无滚子，尺寸相同。摩托车链条的主要尺寸见表 23.29。

表 23.29　摩托车链条的主要尺寸（GB/T 14212—2010）

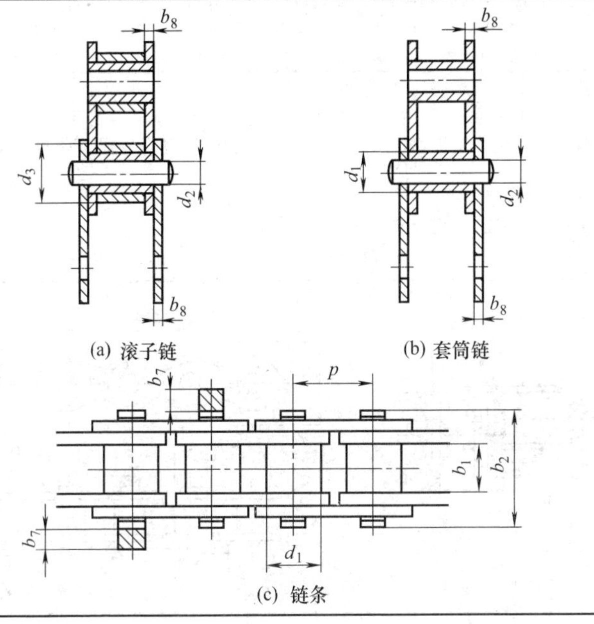

(a) 滚子链　(b) 套筒链

(c) 链条

续表

链号	原链号（供参考）	节距 p	滚子直径 d_1 max	内节内宽 b_1 min	销轴直径② d_2 max	内链板高度 h_2 max	销轴长度 b_4 max	止锁件附加长度③ b_7 max	链板厚度② b_8 mom	测量力 F/N	抗拉强度 F_u/kN min	动载强度 F_d/N min
25H	04MA	6.35	3.30①	3.10	2.31	6.0	9.1	1.0	1.0	50	4.8	810
219	05MA	7.774	4.59①	4.68	3.17	7.6	12.0	1.7	1.2	70	6.6	1080
219H	—	7.774	4.59①	4.68	3.17	7.6	12.6	1.7	1.4	70	7.3	1260
05T	0SMB	8.00	4.73①	4.55	3.17	7.8	12.1	1.7	1.3	70	6.8	1190
270H	05MC	8.50	5.00①	4.75	3.28	8.6	13.3	—	1.6	70	10.8	1720
415M	083	12.70	7.77	4.68	3.97	10.4	11.8	1.9	1.3	120	11.8	1780
415	084	12.70	7.77	4.68	3.97	12.0	13.3	1.5	1.5	120	15.6	2860
415MH	—	12.70	7.77	4.68	3.97	12.0	13.5	1.9	1.5	120	17.7	2860
420	08MA	12.70	7.77	6.25	3.99	12.0	14.9	1.5	1.5	120	L5.6	2860
420MH	—	12.70	7.77	6.25	3.99	12.0	17.5	1.5	1.8	120	18.0	3420
428	08MB	12.70	8.51	7.85	4.51	12.0	16.9	1.9	1.5	140	16.7	2860
428MH	08MC	12.70	8.51	7.85	4.51	12.0	18.9	1.9	2.0	140	20.5	3420
520	10MA	15.875	10.16	6.25	5.09	15.3	17.5	2.2	2.0	200	26.4	4840
520MH	—	15.875	10.22	6.25	5.25	15.3	19.0	2.2	2.2	200	30.5	5170
525	—	15.875	10.16	7.85	5.09	15.3	19.3	2.2	2.0	200	26.4	4840
525MH	—	15.875	10.22	7.85	5.25	15.3	21.2	2.0	2.2	200	30.5	5170
530	10MB	15.875	10.16	9.40	5.09	15.3	20.8	2.1	2.0	200	26.4	4840
530MH	—	15.875	10.22	9.40	5.40	15.3	23.1	2.0	2.4	200	30.4	5490
630	12MA	19.05	11.91	9.40	5.96	18.6	24.0	2.2	2.4	280	35.3	7290

① 系套筒链，其对应的 d_1 是最大套筒直径。

② 仅为参考值，不同商标的链条可以不同；不同厂家的产品不允许混用。

③ 仅为参考值，不推荐使用止锁件，在各种使用场合应尽可能将链条铆接成封闭形式。

23.3.6 自行车链条

表 23.30 自行车链条（GB/T 3579—2006） mm

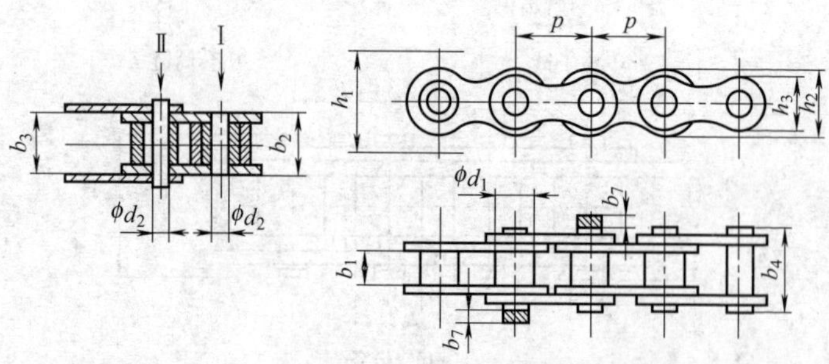

续表

链号	链条结构	节距 p	滚子直径 d_1 max	内节内宽 b_1 min	销轴直径 d_2 max	套筒内径 d_3 min	链条通道高度 h_1 min	内链板高 h_2 max	外链板高 h_3 max	内外链节间隙 b_3-b_2 min	销轴高度 $b_4$① max	止锁端附加高度 $b_7$② max	测量力 /N	压出力 /N min	抗拉强度 /N min
081C	Ⅰ型	12.7	7.75	3.3	3.66	3.69	10.2	9.9	9.9	0.05	10.2	1.5	125	—	8000
082C	Ⅰ型			2.38						0.10	8.2	—		780	8000③
	Ⅱ型						9	8.7	8.7	0.05	7.4	—		780	8000③

① 实际尺寸取决于所使用自行车变速器的类型，但不应超过表中规定尺寸。
② 实际尺寸取决于所使用止锁件的类型，但不应超过表中规定尺寸。
③ 如果用户与制造商之间协商同意，最小抗拉强度可以大于表中规定值。

23.3.7 重载传动用弯板滚子链

表 23.31　重载传动用弯板滚子链（GB/T 5858—1997）　mm

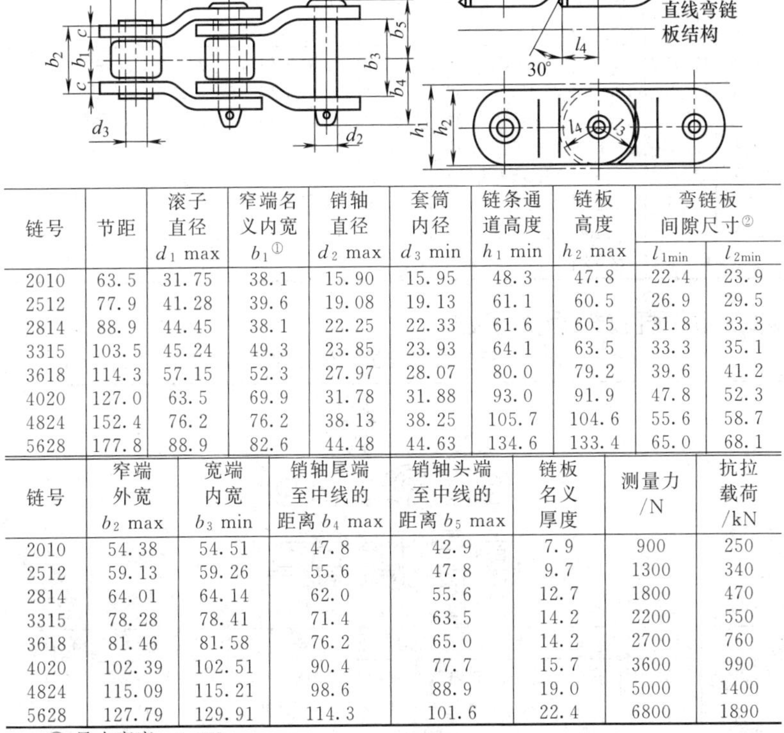

链号	节距	滚子直径 d_1 max	窄端名义内宽 $b_1$①	销轴直径 d_2 max	套筒内径 d_3 min	链条通道高度 h_1 min	链板高度 h_2 max	弯链板间隙尺寸② l_{1min}	l_{2min}
2010	63.5	31.75	38.1	15.90	15.95	48.3	47.8	22.4	23.9
2512	77.9	41.28	39.6	19.08	19.13	61.1	60.5	26.9	29.5
2814	88.9	44.45	38.1	22.25	22.33	61.6	60.5	31.8	33.3
3315	103.5	45.24	49.3	23.85	23.93	64.1	63.5	33.3	35.1
3618	114.3	57.15	52.3	27.97	28.07	80.0	79.2	39.6	41.2
4020	127.0	63.5	69.9	31.78	31.88	93.0	91.9	47.8	52.3
4824	152.4	76.2	76.2	38.13	38.25	105.7	104.6	55.6	58.7
5628	177.8	88.9	82.6	44.48	44.63	134.6	133.4	65.0	68.1

链号	窄端外宽 b_2 max	宽端内宽 b_3 min	销轴尾端至中线的距离 b_4 max	销轴头端至中线的距离 b_5 max	链板名义厚度	测量力 /N	抗拉载荷 /kN
2010	54.38	54.51	47.8	42.9	7.9	900	250
2512	59.13	59.26	55.6	47.8	9.7	1300	340
2814	64.01	64.14	62.0	55.6	12.7	1800	470
3315	78.28	78.41	71.4	63.5	14.2	2200	550
3618	81.46	81.58	76.2	65.0	14.2	2700	760
4020	102.39	102.51	90.4	77.7	15.7	3600	990
4824	115.09	115.21	98.6	88.9	19.0	5000	1400
5628	127.79	129.91	114.3	101.6	22.4	6800	1890

① 最小宽度$=0.95b_1$。
② $l_{3\,max}=l_{1\,min}$；$l_{4\,max}=l_{2\,min}$。
注：连接链节总宽$=b_4+b_5$，两端都有止锁销的总宽$=2b_4$。

23.3.8　水平翼板滚子链

用于直线输送物品，其规格见表 23.32。

表 23.32　水平翼板滚子链的规格　　mm

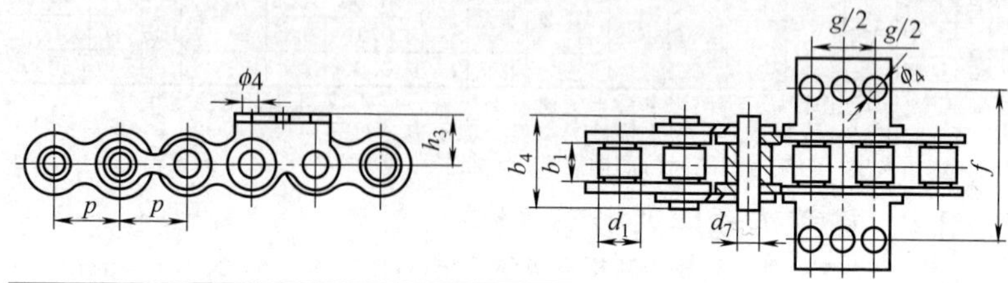

ISO代号	结构参数									最低破坏载荷/kN
	节距 p	滚子直径 d_1	内节内宽 b_1	销轴直径 d_7	销轴长度 b_4	翼板孔径 ϕ_4	翼板孔距 g	横向孔距 f	平台高度 h_3	
08B	12.700	8.51	7.75	4.45	17.00	4.5	12.70	25.40	8.9	17.83
10A	15.875	10.16	9.40	5.08	21.80	5.5	15.88	31.75	10.3	21.76
12A	19.050	11.91	12.57	5.94	26.90	5 .5	19.05	38.10	11.9	31.16
16A	25.400	15.88	15.75	7.92	33.50	6.6	25.40	50.80	15.9	55.57
20A	31.750	19.05	18.90	9.53	41.20	9.2	31.75	63.50	19.8	86.73
24A	38.100	22.21	25.22	11.10	50.80	11.0	38.10	76.20	23.0	124.46
28A	44.450	25.40	25.22	12.70	54.90	11.4	44.45	88.90	28.6	168.95
32A	50.800	28.58	31.55	14.27	65.50	13.1	50.80	10160	31.8	222.26

23.3.9　直立翼板滚子链

表 23.33　直立翼板滚子链的规格　　mm

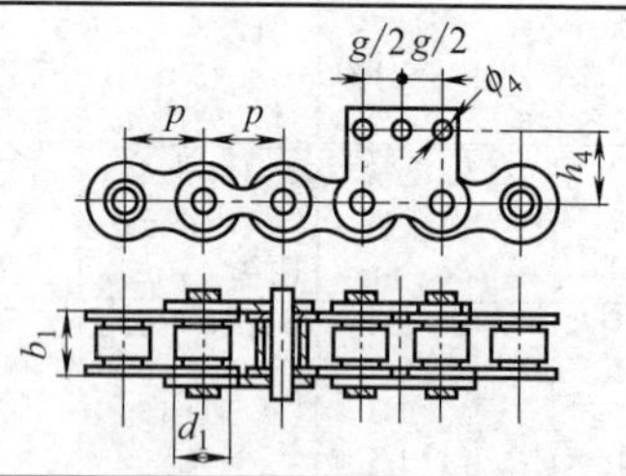

ISO代号	结构参数						最低破坏载荷/kN
	节距 p	滚子直径 d_1	内节内宽 b_1	翼板孔径 ϕ_4	翼板孔距 g	翼板孔高度 h_4	
08B	12.070	8.51	7.75	4.5	12.70	8.90	18200
10A	15.875	10.56	9.40	5.5	15.88	10.30	22200
12A	19.005	11.91	12.57	6.6	19.05	11.90	31800

23.4 输送链

23.4.1 一般输送链

表 23.34 输送链的规格和主要尺寸（GB/T 8350—2008） mm

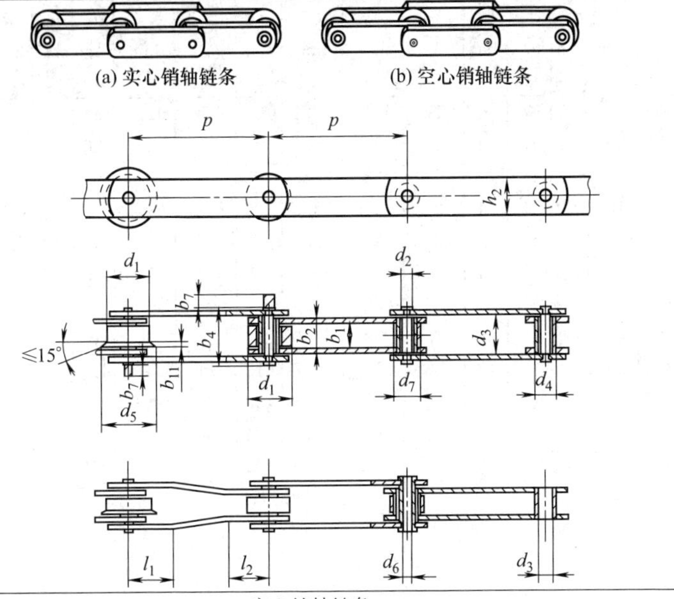

(a) 实心销轴链条 (b) 空心销轴链条

实心销轴链条

链号（基本）	抗拉强度 Q/kN min	滚子外径 d_1 max	理论参考节距														
			40	50	63	80	100	125	160	200	250	315	400	500	630	800	1000
M20	20	25	×														
M28	28	30		×													
M40	40	36															
M56	56	42			×			优									
M80	80	50							选								
M112	112	60				×				节							
M160	160	70					×				距						
M224	224	85						×									
M315	315	100		×规格仅用于套筒链条和小滚子链条					×								
M450	450	120															
M630	630	140															
M900	900	170									×						

续表

链号	销轴直径 d_2 max	套筒孔径 d_3 min	套筒外径 d_4 max	链板高度 h_2 max	内链节内宽 b_1 min	内链节外宽 b_2 max	外链节内宽 b_3 min	销轴长度 b_4 max	销轴止端加长量 b_7 max	过渡链节尺寸 l_1 min	边缘直径 d_5 max	边缘宽度 b_{11} max	小滚子直径 d_7 max	测量力 /kN
M20	6.0	6.1	9	19	16	22	22.2	35	7	12.5	32	3.5	12.5	0.4
M28	7.0	7.1	10	21	18	25	25.2	40	8	14	36	4	15	0.56
M40	8.5	8.6	12.5	26	20	28	28.3	45	9	17	42	4.5	18	0.8
M56	10	10.1	15	31	24	33	33.3	52	10	20.5	50	5	21	1.12
M80	12	12.1	18	36	28	39	39.4	62	12	23.5	60	6	25	1.6
M112	15	15.1	21	41	32	45	45.5	73	14	27.5	70	7	30	2.24
M160	18	18.1	25	51	37	52	52.5	85	16	34	85	8.5	36	3.2
M224	21	21.2	30	62	43	60	60.6	98	18	40	100	10	42	4.5
M315	25	25.2	36	72	48	70	70.7	112	21	47	120	12	50	6.3
M450	30	30.2	42	82	56	82	82.8	135	25	55	140	14	60	9
M630	36	36.2	50	103	66	96	97	154	30	66.5	170	16	70	12.5
M900	44	44.2	60	123	78	112	113	180	37	81	210	18	85	18

空心销轴链条

链号	抗拉强度 Q/kN min	滚子外径 d_1 max	理论参考节距									
			63	80	100	125	160	200	250	315	400	500
M315	315	100			优							
M450	450	120				选						
M630	630	140					节					
M900	900	170						距				

链号	销轴直径 d_2 max	套筒孔径 d_3 min	套筒外径 d_4 max	链板高度 h_2 max	内链节内宽 b_1 min	内链节外宽 b_2 max	外链节内宽 b_3 min	销轴长度 b_4 max	销轴止端加长量 b_7 max	过渡链节尺寸 l_1 min	边缘直径 d_5 max	边缘宽度 b_{11} max	空心销轴内径 d_6 min	小滚子直径 d_7 max	测量力 /kN
MC28	13	13.1	17.5	25	20	28	28.3	42	10	17.0	42	4.5	8.2	25	0.56
MC56	15.5	15.6	21.0	36	24	33	33.3	48	13	23.5	60	5	10.2	30	1.12
MC112	22	22.2	29.0	51	32	45	45.5	67	19	34.0	85	7	14.3	42	2.24
MC224	31	31.2	41.0	72	43	60	60.6	90	24	47.0	120	10	20.3	60	4.50

表 23.35　输送链链轮的分度圆直径　mm

齿数	分度圆直径 d/p	齿数	分度圆直径 d/p	齿数	分度圆直径 d/p
6	2.0000	18	5.7588	30	9.5668
6½	2.1519	18½	5.9171	30½	9.7256
7	2.3048	19	6.0755	31	9.8845
7½	2.4586	19½	6.2340	31½	10.0434
8	2.6131	20	6.3925	32	10.2023
8½	2.7682	20½	6.5509	32½	10.3612
9	2.9238	21	6.7095	33	10.5201
9½	3.0798	21½	6.8681	33½	10.6790
10	3.2361	22	7.0266	34	10.8380
10½	3.3927	22½	7.1853	34½	10.9969
11	3.5494	23	7.3439	35	11.1558
11½	3.7065	23½	7.5026	35½	11.3148
12	3.8637	24	7.6613	36	11.4737
12½	4.0211	24½	7.8200	36½	11.6327
13	4.1786	25	7.9787	37	11.7916
13½	4.3362	25½	81375	37½	11.9506
14	4.4940	26	8.2962	38	12.1095
14½	4.6518	26½	8.4550	38½	12.2685
15	4.8097	27	8.6138	39	12.4275
15½	4.9677	27½	8.7726	39½	12.5865
16	5.1258	28	8.9314	40	12.7455
16½	5.2840	28½	9.0902		
17	5.4422	29	9.2491		
17½	5.6005	29½	9.4080		

注：实际链轮的分度圆直径为表中值乘以链条节距值。

23.4.2　倍速输送链

表 23.36　倍速输送链的基本参数和尺寸（JB/T 7364—2014）

mm

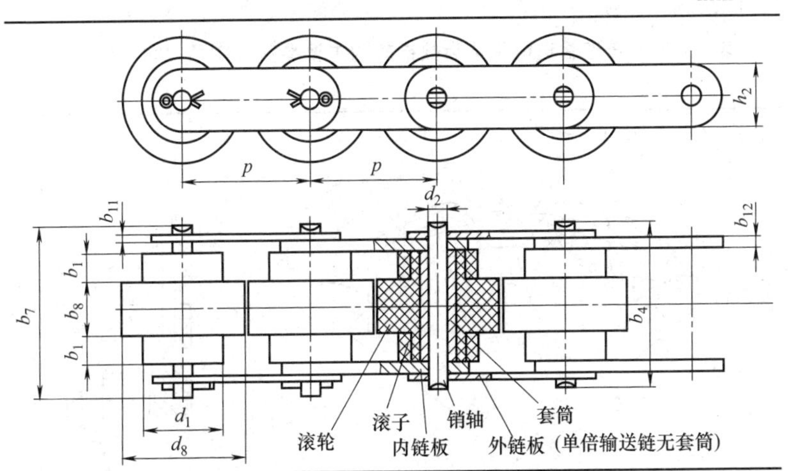

续表

链号	p	d_1 max	d_8 max	b_1 max	b_8 max	d_2 max	h_2 max	b_{11} max	b_{12} max	b_4 max	b_7 max	测量力/N	抗拉强度/kN
2.5 倍速和单倍速输送链													
BS25-C206B BS10-C206B(2.5)	19.05	11.91	18.3	4.0	8.0	3.28	8.26	1.3	1.5	24.2	27.5	70	8.9
BS25-C208A BS10-C208A(2.5)	25.40	15.88	24.6	5.7	10.3	3.96	12.07	1.5	2.0	32.6	36.5	120	13.9
BS25-C210A BS10-C210A(2.5)	31.75	19.05	30.6	7.1	13.0	5.08	15.09	2.0	2.4	40.2	44.3	200	21.8
BS25-C212A BS10-C212A(2.5)	38.10	22.23	36.6	8.5	15.5	5.94	18.08	3.0	4.0	51.1	55.7	280	31.3
BS25-C216A BS10-C216A(2.5)	50.80	28.58	49.0	11.0	21.5	7.92	24.13	4.0	5.0	66.2	71.6	500	55.6
3.0 倍速和单倍速输送链													
BS30-C206B BS10-C206B(3.0)	19.05	9.00	18.3	4.5	9.1	3.28	7.28	1.3	1.5	26.3	29.6	70	8.9
BS30-C208A BS10-C208A(3.0)	25.40	11.91	24.6	6.1	12.5	3.96	9.60	1.5	2.0	35.6	39.5	120	13.9
BS30-C210A BS10-C210A(3.0)	31.75	14.80	30.6	7.5	15.0	5.08	12.2	2.0	2.4	43.0	47.1	200	21.8
BS30-C212A BS10-C212A(3.0)	38.10	18.00	37.0	9.75	20.0	5.94	15.0	3.0	4.0	58.1	62.7	280	31.3
BS30-C216A BS10-C216A(3.0)	50.80	22.23	49.0	12.0	25.2	7.92	18.6	4.0	5.0	71.9	77.3	500	55.6

注：1. 2.5 倍速和 3 倍速输送链的链号，是用相应的输送用双节距滚子链链号，在前面加字母“BS”和“10×倍速”的数字，并以“-”连接而成的。

2. 表中“(2.5)”和“(3.0)”分别表示单倍速输送链的结构外形尺寸与 2.5 倍速和 3.0 倍速输送链相同。

表 23.37　倍速输送链优选齿数链轮的主要参数（JB/T 7364—2014）

mm

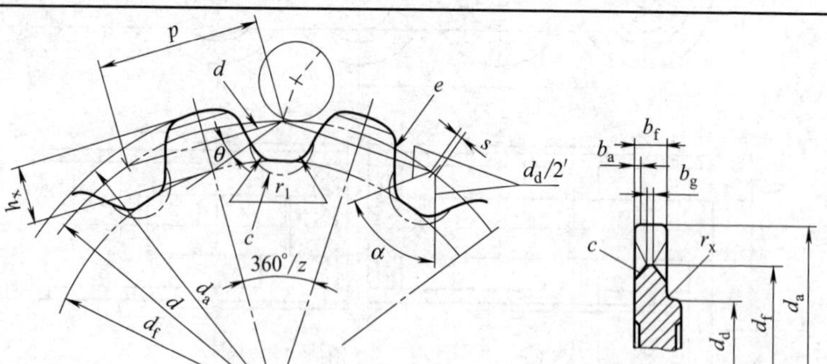

续表

链号	节距 p	齿数 z	分度圆直径 d	齿顶圆直径 d_a max	齿侧凸缘直径 d_g max	单齿宽 b_{f1} max	总齿宽 b_{f2} max	齿侧倒角宽 b_a	齿侧圆弧半径 r_x
2.5倍速和单倍速输送链									
BS25-C206B BS10-C206B(2.5)	19.05	8	49.78	56.0	28	3.0	14.9	1.2	10
		9	55.70	62.5	33				
		10	61.65	69.0	38				
		11	67.62	76.0	43				
		12	73.60	82.5	48.7				
		13	79.60	88.7	54.3				
BS25-C208A BS10-C208A(2.5)	25.4	8	66.37	74.5	37	4.3	20.2	1.6	13
		9	74.26	83.5	45				
		10	82.20	92.5	52				
		11	90.16	101.5	60				
		12	98.14	110.0	67.4				
		13	106.14	118.3	74.7				
BS25-C210A BS10-C210A(2.5)	31.75	8	82.97	93.5	48	5.3	25.3	2.0	16
		9	92.83	104.5	57				
		10	102.75	116.0	67				
		11	112.70	127.0	76				
		12	122.67	137.5	85.5				
		13	132.67	147.9	95.1				
BS25-C212A BS10-C212A(2.5)	38.1	8	99.56	112.5	57	6.4	30.2	2.4	20
		9	111.4	125.5	69				
		10	123.3	139.0	80				
		11	135.24	152.5	92				
		12	147.21	165.0	103.6				
		13	159.2	177.4	115.2				
BS25-C216A BS10-C216A(2.5)	50.8	8	132.75	150.0	78	8.3	40.5	3.3	26
		9	148.53	167.4	93				
		10	164.39	186.0	108				
		11	180.31	203.5	122				
		12	196.28	220.1	137.8				
		13	212.27	236.6	153.3				
3.0倍速和单倍速输送链									
BS30-C206B BS10-C206B(3.0)	19.05	8	49.78	56.0	28	3.4	16.8	1.2	10
		9	55.70	62.5	33				
		10	61.65	69.0	38				
		11	67.62	76.0	43				
		12	73.60	82.5	48.7				
		13	79.60	88.7	54.3				

续表

链号	节距 p	齿数 z	分度圆直径 d	齿顶圆直径 d_a max	齿侧凸缘直径 d_g max	单齿宽 b_{f1} max	总齿宽 b_{f2} max	齿侧倒角宽 b_a	齿侧圆弧半径 r_x
3.0倍速和单倍速输送链									
BS30-C208A BS10-C208A(3.0)	25.4	8	66.37	74.5	37	4.6	23.0	1.6	13
		9	74.26	83.5	45				
		10	82.20	92.5	52				
		11	90.16	101.5	60				
		12	98.14	110.0	67.4				
		13	106.14	118.3	74.7				
BS30-C210A BS10-C210A(3.0)	31.75	8	82.97	93.5	48	5.6	27.9	2.0	16
		9	92.83	104.5	57				
		10	102.75	116.0	67				
		11	112.70	127.0	76				
		12	122.67	137.5	85.5				
		13	132.67	147.9	95.1				
BS30-C212A BS10-C212A(3.0)	38.1	8	99.56	112.5	57	7.3	36.7	2.4	20
		9	111.4	125.5	69				
		10	123.3	139.0	80				
		11	135.24	152.5	92				
		12	147.21	165.0	103.6				
		13	159.2	177.4	115.2				
BS30-C216A BS10-C216A(3.0)	50.8	8	132.75	150.0	78	9.0	45.8	3.3	26
		9	148.53	167.4	93				
		10	164.39	186.0	108				
		11	180.31	203.5	122				
		12	196.28	220.1	137.8				
		13	212.27	236.6	153.3				

注：表中“(2.5)”和“(3.0)”分别表示单倍速输送链的主要参数与2.5倍速和3.0倍速输送链相同。

23.4.3 标准长节距输送链

表23.38 标准长节距输送链的规格 mm

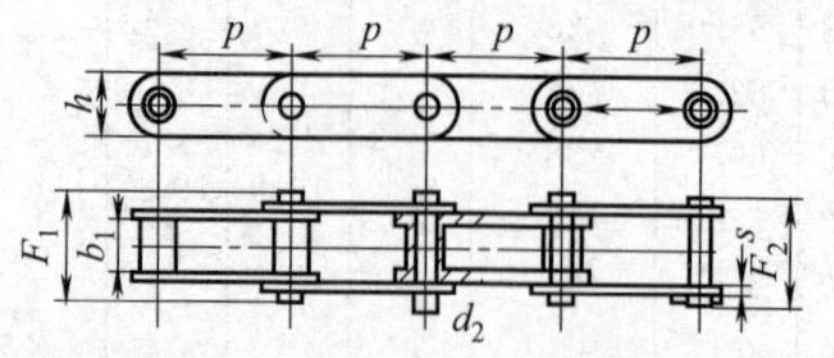

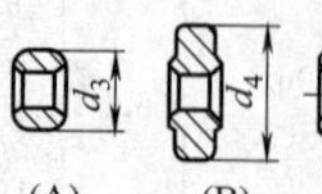

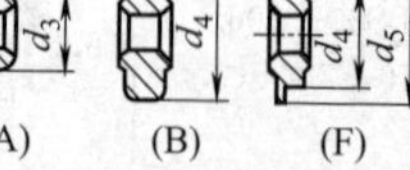

续表

链号	选用范围	b_1 min	d_2 max	d_3 (A)	d_4 (B)	d_4/d_5 (F)	F_1 max	F_2 max	h max	s	承载 Q/kN min
M20	40,50,63,80,100,125,160	15	9.0	12.5	25	25/30	35	39	19	2.5	20
M28	50,63,80,100,125,160,200	17	10.0	15.0	30	30/36	40	56	21	3.0	28
M40	63,80,100,125,160,200,250	19	12.5	18.0	36	36/42	45	63	26	3.5	40
M56	63,80,100,125,160,200,250	23	15.0	21.0	42	42/50	52	72	31	4.0	56
M80	80,100,125,160,200,250,315	27	18.0	25.0	50	50/60	62	86	36	5.0	80
M112	80,100,125,160,200,250,315,400	31	21.0	30.0	60	60/70	73	101	41	6.0	112
M160	100,125,160,200,250,315,400,500	36	25.0	36.0	70	70/85	85	117	51	7.0	160
M224	125,160,200,250,315,400,500,630	42	30.0	42.0	85	85/100	98	134	62	8.0	224
M315	160,200,250,315,400,500,630	47	36.0	50.0	100	100/120	12	154	72	10.0	315
M450	200,250,315,400,500,630,800,1000	55	42.0	60.0	120	120/140	35	185	82	12.0	450
M630	250,315,400,500,630,800,1000	65	50.0	70.0	140	140/170	54	214	103	14.0	630
M900	250,315,400,500,630,800,	76	60.0	85.0	170	170/210	80	254	123	16.0	900

23.4.4　输送用平顶链

表 23.39　输送用平顶链的规格（GB/T 4140—2303）　　mm

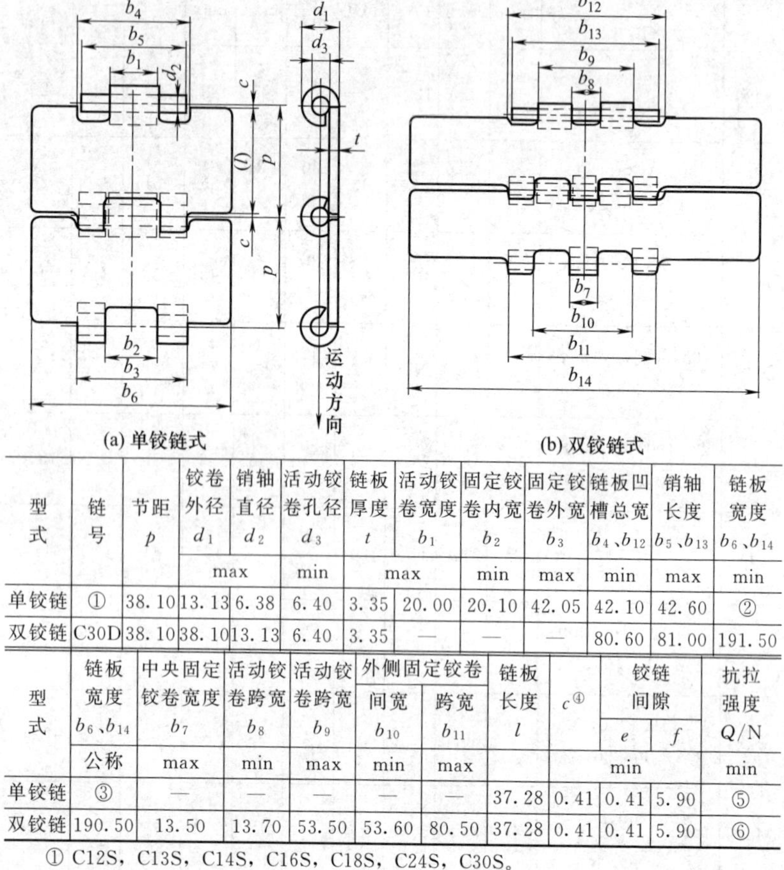

(a) 单铰链式　　(b) 双铰链式

型式	链号	节距 p	铰卷外径 d_1	销轴直径 d_2	活动铰卷孔径 d_3	链板厚度 t	活动铰卷宽度 b_1	固定铰卷内宽 b_2	固定铰卷外宽 b_3	链板凹槽总宽 b_4、b_{12}	销轴长度 b_5、b_{13}	链板宽度 b_6、b_{14}
			max		min	max		min	max	min	max	min
单铰链	①	38.10	13.13	6.38	6.40	3.35	20.00	20.10	42.05	42.10	42.60	②
双铰链	C30D	38.10	38.10	13.13	6.40	3.35	—	—	—	80.60	81.00	191.50

型式	链板宽度 b_6、b_{14}	中央固定铰卷宽度 b_7	活动铰卷跨宽 b_8	活动铰卷跨宽 b_9	外侧固定铰卷 间宽 b_{10}	外侧固定铰卷 跨宽 b_{11}	链板长度 l	c④	铰链间隙 e	铰链间隙 f	抗拉强度 Q/N
	公称	max	min	max	min	max	min				min
单铰链	③	—	—	—	—	—	37.28	0.41	0.41	5.90	⑤
双铰链	190.50	13.50	13.70	53.50	53.60	80.50	37.28	0.41	0.41	5.90	⑥

① C12S，C13S，C14S，C16S，C18S，C24S，C30S。

② 77.20mm，83.60mm，89.90mm，102.60mm，115.30mm，153.40mm，191.50mm（分别与上述链号对应）。

③ 76.20mm，82.60mm，88.90mm，101.60mm，114.30mm，152.40mm，190.50mm（分别与上述链号对应）。

④ 铰卷轴心线与链板外缘间距。

⑤ 碳钢 10000N，一级耐蚀钢 8000N，二级耐蚀钢 6250N。

⑥ 碳钢 20000N，一级耐蚀钢 16000N，二级耐蚀钢 1250N。

23.4.5　工程用钢制焊接弯板链

用于输送大块或堆积材料装置，其规格见表 23.40。

表 23.40 工程用钢制焊接弯板链（GB/T 15390—2005） mm

链号	节距 p	套筒外径 d_1	与链轮接触处宽度 b_1	连接销轴直径 d_2	套筒内径 d_3	链板高度 h_2	链节窄端外宽 b_2	链节宽端内宽 b_3	止锁轴全宽 b_4	止锁轴全宽 b_5	链板厚度	抗拉强度/kN 热处理 销轴	抗拉强度/kN 热处理 全部
W78	66.27	22.9	28.4	12.78	12.9	28.4	51.0	51.6	45.2	39.6	6.4	93	107
W82	78.10	31.5	31.6	14.35	14.48	31.8	57.4	57.9	48.3	41.7	6.4	100	131
W106	152.40	37.1	41.2	19.13	19.25	38.1	71.6	72.1	62.2	56.4	9.6	169	224
W110	152.40	32.0	46.7	19.13	19.25	38.1	76.5	77.0	62.2	54.9	9.6	169	224
W111	120.90	37.1	57.2	19.13	19.25	38.1	85.6	86.4	69.8	63.5	9.6	169	224
W124	101.60	37.1	41.2	19.13	19.25	38.1	71.6	72.1	62.0	56.4	9.6	169	224
W124H	103.20	41.7	41.2	22.30	22.43	50.8	76.5	77.0	70.6	62.5	12.7	275	355
W132	153.67	44.7	69.85	25.48	25.60	50.8	111.8	112.3	88.1	79.2	12.7	275	378
W855	153.67	44.7	69.85	28.57	28.78	63.5	118.64	118.87	94.5	84.8	15.87	—	552

23.4.6 板式链

用于一般提升，其规格、尺寸及抗拉强度见表 23.41、表 23.42。

表 23.41 LL（轻）系列板式链的规格和尺寸及抗拉强度（GB/T 6074—2006）

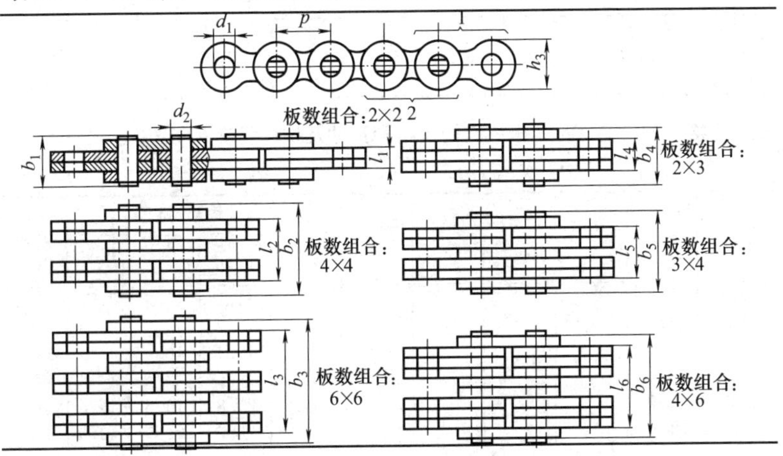

续表

链号(LL)	节距 p	链板厚度	内链板孔径 d_1	销轴直径 d_2	链板高度 h_3	铆接销轴高度 $b_1 \sim b_6$	外链节内宽 $l_1 \sim l_4$	板数组合	抗拉强度/kN
0822						8.5	3.1	2×2	18
0844	12.7	1.55	1.46	4.45	10.92	14.6	9.1	4×4	36
0866						20.7	15.2	6×6	54
1022						9.3	3.4	2×2	22
1044	15.875	1.65	5.09	5.08	13.72	16.1	10.1	4×4	44
1066						22.9	16.8	6×6	66
1222						10.7	3.9	2×2	29
1244	19.05	1.9	5.73	5.72	16.13	18.5	11.6	4×4	58
1266						26.3	19.0	6×6	87
1622						17.2	6.2	2×2	60
1644	25.4	3.2	8.3	8.28	21.08	30.2	19.4	4×4	120
1666						43.2	31.0	6×6	180
2022						20.1	7.2	2×2	85
2044	31.75	3.7	10.21	10.19	26.42	35.1	22.4	4×4	190
2066						50.1	36.0	6×6	285
2422						28.4	10.2	2×2	170
2444	38.1	5.2	14.65	14.63	33.4	49.4	30.6	4×4	340
2466						70.4	51.0	6×6	510
2822						34	12.8	2×2	200
2844	44.45	6.45	15.92	15.9	37.08	60	38.4	4×4	400
2866						86	64.0	6×6	600
3222						35	12.8	2×2	260
3244	50.8	6.45	17.83	17.81	42.29	61	38.4	4×4	520
3266						87	64.0	6×6	780
4022						44.7	16.2	2×2	360
4044	63.5	8.25	22.91	22.89	52.96	77.9	48.6	4×4	720
4066						111.1	81.0	6×6	1080
4822						56.1	20.2	2×2	560
4844	76.2	10.3	29.26	29.24	63.88	97.4	60.6	4×4	1120
4866						138.9	101	6×6	1680

表 23.42 LH（重）系列板式链的规格和尺寸及抗拉强度（GB/T 6074—2006）

mm

链号(LH)	ASME链号(BL)	节距 p	链板厚度	内链板孔径 d_1	销轴直径 d_2	链板高度 h_3	铆接销轴高度 $b_1 \sim b_6$	外链节内宽 $l_1 \sim l_4$	板数组合	抗拉强度/kN
0822	422						11.1	4.2	2×2	22.2
0823	423						13.2	6.3	2×3	22.2
0834	434	12.7	2.08	5.11	5.09	12.07	17.4	10.4	3×4	33.4
0844	444						19.6	12.4	4×4	44.5
0846	446						23.8	16.6	4×6	44.5
0866	466						28.0	21.0	6×6	66.7

续表

链号(LH)	ASME链号(BL)	节距 p	链板厚度	内链板孔径 d_1	销轴直径 d_2	链板高度 h_3	铆接销轴高度 $b_1\sim b_6$	外链节内宽 $l_1\sim l_4$	板数组合	抗拉强度/kN
1022	522	15.875	2.48	5.98	5.96	15.09	12.9	4.9	2×2	33.4
1023	523						15.4	7.4	2×3	33.4
1034	534						20.4	12.3	3×4	48.9
1044	544						22.8	14.7	4×4	66.7
1046	546						27.7	19.5	4×6	66.7
1066	566						32.7	24.6	6×6	100.1
1222	622	19.05	3.3	7.96	7.94	18.11	17.4	6.6	2×2	48.9
1223	623						20.8	9.9	2×3	48.9
1234	634						27.5	16.5	3×4	75.6
1244	644						30.8	19.8	4×4	97.9
1246	646						37.5	26.4	4×6	97.9
1266	666						44.2	33.2	6×6	146.8
1622	822	25.4	4.09	9.56	9.54	24.13	21.4	8.2	2×2	84.5
1623	823						25.5	12.3	2×3	84.5
1634	834						33.8	20.5	3×4	129.0
1644	844						37.9	24.6	4×4	169.0
1646	846						46.2	32.7	4×6	169.0
1666	866						54.5	41.1	6×6	235.6
2022	1022	31.75	4.9	11.14	11.11	30.18	25.4	9.8	2×2	115.6
2023	1023						30.4	14.8	2×3	115.6
2034	1034						40.3	24.5	3×4	182.4
2044	1044						45.2	29.5	4×4	231.3
2046	1046						55.1	39.4	4×6	231.3
2066	1066						65.0	49.2	6×6	347.0
2422	1222	38.1	5.77	12.74	12.71	36.2	2.97	11.6	2×2	151.2
2423	1223						35.5	17.4	2×3	151.2
2434	1234						47.1	28.9	3×4	244.6
2444	1244						52.9	34.4	4×4	302.5
2446	1246						64.6	46.3	4×6	302.5
2466	1266						76.2	57.9	6×6	453.7
2822	1422	44.45	6.6	14.31	14.29	42.24	33.6	13.2	2×2	191.3
2823	1423						40.2	19.7	2×3	191.3
2834	1434						53.4	32.7	3×4	315.8
2844	1444						60.0	39.1	4×4	382.6
2846	1446						73.2	52.3	4×6	382.6
2866	1466						86.4	65.5	6×6	578.3
3222	1622	50.8	7.52	17.49	17.46	48.26	40.0	15.0	2×2	289.1
3223	1623						46.6	22.5	2×3	289.1
3234	1634						61.8	37.5	3×4	440.4
3244	1644						69.3	44.8	4×4	578.3
3246	1646						84.5	59.9	4×6	578.3
3266	1666						100.0	75.0	6×6	857.4

续表

链号(LH)	ASME链号(BL)	节距 p	链板厚度	内链板孔径 d_1	销轴直径 d_2	链板高度 h_3	铆接销轴高度 b_1～b_6	外链节内宽 l_1～l_4	板数组合	抗拉强度/kN
4022	2022	63.5	9.91	23.84	23.81	60.33	51.8	19.9	2×2	433.7
4023	2023						61.7	29.8	2×3	433.7
4034	2034						81.7	49.4	3×4	649.4
4044	2044						91.6	59.1	4×4	867.4
4046	2046						111.5	78.9	4×6	867.4
4066	2066						131.4	99.0	6×6	1301.1

23.5　齿形链

齿形链是由一系列的齿链板和导板交替装配且用销轴或组合的铰接元件连接组成的，相邻节距间为铰链节。齿形链分外导式和内导式两种（图 23.3），前者的导板跨骑在链轮两侧，后者的导板嵌在链轮齿廓上圆周导槽中。

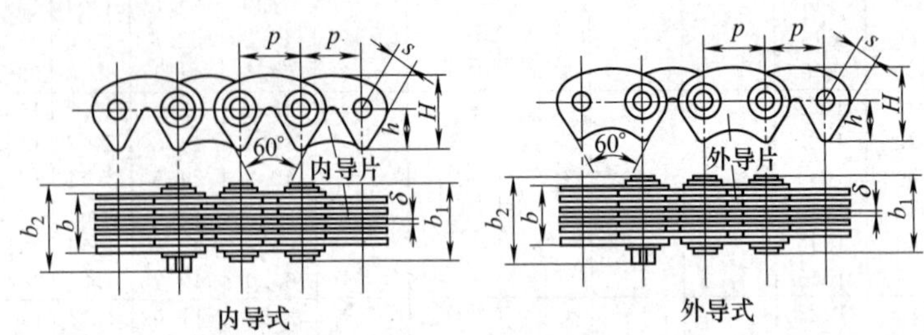

图 23.3　齿形链

23.5.1　链号和链条

链号由字母 SC 与表示链条节距和链条公称宽度的数字组成（表 23.43、表 23.44）。

表 23.43　链条节距和公称链宽

链条类别	链条节距	公称链宽
9.52mm 及以上节距	数字的前一位或前两位乘以 3.175mm(1/8in)	最后两位或三位数乘以 6.35mm(1/4in)
4.76mm 节距	0 后面的第一位数字乘以 1.5875mm(1/16in)	最后一位或两位数乘以 0.79375mm(1/32in)

表 23.44　9.52mm 及以上节距链条的链节参数（GB/T 10855—2003）

mm

链号(6.35mm 单位链宽)	标记	节距 p	最小分叉口高度①
SC3	SC3 或 3	9.525	0.590
SC4	SC4 或 4	12.70	0.787
SC5	SC5 或 5	15.88	0.986
SC6	SC6 或 6	19.05	1.181
SC8	SC8 或 8	25.40	1.575
SC10	SC10 或 10	31.76	1.969
SC12	SC12 或 12	38.10	2.362
SC16	SC16 或 16	50.80	3.150

① 等于 $0.062p$。

23.5.2　链轮

（1）链轮的标记

链轮的标记为链号＋齿数。例如：SC304-25。链轮齿廓尺寸和链宽见图 23.4、表 23.45 和表 23.46。

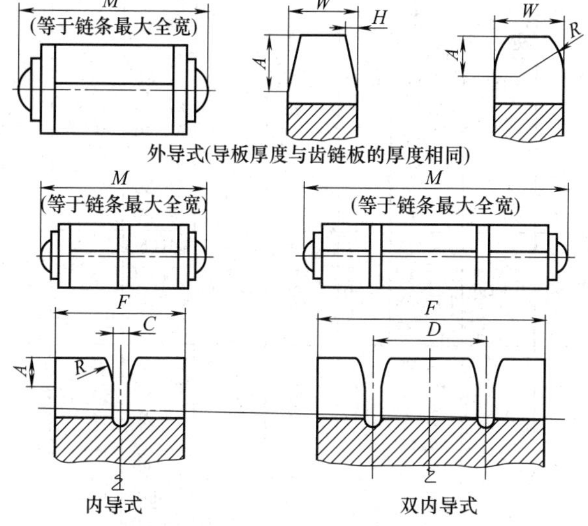

图 23.4　齿形链链轮齿廓尺寸和链宽

(2) 链轮齿廓尺寸和链宽

表 23.45 9.52mm 及以上节距链条链轮齿廓尺寸和链宽（GB/T 10855—2003）

mm

链号	链条节距 p	类型	M max	A	C ±0.13	D ±0.25	F $^{+3.18}_{0}$	H ±0.08	R ±0.08	W $^{0}_{-0.25}$
SC302	9.525	外导[①]	15.09	3.38	—	—	—	1.30	5.08	10.41
SC303	9.525	内导	21.44	3.38	2.54	—	19.05	—	5.08	—
SC304			27.79				25.40			
SC305			34.14				31.75			
SC306			40.49				38.10			
SC307			46.84				44.45			
SC308			53.19				50.80			
SC309			59.54				57.15			
SC310			65.89				63.50			
SC312	9.525	双内导	78.59	3.38	2.54	25.40	76.20	—	5.08	—
SC316			103.99				101.60			
SC320			129.39				127.00			
SC324			154.79				152.40			
SC402	12.70	外导[①]	19.05	3.38	—	—	—	1.30	5.08	10.41
SC403	12.70	内导	22.22	3.38	2.54	—	19.05	—	5.08	—
SC404			28.58				25.40			
SC405			34.92				31.75			
SC406			41.28				38.10			
SC407			47.62				44.45			
SC408			53.98				50.80			
SC409			60.32				57.15			
SC410			66.68				63.50			
SC411			73.02				69.85			
SC412			79.38				76.20			
SC414			92.08				88.90			
SC416	12.70	双内导	104.78	3.38	2.54	25.40	101.60	—	5.08	—
SC420			130.18				127.00			
SC424			155.58				152.40			
SC432			206.38				203.20			
SC504	15.875	内导	29.36	450	3.18	—	25.40	—	6.35	—
SC505			35.71				31.75			
SC506			42.06				38.10			
SC507			48.41				44.45			
SC508			54.76				50.80			
SC510			67.46				6350			
SC512			80.16				76.20			
SC516			105.56				101.60			

续表

链号	链条节距 p	类型	M max	A	C ±0.13	D ±0.25	F $^{+3.18}_{0}$	H ±0.08	R ±0.08	W $^{0}_{-0.25}$
SC520 SC524 SC528 SC532 SC540	15.875	双内导	130.96 156.36 181.76 207.16 257.96	4.50	3.18	50.80	127.00 152.40 177.80 203.20 254.00	—	6.35	—
SC604 SC605 SC606	19.05	内导	30.15 36.50 42.85	6.96	4.57	—	25.40 31.75 38.10	—	9.14	—
SC608 SC610 SC612 SC614 SC616 SC620 SC624	19.05	内导	55.55 68.25 80.95 93.65 106.35 131.75 157.15	6.96	4.57	—	50.80 63.50 76.20 88.90 101.60 127.00 152.40	—	9.14	—
SC628 SC632 SC636 SC640 SC648	19.05	双内导	182.55 207.95 233.35 258.75 309.55	6.96	4.57	101.60	177.80 203.20 228.60 254.00 304.80	—	9.14	—
SC808 SC810 SC812 SC816 SC820 SC824	25.40	内导	57.15 69.85 82.55 107.95 133.35 158.75	6.96	4.57	—	50.80 63.50 76.20 101.60 127.00 152.40	—	9.14	—
SC828 SC832 SC836 SC840 SC848 SC856 SC864	25.40	双内导	184.15 209.55 234.95 260.35 311.15 361.95 412.75	6.96	4.57	101.60	177.80 203.20 228.60 254.00 304.80 355.60 406.40	—	9.14	—
SC1010 SC1012 SC1016 SC1020 SC1024 SC1028	31.75	内导	71.42 84.12 109.52 134.92 160.32 185.72	6.96	4.57	—	63.50 76.20 101.60 127.00 152.40 177.80	—	9.14	—

续表

链号	链条节距 p	类型	M max	A	C ±0.13	D ±0.25	F $^{+3.18}_{0}$	H ±0.08	R ±0.08	W $^{0}_{-0.25}$
SC1032	31.75	双内导	211.12	6.96	4.57	101.60	203.20	—	9.14	—
SC1036			236.52				228.60			
SC1040			261.92				254.00			
SC1048			312.72				304.80			
SC1056			363.52				355.60			
SC1064			414.32				406.40			
SC1072			465.12				457.20			
SC1080			515.92				508.00			
SC1212	38.10	内导	85.72	6.96	4.57	—	76.20	—	9.14	—
SC1216			111.12				101.60			
SC1220			136.52				127.00			
SC1224			161.92				15240			
SC1228			187.32				177.80			
SC1232	38.10	双内导	212.72	6.96	4.57	101.60	203.20	—	9.14	—
SC1236			238.12				228.60			
SC1240			263.52				254.00			
SC1248			314.32				304.80			
SC1256			365.12				355.60			
SC1264			415.92				406.40			
SC1272			466.72				457.20			
SC1280			517.52				508.00			
SC1288			568.32				558.80			
SC1296			619.12				609.60			
SC1616	50.80	内导	114.30	6.96	5.54	—	101.60	—	9.14	—
SC1620			139.70				127.00			
SC1624			165.10				152.40			
SC1628			190.50				177.80			
SC1632	50.80	双内导	215.90	6.96	5.54	101.60	203.20	—	9.14	—
SC1640			266.70				254.00			
SC1648			317.50				304.80			
SC1656			368.30				355.60			
SC1664			419.10				406.40			
SC1672			469.90				457.20			
SC1680			520.70				508.00			
SC1688			571.50				558.80			
SC1696			571.50				609.60			
SC16120			571.50				762.00			

① 外导式链条的导板与齿链板的厚度相同。

表 23.46　4.76mm 节距链条链轮齿廓尺寸和链宽（GB/T 10855—2003）

mm

链号	链条节距 p	类型	M max	A	C max	F min	H	R	W ±0.08
SC0305	4.76	外导	5.49	1.5	—	—	0.64	2.3	1.91
SC0307			7.06						3.51
SC0309			8.65						5.11
SC0311①	4.76	外导/内导	10.24	1.5	1.27	8.48	0.64	2.3	6.71
SC0313①			11.84			10.06			8.31
SC0315①			13.41			11.66			9.91
SC0317	4.76	内导	15.01	1.5	1.27	13.23	—	2.3	—
SC0319			16.59			14.83			
SC0321			18.19			16.41			
SC0323			19.76			18.01			
SC0325			21.59			19.58			
SC0327			22.94			21.18			
SC0329			24.54			22.76			
SC0331			26.11			24.36			

① 规定链条外导或内导类型。

23.6　方框链

表 23.47　方框链的基本尺寸　　mm

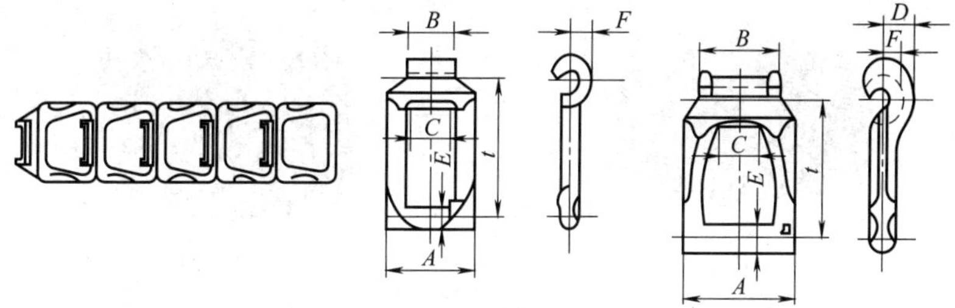

链号	节距	每 10m 只数 ≈	尺寸					
			A	B	C	D	E	F
25	22.911	436	19.84	10.32	9.53	—	3.57	5.16
32	29.312	314	24.61	14.68	12.70	—	4.37	6.35
33	35.408	282	26.19	15.48	12.70	—	4.37	6.35
34	35.509	282	29.37	17.46	12.70	—	4.76	6.75
42	34.925	289	32.54	19.05	15.88	—	5.56	7.14
45	41.402	243	33.34	19.84	17.46	—	5.56	7.54
50	35.052	285	34.13	19.05	15.88	—	6.75	7.94

续表

链号	节距	每 10m 只数 ≈	尺寸					
			A	B	C	D	E	F
51	29.337	314	31.75	16.67	14.29	—	6.75	9.13
52	38.252	262	38.89	20.64	15.88	—	6.75	8.37
55	41.427	243	35.72	19.84	17.46	—	6.75	9.13
57	58.623	171	46.04	27.78	17.46	—	6.75	10.32
62	42.012	239	42.07	24.61	20.64	—	7.94	10.72
66	51.130	197	46.04	27.78	23.81	—	7.94	10.72
67	58.623	171	51.59	34.93	17.46	13.49	7.94	10.32
75	66.269	151	53.18	25.58	23.81	—	9.92	12.30
77	58.344	171	56.36	36.51	17.46	15.48	9.53	9.13

23.7 齿轮和蜗轮

齿轮传动，可传递力矩和运动、变换运动的方向、指示读数及变换机构的位置等，是机械中应用最广泛、最常见的一种形式。传递功率最高可达几十万千瓦；速度最高可达 300m/s；齿轮的直径最大有好几米，而最小的纳米碳纤维齿轮直径为 0.2mm。

23.7.1 齿轮的种类

有圆柱齿轮（图 23.5）、锥齿轮（图 23.6）、齿轮-齿条

直齿圆柱齿轮

斜齿圆柱齿轮

人字齿齿轮

摆线齿轮

图 23.5 圆柱齿轮

（图 23.7）、蜗轮蜗杆（图 23.8）、鼓形齿轮（图 23.9）、行星齿轮（图 23.10）和非圆齿轮（图 23.11）等。按齿形可分为直齿、斜齿、人字齿和曲线齿轮等几种；按轮齿齿廓曲线，可分为渐开线、摆线、圆弧线、双圆弧线齿轮等。按其传动形式，又可分为平行轴传动、相交轴传动及交错轴传动。

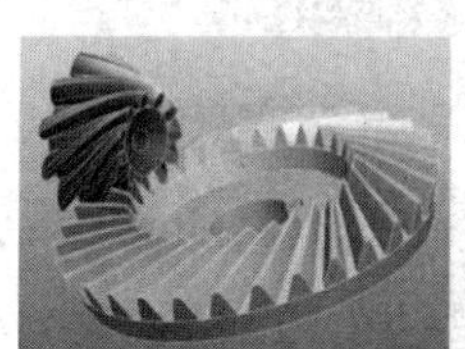

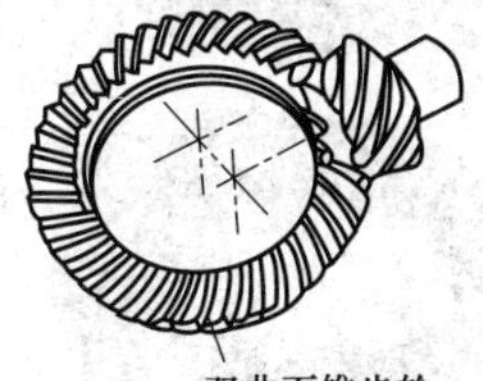

图 23.6　锥齿轮

图 23.7　齿轮-齿条

图 23.8　蜗轮蜗杆

图 23.9　鼓形齿轮

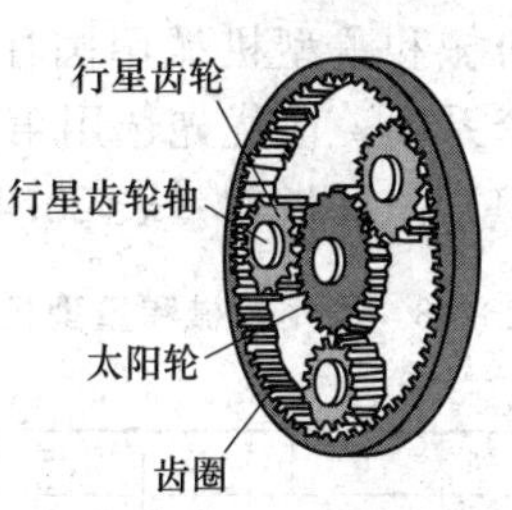

图 23.10　行星传动

图 23.11 非圆齿轮

23.7.2 齿轮的模数系列

模数是表示齿轮轮齿大小的一个指针，一对咬合的齿轮其模数必须一致，否则两齿轮的轮齿规格不同，无法平顺地运转。模数（m）是人为规定的一个基本参数，其值等于齿轮的分度圆直径 d 除以齿数 z，即 $m=d/z$，m 越大，则轮齿就越大，抗弯能力越强。

大部分齿轮的模数已经标准化。我国 GB/T 1357—2008 规定，通用机械和重型机械用圆柱齿轮的模数（表 23.48），有第一和第二两个系列，应优先选用第一系列。

（1）圆柱齿轮（表 23.48）

表 23.48 通用机械和重型机械用圆柱齿轮的模数（GB/T 1357—2008）

mm

第一系列	1	1.25	1.5	2	2.5	3	4	5	6
第二系列	1.125	1.375	1.75	2.25	2.75	3.5	4.5	5.5	(6.5)

续表

第一系列	8	10	12	16	20	25	32	40	50
第二系列	7	9	11	14	18	22	28	35	45

注：1. 齿轮最小的模数可达 0.1mm，本表仅列出 1mm 以上者。
2. 本表不适用于汽车用传动齿轮。

（2）圆锥齿轮（表 23.49）

表 23.49 圆锥齿轮大端端面模数（GB/T 12368—1990）

0.1	0.35	0.9	1.75	3.25	5.5	10	20	36
0.12	0.4	1	2	3.5	6	11	22	40
0.15	0.5	1.125	2.25	3.75	6.5	12	25	15
0.2	0.6	1.25	2.5	4	7	14	28	50
0.25	0.7	1.375	2.75	4.5	8	16	30	—
0.3	0.8	1.5	3	5	9	18	32	—

（3）蜗杆和蜗轮（表 23.50）

表 23.50 模数系列（GB/T 10088—1988） mm

第一系列	0.1,0.12,0.16,0.2,0.25,0.3,0.4,0.5,0.6,0.8,1,1.25,1.6,2,2.5,3.15,4,5,6.3,8,10,12.5,16,20,25,31.5,40
第二系列	0.7,0.9,1.5,3,3.5,4.5,5.5,6,7,12,14

23.7.3 蜗杆分度圆直径

表 23.51 蜗杆分度圆直径系列（GB/T 10088—1988） mm

第一系列	4,4.5,5,5.6,6.3,7.1,8,9,10,11.2,12.5,14,16,18,20,22.4,25,28,31.5,35.5,40,45,50,56,63,71,80
第二系列	6,7.5,8.5,15,38,48,53,60,67,75,85

表 23.52 蜗杆传动的基本尺寸和参数 mm

模数 m	分度圆直径 d_1	直径系数 q	蜗杆头数 z_1	m^2d_1/mm^3
1	18	18.000	1	18.0
1.25	20	16.000	1	31.25
	21.4	17.920	1	35.0
1.6	20	12.500	1,2,4	51.2
	28	17.500	1	71.68
2	22.4	11.200	1,2,4,6	89.6
	35.5	17.750	1	142
2.5	28	11.200	1,2,4,6	175
	45	18.000	1	281.3

续表

模数 m	分度圆直径 d_1	直径系数 q	蜗杆头数 z_1	m^2d_1/mm^3
3.15	35.5	11.270	1,2,4,6	352.3
	56	17.778	1	555.7
4	40	10.000	1,2,4,6	640
	71	17.750	1	1136
5	50	10.000	1,2,4,6	1250
	90	18.000	1	2250
6.3	63	10.000	1,2,4,6	2500
	112	17.778	1	4445
8	80	10.000	1,2,4,6	5120
	140	17.500	1	8960
10	90	9.000	1,2,4,6	9000
	160	16.000	1	16000
12.5	112	8.960	1,2,4,6	17500
	200	16.000	1	31250
16	140	8.750	1,2,4	35840
	250	15.625	1	64000
20	160	8.000	1,2,4	64000
	315	15.750	1	126000
25	200	8.000	1,2,4	125000
	400	16.000	1	250000

23.7.4 蜗杆头数与蜗轮齿数

表 23.53 蜗杆头数 z_1 与蜗轮齿数 z_2 的推荐值

$i=z_2/z_1$	z_1	z_2	$i=z_2/z_1$	z_1	z_2
7～8	4	28～32	25～27	2～3	50～81
9～13	3～4	27～52	28～40	1～2	28～80
14～24	2～3	28～72	≥40	1	≥40

第24章 轴承

轴承可分为滚动轴承和滑动轴承两大类，前者靠滚动体的转动支撑转动轴，运动方式是滚动，接触部位是点；后者靠平滑面支撑转动轴，运动方式是滑动，接触部位是面。

按照滚动轴承所能承受的载荷方向或公称接触角不同，又可分为向心轴承和推力轴承（图 24.1），前者主要用于承受径向载荷（按公称接触角的不同，又分为径向接触轴承和角接触向心轴承）；后者主要用于承受轴向载荷（按公称接触角的不同，又分为轴向接触轴承和角接触推力轴承）。滚动轴承温度一般不宜超过 100℃。

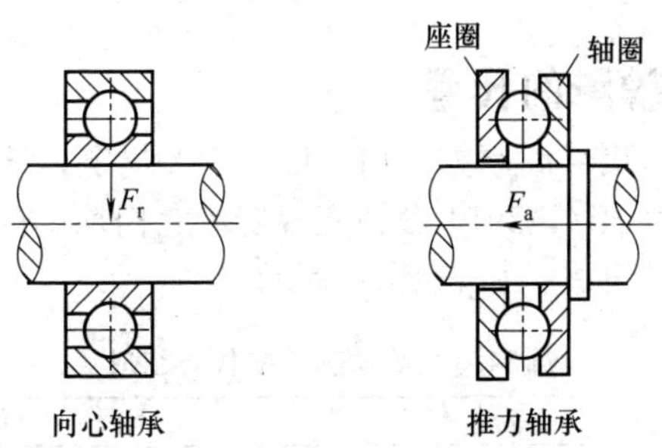

图 24.1　滚动轴承的类型

按滚动体的种类，又可分为球轴承和滚子轴承（后者又可分为：圆柱滚子轴承，长径比小于或等于 3；滚针轴承，长径比大于

3，但直径小于或等于 5mm；圆锥滚子轴承，滚动体是圆锥滚子；调心滚子轴承，滚动体是球面滚子）。

按轴承工作时能否调心，可分为：调心轴承，滚道是球面形的，能适应两滚道轴心线间的角偏差及角运动的轴承；非调心轴承（刚性轴承），能阻抗滚道间轴心线角偏移的轴承。

按轴承滚动体的列数，可分为单列轴承、双列轴承和多列轴承。

按其公称外径尺寸大小分为：微型轴承，直径小于或等于 6mm；小型轴承，直径 26～60mm；中小型轴承，直径大于或等于 60mm 但小于 120mm；中大型轴承，直径大于或等于 120mm 但小于 200mm；大型轴承，直径大于或等于 200mm 但小于 440mm；特大型轴承，直径大于 440mm。

同样，滑动轴承也可分为向心轴承和推力轴承（图 24.2）。

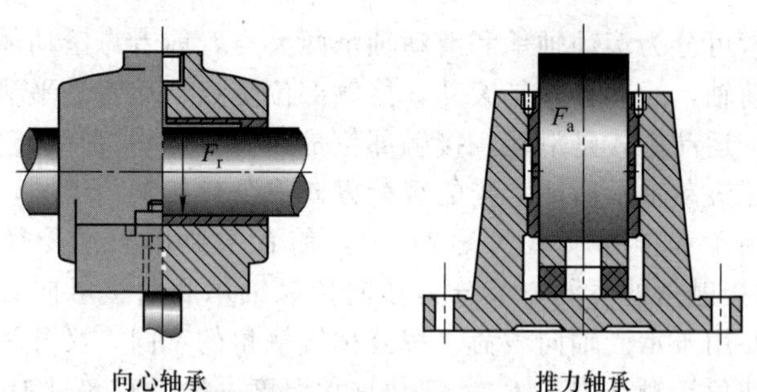

图 24.2 滑动轴承的类型

24.1 滚动轴承的代号

滚动轴承的代号编制方法由 GB/T 272 规定，该标准中未包括的轴承代号则由 JB/T 2974 做补充规定。它们均由前置代号和基本代号及后置代号组成，如表 24.1 所示。

表 24.1 滚动轴承的代号组成

前置代号	基本代号			后置代号
成套轴承分部件	轴承类型	尺寸（直径和宽度）系列	轴承内径	轴承在结构形状、尺寸、公差、技术要求等方面有所改变
用字母表示（表 24.2）	用数字或字母表示（表 24.3）	用数字表示（表 24.4）	用数字表示（表 24.5）	用字母或字母和数字表示（表 24.6、表 24.7）

表 24.2　成套轴承分部件代号

代号	表 示 意 义	代号举例
L	可分离轴承的可分离内圈或外圈	LNU207，LN207
R	不带可分离内圈或外圈的轴承(滚针轴承仅适用 NA 型)	RUN207 RNA6904
K	滚子和保持架组件	K81107
WS	推力圆柱滚子轴承轴圈	WS81107
GS	推力圆柱滚子轴承座圈	GS81107

表 24.3　滚动轴承类型代号

代号	轴 承 类 型	代号	轴 承 类 型
0	双列角接触球轴承	6	深沟球轴承
1	调心球轴承	7	角接触球轴承
2	调心滚子轴承	8	推力圆柱滚子轴承
2	推力调心滚子轴承	N	圆柱滚子轴承 （双列或多列用字母 NN 表示）
3	圆锥滚子轴承	N	
4	双列深沟球轴承	U	外球面球轴承
5	推力球轴承	QJ	四点接触球轴承

注：轴承类型代号的前面或后面，还可加注字母或数字，表示该类型轴承中的不同结构。

表 24.4　向心轴承、推力轴承的尺寸（宽度和高度）代号

直径系列代号	向心轴承								推力轴承			
	宽度系列代号								高度系列代号			
	8	0	1	2	3	4	5	6	7	9	1	2
	尺寸系列代号											
7			17		37							
8		08	18	28	38	48	58	68				
9		09	19	29	39	49	59	69				
0		00	10	20	30	40	50	60	70	90	10	
1		01	11	21	31	41	51	61	71	91	11	
2	82	02	12	22	32	42	52	62	72	92	12	22
3	83	03	13	23	33				73	93	13	23
4		04		24					74	94	14	24
5										95		

注：轴承的直径系列（即结构相同、内径相同的轴承在外径和宽度方面的变化系列）用基本代号右起第三位数字表示。例如，对于向心轴承和向心推力轴承，0、1 表示特轻系列；2 表示轻系列；3 表示中系列；4 表示重系列。推力轴承除了用 1 表示特轻系列之外，其余与向心轴承的表示一致。

表 24.5 轴承内径的代号

轴承公称内径/mm	内径代号表示方法	举例
0.6～10 (非整数)	直接用公称内径的毫米数值表示，尺寸系列代号与内径代号之间用“/”分开	深沟球轴承 625/2.5
1～9 (整数)	直接用公称内径的毫米数值表示，对7、8、9直径系列的深沟球轴承及角接触球轴承，尺寸系列代号与内径代号之间需用“/”分开	深沟球轴承 625,618/5
10,12,15,17	分别用00、01、02、03表示	深沟球轴承623
20～480 (22,28,32除外)	用公称内径的毫米数值除以5的商数表示，商数为1位数时，尚需在商数左边加“0”	调心滚子轴承 23208
≥500,以及 22,28,32	直接用公称内径的毫米数值表示，尺寸系列代号与内径代号之间用“/”分开	深沟球轴承62/22 调心滚子轴承230/500

表 24.6 轴承的后置代号的分组

分组序号	后置代号(组)							
	1	2	3	4	5	6	7	8
表示意义	内部结构	密封与防尘套圈变型	保持架及其材料	轴承材料	公差等级	游隙	配置	其他

注：1. 后置代号用字母或字母加数字表示，置于基本代号右边（要空半个汉字距，代号中有符号“-”“/”时除外）。当改变项目多、具有多组后置代号时，则按上表所列组次顺序从左至右顺序排列。

2. 如改变为4组（含4组）以后的内容，则在其代号前用“/”符号与前面代号隔开。例：6205-2Z/P6。

3. 如改变内容为第4组后的两组，当前组与后组代号中的数字或字母表示含义可能混淆时，两代号之间应空半个汉字距，例：6208/P63V1。

表 24.7 轴承的后置代号的表示方法

项目	代号	表示意义及代号举例
内部结构组	A、B、 C、D、 E	①表示轴承内部结构改变 ②表示标准设计轴承，其含义随不同类型、结构而异。例： 7210B表示公称接触角 $\alpha=40°$ 的角接触球轴承 33210B表示触角加大的圆锥滚子轴承 7210C表示公称接触角 $\alpha=15°$ 的角接触球轴承 23122C表示调心滚子轴承 NU207E表示加强型内圈无挡边圆柱滚子轴承
	AC、 D、 ZW	7210AC表示公称接触角 $\alpha=25°$ 的角接触球轴承 K50×55×20D表示剖分式滚针和保持架组件 K20×25×40ZW表示双列滚针和保持架组件

续表

项目	代号	表示意义及代号举例
密封、防尘与外部形状变化	K	圆锥孔轴承,锥度1∶12(外球面轴承除外),例:1210K
	K30	圆锥孔轴承,锥度1∶30,例:24122K30
	R	轴承外圈有止动挡边(凸缘外圈)(不适用于内径＜10mm的向心球轴承),例:30307R
	N	轴承外圈上有止动槽,例:6210N
	NR	轴承外圈上有止动槽,并带止动环,例:6210NR
	-RS	轴承一面带骨架式橡胶密封圈(接触式),例:6210-RS
	-2RS	轴承两面带骨架式橡胶密封圈(接触式),例:6210-2RS
	-RZ	轴承一面带骨架式橡胶密封圈(非接触式),例:6210-RZ
	-2RZ	轴承两面带骨架式橡胶密封圈(非接触式),例:6210-2RZ
	-Z	轴承一面带防尘盖,例:6210-Z
	-2Z	轴承两面带防尘盖,例:6210-2Z
	-RSZ	轴承一面带骨架式橡胶密封圈(接触式),一面带防尘盖,例:6210-RSZ
	-RZZ	轴承两面带骨架式橡胶密封圈(非接触式),一面带防尘盖,例:6210-RZZ
	-ZN	轴承一面带防尘盖,另一面外圈有止动槽,例:6210-ZN
	-2ZN	轴承两面带防尘盖,外圈有止动槽,例:6210-2ZN
	-ZNR	轴承一面带防尘盖,另一面外圈有止动槽,并带止动环,例:6210-ZNR
	U	推力球轴承,带球面座圈,例:53210U
保持架及其材料组		参见JB/T 2974—2004《滚动轴承代号方法的补充规定》中的规定
轴承材料组		
公差等级组	/P0	公差等级符合标准规定的0级(普通级),代号中省略,例:6203
	/P6	公差等级符合标准规定的6级(高级),例:6203/P6
	/P6X	公差等级符合标准规定的6X级,例:.30210/P6X
	/P5	公差等级符合标准规定的5级(精密级),例:6203/P5
	/P4	公差等级符合标准规定的4级(超精级),例:6203/P4
	/P2	公差等级符合标准规定的2级(超精密),例:6203/P2
游隙组	—	游隙符合标准规定的0组,例:6210
	/C1	游隙符合标准规定的1组,例:NN3006K/C1
	/C2	游隙符合标准规定的2组,例:6210/C2
	/C3	游隙符合标准规定的3组,例:6210/C3
	/C4	游隙符合标准规定的4组,例:NN3006K/C4
	/C5	游隙符合标准规定的5组,例:NNU4920K/C5
	注:公差等级代号与游隙代号同时表示时可简化,取公差等级代号加上游隙组合号(0组不表示)组合表示,例:/P63,/P52	

续表

项目	代号	表示意义及代号举例
配置组	/DB	成对背对背安装的轴承,例:7210C/IB
	/DF	成对面对面安装的轴承,例:7210C/DF
	/DT	成对串联安装的轴承,例:7210C/DT

24.2 常用滚动轴承类型、结构及尺寸系列、轴承代号

表 24.8 常用轴承类型和尺寸系列代号

轴承名称 (类型代号)		类型代号	尺寸系列代号	轴承代号	参见
角接触 球轴承		7 7 7 7 7	19 (1)0 (0)2 (0)3 (0)4	71900 7000 7200 7300 7400	表 24.9 表 24.10
双列角接 触球轴承		(0) (0)	32 33	3200 3300	表 24.11
三点和四点 接触球轴承		QJ QJ	(0)2 (0)3	QJ200 QJ300	表 24.12
深沟 球轴承		6 6 6 6 16 6 6 6 6	17 37 18 19 (0)0 (1)0 (0)2 (0)3 (0)4	61700 63700 61800 61900 16000 6000 6200 6300 6400	表 24.13
调心 球轴承		1 1 1 1	02 03 22 23	1200 1300 2200 2300	表 24.14 表 24.15
外球 面球 轴承	带顶丝	UC UC	2 3	UC200 UC300	表 24.16～ 表 24.23
	带偏心套	UEL UEL	2 3	UEL200 UEL300	
	有圆锥孔	UK UK	2 3	UK200 UK300	

续表

轴承名称(类型代号)			类型代号	尺寸系列代号	轴承代号	参见
圆柱滚子轴承	内圈无挡边	单列	NU	10	NU1000	表 24.24 表 24.25
			NU	(0)2	NU200	
			NU	22	NU2200	
			NU	(0)3	NU300	
			NU	23	NU2300	
			NU	(0)4	NU400	
		双列	NNU	49	NNU4900	
	内圈单挡边	无平挡圈	NJ	(0)2	NJ200	
			NJ	22	NJ2200	
			NJ	(0)3	NJ300	
			NJ	23	NJ2300	
			NJ	(0)4	NJ400	
		带平挡圈	NUP	(0)2	NUP200	
			NUP	22	NUP2200	
			NUP	(0)3	NUP300	
			NUP	23	NUP2300	
	外圈无挡边		N	10	N1000	
			N	(0)2	N200	
			N	22	N2200	
			N	(0)3	N300	
			N	23	N2300	
			N	(0)4	N400	
	外圈单挡边		NF	(0)2	NF200	
			NF	(0)3	NF300	
			NF	23	NF2300	
	双列		NN	30	NN3000	
调心滚子轴承			2	13	213000	表 24.26 表 24.27
			2	22	222000	
			2	23	223000	
			2	30	230000	
			2	31	231000	
			2	32	232000	
			2	40	240000	
			2	41	241000	
推力调心滚子轴承			2	92	29200	表 24.28
			2	93	29300	
			2	94	29400	

续表

轴承名称 (类型代号)	类型代号	尺寸系列代号	轴承代号	参见
推力圆柱 滚子轴承	8 8	11 12	81100 81200	表24.29 表24.30
圆锥滚子轴承	3 3 3 3 3 3 3 3 3 3	02 03 13 20 22 23 29 30 31 32	30200 30300 31300 32000 32200 32300 32900 33000 33100 33200	表24.31
双列圆锥滚子轴承	3 3	51 52	35100 35200	表24.32
四列圆锥滚子轴承	3 3	81 82	38100 38200	表24.33
推力圆锥 滚子轴承	9	—	90000	表24.34～ 表24.36
滚针轴承	NA	48 49 69	NA4800 NA4900 NA6900	表24.37
推力滚针轴承	AXK	简单数字	AXK××××	表24.38

注：代号的类型代号和尺寸系列代号栏内，带括号的数字在轴承代号中可省略。

24.3 滚动轴承

24.3.1 角接触球轴承

角接触球轴承可同时承受单向径向负荷和轴向负荷，转速较高。

名义接触角有15°、25°、40°三种，接触角越大轴向承载能力越高。高精度和高速轴承通常取15°接触角。

此类轴承适用于高速及高精度旋转。主要用途是：单列为机床主轴、高频马达、燃汽轮机、离心分离机、小型汽车前轮、差速器小齿轮轴；双列为油泵、罗茨鼓风机、空气压缩机、各类变速器、燃料喷射泵、印刷机械。

角接触球轴承有锁口内圈锁口外圈型、锁口外圈型以及锁口内圈型三种。

表 24.9　角接触球轴承的规格（Ⅰ，GB/T 292—2007）　mm

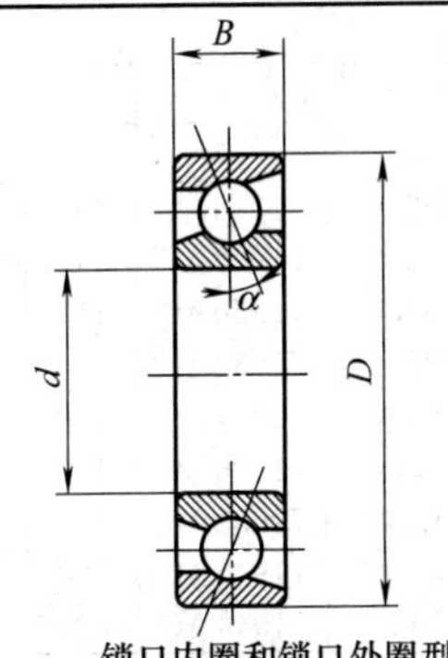

锁口内圈和锁口外圈型角接触球轴承

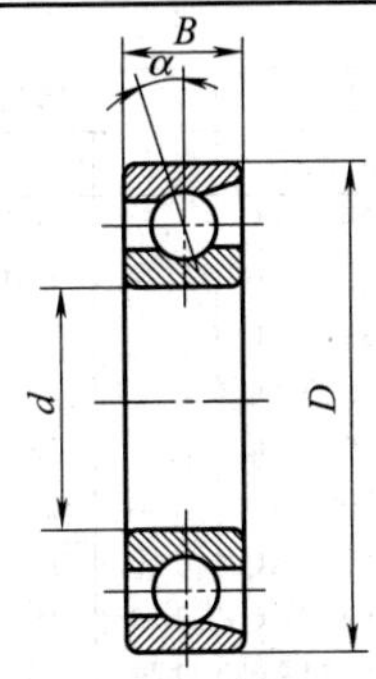

锁口外圈型角接触球轴承

标注示例:71816C　GB/T 292—2007

718 系列

轴承型号	外形尺寸			轴承型号	外形尺寸		
$\alpha=15°$	d	D	B	$\alpha=15°$	d	D	B
71805C	25	37	7	71817C	85	110	13
71806C	30	42	7	71818C	90	115	13
71807C	35	47	7	71819C	95	120	13
71808C	40	52	7	71820C	100	125	13
71809C	45	58	7	71821C	105	120	13
71810C	50	65	7	71822C	110	140	16
71811C	55	72	9	71824C	120	150	16
71812C	60	78	10	71826C	130	165	18
71813C	65	85	10	71828C	140	175	18
71814C	70	90	10	71830C	150	190	20
71815C	75	95	10	71832C	160	200	20
71816C	80	100	10	71834C	170	215	22

719 系列

轴承型号		外形尺寸			轴承型号		外形尺寸		
$\alpha=15°$	$\alpha=25°$	d	D	B	$\alpha=15°$	$\alpha=25°$	d	D	B
719/7C	—	7	17	5	71906C	71906AC	30	47	9
719/8C	—	8	19	6	71907C	71907AC	35	55	10
719/9C	—	9	20	6	71908C	71908AC	40	62	12
71900C	71900AC	10	22	6	71909C	71909AC	45	68	12
71901C	71901AC	12	24	6	71910C	71910AC	50	72	12
71902C	71902AC	15	28	7	71911C	71911AC	55	80	13
71903C	71903AC	17	30	7	71912C	71912AC	60	85	13
71904C	71904AC	20	37	9	71913C	71913AC	65	90	13
71905C	71905AC	25	42	9	71914C	71914AC	70	100	16

续表

719 系列

轴承型号		外形尺寸			轴承型号		外形尺寸		
α=15°	α=25°	d	D	B	α=15°	α=25°	d	D	B
71915C	71915AC	75	105	16	71926C	71926AC	130	180	24
71916C	71916AC	80	110	16	71928C	71928AC	140	190	24
71917C	71917AC	85	120	18	71930C	71930AC	150	210	28
71918C	71918AC	90	125	18	71932C	71932AC	160	220	28
71919C	71919AC	95	130	18	71934C	71934AC	170	230	28
71920C	71920AC	100	140	20	71936C	71936AC	180	250	33
71921C	71921AC	105	145	20	71938C	71938AC	190	260	33
71922C	71922AC	110	150	20	71940C	71940AC	200	280	38
71924C	71924AC	120	165	22	71944C	71944AC	220	300	38

70 系列

轴承型号		外形尺寸			轴承型号		外形尺寸		
α=15°	α=25°	d	D	B	α=15°	α=25°	d	D	B
705C	705AC	5	14	5	7014C	7014AC	70	110	20
706C	706AC	6	17	6	7015C	7015AC	75	115	20
707C	707AC	7	19	6	7016C	7016AC	80	125	22
708C	708AC	8	22	7	7017C	7017AC	85	130	22
709C	709AC	9	24	7	7018C	7018AC	90	140	24
7000C	7000AC	10	26	8	7019C	7019AC	95	145	24
7001C	7001AC	12	28	8	7020C	7020AC	100	150	24
7002C	7002AC	15	32	9	7021C	7021AC	105	160	26
7003C	7003AC	17	35	10	7022C	7022AC	110	170	28
7004C	7004AC	20	42	12	7024C	7024AC	120	180	28
7005C	7005AC	25	47	12	7026C	7026AC	130	200	33
7006C	7006AC	30	55	13	7028C	7028AC	140	210	33
7007C	7007AC	35	62	14	7030C	7030AC	150	225	35
7008C	7008AC	40	68	15	7032C	7032AC	160	240	38
7009C	7009AC	45	75	16	7034C	7034AC	170	260	42
7010C	7010AC	50	80	16	7036C	7036AC	180	280	46
7011C	7011AC	55	90	18	7038C	7038AC	190	290	46
7012C	7012AC	60	95	18	7040C	7040AC	200	310	51
7013C	7013AC	65	100	18	7044C	7044AC	220	340	56

72 系列

轴承型号			外形尺寸			轴承型号			外形尺寸		
α=15°	α=25°	α=40°	d	D	B	α=15°	α=25°	α=40°	d	D	B
723C	723AC	—	3	10	4	727C	727AC	—	7	22	7
724C	724AC	—	4	13	5	728C	728AC	—	8	24	8
725C	725AC	—	5	16	5	729C	729AC	—	9	26	8
726C	726AC	—	6	19	6	7200C	7200AC	7200B	10	30	9

续表

72 系列											
轴承型号			外形尺寸			轴承型号			外形尺寸		
$\alpha=15°$	$\alpha=25°$	$\alpha=40°$	d	D	B	$\alpha=15°$	$\alpha=25°$	$\alpha=40°$	d	D	B
7201C	7201AC	7201B	12	32	10	7217C	7217AC	7217B	85	150	28
7202C	7202AC	7202B	15	35	11	7218C	7218AC	7218B	90	160	30
7203C	7203AC	7203B	17	40	12	7219C	7219AC	7219B	95	170	32
7204C	7204AC	7204B	20	47	14	7220C	7220AC	7220B	100	180	34
7205C	7205AC	7205B	25	52	15	7221C	7221AC	7221B	105	190	36
7206C	7206AC	7206B	30	62	16	7222C	7222AC	7222B	110	200	38
7207C	7207AC	7207B	35	72	17	7224C	7224AC	7224B	120	215	40
7208C	7208AC	7208B	40	80	18	7226C	7226AC	7226B	130	230	40
7209C	7209AC	7209B	45	85	19	7228C	7228AC	7228B	140	250	42
7210C	7210AC	7210B	50	90	20	7230C	7230AC	7230B	150	270	45
7211C	7211AC	7211B	55	100	21	7232C	7232AC	7232B	160	290	48
7212C	7212AC	7212B	60	110	22	7234C	7234AC	7234B	170	310	52
7213C	7213AC	7213B	65	120	23	7236C	7236AC	7236B	180	320	52
7214C	7214AC	7214B	70	125	24	7238C	7238AC	7238B	190	340	55
7215C	7215AC	7215B	75	130	25	7240C	7240AC	7240B	200	360	58
7216C	7216AC	7216B	80	140	26	7244C	7244AC	—	220	400	65
73 系列											
轴承型号			外形尺寸			轴承型号			外形尺寸		
$\alpha=15°$	$\alpha=25°$	$\alpha=40°$	d	D	B	$\alpha=15°$	$\alpha=25°$	$\alpha=40°$	d	D	B
7300C	7300AC	7300B	10	35	11	7316C	7316AC	7316B	80	170	39
7301C	7301AC	7301B	12	37	12	7317C	7317AC	7317B	85	180	41
7302C	7302AC	7302B	15	42	13	7318C	7318AC	7318B	90	190	43
7303C	7303AC	7303B	17	47	14	7319C	7319AC	7319B	95	200	45
7304C	7304AC	7304B	20	52	15	7320C	7320AC	7320B	100	215	47
7305C	7305AC	7305B	25	62	17	7321C	7321AC	7321B	105	225	49
7306C	7306AC	7306B	30	72	19	7322C	7322AC	7322B	110	240	50
7307C	7307AC	7307B	35	80	21	7324C	7324AC	7324B	120	260	55
7308C	7308AC	7308B	40	90	23	7326C	7326AC	7326B	130	280	58
7309C	7309AC	7309B	45	100	25	7328C	7328AC	7328B	140	300	62
7310C	7310AC	7310B	50	110	27	7330C	7330AC	7330B	150	320	65
7311C	7311AC	7311B	55	120	29	7332C	7332AC	7332B	160	340	68
7312C	7312AC	7312B	60	130	31	7334C	7334AC	7334B	170	360	72
7313C	7313AC	7313B	65	140	33	7336C	7336AC	7336B	180	380	75
7314C	7314AC	7314B	70	150	35	7338C	7338AC	7338B	190	400	78
7315C	7315AC	7315B	75	160	37	7340C	7340AC	7340B	200	420	80

表 24.10 角接触球轴承的规格（Ⅱ，GB/T 292—2007） mm

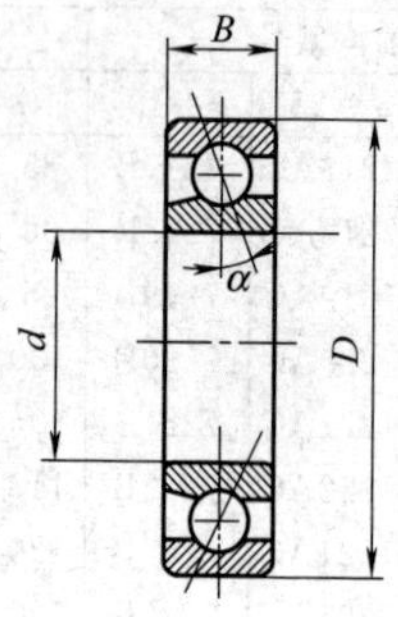

标注示例：B7005C GB/T 292—2007

锁口内圈型角接触球轴承

B70 系列

轴承型号		外形尺寸			轴承型号		外形尺寸		
α=15°	α=25°	d	D	B	α=15°	α=25°	d	D	B
B705C	B705AC	5	14	5	B7010C	B7010AC	50	80	16
B706C	B706AC	6	17	6	B7011C	B7011AC	55	90	18
B707C	B707AC	7	19	6	B7012C	B7012AC	60	95	18
B708C	B708AC	8	22	7	—	B7013AC	65	100	18
B709C	B709AC	9	24	7	—	B7014AC	70	110	20
B7000C	B7000AC	10	26	8	—	B7015AC	75	115	20
B7001C	B7001AC	12	28	8	—	B7016AC	80	125	22
B7002C	B7002AC	15	32	9	—	B7017AC	85	130	22
B7003C	B7003AC	17	35	10	—	B7018AC	90	140	24
B7004C	B7004AC	20	42	12	—	B7019AC	95	145	24
B7005C	B7005AC	25	47	12	—	B7020AC	100	150	24
B7006C	B7006AC	30	55	13	—	B7021AC	105	160	26
B7007C	B7007AC	35	62	14	—	B7022AC	110	170	28
B7008C	B7008AC	40	68	15	—	B7024AC	120	180	28
B7009C	B7009AC	45	75	16					

24.3.2 双列角接触球轴承

双列角接触球轴承能承受较大的以径向负荷为主的径向和轴向联合负荷和力矩负荷，广泛用于小汽车的前轮轮毂中，特别适用于有高刚性要求的应用场合。

表 24.11 双列角接触球轴承（GB/T 296—2015） mm

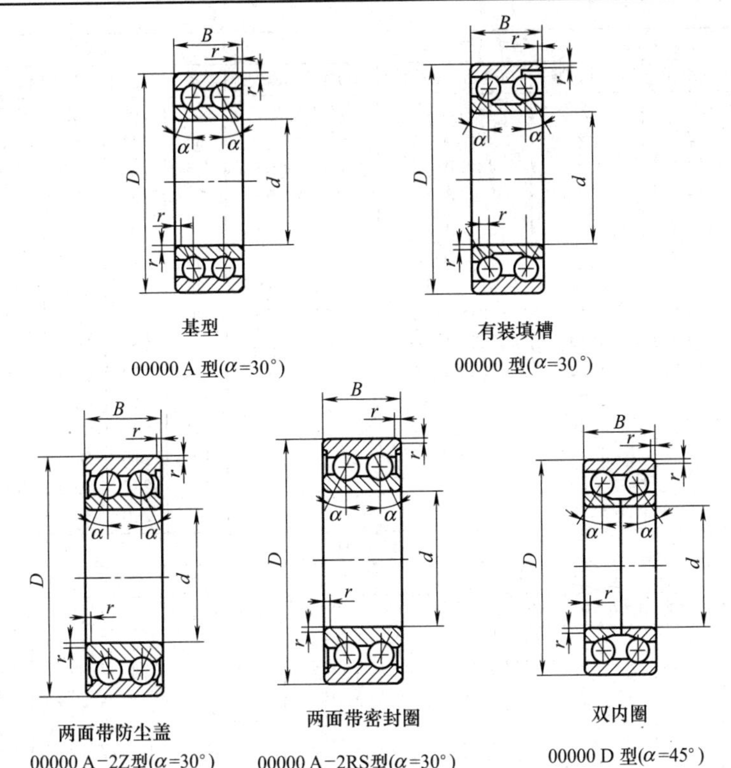

32 系列							
轴承型号				外形尺寸			
00000A 型	00000 型	00000A-2Z 型	00000A-2RS 型	d	D	B	r_{smin}①
3200A	—	3200A-2Z	3200A-2RS	10	30	14.3	0.6
3201A	—	3201A-2Z	3201A-2RS	12	32	15.9	0.6
3202A	—	3202A-2Z	3202A-2RS	15	35	15.9	0.6
3203A	—	3203A-2Z	3203A-2RS	17	40	17.5	0.6
3204A	—	3204A-2Z	3204A-2RS	20	47	20.6	1.0
3205A	—	3205A-2Z	3205A-2RS	25	52	20.6	1.0
3206A	—	3206A-2Z	3206A-2RS	30	62	23.8	1.0
3207A	—	3207A-2Z	3207A-2RS	35	72	27.0	1.1
3208A	—	3208A-2Z	3208A-2RS	40	80	30.2	1.1
3209A	—	3209A-2Z	3209A-2RS	45	85	30.2	1.1
3210A	—	3210A-2Z	3210A-2RS	50	90	30.2	1.1

续表

32 系列							
轴承型号				外形尺寸			
00000A 型	00000 型	00000A-2Z 型	00000A-2RS 型	d	D	B	r_{smin}①
3211A	—	3211A-2Z	3211A-2RS	55	100	33.3	1.5
3212A	—	3212A-2Z	3212A-2RS	60	110	36.5	1.5
3213A	—	3213A-2Z	3213A-2RS	65	120	38.1	1.5
3214A	—	3214A-2Z	3214A-2RS	70	125	39.7	1.5
3215A	—	3215A-2Z	3215A-2RS	75	130	41.3	1.5
3216A	—	3216A-2Z	3216A-2RS	80	140	44.4	2.0
3217A	3217	3217A-2Z	3217A-2RS	85	150	49.2	2.0
3218A	3218	3218A-2Z	3218A-2RS	90	160	52.4	2.0
3219A	3219	3219A-2Z	3219A-2RS	95	170	55.6	2.1
3220A	3220	3220A-2Z	3220A-2RS	100	180	60.3	2.1
—	3221	—	—	105	190	65.1	2.1
—	3222	—	—	110	200	69.8	2.1
—	3224	—	—	120	215	76.0	2.1
—	3226	—	—	130	230	80.0	3.0
—	3228	—	—	140	250	88.0	3.0

33 系列								
轴承型号					外形尺寸			
00000A 型	00000 型	00000A-2Z 型	00000A-2RS 型	00000D 型	d	D	B	r_{smin}①
3302A	—	3302A-2Z	3302A-2RS	—	15	42	19.0	1.0
3303A	—	3303A-2Z	3303A-2RS	—	17	47	22.2	1.0
3304A	—	3304A-2Z	3304A-2RS	—	20	52	22.2	1.1
3305A	—	3305A-2Z	3305A-2RS	3305D	25	62	25.4	1.1
3306A	—	3306A-2Z	3306A-2RS	3306D	30	72	30.2	1.1
3307A	—	3307A-2Z	3307A-2RS	3307D	35	80	34.9	1.5
3308A	—	3308A-2Z	3308A-2RS	3308D	40	90	36.5	1.5
3309A	—	3309A-2Z	3309A-2RS	3309D	45	100	39.7	1.5
3310A	—	3310A-2Z	3310A-2RS	3310D	50	110	44.4	2.0
3311A	—	3311A-2Z	3311A-2RS	3311D	55	120	19.2	2.0
3312A	—	3312A-2Z	3312A-2RS	3312D	60	130	54.0	2.1
3313A	—	3313A-2Z	3313A-2RS	3313D	65	140	58.7	2.1
3314A	3314	3314A-2Z	3314A-2RS	3314D	70	150	63.5	2.1
3315A	3315	3315A-2Z	3315A-2RS	—	75	150	68.3	2.1
—	3311	—	—	—	80	170	68.3	2.1
—	3317	—	—	—	85	180	73.0	3.0
—	3318	—	—	—	90	190	73.0	3.0
—	3319	—	—	—	95	200	77.8	3.0
—	3320	—	—	—	100	215	82.6	3.0
—	3321	—	—	—	105	225	87.3	3.0
—	3322	—	—	—	110	240	92.1	3.0

① 对应的最大倒角尺寸规定在 GB/T 274—2000 中。

24.3.3　三点和四点接触球轴承

四点接触球轴承适用于承受纯轴向负荷或以轴向负荷为主的轴向、径向联合负荷，能限制两个方向的轴向位移，但比同规格的双列角接触球轴承占用的轴向空间少。具有较大的承载能力。单个轴承可代替正面组合或背面组合的角接触球轴承。

该类轴承承受任何方向的轴向负荷时都能形成其中的一个接触角 α，因此套圈与球总在任一接触线上的两面三点接触，与其他球轴承相比，当径向游隙相同时，轴向游隙较小，极限转速较高。主要用于飞机喷气式发动机、燃汽轮机。

表 24.12　三点和四点接触球轴承（GB/T 294—2015）　mm

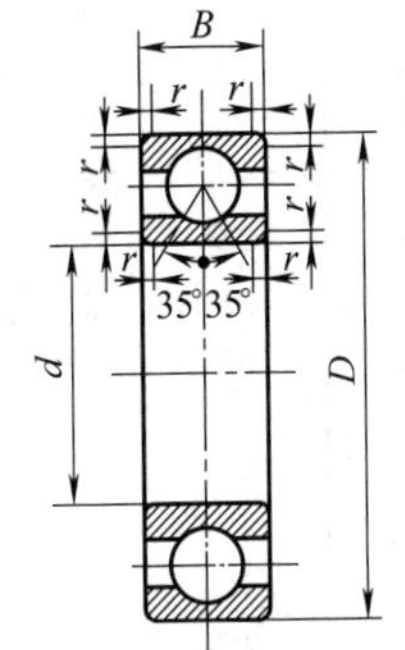

三点接触球轴承(双半内圈)
QJS型

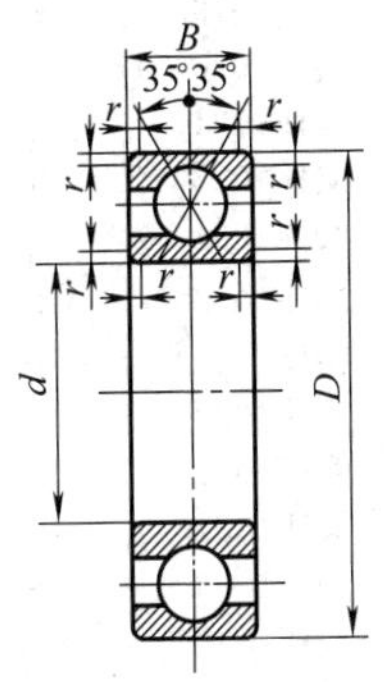

四点接触球轴承(双半内圈)
QJ型

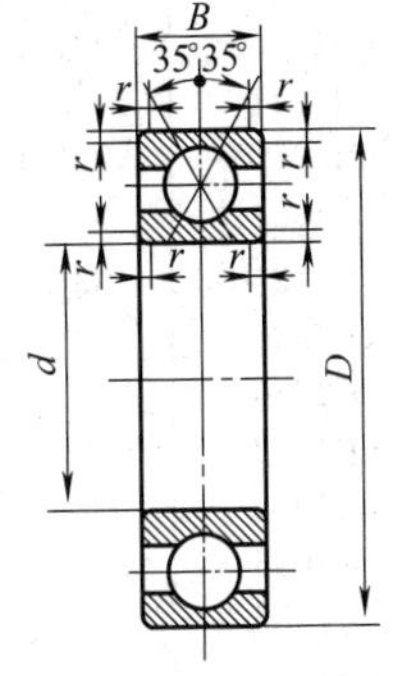

四点接触球轴承(双半外圈)
QJF型

10 系列						
轴承型号			外形尺寸			
QJ 型	QJS 型	QJF 型	d	D	B	r_{smin}①
QJ1000	—	—	10	26	8	0.3
QJ1001	—	—	12	28	8	0.3
QJ1002	—	—	15	32	9	0.3
QJ1003	—	—	17	35	10	0.3
QJ1004	—	—	20	42	12	0.6
QJ1005	QJS1005	—	25	47	12	0.6
QJ1006	QJS1006	—	30	55	13	1.0
QJ1007	QJS1007	—	35	62	14	1.0

续表

10系列						
轴承型号			外形尺寸			
QJ型	QJS型	QJF型	d	D	B	r_{smin} ①
QJ1008	QJS1008	—	40	68	15	1.0
QJ1009	QJS1009	—	45	75	16	1.0
QJ1010	QJS1010	—	50	80	16	1.0
QJ1011	QJS1011	—	55	90	18	1.1
QJ1012	QJS1012	—	60	95	18	1.1
QJ1013	QJS1013	—	65	100	18	1.1
QJ1014	QJS1014	QJF1014	70	110	20	1.1
QJ1015	QJS1015	QJF1015	75	115	20	1.1
QJ1016	QJS1016	QJF1016	80	125	22	1.1
QJ1017	QJS1017	QJF1017	85	130	22	1.1
QJ1018	QJS1018	QJF1018	90	140	24	1.5
QJ1019	QJS1019	QJF1019	95	145	24	1.5
QJ1020	QJS1020	QJF1020	100	150	24	1.5
QJ1021	0JS1021	QJF1021	105	160	26	2.0
QJ1022	QJS1022	QJF1022	110	170	28	2.0
QJ1024	QJS1024	QJF1024	120	180	28	2.0
QJ1026	QJS1026	QJF1026	130	200	33	2.0
QJ1028	—	QJF1028	140	210	33	2.0
QJ1030	—	QJF1030	150	225	35	2.1
QJ1032	—	QJF1032	160	240	38	2.1
QJ1034	—	QJF1034	170	260	42	2.1
QJ1036	—	QJF1036	180	280	46	2.1
QJ1038	—	QJF1038	190	290	46	2.1
QJ1040	—	QJF1040	200	310	51	2.1
QJ1044	—	QJF1044	220	340	56	3
QJ1048	—	QJF1048	240	360	56	3
QJ1052	—	QJF1052	260	400	65	4
QJ1056	—	QJF1056	280	420	65	4
QJ1060	—	QJF1060	300	460	74	4
QJ1064	—	QJF1064	320	480	74	4
QJ1068	—	QJF1068	340	520	82	5
QJ1072	—	QJF1072	360	540	82	5
QJ1076	—	QJF1076	380	560	82	5
QJ1080	—	QJF1080	400	600	90	5
QJ1084	—	QJF1084	420	620	90	5
QJ1088	—	QJF1088	440	650	94	6
QJ1092	—	QJF1092	460	680	100	6
QJ1096	—	QJF1096	480	700	100	6

续表

02系列						
轴承型号			外形尺寸			
QJ型	QJS型	QJF型	d	D	B	r_{smin} ①
QJ200	QJS200	QJF200	10	30	9	0.6
QJ201	QJS201	QJF201	12	32	10	0.6
QJ202	QJS202	QJF202	15	35	11	0.6
QJ203	QJS203	QJF203	17	40	12	0.6
QJ204	QJS204	QJF204	20	47	14	1.0
QJ205	QJS205	QJF205	25	52	15	1.0
QJ206	QJS206	QJF206	30	62	16	1.0
QJ207	QJS207	QJF207	35	72	17	1.1
QJ208	QJS208	QJF208	40	80	18	1.1
QJ209	QJS209	QJF209	40	85	19	1.1
QJ210	QJS210	QJF210	50	90	20	1.1
QJ211	QJS211	QJF211	55	100	21	1.5
QJ212	QJS212	QJF212	60	110	22	1.5
QJ213	QJS213	QJF213	65	120	23	1.5
QJ214	QJS214	QJF214	70	125	24	1.5
QJ215	QJS215	QJF215	75	130	25	1.5
QJ216	QJS216	QJF216	80	140	26	2.0
QJ217	QJS217	QJF217	85	150	28	2.0
QJ218	QJS218	QJF218	90	160	30	2.0
QJ219	QJS219	QJF219	95	170	32	2.1
QJ220	QJS220	QJF220	100	180	34	2.1
QJ221	QJS221	QJF221	105	190	36	2.1
QJ222	QJS222	QJF222	110	200	38	2.1
QJ224	QJS224	QJF224	120	215	40	2.1
QJ226	QJS226	QJF226	130	230	40	3
QJ228	—	QJF228	140	250	42	3
QJ230	—	QJF230	150	270	45	3
QJ232	—	QJF232	160	290	48	3
QJ234	—	QJF234	170	310	52	4
QJ236	—	QJF236	180	320	52	4
QJ238	—	QJF238	190	340	55	4
QJ240	—	QJF240	200	360	58	4
QJ244	—	QJF244	220	400	65	4
QJ248	—	QJF218	240	440	72	4
QJ252	—	QJF252	260	480	80	5
QJ256	—	QJF256	280	500	80	5
QJ260	—	QJF260	300	540	85	5
QJ264	—	QJF264	320	580	92	5

续表

03系列						
轴承型号			外形尺寸			
QJ型	QJS型	QJF型	d	D	B	r_{smin}①
QJ302	QJS302	—	15	42	13	1.0
QJ303	QJS303	—	17	47	14	1.0
QJ304	QJS304	—	20	52	15	1.1
QJ305	QJS305	—	25	62	17	1.1
QJ306	QJS306	QJF306	30	72	19	1.1
QJ307	QJS307	QJF307	35	80	21	1.5
QJ308	QJS308	QJF308	40	90	23	1.5
QJ309	QJS309	QJF309	45	100	25	1.5
QJ310	QJS310	QJF310	50	110	27	2.0
QJ309	QJS311	QJF311	55	120	29	2.0
QJ312	QJS312	QJF312	60	130	31	2.1
QJ313	QJS313	QJF313	65	140	33	2.1
QJ314	QJS314	Q1F314	70	150	35	2.1
QJ315	QJS315	QJF315	75	160	37	2.1
QJ316	QJS316	Q1F316	80	170	39	2.1
QJ317	QJS317	QJF317	85	180	41	3
QJ318	QJS318	QJF318	90	190	43	3
QJ319	QJS319	QJF319	95	200	45	3
QJ320	QJS320	QJF320	100	215	47	3
QJ321	QJS321	QJF321	105	225	49	3
QJ322	—	QJF322	110	240	50	3
QJ324	—	QJF324	120	260	55	3
QJ326	—	QJF326	130	280	58	4
QJ328	—	QJF328	140	300	62	4
QJ330	—	QJF330	150	320	65	4
QJ332	—	QJF332	160	340	63	4
QJ334	—	QJF334	170	360	72	4
QJ336	—	QJF336	180	380	75	4
QJ338	—	—	190	400	78	5
QJ340	—	—	200	420	80	5

① 对应的最大倒角尺寸规定在 GB/T 274—2000 中。

24.3.4 深沟球轴承

深沟球轴承是最具代表性的滚动轴承，内外圈滚道都有圆弧状深沟，主要用于承受径向载荷，也可承受一定的轴向载荷。当轴承的径向游隙加大时，具有角接触球轴承的功能，可承受较大的轴向载荷，而且适用于高速旋转及要求低噪声、低振动的场合。

表 24.13　深沟球轴承的型号和外形尺寸（GB/T 276—2013）

mm

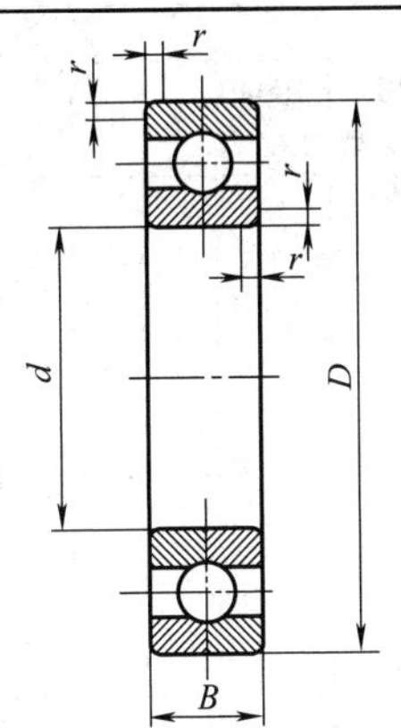

左图为 60000 型深沟球轴承的尺寸
其他加后缀的型号分别表示：
—N　外圈有止动槽
—NR　外圈有止动槽并带止动环
—Z　一面带防尘盖
—2Z　两面带防尘盖
—RS　一面带密封圈（接触式）
—2RS　两面带密封圈（接触式）
—RZ　一面带密封圈（非接触式）
—2RZ　两面带密封圈（非接触式）

17 系列						
轴承型号			外形尺寸			
61700 型	61700-Z 型	61700-2Z 型	d	D	B	r_{smin}
617/0.6	—	—	0.6	2	0.8	0.05
617/1	—	—	1	2.5	1	0.05
617/1.5	—	—	1.5	3	1	0.05
617/2	—	—	2	4	1.2	0.05
617/2.5	—	—	2.5	5	1.5	0.08
617/3	√	√	3	6	2	0.08
617/4	√	√	4	7	2	0.08
617/5	√	√	5	8	2	0.08
617/6	√	√	6	10	2.5	0.1
617/7	√	√	7	11	2.5	0.1
617/8	√	√	8	12	2.5	0.1
617/9	√	√	9	14	3	0.1
61700	√	√	10	15	3	0.1

37 系列						
轴承型号			外形尺寸			
63700 型	63700-Z 型	63700-2Z 型	d	D	B	r_{smin}
637/1.5	—	—	1.5	3	1.8	0.05
637/2	—	—	2	4	2	0.05
637/2.5	—	—	2.5	5	2.3	0.08
637/3	√	√	3	6	3	0.08
637/4	√	√	4	7	3	0.08
637/5	√	√	5	8	3	0.08
637/6	√	√	6	10	3.5	0.1
637/7	√	√	7	11	3.5	0.1
637/8	√	√	8	12	3.5	0.1
637/9	√	√	9	14	4.5	0.1
63700	√	√	10	15	4.5	0.1

续表

18系列													
轴承型号									外形尺寸				
61800型	61800 N型	61800 NR型	61800 -Z型	61800 -2Z型	61800 -RS型	61800 -2RS型	61800 -RZ型	61800 -2RZ型	d	D	B	r_{smin}	r_{1smin}
618/0.6	—	—	—	—	—	—	—	—	0.6	2.5	1	0.05	—
618/1	—	—	—	—	—	—	—	—	1	3	1	0.05	—
618/1.5	—	—	—	—	—	—	—	—	1.5	4	1.2	0.05	—
618/2	—	—	—	—	—	—	—	—	2	5	1.5	0.08	—
618/2.5	—	—	—	—	—	—	—	—	2.5	6	1.8	0.08	—
618/3	—	—	—	—	—	—	—	—	3	7	2	0.1	—
618/4	—	—	—	—	—	—	—	—	4	9	2.5	0.1	—
618/5	—	—	—	—	—	—	—	—	5	11	3	0.15	—
618/6	—	—	—	—	—	—	—	—	6	13	3.5	0.15	—
618/7	—	—	—	—	—	—	—	—	7	14	3.5	0.10	—
618/8	—	—	—	—	—	—	—	—	8	16	4	0.2	—
618/9	—	—	—	—	—	—	—	—	9	17	4	0.2	—
61800	—	—	√	√	√	√	√	√	10	19	5	0.3	—
61801	—	—	√	√	√	√	√	√	12	21	5	0.3	—
61802	—	—	√	√	√	√	√	√	15	24	5	0.3	—
61803	—	—	√	√	√	√	√	√	17	26	5	0.3	—
61804	√	√	√	√	√	√	√	√	20	32	7	0.3	0.3
61805	√	√	√	√	√	√	√	√	25	37	7	0.3	0.3
61806	√	√	√	√	√	√	√	√	30	42	7	0.3	0.3
61807	√	√	√	√	√	√	√	√	35	47	7	0.3	0.3
61808	√	√	√	√	√	√	√	√	40	52	7	0.3	0.3
61809	√	√	√	√	√	√	√	√	45	58	7	0.3	0.3
61810	√	√	√	√	√	√	√	√	50	65	7	0.3	0.3
61811	√	√	√	√	√	√	√	√	55	72	9	0.3	0.3
61812	√	√	√	√	√	√	√	√	60	78	10	0.3	0.3
61813	√	√	√	√	√	√	√	√	65	85	10	0.6	0.5
61814	√	√	√	√	√	√	√	√	70	90	10	0.6	0.5
61815	√	√	√	√	√	√	√	√	75	95	10	0.6	0.5
61816	√	√	√	√	√	√	√	√	80	100	10	0.6	0.5
61817	√	√	√	√	√	√	√	√	85	110	13	1	0.5
61818	√	√	√	√	√	√	√	√	90	115	13	1	0.5
61819	√	√	√	√	√	√	√	√	95	120	13	1	0.5
61820	√	√	√	√	√	√	√	√	100	125	13	1	0.5
61821	√	√	√	√	√	√	√	√	105	130	13	1	0.5
61822	√	√	√	√	√	√	√	√	110	140	16	1	0.5
61824	√	√	√	√	√	√	√	√	120	150	16	1	0.5
61826	√	√	√	√	√	√	√	√	130	165	18	1.1	0.5

续表

18系列													
轴承型号									外形尺寸				
61800型	61800 N型	61800 NR型	61800 -Z型	61800 -2Z型	61800 -RS型	61800 -2RS型	61800 -RZ型	61800 -2RZ型	d	D	B	r_{smin}	r_{1smin}
61828	√	√	√	√	√	√	√	√	140	175	18	1.1	0.5
61830	√	√	—	—	—	—	—	—	150	190	20	1.1	0.5
61832	√	√	—	—	—	—	—	—	160	200	20	1.1	0.5
61834	—	—	—	—	—	—	—	—	170	215	22	1.1	—
61836	—	—	—	—	—	—	—	—	180	225	22	1.1	—
61838	—	—	—	—	—	—	—	—	190	240	24	1.5	—
61840	—	—	—	—	—	—	—	—	200	250	24	1.5	—
61844	—	—	—	—	—	—	—	—	220	270	24	1.5	—
61848	—	—	—	—	—	—	—	—	240	300	28	2	—
61852	—	—	—	—	—	—	—	—	260	320	28	2	—
61856	—	—	—	—	—	—	—	—	280	350	33	2	—
61860	—	—	—	—	—	—	—	—	300	380	38	2.1	—
61864	—	—	—	—	—	—	—	—	320	400	38	2.1	—
61868	—	—	—	—	—	—	—	—	340	420	38	2.1	—
61872	—	—	—	—	—	—	—	—	360	440	38	2.1	—
61876	—	—	—	—	—	—	—	—	380	480	46	2.1	—
61880	—	—	—	—	—	—	—	—	400	500	46	2.1	—
61884	—	—	—	—	—	—	—	—	420	520	46	2.1	—
61888	—	—	—	—	—	—	—	—	440	540	46	2.1	—
61892	—	—	—	—	—	—	—	—	460	580	56	3	—
61896	—	—	—	—	—	—	—	—	480	600	56	3	—
618/500	—	—	—	—	—	—	—	—	500	620	56	3	—
618/530	—	—	—	—	—	—	—	—	530	650	56	3	—
618/560	—	—	—	—	—	—	—	—	560	680	56	3	—
618/600	—	—	—	—	—	—	—	—	600	730	60	3	—
618/630	—	—	—	—	—	—	—	—	630	780	69	4	—
618/670	—	—	—	—	—	—	—	—	670	820	69	4	—
618/710	—	—	—	—	—	—	—	—	710	870	74	4	—
618/750	—	—	—	—	—	—	—	—	750	920	78	5	—
618/800	—	—	—	—	—	—	—	—	800	980	82	5	—
618/850	—	—	—	—	—	—	—	—	850	1030	82	5	—
618/900	—	—	—	—	—	—	—	—	900	1090	85	5	—
618/950	—	—	—	—	—	—	—	—	950	1150	90	5	—
618/1000	—	—	—	—	—	—	—	—	1000	1220	100	6	—
618/1060	—	—	—	—	—	—	—	—	1060	1280	100	6	—
618/1120	—	—	—	—	—	—	—	—	1120	1360	106	6	—
618/1180	—	—	—	—	—	—	—	—	1180	1420	106	6	—

续表

18系列													
轴承型号									外形尺寸				
61800型	61800N型	61800NR型	61800-Z型	61800-2Z型	61800-RS型	61800-2RS型	61800-RZ型	61800-2RZ型	d	D	B	r_{smin}	r_{1smin}
618/1250	—	—	—	—	—	—	—	—	1250	1500	110	6	—
618/1320	—	—	—	—	—	—	—	—	1320	1600	122	6	—
618/1400	—	—	—	—	—	—	—	—	1410	1700	132	7.5	—
618/1500	—	—	—	—	—	—	—	—	1500	1520	140	7.5	—

19系列													
轴承型号									外形尺寸				
61900型	61900N型	61900NR型	61900-Z型	61900-2Z型	61900-RS型	61900-2RS型	61900-RZ型	61900-2RZ型	d	D	B	r_{smin}	r_{1smin}
619/1	—	—	√	√	—	—	—	—	1	4	1.6	0.1	—
619/1.5	—	—	√	√	—	—	—	—	1.5	5	2	0.15	—
619/2	—	—	√	√	—	—	—	—	2	6	2.3	0.15	—
619/2.5	—	—	√	√	—	—	—	—	2.5	7	2.5	0.15	—
619/3	—	—	√	√	—	—	√	√	3	8	3	0.15	—
619/4	—	—	√	√	√	√	√	√	4	11	4	0.15	—
619/5	—	—	√	√	√	√	√	√	5	13	4	0.2	—
619/6	—	—	√	√	√	√	√	√	6	15	5	0.2	—
619/7	—	—	√	√	√	√	√	√	7	17	5	0.3	—
619/8	—	—	√	√	√	√	√	√	8	19	6	0.3	—
619/9	—	—	√	√	√	√	√	√	9	20	6	0.3	—
61900	√	√	√	√	√	√	√	√	10	22	6	0.3	0.3
61901	√	√	√	√	√	√	√	√	12	24	6	0.3	0.3
61902	√	√	√	√	√	√	√	√	15	28	7	0.3	0.3
61903	√	√	√	√	√	√	√	√	17	30	7	0.3	0.3
61904	√	√	√	√	√	√	√	√	20	37	9	0.3	0.3
61905	√	√	√	√	√	√	√	√	25	42	9	0.3	0.3
61906	√	√	√	√	√	√	√	√	30	47	9	0.3	0.3
61907	√	√	√	√	√	√	√	√	35	55	10	0.6	0.5
61908	√	√	√	√	√	√	√	√	40	62	12	0.6	0.5
61909	√	√	√	√	√	√	√	√	45	68	12	0.6	0.5
61910	√	√	√	√	√	√	√	√	50	72	12	0.6	05
61911	√	√	√	√	√	√	√	√	55	80	13	1	0.5
61912	√	√	√	√	√	√	√	√	60	85	13	1	0.5
61913	√	√	√	√	√	√	√	√	65	90	13	1	0.5
61914	√	√	√	√	√	√	√	√	70	100	16	1	0.5
61915	√	√	√	√	√	√	√	√	75	105	16	1	0.5
61916	√	√	√	√	√	√	√	√	80	110	16	1	0.5

续表

19系列													
轴承型号									外形尺寸				
61900型	61900 N型	61900 NR型	61900 -Z型	61900 -2Z型	61900 -RS型	61900 -2RS型	61900 -RZ型	61900 -2RZ型	d	D	B	r_{smin}	r_{1smin}
61917	√	√	√	√	√	√	√	√	85	120	18	1.1	0.5
61918	√	√	√	√	√	√	√	√	90	125	18	1.1	0.5
61919	√	√	√	√	√	√	√	√	95	130	18	1.1	0.5
61920	√	√	√	√	√	√	√	√	100	140	20	1.1	0.5
61921	√	√	√	√	√	√	√	√	105	145	20	1.1	0.5
61922	√	√	√	√	√	√	√	√	110	150	20	1.1	0.5
61924	√	√	√	√	√	√	√	√	120	165	22	1.1	0.5
61926	√	√	√	√	√	√	√	√	130	180	24	1.5	0.5
61928	√	√	—	—	√	√	—	—	140	190	24	1.5	0.5
61930	—	—	—	—	√	√	—	—	150	210	28	2	—
61932	—	—	—	—	√	√	—	—	160	220	28	2	—
61934	—	—	—	—	√	√	—	—	170	230	28	2	—
61936	—	—	—	—	√	√	—	—	180	250	33	2	—
61938	—	—	—	—	√	√	—	—	190	260	33	2	—
61940	—	—	—	—	√	√	—	—	200	280	38	2.1	—
61944	—	—	—	—	√	√	—	—	220	300	38	2.1	—
61948	—	—	—	—	—	—	—	—	240	320	38	2.1	—
61952	—	—	—	—	—	—	—	—	260	360	46	2.1	—
61956	—	—	—	—	—	—	—	—	280	380	46	2.1	—
61960	—	—	—	—	—	—	—	—	300	420	56	3	—
61964	—	—	—	—	—	—	—	—	320	440	56	3	—
61968	—	—	—	—	—	—	—	—	340	460	56	3	—
61972	—	—	—	—	—	—	—	—	360	480	56	3	—
61976	—	—	—	—	—	—	—	—	380	520	65	4	—
61980	—	—	—	—	—	—	—	—	400	540	65	4	—
61984	—	—	—	—	—	—	—	—	420	560	65	4	—
61988	—	—	—	—	—	—	—	—	440	600	74	4	—
61992	—	—	—	—	—	—	—	—	460	620	74	4	—
61996	—	—	—	—	—	—	—	—	480	650	78	5	—
619/500	—	—	—	—	—	—	—	—	500	670	78	5	—
619/530	—	—	—	—	—	—	—	—	530	710	82	5	—
619/560	—	—	—	—	—	—	—	—	560	750	85	5	—
619/600	—	—	—	—	—	—	—	—	600	800	90	5	—
619/630	—	—	—	—	—	—	—	—	630	850	100	6	—
619/670	—	—	—	—	—	—	—	—	670	900	103	6	—
619/710	—	—	—	—	—	—	—	—	710	950	106	6	—
619/750	—	—	—	—	—	—	—	—	750	1000	112	6	—
619/800	—	—	—	—	—	—	—	—	800	1050	115	6	—

续表

00系列								
轴承型号					外形尺寸			
16000型	16000-Z型	16000-2Z型	16000-RS型	16000-2RS型	d	D	B	r_{smin}
16001	√	√	√	√	12	28	7	0.3
16002	√	√	√	√	15	32	8	0.3
16003	√	√	√	√	17	35	8	0.3
16004	√	√	√	√	20	42	8	0.3
16005	√	√	√	√	25	47	8	0.3
16006	—	—	—	—	30	55	9	0.3
16007	—	—	—	—	35	62	9	0.3
16008	—	—	—	—	40	68	9	0.3
16009	—	—	—	—	45	75	10	0.6
16010	—	—	—	—	50	80	10	0.6
16011	—	—	—	—	55	90	11	0.6
16012	—	—	—	—	60	95	11	0.6
16013	—	—	—	—	65	100	11	0.6
16014	—	—	—	—	70	110	13	0.6
16015	—	—	—	—	75	115	13	0.6
16016	—	—	—	—	80	125	14	0.6
16017	—	—	—	—	85	130	14	0.6
16018	—	—	—	—	90	140	16	1
16019	—	—	—	—	95	145	16	1
16020	—	—	—	—	100	150	16	1
16021	—	—	—	—	105	160	18	1
16022	—	—	—	—	110	170	19	1
16024	—	—	—	—	120	180	19	1
16026	—	—	—	—	130	200	22	1.1
16028	—	—	—	—	140	210	22	1.1
16030	—	—	—	—	150	225	24	1.1
16032	—	—	—	—	160	240	25	1.5
16034	—	—	—	—	170	260	28	1.5
16036	—	—	—	—	180	280	31	2
16038	—	—	—	—	190	290	31	2
16040	—	—	—	—	200	310	34	2
16044	—	—	—	—	220	340	37	2.1
16048	—	—	—	—	240	360	37	2.1
16052	—	—	—	—	260	400	44	3
16056	—	—	—	—	280	420	44	3
16060	—	—	—	—	300	460	50	4
16064	—	—	—	—	320	480	50	4
16068	—	—	—	—	340	520	57	4
16072	—	—	—	—	360	540	57	4
16076	—	—	—	—	380	560	57	4

续表

(1)0 系列													
轴承型号									外形尺寸				
6(1)0000型	60000N 型	60000NR 型	60000-Z 型	60000-2Z 型	60000-RS 型	60000-2RS 型	60000-RZ 型	60000-2RZ 型	d	D	B	r_{smin}	r_{1smin}
604	—	—	√	√	—	—	—	—	4	12	4	0.2	—
605	—	—	√	√	—	—	—	—	5	14	5	0.2	—
606	—	—	√	√	—	—	—	—	6	17	6	0.3	—
607	—	—	√	√	√	√	√	√	7	19	6	0.3	—
608	—	—	√	√	√	√	√	√	8	22	7	0.3	—
609	—	—	√	√	√	√	√	√	9	24	7	0.3	—
6000	—	—	√	√	√	√	√	√	10	26	8	0.3	—
6001	—	—	√	√	√	√	√	√	12	28	8	0.3	—
6002	√	√	√	√	√	√	√	√	15	32	9	0.3	0.3
6003	√	√	√	√	√	√	√	√	17	35	10	0.3	0.3
6004	√	√	√	√	√	√	√	√	20	42	12	0.6	0.5
60/22	√	√	√	√	—	—	—	√	22	44	12	0.6	0.5
6005	√	√	√	√	√	√	√	√	25	47	12	0.6	0.5
60/28	√	√	√	√	—	—	—	√	28	52	12	0.6	0.5
6006	√	√	√	√	√	√	√	√	30	55	13	1	0.5
60/32	√	√	√	√	—	—	—	√	32	58	13	1	0.5
6007	√	√	√	√	√	√	√	√	35	62	14	1	0.5
6008	√	√	√	√	√	√	√	√	40	68	15	1	0.5
6009	√	√	√	√	√	√	√	√	45	75	16	1	0.5
6010	√	√	√	√	√	√	√	√	50	80	16	1	0.5
6011	√	√	√	√	√	√	√	√	55	90	18	1.1	0.5
6012	√	√	√	√	√	√	√	√	60	95	18	1.1	0.5
6013	√	√	√	√	√	√	√	√	65	100	18	1.1	0.5
6014	√	√	√	√	√	√	√	√	70	110	20	1.1	0.5
6015	√	√	√	√	√	√	√	√	75	115	20	1.1	0.5
6016	√	√	√	√	√	√	√	√	80	125	22	1.1	0.5
6017	√	√	√	√	√	√	√	√	85	130	22	1.1	0.5
6018	√	√	√	√	√	√	√	√	90	140	24	1.5	0.5
6019	√	√	√	√	√	√	√	√	95	145	24	1.5	0.5
6020	√	√	√	√	√	√	√	√	100	150	24	1.5	0.5
6021	√	√	√	√	√	√	√	√	105	160	26	2	0.5
6022	√	√	√	√	√	√	√	√	110	170	28	2	0.5
6024	√	√	√	√	√	√	√	√	120	180	28	2	0.5
6026	√	√	√	√	√	√	√	√	130	200	33	2	0.5
6028	√	√	√	√	√	√	√	√	140	210	33	2	0.5
6030	√	√	√	√	√	√	√	√	150	225	35	2.1	0.5
6032	√	√	√	√	√	√	√	√	160	240	38	2.1	0.5

续表

(1)0系列													
轴承型号									外形尺寸				
6(1)000型	60000 N型	60000 NR型	60000 -Z型	60000 -2Z型	60000 -RS型	60000 -2RS型	60000 -RZ型	60000 -2RZ型	d	D	B	r_{smin}	r_{1smin}
6034	—	—	—	—	—	—	—	—	170	260	42	2.1	—
6036	—	—	—	—	—	—	—	—	180	280	46	2.1	—
6038	—	—	—	—	—	—	—	—	190	290	46	2.1	—
6040	—	—	—	—	—	—	—	—	200	310	51	2.1	—
6044	—	—	—	—	—	—	—	—	220	340	56	3	—
6048	—	—	—	—	—	—	—	—	240	360	56	3	—
6052	—	—	—	—	—	—	—	—	260	400	65	4	—
6056	—	—	—	—	—	—	—	—	280	420	65	4	—
6060	—	—	—	—	—	—	—	—	300	460	74	4	—
6064	—	—	—	—	—	—	—	—	320	480	74	4	—
6068	—	—	—	—	—	—	—	—	340	520	82	5	—
6072	—	—	—	—	—	—	—	—	360	540	82	5	—
6076	—	—	—	—	—	—	—	—	380	560	82	5	—
6080	—	—	—	—	—	—	—	—	400	600	90	5	—
6084	—	—	—	—	—	—	—	—	420	620	90	5	—
6088	—	—	—	—	—	—	—	—	440	650	94	6	—
6092	—	—	—	—	—	—	—	—	460	680	100	6	—
6096	—	—	—	—	—	—	—	—	480	700	100	6	—
60/500	—	—	—	—	—	—	—	—	500	720	100	6	—

02系列													
轴承型号									外形尺寸				
60200型	60200 N型	60200 NR型	60200 -Z型	60200 -2Z型	60200 -RS型	60200 -2RS型	60200 -RZ型	60200 -2RZ型	d	D	B	r_{smin}	r_{1smin}
623	—	—	√	√	√	√	√	√	3	10	4	0.15	—
624	—	—	√	√	√	√	√	√	4	13	5	0.2	—
625	—	—	√	√	√	√	√	√	5	16	5	0.3	—
626	√	√	√	√	√	√	√	√	6	19	6	0.3	0.3
627	√	√	√	√	√	√	√	√	7	22	7	0.3	0.3
628	√	√	√	√	√	√	√	√	8	24	8	0.3	0.3
629	√	√	√	√	√	√	√	√	9	26	8	0.3	0.3
6200	√	√	√	√	√	√	√	√	10	30	9	0.6	0.5
6201	√	√	√	√	√	√	√	√	12	32	10	0.6	0.5
6202	√	√	√	√	√	√	√	√	15	35	11	0.6	0.5
6203	√	√	√	√	√	√	√	√	17	40	12	0.6	0.5
6204	√	√	√	√	√	√	√	√	20	47	14	1	0.5

续表

02系列													
轴承型号									外形尺寸				
60200型	60200 N型	60200 NR型	60200 -Z型	60200 -2Z型	60200 -RS型	60200 -2RS型	60200 -RZ型	60200 -2RZ型	d	D	B	r_{smin}	r_{1smin}
62/22	√	√	√	√	—	—	—	√	22	50	14	1	0.5
6205	√	√	√	√	√	√	√	√	25	52	15	1	0.5
62/28	√	√	√	√	—	—	—	√	28	58	16	1	0.5
6206	√	√	√	√	√	√	√	√	30	62	16	1	0.5
62/32	√	√	√	√	—	—	—	√	32	65	17	1	0.5
6207	√	√	√	√	√	√	√	√	35	72	17	1.1	0.5
6208	√	√	√	√	√	√	√	√	40	80	18	1.1	0.5
6209	√	√	√	√	√	√	√	√	45	85	19	1.1	0.5
6210	√	√	√	√	√	√	√	√	50	90	20	1.1	0.5
6211	√	√	√	√	√	√	√	√	55	100	21	1.5	0.5
6212	√	√	√	√	√	√	√	√	60	110	22	1.5	0.5
6213	√	√	√	√	√	√	√	√	65	120	23	1.5	0.5
6214	√	√	√	√	√	√	√	√	70	125	24	1.5	0.5
6215	√	√	√	√	√	√	√	√	75	130	25	1.5	0.5
6216	√	√	√	√	√	√	√	√	80	140	26	2	0.5
6217	√	√	√	√	√	√	√	√	85	150	28	2	0.5
6218	√	√	√	√	√	√	√	√	90	160	30	2	0.5
6219	√	√	√	√	√	√	√	√	95	170	32	2.1	0.5
6220	√	√	√	√	√	√	√	√	100	180	34	2.1	0.5
6221	√	√	√	√	√	√	√	√	105	190	36	2.1	0.5
6222	√	√	√	√	√	√	√	√	110	200	38	2.1	0.5
6224	√	√	√	√	√	√	√	√	120	215	40	2.1	0.5
6226	√	√	√	√	√	√	√	√	130	230	40	3	0.5
6228	√	√	√	√	√	√	√	√	140	250	42	3	0.5
6230	—	—	—	—	—	—	—	—	150	270	45	3	—
6232	—	—	—	—	—	—	—	—	160	290	48	3	—
6234	—	—	—	—	—	—	—	—	170	310	52	4	—
6236	—	—	—	—	—	—	—	—	180	320	52	4	—
6238	—	—	—	—	—	—	—	—	190	340	55	4	—
6240	—	—	—	—	—	—	—	—	200	360	58	4	—
6244	—	—	—	—	—	—	—	—	220	400	65	4	—
6248	—	—	—	—	—	—	—	—	240	440	72	4	—
6252	—	—	—	—	—	—	—	—	260	480	80	5	—
6256	—	—	—	—	—	—	—	—	280	500	80	5	—
6260	—	—	—	—	—	—	—	—	300	540	85	5	—
6264	—	—	—	—	—	—	—	—	320	580	92	5	—

续表

03系列													
轴承型号									外形尺寸				
60300型	60300 N型	60300 NR型	60300 -Z型	60300 -2Z型	60300 -RS型	60300 -2RS型	60300 -RZ型	60300 -2RZ型	d	D	B	r_{smin}	r_{1smin}
633	—	—	√	√	√	√	√	√	3	13	5	0.2	—
634	—	—	√	√	√	√	√	√	4	16	5	0.3	—
635	√	√	√	√	√	√	√	√	5	19	6	0.3	0.3
6300	√	√	√	√	√	√	√	√	10	35	11	0.6	0.5
6301	√	√	√	√	√	√	√	√	12	37	12	1	0.5
6302	√	√	√	√	√	√	√	√	15	42	13	1	0.5
6303	√	√	√	√	√	√	√	√	17	47	14	1	0.5
6304	√	√	√	√	√	√	√	√	20	52	15	1.1	0.5
63/22	√	√	√	√	—	—	—	√	22	56	16	1.1	0.5
6305	√	√	√	√	√	√	√	√	25	62	17	1.1	0.5
63/28	√	√	√	√	—	—	—	√	28	68	18	1.1	0.5
6306	√	√	√	√	√	√	√	√	30	72	19	1.1	0.5
63/32	√	√	√	√	—	—	—	√	32	75	20	1.1	0.5
6307	√	√	√	√	√	√	√	√	35	80	21	1.5	0.5
6308	√	√	√	√	√	√	√	√	40	90	23	1.5	0.5
6309	√	√	√	√	√	√	√	√	45	100	25	1.5	0.5
6310	√	√	√	√	√	√	√	√	50	110	27	2	0.5
6311	√	√	√	√	√	√	√	√	55	120	29	2	0.5
6312	√	√	√	√	√	√	√	√	60	130	31	2.1	0.5
6313	√	√	√	√	√	√	√	√	65	140	33	2.1	0.5
6314	√	√	√	√	√	√	√	√	70	150	35	2.1	0.5
6315	√	√	√	√	√	√	√	√	75	160	37	2.1	0.5
6316	√	√	√	√	√	√	√	√	80	170	39	2.1	0.5
6317	√	√	√	√	√	√	√	√	85	180	41	3	0.5
6318	√	√	√	√	√	√	√	√	90	190	43	3	0.5
6319	√	√	√	√	√	√	√	√	95	200	45	3	0.5
6320	√	√	√	√	√	√	√	√	100	215	47	3	0.5
6321	√	√	√	√	√	√	√	√	105	225	49	3	0.5
6322	√	√	√	√	√	√	√	√	110	240	50	3	0.5
6324	—	—	√	√	√	√	√	√	120	260	55	3	—
6326	—	—	√	√	—	—	—	—	130	280	58	4	—
6328	—	—	—	—	—	—	—	—	140	300	62	4	—
6330	—	—	—	—	—	—	—	—	150	320	65	4	—
6332	—	—	—	—	—	—	—	—	160	310	68	4	—
6334	—	—	—	—	—	—	—	—	170	360	72	4	—
6336	—	—	—	—	—	—	—	—	180	380	75	4	—
6338	—	—	—	—	—	—	—	—	190	400	78	5	—
6340	—	—	—	—	—	—	—	—	200	420	80	5	—
6344	—	—	—	—	—	—	—	—	220	460	88	5	—
6348	—	—	—	—	—	—	—	—	240	500	95	5	—
6352	—	—	—	—	—	—	—	—	260	540	102	6	—
6356	—	—	—	—	—	—	—	—	280	580	108	6	—

续表

04系列													
轴承型号									外形尺寸				
60400型	60400N型	60400NR型	60400-Z型	60400-2Z型	60400-RS型	60400-2RS型	60400-RZ型	60400-2RZ型	d	D	B	r_{smin}	r_{1smin}
6403	√	√	√	√	√	√	√	√	17	62	17	1.1	0.5
6404	√	√	√	√	√	√	√	√	20	72	19	1.1	0.5
6405	√	√	√	√	√	√	√	√	25	80	21	1.5	0.5
6406	√	√	√	√	√	√	√	√	30	90	23	1.5	0.5
6407	√	√	√	√	√	√	√	√	35	100	25	1.5	0.5
6408	√	√	√	√	√	√	√	√	40	110	27	2	0.5
6409	√	√	√	√	√	√	√	√	45	120	29	2	0.5
6410	√	√	√	√	√	√	√	√	50	130	31	2.1	0.5
6411	√	√	√	√	√	√	√	√	55	140	33	2.1	0.5
6412	√	√	√	√	√	√	√	√	60	150	35	2.1	0.5
6413	√	√	√	√	√	√	√	√	65	160	37	2.1	0.5
6414	√	√	√	√	√	√	√	√	70	180	42	3	0.5
6415	√	√	√	√	√	√	√	√	75	190	45	3	0.5
6416	√	√	√	√	√	√	√	√	80	200	48	3	0.5
6417	√	√	√	√	√	√	√	√	85	210	52	4	0.5
6418	√	√	√	√	√	√	√	√	90	225	54	4	0.5
6419	√	√	√	√	√	√	√	√	95	240	55	4	0.5
6420	√	√	√	√	√	√	√	√	100	250	58	4	0.5
6422	—	—	√	√	√	√	√	√	110	280	65	4	—

注：1. r_{smin}—内、外圈的最小单一倒角尺寸。r_{1smin}—外圈止动槽端的最小单一倒角尺寸。最大倒角尺寸规定见GB/T 274—2000。

2. "√"表示推荐规格。

24.3.5 调心球轴承

外圈滚道面为球面，具有调心性能。因加工安装及轴弯曲造成轴与座孔不同心时适合用这种轴承。调整的偏斜角可在3°以内。

轴承接触角小，在轴向力作用下几乎不变，轴向承载能力小。

主要承受径向负荷，在承受径向负荷的同时，也可承受少量的轴向负荷，极限转速比深沟球轴承低。

主要用于木工机械、纺织机械传动轴、立式带座等。

表 24.14　调心球轴承的规格尺寸（GB/T 281—2013）　mm

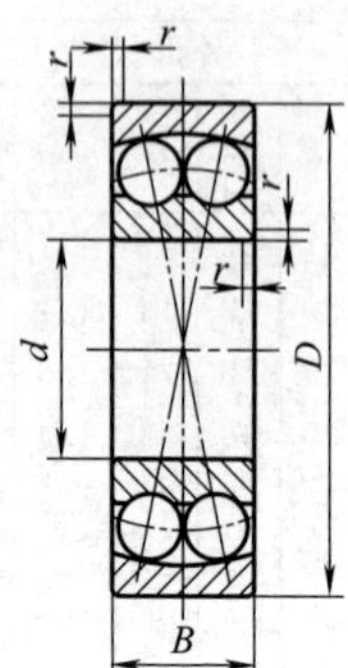

圆柱孔调心球轴承
10000 型

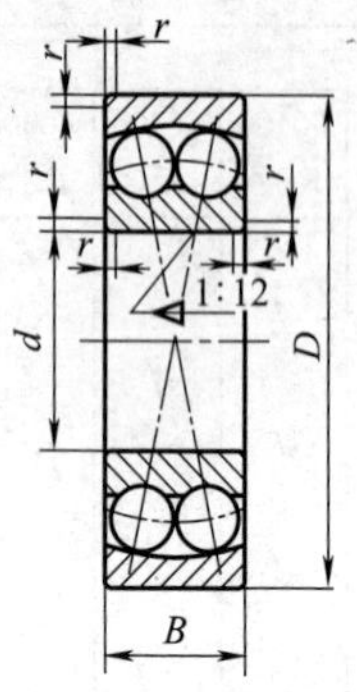

圆锥孔调心球轴承
10000K型

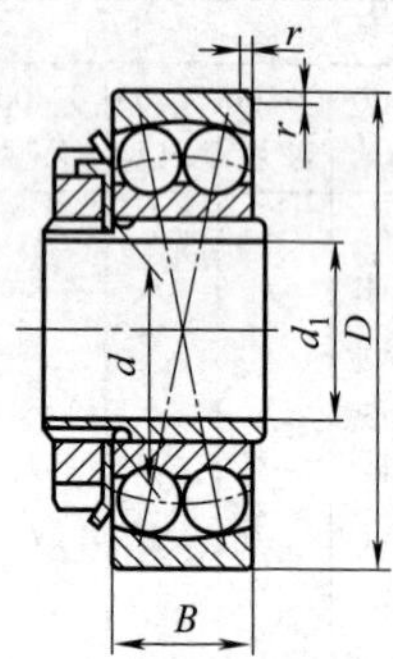

带紧定套的调心球轴承
10000K+H 型

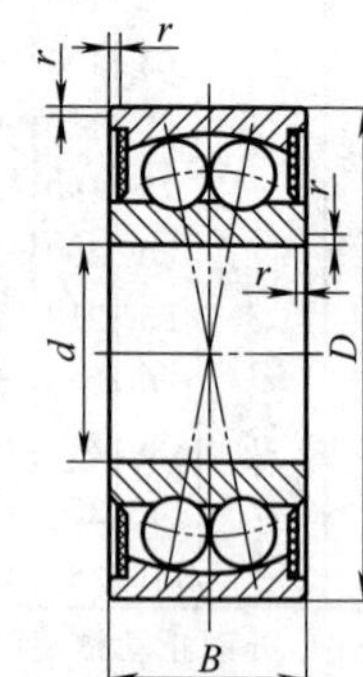

两面带密封圈的圆柱孔调心球轴承
10000－2RS型

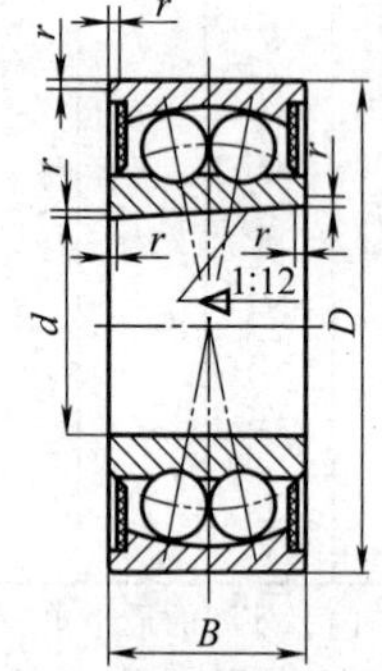

两面带密封圈的圆锥孔调心球轴承
10000 K－2RS型

轴承型号	外形尺寸			
	d	*D*	*B*	r_{smin}[①]
39 系列				
13940	200	280	60	2.1
13944	220	300	60	2.1
13948	240	320	60	2.1
10 系列				
108	8	22	7	0.3
30 系列				
13030	150	225	56	2.1
13036	180	280	74	2.1

续表

02 系列							
轴承型号			外形尺寸				
10000 型	10000K 型	10000K+H 型	d	d_1	D	B	r_{smin}①
126	—	—	6	—	19	6	0.3
127	—	—	7	—	22	7	0.3
129	—	—	9	—	26	8	0.3
1200	1200K	—	10	—	30	9	0.6
1201	1201K	—	12	—	32	10	0.6
1202	1202K	—	15	—	35	11	0.6
1203	1203K	—	17	—	40	12	0.6
1204	1204K	1204K+H204	20	17	47	14	1.0
1205	1205K	1205K+H205	25	20	52	15	1.0
1206	1206K	1206K+H206	30	25	62	16	1.0
1207	1207K	1207K+H207	35	30	72	17	1.1
1208	1208K	1208K+H208	40	35	80	18	1.1
1209	1209K	1209K+H209	45	40	85	19	1.1
1210	1210K	1210K+H210	50	45	90	20	1.1
1211	1211K	1211K+H211	55	50	100	21	1.5
1212	1212K	1212K+H212	60	55	110	22	1.5
1213	1213K	1213K+H213	65	60	120	23	1.5
1214	1214K	1214K+H214	70	60	125	24	1.5
1215	1215K	1215K+H215	75	65	130	25	1.5
1216	1216K	1216K+H216	80	70	140	26	2.0
1217	1217K	1217K+H217	85	75	150	28	2.0
1218	1218K	1218K+H218	90	80	160	30	2.0
1219	1219K	1219K+H219	95	85	170	32	2.1
1220	1220K	1220K+H220	100	90	180	34	2.1
1221	1221K	1221K+H221	105	95	190	36	2.1
1222	1222K	1222K+H222	110	100	200	38	2.1
1224	1224K	1224K+H3024	120	110	215	42	2.1
1226	—	—	130	—	230	46	3.0
1228	—	—	140	—	250	50	3.0

22 系列									
轴承型号②					外形尺寸				
10000 型	10000-2RS 型	10000K 型	10000K-2RS 型	10000K+H 型	d	d_1	D	B	r_{smin}①
2200	2200-2RS	—	—	—	10	—	30	14	0.6
2201	2201-2RS	—	—	—	12	—	32	14	0.6
2202	2202-2RS	2202K	—	—	15	—	35	14	0.6
2203	2203-2RS	2203K	—	—	17	—	40	16	0.6
2204	2204-2RS	2204K	—	2204K+H304	20	17	47	18	1.0
2205	2205-2RS	2205K	2205K-2RS	2205K+H305	25	20	52	18	1.0
2206	2206-2RS	2206K	2206K-2RS	2206K+H306	30	25	62	20	1.0
2207	2207-2RS	2207K	2207K-2RS	2207K+H307	35	30	72	23	1.1
2208	2208-2RS	2208K	2208K-2RS	2208K+H308	40	35	80	23	1.1
2209	2209-2RS	2209K	2209K-2RS	2209K+H309	45	40	85	23	1.1
2210	2210-2RS	2210K	2210K-2RS	2210K+H310	50	45	90	23	1.1
2212	2212-2RS	2212K	2212K-2RS	2212K+H312	60	55	110	28	1.5
2213	2213-2RS	2213K	2213K-2RS	2213K+H313	65	60	120	31	1.5
2214	2214-2RS	2214K	2214K-2RS	2214K+H314	70	60	125	31	1.5
2215	—	2215K	—	2215K+H315	75	65	130	31	1.5

续表

22 系列									
轴承型号[2]					外形尺寸				
10000 型	10000-2RS 型	10000K 型	10000K-2RS 型	10000K+H 型	d	d_1	D	B	r_{smin}[1]
2216	—	2216K	—	2216K+H316	80	70	140	33	2.0
2217	—	2217K	—	2217K+H317	85	75	150	36	2.0
2218	—	2218K	—	2218K+H318	90	80	160	40	2.0
2219	—	2219K	—	2219K+H319	95	85	170	43	2.1
2220	—	2220K	—	2220K+H320	100	90	180	46	2.1
2221	—	2221K	—	2221K+H321	105	95	190	50	2.1
2222	—	2222K	—	2222K+H322	110	100	200	53	2.1

03 系列							
轴承型号			外形尺寸				
10000 型	10000K 型	10000K+H 型	d	d_1	D	B	r_{smin}[1]
135	—	—	5	—	19	6	0.3
1300	1300K	—	10	—	35	11	0.6
1301	1301K	—	12	—	37	12	1.0
1302	1302K	—	15	—	42	13	1.0
1303	1303K	—	17	—	47	14	1.0
1304	1304K	1304K+H304	20	17	52	15	1.1
1305	1305K	1305K+H305	25	20	62	17	1.1
1306	1306K	1306K+H306	30	25	72	19	1.1
1307	1307K	1307K+H307	35	30	80	21	1.5
1308	1308K	1308K+H308	40	35	90	23	1.5
1309	1309K	1309K+H309	45	40	100	25	1.5
1310	1310K	1310K+H310	50	45	110	27	2.0
1311	1311K	1311K+H311	55	50	120	29	2.0
1312	1312K	1312K+H312	60	55	130	31	2.1
1313	1313K	1313K+H313	65	60	140	33	2.1
1314	1314K	1314K+H314	70	60	150	35	2.1
1315	1315K	1315K+H315	75	65	160	37	2.1
1316	1316K	1316K+H316	80	70	170	39	2.1
1317	1317K	1317K+H317	85	75	180	41	3.0
1318	1318K	1318K+H318	90	80	190	43	3.0
1319	1319K	1319K+H319	95	85	200	45	3.0
1320	1320K	1320K+H320	100	90	215	47	3.0
1321	1321K	1321K+H321	105	95	225	49	3.0
1322	1322K	1322K+H322	110	100	240	50	3.0

续表

23 系列								
轴承型号[2]				外形尺寸				
10000 型	10000-2RS 型	10000K 型	10000K+H 型	d	d_1	D	B	r_{smin}[1]
2300	—	—	—	10	—	35	17	0.6
2301	—	—	—	12	—	37	17	1.0
2302	2302-2RS	—	—	15	—	42	17	1.0
2303	2303-2RS	—	—	17	—	47	19	1.0
2304	2304-2RS	2304K	2304K+H2304	20	17	52	21	1.1
2305	2305-2RS	2305K	2305K+H2305	25	20	62	24	1.1
2306	2306-2RS	2306K	2306K+H2306	30	25	72	27	1.1
2307	2307-2RS	2307K	2307K+H2307	35	30	80	31	1.5
2308	2308-2RS	2308K	2308K+H2308	40	35	90	33	1.5
2309	2309-2RS	2309K	2309K+H2309	45	40	100	36	1.5
2310	2310-2RS	2310K	2310K+H2310	50	45	110	40	2.0
2311	—	2311K	2311K+H2311	55	50	120	43	2.0
2312	—	2312K	2312K+H2312	60	55	130	46	2.1
2313	—	2313K	2313K+H2313	65	60	140	48	2.1
2314	—	2314K	2314K+H2314	70	60	150	51	2.1
2315		2315K	2315K+H2315	75	65	160	55	2.1
2316		2316K	2316K+H2316	80	70	170	58	2.1
2317		2317K	2317K+H2317	85	75	180	60	3.0
2318		2318K	2318K+H2318	90	80	190	64	3.0
2319		2319K	2319K+H2319	95	85	200	67	3.0
2320		2320K	2320K+H2320	100	90	215	73	3.0
2321		2321K	2321K+H2321	105	95	225	77	3.0
2322		2322K	2322K+H2322	110	100	240	80	3.0

① 最大倒角尺寸规定在 GB/T 274—2000 中。

② 类型代号“1”按 GB/T 272—1993 的规定省略。

表 24.15　不锈钢调心球轴承尺寸　mm

轴承型号	外形尺寸				有关安装尺寸			质量/kg
	d	D	B	R_{min}	D_{amin}	D_{amax}	R_{amax}	
SS135	5	19	6	0.3	7	17	0.3	0.009
SS126	6	19	6	0.3	8			0.009
SS127	7	22	7	0.3	9	20	0.3	0.014
SS108	8	22	7	0.3	10			0.014
SS129	9	26	8	0.6	13	22	0.6	0.022
SS1200	10	30	9	0.6	14	26	0.6	0.034
SS2200		30	14					0.047
SS1300		25	11	0.6	15	31	0.6	0.058
SS2300		25	11					0.085

续表

轴承型号	外形尺寸				有关安装尺寸			质量/kg
	d	D	B	R_{min}	D_{amin}	D_{amax}	R_{amax}	
SS1201	12	32	10	0.6	16	28	0.6	0.04
SS2201		32	14					0.053
SS1301		37	12	1.0	17	32	1.0	0.067
SS2301		37	17					0.095
SS1202	15	35	11	0.6	19	31	0.6	0.049
SS2202		35	14					0.06
SS1302		42	13	1.0	20	37	1.0	0.094
SS2302		42	17					0.11
SS1203	17	40	12	0.6	21	36	0.6	0.073
SS2203		40	16					0.088
SS1303		47	14	1.0	22	42	1.0	0.13
SS2303		47	19					0.16
SS1204	20	47	14	1.0	25	42	1.0	0.12
SS2204		47	18					0.14
SS1304		52	15	1.1	26.5	45.5	1.0	0.16
SS1304		52	21					0.21
SS1205	25	52	15	1.0	30	47	1.0	0.14
SS2205		52	18					0.16
SS1305		62	17	1.1	31.5	55.5	1.0	0.26
SS2305		62	24					0.34
SS1206	30	62	16	1.0	35	57	1.0	0.22
SS2206		62	20					0.26
SS1306		72	19	1.1	36.5	65.5	1.0	0.39
SS2306		72	27					0.50
SS1207	35	72	17	1.1	41.5	65.5	1.0	0.32
SS2207		72	23					0.40
SS1307		80	21	1.5	43	72	1.5	0.51
SS2307		80	31					0.68
SS1208	40	80	18	1.1	46.5	73.5	1.0	0.42
SS2208		80	23					0.51
SS1308		90	23	1.5	48	82	1.5	0.72
SS2308		90	33					0.93
SS1209	45	85	19	1.1	51.5	78.5	1.0	0.47
SS2209		85	23					0.55
SS1309		100	25	1.5	53	92	1.5	0.96
SS2309		100	36					1.23

续表

轴承型号	外形尺寸				有关安装尺寸			质量/kg
	d	D	B	R_{min}	D_{amin}	D_{amax}	R_{amax}	
SS1210 SS2210	50	90 90	20 23	1.1	56.5	83.5	1.0	0.53 0.59
SS1310 SS2310	50	110 110	27 40	2.0	59	101	2.0	1.21 1.64
SS1211 SS2211	55	100 100	21 25	1.5	63	92	1.5	0.71 0.81
SS1311 SS2311	55	120 120	29 43	2.0	64	111	2.0	1.58 2.1
SS1212 SS2212	60	110 110	22 28	1.5	68	102	1.5	0.9 1.09
SS1312 SS2312	60	130 130	31 46	2.1	71	119	2.0	1.96 2.26
SS1313 SS2313	65	120 120	23 31	1.5	73	112	1.5	1.15 1.46
SS1313 SS2313	65	140 140	33 48	2.1	76	129	2.0	2.45 3.23
SS1214 SS2214	70	125 125	24 31	1.5	78	117	1.5	1.26 1.52
SS1314 SS2314	70	150 150	35 51	2.1	81	139	2.0	2.99 4.23
SS1215 SS2215	75	130 130	25 31	1.5	83	122	1.5	1.36 1.62
SS1216 SS2216	80	140 140	26 33	2.0	89	131	2.0	1.67 2.01
SS1217 SS2217	85	150 150	28 36	2.0	94	141	2.0	2.07 2.52

24.3.6　带座外球面球轴承

外球面球轴承（外球面轴承），较一般的深沟球轴承使用方便，其特点主要为装卸简单、可以调心；另外是采用双层密封结构，保证可以在环境条件比较苛刻的场合下使用。

外球面球轴承按照与轴的配合方式来分可以分为三大类：

① 带顶丝外球面球轴承：其代号为UC200系列（轻型系列）、UC300系列（重型系列）及变形产品UB（SB）200系列，广泛用

于纺织机械、陶瓷机械等各制造行业。

② 有圆锥孔外球面球轴承：其代号为 UK200 系列、UK300 系列。可以承受比带顶丝外球面球轴承更大的负荷。

③ 带偏心套外球面球轴承：其代号为 UEL200 系列和 UEL300 系列。主要是在农机（收割机、秸秆还田机、脱粒机等）上使用，也使用于跳动比较猛烈的结构上。

带座轴承由 GB/T 3882 规定的外球面球轴承和 GB/T 7809 规定的外球面球轴承座组合而成。

表 24.16　带座外球面球轴承（GB/T 7810—1995）　　mm

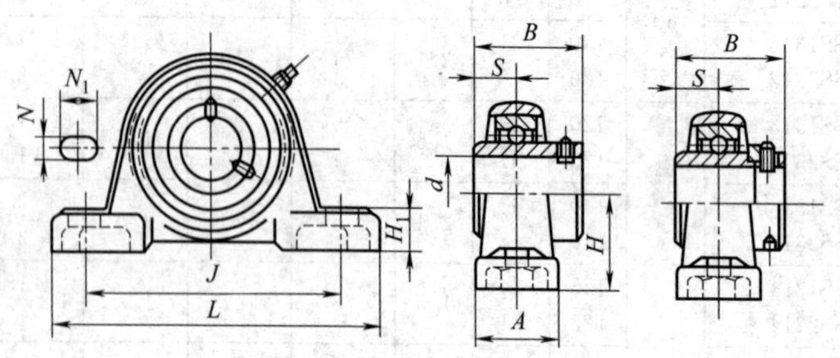

带座轴承代号	轴承代号	轴承尺寸			轴承座尺寸							座子代号
UCP 型 UELP 型	UC 型 UEL 型	d	B	S	A max	H	H_1 max	N min	N_1 min	J	L max	
UCP201	UC201	12	27.4	11.5								
UELP201	UEL201		37.3	13.9								
UCP202	UC202	15	27.4	11.5	39	30.2	17	11.5	16	96	129	P203
UELP202	UEL202		37.3	13.9								
UCP203	UC203	17	27.4	11.5								
UELP203	UEL203		37.3	13.9								
UCP204	UC204	20	30.1	15.7	39	33.3	17	11.5	16	96	134	P204
UELP204	UEL204		43.7	17.1								
UCP205	UC205	25	34.1	14.3	39	36.5	17	11.5	16	105	142	P205
UCP305	UC305		38	15.0	45	45.0	17	17.0	20	132	175	P305
UELP205	UEL205		44.4	17.5	39	36.5	17	11.5	16	105	142	P205
UELP305	UEL305		46.8	16.7	45	45.0	17	17	20	132	175	P305

续表

带座轴承代号	轴承代号	轴承尺寸			轴承座尺寸							座子代号
UCP型 UELP型	UC型 UEL型	d	B	S	A max	H	H_1 max	N min	N_1 min	J	L max	
UCP206	UC206	30	38.1	15.9	48	42.9	20	14	19	121	167	P206
UCP306	UC306		43	17.0	50	50.0	20	17	20	140	180	P306
UELP206	UEL206		48.4	18.3	48	42.9	20	14	19	121	167	P206
UELP306	UEL306		50	17.5	50	50.0	20	17	20	140	180	P306
UCP207	UCP207	35	42.9	17.5	48	47.6	20	14	19	126	172	P207
UCP307	UCP307		48	19.0	56	56.0	20	17	25	160	210	P307
UELP207	UEL207		51.1	18.8	48	47.6	20	14	19	126	172	P207
UELP307	UEL307		51.6	18.3	56	56.0	20	17	25	160	210	P307
UCP208	UC208	40	49.2	19.0	55	49.2	20	14	19	136	186	P208
UCP308	UC308		52	19.0	60	60.0	24	17	27	170	220	P308
UELP208	UEL208		56.3	21.4	55	49.2	22	14	19	136	186	P208
UELP308	UEL308		57.1	19.8	60	60.0	24	17	27	170	220	P308
UCP209	UC209	45	49.2	19.0	55	54.0	22	14	19	146	192	P209
UCP309	UC309		57	22.0	67	67.0	26	20	30	190	245	P309
UELP209	UEL209		56.3	21.4	55	54.0	22	14	19	146	192	P209
UELP309	UEL309		58.7	19.8	67	67.0	26	20	30	190	245	P309
UCP210	UC210	50	51.6	19.0	61	57.2	23	18	20	159	208	P210
UCP310	UC310		61	22.0	75	75.0	29	20	35	212	275	P310
UELP210	UEL210		62.7	21.6	61	57.2	23	18	20	159	208	P210
UELP310	UEL310		66.6	24.6	75	75.0	29	20	35	212	275	P310
UCPZ11	UC211	55	55.6	22.2	61	63.5	5	18	20	172	233	P211
UCP211	UC311		66	25.0	80	80.0	32	20	38	236	310	P311
UELP211	UEL211		71.4	27.8	61	63.5	25	18	20	172	233	P211
UELP311	UEL311		73	27.8	80	80.0	32	20	38	236	310	P311
UCP212	UC212	60	65.1	25.4	71	69.9	27	18	22	186	243	P212
UCP312	UC312		71	26.0	85	85.0	34	25	38	250	330	P312
UELP212	UEL212		77.8	31.0	71	69.9	27	18	22	186	243	P212
UELP312	UEL312		79.4	30.95	85	85	34	25	38	250	330	P312
UCP213	UC213	65	65.1	25.4	72	76.2	30	23	24	203	268	P213

表 24.17 带立式座的外球面球轴承（GB/T 7810—1995） mm

UCP型 UKP+H型 UELP型

带座轴承代号			d	d_0	B	B_1	B_3	S		L	A	J	H
UCP 型	UKP＋H 型	UELP 型						UC 型	UEL 型	max	max		
201	—	201	12	—	27.4	37.3	—	11.5	13.9	129	39	96	30.2
202	—	202	15	—	27.4	37.3	—	11.5	13.9	129	39	96	30.2
203	—	203	17	—	27.4	37.3	—	11.5	13.9	129	39	96	30.2
204	—	204	20	—	31.0	43.7	—	12.7	17.1	134	39	96	33.3
205	205＋H2305	205	25	20	34.1	44.4	35	14.3	17.5	142	39	105	36.5
206	206＋H2306	206	30	25	38.1	48.4	38	15.9	18.3	167	48	121	42.9
207	207＋H2307	207	35	30	42.9	51.1	43	17.5	18.8	172	48	126	47.6
208	208＋H2308	208	40	35	49.2	56.3	46	19.0	21.4	186	55	136	49.2
209	209＋H2309	209	45	40	49.2	56.3	50	19.0	21.4	192	55	146	54.0
210	210＋H2310	210	50	45	51.6	62.7	55	19.0	24.6	208	61	159	57.2
211	211＋H2311	211	55	50	55.6	71.4	59	22.2	27.8	233	61	172	63.5
212	212＋H2312	212	60	55	65.1	77.8	62	25.4	31.0	243	71	186	69.9
213	213＋H2313	213	65	60	65.1	85.7	65	25.4	34.1	268	73	203	76.2
214	214＋H2314	214	70	—	74.6	85.7	—	30.2	34.1	274	74	210	79.4

续表

带座轴承代号			d	d_0	B	B_1	B_3	S		L max	A max	J	H
UCP型	UKP+H型	UELP型						UC型	UEL型				
215	215+H2315	215	75	65	77.8	92.1	73	33.3	37.3	300	83	217	82.6
216	216+H2316	—	80	70	82.6	—	78	33.3	—	305	84	232	88.9
217	217+H2317	—	85	75	85.7	—	82	34.1	—	330	95	247	95.2
218	218+H2318	—	90	80	96.0	—	86	39.7	—	356	100	262	101.6
220	—	—	100	—	108.0	—	—	42.0	—	390	111	308	115.0
305	305+H2305	305	25	20	38	46.8	35	15	16.7	175	45	132	45
306	306+H2306	306	30	25	43	50.0	38	17	17.5	180	50	140	50
307	307+H2307	307	35	30	48	51.6	43	19	18.3	210	56	160	56
308	308+H2308	308	40	35	52	57.1	46	19	19.8	220	60	170	60
309	309+H2309	309	45	40	57	58.7	50	22	19.8	245	67	190	67
310	310+H2310	310	50	45	61	66.6	55	22	24.66	275	75	212	75
311	311+H2311	311	55	50	66	73.0	59	25	27.8	310	80	236	80
312	312+H2312	312	60	55	71	79.4	62	26	30.93	330	85	250	85
313	313+H2313	313	65	60	75	35.7	65	30	32.55	340	90	260	90
314	—	314	70	—	78	92.1	—	33	34.15	360	90	280	95
315	315+H2315	315	75	65	82	100.0	73	32	37.3	380	100	290	100
316	316+H2316	316	80	70	86	106.4	78	34	40.5	400	110	300	106
317	317+H2317	317	85	75	96	109.5	82	40	42.05	420	110	320	112
318	31-8+H2318	318	90	80	96	115.9	86	40	43.65	430	110	330	118
319	319+H2319	319	95	85	103	122.3	90	41	38.9	470	120	360	125
320	320+H2320	320	100	90	108	128.6	97	42	50.0	490	120	380	140
321	—	—	105	—	112	—	—	44	—	490	120	380	140
322	322+H2322	—	110	100	117	—	105	46	—	520	140	400	150
324	324+H2324	—	120	110	126	—	112	51	—	570	140	450	160
326	326+H2326	—	130	115	135	—	121	54	—	600	140	480	180
328	328+H2328	—	140	125	145	—	131	59	—	620	140	500	200

注：L—立式座长度；J—螺栓中心距；H—轴承中心至基准面高度。

表 24.18 带方形座的外球面球轴承（GB/T 7810—1995） mm

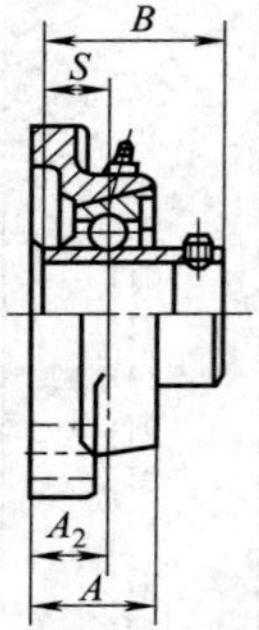

UCFU型 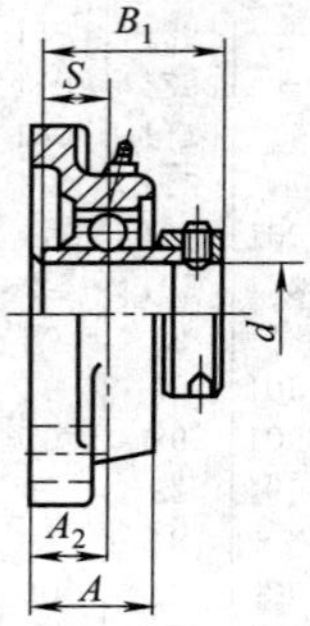 UKFU+H型 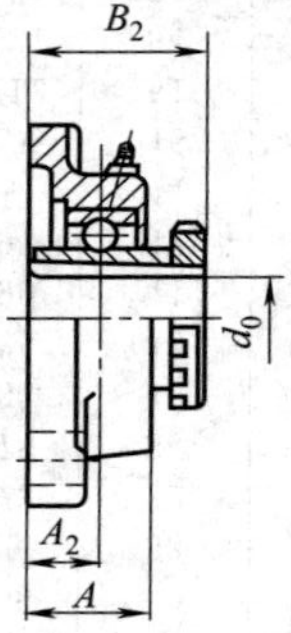 UELFU型

带座轴承代号			d	d_0	B	B_1	B_2	S		L	A	J	A_2
UCFU 型	UKFU＋H 型	UELFU 型						UC 型	UEL 型				
201	—	201	12	—	27.4	37.3	—	11.5	13.9	78	32	54	17
202	—	202	15	—	27.4	37.3	—	11.5	13.9	78	32	54	17
203	—	203	17	—	27.4	37.3	—	11.5	13.9	78	32	54	17
204	—	204	20	—	31.0	43.7	—	12.7	17.1	88	34	63.5	19
205	205＋2305	205	25	20	34.1	44.4	35	14.3	17.5	97	35	70	19
206	206＋2306	206	30	25	38.1	48.4	38	15.9	18.3	110	38	82.5	20
207	207＋2307	207	35	30	42.9	51.1	43	17.5	18.8	119	38	92	21
208	208＋2308	208	40	35	49.2	56.3	46	19.0	21.4	132	43	101.5	24
209	209＋2309	209	45	40	49.2	56.3	50	19.0	21.4	139	45	105	24
210	210＋2310	210	50	45	51.6	62.7	55	19.0	24.6	145	48	111	28
211	211＋2311	211	55	50	55.6	71.4	59	22.2	27.8	164	51	130	31
212	212＋2312	212	60	55	65.1	77.8	62	25.4	31.0	177	60	143	34

续表

带座轴承代号			d	d_0	B	B_1	B_2	S		L	A	J	A_2
UCFU 型	UKFU+H 型	UELFU 型						UC 型	UEL 型				
213	213+2313	213	65	60	65.1	85.7	66	25.4	34.1	189	52	149.5	34
214	—	214	70	—	74.6	85.7	—	30.2	34.1	195	57	152	35
215	215+2315	215	75	65	77.8	92.1	73	33.3	37.3	202	58	159	35
216	216+2316	—	80	70	82.6	—	78	33.3	—	213	65	165	35
217	217+2317	—	85	75	85.7	—	82	34.1	—	222	75	175	36
218	—	—	90	—	96.0	—	—	39.7	—	240	75	187	42
220	—	—	100	—	108.0	—	—	42.0	—	270	80	210	44
305	305+H2305	305	25	20	38	46.8	35	15	16.7	110	29	80	16
306	306+H2306	306	30	25	43	50.0	38	17	17.5	125	32	95	18
307	307+H2307	307	35	30	48	51.6	43	19	18.3	135	36	100	20
308	308+H2308	308	40	35	52	57.1	46	19	19.8	150	40	112	23
309	309+H2309	309	45	40	57	58.7	50	22	19.8	160	44	125	25
310	310+H2310	310	50	45	61	66.6	55	22	24.6	175	48	132	28
311	311+H2311	311	55	50	66	73	59	25	27.8	185	52	140	30
312	312+H2312	312	60	55	71	79.4	62	26	30.95	195	56	150	33
313	313+H2313	313	65	60	75	85.7	65	30	32.55	208	58	166	33
314	—	314	70	—	78	92.1	—	33	34.15	226	61	178	36
315	315+H2315	315	75	65	82	100.0	73	32	37.3	236	66	184	39
316	316+H2316	316	80	70	86	106.4	78	34	40.55	250	68	196	38
317	317+H2317	317	85	75	96	109.5	82	40	42.05	260	74	204	44
318	318+H2318	318	90	80	96	115.9	86	40	43.65	280	76	216	44
319	319+H2319	319	95	85	103	122.3	90	41	38.9	200	94	228	59
320	320+H2320	320	100	90	108	128.6	97	42	50	310	94	242	59
321	—	—	105	—	112	—	—	44	—	310	94	242	59
322	322+H2322	—	110	100	117	—	105	46	—	340	96	266	60
324	324+H2324	—	120	110	126	—	112	51	—	370	110	290	65
326	326+H2326	—	130	115	135	—	121	54	—	410	115	320	65
328	328+H2328	—	140	125	145	—	131	59	—	450	125	350	75

注：L—方形座长宽；J—螺栓中心距。

表 24.19 带菱形座的外球面球轴承（GB/T 7810—1995） mm

UCFLU型 UKFLU+H型 UELFLU型

带座轴承代号			d	d_0	B	B_1	B_3	S		H_{max}	L_{max}	A_{max}	J	A_2
UCFLU 型	UKFLU＋H 型	UELFLU 型						UC 型	UE1 型					
201	—	201	12	—	27.4	37.3	—	11.5	13.9	99	61	32	76.5	17
202	—	202	15	—	27.4	37.3	—	11.5	13.9	99	61	32	76.5	17
203	—	203	17	—	27.4	37.3	—	11.5	13.9	99	61	32	76.5	17
204	—	204	20	—	31.0	43.7	—	12.7	17.1	113	62	34	90	19
205	205＋H2305	205	25	20	34.1	44.4	35	14.3	17.5	125	70	35	99	19
206	206＋H2306	206	30	25	38.1	48.4	38	15.9	18.3	142	83	38	116.5	20
207	207＋H2307	207	35	30	42.9	51.1	43	17.5	18.8	156	96	38	130	21
208	208＋H2308	208	40	35	49.2	56.3	46	19.0	21.4	172	105	43	143.5	24
209	209＋H2309	209	45	40	492	563	50	19.0	21.4	180	112	45	148.5	24
210	210＋H2310	210	50	45	51.6	62.7	55	19.0	24.6	190	117	48	157	28
211	211＋H2311	211	55	50	55.6	71.4	59	22.2	27.8	222	134	51	184	31
212	212＋H2312	212	60	55	65.1	77.8	62	254	31.0	238	142	60	202	34

续表

带座轴承代号			d	d_0	B	B_1	B_3	S		H_{max}	L_{max}	A_{max}	J	A_2
UCFLU 型	UKFLU+H 型	UELFLU 型						UC 型	UE1 型					
305	305+H2305	305	25	20	38	46.8	35	15	167	150	80	29	113	16
306	306+H2306	306	30	25	43	50.0	38	17	175	180	90	32	134	18
307	307+H2307	307	35	30	48	51.6	43	19	18.3	185	100	36	141	20
308	308+H2308	308	40	35	52	57.1	46	19	19.8	200	112	40	158	23
309	309+H2309	309	45	40	57	58.7	50	22	19.8	230	125	44	177	25
310	310+H2310	310	50	45	61	66.6	55.1	22	24.6	240	140	48	187	28
311	311+H2311	311	55	50	66	73.0	59	25	27.8	250	150	52	198	30
312	312+H2312	312	60	55	71	79.4	62	26	30.95	270	160	56	212	33
313	313+H2313	313	65	60	75	85.7	65	30	32.55	295	175	58	240	33
314	—	314	70	—	78	92.1	—	33	34.15	315	185	61	250	36
315	315+H2315	315	75	65	82	100.0	73	32	37.3	320	195	66	260	39
316	316+H2316	316	80	70	86	1064	78	34	40.5	355	210	68	285	38
317	317+H2317	317	85	75	96	109.5	82	40	42.05	370	220	74	300	44
318	318+H2318	318	90	80	96	115.9	86	40	43.65	385	235	76	315	44
319	319+H2319	319	95	85	103	122.3	90	41	38.9	405	250	94	330	59
320	320+H2320	320	100	90	108	128.6	97	42	50.0	440	270	94	360	59
321	—	—	105	—	112	—	—	44	—	440	270	94	360	59
322	322+H2322	—	110	100	117	—	112	46	—	470	300	96	390	60
324	324+H2324	—	120	110	126	—	112	51	—	520	330	110	430	65
326	326+H2326	—	130	115	135	—	121	54	—	590	360	115	460	65
328	328+H2328	—	140	125	145	—	131	59	—	600	400	125	500	75

注：H—菱形座长度；L—菱形座宽度；J—螺栓中心距。

表 24.20 带凸台圆形座的外球面球轴承（GB/T7810—1995） mm

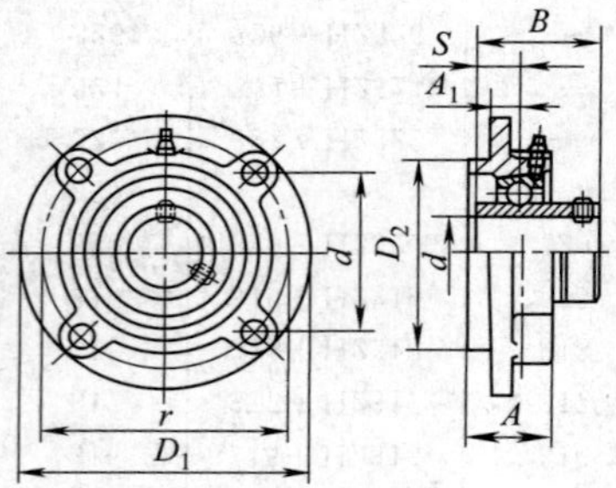

UCFC型 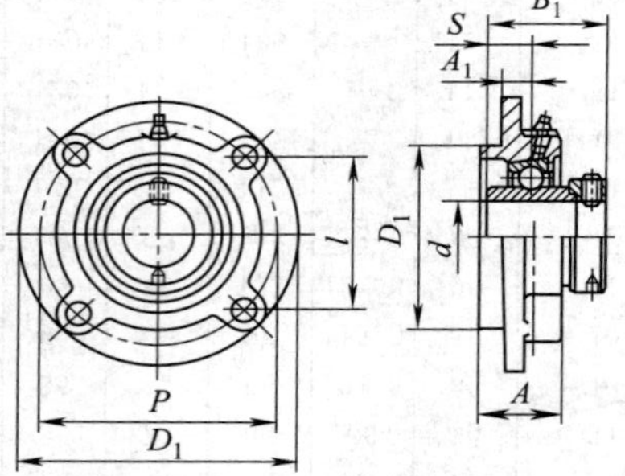　　UELFC型 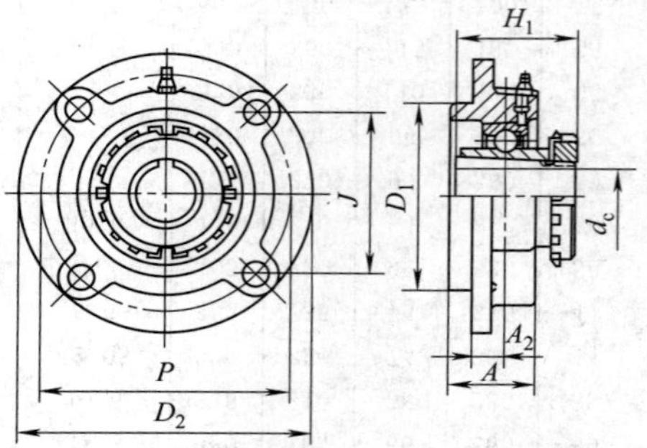　　UKFC+H型

带座轴承代号			d	d_1	B	B_1	S		D_1	D_2 max	J	A max	A_2
UCFC 型	UKFC+H 型	UELFC 型					UC 型	UEL 型					
UCFC201	—	UELFC201	12	—	27.4	37.3	11.5	13.9	58	97	53.0	23	9
UCFC202	—	UELFC202	13	—	27.1	37.3	11.5	13.9	58	97	53.0	23	9
UCFC203	—	UELFC203	17	—	27.4	37.3	11.5	13.9	58	97	53.0	23	9
UCFC204	—	UELFC204	20	—	31.0	43.7	12.7	17.1	62	100	55.1	25.5	10
UCFC205	UKFC205＋H2305	UELFC205	25	20	34.1	44.4	14.3	17.5	70	115	63.5	27	10
UCFC206	UKFC206＋H2306	UELFC206	30	25	38.1	48.1	15.9	18.3	80	125	70.7	31	10
UCFC207	UKFC207＋H2307	UELFC207	35	30	42.9	51.1	17.5	18.8	90	135	77.8	34	11
UCFC208	UKFC208＋H2308	UELFC208	40	35	49.2	56.3	19.0	21.1	100	145	84.8	36	11
UCFC209	UKFC209＋H2309	UELFC209	45	40	49.2	56.3	19.0	21.1	105	160	93.3	38	10
UCFC210	UKFC210＋H2310	UELFC210	50	45	51.6	62.7	19.0	24.6	110	165	97.6	40	10
UCFC211	UKFC211＋H2311	UELFC211	55	50	55.6	71.4	22.2	27.8	125	185	106.1	43	13
UCFC212	UKFC212＋H2312	UELFC212	60	55	65.1	77.8	25.4	31.0	135	195	113.1	48	17
UCFC213	UKFC213＋H2313	UF1FC213	65	60	65.1	85.7	25.4	34.1	145	205	120.2	50	16

续表

带座轴承代号			d	d_1	B	B_1	S		D_1	D_2 max	J	A max	A_2
UCFC 型	UKFC＋H 型	UELFC 型					UC 型	UEL 型					
UCFC214	UKFC214＋H2314	UELFC214	70	—	74.6	85.7	30.2	34.1	150	215	125.1	54	17
UCFC215	UKFC215＋H2315	UELFC215	75	65	77.8	92.1	33.3	37.3	160	220	130.1	56	18
UCFC216	UKFC216＋H2316	—	80	70	82.5	—	33.3	—	170	240	141.4	58	18
UCFC217	UKFC217＋H2017	—	85	75	85.7	—	34.1	—	180	250	147.1	63	18
UCFC218	UKFC218＋H2318	—	90	80	96.0	—	39.7	—	190	265	155.5	68	22

表 24.21　带滑块座的外球面球轴承（GB/T 7810—1995）

mm

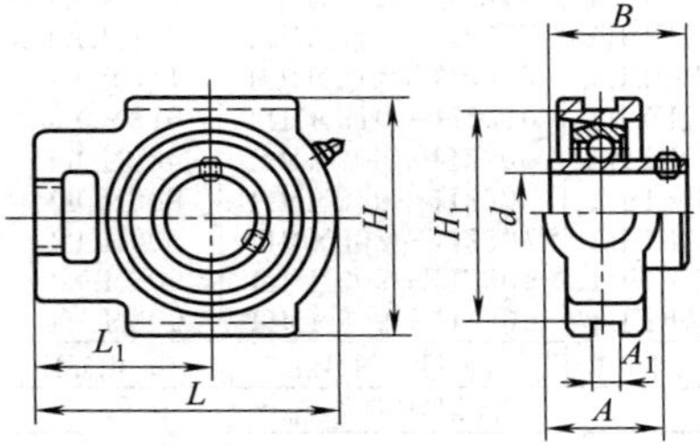

UCK型 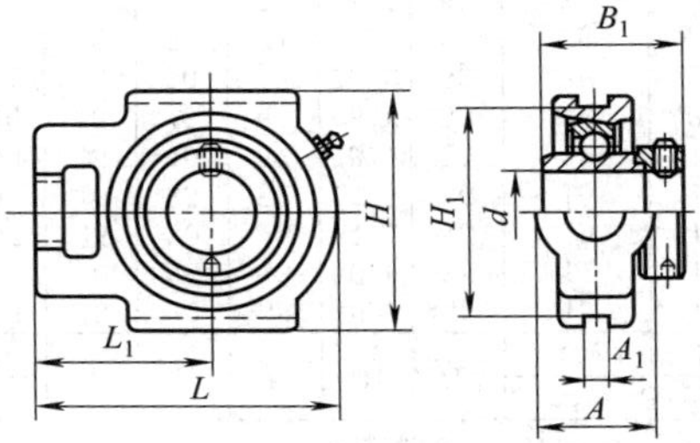　　UELK型 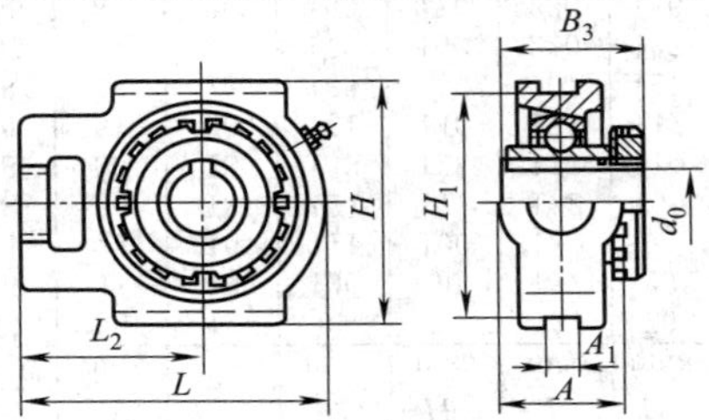　　UKK+H型

2 系列

带座轴承代号			d	d_c	B	B_1	B_2	S		A max	A_1	H max	L_1 max	L_2 max
UCK 型	UKK＋H 型	UELK 型						UC 型	UEL 型					
UCK204	—	UELK204	20	—	31.0	43.7	12.7	17.1	51	13.5	94	76	104	69
UCK205	UKK205＋H2305	UELK205	25	20	34.1	44.4	14.3	17.5	51	13.5	94	76	104	69
UCK206	UKK206＋H2306	UELK206	30	25	38.1	48.4	15.9	18.3	53	13.5	107	89	118	74
UCK207	UKK207＋H2307	UELK207	35	30	42.9	51.1	17.5	18.8	53	13.5	107	89	132	81
UCK208	UKK208＋H2308	UFLK208	40	35	49.2	56.3	19.0	21.4	67	17.5	124	101	146	91

续表

2 系列

带座轴承代号			d	d_c	B	B_1	B_2	S		A max	A_1	H max	L_1 max	L_2 max
UCK 型	UKK+H 型	UELK 型						UC 型	UEL 型					
UCK209	UKK209+H2309	UELK209	45	40	49.2	56.3	19.0	21.4	67	17.5	124	101	149	91
UCK210	UKK210+H2310	UELK210	50	45	51.6	62.7	19.0	24.6	67	17.5	124	101	153	92
UCK211	UKK211+H2311	UELK211	55	50	55.6	71.4	22.2	27.8	72	27.0	152	130	191	120
UCK212	UKK212+H2312	UELK212	60	55	65.1	77.8	25.4	31.0	72	27.0	152	130	196	120

3 系列

带座轴承代号			d	d_c	B	B_1	B_2	S		A max	A_1	H max	H_1 max	L max	L_1 max
UCK 型	UKK+H 型	UELK 型						UC 型	UEL 型						
UCK305	UKK305+H2305	UELK305	25	20	38	46.8	35	15	16.7	36	12	89	80	122	76
UCK306	UKK306+H2306	UELK306	30	25	43	50.0	38	17	17.5	41	16	100	90	137	85
UCK307	UKK307+H2307	UELK307	35	30	48	51.6	43	19	18.3	45	16	111	100	150	94
UCK308	UKK308+H2308	UELK308	40	35	52	57.1	46	19	19.8	50	18	124	115	162	100
UCK309	UKK309+H2309	UELK309	45	40	57	58.7	50	22	19.8	55	18	138	125	178	110
UCK310	1JKK310+H2310	UELK310	50	45	61	66.6	55	22	24.6	61	20	151	140	191	117
UCK311	UKK311+H2311	UELK311	55	50	66	73.0	59	25	27.8	66	22	163	150	207	127
UCK312	UKK312+H2312	UELK312	60	55	71	79.4	62	26	30.95	71	22	178	160	220	135
UCK313	UKK313+H2313	UELK313	65	60	75	85.7	65	30	32.55	80	26	190	170	238	146
UCK314	UKK314+H2314	UELK314	70	—	78	92.1	—	33	34.15	90	26	202	180	252	155
UCK315	UKK315+H2315	UELK315	75	65	82	100.0	73	32	37.3	90	26	216	192	262	160
UCK316	UKK316+H2316	UELK316	80	70	86	106.4	78	34	40.5	102	30	230	204	282	174
UCK317	UKK317+H2317	UELK317	85	75	86	109.5	82	40	42.05	102	32	240	214	298	183
UCK318	UKK318+H2318	UELK318	90	80	96	115.9	86	40	43.65	110	32	255	228	312	192
UCK319	UKK319+H2319	UELK319	95	85	103	122.3	90	41	38.9	110	35	270	240	322	197
UCK320	UKK320+H2320	UELK320	100	90	108	128.6	97	42	50	120	35	290	260	345	210
UCK321	—	—	105	95	112	—	—	44	—	120	35	290	260	345	210
UCK322	UKK322+H2322	—	110	100	117	—	105	45	—	130	38	320	285	385	255
UCK324	UKK324+H2324	—	120	110	126	—	112	51	—	140	45	355	320	432	267
UCK326	UKK326+H2326	—	130	115	135	—	121	54	—	150	50	385	350	465	283
UCK328	UKK328+H2318	—	140	125	140	—	131	59	—	155	50	415	380	515	313

表 24.22　带环形座的外球面球轴承（GB/T7810—1995）　mm

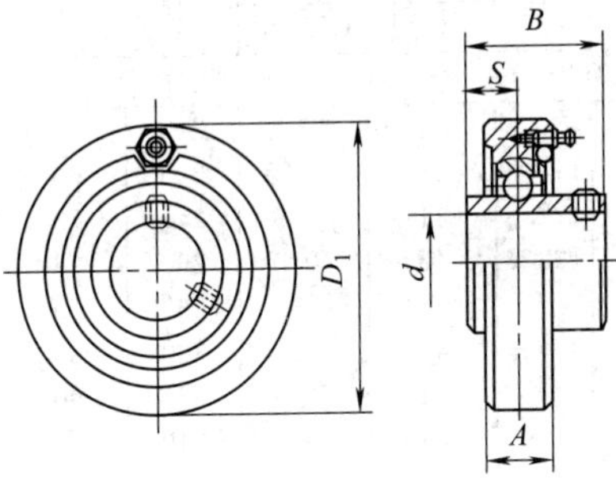

UCC型 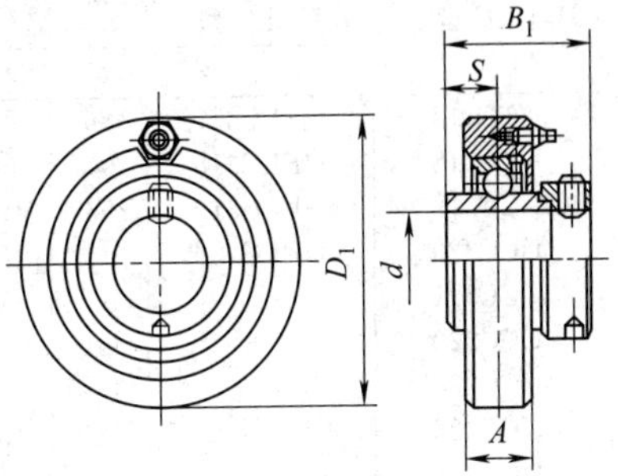　　　　UELC型

带座轴承代号		d	B	B_1	S		D_1	A
UCC 型	UELC 型				UC 型	UEL 型		
2 系列								
UCC201	UELC201	12	27.4	37.3	11.5	13.9	67	20
UCC202	UELC202	15	27.4	37.3	11.5	13.9	67	20
UCC203	UELC203	17	27.4	37.3	11.5	13.9	67	20
UCC204	UELC204	20	31.0	437	12.7	17.1	72	20
UCC205	UELC205	25	34.1	44.4	14.3	17.5	80	22
UCC206	UFLC206	30	38.1	48.4	15.9	18.3	85	27
UCC207	UFLC207	35	42.9	51.1	17.5	18.8	90	28
UCC208	UELC208	40	49.2	56.3	19.0	21.4	100	30
UCC209	UELC209	45	49.2	56.3	19.0	21.4	110	31
UCC210	UELC210	50	51.8	62.7	19.0	24.6	120	33
UCC211	UELC211	55	55.6	71.4	22.2	27.8	125	35
UCC212	UELC212	60	65.1	71.8	25.4	31.0	130	38
UCC213	UELC213	65	65.1	85.7	25.4	34.1	140	40
3 系列								
UCC305	UELC305	25	38	46.8	15	16.7	90	26
UCC306	UELC306	30	43	50.0	17	17.5	100	28
UCC307	UELC307	35	48	51.6	19	18.8	110	32
UCC308	UELC308	40	52	57.1	19	19.8	120	34
UCC309	UELC309	45	57	58.7	22	19.8	130	38
UCC310	UELC310	50	61	66.6	22	24.6	140	40
UCC311	UELC311	55	66	73.0	25	27.8	150	44
UCC312	UELC312	60	71	79.4	26	30.95	160	48
UCC313	UELC313	65	75	85.7	30	32.55	170	50
UCC314	UELC314	70	78	92.1	32	34.15	180	52
UCC315	UELC315	75	82	100.0	33	37.3	190	55
UCC316	UELC316	80	86	106.4	34	40.5	200	60

续表

带座轴承代号		d	B	B_1	S		D_1	A
UCC 型	UELC 型				UC 型	UEL 型		
3 系列								
UCC317	UELC317	85	96	109.5	40	42.05	215	64
UCC318	UELC318	90	96	115.9	40	43.65	225	66
UCC319	UELC319	95	103	122.3	41	38.9	240	72
UCC320	UELC320	100	108	128.6	42	50.0	260	75
UCC321	—	105	112	—	44	—	260	75
UCC322	—	110	117	—	48	—	800	80
UCC324	—	120	128	—	51	—	320	90
UCC326	—	130	135	—	54	—	340	100
UCC328	—	140	145	—	59	—	380	100

表 24.23 带冲压立式座的外球面球轴承（GB/T 7810—1995）

mm

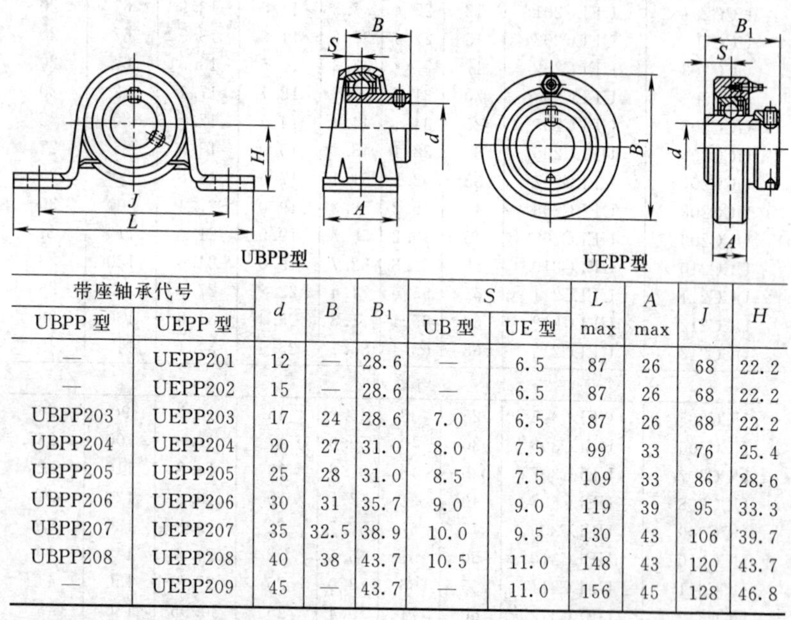

带座轴承代号		d	B	B_1	S		L max	A max	J	H
UBPP 型	UEPP 型				UB 型	UE 型				
—	UEPP201	12	—	28.6	—	6.5	87	26	68	22.2
—	UEPP202	15	—	28.6	—	6.5	87	26	68	22.2
UBPP203	UEPP203	17	24	28.6	7.0	6.5	87	26	68	22.2
UBPP204	UEPP204	20	27	31.0	8.0	7.5	99	33	76	25.4
UBPP205	UEPP205	25	28	31.0	8.5	7.5	109	33	86	28.6
UBPP206	UEPP206	30	31	35.7	9.0	9.0	119	39	95	33.3
UBPP207	UEPP207	35	32.5	38.9	10.0	9.5	130	43	106	39.7
UBPP208	UEPP208	40	38	43.7	10.5	11.0	148	43	120	43.7
—	UEPP209	45	—	43.7	—	11.0	156	45	128	46.8

24.3.7 圆柱滚子轴承

圆柱滚子轴承适用于承受重径向负荷与冲击负荷，适合高速运转（极限转速低于深沟球轴承），主要用于中型及大型电动机、发电机、内燃机、燃汽轮机、机床主轴、减速装置、装卸搬运机械、各类产业机械。

圆柱滚子轴承有内圈无挡边和外圈无挡边两种。

表 24.24　常用圆柱滚子轴承的规格（GB/T 283—2007）　mm

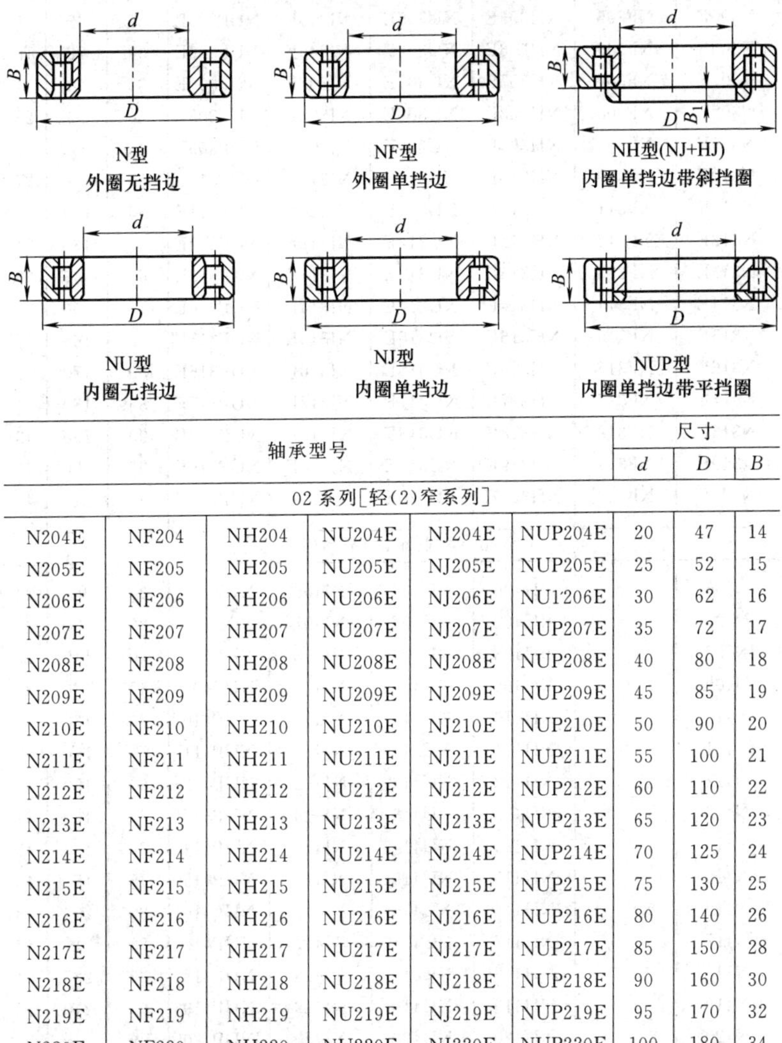

轴承型号						尺寸		
						d	D	B
02系列[轻(2)窄系列]								
N204E	NF204	NH204	NU204E	NJ204E	NUP204E	20	47	14
N205E	NF205	NH205	NU205E	NJ205E	NUP205E	25	52	15
N206E	NF206	NH206	NU206E	NJ206E	NUP206E	30	62	16
N207E	NF207	NH207	NU207E	NJ207E	NUP207E	35	72	17
N208E	NF208	NH208	NU208E	NJ208E	NUP208E	40	80	18
N209E	NF209	NH209	NU209E	NJ209E	NUP209E	45	85	19
N210E	NF210	NH210	NU210E	NJ210E	NUP210E	50	90	20
N211E	NF211	NH211	NU211E	NJ211E	NUP211E	55	100	21
N212E	NF212	NH212	NU212E	NJ212E	NUP212E	60	110	22
N213E	NF213	NH213	NU213E	NJ213E	NUP213E	65	120	23
N214E	NF214	NH214	NU214E	NJ214E	NUP214E	70	125	24
N215E	NF215	NH215	NU215E	NJ215E	NUP215E	75	130	25
N216E	NF216	NH216	NU216E	NJ216E	NUP216E	80	140	26
N217E	NF217	NH217	NU217E	NJ217E	NUP217E	85	150	28
N218E	NF218	NH218	NU218E	NJ218E	NUP218E	90	160	30
N219E	NF219	NH219	NU219E	NJ219E	NUP219E	95	170	32
N220E	NF220	NH220	NU220E	NJ220E	NUP220E	100	180	34

续表

轴承型号						尺寸		
						d	D	B
03系列[中(3)窄系列]								
N304E	NF304	NH304E	NU304E	NJ304E	NUP304E	20	52	15
N305E	NF305	NH305E	NU305E	NJ305E	NUP305E	25	62	17
N306E	NF306	NH306E	NU306E	NJ306E	NUP306E	30	72	19
N307E	NF307	NH307E	NU307E	NJ307E	NUP307E	35	80	21
N308E	NF308	NH308E	NU308E	NJ308E	NUP308E	40	90	28
N309E	NF309	NH309E	NU309E	NJ309E	NUP309E	45	100	25
N310E	NF310	NH310E	NU310E	NJ310E	NUP310E	50	110	27
N311E	NF311	NH311E	NU311E	NJ311E	NUP311E	55	120	29
N312E	NF312	NH312E	NU312E	NJ312E	NUP312E	60	130	31
N313E	NF313	NH313E	NU313E	NJ313E	NUP313E	65	140	33
N314E	NF314	NH314E	NU314E	NJ314E	NUP314E	70	150	35
N315E	NF315	NH315E	NU315E	NJ315E	NUP315E	75	160	37
N316E	NF316	NH316E	NU316E	NJ316E	NUP316E	80	170	39
N317E	NF317	NH317E	NU317E	NJ317E	NUP317E	85	180	41
N318E	NF318	NH318E	NU318E	NJ318E	NUP318E	90	190	43
N319E	NF319	NH319E	NU319E	NJ318E	NUP319E	95	200	45
N320E	NF320	NH320E	NU320E	NJ320E	NUP320E	100	215	47
04系列[重(4)窄系列]								
N406	—	NH406	NU406	NJ406	NUP406	30	90	23
N407	—	NH407	NU407	NJ407	NPU407	35	100	25
N408	—	NH408	NU408	NJ408	NUP408	40	110	27
N409	—	NH409	NU409	NJ409	NUP409	45	120	29
N410	—	NH410	NU410	NJ410	NUP410	50	130	31
N411	—	NH411	NU411	NJ411	NUP411	55	140	33
N412	—	NH412	NU412	NJ412	NUP412	60	150	35
N413	—	NH413	NU413	NJ413	NUP413	65	160	37
N414	—	NH414	NU414	NJ414	NUP414	70	180	42
N415	—	NH415	NU415	NJ415	NUP415	75	190	45
N416	—	NH416	NU416	NJ416	NUP416	80	200	48
N417	—	NH417	NU417	NJ417	NUP417	85	210	52
N418	—	NH418	NU418	NJ418	NUP418	90	225	54
N419	—	NH419	NU419	NJ419	NUP419	95	240	55
N420		NH420	NU420	NJ420	NUP420	100	250	58

24.3.8　双列圆柱滚子轴承

表 24.25　双列圆柱滚子轴承的规格（GB/T 285—2013）　mm

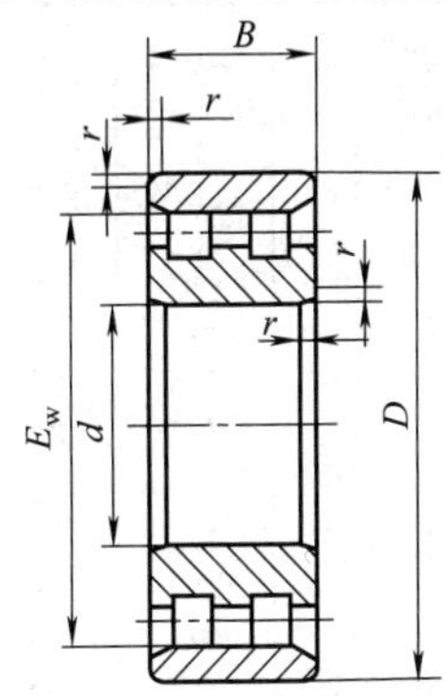

双列圆柱滚子轴承NN型

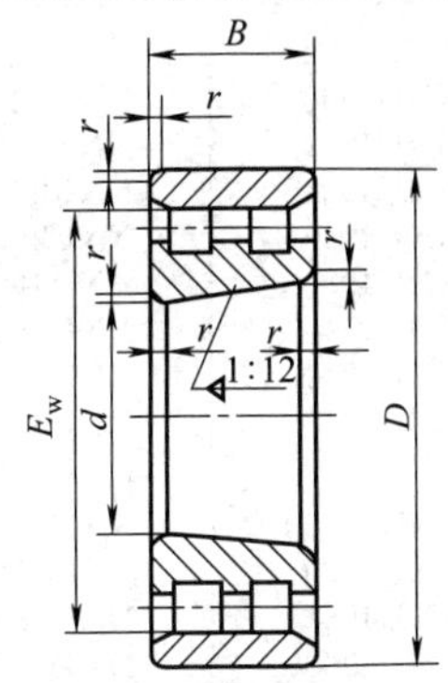

圆锥孔双列圆柱滚子轴承NN…K型

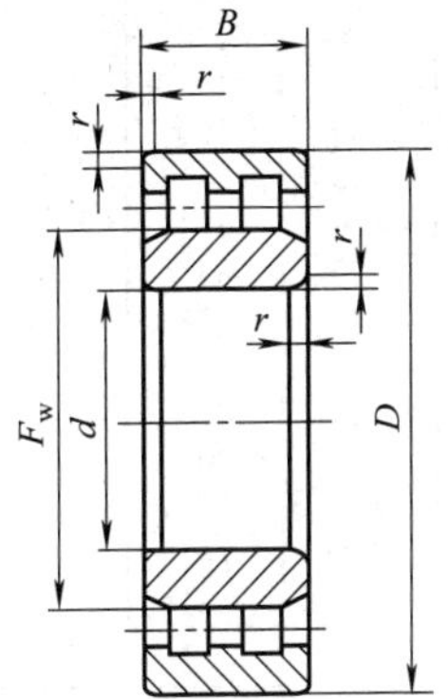

内圈无挡边双列圆柱滚子轴承NNU型

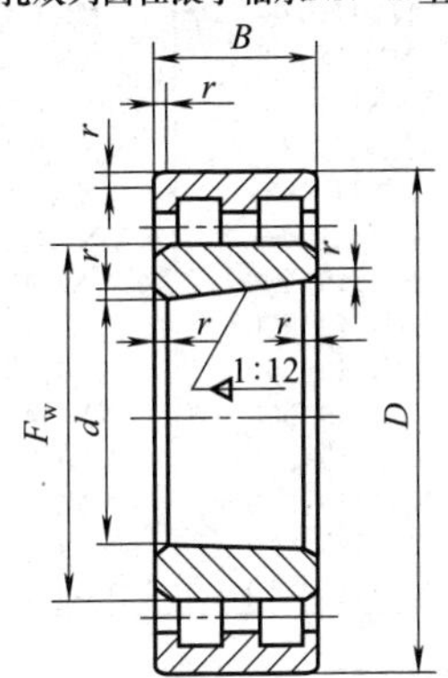

内圈无挡边、圆锥孔双列圆柱滚子轴承NNU…K型

轴承型号		外形尺寸				
NNU 型	NNU…K 型	d	D	B	F_w	r_{smin}①
NNU 型 49 系列						
NNU4920	NNU4920K	100	140	40	113	1.1
NNU4921	NNU4921K	105	145	40	118	1.1
NNU4922	NNU4922K	110	150	40	123	1.1
NNU4924	NNU4924K	120	165	45	134.5	1.1
NNU4926	NNU4926K	130	180	50	146	1.5
NNU4928	NNU4928K	140	190	50	156	1.5

续表

轴承型号		外形尺寸				
NNU 型	NNU…K 型	d	D	B	F_w	r_{smin}[①]
NNU 型 49 系列						
NNU4930	NNU4930K	150	210	60	168.5	2
NNU4932	NNU4932K	160	220	60	178.5	2
NNU4934	NNU4934K	170	230	60	188.5	2
NNU4936	NNU4936K	180	250	69	202	2
NNU4938	NNU4938K	190	260	69	212	2
NNU4940	NNU4940K	200	280	80	225	2.1
NNU4944	NNU4944K	220	300	80	245	2.1
NNU4948	NNU4948K	240	320	80	265	2.1
NNU4952	NNU4952K	260	360	100	292	2.1
NNU4956	NNU4956K	280	380	100	312	2.1
NNU4960	NNU4960K	300	420	118	339	3
NNU4964	NNU4964K	320	440	118	359	3
NNU4968	NNU4968K	340	460	118	379	3
NNU4972	NNU4972K	360	480	118	399	3
NNU4976	NNU4976K	380	520	140	426	4
NNU4980	NNU4980K	400	540	140	446	4
NNU4984	NNU4984K	420	560	140	466	4
NNU4988	NNU4988K	440	600	160	490	4
NNU4992	NNU4992K	460	620	160	510	4
NNU4996	NNU4996K	480	650	170	534	5
NNU49/500	NNU49/500K	500	670	170	554	5
NNU49/530	NNU49/530K	530	710	180	588	5
NNU49/560	NNU49/560K	560	750	190	623	5
NNU49/600	NNU49/600K	600	800	200	666	5
NNU49/630	NNU49/630K	630	850	218	704	6
NNU49/670	NNU49/670K	670	900	230	738	6
NNU49/710	NNU49/710K	710	950	243	782	6
NNU49/750	NNU49/750K	750	1000	250	831	6
NNU 型 41 系列						
NNU4120	NNU4120K	100	165	65	117	2
NNU4121	NNU4121K	105	175	69	124	2
NNU4122	NNU4122K	110	180	69	129	2
NNU4124	NNU4124K	120	200	80	142	2
NNU4126	NNU4126K	130	210	80	151	2
NNU4128	NNU4128K	140	225	85	161	2.1
NNU4130	NNU4130K	150	250	100	177	2.1
NNU4132	NNU4132K	160	270	109	188	2.1
NNU4134	NNU4134K	170	280	109	198	2.1
NNU4136	NNU4136K	180	300	118	211	3
NNU4138	NNU4138K	190	320	128	222	3
NNU4140	NNU4140K	200	340	140	235	3
NNU4144	NNU4144K	220	370	150	258	4
NNU4148	NNU4148K	240	400	160	282	4
NNU4152	NNU4152K	260	440	180	306	4

续表

轴承型号		外形尺寸				
NNU 型	NNU…K 型	d	D	B	F_w	$r_{smin}^{①}$
NNU 型 41 系列						
NNU4156	NNU4156K	280	460	180	326	5
NNU4160	NNU4160K	300	500	200	351	5
NNU4164	NNU4164K	320	540	218	375	5
NNU4168	NNU4168K	340	580	243	402	5
NNU4172	NNU4172K	360	600	243	422	5
NNU4176	NNU4176K	380	620	243	442	5
NNU4180	NNU4180K	400	650	250	463	6
NNU4184	NNU4184K	420	700	280	497	6
NNU4188	NNU4188K	440	720	280	511	6
NNU4192	NNU4192K	460	760	300	537	7.5
NNU4196	NNU4196K	480	790	308	557	7.5
NNU41/500	NNU41/500K	500	830	325	582	7.5
NNU41/530	NNU41/530K	530	870	335	618	7.5
NNU41/560	NNU41/560K	560	920	355	653	7.5
NNU41/600	NNU41/600K	600	980	375	699	7.5
NNU41/630	NNU41/630K	630	1030	400	734	7.5
NNU41/670	NNU41/670K	670	1090	412	774	7.5
NNU41/710	NNU41/710K	710	1150	438	820	9.5
NNU41/750	NNU41/750K	750	1220	475	871	9.5
NNU41/800	NNU41/800K	800	1280	475	921	9.5
轴承型号		外形尺寸				
NN 型	NN…K 型	d	D	B	E_w	$r_{smin}^{①}$
NN 型 49 系列						
NN4920	NN4920K	100	140	40	130	1.1
NN4921	NN4921K	105	145	40	134	1.1
NN4922	NN4922K	110	150	40	140	1.1
NN4924	NN4924K	120	165	45	153	1.1
NN4926	NN4926K	130	180	50	168	1.5
NN4928	NN4928K	140	190	50	178	1.5
NN4930	NN4930K	150	210	60	195	2
NN4932	NN4932K	160	220	60	206	2
NN4934	NN4934K	170	230	60	216	2
NN4936	NN4936K	180	250	69	232	2
NN4938	NN4938K	190	260	69	243	2
NN4940	NN4940K	200	280	80	260	2.1
NN4944	NN4944K	220	300	80	279	2.1
NN4948	NN4948K	240	320	80	300	2.1
NN4952	NN4952K	260	360	100	336	2.1
NN4956	NN4956K	280	380	100	356	2.1
NN4960	NN4960K	300	420	118	388	3
NN4964	NN4964K	320	440	118	400	3

续表

轴承型号		外形尺寸				
NN 型	NN…K 型	d	D	B	E_w	r_{smin}①
NN 型 30 系列						
NN3005	NN3005K	25	47	16	41.3	0.6
NN3006	NN3006K	30	55	19	48.5	1
NN3007	NN3007K	35	62	20	55	1
NN3008	NN3008K	40	68	21	61	1
NN3009	NN3009K	45	75	23	67.5	1
NN3010	NN3010K	50	80	23	72.5	1
NN3011	NN3011K	55	90	26	81	1.1
NN3012	NN3012K	60	95	26	86.1	1.1
NN3013	NN3013K	65	100	26	91	1.1
NN3014	NN3014K	70	110	30	100	1.1
NN3015	NN3015K	75	115	30	105	1.1
NN3016	NN3016K	80	125	34	113	1.1
NN3017	NN3017K	85	130	34	118	1.1
NN3018	NN3018K	90	140	37	127	1.5
NN3019	NN3019K	95	145	37	132	1.5
NN3020	NN3020K	100	150	37	137	1.5
NN3021	NN3021K	105	160	41	146	2
NN3022	NN3022K	110	170	45	155	2
NN3024	NN3024K	120	180	46	165	2
NN3026	NN3026K	130	200	52	182	2
NN3028	NN3028K	140	210	53	192	2
NN3030	NN3030K	150	225	56	206	2.1
NN3032	NN3032K	160	240	60	219	2.1
NN3034	NN3034K	170	260	67	236	2.1
NN3036	NN3036K	180	280	74	255	2.1
NN3038	NN3038K	190	290	75	265	2.1
NN3040	NN3040K	200	310	82	282	2.1
NN3044	NN3044K	220	340	90	310	3
NN3048	NN3048K	240	360	92	330	3
NN3052	NN3052K	260	400	104	364	4
NN3056	NN3056K	280	420	106	384	4
NN3060	NN3060K	300	460	118	418	4
NN3064	NN3064K	320	480	121	438	4
NN3068	NN3068K	340	520	133	473	5
NN3072	NN3072K	360	540	134	493	5
NN3076	NN3076K	380	560	135	513	5
NN3080	NN3080K	400	600	148	549	5
NN3084	NN3084K	420	620	150	569	5

续表

轴承型号		外形尺寸				
NN 型	NN…K 型	d	D	B	E_w	r_{smin}①
NN 型 30 系列						
NN3088	NN3088K	440	650	157	597	6
NN3092	NN3092K	460	680	163	624	6
NN3096	NN3096K	480	700	165	644	6
NN30/500	NN30/500K	500	720	167	664	6
NN30/530	NN30/530K	530	780	185	715	6
NN30/560	NN30/560K	560	820	195	755	6
NN30/600	NN30/600K	600	870	200	803	6
NN30/630	NN30/630K	630	920	212	845	7.5
NN30/670	NN30/670K	670	980	230	900	7.5

① 最大倒角尺寸规定在 GB/T274—2000 中。

24.3.9 调心滚子轴承

轴承具有内部调心性能，以适应轴与座孔的相对偏斜。可以承受径向重负荷和冲击负荷，也能承受一定的双向轴向负荷。在负荷容量和极限转速许可的情况下，可以与调心球轴承相互代用。

主要用于造纸机械、减速装置、铁路车辆车轴、轧钢机齿轮箱座、轧钢机辊道子、破碎机、振动筛、印刷机械、木工机械、各类产业用减速机、立式带座调心轴承。

表 24.26 调心滚子轴承的规格（GB/T288—2013） mm

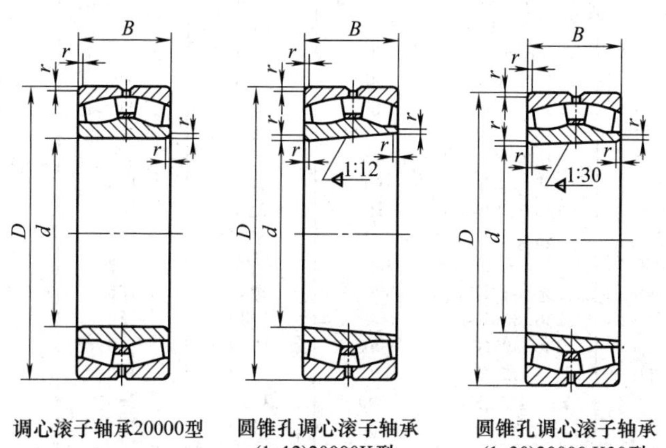

调心滚子轴承20000型　圆锥孔调心滚子轴承(1:12)20000K型　圆锥孔调心滚子轴承(1:30)20000 K30型

续表

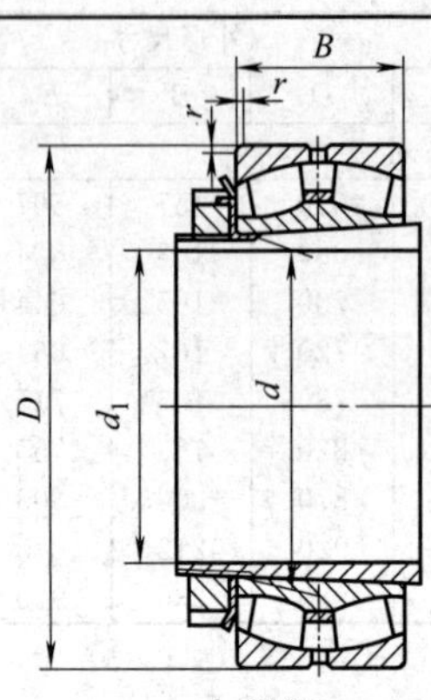

d_1≤180mm

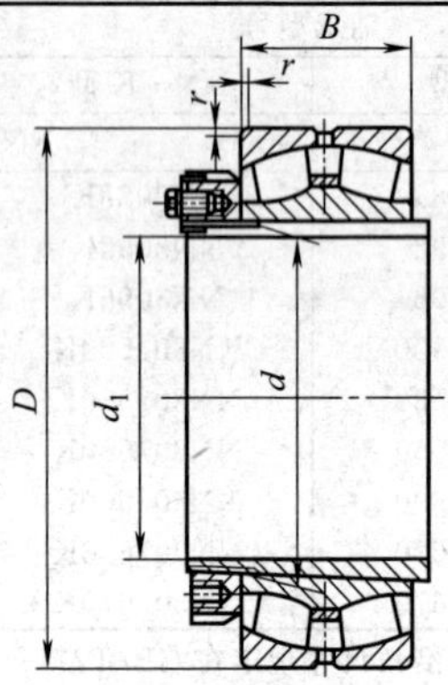

d_1≥200mm

带紧定套的调心滚子轴承 20000K＋H 型

轴承型号		外形尺寸			
38 系列					
20000 型	20000K 型	d	D	B	r_{smin}①
23856	23856K	280	350	52	2.0
23860	23860K	300	380	60	2.1
23864	23864K	320	400	60	2.1
23868	23868K	340	420	60	2.1
23872	23872K	360	440	60	2.1
23876	23876K	380	480	75	2.1
23880	23880K	400	500	75	2.1
23884	23884K	420	520	75	2.1
23888	23888K	440	540	75	2.1
23892	23892K	460	580	90	3.0
23896	23896K	480	600	90	3.0
238/500	238/500K	500	620	90	3.0
238/530	238/530K	530	650	90	3.0
238/560	238/560K	560	680	90	3.0
238/600	238/600K	600	730	98	3.0
238/630	238/630K	630	780	112	4
238/670	238/670K	670	820	112	4
238/710	238/710K	710	870	118	4
238/750	238/750K	750	920	128	5
238/800	238/800K	800	980	136	5
238/850	238/850K	850	1030	136	5
238/900	238/900K	900	1090	140	5
238/950	238/950K	950	1150	150	5
238/1000	238/1000K	1000	1220	165	6
238/1060	238/1060K	1060	1280	165	6
238/1120	238/1120K	1120	1360	180	6
238/1180	238/1180K	1180	1420	180	6

续表

轴承型号		外形尺寸			
48系列					
20000型	20000K30型	d	D	B	r_{smin}①
24892	24892K30	460	580	118	3
24896	24896K30	480	600	118	3
248/500	248/500K30	500	620	118	3
248/530	248/530K30	530	650	118	3
248/560	248/560K30	560	680	118	3
248/600	248/600K30	600	730	128	3
248/630	248/630K30	630	780	150	4
248/670	248/670K30	670	820	150	4
248/710	248/710K30	710	870	160	4
248/750	248/750K30	750	920	170	5
248/800	248/800K30	800	980	180	5
248/850	248/850K30	850	1030	180	5
248/900	248/900K30	900	1090	190	5
248/950	248/950K30	950	1150	200	5
248/1000	248/1000K30	1000	1220	218	6
248/1060	248/1060K30	1060	1280	218	6
248/1120	248/1120K30	1120	1360	243	6
248/1180	248/1180K30	1180	1420	243	6
248/1250	248/1250K30	1250	1500	250	6
248/1320	248/1320K30	1320	1600	280	6
248/1400	248/1400K30	1400	1700	300	7.5
248/1500	248/1500K30	1500	1820	315	7.5
248/1600	248/1600K30	1600	1950	345	7.5
248/1700	248/1700K30	1700	2060	355	7.5
248/1800	248/1800K30	1800	2180	375	9.5
39系列					
20000型	20000K型	d	D	B	r_{smin}①
23936	23936K	180	250	52	2
23938	23938K	190	260	52	2
23940	23940K	200	280	60	2.1
23944	23944K	220	300	60	2.1
23948	23948K	240	320	60	2.1
23952	23952K	260	360	75	2.1
23956	23956K	280	380	75	2.1
23960	23960K	300	420	90	3
23964	23964K	320	440	90	3
23968	23968K	340	460	90	3
23972	23972K	360	480	90	3
23976	23976K	380	520	106	4
23980	23980K	400	540	106	4
23984	23984K	420	560	106	4

续表

轴承型号		外形尺寸			
39 系列					
20000 型	20000K 型	d	D	B	r_{smin} ①
23988	23988K	440	600	118	4
23992	23992K	460	620	118	4
23996	23996K	480	650	128	5
239/500	239/500K	500	670	128	5
239/530	239/530K	530	710	136	5
239/560	239/560K	560	750	140	5
239/600	239/600K	600	800	150	5
239/630	239/630K	630	850	165	6
239/670	239/670K	670	900	170	6
239/710	239/710K	710	950	180	6
239/750	239/750K	750	1000	185	6
239/800	239/800K	800	1060	195	6
239/850	239/850K	850	1120	200	6
239/900	239/900K	900	1180	206	6
239/950	239/950K	950	1250	224	7.5
239/1000	239/1000K	1000	1320	236	7.5
239/1060	239/1060K	1060	1400	250	7.5
239/1120	239/1120K	1120	1460	250	7.5
239/1180	239/1180K	1180	1540	272	7.5
49 系列					
20000 型	20000K30 型	d	D	B	r_{smin} ①
249/710	249/710K30	710	950	243	6
249/750	249/750K30	750	1000	250	6
249/800	249/800K30	800	1060	258	6
249/800	249/850K30	850	1120	272	6
249/900	249/900K30	900	1180	280	6
249/950	249/950K30	950	1250	300	7.5
249/1000	249/1000K30	1000	1320	315	7.5
249/1060	249/1060K30	1060	1400	335	7.5
249/1120	249/1120K30	1120	1460	335	7.5
249/1180	249/1180K30	1180	1540	305	7.5
249/1250	249/1250K30	1250	1630	375	7.5
249/1320	249/1320K30	1320	1720	400	7.5
249/1400	249/1400K30	1400	1820	425	9.5
249/1500	249/1500K30	1500	1950	450	9.5

续表

轴承型号		外形尺寸			
30系列					
20000型	20000K	d	D	B	r_{smin} ①
23020	23020K	100	150	37	1.5
23022	23022K	110	170	45	2
23024	23024K	120	180	46	2
23026	23026K	130	200	52	2
23028	23028K	140	210	53	2
23030	23030K	150	225	56	2.1
23032	23032K	160	240	60	2.1
23034	23034K	170	260	67	2.1
23036	23036K	180	280	74	2.1
23038	23038K	190	290	75	2.1
23040	23040K	200	310	82	2.1
23044	23044K	220	340	90	3
23048	23048K	240	360	92	3
23052	23052K	260	400	104	4
23006	23056K	280	420	106	4
23060	23060K	300	460	118	4
23064	23064K	320	480	121	4
23068	23068K	340	520	133	5
23072	23072K	360	540	134	5
23076	23076K	380	560	135	5
23080	23080K	400	600	148	5
23084	23084K	420	620	150	5
23088	23088K	440	650	157	6
23092	23092K	460	680	163	6
23096	23096K	480	700	165	6
230/500	230/500K	500	720	167	6
230/530	230/530K	530	780	185	6
230/560	230/560K	560	820	195	6
230/600	230/600K	600	870	200	6
230/630	230/630K	630	920	212	7.5
230/670	230/670K	670	980	230	7.5
230/710	230/710K	710	1030	236	7.5
230/750	230/750K	750	1090	250	7.5
230/800	230/800K	800	1150	258	7.5
230/850	230/850K	850	1220	272	7.5
230/900	230/900K	900	1280	280	7.5
230/950	230/950K	950	1360	300	7.5
230/1000	230/1000K	1000	1420	308	7.5
230/1060	230/1060K	1060	1500	325	9.5
230/1120	230/1120K	1120	1580	345	9.5
230/1180	230/1180K	1180	1660	355	9.5
230/1250	230/1250K	1250	1750	375	9.5

续表

轴承型号		外形尺寸			
40系列					
20000型	20000K30型	d	D	B	r_{smin}①
24015	24015K30	75	115	40	1.1
24016	24016K30	80	125	45	1.1
24017	24017K30	85	130	45	1.1
24018	24018K30	90	140	50	1.5
24020	24020K30	100	150	50	1.5
24022	24022K30	110	170	60	2
24024	24024K30	120	180	60	2
24026	24026K30	130	200	69	2
24028	24028K30	140	210	69	2
24030	24030K30	150	225	75	2.1
24032	24032K30	160	240	80	2.1
24034	24034K30	170	260	90	2.1
24036	24036K30	180	280	100	2.1
24038	24038K30	190	290	100	2.1
24040	24040K30	200	310	109	2.1
24044	24044K30	220	340	118	3
24048	24048K30	240	360	118	3
24052	24052K30	260	400	140	4
24056	24056K30	280	420	140	4
24060	24060K30	300	460	160	4
24064	24064K30	320	480	160	4
24068	24068K30	340	520	180	5
24072	24072K30	360	540	180	5
24076	24076K30	380	560	180	5
24080	24080K30	400	600	200	5
24084	24084K30	420	620	200	5
24088	24088K30	440	650	212	6
24092	24092K30	460	680	218	6
24096	24096K30	480	700	218	6
240/500	240/500K30	500	720	218	6
240/530	240/530K30	530	780	250	6
240/560	240/560K30	560	820	258	6
240/600	240/600K30	600	870	272	6
240/630	240/630K30	630	920	290	7.5
240/670	240/670K30	670	980	308	7.5
240/710	240/710K30	710	1030	315	7.5
240/750	240/750K30	750	1090	335	7.5
240/800	240/800K30	800	1150	345	7.5
240/850	240/850K30	850	1220	365	7.5
240/900	240/900K30	900	1280	375	7.5
240/950	240/950K30	950	1360	412	7.5
240/1000	240/1000K30	1000	1420	412	7.5
240/1060	240/1060K30	1060	1500	438	9.5
240/1120	240/1120K30	1120	1580	462	9.5

续表

轴承型号		外形尺寸			
31系列					
20000型	20000K	d	D	B	r_{smin}[①]
23120	23120K	100	165	52	2
23122	23122K	110	180	56	2
23124	23124K	120	200	62	2
23126	23126K	130	210	64	2
23128	23128K	140	225	68	2.1
23130	23130K	150	250	80	2.1
23132	23132K	160	270	86	2.1
23134	23134K	170	280	88	2.1
23136	23136K	180	300	96	3
23138	23138K	190	320	104	3
23140	23140K	200	340	112	3
23144	23144K	220	370	120	4
23148	23148K	240	400	128	4
23152	23152K	260	440	144	4
23156	23156K	280	460	146	4
23160	23160K	300	500	160	5
23164	23164K	320	540	176	5
23168	23168K	340	580	190	5
23172	23172K	360	600	192	5
23176	23176K	380	620	194	5
23180	23180K	400	650	200	6
23184	23184K	420	700	224	6
23188	23188K	440	720	226	6
23192	23192K	460	760	240	7.5
23196	23196K	480	790	248	7.5
231/500	231/500K	500	830	264	7.5
231/530	231/530K	530	870	272	7.5
231/560	231/560K	560	920	280	7.5
231/600	231/600K	600	980	300	7.5
231/630	231/630K	630	1030	315	7.5
231/670	231/670K	670	1090	336	7.5
231/710	231/710K	710	1150	345	9.5
231/750	231/750K	750	1220	365	9.5
231/800	231/800K	800	1280	375	9.5
231/850	231/850K	850	1360	400	12
231/900	231/900K	900	1420	412	12
231/950	231/950K	950	1500	438	12
231/1000	231/1000K	1000	1580	462	12

续表

轴承型号		外形尺寸			
41 系列					
20000 型	20000K30 型	d	D	B	r_{smin} ①
24120	24120K30	100	165	65	2
24122	24122K30	110	180	69	2
24124	24124K30	120	200	80	2
24126	24126K30	130	210	80	2
24128	24128K30	140	225	85	2. 1
24130	24130K30	150	250	100	2. 1
24132	24132K30	160	270	109	2. 1
24134	24134K30	170	280	109	2. 1
24136	24136K30	180	300	118	3
24138	24138K30	190	320	128	3
21140	24140K30	200	340	140	3
24144	24144K30	220	370	150	4
24148	24148K30	240	400	160	4
24152	24152K30	260	440	180	4
24156	24156K30	280	460	180	5
24160	24160K30	300	500	200	5
24164	24164K30	320	540	218	5
24168	24168K30	340	580	243	5
24172	24172K30	360	600	243	5
24176	24176K30	380	620	243	5
24180	24180K30	400	650	250	6
24184	24184K30	420	700	280	6
24189	24188K30	440	720	280	6
24192	24192K30	460	760	300	7. 5
24196	24196K30	480	790	308	7. 5
241/500	241/500K30	500	830	325	7. 5
241/530	241/530K30	530	870	335	7. 5
241/560	241/560K30	560	920	355	7. 5
241/600	241/600K30	600	980	375	7. 5
241/630	241/630K30	630	1030	400	7. 5
241/670	241/670K30	670	1090	412	7. 5
241/710	241/710K30	710	1150	438	9. 5
241/750	241/750K30	750	1220	475	9. 5
241/800	241/800K30	800	1280	475	9. 5
241/850	241/850K30	850	1360	500	12
241/900	241/900K30	900	1420	515	12
241/950	241/950K30	950	1500	545	12
241/1000	241/1000K30	1000	1580	580	12

续表

轴承型号		外形尺寸			
22 系列					
20000 型	20000K 型	d	D	B	r_{smin}①
22205	22205K	25	52	18	1
22206	22206K	30	62	20	1
22207	22207K	35	72	23	1. 1
22208	22208K	40	80	23	1. 1
22209	22209K	45	85	23	1. 1
22210	22210K	50	90	23	1. 1
22211	22211K	55	100	25	1. 5
22212	22212K	60	110	28	1. 5
22213	22213K	65	120	31	1. 5
22214	22214K	70	125	31	1. 5
22215	22215K	75	130	31	1. 5
22216	22216K	80	140	33	2
22217	22217K	85	150	36	2
22218	22218K	90	160	40	2
22219	22219K	95	170	43	2. 1
22220	22220K	100	180	46	2. 1
22222	22222K	110	200	53	2. 1
22224	22224K	120	215	58	2. 1
22226	22226K	130	230	64	3
22228	22228K	140	200	68	3
22230	22230K	150	270	73	3
22232	22232K	160	290	80	3
22234	22234K	170	310	86	4
22236	22236K	180	320	86	4
22238	22238K	190	340	92	4
22240	22240K	200	360	98	4
22241	22244K	220	400	108	4
22248	22248K	240	440	120	4
22252	22252K	260	180	130	5
22256	22256K	280	500	130	5
22260	22260K	300	540	140	5
22264	22264K	320	580	150	5
22268	22268K	340	520	165	6
22272	22272K	350	650	170	6
32 系列					
20000 型	20000K	d	D	B	r_{smin}①
23216	23216K	80	140	44. 4	2
23217	23217K	85	150	49. 2	2
23218	23218K	90	160	52. 4	2
23219	23219K	95	170	55. 6	2. 1
23220	23220K	100	180	60. 3	2. 1
23222	23222K	110	200	69. 8	2. 1
23224	23224K	120	215	76	2. 1
23226	23226K	130	230	80	3
23228	23228K	140	250	88	3
23230	23230K	150	270	96	3

续表

轴承型号		外形尺寸			
32 系列					
20000 型	20000K	d	D	B	r_{smin}①
23232	23232K	160	290	104	3
23234	23234K	170	310	110	4
23236	23236K	180	320	112	4
23238	23238K	190	340	120	4
23240	23240K	200	360	128	4
23244	23244K	220	400	144	4
23248	23248K	240	440	160	4
23252	23252K	260	480	174	5
23255	23256K	280	500	176	5
23260	23260K	300	540	192	5
23264	23264K	320	580	208	5
23268	23268K	340	620	224	6
23272	23272K	360	650	232	6
23276	23276K	380	680	240	6
23280	23280K	400	720	256	6
23284	23284K	420	760	272	7.5
23288	23288K	440	790	280	7.5
23292	23292K	460	830	296	7.5
23296	23296K	480	870	310	7.5
232/500	232/500K	500	920	336	7.5
232/530	232/530K	530	980	355	9.5
232/560	232/560K	560	1030	365	9.5
232/600	232/600K	600	1000	388	9.5
232/630	232/630K	630	1150	412	12
232/670	232/670K	670	1220	438	12
232/710	232/710K	710	1280	450	12
232/750	232/750K	750	1360	475	12
03 系列					
20000 型	20000K	d	D	B	r_{smin}①
21304	21304K	20	52	15	1.1
21305	21305K	25	62	17	1.1
21306	21306K	30	72	19	1.1
21307	21307K	35	80	21	1.5
21308	21308K	40	90	23	1.5
21309	21309K	45	100	25	1.5
21310	21310K	50	110	27	2
21311	21311K	55	120	29	2
21312	21312K	60	130	31	2.1
21313	21313K	65	140	33	2.1
21314	21314K	70	150	35	2.1
21315	21315K	75	160	37	2.1
21316	21316K	80	170	39	2.1
21317	21317K	85	180	41	3
21318	21318K	90	190	43	3

续表

轴承型号		外形尺寸			
03 系列					
20000 型	20000K	d	D	B	r_{smin}①
21319	21319K	95	200	45	3
21320	21320K	100	215	47	3
21321	21321K	105	225	49	3
21322	21322K	110	240	50	3
23 系列					
20000 型	20000K	d	D	B	r_{smin}①
22307	22307K	35	80	31	1.5
22308	22308K	40	90	33	1.5
22309	22309K	45	100	36	1.5
22310	22310K	50	110	40	2
22311	22311K	55	120	43	2
22312	22312K	60	130	46	2.1
22313	22313K	65	140	48	2.1
22314	22314K	70	150	51	2.1
22315	22315K	75	160	55	2.1
22316	22316K	80	170	58	2.1
22317	22317K	85	180	60	3
22318	22318K	90	190	64	3
22319	22319K	95	200	67	3
22320	22320K	100	215	73	3
22322	22322K	110	240	80	3
22324	22324K	120	260	86	3
22326	22326K	130	280	93	4
22328	22328K	140	300	102	4
22330	22330K	150	320	108	4
22332	22332K	160	340	114	4
22334	22334K	170	360	120	4
22336	22336K	180	380	126	4
22338	22338K	190	400	132	5
22340	22340K	200	420	138	5
22344	22344K	220	460	145	5
22348	22348K	240	500	155	5
22352	22352K	260	540	165	6
22356	22356K	280	580	175	6
22360	22360K	300	620	185	7.5
22364	22364K	320	670	200	7.5
22368	22368K	340	710	212	7.5
22372	22372K	360	750	224	7.5
22376	22376K	380	780	230	7.5
22380	22380K	400	820	243	7.5

① 最大倒角尺寸规定在 GB/T 274—2000 中。

表 24.27 调心滚子轴承的规格（带紧定套）（GB/T 288—2013）

mm

轴承型号	外形尺寸				
30 系列					
20000K＋H 型	d_1	d	D	B	r_{smin} ①
23024K＋H3024	110	120	180	46	2
23026K＋H3026	115	130	200	52	2
23028K＋H3028	125	140	210	53	2
23030K＋H3030	135	150	225	56	2.1
23032K＋H3032	140	160	240	60	2.1
23034K＋H3034	150	170	260	67	2.1
23036K＋H3036	160	180	280	74	2.1
23038K＋H3038	170	190	290	75	2.1
23040K＋H3040	180	200	310	82	2.1
23044K＋H3044	200	220	340	90	3
23048K＋H3048	220	240	360	92	3
23052K＋H3052	240	260	400	104	4
23056K＋H3056	260	280	420	106	4
23060K＋H3060	280	300	460	115	4
23064K＋H3064	300	320	480	121	4
23068K＋H3068	320	340	520	133	5
23072K＋H3072	340	360	540	134	5
23076K＋H3076	360	380	560	135	5
23080K＋H3080	380	400	600	148	5
23084K＋H3084	400	420	620	150	5
23088K＋H3088	410	440	650	157	6
23092K＋H3092	430	460	680	163	6
23096K＋H3096	400	480	700	160	6
230/500K＋H30/500	470	500	720	167	6
31 系列					
20000K＋H 型	d_1	d	D	B	r_{smin} ①
23120K＋H3120	90	100	165	52	2
23122K＋H3122	100	110	180	56	2
23124K＋H3124	110	120	200	62	2
23126K＋H3126	115	130	210	64	2
23128K＋H3128	125	140	225	68	2.1
23130K＋H3130	135	150	250	80	2.1
23132K＋H3132	140	160	270	86	2.1
23134K＋H3134	150	170	280	88	2.1
23136K＋H3136	160	180	300	96	3
23138K＋H3138	170	190	320	104	3
23140K＋H3140	180	200	340	112	3
23144K＋H3144	200	220	370	120	4
23148K＋H3148	220	240	400	128	4
23152K＋H3152	240	260	440	144	4
23156K＋H3156	260	280	460	146	5
23160K＋H3160	280	300	500	160	5
23164K＋H3164	300	320	540	176	5
23168K＋H3168	320	340	580	190	5

续表

轴承型号	外 形 尺 寸				
31 系列					
20000K+H 型	d_1	d	D	B	r_{smin} ①
23172K+H3172	340	360	600	192	5
23176K+H3176	360	380	620	194	5
23180K+H3180	380	400	650	200	6
23184K+H3184	400	420	700	224	6
23188K+H3188	410	440	720	226	6
23192K+H3192	430	460	760	240	7.5
23196K+H3196	450	480	790	248	7.5
231/500K+H31/500	470	500	830	264	7.5
22 系列					
20000K+H 型	d_1	d	D	B	r_{smin} ①
22208K+H308	30	40	80	23	1.1
22209K+H309	40	45	85	23	1.1
22210K+H310	45	50	90	23	1.1
22211K+H311	50	55	100	25	1.5
22212K+H312	55	60	110	28	1.5
22213K+H313	60	65	120	31	1.5
22214K+H314	60	70	125	31	1.5
22215K+H315	65	75	130	31	1.5
22216K+H316	70	80	140	33	2
22217K+H317	75	85	150	36	2
22218K+H318	80	90	160	40	2
22219K+H319	85	95	170	43	2.1
22220K+H320	90	100	180	46	2.1
22222K+H322	100	110	200	53	2.1
22224K+H3124	110	120	215	58	2.1
22226K+H3126	115	130	230	64	3
22228K+H3128	125	140	250	68	3
22230K+H3130	135	150	270	73	3
22232K+H3132	140	160	290	80	3
22234K+H3134	150	170	310	86	4
22236K+H3136	160	180	320	86	4
22238K+H3138	170	190	340	92	4
22240K+H3140	180	200	360	98	4
22244K+H3144	200	220	400	108	4
22248K+H3148	220	240	440	120	4
22252K+H3152	240	260	480	130	5
22256K+H3156	260	280	500	130	5
22260K+H3160	280	300	540	140	5

续表

轴承型号	外形尺寸				
32 系列					
20000K+H 型	d_1	d	D	B	r_{smin}[①]
23218K+H2318	80	90	160	52.4	2
23220K+H2320	90	100	180	60.3	2.1
23222K+H2322	100	110	200	69.8	2.1
23224K+H2324	110	120	215	76	2.1
23226K+H2326	115	130	230	80	3
23228K+H2328	125	140	250	88	3
23230K+H2330	135	150	270	96	3
23232K+H2332	140	160	290	104	3
23234K+H2334	150	170	310	110	4
23236K+H2336	160	180	320	112	4
23238K+H2338	170	190	340	120	4
23240K+H2340	180	200	360	128	4
23244K+H2344	200	220	400	144	4
23248K+H2348	220	240	440	160	4
23252K+H2352	240	260	480	174	5
23256K+H2356	260	280	500	176	5
23260K+H3260	280	300	540	192	5
23264K+H3264	300	320	580	208	5
23268K+H3268	320	340	620	224	6
23272K+H3272	340	360	650	232	6
23276K+H3276	360	380	680	240	6
23280K+H3280	380	400	720	256	6
23284K+H3284	400	420	760	272	7.5
23288K+H3288	410	440	790	280	7.5
23292K+H3292	430	460	830	296	7.5
23296K+H3296	450	480	870	310	7.5
232K/500+H32/500	470	500	920	336	7.5
03 系列					
20000K+H 型	d_1	d	D	B	r_{smin}[①]
21304K+H304	17	20	52	15	1.1
21305K+H305	20	25	62	17	1.1
21306K+H306	25	30	72	19	1.1
21307K+H307	30	35	80	21	1.5
21308K+H308	35	40	90	23	1.5
21309K+H309	40	45	100	25	1.5

续表

轴承型号	外形尺寸			
03系列				
20000K+H型	d_1	d	D	B	r_{smin}①
21310K+H310	45	50	110	27	2
21311K+H311	50	55	120	25	2
21312K+H312	55	60	130	31	2.1
21313K+H313	60	65	140	33	2.1
21314K+H314	60	70	150	35	2.1
21315K+H315	65	75	160	37	2.1
21316K+H316	70	80	170	39	2.1
21317K+H317	75	85	180	41	3
21318K+H318	80	90	190	43	3
21319K+H319	85	95	200	45	3
21320K+H320	90	100	215	47	3
21321K+H321	95	105	225	49	3
21322K+H322	100	110	240	50	3
23系列					
20000K+H型	d_1	d	D	B	r_{smin}①
22308K+H2308	35	40	90	33	1.5
22309K+H2309	40	45	100	36	1.5
22310K+H2310	45	50	110	40	2
22311K+H2311	50	55	120	43	2
22312K+H2312	55	60	130	46	2.1
22313K+H2313	60	65	140	48	2.1
22314K+H2314	60	70	150	51	2.1
22315K+H2315	65	75	160	55	2.1
22316K+H2316	70	80	170	58	2.1
22317K+H2317	75	85	180	60	3
22318K+H2318	80	90	190	64	3
22319K+H2319	85	95	200	67	3
22320K+H2320	90	100	215	73	3
22322K+H2322	100	110	240	80	3
22324K+H2324	110	120	260	86	3
22326K+H2326	115	130	280	93	4
22328K+H2328	125	140	300	102	4
22330K+H2330	135	150	320	108	4
22332K+H2332	140	160	340	114	4
22334K+H2334	100	170	360	120	4

续表

轴承型号	外形尺寸				
23系列					
20000K＋H型	d_1	d	D	B	r_{smin} ①
22336K＋H2336	160	180	380	126	4
22338K＋H2338	170	190	400	132	5
22340K＋H2340	180	200	420	138	5
22344K＋H2344	200	220	460	145	5
22348K＋H2348	220	240	500	155	5
22352K＋H2352	240	260	540	165	6
22356K＋H2356	260	280	580	175	6

① 最大倒角尺寸规定在GB/T 274—2000中。

24.3.10　推力调心滚子轴承

该类轴承轴向负荷能力非常大，在承受轴向负荷的同时还可承受小到中等的径向负荷，允许的转速较高。使用时一般采用油润滑。

主要用途：水力发电机、立式电动机、船舶用螺旋桨轴、轧钢机轧制螺杆用减速机、塔吊、碾煤机、挤压机、成形机。

表24.28　推力调心滚子轴承的规格（GB/T 5859—2008）　mm

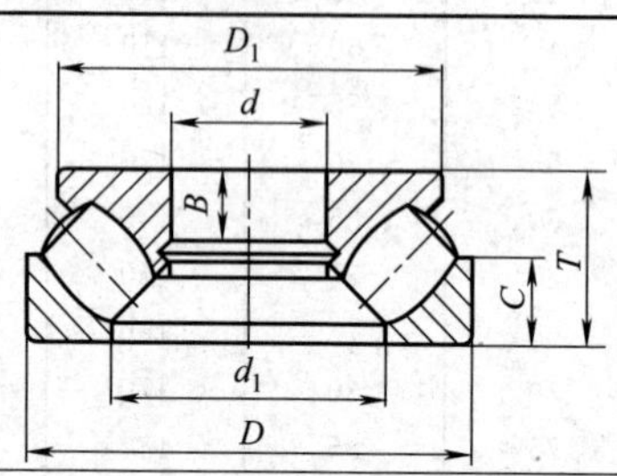

轴承型号	主要尺寸						
	d	D	T	d_1	D_1	B	C
92系列							
29230	150	215	39	178	208	14	19
29232	160	225	39	188	219	14	19
29234	170	240	42	198	233	15	20
29236	180	250	42	208	243	15	20
29238	190	270	48	223	262	15	24
29240	200	280	48	236	271	15	24
29244	220	300	48	254	292	15	24

续表

轴承型号	主要尺寸						
	d	D	T	d_1	D_1	B	C
92系列							
29248	240	340	60	283	330	19	30
29252	260	360	60	302	350	19	30
29256	280	380	60	323	370	19	30
29260	300	420	73	353	405	21	38
29264	320	440	73	372	430	21	38
29268	340	460	73	395	445	21	37
29272	360	500	85	423	485	25	44
29276	380	520	85	441	505	27	42
29280	400	540	85	460	526	27	42
29284	420	580	95	489	564	30	46
29288	440	600	95	508	585	30	49
29292	460	620	95	530	605	30	46
29296	480	650	103	556	635	33	55
292/500	500	670	103	574	654	33	55
292/530	530	710	109	612	692	35	57
292/560	560	750	115	644	732	37	60
292/600	600	800	122	688	780	39	65
292/630	630	850	132	728	830	42	67
292/670	670	900	140	773	880	45	74
292/710	710	950	145	815	930	46	75
292/750	750	1000	150	851	976	48	81
292/800	800	1060	155	915	1035	50	81
292/850	850	1120	160	966	1095	51	82
292/900	900	1180	170	1023	1150	54	84
292/950	950	1250	180	1081	1220	58	90
292/1000	1000	1320	190	1139	1290	61	98
292/1060	1060	1400	206	1208	1370	66	108
292/1120	1120	1460	206	1272	1385	72	101
292/1180	1180	1520	206	1331	1450	83	101
93系列							
29317	85	150	39	114	143.5	13	19
29318	90	155	39	117	148.5	13	19
29320	100	170	42	129	163	14	20.8
29322	110	190	48	143	182	16	23
29324	120	210	54	159	200	18	26

续表

轴承型号	主要尺寸						
	d	D	T	d_1	D_1	B	C
93系列							
29326	130	225	58	171	215	19	28
29328	140	240	60	183	230	20	29
29330	150	250	60	194	240	20	29
29332	160	270	67	208	260	23	32
29334	170	280	67	216	270	23	32
29336	180	300	73	232	290	25	35
29338	190	320	78	246	308	27	38
29340	200	340	85	261	325	29	41
29344	220	360	85	280	345	29	41
29348	240	380	85	300	365	29	41
29352	260	420	95	329	405	32	45
29356	280	440	95	348	423	32	46
29360	300	480	109	379	460	37	50
29364	320	500	109	399	482	37	53
29368	340	540	122	428	520	41	59
29372	360	560	122	448	540	41	59
29376	380	600	132	477	580	44	63
29380	400	620	132	494	596	44	64
29384	420	650	140	520	626	48	68
29388	440	680	145	548	655	49	70
29392	460	710	150	567	685	51	72
29396	480	730	150	590	705	51	72
293/500	500	750	150	611	725	51	74
293/530	530	800	160	648	772	54	76
293/560	560	850	175	690	822	60	85
293/600	600	900	180	731	870	61	87
293/630	630	950	190	767	920	65	92
293/670	670	1000	200	813	963	68	96
293/710	710	1060	212	864	1028	72	102
293/750	750	1120	224	910	1086	76	108
293/800	800	1180	230	965	1146	78	112
293/850	850	1250	243	1024	1205	85	118
293/900	900	1320	250	1086	1280	86	120
293/950	950	1400	272	1150	1360	93	132
293/1000	1000	1460	276	1192	1365	100	137

续表

轴承型号	主要尺寸						
	d	D	T	d_1	D_1	B	C
94系列							
29412	60	130	42	89	123	15	20
29413	65	140	45	96	133	16	21
29414	70	150	48	103	142	17	23
29415	75	160	51	109	152	18	24
29416	80	170	54	117	162	19	26
29417	85	180	58	125	170	21	28
29418	90	190	60	132	180	22	29
29420	100	210	67	146	200	24	32
29422	110	230	73	162	220	26	35
29424	120	250	78	174	236	29	37
29426	130	270	85	189	255	31	41
29428	140	280	85	199	268	31	41
29430	150	300	90	214	285	32	44
29432	160	320	95	229	306	34	45
29434	170	340	103	243	324	37	50
29436	180	360	109	255	342	39	52
29438	190	380	115	271	360	41	55
29440	200	400	122	286	380	43	59
29444	220	420	122	308	400	43	58
29448	240	440	122	326	420	43	59
29452	260	480	132	357	460	48	64
29456	280	520	145	387	495	52	68
29460	300	540	145	402	515	52	70
29464	320	580	155	435	555	55	75
29468	340	620	170	462	590	61	82
29472	360	640	170	480	610	61	82
29476	380	670	175	504	640	63	85
29480	400	710	185	534	680	67	89
29484	420	730	185	556	700	67	89
29488	440	780	206	588	745	74	100
29492	460	800	206	608	765	74	100
29496	480	850	224	638	810	81	108
294/500	500	870	224	661	830	81	107
294/530	530	920	236	700	880	87	114
294/560	560	980	250	740	940	92	120

续表

轴承型号	主要尺寸						
	d	D	T	d_1	D_1	B	C
94系列							
294/600	600	1030	258	785	990	92	127
294/630	630	1090	280	830	1040	100	136
294/670	670	1150	290	880	1105	106	138
294/710	710	1220	308	925	1165	113	150
294/750	750	1280	315	983	1220	116	152
294/800	800	1360	335	1040	1310	120	163
294/850	850	1440	354	1060	1372	126	168
294/900	900	1520	372	1168	1460	138	180
294/950	950	1600	390	1209	1470	153	191

24.3.11 推力圆柱滚子轴承

可承受单向轴向负荷，不能限制轴的径向位移；轴承刚性大，轴向负荷能力大，对冲击负荷的敏感度低。串列推力圆柱滚子轴承具有有限的径向截面，超高的轴向承载能力，长期的工作寿命和最小的摩擦损耗。

用于低转速，推力球轴承无法适用的工作场合，如石油钻机、制铁制钢机械等。

串列推力圆柱滚子轴承的径向截面有限，轴向承载能力特大，工作寿命长和摩擦损耗最小。

表 24.29 推力圆柱滚子轴承的规格（GB/T 4663—1994） mm

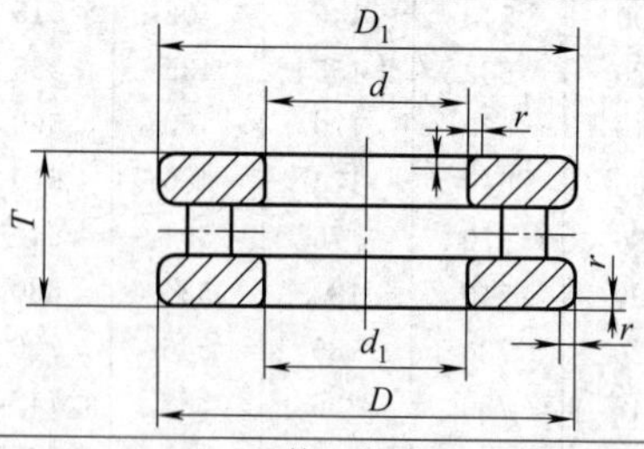

轴承代号	外形尺寸					
	d	D	d_1 min	D_1 max	T	r_{smin}
11系列						
81100	10	24	11	24	9	0.3
81101	12	26	13	26	9	0.3

续表

轴承代号	外形尺寸					
	d	D	d_1 min	D_1 max	T	r_{smin}
11系列						
81102	15	28	16	28	9	0.3
81103	17	30	18	30	9	0.3
81104	20	35	21	35	10	0.3
81105	25	42	26	42	11	0.6
81106	30	47	32	47	11	0.6
81107	35	52	37	52	12	0.6
81108	40	60	42	60	13	0.6
81109	45	65	47	65	14	0.6
81110	50	70	52	70	14	0.6
81111	55	78	57	78	16	0.6
81112	60	85	62	85	17	1.0
81113	65	90	67	90	18	1.0
81114	70	95	72	95	18	1.0
81115	75	100	77	100	19	1.0
81116	80	105	82	105	19	1.0
81117	85	110	87	110	19	1.0
81118	90	120	92	120	22	1.0
81120	100	135	102	135	25	1.0
81122	110	145	112	145	25	1.0
81124	120	155	122	155	25	1.0
81126	130	170	132	170	30	1.0
81128	140	180	142	178	31	1.0
81130	150	190	152	188	31	1.0
81132	160	200	162	198	31	1.0
81134	170	215	172	213	34	1.1
81136	180	225	183	222	34	1.1
81138	190	240	193	237	37	1.1
81140	200	250	203	247	37	1.1
81144	220	270	223	267	37	1.1
81148	240	300	243	297	45	1.5
81152	260	320	263	317	45	1.5
81156	280	350	283	347	53	1.5
81160	300	380	304	376	62	2.0
81164	320	400	324	396	63	2.0
81168	340	420	344	416	64	2.0
81172	360	440	364	436	65	2.0
81176	380	460	384	456	65	2.0
81180	400	480	404	476	65	2.0
81184	420	500	424	495	65	2.0

续表

轴承代号	外形尺寸					
	d	D	d_1 min	D_1 max	T	r_{smin}
11系列						
81188	440	540	444	535	80	2.1
81192	460	560	464	555	80	2.1
81196	480	580	484	575	80	2.1
811/500	500	600	504	595	80	2.1
811/530	530	640	534	635	85	3.0
811/560	560	670	564	665	85	3.0
811/600	600	710	604	705	85	3.0
811/630	630	750	634	745	95	3.0
811/670	670	800	674	795	105	4.0
811/710	710	850	714	845	112	4.0
811/750	750	900	755	895	120	4.0
811/800	800	950	805	945	120	4.0
811/850	850	1000	855	955	120	4.0
811/1000	1000	1180	1005	1175	140	5.0
811/1060	1060	1250	1065	1245	150	5.0
811/1120	1120	1320	1125	1315	160	5.0
811/1180	1180	1400	1185	1395	175	6.0
811/1250	1250	1460	1255	1455	175	6.0
811/1320	1320	1540	1325	1535	175	6.0
811/1400	1400	1630	1410	1620	180	6.0
811/1500	1500	1750	1510	1740	195	6.0
811/1600	1600	1850	1610	1840	195	6.0
811/1700	1700	1970	1710	1960	212	7.5
811/1800	1800	2080	1810	2070	220	7.5
12系列						
81200	10	26	12	26	11	0.6
81201	12	28	14	28	11	0.6
81202	15	32	17	32	12	0.6
81203	17	35	19	35	12	0.6
81204	20	40	22	40	14	0.6
81205	25	47	27	47	15	0,6
81206	30	52	32	52	16	0.6
81207	35	62	37	62	18	1.0
81208	40	68	42	68	19	1.0
81209	45	73	47	73	20	1.0
81210	50	78	52	78	22	1.0
81211	55	90	57	90	25	1.0
81212	60	95	62	95	26	1.0
81213	65	100	67	100	27	1.0
81214	70	105	72	105	27	1.0
81215	75	110	77	110	27	1.0

续表

轴承代号	外　形　尺　寸					
	d	D	d_1 min	D_1 max	T	r_{smin}
12系列						
81216	80	115	82	115	28	1.0
81217	95	125	88	125	31	1.0
81218	90	135	93	135	35	1.1
81220	100	150	103	150	38	1.1
81222	110	160	113	160	38	1.1
81224	120	170	123	170	39	1.1
81226	130	190	133	187	45	1.5
81228	140	200	143	197	46	1.5
81230	150	215	153	212	50	1.5
81232	160	225	163	222	51	1.5
81234	170	240	173	237	55	1.5
81236	180	250	183	247	56	1.5
81238	190	270	194	267	62	2.0
81240	200	280	204	277	62	2.0
81244	220	300	224	297	63	2.0
81248	240	340	244	335	78	2.1
81252	260	360	264	355	79	2.1
81256	280	380	284	375	80	2.1
81260	300	420	304	415	95	3.0
81264	320	440	325	435	95	3.0
81268	340	460	345	455	96	3.0
81272	360	500	365	495	110	4.0
81276	380	520	385	515	112	4.0
81280	400	540	405	535	112	4.0
81284	420	580	425	575	130	5.0
81288	440	600	445	595	130	5.0
81292	460	620	465	615	130	5.0
81296	480	650	485	645	135	5.0
812/500	500	670	505	665	135	5.0
812/530	530	710	535	705	140	5.0
812/560	560	750	565	745	150	5.0
812/600	600	800	605	795	160	5.0
812/630	630	850	635	845	115	6.0
812/670	670	900	675	895	180	6.0
812/710	710	950	715	945	190	6.0
812/750	750	1000	755	995	195	6.0
812/800	800	1060	805	1055	205	7.5
812/850	850	1120	855	1115	212	7.5
812/900	900	1180	905	1175	220	7.5
812/950	930	1250	955	1245	236	7.5
812/1000	1000	1320	1005	1315	250	9.5
812/1060	1060	1400	1065	1395	265	9.5

表 24.30　串列推力圆柱滚子轴承的规格　　mm

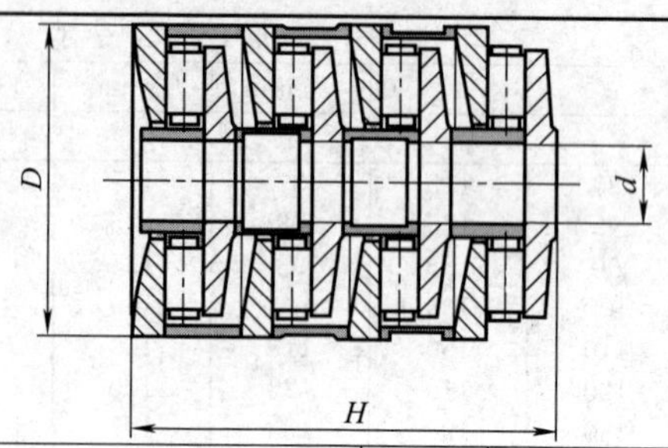

型号(SB1)	外形尺寸			列数	额定负荷/kN		质量/kg
	d	D	H		C_a	C_{0a}	
M3CT420	4	20	32	3	18	35	0.053
M6CT424	4	24	62	6	63	93	0.160
M6CT424×1			62	6	63	93	0.160
M4CT527	5	27	52	4	45	92	0.155
M6CT527			78	6	62	137	0.236
M4CT537		37	78	4	120	228	—
M6CT537			117	6	165	376	—
M6CT630	6	30	88	6	74	191	0.321
M3CT645		45	69	3	136	259	—
M4CT645			92	4	170	346	—
M8CT645			183.5	8	292	693	—
M4CT1037	10	37	78	4	95	242	0.486
M2CT1242	12	42	41.5	2	70	157	0.320
M3CT1242			62.5	3	97	235	0.463
M4CT1242			83.5	4	122	313	0.640
M5CT1242			104.6	5	145	391	0.797
M6CT1242			125.5	6	156	470	0.934
M5CT1858	18	58	126	5	268	765	1.787
M5CT1858×2		58	107.5	5	262	818	1.610
M4CT1860		60	101	4	227	711	1.620
M6CT1872		72	172	6	562	1829	3.510
M7CT1880		80	200	7	600	2217	6.830
M8CT18100		100	304	8	1175	4586	13.03
M5CT2047	20	47	98	5	154	453	0.834
M4CT2060		60	101	4	190	595	1.620
M5CT2262	22	62	110	5	270	896	1.78
M6CT2262			132	6	310	1160	2.1

续表

型号(SB1)	外形尺寸			列数	额定负荷/kN		质量/kg
	d	D	H		C_a	C_{0a}	
M4CT2264	22	64	101	4	227	677	1.700
M5CT2264			128.5	5	270	839	2.130
M6CT2264			153	6	312	1009	2.550
M4CT2362	23	62	105	4	228	717	1.600
M3CT2385		85	97	3	361	1359	3.118
M6CT2390		90	209.75	6	732	2545	7.75
M3CT2468	24	68	70	3	189	310	1.400
M5CT2468			118	5	292	1132	2.32
M5CT2577	25	77	134	5	350	1402	3.48
M3CT2866	28	66	82	3	290	660	1.054
M4CT2866		66	107.5	4	361	840	1.74
M5CT2876		76	135	5	443	1464	3.199
M3CT2990	29	90	98	3	292.3	1129	3.480
M4CT3068	30	68	100	4	261	798	1.790
M3CT3073		73	89	3	197	627	2.050
M4CT3073			120	4	264	836	2.740
M5CT3073			151	5	293	1045	3.420
M6CT3073			182	6	338	1197	3. 720
M4CT3075		75	112	4	264	836	2.290
M4CT30100		100	150.5	4	564	2086	6.580
M6CT30127		127	288	6	1295	5235	21.70
M3CT3278	32	78	84	3	290	847	1.930
M4CT3278			110.5	4	362	1128	2.580
M5CT3278			137	5	442	1397	3.22
M6CT3278			163.5	6	497	1616	3.88
M3CT33105	33	105	112	3	470	1686	5.330
M4CT33105			150.5	4	589	2248	7.110
M4CT3495	34	95	130	4	426	1672	5.166
M5CT3495			163	5	507	1996	6.43
M4CT38150	38	150	163	3	966	3674	16.28
M3CT38150		150	214.5	4	1261	4743	21.7
M6CT38160		160	360	6	1410	7100	40.8
M3CT40100	40	100	123	3	525	1999	6.26
M4CT40100			164	4	656	2657	8.35
M4CT40127		127	177	4	826	3503	13.3

注：普通型串列推力圆柱滚子轴承（d＝4～40mm），带轴型串列推力圆柱滚子轴承（d＝4～34mm），套筒型串列推力圆柱滚子轴承（d＝22mm、38mm）。

24.3.12　圆锥滚子轴承

该类单列轴承可承受径向负荷与单向轴向负荷，双列轴承可承受径向负荷与双向轴向负荷。适用于承受重负荷与冲击负荷。

按接触角 α 的不同，分为小锥角、中锥角和大锥角三种型式，接触角越大轴向负荷能力也越大。按圆锥列数可分为单列、双列和四列。

主要用于汽车的前轮、后轮、变速器、差速器小齿轮轴；机床主轴、建筑机械、大型农业机械、铁路车辆齿轮减速装置、轧钢机辊颈及减速装置。

表 24.31　圆锥滚子轴承的规格（GB/T 297—2015）　　mm

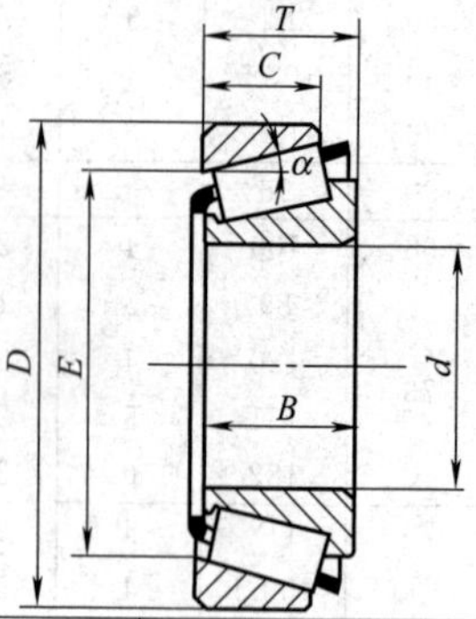

轴承型号	d	D	T	B	C	α	E
29 系列							
32904	20	37	12	12	9	12°00′	29.621
329/22	22	40	12	12	9	12°00′	32.665
32905	25	42	12	12	9	12°00′	34.608
329/28	28	45	12	12	9	12°00′	37.639
32906	30	47	12	12	9	12°00′	39.617
329/32	32	52	14	14	10	12°00′	44.261
32907	35	55	14	14	11.5	11°00′	47.220
32908	40	62	15	15	12	10°55′	53.388
32909	45	68	15	15	12	12°00′	58.852
32910	50	72	15	15	12	12°50′	62.748
32911	55	80	17	17	14	11°39′	69.503
32912	60	85	17	17	14	12°27′	74.185
32913	65	90	17	17	14	13°15′	78.849
32914	70	100	20	20	16	11°53′	88.590
32915	75	105	20	20	16	12°31′	93.223

续表

轴承型号	*d*	*D*	*T*	*B*	*C*	α	*E*
29系列							
32916	80	110	20	20	16	13°10′	97.974
32917	85	120	23	23	13	12°18′	106.599
32918	90	125	23	23	18	12°51′	111.282
32919	95	130	23	23	18	13°25′	116.082
32920	100	140	25	25	20	12°23′	125.717
32921	105	145	25	25	20	12°51′	130.309
32922	110	150	25	25	20	13°20′	135.132
32924	120	165	29	29	23	13°05′	113.464
32926	130	180	32	32	25	12°40′	161.652
32928	140	190	32	32	25	13°30′	171.032
32930	150	210	38	38	30	12°20′	187.925
32932	160	220	38	38	30	13°00′	197.962
32934	170	230	38	38	30	14°20′	206.564
32936	180	250	45	45	34	17°45′	218.571
32938	190	260	45	45	34	17°39′	228.578
32940	200	280	51	51	39	14°45′	249.698
32944	220	300	51	51	39	15°50′	267.685
32948	240	320	51	51	39	17°00′	286.852
32952	260	360	63.5	63.5	48	15°10′	320.783
32956	280	380	63.5	63.5	48	16°05′	339.778
32960	300	420	76	76	57	14°45′	374.706
32964	320	440	76	76	57	15°30′	393.406
32968	340	460	76	76	57	16°15′	412.043
32972	360	480	76	76	57	17°00′	430.612
20系列							
32004	20	42	15	15	12	14°00′	32.781
320/22	22	44	15	15	11.5	14°50′	34.708
32005	25	47	15	15	11.5	16°00′	37.393
320/28	28	52	16	16	12	16°00′	41.991
32006	30	55	17	17	13	16°00′	44.438
320/32	32	58	17	17	13	16°50′	46.708
32007	35	62	18	18	14	16°00′	50.510
32008	40	68	19	19	14.5	14°10′	56.897
32009	45	75	20	20	15.5	14°40′	63.248
32010	50	80	20	20	15.5	15°45′	67.841
32011	55	90	23	23	17.5	15°10′	76.505
32012	60	95	23	23	17.5	16°00′	80.634
32013	60	100	23	23	17.5	17°00′	85.567
32014	70	110	25	25	19	16°10′	93.633
32015	75	115	25	25	19	17°00′	98.358

续表

轴承型号	d	D	T	B	C	α	E
20 系列							
32016	80	125	29	29	22	15°45′	107.334
32017	85	130	29	29	22	16°25′	111.788
32018	90	140	32	32	24	15°45′	119.948
32019	95	145	32	32	24	16°25′	124.927
32020	100	150	32	32	24	17°00′	129.269
32021	105	160	35	35	26	16°30′	137.685
32022	110	170	38	38	29	16°00′	146.290
32024	120	180	38	38	29	17°00′	155.239
32026	130	200	45	45	34	16°10′	172.043
32028	140	210	45	45	34	17°00′	180.720
32030	150	225	48	48	36	17°00′	193.674
32032	160	240	51	51	38	17°00′	207.209
32034	170	260	57	57	43	16°30′	223.031
32036	180	280	64	64	48	15°45′	239.898
32038	190	290	64	64	48	16°25′	249.853
32040	200	310	70	70	53	16°00′	266.039
32044	220	340	76	76	57	16°00′	292.464
32048	240	360	76	76	57	17°00′	310.356
32052	260	400	87	87	65	16°10′	344.432
32056	280	420	87	87	65	17°00′	361.811
32060	300	460	100	100	74	16°10′	395.676
32064	320	480	100	100	74	17°00′	415.640
30 系列							
33005	25	47	17	17	14	10°55′	38.278
33006	30	55	20	20	16	11°00′	45.283
33007	35	62	21	21	17	11°30′	51.320
33008	40	68	22	22	18	10°40′	57.290
33009	45	75	24	24	19	11°05′	63.116
33010	50	80	24	24	19	11°55′	67.775
33011	55	90	27	27	21	11°45′	76.656
33012	60	95	27	27	21	12°20′	80.422
33013	65	100	27	27	21	13°05′	85.257
33014	70	110	31	31	25.5	10°45′	95.021
33015	75	115	31	31	25.5	11°15′	99.400
33016	80	125	36	36	29.5	10°30′	107.750
33017	85	130	36	36	29.5	11°00′	112.838
33018	90	140	39	39	32.5	10°10′	122.363
33019	95	145	39	39	32.5	10°30′	126.346
33020	100	150	39	39	32.5	10°50′	130.323
33021	105	160	43	43	34	10′40′	139.304

续表

轴承型号	d	D	T	B	C	α	E
30 系列							
33022	110	170	47	47	37	10°50′	146.265
33024	120	180	48	48	38	11°30′	154.777
33026	130	200	55	55	43	12°50′	172.017
33028	140	210	56	56	44	13°30′	180.353
33030	150	225	59	59	46	13°40′	194.260
31 系列							
33108	40	75	26	26	20.5	13°20′	61.169
33109	45	80	26	26	20.5	14°20′	60.700
33110	50	85	26	26	20	15°20′	70.214
33111	55	95	30	30	23	14°00′	78.893
33112	60	100	30	30	23	14°50′	83.522
33113	65	110	34	34	26.5	14°30′	91.653
33114	70	120	37	37	29	14°10′	99.733
33115	75	125	37	37	29	14°50′	104.358
33116	80	130	37	37	29	15°30′	108.970
33117	85	140	41	41	32	15°10′	117.097
33118	90	150	45	45	35	14°50′	125.283
33119	95	160	49	49	38	14°35′	133.240
33120	100	165	52	52	40	15°10′	137.129
33121	105	175	56	56	44	15°05′	144.427
33122	110	180	56	56	43	15°35′	149.127
33124	120	200	62	62	48	14°50′	166.144
02 系列							
30202	15	35	11.75	11	10	—	—
30203	17	40	13.25	12	11	12°57′10″	31.408
30204	20	47	15.25	14	12	12°57′10″	37.304
30205	25	52	16.25	15	13	14°02′10″	41.135
30006	30	62	17.25	16	14	14°02′10″	49.990
302/32	32	65	18.25	17	15	14°00′00″	52.500
30207	35	72	18.25	17	15	14°02′10″	58.844
30208	40	80	19.75	18	16	14°02′10″	65.730
30209	45	85	20.75	19	16	15°06′34″	70.440
30210	50	90	21.75	20	17	15°38′32″	75.078
30211	55	100	22.75	21	18	15°06′34″	84.197
30212	60	110	23.75	22	19	15°06′34″	91.876
30213	65	120	24.75	23	20	15°06′34″	101.934
30214	70	125	26.25	24	21	15°38′32″	105.748
30215	75	130	27.25	25	22	16°10′20″	110.408
30216	80	140	28.25	25	22	15°38′32″	119.169
30217	85	150	30.5	28	24	15°38′32″	126.685

续表

轴承型号	d	D	T	B	C	α	E
02 系列							
30218	90	160	32.5	30	25	15°38′32″	134.901
30219	95	170	34.5	32	27	15°38′32″	143.385
30220	100	180	37.0	34	29	15°38′32″	151.310
30221	105	190	39.0	36	30	15°38′32″	159.795
30222	110	200	41.0	38	32	15°38′32″	168.548
30224	120	215	43.5	40	34	16°10′20″	181.257
30226	130	230	43.75	40	34	16°10′20″	196.420
30228	140	250	45.75	42	36	16°10′20″	212.270
30230	150	270	49	45	38	16°10′20″	227.408
30232	160	290	52	48	40	16°10′20″	244.958
30234	170	310	57	52	43	16°10′20″	262.483
30236	180	320	57	52	43	16°41′57″	270.928
30238	190	340	60	55	46	16°10′20″	291.083
30240	200	360	64	58	48	16°10′20″	307.196
30244	220	400	72	60	54	15°38′32″	339.941
30248	240	440	79	72	60	15°38′32″	374.976
30252	260	480	89	80	67	16°25′56″	410.444
30256	280	500	89	80	67	17°03″	423.879
22 系列							
32203	17	40	17.25	16	14	11°45′	31.170
32204	20	47	19.25	18	15	12°28′	35.810
32205	25	52	19.25	18	16	13°30′	41.331
32206	30	62	21.25	20	17	1°02′10″	48.982
32207	35	72	24.25	23	19	14°02′10″	57.087
32208	40	80	24.75	23	19	14°02′10″	64.715
32209	45	85	24.75	23	19	15°06′34″	69.610
32210	50	90	24.75	23	19	15°38′32″	74.226
32211	55	100	26.75	25	21	15°06′34″	82.837
32212	60	110	29.75	28	24	15°06′34″	90.236
32213	65	120	32.75	31	27	15°06′34″	99.484
32214	70	125	33.25	31	27	15°38′32″	103.765
32215	75	130	33.25	31	27	16°10′20″	108.932
32216	80	140	35.25	33	28	15°38′32″	117.466
32217	85	150	38.5	36	30	15°38′32″	124.970
32218	90	160	42.5	40	34	15°38′32″	132.615
32219	95	170	45.5	43	37	15°38′32″	140.259
32220	100	180	49	46	39	15°38′32″	148.184
32221	105	190	53	50	43	15°38′32″	155.269
32222	110	200	56	53	46	15°38′32″	164.022
32224	120	215	61.5	58	50	16°10′20″	174.825
32226	130	230	67.75	64	54	16°10′20″	187.088

续表

轴承型号	d	D	T	B	C	α	E
22系列							
32228	140	250	71.75	68	58	16°10′20″	204.046
32230	150	270	77	73	60	16°10′20″	219.157
32232	160	290	84	80	67	16°10′20″	234.942
32234	170	310	91	86	71	16°10′20″	251.873
32236	180	320	91	86	71	16°41′57″	259.938
32238	190	340	97	92	75	16°10′20″	279.024
32240	200	360	104	98	82	15°10″00″	294.880
32244	220	400	114	108	90	16°10′20″	326.455
32248	240	440	127	120	100	16°10′20″	356.929
32252	260	480	137	130	105	16°00′00″	393.025
32256	280	500	137	130	105	16°00′00″	409.128
32260	300	540	149	140	110	16°10′00″	443.659
32系列							
33205	25	52	22	22	18	13°10′	40.411
332/28	28	58	24	24	19	12°45′	45.846
33006	30	62	25	25	19.5	19°50′	49.524
332/32	32	60	25	25	20.5	13°00′	51.791
33207	35	72	28	28	22	13°15′	57.186
33208	40	80	32	32	25	13°25′	63.405
33209	45	85	32	32	25	14°25′	68.075
33210	50	90	32	32	24.5	15°25′	72.727
33211	55	100	35	35	27	14°55′	81.240
33212	60	110	38	38	29	15°05′	89.032
33213	65	120	41	41	32	14°35′	97.863
33214	70	125	41	41	32	15°15′	102.275
33215	75	130	41	41	31	15°55′	106.675
33216	80	140	46	46	35	15°50′	114.582
33217	85	150	49	49	37	15°35′	122.894
33218	90	160	55	55	42	15°40′	129.820
33219	95	170	58	58	44	15°15′	138.642
33220	100	180	63	63	48	15°05′	145.949
33221	105	190	68	68	52	15°00′	153.622
03系列							
30302	15	42	14.25	13	11	10°45′29″	33.272
30303	17	47	15.25	14	12	10°45′29″	37.420
30304	20	52	16.25	15	13	11°18′36″	41.318
30305	25	62	18.25	17	15	11°18′36″	50.637
30306	30	72	20.75	19	16	11°51′35″	58.287
30307	35	80	22.75	21	18	11°51′35″	65.769
30308	40	90	25.25	23	20	12°57′10″	72.703

续表

轴承型号	d	D	T	B	C	α	E
03 系列							
30309	45	100	27.25	25	22	12°57′10″	81.780
30310	50	110	29.25	27	23	12°57′10″	90.633
30311	55	120	31.5	29	25	12°57′10″	99.145
30312	60	130	33.5	31	26	12°57′10″	107.769
30313	65	140	36	33	28	12°57′10″	116.846
30314	70	150	38	35	30	12°57′10″	125.244
30315	75	160	40	37	31	12°57′10″	134.097
30316	80	170	42.5	39	33	12°57′10″	143.174
30317	85	180	44.5	41	34	12°57′10″	150.433
30318	90	190	46.5	43	36	12°57′10″	159.061
30319	95	200	49.5	45	38	12°57′10″	155.861
30320	100	210	51.5	47	39	12°07′10″	173.578
30321	105	220	53.5	49	41	12°57′10″	186.752
30322	110	240	54.5	50	42	12°57′10″	199.925
30324	120	260	59.5	55	40	12°57′10″	214.892
30326	130	280	63.70	58	49	12°57′10″	232.028
30328	140	300	67.75	62	53	12′57′10″	247.910
30330	150	320	72	65	55	12°57′10″	265.955
30332	160	340	75	68	58	12°57′10″	282.751
30334	170	360	80	72	62	12°57′10″	299.991
30336	180	380	83	75	64	12°57′10″	319.070
30338	190	400	86	78	65	12°57′10″	333.507
30340	200	420	89	80	67	12°57′10″	352.209
30344	220	460	97	88	73	12°57′10″	383.498
30348	240	500	105	95	80	12°57′10″	416.303
30352	260	540	113	102	80	13°29′32″	451.991
13 系列							
31305	25	62	18.25	17	13	28°48′39″	44.130
31306	30	72	20.75	19	14	28°48′39″	51.771
31307	35	80	22.75	21	15	28°48′39″	58.801
31308	40	90	25.25	23	17	28°48′39″	66.984
31309	45	100	27.25	25	18	28°48′39″	75.107
31310	50	110	29.25	27	19	28°48′39″	82.717
31311	55	120	31.5	29	21	28°48′39″	89.553
31312	60	130	33.5	31	22	28°48′39″	93.235
31313	65	140	36	33	23	28°48′39″	106.359
31314	70	150	38	30	25	28°48′39″	113.449
31315	75	160	40	37	26	28°48′39″	122.122
31316	80	170	42.5	39	27	28°48′39″	129.213
31317	85	180	44.5	41	28	28°48′39″	137.403
31318	90	190	46.5	43	30	28°48′39″	145.527
31319	95	200	49.5	40	32	28°48′39″	151.584

续表

轴承型号	*d*	*D*	*T*	*B*	*C*	*α*	*E*
13系列							
31320	100	215	56.5	51	35	28°48′39″	152.733
31321	105	225	58	53	36	28°48′39″	173.724
31322	110	240	63	57	38	28°48′39″	182.044
31324	120	260	68	62	42	28°48′39″	197.022
31326	130	280	72	66	44	28°48′39″	211.753
31328	140	300	77	70	47	28°48′39″	227.999
31330	150	320	82	75	50	28°48′39″	244.244
23系列							
32303	17	47	20.25	19	16	10°45′29″	36.090
32304	20	52	22.25	21	18	11°18′36″	39.518
32305	25	62	25.25	24	20	11°18′36″	48.637
32306	30	72	28.75	27	23	11°51′35″	50.767
32307	35	80	32.75	31	25	11°51′35″	62.829
32308	40	90	35.25	33	27	12°57′10″	59.253
32309	45	100	38.25	36	30	12°57′10″	78.330
32310	50	110	42.25	40	33	12°57′10″	86.263
32311	55	120	45.5	43	35	12°57′10″	94.316
32312	60	130	48.5	46	37	12°57′10″	102.939
32313	65	140	51	48	39	12°57′10″	111.786
32314	70	150	54	51	42	12°57′10″	119.724
32315	75	160	58	55	45	12°57′10″	127.887
32316	80	170	61.5	58	48	12°57′10″	136.504
32317	85	180	63.5	60	49	12°57′10″	144.223
32318	90	190	67.5	64	53	12°57′10″	151.701
32319	95	200	71.5	67	55	12°57′10″	160.318
32320	100	215	77.5	73	60	12°57′10″	171.650
32321	105	225	81.5	77	63	12°57′10″	179.359
32322	110	240	84.5	80	65	12°57′10″	192.071
32324	120	260	90.5	86	69	12°57′10″	207.039
32326	130	280	98.75	93	78	12°57′10″	223.692
32328	140	300	107.75	102	85	13°08′03′	240.000
32330	150	320	114	108	90	13°08′03″	256.671
32332	160	340	121	114	95	—	—
32334	170	360	127	120	100	13°29′32″	286.222
32336	180	380	134	126	106	13°29′32″	303.693
32338	190	400	140	132	109	13°29′32″	321.711
32340	200	420	145	138	115	13°29′32″	335.821
32344	220	460	151	145	122	12°57′10″	368.132
32348	240	500	165	100	132	12°57′10″	401.268

24.3.13 双列圆锥滚子轴承

表 24.32 双列圆锥滚子轴承的规格（GB/T 299—2008） mm

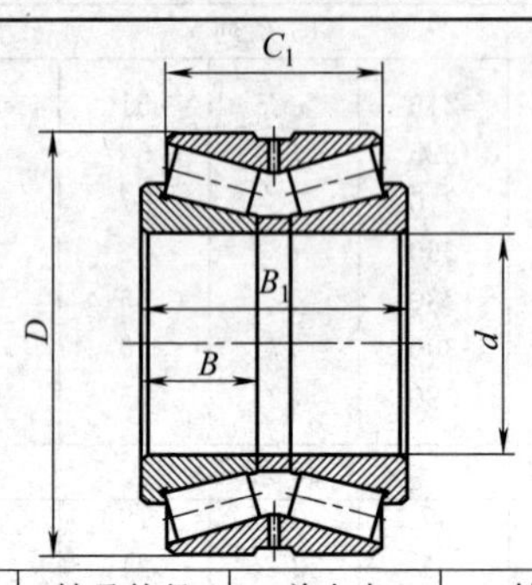

轴承型号	轴承内径 d	轴承外径 D	单个内圈宽度 B	轴承宽度 B_1	双滚道外圈宽度 C_1
29 系列					
352926	130	180	73	59	32
352928	140	190	73	59	32
352930	150	210	86	70	38
352932	160	220	86	70	38
352934	170	230	86	70	38
352936	180	250	102	80	45
352938	190	260	102	80	45
352940	200	280	116	92	51
352944	220	300	116	92	51
352948	240	320	116	92	51
352952	260	360	141	110	63.5
352956	280	380	141	110	63.5
352960	300	420	166	128	76
352964	320	440	166	128	76
352968	340	460	166	128	76
352972	360	480	166	128	76
19 系列					
351976	380	520	145	105	65
351980	400	540	150	105	65
351984	420	560	145	105	65
351988	440	600	170	125	74
351992	460	620	174	130	74
351996	480	650	180	130	78
3519/500	500	670	180	130	78
3519/530	530	710	190	136	82
3519/560	560	750	213	156	85

续表

轴承型号	轴承内径 d	轴承外径 D	单个内圈宽度 B	轴承宽度 B_1	双滚道外圈宽度 C_1
19系列					
3519/600	600	800	205	156	90
3519/630	630	850	242	182	100
3519/670	670	900	240	180	103
3519/710	710	950	240	175	106
3519/750	750	1000	264	194	112
3519/800	800	1060	270	204	115
3519/850	850	1120	268	188	118
3519/900	900	1180	275	205	122
3519/950	950	1250	300	220	132
20系列					
352004	20	42	34	28	15
352005	25	47	34	27	15
352006	30	55	39	31	17
352007	35	62	41	33	18
352008	40	68	44	35	19
352009	45	75	46	37	20
352010	50	80	46	37	20
352011	55	90	52	41	23
352012	60	95	52	41	23
352013	65	100	52	41	23
352014	70	110	57	45	25
352015	75	115	58	46	25
352016	80	125	66	52	29
352017	85	130	67	53	29
352018	90	140	73	57	32
352019	95	145	73	57	32
352020	100	150	73	57	32
352021	105	160	80	62	35
352022	110	170	86	68	38
352024	120	180	88	70	38
352026	130	200	102	80	45
352028	140	210	104	82	45
352030	150	225	110	86	48
352032	160	240	116	90	51
352034	170	260	128	100	57
352036	180	280	142	110	64
352038	190	290	142	110	64
352040	200	310	154	120	70
352044	220	340	166	128	76

续表

轴承型号	轴承内径 d	轴承外径 D	单个内圈宽度 B	轴承宽度 B_1	双滚道外圈宽度 C_1
20 系列					
352048	240	360	166	128	76
352052	260	400	190	146	87
352056	280	420	190	146	87
352060	300	460	220	168	100
352064	320	480	220	168	100
10 系列					
351068	340	520	180	135	82
351072	360	540	185	140	82
351076	380	560	190	140	82
351080	400	600	206	150	90
351084	420	620	206	150	90
351088	440	650	212	152	94
351092	460	680	230	175	100
351096	480	700	240	180	100
3510/500	500	720	236	180	100
3510/530	530	780	255	180	112
3510/560	560	820	260	185	115
3510/600	600	870	270	198	118
3510/630	630	920	295	213	128
3510/670	670	980	310	215	136
3510/710	710	1030	315	220	140
3510/750	750	1090	365	255	150
3510/800	800	1150	380	265	155
3510/850	850	1220	400	280	165
3510/900	900	1280	410	300	170
3510/950	950	1360	440	305	180
21 系列					
352122	110	180	95	76	42
352124	120	200	110	90	48
352126	130	210	110	90	48
352128	140	225	115	90	50
352130	150	250	138	112	60
352132	160	270	150	120	66
352134	170	280	150	120	66
352136	180	300	164	134	72
352138	190	320	170	130	78
352140	200	340	184	150	82
352144	220	370	195	150	88
352148	240	400	210	163	95
352152	260	440	225	180	106

续表

轴承型号	轴承内径 d	轴承外径 D	单个内圈宽度 B	轴承宽度 B_1	双滚道外圈宽度 C_1
11 系列					
351156	280	460	185	140	82
351160	300	500	205	152	90
351164	320	540	225	160	100
351168	340	580	242	170	106
351172	360	600	242	170	106
351176	380	620	242	170	106
351180	400	650	255	180	112
351184	420	700	275	200	122
351188	440	720	275	190	122
351192	460	760	300	210	132
351196	480	790	310	224	136
3511/500	500	830	325	230	145
3511/530	530	870	340	240	150
3511/560	560	920	352	250	160
3511/600	600	980	370	265	170
3511/630	630	1030	390	280	175
3511/670	670	1090	410	295	185
3511/710	710	1150	430	310	195
3511/750	750	1220	452	320	206
22 系列					
352208	40	80	55	43.5	23
352209	45	85	55	43.5	23
352210	50	90	55	43.5	23
352211	55	100	60	48.5	25
352212	60	110	66	54.5	28
352213	65	120	73	61.5	31
352214	70	125	74	61.5	31
352215	75	130	74	61.5	31
352216	80	140	78	63.5	33
352217	85	150	86	69	36
352218	90	160	94	77	40
352219	95	170	100	83	43
352220	100	180	107	87	46
352221	105	190	115	95	50
352222	110	200	121	101	53
352224	120	215	132	109	58
352226	130	230	145	117.5	64
352228	140	250	153	125.5	68
352230	150	270	164	130	73

续表

轴承型号	轴承内径 d	轴承外径 D	单个内圈宽度 B	轴承宽度 B_1	双滚道外圈宽度 C_1
22系列					
352232	160	290	178	144	80
352234	170	310	192	152	86
352236	180	320	192	152	86
352238	190	340	204	160	92
352240	200	360	218	174	98
13系列					
351305	25	62	42	31.5	17
351306	30	72	47	33.5	19
351307	35	80	51	35.5	21
351308	40	90	56	39.5	23
351309	45	100	60	41.5	25
351310	50	110	64	43.5	27
351311	55	120	70	49	29
351312	60	130	74	51	31
351313	65	140	79	53	33
351314	70	150	83	57	35
351315	75	160	88	60	37
351316	80	170	94	63	39
351317	85	180	99	66	41
351318	90	190	103	70	43
351319	95	200	109	74	45
351320	100	215	124	81	51
351321	105	225	127	83	53
351322	110	240	137	87	57
351324	120	260	148	96	62
351326	130	280	156	100	66
351328	140	300	168	108	70
351330	150	320	178	114	75

24.3.14 四列圆锥滚子轴承

表 24.33 四列圆锥滚子轴承的规格（GB/T 300—2008） mm

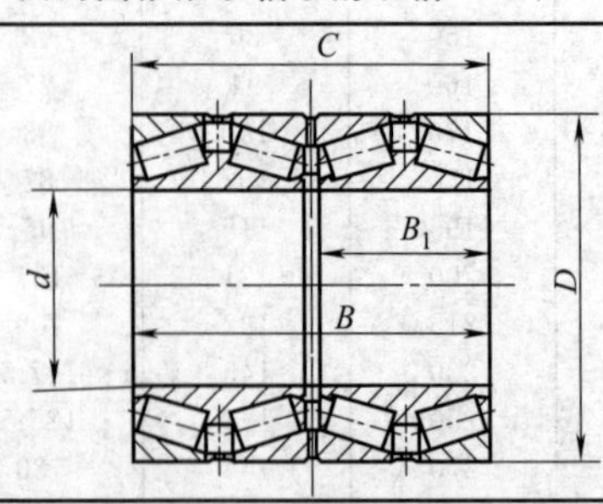

续表

轴承型号	轴承内径 d	轴承外径 D	轴承内圈总宽 B	双滚道内圈宽 B_1	轴承外圈总宽 C
29系列					
382926	130	180	135	135	63
382928	140	190	135	135	63
382930	150	210	165	165	77.5
382932	160	220	165	165	77.5
382934	170	230	165	165	77.5
382936	180	250	185	185	86.5
382938	190	260	185	185	86.5
382940	200	280	210	210	98
382944	220	300	210	210	98
382948	240	320	210	210	98
382952	260	360	265	265	125.5
382956	280	380	265	265	125.5
382960	300	420	300	300	113
382964	320	440	300	300	143
382968	340	460	310	310	148
382972	360	480	310	310	148
382976	380	520	400	400	192
382980	400	540	400	400	192
382984	420	560	400	400	192
19系列					
381992	460	620	310	310	148
381996	480	650	338	338	159
3819/560	560	750	368	368	170
3819/600	600	800	380	380	183.5
3819/630	630	850	418	418	196
3819/670	670	900	412	412	194
20系列					
382026	130	200	185	185	86.5
382028	140	210	185	185	85.5
382030	150	225	195	195	90.5
382032	160	240	210	210	98
382034	170	260	230	230	108
382036	180	280	260	260	123
382038	190	290	260	260	123
382040	200	310	275	275	130.5
382044	220	340	305	305	145.5
382048	240	360	310	310	148
382052	260	400	345	345	164.5
382056	280	420	345	345	164.5

续表

轴承型号	轴承内径 d	轴承外径 D	轴承内圈总宽 B	双滚道内圈宽 B_1	轴承外圈总宽 C
20 系列					
382060	300	460	390	390	185
382064	320	480	390	390	185
3820/950	950	1360	880	880	420
3820/1000	1000	1420	950	950	455
3820/1060	1060	1500	1000	1000	480
10 系列					
381058	340	520	325	325	158.5
381072	360	540	325	325	156
381076	380	560	325	325	154.5
381080	400	600	356	356	170
381084	420	620	356	356	170
381088	440	650	376	376	180
381092	460	680	410	410	195
381096	480	700	420	420	200
3810/500	500	720	420	420	202
3810/530	530	780	450	450	215
3810/560	560	820	465	465	222
3810/600	600	870	480	480	230
3810/630	630	920	515	515	245
3810/670	670	980	540	540	257.5
3810/710	710	1030	555	555	266
3810/750	750	1090	605	605	290
3810/800	800	1150	655	655	310
3810/850	850	1220	700	700	335
3810/900	900	1280	750	750	360
21 系列					
382126	130	210	215	215	102
382128	140	225	226	226	108
382130	150	250	260	260	125
382132	160	270	280	280	134
382134	170	280	280	280	134
382136	180	300	304	304	146
382138	190	320	322	322	155
382140	200	340	344	344	166
382144	220	370	370	370	178
382148	240	400	382	382	184
382152	260	140	420	420	202

续表

轴承型号	轴承内径 d	轴承外径 D	轴承内圈总宽 B	双滚道内圈宽 B_1	轴承外圈总宽 C
11 系列					
381156	280	460	324	324	154
381160	300	500	370	370	177.5
381164	320	540	406	406	194
381168	340	580	425	425	204.5
381172	360	600	420	420	202
381176	380	620	420	420	200
381180	400	650	456	456	218
381184	420	700	480	480	232.5
381188	440	720	480	480	230
381192	460	760	520	520	250
381196	480	790	530	530	255
3811/500	500	830	570	570	272
3811/530	530	870	590	590	283
3811/560	560	920	620	620	300
3811/600	600	980	650	650	314
3811/630	630	1030	670	670	324
3811/670	670	1090	710	710	342
3811/710	710	1150	750	750	362
3811/750	750	1220	840	840	405
3811/800	800	1280	850	850	403
3811/850	850	1360	900	900	428

24.3.15　推力圆锥滚子轴承

推力圆锥滚子轴承中的滚动体为圆锥滚子，滚动表面可形成纯滚动，极限转速高于推力圆柱滚子轴承。它轴向非常紧凑，可承受很重的轴向载荷，对冲击载荷不敏感，而且刚性好，可用于轧钢机等场合。

表 24.34　推力圆锥滚子轴承的轴圈公差（JB/T 7751—2005）

μm

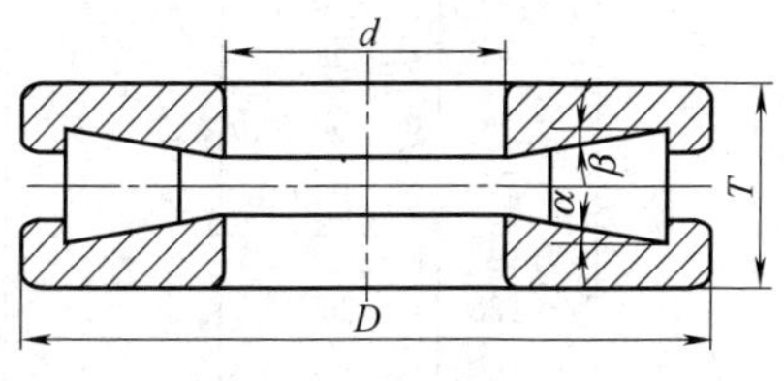

续表

轴圈内径 d/mm		单一平面平均外径偏差 Δd_{mp}		单一平面内径变动量 V_{dsp}	成套轴承内圈跳动量 S_i	推力圆锥滚子轴承轴圈滚道圆锥角度的偏差 $\Delta_{(180°-2\beta)}$	
超过	到	上偏差	下偏差	max		上偏差	下偏差
—	18	0	−8	6	10	+5	−5
18	30		−10	8	10	+5	−5
30	50		−12	9	10	+5	−5
50	80		−15	11	10	+6	−6
80	120		−20	15	15	+6	−6
120	180		−25	19	15	+6	−6
180	250		−30	23	20	+6	−6
250	315		−35	26	25	+6	−6
315	400		−40	30	30	+6	−6
400	500		−45	34	30	+6	−6
500	630		−50	38	35	+8	−8
630	800		−75	55	40	+8	−8
800	1000		−100	75	45	+10	−10
1000	1250		−125	95	50	+10	−10

表 24.35 推力圆锥滚子轴承的座圈公差（JB/T 7751—2005）

μm

座圈外径 D/mm		单一平面平均外径偏差 ΔD_{mp}		单一平面内径变动量 V_{dsp}	成套轴承外圈跳动量 S_e	推力圆锥滚子轴承座圈滚道圆锥角度的偏差 $\Delta_{(180°-2\alpha)}$	
超过	到	上偏差	下偏差	max		上偏差	下偏差
10	18	0	−11	8	与同一轴承轴圈 S_i 相同	与同一轴承轴圈的 $\Delta_{(180°-2\beta)}$ 相同	
18	30		−13	10			
30	50		−16	12			
50	80		−19	14			
80	120		−22	17			
120	180		−25	19			
180	250		−30	23			
250	315		−35	26			
315	400		−40	30			
400	500		−45	34			
500	630		−50	38			
630	800		−75	55			
800	1000		−100	75			
1000	1250		−125	95			
1250	—		−160	120			

表 24.36 推力圆锥滚子轴承的高度公差（JB/T 7751—2005）

μm

轴圈内径 d/mm		轴承实际宽度偏差 ΔT_S		轴圈内径 d/mm		轴承实际宽度偏差 ΔT_S	
超过	到	上偏差	下偏差	超过	到	上偏差	下偏差
—	30	+20	−250	315	400	+40	−500
30	50	+20	−250	400	500	+50	−500
50	80	+20	−300	500	630	+60	−600
80	120	+25	−300	630	800	+70	−750
120	180	+25	−400	800	1000	+80	−1000
180	250	+30	−400	1000	1250	+100	−1400
250	315	+40	−400				

24.3.16 滚针轴承

滚针轴承是带圆柱滚子的滚子轴承，滚子细长，但具有较高的负荷承受能力，特别适用于径向安装尺寸受限制的支承结构。

表 24.37 滚针轴承主要尺寸（GB/T 5801—2006） mm

48尺寸系列

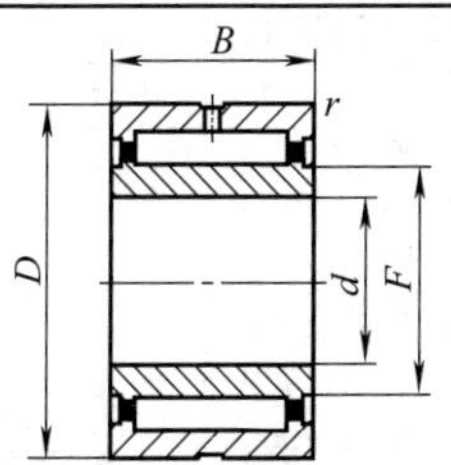

成套轴承和无内圈轴承		成套轴承和无内圈轴承				
NA型	KNA型	d	F	D	B	r_{min}[①]
NA4822	KNA4822	110	120	140	30	1
NA4824	KNA4824	120	130	150	30	1
NA4826	KNA4826	130	145	165	35	1.1
NA4828	KNA4828	140	155	175	35	1.1
NA4830	KNA4830	150	165	190	40	1.1
NA4830	KNA4830	150	165	190	40	1.1
NA4832	KNA4832	160	175	200	40	1.1
NA4834	KNA4834	170	185	215	45	1.1
NA4836	KNA4836	180	195	225	45	1.1
NA4838	KNA4838	190	210	240	50	1.5
NA4840	KNA4840	200	220	250	50	1.5
NA4844	KNA4844	220	240	270	50	1.5

续表

成套轴承和无内圈轴承		成套轴承和无内圈轴承				
NA 型	KNA 型	d	F	D	B	r_{min} ①
NA4848	KNA4848	240	265	300	60	2
NA4852	KNA852	260	285	320	60	2
NA4856	KNA4856	280	305	350	69	2
NA4860	KNA4860	300	330	380	80	2.1
NA4864	KNA4864	320	350	400	80	2.1
NA4868	KNA4868	340	370	420	80	2.1
NA4872	KNA4872	360	390	440	80	2.1

49 尺寸系列

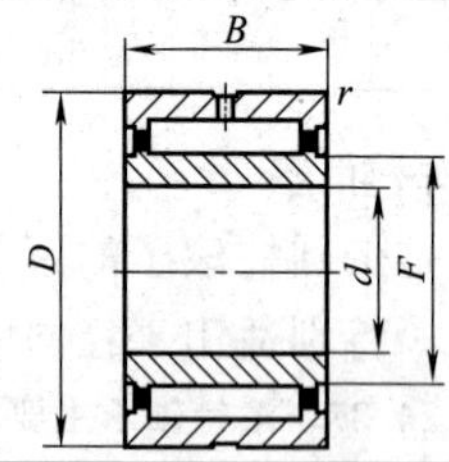

成套轴承和无内圈轴承		成套轴承和无内圈轴承				
NA 型	KNA 型	d	F	D	B	r_{min} ①
NA49/5	KNA49/5	5	7	13	10	0.15
NA49/6	KNA49/6	6	8	15	10	0.15
NA49/7	KNA49/7	7	9	17	10	0.15
NA49/8	KNA49/8	8	10	19	11	0.2
NA49/9	KNA49/9	9	12	20	11	0.2
NA4900	KNA4900	10	14	22	13	0.3
NA4901	KNA4901	12	16	24	13	0.3
NA4902	KNA4902	15	20	28	13	0.3
NA4903	KNA4903	17	22	30	13	0.3
NA4904	KNA4904	20	25	37	17	0.3
NA49/22	KNA49/22	22	28	39	17	0.3
NA4905	KNA4905	25	30	42	17	0.3
NA49/28	KNA49/28	28	32	45	17	0.3
NA4906	KNA4906	30	35	47	17	0.3
NA49/32	KNA49/32	32	40	52	20	0.6
NA4907	KNA4907	35	42	55	20	0.6
NA4908	KNA4908	40	48	62	22	0.6
NA4909	KNA4909	45	52	68	22	0.6
NA4910	KNA4910	50	58	72	22	0.6
NA4911	KNA4911	55	63	80	25	1
NA4912	KNA4912	60	58	85	25	1
NA4913	KNA4913	65	72	90	25	1

续表

成套轴承和无内圈轴承		成套轴承和无内圈轴承				
NA型	KNA型	d	F	D	B	r_{min}①
NA4914	KNA4914	70	80	100	30	1
NA4915	KNA4915	75	85	105	30	1
NA4916	KNA4916	80	90	110	30	1
NA4917	KNA4917	85	100	120	35	1.1
NA4918	KNA4918	90	105	125	35	1.1
NA4919	KNA4919	95	110	130	35	1.1
NA4920	KNA4920	100	115	140	40	1.1
NA4922	KNA4922	110	125	150	40	1.1
NA4924	KNA4924	120	135	165	45	1.1
NA4926	KNA4926	130	150	180	50	1.5
NA4928	KNA4928	140	160	190	50	1.5

69尺寸系列

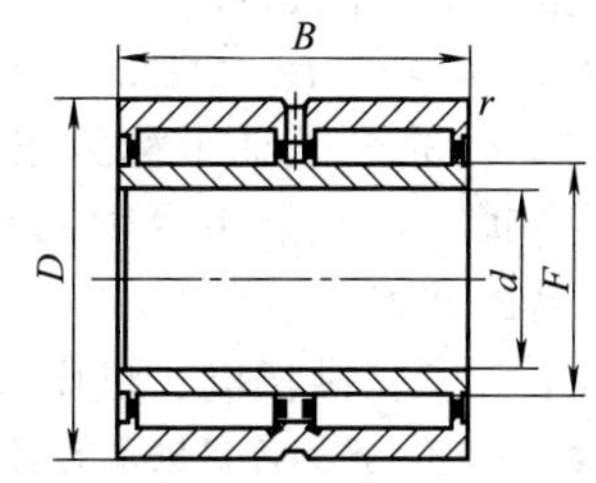

成套轴承和无内圈轴承		成套轴承和无内圈轴承				
NA型	KNA型	d	F	D	B	r_{min}①
NA6900	KNA6900	10	14	22	22	0.3
NA6901	KNA6901	12	16	24	22	0.3
NA6902	KNA6902	15	20	28	23	0.3
NA6903	KNA6903	17	22	30	23	0.3
NA6904	KNA6904	20	25	37	30	0.3
NA69/22	KNA69/22	22	28	39	30	0.3
NA6905	KNA6905	25	30	42	30	0.3
NA69/28	KNA69/28	28	32	45	30	0.3
NA6906	KNA6906	30	35	47	30	0.3
NA69/32	KNA69/32	32	40	52	36	0.6
NA6907	KNA6907	35	42	55	36	0.6
NA6908	KNA6908	40	48	62	40	0.6
NA6909	KNA6909	45	52	68	40	0.6
NA6910	KNA6910	50	58	72	40	0.6
NA6911	KNA6911	55	63	80	45	1

续表

成套轴承和无内圈轴承		成套轴承和无内圈轴承				
NA 型	KNA 型	d	F	D	B	r_{min}[①]
NA6912	KNA6912	60	58	85	45	1
NA6913	KNA6913	65	72	90	45	1
NA6914	KNA6914	70	80	100	54	1
NA6915	KNA6915	75	85	105	54	1
NA6916	KNA6916	80	90	110	54	1
NA6917	KNA6917	85	100	120	63	1.1
NA6918	KNA6918	90	105	125	63	1.1
NA6919	KNA6919	95	110	130	63	1.1
NA6920	KNA6920	100	115	140	71	1.1

① 最大倒塌角尺寸按 GB/T 274—2000。

24.3.17 推力滚针轴承

滚子长度（L）与滚子直径（D_w）之比 $L/D_w>2.5$ 及滚子直径（D_w）<6mm 的滚子轴承称为滚针轴承。虽其径向尺寸小，但径向承载能力很高，不能承受轴向载荷，仅作为自由端支承使用，且不适合较高的转速。

主要用于汽车、耕耘机、机床等的变速装置。

表 24.38 推力滚针轴承的规格（GB/T 4605—2003）

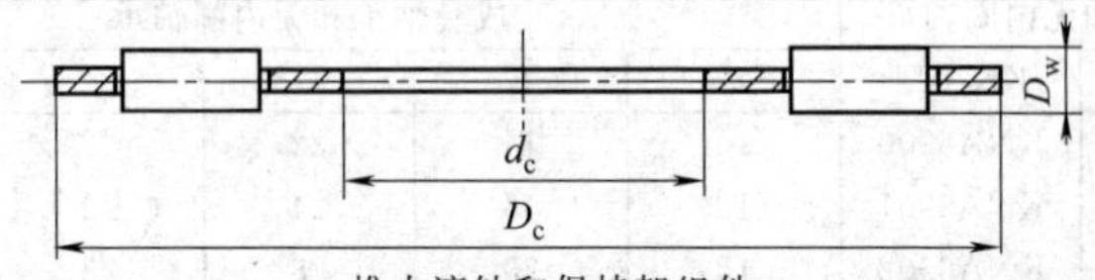

推力滚针和保持架组件

组件型号	保持架内径 d_c /mm	保持架内径变动量 $V_{dcs\,max}$ /μm	保持架外径 D_c /mm	保持架外径变动量 V_{Dcs} /μm	滚动体外径 D_w /mm
AXK0619	6	75	19	210	2
AXK0720	7	90	20	210	2
AXK0821	8	90	21	210	2
AXK0922	9	90	22	210	2
AXK1024	10	90	24	210	2
AXK1226	12	110	26	210	2
AXK1427	14	110	27	210	2
AXK1528	15	110	28	210	2
AXK1629	16	110	29	210	2

续表

组件型号	保持架内径 d_c /mm	保持架内径变动量 $V_{dcs\,max}$ /μm	保持架外径 D_c /mm	保持架外径变动量 V_{Dcs} /μm	滚动体外径 D_w /mm
AXK1730	17	110	30	210	2
AXK1831	18	110	31	250	2
AXK2035	20	130	35	250	2
AXK2237	22	130	37	250	2
AXK2542	25	130	42	250	2
AXK2845	28	130	45	250	2
AXK3047	30	130	47	250	2
AXK3249	32	160	49	250	2
AXK3552	35	160	52	300	2
AXK4060	40	160	60	300	3
AXK4565	45	160	65	300	3
AXK5070	50	160	70	300	3
AXK5578	55	190	78	300	3
AXK6085	60	190	85	350	3
AXK6590	65	190	90	350	3
AXK7095	70	190	95	350	4
AXK75100	75	190	100	350	4
AXK80105	80	190	105	350	4
AXK85110	85	220	110	350	4
AXK90120	90	220	120	350	4
AXK100135	100	220	135	400	4
AXK110145	110	220	145	400	4
AXK120155	120	220	155	400	4
AXK130170	130	250	170	400	5
AXK140180	140	250	180	400	5
AXK150190	150	250	190	460	5
AXK160200	160	250	200	460	5

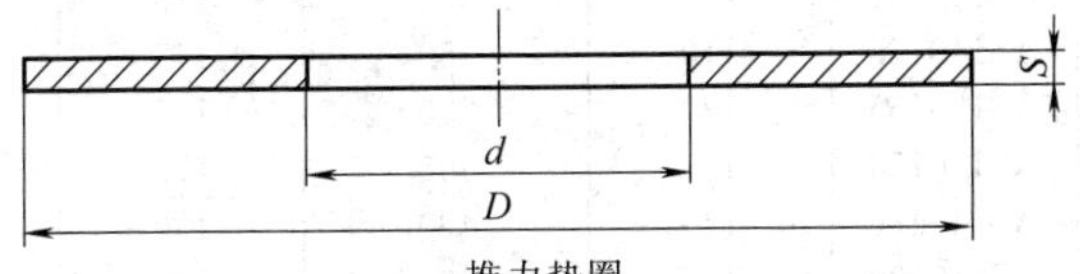

推力垫圈

垫圈型号		推力垫圈内径 d /mm	推力垫圈内径变动量 V_{ds} /μm max	推力垫圈外径 D /mm	推力垫圈外径变动量 V_{Ds} /μm
系列 a $S=0.8$mm	系列 b $S=1.0$mm				
ASA0619	AS0619	6	120	19	330
ASA0720	AS0720	7	150	20	330

续表

垫圈型号		推力垫圈内径 d /mm	推力垫圈内径变动量 V_{ds} /μm max	推力垫圈外径 D /mm	推力垫圈外径变动量 V_{Ds} /μm
系列 a $S=0.8$mm	系列 b $S=1.0$mm				
ASA0821	AS0821	8	150	21	330
ASA0922	AS0922	9	150	22	330
ASA1024	AS1024	10	150	24	330
ASA1226	AS1226	12	180	26	330
ASA1427	AS1427	14	180	27	330
ASA1528	AS1528	15	180	28	330
ASA1629	AS1629	16	180	29	330
ASA1730	AS1730	17	180	30	330
ASA1831	AS1831	18	180	31	390
ASA2035	AS2035	20	210	35	390
ASA2237	AS2237	22	210	37	390
ASA2542	AS2542	25	210	42	390
ASA2843	AS2845	28	210	45	390
ASA3047	AS3047	30	210	47	390
ASA3249	AS3249	32	250	49	390
ASA3552	AS3552	35	250	52	460
ASA4060	AS4060	40	250	60	460
ASA4365	AS4565	45	250	65	460
ASA5670	AS5070	50	250	70	460
ASA5378	AS5578	55	300	78	460
ASA6085	AS6085	60	300	85	540
ASA6390	AS6590	65	300	90	540
ASA7095	AS7095	70	300	95	540
ASA75100	AS75100	75	300	100	540
ASA80105	AS80105	80	300	105	540
ASA85110	AS85110	85	350	110	540
ASA90120	AS90120	90	350	120	540
—	AS100135	100	350	135	630
—	AS110145	110	350	145	630
—	AS120155	120	350	155	630
—	AS130170	130	400	170	630
—	AS140180	140	400	180	630
—	AS150190	150	400	190	720
—	AS160200	160	400	200	720

24.3.18 单向轴承

单向轴承是在一个方向上可以自由转动，而在另一个方向上锁死的一种轴承。

实体单向轴承使用GCr15轴承钢，热处理后硬度为61～65HRC，轴承体积小并具有高承载能力，有足够的储存润滑脂的空间，润滑周期长。

主要用途：电动车、洗衣机、纺织机械、印刷机械、矿山机械；汽车工业；家用电器、验钞机。单向轴承的规格见表24.39。

表24.39 单向轴承的规格 mm

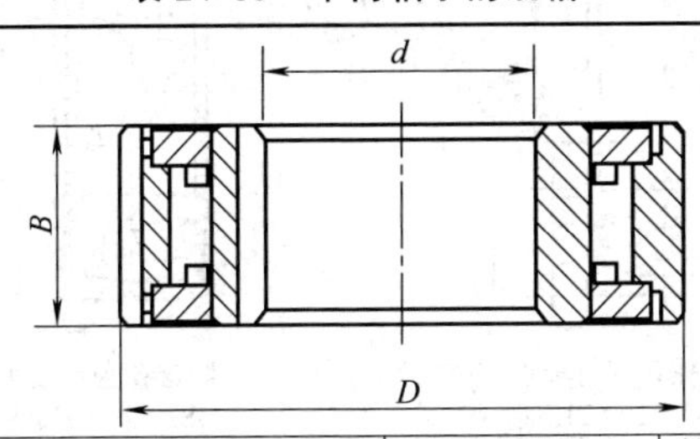

轴承型号	基本尺寸			轴承负荷/kN		额定转矩/N	质量/kg
	内径 d	外径 D	高度 B	C	C_0		
CSK8	8	22	9	3.28	0.86	2.5	0.015
CSK12	12	32	10	6.1	2.77	7.5	0.04
CSK15	15	35	11	7.4	3.42	13.5	0.05
CSK17	17	40	12	7.9	3.8	24.5	0.07
CSK20	20	47	14	9.4	4.46	40	0.11
CSK25	25	52	15	10.7	5.46	68	0.14
CSK30	30	62	16	11.7	6.45	110	0.21
CSK35	35	72	17	12.6	7.28	140	0.30
CSK40	40	80	22	15.54	12.25	260	0.50
CSK12-2RS	12	32	14	6.1	2.77	7.5	0.05
CSK15-2RS	15	35	16	7.4	3.42	13.5	0.07
CSK17-2RS	17	40	17	7.9	3.8	24.5	0.09
CSK20-2RS	20	47	19	9.4	4.46	40	0.145
CSK25-2RS	25	52	20	10.7	5.46	68	0.175
CSK30-2RS	30	62	21	11.7	6.45	110	0.270
CSK35-2RS	35	72	22	12.6	7.28	40	0.4
ZZ6205	25	52	15	9.16	6.48	130	0.15
ZZ6305	25	62	17	7.56	10.9	220	0.25
ZZ6207	35	72	17	10	12.8	260	0.35
NFS15	15	42	18			24	0.16
NFS20	20	52	21			62	0.19
NFS25	25	62	24			100	0.36
NFS30	30	72	27			204	0.54
D46A/17	17	55	18			40	0.21
D46A	20	55	18			40	0.20
D49A	20	60	20			55	0.28
CK-A40100	40	100	36			1800	1.5

24.3.19 BS2-22 系列密封轴承

表 24.40 BS2-22 系列密封轴承的规格（GB/T 288—2013）

mm

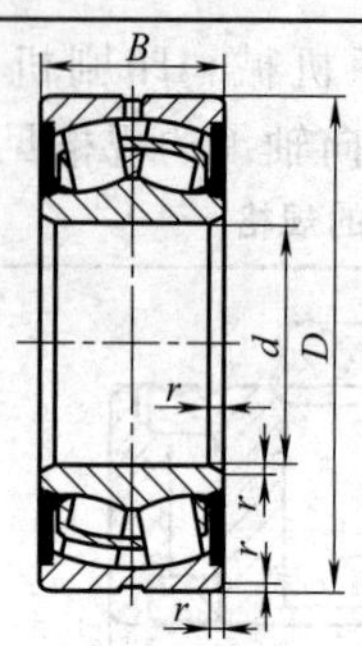

圆柱孔密封轴承
BS2-2200-2RS型
BS2-2300-2RS型

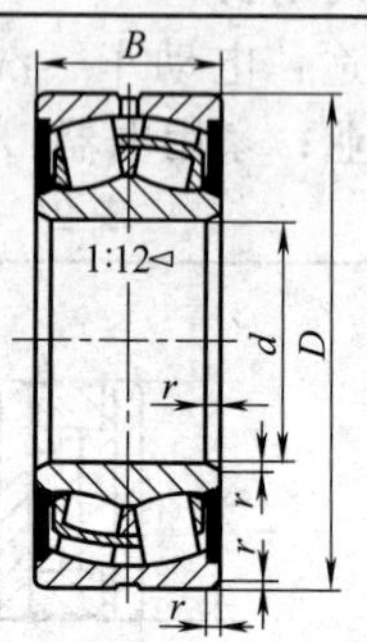

圆锥孔密封轴承
BS2-2200-2RSK型
BS2-2300-2RSK型

轴承型号		外形尺寸			
BS2-22 系列					
BS2-2200-2RS 型	BS2-2200-2RSK 型	d	D	B	r_{smin} ①
BS2-2205-2RS	BS2-2205-2RSK	25	52	23	1.0
BS2-2206-2RS	BS2-2206-2RSK	30	62	25	1.0
BS2-2207-2RS	BS2-2207-2RSK	35	72	28	1.1
BS2-2208-2RS	BS2-2208-2RSK	40	80	28	1.1
BS2-2209-2RS	BS2-2209-2RSK	45	85	28	1.1
BS2-2210-2RS	BS2-2210-2RSK	50	90	28	1.1
BS2-2211-2RS	BS2-2211-2RSK	55	100	31	1.5
B52-2212-2RS	BS2-2212-2RSK	60	110	34	1.5
BS2-2213-2RS	BS2-2213-2RSK	65	120	38	1.5
BS2-2214-2RS	BS2-2214-2RSK	70	125	38	1.5
B52-2215-2RS	BS2-2215-2RSK	75	130	38	1.5
B52-2216-2RS	BS2-2216-2RSK	80	140	40	2.0
BS2-2217-2RS	BS2-2217-2RSK	85	150	44	2.0
BS2-2218-2RS	BS2-2218-2RSK	90	160	48	2.0
BS2-2220-2RS	BS2-2220-2RSK	100	180	55	2.1
BS2-2222-2RS	BS2-2222-2RSK	110	200	63	2.1
BS2-2224-2RS	BS2-2224-2RSK	120	215	69	2.1
BS2-2226-2RS	BS2-2226-2RSK	130	230	75	3.0
BS2-23 系列					
BS2-2300-2 RS 型	BS2-2300-2RSK 型	d	D	B	r_{smin} ①
BS2-2308-2RS	BS2-2308-2RSK	40	90	38	1.5
BS2-2309-2RS	BS2-2309-2RSK	45	100	42	1.5
BS2-2310-2RS	BS2-2310-2RSK	50	110	45	2.0
BS2-2311-2RS	RS2-2311-2RSK	55	120	49	2.0
BS2-2312-2RS	BS2-2312-2RSK	60	130	53	2.1
BS2-2313-2RS	BS2-2313-2RSK	65	140	53	2.1

续表

轴　承　型　号		外　形　尺　寸			
BS2-23 系列					
BS2-2300-2 RS 型	BS2-2300-2RSK 型	d	D	B	r_{smin}[①]
BS2-2314-2RS	BS2-2314-2RSK	70	150	60	2.1
B52-2315-2RS	BS2-2315-2RSK	75	160	64	2.1
BS2-2316-2RS	BS2-2316-2RSK	80	170	67	2.1

① 最大倒角尺寸控制在 GB/T 274—2000 中。

24. 3. 20　滚动轴承座

表 24. 41　滚动轴承座的规格（GB/T 7813—2008）　mm

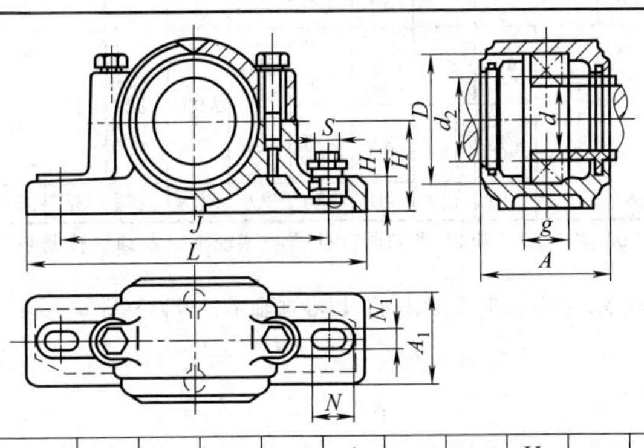

标注示例：SN215-GB 7813 表示尺寸系列代号（同轴系）为 2，内径 d = 15mm（同轴承代号）的等孔径二螺柱轴承座

型号	d	d_2	D	g	A min	A_1	H	H_1 min	L	J	$S_{螺栓}$	N_1	N	质量/kg
SN205	25	30	52	25	67	46	40	22	165	130				1.3
SN206	30	35	62	30	77	52	50	22	185	150	M12	15	20	1.8
SN207	35	45	72	33	82	52	50	22	185	150				2.1
SN208	40	50	80	33	85									2.6
SN209	45	55	85	31	85	60	60	25	205	170	M12	15	20	2.8
SN210	50	60	90	33	90									3.1
SN211	55	65	100	33	95	70	70	28	255	210				4.3
SN212	60	70	110	38	105	70	70	30	255	210	M16	18	23	5.0
SN213	65	75	120	43	110	80	80	30	275	230				6.3
SN214	70	80	125	44	115	80	80	30	275	230				6.1
SN215	75	85	130	41	115	80	80	30	280	230	M16	18	23	7.0
SN216	80	90	140	43	120	90	95	32	315	260				9.3
SN217	85	95	150	46	125	90	95	32	320	260	M20	22	27	9.8
SN218	90	100	160	62.4	145	100	100	35	345	290				12.3
SN220	100	115	180	70.3	160	110	112	40	380	320	M24	26	32	16.5

续表

型号	d	d_2	D	g	A min	A_1	H	H_1 min	L	J	$S_{螺栓}$	N_1	N	质量/kg
SN305	25	30	62	34	82	52	50	22	185	150	M12	15	20	1.9
SN306	30	35	72	37	82	52	50	22	185	150				2.1
SN307	35	45	80	41	90	60	60	25	205	170				3.0
SN308	40	50	90	43	95	60	60	25	205	170				3.3
SN309	45	55	100	46	105			28	255		M16	18	23	4.6
SN310	50	60	110	50	115	70	70	30	255	210				5.1
SN311	55	65	120	53	120	80	80	30	275	230				6.5
SN312	60	70	130	56	125			30	280					7.3
SN313	65	75	140	58	130	90	95	32	315	260	M20	22	27	9.7
SN314	70	80	150	61	130				320					11.0
SN315	75	85	160	65	140	100	100	35	345	290				14.0
SN316	80	90	170	68	145		112							13.8
SN317	85	95	180	70	155	110	112	40	380	320	M24	26	32	15.8

注：1. SN2 轴承座配用 02 轴承、02 和 22 系列圆柱孔调心球轴承以及圆柱孔调心滚子轴承。

2. SN3 轴承座配用 03 轴承、03 和 23 系列圆柱孔调心球轴承以及圆柱孔调心滚子轴承。

24.4 滑动轴承

滑动轴承的主要部件为轴承座和轴套，某些大型设备使用的滑动轴承，轴套一般采用巴氏合金制成，软化点、熔化点较低，与轴的接触面积大，可承重载、冲击载荷，减震性好。滑动轴承温度不宜超过 70℃。

（非法兰）滑动轴承的代号编制方法是：

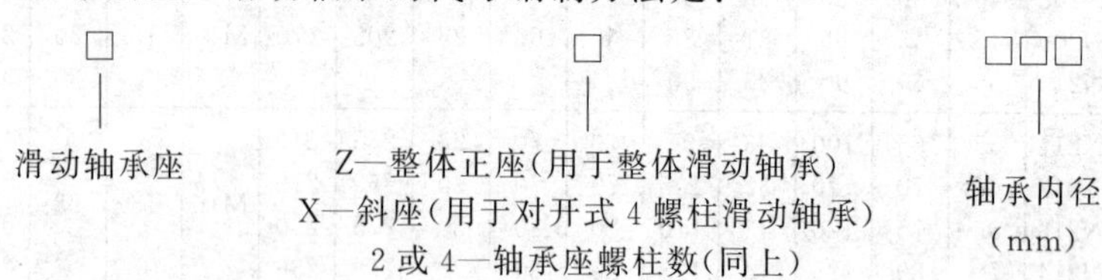

24.4.1 滑动轴承座

滑动轴承座有整体有衬正滑动式（表 24.42）、对开两螺柱正滑动式（表 24.43）、对开四螺柱正滑动式（表 24.44）和对开四螺柱斜滑动式（表 24.45）四种。

表 24.42　整体有衬正滑动式滑动轴承（JB/T 2560—2007）　mm

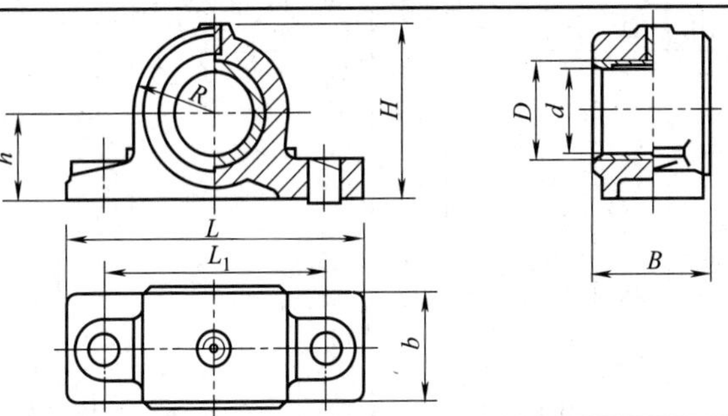

型号	d H8	D	R	B	b	L	L_1	H ≈	h h12
HZ020	20	28	26	30	25	105	80	50	30
HZ025	25	32	30	40	35	125	95	60	35
HZ030	30	38	30	50	40	150	110	70	35
HZ035	35	45	38	55	45	160	120	84	42
HZ040	40	50	40	60	50	165	125	88	45
HZ045	45	55	45	70	60	185	140	90	50
HZ050	60	60	45	75	65	185	140	100	50
HZ060	70	70	55	80	70	225	170	120	60
HZ070	80	85	65	100	80	245	190	140	70
HZ080	50	95	70	100	80	255	200	155	80
HZ090	90	105	75	120	90	285	220	165	85
HZ100	100	115	85	120	90	305	240	180	90
HZ110	110	125	90	140	100	315	250	190	95
HZ120	120	135	100	150	110	370	290	210	105
HZ140	140	160	115	170	130	400	320	240	120

注：1. 轴承座推荐用 HT200 灰口铸铁，轴承衬推荐用 ZQA19-4 铝青铜，根据轴承的负荷，也可用 ZQSn6-6-3 锡青铜制造。

2. 适用于环境温度 $t \leqslant 80$℃的工作条件。

表 24.43　对开两螺柱正滑动式滑动轴承座（JB/T 2561—2007）

mm

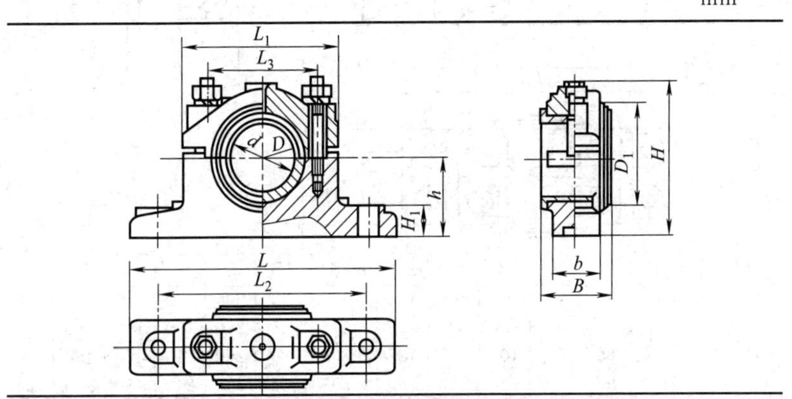

续表

型号	d H9	D	D_1	B	b	H ≈	h h12	H_1	L	L_1	L_2	L_3
H2030	30	38	48	34	22	70	35	15	140	85	115	60
H2035	35	45	55	45	28	87	42	18	165	100	135	75
H2040	40	50	60	50	35	90	45	20	170	110	140	80
H2045	45	55	65	55	40	100	50	20	175	110	145	85
H2050	50	60	70	60	40	105	50	25	200	120	160	90
H2060	60	70	80	70	50	125	60	25	240	140	190	100
H2070	70	85	95	80	60	140	70	30	260	160	210	120
H2080	80	95	110	95	70	160	80	35	290	180	240	140
H2090	90	105	120	105	80	170	85	35	300	190	250	150
H20100	100	115	130	115	90	185	90	40	340	210	280	160
H20110	110	125	140	125	100	190	95	40	350	220	290	170
H20120	120	135	150	140	110	205	105	45	370	240	310	190
H20140	140	160	175	160	120	230	120	50	390	260	330	210
H20160	160	180	200	180	140	250	130	50	410	280	350	230

注：1. 轴承座推荐用 HT200 灰口铸铁，轴承衬推荐用 ZQA19-4 铝青铜。
2. 适用于环境温度 $t \leqslant 80℃$ 的工作条件。

表 24.44　对开四螺柱正滑动式滑动轴承座（JB/T 2562—2007）

mm

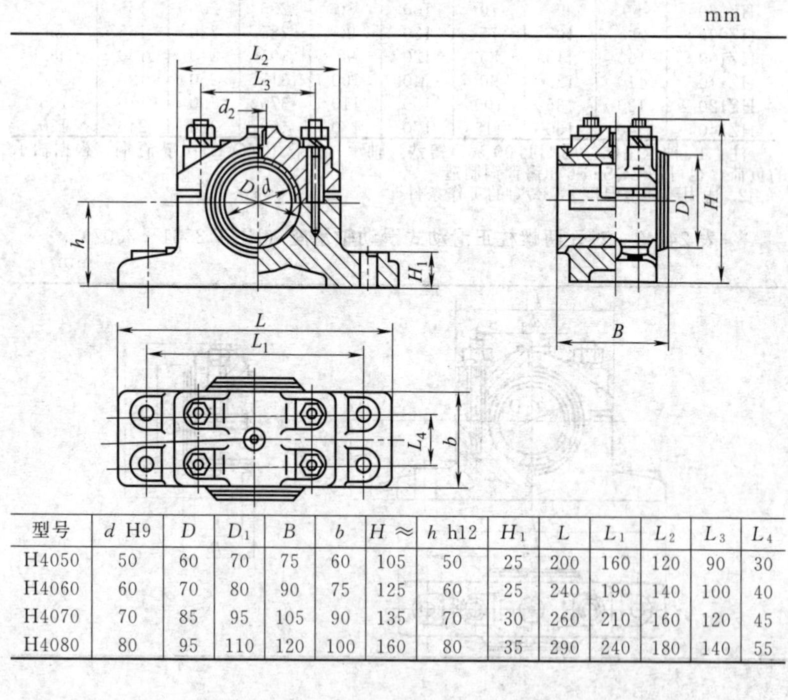

型号	d H9	D	D_1	B	b	H ≈	h h12	H_1	L	L_1	L_2	L_3	L_4
H4050	50	60	70	75	60	105	50	25	200	160	120	90	30
H4060	60	70	80	90	75	125	60	25	240	190	140	100	40
H4070	70	85	95	105	90	135	70	30	260	210	160	120	45
H4080	80	95	110	120	100	160	80	35	290	240	180	140	55

续表

型号	d H9	D	D_1	B	b	H ≈	h h12	H_1	L	L_1	L_2	L_3	L_4
H4090	90	105	120	135	115	165	85	35	300	250	190	150	70
H4100	100	115	130	150	130	175	90	40	340	280	210	160	80
H4110	110	125	140	165	140	185	95	40	350	290	220	170	85
H4120	120	135	150	180	155	200	105	40	370	310	240	190	90
H4140	140	160	175	210	170	230	120	45	390	330	260	210	100
H4160	160	180	200	240	200	250	130	50	410	350	280	230	120
H4180	180	200	220	270	220	260	140	50	460	400	320	260	140
H4200	200	230	250	300	245	295	160	55	520	440	360	300	160
H4220	220	250	270	320	265	360	170	60	550	470	390	330	180

注：同表24.43注。

表24.45 对开四螺柱斜滑动式滑动轴承座（JB/T 2563—2007）

mm

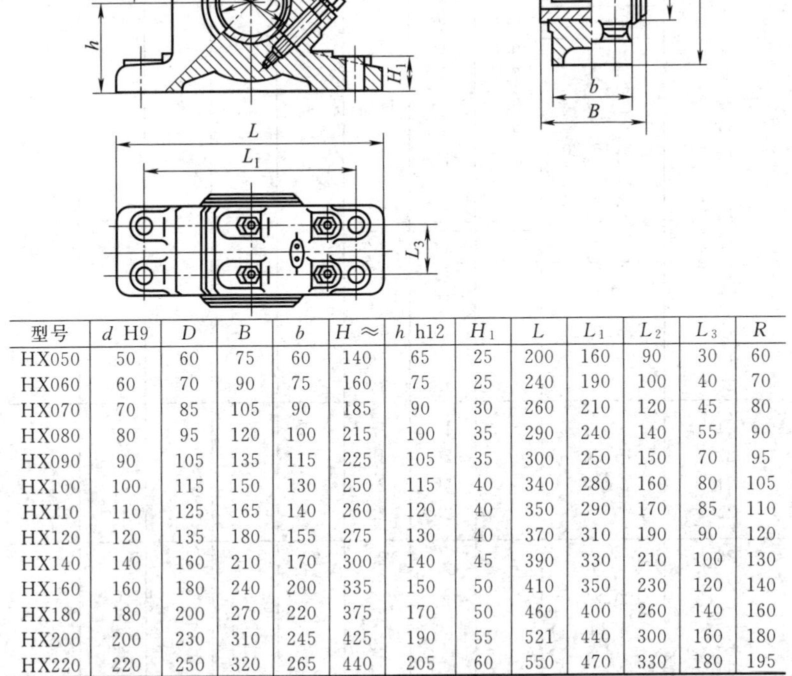

型号	d H9	D	B	b	H ≈	h h12	H_1	L	L_1	L_2	L_3	R
HX050	50	60	75	60	140	65	25	200	160	90	30	60
HX060	60	70	90	75	160	75	25	240	190	100	40	70
HX070	70	85	105	90	185	90	30	260	210	120	45	80
HX080	80	95	120	100	215	100	35	290	240	140	55	90
HX090	90	105	135	115	225	105	35	300	250	150	70	95
HX100	100	115	150	130	250	115	40	340	280	160	80	105
HXI10	110	125	165	140	260	120	40	350	290	170	85	110
HX120	120	135	180	155	275	130	40	370	310	190	90	120
HX140	140	160	210	170	300	140	45	390	330	210	100	130
HX160	160	180	240	200	335	150	50	410	350	230	120	140
HX180	180	200	270	220	375	170	50	460	400	260	140	160
HX200	200	230	310	245	425	190	55	521	440	300	160	180
HX220	220	250	320	265	440	205	60	550	470	330	180	195

注：同表24.43注。

24.4.2 滑动轴承轴套

滑动轴承轴套分卷制式的和铜合金整体式的两种，其规格分别见表 24.46 和表 24.47。

卷制轴套分普通精度（P 级，有加工余量）和高级精度（G 级，无加工余量）两种。

表 24.46 卷制轴套的规格（GB 18324—2001） mm

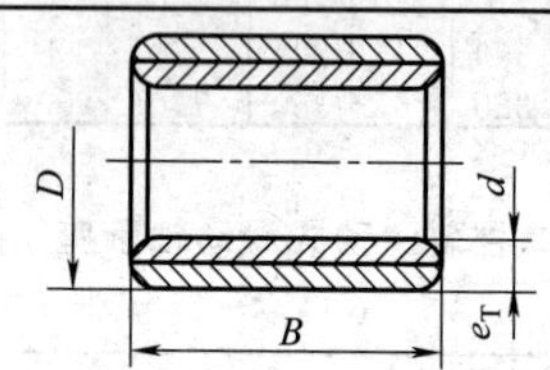

外径 D	推荐宽度 B	壁厚 e_T 0.75	1.0	1.5	2.0	2.5	3.0	3.5	4.0
		内径 d							
6	5,10	4.5	4						
7	10,15	5.5	5						
8	10,15,20	6.5	6						
9		7.5	7						
10		8.5	8						
11		9.5	9						
12		10.5	10						
13		11.5	11						
14		12.5	12						
15			13	12					
16	15,20,25		14	13					
17			15	14					
18			16	15					
19			17	16					
20			18	17					
21	15,20,25,30		19	18					
22			20	19					
21			22	21					
25			23	22					
26	20,25,30,40			23	22				
28				25	24				
30				27	26				
32				29	28				
34				31	30				

续表

外径 D	推荐宽度 B	壁厚 e_T							
		0.75	1.0	1.5	2.0	2.5	3.0	3.5	4.0
		内径 d							
36	25,30,40,50			33	32				
38				35	34				
40				37	36				
42				39	38				
45	25,30,40,50			42	41	40			
48				45	44	43			
50	25,40,60			47	46	45			
53				50	49	48			
56					52	51	50		
60	30,50,70				56	55	54		
67					63	62	61		
71	10,60,80				67	66	65		
75					71	70	69		
80					76	75	74		
85	50,70,100					80	79	78	
90						85	84	83	
95						90	89	88	
100						95	94	93	
105						100	99	98	
110						105	104	103	
120						115	114	113	
125						120	119	118	
130							124	123	122
140							134	133	132
150							144	143	142

表 24.47　整体轴套的规格（GB 12613—2002）　mm

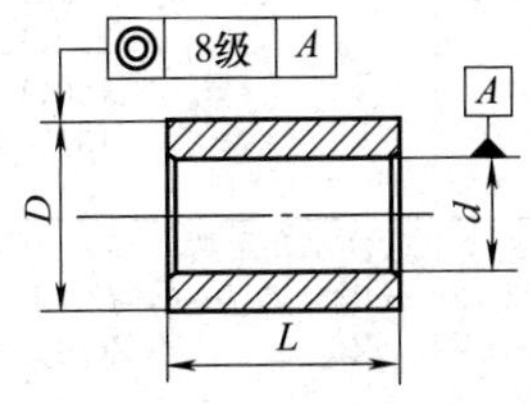

续表

内径 d	外径 D		长　度 L
	薄壁	厚壁	
6	10	12	6,8,10
8	12	14	6,8,10,12
10	14	16	6,8,10,12,16
12	16	18	8,10,12,16,20
14	18	20	8,10,12,16,20,25
16	20	22	12,16,20,25
18	22	24	12,16,20,25,30
20	24	26	16,20,25,30,35
22	26	28	16,20,25,30,35
25	30	32	16,20,25,30,35,40
28	34	36	20,25,30,35,40,45
30	36	38	20,25,30,35,40,45
32	38	40	20,25,30,35,40,45
35	42	45	25,30,35,40,45,50
38	45	48	25,30,35,40,45,50,55
40	48	50	25,30,35,40,45,50,55,60
42	50	52	25,30,35,40,45,50,55,60,65
45	53	55	30,35,40,45,50,55,60,65
48	56	58	35,40,45,50,55,60,65
50	58	60	35,40,45,50,55,60,65
55	63	65	35,40,45,50,55,60,65,70
60	70	75	40,45,50,55,60,65,70,75,80
65	75	80	45,50,55,60,65,70,75,80
70	80	85	45,50,55,60,65,70,75,80,90
75	85	90	50,55,60,65,70,75,80,90
80	90	95	55,60,65,70,75,80,90,100
85	95	100	55,60,65,70,75,80,90,100
90	105	110	55,60,65,70,75,80,90,100,120
95	110	115	60,65,70,75,80,90,100,120
100	115	120	75,80,90,100,120
105	120	125	75,80,90,100,120
170	125	130	80,90,100,120
120	135	140	100,120,150
130	145	150	100,120,150
140	155	160	100,120,150,180
150	165	170	120,150,180
160	180	185	120,150,180
170	190	195	120,150,180,200
180	200	210	150,180,200,250
190	210	220	150,180,200,250
200	220	230	180,200,250

注 1. 内径 *d* 的公差为 H8 或 E6（E6 表示要求留精加工量时的公差）。

2. 外径 *D* 的公差，当 $D \leqslant 12$mm 时公差为 s6，$D > 120$mm 时公差为 r6。

3. 轴套材料 ZQSn3-7-5-1、ZQSn5-5-5、ZQSn6-6-3、ZQSn10-1、ZQA19-2、ZQA19-4。

24.5 滚动轴承用球

装在各种滚动轴承或机件上，可大大减少摩擦阻力。除常用的碳钢球之外，还有不锈钢球、轴承钢球和陶瓷球等，它们分别应用于不同的领域。而碳钢球是钢球使用最早的一种。与其他钢球相比较，碳钢球的成本低，范围广，用量大。陶瓷球的特点是无油自润滑，耐腐蚀，不生锈，抗酸碱盐及气体侵蚀，无磁，电绝缘，抗高温低寒等。

24.5.1 钢球

表 24.48 钢球的规格（GB/T 308.1—2013）

米制钢球			英制钢球			
钢球直径/mm	钢球质量/g	钢球个数/(个/kg)	钢球直径		钢球质量/g	钢球个数/(个/kg)
			in	mm		
0.3	0.000111	9010896	1/64	0.39688	0.000257	3891832
0.4	0.000263	3801472	0.02	0.508	0.000539	1855840
0.5	0.000514	1946354	0.025	0.635	0.001028	972993.8
0.6	0.000888	1126362	1/32	0.79375	0.002056	486497.4
0.68	0.001292	773757.8	3/64	1.19062	0.006937	144149.2
0.7	0.001410	709312.5	1/16	1.5875	0.016444	60812.17
0.8	0.002104	4751840	5/64	1.98438	0.032118	31135.60
1	0.004110	243294.2	3/32	2.38125	0.055499	18018.42
1.2	0.007103	140795.3	7/64	2.77812	0.088129	11346.94
1.5	0.013872	72087.17	1/8	3.175	0.131553	7601.522
2	0.032882	30411.78	9/64	3.57188	0.187309	5338.769
2.5	0.064223	15570.83	5/32	3.96875	0.256939	3891.979
3	0.110977	9010.896	11/64	4.36562	0.341984	2924.112
3.5	0.176227	5674.500	3/16	4.7625	0.443990	2252.300
4	0.263056	3801.472	13/64	5.15938	0.564496	1771.492
4.5	0.374547	2669.895	7/32	5.55625	0.705040	1418.360
5	0.513781	1946.354	15/64	5.95312	0.867166	1153.182
5.5	0.683843	1462.324	1/4	6.35	1.052421	950.1902
6	0.887814	1126.362	17/64	6.74688	1.262343	792.1780
6.5	1.128777	885.9143	9/32	7.14375	1.498466	667.3489
7	1.409816	709.3125	19/64	7.54062	1.762339	567.4277
7.5	1.734012	576.6974	5/16	7.9375	2.055510	486.4974
8	2.104448	475.1840	21/64	8.33438	2.379513	420.2540
8.5	2.524207	396.1640	11/32	8.73125	2.735883	365.5127
9	2.996372	333.7369	23/64	9.12812	3.126168	319.8805

续表

米制钢球			英制钢球			
钢球直径/mm	钢球质量/g	钢球个数/(个/kg)	钢球直径		钢球质量/g	钢球个数/(个/kg)
			in	mm		
9.5	3.524026	283.7664	3/8	9.525	3.551920	281.5378
10	4.110250	243.2942	25/64	9.9188	4.010936	249.3184
10.5	4.758128	210.1667	13/32	10.31875	4.515954	221.4371
11	5.470743	182.7905	7/16	11.1125	5.640318	177.2950
11.5	6.251176	159.9699	29/64	11.50938	6.266486	159.5791
12	7.102512	140.7953	15/32	11.90625	6.937345	144.1474
12.5	8.027832	124.5666	31/64	12.30312	7.654451	130.6429
13	9.030219	110.7393	1/2	12.7	8.419367	118.7738
14	11.27853	88.66407	17/32	13.49375	10.09872	99.02247
15	13.87209	72.08717	9/16	14.2875	11.98773	83.41862
16	16.83558	59.39800	19/32	15.08125	14.09874	70.92832
17	20.19366	49.52050	5/8	15.875	16.44408	60.81217
18	23.97098	41.71711	21/32	16.66875	19.03607	52.53184
19	28.19220	35.47080	11/16	17.4625	21.88707	45.68909
20	32.88200	30.41178	23/32	18.25625	25.00938	39.98499
20.5	35.41032	28.24036	3/4	19.05	28.41536	35.19223
21	38.06503	26.27084	25/32	19.84375	32.11734	31.13583
22	43.76594	22.84882	13/16	20.6375	36.12764	27.67964
22.5	46.81832	21.35916	27/32	21.43125	40.45859	24.71663
23	50.00941	19.99624	7/8	22.225	45.12255	22.16187
24	56.82010	17.59941	29/32	23.01875	50.13182	19.94741
25	64.22266	15.57083	15/16	23.8125	55.49876	18.01842
26	72.24175	13.84241	31/32	24.60625	61.23568	16.33035
28	90.22821	11.08301	1	25.4	67.35494	14.84672
30	110.9768	9.010896	$1\frac{1}{32}$	26.19375	73.86885	13.53751
32	134.6847	7.424750	$1\frac{1}{16}$	26.9875	80.78975	12.37781
33	147.7101	6.770020	$1\frac{1}{8}$	28.575	95.90185	10.42733
34	161.5493	6.190062	$1\frac{3}{16}$	30.1625	112.7899	8.866041
35	176.2270	5.674500	$1\frac{1}{4}$	31.75	131.5526	7.601522
36	191.7678	5.214640	$1\frac{5}{16}$	333,375	152.2886	6.566480
38	225.5376	4.433850	$1\frac{3}{8}$	34.925	175.0965	5.711136
40	263.0560	3.801472	$1\frac{7}{16}$	36.5125	200.0751	4.998124
45	374.5465	2.669895	$1\frac{1}{2}$	38.1	227.3229	4.399029
50	513.7813	1.946354	$1\frac{9}{16}$	39.6875	256.9387	3.891979
55	683.8428	1.462324	$1\frac{5}{8}$	41.275	289.0211	3.459955

续表

米制钢球			英制钢球			
钢球直径 /mm	钢球质量 /g	钢球个数 /(个/kg)	钢球直径		钢球质量 /g	钢球个数 /(个/kg)
			in	mm		
60	887.8140	1.126362	$1\frac{11}{16}$	42.8625	323.6688	3.089578
65	1128.777	0.885914	$1\frac{3}{4}$	44.45	360.9804	2.770234
70	1409.816	0.709313	$1\frac{13}{16}$	46.0375	401.0546	2.493426
75	1734.012	0.576697	$1\frac{7}{8}$	47.625	443.9901	2.252303
80	2104.448	0.475184	$1\frac{15}{16}$	49.2125	489.8855	2.041293
85	2524.207	0.396164	2	50.8	538.8395	1.855840
90	2996.372	0.333737	$2\frac{1}{8}$	53.975	646.318	1.547226
95	3524.026	0.283766	$2\frac{1}{4}$	57.15	767.2148	1.303416
100	4110.250	0.243294	$2\frac{3}{8}$	60.325	902.3193	1.108255
			$2\frac{1}{2}$	63.5	1052.421	0.950190
			$2\frac{5}{8}$	66.675	1218.309	0.820810
			$2\frac{3}{4}$	69.85	1400.772	0.713892
			$2\frac{7}{8}$	73.025	1600.601	0.624765
			3	76.2	1818.583	0.549879
			$3\frac{1}{8}$	79.375	2055.510	0.486497
			$3\frac{1}{4}$	82.55	2312.169	0.432494
			$3\frac{3}{8}$	85.725	2589.350	0.386197
			$3\frac{1}{2}$	88.9	2887.843	0.346279
			$3\frac{5}{8}$	92.075	3208.437	0.311678
			$3\frac{3}{4}$	95.25	3551.920	0.281538
			$3\frac{7}{8}$	98.425	3919.084	0.255162
			4	101.6	4310.716	0.231980
			$4\frac{1}{8}$	104.775	4727.606	0.211524

注：表中钢球公称直径为 GB/T 308—2013 中规定的优先采用的数值，计算质量时，取钢球密度为 $7.85g/cm^3$。

24.5.2　陶瓷钢球

根据 GB/T 308.2—2013，陶瓷钢球的规格同表 24.48 中钢球直径小于或等于 55mm（英制为 21/4in，51.75mm）部分，陶瓷球的密度约为钢球的 56%，即约等于 $4.4g/cm^3$。

24.5.3　碳钢球

碳钢球应采用符合 GB/T 699—1999 规定的 10、15 优质碳素结构钢或含碳量和力学性能与其接近的其他碳钢制造。碳钢球的规格见表 24.49。

表 24.49 碳钢球的规格（JB/T 5301—2007）

球公称直径 D_w/mm	相应的英制尺寸(参考)/in	球公称直径 D_w/mm	相应的英制尺寸(参考)/in	球公称直径 D_w/mm	相应的英制尺寸(参考)/in
2		8		15.875	5/8
2.381	3/32	8.5		16	
2.5		8.731	11/32	16.669	21/32
3		9		17	
3.175	1/8	9.5		17.462	11/16
3.5		(9.525)	(3/8)	18	
(3.969)	(5/32)	10		18.256	23/32
4		10.319	13/32	19	
4.5		11		19.844	25/32
4.762	3/16	11.112	7/16	20	
5		11.5		20.638	13/16
5.5		(11.509)	(29/64)	21	
(5.556)	(7/32)	(11.906)	(15/32)	22	
(5.953)	(15/64)	12		22.225	7/8
6		12.303	31/64	23	
6.35	1/4	12.7	1/2	(23.019)	(29/32)
6.5		13		23.812	15/16
6.747	17/64	13.494	17/32	24	
7		14		25	
7.144	9/32	14.288	9/16	25.4	1
7.5		15			
(7.938)	(5/16)	(15.081)	(19/32)		

24.5.4 锻（轧）钢球

锻（轧）钢球适用于冶金工业湿式（或干式）磨矿机上，其公称直径及允许偏差、圆度见表24.50。

表 24.50 锻（轧）钢球的公称直径及允许偏差、圆度 mm

公称直径	30	40	50	60	70	80	90	100	110	120	125	150
允许偏差	±2				+3 −2			+4 −3				+5 −4
圆度/% ≤	2				3			4				5

第25章 机床附件

25.1 机床附件型号

机床附件型号，是按类、组、系划分的，每类产品分为 10 个组．每组又分为 10 个系列。其表示方式如下。

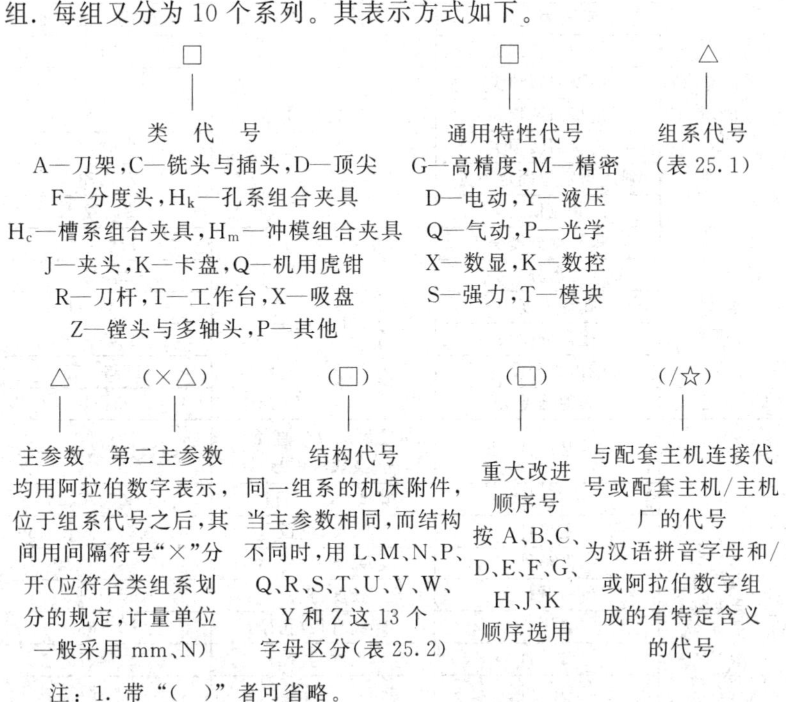

注：1. 带“(　)”者可省略。

2. 必要时“/”可变通为“—”。

3. 结构代号位置由某些指定字母出现在型号中，且有特定含义的，如顶尖类产品规定 M 代表以米制圆锥号作主参数时；又如钻夹头类产品，规定 H、M、L 分别代表重型、中型和轻型三种情况时，指定的这些字母均不能作为该系列产品一般意义上的结构代号（或重大改进顺序号），但仍可有其他字母作为结构代号。

表 25.1 机床附件的类、组、系

类	组	主参数	现有组系代号
A类 刀架	卧式车床快换刀架	刀方高	11～14
	立式转塔刀架	刀台方宽度	21～23、27
	卧式转塔刀架	中心高	30～33、36
	其他刀架	刀尖高/中心高	91、92
C类 铣头与插头	万能铣头	主轴圆锥孔号	11、13、15
	立铣头		31、33～35
	高速铣头		41、43
	插　头	最大行程	71、73、75
D类 顶尖	固定顶尖	圆锥柄号/圆锥大端直径	11～16
	拨动式固定顶尖	圆锥柄号	21、22、23
	轻型回转顶尖		31
	中型回转顶尖		41、42、43
	重型回转顶尖		51、56
	复合回转顶尖		62
	强应力定位固定顶尖		71～78
	其他顶尖		91、92
F类 分度头	蜗杆副分度头	中心高	11～15
	分度盘分度头		23、24
	孔盘分度头		31、33、34
	槽盘分度头		41、43、44
	端齿盘分度头		51、53～55
	其他分度头		93、94
H_k类 孔系组 合夹具	基础件	宽度/长度/直径 /莫氏锥度号	10、11、13、14、16～19
	支承件	宽度/长度/直径	20～25、27、28
	定位件	长度/直径	30、31、34～36、38、39
	调整件	宽度/长度/直径	40～44、48、49
	压紧件	长度/直径	50～54
	紧固件	螺纹直径/孔径	60～63
	其他件	长度/直径	72、74、75
	合　件		80～87
	组装工具		91
H_c类 槽系组 合夹具	基础件	宽度/长度/直径 /莫氏锥度号	10、11、13～15、17、19
	支承件	宽度/长度	20、21、23、25、27
	定位件	宽度/长度/直径	30、31、33、34、36～38
	导向件	导向孔直径	40～43

续表

类	组	主参数	现有组系代号
H_c类 槽系组 合夹具	压紧件	长度	50、51、52
	紧固件	螺纹直径/孔径	60～63
	其他件		71、72
	合　件	台面直径	80～87
	组装用具		90、91
H_m类 冲模组 合夹具	基础件	长度	10～14
	支承件	长度	21～25
	定位件	长度/导柱直径	30～36
	刃口件	长度	40～47
	卸压件		50～53
	紧固件	螺纹直径/孔径	60～63
	其他件	直径	70、71
	合　件	直径	80～82
J类 夹头	自紧钻夹头	最大夹持直径	01、03、06～08
	手紧钻夹头		11、15
	非螺纹连接扳手钻夹头		21、27、28
	螺纹连接扳手钻夹头		31、32
	丝锥夹头		41～46、48
	快换夹头		52、54
	弹簧夹头	夹持直径	61～69
	铣夹头	最大夹持直径	71、73～77
K类 卡盘	手紧自定心卡盘	卡盘直径	00、01、02
	盘丝式自定心卡盘		10～15、18
	可调自定心卡盘		31～33、35
	动力卡盘		41
	楔式动力卡盘		50～55、57
	复合卡盘		60～62、65、66
	单动卡盘		72、75、78
	其他卡盘		92、93
Q类 机用虎钳 （简称虎钳）	通用虎钳	钳口宽度	11～14、18、19
	自定心虎钳		21、22
	快动虎钳		31、32、36
	可倾虎钳		41、44、46
	增力虎钳		52～55
	V形虎钳		61、62
	角度压紧虎钳		71、74、75、78
	组合虎钳		81～85
	其他虎钳		91、96～99

续表

类	组	主参数	现有组系代号
R类 刀杆	镗刀杆	最小镗孔直径	11～15、17、18
	铣刀杆	定心轴直径	21～24、27
	钻铰刀杆	圆锥孔号/刀杆直径/导柱直径	32～35、37、38
	接 杆	钻夹头圆锥号/钻头直径/圆锥孔号/连接孔直径/丝锥直径	41～43、46、47
	变径套	外圆锥号	51～55
	车刀夹	夹持车刀高度	60～65
	钻铣镗刀夹	圆柱孔直径/圆锥孔号/最大夹持直径	70～75
	动力刀夹	圆锥孔号/最大夹持直径/定心轴直径	52～54、86～88
T类 工作台	蜗杆副回转工作台	台面直径	11～16、18
	度盘回转工作台		21、23、24
	槽盘回转工作台		41、43、44
	端齿回转工作台		51、53、54、56～58
	角度回转工作台	台面宽度	71～73、76
	坐标工作台		81、82、83
	其他工作台	台面直径/台面宽度	91、92、93、95
X类 吸盘	矩形电磁吸盘	台面宽度	11～16
	矩形永磁吸盘		41～46
	矩形电永磁吸盘		61
	圆形电磁吸盘	台面直径	21～27
	圆形永磁吸盘		51～57
	圆形电永磁吸盘		71
	真空吸盘	台面宽度/直径	81、85
	其他吸盘		91、93、96、97
Z类 镗头与多轴头	镗 头	最大镗削直径	11、13
	多轴头	最大钻孔直径	61、62
P类 其他	车床中心架跟刀架	中心高/回转直径	11、16
	动力卡盘用缸	缸内径	20～25、28、29
	花盘与尾座	花盘外径/中心高	31、35、36
	过滤、排屑器	流量/排屑量	51、53、55、57、58
	机床卡具与防护罩	最大卡紧力/导轨宽度/丝杠直径	61～63、67～69
	动力卡盘用阀	通径	77、78
	砂轮修整器	中心高/最大中心高	81～85

表 25.2　机床附件的结构代号

类	组系	机床附件名称	代号	特定含义
J	0X 1X 2X 3X	钻夹头	H M L	重型 中型 轻型
D		顶尖	M	米制圆锥号
	1X	固定顶尖	N P Q	7∶24 圆锥 1∶7 圆锥 1∶10 圆锥
R	5X	变径套	N P Q	7∶24 圆锥 1∶7 圆锥 1∶10 圆锥
X		吸盘 (描述磁极)	M F T Z	密极 放射状① 条状① 纵条状②
C	11,31	铣头	L	矩形导轨
K	1X 等	盘丝式自定心卡盘	A B C	键、槽配合型分离爪 枣弧形卡爪,三块爪 窄形键、槽配合型分离爪
	5X	楔式动力卡盘	A B C L Q R	90°梳齿分离爪(硬) 键、槽配合型分离爪(软) 90°梳齿分离爪(软) 键、槽配合型分离爪(硬) 60°梳齿分离爪(硬) 60°掘齿分离爪(软)

① 指圆形台面。
② 指矩形台面。

25.2　中心架和跟刀架

用于支持轴类零件，提高其刚度，其规格见表 25.3。

表 25.3　中心架和跟刀架的规格　mm

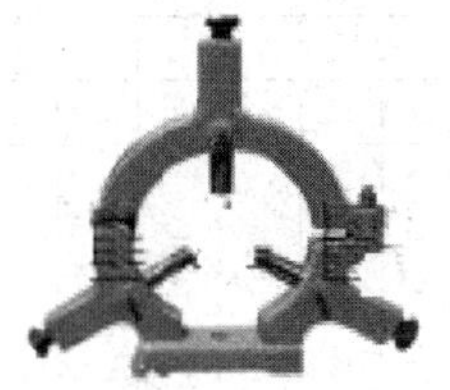
中心架

跟刀架

续表

配套机床型号	中心架		跟刀架	
	中心高	夹持直径范围	中心高	夹持直径范围
WF30	74.0	20～80	81	20～80
C616	79.0	20～120	320	20～120
C618K	95.0	20～120	388	20～80
C618K-2	95.0	20～120	348	15～80
C620	100.0	20～100	432	20～80
C620-1	100.0	20～100	432	20～80
C620B	100.0	10～100	396	20～80
C620-1B	100.0	20～100	396	20～80
C620-3	111.0	15～120	160	20～65
CW6140A	100.0	20～100	414	20～80
CA6140	110.0	20～125	455	20～80
CA6150	110.0	20～125	455	20～90
C630	142.5	20～200	500	20～80
CW6163	150.0	20～170	265	20～100
CW6180A	175.0	40～350	332	30～100

25.3　直柄和锥柄工具套

25.3.1　直柄工具弹性夹紧套

表 25.4　直柄工具弹性夹紧套的规格（JB/T 3411.70—1999）

mm

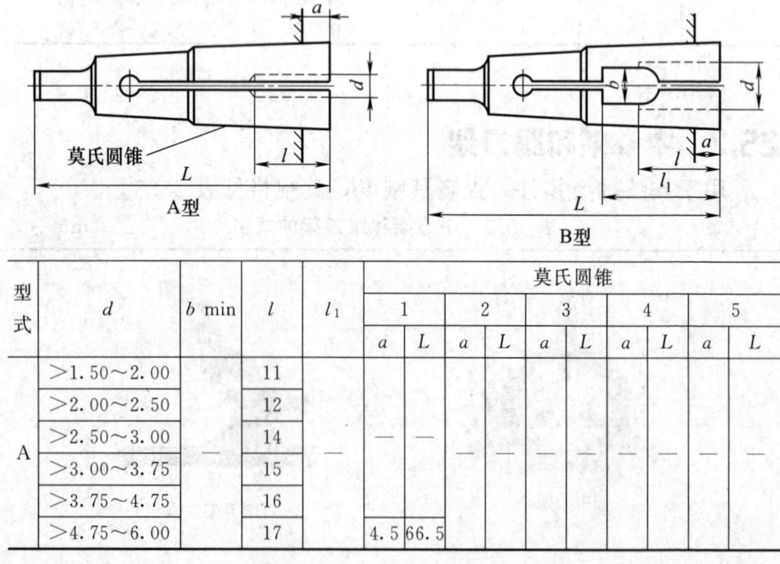

型式	d	b min	l	l_1	莫氏圆锥 1 a	1 L	2 a	2 L	3 a	3 L	4 a	4 L	5 a	5 L
A	＞1.50～2.00	—	11	—	—	—	—	—	—	—	—	—	—	—
	＞2.00～2.50		12											
	＞2.50～3.00		14											
	＞3.00～3.75		15											
	＞3.75～4.75		16											
	＞4.75～6.00		17		4.5	66.5								

续表

<table>
<tr><th rowspan="3">型式</th><th rowspan="3">d</th><th rowspan="3">b min</th><th rowspan="3">l</th><th rowspan="3">l_1</th><th colspan="10">莫氏圆锥</th></tr>
<tr><th colspan="2">1</th><th colspan="2">2</th><th colspan="2">3</th><th colspan="2">4</th><th colspan="2">5</th></tr>
<tr><th>a</th><th>L</th><th>a</th><th>L</th><th>a</th><th>L</th><th>a</th><th>L</th><th>a</th><th>L</th></tr>
<tr><td rowspan="11">B</td><td>>3.00～3.75</td><td>2.30</td><td>15</td><td>18</td><td rowspan="5">4.5</td><td rowspan="5">66.5</td><td rowspan="2">—</td><td rowspan="2">—</td><td rowspan="4">—</td><td rowspan="4">—</td><td rowspan="6">—</td><td rowspan="6">—</td><td rowspan="9">—</td><td rowspan="9">—</td></tr>
<tr><td>>3.75～4.75</td><td>2.90</td><td>16</td><td>20</td></tr>
<tr><td>>4.75～6.00</td><td>3.60</td><td>17</td><td>22</td><td rowspan="5">6.0</td><td rowspan="5">81.0</td></tr>
<tr><td>>6.00～7.50</td><td>4.50</td><td>19</td><td>25</td></tr>
<tr><td>>7.50～9.50</td><td>5.60</td><td>21</td><td>28</td><td rowspan="5">6.0</td><td rowspan="5">100</td></tr>
<tr><td>>9.50～11.80</td><td>7.00</td><td>23.5</td><td>32</td><td colspan="2">—</td></tr>
<tr><td>>11.80～13.20</td><td rowspan="2">8.50</td><td rowspan="2">25</td><td rowspan="2">35</td><td colspan="2">—</td><td rowspan="4">9.5</td><td rowspan="4">127</td></tr>
<tr><td>>13.20～15.00</td><td colspan="4">—</td></tr>
<tr><td>>15.00～19.00</td><td>11.00</td><td>28</td><td>40</td><td colspan="4">—</td></tr>
<tr><td>>19.00～23.60</td><td>13.00</td><td>31</td><td>45</td><td colspan="6">—</td><td rowspan="2">11</td><td rowspan="2">160.5</td></tr>
<tr><td>>23.60～30.00</td><td>17.50</td><td>33</td><td>50</td><td colspan="8">—</td></tr>
</table>

25.3.2　锥柄工具过渡套

用于车床、钻床等，改变圆锥孔的尺寸，扩大其使用范围，其规格见表 25.5。

表 25.5　锥柄工具过渡套的规格（JB/T 3411.67—1999）　mm

<table>
<tr><th colspan="2">外圆锥号</th><th colspan="2">内圆锥号</th><th rowspan="2">d</th><th rowspan="2">d_1</th><th rowspan="2">a</th><th rowspan="2">L</th></tr>
<tr><th>莫氏</th><th>米制</th><th>莫氏</th><th>米制</th></tr>
<tr><td>2</td><td rowspan="10">—</td><td rowspan="2">1</td><td rowspan="13">—</td><td>17.780</td><td rowspan="2">12.065</td><td>17</td><td>92</td></tr>
<tr><td rowspan="2">3</td><td rowspan="2">23.825</td><td>5</td><td>99</td></tr>
<tr><td rowspan="2">2</td><td rowspan="2">17.780</td><td>18</td><td>112</td></tr>
<tr><td rowspan="2">4</td><td rowspan="2">31.267</td><td>6.5</td><td>124</td></tr>
<tr><td rowspan="2">3</td><td rowspan="2">23.825</td><td>22.5</td><td>140</td></tr>
<tr><td rowspan="2">5</td><td rowspan="2">44.399</td><td>6.5</td><td>156</td></tr>
<tr><td>4</td><td>31.267</td><td>21.5</td><td>171</td></tr>
<tr><td rowspan="3">6</td><td>3</td><td rowspan="3">63.348</td><td>23.825</td><td rowspan="4">8</td><td rowspan="3">218</td></tr>
<tr><td>4</td><td>31.267</td></tr>
<tr><td rowspan="2">5</td><td rowspan="2">44.399</td></tr>
<tr><td rowspan="6">—</td><td rowspan="2">80</td><td rowspan="2">80</td><td>228</td></tr>
<tr><td rowspan="2">6</td><td rowspan="2">63.348</td><td>60</td><td>280</td></tr>
<tr><td rowspan="2">100</td><td rowspan="2">100</td><td>36</td><td>296</td></tr>
<tr><td rowspan="3">—</td><td rowspan="2">80</td><td rowspan="2">80</td><td>50</td><td>310</td></tr>
<tr><td rowspan="2">120</td><td rowspan="2">120</td><td>21</td><td>321</td></tr>
<tr><td>100</td><td>100</td><td>65</td><td>365</td></tr>
</table>

25.3.3 锥柄工具接长套

表 25.6 锥柄工具接长套的规格（JB/T 3411.68—1999） mm

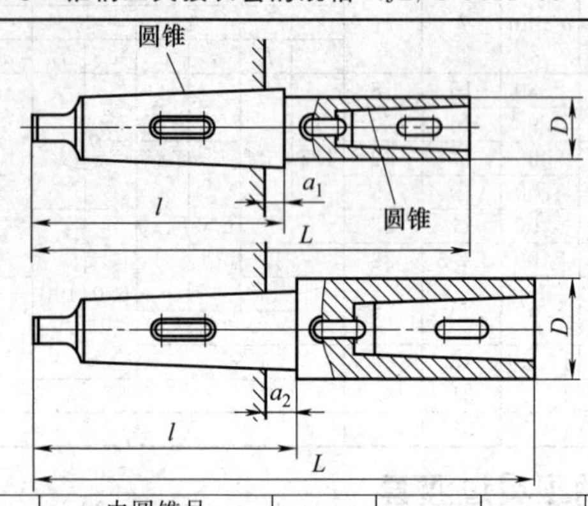

外圆锥号		内圆锥号		D	L	l	a_1	a_2
莫氏	公制	莫氏	公制					
1	—	1	—	20	145	69	—	70
2	—	1	—	20	160	84	—	90
2	—	2	—	30	175	84	—	90
3	—	1	—	20	175	99	50	—
3	—	2	—	30	194	103	—	9D
3	—	3	—	36	215	103	—	9D
4	—	2	—	30	215	124	65	—
4	—	3	—	36	240	128	—	1Q5
4	—	4	—	48	265	128	—	1Q5
5	—	3	—	36	268	156	65	—
5	—	4	—	48	300	163	—	135
5	—	5	—	63	335	163	—	135
6	—	4	—	48	355	218	80	—
6	—	5	—	63	390	218	80	—
—	80	4	—	48	365	228	8.0	—
—	80	5	—	63	400	228	8.0	—
—	80	6	—	85	470	235	—	150
—	100	5	—	63	445	270	10.0	—
—	100	6	—	85	510	270	10.0	—
—	100	—	80	106	535	278	—	180
—	120	6	—	85	550	312	12.0	—
—	120	—	80	106	570	312	12.0	—
—	120	—	100	132	620	320	—	200

25.3.4　锥柄工具带导向接长套

表 25.7　锥柄工具带导向接长套的规格（JB/T 3411.69—1999）

mm

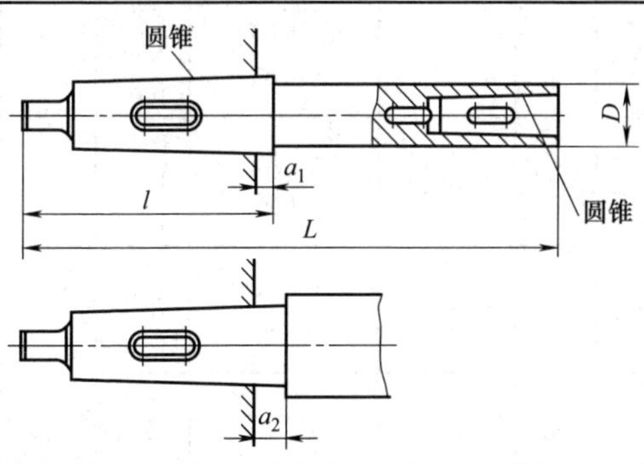

<table>
<tr><th colspan="2">外圆锥号</th><th colspan="2">内圆锥号</th><th colspan="2">D</th><th rowspan="2">L</th><th rowspan="2">l</th><th rowspan="2">a₁</th><th rowspan="2">a₂</th></tr>
<tr><th>莫氏</th><th>公制</th><th>莫氏</th><th>公制</th><th>基本尺寸</th><th>极限偏差 f7</th></tr>
<tr><td rowspan="6">4</td><td rowspan="15">—</td><td rowspan="3">3</td><td rowspan="15">—</td><td>32</td><td rowspan="12">−0.025
−0.050</td><td>400</td><td>124</td><td>61</td><td></td></tr>
<tr><td rowspan="2">35</td><td>500</td><td rowspan="5">128</td><td rowspan="5">—</td><td rowspan="5">105</td></tr>
<tr><td>630</td></tr>
<tr><td rowspan="3">4</td><td rowspan="3">45</td><td>500</td></tr>
<tr><td>630</td></tr>
<tr><td>710</td></tr>
<tr><td rowspan="9">5</td><td rowspan="3">3</td><td rowspan="3">35</td><td>500</td><td rowspan="3">156</td><td rowspan="3">6.5</td><td rowspan="3"></td></tr>
<tr><td>630</td></tr>
<tr><td>710</td></tr>
<tr><td rowspan="3">4</td><td rowspan="3">50</td><td>630</td><td rowspan="6">163</td><td rowspan="6">—</td><td rowspan="6">135</td></tr>
<tr><td>710</td></tr>
<tr><td>800</td></tr>
<tr><td rowspan="3">5</td><td rowspan="3">60</td><td rowspan="3">−0.030
−0.060</td><td>710</td></tr>
<tr><td>800</td></tr>
<tr><td>1000</td></tr>
<tr><td rowspan="12">—</td><td rowspan="9">80</td><td rowspan="3">4</td><td rowspan="12">—</td><td rowspan="3">45</td><td rowspan="3">−0.025
−0.050</td><td>400</td><td rowspan="9">228</td><td rowspan="9">8.0</td><td rowspan="12">—</td></tr>
<tr><td>500</td></tr>
<tr><td>630</td></tr>
<tr><td rowspan="3">5</td><td rowspan="3">60</td><td rowspan="9">−0.030
−0.060</td><td>500</td></tr>
<tr><td>630</td></tr>
<tr><td>800</td></tr>
<tr><td rowspan="3">6</td><td rowspan="3">80</td><td>630</td></tr>
<tr><td>800</td></tr>
<tr><td>1000</td></tr>
<tr><td rowspan="3">100</td><td rowspan="3">5</td><td rowspan="3">60</td><td>630</td><td rowspan="3">270</td><td rowspan="3">10.0</td></tr>
<tr><td>500</td></tr>
<tr><td>1000</td></tr>
</table>

续表

外圆锥号		内圆锥号		D		L	l	a_1	a_2
莫氏	公制	莫氏	公制	基本尺寸	极限偏差 f7				
—	100	6	—	80	−0.030 −0.060	630 800 1000	270	10.0	—
		—	80	100	−0.036 −0.071	800 1000 1250			
	120	6	—	80	−0.030 −0.060	800 1000 1250	312	1210	
		—	80	100	−0.036 −0.071	1000 1250 1600			
			100	120		1000 1250 1600			

25.3.5 锥柄工具用快换套

表 25.8 锥柄工具用快换套的规格（JB/T 3411.79—1999） mm

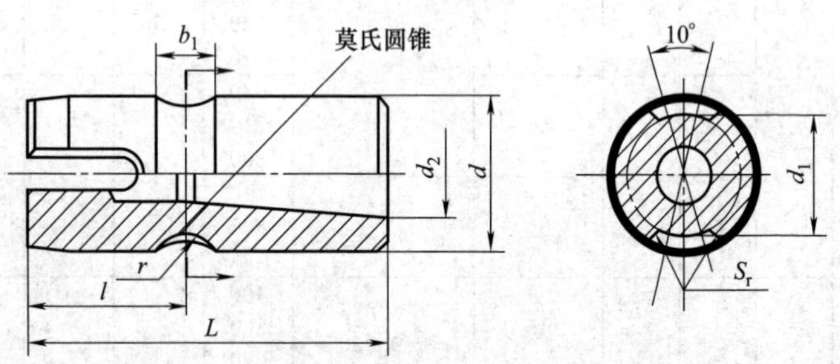

莫氏圆锥号	d		L	l	b_1	d_1	S_r	d_2
	基本尺寸	极限偏差 f7						
1	25	−0.020 −0.041	75	35	10	19.5	3.75	12.065
2			85					17.780
1	35	−0.025 −0.050	85	40	12	28.5	4.25	12.065
2			90					17.780
3			110					23.825

续表

莫氏圆锥号	d 基本尺寸	d 极限偏差 f7	L	l	b_1	d_1	S_r	d_2
1	45	−0.025 −0.050	95	45	14	37.5	5.75	12.065
2			95					17.780
3			110					23.825
4			135					31.267
2	60	−0.030 −0.060	105	50	18	51.5	7.25	17.780
3			120					23.825
4			135					31.267
5			170					44.399

25.4 顶尖

顶尖分为固定式、回转式、内拨式、外拨式、内锥孔式（包括普通式和夹持式）等。

25.4.1 固定式顶尖

表 25.9　固定式顶尖的型号和规格（GB/T 9204—2008）　mm

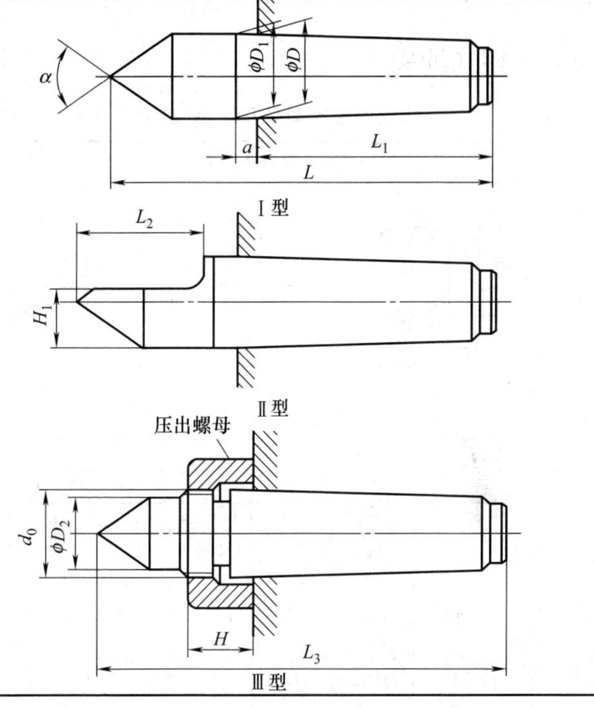

续表

型式	号数	锥度	D	L_1 max	D_1 max	a	L	L_2	H_1	D_2	d_0	L_1	H max	α
米制	4	1∶20=0.05	4	23	4.1	2	33							60°
	6	1∶20=0.05	6	32	6.2	3	47							
莫氏	0	0.6246∶12=0.05205	9.045	50	9.2	3	70	16	6	9	M10×0.75	75	12	60°、75°或90°
	1	0.59858∶12=0.04988	12.065	53.5	12.2	3.5	80	22	8	12	M14×1	85	12	
	2	0.59941∶12=0.04995	17.780	64	18.0	5	100	30	12	16	M18×1	105	15	
	3	0.60235∶12=0.05020	23.825	81	24.1	5	125	38	15	22	M24×1.5	130	15	
	4	0.62326∶12=0.05194	31.267	102.5	31.6	6.5	160	50	20	30	M33×1.5	170	18	
	5	0.63151∶12=0.05263	44.399	129.5	44.7	6.5	200	63	28	42	M45×1.5	210	21	
	6	0.62565∶12=0.05214	63.348	182	63.8	8	280		40	60	M64×1.5	290	24	
米制	80	1∶20=0.05	80	196	80.4	8	315							
	100	1∶20=0.05	100	232	100.5	10	360							

注：1. α 一般为 60°，根据需要可选用 75°或 90°。

2. 角度公差按 GB/T 1804—2000 中 m 级规定，但不允许取负值。

3. 尾锥圆锥尺寸应符合 GB/T 1443—1996 规定。

25.4.2　回转式顶尖

表 25.10　回转式顶尖的型号和规格（JB/T 3580—2011）　mm

普通型回转顶尖

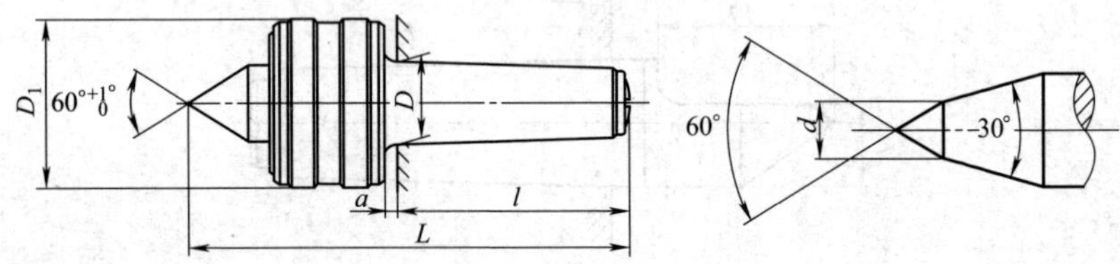

圆锥号	莫氏						米制			
	1	2	3	4	5	6	80	100	120	160
D	12.065	17.780	23.825	31267	44.399	63.348	80	100	120	160
D_1 max	40	50	60	70	100	140	160	180	200	280
L max	115	145	170	210	275	370	390	440	500	680
l	53.5	64	81	102.5	129.5	182	196	232	268	340
a	3.5	5	5	6.5	6.5	8	8	10	12	16
d	—	—	10	12	18	—	—	—	—	—

中系列伞形回转顶尖

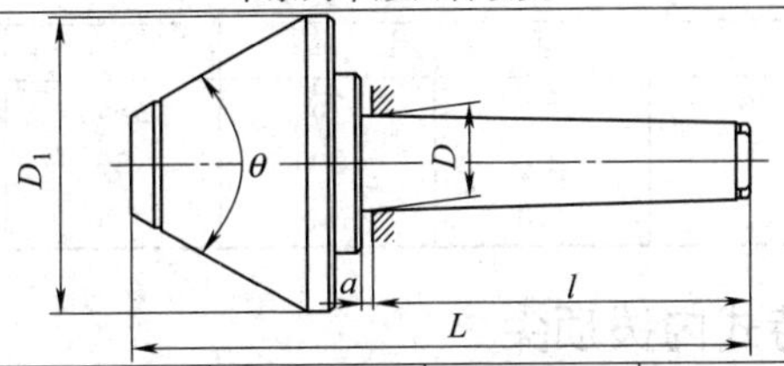

莫氏圆锥号	2	3	4	5	6
D	17.780	23.825	31.267	44399	63.348
D_1 max	80	100	160	200	250
L max	125	160	210	255	325
l	64	81	102.5	129.5	182
a	5	5	6.5	6.5	8
θ	60°、75°、90°				

中系列替换型插入式回转顶尖

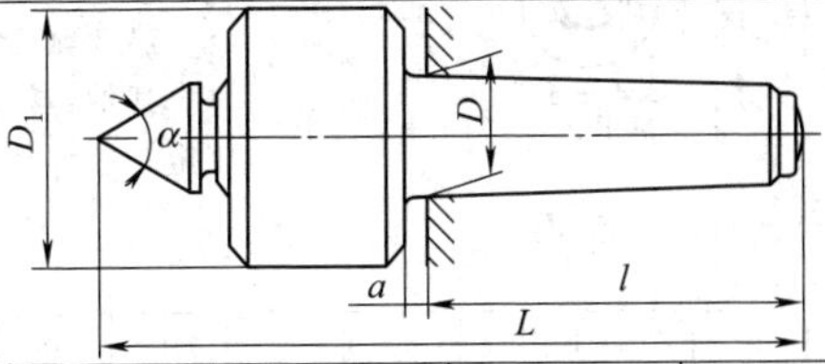

莫氏圆锥号	2	3	4	5	6
D	17.780	23.825	31.267	44.399	63.348
D_1 max	80	100	160	200	250
L max	125	160	210	255	325
l	64	81	102.5	129.5	182
a	5	5	6.5	6.5	8
α	60°、75°			60°、75°、90°	

注：回转顶尖本体锥柄的尺寸和极限偏差按 GB/T 1443 的规定。

25.4.3 内拨顶尖

表 25.11　内拨顶尖的型号和规格（JB/T 10117.1—1999）　mm

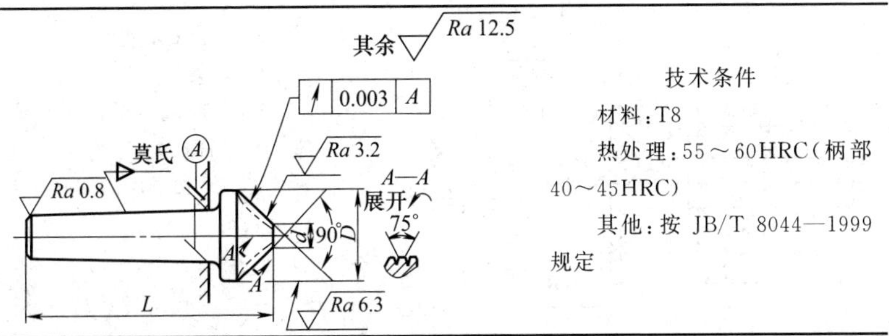

续表

项目	莫氏圆锥				
	2	3	4	5	6
D	30	50	75	95	120
d	6	15	20	30	50
L	85	110	150	190	250

25.4.4 夹持式内拨顶尖

表 25.12 夹持式内拨顶尖的型号和规格（JB/T 10117.2—1999）

mm

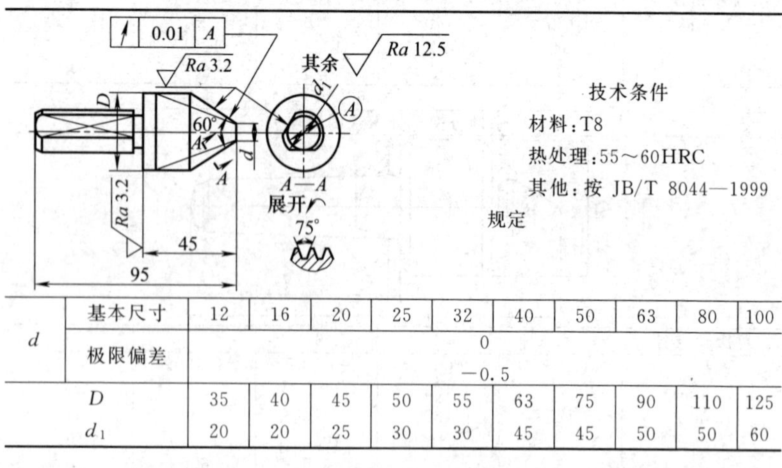

技术条件

材料：T8

热处理：55～60HRC

其他：按 JB/T 8044—1999 规定

d	基本尺寸	12	16	20	25	32	40	50	63	80	100
	极限偏差	0 −0.5									
D		35	40	45	50	55	63	75	90	110	125
d_1		20	20	25	30	30	45	45	50	50	60

25.4.5 外拨顶尖

表 25.13 外拨顶尖的型号和规格（JB/T 10117.3—1999） mm

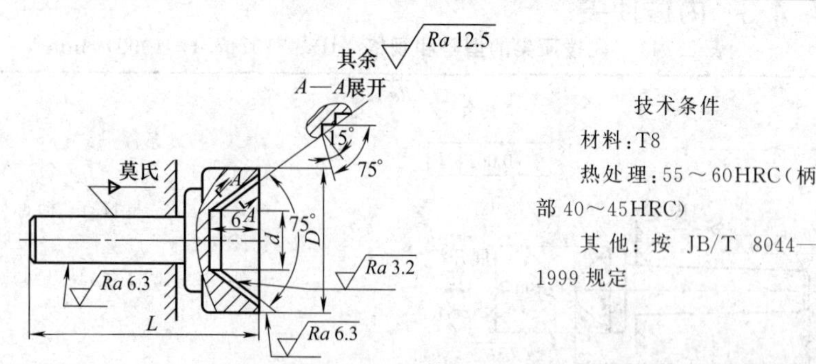

技术条件

材料：T8

热处理：55～60HRC（柄部 40～45HRC）

其他：按 JB/T 8044—1999 规定

续表

项目	莫氏圆锥				
	2	3	4	5	6
D	34	64	100	110	140
d	8	12	40	40	70
L	86	120	160	190	250
b	16	30	36	39	42

25.4.6 内锥孔顶尖

表 25.14 内锥孔顶尖的型号和规格（JB/T 10117.4—1999） mm

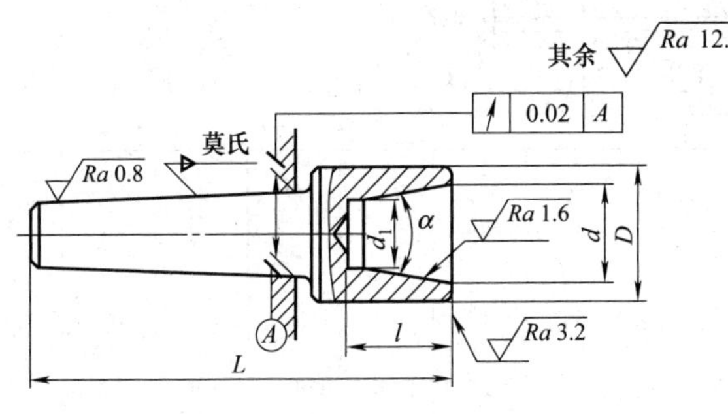

技术条件

材料：T8

热处理：55～60HRC（柄部 40～45HRC）

其他：按 JB/T 8044—1999 规定

公称直径（适用工件直径）	莫氏圆锥	d	D	d_1	α	L	l
8～16	4	18	30	6	16°	140	48
14～24		26	39	12		160	55
22～32		34	48	20		160	
30～40	5	42	56	28		200	
38～48		50	65	36		200	
46～56		58	74	44		210	
50～65		67	84	48	24°	220	60
60～75		77	95	58		220	
70～85		87	105	68		220	
80～95		97	116	78		220	

25.4.7　夹持式内锥孔顶尖

表 25.15　夹持式内锥孔顶尖的型号和规格（JB/T 10117.5—1999）

mm

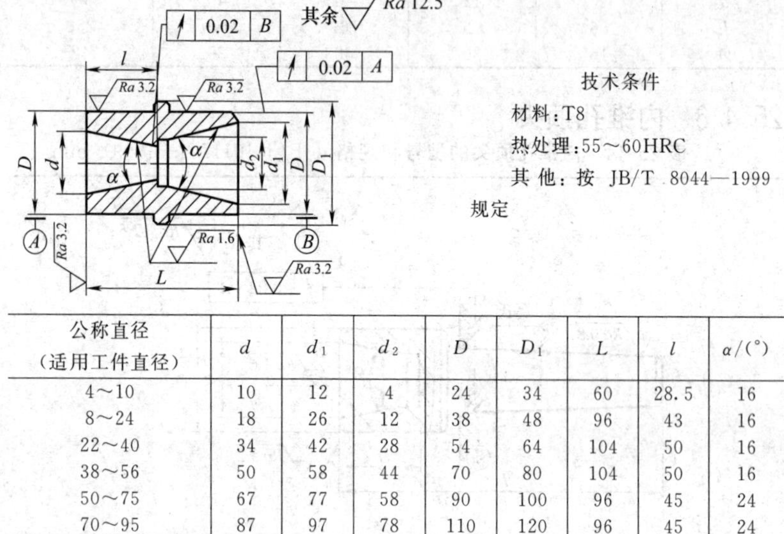

公称直径（适用工件直径）	d	d_1	d_2	D	D_1	L	l	α/(°)
4～10	10	12	4	24	34	60	28.5	16
8～24	18	26	12	38	48	96	43	16
22～40	34	42	28	54	64	104	50	16
38～56	50	58	44	70	80	104	50	16
50～75	67	77	58	90	100	96	45	24
70～95	87	97	78	110	120	96	45	24

25.5　卡头和夹头

25.5.1　卡头

卡头有鸡心式、卡环式、夹板式和快换卡头等，其型号和规格见表 25.16～表 25.18。

表 25.16　鸡心卡头的型号和规格（JB/T 10118—1999）　mm

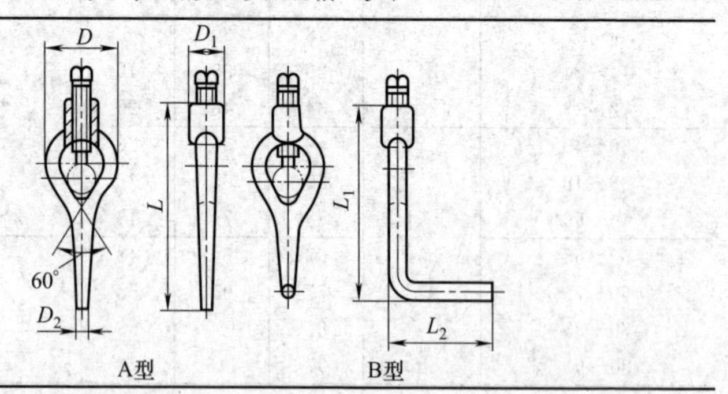

续表

公称直径（适用工件直径）	型号	D	D_1	D_2	L	L_1	L_2
3～16	A	22	12	6	75	—	—
	B				—	70	40
>6～12	A	28	16	8	95	—	—
	B				—	90	50
>12～18	A	36	18	8	115	—	—
	B				—	110	60
>18～25	A	50	22	10	135	—	—
	B				—	130	70
>25～35	A	65	28	12	155	—	—
	B				—	150	75
>35～50	A	85	28	14	180	—	—
	B				—	170	80
>50～65	A	100	28	16	205	—	—
	B				—	190	85
>65～80	A	120	34	18	230	—	—
	B				—	210	90
>80～100	A	150	34	22	260	—	—
	B				—	240	95
>100～130	A	180	40	25	290	—	—
	B				—	270	100

表 25.17 卡环卡头的型号和规格（JB/T 10119—1999） mm

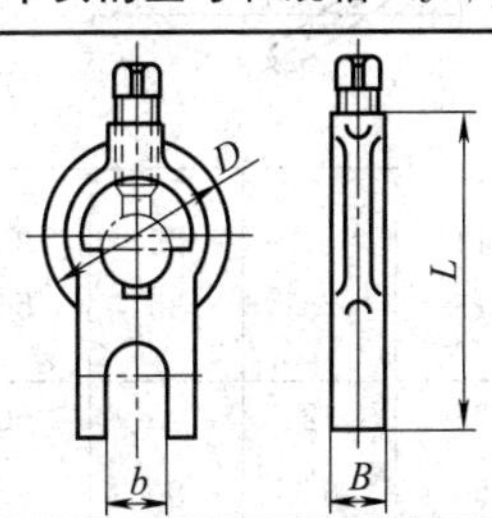

公称直径（适用工件直径）	D	L	B	b
5～10	26	40	10	12
10～15	30	50		
15～20	45	60	13	12
20～25	50	67		
25～32	56	71		

续表

公称直径（适用工件直径）	D	L	B	b
32～40	67	90	18	16
40～50	80	100		
50～60	95	110		
60～70	105	125		
70～80	115	140	20	16
80～90	125	150		
90～100	135	160		
100～110	150	165		
110～125	170	190		

表 25.18 车床用快换卡头的型号和规格（JB/T 10121—1999）

mm

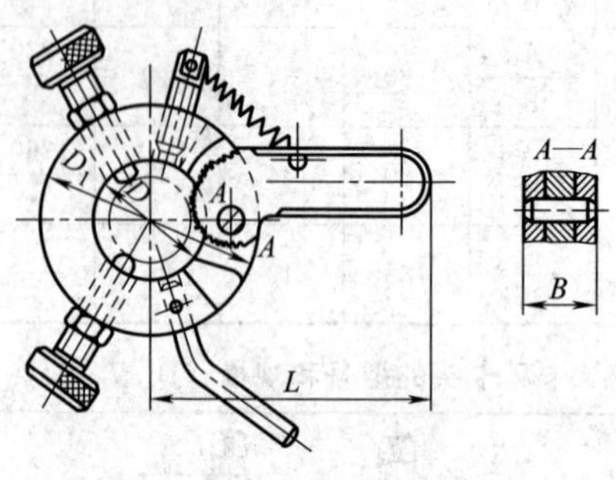

公称直径（适用工件直径）	8～14	>14～18	>18～25	>25～35	>35～50	>50～65	>65～80	>80～100
D	22	25	32	45	60	75	90	110
D_1	45	50	65	80	95	115	140	170
B	15	18	20	20	24	24	24	28
L	77	79	85	91	120	130	138	150

25.5.2 夹头

（1）夹板夹头（表 25.19）

表 25.19　夹板夹头的型号和规格（JB/T 10120—1999）　mm

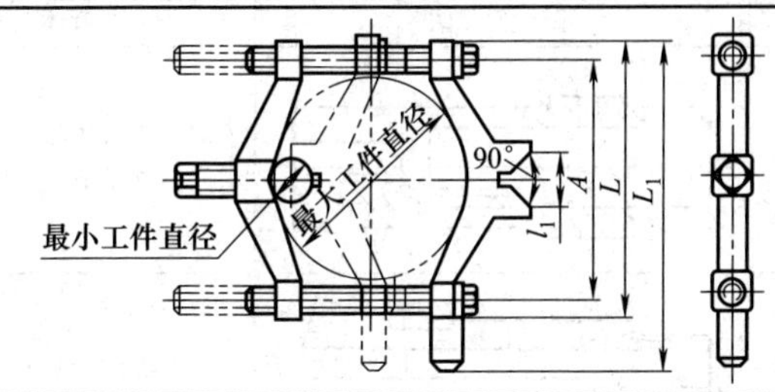

公称直径（适用工件直径）	L	L_1	A	l_1
20～100	140	170	120	30
30～150	200	270	172	42

（2）弹簧夹头（表 25.20）

表 25.20　弹簧夹头的型式和规格（JB/T 5556—1991）　mm

名　　称	示　意　图	基本尺寸
A型：固定式弹簧夹头		1A 式：6、8、10、12、14、16、18、20、22、25、28、32、35、40、45、50 2A 式：18、22、28、32、35、42、48、56、66
B型：内螺纹拉式弹簧夹头		6、8、10、12、14、16、18、20、22
C型：外螺纹拉式弹簧夹头		1C、4C 式：6、8、10、12、14、16、18、20、22、25、28、32、35、40、45、50 2C 式：10、15、27 3C 式：50、60、70、80、93、100、110、140
D型：卡簧		16、20、(22)、25、32、40

续表

名　称	示 意 图	基本尺寸
E 型:送料夹头	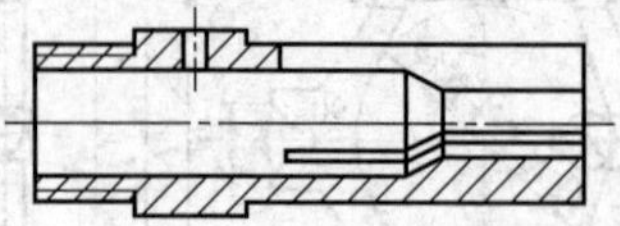	14、18、24、30、42、50、60、66、78、90、100、125
F 型:中心架夹套	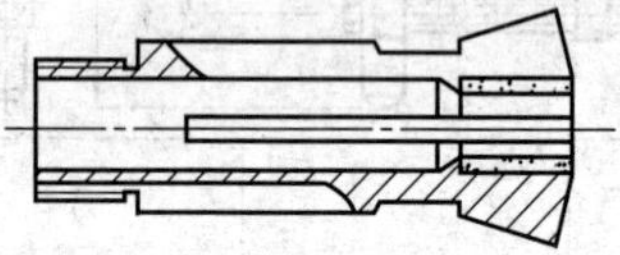	1F 式:9、11、15、20、28 2F 式:9、12、16、18、25、32
J 型:长锥式弹簧夹头	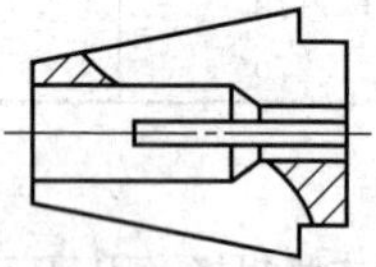	12、16、20、25、35、45
Q 型:双锥式弹簧夹头	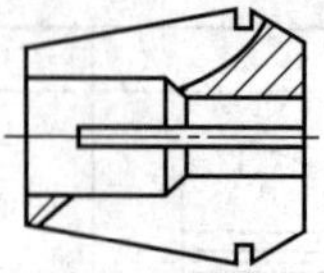	1Q 式:6、8、10、12、14、16、20、25、32、40、50 2Q 式:10、16、20、25、32、40 3Q 式:10、16、20、25、32、40
R 型:柔性夹头	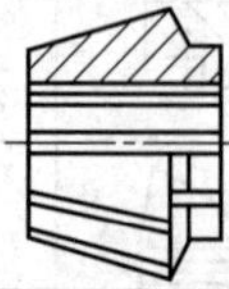	R12 式: 6、9、12 R25 式: 12、15、18、21、25 R40 式: 21、25、28、32、36、40

(3) 快换夹头

适用于钻床、车床等机床的钻孔和攻螺纹，其型式和规格见表 25.21。

表 25.21 快换夹头的型式和规格 (JB/T 3481—2007) mm

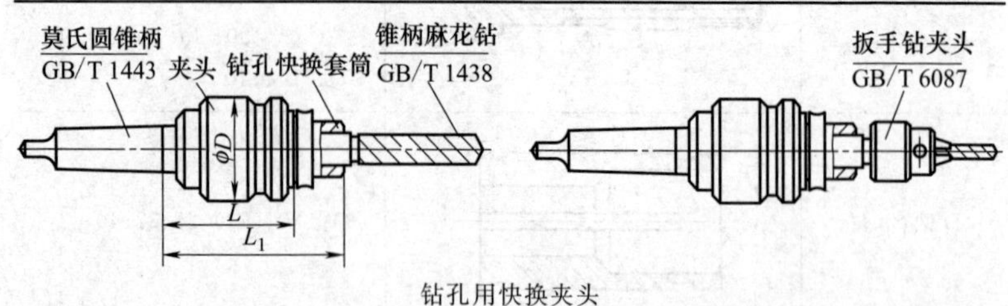

钻孔用快换夹头

续表

莫氏圆锥柄		2		3			4				5			
钻孔范围		3～23		3～31.5			3～50.5				14.5～75			
钻孔快换套筒莫氏锥孔		1	2	1	2	3	1	2	3	4	2	3	4	5
ϕD		52		66			78				90			
参考尺寸	L max	90		103			129				159			
	L_1 max	127	142	134	145	160	159	159	179	204	189	189	213	243

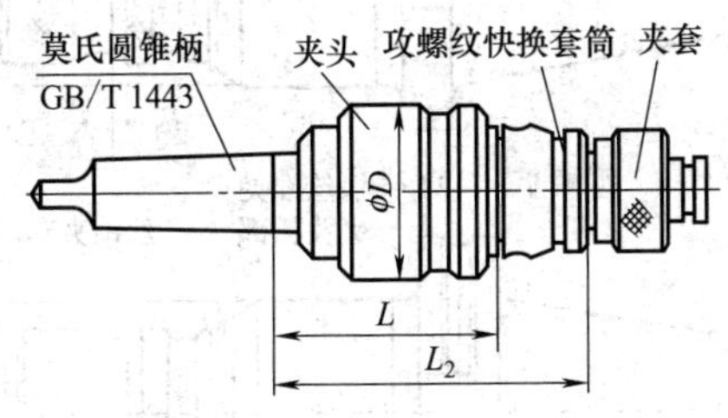

攻螺纹快换夹头

莫氏圆锥辆		3	4	5
攻螺纹范围		M3～M12	M12～M24	M12～M24
ϕD		66	78	90
参考尺寸	L max	103	129	159
	L_2 max	172	200	249

（4）丝锥夹头

丝锥夹头适用于具有安全过载保护的机构，由夹头柄部和丝锥夹套两部分组成，按连接柄部的圆锥型式分为三种：型式Ⅰ—莫氏锥柄丝锥夹头；型式Ⅱ—7∶24 锥柄丝锥夹头；型式Ⅲ—自动换刀机床用 7∶24 锥柄丝锥夹头。丝锥夹头的参数见表 25.22，丝锥夹套的参数见表 25.23。

表 25.22　丝锥夹头的参数（JB/T 9939—2013）　　mm

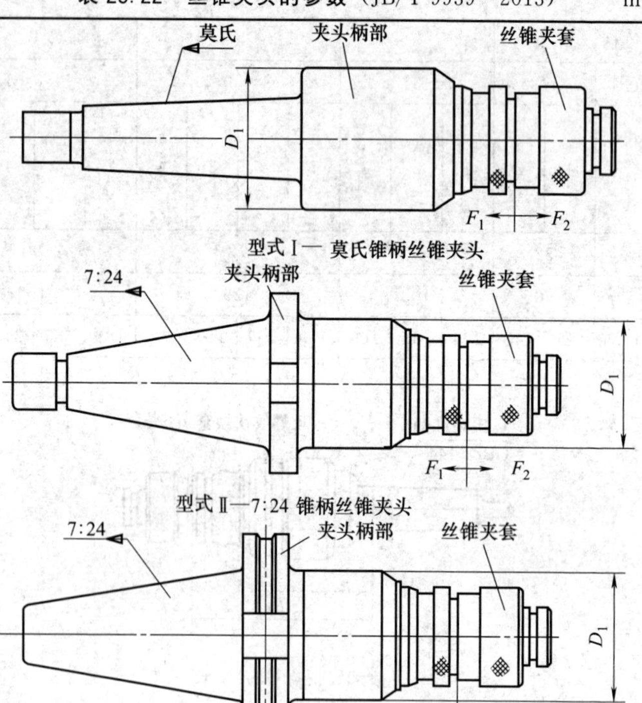

型式Ⅰ— 莫氏锥柄丝锥夹头

型式Ⅱ—7:24 锥柄丝锥夹头

型式Ⅲ—自动换刀机床用 7:24 锥柄丝锥夹头

最大攻螺纹直径		M8	M12	M16	M24	M30	M42	M64	M80
攻螺纹范围		M2～M8	M3～M12	M5～M16	M12～M24	M16～M30	M24～M42	M42～M64	M64～M80
D_1 max		40	45	55	65	80	95	115	135
螺距补偿量	F_1(压)方向	5		8	10		15		
	F_2(拉)方向	12	15	20		25		30	

表 25.23　丝锥夹套的参数　　mm

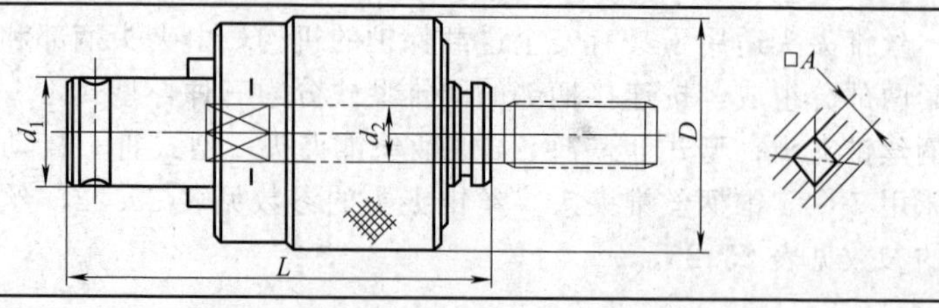

续表

最大攻螺纹直径	M8	M12	M16	M24	M30	M42	M64	M80
d_1 g7	13	19	25	30	45	45	63	78
D max	30	38	40	58	78	85	115	135
L min	38	54	68	80	100	117	180	220

攻螺纹直径		□A		d_2
第1系列	第2系列	公称尺寸	极限偏差 D11	
M2	—	2.0	+0.080 +0.020	2.5
M3	—	1.8		2.24
	—	2.5		3.15
M4	—		+0.105 +0.030	
	—	3.15		4.0
M5	—			
	—	4.0		5.0
M6	—	3.55		4.5
	—	5.0		6.3
M8	—			
M10	—	6.3	+0.130 +0.040	8.0
M12	—	7.1		9.0
—	M14	9.0		11.2
M16	—	10.0		12.5
—	M18	11.2	+0.160 +0.050	14.0
M20	—			
—	M22	12.5		16.0
M24	—	14.0		18.0
—	M27	16.0		20.0
M30	—			
—	M33	18.0		22.4
M36	—	20.0	+0.195 +0.065	25.0
—	M39	22.4		28.0
M42	—			
—	M45	25.0	+0.195 +0.065	31.5
M48	—			
—	M52	28.0		35.5
M56	—			
—	M60	31.5	+0.240 +0.080	40.0
M64	—			
—	M68	35.5		45.0
M72	—			
—	M76	40.0		50.0
M80	—			

25.6 拨盘

拨盘有C、D型两种，其型号和规格见表25.24和表25.25。

表25.24 C型拨盘的型号和规格（JB/T 10124—1999） mm

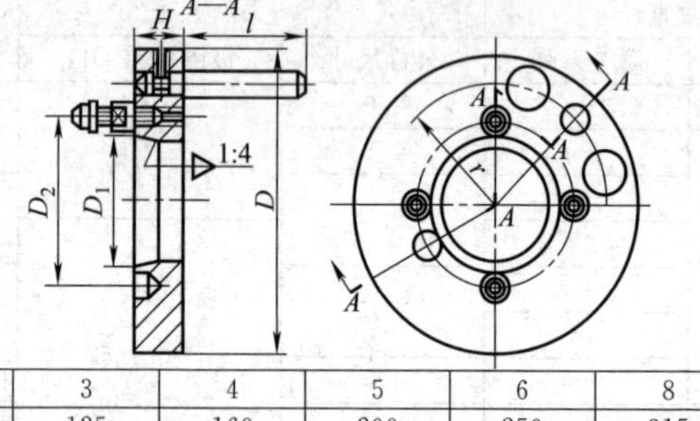

主轴端代号		3	4	5	6	8	11
D		125	160	200	250	315	400
D_1	基本尺寸	53.975	63.513	82.563	106.375	139.719	196.869
	极限偏差	+0.008 0	+0.010 0	+0.012 0	+0.008 0	+0.008 0	+0.014 0
D_2		75.0	85.0	104.8	133.4	171.4	235.0
H		20	20	25	30	30	35
r		45	60	72	90	125	165
l		60	60	75	85	85	90

表25.25 D型拨盘的型号和规格（JB/T 10124—1999） mm

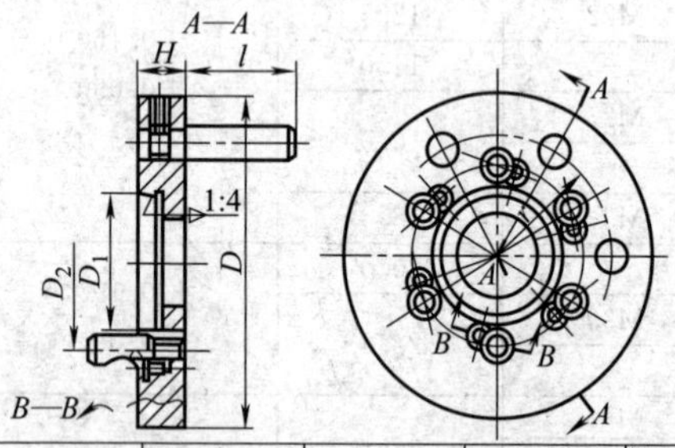

主轴端代号		3	4	5	6	8	11
D		125	160	200	250	315	400
D_1	基本尺寸	53.975	63.513	82.563	106.375	139.719	196.869
	极限偏差	+0.003 −0.005	+0.003 −0.005	+0.004 −0.006	+0.004 −0.006	+0.004 −0.008	+0.004 −0.010
D_2		70.6	82.6	104.8	133.4	171.4	235.0
H		25	25	28	35	38	45
r		45	60	72	90	125	165
l		50	50	65	80	80	90

25.7 卡盘

卡盘有短圆柱型三爪自定心式（表 25.26）、短圆锥型三爪自定心式（表 25.27）、短圆柱型四爪单动式（表 25.28）、短圆锥型四爪单动式（表 25.29）、精密可调手动自定心式（表 25.30 和表 25.31）等。

表 25.26　短圆柱型三爪自定心卡盘的型号和规格（GB/T 4346—2008）

mm

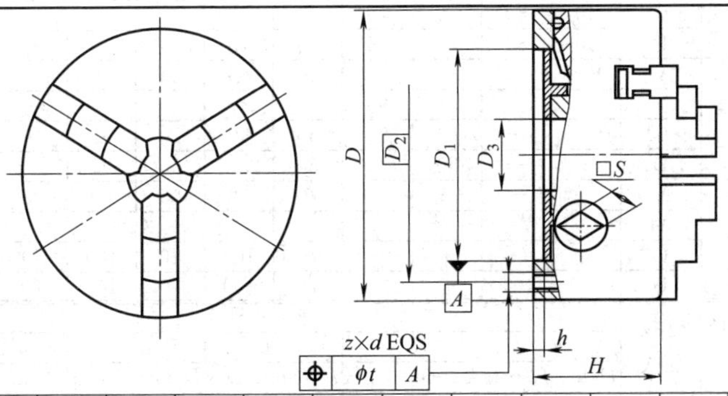

卡盘直径 D	80	100	125	160	200	250	315	400	500	630	800
D_1	55	72	95	130	165	206	260	340	440	560	710
D_2	66	84	108	142	180	226	285	368	465	595	760
D_3 min	16	22	30	40	60	80	100	130	200	260	380
$z \times d$	3×M6	3×M8			3×M10	3×M12	3×M16		6×M16		6×M20
t	0.30					0.40					
h min	3			5					6	7	8
H max	50	55	60	65	75	80	90	100	115	135	149
□S	8		10		12		14	17		19	

表 25.27　短圆锥型三爪自定心卡盘的型号和规格（GB/T 4346—2008）

mm

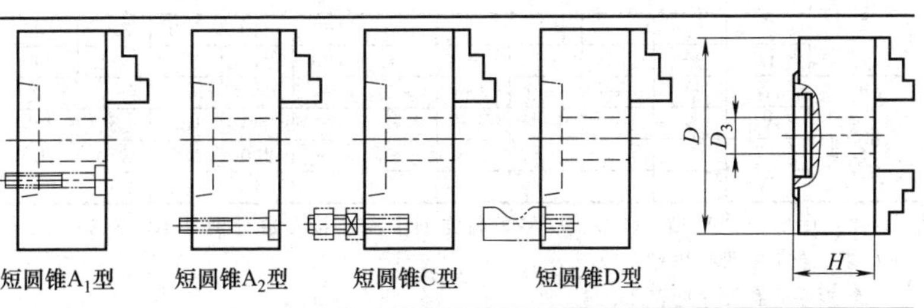

短圆锥A_1型　短圆锥A_2型　短圆锥C型　短圆锥D型

续表

卡盘直径 D	连接型式	代号 3		4		5		6		8	
		D_3 min	H max	D_3 min	H max	D_3 min	H max	D_3 min	H max	D_3 min	H max
125	A_1	—	—	—	—	—	—	—	—	—	—
	A_2	—	—	—	—	—	—	—	—	—	—
	C	25	65	25	65	—	—	—	—	—	—
	D	25	65	25	65	—	—	—	—	—	—
160	A_1	—	—	—	—	—	—	—	—	—	—
	A_2	—	—	—	—	—	—	—	—	—	—
	C	40	80	40	75	40	75	—	—	—	—
	D	40	80	40	75	40	75	—	—	—	—
200	A_1	—	—	—	—	40	85	55	85	—	—
	A_2	—	—	50	90	—	—	—	—	—	—
	C	—	—	50	90	50	90	50	90	—	—
	D	—	—	50	90	50	90	50	90	—	—
250	A_1	—	—	—	—	40	95	55	95	75	95
	A_2	—	—	—	—	—	—	—	—	—	—
	C	—	—	—	—	70	100	70	100	70	100
	D	—	—	—	—	70	100	70	100	70	100

卡盘直径 D	连接型式	代号 6		8		11		15		20	
		D_3 min	H max	D_3 min	H max	D_3 min	H max	D_3 min	H max	D_3 min	H max
315	A_1	55	110	75	110	—	—	—	—	—	—
	A_2	100	110	—	—	—	—	—	—	—	—
	C	100	110	100	110	100	110	—	—	—	—
	D	100	115	100	115	100	115	—	—	—	—
400	A_1	—	—	75	125	125	125	—	—	—	—
	A_2	—	—	125	125	—	—	—	—	—	—
	C	—	—	125	125	125	125	125	140	—	—
	D	—	—	125	125	125	125	125	155	—	—
500	A_1	—	—	—	—	125	140	190	140	—	—
	A_2	—	—	—	—	190	140	—	—	—	—
	C	—	—	—	—	190	140	200	140	—	—
	D	—	—	—	—	190	145	200	145	—	—
630	A_1	—	—	—	—	—	—	240	160	—	—
	A_2	—	—	—	—	190	160	240	160	—	—
	C	—	—	—	—	190	160	240	160	350	200
	D	—	—	—	—	190	160	240	160	350	200
800	A_1	—	—	—	—	—	—	—	—	—	—
	A_2	—	—	—	—	—	—	240	180	350	200
	C	—	—	—	—	—	—	240	180	350	200
	D	—	—	—	—	—	—	240	180	350	200

注：1. A_1型、A_2型、C 型、D 型短圆锥型卡盘连接参数分别见 GB/T 5900.1～5900.3—1997 中图 2 和表 2。

2. 扳手方孔尺寸见表 25.26。

表 25.28　短圆柱型四爪单动卡盘的型号和规格（JB/T 6566—2005）

mm

卡盘直径 D		160	200	250	315	400	500	630	800	1000
D_1	基本尺寸	53 (65)	75 (80)	110	140	160	200	220	250	320
	极限偏差	$^{+0.030}_{0}$		$^{+0.035}_{0}$	$^{+0.040}_{0}$		$^{+0.046}_{0}$			$^{+0.057}_{0}$
D_2		71 (95)	95 (112)	130	165	185	236	258	300	370
D_3 min		45	56	75	95	125	160	180	210	260
H max H_1 max		67	75	80	90	95	106	118	132	150
h min		4	6			8		10	12	15
d		11		14	L8		22			
t		0.3		0.4				0.5		
S		10		12	14			17	19①	22①
b		—			14		18		22	

① 该 S 值为外方尺寸，其余为内方尺寸。

注：括号内尺寸尽可能不采用。

表 25.29 短圆锥型四爪单动卡盘的型号和规格（JB/T 6566—2005）

mm

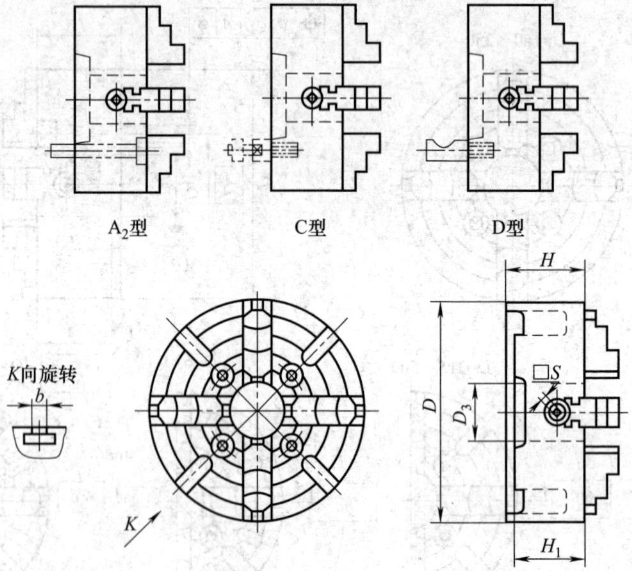

A_2型 C型 D型

K向旋转

通孔尺寸								
卡盘的连接代号	3	4	5	6	8	11	15	20
D_3 min	45	56	56	75	125	160	180	210

注：短圆锥型卡盘的连接参数按 GB/T 5900.1～5900.3—1997 的有关规定。

表 25.30 精密可调手动自定心卡盘的基本参数（JB/T 11768—2014）

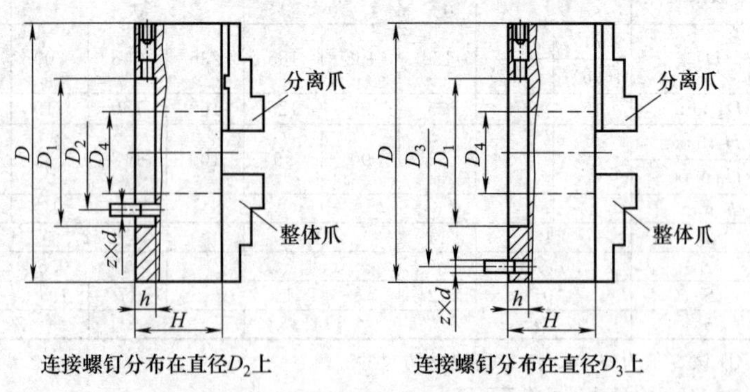

连接螺钉分布在直径D_2上　连接螺钉分布在直径D_3上

续表

卡盘公称直径 D	D_1	D_2	D_3	D_4 min	h	H max	$z\times d$
米制卡盘/mm							
100	45	—	83	20	13	68	3×M8
125	55	—	108	30	15	71.5	3×M8
160	86	—	140	40	18	69	3×M10
200	110	—	176	55	20	78	3×M10
250	145	—	224	76	20	89	3×M12
315	180	—	286	100	20	97	3×M16
400	299.237	171.45	—	130	22	123	6×M16
500	407.160	235	—	190	30	144	6×M20
630	407.160	330.2	—	252	30	150	6×M20
英制卡盘/in							
4	2.125	—	3.530	1.020	0.657	2.35	6×10-24
5	2.375	—	4.438	1.296	0.657	2.35	3×1/4-20
6	3.125	—	5.343	1.520	0.689	2.35	6×1/4-20
8	4.750	—	7.50	2.250	0.752	3.15	6×3/8-16
10	6.375	4.375	—	2.810	0.803	3.5	6×7/16-14
12	7.906	5.250	—	3.257	0.803	4	6×1/2-13
15	11.781	6.750	—	4.250	1.063	5.78	6×5/8-11
21	16.030	9.250	—	5.275	1.185	6.25	6×3/4-10
24	16.030	9.250	—	7.025	1.185	6.53	6×3/4-10

表 25.31　精密可调手动自定心卡盘的夹持范围　mm

卡盘公称直径 D		三爪卡盘		六爪卡盘	
米制	英制/in	最小值	最大值	最小值	最大值
100		3	87	4	87
	4	3	87	4	87
125		3	125	6	125
	5	3	125	6	125
160		3	160	8	160
	6	3	152	8	152
200		4	200	8	200
	8	5	200	8	200
250		5	250	12	250
	10	10	250	16	250
315		10	315	12	315
	12	10	315	20	315
400		10	400	15	400
	15	15	380	28	380
500		20	500	30	500
	21	25	530	30	530
630		30	630	40	630
	24	30	610	40	610

25.8 卡盘用过渡盘

有C型三爪自定心卡盘用过渡盘（表25.32）、D型三爪自定心卡盘用过渡盘（表25.33）、C型四爪单动卡盘用过渡盘（表25.34）和D型四爪单动卡盘用过渡盘（表25.35）。

表25.32 C型三爪自定心卡盘用过渡盘的型号和规格（JB/T 10126.1—1999） mm

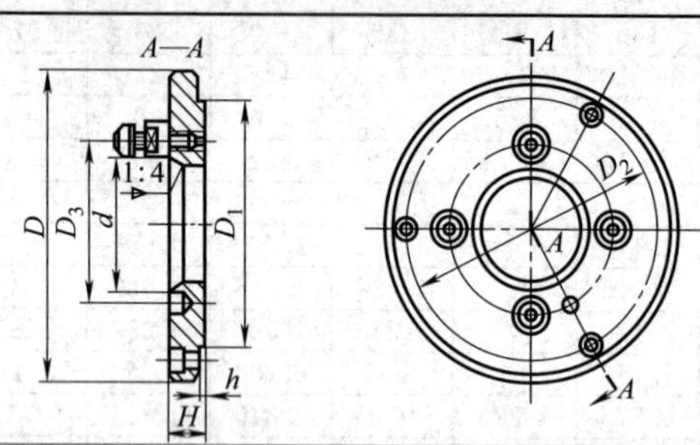

主轴端部代号		3	4	5	6	8	11	
D		125	160	200	250	315	400	500
D_1	基本尺寸	95	130	165	206	260	340	440
	极限偏差	+0.045 +0.023	+0.052 +0.027	+0.052 +0.027	+0.060 +0.031	+0.066 +0.034	+0.073 +0.037	+0.080 +0.040
D_2		108	142	180	226	290	368	465
D_3		75.0	85.0	104.8	133.4	171.4	235.0	235.0
d	基本尺寸	53.975	63.513	82.563	106.375	139.719	196.869	196.869
	极限偏差	+0.003 0	+0.003 0	+0.010 0	+0.010 0	+0.012 0	+0.004 0	+0.004 0
H		20	25	30	30	38	40	40
h max		2.5	4.0	4.0	4.0	4.0	4.0	5.0

表25.33 D型三爪自定心卡盘用过渡盘的型号和规格（JB/T 10126.1—1999） mm

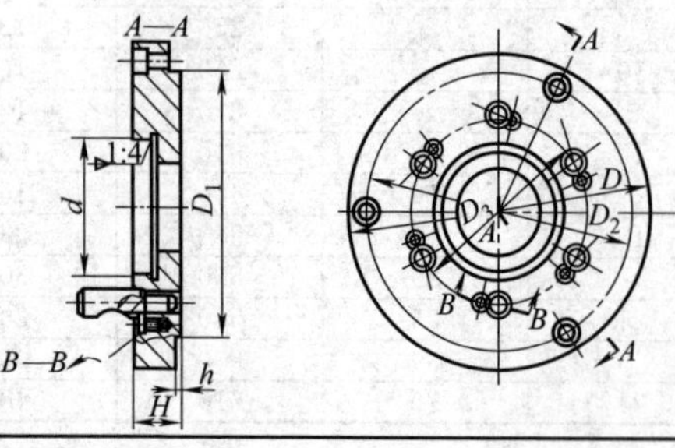

续表

主轴端部代号		3	4	5	6	8	11	
D		125	160	200	250	315	400	500
D_1	基本尺寸	95	130	165	206	260	340	440
	极限偏差	+0.045 +0.023	+0.052 +0.027	+0.052 +0.027	+0.060 +0.031	+0.066 +0.034	+0.073 +0.037	+0.080 +0.040
D_2		108	142	180	226	290	368	465
D_3		70.6	82.6	104.8	133.4	171.4	235.0	235.0
d	基本尺寸	53.975	63.513	82.563	106.375	139.719	196.869	196.869
	极限偏差	+0.003 -0.005	+0.004 -0.005	+0.004 -0.006	+0.004 -0.006	+0.004 -0.008	+0.004 -0.010	+0.004 -0.010
H		25	25	30	35	38	45	45
h max		2.5	4.0	4.0	4.0	4.0	4.0	5.0

表 25.34 C型四爪单动卡盘用过渡盘的型号和规格（JB/T 10126.2—1999）

mm

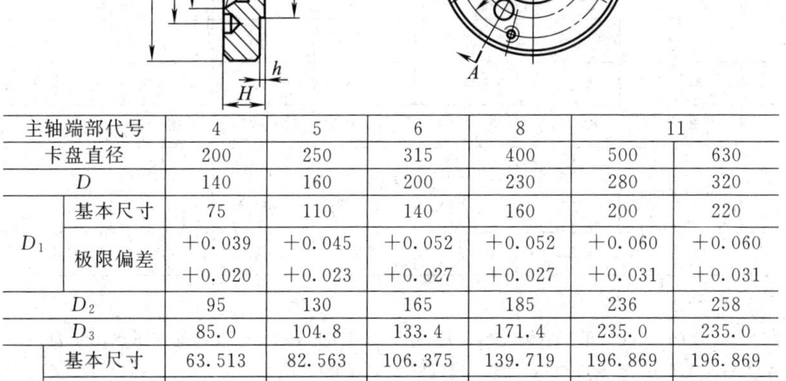

主轴端部代号		4	5	6	8	11	
卡盘直径		200	250	315	400	500	630
D		140	160	200	230	280	320
D_1	基本尺寸	75	110	140	160	200	220
	极限偏差	+0.039 +0.020	+0.045 +0.023	+0.052 +0.027	+0.052 +0.027	+0.060 +0.031	+0.060 +0.031
D_2		95	130	165	185	236	258
D_3		85.0	104.8	133.4	171.4	235.0	235.0
d	基本尺寸	63.513	82.563	106.375	139.719	196.869	196.869
	极限偏差	+0.008 0	+0.010 0	+0.010 0	+0.012 0	+0.014 0	+0.014 0
H		30	35	35	45	50	60
h max		5	5	5	7	7	9

注：用于卡盘与车床主轴连接，适用于 JB/T 6566—2005 规定的四爪单动卡盘；适用于 GB/T 5900.1～5900.3—1997 规定的主轴端部尺寸。

表 25.35 D型四爪单动卡盘用过渡盘的型号和规格（JB/T 10126.2—1999） mm

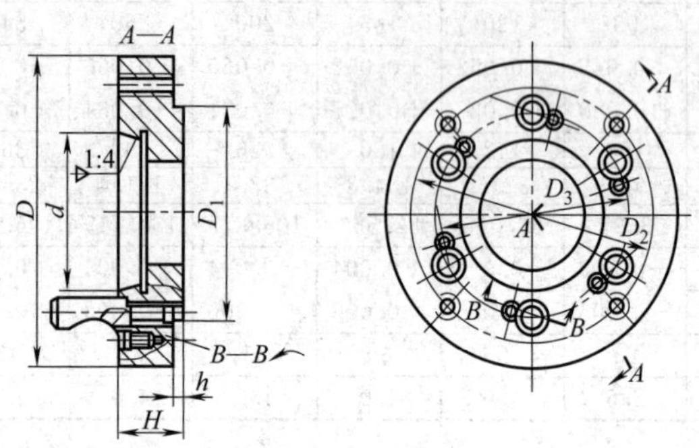

<table>
<tr><td colspan="2">主轴端部代号</td><td>4</td><td>5</td><td>6</td><td>8</td><td colspan="2">11</td></tr>
<tr><td colspan="2">卡盘直径</td><td>200</td><td>250</td><td>315</td><td>400</td><td>500</td><td>630</td></tr>
<tr><td colspan="2">D</td><td>140</td><td>160</td><td>200</td><td>230</td><td>280</td><td>320</td></tr>
<tr><td rowspan="2">D_1</td><td>基本尺寸</td><td>75</td><td>110</td><td>140</td><td>160</td><td>200</td><td>220</td></tr>
<tr><td>极限偏差</td><td>+0.039
+0.020</td><td>+0.045
+0.023</td><td>+0.052
+0.027</td><td>+0.052
+0.027</td><td>+0.060
+0.031</td><td>+0.060
+0.031</td></tr>
<tr><td colspan="2">D_2</td><td>95</td><td>130</td><td>165</td><td>185</td><td>236</td><td>258</td></tr>
<tr><td colspan="2">D_3</td><td>82.6</td><td>104.8</td><td>133.4</td><td>171.4</td><td>235.0</td><td>235.0</td></tr>
<tr><td rowspan="2">d</td><td>基本尺寸</td><td>63.513</td><td>82.563</td><td>106.375</td><td>139.719</td><td>196.869</td><td>196.869</td></tr>
<tr><td>极限偏差</td><td>+0.003
−0.005</td><td>+0.004
−0.006</td><td>+0.004
−0.006</td><td>+0.004
−0.008</td><td>+0.004
−0.010</td><td>+0.004
−0.010</td></tr>
<tr><td colspan="2">H</td><td>30</td><td>35</td><td>35</td><td>45</td><td>50</td><td>60</td></tr>
<tr><td colspan="2">h max</td><td>5</td><td>5</td><td>5</td><td>7</td><td>7</td><td>9</td></tr>
</table>

注：用于卡盘与车床主轴连接，适用于 JB/T 6566—2005 规定的四爪单动卡盘；适用于 GB/T 5900.1～5900.3—1997 规定的主轴端部尺寸。

25.9 花盘

常用于在花盘上安装角铁，以车代镗加工轴承座、三通法兰平面和一些不规则的工件，其型号和规格见表 25.36。

表 25.36　花盘的型号和规格（JB/T 10125—1999）　mm

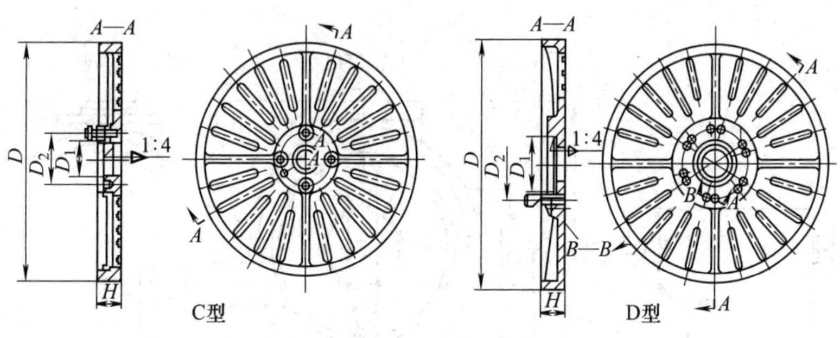

车床		D	D_1			D_2	H
规格	主轴端部代号		基本尺寸	极限偏差			
				C型	D型		
320	5	500	82.653	+0.010 0	+0.004 −0.006	104.8	50
400	6	630	106.375	+0.010 0	+0.004 −0.006	133.4	60
500	8	710	139.719	+0.012 0	+0.004 −0.008	171.4	70
630	11	800	196.869	+0.014 0	+0.004 −0.010	235.0	80

注：花盘尺寸按 GB/T 5900.1～5900.3—1997《车床主轴端部与花盘互换性尺寸》；选用时应注意新老车床主轴端部尺寸是否一致。

25.10　分度头

主要用于铣床，也常用于钻床和平面磨床，还可放置在平台上供钳工划线用。按种类来分有通用分度头（万能分度头、等分分度头）和光学分度头两类。

25.10.1 机械分度头

表 25.37 机械分度头的型号及规格（GB/T 2554—2008） mm

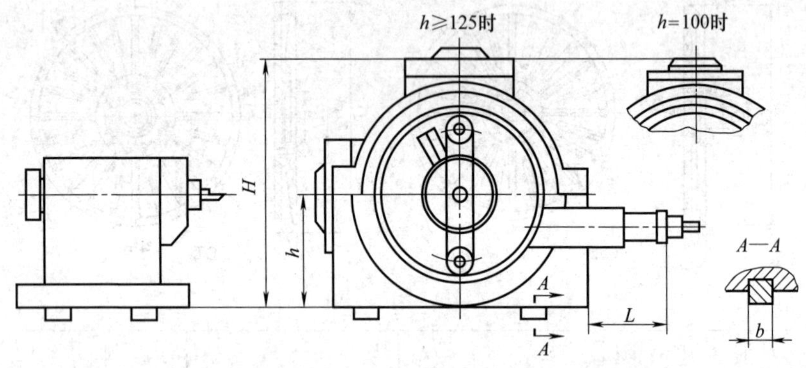

（半万能型比万能型缺少差动分度挂轮连接部分）

中心高 h			100	125	160	200	250
主轴端部	法兰式	端部代号（CB/T 5900.1—1997）	$A_0$2	$A_3$3		$A_1$5	
		莫氏锥孔号（GB/T 1443—1996）	3	4		5	
	7∶24 圆锥	端部锥度号（GB/T 3837—2001）	30	40		50	
定位键宽 b			14	18		22	
主轴直立时，支承面到底面高度 H			200	250	315	400	500
连接尺寸 L			93	103		—	
主轴下倾角度/(°)			≥5				
主轴上倾角度/(°)			≥95				
传动比			40∶1				
手轮刻度指示值/(′)			1				
手轮游标分划示值/(″)			10				

25.10.2　等分分度头

表 25.38　等分分度头的型式、参数及检验精度（JB/T 3853—2013）

mm

<table>
<tr><td></td><td>型　式</td><td>参　数</td></tr>
<tr><td>型式和参数</td><td>C—C
h
b
C
C</td><td>主参数：h
次参数：b
（数值由生产厂家自定）
锁紧后主轴上的锁紧力矩应大于 120N・m</td></tr>
<tr><td rowspan="8">检验精度</td><td>项　目</td><td>数值</td></tr>
<tr><td>主轴定心轴径的径向跳动</td><td>0.010</td></tr>
<tr><td>主轴轴肩支承面端面跳动</td><td>0.015</td></tr>
<tr><td>两基准面的垂直度①</td><td>0.015</td></tr>
<tr><td>主轴轴肩支承面对底面的平行度①</td><td>0.020</td></tr>
<tr><td>主轴轴肩支承面对定位面侧面的垂直度①</td><td>0.020</td></tr>
<tr><td>单个分度误差</td><td>±40″</td></tr>
<tr><td>分 度 精 度</td><td>2′</td></tr>
</table>

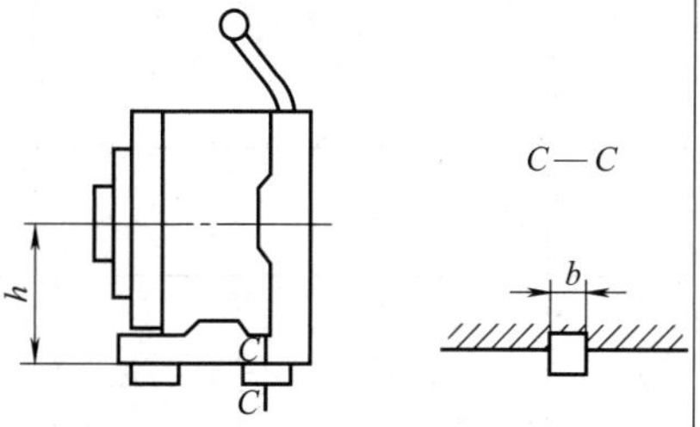

① 在 200mm 测量长度上。

25.10.3　光学分度头

用于精密加工和角度计量，主轴上装有精密的玻璃刻度盘或圆光栅，通过光学或光电系统进行细分、放大，再由目镜、光屏或数显装置读出角度值（精度可达±1″），其基本参数和主要技术指标分别见表 25.40 和表 25.41。

表 25.39 一些等分分度头的规格

mm

型号	技术规格										净重/kg
	中心高	主轴锥孔（莫氏）	主轴锥孔大端直径	可等分数	工作台直径	主轴法兰盘定位短锥直径	定位键宽	配套卡盘型号	分度精度	外形尺寸	
F43125A	125	4	31.267	2、3、4	—	53.975	18			245×185×225	75
F43160A	160	—	—	6、8	—					245×185×257	87
F43160	—	—	—	12、24	—	—		K11160		300×265×180	92
F43100C	100	3	23.825	2、3、4、6	125	—		K11200	2′	153.5×275×178.5	67
F43125C	125	4	31.267	8、12、24	160	—				172×282×222.5	—
F43160C	160	—	—	—	200	41.275	14			172×282×262.5	—

注：主轴直立时轴肩支撑面的最大高度<125mm。

表 25.40　光学分度头的基本参数（GB/T 3371—2013）

SJJF-1 数字式光栅光学分度头

JJ2 光学分度头

项　目	光学读数			数字显示	
	准确度级别				
	1″级	2″级	4″级	10″级	20″级
光学读数系统分格值/(″)	—		2	5	10
数字显示系统分辨力/(″)	0.1		1	—	
角度测量范围/(°)	0～360				
主轴轴线仰俯角度调节范围/(°)	0～90				
顶针中心高/mm ≥	150				
顶针最大中心距/mm ≥	700				
主轴锥孔规格	莫氏 4 号				
附件配置	主轴花盘、拨叉、鸡心夹、阿贝测量头、导程测量仪、指示器安装架				

表 25.41　光学分度头的主要技术指标（GB/T 3371—2013）

项　目	准确度级别				
	1″级	2″级	4″级	10″级	20″级
准确度不低于/(″)	1	2	4	10	20
回程差和封闭差的综合误差/(″) ≤	0.5	1.0	1.5	2	3
工作台 T 形槽导向面与侧导向面在 1000mm 长度上的平行度/mm ≤	0.01				
工作台台面的平面度/μm ≤	5+L/200			10+L/100	
工作台侧导向面的直线度/μm ≤	5+L/200				
工作台侧导向面与台面的垂直度/(′) ≤	10				
主轴顶针锥面的斜向圆跳动/mm ≤	0.002			0.003	
主轴轴线与工作台台面、侧导向面在 100mm 长度上的平行度/mm ≤	0.003			0.005	
尾座顶针移动方向与工作台台面、侧导向面在 30mm 长度上的平行度/mm ≤	0.005				

续表

项　　目	准确度级别				
	1″级	2″级	4″级	10″级	20″级
主轴顶针和尾座顶针连线与工作台台面、侧导向面在 100mm 长度上的平行度/mm ≤	0.003			0.005	
主轴直立且限位机构处于触碰状态下，其轴线对工作台台面的垂直度/(″) ≤	10			20	
主轴仰俯角度刻度盘的示值误差/(′) ≤	6				

注：L 为工作台台面有效长度，mm。

25.11　中间套

表 25.42　快换中间套的规格（JB/T 3411.121—1999）　　mm

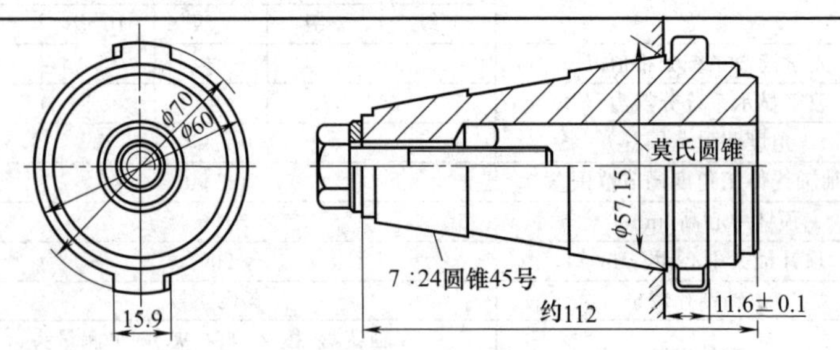

外　　锥	内　　锥
7∶24 圆锥号	莫氏圆锥号
45	2
	3
	4

注：莫氏圆锥的尺寸和偏差按 GB/T 1443 的规定。

表 25.43　莫氏圆锥中间套的规格（JB/T 3411.109—1999）　　mm

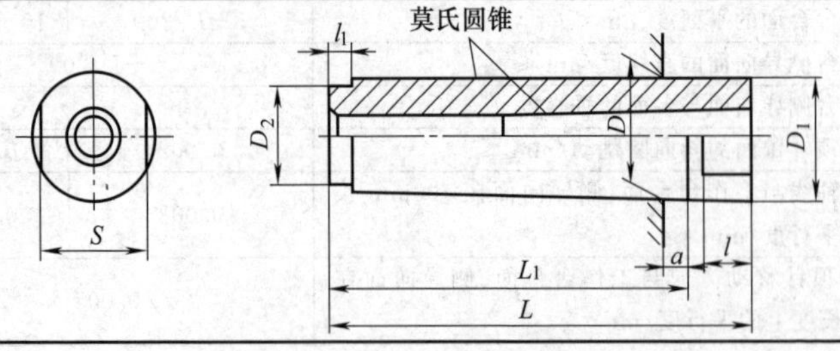

续表

<table>
<tr><th colspan="2">莫氏圆锥号</th><th rowspan="2">D</th><th rowspan="2">D_1 ≈</th><th rowspan="2">D_2max</th><th rowspan="2">L max</th><th rowspan="2">L_1</th><th rowspan="2">a</th><th rowspan="2">l</th><th rowspan="2">$l_1$max</th><th rowspan="2">S</th></tr>
<tr><th>外锥</th><th>内锥</th></tr>
<tr><td>3</td><td>1</td><td>23.825</td><td>24.1</td><td>19.0</td><td>80</td><td>65</td><td>5</td><td>12</td><td>7</td><td>21</td></tr>
<tr><td rowspan="2">4</td><td>2</td><td rowspan="2">31.267</td><td rowspan="2">31.6</td><td rowspan="2">25.0</td><td rowspan="2">90</td><td rowspan="2">70</td><td rowspan="2">6.5</td><td rowspan="2">12</td><td rowspan="2">9</td><td rowspan="2">27</td></tr>
<tr><td>3</td></tr>
<tr><td rowspan="2">3</td><td>2</td><td rowspan="2">44.399</td><td rowspan="2">44.7</td><td rowspan="2">35.7</td><td rowspan="2">110</td><td rowspan="2">85</td><td rowspan="2">6.5</td><td rowspan="2">12</td><td rowspan="2">10</td><td rowspan="2">36</td></tr>
<tr><td>3</td></tr>
<tr><td rowspan="2">6</td><td>4</td><td rowspan="2">63.348</td><td rowspan="2">63.8</td><td rowspan="2">51.0</td><td rowspan="2">130</td><td rowspan="2">105</td><td rowspan="2">8</td><td rowspan="2">15</td><td rowspan="2">16</td><td rowspan="2">55</td></tr>
<tr><td>5</td></tr>
</table>

表 25.44　7∶24 圆锥/莫氏圆锥短型中间套的规格（JB/T 3411.103—1999）

mm

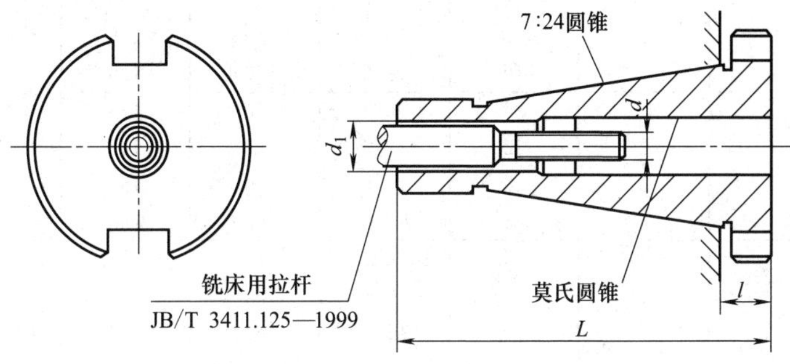

<table>
<tr><th rowspan="2">7∶24
圆锥号</th><th rowspan="2">莫氏
圆锥号</th><th rowspan="2">d</th><th rowspan="2">d_1</th><th rowspan="2">L max</th><th colspan="2">l</th></tr>
<tr><th>基本尺寸</th><th>极限偏差</th></tr>
<tr><td>40</td><td rowspan="2">2</td><td rowspan="2">M10</td><td>17</td><td>105</td><td>11.6</td><td rowspan="8">±0.1</td></tr>
<tr><td rowspan="2">45</td><td rowspan="2">21</td><td rowspan="2">120</td><td rowspan="2">13.2</td></tr>
<tr><td rowspan="2">3</td><td rowspan="2">M12</td></tr>
<tr><td rowspan="2">50</td><td rowspan="4">26</td><td rowspan="2">142</td><td rowspan="2">15.2</td></tr>
<tr><td rowspan="2">4</td><td rowspan="2">M16</td></tr>
<tr><td rowspan="2">55</td><td rowspan="2">182</td><td rowspan="2">17.2</td></tr>
<tr><td rowspan="2">5</td><td rowspan="2">M20</td></tr>
<tr><td>60</td><td>32</td><td>226</td><td>19.2</td></tr>
</table>

表 25.45 7∶24 圆锥/带扁尾莫氏圆锥中间套的规格（JB/T 3411.107—1999） mm

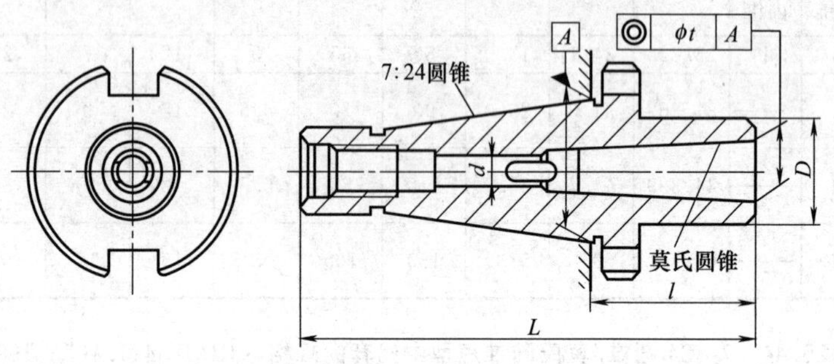

7∶24 圆锥号	莫氏 圆锥号	D	d	l max ≈	L max	t
30	1	25	6.2	50	118	0.012
	2	32	10.3	70	138	
	3	40	12.5	70	138	
40	1	25	6.2	50	143	
	2	32	10.3	50	143	
	3	40	12.5	66	158	
	4	48	17.0	95	188	
45	1	25	6.2	50	157	0.016
	2	32	10.3	50	157	
	3	40	12.5	66	172	
	4	48	17.0	75	182	
	5	63	21.0	125	232	
50	2	32	10.3	60	187	0.020
	3	40	12.5	66	192	
	4	48	17.0	70	197	
	5	63	21.0	105	232	
55	3	40	12.5	70	235	
	4	48	17.0	70	235	
	5	63	21.0	70	235	
60	3	40	12.5	70	277	
	4	48	17.0	70	277	
	5	63	21.0	70	277	
	6	80	25.0	100	307	

表 25.46　7∶24 圆锥/莫氏圆锥长型中间套的规格（JB/T 3411.102—1999）

mm

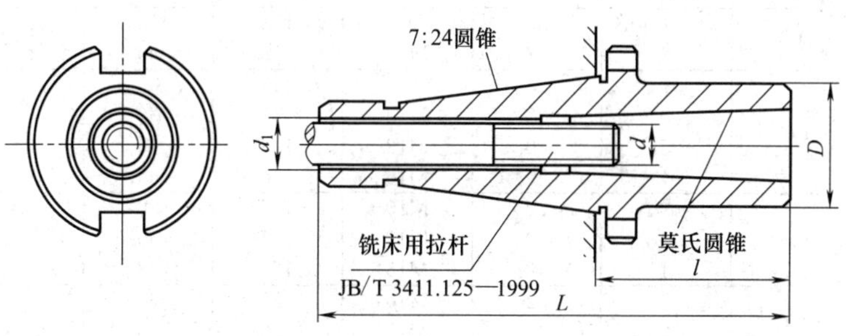

7∶24 圆锥号	莫氏 圆锥号	D	d	d_1	L max	l max ≈
40	3	40	M12	17	158	65
	4	48	M16		188	95
45				21	182	75
50				26	212	85
	5	63	M20		247	120
55	4	48	M16		225	60
	5	63	M20		260	95
60				32	292	85
	6	80	M24		327	120

表 25.47　7∶24 圆锥/莫氏圆锥中间套的规格（JB/T 3411.101—1999）

mm

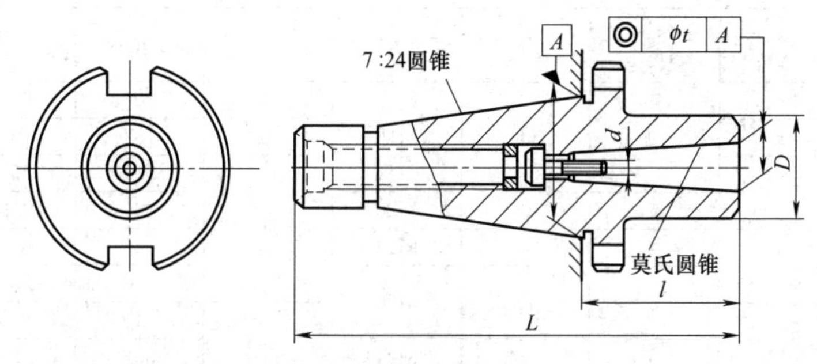

续表

7∶24 圆锥号	莫氏 圆锥号	D	d	L max	l max ≈	t
30	1	25	M6	118	50	0.012
	2	32	M10	118	50	
40	1	25	M6	143	50	0.016
	2	32	M10	143	50	
	3	40	M12	158	65	
	4	48	M16	188	95	
45	2	32	M10	157	50	
	3	40	M12	157	50	
	4	48	M16	182	75	
50	2	32	M10	187	60	0.020
	3	40	M12	192	65	
	4	48	M16	212	85	
	5	63	M20	247	120	
55	3	40	M12	225	60	
	4	48	M16	225	60	
	5	63	M20	260	95	
60	5	63	M20	292	85	
	6	80	M24	327	120	

表 25.48　7∶24 圆锥/强制传动的莫氏圆锥长型中间套的规格（JB/T 3411.105—1999）　mm

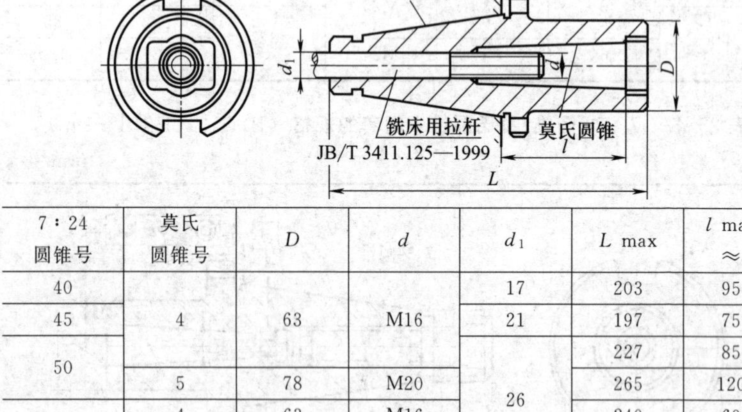

<table>
<tr><th>7∶24
圆锥号</th><th>莫氏
圆锥号</th><th>D</th><th>d</th><th>d_1</th><th>L max</th><th>l max
≈</th></tr>
<tr><td>40</td><td rowspan="3">4</td><td rowspan="3">63</td><td rowspan="3">M16</td><td>17</td><td>203</td><td>95</td></tr>
<tr><td>45</td><td>21</td><td>197</td><td>75</td></tr>
<tr><td rowspan="2">50</td><td rowspan="4">26</td><td>227</td><td>85</td></tr>
<tr><td>5</td><td>78</td><td>M20</td><td>265</td><td>120</td></tr>
<tr><td rowspan="2">55</td><td>4</td><td>63</td><td>M16</td><td>240</td><td>60</td></tr>
<tr><td rowspan="2">5</td><td rowspan="2">78</td><td rowspan="2">M20</td><td>278</td><td>95</td></tr>
<tr><td rowspan="2">60</td><td rowspan="2">32</td><td>310</td><td>85</td></tr>
<tr><td>6</td><td>124</td><td>M24</td><td>352</td><td>120</td></tr>
</table>

表 25.49　7∶24 圆锥/强制传动的莫氏圆锥短型中间套的规格（JB/T 3411.106—1999）　mm

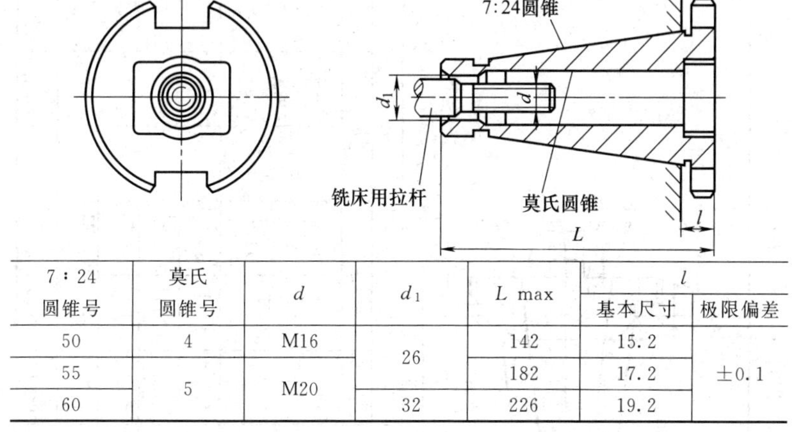

7∶24 圆锥号	莫氏 圆锥号	d	d_1	L max	l	
					基本尺寸	极限偏差
50	4	M16	26	142	15.2	±0.1
55	5	M20		182	17.2	
60			32	226	19.2	

表 25.50　7∶24 圆锥/强制传动的莫氏圆锥中间套的规格（JB/T 3411.104—1999）　mm

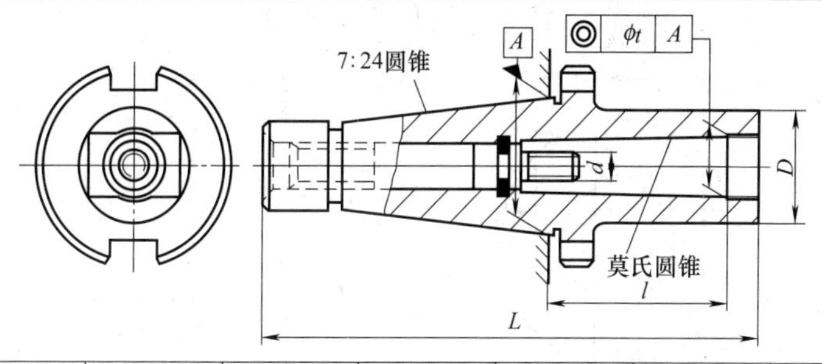

7∶24 圆锥号	莫氏 圆锥号	D	d	L max	l max ≈	t
40	4	63	M16	203	95	0.016
45				197	75	
50				227	85	0.020
	5	78	M20	265	120	
55	4	63	M16	210	60	
	5	78	M20	278	95	
60	5	78	M20	310	85	
	6	124	M24	352	120	

表 25.51 7∶24 圆锥中间套的规格（JB/T 3411.108—1999）

mm

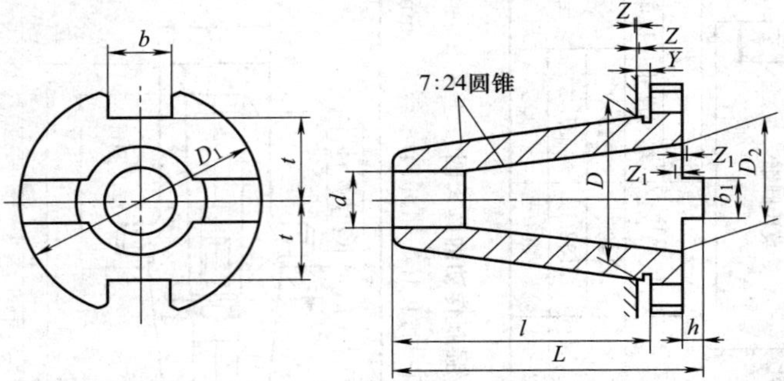

7∶24 圆锥号 外锥	7∶24 圆锥号 内锥	内锥 D	内锥 D_1	内锥 l max	内锥 l min	内锥 Y	内锥 Z	内锥 b 基本尺寸	内锥 b 极限偏差 H12	内锥 t max	外锥 D_2	外锥 d 基本尺寸	外锥 d 极限偏差 H12	外锥 b_1 基本尺寸	外锥 b_1 极限偏差 h9	外锥 h max	外锥 Z_1
40	30	44.45	63	85.0	67	1.6	±0.4	16.1	+0.180 0	22.5	31.75	17.4	+0.180 0	159	0 −0.043	8.0	±0.4
45	40	57.15	80	104.0	86	3.2		19.3	+0.210 0	29.0	44.45	253	+0.210 0				
50	30	69.85	100	125.0	105			25.7		35.3	31.75	17.4	+0.180 0				
	40										44.45	253	+0.210 0				
	45			126.5							57.15	324	+0.250 0	190	0 −0.052	95	

续表

7：24 圆锥号		内锥									外锥						
								b				d		b_1			
外锥	内锥	D	D_1	l max	l min	Y	Z	基本尺寸	极限偏差 H12	t max	D_2	基本尺寸	极限偏差 H12	基本尺寸	极限偏差 h9	h max	Z_1
55	40	88.90	130	152.0	130	3.2	±0.4	25.7	+0.210 0	45.0	44.45	25.3	+0.210 0	159	0 —0.043	80	±0.4
	45			153.5							57.15	32.4	+0.250 0	190	0 —0.052	95	
	50			156.5							69.85	39.6		254		125	
60	40	107.95	160	189.0	165					60.0	44.45	253	+0.210 0	159	0 —0.043	80	
	45			190.5							57.15	324	+0.250 0	190	0 —0.052	95	
	50			193.5							69.85	396		254		125	

注：1. Z 等于圆锥的大端和通过基本直径 D 的平面之间的最大允许偏差，适用于该平面的两侧面。

2. Z_1 等于在前端面的任何一边，基准平面 D_2 对前端面公称重合位置的最大允许偏差。

25.12 V形块

25.12.1 机床调整V形块

表 25.52 机床调整V形块（Ⅰ）（JB/T 8018.1—1999） mm

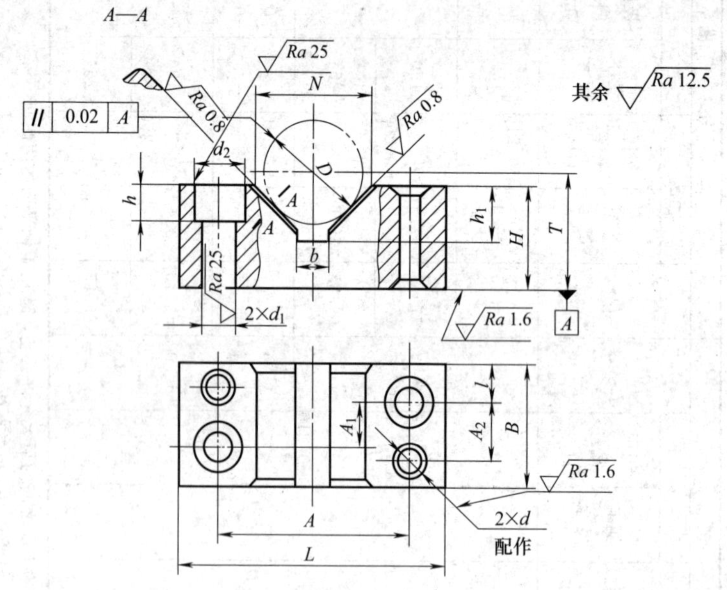

N	D	L	B	H	A	A_1	A_2	b	l	d 基本尺寸	d 极限偏差 H7	d_1	d_2	h	h_1
9	5～10	32	16	10	20	5	7	2	5.5	4	+0.012 0	4.5	5	4	5
14	>10～15	38	20	12	26	6	9	4	7			5.5	10	5	7
18	>15～20	46	25	16	32	9	12	6	8	5		6.6	11	6	9
24	>20～25	55		20	40			8							11
32	>25～35	70	32	25	50	12	15	12	10	6		9	15	8	14
42	>35～45	85	40	32	64	16	19	16	12	8	+0.015 0	11	18	10	18
55	>45～60	100		35	76			20							22
70	>60～80	125	50	42	96	20	25	30	15	10		13.5	20	12	25
85	>80～100	140		50	110			40							30

注：尺寸 T 按公式计算，$T=H+0.707D-0.5N$。

表 25.53　机床调整 V 形块（Ⅱ）（JB/T 8018.3—1999）　mm

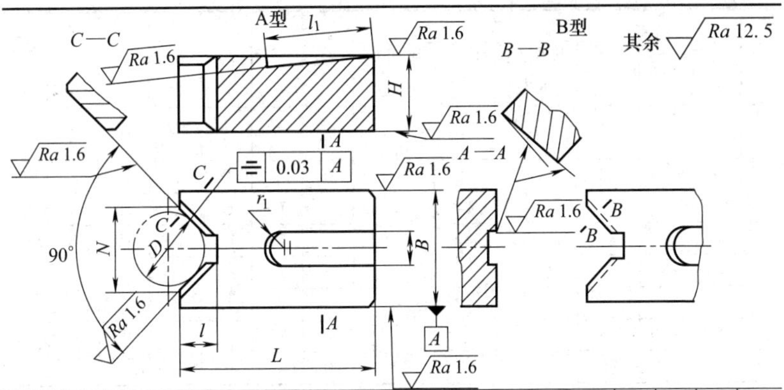

N	D	B 基本尺寸	B 极限偏差 f7	H 基本尺寸	H 极限偏差 f9	L	l	l_1	r_1
9	5～10	18	−0.016 −0.034	10	−0.013 −0.049	32	5	22	4.5
14	＞10～15	20	−0.020 −0.041	12	−0.016 −0.059	35	7		
18	＞15～20	25		14		40	10	26	
24	＞20～25	34	−0.025 −0.050	16		45	12	28	5.5
32	＞25～35	42				55	16	32	
42	＞35～45	52	−0.030 −0.060	20	−0.020 −0.072	70	20	40	6.5
55	＞45～60	65				85	25	46	
70	＞60～80	80		25		105	32	60	

25.12.2　机床活动 V 形块

表 25.54　机床活动 V 形块（JB/T 8018.4—1999）　mm

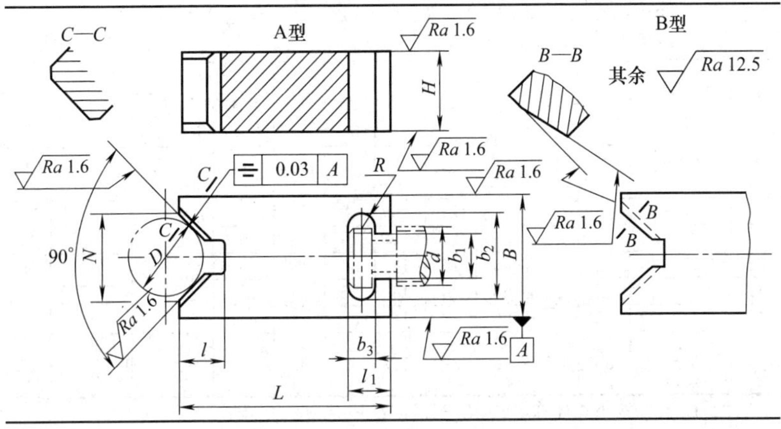

续表

N	D	B 基本尺寸	B 极限偏差 f7	H 基本尺寸	H 极限偏差 f9	L	l	l_1	b_1	b_2	b_3	相配件 d
9	5～10	18	−0.016 −0.034	10	−0.013 −0.049	32	5	6	5	10	4	M6
14	>10～15	20	−0.020 −0.041	12	−0.016 −0.059	35	7	8	6.5	12	5	M8
18	>15～20	25		14		40	10	10	8	15	6	M10
24	>20～25	34	−0.025 −0.050	16		45	12	12	10	18	8	M12
32	>25～35	42				55	16	13	13	24	10	M16
42	>35～45	52	−0.030 −0.060	20	−0.020 −0.072	70	20					
55	>45～60	65				85	25	15	17	28	11	M20
70	>60～80	80		25		105	32					

25.12.3 机床固定V形块

表 25.55　机床固定 V 形块（JB/T 8018.2—1999）　　mm

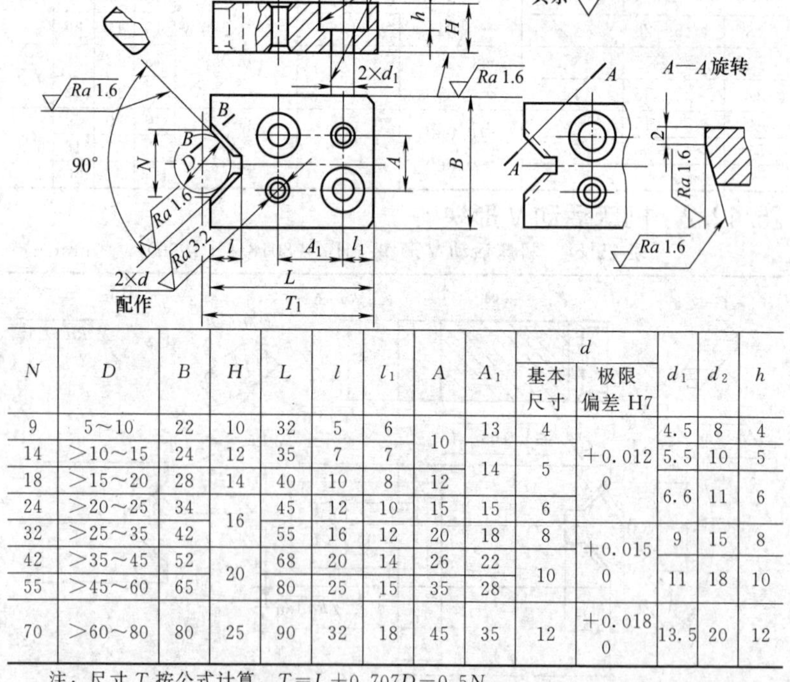

N	D	B	H	L	l	l_1	A	A_1	d 基本尺寸	d 极限偏差 H7	d_1	d_2	h
9	5～10	22	10	32	5	6	10	13	4	+0.012 0	4.5	8	4
14	>10～15	24	12	35	7	7		14	5		5.5	10	5
18	>15～20	28	14	40	10	8	12				6.6	11	6
24	>20～25	34	16	45	12	10	15	15	6				
32	>25～35	42		55	16	12	20	18	8	+0.015 0	9	15	8
42	>35～45	52	20	68	20	14	26	22	10		11	18	10
55	>45～60	65		80	25	15	35	28					
70	>60～80	80	25	90	32	18	45	35	12	+0.018 0	13.5	20	12

注：尺寸 T 按公式计算，$T=L+0.707D-0.5N$。

25.13 回转工作台

回转工作台可以辅助加工各种曲线零件以及需要分度的零件，既可使零件做轴向移动和回转分度，又可进行一般的铣削加工。可扩大铣床加工的工艺范围，缩短加工的辅助时间，提高零件加工精度。有蜗杆副分度传动的卧式工作台、立卧式工作台和可倾式工作台三种。

25.13.1 回转工作台的型式及参数

表 25.56 回转工作台的型式及参数（JB/T 4370—2011） mm

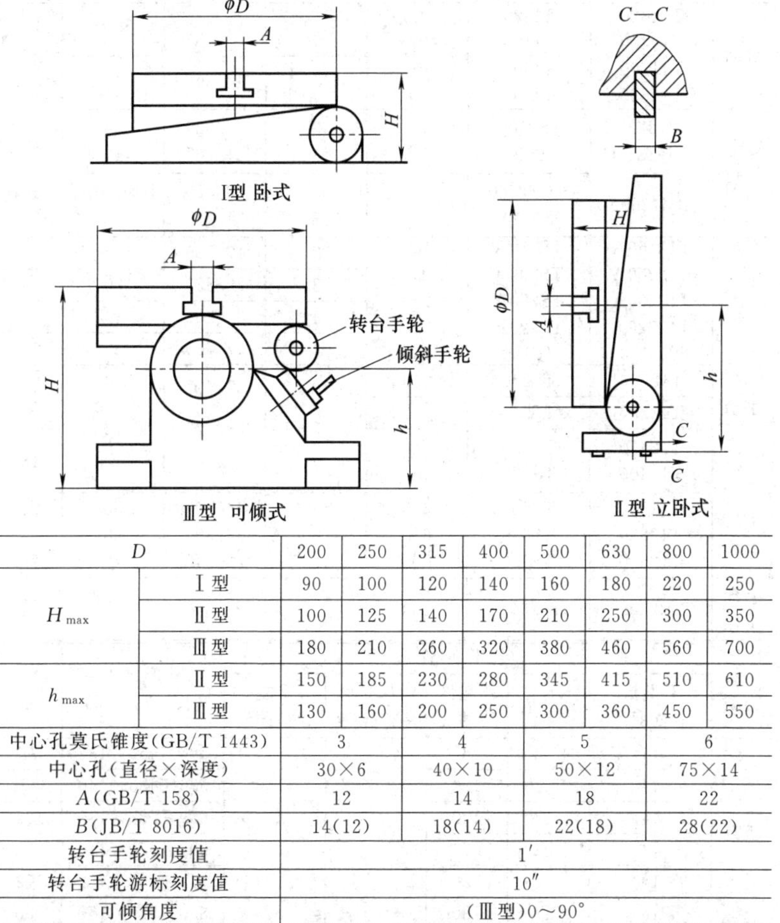

D		200	250	315	400	500	630	800	1000
H_{max}	Ⅰ型	90	100	120	140	160	180	220	250
	Ⅱ型	100	125	140	170	210	250	300	350
	Ⅲ型	180	210	260	320	380	460	560	700
h_{max}	Ⅱ型	150	185	230	280	345	415	510	610
	Ⅲ型	130	160	200	250	300	360	450	550
中心孔莫氏锥度(GB/T 1443)		3		4		5		6	
中心孔(直径×深度)		30×6		40×10		50×12		75×14	
A(GB/T 158)		12		14		18		22	
B(JB/T 8016)		14(12)		18(14)		22(18)		28(22)	
转台手轮刻度值		1′							
转台手轮游标刻度值		10″							
可倾角度		(Ⅲ型)0～90°							

25.13.2　普通回转工作台

表 25.57　普通回转工作台的规格　　mm

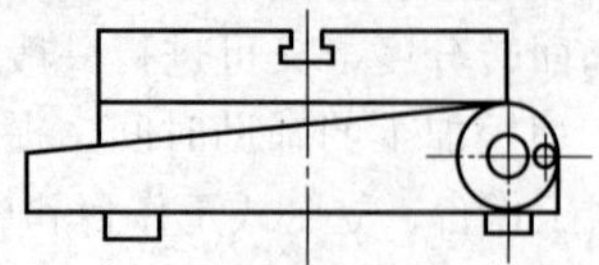

产品类型	型号	原型号	工作台台面直径	中心锥孔锥度（莫氏）	中心锥孔大端直径	定位孔直径	定位键宽度
机动	T11320 T11400	TJ320 TJ400	320 400	4	31.267	38、40	18
	T11500 T11630	TJ500 TJ630	500 630	5	44.399	50	
精密手动	TM12250C TM12320C	TS250C TS320C	250 320	3 4	23.825 31.267	30 40	14
	TM12600	HCPZJ60 F1360	600	3 4	23.825 31.267	手柄工作台转速比 1∶360	
手动	T12160A T12200A T12250A T12320A T12160	TS160A TS200A TS250A TS320A TS160	160 200 250 320 160	2 3 4 2	17.780 23.825 31.267 17.780	25 30 40 30	12 14 30 12
	T12200	TS200	200	3	23.825	32	14
	T12250	TS250	250				
	T12320	TS320	320				18
	T12400	TS400	400				
	T12500	TS500	500	5	44.399	50	22
	T12630	TS630	630	5	44.399	50	22
	T12800	TS800	800	6	63.348	75	28
手动机械	T-12250-1	TS250-1	250	3	23.825	32	14

产品类型	技术规格						外形尺寸（长×宽×高）	净重/kg
	T形槽宽度	刻划值	蜗轮副传动比	分度精度		重复精度		
				普通	精密			
机动	14	4°、2′	90				586×450×132	77
	14	4°、2′	120				630×483×140	97
	14	3°、2′	120	1′			669×538×140	125
	14	3°、2′	120				695×570×140	132
	18	3°、2′	120				748×627×150	173
	18	2°、1′	180				855×925×150	280

续表

产品类型	技术规格						外形尺寸（长×宽×高）	净重/kg
	T 形槽宽度	刻划值	蜗轮副传动比	分度精度		重复精度		
				普通	精密			
精密手动	12	1°、5′	180	30″		最大载荷 75kg	413.5×413.5×370	
	14						494.5×450×146	
	T 形槽槽数 8	1°、1′		10″	4″	200	806×761×180	300
				4″		250	840×750×180	270
手动回转	10	1°、2′	90	1′	45″	蜗杆 1 转，转台 4°	285×343×125	16.5
	12		120				303×382×125	22.5
	12						345×432×125	35.5
	14						410×469×140	65.0
	10						315×240×85	14.0
	12						342×270×90	18.0
	12						430×330×95	32.0
	14						610×420×133	76.0
	14						640×520×133	100.0
	20						595×605×140	110.0
	20	1°、1′	180				823×750×145	130.0
	22						1100×800×200	800.0
手动机械	12	1°、2′	90	1′	—	335×435×100	31	—

25.13.3 重型回转工作台

适用于新设计最大承载重量为 10～100t、工作台面宽度或直径为 1250～5000mm 的一般用途的重型回转工作台，其规格见表 25.58。

表 25.58 重型回转工作台规格（JB/T 8603—2011） mm

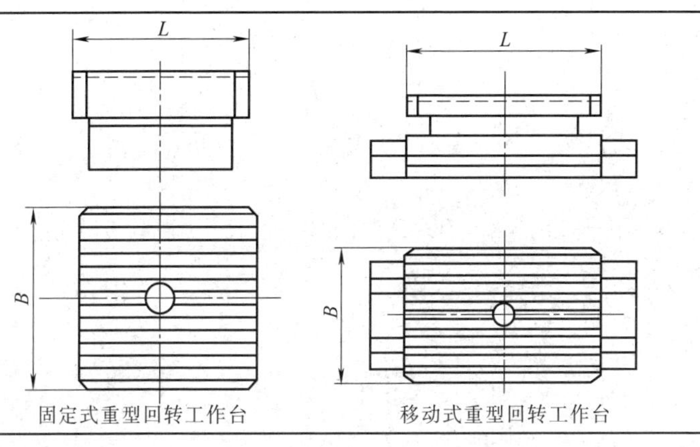

固定式重型回转工作台 移动式重型回转工作台

续表

工作面尺寸 $B\times L$	1250× 1600	1600× 2000	2000× 2500	2500× 3000	3450× 4000	4000× 5000	5000× 6000
最大承载重量/t	10	20	30	40	63	80	100
最小行程	1500	1500	2000	2000	2500	2500	2500
T形槽宽度	28	28	36	36	42	48	54

注：T形槽其余尺寸按GB/T 158—1996的规定。

第26章 起重工具

26.1 千斤顶

通过顶部托座或底部托爪，在行程内顶升重物，用于桥梁、铁道、运输、机械和建筑等行业，既可顶升重物，也可用钩脚提起较低位置的重物。

千斤顶的型式和尺寸见表 26.1。

表 26.1 千斤顶的型式和尺寸（JB/T 3411.58—1999） mm

d	A 型		B 型		H_1	D
	H min	H max	H min	H max		
M6	36	50	36	48	25	30
M8	47	60	43	55	30	35
M10	56	70	50	65	35	40
M12	67	80	58	75	40	45
M16	76	95	65	85	45	50
M20	87	110	76	100	50	60
Tr26×5	102	130	94	120	65	80

续表

d	A型		B型		H_1	D
	H min	H max	H min	H max		
Tr32×6	128	155	112	140	80	100
Tr40×7	158	185	138	165	100	120
Tr55×9	198	255	168	225	130	160

千斤顶按结构可分为螺旋千斤顶、齿条千斤顶和液压（油压）千斤顶 3 种；按其他方式可分为分离式千斤顶、卧式千斤顶、爪式千斤顶、同步千斤顶、油压千斤顶、电动千斤顶等。

26.1.1 QL 系列螺旋千斤顶

表 26.2 QL 系列螺旋千斤顶的规格和技术参数（JB/T 2592—2008）

mm

型号	额定起载量/t	最低高度	起升高度	净重/kg	外形尺寸	
QL3.2	3.2	200	110	7	160×130×200	 用于制造业中安装时的起重或顶压
QL5	5	250	130	8	178×150×250	
QL8	8	260	145	9	184×160×260	
QL10	10	280	150	11	194×170×280	
QL16	16	320	180	16	229×182×320	
QLD16	16	225	90	12	229×182×225	
QL20	20	325	180	17	243×194×325	
QLD25	25	262	125	20	252×200×262	
QL32	32	395	200	30	263×223×395	
QLD32	32	270	110	23	263×220×270	
QL50	50	452	250	52	245×317×452	
QLD50	50	332	150	48	245×317×330	
QL100	100	452	200	78	280×320×452	

26.1.2 齿条千斤顶

表 26.3 齿条千斤顶的规格和技术参数（JB/T 11101—2011）

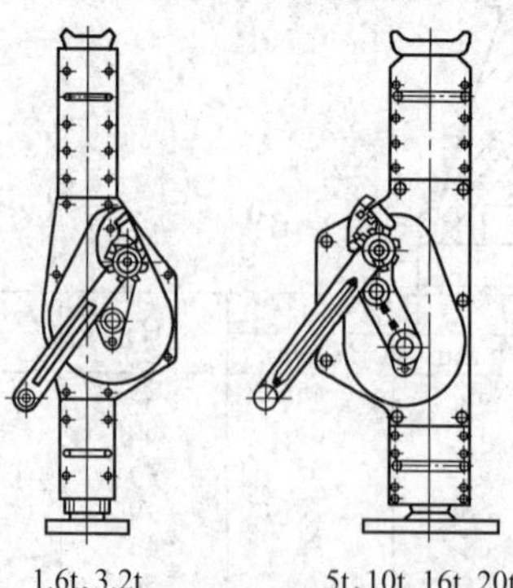

1.6t、3.2t　5t、10t、16t、20t

手摇式千斤顶

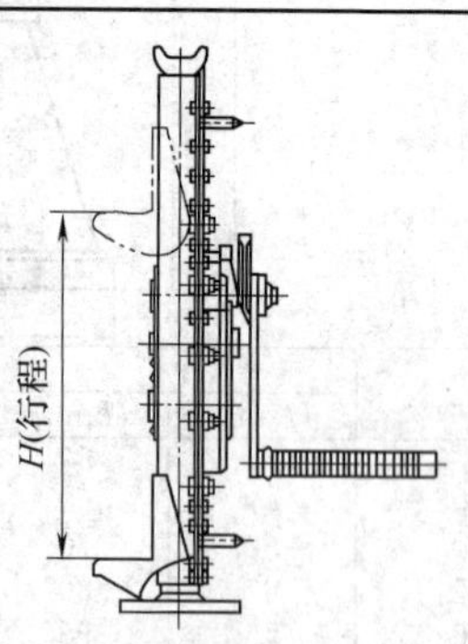

1.6～20t

手扳式千斤顶

续表

额定起重量 /t	额定辅助起重量 /t	行程 H /mm	平柄(扳手)力/N max
1.6	1.6	350	280
3.2	3.2	350	280
5	5	300	280
10	10	300	560
16	11.2	320	640
20	14	320	640

26.1.3　液压千斤顶

表 26.4　FQY 型分离式液压千斤顶的规格和技术参数　mm

分离式液压千斤顶：广泛应用于交通、铁路、桥梁、造船、建筑、厂矿等各行各业

型号	升力 /t	行程	最低高度	油缸外径	压力 /MPa	质量 /kg
FQY5-100	5	100	195	66	40	2
FQY10-125/200	10	125/200	213/330	90	63	5
FQY200-100/150	20	100/150	260/210	90	63	7
FQY20-200	20	200	360	90	63	9
FQY30-63/150	30	63/150	260	105	63	12.5
FQY50-25/100	50	125/160	263/298	132	63	25
FQY50-200	50	200	338	132	63	31
FQY100-125/100	100	125/160	291/326	172	63	49
FQY100-200	100	200	366	172	63	55
FQY200-200	200	200	396	244	63	118
FQY320-200	320	200	427	315	63	213
FQY500-200	500	200	475	395	63	394
FQY630	630	200	536	450	60.7	580
FQY800	800	200	577	550	62.4	1068
FQY1000	1000	200	620	600	61.6	1200

表 26.5 QF 型分离式液压千斤顶的规格和技术参数 mm

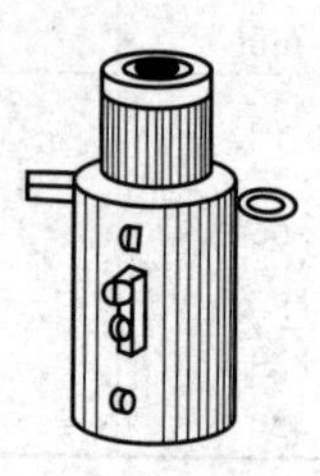

型号	起载量/t	起重高度	最低高度	油缸外径	油缸内径	活塞杆外径	质量/kg
QF5012	50	125	270	140	100	70	25
QF5016		160	305				28
QF5020		200	345				32
QF100-12	100	125	300	180	140	100	48
QF100-16		160	335				54
QF10-20		200	375				60
QF200-12	200	125	310	250	200	150	92
QF200-16		160	245				103
QF200-20		200	385				114
QF320-20	320	200	410	320	250	180	211
QF500-20	500	200	465	400	320	250	390
QF630-20	630	200	517	480	360	280	630

表 26.6 一些油压千斤顶的规格和技术参数 mm

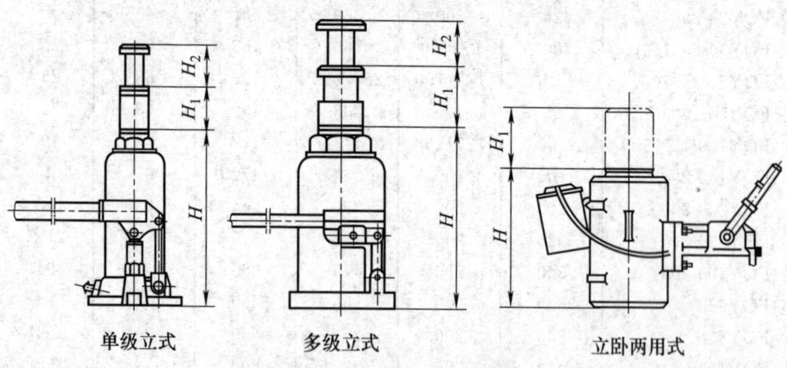

续表

型　号		承载力/t	最低高度 H	起升高度 H_1	调整高度 H_2	起升进程	公称压力/MPa	净重/kg
立式	QYL2	2	158	90	60	50	34.7	2.2
	QYL3.2	3.2	195	125	60	32	44.4	3.5
	QYL5G	5	232	150	80	22	—	4.6
	QYL5D	5	200	125	80	22	48.2	4.6
	QYL8	8	236	160	80	16	56.6	6.9
	QYL10	10	240	160	80	14	61.7	7.3
	QYL12.5	12.5	245	160	80	11	62.4	9.3
	QYL16	16	250	160	80	9	63.7	11.0
	QYL20	20	280	180	80	9.5	69.4	15.0
	QYL32	32	285	180	—	6	71	23.0
	QYL50	50	300	180	—	4	70	33.5
	QYL71	71	320	180	—	3	—	66.0
立卧两用式	QW100	100	360	200		4.5	63.7	120
	QW200	200	400	200		2.5	69.2	250
	QW320	320	450	200		1.6	69.3	435

注：1. 型号中 QYL—立式，QW—立卧式，G—高型，D—低型。

2. 起升进程为油泵工作10次的活塞上升距离。

表26.7　卧式液压千斤顶的规格和技术参数　　mm

卧式液压千斤顶：主要用于厂矿、交通运输等部门的车辆修理及其他起重、支撑等工作

型　号	承载/t	最低高度	最高高度	毛/净重/kg	包装尺寸/cm
QK2-320	2	135	350	8.5/7.5	45×21×15
QK3-500-1	3	135	500	30.5/28.5	71×41×21
QK3.5-500-1	3.5	135	500	36/34	71×41×21
QK4-500	4	135	500	40/38	73×41×21
QK5-560	5	140	560	65/60	81×39×25
QK5-580(重型)	5	160	580	107/95	154×42×27
QK8-580	8	180	580	117/105	154×42×27
QK-10-580	10	180	580	158/140	166×52×32
QK20-580	20	200	580	170/150	166×52×32

表 26.8 车库用油压千斤顶 mm

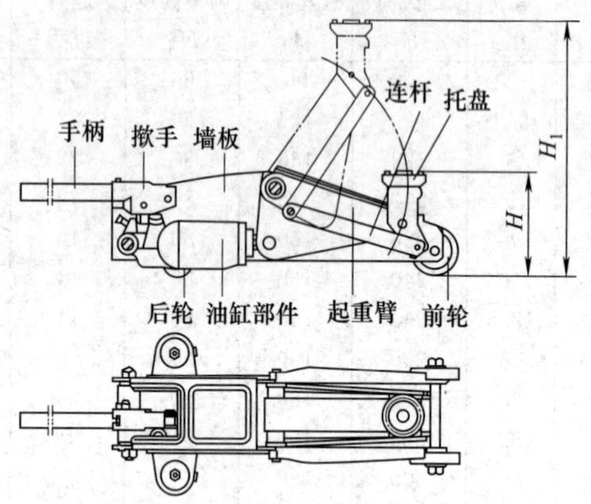

额定起载量/t	最低高度	起升高度	额定起载量/t	最低高度	起升高度
1.0	140	200	5.0	160	400
1.25		250	6.3	170	400
1.6		220,260	8.0		
2.0		275,350	10		400,450
2.5		285,350	12.5	210	400
3.2	160	350,400	16		430
4.0		400	20		430

26.1.4 气动液压千斤顶

是利用压缩气体作为动力，液体增压与伸缩式液压缸组合而成的一种举升设备，其规格见表26.9。

表 26.9 一些气动液压千斤顶的规格

续表

型　号	JR30-1	JR50-1	JR50-2	JR50-3
起重量/t	30	50/35	50/25	50
使用气压/MPa	0.8～1.2	0.8～1.2	0.8～1.2	0.8～1.2
最低高度/mm	200	210	170	210
起升高度/mm	350	440	400	400
加长顶高度/mm	35/75	35/75	35/75	35/75
额定压力/MPa	31.2	31.2	31.2	31.2
净重/kg	59	81	75	75
型　号	JR80-1	JR80-2	JR80-3	JR100-1
起重量/t	80/35	80/20	80	100/50
使用气压/MPa	0.8～1.2	0.8～1.2	0.8～1.2	0.8～1.2
最低高度/mm	220	210	210	230
起升高度/mm	460	430	440	490
加长顶高度/mm	55/75	35/75	35/75	70/70
额定压力/MPa	31.2	31.2	31.2	31.2
净重/kg	110	80	75	125

26.1.5 电动液压千斤顶

表 26.10 DYG 电动液压千斤顶的规格和技术参数　　mm

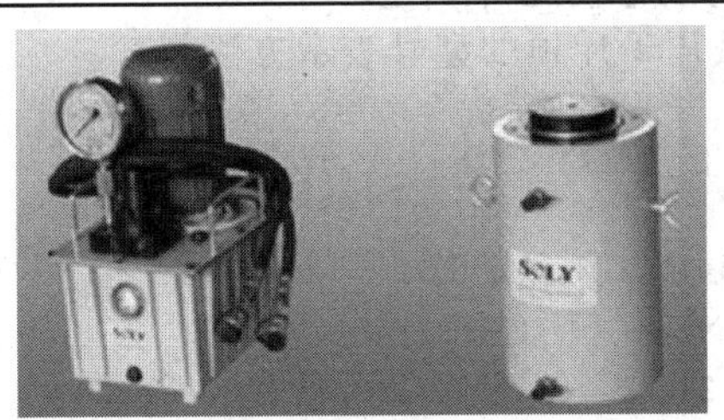

输出力大、质量轻、可远距离操作，配以超高压油泵站，可实现顶、推、拉、挤压等多种形式的作业，广泛应用于交通、铁路、桥梁、造船等各行各业

型号	同步顶型　号	吨位/t	行程	最低高度	伸展高度	油缸外径	活塞杆直径	油缸直径	压力/MPa	质量/kg
DYG50-125	TDYG50-125		125	250	375					32
DYG50-160	TDYG50-160	50	160	285	445	127	70	100	63	35
DYG50-200	TDYG50-200		200	325	525					43

续表

型号	同步顶型号	吨位/t	行程	最低高度	伸展高度	油缸外径	活塞杆直径	油缸直径	压力/MPa	质量/kg
DYG100-125	TDYG100-125		125	275	400					56
DYG100-160	TDYG100-160	100	160	310	470	180	100	140	63	63
DYG100-200	TDYG100-200		200	350	550					78
DYG150-160	TDYG150-160	150	160	320	480	219	125	180	63	68
DYG150-200	TDYG150-200		200	360	560					78
DYG200-125	TDYG200-125		125	310	435					112
DYG200-160	TDYG200-160	200	160	345	505	240	150	200	63	118
DYG200-200	TDYG200-200		200	385	585					136
DYG320-200	TDYG320-200	320	200	410	610	330	180	250	63	235
DYG400-200	TDYG400-200	400	200	460	660	380	200	290	63	265
DYG500-200	TDYG500-200	500	200	460	660	430	200	320	63	430
DYG630-200	TDYG630-200	630	200	515	715	500	250	360	63	690
DYG800-200	TDYG800-200	800	200	598	798	560	300	400	63	940
DYG1000-200	TDYG1000-200	1000	200	630	830	600	320	450	63	1200

26.1.6 预应力用液压千斤顶

预应力用液压千斤顶的型号表示方法是：

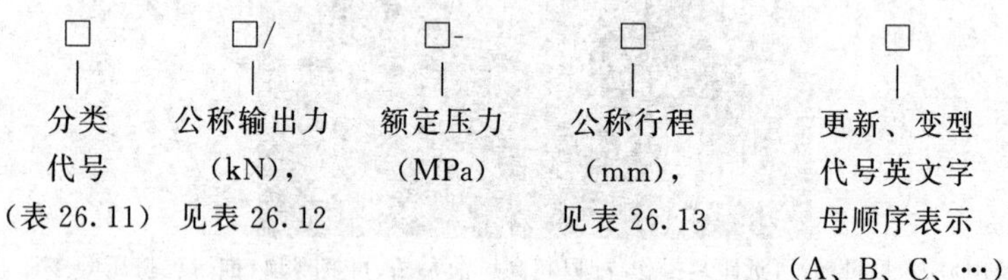

表 26.11 预应力用液压千斤顶的分类和代号

穿心式千斤顶		实心式千斤顶	
前卡式	YDCQ	顶推式	YDT
后卡式	YDC	机械自锁式	YDS
穿心拉杆式	YDCL	实心拉杆式	YDL

表 26.12　公称输出力优先选用系列　kN

第1系列	100	—	250	350	—	600	—	1000	1500
第2系列	—	160	—	—	400	—	850	—	—
第1系列	—	2500	3000	—	4000	—	6500	9000	12000
第2系列	2000	—	—	3500	—	5000	—	—	—

表 26.13　公称行程优先选用系列　mm

第1系列	50	—	100	—	—	200
第2系列	—	80		150	180	—
第1系列	—	—	—	500	—	—
第2系列	250	300	400	—	600	1000

表 26.14　YDC穿心式千斤顶参数表（JG/T 321—2011）　mm

型号规格	公称	张拉力/kN	公称油压/MPa	穿心孔径	装限位板孔径	直径×高度
YDC650	650	48	72	99	95	200×385
YDC1000	1000	50	78	111	111	230×385
YDC1500	1500	52	94	150	150	270×390
YDC2000	2000	53	118	177	177	320×400
YDC2500	2500	52	128	210	185	345×400
YDC3000	3000	52	135	190	185	370×400
YDC3500	3500	51	160	232	232	420×400
YDC4000	4000	52	165	252	252	450×410
YDC5000	5000	52	196	260	265	500×410
YDC6500	6500	53	220	295	235	580×420
YDC10000	10000	50	270	440	415	740×570

注：山西万泽锦达机械制造有限公司产品。

26.1.7　薄型千斤顶

表 26.15　RSM系列薄型千斤顶的规格　mm

续表

型号	吨位/t	行程	本体高度	伸展高度	外径
RSM-50	5	6	32	38	58×41
RSM-100	10	12	42	54	82×55
RSM-200	20	11	51	62	101×76
RSM-300	30	13	58	71	117×95
RSM-500	50	16	66	82	140×114
RSM-750	75	16	79	95	165×139
RSM-1000	100	16	85	101	178×153
RSM-1500	150	16	116	116	215×190

注：用于公路、铁路建设中及机械校调、设备拆卸等场合。

表 26.16 RCS 系列薄型千斤顶的规格 mm

型号	同步顶型号	吨位/t	行程	缸面积/cm^2	油容量/cm^3	本体高度	伸展高	外径	质量/kg
RCS-101	TRCS-101	10	38	14.4	55	88	126	70	4.1
RCS-201	TRCS-201	20	44	28.6	126	99	143	92	5.0
RCS-302	TRCS-302	30	62	41.9	260	118	179	102	6.8
RCS-502	TRCS-502	50	60	62.1	373	122	182	124	10.9
RCS-1002	TRCS-1002	100	57	126.9	723	141	198	165	22.7

注：特别在空间位置狭窄的地方使用，且具有轻便灵活、顶力大等功能，广泛适用于电力、化工、钢铁、桥梁、机械等企业。

26.2 起重滑车

与吊车或绞车配合使用，起吊笨重货物。按轮数的多少可分为单门、双门和多门。按滑车与吊物的连接方式可分为吊钩式、链环式、吊环式和吊架式四种。一般中小型的滑车多属于吊钩式、链环式和吊环式，而大型滑车采用吊环式和吊梁式。

26.2.1 型号表示方法

起重滑车的型号表示方法是：

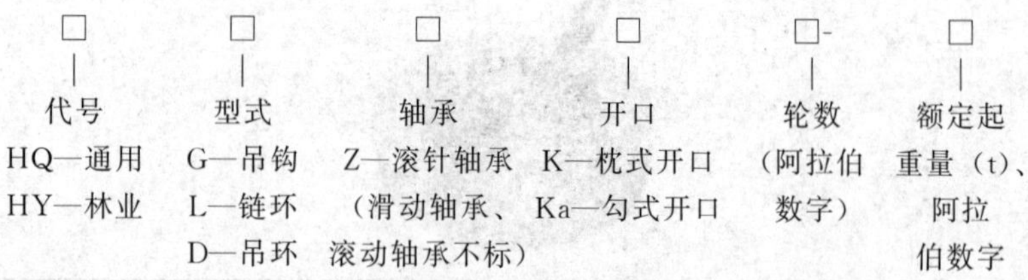

26.2.2 一些起重滑车的技术数据

表 26.17 通用和林业起重滑车的规格（JB/T 9007—1999） mm

滑轮直径	额定起重量/t																		钢丝绳直径范围
	0.32	0.5	1.0	2.0	3.2	5	8	10	16	20	32	50	80	100	160	200	250	320	
	滑轮数量																		
63	1																		6.2
71		1	2																6.2～7.7
85			1	2	3														7.7～11
112				1	2	3	4												11～14
132					1	2	3	4											12.5～15.5
160						1	2	3	4	5									15.5～18.5
180								2	3	4	6								17～20
210							1			3	5								20～23
240								1			4	6							23～24.5
280									1	2	3	5	6						26～28
315									1			4	6	8					28～31
355										1	2	3	5	6	8	10			31～35
400																8	10		34～38
455																		10	40～43

注：阴影区为林业滑车规格。

表 26.18 一些 HQ 滑车的技术数据

轮数	型式			型号	
				型式代号	额定起重量/t
单轮	开口	滚针轴承	吊钩型	HQGZK1-	0.32,0.51,2,3.2,5,8,10
			链环型	HQLZK1-	0.32,0.51,2,3.2,5,8,10
		滑动轴承	吊钩型	HQGK1-	0.32,0.51,2,3.2,5,8,10,16,20
			链环型	HQLK1-	0.32,0.51,2,3.2,5,8,10,16,20
	闭口	滚针轴承	吊钩型	HQGZ1-	0.32,0.51,2,3.2,5,8,10
			链环型	HQLZ1-	0.32,0.51,2,3.2,5,8,10
		滑动轴承	吊钩型	HQG1-	0.32,0.51,2,3.2,5,8,10,16,20
			吊环型	HQD1-	12,3.2,5,8,10
			链环型	HQL1-	0.32,0.51,2,3.2,5,8,10,16,20
双轮	开口	滑动轴承	吊钩型	HQGK2-	12,3.2,5,8,10
			链环型	HQLK2-	12,3.2,5,8,10
	闭口		吊钩型	HQG2-	12,3.2,5,8,10,16,20
			链环型	HQL2-	12,3.2,5,8,10,16,20
			吊环型	HQD2-	12,3.2,5,8,10,16,20,32
三轮	闭口	滑动轴承	吊钩型	HQG3-	3.2,5,8,10,16,20
			链环型	HQL3-	3.2,5,8,10,16,20
			吊环型	HQD3-	3.2,5,8,10,16,20,32,50
四轮	闭环		吊环型	HQD4-	8,10,16,20,32,50
五轮				HQD5-	20,32,50,80
六轮				HQD6-	32,50,80,100
八轮				HQD8-	80,100,160,200
十轮				HQD10-	200,250,320

表 26.19　HY 系列林业滑车的技术数据

品种	结构形式（采用滑动轴承）		型号	
			形式代号	额定起载量/t
单轮	开口	吊钩型	HYGK1-	1,2,3.2,5,8,10,16,20
		链环型	HYLK1-	1,2,3.2,5,8,10.16,20
		吊钩型	HYGKa1-	1,2,3.2,5,8,10,16,20
		链环型	HYLKa1-	1,2,3.2,5,8,10,16,20
	闭口	吊钩型	HYG1-	1,2,3.2,5,8,10,16,20
		链环型	HYL1-	1,2,3.2,5,8,10,16,20
双轮	闭口	吊环型	HYD2-	2,3.2,5,8,10,16,20,32
三轮			HYD3-	3.2,5,8,10,16,20,32,50
四轮			HYD4-	8,10,16,20,32,50
五轮			HYD5-	20,32,50
六轮			HYD6-	32,50

表 26.20　QHN 系列滑车的主要参数

型　号	滑轮数	额定负荷/kN	适用钢丝绳/mm	质量/kg
QHN1×1	单轮	10	ϕ7.7	1.8
QHN1×2	双轮		ϕ5.7	1.8
QHN1×3	三轮		ϕ5.7	2.1
QHN2×1	单轮	20	ϕ11	2.9
QHN2×2	双轮		ϕ7.7	3.1
QHN2×3	三轮		ϕ7.7	3.8
QHN3×1	单轮	30	ϕ12.5	4.1
QHN3×2	双轮		ϕ11	4.3
QHN3×3	三轮		ϕ7.7	5.3

注：适用于电力线路施工中组立杆塔、架线、吊装设备及其他起重作业。

26.2.3　带电作业用绝缘滑车

绝缘滑车共分为十六种型号，适用于在高压电气设备上进行带电作业时使用。其名称及种类见表 26.21。

表 26.21　带电作业用绝缘滑车的性能（GB/T 13034—2008）

型号	名　　称	额定负荷/kN	滑轮个数
JH5-1B	单轮闭口型绝缘滑车	5	1
JH5-1K	单轮开口型绝缘滑车	5	1
JHS-1DY	单轮多用钩型绝缘滑车	5	1
JH5-2D	双轮短钩型绝缘滑车	5	2
JH5-2X	双轮导线钩型绝缘滑车	5	2
JH5-2J	双轮绝缘钩型绝缘滑车	5	2

续表

型号	名　　称	额定负荷/kN	滑轮个数
JH5-3D	三轮短钩型绝缘滑车	5	3
JH5-3X	三轮导线钩型绝缘滑车	5	3
JH10-2D	双轮短钩型绝缘滑车	10	2
JH10-2C	双轮长钩型绝缘滑车	10	2
JH10-3D	三轮短钩型绝缘滑车	10	3
JH10-3C	三轮长钩型绝缘滑车	10	3
JH15-4D	四轮短钩型绝缘滑车	15	4
JH15-4C	四轮长钩型绝缘滑车	15	4
JH20-4D	四轮短钩型绝缘滑车	20	4
JH20-4C	四轮长钩型绝缘滑车	20	4
电气性能	应能通过交流工频 30kV(有效值)1min 耐压试验[绝缘钩型滑车应能通过交流工频 44kV(有效值)1min 耐压试验],试验时不发热、不击穿		
力学性能	①应分别满足 5kN、10kN、15kN、20kN 的系列额定负荷(吊钩的承载负荷)的要求 ②应能通过 2.0 倍额定负荷,持续时间 5min 的机械拉力试验,无永久变形或裂纹 ③破坏拉力不得小于 3.0 倍额定负荷		

26.3 手拉葫芦

适用于工厂、矿山、建筑工地、码头、仓库中起吊货物与设备，特别在无电源场所使用，其规格见表 26.22～表 26.26。

表 26.22　手拉葫芦的规格（JB/T 7334—2007）　　mm

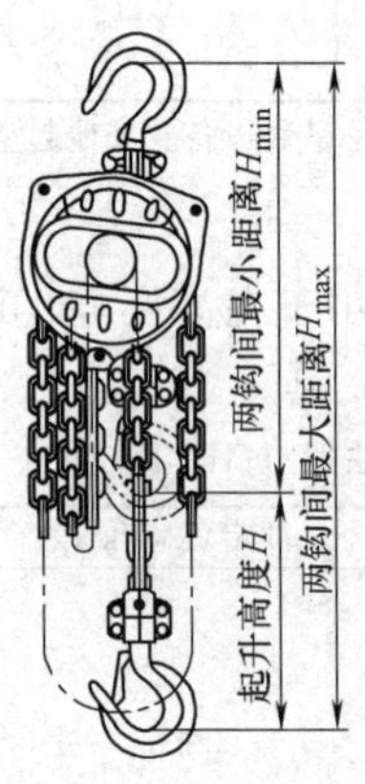

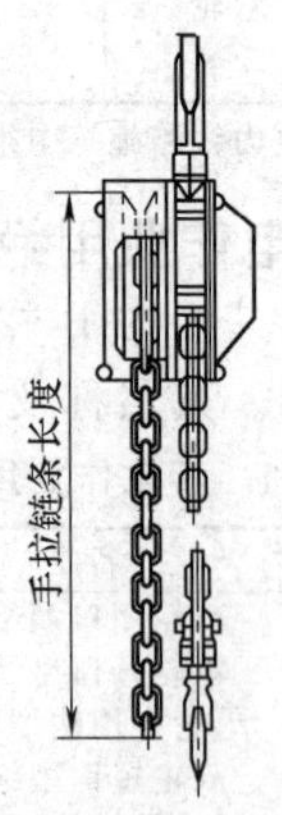

续表

额定起重量/t	工作级别	标准起升高度/m	两钩间最小距离 H_{min}≤		标准手拉链条长度	质量/kg ≤	
			Z级	Q级		Z级	Q级
0.5 1.0 1.6 2.0 2.5	Z级 Q级	2.5	330 360 430 500 530	350 400 460 530 600	2.5	11 14 19 25 33	14 17 23 30 37
3.2 5 8 10 16	Z级 Q级	3	580 700 850 950 1200	700 850 1000 1200 —	3	38 50 70 95 150	45 70 90 130 —
20 32 40	Z级	3	1350 1600 2000	—	3	250 400 550	—

表 26.23 KⅡ系列手拉葫芦的规格和技术参数

型号 KⅡ-	0.5	1.0	1.5	2	3	5	10
起载量/t	0.5	1.0	1.5	2	3	5	10
标准起载高度/m	2.5	2.5	2.5	3	3	3	3.5
试验载荷/t	0.75	1.5	2.25	3	4.5	7.5	15
两钩间最小距离/mm	285	315	340	380	475	600	700
满载时手链拉力/N	25	33	34	34	35	39	41
起载链行数	1	1	1	1	2	2	4
起载链条直径/mm	1.6	7.1	7.1	8	7.1	9	9
净重/kg	8.4	11	13.5	21	22	40	77
装箱毛重/kg	9.4	12	14.5	22	23	41.5	85
装箱尺寸(长×宽×高)/cm	30×17×32	30×17×32	30×17×32	28×19×23	30×17×32	40×20×34	62×50×26

表 26.24 HS-VT型系列手拉葫芦的规格和技术参数

型号 HS-VT	0.5	1.0	1.5	2	3	5	10
起载量/t	0.5	1.0	1.5	2	3	5	10
标准起载高度/m	2.5	2.5	2.5	3	3	3	3.5
试验载荷/t	0.75	1.5	2.25	3	4.5	7.5	15
两钩间最小距离/mm	285	315	340	380	475	600	700
满载时手拉力/N	25	33	34	34	35	39	41
起载链行数	1	1	1	1	2	2	4
起载链条直径/mm	1.6	7.1	7.1	8	7.1	9	9
净重/kg	8.4	11	13.5	21	22	40	77
装箱毛重/kg	9.4	12	14.5	22	23	41.5	85
装箱尺寸(长×宽×高)/cm	30×17×32	30×17×32	30×17×32	28×19×23	30×17×32	40×20×34	62×50×26

表 26.25 HS-VN 型系列手拉葫芦的规格和技术参数

型号 HS-VN	0.5	1	1.5	2	3	5	10	20
起载量/t	0.5	1	1.5	2	3	5	10	20
标准起载高度/m	2.5	2.5	2.5	2.5	3	3	3	3
运行试验载荷/kN	7.5	15	22.5	30	45	77	150	300
两钩间最小距离/mm	270	317	399	414	465	636	798	890
满载时手链拉力/N	231	309	320	360	340	414	414	828
起载链行数	1	1	1	1	2	2	4	8
起载链条直径/mm	6	6	8	8	8	10	10	10

表 26.26 HSZ 型系列手拉葫芦的规格和技术参数

型号	HSZ-	HSZ-1	HSZ-1	HSZ-2	HSZ-3	HSZ-5	HSZ-10	HSZ-20
起重量/t	0.5	1	1.5	2	3	5	10	20
标准起重高度/m	2.5	2.5	2.5	2.5	3	3	3	3
试验载荷/t	0.75	1.5	2.25	3	4.5	7.5	12.5	25
两钩间最小距离/mm	270	270	368	444	486	616	700	1000
满载手链拉力/N	225	309	343	314	343	383	392	392
起重链行数	1	1	1	2	2	2	4	8
起重链圆钢直径/mm	6	6	8	6	8	10	10	10
净重/kg	9.5	10	16	14	24	36	68	155
每加 1m 提程的增重/kg	1.7	1.7	2.3	2.5	3.7	5.3	9.7	19.4

26.4 手扳葫芦

26.4.1 环链手扳葫芦

广泛用于工矿、运输、建筑、电力、造船及林业等部门的设备安装、散件捆绑、起重货物、拉紧线路及焊接对位等场合，尤其是在无电源及狭小的场所。其规格和技术参数见表 26.27～表 26.30。

表 26.27 环链手扳葫芦的基本参数（JB/T 7335—2007）

额定起重量/t	0.25	0.5	0.8	1	1.6	2	3.2	5	6.3	9
标准起升高度/m	1	1.5								
两钩间最小距离/mm	250	300	350	380	400	450	500	600	700	800
手扳力/N	200～550									
质量/kg ≤	3	5	8	10	12	15	21	30	32	48

注：手扳力是指提升额定起重量时，距离扳手端部 50mm 处所施加的扳动力。

表 26.28 HSH-A619 迷你型手扳葫芦的规格和技术参数 mm

项目	HSH-0.5A	HSH-0.25A	项目		HSH-0.5A	HSH-0.25A
额定载荷/t	0.5	0.25	主要尺寸	A	105	92
标准起重高度/m	1.5	1		B	78	72
试验载荷/kN	6.3	3.2		C	80	85
满载时手扳力/N	340	250		D	35	30
标准起升高度/m	1	1		H_{min}	260	230
起载链条直径/mm	5	4	净质量/kg		4	1.8
起重高度每增加1m增加质量/kg	0.52	0.41	装箱尺寸/cm		35.5×9.5×11.5	22×7×9.5

注：表中 A、B、C、D、H 尺寸的标注如图 26.1 所示。

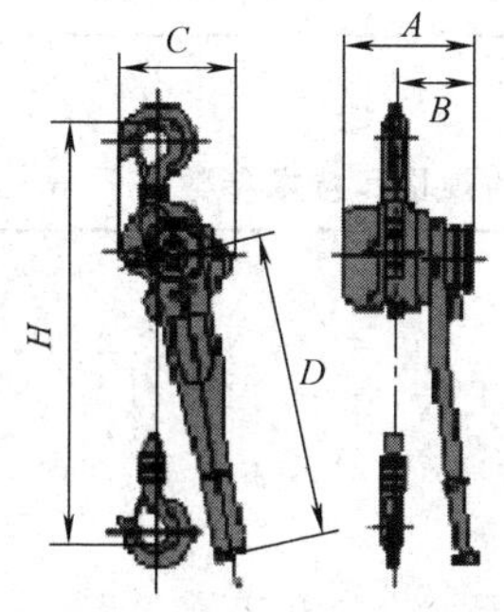

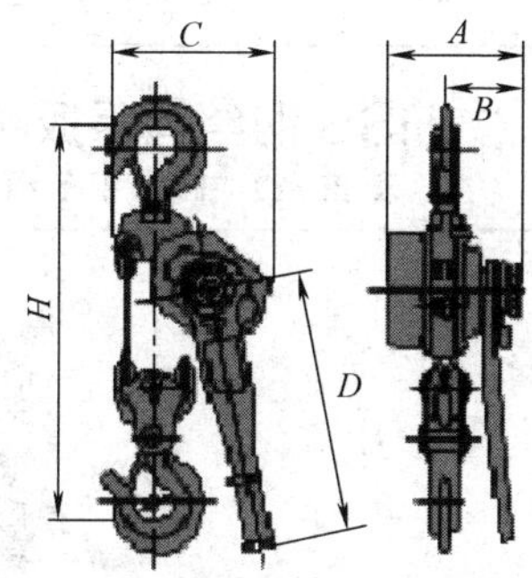

图 26.1 HSH-A619 迷你型手扳葫芦尺寸

表 26.29　HSH-0.75、1.5、3、6 迷你型手扳葫芦的规格和技术参数

mm

型号 HSH-	0.75	1.5	3	6
起重量/t	0.75	1.5	3	6
标准起重高度/m	1.5	1.5	1.5	1.5
两钩间最小距离/mm	310	370	485	600
满载时手扳力/N	196	220	325	343
起重链条行数	1	1	1	2
起重链条圆钢直径/mm	6.3	7.1	9	9
净重/kg	7	11	20	30
起重高度每增加 1m 所增加的质量/kg	0.82	1.43	2.21	4.42
装箱尺寸(长×宽×高)/cm	30×17×32	43×18×17	50×20×19	53×21×21

表 26.30　HSH-A623 系列环链手扳葫芦的规格和技术参数　mm

型号参数 HSH-	0.75A	1.5A	3A	6A	9A
额定载质量/t	0.75	1.5	3	6	9
标准起重高度/m	1.5	1.5	1.5	1.5	1.5
试验载荷/kN	11.0	22.5	37.5	75.0	112
满载时手扳力/N	140	220	320	340	360
起重链条行数	1	1	1	2	3
起重链条直径/mm	6	8	10	10	10
净质量/kg	7.5	11.5	21	31.5	47
起重高度每增加 1m 增加质量/kg	0.8	1.4	2.2	4.4	6.6
装箱尺寸(长×宽×高)/cm	36×12.5×16	50×13.5×19	64×17×21.5	54×18×21.5	82×32×21.5

26.4.2 HSS 钢丝绳手扳葫芦

表 26.31　HSS 钢丝绳手扳葫芦的规格和技术参数　　mm

续表

产品型号	额定负荷/t	手柄往复一次钢丝绳最小行程	钢丝绳直径	手柄长度	机体质量/kg	外形尺寸
HSS0.8	0.8	50	7.7	800	5.5	
HSS1.5	1.5/1.75	50	9～9.3	1200	9	468×270×130
HSS3.0	3/3.5	25～30	13.2～13.5	1200	14	620×350×150

表 26.32 NHSS 钢丝绳手扳葫芦的规格和技术参数 mm

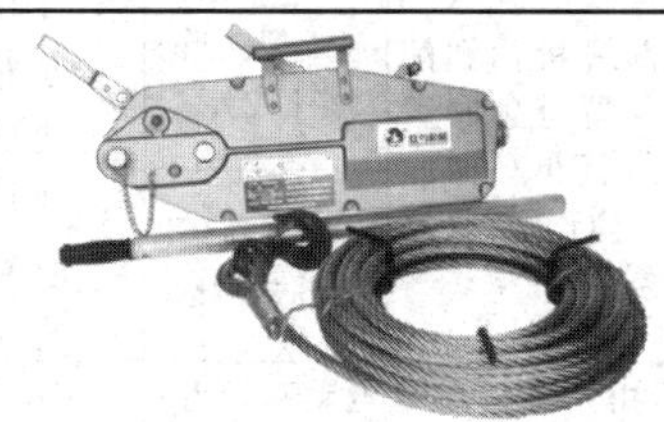

型号 NHSS-	0.8	1.0	1.6	3.2
额定起重量/t	0.8	1.0	1.6	3.2
额定前进行程 ≥	52	52	55	28
前进手柄有效长度	825	825	1200	1200
传动级数	1	1	1	2
钢丝绳直径	8	8	11	16
钢丝绳标准长度/m	10	20,10	20,10	20,10
净重/kg	6	6	12	23
额定前进手扳力/N ≤	284	353	412	441
装箱尺寸	428×64×235	428×64×235	545×97×286	660×116×350

26.5 电动葫芦

适用于各种场合，起重 1t 以下。带急停开关及强制断开限位开关，防护等级 IP54，带热保护装置。电动葫芦有钢丝绳电动葫芦和环链电动葫芦、防爆电动葫芦等几种，它们的类别、型式和代号见表 26.33。

表 26.33 电动葫芦的类别、型式和代号

类别	特征	型式	代号
固定式	无运行机构,固定使用	上方固定	HGS
		下方固定	HGX
		左方固定	HGZ
		右方固定	HGY

续表

类别		特征		型式	代号
单轨小车式	标准建筑高度	具有运行机构，以单轨下翼缘作为运行轨道的电动葫芦	直线型轨道、刚性连接	手拉小车式	HSG
				链轮小车式	HLG
				电动小车式	HDG
			曲线型轨道、铰式连接	手拉小车式	HSJ
				链轮小车式	HLJ
				电动小车式	HDJ
	低建筑高度	起升机构和配重装置分别布置在运行小车的两侧，运行轨道只有一条	直线型轨道、刚性连接	手拉小车式	HSDG
				链轮小车式	HLGD
				电动小车式	HDGD
			曲线型轨道、铰式连接	手拉小车式	HSJD
				链轮小车式	HLJD
				电动小车式	HDJD
双梁葫芦小车式		由一台固定式电动葫芦和一双轨型电动小车架组成		小车沿双梁桥架上的两条轨道运行	HSC
单主梁角形葫芦小车式		由一台固定式电动葫芦和一角形电动小车架组成		小车沿单主梁桥架上的两条轨道运行	HDC

26.5.1 钢丝绳电动葫芦

钢丝绳电动葫芦的额定起重量、起升高度、起升速度和运行速度分别见表 26.34～表 26.37(JB/T 9008.1—2014)。规格和技术参数见表 26.38 和表 26.39。

表 26.34 电动葫芦的额定起重量 t

—	—	0.16	0.20	0.25	0.32	0.40	0.50	0.63	0.80
1	1.25	1.60	2.0	2.50	3.20	4.0	5.0	6.30	8.0
10	12.50	16	20	25	32	40	50	63	80
100	125	160	—	—	—	—	—	—	—

表 26.35 起升高度（优先数值） m

—	—	—	—	—	3.2	4	5	6.3	8
10	12.5	16	20	25	32	40	50	63	80
100	125	—	—	—	—	—	—	—	—

表 26.36 起升速度（优先数值） m/min

—	—	—	0.25	0.32	—	0.50	—	0.80	1.0
1.25	1.60	2	2.50	3.20	4	5	6.30	8	10
12.50	16	20	25	32	40	50	63	80	100
125	—	—	—	—	—	—	—	—	—

表 26.37　运行速度（优先数值）　　m/min

单速	8	10	12.50	16	20	25
双速	16/4	20/5	25/6	32/8	40/10	—

表 26.38　CD1 型、MD1 型钢丝绳电动葫芦主要技术参数

型号规格		CD$_1$0.5-6	CD$_1$1-6	CD$_1$2-6	CD$_1$3-6	CD$_1$5-6	CD$_1$10-6
起载量/t		0.5	1	2	3	5	10
起升高度/m		6	6	6	6	6	9
起载速度/(m/min)	CD$_1$	8	8	8	8	8	7
	MD$_1$	8/0.8	8/0.8	8/0.8	8/0.8	8/0.8	7/0.7
运行速度/(m/min)		20	20	20	20	20	20
钢丝绳	绳径/mm	4.8	7.4	11	13	15	15
	规格	6×19-4.8	6×19-7.4	6×37-11	6×37-13	6×37-15	6×37-15
	长度/m	15.5	16	16	17	18	55
运行轨道	工字钢型号 GB 706	16-28b	16-28b	20a-32c	20a-32c	25a-63c	25a-63c
	最小曲率半径/m	1.5	1.5	2	2	2	3
电源	额定电压	三相交流 380V	三相交流 380V	三相交流 380V	三相交流 380V	三相交流 380V	三相交流 380V
	额定频率/Hz	50	50	50	50	50	50
工作制度		JC25%	JC25%	JC25%	JC25%	JC25%	JC25%
接合次数/(次/h)		120	120	120	120	120	120
起载电机	型号	ZD21-4	ZD22-4	ZD31-4	ZD32-4	ZD41-4	ZD51-4
	额定功率/kW	0.8	1.5	3	4.5	7.5	13
	额定转速/(r/min)	1380	1380	1380	1380	1400	1400
	额定电流/A	2.2	4	7	10	16.5	28
运行电机	型号	ZDY11-4	ZDY11-4	ZDY12-4	ZDY12-4	ZDY21-4	ZDY21-4
	额定功率/kW	0.2	0.2	0.4	0.4	0.8	0.8×2
	额定转速/(r/min)	1380	1380	1380	1380	1380	1380
	额定电流/A	0.7	0.7	1.3	1.3	2.2	2.2×2
固定式 A 型总质量/kg		80	130	174	234	392	820
电动小车 D 型总质量/kg		115	165	224	284	482	1030

注：起升高度可根据客户需要增加至 9m、12m、18m、24m、30m。

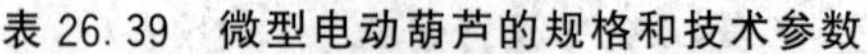

表 26.39 微型电动葫芦的规格和技术参数

产品型号	使用方法	额定电压/V	输入功率/W	额定起载/kg	起升速度/(m/min)	起升高度/m	每件数量/个	包装尺寸/cm	毛重/净重/kg
PA200	单钩	220/230	450	100	10	12	2	47×37×16	24/22
	双钩			200	5	6			
PA250	单钩	220/230	500	125	10	12	2	47×37×16	25/23
	双钩			250	5	6			
PA300	单钩	220/230	550	150	10	12	2	47×37×16	26/24
	双钩			300	5	6			
PA400	单钩	220/230	750	200	10	12	2	52×45×17.5	35/33
	双钩			400	5	6			
PA500	单钩	220/230	900	250	10	12	2	52×45×17.5	36/34
	双钩			500	5	6			
PA600	单钩	220/230	1050	300	10	12	2	53×45×19	41/38

26.5.2 环链电动葫芦

环链电动葫芦的工作级别、额定起重量和起升高度、起升速度及运行速度优先数值分别见表 26.40～表 26.44（JB/T 5317—2007）。HHXG 环链电动葫芦的技术参数见表 26.45。

表 26.40 环链电动葫芦起升机构的工作级别

载荷状态级别	名义载荷谱系数 K_m	使用等级									
		T_0	T_1	T_2	T_3	T_4	T_5	T_6	T_7	T_8	T_9
		总使用时间/kh									
		0.2	0.4	0.8	1.6	3.2	6.3	12.5	25	50	100
L1	$0.000<K_m\leqslant 0.125$	—	—	M1	M2	M3	M4	M5	M6	M7	M8
L2	$0.125<K_m\leqslant 0.250$	—	M1	M2	M3	M4	M5	M6	M7	M8	—
L3	$0.250<K_m\leqslant 0.500$	M1	M2	M3	M4	M5	M6	M7	M8	—	—
L4	$0.500<K_m\leqslant 1.00$	M2	M3	M4	M5	M6	M7	M8	—	—	—

注：在起重机械等级未知和载荷状态未知的情况下，起重机的工作级别应和同类产品最低工作级别考虑；其次，起重机的电动葫芦部分工作级别应与起重机级别相当。

表 26.41　额定起重量优先数值　t

—	—	—	—	—	—	—	—	—	0.08
0.1	0.125	0.16	0.2	0.25	0.32	0.4	0.5	0.63	0.8
1	1.25	1.6	2	2.5	3.2	4	5	6.3	8
10	12.5	16	20	25	32	—	—	—	—

表 26.42　起升高度优先数值　m

1	1.25	1.6	2.0	25	3.2	4	5	6.3	8
10	12.5	16	20	25	32	40	50	63	80
100	125	—	—	—	—	—	—	—	—

表 26.43　起升速度优先数值　m/min

—	—	—	—	0.25	0.32	0.4	0.5	0.63	0.8
1	1.25	1.6	2	2.5	3.2	4	5	6.3	8
10	12.5	16	20	25	32	40	—	—	—

注：慢速推荐为快速的 1/2～1/6，无级调速产品由制造厂和用户协商。

表 26.44　运行速度优先数值　m/min

—	—	—	—	—	3.2	4	5	6.3	8
10	12.5	16	20	25	—	—	—	—	—

表 26.45　HHXG 环链电动葫芦的技术参数

	起重量/t	起升高度/m	起升速度/(m/min)	功率/kW
	1.5	3/9	10.2	3.0
	2	3/9	6.8	3.0
	2.5	3/9	5.6	3.0
	3	3/9	5.8	3.0
	5	3/9	2.8	3.0

注：电压为 380V/220V，频率为 50Hz/60Hz，三相，转速为 1440r/min。

26.5.3　防爆电动葫芦

防爆电动葫芦的型号表示方法有两种。

(1) 爆炸性气体环境用Ⅰ、Ⅱ类防爆葫芦

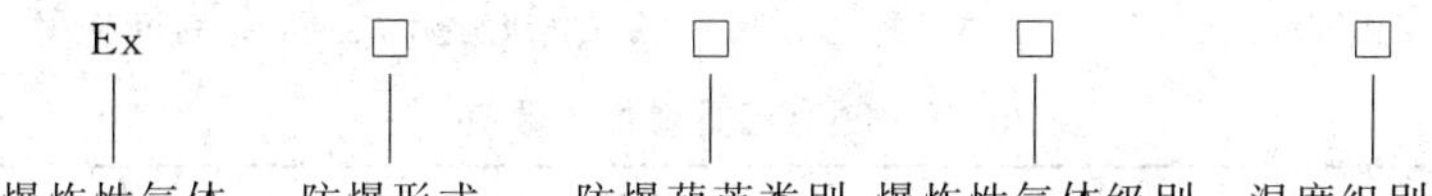

爆炸性气体　防爆形式　防爆葫芦类别　爆炸性气体级别　温度组别和/或最高表面温度（表 26.46）

防爆形式：d—隔爆型；e—增安型；i—本质安全型

防爆葫芦类别：Ⅰ—煤矿用；Ⅱ—其他爆炸性气体环境用

爆炸性气体级别：（A、B、C）

注：Ⅱ类隔爆型“d”和本质安全型“i”的防爆葫芦，又分为ⅡA、ⅡB和ⅡC级防爆葫芦（ⅡB级防爆葫芦可适用于ⅡA级防爆葫芦的使用条件；ⅡC级则可适用于ⅡA和ⅡB级防爆葫芦的使用条件）。

（2）可燃性粉尘环境用防爆葫芦

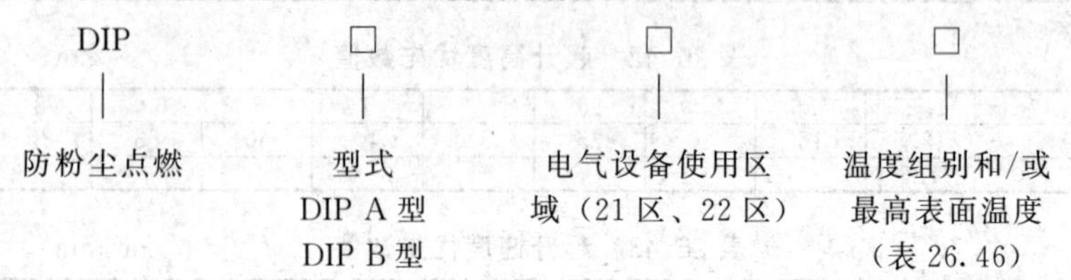

表 26.46　防爆电动葫芦的最高表面温度　　℃

Ⅰ类防爆葫芦	Ⅱ类和粉尘类防爆葫芦		电气设备最高表面温度
	爆炸性气体环境	可燃性粉尘环境	
当电气设备表面可能堆积煤尘时为 150℃；当电气设备表面不会堆积或可以采取措施(密封防尘或通风)防止堆积煤尘时为 450℃	T1		450
	T2		300
	T3		200
	T4		135
	T5		100
	T6		85

防爆电动葫芦的工作级别、额定起重量和起升高度、起升速度及运行速度优先数值分别见表 26.47～表 26.51（JB/T 10222—2011）。BCD（HB）防爆电动葫芦的技术参数见表 26.52。

表 26.47　防爆电动葫芦起升机构的工作级别

载荷状态级别	名义载荷谱系数 K_m	使用等级						
		T_0	T_1	T_2	T_3	T_4	T_5	T_6
		总使用时间/kh						
		0.2	0.4	0.8	1.6	3.2	6.3	12.5
L1	$0.000<K_m\leqslant0.125$	—	—	M1	M2	M3	M4	M5
L2	$0.125<K_m\leqslant0.250$	—	M1	M2	M3	M4	M5	—
L3	$0.250<K_m\leqslant0.500$	M1	M2	M3	M4	M5	—	—
L4	$0.500<K_m\leqslant1.00$	M2	M3	M4	M5	—	—	—

注：在起重机械等级未知和载荷状态未知的情况下，起重机的工作级别应和同类产品最低工作级别考虑；其次，起重机的电动葫芦部分工作级别应与起重机级别相当。

表 26.48　额定起重量优先数值　　t

—	—	—	—	—	—	—	—	—	0.08
0.1	0.125	0.16	0.2	0.25	0.32	0.4	0.5	0.63	0.8
1	1.25	1.6	2	2.5	3.2	4	5	6.3	8
10	12.5	16	20	25	32	40	50	63	80
100	—	—	—	—	—	—	—	—	—

表 26.49　起升高度优先数值　m

1	1.25	1.6	2.0	25	3.2	4	5	6.3	8
10	12.5	16	20	25	32	40	50	63	80
100	125	—	—	—	—	—	—	—	—

表 26.50　起升速度优先数值　m/min

—	—	—	—	0.25	0.32	0.4	0.5	0.63	0.8
1	1.25	1.6	2	2.5	3.2	4	5	6.3	8
10	12.5	16	20	25	—	—	—	—	—

注：慢速推荐为快速的 1/2～1/6，无级调速产品由制造厂和用户协商。

表 26.51　运行速度优先数值　m/min

—	—	—	—	—	3.2	4	5	6.3	8
10	12.5	16	20	25	—	—	—	—	—

表 26.52　BCD（HB）防爆电动葫芦的技术参数

型号	BCD-0.5t	BCD-1t	BCD-2t	BCD-3t	BCD-5t	BCD-10t
起重量/t	0.5	1	2	3	5	10
起升速度/(m/min)	8	8	8	8	8	8
起升高度/m	6/9/12	6/9/12/18/24/30				
运行速度/(m/min)	20	20	20	20	20	20
最小曲率半径/m	1.8/2	2/2.5/3.0	2/2.5/3.0	2/2.5/3.0	2/2.5/3.0	2/2.5/3.0
电压/V	380					
频率/Hz	50					
相　数	3					
工字梁轨道型号	16-28b	16-28b	20a-32c	20a-32c	25a-63c	25a-63c

注：1. 济宁炎泰工矿机械设备有限公司产品。

2. 适用于工厂内含有级别为ⅡA、ⅡB、ⅡC级，温度组别为 T1、T2、T3、T4 组的可燃气体、蒸气与空气形成的爆炸性气体混合物的场所。

26.6　手动起重夹钳

用于起吊钢板、圆钢、钢轨及丁字钢等一般用途的手动起重，包括竖吊钢板手动夹钳、横吊钢板手动夹钳、圆钢手动夹钳、钢轨手动夹钳和工字钢手动夹钳。

其型号标记方法是：

□　　□

产品代号
DSQ—竖吊钢板手动夹钳
DHQ/2—横吊钢板手动夹钳（成对使用）
DYQ—圆钢手动夹钳，DGQ—钢轨手动夹钳
DZQ/2—工字钢手动夹钳（成对使用）

极限工作载荷 *WLL* /t

表 26.53～表 26.57 是它们的基本参数和尺寸。

表 26.53 竖吊钢板手动夹钳的基本参数和尺寸（JB/T 7333—2013） mm

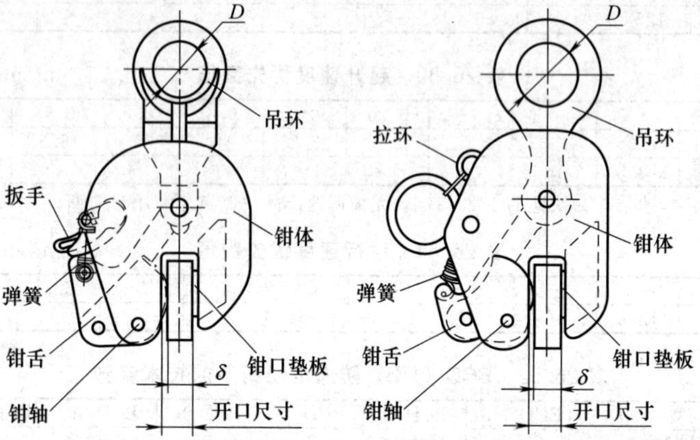

型号	极限工作载荷 /t	试验力 /kN	最小直径 D	最大夹持厚度 δ ≥
DSQ-0.5	0.5	10	28	15
DSQ-0.8	0.8	16	30	15
DSQ-1	1.0	20	40	20
DSQ-1.6	1.6	32	45	20
DSQ-2	2.0	40	55	20
DSQ-3.2	3.2	63	60	30
DSQ-5	5.0	100	60	40
DSQ-8	8.0	160	70	50
DSQ-10	10.0	200	80	60
DSQ-12.5	12.5	250	90	70
DSQ-16	16.0	320	100	80

表 26.54 横吊钢板手动夹钳的基本参数和尺寸（JB/T 7333—2013） mm

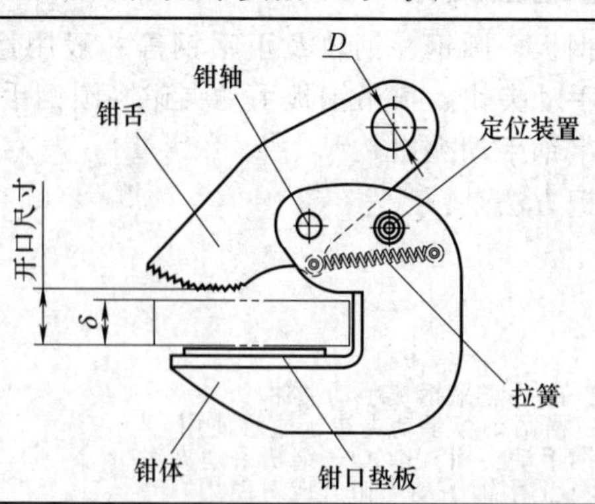

续表

型号	极限工作载荷/t	试验力/kN	最小直径 D	最大夹持厚度 δ ≥
DHQ/2-0.5	0.5	10	16	25
DHQ/2-1	1.0	20	16	25
DHQ/2-1.6	1.6	32	20	25
DHQ/2-2	2.0	40	22	25
DHQ/2-3.2	3.2	63	25	30
DHQ/2-5	5	100	30	40
DHQ/2-6	6	120	35	50
DHQ/2-8	8	160	40	60
DHQ/2-10	10	200	45	70

表 26.55　圆钢手动夹钳的基本参数和尺寸（JB/T 7333—2013）

mm

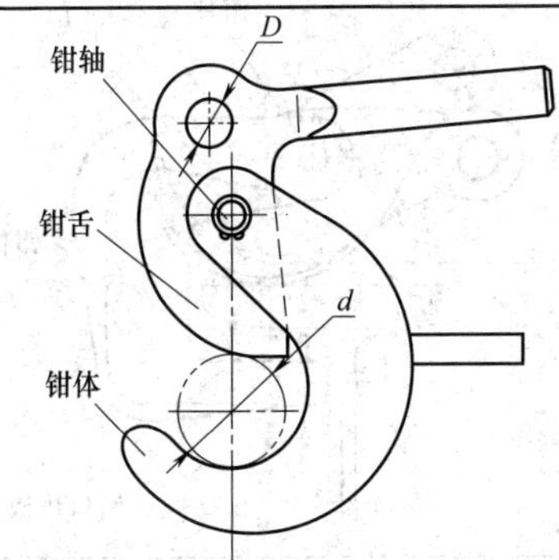

型号	极限工作载荷/t	试验力/kN	最小直径 D	适用圆钢直径 d
DYQ-0.16	0.16	3.2	16	30～60
DYQ-0.25	0.25	5	16	60～80
DYQ-0.4	0.40	8	16	80～100
DYQ-0.63	0.63	12.6	18	100～130

表 26.56　钢轨手动夹钳的基本参数和尺寸（JB/T 7333—2013）　mm

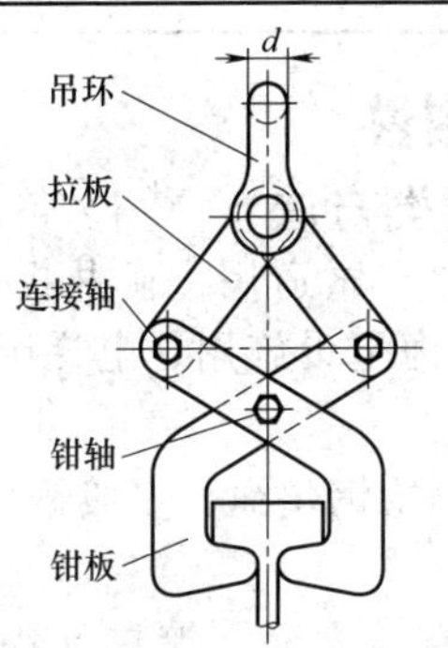

续表

型号	极限工作载荷/t	试验力/kN	最小直径 d	适用钢轨型号/(kg/m)
DGQ-0.1	0.1	2	22.4	9～12
DGQ-0.25	0.25	5	22.4	15～22
DGQ-0.5	0.5	10	25.0	30～50

表 26.57 工字钢手动夹钳的基本参数和尺寸（JB/T 7333—2013）

mm

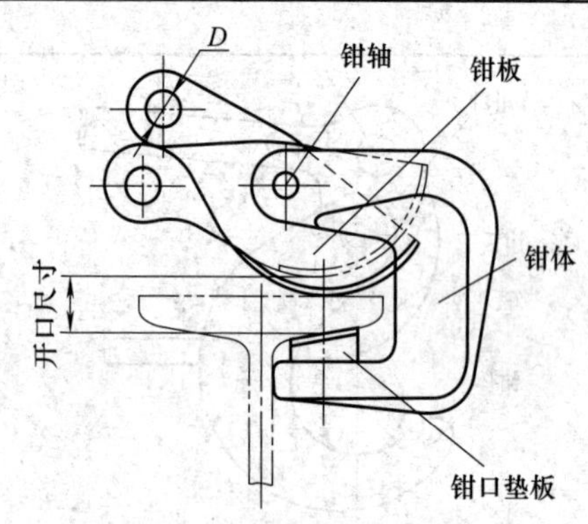

型号	极限工作载荷/t	试验力/kN	最小直径 D	适用工字钢型号
DZQ/2-0.5	0.5	10	18	10～16
DZQD/2-1	1.0	20	20	18～22
DZQ/2-1.6	1.6	32	22	25～32
DZQ/2-2	2.0	40	24	36～45
DZQ/2-3.2	3.2	63	25	50～63

26.7 钢丝绳及附件

26.7.1 钢丝绳的分类方法

① 按用途分有：架空索道用、矿井提升用、起重设备用、钻探井设备用、渔业用、海上设施用、电梯用、航空用、飞机操纵用等钢丝绳。

② 按结构分有：单捻钢丝绳、多股钢丝绳和包覆和/或填充钢丝绳。

③ 按表面状态分有：光面、镀锌（锌合金或其他金属镀层）

和包（涂）塑钢丝绳。

④ 按捻制特性（股内钢丝接触状态）分有：点接触、线接触和面接触钢丝绳。

⑤ 按股断面形状分有：圆股和异形股（如三角股、椭圆股和扇形股等）钢丝绳。

⑥ 按捻法分有：右交互捻（ZS）、左交互捻（SZ）、右同向捻（ZZ）和左同向捻（SS）钢丝绳，国外还有混合捻（aZ 或 aS）钢丝绳。

⑦ 按绳芯种类分有：钢丝股芯（IWSC）、钢丝绳芯（IWRC）、天然纤维芯（NFC）和合成纤维芯（SFC）钢丝绳。

26.7.2　钢丝绳的结构

表 26.58　单捻钢丝绳的结构

名称	说明	图例
单股钢丝绳	仅由圆钢丝捻制而成的单捻钢丝绳	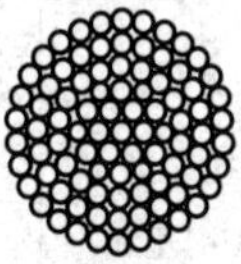
半密封钢丝绳	外层由半密封钢丝（H 形）和圆钢丝相间捻制而成的单捻钢丝绳	
全密封钢丝绳	外层由全密封钢丝（Z 形）捻制而成的单捻钢丝绳	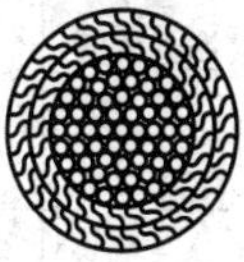

表 26.59　多股钢丝绳的结构

名称	图例或说明
单层股钢丝绳	由一层股围绕一个芯螺旋捻制而成的多股钢丝绳 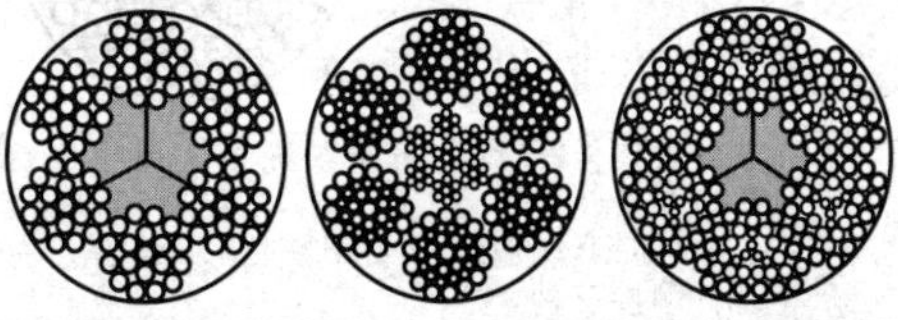

续表

名称	图例或说明
阻旋转钢丝绳	当承受载荷时能产生减小扭矩或旋转程度的多股钢丝绳  
平行捻密实钢丝绳	由至少两层平行捻股围绕一个芯螺旋捻制而成的多股钢丝绳 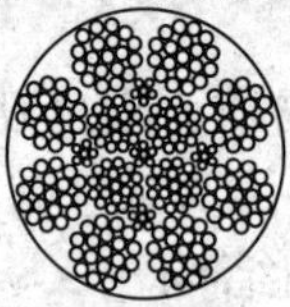
压实股钢丝绳	成绳之前,股经过模拔、轧制或锻打等压实加工的多股钢丝绳
压实钢丝绳	成绳之后,经过压实(通常是锻打)加工使钢丝绳直径减小的多股钢丝绳
缆式钢丝绳	由多个(一般为六个)作为独立单元的圆股钢丝绳围绕一个绳芯紧密螺旋捻制而成的钢丝绳 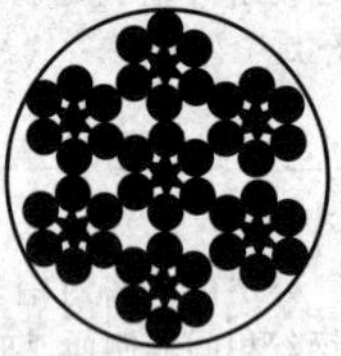
编织钢丝绳	由多个圆股成对编织而成的钢丝绳 
电力钢丝绳	带有电导线的单捻或多股钢丝绳 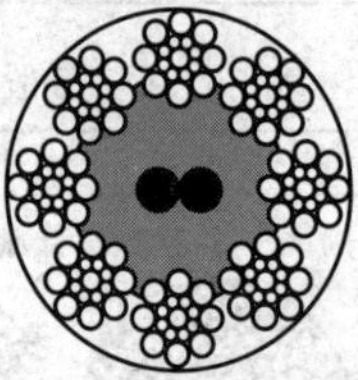
扁钢丝绳	由被称作“子绳”(每条子绳由 4 股组成)的单元钢丝绳制成。通常为 6 条、8 条或 10 条子绳,左向捻和右向捻交替并排排列,并用缝合线(如钢丝、股缝合或铆钉铆接)缝合。有单线缝合、双线缝合和铆钉铆接三种

表 26.60　包覆和/或填充钢丝绳的结构

名称	图例或说明
固态聚合物填充钢丝绳	固态聚合物填充到钢丝绳的间隙中，并延伸到或稍微超出钢丝绳外接圆的钢丝绳
固态聚合物包覆和填充钢丝绳	用固态聚合物包覆(涂)和填充的钢丝绳
衬垫芯钢丝绳	用固态聚合物包覆(涂)或填充和包覆(涂)的钢丝绳
衬垫钢丝绳	在钢丝绳内层、内层股或股芯上包覆聚合物或纤维，从而在相邻股或叠加层之间形成衬垫的钢丝绳

26.7.3　钢丝绳的标记

GB/T 8706—2006 规定钢丝绳的标记方法是：

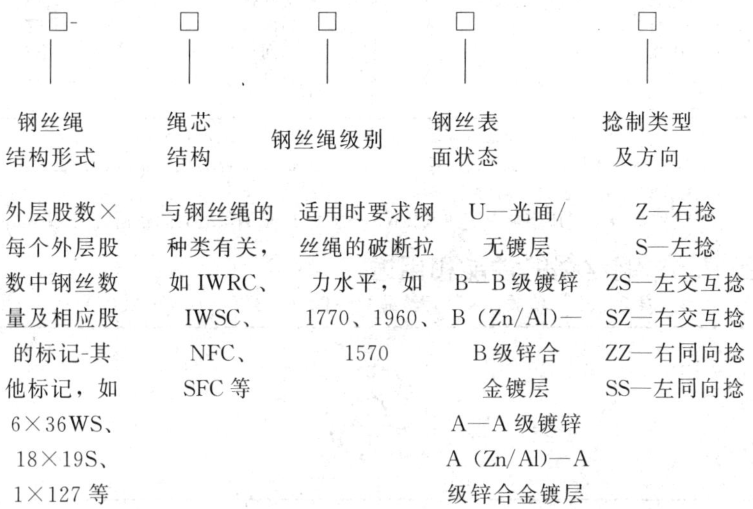

26.7.4　钢丝及钢丝绳的特征代号

表 26.61　钢丝及钢丝绳的特征代号（GB/T 8706—2006）

项　　目	代号	项　　目	代号
单层钢丝绳		横截面形状	
纤维芯	FC	圆形	无代号
天然纤维芯	NFC	三角形(钢丝及股)	V
合成纤维芯	SFC	组合芯(股)	B②
固态聚合物芯	SPC	矩形(钢丝)	R
钢芯	WC	梯形(钢丝)	T
钢丝股芯	WSC	椭圆形(钢丝及股)	Q
独立钢丝绳芯	IWRC	Z形(钢丝)	Z
压实股独立钢丝绳芯	IWRC(K)	H形(钢丝)	H
聚合物包覆独立绳芯	EPIWRC	扁形或带形	P
平行捻密实钢丝绳		压实形(股及钢丝绳)	K③
平行捻钢丝绳芯	PWRC	编织形(钢丝绳)	BR
压实股平行捻钢丝绳芯	PWRC(K)	扁形(钢丝绳)	P
填充聚合物的平行捻钢丝绳芯	PWRC(EP)	单线缝合	PS
阻旋转钢丝绳		双线缝合	PD
中心构件		铆钉铆接	PN
纤维芯	FC	外层钢丝的表面状态	
钢丝股芯	WSC	光面或无镀层	U
密实钢丝股芯	KWSC	B级镀锌	B
股结构类型		A级镀锌	A
单捻	无代号	B级锌合金镀层	A(Zm/Al)
平行捻		A级锌合金镀层	B(Zm/Al)
西鲁式	S	捻向	
瓦林吞式	W	右交互捻	SZ
填充式	F	左交互捻	ZS
组合平行捻	WS	右同向捻	ZZ
多工序捻		左同向捻	SS
点接触捻	M	右混合捻	AZ
复合捻	N①	左混合捻	aS

① 代号N位于基本代号之后，表示复合，如SN表示复合西鲁式。

② 代号B位于股形代号之后，表示股芯由多根钢丝组合而成，如V25B表示由25根钢丝组成的带组合芯的三角股。

③ 代号K表示经压实加工，如K26WS表示由26根钢丝组成的西瓦式压实圆股。

26.7.5　钢丝绳的性能和用途

表 26.62　单股1×7钢丝绳的性能（GB/T 20118—2006）

续表

钢丝绳公称直径/mm	钢丝绳公称抗拉强度/MPa				参考质量/(kg/100m)
	1570	1670	1770	1870	
	钢丝绳最小破断拉力/kN				
0.6	0.31	0.32	0.34	0.36	0.19
1.2	1.22	1.30	1.38	1.45	0.75
1.5	1.91	2.03	2.15	2.27	1.17
1.8	2.75	2.92	3.10	3.27	1.69
2.1	3.74	3.98	4.22	4.45	2.30
2.4	4.88	5.19	5.51	5.82	3.01
2.7	6.18	6.57	6.97	7.36	3.80
3.0	7.63	8.12	8.60	9.09	4.70
3.3	9.23	9.82	10.4	11.0	5.68
3.6	11.0	11.7	12.4	13.1	6.77
3.9	12.9	13.7	14.5	15.4	7.94
4.2	15.0	15.9	16.9	17.8	9.21
4.5	17.2	18.3	19.4	20.4	10.6
4.8	19.5	20.8	22.0	23.3	12.0
5.1	22.1	23.5	24.9	26.3	13.6
5.4	24.7	26.3	27.9	29.4	15.2
6.0	30.5	32.5	34.4	36.4	18.8
6.6	36.9	39.3	41.6	44.0	22.7
7.2	43.9	46.7	49.5	52.3	27.1
7.8	51.6	54.9	58.2	61.4	31.8
8.4	59.8	63.6	67.4	71.3	36.8
9.0	68.7	73.0	77.4	81.8	42.3
9.6	78.1	83.1	88.1	93.1	48.1
10.5	93.5	99.4	105	111	57.6
11.5	112	119	126	134	69.0
12.0	122	130	138	145	75.2

注：最小钢丝破断拉力总和等于钢丝绳最小破断拉力×1.111。

表 26.63　单股 1×19 钢丝绳的性能（GB/T 20118—2006）

续表

钢丝绳公称直径/mm	钢丝绳公称抗拉强度/MPa				参考质量/(kg/100m)
	1570	1670	1770	1870	
	钢丝绳最小破断拉力/kN				
1.0	0.83	0.89	0.94	0.99	0.51
1.5	1.87	1.99	2.11	2.23	1.14
2.0	3.33	3.54	3.75	3.96	2.03
2.5	5.20	5.53	5.86	6.19	3.17
3.0	7.49	7.97	8.44	8.92	4.56
3.5	10.2	10.8	11.5	12.1	6.21
4.0	13.3	14.2	15.0	15.9	8.11
4.5	16.9	17.9	19.0	20.1	10.3
5.0	20.8	22.1	23.5	24.8	12.7
5.5	25.2	26.8	28.4	30.0	15.3
6.0	30.0	31.9	33.8	35.7	18.3
6.5	35.2	37.4	39.6	41.9	21.4
7.0	40.8	43.4	46.0	48.6	24.8
7.5	46.8	49.8	52.8	55.7	28.5
8.0	56.6	56.6	60.0	63.4	32.4
8.5	60.1	63.9	67.8	71.6	36.6
9.0	67.4	71.7	76.0	80.3	41.1
10	83.2	88.6	93.8	99.1	50.7
11	101	107	114	120	61.3
12	120	127	135	143	73.0
13	141	150	159	167	85.7
14	163	173	184	194	99.4
15	187	199	211	223	114
16	213	227	240	254	130

注：最小钢丝破断拉力总和等于钢丝绳最小破断拉力×1.111。

表 26.64 单股 1×37 钢丝绳的性能（GB/T 20118—2006）

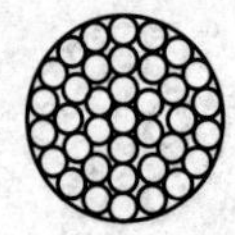

续表

钢丝绳公称直径/mm	钢丝绳公称抗拉强度/MPa				参考质量/(kg/100m)
	1570	1670	1770	1870	
	钢丝绳最小破断拉力/kN				
1.4	1.51	1.60	1.70	1.80	0.98
2.1	3.39	3.61	3.82	4.04	2.21
2.8	6.03	6.42	6.80	7.18	3.93
3.5	9.42	10.0	10.6	11.2	6.14
4.2	13.6	14.4	15.3	16.2	8.84
4.9	18.5	19.6	20.8	22.0	12.0
5.6	24.1	25.7	27.2	28.7	15.7
6.3	30.5	32.5	34.4	36.4	19.9
7.0	37.7	40.1	42.5	44.9	24.5
7.7	45.6	48.5	51.4	54.3	29.7
8.4	54.3	57.7	61.2	64.7	35.4
9.1	63.7	67.8	71.8	75.9	41.5
9.8	73.9	78.6	83.3	88.0	48.1
10.5	84.8	90.2	95.6	101	55.2
11	93.1	99.0	105	111	60.6
12	111	118	125	132	72.1
12.5	120	128	136	143	78.3
14	151	160	170	180	98.2
15.5	185	197	208	220	120
17	222	236	251	265	145
18	249	265	281	297	162
19.5	292	311	330	348	191
21	339	361	382	404	221
22.5	389	414	439	464	254

注：最小钢丝破断拉力总和等于钢丝绳最小破断拉力×1.176。

表 26.65 4×19 类和 4×37 类钢丝绳的性能（GB/T 20118—2006）

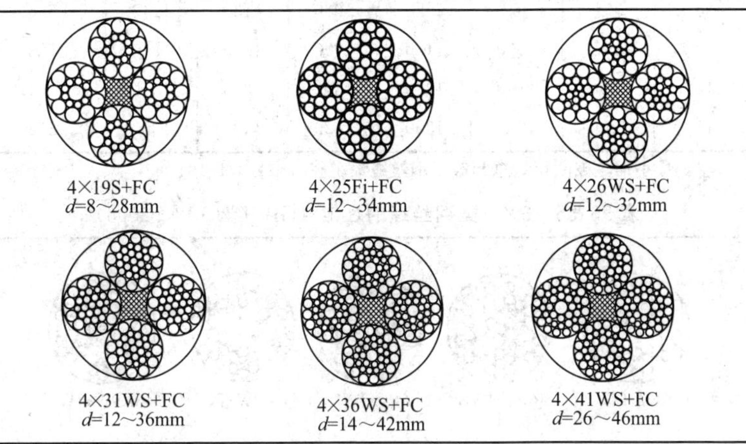

续表

钢丝绳公称直径/mm	钢丝绳公称抗拉强度/MPa						参考质量/(kg/100m)
	1570	1670	1770	1870	1960	2160	
	钢丝绳最小破断拉力/kN						
8	36.2	38.5	40.8	43.1	45.2	49.8	26.2
10	56.5	60.1	63.7	67.3	70.6	77.8	41.0
12	81.4	86.6	91.8	96.9	102	112	59.0
14	111	118	125	132	138	152	80.4
16	145	154	163	172	181	199	105
18	183	195	206	218	229	252	133
20	226	240	255	269	282	311	164
22	274	291	308	326	342	376	198
24	326	346	367	388	406	448	236
26	382	406	431	455	477	526	277
28	443	471	500	528	553	610	321
30	509	541	573	606	635	700	369
32	579	616	652	689	723	796	420
34	653	695	737	778	816	899	474
36	732	779	826	872	914	1010	531
38	816	868	920	972	1020	1120	592
40	904	962	1020	1080	1130	1240	656
42	997	1060	1120	1190	1240	1370	723
44	1090	1160	1230	1300	1370	1510	794
46	1200	1270	1350	1420	1490	1650	868

注：最小钢丝破断拉力总和等于钢丝绳最小破断拉力×1.191。

表 26.66 6×7 类钢丝绳的性能（GB/T 20118—2006）

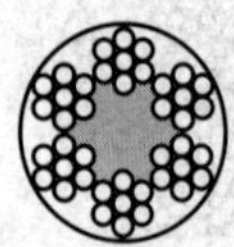
6×7+FC

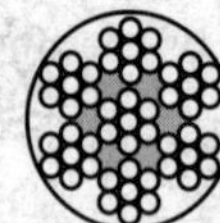
6×7+IWS

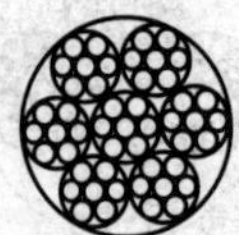
6×7+IWR

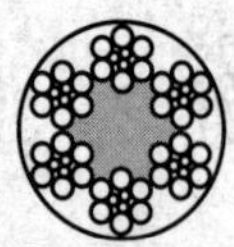
6×9W+FC

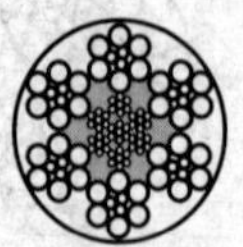
6×9W+IWR

续表

钢丝绳公称直径/mm	钢丝绳公称抗拉强度/MPa								参考质量/(kg/100m)		
	1570		1670		1770		1870				
	钢丝绳最小破断拉力/kN										
	纤维芯钢丝绳	钢芯钢丝绳	纤维芯钢丝绳	钢芯钢丝绳	纤维芯钢丝绳	钢芯钢丝绳	纤维芯钢丝绳	钢芯钢丝绳	天然纤维芯钢丝绳	合成纤维芯钢丝绳	钢芯钢丝绳
1.8	1.69	1.83	1.80	1.94	1.90	2.06	2.01	2.18	1.14	1.11	1.25
2	2.08	2.25	2.22	2.40	2.35	2.54	2.48	2.69	1.40	1.38	1.55
3	4.69	5.07	4.99	5.40	5.29	5.72	5.59	6.04	3.16	3.10	3.48
4	8.34	9.02	8.87	9.59	9.40	10.2	9.93	10.7	5.62	5.50	6.19
5	13.0	14.1	13.9	15.0	14.7	15.9	15.5	16.8	8.78	8.60	9.68
6	18.8	20.3	20.0	21.6	21.2	22.9	22.4	24.2	12.6	12.4	13.9
7	25.5	27.6	27.2	29.4	28.8	31.1	30.4	32.9	17.2	16.9	19.0
8	33.4	36.1	35.5	38.4	37.6	40.7	39.7	43.0	22.5	22.0	24.8
9	42.2	45.7	44.9	48.6	47.6	51.5	50.3	54.4	28.4	27.9	31.3
10	52.1	56.4	55.4	60.0	58.8	63.5	62.1	67.1	35.1	34.4	38.7
11	63.1	68.2	67.1	72.5	71.1	76.9	75.1	81.2	42.5	41.6	46.8
12	75.1	81.2	79.8	863	84.6	91.5	89.4	96.7	50.5	49.5	55.7
13	88.1	95.3	93.7	101	99.3	107	105	113	59.3	58.1	65.4
14	102	110	109	118	115	125	122	132	68.8	67.4	75.9
16	133	144	142	153	150	163	159	172	89.9	88.1	99.1
18	169	183	180	194	190	206	201	218	114	111	125
20	208	225	222	240	235	254	248	269	140	138	155
22	252	273	268	290	284	308	300	325	170	166	187
24	300	325	319	345	338	366	358	387	202	198	223
26	352	381	375	405	397	430	420	454	237	233	262
28	409	442	435	470	461	498	487	526	275	270	303
30	469	507	499	540	529	572	559	604	316	310	348
32	534	577	568	614	602	651	636	687	359	352	396
34	603	652	641	693	679	735	718	776	406	398	447
36	676	730	719	777	762	824	805	870	455	446	502

注：最小钢丝破断拉力总和等于钢丝绳最小破断拉力×1.134（纤维芯）或1.214（钢芯）。

表26.67　6×19钢丝绳的性能（Ⅰ）（GB/T 20118—2006）

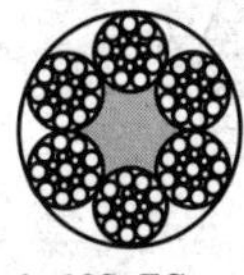

6×19S+FC

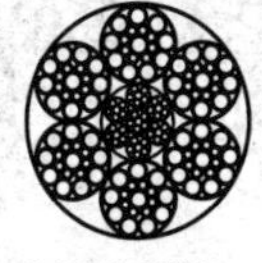

6×19S+IWR

6×19W+FC

6×19W+IWR

续表

钢丝绳公称直径/mm	钢丝绳公称抗拉强度/MPa												参考质量/(kg/100m)		
	1570		1670		1770		1870		1960		2160				
	钢丝绳最小破断拉力/kN														
	纤维芯钢丝绳	钢芯钢丝绳	纤维芯钢丝绳	钢芯钢丝绳	纤维芯钢丝绳	钢芯钢丝绳	纤维芯钢丝绳	钢芯钢丝绳	纤维芯钢丝绳	钢芯钢丝绳	纤维芯钢丝绳	钢芯钢丝绳	天然纤维芯钢丝绳	合成纤维芯钢丝绳	钢芯钢丝绳
6	18.7	20.1	19.8	21.4	21.0	22.7	22.2	24.0	23.3	25.1	25.7	27.7	13.3	13.0	14.6
7	25.4	27.4	27.0	29.1	28.6	30.9	30.2	32.6	31.7	34.2	34.9	37.7	18.1	17.6	19.9
8	33.2	35.8	35.3	38.0	37.4	40.3	39.5	42.6	41.4	44.6	45.6	49.2	23.6	23.0	25.9
9	42.0	45.3	44.6	48.2	47.3	51.0	50.0	53.9	52.4	56.5	57.7	62.3	29.9	29.1	32.8
10	51.8	55.9	55.1	59.5	58.4	63.0	61.7	66.6	64.7	69.8	71.3	76.9	36.9	36.0	40.6
11	62.7	67.6	66.7	71.9	70.7	76.2	74.7	80.6	78.3	84.4	86.2	93.0	44.6	43.5	49.1
12	74.6	80.5	79.4	85.6	84.1	90.7	88.9	95.9	93.1	100	103	111	53.1	51.8	58.4
13	87.6	94.5	93.1	100	98.7	106	104	113	109	118	120	130	62.3	60.8	68.5
14	102	110	108	117	114	124	121	130	127	137	140	151	72.2	70.5	79.5
16	133	143	141	152	150	161	158	170	166	179	182	197	94.4	92.1	104
18	168	181	179	193	189	204	200	216	210	226	231	249	119	117	131
20	207	224	220	238	234	252	247	266	259	279	285	308	147	144	162
22	251	271	267	288	283	305	299	322	313	338	345	372	178	174	196
24	298	322	317	342	336	363	355	383	373	402	411	443	212	207	234
26	350	378	373	402	395	426	417	450	437	472	482	520	249	243	274
28	406	438	432	466	458	494	484	522	507	547	559	603	289	282	318
30	466	503	496	535	526	567	555	599	582	628	642	692	332	324	365
32	531	572	564	609	598	645	632	682	662	715	730	787	377	369	415
34	599	646	637	687	675	728	713	770	748	807	824	889	426	416	469
36	671	724	714	770	757	817	800	863	838	904	924	997	478	466	525
38	748	807	796	858	843	910	891	961	934	1010	1030	1110	532	520	585
40	829	894	882	951	935	1010	987	1070	1030	1120	1140	1230	590	576	649

注：最小钢丝破断拉力总和等于钢丝绳最小破断拉力×1.214（纤维芯）或1.308（钢芯）。

表 26.68　6×19 钢丝绳的性能（Ⅱ）（GB/T 20118—2006）

6×19+FC

6×19S+IWS

6×19W+IWR

续表

钢丝绳公称直径/mm	钢丝绳公称抗拉强度/MPa								参考质量/(kg/100m)		
	1570		1670		1770		1870				
	钢丝绳最小破断拉力/kN										
	纤维芯钢丝绳	钢芯钢丝绳	纤维芯钢丝绳	钢芯钢丝绳	纤维芯钢丝绳	钢芯钢丝绳	纤维芯钢丝绳	钢芯钢丝绳	天然纤维芯钢丝绳	合成纤维芯钢丝绳	钢芯钢丝绳
3	4.34	4.69	4.61	4.99	4.89	5.29	5.17	5.59	3.16	3.10	3.60
4	7.71	8.34	8.20	8.87	8.69	9.40	9.19	9.93	5.62	5.50	6.40
5	12.0	13.0	12.8	13.9	13.6	14.7	14.4	15.5	8.78	8.60	10.0
6	17.4	18.8	18.5	20.0	19.6	21.2	20.7	22.4	12.6	12.4	14.4
7	23.6	25.5	25.1	27.2	26.6	28.8	28.1	30.4	17.2	16.9	19.6
8	30.8	33.4	32.8	35.5	34.8	37.6	36.7	39.7	22.5	22.0	25.6
9	39.0	42.2	41.6	44.9	44.0	47.6	46.5	50.3	28.4	27.9	32.4
10	48.2	52.1	51.3	55.4	54.4	58.8	57.4	62.1	35.1	34.4	40.0
11	58.3	63.1	62.0	67.1	65.8	71.1	69.5	75.1	42.5	41.6	48.4
12	69.4	75.1	73.8	79.8	78.2	84.6	82.7	89.4	50.5	50.0	57.6
13	81.5	88.1	86.6	93.7	91.8	99.3	97.0	105	59.3	58.1	67.6
14	94.5	102	100	109	107	115	113	122	68.8	67.4	78.4
16	123	133	131	142	139	150	147	159	89.9	88.1	102
18	156	169	166	180	176	190	186	201	114	111	130
20	193	208	205	222	217	235	230	248	140	138	160
22	233	252	248	268	263	284	278	300	170	166	194
24	278	300	295	319	313	338	331	358	202	198	230
26	326	352	346	375	367	397	388	420	237	233	270
28	378	409	402	435	426	461	450	487	275	270	314
30	434	469	461	499	489	529	517	559	316	310	360
32	494	534	525	568	557	602	588	636	359	352	410
34	557	603	593	641	628	679	664	718	406	398	462
36	625	676	664	719	704	762	744	805	455	446	518
38	696	753	740	801	785	849	829	896	507	497	578
40	771	834	820	887	869	940	919	993	562	550	640
42	850	919	904	978	959	1040	1010	1100	619	607	706
44	933	1010	993	1070	1050	1140	1110	1200	680	666	774
46	1020	1100	1080	1170	1150	1240	1210	1310	743	728	846

注：最小钢丝破断拉力总和等于钢丝绳最小破断拉力×1.226（纤维芯）或1.321（钢芯）。

表 26.69　6×19（a）类和 6×37（a）类钢丝绳的性能（GB/T 20118—2006）

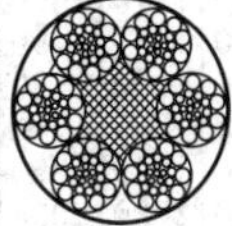
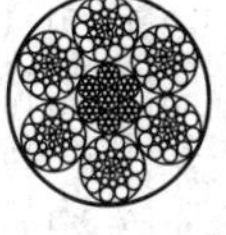
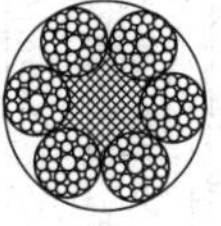

6×25Fi+FC　6×25Fi+IWR　d=5～44mm

6×26WS+FC　6×26WS+IWR　d=13～40mm

6×29Fi+FC　6×29Fi+IWR　d=10～44mm

续表

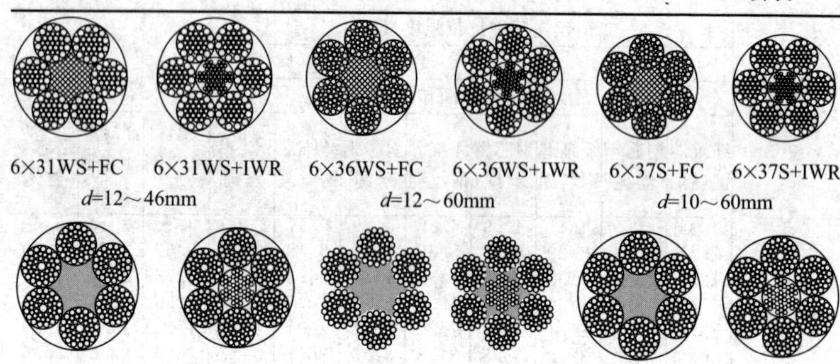

6×31WS+FC 6×31WS+IWR d=12～46mm　6×36WS+FC 6×36WS+IWR d=12～60mm　6×37S+FC 6×37S+IWR d=10～60mm

6×41WS+FC 6×41WS+IWR d=32～60mm　6×49SWS+FC 6×49SWS+IWR d=36～60mm　6×55SWS+FC 6×55SWS+IWR d=36～60mm

钢丝绳公称直径/mm	钢丝绳公称抗拉强度/MPa												参考质量/(kg/100m)		
	1570		1670		1770		1870		1960		2160				
	钢丝绳最小破断拉力/kN														
	纤维芯钢丝绳	钢芯钢丝绳	纤维芯钢丝绳	钢芯钢丝绳	纤维芯钢丝绳	钢芯钢丝绳	纤维芯钢丝绳	钢芯钢丝绳	纤维芯钢丝绳	钢芯钢丝绳	纤维芯钢丝绳	钢芯钢丝绳	天然纤维芯钢丝绳	合成纤维芯钢丝绳	钢芯钢丝绳
8	33.2	35.8	35.3	38.0	37.4	40.3	39.5	42.6	41.4	44.7	45.6	49.2	24.3	23.7	26.8
10	51.8	55.9	55.1	59.5	58.4	63.0	61.7	66.6	64.7	69.8	71.3	76.9	38.0	37.1	41.8
12	74.6	80.5	79.4	85.6	84.1	90.7	88.9	95.9	93.1	100	103	111	54.7	53.4	60.2
13	87.6	94.5	93.1	100	98.7	106	104	113	109	118	120	130	64.2	62.7	70.6
14	102	110	108	117	114	124	121	130	127	137	140	151	74.5	72.7	81.9
16	133	143	141	152	150	161	158	170	166	179	182	197	97.3	95.0	107
18	168	181	179	193	189	204	200	216	210	226	231	249	123	120	135
20	207	224	220	238	234	252	247	266	259	279	285	308	152	148	167
22	251	271	267	288	283	305	299	322	313	338	345	372	184	180	202
24	298	322	317	342	336	363	355	383	373	402	411	443	219	214	241
26	350	378	373	402	395	426	417	450	437	472	482	520	257	251	283
28	406	438	432	466	458	494	484	522	507	547	559	603	298	291	328
30	466	503	496	535	526	567	555	599	582	628	642	692	342	334	376
32	531	572	564	609	598	645	632	682	662	715	730	787	389	380	428
34	599	646	637	687	675	728	713	770	748	807	824	889	439	429	483
36	671	724	714	770	757	817	800	863	838	904	924	997	492	481	542
38	748	807	796	858	843	910	891	961	934	1010	1030	1110	549	536	604
40	829	894	882	951	935	1010	987	1070	1030	1120	1140	1230	608	594	669
42	914	986	972	1050	1030	1110	1090	1170	1140	1230	1260	1360	670	654	737
44	1000	1080	1070	1150	1130	1220	1190	1290	1250	1350	1380	1490	736	718	809
46	1100	1180	1170	1260	1240	1330	1310	1410	1370	1480	1510	1630	804	785	884
48	1190	1290	1270	1370	1350	1450	1420	1530	1490	1610	1640	1770	876	855	963
50	1300	1400	1380	1490	1460	1580	1540	1660	1620	1740	1780	1920	950	928	1040
52	1400	1510	1490	1610	1580	1700	1670	1800	1750	1890	1930	2080	1030	1000	1130
54	1510	1630	1610	1730	1700	1840	1800	1940	1890	2030	2080	2240	1110	1080	1220
56	1620	1750	1730	1860	1830	1980	1940	2090	2030	2190	2240	2410	1190	1160	1310
58	1740	1880	1850	2000	1960	2120	2080	2240	2180	2350	2400	2590	1280	1250	1410
60	1870	2010	1980	2140	2100	2270	2220	2400	2330	2510	2570	2770	1370	1340	1500

注：最小钢丝破断拉力总和等于钢丝绳最小破断拉力×1.226（纤维芯）或×1.321（钢芯），其中6×37S纤维芯为×1.191，钢芯为×1.283。

表 26.70 6×37（b）类钢丝绳的性能（GB/T 20118—2006）

6×37+FC

6×37+IWR

钢丝绳公称直径/mm	钢丝绳公称抗拉强度/MPa								参考质量/(kg/100m)		
	1570		1670		1770		1870				
	钢丝绳最小破断拉力/kN										
	纤维芯钢丝绳	钢芯钢丝绳	纤维芯钢丝绳	钢芯钢丝绳	纤维芯钢丝绳	钢芯钢丝绳	纤维芯钢丝绳	钢芯钢丝绳	天然纤维芯钢丝绳	合成纤维芯钢丝绳	钢芯钢丝绳
5	11.6	12.5	12.3	13.3	13.1	14.1	13.8	14.9	8.65	8.43	10.0
6	16.7	18.0	17.7	19.2	18.8	20.3	19.9	21.5	12.5	12.1	14.4
7	22.7	24.5	24.1	26.1	25.6	27.7	27.0	29.2	17.0	16.5	19.6
8	29.6	32.1	31.5	34.1	33.4	36.1	35.3	38.2	22.1	21.6	25.6
9	37.5	40.6	39.9	43.2	42.3	45.7	44.7	48.3	28.0	27.3	32.4
10	46.3	50.1	49.3	53.3	52.2	56.5	55.2	59.7	34.6	33.7	40.0
11	56.0	60.6	59.6	64.5	63.2	58.3	66.7	72.2	41.9	40.8	48.4
12	66.7	72.1	70.9	76.7	75.2	81.3	79.4	85.9	49.8	48.5	57.6
13	78.3	84.6	83.3	90.0	88.2	95.4	93.2	101	58.5	57.0	67.6
14	90.8	98.2	96.6	104	102	111	108	117	67.8	66.1	78.4
16	119	128	126	136	134	145	141	153	88.5	88.3	102
18	150	162	160	173	169	183	179	193	112	109	130
20	185	200	197	213	209	226	221	239	138	135	160
22	224	242	238	258	253	273	267	289	167	163	194
24	267	288	284	307	301	325	318	344	199	194	230
26	313	339	333	360	353	383	373	403	234	228	270
28	363	393	386	418	409	443	432	468	271	264	314
30	417	451	443	479	470	508	496	537	311	303	360
32	474	513	504	546	535	578	565	611	354	345	410
34	535	579	570	616	604	653	638	690	400	390	462
36	600	649	638	690	677	732	715	773	448	437	518
38	669	723	711	769	754	815	797	861	500	487	578
40	741	801	788	852	835	903	883	954	554	539	640
42	817	883	869	940	921	996	973	1050	610	594	706
44	897	970	954	1030	1010	1090	1070	1150	670	652	774
46	980	1060	1040	1130	1100	1190	1170	1260	732	713	846
48	1070	1150	1140	1230	1200	1300	1270	1370	797	776	922
50	1160	1250	1230	1330	1300	1410	1380	1490	865	843	1000
52	1250	1350	1330	1440	1410	1530	1490	1610	936	911	1080
54	1350	1460	1440	1550	1520	1650	1610	1740	1010	983	1170
56	1450	1570	1540	1670	1640	1770	1730	1870	1090	1060	1250
58	1560	1680	1660	1790	1760	1900	1860	2010	1160	1130	1350
60	1670	1800	1770	1920	1880	2030	1990	2150	1250	1210	1440

注：最小钢丝破断拉力总和等于钢丝绳最小破断拉力×1.249（纤维芯）或1.336（钢芯）。

表 26.71 6×61 类钢丝绳的性能（GB/T 20118—2006）

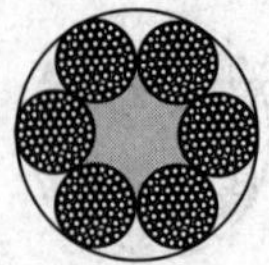

6×61+FC

6×61+IWR

钢丝绳公称直径/mm	钢丝绳公称抗拉强度/MPa								参考质量/(kg/100m)		
	1570		1670		1770		1870				
	钢丝绳最小破断拉力/kN										
	纤维芯钢丝绳	钢芯钢丝绳	纤维芯钢丝绳	钢芯钢丝绳	纤维芯钢丝绳	钢芯钢丝绳	纤维芯钢丝绳	钢芯钢丝绳	天然纤维芯钢丝绳	合成纤维芯钢丝绳	钢芯钢丝绳
40	711	769	756	818	801	867	847	916	578	566	637
42	784	847	834	901	884	955	934	1010	637	624	702
44	860	930	915	989	970	1050	1020	1110	699	685	771
46	940	1020	1000	1080	1060	1150	1120	1210	764	749	842
48	1020	1110	1090	1180	1150	1250	1220	1320	832	816	917
50	1110	1200	1180	1280	1250	1350	1320	1430	903	885	995
52	1200	1300	1280	1380	1350	1460	1430	1550	976	957	1080
54	1300	1400	1380	1490	1460	1580	1540	1670	1050	1030	1160
56	1390	1510	1480	1600	1570	1700	1660	1790	1130	1110	1250
58	1490	1620	1590	1720	1690	1820	1780	1920	1210	1190	1340
60	1600	1730	1700	1840	1800	1950	1910	2060	1300	1270	1430

注：最小钢丝破断拉力总和等于钢丝绳最小破断拉力×1.301（纤维芯）或 1.392（钢芯）。

表 26.72 6×12+7FC 钢丝绳的性能（GB/T 20118—2006）

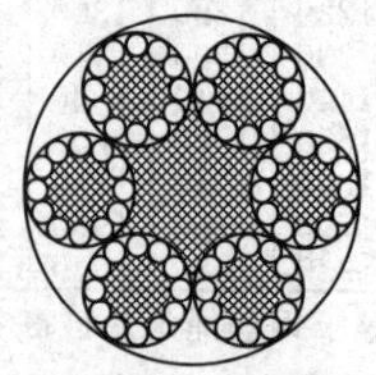

续表

钢丝绳公称直径/mm	钢丝绳公称抗拉强度/MPa				参考质量/(kg/100m)	
	1470	1570	1670	1770	天然纤维芯钢丝绳	合成纤维芯钢丝绳
	钢丝绳最小破断拉力/kN					
8	19.7	21.0	22.3	23.7	16.1	14.8
9	24.9	26.6	28.3	30.0	20.3	18.7
9.3	26.6	28.4	30.2	32.0	21.7	20.0
10	30.7	32.8	34.9	37.0	25.1	23.1
11	37.2	39.7	42.2	44.8	30.4	28.0
12	44.2	47.3	50.3	53.3	36.1	33.3
12.5	48.0	51.3	54.5	57.8	39.2	36.1
13	51.9	55.5	59.0	62.5	42.4	39.0
14	60.2	64.3	68.4	72.5	49.2	45.3
15.5	73.8	78.8	83.9	88.9	60.3	55.5
16	78.7	84.0	89.4	94.7	64.3	59.1
17	88.8	94.8	101	107	72.5	66.8
18	99.5	106	113	120	81.3	74.8
18.5	105	112	119	127	85.9	79.1
20	123	131	140	148	100	92.4
21.5	142	152	161	171	116	107
22	149	159	169	179	121	112
24	177	189	201	213	145	133
24.5	184	197	210	222	151	139
26	208	222	236	250	170	156
28	241	257	274	290	197	181
32	315	336	357	379	257	237

注：最小钢丝破断拉力总和等于钢丝绳最小破断拉力×1.136。

表 26.73 6×24+7FC 钢丝绳的性能（GB/T 20118—2006）

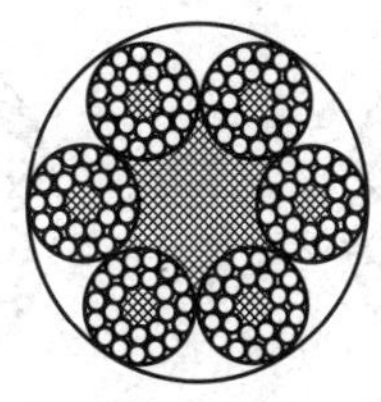

续表

钢丝绳公称直径/mm	钢丝绳公称抗拉强度/MPa				参考质量/(kg/100m)	
	1470	1570	1670	1770		
	钢丝绳最小破断拉力/kN				天然纤维芯钢丝绳	合成纤维芯钢丝绳
8	26.3	28.1	29.9	31.7	20.4	19.8
9	33.3	35.6	37.9	40.1	25.8	24.6
10	41.2	44.0	46.8	49.6	31.8	30.4
11	49.8	53.2	56.6	60.0	38.5	36.8
12	59.3	63.3	67.3	71.4	45.8	43.8
13	69.6	74.3	79.0	83.8	48.7	51.4
14	80.7	86.2	91.6	97.1	62.3	59.6
16	105	113	120	127	81.4	77.8
18	133	142	152	161	103	98.5
20	165	176	187	198	127	122
22	199	213	226	240	154	147
24	237	253	269	285	183	175
26	278	297	316	335	215	206
28	323	345	367	389	249	234
30	370	396	421	446	286	274
32	421	450	479	507	326	311
34	476	508	541	573	368	351
36	533	570	606	642	412	394
38	594	635	675	716	459	439
40	659	703	748	793	509	486

表 26.74 6×24S+7FC 钢丝绳的性能（GB/T 20118—2006）

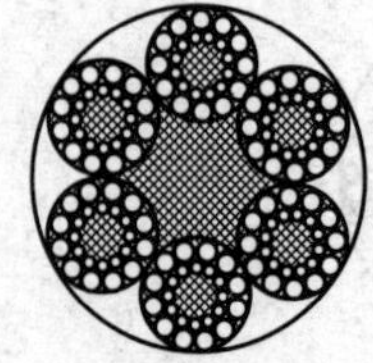

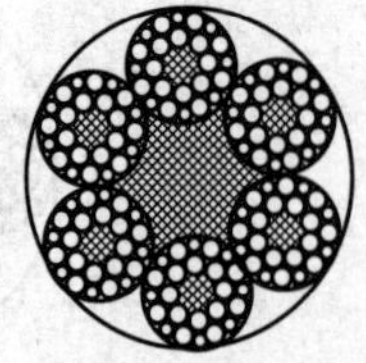

续表

钢丝绳公称直径/mm	钢丝绳公称抗拉强度/MPa				参考质量/(kg/100m)	
	1470	1570	1670	1770	天然纤维芯钢丝绳	合成纤维芯钢丝绳
	钢丝绳最小破断拉力/kN					
10	42.8	45.7	48.6	51.5	33.1	31.6
11	51.8	55.3	58.8	62.3	40.0	38.2
12	61.6	65.8	70.0	74.2	47.7	45.5
13	72.3	77.2	82.1	87.0	55.9	53.4
14	83.8	90.0	95.3	101	64.9	61.9
16	110	117	124	132	84.7	80.9
18	139	148	157	167	107	102
20	171	183	194	206	132	126
22	207	221	235	249	160	153
24	246	263	280	297	191	182
26	289	309	329	348	224	214
28	335	358	381	404	260	248
30	385	411	437	464	298	284
32	438	468	498	527	339	324
34	495	528	562	595	383	365
36	554	592	630	668	429	410
38	618	660	702	744	478	456
40	684	731	778	824	530	506
42	755	806	857	909	584	557
44	828	885	941	997	641	612

注：最小钢丝破断拉力总和等于钢丝绳最小破断拉力×1.150（纤维芯）。

表 26.75　6×15+7FC 钢丝绳的性能（GB/T 20118—2006）

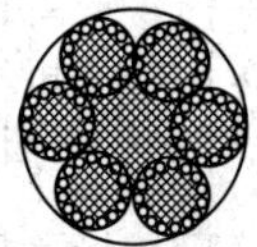

钢丝绳公称直径/mm	钢丝绳公称抗拉强度/MPa				参考质量/(kg/100m)
	1470	1570	1670	1770	
	钢丝绳最小破断拉力/kN				
10	18.5	28.3	30.1	31.9	200
12	26.6	40.7	43.3	45.9	288
14	36.3	55.4	58.9	62.4	392
16	47.4	72.3	77.0	81.6	512
18	59.9	91.6	97.4	103	648
20	74.0	113	120	127	800
22	89.5	137	145	154	968
24	107	163	173	184	1115
26	125	191	203	215	1135
28	145	222	236	250	1157
30	166	254	271	287	1180
32	189	289	308	326	1205

注：最小钢丝破断拉力总和等于钢丝绳最小破断拉力×1.136。

表 26.76　8×19 类钢丝绳的性能（GB/T 20118—2006）

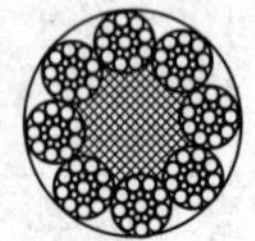
8×19S+FC

8×19S+IWR

d=11～44mm

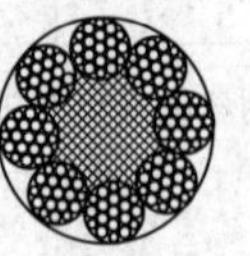
8×19W+FC

8×19W+IWR

d=10～48mm

钢丝绳公称直径/mm	钢丝绳公称抗拉强度/MPa												参考质量/(kg/100m)		
	1570		1670		1770		1870		1960		2160				
	钢丝绳最小破断拉力/kN														
	纤维芯钢丝绳	钢芯钢丝绳	纤维芯钢丝绳	钢芯钢丝绳	纤维芯钢丝绳	钢芯钢丝绳	纤维芯钢丝绳	钢芯钢丝绳	纤维芯钢丝绳	钢芯钢丝绳	纤维芯钢丝绳	钢芯钢丝绳	天然纤维芯钢丝绳	合成纤维芯钢丝绳	钢芯钢丝绳
10	46.0	54.3	48.9	57.8	51.9	61.2	54.8	64.7	57.4	67.8	63.3	74.7	34.6	33.4	42.2
11	55.7	65.7	59.2	69.9	62.8	74.1	66.3	78.3	69.5	82.1	76.6	90.4	41.9	40.4	51.1
12	66.2	78.2	70.5	83.2	74.7	88.2	78.9	93.2	82.7	97.7	91.1	108	49.9	48.0	60.8
13	77.7	91.8	82.7	97.7	87.6	103	92.6	109	97.1	115	107	126	58.5	56.4	71.3
14	90.2	106	95.9	113	102	120	107	127	113	133	124	146	67.9	65.4	82.7
16	118	139	125	148	133	157	140	166	147	174	162	191	88.7	85.4	108
18	149	176	159	187	168	198	178	210	186	220	205	242	112	108	137
20	184	217	196	231	207	245	219	259	230	271	253	299	139	133	169
22	223	263	237	280	251	296	265	313	278	328	306	362	168	162	204
24	265	313	282	333	299	353	316	373	331	391	365	430	199	192	243
26	311	367	331	391	351	414	370	437	388	458	428	505	234	226	285
28	361	426	384	453	407	480	430	507	450	532	496	586	271	262	331
30	414	489	440	520	467	551	493	582	517	610	570	673	312	300	380
32	471	556	501	592	531	627	561	663	588	694	648	765	355	342	432
34	532	628	566	668	600	708	633	748	664	784	732	864	400	386	488
36	596	704	634	749	672	794	710	839	744	879	820	969	449	432	547
38	664	784	707	834	749	884	791	934	829	979	914	1080	500	482	609
40	736	869	783	925	830	980	877	1040	919	1090	1010	1200	554	534	675
42	811	958	863	1020	915	1080	967	1140	1010	1200	1120	1320	611	589	744
44	891	1050	947	1120	1000	1190	1060	1250	1110	1310	1230	1450	670	646	817
46	973	1150	1040	1220	1100	1300	1160	1370	1220	1430	1340	1580	733	706	893
48	1060	1250	1130	1330	1190	1410	1260	1490	1320	1560	1460	1720	798	769	972

注：最小钢丝破断拉力总和等于钢丝绳最小破断拉力×1.214（纤维芯）或 1.360（钢芯）。

表 26.77　8×19 类和 8×37 类钢丝绳的性能（GB/T 20118—2006）

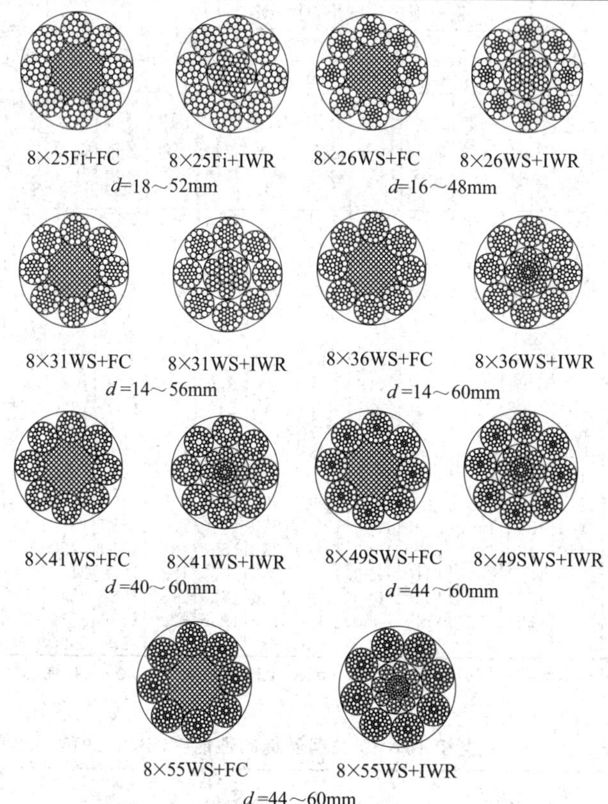

钢丝绳公称直径/mm	钢丝绳公称抗拉强度/MPa												参考质量/(kg/100m)		
	1570		1670		1770		1870		1960		2160				
	钢丝绳最小破断拉力/kN														
	纤维芯钢丝绳	钢芯钢丝绳	纤维芯钢丝绳	钢芯钢丝绳	纤维芯钢丝绳	钢芯钢丝绳	纤维芯钢丝绳	钢芯钢丝绳	纤维芯钢丝绳	钢芯钢丝绳	纤维芯钢丝绳	钢芯钢丝绳	天然纤维芯钢丝绳	合成纤维芯钢丝绳	钢芯钢丝绳
14	90.2	106	95.9	113	102	120	107	127	113	133	124	146	70.0	67.4	85.3
16	118	139	125	148	133	157	140	166	147	174	162	191	91.4	88.1	111
18	149	176	159	187	168	198	178	210	186	220	205	242	116	111	141
20	184	217	196	231	207	245	219	259	230	271	253	299	143	138	174
22	223	263	237	280	251	296	265	313	278	328	306	362	173	166	211

续表

钢丝绳公称直径/mm	钢丝绳公称抗拉强度/MPa 1570 钢丝绳最小破断拉力/kN 纤维芯钢丝绳	1570 钢芯钢丝绳	1670 纤维芯钢丝绳	1670 钢芯钢丝绳	1770 纤维芯钢丝绳	1770 钢芯钢丝绳	1870 纤维芯钢丝绳	1870 钢芯钢丝绳	1960 纤维芯钢丝绳	1960 钢芯钢丝绳	2160 纤维芯钢丝绳	2160 钢芯钢丝绳	参考质量/(kg/100m) 天然纤维芯钢丝绳	合成纤维芯钢丝绳	钢芯钢丝绳
24	265	313	282	333	299	353	316	373	331	391	365	430	206	198	251
26	311	367	331	391	351	414	370	437	388	458	428	505	241	233	294
28	361	426	384	453	407	480	430	507	450	532	496	586	280	270	341
30	414	489	440	520	467	551	493	582	517	610	570	673	321	310	392
32	471	556	501	592	531	627	561	663	588	694	648	765	366	352	445
34	532	628	566	668	600	708	633	748	664	784	732	864	413	398	503
36	596	704	634	749	672	794	710	839	744	879	820	969	463	446	564
38	664	784	707	834	749	884	791	934	829	979	914	1080	516	497	628
40	736	869	783	925	830	980	877	1040	919	1090	1010	1230	571	550	696
42	811	958	863	1020	915	1080	967	1140	1010	1200	1120	1320	630	607	767
44	890	1050	947	1120	1000	1190	1060	1250	1110	1310	1230	1450	691	666	842
46	973	1150	1040	1220	1100	1300	1160	1370	1220	1430	1340	1580	755	728	920
48	1060	1250	1130	1330	1190	1410	1260	1490	1320	1560	1460	1720	823	793	1000
50	1150	1360	1220	1440	1300	1530	1370	1620	1440	1700	1580	1870	892	860	1090
52	1240	1470	1320	1560	1400	1660	1480	1750	1550	1830	1710	2020	965	930	1180
54	1340	1580	1430	1680	1510	1790	1600	1890	1670	1980	1850	2180	1040	1000	1270
56	1440	1700	1530	1810	1630	1920	1720	2030	1800	2130	1980	2340	1120	1080	1360
58	1550	1830	1650	1940	1740	2060	1840	2180	1930	2280	2130	2510	1200	1160	1460
60	1660	1960	1760	2080	1870	2200	1970	2330	2070	2440	2280	2690	1290	1240	1570

注：最小钢丝破断拉力总和等于钢丝绳最小破断拉力×1.226（纤维芯）或 1.374（钢芯）。

表 26.78 18×7 类和 18×19 类钢丝绳的性能（GB/T 20118—2006）

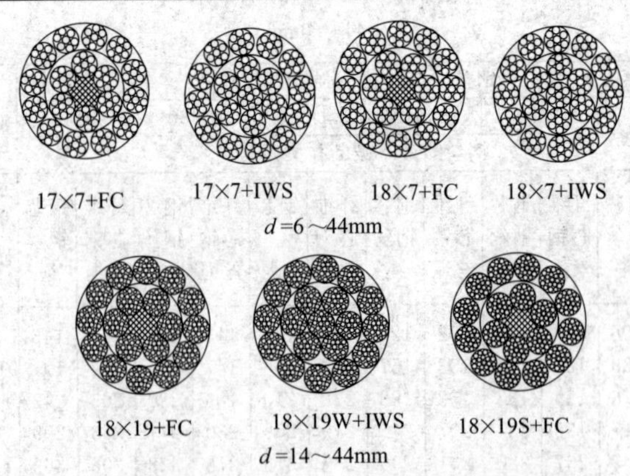

续表

18×19S+IWS
d=14～44mm

18×19+FC
d=10～44mm

18×19+IWS
d=10～44mm

钢丝绳公称直径/mm	钢丝绳公称抗拉强度/MPa												参考质量/(kg/100m)	
	1570		1670		1770		1870		1960		2160			
	钢丝绳最小破断拉力/kN													
	纤维芯钢丝绳	钢芯钢丝绳	纤维芯钢丝绳	钢芯钢丝绳	纤维芯钢丝绳	钢芯钢丝绳	纤维芯钢丝绳	钢芯钢丝绳	纤维芯钢丝绳	钢芯钢丝绳	纤维芯钢丝绳	钢芯钢丝绳	纤维芯钢丝绳	钢芯钢丝绳
6	17.5	18.5	18.6	19.7	19.8	20.9	20.9	22.1	21.9	23.1	24.1	25.5	14.0	15.5
7	23.8	25.2	25.4	26.8	26.9	28.4	28.4	30.1	29.8	31.5	32.8	34.7	19.1	21.1
8	31.1	33.0	33.1	35.1	35.1	37.2	37.1	39.3	38.9	41.1	42.9	45.3	25.0	27.5
9	39.4	41.7	41.9	44.4	44.4	47.0	47.0	49.7	49.2	52.1	54.2	57.4	31.6	34.8
10	48.7	51.5	51.8	54.8	54.9	58.1	58.0	61.3	60.8	64.3	67.0	70.8	39.0	43.0
11	58.9	62.3	62.6	66.3	66.4	70.2	70.1	74.2	73.5	77.8	81.0	85.7	47.2	52.0
12	70.1	74.2	74.5	78.9	79.0	83.6	83.5	88.3	87.5	92.6	96.4	102	56.2	61.9
13	82.3	87.0	87.5	92.6	92.7	98.1	98.0	104	103	109	113	120	65.9	72.7
14	95.4	101	101	107	108	114	114	120	119	126	131	139	76.4	84.3
16	125	132	133	140	140	149	148	157	156	165	171	181	99.8	110
18	158	167	168	177	178	188	188	199	197	208	217	230	126	139
20	195	206	207	219	219	232	232	245	243	257	268	283	156	172
22	236	249	251	265	266	281	281	297	294	311	324	343	189	208
24	280	297	298	316	316	334	334	353	350	370	386	408	225	248
26	329	348	350	370	371	392	392	415	411	435	453	479	264	291
28	382	404	406	429	430	455	454	481	476	504	525	555	306	337
30	438	463	466	493	494	523	522	552	547	579	603	638	351	387
32	498	527	530	561	562	594	594	628	622	658	686	725	399	440
34	563	595	598	633	634	671	670	709	702	743	774	819	451	497
36	631	667	671	710	711	752	751	795	787	833	868	918	505	557
38	703	744	748	791	792	838	837	886	877	928	967	1020	563	621
40	779	824	828	876	878	929	928	981	972	1030	1070	1130	624	688
42	859	908	913	966	968	1020	1020	1080	1070	1130	1180	1250	688	759
44	942	997	1000	1060	1060	1120	1120	1190	1180	1240	1300	1370	755	832

注：最小钢丝破断拉力总和等于钢丝绳最小破断拉力×1.283，其中17×7类钢丝绳为×1.250。

表 26.79 34×7 类钢丝绳的性能（GB/T 20118—2006）

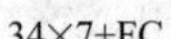
34×7+FC

34×7+IWS

36×7+FC

36×7+IWS

d=16～44mm

钢丝绳公称直径/mm	钢丝绳公称抗拉强度/MPa								参考质量/(kg/100m)	
	1570		1670		1770		1870			
	钢丝绳最小破断拉力/kN									
	纤维芯钢丝绳	钢芯钢丝绳	纤维芯钢丝绳	钢芯钢丝绳	纤维芯钢丝绳	钢芯钢丝绳	纤维芯钢丝绳	钢芯钢丝绳	纤维芯钢丝绳	钢芯钢丝绳
16	124	128	132	136	140	144	147	152	99.8	110
18	157	162	167	172	177	182	187	193	126	139
20	193	200	206	212	218	225	230	238	156	172
22	234	242	249	257	264	272	279	288	189	208
24	279	288	296	306	314	324	332	343	225	248
26	327	337	348	359	369	380	389	402	264	291
28	379	391	403	416	427	441	452	466	306	337
30	435	449	463	478	491	507	518	535	351	387
32	495	511	527	544	558	576	590	609	399	440
34	559	577	595	614	630	651	666	687	451	497
36	627	647	667	688	707	729	746	771	505	557
38	698	721	743	767	787	813	832	859	563	621
40	774	799	823	850	872	901	922	951	624	688
42	853	881	907	937	962	993	1020	1050	688	759
44	936	967	996	1030	1060	1090	1120	1150	755	832

注：最小钢丝破断拉力总和等于钢丝绳最小破断拉力×1.334，其中 34×7 类钢丝绳为×1.300。

表 26.80 35W×7 类钢丝绳的性能（GB/T 20118—2006）

35W×7

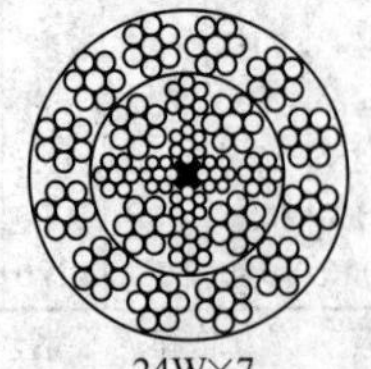
24W×7

续表

钢丝绳公称直径/mm	钢丝绳公称抗拉强度/MPa						参考质量/(kg/100m)
	1570	1670	1770	1870	1960	2160	
	钢丝绳最小破断拉力/kN						
12	81.4	86.6	91.8	96.9	102	112	66.2
14	111	118	125	132	138	152	90.2
16	145	154	163	172	181	199	118
18	183	195	206	218	229	252	149
20	226	240	255	269	282	311	184
22	274	291	308	326	342	376	223
24	326	346	367	388	406	448	265
26	382	406	431	455	477	526	311
28	443	471	500	528	553	610	361
30	509	541	573	606	635	700	414
32	579	616	652	689	723	796	471
34	653	695	737	778	816	899	532
36	732	779	826	872	914	1010	596
38	816	868	920	972	1020	1120	664
40	904	962	1020	1080	1130	1240	736
42	997	1060	1120	1190	1240	1370	811
44	1090	1160	1230	1300	1370	1510	891
46	1200	1270	1350	1420	1490	1650	973
48	1300	1390	1470	1550	1630	1790	1060
50	1410	1500	1590	1680	1760	1940	1150

注：最小钢丝破断拉力总和等于钢丝绳最小破断拉力×1.287。

26.7.6 输送带用钢丝绳

表 26.81 标准式 6×7+IWS 输送带钢丝绳的规格（GB/T 12753—2008）

公称直径/mm	最小撕破力(Ⅰ级)/kN ≥	近似质量/(kg/100m)	公称直径/mm	最小撕破力(Ⅰ级)/kN ≥	近似质量/(kg/100m)
2.0	3.7	1.7	4.0	13.6	6.4
2.6	6.1	2.7	4.2	15.0	7.1
2.8	7.0	3.1	4.5	17.9	8.4
3.0	7.5	3.4	4.8	20.1	9.4
3.2	9.4	4.1	5.1	22.1	10.5
3.5	11.2	5.0	5.4	25.3	12.1
3.8	12.8	6.0	—	—	—

表 26.82 标准式 6×19+IWSS 输送带钢丝绳的规格（GB/T 12753—2008）

公称直径/mm	最小撕破力(Ⅰ级)/kN ≥	近似质量/(kg/100m)	公称直径/mm	最小撕破力(Ⅰ级)/kN ≥	近似质量/(kg/100m)
4.0	13.4	6.2	7.2	41.7	20.3
4.3	16.0	7.4	7.5	45.3	22.0
4.5	17.9	8.3	7.8	49.4	24.0
4.8	20.4	9.5	8.1	53.3	25.9
5.4	24.3	11.3	9.2	67.7	33.3
5.7	27.1	12.6	10.3	81.8	41.8
6.1	31.6	14.8	11.0	94.2	48.2
6.4	33.5	16.3	12.0	110.2	56.3

表 26.83 标准式 6×19W＋IWS 输送带钢丝绳的规格（GB/T 12753—2008）

公称直径 /mm	最小撕破力/kN		近似质量 /(kg/100m)
	Ⅱ级	Ⅲ级	
5.0	24.4	25.5	10.6
5.6	29.9	31.4	13.7
6.0	34.4	36.0	15.9
6.6	40.5	42.5	18.9
7.0	45.6	47.8	21.2
7.6	53.6	56.2	25.3
8.3	61.4	64.4	29.6
8.7	68.0	71.4	33.2
9.1	72.7	76.3	35.5
10.0	88.3	92.8	43.2
10.5	96.0	100.9	47.0
11.0	104.2	109.7	51.5
12.0	121.3	127.5	59.9

表 26.84 开放式 K6×7＋IWS 输送带钢丝绳的规格（GB/T 12753—2008）

钢丝绳公称直径 /mm	钢丝绳最小破断拉力 /kN ≥			钢丝绳近似质量 /(kg/100m)	钢丝绳公称直径 /mm	钢丝绳最小破断拉力 /kN ≥			钢丝绳近似质量 /(kg/100m)
	Ⅱ级	Ⅲ级	Ⅳ级			Ⅱ级	Ⅲ级	Ⅳ级	
2.50	5.3	5.5	5.8	2.4	4.30	16.8	17.8	19.0	7.5
2.70	6.4	6.7	7.0	2.9	4.50	18.2	19.3	20.7	8.1
2.90	7.5	7.7	8.0	3.4	4.70	19.6	20.8	22.5	8.7
3.10	8.8	9.5	10.0	3.8	4.90	21.5	22.7	24.1	9.5
3.30	10.3	10.8	11.4	4.4	5.10	23.4	24.2	25.7	10.4
3.50	11.4	12.0	12.8	4.9	5.30	25.2	26.1	27.5	11.1
3.70	12.7	13.2	14.2	5.5	5.50	27.5	28.5	29.7	12.1
3.90	14.0	14.8	15.8	6.3	5.70	28.5	29.6	30.8	13.0
4.10	15.3	16.2	17.4	6.8	5.90	30.0	31.7	32.5	14.1

表 26.85 开放式 K6×19＋IWS 输送带钢丝绳的规格（GB/T 12753—2008）

钢丝绳公称直径 /mm	钢丝绳最小破断拉力 /kN ≥			钢丝绳近似质量 /(kg/100m)	钢丝绳公称直径 /mm	钢丝绳最小破断拉力 /kN ≥			钢丝绳近似质量 /(kg/100m)
	Ⅱ级	Ⅲ级	Ⅳ级			Ⅱ级	Ⅲ级	Ⅳ级	
4.5	18.2	18.6	19.3	7.8	8.3	55.0	57.6	61.0	26.1
4.8	20.0	20.7	21.2	8.7	8.8	63.2	66.2	68.3	29.4
5.0	22.5	23.2	23.9	9.8	9.0	65.0	68.0	71.0	30.8
5.4	25.2	26.1	27.0	11.2	9.2	67.8	71.1	73.9	32.1
5.8	29.6	31.0	31.6	13.2	9.6	73.6	77.2	79.7	34.8
6.0	31.0	32.3	33.3	13.9	10.0	78.7	82.3	86.3	37.8
6.2	33.1	34.4	35.7	14.8	10.4	84.8	88.6	92.5	40.5
6.4	34.5	36.2	37.4	15.7	10.8	90.0	94.0	97.7	43.1
6.8	39.3	41.0	42.7	18.0	11.2	98.3	101	104	46.4
7.2	43.0	45.0	47.1	19.9	11.6	104	108	112	50.8
7.6	48.8	51.0	53.0	22.5	12.0	110	111	118	53.4
8.0	53.2	55.3	57.2	24.4					

表 26.86　开放式 K6×19W+IWS 输送带钢丝绳的规格（GB/T 12753—2008）

钢丝绳公称直径/mm	钢丝绳最小破断拉力/kN ≥			钢丝绳近似质量/(kg/100m)	钢丝绳公称直径/mm	钢丝绳最小破断拉力/kN ≥			钢丝绳近似质量/(kg/100m)
	Ⅱ级	Ⅲ级	Ⅳ级			Ⅱ级	Ⅲ级	Ⅳ级	
5.0	23.0	23.7	24.5	10.3	8.3	60.0	62.3	63.0	28.4
5.6	30.0	30.8	31.5	13.3	8.7	66.3	69.0	70.0	31.0
6.0	33.2	34.3	34.8	14.9	9.1	73.0	76.3	77.0	33.7
6.6	39.6	41.2	41.8	17.7	10.0	84.0	87.5	88.3	38.9
7.0	44.7	46.5	47.0	19.9	10.5	91.5	95.2	96.5	42.9
7.2	47.2	49.1	49.5	20.8	11.0	101	104	106	47.1
7.6	52.8	55.0	55.5	23.6	11.5	105	109	112	51.5
8.0	57.2	59.3	60.0	26.7	12.0	114	118	120	56.1

26.7.7 电梯用钢丝绳

表 26.87　6×19S+NF 电梯用钢丝绳的规格（GB 8903—2005）

公称直径/mm	纤维芯钢丝绳近似质量/(kg/100m)		钢丝绳最小破断载荷/kN ≥	
	天然纤维	人造纤维	单强度：1570MPa 双强度：1370MPa/1770MPa （均按 1570MPa 单强度计算）	单强度：1770MPa
6	13	12.7	17.8	21
8	23.1	22.5	31.7	37.4
10	36.1	35.8	49.5	58.4
11	43.7	42.6	59.9	70.7
13	61	59.5	83.7	98.7
16	92.4	90.1	127	150
19	130	127	179	211
22	175	170	240	283

表 26.88　8×19S+NF 电梯用钢丝绳的规格

公称直径/mm	纤维芯钢丝绳近似质量/(kg/100m)		钢丝绳最小破断载荷/kN ≥	
	天然纤维	人造纤维	单强度：1570MPa 双强度：1370MPa/1770MPa （均按 1570MPa 单强度计算）	单强度：1770MPa
8	22.2	21.7	28.1	33.2
10	34.7	33.9	44.0	51.9
11	42.0	41.0	53.2	62.8
13	58.6	57.3	74.3	87.6
16	88.8	86.8	113	133
19	125	122	159	187
22	168	164	213	251

26.7.8　不锈钢钢丝绳

表 26.89　不锈钢钢丝绳的规格（GB/T 9944—2002）

钢丝绳结构	钢丝绳公称直径/mm	整绳破断拉力/N ≥	参考质量/(g/m)
1×3	0.11	9.8	0.05
	0.17	24.5	0.12
	0.21	39.2	0.19
	0.25	55.9	0.27
	0.36	112.7	0.55
	0.60	254.8	1.20
	0.63	264.6	1.60
1×7	0.15	24.5	0.10
	0.24	58.8	0.28
	0.30	93.1	0.44
	0.36	127.4	0.64
	0.40	156.8	0.75
	0.45	196.0	1.00
	0.50	254.8	1.25
	0.60	343.0	1.80
	0.75	558.6	2.80
	0.90	823.2	4.00
	1.00	999.6	4.80
	1.20	1323.0	7.00
1×19	0.60	343.0	1.75
	0.70	470.4	2.40
	0.80	617.4	3.10
	0.90	774.2	3.90
	1.00	950.6	4.90
	1.20	1274	7.00
	1.50	2254	1.100
	1.60	2597	12.50
	1.80	3136	15.00
	2.00	3822	19.50
	2.40	4802	28.00
	2.50	5586	30.38
	3.00	8036	43.74
	3.50	9310	59.54
	4.00	12740	77.76
6×3+IWS	0.25	39.2	0.24
	0.30	63.7	0.34
	0.50	161.7	0.37
	0.80	392	2.30
	1.00	686	4.00
	1.20	882	5.76
3×7	0.30	63.7	0.32
	0.32	68.6	0.34
	0.70	323.4	1.55
	0.82	421.4	2.30
	1.07	686	4.00
	1.27	931	5.50
6×7+IWS	0.30	53.9	0.36
	0.36	83.3	0.51
	0.45	142.1	0.80
	0.54	205.8	1.15
	0.60	215.6	1.50
	0.72	362.6	2.00
	0.81	460.6	2.60
	0.90	539	3.20
	1.00	637	3.90
	1.20	882	5.00
	1.60[①]	2150	12.00
	1.80	2254	13.50
	2.00	2940	16.50
	2.40[①]	4100	24.00
	2.50	4410	25.00
	3.00	6370	35.00
	3.50	7644	51.00
	4.00	9506	65.00
	5.00	14700	95.00
	6.00	18620	135.0
6×19+IWS	2.40[①]	4100	22.00
	2.50	4410	24.00
	3.00	6370	46.00
	3.20	7850	43.00
	4.00[①]	8624	67.00
	4.50	12250	85.20
	4.80[①]	16500	97.00
	5.00	16660	97.00
	5.60[①]	22250	128.0
	6.00	23520	149.0
	6.40[①]	28500	164.0
	8.00[①]	40050	266.0
	9.00	46060	350.0
	9.50[①]	53400	362.0
	10.0	54880	384.0
	12.0	73500	550.0

① 适于飞机操纵用和减震器用。

26.7.9　钢丝绳附件

(1) 套环（表 26.90 和表 26.91）

表 26.90　钢丝绳用普通套环的规格（GB/T 5974.1—2006）　mm

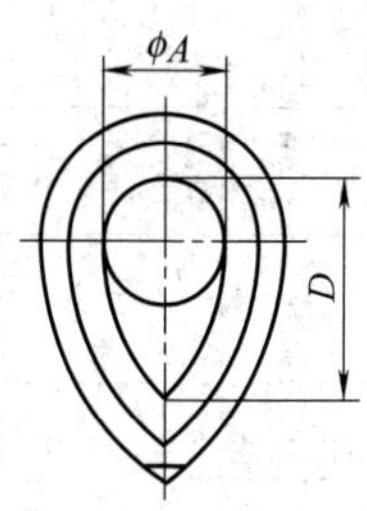

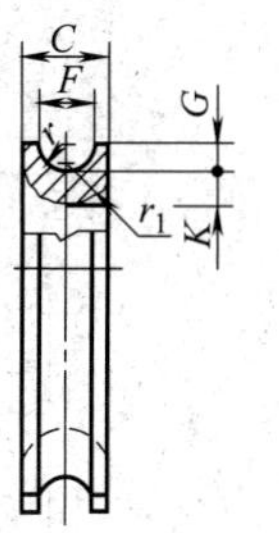

套环规格钢丝公称直径	F	C		A		D		G min	K		质量/kg
		基本尺寸	极限偏差	基本尺寸	极限偏差	基本尺寸	极限偏差		基本尺寸	极限偏差	
6	6.7±0.2	10.5	0 −1.0	15	+1.5 0	27	+2.7 0	3.3	4.2	0 −1.0	0.032
8	8.9±0.3	14.0	0 −1.4	20	+2.0 0	36	+3.6 0	4.4	5.6	0 −0.2	0.075
10	11.2±0.3	17.5		25		45		5.5	7.0		0.150
12	13.4±0.4	21.0		30		54		6.6	8.4		0.250
14	15.6±0.5	24.5		35		63		7.7	9.8		0.393
16	17.8±0.6	28.0	0 −2.8	40	+1.0 0	72	+7.2 0	8.8	11.2	0 −0.4	0.605
18	20.1±0.6	31.5		45		81		9.9	12.6		0.867
20	22.3±0.7	35.0		50		90		11.0	14.0		1.206
22	24.5±0.8	38.5		55		99		12.1	15.4		1.563
24	26.7±0.9	42.0	0 −3.1	60	+1.8 0	101	+8.6 0	13.2	16.8	0 −0.6	2.015
26	29.0±0.9	45.5		65		117		14.3	18.2		2.620
28	31.2±1.0	49.0		70		126		15.4	19.6		3.250
32	35.6±1.2	56.0		80		141		17.6	22.4		4.854
36	40.1±1.3	63.0	0 −4.1	90	+6.0 0	162	+11.3 0	19.8	25.2	0 −0.8	6.972
40	44.5±1.5	70.0		100		180		22.0	28.0		9.624
44	49.0±1.6	77.0		110		196		24.2	30.8		12.81
48	53.4±1.8	84.0		120		216		26.4	33.6		16.60
52	57.9±1.9	91.0	0 −5.5	130	+7.8 0	231	+14.0 0	28.6	36.4	0 −1.1	20.95
56	62.3±2.1	98.0		140		252		30.8	39.2		26.32
60	66.8±2.2	105.0		150		270		33.0	42.0		31.31

表 26.91 钢丝绳用重型套环的规格（GB/T 5974.2—2006）

mm

$r=\frac{F}{2}$ 其余 Ra 100

钢丝公称直径	F	C 基本尺寸	C 极限偏差	A 基本尺寸	A 极限偏差	B 基本尺寸	B 极限偏差	L 基本尺寸	L 极限偏差	R 基本尺寸	R 极限偏差	G min	D	E	质量/kg
8	8.9±0.3	14.0	0 −1.4	20	+0.149 +0.065	40	+2 −2	56	+3 −3	59	+3 0	6.0	5	20	0.08
10	11.2±0.3	17.5		25		50		70		74		7.5			0.17
12	13.4±0.4	21.0		30		60		84		89		9.0			0.32
14	15.6±0.5	24.5		35		70		98		104		10.5			0.50
16	17.8±0.6	28.0	0 −2.8	40	+0.180 +0.080	80	+4 −4	112	+6 −6	118	+6 0	12.0			0.78
18	20.1±0.6	31.5		45		90		126		133		13.5			1.14
20	22.3±0.7	35.0		50		100		140		148		15.0	10	30	1.41
22	24.5±0.8	38.5		55		110		154		163		16.5			1.96
24	26.7±0.9	42.0	0 −3.1	60	+0.220 +0.100	120	+6 −6	168	+9 −9	178	+9 0	18.0			2.41
26	29.0±0.9	45.5		65		130		182		193		19.5			3.46
28	31.2±1.0	49.0		70		140		196		207		21.0			4.30
32	35.6±1.2	56.0		80		1600		224		237		24.0			6.46
36	40.1±1.3	63.0	0 −4.1	90	+0.260 +0.120	180	+9 −9	252	+13 −13	267	+13 0	27.0			9.77
40	44.5±1.5	70.0		100		200		280		296		30.0			12.94
44	49.0±1.6	77.0		110		220		308		326		33.0	15	45	17.02
48	53.4±1.8	84.0		120		240		336		356		36.0			22.75
52	57.9±1.9	91.0	0 −5.5	130	+0.305 +0.145	260	+13 −13	364	+18 −18	385	+19 0	39.0			28.41
56	62.3±2.1	98.0		140		280		392		415		42.0			35.56
60	66.8±2.2	105.0		150		300		420		445		45.0			48.35

(2) 卸扣

可用于索具与末端配件之间，起连接作用，其规格见表26.92～表26.94。

表26.92 普通钢卸扣的规格 mm

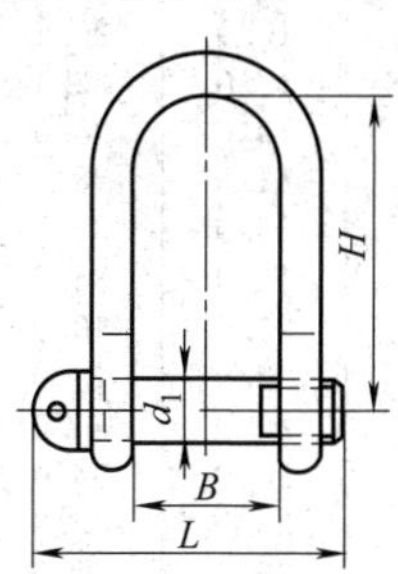

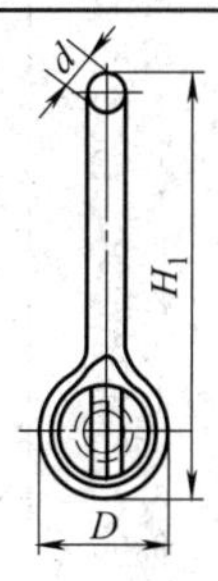

卸扣号码	许用负荷/N	适用钢丝绳最大直径	主要尺寸				
			横销螺纹直径 d_1	卸扣本体直径 d	横销全长 L	环孔间距 B	环孔高度 H
0.2	1960	4.7	M8	6	35	12	35
0.3	3240	6.5	M10	8	44	16	45
0.5	4900	8.5	M12	10	55	20	50
0.9	9120	9.5	M16	12	65	24	60
1.4	14200	13	M20	16	86	32	80
2.1	20600	15	M24	20	101	36	90
2.7	26500	17.5	M27	22	111	40	100
3.3	32400	19.5	M30	24	123	45	110
4.1	40200	22	M33	27	137	50	120
4.9	48100	26	M36	30	153	58	130
6.8	66700	28	M42	36	176	64	150
9.0	88300	31	M48	42	197	70	170
10.7	105000	34	M52	45	218	80	190
16.0	157000	43.5	M64	52	262	100	235
21.0	206000	43.5	M76	65	321	99	256

表26.93 D形卸扣的规格 (JB 8112—1999) mm

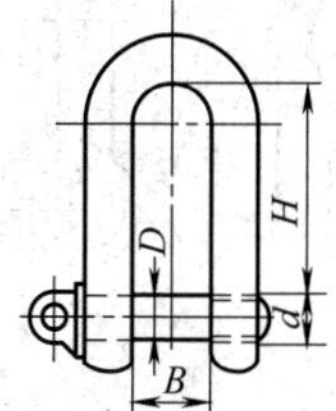

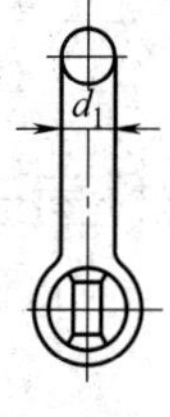

续表

起重量/t			主要尺寸				
M级(4)	S级(6)	T级(8)	d_1	D	H	B	d
—	—	0.63	8.0	9.0	18.0	9.0	M8
—	0.63	0.80	9.0	10.0	20.0	100	M10
—	0.80	1.00	10.0	12.0	22.4	12.0	M12
0.63	1.00	1.25	11.2	12.0	25.0	12.0	M12
0.80	1.25	1.60	125	14.0	28.0	14.0	M14
1.00	1.60	2.00	14.0	16.0	31.5	16.0	M16
1.25	2.00	2.50	16.0	18.0	35.5	18.0	M18
1.60	2.50	3.20	180	20.0	40.0	20.0	M20
2.00	3.20	4.00	20.0	22.0	45.0	22.0	M22
2.50	4.00	5.00	22.4	24.0	50.0	24.0	M24
3.20	5.00	6.30	25.4	30.0	56.0	30.0	M30
4.00	6.30	8.00	28.0	33.0	63.0	33.0	M33
5.00	8.00	10.00	37.5	36.0	71.0	36.0	M36
6.30	10.00	12.50	35.5	39.0	80.0	39.0	M39
8.00	12.50	16.00	40.0	45.0	90.0	45.0	M45
10.00	16.00	20.00	45.0	52.0	100.0	52.0	M52
12.50	20.00	25.00	50.0	56.0	112.0	56.0	M56
16.00	25.00	32.00	56.0	64.0	125.0	64.0	M64
20.00	32.00	40.00	63.0	72.0	140.0	72.0	M72
25.00	40.00	50.00	71.0	80.0	160.0	80.0	M80
32.00	50.00	63.00	80.0	90.0	180.0	90.0	M90
40.00	63.00	—	90.0	100.0	200.0	100.0	M100
50.00	80.00	—	100.0	115.0	224.0	115.0	M115
63.00	100.00	—	112.0	125.0	250.0	125.0	M125
80.00	—	—	125.0	140.0	280.0	140.0	M140
100.00	—	—	140.0	160.0	315.0	160.0	M160

注：销轴为 W 型、起重量为 20t 的 M（4）级 D 形卸扣标记为卸扣 M-DW20 JB 8112—1999 或卸扣 4-DW20 JB 8112—1999。

表 26.94 弓形卸扣的规格（JB/T 8112—1999） mm

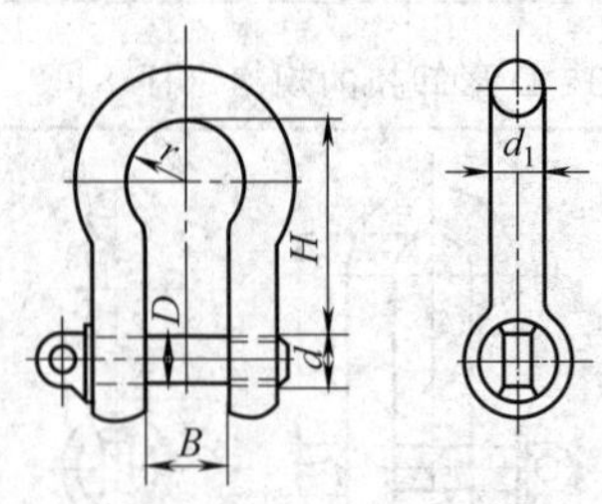

续表

起重量/t			主要尺寸					
M级(4)	S级(6)	T级(8)	d_1	D	H	B	$2r$	d
—	—	0.63	9.0	10.0	22.4	10.0	16.0	M10
—	0.63	0.80	10.0	12.0	25.0	12.0	18.0	M12
—	0.80	1.00	11.2	12.0	28.0	12.0	20.0	M12
0.63	1.00	1.25	12.5	14.0	31.5	14.0	22.4	M14
0.80	1.25	1.60	14.0	16.0	35.5	16.0	25.0	M16
1.00	1.60	2.00	16.0	18.0	40.0	18.0	28.0	M18
1.25	2.00	2.50	18.0	20.0	45.0	20.0	31.5	M20
1.60	2.50	3.20	20.0	22.0	50.0	22.0	35.5	M22
2.00	3.20	4.00	22.4	24.0	56.0	24.0	40.0	M24
2.50	4.00	5.00	25.0	27.0	63.0	27.0	45.0	M27
3.20	5.00	6.30	28.0	33.0	71.0	33.0	50.0	M33
4.00	6.30	8.00	31.5	36.0	80.0	36.0	56.0	M36
5.00	8.00	10.00	35.5	39.0	90.0	39.0	63.0	M39
6.30	10.00	12.50	40.0	45.0	100.0	45.0	71.0	M45
8.00	12.50	16.00	45.0	52.0	112.0	52.0	80.0	M52
10.00	16.00	20.00	50.0	56.0	125.0	56.0	90.0	M56
12.50	20.00	25.00	56.0	64.0	140.0	64.0	100.0	M64
16.00	25.00	32.00	63.0	72.0	160.0	72.0	112.0	M72
20.00	32.00	40.00	71.0	80.0	180.0	80.0	125.0	M80
25.00	40.00	50.00	80.0	90.0	200.0	90.0	140.0	M90
32.00	50.00	63.00	90.00	100.0	224.0	100.0	160.0	M100
40.00	63.00	—	100.0	115.0	250.0	115.0	180.0	M115
50.00	80.00	—	112.0	125.0	280.0	125.0	200.0	M125
63.00	100.00	—	125.0	140.0	315.0	140.0	224.0	M140
80.00	—	—	140.0	160.0	355.0	150.0	250.0	M160
100.00	—	—	160.0	180.0	400.0	180.0	280.0	M180

注：销轴为X型、起重量为10t的T（8）级弓形卸扣标记为卸扣 T-BX10　JB 8112—1999 或卸扣 8-BX10　JB 8112—1999。

（3）索具螺旋扣

用于拉紧钢丝绳或钢拉杆并调节松紧程度，如船上起重部件、救生艇架、绑扎紧固用，其规格见表26.95～表26.100。

螺旋扣分类：按型式分为开式和旋转式两类；按两端连接方式分为UU，OO、OU、CC、CU、CO六类；按螺旋套型式分为模锻和焊接两类，按强度分为M、P、T三级。

其型号表示方法是：

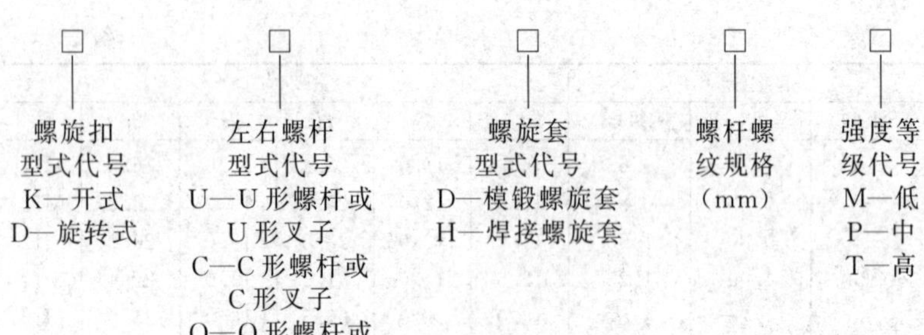

表 26.95 KUUD 和 KUUH 型螺旋扣的主要尺寸（CB/T 3818—2013） mm

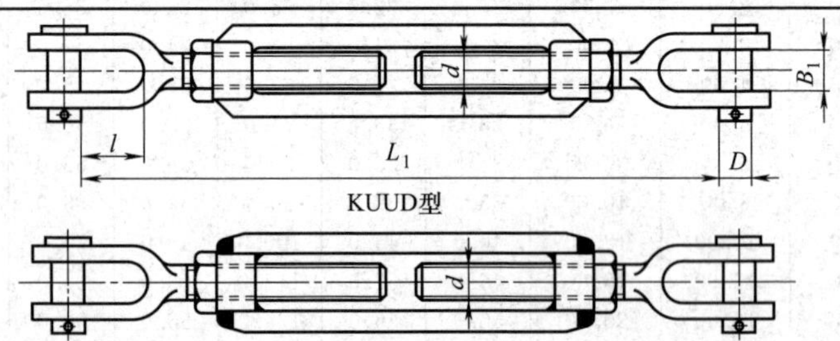

螺杆螺纹规格 d		B_1	D	l	L_1		质量/kg	
KUUD 型	KUUH 型				最短	最长	KUUD 型	KUUH 型
M6	—	10	6	16	155	230	0.2	—
M8	—	12	8	20	210	325	0.4	—
M10	—	14	10	22	230	340	0.5	—
M12	—	16	12	27	280	420	0.9	—
M14	—	18	14	30	295	435	1.1	—
M16	—	22	16	34	335	525	1.8	—
M18	—	25	18	38	375	540	2.3	—
M20	—	27	20	41	420	605	3.1	—
M22	M22	30	23	44	445	630	3.7	4.1
M24	M24	32	26	52	505	720	5.8	6.2
M27	M27	38	30	61	545	800	6.9	7.3
M30	M30	41	32	69	635	880	11.4	12.1
M36	M36	49	38	73	650	900	14.1	15.1
—	M39	52	41	78	720	985	—	21.3
—	M42	60	45	86	760	1025	—	24.4
—	M48	64	50	94	845	1135	—	35.9
—	M56	68	57	104	870	1160	—	43.8
—	M60	72	61	109	940	1250	—	57.2
—	M64	75	65	113	975	1280	—	65.8
—	M68	89	71	116	1289	1639	—	112.7
—	Tr70	85	90	—	1300	1700	—	135.0
—	Tr80	95	100	—	1400	1850	—	180.0
—	Tr90	106	110	—	1500	2000	—	244.0
—	Tr100	115	120	—	1700	2250	—	280.0
—	Tr120	118	123	—	1800	2400	—	330.0

表 26.96　KOOD 和 KOOH 型螺旋扣的主要尺寸（CB/T 3818—2013）

mm

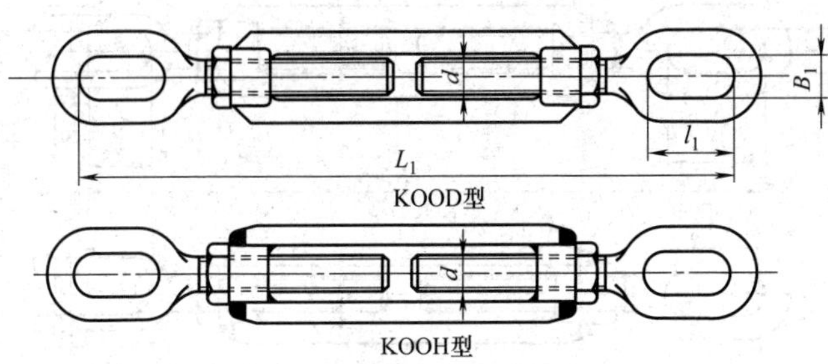

蝶杆螺纹规格 d		B_1	l_1	L_1		质量/kg	
KOOD 型	KOOH 型			最短	最长	KOOD 型	KOOH 型
M6	—	10	19	170	215	0.2	—
M8	—	12	24	230	345	0.3	—
M10	—	M	28	255	365	0.4	—
M12	—	16	34	310	450	0.7	—
M14	—	18	40	325	465	0.9	—
M16	—	22	47	390	560	1.6	—
M18	—	25	55	415	580	1.8	—
M20	—	27	60	470	655	2.6	—
M22	M22	30	70	495	680	2.9	3.4
M24	M24	32	80	575	785	4.8	5.2
M27	M27	36	90	610	820	5.5	6.0
M30	M30	10	100	700	950	9.8	10.5
M36	M36	44	105	730	975	11.6	12.5
—	M39	49	120	820	1085	—	18.1
—	M42	52	130	855	1120	—	19.1
—	M48	58	140	940	1230	—	29.9
—	M56	65	150	970	1260	—	35.9
—	M60	70	170	1085	1390	—	46.2
—	M64	75	180	1130	1435	—	57.3
—	M68	83	188	1447	1797	—	91.0
—	Tr70	85	—	1300	1700	—	105.0
—	Tr80	95	—	1400	1850	—	150.0
—	Tr90	106	—	1500	2000	—	220.0
—	Tr100	115	—	1700	2210	—	255.0
—	Tr120	118	—	1800	2400	—	295.0

表 26.97　KOUD 和 KOUH 型螺旋扣的主要尺寸（CB/T 3818—2013）

mm

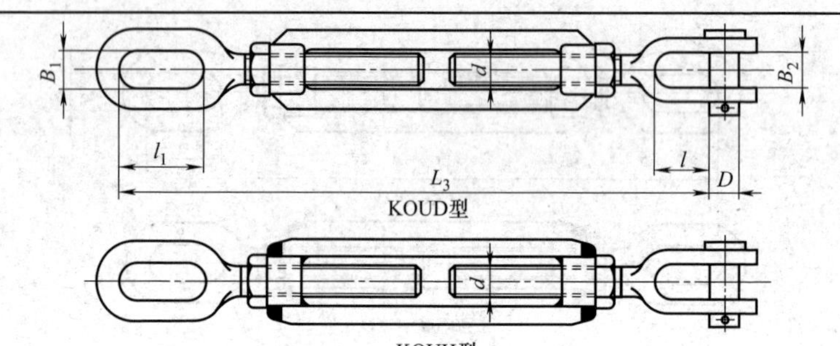

螺杆螺纹规格 d		B_1	B_2	D	l	l_1	L_3		质量/kg	
KOUD 型	KOUH 型						最短	最长	KOUD 型	KOUH 型
M6	—	10	10	6	16	19	160	235	0.3	—
M8	—	12	12	8	20	24	220	335	0.4	—
M10	—	14	14	10	22	28	210	355	0.5	—
M12	—	16	16	12	27	34	295	435	0.8	—
M14	—	18	18	14	30	40	310	450	1.0	—
M16	—	22	22	16	34	47	375	540	1.7	—
M18	—	25	25	18	38	55	395	560	2.0	—
M20	—	27	27	20	41	60	445	630	2.8	—
M22	M22	30	30	23	44	70	470	655	3.3	3.8
M24	M24	32	32	26	52	80	540	775	5.3	5.7
M27	M27	38	36	30	61	90	575	790	6.2	6.7
M30	M30	44	40	32	60	100	665	915	10.6	11.3
M36	M36	49	41	38	73	105	690	940	12.8	13.7
—	M39	52	49	41	78	120	770	1035	—	19.3
—	M42	60	52	45	86	130	810	1075	—	21.8
—	M18	64	58	50	94	140	890	1180	—	32.9
—	M56	68	65	57	101	150	920	1210	—	40.9
—	M60	72	70	61	109	170	1010	1320	—	52.1
—	M64	75	75	65	113	180	1055	1360	—	61.5
—	M68	89	83	71	106	178	1369	1719	—	101.8
—	Tr70	85	85	90	—	—	1300	1700	—	115.0
—	Tr80	95	95	100	—	—	1100	1850	—	165.0
—	Tr90	106	106	110	—	—	1500	2000	—	235.0
—	Tr100	115	115	120	—	—	1700	2250	—	265.0
—	Tr120	118	118	123	—	—	1800	2100	—	315.0

表 26.98 KCCD、KCUD和KCOD型螺旋扣的主要尺寸（CB/T 3818—2013）

mm

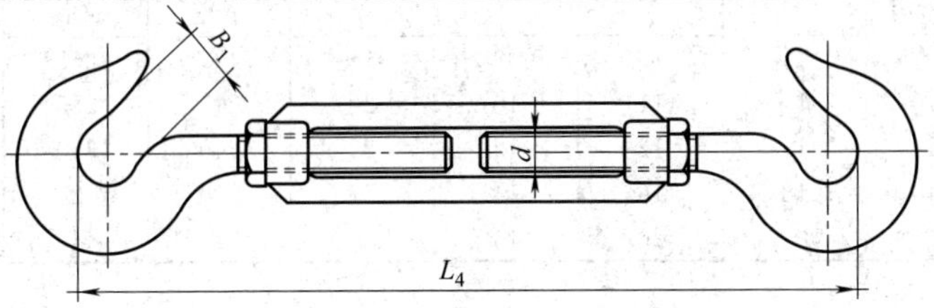

KCCD型

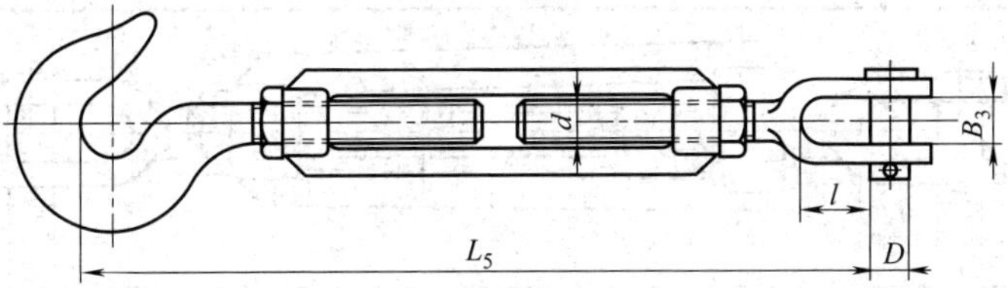

KCUD型

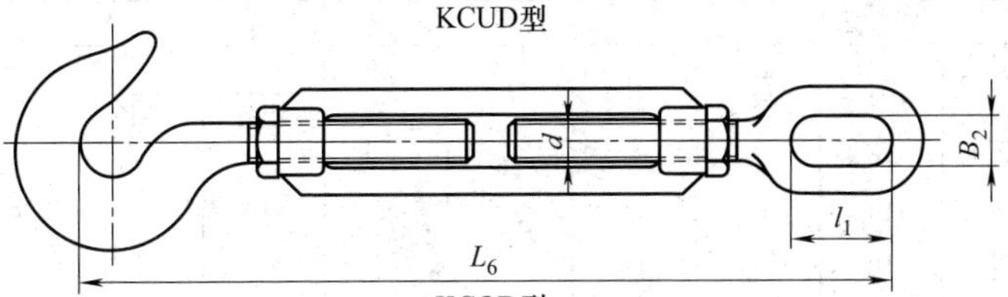

KCOD型

螺杆螺纹规格 d	B_1 B_2	B_3	D	l	l_1	L_4		L_5		L_6		质量/kg		
						最短	最长	最短	最长	最短	最长	KCCD	KCUD	KCOD
M6	10	8	6	16	19	160	235	160	235	165	240	0.2	0.2	0.2
M8	12	13	8	20	24	250	360	230	340	240	350	0.4	0.4	0.5
M10	14	16	10	22	28	270	385	250	365	260	375	0.6	0.5	0.7
M12	16	18	12	27	34	320	460	300	440	315	455	1.0	1.0	1.2
M14	18	20	14	30	40	330	470	315	455	330	470	1.2	1.1	1.3
M16	22	24	16	34	47	390	560	375	545	390	560	2.0	1.9	2.2

表 26.99 ZCUD型螺旋扣的主要尺寸（CB/T 3818—2013） mm

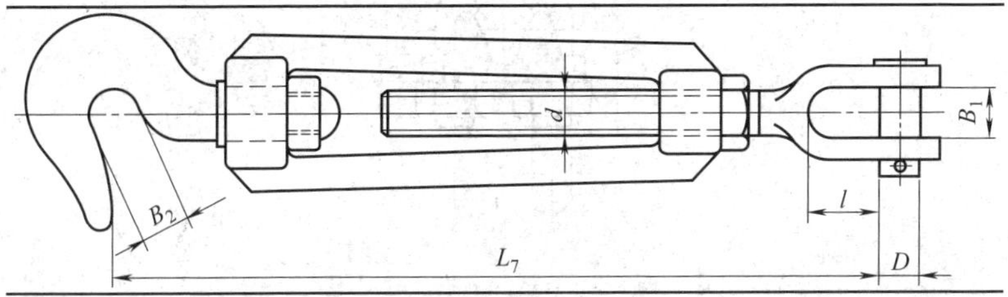

续表

螺杆螺纹规格 d	B_2	B_1	D	l	L_7		质量/kg
					最短	最长	
M8	12	10	8	16	185	265	0.4
M10	14	11	10	20	200	285	0.5
M12	16	12	12	22	240	330	0.9
M14	18	16	14	27	300	420	1.3
M16	22	20	16	30	315	440	1.8

表 26.100 ZUUD 型螺旋扣的主要尺寸（CB/T 3818—2013） mm

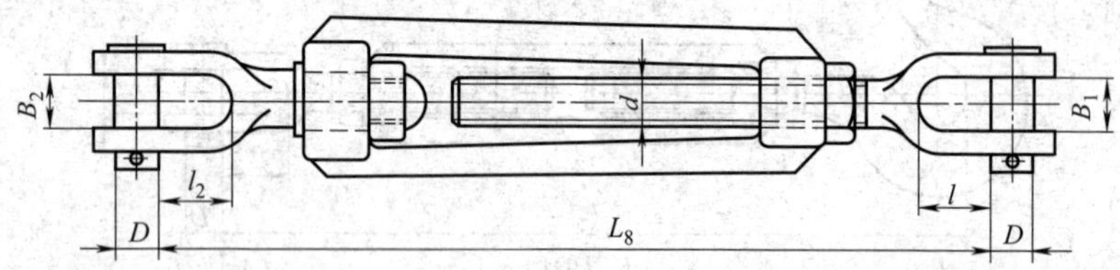

螺杆螺纹规格 d	B_1	B_2	D	l	l_2	L_8		质量/kg
						最短	最长	
M8	12	12	8	16	16	190	270	0.4
M10	14	14	10	20	20	210	295	0.5
M12	16	16	12	22	24	245	335	0.9
M14	18	18	14	27	29	305	425	1.2
M16	22	22	16	30	35	325	450	1.6

（4）钢丝绳夹

用于夹紧钢丝绳末端，其规格见表 26.101。

表 26.101 钢丝绳夹的规格（GB/T 5976—2006） mm

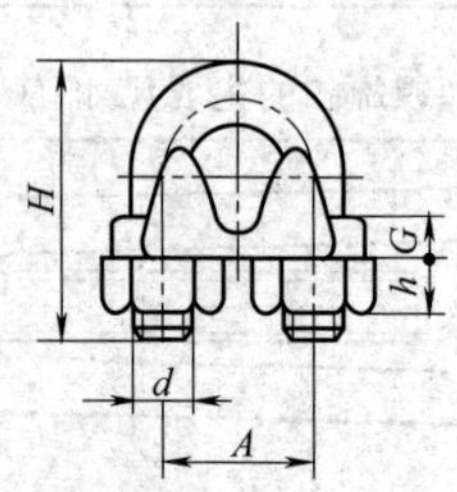

续表

型号	适用钢丝绳最大直径	螺栓直径 d	螺母高度 h	一般可锻铸铁材料			高强度可锻铸铁材料		
				螺栓中心距 A	螺栓全高 H	底板厚度 G	螺栓中心距 A	螺栓全高 H	底板厚度 G
Y6	6	M6	5	14	35	8	13	30	5
Y8	8	M8	6	18	44	10	17	38	6
Y10	10	M10	8	22	55	13	21	48	7.5
Y12	12	M12	10	28	69	16	25	58	9
Y15	15	M14	11	33	83	19	30	69	11
Y20	20	M16	13	39	96	22	37	86	13
Y22	22	M18	14	44	108	24	41	94	14
Y25	25	M20	16	49	122	27	46	106	16.5
Y28	28	M22	18	55	137	31	51	119	18
Y32	32	M24	19	60	149	33	57	130	19
Y40	40	M24	19	67	164	35	65	148	19.5
Y45	45	M27	22	78	188	40	73	167	23
Y50	50	M30	24	88	210	44	81	185	25

(5) 货钩（表 26.102～表 26.107）

表 26.102　美式一体货钩　mm

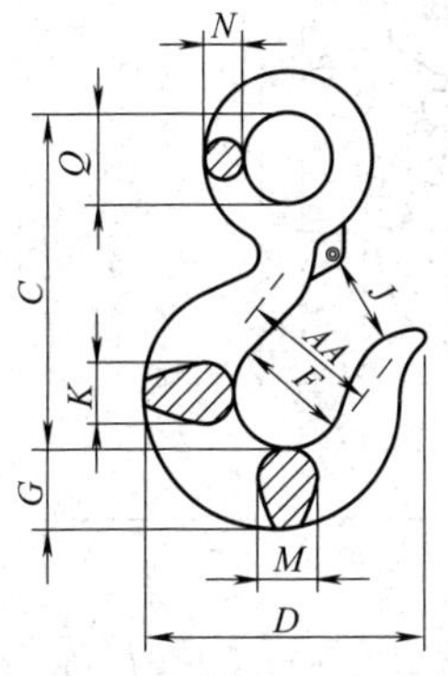

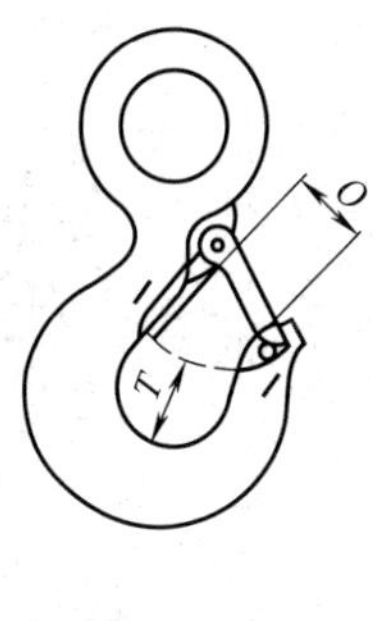

载荷限值/t		尺寸												单件质量/kg
碳钢	合金	C	D	F	G	J	K	M	N	O	Q	T	AA	
0.75	1	84.8	71.9	31.8	18.5	22.9	16.0	16.0	9.1	22.6	19.1	22.1	38.1	0.28
1.0	1.5	96.8	79.0	35.1	21.3	23.6	18.0	18.0	10.7	23.1	23.1	24.9	50.8	0.40
1.5	2	105.2	89.7	38.1	25.4	25.4	22.4	22.4	14.0	25.4	28.7	26.2	50.8	0.65
2	3	119.1	100.8	41.4	28.7	28.7	23.9	23.9	14.7	27.7	31.8	29.5	50.8	0.94
3	5	146.6	122.2	50.8	36.6	37.3	33.3	33.3	18.3	34.5	39.6	38.9	63.5	1.95
5	7	187.2	159.3	63.5	46.0	44.5	42.2	42.2	22.9	40.9	50.8	49.8	76.2	3.76
7.5	11	230.4	189.2	76.2	57.2	58.2	47.8	41.4	28.2	52.8	62.0	62.7	101.6	6.80

续表

载荷限值/t		尺寸												单件质量/kg
碳钢	合金	C	D	F	G	J	K	M	N	O	Q	T	AA	
10	15	256.0	210.8	82.6	65.8	63.5	55.6	49.3	32.3	57.7	72.1	66.5	114.3	9.80
15	22	318.3	261.6	108.0	76.2	83.8	68.3	60.5	39.6	76.7	88.9	71.9	152.4	17.92
20	30	357.1	345.9	127.0	91.9	101.6	76.2	76.2	44.5	82.6	88.9	87.4	165.1	27.22
25	37	462.0	357.1	136.7	115.8	108.0	101.6	81.0	50.8	76.2	114.3	98.6	177.8	47.63
30	45	511.0	392.2	152.4	128.5	120.7	114.3	82.6	55.4	85.9	125.5	120.7	203.2	67.13
40	60	602.5	469.9	177.8	152.4	146.1	139.7	99.3	64.3	104.6	144.5	144.5	254.0	103.4

注：青岛瑞恩德产品，下同。

表 26.103 美式旋转货钩 mm

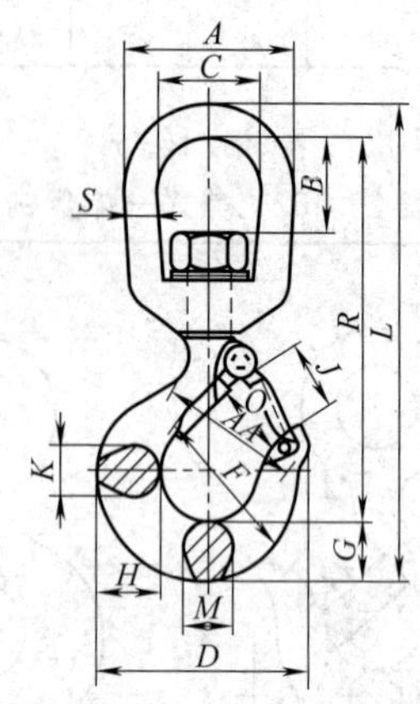

载荷限值/t		尺寸														单件质量/kg
碳钢	合金	A	B	C	D	F	G	H	J	K	L	M	R	S	AA	
0.75	1.0	50.8	20.8	31.8	72.6	31.8	18.5	20.6	23.6	16.0	143.8	16.0	115.6	9.7	38.1	0.34
1.0	1.5	63.5	33.3	38.1	80.0	35.1	21.3	23.9	24.6	18.0	170.4	18.0	136.4	12.7	50.8	0.57
1.5	2	76.2	38.1	44.5	91.2	38.1	25.4	29.5	26.9	22.4	196.9	22.4	155.4	16.0	50.8	1.02
2	3	76.2	38.1	44.5	101.6	41.1	28.7	33.3	30.2	23.9	209.6	23.9	165.1	16.0	50.8	1.04
3	5	88.9	41.7	50.8	122.9	50.8	36.6	41.4	38.1	33.3	246.1	28.7	190.5	19.1	63.5	2.25
5	7	115.8	58.2	63.5	159.5	63.5	46.0	52.3	45.2	42.2	316.7	36.6	244.6	25.4	76.2	4.67
7.5	11	127.0	64.3	69.9	191.5	76.2	57.2	66.8	61.2	47.8	374.7	41.4	288.8	28.7	101.6	7.34
10	15	142.7	63.0	79.2	211.8	82.6	65.8	74.7	66.5	55.6	416.6	49.3	311.2	32.0	101.6	10.6
15	22	180.3	95.5	104.1	262.6	108.0	76.2	88.9	86.6	68.3	542.0	60.5	424.4	38.1	127.0	21.3
—	30	180.3	95.5	104.1	345.9	152.4	91.7	117.6	101.6	76.2	590.6	76.2	457.5	38.1	165.1	32.0

表 26.104 美式双环扣（Ⅰ，60级） mm

规格/mm(in)	载荷限值/kg	单件质量/kg	尺寸 A	B	C	D	E	链环孔径
6.35(1/4)	1500	0.113	52.3	52.3	19.8	19.8	19.8	12.7
9.52(3/8)	3000	0.272	69.1	69.1	26.9	26.9	27.7	16.8
12.7(1/2)	5100	0.567	84.8	84.8	32.5	32.5	35.8	22.4
15.88(5/8)	7500	1.043	99.3	99.3	39.4	39.6	42.9	26.9
19.05(3/4)	10400	1.814	122.9	122.9	50.0	50.0	50.8	30.2
22.22(7/8)	13000	2.608	147.6	147.6	60.5	60.5	53.8	35.1
25.4(1)	17400	3.629	164.6	164.6	72.1	72.1	64.8	37.3
31.75(1¼)	26000	6.804	215.4	215.4	95.8	95.8	95.8	43.9

表 26.105 美式双环扣（Ⅱ，80级） mm

规格/mm(in)	载荷限值/kg	单件质量/kg	尺寸 A	B	C	E	F	D
7(9/32)	1600	0.132	9.1	47.8	19.1	16.3	16.0	20.6
8(5/16)	2040	0.204	10.7	54.1	24.6	17.5	16.0	23.1
10(3/8)	3220	0.254	12.2	63.5	52.7	22.4	21.3	26.9
13(1/2)	5440	0.481	16.3	79.0	81.8	28.7	26.9	37.8
16(5/8)	8210	1.102	19.1	104.9	96.0	35.8	31.8	45.5
20(3/4)	12840	1.905	22.6	117.3	117.3	40.4	32.5	55.0
22(7/8)	15510	3.084	26.7	151.6	142.0	47.2	36.6	62.2

表 26.106 美式旋转环（G-402） mm

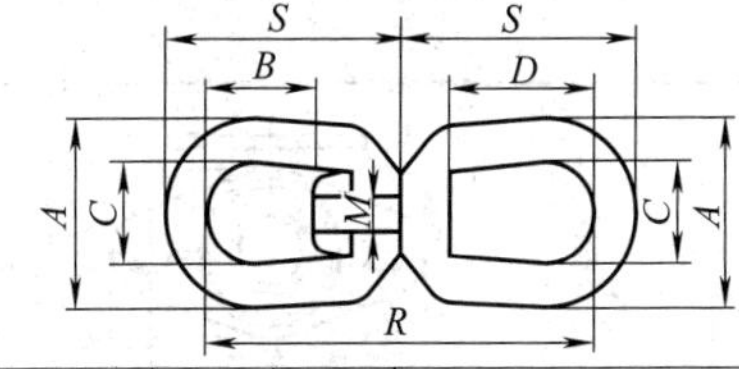

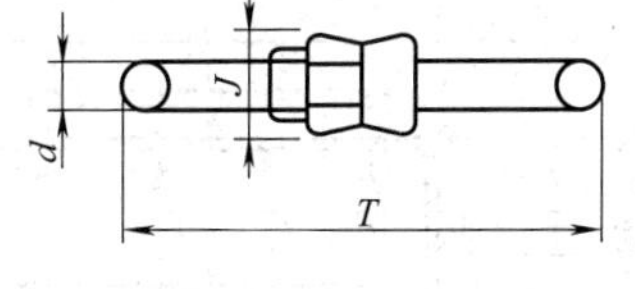

规格/mm(in)	单件重量/kg	载荷限值/kg	尺寸 A	B	C	D	J	M	R	S	T
6.35(1/4)	0.095	386	31.8	17.5	19.1	26.9	17.5	7.9	74.7	42.9	87.4
7.94(5/16)	0.177	567	41.4	20.6	25.4	31.8	20.6	9.7	90.4	52.3	106.4
9.52(3/8)	0.322	1021	50.8	23.9	31.8	38.1	25.4	12.7	109.5	63.5	128.5
12.7(1/2)	0.599	1633	63.5	33.3	38.1	50.8	33.3	16.0	138.2	81.0	163.6
15.88(5/8)	1.129	2359	76.2	39.6	44.5	60.5	38.1	19.1	166.6	98.6	198.4
19.05(3/4)	1.823	3266	88.9	44.5	50.8	66.8	47.8	22.4	182.6	109.5	220.7
22.22(7/8)	2.835	4536	101.6	52.3	57.2	77.7	54.1	25.4	212.9	127.0	257.3
25.4(1)	4.060	5670	114.3	58.7	63.5	88.9	60.5	28.7	244.6	146.1	295.4
31.75(1¼)	7.425	8165	143.0	68.3	79.5	93.7	76.2	41.4	290.6	171.5	339.3
38.1(1½)	20.77	20503	177.8	106.4	101.6	106.4	101.6	57.2	435.1	254.0	511.3

表 26.107　美式旋转环（G-403）　　mm

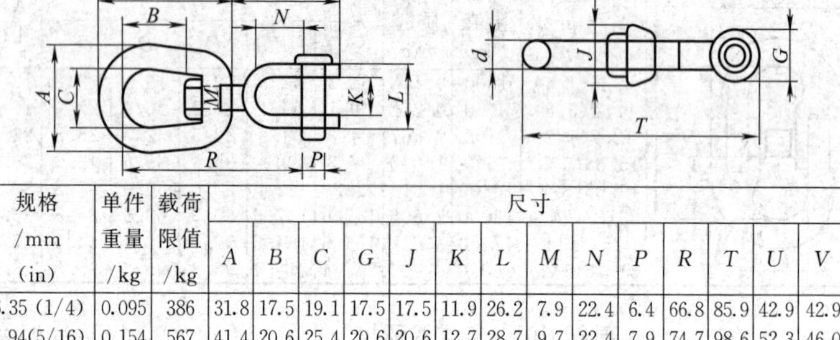

规格 /mm (in)	单件重量 /kg	载荷限值 /kg	尺寸													
			A	B	C	G	J	K	L	M	N	P	R	T	U	V
6.35 (1/4)	0.095	386	31.8	17.5	19.1	17.5	17.5	11.9	26.2	7.9	22.4	6.4	66.8	85.9	42.9	42.9
7.94(5/16)	0.154	567	41.4	20.6	25.4	20.6	20.6	12.7	28.7	9.7	22.4	7.9	74.7	98.6	52.3	46.0
9.52(3/8)	0.299	1021	50.8	23.9	31.8	25.4	25.4	16.0	35.8	12.7	26.9	9.7	92.2	120.7	63.5	57.2
12.7(1/2)	0.608	1633	63.5	33.3	38.1	33.3	33.3	19.1	44.5	16.0	33.3	12.7	114.3	153.9	81.0	73.2
15.88(5/8)	1.125	2359	76.2	39.6	44.5	41.4	38.1	23.9	52.3	19.1	38.1	16.0	134.9	185.7	98.6	87.4
19.05(3/4)	1.760	3266	88.9	44.5	50.8	47.8	47.8	28.7	64.3	22.4	44.5	19.1	153.9	211.1	109.5	101.6
22.22(7/8)	2.663	4536	101.6	52.3	57.2	54.1	54.1	30.2	69.9	25.4	52.3	22.4	177.8	242.1	127.0	115.1
25.4(1)	4.463	5670	114.3	58.7	63.5	66.8	60.5	44.5	94.5	28.7	71.4	28.7	217.4	296.9	146.1	150.9
31.75(1¼)	7.144	8165	143.0	68.3	79.5	79.5	76.2	52.3	109.5	41.4	71.4	35.1	247.7	333.5	179.3	162.1
38.1(1½)	24.835	20503	177.8	98.6	101.6	143.0	101.6	73.2	152.4	57.2	112.8	57.2	362.0	529.3	254.0	275.3

（6）缓冲器

用于缓冲起重机行走机构相碰时的动载荷，其型号和技术参数见表 26.108～表 26.112。

表 26.108　DL-HT1 型弹簧缓冲器的型号和技术参数（JB/T 8110.1—1999）　　mm

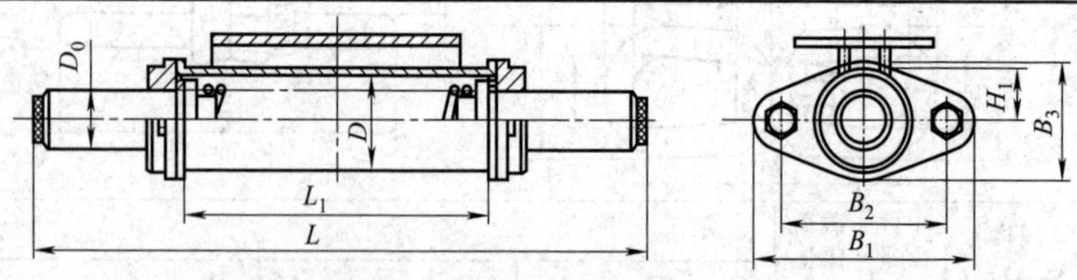

广泛应用于 v=0.83～2m/s 的桥式起重机和门式起重机上

型号	缓冲容量 /kJ	缓冲行程	缓冲力 /kN	主要尺寸							
				L	L_1	B_1	B_2	B_3	H_1	D_0	D
DL-HT1-16	0.16	80	5	435	220	160	120	85	35	40	70
DL-HT1-40	0.40	95	8	720	370	170	130	90	38	45	76
DL-HT1-63	0.63	115	11	850	420	190	145	100	45	45	89
DL-HT1-100	1.00	115	18	880	450	220	170	125	57	55	114

表 26.109 DL-HT2 型弹簧缓冲器的型号和技术参数（JB/T 8110.1—1999）

mm

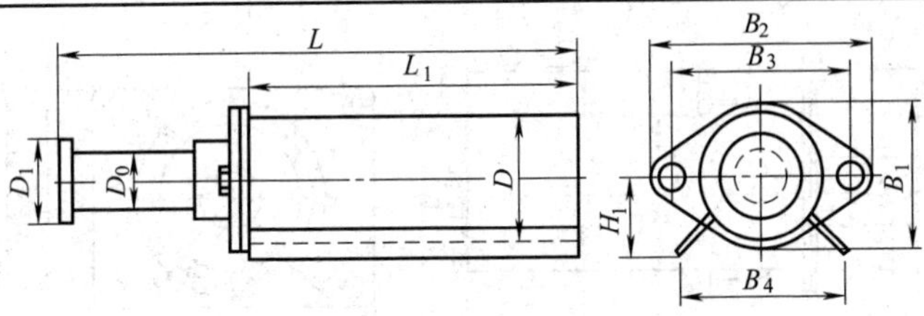

用于行走速度不高的起重机上

型号	缓冲容量/kJ	缓冲行程	缓冲力/kN	主要尺寸									
				L	L_1	B_1	B_2	B_3	B_4	D_0	D	D_1	H_1
DL-HT2-100	1.00	135	15	630	400	165	265	215	200	70	146	100	90
DL-HT2-160	1.60	145	20	750	520	160	265	215	200	70	140	100	90
DL-HT2-250	2.50	125	37	800	575	165	265	215	200	80	146	110	90
DL-HT2-315	3.15	150	45	820	575	215	320	265	230	80	194	110	115
DL-HT2-400	4.00	135	57	710	475	265	375	320	280	100	245	130	140
DL-HT2-500	5.00	145	66	860	610	245	345	290	255	100	219	130	135
DL-HT2-630	6.30	150	88	870	610	270	375	320	280	100	245	130	140

表 26.110 DL-HT3 型弹簧缓冲器的型号和技术参数（JB/T 8110.1—1999）

mm

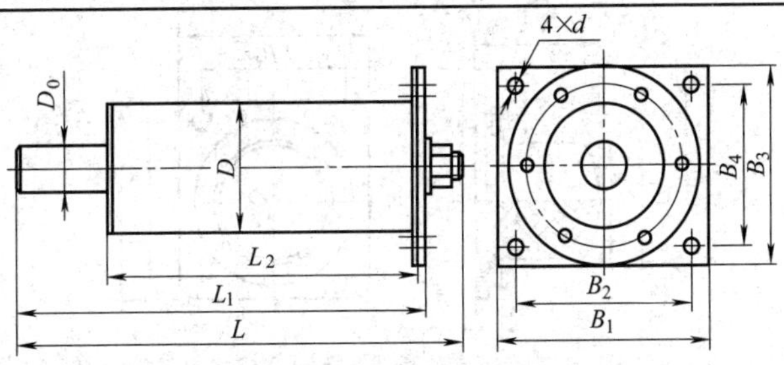

用于行走速度不高的起重机上

型号	缓冲容量/kJ	缓冲行程	缓冲力/kN	主要尺寸									
				L	L_1	L_2	B_1	B_2	B_3	B_4	D_0	D	d
DL-HT3-630	6.3	150	88	885	810	615	420	350	375	305	90	245	35
DL-HT3-800	8.0	143	108	900	820	620	520	450	380	310	110	273	35
DL-HT3-1000	10.0	135	131	830	750	560	520	450	450	390	120	325	35
DL-HT3-1250	12.5	135	165	830	750	560	520	450	450	390	120	325	42
DL-HT3-1600	16.0	120	273	980	900	730	780	700	480	400	120	325	42
DL-HT3-2000	20.0	150	293	1140	1050	820	780	700	480	400	120	325	42

表 26.111 DL-HT4 型弹簧缓冲器的型号和技术参数（JB/T 8110.1—1999）

mm

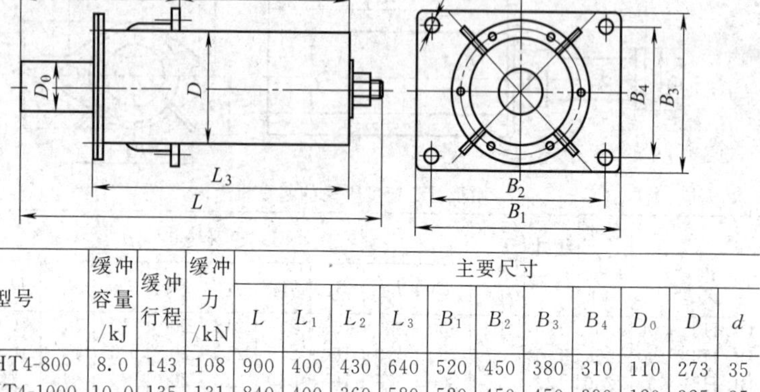

型号	缓冲容量/kJ	缓冲行程	缓冲力/kN	主要尺寸										
				L	L_1	L_2	L_3	B_1	B_2	B_3	B_4	D_0	D	d
DL-HT4-800	8.0	143	108	900	400	430	640	520	450	380	310	110	273	35
DL-HT4-1000	10.0	135	131	840	400	360	580	520	450	450	390	120	325	35
DL-HT4-1250	12.5	135	165	840	400	360	580	520	450	450	390	120	325	42
DL-HT4-1600	16.0	120	273	1010	400	530	750	780	700	480	400	120	325	42
DL-HT4-2000	20.0	150	293	1140	450	600	840	840	700	480	400	120	325	42

表 26.112 橡胶缓冲器的型号和技术参数（JB/T 8110.2—1999）

mm

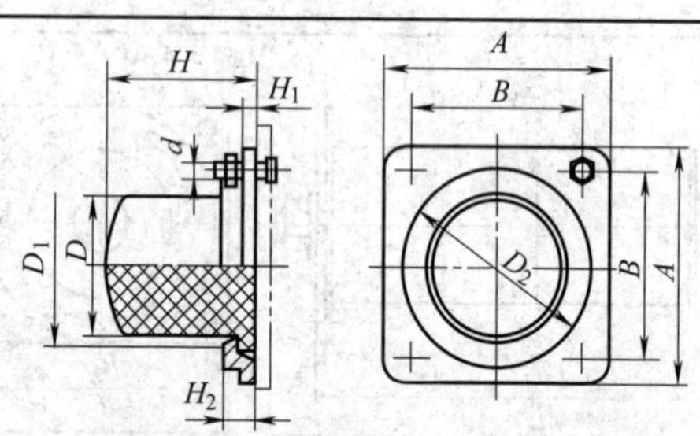

应用于行走速度不高的桥式起重机和门式起重机上

型号	缓冲容量/kN·m	缓冲行程	缓冲力/kN	主要尺寸								螺栓规格 $d \times l$	质量/kg ≈
				D	D_1	D_2	H	H_1	H_2	A	B		
HX-10	0.10	22	16	50	56	71	50	5	8	80	63	M6×20	0.36
HX-16	0.16	25	19	56	62	80	56	5	10	90	71	M6×20	0.48
HX-25	0.25	28	28	67	73	90	67	6	12	100	80	M6×20	0.70
IIX-40	0.40	32	40	80	87	112	80	6	14	125	100	M10×30	1.34
HX-63	0.63	40	50	90	99	125	90	6	16	140	112	M10×30	2.13
HX-80	0.80	45	63	100	109	140	100	8	18	160	125	M12×35	2.70

续表

型号	缓冲容量/kN·m	缓冲行程	缓冲力/kN	主要尺寸								螺栓规格 $d \times l$	质量/kg ≈
				D	D_1	D_2	H	H_1	H_2	A	B		
HX-100	1.00	50	75	112	122	160	112	8	20	180	140	M12×35	3.68
HX-160	1.60	56	95	125	136	180	125	8	22	200	160	M16×40	5.00
HX-250	2.50	63	118	140	153	200	140	8	25	224	180	M16×40	6.50
HX-315	3.15	71	160	160	174	224	160	10	28	250	200	M16×45	9.18
HX-400	4.00	80	200	180	194	250	180	10	32	280	224	M16×45	12.00
HX-630	6.30	90	250	200	215	280	200	10	36	315	250	M20×50	16.18
HX-1000	10.0	100	300	224	242	315	224	12	40	355	280	N120×50	25.00
HX-1600	16.0	112	425	250	269	355	250	12	45	400	315	M20×50	34.00
HX-2000	20.0	125	500	280	300	400	280	12	50	450	355	M20×50	48.20
HX-2500	25.0	140	630	315	335	450	315	12	56	500	400	M20×50	64.80

第27章 焊割器材

焊割器材包括焊炬和割炬，均分为射吸式、等压式和两用式三种。焊炬可用来焊接或预热金属工件；割炬则可用来切割低碳钢工件。两者所用的热源都是氧气和低、中压乙炔，后者用的切割气流是高压氧气。

焊割器材的型号表示方法是：

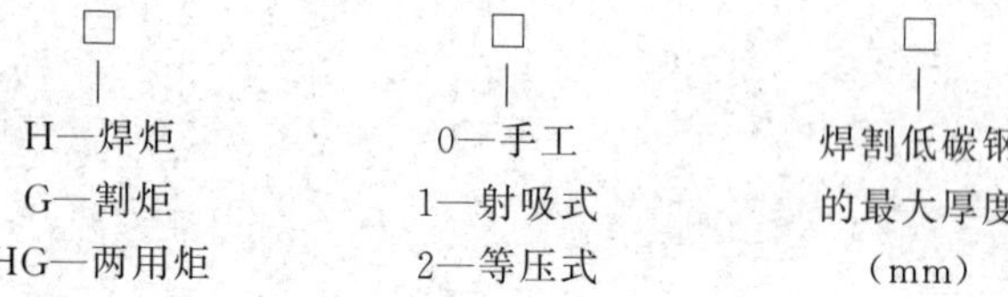

27.1 焊炬

27.1.1 射吸式焊炬

用于氧-乙炔焊接，其规格见表 27.1。

表 27.1 射吸式焊炬的规格（JB/T 6969—1993） mm

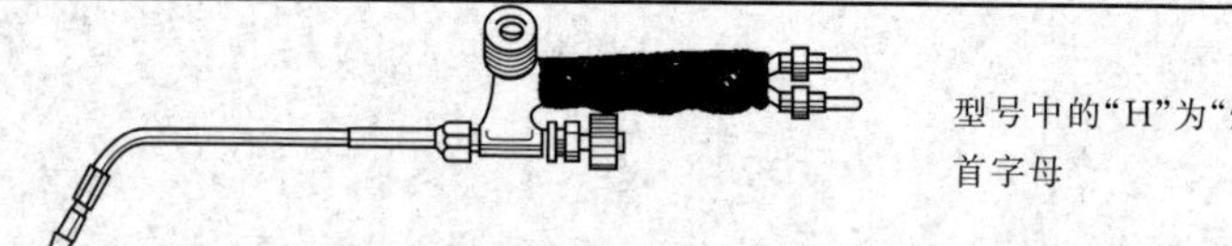

型号中的"H"为"焊"字拼音首字母

焊炬型号	焊接低碳钢厚度	可换焊嘴		工作压力/MPa		焊炬总长度
		数目	焊嘴孔径	氧气	乙炔	
H01-2A	0.5～2.0	5	0.5、0.6、0.7、0.8、0.9	0.1～0.25	0.001～0.10	300
H01-6A	1～6	5	0.9、1.0、1.1、1.2、1.3	0.2～0.4		400
H01-12A	6～12	5	1.4、1.6、1.8、2.0、2.2	0.4～0.7		500
H01-20A	12～20	5	2.4、2.6、2.8、3.0、3.2	0.6～0.8		600
H01-40	20～40	5	3.2、3.3、3.4、3.5、3.6	0.8～1.0	0.001～0.12	1130

27.1.2　等压式焊炬

用于焊接、预热金属（热源为氧气和中压乙炔，不能用低压乙炔，所以目前很少采用）。常用的手工等压式焊炬型号有 H02-12、H02-20，其规格见表 27.2。

表 27.2　等压式焊炬的规格（JB/T 7947—1999）　mm

型　号	焊接低碳钢厚度	嘴 号	孔径	氧气工作压力/MPa	乙炔工作压力/MPa	焰芯长度 ≥	焊炬总长度
H02-12	0.5～12	1	0.6	0.2	0.02	4	500
		2	1.0	0.25	0.02	11	
		3	1.4	0.3	0.04	13	
		4	1.8	0.35	0.05	17	
		5	2.2	0.4	0.06	20	
H02-20	0.5～20	1	0.6	0.2	0.02	4	600
		2	1.0	0.25	0.03	11	
		3	1.4	0.3	0.04	13	
		4	1.8	0.35	0.05	17	
		5	2.2	0.4	0.06	20	
		6	2.6	0.5	0.07	21	
		7	3.0	0.6	0.08	21	

27.1.3　气体保护焊焊炬

能在高温熔融焊接中不断送上保护气体，使焊材不能和空气中的氧气接触，从而防止焊材的氧化，可以焊接铜、铝、合金钢等有色金属。保护气体可以是氩气，也可以是二氧化碳或混合气体。

（1）氩弧焊炬（表 27.3～表 27.6）

表 27.3　手工氩弧焊炬

型号规格	额定电流/A	冷却方式	角度/(°)	夹持钨极直径范围/mm
QQ-77A	75	气冷	65	1.6、2、2.5、3
QQ-100A QQ-100A-C	100	气冷	85	0.8、1、1.6 1.6、2、2.5

续表

型号规格	额定电流/A	冷却方式	角度/(°)	夹持钨极直径范围/mm
QQ-150A	150	气冷	85	1.6、2、2.5、3
QQ-150A-1				
QQ-150A-2				
QQ-150A-B		水冷	0、85	1.6、2、2.5、3
QS-150A				
QQ-160A-C	160	气冷	0、75、85	1.6、2、2.5、3
QS-160A-C		水冷	0、85	
QS-200A	200	水冷	85	1.6、2、2.5、3
QS-200A-C			0、85	2、2.5、3
QQ-200A-1		气冷	85	1.6、2、2.5、3
QQ-200A				
QQ-200A-C				
QQ-250A	250	气冷	65、85	1.6、2、2.5、3
QS-250A		水冷	65、85	1.6、2、2.5、3
QS-250A-C			85	2、2.5、3
QQ-300A	300	气冷	85	2、2.5、3、4
QS-300A		水冷	0、65、85	2、5、3、4、5
QS-315A-C	315	水冷	75、85	2、2.5、3、4
QS-350A	350			2、5、3、4、5
QS-400A	400	水冷	75、85	3、4、5
QS-400A-C				2、2.5、3、4
QS-500A	500	水冷	75	4、5、6
QS-500A-C				3、4、5、6
QS-600A	600	水冷	75	4、5、6

表 27.4 AW 系列 TIG 亚弧焊焊炬的规格

型号规格	额定焊接电流/A		额定负载持续率/%	电极直径/mm	电缆长度/m	冷却方式
	DC	AC				
AWG-8	250	200	100	1.6～2.4	4或8	水冷
AW-9	120	95	50	0.5、1、1.6	4或8	空冷
AW-12	500	400	100	1.0～6.4	4或8	水冷
AW-17	150	130	50	0.5～2.4	4或8	空冷
AW-18	300	260	100	0.5～4.0	4或8	水冷
AW-20	200	160	100	0.5～3.2	4或8	—
AW-26	200	160	50	0.5～4.0	4或8	—
AW-33	500	400	100	1.0～6.4	4或8	—

续表

型号规格	额定焊接电流/A		额定负载持续率/%	电极直径/mm	电缆长度/m	冷却方式
	DC	AC				
AW-2041	200	160	35	0.5～4.0	4	—
AW-2081	200	160	35	0.5～4.0	8	—
AW-25 柔软调节型	200	160	100	0.5～3.2	4 或 8	—
AWF-9 柔软调节型	120	95	50	0.5、1、1.6	4 或 8	—
AWF-14 柔软调节型	150	130	50	0.5～2.4	4 或 8	—
AWF-26 柔软调节型	200	160	50	0.5～4.0	4 或 8	—
AWP-9 直笔型	120	95	50	0.5、1、1.6	4 或 8	—
AWP-17 直笔型	150	130	50	0.5～2.4	4 或 8	—

表 27.5　QQ、WP 系列亚弧焊焊炬的规格

型号规格	额定电流/A	型号规格	额定电流/A
QQ-85°/150A	150	WP-9	125
QQ-85°/160A	160	WP-12	500
QQ-85°/200A	200	WP-17	160
QQ-85°/250A	250	WP-18	350
QQ-85°/300A	300	WP-20	250
QQ-85°/315A	315	WP-26	250
QQ-85°/350A	350		
QQ-85°/500A	500		

表 27.6　QQ/QS 系列亚弧焊炬的规格

型号规格	额定电流/A	角度/(°)	夹持钨极直径/mm	冷却方式
QQ-75A	75	65	0.8,1.0,1.6	气冷
QQ-100A	100	85	1.6,2,2.5,3	气冷
QQ-100A-C			1.6,2.0,2.5	气冷
QQ-150A	150	0,85	1.6,2,2.5,3	气冷
QS-150A				水冷
QQ-150A(-1、-B)	150	85	1.6,2,2.5,3	气冷
QQ-150A-S			1.6,2,2.5,3	气冷
QQ-160A-C	160	0,75,85	1.6,2,2.5,3	气冷
QS-160A-C	160	0,85	1.6,2,2.5,3	水冷
208 QQ-200A(-1、-C)	200	65	1.6,2,2.5,3	气冷
QS-200A				水冷
QS-200A-C	200	0,85	2,2.5,3	水冷

续表

型号规格	额定电流/A	角度/(°)	夹持钨极直径/mm	冷却方式
QQ-250A QS-250A	250	65,85	1.6,2,2.5,3	气冷 水冷
QS-250A-C	250	85	2,2.5,3	水冷
QQ-300A	300	0,85	2,2.5,3,4	气冷
QS-300A	300	0,65,85	2.0,2.5,3,4	水冷
308	315	65	1.6,2,2.5,3	水冷
QS-315A-C	315	75,85	2,2.5,3,4	水冷
QS-350A	350	75,85	2.5,3,4,5	水冷
QS-400A QS-400A-C	400	75,85	3,4,5 2,2.5,3,4	水冷 水冷
QS-500A QS-500Λ C	500	75	4,5,6 3,4,5,6	水冷 水冷
QS-600A	600	75	4,5,6	水冷

(2) CO_2保护焊焊炬（表 27.7～表 27.15）

表 27.7 CO_2气体保护焊焊炬的规格

型号规格	额定电流/A	型号规格	额定电流/A
NB(KR)	200	24AK	250
NB(KR)	350	25AK	230
NB(KR)	500	36AK	340

表 27.8 HX 系列 MIG/MAG 气冷式气体保护焊焊炬的规格

型号规格	额定电流/A	额定负载持续率/%	焊丝直径/mm	焊炬长度/m	冷却方式
HX-15AK	180	60	0.6～1	3、4	空冷
HX-25AK	230	60	0.8～1.2	3、4、5	空冷
HX-24KD	250	60	0.8～1.2	3、4、5	空冷
HX-36KD	320	60	0.8～1.2	3、4、5	空冷
HX-180A	180	40	0.6、0.8	3、4	空冷
HX-200A	200	40	0.6、0.8、0.9	3、4	空冷
HX-350A	350	70	0.9、1.0、1.2	3、4、5、6	空冷
HX-500A	500	70	1.2、1.4、1.6	3、4、5、6	空冷

表 27.9 KMG 系列熔化极气体保护焊炬的规格

型号规格	额定负载持续率/%	额定焊接电流/A		焊丝直径/mm
		$Ar+CO_2$	CO_2	
KMG20	60	160	180	0.6～1.0
KMG25	60	200	250	0.6～1.0
KMG32	60	260	320	0.6～1.2
KMG40	60	300	380	0.6～1.6

表 27.10 MG 系列气体保护焊炬的规格

型号规格	焊接电流/A	额定负载持续率/%	保护气类型	焊丝直径/mm	喷嘴直径/mm	鹅颈可旋角/(°)	焊炬长度/m
MG-103	120、150、92、115	100、60	CO_2、混合气	0.6、0.8、1	11、15	0～360	3.5
MG-203	120、250、160、200			0.8、1、1.2	12、16、19		
MG-303	300、360、210、250			0.8、1、1.2、1.6	18、21		
MG-403	350、400、260、300			1.2、1.6	18、21		
MG200	200	60	CO_2、混合气	0.6、0.8、0.9、1.0、1.2	9、13	45°×R70	3
MG250	250			0.6、0.8、0.9、1.0、1.2、1.4、1.6	13、16	50°×R56	
MG400	400			0.6、0.8、0.9、1.0、1.2、1.4、1.6	13、16	50°×R56	
MG450	450			0.6、0.8、0.9、1.0、1.2、1.4、1.6	19	45°×R67	
MGW500	500			1.0、1.2、1.6、2.0	16、19	45°×R67 50°×R70	
MG630	630			0.8、1.0、1.2、1.4、1.6、2.0、2.4、2.8	13、16、19	45°×R81	

表 27.11 NT 系列气体保护焊焊炬的规格

型号规格	额定电流/A	额定负载持续率/%	焊丝直径/mm	冷却方式	质量/kg
NT-20	200	60/30	0.6～1.2	空冷	2、2.5
NT-30	300	60/30	0.8～1.2		2.5、3.3、4.2
NT-35	350	70/35	0.9～1.6		3、3.9、5
NT-50	500	70/35	1.2、1.4、1.6		3.9、5.2、6.6

表 27.12 WTC 系列 CO_2/MAG 焊炬的规格

型号规格	额定电流/A	额定负载持续率/%	焊丝直径/mm	电缆长度/m
WTCX-200D	200	50(CO_2)/25	0.8～1.2	3
WTCX-300D	300	50(CO_2)/25	0.9、1、1.2	3
WTCX-350D	350	70(CO_2)/35	0.9～1.4	3
WTCX-500D	500	60(CO_2)/30	1.2、1.4	3
WTCMX-200D	200	50(CO_2)/25	0.8～1.2	4
WTCMX-300D	300	50(CO_2)/25	0.9、1、1.2	4.5
WTCMX-350D	350	50(CO_2)/30	0.9～1.4	4.5

续表

型号规格	额定电流/A	额定负载持续率/%	焊丝直径/mm	电缆长度/m
WTCMX-500D	500	60(CO_2)/30	0.9、1、1.2	4.5
WTCLX-300D	300	50(CO_2)/25	0.9、1、1.2	6
WTCLX-350D	350	30(CO_2)/30	0.9～1.4	6
WTCLX-500D	500	60(CO_2)/30	0.9、1、1.2	6
WTCX-1801	180	40	0.6、0.8	3
WTC(M)X-200	200	50	0.8、0.9、1、1.2	3、4
WTC(M)FX-2001 柔软调节型	200	50	0.8、0.9、1、1.2	3、4
WTC(M)FX-3503 柔软调节型	350	70	0.9、1、1.2、1.4	3、4、6
WTC(M)(L)X-300	300	50	0.9、1、1.2	3、4、6
WTC(M)(L)X-350	350	70	0.9、1、1.2、1.4	3、4、6
WTC(M)(L)X-430	430	70	1.2、1.4、1.6	3、4、6
WTC(M)(L)X-500	500	60	1.2、1.4、1.6	3、4、6
WTC(M)(L)FX-3504 柔软调节型	350	30	0.9、1.0、1.2	3、4、6
WTC(M)(L)FX-4301 柔软调节型	430	70	1.2、1.4、1.6	3、4、6
WTCLLX-4301	430	70	1.2、1.4	10

注：冷却方式为空冷。

表 27.13 YT 系列 CO_2/MAG 焊炬的规格

型号规格	额定电流/A	额定负载持续率/%	焊丝直径/mm	长度/m	质量/kg
YT-18CS3	180	40(CO_2)、20	0.6、0.8、1	3	1.7
YT-20CS3	200	50(CO_2)、25	0.8、1、1.2	3	1.9
YT-35CS3	350	70(CO_2)、35	0.8、1、1.2、1.4	3	2.8
YT-50CS3	500	70(CO_2)、35	1.2、1.4、1.6	3	3.6
YT-35CSM3	350	70(CO_2)、35	0.8、1、1.2	4.5	3.6
YT-50CSM3	500	70(CO_2)、35	1.2、1.4、1.6	4.5	4.9
YT-35CS13	350	70(CO_2)、35	1.2、1.4	6	4.5
YT-50CS13	500	70(CO_2)、35	1.2、1.4、1.6	6	6.2

表 27.14 尔商系列 MIG/MAG 焊炬的规格

型号规格	额定电流/A CO_2/混合气	焊丝直径/mm	长度/m	质量/kg
14	160/140	0.6～1.0	2.5,3,4	0.65
15	180/150	0.6～1.0	3,4,5	0.9
24	250/220	0.8～1.2	3,4,5	1.2
25	230/200	0.8～1.2	3,4,5	1.25
26	290/260	0.8～1.2	3,4,5	1.46
36	340/260	0.8～1.6	3,4,5	1.6
240	300/270	0.8～1.2	3,4,5	1.3
500	500/450	1.0～2.4	3,4,5	1.5
600	600/550	1.0～2.4	3,4,5	1.6

表 27.15　AK/D/DK 系列焊炬的规格

型号规格	额定电流/A	焊丝直径/mm	冷却方式
15AK	180	0.6～1.0	气冷
24AK	250	0.8～1.2	气冷
25AK	230	0.8～1.2	气冷
36AK	290	0.8～1.2	气冷
501D	500	1.0～2.4	水冷
40KD	380	1.0～2.4	气冷

27.1.4　便携式微型焊炬

多用于厂外焊接，其基本参数及规格见表 27.16 和表 27.17。其型号由表示其特征的字母、序号数及规格等组成。

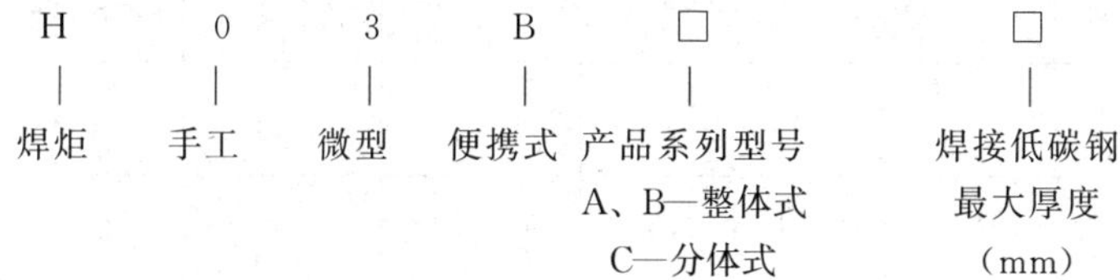

表 27.16　便携式微型焊炬的基本参数（JB/T 6968—1993）mm

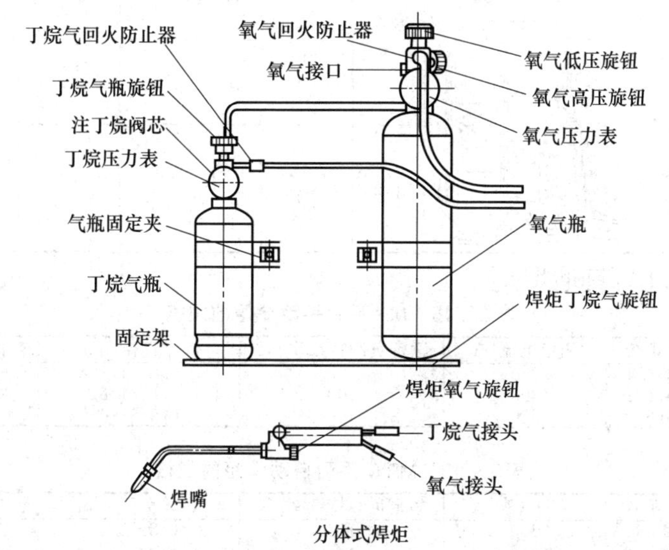

分体式焊炬

续表

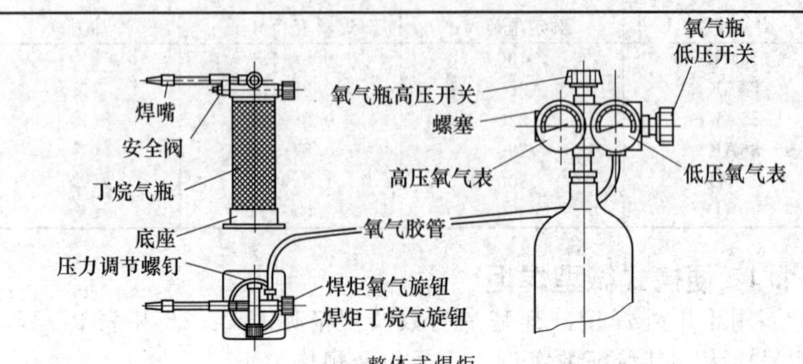

整体式焊炬

型号	焊嘴号	氧气工作压力/MPa	丁烷工作压力/MPa	焰芯长度	焊接厚度
H03-BB-1.2	1 2 3	0.05～0.25	0.02～0.25	≥5 ≥7 ≥10	0.2～0.5 0.5～0.8 0.8～1.2
H03-BC-3	1 2 3	0.1～0.3	0.02～0.35	≥6 ≥8 ≥11	0.5～3.0

表 27.17 H03-BC-3 便携式微型焊炬的规格

	割嘴规格号	切割厚度/mm	气体压力/MPa		一次充气连续工作时间/h	总质量/kg
			氧气	丁烷气		
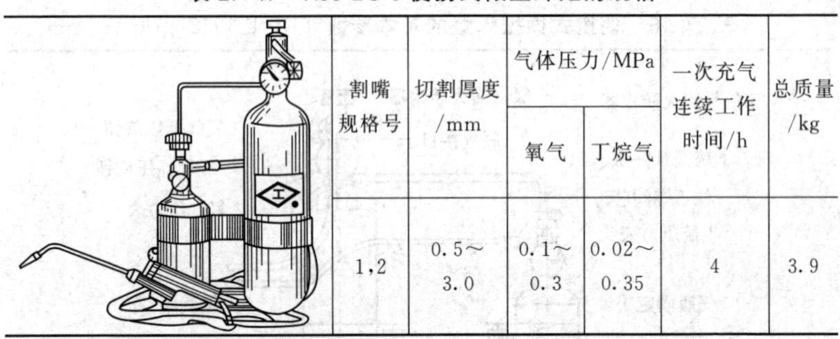	1,2	0.5～3.0	0.1～0.3	0.02～0.35	4	3.9

27.1.5 其他焊炬

表 27.18 MH 系列手动焊炬的规格

型号规格	额定电流/A	额定负载持续率/%	焊丝直径/mm	冷却方式
MHG250	280	60	0.8～1.2	气冷
MHW402	400	100	0.8～1.6	水冷
MHW520	520	100	0.8～1.6	水冷

表 27.19 MRW 系列自动焊炬的规格

型号规格	额定电流/A	额定负载持续率/%	焊丝直径/mm	冷却方式
MRW380	380	100	0.8～1.6	水冷
MRW500	500	100	0.8～1.6	水冷

表 27.20 QTB 系列推丝焊炬的规格

型号规格	焊接电流/A	额定电流/A	额定负载持续率/%	焊丝直径/mm	冷却方式
QTB-200K	200	200	60	0.8～1.0	空冷
QTB-350K	350	200	60	1.0～1.2	空冷
QTB-500K	500	200	60	1.2～1.6	空冷
QTB-160	160	160		0.8～1.0	空冷
QTB-250	250	160		0.8～1.2	空冷
QTB-350	350	160		1.0～1.2	空冷

表 27.21 ZMW 系列双丝焊炬的规格

型号规格	额定电流/A	额定负载持续率/%	焊丝直径/mm	冷却方式
ZMW600-00	600	100	1～1.6	水冷
ZMW600-31	600	100	1～1.6	水冷

表 27.22 RH 系列欧式焊炬的规格

型号规格	额定负载持续率/%	额定电流/A		焊丝直径/mm
		CO_2	混合气体	
RH15AK	60	180	150	0.8～1
RH24KD	60	250	220	0.8～1.2
RH25AK	60	230	200	0.8～1.4
RH26KD	60	290	260	0.8～1.4
RH36KD	60	340	320	0.8～1.6

表 27.23 迈克斯系列焊炬的规格

型号规格	额定负载电流/A		额定负载持续率/%	焊丝直径/mm	长度/m	质量/kg
	CO_2	混合气				
150	180	140	60	0.6～1.2	3,4,4.6	0.75
250	250	200	60	0.8～1.2	3,4,4.6	1.0
350	400	300	60	0.8～1.6	3,4,4.6	1.5
450	400	400	60	0.8～2.0	3,4,5	1.8
4000	400	340	60	1.0～2.4	3,4,5	1.5
6000	600	550	60	3.0～5.0	3,4,5	1.6

表 27.24 美加系列焊炬的规格

型号规格	额定负载电流/A	额定负载持续率/%	焊丝直径/mm	长度/m	质量/kg
1	200(CO_2)、160(混合气)	60	0.6～1.2	3,4,4.6	0.8
2	250(CO_2)、200(混合气)	60	0.8～1.2	3,4,4.6	0.95
3	300(CO_2)、205(混合气)	60	0.8～1.2	3,4,4.6	1.3
4	400(CO_2)、300(混合气)	60	0.8～1.6	3,4,4.6	1.5
5	500(CO_2)、400(混合气)	60	1.2～2.0	3,4,4.6	1.8

27.2 割炬

割炬用于可燃性气体的切割工艺，将预热火焰对工件表面加热，达到一定温度后加切割氧气流使钢材熔化，并吹走熔渣。按预热火焰中氧气和乙炔的混合方式不同分为射吸式和等压式两种，其中以射吸式割炬的使用最为普遍。等压式割炬以高压氧气为切割气流，切割低碳钢（热源为氧气和中压乙炔）。

27.2.1 射吸式割炬

表 27.25 射吸式割炬的规格（JB/T 6970—1993）

割炬型号	G01-30			G01-100			G01-300			
割嘴号码	1	2	3	1	2	3	1	2	3	4
割嘴孔径/mm	0.6	0.8	1	1	1.3	1.6	1.8	2.2	2.6	3.0
切割厚度范围/mm	2～10	10～20	20～30	10～25	25～30	50～100	100～150	150～200	200～250	250～300
氧气压力/MPa	0.20	0.25	0.30	0.20	0.35	0.50	0.50	0.65	0.80	1.00
乙炔压力/MPa	0.001～0.10			0.001～0.10			0.001～0.10			
氧气消耗量/(m^3/h)	0.8	1.4	2.2	2.2～2.7	3.5～4.2	5.5～7.3	9.0～10.8	11～14	14.5～18	19～26
乙炔消耗量/(L/h)	210	240	310	350～400	400～500	500～610	680～780	800～1100	1150～1200	1250～1600
割嘴形状	环 形			梅花形和环形			梅 花 形			

27.2.2 等压式割炬

表 27.26 等压式割炬的技术参数（JB/T 7947—1999） mm

型号	割嘴号	割嘴直径	切割厚度（低碳钢）	气体压力/MPa		可见切割氧流长度≥	割炬总长度
				氧气	乙炔		
G02-100	1	0.7	3～100	0.20	0.04	60	550
	2	0.9		0.25	0.04	70	
	3	1.1		0.30	0.05	80	
	4	1.3		0.40	0.05	90	
	5	1.6		0.50	0.06	100	

续表

型号	割嘴号	割嘴直径	切割厚度（低碳钢）	气体压力/MPa		可见切割氧流长度≥	割炬总长度
				氧气	乙炔		
G02-300	1	0.7	3～300	0.20	0.04	60	650
	2	0.9		0.25	0.04	70	
	3	1.1		0.30	0.05	80	
	4	1.3		0.40	0.05	90	
	5	1.6		0.50	0.06	100	
	6	1.8		0.50	0.06	110	
	7	2.2		0.65	0.07	130	
	8	2.6		0.80	0.08	150	
	9	3.0		1.00	0.09	170	

27.2.3　专用割炬

表 27.27　气割机用割炬的型式和结构（JB/T 5101—1991）mm

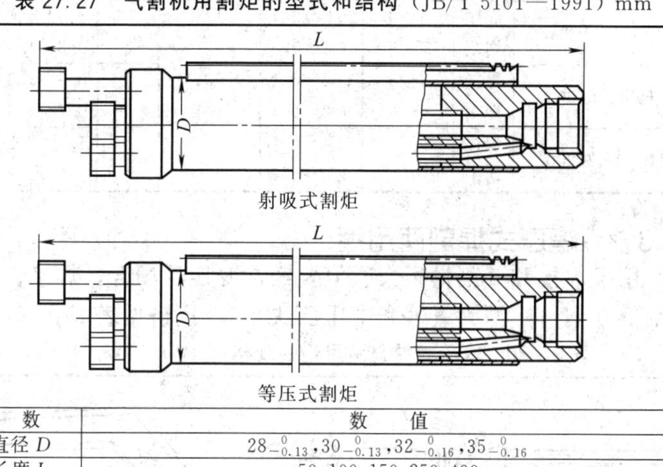

射吸式割炬

等压式割炬

参　　数	数　　值
柱体直径 D	$28_{-0.13}^{0}$，$30_{-0.13}^{0}$，$32_{-0.16}^{0}$，$35_{-0.16}^{0}$
柱体长度 L	50，100，150，250，400
齿　　条	模数 1.25，齿条宽度为 $8_{-0.2}^{0}$

表 27.28　MQJG 系列连铸切割机专用割炬　mm

规格型号	总长度	切割速度/(mm/min)	切割厚度	氧气压力/MPa		燃气压力/MPa
				切割氧	预热氧	
BMQJG-200(J)	1180	150～200	120～300	1～1.4	0.4～0.5	0.3～0.4
BMQJG-300(J)	1180	200～250	90～200	1～1.2	0.3～0.45	0.25～0.35
FMQJG-200(J)	588	200～250	90～200	1～1.2	0.3～0.45	0.25～0.35

27.3　焊割两用炬

27.3.1　射吸式焊割两用炬

用于焊接和气割量不大、但要经常变换的场合，焊接、预热或切割低碳钢（热源为氧气和中、低压乙炔），其规格见表 27.29。

表 27.29 射吸式焊割两用炬的规格 mm

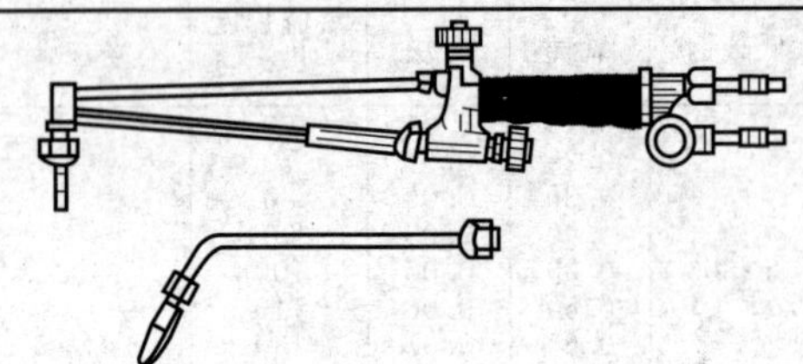

型号中的“HG”为“焊、割”二字拼音首字母

型 号	应用方式	适用低碳钢厚度	气体压力/MPa		焊割嘴数/个	焊割嘴孔径范围	焊割炬总长度
			氧气	乙炔			
HG01-3/50A	焊接	0.5～0.3	0.2～0.4	0.001～0.1	5	0.6～1.0	400
	切割	3～50	0.2～0.6		2	0.6～1.0	
HG01-6/60	焊接	1～6	0.2～0.4		5	0.9～1.3	500
	切割	3～60	0.2～0.4		4	0.7～1.3	
HG01-12/200	焊接	6～12	0.4～0.7		5	1.4～2.2	550
	切割	10～200	0.3～0.7		4	1.0～2.3	

27.3.2 等压式焊割两用炬

用于焊接和气割量不大、但要经常变换的场合，焊接、预热或切割低碳钢（热源为氧气和中压乙炔），其规格见表 27.30。

表 27.30 等压式焊割两用炬的规格（JB/T 7947—1999） mm

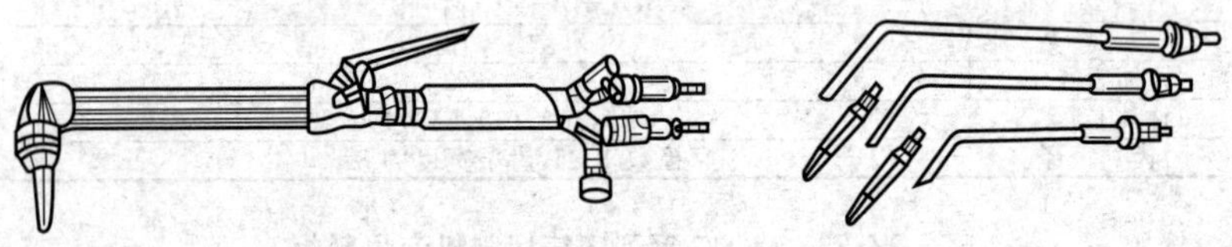

型号	应用方式	焊割嘴号	焊割嘴孔径	适用低碳钢厚度	气体压力/MPa		焰芯长度 ≥	可见切割氧流长度 ≥	焊割炬总长度
					氧气	乙炔			
HG02-12/100	焊接	1	0.6	0.5～12	0.2	0.02	4	—	550
		2	1.4		0.3	0.04	13	—	
		3	2.2		0.4	0.06	20	—	
	切割	1	0.7	3～100	0.2	0.04	—	60	
		2	1.1		0.3	0.05	—	80	
		3	1.6		0.5	0.06	—	100	

续表

型号	应用方式	焊割嘴号	焊割嘴孔径	适用低碳钢厚度	气体压力/MPa		焰芯长度≥	可见切割氧流长度≥	焊割炬总长度
					氧气	乙炔			
HG02-20/200	焊接	1	0.6	0.5～20	0.2	0.02	4	—	600
		2	1.4		0.3	0.04	13	—	
		3	2.2		0.4	0.06	20	—	
		4	3.0		0.6	0.08	21	—	
	切割	1	0.7	3～200	0.2	0.04	—	60	
		2	1.1		0.3	0.05	—	80	
		3	1.6		0.5	0.06	—	100	
		4	1.8		0.5	0.06	—	110	
		5	2.2		0.65	0.07	—	130	

注：等压式焊割两用炬的焊、割嘴分别与射吸式所用的相同。

27.4 碳弧气刨炬

碳弧气刨加工时夹持碳弧气刨棒。气刨炬的型号编制方法是：

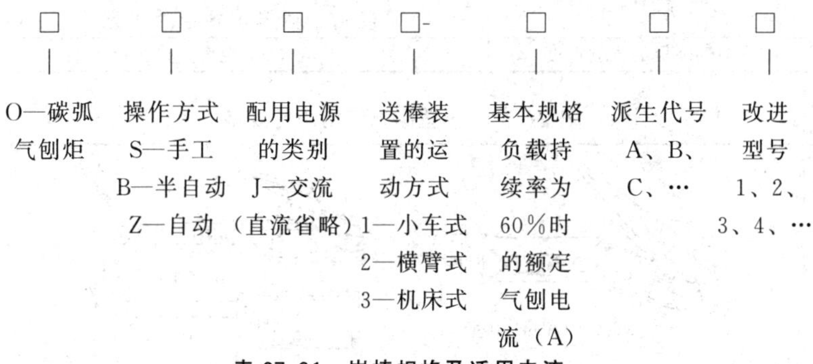

表 27.31　炭棒规格及适用电流

断面形状	规格/mm	适用电流/A	断面形状	规格/mm	适用电流/A
圆 形	3×355	150～180	扁形	3×12×355	200～300
	4×355	150～200		4×8×355	180～270
	5×355	150～250		4×12×355	200～400
	6×355	180～300		5×10×355	300～400
	7×355	200～350		5×12×355	350～450
	8×355	250～400		5×15×355	400～500
	9×355	350～450		5×18×355	450～550
	10×355	350～500		5×20×355	500～600

表 27.32 气刨炬的基本参数（JB/T 7108—1993）

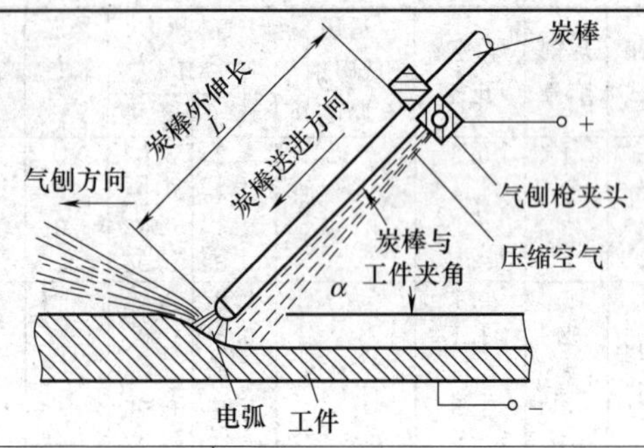

基本参数		数值
额定气刨电流/A		（R10 数系）400，500，630，800，1000，1250，1600…
额定负载持续率	手工碳弧气刨炬	60%（工作周期 5min）
	自动、半自动碳弧气刨炬	60%（工作周期 10 min）、100%
气刨电流的调节范围		最大气刨电流应大于或等于额定气刨电流；最小气刨电流由企业标准规定
自动气刨炬的气刨速度		0.3～1.5m/min 范围内连续可调

表 27.33 一些碳弧气刨炬的规格 mm

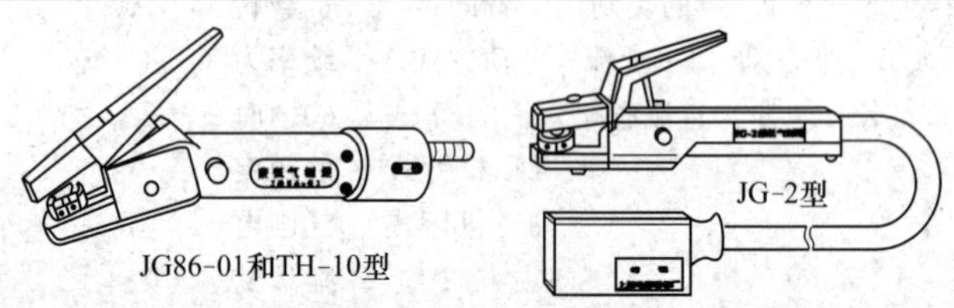

JG86-01和TH-10型

型号	质量/kg	夹持力/N	压缩空气/MPa	适用电流/A ≤	夹持碳棒	
					圆棒	矩形棒
JG86-01	0.7	35	0.5～0.6	600	ϕ4～10	4×12～5×20
JG86-02	2.3	40	0.6～0.7	600		
TH-10	—	30	0.5～0.6	500		
JG-2	0.6	30	0.5～0.6	700		
78-1	0.5	机械紧固	0.5～0.6	600		

27.5 火焰割嘴

按性能可分为普通割嘴和快速割嘴，按型式可分为等压式割嘴和射吸式割嘴。

普通割嘴的型号表示方法是：

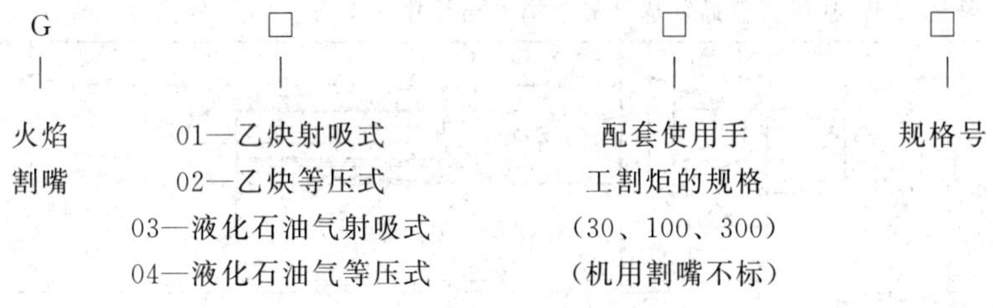

快速割嘴的型号表示方法是：

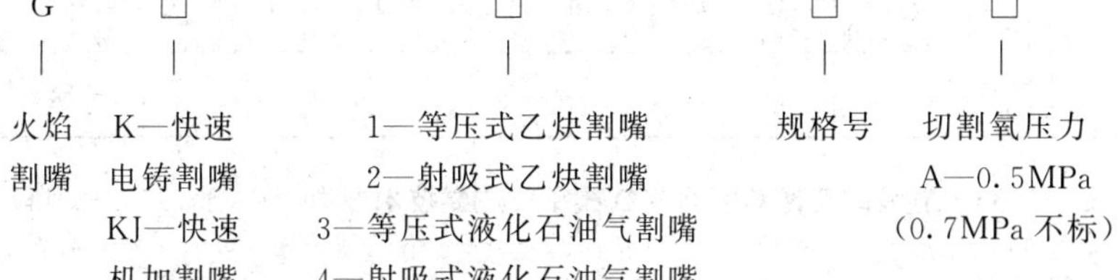

27.5.1 等压式割嘴

表 27.34 等压式普通割嘴的规格（JB/T 7950—2014） mm

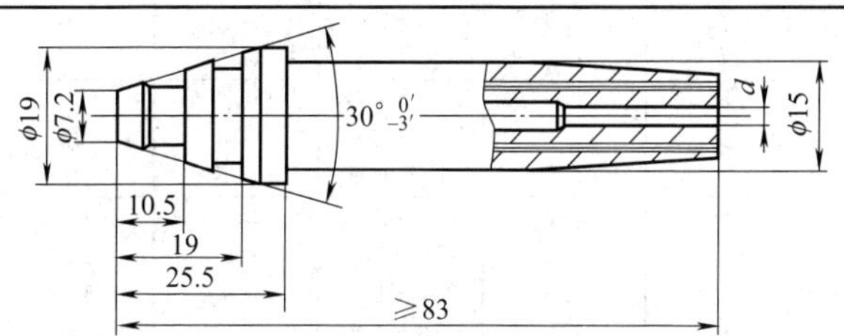

割嘴号	切割氧孔径	切割钢板厚度	切割速度/(mm/min)	切割氧压力/MPa	可见切割氧流长度≥	切口宽度≤
00	0.8	5～10	450～600	0.20～0.30	50	1.2
0	1.0	10～20	380～480	0.20～0.30	60	1.5
1	1.2	20～30	320～400	0.25～0.35	70	2.2
2	1.4	30～50	280～350	0.25～0.35	80	2.6
3	1.6	50～70	240～300	0.30～0.40	90	3.2
4	1.8	70～90	200～260	0.30～0.40	100	3.8
5	2.0	90～120	170～210	0.40～0.46	120	4.2
6	2.4	120～160	140～180	0.50～0.80	130	4.5
7	3.0	160～200	110～150	0.60～0.90	150	4.8
8	3.2	200～270	90～120	0.60～1.00	180	5.2

27.5.2　射吸式割嘴

表 27.35　射吸式普通割嘴外形结构主要尺寸（JB/T 7950—2014）　mm

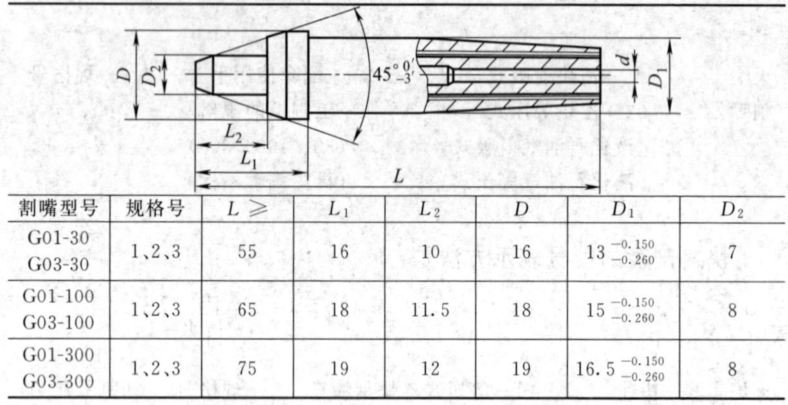

割嘴型号	规格号	L ≥	L_1	L_2	D	D_1	D_2
G01-30 G03-30	1、2、3	55	16	10	16	$13^{-0.150}_{-0.260}$	7
G01-100 G03-100	1、2、3	65	18	11.5	18	$15^{-0.150}_{-0.260}$	8
G01-300 G03-300	1、2、3	75	19	12	19	$16.5^{-0.150}_{-0.260}$	8

表 27.36　射吸式普通割嘴切割氧孔径及主要技术参数（JB/T 7950—2014）

mm

割嘴型号	规格号	切割氧孔径 d	切割厚度	切割氧压力/MPa	可见切割氧流长度 ≥	切口宽度 ≤
G01-30 G03-30	1	0.7	4～10	0.2	60	1.7
	2	0.9	10～20	0.25	70	2.3
	3	1.1	20～30	0.3	80	2.7
G01-100 G03-100	1	1.0	10～25	0.3	80	2.7
	2	1.3	25～50	0.4	90	2.9
	3	1.6	50～100	0.5	100	3.9
G01-300 G03-300	1	1.8	100～150	0.5	100	4.5
	2	2.2	150～200	0.65	120	4.8
	3	2.6	200～250	0.8	130	5.3
	4	3.0	250～300	1.0	150	5.8

27.5.3　快速割嘴

表 27.37　快速割嘴切割氧孔径及主要技术参数（JB/T 7950—2014）　mm

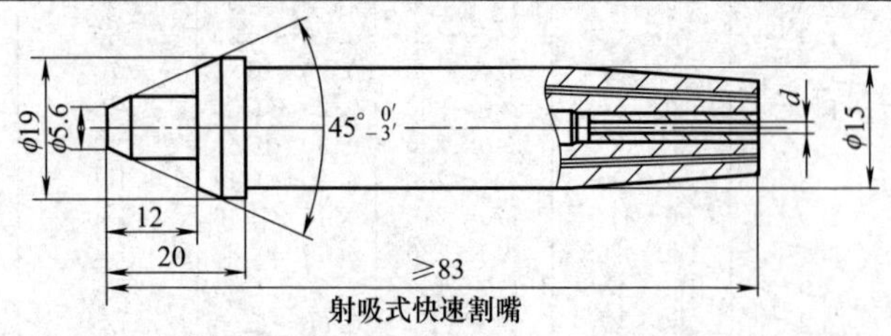

射吸式快速割嘴

续表

等压式快速割嘴

规格号	切割氧孔径 d	切割厚度	切割速度 /(mm/min)	切割氧压力 /MPa	可见切割氧流长度 ≥	切口宽度 ≤
1	0.6	5～10	600～750		60	1.0
2	0.8	10～20	450～600		70	1.5
3	1.0	20～40	380～450		80	2.0
4	1.25	40～60	320～380	0.7	90	2.3
5	1.5	60～100	250～320		100	3.4
6	1.75	100～150	160～250		120	4.0
7	2.0	150～180	130～160		130	4.5
1A	0.6	5～10	450～560		60	1.0
2A	0.8	10～20	340～450		70	1.5
3A	1.0	20～40	250～340	0.5	80	2.0
4A	1.25	40～60	210～250		90	2.3
5A	1.5	60～100	180～210		100	3.4

27.6　焊嘴

表 27.38　H01系列工业燃气焊嘴的规格

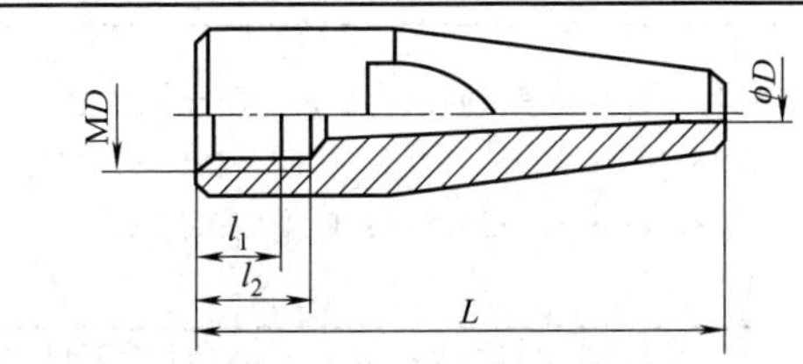

型号	D					MD	L ≥	l_1	l_2
	1	2	3	4	5				
H01-2	0.5	0.6	0.7	0.8	0.9	M6×1	25	4	6.6
H01-6	0.9	1.0	1.1	1.2	1.3	M8×1	40	7	9.0
H01-12	1.4	1.6	1.8	2.0	2.2	M10×1.25	45	7.5	10
H01-20	2.4	2.6	2.8	3.0	3.2	M12×1.25	50	9.5	12

27.7　电焊钳

在手工电弧焊时夹持电焊条，其规格见表 27.39～表 27.44。

表 27.39　电焊钳的规格（QB 1518—1992）

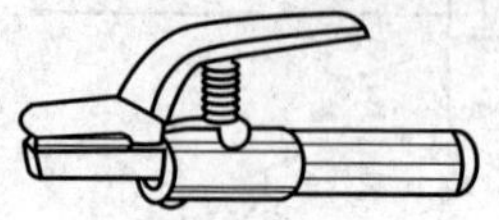

规格/A	额定焊接电流/A	负载持续率/%	工作电压/V	适用焊条直径/mm	能连接电缆的截面积/mm²≥	温升/℃≤
160	160	60	26	2.0～4.0	25	35
250	250	60	30	2.5～5.0	35	40
315	315	60	32	3.2～5.0	35	40
400	400	60	36	3.2～6.0	50	45
500	500	60	40	4.0～(8.0)	70	45

表 27.40　电焊钳/接地钳的规格　　mm

型号规格	额定电流/A	电缆规格	焊条规格
DS-500	450～500	70	3.2～8
DS-600	500～600	95	3.2～8
DS-300	300～350	50	2.5～6
KD-500	450～500	70	3.2～8
DG-300	300～350	50	2.5～6
DG-500	450～500	70	3.2～8
DY-300	300	50	—
DY-500	500	60	—

表 27.41　C 系列气动点焊钳（气压＝490kPa）

（焊接力：C20—1960N；C25—2450N；C30—2940N；C35—3430N；C38—3724N；C40—3920N；C47—4606N；C50—4900N）

mm

型号规格	工作行程	辅助行程	质量/kg	型号规格	工作行程	辅助行程	质量/kg
C20-0707	15	15	11	C20-1110	15	40	12
C20-1005	20	20	14	C20-1208B	30	30	11
C20-1008	15	15	11	C20-1208C	15	15	11
C20-1103	20	20	11	C20-1208D	30	30	12
C20-1108	10	50	11	C20-1210	15	50	18

续表

型号规格	工作行程	辅助行程	质量/kg	型号规格	工作行程	辅助行程	质量/kg
C20-1217	15	30	14	C20-2105	15	50	12
C20-1303	30	30	12	C20-2108	20	20	12
C20-1311	20	20	12	C20-2112	25	80	15
C20-1317	25	25	13	C20-2115A	25	70	15
C20-1418	10	35	14	C20-2115B	20	50	16
C20-1420	15	40	15	C20-2115C	20	50	14
C20-1425	20	35	15	C20-2116	20	60	14
C20-1438	30	60	16	C20-2211	20	80	12
C20-1502	25	25	9	C20-2214A	20	20	13
C20-1505	30	30	11	C20-2214B	20	20	14
C20-1514	25	25	13	C20-2214C	40	40	15
C20-1514B	25	25	13	C20-2216	22	30	13
C20-1525	20	40	17	C20-2216B	20	30	13
C20-1610	25	25	16	C20-2225	10	50	17
C20-1614	15	80	14	C20-2317	20	50	15
C20-1708	30	70	13	C20-2320	20	80	16
C20-1710	20	20	14	C20-2420	10	75	18
C20-1713	30	60	14	C20-2515	20	75	16
C20-1730	15	40	18	C20-2515B	20	100	16
C20-1808	20	20	16	C20-2520	20	75	18
C20-1817	30	30	14	C20-2534	20	80	23
C20-1817B	30	30	14	C20-2635A	25	100	18
C20-1821A	30	40	17	C20-2635B	20	120	21
C20-1821B	30	60	17	C20-2635C	25	100	21
C20-1908	30	70	16	C20-2735	20	100	23
C20-1915	25	60	13	C20-2806	15	50	15
C20-1916	20	50	15	C20-2808	15	50	15
C20-1918A	25	60	15	C20-2923	20	100	19
C20-1918B	15	90	14	C20-2923B	20	90	13
C20-1920	10	50	14	C20-2937	15	110	25
C20-1925	15	50	15	C20-3013	20	120	16
C20-2015A	25	80	13	C20-3015	30	80	18
C20-2015B	25	60	14	C20-3025	15	150	22
C20-2015C	25	80	15	C20-3034	15	100	23
C20-2015D	25	80	14	C20-3214	15	110	16
C20-2016	15	90	18	C20-3430	25	120	22
C20-2017	25	80	24	C20-4732	20	180	28
C20-2019	25	80	19	C25-1110	15	40	12
C20-2020	15	70	20	C25-1110B	15	60	12
C20-2025	20	90	16	C25-1110C	15	30	12
C20-2105	15	50	20				

续表

型号规格	工作行程	辅助行程	质量/kg	型号规格	工作行程	辅助行程	质量/kg
C25-1114	15	60	13	C30-1310A	15	50	12
C25-1208A	30	30	11	C30-1310B	20	70	13
C25-1210	15	40	12	C30-1315	15	50	17
C25-1508	20	40	13	C30-1316	30	30	17
C25-1512	15	70	12	C30-1318	15	50	16
C25-1512	15	70	13	C30-1505	15	50	13
C25-1512B	15	70	14	C30-1512	15	70	14
C25-1517	30	30	13	C30-1512B	15	50	14
C25-1520	20	40	16	C30-1512C	15	70	13
C25-1520B	20	75	16	C30-1614	20	60	14
C25-1620	20	40	16	C30-1715	20	20	13
C25-1713	15	45	15	C30-1805	20	50	18
C25-1813	15	70	13	C30-1822	30	60	16
C25-1903	10	30	15	C30-2005A	15	50	14
C25-1927	15	90	16	C30-2015	15	110	14
C25-1929	15	90	17	C30-2015B	25	80	17
C25-2004	20	40	17	C30-2015C	25	60	19
C25-2006	20	40	13	C30-2016A	15	50	15
C25-2006B	20	40	14	C30-2016B	15	100	16
C25-2025	20	75	15	C30-2025	20	90	18
C25-2105	15	35	13	C30-2035	15	110	19
C25-2214	25	65	14	C30-2105	15	50	15
C25-2225	20	75	17	C30-2113	15	80	15
C25-2225B	20	110	19	C30-2113B	20	40	15
C25-2420	20	100	19	C30-2113C	15	80	15
C25-2515	25	80	18	C30-2121A	15	70	17
C25-2520	20	75	18	C30-2121B	25	90	22
C25-2710	15	55	15	C30-2210	15	50	12
C25-3020	15	100	18	C30-2231	15	80	19
C25-3030	20	100	18	C30-2312A	20	50	15
C25-3034	20	115	24	C30-2312B	20	50	14
C25-3230	15	210	22	C30-2418	20	20	16
C25-3320	20	120	20	C30-2430	15	80	20
C25-3330	15	150	22	C30-2502A	20	50	13
C25-3335	20	115	25	C30-2502B	20	50	13
C25-4030	20	115	25	C30-2515A	20	100	18
C25-4230	20	115	26	C30-2515B	15	80	18
C30-1010	15	50	16	C30-2521A	20	100	17
C30-1212C	15	70	17	C30-2521B	20	100	15
C30-1212D	20	100	15	C30-2525	20	100	22

续表

型号规格	工作行程	辅助行程	质量/kg	型号规格	工作行程	辅助行程	质量/kg
C30-2530	15	80	23	C30-3224	20	100	20
C30-2535	20	100	24	C30-3228	20	100	22
C30-2538	25	80	26	C30-3330A	20	130	22
C30-2605	35	35	18	C30-3330B	20	150	22
C30-2620	20	120	20	C30-3330C	20	120	22
C30-2620B	30	60	18	C30-3525	20	100	25
C30-2711	15	80	15	C30-3530	20	100	24
C30-2711B	15	50	15	C30-3530B	20	120	26
C30-2721A	15	150	21	C30-3535	20	100	27
C30-2721B	20	100	20	C30-3640	20	100	29
C30-2725A	25	60	20	C30-4021	15	120	30
C30-2725B	25	90	21	C30-4025	20	100	27
C30-2725C	25	60	20	C30-4030	20	100	26
C30-2727	25	90	22	C30-4220	15	150	23
C30-2915	20	100	19	C35-1613	30	30	21
C30-2918	20	120	17	C38-1005	10	40	17
C30-3010	15	80	22	C38-1005B	10	40	16
C30-3025	20	100	22	C40-2115A	25	70	14
C30-3025B	20	100	22	C47-3035	15	105	27
C30-3030	15	140	24	C50-1715	20	20	17
C30-3034	20	100	25	C50-1715B	20	50	13
C30-3040B	15	160	29	C50-2514	30	80	19
C30-3212	20	100	16	C50-3012	15	120	20

表 27.42　GC 系列气动点焊钳（气压＝490kPa）　　mm

型号规格	工作行程	质量/kg	型号规格	工作行程	质量/kg
GC20-1111	20	13	GC20-2016	20	13
GC20-1205	20	16	GC20-2209	20	10
GC20-1210	20	26	GC20-2307	20	8
GC20-1309	20	14	GC20-2320	20	12
GC20-1411	20	13	GC20-2415	20	12
GC20-1512	20	16	GC20-2420	20	14
GC20-1607	20	7	GC20-2618	20	13
GC20-1608	20	12	GC20-2718	20	11
GC20-1714	20	9	GC20-3031	20	13
GC20-1819	20	18	GC20-3315	20	14
GC20-1902	20	13	GC20-3648	20	15
GC20-2007	20	13	GC20-3912	20	22

表 27.43 GX20系列气动点焊钳（气压＝490kPa，焊接力＝1960N）

mm

型号规格	工作行程	质量/kg	型号规格	工作行程	质量/kg
GX20-1005	20	12	GX20-3718	20	20
GX20-1620	20	19	GX20-3913	20	20
GX20-1714	20	19	GX20-4018	20	24
GX20-1911	20	13	GX20-4022	20	24
GX20-2005	20	10	GX20-4024	20	26
GX20-2013	20	19	GX20-4118	20	22
GX20-2018	20	19	GX20-4127	20	24
GX20-2120	20	24	GX20-4230	20	22
GX20-2414	20	21	GX20-4326	20	22
GX20-2612	20	13	GX20-4618	20	24
GX20-2618	20	30	GX20-4718	20	21
GX20-2718	20	22	GX20-4742	20	22
GX20-2818	20	11	GX20-4818	20	22
GX20-2912	20	14	GX20-5018	20	32
GX20-2918	20	15	GX20-5218	20	25
GX20-3010	20	12	GX20-5541	20	26
GX20-3016	20	20	GX20-6018	20	34
GX20-3018	20	28	GX20-6244	20	27
GX20-3028	20	22	GX20-6318	20	23
GX20-3125	20	21	GX20-7018	20	23
GX20-3218	20	22	GX20-7028	20	23
GX20-3509	20	12	GX20-7324	20	28
GX20-3518	20	23	GX20-8028	20	28
GX20-3606	20	11	GX20-9030	20	28

表 27.44 X系列气动点焊钳（气压＝490kPa）

（焊接力：X15—1470N；X20—1960N；X25—2450N；X30—2940N；X33—3234N；X35—3430N；X36—3528N；X40—3920N；X50—4900N）

mm

型号规格	工作行程	辅助行程	质量/kg	型号规格	工作行程	辅助行程	质量/kg
X15-1306	20	20	13	X20-1004D	15	15	11
X15-1612	20	20	17	X20-1006	20	35	15
X15-2519	20	60	21	X20-1205	15	35	12
X16-0906	20	20	10	X20-1206	25	25	12
X16-0906B	20	40	11	X20-1206B	20	20	13
X20-0906	20	20	10	X20-1207	20	45	14
X20-1002	25	25	17	X20-1207B	20	45	14
X20-1004	15	15	12	X20-1207C	20	45	14
X20-1004B	15	15	11	X20-1208	20	20	11
X20-1004C	15	15	11	X20-1210	20	20	14

续表

型号规格	工作行程	辅助行程	质量/kg	型号规格	工作行程	辅助行程	质量/kg
X20-1211	20	45	15	X20-2523	20	100	22
X20-1305	25	25	12	X20-2525	20	100	21
X20-1305B	20	20	13	X20-2530	20	150	24
X20-1306	20	20	13	X20-2536	20	150	24
X20-1308A	20	20	14	X20-2709	15	50	18
X20-1308B	15	50	14	X20-3010	20	60	18
X20-1308C	50	50	14	X20-3035	20	150	28
X20-1308D	20	50	13	X20-3214	10	50	22
X20-1407	20	45	12	X20-3215	10	50	22
X20-1407B	20	20	13	X20-3508	20	20	20
X20-1410	20	20	15	X20-3512	15	70	22
X20-1507	20	20	22	X20-3515	10	80	23
X20-1602	15	15	15	X20-3522	20	100	22
X20-1606	20	20	13	X20-4006	20	60	25
X20-1606B	20	20	13	X20-4009	20	50	23
X20-1908	30	30	14	X20-4010	25	50	32
X20-2001	15	15	14	X20-4013	20	70	24
X20-2002	15	50	14	X20-4023	20	120	29
X20-2004	15	15	15	X20-4023	20	100	29
X20-2004B	20	20	16	X20-4510	15	40	28
X20-2004C	15	15	13	X20-4520	15	70	27
X20-2006	25	25	16	X20-4524	30	120	22
X20-2006B	15	15	16	X20-4530	30	50	30
X20-2011	20	50	18	X20-4530B	20	200	27
X20-2012	15	70	18	X20-5212	15	80	34
X20-2016	30	70	19	X20-5513	20	140	34
X20-2016B	30	70	19	X20-5518	20	140	38
X20-2016C	30	70	18	X20-5520	30	90	35
X20-2016D	30	70	20	X20-6015	15	45	36
X20-2106	15	40	20	X20-6015B	15	130	41
X20-2110	15	70	18	X20-6016	10	70	37
X20-2305	20	40	16	X20-6017A	15	80	36
X20-2305E	20	20	16	X20-6017B	20	50	46
X20-2306	15	15	16	X20-6024A	15	90	40
X20-2505	15	80	17	X20-6024A	15	100	41
X20-2509	15	50	20	X20-6521	20	80	33
X20-2509B	15	50	19	X20-6819A	25	135	37
X20-2511	15	70	20	X20-6819B	25	130	38
X20-2514A	15	50	20	X20-7020	15	190	38
X20-2514B	15	90	22	X20-7020B	15	190	38
X20-2514C	15	50	20	X20-7024	15	90	38
X20-2516	20	60	19	X20-7027	20	80	54
X20-2522	20	100	22	X20-7040	20	350	45

续表

型号规格	工作行程	辅助行程	质量/kg	型号规格	工作行程	辅助行程	质量/kg
X20-7117	10	100	38	X30-1509	20	50	16
X20-8027	20	80	55	X30-1510A	15	120	18
X20-8125	20	80	55	X30-1510B	15	50	14
X20-8127	20	80	55	X30-1510C	20	50	15
X20-8130	20	100	55	X30-1510D	20	50	14
X20-8138	20	80	58	X30-1511	20	50	18
X20-8138B	20	150	58	X30-1513	20	80	20
X24-4510	15	75	30	X30-1514	25	25	17
X25-0710	20	55	13	X30-1606	15	50	23
X25-1002	20	20	23	X30-1709	25	25	17
X25-1210	15	70	16	X30-2001	35	35	15
X25-22158	20	70	21	X30-2006A	15	60	17
X25-2215A	20	70	21	X30-2006B	25	45	19
X25-2510	20	80	18	X30-2006C	15	70	17
X25-2510B	20	50	17	X30-2007A	15	50	20
X25-3010	30	30	21	X30-2007B	25	60	17
X25-3022	20	100	26	X30-2007C	25	60	18
X25-3410	20	50	24	X30-2008	15	50	18
X25-4018	20	160	28	X30-2009	15	50	18
X25-4530	30	200	29	X30-2015A	15	60	17
X25-5013	20	80	31	X30-2015B	15	60	17
X25-5013B	20	120	30	X30-2017	30	60	17
X25-5020	25	80	32	X30-2018	20	70	20
X25-5030	20	70	35	X30-2210A	15	601	21
X25-6017	20	50	37	X30-2210B	15	60l	21
X25-6514A	25	65	45	X30-2211A	30	30	19
X25-6514B	20	80	45	X30-2211B	30	30	21
X25-6525	20	155	48	X30-2211C	30	30	19
X25-7024	20	140	39	X30-2305	20	40	17
X25-7029	20	80	44	X30-2405	30	30	18
X25-7235	20	130	55	X30-2505	15	60	17
X25-7521	20	80	53	X30-2518	20	100	24
X30-0517	25	25	11	X30-2518B	20	100	22
X30-1110A	15	35	13	X30-2521	20	150	22
X30-1110B	20	50	14	X30-2532	20	100	24
X30-1111	15	45	15	X30-3006A	20	40	21
X30-1111B	15	45	15	X30-3006B	20	40	21
X30-1205	15	35	13	X30-3010	20	80	25
X30-1206	20	45	14	X30-3014A	15	35	25
X30-1209	15	70	15	X30-3014B	15	100	25
X30-1504	15	50	21	X30-3014C	20	80	27
X30-1505	15	80	20	X30-3014D	15	80	24
X30-1507	15	55	17	X30-3014E	15	80	27

续表

型号规格	工作行程	辅助行程	质量/kg	型号规格	工作行程	辅助行程	质量/kg
X30-3014E	15	80	27	X30-6015	20	100	50
X30-3015	20	80	27	X30-6020	20	180	42
X30-3015B	15	100	24	X30-6025	20	180	44
X30-3023A	20	80	30	X30-6040	15	200	43
X30-3023B	20	80	30	X30-6040B	20	180	42
X30-3023C	20	80	30	X30-6040C	15	200	44
X30-3030	20	120	32	X30-6514A	25	65	45
X30-3507	15	30	24	X30-6828	20	100	50
X30-3513	20	100	24	X30-7018	20	140	50
X30-3514	15	100	24	X30-7018B	20	130	38
X30-3515	20	130	28	X30-7020	15	190	49
X30-3517	20	160	32	X30-7027B	20	140	54
X30-3624	20	100	26	X30-7035	20	80	54
X30-4010	20	80	22	X30-7035B	20	180	58
X30-4015	15	50	31	X30-7524	20	190	58
X30-4015B	15	100	36	X30-7531	20	180	58
X30-4016	20	120	31	X30-8014	20	80	56
X30-4017A	20	80	30	X30-8023	20	140	57
X30-4017B	20	130	30	X30-8025	25	100	55
X30-4018	20	160	32	X30-8040	20	80	62
X30-4018B	20	160	34	X30-8040B	20	180	62
X30-4019	15	50	30	X30-8124	25	170	60
X30-4019B	20	130	30	X30-9020	25	190	69
X30-4023	20	160	31	X33-2002	25	25	15
X30-4030	20	160	33	X35-1708	25	80	16
X30-4510	20	80	29	X36-1508	25	50	17
X30-4513	20	140	33	X36-1509A	25	70	16
X30-4516	20	70	31	X36-1509B	25	50	24
X30-4516B	20	110	29	X36-1509C	25	50	18
X30-4518	20	160	34	X36-1520	30	30	12
X30-4523	20	160	38	X36-1808	25	50	15
X30-4724	20	100	30	X36-1813	25	50	17
X30-5018	20	100	35	X40-1510	15	40	14
X30-5518	20	140	40	X50-2005A	25	25	18
X30-5518B	20	140	37	X50-2010	10	30	22
X30-5523	20	190	38	X50-2215	20	100	24
X30-5530	20	140	50	X50-3528	5	120	40
X30-5530B	15	90	53				

27.8　集中供气装置

表 27.45　双侧集中供气装置

型号规格	适用气体	输入压力/MPa	输出压力/MPa	额定输出流量/(m^3/h)	出气口螺纹/in
8200-X	氧气	15	0.07～1.4	200	G1/2
8200-Y	乙炔	3	0.01～0.1	40	G3/4
8200-F	丙烷	3	0.03～0.85	60	G3/4
8200-C	二氧化碳	15	0.03～0.85	40	G3/4
8200-1N	氨气、氦气、氮气	15	0.07～1.4	200	G3/4
8200-H	氢气	15	0.07～1.4	300	G3/4

表 27.46　半自动切换集中供气装置

型号规格	适用气体	输入压力/MPa	输出压力/MPa	额定输出流量/(m^3/h)	出气口螺纹/in
8300-X	氧气	15	0.07～1.4	200	G1/2
8300-Y	乙炔	3	0.01～0.1	40	G3/4
8300-F	丙烷	3	0.03～0.85	60	G3/4
8300-C	二氧化碳	15	0.03～0.85	40	G3/4
8300-1N	氖气、氦气、氮气	15	0.07～1.4	200	G3/4
8300-H	氢气	15	0.07～1.4	300	G3/4

表 27.47　自动切换集中供气装置

型号规格	适用气体	输入压力/MPa	输出压力/MPa	额定输出流量/(m^3/h)	出气口螺纹/in
8400-X	氧气	15	0.07～1.4	200	G3/4
8400-Y	乙炔	3	0.01～0.1	40	G3/4
8400-F	丙烷	3	0.03～0.85	60	G3/4
8400-C	二氧化碳	15	0.03～0.85	80	G3/4
8300-1N	氖气、氦气、氮气	15	0.07～1.4	200	G3/4
8300-H	氢气	15	0.07～1.4	300	G3/4

27.9　气体回火防止器

表 27.48　FA 系列管道用气体回火防止器　　mm

型号规格	适用气体	工作压力/MPa	最大流量/(m^3/h)	进出气口螺纹	质量/kg	长度
FA21PF	乙炔、丙烷、氧气、天然气	1.5、10	15	G3/8in	440	120
FA21PO		1.5、10	35	G3/8in	440	120
FA22PF		1.5、10	15	M16×1.5	435	120
FA22PO		1.5、10	35	M16×1.5	435	120

表 27.49 FA系列焊割炬用气体回火防止器 mm

型号规格	适用气体	工作压力/MPa	最大流量/(m^3/h)	进出气口螺纹	质量/kg	长度
FA8TF	乙炔、丙烷、氧气、天然气	1.5、10	2	G3/8in	95	61
FA8TO		1.5、10	12	G3/8in	95	61
FA9TF		1.5、10	2	M16×1.5	92	61
FA9TO		1.5、10	12	M16×1.5	92	61

表 27.50 FA系列减压器用气体回火防止器 mm

型号规格	适用气体	工作压力/MPa	最大流量/(m^3/h)	进出气口螺纹	质量/kg	长度
FA8RF	乙炔、丙烷、氧气、天然气	1.5、10	3	G3/8in	130	78
FA8RO		1.5、10	12	G3/8in	130	78
FA9RF		1.5、10	3	M16×1.5	128	78
FA9RO		1.5、10	12	M16×1.5	128	78
FA11RF		1.5、10	15	G3/8in	240	103
FA11RO		1.5、10	30	G3/8in	240	103
FA12RF		1.5、10	15	M16×1.5	235	103
FA12RO		1.5、10	30	M16×1.5	235	103

表 27.51 高低压气体回火防止器 mm

型号规格	适用气体	工作压力/MPa	额定输出流量/(m^3/h)	进出气口螺纹
1010X	氧气	1.0	12	M16×1.5
1011X		1.0	30	9/16×18
1020X		1.0	30	G3/8in
1021X		1.0	30	M16×1.5
1030X		1.6	180	G3/4in
1031X		1.6	180	M24×1.75
1010Y	乙炔、丙烷、天然气	0.15	3	M16×1.5
1011Y		0.1	10	9/16×18
1020Y		0.15	15	G3/8in
1021Y		0.15	15	M16×1.5
1030Y		0.15	40	G3/4in
1031Y		0.15	40	M24×1.75
1040		3	40	G1/2in
1041		3	40	M20×1.5

表 27.52 干式回火防止器

续表

型 号	HF-W1 尾端式	HF-P1 钢瓶用	HF-P2 钢瓶用	HF-G1 管道式
氧气工作压力/MPa	0.1	—	—	—
氧气流量/(m^3/h)	3.515	—	—	—
乙炔工作压力/MPa	0.01～0.15	0.0098～0.147	0.0098～0.147	＜0.147
乙炔气流量/(m^3/h)	0.3～4.5	≤0.4～6	≤0.4～6	0.95～4.7
进气压力/MPa	—	0.01～0.15	0.01～0.15	0.01～0.10
外形尺寸/mm	ϕ22×(74+42)	ϕ31×93	ϕ25.2×73	ϕ42×98
净重/kg	0.11	0.246	0.15	0.43

注：通针规格（mm）为ϕ0.7、ϕ0.9、ϕ1.1、ϕ1.3、ϕ1.5、ϕ1.8、ϕ2.0、ϕ2.4、ϕ2.8。

27.10 焊接用阀门

27.10.1 气瓶用气体减压阀

安装在气瓶或管道上，将其中的高压气调节成稳定的低压气，除氧气减压阀、乙炔减压阀外，还有丙烷、空气、二氧化碳、氩气、氢气等减压阀，其规格见表27.53和表27.54。

表27.53 YQ系列气瓶用气体减压阀的规格

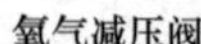

氧气减压阀

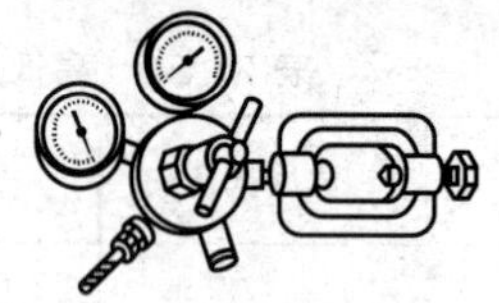

乙炔减压阀

名称	型号	工作压力/MPa		压力表规格/MPa		公称流量/(m^3/h)	质量/kg
		输入≤	输出压力调节范围	高压表（输入）	低压表（输出）		
氧气减压阀①	YQY-1A	15	0.1～20	0～25	0～4	50	2.2
	YQY-12		0.1～1.25		0～2.5	40	1.27
	YQY-352		0.1～10		0～1.6	30	1.5
乙炔减压阀①	YQE-213	3	0.01～0.15	0～4	0～0.25	6	1.75
丙烷减压阀①	YQW-213	1.6	0～0.06	0～2.5	0～0.16	1.0	1.42
空气减压阀②	YQK-12	4	0.4～1.0	0～6	0～1.6	160	3.5
CO_2减压阀①	YQT-731L	15	0.1～0.6	0～25	—	1.5	2.0
氩气减压阀①	YQAr-731L	15	0.15(调定)	0～25	—	1.5	1.0
氢气减压阀①	YQQ-9	15	0.02～0.25	0～25	0～0.4	40	1.9

① 气瓶用。

② 管道用。

表 27.54 其他气瓶用气体减压阀的规格

减压器型号	QD-1	QD-2A	QD-3A	DJ-6	SJ7-10	QD-20	QW2-16/0.6
名　称	单级氧气减压器				双级氧气减压器	单级乙炔减压器	单级丙烷减压器
进气口最高压力/MPa	15	15	15	15	15	2	1.6
最高工作压力/MPa	2.5	1.0	0.2	2	2	0.15	0.06
工作压力调节范围/MPa	0.1～2.5	0.1～1.0	0.01～0.2	0.1～2	0.1～2	0.01～0.15	0.02～0.06
最大放气能力/(m^3/h)	80	40	10	180	—	9	—
出气口孔径/mm	6	5	3	—	5	4	—
压力表规格/MPa	0～25 0～4.0	0～25 0～1.6	0～25 0～0.4	0～25 0～4	0～25 0～4	0～2.5 0～0.25	0～2.5 0～0.16
安全阀泄气压力/MPa	2.9～3.9	1.15～1.6	—	2.2	2.2	0.18～0.24	0.07～0.12
进气口连接螺纹/mm	G15.875	G15.875	G15.875	G15.875	G15.875	夹环连接	G15.875
质　量/kg	4	2	2	2	3	2	2
外形尺寸/mm	200×200×200	165×170×160	165×170×160	170×200×142	200×170×220	170×185×315	165×190×160

27.10.2 电磁气阀

表 27.55 BZG-TACK1E 系列大流量用干式电磁阀

型号规格	工作压力/MPa	额定气体流量/(L/h)	阀体长度/mm	适用气体	质量/g
B1G-TACK1E-5	0.01～0.13	5000	182	乙炔、LPG、LNP(13A)	2800
B1G-TACK1E-10	0.01～0.13	10000	235		4700
B1G-TACK1E-30	0.01～0.13	30000	348		14100

表 27.56 DF23 系列电磁阀

规　格	性　能	规　格	性　能
DF23 AC24V DF23 AC110V DF23 AC36V DF23 AC220V	工作压力为 0～0.5MPa； 环境温度为 10～40℃； 线圈温升≤60℃； B级绝缘	DF23 DC36V DF23 DC24V GHDF23 DC36V GHDF23 DC24V	工作压力为 0～0.5MPa； 环境温度为 10～40℃； 线圈温升≤60℃； B级绝缘

表 27.57 QXD 系列电磁气阀

型号规格	工作压力/MPa	额定空气流量/(m^3/h)	额定电压/V		线圈温升
			交流	直流	
QXD-22(二位二通)	0.8	1～2.5	36、110、220	24	当环境温度不超过40℃时，温度小于 80℃
QXD-23(二位三通)	0.8	1～2.5	36、110、220	24	

27.10.3 安全阀

表 27.58 GM 系列干式安全阀

型号规格	适用气体	连接形式	阀体长度/mm	质量/g	保护功能
GM-1MK	氧气	M16×1.5 右旋	75	210	内部温度达到95℃时自动切断供气
GM-2MK	乙炔	M16×1.5 左旋	75	210	

27.11 电焊面罩

在电焊操作时作个人防护用，其规格见表 27.59～表 27.63。

表 27.59 电焊面罩的规格 mm

HM-1手持式

HM-2-A头戴式

型号	外形尺寸			观察窗透光面积≥	质量/g≤
	长度	宽度	深度		
HM-1	320	210	100	40×90	500
HM-2-A	340	210	120	40×90	500

表 27.60 AG-Ⅲ焊接面罩

型号规格	视窗尺寸/mm	红外紫外保护	遮光号	质量/g
AG-Ⅲ	90×40	≥15	4/9～13	465

表 27.61 HM/ HTF 系列焊接面罩

型号规格	紫外线透过率/%＜	红外线透过率/%＜	质量/kg	外形尺寸($L\times W\times H$)/mm
HM-2-GYB/C	0.0002	0.027	0.120	120×94×11
HM-2-GYE	0.0006	0.003	0.100	110×90×9
HTF-A-02	0.0006	0.003	0.048	108×51×5

表 27.62 HZ 系列焊接面罩 mm

型号规格	可配镜片尺寸(长×宽)	观察窗	面罩材质	质量/g	外形尺寸($L\times W\times H$)	用途
HZ-1	110×50	40×90	红钢纸	260	310×240×130	供手工施焊
HZ-2	110×50	40×95	阻燃塑料	445	305×220×145	镜片框可开可闭，罩身可上下翻动，帽带可大小松紧

续表

型号规格	可配镜片尺寸（长×宽）	观察窗	面罩材质	质量/g	外形尺寸（$L \times W \times H$）	用途
HZ-3	110×50	40×90	软全皮	300	300×220×120	镜片框可开可闭，适用于狭小或困难位置的焊接

表 27.63 帽形焊接面罩

型号规格	材料	滤光片框	保护片	滤光片尺寸/mm	质量/g
FG-1	PP	可翻式	PC	玻璃 108×50.8	430
FG-2	PP	可翻式	PC	玻璃 108×50.8	430
WG-Ⅲ	PP	固定式	PC	玻璃 108×50.8	375

27.12 焊接设备

27.12.1 气瓶

用于贮存压缩气体，供气焊、气割及其他方面使用。

气瓶型号的命名表示方法如下：

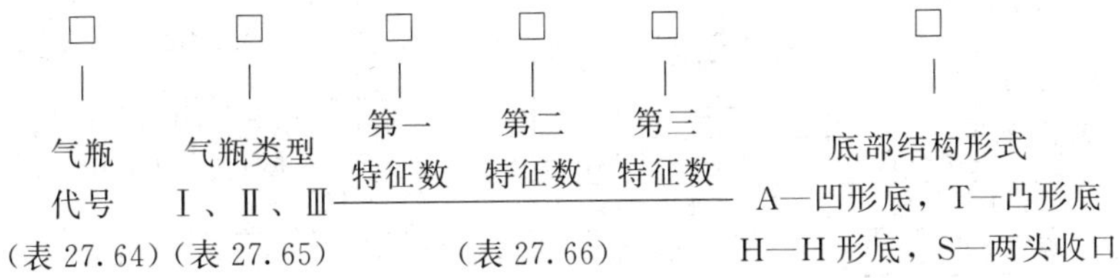

表 27.64 各种气瓶的代号（GB/T 15384—2011）

气瓶类型	钢质焊接气瓶（含非重复充装气瓶）	溶解乙炔气瓶	液化石油气钢瓶	液化二甲醚钢瓶	铝合金无缝气瓶	钢质无缝气瓶
代表字母	HJ[①]	RYP	YSP	DME	LW	W[②]
代表字母	CRP	DP[③]	CNG	CHG	CDP	LPG

① HJL—立式使用焊接气瓶，HJW—卧式使用焊接气瓶。

② WM—碳锰钢制正火处理的无缝气瓶，WZ—碳锰钢制淬火处理的无缝气瓶，WG—铬钼铝钢制的无缝气瓶。

③ DPL—立式使用焊接气瓶，DPW—卧式使用焊接气瓶。

表 27.65 气瓶类型的含义（GB/T 15384—2011）

气瓶类型	Ⅰ型	Ⅱ型	Ⅲ型
车用压缩天然气气瓶	钢质气瓶	钢质内胆环向缠绕复合气瓶	铝合金内胆全缠绕复合气瓶
钢质无缝气瓶	钢坯冲拔拉伸式钢质无缝气瓶	钢管旋压收底收口气瓶	钢板冲压式钢质无缝气瓶
钢质焊接气瓶	一道环焊缝	两道环焊缝	—
复合缠绕气瓶	—	环缠绕式气瓶	金属内胆全缠绕式气瓶

注：仅有一种制造方式的气瓶，气瓶类型代号类型可空缺，不得使用其他字母代用。

表 27.66 气瓶各特征数的含义及单位（GB/T 15384—2011）

<table>
<tr><th colspan="2">类别</th><th>第一特征数</th><th>第二特征数</th><th>第三特征数</th></tr>
<tr><td colspan="2">钢质焊接气瓶</td><td rowspan="2">气瓶的公称直径（内径），mm</td><td rowspan="8">气瓶的公称容积，L</td><td>气瓶的公称工作压力，MPa</td></tr>
<tr><td colspan="2">溶解乙炔气瓶</td><td>表示气瓶在基准温度15℃时的限定压力，MPa</td></tr>
<tr><td colspan="2">液化石油气瓶</td><td>同上（可省略）</td><td>气瓶的公称工作压力，MPa（可省略）</td></tr>
<tr><td colspan="2">铝合金无缝气瓶</td><td rowspan="2">气瓶的公称直径（外径），mm</td><td rowspan="2">气瓶的公称工作压力，MPa</td></tr>
<tr><td colspan="2">钢质无缝气瓶</td></tr>
<tr><td rowspan="2">车用压缩天然气瓶</td><td>Ⅰ型</td><td>气瓶的公称直径（外径），mm</td><td rowspan="3">气瓶在20℃时的公称工作压力，MPa</td></tr>
<tr><td>Ⅱ或Ⅲ型</td><td rowspan="2">气瓶的内胆公称直径（外径），mm</td></tr>
<tr><td colspan="2">复合缠绕气瓶</td></tr>
<tr><td colspan="2">焊接绝热气瓶</td><td rowspan="2">气瓶的内胆公称直径，mm</td><td rowspan="2">气瓶的内胆公称容积，L</td><td rowspan="2">气瓶的公称工作压力，MPa</td></tr>
<tr><td colspan="2">汽车用液化天然气气瓶</td></tr>
</table>

各种气瓶名称代号示例：

例 1：CNG Ⅰ-279-90-20 A 表示公称外径 279mm，公称水容积 90L，公称工作压力 20MPa，凹底结构的Ⅰ类车用压缩天然气气瓶。

例 2：YSP-314-15-1.6 表示公称直径 314mm，充液重量 15kg，公称工作压力 1.6MPa 的液化石油气钢瓶。

例 3：WG Ⅱ 229-50-15 S 表示公称直径 229mm，公称水容积 50L，公称工作压力 15MPa，双头型铬钼钢钢质管制的无缝气瓶。

例 4：CNG Ⅱ-325-90-20 T 表示内胆公称外径 325mm，公称水容积 90L，公称工作压力 20MPa，凸底结构钢质内胆环向缠绕的车用天然气钢瓶。

例 5：HJW Ⅱ-600-400-3.0 T 表示卧式两道环缝，公称直径 600mm，公称水容积 400L，公称工作压力 3.0MPa 的凸底焊接气瓶。

例 6：RYP Ⅰ-209-25-1.56 A 表示一道环缝，公称直径 209mm，公称水容积 25L，15℃时限定压力 1.56MPa 的凹底溶解乙炔气瓶。

例 7：DPL-450-175-1.4 表示内胆公称直径 450mm，公称水容积 175L，公称工作压力 1.4MPa 的立式焊接绝热气瓶。

表 27.67　各种气瓶的区分色（GB 7144—1999）

充装气体名称	气瓶颜色	标注字样	字色	色环
氢	淡绿	氢	大红	P=20,淡黄色单环 P=30,淡黄色双环
氧	淡(酞)蓝	氧	黑	P=20,白色单环
氮 空气	黑 黑	氮 空气	淡黄 白	P=30,白色双环
二氧化碳	铝白	液化二氧化碳	黑	P=20,黑色单环
天然气 乙炔 氨 氯	棕 白 淡黄 深绿	天然气 乙炔 不可近火 液化氨 液化氯	白 大红 黑 白	—
氟 一氧化氮 二氧化氯 碳酰氯	白	氟 一氧化氮 液化二氧化氮 液化光气	黑	—
砷化氢 磷化氢 乙硼烷	白	液化砷化氢 液化磷化氢 液化乙硼烷	大红	—
四氟甲烷 二氟二氯甲烷 二氟溴氯甲烷	铝白	氟氯烷 14 液化氟氨烷 12 液化氟氯烷 12B1	黑	—
三氟氯甲烷 三氟溴甲烷 六氟乙烷	铝白	液化氟氯烷 13 液化氟氯烷 B1 液化氟氯烷 116	黑	P=12.5,深绿色单环

续表

充装气体名称	气瓶颜色	标注字样	字色	色环
一氟二氯甲烷 二氟氯甲烷 三氟甲烷 四氟二氯乙烷 五氟氯乙烷 三氟氯乙烷 八氟环丁烷	铝白	液化氟氯烷 21 液化氟氯烷 22 液化氟氯烷 23 液化氟氯烷 114 液化氟氯烷 115 液化氟氯烷 133a 液化氟氯烷 C318	黑	—
二氟氯乙烷 1,1,1-三氟乙烷 1,1-二氟乙烷	铝白	液化氟氯烷 142b 液化氟氯烷 143a 液化氟氯烷 152a	大红	—
甲烷	棕	甲烷	白	P=20,淡黄色单环 P=30,淡黄色双环
乙烷	棕	液化乙烷	白	P=15,淡黄色单环 P=20,淡黄色双环
丙烷	棕	液化丙烷	白	—
环丙烷		液化环丙烷		

表 27.68 气瓶的规格 mm

公称容积/L	瓶体材料	主要尺寸			工作压力/MPa	公称质量/kg
		直径	长度	壁厚		
40	锰钢	219	1360	5.8	15	58
		232	1 235	6.1		
45		219	1515	5.8	15	63
		232	1370	6.1		64
50		232	1505	6.1	15	69
40	铬钼钢	229	1250	5.4	15	54
		232	1215	5.4		52
45		229	1390	5.4	15	59
		232	1350	5.4		57
50		232	1480	5.4	15	62
40		229	1275	6.4	20	62
		232	1240	6.4		60
45		232	1375	6.4	20	66
50		232	1510	6.4	20	72

表 27.69 溶解乙炔气瓶的规格 mm

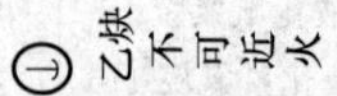

续表

公称容积/L	2	24	32	35	41
公称内径	102	250	228	250	250
总长度	380	705	1020	947	1030
最小壁厚	1.3	3.9	3.1	3.9	3.9
公称质量/kg	7.1	36.2	48.5	51.7	58.2
储气量/kg	0.35	4.0	5.7	6.3	7.0
压力值/MPa	在基准温度15℃时，限定压力为1.52MPa				

注：外表为白色，标注红色"乙炔""不可近火"字样。

表 27.70 液化石油气瓶的规格（GB 5842—2006）

型　号	参　　数			
	钢瓶内直径/mm	公称容积/L	最大充装量/kg	封头形状系数
YSP4.7	200	4.7	1.9	1.0
YSP12	244	12.0	5.0	1.0
YSP26.2	294	26.2	11.0	1.0
YSP35.5	314	35.5	14.9	0.8
YSP118	400	118	49.5	1.0
YSP118-Ⅱ①	400	118	49.5	1.0

① 用于气化装置的液化石油气储存设备。

注：1. 主体材料的化学成分含量范围：碳 C≤0.18%，硅 Si≤0.10%，锰 Mn 为 0.70%～1.50%，硫 S≤0.020%，磷 P≤0.025%（硫 S+磷 P≤0.040%）

2. 主体材料的力学性能应符合 GB 6653 的规定，且屈强比（R_{eL}/R_m）≤0.80。

3. 钢瓶的护罩结构尺寸、底座结构尺寸应符合产品图样的要求。

表 27.71 压缩天然气瓶的规格 mm

型　号	容积/L	瓶长	质量/kg	工作压力/MPa	设计壁厚	瓶体材料
CNG2-G-232-30-20B	30	876±5	25	20	3.5	30CrMo+玻璃纤维复合材料
CNG2-G-325-45-20B	45	745±5	39	20	5	
CNG2-G-325-50-20B	50	810±5	42	20	5	
CNG2-G-325-55-20B	55	875±5	46	20	5	
CNG2-G-325-60-20B	60	940±5	50	20	5	
CNG2-G-325-65-20B	65	1005±5	54	20	5	
CNG2-G-325-70-20B	70	1070±5	58	20	5	
CNG2-G-325-80-20B	80	1200±5	66	20	5	
CNG2-G-325-90-20B	90	1330±5	74	20	5	
CNG2-G-325-100-20B	100	1460±5	82	20	5	
CNG2-G-325-110-20B	110	1590±5	90	20	5	
CNG2-G-325-120-20B	120	1720±5	98	20	5	

续表

型　号	容积/L	瓶长	质量/kg	工作压力/MPa	设计壁厚	瓶体材料
CNG2-G-356-65-20B	65	871±5	59	20	5.5	30CrMo＋玻璃纤维复合材料
CNG2-G-356-70-20B	70	926±5	62	20	5.5	
CNG2-G-356-75-20B①	75	981±5	65	20	5.5	
CNG2-G-356-80-20B②	80	1036±5	68	20	5.5	
CNG2-G-356-85-20B	85	1091±5	71	20	5.5	
CNG2-G-356-90-20B	90	1146±5	74	20	5.5	
CNG2-G-356-103-20B	103	1285±5	84	20	5.5	
CNG2-G-356-100-20B	100	1256±5	82	20	5.5	
CNG2-G-356-110-20B	110	1366±5	89	20	5.5	
CNG2-G-356-120-20B	120	1476±5	96	20	5.5	
CNG2-G-356-200-20B	200	2356±10	155	20	5.5	
CNG2-G-406-80-20B	80	850±5	70	20	6	
CNG2-G-406-90-20B	90	930±5	74	20	6	
CNG2-G-406-100-20B	100	1010±5	82	20	6	
CNG2-G-406-103-20B	103	1030±6	85	20	6	
CNG2-G-406-110-20B	110	1100±5	88	20	6	
CNG2-G-406-120-20B	120	1180±5	95	20	6	
CNG2-G-406-200-20B	200	1850±10	152	20	6	

① 复合材料。

② ＋30CrMo。

注：此为钢内胆环向缠绕玻璃纤维复合材料车用压缩天然气气瓶，由河北百工实业有限公司生产。

27.12.2 乙炔发生器

装入电石（碳化钙）和水，产生乙炔气体，供气焊、气割用，其规格见表 27.72。

表 27.72 乙炔发生器的规格 mm

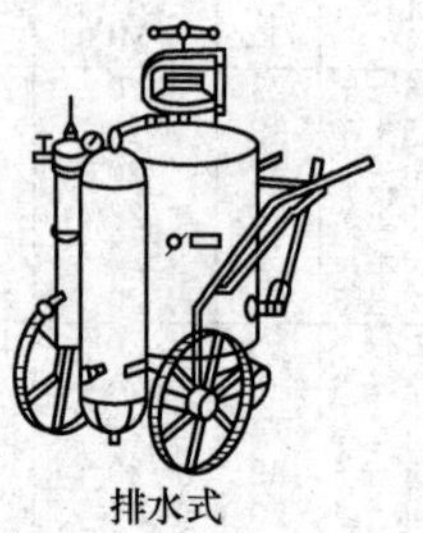
排水式

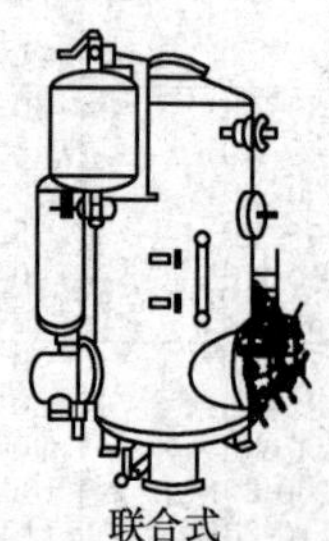
联合式

续表

型号	结构形式	正常生产率/(m^3/h)	乙炔工作压力/MPa	外形尺寸			净重/kg
				长	宽	高	
YJP0.1-0.5	(移动)排水式	0.5	0.045～0.10	515	505	930	30
YJP0.1-1.0		1.0		1210	675	1150	50
YJP0.1-2.5	(固定)排水式	2.5		1050	770	1730	260
YDP0.1-6.0	(固定)联合式	6.0		1450	1375	2180	750
YDP0.1-10		10		1700	1800	2690	980

27.12.3 管路减压器

表 27.73 焊割管路减压器的规格 mm

名称	型号	额定进口压力/MPa	额定出口压力/MPa	额定流量/(m^3/h)	进口螺纹	出口螺纹
氧气减压器	YQY-07/08	15	1.25/2	40/50	G5/8in-RH	M16×1.5-RH
乙炔减压器	YQE-03	1.6	0.15	5	M20×2-RH	M16×1.5-LH
丙烷减压器	YQW-02	1.5	0.08	1	M22×1.5-LH	M16×1.5-LH
氮气减压器	YQD-07	15	1.25	40	G5/8in	M16×1.5-RH
电热式 CO_2 减压器	YQT-731L	15	0.3	25	G5/8in	M14×1.5-RH
氨用减压器	YQA-401	3	0.08	15	G1/2in-RH(F)	M16×1.5-RH(M)
	YQA-441	3	0.4		G1/2in-RH(F)	M16×1.5-RH(M)

注：青岛振得焊割工具有限公司产品。

27.12.4 电焊机

电焊机型号的表示方法是：

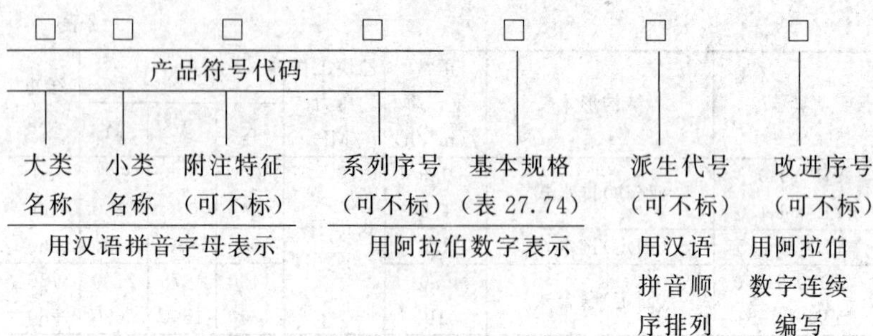

注：部分产品符号代码实例见表 27.75。

表 27.74 电焊机的基本规格和单位

名称	电弧焊机	电渣焊机	焊接机器人	
基本规格	额定焊接电流/A	额定焊接电流/A	产品标准规定	
名称	电阻焊机(1)			
	点焊机	凸焊机	缝焊机	电阻对焊机
基本规格	50%负载持续率下的标称输入视在功率/kV·A			
名称	电阻焊机(2)			
	电容储能电阻焊机	高频电阻焊机	逆变式电阻焊机	
基本规格	最大储能量/J	额定振荡功率/kW	产品标准规定	
名称	电阻焊机(3)			
	闪光对焊机	次级整流电阻焊机	三相低频电阻焊机	移动式点焊机
基本规格	50%负载持续率下的标称输入视在功率/kV·A			
名称	螺柱焊机			
	电弧螺柱焊机	埋弧螺柱焊机	电容储能螺柱焊机	
基本规格	额定焊接电流/A	额定焊接电流/A	最大储能量/J	
名称	摩擦焊接设备		电子束焊机	
	摩擦焊机	搅拌摩擦焊机		
基本规格	顶锻压力/kN	产品标准规定	输出功率/kW	
名称	光束焊接设备		超声波焊机	钎焊机
	光束焊机	激光焊机		
基本规格	输出功率/kW		发生器输入功率/kW	额定输入视在功率/kV·A

表 27.75 电焊机的型号代号（GB/T 10249—2010）

产品名称	第一字母		第二字母		第三字母		第四字母	
	代表字母	大类名称	代表字母	小类名称	代表字母	附注特征	数字序号	系列序号
电弧焊机	B	交流弧焊机（弧焊变压器）	X P	下降特性 平特性	L	高空载电压	省略 1 2 3 5 6	磁放大器或饱和电抗器式 动铁芯式 串联电抗器式 动圈式 晶闸管式 变换抽头式
	A	机械驱动的弧焊机（弧焊发电机）	X P D	下降特性 平特性 多特性	省略 D Q C T H	电动机驱动 单纯弧焊发电机 汽油机驱动 柴油机驱动 拖拉机驱动 汽车驱动	省略 1 2	直流 交流发电机整流 交流
	Z	直流弧焊机（弧焊整流器）	X P D	下降特性 平特性 多特性	省略 M L E	一般电源 脉冲电源 高空载电压 交直流两用电源	省略 1 2 3 4 5 6 7	磁放大器或饱和电抗器式 动铁芯式 串联电抗器式 动线圈式 晶体管式 晶闸管式 变换抽头式 逆变式
	M	埋弧焊机	Z B U D	自动焊 半自动焊 堆焊 多用	省略 J E M	直流 交流 交直流 脉冲	省略 1 2 3 9	焊车式 全位置焊车式 横臂式 机床式 焊头悬挂式
	W	TIG 焊机	Z S D Q	自动焊 手工焊 点焊 其他	省略 J E M	直流 交流 交直流 脉冲	省略 1 2 3 4 5 6 7 8	焊车式 全位置焊车式 横臂式 机床式 旋转焊头式 台式 焊接机器人 变位式 真空充气式
	L	等离子弧焊机/等离子弧切割机	G H U D	切割 焊接 堆焊 多用	省略 R M J S F E K	直流等离子 熔化极等离子 脉冲等离子 交流等离子 水下等离子 粉末等离子 热丝等离子 空气等离子	省略 1 2 3 4 5 8	焊车式 全位置焊车式 横臂式 机床式 旋转焊头式 台式 手工等离子

续表

产品名称	第一字母		第二字母		第三字母		第四字母	
	代表字母	大类名称	代表字母	小类名称	代表字母	附注特征	数字序号	系列序号
电渣焊接设备	H	电渣焊机	S B D R	丝板 板极 多用极 熔嘴				
	H	钢筋电渣压力焊机	Y		S Z F 省略	手动式 自动式 分体式 一体式		
电阻焊机	D	点焊机	N R J Z D B	工频 电容储能 直流冲击波 次级整流 低频 逆变	省略 K W	一般点焊 快速点焊 网状点焊	省略 1 2 3 6	垂直运动式 圆弧运动式 手提式 悬挂式 焊接机器人
	T	凸焊机	N R J Z D B	工频 电容储能 直流冲击波 次级整流 低频 逆变			省略	垂直运动式
	F	缝焊机	N R J Z D B	工频 电容储能 直流冲击波 次级整流 低频 逆变	省略 Y P	一般缝焊 挤压缝焊 垫片缝焊	省略 1 2 3	垂直运动式 圆弧运动式 手提式 悬挂式
	U	对掉机	N R J Z D B	工频 电容储能 直流冲击波 次级整流 低频 逆变	省略 B Y G C T	一般对焊 薄板对焊 异形截面对焊 钢窗闪光对焊 自行车轮圈对焊 链条对焊	省略 1 2 3	固定式 弹簧加压式 杠杆加压式 悬挂式
	K	控制器	D F T U	点焊 缝焊 凸焊 对焊	省略 F Z	同步控制 非同步控制 质量控制	1 2 3	分立元件 集成电路 微机
螺柱焊机	R	螺柱焊机	Z S	自动 手工	M N R	埋弧 明弧 电容储能		

续表

产品名称	第一字母		第二字母		第三字母		第四字母	
	代表字母	大类名称	代表字母	小类名称	代表字母	附注特征	数字序号	系列序号
摩擦焊机	C	摩擦焊机	省略 C Z	一般旋转式 惯性式 振动式	省略 S D	单头 双头 多头	省略 1 2	卧式 立式 倾斜式
		搅拌摩擦焊机	产品标准规定					
电子束焊机	E	电子束焊枪	Z B D W	高真空 低真空 局部真空 真空外	省略 Y	静止式电子枪 移动式电子枪	省略 1	二极枪 三极枪
光束焊机	G	光束焊机	S	光束			1 2 3 4	单臂 组合式 折叠式 横向流动式
		激光焊机	省略 M	连续激光 脉冲激光	D Q Y	固体激光 气体激光 液体激光		
超声波焊机	S	超声波焊机	D F	点焊 缝焊			省略 Z	固定式 手提式
钎焊机	Q	钎焊机	省略 Z	电阻钎焊 真空钎焊				

注：焊接机器人的型号代号由产品标准规定。

27.12.5　弧焊机

(1) 弧焊机的规格（表27.76）

表27.76　交流弧焊机的规格（JB/T 7834—1995）

续表

型式	型号	额定焊接电流/A	电流调节范围/A	输入电压/V	额定工作电压/V	额定输入容量/kV·A	质量/kg	用途和适用条件		
								电源①	厚度/mm	材质
动铁芯式	BXI-135	135	251～150	380	30	8.7	98	1,2	1～8	低碳钢
	BXI-160	160	401～192	380	278	135	93			
	BX1-300	300	501～360	380	22	21	160	2	中等	低碳钢
		300	631～300	220/380	32	25	110			
	BX1-500	500	100～500	220/380	36	395	144	2,3	≥3	低碳钢
		500	100～500	380	44	42	310			
动圈式	BX3-120	120	20～160	380	25	9	100	2,4	薄板	—
	BX3-300	300	40～400	380	30	20.5	190	2,4	中等	结构钢
	BX3-500	500	60～670	380	30	38.6	220	2,4	较厚	结构钢
抽头式	BX6-120	120	45～160	220/380	22～26	6.24	22	5	—	—
	BX6-200	200	65～200	380	22～28	15	49			
	BX6-250	250	50～250	220/380	22～30	15	80	2	—	—

① 适用电源：1—电弧切割电源，2—焊条电弧焊电源，3—电弧切割电源，4—电弧切割电源，5—手提式焊条电弧焊电源。

(2) BX6 系列交流弧焊机

BX6 系列交流弧焊机系抽头式变压器结构的单人手工弧焊机，可对各种低碳钢、低合金钢结构件进行一般性焊接，其主要技术参数见表 27.77。

表 27.77　BX6 系列交流弧焊机主要技术参数

型　　号	BX6-140-2	BX6-160-2	BX6-200-2	BX6-250-2	BX6-300-2	BX6-500-2
额定输入电压/V	220/380	220/380	220/380	220/380	220/380	230/380
电　　源	50Hz,单相					
额定焊接电流/A	140	160	200	250	300	500
电流调节范围/A	55～140	60～160	80～200	100～250	110～300	110～500
额定负载持续率/%	20	20	20	20	20	20

续表

型　　号	BX6-140-2	BX6-160-2	BX6-200-2	BX6-250-2	BX6-300-2	BX6-500-2
空载电压/V	52	55	55	55	58	64
额定输入容量/kV·A	8.5	10.6	12.5	15.6	21.6	37
绝缘等级/级	F	F	F	F	F	F
冷却方式	强制风冷					
适合焊条直径/mm	ϕ1.6～ϕ3.2	ϕ1.6～ϕ3.2	ϕ2～ϕ4	ϕ2.5～ϕ4	ϕ2.5～ϕ5	ϕ2.5～ϕ7
焊接输出电缆截面/mm^2	25	25	35	35	38	60
外形尺寸/mm	460×315×500	460×320×500	510×335×550		555×355×550	585×385×580
质量/kg	33	35	42	47	62	80

(3) BX3系列交流弧焊机

BX3系列交流弧焊机可焊材料为低碳钢、普通低合金钢，其主要技术参数见表27.78。

表27.78　BX3系列交流弧焊机主要技术参数

型号	BX3-315-2	BX3-400-2	BX3-500-2	BX3-630-2
额定输入电压/V	380	380	380	380
电源	50Hz,单相			
额定输出电流/A	315	400	500	630
电流调节范围/A	40～315	50～400	65～500	90～630
额定负载持续率/%	35	35	35	35
空载电压/V	70/76	70/76	65/76	70/76
额定输入容量/kV·A	24.7	30	33	47
绝缘等级/级	F	F	F	F
冷却方式	自　冷			
外形尺寸/mm	720×500×880	720×500×880	720×500×880	770×540×970
质量/kg	150	155	180	195

(4) 整流式直流弧焊机

整流式直流弧焊机可供手工弧焊用，其规格见表27.79。

表27.79　整流式直流弧焊机的规格（JB/T 7835—1995）

续表

型式	型号	额定焊接电流/A	电流调节范围/A	额定工作电压/V	输入电压/V	额定输入容量/kV·A	质量/kg	可作电源①
磁放大器式	ZX-160	160	20～200	21～28	380	12	170	1,2
	ZX-250	250	30～300	21～32	380	19	200	2,3,4,5
	ZX-400	400	40～480	21.6～40	380	34.9	330	2,3,4,5
动圈式	ZX3-160	160	40～192	26	380	11	138	1,2,4
	ZX3-250	250	62～300	30	380	17.3	182	1(适于中厚板)
	ZX3-400	400	100～480	36	380	27.8	238	3(适用于厚板)
晶闸管式	ZX5-250	250	50～250	30	380	15	160	1
	ZX5-400	400	40～400	36	380	24	200	1
	ZX5-630	630	80～630	44	380	46	280	1

① 1—焊条电弧焊电源，2—钨极氩弧焊电源，3—焊条电弧焊电源，4—等离子焊电源，5—碳弧气刨电源。

(5) 塑焊机（表27.80）

表27.80　DH-3塑焊机的规格和技术数据

电机功率/W	风泵			整机功率/W	转速/(r/min)	质量/kg
	压力/MPa	流量/(L/min)	热风温度/℃			
250	0.1	140	40～550	1250	2800	9

(6) 超声波塑胶焊接机（表27.81）

表27.81　华立HL超声波塑胶焊接机的规格

规格HL-	2009	2012	2015	2018	2020	1526	1532	1542
输出功率/W	900	1200	1500	1800	2000	2600	3200	4200
频率/kHz	20					15		
输入电压/V	(单相)220							
最大输入功率/kW	1.25	1.55	1.95	2.05	2.35			

续表

规格 HL-	2009	2012	2015	2018	2020	1526	1532	1542
焊头行程/mm	100					80	100	
输出时间/s	时间控制 0.01～9.99							
气压/bar	1～7							
焊接直径/mm	85	105	155	175	195	245	305	355
使用压缩机功率/kW	0.7～1.5							
外形尺寸/mm	600×400×160					715×410×310	815×860×2350	
质量/kg	120	120	132	135	140	173	325	355

第28章 弹簧

28.1 普通圆柱螺旋压缩弹簧

用于需要多次重复地随外压力大小而作相应的弹性变形之处，其规格见表 28.1。

普通圆柱螺旋压缩弹簧规格的表示方法为：

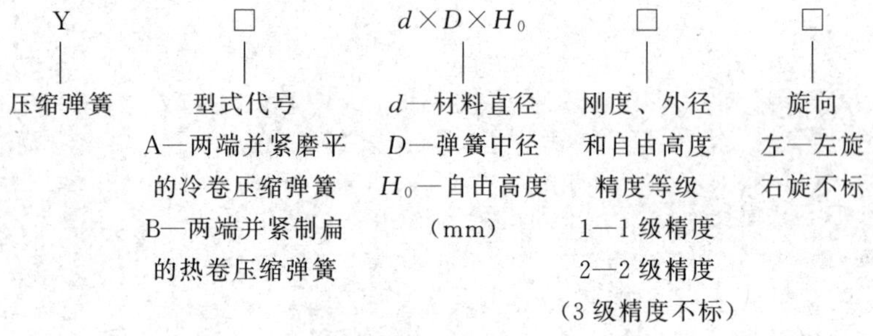

表 28.1 普通圆柱压缩弹簧规格（GB/T 2089—2009） mm

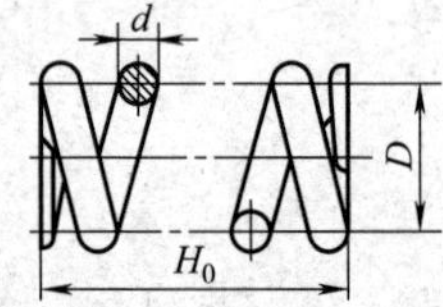

弹簧丝直径 d	中径 D	有效圈数 n	自由高度 H_0	弹簧丝直径 d	中径 D	有效圈数 n	自由高度 H_0
0.5	3.0	4.0～14.5	6～18	0.6	3.0	4.0～14.5	6～18
	3.5	3.5～14.5	6～22		3.5	3.0～14.5	5～22
	4.0	3.0～14.5	7～28		4.0	2.5～14.5	5～25
	4.5	2.5～14.5	7～32		4.5		6～30
	5.0		8～40		5.0		7～35
	6.0	2.5～12.5	10～48		6.0		9～48
	7.0	2.5～14.5	13～70		7.0		11～60
					8.0	2.5～12.5	14～70

续表

弹簧丝直径 d	中径 D	有效圈数 n	自由高度 H_0
0.7	3.5	3.0～14.5	5～22
	4.0	2.5～14.5	5～25
	4.5		6～28
	5.0		7～32
	6.0		8～42
	7.0		10～55
	8.0	2.5～12.5	13～58
	9.0		16～75
0.8	4.0	3.0～14.5	6～25
	4.5	2.5～14.5	6～28
	5.0		7～30
	6.0		8～40
	7.0		10～50
	8.0		12～60
	9.0	2.5～12.5	14～75
	10.0		17～80
0.9	4.0	2.5～14.5	6～25
	4.5	3.0～14.5	7～28
	5.0	2.5～14.5	7～30
	6.0		8～38
	7.0		9～45
	8.0		11～58
	9.0		13～70
	10.0		15～85
1.0	4.5	3.0～14.5	7～28
	5.0	2.5～14.5	7～30
	6.0		8～35
	7.0		9～45
	8.0		11～52
	9.0		12～65
	10.0		14～75
	12.0		19～100
	14.0	2.5～12.5	25～115
1.2	6.0	2.5～14.5	8～35
	7.0		9～40
	8.0		10～48
1.2	9.0	2.5～14.5	11～55
	10.0		13～65
	12.0		16～85
	14.0		22～115
	16.0	2.5～12.5	28～120
1.4	7.0	2.5～14.5	9～40
	8.0		10～45
	9.0		11～52
	10.0		12～60
	12.0		15～80
	14.0		19～100
	16.0		25～130
	18.0		28～150
	20.0	2.5～12.5	35～180
1.6	8.0	2.5～14.5	10～45
	9.0		11～50
	10.0		12～58
	12.0		15～70
	14.0		17～90
	16.0		22～110
	18.0		25～140
	20.0		30～160
	22.0	2.5～12.5	35～170
1.8	9	2.5～14.5	11～50
	10		12～55
	12		14～70
	14		17～85
	16		20～100
	18		25～120
	20		28～150
	22		32～170
	25	2.5～12.5	40～190
2.0	10	2.5～14.5	12～55
	12		14～65
	14		16～80
	16		19～100

续表

弹簧丝直径 d	中径 D	有效圈数 n	自由高度 H_0	弹簧丝直径 d	中径 D	有效圈数 n	自由高度 H_0
2.0	18 20 22 25 28	2.5～14.5	22～115 28～140 30～160 38～200 45～240	4.0	20 22 25 28 30 32 35 38 40 45 50	2.5～14.5	25～105 25～115 28～130 30～150 32～160 35～170 38～190 42～220 45～240 55～300 65～340
2.5	12 14 16 18 20 22 25 28 30 32	2.5～14.5	14～65 16～75 18～85 20～100 25～115 25～130 30～160 38～190 40～220 45～240	4.5	22 25 28 30 32 35 38 40 45 50 55	2.5～14.5	25～110 28～130 30～140 32～150 35～160 38～180 40～200 42～220 50～260 60～300 65～360
3.0	14 16 18 20 22 25 28 30 32 35 38	2.5～14.5	17～75 18～85 20～95 22～110 25～120 30～150 35～170 38～190 40～220 45～240 52～280	5.0	25 28 30 32 35 38 40 45 50 55 60	2.5～14.5	28～130 30～140 32～150 35～160 38～170 40～190 42～220 48～240 55～280 65～320 70～380
3.5	16 18 20 22 25 28 30 32 35 38 40	2.5～14.5	19～85 22～95 22～105 25～115 28～130 32～150 35～170 38～190 40～220 45～240 50～260	6.0	30 32 35 38 40 45	2.5～14.5	35～150 35～160 38～170 40～180 42～190 45～220

续表

弹簧丝直径 d	中径 D	有效圈数 n	自由高度 H_0
6.0	50	2.5～14.5	52～260
	55		58～300
	60		65～280
	65		75～380
	70		80～420
8.0	32	2.5～14.5	40～170
	35		40～180
	38		42～190
	40		45～190
	45		48～220
	50		50～240
	55		55～260
	60		58～280
	65		65～320
	70		70～340
	75		75～380
	80		80～420
	85		90～450
	90		95～500
10.0	40	2.5～14.5	45～220
	45		50～240
	50		52～260
	55		58～280
	60		65～320
	65		70～340
	70		75～380
	75		80～420
	85		90～480
	90		100～520
	95		105～580
	100		115～620
12.0	50	2.5～14.5	58～280
	55		60～300
	60		65～320
	65		70～340
	70		75～360
	75		80～380
	80		85～420
12.0	85	2.5～14.5	90～450
	90		95～480
	95		100～520
	100		105～550
	110		120～650
	120		140～720
14.0	60	2.5～14.5	65～320
	65		70～340
	70		75～360
	75		80～380
	80		85～420
	85		90～450
	90		95～480
	95		100～500
	100		105～520
	110		115～600
	120		115～680
	130		150～750
16.0	65	2.5～14.5	75～360
	70		80～380
	75		80～400
	80		85～420
	85		90～450
	90		95～480
	95		100～480
	100		105～520
	110		115～580
	120		130～650
	130		140～720
	140		150～800
	150		170～800
18.0	75	2.5～14.5	85～400
	80		90～420
	85		90～450
	90		95～480
	95		100～480
	100		105～520

续表

弹簧丝直径 d	中径 D	有效圈数 n	自由高度 H_0
18.0	110	2.5～14.5	115～580
	120		130～650
	130		140～680
	140		150～750
	150		160～850
	160	2.5～12.5	170～780
	170		190～900
20.0	80	2.5～14.5	90～450
	85		95～450
	90		100～480
	95		100～500
	100		105～520
	110		115～580
	120		130～620
	130		140～680
	140		150～750
	150		160～800
	160	2.5～12.5	170～750
	170		180～850
	180	2.5～10.5	200～750
	190		220～850
25.0	100	2.5～14.5	115～550
	110		120～580
	120		130～620
	130		140～680
	140		150～720
	150		160～780
	160		170～850
	170	2.5～14.5	180～780
	180	2.5～11.5	190～750
	190		200～800
	200		220～850
	220	2.5～9.5	240～850
30.0	120	2.5～14.05	140～650
	130		150～680
	140		150～720
	150		160～780
	160		170～850
	170		180～750
30.0	180	2.5～12.5	190～780
	190	2.5～11.5	200～850
	200		220～850
	220	2.5～10.5	240～850
	240	2.5～9.5	260～900
	260	2.5～8.5	280～900
35.0	140	2.5～14.5	160～750
	150		170～800
	160		170～850
	170	2.5～12.5	180～750
	180		190～800
	190		200～850
	200	2.5～11.5	220～850
	220	2.5～10.5	220～850
	240	2.5～9.5	240～850
	260	2.5～8.5	280～850
	280	2.5～7.5	300～800
	300		320～900
40.0	160	2.5～12.5	190～750
	170		190～780
	180		200～850
	190	2.5～11.5	200～780
	200		220～850
	220	2.5～10.5	240～850
	240	2.5～9.5	260～850
	260	2.5～8.5	260～800
	280	2.5～7.5	300～780
	300	2.5～7.5	320～850
	320	2.5～6.5	340～800
45.0	180	2.5～11.5	220～780
	190		220～800
	200		220～850
	220	2.5～10.5	240～850
	240	2.5～9.5	260～850
	260	2.5～8.5	280～800
	280	2.5～7.5	280～780
	300		300～856

续表

弹簧丝直径 d	中径 D	有效圈数 n	自由高度 H_0	弹簧丝直径 d	中径 D	有效圈数 n	自由高度 H_0
45.0	320	2.5～6.5	340～780	55	260	2.5～8.5	370～860
	340		360～850		280		390～900
50.0	200	2.5～10.5	240～800		300		410～950
	220	2.5～9.5	240～780		320		430～790
	240		260～850		340		450～830
	260	2.5～8.5	280～800	60	200	2.5～8.5	350～760
	280	2.5～7.5	300～750		220		370～800
	300		320～850		240		390～850
	320	2.5～6.5	320～780		260		410～900
	340		360～850		280		430～950
55	200	2.5～8.5	310～760		300		450～740
	220		330～780		320		470～760
	240		350～800		340		490～780

注：1. 有效圈数 n 系列：2.5，3，3.5，4，4.5，5，5.5，6.5，7.5，8.5，11.5，12.5，14.5。

2. 弹簧的旋向为右旋，否则应在标记中注明。

28.2　小型圆柱螺旋压缩弹簧

有 YⅠ型和 YⅡ型两种，前者两端圈并紧磨平，后者两端圈并紧不磨，其规格见表 28.2 和表 28.3。其规格的标记由名称、型式、尺寸、标准编号、材料牌号以及表面处理组成。其表示方法是：

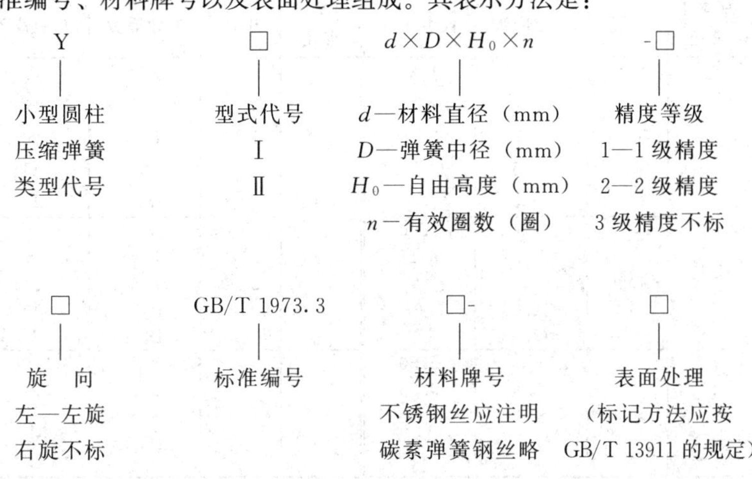

例：

YⅠ 0.20×2.50×6×5.5-2 左 GB/T 1973.3-Ep.Zn 表示材料直径 0.20mm，中径 2.50 mm，自由高度 6mm，总圈数 5.5 圈，左旋，刚度、外径、自由高度精度为 2 级，材料为碳素弹簧钢丝 B 级，表面镀锌处理的Ⅰ型小型圆柱螺旋弹簧钢压缩弹簧。

YⅡ 0.40×2.50×5×5.5 GB/T 1973.3-S 表示材料直径 0.40mm，中径 2.50mm，自由高度 5mm，总圈数 5.5 圈，右旋，刚度、外径、自由高度精度为 3 级，材料为弹簧用不锈钢丝 B 组的Ⅱ型小型圆柱螺旋弹簧钢压缩弹簧。

表 28.2　小型圆柱碳素弹簧钢螺旋压缩弹簧的规格（GB/T 1973.3—2005）

mm

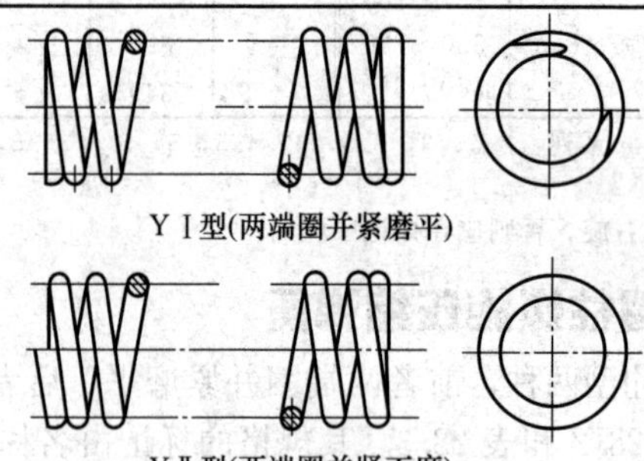

YⅠ型(两端圈并紧磨平)

YⅡ型(两端圈并紧不磨)

弹簧丝直径	中径	有效圈数	自由高度	弹簧丝直径	中径	有效圈数	自由高度
0.16	0.80	3.5	1.60	0.16	1.60	3.5	4
		5.5	2.50			5.5	6
		8.5	3.15			8.5	8
		12.5	5			12.5	11
		18.5	7			18.5	16
	1.00	3.5	2.00		2.00	3.5	5
		5.5	3.15			5.5	8
		8.5	4			8.5	11
		12.5	6			12.5	16
		18.5	8			18.5	24
	1.20	3.5	2.50	0.20	1.00	3.5	2.00
		5.5	3.55			5.5	3.15
		8.5	5			8.5	4
		12.5	7			12.5	6
		18.5	11			18.5	8

续表

弹簧丝直径	中径	有效圈数	自由高度	弹簧丝直径	中径	有效圈数	自由高度
0.20	1.20	3.5	2.50	0.25	2.5	3.5	6
		5.5	3.55			5.5	8
		8.5	5			8.5	12
		12.5	7			12.5	16
		18.5	10			18.5	24
	1.60	3.5	3.55		3.2	3.5	8
		5.5	5			5.5	12
		8.5	7			8.5	17
		12.5	10			12.5	26
		18.5	14			18.5	38
	2.00	3.5	5	0.30	1.2	3.5	2.50
		5.5	7			5.5	3.55
		8.5	10			8.5	5
		12.5	14			12.5	7
		18.5	20			18.5	10
	2.50	3.5	6		1.60	3.5	3.15
		5.5	10			5.5	5
		8.5	14			8.5	6
		12.5	20			12.5	9
		18.5	30			18.5	12
0.25	1.20	3.5	2.50		2.00	3.5	4
		5.5	3.55			5.5	6
		8.5	5			8.5	8
		12.5	7			12.5	11
		18.5	10			18.5	16
	1.60	3.5	3.15		2.50	3.5	5
		5.5	5			5.5	7
		8.5	7			8.5	11
		12.5	9			12.5	15
		18.5	13			18.5	22
	2.00	3.5	4		3.20	3.5	7
		5.5	6			5.5	11
		8.5	8			8.5	16
		12.5	12			12.5	22
		18.5	17			18.5	32

续表

弹簧丝直径	中径	有效圈数	自由高度
0.32	1.60	3.5	3.15
		5.5	5
		8.5	6
		12.5	9
		18.5	12
	2.00	3.5	4
		5.5	6
		8.5	8
		12.5	11
		18.5	15
	2.50	3.5	5
		5.5	7
		8.5	10
		12.5	14
		18.5	22
	3.20	3.5	7
		5.5	10
		8.5	14
		12.5	22
		18.5	30
	4.00	3.5	9
		5.5	14
		8.5	22
		12.5	30
		18.5	45
0.35	1.60	3.5	3.15
		5.5	5
		8.5	7
		12.5	9
		18.5	12
	2.00	3.5	4
		5.5	6
		8.5	8
		12.5	11
		18.5	15
0.35	2.50	3.5	5
		5.5	7
		8.5	10
		12.5	14
		18.5	20
	3.20	3.5	7
		5.5	9
		8.5	13
		12.5	20
		18.5	28
	4.00	3.5	9
		5.5	12
		8.5	20
		12.5	28
		18.5	42
0.40	2.00	3.5	4
		5.5	6
		8.5	8
		12.5	11
		18.5	15
	2.50	3.5	5
		5.5	7
		8.5	10
		12.5	13
		18.5	19
	3.20	3.5	6
		5.5	9
		8.5	13
		12.5	18
		18.5	26
	4.00	3.5	8
		5.5	12
		8.5	18
		12.5	26
		18.5	38

续表

弹簧丝直径	中径	有效圈数	自由高度	弹簧丝直径	中径	有效圈数	自由高度
0.40	5.00	3.5	11	0.45	3.20	3.5	6
		5.5	17			5.5	9
		8.5	26			8.5	12
		12.5	38			12.5	17
		18.5	55			18.5	26
0.45	2.00	3.5	4		4.00	3.5	8
		5.5	6			5.5	11
		8.5	8			8.5	16
		12.5	11			12.5	24
		18.5	15			18.5	35
	2.50	3.5	5		5.00	3.5	11
		5.5	7			5.5	15
		8.5	9			8.5	24
		12.5	13			12.5	35
		18.5	18			18.5	48

表 28.3　小型圆柱不锈钢螺旋压缩弹簧的规格（GB/T 1973.3—2005）

mm

弹簧丝直径	中径	有效圈数	自由高度	弹簧丝直径	中径	有效圈数	自由高度
0.16	0.80	3.5	1.60	0.16	1.60	3.5	3.55
		5.5	2.50			5.5	6
		8.5	3.15			8.5	8
		12.5	5			12.5	11
		18.5	7			18.5	17
	1.00	3.5	2.00		2.00	3.5	5
		5.5	3.15			5.5	8
		8.5	4			8.5	12
		12.5	6			12.5	17
		18.5	8			18.5	24
	1.20	3.5	2.50	0.20	1.00	3.5	2.00
		5.5	3.15			5.5	3.13
		8.5	5			8.5	4
		12.5	8			12.5	6
		18,5	11			18.5	8

续表

弹簧丝直径	中径	有效圈数	自由高度
0.20	1.20	3.5	2.50
		5.5	3.55
		8.5	5
		12.5	7
		18.5	10
	1.60	3.5	3.55
		5.5	5
		8.5	7
		12.5	10
		18.5	15
	2.00	3.5	5
		5.5	7
		8.5	10
		12.5	14
		18.5	22
	2.50	3.5	7
		5.5	10
		8.5	14
		12.5	22
		18.5	30
0.25	1.20	3.5	2.50
		5.5	3.55
		8.5	5
		12.5	7
		18.5	10
	1.60	3.5	3.15
		5.5	5
		8.5	7
		12.5	9
		18.5	13
	2.00	3.5	4
		5.5	6
		8.5	9
		12.5	12
		18.5	17
0.25	2.5	3.5	6
		5.5	8
		8.5	12
		12.5	17
		18.5	24
	3.2	3.5	8
		5.5	12
		8.5	11
		12.5	26
		18.5	38
0.30	1.2	3.5	3.15
		5.5	3.55
		8.5	5
		12.5	7
		18.5	10
	1.60	3.5	3.15
		5.5	5
		8.5	7
		12.5	9
		18.5	13
	2.00	3.5	4
		0.0	6
		8.5	8
		12.5	12
		18.5	16
	2.50	3.5	3
		5.5	8
		8.5	11
		12.5	16
		18.5	24
	3.20	3.5	7
		5.5	11
		8.5	16
		12.5	24
		18.5	35

续表

弹簧丝直径	中径	有效圈数	自由高度	弹簧丝直径	中径	有效圈数	自由高度
0.32	1.60	3.5	3.15	0.35	2.50	3.5	5
		5.5	5			5.5	7
		8.5	7			8.5	10
		12.5	9			12.5	14
		18.5	13			18.5	21
	2.00	3.5	4		3.20	3.5	7
		5.5	6			5.5	10
		8.5	8			8.5	14
		12.5	11			12.5	22
		18.5	16			18.5	30
	2.50	3.5	5		4.00	3.5	9
		5.7	7			5.5	14
		8.5	11			8.5	22
		12.5	15			12.5	30
		18.5	21			18.5	45
	3.20	3.5	7	0.40	2.00	3.5	4
		5.5	10			5.5	6
		8.5	15			8.5	8
		12.5	22			12.5	11
		18.5	32			18.5	16
	4.00	3.5	10		2.50	3.5	5
		5.5	15			5.5	7
		8.5	22			8.5	10
		12.5	32			12.5	14
		18.5	48			18.5	20
0.35	1.60	3.5	3.55		3.20	3.5	7
		5.5	5			5.5	9
		8.5	7			8.5	14
		12.5	9			12.5	19
		18.5	13			18.5	28
	2.00	3.5	4		4.00	3.5	9
		5.5	6			5.5	13
		8.5	8			8.5	19
		12.5	11			12.5	27
		18.5	16			18.5	40

续表

弹簧丝直径	中径	有效圈数	自由高度	弹簧丝直径	中径	有效圈数	自由高度
0.40	5.00	3.5	12		3.20	3.5	6
		5.5	18			5.5	9
		8.5	28			8.5	13
		12.5	40			12.5	18
		18.5	58			18.5	26
0.45	2.00	3.5	4	0.45	4.00	3.5	8
		5.5	6			5.5	12
		8.5	8			8.5	17
		12,5	11			12.5	24
		18.5	16			18.5	35
	2.50	3.5	5		5.00	3.5	11
		5.5	7			5.5	16
		8.5	10			8.5	24
		12.5	13			12.5	35
		18.5	19			18.5	50

28.3 普通圆柱螺旋拉伸弹簧

用于需要在拉伸力作用下，多次重复地随外力大小而作相应的弹性变形之处。

普通圆柱螺旋拉伸弹簧规格的表示：

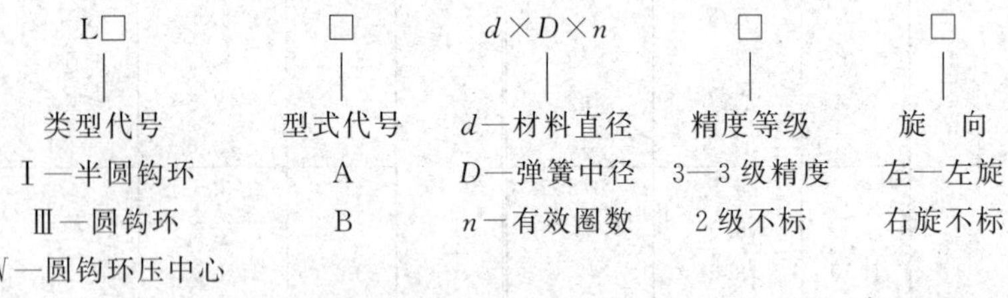

表 28.4 普通圆柱拉伸弹簧规格（GB/T 2088—2009） mm

续表

弹簧丝直径	中径 D	有效圈数	有效高度	弹簧丝直径	中径 D	有效圈数	有效高度
0.5	3.0， 3.5， 4.0， 5.0， 6.0	8.25/10.5/ 12.25/15.5/ 18.25/20.5/ 25.5/30.25/ 40.5	4.6/3.8/ 6.6/8.3/ 9.6/10.7/ 13.2/15.6/ 20.8	3.0	14,16， 18， 20， 22， 25	8.25/10.5/ 12.25/15.5/ 18.25/20.5/ 25.5/30.25/ 40.5	27.8/34.5 39.8/49.5 57.8/64.5 79.5/93.8 124.5
0.6	3.0， 4.0， 5.0， 6.0， 7.0	8.25/10.5/ 12.25/15.5/ 18.25/20.5/ 25.5/30.25/ 40.5	5.6/6.9/ 7.9/9.9/ 11.6/12.9/ 15.9/18.8/ 24.9	3.5	18,20， 22， 25， 28， 35	8.25/10.5/ 12.25/15.5/ 18.25/20.5/ 25.5/30.25/ 40.5	32.4/40.3 45.4/57.8 67.4/75.3 92.8/109.4 145.3
0.8	4.0， 5.0， 6.0， 8.0， 9.0	8.25/10.5/ 12.25/15.5/ 18.25/20.5/ 25.5/30.25/ 40.5	7.4/9.2/ 10.6/13.2/ 15.4/17.2/ 21.2/25.0/ 33.2	4.0	22,25， 28,32， 35， 40， 45	8.25/10.5/ 12.25/15.5/ 18.25/20.5/ 25.5/30.25/ 40.5	37.0/46.0 53.0/66.0 77.0/86.0 106/125.0 166
1.0	5.0,6.0， 7.0， 8.0， 10.0， 12.0	8.25/10.5/ 12.25/15.5/ 18.25/20.5/ 25.5/30.25/ 40.5	9.3/11.5/ 13.3/16.5/ 19.3/21.5/ 26.5/31.3/ 41.5	4.5	25,28， 32,35， 40， 45， 50	8.25/10.5/ 12.25/15.5/ 18.25/20.5/ 25.5/30.25/ 40.5	41.6/51.8/ 59.6/74.3/ 86.6/96.8/ 119.3/140.6/ 186.8
1.2	6.0,7.0 8.0 10.0 12.0 14.0	8.25/10.5/ 12.25/15.5/ 18.25/20.5/ 25.5/30.25/ 40.5	11.1/13.8/ 15.9/19.8/ 23.1/25.8/ 31.8/37.5/ 49.8	5.0	25,28， 32,35， 40， 45， 55	8.25/10.5/ 12.25/15.5/ 18.25/20.5/ 25.5/30.25/ 40.5	46.3/57.5/ 66.3/82.5/ 96.3/107.5/ 132.5/156.3/ 207.5
1.6	8,10， 12， 14， 16， 18	8.25/10.5/ 12.25/15.5/ 18.25/20.5/ 25.5/30.25/ 40.5	14.8/18.4/ 21.2/26.4/ 30.8/34.4/ 42.4/50.0/ 66.4	6.0	32,35， 40,45， 50， 60， 70	8.25/10.5/ 12.25/15.5/ 18.25/20.5/ 25.5/30.25/ 40.5	55.5/69.0/ 79.5/99.0/ 116/123/ 159/188/ 249
2.0	10,12， 14， 16， 18， 20	8.25/10.5/ 12.25/15.5/ 18.25/20.5/ 25.5/30.25/ 40.5	18.5/23.0 26.5/33.0 38.5/43.0 53.0/62.5 83.0	8.0	40,45， 50,55， 60， 70， 80	8.25/10.5/ 12.25/15.5/ 18.25/20.5/ 25.5/30.25/ 40.5	72/91/ 105/132/ 154/172/ 212/250 /332
2.5	12,14， 16， 18， 20， 25	8.25/10.5/ 12.25/15.5/ 18.25/20.5/ 25.5/30.25/ 40.5	23.1/28.8 33.1/41.3 48.1/53.8 66.3/78.1 103.8				

注：表中有效圈数与有效高度一一对应。

28.4 小型圆柱拉伸弹簧

普通圆柱螺旋拉伸弹簧规格的表示如下：

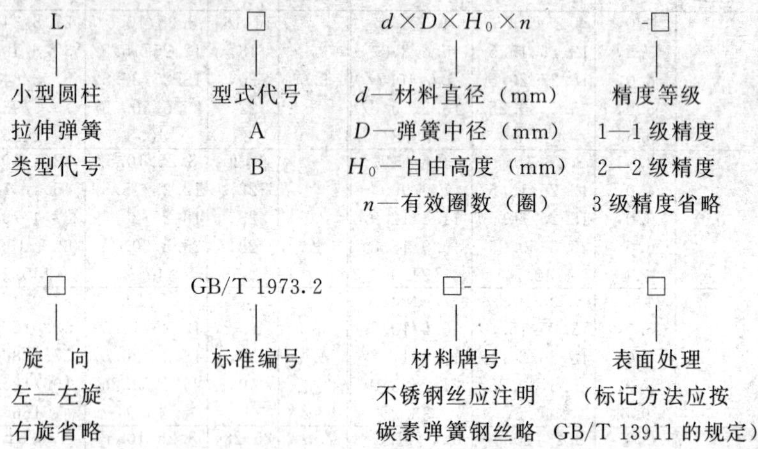

例：

LA 0.20×3.20×8.80×12.5-2 左 GB/T 1973.2-Ep.Zn 表示材料直径 0.20mm，弹簧中径 3.20mm，自由长度 8.80mm，有效圈数 12.5 圈，左旋，刚度、外径和自由长度的精度为 2 级，材料为碳素弹簧钢丝 B 级，表面镀锌处理的 A 型弹簧。

LB0.40×5.00×17.60×19.25 GB/T 1973.2-S 表示材料直径 0.40mm，弹簧中径 5.00mm，自由长度 17.60mm，有效圈数 19.25 圈，右旋，刚度、外径和自由长度的精度为 3 级，材料为弹簧用不锈钢丝的 B 型弹簧。

小型圆柱碳素弹簧钢拉伸弹簧的规格见表 28.5；小型圆柱不锈钢拉伸弹簧的规格见表 28.6。

表 28.5 小型圆柱碳素弹簧钢拉伸弹簧的规格（GB/T 1973.2—2005）

mm

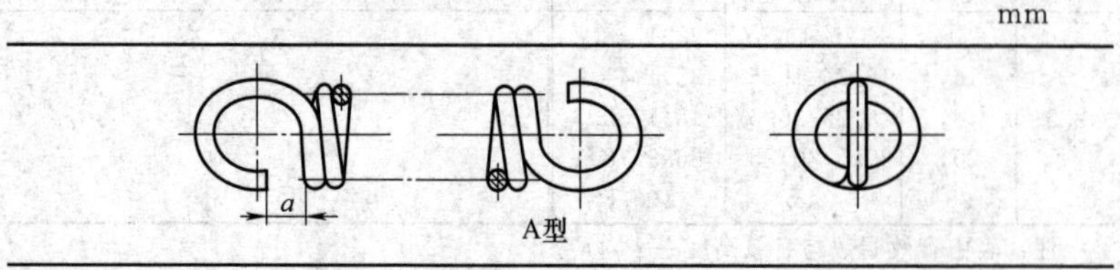

续表

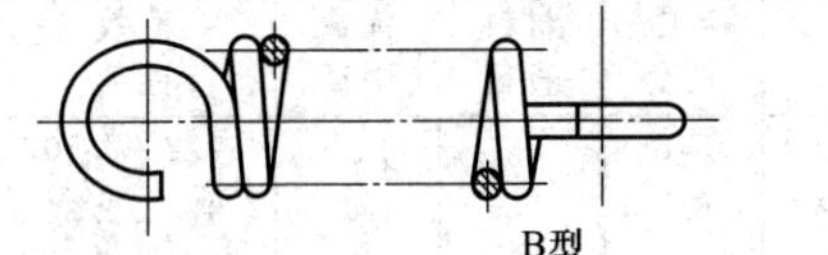
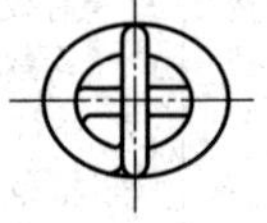

B型

材料直径	弹簧中径	有效圈数	自由长度	材料直径	弹簧中径	有效圈数	自由长度
0.16	1.20	7.25/7.50	3.5	0.20	1.60	7.25/7.50	4.6
		9.25/9.50	3.8			9.25/9.50	5.0
		12.25/12.50	4.3			12.25/12.50	5.6
		15.25/15.50	4.8			15.25/15.50	6.2
		19.25/19.50	5.4			19.25/19.50	7.0
		24.25/24.50	6.2			24.25/24.50	8.0
		31.25/31.50	7.4			31.25/31.50	9.4
		39.25/39.50	8.6			39.25/39.50	11.0
	1.60	7.25/7.50	4.3		2.00	7.25/7.50	5.4
		9.25/9.50	4.6			9.25/9.50	5.8
		12.25/12.50	5.1			12.25/12.50	6.4
		15.25/15.50	5.6			15.25/15.50	7.0
		19.25/19.50	6.2			19.25/19.50	7.8
		24.25/24.50	7.0			24.25/24.50	8.8
		31.25/31.50	8.2			31.25/31.50	10.2
		39.25/39.50	9.4			39.25/39.50	11.8
	2.00	7.25/7.50	5.1		2.50	7.25/7.50	6.4
		9.25/9.50	5.4			9.25/9.50	6.8
		12.25/12.50	5.9			12.25/12.50	7.4
		10.25/15.50	6.4			15.25/15.50	8.0
		19.25/19.50	7.0			19.25/19.50	8.8
		24.25/24.50	7.8			24.25/24.50	9.8
		31.25/31.50	9.0			31.25/31.50	11.2
		39.25/39.50	10.2			39.25/39.50	12.8
	2.50	7.25/7.50	6.1		3.20	7.25/7.50	7.8
		9.25/9.50	6.4			9.25/9.50	8.2
		12.25/12.50	6.9			12.25/12.50	8.8
		15.25/15.50	7.4			15.25/15.50	9.4
		19.25/19.50	8.0			19.25/19.50	10.2
		24.25/24.50	8.8			24.25/24.50	11.2
		31.25/31.50	10.0			31.25/31.50	12.6
		39.25/39.50	11.2			39.25/39.50	14.2

续表

材料直径	弹簧中径	有效圈数	自由长度	材料直径	弹簧中径	有效圈数	自由长度
0.25	2.00	7.25/7.50	5.8	0.30	2.00	7.25/7.50	6.0
		9.25/9.50	6.3			9.25/9.50	6.6
		12.25/12.50	7.1			12.25/12.50	7.5
		15.25/15.50	7.9			15.25/15.50	8.4
		19.25/19.50	8.9			19.25/19.50	9.5
		24.25/24.50	10.2			24.25/24.50	11.0
		31.25/31.50	12.1			31.25/31.50	13.0
		39.25/39.50	14.1			39.25/39.50	15.3
	2.50	7.25/7.50	6.8		2.50	7.25/7.50	7.0
		9.25/9.50	7.3			9.25/9.50	7.7
		12.25/12.50	8.1			12.25/12.50	8.5
		15.25/15.50	8.9			15.25/15.50	9.4
		19.25/19.50	9.9			19.25/19.50	10.5
		24.25/24.50	11.2			24.25/24.50	12.0
		31.25/31.50	13.1			31.25/31.50	14.0
		39.25/39.50	15.1			39.25/39.50	16.3
	3.20	7.25/7.50	8.2		3.20	7.25/7.50	8.4
		9.25/9.50	8.7			9.25/9.50	9.0
		12.25/12.50	9.5			12.25/12.50	9.9
		15.25/15.50	10.3			15.25/15.50	10.8
		19.25/19.50	11.3			19.25/19.50	11.9
		24.25/24.50	12.6			24.25/24.50	13.4
		31.25/31.50	14.5			31.25/31.50	15.4
		39.25/39.50	16.5			39.25/39.50	17.7
	4.00	7.25/7.50	9.8		4.00	7.25/7.50	10.0
		9.25/9.50	10.3			9.25/9.50	10.6
		12.25/12.50	11.1			12.25/12.50	11.5
		15.25/15.50	11.9			15.25/15.50	12.4
		19.25/19.50	12.9			19.25/19.50	13.5
		24.25/24.50	14.2			24.25/24.50	15.0
		31.25/31.50	16.1			31.25/31.50	17.0
		39.25/39.50	18.1			39.25/39.50	19.3

续表

材料直径	弹簧中径	有效圈数	自由长度	材料直径	弹簧中径	有效圈数	自由长度
0.32	2.50	7.25/7.50	7.2	0.35	2.50	7.25/7.50	7.5
		9.25/9.50	7.9			9.25/9.50	8.2
		12.25/12.50	8.8			12.25/12.50	9.2
		15.25/15.50	9.8			15.25/15.50	10.3
		19.25/19.50	11.1			19.25/19.50	11.7
		24.25/24.50	12.7			24.25/24.50	13.4
		31.25/31.50	14.9			31.25/31.50	15.9
		39.25/39.50	17.5			39.25/39.50	18.7
	3.20	7.25/7.50	8.6		3.20	7.25/7.50	8.9
		9.25/9.50	9.3			9.25/9.50	9.6
		12.25/12.50	10.2			12.25/12.50	10.6
		15.25/15.50	11.2			15.25/15.50	11.7
		19.25/19.50	12.5			19.25/19.50	13.1
		24.25/24.50	14.1			24.25/24.50	14.8
		31.25/31.50	16.3			31.25/31.50	17.3
		39.25/39.50	18.9			39.25/39.50	20.1
	4.00	7.25/7.50	10.2		4.00	7.25/7.50	10.5
		9.25/9.50	10.9			9.25/9.50	11.2
		12.25/12.50	11.8			12.25/12.50	12.2
		15.25/15.50	12.8			15.25/15.50	13.3
		19.25/19.50	14.1			19.25/19.50	14.7
		24.25/24.50	15.7			24.25/24.50	16.4
		31.25/31.50	17.9			31.25/31.50	18.9
		39.25/39.50	20.5			39.25/39.50	21.7
	5.00	7.25/7.50	12.2		5.00	7.25/7.50	12.5
		9.25/9.50	12.9			9.25/9.50	13.2
		12.25/12.50	13.8			12.25/12.50	14.2
		15.25/15.50	14.8			15.25/15.50	15.3
		19.25/19.50	16.1			19.25/19.50	16.7
		24.25/24.50	17.7			24.25/24.50	18.4
		31.25/31.50	19.9			31.25/31.50	20.9
		39.25/39.50	22.5			39.25/39.50	23.7

续表

材料直径	弹簧中径	有效圈数	自由长度	材料直径	弹簧中径	有效圈数	自由长度
0.40	3.20	7.25/7.50	9.2	0.45	3.20	7.25/7.50	9.6
		9.25/9.50	10.0			9.25/9.50	10.5
		12.25/12.50	11.2			12.25/12.50	11.8
		15.25/15.50	12.4			15.25/15.50	13.2
		19.25/19.50	14.0			19.25/19.50	15.0
		24.25/24.50	16.0			24.25/24.50	17.2
		31.25/31.50	18.8			31.25/31.50	20.4
		39.25/39.50	22.0			39.25/39.50	24.0
	4.00	7.25/7.50	10.8		4.00	7.25/7.50	11.2
		9.25/9.50	11.6			9.25/9.50	12.1
		12.25/12.50	12.8			12.25/12.50	13.4
		15.25/15.50	14.0			15.25/15.50	14.8
		19.25/19.50	15.6			19.25/19.50	16.5
		24.25/24.50	17.6			24.25/24.50	18.8
		31.25/31.50	20.4			31.25/31.50	22.0
		39.25/39.50	23.6			39.25/39.50	25.6
	5.00	7.25/7.50	12.8		5.00	7.25/7.50	13.2
		9.25/9.50	13.6			9.25/9.50	14.1
		12.25/12.50	14.8			12.25/12.50	15.4
		15.25/15.50	16.0			15.25/15.50	16.8
		19.25/19.50	17.6			19.25/19.50	18.6
		24.25/24.50	19.6			24.25/24.50	20.1
		31.25/31.50	22.4			31.25/31.50	24.0
		39.25/39.50	25.6			39.25/39.50	27.6
	6.30	7.25/7.50	15.4		6.30	7.25/7.50	15.8
		9.25/9.50	16.2			9.25/9.50	16.7
		12.25/12.50	17.4			12.25/12.50	18.0
		15.25/15.50	18.6			15.25/15.50	19.4
		19.25/19.50	20.2			19.25/19.50	21.2
		24.25/24.50	22.2			24.25/24.50	23.4
		31.25/31.50	25.0			31.25/31.50	26.6
		39.25/39.50	28.2			39.25/39.50	30.2

表 28.6 小型圆柱不锈钢拉伸弹簧的规格（GB/T 1973.2—2005）

mm

材料直径	弹簧中径	有效圈数	自由长度	材料直径	弹簧中径	有效圈数	自由长度
0.16	1.20	7.25/7.50	3.5	0.20	1.60	7.25/7.50	4.66
		9.25/9.50	3.8			9.25/9.50	5.0
		12.25/12.50	4.3			12.25/12.50	5.6
		15.25/15.50	4.8			15.25/15.50	6.2
		19.25/19.50	5.4			19.25/19.50	7.0
		24.25/24.50	6.2			24.25/24.50	8.0
		31.25/31.50	7.4			31.25/31.50	9.4
		39.25/39.50	8.6			39.25/39.50	11.0
	1.60	7.25/7.50	4.3		2.00	7.25/7.50	5.4
		9.25/9.50	4.6			9.25/9.50	5.8
		12.25/12.50	5.1			12.25/12.50	6.4
		15.25/15.50	5.6			15.25/15.50	7.0
		19.25/19.50	6.2			19.25/19.50	7.8
		24.25/24.50	7.0			24.25/24.50	8.8
		31.25/31.50	8.2			31.25/31.50	10.2
		39.25/39.50	9.4			39.25/39.50	11.8
	2.00	7.25/7.50	5.1		2.50	7.25/7.50	6.4
		9.25/9.50	5.4			9.25/9.50	6.8
		12.25/12.50	5.9			12.25/12.50	7.4
		15.25/15.50	6.4			15.25/15.50	8.0
		19.25/19.50	7.0			19.25/19.50	8.8
		24.25/24.50	7.8			24.25/24.50	9.8
		31.25/31.50	9.0			31.25/31.50	11.2
		39.25/39.50	10.2			39.25/39.50	12.8
	2.50	7.25/7.50	6.1		3.20	7.25/7.50	7.8
		9.25/9.50	6.4			9.25/9.50	8.2
		12.25/12.50	6.9			12.25/12.50	8.8
		15.25/15.50	7.4			15.25/15.50	9.4
		19.25/19.50	8.0			19.25/19.50	10.2
		24.25/24.50	8.8			24.25/24.50	11.2
		31.25/31.50	10.0			31.25/31.50	12.6
		39.25/39.50	11.2			39.25/39.50	14.2

续表

材料直径	弹簧中径	有效圈数	自由长度	材料直径	弹簧中径	有效圈数	自由长度
0.25	2.00	7.25/7.50	5.8	0.30	2.00	7.25/7.50	6.0
		9.25/9.50	6.3			9.25/9.50	6.6
		12.25/12.50	7.1			12.25/12.50	7.5
		15.25/15.50	7.9			15.25/15.50	8.3
		19.25/19.50	8.9			19.25/19.50	9.5
		24.25/24.50	10.2			24.25/24.50	11.0
		31.25/31.50	12.1			31.25/31.50	13.0
		39.25/39.50	14.1			39.25/39.50	13.3
	2.50	7.25/7.50	6.8		2.50	7.25/7.50	7.0
		9.25/9.50	7.3			9.25/9.50	7.8
		12.25/12.50	8.1			12.25/12.50	8.5
		15.25/15.50	8.9			15.25/15.50	9.4
		19.25/19.50	9.9			19.25/19.50	10.5
		24.25/24.50	11.2			24.25/24.50	12.0
		31.25/31.50	13.1			31.25/31.50	14.0
		39.25/39.50	15.1			39.25/39.50	16.3
	3.20	7.25/7.50	8.2		3.20	7.25/7.50	8.4
		9.25/9.50	8.7			9.25/9.50	9.0
		12.25/12.50	9.5			12.25/12.50	9.9
		15.25/15.50	10.3			15.25/15.50	10.8
		19.25/19.50	11.3			19.25/19.50	11.9
		24.25/24.50	12.6			24.25/24.50	13.4
		31.25/31.50	14.5			31.25/31.50	15.4
		39.25/39.50	16.5			39.25/39.50	17.7
	4.00	7.25/7.50	9.8		4.00	7.25/7.50	10.0
		9.25/9.50	10.3			9.25/9.50	10.6
		12.25/12.50	11.1			12.25/12.50	11.5
		15.25/15.50	11.9			15.25/15.50	12.4
		19.25/19.50	12.9			19.25/19.50	13.5
		24.25/24.50	14.2			24.25/24.50	15.0
		31.25/31.50	16.1			31.25/31.50	17.0
		39.25/39.50	18.1			39.25/39.50	19.3

续表

材料直径	弹簧中径	有效圈数	自由长度	材料直径	弹簧中径	有效圈数	自由长度
0.32	2.50	7.25/7.50	7.2	0.35	3.20	7.25/7.50	8.9
		9.25/9.50	7.8			9.25/9.50	9.6
		12.25/12.50	8.8			12.25/12.50	10.6
		15.25/15.50	9.8			15.25/15.50	11.7
		19.25/19.50	11.1			19.25/19.50	13.1
		24.25/24.50	12.7			24.25/24.50	14.9
		31.25/31.50	14.9			31.25/31.50	17.3
		39.25/39.50	17.5			39.25/39.50	20.1
	4.00	7.25/7.50	10.2		4.00	7.25/7.50	10.5
		9.25/9.50	10.9			9.25/9.50	11.2
		12.25/12.50	11.3			12.25/12.50	12.2
		15.25/15.50	12.8			15.25/15.50	13.3
		19.25/19.50	14.1			19.25/19.50	14.7
		24.25/24.50	15.7			24.25/24.50	16.4
		31.25/31.50	17.9			31.25/31.50	18.9
		39.25/39.50	20.5			39.25/39.50	21.7
	5.00	7.25/7.50	12.2		5.00	7.25/7.50	12.5
		9.25/9.50	12.9			9.25/9.50	13.2
		12.25/12.50	13.8			12.25/12.50	14.2
		15.25/15.50	14.8			15.25/15.50	15.3
		19.25/19.50	16.1			19.25/19.50	16.7
		24.25/24.50	17.7			24.25/24.50	18.4
		31.25/31.50	19.9			31.25/31.50	20.9
		39.25/39.50	22.5			39.25/39.50	23.7
0.35	2.50	7.25/7.50	7.5	0.40	3.20	7.25/7.50	9.2
		9.25/9.50	8.2			9.25/9.50	10.0
		12.25/12.50	9.2			12.25/12.50	11.2
		15.25/15.50	10.3			15.25/15.50	12.4
		19.25/19.50	11.7			19.25/19.50	14.0
		24.25/24.50	13.4			24.25/24.50	16.0
		31.25/31.50	15.9			31.25/31.50	18.8
		39.25/39.50	18.7			39.25/39.50	22.0

续表

材料直径	弹簧中径	有效圈数	自由长度	材料直径	弹簧中径	有效圈数	自由长度
0.40	4.00	7.25/7.50	10.8	0.45	3.20	19.25/19.50	15.0
		9.25/9.50	11.6			24.25/24.50	17.2
		12.25/12.50	12.8			31.25/31.50	20.4
		15.25/15.50	14.0			39.25/39.50	24.0
		19.25/19.50	15.6		4.00	7.25/7.50	11.2
		24.25/24.50	17.6			9.25/9.50	12.1
		31.25/31.50	20.4			12.25/12.50	13.4
		39.25/39.50	23.6			15.25/15.50	14.8
	5.00	7.25/7.50	12.8			19.25/19.50	16.6
		9.25/9.50	13.6			24.25/24.50	18.8
		12.25/12.50	14.8			31.25/31.50	22.0
		15.25/15.50	16.0			39.25/39.50	25.6
		19.25/19.50	17.6		5.00	7.25/7.50	13.2
		24.25/24.50	19.6			9.25/9.50	14.1
		31.25/31.50	22.4			12.25/12.50	15.4
		39.25/39.50	25.6			15.25/15.50	16.8
	6.30	7.25/7.50	15.4			19.25/19.50	18.6
		9.25/9.50	16.2			24.25/24.50	20.8
		12.25/12.50	17.4			31.25/31.50	24.0
		15.25/15.50	18.6			39.25/39.50	28.0
		19.25/19.50	20.2		6.30	7.25/7.50	16.0
		24.25/24.50	22.2			9.25/9.50	16.7
		31.25/31.50	25.0			12.25/12.50	18.0
		39.25/39.50	28.2			15.25/15.50	19.4
0.45	3.20	7.25/7.50	9.6			19.25/19.50	21.2
		9.25/9.50	10.5			24.25/24.50	23.4
		12.25/12.50	11.8			31.25/31.50	26.6
		15.25/15.50	13.2			39.25/39.50	30.2

28.5 普通圆柱螺旋扭转弹簧

用于机构中承受扭转力矩之处，其规格见表 28.7。

表 28.7　普通圆柱扭转弹簧的规格（GB/T 1239.3—2009）

mm

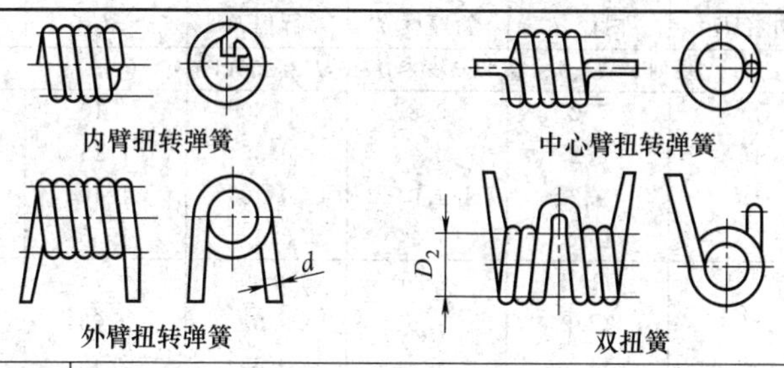

弹簧丝直径 d	0.5,0.6,0.8,1.0,1.2,1.6,2.0,2.5,3.0,3.5,4.0,4.5,5.0,6.0,8.0
中径	按 GB/T 1358—1993《圆柱螺旋弹簧尺寸系列》选取
有效圈数	≤30,根据用户需要
自由高度	根据用户需要
旋绕比	4～22,根据用户需要

28.6　碟形弹簧

多用于重型机械中起缓冲或减震作用，其规格见表 28.8。

碟形弹簧规格标注方法如下：

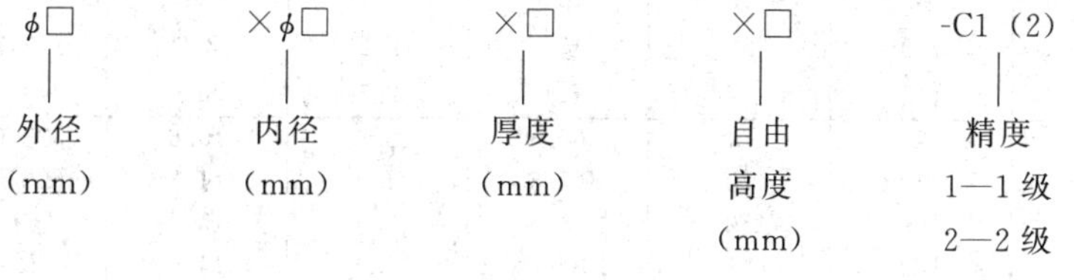

表 28.8　常用碟形弹簧的规格（GB/T 1972—2005）　mm

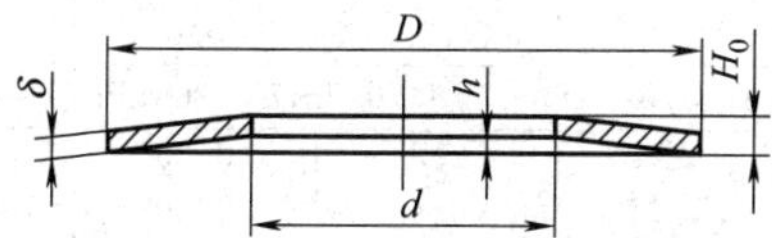

类别	碟簧外径 D	碟簧内径 d	公称碟簧厚度 δ	碟簧极限行程 h	自由高度 H_0	千片质量 /kg
系列 A:$D/\delta\approx18.0$,$h/\delta\approx0.40$,$E=206\text{kPa}$,$\mu=0.3$						
1	8	4.2	0.4	0.20	0.60	0.114
	10	5.2	0.5	0.25	0.75	0.225
	12.5	6.2	0.7	0.30	1.00	0.508

续表

类别	碟簧外径 D	碟簧内径 d	公称碟簧厚度 δ	碟簧极限行程 h	自由高度 H_0	千片质量 /kg
系列 A:$D/\delta\approx18.0$,$h/\delta\approx0.40$,$E=206$kPa,$\mu=0.3$						
1	14	7.2	0.8	0.30	1.10	0.711
	16	8.2	0.9	0.35	1.25	1.050
	18	9.2	1.0	0.40	1.40	1.480
	20	10.2	1.1	0.45	1.55	2.010
2	22.5	11.2	1.25	0.50	1.75	2.940
	25	12.2	1.5	0.55	2.05	4.400
	28	14.2	1.5	0.65	2.15	5.390
	31.5	16.3	1.75	0.70	2.45	7.840
	35.5	18.3	2.0	0.8	2.80	11.40
	40	20.4	2.25	0.9	3.15	16.40
	45	22.4	2.5	1.0	3.50	23.50
	50	25.4	3.0	1.1	4.1	34.30
	56	28.5	3.0	1.3	4.3	43.00
	63	31	3.5	1.4	4.9	64.90
	71	36	4.0	1.6	5.6	91.80
	80	41	5.0	1.7	6.7	145.0
	90	46	5.0	2.0	7.0	184.5
	100	51	6.0	2.2	8.2	273.7
	112	57	6.0	2.5	8.5	343.8
3	125	64	8(7.5)	2.6	10.6	533.0
	140	72	8(7.5)	3.2	11.2	666.6
	160	82	10(9.1)	3.5	13.5	1094
	180	92	10(9.4)	4.0	14.0	1387
	200	102	12(11.25)	4.2	16.2	2100
	225	112	12(11.25)	5.0	17.0	2640
	250	127	14(13.1)	5.6	19.6	3750
系列 B:$D/\delta\approx28.0$,$h/\delta\approx0.75$,$E=206$kPa,$\mu=0.3$						
1	8	4.2	0.3	0.25	0.55	0.086
	10	5.2	0.4	0.30	0.70	0.180
	12.5	6.2	0.5	0.35	0.85	0.363
	14	7.2	0.5	0.40	0.90	0.444
	16	8.2	0.6	0.45	1.05	0.698
	18	9.2	0.7	0.50	1.20	1.030
	20	10.2	0.8	0.55	1.35	1.460
	22.5	11.2	0.8	0.65	1.45	1.880
	25	12.2	0.9	0.70	1.60	2.640
	28	14.2	1.0	0.8	1.80	3.590

续表

类别	碟簧外径 D	碟簧内径 d	公称碟簧厚度 δ	碟簧极限行程 h	自由高度 H_0	千片质量 /kg
系列 B：$D/\delta \approx 28.0, h/\delta \approx 0.75, E=206\text{kPa}, \mu=0.3$						
2	31.5	16.3	1.25	0.9	2.15	5.600
	35.5	18.3	1.25	1.0	2.25	7.130
	40	20.4	1.50	1.15	2.65	10.95
	45	22.4	1.75	1.3	3.05	16.40
	50	25.4	2.0	1.4	3.40	22.90
	56	28.5	2.0	1.6	3.60	28.70
	63	31	2.5	1.75	4.25	46.40
	71	36	2.5	2.0	4.5	57.70
	80	41	3.0	2.3	5.3	87.30
	90	46	3.5	2.5	6.0	129.1
	100	51	3.5	2.8	6.3	159.7
	112	57	4.0	3.2	7.2	229.2
	125	64	5.0	3.5	8.5	355.4
	140	72	5.0	4.0	9.0	444.4
	160	82	6.0	4.5	10.5	698.3
	180	92	6.0	5.1	11.1	885.4
3	200	102	8(7.5)	5.6	13.6	1369
	225	112	8(7.5)	6.5	14.5	1761
	250	127	10(9.4)	7.0	17.0	2687
系列 C：$D/\delta \approx 40.0, h/\delta \approx 1.3, E=206\text{kPa}, \mu=0.3$						
1	8	4.2	0.20	0.25	0.45	0.057
	10	5.2	0.25	0.30	0.55	0.112
	12.5	6.2	0.35	0.45	0.80	0.251
	14	7.2	0.35	0.45	0.80	0.311
	16	8.2	0.40	0.50	0.90	0.466
	18	9.2	0.45	0.60	1.05	0.661
	20	10.2	0.5	0.65	1.15	0.912
	22.5	11.2	0.6	0.80	1.40	1.410
	25	12.2	0.7	0.90	1.60	2.060
	28	14.2	0.8	1.00	1.80	2.870
	31.5	16.3	0.8	1.05	1.85	3.580
	35.5	18.3	0.9	1.15	2.05	5.140
	40	20.4	1.0	1.30	2.30	7.300
2	45	22.4	1.25	1.60	2.85	11.70
	50	22.4	1.25	1.60	2.85	14.30
	56	28.5	1.5	1.95	3.45	21.50
	63	31	1.8	2.35	4.15	33.40

续表

类别	碟簧外径 D	碟簧内径 d	公称碟簧厚度 δ	碟簧极限行程 h	自由高度 H_0	千片质量/kg
系列 C：$D/\delta \approx 40.0, h/\delta \approx 1.3, E=206\text{kPa}, \mu=0.3$						
2	71	36	2.0	2.60	4.6	46.20
	80	41	2.25	2.95	5.2	65.50
	90	46	2.5	3.2	5.7	92.20
	100	51	2.7	3.5	6.2	123.2
	112	57	3.0	3.9	6.9	171.9
	125	61	3.5	4.5	8.0	248.9
	140	72	3.8	4.9	8.7	337.7
	160	82	4.3	5.6	9.9	500.4
	180	92	4.8	6.2	11.0	708.4
	200	102	5.5	7.0	12.5	1004
3	225	112	6.5(6.2)	7.1	13.6	1456
	250	127	7.0(6.7)	7.8	14.8	1915

注：第 3 类第 4 列公称碟簧厚度 δ 括号内的数值为实际厚度。

28.7　机械密封用圆柱弹簧

表 28.9　机械密封用圆柱弹簧的规格（JB/T 11107—2011）

mm

型式
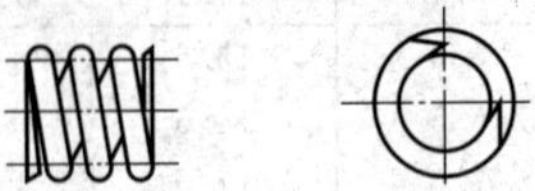 MyⅠ　两端圈并紧且磨平型
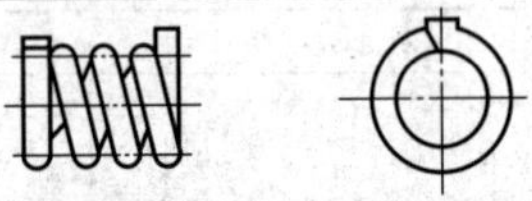 MyⅡ　两端径向钩(向内或向外)型
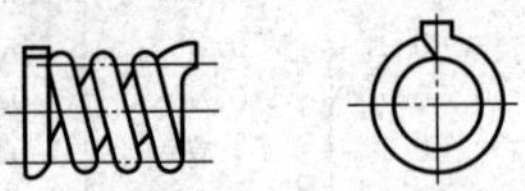 MyⅢ　一端径向钩、一端轴向钩型

项目	材料：YB/T 11　弹簧用不锈钢丝	
弹簧外径 D_2（或内径 D_1）的极限偏差	旋绕比 $C(D/d)$	极限偏差
	≤4～8	$\pm 0.10D_2$
	>8～15	$\pm 0.15D_2$
弹簧在工作高度时的工作负荷 F 的极限偏差/N	弹簧外径 D_2	极限偏差
	≤10mm	$\pm 0.08F$
	>10～50mm	$\pm 0.10F$
	>50mm	$\pm(0.10\sim0.12)F$
弹簧自由高度 H_0 的极限偏差	线径 d	极限偏差
	≤1.5	±(0.5～0.7)
	>1.5	±(0.7～1.2)

第29章 润滑件、密封及除尘装置

29.1 润滑件

29.1.1 油杯

（1）直通式压注油杯

用油杯内的润滑脂涂敷于需要润滑的机件表面，其规格见表29.1。

表29.1 直通式压注油杯（JB/T 7940.1—1995） mm

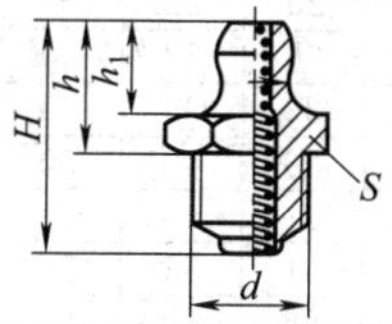

S	d	H	h	h_1
8	M6	13	8	6
10	M8	16	9	6.5
11	M10×1	18	10	7

标记例：连接螺纹为M6的直通式压注油杯，标注为“油杯 M6 JB/T 7940.1—1995”。

（2）接头式压注油杯

由直通式压注油杯和螺纹接头组成，适用于场地狭窄而无法垂直注油的设备，其规格见表29.2。

表29.2 接头式压注油杯（JB/T 7940.2—1995） mm

S	d	d_1	α	直通式压注油杯（JB/T 7940.1—1995）
11	M6 M8×1 M10×1	3 4 5	45° 90°	M6

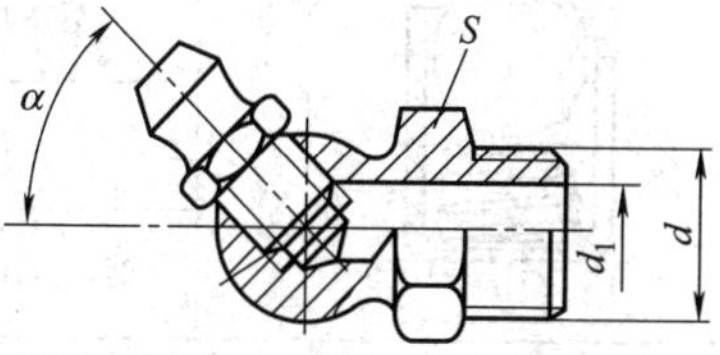

标记例：连接螺纹为M8×1的90°接头式压注油杯标注为“油杯 90°M8×1 JB/T 7940.2—1995”。

（3）旋盖式压注油杯

一般用于转速不高的设备上，旋进旋盖即可压出润滑脂，其规格见表 29.3。

表 29.3 旋盖式压注油杯（摘自 JB/T 7940.3—1995） mm

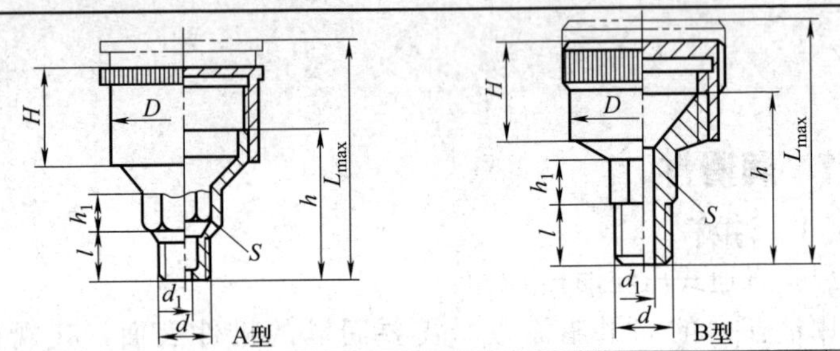

A型 B型

S	最小容量 /cm³	d	l	H	h	h_1	d_1	D A型	D B型	L_{max}
10	1.5	M8×1	8	14	22	7	3	16	18	33
13	3	M10×1		15	23	8	4	20	22	35
	6			17	26			26	28	40
18	12	M14×1.5	12	20	30	10	5	32	34	47
	18			22	32			36	40	50
	25			24	34			41	44	55
21	50	M16×1.5		30	44			51	54	70
	100			38	52			68	68	85
30	200	M24×1.5	16	48	64	16	6	—	86	105

标记例：最小容量为 25cm³ 的 B 型旋盖式油杯标注为“油杯 B25JB/T 7940.3—1995”。

（4）压配式压注油杯

用压力将润滑油注入油杯，对机器作间隙润滑，其规格见表 29.4。

表 29.4 压配式压注油杯（JB/T 7940.4—1995） mm

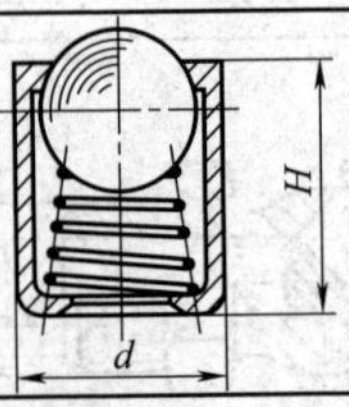

基本尺寸 d	6	8	10	16	25
H	6	10	12	20	30
钢球(GB/T 308)	4	5	6	11	12

标记例：$d=8\text{mm}$ 压配式压注油杯标注为“油杯 8JB/T 7940.5—1995”。

（5）弹簧盖油杯

用于低速、轻载摩擦副的机壳油孔，其规格见表 29.5。

表 29.5　弹簧盖油杯（JB/T 7940.5—1995）　mm

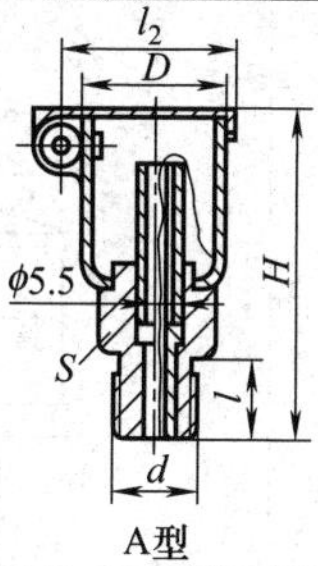

A型

最小容量/cm^3	d	$H\leqslant$	$D\leqslant$	$l_2\approx$	l	S
1	M8×1	38	16	21	10	$10_{-0.22}$
2		40	18	23		
3	M10×1	42	20	25		$11_{-0.27}$
6		45	25	30		
12	M14×1.5	55	30	36	12	$18_{-0.27}$
18		60	32	38		
25		65	35	41		
50		68	45	51		

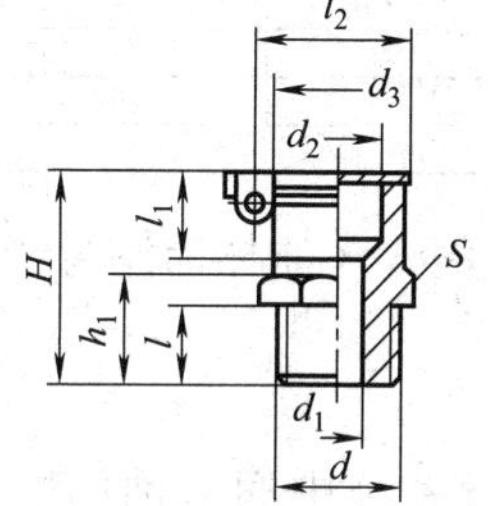

B型

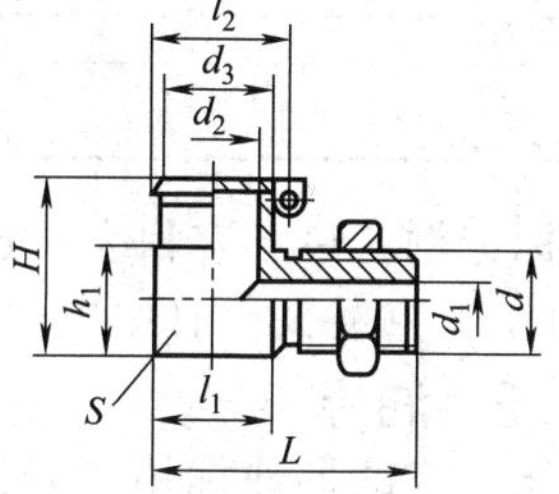

C型

d	d_1	d_2	d_3	H		h_1		l	L	l_1		l_2	S	
				B型	C型	B型	C型			B型	C型		B型	C型
M6	3	6	10	18		9		6	25	8	12	15	$10_{-0.22}$	$13_{-0.27}$
M8×1	4	8	12	24		12		8	28	10	14	17	$13_{-0.27}$	
M10×1	5	8	12	24		12		8	30	10	16	17	$13_{-0.27}$	
M12×1.5	6	10	14	26		14		10	34	12	19	19	$16_{-0.27}$	
M16×1.5	8	12	18	28	30	14	18	10	37	12	23	23	$21_{-0.33}$	

标记例：最小容量为 $3cm^3$ 的 A 型弹簧盖油杯标注为“油杯 A 3JB/T 7940.5—1995 ”。

连接螺纹为 M10×1 的 C 型弹簧盖油杯标注为“油杯 CM10×1 JB/T 7940.5—1995”。

（6）针阀式注油杯（表 29.6）

表 29.6 针阀式注油杯的规格（JB/T 7940.6—1995） mm

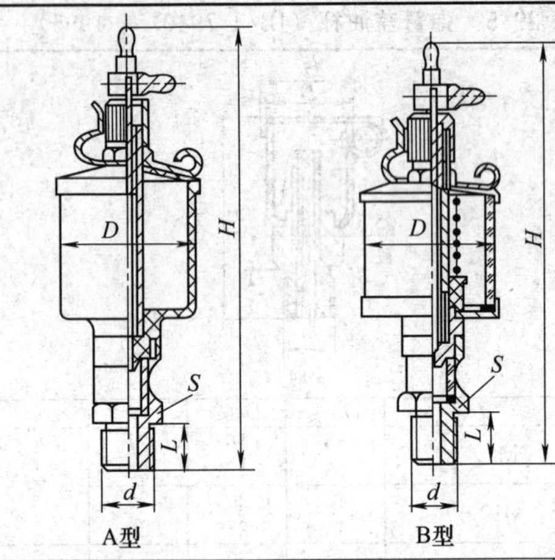

A型 B型

最小容量/cm^3	16	25	50	100	200	400
d	M10×1	M14×1.5			M16×1.5	
L	12				14	
H	105	115	130	140	170	190
D	32	36	45	55	70	85
S	$13_{-0.27}^{0}$	$18_{-0.27}^{0}$			$21_{-0.33}^{0}$	
螺母 GB 6172	M8×1		M10×1			

标记例：最小容积为50cm^3的B型针阀式注油杯标注为“油杯 B50 JB/T 7940.6—1995”。

29.1.2 油标

压配式圆形油标用于观察设备内润滑系统中润滑油的贮存量(表 29.7)；旋入式圆形油标、长形油标和管状油标用于标明油箱内的油面高度（表 29.8～表 29.10)。

表 29.7 压配式圆形油标（JB/T 7941.1—1995） mm

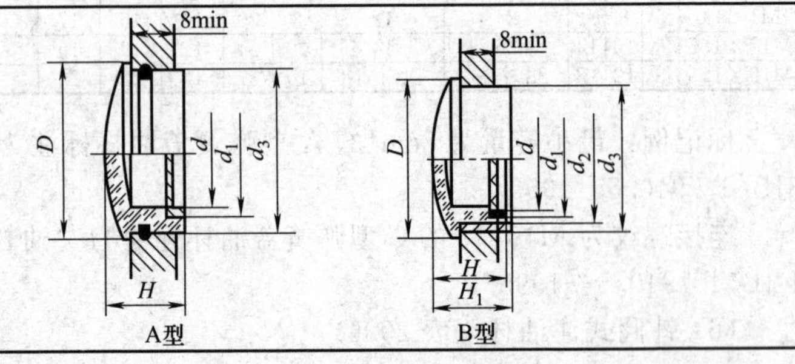

A型 B型

续表

d	D	d_1	d_2	d_3	H	H_1	密封圈 GB/T 3452.1—1992
12	22	12	17	20	14	16	15×2.65
16	27	18	22	25			20×2.65
20	34	22	28	32	16	18	25×3.35
25	40	28	34	38			31.5×3.55
32	48	35	41	45	18	20	38.7×3.55
40	58	45	51	55			48.7×3.55
50	70	55	61	65	22	24	
63	85	70	76	80			

标记例：视孔 d＝32mm 的 A 型压配式圆形油标标注为“油标 A32 JB/T 7941.1—1995”。

表 29.8 旋入式圆形油标（JB/T 7941.2—1995） mm

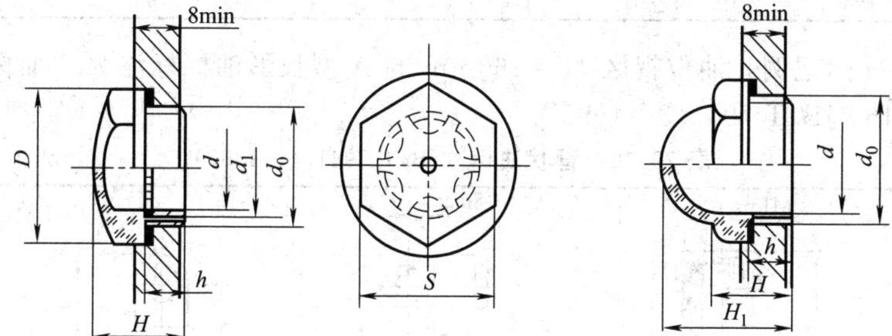

A型 B型

d	d_0	D	d_1	S	H	H_1	h
10	M16×1.5	22	12	21	15	22	8
20	M27×1.5	36	22	32	18	30	10
32	M42×1.5	52	35	46	22	40	12
50	M60×2	72	55	65	26	53	14

标记例：视孔 d＝32mm 的 B 型旋入式圆形油标标注为“油标 B32 JB/T 7941.2—1995”。

表 29.9 长形油标（JB/T 7941.3—1995） mm

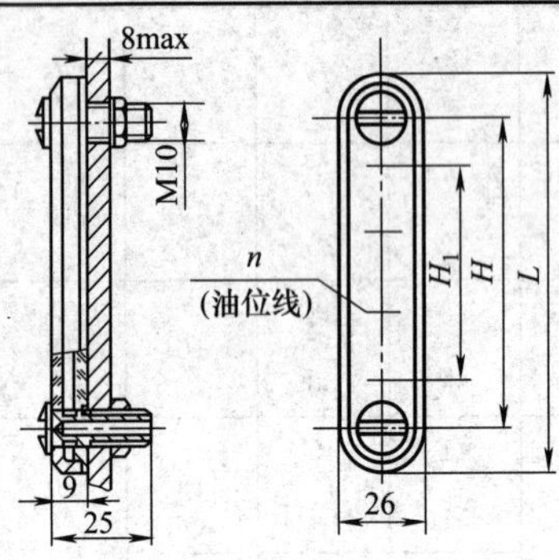

H		H_1		L		n		O形密封圈 GB/T 3452.1—1992	六角螺母 GB/T 6172.1～6172.2—2000	弹性垫圈 GB/T 861—1987
A型	B型	A型	B型	A型	B型	A型	B型			
80		40		110		2		10×2.65	M10	10
100		60		130		3				
125		80		155		4				
160		120		190		6				
	250		210		280		8			

标记例：油位视区 H＝160mm 的 A 型长形油标标注为“油标 A160 JB/T 7941.3—1995”。

表 29.10 管状油标（JB/T 7941.4—1995） mm

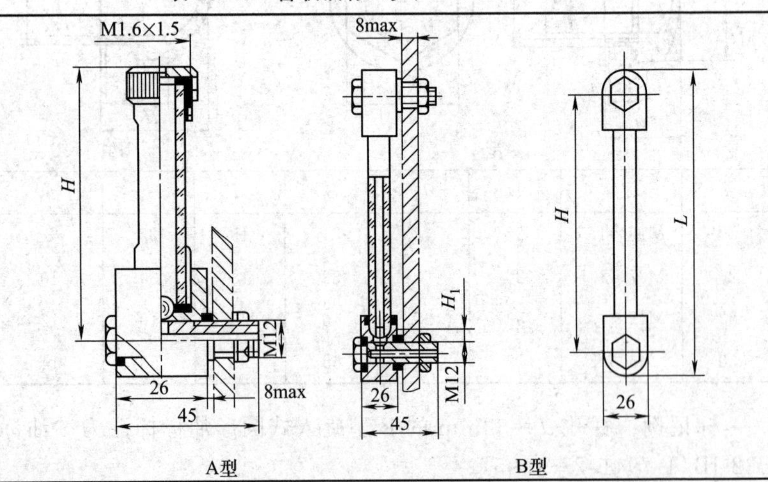

续表

类型	H	H_1	L	备注
A型	80、100、125、160、200	—	—	O形密封圈:GB/T 3452.1—1992 11.8×2.65 六角螺母:GB/T 6172.1~6172.2—2000 M12 弹性垫圈:GB/T 861—1987 12
B型	200	175	226	
	250	225	276	
	320	295	346	
	400	375	426	
	500	475	526	
	630	605	656	
	800	775	826	
	1000	975	1026	

标记例：油位视区 H=400mm 的A型管状油标标注为“油标 A400 GB 1162—1989”。

29.1.3　油枪

用于对各种机械设备和车船上的油杯注入润滑油和脂（其中压杆式油枪适用于注入润滑脂），其规格和技术参数见表29.11和表29.12。

表29.11　压杆式油枪的规格和技术参数（GB/T 7942.1—1995）

mm

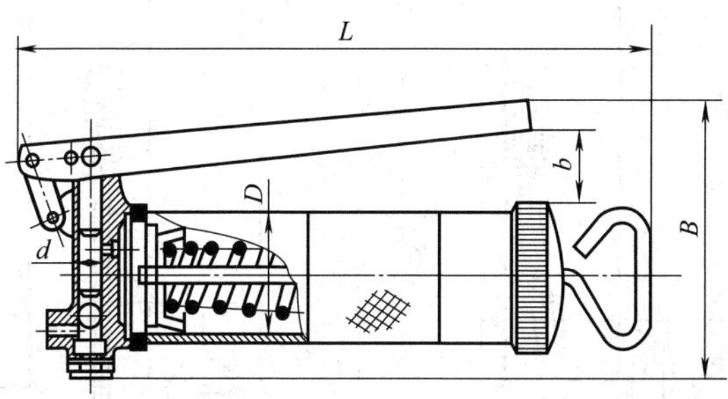

储油量/cm³	公称压力/MPa	出油量/cm³	D	L	B	b	d
100	16	0.6	35	255	90	30	8
200		0.7	42	310	96		
400		0.8	53	385	125		9

注：表中 D、L、B、d 为推荐尺寸。

表 29.12 手推式油枪的规格和技术参数（GB/T 7942.2—1995）

mm

储油量/cm^3	公称压力/MPa	出油量/cm^3	D	L_1	L_2	d
50	63	0.3	33	230	330	5
100		0.5				6

注：表中 D、L_1、L_2、d 为推荐尺寸。

29.1.4 润滑泵

（1）手动润滑泵

① SRB 手动润滑泵，其规格见表 29.13。

表 29.13 SRB 手动润滑泵的规格（JB/ZQ 4557—2006） mm

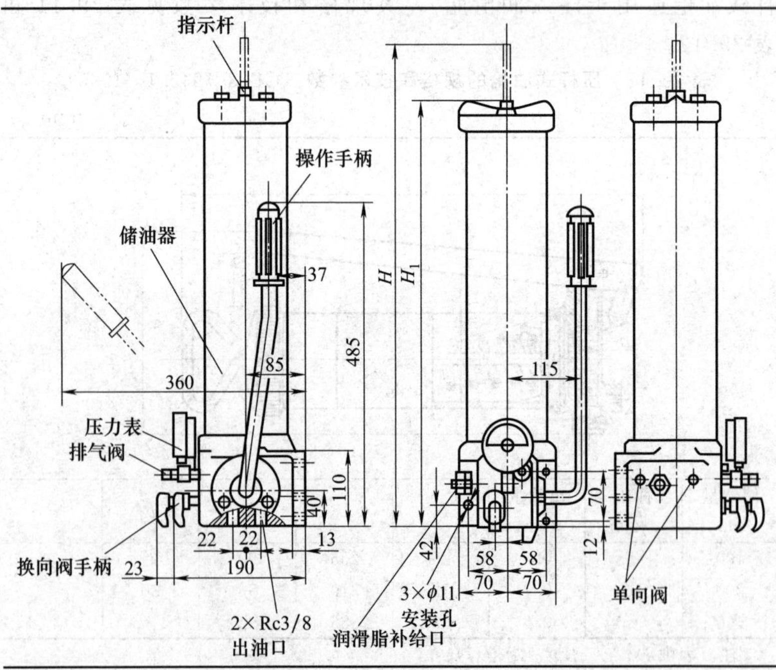

续表

型号	H_{max}	H_1	供油量(每个循环)/mL	供油压力/MPa	储油器容积/L	质量/kg
SRB-J7Z-2 SRB-J7Z-5	576	370	7.0	10(J)	2 5	18 21
SRB-L3.5Z-2 SRB-L3.5Z-5	1196	680	3.5	20(L)	2 5	18 21

② LP型手动润滑泵　LP型手动润滑泵是一种最经济、方便的手动操纵润滑泵，适用于单线阻尼SLR系统，按动手柄可方便地将所需的润滑剂通过分配器送到机械的各个润滑点，广泛地应用于需润滑的各类设备上，如机床、纺织、塑料、包装和锻压等机械中。其规格见表29.14。

表29.14　LP型手动润滑泵的规格

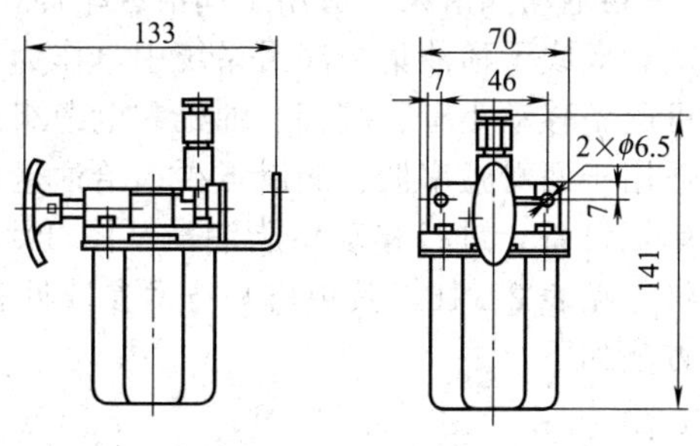

型号	额定压力/MPa	排量(每个循环)/mL	油罐容积/L	可供润滑点个数	备注
LP3-L LP3-R LP3-M	0.35	3	0.18	1～40	左手 右手 中压
LP5-L LP5-R LP5-M	0.48	1～5	0.5	1～50	左手 右手 中压
LP18-L LP18-R	0.36	18	2	1～100	左手 右手
LP6	1.5～2.0	6	0.6	1～50	拉手
LP8	1.5～2.0	8	0.6	1～50	

③ JZ 型手动油脂泵　JZ 型手动脂类润滑泵是一种使用干油类的黄油泵，可通过递进式分配器（PRG）或定量注油器（PDI）将润滑脂定量地输送到机械设备各个润滑点。适用于中、小型机械设备，如锻压、纺织、印刷、塑料、机床等机械中的润滑系统。其规格见表 29.15。

表 29.15　JZ 型手动脂类润滑泵的规格

型号	油罐容积/L	最大注油压力/MPa	每行程注油量/mL	适用系统	
JZ04A	0.4	15	1.0	PDI	
JZ04B				PRG	
JZ10A	1			PDI	
JZ10B				PRG	

(2) DRB 系列电动润滑泵及装置

① DRB-P 系列电动润滑泵　适用于润滑频率高，配管长度大，润滑点密集的单、双线干稀油集中润滑系统中，作为供给润滑脂的输送装置。还可配备移动小车、胶管、油枪和电缆组成移动式电动润滑泵装置，适用于润滑频率低、润滑点少、给油量大、不便于采用集中润滑的单机设备，进行移动供脂润滑。图 29.1 为其结构示意图。其外形尺寸见表 29.16，其规格和技术参数见表 29.17。

型号标注方法如下：

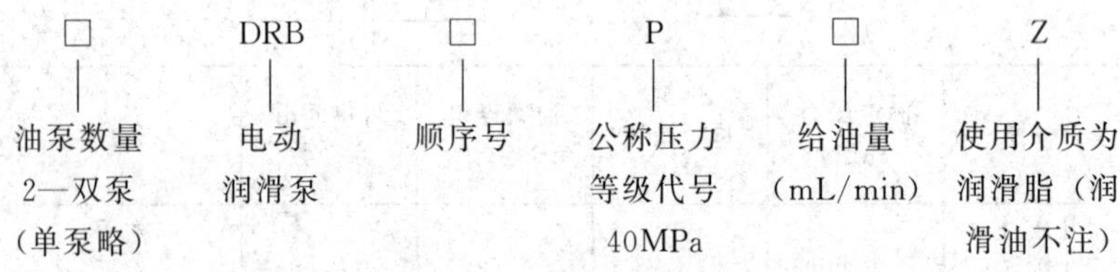

表 29.16　DRB-P 系列电动润滑泵的外形尺寸　　mm

规格		尺寸					
		D	H	H_1	B	L	L_1
储油筒	30L	310	760	1140	200	—	213
	60L	400	810	1190	230	—	278
	100L	500	920	1200	280	—	328
电机功率和转速	0.37kW,80r/min	—	—	—	—	500	—
	0.75kW,80r/min	—	—	—	—	563	—
	1.5kW,160r/min	—	—	—	—	575	—
	1.5kW,250r/min	—	—	—	—	575	—

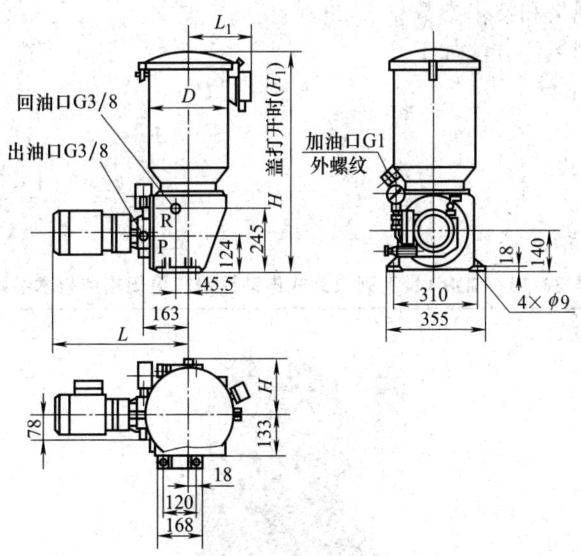

图 29.1 DRB-P 系列电动润滑泵的结构示意图

表 29.17 DRB-P 系列电动润滑泵规格和技术参数（JB/T 6810.1—1998）

型号	公称压力/MPa	额定给油量/(mL/min)	储油器容积/L	电机		适用环境温度/℃	重量/kg
				功率/kW	电压/V		
DRB1-P120Z			30	0.37		0～80	56
DRB2-P120Z		120		0.75		－20～80	64
DRB3-P120Z			60	0.37		0～80	60
DRB4-P120Z				0.75		－20～80	68
DRB5-P235Z	40		30		380		70
DRB65-P235Z		235	60				74
DRB7-P235Z			100	1.5		0～80	82
DRB8-P235Z		365	60				74
DRB9-P235Z			100				82

注：使用介质为锥入度为 220～385（25℃，150g）10^{-1}mm 的润滑脂。

② SDRB-N 系列双列式电动润滑脂泵　双列式电动润滑脂泵在同一底座上安装有两台电动润滑脂泵，一台常用、一台备用（也可以同时工作），双泵可以自动切换，通过换向阀接通运转着的泵的回路，不影响系统的正常工作，润滑脂泵的运转由电控系统来操

纵。其规格和技术参数见表 29.18。

型号标注方法如下：

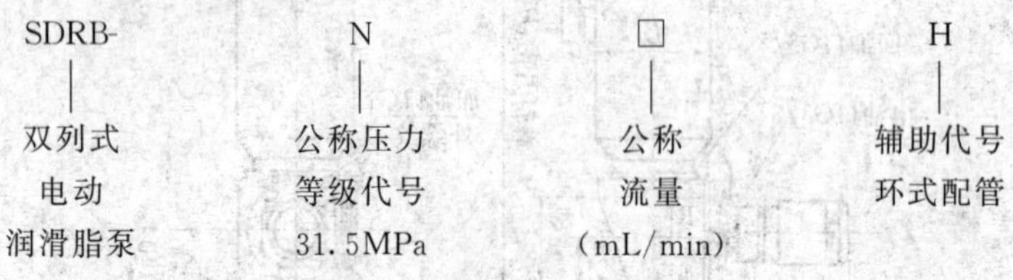

表 29.18 SDRB-N 系列双列式电动润滑脂泵规格和技术参数

型号	公称流量/(mL/min)	公称压力/MPa	储油器容积/L	配管方式	电机功率/kW	润滑脂锥入度(25℃,150g)/10^{-1}mm	质量/kg
SDRB-N60H	60	31.5	20	环式	0.37	265～385	405
SDRB-N195H	195		35		0.75		512
SDRB-N585H	585		90		1.5		975

③ DRB-L 系列电动润滑泵　DRB-L 系列电动润滑泵（表 29.19）适用于润滑点多、分布范围广、给油频率高的双线式干油集中润滑系统。通过双线分配器向润滑部位供送润滑脂，可满足各种机器设备的需要，对于大型机组和生产线尤为适宜。

型号标注方法如下：

表 29.19　DRB-L 系列电动润滑泵的技术参数（JB/T 4559—2006）

型号	公称压力/MPa	公称流量/(mL/min)	储油器容积/L	配管方式	电机型号	电机功率/kW	减速比	转速/(r/min)	减速器润滑油量/L	质量/kg
DRB-L60Z-H	20	60	20	环式	A02-7124	0.37	1∶15	100	1	140
DRB-L60Z-Z				终端式						160
DRB-L195Z-H		195	35	环式	Y802-4	0.75	1∶20	75	2	210
DRB-L195Z-Z				终端式						230
DRB-L585Z-H		585	90	环式	Y90L-4	1.5			5	456
DRB-L585Z-Z				终端式						416

注：使用介质为锥入度不低于 265（25℃，150g）10^{-1}mm 的润滑脂。

④ DRB-J 系列电动润滑泵　DRB-J 系列电动润滑泵适用于公称压力为 10MPa 的双线喷射集中润滑系统中，特别适用于开式齿轮传动的齿轮齿面，支承辊轮，滑动导轨面等机器摩擦部位的润滑，其规格和技术参数见表 29.20。

型号标注方法如下：

表 29.20　DRB-J 系列电动润滑泵的规格和技术参数

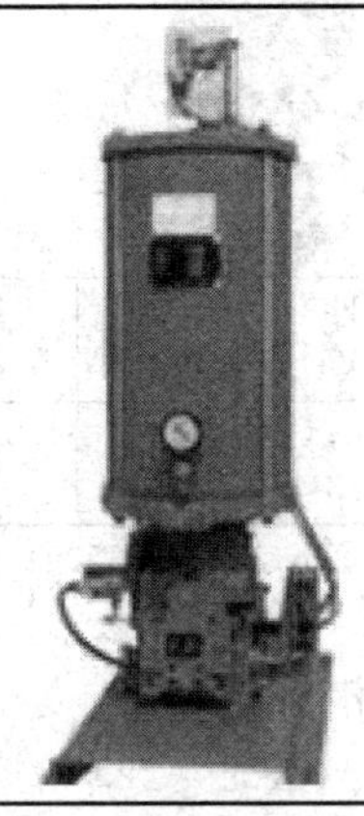

续表

型号	公称压力/MPa	公称流量/(mL/min)	储油器容积/L	配管方式	蓄能器容积/mL	电动机功率/kW	减速比	转速/(r/min)	减速器润滑油量/L	质量/kg
DRB-J60Y-H	10	60	16	环式	50	0.37	1∶15	100	1	140
DRB-J195Y-H		195	26			0.75	1∶20	75	2	210

⑤ DDRB-N 多点润滑泵　DDRB-N 型多点润滑泵适用于润滑频率较低，润滑点在 50 点以下，公称压力为 31.5MPa 的多线式中小型机械设备集中润滑系统中，直接或通过单线分配器向各润滑点供送润滑脂的输送供油装置。特别适用于冶金、矿山、重机、港口运输建筑等单机设备。其规格和技术参数见表 29.21。

型号标注方法如下：

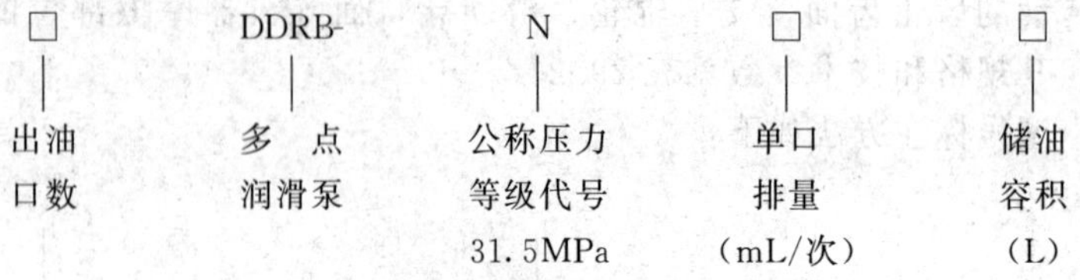

表 29.21　DDRB-N 多点润滑泵的规格和技术参数

出油口数	公称压力/MPa	每口排量/(mL/次)	储油容积/L	给油次数	电机功率/kW	质量kg
1～14	31.5	1.8,3.5,5.8,10.5	10,30	22	0.18	43

注：使用介质为锥入度不低于 265（25℃，150g）10^{-1}mm 的润滑脂或黏度等级大于 N68 的润滑油，工作环境温度为−20～80℃。

(3) DRZ 系列电动润滑泵及装置

DRZ 系列电动润滑泵（表 29.22）的型号表示方法是：

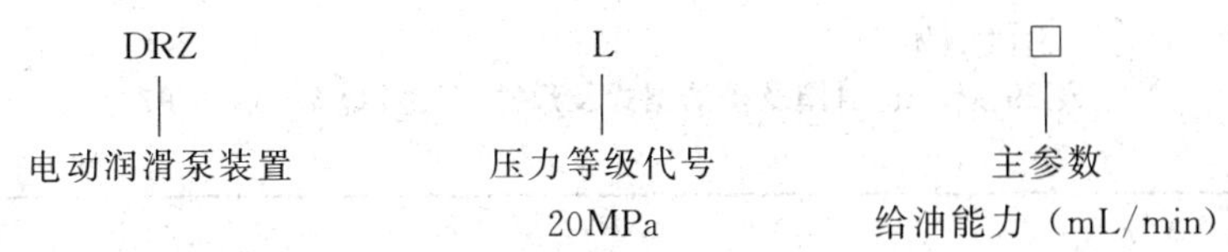

表 29.22　DRZ 系列电动润滑泵装置的基本参数（JB/T 2304—2001）

型号	给油能力/(mL/min)	公称压力/MPa	储油器容积/L	电动机			电磁铁电压/V	重量/kg
				型号	功率/kW	转速/(r/min)		
DRZ-L100	100	20(L)	50	Y801-4-B3	0.55	1390	220	191
DRZ-L315	315		75	Y90S-4-B3	1.1	1400		195
DRZ-L630	630		120	Y90L-4-B3	1.5	1400		240

注：润滑脂的锥入度范围为 250～350（25℃，150g）10^{-1}mm。

（4）HYRH 电动润滑泵

适用于在公称压力为 20MPa 的单线集中润滑系统中，通过单线分配器向润滑部位输送润滑脂。使用介质为锥入座不小于 256（25℃、150g）10^{-1}mm 的润滑脂。其尺寸和基本参数见表 29.23。

表 29.23　HYRH 电动润滑泵的基本参数（JB/ZG 4752—2006）

型号	公称压力/MPa	给油量/(mL/min)	泵转速/(r/min)	电机功率/kW	减速比	容积/L	质量/kg
HYRH-150	20(L)	2500	70.1	5.5	1∶23	5000	1500

29.2　密封装置

29.2.1　油封皮圈、油封纸圈

表 29.24　油封皮圈、油封纸圈　mm

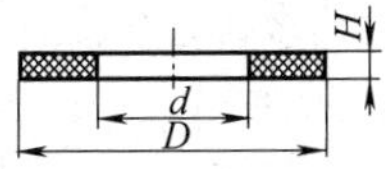

螺塞直径	mm	6	8	10	12	14	16	18	20	22	24	27	30	33	36	39	42	48	—	—
	in	—	—	1/8	—	1/4	3/8	—	—	1/2	—	3/4	—	1	—	—	1¼	1½	1¾	2
D		12	15	18	22	22	25	28	30	32	35	40	45	45	50	50	60	65	70	75
d		6	8	10	12	14	16	18	20	22	74	27	30	34	36	40	41	48	55	60
H	纸圈	2								3										
	皮圈	2									2.5				3					

29.2.2 毡封圈

表 29.25 毡封圈及槽的型式及尺寸（JB/ZQ 4606—1997）

mm

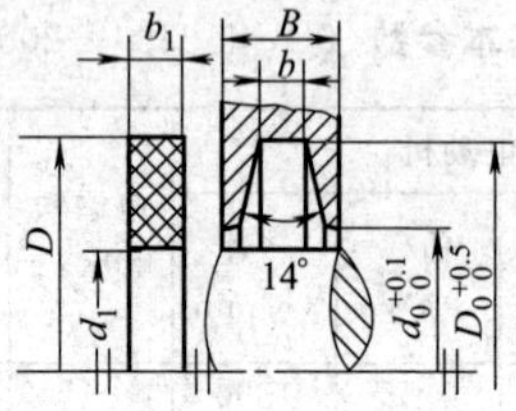

标记示例：
轴径 d＝40mm 的毡圈记为
“毡圈 40 JB/ZQ 4606—1997”

轴径	毡封圈			槽				
	D	d_1	b_1	D_0	d_0	b	Bmin 钢	Bmin 铸铁
16	29	14	6	28	16	5	10	12
20	33	19		32	21			
25	39	24	7	38	26	6	12	15
30	45	29		44	31			
35	49	34		48	36			
40	53	39		52	41			
45	61	44	8	60	46	7		
50	69	49		68	51			
55	74	53		72	56			
60	80	58		78	61			
65	84	63		85	66			
70	90	68		88	71			
75	94	73		92	77			
80	102	78	9	100	82	8	15	18
85	107	83		105	87			
90	112	88		110	92			
95	117	93	10	115	97			
100	122	98		120	102			
105	127	103		125	107			
110	132	108		130	112			
115	137	113		135	117			
120	142	118		140	122			
125	147	123		145	127			

续表

轴径	毡封圈			槽				
	D	d_1	b_1	D_0	d_0	b	Bmin	
							钢	铸铁
130	152	128	12	150	132	10	18	20
135	157	133		155	137			
140	162	138		160	143			
145	167	143		165	148			
150	172	148		170	153			
155	177	153		175	158			
160	182	158		180	163			
165	187	163		185	168			
170	192	168		190	173			
175	197	173		195	178			
180	202	178		200	183			
185	207	183		205	188			
190	212	188		210	193			
195	217	193	14	215	198	12	20	22
200	222	198		220	203			
210	232	208		230	213			
220	242	213		240	223			
230	252	223		250	233			
240	262	238		260	243			

注：毡圈材料有半粗羊毛毡和细羊毛毡，粗毛毡适用于速度 $v \leqslant 3$m/s 的情况，优质细毛毡适用于 $v \leqslant 10$m/s 的情况。

29.2.3　O形橡胶密封圈

表 29.26　机械密封用O形橡胶密封圈（JB/T 7757.2—2006）

mm

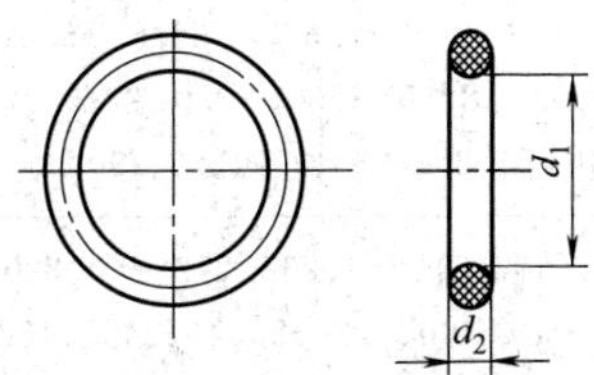

截面直径 d_2	内径系列 d_1
1.6±0.08	6.0、6.9、8.0、9.0、10.0、10.6、11.8、13.2、15.0、16.0、17.0、18.0、19.0、20.0、21.2、22.4、23.6、25.0、25.8、26.5、30.0、30.0、31.5、32.5、34.5、37.5

续表

截面直径 d_2	内　径　系　列　d_1
1.8±0.08	6.0～32.5(同上)
2.1±0.08	6.0、8.0、10.0、11.8、13.2、15.0、18.0、20.0、22.4、25.0、28.0、30.0、32.5、34.5、37.5、38.7、40.0
2.65±0.08	10.6、11.8、13.2、15.0、16.0、17.0、17.0、18.0、19.0、20.0、21.2、22.4、23.6、25.0、25.8、26.5、28.0、30.0、31.5、32.5、34.5、37.5、38.7、40.0、42.5、43.7、45.0、47.5、48.7、50.0、53.0、54.5、56.0、58.0、60.0、61.5、63.0、65.0、67.0、70～145(间隔5)、150
3.10±0.10	17.0～56(同上)、60～145(间隔5)
3.55±0.10	18.0～56(同上)、60.0、65.0、70.0、71.0、75.0、77.5、80、82.5、85、90、92.5、95.0、97.0、100、103、105～250(间隔5)、258、265、272、280、290、300、307、315、325
4.10±0.10	47.5、48.7、50.0、53、54.5、56.0、60～120(间隔5)
4.30±0.10	30.0、31.5、32.5、34.5、37.5、38.7、40.0、42.5、43.7、45.0、47.5、48.7、50.0、53、54.5、56.0、60.0、65.0、70.0、71.0、75、77.5、80、82.5、85、90、92.5、95.0、97.0、100、103、105、110、115、120、125、130
4.50±0.10	45.0～120(同上)
4.70±0.10	同上
5.00±0.10	28.0、30.0、32.5、34.5、37.5、40.0、45.0、50.0、54.5、60、65、70、75、80
5.30±0.10	30.0、31.5、32.5、34.5、37.5、38.7、40.0、42.5、43.7、45.0、47.5、48.7、50.0、53、54.5、56.0、60.0、65.0、70.0、71.0、75.0、77.5、80.0、82.5、85.0、90.0、92.5、95.0、97.0、100、103、105～250(间隔5)、258、265、272、280、290、300、307、315、325、335、345、355、375、387、400
5.70±0.10	90、92.5、95、97、100、103、105～250(间隔5)
6.40±0.15	45.0、47.5、48.7、50.0、53.0、54.5、56.0、60.0、65.0、70.0、71.0、75.0、77.5、80.0、82.5、85.0、90.0、92.5、95.0、97.0、100.0、103.0、105～250(间隔5)、258、265、272、280、290、300
7.00±0.15	110～250(间隔5)、258、265、272、280、290、300、307、315、325、335、345、355、375、387、400、412、425、437、450、462、475、487、500、515、530、545、560
8.40±0.15	150～250(间隔5)、258～400(同上)
10.0±0.30	412、425、437、450、462、475、487、500、515、530、545、560

表 29.27　液压气动用O形圈的尺寸和极限偏差（GB/T 3452.1—2005）

mm

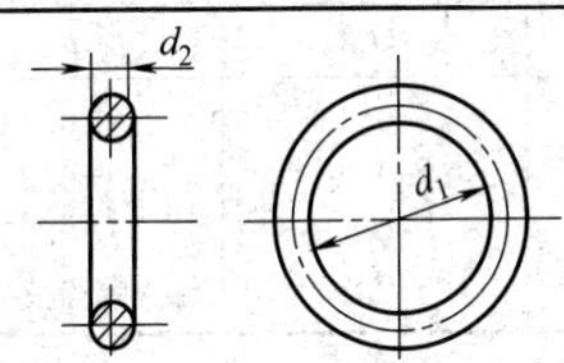

标记示例：内径 $d_1=5.00$mm，截面直径 $d_2=1.80$mm 的O形圈标注为"O形密封圈 5×1.8 GB/T 3452.1—2005"

截面直径 d_2	内径系列 d_1
1.80±0.08	1.80、2.00、2.24、2.50、2.80、3.15、3.55、3.75、4.00、4.50、4.87、5.00、5.15、5.30、5.60、6.00、6.30、6.70、6.90、7.10、7.50、8.00、8.50、8.75、9.00、9.50、10.0、10.6、11.2、11.8、12.5、13.2、14.0、15.0、16.0、17.0、18.0、19.0、20.0、21.2、22.4、23.6、25.0、25.8、26.5、28.0、30.0、32.5、34.5、36.5、38.7、42.5、46.2、50.0
2.65±0.09	10.6～33.5(同上)、34.5、35.5、36.5、37.5、38.7、40.0、41.2、42.5、43.7、45.0、46.2、47.5、48.7、50.0、51.5、53.0、54.5、56.0、58.0、60.0、61.5、63.0、67.0、71.0、75.0、80.0、85.0、90.0、95.0、100、106、112、118、125、132、140、150
3.55±0.10	18.0、19.0、20.0、21.2、22.4、23.6、25.0、25.8、26.5、28.0、30.0、31.5、32.5、33.5、34.5、35.5、36.5、37.5、38.7、40.0、41.2、42.5、43.7、45.0、46.2、47.5、48.7、50.0、51.5、53.0、54.5、56.0、58.0、60.0、61.5、63.0、65.0、69.0、71.0、73.0、75.0、77.5、80.0、82.5、85.0、87.5、90.0、92.5、95.0、97.5、100、103、106、109、112、115、118、122、125、128、132、136、140～200(间隔5)
5.30±0.13	40.0～65.0(同上)、67.0、69.0～200(同上)、206、212、218、224、230、236、243、250、258、265、272、280、290、300、307、315、325、335、345、355、365、375、387、400
7.00±0.15	109、112、115、118、122、125、128、132、136、140、145、150、155、160、165、170、175、180、185、190、195、200、206、212、218、224、230、236、243、250、258、265、272、280、290、300、307、315、325、335、345、365、375、387、400、417、425、437、450、462、475、487、500、515、530、545、560、580、600、615、630、650、670

注：内径公差（mm）为（1.80～6.00）±0.13；（6.30～10.0）±0.14；（10.6～18.0）±0.17；（19.0～30.0）±0.22；（31.5～40.0）±0.30；（41.2～50.0）±0.36；（51.5～63.0）±0.44；（65.0～80.0）±0.53；（82.5～118）±0.65；（122～180）±0.90；（185～250）±1.20；（258～315）±1.60；（325～400）±2.10；（412～500）±2.60；（515～630）±3.20；（650～670）±4.00。

表 29.28　O形橡胶密封圈用挡圈　mm

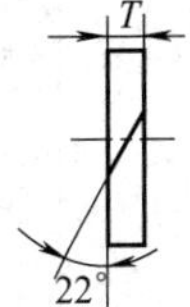

切口式

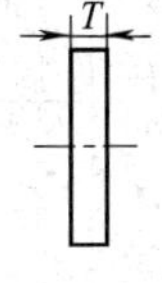

闭口式

续表

外径 D_2	厚度 T	极限偏差		
		T	D_2	d_2
≤30	1.25	±0.10	−0.14	+0.14
30～118	1.5	±0.12	−0.20	+0.20
118～315	2.0	±0.12	−0.25	+0.25
>315	2.5	±0.15	−0.25	+0.25

29.2.4 U形橡胶密封圈

表 29.29 U形橡胶密封圈（JB/T 6997—2007） mm

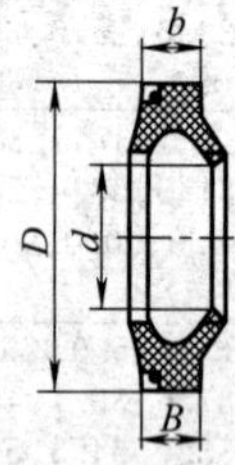

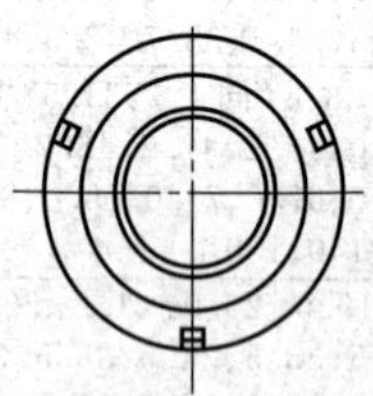

型式代号	公称通径	d		D		b		B		100件质量/kg
		基本尺寸	极限偏差	基本尺寸	极限偏差	基本尺寸	极限偏差	基本尺寸	极限偏差	
UN25	25	25	+0.30 +0.15	50	+0.30 +0.15	0.5	0 −0.20	14.5	0 −0.30	2.7
UN32	32	32		57	+0.35 +0.20					3.0
UN40	40	40		65						3.5
UN50	50	50		73						4.1
UN65	60	60		90						4.9
UN80	80	80	+0.40 +0.15	105	+0.35 +0.20	9.5	0 −0.20	14.5	0 −0.30	7.6
UN100	100	100		125	+0.45 +0.25					9.2
UN125	125	125		150						11.1
UN150	150	150		175						13.1
UN175	175	175		200						15.0
UN200	200	200	+0.50 +0.20	225						17.0
UN225	225	225		250						18.9
UN250	250	250		275	+0.66 +0.30					20.9
UN300	300	300		325						24.8

29.2.5　圆橡胶、圆橡胶管

表 29.30　圆橡胶、圆橡胶管（JB/ZQ 4609—1997）　　mm

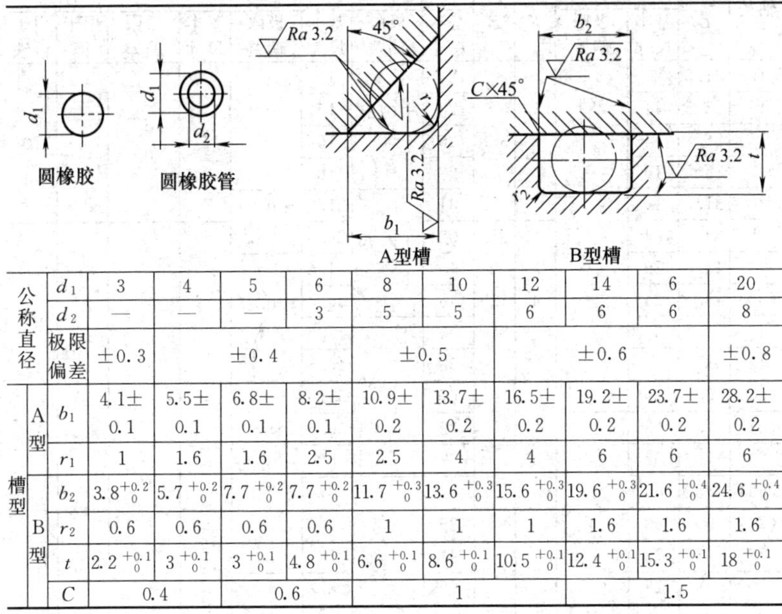

公称直径	d_1	3	4	5	6	8	10	12	14	6	20
	d_2	—	—	—	3	5	5	6	6	6	8
	极限偏差	±0.3	±0.4			±0.5		±0.6			±0.8
槽型 A型	b_1	4.1±0.1	5.5±0.1	6.8±0.1	8.2±0.1	10.9±0.2	13.7±0.2	16.5±0.2	19.2±0.2	23.7±0.2	28.2±0.2
	r_1	1	1.6	1.6	2.5	2.5	4	4	6	6	6
槽型 B型	b_2	$3.8^{+0.2}_{0}$	$5.7^{+0.2}_{0}$	$7.7^{+0.2}_{0}$	$7.7^{+0.2}_{0}$	$11.7^{+0.3}_{0}$	$13.6^{+0.3}_{0}$	$15.6^{+0.3}_{0}$	$19.6^{+0.3}_{0}$	$21.6^{+0.4}_{0}$	$24.6^{+0.4}_{0}$
	r_2	0.6	0.6	0.6	0.6	1	1	1	1.6	1.6	1.6
	t	$2.2^{+0.1}_{0}$	$3^{+0.1}_{0}$	$3^{+0.1}_{0}$	$4.8^{+0.1}_{0}$	$6.6^{+0.1}_{0}$	$8.6^{+0.1}_{0}$	$10.5^{+0.1}_{0}$	$12.4^{+0.1}_{0}$	$15.3^{+0.1}_{0}$	$18^{+0.1}_{0}$
	C	0.4		0.6		1			1.5		

29.2.6　Z 形橡胶油封

适用于回转轴圆周速度不大于 6m/s 的滚动轴承及其他机械设备中，工作温度为－25～＋80℃条件下，起防尘和封油作用。材料为 XA7453。其型式和尺寸见表 29.31。

表 29.31　Z 形橡胶油封的型式和尺寸（JB/ZQ 4075—2006）　mm

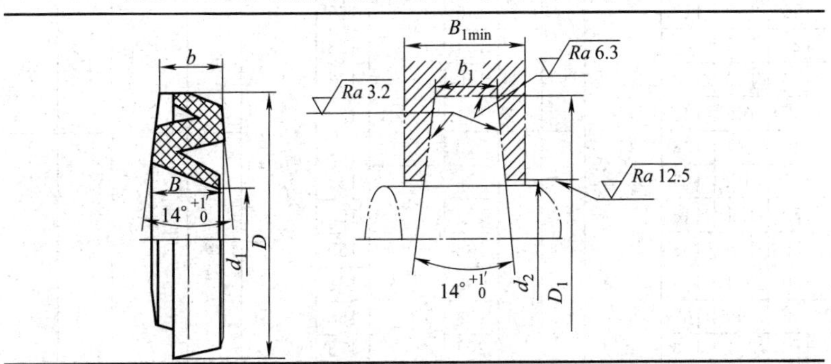

续表

轴径	油封					沟槽							
	D	d_1		b	B	D_1		d_2		b_1		B_{1min}	
		基本尺寸	极限偏差			基本尺寸	极限偏差	基本尺寸	极限偏差	基本尺寸	极限偏差	用于钢	用于铸铁
10	21.5	9	+0.30 +0.15	3	3.8	21	+0.21 0	11	+0.18 0	3	+0.14 0	8	10
12	23.5	11				23		13					
15	26.5	14				26		16					
17	28.5	16				28		18					
20	31.5	19				31	+0.25 0	21.5	+0.21 0				
25	38.5	24		4	4.9	38		26.5		4	+0.18 0	10	12
30	43.5	29				43		31.5	+0.25 0				
(35)	48.5	34				48		36.5					
40	53.5	39				53	+0.30 0	41.5					
45	58.5	44				58		46.5					
50	68	49		5	6.2	67		51.5	+0.30 0	5			
(55)	73	53	+0.30 +0.20			72		56.5					
60	79	58				77		62					
(65)	83	63				82	+0.35 0	67					
(70)	90	68		6	7.4	89		72		6		12	15
75	95	73				94		77					
80	100	78				99		82	+0.35 0				
85	105	83				104		87					
90	111	88	+0.30 +0.20	7	8.4	110		92		7	+0.22 0	12	15
95	117	93				116		97					
100	126	98		8	9.7	125	+0.40 0	102		8		16	18
105	131	103				130		107					
110	136	108				135		113					
(115)	141	113				140		118					
120	150	118	+0.45 +0.25	9		149		123	+0.40 0	9		18	20
125	155	123			11	154		128					
130	160	128				159		133					
(135)	165	133				164		138					
140	174	138		10	12	173		143		10	+0.22 0	20	22
145	1179	143				178	+0.46 0	148					
150	184	148				183		153					
155	189	153				188		158					
160	194	158				193		163					
165	199	163				198		168					
170	204	168				203		173					

续表

<table>
<tr><th rowspan="3">轴径</th><th colspan="5">油封</th><th colspan="8">沟槽</th></tr>
<tr><th rowspan="2">D</th><th colspan="2">d_1</th><th rowspan="2">b</th><th rowspan="2">B</th><th colspan="2">D_1</th><th colspan="2">d_2</th><th colspan="2">b_1</th><th colspan="2">B_{1min}</th></tr>
<tr><th>基本尺寸</th><th>极限偏差</th><th>基本尺寸</th><th>极限偏差</th><th>基本尺寸</th><th>极限偏差</th><th>基本尺寸</th><th>极限偏差</th><th>用于钢</th><th>用于铸铁</th></tr>
<tr><td>175</td><td>209</td><td>173</td><td rowspan="7">+0.45
+0.25</td><td rowspan="6">10</td><td rowspan="6">12</td><td>208</td><td rowspan="7">+0.46
0</td><td>178</td><td rowspan="10">+0.46
0</td><td rowspan="4">10</td><td rowspan="4">+0.22
0</td><td rowspan="4">20</td><td rowspan="4">22</td></tr>
<tr><td>180</td><td>214</td><td>178</td><td>213</td><td>183</td></tr>
<tr><td>185</td><td>219</td><td>183</td><td>218</td><td>188</td></tr>
<tr><td>190</td><td>224</td><td>188</td><td>223</td><td>193</td></tr>
<tr><td>195</td><td>229</td><td>193</td><td>228</td><td>198</td><td rowspan="4">11</td><td rowspan="14">+0.27
0</td><td rowspan="4">22</td><td rowspan="4">24</td></tr>
<tr><td>200</td><td>241</td><td>198</td><td>240</td><td>203</td></tr>
<tr><td>210</td><td>251</td><td>208</td><td rowspan="2">11</td><td rowspan="2">14</td><td>250</td><td>213</td></tr>
<tr><td>220</td><td>261</td><td>218</td><td rowspan="11">+0.52
+0.30</td><td>260</td><td rowspan="5">+0.52
0</td><td>223</td></tr>
<tr><td>230</td><td>271</td><td>228</td><td rowspan="4">12</td><td rowspan="4">15</td><td>270</td><td>233</td><td rowspan="4">12</td><td rowspan="4">24</td><td rowspan="4">26</td></tr>
<tr><td>240</td><td>287</td><td>238</td><td>286</td><td>243</td></tr>
<tr><td>250</td><td>297</td><td>248</td><td>296</td><td>253</td><td rowspan="4">+0.52
0</td></tr>
<tr><td>260</td><td>307</td><td>258</td><td>306</td><td>263</td></tr>
<tr><td>280</td><td>333</td><td>278</td><td rowspan="6">13</td><td rowspan="6">16</td><td>332</td><td rowspan="4">+0.57
0</td><td>283</td><td rowspan="6">13</td><td rowspan="6">26</td><td rowspan="6">28</td></tr>
<tr><td>300</td><td>353</td><td>298</td><td>352</td><td>303</td></tr>
<tr><td>320</td><td>373</td><td>318</td><td>372</td><td>323</td><td rowspan="4">+0.57
0</td></tr>
<tr><td>340</td><td>393</td><td>338</td><td>392</td><td>343</td></tr>
<tr><td>360</td><td>413</td><td>358</td><td>412</td><td rowspan="2">+0.63
0</td><td>363</td></tr>
<tr><td>380</td><td>433</td><td>378</td><td>432</td><td>383</td></tr>
</table>

注：1. 与 Z 形油封作相对旋转的，其轴径尺寸公差带推荐采用 h11，表面粗糙度不大于 0.8μm。

2. Z 形油封在安装时，必须将与轴接触的唇边朝向所要进行防尘与油封的空腔内部。

第 4 篇

建筑和装潢五金

第30章 门窗及家具配件

30.1 门窗配件

30.1.1 钢插销

有普通单动型、封闭单动型、蝴蝶型、暗插型和翻窗插销几种，其型号标记方法是：

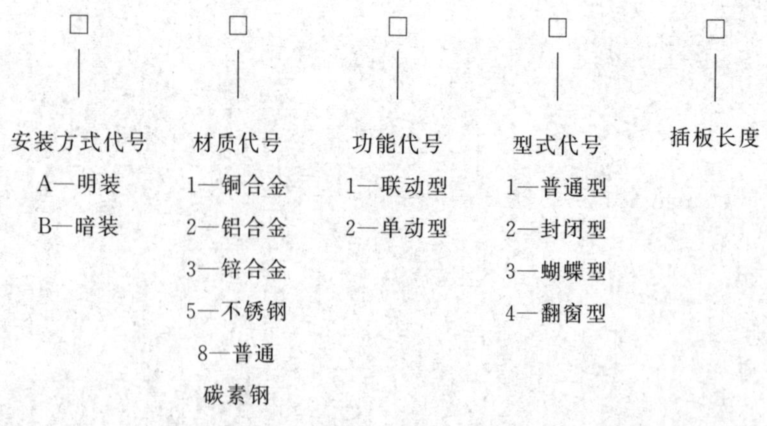

表 30.1　普通单动型钢插销的规格（QB/T 2032—2013）　mm

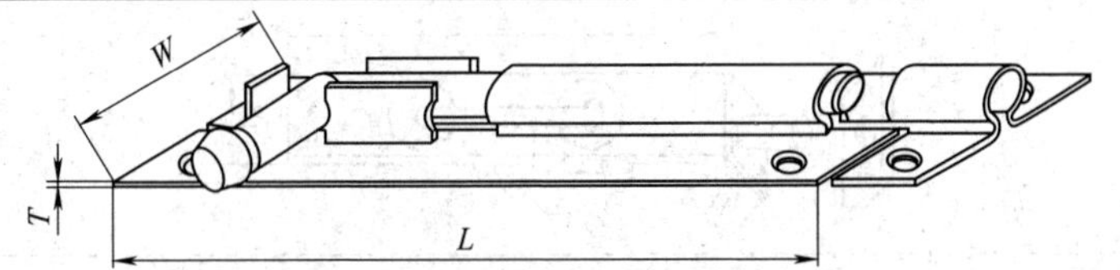

插板长度 L	插板		配用螺钉		
	宽度 W	厚度 T	直径	长度	数量/个
100	28	1.0	3	16	6
150、200		1.2		18	8
250、300					

表 30.2　封闭单动型钢插销的规格（QB/T 2032—2013）　mm

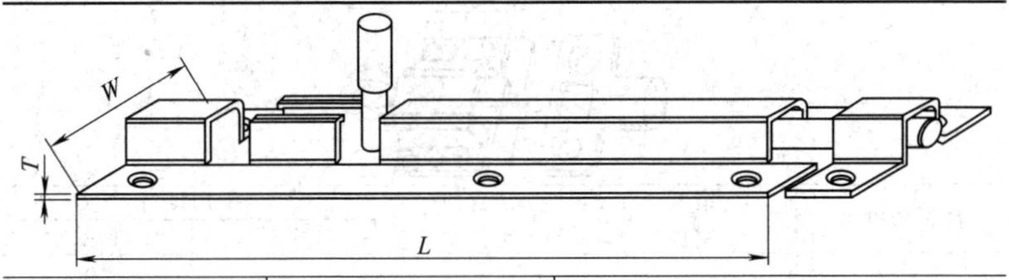

插板长度 L	插板		配用螺钉		
	宽度 W	厚度 T	直径	长度	数量/个
100	29	1.0	3	16	6
150	29	1.2		18	8
200	36				

表 30.3　蝴蝶型钢插销的规格（QB/T 2032—2013）　mm

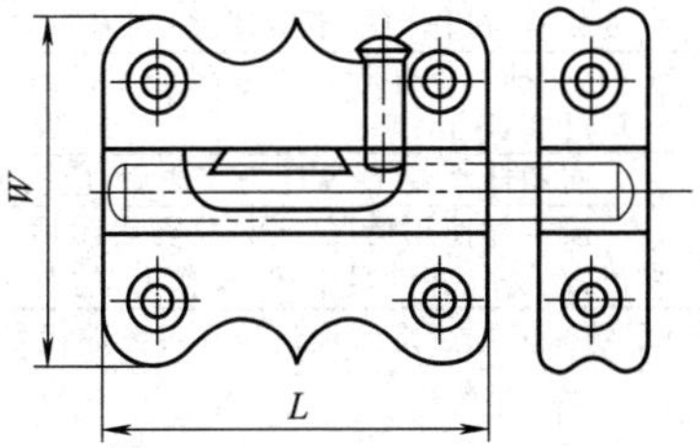

插板长度 L	插板宽度 W	插板厚度	插杆直径	配用螺钉		
				直径	长度	数量/个
40	35	1.2	7	3.5	18	6
50	44	1.2	8			

表 30.4　暗插销的规格（QB/T 2032—2013）　　mm

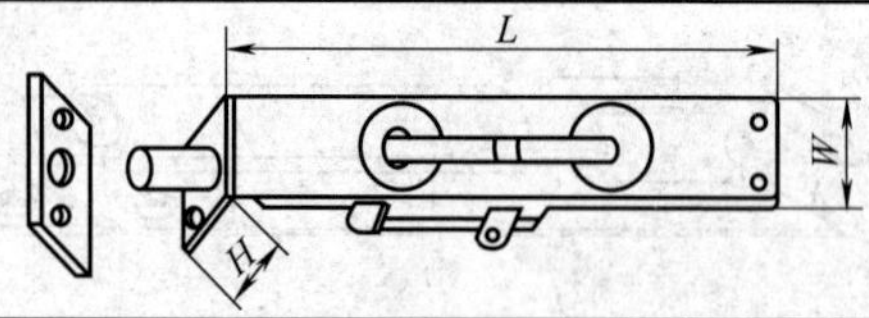

插板长度 L	主要尺寸		配用螺钉	
	宽度 W	深度 H	直径×长度	数目
150	20	35	3.5×18	5
200	20	40	3.5×18	5
250	22	45	4.0×25	5
300	25	50	4.0×25	5

表 30.5　翻窗插销的规格　　mm

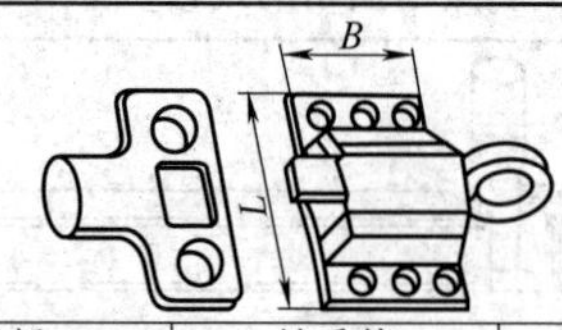

插板长度 L	滑板宽度	销舌伸出长度	配用螺钉	
			直径	长度
30	43	9	3.5	18
35	46	11		20
45	48	12		22

表 30.6　平开门窗插销的技术条件（JG/T 214—2007）

项　　目		技 术 条 件
外观		应满足 JG/T 212 的要求
耐蚀性、膜厚度及附着力		应满足 JG/T 212 的要求
操作力	单动插销	空载时，操作力矩不应超过 2N·m，或操作力不超过 50N；负载时，操作力矩不应超过 4N·m，或操作力不超过 100N
	联动插销	空载时，操作力矩不应超过 4N·m；负载时，操作力矩不应超过 8N·m
强度		插销杆承受 1kN 压力作用后，应满足上述“操作力”的要求
反复启闭		按实际使用情况，进行反复启闭运动 5000 次后，插销应能正常工作，并满足上述“操作力”的要求

注：平开门窗插销的型号标记方法是名称代号＋主参数代号。

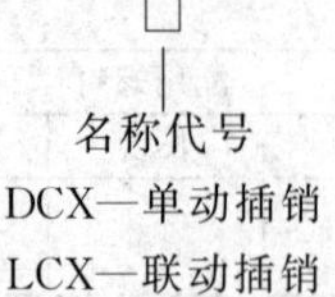

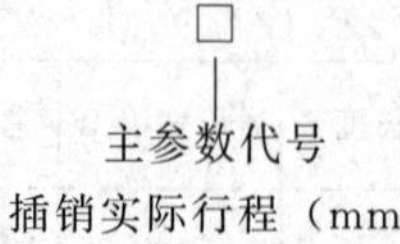

30.1.2 铝合金门插销

表 30.7　铝合金门插销的主要尺寸（QB/T 3885—1999）　mm

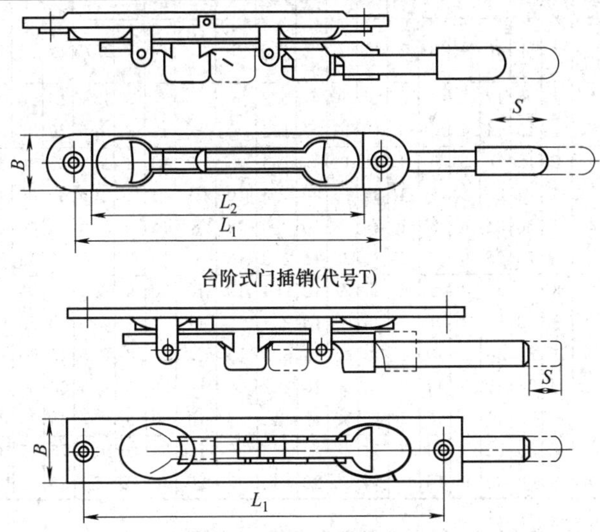

台阶式门插销(代号T)

平板式门插销(代号P)

行程 S	宽度 B	孔距 L_1	基本偏差	台阶 L_2	基本偏差
＞16	22	130	±0.20	110	±0.25
	25	155			

注：材料代号：铜—ZH；锌合金—ZZn。

表 30.8　船用 A 型带舌插销（CB/T 291—1999）　mm

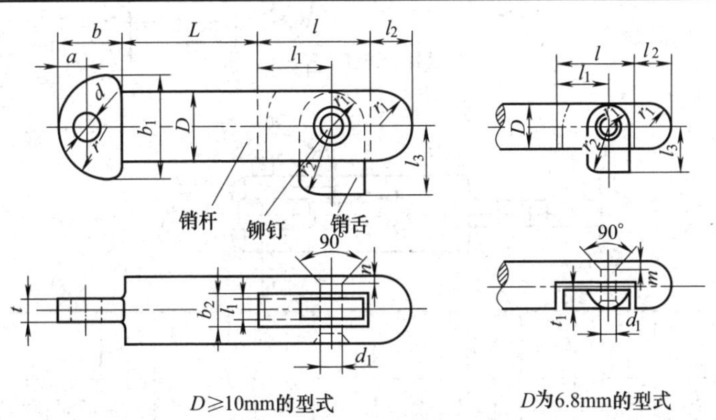

D≥10mm的型式　　D为6.8mm的型式

续表

D 尺寸	D 允差	a	b	b_1	b_2	d	d_1	l	l_1	l_2	n	r	r_1	r_2 l_3	t	t_1	L				
6	0 −0.18	3	6	10	—	3	2	11	7	5	1.0	5	3	6	2	2.75	12	15	18	20	25
8	0 −0.22	4	8	12	—	4	3	14	9	6	1.2	6	4	8	3	3.75	18	20	25	30	35
10		4	10	14	4	4	3	18	12	7	1.2	7	5	10	3	3.5	20	25	30	35	40
12	0 −0.27	5	12	18	5	5	4	21	14	8	1.6	9	6	12	4	4.5	25	30	35	40	45
14		6	14	20	5	6	4	24	16	9	1.6	10	7	14	4	4.5	30	35	40	45	50
16		6	16	24	6	6	5	28	18	10	2.0	12	8	16	5	5.5	35	40	45	50	55
18		7	18	26	6	7	5	30	20	11	2.0	13	9	18	5	5.5	40	45	50	55	60
20	0 −0.33	8	20	30	7	8	6	34	22	12	2.4	15	10	20	6	6.5	45	50	55	60	65
22		9	22	32	7	9	7	36	24	13	2.4	16	11	22	7	7.5	50	55	65	75	85
25		10	25	38	8	10	8	40	26	14	3.2	19	12.5	24	8	8.5	55	60	70	80	90
28		11	28	42	8	11	8	45	30	16	3.2	21	14	28	8	8.5	60	65	75	85	95
30		12	30	44	8	12	9	48	32	17	4	22	15	30	9	9.5	65	70	80	90	100
35	0 −0.39	14	35	52	9	14	10	58	38	19	4	26	17.5	36	10	10.5	75	85	100	115	130
40		16	40	60	9	16	12	65	42	22	6	30	20	40	12	12.5	85	95	110	125	140

表 30.9 船用 B 型带舌插销（CB/T 291—1999） mm

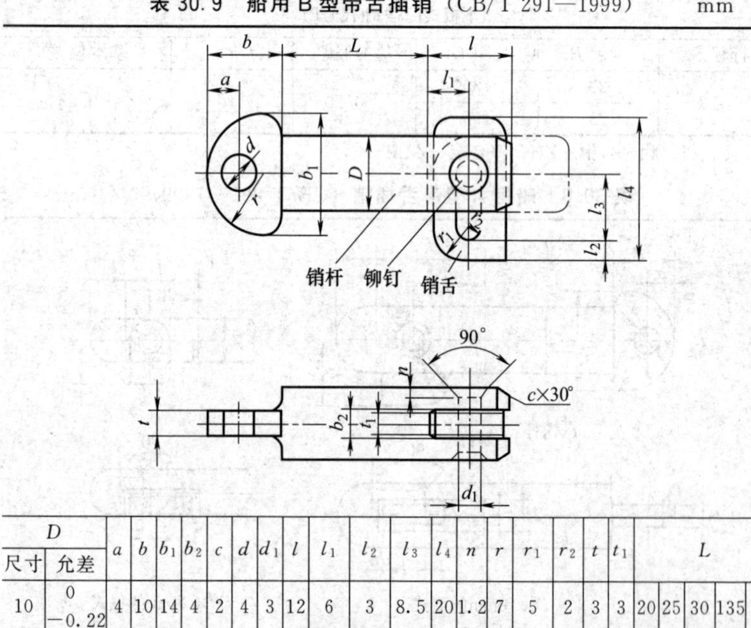

D 尺寸	D 允差	a	b	b_1	b_2	c	d	d_1	l	l_1	l_2	l_3	l_4	n	r	r_1	r_2	t	t_1	L				
10	0 −0.22	4	10	14	4	2	4	3	12	6	3	8.5	20	1.2	7	5	2	3	3	20	25	30	135	40

续表

D		a	b	b_1	b_2	c	d	d_1	l	l_1	l_2	l_3	l_4	n	r	r_1	r_2	t	t_1	L				
尺寸	允差																							
12		5	12	18	5	2	5	4	14	7	3.5	10.5	24	1.6	9	6	2.5	4	4	26	30	35	40	45
14	0	6	14	20	5	3	6	4	16	8	4.5	11.5	27	1.8	10	7	2.5	4	4	30	35	40	45	50
16	−0.27	6	16	24	6	3	6	5	19	9	5	13	30	2	12	8	3	5	5	35	40	45	50	55
18		7	18	26	6	3	7	5	21	10	6	14	33	2	13	9	3	5	5	40	45	50	55	60
20		8	20	30	7	4	8	6	23	11	6.5	15.5	36	2.4	15	10	3.5	6	6	45	50	55	60	65
22		9	22	32	7	4	9	6	26	12	7.5	18.5	39	2.4	16	11	3.5	7	6	50	55	65	75	85
25	0	10	25	38	8	4	10	8	29	13.5	8	19	44	3.2	19	12.5	4.5	8	7	55	60	70	80	90
28	−0.33	11	28	42	8	5	11	8	32	15	9.5	20.5	48	3.2	21	14	4.5	8	7	60	65	75	85	95
30		12	30	44	8	5	12	16	34	16	9.5	22.5	51	4	22	15	5.5	9	7	65	70	80	90	100
35	0	14	35	52	9	6	14	10	39	18.5	12	25	59	4	26	17.5	5.5	10	8	75	85	100	115	130
40	−0.39	16	40	60	9	7	16	12	44	21	13.5	28.5	66	6	30	20	6.5	12	8	85	95	110	125	140

注：材料可为普通碳素钢或镍铬钢。

30.2　合页

30.2.1　普通型合页

用作各类建筑门窗、箱盖之类的连接件，使他们能绕合页轴线转动，其型式和尺寸见表 30.10。

表 30.10　普通型合页的型式和尺寸（QB/T 4595.1—2013）

mm

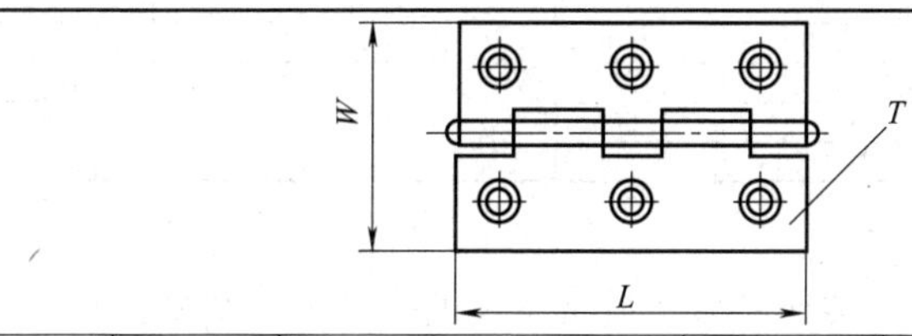

类别	系列编号	合页长度 $L_{-0.76}^{\ 0}$		合页厚度 T ±0.20	每片页片最少螺孔数/个	适用门质量/kg
		Ⅰ组(英制)	Ⅱ组(公制)			
中型合页	A35	88.90	90.00	2.50	3	20
	A40	101.60	100.00	3.00	4	27
	A45	114.30	110.00	3.00	4	34
	A50	127.00	125.00	3.00	4	45
	A60	152.40	150.00	3.00	5	57
重型合页	B45	114.30	110.00	3.50	4	68
	B50	127.00	125.00	3.50	4	79
	B60	152.40	150.00	4.00	5	104
	B80	203.20	200.00	4.50	7	135

注：1. 系列编号后面的数字表示 10 倍长度的英寸值。

2. 孔距的极限偏差为±0.13mm，宽度的极限偏差为±0.38mm。

30.2.2 轻型合页

作用同普通型合页，但一般窄而薄，承载能力小，适用于轻型门窗及橱柜类使用，其型式和尺寸见表 30.11。

表 30.11 轻型合页的型式和尺寸（QB/T 4595.2—2013） mm

系列编号	合页长度		合页厚度		每片页片最少螺孔数/个	适用门质量/kg
	Ⅰ组(英制)	Ⅱ组(公制)	基本尺寸	极限偏差		
C10	25.4		0.70	0 −0.10	2	12
C15	38.10		0.80			
C20	50.80	50.00	1.00		3	15
C25	63.50	65.00	1.10			
C30	76.20	75.00	1.10		4	18
C35	88.90	90.00	1.20			20
C40	101.60	100.00	1.30			22

注：系列编号后面的数字表示 10 倍长度的英寸值。

30.2.3 抽芯型合页

作用同普通型合页，但其芯轴可以抽出，使两连接件易于分离，用于需要经常拆装的门窗上，其型式和尺寸见表 30.12。

表 30.12 抽芯型合页的型式和尺寸（QB/T 4595.3—2013）

mm

系列编号	合页长度		合页厚度		每片页片最少螺孔数/个	适用门质量/kg
	Ⅰ组(英制)	Ⅱ组(公制)	基本尺寸	极限偏差		
D15	38.10		1.20	±0.10	2	12
D20	50.80	1.30	1.30		3	15
D25	63.50	65.00	1.40			15
D30	76.20	75.00	1.60		4	18
D35	88.90	90.00	1.60			20
D40	101.60	100.00	1.80			22

30.2.4 H形合页

用于需要经常拆装而较薄、质量不大的门窗上，其型式和尺寸见表 30.13。

表 30.13 H形合页的型式和尺寸（QB/T 4595.4—2013） mm

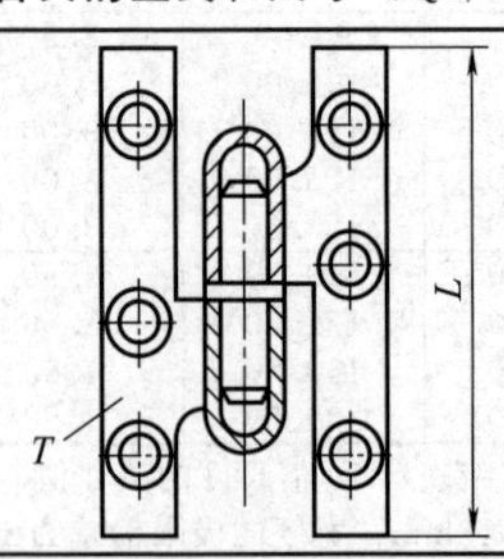

续表

系列编号	合页长度 L	合页厚度 T		每片页片最少螺孔数/个	适用门质量/kg
		基本尺寸	极限偏差		
H30	80.00	2.00	0 −0.10	3	15
H40	95.00	2.00		3	18
H45	110.00	2.00		3	20
H55	140.00	2.50		4	27

注：系列编号后面的数字表示10倍长度的英寸值。

30.2.5　T形合页

用作建筑门窗或家具类门的门框之间的连接件，其型式和尺寸见表30.14。

表30.14　T形合页的型式和尺寸（QB/T 4595.5—2013）　mm

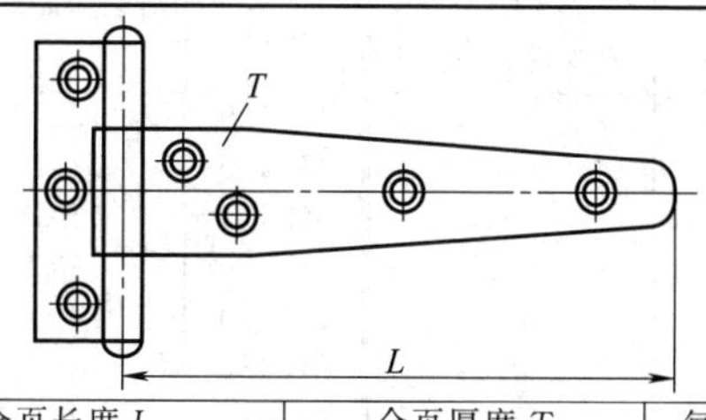

系列编号	合页长度 L		合页厚度 T		每片页片最少螺孔数/个	适用门质量/kg
	Ⅰ组(英制)	Ⅱ组(公制)	基本尺寸	极限偏差		
T30	76.20	75.00	1.40	±1.0	3	15
T40	101.60	100.00	1.40		3	18
T50	127.00	125.00	1.50		4	20
T60	152.40	150.00	1.50		4	27
T80	203.20	200.00	1.80		4	34

注：系列编号后面的数字表示10倍长度的英寸值。

30.2.6　双袖型合页

用在一般需要经常拆卸的门窗上，分为左右两半，其型式和尺寸见表30.15。

表30.15　双袖型合页的型式和尺寸（QB/T 4595.6—2013）

mm

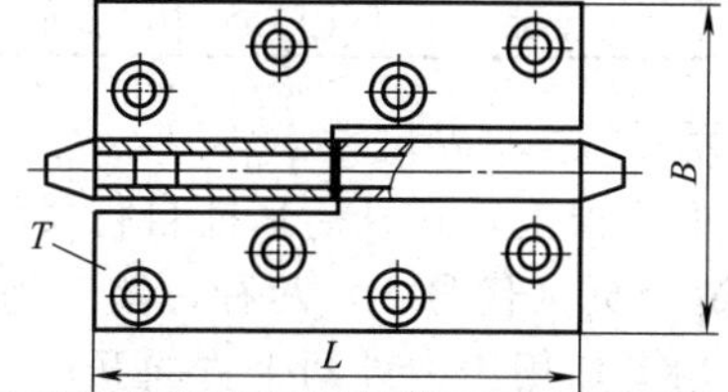

续表

系列编号	合页长度 L	合页厚度 T		每片页片最少螺孔数/个	适用门质量/kg
		基本尺寸	极限偏差		
G30	75.00	1.50	±0.10	3	15
G40	100.00	1.50		3	18
G50	125.00	1.80		4	20
G60	150.00	2.00		4	22

注：系列编号后面的数字表示10倍长度的英寸值。

30.2.7 门窗合页

用于建筑平开门、内平开窗，其规格见表30.16和表30.17。

表30.16 门上部合页规格（JG/T 125—2007）

规格	门扇质量/kg	拉力/N（允许误差+2%）	规格	门扇质量/kg	拉力/N（允许误差+2%）
MJ 50	50	500	MJ 130	130	1250
MJ 60	60	600	MJ 140	140	1350
MJ 70	70	700	MJ 150	150	1450
MJ 80	80	800	MJ 160	160	1550
MJ 90	90	900	MJ 170	170	1650
MJ 100	100	1000	MJ 180	180	1750
MJ 110	110	1100	MJ 190	190	1850
MJ 120	120	1150	MJ 200	200	1950

表30.17 窗上部合页规格（JG/T 125—2007）

规格	窗扇质量/kg	拉力/N（允许误差+2%）	规格	窗扇质量/kg	拉力/N（允许误差+2%）
CJ 30	30	1250	CJ 120	120	3250
CJ 40	40	1300	CJ 130	130	3500
CJ 50	50	1400	CJ 140	140	3900
CJ 60	60	1650	CJ 150	150	4200
CJ 70	70	1900	CJ 160	160	4450
CJ 80	80	2200	CJ 170	170	4700
CJ 90	90	2450	CJ 180	180	5000
CJ 100	100	2700	CJ 190	190	5300
CJ 110	110	3000	CJ 200	200	5500

30.2.8 弹簧合页

用于经常开启的门窗上，在开启后能自行关闭。有单弹簧合页（代号D）和双弹簧合页（代号S）两种，前者适用于只适用于单方向开启的场合，后者适用于内外两个方向开启的场合。其规格尺寸见表 30.18。

表 30.18　弹簧合页的规格尺寸（QB/T 1738—1993）　mm

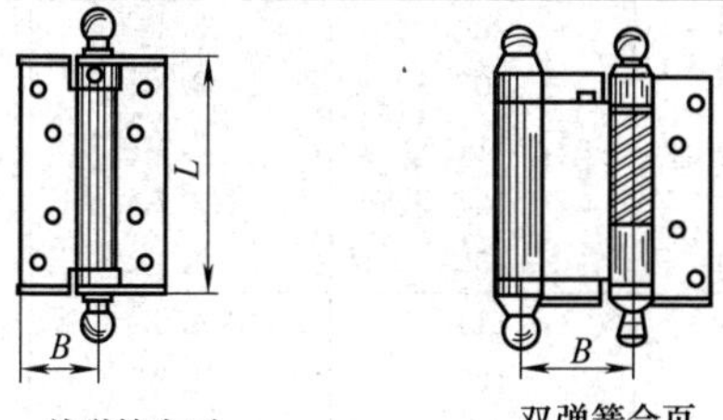

单弹簧合页　双弹簧合页

<table>
<tr><th rowspan="3">规格</th><th colspan="5">页片材料尺寸</th><th colspan="2">配用木螺钉(参考)</th></tr>
<tr><th colspan="2">长度 L</th><th colspan="2">宽度 B</th><th rowspan="2">页片材料厚度</th><th rowspan="2">直径×长度</th><th rowspan="2">数目/个</th></tr>
<tr><th>Ⅰ型</th><th>Ⅱ型</th><th>单弹簧</th><th>双弹簧</th></tr>
<tr><td>75</td><td>76</td><td>75</td><td>36</td><td>48</td><td>1.8</td><td>3.5×25</td><td>8</td></tr>
<tr><td>100</td><td>102</td><td>100</td><td>39</td><td>56</td><td>1.8</td><td>3.5×25</td><td>8</td></tr>
<tr><td>125</td><td>127</td><td>125</td><td>45</td><td>64</td><td>2.0</td><td>4×30</td><td>8</td></tr>
<tr><td>150</td><td>152</td><td>150</td><td>50</td><td>64</td><td>2.0</td><td>4×30</td><td>10</td></tr>
<tr><td>200</td><td>203</td><td>200</td><td>71</td><td>95</td><td>2.4</td><td>4×40</td><td>10</td></tr>
<tr><td>250</td><td>254</td><td>250</td><td>—</td><td>95</td><td>2.4</td><td>5×50</td><td>10</td></tr>
</table>

30.2.9　轴承铰链

用于重型或特殊的钢框包金属皮的大门，使其转动轻便灵活，其型式尺寸和分类标记分别见表 30.19 和表 30.20。

轴承铰链的型号表示方法是：

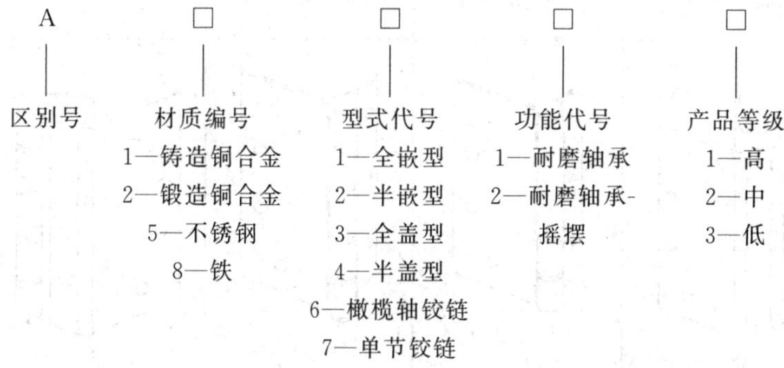

标记示例：A5412 表示不锈钢，半盖型，耐磨轴承，2 级产品的轴承铰链。

表 30.19　轴承铰链的型式尺寸（QB/T 4063—2010）　mm

承重类别	系列编号	铰链长度$^{0}_{-0.38}$	铰链厚度±0.13	每片页片的螺孔数
A 普通	A35	89	3.1	3
	A40	102	3.3	4
	A45	114	3.4	4
	A50	127	3.7	4
	A60	152	4.1	5
B 重型	B45	114	4.6	4
	B50	127	4.8	4
	B60	152	5.2	5
	B80	203	5.2	≥7

注：1. 第 1 个字母表示厚度，B—重型铰链，A—普通铰链；后面两个数字表示以英寸为单位的 10 倍铰链长度（35 表示 3.5in，40 表示 4.0in，…）。

2. 宽度公差为±0.38mm，两页管筒间的轴向间隙和径向间隙≤0.38mm。

表 30.20　轴承铰链的分类标记（QB/T 4063—2010）

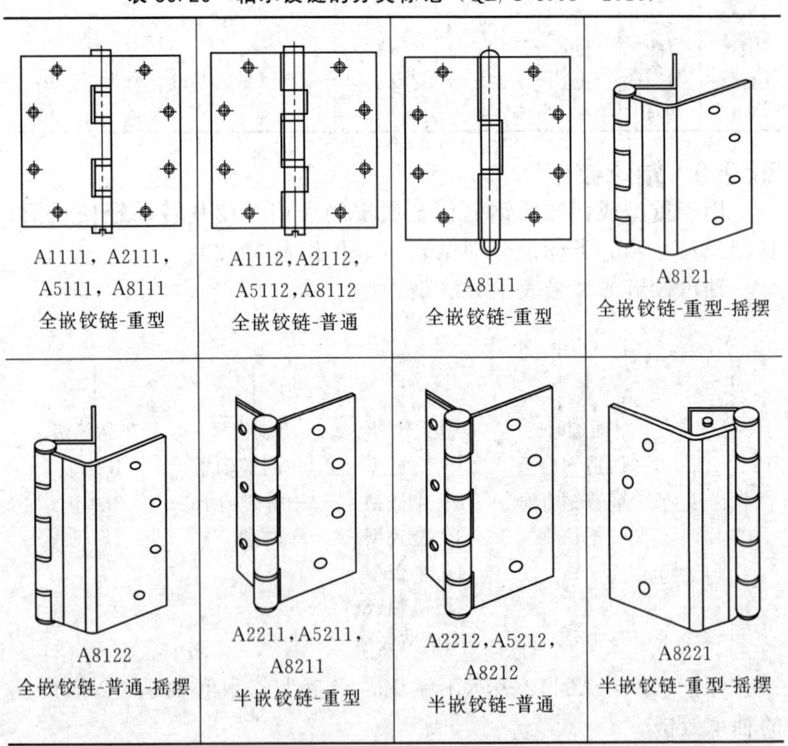

A1111，A2111，A5111，A8111　全嵌铰链-重型

A1112，A2112，A5112，A8112　全嵌铰链-普通

A8111　全嵌铰链-重型

A8121　全嵌铰链-重型-摇摆

A8122　全嵌铰链-普通-摇摆

A2211，A5211，A8211　半嵌铰链-重型

A2212，A5212，A8212　半嵌铰链-普通

A8221　半嵌铰链-重型-摇摆

续表

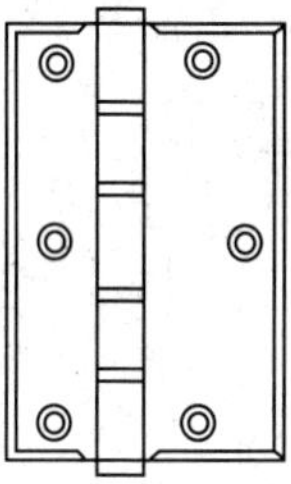 A2311,A5311, A8311 全盖铰链-重型	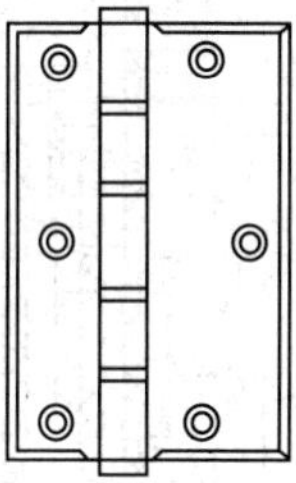 A2312,A5312, A8312 全盖铰链-普通	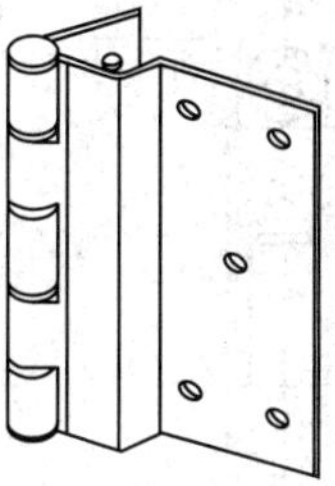 A8321 全盖铰链-重型-摇摆	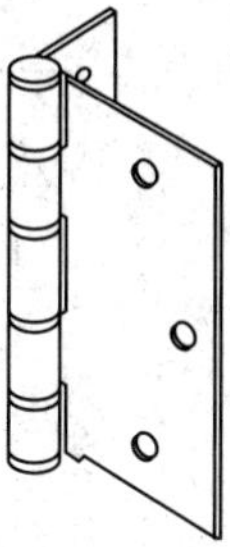 A2411,A5411, A8411 半盖铰链-重型
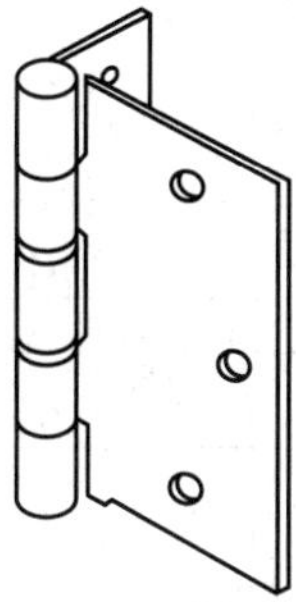 A2412,A5412,A8412 半盖铰链-普通	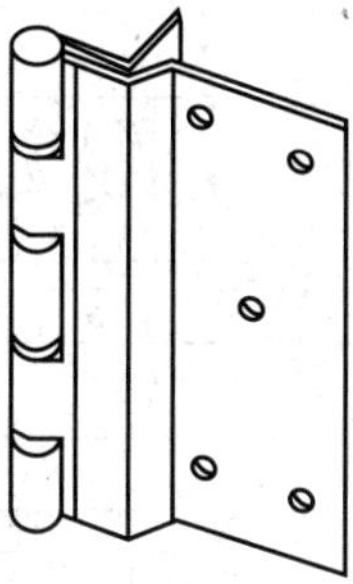 A8421 半盖铰链-重型-摇摆	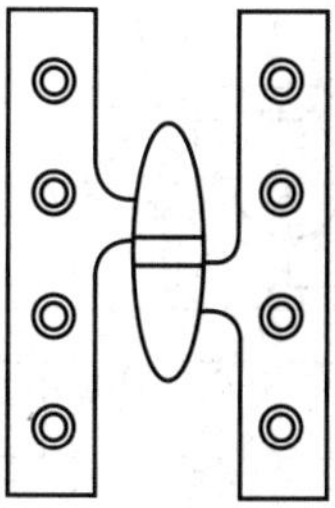 A1611,A8611 橄榄轴-全嵌-重型 A1612,A8612 橄榄轴-全嵌-普通	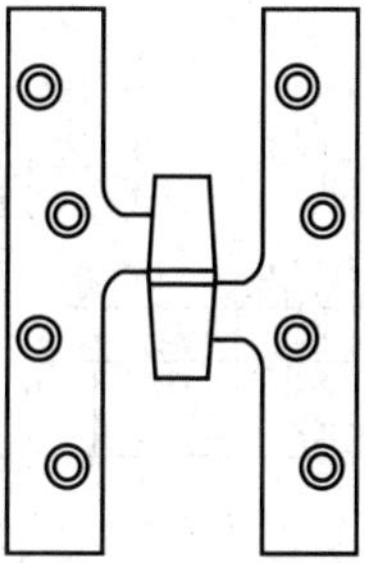 A1711 单节-全嵌-重型 A8711 单节-全嵌-重型 A8712 单节-全嵌-普通

30.2.10　塑料门窗合页

塑料门窗合页的型号标注方法是：

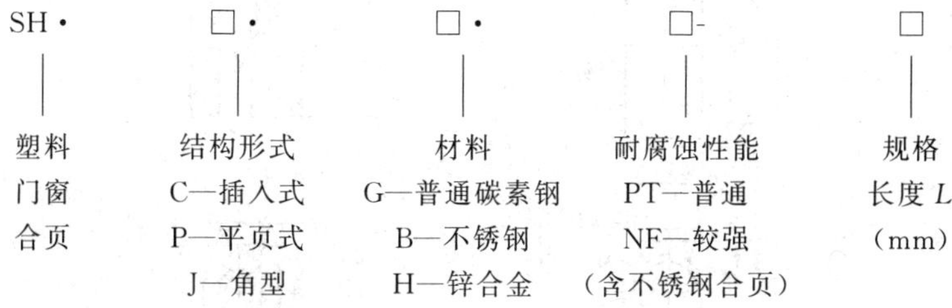

插入式塑料门窗合页的尺寸见表 30.21，平页式塑料门窗合页和角型塑料门窗合页的尺寸分别见图 30.1 和图 30.2。

表 30.21 插入式塑料门窗合页的尺寸（QB/T 1235—1991）

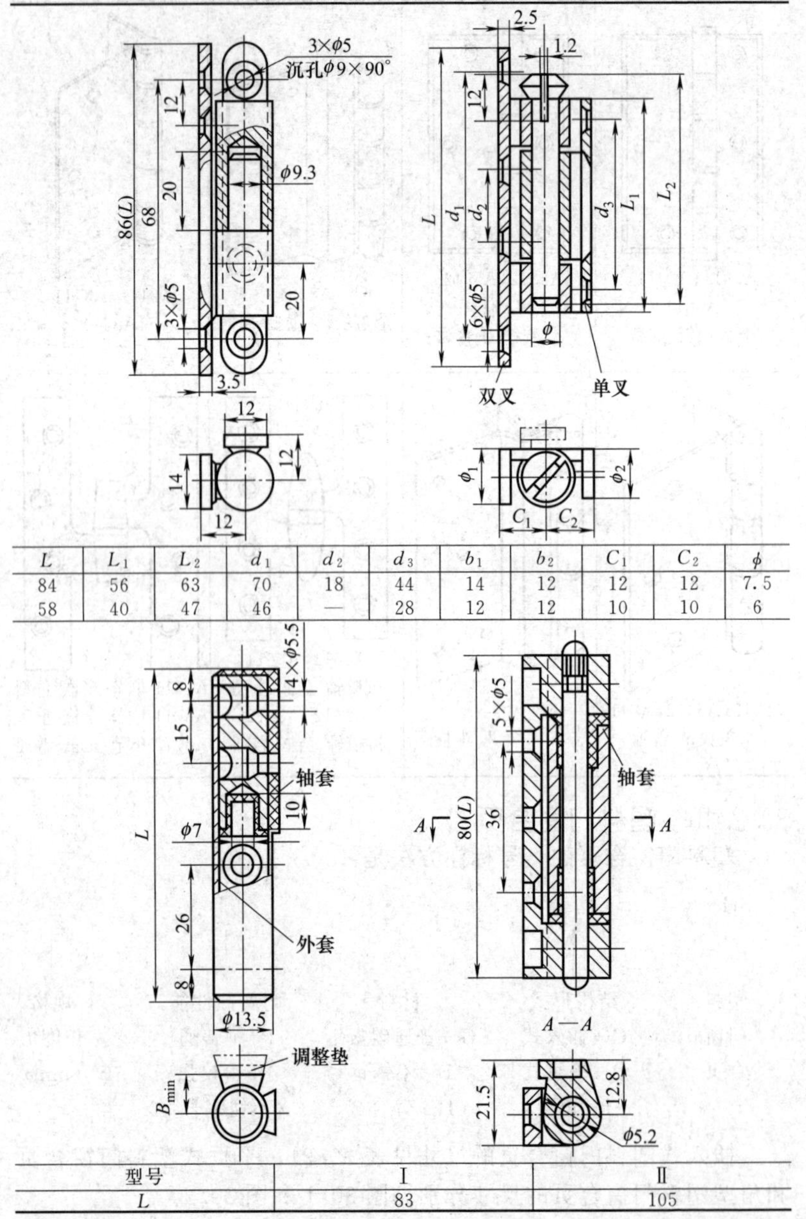

L	L_1	L_2	d_1	d_2	d_3	b_1	b_2	C_1	C_2	ϕ
84	56	63	70	18	44	14	12	12	12	7.5
58	40	47	46	—	28	12	12	10	10	6

型号	Ⅰ	Ⅱ
L	83	105

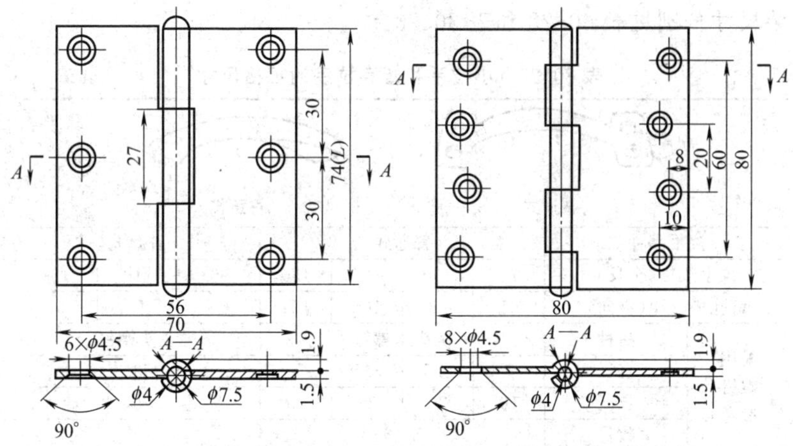

图 30.1　平页式塑料门窗合页的尺寸（QB/T 1235—1991）

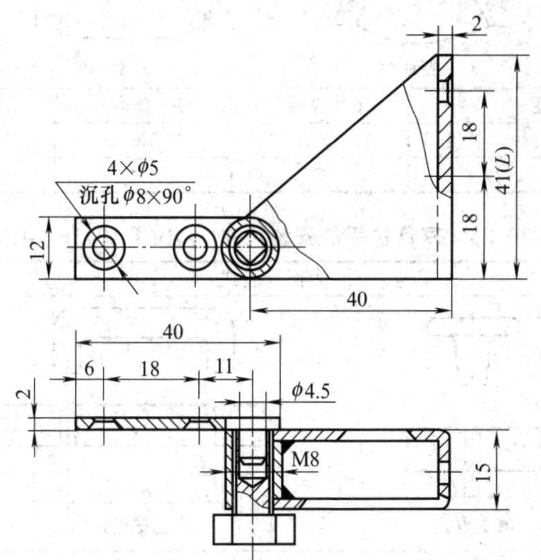

图 30.2　角型塑料门窗合页的尺寸（QB/T 1235—1991）

30.3　拉手

30.3.1　小拉手

用作房门、箱子、橱柜及抽屉，一般为低碳钢，表面镀铬或喷漆，香蕉式拉手也有用锌合金制造的，表面镀铬。其规格尺寸和安装尺寸分别见表 30.22 和表 30.23。

表 30.22　小拉手和蟹壳拉手的规格尺寸　　mm

普通式

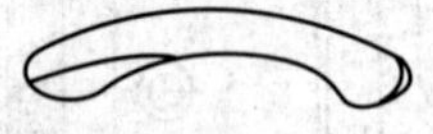

香蕉式

拉手品种		普通式				香蕉式		
拉手规格(全长)		75	100	125	150	90	110	130
钉孔中心距(纵向)		65	88	108	131	60	75	90
配用螺钉(参考)	品种	沉头木螺钉				盘头螺钉		
	直径	3	3.5	3.5	4	M3.5		
	长度	16	20	20	25	25		
	数目	4个				2个		

普通型

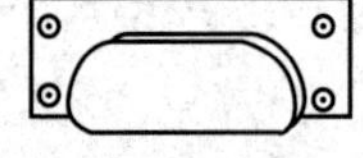

方型

长度		65(普通)	80(普通)	90(方型)
配用木螺钉	直径×长度	3×16	3.5×20	3.5×20
	数量/个	3	3	4

表 30.23　家具拉手的安装尺寸（QB/T 1241—2013）　　mm

表面安装式

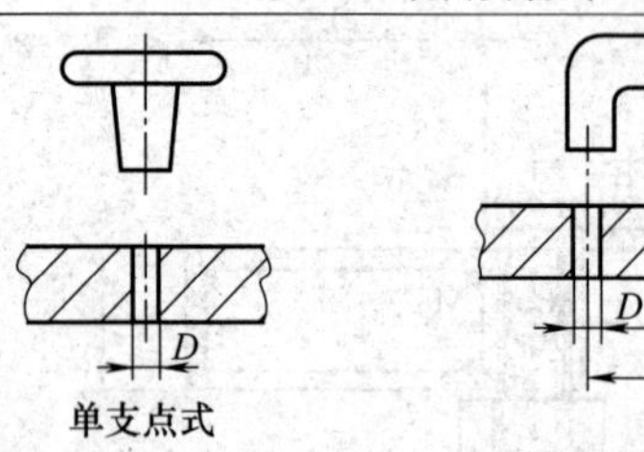

单支点式

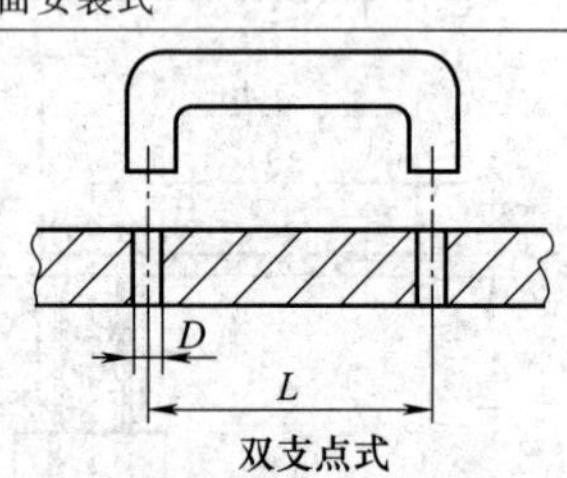

双支点式

D	5						
ΔD	+0.10 0						
L	16	20 25	32,40 8	64,70 80	90,96 112	128,144 160,176	必要时可按 32mm 系列向上延伸
ΔL	±0.14	±0.175	±0.215	±0.265	±0.315	±0.37	应符合 QB/T 3658—1999 中表 6 的极限偏差 JS2W

续表

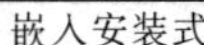

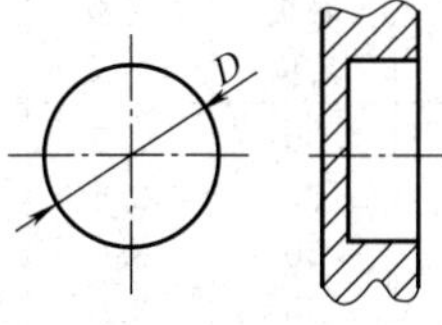

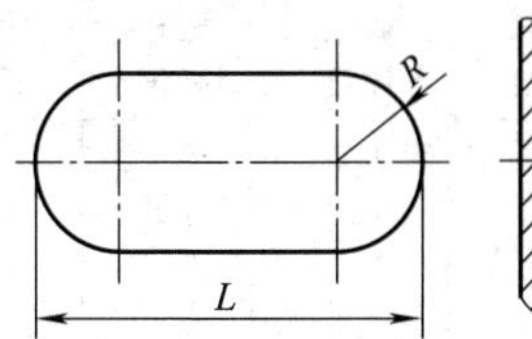

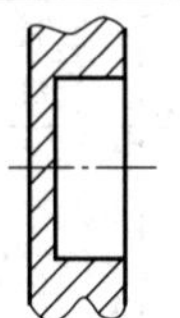

Ⅰ型安装孔(钻孔)　　Ⅱ型安装孔(铣槽)

$D\pm\Delta D$	$L\pm\Delta L$						R
$16^{+0.17}_{0}$	$48^{+0.43}_{0}$	$56^{+0.53}_{0}$	$64^{+0.53}_{0}$	$80^{+0.53}_{0}$	$96^{+0.63}_{0}$	$112^{+0.63}_{0}$	$0.5D$
$25^{+0.20}_{0}$	$57^{+0.53}_{0}$	$65^{+0.53}_{0}$	$73^{+0.53}_{0}$	$89^{+0.63}_{0}$	$105^{+0.63}_{0}$	$121^{+0.74}_{0}$	
$30^{+0.20}_{0}$	$62^{+0.53}_{0}$	$70^{+0.53}_{0}$	$78^{+0.53}_{0}$	$94^{+0.63}_{0}$	$110^{+0.63}_{0}$	$126^{+0.74}_{0}$	
$35^{+0.25}_{0}$	$67^{+0.53}_{0}$	$75^{+0.53}_{0}$	$83^{+0.63}_{0}$	$99^{+0.63}_{0}$	$115^{+0.63}_{0}$	$131^{+0.74}_{0}$	

封边拉手

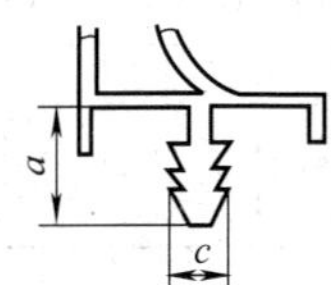

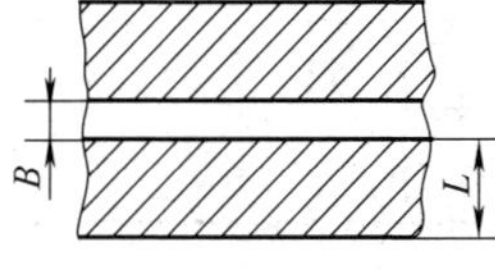

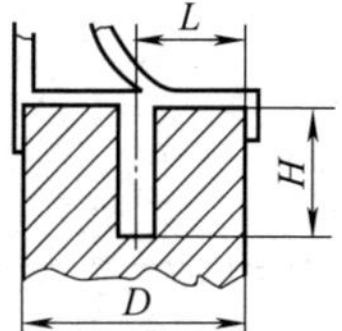

$D\pm\Delta D$	$L\pm\Delta L$	B	ΔB	H	ΔH
$16^{+0.5}_{0}$	$8^{+0.12}_{-0.12}$	$c+0.5$（c 的范围为 2.3～3.0）	+0.12	$a+0.5$（a 的范围为 7.0～9.0）	+0.23
$18^{+0.5}_{0}$	$9^{+0.12}_{-0.12}$				
$20^{+0.5}_{0}$	$10^{+0.12}_{-0.12}$				
$22^{+0.5}_{0}$	$11^{+0.14}_{-0.14}$				

注：黑体字为优先选用尺寸。

30.3.2　底板拉手

装在宾馆、饭店、学校和医院装有弹簧合页或地弹簧双扇大门上，供推拉开关门用，其规格见表 30.24。

表 30.24　底板拉手的规格　　mm

普通式

方柄式

续表

底板全长	普通式				方柄式		
	底板宽度	底板厚度	底板高度	手柄长度	底板宽度	底板厚度	手柄长度
150	40	1.0	5.0	90	30	2.5	120
200	48	1.2	6.8	120	35	2.5	163
250	58	1.2	7.5	150	50	3.0	196
300	66	1.6	8.0	190	55	3.0	240

30.3.3 梭子拉手

用作工具箱、手提箱的提手或推拉立扇，其规格见表 30.25。

表 30.25 梭子拉手的规格与尺寸 mm

规格（全长）	管子外径	高度	桩脚底座直径	两桩脚中心距
200	19	65	51	60
350	25	69	51	210
450	25	69	51	210

30.3.4 管子拉手

装在公共场所及车厢的大门上，供推拉开关门用，其规格见表 30.26。

表 30.26 管子拉手的规格与尺寸 mm

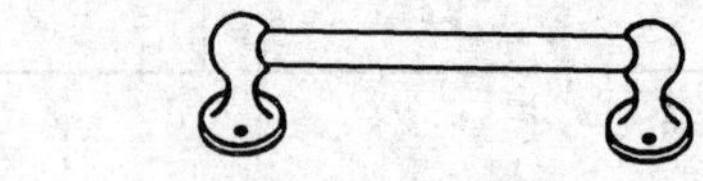

规格	长度	250,300,350,400,450,500,550,600,650,700,750,800,850,900,950,1000
	外径×壁厚	32×1.5
桩头	底座直径×圆头直径×高度:77×65×95	
总长	管子长度+40	

30.3.5 推板拉手

装在大门上，供推拉开关门用，其规格见表 30.27。

表 30.27　推板拉手的型号与规格　mm

型号	长度	宽度	高度	螺栓孔数/中心距
X-3	200 250 300	100	40	2/140 2/170 3/110
228	300	100	40	2/270

30.3.6　大门拉手

装在大门或车门上，除拉启外还兼有扶手及装饰作用和保护玻璃的作用，其规格见表 30.28 和表 30.29。

表 30.28　玻璃大门圆拉手的规格　mm

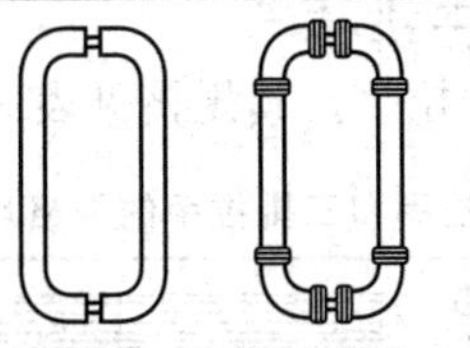
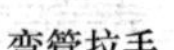
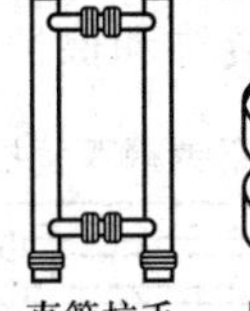

弯管拉手　花(弯)管拉手　直管拉手　圆盘拉手

品种	代号	规格(管子全长×外径)
弯管拉手	MA113	600×51,457×38,457×32,300×32
花(弯)管拉手	MA112 MA123	800×51,600×51,600×32, 457×38,457×32,350×32
直管拉手	MA104	600×51,457×38,457×42,300×32
	MA122	800×54,600×54,600×42,457×51
圆盘拉手		圆盘直径:160,180,200,220

表 30.29　方形大门拉手　mm

手柄长度	250	300	350	400	450	500	550	600
托柄长度	190	240	290	320	370	420	470	520
手柄长度	650	700	750	800	850	900	950	1000
托柄长度	550	600	650	680	730	780	830	880

注：手柄断面宽度×高度为 12mm×16mm；底板长度×宽度×厚度为 80mm×60mm×3.5mm；拉手总长为手柄长度+64mm；拉手总高为 54.5mm。

30.3.7 铝合金门窗拉手

表 30.30 门用拉手的型式、代号及规格（QB/T 3889—1999）

型式名称	杆式	板式	其他
代号	MG	MB	MQ
拉手长度规格系列/mm	200,250,300,350,400,450,500,550,600,650,700,750,800,850,900,950,1000		

表 30.31 窗用拉手的型式、代号及规格（QB/T 3889—1999）

型式名称	板式	盒式	其他
代号	CB	CH	CQ
拉手长度规格系列/mm	50,60,70,80,90,100,120,150		

30.3.8 不锈钢双管拉手和三排拉手

用作大型门窗的装饰和保护拉手，其规格见表 30.32。

表 30.32 不锈钢双管拉手和三排拉手的规格尺寸 mm

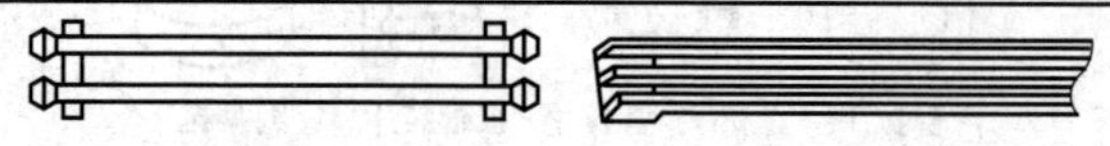

双管拉手 三排拉手

种类	全　长	配用木螺母	
		直径	个数
双管拉手	500,550,600,650,700,750,800	M4	6
三排拉手	600,650,700,750,800,850,900,950,1000	M4	8

30.4 执手

30.4.1 平开铝合金窗执手

表 30.33 平开铝合金窗执手的规格尺寸（QB/T 3886—1999）

mm

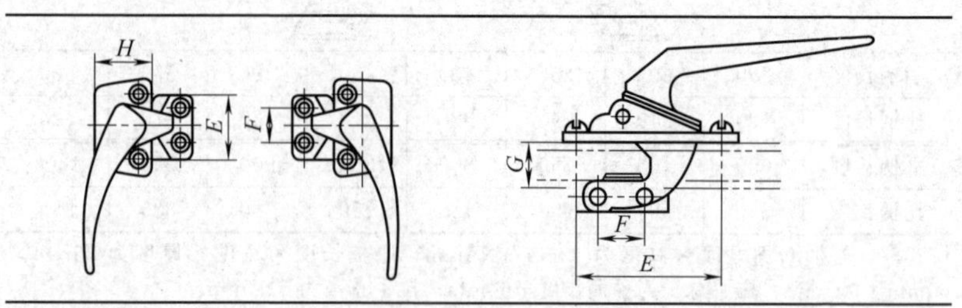

续表

型式	执手安装孔距 E		执手支座宽度 H		承座安装孔距 F		执手座底面至锁紧面距离 G		执手柄长度
	基本尺寸	极限偏差	基本尺寸	极限偏差	基本尺寸	极限偏差	基本尺寸	极限偏差	
DY 型	35		29 24		16 19				
DK 型	60 70	±0.5	12 13	±0.5	23 25	±0.5	12	±0.5	≥70
DSK 型	128		22						
SLK 型	60 70		12 13		23 25		12	±0.5	

30.4.2　旋压执手

用于建筑窗（单个旋压执手只能用于开启扇对角线不超过 0.7m 的建筑窗）。其型号标记方法是名称代号旋压执手 XZ＋主参数代号（旋压执手高度，mm）。其技术条件见表 30.34。

表 30.34　旋压执手的技术条件（JG/T 213—2007）

项　　目	技 术 条 件
外观	应满足 JG/T 212 的要求
耐蚀性、膜厚度及附着力	应满足 JG/T 212 的要求
操作力矩	空载时，操作力矩不应大于 1.5N·m；负载时，操作力矩不应大于 4N·m
强度	旋压执手手柄承受 700N 力作用后，任何部件不能断裂
反复启闭	反复启闭 1.5 万次后，旋压位置的变化不应超过 0.5mm

30.4.3　传动机构用执手

用于建筑门窗中与传动锁闭器、多点锁闭器等配合使用（不适用于双面执手）。

传动机构用执手标记的方法是：

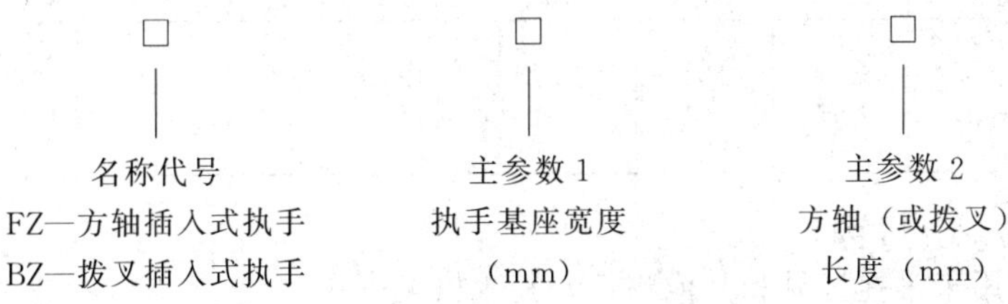

表 30.35　传动机构用执手性能（JG/T 124—2007）

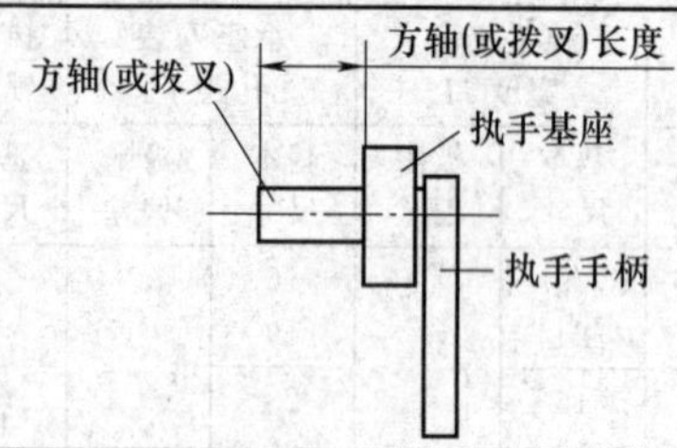

项　目		要　求
外观		满足 JG/T 212 的要求
耐蚀性、膜厚度及附着力		满足 JG/T 212 的要求
力学性能	操作力和力矩	空载操作力不大于 40N，且操作力矩不大于 2N·m
	反复启闭	反复启闭 25000 个循环试验后，应满足上述操作力矩的要求，开启、关闭自定位位置与原设计位置偏差应小于 5°
强度	抗扭曲	传动机构用执手在 25～26N·m 力矩的作用下，各部件应不损坏，执手手柄轴线位置偏移应小于 5°
	抗拉性能	传动机构用执手在承受 600N 拉力作用后，执手柄最外端最大永久变形量应小于 5mm

30.5　门窗小五金

30.5.1　窗钩

表 30.36　窗钩的型式与尺寸（QB/T 1106—1991）　　mm

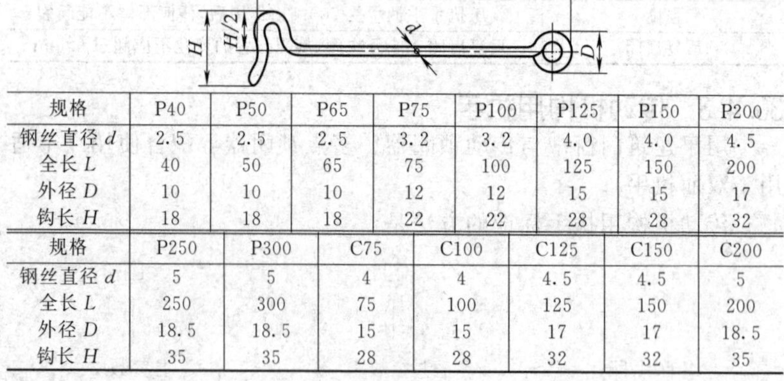

规格	P40	P50	P65	P75	P100	P125	P150	P200
钢丝直径 d	2.5	2.5	2.5	3.2	3.2	4.0	4.0	4.5
全长 L	40	50	65	75	100	125	150	200
外径 D	10	10	10	12	12	15	15	17
钩长 H	18	18	18	22	22	28	28	32

规格	P250	P300	C75	C100	C125	C150	C200
钢丝直径 d	5	5	4	4	4.5	4.5	5
全长 L	250	300	75	100	125	150	200
外径 D	18.5	18.5	15	15	17	17	18.5
钩长 H	35	35	28	28	32	32	35

30.5.2　灯钩

用来吊挂灯具和其他物件，其规格见表 30.37。

表 30.37　灯钩的规格和尺寸　mm

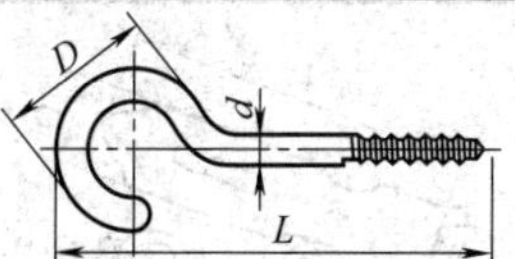

规格	号码	各部尺寸			
		长度 L	钩外径 D	直径 d	螺距
35	3	35	13	2.5	1.15
40	4	40	14.5	2.8	1.25
45	5	45	16	3.1	1.4
50	6	50	17.5	3.4	1.6
55	7	55	19	3.7	1.7
60	8	60	20.5	4.0	1.8
65	9	65	22	4.3	1.95
70	10	70	24.5	4.6	2.1
80	12	80	30	5.2	2.3
90	14	90	35	5.8	2.5
105	16	105	41	6.4	2.8
115	18	110	46	8.4	3.175

30.5.3　羊眼

表 30.38　羊眼的型式和尺寸（QB/T 1106—1991）　mm

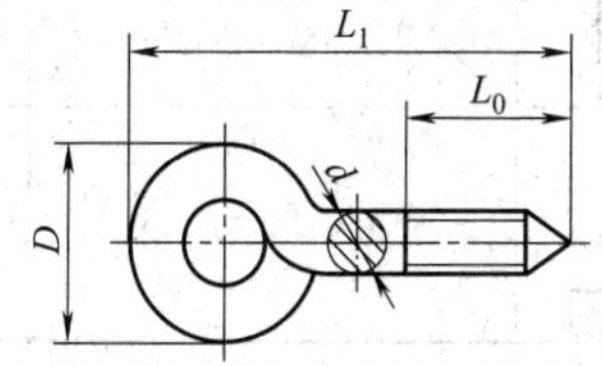

规格	P40	P50	P65	P75	P100	P125	P150	P200
钢丝直径	2.5	2.5	2.5	3.2	3.2	4.0	4.0	4.5
外径 D	10	10	10	12	12	15	15	17
全长 L_1	22	22	22	25	30	35	35	40
螺纹长度 L_0	8	8	8	9	9	13	13	15

规格	P250	P300	C75	C100	C125	C150	C200
钢丝直径	5	5	4	4	4.5	4.5	5
外径 D	18.5	18.5	15	15	17	17	18.5
全长 L_1	45	45	35	35	40	40	45
螺纹长度 L_0	17	17	13	13	15	15	17

30.5.4　锁扣

装在门、箱、柜、抽屉上，供挂锁用，其规格见表 30.39。

表 30.39 锁扣的规格和尺寸 mm

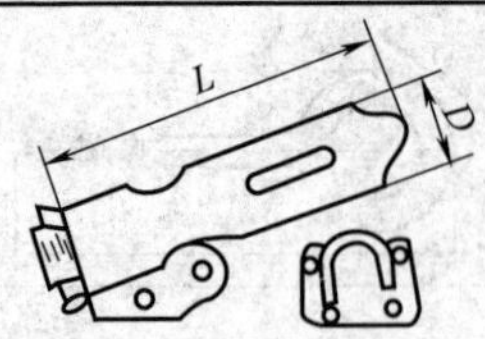

规格	面板尺寸						沉头木螺钉		
	长度 L		宽度 D		厚度		直径×长度		数量
	普通	宽型	普通	宽型	普通	宽型	普通	宽型	
40	38.5	38	17	20	1	1.2	2.5×10	2.5×10	7
50	55	52	20	27	1	1.2	2.5×10	3×12	7
65	67	65	23	32	1	1.2	2.5×10	3×14	7
75	75	78	25	32	1.2	1.2	3.0×14	3×16	7
90	—	88	—	36	—	1.4	—	3.5×18	7
100	—	101	—	36	—	1.4	—	3.5×20	7
125	—	127	—	36	—	1.4	—	3.5×20	7

30.5.5 铁三角

表 30.40 铁三角的规格和尺寸 mm

名称	简图	规格	用途
铁三角		边长:50、60、75、90、100、125、150	钉在门窗四角,加强其刚度和坚固性
T形铁角		边长:50、60、75	用于门、窗冒头与边梃交叉之处,加强门、窗的刚度和坚固性

30.5.6 窗帘轨

装于窗扇上部作吊挂窗帘用，拉动一侧拉绳即可开闭窗帘（固定式向一侧移动，调节式向两侧移动），其规格见表 30.41。

表 30.41 窗帘轨的规格和尺寸 mm

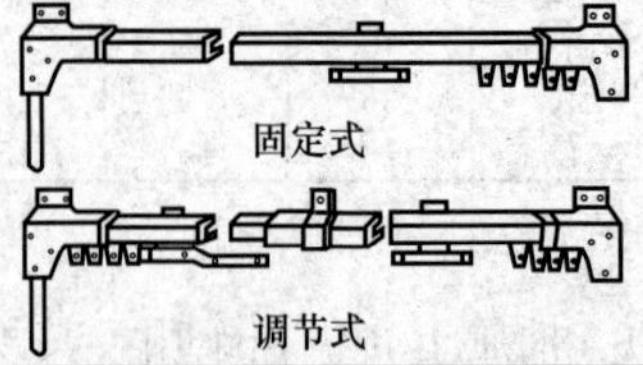

续表

名称	规格	轨道长度	安装距离	名称	规格	轨道长度	安装距离
固定式窗帘轨	1.2	1.25	—	固定式窗帘轨	3.5	3.55	—
	1.6	1.65			3.8	3.85	
	1.8	1.85			4.2	4.25	
	2.1	2.15			4.5	4.5	
	2.4	2.45		调节式窗帘轨	1.5	—	1.0～1.8
	2.8	2.85			1.8		1.2～2.2
	3.2	3.25			2.4		1.9～2.6

30.5.7　滑撑

用于铝合金上悬窗、平开窗的定位和启闭，其技术条件见表 30.42，其规格见表 30.43 和表 30.44。可分为外开上悬窗用滑撑和外平开窗用滑撑两大类。其型号标记的方法是名称代号＋主参数代号（承载质量＋滑槽长度）：

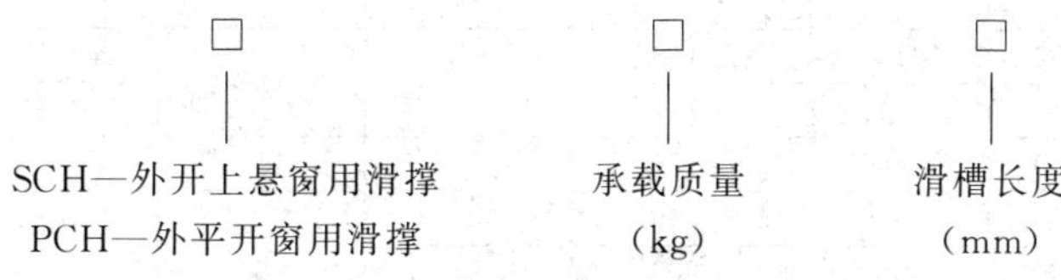

表 30.42　滑撑的技术条件（JG/T 127—2007）

项目		技术条件
外观		应满足 JG/T 212 的要求
力学性能	自定位力	外平开窗用滑撑，一组滑撑的自定位力应可调整到不小于 40N
	启闭力	①外平开窗用滑撑的启闭力不应大于 40N ②在 0～300mm 开启范围内，外开上悬窗用滑撑的启闭力不应大于 40N
	间隙	窗扇锁闭状态，在力的作用下，安装滑撑的窗角部扇、框间密封间隙变化值不应大于 0.5mm
	刚性	①窗扇关闭受 300N 阻力试验后，以及窗扇开启到最大位置受 300N 力试验后，应仍满足前三项的要求 ②有定位装置的滑撑，开启到定位装置起作用的情况下，承受 300N 外力的作用后，也应能满足前三项的要求
	反复启闭	反复启闭 25000 次后，窗扇的启闭力不应大于 80N
	强度	滑撑开启到最大开启位置时，承受 1000N 的外力的作用后，窗扇不得脱落
	悬端吊重	外平开窗用滑撑在承受 1000N 的作用力 5min 后，滑撑所有部件不得脱落

表 30.43　铝合金不锈钢滑撑的规格和基本尺寸（QB/T 3888—1999）

mm

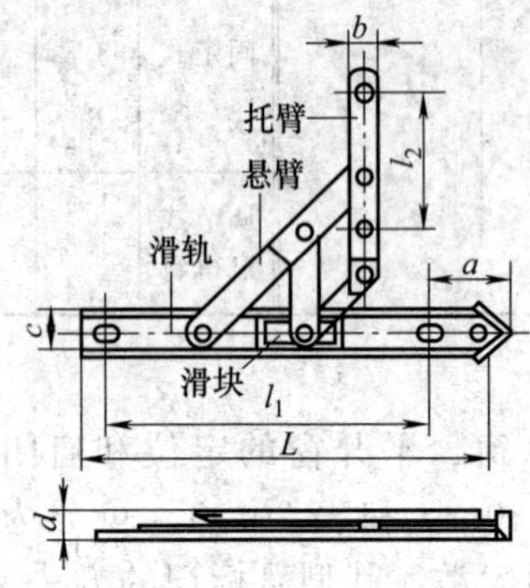

规格	长度	滑轨安装孔距 l_1	托臂安装孔距 l_2	托臂悬臂厚度 ≥	高度 ≤	开启角度/(°)
200	200	170	113	2.0	135	60±2
250	250	215	147			85±3
300	300	260	156	2.5	155	
350	350	300	195			
400	400	360	205	3.0	165	
450	450	410	205			

注：1. 规格 200mm 适用于上悬窗。

2. 滑轨宽度 a=18～22mm。

表 30.44　聚氯乙烯滑撑规格和基本尺寸　　mm

滑轨长度	滑轨宽度	外形高度	开启角度
200、250、300、350、400、500	18 20 22	$13.5^{+0.5}_{0}$ $15^{+0.5}_{0}$	60°～90°

规格	上下悬窗使用				平开窗使用			
	最大开启角度	最大窗扇宽度	最大窗扇高度	最大窗扇重量/N	最大开启角度	最大窗扇宽度	最大窗扇高度	最大窗扇重量/N
200	≥60°	1200	350	240	—	—	—	—
250			400	320	—	—	—	—
300			550	400	≥60°	600	1200	260
350			—	—				280
400			750	420				300
500			1000	480	—	—	—	—

30.5.8　窗撑挡

用于建筑内平开窗、外开上悬窗、内开下悬窗的定位和启闭，其技术条件和规格尺寸分别见表 30.45 和表 30.46。可分为摩擦式撑挡和锁定式撑挡两大类。其型号标记的方法是名称代号＋主参数代号：

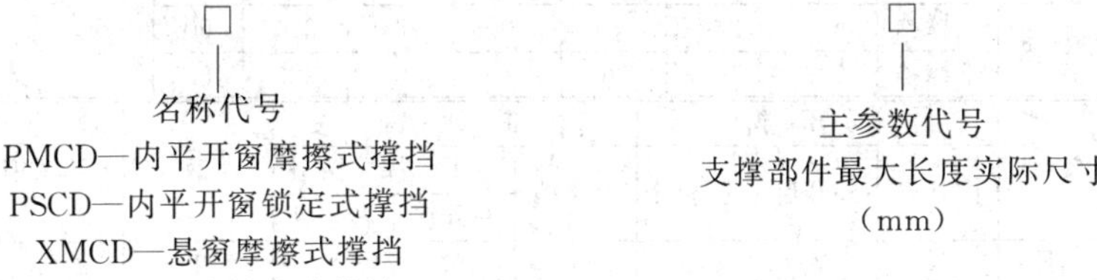

表 30.45　窗撑挡的技术条件（JG/T 128—2007）

项　　目		技术条件
外观		应满足 JG/T 212 的要求
耐蚀性、膜厚度及附着力		应满足 JG/T 212 的要求
力学性能	锁定力和摩擦	锁定式撑挡的锁定力失效值不应小于 200N，摩擦式撑挡的摩擦力失效值不应小于 40N（选用时，允许使用的锁定力和允许使用的摩擦力均不应大于 40N）
	反复启闭	内平开窗用撑挡反复启闭 1 万次后，悬窗用撑挡反复启闭 1.5 万次后，撑挡均应能满足前项要求
	强度	①内平开窗用撑挡进行 5 次冲击试验后，撑挡不脱落 ②悬窗用锁定式撑挡开启到设计预设位置后，承受在窗扇开启方向 1kN 力、关闭方向 600 N 力后，撑挡所有部件不应损坏

表 30.46　铝合金窗撑挡的规格尺寸（QB/T 3887—1999）　mm

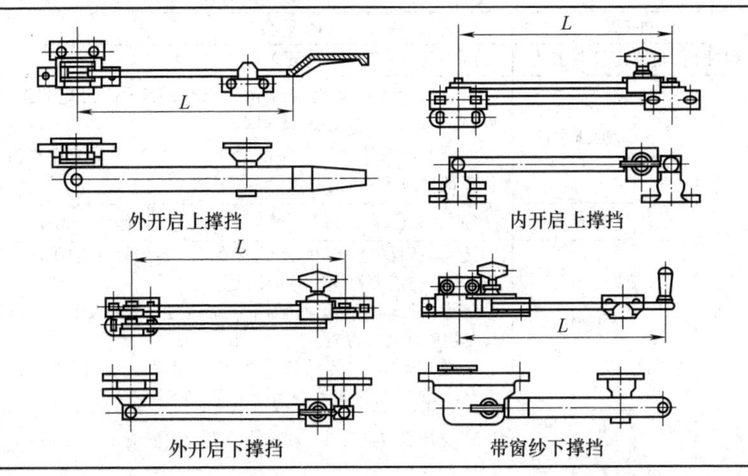

外开启上撑挡　内开启上撑挡

外开启下撑挡　带窗纱下撑挡

续表

品种		基本尺寸 L						安装孔距	
								壳体	拉搁脚
平开窗	上	—	260	—	300	—	—	50	25
	下	240	260	280	—	310	—	—	
带纱窗	上撑挡	—	260	—	300	—	320	50	
	下撑挡	240	—	280	—	—	320	85	

名称	平　开　窗			带　纱　窗			钢	不锈钢
	内开启	外开启	上撑挡	上撑挡	下　撑　挡			
					左开启	右开启		
代号	N	W	C	SC	Z	Y	T	G

30.5.9　锁闭器

建筑门（窗）用传动锁闭器，可分为齿轮驱动式和连杆驱动式两种，其技术条件见表 30.47。其型号标记方法是：

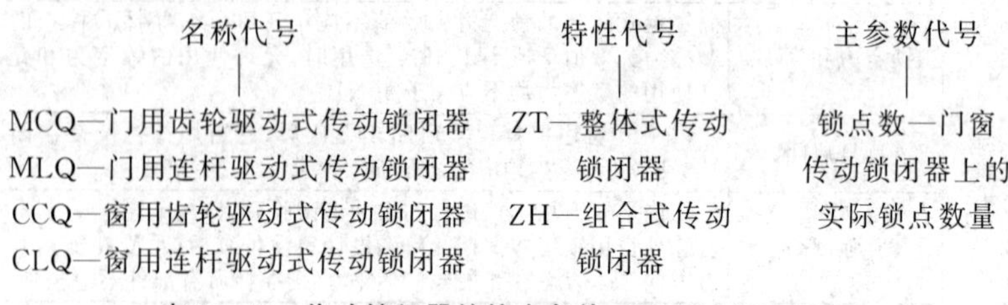

表 30.47　传动锁闭器的技术条件（JG/T 126—2007）

项　目			技 术 条件
外观			应满足 JG/T 212 的要求
耐蚀性、膜厚度及附着力			应满足 JG/T 212 的要求
力学性能	强度	驱动部件	齿轮驱动式传动锁闭器承受 25～26N・m 力矩的作用后，各零部件应不断裂、无损坏 连杆驱动式传动锁闭器承受 $1000\ ^{+50}_{0}$N 静拉力作用后，各零部件应不断裂、脱落
		锁闭部件	锁点、锁座承受 $1800\ ^{+50}_{0}$N 破坏力后，各部件应无损坏
	反复启闭	操作力	传动锁闭器经 25000 个启闭循环，各构件无扭曲，无变形，不影响正常使用。且应满足： ①齿轮驱动式传动锁闭器空载转动力矩不应大于 3N・m，反复启闭后转动力矩不应大于 10N・m ②连杆驱动式传动锁闭器空载滑动驱动力不应大于 50N，反复启闭后驱动力不应大于 100N
		框、扇间间距变化量	在扇开启方向上框、扇间的间距变化值应小于 1mm

(1) 单点锁闭器

用于建筑推拉窗、室内推拉门的锁闭，其技术条件见表 30.48。其标记为“单点锁闭器 TYM”。

表 30.48　单点锁闭器的技术条件（JG/T 130—2007）

项　目			技术条件
外观			应满足 JG/T 212 的要求
耐蚀性、膜厚度及附着力			应满足 JG/T 212 的要求
力学性能	操作力矩		应小于 2N・m(或操作力应小于 20N)
	强度	锁闭部件	锁闭部件在 400N 静压(拉)力作用后，不应损坏；操作力矩应小于 2N・m(或操作力应小于 20N)
		驱动部件	对由带手柄操作的单点锁闭器，在关闭位置时，在手柄上施加 9N・m 力矩作用后，操作力矩应小于 2N・m(或操作力应小于 20N)
	反复启闭	操作力	单点锁闭器经过 1.5 万次反复启闭试验后，开启、关闭自定位位置正常，操作力矩应小于 2N・m(或操作力应小于 20N)

(2) 多点锁闭器

用于建筑推拉门窗的锁闭，其技术条件见表 30.49。可分为齿轮驱动式和连杆驱动式两种。其型号标记方法是名称代号＋主参数代号：

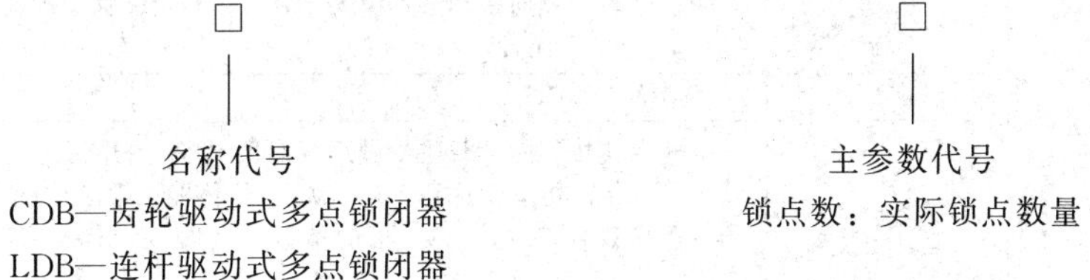

表 30.49　多点锁闭器的技术条件（JG/T 215—2007）

项　目			技术条件
外观			应满足 JG/T 212 的要求
耐蚀性、膜厚度及附着力			应满足 JG/T 212 的要求
力学性能	强度	驱动部件	①齿轮驱动式多点锁闭器承受 25～26N・m 力矩的作用后，各零部件不应断裂或损坏 ②连杆驱动式多点锁闭器承受 1000^{+50}_{0} N 静拉力作用后，各零部件不应断裂或脱落
		锁闭部件	单个锁点、锁座，承受轴向 1000^{+50}_{0} N 静拉力后，所有零部件不应损坏

续表

项目			技术条件
力学性能	反复启闭	操作力	反复启闭 2.5 万次后，操作正常，不影响正常使用。且齿轮驱动式多点锁闭器操作力矩不应大于 1N·m，连杆驱动式多点锁闭器滑动力不应大于 50N；同时锁点、锁座工作面磨损量不大于 1mm

30.5.10 滑轮

用于建筑推拉门窗，以减小阻力，可分为门用滑轮和窗用滑轮两大类，其技术条件见表 30.50。其型号标记的方法是名称代号＋主参数代号：

表 30.50 门窗滑轮的技术条件（JG/T 129—2007）

项目		技术条件
外观		应满足 JG/T 212 的要求
耐蚀性、膜厚度及附着力		应满足 JG/T 212 的要求
力学性能	滑轮运转平稳性	轮体外表面径向跳动量不应大于 0.3mm，轮体轴向窜动量不应大于 0.4mm
	启闭力	不应大于 40N
	反复启闭	一套滑轮按实际承载质量做反复启闭试验，门用滑轮达到 10 万次，窗用滑轮达到 2.5 万次后，轮体能正常滚动；达到试验次数后，在承受 1.5 倍的承载质量时，启闭力不应大于 100N
耐温性能	高温	非金属轮体的一套滑轮，在 50℃ 的环境中，在承受 1.5 倍的承载质量后，启闭力不应大于 100N
	低温	非金属轮体的一套滑轮，在－20℃ 的环境中，在承受 1.5 倍的承载质量后，滑轮体不破裂，启闭力不应大于 60N

30.6 门锁和窗锁

30.6.1 外装门锁

分别安装在门肩和门框上，作锁闭门肩用，其规格尺寸见表 30.51～表 30.55。产品按锁头结构分为单排弹子和多排弹子；按锁体结构分为单锁头和双锁头；按锁舌形式分为单舌、双舌和双扣（舌）；按锁闭形式分为斜舌和呆舌；按用途分为 A 级（安全型）和 B 级（普通型）两种。

表 30.51　外装门锁的互开率（QB/T 2473—2000）

<table>
<tr><td rowspan="2">锁头结构</td><td colspan="2">单排弹子</td><td colspan="2">多排弹子</td></tr>
<tr><td>A 级(安全型)</td><td>B 级(普通型)</td><td>A 级(安全型)</td><td>B 级(普通型)</td></tr>
<tr><td>互开率/% ≤</td><td>0.082</td><td>0.204</td><td>0.030</td><td>0.050</td></tr>
</table>

注：双锁头以外锁头为准。

表 30.52　外装门锁锁舌伸出长度（QB/T 2473—2000）　mm

<table>
<tr><td rowspan="2">种类</td><td colspan="2">单舌门锁</td><td colspan="2">双舌门锁</td><td colspan="2">双扣门锁</td></tr>
<tr><td>斜舌</td><td>呆舌</td><td>斜舌</td><td>呆舌</td><td>斜舌</td><td>呆舌</td></tr>
<tr><td>伸出长度 ≥</td><td>12</td><td>14.5</td><td>12</td><td>18</td><td>4.5</td><td>8</td></tr>
</table>

表 30.53　外装门锁的主要尺寸　mm

类　型	A	M≥	N≥	T
单头、双头	60	18	12	35～60

表 30.54　一些外装门锁的规格尺寸　mm

<table>
<tr><td rowspan="2">类别</td><td rowspan="2">型号</td><td colspan="3">零件材料</td><td colspan="3">保险机构</td><td rowspan="2">防御性能</td><td colspan="5">锁体尺寸</td><td rowspan="2">适用门厚</td></tr>
<tr><td>锁体</td><td>锁舌</td><td>钥匙</td><td>室内</td><td>室外</td><td>锁舌</td><td>锁头中心距</td><td>宽度</td><td>高度</td><td>厚度</td><td>锁舌伸出长度</td></tr>
<tr><td>普通</td><td>6041</td><td rowspan="5">铁</td><td rowspan="3">铜</td><td>铝</td><td>√</td><td>—</td><td>—</td><td>—</td><td rowspan="5">60</td><td rowspan="2">90.5</td><td>61</td><td rowspan="2">27</td><td rowspan="2">13</td><td>35～65</td></tr>
<tr><td rowspan="4">双保险</td><td>1939-1</td><td rowspan="2">铜</td><td>√</td><td>√</td><td>—</td><td>—</td><td>65</td><td>35～55</td></tr>
<tr><td>6140A</td><td>√</td><td>√</td><td>—</td><td>—</td><td rowspan="2">90</td><td rowspan="2">60</td><td rowspan="2">25</td><td rowspan="2">15</td><td rowspan="2">38～58</td></tr>
<tr><td>6140B</td><td rowspan="2">锌</td><td rowspan="2">铝</td><td>√</td><td>√</td><td>—</td><td>—</td></tr>
<tr><td>6152</td><td>√</td><td>√</td><td>—</td><td>—</td><td>90.5</td><td>65</td><td>27</td><td>13</td><td>35～55</td></tr>
<tr><td rowspan="4">三保险</td><td>6162-1</td><td rowspan="4">钢</td><td rowspan="4">铜</td><td rowspan="4">铜</td><td>√</td><td>√</td><td>√</td><td>√</td><td rowspan="5">60</td><td rowspan="4">90</td><td rowspan="4">70</td><td rowspan="4">29</td><td rowspan="4">17</td><td rowspan="4">35～55</td></tr>
<tr><td>6162-1A</td><td>√</td><td>√</td><td>√</td><td>√</td></tr>
<tr><td>6162-2</td><td>√</td><td>√</td><td>√</td><td>√</td></tr>
<tr><td>6163</td><td>√</td><td>√</td><td>√</td><td>√</td></tr>
<tr><td>销式</td><td>6699</td><td>锌</td><td>锌</td><td>铜</td><td>—</td><td>—</td><td>√</td><td>—</td><td>100</td><td>64.8</td><td>25.3</td><td>—</td><td>35～55</td></tr>
</table>

注：√表示有此规格。

表 30.55 一些外装双舌门锁型号和规格尺寸 mm

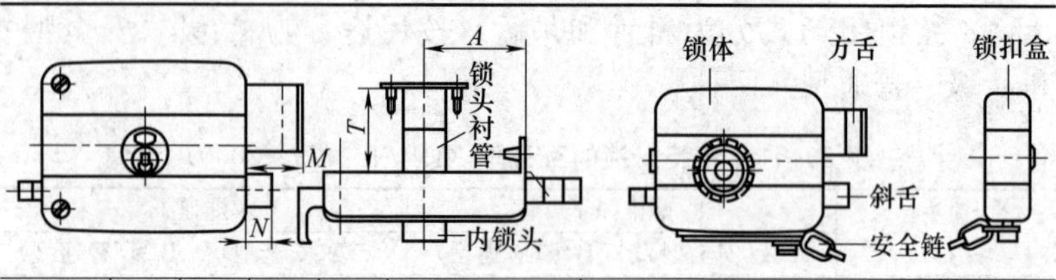

型号	锁头数目	锁头防钻结构	方舌防锯结构	安全链装置	方舌伸出		锁体尺寸				适用门厚 *T*
					节数	总长度 *M*	中心距 *A*	宽度	高度	厚度	
6669	单	—	—	—	1	18	45	77	55	25	35～55
6669L	单	—	√	√	1	18	60	91.5	55	25	35～55
6682	双	—	—	—	3	31.5	60	120	96	26	35～50
6685	单	√	√	—	2	25	60	100	80	26	35～55
6685C	单	√	√	√	2	25	60	100	80	26	35～55
6687	单	√	√	—	2	25	60	100	80	26	35～55
6687C	单	√	√	√	2	25	60	100	80	26	35～55
6688	双	—	—	—	2	25	60	100	80	26	35～50
6690	单	—	√	—	2	22	60	95	84	30	35～55
6690A	双	—	√	√	2	22	60	95	84	30	35～55
6692	双	—	√	—	2	22	60	95	84	30	35～55

注：1. 制造材料，锁体、安全链用低碳钢，锁舌、钥匙用铜合金。
2. √表示有此规格。

30.6.2 弹子插芯门锁

适于安装在各种平开和推拉门上。

产品按锁头分为：单锁头、双锁头；按锁舌分为：单方舌、单斜舌、双锁舌、钩子锁舌。其性能及尺寸规格分别见表 30.56～表 30.59（GB/T 2474—2000）。

表 30.56 弹子插芯门锁的保密度

项目名称	单排弹子	多排弹子
钥匙不同牙花数(种)	≥6000	≥50000
互开率/%	≤0.204	≤0.051
锁头结构	应具有防拨措施	
锁舌伸出长度/mm ≥	双舌:斜舌 11,方、钩舌 12.5,双舌(钢门) 9	
	单舌:12	

表 30.57　弹子插芯门锁的零件牢固度

<table>
<tr><th>零件</th><th>载　荷</th><th>零件</th><th>载　荷</th></tr>
<tr><td rowspan="2">方舌</td><td>端面承受 1000N 静载荷</td><td rowspan="3">执手</td><td>承受 5N・m 扭矩</td></tr>
<tr><td>承受 1500N 侧向静载荷</td><td>承受 1000N 径向静载荷</td></tr>
<tr><td>斜舌</td><td>承受 1000N 侧向静载荷</td><td>承受 1000N 轴向静拉力</td></tr>
<tr><td>钩舌</td><td>承受 800N 静拉力</td><td>铆接件</td><td>各种铆接件无松动</td></tr>
<tr><td rowspan="2">锁头与锁体</td><td rowspan="2">锁头旋入锁体后，承受 500N 静拉力时螺纹不滑牙</td><td rowspan="2">寿命</td><td>方舌、钩舌不少于 50000 次</td></tr>
<tr><td>斜舌不少于 100000 次</td></tr>
</table>

表 30.58　弹子插芯门锁的灵活度

项目名称	单排弹子	多排弹子
钥匙拔出静拉力	≤8N	≤14N
其他要求	①斜舌开启灵活。轴向静载荷为 3～12N，闭合力不大于 50N ②用钥匙或旋钮开启锁舌灵活，单锁头在旋进锁体两面应能正常开启 ③执手装入锁体后转动灵活 ④锁体内活动部位应加润滑剂	

表 30.59　一些弹子插销门锁类型及适用范围　　mm

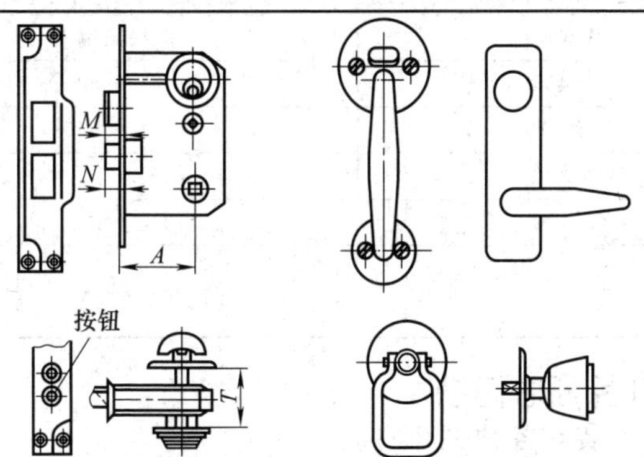

<table>
<tr><th rowspan="2">类型</th><th rowspan="2">型号</th><th colspan="4">基本尺寸</th></tr>
<tr><th>中心距</th><th>锁方舌长</th><th>锁斜舌长</th><th>适用门厚</th></tr>
<tr><td rowspan="4">单方舌插芯门锁</td><td>9411、9412</td><td>56</td><td>12.5</td><td>—</td><td>38～45</td></tr>
<tr><td>9417、9418</td><td>56.7</td><td>12</td><td>—</td><td>38～45</td></tr>
<tr><td>9413、9414</td><td>56</td><td>12.5</td><td>—</td><td>38～45</td></tr>
<tr><td>554</td><td>13.5</td><td>11</td><td>—</td><td>25～50</td></tr>
<tr><td>单斜舌插芯门锁</td><td>9427</td><td>50</td><td>—</td><td>12.5</td><td>38～50</td></tr>
<tr><td>单斜舌按钮插芯门锁</td><td>9421A2、9421J8
9423A2、9425A2
9423J8、9425J8</td><td>56</td><td>—</td><td>12</td><td>38～45</td></tr>
</table>

续表

类型	型号	基本尺寸			
		中心距	锁方舌长	锁斜舌长	适用门厚
移门插芯门锁	9481、9482	56	12.5	—	—
双舌插芯门锁	9441A2、9442A2 9441J8	56	12.5	—	38～45
	9442J8、9443A2 9444A2、9445A2 9446A2	56	12.5	—	
	9471、9472	56	9	—	26～32
	251、252	50.5	—	—	32～40
	204、205	56	—	—	32～40
	206、206-2	56	—	—	42～55
双舌揿压插芯门锁	9431A2、9432A2	56	12.5	—	38～45
	9433A2、9434A2	56	12.5	—	38～45

<table>
<tr><td rowspan="3">型式</td><td colspan="4">单方舌</td><td colspan="3">单斜舌</td><td colspan="3">双舌揿压</td><td colspan="3">双锁舌</td><td>钩子锁舌</td><td>双销舌（钢门）</td></tr>
<tr><td colspan="15">双头、单头</td></tr>
<tr><td>平口</td><td>甲企</td><td>乙企</td><td>圆口</td><td>平口</td><td>甲企</td><td>乙企</td><td>平口</td><td>甲企</td><td>乙企</td><td>平口</td><td>甲企</td><td>乙企</td><td>平口</td><td>平口</td></tr>
<tr><td rowspan="3">A</td><td colspan="7">基本尺寸</td><td colspan="8">极限偏差</td></tr>
<tr><td colspan="7">40,45,50</td><td colspan="8">0.80</td></tr>
<tr><td colspan="7">55,70</td><td colspan="8">0.95</td></tr>
<tr><td>M</td><td colspan="7">≥12</td><td colspan="6">≥12.5</td><td>≥12.5</td><td>≥9</td></tr>
<tr><td>N</td><td colspan="7">≥12</td><td colspan="6">≥12</td><td>≥12</td><td>≥9</td></tr>
<tr><td rowspan="2">T</td><td colspan="7" rowspan="2">35～50</td><td colspan="6" rowspan="2">35～50</td><td>26～32</td><td rowspan="2"></td></tr>
<tr><td>35～50</td></tr>
</table>

30.6.3 叶片插芯门锁

适用于安装在各种平开门上。

产品按锁舌分为：单锁舌、双锁舌两种。其性能分别见表30.60～表30.63（QB/T 2475—2000）。

表30.60 叶片插芯门锁的保密度

每组锁不同牙花数	不少于72种（含不同槽型）
互开率/%	不大于0.051%，且产品出厂时每箱无同牙花钥匙
锁舌伸出长度/mm ≥	方舌：一挡开启　12；二挡开启　分别为8、16
	斜舌：10

表 30.61　叶片插芯门锁的零件牢固度

零件	载　荷	零件	载　荷
方舌	端面承受 1000N 静载荷	执手	承受 1000N 轴向静拉力
	承受 1500N 侧向静载荷	铆接件	各种铆接件无松动
斜舌	承受 1000N 侧向静载荷	寿命	方舌：单开式≥30000 次 双开式≥20000 次
执手	承受 5N·m 扭矩		
	承受 1000N 径向静载荷		斜舌：不少于 70000 次

表 30.62　叶片插芯门锁的灵活度

项目名称	斜舌轴向静载荷	斜舌闭合力
开启载荷	≤3～12N	≤50N
其他要求	①钥匙开启灵活。双开式在正常开启时无超越现象 ②执手装入锁体后转动灵活 ③锁体内活动部位应加润滑剂	

表 30.63　一些叶片插芯门锁型式和适用范围　mm

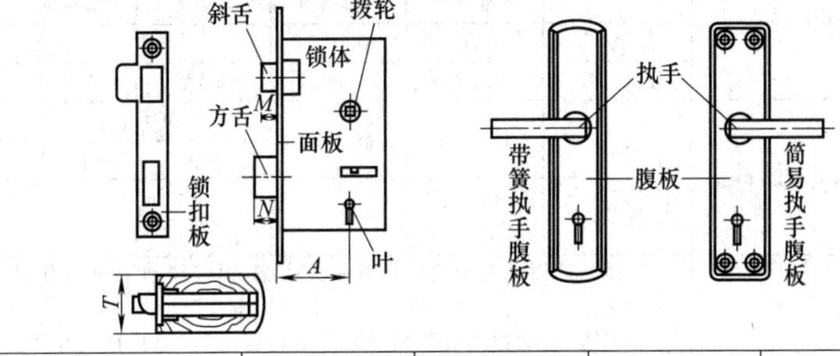

类型		A	M≥	N≥	T
狭型锁	单开式	45	10	12.5	35～50
	双开式	40 45	10	第 1 挡 8 第 2 挡 16	35～50
中型锁	双开式	53	12	第 1 挡 8 第 2 挡 16	—

30.6.4　球形门锁

多用于较高档建筑物的门上。球形门锁的种类及结构特征见表 30.64。其保密度、零件牢固度和灵活度分别见表 30.65～表 30.67。其型式和尺寸结构见表 30.68 和表 30.69。

表 30.64 球形门锁的种类及结构特征（QB/T 2476—2000）

种类	结构特征			
	外执手上	内执手上	锁舌	备注
房门锁	锁头	按钮、按旋钮或旋钮	有保险柱	
浴室锁	有小孔（无齿钥匙）	按钮、按旋钮或旋钮	无保险柱	
厕所锁	显示器（无齿钥匙）	旋钮	无保险柱	
通道锁	—	—	无保险柱	
壁橱锁	锁头	无执手	有保险柱	外执手带锁闭装置
阳台或庭院锁	—	按钮、旋钮	有保险柱	
固定锁	锁头	锁头或旋钮	方舌或圆柱舌	
拉手套锁	锁头 按钮	锁头或旋钮 执手	方舌或圆柱舌 无保险柱	固定锁 拉手球锁

表 30.65 球形门锁的保密度（QB/T 2476—2000）

每组锁不同牙花数	结构	弹子球锁		叶片球锁	
		单排弹子	多排弹子	无级差	有级差
	牙花数 ≥	6000	100000	500	—
互开率/%	级别	弹子球锁		叶片球锁	
		单排弹子	多排弹子	无级差	有级差
	A级 ≤	0.082	0.010	—	0.082
	B级 ≤	0.204	0.020	0.326	0.204
锁舌伸出长度/mm	种类	球形锁	固定锁	拉手套锁	
				方舌	斜　舌
	伸出长 ≥	A级　12 B级　11	25	25	11
其他要求	①弹子球锁锁头结构应具有防拨措施，固定锁锁舌应具有防锯装置 ②按钮、按旋钮或旋钮揿进或作旋转保险后，应起锁闭作用。当锁闭装置处于永久保险状态时，外执手必须要用钥匙或应急解除装置解除；永久保险锁闭装置必须用手工解除 ③带锁闭装置的执手，当钥匙插进旋转时，锁闭装置不得失效 ④带保险柱的锁舌，当锁舌压至锁止位置时，锁舌伸出长度不小于6.4mm，保险柱伸出长度不小于5.6mm				

表 30.66 球形门锁的零件牢固度（QB/T 2476—2000）

执手扭矩/N·m	级别	锁闭状态		不锁闭状态	
		球形执手	L形执手	球形执手	L形执手
	A ≥	17	20	14	17
	B ≥	12	14	10	14
执手轴向静拉力		A级承受1400N、B级承受1000N			

续表

执手径向静载荷	A级承受1150N、B级承受800N
锁舌侧向静载荷	球锁：A级承受2700N、B级承受1500N 固定锁：A级承受1900N、B级承受1400N
锁舌保险后，轴向静载荷	球锁：A级承受350N、B级承受300N 固定锁：A级承受500N、B级承受350N
固定锁旋钮	承受500N静拉力
固定锁两螺孔	承受1500N轴向静拉力
拉手套锁按钮	承受300N静载荷
锁的各种铆接件	无松动，零件包合件应紧配
使用寿命	球锁：A级不少于20万次；B级不少于10万次 固定锁：A级不少于10万次；B级不少于6万次

表30.67　球形门锁的灵活度（QB/T 2476—2000）

项目名称	球形执手	固定锁旋钮	L形执手	执手套锁按钮
开锁力(矩)	≤1N·m		≤3N·m	≤40N
钥匙开锁力矩	≤1N·m，开启旋转灵活，无阻轧现象			
钥匙拔出静拉力/N≤	弹子		叶片	
	单排	多排	有级差	无级差
	8	14	8	6
其他要求	① 锁舌能正、反安装在锁体上，其闭合力不大于30N ②锁体内活动部位应加润滑剂			

表30.68　一些球形门锁的型式和尺寸　mm

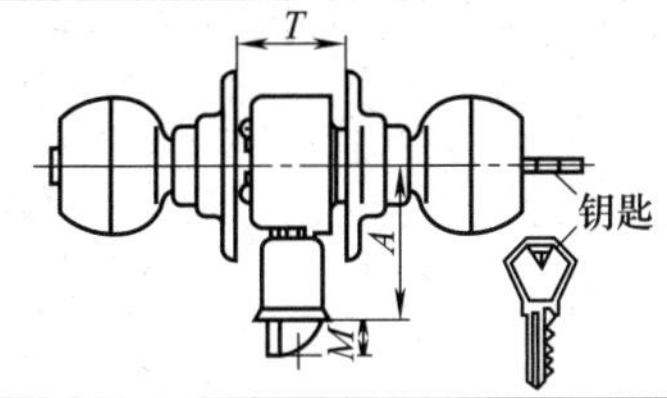

类　型	A	$M\geqslant$	T
房间、壁橱、厕所、浴室等	60、70、80	11	35～50

表30.69　一些球形门锁的型式和结构　mm

类别	型号	锁头中心距	球形执手材料	适用门厚	结构特点	用途
84XXAA4系列（三柱式）	8400AA4	60	铝合金	35～50	外执手中无锁头，内执手中无旋钮，平时室内外均用执手开启，仅起防风作用，适用于平时不需锁闭的门	防风门锁

续表

类别	型号	锁头中心距	球形执手材料	适用门厚	结构特点	用途
84XXAA4系列（三柱式）	8411AA4	60	铝合金	35～50	内外执手中有旋钮，平时锁仅起防风作用，如室内用旋钮锁上后，室外无法开启（必要时可用无齿钥匙插开启），适用于更衣室、浴室等门	更衣室门锁
	8421AA4	60	铝合金	35～50	与8411AA4型相似，外执手中有扇形孔，平时显示“无人”，当室内用旋钮锁上后，孔中显示出“有人”	厕所门锁
	8430AA4	60	铝合金	35～50	锁的外执手有弹子锁头，内执手有旋钮，平时室内、外均用执手开启；如在室内或在室外锁上后，室内外均不能转动执手；开锁时需在室内用旋钮或在室外用钥匙。锁上还有锁舌保险机构	球形门锁
	8433AA4	60	铝合金	35～45	外执手中有弹子锁头，无内执手	壁橱门锁
869X系列（圆筒形）	8691	70	黄铜	35～50	外执手中有弹子锁头，内执手中有旋钮。平时用执手开启；如在室内将旋钮揿进，室外要用钥匙开启（旋钮自动弹出）；如在室内将旋钮揿进后再旋转90°，则室外长期要用钥匙开启。锁带有锁舌保险机构	球形门锁
	8692	70	黄铜	35～50	外执手中有弹子锁头，无内执手。外执手不能转动，需用钥匙开启	壁橱门锁
	8693	70	黄铜	35～50	外执手中无弹子锁头，内执手中有旋钮。平时用执手开启；如在室内将旋钮揿进，室外即不能用执手开启（需用无齿钥匙插入外执手的小孔中开启）	浴室门锁
	8698	70	黄铜	35～50	外执手中无锁头，内执手中无旋钮。执手可自由开启	通道门锁

30.6.5 铝合金门锁

装在铝合金门上，室内外均用钥匙启闭，其规格见表30.70。

铝合金门锁的型号编制方法如下：

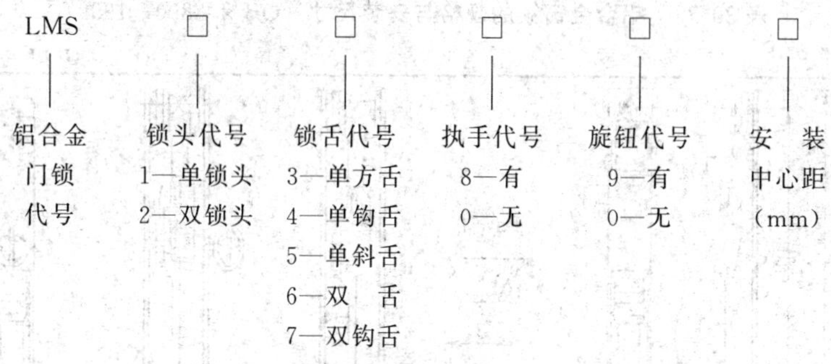

表 30.70　铝合金门锁和钥匙的规格（QB/T 3891—1999）　mm

型号	锁头形状	面板形状	锁体尺寸					适用门厚
			锁头中心距	宽度	高度	厚度	锁舌伸出长度	
LMS-83	椭圆	圆口	20.5	38.0	115	17	13	44～48
LMS-84	椭圆	平口	28	43.5	90	17	15	48～54
LMS-85A	圆形	圆口	26	43.5	83	17	14	40～46
LMS-85B	圆形	圆口	26	43.5	83	17	14	55

安装中心距	基本尺寸				
	13.5	18	22.4	29	35.5
锁舌伸出长度	≥8		≥10		

安装中心距	基本尺寸					极限偏差
	13.5	18	22.4	29	35.5	
锁舌伸出长度	≥8		≥10			±0.65

钥匙	弹子孔数	每批牙花数/把			互开率/%		
		优等品	一级品	合格品	优等品	一级品	合格品
	4			500	0.204	0.204	0.286
	5	6000	6000	3000			

30.6.6 铝合金窗锁

表 30.71 铝合金窗锁的规格与安装尺寸（QB/T 3890—1999）

mm

单面锁 双面锁 单开锁 双开锁

规格尺寸	B	12	15	17	19
安装尺寸	L_1	87	97	125	180
	L_2	80	87	112	168

技术特性代号	有锁头	无锁头	单面开	双面开
	Y	W	D	S

30.6.7 弹子抽屉锁

用于锁抽屉或橱门，其规格见表 30.72。

表 30.72 弹子抽屉锁的品种和尺寸（QB/T 1621—1992） mm

普通式

蟹钳式

斜舌式

品　　种	主要尺寸			拔出静压力	互开率/%
	锁头直径	锁头高度	安装中心距		
普通式、蟹钳式、斜舌式	16,18,20	20	20	≤5.88Pa	0.25～0.33
低锁头式、低锁头、蟹钳式	20,22,22.5	20			

30.6.8 橱门锁

用于各类钢、木家具橱门，其规格见表 30.73。玻璃橱门锁专用于玻璃柜橱门，移动橱门锁专用于横移式橱门。

表 30.73 橱门锁的规格 mm

品种	锁头直径	锁头高度
玻璃橱门锁	18,22 椭圆形为 17×24	16,16.7
弹子橱门锁	22.5	20
拉手橱门锁	14.5 18	20,16.7 20
移动橱门锁	19,22	26,30

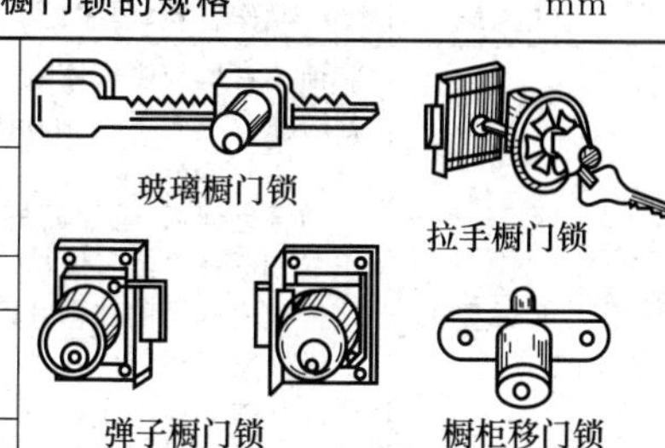

30.6.9 机械防盗锁

机械防盗锁依据安全级别分为 A、B 和 C 三级，A 级最低，依次递增，其技术要求见表 30.74。其型号表示方法是：

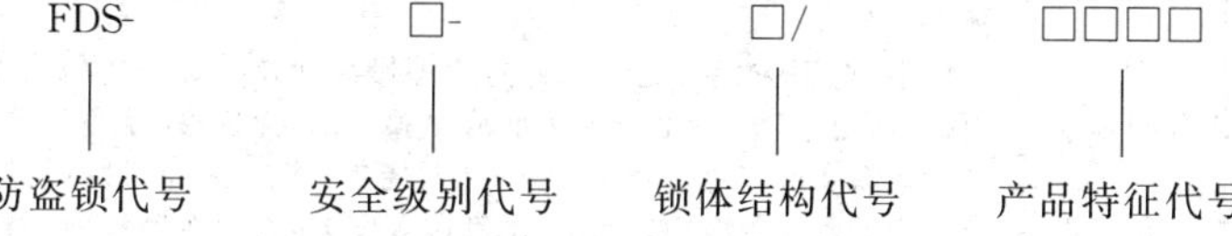

表 30.74 机械防盗锁的技术要求（GA 73—2012 报批稿）

<table>
<tr><th colspan="2">项 目</th><th colspan="7">技 术 要 求</th></tr>
<tr><td rowspan="9">一般要求</td><td>锁体结构</td><td colspan="7">用钥匙开启的在锁定后，不应有不用钥匙能使主锁舌被开启的功能；主锁舌应有锁舌止动装置。采用双向锁头时，内、外开启的钥匙应相同。当钥匙插入锁头钥匙旋转时，主锁舌已伸出但未达到锁定状态时，钥匙应不能拔出</td></tr>
<tr><td>锁头结构</td><td colspan="7">用钥匙开启的应采用多排弹子、单排复合弹子、叶片或杠杆等具有一定防技术开启功能结构；弹子结构的锁头应配备不小于 4 颗异形弹子</td></tr>
<tr><td>传动操作机构</td><td colspan="7">锁具的拉手、执手或机械密码锁的操纵件当受外力破坏时，在结构上可使其失效或可与锁体脱离，但此时主锁舌应仍处于锁定状态</td></tr>
<tr><td>锁舌伸出长度</td><td colspan="7">主锁舌，A 级应不小于 16mm，B 级应不小于 20mm，C 级应不小于 24mm；钩舌/爪舌应不小于 14mm，斜舌应不小于 11mm，辅助保险舌应不小于 10mm</td></tr>
<tr><td rowspan="5">锁体材料（锁体面板厚度允许由锁体面板与衬板组合而成）</td><td rowspan="2">级别</td><td colspan="2">锁体外壳/mm</td><td colspan="2">锁舌面板/mm</td><td colspan="2">锁扣盒(板)/mm</td></tr>
<tr><td>冷轧板</td><td>热轧板</td><td>冷轧板</td><td>热轧板</td><td>冷轧板</td><td>热轧板</td></tr>
<tr><td>A</td><td>1.2±0.09</td><td>1.2±0.12</td><td>2.0±0.13</td><td>2.0±0.14</td><td>1.2±0.09</td><td>1.2±0.12</td></tr>
<tr><td>B</td><td>1.5±0.11</td><td>1.5±0.12</td><td>2.5±0.15</td><td>2.5±0.15</td><td>1.5±0.11</td><td>1.5±0.12</td></tr>
<tr><td>C</td><td>2.0±0.13</td><td>2.0±0.14</td><td>3.0±0.17</td><td>3.0±0.17</td><td>2.0±0.13</td><td>2.0±0.14</td></tr>
</table>

续表

<table>
<tr><th colspan="2">项 目</th><th>技术要求</th></tr>
<tr><td rowspan="4">一般要求</td><td>密码</td><td>应操作容易，程序更换简单，保密可靠</td></tr>
<tr><td>尺寸要求</td><td>锁芯台肩与锁头体配合间隙应不小于 0.2mm，锁舌与锁舌孔配合间隙应不大于 0.3mm；机械密码锁的锁舌与锁舌孔配合间隙应不小于 0.5mm
锁舌缩回后，舌端面与锁舌面板表面高出不大于 1mm，低于不大于 0.5mm；锁舌面板与锁壳的接合间隙应不大于 0.5mm
机械密码锁的转向片两相邻面之间的最小间隙为 0.64mm
机械密码锁转向片上应具有防止技术开启的浅槽，转向片的直径尺寸差异应不小于 1mm
三转向片机械密码锁的刻度盘在转动超过规定 1.25 分度格时，四转向片机械密码锁的刻度盘在转动超过规定 1.50 分度格时，锁不应被打开</td></tr>
<tr><td>外观要求</td><td>锁体上的各种铆接件应连接牢固，铆钉垂直于壳体，铆钉头光滑、平整
机械密码锁刻度盘字迹应清晰，线条粗细一致，基准线应有明显标志
拉手、把手、执手、旋钮和转向片等操纵件及锁头圈、覆板、锁舌面板、锁扣盒(板)等装饰件表面应平整光洁，无裂痕、缺角等缺陷；电镀或涂装层应色泽光洁、均匀，无烧焦、露底、起泡和划伤等瑕疵。刻度盘线条应均匀清晰，基准位置明显，不应有断线或模糊不清等瑕疵
锁具外露零件应使用黄铜、不锈钢或其他等效的材料制成，所有钢制零件应经过电镀或涂装等处理</td></tr>
<tr><td>永久性安全级别标记</td><td>锁具应按规定设有永久性安全级别标记。标记用大写英文字母和中文汉字宋体“级”字组成，并以不可涂改的方式印在产品本体明显位置</td></tr>
<tr><td rowspan="3">机械强度</td><td>主锁舌强度</td><td>主锁舌抗侧向静压力：在承受 6000N 的侧向静压力后，机械密码锁在承受 A 级 2kN、B 级 3kN 侧向静压力后，锁应可正常使用
主锁舌承受下列轴向静压力后，锁舌回缩量应不大于 5mm
<table>
<tr><th>锁体结构</th><th>级别</th><th>轴向静压力</th><th>锁体结构</th><th>级别</th><th>轴向静压力</th></tr>
<tr><td rowspan="3">插芯式</td><td>A</td><td>2kN</td><td rowspan="3">外装式</td><td>A</td><td>2kN</td></tr>
<tr><td>B</td><td>4kN</td><td>B</td><td>4kN</td></tr>
<tr><td>C</td><td>6kN</td><td></td><td></td></tr>
</table></td></tr>
<tr><td>钩舌/爪舌强度</td><td>在承受下表规定的载荷后，应仍能正常使用
<table>
<tr><th>级别</th><th>钩舌/爪舌侧向静压力</th><th>钩舌轴向拉力</th><th>钩舌抗脱出力</th></tr>
<tr><td>A</td><td>3kN</td><td>2kN</td><td>2kN</td></tr>
<tr><td>B</td><td>5kN</td><td>4kN</td><td>4kN</td></tr>
<tr><td>C</td><td>7kN</td><td>6kN</td><td>6kN</td></tr>
</table></td></tr>
<tr><td>斜舌强度</td><td>在承受 A 级 2kN、B 级和 C 级 3kN 侧向静压力后，保险后在承受 A 级 0.5kN、B 级和 C 级 1kN 的轴向静压力后，应仍能正常使用</td></tr>
</table>

续表

<table>
<tr><th colspan="2">项　目</th><th colspan="6">技 术 要 求</th></tr>
<tr><td rowspan="12">机械强度</td><td>操纵件强度</td><td colspan="6">机械防盗锁的拉手、执手或机械密码锁刻度盘在承受 1.6kN 静拉力作用下，上述各零件以及转动芯轴应无明显损坏，传动机构仍能正常工作
拉手、执手或机械密码锁刻度盘抗扭性能：在承受 A 级 25N・m、B 级 50N・m 和 C 级 75N・m 扭矩作用下应可正常使用，转动芯轴应无明显损坏，传动机构仍能正常工作</td></tr>
<tr><td rowspan="7">锁扣盒(板)强度</td><td colspan="6">锁扣盒(或板)在承受下表规定的载荷后，应仍能正常使用</td></tr>
<tr><td>结构</td><td>级别</td><td>锁扣盒轴向静压力/kN</td><td>锁扣板侧向静拉力/kN</td><td>锁扣板拉力/kN</td><td>锁扣板抗提力/kN</td></tr>
<tr><td rowspan="3">插芯式</td><td>A</td><td>3</td><td>3</td><td>3</td><td>1</td></tr>
<tr><td>B</td><td>5</td><td>5</td><td>5</td><td>3</td></tr>
<tr><td>C</td><td>7</td><td>7</td><td>7</td><td>4</td></tr>
<tr><td rowspan="2">外装式</td><td>A</td><td>4</td><td>5</td><td>5</td><td>1</td></tr>
<tr><td>B</td><td>6</td><td>7</td><td>7</td><td>3</td></tr>
<tr><td>钥匙强度</td><td colspan="6">在承受 3N・m 扭矩作用下，应无明显变形，并可正常使用</td></tr>
<tr><td>锁头连接螺钉和螺孔强度</td><td colspan="6">锁头上的连接螺钉在承受 3kN 静拉力后，应无滑牙、脱扣现象</td></tr>
<tr><td>活装锁头连接强度</td><td colspan="6">活装锁头与锁体连接后应牢固可靠，在 3kN 静压力作用下，锁头应不脱离锁体，并可正常使用</td></tr>
<tr><td>密码锁外壳强度</td><td colspan="6">机械密码锁的防护外壳在 35kN 静压力作用下应不产生塑性变形和裂纹，并可正常使用</td></tr>
<tr><td rowspan="2">灵活度</td><td>主锁舌灵活度</td><td colspan="6">用钥匙操作主锁舌的转动扭矩应不大于 1.5N・m，主锁舌启、闭应无阻滞现象</td></tr>
<tr><td>斜舌灵活度</td><td colspan="6">用钥匙/执手操作斜舌的转动扭矩应不大于 1.5N・m/2N・m，斜舌启、闭应无阻滞现象
斜舌轴向缩进静压力应在 2.5～9.8N 之间
斜舌闭合静压力应不大于 49N</td></tr>
<tr><td colspan="2">耐久性</td><td colspan="6">开启锁舌机构的相关传动部件耐久性应达到：A 级应不少于 6 万次，B 级和 C 级应不少于 10 万次</td></tr>
<tr><td colspan="2">耐腐蚀</td><td colspan="6">锁具外露的电镀或涂装件，A/B/C 级分别经过 24h/48h/72h 的中性盐雾试验后(电镀层按 GB/T 10125、涂层按 GB/T 1771 进行)，电镀层的保护评级 R_P 应不低于 6 级或外观评级 Ra 应不低于 8 级；涂装件的起泡程度应不超过 ISO 4628-2 中规定的密度 2 和尺寸 3 的要求</td></tr>
</table>

续表

<table>
<tr><th>项　　目</th><th colspan="5">技 术 要 求</th></tr>
<tr><td rowspan="11">防破坏功能</td><td colspan="5">锁具按正常安装，使用表末规定的工具对机械防盗锁实施防钻、防锯、防撬、防拉、防冲击、防技术开启试验和机械密码锁的防技术开启试验，锁被破坏、被打开的净工作时间(s)应不少于下表规定</td></tr>
<tr><td>级别</td><td>防钻</td><td>防锯</td><td>防撬</td><td>防拉</td></tr>
<tr><td>A</td><td>10</td><td>10</td><td>10</td><td>10</td></tr>
<tr><td>B</td><td>15</td><td>15</td><td>15</td><td>15</td></tr>
<tr><td>C</td><td>30</td><td>30</td><td>30</td><td>30</td></tr>
<tr><td>级别</td><td>防冲击</td><td>防技术开启</td><td colspan="2">密码锁防技术开启</td></tr>
<tr><td>A</td><td>10</td><td>1</td><td colspan="2">1200</td></tr>
<tr><td>B</td><td>15</td><td>5</td><td colspan="2">1440</td></tr>
<tr><td>C</td><td>30</td><td>10</td><td colspan="2">1440</td></tr>
<tr><td colspan="5">防技术开启试验工具：
①长度为 300mm，直径为 20mm 的直头和弯头撬棍
②长度为 600mm，直径为 30mm 的直头和弯头撬棍
③长度不大于 380mm 的各种螺丝刀
④长度为 250mm 的管钳和大力钳
⑤质量为 1.36kg，柄长为 380mm 的手锤
⑥规格为 ϕ6.5mm 的手电钻，直径 6mm 的高速铡麻花钻头
⑦直径不大于 3mm 的钢丝制作的拨动工具
⑧长度为 300mm，直径分别为 10mm 和 15mm 的钢棍
⑨开锁专用工具
⑩长度不大于 380mm 的手持钢锯，规格为宽 6.4mm、厚 0.65mm、每 25mm 长度为 14 齿的高碳钢手工锯条(每次试验时均要使用新锯条)</td></tr>
<tr><td colspan="5"></td></tr>
<tr><td>差异</td><td colspan="5">以长度变化为差异的，其差异数应不小于 0.5mm；以角度变化为差异的，其差异数应不小于 15</td></tr>
<tr><td>密钥量</td><td colspan="5">①弹子锁的理论密钥量：A 级应不小于 6 万种，差异交换数为一个，B 级和 C 级应不小于 3 万种，差异交换数为两个
②页片和杠杆锁的理论密钥量：A 级应不小于 2.5 万种，差异交换数为一个，B 级和 C 级应不小于 1 万种，差异交换数为两个
③用钥匙开启的机械防盗锁，实际生产的可用密钥量应不小于理论密钥量的 40%
④机械密码锁的理论密钥量：A 级应不小于 100 万种，B 级和 C 级应不小于 6000 万种，实际可变换的密钥量应不小于理论密钥量的 60%</td></tr>
<tr><td>互开率</td><td colspan="5">用钥匙开启的机械防盗锁的互开率：A 级应不大 0.03%，B 级和 C 级应不大于 0.01%</td></tr>
</table>

30.6.10 电子防盗锁

电子防盗锁分遥控式、键盘式、卡式和生物特征防盗锁几种，其技术要求见表 30.75。

按机械强度、环境试验的严酷等级不同，电子防盗锁的安全级别由低到高分为 A、B 两级。

表 30.75　电子防盗锁的技术要求（GA 374—2001）

项　目	技　术　要　求
结构及外观	外形应符合图纸要求 壳体表面应无明显的变形、裂纹、褪色，也不应有毛刺、砂孔、起泡、腐蚀、划痕、涂层脱落等缺陷 控制机构灵活、无卡阻现象，手动部件手感良好，活动自如 主锁舌伸出长度、锁身外壳、锁扣盒（板）要求符合 GA/T 73—1994 中相应规定 各种标志应清晰、牢固
电　源	使用电池供电时，电池容量应能保证电子防盗锁连续正常启、闭 3000 次以上 当电子防盗锁的供电电压低于标称电压值的 80%时，应能给出欠压指示。给出欠压指示后的电子防盗锁应还能正常启、闭不少于 50 次 当主电源电压在额定值的 85%～110%范围内变化时，电子防盗锁应不需要作任何调整就能正常工作
信息保存	电子防盗锁在电源不正常、断电或更换电池时，锁内所存的信息不应丢失
误识率	电子防盗锁的误识率不大于 1%
强　度	锁壳：应有足够的机械强度和刚度，能够承受 110N 的压力及 2.65J 的冲击强度试验，试验后不应产生永久的变形和损坏 主锁舌（栓）：A/B 级电子防盗锁应分别能承受 980N/3000N 的轴向静压力，所产生的缩进不应超过 8mm；主锁舌（栓）承受 1470N/6000N 的侧向静压力后，锁应能正常使用 手动部件：对闭锁后位于防护面的手动部件施加 980N 的静拉力和 11.8N·m 的扭矩时，锁具不得开启，手动部件不应产生变形或损坏 锁扣盒（板）：A/B 级电子防盗锁扣盒应能承受 3000N/9000N 的静压力而不产生明显的塑性变形 识读装置：具有键盘盒和/或人体生物特征和/或读卡器识读装置的电子防盗锁，其外壳防护等级应符合 GB 4208—1993 中 IP50 规定；在识读装置上施加 110N 的静压力，作用 60s±2s，不应产生永久变形和损坏；键盘的任一按键经过 6000 次的动作，该键不应产生故障和输入密码失效现象 钥匙：分别经过 1000 次弯曲试验和扭曲试验（扭曲度为 15°±1°），试验后卡的功能应完好，且不应出现任何破裂；具有防水、防污染的能力；在钥匙上任意点与地之间施加 1500V 静电电压，钥匙的性能不应受到影响；具有防复制的能力

续表

项 目	技 术 要 求
密钥量	采用电子编码的电子防盗锁 A/B 级密钥量应不少于 105/106 采用识别生物特征的电子防盗锁，其特征信息的存储量 A/B 级应不少于 256/512 字节
环境适应性	气候环境适应性：在规定的严酷等级条件下，应能正常工作，且电子防盗锁内各机械零件、部件无松动，外壳不变形、机件不损坏 机械环境适应性：在规定条件下，各项功能应正常，且电子防盗锁内各机械零件、部件无松动，外壳不变形、机件不损坏
抗干扰	抗静电放电干扰：应能承受 8kV（接触）和/或 15kV（空气）的静电放电试验；试验期间不应产生误动作或功能暂时丧失而能自动恢复，试验后工作应正常 抗射频电磁场辐射干扰和抗电快速瞬变脉冲群干扰 抗电快速瞬变脉冲群干扰：当采用交流电源供电时，应能承受电压为 0.5kV、重复频率为 5kHz 的电快速瞬变脉冲群干扰试验，不应产生误动作，试验后工作正常 抗电压暂降干扰：当采用交流电源供电时，电子防盗锁电源应能承受电压降低 30%、25 个周期的试验要求，试验期间不应产生误动作，试验后工作正常
安全性	绝缘电阻：电子防盗锁电源插头或电源引入端子与外壳裸露金属部件之间的绝缘电阻，在正常环境下不应小于 100MΩ，湿热条件下不应小于 10MΩ 泄漏电流：采用交流电源供电的产品，受试样品在正常工作状态下，机壳对大地的泄漏电流应小于 5mA 抗电强度：电子防盗锁电源插头或电源引入端子与外壳裸露金属部件之间应能承受规定的 50Hz 交流电压的抗电强度试验，历时 1min 应无击穿和飞弧现象 非正常操作：在最严酷的非正常电路故障状态下，应无燃烧和/或触电的危险 阻燃：对于采用塑料材料作为电子防盗锁的外壳或配套装置，其塑料外壳经火焰燃烧 5 次，每次 5s，不应起火 过压运行：电子防盗锁在主电源电压为额定值的 115%过压条件下，应能正常工作 过流保护：用交流电源供电的电子防盗锁，在电源变压器初级应安装断路器或熔丝，其规格一般不大于产品额定工作电流的 2 倍；对要求用户安装的所有引线，应有明确的标识：当无标识时反接或错接引线，应能自动保护使产品不至于损坏
稳定性	在正常大气下连续加电 7 天，每天启、闭不少于 30 次，产品应能正常工作，不出现误动作
耐久性	在额定电压和额定负载电流的情况下，进行 3000 次的锁具启、闭操作，不应有电的器件损坏，也不应有机械零件的损毁粘连故障

续表

项　目	技　术　要　求
防技术开启	在规定的强磁场和强电场的作用下，不能出现开启现象 由专业技术人员采用技术手段实施技术开启，A/B 级电子防盗锁在 5min/10min 内不能被开启
防破坏报警	当连续 3 次实施错误操作时或防护面遭受外力破坏时，应能给出声/光报警指示和/或报警信号输出

30.6.11　指纹防盗锁

按机械强度、环境试验的严酷等级不同，指纹防盗锁的安全级别由低到高分为 A、B 两级，其技术要求见表 30.76。

表 30.76　指纹防盗锁的技术要求（GA 701—2007）

项　目	技　术　要　求
灵活性、尺寸	机械传动机构传动灵活，无卡阻现象，执手转动灵活，能准确复位 主锁舌的伸出长度，A 级不小于 14mm，B 级不小于 20mm；斜舌伸出长度不小于 11mm
外观质量	壳体、执手、锁扣板表面应平整光洁，无起泡、脱漆、裂纹、缺角和明显划痕 所有金属零件应进行表面防腐处理，经中性盐雾（NSS 法）48h 后应达到保护评级 6 级的要求
强　度	识读装置机械强度：应符合 GA 374—2001 中相应条款规定 锁壳强度：应能够承受 8kN 的压力而不产生永久变形和损坏 主锁舌（栓）承受的轴向静载荷：A/B 级分别承受 2kN/3kN 轴向静压力时，所产生的缩进不应超过 8mm；A/B 级主锁舌（栓）承受 2kN/3kN 的侧向静压力后，锁应能正常使用 执手强度：在承受 1200N 的轴向静拉力或径向静载荷后，应能正常使用；A/B 级执手在承受 14/20N·m 扭矩后应能正常使用 锁扣盒（板）强度：A/B 级电子防盗锁扣盒应能承受 2kN/3kN 静压力而不产生明显的塑性变形
功　能	自检功能：开始工作时，应有表明其工作正常的指示或显示 指纹登录功能：按照产品说明书中规定的步骤操作，应能登录用户指纹 指纹删除功能：按照产品说明书中规定的步骤操作，应能删除已经登录的用户指纹 信息保存功能：电源掉电或更换电池时，指纹防盗锁内已保存的信息不得丢失 使用权限管理功能：具有用户使用权限分级管理功能，在指纹登录和删除过程中应具有相应授权机制 指示/显示功能：应符合 GA/T 394—2002 中 4.4.7 的要求

续表

项　目	技 术 要 求
报警功能	具有自动闭锁功能的指纹防盗锁，当门被关闭而不能自动闭锁时，应产生声/光报警指示和/或报警信号输出 当连续5次实施错误操作时，或当强行拆除和打开锁体外壳时，或当外接供电的主电源被切断或短路时，B级指纹防盗锁应产生声/光报警指示和/或报管信号输出
应急开锁功能	可以使用制造厂特制的专用装置采取特殊方法进行应急开锁；采用机械方式应急开启时，机械锁头应符合GA/T 73—1994中5.3和5.5中A级别的要求
通信功能	受试样品应具有用于测试的UART或USB通信接口 受试样品应能将采集到的指纹图像信息经通信接口传送给计算机，计算机也应能将保存的指纹图像信息经通信接口传送给受试样品 受试样品应能与计算机通过通信接口进行指令传输与应答
技术性能	平均指纹匹配时间≤3s(1∶N，N=10) 认假率≤0.001% 拒真率≤5%
电　源	可使用电池或AC-DC电源供电 电池供电要求：在正常工作状态，指纹防盗锁的平均工作电流应不大于500mA；在休眠状态，工作电流应不大于50μA；电池的容量应能保证指纹防盗锁连续正常启、闭操作3000次而不出现欠压警告指示；应具有欠压警告指示功能，当出现欠压警告指示时，仍应能保证正常启、闭操作不少于50次 AC-DC电源供电要求：当电源电压在额定值的85%～110%范围内变化时，指纹防盗锁应不需调整而能正常工作；在主电源断电后，应能保证指纹防盗锁正常工作不少于24h，正常启、闭锁不少于10次
环境适应性	气候环境适应性：在规定的严酷等级条件下，应能正常工作，且电子防盗锁内各机械零件、部件无松动，外壳不变形、机件不损坏 机械环境适应性：在规定条件下，各项功能应正常，且电子防盗锁内各机械零件、部件无松动，外壳不变形、机件不损坏
电磁兼容性	应能承受GB/T 17626.2中试验等级4所规定的静电放电干扰；应能承受GB/T 17626.3中试验等级3所规定的射频电磁场辐射干扰 AC-DC供电者，还应能承受GB/T 17626.4中试验等级3所规定的电快速瞬变脉冲群干扰，和GB/T 17626.11中试验等级：U_T10个周期的电压暂降及0%U_T10个周期的短时中断干扰
安全性	符合GA 374—2001中5.9的要求
稳定性	在常压下连续加电7天，每天启、闭不少于30次，应能正常工作，不出现误动作

30.7 门控器

30.7.1 闭门器

闭门器安装在门头上方，其作用是当门开启后能及时将门关闭，只用于单向开启的各种关门或开门装置。按动力源分有液压闭门器和电动闭门器两大类。明装闭门器的开门角度可达 180°，隐式闭门器都只能开到 105°；其功能上分力量可调、开门缓冲、闭门延时和停顿几种。

（1）普通闭门器

闭门器的型号表示的方法是（参考）：

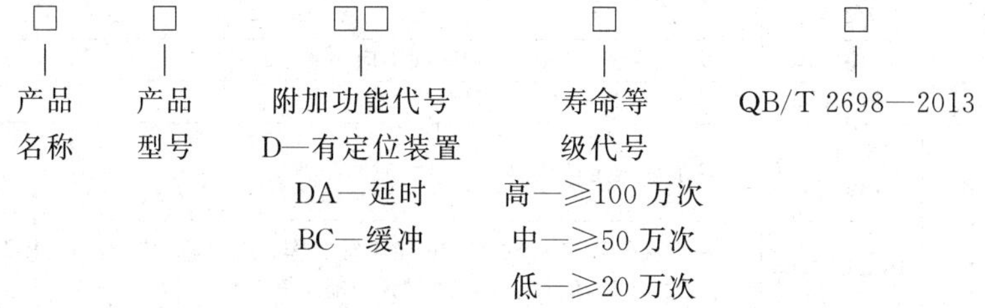

表 30.77　闭门器的技术条件（QB/T 2698—2013）

液压闭门器

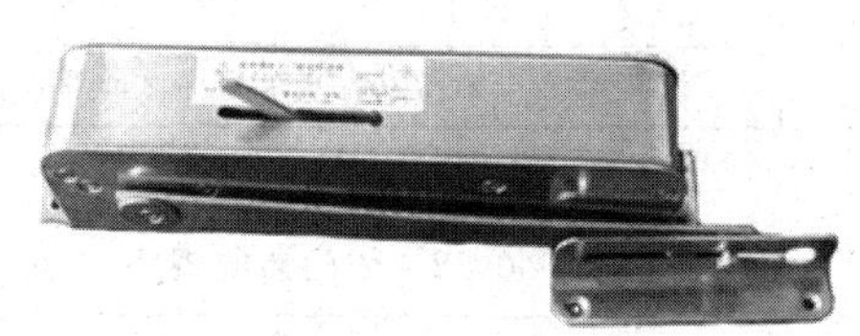
电动闭门器

类别	项　目	技　术　条　件
液压闭门器	负载性能	经负载性能测试后，闭门器及附件应无渗漏、断裂和变形现象
	定位功能	有定位器装置者，门应能在规定的位置或区域停门并易于脱开
	关门时间	全关闭调速阀时，不应小于 40s；全打开调速阀时，不应大于 3s
	关门力矩、能效比	应符合表 30.78 规定
	渗漏	按本标准规定的方法试验后，不应出现渗漏现象
	运转性能	使用时应运转灵活、无异常噪声
	闭锁功能	有此功能者，关门至 15°以下时，应可独立调节关门速度

续表

类别	项 目	技 术 条 件
液压闭门器	开门缓冲功能	有此功能者，开启至65°之后应有明显减速现象，并能在90°前停止
	延时关门功能	有此功能者，从开门角度90°至延时末端的关门时间应大于10s，且延时末端的角度应为75°～60°
	温度变化对关闭时间的影响	温度为－15℃时，关闭时间应≤25s；温度为40℃时，关闭时间应≥3s
电动闭门器	关门力矩、能效比	应符合表30.78规定
	关门时间	从90°关到10°时，所用时间不应小于3s
	开门时间	从0°开启到80°时，所用时间不应小于3s
	常开门（停门）	应能在规定的位置或区域长时间停留
	环境适应性	在低温－15℃时，试验8h能正常工作；在恒温40℃±2℃、RH(93±2)%时，试验48h（均不加电）能正常工作
	防障碍功能	在开门、关门过程中，试验门遇到不大于116N・m的力矩，应能停止或反向运转
	推门功能	门在关闭（未锁住）状态下，用不大于58N・m的力矩，应能推开门
	寿命	在完成相应的寿命试验后，闭门器应能符合上述要求

注：有防火要求的闭门器应符合GA 93的规定。

表30.78 闭门器的规格（QB/T 2698—2013）

系列编号	关门力矩/N・m ≤	能效比/% ≥		规 格	
		液 压闭门器	电 动闭门器	试验门质量/kg	适用门最大宽度/mm
1	9～13	45	65	15～30	750
2	13～18	50		25～45	850
3	18～26	55		40～65	950
4	26～37	60		60～85	1100
5	37～54	60		80～120	1250
6	54～87	65		100～150	1400
7	87～140	65		130～180	1600

表 30.79　一些闭门器产品的结构安装型式和规格（Ⅰ）　mm

型号	定位装置代号		外壳背型代号		闭门器尺寸			适用门的范围			
	无	有	圆型	方型	长度	宽度	高度	门的材质	门高	门宽	门质量/kg ≤
B1	W	D	Ⅰ	Ⅱ	180	86	65	钢、木	1500 2000	600 800	25
B2 FB2[①]	W	D	Ⅰ —	Ⅱ Ⅱ	192 185	94	67	钢、木	2000 2100	600 900	45
B3 FB3[①]	W	D	— —	Ⅱ Ⅱ	223	94	74	钢、木	2000 2200	800 900	65

① 防火型。

表 30.80　一些闭门器产品的结构安装型式和规格（Ⅱ）　mm

型号	适用范围			特点
	门宽	门高	门质量/kg	
B3PD	950	2100	40～56	多功能闭门器，可使门扇在不同角度、不同速度自动缓慢关闭。具有延时自动关闭功能，所需的关闭推力均衡一致，在门扇关闭的全过程中均无声响
B2PD	800	1800	15～30	除无延时功能，其他与 B3PD 相同
DCⅠ DCⅡ DCⅢ	600～900 950～1050 1050～1200	1800～2000 2100～2200 2250～2400	15～25 25～40 35～60	多功能闭门器，自动闭门时有 3 种速度：快—慢—快，速度可调节。启闭门扇运行平稳，无噪声
J75-1 J75-2 J79-A	780～880 700～900 700～900	≤2000 ≤2000 ≤2100	≤36 ≤36 ≤45	根据需要可调整节流阀控制闭门速度。运行平稳，无噪声

（2）防火门闭门器

防火门闭门器的型号标记方法是：

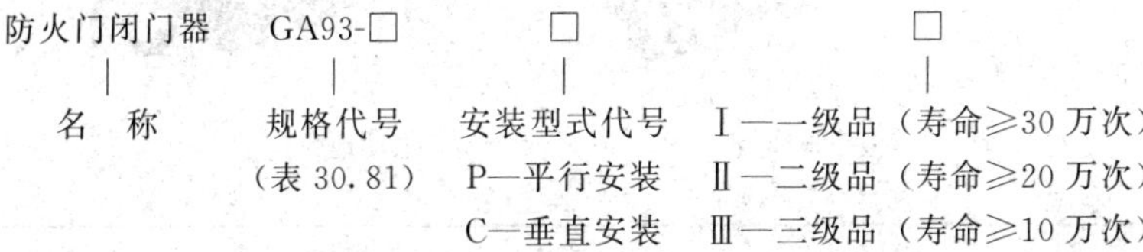

表 30.81　防火门闭门器的规格（GA 93—2004）

规格代号	开启力矩/N·m ≤	关闭门力矩/N·m ≥	适用门扇质量/kg	适用门扇最大宽度/m
2	25	10	25～45	830
3	45	15	40～65	930
4	80	25	60～85	1030
5	100	35	80～120	1130
6	120	45	110～150	1330

30.7.2　地弹簧

安装在平开门门头上方或下方，其作用是当门开启后能及时将门关闭，可用于单向或双向开启的各种关门或开门装置。按动力源分有液压地弹簧和电动地弹簧两大类。地弹簧一般分 90°停、105°停、无停三种。其技术条件及规格见表 30.82～表 30.85。

地弹簧的型号表示的方法是（参考）：

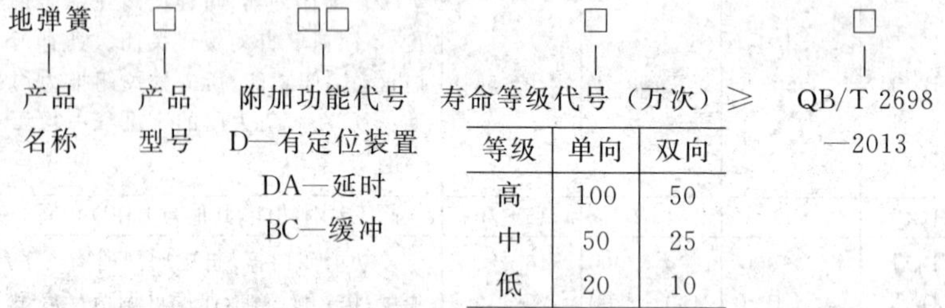

表 30.82　地弹簧的技术条件（QB/T 2697—2013）

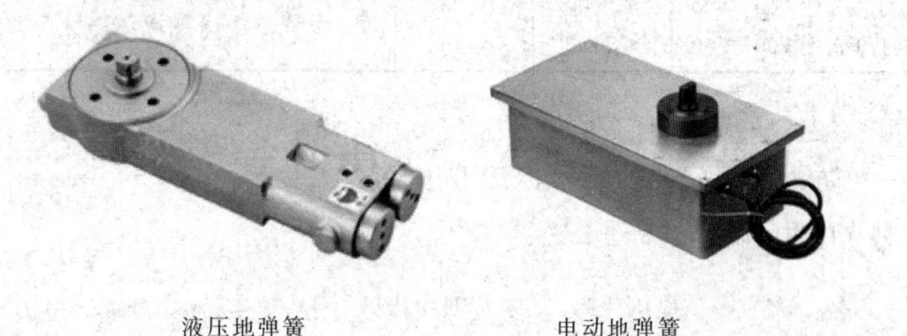

液压地弹簧　　　　电动地弹簧

续表

类别	项目	技术条件
液压地弹簧	零位功能	零位偏差≤3mm
	负载性能	经负载性能测试后，地弹簧及附件应无渗漏、断裂和变形现象
	定位功能	有定位器装置者，门应能在规定的位置或区域停门并易于脱开
	关门时间	全关闭调速阀时，不应小于40s；全打开调速阀时，不应大于3s
	关门力矩、能效比	应符合表30.83规定
	渗漏	按本标准规定的方法试验后，不应出现渗漏现象
	运转性能	使用时应运转灵活、无异常噪声
	闭锁功能	有此功能者，关门至25°以下时，应可独立调节关门速度
	开门缓冲功能	有此功能者，开启至65°之后应有明显减速现象，并能在90°前停止
	延时关门功能	有此功能者，从开门角度90°至延时末端的关门时间应大于10s，且延时末端的角度应为75°～60°
	温度变化对关闭时间的影响	温度为－15℃时，关闭时间应≤25s；温度为40℃时，关闭时间应≥3s
	寿命	在完成相应的寿命试验后，地弹簧应能符合上述要求
电动地弹簧	复位功能	复位偏差≤3mm
	关门力矩、能效比	应符合表30.83规定
	关门时间	从90°关到10°时，所用时间不应小于3s
	开门时间	从0°开启到80°时，所用时间不应小于3s
	常开门（停门）	应能在规定的位置或区域长时间停留
	环境适应性	在低温－15℃时，试验8h能正常工作；在恒温40℃±2℃、RH(93±2)%时，试验48h(均不加电)能正常工作
	防障碍功能	在开门、关门过程中，试验门遇到不大于116N·m的力矩，应能停止或反向运转
	推门功能	门在关闭(未锁住)状态下，用不大于58N·m的力矩，应能推开门
	寿命	在完成相应的寿命试验后，复位偏差≤6mm，且应能符合上述其他要求

注：有防火要求的地弹簧应符合GA 93的规定。

表 30.83 地弹簧的规格（QB/T 2697—2013）

系列编号	关门力矩/N·m ≤	能效比/% ≥		规格	
		液压地弹簧	电动地弹簧	试验门质量/kg	适用门最大宽度/mm
1	9～13	45		15～30	750
2	13～18	50		25～45	850
3	18～26	55		40～65	950
4	26～37	60	65	60～85	1100
5	37～54	60		80～120	1250
6	54～87	65		100～150	1400
7	87～140	65		130～180	1600

表 30.84 一些地弹簧产品的规格（Ⅰ）

<table>
<tr><th>系列编号</th><th>开启力矩/N·m</th><th>关闭力矩/N·m</th><th>适用门质量/kg</th><th colspan="4">技术参数</th></tr>
<tr><td>1</td><td>≤29</td><td>≥5</td><td>25～45</td><td colspan="2">产品等级</td><td>优等品</td><td>一等品</td></tr>
<tr><td>2</td><td>≤44</td><td>≥9</td><td>40～65</td><td colspan="2">寿命/万次</td><td>≥50</td><td>≥30</td></tr>
<tr><td>3</td><td>≤59</td><td>≥15</td><td>60～85</td><td>关闭力矩</td><td colspan="3">表左半部核定值的 80%</td></tr>
<tr><td>4</td><td>≤78</td><td>≥25</td><td>80～120</td><td rowspan="2">关闭时间/s</td><td>调速阀全关</td><td>≥14</td><td>≥20</td></tr>
<tr><td>5</td><td>≤98</td><td>≥34</td><td>100～150</td><td>调速阀全开</td><td>≤3</td><td>≤3</td></tr>
</table>

表 30.85 一些地弹簧产品的规格（Ⅱ） mm

型号	面板		底座总高	适用门的范围			
	长	宽		门扇高	门扇宽	门扇厚	门扇质量/kg
365 轻型	277	136	45	2000～2100	650～750	>50	35～40
365 中型	290	150	45	2100～2400	750～850	>50	40～55
365 重型	300	170	55	2200～2600	850～950	>50	55～90

续表

型号	面板		底座总高	适用门的范围			
	长	宽		门扇高	门扇宽	门扇厚	门扇质量/kg
639	275	135	50	1800～2100	750～900	40～50	600～800
739	265	140	90	2100～2400	800～1000	40～50	100～150
785①	318	93	55	1800～2500	700～1000	45～55	35～70
845	224	114	40	1800～2100	600～850	40～50	25～65
841	305	152	45	≤2100	≤950	≥45	≤110
842	305	152	45	≤2400	≤1050	≥45	≤185
851	305	146	51.5	≤2600	≤900	≥45	≤45
852	365	146	51.5	≤2600	≤950	≥45	≤65

① 机械结构，其余为液压结构。

30.7.3　鼠尾弹簧

用于内外开木门上，其规格见表 30.86。规格为 200～300mm 者用于轻便门扇，400mm 和 420mm 者用于一般门扇。

表 30.86　鼠尾弹簧的规格　mm

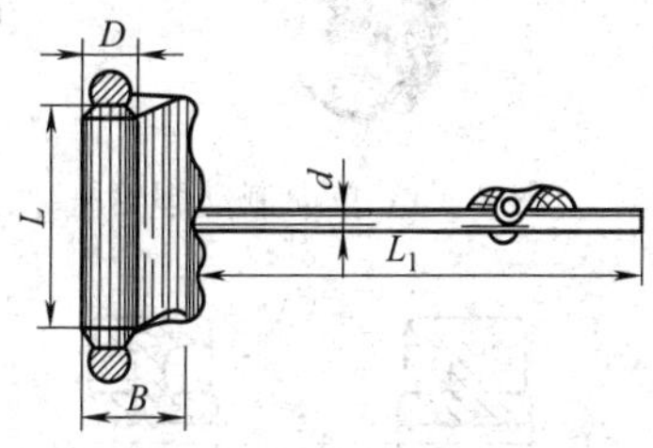

规格	页板长度 L	筒管		臂梗		弹簧钢丝直径	沉头木螺钉	
		宽度 B	直径 D	长度 L_1	直径 d		直径×长度	数量
200 250 300	89	43	20	203 254 305	7.14	2.8	3.5×26	6
400 450	150	66	24	400 450	9	3.6	4.0×30 3.5×25	4 9

30.8　车轮和工业脚轮

适用于工业车辆及仪器设备的非动力驱动的移动用脚轮和车

轮；不适用于家具、旅行箱等用的脚轮和车轮，其主要尺寸见表 30.87。

脚轮的基本型式分为：万向脚轮（图 30.3）、定向脚轮（图 30.4）、单向制动脚轮（图 30.5）、双向制动脚轮（图 30.6）。其额定载荷按脚轮材料、结构和工作条件分为 A、B、C、D 四级。

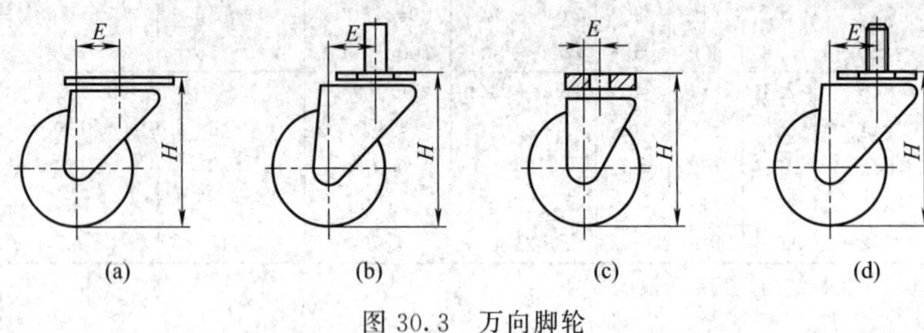

图 30.3　万向脚轮

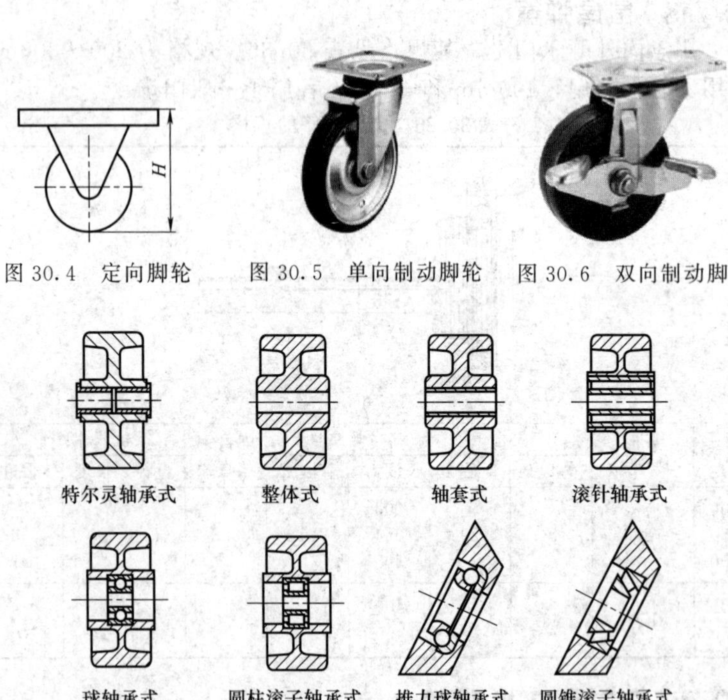

图 30.4　定向脚轮　　图 30.5　单向制动脚轮　　图 30.6　双向制动脚轮

图 30.7　车轮的基本型式

车轮的基本型式分为特尔灵轴承式、整体式、轴套式、滚针轴承式、球轴承式、圆柱滚子轴承式、推力球轴承式、圆锥滚子轴承式（图 30.7）。

车轮组件的型号表示方法是：

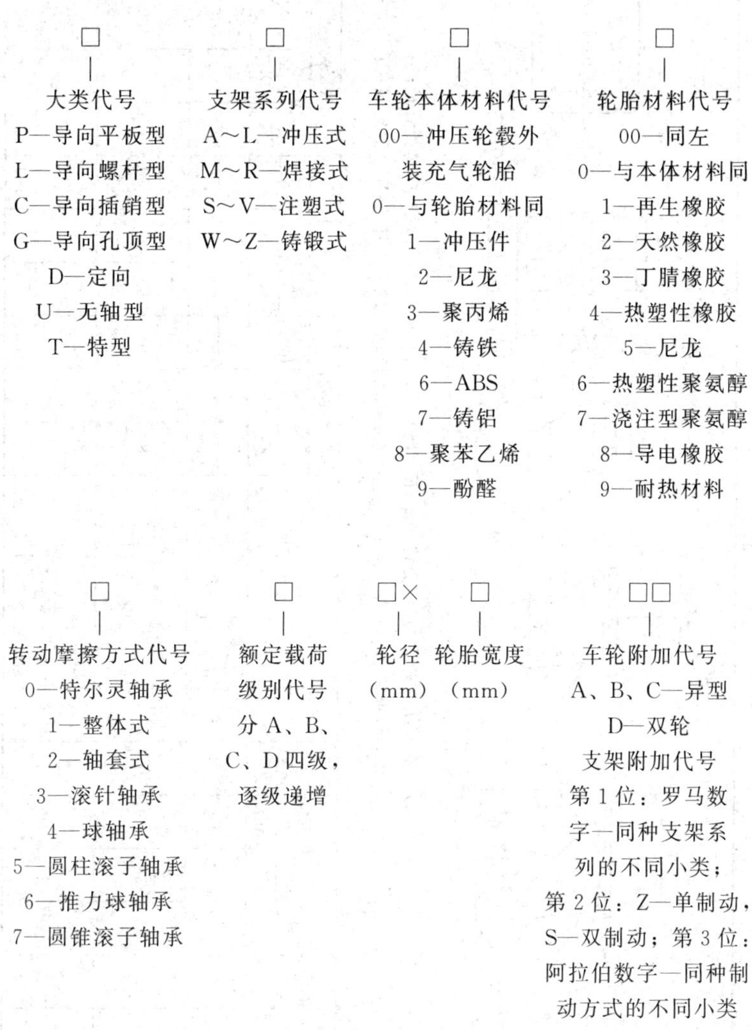

表 30.87 工业轮的主要尺寸（GB/T 14687—2011） mm

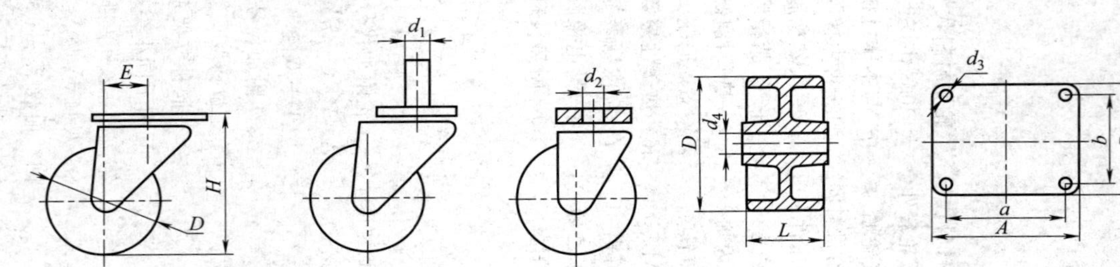

D—轮径；L—轮宽；H—安装高度；E—偏心距；d_1—插销直径；d_2—中套孔直径；
d_3—平板安装孔直径；d_4—轮子中心孔直径；K—跨轴式；Z—支耳式；W—额定载荷

D	L	H	E		d_1	d_2	$a\times b\times d_3\times A\times B$	A级			B级			C级			D级		
								d_4		W/N	d_4		W/N	d_4		W/N	d_4		W/N
			max	min				K	Z		K	Z		K	Z		K	Z	
50	20	70	30	10		8	40×30×5×55×45	7	—	250	8	—	300	8	—	400	8	—	500
	25						55×40×7×75×65	8		300			400			500			630
63	20	85	38	13		10	55×40×7×75×65	7	—	300	10	—		10	—		10	—	
	25				10			8		400			500			630			800
	30				12		80×60×9×115×85	10		500			630			800			1000
75	20	103	35	15		10	38×38×7×60×60	8	—	400	—	—	500	—	—	630	—	—	800
	25						55×40×7×75×65	10											
	30						80×60×9×115×85	12		500	12		630	12		800	12		1000

续表

D	L	H	E		d_1	d_2	$a\times b\times d_3\times A\times B$	A级			B级			C级			D级		
			max	min				d_4 K	d_4 Z	W/N	d_4 K	d_4 Z	W/N	d_4 K	d_4 Z	W/N	d_4 K	d_4 Z	W/N
80	20	106	48	16			55×40×7×75×65	8	—	400	8	—	500	10	—	630	10	—	800
	25				10	12	80×60×9×115×85	10			10								
	30				12	16	105×80×11×145×110			500			630						1000
	37.5						105×80×11×145×110	12			12			12		800	12		
100	25	125	60	20	16	12	80×60×9×115×85	10	—	400	10	—	500	10	—	630	10	—	800
	30				20	16	105×80×11×145×110			500			630			800			1000
	37.5									630			800			1000			1250
	40												1000			1600			2000
	50							15	15	800	15	15	1250	15	20	2000	15	20	3200
125	25	150	75	25	16	12	80×60×9×115×85	12	—	500	12	—	630	12	—	800	12	—	1000
	30				20	16	105×80×11×145×110		15	630		15	800		15	1000		15	1250
	37.5							15	20	800	15	20	1000	15	20	1250	15	20	1600
	40												1250			1600			2000
	50							20	25	1000	20	25	1600	20	25	2000	20	25	4000
	60									1250			2000			3200			5000
150 160	30	185	90	32	20	12	80×60×9×115×85	12	15	800	12	15	1000	12	15	1250	12	15	1600
	37.5	195			24	16	105×80×11×145×110	20	20	1000	20	20	1250	20	20	1600	20	20	2000
	40						140×105×14×175×140						1600			2000			2500
	50								25	1250		25	2000		25	3200		30	5000
	60									1600			2500		25	4000		30	6300
	75									2000			3200		30	5000		35	8000

续表

D	L	H	E		d_1	d_2	$a\times b\times d_3\times A\times B$	A级			B级			C级			D级		
			max	min				d_4 K	d_4 Z	W/N	d_4 K	d_4 Z	W/N	d_4 K	d_4 Z	W/N	d_4 K	d_4 Z	W/N
200	37.5	235	120	40	20	16	105×80×11×145×110	20	20	1250	20	20	1600	20	20	2000	20	20	2500
	40				24								2000		25	2500		25	3200
	50						140×105×14×175×140		25	1600		25	2500			4000		30	6300
	60				—	—	160×120×16×200×160			2000			3200		30	5000		35	8000
	75						210×160×18×225×205	25	30	2500	25	30	4000	25	35	6300	25	40	10000
	105									3200	—		5000	—	40	8000	—	50	12500
250	50	300	150	50	—	—	140×105×14×175×140	25	25	2000	25	25	2000	25	30	5000	25	35	8000
	60									2500			2500			6300		40	10000
	75						160×120×16×200×160		30	3200		35	3200		40	8000		50	12500
	105						210×160×18×225×205	—		4000	—	40	4000	—		10000	—		16000
300	50	340	180	60	—	—	140×105×14×175×140	25	25	2000	25	25	3200	25	30	5000	25	35	8000
	60									2500			4000			6300		40	10000
	75						160×120×16×200×160		30	4000		35	6300		40	10000		—	16000
	105						210×160×18×225×205	—	35	5000	—	40	8000	—	50	12500	—		20000
350	50	—	—	—	—	—	—	25	25	2000	25	25	3200	25	30	5000	25	35	8000
	60									2500			4000			6300		40	10000
	75								30	4000		35	6300		40	8000		50	16000
	105							—	35	5000	—	40	8000	—	50	2500	—		20000
400	50	—	—	—	—	—	—	25	25	2500	25	25	4000	25	30	6300	25	40	10000
	60								30	3200		30	5000		35	8000		50	12500
	75							—		4000		35	6300		40	10000			16000
	105								35	5000	—	40	8000	—	50	12500	—		20000
500	75	—	—	—	—	—	—	25	35	5000	25	40	8000	25	50	12500	25	50	20000
	105							—		6300	—		10000	—		16000	—	60	25000

第31章 钉和金属网

钉子可分为钢钉和木结构用钢钉两大类。金属网包括金属丝网和编织网。

31.1 钢钉

钢钉按照使用方式可分为手动工具捶击用钢钉和动力工具击打用钢钉两类。根据形状或使用用途，前者可分为普通钉、地板钉、水泥钉、托盘钉、鼓头形钉、油毡钉、石膏板钉和双帽钉；后者可分为普通卷钉用钉、塑排钉用钉、油毡卷钉用钉，纸排连接钉用钉、钢排连接钉用钉和T形头胶排钉。

钢钉的种类和形状标记，用中文种类、钢钉形状特征的汉语拼音字母与钢钉的规格数字组合（一般情况下，下面用黑体字表示的项目，标注时可以省略；钢钉表面处理方式，使用中文文字在种类前面注明）。

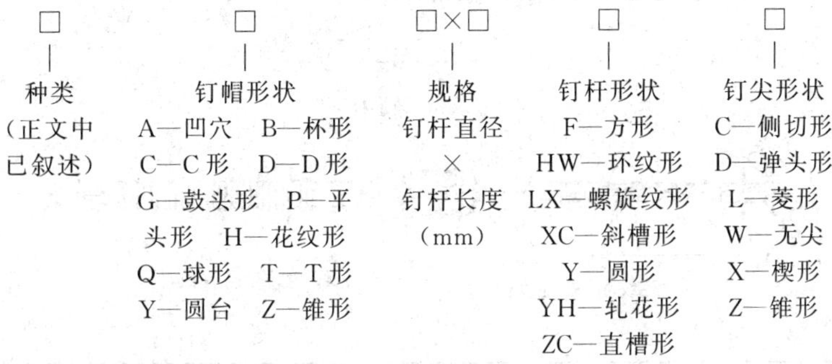

31. 1. 1 手动工具捶击用钉

（1）普通圆钉

普通圆钉用来钉木材，其形状和代号见表 31.1，其规格和尺寸见表 31.2。

表 31.1 普通钉的形状和代号

项目	符号	种 类	示意图
钉帽形状	H	花纹形帽	
	P	平头形帽	
钉杆形状	Y	圆形杆	
	LX	螺旋纹形杆	
	HW	环纹形杆	
	XC	斜槽形杆	
钉尖形状	L	菱形尖	

表 31.2 普通钉的规格和尺寸（GB/T 27704—2011） mm

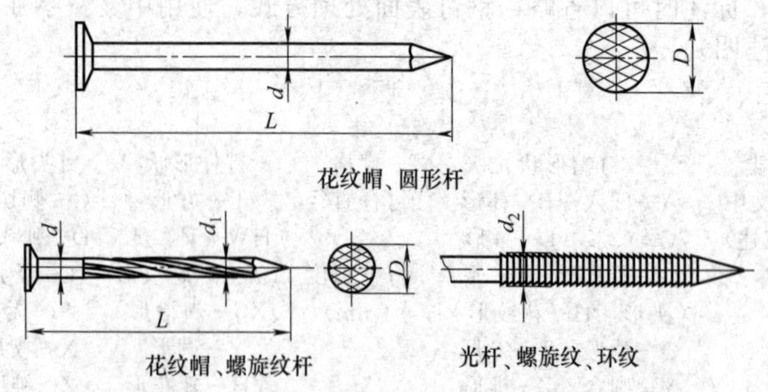

续表

<table>
<tr><th>规格</th><th colspan="2">钉长度 L</th><th colspan="2">光杆钉杆
直径 d</th><th>螺旋(斜槽)
直径 d_1</th><th>环纹直径
d_2</th></tr>
<tr><td>1.20×16</td><td>16</td><td rowspan="7">±1.20</td><td>1.20</td><td rowspan="6">±0.03</td><td>—</td><td>—</td></tr>
<tr><td>1.20×20</td><td rowspan="2">20</td><td>1.20</td><td>—</td><td>—</td></tr>
<tr><td>1.40×20</td><td>1.40</td><td>—</td><td>—</td></tr>
<tr><td>1.40×25</td><td rowspan="2">25</td><td>1.40</td><td>—</td><td>—</td></tr>
<tr><td>1.60×25</td><td>1.60</td><td rowspan="2">1.85</td><td rowspan="2">1.80</td></tr>
<tr><td>1.60×30</td><td rowspan="2">30</td><td>1.60</td></tr>
<tr><td>1.80×30</td><td>1.80</td><td rowspan="6">±0.04</td><td rowspan="2">2.05</td><td rowspan="2">2.00</td></tr>
<tr><td>1.80×35</td><td>35</td><td rowspan="3">±1.60</td><td>1.80</td></tr>
<tr><td>2.00×40</td><td rowspan="2">40</td><td>2.00</td><td>2.25</td><td>2.20</td></tr>
<tr><td>2.20×40</td><td>2.20</td><td>2.45</td><td>2.40</td></tr>
<tr><td>2.50×45</td><td>45</td><td rowspan="3">±2.00</td><td>2.50</td><td rowspan="2">2.75</td><td rowspan="2">2.70</td></tr>
<tr><td>2.50×50</td><td rowspan="2">50</td><td>2.50</td></tr>
<tr><td>2.80×50</td><td>2.80</td><td rowspan="15">±0.05</td><td rowspan="2">3.05</td><td rowspan="2">3.00</td></tr>
<tr><td>2.80×60</td><td>60</td><td rowspan="2">±2.40</td><td>2.80</td></tr>
<tr><td>3.10×65</td><td>65</td><td>3.10</td><td rowspan="3">3.35</td><td rowspan="3">3.30</td></tr>
<tr><td>3.10×70</td><td>70</td><td rowspan="3">±2.80</td><td>3.10</td></tr>
<tr><td>3.10×75</td><td rowspan="2">75</td><td>3.10</td></tr>
<tr><td>3.40×75</td><td>3.40</td><td rowspan="2">3.65</td><td rowspan="2">3.60</td></tr>
<tr><td>3.40×80</td><td>80</td><td rowspan="3">±3.20</td><td>3.40</td></tr>
<tr><td>3.70×90</td><td>90</td><td>3.70</td><td>3.95</td><td>3.90</td></tr>
<tr><td>4.00×90</td><td>90</td><td>4.00</td><td>4.25</td><td>4.20</td></tr>
<tr><td>4.10×100</td><td>100</td><td rowspan="3">±3.60</td><td>4.10</td><td rowspan="2">4.35</td><td rowspan="2">4.30</td></tr>
<tr><td>4.10×120</td><td>120</td><td>4.10</td></tr>
<tr><td>4.50×110</td><td>110</td><td>4.50</td><td>—</td><td>—</td></tr>
<tr><td>4.50×130</td><td rowspan="2">130</td><td rowspan="3">±4.00</td><td>4.50</td><td>—</td><td>—</td></tr>
<tr><td>5.00×130</td><td>5.00</td><td>—</td><td>—</td></tr>
<tr><td>5.00×150</td><td>150</td><td>5.00</td><td>—</td><td>—</td></tr>
</table>

(2) 地板钉（表 31.3）

表 31.3　地板钉的规格和尺寸（GB/T 27704—2011）　　mm

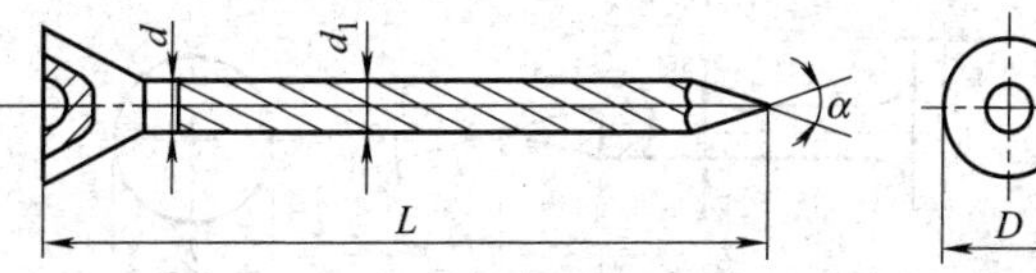

续表

规格	钉长度 L		钉杆直径 d		螺旋直径 d_1		钉尖角度 α /(°)	帽径 D	
2.00×30	30	±1.20	2.00	±0.04	2.20	±0.10	32±2	3.50	±0.30
2.20×40	40		2.20		2.40			3.80	
2.50×30	30		2.50		2.75			4.40	±0.35
2.50×50	50	±1.60						4.40	
2.80×60	60	±2.40	2.80		3.10			4.60	
3.10×70	70	±2.80	3.10	±0.05	3.40			5.40	
3.25×60	60	±2.40	3.25		3.50			5.70	
3.40×80	80	±3.20	3.40		3.70			5.90	
4.50×60	60	±2.40	4.50		4.75			7.90	±0.40

(3) 水泥钉

直接钉入硬木、砖头、低标号的混凝土、矿渣砌块及薄钢板等硬质基体中。水泥钉的形状和代号见表 31.4，规格和尺寸见表 31.5 和表 31.6。

表 31.4 水泥钉的形状和代号

项目	符号	种 类	示意图
钉帽形状	P	平头形帽	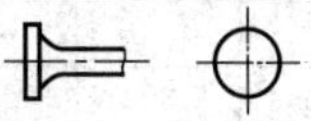
	Y	圆台帽	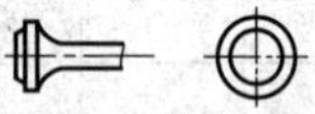
钉杆形状	Y	圆形杆	
	XC	斜槽形杆	
	ZC	直槽形杆	
钉尖形状	Z	锥形尖	
	L	菱形尖	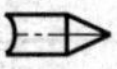

表 31.5 平头型帽水泥钉的规格和尺寸（GB/T 27704—2011）

mm

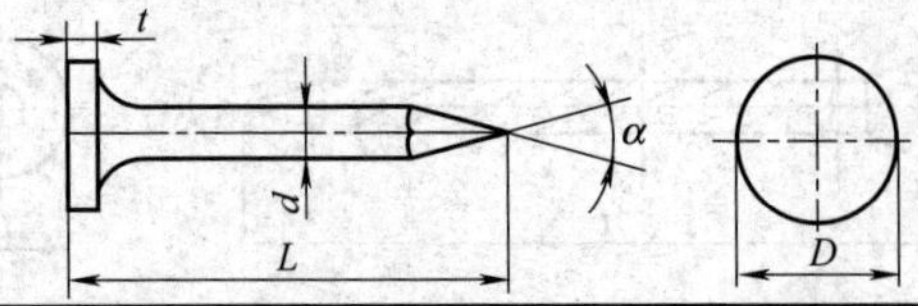

续表

规格	钉长度 L		钉杆直径 d			钉尖角度 $\alpha/(°)$		帽径 D		帽厚 t ≥
			光杆		斜(直)槽					
1.70×16	16	±1.20	1.70	±0.04	—	32	±5	3.50	±0.30	0.6
1.80×14	14		1.80							
1.80×16	16									
1.80×18	18									
1.80×20	20									
2.00×18	18		2.00					4.00		0.8
2.00×20	20									
2.20×20			2.20					4.30	±0.35	1.2
2.20×23	23									
2.20×25	25									
2.50×22	22		2.50		+0.08 −0.02	35	±5	5.00		
2.50×25	25									
2.50×28	28									
2.50×30	30									
2.80×18	18									
2.80×25	25		2.80	±0.04				5.50		1.5
2.80×32	32	±1.60								
2.80×35	35									
2.80×40	40				+0.10 −0.04					
2.80×50	50	±2.00								
3.00×30	30	±1.60	3.00	±0.05				6.00	±0.40	
3.00×35	35									
3.00×40	40									
3.00×45	45	±2.00								
3.00×50	50				+0.12 −0.04					
3.40×50			3.40					6.10		1.4
3.40×60	60	±2.40								
3.40×65	65									
3.70×50	50		3.70	±0.05	+0.15 −0.04	35	±5	6.60	±0.40	
3.70×60	60									
3.80×50	50		3.80					6.80		
3.80×60	60									
3.80×65	65									
4.10×60	60		4.10					7.40		
4.10×70	70									
4.10×65	65									
4.50×65			4.50					8.10	±0.45	1.4
4.50×70	70									
4.50×75	75									
4.50×80	80	±3.20								
4.80×80			4.80					8.60		
4.80×90	90									
5.00×90			5.00					9.00		
5.00×100	100	±3.60								
5.50×100			5.50					9.90	±0.50	
5.50×130	130	±4.00			—					

表 31.6 圆台帽水泥钉的规格和尺寸（GB/T 27704—2011） mm

<table>
<tr><th rowspan="2">规格</th><th>长度</th><th>公差</th><th>直径</th><th>公差</th><th>钉尖角</th><th>帽径</th><th>公差</th><th>帽厚 t</th><th>台高</th><th>台径</th></tr>
<tr><th>L</th><th>±</th><th>d</th><th>±</th><th>度 α/(°)</th><th>D</th><th>±</th><th>≥</th><th>h①</th><th>D1①</th></tr>
<tr><td>1.70×20</td><td>20</td><td rowspan="5">1.20</td><td>1.70</td><td rowspan="9">0.04</td><td rowspan="9">32±5</td><td rowspan="2">3.50</td><td rowspan="2">0.30</td><td rowspan="2">0.60</td><td rowspan="7">0.3</td><td>1.70</td></tr>
<tr><td>1.80×20</td><td>20</td><td>1.80</td><td>1.80</td></tr>
<tr><td>2.00×25</td><td>25</td><td>2.00</td><td>4.00</td><td rowspan="8">0.35</td><td>0.80</td><td>2.00</td></tr>
<tr><td>2.20×30</td><td>30</td><td>2.20</td><td>4.30</td><td rowspan="4">1.00</td><td>2.20</td></tr>
<tr><td>2.50×30</td><td>30</td><td>2.50</td><td rowspan="3">5.00</td><td rowspan="3">2.50</td></tr>
<tr><td>2.50×35</td><td>35</td><td rowspan="3">1.60</td><td>2.50</td></tr>
<tr><td>2.50×40</td><td>40</td><td>2.50</td></tr>
<tr><td>2.80×40</td><td>40</td><td>2.80</td><td rowspan="2">5.50</td><td rowspan="3">1.20</td><td rowspan="10">0.5</td><td rowspan="2">2.80</td></tr>
<tr><td>2.80×50</td><td>50</td><td>2.00</td><td>2.80</td></tr>
<tr><td>3.20×60</td><td>60</td><td>2.40</td><td>3.20</td><td rowspan="12">0.05</td><td rowspan="10">35±5</td><td>5.80</td><td>3.20</td></tr>
<tr><td>3.40×50</td><td>50</td><td>2.00</td><td>3.40</td><td rowspan="2">6.10</td><td rowspan="9">0.40</td><td rowspan="7">1.40</td><td rowspan="2">3.40</td></tr>
<tr><td>3.40×60</td><td>60</td><td>2.40</td><td>3.40</td></tr>
<tr><td>3.70×60</td><td>60</td><td rowspan="2">2.80</td><td>3.70</td><td>6.40</td><td>3.60</td></tr>
<tr><td>3.80×70</td><td>70</td><td>3.80</td><td rowspan="4">6.50</td><td rowspan="4">3.80</td></tr>
<tr><td>3.80×80</td><td>80</td><td rowspan="2">3.20</td><td>3.80</td></tr>
<tr><td>3.80×90</td><td>90</td><td>3.80</td></tr>
<tr><td>3.80×100</td><td>100</td><td>3.60</td><td>3.80</td></tr>
<tr><td>4.10×70</td><td>70</td><td>2.80</td><td>4.10</td><td>7.00</td><td rowspan="4">1.70</td><td rowspan="4">0.7</td><td>4.10</td></tr>
<tr><td>4.50×80</td><td>80</td><td rowspan="2">3.20</td><td>4.50</td><td>7.70</td><td>4.50</td></tr>
<tr><td>4.80×90</td><td>90</td><td>4.80</td><td rowspan="2">38±5</td><td>8.20</td><td rowspan="2">0.45</td><td>4.80</td></tr>
<tr><td>5.00×100</td><td>100</td><td>3.60</td><td>5.00</td><td>8.50</td><td>5.00</td></tr>
</table>

① 参考值。

（4）托盘钉

托盘钉的形状和代号见表 31.7，规格和尺寸见表 31.8。

表 31.7 托盘钉的形状和代号

项目	符号	种 类	示意图
钉帽形状	P	平光形帽	

续表

项目	符号	种 类	示意图
钉杆形状	LX	螺旋纹形杆	
	HW	环纹形杆	
钉尖形状	L	釜形尖	钉尖角度40°、50°、60°
	W	无尖	

表 31.8 托盘钉的规格和尺寸（GB/T 27704—2011） mm

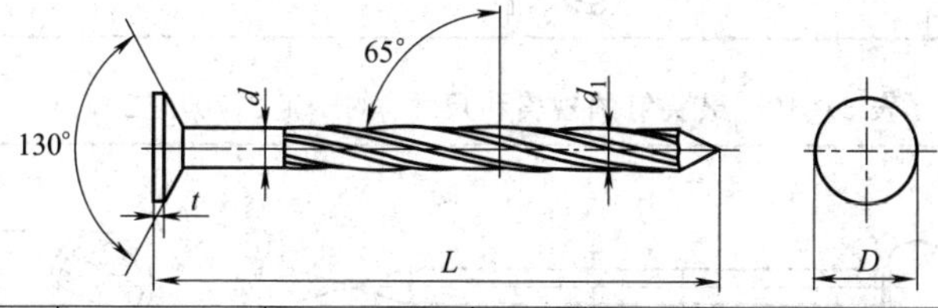

规 格	钉长度 L	钉长度 L 偏差	钉杆直径 d	钉杆直径 d 偏差	螺旋、环纹直径 d_1 (1)	螺旋、环纹直径 d_1 (2)	螺旋、环纹直径 d_1 偏差	帽径 D	帽径 D 偏差	帽厚 $t \geqslant$
2.68×38.10	38.10	±1.50	2.68	±0.05	3.00	2.95	±0.12	6.40	±0.20	0.60
2.68×44.50	44.50									
2.68×50.80	50.80									
2.68×57.20	57.20									
2.87×38.10	38.10		2.87		3.17	3.12		7.05		
2.87×41.30	41.30									
2.87×44.50	44.50									
2.87×50.80	50.80									
2.87×57.20	57.20									
2.87×60.30	60.30									
2.87×63.50	63.50									
2.87×76.20	76.20									
3.05×41.30	41.30		3.05		3.35	3.30		7.15		
3.05×44.50	44.50									
3.05×50.80	50.80									
3.05×57.20	57.20									
3.05×60.30	60.30									
3.05×63.50	63.50									
3.05×76.20	76.20									

(5) 鼓头钉

钉的形状和代号见表 31.9，规格和尺寸见表 31.10。

表 31.9 鼓头钉的形状和代号

<table>
<tr><th>项目</th><th>符号</th><th>种类</th><th>示意图</th><th>项目</th><th>符号</th><th>种类</th><th>示意图</th></tr>
<tr><td rowspan="3">钉帽形状</td><td>P</td><td>平头形</td><td></td><td rowspan="2">钉杆形状</td><td rowspan="2">Y</td><td rowspan="2">圆形杆</td><td rowspan="2"></td></tr>
<tr><td>H</td><td>花纹形</td><td></td></tr>
<tr><td>A</td><td>凹穴</td><td></td><td>钉尖形状</td><td>L</td><td>菱形尖</td><td></td></tr>
</table>

表 31.10 鼓头钉的规格和尺寸（GB/T 27704—2011） mm

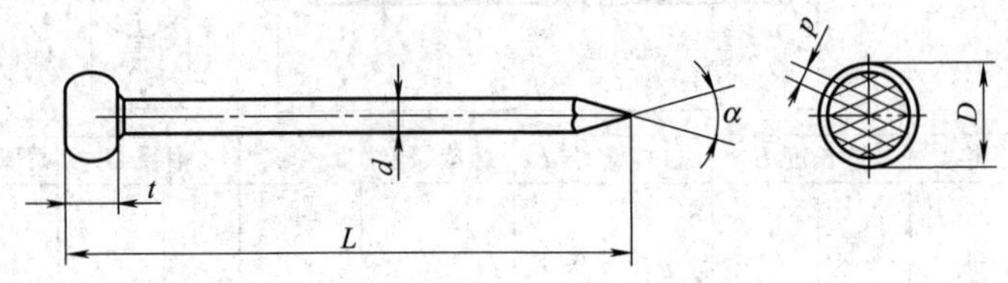

<table>
<tr><th>规格</th><th colspan="2">钉长度 L</th><th colspan="2">钉杆直径 d</th><th colspan="2">帽径 D</th><th colspan="2">帽厚 t</th></tr>
<tr><td>1.00×12</td><td>12</td><td rowspan="6">±1.20</td><td rowspan="2">1.00</td><td rowspan="9">±0.03</td><td rowspan="2">1.40</td><td rowspan="12">±0.20</td><td rowspan="6">1.00</td><td rowspan="16">±0.20</td></tr>
<tr><td>1.00×15</td><td>15</td></tr>
<tr><td>1.25×20</td><td>20</td><td rowspan="2">1.25</td><td rowspan="2">1.80</td></tr>
<tr><td>1.25×25</td><td>25</td></tr>
<tr><td>1.40×20</td><td>20</td><td rowspan="2">1.40</td><td rowspan="2">2.00</td></tr>
<tr><td>1.40×30</td><td>30</td></tr>
<tr><td>1.60×25</td><td>25</td><td rowspan="10">±1.60</td><td rowspan="3">1.60</td><td rowspan="3">2.30</td><td rowspan="10">1.80</td></tr>
<tr><td>1.60×30</td><td>30</td></tr>
<tr><td>1.60×40</td><td>40</td></tr>
<tr><td>1.80×25</td><td>25</td><td rowspan="3">1.80</td><td rowspan="7">±0.04</td><td rowspan="3">2.60</td></tr>
<tr><td>1.80×30</td><td>30</td></tr>
<tr><td>1.80×40</td><td>40</td></tr>
<tr><td>2.00×30</td><td>30</td><td rowspan="4">2.00</td><td rowspan="4">2.80</td><td rowspan="4">±0.30</td></tr>
<tr><td>2.00×40</td><td>40</td></tr>
<tr><td>2.00×45</td><td>45</td></tr>
<tr><td>2.00×50</td><td>50</td></tr>
</table>

续表

规格	钉长度 L		钉杆直径 d		帽径 D		帽厚 t	
2.50×40	40	±2.00	2.50	±0.04	3.60	±0.30	2.30	±0.30
2.50×45	45							
2.50×50	50							
2.50×65	65							
2.80×40	40		2.80		4.00		2.60	
2.80×45	45							
2.80×50	50							
2.83×55	55							
2.83×60	60							
2.83×65	65							
3.15×50	50		3.15	±0.05	4.50		3.00	
3.15×65	65							
3.15×75	75							
3.75×75	75		3.75		5.30		3.50	
3.75×90	90							
3.75×100	100							
4.50×100	100		4.50		6.30		4.30	
5.60×125	125		5.60		7.80		5.00	
5.60×150	150							

注：1. 钉尖角度 α：钉杆直径 $d \leqslant 2.00$mm 时为 32°±5°，钉杆直径 $d \geqslant 2.50$mm 时为 35°±5°。

2. 网纹 p（参考）：钉杆直径 $d \leqslant 2.00$mm 时无网纹，$d = 2.5 \sim 2.83$mm 时为 1.00mm，$d = 3.15$mm 时为 1.20mm，$d \geqslant 3.75$mm 时为 1.40mm。

（6）油毡钉（表 31.11）

表 31.11　油毡钉的规格和尺寸（GB/T 27704—2011）　mm

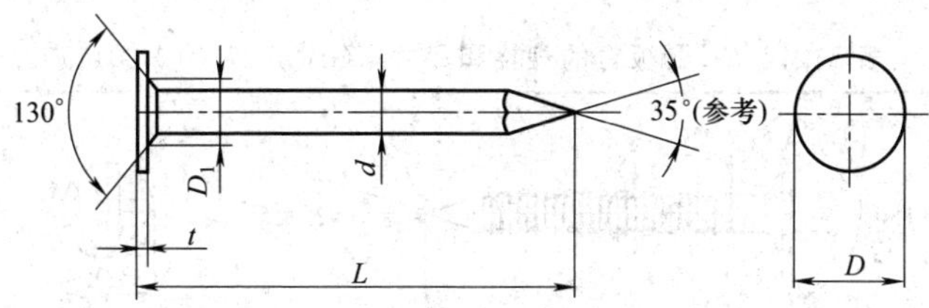

续表

规格	钉长度 L		钉杆直径 d		帽径 D		帽厚 t（参考）	碟径 D_1（参考）
3.05×12.70	12.70	±1.20	3.05	±0.05	9.5	±0.50	0.70	5.60
3.05×15.90	15.90							
3.05×19.00	19.00							
3.05×22.20	22.20							
3.05×25.40	25.40							
3.05×28.60	28.60	±1.60						
3.05×31.80	31.80							
3.05×38.10	38.10							
3.05×44.50	44.50							
3.05×50.80	50.80							
3.05×63.50	63.50							
3.05×76.20	76.20							

（7）石膏板钉（表 31.12 和表 31.13）

表 31.12 石膏板钉的形状和代号

项目	符号	种 类	示意图
头部形状	B	杯形帽	
钉杆形状	Y	圆形杆	
	LX	螺旋纹形杆	
	H	环纹形杆	
钉尖形状	L	菱形尖	

表 31.13 石膏板钉的规格和尺寸（GB/T 27704—2011） mm

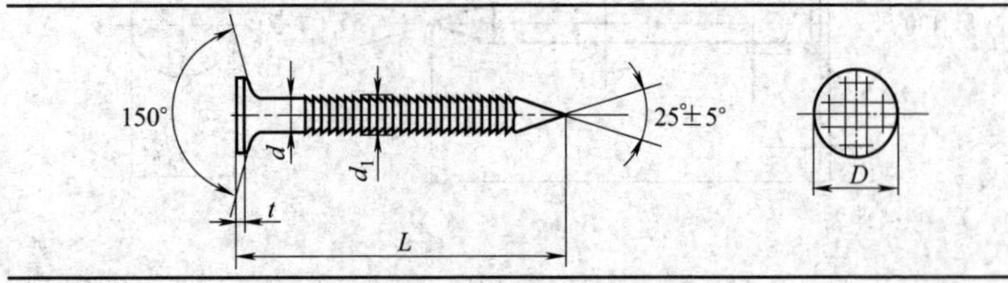

续表

规格	钉长度 L		钉杆直径 d		螺旋、环纹直径 d_1		帽径 D		帽厚 t	
2.32×31.80	31.80	±1.50	2.32	±0.05	2.60	±0.10	7.20	±0.20	0.65	±0.15
2.32×34.90	34.90									
2.32×38.10	38.10									
2.32×41.30	41.30									
2.32×44.50	44.50									
2.32×47.60	47.60									
2.50×31.80	31.80		2.50		2.80		7.50			
2.50×34.90	34.90									
2.50×38.10	38.10									
2.50×41.30	41.30									
2.50×44.50	44.50									
2.50×47.60	47.60									
2.50×50.80	50.80									
2.80×30.00	30.00		2.80		3.10		8.20			

（8）双帽钉

双帽钉有紧固帽和起钉帽，后者用于固定工件。需要拆除工件时，把工具卡在两个帽之间，便可轻易取出双帽钉，且不损坏工件。其规格和尺寸见表 31.14。

表 31.14　双帽钉的规格和尺寸（GB/T 27704—2011）　mm

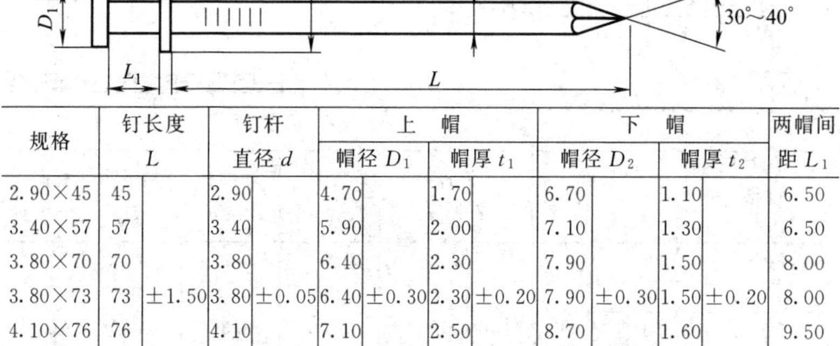

规格	钉长度 L		钉杆直径 d		上帽				下帽				两帽间距 L_1
					帽径 D_1		帽厚 t_1		帽径 D_2		帽厚 t_2		
2.90×45	45	±1.50	2.90	±0.05	4.70	±0.30	1.70	±0.20	6.70	±0.30	1.10	±0.20	6.50
3.40×57	57		3.40		5.90		2.00		7.10		1.30		6.50
3.80×70	70		3.80		6.40		2.30		7.90		1.50		8.00
3.80×73	73		3.80		6.40		2.30		7.90		1.50		8.00
4.10×76	76		4.10		7.10		2.50		8.70		1.60		9.50
4.90×89	89		4.90		7.90		3.00		9.50		2.00		9.50
5.30×102	102		5.30		8.30		3.10		11.10		2.10		11.00

31.1.2 动力工具击打用钉

(1) 普通卷钉

由一组形状相同等距排列的若干单个钉子和连接件组成，连接件可为镀铜铁丝，连接件在与各钉杆中心线成 β 角度方向上，与各钉子相连接，将各钉串连在一起，然后卷成一卷。其形状和代号见表 31.15，规格和尺寸见表 31.16。

表 31.15 普通卷钉的形状和代号

项目	符号	种类	示意图
钉帽形状	PW	平头螺纹形帽	
	P	平头形帽	
钉杆形状	Y	圆形杆	
	HW	环纹形杆	
	LX	螺旋纹形杵	
钉尖形状	L	菱形尖	

表 31.16 普通卷钉的规格和尺寸（GB/T 27704—2011） mm

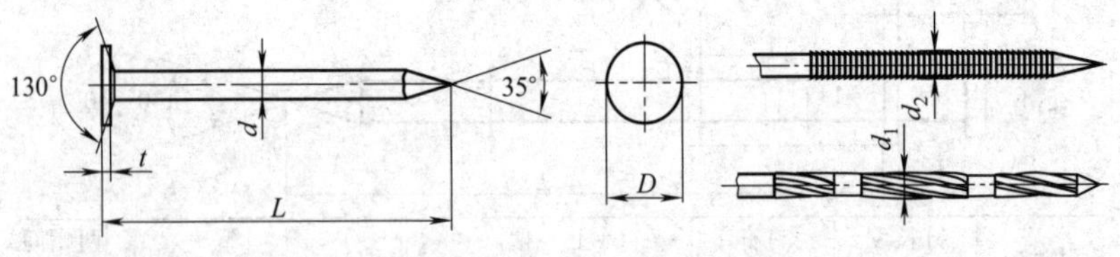

规格	钉长度 L		钉杆直径 d		螺旋纹[①]直径 d_1	环纹[①]直径 d_2	帽径[②] D	帽厚[③] t
2.10×25	25	±1.20	2.10	±0.04	2.40	2.30	4.80	0.70
2.10×32	32							
2.10×38	38	±1.50						
2.10×45	45							
2.10×50	50							

续表

规格	钉长度 L		钉杆直径 d		螺旋纹[①]直径 d_1	环纹[①]直径 d_2	帽径[②] D	帽厚[③] t
2.30×32	32	±1.20	2.30	±0.04	2.60	2.50	5.60	0.80
2.30×38	38	±1.50						
2.30×45	45							
2.30×50	50							
2.30×57	57	±2.00						
2.50×45	45	±1.50	2.50	±0.04	2.80	2.70	6.00	0.80
2.50×50	50							
2.50×55	55	±2.00						
2.50×57	57							
2.50×60	60							
2.50×65	65							
2.87×50	50	±2.00	2.87	±0.04	3.20	3.10	7.00	1.00
2.87×55	55							
2.87×57	57							
2.87×60	60							
2.87×65	65							
3.40×85	85	±2.40	3.40	±0.05	3.70	3.60	7.20	1.10
3.40×90	90							
3.40×100	100							
3.75×70	70	±2.40	3.76	±0.05	4.10	4.00	7.60	1.30
3.75×75	75							
3.75×80	80							
3.75×85	85							
3.75×90	90							
3.75×100	100							
4.10×57	57	±2.00	4.10	±0.05	4.40	4.30	7.60	1.40
4.10×60	60							
4.10×64	64							
4.10×75	75	±2.40						
4.10×83	83							
4.10×90	90							
4.10×100	100							

① 螺旋纹、环纹尺寸的允许偏差均为±0.10mm。

② 帽径 D 的允许偏差均为±0.30mm。

③ 帽厚 t 的允许偏差均为±0.10mm。

(2) 塑排钉用钉（表 31.17 和表 31.18）

表 31.17 塑排钉用钉的形状和代号（GB/T 27704—2011）

形状	种类	符号	图示
钉帽形状	花纹形	W	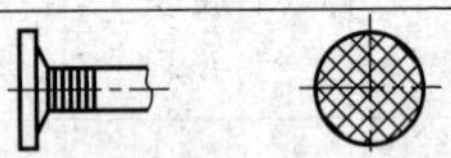
	平头形	P	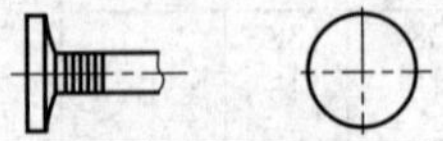
钉杆形状	圆形	Y	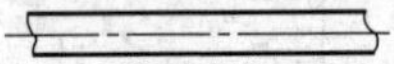
	环纹形	HW	
	螺旋纹形	LX	
钉尖形状	菱形	L	

表 31.18 塑排钉用钉的规格和尺寸（GB/T 27704—2011） mm

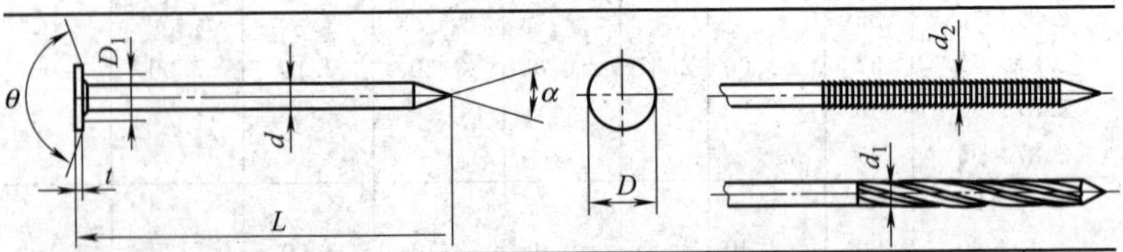

规格	钉长度 L		钉杆直径 d	螺旋纹直径 d_1	环纹直径	钉尖角度 α（参考）/(°)	帽径 D	碟径 D_1（参考）	帽厚 t
2.8×50	50	0 −1.50	2.87 ±0.04	3.20 ±0.10	3.10 ±0.10	35	7.00 ±0.30	5.00 ±0.30	1.00 ±0.10
2.87×57	57								
2.87×60	50								
2.87×64	64								
2.87×76	76								
3.05×50	50	0 −1.50	3.05 ±0.05	3.30 ±0.10	3.20 ±0.10	35	7.00 ±0.30	5.00 ±0.30	1.20 ±0.10
3.05×57	57								
3.05×60	60								
3.05×64	64								
3.05×76	76								
3.05×83	83								
3.05×80	86								
3.05×90	90								
3.33×57	57	0 −1.50	3.33 ±0.05	3.60 ±0.10	3.50 ±0.10	35	7.00 ±0.30	5.00 ±0.30	1.20 ±0.10
3.33×60	60								
3.33×64	64								
3.33×76	76								
3.32×83	83								
3.33×86	86								
3.33×90	90								

续表

规格	钉长度 L		钉杆直径 d	螺旋纹直径 d_1	环纹直径	钉尖角度 α(参考)/(°)	帽径 D	碟径 D_1（参考）	帽厚 t
3.43×57	57	$_{-1.50}^{0}$	3.43±0.05	3.70±0.10	3.60±0.10	35	7.20±0.30	5.20±0.30	1.30±0.10
3.43×60	60								
3.43×64	64								
3.43×76	76								
3.43×83	83								
3.43×86	86								
3.43×90	90								
3.75×57	57	$_{-1.50}^{0}$	3.75±0.05	4.00±0.10	3.90±0.10	35	7.60±0.30	5.20±0.30	1.30±0.10
3.75×60	60								
3.75×64	64								
3.75×76	76								
3.75×83	83								
3.75×86	86								
3.75×90	90								
4.10×57	57	$_{-1.50}^{0}$	4.10±0.05	4.40±0.10	4.30±0.10	35	7.60±0.30	5.20±0.30	1.40±0.10
4.10×60	60								
4.10×64	64								
4.10×76	76								
4.10×83	83								
4.10×86	86								

注：1. 钉长度的公差为 $_{-1.50}^{0}$ mm。

2. 螺旋纹、环纹尺寸的允许偏差均为±0.10mm。

3. 帽径 D 的允许偏差均为±0.30mm。

4. 帽厚 t 的允许偏差均为±0.10mm。

(3) 油毡卷钉用钉（表 31.19 和表 31.20）

表 31.19　油毡卷钉用钉的形状和代号

项目	符号	种　类	示意图
钉帽形状	D	D形帽	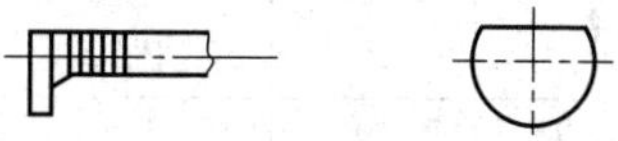
钉杆形状	Y HW	圆形杆 环纹形杆	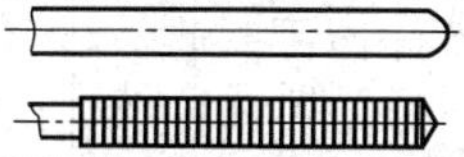
钉尖形状	L	菱形尖	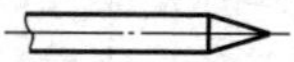

表 31.20 油毡卷钉用钉的规格和尺寸（GB/T 27704—2011）

mm

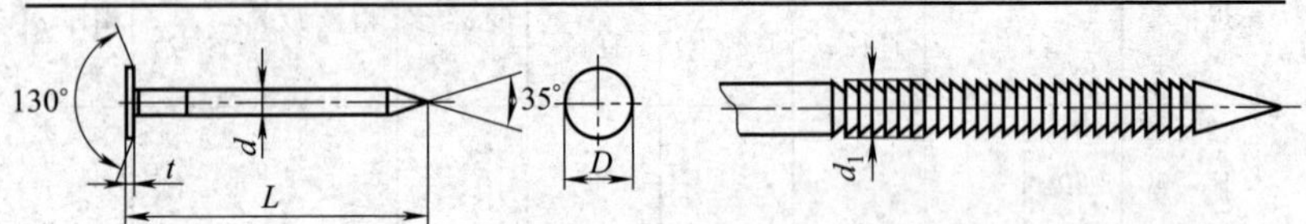

规格	钉度 L		钉杆直径 d		环纹直径 d_1		帽径 D		帽厚 t	
3.05×22	22	±1.00								
3.05×25	25	±1.00								
3.05×32	32	±1.20	3.05	±0.05	3.20	±0.10	9.50	±0.30	0.70	±0.10
3.05×38	38	±1.50								
3.05×45	45	±1.50								

（4）纸排钉（表 31.21 和表 31.22）

表 31.21 纸排钉的形状和代号

项目	符号	种类	示意图
钉帽形状	D	D形帽	
钉杆形状	Y HW	圆形杆 环纹形杆	
钉尖形状	L	菱形尖	

表 31.22 纸排钉的规格和尺寸（GB/T 27704—2011） mm

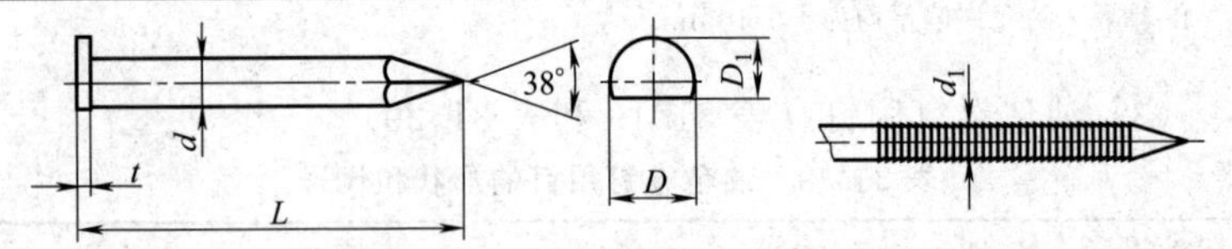

规格	钉长度 L[1]	钉杆直径 d		环纹[2]直径 d_1	帽径[3] D	帽小径 D_1（参考）	帽厚[4] t
2.87×50	50						
2.87×60	60						
2.87×65	65	2.87	±0.04	3.10	7.20	5.25	1.40
2.87×70	70						
2.87×75	75						

续表

规格	钉长度 L[①]	钉杆直径 d		环纹[②]直径 d_1	帽径[③] D	帽小径 D_1（参考）	帽厚[④] t
3.05×60	60	3.05	±0.05	3.20	7.20	5.25	1.40
3.05×65	65						
3.05×70	70						
3.05×75	75						
3.05×80	80						
3.05×85	85						
3.05×90	90						
3.05×100	100						
3.15×60	60	3.15	±0.05	3.30	7.20	5.25	1.40
3.15×65	65						
3.15×70	70						
3.15×75	75						
3.15×80	80						
3.15×85	85						
3.15×90	90						
3.15×100	100						
3.33×60	60	3.33	±0.05	3.50	7.20	5.25	1.40
3.33×65	65						
3.33×70	70						
3.33×75	75						
3.33×80	80						
3.33×85	85						
3.33×90	90						
3.33×100	100						

① 钉长度的公差为±2.00mm。

② 环纹尺寸的允许偏差均为±0.10mm。

③ 帽径 D 的允许偏差均为±0.50mm。

④ 帽厚 t 的允许偏差均为±0.10mm。

（5）钢排钉（表31.23和表31.24）

表31.23　钢排连接钉用钉的形状和代号

项目	符号	种　类	示意图
钉帽形状	C	C形帽	
钉杆形状	Y HW	圆形杆 纹纹形杆	
钉尖形状	L	菱形尖	

表 31.24 钢排钉的规格和尺寸（GB/T 27704—2011） mm

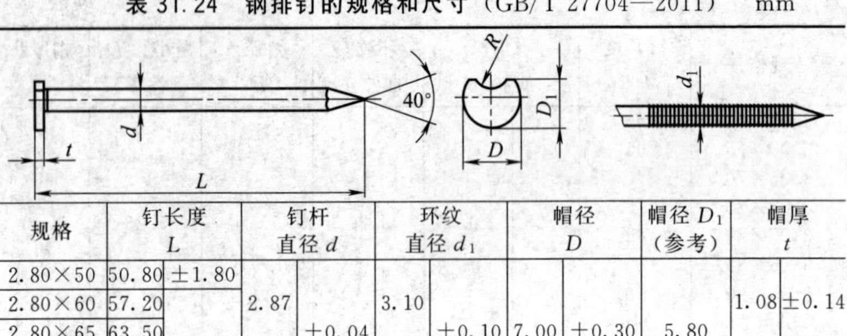

规格	钉长度 L		钉杆直径 d		环纹直径 d_1		帽径 D		帽径 D_1（参考）	帽厚 t	
2.80×50	50.80	±1.80	2.87	±0.04	3.10	±0.10	7.00	±0.30	5.80	1.08	±0.14
2.80×60	57.20	±2.00									
2.80×65	63.50										
3.00×75	75.40		3.06		3.20					1.46	±0.19
3.30×90	88.20		3.33		3.50					1.96	±0.20

（6）T 形头胶排钉（表 31.25 和表 31.26）

表 31.25 T 形头胶排钉的形状和代号

项目	符号	种 类	示 意 图
钉帽形状	P	平头形帽	
钉杆形状	Y	圆形杆	
钉尖形状	L	菱形尖	

表 31.26 T 形头胶排钉的规格和尺寸（GB/T 27704—2011） mm

规格	钉长度 L		钉杆直径 d		帽长 a		帽厚 t	
2.00×25	25	±0.80	2.03	0 −0.02	6.00	±0.20	1.40	±0.13
2.00×32	32							
2.20×18	18		2.18					
2.20×25	25							
2.20×32	32							
2.20×38	38				6.00	±0.25	1.53	
2.20×45	45							
2.20×50	50							
2.20×57	57							
2.20×64	64							
2.50×32	32		2.51		8.12		1.59	±0.19
2.50×38	38							
2.50×45	45							
2.50×50	50							
2.50×55	55							
2.50×65	65							

注：钉头厚度 w 和钉杆部直径 d 尺寸相同，其允许公差为 $^{+0.04}_{0}$ mm。

31.1.3　木结构用钉

原材料有低碳钢钢丝、优质碳素钢钢丝和不锈钢钢丝，其质量应分别符合 GB/T 701（或 YB/T 5294）、GB/T 4354 和 GB/T 4232 的规定。

（1）木结构框架用及结构用钢钉（表 31.27）

表 31.27　木结构框架用及结构用钢钉的规格（GB/T 2059—2012）

mm

钉长	钉杆直径	钉帽直径	钉长	钉杆直径	钉帽直径
47.6	2.34	5.94	82.6	3.76	7.92
50.8	2.51	6.76	82.6	3.76	8.74
50.8	2.87	6.76	88.9	3.43	8.74
54.0	2.51	6.35	88.9	4.11	8.74
57.2	2.51	6.76	95.3	4.50	9.53
57.2	2.87	6.76	101.6	3.76	9.53
60.3	2.87	6.76	101.6	4.88	10.31
63.5	2.87	7.54	108.0	4.88	10.31
63.5	3.33	7.14	114.3	3.76	9.53
69.9	2.87	7.54	114.3	5.26	11.13
69.9	3.33	7.14	120.7	5.26	11.13
73.0	3.05	7.14	127.0	4.11	10.31
76.2	3.25	7.92	127.0	5.74	11.91
76.2	3.76	7.92	139.7	6.20	12.70
79.4	3.43	7.92	146.1	6.20	12.70
82.6	3.25	7.92	152.4	6.65	13.49

注：外形为平头形钉帽，圆形、轧花形或螺旋纹钉杆，菱形钉尖的钢钉。对于动力工具击打用的钢钉，外形可以为圆形、偏心圆、C 形、D 形或 T 形的钉帽，圆形、轧花形或螺旋纹钉杆，菱形或楔形的钉尖。钢钉表面可镀锌或不镀锌。

（2）框架用环纹钉（表 31.28）

表 31.28　框架用环纹钉的规格（GB/T 2059—2012）　mm

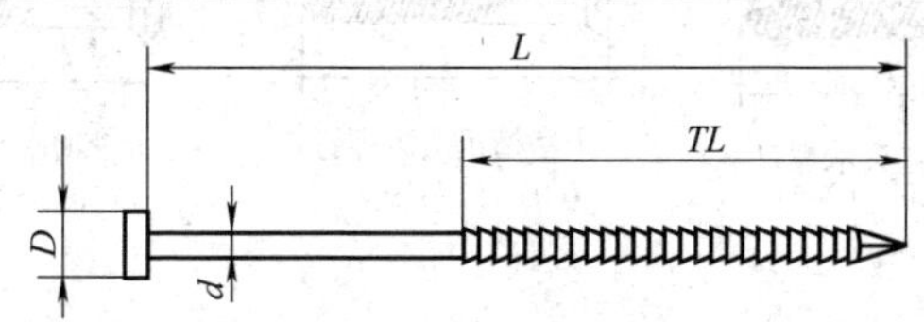

续表

钉长	钉杆直径	钉帽直径	基本直径	钉长	钉杆直径	钉帽直径	基本直径
76.2	3.43	7.94	3.25	114.3	4.50	9.53	4.29
76.2	3.76	7.94	3.56	114.3	5.08	11.91	4.90
76.2	4.50	9.53	4.29	114.3	5.26	11.91	5.05
88.9	3.43	7.94	3.25	127.0	4.50	9.53	4.29
88.9	3.76	7.94	3.56	127.0	5.08	11.91	4.90
88.9	4.50	9.53	4.29	127.0	5.26	11.91	5.05
88.9	5.08	11.91	4.90	152.4	4.50	9.53	4.29
101.6	3.76	7.94	3.56	152.4	5.08	11.91	4.90
101.6	4.50	9.53	4.29	152.4	5.26	11.91	5.05
101.6	5.08	11.91	4.90	203.2	4.50	9.53	4.29
101.6	5.26	11.91	5.05	203.2	5.08	11.91	4.90
114.3	3.76	7.94	3.56	203.2	5.26	11.91	5.05

注：1. 平头形钉帽，环纹形钉杆，菱形钉尖。

2. 环纹杆长度要求：当 $L < 110\text{mm}$ 时，$TL \geqslant 57\text{mm}$；当 $L \geqslant 110\text{mm}$ 时，$TL \geqslant 76\text{mm}$。

31.1.4　木螺钉

用于木质材料上紧固金属零件（铰链、插销、门锁等）。

（1）木螺钉（表 31.29）

表 31.29　木螺钉的规格　　mm

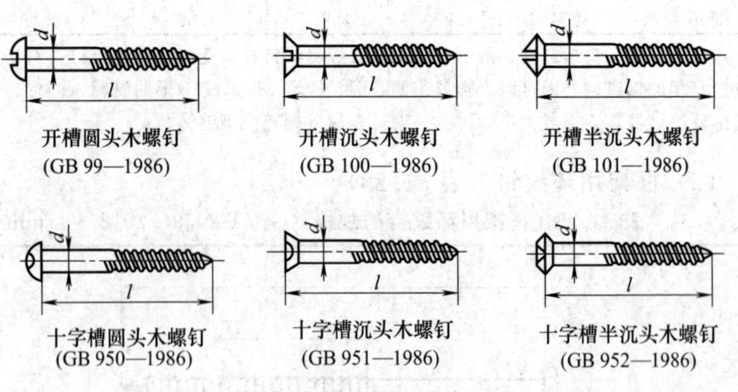

续表

直径 d	开槽木螺钉钉长			十字槽木螺钉	
	沉头	圆头	半沉头	十字槽号	钉长 l
1.6	6～12	6～12	6～12	—	—
2.0	6～16	6～14	6～16	1	6～16
2.5	6～25	6～22	6～25	1	6～25
3.0	8～30	8～25	8～30	2	8～30
3.5	8～40	8～38	8～40	2	8～40
4.0	12～70	12～65	12～70	2	12～70
(4.5)	16～85	14～80	16～85	2	16～85
5.0	18～100	16～90	18～100	2	18～100
(5.5)	25～100	22～90	30～100	3	25～100
6.0	25～120	22～120	30～120	3	25～120
(7)	40～120	38～120	40～120	3	40～120
8	40～120	38～120	40～120	3	40～120
10	75～120	65～120	70～120	4	70～120

注：1. 钉长系列（mm）：6，8，10，12，14，16，18，20，(22)，25，30，(32)，35，(38)，40，45，50，(55) 60，(65)，70，(75)，80，(85)，90，100，120。

2. 括号内的直径和长度尽可能不采用。

(2) 六角头木螺钉（表31.30）

表31.30　六角头木螺钉（GB/T 102—1986）

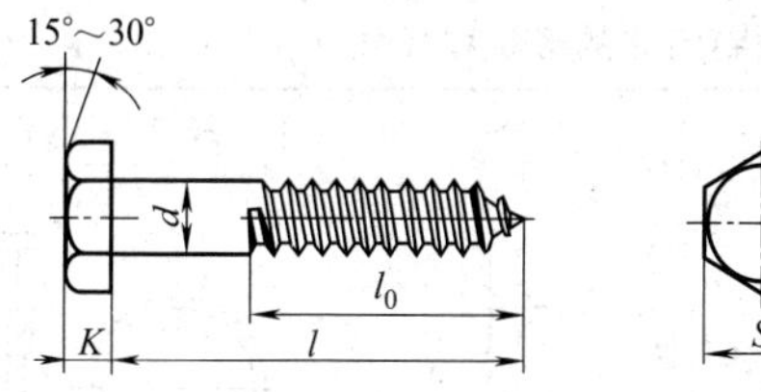

d	公称	6	8	10	12	16	20
	min	5.7	7.64	9.64	11.57	15.57	19.48
	max	6	8	10	12	16	20
e	min	10.89	14.20	17.59	19.85	26.17	32.95
K	公称	4	5.3	6.4	7.5	10	12.5
	min	3.62	4.92	5.95	7.05	9.25	11.6
	max	4.38	5.68	6.85	7.95	10.75	13.4
S	max	10	13	16	18	24	30
	min	9.64	12.57	15.57	17.57	23.16	29.16

续表

d			公称			6	8	10	12	16	20
			min			5.7	7.64	9.64	11.57	15.57	19.48
			max			6	8	10	12	16	20
l			l_0			规格范围					
公称	min	max	公称	min	max						
35	33.40	35	23	21.7	24.3						
40	38.40	40	26	24.7	27.3						
50	48.40	50	33	31.4	34.6	通					
65	63.10	65	43	41.4	44.6		用				
80	78.10	80	52	50.1	53.9			规			
100	97.80	100	66	64.1	67.9				格		
120	117.8	120	80	78.1	31.9					范	
140	137.5	140	93	90.8	95.2						围
160	157.5	160	106	103.8	108.2						
180	177.5	180	130	127.5	132.5						
200	197.1	200	133	130.5	135.5						
(225)	222.1	225	163	160.5	165.5						
(250)	247.1	250	166	163.5	168.5						

31.1.5 射钉

与射钉器、射钉弹配合，射入被紧固零件或托架、门窗、墙壁、钢板之类基体中，用于紧固零件或吊挂其他物体。其形状和尺寸见表31.31。

表31.31 射钉钉体的形状和尺寸（GB/T 18981—2008） mm

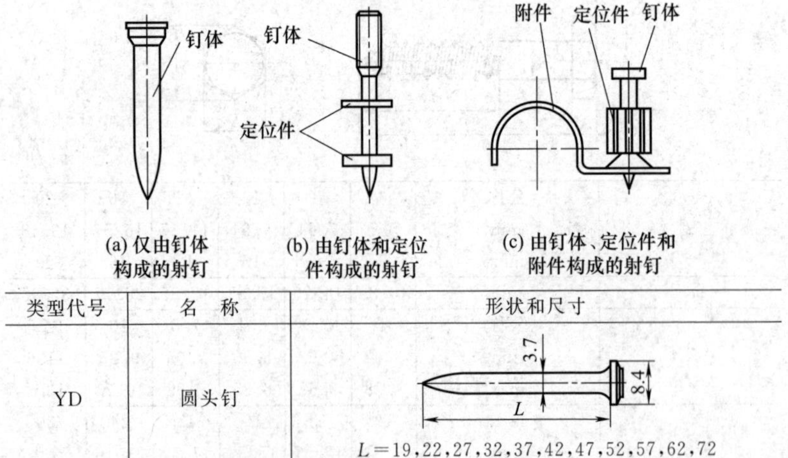

(a) 仅由钉体构成的射钉　(b) 由钉体和定位件构成的射钉　(c) 由钉体、定位件和附件构成的射钉

类型代号	名　称	形状和尺寸
YD	圆头钉	L=19,22,27,32,37,42,47,52,57,62,72

续表

类型代号	名　称	形状和尺寸
DD	大圆头钉	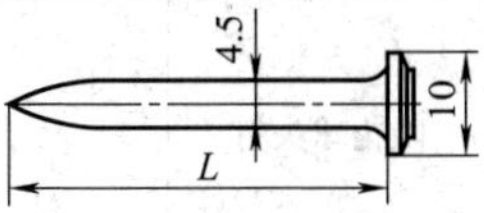 L=27,32,37,42,47,52,57,62,72,82,97,117
HYD	压花圆头钉	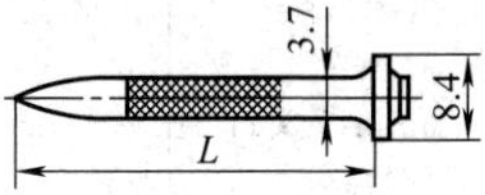 L=13,16,19,22
HDD	压花大圆头钉	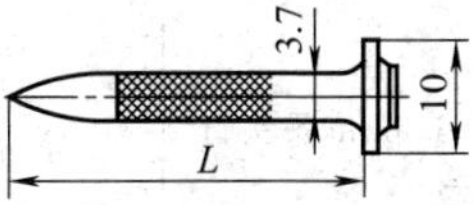 L=19,22
PD	平头钉	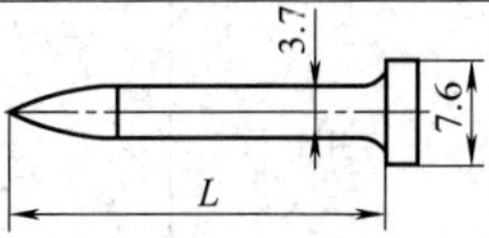 L=19,25,32,38,51,63,76
PS	小平头钉	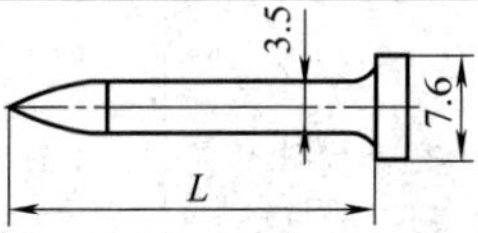 L=22,27,32,37,42,47,52,62,72
DPD	大平头钉	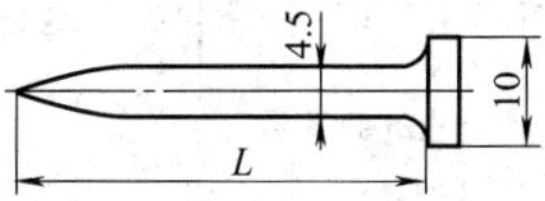 L=27,32,37,42,47,52,57,62,72,82,97,117
HPD	压花平头钉	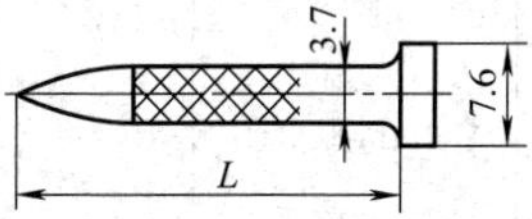 L=13,16,19
QD	球头钉	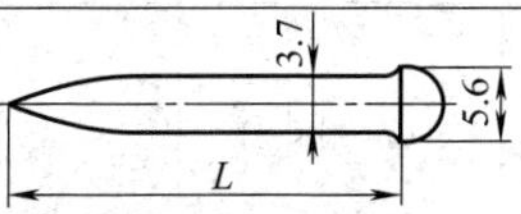 L=22,27,32,37,42,47,52,62,72,82,97

续表

类型代号	名　称	形状和尺寸
HQD	压花球头钉	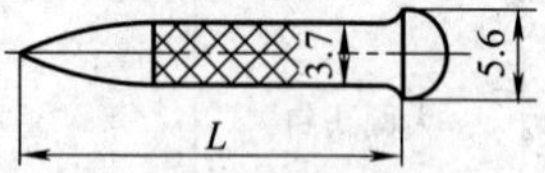 3.7　5.6　L L=16,19,22
ZP	6mm 平头钉	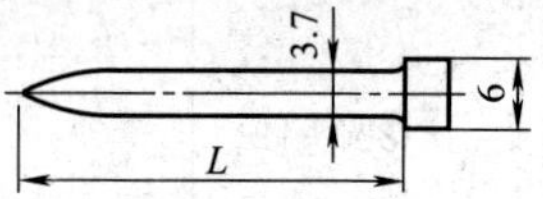 3.7　6　L L=25,30,35,40,50,60,75
DZP	6.3mm 平头钉	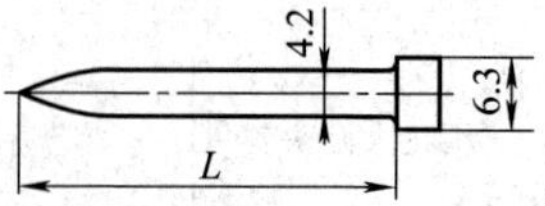 4.2　6.3　L L=25,30,35,40,50,60,75
ZD	专用钉	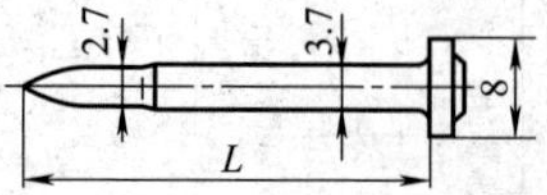 2.7　3.7　8　L L=42,47,52,57,62
GD	GD 钉	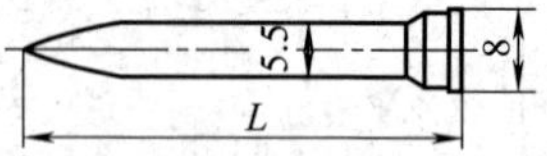 5.5　8　L L=45,50
KD6	6mm 眼孔钉	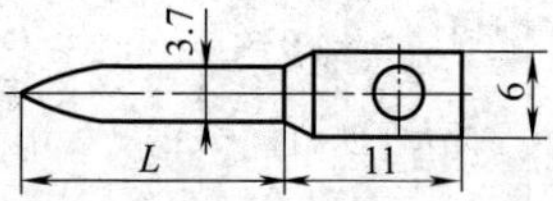 3.7　6　L　11 L=25,30,35,40,45,50,60
KD6.3	6.3mm 眼孔钉	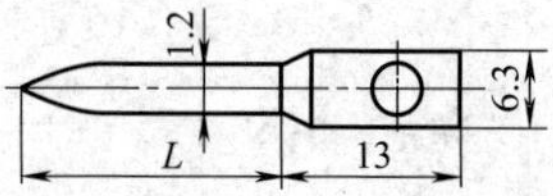 1.2　6.3　L　13 L=25,30,35,40,50,60
KD8	8mm 眼孔钉	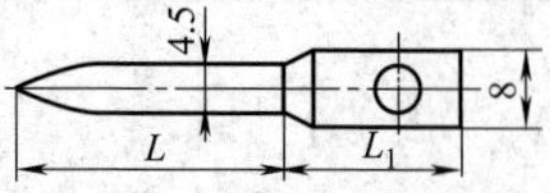 4.5　8　L　L_1 L=22,32,42,52;L_1=20,25,30,35

续表

类型代号	名 称	形状和尺寸
KD10	10mm 眼孔钉	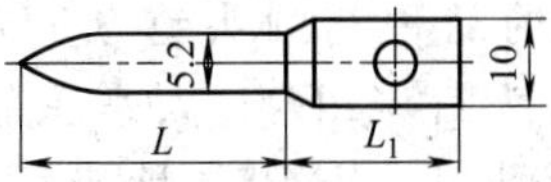 $L=32,42,52;L_1=24,30$
M6	M6 螺纹钉	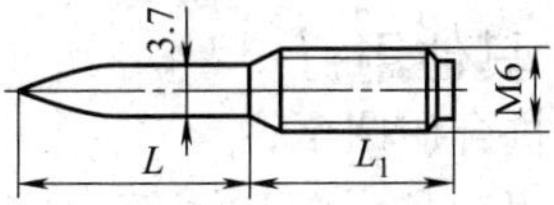 $L=22,27,32,42,52;L_1=11,20,25,32,38$
M8	M8 螺纹钉	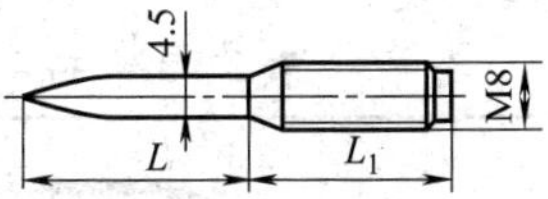 $L=27,32,42,52;L_1=15,20,25,30,35$
M10	M10 螺纹钉	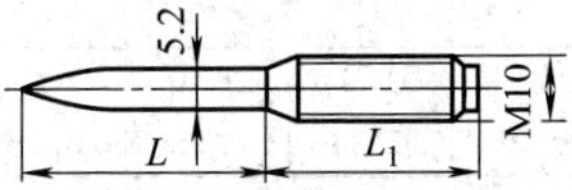 $L=27,32,42;L_1=24,30$
HM6	M6 压花螺纹钉	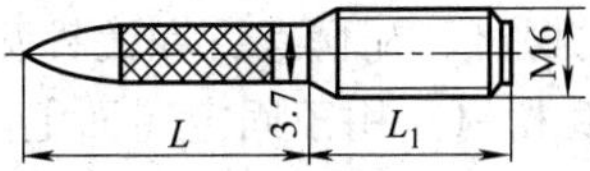 $L=9,12;L=15,20,25,32$
HM8	M8 压花螺纹钉	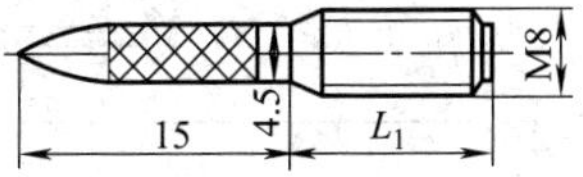 $L_1=15,20,25,30,35$
HM10	M10 压花螺纹钉	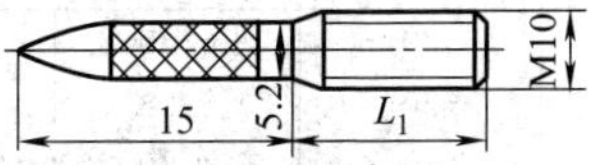 $L_1=24,30$
HTD	压花特种钉	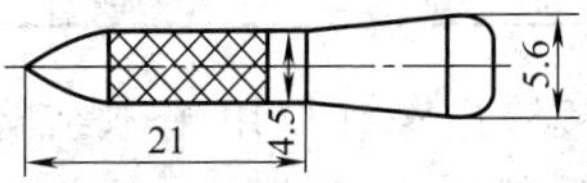

射钉的种类有仅由钉体构成的射钉、由钉体及定位件构成的射钉和由钉体、定位件及附件构成的射钉三种。

射钉的品种有圆头钉（YD）、大圆头钉（DD）、小圆头钉（PS）、平头钉（PD）、大平头钉（DPD）、6mm 平头钉（ZP）、6.3mm 平头钉（DZP）、球头钉（QD）、眼孔钉（KD）、螺纹钉（M）、专用钉（ZD）等。钉杆表面压花时，要加“压花”。

31.1.6　其他用钉

（1）拼合用圆钢钉

主要用途是供制造木箱、家具、门扇及其他需要拼合木板时用，其规格见表 31.32。

表 31.32　拼合用圆钢钉的规格　　mm

钉长	25	30	35	40	45	50	60
钉杆直径	1.6	1.8	2	2.2	2.5	2.8	2.8
质量/g	0.36	0.55	0.79	1.08	1.52	2.0	2.4

（2）瓦楞钉

有瓦楞钉、瓦楞螺钉和镀锌瓦楞螺钉几种。

① 瓦楞钉　用于固定屋面上的瓦楞铁皮，其规格见表 31.33。

表 31.33　瓦楞钉的规格　　mm

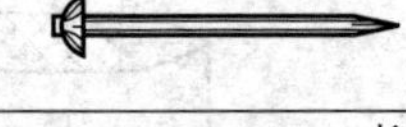

钉身直径	钉帽直径	长度(除帽)			
		38	44.5	50.8	63.5
		质量/g			
3.73	20	6.30	6.75	7.35	8.35
3.37	20	5.58	6.01	6.44	7.30
3.02	18	4.53	4.90	5.25	6.17
2.74	18	3.74	4.03	4.32	4.90
2.38	14	2.30	2.38	2.46	

② 镀锌瓦楞钉　用于木结构屋面上固定瓦楞铁皮及石棉瓦（加垫羊毛垫圈），其规格见表 31.34。

表 31.34 镀锌瓦楞螺钉的规格 mm

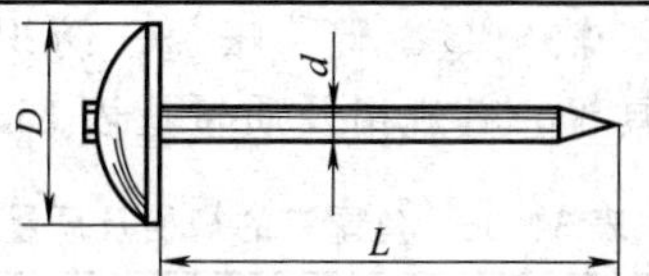

钉杆直径 d		钉帽	钉 长							
线规号	对应	直径	38.1	44.5	50.8	63.5	38.1	44.5	50.8	63.5
SWG	尺寸	D	质量/g				每 1kg 钉约数/个			
9	3.76	20	6.30	6.75	7.39	8.35	159	149	136	150
10	3.40	20	5.58	6.01	5.44	7.30	179	166	155	137
11	3.05	18	4.53	4.90	5.29	—	221	204	190	—
12	2.77	18	3.74	4.03	4.32	—	267	243	231	—
13	2.41	14	2.30	2.38	2.46	—	435	420	407	—

③ 瓦楞螺钉 作木结构屋面上固定石棉瓦或铁皮用，用于屋面上时，须加羊毛垫圈或瓦楞垫圈，其规格见表 31.35。

表 31.35 瓦楞螺钉的规格 mm

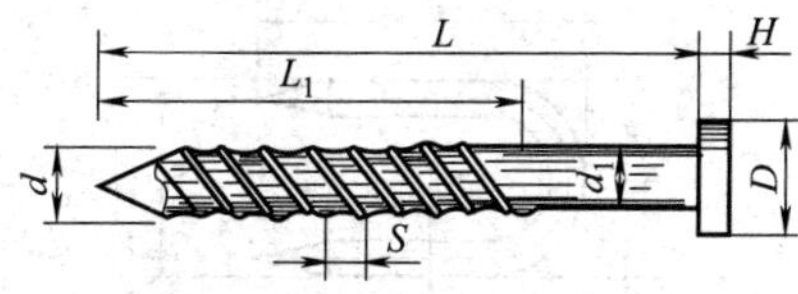

直径×长度	钉杆长 L	钉杆直径 d_1	螺纹长 L_1	螺纹直径 d	螺距 S	钉头直径 D	铁头厚 H
6×50	50	5	35	6	4	9	3
6×60	60		42				
6×65	65		46				
6×75	75		52				
6×85	85		60				
6×100	100		60				
7×50	50	6	35	7	5	11	3.2
7×60	60		42				
7×65	65		46				
7×75	75		52				
7×85	85		60				
7×90	90		60				
7×100	100		70				

(3) 鱼尾钉

用于制造沙发、软坐垫、鞋、帐篷、纺织、皮革箱具、面粉筛、玩具、小型农具等，其规格及质量见表 31.36。

表 31.36 鱼尾钉的规格及质量 mm

种类	薄型(A型)					厚型(B型)					
全长	6	8	10	13	16	10	13	16	19	22	25
钉帽直径 ≥	2.2	2.5	2.6	2.7	3.1	3.7	4.0	4.2	4.5	5.0	5.0
钉帽厚度 ≥	0.2	0.25	0.30	0.35	0.40	0.45	0.50	0.55	0.60	0.65	0.65
卡颈尺寸 ≥	0.80	1.00	1.15	1.25	1.35	1.50	1.60	1.70	1.80	2.00	2.00
质量/g	44	69	83	122	180	132	278	357	480	606	800
每 kg 个数	22700	14400	12000	8200	5550	7600	3600	2800	2100	1650	1250

注：卡颈尺寸指近钉头处钉身的椭圆形断面短轴直径尺寸。

(4) 骑马钉

用于紧固沙发弹簧、金属板（丝）网等，其规格见表 31.37。

表 31.37 骑马钉的规格 mm

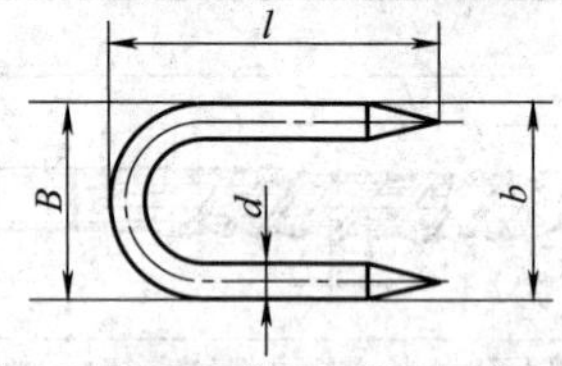

钉长 l	10	11	12	13	15	16	20	25	30
钉杆直径	1.6	1.8	1.8	1.8	1.8	1.8	1.8/2.0	2.2	2.5/2.7
大端宽度	8.5	8.5	8.5	8.5	10	10	10.5/12	11/13	13.5/14.5
小端宽度	7	7	7	7	8	8	8.5	9	10.5
质量/g	0.37	—	—	—	0.56	—	0.89	1.36	2.19

31.2 金属丝网

31.2.1 金属丝网的目数和网号

表 31.38 金属丝网的目数和网号对照

目数	网号	孔/cm²	目数	网号	孔/cm²	目数	网号	孔/cm²
4	5	2.56	10	2	16	18	1	51.84
5	4	4	12	—	23.04	20	0.95	64
6	3.22	5.76	14	1.43	31.36	22	—	77.44
8	2.5	10.24	16	1.24	40.96	24	0.75	92.16

续表

目数	网号	孔/cm²	目数	网号	孔/cm²	目数	网号	孔/cm²
26	0.71	108.16	60	0.301	576	180	0.077	5184
28	0.63	125.44	65	0.28	676	190	—	5776
30	0.60	144	70	0.261	784	200	0.076	6400
32	0.55	163.84	75	0.25	900	230	0.065	8464
34	0.525	185	80	0.2	1024	240	—	9216
36	0.5	207	85	0.18	—	250	0.06	10000
38	0.425	231	90	0.17	1296	275	0.052	12100
40	0.4	256	100	0.15	1600	280	—	12544
42	0.375	282	110	0.14	1936	300	0.045	14400
44	—	310	120	0.125	2304	320	0.044	16384
46	0.345	339	130	0.12	2704	350	0.042	19600
48	—	369	140	—	3136	400	0.034	25600
50	0.325	400	150	0.1	3600			
55	—	484	160	0.088	—			

注：1. 网号系指筛网的公称尺寸，单位为 mm，如 1 号网的正方形网孔边长为 1mm。

2. 目数系指 1in 长度上的孔眼数目，单位为目/in，如 1in 长度上有 20 孔眼，即为 20 目。

表 31.39　我国通常使用的筛网目数与粒径对照　μm

目数	粒径	目数	粒径	目数	粒径	目数	粒径
2.5	7925	12	1397	60	245	325	47
3	5880	14	1165	65	220	425	33
4	4599	16	991	80	198	500	25
5	3962	20	833	100	165	625	20
6	3327	24	701	110	150	800	15
7	2794	27	589	180	83	1250	10
8	2362	32	495	200	74	2500	5
9	1981	35	417	250	61	3250	2
10	1651	40	350	270	53	12500	1

31.2.2　一般金属丝网

一般金属丝网的规格见表 31.40。

表 31.40　一般金属丝网的规格

孔的大小		S.W.G	孔径	丝径	有效面积	质量
目/in	孔数/cm	丝号	/mm	/mm	/%	/(kg/m²)
3	1.18	14	6.27	2.200	62	7.0
	1.08	16	6.84	1.630	67	3.8
	1.20	18	7.25	1.219	70	2.5
3.5	1.40	20	6.34	0.914	66	1.8
4	1.57	16	4.72	1.630	58	5.0
	1.57	18	5.13	1.220	70	2.9
	1.60	20	5.45	0.914	76	2.1

续表

孔的大小		S.W.G	孔径	丝径	有效面积	质量
目/in	孔数/cm	丝号	/mm	/mm	/%	/(kg/m²)
4.5	1.80	22	4.93	0.711	71	1.2
5	1.97	18	3.86	1.220	57	3.6
	2.00	20	4.16	0.914	73	2.4
	2.00	22	4.36	0.711	76	1.3
6	2.36	18	3.04	1.220	50	4.3
	2.36	20	3.33	0.914	61	2.8
	2.36	22	3.52	0.711	63	1.6
8	3.15	20	2.26	0.910	43	3.2
	3.15	22	2.37	0.711	66	2.1
	3.15	24	2.50	0.599	67	1.5
10	3.94	20	1.63	0.910	41	4.0
	3.94	22	1.829	0.711	50	2.6
	3.94	24	1.981	0.559	55	1.9
	3.94	26	2.080	0.460	67	1.1
12	4.72	22	1.41	0.710	43	2.9
	4.72	26	1.74	0.457	0.68	1.4
14	5.52	26	1.36	0.460	57	1.4
	5.52	28	1.43	0.376	62	0.75
16	6.30	28	1.21	0.376	55	1.20
	6.30	30	1.27	0.315	67	0.85
18	7.09	30	1.10	0.315	60	0.85
20	7.87	30	0.95	0.315	58	0.95
	7.87	32	1.00	0.274	63	0.70
22	8.66	32	0.88	0.274	57	0.80
24	9.45	32	0.78	0.274	55	0.75
26	10.2	32	0.74	0.274	51	0.70
28	11.0	34	0.67	0.234	50	0.80
30	11.8	34	0.61	0.234	48	0.84
32	12.6	34	0.56	0.234	50	0.84
36	14.2	34	0.47	0.234	45	0.95
38	15.0	36	0.48	0.193	46	0.70
40	15.7	36	0.44	0.193	50	0.80
50	19.7	38	0.36	0.152	46	0.58
50	23.6	38	0.271	0.152	40	0.71
60	23.6	40	0.30	0.122	50	0.45
80	31.5	40	0.198	0.12	44	0.58
80	31.5	42	0.216	0.102	43	0.40
100	39.4	42	0.154	0.10	37	0.50
100	39.4	44	0.172	0.081	49	0.32
120	47.2	44	0.130	0.081	40	0.39
120	47.2	45	0.142	0.07	44	0.30

续表

孔的大小		S. W. G	孔径	丝径	有效面积	质量
目/in	孔数/cm	丝号	/mm	/mm	/%	/(kg/m²)
130	51.2	45	0.125	0.07	41	0.325
140	55.1	45	0.111	0.07	38	0.350
	55.1	46	0.121	0.06	45	0.252
150	59.1	46	0.108	0.061	38	0.29
	59.1	46.5	0.115	0.055	48	0.206
160	63.0	46	0.097	0.061	32	0.30
	63.0	47	0.109	0.050	43	0.20
170	66.9	47	0.09	0.050	41	0.213
180	70.9	47	0.09	0.051	40	0.24
190	74.8	47	0.083	0.051	40	0.24
200	78.7	47	0.077	0.051	37	0.27
	78.7	48	0.086	0.041	46	0.17
220	86.6	48	0.074	0.041	41	0.19
240	94.5	48	0.065	0.041	39	0.20
250	98.4	48	0.061	0.041	38	0.22
260	102.4	48	0.057	0.041	34	0.22
280	110.2	49	0.060	0.031	31	0.14
300	118.1	49	0.054	0.031	40	0.15
320	126	49	0.048	0.031	39	0.16
350	137.8	49	0.042	0.031	36	0.16
400	157.5	50	0.0385	0.025	39	0.13
450	177.2	50	0.0314	0.025	37	0.14
500	196.6	50	0.0258	0.025	35	0.156
630	250	50	0.022	0.018	30	0.103

31.2.3 镀锌低碳钢丝网

(1) 一般用途镀锌低碳钢丝方孔网（表 31.41）

表 31.41　一般用途镀锌低碳钢丝方孔网的规格（QB/T 1925.1—1993）

mm

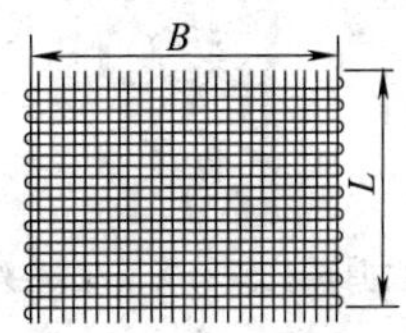

续表

网孔尺寸	钢丝直径	净孔尺寸	网的宽度 B	相当英制目数	网孔尺寸	钢丝直径	净孔尺寸	网的宽度 B	相当英制目数
0.50	0.20	0.30	914	50	1.80	0.35	1.45	1000	14
0.55		0.35		46	2.10	0.45	1.65		12
0.60		0.40		42	2.55		2.05		10
0.64		0.44		40	2.80	0.55	2.25		9
0.66		0.46		38	3.20		2.65		8
0.70		0.50		36	3.60		3.05		7
0.75	0.25	0.50		34	3.90		3.35		6.5
0.80		0.55		32	4.25	0.70	3.55		6
0.85		0.60		30	4.60		3.90		5.5
0.90		0.65		28	5.10		4.40		5
0.95		0.70		26	5.65	0.90	4.75		4.5
1.05		0.80		24	6.35		5.45		4
1.15	0.30	0.85		22	7.25		6.35		3.5
1.30		1.00		20	8.46	1.20	7.26	1200	3
1.40		1.10		18	10.20		9.00		2.5
1.60	0.30	1.25	1000	16	12.70		11.50		2

注：每卷长度30m。

（2）镀锌低碳钢丝六角网

用于建筑门窗防护栏及工业设备上保温包扎材料等，其规格见表31.42。按镀锌方式分有先编网后镀锌（B）、先电镀锌后织网（D）和先热镀锌后织网（R）三种；按编织形式分有单向搓捻式（Q）、双向搓捻式（S）和双向搓捻式有加强筋（J）三种。

表31.42　一般用途镀锌低碳钢丝六角网的规格（QB/T 1925.2—1993）

mm

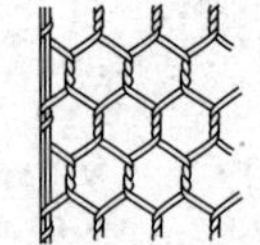

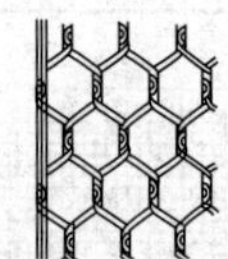

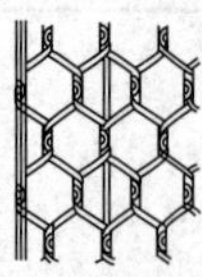

单向搓捻式(Q)　双向搓捻式(S)　双向搓捻式有加强筋(J)

续表

类别	镀锌方式			编织形式					
	先编网后镀锌	先电镀锌后编网	先热镀锌后编网	单向搓捻式		双向搓捻式		双向搓捻式有加强筋	
网孔	B	D	R	Q		S		J	
尺寸	10	13	16	20	25	30	40	50	75
钢丝直径	0.40～0.60	0.40～0.90	0.40～0.90	0.40～1.00	0.40～1.30	0.45～1.30	0.50～1.30	0.50～1.30	0.50～1.30
钢丝直径系列:0.40,0.45,0.50,0.55,0.60,0.70,0.80,0.90,1.00,1.10,1.20,1.30									
网宽:0.5,1.0,1.5,2.0m;网长:25,30,35m									

(3) 一般用途镀锌低碳钢丝编织波纹方孔网(表31.43)

表31.43　一般用途镀锌低碳钢丝编织波纹方孔网的规格(QB/T 1925.3—1993)　mm

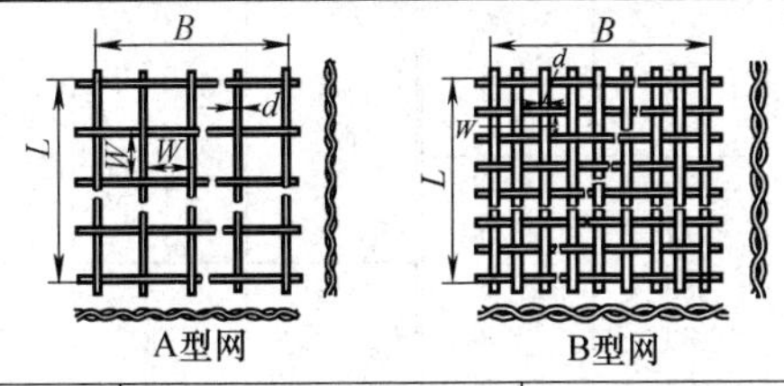

A型网　B型网

基本尺寸	L	B
片网	<1000	900
	1000～5000	1000
	5001～10000	1500
卷网	10000～30000	2000

丝径 d	网孔尺寸 A型 Ⅰ系	A型 Ⅱ系	B型 Ⅰ系	B型 Ⅱ系	丝径 d	网孔尺寸 A型 Ⅰ系	A型 Ⅱ系	B型 Ⅰ系	B型 Ⅱ系
0.70	—	—	1.5 2.0	—	4.00	20 25	30	8	12 16
0.90	—	—	2.5	—	5.00	25 30	28 36	20	22
1.20	6	8	—	—					
1.60	8 10	12	3	5	6.00	30 40 50	28 35 45	20 25	18 22
2.20	12	15 20	4	6					
2.80	15 20	25	6	10 12	8.00	40 50	40 50	30	35
3.50	20 25	30	—	8 10 15	10.00	80 100 125	70 90 110	—	—

注:Ⅰ系为优先选用规格;Ⅱ系为一般规格。

(4) 镀锌低碳钢丝斜方孔网

用作企业、事业单位或仓库、工地等的隔离网等，其规格见表 31.44。

表 31.44 一般用途镀锌低碳钢丝斜方孔网的规格 mm

钢丝直径	网孔宽度	开孔率/%	质量/(kg/m²)	钢丝直径	网孔宽度	开孔率/%	质量/(kg/m²)
1.2	12.5	82	1.9	2.8	40	86	2.9
1.6	12.5	76	3.4		50	89	2.3
	16	81	2.5	3.0	25.4	78	5.6
	20	85	2.0		32	82	4.3
	25.4	88	1.45		38	85	3.5
2.2	12.5	69	6.0		40	85	3.3
	16	74	5.0		50	88	2.6
	20	79	3.7	3.5	32	81	5.9
	25.4	83	2.8		38	82	4.9
	32	87	2.2		40	83	4.5
	38	89	1.8		50	86	3.6
	40	89	1.7		64	89	2.7
2.8	20	74	6.4		76	91	2.3
	25.4	79	4.8	4.0	50	85	4.7
	32	83	3.7		64	88	3.5
	38	86	3.0		76	90	3.0

注：门幅宽度为 0.5～3m；卷长为 10～20m。

(5) 斜方眼网

用作建筑围栏及设备防护网，其规格见表 31.45。

表 31.45 斜方眼网的规格 mm

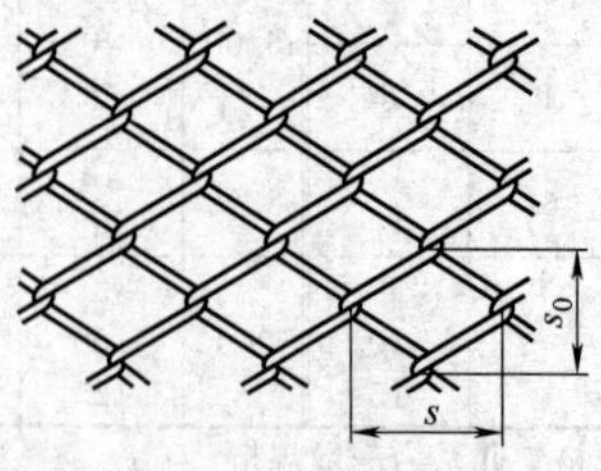

续表

线径	网孔尺寸		线径	网孔尺寸	
	长节距 s	短节距 s_0		长节距 s	短节距 s_0
0.9	16 18	8 12	2.8	40 60 100	17 30 50
1.25	20 30	10 15	3.5	51 60 70 100	51 30 35 50
1.6	20 30 60	8 15 30	4.0	80 240	40 120
2.0	30 40 60	15 20 30	5	100	25
2.8	38	38	6、8	100	50
网面尺寸：长度 1000～5000；宽度 50～2000					

(6) 梯形网

用作保温墙或石棉瓦中的加强网，其规格见表 31.46。

表 31.46　梯形网的规格　mm

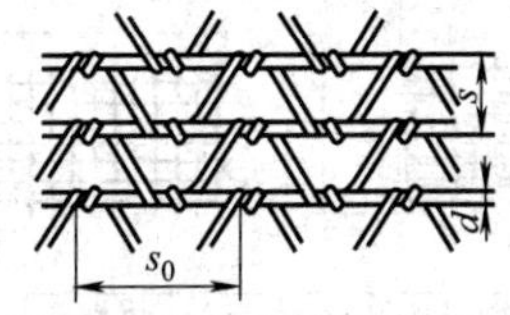

网孔尺寸 s	绕缝箱距 s_0	绕丝抗拉强度/MPa	直线丝径 d	直丝抗拉强度/MPa	网面尺寸	
					长	宽
13 19	42	≥539	0.7～1.2 0.7～1.4	≥833	1840	880

(7) 镀锌电焊网

用于建筑、种植、养殖、围栏等，尺寸为 30480mm 的用于外销，其规格见表 31.47。

镀锌电焊网的代号是：

标记例：DHW 0.70×12.70×12.70 表示丝径 0.70mm，经向网孔长 12.7mm，纬向网孔长 12.7mm 的镀锌电焊网。

表 31.47 镀锌电焊网尺寸规格（QB/T 3897—1999） mm

L	B
30000	914
30480	

网号	网孔尺寸 $J\times W$	丝径
20×20	50.80×50.80	1.80～2.50
10×20	25.40×50.80	
10×10	25.40×25.40	
04×10	12.70×25.40	1.00～1.80
06×06	19.05×19.05	
04×04	12.70×12.70	0.50～0.90
03×03	9.53×9.53	
02×02	6.35×6.35	

31.2.4 窗纱

用于纱窗、纱门、菜橱、蜂房等处，以达到通风和防止蚊蝇和昆虫侵入的目的。也可作 50℃以下液体的过滤器材。其尺寸见表 31.48。

表 31.48 窗纱的尺寸（QB/T 3882—1999） mm

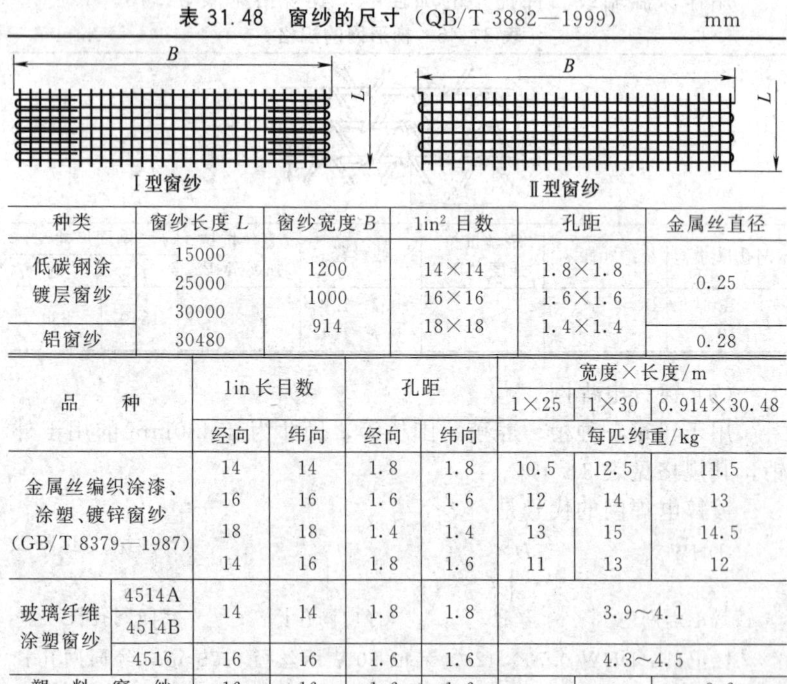

Ⅰ型窗纱　Ⅱ型窗纱

种类	窗纱长度 L	窗纱宽度 B	1in² 目数	孔距	金属丝直径
低碳钢涂镀层窗纱	15000 25000 30000	1200 1000 914	14×14 16×16 18×18	1.8×1.8 1.6×1.6 1.4×1.4	0.25
铝窗纱	30480				0.28

品种		1in 长目数		孔距		宽度×长度/m		
						1×25	1×30	0.914×30.48
		经向	纬向	经向	纬向	每匹约重/kg		
金属丝编织涂漆、涂塑、镀锌窗纱（GB/T 8379—1987）		14	14	1.8	1.8	10.5	12.5	11.5
		16	16	1.6	1.6	12	14	13
		18	18	1.4	1.4	13	15	14.5
		14	16	1.8	1.6	11	13	12
玻璃纤维涂塑窗纱	4514A	14	14	1.8	1.8	3.9～4.1		
	4514B							
	4516	16	16	1.6	1.6	4.3～4.5		
塑料窗纱		16	16	1.6	1.6	—	—	3.6

31.2.5　编织网

编织网由网片钢丝和张力钢丝组成，共用三根张力钢丝将编织网串连成整体。底部一根靠近地面，顶部一根靠近网边。用于道路、机场、铁路、体育场等场所作栅栏。产品代号 Cw。其结构尺寸见表 31.49。

表 31.49　编织网的结构尺寸（GB/T 26941.5—2011）　mm

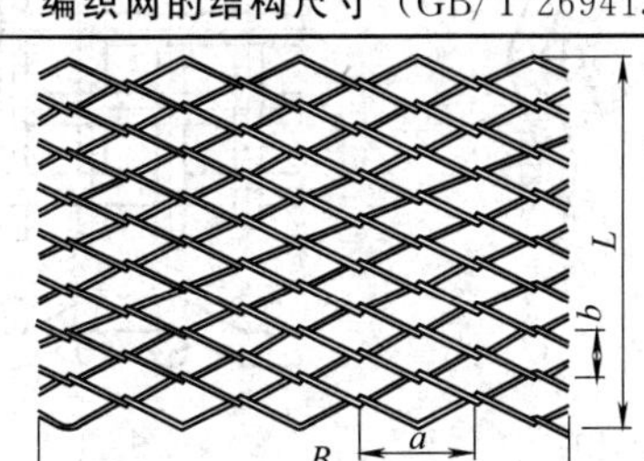

代　号	钢丝直径	网孔尺寸(a×b)	网面长度 L /m	网面宽度 B/m
Cw-2.2-50	2.2	50×50	3,4,5,6,10,15 或 30	1.5～2.5
Cw-2.2-100		100×50		
Cw-2.2-150		150×75		
Cw-2.8-50	2.8	50×50		
Cw-2.8-100		100×50		
Cw-2.8-150		150×75		
Cw-3.5-50	3.5	50×50		
Cw-3.5-100		100×50		
Cw-3.5-150		150×75		
Cw-3.5-160		160×80		
Cw-4.0-50	4.0	50×50		
Cw-4.0-100		100×50		
Cw-4.0-150		150×75		
Cw-4.0-160		160×80		

31.2.6　金属丝编织方孔筛网

金属丝编织方孔筛网的代号为 GFW，丝材采用热处理后的软态黄铜（H80、H68、H65 和 H62）、锡青铜（QSn6.5-0.1、QSn6.5-0.4）、不锈钢（奥氏体型）或碳素结构钢（10、08F 和 10F）。网孔基本尺寸为 0.02～16.0mm。工业上用于过滤流体、油脂，筛选化工原料、淀粉和药物等；农业上用于筛选粮食、粉类。

其规格见表 31.50。

金属丝筛网应为平纹编织（图 31.1），根据不同需要，亦可采用斜纹编织（图 31.2）。

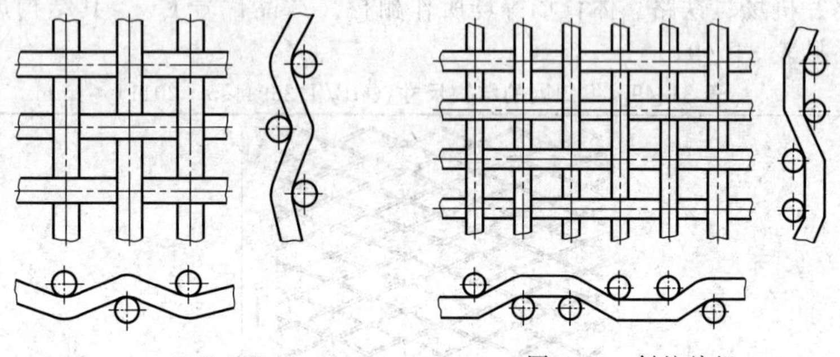

图 31.1　平纹编织　　　　图 31.2　斜纹编织

表 31.50　网孔基本尺寸和金属丝直径的搭配（GB/T 5330—2003）

mm

主要尺寸	补充尺寸		金属丝直径基本尺寸
R10 系列	R20 系列	R40/3 系列	
	16.0	16.0	3.15、2.24、2.00、1.80、1.60
	14.0		2.80、2.24、1.80、1.40
		13.2	2.80
12.5	12.5		2.80、2.24、2.00、1.80、1.60、1.25
11.2	11.2	11.2	2.50、2.24、2.00、1.80、1.60、1.12
10.0	10.0		2.50、2.24、2.00、1.80、1.60、1.12
		9.50	2.24、2.00、1.80、1.60、1.40、1.00
	9.00		2.24、2.00、1.80、1.60、1.40、1.00
8.00	8.00	8.00	2.24、2.00、1.80、1.60、1.40、1.25、1.00
	7.10		1.80、1.60、1.40、1.25、1.12
		6.70	1.80、1.60、1.40、1.25、1.12
6.30	6.30		1.80、1.40、1.12、1.00、0.800
	5.60	5.60	1.60、1.40、1.25、1.12、0.900、0.800
5.00	5.00		1.60、1.40、1.25、1.00、0.900
		4.75	1.60、1.40、1.25、0.900
	4.50		1.600、1.400、1.120、1.00、0.900、0.800、0.630
4.00	4.00	4.00	1.400、1.250、1.120、0.900、0.710
	3.55		1.25、1.00、0.900、0.800、0.630、0.560
		3.35	1.25、0.900、0.560

续表

主要尺寸	补充尺寸		金属丝直径基本尺寸
R10 系列	R20 系列	R40/3 系列	
3.15	3.15		1.25、1.12、0.900、0.800、0.110、0.630、0.560、0.500
	2.8	2.8	1.120、0.900、0.800、0.710、0.630、0.560、0.500
2.50	2.50		1.000、0.800、0.710、0.630、0.560、0.500
		2.36	1.800、1.000、0.800、0.710、0.630、0.560、0.500
	2.24		0.900、0.710、0.630、0.560、0.500、0.450、0.400
2.00	2.00	2.00	0.900、0.710、0.630、0.560、0.500、0.450、0.400、0.315
	1.80		0.800、0.630、0.560、0.500、0.400
		1.70	0.800、0.630、0.500、0.450、0.400
1.60	1.60		0.800、0.630、0.560、0.500、0.450、0.400、0.355
	1.40	1.40	0.710、0.560、0.450、0.400、0.355、0.315
1.25	1.25		0.630、0.560、0.500、0.400、0.315、0.280
		1.18	0.630、0.560、0.500、0.450、0.400、0.355、0.315
	1.12		0.300、0.500、0.450、0.400、0.355、0.315、0.250
1.00	1.00	1.00	0.560、0.500、0.450、0.400、0.355、0.315、0.280、0.250
	0.900		0.500、0.450、0.400、0.355、0.315、0.250、0.224
		0.850	0.500、0.450、0.400、0.355、0.315、0.280、0.250、0.224
0.800	0.800		0.450、0.355、0.315、0.280、0.250、0.224、0.200
	0.710	0.710	0.450、0.355、0.315、0.280、0.250、0.224、0.200
0.630	0.630		0.400、0.355、0.315、0.280、0.250、0.224、0.200、0.180
		0.600	0.400、0.355、0.315、0.280、0.224、0.250、0.200
	0.560		0.355、0.315、0.280、0.250、0.224、0.200、0.180、0.160
0.500	0.500	0.500	0.315、0.280、0.250、0.224、0.200、0.180、0.160
	0.450		0.280、0.250、0.224、0.200、0.180、0.160、0.140
		0.425	0.280、0.224、0.200、0.180、0.160、0.140
0.400	0.400		0.250、0.224、0.200、0.180、0.160、0.140、0.125
	0.355	0.355	0.224、0.200、0.180、0.140、0.125
0.315	0.315	0.315	0.200、0.180、0.160、0.140、0.125
		0.300	0.200、0.180、0.160、0.140、0.125、0.112
	0.280		0.180、0.160、0.140、0.125、0.112
0.250	0.250	0.250	0.180、0.160、0.140、0.125、0.112、0.100
	0.224		0.160、0.140、0.125、0.112、0.100、0.090
		0.212	0.140、0.125、0.112、0.100、0.090
0.200	0.200		0.140、0.125、0.112、0.100、0.090、0.080
0.180	0.180		0.125、0.112、0.100、0.090、0.080、0.071
	0.160		0.112、0.100、0.090、0.080、0.071、0.063
		0.150	0.100、0.090、0.080、0.071、0.063

续表

主要尺寸	补充尺寸		金属丝直径基本尺寸
R10 系列	R20 系列	R40/3 系列	
	0.140		0.100、0.090、0.071、0.063、0.056
0.125	0.125	0.125	0.090、0.080、0.071、0.063、0.056、0.050
	0.112		0.080、0.071、0.063、0.056、0.050
		0.106	0.080、0.071、0.063、0.056、0.050
0.100	0.100		0.080、0.071、0.063、0.056、0.050
	0.090	0.090	0.071、0.063、0.056、0.050、0.045
0.080	0.080		0.063、0.056、0.050、0.045、0.040
		0.075	0.056、0.050、0.045、0.040、0.036
	0.071		0.056、0.050、0.045、0.040、0.036
0.063	0.063	0.063	0.050、0.045、0.040、0.036
	0.056		0.045、0.040、0.036、0.032
		0.053	0.040、0.036、0.032、0.030
0.050	0.050		0.040、0.036、0.032、0.030、0.028
	0.045	0.045	0.036、0.032、0.030、0.028
0.040	0.040		0.036、0.032、0.030、0.028、0.025
		0.038	0.032、0.030、0.028、0.025
	0.036		0.030、0.028、0.025
0.032	0.032	0.032	0.028、0.025、0.022
	0.028		0.025、0.022
0.025	0.025		0.025、0.022
0.020	0.020		0.020

31.2.7 预弯成形金属丝编织方孔网

预弯成形金属丝编织方孔网的网孔基本尺寸为 2～125mm（表 31.51）。有五种型式：A—双向弯曲金属丝编织网、B—单向隔波弯曲金属丝编织网、C—双向隔波弯曲金属丝编织网、D—锁紧（定位）弯曲金属丝编织网，E—平顶弯曲金属丝编织网（图 31.3）。

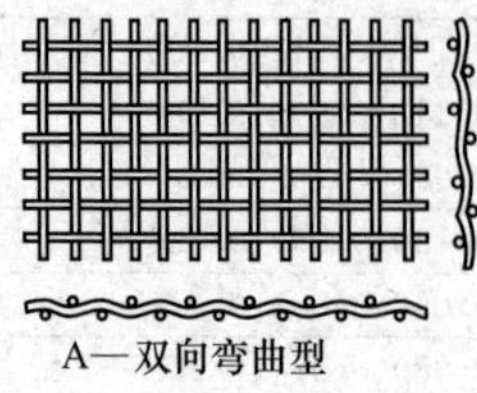
A—双向弯曲型

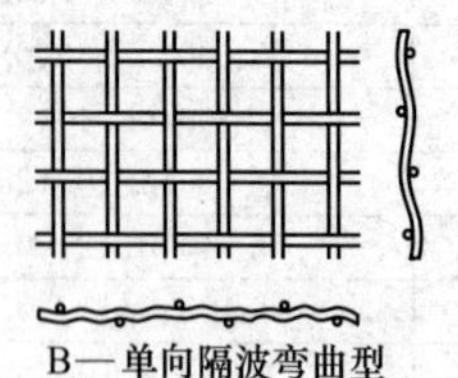
B—单向隔波弯曲型

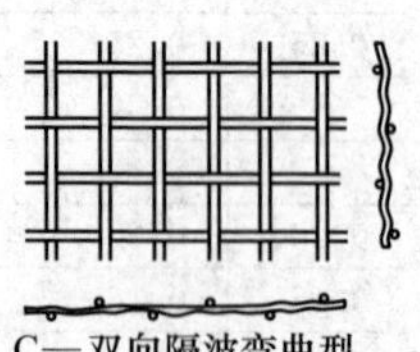
C—双向隔波弯曲型

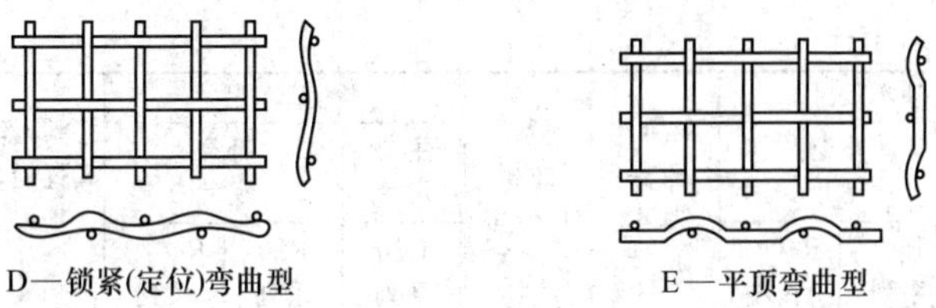

图 31.3　预弯成形金属丝编织方孔网

表 31.51　预弯成形金属丝编织方孔网的网孔基本尺寸（GB/T 13307—2012）

mm

网孔基本尺寸			金属丝直径基本尺寸	筛分面积百分率/%
主要尺寸	补充尺寸			
R10系列	R20系列	R40/3系列		
125	125	125	10.0	86
			12.5	83
			16.0	79
			20.0	71
			25.0	59
	112		10.0	84
			12.5	81
			16.0	77
			20.0	72
		106	10.0	84
			12.5	80
			16.0	75
			20.0	71
			25.0	65
100	100		10.0	83
			12.5	79
			16.0	74
			20.0	69
			25.0	64
	90	90	10.0	81
			12.5	77
			16.0	72
			20.0	67
80	80		10.0	79
			12.5	75
			16.0	69
			20.0	64
		75	10.0	78
			12.5	73
			16.0	69
			20.0	62
	71		10.0	77
			12.5	72
			16.0	67
			20.0	61
63	63	63	8.00	79
			10.0	74
			12.5	70
			16.0	64
	56		8.00	77
			10.0	72
			12.5	67
			16.0	61
		53	8.00	75
			10.0	71
			12.5	65
			16.0	59
50	50		6.30	79
			8.00	74
			10.0	69
			12.5	64
			16.0	57
	45	45	6.30	77
			8.00	72
			10.0	67
			12.5	61
			16.0	54

续表

网孔基本尺寸			金属丝直径基本尺寸	筛分面积百分率/%
主要尺寸	补充尺寸			
R10系列	R20系列	R40/3系列		
40	40		6.30	75
			8.00	69
			10.0	64
			12.5	50
		37.5	6.30	74
			8.00	68
			10.0	63
			12.5	56
	35.5		5.00	77
			6.30	72
			8.00	57
			10.0	61
31.5	31.5	31.5	5.00	74
			6.30	69
			8.00	64
			10.0	58
	28		5.00	72
			6.30	67
			8.00	60
			10.0	54
		26.5	5.00	71
			6.30	65
			8.00	59
			10.0	53
25	25		4.00	74
			5.00	69
			6.30	64
			8.00	57
			10.0	51
	22.4	22.4	4.00	72
			5.00	67
			6.30	61
			8.00	54
20	20		3.15	75
			4.00	69
			5.00	64
			6.30	58
			8.00	51
		19	4.00	68
			5.00	63
			6.30	56
			8.00	50
	18		3.15	72
			4.00	67
			5.00	61
			6.30	55
			8.00	48
16			2.50	75
			3.15	70
			4.00	64
			5.00	58
			6.30	51
	14		2.50	72
			3.15	67
			4.00	60
			5.00	54
			6.30	48
		13.2	3.15	65
			4.00	59
			5.00	53
			6.30	46
12.5	12.5		2.50	69
			3.15	64
			4.00	57
			5.00	53
			6.30	44
	11.2	11.2	250	67
			3.15	61
			3.55	58
			4.00	51
			5.00	48
10	10		2.00	69
			2.50	64
			3.15	58
			4.00	51
			5.00	44

续表

网孔基本尺寸			金属丝直径基本尺寸	筛分面积百分率/%
主要尺寸	补充尺寸			
R10系列	R20系列	R40/3系列		
		9.5	2.24	65
			3.15	56
			4.00	50
			5.00	43
	9		1.80	69
			2.24	64
			2.50	61
			3.15	55
			4.00	48
8	8	8	2.00	64
			2.50	58
			3.15	51
			3.55	48
			4.00	44
	7.1		1.80	64
			2.00	61
			2.50	55
			3.15	48
		6.1	1.80	62
			2.50	53
			3.15	46
			4.00	39
6.3	6.3		1.60	64
			2.00	58
			2.50	51
			3.15	44
	5.6	5.6	1.60	60
			2.00	54
			2.50	48
			3.15	41
5	5		1.60	57
			2.00	51
			2.50	44
			3.15	38
		4.75	1.60	56
			1.80	53
			2.24	47
			3.15	36
	4.5		1.40	58
			1.80	51
			2.24	45
			2.50	41
4	4	4	1.25	58
			1.60	51
			2.00	45
			2.24	41
			2.50	38
	3.55		1.25	55
			1.40	51
			1.60	48
			1.80	44
			2.00	41
		3.35	1.00	59
			1.25	53
			1.50	42
			2.24	36
3.15	3.15		1.12	54
			1.40	48
			1.60	44
			1.80	41
			2.00	37
	2.8	2.8	0.90	57
			1.12	51
			1.40	45
			1.80	37
2.5	2.5		1.00	51
			1.12	48
			1.25	44
			1.40	41
			1.60	37
		2.36	0.80	56
			1.00	49
			1.40	39
			1.80	32
	2.24		0.71	58
			0.90	51
			1.12	44
			1.40	38
2	2	2	0.71	54
			0.80	51
			0.90	48
			1.12	41
			1.25	38

31.2.8 金属丝编织密纹网

金属丝编织密纹网用于气体、液体过滤及其他介质分离，包括平纹编织网（MPW）、经全包斜纹编织网（MXW）和经不全包斜纹编织网（MBW），其名义孔径为0.003～0.347mm，规格用“经向基本目数×纬向基本目数/经丝基本直径×纬丝基本直径”表示。网的宽度为800mm、1000mm或1250mm，其网宽偏差$^{+20}_{0}$mm。

金属丝编织密纹网的材料见表31.52，平纹编织、经全包斜纹编织、经不全包斜纹编织网的规格和主要技术参数及结构参数分别见表31.53～表31.58。

表31.52 金属丝编织密纹网的材料（JB/T 7860—2000）

种类	材料牌号	密度/(g/cm³)	种类	材料牌号	密度/(g/cm³)
碳钢	Q195	7850	不锈钢	1Gr18Ni9	7800
铝合金	LF5	2650	镍铜	NCu-2.5-1.5	8800
黄铜	H80 H65	8500	锡青铜	QSn6.5-0.1 QSn6.5-0.4	8830

表31.53 平纹编织金属丝密纹网的规格和主要技术参数（GB/T 21648—2008）

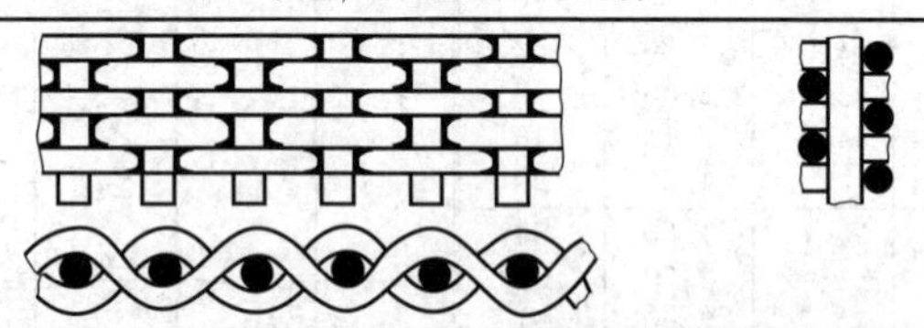

型号	规格	经丝间网孔尺寸			纬丝密度	
		基本尺寸/mm	平均尺寸偏差/%	大网孔尺寸偏差范围/%	基本根数/(根/10mm)	偏差/%
MPW465/23	118×740/0.063×0.036	0.152	±6.3	28～50	291	+15 −5
MPW395/23	100×1200/0.063×0.023	0.191	±5.4	25～45	472	
MPW315/32	80×400/0.125×0.063	0.192			157	
MPW275/35	70×340/0.125×0.08	0.238		23～40	134	
MPW255/36	65×770/0.10×0.036	0.291			303	
MPW275/37	70×390/0.112×0.071	0.251			154	
MPW315/37	80×620/0.10×0.045	0.218		25～45	244	
MPW305/38	77×560/0.14×0.05	0.190			220	
MPW240/39	60×270/0.14×0.10	0.283		23～40	106	
MPW315/40	80×700/0.125×0.04	0.192		25～45	276	

续表

型　号	规　格	经丝间网孔尺寸			纬丝密度	
		基本尺寸/mm	平均尺寸偏差/%	大网孔尺寸偏差范围/%	基本根数/(根/10mm)	偏差/%
MPW240/41	60×300/0.14×0.09	0.283	±5.4	23～40	118	+15 −5
MPW255/42	65×400/0.125×0.071	0.266			157	
MPW275/30	70×930/0.10×0.03	0.263			366	
MPW200/50	50×270/0.14×0.10	0.368		22～38	106	
MPW240/51	60×500/0.14×0.056	0.283		23～40	197	
MPW200/55	50×280/0.16×0.09	0.348		22～38	110	
MPW180/56	45×250/0.16×0.112	0.404		20～35	98.4	
MPW160/63	40×200/0.18×0.125	0.455	±5		78.7	+15 −5
MPW140/69	35×170/0.224×0.16	0.502			66.9	
MPW140/74	35×190/0.224×0.14	0.502			74.8	
MPW120/77	30×140/0.315×0.20	0.532			55.1	
MPW120/82	30×150/0.25×0.18	0.597		18～32	59	
MPW110/92	28×150/0.28×0.18	0.627			59	
MPW95/97	24×110/0.355×0.25	0.703			43.3	
MPW100/100	25×140/0.28×0.20	0.736			55.1	
MPW90/115	22×120/0.315×0.224	0.840		17～30	47.2	
MPW80/126	20×110/0.355×0.25	0.915			43.3	
MPW80/130	20×160/0.25×0.16	1.020		17～28	63	
MPW80/133	20×140/0.315×0.20	0.955			55.1	
MPW65/145	16×120/0.28×0.224	1.308		16～26	47.2	
MPW70/155	17.2×120/0.355×0.224	1.120			47.2	
MPW65/160	16×100/0.40×0.28	1.188			39.4	
MPW55/173	14×76/0.45×0.355	1.364	±5		29.9	+15 −5
MPW55/177	14×110/0.355×0.25	1.459			43.3	
MPW55/182	14×100/0.40×0.28	1.414			39.4	
MPW50/192	12.7×76/0.45×0.355	1.550			29.9	
MPW48/211 Ⅰ	12×64/0.56×0.40	1.556			25.2	
MPW48/211 Ⅱ	12×86/0.45×0.315	1.667		14～23	33.9	
MPW40/248	10×76/0.50×0.355	2.040			29.9	
MPW40/249	10×90/0.45×0.28	2.090			35.4	
MPW32/275	8×85/0.45×0.315	2.730		13～21	33.5	
MPW34/296	8.5×60/0.63×0.45	2.360			23.6	
MPW32/310	8×45/0.80×0.60	2.370			17.7	
MPW29/319	7.2×44/0.71×0.63	2.800			17.3	
MPW28/347	7×40/0.90×0.71	2.730			15.7	

表 31.54 平纹编织金属丝密纹网的结构参数（GB/T 21648—2008）

型号	规格		名义孔径尺寸/μm	绝对孔径/μm	有效截面率/%	网重①/(kg/m²)	网厚/mm
	英制	公制					
MPW465/23	118×740/0.063×0.036	465×2913/0.063×0.036	23	28～32	21.5	0.38	0.135
MPW395/23	100×1200/0.063×0.023	394×4724/0.063×0.023	23	22～23	37.6	0.27	0.109
MPW315/32	80×400/0.125×0.063	315×1575/0.125×0.063	32	36～42	16.6	0.77	0.251
MPW275/35	70×340/0.125×0.08	276×1338/0.125×0.08	35	41～47	13.2	0.86	0.285
MPW255/36	65×770/0.10×0.036	256×3031/0.10×0.036	36	36	37.1	0.43	0.172
MPW275/37	70×390/0.112×0.071	276×1535/0.112×0.071	37	44～50	16.3	0.74	0.254
MPW315/37	80×620/0.10×0.045	315×2441/0.10×0.045	37	44～45	29.8	0.53	0.190
MPW305/38	77×560/0.14×0.05	303×2205/0.14×0.05	38	42～47	27.5	0.74	0.240
MPW240/39	60×270/0.14×0.10	236×1063/0.14×0.10	39	46～53	11.2	1.03	0.340
MPW315/40	80×700/0.125×0.04	315×2756/0.125×0.04	40	40	38.1	0.60	0.205
MPW240/41	60×300/0.14×0.09	236×1181/0.14×0.09	41	49～56	14.1	0.96	0.320
MPW255/42	65×400/0.125×0.071	256×1575/0.125×0.071	42	49～55	19.1	0.78	0.267
MPW275/30	70×930/0.10×0.03	276×3543/0.10×0.03	30	30	36.2	0.39	0.16
MPW200/50	50×270/0.14×0.10	197×1063/0.14×0.10	50	61～69	15.2	0.98	0.34
MPW240/51	60×500/0.14×0.056	236×1969/0.14×0.056	51	56	34.1	0.70	0.252
MPW200/55	50×280/0.16×0.09	197×1102/0.16×0.09	55	64～72	20.0	0.98	0.340
MPW180/56	45×250/0.16×0.112	177×984/0.16×0.112	56	68～76	15.2	1.11	0.384
MPW160/63	40×200/0.18×0.125	157×787/0.18×0.125	63	77～85	15.4	1.24	0.430
MPW140/69	35×170/0.224×0.16	138×669/0.224×0.16	69	84～93	12.8	1.62	0.544
MPW140/74	35×190/0.224×0.14	138×748/0.224×0.14	74	89～99	16.8	1.47	0.504
MPW120/77	30×140/0.315×0.20	118×551/0.315×0.20	77	92～103	11.4	2.21	0.715
MPW120/82	30×150/0.25×0.18	118×591/0.25×0.18	82	100～110	13.5	1.79	0.610
MPW110/92	28×150/0.28×0.18	110×591/0.28×0.18	92	110～122	15.9	1.87	0.640

续表

型号	规格		名义孔径尺寸/μm	绝对孔径/μm	有效截面率/%	网重①/(kg/m²)	网厚/mm
	英　制	公　制					
MPW95/97	24×110/0.355×0.25	94×433/0.355×0.25	97	117～131	11.3	2.60	0.855
MPW100/100	25×140/0.28×0.20	98×551/0.28×0.20	100	124～136	15.2	1.96	0.680
MPW90/115	22×120/0.315×0.224	87×472/0.315×0.224	115	141～156	15.5	2.20	0.763
MPW80/126	20×110/0.355×0.25	79×433/0.355×0.25	126	155～170	15.3	2.47	0.855
MPW80/130	20×160/0.25×0.16	79×630/0.25×0.16	130	150～160	26.0	1.56	0.570
MPW80/133	20×140/0.315×0.20	79×551/0.315×0.20	133	167～183	21.5	1.97	0.715
MPW65/145	16×120/0.28×0.224	63×472/0.28×0.224	145	199～216	19.2	2.19	0.728
MPW70/155	172×120/0.355×0.224	68×472/0.355×0.224	155	196～214	22.4	2.19	0.803
MPW65/160	16×100/0.40×0.28	63×394/0.40×0.28	160	200～220	17.7	2.70	0.960
MPW55/173	14×76/0.45×0.355	55×299/0.45×0.355	173	218～240	14.3	3.33	1.16
MPW55/177	14×110/0.355×0.25	55×433/0.355×0.25	177	237～250	22.2	2.28	0.855
MPW55/182	14×100/0.40×0.28	55×394/0.40×0.28	182	235～256	20.3	2.62	0.960
MPW50/192	12.7×76/0.45×0.355	50×299/0.45×0.355	192	246～269	15.9	3.26	1.16
MPW48/211 Ⅰ	12×64/0.56×0.40	47×252/0.56×0.40	211	261～287	16.0	3.89	1.36
MPW48/211 Ⅱ	12×86/0.45×0.315	47×339/0.45×0.315	211	275～300	20.9	2.93	1.08
MPW40/248	10×76/0.50×0.355	39×394/0.50×0.355	248	331～355	21.8	3.24	1.21
MPW40/249	10×90/0.45×0.28	39×354/0.45×0.28	249	280	29.2	2.57	1.01
MPW32/275	8×85/0.45×0.315	31×334/0.45×0.315	275	315	27.3	2.73	1.08
MPW34/296	8.5×60/0.63×0.45	33×236/0.63×0.45	296	386～421	20.3	4.16	1.53
MPW32/310	8×45/0.80×0.60	31×177/0.80×0.60	310	388～426	15.5	5.70	2.00
MPW29/319	7.2×44/0.71×0.63	28×173/0.71×0.63	319	418～457	14.2	5.55	1.97
MPW28/347	7×40/0.90×0.71	28×157/0.90×0.71	347	437～480	14.3	6.65	2.32

① 按不锈钢材料（密度 $\rho=7.90g/cm^3$）计。

表 31.55 经全包斜纹编织金属丝密纹网的规格和主要技术参数（GB/T 21648—2008）

型号	规格	经丝间网孔尺寸			纬丝密度	
		基本尺寸/mm	平均尺寸偏差/%	大网孔尺寸偏差范围/%	基本根数/(根/10mm)	偏差/%
MXW1970/3	500×3500/0.025×0.015	0.0258	±10	50～80	1378	+10 −5
MXW1575/4	400×2700/0.028×0.02	0.0355			1063	
MXW1430/4	363×2300/0.028×0.022	0.038			906	
MXW1280/4Ⅰ	325×2100/0.036×0.025	0.042			827	
MXW1280/4Ⅱ	325×2300/0.036×0.025	0.042			906	
MXW1250/5	317×2100/0.036×0.025	0.044			827	
MXW1180/6	300×2100/0.036×0.025	0.049			827	
MXW1120/7	285×2100/0.036×0.025	0.053	±8	40～70	827	+10 −5
MXW985/5	250×1600/0.05×0.032	0.052			630	
MXW985/8	250×1900/0.04×0.028	0.062			748	
MXW800/9	203×1500/0.056×0.036	0.069			591	
MXW850/10	216×1800/0.045×0.03	0.073			709	
MXW800/10	203×1600/0.05×0.032	0.075			630	
MXW685/11	174×1400/0.063×0.04	0.083	±7.2	35～60	551	+10 −5
MXW650/13	165×1400/0.063×0.04	0.091			551	
MXW685/13	174×1700/0.063×0.032	0.083			669	
MXW650/14	165×1500/0.063×0.035	0.091			591	
MXW630/15	160×1500/0.063×0.036	0.096	±6.3	30～50	551	+10 −5
MXW590/15	150×1400/0.063×0.04	0.106			551	
MXW515/17	130×1100/0.071×0.05	0.124			433	
MXW515/18	130×1200/0.071×0.045	0.124			472	
MXW395/20	100×760/0.10×0.071	0.154			299	
MXW515/21	130×1600/0.063×0.036	0.132			630	
MXW395/22	100×850/0.10×0.063	0.154			335	
MXW360/24	90.7×760/0.10×0.071	0.180			299	
MXW360/26	90.7×850/0.10×0.063	0.180			335	
MXW315/28	80×700/0.112×0.08	0.206	±5.4	24～40	276	+10 −5
MXW310/29	78×700/0.112×0.08	0.214			276	
MXW310/31	78×760/0.112×0.071	0.214			299	
MXW275/31	70×600/0.14×0.09	0.223			236	
MXW255/36	65×600/0.14×0.09	0.251			236	
MXW200/47	50×500/0.14×0.112	0.368			197	
MXW200/51	50×600/0.125×0.09	0.383			236	
MXW160/63	40×430/0.18×0.125	0.455		22～36	169	
MXW160/70	40×560/0.18×0.10	0.455			220	
MXW120/77	30×250/0.28×0.20	0.567		20～35	98	+10 −5
MXW120/89	30×340/0.28×0.16	0.567			134	
MXW80/101	20×150/0.45×0.355	0.820		17～30	59	
MXW95/110	24×300/0.28×0.18	0.778			118	
MXW80/118	20×200/0.355×0.28	0.915		17～28	79	
MXW80/119	20×260/0.25×0.20	1.02			102	

表 31.56　经全包斜纹编织金属丝密纹网的结构参数（GB/T 21648—2008）

型号	规格		名义孔径尺寸/μm	绝对孔径/μm	有效截面率/%	网重[①]/(kg/m²)	网厚/mm
	英　制	公　制					
MXW1970/3	500×3500/0.025×0.015	1969×13780/0.025×0.015	3	4～5	4.9	0.30	0.055
MXW1575/4	400×2700/0.028×0.02	1575×10630/0.028×0.02	4	5～6	4.7	0.36	0.068
MXW1430/4	363×2300/0.032×0.022	1429×9055/0.032×0.022	4	5～7	4.5	0.40	0.076
MXW1280/4 Ⅰ	325×2100/0.036×0.025	1280×8268/0.036×0.025	4	6～8	4.2	0.46	0.086
MXW1280/4 Ⅱ	325×2300/0.036×0.025	1280×9055/0.036×0.025	4	6～8	4.2	0.46	0.084
MXW1250/5	317×2100/0.036×0.025	1248×8268/0.036×0.025	5	6～8	4.7	0.46	0.086
MXW1180/6	300×2100/0.036×0.025	1181×8268/0.036×0.025	6	7～9	6.0	0.45	0.086
MXW1120/7	285×2100/0.036×0.025	1122×8268/0.036×0.025	7	8～10	7.2	0.44	0.086
MXW985/5	250×1600/0.05×0.032	984×6299/0.05×0.032	5	9～11	3.8	0.63	0.114
MXW985/8	250×1900/0.04×0.028	984×7480/0.04×0.028	8	10～12	7.8	0.51	0.096
MXW800/9	203×1500/0.056×0.036	799×5906/0.056×0.036	9	10～13	6.2	0.67	0.128
MXW850/10	216×1800/0.045×0.03	850×7087/0.045×0.03	10	12～14	9.4	0.53	0.105
MXW800/10	203×1600/0.05×0.032	799×6300/0.05×0.032	10	12～15	9.3	0.58	0.114
MXW685/11	174×1400/0.063×0.04	685×5512/0.063×0.04	11	13～16	7.4	0.74	0.143
MXW650/13	165×1400/0.063×0.04	650×5512/0.063×0.04	13	15～18	8.8	0.73	0.143
MXW685/13	174×1700/0.063×0.032	685×6693/0.063×0.032	13	15～18	12.9	0.62	0.127
MXW650/14	165×1500/0.063×0.036	650×5906/0.063×0.036	14	16～19	11.4	0.67	0.135
MXW630/15	160×1500/0.063×0.036	630×5906/0.063×0.036	15	17～20	12.4	0.67	0.135
MXW590/15	150×1400/0.063×0.04	591×5512/0.0153×0.04	15	18～21	11.4	0.71	0.143
MXW515/17	130×1100/0.071×0.05	512×4330/0.071×0.05	17	20～23	9.4	0.87	0.171

续表

型号	规格		名义孔径尺寸/μm	绝对孔径/μm	有效截面率/%	网重[①]/(kg/m²)	网厚/mm
	英制	公制					
MXW515/18	130×1200/0.071×0.045	512×4724/0.071×0.040	18	25～27	12.0	0.80	0.161
MXW395/20	100×760/0.10×0.071	394×2992/0.10×0.071	20	24～28	7.4	1.25	0.242
MXW515/21	130×1600/0.063×0.036	512×6299/0.063×0.036	21	25～27	18.6	0.64	0.135
MXW395/22	100×850/0.10×0.063	394×3346/0.10×0.063	22	26～30	10.0	1.14	0.226
MXW360/24	90.7×760/0.10×0.071	357×2992/0.10×0.071	24	29～34	9.6	1.23	0.242
MXW360/26	90.7×850/0.10×0.063	357×3346/0.10×0.063	26	31～36	12.7	1.12	0.226
MXW315/28	80×700/0112×0.08	315×2756/0.112×0.08	28	33～38	9.8	1.38	0.272
MXW310/29	78×700/0.112×0.08	307×2756/0.112×0.08	29	35～40	10.3	1.37	0.272
MXW310/31	78×760/0.112×0.071	307×2992/0.112×0.071	31	37～42	13.5	1.25	0.254
MXW275/31	70×600/0.14×0.09	276×2362/0.14×0.09	31	47～50	10.1	1.61	0.32
MXW255/36	65×600/0.14×0.09	255×2362/0.14×0.09	36	51～55	12.0	1.59	0.32
MXW200/47	50×500/0.14×0.112	197×1969/0.14×0.112	47	58～65	12.0	1.83	0.364
MXW200/51	50×600/0.125×0.09	197×2362/0.125×0.09	51	63～70	17.2	1.47	0.305
MXW160/63	40×430/0.18×0.125	157×1693/0.18×0.125	63	77～86	15.4	2.09	0.430
MXW160/70	40×560/0.18×0.10	157×2205/0.18×0.10	70	84～94	23.5	1.73	0.38
MXW120/77	30×250/0.28×0.20	118×984/0.28×0.20	77	94～104	11.2	3.41	0.68
MXW120/89	30×340/0.28×0.16	118×1339/0.28×0.16	89	105～116	17.9	2.84	0.60
MXW80/101	20×150/0.45×0.355	79×591/0.45×0.355	101	127～143	7.5	6.02	1.16
MXW95/110	24×300/0.28×0.18	94×1181/0.28×0.18	110	136～150	19.6	3.01	0.64
MXW80/118	20×200/0.355×0.28	79×787/0.355×0.28	118	147～162	12.1	4.58	0.915
MXW80/119	20×260/0.25×0.20	79×1024/0.25×0.20	119	158～172	17.6	3.14	0.65

① 按不锈钢材料（密度 $\rho=7.90g/cm^3$）计。

表 31.57　经不全包斜纹编织金属丝密纹网的规格和主要技术参数（GB/T 21648—2008）

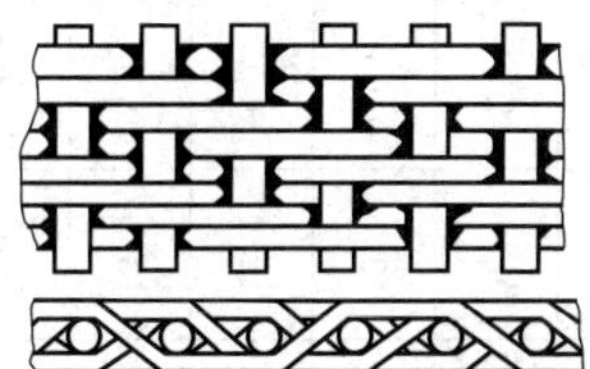

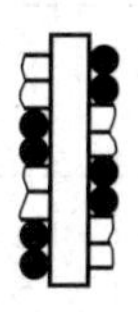

型　号	规　格	经丝间网孔尺寸			纬丝密度	
		基本尺寸/mm	平均尺寸偏差/%	大网孔尺寸偏差范围/%	基本根数/(根/10mm)	偏差/%
MBW1280/8	325×1900/0.036×0.025	0.042	±10	50～80	748	+10 −5
MBW1280/10	325×1600/0.036×0.025				530	
MBW985/10	250×1250/0.056×0.036	0.046			492	
MBW790/13	200×1200/0.063×0.04	0.064	±8	40～70	472	
MBW790/14	200×900/0.063×0.045				354	
MBW650/19	165×800/0.071×0.05	0.083	±7.2	35～60	315	
MBW650/19-T	165×800/0.071×0.05					
MBW650/20	155×1000/0.071×0.04				394	
MBW790/20	200×540/0.063×0.05	0.064	±8	40～70	213	
MBW790/20-T	200×540/0.063×0.05					
MBW650/21	165×800/0.071×0.045	0.083	±7.2	35～60	315	+10 −5
MBW650/21-T	165×800/0.071×0.045					
MBW790/22	200×600/0.063×0.045	0.064	±8	40～70	236	
MBW790/22-T	200×600/0.063×0.045					
MBW650/25Ⅰ	165×600/0.071×0.05	0.083	±7.2	35～60	315	
MBW650/25Ⅰ-T	165×600/0.071×0.05					
MBW650/25Ⅱ	165×800/0.071×0.04					
MBW650/25Ⅱ-T	165×800/0.071×0.04					
MBW475/29	120×600/0.10×0.063	0.112	±6.3	30～50	236	
MBW475/29-T	120×600/0.10×0.063					
MBW475/35	120×400/0.10×0.071				157	
MBW475/35-T	120×400/0.10×0.071					

表 31.58 经不全包斜纹编织金属丝密纹网的结构参数（GB/T 21648—2008）

型号	规格		名义孔径尺寸/μm	绝对孔径/μm	有效截面率/%	网重①/(kg/m²)	网厚/mm
	英制	公制					
MBW1280/8	325×1900/0.036×0.025	1280×7480/0.036×0.025	8	12～14	8.5	0.43	0.080
MBW1280/10	325×1600/0.036×0.025	1280×6299/0.036×0.025	10	14～15	10.0	0.38	0.080
MBW985/10	250×1250/0.05×0.036	984×4921/0.05×0.036		17～19	6.9	0.64	0.112
MBW790/13	200×1200/0.063×0.04	787×4724/0.063×0.04	13	20～22	8.9	0.73	0.142
MBW790/14	200×900/0.063×0.045	787×3543/0.063×0.045	14	22～25	8.0	0.70	0.153
MBW650/19	165×800/0.071×0.05	650×3150/0.071×0.05	19	27～30	9.8	0.76	0.171
MBW650/19-T	165×800/0.071×0.05	650×3150/0.071×0.05					
MBW650/20	165×1000/0.071×0.04	650×3937/0.071×0.04	20	25～28	19.4	0.65	0.151
MBW790/20	200×540/0.063×0.05	787×2126/0.063×0.05		27～30	9.0	0.57	0.163
MBW790/20-T	200×540/0.063×0.05	787×2126/0.063×0.05					
MBW650/21	165×800/0.071×0.045	650×3150/0.071×0.045	21	28～30	13.5	0.658	0.161
MBW650/21-T	165×800/0.071×0.045	650×3150/0.071×0.045					
MBW790/22	200×600/0.063×0.045	787×2362/0.063×0.045	22	28～32	12.0	0.53	0.153
MBW790/22-T	200×600/0.063×0.045	787×2362/0.063×0.045					
MBW650/25Ⅰ	165×600/0.071×0.05	650×2362/0.071×0.05	25	32～35	13.0	0.62	0.171
MBW650/25Ⅰ-T	165×600/0.071×0.05	650×2362/0.071×0.05					
MBW650/25Ⅱ	165×800/0.071×0.04	650×3150/0.071×0.04	25	30～33	24.1	0.562	0.151
MBW650/25Ⅱ-T	165×800/0.071×0.04	650×3150/0.071×0.04					
MBW475/29	120×600/0.10×0.063	472×2362/0.10×0.063	29	38～42	12.5	0.96	0.226
MBW475/29-T	120×600/0.10×0.063	472×2362/0.10×0.063					
MBW475/35	120×400/0.10×0.071	472×1575/0.10×0.071	35	45～50	12.9	0.86	0.242
MBW475/35-T	120×400/0.10×0.071	472×1575/0.10×0.071					

① 按不锈钢材料（密度 $\rho=7.90g/cm^3$）计。

31.2.9　焊接网

用于道路、机场、铁路、体育场等场所作栅栏，有片网（表 31.59）、卷网（表 31.60）和变孔网（表 31.61）之分，代号为 Ww。

表 31.59　片网的结构尺寸（GB/T 26941.3—2011）　mm

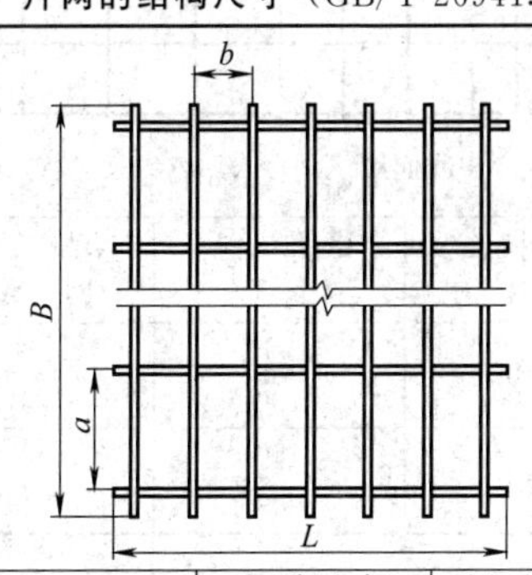

代号	钢丝直径	网孔尺寸 （$a\times b$）	网面长度 L /m	网面宽度 B /m
Ww-3.5-75	3.5	75×75	1.9～3.0	1.5～2.5
Ww-3.5-100		100×50		
Ww-3.5-150		150×75		
Ww-3.5-195		195×65		
Ww-4.0-150	4.0	150×75		
Ww-4.0-195		195×65		
Ww-5.0-150	5.0	150×75		
Ww-5.0-200		200×75		

表 31.60　卷网的结构尺寸（GB/T 26941.3—2011）　mm

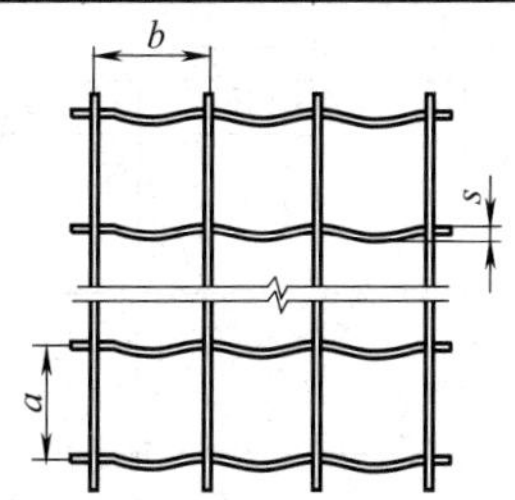

代号	钢丝直径	网孔尺寸 （$a\times b$）	网面长度 /m	网面宽度 /m
Ww-5.5-50	2.5	50×50	20～50	1.5～2.5
Ww-2.5-100		100×50		
Ww-2.95-50	2.95	50×50		
Ww-2.95-100		100×50		
Ww-2.95-150		150×75		

表 31.61 变孔网的结构尺寸（GB/T 26941.3—2011） mm

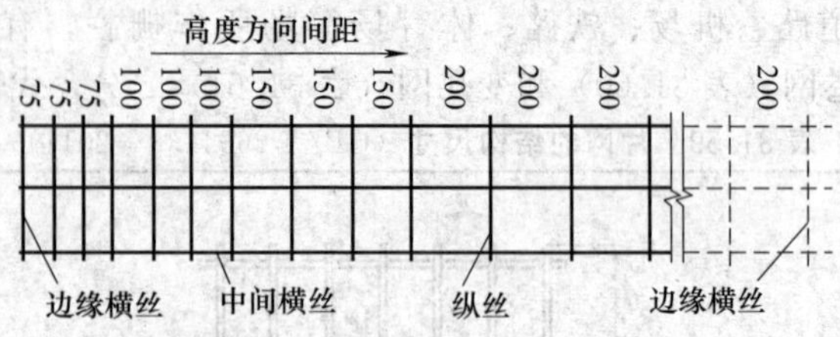

纵丝及中间横丝直径	边缘横丝直径	网孔纵向长度	对应纵向网孔数量	网孔横向宽度
2.5	3.0	75 100	3 3	150
2.7	3.0	150 200	3 3～6	

31.2.10 刺钢丝网

依据钢丝强度可分为普通型和加强型，代号为 Bw。其结构尺寸见表 31.62。

表 31.62 刺钢丝网的结构尺寸（GB/T 26941.4—2011） mm

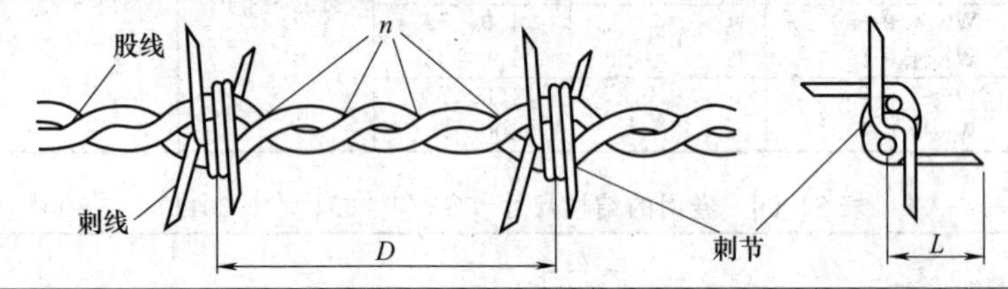

类型	代号	钢丝直径	刺距 D	捻效 n ≥
普通型	Bw-2.5-76	2.5	76	3
	Bw-2.5-102		102	4
	Bw-2.5-127		127	5
	Bw-2.8-76	2.8	76	13
	Bw-2.8-102		102	4
	Bw-2.8-127		127	15
加强型	Bw-1.7-102	1.7	102	7

31.3 金属板网

31.3.1 钢板网

用于工业与民用建筑、装备制造业、交通、水利、市政工程以及耐用消费品等方面，通常采用低碳钢、不锈钢等材料。如工厂、工地、仓库、家禽养殖场的隔离网、门窗防护网、设备防护罩、混凝土钢筋等。

钢板网按产品用途可分为普通钢板网（P，Gw，这里介绍 QB/T 2959—2008 和 GB/T 26941.6—2011 两个标准）和建筑网，后者又分有筋扩张网（Y）、批荡网（D）两种。按产品材料可分为不锈钢网（B）和低碳钢网，后者又分非镀锌网（F）和镀锌网（D）；其他材料钢板网的代号为 Q。

（1）普通钢板网

普通钢板网产品有两个标准，分别是 GB/T 26941.6—2011（表 31.63）和 QB/T 2959—2008（表 31.64）。

表 31.63　普通钢板网的型式尺寸（GB/T 26941.6—2011）

mm

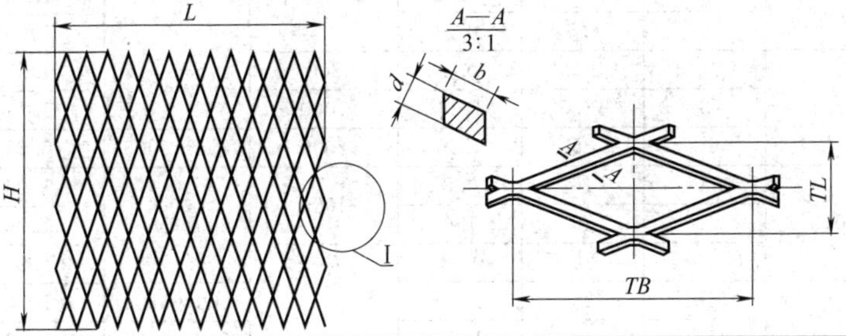

代　号	钢板厚度 d	网孔尺寸			网面尺寸/m	
		短节距 TL	长节距 TB	丝梗宽度 b	长度 L	宽度 B
Gw-2.0-18	2.0	18	50	2.03	1.9～3.0	1.5～2.5
Gw-2.0-22		22	60	2.47		
Gw-2.0-29		29	80	3.26		
Cw-2.0-36		36	100	4.05		
Gw-2.0-44		44	120	4.95		
Gw-2.5-29	2.5	29	80	3.26		
Gw-2.5-36		36	100	4.05		
Gw-2.5-44		44	120	4.95		
Gw-3.0-36	3.0	36	100	4.05		
Gw-3.0-44		44	120	4.95		
Gw-3.0-55		55	150	4.99		
Gw-4.0-24	4.0	24	60	4.5		
Gw-4.0-32		32	80	5.0		
Gw-4.0-40		40	100	6.0		
Gw.5.0-24	5.0	24	60	6.0		
Gw-5.0-32		32	80	6.0		
Gw-5.0-40		40	100	6.0		
Gw-5.0-56		56	150	6.0		

表 31.64 普通钢板网的型式尺寸（QB/T 2959—2008） mm

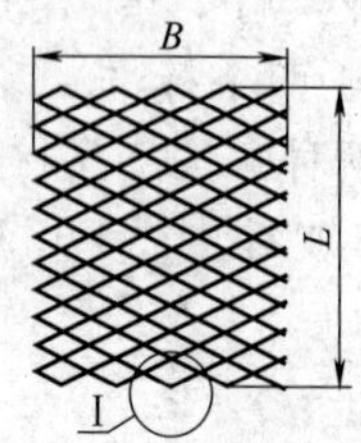

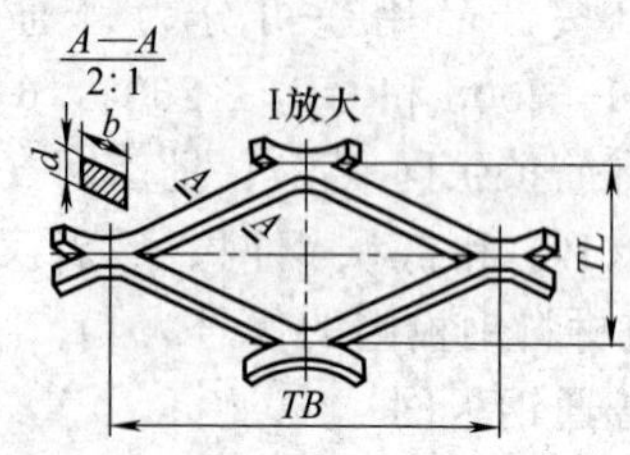

d	网格尺寸			网面尺寸		钢板网理论质量/(kg/m²)
	TL	TB	b	B	L	
0.3	2	3	0	100～500	—	0.71
	3	4.5	0.4	500		0.63
0.4	2	3	0.4			1.26
	3	4.5	0.5			1.05
0.5	2.5	4.5	0.5	500		1.57
	5	12.5	1.11	1000		1.74
	10	25	0.96	2000	600～4000	0.75
0.8	8	16	0.8	1000	600～5000	1.26
	10	20	1.0			1.26
	10	25	0.96	2000		1.21
1.0	10	25	1.10		600～5000	1.73
	15	40	1.68		4000～5000	1.76
12	10	25	1.13			2.13
	15	30	1.35			1.7
	15	40	1.68			2.11
1.5	15	40	1.69			265
	18	50	2.03			2.66
	24	60	2.47			2.42
2.0	12	25	2.0			5.23
	18	50	2.03			3.54
	24	60	2.47			313
3.0	24	60	3.0	2000	4800～5000	5.89
	40	100	4.05		3000～3500	4.77
	46	120	4.95		5600～6000	5.07
	55	150	4.99		3300～3500	4.27
4.0	24	60	4.5		3200～3500	11.77
	32	80	5.0		3250～4000	9.81
	40	100	6.0		4000～4500	9.42

续表

d	网格尺寸			网面尺寸		钢板网理论质量/(kg/m²)
	TL	TB	b	B	L	
5.0	24	60	6.0		2400～3000	19.62
	32	80	6.0	2000	3200～3500	4.72
	40	100	6.0		4000～4500	11.78
	56	150	6.0		5600～6000	8.41
6.0	24	60	6.0		2900～3500	2355
	32	80	7.0		3300～3500	20.60
	40	100	7.0		4150～4500	16.49
	56	150	7.0		5800～6000	11.77
8.0	40	100	8.0		3650～4000	25.12
	40	100	9.0		3250～3500	2816
	60	150	9.0		4850～5000	18.84
10.0	45	100	10.0	1000	4000	34.89

（2）有筋扩张网（表31.65）

表31.65　有筋扩张网的型式尺寸（QB/T 2959—2008）　mm

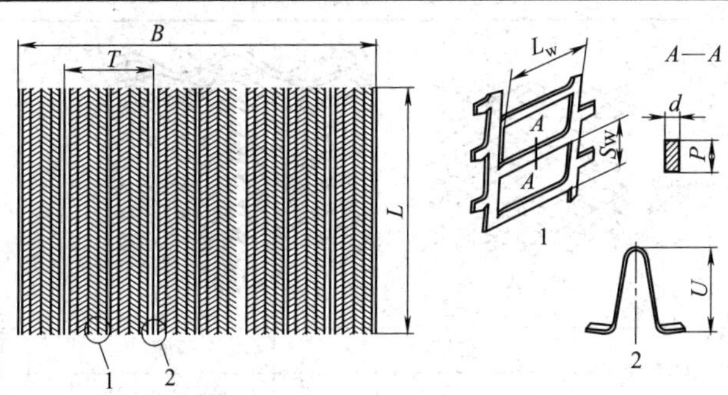

网格尺寸				网面尺寸			材料镀锌层双面质量/(g/m²)	钢板网理论质量/(kg/m²)					
								d					
S_W	L_W	P	U	T	B	L		0.25	0.3	0.35	0.4	0.45	0.5
5.5	8	1.28	9.5	97	686			1.16	1.40	1.63	1.86	2.09	2.33
11	16	1.22	8	150	600			0.66	0.79	0.92	1.05	1.17	1.31
8	12	1.20	8	100	900			0.97	1.17	1.36	1.55	1.75	1.94
5	8	1.42	12	100	600	2440	≥120	1.45	1.76	2.05	2.34	2.64	2.93
4	7.5	1.20	5	75	600			1.01	1.27	1.42	1.63	1.82	2.03
3.5	13	1.05	6	75	750			1.17	1.42	1.65	1.89	2.12	2.36
8	10.5	1.10	8	50	600			1.18	1.42	1.66	1.89	2.13	2.37

(3) 批荡网（表 31.66）

表 31.66 批荡网的型式尺寸（QB/T 2959—2008） mm

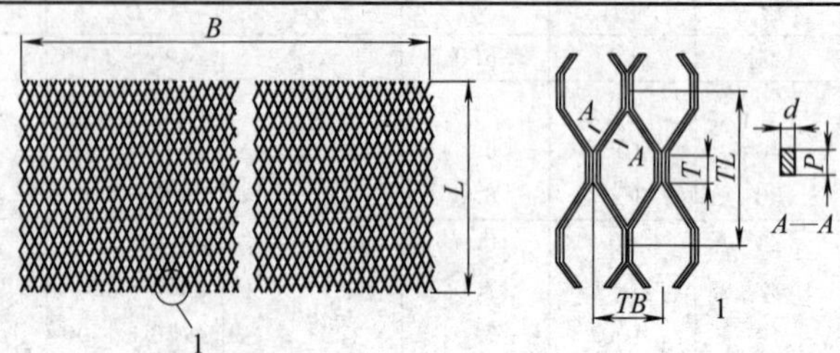

<table>
<tr><th rowspan="2">d</th><th rowspan="2">P</th><th colspan="3">网格尺寸</th><th colspan="2">网面尺寸</th><th rowspan="2">材料镀锌层双面质量/(g/m²)</th><th rowspan="2">钢板理论质量/(kg/m²)</th></tr>
<tr><th>TL</th><th>TB</th><th>T</th><th>L</th><th>B</th></tr>
<tr><td>0.4</td><td rowspan="3">1.5</td><td>17</td><td>8.7</td><td rowspan="3">4</td><td rowspan="3">2440</td><td rowspan="3">690</td><td rowspan="3">≥120</td><td>0.95</td></tr>
<tr><td>0.5</td><td>20</td><td>9.5</td><td>1.36</td></tr>
<tr><td>0.6</td><td>17</td><td>8</td><td>1.84</td></tr>
</table>

31.3.2 铝板网

表 31.67 铝板网的规格 mm

菱形孔 人字形孔

<table>
<tr><th rowspan="2">网孔形状</th><th rowspan="2">d</th><th colspan="3">网格尺寸</th><th colspan="2">网面尺寸</th><th rowspan="2">铝板网面理论质量/(kg/m²)</th></tr>
<tr><th>TL</th><th>TB</th><th>b</th><th>B</th><th>L</th></tr>
<tr><td rowspan="5">菱形</td><td>0.4</td><td>2.3</td><td>6</td><td>0.7</td><td rowspan="4">200～500</td><td rowspan="4">500
650
1000</td><td>0.657</td></tr>
<tr><td rowspan="3">0.5</td><td>2.3</td><td>6</td><td>0.7</td><td>0.822</td></tr>
<tr><td>3.2</td><td>8</td><td>0.8</td><td>0.675</td></tr>
<tr><td>5.0</td><td>12.5</td><td>1.1</td><td>0.594</td></tr>
<tr><td>1.0</td><td>5.0</td><td>12.5</td><td>1.1</td><td>1000</td><td>2000</td><td>1.188</td></tr>
<tr><td rowspan="6">人字形</td><td rowspan="2">0.4</td><td>1.7</td><td>6</td><td>0.5</td><td rowspan="5">200～500</td><td rowspan="5">500
650
1000</td><td>0.635</td></tr>
<tr><td>2.2</td><td>8</td><td>0.5</td><td>0.491</td></tr>
<tr><td rowspan="3">0.5</td><td>1.7</td><td>6</td><td>0.5</td><td>0.794</td></tr>
<tr><td>2.2</td><td>8</td><td>0.6</td><td>0.736</td></tr>
<tr><td>3.5</td><td>12.5</td><td>0.8</td><td>0.617</td></tr>
<tr><td>1.0</td><td>3.5</td><td>12.5</td><td>1.1</td><td>1000</td><td>2000</td><td>1.697</td></tr>
</table>

注：TL 为短节距；TB 为长节距；d 为板厚；b 为丝梗宽；B 为网面宽；L 为网面长。

31.3.3　铝合金花格网

花格网的型材断面形状、网孔大小和形状、长度和宽度均用数字表示如下。

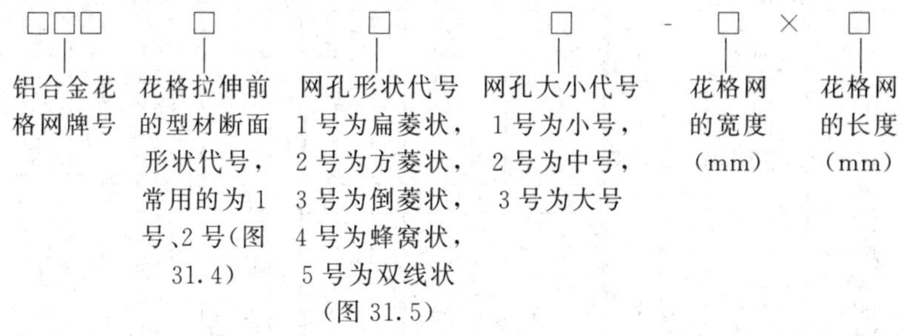

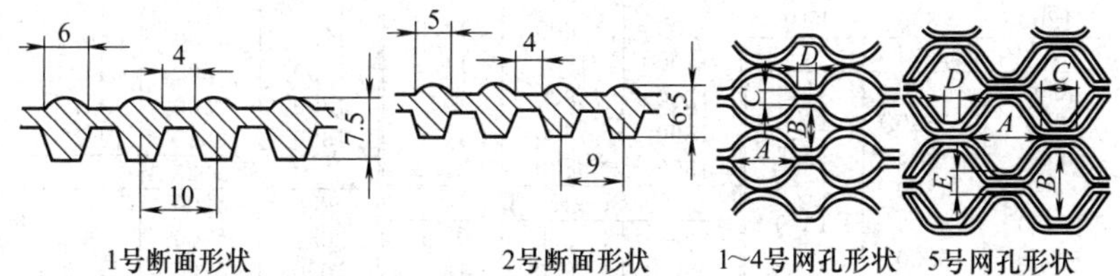

图 31.4　花格拉伸前的型材断面形状代号　　图 31.5　网孔形状代号

标记示例：型材断面形状代号为1号、网孔形状代号为2号、网孔大小为3号、宽度为1300mm、长度为5800mm的申川牌铝合金花格网，其标记为“SLG123-1300×5800”。

表 31.68　铝合金花格网网孔尺寸（YS/T 92—1995）　mm

花格网型号	网孔尺寸					花格网型号	网孔尺寸				
	A	*B*	*C*	*D*	*E*		*A*	*B*	*C*	*D*	*E*
SLG112	106	63	16	20	—	SLG221	72	72	14	20	—
SLG113	124	77	16	20	—	SLG222	84	86	14	20	—
SLG121	72	72	16	20	—	SLG223	101	103	14	20	—
SLG122	84	86	16	20	—	SLG231	68	74	14	20	—
SLG123	101	103	16	20	—	SLG232	83	85	14	20	—
SLG131	68	74	16	20	—	SLG233	97	106	14	20	—
SLG132	83	85	16	20	—	SLG142	152	96	16	60	—
SLG133	97	106	16	20	—	SLG242	152	96	14	60	—
SLG212	105	63	14	20	—	SLG152	132	130	60	20	36
SLG213	124	77	14	20	—	SLG252	132	130	60	20	36

表 31.69　铝合金花格网尺寸及质量（YS/T 92—1995）　mm

宽度	长度	质量/kg
SLG112 型		
940	4200	11.7
940	5800	16.1
1000	4200	12.6
1000	5800	17.5
SLG113 型		
920	4200	9.8
920	5800	13.6
1000	4200	10.8
1000	5800	14.9
1100	4200	11.8
1100	5800	16.3
1200	4200	12.8
1200	5800	17.6
SLG121 型		
880	4200	11.6
880	5800	16.0
960	4200	12.7
960	5800	17.6
1050	4200	13.9
1050	5800	19.2
1140	4200	15.1
1140	5800	20.8
SLG122 型		
910	4200	10.5
910	5800	14.5
1020	4200	11.7
1020	5800	16.1
1120	4200	12.8
1120	5800	17.7
1220	4200	14.0
1220	5800	19.3
1320	4200	15.2
1320	5800	21.0
SLG123 型		
950	4200	9.3
950	5800	12.8
1070	4200	10.5
1070	5800	14.5
1190	4200	11.6
1190	5800	16.1
1300	4200	12.8
1300	5800	17.7
1420	4200	14.0
1420	5800	19.3
1540	4200	15.1
1540	5800	20.9
SLG131 型		
980	4200	13.3
980	5800	18.4
1060	4200	14.5
1060	5800	20.1
1160	4200	15.8
1160	5800	21.8
SLG132 型		
900	4200	10.6
900	5800	14.7
1000	4200	11.8
1000	5800	16.3
1100	4200	12.9
1100	5800	17.9
1200	4200	14.1
1200	5800	19.6
1300	4200	15.3
1300	5800	21.2
SLG133 型		
960	4200	9.6
960	5800	13.3
1100	4200	10.8
1100	5800	15.0
1200	4200	12.0
1200	5800	16.7
1300	4200	13.2
1300	5800	18.3
1450	4200	14.4
1450	5800	20.0
1600	4200	15.6
1600	5800	21.7
SLG212 型		
920	4200	8.7
920	5800	9.4
1000	4200	12.0
1000	5800	13.0
SLG213 型		
1000	4200	8.0
1000	5800	11.1
1100	4200	8.7
1100	5800	12.1
1200	4200	9.5
1200	5800	13.1
SLG221 型		
860	4200	8.6
860	5800	11.9
SLG221 型		
940	4200	9.5
940	5800	13.1
1030	4200	10.3
1030	5800	14.3
1120	4200	11.2
1120	5800	15.5
SLG222 型		
900	4200	7.8
900	5800	10.8
1000	4200	8.7
1000	5800	12.0
1100	4200	9.5
1100	5800	13.2
1200	4200	10.4
1200	5800	14.4
1300	4200	11.3
1300	5800	15.6
SLG223 型		
930	4200	6.9
930	5800	9.5
1050	4200	7.8
1050	5800	10.7
1170	4200	8.6
1170	5800	11.9
1280	4200	9.5
1280	5800	13.1
1400	4200	10.4
1400	5800	14.3
1520	4200	11.2
1520	5800	15.5
SLG231 型		
980	4200	9.9
980	5800	13.7
1060	4200	10.8
1060	5800	14.9
1160	4200	11.7
1160	5800	16.2
SLG232 型		
900	4200	7.9
900	5800	10.9
1000	4200	8.7
1000	5800	12.1
1100	4200	9.60
1100	5800	13.3
1200	4200	10.5
1200	5800	14.5
1300	4200	11.4
1300	5800	15.8

续表

宽度	长度	质量/kg
SLG233 型		
960	4200	7.1
960	5800	9.9
1100	4200	8.0
1100	5800	11.1
1200	4200	8.9
1200	5800	12.4
1300	4200	9.8
1300	5800	13.6
1400	4200	10.7
1400	5800	14.8
1560	4200	11.6
1560	5800	16.1
SLG142 型		
1000	4200	9.2
1000	5800	12.7
1100	4200	10.2
1100	5800	14.1
1200	4200	11.2
SLG142 型		
1200	5800	15.6
1350	4200	12.2
1350	5800	17.0
1460	4200	13.3
1460	5800	18.4
SLG242 型		
1000	4200	6.9
1000	5800	9.5
1100	4200	7.6
1100	5800	10.6
1200	4200	8.4
1200	5800	11.7
1300	4200	9.1
1300	5800	12.7
1400	4200	9.9
1400	5800	13.8
SLG152 型		
900	4200	11.1
SLG152 型		
900	5800	15.5
1000	4200	12.2
1000	5800	17.1
1060	4200	13.4
1060	5800	18.6
1200	4200	14.5
1200	5800	20.2
SLG252 型		
880	4200	8.3
880	5800	11.6
960	4200	9.1
960	5800	12.7
1020	4200	10.0
1020	5800	13.9
1120	4200	10.8
1120	5800	15

注：铝合金牌号为 LD31，供应状态为 RCS 或 CS，表面色彩有银白色、古铜色、金黄色等。

第32章 水暖管路及消防器材

32.1 管路

32.1.1 通径系列

公称通径仅是与制造尺寸有关且引用方便的一个圆整数值，不适用于计算，它是管路系统中除了用外径或螺纹尺寸代号标记的元件以外的所有其他元件通用的一种规格标记。粗体字表示常用的公称通径。

优选尺寸系列（GB/T 1047—2005，单位为 mm）是：6，8，10，15，20，25，32，40，50，65，80，100，125，150，200，250，300，350，400，450，500，600，700，800，900，1000，1100，1200，1400，1500，1600，1800，2000，2200，2400，2600，2800，3000，3200，3400，3600，3800，4000。

英制螺纹尺寸代号与公称尺寸 *DN* 之间的关系见表 32.1。

表 32.1 英制螺纹尺寸代号与公称尺寸 *DN* 之间的关系

管件规格/in	1/8	1/4	3/8	1/2	3/4	1	1¼	1½	2	2½	3	4	5	6
公称尺寸 *DN*/mm	6	8	10	15	20	25	32	40	50	55	80	100	125	150

32.1.2 元件的公称压力

管道系统元件的公称压力与其力学性能和尺寸特性相关，一般不应用于计算目的（除非在有关标准中已有规定）。管道元件允许压力取决于元件的 *PN* 数值（表 32.2）、材料和设计以及允许工作温度等，允许压力在相应标准的压力-温度等级表中给出。

表 32.2 公称压力 *PN* 系列（GB/T 1048—2005）

DIN 系列		ANSI 系列	
*PN*2.5	*PN*25	*PN*20	*PN*150
*PN*6	*PN*40	*PN*50	*PN*260
*PN*10	*PN*63	*PN*110	*PN*420
*PN*16	*PN*100		

32.1.3　工业管道涂色

工业管道的涂色（GB 7231—2003，民用管道的涂色目前尚无国家或行业标准）包括基本识别色、识别符号和安全标识。适用于工业生产中非地下埋设的气体和液体的输送管道。

（1）识别色

用以识别管道内物质种类，识别符号用以识别管道内的物质名称和状态，危险标识表示管道内的物质为危险化学品，消防标识表示工业管道内的物质专用于灭火。

管道内物质用八种基本识别色表示：水—艳绿，水蒸气—大红，空气—淡灰，气体—中黄，酸或碱—紫，可燃气体—棕，其他液体—黑，氧—淡蓝。可以管道全长上标识，在管道上以宽为150mm 的色环标识；在管道上以长方形的识别色标牌标识；在管道上以带箭头的长方形识别色标牌标识；在管道上以系挂的识别色标牌标识。

（2）识别符号

由物质名称（全称或分子式）、流向（用箭头表示）和主要工艺参数（压力、温度、流速等，可按需自行确定）等组成。

（3）安全标识

包括危险标识和消防标识。前者适用于 GB 13690 所列的危险化学品（在管道上涂 150 mm 宽黄色，两侧各涂 25 mm 宽黑色的色环或色带）；后者适用于工业生产中设置的消防专用管道（应遵守 GB 13495—1992 的规定，并在管道上标识“消防专用”符号）。

32.2　管路连接件

内接头管路附件可分为同径管件、异径管件、接头、螺钉、螺帽、管帽和管堵等（图 32.1）。其材料大多用可锻铸铁。管件和接头用于连接管路、接出支管；螺钉、螺母、管帽用于固定管件；管堵用于阻止杂物进入、介质泄漏或堵塞管路。

32.2.1　管路连接件的标记

可锻铸铁管路连接件的标记（GB/T 3287—2011）如下：

图 32.1 管路附件

□	□	□	□	□	□
管件型式	执行标准号	管件符号 A—弯头，B—三通 C—四通，D—短月弯 E—单弯三通或双弯弯头 G—长月弯，M—外接头 N—内外螺钉，内接头 P—锁紧螺母 T—管帽、管堵 U—活接头，UA—活接弯头 ZA—侧孔弯头，侧孔三通	管件规格	管件表面状态 Zn—热镀锌 Fe—不处理 （黑色管件）	管件设计符号 （外螺纹均为圆锥外螺纹） A—圆柱内螺纹，材料为 KTB400-05 或 KTH350-10 B—圆柱内螺纹，材料为 KTB350-04 或 KTH300-06 C—圆锥内螺纹，材料为 KTB400-05 或 KTH350-10 D—圆锥内螺纹，材料为 KTB350-04 或 KTH300-06

32.2.2 弯头

表 32.3 弯头的规格和技术参数（GB/T 3287—2011） mm

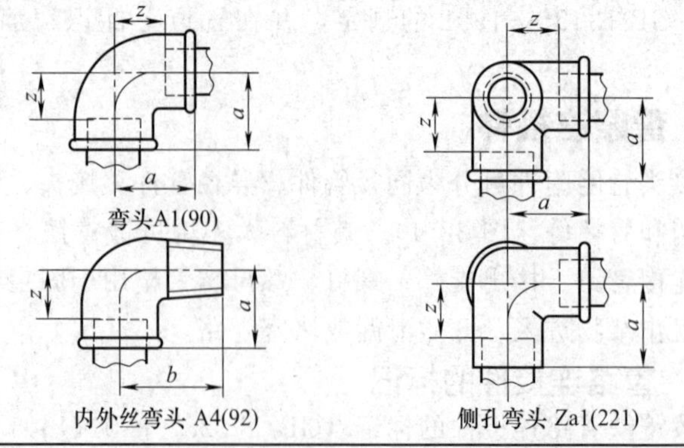

续表

公称尺寸 *DN*			管件规格/in			尺寸		安装长度 *z*
A1	A4	Za1	A1	A4	Za1	*a*	*b*	
6	6	—	1/8	1/8	—	19	25	12
8	8	—	1/4	1/4	—	21	28	11
10	10	(10)	3/8	3/8	(3/8)	25	32	15
15	15	15	1/2	1/2	1/2	28	37	15
20	20	20	3/4	3/4	3/4	33	43	18
25	25	(25)	1	1	(1)	38	52	21
32	32	—	1¼	1¼	—	45	60	26
40	40	—	1½	1½	—	50	65	31
50	50	—	2	2	—	58	74	34
65	65	—	2½	2½	—	69	88	42
80	80	—	3	3	—	78	98	48
100	100	—	4	4	—	96	118	60
(125)	—	—	(5)	—	—	115	—	75
(150)	—	—	(6)	—	—	131	—	91

表 32.4　45°弯头的规格和技术参数（GB/T 3287—2011）　mm

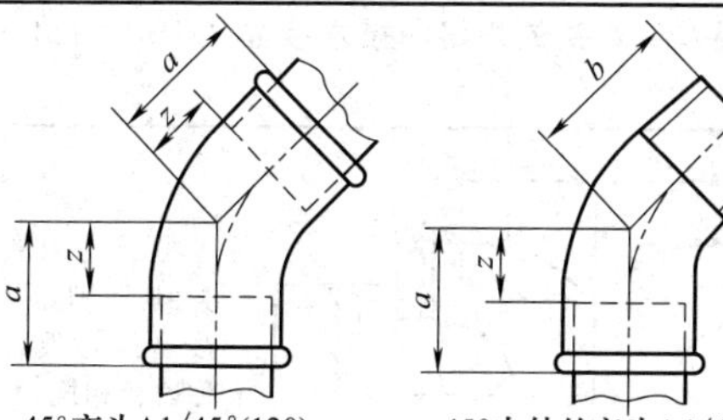

45°弯头A1/45°(120)　45°内外丝弯头A4/45°(121)

公称尺寸 *DN*		管件规格/in		尺寸		安装长度 *z*
A1/45°	A4/45°	A1/45°	A4/45°	*a*	*b*	
10	10	3/8	3/8	20	25	10
15	15	1/2	1/2	22	28	9
20	20	3/4	3/4	25	32	10
25	25	1	1	28	37	11
32	32	1¼	1¼	33	43	14
40	40	1½	1½	36	46	17
50	50	2	2	43	55	19

注：图中 *a* 对 45°弯头是两端轴线交点至任一端端面距离。

表 32.5　异径弯头的规格和技术参数（GB/T 3287—2011）mm

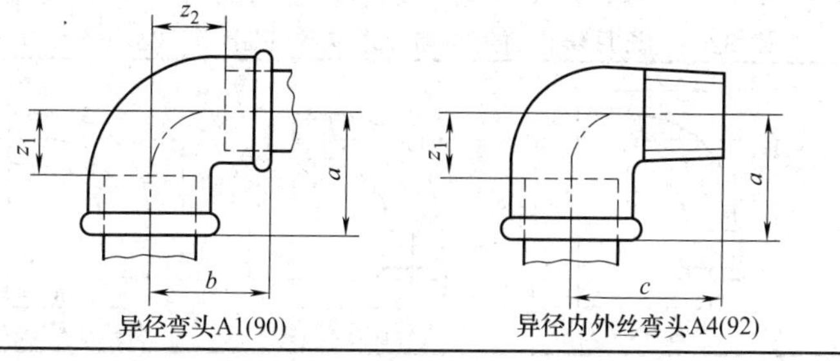

异径弯头A1(90)　异径内外丝弯头A4(92)

续表

公称尺寸 DN		管件规格/in		尺寸			安装长度	
A1	A4	A1	A4	a	b	c	z_1	z_2
(10×8)	—	(3/8×1/4)	—	23	23	—	13	13
15×10	15×10	1/2×3/8	1/2×3/8	26	26	33	13	16
(20×10)	—	(3/4×3/8)	—	28	28	—	13	18
20×15	20×15	3/4×1/2	3/4×1/2	30	31	40	15	18
25×15	—	1×1/2	—	32	34	—	15	21
25×20	25×20	1×3/4	1×3/4	35	36	46	18	21
32×20	—	1¼×3/4	—	36	41	—	17	26
32×25	32×25	1¼×1	1¼×1	40	42	56	21	25
(40×25)	—	(1½×1)	—	42	46	—	23	29
40×32	—	1½×1	—	46	48	—	27	29
50×40	—	2×1½	—	52	56	—	28	36
(65×50)	—	(2½×2)	—	61	66	—	34	42

注：图中 a 是一端轴线至另一端面的距离；b 是两端轴线交点至外螺纹端面的距离；c 是另一端轴线至 90°夹角的一端端面的距离。

表 32.6 异径双弯弯头的规格和技术参数（GB/T 3287—2000）

mm

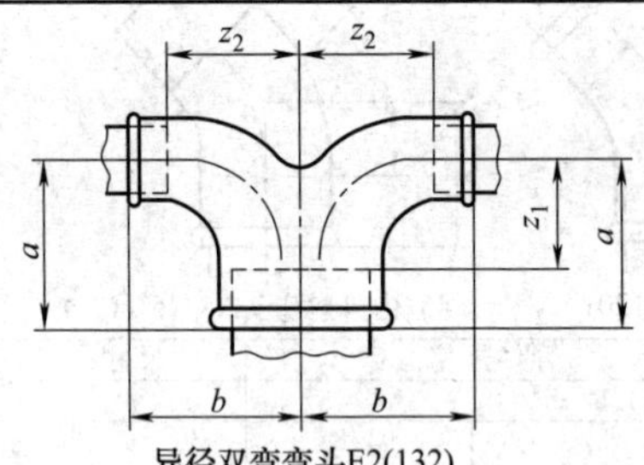

异径双弯弯头E2(132)

形式与双弯弯头类似，区别是从中间接出的两根管子公称通径相同，且略小于接出的管子公称通径

公称尺寸 DN	管件规格/in	尺寸		安装长度	
		a	b	z_1	z_2
(20×15)	(3/4×1/2)	47	48	32	35
(25×20)	(1×3/4)	53	54	36	39
(32×25)	(1¼×1)	66	68	47	51
(40×32)	(1½×1¼)	77	79	58	60
(50×40)	(2×1½)	91	94	67	75

注：图中 a 是小端轴线至大端面的距离；b 是大端轴线至小端面的距离。

表 32.7 长月弯头的规格和技术参数（GB/T 3287—2011）mm

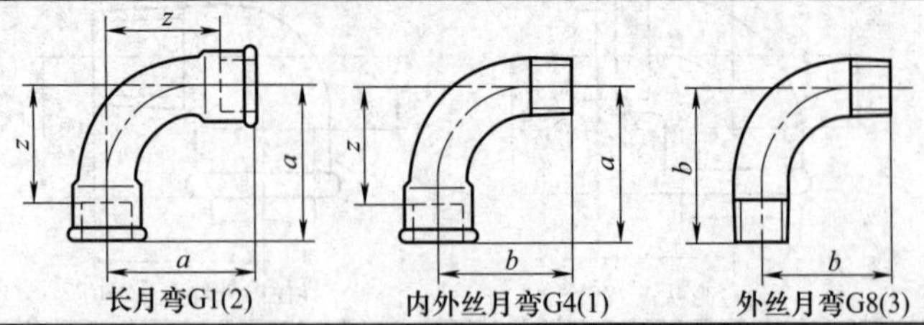

长月弯G1(2) 内外丝月弯G4(1) 外丝月弯G8(3)

续表

公称尺寸 DN			管件规格/in			尺寸		安装长度
G1	G4	G8	G1	G4	G8	a	b	z
—	(6)	—	—	(1/8)	—	35	32	28
8	8	—	1/4	1/4	—	40	36	30
10	10	(10)	3/8	3/8	(3/8)	48	42	38
15	15	15	1/2	1/2	1/2	55	48	42
20	20	20	3/4	3/4	3/4	69	60	54
25	25	25	1	1	1	85	75	68
32	32	(32)	1	1¼	(1¼)	105	95	86
40	40	(40)	1½	1½	(1½)	116	105	97
50	50	(50)	2	2	(2)	140	130	116
65	(65)	—	2½	(2½)	—	176	165	149
80	(80)	—	3	(3)	—	205	190	175
100	(100)	—	4	(4)	—	260	245	224

注：对于长月弯、外丝月弯，a、b——一端轴线至另一端面的距离；对于内外丝月弯，a—外螺纹端轴线至内螺纹端面的距离，b—内螺纹端轴线至外螺纹端面的距离。

表 32.8　45°月弯头的规格和技术参数（GB/T 3287—2011）mm

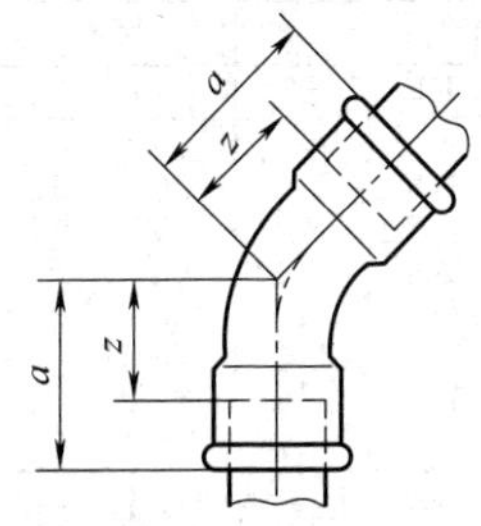

45°月弯 G1/45°(41)

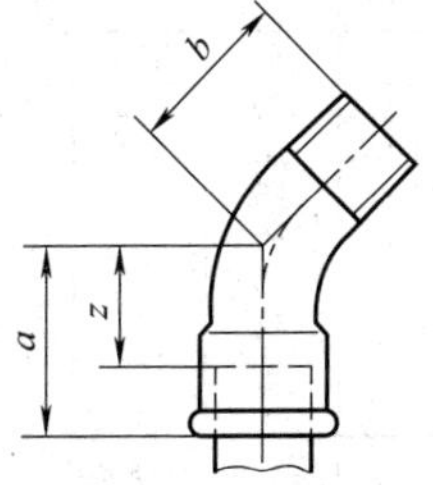

45°内外丝月弯 G4/45°(40)

公称尺寸 DN		管件规格/in		尺寸		安装长度
G1/45°	G4/45°	G1/45°	G4/45°	a	b	z
—	(8)	—	(1/4)	26	21	16
(10)	10	(3/8)	3/8	30	24	20
15	15	1/2	1/2	36	30	23
20	20	3/4	3/4	43	36	28
25	25	1	1	51	42	34
32	32	1¼	1¼	64	54	45
40	40	1½	1½	68	58	49
50	50	2	2	81	70	57
(65)	(65)	(2½)	(2½)	99	86	72
(80)	(80)	(3)	(3)	113	100	83

注：对于 45°月弯，a—两端轴线交点至任一端面的距离；对于 45°内外丝月弯，a—两端轴线交点至内螺纹端面的距离，b—两端轴线交点至外螺纹端面的距离。

表 32.9　短月弯、单弯三通、双弯弯头的规格和技术参数（GB/T 3287—2011）　　mm

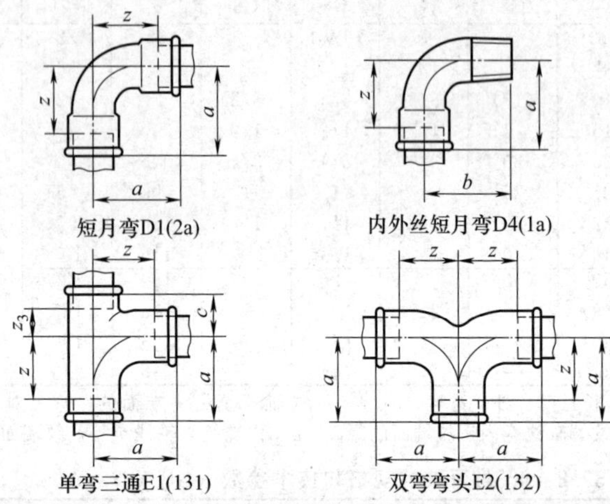

短月弯D1(2a)　　内外丝短月弯D4(1a)

单弯三通E1(131)　　双弯弯头E2(132)

公称尺寸 *DN*				管件规格/in				尺寸		安装长度	
D1	D4	E1	E2	D1	D4	E1	E2	$a=b$	c	z	z_3
8	8	—	—	1/4	1/4	—	—	30	—	20	—
10	10	10	10	3/8	3/8	3/8	3/8	36	19	26	9
15	15	15	15	1/2	1/2	1/2	1/2	45	24	32	11
20	20	20	20	3/4	3/4	3/4	3/4	50	28	35	13
25	25	25	25	1	1	1	1	63	33	46	16
32	32	32	32	1¼	1¼	1¼	1¼	76	40	57	21
40	40	40	40	1½	1½	1½	1½	85	43	66	24
50	50	50	50	2	2	2	2	102	53	78	29

注：图中 a 对短月弯、内外丝短月弯、双弯弯头是一端轴线至另一端面的距离，对单弯三通是一端轴线至 90°夹角的一端端面的距离；c 是单弯三通另一端轴线至 90°夹角的一端端面距离。

32.2.3　三通

表 32.10　三通的规格和技术参数（GB/T 3287—2011）　　mm

	公称尺寸 *DN*	管件规格 /in	尺寸 a	安装长度 z	公称尺寸 *DN*	管件规格 /in	尺寸 a	安装长度 z
三通B1(130)	6	1/8	19	12	40	1½	50	31
	8	1/4	21	11	50	2	58	34
	10	3/8	25	15	65	2½	69	42
	15	1/2	28	15	80	3	78	48
	20	3/4	33	18	100	4	96	60
	25	1	38	21	(125)	(5)	115	75
	32	1¼	45	26	(150)	(6)	131	91

表 32.11　侧孔三通的规格和技术参数（GB/T 3287—2011）

mm

公称尺寸 DN	管件规格/in	尺寸 a	安装长度 z
(10)	(3/8)	25	15
(15)	(1/2)	28	15
(20)	(3/4)	33	18
(25)	(1)	38	21

侧孔三通 Za2(223)

表 32.12　异径三通的规格和技术参数（GB/T 3287—2011）

mm

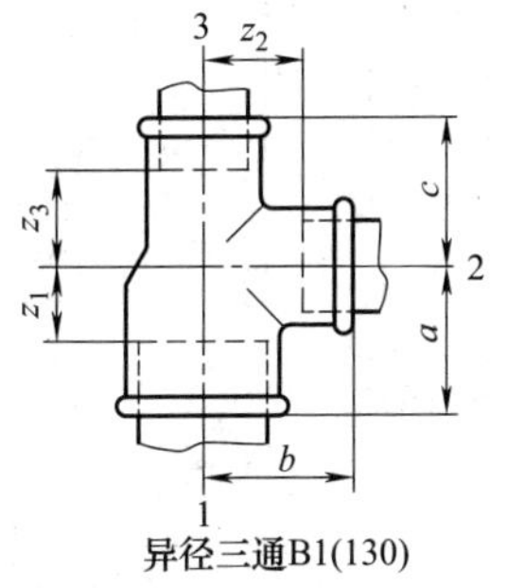

异径三通B1(130)

形式与三通类似，区别是连接的三根管子公称通径各不相同

公称尺寸 DN	管件规格/in	尺寸			安装长度		
1　2　3	1　2　3	a	b	c	z_1	z_2	z_3
15×10×10	1/2×3/8×3/8	26	26	25	13	16	15
20×10×15	3/4×3/8×1/2	28	28	26	13	18	13
20×15×10	3/4×1/2×3/8	30	31	26	15	18	16
20×15×15	3/4×1/2×1/2	30	31	28	15	18	15
25×15×15	1×1/2×1/2	32	34	28	15	21	15
25×15×20	1×1/2×3/4	32	34	30	15	21	15
25×20×15	1×3/4×1/2	35	36	31	18	21	18
25×20×20	1×3/4×3/4	35	36	33	18	21	18

续表

公称尺寸 DN	管件规格/in	尺寸			安装长度		
1 2 3	1 2 3	a	b	c	z_1	z_2	z_3
32×15×25	1¼×1/2×1	34	38	32	15	25	15
32×20×20	1¼×3/4×3/4	36	41	33	17	26	18
32×20×25	1¼×3/4×1	36	41	35	17	26	18
32×25×20	1¼×1×3/4	40	42	36	21	25	21
32×25×25	1¼×1×1	40	42	38	21	25	21
40×15×32	1½×1/2×1¼	36	42	34	17	29	15
40×20×32	1½×3/4×1¼	38	44	36	19	29	17
40×25×25	1½×1×1	42	46	38	23	29	21
40×25×32	1½×1×1¼	42	46	40	23	29	21
(40×32×25)	(1½×1¼×1)	46	48	42	27	29	25
40×32×32	1½×1×1	46	48	45	27	29	26
50×20×40	2×3/4×1½	40	50	39	16	35	19
50×25×40	2×1×1½	44	52	42	20	35	23
50×25×32	2×1¼×1¼	48	54	45	24	35	26
50×32×40	2×1¼×1½	48	54	46	24	35	27
(50×40×32)	(2×1¼×1¼)	52	55	48	28	36	29
50×40×40	2×1½×1½	52	55	50	28	36	31

注：图中 a、c 分别是一径轴线至另两径端面的距离，b 是该端面至另两径轴线的距离。

表 32.13 中大异径三通的规格和技术参数（GB/T 3287—2000）

mm

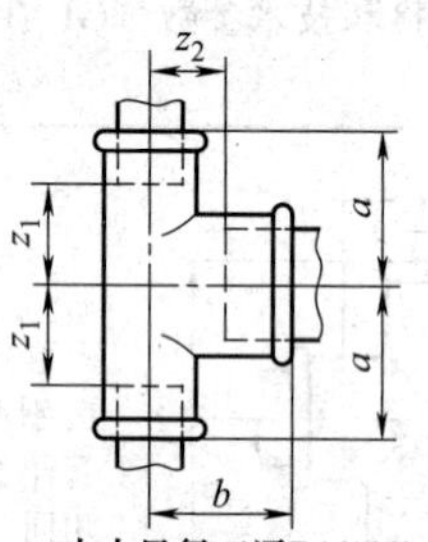

中大异径三通B1(130)

形式与三通类似，区别是从中间接出的管子公称通径，大于从两端接出的管子公称通径

公称尺寸 DN	管件规格/in	尺寸		安装长度	
		a	b	z_1	z_2
10×15	3/8×1/2	26	26	16	13
15×20	1/2×3/4	31	30	18	15
(15×25)	(1/2×1)	34	32	21	15
20×25	3/4×1	36	35	21	18
(20×32)	(3/4×1¼)	41	36	26	17
25×32	1×1¼	42	40	25	21
(25×40)	(1×1½)	46	42	29	23
32×40	1¼×1½	48	46	29	27
(32×50)	(1¼×2)	54	48	35	24
40×50	1½×2	55	52	36	28

注：图中 a 是大径轴线至另两端端面的距离；b 是大径端面至另两径轴线的距离。

表 32.14　中小异径三通的规格和技术参数（GB/T 3287—2011）

mm

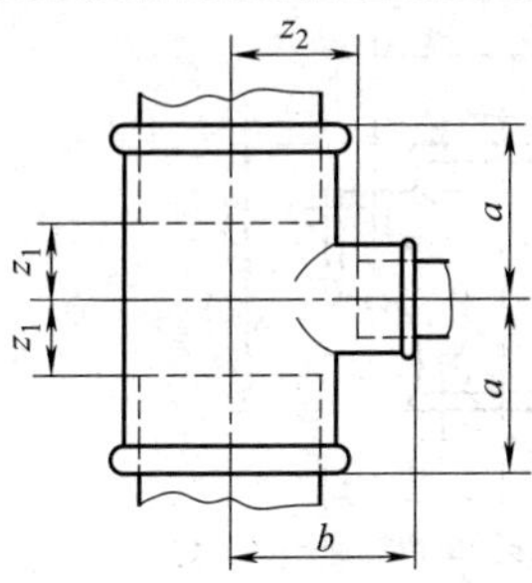

形式与三通类似，区别是从中间接出的管子公称通径，小于从两端接出的管子公称通径

中小异径三通B1(130)

公称尺寸 DN	管件规格/in	尺寸		安装长度	
		a	*b*	z_1	z_2
10×8	3/8×1/4	23	23	13	13
15×8	1/2×1/4	24	24	11	14
15×10	1/2×3/8	26	26	13	16
(20×8)	(3/4×1/4)	26	27	11	17
20×10	3/4×3/8	28	28	13	18
20×15	3/4×1/2	30	31	15	18
(25×8)	(1×1/4)	28	31	11	21
25×10	1×3/8	30	32	13	22
25×15	1×1/2	32	34	15	21
25×20	1×3/4	35	36	18	21
(32×10)	(1¼×3/8)	32	36	13	26
32×15	1¼×1/2	34	38	15	25
32×20	1¼×3/4	36	41	17	26
32×25	1¼×1	40	42	21	25
40×15	1½×1/2	36	42	17	29
40×20	1¼×3/4	38	44	19	29
40×25	1½×1	42	46	23	29
40×32	1½×1¼	46	48	27	29
50×15	2×1/2	38	48	14	35
50×20	2×3/4	40	50	16	35
50×25	2×1	44	52	20	35
50×32	2×1¼	48	54	24	35
50×40	2×1½	52	55	28	36
65×25	2½×1	47	60	20	43
65×32	2½×1¼	52	62	25	43
65×40	2½×1½	55	63	28	44
65×50	2½×2	61	66	34	42
80×25	3×1	51	67	21	50
(80×32)	(3×1¼)	55	70	25	51
80×40	3×1½	58	71	28	52
80×50	3×2	64	73	34	49
80×65	3×2½	72	76	42	49
100×50	4×2	70	86	34	62
100×80	4×3	84	92	48	62

注：图中 *a* 是小径轴线至另两端端面的距离；*b* 是小径端面至另两径轴线的距离。

表 32.15 中小异径单弯三通的规格和技术参数（GB/T 3287—2011）

mm

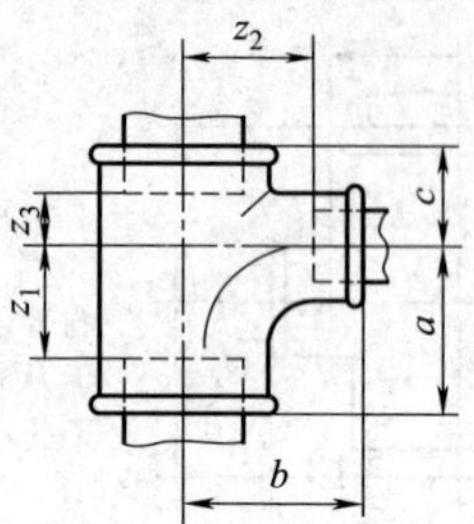

中小异径单弯三通E1(131)

公称尺寸 DN	管件规格/in	尺寸			安装长度		
		a	b	c	z_1	z_2	z_3
20×15	3/4×1/2	47	48	25	32	35	10
25×15	1×1/2	49	51	28	32	38	11
25×20	1×3/4	53	54	30	36	39	13
32×15	1¼×1/2	51	56	30	32	43	11
32×20	1¼×3/4	55	58	33	36	43	14
32×25	1¾×1	66	68	36	47	51	17
(40×20)	(1½×3/4)	55	61	33	36	46	14
(40×25)	(1½×1)	66	71	36	47	54	17
(40×32)	(1½×1¼)	77	79	41	58	60	22
(50×25)	(2×1)	70	77	40	46	60	16
(50×32)	(2×1¼)	80	85	45	56	66	21
(50×40)	(2×1½)	91	94	48	57	75	24

表 32.16 侧小异径三通的规格和技术参数（GB/T 3287—2011）

mm

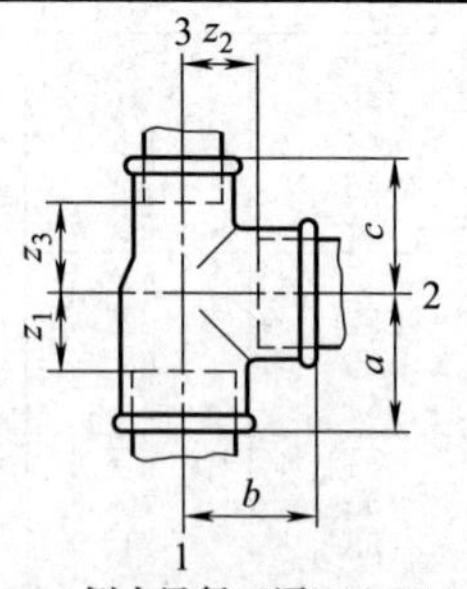

侧小异径三通B1(130)

形式与三通类似，区别是从中间接出的管子公称通径与一端相同，另一端公称通径小于其他两端公称通径

公称尺寸 DN	管件规格/in	尺寸			安装长度		
1 2 3	1 2 3	a	b	c	z_1	z_2	z_3
15×15×10	1/2×1/2×3/8	28	28	26	15	15	16

续表

公称尺寸 DN	管件规格/in	尺寸			安装长度		
1　2　3	1　2　3	a	b	c	z_1	z_2	z_3
20×20×10	3/4×3/4×3/8	33	33	28	18	18	18
20×20×15	3/4×3/4×1/2	33	33	31	18	18	18
(25×25×10)	(1×1×3/8)	38	38	32	21	21	22
25×25×15	1×1×1/2	38	38	34	21	21	21
25×25×20	1×1×3/4	38	38	36	21	21	21
32×32×15	1¼×1¼×1/2	45	45	38	26	26	25
32×32×20	1¼×1¼×3/4	45	45	41	26	26	26
32×32×25	1¼×1¼×1	45	45	42	26	26	25
40×40×15	1½×1½×1/2	50	50	42	31	31	29
40×40×20	1½×1½×3/4	50	50	44	31	31	29
40×40×25	1½×1½×1	50	50	46	31	31	29
40×40×32	1½×1½×1¼	50	50	48	31	31	29
50×50×20	2×2×3/4	58	58	50	34	34	35
50×50×25	2×2×1	58	58	52	34	34	35
50×50×32	2×2×1¼	58	58	54	34	34	35
50×50×40	2×2×1½	58	58	55	34	34	36

注：图中 a、c 分别是一径轴线至另两径端面的距离，b 是该端面至另两径轴线的距离。

表 32.17　侧小异径单弯三通的规格和技术参数（GB/T 3287—2011）

mm

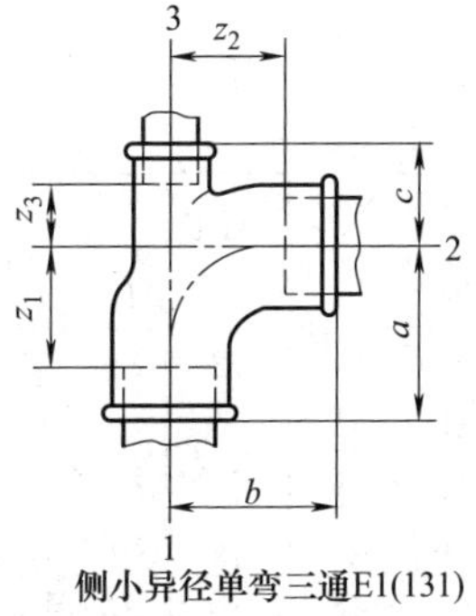

侧小异径单弯三通E1(131)

形式与侧小异径三通类似，区别是从中间接出的管子与一端之间有弯道相通，另一端公称通径小于其他两端公称通径

续表

公称尺寸 *DN*	管件规格/in	尺寸			安装长度		
1　2　3	1　2　3	*a*	*b*	*c*	z_1	z_2	z_3
20×20×15	3/4×3/4×1/2	50	50	27	35	35	14

注：图中 *a* 是中间大端轴线至大端端面的距离；*b* 是大端轴线至中间大端端面的距离；*c* 是中间大端轴线至小端端面的距离。

表 32.18　异径单弯三通的规格和技术参数（GB/T 3287—2011）

mm

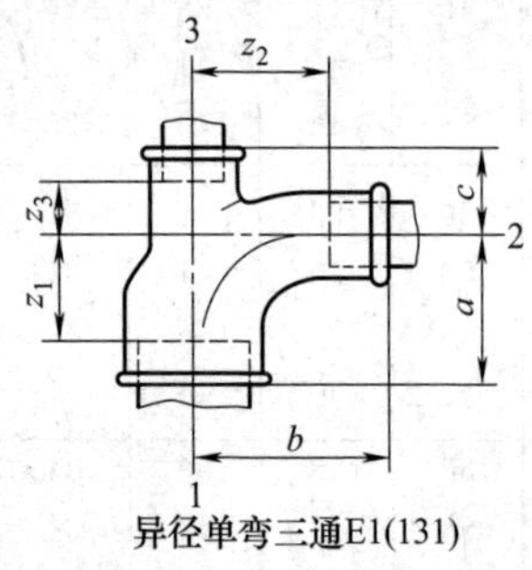

异径单弯三通E1(131)

形式与三通类似，区别是从中间接出的管子公称通径，小于两端接出的管子公称通径

公称尺寸 *DN*	管件规格/in	尺寸			安装长度		
1　2　3	1　2　3	*a*	*b*	*c*	z_1	z_2	z_3
20×15×15	3/4×1/2×1/2	47	48	24	32	35	11
25×15×20	1×1/2×3/4	49	51	25	32	38	10
25×20×20	1×3/4×3/4	53	54	28	36	39	13

注：图中 *a* 是小端轴线至大端面的距离；*b* 是大端轴线至小端面的距离。

32.2.4　四通

四通的规格和技术参数见表 32.19 和表 32.20。

表 32.19　四通的规格和技术参数（GB/T 3287—2011）　mm

公称尺寸 *DN*	管件规格/in	尺寸 *a*	安装长度 *z*	公称尺寸 *DN*	管件规格/in	尺寸 *a*	安装长度 *z*
6	1/8	19	12	40	1½	50	31
8	1/4	21	11	50	2	58	34
10	3/8	25	15	65	2½	69	42
15	1/2	28	15	80	3	78	48
20	3/4	33	18	100	4	96	60
25	1	38	21	(125)	(5)	115	75
32	1¼	45	26	(150)	(6)	131	91

表 32.20　异径四通的规格和技术参数（GB/T 3287—2011）

mm

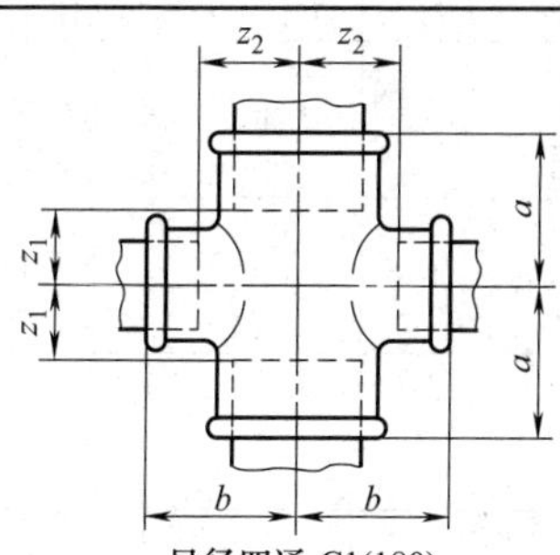

异径四通 C1(180)

公称尺寸 *DN*	管件规格/in	尺寸		安装长度	
		a	b	z_1	z_2
(15×10)	(1/2×3/8)	26	26	13	16
20×5	3/4×1/2	30	31	15	18
25×15	1×1/2	32	34	15	21
25×20	1×3/4	35	36	18	21
(32×20)	(1¼×3/4)	36	41	17	26
32×25	1¼×1	40	42	21	25
(40×25)	(1½×1)	42	46	23	29

注：a 是一端轴线至 90°夹角的一端端面的距离；b 是另一端轴线至 90°夹角的一端端面的距离。

32.2.5　接头

表 32.21　外接头的规格和技术参数（GB/T 3287—2011）　mm

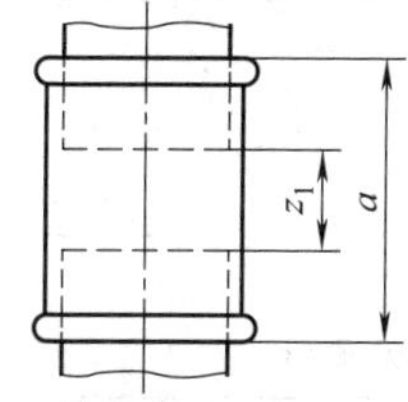

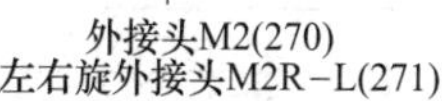
外接头M2(270)
左右旋外接头M2R-L(271)

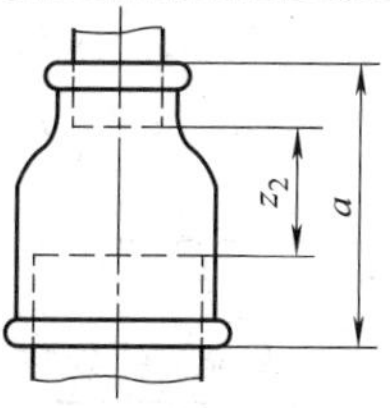

异径外接头M2(240)

公称尺寸 *DN*			管件规格/in			尺寸 a	安装长度	
M2	M2R-L	异径 M2	M2	M2R-L	异径 M2		z_1	z_2
6	—	—	1/8	—	—	25	11	—
8	—	8×6	1/4	—	1/4×1/8	27	7	10
10	10	(10×6)	3/8	3/8	(3/8×1/8)	30	10	13
		10×8			3/8×1/4			10
15	15	15×8	1/2	1/2	1/2×1/4	36	10	13
		15×10			1/2×3/8			13

续表

公称尺寸 *DN*			管件规格/in			尺寸 a	安装长度	
M2	M2R-L	异径 M2	M2	M2R-L	异径 M2		z_1	z_2
20	20	(20×8)	3/4	3/4	(3/4×1/4)	39	9	14
		20×10			3/4×3/8			14
		20×15			3/4×1/2			11
25	25	25×10	1	1	1×3/8	45	11	18
		25×15			1×1/2			15
		25×20			1×3/4			13
32	32	32×15	1¼	1¼	1¼×1/2	50	12	18
		32×20			1¼×3/4			16
		32×25			1¼×1			14
40	40	(40×15)	1½	1½	(1¼×1/2)	55	17	23
		40×20			1½×3/4			21
		40×25			1½×1			19
		40×32			1½×1¼			17
(50)	(50)	(50×15)	(2)	(2)	(2×1/2)	65	17	28
		(50×20)			(2×3/4)			26
		50×25			2×1			24
		50×32			2×1¼			22
		50×40			2×1½			22
(65)	—	(65×32)	(2½)	—	(2½×1¼)	74	20	28
		(65×40)			(½×1½)			28
		(65×50)			½×2			23
(80)	—	(80×40)	(3)	—	(3×1½)	80	20	31
		(80×50)			(3×2)			26
		(80×65)			(3×2½)			23
(100)	—	(100×50)	(4)	—	(4×2)	94	22	34
		(100×65)			(4×2½)			31
		(100×80)			(4×3)			28
(125)	—		(5)	—	—	109	29	—
(150)	—		(6)	—	—	120	40	—

注：a—两个端面之间的距离。

表 32.22 内接头的规格和技术参数（GB/T 3287—2011） mm

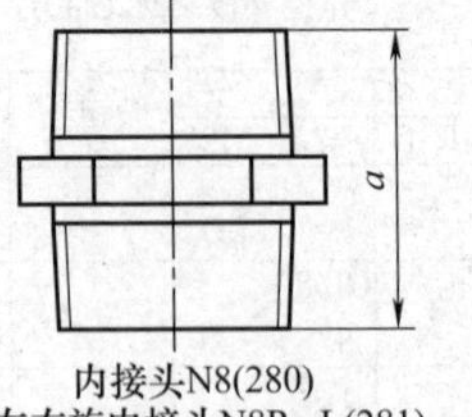

内接头N8(280)
左右旋内接头N8R-L(281)

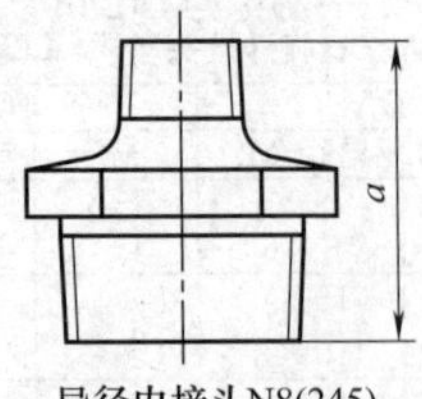

异径内接头N8(245)

续表

公称尺寸 DN			管件规格/in			尺寸 a
内接头	左右旋内接头	异径内接头	内接头	左右旋内接头	异径内接头	
6	—	—	1/8	—	—	29
8	—	—	1/4	—	—	36
10	—	10×8	3/8	—	3/8×1/4	38
15	15	15×8 15×10	1/2	1/2	1/2×1/4 1/2×3/8	44
20	20	20×10 20×15	3/4	3/4	3/4×3/8 3/4×1/2	47
25	(25)	25×15 25×20	1	(1)	1×1/2 1×3/4	53
32	—	(32×15) 32×20 32×25	1¼	—	(1¼×1/2) 1¼×3/4 1¼×1	57
40	—	(40×20) 40×25 40×32	1½	—	(1½×3/4) 1½×1 1½×1¼	59
50	—	(50×25) 50×32 50×40	2	—	(2×1) 2×1¼ 2×1½	68
65	—	65×50	2½	—	(2½×2)	75
80	—	(80×50) (80×65)	3	—	(3×2) (3×2½)	83
100	—	—	4	—	—	95

表 32.23　内外丝接头的规格和技术参数（GB/T 3287—2011）

mm

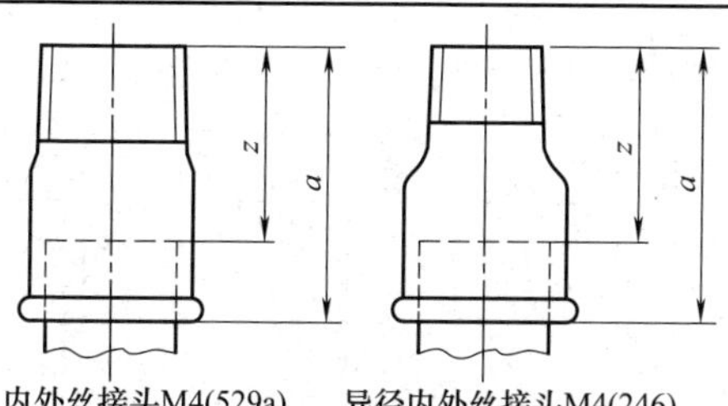

内外丝接头M4(529a)　异径内外丝接头M4(246)

公称尺寸 DN		管件规格/in		尺寸 a	安装长度 z
M4	异径 M4	M4	异径 M4		
10	10×8	3/8	3/8×1/4	35	25
15	15×8 15×10	1/2	1/2×1/4 1/2×3/8	43	30

续表

公称尺寸 DN		管件规格/in		尺寸 a	安装长度 z
M4	异径 M4	M4	异径 M4		
20	(20×10) 20×15	3/4	(3/4×3/8) 3/4×1/2	48	33
25	25×15 25×20	1	1×1/2 1×3/4	55	38
32	32×20 32×25	1¼	1¼×3/4 1¼×1	60	41
—	40×25 40×32	—	1½×1 1½×1¼	63	44
—	(50×32) (50×40)	—	(2×1¼) (2×1½)	70	46

注：a—两个端面之间的距离。

表 32.24 活接头的规格和技术参数（GB/T 3287—2011）mm

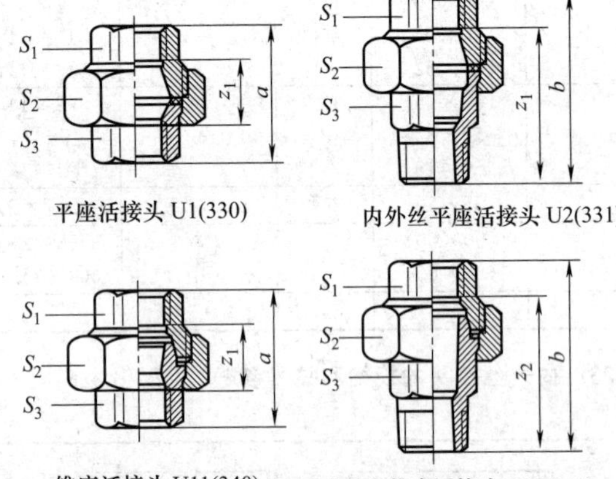

平座活接头 U1(330)　内外丝平座活接头 U2(331)

锥座活接头 U11(340)　内外丝锥座活接头 U12(341)

公称尺寸 DN				管件规格/in				尺寸		安装长度	
U1	U2	U11	U12	U1	U2	U11	U12	a	b	z_1	z_2
—	—	(6)	—	—	—	(1/8)	—	38	—	24	—
8	8	8	8	1/4	1/4	1/4	1/4	42	55	22	45
10	10	10	10	3/8	3/8	3/8	3/8	45	58	25	48
15	15	15	15	1/2	1/2	1/2	1/2	48	66	22	53
20	20	20	20	3/4	3/4	3/4	3/4	52	72	22	57
25	25	25	25	1	1	1	1	58	80	24	63
32	32	32	32	1¼	1¼	1¼	1¼	65	80	27	71
40	40	40	40	1½	1½	1½	1½	70	95	32	76
50	50	50	50	2	2	2	2	78	106	30	82
65	—	65	65	2½	—	2½	2½	85	118	31	91
80	—	80	80	3	—	3	3	95	130	35	100
—	—	100	—	—	—	4	—	100	—	38	—

注：a，b—两个端面之间的距离。

表 32.25　活接弯头的规格和技术参数（GB/T 3287—2011）

mm

平座活接弯头UA1(95)　锥座活接弯头UA11(95)　内外丝平座活接弯头UA2(97)　内外丝锥座活接弯头UA12(98)

公称尺寸 *DN*				管件规格/in				尺寸			安装长度	
UA1	UA2	UA11	UA12	UA1	UA2	UA11	UA12	*a*	*b*	*c*	z_1	z_2
—		8		—		1/4		48	61	21	11	38
10		10		3/8		3/8		52	65	25	15	42
15		15		1/2		1/2		58	76	28	15	45
20		20		3/4		3/4		62	82	33	18	47
25		25		1		1		72	94	38	21	55
32		32		1¼		1¼		82	107	45	26	63
40		40		1½		1½		90	115	50	31	71
50		50		2		2		100	128	58	34	76

注：对于平座活接弯头、锥座活接弯头，*a*—内螺纹端面轴线至另一端面的距离；*c*—另一端面轴线至内螺纹端面的距离；对于内外丝平座活接头、内外丝锥座活接头；*b*—内螺纹端面轴线至另一端面的距离，*c*—另一端面轴线至内螺纹端面的距离。

32.2.6　内外螺钉

表 32.26　内外螺钉的规格和技术参数（GB/T 3287—2011）

mm

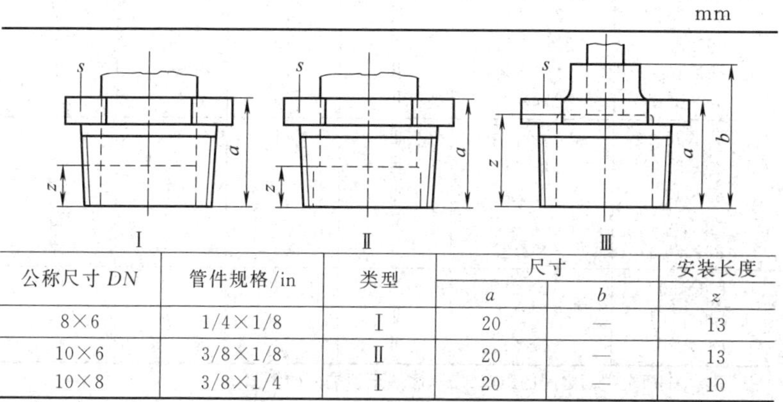

公称尺寸 *DN*	管件规格/in	类型	尺寸		安装长度
			a	*b*	*z*
8×6	1/4×1/8	Ⅰ	20	—	13
10×6	3/8×1/8	Ⅱ	20	—	13
10×8	3/8×1/4	Ⅰ	20	—	10

续表

公称尺寸 DN	管件规格/in	类型	尺寸		安装长度
			a	b	z
15×6	1/2×1/8	Ⅱ	24	—	17
15×8	1/2×1/4	Ⅱ	24	—	14
15×10	1/2×3/8	Ⅰ	24	—	14
20×8	3/4×1/4	Ⅱ	26	—	16
20×10	3/4×3/8	Ⅱ	26	—	16
20×15	3/4×1/2	Ⅰ	26	—	13
25×8	1×1/4	Ⅱ	29	—	19
25×10	1×3/8	Ⅱ	29	—	19
25×15	1×1/2	Ⅱ	29	—	16
25×20	1×3/4	Ⅰ	29	—	14
32×10	1¼×3/8	Ⅱ	31	—	21
32×15	1¼×1/2	Ⅱ	31	—	18
32×20	1¼×3/4	Ⅱ	31	—	16
32×25	1¼××1	Ⅰ	31	—	14
(40×10)	(1×3/8)	Ⅱ	31	—	21
40×15	1½×1/2	Ⅱ	31	—	18
40×20	1½×3/4	Ⅱ	31	—	16
40×25	1½×1	Ⅱ	31	—	14
40×32	1½×1¼	Ⅰ	31	—	12
50×15	2×1/2	Ⅲ	35	48	35
50×20	2×3/4	Ⅲ	35	48	33
50×25	2×1¼	Ⅱ	35	—	18
50×32	2×1¼	Ⅱ	35	—	16
50×40	2×1½	Ⅱ	35	—	16
65×25	2½×1	Ⅲ	40	54	37
65×32	2½×1¼	Ⅲ	40	54	35
65×40	2½×1½	Ⅱ	40	—	21
65×50	2½×2	Ⅱ	40	—	16
80×25	3×1	Ⅲ	44	59	42
80×32	3×1¼	Ⅲ	44	59	40
80×40	3×½	Ⅲ	44	59	40
80×50	3×2	Ⅱ	44	—	20
80×65	3×2½	Ⅱ	44	—	17
100×50	4×2	Ⅲ	51	69	45
100×65	4×2½	Ⅲ	51	69	42
100×80	4×3	Ⅱ	51	—	21

注：a—两个端面之间的距离；b—底端至顶端面的距离。

32.2.7　锁紧螺母和垫圈

表 32.27　锁紧螺母的规格和技术参数（GB/T 3287—2000）

mm

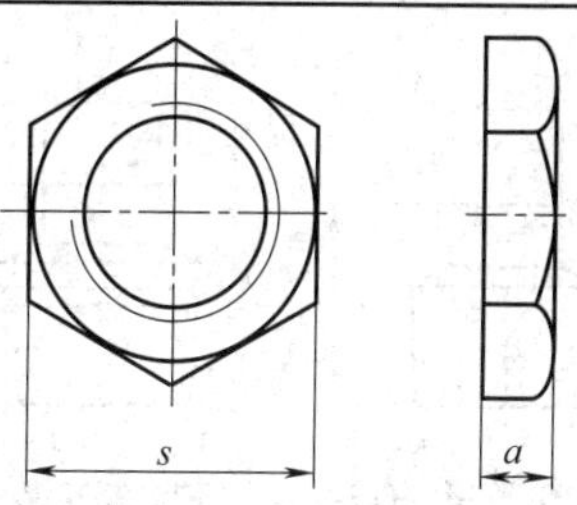

锁紧螺母P4(310)

公称尺寸 DN	管件规格/in	尺寸 a min	公称尺寸 DN	管件规格/in	尺寸 a min
6	1/4	6	32	1¼	11
10	3/8	7	40	1½	12
15	1/2	8	50	2	13
20	3/4	9	65	2½	16
25	1	10	80	3	19

注：a—锁紧螺母的高度；s—对边之间的宽度。

表 32.28　垫圈的规格和技术参数（GB/T 3287—2011）　mm

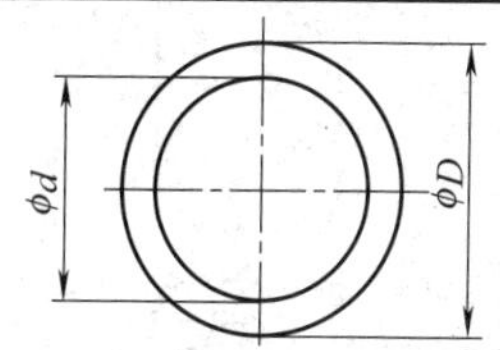

平座活接头和活接弯头垫圈
U1(330)、U2(331)、UA1(95)和UA2(97)

活接头和活接弯头		垫圈尺寸		活接头螺母的螺纹尺寸代号（参考）	活接头和活接弯头		垫圈尺寸		活接头螺母的螺纹尺寸代号（参考）
公称尺寸 DN	管件规格/in	d	D		公称尺寸 DN	管件规格/in	d	D	
6	1/8	—	—	G1/2	25	1	32	44	G1½
8	1/4	13	20	G5/8	32	1¼	42	55	G2
		17	24	G3/4	40	1½	46	62	G2¾
10	3/8	17	24	G3/4	50	2	60	78	G2¾
		19	27	G7/8	65	2½	75	97	G3½
15	1/2	21	30	G1	80	3	88	110	G4
		24	34	G1⅛	100	4	—	—	G5
20	3/4	27	38	G1¼					

32.2.8 管帽和管堵

表 32.29 管帽和管堵的规格和技术参数（GB/T 3287—2011）

mm

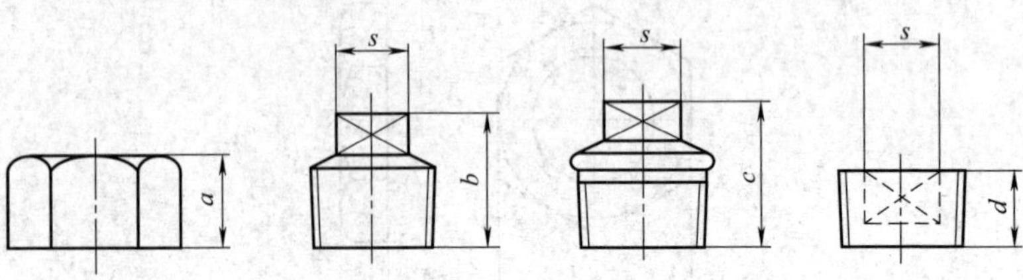

管帽T1(300)　外方管堵T8(291)　带边外方管堵T9(290)　内方管堵T11(596)

公称尺寸 *DN*		管件规格		最小尺寸			
管帽 外管方堵 带方边管外堵	内管 方堵	管帽 外管方堵 带方边管外堵	内管 方堵	*a*	*b*	*c*	*d*
(6)	—	(1/8)	—	13	11	20	—
8	—	1/4	—	15	14	22	—
10	(10)	3/8	(3/8)	17	15	24	11
15	(15)	1/2	(1/2)	19	18	26	15
20	(20)	3/4	(3/4)	22	20	32	16
25	(25)	1	(1)	24	23	36	19
32	—	1¼	—	27	29	39	—
40	—	1½	—	27	30	41	—
50	—	2	—	32	36	48	—
65	—	2½	—	35	39	54	—
80	—	3	—	38	44	60	—
100	—	4	—	45	58	70	—

注：*a*—管帽高度；*b*、*c*、*d*—两个端面之间的距离。

32.3 钢制管法兰

32.3.1 型式和参数

钢制管法兰有 *PN* 和 *Class* 两个系列：*PN* 2.5、*PN* 6、*PN* 10、*PN* 16、*PN* 25、*PN* 40、*PN* 63、*PN* 100、*PN* 160、*PN* 250、*PN* 320、*PN* 400 共 12 级；*Class* 150、*Class* 300、*Class* 600、*Class* 900、*Class* 1500、*Class* 2500 共 6 级。其尺寸和型式见表 32.30～表 30.32。

表 32.30　管法兰的公称尺寸和钢管外径（GB/T 9112—2010）

mm

用 *PN* 标记的法兰			用 Class 标记的法兰		
公称尺寸	钢管外径（*PN*2.5～160）		公称尺寸		钢管外径
DN	系列Ⅰ	系列Ⅱ	NPS/in	*DN*	系列Ⅰ
10	17.2	14	—	—	—
15	21.3	18	1/2	15	21.3
20	26.9	25	3/4	20	26.9
25	33.7	32	1	25	33.7
32	42.4	38	1¼	32	42.4
40	48.3	45	1½	40	48.3
50	60.3	57	2	50	60.3
65	76.1	76	2½	65	76.1
80	88.9	89	3	80	88.9
100	114.3	108	4	100	114.3
125	139.7	133	5	125	139.7
150	168.3	159	6	150	168.3
(175)	193.7	—	—	—	—
200	219.1	219	8	200	219.1
(225)	245.0	—	—	—	—
250	213.0	273	10	250	273.0
300	323.9	325	12	300	323.9
350	355.6	377	14	350	355.6
400	406.4	426	16	400	406.4
450	457	480	18	450	457
500	508	530	20	500	508
600	610	630	24	600	610
700	711	720			
800	813	820			
900	914	920			
1000	1016	1020			
1200	1219	1220			
1400	1422	1420			
1600	1626	1620			
1800	1829	1820			
2000	2032	2020			
2200	2235	2220			
2400	2438	2420			
2600	2620				
2800	2820				
3000	3020				
3200	3220				
3400	3420				
3600	3620				
3800	3820				
4000	4020				

注：括号内尺寸不推荐使用，并且仅适用于船用法兰。

表 32.31 *PN*250、*PN*320 和 *PN*400 时管法兰的公称尺寸和钢管外径（GB/T 9112—2010） mm

公称尺寸 *DN*	公称压力			公称尺寸 *DN*	公称压力		
	*PN*250	*PN*320	*PN*400		*PN*250	*PN*320	*PN*400
10	17.2	17.2	17.2	65	76.1	88.9	101.6
15	21.3	21.3	26.9	80	101.6	101.6	114.3
20	26.9	26.9	33.7	100	127.0	133.0	139.7
25	33.7	33.7	42.4	125	152.4	168.3	193.7
32	42.1	42.4	48.3	150	177.8	193.7	219.1
40	48.3	48.3	60.3	200	244.5	214.5	273.0
50	60.3	63.5	76.1	250	298.5	323.9	—

表 32.32 管法兰的类型和密封面型式（GB/T 9112—2010）

用 *PN* 标记的法兰类型			
类型	整体法兰（IF）	带颈螺纹法兰（Th）	对焊法兰（WN）
标准号	GB/T 9113	GB/T 9114	GB/T 9115
简图	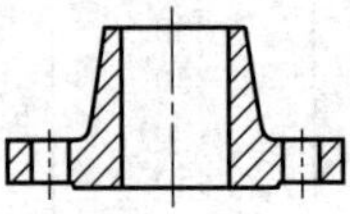	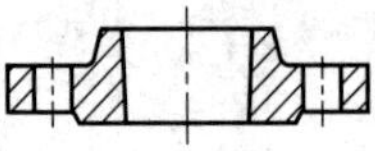	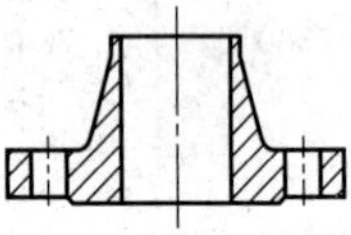
密封面型式[①]	平面(FF),凸面(RF),凹凸面(MF),榫槽面(TG),O形圈面(OSG),环连接面(RJ)	平面(FF),凸面(RF)	平面(FF),凸面(RF),凹凸面(MF),榫槽面(TG),O形圈面(OSG),环连接面(RJ)
类型	带颈平焊法兰（SO）	带颈承插焊法兰（SW）	板式平焊法兰（PL）
标准号	GB/T 9116	GB/T 9117	GB/T 9119
简图	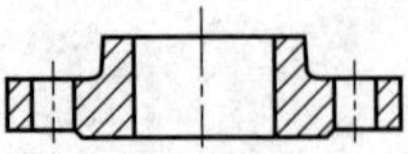	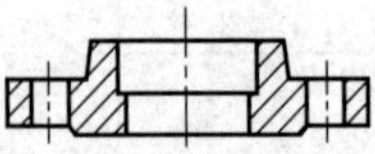	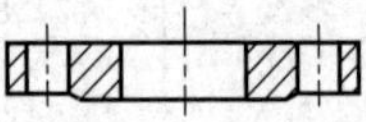
密封面型式[①]	平面(FF),凸面(RF),凹凸面(MF),榫槽面(TG),O形圈面(OSG),环连接面(RJ)	平面(FF),凸面(RF),凹凸面(MF),榫槽面(TG),O形圈面(OSG),环连接面(RJ)	平面(FF),凸面(RF)

续表

类型	A 型对焊环板式松套法兰(PL/W-A)	B 型对焊环板式松套法兰(PUW-B)	平焊环板式松套法兰(PL/C)
标准号	GB/T 9120	GB/T 9120	GB/T 9121
简图	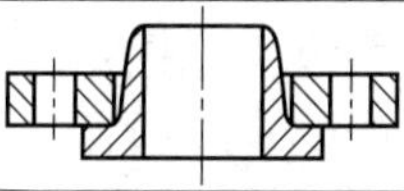	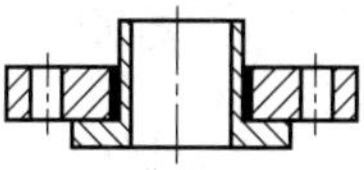	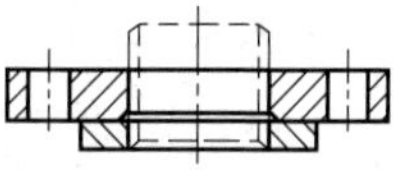
密封面型式①	凸面(RF),凹凸面(MF),榫槽面(TG),O 形圈面(OSG)	凸面(RF)	凸面(RF),凹凸面(MF),榫槽面(TG),O 形圈面(OSG)
类型	管端翻边板式松套法兰(PL/P-A)	翻边短节板式松套法兰(PL/FB)	法兰盖(BL)
标准号	GB/T 9122	GB/T 9122	GB/T 9123
简图	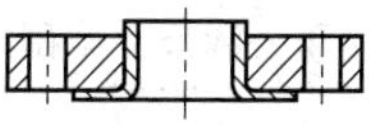	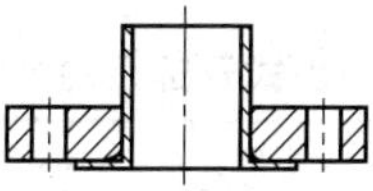	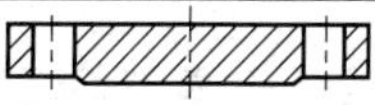 (用 Class 标记的密封面型式无 O 形圈面)
密封面型式①	凸面(RF)	凸面(RF)	平面(FF),凸面(RF),凹凸面(MF),榫槽面(TG),O 形圈面(OSG),环连接面(RJ)
用 Class 标记的法兰类型			
类型	整体法兰(IF)	带颈螺纹法兰(Th)	对焊法兰(WN)
标准号	GB/T 9113	GB/T 9114	GB/T 9115
简图	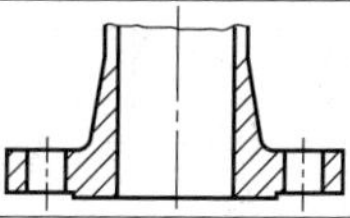	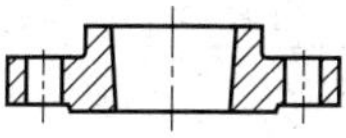	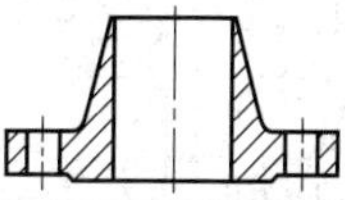
密封面型式①	平面(FF),凸面(RF),凹凸面(MF),榫槽面(TG),环连接面(RJ)	凸面(RF)	平面(FF),凸面(RF),凹凸面(MF),榫槽面(TG),环连接面(RJ)
类型	带颈平焊法兰(SO)	带颈承插焊法兰(SW)	对焊环带颈松套法兰(HL/W)
标准号	GB/T 9116	GB/T 9117	GB/T 9118
简图	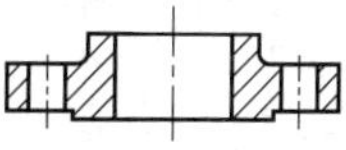	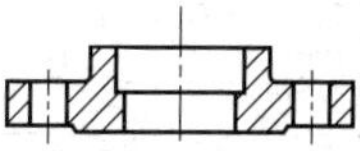	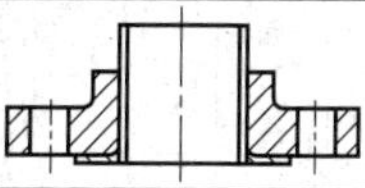
密封面型式①	平面(FF),凸面(RF),凹凸面(MF),榫槽面(TG),环连接面(RJ)	平面(FF),凸面(RF),凹凸面(MF),榫槽面(TG),环连接面(RJ)	凸面(RF),环连接面(RJ)

① 不同密封面型式对应于不同的公称压力。

32.3.2 板式平焊钢制管法兰

板式平焊钢制管法兰的标记方法是：

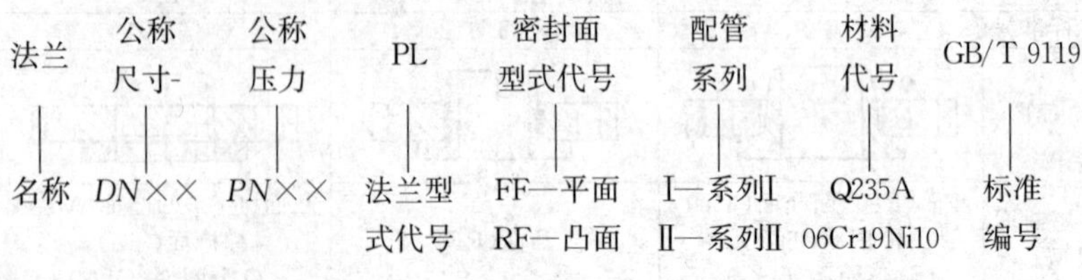

板式平焊钢制管法兰公称压力只用 PN 标记。其规格尺寸见表 32.33 和表 32.34。

表 32.33 密封面型式及适用的公称压力和公称尺寸范围

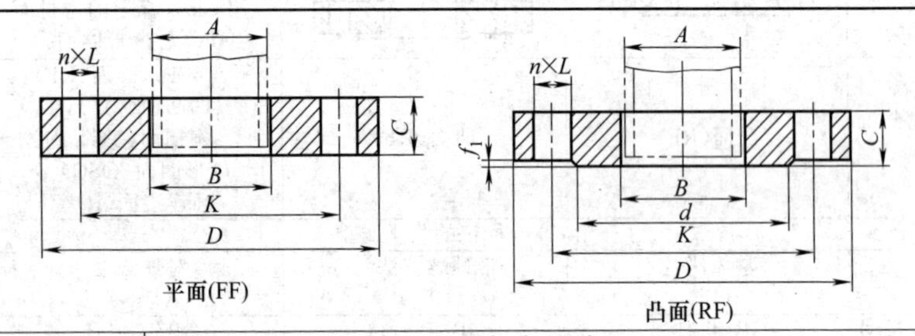

密封面型式	公称压力							
	PN2.5	PN6	PN10	PN16	PN25	PN40	PN63	PN100
平面(FF)	DN10～DN2000				DN10～DN800	DN10～DN600	—	—
凸面(RF)							DN10～DN400	DN10～DN350

表 32.34 板式平焊钢制管法兰 (GB/T 9119—2010) mm

公称通径 DN	钢管外径 A 系列Ⅰ	钢管外径 A 系列Ⅱ	连接尺寸 法兰外径 D	连接尺寸 螺孔中心圆直径 K	连接尺寸 螺栓孔径 L	螺栓 数量/个	螺栓 螺纹规格	法兰厚度 C	密封面尺寸 d	密封面尺寸 f_1	法兰内径 B 系列Ⅰ	法兰内径 B 系列Ⅱ	法兰理论质量/kg 平面(FF) 系列Ⅰ	平面(FF) 系列Ⅱ	凸面(RF) 系列Ⅰ	凸面(RF) 系列Ⅱ
PN2.5 板式平焊钢制管法兰（公称尺寸 DN10～1000 的法兰使用 PN6 法兰的尺寸）																
10	17.2	14	75	50	11	4	M10	12	35	2	18	15	0.36	0.36	0.31	0.32
15	21.3	18	80	55	11	4	M10	12	40	2	22	19	0.40	0.41	0.35	0.36
20	26.9	25	90	65	11	4	M10	14	50	2	27.5	26	0.59	0.60	0.53	0.54

续表

公称通径 DN	钢管外径 A 系列Ⅰ	钢管外径 A 系列Ⅱ	连接尺寸 法兰外径 D	连接尺寸 螺孔中心圆直径 K	连接尺寸 螺栓孔径 L	连接尺寸 螺栓 数量/个	连接尺寸 螺栓 螺纹规格	法兰厚度 C	密封面尺寸 d	密封面尺寸 f_1	法兰内径 B 系列Ⅰ	法兰内径 B 系列Ⅱ	法兰理论质量/kg 平面(FF) 系列Ⅰ	法兰理论质量/kg 平面(FF) 系列Ⅱ	法兰理论质量/kg 凸面(RF) 系列Ⅰ	法兰理论质量/kg 凸面(RF) 系列Ⅱ
*PN*2.5 板式平焊钢制管法兰（公称尺寸 *DN*10～1000 的法兰使用 *PN*6 法兰的尺寸）																
25	33.7	32	100	75	11	4	M10	14	60	2	34.5	33	0.72	0.73	0.65	0.65
32	42.4	38	120	90	14	4	M12	16	70	2	43.5	39	1.16	1.19	1.05	1.09
40	48.3	45	130	100	14	4	M12	16	80	3	49.5	46	1.35	1.38	1.17	1.20
50	60.3	57	140	110	14	4	M12	16	90	3	61.5	59	1.48	1.51	1.28	1.31
65	76.1	76	160	130	14	4	M12	16	110	3	77.5	78	1.86	1.85	1.62	1.61
80	88.9	89	190	150	18	4	M16	18	128	3	90.5	91	2.95	2.94	2.61	2.60
100	114.3	108	210	170	18	4	M16	18	148	3	116.0	110	3.26	3.41	2.87	3.02
125	139.7	133	240	200	18	8	M16	20	178	3	141.5	135	4.31	4.54	3.88	4.10
150	168.3	159	265	225	18	8	M16	20	202	3	170.5	161	4.76	5.14	4.26	4.65
200	219.1	219	320	280	18	8	M16	22	258	3	221.5	222	6.88	6.85	6.27	6.24
250	273	273	375	335	18	12	M16	24	312	3	276.5	276	8.92	8.96	8.19	8.23
300	323.9	325	440	395	22	12	M20	24	365	4	327.5	328	11.92	11.87	10.57	10.52
350	355.6	377	490	445	22	12	M20	26	415	4	359.5	380	16.84	14.41	15.31	12.88
400	406.4	426	540	495	22	16	M20	28	465	4	411.0	430	19.84	17.08	18.17	15.41
450	457	480	595	550	22	16	M20	30	520	4	462.0	484	24.57	20.72	22.70	18.85
500	508	530	645	600	22	20	M20	30	570	4	513.5	534	26.39	22.42	24.38	20.41
600	610	630	755	705	26	20	M24	32	670	5	616.5	634	34.81	30.49	31.49	27.17
700	711	720	860	810	26	24	M24	40	775	5	715.0	724	52.32	49.13	48.54	45.34
800	813	820	975	920	30	24	M27	44	880	5	817.0	824	70.95	67.83	66.18	63.07
900	914	920	1075	1020	30	24	M27	48	980	5	918.0	924	86.21	82.94	80.85	77.58
1000	1016	1020	1175	1120	30	28	M27	52	1080	5	1020	1024	101.0	98.38	95.17	92.55
1200	1219	1220	1375	1320	30	32	M27	60	1280	5	1223	1224	135.4	134.52	128.5	127.6
1400	1422	1420	1575	1520	30	36	M27	65	1480	5	1426	1424	166.2	168.50	158.3	160.6
1600	1626	1620	1790	1730	30	40	M27	72	1690	5	1630	1624	226.9	235.6	217.3	226.0
1800	1829	1820	1990	1930	30	44	M27	79	1890	5	1833	1824	273.0	289.1	262.3	278.4
2000	2032	2020	2190	2130	30	48	M27	86	2090	5	2036	2024	322.2	348.0	310.3	336.1
*PN*6 板式平焊钢制管法兰																
10	17.2	14	75	50	11	4	M10	12	35	2	18	15	0.36	0.36	0.31	0.32
15	21.3	18	80	55	11	4	M10	12	40	2	22	19	0.40	0.41	0.35	0.36
20	26.9	25	90	65	11	4	M10	14	50	2	27.5	26	0.59	0.60	0.53	0.54
25	33.7	32	100	75	11	4	M10	14	60	2	34.5	33	0.72	0.73	0.65	0.65
32	42.4	38	120	90	14	4	M12	16	70	2	43.5	39	1.16	1.19	1.05	1.09
40	48.3	45	130	100	14	4	M12	16	80	3	49.5	46	1.35	1.38	1.17	1.20
50	60.3	57	140	110	14	4	M12	16	90	3	61.5	59	1.48	1.51	1.28	1.31
65	76.1	76	160	130	14	4	M12	16	110	3	77.5	78	1.86	1.85	1.62	1.61
80	88.9	89	190	150	18	4	M16	18	128	3	90.5	91	2.95	2.94	2.61	2.60

续表

公称通径 DN	钢管外径 A 系列Ⅰ	钢管外径 A 系列Ⅱ	连接尺寸 法兰外径 D	连接尺寸 螺孔中心圆直径 K	连接尺寸 螺栓孔径 L	连接尺寸 螺栓 数量/个	连接尺寸 螺栓 螺纹规格	法兰厚度 C	密封面尺寸 d	密封面尺寸 f_1	法兰内径 B 系列Ⅰ	法兰内径 B 系列Ⅱ	法兰理论质量/kg 平面(FF) 系列Ⅰ	法兰理论质量/kg 平面(FF) 系列Ⅱ	法兰理论质量/kg 凸面(RF) 系列Ⅰ	法兰理论质量/kg 凸面(RF) 系列Ⅱ
PN6 板式平焊钢制管法兰																
100	114.3	108	210	170	18	4	M16	18	148	3	116.0	110	3.26	3.41	2.87	3.02
125	139.7	133	240	200	18	8	M16	20	178	3	141.5	135	4.31	4.54	3.88	4.10
150	168.3	159	265	225	18	8	M16	20	202	3	170.5	161	4.76	5.14	4.26	4.65
200	219.1	219	320	280	18	8	M16	22	258	3	221.5	222	6.88	6.85	6.27	6.24
250	273.0	273	375	335	18	12	M16	24	312	3	276.5	276	8.92	8.96	8.19	8.23
300	323.9	325	440	395	22	12	M20	24	365	4	327.5	328	11.92	11.87	10.57	10.52
350	355.6	377	490	445	22	12	M20	26	415	4	359.5	380	16.84	14.41	15.31	12.88
400	406.4	426	540	495	22	16	M20	28	465	4	411	430	19.84	17.08	18.17	15.41
450	457	480	595	550	22	16	M20	30	520	4	462	484	24.57	20.72	22.70	18.85
500	508	530	645	600	22	20	M20	30	570	4	513.5	534	26.39	22.42	24.38	20.41
600	610	630	755	705	26	20	M24	32	670	5	616.5	634	34.81	30.49	31.49	27.17
700	711	720	860	810	26	24	M24	40	775	5	715	724	52.32	49.13	48.54	45.34
800	813	820	975	920	30	24	M27	44	880	5	817	824	70.95	67.83	66.18	63.07
900	914	920	1075	1020	30	24	M27	48	980	5	918	924	86.21	82.94	80.85	77.58
1000	1016	1020	1175	1120	30	28	M27	52	1080	5	1020	1024	101.00	98.38	95.17	92.55
1200	1219	1220	1405	1340	33	32	M30	60	1295	5	1223	1224	164.04	163.1	156.0	155.1
1400	1422	1420	1630	1560	36	36	M33	72	1510	5	1426	1424	256.03	258.6	245.8	248.4
1600	1626	1620	1830	1760	36	40	M33	80	1710	5	1630	1624	315.75	325.4	304.2	313.9
1800	1829	1820	2045	1970	39	44	M36	88	1920	5	1833	1824	409.74	427.6	396.5	414.4
2000	2032	2020	2265	2180	42	48	M39	96	2125	5	2036	2024	532.84	561.7	516.5	545.3
PN10 板式平焊钢制管法兰 (公称尺寸 DN10～40 的法兰使用 PN40 法兰的尺寸； 公称尺寸 DN50～150 的法兰使用 PN16 法兰的尺寸)																
10	17.2	14	90	60	14	4	M12	14	40	2	18	15	0.60	0.61	0.53	0.54
15	21.3	18	95	65	14	4	M12	14	45	2	22	19	0.67	0.68	0.59	0.60
20	26.9	25	105	75	14	4	M12	16	58	2	27.5	26	0.94	0.94	0.85	0.86
25	33.7	32	115	85	14	4	M12	16	68	2	34.5	33	1.11	1.12	1.01	1.02
32	42.4	38	140	100	18	4	M16	18	78	2	43.5	39	1.82	1.86	1.67	1.71
40	48.3	45	150	110	18	4	M16	18	88	3	49.5	46	2.08	2.12	1.83	1.87
50	60.3	57	165	125	18	4	M16	20	102	3	61.5	59	2.73	2.77	2.44	2.48
65	76.1	76	185	145	18	8	M16	20	122	3	77.5	78	3.16	3.15	2.85	2.84
80	88.9	89	200	160	18	8	M16	20	138	3	90.5	91	3.60	3.59	3.26	3.25
100	114.3	108	220	180	18	8	M16	22	158	3	116.0	110	4.39	4.57	4.00	4.19
125	139.7	133	250	210	18	8	M16	22	188	3	141.5	135	5.41	5.65	4.96	5.20
150	168.3	159	285	240	22	8	M20	24	212	3	170.5	161	7.14	7.61	6.54	7.01
200	219.1	219	340	295	22	8	M20	24	268	3	221.5	222	9.27	9.24	8.53	8.50
250	273.0	273	395	350	22	12	M20	26	320	3	276.5	276	11.82	11.87	10.94	10.98

续表

公称通径 *DN*	钢管外径 *A* 系列Ⅰ	钢管外径 *A* 系列Ⅱ	连接尺寸 法兰外径 *D*	连接尺寸 螺孔中心圆直径 *K*	连接尺寸 螺栓孔径 *L*	连接尺寸 螺栓 数量/个	连接尺寸 螺栓 螺纹规格	法兰厚度 *C*	密封面尺寸 *d*	密封面尺寸 f_1	法兰内径 *B* 系列Ⅰ	法兰内径 *B* 系列Ⅱ	法兰理论质量/kg 平面(FF) 系列Ⅰ	法兰理论质量/kg 平面(FF) 系列Ⅱ	法兰理论质量/kg 凸面(RF) 系列Ⅰ	法兰理论质量/kg 凸面(RF) 系列Ⅱ
*PN*10 板式平焊钢制管法兰（公称尺寸 *DN*10～40 的法兰使用 *PN*40 法兰的尺寸；公称尺寸 *DN*50～150 的法兰使用 *PN*16 法兰的尺寸）																
300	323.9	325	445	400	22	12	M20	26	370	4	327.5	328	13.62	13.57	12.26	12.20
350	355.6	377	505	460	22	16	M20	30	430	4	359.5	381	21.83	18.89	20.29	17.35
400	406.4	426	565	515	26	16	M24	32	482	4	411.0	430	27.52	24.37	25.64	22.49
450	457	480	615	565	26	20	M24	36	532	4	462.0	485	33.57	28.74	31.56	26.72
500	508	530	670	620	26	20	M24	38	585	4	513.5	535	40.22	24.94	37.92	32.65
600	610	630	780	725	30	20	M27	42	685	5	616.5	636	54.46	48.14	50.73	44.40
700	711	720	895	840	30	24	M27	50	800	5	715	724	82.68	78.69	78.38	74.39
800	813	820	1015	950	33	24	M30	56	905	5	817	824	116.2	112.2	110.5	106.5
900	914	920	1115	1050	33	28	M30	62	1005	5	918	924	141.4	127.2	135.2	131.0
1000	1016	1020	1230	1160	36	28	M33	70	1110	5	1020	1024	188.3	184.7	180.7	177.2
1200	1219	1220	1455	1380	39	32	M36	83	1330	5	1223	1224	293.0	291.8	283.8	282.5
1400	1422	1420	1675	1590	42	36	M39	90	1535	5	1426	1424	393.2	396.4	381.3	384.5
1600	1626	1620	1915	1820	48	40	M45	100	1760	5	1630	1624	566.1	578.1	551.3	563.4
1800	1829	1820	2115	2020	48	44	M45	110	1960	5	1833	1824	686.3	708.6	670.0	692.3
2000	2032	2020	2325	2230	48	48	M45	120	2170	5	2036	2024	850.6	886.7	832.6	868.6
*PN*16 板式平焊钢制管法兰（公称尺寸 *DN*10～40 的法兰使用 *PN*40 法兰的尺寸）																
10	17.2	14	90	60	14	4	M12	14	40	2	18	15	0.60	0.61	0.53	0.54
15	21.3	18	95	65	14	4	M12	14	45	2	22	19	0.67	0.68	0.59	0.60
20	26.9	25	105	75	14	4	M12	16	58	2	27.5	26	0.94	0.94	0.85	0.86
25	33.7	32	115	85	14	4	M12	16	68	2	34.5	33	1.11	1.12	1.01	1.02
32	42.4	38	140	100	18	4	M16	18	78	2	43.5	39	1.82	1.86	1.67	1.71
40	48.3	45	150	110	18	4	M16	18	88	3	49.5	46	2.08	2.12	1.83	1.87
50	60.3	57	165	125	18	4	M16	20	102	3	61.5	59	2.73	2.77	2.44	2.48
65	76.1	76	185	145	18	8	M16	20	122	3	77.5	78	3.16	3.15	2.85	2.84
80	88.9	89	200	160	18	8	M16	20	138	3	90.5	91	3.60	3.59	3.26	3.25
100	114.3	108	220	180	18	8	M16	22	158	3	116	110	4.39	4.57	4.00	4.19
125	139.7	133	250	210	18	8	M16	22	188	3	141.5	135	5.41	5.65	4.96	5.20
150	168.3	159	285	240	22	8	M20	24	212	3	170.5	161	7.14	7.61	6.54	7.01
200	219.1	219	340	295	22	12	M20	26	268	3	221.5	222	9.73	9.70	9.03	9.00
250	273.0	273	405	355	26	12	M24	29	320	3	276.5	276	14.21	14.26	13.22	13.27
300	323.9	325	460	410	26	12	M24	32	378	4	327.5	328	18.99	18.92	17.49	17.43
350	355.6	377	520	470	26	16	M24	35	438	4	359.5	381	28.13	24.69	26.46	23.02
400	406.4	426	580	525	30	16	M27	38	490	4	411	430	35.86	32.12	33.84	30.10
450	457	480	640	585	30	20	M27	42	550	4	462	485	46.13	40.49	43.94	38.30
500	508	530	715	650	33	20	M30	46	610	4	513.5	535	64.03	57.63	61.13	54.74

续表

公称通径 DN	钢管外径 A		连接尺寸					法兰厚度 C	密封面尺寸		法兰内径 B		法兰理论质量/kg			
	系列Ⅰ	系列Ⅱ	法兰外径 D	螺孔中心圆直径 K	螺栓孔径 L	螺栓数量/个	螺栓螺纹规格		d	f_1	系列Ⅰ	系列Ⅱ	平面(FF)系列Ⅰ	平面(FF)系列Ⅱ	凸面(RF)系列Ⅰ	凸面(RF)系列Ⅱ
*PN*16 板式平焊钢制管法兰 （公称尺寸 *DN*10～40 的法兰使用 *PN*40 法兰的尺寸）																
600	610	630	840	770	36	20	M33	55	725	5	616.5	636	101.6	93.31	96.85	88.56
700	711	720	910	840	36	24	M33	63	795	5	715	724	111.0	106.0	105.9	100.9
800	813	820	1025	950	39	24	M36	74	900	5	817	824	158.2	152.9	151.8	146.6
900	914	920	1125	1050	39	28	M36	82	1000	5	918	924	192.3	186.7	185.4	179.8
1000	1016	1020	1255	1170	42	28	M39	90	1115	5	1020	1024	269.2	264.7	260.5	256.0
1200	1219	1220	1485	1390	48	32	M45	95	1330	5	1223	1224	372.4	370.9	361.2	359.8
1400	1422	1420	1685	1590	48	36	M45	103	1530	5	1426	1424	459.0	462.6	446.2	449.8
1600	1626	1620	1930	1820	56	40	M52	115	1750	5	1630	1624	668.3	682.1	651.7	665.6
1800	1829	1820	2130	2020	56	44	M52	126	1950	5	1833	1824	807.2	832.7	788.8	814.3
2000	2032	2020	2345	2230	62	48	M56	138	2150	5	2036	2024	994.8	1036	973.5	1015
*PN*25 板式平焊钢制管法兰 （公称尺寸 *DN*10～150 的法兰使用 *PN*40 法兰的尺寸）																
10	17.2	14	90	60	14	4	M12	14	40	2	18	15	0.60	0.61	0.53	0.54
15	21.3	18	95	65	14	4	M12	14	45	2	22	19	0.67	0.68	0.59	0.60
20	26.9	25	105	75	14	4	M12	16	58	2	27.5	26	0.94	0.94	0.85	0.86
25	33.7	32	115	85	14	4	M12	16	68	2	34.5	33	1.11	1.12	1.01	1.02
32	42.4	38	140	100	18	4	M16	18	78	2	43.5	39	1.82	1.86	1.67	1.71
40	48.3	45	150	110	18	4	M16	18	88	3	49.5	46	2.08	2.12	1.83	1.87
50	60.3	57	165	125	18	4	M16	20	102	3	61.5	59	2.73	2.77	2.44	2.48
65	76.1	76	185	145	18	8	M16	22	122	3	77.5	78	3.48	3.47	3.17	3.16
80	88.9	89	200	160	18	8	M16	24	138	3	90.5	91	4.32	4.31	3.98	3.97
100	114.3	108	235	190	22	8	M20	26	162	3	116	110	6.07	6.29	5.61	5.83
125	139.7	133	270	220	26	8	M24	28	188	3	141.5	135	8.19	8.51	7.60	7.91
150	168.3	159	300	250	26	8	M24	30	218	3	170.5	161	10.27	10.85	9.58	10.17
200	219.1	219	360	310	26	12	M24	32	278	3	221.5	222	14.29	14.25	13.47	13.43
250	273.0	273	425	370	30	12	M27	35	335	3	276.5	276	20.15	20.21	19.08	19.14
300	323.9	325	485	430	30	16	M27	38	395	4	327.5	328	26.61	26.53	25.01	24.93
350	355.6	377	555	490	33	16	M30	42	450	4	359.5	381	41.78	37.66	39.61	35.49
400	406.4	426	620	550	36	16	M33	48	505	4	411.0	430	57.63	52.90	54.95	50.22
450	457	480	670	600	36	20	M33	54	555	4	462.0	485	69.76	62.51	66.93	59.67
500	508	530	730	660	36	20	M33	58	615	4	513.5	535	87.00	78.94	83.83	75.77
600	610	630	845	770	39	20	M36	68	720	5	616.5	636	127.3	117.0	122.2	111.9
700	711	720	960	875	42	24	M39	85	820	5	715	724	192.9	186.1	186.5	179.7
800	813	820	1085	990	48	24	M45	95	930	5	817	824	266.2	259.4	258.2	251.5
*PN*40 板式平焊钢制管法兰																
10	17.2	14	90	60	14	4	M12	14	40	2	18	15	0.60	0.61	0.53	0.54
15	21.3	18	95	65	14	4	M12	14	45	2	22	19	0.67	0.68	0.59	0.60

续表

公称通径 DN	钢管外径 A		连接尺寸					法兰厚度 C	密封面尺寸		法兰内径 B		法兰理论质量/kg			
			法兰外径 D	螺孔中心圆直径 K	螺栓孔径 L	螺栓							平面(FF)		凸面(RF)	
	系列Ⅰ	系列Ⅱ				数量/个	螺纹规格		d	f_1	系列Ⅰ	系列Ⅱ	系列Ⅰ	系列Ⅱ	系列Ⅰ	系列Ⅱ
*PN*40 板式平焊钢制管法兰																
20	26.9	25	105	75	14	4	M12	16	58	2	27.5	26	0.94	0.94	0.85	0.86
25	33.7	32	115	85	14	4	M12	16	68	2	34.5	33	1.11	1.12	1.01	1.02
32	42.4	38	140	100	18	4	M16	18	78	2	43.5	39	1.82	1.86	1.67	1.71
40	48.3	45	150	110	18	4	M16	18	88	3	49.5	46	2.08	2.12	1.83	1.87
50	60.3	57	165	125	18	4	M16	20	102	3	61.5	59	2.73	2.77	2.44	2.48
65	76.1	76	185	145	18	8	M16	22	122	3	77.5	78	3.48	3.47	3.17	3.16
80	88.9	89	200	160	18	8	M16	24	138	3	90.5	91	4.32	4.31	3.98	3.97
100	114.3	108	235	190	22	8	M20	26	162	3	116	110	6.07	6.29	5.61	5.83
125	139.7	133	270	220	26	8	M24	28	188	3	141.5	135	8.19	8.51	7.60	7.91
150	168.3	159	300	250	26	8	M24	30	218	3	170.5	161	10.27	10.85	9.58	10.17
200	219.1	219	375	320	30	12	M27	36	285	3	221.5	222	17.93	14.25	17.03	16.98
250	273.0	273	450	385	33	12	M30	42	345	3	276.5	276	29.26	29.33	27.95	28.02
300	323.9	325	515	450	33	16	M30	52	410	4	327.5	328	45.06	44.95	43.09	42.99
350	355.6	377	580	510	36	16	M33	58	465	4	359.5	381	66.66	60.97	64.21	58.52
400	406.4	426	660	585	39	16	M36	65	535	4	411	430	97.12	90.72	94.04	87.63
450	457	480	685	610	39	20	M36	66	560	4	462	485	91.70	82.84	88.62	79.75
500	508	530	755	670	42	20	M39	72	615	4	513.5	535	120.3	110.3	116.5	106.5
600	610	630	890	795	48	20	M45	84	735	5	616.5	636	189.5	176.9	183.2	170.5
*PN*63 板式平焊钢制管法兰（公称尺寸 *DN*10～40 的法兰使用 *PN*100 法兰的尺寸）																
10	17.2	14	100	70	14	4	M12	20	40	2	18	15	—	—	1.00	1.01
15	21.3	18	105	75	14	4	M12	20	45	2	22	19	—	—	1.10	1.12
20	26.9	25	130	90	18	4	M16	22	58	2	27.5	26	—	—	1.86	1.87
25	33.7	32	140	100	18	4	M16	24	68	2	34.5	33	—	—	2.36	2.38
32	42.4	38	155	110	22	4	M20	24	78	2	43.5	39	—	—	2.79	2.85
40	48.3	45	170	125	22	4	M20	26	88	3	49.5	46	—	—	3.57	3.63
50	60.3	57	180	135	22	4	M20	26	102	3	61.5	59	—	—	3.91	3.95
65	76.1	76	205	160	22	8	M20	26	122	3	77.5	78	—	—	4.72	4.71
80	88.9	89	215	170	22	8	M20	30	138	3	90.5	91	—	—	5.89	5.87
100	114.3	108	250	200	26	8	M24	32	162	3	116	110	—	—	8.04	8.31
125	139.7	133	295	240	30	8	M27	34	188	3	141.5	135	—	—	11.71	12.09
150	168.3	159	345	280	33	8	M30	36	218	3	170.5	161	—	—	16.87	17.57
200	219.1	219	415	345	36	12	M33	48	285	3	221.5	222	—	—	30.45	30.39
250	273.0	273	470	400	36	12	M33	55	345	3	276.5	276	—	—	42.11	42.21
300	323.9	325	530	460	36	16	M33	65	410	4	327.5	328	—	—	59.01	58.88
350	355.6	377	600	525	39	16	M36	72	465	4	359.5	381	—	—	88.69	81.62
400	406.4	426	670	585	42	16	M39	80	535	4	411.0	430	—	—	120.9	113.0

续表

公称通径 DN	钢管外径 A		连接尺寸			螺栓		法兰厚度 C	密封面尺寸		法兰内径 B		法兰理论质量/kg			
	系列Ⅰ	系列Ⅱ	法兰外径 D	螺孔中心圆直径 K	螺栓孔径 L	数量/个	螺纹规格		d	f_1	系列Ⅰ	系列Ⅱ	平面(FF) 系列Ⅰ	平面(FF) 系列Ⅱ	凸面(RF) 系列Ⅰ	凸面(RF) 系列Ⅱ
*PN*100 板式平焊钢制管法兰																
10	17.2	14	100	70	14	4	M12	20	40	2	18	15	—	—	1.00	1.01
15	21.3	18	105	75	14	4	M12	20	45	2	22	19	—	—	1.10	1.12
20	26.9	25	130	90	18	4	M16	22	58	2	27.5	26	—	—	1.86	1.87
25	33.7	32	140	100	18	4	M16	24	68	2	34.5	33	—	—	2.36	2.38
32	42.4	38	155	110	22	4	M20	24	78	2	43.5	39	—	—	2.79	2.85
40	48.3	45	170	125	22	4	M20	26	88	3	49.5	46	—	—	3.57	3.63
50	60.3	57	195	145	26	4	M24	28	102	3	61.5	59	—	—	4.98	5.04
65	76.1	76	220	170	26	8	M24	30	122	3	77.5	78	—	—	6.32	6.31
80	88.9	89	230	180	26	8	M24	34	138	3	90.5	91	—	—	7.71	7.69
100	114.3	108	265	210	30	8	M27	36	162	3	116.5	110	—	—	10.30	10.62
125	139.7	133	315	250	33	8	M30	42	188	3	141.5	135	—	—	17.23	17.70
150	168.3	159	355	290	33	12	M30	48	218	3	170.5	161	—	—	23.62	24.55
200	219.1	219	430	360	36	12	M33	60	285	3	221.5	222	—	—	42.87	42.78
250	273.0	273	505	430	39	12	M36	72	345	3	276.5	276	—	—	68.99	69.11
300	323.9	325	585	500	42	16	M39	84	410	4	327.5	328	—	—	103.5	103.3
350	355.6	377	655	560	48	16	M45	95	465	4	359.5	381	—	—	149.7	140.3

32.3.3 带颈平焊钢制管法兰

带颈平焊钢制管法兰的标记方法是：

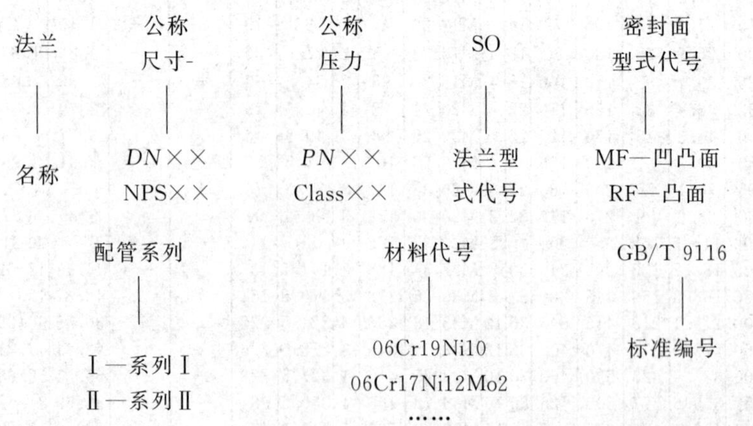

(1) 公称压力用 PN 标记（表 32.35～表 32.37）

表 32.35　密封面型式及适用的公称压力和公称尺寸

<table>
<tr><td rowspan="2">密封面型式</td><td colspan="7">公称压力</td></tr>
<tr><td>PN6</td><td>PN10</td><td>PN16</td><td>PN25</td><td>PN40</td><td>PN63</td><td>PN100</td></tr>
<tr><td>平面(FF)</td><td rowspan="2">DN10～300</td><td rowspan="5">DN10～600</td><td rowspan="5">DN10～1000</td><td colspan="2" rowspan="5">DN10～600</td><td colspan="2">—</td></tr>
<tr><td>凸面(RF)</td><td colspan="2" rowspan="3">DN10～150</td></tr>
<tr><td>凹凸面(MF)</td><td>—</td></tr>
<tr><td>榫槽面(TG)</td><td>—</td></tr>
<tr><td>O形圈面(OSG)</td><td>—</td><td colspan="2">—</td></tr>
</table>

表 32.36　带颈平焊钢制管法兰的密封面尺寸（GB/T 6116—2010）

mm

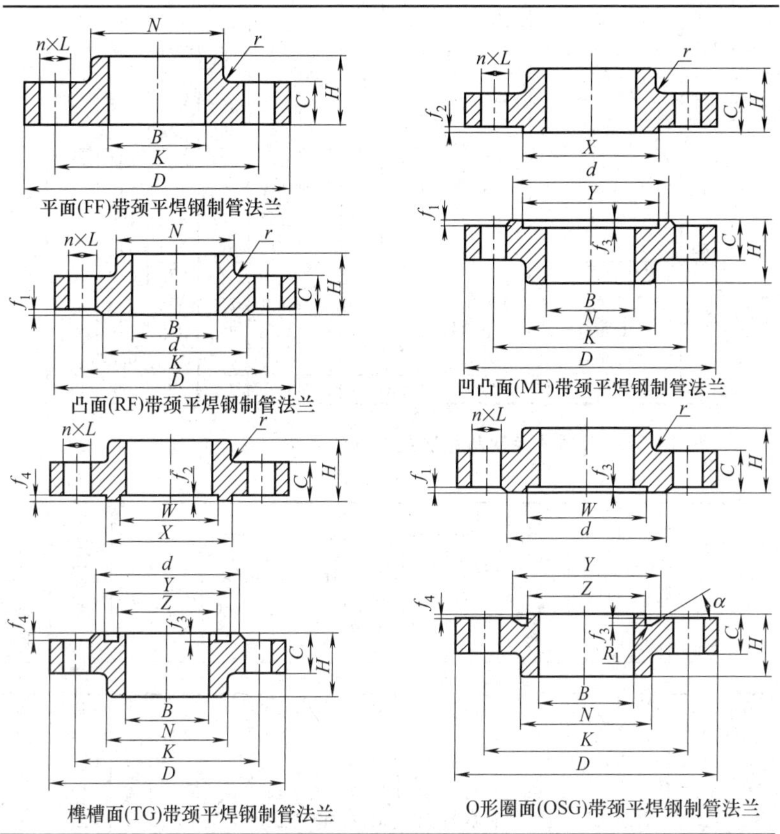

续表

公称尺寸 *DN*	*PN* 6	*PN* 10	*PN* 16	*PN* 25	*PN*40 *PN*63 *PN*100	f_1	f_2	f_3	f_4	*W*	*X*	*Y*	*Z*	α	R_1
10	35	40	40	40	40	2	4.5	4.0	2.0	24	34	35	23	—	2.5
15	40	45	15	45	45					29	39	40	28	—	
20	50	58	58	58	58					36	50	51	35	41°	
25	60	68	68	68	68					43	57	58	42		
32	70	78	78	78	78					51	65	66	50		
40	80	88	88	88	88					61	75	76	60		
50	90	102	102	102	102	3				73	87	88	72		
65	110	122	122	122	122					95	109	110	94		
80	128	138	138	138	138					106	120	121	105		
100	148	158	158	162	162	3	5.0	4.5	2.5	129	149	150	128	32°	3
125	178	188	188	188	188					155	175	176	154		
150	202	212	212	218	218					183	203	204	182		
200	258	268	268	278	285					239	259	260	238		
250	312	320	320	335	345					292	312	313	291		
300	365	370	378	395	410	4				343	363	364	342		
350	415	430	438	450	465		5.5	5.0	3.0	395	421	422	394	27°	3.5
400	465	482	490	505	535					447	473	474	446		
450	520	532	550	555	560					497	523	524	496		
500	570	585	610	615	615					549	575	576	548		
600	670	685	725	720	735	5				649	675	676	648		
700	775	800	795	820	840					751	777	778	750		
800	880	905	900	930	960					856	882	883	855		
900	980	1005	1000	1030	1070					961	987	988	960		
1000	1080	1110	1115	1140	1180		6.5	6.0	4.0	1062	1092	1094	1060	28°	4

表 32.37 带颈平焊钢制管法兰的其他尺寸（GB/T 6116—2010）

mm

公称尺寸 *DN*	钢管外径		连接尺寸					法兰厚度 *C*	法兰高度 *H*	法兰颈			法兰内径 *B*	
			法兰外径 *D*	螺栓中心圆直径 *K*	螺栓孔直径 *L*	螺栓				*N*		*r*		
	系列Ⅰ	系列Ⅱ				数量/个	螺纹规格			系列Ⅰ	系列Ⅱ		系列Ⅰ	系列Ⅱ
*PN*6 带颈平焊钢制管法兰														
10	17.2	14	75	50	11	4	M10	12	20	25		4	18.0	15
15	21.3	18	80	55	11	4	M10	12	20	30		4	22.0	19
20	26.9	25	90	65	11	4	M10	14	24	40		4	27.5	26
25	33.7	32	100	75	11	4	M10	14	24	50		4	34.5	33
32	42.4	38	120	90	14	4	M12	14	26	60		6	43.5	39

续表

公称尺寸 DN	钢管外径		连接尺寸					法兰厚度 C	法兰高度 H	法兰颈			法兰内径 B	
	系列Ⅰ	系列Ⅱ	法兰外径 D	螺栓中心圆直径 K	螺栓孔直径 L	螺栓 数量/个	螺栓 螺纹规格			N 系列Ⅰ	N 系列Ⅱ	r	系列Ⅰ	系列Ⅱ
*PN*6 带颈平焊钢制管法兰														
40	48.3	45	130	100	14	4	M12	14	26	70		6	49.5	46
50	60.3	57	140	110	14	4	M12	14	28	80		6	61.5	59
65	76.1	76	160	130	14	4	M12	14	32	100		6	77.5	78
80	88.9	89	190	150	18	4	M16	16	34	110		8	90.5	91
100	114.3	108	210	170	18	4	M16	16	40	130		8	116.0	110
125	139.7	133	240	200	18	8	M16	18	44	160		8	141.5	135
150	168.3	159	265	225	18	8	M16	18	44	185		10	170.5	161
200	219.1	219	320	280	18	8	M16	20	44	240		10	221.5	222
250	273.0	273	375	335	18	12	M16	22	44	295		12	276.5	276
300	323.9	325	440	395	22	12	M20	22	44	355		12	327.5	328
*PN*10 带颈平焊钢制管法兰（公称尺寸 *DN*10～40 的法兰使用 *PN*40 法兰的尺寸；公称尺寸 *DN*50～150 的法兰使用 *PN*16 法兰的尺寸）														
10	17.2	14	90	60	14	4	M12	16	22	30		4	18.0	15
15	21.3	18	95	65	14	4	M12	16	22	35		4	22.0	19
20	26.9	25	105	75	14	4	M12	18	26	45		4	27.5	26
25	33.7	32	115	85	14	4	M12	18	28	52		4	34.5	33
32	42.4	38	140	100	18	4	M16	18	30	60		6	43.5	39
40	48.3	45	150	110	18	4	M16	18	32	70		6	49.5	46
50	60.3	57	165	125	18	4	M16	18	28	84		6	61.5	59
65	76.1	76	185	145	18	8	M16	18	32	104		6	77.5	78
80	88.9	89	200	160	18	8	M16	20	34	118		6	90.5	91
100	114.3	108	220	180	18	8	M16	20	40	140		8	116.0	110
125	139.7	133	250	210	18	8	M16	22	44	168		8	141.5	135
150	168.3	159	285	240	22	8	M20	22	44	195		10	170.5	161
200	219.1	219	340	295	22	8	M20	24	44	246		10	221.5	222
250	273.0	273	395	350	22	12	M20	26	46	298		12	276.5	276
300	323.9	325	445	400	22	12	M20	26	46	350		12	327.5	328
350	355.6	377	505	460	22	16	M20	26	53	400	412	12	359.5	381
400	406.4	426	565	515	26	16	M24	26	57	456	465	12	411.0	430
450	457	480	615	565	26	20	M24	28	63	502	515	12	462.0	485
500	508	530	670	620	26	20	M24	28	67	559	570	12	513.5	535
600	610	630	780	725	30	20	M27	28	75	658	670	12	616.5	636
*PN*16 带颈平焊钢制管法兰（公称尺寸 *DN*10～40 的法兰使用 *PN*40 法兰的尺寸）														
10	17.2	14	90	60	14	4	M12	16	22	30		4	18.0	15
15	21.3	18	95	65	14	4	M12	16	22	35		4	22.0	19

续表

公称尺寸 DN	钢管外径		连接尺寸					法兰厚度 C	法兰高度 H	法兰颈 N		r	法兰内径 B	
	系列Ⅰ	系列Ⅱ	法兰外径 D	螺栓中心圆直径 K	螺栓孔直径 L	螺栓 数量/个	螺栓 螺纹规格			系列Ⅰ	系列Ⅱ		系列Ⅰ	系列Ⅱ
*PN*16 带颈平焊钢制管法兰（公称尺寸 *DN*10～40 的法兰使用 *PN*40 法兰的尺寸）														
20	26.9	25	105	75	14	4	M12	18	26	45		4	27.5	26
25	33.7	32	115	85	14	4	M12	18	28	52		4	34.5	33
32	42.4	38	140	100	18	4	M16	18	30	60		6	43.5	39
40	48.3	45	150	110	18	4	M16	18	32	70		6	49.5	46
50	60.3	57	165	125	18	4	M16	18	28	84		6	61.5	59
65	76.1	76	185	145	18	8	M16	18	32	104		6	77.5	78
80	88.9	89	200	160	18	8	M16	20	34	118		6	90.5	91
100	114.3	108	220	180	18	8	M16	20	40	140		8	116.0	110
125	139.7	133	250	210	18	8	M16	22	44	168		8	141.5	135
150	168.3	159	285	240	22	8	M20	22	44	195		10	170.5	161
200	219.1	219	340	295	22	12	M20	24	44	246		10	221.5	222
250	273.0	273	105	355	26	12	M24	26	46	298		12	276.5	276
300	323.9	325	460	410	26	12	M24	28	46	350		12	327.5	328
350	355.6	377	520	470	26	16	M24	30	57	400	412	12	359.0	381
400	406.4	426	580	525	30	16	M27	32	63	456	470	12	411.0	430
450	457	480	640	585	30	20	M27	34	68	502	525	12	462.0	485
500	508	530	715	650	33	20	M30	36	73	559	581	12	513.5	535
600	610	630	840	770	36	20	M33	40	83	658	678	12	616.5	636
700	711	720	910	840	36	24	M33	40	83	760	769	12	718.0	726
800	813	820	1025	950	39	24	M36	41	90	864	871	12	820.0	826
900	914	920	1125	1050	39	28	M36	48	94	968	974	12	921.0	927
1000	1016	1020	1255	1170	42	28	M39	59	100	1072	1076	16	1023	1027
*PN*25 带颈平焊钢制管法兰（公称尺寸 *DN*10～150 的法兰使用 *PN*40 法兰的尺寸）														
10	17.2	14	90	60	14	4	M12	16	22	30		4	18.0	15
15	21.3	18	95	65	14	4	M12	16	22	35		4	22.0	19
20	26.9	25	105	75	14	4	M12	18	26	45		4	27.5	26
25	33.7	32	115	85	14	4	M12	18	28	52		4	34.5	33
32	42.4	38	140	100	18	4	M16	18	30	60		6	43.5	39
40	48.3	45	150	110	18	4	M16	18	32	70		6	49.5	46
50	60.3	57	165	125	18	4	M16	20	34	84		6	61.5	59
65	76.1	76	185	115	18	8	M16	22	38	104		6	77.5	78
80	88.9	89	200	160	18	8	M16	24	40	118		8	90.5	91
100	114.3	108	235	190	22	8	M20	24	44	145		8	116.0	110
125	139.7	133	270	220	26	8	M24	26	48	170		8	141.5	135
150	168.3	159	300	250	26	8	M24	28	52	200		10	170.5	161
200	219.1	219	360	310	26	12	M24	30	52	256		10	221.5	222

续表

公称尺寸 DN	钢管外径		连接尺寸					法兰厚度 C	法兰高度 H	法兰颈			法兰内径 B	
	系列Ⅰ	系列Ⅱ	法兰外径 D	螺栓中心圆直径 K	螺栓孔直径 L	螺栓 数量/个	螺栓 螺纹规格			N 系列Ⅰ	N 系列Ⅱ	r	系列Ⅰ	系列Ⅱ
*PN*25 带颈平焊钢制管法兰（公称尺寸 *DN*10～150 的法兰使用 *PN*40 法兰的尺寸）														
250	213.0	273	425	370	30	12	M27	32	60	310		10	276.5	276
300	323.9	325	485	430	30	16	M27	34	67	364		10	327.5	328
350	355.6	377	555	490	33	16	M30	38	72	418	429	12	359.5	381
400	406.4	426	620	550	36	16	M33	40	78	472	484	12	411.0	430
450	457	480	670	600	36	20	M33	46	84	520	534	12	462.0	185
500	508	530	730	660	36	20	M33	48	90	580	594	12	513.5	535
600	610	630	845	770	39	20	M36	58	100	684	699	12	616.5	636
*PN*40 带颈平焊钢制管法兰														
10	17.2	14	90	60	14	4	M12	16	22	30		4	18.0	15
15	21.3	18	95	65	14	4	M12	16	22	35		4	22.0	19
20	26.9	25	105	75	14	4	M12	18	26	45		4	27.5	26
25	33.7	32	115	85	14	4	M12	18	28	52		4	34.5	33
32	42.4	38	140	100	18	4	M16	18	30	60		6	43.5	39
40	48.3	45	150	110	18	4	M16	18	32	70		6	49.5	46
50	60.3	57	165	125	18	4	M16	20	31	81		6	61.5	59
65	76.1	76	185	145	18	8	M16	22	38	104		6	77.5	78
80	88.9	89	200	160	18	8	M16	24	40	118		8	90.5	91
100	114.3	108	235	190	22	8	M20	24	44	145		8	116.0	110
125	139.7	133	270	220	26	8	M24	26	48	170		8	141.5	135
150	168.3	159	300	250	26	8	M24	28	52	200		10	170.5	161
200	219.1	219	375	320	30	12	M27	34	52	260		10	221.5	222
250	273.0	273	450	385	33	12	M30	38	60	312		12	276.5	276
300	323.9	325	515	150	33	16	M30	42	67	380		12	327.5	328
350	355.6	377	580	510	36	16	M33	46	72	424	430	12	359.5	381
400	406.4	426	660	585	39	16	M36	50	78	478	492	12	411.0	430
450	457	480	685	610	39	20	M36	57	84	522	539	12	462.0	485
500	508	530	755	670	42	20	M39	57	90	576	594	12	513.5	535
600	610	630	890	795	48	20	M45	72	100	686	704	12	616.5	636
*PN*63 带颈平焊钢制管法兰（公称尺寸 *DN*10～40 的法兰使用 *PN*100 法兰的尺寸）														
10	17.2	14	100	70	14	4	M12	20	28	40		4	18.0	15
15	21.3	18	105	75	14	4	M12	20	28	43		4	22.0	19
20	26.9	25	130	90	13	4	M16	20	30	52		4	27.5	26
25	33.7	32	140	100	18	4	M16	24	32	60		4	34.5	33

续表

公称尺寸 DN	钢管外径		连接尺寸					法兰厚度 C	法兰高度 H	法兰颈			法兰内径 B	
			法兰外径 D	螺栓中心圆直径 K	螺栓孔直径 L	螺栓				N		r		
	系列Ⅰ	系列Ⅱ				数量/个	螺纹规格			系列Ⅰ	系列Ⅱ		系列Ⅰ	系列Ⅱ
*PN*63 带颈平焊钢制管法兰（公称尺寸 *DN*10～40 的法兰使用 *PN*100 法兰的尺寸）														
32	42.4	38	155	110	22	4	M20	24	32	68		6	43.5	39
40	48.3	45	170	125	22	4	M20	26	34	80		6	49.5	46
50	60.3	57	180	135	22	4	M20	26	36	90		6	61.5	59
65	76.1	76	205	160	22	8	M20	26	40	112		6	77.5	78
80	88.9	89	215	170	22	8	M20	28	44	125		8	90.5	91
100	114.3	108	250	200	26	8	M24	30	52	152		8	116.0	110
125	139.7	133	295	240	30	8	M27	34	56	185		8	141.5	135
150	168.3	159	345	280	33	8	M30	36	60	215		10	170.5	161
*PN*100 带颈平焊钢制管法兰														
10	17.2	14	100	70	14	4	M12	20	28	40		4	18.0	15
15	21.3	18	105	75	14	4	M12	20	28	43		4	22.0	19
20	26.9	25	130	90	18	4	M16	22	30	52		4	27.5	26
25	33.7	32	140	100	18	4	M16	24	32	60		4	34.5	33
32	42.4	38	155	110	22	4	M20	24	32	68		6	43.5	39
40	48.3	45	170	125	22	4	M20	26	34	80		6	49.5	46
50	60.3	57	195	145	26	4	M24	28	36	95		6	61.5	59
65	76.1	76	220	170	26	8	M24	30	40	118		6	77.5	78
80	88.9	89	230	180	26	8	M24	32	44	130		8	90.5	91
100	114.3	108	265	210	30	8	M27	36	52	158		8	116.0	110
125	139.7	133	315	250	33	8	M30	40	56	188		8	141.5	135
150	168.3	159	355	290	33	12	M30	44	60	225		10	170.5	161

（2）公称压力用 Class 标记（表 32.38～表 32.41）

表 32.38　密封面型式及适用的公称压力和公称尺寸范围（GB/T 6116—2010）

in

<table>
<tr><th rowspan="2">密封面型式</th><th colspan="5">公称压力</th></tr>
<tr><th>Class150</th><th>Class300</th><th>Class600</th><th>Class900</th><th>Class1500</th></tr>
<tr><td>平面(FF)</td><td>NPS1/2(DN15)～NPS24(DN600)</td><td colspan="4">—</td></tr>
<tr><td>凸面(RF)</td><td colspan="4">NPS1/2(DN15)～NPS24(DN600)</td><td rowspan="4">NPS1/2(DN15)～NPS2 1/2(DN65)</td></tr>
<tr><td>凹凸面(MF)</td><td>—</td><td colspan="3" rowspan="3">NPS1/2(DN15)～NPS24(DN600)</td></tr>
<tr><td>榫槽面(TG)</td><td>—</td></tr>
<tr><td>环连接面(RJ)</td><td>NPS1(DN25)～NPS24(DN600)</td></tr>
</table>

表 32.39　凸面、凹凸面、榫槽面的法兰密封面尺寸（GB/T 6116—2010）

mm

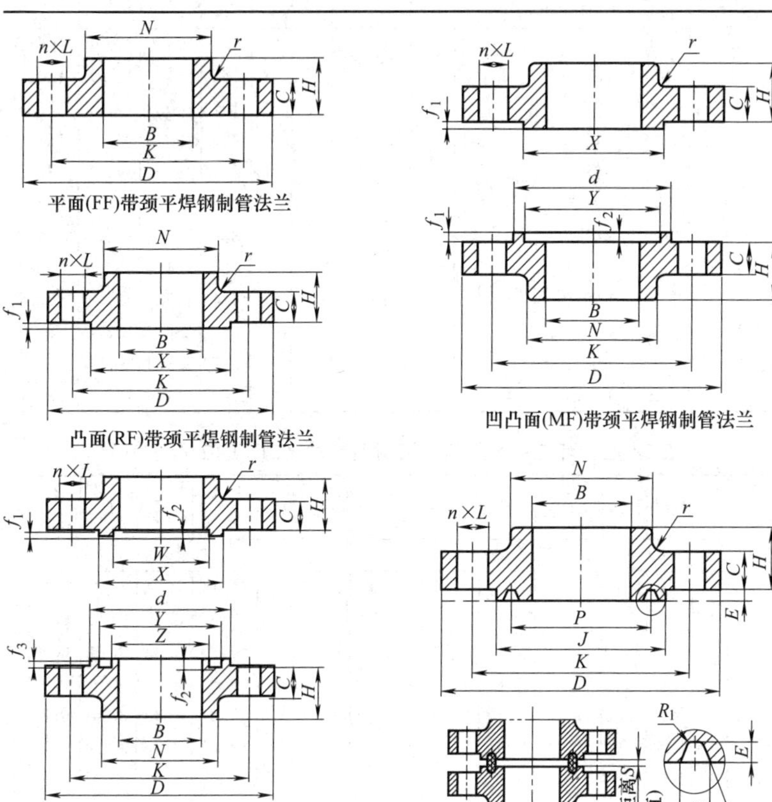

<table>
<tr><th colspan="2">公称尺寸</th><th rowspan="2">X</th><th colspan="2" rowspan="2">f1</th><th rowspan="2">f2</th><th rowspan="2">f3</th><th rowspan="2">d</th><th rowspan="2">W</th><th rowspan="2">Y</th><th rowspan="2">Z</th></tr>
<tr><th>NPS/in</th><th>DN</th></tr>
<tr><td>1/2</td><td>15</td><td>34.9</td><td rowspan="7">2(为Class150和Class300法兰的尺寸)</td><td rowspan="7">7(为Class600、Class900、Class1500和 Class2500法兰的尺寸)</td><td rowspan="7">7</td><td rowspan="7">5</td><td>46</td><td>25.4</td><td>36.5</td><td>23.8</td></tr>
<tr><td>3/4</td><td>20</td><td>42.9</td><td>54</td><td>33.3</td><td>44.4</td><td>31.8</td></tr>
<tr><td>1</td><td>25</td><td>50.8</td><td>62</td><td>38.1</td><td>52.4</td><td>36.5</td></tr>
<tr><td>1¼</td><td>32</td><td>63.5</td><td>75</td><td>47.6</td><td>65.1</td><td>46.0</td></tr>
<tr><td>1½</td><td>40</td><td>73.0</td><td>84</td><td>54.0</td><td>74.6</td><td>52.4</td></tr>
<tr><td>2</td><td>50</td><td>92.1</td><td>103</td><td>73.0</td><td>93.7</td><td>71.4</td></tr>
<tr><td>2½</td><td>65</td><td>104.8</td><td>116</td><td>85.7</td><td>106.4</td><td>84.1</td></tr>
</table>

续表

公称尺寸		X	f_1		f_2	f_3	d	W	Y	Z
NPS/in	DN									
3	80	127.0	2(为Class150和Class300法兰的尺寸)	7(为Class600、Class900、Class1500和Class2500法兰的尺寸)	7	5	138	108.0	128.6	106.1
4	100	157.2					168	131.8	158.8	130.2
5	125	185.7					197	160.3	187.3	158.8
6	150	215.9					227	190.5	217.5	188.9
8	200	269.9					281	238.1	271.5	236.5
10	250	323.8					335	285.8	325.4	284.2
12	300	381.0					392	342.9	382.6	341.3
14	350	412.8					424	374.6	414.3	373.1
16	400	469.9					481	425.4	471.5	423.9
18	450	533.4					544	489.0	535.0	487.1
20	500	584.2					595	533.4	585.8	531.8
24	600	692.2					703	641.4	693.7	639.8

表 32.40 环连接面的法兰密封面尺寸（GB/T 6116—2010） mm

NPS/in	DN	环号	J min	P	E	F	R_1 max	S	环号	J min	P	E	F	R_1 max	S
公称尺寸		Class150							Class300						
1/2	15	—	—	—	—	—	—	—	R11	50.5	34.14	5.54	7.14	0.8	3
3/4	20	—	—	—	—	—	—	—	R13	63.5	42.88	6.35	8.74	0.8	4
1	25	R15	63.0	47.63	6.35	8.74	0.8	4	R16	69.5	50.80	6.35	8.74	0.8	4
1¼	32	R17	72.5	57.15	6.35	8.74	0.8	4	R18	79.0	60.33	6.35	8.74	0.8	4
1½	40	R19	82.0	65.07	6.35	8.74	0.8	4	R20	90.5	68.27	6.35	8.74	0.8	4
2	50	R22	101	82.55	6.35	8.74	0.8	4	R23	108	82.55	7.92	11.91	0.8	6
2½	65	R25	120	101.60	6.35	8.74	0.8	4	R26	127	101.60	7.92	11.91	0.8	6
3	80	R29	133	114.30	6.35	8.74	0.8	4	R31	146	123.83	7.92	11.91	0.8	6
4	100	R36	171	149.23	6.35	8.74	0.8	4	R37	175	149.23	7.92	11.91	0.8	6
5	125	R40	193	171.45	6.35	8.74	0.8	4	R41	210	180.98	7.92	11.91	0.8	6
6	150	R43	219	193.68	6.35	8.74	0.8	4	R45	241	211.12	7.92	11.91	0.8	6
8	200	R48	273	247.65	6.35	8.74	0.8	4	R49	302	269.88	7.92	11.91	0.8	6
10	250	R52	330	304.80	6.35	8.74	0.8	4	R53	356	323.85	7.92	11.91	0.8	6
12	300	R56	405	381.00	6.35	8.74	0.8	4	R57	413	381.00	7.92	11.91	0.8	6
14	350	R59	425	306.88	6.35	8.74	0.8	3	R61	457	419.10	7.92	11.91	0.8	6
16	400	R64	483	454.03	6.35	8.74	0.8	3	R65	508	469.90	7.92	11.91	0.8	6
18	450	R68	546	517.53	6.35	8.74	0.8	3	R69	575	533.40	7.92	11.91	0.8	6
20	500	R72	597	558.80	6.35	8.74	0.8	3	R73	635	584.20	9.53	13.49	1.5	6
24	600	R76	711	673.10	6.35	8.74	0.8	3	R77	749	692.15	11.13	16.66	1.5	6

续表

NPS /in	DN	环号	J min	P	E	F	R_1 max	S	环号	J min	P	E	F	R_1 max	S
公称尺寸		Class600							Class900						
1/2	15	R11	50.5	34.14	5.54	7.14	0.8	3	R12	60.5	39.67	6.35	8.74	0.8	4
3/4	20	R13	63.5	42.88	6.35	8.74	0.8	4	R14	66.5	44.45	6.35	8.74	0.8	4
1	25	R16	69.5	50.80	6.35	8.74	0.8	4	R16	71.5	50.80	6.35	8.74	0.8	4
1¼	32	R18	79.0	60.33	6.35	8.74	0.8	4	R18	81.0	60.33	6.35	8.74	0.8	4
1½	40	R20	90.5	68.27	6.35	8.74	0.8	4	R20	92.0	68.27	6.35	8.74	0.8	4
2	50	R23	108	82.55	7.92	11.91	0.8	5	R24	124	95.25	7.92	11.91	0.8	3
2½	65	R26	127	101.60	7.92	11.91	0.8	5	R27	137	107.95	7.92	11.91	0.8	3
3	80	R31	146	123.83	7.92	11.91	0.8	5	R31	156	123.83	7.92	11.91	0.8	4
4	100	R37	175	149.23	7.92	11.91	0.8	3	R37	181	149.23	7.92	11.91	0.8	4
5	125	R41	210	180.98	7.92	11.91	0.8	5	R41	216	180.98	7.92	11.91	0.8	4
6	150	R45	211	211.12	7.92	11.91	0.8	5	R45	241	211.12	7.92	11.91	0.8	4
8	200	R49	302	269.88	7.92	11.91	0.8	5	R49	308	269.88	7.92	11.91	0.8	4
10	250	R53	356	323.85	7.92	11.91	0.8	5	R53	362	323.85	7.92	11.91	0.8	4
12	300	R57	413	381.00	7.92	11.91	0.8	5	R57	419	381.00	7.92	11.91	0.8	4
14	350	R61	457	419.10	7.92	11.91	0.8	5	R62	167	419.10	11.13	16.66	1.5	4
16	400	R65	508	469.90	7.92	11.91	0.8	5	R66	524	469.90	11.13	16.66	1.5	4
18	450	R69	575	533.40	7.92	11.91	0.8	5	R70	594	533.40	12.70	19.84	1.5	5
20	500	R73	635	584.20	9.53	13.49	1.5	5	R74	648	584.20	12.70	19.84	1.5	5
24	600	R77	749	692.15	11.13	16.66	1.5	6	R78	772	692.15	15.88	26.97	2.4	6
公称尺寸		Class1500							—						
1/2	15	R12	60.5	39.67	6.35	8.74	0.8	4							
3/4	20	R14	66.5	44.45	6.35	8.74	0.8	4							
1	25	R16	71.5	50.80	6.35	8.74	0.8	4							
1¼	32	R18	81.0	60.33	6.35	8.74	0.8	4							
1½	40	R20	92.0	68.27	6.35	8.74	0.8	4							
2	50	R24	124	95.25	7.92	11.91	0.8	3							
2½	65	R27	137	107.95	7.92	11.91	0.8	3							

表 32.41　带颈平焊钢制管法兰的其他尺寸（GB/T 6116—2010）

mm

公称尺寸		钢管外径	连接尺寸					法兰厚度 C	法兰高度 H	法兰颈		法兰内径 B
			法兰外径 D	螺栓中心圆直径 K	螺栓孔直径 L	螺栓						
NPS/in	DN					数量/个	螺纹规格			N	r	
Class150 带颈平焊钢制管法兰												
1/2	15	21.3	90	60.3	16	4	M14	9.6	14	30	≥4	22.0
3/4	20	26.9	100	69.9	16	4	M14	11.2	14	38		27.5
1	25	33.7	110	79.4	16	4	M14	12.7	16	49		34.5
1¼	32	42.4	115	88.9	16	4	M14	14.3	19	59		43.5

续表

公称尺寸		钢管外径	连接尺寸					法兰厚度 C	法兰高度 H	法兰颈		法兰内径 B
			法兰外径 D	螺栓中心圆直径 K	螺栓孔直径 L	螺栓						
NPS/in	DN					数量/个	螺纹规格			N	r	
Class150 带颈平焊钢制管法兰												
1½	40	48.3	125	98.4	16	4	M14	15.9	21	65		49.5
2	50	60.3	150	120.7	19	4	M16	17.5	24	78		61.5
2½	65	76.1	180	139.7	19	4	M16	20.7	27	90		77.5
3	80	88.9	190	152.4	19	4	M16	22.3	29	108		90.5
4	100	114.3	230	190.5	19	8	M16	22.3	32	135		116.0
5	125	139.7	255	215.9	22	8	M20	22.3	35	164		143.5
6	150	168.3	280	241.3	22	8	M20	23.9	38	192		170.5
8	200	219.1	345	298.5	22	8	M20	27.0	43	246	≥4	221.5
10	250	273.0	405	362.0	26	12	M24	28.6	48	305		276.5
12	300	323.9	485	431.8	26	12	M21	30.2	54	365		327.5
14	350	355.6	535	176.3	29	12	M27	33.4	56	400		359.5
16	400	406.4	595	539.8	29	16	M27	35.0	62	457		411.0
18	450	457	635	577.9	32	16	M30	38.1	67	505		462.0
20	500	508	700	635.0	32	20	M30	41.3	71	559		513.5
24	600	610	815	749.3	35	20	M33	46.1	81	663		616.5
Class300 带颈平焊钢制管法兰												
1/2	15	21.3	95	66.7	16	4	M14	12.7	21	38		22.0
3/4	20	26.9	115	82.6	19	4	M16	14.3	24	48		27.5
1	25	33.7	125	88.9	19	4	M16	15.9	25	54		34.5
1¼	32	42.4	135	98.4	19	4	M16	17.5	25	64		43.5
1½	40	48.3	155	114.3	22	4	M20	19.1	29	70		49.5
2	50	60.3	165	127.0	19	8	M16	20.7	32	84		61.5
2½	65	76.1	190	149.2	22	8	M20	23.9	37	100		77.5
3	80	88.9	210	168.3	22	8	M20	27.0	41	117		90.5
4	100	114.3	255	200.0	22	8	M20	30.2	46	146		116.0
5	125	139.7	280	235.0	22	8	M20	33.4	49	178	≥4	143.5
6	150	168.3	320	269.9	22	12	M20	35.0	51	206		170.5
8	200	219.1	380	330.2	26	12	M24	39.7	60	260		221.5
10	250	273.0	445	387.4	29	16	M27	46.1	65	321		276.5
12	300	323.9	520	450.8	32	16	M30	49.3	71	375		327.5
14	350	355.6	585	514.4	32	20	M30	52.4	75	425		359.5
16	400	406.4	650	571.5	35	20	M33	55.6	81	483		411.0
18	450	457	710	628.6	35	24	M33	58.8	87	533		462.0
20	500	508	775	685.8	35	24	M33	62.0	94	587		513.5
24	600	610	915	812.8	42	24	M39	68.3	105	702		616.5

续表

公称尺寸		钢管外径	连接尺寸					法兰厚度 C	法兰高度 H	法兰颈		法兰内径 B
NPS/in	DN		法兰外径 D	螺栓中心圆直径 K	螺栓孔直径 L	螺栓数量/个	螺栓螺纹规格			N	r	
Class600 带颈平焊钢制管法兰												
1/2	15	21.3	95	66.7	16	4	M14	14.3	22	38		22.0
3/4	20	26.9	115	82.6	19	4	M16	15.9	25	48		27.5
1	25	33.7	125	88.9	19	4	M16	17.5	27	54		34.5
1¼	32	42.4	135	98.4	19	4	M16	20.7	29	64		43.5
1½	40	48.3	155	114.3	22	4	M20	22.3	32	70		49.5
2	50	60.3	165	127.0	19	8	M16	25.4	37	84		61.5
2½	65	76.1	190	149.2	22	8	M20	28.6	41	100		77.5
3	80	88.9	210	168.3	22	8	M20	31.8	46	117		90.5
4	100	114.3	275	215.9	26	8	M24	38.1	54	152		116.0
5	125	139.7	330	266.7	29	8	M27	44.5	60	189	≥4	143.5
6	150	168.3	355	292.1	29	12	M27	47.7	67	222		170.5
8	200	219.1	420	349.2	32	12	M30	55.6	76	273		221.5
10	250	273.0	510	431.8	35	16	M33	63.5	86	313		276.5
12	300	323.9	560	489.0	35	20	M33	66.7	92	400		327.5
11	350	355.6	605	527.0	39	20	M36	69.9	94	432		359.5
16	400	406.1	685	603.2	42	20	M39	76.2	106	495		411.0
18	450	457	745	654.0	45	20	M42	82.6	117	546		462.0
20	500	508	815	723.9	45	24	M42	88.9	127	610		513.5
24	600	610	940	838.2	51	24	M48	101.6	140	718		616.5
Class900 带颈平焊钢制管法兰［NPS 1/2in(DN15)～NPS2½in(DN65)的法兰使用 Class 1500 法兰的尺寸］												
1/2	15	21.3	120	82.6	22	4	M20	22.3	32	38		22.0
3/4	20	26.9	130	88.9	22	4	M20	25.1	35	44		27.5
1	25	33.7	150	101.6	26	4	M24	28.6	41	52		34.5
1¼	32	42.4	160	111.1	26	4	M24	28.6	41	64		43.5
1½	40	48.3	180	123.8	29	4	M27	31.8	44	70		49.5
2	50	60.3	215	165.1	26	8	M24	38.1	57	105		61.5
2½	65	76.1	245	190.5	29	8	M27	41.3	64	124		77.5
3	80	88.9	240	190.5	26	8	M24	38.1	54	127		90.5
4	100	114.3	290	235.0	32	8	M30	44.5	70	159		116.0
5	125	139.7	350	279.4	35	8	M33	50.8	79	190	≥4	143.5
6	150	168.3	380	317.5	32	12	M30	55.6	86	235		170.5
8	200	219.1	470	393.7	39	12	M36	63.5	102	298		221.5
10	250	273.0	545	469.9	39	16	M36	69.9	108	368		276.5
12	300	323.9	610	533.4	39	20	M36	79.4	117	419		327.5
14	350	355.6	640	558.8	42	20	M39	85.8	130	451		359.5
16	400	406.1	705	616.0	45	20	M42	88.9	133	508		411.0
18	450	457	785	685.8	51	20	M48	101.6	152	565		462.0
20	500	508	855	749.3	55	20	M52	108.0	159	622		513.5
24	600	610	1040	901.7	67	20	M64	139.7	203	749		616.5

续表

公称尺寸		钢管外径	连接尺寸					法兰厚度 C	法兰高度 H	法兰颈		法兰内径 B
			法兰外径 D	螺栓中心圆直径 K	螺栓孔直径 L	螺栓						
NPS/in	DN					数量/个	螺纹规格			N	r	
Class1500 带颈平焊钢制管法兰												
1/2	15	21.3	120	82.6	22	4	M20	22.3	32	38	≥4	22.0
3/4	20	26.9	130	88.9	22	4	M20	25.4	35	44		27.5
1	25	33.7	150	101.6	26	4	M24	28.6	41	52		34.5
1¼	32	42.4	160	111.1	26	4	M24	28.6	41	64		43.5
1½	40	48.3	180	123.8	29	4	M27	31.8	44	70		49.5
2	50	60.3	215	165.1	26	8	M24	38.1	57	105		61.5
2½	65	76.1	245	190.5	29	8	M27	41.3	64	124		77.5

32.4 阀门

32.4.1 进水阀

利用螺旋控制给水，用于上水管路，其规格见表 32.42。

表 32.42 进水阀的规格 mm

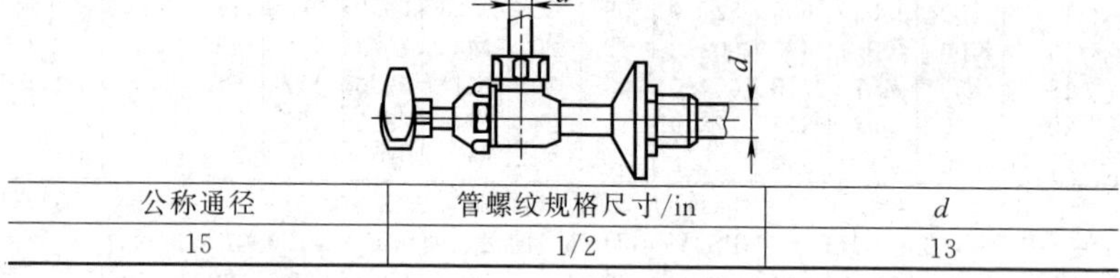

公称通径	管螺纹规格尺寸/in	d
15	1/2	13

32.4.2 排水阀

用于控制下水排污。在弯管内存水形成水封，可减少污水气味，其规格见表 32.43。

表 32.43 排水阀的规格 mm

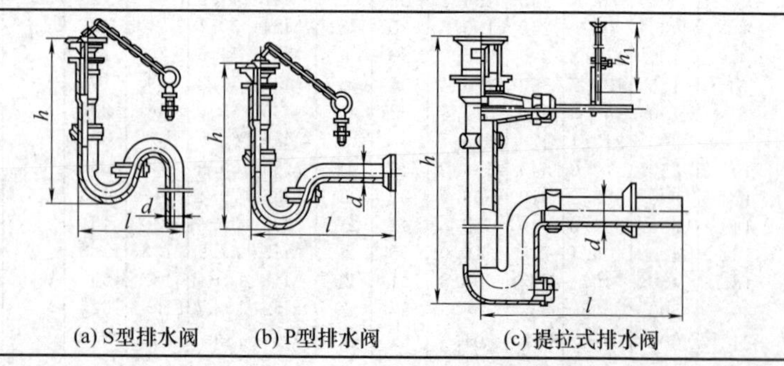

(a) S型排水阀 (b) P型排水阀 (c) 提拉式排水阀

续表

型别	d	l	h	h_1	型别	d	l	h	h_1
S 型	30	128	623	—	提拉式	30	278	303	290
P 型		280	360	—				293	240

32.4.3　排水栓

装于洗面盆或洗涤盆底部，与排水管相接，用于排污及阻挡异物，其规格见表 32.44。

表 32.44　排水栓的规格　mm

公称通径	管螺纹规格 /in	h	h_1	d
32	$R_p1\frac{1}{4}$	80	47	63
40	$R_p1\frac{1}{2}$	83	48	72
50	R_p2	85	55	85

32.4.4　其他阀门

表 32.45　冲洗阀、踏阀和截止阀的规格　mm

名　称	公称通径	管螺纹规格/in	长度	高度
自闭冲洗阀	20	$R_p3/4$	—	157
延时自闭冲洗阀	25	R_p1	270	171
C21-4T 直流自闭冲洗阀	20、25	$R_p3/4$、R_p1	—	180
C12X-6 延时自闭冲洗阀	25	R_p1	335	250
C23T-5 延时自闭冲洗阀	—	$R_p1/2$、$R_p3/4$、R_p1	163、205	206、235
C73W-4T 型延时自闭冲洗阀	20、25	$R_p3/4$、R_p1	120	144
C711W-5 型隔膜式延时自闭冲洗阀	25	R_p1	168	138
JF1X-4 自闭式防污冲洗阀	20、25	$R_p1/2$	220	120
G724-4 节水自闭冲洗阀	20、25	$R_p3/4$、R_p1	87	44
踏阀	15	$R_p1/2$	132	136
全铜踏阀	15	$R_p1/2$	—	136
可锻铸铁踏阀	15	—	—	—
TF-Ⅰ灰铸铁踏阀	20、25	$R_p1/2$、$R_p3/4$	136	124
TF-Ⅱ灰铸铁踏阀	15、20、25	$R_p1/2$、G3/4、G1	270	126
截止阀	20、25	$R_p1/2$、$R_p3/4$	70	—
角型截止阀	15	$R_p1/2$	31.5	82、89

32.5　排水弯管

承插连接排水栓与排水管件，用以排水和防止返味，其规格见

表 32.46。

表 32.46 擁水弯管基本尺寸 mm

公称通径	l	b	D	d
32	445	90	55	33
40	500	105	58	39
50	500	128	68	52

32.6 水嘴

适用于公称通径为 $DN15$、$DN20$、$DN25$，公称压力为 1.0MPa，介质温度不大于 90℃的设备，安装在盥洗室（洗手间、浴室等）、厨房和化验室等卫生设施上，其分类和代号见表 32.47。

表 32.47 水嘴的分类和代号（GB 8375—1987）

按控制方式分								
代号	1	2	3	4	5	6	7	8
控制方式	单柄	双柄	肘	脚踏	感应	手揿	电子	其他

按密封件分						
代号	J	S	T	C	B	Q
材料名称	橡胶	工程塑料	铜合金	陶瓷	不锈钢	其他

按启闭结构分							
代号	L	S	T	P	Y	J	Q
启闭结构	螺旋升降	柱塞式	弹簧式	平面式	圆球式	铰链式	其他

按阀体安装型式分					
代号	1	2	3	4	5
安装型式	台式明装	台式暗装	壁式明装	壁式暗装	其他

按阀体材料分				
代号	T	B	S	Q
阀体材料	铜合金	不锈钢	塑料	其他

按适用设施(或场合)分					
代号	产品名称	适用设施(或场合)	代号	产品名称	适用设施(或场合)
P	普通水嘴	普通水池(或槽)	L	淋浴水嘴	沐浴间(或房)
M	洗面器水嘴	洗面器	J	接管水嘴	草坪(或洒水)
Y	浴缸水嘴	浴缸	H	化验水嘴	化验水池(或室)
D	洗涤水嘴	洗涤池(或槽)	F	洗衣房水嘴	洗衣房(或餐柜)
B	便池水嘴	便池	Q		其他
C	净身水嘴	净身盆(或池)			

32.6.1　普通水嘴

表 32.48　壁式明装单控普通水嘴的规格　mm

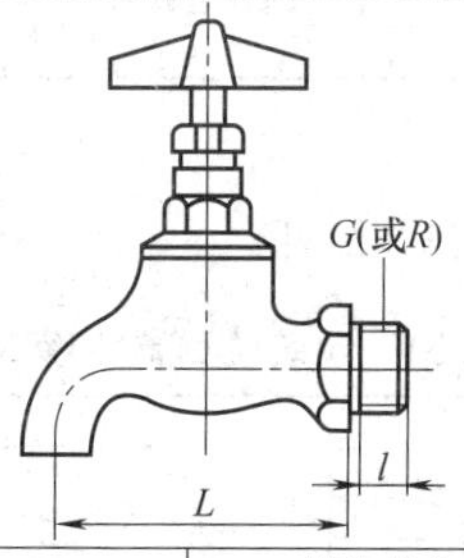

公称通径 DN	螺纹尺寸代号	螺纹有效长度 l min		L min
		圆柱管螺纹	圆锥管螺纹	
15	1/2	10	11.4	55
20	3/4	12	12.7	70
25	1	14	14.5	80

表 32.49　壁式明装接管单控式水嘴的规格尺寸　mm

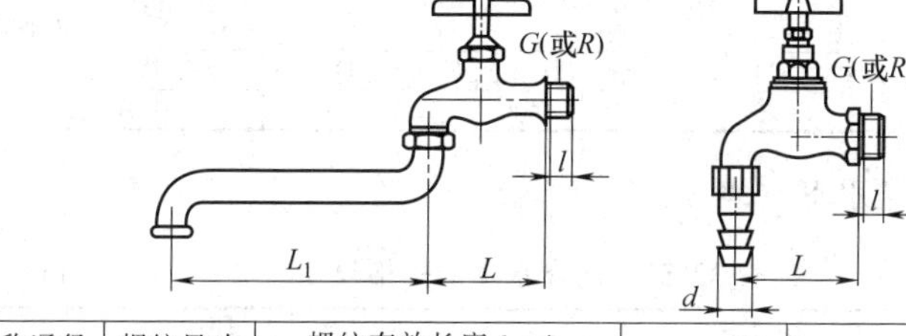

公称通径 DN	螺纹尺寸代号	螺纹有效长度 l min		L_1 min	L min	d
		圆柱管螺纹	圆锥管螺纹			
15	1/2	10	11.4		55	15
20	3/4	12	12.7	170	70	21
25	1	14	14.5		80	28

32.6.2　化验水嘴

表 32.50　单控化验水嘴的规格尺寸　mm

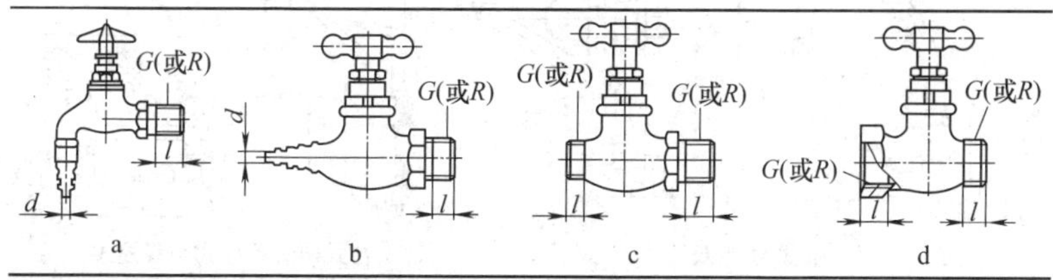

续表

公称通径 *DN*	螺纹尺寸代号	螺纹有效长度 *l* min		*d*
		圆柱管螺纹	圆锥管螺纹	
15	1/2	10	11	12

32.6.3 洗涤用水嘴

（1）洗面器水嘴（表 32.51）

表 32.51 明装洗面器水嘴的规格 mm

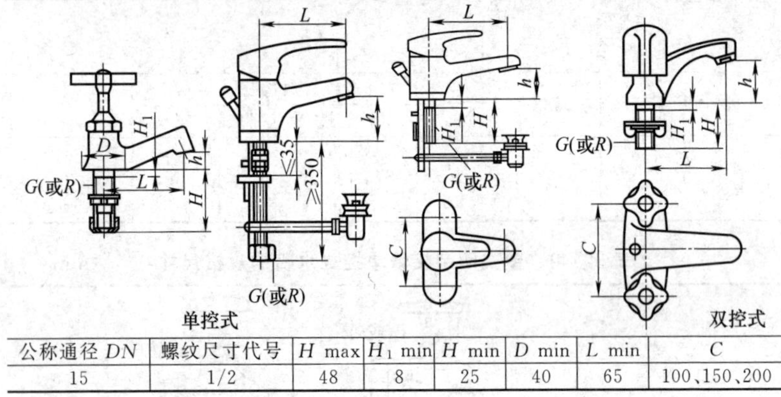

单控式 双控式

公称通径 *DN*	螺纹尺寸代号	*H* max	H_1 min	*H* min	*D* min	*L* min	*C*
15	1/2	48	8	25	40	65	100、150、200

（2）洗涤水嘴（表 32.52）

表 32.52 洗涤水嘴的规格尺寸 mm

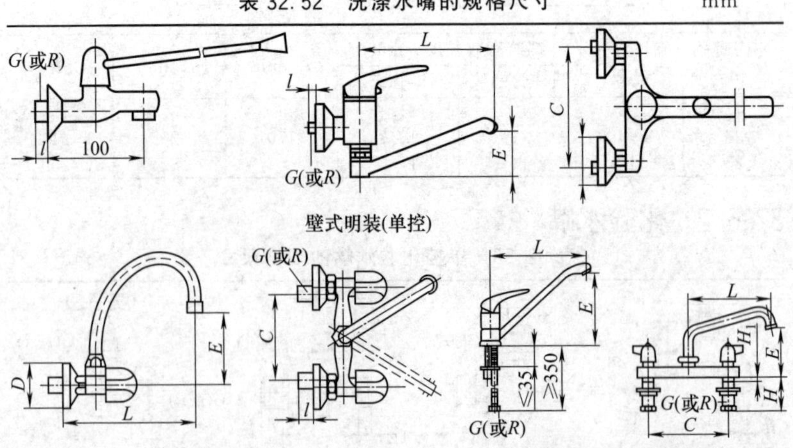

壁式明装(单控)

壁式明装(双控) 台式明装单控式和双控式

续表

公称通径 DN	螺纹尺寸代号	螺纹有效长度	C min	L min	D min	H min	H_1 max	E max
15	1/2	同浴缸水嘴	100、150、200	65	40	25	8	25

（3）淋浴水嘴（表 32.53）

表 32.53　壁式明装淋浴水嘴的规格尺寸　mm

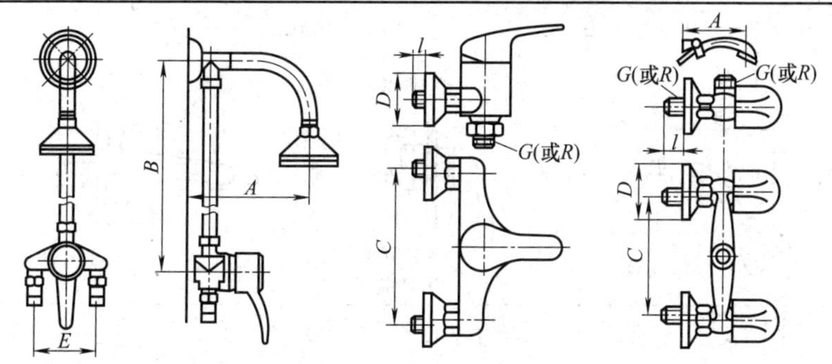

(a) 单控(正视和侧视)　(b) 单控　(c) 双控

A min		B	C	D min	l min	E min
移动喷头	非移动喷头					
120	395	1015	100、150、200	45	同浴缸水嘴	95

（4）净身水嘴（表 32.54）

表 32.54　净身水嘴的规格尺寸　mm

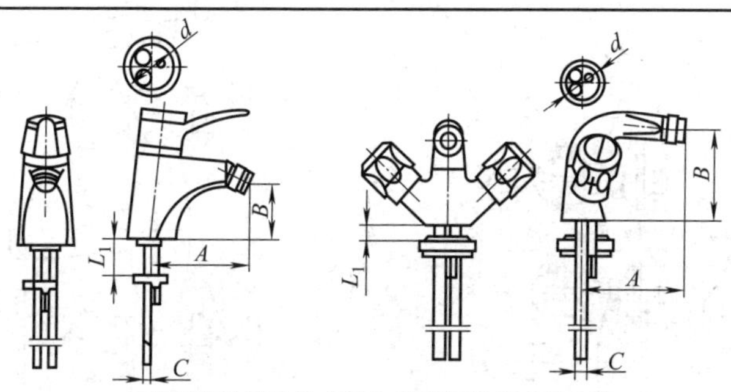

台式明装单控净身水嘴台式明装双控净身水嘴

A min	B min	C	d max	L_1 min
105	70	ϕ10	ϕ33	35

32.6.4 浴缸水嘴

(1) 壁式单控浴缸水嘴（表 32.55）

表 32.55 壁式单控浴缸水嘴的规格 mm

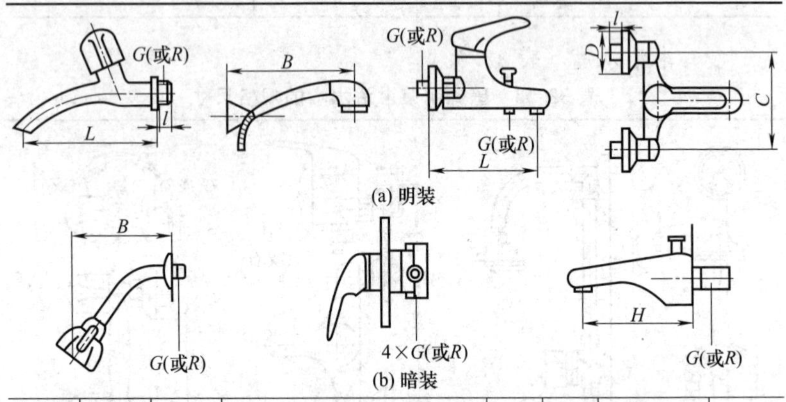

<table>
<tr><td rowspan="2">公称通径 DN</td><td rowspan="2">螺纹尺寸代号</td><td rowspan="2">L min</td><td rowspan="2" colspan="3">螺纹有效长度</td><td rowspan="2">D min</td><td rowspan="2">C</td><td colspan="2">B min</td><td rowspan="2">H min</td></tr>
<tr><td>明装</td><td>暗装</td></tr>
<tr><td>15</td><td>1/2</td><td>120</td><td colspan="3">13</td><td>45</td><td>150</td><td>120</td><td>150</td><td>110</td></tr>
<tr><td rowspan="3">20</td><td rowspan="3">2/4</td><td rowspan="3">120</td><td rowspan="2">混合水嘴</td><td colspan="2">非混合水嘴</td><td rowspan="3">50</td><td rowspan="3">150</td><td rowspan="3">120</td><td rowspan="3">150</td><td rowspan="3">110</td></tr>
<tr><td>圆柱螺纹</td><td>圆锥螺纹</td></tr>
<tr><td>15</td><td>12.7</td><td>14.5</td></tr>
</table>

注：淋浴喷头软管长度不短于 1.35m。

(2) 壁式双控（明装）浴缸水嘴（图 32.2）

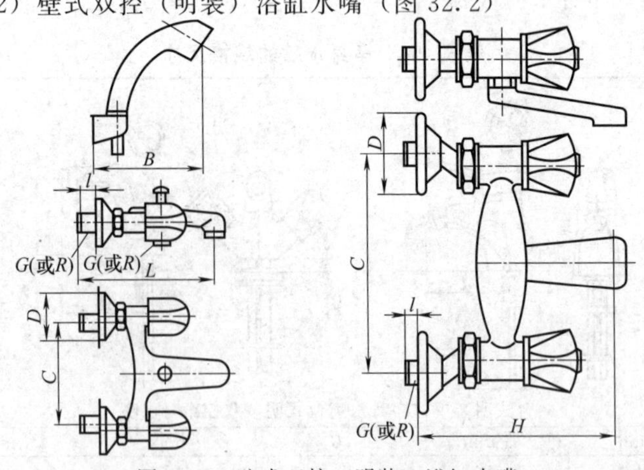

图 32.2 壁式双控（明装）浴缸水嘴

(3) 浴缸单联水嘴

用于浴缸供水，采用螺旋升降结构，其规格见表 32.56。

表 32.56　浴缸单联水嘴的规格　mm

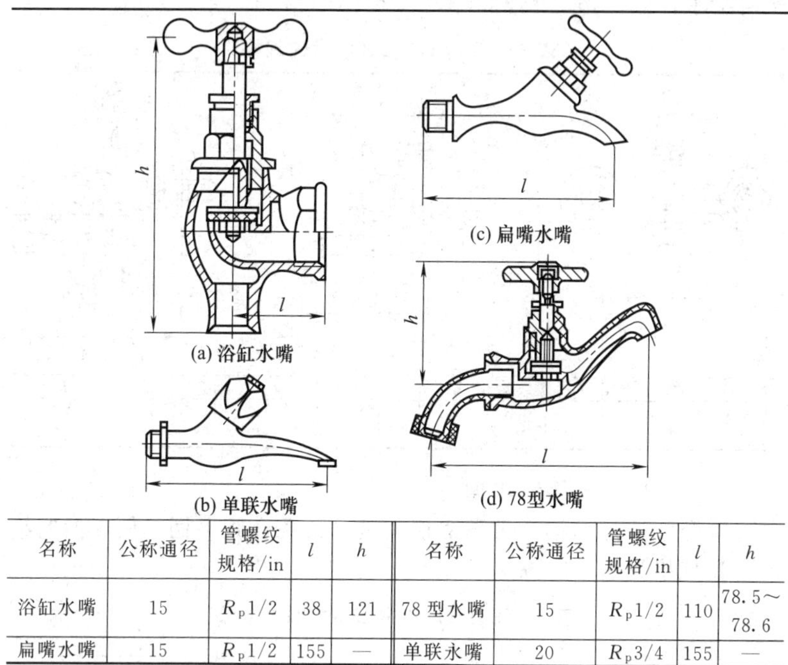

(a) 浴缸水嘴　(b) 单联水嘴　(c) 扁嘴水嘴　(d) 78型水嘴

名称	公称通径	管螺纹规格/in	l	h	名称	公称通径	管螺纹规格/in	l	h
浴缸水嘴	15	$R_p1/2$	38	121	78 型水嘴	15	$R_p1/2$	110	78.5～78.6
扁嘴水嘴	15	$R_p1/2$	155	—	单联永嘴	20	$R_p3/4$	155	—

(4) 浴缸双联水嘴

用于浴盆调温，采用螺旋升降，其规格见表 32.57。

表 32.57　浴缸双联水嘴的规格　mm

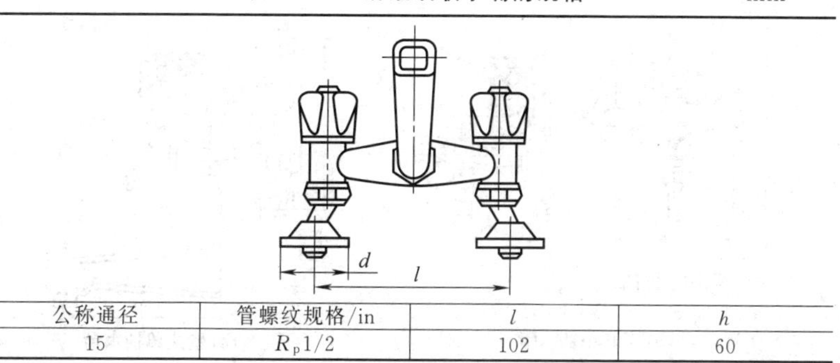

公称通径	管螺纹规格/in	l	h
15	$R_p1/2$	102	60

(5) 浴缸三联水嘴

采用螺旋升降，带有连接淋搭喷头的接口及混合阀手柄，用以换向给水，其规格见表 32.58。

表 32.58 浴缸三联水嘴的规格 mm

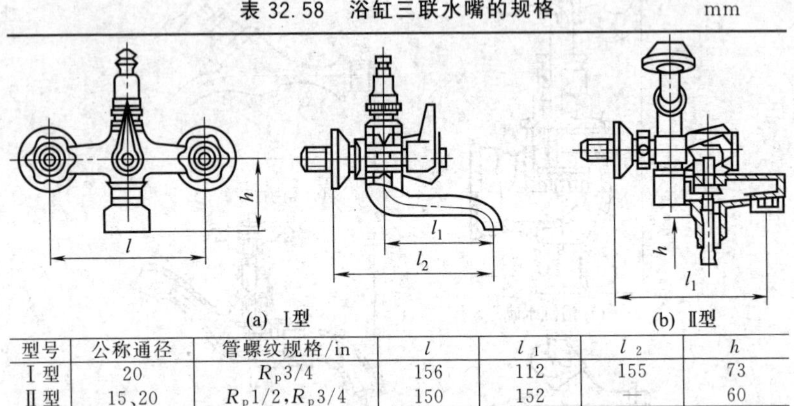

(a) Ⅰ型 (b) Ⅱ型

型号	公称通径	管螺纹规格/in	l	l_1	l_2	h
Ⅰ型	20	$R_p3/4$	156	112	155	73
Ⅱ型	15、20	$R_p1/2$,$R_p3/4$	150	152	—	60

(6) 三联单柄浴缸水嘴

陶瓷摩擦片结构，带淋浴喷头接口及混合阀手柄，便于换向给水，其规格见表 32.59。

表 32.59 三联单柄浴缸水嘴的规格 mm

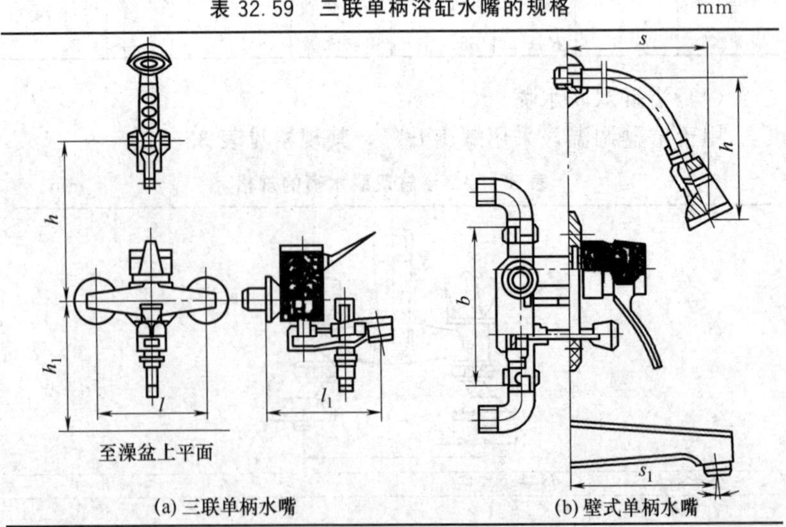

(a) 三联单柄水嘴 (b) 壁式单柄水嘴

续表

名称	公称通径	管螺纹规格/in	h	h_1	l	l_1	s	s_1	b
三联单柄水嘴	20	$R_p3/4$	450	—	150	150	—	—	—
壁式单柄水嘴	20	$R_p1/4$	120	—	—		140 200	120 150	160

32.6.5　便池水嘴

表 32.60　便池水嘴的规格尺寸　mm

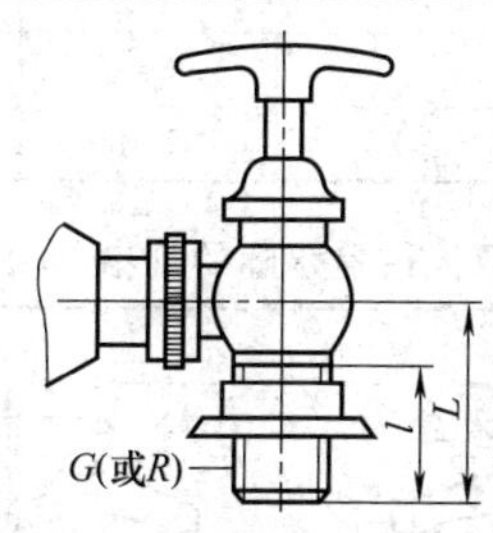

公称通径 DN	螺纹尺寸代号	螺纹有效长度 l min	L
15	1/2	25	48～108

32.6.6　陶瓷片密封水嘴

表 32.61　单柄单控水嘴的规格（GB 18145—2003）　mm

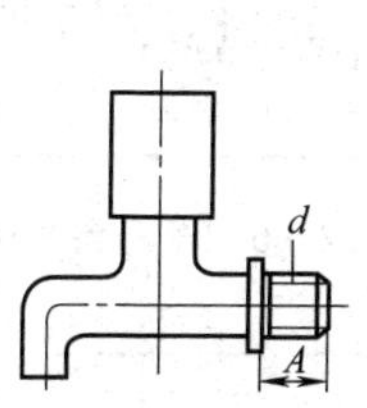

(a) 普通式

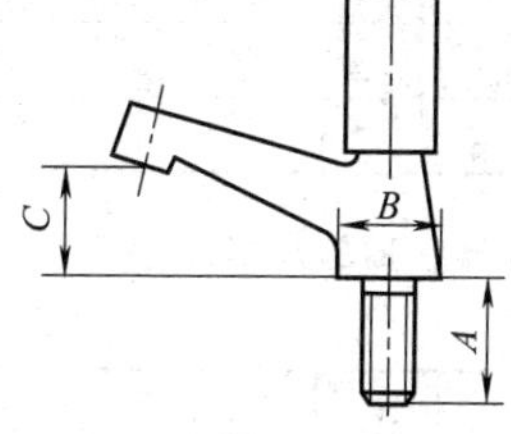

(b) 面盆式

公称通径 DN		d/in	$A \geqslant$	$C \geqslant$
普通式	15	G1/2	14	—
	20	G3/4	15	—
	25	G1	18	—
面盆式	48	G1/2	30	25

表 32.62　单柄双控面盆水嘴的规格（GB 18145—2003）　mm

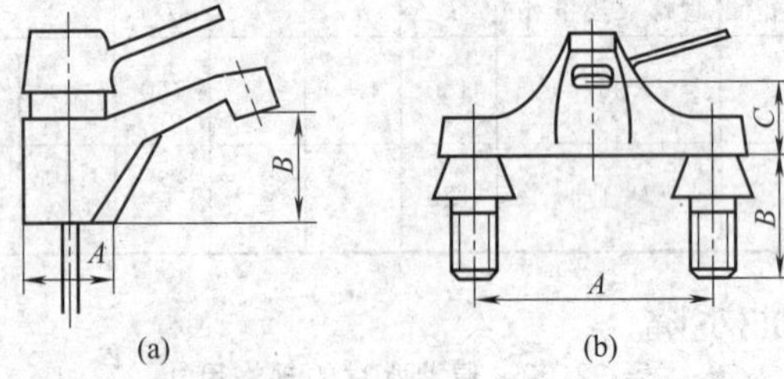

(a)　　(b)

A		B		C	
(a)	(b)	(a)	(b)	(a)	(b)
≥40	≥102	≥25	≥48	—	≥25

表 32.63　单柄双控浴盆水嘴的规格（GB 18145—2003）　mm

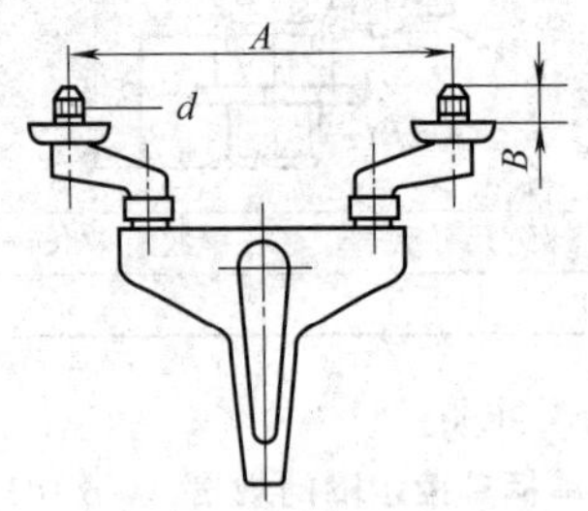

DN	d/in	A	B
15	G1/2	150，偏心管调节尺寸范围为 120～180	≥16
20	G3/4		≥20

表 32.64　洗涤水嘴的规格尺寸

mm

DN	d/in	A
15	G1/2	≥14
20	G3/4	≥15

表 32.65　净身器水嘴的规格尺寸

mm

A	B
≥φ40	≥25

32.7 喷头

表 32.66　喷头的规格

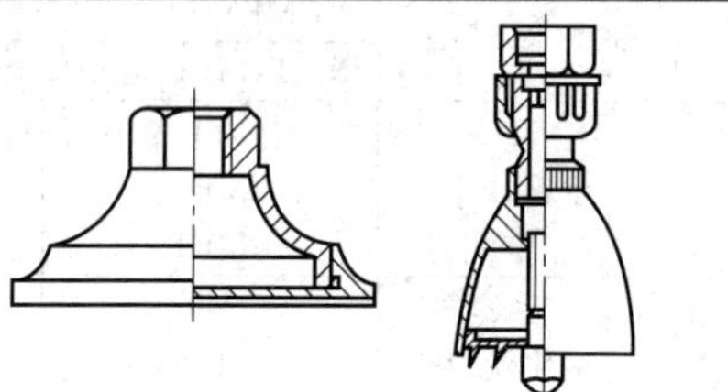

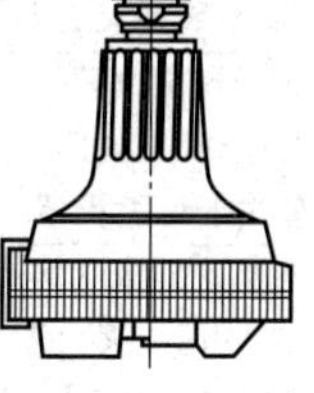

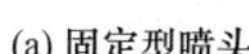

(a) 固定型喷头　(b) 活络式喷头　(c) 活络式花色喷头

种类	固定式喷头	活络式喷头	活络式花色喷头
公称通径/mm	15	15	15
管螺纹规格/in	—	$R_p1/2$	$R_p1/2$

32.8 消防器材

32.8.1 灭火器的名称和代号

灭火器的种类很多，按其移动方式可分为手提式和推车式；按驱动灭火器的压力形式分为储气瓶式灭火器和储压式灭火器；按所充装的灭火剂划分为干粉灭火器、水基型灭火器、二氧化碳灭火器、洁净气体灭火器等。

手提式灭火器的规格，按其充装的灭火剂量分：

① 水基灭火器为：2L、3L、6L、9L；

② 干粉灭火器为：1kg、2kg、3kg、4kg、5kg、6kg、8kg、9kg、12kg；

③ 二氧化碳灭火器为：2kg、3kg、5kg、7kg；

④ 洁净气体灭火器为：1kg、2kg、4kg、6kg。

灭火器的型号编制方法是：

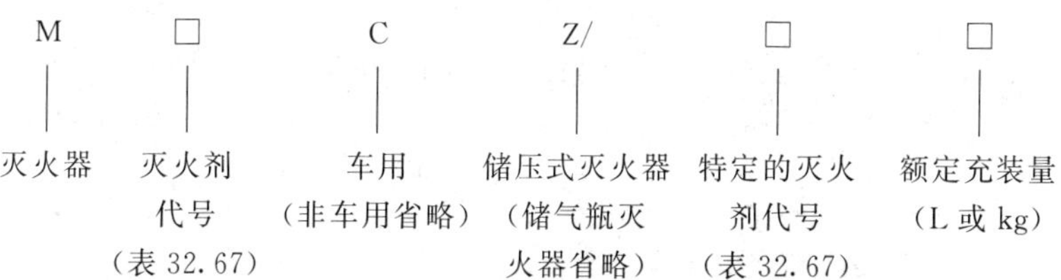

表 32.67 灭火器的名称和代号

名称	填料组	代号	填料量单位
手提式水基型灭火器	水或带添加剂的水(S、P)	MS、MP	L
车用(C)水基型灭火器		MPC、MSC	L
推(T)车式水基型灭火器		MPT、MST、MFT	L
手提式干粉灭火器	干粉(F)	MF	kg
车用(C)干粉灭火器		MFC	
推(T)车式干粉灭火器		MFT	
手提式二氧化碳灭火器	二氧化碳(T)	MT	kg
车用(C)二氧化碳灭火器		MTC	
推(T)车式二氧化碳灭火器		MTT	
1211 灭火器	二氟一氯一溴甲烷	1211	kg

灭火器的灭火级别：由数字和字母组成，数字表示灭火级别的大小，字母表示火灾的类别。火灾的类别：

① A 类：指固体有机物燃烧的火，如木材、棉、毛、麻、纸张等燃烧的火灾。

② B 类：指液体或可融化固体燃烧的火，如汽油、煤油、甲醇、乙醚、丙酮等燃烧的火灾。

③ C 类：指气体燃烧的火，如煤气、天然气、甲烷、乙炔、氢气等燃烧的火灾。

④ D 类：指金属燃烧的火，如钾、钠、镁、钛、锆、锂、铝镁合金等燃烧的火灾。

⑤ E 类：指带电物体燃烧的火灾。

32.8.2 简易式灭火器

简易式灭火器的型号编制方法是：

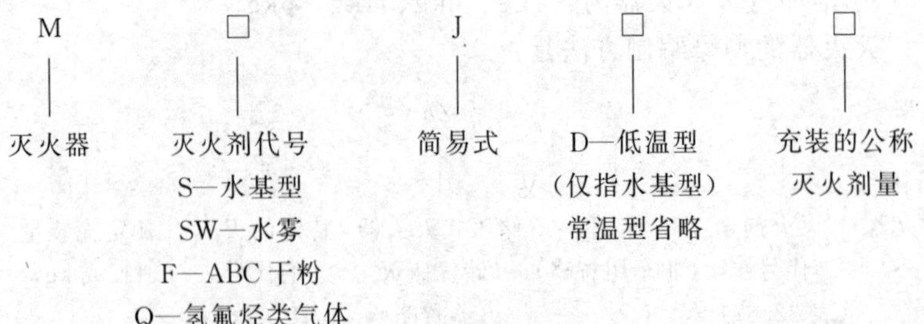

表 32.68　简易式灭火器的基本性能（GA 86—2009）

灭火器类型	水基型	干粉	氢氟烃类气体
灭火剂充装误差	上偏差为 0，下偏差为公称充装量的 5%	上、下偏差均为公称充装量的 5%	上偏差为 0，下偏差为公称充装量的 5%
有效喷射时间/s ≥	5	5	5
喷射滞后时同/s ≤	2	2	2
喷射剩余率/% ≤	10	10	8
充装系数/(mL/mL)或(g/mL)	—	—	相应标准规定
有效喷射距离/m ≥	2	2	2

32.8.3　手提式灭火器

手提式灭火器分水基型、洁净气体型、二氧化碳型和干粉型几种，其型号及规格见表 32.69 和表 32.70。

表 32.69　手提式灭火器的灭火剂的代号

类别	灭火剂代号	灭火剂代号含义	特定的灭火剂特征代号	特征代号含义
水基灭火器	S	清水或带添加剂的水，但不具有发泡倍数和 25% 析液时间要求	AR（不具有此性能不写）	具有扑灭水溶性液体燃料火灾的能力
	P	泡沫灭火剂，具有发泡倍数和 25% 析液时间要求。包括 P、FP、S、AR、AFFF 和 FFFP 等灭火剂	AR（不具有此性能不写）	具有扑灭水溶性液体燃料火灾的能力
干粉灭火器	F	干粉灭火剂。包括 BC 型和 ABC 型干粉灭火剂	ABC（BC 干粉灭火剂不写）	具有扑灭 A 类火灾的能力
二氧化碳灭火器	T	二氧化碳灭火剂		
洁净气体灭火器	J	洁净气体灭火剂。包括卤代烷烃类气体灭火剂、惰性气体灭火剂和混合气体灭火剂		

注：P—蛋白泡沫，FP—氟蛋白泡沫，AR—抗溶性泡沫，AFFF—水成膜泡沫，S—合成泡沫。

表 32.70 手提式灭火器的规格和主要参数（GB 4351.1—2005）

灭火器类型	灭火剂充装量（水基型/L 其余/kg）	最小喷射距离（20℃）/m		最小有效喷射时间（20℃）/s	
		灭A类火	灭B类火	灭A类火	灭B类火
水基型	$2_{-0.10}^{0}$	1A:3.0 2A:3.0 3A:3.5 4A:4.5 6A:5.0	3.0	2~3L:15 >3~6L:30 >6L:40	
	$3_{-0.15}^{0}$		3.0		
	$6_{-0.30}^{0}$		3.5		
	$9_{-0.45}^{0}$		4.0		
洁净气体型	$1_{-0.05}^{0}$		2.0	1A:8 ≥2A:13	21B~34B:8 55B~89B:9 (113B):12 ≥144B:15
	$2_{-0.10}^{0}$		2.0		
	$4_{-0.20}^{0}$		2.5		
	$6_{-0.30}^{0}$		3.0		
二氧化碳型	$2_{-0.10}^{0}$		2.0		
	$3_{-0.15}^{0}$		2.0		
	$5_{-0.25}^{0}$		2.5		
	$7_{-0.35}^{0}$		2.5		
干粉型	1±0.05		3.0		
	2±0.06		3.0		
	3±0.09		3.5		
	4±0.08		3.5		
	5±0.10		3.5		
	6±0.12		4.0		
	8±0.16		4.5		
	≥9±2%		5.0		

32.8.4 推车式灭火器

总质量大于 25kg，但不大于 450kg，不适用于灭 D 类火。其规格和主要参数见表 32.71。

推车式灭火器的型号编制方法是：

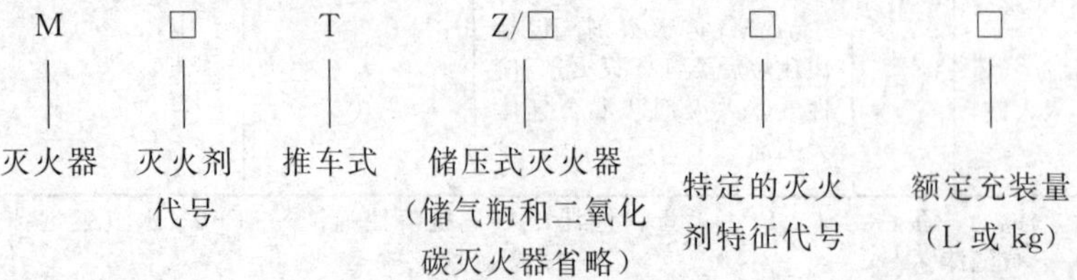

表 32.71　推车式灭火器的规格和主要参数（GB 8109—2005）

<table>
<tr><th>灭火器类型</th><th>灭火剂额定充装量</th><th>充装密度/(kg/L)</th><th>最小有效喷射时间(20℃)/s</th><th>最小喷射距离(20℃)/m</th></tr>
<tr><td>水基型</td><td>20L、45L、60L、125L
(−5%～0%)</td><td></td><td>40～210</td><td rowspan="4">具有扑灭A类火能力者:≥6m
(标准试验方法)

有喷雾喷嘴的水基型灭火器:≥3m</td></tr>
<tr><td>二氧化碳型</td><td rowspan="2">10kg、20kg、30kg、50kg
(−5%～0%)</td><td>≤0.74</td><td rowspan="3">具有扑灭A类火能力者:≥30

没有扑灭A类火能力者:≥20</td></tr>
<tr><td>洁净气体型</td><td>≤筒体设计充装密度</td></tr>
<tr><td>干粉型</td><td>20kg、50kg、100kg、125kg
(−2%～+2%)</td><td></td></tr>
</table>

注：喷射滞后时间≤5s；完全喷射后，喷射剩余率≤10%。

32.8.5　悬挂感温式干粉自动灭火器

型号标注方法是：

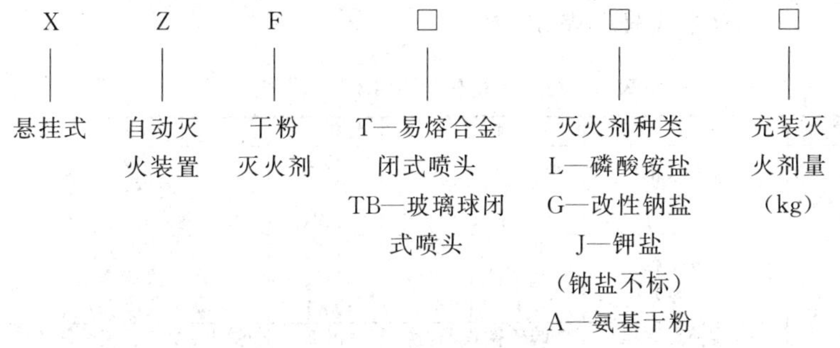

表 32.72　悬挂式感温自动灭火器的规格（GA 78—1994）

<table>
<tr><td colspan="2">灭火剂量/kg</td><td>2</td><td>3</td><td>4</td><td>5</td><td>6</td><td>8</td><td>10</td><td>12</td><td>16</td></tr>
<tr><td colspan="2">灭火剂充装量/kg</td><td>2</td><td>3</td><td>4</td><td>5</td><td>6</td><td>8</td><td>10</td><td>12</td><td>16</td></tr>
<tr><td colspan="2">有效喷射时间/s ≤</td><td>5</td><td>5</td><td>7</td><td>7</td><td>9</td><td>10</td><td>10</td><td>12</td><td>14</td></tr>
<tr><td rowspan="4">灭火性能</td><td>灭火级别(B类)</td><td>6B</td><td>8B</td><td>10B</td><td>12B</td><td>14B</td><td>18B</td><td>20B</td><td>22B</td><td>26B</td></tr>
<tr><td>保护半径/m ≥</td><td>0.62</td><td>0.71</td><td>0.80</td><td>0.87</td><td>0.94</td><td>1.07</td><td>1.13</td><td>1.18</td><td>1.29</td></tr>
<tr><td>灭火级别(A类)</td><td>5A</td><td>8A</td><td>8A</td><td>13A</td><td>21A</td><td>21A</td><td>21A</td><td rowspan="2">—</td><td rowspan="2">—</td></tr>
<tr><td>保护半径/m ≥</td><td>0.35</td><td>0.47</td><td>0.47</td><td>0.70</td><td>0.70</td><td>1.08</td><td>1.08</td></tr>
</table>

注：1. 灭火器外形尺寸各厂不尽相同，表中数据仅供参考。

2. 推荐使用温度范围为：−10（或−20）～55℃。

32.8.6　消防水枪

与水带连接后会喷射密集充实的水流，成为灭火的射水工具。有直流水枪、开关直流水枪、可调式无后坐力多功能消防水枪和脉冲气压喷雾水枪等几种。适用于工作压力为0.20～4.0MPa、流量不大于16L/s的场合，不适用于脉冲气压喷雾水枪。

(1) 消防水枪的型号表示方法

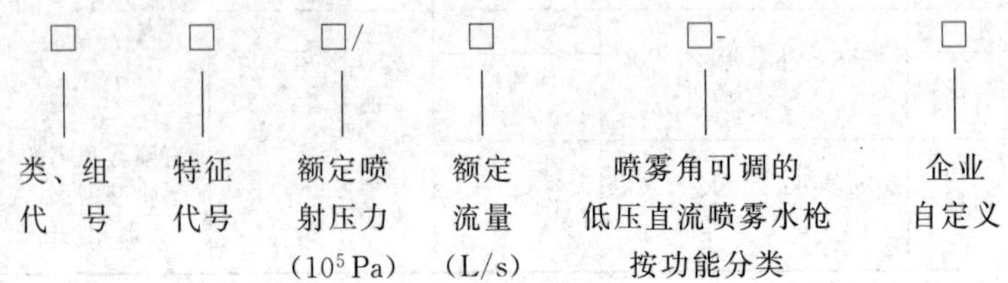

额定流量—对喷雾水枪为喷雾流量，其余均为直流流量。对于第Ⅲ类低压直流喷雾水枪，最大流量刻度值示为额定流量；对于第Ⅳ类低压直流喷雾水枪，最大直流流量示为额定流量。

(2) 水枪代号（表32.73）

表32.73　水枪代号（GB 8181—2005）

类别	组	特征	水枪代号	代号含义
枪Q	直流水枪 Z(直)	—	QZ	直流水枪
		开关G(关)	QZG	直流开关水枪
		开花K(开)	QZK	直流开花水枪
	喷雾水枪 W(雾)	撞击式J(式)	QWJ	撞击式喷雾水枪
		离心式L(离)	QWL	离心式喷雾水枪
		簧片式P(片)	QWP	簧片式喷雾水枪
	直流喷雾水枪 L(直流喷雾)	球阀转换式H(换)	QLH	球阀转换式直流喷雾水枪
		导流式D(导)	QLD	导流式直流喷雾水枪
	多用水枪D(多)	球阀转换式H(换)	QDH	球阀转换式多用水枪

例：

额定喷射压力为0.35MPa，额定直流流量为7.5L/s的水枪型号为QZG3.5/7.5。

额定喷射压力为0.60MPa，额定直流流量为6.5L/s的球阀转换式多用水枪型号为QDH6.0/6.5。

额定喷射压力为0.60MPa，额定直流流量为6.5L/s的第Ⅰ类导流式直流喷雾水枪型号为QLD6.0/6.5Ⅰ。

额定喷射压力为2.0MPa，额定直流流量为3.0L/s的中压导流式直流喷雾水枪型号为QLD20/3。

（3）低压水枪的性能（表32.74～表32.76）

表32.74　低压直流水枪的额定流量和射程（GB 8181—2005）

接口公称通径/mm	当量喷嘴直径/mm	额定喷射压力/MPa	额定流量/(L/s)	流量允差	射程/m ≥
50	13	0.35	3.5	±8%	22
	16		5.0		25
65	19		7.5		28
	22	0.20	7.5		20

表32.75　低压喷雾水枪的额定喷雾流量和喷雾射程（GB 8181—2005）

接口公称通径/mm	额定喷射压力/MPa	额定喷雾流量/(L/s)	流量允差	喷雾射程/m ≥
50	0.60	2.5	±8%	10.5
		4.0		12.5
		5.0		13.5
65		6.5		15.0
		8		16.0
		10		17.0
		13		18.5

表32.76　低压直流喷雾水枪的流量和射程及喷射压力（GB 8181—2005）

接口公称通径/mm	额定喷射压力/MPa	额定直流流量/(L/s)	流量允差	直流射程/m ≥
50	0.60	25	±8%	21
		4		25
		5		27
65		6.5		30
		8		32
		10		34
		13		37

注：1. 额定流量，对于第Ⅲ类直流喷雾水枪为调整到最大流量刻度值，对于第Ⅳ类直流喷雾水枪为调整到最大直流流量。

2. 第Ⅰ类直流喷雾水枪在额定喷射压力时，其最大喷雾角时的流量应在本表额定直流流量的100%～150%的范围内，流量允差为±8%。

3. 第Ⅱ类直流喷雾水枪在额定喷射压力时，其喷雾角在30°、70°及最大喷雾角时的流量，均应在本表额定直流流量的92%～108%的范围内，流量允差为±8%。

4. 第Ⅲ类直流喷雾水枪在额定喷射压力时，调整到最大流量刻度，其喷雾角在30°、70°及最大喷雾角时的流量，均应在本表额定直流流量的92%～108%的范围内；然后依次调整到其余流量刻度，其喷雾角在30°时的流量均应符合其标称值，流量允差为±8%。

5. 第Ⅳ类直流喷雾水枪在最小流量和最大流量时，分别在喷雾角为30°、70°及最大喷雾角的喷射压力，应符合本表额定喷射压力，其允差为±0.1MPa。

6. 多用水枪在额定喷射压力时，其额定直流流量和直流射程应符合本表的要求，其额定喷雾流量应在本表额定直流流量的92%～108%范围内，流量允差为±8%。

(4) 中压水枪的性能（表 32.77）

表 32.77 中压水枪的额定直流流量和直流射程（GB 8181—2005）

接口公称通径/mm	额定喷射压力/MPa	额定直流流量/(L/s)	流量允差	直流射程/m ≥
40[①]	2.0	3	±8%	17

① 或为进口外螺纹 M39×2。

注：最大喷雾角时的流量应在本表额定直流流量的100%～150%的范围内，流量允差为±8%。

(5) 高压水枪的性能（表 32.78）

表 32.78 高压水枪的额定直流流量和直流射程（GB 8181—2005）

进口外螺纹	额定喷射压力/MPa	额定直流流量/(L/s)	流量允差	直流射程/m ≥
M39×2	3.5	3	±8%	17

注：最大喷雾角时的流量应在本表额定直流流量的100%～150%的范围内，流量允差为±8%。

表 32.79 几种直流水枪规格和性能参数 mm

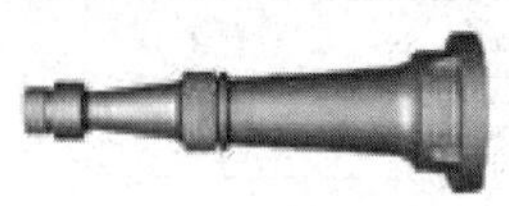

直流水枪

直流开关水枪

直流喷雾水枪

类别	型号	进水口径	工作压力/MPa	直流射程/m	喷雾面(宽×射程)/m	外形尺寸长×宽×高
直流水枪	QZ16	50	0.6	>35		98×96×304
	QZ16A	50	0.6	>35		95×95×390
	QZ19	65	0.6	>38		111×111×337
	QZ19A	65	0.6	>38		110×110×520
开花水枪	QZH16	50	0.6	>30		115×100×325
	QZH19	65	0.6	>35		111×111×438
直流开关水枪	QZG16	50	0.6	>31		150×98×440
	QZG19	65	0.6	>35		160×111×465
直流喷雾水枪	QZW16	65	0.6	>30	(30°)	168×111×465
	QZW19	65	0.6	>32	8×5	168×111×465
多功能水枪	QD16/19	50、65	0.2～0.7	>25	(120°)	
	QDZ16/19	50、65	0.2～0.7	>30	5×1.7	

（6）脉冲气压喷雾水枪（表 32.80）

表 32.80　脉冲气压喷雾水枪（GA 534—2005）

型式	基本型号	储水桶运载体	储水量/L	储水桶工作压力/MPa	净质量（含气雾喷射器）/kg
背负式	QWMB12	背托	12	0.6	16.5
便携式	QWMX12	小车	12	0.6	25
推车式	QWMT35	推车	35	1.1	49.5

注：1. 最大喷射距离为 20m。
2. 每脉冲喷水量为 1L。
3. 充水时间为 3s。
4. 额定工作压力为 2.5MPa。
5. 气雾喷射器质量为 6.8kg。
6. 气雾喷射器外形尺寸为 ϕ70mm×80mm。

32.8.7　消防炮

消防炮的型号表示方法如下：

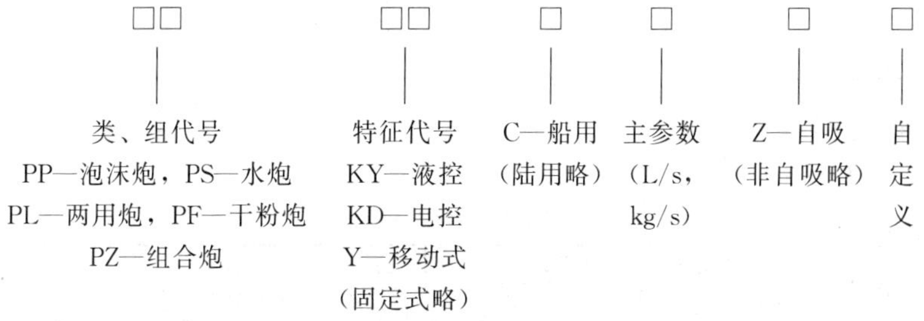

表 32.81　水炮的性能参数（GB 19156—2003）

流量/(L/s)	额定工作压力上限/MPa	射程/m ≥	流量允差/%
20	1.0	48	±8
25		50	±8
30		55	±8
40		60	±8
50		65	±8

续表

流量/(L/s)	额定工作压力上限/MPa	射程/m ≥	流量允差/%
60	1.2	70	±6
70		75	±6
80		80	±6
100		85	±6
120		90	±5
150	1.4	95	±5
180		100	±4
200		105	±4

注：具有直流喷射功能的水泡，最大喷雾角应≥90°。

表 32.82 泡沫炮的性能参数（GB 19156—2003）

泡沫混合液流量/(L/s)	额定工作压力上限/MPa	射程/m≥	流量允差/%	发泡倍数(20℃)	25%析液时间(20℃)/min
24	1.0	40	±8	≥6	≥2.5
32		45			
40		50			
48		55			
64	1.2	60	±6		
80		70	±6		
100		75	±6		
120		80	±5		
150	1.4	85	±5		
180		90	±4		
200		95	±4		

注：表中两用炮由外部设备提供泡沫混合液，其混合比应符合6%～7%或3%～4%的要求；配备自吸装置的泡沫/水两用炮，其泡沫射程可以比表中规定的射程小10%，其混合比也应符合6%～7%或3%～4%的要求。

表 32.83 两用炮的性能参数（GB 19156—2003）

流量/(L/s)	额定工作压力上限/MPa	射程/m≥		流量允差/%	发泡倍数(20℃)	25%析液时间(20℃)/min
		泡沫	水			
24	1.0	40	45	±8	≥6	≥2.5
32		45	50			
40		50	55			
48		55	60			
64		60	65	±6		
80		70	75			

续表

流量/(L/s)	额定工作压力上限/MPa	射程/m≥		流量允差/%	发泡倍数(20℃)	25%析液时间(20℃)/min
		泡沫	水			
100	1.2	75	80	±6	≥6	≥2.5
120		80	85	±5		
150	1.4	85	90			
180		90	95	±4		
200		95	100			

注；同泡沫炮的性能参数。

表 32.84　干粉炮的性能参数（GB 19156—2003）

有效喷射率/(kg/s)	工作压力范围/MPa	有效射程/m ≥	有效喷射率/(kg/s)	工作压力范围/MPa	有效射程/m ≥
10	0.5～1.7	18	35	0.5～1.7	38
20		20	40		40
25		30	45		45
30		35	50		50

表 32.85　消防炮的回转角　(°)

按使用方式分类	俯仰回转角		水平回转角 ≥
	最小俯角 ≤	最大仰角 ≥	
地面固定式	−15	+60	180
常规消防车车载固定式	−15	+45	270
举高固定式	−70	+40	180
有水平回转的移动式	—	—	90

注：移动式消防炮俯仰回转角的仰角至少满足+30°～+70°或 0°～+45°的范围。

32.8.8　消防接口

用于水带、水枪和消火栓之间的连接。

(1) 内扣式消防接口（表 32.86 和表 32.87）

表 32.86　内扣式消防接口的规格（公称压力：1.6MPa、2.5MPa，适用介质为水、泡沫混合液）　mm

名称	代号	公称通径	名称	代号	公称通径
水带接口	外箍式 KD	25、40、50、65、80、100、125、135、150	内螺纹固定接口	KN	25、40、50、65、80、100、125、135、150
	内扩张式 KDN		外螺纹固定接口	地上用 KWS	
管牙接口	KY			地下用 KWA	
闷盖	KM		异径接口	KJ	任意组合

表 32.87 内扣式消防接口的基本尺寸（GB 12514.2—2006） mm

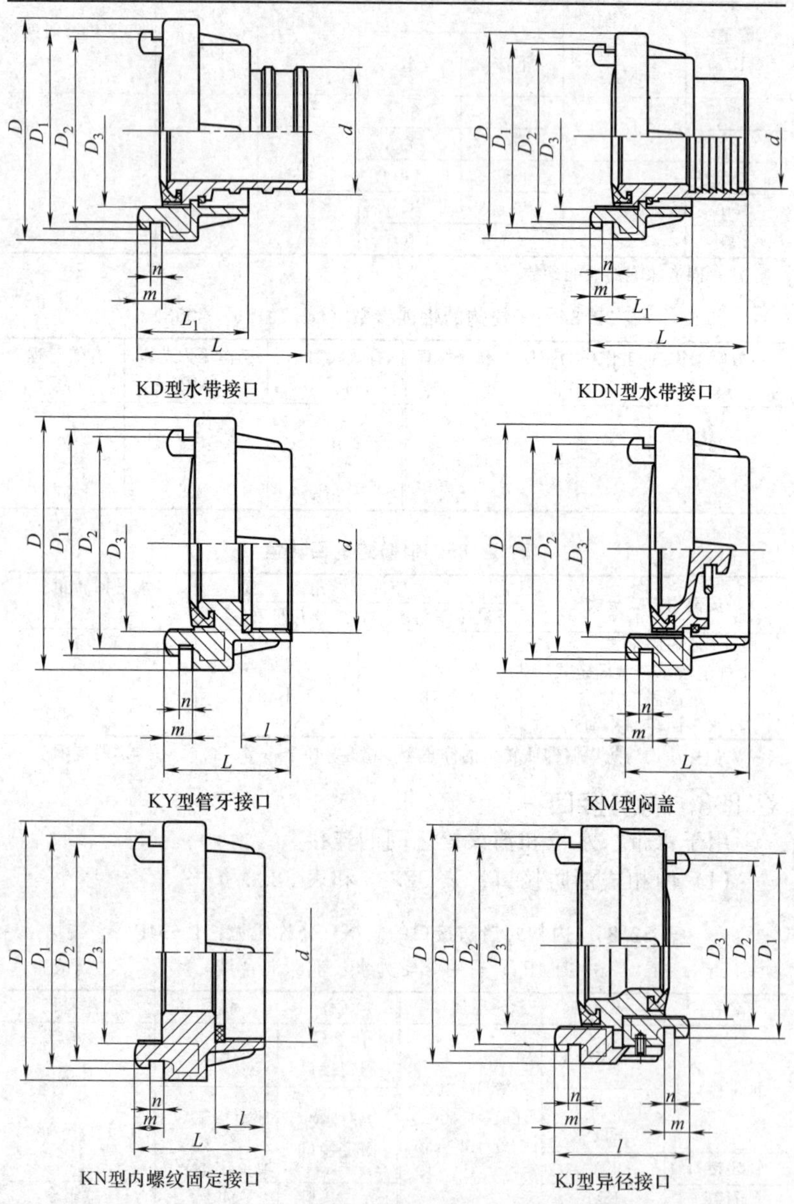

KD型水带接口

KDN型水带接口

KY型管牙接口

KM型闷盖

KN型内螺纹固定接口

KJ型异径接口

续表

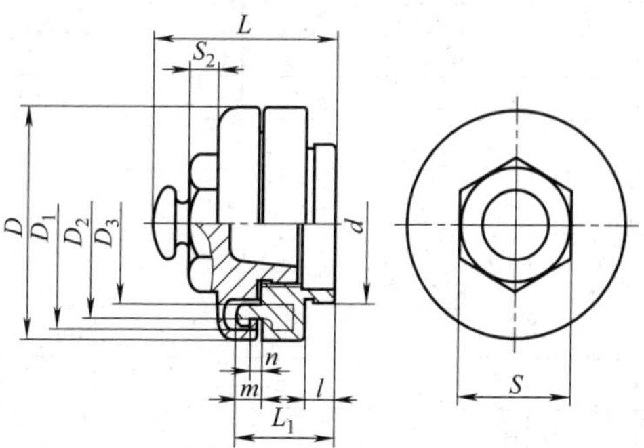

KWS型螺纹固定接口

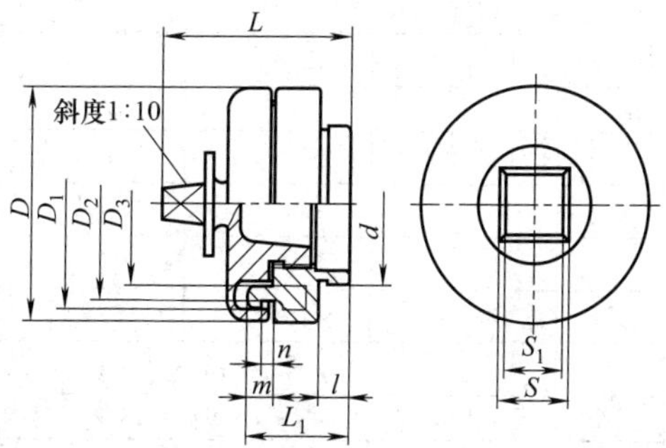

KWA型外螺纹固定接口

公称通径		25	40	50	65	80
d	KD、KDN	$25_{-0.52}^{0}$	$38_{-0.62}^{0}$	$51_{-0.74}^{0}$	$63.5_{-0.74}^{0}$	$76_{-0.74}^{0}$
	KY、KN/in	$G1$	$G1\frac{1}{2}$	$G2$	$G2\frac{1}{2}$	$G3$
	KWS、KWA/in	$G1$	$G1\frac{1}{2}$	$G2$	$G2\frac{1}{2}$	$G3$
D		$55_{-1.2}^{0}$	$83_{-1.4}^{0}$	$98_{-1.4}^{0}$	$111_{-1.4}^{0}$	$126_{-1.6}^{0}$
D_1		$45.2_{-0.62}^{0}$	$72_{-0.74}^{0}$	$85_{-0.87}^{0}$	$98_{-0.87}^{0}$	$111_{-0.87}^{0}$
D_2		$39_{-0.62}^{0}$	$65_{-0.74}^{0}$	$78_{-0.74}^{0}$	$90_{-0.87}^{0}$	$103_{-0.87}^{0}$
D_3		$31_{0}^{+0.62}$	$53_{0}^{+0.74}$	$66_{0}^{+0.74}$	$76_{0}^{+0.74}$	$89_{0}^{+0.87}$
m		$8.7_{-0.58}^{0}$	$12_{-0.70}^{0}$	$12_{-0.70}^{0}$	$12_{-0.70}^{0}$	$12_{-0.70}^{0}$
n		4.5±0.09	5.0±0.09		5.5±0.09	
L	KD、KDN≥	59	67.5		82.5	
	KY、KN≥	39	50	52	52	55
	KM	$37_{-2.5}^{0}$	$54_{-3.0}^{0}$		$55_{-3.0}^{0}$	

续表

公称通径		25	40	50	65	80
L	KWS≥	62	71	78	80	89
	KWA≥	82	92	99	101	101
L_1	KD、KDN	$36.7_{-2.5}^{0}$	$54_{-3.0}^{0}$		$55_{-3.0}^{0}$	
	KWS、KWA	$35.7_{-1.0}^{0}$	$50_{-1.0}^{0}$		$52_{-1.2}^{0}$	
l	KY、KN KWS、KWA	$14_{-0.7}^{0}$	$20_{-0.84}^{0}$		$22_{-0.84}^{0}$	
S	KWS	$24_{-0.84}^{0}$	$36_{-1.0}^{0}$		$55_{-1.2}^{0}$	
	KWA	$20_{-0.84}^{0}$	$30_{-0.84}^{0}$		$30_{-0.84}^{0}$	
S_1	KWS	≥10				
	KWA	$17_{-0.7}^{0}$	$27_{-0.84}^{0}$		$27_{-0.84}^{0}$	

公称通径		100	125	135	150
d	KD、KDN	$110_{-0.87}^{0}$	$122.5_{-1.0}^{0}$	$137_{-1.0}^{0}$	$150_{-1.0}^{0}$
	KY、KN/in	$G4$	$G5$	$G5\frac{1}{2}$	$G6$
D		$182_{-1.85}^{0}$	$196_{-1.85}^{0}$	$207_{-1.85}^{0}$	$240_{-1.85}^{0}$
D_1		$161_{-1.0}^{0}$	$176_{-1.0}^{0}$	$187_{-1.15}^{0}$	$240_{-1.15}^{0}$
D_2		$153_{-1.0}^{0}$	$165_{-1.0}^{0}$	$176_{-1.0}^{0}$	$220_{-1.15}^{0}$
D_3		$133_{0}^{+1.0}$	$148_{0}^{+1.0}$	$159_{0}^{+1.0}$	$188_{0}^{+1.0}$
m		$15.3_{-0.7}^{0}$			
n		7.0±0.11	7.5±0.11		8.0±0.11
L	KD、KDN≥	170	205	245	270
	KY、KN≥	63	67		80
	KM	$63_{-3.0}^{0}$	$70_{-3.0}^{0}$		$80_{-3.0}^{0}$
L_1	KD、KDN	$63_{-3.0}^{0}$	$69_{-3.0}^{0}$		$80_{-3.0}^{0}$
l	KY、KN	$26_{-0.84}^{0}$			$34_{-1.0}^{0}$

（2）卡式消防接口（表 32.88 和表 32.89）

表 32.88 卡式消防接口的规格（公称压力：1.6MPa、2.5MPa，适用介质为水、水和泡沫混合液） mm

名称	代号	公称通径	名称	代号	公称通径
水带接口	KDK	40、50、65、80	闷盖	KMK	40、50、65、80
管牙雌接口	KYK		异径接口	KJK	任意组合
管牙雄接口	KYKA				

表32.89 卡式消防接口的基本尺寸（GB 12514.3—2006） mm

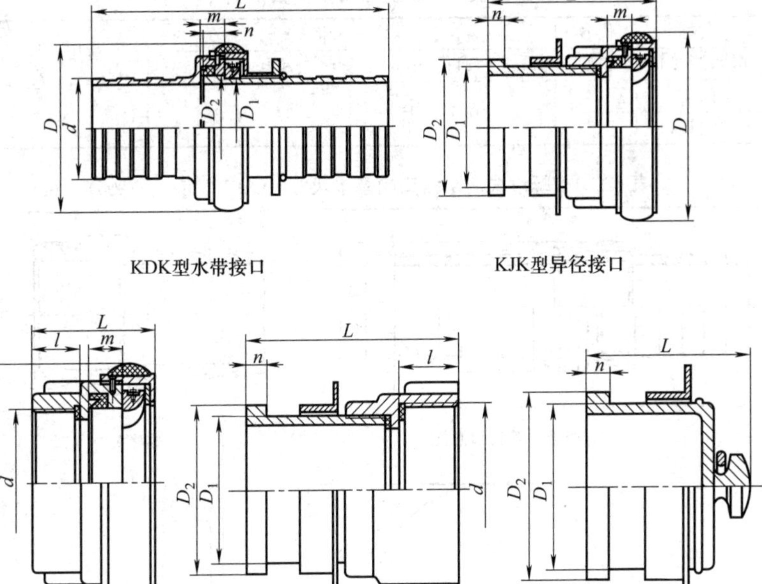

KDK型水带接口　　KJK型异径接口

KYK型管牙雌接口　　KYKA型管牙雄接口　　KMK闷盖

公称通径		40	50	65	80
d	KDK	$38^{0}_{-0.62}$	$51^{0}_{-0.74}$	$63.5^{0}_{-0.74}$	$76^{0}_{-0.74}$
	KYK(KYKA)/in	G1½	G2	G2½	G3
D		$70^{0}_{-1.2}$	$94^{0}_{-1.4}$	$114^{0}_{-1.4}$	$129^{0}_{-1.6}$
D_1		$39^{0}_{-0.2}$	$51^{0}_{-0.2}$	$63.5^{0}_{-0.2}$	$76.2^{0}_{-0.2}$
D_2		$43.6^{0}_{-0.2}$	$55.6^{0}_{-0.2}$	$68.5^{0}_{-0.2}$	$81.5^{0}_{-0.2}$
m		$12.2^{+0.2}_{0}$	$15^{+0.2}_{0}$	$16^{+0.2}_{0}$	$19^{+0.2}_{0}$
n		$11.7^{0}_{-0.2}$	$14.5^{0}_{-0.2}$	$15.5^{0}_{-0.2}$	$18^{0}_{-0.2}$
L	KDK ≥	126	160	196	227
	KYK	$37^{0}_{-1.0}$	$41^{0}_{-1.0}$	$64^{0}_{-1.2}$	$71^{0}_{-1.2}$
	KMKA	$74^{0}_{-1.2}$	$81^{0}_{-1.2}$	$95^{0}_{-1.4}$	$102^{0}_{-1.4}$
	KMK	$55^{0}_{-1.4}$	$65^{0}_{-1.4}$	$73.5^{0}_{-1.4}$	$83^{0}_{-1.4}$
l	KYK(KYKA)	$20^{0}_{-0.84}$		$22^{0}_{-0.84}$	

（3）螺纹式消防接口（表 32.90 和表 32.91）

表 32.90 螺纹式消防接口的规格

名称	代号	规格		适用介质
吸水管接口	KG	公称通径/mm	公称压力/MPa	
闷盖	KA	90、100125、150	1.0、1.6	水
同型接口	KT			

表 32.91 螺纹式消防接口的基本尺寸（GB 12514.4—2006） mm

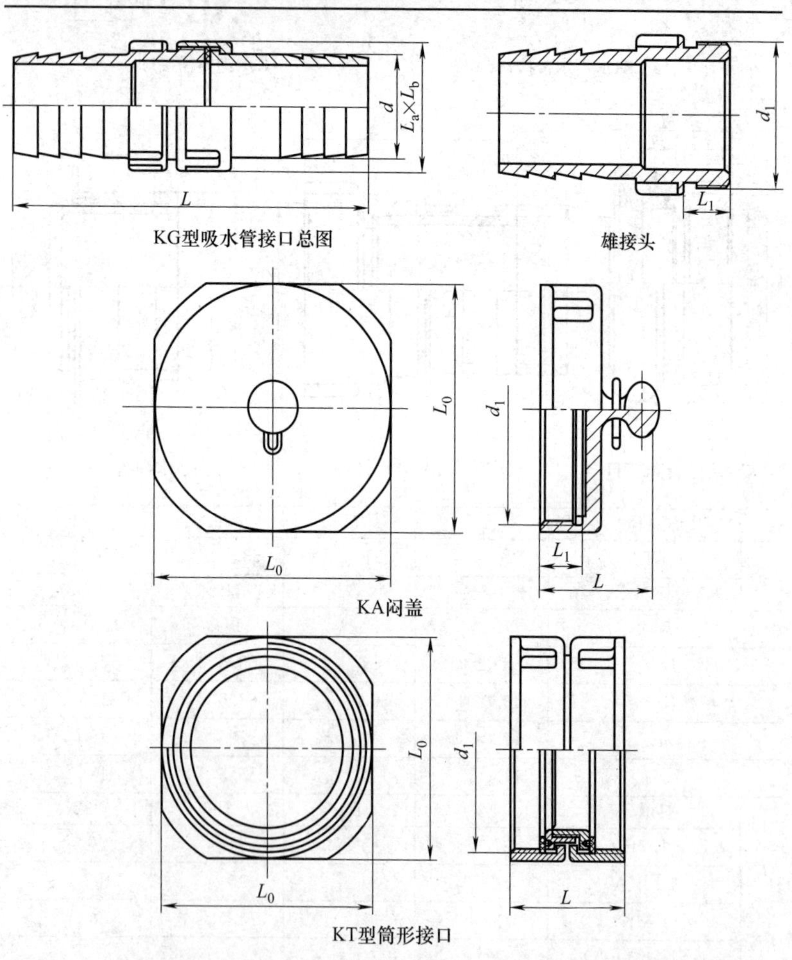

KG型吸水管接口总图

雄接头

KA闷盖

KT型筒形接口

续表

公称通径		90	100	125	150
d	KG	103	113	122.5	163
d_1	KA、KG、KT	M125×6		M150×6	M170×6
$L \geqslant$	KG	310	315	320	360
	KA	59			
	KT	113			
L_1	KA、KG、KT	24			
L_0		140×140		166×166	190×190

32.8.9 分水器和集水器

分水器和集水器都是消防车上的附件，前者的作用是把单股水分成两股或三股水；而后者是把两个小口径的消防栓与大口径的消防车进口相连接，其性能和结构参数见表32.92。

分水器和集水器型号的标记方法是：

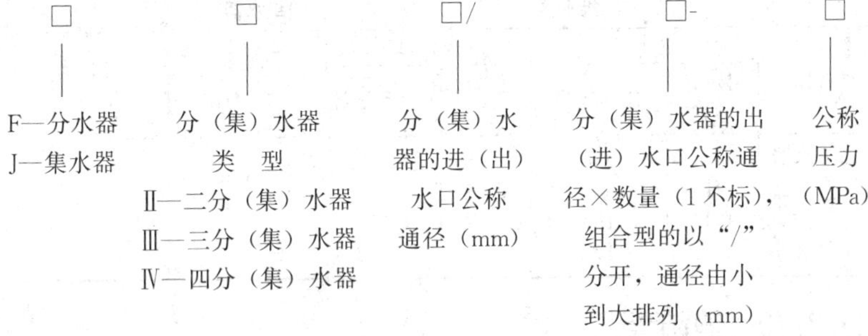

表32.92　分水器和集水器的性能与结构参数（GA 868—2010）

mm

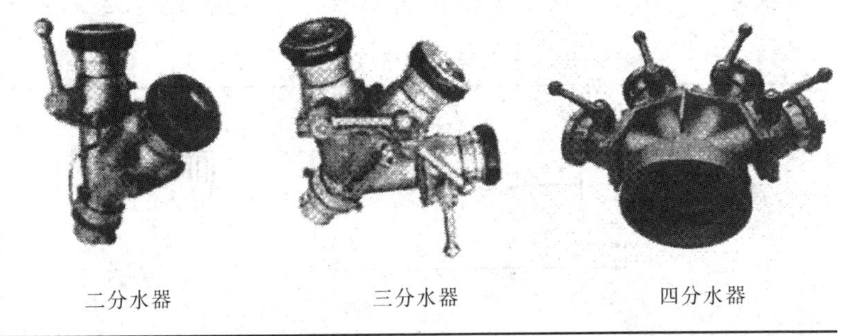

续表

名称	进水口		出水口		公称压力/MPa	开启力/N
	接口型式	公称通径	接口型式	公称通径		
二分水器 三分水器 四分水器	消防接口	65 80 100 125 150	消防接口	50 65 80 100 125	1.6 2.5	≤200

二集水器

四集水器

名称	进水口		出水口		公称压力/MPa	开启力/N
	接口型式	公称通径	接口型式	公称通径		
二集水器 三集水器 四集水器	消防接口	65 80 100 125	消防接口	80 100 125 150	1.0 1.6 2.5	≤200

32.8.10 消防斧

消防斧有消防平斧和消防尖斧、消防腰斧之分，平斧和尖斧适于消防抢险救援作业时破拆用，消防腰斧则适于消防员随身佩带、在灭火救援时用于手动破拆非带电障碍物。其规格见表 32.93。

表 32.93 消防斧的规格（GA 138—2010） mm

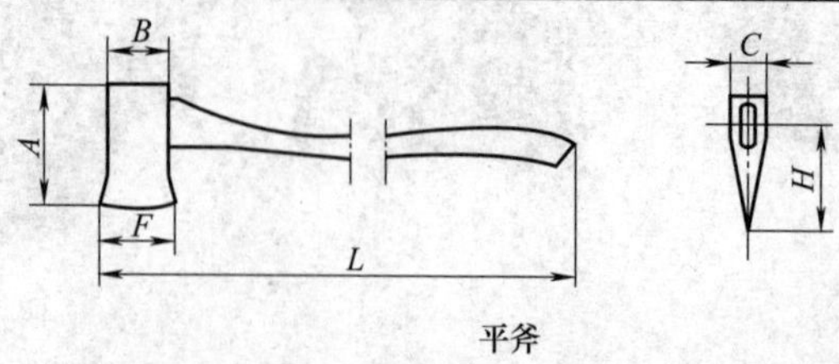

平斧

续表

规格	平斧尺寸								质量/kg
	斧全长 L	斧头长 A	斧顶宽 B	斧顶厚 C	斧刃宽 F	斧孔长	斧孔宽	孔位 H	
P610	610	164	68	24	100	55	16	115	≤1.8
P710	710	172	72	25	105	58	17	120	
P810	810	180	76	26	110	61	18	126	≤1.5
P910	910	188	80	27	120	64	19	132	

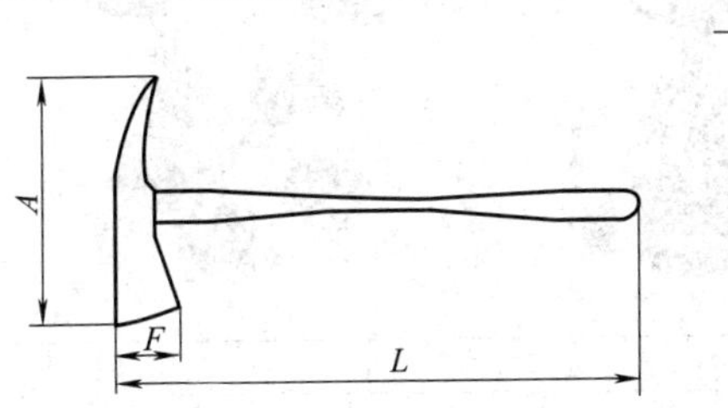

尖斧

规格	尖平斧尺寸							质量/kg
	斧全长 L	斧头长 A	斧体厚 C	斧刃宽 F	斧孔长	斧孔宽	孔位 H	
J715	715	300	44	102	48	26	140～150	≤2.0
J815	815	330	53	112	53	31	155～166	≤3.5

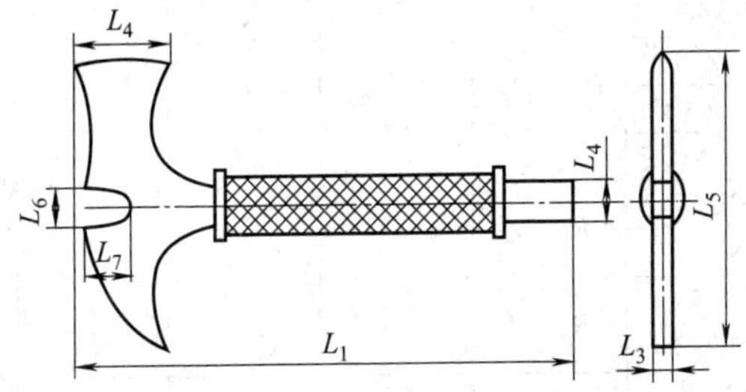

腰斧

规格	腰斧全长 L_1	斧头长 L_2	斧头厚 L_3	平刃宽 L_4	柄刃宽 L_5	撬口宽 L_6	撬口深 L_7
265	265	150	10	56	22	30	25
285	285	160					
305	305	165					
325	325	175					

32.9 消火栓

安装在消防管网上，与消防水带和水枪等配套使用，有室内和室外之分。

32.9.1 室内消火栓

表 32.94 室内消火栓的基本尺寸（GB 3445—2005） mm

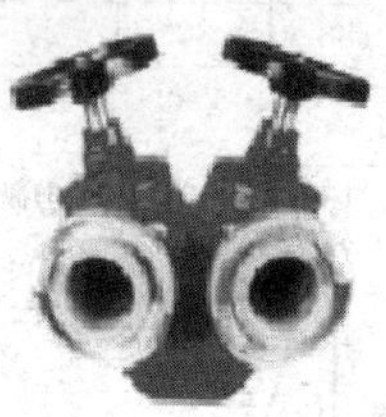

<table>
<tr><th rowspan="2">公称通径
DN</th><th rowspan="2">型号</th><th colspan="2">进水口</th><th colspan="3">基本尺寸</th></tr>
<tr><th>管螺纹
/in</th><th>螺纹深度</th><th>关闭后高度 ≤</th><th>出水口中心高度</th><th>阀杆中心距接口外沿距离 ≤</th></tr>
<tr><td>25</td><td>SN25</td><td>R_{p} 1</td><td>18</td><td>135</td><td>48</td><td>82</td></tr>
<tr><td rowspan="4">50</td><td>SN50</td><td rowspan="2">R_{p} 2</td><td rowspan="2">22</td><td>185</td><td>65</td><td rowspan="2">110</td></tr>
<tr><td>SNZ50</td><td>205</td><td>65～71</td></tr>
<tr><td>SNS50</td><td rowspan="2">R_{p} 2½</td><td rowspan="2">25</td><td>205</td><td>71</td><td>120</td></tr>
<tr><td>SNSS50</td><td>230</td><td>100</td><td>112</td></tr>
<tr><td rowspan="8">65</td><td>SN65</td><td rowspan="4">R_{p} 2½</td><td rowspan="6">25</td><td>205</td><td>71</td><td>120</td></tr>
<tr><td>SNZ65</td><td rowspan="5">225</td><td rowspan="5">71～100</td><td rowspan="7">126</td></tr>
<tr><td>SNZJ65</td></tr>
<tr><td>SNZW65</td></tr>
<tr><td>SNJ65</td><td rowspan="2">R_{p} 3</td></tr>
<tr><td>SNW65</td></tr>
<tr><td>SNS65</td><td rowspan="2">R_{p} 3</td><td rowspan="2">25</td><td rowspan="2">270</td><td rowspan="2">110</td></tr>
<tr><td>SNSS65</td></tr>
<tr><td>80</td><td>SN80</td><td>R_{p} 3</td><td>25</td><td>225</td><td>80</td><td>126</td></tr>
</table>

注：公称压力为 1.6MPa。

32.9.2 室外消火栓

室外消火栓分地上式和地下式两种，是提供消防源的装置。地下消火栓安装于地下，不影响市容和交通。地上消火栓上部露出地面。适合介质：水、泡沫混合液（图 32.3）。其规格及尺寸见表 32.95 和表 32.96。

图 32.3　室外消火栓

消火栓型号编制方法是：

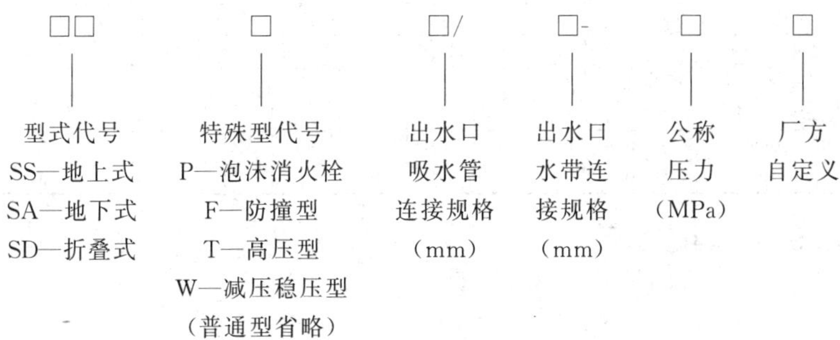

表 32.95　法兰式消火栓承插口连接尺寸（GB 4452—2011）　mm

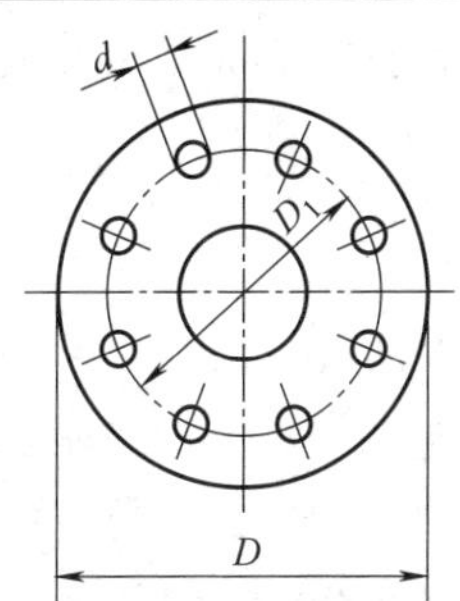

进水口公称内径	法兰外径 D		螺栓孔中心圆直径 D_1		螺栓孔直径 d		螺栓数/个
	基本尺寸	极限偏差	基本尺寸	极限偏差	基本尺寸	极限偏差	
100	220	±2.80	180	±0.50	17.5	+0.43 0	8
150	285	±3.10	240	±0.80	22.0	+0.52 0	

表 32.96　承插式消火栓承插口和连接尺寸（GB 4452—2011）

mm

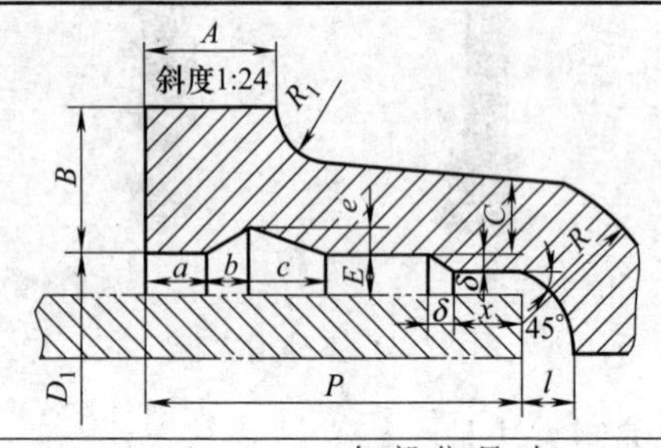

进水口公称通径	各部位尺寸			
	a	*b*	*c*	*e*
100～150	15	10	20	6

进水口公称通径	承插口内径	*A*	*B*	*C*	*E*	*P*	*l*	*δ*	*x*	*R*
100	138.0	36	26	12	10	90	9	5	13	32
150	189.0	36	26	12	10	95	10	5	13	32

32.9.3　消防水带

消防水带的型号表示方法是：

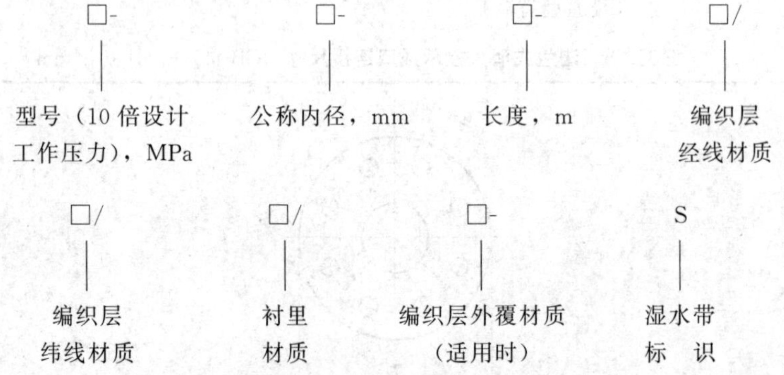

表 32.97　水带内径的公称尺寸及公差（GB 6246—2011）　mm

规格	公称尺寸	公差	规格	公称尺寸	公差
25	25.0	$^{+2.0}_{0}$	125	127.0	$^{+2.0}_{0}$
40	38.0		150	152.0	
50	51.0		200	203.5	
65	63.5		250	254.0	$^{+3.0}_{0}$
80	76.0		300	305.0	
100	102.0				

表 32.98　水带的长度及尺寸公差（GB 6246—2011）

长度/m	公差/mm	长度/m	公差/mm
15 20	+2.0 0	40 60 200	+4.0 0
25 30	+3.0 0		

表 32.99　水带的单位长度质量（GB 6246—2011）　kg/m

规格	质量 ≤	规格	质量 ≤	规格	质量 ≤
25	0.18	80	0.60	200	3.4
40	0.28	100	1.10	250	4.6
50	0.38	125	1.60	300	5.8
65	0.48	150	2.20		

表 32.100　水带的各种压力参数（GB 6246—2011）　MPa

设计工作压力 ≥	试验压力 ≥	最小爆破压力 ≥	设计工作压力 ≥	试验压力 ≥	最小爆破压力 ≥
0.8	1.2	2.4	1.6	2.4	4.8
1.0	1.5	3.0	2.0	3.0	6.0
1.3	2.0	3.9	2.5	3.8	7.5

附录 常用技术资料

附录1 金属材料力学性能名称和符号

（1）力学性能名称和符号

最大力 F_m—试样在屈服阶段之后所能抵抗的最大力；对于无明显屈服（连续屈服）的金属材料，为试验期间的最大力。

抗拉强度 R_m—相应最大力 F_m时的应力。

屈服强度 R_e—当金属材料呈现屈服现象时，在试验期间达到塑性变形发生而力不增加的应力点，应区分上屈服强度和下屈服强度。

上屈服强度 R_{eH}—试样发生屈服而力首次下降前的最高应力。

下屈服强度 R_{eL}—试样在屈服期间，不计初始瞬时效应时的最低应力。

（上屈服力 F_{eH}，下屈服力 F_{eL}）

规定非比例伸长强度 R_p—非比例伸长率等于规定的引伸计标距百分率时的应力，使用的符号应附以下脚注说明所规定的百分率，例如 $R_{p0.2}$，表示规定非比例伸长率为0.2%时的应力。

规定总伸长强度 R_t—总伸长率等于规定的引伸计标距百分率时的应力，使用的符号应附以下脚注说明所规定的百分率，例如 $R_{t0.5}$ 表示规定总伸长率为0.5%时的应力。

（2）新旧标准变更名称和符号对照

GB/T 228.1—2010《金属材料　拉伸试验　第1部分：室温试验方法》中的金属材料力学性能名称和符号，与GB/T 228—2002《金属材料室温拉伸试验方法》相比有一些变化，但与GB/T 228—1987《金属拉伸试验方法》相比差别就非常大，现一并就相关变更的名称和符号对照列于附表1中。

附表1　金属材料力学性能新旧标准变更名称和符号对照

新标准(据 GB/T 228.1—2010)		旧标准(据 GB/T 228—1987)	
性能名称	符号	性能名称	符号
最大力	F_m	最大力	F_b
断面收缩率	Z	断面收缩率	Ψ
断后伸长率	A $A_{11.3}$ A_{80mm}	断后伸长率	δ_5 δ_{10} δ_{xmm}

续表

新标准(据 GB/T 228.1—2010)		旧标准(据 GB/T 228—1987)	
性能名称	符号	性能名称	符号
应力	R	应力	σ
抗拉强度	R_m	抗拉强度	σ_b
断裂总伸长率	A_t	—	—
最大力总伸长率	A_{gt}	最大力下的总伸长率	δ_{gt}
最大力非比例伸长率	A_g	最大力下的非比例伸长率	δ_g
屈服点伸长率	A_e	屈服点伸长率	δ_s
屈服强度	R_e	屈服点	σ_s
上屈服强度	R_{eH}	上屈服点	σ_{sU}
下屈服强度	R_{eL}	下屈服点	σ_{sL}
规定塑性伸长强度	R_p(如 $R_{p0.2}$)	规定非比例伸长应力	σ_p(如 $\sigma_{p0.2}$)
规定总伸长强度	R_t(如 $R_{t0.5}$)	规定总伸长应力	σ_t(如 $\sigma_{t0.5}$)
规定残余伸长强度	R_r(如 $R_{r0.2}$)	规定残余伸长应力	σ_r(如 $\sigma_{r0.2}$)

附录 2　金属材料的硬度

金属材料的硬度可分为布氏、洛氏、维氏三种，都是用规定的工具、试验力压入试样表面，保持规定时间后，测量试样表面的压痕的方法测量。

(1) 布氏硬度 HB

这种方法比较准确可靠，但一般只适用于布氏硬度在 450 以下的金属材料。在测试钢管时，往往以压痕直径 d 来表示该材料的硬度，既直观又方便。例如 120HB 10/1000 30 表示用直径 10mm 钢球在 1000kgf (9.807kN) 试验力作用下，保持 30s 测得的布氏硬度为 120。

(2) 洛氏硬度 HR

用于钢材硬度试验的标尺有 A、B、C 三种，即 HRA、HRB、HRC。其适用范围如下：HRA (金刚石圆锥压头) 20～88，HRB (ϕ1.588mm 钢球压头) 20～100，HRC (金刚石圆锥压头) 20～70。这种方法应用很广，可适用于测定由极软到极硬的金属材料。其值没有单位。

(3) 维氏硬度 HV

这种方法可用于测定很薄的金属材料的表面层硬度，可测范围为 5～1000。例如 640HV30/20 表示用 30kgf (294.2N) 保持 20s，测定的维氏硬度值为 640。它具有布氏、洛氏法的主要优点，而克服了它们的基本缺点，但不如洛氏法简便。

附录 3　钢的硬度与抗拉强度的关系

金属材料的各种硬度值之间，硬度值与强度值之间具有近似的相应关系。因为硬度值是由起始塑性变形抗力和继续塑性变形抗力决定的，材料的强度越高，塑性变形抗力越高，硬度值也就越高。

各种材料的硬度换算及其与抗拉强度的关系见附表 2～附表 6。

附表2 碳钢和合金钢的硬度及强度换算值（GB/T 1172—1999）

硬度								抗拉强度 R_m/MPa								
洛氏		表面洛氏			维氏	布氏（$F/D^2=30$）		碳钢	铬钢	铬钒钢	铬镍钢	铬钼钢	铬镍钼钢	铬锰硅钢	超高强度钢	不锈钢
HRC	HRA	HR15N	HR30N	HR45N	HV	HBS	HBW									
20.0	60.2	68.8	40.7	19.2	226	225		774	742	736	782	747	850	781		740
20.5	60.4	69.0	41.2	19.8	228	227		784	751	744	787	753	859	788		749
21.0	60.7	69.3	41.7	20.4	230	229		793	760	753	792	760	869	794		758
21.5	61.0	69.5	42.2	21.0	233	232		803	769	761	797	767	879	801		767
22.0	61.2	69.8	42.6	21.5	235	234		813	779	770	803	774	890	809		777
22.5	61.5	70.0	43.1	22.1	238	237		823	788	779	809	781	901	816		786
23.0	61.7	70.3	43.6	22.7	241	240		833	798	788	815	789	912	824		796
23.5	62.0	70.6	44.0	23.3	244	242		843	808	797	822	797	923	832		806
24.0	62.2	70.8	44.5	23.9	247	245		854	818	807	829	805	935	840		816
24.5	62.5	71.1	45.0	24.5	250	248		864	828	816	836	813	947	848		826
25.0	62.8	71.4	45.5	25.1	253	251		875	838	826	843	822	959	856		837
25.5	63.0	71.6	45.9	25.7	256	254		886	848	837	851	831	972	865		847
26.0	63.3	71.9	46.4	26.3	259	257		897	859	847	859	840	985	874		858
26.5	63.5	72.2	46.9	26.9	262	260		908	870	858	867	850	999	883		868
27.0	63.8	72.4	47.3	27.5	266	263		919	880	869	876	860	1012	893		879
27.5	64.0	72.7	47.8	28.1	269	266		930	891	880	885	870	1027	902		890
28.0	64.3	73.0	48.3	28.7	273	269		942	902	892	894	880	1041	912		901
28.5	64.6	73.3	48.7	29.3	276	273		954	914	903	904	891	1056	922		913
29.0	64.8	73.5	49.2	29.9	280	276		965	925	915	914	902	1071	933		924
29.5	65.1	73.8	49.7	30.5	284	280		977	937	928	924	913		943		936

续表

硬度								抗拉强度 R_m/MPa								
洛氏		表面洛氏			维 氏	布氏($F/D^2=30$)		碳钢	铬钢	铬钒钢	铬镍钢	铬钼钢	铬镍钼钢	铬锰硅钢	超高强度钢	不锈钢
HRC	HRA	HR15N	HR30N	HR45N	HV	HBS	HBW									
30.0	65.3	74.1	50.2	31.1	288	283		989	948	940	935	924		954		947
30.5	65.6	74.4	50.6	31.7	292	287		1002	960	953	946	936		965		959
31.0	65.8	74.7	51.1	32.3	296	291		1014	972	966	957	948		977		971
31.5	66.1	74.9	51.6	32.9	300	294		1027	984	980	969	961		989		983
32.0	66.4	75.2	52.0	33.5	304	298		1039	996	993	981	974		1001		996
32.5	66.6	75.5	52.5	34.1	308	302		1052	1009	1007	994	987		1013		1008
33.0	66.9	75.8	53.0	34.7	313	306		1065	1022	1022	1007	1001		1026		1021
33.5	67.1	76.1	53.4	35.3	317	310		1078	1034	1036	1020	1015		1039		1034
34.0	67.4	76.4	53.9	35.9	321	314		1092	1048	1051	1034	1029		1052		1047
34.5	67.7	76.7	54.4	36.5	326	318		1105	1061	1067	1048	1043		1066		1060
35.0	67.9	77.0	54.8	37.0	331	323		1119	1074	1082	1063	1058	1087	1079		1074
35.5	68.2	77.2	55.3	37.6	335	327		1133	1088	1098	1078	1074	1103	1094		1087
36.0	68.4	77.5	55.8	38.2	340	332		1147	1102	1114	1093	1090	1119	1108		1101
36.5	68.7	77.8	56.2	38.8	345	336		1162	1116	1131	1109	1106	1136	1123		1116
37.0	69.0	78.1	56.7	39.4	350	341		1177	1131	1148	1125	1122	1153	1139		1130
37.5	69.2	78.4	57.2	40.0	355	345		1192	1146	1165	1142	1139	1171	1155		1145
38.0	69.5	78.7	57.6	40.6	360	350		1207	1161	1183	1159	1157	1189	1171		1161
38.5	69.7	79.0	58.1	41.2	365	355		1222	1176	1201	1177	1174	1207	1187	1170	1176
39.0	70.0	79.3	58.6	41.8	371	360		1238	1192	1219	1195	1192	1226	1204	1195	1193
39.5	70.3	79.6	59.0	42.4	376	365		1254	1208	1238	1214	1211	1245	1222	1219	1209

续表

硬度								抗拉强度 R_m/MPa								
洛氏		表面洛氏			维 氏	布氏($F/D^2=30$)		碳钢	铬钢	铬钒钢	铬镍钢	铬钼钢	铬镍钼钢	铬锰硅钢	超高强度钢	不锈钢
HRC	HRA	HR15N	HR30N	HR45N	HV	HBS	HBW									
40.0	70.5	79.9	59.5	43.0	381	370	370	1271	1225	1257	1233	1230	1265	1240	1243	1226
40.5	70.8	80.2	60.0	43.6	387	375	375	1288	1242	1276	1252	1249	1285	1258	1267	1244
41.0	71.1	80.5	60.4	44.2	393	380	381	1305	1260	1296	1273	1269	1306	1277	1290	1262
41.5	71.3	80.8	60.9	44.8	398	385	386	1322	1278	1317	1293	1289	1327	1296	1313	1280
42.0	71.6	81.1	61.3	45.4	404	391	392	1340	1296	1337	1314	1310	1348	1316	1336	1299
42.5	71.8	81.4	61.8	45.9	410	396	397	1359	1315	1358	1336	1331	1370	1336	1359	1319
43.0	72.1	81.7	62.3	46.5	416	401	403	1378	1335	1380	1358	1353	1392	1357	1381	1339
43.5	72.4	82.0	62.7	47.1	422	407	409	1397	1355	1401	1380	1375	1415	1378	1404	1361
44.0	72.6	82.3	63.2	47.7	428	413	415	1417	1376	1424	1404	1397	1439	1400	1427	1383
44.5	72.9	82.6	63.6	48.3	435	418	422	1438	1398	1446	1427	1420	1462	1422	1450	1405
45.0	73.2	82.9	64.1	48.9	441	424	428	1459	1420	1469	1451	1444	1487	1445	1473	1429
45.5	73.4	83.2	64.6	49.5	448	430	435	1481	1444	1493	1476	1468	1512	1469	1496	1453
46.0	73.7	83.5	65.0	50.1	454	436	441	1503	1468	1517	1502	1492	1537	1493	1520	1479
46.5	73.9	83.7	65.5	50.7	461	442	448	1526	1493	1541	1527	1517	1563	1517	1544	1505
47.0	74.2	84.0	65.9	51.2	468	449	455	1550	1519	1566	1554	1542	1589	1543	1569	1533
47.5	74.5	84.3	66.4	51.8	475		463	1575	1546	1591	1581	1568	1616	1569	1594	1562
48.0	74.7	84.6	66.8	52.4	482		470	1600	1574	1617	1608	1595	1643	1595	1620	1592
48.5	75.0	84.9	67.3	53.0	489		478	1626	1603	1643	1636	1622	1671	1623	1646	1623
49.0	75.3	85.2	67.7	53.6	497		486	1653	1633	1670	1665	1649	1699	1651	1674	1655
49.5	75.5	85.5	68.2	54.2	504		494	1681	1665	1697	1695	1677	1728	1679	1702	1689

续表

硬度								抗拉强度 R_m/MPa								
洛氏		表面洛氏			维 氏	布氏($F/D^2=30$)		碳钢	铬钢	铬钒钢	铬镍钢	铬钼钢	铬镍钼钢	铬锰硅钢	超高强度钢	不锈钢
HRC	HRA	HR15N	HR30N	HR45N	HV	HBS	HBW									
50.0	75.8	85.7	68.6	54.7	512		502	1710	1698	1724	1724	1706	1758	1709	1731	1725
50.5	76.1	86.0	69.1	55.3	520		510		1732	1752	1755	1735	1788	1739	1761	
51.0	76.3	86.3	69.5	55.9	527		518		1768	1780	1786	1764	1819	1770	1792	
51.5	76.6	86.6	70.0	56.5	535		527		1806	1809	1818	1794	1850	1801	1824	
52.0	76.9	86.8	70.4	57.1	544		535		1845	1839	1850	1825	1881	1834	1857	
52.5	77.1	87.1	70.9	57.6	552		544			1869	1883	1856	1914	1867	1892	
53.0	77.4	87.4	71.3	58.2	561		552			1899	1917	1888	1947	1901	1929	
53.5	77.7	87.6	71.8	58.8	569		561			1930	1951			1936	1966	
54.0	77.9	87.9	72.2	59.4	578		569			1961	1986			1971	2006	
54.5	78.2	88.1	72.6	59.9	587		577			1993	2022			2008	2047	
55.0	78.5	88.4	73.1	60.5	596		585			2026	2058			2045	2090	
55.5	78.7	88.6	73.5	61.1	606		593								2135	
56.0	79.0	88.9	73.9	61.7	615		601								2181	
56.5	79.3	89.1	74.4	62.2	625		608								2230	
57.0	79.5	89.4	74.8	62.8	635		616								2281	
57.5	79.8	89.6	75.2	63.4	645		622								2334	
58.0	80.1	89.8	75.6	63.9	655		628								2390	
58.5	80.3	90.0	76.1	64.5	666		634								2448	
59.0	80.6	90.2	76.5	65.1	676		639								2509	
59.5	80.9	90.4	76.9	65.6	687		643								2572	

续表

硬度								抗拉强度 R_m/MPa								
洛氏		表面洛氏			维氏	布氏($F/D^2=30$)		碳钢	铬钢	铬钒钢	铬镍钢	铬钼钢	铬镍钼钢	铬锰硅钢	超高强度钢	不锈钢
HRC	HRA	HR15N	HR30N	HR45N	HV	HBS	HBW									
60.0	81.2	90.6	77.3	66.2	698		647								2639	
60.5	81.4	90.8	77.7	66.8	710		650									
61.0	81.7	91.0	78.1	67.3	721											
61.5	82.0	91.2	78.6	67.9	733											
62.0	82.2	91.4	79.0	68.4	745											
62.5	82.5	91.5	79.4	69.0	757											
63.0	82.8	91.7	79.8	69.5	770											
63.5	83.1	91.8	80.2	70.1	782											
64.0	83.3	91.9	80.6	70.6	795											
64.5	83.6	92.1	81.0	71.2	809											
65.0	83.9	92.2	81.3	71.7	822											
65.5	84.1				836											
66.0	84.4				850											
66.5	84.7				865											
67.0	85.0				879											
67.5	85.2				894											
68.0	85.5				909											

附表 3　低强度钢的硬度及强度换算值

硬度							抗拉强度 R_m /MPa
洛氏	表面洛氏			维氏	布氏		
HRB	HR15T	HR30T	HR45T	HV	HBS		
					$F/D^2=10$	$F/D^2=30$	
60.0	80.4	56.1	30.4	105	102		375
60.5	80.5	56.4	30.9	105	102		377
61.0	80.7	56.7	31.4	106	103		379
61.5	80.8	57.1	31.9	107	103		381
62.0	80.9	57.4	32.4	108	104		382
62.5	81.1	57.7	32.9	108	104		384
63.0	81.2	58.0	33.5	109	105		386
63.5	81.4	58.3	34.0	110	105		388
64.0	81.5	58.7	34.5	110	106		390
64.5	81.6	59.0	35.0	111	106		393
65.0	81.8	59.3	35.5	112	107		395
65.5	81.9	59.6	36.1	113	107		397
66.0	82.1	59.9	36.6	114	108		399
66.5	82.2	60.3	37.1	115	108		402
67.0	82.3	60.6	37.6	115	109		404
67.5	82.5	60.9	38.1	116	110		407
68.0	82.6	61.2	38.6	117	110		409
68.5	82.7	61.5	39.2	118	111		412
69.0	82.9	61.9	39.7	119	112		415
69.5	83.0	62.2	40.2	120	112		418
70.0	83.2	62.5	40.7	121	113		421
70.5	83.3	62.8	41.2	122	114		424
71.0	83.4	63.1	41.7	123	115		427
71.5	83.6	63.5	42.3	124	115		430
72.0	83.7	63.8	42.8	125	116		433
72.5	83.9	64.1	43.3	126	117		437
73.0	84.0	64.4	43.8	128	118		440
73.5	84.1	64.7	44.3	129	119		444
74.0	84.3	65.1	44.8	130	120		447
74.5	84.4	65.4	45.4	131	121		451
75.0	84.5	65.7	45.9	132	122		455
75.5	84.7	66.0	46.4	134	123		459
76.0	84.8	66.3	46.9	135	124		463
76.5	85.0	66.6	47.4	136	125		467
77.0	85.1	67.0	47.9	138	126		471

续表

硬度							抗拉强度 R_m /MPa
洛氏	表面洛氏			维氏	布氏 HBS		
HRB	HR15T	HR30T	HR45T	HV	$F/D^2=10$	$F/D^2=30$	
77.5	85.2	67.3	48.5	139	127		475
78.0	85.4	67.6	49.0	140	128		480
78.5	85.5	67.9	49.5	142	129		484
79.0	85.7	68.2	50.0	143	130		489
79.5	85.8	68.6	50.5	145	132		493
80.0	85.9	68.9	51.0	146	133		498
80.5	86.1	69.2	51.6	148	134		503
81.0	86.2	69.5	52.1	149	136		508
81.5	86.3	69.8	52.6	151	137		513
82.0	86.5	70.2	53.1	152	138		518
82.5	86.6	70.5	53.6	154	140		523
83.0	86.8	70.8	54.1	156		152	529
83.5	86.9	71.1	54.7	157		154	534
84.0	87.0	71.4	55.2	159		155	540
84.5	87.2	71.8	55.7	161		156	546
85.0	87.3	72.1	56.2	163		158	551
85.5	87.5	72.4	56.7	165		159	557
86.0	87.6	72.7	57.2	166		161	563
86.5	87.7	73.0	57.8	168		163	570
87.0	87.9	73.4	58.3	170		164	576
87.5	88.0	73.7	58.8	172		166	582
88.0	88.1	74.0	59.3	174		168	589
88.5	88.3	74.3	59.8	176		170	596
89.0	88.4	74.6	60.3	178		172	603
89.5	88.6	75.0	60.9	180		174	609
90.0	88.7	75.3	61.4	183		176	617
90.5	88.8	75.6	61.9	185		178	624
91.0	89.0	75.9	62.4	187		180	631
91.5	89.1	76.2	62.9	189		182	639
92.0	89.3	76.6	63.4	191		184	646
92.5	89.4	76.9	64.0	194		187	654
93.0	89.5	77.2	64.5	196		189	662
93.5	89.7	77.5	65.0	199		192	670
94.0	89.8	77.8	65.5	201		195	678
94.5	89.9	78.2	66.0	203		197	686

续表

硬度							抗拉强度 R_m /MPa
洛氏	表面洛氏			维氏	布氏		
					HBS		
HRB	HR15T	HR30T	HR45T	HV	$F/D^2=10$	$F/D^2=30$	
95.5	90.1	78.5	66.5	206		200	695
95.0	90.2	78.8	67.1	208		203	703
96.0	90.4	79.1	67.6	211		206	712
96.5	90.5	79.4	68.1	214		209	721
97.0	90.6	79.8	68.6	216		212	730
97.5	90.8	80.1	69.1	219		215	739
98.0	90.9	80.4	69.6	222		218	749
98.5	91.1	80.7	70.2	225		222	758
99.0	91.2	81.0	70.7	227		226	768
99.5	91.3	81.4	71.2	230		229	778
100	91.5	81.7	71.7	233		232	788

附表 4　黄铜的硬度与强度换算（GB/T 3771—1983）

硬度								抗拉强度 R_m/MPa	
布氏		维氏	洛氏		表面洛氏				
HB ($30D^2$)	d_{10}、$2d_5$、$4d_{2.5}$/mm	HV	HRB	HRF	HR15T	HR30T	HR45T	板材	棒材
90.0	6.159	90.5	53.7	87.1	77.2	50.8	26.7	—	—
91.0	6.129	91.5	53.9	87.2	77.3	51.0	26.9	—	—
92.0	6.100	92.6	54.2	87.4	77.4	51.2	27.2	—	—
93.0	6.021	93.6	54.5	87.6	77.5	51.4	27.6	—	—
94.0	6.042	94.7	54.8	87.7	77.6	51.6	27.7	—	—
95.0	6.014	95.7	55.1	87.9	77.7	51.8	28.1	—	—
96.0	5.986	96.8	55.5	88.1	77.8	52.0	28.4	—	—
97.0	5.958	97.8	55.8	88.3	77.9	52.3	28.8	—	—
98.0	5.931	98.9	56.2	88.5	78.0	52.5	29.1	—	—
99.0	5.905	99.9	56.6	88.8	78.2	52.9	29.6	—	—
100.0	5.878	101.0	57.1	89.1	78.3	53.2	30.1	—	—
101.0	5.857	102.0	57.5	89.3	78.5	53.5	30.5	—	—
102.0	5.826	103.0	58.0	89.6	78.6	53.8	31.0	—	—
103.0	5.800	104.1	58.5	89.9	78.8	54.2	31.5	—	—
104.0	5.775	105.1	58.9	90.1	78.9	54.4	31.9	—	—
105.0	5.750	106.2	59.4	90.4	79.1	54.8	32.4	—	—
106.0	5.726	107.2	60.0	90.7	79.2	55.1	32.9	—	—
107.0	5.702	108.3	60.5	91.0	79.4	55.5	33.4	—	—
108.0	5.678	109.3	61.0	91.3	79.6	55.8	33.9	—	—

续表

硬度								抗拉强度 R_m/MPa	
布氏		维氏	洛氏		表面洛氏				
HB (30D^2)	d_{10}、$2d_5$、$4d_{2.5}$/mm	HV	HRB	HRF	HR15T	HR30T	HR45T	板材	棒材
109.0	5.655	110.4	61.5	91.6	79.7	56.2	34.4	—	—
110.0	5.631	111.4	62.1	91.9	79.9	56.5	35.0	372	384
111.0	5.610	112.5	62.6	92.2	80.1	56.9	35.5	374	387
112.0	5.585	113.5	63.2	92.6	80.3	57.4	36.2	375	389
113.0	5.563	114.6	63.7	92.8	80.4	57.6	36.5	377	392
114.0	5.541	115.6	64.3	93.2	80.6	58.1	37.2	379	395
115.0	5.519	116.7	64.9	93.5	80.8	58.4	37.7	380	398
116.0	5.497	117.7	65.4	93.8	81.0	58.8	38.2	382	400
117.0	5.475	118.8	66.0	94.2	81.2	59.3	38.9	384	403
118.0	5.454	119.8	66.6	94.5	81.4	59.6	39.4	385	406
119.0	5.434	120.9	67.1	94.8	81.5	60.0	40.0	388	409
120.0	5.413	121.9	67.7	95.1	81.7	60.3	40.5	390	412
121.0	5.393	122.9	68.2	95.4	81.9	60.7	41.0	392	414
122.0	5.372	124.0	68.8	95.8	82.1	61.2	41.7	394	417
123.0	5.352	125.0	69.4	96.1	82.3	61.5	42.2	396	420
124.0	5.332	126.1	69.9	96.4	82.5	61.9	42.7	399	423
125.0	5.312	127.1	70.5	96.7	82.6	62.2	43.2	401	426
126.0	5.293	128.2	71.0	97.0	82.8	62.6	43.7	404	429
127.0	5.274	129.2	71.5	97.3	83.0	63.0	44.3	406	431
128.0	5.255	130.3	72.1	97.7	83.2	63.4	44.9	409	434
129.0	5.238	131.3	72.6	97.9	83.3	63.7	45.3	411	437
130.0	5.218	132.4	73.1	98.2	83.5	64.0	45.8	414	440
131.0	5.200	133.4	73.6	98.5	83.6	64.4	46.3	417	443
132.0	5.181	134.5	74.1	98.8	83.8	64.7	46.8	420	447
133.0	5.163	135.5	74.7	99.2	84.0	65.2	47.5	423	450
134.0	5.145	136.6	75.1	99.4	84.1	65.5	47.9	426	453
135.0	5.127	137.6	75.6	99.7	84.3	65.8	48.4	429	456
136.0	5.110	138.6	76.1	100.0	84.5	66.2	48.9	431	459
137.0	5.092	139.7	76.6	100.2	84.6	66.4	49.2	434	463
138.0	5.076	140.7	77.0	100.5	84.8	66.8	49.8	437	466
139.0	5.059	141.8	77.5	100.8	84.9	67.1	50.3	440	469
140.0	5.042	142.8	77.9	101.0	85.0	67.4	50.6	444	472
141.0	5.026	143.9	78.4	101.3	85.2	67.7	51.1	447	476
142.0	5.009	144.9	78.8	101.5	85.3	67.9	51.5	451	479
143.0	4.993	146.0	79.2	101.7	85.4	68.2	51.8	454	482
144.0	4.977	147.0	79.7	102.0	85.6	68.5	52.3	458	485
145.0	4.961	148.1	80.1	102.2	85.7	68.8	52.7	461	488
146.0	4.945	149.1	80.5	102.5	85.8	69.1	53.2	465	492

续表

硬度								抗拉强度 R_m/MPa	
布氏		维氏	洛氏		表面洛氏				
HB（$30D^2$）	d_{10}、$2d_5$、$4d_{2.5}$/mm	HV	HRB	HRF	HR15T	HR30T	HR45T	板材	棒材
147.0	4.930	150.2	80.8	102.6	85.9	69.3	53.4	469	495
148.0	4.914	151.2	81.2	102.9	86.1	69.6	53.9	473	499
149.0	4.898	152.3	81.6	103.1	86.2	69.8	54.2	477	502
150.0	4.883	153.3	82.0	103.3	86.3	70.1	54.6	480	506
151.0	4.868	154.3	82.3	103.5	86.4	70.3	54.9	483	509
152.0	4.853	155.4	82.7	103.7	86.6	70.6	55.3	488	513
153.0	4.838	156.4	83.0	103.9	86.7	70.8	55.6	492	516
154.0	4.823	157.5	83.3	104.1	86.8	71.0	56.0	496	520
155.0	4.807	158.5	83.7	104.3	86.9	71.3	56.3	500	524
156.0	4.791	159.6	84.0	104.5	87.0	71.5	56.6	504	527
157.0	4.778	160.6	84.3	104.7	87.1	71.7	57.0	509	530
158.0	4.766	161.7	84.6	104.8	87.2	71.9	57.2	513	534
159.0	4.752	162.7	84.9	105.0	87.3	72.1	57.5	518	537
160.0	4.738	163.8	85.2	105.2	87.4	72.3	57.9	522	541
161.0	4.724	164.8	85.5	105.3	87.5	72.5	58.0	527	545
162.0	4.710	165.9	85.8	105.5	87.6	72.7	58.4	531	549
163.0	4.696	166.9	86.0	105.6	87.6	72.8	58.5	535	553
164.0	4.683	168.0	86.3	105.8	87.7	73.1	58.9	540	556
165.0	4.670	169.0	86.6	106.0	87.9	73.3	59.2	545	560
166.0	4.657	170.1	86.8	106.1	87.9	73.4	59.4	550	564
167.0	4.644	171.1	87.1	106.3	88.0	73.7	59.7	555	568
168.0	4.631	172.1	87.4	106.4	88.1	73.8	59.9	560	572
169.0	4.618	173.2	87.6	106.5	88.1	73.9	60.1	565	576
170.0	4.605	174.2	87.9	106.7	88.2	74.1	60.4	570	580
171.0	4.592	175.3	88.1	106.8	88.3	74.2	60.6	575	583
172.0	4.580	176.3	88.4	107.0	88.4	74.5	61.0	580	587
173.0	4.567	177.4	88.6	107.1	88.4	74.6	61.1	585	591
174.0	4.555	178.4	88.8	107.2	88.5	74.7	61.3	590	595
175.0	4.542	179.5	89.1	107.4	88.6	75.0	61.6	596	599
176.0	4.530	180.5	89.3	107.5	88.7	75.1	61.8	601	603
177.0	4.518	181.6	89.6	107.7	88.8	75.3	62.2	607	607
178.0	4.506	182.6	89.8	107.8	88.9	75.4	62.3	612	612
179.0	4.495	183.7	90.0	107.9	88.9	75.6	62.5	618	616
180.0	4.483	184.7	90.3	108.1	89.0	75.8	62.8	624	620
181.0	4.471	185.8	90.5	108.2	89.1	75.9	63.0	630	624
182.0	4.459	186.8	90.8	108.4	89.2	76.1	63.4	635	628
183.0	4.448	187.8	91.0	108.5	89.3	76.3	63.5	640	633
184.0	4.436	188.9	91.3	108.7	89.4	76.5	63.9	646	636

续表

硬度								抗拉强度 R_m/MPa	
布氏		维氏	洛氏		表面洛氏				
HB ($30D^2$)	d_{10}、$2d_5$、$4d_{2.5}$/mm	HV	HRB	HRF	HR15T	HR30T	HR45T	板材	棒材
185.0	4.425	189.9	91.5	108.8	89.4	76.6	64.1	653	640
186.0	4.414	191.0	91.8	109.0	89.5	76.9	64.4	659	645
187.0	4.403	192.0	92.0	109.1	89.6	77.0	64.6	665	649
188.0	4.392	193.1	92.3	109.2	89.7	77.1	64.7	671	653
189.0	4.381	194.1	92.5	109.4	89.8	77.3	65.1	677	658
190.0	4.370	195.2	92.8	109.5	89.8	77.5	65.3	684	662
191.0	4.359	196.2	93.1	109.7	89.9	77.7	65.6	689	667
192.0	4.348	197.3	93.3	109.8	90.0	77.8	65.8	696	671
193.0	4.338	198.3	93.6	110.0	90.1	78.0	66.1	702	676
194.0	4.327	199.4	93.9	110.2	90.2	78.3	66.5	709	680
195.0	4.316	200.4	94.2	110.3	90.3	78.4	66.6	715	685
196.0	4.306	201.5	94.4	110.4	90.3	78.5	66.8	722	688
197.0	4.296	202.5	94.7	110.6	90.4	78.8	67.2	729	693
198.0	4.285	203.5	95.0	110.8	90.6	79.0	67.5	735	698
199.0	4.275	204.6	95.3	111.0	90.7	79.2	67.8	742	702
200.0	4.265	205.6	95.6	111.1	90.7	79.4	68.0	749	707

附表 5 铍青铜的硬度与强度换算（GB/T 3771—1983）

硬度								抗拉强度/MPa					
布氏		维氏	洛氏		表面洛氏			板材			棒材		
HB ($30D^2$)	d_{10}、$2d_5$、$4d_{2.5}$/mm	HV	HRB	HRF	HR 15T	HR 30T	HR 45T	R_m	$R_{p0.1}$	$R_{p0.01}$	R_m	$R_{p0.1}$	$R_{p0.01}$
170.0	4.605	174.2	87.9	106.7	88.2	74.1	60.4	545	467	326	649	367	285
171.0	4.592	175.3	88.1	106.8	88.3	74.2	60.6	548	470	329	652	371	288
172.0	4.580	176.3	88.4	107.0	88.4	74.5	61.0	551	473	330	654	375	291
173.0	4.567	177.4	88.6	107.1	88.4	74.6	61.1	555	477	333	657	379	294
174.0	4.555	178.4	88.8	107.2	88.5	74.7	61.3	558	480	335	660	382	297
175.0	4.542	179.5	89.1	107.4	88.6	75.0	61.6	561	483	337	662	386	300
176.0	4.530	180.5	89.3	107.5	88.7	75.1	61.8	565	486	340	665	390	303
177.0	4.518	181.6	89.6	107.7	88.8	75.3	62.2	568	489	342	668	394	306
178.0	4.506	182.6	89.8	107.8	88.9	75.4	62.3	571	493	345	670	398	308
179.0	4.495	183.7	90.0	107.9	88.9	75.6	62.5	575	496	347	673	402	311
180.0	4.483	184.7	90.3	108.1	89.0	75.8	62.8	578	499	349	676	406	314
181.0	4.471	185.8	90.5	108.2	89.1	75.9	63.0	581	503	352	678	410	317
182.0	4.459	186.8	90.8	108.4	89.2	76.1	63.4	584	506	354	681	414	320
183.0	4.448	187.8	91.0	108.5	89.3	76.3	63.5	587	510	357	684	418	323
184.0	4.436	188.9	91.3	108.7	89.4	76.5	63.9	591	513	359	686	422	326

续表

硬度								抗拉强度/MPa					
布氏		维氏	洛氏		表面洛氏			板材			棒材		
HB ($30D^2$)	d_{10}、$2d_5$、$4d_{2.5}$/mm	HV	HRB	HRF	HR 15T	HR 30T	HR 45T	R_m	$R_{p0.1}$	$R_{p0.01}$	R_m	$R_{p0.1}$	$R_{p0.01}$
185.0	4.425	189.9	91.5	108.8	89.4	76.6	64.1	594	516	361	688	426	329
186.0	4.414	191.0	91.8	109.0	89.5	76.9	64.4	597	520	364	691	430	330
187.0	4.403	192.0	92.0	109.1	89.6	77.0	64.6	601	523	366	694	433	333
188.0	4.392	193.1	92.3	109.2	89.7	77.1	64.7	604	527	368	697	437	336
189.0	4.381	194.1	92.5	109.4	89.8	77.3	65.1	608	530	371	700	441	339
190.0	4.370	195.2	92.8	109.5	89.8	77.5	65.3	611	533	373	703	445	342
191.0	4.359	196.2	93.1	109.7	89.9	77.7	65.6	614	536	376	705	449	345
192.0	4.348	197.3	93.3	109.8	90.0	77.8	65.8	618	539	378	708	453	348
193.0	4.338	198.3	93.6	110.0	90.1	78.0	66.1	621	542	380	711	457	351
194.0	4.327	199.4	93.9	110.2	90.2	78.3	66.5	625	546	382	714	461	353
195.0	4.316	200.4	94.2	110.3	90.3	78.4	66.6	628	549	384	717	465	356
196.0	4.306	201.5	94.4	110.4	90.3	78.5	66.8	631	553	387	720	469	359
197.0	4.296	202.5	94.7	110.6	90.4	78.8	67.2	634	556	389	723	473	362
198.0	4.285	203.5	95.0	110.8	90.6	79.0	67.5	637	559	392	726	477	365
199.0	4.275	204.6	95.3	111.0	90.7	79.2	67.8	641	563	394	729	481	368
200.0	4.265	205.6	95.6	111.1	90.7	79.4	68.0	644	566	396	732	484	371
201.0	4.255	206.7	95.9	111.3	90.8	79.6	68.4	648	570	399	735	488	374
202.0	4.244	207.7	96.2	111.5	90.9	79.8	68.7	651	573	401	737	492	376
203.0	4.235	208.8	96.5	111.7	91.1	80.1	69.0	654	576	404	740	496	378
204.0	4.225	209.8	96.8	111.8	91.2	80.2	69.2	658	580	406	743	500	381
205.0	4.215	210.9	97.2	112.1	91.3	80.5	69.7	661	583	408	746	504	384
206.0	4.205	211.9	97.5	112.2	91.4	80.9	69.9	665	586	411	749	508	387
207.0	4.196	212.9	97.8	112.4	91.5	80.9	70.2	668	589	413	752	512	390
208.0	4.186	214.0	98.1	112.6	91.6	81.1	70.6	672	592	416	755	516	393
209.0	4.177	215.0	98.4	112.7	91.7	81.3	70.8	675	596	418	758	520	396
210.0	4.167	216.1	98.8	113.0	91.8	81.6	71.3	679	599	420	761	524	398

硬度								抗拉强度/MPa					
布氏		维氏	洛氏		表面洛氏			板材			棒材		
HB ($30D^2$)	d_{10}、$2d_5$、$4d_{2.5}$/mm	HV	HRC	HRA	HR 15N	HR 30N	HR 45N	R_m	$R_{p0.1}$	$R_{p0.01}$	R_m	$R_{p0.1}$	$R_{p0.01}$
211.0	4.157	217.2	17.8	59.1	67.8	38.7	17.1	682	602	423	764	528	401
212.0	4.148	218.2	18.0	59.2	67.9	38.9	17.3	685	606	425	767	532	404
213.0	4.139	219.3	18.2	59.3	68.0	39.0	17.6	688	609	428	770	535	407
214.0	4.129	220.3	18.4	59.4	68.2	39.2	17.8	692	613	430	774	539	410
215.0	4.120	221.3	18.6	59.5	68.3	39.4	18.0	695	616	431	777	543	413
216.0	4.111	222.4	18.8	59.6	68.4	39.6	18.3	699	619	434	780	547	416
217.0	4.102	223.4	18.9	59.7	68.4	39.7	18.4	702	623	436	783	551	419
218.0	4.093	224.5	19.1	59.8	68.5	39.9	18.6	706	626	438	786	555	421
219.0	4.084	225.5	19.3	59.9	68.7	40.1	18.9	709	630	441	788	559	424
220.0	4.075	226.6	19.5	60.0	68.8	40.3	19.1	713	633	443	792	563	427
221.0	4.066	227.6	19.7	60.1	68.9	40.5	19.3	716	635	446	795	567	430
222.0	4.058	228.7	19.9	60.2	69.0	40.7	19.6	720	639	448	798	571	432

续表

硬度								抗拉强度/MPa					
布氏		维氏	洛氏		表面洛氏			板材			棒材		
HB ($30D^2$)	d_{10}、$2d_5$、$4d_{2.5}$/mm	HV	HRC	HRA	HR 15N	HR 30N	HR 45N	R_m	$R_{p0.1}$	$R_{p0.01}$	R_m	$R_{p0.1}$	$R_{p0.01}$
223.0	4.049	229.7	20.0	60.2	69.1	40.8	19.7	723	642	450	801	575	435
224.0	4.040	230.8	20.2	60.3	69.2	40.9	19.9	727	645	453	804	579	438
225.0	4.032	231.8	20.4	60.4	69.3	41.1	20.1	730	649	455	808	583	441
226.0	4.023	232.9	20.6	60.5	69.4	41.3	20.4	734	652	458	811	586	443
227.0	4.015	233.9	20.8	60.6	69.5	41.5	20.6	736	656	460	814	590	446
228.0	4.006	235.0	20.9	60.7	69.6	41.6	20.7	740	659	462	817	594	449
229.0	3.998	236.0	21.1	60.8	69.7	41.8	21.0	743	662	465	820	597	452
230.0	3.990	237.0	21.3	60.9	69.8	42.0	21.2	747	666	467	824	601	455
231.0	3.982	238.1	21.5	61.0	69.9	42.2	21.4	750	669	470	827	605	458
232.0	3.973	239.1	21.7	61.1	70.0	42.4	21.6	754	673	472	831	609	461
233.0	3.965	240.2	21.8	61.2	70.1	42.5	21.8	757	676	474	834	613	464
234.0	3.957	241.2	22.0	61.3	70.2	42.6	22.0	761	679	477	837	617	466
235.0	3.948	242.3	22.2	61.4	70.3	42.8	22.2	764	683	479	840	621	469
236.0	3.941	243.3	22.4	61.5	70.4	43.0	22.5	768	685	482	843	625	472
237.0	3.933	244.4	22.5	61.5	70.5	43.1	22.6	772	689	483	846	629	475
238.0	3.925	245.4	22.7	61.6	70.6	43.3	22.8	775	692	485	850	633	478
239.0	3.917	246.5	22.9	61.7	70.7	43.5	23.0	779	695	488	853	636	481
240.0	3.909	247.5	23.0	61.8	70.8	43.6	23.2	782	699	490	857	640	483
241.0	3.902	248.6	23.2	61.9	70.9	43.8	23.4	786	702	493	860	644	486
242.0	3.894	249.6	23.4	62.0	71.0	44.0	23.7	788	705	495	863	648	488
243.0	3.886	250.7	23.6	62.1	71.1	44.2	23.9	792	709	497	867	652	491
244.0	3.878	251.7	23.7	62.1	71.1	44.3	24.0	796	712	500	870	656	494
245.0	3.870	252.7	23.9	62.2	71.2	44.4	24.2	799	716	502	874	660	497
246.0	3.863	253.8	24.1	62.3	71.3	44.6	24.4	803	719	505	877	664	500
247.0	3.855	254.8	24.2	62.4	71.4	44.7	24.6	806	722	507	881	668	503
248.0	3.848	255.9	24.4	62.5	71.5	44.9	24.8	810	726	509	884	672	506
249.0	3.840	256.9	24.6	62.6	71.6	45.1	25.0	814	729	512	888	676	509
250.0	3.833	258.0	24.7	62.6	71.7	45.2	25.1	817	733	514	890	680	510
251.0	3.822	259.0	24.9	62.7	71.8	45.4	25.4	821	735	517	894	684	514
252.0	3.810	260.1	25.1	62.8	71.9	45.6	25.6	824	738	519	897	687	517
253.0	3.807	261.1	25.2	62.9	72.0	45.7	25.7	828	742	521	901	691	520
254.0	3.804	262.2	25.4	63.0	72.1	45.9	26.0	832	745	524	904	696	523
255.0	3.797	263.2	25.6	63.1	72.2	46.1	26.2	836	748	526	908	699	526
256.0	3.790	264.3	25.7	63.1	72.3	46.2	26.3	838	752	529	911	703	529
257.0	3.783	265.3	25.9	63.2	72.4	46.3	26.5	842	755	531	915	707	532
258.0	3.776	266.4	26.0	63.3	72.4	46.4	26.7	845	759	533	918	711	533
259.0	3.769	267.4	26.2	63.4	72.5	46.6	26.9	849	762	535	922	715	536
260.0	3.762	268.5	26.4	63.5	72.6	46.8	27.1	852	765	537	925	719	539

续表

硬度								抗拉强度/MPa					
布氏		维氏	洛氏		表面洛氏			板材			棒材		
HB ($30D^2$)	d_{10}、$2d_5$、$4d_{2.5}$/mm	HV	HRC	HRA	HR 15N	HR 30N	HR 45N	R_m	$R_{p0.1}$	$R_{p0.01}$	R_m	$R_{p0.1}$	$R_{p0.01}$
261.0	3.755	269.5	26.5	63.5	72.7	46.9	27.2	856	769	540	929	723	542
262.0	3.748	270.5	26.7	63.6	72.8	47.1	27.4	860	772	542	933	727	545
263.0	3.741	271.6	26.8	63.7	72.9	47.2	27.6	863	776	544	936	731	548
264.0	3.734	272.6	27.0	63.8	73.0	47.4	27.8	867	779	547	939	735	551
265.0	3.728	273.7	27.2	63.9	73.1	47.6	28.0	871	782	549	942	738	554
266.0	3.721	274.7	27.3	64.0	73.2	47.7	28.2	874	786	551	946	742	556
267.0	3.714	275.8	27.5	64.1	73.3	47.9	28.4	878	788	554	950	746	559
268.0	3.707	276.8	27.6	64.1	73.3	48.0	28.6	882	792	556	953	750	562
269.0	3.700	277.9	27.8	64.2	73.4	48.1	28.8	885	795	559	957	754	565
270.0	3.694	278.9	27.9	64.3	73.5	48.2	28.9	888	798	561	961	758	568
271.0	3.687	280.0	28.1	64.4	73.6	48.4	29.1	892	802	563	964	762	571
272.0	3.681	281.0	28.2	64.4	73.7	48.5	29.2	895	805	566	968	766	574
273.0	3.674	282.1	28.4	64.5	73.8	48.7	29.4	899	808	568	972	770	577
274.0	3.668	283.1	28.6	64.6	73.9	48.9	29.6	903	812	571	975	774	580
275.0	3.661	284.2	28.7	64.7	74.0	49.0	29.8	907	815	573	979	778	582
276.0	3.655	285.2	28.9	64.8	74.1	49.2	30.0	910	819	575	983	782	584
277.0	3.649	286.2	29.0	64.8	74.1	49.3	30.1	914	822	578	986	786	587
278.0	3.643	287.3	29.2	64.9	74.2	49.5	30.3	918	825	580	989	789	590
279.0	3.636	288.3	29.3	65.0	74.3	49.6	30.5	921	829	583	993	793	593
280.0	3.630	289.4	29.5	65.1	74.4	49.8	30.7	925	832	584	997	797	596
281.0	3.624	290.4	29.6	65.1	74.5	49.9	30.9	929	836	586	1000	801	599
282.0	3.618	291.5	29.8	65.2	74.6	50.0	31.1	932	838	589	1004	805	602
283.0	3.612	292.5	29.9	65.3	74.6	50.1	31.2	936	841	591	1008	809	604
284.0	3.605	293.6	30.1	65.4	74.7	50.3	31.4	939	845	594	1012	813	607
285.0	3.599	294.6	30.2	65.4	74.8	50.4	31.6	943	848	596	1015	817	610
286.0	3.593	295.7	30.4	65.5	74.9	50.6	31.8	946	851	598	1019	821	613
287.0	3.587	296.7	30.5	65.6	75.0	50.7	31.9	950	855	601	1023	825	616
288.0	3.581	297.8	30.7	65.7	75.1	50.9	32.1	954	858	603	1027	829	619
289.0	3.575	298.8	30.8	65.7	75.1	51.0	32.3	958	862	606	1030	832	622
290.0	3.567	299.9	31.0	65.8	75.2	51.2	32.5	961	865	608	1034	836	625
291.0	3.558	300.9	31.1	65.9	75.3	51.3	32.6	965	868	610	1038	839	627
292.0	3.557	301.9	31.2	65.9	75.4	51.4	32.7	969	872	613	1041	843	630
293.0	3.549	303.0	31.4	66.0	75.5	51.6	32.9	973	875	615	1045	847	633
294.0	3.545	304.0	31.5	66.1	75.5	51.7	33.1	976	879	618	1049	851	635
295.0	3.540	305.1	31.7	66.2	75.6	51.8	33.3	980	882	620	1052	855	638
296.0	3.534	306.1	31.8	66.2	75.7	51.9	33.4	984	885	622	1056	859	642

续表

硬度								抗拉强度/MPa					
布氏		维氏	洛氏		表面洛氏			板材			棒材		
HB $(30D^2)$	d_{10}、$2d_5$、$4d_{2.5}$/mm	HV	HRC	HRA	HR 15N	HR 30N	HR 45N	R_m	$R_{p0.1}$	$R_{p0.01}$	R_m	$R_{p0.1}$	$R_{p0.01}$
297.0	3.528	307.2	32.0	66.3	75.8	52.1	33.6	988	888	625	1060	863	644
298.0	3.522	308.2	32.1	66.4	75.9	52.2	33.8	990	891	627	1064	867	647
299.0	3.516	309.3	32.3	66.5	76.0	52.4	34.0	994	895	630	1068	871	649
300.0	3.511	310.3	32.4	66.5	76.0	52.5	34.1	998	898	632	1072	875	652
301.0	3.506	311.4	32.5	66.6	76.1	52.6	34.2	1002	901	634	1075	879	657
302.0	3.500	312.4	32.7	66.7	76.2	52.8	34.4	1006	905	636	1079	883	658
303.0	3.495	313.5	32.8	66.8	76.3	52.9	34.6	1009	908	638	1083	887	661
304.0	3.489	314.5	33.0	66.9	76.4	53.1	34.8	1013	911	641	1087	890	664
305.0	3.484	315.6	33.1	66.9	76.4	53.2	34.9	1017	915	643	1090	894	667
306.0	3.478	316.6	33.2	67.0	76.5	53.3	35.0	1021	918	645	1094	898	670
307.0	3.471	317.7	33.4	67.1	76.6	53.5	35.2	1025	921	648	1098	902	672
308.0	3.467	318.7	33.5	67.1	76.7	53.6	35.4	1028	925	650	1102	906	675
309.0	3.462	319.7	33.7	67.2	76.8	53.7	35.6	1032	928	653	1105	910	678
310.0	3.456	320.8	33.8	67.3	76.8	53.8	35.7	1036	932	655	1109	914	681
311.0	3.450	321.8	33.9	67.3	76.9	53.9	35.9	1040	935	657	1113	918	684
312.0	3.445	322.9	34.1	67.4	77.0	45.1	36.1	1043	938	660	1117	922	686
313.0	3.440	323.9	34.2	67.5	77.0	54.2	36.2	1046	941	662	1121	926	689
314.0	3.434	325.0	34.3	67.5	77.1	54.3	36.3	1050	944	664	1125	930	692
315.0	3.429	326.0	34.5	67.6	77.2	54.5	36.5	1054	948	666	1129	934	694
316.0	3.424	327.1	34.6	67.7	77.3	54.6	36.7	1058	951	669	1133	938	697
317.0	3.419	328.1	34.8	67.8	77.4	54.8	36.9	1062	955	672	1137	941	700
318.0	3.413	329.2	34.9	67.8	77.4	54.9	37.0	1066	958	674	1140	945	703
319.0	3.408	330.2	35.0	67.9	77.5	55.0	37.2	1069	961	676	1144	949	706
320.0	3.403	331.3	35.2	68.0	77.6	55.2	37.4	1072	965	679	1148	953	709
321.0	3.398	332.3	35.3	68.0	77.6	55.3	37.5	1077	968	681	1152	957	712
322.0	3.393	333.4	35.4	68.1	77.7	55.4	37.6	1081	971	684	1156	961	715
323.0	3.388	334.4	35.6	68.2	77.8	55.5	37.8	1085	974	685	1160	965	717
324.0	3.383	335.4	35.7	68.2	77.9	55.6	38.0	1089	978	687	1164	969	720
325.0	3.378	336.5	35.8	68.3	78.0	55.7	38.1	1092	982	690	1168	973	723
326.0	3.372	337.5	36.0	68.4	78.1	55.9	38.3	1095	985	692	1172	977	726
327.0	3.369	338.6	36.1	68.4	78.1	56.0	38.4	1099	988	695	1176	981	729
328.0	3.366	339.6	36.2	68.5	78.2	56.1	38.5	1103	992	697	1180	985	732
329.0	3.360	340.7	36.4	68.6	78.3	56.3	38.8	1107	994	699	1183	989	735
330.0	3.353	341.7	36.5	68.6	78.3	56.4	38.9	1111	998	702	1187	992	737
331.0	3.348	342.8	36.6	68.7	78.4	56.5	39.0	1115	1001	704	1191	996	739
332.0	3.343	343.8	36.7	68.7	78.5	56.6	39.1	1119	1004	707	1194	1000	742
333.0	3.338	344.9	36.9	68.8	78.6	56.8	39.4	1123	1008	709	1199	1004	745
334.0	3.333	345.9	37.0	68.9	78.6	56.9	39.5	1127	1011	711	1203	1008	748
335.0	3.328	347.0	37.1	68.9	78.7	57.0	39.6	1130	1014	714	1207	1012	751
336.0	3.323	348.0	37.3	69.0	78.8	57.1	39.8	1134	1018	716	1211	1016	754
337.0	3.318	349.1	37.4	69.1	78.8	57.2	39.9	1138	1021	719	1215	1020	757
338.0	3.314	350.1	37.5	69.1	78.9	57.3	40.1	1141	1025	721	1219	1024	760
339.0	3.309	351.1	37.7	69.2	79.0	57.5	40.3	1145	1028	723	1223	1028	762
340.0	3.304	352.2	37.8	69.3	79.1	57.6	40.4	1149	1031	726	1227	1032	765

续表

硬度									抗拉强度/MPa					
布氏		维氏	洛氏		表面洛氏			板材			棒材		
HB ($30D^2$)	d_{10}、$2d_5$、$4d_{2.5}$/mm	HV	HRC	HRA	HR 15N	HR 30N	HR 45N	R_m	$R_{p0.1}$	$R_{p0.01}$	R_m	$R_{p0.1}$	$R_{p0.01}$
341.0	3.300	353.2	37.9	69.3	79.1	57.7	40.5	1153	1035	728	1231	1036	768
342.0	3.295	354.3	38.0	69.4	79.2	57.8	40.6	1157	1038	731	1235	1040	771
343.0	3.290	355.3	38.2	69.5	79.3	58.0	40.9	1161	1041	733	1239	1043	774
344.0	3.286	356.4	38.3	69.5	79.3	58.1	41.0	1165	1044	735	1243	1047	777
345.0	3.281	357.4	38.4	69.6	79.4	58.2	41.1	1169	1047	737	1246	1051	780
346.0	3.276	358.5	38.5	69.7	79.5	58.3	41.2	1173	1051	739	1250	1055	783
347.0	3.271	359.5	38.7	69.8	79.6	58.5	41.5	1177	1054	742	1254	1059	785
348.0	3.267	360.6	38.8	69.8	79.6	58.6	41.6	1181	1058	744	1258	1063	787
349.0	3.262	361.6	38.9	69.9	79.7	58.7	41.7	1184	1061	746	1262	1066	790
350.0	3.258	362.7	39.0	69.9	79.8	58.8	41.8	1188	1064	749	1266	1070	793
351.0	3.254	363.7	39.2	70.0	79.9	58.9	42.0	1192	1068	751	1270	1074	796
352.0	3.249	364.8	39.3	70.1	79.9	59.0	42.2	1195	1071	754	1274	1078	799
353.0	3.245	365.8	39.4	70.1	80.0	59.1	42.3	1199	1074	756	1278	1082	802
354.0	3.240	366.9	39.5	70.2	80.1	59.2	42.4	1203	1078	758	1282	1086	805
355.0	3.236	367.9	39.8	70.3	80.2	59.5	42.7	1207	1081	761	1286	1090	807
356.0	3.231	368.9	39.9	70.4	80.2	59.6	42.9	1211	1085	763	1291	1093	810
357.0	3.227	370.0	40.0	70.4	80.3	59.7	43.0	1215	1088	766	1294	1097	813
358.0	3.223	371.0	40.2	70.5	80.4	59.9	43.2	1219	1090	768	1298	1101	816
359.0	3.218	372.1	40.3	70.6	80.5	60.0	43.3	1223	1094	770	1302	1105	819
360.0	3.214	373.1	40.4	70.6	80.5	60.1	43.4	1227	1097	773	1306	1109	822
361.0	3.209	374.2	40.5	70.7	80.6	60.2	43.5	1231	1101	775	1310	1113	825
362.0	3.205	375.2	40.6	70.7	80.7	60.3	43.7	1235	1104	777	1314	1117	828
363.0	3.201	376.3	40.8	70.8	80.8	60.5	43.9	1239	1107	780	1318	1121	830
364.0	3.197	377.3	40.9	70.9	80.8	60.6	44.0	1243	1111	782	1322	1125	833
365.0	3.193	378.4	41.0	70.9	80.9	60.7	44.1	1246	1114	785	1326	1129	836
366.0	3.188	379.4	41.1	71.0	80.9	60.8	44.2	1250	1117	786	1330	1133	838
367.0	3.184	380.5	41.2	71.0	81.0	60.8	44.4	1254	1121	788	1334	1137	841
368.0	3.180	381.5	41.3	71.1	81.0	60.9	44.5	1258	1124	791	1339	1141	844
369.0	3.175	382.6	41.4	71.1	81.1	61.0	44.6	1262	1128	793	1343	1144	847
370.0	3.171	383.6	41.5	71.2	81.1	61.1	44.7	1266	1131	796	1346	1148	850
371.0	3.167	384.6	41.6	71.2	81.2	61.2	44.8	1270	1134	798	1350	1152	852
372.0	3.163	385.7	41.7	71.3	81.3	61.3	44.9	1274	1138	800	1354	1156	855
373.0	3.159	386.7	41.9	71.4	81.4	61.5	45.2	1278	1141	803	1358	1160	858
374.0	3.155	387.8	42.0	71.4	81.4	61.6	45.3	1282	1144	805	1362	1164	861
375.0	3.151	388.8	42.1	71.5	81.5	61.7	45.4	1286	1147	808	1366	1168	864
376.0	3.147	389.9	42.2	71.5	81.5	61.8	45.5	1290	1150	810	1370	1172	867
377.0	3.144	390.9	42.3	71.6	81.6	61.9	45.6	1293	1154	812	1374	1176	870
378.0	3.138	392.0	42.4	71.6	81.7	62.0	45.8	1298	1157	815	1379	1180	872
379.0	3.134	393.0	42.6	71.7	81.8	62.2	46.0	1302	1161	817	1383	1184	875
380.0	3.130	394.1	42.7	71.8	81.8	62.3	46.1	1306	1164	820	1387	1188	878
381.0	3.126	395.1	42.8	71.8	81.9	62.4	46.2	1310	1167	822	1391	—	—
382.0	3.122	396.2	42.9	71.9	81.9	62.5	46.3	1314	1171	824	1395	—	—
383.0	3.118	397.2	43.0	71.9	82.0	62.6	46.5	1318	1174	827	1398	—	—
384.0	3.114	398.3	43.2	72.0	82.1	62.7	46.7	1322	1177	829	1402	—	—

续表

硬度								抗拉强度/MPa					
布氏		维氏	洛氏		表面洛氏			板材			棒材		
HB ($30D^2$)	d_{10}、$2d_5$、$4d_{2.5}$/mm	HV	HRC	HRA	HR 15N	HR 30N	HR 45N	R_m	$R_{p0.1}$	$R_{p0.01}$	R_m	$R_{p0.1}$	$R_{p0.01}$
385.0	3.111	399.3	43.3	72.1	82.2	62.8	46.8	1326	1181	832	1406	—	—
386.0	3.107	400.3	43.4	72.1	82.2	62.9	46.9	1330	1184	834	1410	—	—
387.0	3.103	401.4	43.S	72.2	82.3	63.0	47.0	1334	1188	836	1415	—	—
388.0	3.099	402.4	43.6	72.2	82.3	63.1	47.2	1338	1191	838	1419	—	—
389.0	3.095	403.5	43.7	72.3	82.4	63.2	47.3	1342	1193	840	1423	—	—
390.0	3.091	404.5	43.9	72.4	82.5	63.4	47.5	1345	1197	843	1427	—	—
391.0	3.087	405.6	44.0	72.4	82.6	63.5	47.6	1349	1200	845	1431	—	—
392.0	3.083	406.6	44.1	72.5	82.6	63.6	47.7	1354	1204	847	1435	—	—
393.0	3.079	407.7	44.2	72.6	82.7	63.7	47.9	1358	1207	850	1439	—	—
394.0	3.076	408.7	44.3	72.6	82.7	63.8	48.0	1362	1210	852	1443	—	—
395.0	3.072	409.8	44.4	72.7	82.8	63.9	48.1	1366	1214	855	1446	—	—
396.0	3.068	410.8	44.6	72.8	82.9	64.1	48.3	1370	1217	857	1451	—	—
397.0	3.065	411.9	44.7	72.8	82.9	64.2	48.4	1374	1220	859	1455	—	—
398.0	3.061	412.9	44.8	72.9	83.0	64.3	48.6	1378	1224	862	1459	—	—
399.0	3.057	414.0	44.9	72.9	83.1	64.4	48.7	1382	1227	864	1463	—	—
400.0	3.053	415.0	45.0	73.0	83.1	64.4	48.8	1386	1231	867	1467	—	—
401.0	3.050	416.0	45.1	73.0	83.2	64.5	48.9	1391	—	—	1471	—	—
402.0	3.046	417.7	45.3	73.1	83.3	64.7	49.1	1395	—	—	1475	—	—
403.0	3.042	418.1	45.4	73.2	83.3	64.8	49.3	1398	—	—	1479	—	—
404.0	3.038	419.2	45.5	73.2	83.4	64.9	49.4	1402	—	—	1483	—	—
405.0	3.034	420.2	45.6	73.3	83.5	65.0	49.5	1406	—	—	1488	—	—
406.0	3.031	421.3	45.7	73.3	83.5	6S.1	49.6	1410	—	—	1492	—	—
407.0	3.027	422.3	45.8	73.4	83.6	65.2	49.7	1414	—	—	1496	—	—
408.0	3.024	423.4	45.9	73.4	83.6	65.3	49.8	1419	—	—	1499	—	—
409.0	3.020	424.4	46.0	73.5	83.7	65.4	50.0	1423	—	—	1503	—	—
410.0	3.017	425.5	46.2	73.6	83.8	65.6	50.2	1427	—	—	1507	—	—
411.0	3.013	426.5	46.3	73.6	83.8	65.7	50.3	1431	—	—	1511	—	—
412.0	3.009	427.6	46.4	73.7	83.9	65.8	50.4	1435	—	—	1515	—	—
413.0	3.005	428.6	46.5	73.7	84.0	65.9	50.5	1439	—	—	1519	—	—
414.0	3.002	429.7	46.6	73.8	84.0	66.0	50.7	1444	—	—	1523	—	—
415.0	2.998	430.7	46.7	73.8	84.1	66.1	50.8	1447	—	—	1528	—	—
416.0	2.995	431.8	46.8	73.9	84.1	66.2	50.9	1451	—	—	1532	—	—
417.0	2.991	432.8	46.9	73.9	84.2	66.3	51.0	1455	—	—	1536	—	—
418.0	2.988	433.8	47.0	74.0	84.3	66.4	51.1	1459	—	—	1540	—	—
419.0	2.985	434.9	47.2	74.1	84.4	66.6	51.3	1464	—	—	1544	—	—
420.0	2.981	435.9	47.3	74.1	84.4	66.6	51.5	1468	—	—	1547	—	—

附表 6　铝合金的硬度与强度换算

硬度								抗拉强度 R_m/MPa						
布氏		维氏	洛氏		表面洛氏			退火、淬火人工时效				淬火自然时效		变形铝合金
$F=10D^2$														
HB	d_{10}、$2d_5$、$4d_{2.5}$/mm	HV	HRB	HRF	HR 15T	HR 30T	HR 45T	2A11 2A12	7A04	2A50	2A14	2A11 2A12	2A50 2A14	
55.0	4.670	56.1	—	52.5	62.3	17.6	—	197	207	208	207	—	—	215
56.0	4.631	57.1	—	53.7	62.9	18.8	—	201	209	209	209	—	—	218
57.0	4.592	58.2	—	55.0	63.5	20.2	—	204	212	211	211	—	—	221
58.0	4.555	59.8	—	56.2	64.1	21.5	—	208	216	215	215	—	—	224
59.0	4.518	60.4	—	57.4	64.7	22.8	—	211	220	219	219	—	—	227
60.0	4.483	61.5	—	58.6	65.3	24.1	—	215	225	223	223	—	—	230
61.0	4.448	62.6	—	59.7	65.9	25.2	—	218	230	228	229	—	—	233
62.0	4.414	63.6	—	60.9	66.4	26.5	—	222	235	233	234	—	—	235
63.0	4.381	64.7	—	62.0	67.0	27.7	—	225	240	239	240	—	—	238
64.0	4.348	65.8	—	63.1	67.5	28.9	—	229	246	245	246	—	—	241
65.0	4.316	66.9	6.9	64.2	68.1	30.0	—	232	252	251	252	—	—	244
66.0	4.285	68.0	8.8	65.2	68.6	31.5	—	236	257	257	258	—	—	247
67.0	4.254	69.1	10.8	66.3	69.1	32.3	—	239	263	263	263	—	—	250
68.0	4.225	70.1	12.7	67.3	69.6	33.4	—	243	269	269	269	—	—	253
69.0	4.195	71.2	14.6	68.3	70.1	34.4	—	246	274	274	275	—	—	256
70.0	4.167	72.3	16.5	69.3	70.6	35.5	—	250	279	280	280	—	—	259
71.0	4.139	73.4	18.2	70.2	71.0	36.5	0.8	253	284	285	285	—	—	263
72.0	4.111	74.5	20.0	71.1	71.5	37.4	2.3	257	289	291	290	—	—	266
73.0	4.084	75.6	21.9	72.1	72.0	38.5	3.9	260	294	295	295	—	—	269
74.0	4.058	76.7	23.4	27.9	72.3	39.3	5.2	264	298	300	299	—	—	272
75.0	4.032	77.7	25.1	73.8	72.8	40.3	6.7	267	302	305	303	—	—	275
76.0	4.006	78.8	26.8	74.7	73.2	41.3	8.2	271	306	309	307	—	—	278
77.0	3.981	79.9	28.3	75.5	73.6	42.1	9.5	274	310	312	310	—	—	281
78.0	3.957	81.0	29.8	76.3	74.0	43.0	10.8	278	313	316	314	—	—	285
79.0	3.933	82.1	31.3	77.1	74.4	43.8	12.1	281	316	391	317	—	—	288
80.0	3.909	83.2	32.9	77.9	74.8	44.7	13.4	285	319	322	319	—	—	291
81.0	3.886	84.2	34.2	78.6	75.2	45.4	14.6	288	322	325	322	—	—	294
82.0	3.863	85.3	35.5	79.3	75.5	46.2	15.7	292	325	327	324	—	—	298
83.0	3.841	86.4	36.9	80.0	75.8	46.9	16.9	295	327	329	326	—	—	301
84.0	3.819	87.5	38.2	80.7	76.2	47.7	18.0	299	330	331	328	—	—	304
85.0	3.797	88.6	39.5	81.4	76.5	48.4	19.2	302	332	333	330	—	—	307
86.0	3.776	89.7	40.8	82.1	76.9	49.2	20.3	306	334	334	332	—	—	311
87.0	3.755	90.7	42.0	82.7	77.2	49.8	21.3	309	336	336	334	—	—	314
88.0	3.734	91.8	43.1	83.3	77.5	50.4	22.3	313	337	337	335	—	—	317
89.0	3.714	92.9	44.3	83.9	77.8	51.1	23.3	316	339	338	337	—	—	321
90.0	3.694	94.0	45.4	84.5	78.1	51.7	24.2	320	341	339	338	351	414	324
91.0	3.675	95.1	46.5	85.1	78.3	52.4	25.2	323	342	340	340	357	417	328
92.0	3.655	96.2	47.7	85.7	78.6	53.0	26.2	327	344	341	341	363	421	331
93.0	3.636	97.2	48.6	86.2	78.9	53.5	27.0	330	346	342	343	368	425	335
94.0	3.618	98.3	49.6	86.7	79.1	54.1	27.9	334	347	343	345	374	429	338
95.0	3.599	99.4	50.7	87.3	79.4	54.7	28.8	337	349	345	346	379	433	341

续表

硬度								抗拉强度 R_m/MPa						
布氏		维氏	洛氏		表面洛氏			退火、淬火人工时效				淬火自然时效		变形铝合金
$F=10D^2$														
HB	d_{10}、$2d_5$、$4d_{2.5}$/mm	HV	HRB	HRF	HR 15T	HR 30T	HR 45T	2A11 2A12	7A04	2A50	2A14	2A11 2A12	2A50 2A14	
96.0	3.581	100.5	51.7	87.8	79.7	55.2	29.7	341	350	346	348	385	436	345
97.0	3.563	101.6	52.6	88.3	79.9	55.8	30.5	344	352	347	350	390	440	349
98.0	3.545	102.7	53.4	88.7	80.1	56.2	31.1	348	354	349	352	396	444	352
99.0	3.528	103.7	54.3	89.2	80.4	56.7	32.0	351	356	351	354	402	448	356
100.0	3.511	104.8	55.3	89.7	80.6	57.3	32.8	355	358	353	357	407	451	359
101.0	3.494	105.9	56.0	90.1	80.8	57.7	33.4	358	360	355	359	413	455	363
102.0	3.478	107.0	57.0	90.6	81.1	58.2	34.3	362	362	357	362	418	459	366
103.0	3.461	108.1	57.7	91.0	81.2	58.6	34.9	365	365	360	364	424	463	370
104.0	3.445	109.2	58.5	91.4	81.4	59.1	35.6	369	367	363	367	429	466	374
105.0	3.429	110.2	59.3	91.8	81.6	59.5	36.2	372	370	366	370	435	470	377
106.0	3.413	111.1	60.0	92.2	81.8	59.9	36.9	376	372	370	373	441	474	381
107.0	3.398	112.4	60.8	92.6	82.0	60.4	37.5	379	375	373	376	446	479	385
108.0	3.383	113.5	61.5	93.0	82.2	60.8	38.2	383	378	377	379	452	482	388
109.0	3.367	114.6	62.3	93.4	82.4	61.2	38.8	386	381	382	383	457	485	392
110.0	3.353	115.7	63.1	93.8	82.6	61.6	39.5	390	385	386	386	463	489	396
111.0	3.338	116.7	63.6	94.1	82.8	62.0	40.0	393	388	391	390	468	493	400
112.0	3.323	117.8	64.4	94.5	83.0	62.4	40.7	397	391	396	394	474	497	403
113.0	3.309	118.9	65.0	94.8	83.1	62.7	41.1	400	395	402	397	480	500	407
114.0	3.295	120.0	65.7	95.2	83.3	63.1	41.8	404	399	407	401	485	504	411
115.0	3.281	121.1	66.3	95.5	83.5	63.5	42.3	407	403	413	405	491	508	415
116.0	3.267	122.2	67.0	95.9	83.7	63.9	43.0	411	407	419	409	496	512	419
117.0	3.254	123.2	67.6	96.2	83.8	64.2	43.4	414	411	425	413	502	516	422
118.0	3.240	124.3	68.2	96.S	84.0	64.5	43.9	418	415	432	417	507	519	426
119.0	3.227	125.4	68.8	96.8	84.1	64.8	44.4	421	419	438	421	513	523	430
120.0	3.214	126.5	69.3	97.1	84.2	65.2	44.9	425	423	444	425	519	527	434
121.0	3.201	127.6	69.9	97.4	84.4	65.5	45.4	428	427	451	429	524	531	438
122.0	3.188	128.7	70.6	97.8	84.6	65.9	46.1	432	431	457	432	530	534	442
123.0	3.175	129.7	71.2	98.1	84.7	66.2	46.4	435	435	464	436	535	538	446
124.0	3.163	130.8	71.6	98.3	84.8	66.4	46.9	439	440	470	440	540	542	450
125.0	3.151	131.9	72.2	98.6	85.0	66.8	47.4	442	444	476	444	546	546	454
126.0	3.138	133.0	72.7	98.9	85.1	67.1	47.9	446	448	482	448	552	550	458
127.0	3.126	134.1	73.3	99.2	85.3	67.4	48.4	449	452	488	452	558	553	462
128.0	3.114	135.2	73.9	99.5	85.4	67.7	48.9	453	457	493	455	563	557	466
129.0	3.103	136.2	74.4	99.8	85.6	68.0	49.3	456	461	498	459	569	561	470
130.0	3.091	137.3	74.8	100.0	85.7	68.3	49.7	460	465	503	463	574	565	474
131.0	3.079	138.4	75.4	100.3	85.8	68.6	50.2	463	469	507	467	580	—	478
132.0	3.068	139.5	76.0	100.6	86.0	68.9	50.7	467	473	511	471	585	—	482
133.0	3.057	140.6	76.3	100.8	86.1	69.1	51.0	470	477	514	474	591	—	486
134.0	3.046	141.7	76.9	101.1	86.2	69.4	51.5	474	480	517	478	597	—	491
135.0	3.035	142.7	77.3	101.3	86.3	69.6	51.8	477	484	519	483	602	—	495
136.0	3.024	143.8	77.9	101.6	86.5	70.0	52.3	481	488	521	487	608	—	499

续表

硬度								抗拉强度 R_m/MPa						
布氏		维氏	洛氏		表面洛氏			退火、淬火人工时效				淬火自然时效		变形铝合金
$F=10D^2$														
HB	d_{10}、$2d_5$、$4d_{2.5}$/mm	HV	HRB	HRF	HR 15T	HR 30T	HR 45T	2A11 2A12	7A04	2A50	2A14	2A11 2A12	2A50 2A14	
137.0	3.013	144.9	78.2	101.8	86.6	70.2	52.6	484	491	522	491	613	—	503
138.0	3.002	146.0	78.8	102.1	86.7	70.5	53.1	488	495	523	496	619	—	507
139.0	2.992	147.1	79.2	102.3	86.8	70.7	53.5	491	498	—	501	—	—	512
140.0	2.981	148.2	79.8	102.6	87.0	71.0	53.9	495	502	—	506	—	—	516
141.0	2.971	149.2	80.1	102.8	87.1	71.2	54.3	498	505	—	511	—	—	520
142.0	2.961	150.3	80.5	103.0	87.2	71.5	54.6	502	509	—	517	—	—	524
143.0	2.951	151.4	81.1	103.3	87.3	71.8	55.1	505	512	—	524	—	—	529
144.0	2.940	152.5	81.5	103.5	87.4	72.0	55.4	509	515	—	530	—	—	533
145.0	2.931	153.6	81.9	103.7	87.5	72.2	55.7	512	519	—	538	—	—	537
146.0	2.921	154.7	82.2	103.9	87.6	72.4	56.1	516	522	—	546	—	—	542
147.0	2.911	155.7	82.6	104.1	87.7	72.6	56.4	519	526	—	555	—	—	546
148.0	2.901	156.8	83.0	104.3	87.8	72.8	56.7	523	529	—	564	—	—	550
149.0	2.892	157.9	83.4	104.5	87.9	73.1	57.1	526	533	—	575	—	—	555
150.0	2.882	159.0	83.9	104.8	88.0	73.4	57.6	530	537	—	586	—	—	559
151.0	2.873	160.1	84.3	105.0	88.1	73.6	57.9	533	541	—	—	—	—	—
152.0	2.864	161.2	84.7	105.2	88.2	73.8	58.2	537	545	—	—	—	—	—
153.0	2.855	162.2	85.1	105.4	88.3	74.0	58.5	540	550	—	—	—	—	—
154.0	2.846	163.3	85.5	105.6	88.4	74.2	58.9	544	554	—	—	—	—	—
155.0	2.837	164.4	85.8	105.8	88.5	74.4	59.2	547	559	—	—	—	—	—
156.0	2.828	165.5	86.2	106.0	88.6	74.7	59.5	551	564	—	—	—	—	—
157.0	2.819	166.6	86.6	106.2	88.7	74.9	59.9	554	570	—	—	—	—	—
158.0	2.810	167.7	86.8	106.3	88.8	75.0	60.0	558	576	—	—	—	—	—
159.0	2.801	168.7	87.2	106.5	88.9	75.2	60.3	561	582	—	—	—	—	—
160.0	2.793	169.8	87.5	106.7	89.0	75.4	60.7	565	588	—	—	—	—	—
161.0	2.784	170.9	87.9	106.9	89.1	75.6	61.0	—	595	—	—	—	—	—
162.0	2.776	172.0	88.3	107.1	89.2	75.8	61.3	—	602	—	—	—	—	—
163.0	2.767	173.1	88.7	107.3	89.3	76.0	61.7	—	610	—	—	—	—	—
164.0	2.759	174.2	89.3	107.6	89.4	76.4	62.1	—	617	—	—	—	—	—

附录 4　常用计量单位

常用计量单位见附表 7～附表 10。

附表 7　SI 单位制

量的名称	单位名称	单位符号	SI 制表示式
长度	米	m	
面积	平方米	m^2	
体积	立方米	m^3	
容积	立方米	m^3	$1m^3=1000L$
	升	L	

续表

量的名称	单位名称	单位符号	SI 制表示式
时间	秒	s	
速度	米/秒	m/s	
转速	转/分	r/min	1r/min＝(1/60)r/s
角加速度	弧度/秒^2	rad/s^2	
频率	赫[兹]	Hz	1Hz＝1/s
密度	千克/米^3	kg/m^3	
力;重力	牛[顿]	N	1N＝1kg·m/s^2
力矩	牛·米	N·m	
压力、压强、应力	帕[斯卡]	Pa	1Pa＝1N/m^2
体积流量	米^3/秒	m^3/s	
质量	千克(公斤)	kg	
质量流量	千克/秒	kg/s	
能量、功、热量	焦[耳]	J	1J＝1N·m
功率;辐射通量	瓦[特]	W	1W＝1J/s
热容	焦/开	J/K	
比热容	焦/(千克·开)	J/(kg·K)	
传热系数	瓦/(米^2·开)	W/(m^2·K)	
电位、电压、电动势	伏[特]	V	1V＝1W/A
电场强度	伏/米	V/m	
电流密度	安/米^2	A/m^2	
电阻	欧[姆]	Ω	1Ω＝1V/A
电阻率	欧·米	Ω·m	
电容	法[拉]	F	1F＝1C/V
电感	亨[利]	H	1H＝1Wb/A
平面角	弧度	rad	
温度	开[尔文]	K	
电流	安[培]	A	
角度	度	°	

附表 8 可与国际单位制并用的法定单位

量的名称	单位名称	单位符号	与 SI 制的关系
时间	分	min	1min＝60s
	时	h	1h＝60min＝3600s
	天	d	1d＝24h＝86400s
体　积	升	L(l)	1L＝1dm^3＝1m^3/1000
质量	吨	t	1t＝1000kg
温度	摄氏度	℃	1℃＝1K,0℃←→273.15K

续表

量的名称	单位名称	单位符号	与 SI 制的关系
平面角	度 分 秒	° ′ ″	$1°=(\pi/180)\text{rad}=0.017453\ \text{rad}$ $1'=(1/60)°=(\pi/10800)\text{rad}$ $1''=(1/60)'=(\pi/648000)\text{rad}$
转速	转每分	r/min	1 r/min=(1/60)r/s
线密度	特[克斯]	tex	1tex=1g/km
能量、功	瓦·时	W·h	1W·h=3600J
级差	分贝	dB	1dB=0.1B

附表 9　工业上常见的非法定单位

量的名称	单位名称	单位符号	与 SI 制的关系
重力	千克力 吨力	kgf tf	1kgf=9.807N 1tf=980.7N
压力	工程大气压 标准大气压 毫米汞柱 毫米水柱	at(kgf/cm^2) atm mmHg mmH_2O	$1kgf/cm^2=98.07kPa$ 1atm=101325Pa 1mmHg=133.32Pa $1mmH_2O=9.807Pa$
热量	卡	cal	1cal=4.187J
能、功、热	千克力·米	kgf·m	1kgf·m=9.807J
功率	千克力·米/秒 米制马力	kgf·m/s PS	1kgf·m/s=9.807W 1PS=735.5W=75kgf·m/s
温 度	华氏度	°F	1K=5/9(°F+459.67)

附表 10　计量单位的词头

符号	名称	倍数	符号	名称	倍数	符号	名称	倍数
E	艾	10^{18}	—	万	10^4	m	毫	10^{-3}
P	拍	10^{15}	k	千	10^3	μ	微	10^{-6}
T	太	10^{12}	h	百	10^2	n	纳	10^{-9}
G	吉	10^9	da	十	10^1	p	皮	10^{-12}
—	亿	10^8	d	分	10^{-1}	f	飞	10^{-15}
M	兆	10^6	c	厘	10^{-2}	a	阿	10^{-18}

注：“亿”和“万”仅用于我国文字和口语中。

附录 5　常用单位换算

(1) 长度单位

长度单位换算见附表 11 和附表 12。

附表 11　长度单位换算

单位	米 m	分米 dm	厘米 cm	毫米 mm	英尺 ft	英寸 in	码 yd
1m	1	10	100	1000	3.28084	39.3701	1.094
1dm	0.1	1	10	100	0.32808	3.9370	9.144
1cm	0.01	0.1	1	10	0.03281	0.3937	0.01094
1mm	0.001	0.01	0.1	1	0.003281	0.03937	914.4
1ft	0.3048	3.048	30.48	304.8	1	12	0.3334
1in	0.0254	25.4	2.54	25.4	0.08333	1	0.0278
1yd	0.9144	9.144	91.44	914.4	3	36	1

单位	米 m	英尺 ft	码 yd	千米 km	英里 mile	海里 nmile
1m	1	3.281	1.094	0.001	6.214×10^{-4}	5.322×10^{-4}
1ft	0.3048	1	0.3334	0.384×10^{-4}	1.8939×10^{-4}	1.646×10^{-4}
1yd	0.9144	3	1	9.144×10^{-4}	9.141×10^{-4}	7.943×10^{-4}
1km	1000	3280.8	1094	1	0.6214	0.5400
1mile	1609	5280	1760.3	1.609	1	0.86898
1nmile	1852	6076	2026.1	1.852	1.1516	1

附表 12　英寸换算成毫米

英寸					毫米	英寸					毫米
分数				小数		分数				小数	
			1/64	0.0156	0.3969			9/32		0.2813	7.1438
		1/32		0.0313	0.7938				19/64	0.2969	7.5406
			3/64	0.0469	1.1906		5/16			0.3125	7.9375
	1/16			0.0625	1.5875				21/64	0.3281	8.3344
			5/64	0.0781	1.9844			11/32		0.3438	8.7313
		3/32		0.0938	2.3813				23/64	0.3594	9.1281
			7/64	0.1094	2.7781	3/8				0.3750	9.5250
1/8				0.1250	3.1750				25/64	0.3906	9.9219
			9/64	0.1406	3.5719			13/32		0.4063	10.319
		5/32		0.1563	3.9688				27/64	0.4219	10.716
			11/64	0.1719	4.3656		7/16			0.4375	11.113
	3/16			0.1875	4.7625				29/64	0.4531	11.509
			13/64	0.2031	5.1594			15/32		0.4688	11.906
		7/32		0.2188	5.5563				31/64	0.4844	12.303
			15/64	0.2344	5.9531	1/2				0.5000	12.700
1/4				0.2500	6.3500				33/64	0.5156	13.097
			17/64	0.2656	6.7469			17/32		0.5313	13.494

续表

英寸					毫米	英寸					毫米
分数				小数		分数				小数	
			35/64	0.5469	13.891			25/32		0.7813	19.844
	9/16			0.5625	14.288				51/64	0.7969	20.241
			37/64	0.5781	14.684		13/16			0.8125	20.638
		19/32		0.5938	15.081				53/64	0.8281	21.034
			39/64	0.6094	15.478			27/32		0.8438	21.431
5/8				0.6250	15.875				55/64	0.8594	21.828
			41/64	0.6406	16.272	7/8				0.8750	22.225
		21/32		0.6563	16.669				57/64	0.8906	22.622
			43/64	0.6719	17.066			29/32		0.9063	23.019
	11/16			0.6875	17.463				59/64	0.9219	23.416
			45/64	0.7031	17.859		15/16			0.9375	23.813
		23/32		0.7188	18.256				61/64	0.9531	24.209
			47/64	0.7344	18.653			31/32		0.9688	24.606
3/4				0.7500	19.050				63/64	0.9844	25.003
			49/64	0.7656	19.447	1				1.0000	25.400

（2）面积单位

面积单位换算见附表 13。

附表 13　面积单位换算

单位	平方米 m^2	平方厘米 cm^2	平方英寸 in^2	平方英尺 ft^2	平方码 yd^2
$1m^2$	1	10000	1550	10.764	1.1960
$1cm^2$	0.0001	1	0.155	0.00108	0.00012
$1in^2$	0.0006452	6.452	1	0.00694	0.00077
$1ft^2$	0.09290	929.0	144	1	0.1111
$1yd^2$	0.8361	8361	1296	9	1

单位	平方公尺 m^2	平方英尺 ft^2	公顷 ha	亩	平方公里 km^2	平方英里 $mile^2$
$1m^2$	1	10.76	0.0001	0.0015	1×10^{-6}	3.86×10^{-7}
$1ft^2$	0.09290	1	9.289×10^{-6}	0.0003444	9.29×10^{-8}	3.59×10^{-8}
1ha	10000	107650	1	15	0.01	3.86×10^{-3}
1 亩	666.7	7176.3	0.0667	1	6.667×10^{-4}	2.57×10^{-4}
$1km^2$	1000000	1.076×10^{-5}	100	1500	1	0.386
$1mile^2$	2590000	2.787×10^{-5}	259	3885	2.590	1

（3）体（容）积单位

体（容）积单位换算见附表 14。

附表 14　体（容）积单位换算

单位	升 L	立方米 m^3	美加仑 USgal	英加仑 UKgal	立方英尺 ft^3	立方英寸 in^3
1L	1	0.001	0.264178	0.219975	0.035316	61.026
$1m^3$	1000	1	2645.5	2202.8	35.3147	61024
1USgal	3.78533	0.000378	1	0.83268	0.133681	231
1UKgal	4.54596	0.000455	1.20094	1	0.160544	277.42
$1ft^3$	28.316	0.02832	7.4805	6.2288	1	1728
$1in^3$	0.016387	0.000016	0.004329	0.003605	0.000579	1

注：1 蒲式耳（bu）＝36.268 升（L）。

（4）速度单位

速度单位换算见附表 15。

附表 15　速度单位换算

单位	米/分 m/min	米/秒 m/s	英尺/分 ft/min	千米/时 km/h	英里/时 mile/h	海里/时 nmile/h
1m/min	1	0.0167	3.281	0.06	0.373	0.0324
1m/s	60	1	196.85	3.6	2.237	1.9438
1ft/min	0.3048	0.0051	1	0.0183	0.0114	0.00988
1km/h	16.67	0.2778	54.69	1	0.6214	0.5400
1mile/h	26.82	0.4470	88	1.609	1	0.8688
1nmile/h	30.87	0.5145	101.3	1.852	1.151	1

（5）质量单位

质量单位换算见附表 16。

附表 16　质量单位换算

单位	吨 t	千克 kg	英吨 UKton	磅 lb	盎司 oz	短吨 sh. ton	长吨 longton	司马担 （港制）
1t	1	1000	0.9842	2205	3.527×10^{4}	1.102	0.984	16.57
1kg	0.001	1	9.842×10^{-4}	2.205	35.27	1.1×10^{-3}	9.842×10^{-4}	1.657×10^{-2}
1UKton	1.0161	1016.1	1	2240.5	3.584×10^{4}	1.12	1	16.835
1lb	4.535×10^{-4}	0.4536	4.463×10^{-4}	1	15.995	5.0×10^{-4}	4.462×10^{-4}	7.51×10^{-3}
1oz	2.835×10^{-5}	0.02835	2.79×10^{-5}	6.251×10^{-2}	1	3.124×10^{-5}	2.79×10^{-5}	4.70×10^{-4}

续表

单位	吨 t	千克 kg	英吨 UKton	磅 lb	盎司 oz	短吨 sh. ton	长吨 longton	司马担 （港制）
1sh. ton	0.907	907	0.893	2000	3.2×10^4	1	0.892	15.017
1ongton	1.016	1016	1	2240.3	3.583×10^4	1.12	1	16.835
1 司马担	0.0605	60.5	0.0594	133.4	0.213×10^4	0.0667	0.0594	1

注：1 克拉（car，宝石）=0.2 克（g），1 金衡（oz. t）=155.5 克拉。

（6）密度单位

密度单位换算见附表 17。

附表 17　密度单位换算

单位	千克/米³ kg/m³	克/厘米³ g/cm³(t/m³)	克/毫升 g/mL	英磅/英寸³ lb/in³	英磅/英尺³ lb/ft³
1kg/m³	1	0.001	1.000028×10^3	3.61273×10^{-5}	6.24280×10^{-2}
1g/cm³(t/m³)	1000	1	1.000028	0.0361273	62.4280
1g/mL	999.972	0.999972	1	0.0361263	62.4262
1lb/in³	27679.9	27.6799	27.6807	1	1728
1lb/ft³	16.0185	0.0160185	0.0160189	5.78704×10^{-4}	1

注：1lb/UKgal（磅/英加仑）=99.776kg/m³；1lb/in³（磅/英寸³）=27679.9kg/m³；
1lb/USgal（磅/美加仑）=119.826kg/m³；1lb/bbl [磅/（石油）桶]=2.853kg/m³；
API 度=141.5/15.5℃时的相对密度−131.5；1 波美密度（B）=140/15.5℃时的相对密度−130。

（7）流量单位

流量单位换算见附表 18。

附表 18　流量单位换算

单位	米³/秒 m³/s	米³/时 m³/h	米³/分 m³/min	升/时 L/h	升/分 L/min	英尺³/分 ft³/min
1m³/s	1	3.6×10^3	60	3.6×10^6	60×10^3	2.12×10^3
1m³/h	0.28×10^{-3}	1	16.67×10^{-3}	10^3	16.67	0.59
1m³/min	16.67×10^{-3}	60	1	60×10^3	10^3	35.31
1L/h	0.28×10^{-6}	10^{-3}	16.67×10^{-3}	1	16.67×10^{-3}	0.59×10^{-3}
1L/min	16.67×10^{-6}	60×10^{-3}	10^{-3}	60	1	35.31×10^{-3}
1ft³/min	0.472×10^{-3}	1.699	28.32×10^{-3}	1.699×10^3	28.32	1

注：1UK gal/min=0.273m³/h；1USA gal/min=0.227m³/h。

(8) 力单位

力单位换算见附表19。

附表19　力单位换算

单位	牛顿 N	千克力 kgf	达因 dyn	磅力 lbf
1N	1	0.1020	10^5	0.2247
1kgf	9.8066	1	9.8066×10^5	2.2047
1dyn	10^{-5}	0.102×10^{-5}	1	2.247×10^{-6}
1lbf	4.450	0.4536	4.45×10^5	1

(9) 力矩单位

力矩单位换算见附表20。

附表20　力矩单位换算

单　位	牛·米 N·m	公斤·米 kgf·m	磅·英尺 lbf·ft	磅·英寸 lbf·in
1N·m	1	0.102	0.7382	8.8585
1kgf·m	9.8066	1	7.2333	86.80
1lbf·ft	1.3546	0.1382	1	12
1lbf·in	0.1129	0.0115	0.0833	1

(10) 压力（压强）单位

压力（压强）单位换算见附表21。

附表21　压力（压强）单位换算

单位	千帕 kPa	巴 bar	毫巴 mbar	千克力/厘米² kgf/cm^2	毫米水柱 mmH_2O	毫米汞柱 mmHg	磅力/厘米² lbf/in^2
1kPa	1	10^{-2}	10	10.2×10^{-3}	101.97	7.5	0.145
1bar	1.05×10^2	1	10^3	1.02	10.2×10^3	750.06	14.5
1mbar	10^{-1}	10	1	1.02×10^{-3}	10.2	0.75	14.5×10^{-3}
$1kgf/cm^2$	98.07	0.981	980.67	1	10.000	735.56	14.22
$1mmH_2O$	9.807×10^{-3}	98.07×10^{-6}	98.07×10^{-3}	10^{-4}	1	73.56×10^{-3}	1.42×10^{-3}
1mmHg	133.32×10^{-3}	1.33×10^{-3}	1.33	1.36×10^{-3}	13.6	1	19.34×10^{-3}
$1lbf/in^2$	6.895	68.95×10^{-3}	68.95	70.31×10^{-3}	703.07	51.71	1

注：1达因/厘米²（dyn/cm^2）＝0.1帕（Pa），1托（Torr）＝133.322帕（Pa）；1工程大气压＝98.0665千帕（kPa）；1物理大气压（atm）＝101.325千帕（kPa）＝14.696磅/英寸²（psi）＝1.0333巴（bar）。

(11) 黏度单位

黏度单位换算见附表 22 和附表 23。

附表 22 运动黏度单位换算

单位	斯托克斯 St	米²/秒 m^2/s	米²/时 m^2/h	英尺²/秒 ft^2/s	英尺²/时 ft^2/h
1St	1	0.0001	0.36	1.076×10^{-3}	3.875
$1m^2/s$	10000	1	3600	10.76	38750
$1m^2/h$	2.778	2.778×10^{-4}	1	0.00299	10.76
$1ft^2/s$	929	0.0929	334.6	1	3600
$1ft^2/h$	0.258	2.58×10^{-5}	0.0929	2.78×10^{-4}	1

注：$1St=100cSt=1cm^2/s$；$1cSt=10^{-6}m^2/s=1mm^2/s$。

附表 23 动力黏度单位换算

单位	帕秒 Pa·s	泊 P	千克/米·时 kg/(m·h)	千克力·秒/米² $kgf\cdot s/m^2$	磅/英尺·秒 lb/(ft·s)	磅力·秒/英尺² $1lbf\cdot s/ft^2$
1Pa·s	1	10	3600	0.10197	0.6721	2.0885×10^{-2}
1P	0.1	1	360	0.010197	0.06721	2.0885×10^{-3}
1kg/(m·h)	2.778×10^{-4}	2.778×10^{-3}	1	2.833×10^{-5}	1.867×10^{-4}	5.801×10^{-6}
$1kgf\cdot s/m^2$	9.807	98.07	5.530×10^4	1	6.5919	0.20482
1lb/(ft·s)	1.488	14.882	5357	0.1518	1	0.03108
$1lbf\cdot s/ft^2$	47.88	478.8	1.724×10^5	4.882	32.174	1

注：$1Pa\cdot s=1N\cdot s/m^2=1kg/(m\cdot s)$。

(12) 温度单位

温度单位换算见附表 24～附表 26。

附表 24 温度单位换算

摄氏度与华氏度换算	开氏度与摄氏度、华氏度的关系
摄氏度(℃)=(℉－32)×5/9	开氏度(K)=(℃＋273.16)
华氏度(℉)=(℃×9/5)＋32	兰氏度(°R)=(℉＋495.69)

注：℃—摄氏度，℉—华氏度，°R—兰氏度。

附表 25 华氏度换算成摄氏度

华氏(℉)	摄氏(℃)	华氏(℉)	摄氏(℃)	华氏(℉)	摄氏(℃)	华氏(℉)	摄氏(℃)
—40	—40.00	38	3.33	84	28.89	170	76.67
—30	—34.44	40	4.44	86	30.00	180	82.22
—20	—28.89	42	5.56	88	31.11	190	87.78
—10	—23.33	44	6.67	90	32.22	200	93.33
0	—17.78	46	7.78	92	33.33	210	98.89
2	—16.67	48	8.89	94	34.44	220	104.4
4	—15.56	50	10.00	96	35.56	230	110.0
6	—14.44	52	11.11	98	36.67	240	115.6
8	—13.33	54	12.22	100	37.78	250	121.1
10	—12.22	56	13.33	102	38.89	260	126.7
12	—11.11	58	14.44	104	40.00	270	132.2
14	—10.00	60	15.56	106	41.11	280	137.8
16	—8.89	62	16.67	108	42.22	290	143.3
18	—7.78	64	17.78	110	43.33	300	148.9
20	—6.67	66	18.89	112	44.44	310	154.4
22	—5.56	68	20.00	114	45.56	320	160.0
24	—4.44	70	21.11	116	46.67	330	165.6
26	—3.33	72	22.22	118	47.78	340	171.1
28	—2.22	74	23.33	120	48.89	350	176.7
30	—1.11	76	24.44	130	54.44	360	182.2
32	0.00	78	25.56	140	60.00	370	187.8
34	1.11	80	26.67	150	65.56	380	193.3
36	2.22	82	27.78	160	71.11	390	198.9

附表 26 摄氏度换算成华氏度

摄氏(℃)	华氏(℉)	摄氏(℃)	华氏(℉)	摄氏(℃)	华氏(℉)	摄氏(℃)	华氏(℉)
—40	—40.0	15	59.0	38	100.4	105	221.0
—35	—31.0	16	608	39	102.2	110	230.0
—30	—22.0	17	62.6	40	104.0	115	239.0
—25	—13.0	18	64.4	41	105.8	120	248.0
—20	—4.0	19	66.2	42	107.6	125	257.0
—15	5.0	20	68.0	43	109.4	130	266.0
—10	14.0	21	69.8	44	111.2	135	275.0
—5	23.0	22	71.6	45	113.0	140	284.0
0	32.0	23	73.4	46	114.8	145	293.0
1	33.8	24	75.2	47	116.6	150	302.0
2	35.6	25	77.0	48	118.4	155	311.0
3	37.4	26	78.8	49	120.2	160	320.0
4	39.2	27	80.6	50	122.0	165	329.0
5	41.0	28	82.4	55	131.0	170	338.0
6	42.8	29	84.2	60	140.0	175	347.0
7	44.6	30	86.0	65	149.0	180	356.0
8	46.4	31	87.8	70	158.0	185	365.0
9	48.2	32	89.6	75	167.0	190	374.0
10	50.0	33	91.4	80	176.0	195	383.0
11	51.8	34	93.2	85	185.0	200	392.0
12	53.6	35	95.0	90	194.0	205	401.0
13	55.4	36	96.8	95	203.0	210	410.0
14	57.2	37	98.6	100	212.0	215	419.0

(13) 比热容单位

比热容单位换算见附表 27。

附表 27　比热容单位换算

单位	焦耳/(千克·开) J/(kg·K)	焦耳/(克·开) J/(g·K)	卡/(千克·开) cal/(kg·K)	千卡/(千克·开) kcal/(kg·K)	英热单位/(磅·华氏度) Btu/(lb·°F)
1J/(kg·K)	1	0.0010	0.2388	0.0002388	0.0002388
1J/(g·K)	1000	1	238.85	0.2388	0.2388
1cal/(kg·K)	4.1868	0.0042	1	0.0010	0.0010
1kcal/(kg·K)	4186.8	4.1868	1000	1	1
1Btu/(lb·°F)	4186.8	4.1868	1000	1	1

(14) 传热系数单位

传热系数单位换算见附表 28。

附表 28　传热系数单位换算

单位	瓦/(米²·开) $W/(m^2·K)$	焦耳/(米²·秒·开) $J/(m^2·s·K)$	千卡/(米²·时·摄氏度) $kcal/(m^2·h·℃)$	卡/(厘米²·秒·摄氏度) $cal/(cm^2·s·℃)$	英热单位/(英尺²·时·华氏度) $Btu/(ft^2·h·°F)$
$1W/(m^2·K)$	1	1	0.8598	2.388×10^{-5}	0.1761
$1J/(m^2·s·K)$	1.163	1.163	1	2.778×10^{-5}	0.2048
$1kcal/(m^2·h·℃)$	4.187×104	4.187×104	3.6×104	1	7373
$1Btu/(ft^2·h·°F)$	5.678	5.678	4.882	1.356×10^{-4}	1

(15) 热导率单位

热导率单位换算见附表 29。

附表 29　热导率单位换算

单位	瓦/(米·开) W/(m·K)	千卡/(米·时·开) kcal/(m·h·K)	英热单位·英寸/(平方英尺·时·华氏度) $Btu·in/(ft^2·h·°F)$	英热单位/(英尺·时·华氏度) Btu/(ft·h·°F)	英热单位/(英寸·时·华氏度) Btu/(in·h·°F)
1W/(m·K) =1J/(m·s·K)	1	0.86	6.935	0.5779	0.04815
1kcal/(m·h·K)	1.163	1	8.064	0.6719	0.05599

续表

单位	瓦/(米·开) W/(m·K)	千卡/(米·时·开) kcal/(m·h·K)	英热单位·英寸/(平方英尺·时·华氏度) Btu·in/(ft^2·h·°F)	英热单位/(英尺·时·华氏度) Btu/(ft·h·°F)	英热单位/(英寸·时·华氏度) Btu/(in·h·°F)
1Btu·in/(ft^2·h·°F)	0.1442	0.124	1	0.08333	6.944×10^{-3}
1Btu/(ft·h·°F)	1.731	1.488	12	1	0.08333
1Btu/(in·h·°F)	20.77	17.86	144	12	1

(16) 热功单位

热功单位换算见附表 30。

附表 30　热功单位换算

单位	焦耳 J	千卡 kcal	千克力·米 kgf·m	千瓦·小时 kW·h	米制马力·时 PS·h	磅力·英尺 lb·ft	英热单位 Btu
1J	1	2.389×10^{-4}	0.10204	2.778×10^{-7}	3.777×10^{-7}	0.7376	9.481×10^{-4}
1kcal	4186.75	1	427.216	1.227×10^{-3}	1.58×10^{-3}	3.087×10^{3}	3.968
1kgf·m	9.80665	2.342×10^{-3}	1	2.724×10^{-6}	3.704×10^{-6}	7.2256	9.288×10^{-3}
1kW·h	3.6×10^{6}	860.04	3.67×10^{5}	1	1.36	2.655×10^{6}	3413
1PS·h	2.648×10^{6}	632.61	2.703×10^{5}	0.7356	1	1.953×10^{6}	2510
1ft·lbf	1.35582	3.24×10^{-4}	0.1383	3.766×10^{-7}	5.12×10^{-7}	1	1.285×10^{-3}
1Btu	1055.06	0.252	107.658	3.1×10^{-4}	3981×10^{-4}	779	1

注：1W·s=1J=1N·m；1cal=4.1868J；1PS·h=2.68452×10^{6}J。

(17) 功率单位

功率单位换算见附表 31。

附表 31　功率单位换算

单位	千瓦 kW	米制马力 PS	英制马力 HP	公斤·米/秒 kg·m/s	千卡/秒 kcal/s	英热单位/秒 Btu/s	英尺·磅/秒 ft·lb/s
1kW	1	1.36	1.341	102	0.239	0.9478	737.6
1PS	0.7355	1	0.9863	75	0.1757	0.6972	542.5
1HP	0.7457	1.014	1	76.04	0.1781	0.7068	550
1kg·m/s	9.807×10^{-3}	1.333×10^{-2}	1.315×10^{-2}	1	2.342×10^{-3}	9.295×10^{-3}	7.233
1kcal/s	4.187	5.692	5.614	426.9	1	3.968	3087
1Btu/s	1.055	1.434	1.415	107.6	0.252	1	778.2
1ft·lb/s	1.356×10^{-3}	1.843×10^{-3}	1.82×10^{-3}	0.1383	3.24×10^{-4}	1.285	1

注：1W=1J/s=1N·m/s；1ft·lb/s=0.04214N·m/s。

附录 6　常用线规号码与线径

常用线规号码与线径见附表 32。

附表 32　常用线规号码与线径对照

中国线规			英国 SWG		美国 AWG		德国 DIN
线径/mm	实际截面/mm^2	标准截面/mm^2	线号	线径/mm	线号	线径/mm	线径/mm
—	—	—	7/0	12.700	—	—	12.50
—	—	—	6/0	11.786	4/0	11.684	—
11.20	98.52	100.00	5/0	10.973	3/0	10.404	11.20
10.00	78.54	8000	4/0	10.160	—	—	10.00
9.00	63.62	63.00	3/0	9.449	2/0	9.266	9.00
—	—	—	2/0	8.839	—	—	—
8.00	50.27	50.00	0	8.230	0	8253	8.00
—	—	—	1	7.620	—	—	—
7.10	39.59	40.00	2	7.010	1	7.348	7.10
6.30	31.17	31.50	3	6.401	2	6.544	6.30
—	—	—	4	5.893	3	5.827	—
5.60	24.63	25.00	5	5.385	4	5.189	5.60
5.00	19.64	20.00	6	4.877	—	—	5.00
4.50	15.90	16.00	7	4.470	5	4.620	4.50
4.00	12.57	12.50	8	4.064	6	4.115	4.00
3.55	9.898	10.00	9	3.658	7	3.665	3.55
3.15	7.793	8.00	10	3.251	8	3.264	3.15
—	—	—	11	2.946	9	2.906	—
2.80	6.158	6.30	12	2.642	10	2.588	2.80

续表

中国线规			英国 SWG		美国 AWG		德国 DIN
线径/mm	实际截面/mm^2	标准截面/mrn^2	线号	线径/mm	线号	线径/mm	线径/mm
2.50	4.909	5.00	13	2.337	11	2.305	2.50
2.24	3.941	4.00	—	—	—	—	2.24
2.00	3.142	3.15	14	2.032	12	2.053	2.00
1.80	2.545	2.50	15	1.829	13	1.829	1.80
1.60	2.011	2.00	16	1.626	14	1.628	1.60
1.40	1.539	1.60	17	1.422	15	1.450	1.40
1.25	1.227	1.25	18	1.219	16	1.291	1.25
1.12	0.985	1.00	—	—	17	1.150	1.12
1.00	0.7854	0.80	19	1.016	18	1.024	1.00
0.90	0.6362	0.63	20	0.914	19	0.912	0.90
0.80	0.5027	0.50	21	0.813	20	0.812	0.80
0.71	0.3959	0.40	22	0.711	21	0.723	0.71
—	—	—	—	—	22	0.644	—
0.63	0.3117	0.315	23	0.610	—	—	0.63
0.56	0.2463	0.250	24	0.559	23	0.573	0.56
0.50	0.1964	0.20	25	0.508	24	0.511	0.50
0.45	0.1590	0.16	26	0.457	25	0.455	0.45
0.40	0.1257	0.125	27	0.4166	26	0.405	0.40
—	—	—	28	0.3759	—	—	—
0.355	0.0990	0.100	29	0.3454	27	0.361	0.36
—	—	—	30	0.3150	—	—	—
0.315	0.0779	0.08	31	0.2946	28	0.321	0.32
0.28	0.06158	0.063	32	0.2743	29	0.286	0.28
0.25	0.04909	0.050	33	0.2540	30	0.255	0.25
0.224	0.03941	0.040	34	0.2337	—	—	0.22
0.20	0.03142	0.032	35	0.2134	31	0.227	0.20
0.18	0.02545	0.025	36	0.1930	32	0.202	0.18
—	—	—	37	0.1727	33	0.180	—
0.16	0.02011	0.020	38	0.1524	34	0.160	0.16
0.14	0.01539	0.016	39	0.1321	35	0.143	0.14
0.125	0.01228	0.012	40	0.1219	36	0.127	0.12
0.112	0.009849	0.010	41	0.1118	37	0.113	—
0.100	0.007854	0.008	42	0.1016	38	0.101	—
0.090	0.006362	0.0063	43	0.0910	39	0.090	—
—	—	—	—	—	40	0.080	—

附表 7 基本几何图形的面积和体积

基本几何图形的面积和体积见附表 33～附表 35。

附表 33　基本几何图形的面积

名称	图形	符号	面积 S
任意三角形	A, B, C, a, b, c, h	a、b、c—三边长 h—a 边上的高 s—周长的一半 A、B、C—内角 其中 $s=\frac{a+b+c}{2}$	$S=\frac{1}{2}ah=\frac{1}{2}ab\sin C$ $=\sqrt{s(s-a)(s-b)(s-c)}$ $=\frac{a^2\sin B\sin C}{2\sin A}$
直角三角形	a, b, c	a—直角边长 b—直角边长 c—斜边长 $c^2=a^2+b^2$	$s=\frac{1}{2}ab$
任意四边形	α, D, d	d，D—对角线长 α—对角线夹角	$S=\frac{1}{2}dD\sin\alpha$
平行四边形	a, b, h, α	a，b—边长 h—a 边上的高 α—两边夹角	$S=ah$ $=ab\sin\alpha$
菱形	α, D, d, a	a—边长 α—夹角 D—长对角线长 d—短对角线长	$S=\frac{Dd}{2}=a^2\sin\alpha$
长方形	a, b	a—长边边长 b—短边边长	$S=ab$
正方形	a, a	a—边长	$S=a^2$
梯形	a, b, m, h	a—上底长 b—下底长 h—高 m—中位线长	$s=\frac{a+b}{2}h$ $=mh$

续表

名称	图形	符号	面积 S
正多边形	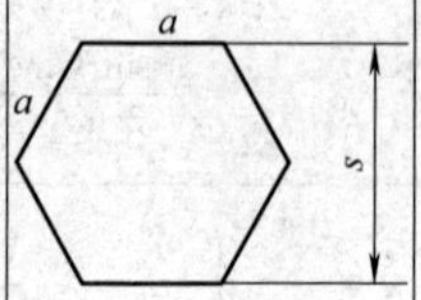	a—边长 s—对边宽	$n=3\quad S=0.433a^2$ $n=4\quad S=1.000a^2=1.000s^2$ $n=5\quad S=1.720a^2$ $n=6\quad S=2.598a^2=0.866s^2$ $n=7\quad S=3.634a^2$ $n=8\quad S=4.282a^2=0.8284s^2$ $n=9\quad S=6.180a^2$ $n=10\quad S=7.694a^2=0.8123s^2$ $n=11\quad S=9.366a^2$ $n=12\quad S=11.20a^2=0.8041s^2$
圆	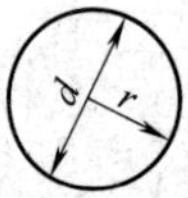	r—半径 d—直径	$S=\pi r^2=\frac{\pi}{4}d^2$
椭圆	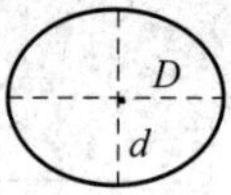	D—长轴 d—短轴	$S=\frac{\pi Dd}{4}$
圆环	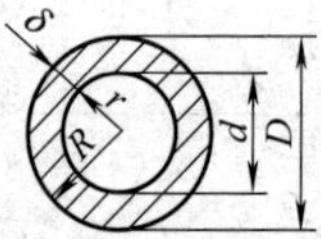	R—外圆半径 r—内圆半径 D—外圆直径 d—内圆直径	$S=\pi(R^2+r^2)$ $=\frac{1}{4}\pi(D^2-d^2)$ $=\pi\delta(D-d)$ $=\pi(d\delta+\delta^2)$
扇形	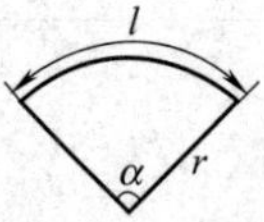	l—弧长$=\frac{\alpha}{180}\pi r$ r—半径 α—圆心角的度数	$S=\frac{\alpha}{360^\circ}\pi r^2=0.008727r^2\alpha$
抛物线形	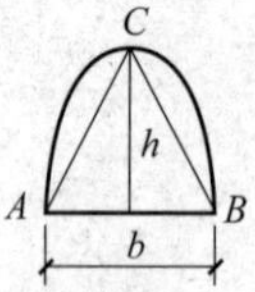	b—底边长 h—高 l—曲线长 F—$\triangle ABC$ 的面积 S—抛物线形面积	$l=\sqrt{b^2+1.3333h^2}$ $S=\frac{2}{3}b\quad h=\frac{4}{3}F$

附表 34　基本几何图形的表面积和体积

名称	图形	符号	表面积 S，体积 V
正方体	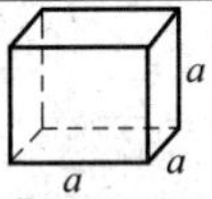	a—棱长	$S=6a^2$ $V=a^3$
长方体	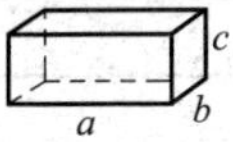	a—长度 b—宽度 c—高度	$S=2(ab+bc+ca)$ $V=abc$
棱柱	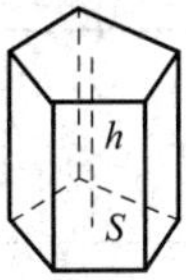	S—底面积 h—高	$V=Sh$
棱锥	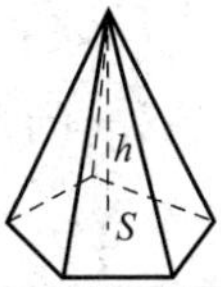	S—底面积 h—高	$V=\frac{1}{3}Sh$
棱台	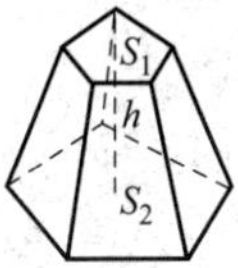	S_1—上底面积 S_2—下底面积 h—高	$V=\frac{1}{3}h(S_1+S_2+\sqrt{S_1S_2})$
圆　柱	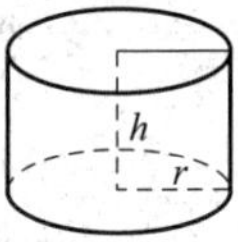	r—底半径 h—高度 S—表面积 S'—侧面积	$S=\pi r(2h+r)$ $V=\pi r^2h$ $S'=2\pi rh$
空心圆柱	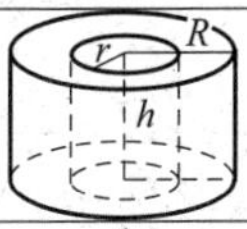	R—外半径 r—内圆半径 h—高度	$V=\pi h(R^2-r^2)$
直圆锥	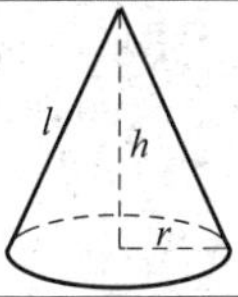	S—表面积 S'—侧面积 r—底半径 h—高度 l—母线长	$S=\pi r(r+1)$ $V=\frac{1}{3}\pi r^2h$ $S'=\pi rl$
圆台	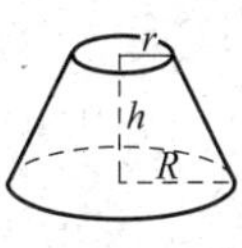	r—上底半径 R—下底半径 h—高度 S—表面积 S'—侧面积	$S'=\pi l(r+R)$ $S=\pi(r^2+R^2)+S'$ $V=\frac{1}{3}\pi h(R^2+Rr+r^2)$ $l=\sqrt{(R-r)^2+h^2}$

续表

名称	图形	符号	表面积 S，体积 V
球	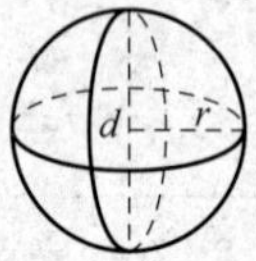	r—半径 d—直径	$V=\frac{4}{3}\pi r^3=\frac{1}{6}\pi d^3$ $S=4\pi r^2$

附表 35 金属型材的截面积

钢板、扁钢、带钢	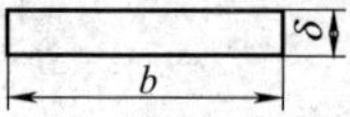	b—宽度 δ—厚度	$S=b\delta$
圆角扁钢	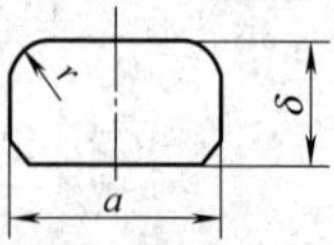	a—宽度 δ—厚度 r—圆角半径	$S=a\delta-0.8584r^2$
圆角方钢	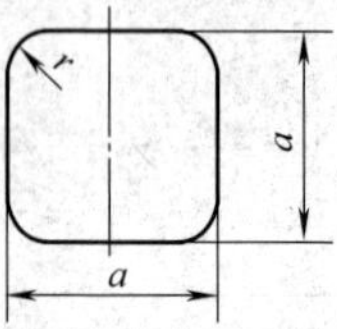	a—边宽 r—圆角半径	$S=a^2-0.8584r^2$
六角钢	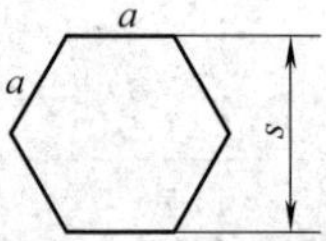	s—对边距离 a—边宽	$S=0.866s^2$ $=2.589s^2$
八角钢	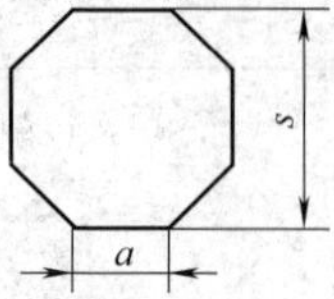	s—对边距离 a—边宽	$S=0.8284s^2$ $=4.8284a^2$
等边角钢	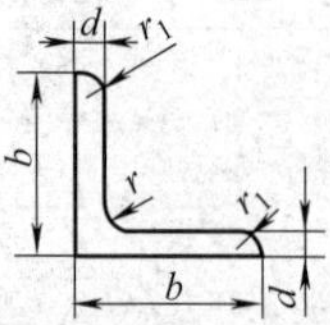	d—边厚 b—边宽 r—内圆角半径 r_1—边端圆角半径	$S=d(2b-d)$ $+0.2146(r^2-2r_1^2)$

续表

不等边角钢	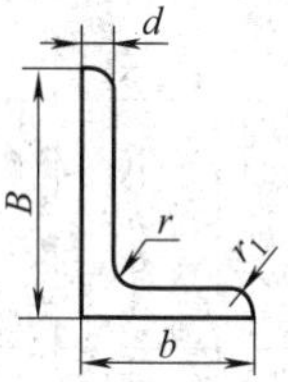	d—边厚 B—长边宽 b—短边宽 r—内圆角半径 r_1—端边圆角半径	$S=d(B+b-d)$ $+0.2146(r^2-2r_1^2)$
工字钢	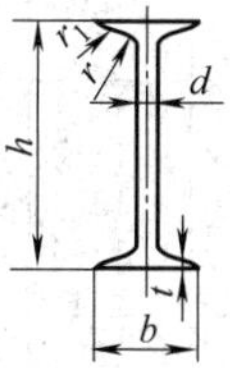	h—高度 b—腿宽 d—腰厚 t—平均厚度 r—内圆角半径 r_1—边端圆角半径	$S=hd+2t(b-d)$ $+0.8584(r^2-r_1{}^2)$
槽钢	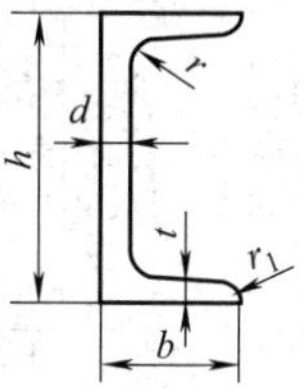	h—高度 b—腿宽 d—腰厚 t—平均厚度 r—内圆角半径 r_1—边端圆角半径	$S=hd+2t(b-d)$ $+0.4292(r^2-r_1^2)$

附录 8　圆周的弧长、弓形的高度、弦长和面积

圆周的弧长、弓形的高度、弦长和面积见附表 36。

附表 36　圆周的弧长、弓形的高度、弦长和面积　　mm

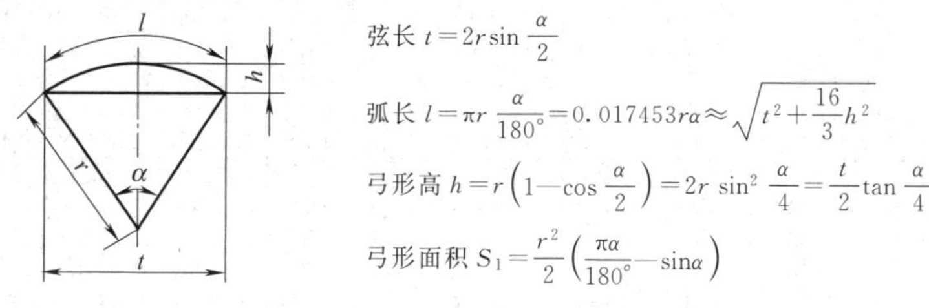

弦长 $t=2r\sin\dfrac{\alpha}{2}$

弧长 $l=\pi r\dfrac{\alpha}{180^\circ}=0.017453r\alpha\approx\sqrt{t^2+\dfrac{16}{3}h^2}$

弓形高 $h=r\left(1-\cos\dfrac{\alpha}{2}\right)=2r\sin^2\dfrac{\alpha}{4}=\dfrac{t}{2}\tan\dfrac{\alpha}{4}$

弓形面积 $S_1=\dfrac{r^2}{2}\left(\dfrac{\pi\alpha}{180^\circ}-\sin\alpha\right)$

续表

圆心角 α /(°)	弧长 l	弓形高 h	弦长 e	弓形面积 S_1 /mm²	圆心角 α /(°)	弧长 l	弓形高 h	弦长 e	弓形面积 S_1 /mm²
1	0.0179	0.0000	0.0175	0.00000	46	0.8029	0.0795	0.7815	0.04176
2	0.0349	0.0002	0.0349	0.00000	47	0.8203	0.0829	0.7975	0.04448
3	0.0524	0.0003	0.0524	0.00001	48	0.8378	0.0865	0.8135	0.04731
4	0.0698	0.0006	0.0698	0.00003	49	0.8552	0.0900	0.8294	0.05025
5	0.0873	0.0010	0.0872	0.00006	50	0.8727	0.0937	0.8452	0.05331
6	0.1047	0.0014	0.1047	0.00010	51	0.8901	0.0974	0.8610	0.05649
7	0.1222	0.0019	0.1221	0.00015	52	0.9076	0.1012	0.8767	0.05978
8	0.1396	0.0024	0.1395	0.00023	53	0.9250	0.1051	0.8924	0.06319
9	0.1571	0.0031	0.1569	0.00032	54	0.9425	0.1090	0.9080	0.06673
10	0.1745	0.0038	0.1743	0.00044	55	0.9599	0.1130	0.9235	0.07039
11	0.1920	0.0046	0.1917	0.00059	56	0.9774	0.1171	0.9389	0.07417
12	0.2094	0.0055	0.2091	0.00076	57	0.9948	0.1212	0.9543	0.07808
13	0.2269	0.0064	0.2264	0.00097	58	1.0123	0.1254	0.9696	0.08212
14	0.2443	0.0075	0.2437	0.00121	59	1.0297	0.1296	0.9848	0.08629
15	0.2618	0.0086	0.2611	0.00149	60	1.0472	0.1340	1.0000	0.09059
16	0.2793	0.0097	0.2783	0.00181	61	1.0647	0.1384	1.0151	0.09502
17	0.2967	0.0110	0.2956	0.00217	62	1.0821	0.1428	1.0301	0.09958
18	0.3142	0.0123	0.3129	0.00257	63	1.0996	0.1474	1.0450	0.10428
19	0.3316	0.0137	0.3301	0.00302	64	1.1170	0.1520	1.0598	0.10911
20	0.3491	0.0152	0.3473	0.00352	65	1.1345	0.1566	1.0746	0.11408
21	0.3665	0.0167	0.3645	0.00408	66	1.1519	0.1613	1.0893	0.11919
22	0.3840	0.0184	0.3816	0.00468	67	1.1694	0.1661	1.1039	0.12443
23	0.4014	0.0201	0.3987	0.00535	68	1.1868	0.1710	1.1184	0.12982
24	0.4189	0.0219	0.4158	0.00607	69	1.2043	0.1759	1.1328	0.13535
25	0.4363	0.0237	0.4329	0.00686	70	1.2217	0.1808	1.1472	0.14102
26	0.4538	0.0256	0.4499	0.00771	71	1.2392	0.1859	1.1614	0.14683
27	0.4712	0.0276	0.4669	0.00862	72	1.2566	0.1910	1.1756	0.15279
28	0.4887	0.0297	0.4838	0.00961	73	1.2741	0.1961	1.1896	0.15889
29	0.5061	0.0319	0.5008	0.01067	74	1.2915	0.2013	1.2036	0.16514
30	0.5236	0.0341	0.5176	0.01180	75	1.3090	0.2066	1.2175	0.17154
31	0.5411	0.0364	0.5345	0.01301	76	1.3265	0.2120	1.2313	0.17808
32	0.5585	0.0387	0.5513	0.01429	77	1.3439	0.2174	1.2450	0.18477
33	0.5760	0.0412	0.5680	0.01566	78	1.3614	0.2229	1.2586	0.19160
34	0.5934	0.0437	0.5847	0.01711	79	1.3788	0.2284	1.2722	0.19859
35	0.6109	0.0463	0.6014	0.01864	80	1.3963	0.2340	1.2856	0.20573
36	0.6283	0.0489	0.6180	0.02027	81	1.4137	0.2396	1.2989	0.21301
37	0.6458	0.0517	0.6346	0.02198	82	1.4312	0.2453	1.3121	0.22045
38	0.6632	0.0545	0.6511	0.02378	83	1.4486	0.2510	1.3252	0.22804
39	0.6807	0.0574	0.6676	0.02568	84	1.4661	0.2569	1.3383	0.23578
40	0.6981	0.0603	0.6840	0.02767	85	1.4835	0.2627	1.3512	0.24367
41	0.7156	0.0633	0.7004	0.02976	86	1.5010	0.2686	1.3640	0.25171
42	0.7330	0.0664	0.7167	0.03195	87	1.5184	0.2746	1.3767	0.25990
43	0.7505	0.0696	0.7330	0.03425	88	1.5359	0.2807	1.3893	0.26825
44	0.7679	0.0728	0.7492	0.03664	89	1.5533	0.2867	1.4018	0.27675
45	0.7854	0.0761	0.7654	0.03915	90	1.5708	0.2929	1.4142	0.28540

续表

圆心角 α /(°)	弧长 l	弓形高 h	弦长 e	弓形面积 S_1 /mm²	圆心角 α /(°)	弧长 l	弓形高 h	弦长 e	弓形面积 S_1 /mm²
91	1.5882	0.2991	1.4265	0.29420	136	2.3736	0.6254	1.8544	0.83949
92	1.6057	0.3053	1.4387	0.30316	137	2.3911	0.6335	1.8608	0.85455
93	1.6232	0.3116	1.4507	0.31226	138	2.4086	0.6416	1.8672	0.86971
94	1.6406	0.3180	1.4627	0.32152	139	2.4260	0.6498	1.8733	0.88497
95	1.6580	0.3244	1.4746	0.33093	140	2.4435	0.6580	1.8794	0.90034
96	1.6755	0.3309	1.4863	0.34050	141	2.4609	0.6662	1.8853	0.91580
97	1.6930	0.3374	1.4979	0.35021	142	2.4784	0.6744	1.8910	0.93135
98	1.7104	0.3439	1.5094	0.36008	143	2.4958	0.6827	1.8966	0.94700
99	1.7279	0.3506	1.5208	0.37009	144	2.5133	0.6910	1.9021	0.96274
100	1.7453	0.3572	1.5321	0.38026	145	2.5307	0.6993	1.9074	0.97858
101	1.7628	0.3639	1.5432	0.39058	146	2.5482	0.7076	1.9126	0.99449
102	1.7802	0.3707	1.5543	0.40104	147	2.5656	0.7160	1.9176	1.01050
103	1.7977	0.3775	1.5652	0.41166	148	2.5831	0.7244	1.9225	1.02658
104	1.8151	0.3843	1.5760	0.42242	149	2.6005	0.7328	1.9273	1.04275
105	1.8326	0.3912	1.5867	0.43333	150	2.6180	0.7412	1.9319	1.05900
106	1.8500	0.3982	1.5973	0.44439	151	2.6354	0.7496	1.9363	1.07532
107	1.8675	0.4052	1.6077	0.45560	152	2.6529	0.7581	1.9406	1.09171
108	1.8850	0.4122	1.6180	0.46695	153	2.6704	0.7666	1.9447	1.10818
109	1.9024	0.4193	1.6282	0.47844	154	2.6878	0.7750	1.9487	1.12472
110	1.9199	0.4264	1.6383	0.49008	155	2.7053	0.7836	1.9526	1.14132
111	1.9373	0.4336	1.6483	0.50187	156	2.7227	0.7921	1.9563	1.15799
112	1.9548	0.4408	1.6581	0.51379	157	2.7402	0.8006	1.9599	1.17472
113	1.9722	0.4481	1.6678	0.52586	158	2.7576	0.8092	1.9633	1.19151
114	1.9897	0.4554	1.6773	0.53807	159	2.7751	0.8178	1.9665	1.20835
115	2.0071	0.4627	1.6868	0.55041	160	2.7925	0.8264	1.9696	1.22525
116	2.0246	0.4701	1.6961	0.56289	161	2.8100	0.8350	1.9726	1.24221
117	2.0420	0.4775	1.7053	0.57551	162	2.8274	0.8436	1.9754	1.25921
118	2.0595	0.4850	1.7143	0.58827	163	2.8449	0.8522	1.9780	1.27626
119	2.0769	0.4925	1.7233	0.60116	164	2.8623	0.8608	1.9805	1.29335
120	2.0944	0.5000	1.7321	0.61418	165	2.8798	0.8695	1.9829	1.31049
121	2.1118	0.5076	1.7407	0.62734	166	2.8972	0.8781	1.9851	1.32766
122	2.1293	0.5152	1.7492	0.64063	167	2.9147	0.8868	1.9871	1.34487
123	2.1468	0.5228	1.7576	0.65404	168	2.9322	0.8955	1.9890	1.36212
124	2.1642	0.5305	1.7659	0.66759	169	2.9496	0.9042	1.9908	1.37940
125	2.1817	0.5383	1.7740	0.68125	170	2.9671	0.9128	1.9924	1.39671
126	2.1991	0.5460	1.7820	0.69505	171	2.9845	0.9215	1.9938	1.41404
127	2.2166	0.5538	1.7899	0.70897	172	3.0020	0.9302	1.9951	1.43140
128	2.2340	0.5616	1.7976	0.72301	173	3.0194	0.9390	1.9963	1.44878
129	2.2515	0.5695	1.8052	0.73716	174	3.0369	0.9477	1.9973	1.46617
130	2.2689	0.5774	1.8126	0.75144	175	3.0543	0.9564	1.9981	1.48359
131	2.2864	0.5853	1.8199	0.76584	176	3.0718	0.9651	1.9988	1.50101
132	2.3038	0.5933	1.8271	0.78034	177	3.0892	0.9738	1.9993	1.51845
133	2.3213	0.6013	1.8341	0.79497	178	3.1067	0.9825	1.9997	1.53589
134	2.3387	0.6093	1.8410	0.80970	179	3.1241	0.9913	1.9999	1.55334
135	2.3562	0.6173	1.8478	0.82454	180	3.1416	1.0000	2.0000	1.57080

附录 9 技术标准

(1) 标准的代号和编号

每一种技术标准都有其代号和编号，代号一律用大写的汉语拼音字母(一般为两个字母）表示其类别，编号由两组阿拉伯数字组成，第一组为顺序编号，第二组表示其批准年份，两组之间用横线分开。如“GB 4457.1—1984”中“GB”代表“国标”，“4457.1”为该标准的批准顺序号，“1984”为颁布实施的年份；“GB/ T 17452—1998”，“GB/T”代表“推荐性国标”，“17452”为编号，发布的年份为1998年。

《中华人民共和国标准化法》将标准划分为四个层次：国家标准、行业标准、地方标准、企业标准。各层次之间有一定的依从关系和内在联系。

① 国家标准 代号为GB和GB/T，其含义分别为强制性国家标准和推荐性国家标准，它是四级标准体系中的主体，其他各级标准不得与之相抵触。

② 行业标准 行业标准用各行业名称的汉语拼音缩写表示，部分行业的标准代号见附表37。

附表 37 部分行业的标准代号

代号	BB	CB	CECS	CH	CJ	CY	DA	DB	DL
行业	包装	船舶	工程建设	测绘	城建	新闻出版	档案	地方	电力
代号	DZ	EJ	FZ	GJB	GY		HBC	HG	HJ
行业	地质	核工业	纺织	军用	广播电影电视		航空	化工	环保
代号	HY	JB		JC	JG	JJG	JR	JT	JY
行业	海洋	机械、电工、仪器		建材	建筑	计量	金融	交通	教育
代号	LD	LS	LY	MH	MT	MZ	NB	NJ	NY
行业	劳动安全	粮食	林业	民航	煤炭	民政	能源	农机	农业
代号	QB	QC	QJ	QX	SB	SC	SD	SH	SJ
行业	轻工	汽车	航天	气象	商业	水产	水电	石化	电子
代号	SL	SN	SY	TB	TY	WB	WH	WJ	WM
行业	水利	商检	石油	铁道	体育	物资	文化	兵工民品	外经贸
代号	WS	XB	YB	YC	YD	YS	YY	YZ	ZBY
行业	卫生	稀土	黑色冶金	烟草	邮电	有色冶金	医药	邮政	仪器

同样，推荐性行业标准在行业代号后加“/T”，不加“/T”为强制性标准。

③ 地方标准 其代号为汉语拼音字母“DB”加上省、自治区、直辖市行

政区划代码前两位数再加斜线，组成强制性地方标准代号；再加“T”，组成推荐性地方标准代号。省、自治区、直辖市代码见附表38。

附表38 各省、自治区、直辖市代码

代码	省、区、市名	代码	省、区、市名	代码	省、区、市名
11	北京市	34	安徽省	52	贵州省
12	天津市	35	福建省	53	云南省
13	河北省	36	江西省	54	西藏自治区
14	山西省	37	山东省	61	陕西省
15	内蒙古自治区	41	河南省	62	甘肃省
21	辽宁省	42	湖北省	63	青海省
22	吉林省	43	湖南省	64	宁夏回族自治区
23	黑龙江省	44	广东省	65	新疆维吾尔自治区
31	上海市	45	广西壮族自治区	71	台湾
32	江苏省	46	海南省	81	香港
33	浙江省	51	四川省	91	澳门

地方标准的编号，由地方标准代号、地方标准顺序号和年号三部分组成；也分强制性地方标准和推荐性地方标准

④企业标准 Q+企业代号。

此外，还有“国家标准化指导性技术文件”，其代号为“GB/Z”，供使用者参考。

(2) 部分国外标准代号

部分国外标准代号见附表39。

附表39 部分国外标准代号

代号	AISI	ANSI	AS	ASTM	BS	CSA
名称	美国钢铁	美国	澳大利亚	美国材料	英国	加拿大
代号	DIN	EN	IEC	IS	ISO	
名称	德国	欧洲	国际电工	印度	国际标准化组织	
代号	JIS	KS	NASA	NF	SFS	ГОСТ
名称	日本	韩国	美国航空	法国	芬兰	俄罗斯

参考文献

[1] 郭玉林. 五金速算手册. 郑州：河南科学技术出版社，2008.

[2] 机械工业信息研究所，成都电焊机研究所. 机电产品供应目录—焊接装备及材料. 北京：机械工业出版社，2004.

[3] 顾纪清. 实用焊接器材手册. 上海：上海科学技术出版社，2004.

[4] 曾正明. 实用工具便查手册. 北京：中国电力出版社，2005.

[5] 上海电动工具研究所. 电动工具应用手册. 北京：机械工业出版社，2004.

[6] 机械工业信息研究院. 机电产品供应目录—阀门. 北京：机械工业出版社，2004.

[7] 潘家祯. 实用五金手册. 北京：化学工业出版社，2006.

[8] 李耀天. 实用电动工具手册. 北京：北京出版社，1999.

[9] 杨源泉. 阀门设计手册. 北京：机械工业出版社，1992.

[10] 祝燮权. 实用五金手册. 上海：上海科学技术出版社，2006.

[11] 曾正明. 电工材料速查手册. 北京：机械工业出版社，2006.

[12] 王志钧，吴炯. 实用电线电缆手册. 上海：上海科学技术出版社，2006.

[13] 邵彭年. 实用管件与阀门手册. 上海：上海科学技术出版社，2005.

[14] 叶卫平，张覃轶. 热处理实用数据速查手册. 北京：机械工业出版社，2005.

[15]《国际通用标准件丛书》编辑委员会. 国内外轴承对照手册. 南京：江苏科学技术出版社，2008.

[16] 范逸明. 简明电工手册. 北京：国防工业出版社，2006.

[17] 冯静. 简明电工手册. 北京：电子工业出版社，2009.

[18] 曾凡奎. 新简明电工手册. 北京：机械工业出版社，2005.

[19] 许天已. 钢铁热处理实用技术. 北京：化学工业出版社，2008.

[20] 曾凡奎. 新简明电工手册. 北京：机械工业出版社，2005.

[21] 步丰盛. 高压电工实用技术问答. 北京：机械工业出版社，2003.

[22] 上海电器科学研究所集团有限公司. 低压电器产品手册. 北京：机械工业出版社，2007.

[23] 王志钧，吴炯. 实用电线电缆手册. 上海：上海科学技术出版社，2006.

[24] 程隆贵. 低压电器应用手册. 福州：福建科学技术出版社，2007.

[25] 王信友. 铣工速查速算手册. 北京：化学工业出版社，2010.

[26] 廖灿戊. 五金工具手册. 南昌：江西科学技术出版社，2004.

[27] 赵启辉. 常用非金属材料. 北京：中国标准出版社，2008.